LEHRBUCH DER ORGANISCHEN CHEMIE

CARL R. NOLLER

LEHRBUCH DER ORGANISCHEN CHEMIE

ÜBERSETZT VON
H. MAYER-KAUPP UND P. STEPHAN

MIT 106 TEXTABBILDUNGEN

SPRINGER-VERLAG
BERLIN HEIDELBERG GMBH

1960

Der Titel der Originalausgabe lautet: Chemistry of Organic Compounds
Second Edition · W. B. Saunders Company, Philadelphia 5 Pa. (USA)

ISBN 978-3-642-87325-6   ISBN 978-3-642-87324-9 (eBook)
DOI 10.1007/ 978-3-642-87324-9

Vorwort

Chemistry of Organic Compounds von CARL R. NOLLER, Professor der Chemie an der Stanford University, erschien bei W. B. Saunders Company in erster Auflage 1951. Nach mehreren Neudrucken wurde 1957 eine zweite Auflage veranstaltet, die inzwischen auch schon mehrmals nachgedruckt worden ist.

Dieses Lehrbuch bietet in systematischem Aufbau das wichtigste Tatsachenmaterial der organischen Chemie. Zugleich führt es — und darauf kam es dem Verfasser sehr wesentlich an — in leichtverständlicher Weise in die heutigen Vorstellungen über die Mechanismen organischer Reaktionen und die Kräfte, die die chemischen und physikalischen Eigenschaften organischer Verbindungen bedingen, ein. Es bedeutet für den Studierenden eine schätzbare Gedächtnishilfe, wenn, wie es in diesem Buche geschieht, die bedeutende Zahl von Tatsachen, die er sich merken muß, überall im Zusammenhang mit der geltenden Theorie dargeboten und durch sie erklärt wird. Im Streben nach Verständlichkeit, insbesondere mit Rücksicht auf Vorbildung und spezielle Bedürfnisse des Organikers, hat sich der Verfasser meist auf eine qualitative Darlegung der Theorie beschränkt, selbst auf die Gefahr hin, daß das Gesagte quantitativ nicht streng gültig ist.

NOLLERs Lehrbuch erfreut sich in den angelsächsischen Ländern eines ungewöhnlichen Erfolges. Es wird an einer wachsenden Zahl von amerikanischen Universitäten offiziell der Ausbildung in organischer Chemie zugrunde gelegt. Aber schon die Originalausgabe hat auch in Europa viele Freunde gefunden; an einer deutschsprachigen Universität wird sie dem angehenden Organiker sogar in erster Linie zum Studium empfohlen. Es erschien deshalb richtig, eine deutsche Übersetzung herauszubringen, obwohl der Studierende heute wieder unter einer ganzen Reihe guter deutscher Lehrbücher wählen kann. Der Lernende tut nämlich grundsätzlich nicht gut daran, sich auf ein einziges Lehrbuch zu beschränken. Er sollte stets mehrere Lehrbücher durcharbeiten, von denen jedes seine besonderen Vorzüge aufweist. Aus dieser Erwägung wurde auch darauf verzichtet, die vorliegende Ausgabe spezifisch deutschen Lehrgepflogenheiten anzupassen, beispielsweise das Kapitel über Heterocyclen zu erweitern. In mehr als einer Hinsicht trägt das Buch den Stempel eines amerikanischen Lehrbuches. Es schämt sich dessen nicht. Wer alle Kapitel des Buches so durcharbeitet, daß er die am Ende befindlichen Fragen zu beantworten und die Aufgaben zu lösen vermag, verfügt sicherlich über ein ausgezeichnetes organisch-chemisches Allgemeinwissen.

Die vorliegende deutsche Ausgabe ist eine wortgetreue Übersetzung der zweiten amerikanischen Auflage mit folgenden Einschränkungen. Erstens hat Herr Professor NOLLER selbst uns, auch noch während der Drucklegung, laufend Berichtigungen, Änderungen, Nachträge zur zweiten Auflage übersandt. Hierfür und überhaupt für die ausgezeichnete Zusammenarbeit danken wir ihm herzlich.

Ferner mußten natürlich die Abschnitte über die Nomenklatur einzelner Verbindungsklassen geändert werden. Sehr zahlreich sind im Original mit Rücksicht auf die künftige Bestimmung der meisten Organiker Preisangaben und mitunter längere Ausführungen über wirtschaftliche Zusammenhänge und Entwicklungen. Diese wurden — von Ausnahmen abgesehen — stark gekürzt oder gestrichen, weil sie unter hiesigen anderen Verhältnissen für den Lernenden von beschränktem Wert sind. Die Wiederholungsfragen und Aufgaben am Ende jedes Kapitels bilden einen wichtigen Bestandteil des Buches und sind didaktisch von unbestreitbarem Wert. Wir haben sie im wesentlichen beibehalten. Gestrichen wurde lediglich eine Anzahl von Parallelaufgaben, die der Verfasser für Seminar- und Übungszwecke beigefügt hatte.

Das Kapitel 30 wurde von den Herren Dr. W. Otting und Dr. D. Schulte-Frohlinde, Heidelberg, übersetzt, wofür beiden Herren auch an dieser Stelle herzlich gedankt sei. Nicht zuletzt danken wir Herrn Dozent Dr. H. A. Staab, Heidelberg, der uns auf eine Anzahl notwendiger Änderungen aufmerksam gemacht und bei ihrer Durchführung beraten hat.

Heidelberg, April 1960   Die Übersetzer

Inhaltsverzeichnis

Am Schluß des Bandes:
Periodensystem der Elemente und Internationale Atomgewichte

Berichtigung

S. 61, 1. Formelzeile

statt: $CH_3CH_2CHHC_3$ lies: $CH_3CH_2CHCH_3$

$\qquad\qquad \overset{|}{O}SO_3H \qquad\qquad\qquad\qquad \overset{|}{O}SO_3H$

Kapitel 1

Einleitung

Die meisten Studierenden haben schon eine ungefähre Vorstellung von der Materie, wenn sie beginnen, sich mit organischer Chemie zu beschäftigen. Nicht alle sind sich jedoch der engen Berührung der organischen Chemie mit dem täglichen Leben bewußt. Nahrung, Brennstoffe und Kleidung sind die hauptsächlichsten Bedürfnisse des Menschen. Nahrung besteht vorwiegend aus organischen Verbindungen, nämlich den Fetten, den Proteinen und Kohlenhydraten; daneben bedarf der tierische Organismus noch einer Reihe anderer organischer Verbindungen wie Vitamine und Hormone. Die Verdauung und Resorption von Nahrung nimmt ihren Weg über organisch-chemische Reaktionen. Als Brennstoffe dienen vornehmlich Kohle, Holz, Erdgas und Petroleum. Kleidung wird aus Baumwolle, Wolle, Seide und synthetischen Fasern hergestellt. Mit all diesen Substanzen befaßt sich die organische Chemie.

Das Studium des chemischen Verhaltens dieser Produkte biologischen Ursprungs hat den organischen Chemiker befähigt, sie durch chemische Reaktionen in eine Unzahl anderer Substanzen umzuwandeln. Seifen, Riech- und Geschmackstoffe, Farbstoffe, Oberflächenschutzmittel für Holz und Metall, künstliche Werkstoffe, photographische Filme und Entwickler, Explosivstoffe, synthetischer Kautschuk, künstliches Leder, synthetische Fasern und viele Medikamente, Desinfektionsmittel und Insekticide u. a. m. stehen im Dienste des Menschen. So ist leicht einzusehen, daß die Erforschung der Chemie organischer Verbindungen nicht nur die chemische Wissenschaft erweitert, sondern von Grund auf die Gesundheit des Menschen, sein tägliches Leben und die Entwicklung der Zivilisation beeinflußt hat. Man kann demnach das Studium der organischen Chemie nicht nur als unentbehrliche Grundlage verschiedener wissenschaftlicher Berufe, sondern als wesentlichen Zweig der Kulturbetätigung ansehen.

Anfänge der organischen Chemie

Die organische Chemie ist als selbständiger Zweig der Wissenschaft im frühen 19. Jahrhundert entstanden. Von den Verbindungen, die man jetzt als organische bezeichnet, müssen viele schon existiert haben, ehe das Leben auf der Erde begann, aber erst in jüngsten Zeiten hat ihr Studium große Fortschritte gemacht. Die Untersuchung organischer Verbindungen hinkte weit hinter der der anorganischen her, weil die natürlich vorkommenden organischen Verbindungen viel komplizierter zusammengesetzt, ihre Reaktionen daher viel schwerer zu verstehen sind, und weil sie gewöhnlich in Gemischen vorkommen, die sehr viel schwerer zu trennen sind als die Gemische anorganischer Verbindungen.

Von einigen wenigen organischen Verbindungen kannte man bestimmte Eigenschaften in den ältesten Zeiten. Noah war vertraut mit der Wirkung vergorenen

Rebensaftes auf den menschlichen Organismus, Essigsäure in der Form sauren Weines war wohl bekannt. Einer der Salomonischen Sprüche bezieht sich auf die Einwirkung von Essig auf Kalk. Tatsächlich war Essigsäure die einzige den Alten bekannte Säure. Indigo und Alizarin sind als Farbstoffe der Tücher ägyptischer Mumien identifiziert worden, und die Phönizier extrahierten den Königspurpur aus einer Molluske des Mittelmeers.

Die Bestimmung spezifischer Eigenschaften der einzelnen Verbindungen erforderte die Entwicklung von Methoden, diese Verbindungen in reinem Zustand zu isolieren. Das Verfahren der Destillation wurde in Einzelheiten zum erstenmal von den Alexandriern am Anfang des 5. Jahrhunderts n. Chr. beschrieben; ihre Nachfolger, die Araber, verbesserten es im 8. Jahrhundert und benutzten es, um Essigsäure und Alkohol zu konzentrieren. Es blieb jedoch LOWITZ[1] vorbehalten, 1789 Essigsäure in solcher Reinheit darzustellen, daß sie kristallisierte, und 1796 wasserfreien Alkohol zu gewinnen. Rohrzucker war im nordöstlichen Teil Indiens um 300 n. Chr. in kristallisierter Form erhalten worden; erst um 640 lernten die Araber ihn kennen, die dann den Anbau des Zuckerrohrs in Ägypten und im südlichen Europa einführten. Weinstein aus Wein war schon früh bekannt, die älteren Alchimisten experimentierten damit. Benzoesäure und Bernsteinsäure wurden im 16. Jahrhundert gewonnen, Methylalkohol, Traubenzucker und Milchzucker im 17. Jahrhundert isoliert. Nachhaltige **Versuche, organische Verbindungen in reiner Form zu isolieren,** kamen erst mit dem Aufschwung der Chemie in der zweiten Hälfte des 18. Jahrhunderts in Gang. SCHEELE[2] isolierte als erster Harnsäure, Oxalsäure, Weinsäure, Milchsäure, Zitronensäure, Äpfelsäure, Acetaldehyd und Glycerin. Aber noch zu Beginn des 19. Jahrhunderts war die Ansicht verbreitet, Essigsäure sei die einzige pflanzliche Säure, und alle anderen beständen aus irgendeiner zusammengesetzten Form der Essigsäure.

Hand in Hand mit den Bemühungen um die Isolierung von Substanzen wurden auch einige **chemische Umwandlungen** gefunden. Daß Äthylalkohol mit Schwefelsäure reagiert, wußte man schon im 13. Jahrhundert; ein mit Hilfe dieser Reaktion hergestelltes Gemisch von Äther und Alkohol wurde später in der Medizin verwendet. Aber erst 1730 wurden die Eigenschaften von verhältnismäßig reinem, in Wasser unlöslichem Äther beschrieben, und erst 1800 wurde bewiesen, daß er frei von Schwefel ist, womit gezeigt war, daß die Schwefelsäure nicht in das Äthermolekül eintritt. Im Laufe des 17. Jahrhunderts wurde Aceton durch thermische Zersetzung von Bleiacetat, Äthylchlorid aus Alkohol und Chlorwasserstoff dargestellt. Die Ester des Äthylalkohols mit Ameisensäure, Essigsäure, Oxalsäure

---

[1] JOHANN TOBIAS LOWITZ (1757—1804), ein deutschbürtiger Hofapotheker zu St. Petersburg, leistete einige grundlegende Beiträge zur Entwicklung der Laboratoriumstechnik. Er entdeckte die Eigenschaft aktivierter Holzkohle, stark zu absorbieren, und nutzte sie bei der Reinigung organischer Verbindungen. Weiter entdeckte er die Erscheinung der Übersättigung, er bereitete aus Eis und verschiedenen Salzen Kältemischungen, und er war der erste, der mit Hilfe von Calciumchlorid organische Flüssigkeiten von Wasser befreite.

[2] CARL WILHELM SCHEELE (1742—1786), schwedischer Apotheker. Er war nicht nur der erste, der viele organische Verbindungen isolierte und darstellte, er war auch der erste, der Molybdänsäure, Wolframsäure und Arsensäure darstellte, den Graphit als eine Form des Kohlenstoffs erkannte, Mangan und Barium charakterisierte und die Unlöslichkeit von Bariumsulfat bemerkte. Vor PRIESTLEY und unabhängig von ihm entdeckte er den Sauerstoff, und er ist der Entdecker des Chlors.

und Benzoesäure wurden in der zweiten Hälfte des 18. Jahrhunderts dargestellt. SCHEELE erhielt bei der Oxydation von Rohrzucker Oxalsäure, bei der Oxydation von Milchzucker Schleimsäure.

Sehr viel weniger wußte man über **Verbindungen, die im tierischen Organismus vorkommen.** Bis zum Ende des 18. Jahrhunderts sind als einzige Erfolge die Isolierung von Harnstoff aus Urin (1773) und von Harnsäure aus Blasensteinen (1776) zu verzeichnen. Man nahm allgemein an, zwischen pflanzlichem und tierischem Material bestehe ein grundsätzlicher Unterschied, da die Destillation tierischen Materials regelmäßig Ammoniak ergibt.

Von der größten Bedeutung ist die **Entwicklung der Methoden zur qualitativen und quantitativen Analyse** für die organische Chemie gewesen. LAVOISIER[1], einer der ersten Forscher, die organische Verbindungen analysierten, zeigte, daß sie Kohlenstoff, Wasserstoff und gewöhnlich Sauerstoff enthalten. Weiter zeigte er, daß Produkte aus tierischen Quellen häufig Stickstoff enthalten. BERZELIUS[2], LIEBIG[3] und DUMAS[4] vervollkommneten die organische Analyse besonders in Richtung quantitativen Arbeitens.

Ursprünglich wurde zwischen der Chemie mineralischer Verbindungen und der Chemie von Verbindungen biologischen Ursprungs keine Unterscheidung getroffen. Dies wurde anders, nachdem man eine repräsentative Gruppe von Verbindungen aus natürlichen Quellen isoliert hatte und die Unterschiede offenkundig wurden. BERGMAN[5] war der erste, der 1780 zwischen organischen und nichtorganischen Verbindungen klar unterschied; BERZELIUS gebrauchte 1808 erstmals den Ausdruck *organische Chemie* und veröffentlichte in seinem Lehrbuch von 1827 die erste selbständige Abhandlung über organische Chemie.

Man hat die Langsamkeit, mit der sich die organische Chemie vor dem 19. Jahrhundert entwickelte, dem Glauben an eine *Lebenskraft* zugeschrieben, ohne deren Mitwirkung es nicht gelingen könne, Verbindungen, die im lebenden Organismus vorkommen oder entstehen, aus den Elementen zu synthetisieren. Die raschen

---

[1] ANTOINE LAURENT LAVOISIER (1743—1794). Französischer Forscher und Staatsdiener, den ein Richter des Revolutionstribunals mit der Bemerkung zum Tode verurteilte: „Die Republik braucht keine Gelehrten."

[2] JÖNS JAKOB BERZELIUS (1779—1848), schwedischer Chemiker, ist hauptsächlich durch seine genauen Untersuchungen über die Verbindungsgewichte der Elemente bekannt, ebenso durch sein *dualistisches Prinzip*, wonach alle Elemente elektropositiven oder elektronegativen Charakter haben und nur entgegengesetzt geladene Elemente imstande sein sollten, sich miteinander zu verbinden.

[3] JUSTUS LIEBIG (1803—1873), Professor der Chemie in Gießen und München, der als erster Laboratoriumsarbeit bei der chemischen Ausbildung einführte. Er vervollkommnete die Verbrennungselementaranalyse, stellte die Radikaltheorie auf und begründete die Agrikulturchemie. Als kraftvoller Herausgeber brachte er die *Annalen der Chemie und Pharmazie* zu großem Ansehen. Nach seinem Tode erhielt die Zeitschrift ihren jetzigen Namen *Justus Liebigs Annalen der Chemie.*

[4] JEAN BAPTISTE ANDRÉ DUMAS (1800—1884), französischer Chemiker, Lehrer und Staatsmann, zeichnete sich durch Klarheit des Denkens und experimentelle Exaktheit aus. Sein Name ist in erster Linie mit den von ihm geschaffenen analytischen Methoden und mit der Erscheinung der Substitution bei organischen Verbindungen verknüpft.

[5] TORBERN OLOF BERGMAN (1735—1784), Professor der Mathematik und später der Chemie an der Universität Upsala, Schweden.

Fortschritte im 19. Jahrhundert hat man damit erklärt, daß diese Theorie aufgegeben worden sei, nachdem WÖHLER[1] 1828 die Synthese von Harnstoff aus Ammoniumcyanat beschrieben hatte. In Wirklichkeit hatte dieses Ereignis geringe unmittelbare Wirkung im Kampf gegen die vitalistische Theorie, die sich noch mindestens zwanzig Jahre in der einen oder anderen Form hielt.

Während dieses Zeitraums dauerten die Auseinandersetzungen für und gegen die vitalistische Theorie fort, ohne aber die Chemiker von Versuchen abzuhalten, organische Verbindungen zu synthetisieren. Ihre Arbeiten führten sie allerdings in ein Chaos infolge der Verwirrung, die hinsichtlich der **Atomgewichte** und **Molekulargewichte** bestand. Zwar hatte das Avogadrosche Gesetz 1811 die Grundlage für Atom- und Molekulargewichtsbestimmungen geliefert, doch wurde Ordnung erst geschaffen, nachdem CANNIZZARO[2] 1858 klar gezeigt hatte, wie sich durch Anwendung dieser Hypothese viele Schwierigkeiten lösten. Etwa um die gleiche Zeit bereitete die von KEKULÉ[3] und anderen eingeführte **Valenzlehre** und **Strukturtheorie** den Weg für die unerhört raschen Fortschritte der folgenden fünfzig Jahre.

Während der ersten Hälfte des 19. Jahrhunderts begriff man allmählich, daß der *wesentliche Unterschied zwischen anorganischen und organischen Verbindungen darin besteht, daß die letztgenannten immer Kohlenstoff enthalten.* GMELIN[4] stellte diese Tatsache 1848 als erster fest. Gegenwärtig übertrifft die Zahl der im Laboratorium synthetisierten Kohlenstoffverbindungen bei weitem die Zahl der aus organischen Produkten isolierten, und die Bezeichnung *Chemie der Kohlenstoffverbindungen* wäre daher viel zutreffender als „organische Chemie". Doch ist dieser Ausdruck allgemein in Gebrauch und hat den Vorzug der Kürze. Das Studium der chemischen Reaktionen, die im lebenden Organismus ablaufen, nennt man jetzt *Biochemie.*

---

[1] FRIEDRICH WÖHLER (1800—1882), Professor der Chemie in Göttingen, Freund von BERZELIUS und LIEBIG. Neben seiner Arbeit in organischer Chemie entdeckte er, erst 27 Jahre alt, das Aluminium, auch verdankt man ihm wichtige Arbeiten über Bor, Aluminium und Titan.

[2] STANISLAO CANNIZZARO (1826—1910), sizilianischer Revolutionär und Politiker, war Professor der Chemie an den Universitäten Genua, Palermo und Rom. Sein *Abriß eines Lehrganges der theoretischen Chemie,* den er für seine Studenten abfaßte, erschien 1858. Im Jahr 1860 wurde ein internationaler Kongreß der hervorragendsten Chemiker von WURTZ und KEKULÉ nach Karlsruhe einberufen, dem WELTZIEN, KOPP und DUMAS präsidierten, zu dem Zweck, Ordnung in die Verwirrung zu bringen, die in betreff der Atomgewichte und Formelschreibung herrschte. Am Schluß des Kongresses, auf dem eine Einigung nicht zustande kam, wurde CANNIZZAROs Schrift durch seinen Freund PAVESI unter den Anwesenden verteilt. LOTHAR MEYER wurde durch CANNIZZAROs Darlegung überzeugt, und hauptsächlich dank seinem Einfluß wurden CANNIZZAROs Ansichten bald allgemein angenommen.

[3] FRIEDRICH AUGUST KEKULÉ (1829—1896), Professor an den Universitäten Gent und Bonn. Er baute die Typentheorie aus und legte den Grund zur Strukturtheorie der organischen Chemie. Es erscheint bezeichnend, daß er Architektur studierte, ehe er anfing, sich für Chemie zu interessieren.

[4] LEOPOLD GMELIN (1788—1853), Professor der Medizin und Chemie an der Universität Heidelberg, begründete *Gmelins Handbuch der Chemie* (jetzt in 8. Aufl.) und war Glied einer Familie, deren Stammbaum für die lange Reihe und große Zahl hervorragender Chemiker bekannt ist, als deren erster JOHANN GEORG GMELIN 1674 geboren wurde.

Unterschiede zwischen anorganischen und organischen Verbindungen

Tatsächlich gibt es noch triftigere Gründe, die Chemie der Kohlenstoffverbindungen als besonderen Zweig der Chemie zu betrachten, als ihre Beziehung zu Naturstoffen oder die regelmäßige Gegenwart von Kohlenstoff. Erstens unterscheiden sich die Nichtsalze, zu denen die meisten organischen Verbindungen gehören, in ihren physikalischen Eigenschaften grundlegend von den Salzen (Tab. 1). Ferner verlaufen die Reaktionen der meisten anorganischen Salze in Lösung fast augenblicklich, während die organischen Verbindungen gewöhnlich langsam reagieren. Auch ist die Zahl der bekannten Kohlenstoff enthaltenden Verbindungen etwa zehnmal größer als die Zahl der kohlenstofffreien Verbindungen. Endlich ist der Begriff der *Struktur*, d. h. der Art und Weise, wie die Atome miteinander verbunden sind, wesentlich für das Verständnis der organischen Chemie.

Tabelle 1. *Gewöhnliche physikalische Eigenschaften von Salzen und Nichtsalzen*

Salze	Nichtsalze
Hoher Schmelzpunkt (oberhalb 700°)	Niedriger Schmelzpunkt (unterhalb 300°)
Nicht flüchtig	Leicht destillierbar
Unlöslich in nichtwäßrigen Lösungs- mitteln	Löslich in nichtwäßrigen Lösungsmitteln
Löslich in Wasser	Unlöslich in Wasser
Schmelzen und Lösungen leiten den elektrischen Strom	Schmelzen und Lösungen sind Nichtleiter

Bindungsarten. Eine Erklärung für diese Unterschiede findet sich in den verschiedenen Arten der chemischen Bindung[1] in den beiden Verbindungsklassen, und ein kurzer Überblick über die Elektronentheorie der chemischen Bindung, wenigstens in ihren qualitativen Aspekten, dürfte daher von Wert sein. Da man es in der organischen Chemie hauptsächlich mit den Elementen der ersten drei Perioden des Periodensystems zu tun hat, wird die Besprechung hier auf diese Elemente beschränkt. Nach der Elektronentheorie bestehen die Atome aus positiven Kernen, die von negativen Elektronen umgeben sind, deren Ladung die positive Ladung der Kerne (*Ordnungszahl* oder *Kernladungszahl*) kompensiert. Diese Elektronen ordnen sich in eine erste „Schale" mit höchstens zwei Elektronen (K-Schale), eine zweite Schale mit höchstens acht Elektronen (L-Schale) und eine dritte Schale mit höchstens achtzehn Elektronen (M-Schale).

Ein etwas genaueres Bild stellt die Elektronen in bestimmter Weise auf "orbitals"[2] und Gruppen von orbitals verteilt dar. **Orbital** ist der mathematische Ausdruck für

---

[1] Strenggenommen beruhen die Unterschiede in den physikalischen Eigenschaften nicht so sehr auf dem Bindungstyp als auf der Atomanordnung und der Verteilung der Bindungen. Indessen besteht zwischen Atomanordnung und Bindungstyp eine gewisse Wechselbeziehung.

[2] Die in diesem Buch häufig wiederkehrenden Bezeichnungen orbital und molecular orbital sind mit Bedacht nicht übersetzt worden. Kurze, sinnfällige deutsche Ausdrücke gibt es dafür nicht. Das manchmal anzutreffende Wort „Molekülbahn" für molecular orbital befriedigt nicht, ja verleitet zu falschen Vorstellungsbildern. Es handelt sich ja nicht um Bahnen, sondern um Elektronenzustände, charakterisiert durch bestimmte Energie und bestimmte Bewegung (Anm. d. Übers.).

das Verhalten eines Elektrons, das sich in der Nähe eines positiv geladenen Kerns bewegt. Für eine qualitative Beschreibung der Bindung genügt es, orbitals als *vorgegebene räumliche Bezirke in der Umgebung von Atomkernen* aufzufassen, *in denen sich etwa vorhandene Elektronen mit größter Wahrscheinlichkeit vorfinden*; d. h. das System Elektronen-Kern wird dann am stabilsten sein, wenn die Elektronen in diesen Bezirken sind (vgl. S. 10). Die Gruppen von orbitals werden als **Schalen** bezeichnet, und innerhalb einer Schale gibt es Schalenuntergruppen. Die K-Schale besteht aus einem einzigen orbital, dem $1s$-orbital. Die L-Schale umfaßt zwei Schalenuntergruppen mit insgesamt vier orbitals; davon enthält die eine Schalenuntergruppe nur eines, nämlich das $2s$-orbital, die andere drei orbitals, die als $2p_x$-, $2p_y$- und $2p_z$-orbitals bekannt sind. Die arabischen Zahlen 1, 2, 3, 4, 5, 6, 7, die *Hauptquantenzahlen*, bezeichnen die Schalen bzw. die hauptsächlichsten Energieniveaus der Elektronen in gleicher Weise, wie dies die Buchstaben K, L, M, N, O, P und Q tun. Sie sagen jedoch mehr aus als diese, insofern die Zahl der Schalenuntergruppen innerhalb einer Schale gleich der Hauptquantenzahl und die Gesamtzahl der orbitals einer Schale gleich dem Quadrat der Hauptquantenzahl ist. So umfaßt die M-Schale mit der Hauptquantenzahl 3 drei Schalenuntergruppen und insgesamt neun orbitals (ein $3s$-, drei $3p$- und fünf $3d$-orbitals). Die N-Schale hat vier Schalenuntergruppen und sechzehn orbitals — ein $4s$-, drei $4p$-, fünf $4d$- und sieben $4f$-orbitals.

Die Elektronen besetzen infolge der Anziehungskraft, die die positive Kernladung auf sie ausübt, möglichst kernnahe orbitals. Sie haben also größere Tendenz, ein $1s$-orbital zu besetzen als ein $2s$-orbital, oder ein $2s$-orbital als ein $2p$-orbital. Doch können nicht mehr als zwei Elektronen ein bestimmtes orbital einnehmen, und auch dies nur, wenn die beiden Elektronen entgegengesetzten Spin haben, d. h. wenn sie von einem magnetischen Feld in entgegengesetztem Sinn beeinflußt werden. Steht für eine gegebene Gruppe von p-orbitals, die vom Kern gleichen Abstand haben, mehr als ein Elektron zur Verfügung, so paaren sich die Elektronen gewöhnlich nicht, sondern besetzen getrennte orbitals, bis jedes der drei p-orbitals je ein Elektron hat. Folglich trägt das Paaren von Elektronen nicht zur Stabilität eines Atoms bei, sondern es ist lediglich zulässig, falls die Elektronen antiparallelen Spin haben. Dieses Verhalten kann in zwei wichtigen Regeln für die Verteilung von Elektronen auf die orbitals zusammengefaßt werden: 1) Kein orbital kann mehr als zwei Elektronen aufnehmen, und diese Elektronen müssen entgegengesetzten Spin haben (Pauli-Prinzip); 2) ein bestimmtes orbital einer Schalenuntergruppe wird gewöhnlich nicht von zwei Elektronen besetzt, ehe alle orbitals der Schalenuntergruppe mindestens ein Elektron haben (Hundsche Regel).

Tab. 2 zeigt die Verteilung der Elektronen bei den Elementen der ersten drei Perioden des Periodensystems. Das Kohlenstoffatom hat in Übereinstimmung mit der Hundschen Regel zwei ungepaarte Elektronen in zwei p-orbitals, Stickstoff hat drei ungepaarte Elektronen in drei p-orbitals. Das Paaren von Elektronen in den p-orbitals beginnt erst beim Sauerstoff, der ein Paar in dem einen p-orbital und in jedem der beiden anderen je ein ungepaartes Elektron hat. Die Zahl ungepaarter Elektronen vermindert sich auf eins bei Fluor und null bei Neon. Die Elemente der dritten Periode haben keine Elektronen in den $3d$-orbitals; immerhin sind diese orbitals verfügbar für Bindungszwecke, sie können z. B. zur Bildung von komplexen Ionen benutzt werden, oder Elektronen können in angeregten Zuständen in diese orbitals gehoben werden. Es gibt keine $1p$-orbitals, die den $2p$- und $3p$-orbitals entsprechen würden, und keine $1d$- oder $2d$-orbitals, die den $3d$-orbitals entsprechen würden.

Bekanntlich sind *Atome mit aufgefüllten Elektronenschalen*, wie z. B. Helium und Neon, *außerordentlich reaktionsträge*. Ist die äußerste Schale eines Atoms nicht vollständig besetzt, so kann es ein oder mehrere Elektronen von einem oder mehreren anderen Atomen übernehmen, vorausgesetzt, daß dabei eine energetisch stabilere Anordnung entsteht. Die Tendenz der Atome, unvollständige Schalen aufzufüllen, ändert sich mit ihrer Fähigkeit, Elektronen anzuziehen. Man nennt diese Tendenz *Elektronegativität* des Atoms oder besser seine *Elektronen-*

affinität (vgl. S. 122). Innerhalb einer bestimmten _Periode_ nimmt die Elektronenaffinität der Atome von links nach rechts zu, da die wachsende Kernladung alle
Elektronen näher an den Kern heranzieht, und zwar ist die Anziehung um so
größer, je näher die Elektronenschalen dem Kern sind. So zieht ein Stickstoffkern
mit der Ladung $+7$ die K-Elektronenschale näher an sich heran als ein Kohlenstoffkern mit der Ladung $+6$. Die Elektronen in der äußeren Schale eines Stickstoffatoms können also auch näher an den Kern herankommen und werden fester

Tabelle 2. _Verteilung der Elektronen im Grundzustand der Elemente
der ersten drei Perioden des Periodensystems_

| Schale | orbitals | erste Periode | | zweite Periode | | | | | | | |
		H	He	Li	Be	B	C	N	O	F	Ne
K	$1s$	1	2	2	2	2	2	2	2	2	2
L	$2s$			1	2	2	2	2	2	2	2
	$2p_x$					1	1	1	2	2	2
	$2p_y$						1	1	1	2	2
	$2p_z$							1	1	1	2

| Schale | orbitals | | | dritte Periode | | | | | | | |
				Na	Mg	Al	Si	P	S	Cl	A
K	$1s$			2	2	2	2	2	2	2	2
L	$2s$			2	2	2	2	2	2	2	2
	$2p_{x,y,z}$			6	6	6	6	6	6	6	6
M	$3s$			1	2	2	2	2	2	2	2
	$3p_{x,y,z}$					1	2	3	4	5	6
	$3d$										

gehalten als beim Kohlenstoffatom. Dagegen nimmt die Elektronenaffinität in
einer gegebenen _Gruppe_ des Periodensystems von oben nach unten ab. Denn
obwohl die Kernladung mit jedem folgenden Atom beträchtlich anwächst, bleibt
doch die für die Außenelektronen tatsächlich wirksame Ladung dieselbe, weil
diese Elektronen eine Schale weiter vom Kern entfernt sind. Man kann sich z. B.
vorstellen, daß auf die vier Außenelektronen des Kohlenstoffs die Ladung $+4$
einwirkt, da zwei Kernladungseinheiten durch die zwei Elektronen der K-Schale
abgesättigt sind. Bei Silicium werden zehn Kernladungseinheiten von den zehn
Elektronen der K- und L-Schale kompensiert, wobei wieder eine wirksame Kernladung von $+4$ für die vier Elektronen der M-Schale zurückbleibt. Da die M-
Schale des Siliciums aber viel weiter vom Kern entfernt ist als die L-Schale des
Kohlenstoffs, ist die auf die Außenelektronen wirkende Kernanziehung beim
Silicium viel kleiner als beim Kohlenstoff. Daher _nimmt die Leichtigkeit, mit der
Elektronenschalen durch Erwerb von Elektronen von anderen Atomen aufgefüllt
werden, im Periodensystem von links nach rechts zu und von oben nach unten ab._
Fassen wir den extremen Fall zweier Elemente auf entgegengesetzten Seiten
des Periodensystems, z. B. Natrium und Chlor, ins Auge, so ist hier die
Anziehungskraft des Chloratoms auf Elektronen sehr viel größer als die des
Natriumatoms, was bedeutet, daß die Energie, die beim Auffüllen des letzten
orbital des Chlors frei wird, bedeutend größer ist als die Energie, die aufgewandt
werden muß, um ein Elektron von dem Natriumatom zu entfernen. Das Ergebnis
ist, daß _das Natriumatom ein Elektron auf das Chloratom überträgt_, wobei ein

Chlorion mit einer negativen Ladung und ein Natriumion mit einer positiven Ladung entstehen (Abb. 1). In einer Mischung von Natriumionen und Chlorionen würden sich die positiven und die negativen Ionen gegenseitig sehr stark anziehen. Diese Anziehungskraft gehorcht dem Coulombschen Gesetz und nimmt mit dem Quadrat der Entfernung ab; nähern sich also die Ionen einander sehr stark, so werden die Anziehungskräfte außerordentlich groß. Im festen Natriumchlorid gestatten die Größenverhältnisse der Ionen eine Gruppierung derart, daß jedes

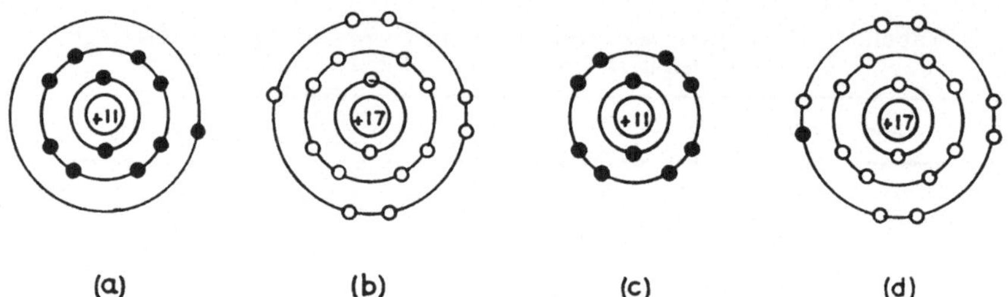

(a)   (b)   (c)   (d)

Abb. 1. Darstellung der Elektronenanordnung beim a) Natriumatom, b) Chloratom, c) Natriumion und d) Chlorion

Natriumion von sechs Chlorionen und jedes Chlorion von sechs Natriumionen umgeben ist. Ein solcher Bindungstyp wird als **Elektrovalenz** oder **Ionenbindung** bezeichnet.

Ist der Unterschied der Elektronenaffinität zweier Atome kleiner, so wird, wenn ein Elektron vom einen Atom auf das andere übertragen wird, nicht genügend Energie frei, um die neue Anordnung stabiler als die alte zu machen.

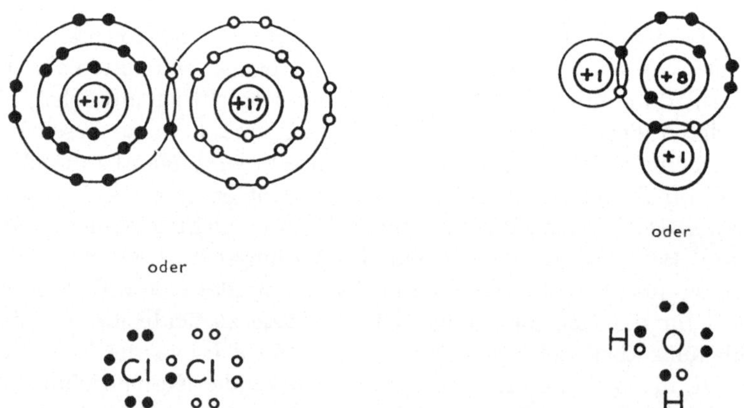

oder   oder

Abb. 2. Darstellung der Elektronenanordnung beim Chlormolekül

Abb. 3. Darstellung der Elektronenanordnung beim Wassermolekül

Im extremen Fall zweier gleicher Atome, z. B. zweier Chloratome, würde die Energie, die beim Erwerb eines Elektrons vom anderen Atom gewonnen würde, aufgewogen durch die Energie, die aufgewandt werden müßte, um dieses Elektron von dem anderen Atom zu entfernen. Und doch ist experimentell sichergestellt, daß Chlor ein zweiatomiges Molekül ist. Es muß also für die Bildung von Bindungen noch eine zweite Möglichkeit bestehen. Offenbar *wird ein bedeutender Energiebetrag freigesetzt, wenn die ungepaarten Elektronen zweier Chloratome die*

Schalen beider Chloratome besetzen. Diesen Vorgang nennt man das *Anteiligwerden von Elektronen,* er wird in Abb. 2 schematisch dargestellt. In der unteren vereinfachten Formel steht das Elementsymbol für den Kern *und* die inneren aufgefüllten Elektronenschalen, nur die Elektronen der äußersten Schale, die sog. *Valenzelektronen,* sind im Bild dargestellt. Da jedes Atom ebensoviel an Ladung gewonnen wie verloren hat, ist das Molekül als Ganzes elektrisch neutral. Dieser Bindungstyp wird als **Kovalenz,** als **kovalente** oder **Elektronenpaar-Bindung** bezeichnet, und er tritt meistens zwischen solchen Atomen auf, die vier oder mehr Elektronen in der äußersten Schale, d. h. der Schale der Valenzelektronen, aufweisen.

Ebenso wie ein Chlormolekül aus zwei Chloratomen besteht, denen ein Elektronenpaar gemeinsam ist, besteht das Wassermolekül aus zwei Wasserstoffatomen, die beide ihr Elektron mit einem der beiden ungepaarten Elektronen eines Sauerstoffatoms paaren (Abb. 3). Da die K-Schale aufgefüllt ist, sobald sie zwei Elektronen enthält, erreichen die Wasserstoffatome somit eine stabile Elektronenanordnung. Das gleiche geschieht mit dem Sauerstoffatom, das jetzt in seiner L-Schale acht Elektronen aufweist. In ähnlicher Weise sind im Ammoniakmolekül drei Wasserstoffatome durch kovalente Bindungen mit einem Stickstoffatom verbunden, in Tetrachlorkohlenstoff vier Chloratome mit einem Kohlenstoffatom.

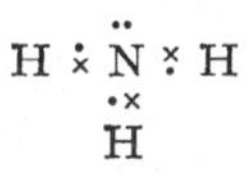

Ammoniak, NH$_3$ 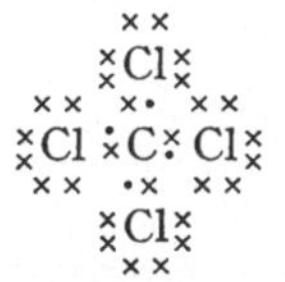   Tetrachlorkohlenstoff, CCl$_4$

In den obenstehenden Formeln und gelegentlich im späteren Text sind verschiedene Zeichen für Elektronen benutzt, um die Herkunft der Bindungselektronen deutlich zu machen. Zum Beispiel stellen in dem Ammoniakmolekül die Punkte diejenigen Valenzelektronen vor, die ursprünglich zu dem Stickstoffatom gehörten, die Kreuzchen jene, die zu den Wasserstoffatomen gehörten. Da die Elektronen untereinander alle gleich sind und sich auch beständig gegenseitig austauschen, gibt es keinen reellen Unterschied mehr, sobald die Bindung entstanden ist, und die oben benutzte Darstellung hat nur insofern Sinn, als sie beim Aufstellen von Elektronenformeln dem Anfänger das Verfolgen der einzelnen Elektronen erleichtert.

Die Unterschiede in den Eigenschaften zwischen dem typischen Salz, Natriumchlorid, und dem typischen Nichtsalz, Tetrachlorkohlenstoff, können nun erklärt werden. Im festen Natriumchlorid gibt es keine individuellen NaCl-Moleküle. Der Kristall besteht aus positiven Natriumionen, deren jedes von sechs negativ geladenen Chlorionen umgeben ist, und negativen Chlorionen, die von je sechs positiv geladenen Natriumionen umgeben sind. Starke elektrostatische Kräfte halten die Ionen zusammen, hohe Temperaturen sind erforderlich, um Schmelzen oder Verdampfen zu bewirken. Beim Tetrachlorkohlenstoff jedoch ist jedes CCl$_4$-Molekül eindeutig existent und elektrisch neutral. Die Bindungen zwischen den Kohlenstoff- und Chloratomen sind stark, aber zwischen den einzelnen Molekülen bestehen nur relativ geringe Anziehungskräfte. So ist nur ein kleiner Energieaufwand notwendig, um die Moleküle zu trennen; Tetrachlorkohlenstoff ist bei Zimmertemperatur flüssig und verflüchtigt sich leicht.

Molecular orbitals und kovalente Bindungen. Die kovalente oder Elektronenpaarbindung erscheint auf den ersten Blick ganz anomal. Elektronen können sich gegenseitig nur abstoßen, und das Paaren von Elektronen kann nicht für die Freisetzung von Energie bei der Bildung einer kovalenten Bindung verantwortlich sein. Und doch ist das Wasserstoffmolekül um 103 kcal pro Mol stabiler als zwei Wasserstoffatome. Man kann das wohl so erklären, daß die beiden positiven Wasserstoffkerne sich wie ein zusammengesetzter Kern mit der Ladung $+2$ verhalten. Ein Elektron, das beide Kerne umschließt, wird von ihnen fester gehalten als von einem einzigen Kern mit der Ladung

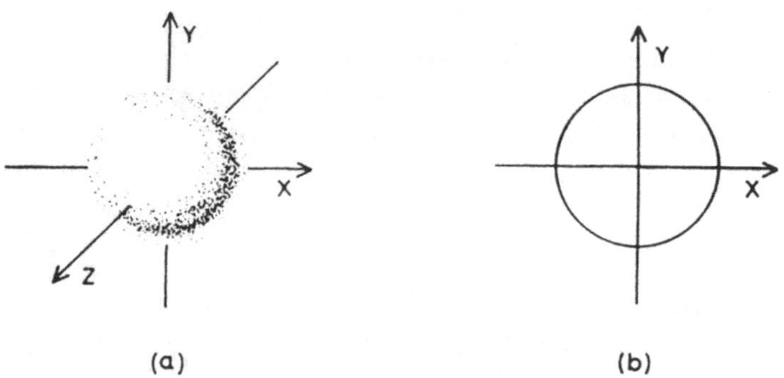

Abb. 4. Darstellung des 1 *s*-atomic orbitals (a) perspektivisch, (b) im Querschnitt durch den Kern

$+1$. Daher besetzt das Elektron ein neues orbital, das beide Kerne umgibt, und es wird Energie frei. Da orbitals dieser Art für die Molekülbildung verantwortlich sind, heißen sie **molecular orbitals**. Wie die atomic orbitals folgen sie dem Pauli-Prinzip, so daß ein zweites Elektron dasselbe molecular orbital einnehmen und die Bindung verstärken kann, vorausgesetzt, daß die beiden Elektronen entgegengesetzten Spin haben. Ein drittes Elektron muß dagegen ein orbital höherer Energie einnehmen.

Richtung der Bindungs-orbitals. Die atomic orbitals werden als räumliche Bezirke aufgefaßt, in denen ein Elektron mit größter Wahrscheinlichkeit anzutreffen ist (S. 6). Für diese Bereiche ist die Wahrscheinlichkeit auch dann hoch, wenn ein Elektron ein molecular orbital einnimmt. Je weitergehend daher die einzelnen atomic orbitals zusammenfallen oder sich überschneiden, desto größer ist die Tendenz eines Elektrons, ein molecular orbital einzunehmen, und desto stärker die Bindung.

Die atomic orbitals haben eine bestimmte Verteilung im Raum. Die *s*-orbitals sind kugelsymmetrisch um den Kern, wie in Abb. 4a perspektivisch und in Abb. 4b im Querschnitt durch den Kern dargestellt ist. Die Fähigkeit, andere atomic orbitals zu überschneiden, ist nach allen Richtungen gleich. Bei diesen Abbildungen wurde kein Versuch gemacht, die radiale Verteilung des Elektrons innerhalb des orbital zu zeigen, sondern nur der relativ kleine Raumbezirk angegeben, den das Elektron die meiste Zeit einnimmt. Es gibt mehrere Methoden, die Elektronenverteilung in der Umgebung des Kerns darzustellen. Bildlich kann man sich vorstellen, daß sich das Elektron aufs Geratewohl nach allen Richtungen bewegt, sich aber an bestimmten Stellen häufiger aufhält als an anderen. Angenommen, man könnte das Elektron in einem bestimmten Augenblick lokalisieren und an der betreffenden Stelle im Raum einen Punkt machen; wiederholte man dies in gleichen Zeitabständen oft genug, dann gäbe die relative Dichte der Punkte die Wahrscheinlichkeit an, mit der das Elektron in diesem Bereich zu finden ist. Man nennt diese relative Dichte die *Ladungsverteilung der Elektronenwolke.* Abb. 5a zeigt den Querschnitt einer Elektronenwolke, die von dem Elektron im 1*s*-orbital eines Wasserstoffatoms gebildet wird. Die Ladungsdichte verteilt sich kugelsymmetrisch um den Kern, nimmt aber mit wachsender Entfernung vom Kern ab. Dieses Bild zeigt nicht, *wieviel* von der Ladung sich in einem bestimmten Abstand vom Kern befindet. Obwohl, wie ersichtlich, die Ladungsdichte in Kernnähe am größten ist, ist das Volumen, das von einer dünnen Schale eingenommen wird, sehr klein, und es ist nur ein Bruchteil der Gesamtladung vorhanden. Ähnlich hat zwar bei großer Entfernung vom Kern eine Schale von gleicher Dicke ein großes Volumen, aber die Dichte ist so gering, daß wieder nur ein winziger Teil der Ladung vorhanden ist. Abb. 5b zeigt die Verteilung der Ladungsmenge e auf einer gleichmäßig geladenen Schale mit

Abb. 5. Elektronenverteilung in der Umgebung eines Wasserstoffkerns

wachsender Entfernung r vom Kern. Das Maximum der Kurve liegt bei 0,529 Å, dem Radius der alten Bohrschen Bahn. Für die meisten Zwecke genügt es, das orbital als Begrenzungsfläche oder als Querschnitt dieser Fläche darzustellen. Diese Begrenzungsfläche wird so ausgewählt, daß sie den Raum umschließt, in dem die Ladungsdichte am größten ist und der den Hauptteil der Ladung enthält.

Binden sich zwei Wasserstoffatome zum Wasserstoffmolekül, so überlagern sich ihre s-orbitals, und das Elektronenpaar umgibt beide Kerne, wie in Abb. 6 gezeigt wird. Dieses neue orbital, das die Position des Bindungselektronenpaares im zeitlichen Mittel beschreibt, ist das **molecular orbital.** Da es in bezug auf die Linie, die die beiden Kerne verbindet, symmetrisch ist, ähnelt es einem s-orbital und wird als *σ (Sigma)-orbital* bezeichnet. Die Bindung, die sich ausbildet, wenn ein Elektronenpaar ein molecular orbital einnimmt, das durch Überlagerung zweier s-orbitals zustandekommt, heißt s—s-Bindung.

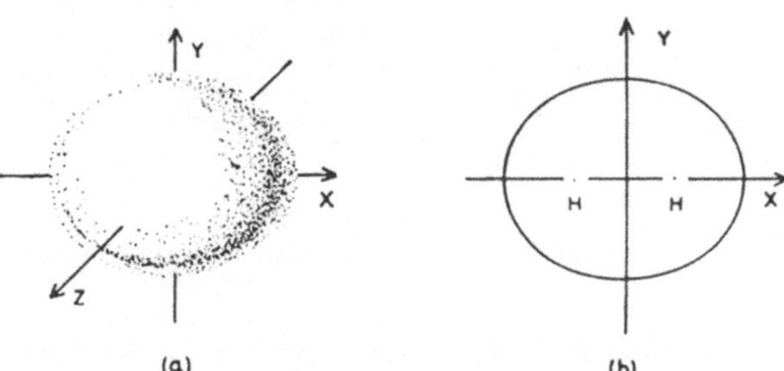

Abb. 6. Darstellung des molecular orbital vom σ-Typ beim Wasserstoffmolekül (a) perspektivisch, (b) im Querschnitt durch die Kerne

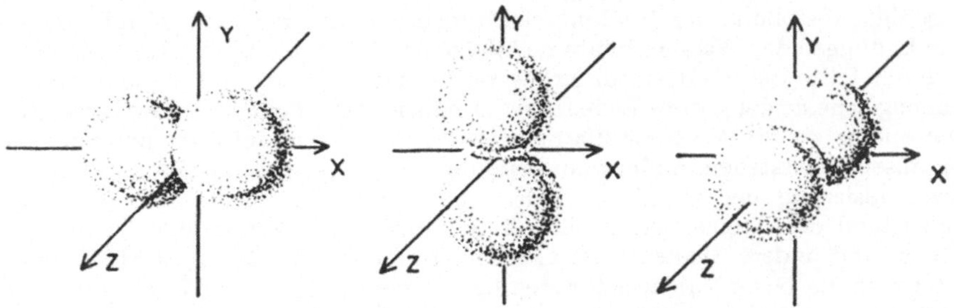

Abb. 7. Perspektivische Darstellung der p_x-, p_y- und p_z-atomic orbitals

Bei Elementen der zweiten Periode schrumpft das $1s$-orbital zu einer Größe zusammen, die proportional der Größe des $1s$-orbital bei Wasserstoff geteilt durch die Ordnungszahl ist. So hat das $1s$-orbital von Sauerstoff etwa ein Achtel der Größe des

Wasserstoff-orbital. Das 1s-orbital wird von dem 2s-orbital umschlossen, das ebenfalls kugelsymmetrisch in bezug auf den Kern ist und in jeder Richtung gleich gut bindet.

Die Elektronen der 2p-orbitals befinden sich mit der größten Wahrscheinlichkeit in Bereichen ähnlich einer Hantel, wie Abb. 7 zeigt. Diese orbitals besitzen eine *Knotenebene*, d. h. eine Ebene, in der die Wahrscheinlichkeit, ein Elektron zu finden, gleich Null ist. Die drei Hanteln, die die drei 2p-orbitals wiedergeben, sind senkrecht zueinander in der x-, y- und z-Achse orientiert. Die Elemente, die mit p-orbitals binden, wie Sauerstoff und Stickstoff, neigen daher dazu, Bindungen auszubilden, die zueinander im Winkel von 90° stehen. Die p-orbitals ergeben festere Bindungen als die s-orbitals, da ihre Lage in größerer Entfernung vom Kern eine bessere Überlagerung mit anderen atomic orbitals zuläßt. Die Bindung zweier Wasserstoffatome mit einem Sauerstoffatom zu einem Wassermolekül wird in Abb. 8 im Querschnitt gezeigt. Das dritte p-orbital des Sauerstoffs, das ein Elektronenpaar enthält und sich ober- und

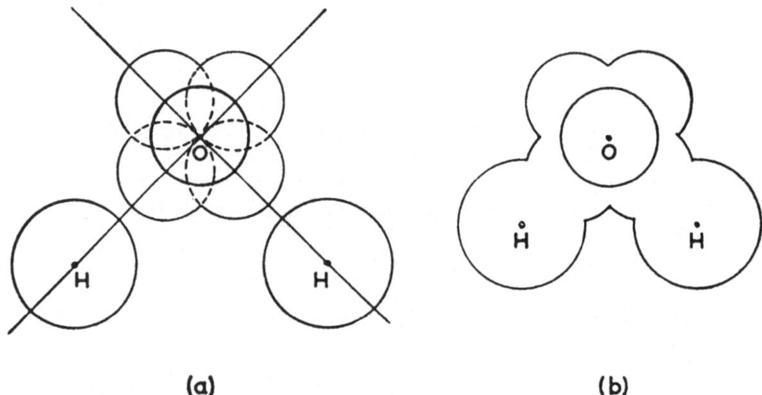

Abb. 8. (a) Atomic orbitals von Wasserstoff und Sauerstoff. (b) Überlappung der atomic orbitals zu zwei molecular orbitals vom σ-Typ beim Wassermolekül

unterhalb der Papierebene erstreckt, wird durch den inneren Kreis um den Sauerstoffkern angedeutet. Wenn Sauerstoff also mit zwei weiteren Atomen verknüpft ist, befinden sich zwei seiner sechs Valenzelektronen in σ-orbitals, zwei in 2s-atomic orbitals und zwei in 2p-atomic orbitals. Obgleich die p-orbitals im Sauerstoffatom im rechten Winkel zueinander stehen, bilden die Wasserstoff-Sauerstoff-Bindungen im Wassermolekül in Wirklichkeit einen Winkel von 105°, wie spektroskopische Daten zeigen. In ähnlicher Weise bilden die Stickstoff-Wasserstoff-Bindungen beim Ammoniak Winkel von 107°. Die Vergrößerung des Winkels kann verursacht werden durch die gegenseitige Abstoßung der Bindungselektronen (sterischer Effekt), durch induzierte gleiche Ladungen der Wasserstoffatome infolge der Polarisierung der Bindung (S. 206) oder durch teilweise sp^3-Bastardisierung der Bindungen (s. u.). Die elektrostatische Abstoßung scheint die größte Bedeutung zu haben, denn bei Schwefelwasserstoff und bei Phosphin, wo die Wasserstoffatome weiter vom Kern entfernt sind und daher weiter auseinanderstehen, findet man Bindungswinkel von 92 bzw. 99°.

Bastardisierung der atomic orbitals. Auf Grund der Elektronenverteilung im Grundzustand des Atoms, wie in Tab. 2, S. 7 angegeben, könnte man erwarten, daß Beryllium und andere Elemente der zweiten Gruppe inert sind oder nur Ionenbindungen eingehen, da beide Valenzelektronen im 2s-orbital gepaart sind. Was die Hauptgruppenelemente anbelangt, bilden sie tatsächlich Verbindungen, die weitgehend ionischer Natur sind. Die Nebengruppenelemente Zink, Cadmium und Quecksilber dagegen bilden Verbindungen, in denen das zweiwertige Atom weitgehend zweifach kovalent gebunden ist. Die Erklärung dafür ist, daß sich das 2s-orbital mit einem 2p-orbital kombinieren kann, wobei zwei *bastardisierte sp-orbitals* entstehen (Abb. 9), deren jedes zwei Elektronen unterbringen kann. Diese bastardisierten sp-orbitals stehen im Winkel von 180° zueinander und können andere atomic orbitals besser überlagern, als die p-orbitals dies vermögen. Infolgedessen ist die Energie, die während der Entstehung der Bindung freigesetzt wird, größer als die Energie, die notwendig ist, um die Elektronen in die bastardisierten orbitals zu befördern. Elektronenbeugungsdaten zeigen, daß die Halogenide von Zink, Cadmium und Quecksilber in der Dampfphase linear gebaut sind. Die Bastardisierung von zwei atomic orbitals heißt *digonale Bastardisierung*.

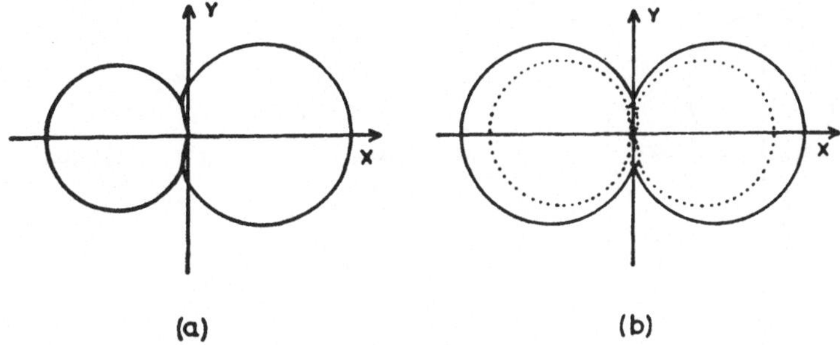

Abb. 9. Querschnitt (a) eines einzelnen bastardisierten sp-atomic orbital, (b) zweier bastardisierter sp-orbitals

Wieder unter Bezug auf Tab. 2, S. 7 könnte man erwarten, daß Bor eine Valenz betätigt, Kohlenstoff zwei Valenzen. Aber das $2s$-orbital und die beiden $2p$-orbitals können zu Zwecken der Bindungsbildung einer *trigonalen Bastardisierung* unterliegen. Hierbei entstehen drei neue orbitals, die man als sp^2-orbitals bezeichnet. Die hochgeschriebene Zahl gibt an, daß zwei p-orbitals beteiligt sind. Diese drei bastardisierten

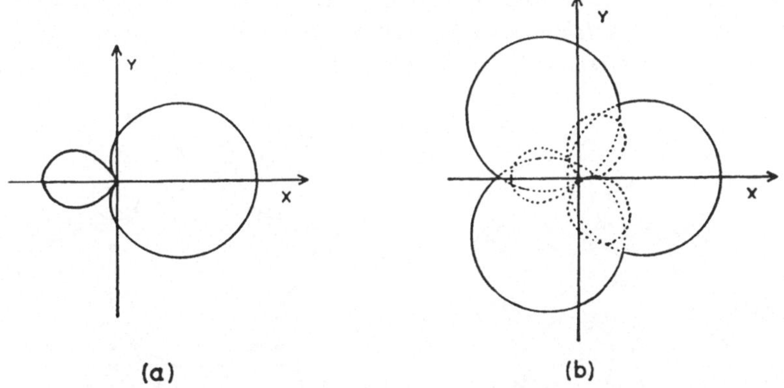

Abb. 10. Querschnitt (a) eines einzelnen bastardisierten sp^2-atomic orbital, (b) dreier bastardisierter sp^2-orbitals

orbitals stehen im Winkel von 120° zueinander und liegen also in einer Ebene (Abb. 10). Bor bildet trikovalente Verbindungen, und es ist bewiesen, daß die Borhalogenide eben sind und Winkel von 120° bilden.

Schließlich kann das $2s$-orbital mit drei p-orbitals bastardisieren, und es entstehen vier bastardisierte sp^3-orbitals, die tetraedrisch angeordnet sind und Winkel von 109° 28′ bilden (Abb. 11). Diese orbitals treten beim Kohlenstoff auf, wenn er mit vier weiteren Atomen verknüpft ist.

Löslichkeit. Der Unterschied der Bindungsart erklärt auch das verschiedene Löslichkeitsverhalten salzartiger und kovalenter Verbindungen. Wasser ist eine polare Verbindung; d. h. werden Wassermoleküle einem elektrischen Feld ausgesetzt, so orientieren sie sich vorzugsweise derart, daß die Wasserstoffatome in Richtung des negativen Pols, die Sauerstoffatome in Richtung des positiven Pols weisen. Diese Orientierung deutet auf eine mehr positive und eine mehr negative Seite des Moleküls, das infolgedessen als *Dipol* bezeichnet wird. Man führt die Dipolbildung auf mehrere Faktoren zurück, in erster Linie aber auf die unanteiligen

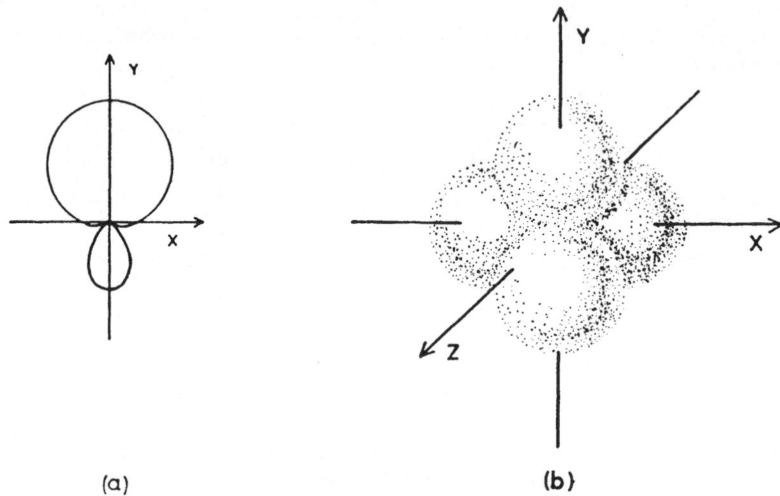

Abb. 11. (a) Querschnitt eines einzelnen bastardisierten sp^3-atomic orbital, (b) perspektivische Darstellung von vier bastardisierten sp^3-orbitals

Elektronen am Sauerstoffatom. Bringt man Natriumchlorid mit Wasser zusammen, so wirkt eine *Anziehungskraft zwischen positivem Natriumion und den negativen Seiten der Wassermoleküle*, und es bildet sich das hydratisierte Natriumion.

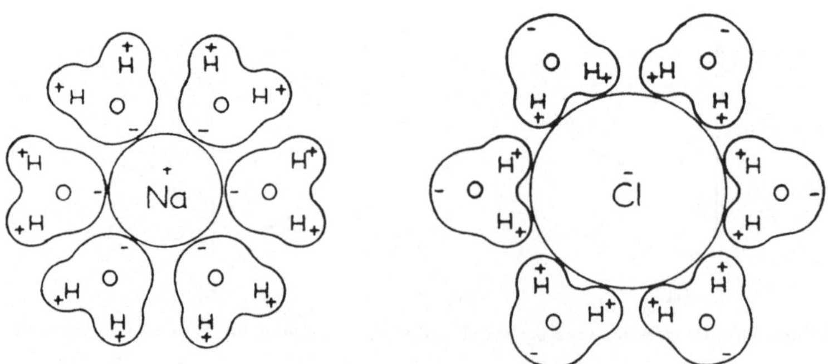

Abb. 12. Hydratisierte Natrium- und Chlorionen

Ebenso *zieht das negative Chlorion die positiven Seiten der Wassermoleküle an* (Abb. 12). Es kommt hinzu, daß jedes Wassermolekül mit andern Wassermolekülen assoziiert ist (S. 91), und daher haftet eine beträchtliche Wassermenge fest an jedem Ion.

Wasser hat eine *hohe Dielektrizitätskonstante*, und wenn sich die Wassermoleküle zwischen die Natrium- und Chlorionen schieben, vermindern sie die elektrostatische Anziehung zwischen den Ionen, mit dem Ergebnis, daß sich die Ionen trennen, und das Salz sich in Wasser löst. Diese Lösung leitet den elektrischen Strom, da die Ionen frei beweglich sind, wenn sie durch die Wassermoleküle voneinander isoliert werden. Salze sind in den meisten organischen Flüssigkeiten unlöslich, weil diese nicht genügend polar sind, oder weil ihre Dielektrizitätskonstante nicht hoch genug ist, oder weil die Atome, die die Dipole bilden, aus räumlichen Gründen nicht so nahe an die Ionen herankommen können, daß die Anziehungskräfte wirksam werden.

Tetrachlorkohlenstoff ist in Wasser unlöslich, weil das Molekül ungeladen ist und das Kohlenstoffatom und die Chloratome keine Neigung zeigen, in Ionen zu dissoziieren. Infolgedessen besteht gegenüber Wassermolekülen keine starke Anziehung. Überdies wirkt bei den Wassermolekülen eine starke gegenseitige Anziehung (siehe *Assoziation* S. 91), die eine einfache Vermischung der Wasser- und Tetrachlorkohlenstoffmoleküle verhindert. Andererseits vermischen sich Tetrachlorkohlenstoffmoleküle ohne Schwierigkeit mit anderen organischen Molekülen, z. B. denen des Benzins, die sich gegenseitig ebenfalls sehr schwach anziehen.

Anzahl der organischen Verbindungen. Die große Zahl organischer Verbindungen kann durch die Elektronenstruktur des Kohlenstoffatoms erklärt werden, die es in die Mitte der zweiten Periode stellt. Es vermag mit seinen vier Valenzelektronen eine maximale Zahl einwertiger Atome oder Atomgruppen zu binden[1] und *kann vier starke kovalente Bindungen ausbilden, und zwar nicht nur mit Atomen anderer Elemente, sondern auch in unbeschränktem Maße mit weiteren Kohlenstoffatomen.* Polyäthylen und viele andere hochmolekulare Kunststoffe haben tausend und mehr kettenförmig aneinandergebundene Kohlenstoffatome. Außerdem sind die vom Kohlenstoffatom gebildeten Bindungen nach den Ecken eines Tetraeders gerichtet (S. 13, 32), und es sind *dreidimensionale Moleküle möglich sowie Moleküle, deren Atome in Form von Vielecken geordnet sind.* Der Kohlenstoff spielt eine einzigartige Rolle, denn bei den anderen Elementen mit vier Valenzelektronen, wie Silicium, Germanium und Zinn werden die Valenzelektronen infolge der wachsenden Entfernung zum Kern immer weniger angezogen, die Ausbildung kovalenter Bindungen wird damit unwahrscheinlicher, d. h. diese Elemente werden metallähnlicher. Da ihre Atome außerdem größer sind, sind aus räumlichen Gründen viele beim Kohlenstoff bekannte Verbindungstypen bei den anderen Elementen nicht möglich.

Man kann also feststellen, daß die organische Chemie auf *zwei grundlegenden Prinzipien* beruht: 1. **Kohlenstoff ist vierwertig**; d. h. er kann mit vier einwertigen Atomen oder Atomgruppen kovalente Bindungen eingehen; 2. **Kohlenstoff kann sich unbegrenzt mit sich selbst verbinden.** Diese Prinzipien wurden 1858 unabhängig voneinander und fast gleichzeitig von KEKULÉ und COUPER[2] ausgesprochen und bildeten die Grundlage für die Entwicklung der organischen Strukturchemie. Sie wurden aufgestellt, lange bevor die Chemiker eine Vorstellung von

---

[1] Diese Feststellung bezieht sich auf Atome mit der Koordinationszahl vier, d. h. auf Atome, die maximal vier Kovalenzen ausbilden. Atome der dritten Periode oder höherer Perioden können von *d*-orbitals (Tab. 2) Gebrauch machen und sich mit mehr als vier Gruppen verbinden. Sie verbinden sich jedoch nicht im gleichen Maß wie Kohlenstoff mit sich selbst.

[2] ARCHIBALD SCOTT COUPER (1831—1892), ideenreicher junger schottischer Chemiker, dessen Laufbahn 1859 durch Krankheit abgebrochen wurde. Er war der erste, der für organische Verbindungen Formeln veröffentlichte, die mit den heutigen Strukturformeln vergleichbar sind.

der Elektronennatur der Valenz hatten, und nur auf Grund von Beobachtungen über Zusammensetzung und chemisches Verhalten organischer Verbindungen entwickelt.

Isolierung und Reindarstellung organischer Verbindungen

Bevor man mit einer unbekannten Verbindung irgendwelche Untersuchungen anstellen kann, muß man sie zuerst in reinem Zustand isolieren. Zu diesem Zweck gibt es eine Reihe von Verfahren.

Destillation. Da zwischen den einzelnen organischen Molekülen in den meisten Fällen nur geringe Anziehungskräfte wirksam sind, können viele organische Ver-

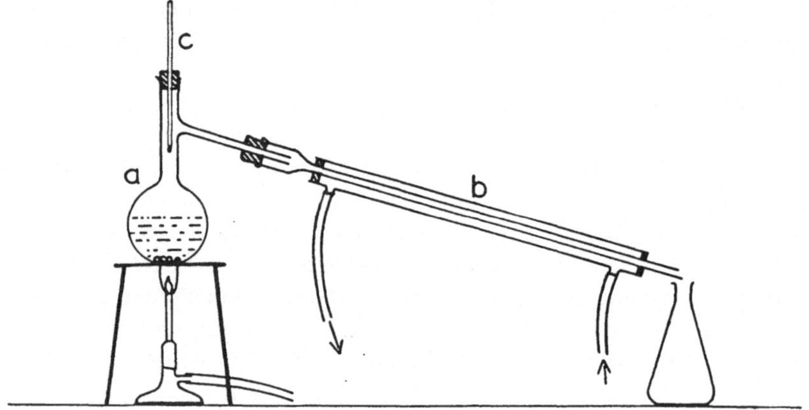

Abb. 13. Einfache Destillationsapparatur

bindungen ohne Zersetzung in den Gaszustand übergeführt werden, indem man sie bis auf die Temperatur erhitzt, bei der der Dampfdruck gleich dem Außendruck ist. Diese Temperatur heißt der **Siedepunkt** der Flüssigkeit. Die Dämpfe werden durch eine Kühlvorrichtung geleitet, wo sie sich zu der ursprünglichen Flüssigkeit kondensieren. Das Verfahren heißt **Destillation.** Eine einfache Destillationsapparatur zeigt Abb. 13. Die Substanz, die destilliert werden soll, wird in den Destillierkolben *a* eingebracht, und dieser mit dem wassergekühlten Kühler *b* verbunden. Im Kolbenhals wird ein Thermometer *c* angebracht, mit dem die Siedetemperatur bestimmt wird.

Da die Anziehungskräfte zwischen den Molekülen von Fall zu Fall verschieden groß sind, destillieren verschiedene organische Verbindungen gewöhnlich bei verschiedenen Temperaturen. Durch Destillation kann man also nicht nur flüchtige organische Verbindungen von nichtflüchtigen Beimengungen trennen, sondern man kann auch Gemische organischer Verbindungen in die Komponenten zerlegen, wenn diese verschiedene Siedepunkte haben. Zur Trennung von Substanzen, deren Siedepunkte dicht zusammenliegen, muß man fraktioniert destillieren, am besten mit Hilfe eines wirksamen Fraktionieraufsatzes.

Bei der **fraktionierten Destillation** wird das Gemisch in eine Anzahl Fraktionen zerlegt. Diese sind gewöhnlich anders zusammengesetzt als das Gemisch; die niedriger siedenden Fraktionen enthalten einen größeren Prozentsatz der niedriger siedenden Substanz (vgl. S. 98). Destilliert man systematisch die einzelnen

Fraktionen erneut, so kommt eine weitere Trennung zustande. Dieses Verfahren kann man so oft wiederholen, bis der gewünschte Reinheitsgrad erreicht ist. Eine **Fraktionierkolonne** ist eine Vorrichtung, die eine bessere Trennung ermöglicht als eine gewöhnliche Destillationsapparatur. Sie besteht aus einer langen Säule, in der die Dämpfe aufsteigen und eine gewisse Flüssigkeitsmenge, der *Rückfluß*, abwärtsfließt. Wenn die heißen Dämpfe aus der Blase mit der kühleren abfließenden Flüssigkeit in Berührung kommen, findet ein Wärmeaustausch statt. Die Dämpfe kühlen sich etwas ab, und einige der höher siedenden Anteile kondensieren. Durch die an den Rückfluß abgegebene Kondensationswärme wird eine kleine

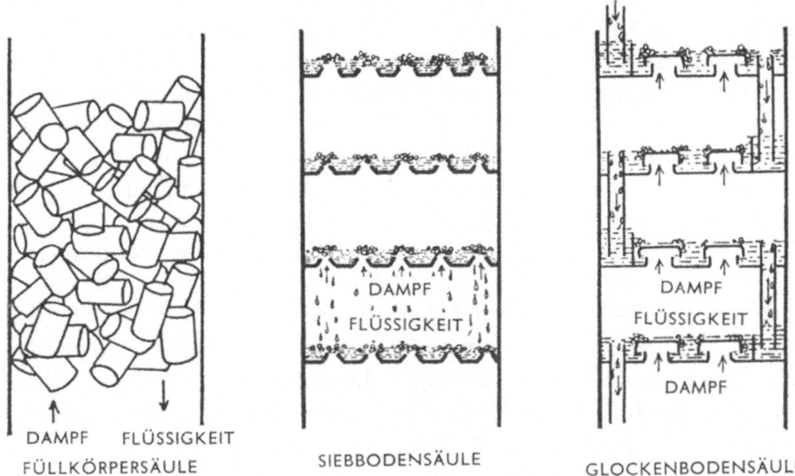

Abb. 14. Drei Arten von Fraktionierkolonnen im Schnitt

Menge seiner niedriger siedenden Anteile verdampft. So kommt eine stufenweise Anreicherung der niedriger siedenden Komponente in den aufsteigenden Dämpfen und der höher siedenden Komponente im Rückfluß zustande.

Die Wirksamkeit einer Fraktionierkolonne ist abhängig von der innigen Berührung der flüchtigen Dämpfe mit dem Rückfluß, und mit diesem Ziel sind viele Arten von Kolonnen erfunden worden. Unter diesen lassen sich zwei Haupttypen unterscheiden, die **Füllkörpersäulen** und die **Bodensäulen**. Schnitte davon zeigt Abb. 14. Theoretisch ist es nicht möglich, zwei Flüssigkeiten durch Destillation vollständig zu trennen. Selbst wenn der Unterschied zwischen den Siedepunkten groß ist, hat die höher siedende Komponente immer beim Siedepunkt der anderen Komponente einen bestimmten Dampfdruck, und einige Moleküle der höher siedenden Verbindung destillieren mit. Für alle praktischen Zwecke ist es jedoch möglich, durch wirksame Fraktionierung Flüssigkeiten zu trennen, deren Siedepunkte nur 3° auseinanderliegen.

Destilliert man gleiche Mengen von Äthylalkohol, einer farblosen Flüssigkeit, die bei 78° siedet, und Azobenzol, einem orangeroten, festen Stoff, der bei 297° siedet, aus einem gewöhnlichen Destillierkolben, so sind sogar die ersten Anteile des Destillats von mitgerissenen Azobenzolmolekülen gelb gefärbt, trotz der Differenz der Siedepunkte von mehr als 200°.

Die **Destillation unter vermindertem Druck,** häufig **Vakuumdestillation** genannt, wird bei hochsiedenden Verbindungen angewandt, um die Zersetzung zu vermeiden, die bei den zur Destillation unter Atmosphärendruck notwendigen hohen Temperaturen eintreten würde. Da die Substanzen sieden, sobald ihr Dampfdruck den an der Oberfläche der Flüssigkeit herrschenden Druck übersteigt, ermöglicht eine Verminderung des Drucks, daß die Substanz bei tieferer Temperatur siedet. Die **Wasserdampfdestillation,** bei der man Dampf durch die Substanz leitet oder in Gegenwart von Wasser destilliert, erfüllt denselben Zweck. Die Destillation kommt in Gang, wenn die Summe der Dampfdrucke von Wasser und Verbindung den in der Destillationsapparatur herrschenden Druck überschreitet. Diese Bedingung wird bei tieferer Temperatur erfüllt als für jede Komponente allein.

Kristallisation. Dieses Verfahren ist zur Reinigung fester organischer Substanzen ebenso nützlich wie zu der von Salzen. Die Löslichkeit organischer Verbindungen steigt im allgemeinen stark mit steigender Temperatur. Das übliche Verfahren des Umkristallisierens besteht daher darin, daß man beim Siedepunkt des Lösungsmittels eine gesättigte Lösung herstellt und dann auf Raumtemperatur oder darunter abkühlt. Die reine Verbindung kristallisiert aus, und die leichter löslichen oder in geringerer Menge vorhandenen Verunreinigungen bleiben in Lösung. Es steht eine Vielzahl von Lösungsmitteln zur Wahl, und man kann dasjenige aussuchen, das sich zur Reinigung der betreffenden Substanz am besten eignet.

Extraktion. Die Extraktion mit Lösungsmitteln ist ein weiteres wichtiges Verfahren zur Isolierung und Reinigung organischer Verbindungen. Gemische fester Substanzen werden mit einem flüchtigen Lösungsmittel extrahiert, das die erwünschten Bestandteile herauslöst und die unerwünschten zurückläßt. Organische Verbindungen können aus wäßrigen Lösungen abgetrennt werden, wenn man mit einem Lösungsmittel schüttelt, das nicht mit Wasser mischbar ist und die gewünschte Substanz besser löst als Wasser. Die organische Verbindung geht in das organische Lösungsmittel über, aus dem sie durch Verdampfen oder Abdestillieren des Lösungsmittels wiedergewonnen werden kann. Eine Trennung organischer oder anorganischer Salze von Nichtsalzen kann man durch Schütteln des Gemisches mit Wasser und einem organischen Lösungsmittel erreichen; die Salze lösen sich im Wasser, die Nichtsalze in dem organischen Lösungsmittel.

Adsorption. Die selektive Adsorption an den Oberflächen von Festkörpern ist wichtig zur Entfernung von Verunreinigungen und zur Trennung von Verbindungen mit ähnlichen physikalischen Eigenschaften. Aktivkohle wird häufig zur Entfernung gefärbter, hochmolekularer Verunreinigungen aus Flüssigkeiten oder Lösungen benutzt. Bei einem anderen Verfahren wird eine Lösung des Substanzgemisches auf eine Säule mit aktiviertem Aluminiumoxyd oder einem der zahlreichen anderen festen Adsorbentien gegeben und mit geeigneten Lösungsmitteln eluiert. Die verschiedenen Bestandteile des Gemisches passieren die Säule im allgemeinen mit verschiedenen Geschwindigkeiten, die von ihrer relativen Adsorbierbarkeit abhängen, und werden so getrennt. Dieses Verfahren wurde erstmals bei einem Gemisch von Blattfarbstoffen (S. 911) angewandt, das sich auf dem weißen Aluminiumoxyd in farbigen Zonen auftrennte. Deswegen nannte man dieses Verfahren *Chromatographie,* eine Bezeichnung, die auf alle Trennungsverfahren ausgedehnt wurde, bei denen Säulen mit einem festen Adsorptionsmittel benutzt werden. Bei der Trennung von Ionen in wäßriger Lösung kann man Ionenaustauscherharze (S. 542) als Adsorbens verwenden.

Seit 1952 wird ein Verfahren zur Trennung komplizierter Gemische flüchtiger Verbindungen angewendet, die sog. *Gaschromatographie (Gas-Flüssigkeits-Verteilungschromatographie)*. Das Gemisch wird mit einem inerten Trägergas, wie Stickstoff oder Helium, über eine Säule mit Diatomeenerde (Celite) oder Schamottemehl (Sterchamol) gegeben, die mit einem dünnen Film eines nichtflüchtigen Lösungsmittels imprägniert sind. Die Komponenten des Gemisches werden je nach ihrer relativen Löslichkeit in der stationären Flüssigkeit mit verschiedenen Geschwindigkeiten durch die Säule transportiert. Man erhält überraschend scharfe Trennungen bei sehr kleinen Proben. Eine Säule von 1,20 m Länge kann so wirksam sein wie eine Fraktionierkolonne mit 1200 Böden.

Reinheitskriterien. Reine Substanzen destillieren bei konstanter Temperatur, also ist ein *konstanter Siedepunkt* ein gutes Reinheitskriterium. Reine feste Substanzen *schmelzen* gewöhnlich *in einem sehr engen Temperaturbereich*, der für die betreffende Verbindung charakteristisch ist. Da diese Schmelzpunkte relativ niedrig sind, können sie leicht bestimmt werden und bilden ein zweites Reinheitskriterium. Weitere zweckmäßige Kriterien sind *Dichte, Brechungsindex, Löslichkeit in verschiedenen Lösungsmitteln* und die *Absorptionsspektren* (S. 42 und 692).

Organische Elementaranalyse

Qualitativer Nachweis. Ist eine Verbindung in reinem Zustand isoliert, so muß jede weitere Untersuchung mit der Identifizierung der vorhandenen Elemente beginnen. Der qualitative Nachweis von Elementen beruht fast ausschließlich auf Ionenreaktionen. Da die Elemente in organischen Verbindungen gewöhnlich nicht als Ionen vorliegen, muß man andere Nachweismöglichkeiten ersinnen, oder man muß die organischen Verbindungen in ionisierbare Salze überführen. Beide Wege sind gangbar. **Kohlenstoff** und **Wasserstoff** können leicht nachgewiesen werden, indem man die unbekannte Substanz in einem Reagensglas mit trockenem Kupferoxydpulver erhitzt und die sich entwickelnden Gase in Barytwasser leitet. Der Wasserstoff wird zu Wasser verbrannt, das sich in den kühleren Bereichen des Reagensglases in Tropfen ansammelt und direkt beobachtet werden kann. Der Kohlenstoff wird zu Kohlendioxyd verbrannt, das mit dem Bariumhydroxyd reagiert und einen Niederschlag von Bariumcarbonat ergibt.

Andere Elemente können nach verschiedenen Methoden in nachweisbare Ionen übergeführt werden. Die gebräuchlichste ist das Erhitzen der Verbindung mit geschmolzenem Natrium *(Natriumschmelze)*. **Schwefel** wird in Natriumsulfid übergeführt, **Halogen** in Natriumhalogenid und **Stickstoff** in Gegenwart von Kohlenstoff in Natriumcyanid.

$$\text{Organische Verbindung mit C, H, N, S, X}^{1} \xrightarrow{\text{Na-Schmelze}} \begin{array}{l} \text{NaCN} \\ \text{Na}_2\text{S} \\ \text{NaX} \end{array}$$

Man erhält eine wäßrige Lösung der Ionen, wenn man mit Wasser zersetzt. Das *Cyanidion* kann man in unlösliches Eisen(III)-hexacyanoferrat(II) (Berliner Blau) überführen, indem man eine Probe der wäßrigen Lösung mit Eisen(II)- und Eisen(III)-sulfat in alkalischer Lösung erhitzt. Bei Zugabe von Salzsäure lösen sich die Eisenhydroxyde auf und der blaue Niederschlag bleibt zurück.

$$18\,\text{NaCN} + 3\,\text{FeSO}_4 + 2\,\text{Fe}_2(\text{SO}_4)_3 \longrightarrow \text{Fe}_4[\text{Fe(CN)}_6]_3 + 9\,\text{Na}_2\text{SO}_4$$

---

[1] Das Symbol X steht für Chlor, Brom oder Jod.

Sulfidion kann man leicht nachweisen, indem man die Lösung mit Essigsäure ansäuert, zur Austreibung des Schwefelwasserstoffs erhitzt und die Dämpfe mit einem Filtrierpapier in Berührung bringt, das mit einer Bleiacetatlösung getränkt wurde. Wenn Sulfidion anwesend war, bildet sich ein dunkler glänzender Fleck von Bleisulfid.

$$Na_2S + 2\,HC_2H_3O_2 \longrightarrow H_2S + 2\,NaC_2H_3O_2$$
$$Pb(C_2H_3O_2)_2 + H_2S \longrightarrow PbS + 2\,HC_2H_3O_2$$

Zum Nachweis von *Halogen-Ionen* kocht man die Lösung mit Salpetersäure, um Cyanid- und Sulfidionen zu entfernen, und gibt dann wäßrige Silbernitrat-Lösung zu. Ist Halogen vorhanden, so entsteht ein weißer, blaßgelber oder tiefgelber Niederschlag, je nachdem, ob Chlor, Brom oder Jod anwesend ist.

$$NaX + AgNO_3 \longrightarrow AgX + NaNO_3$$

Quantitative Analyse. Der Bestimmung der *Art* der Elemente einer neuen Verbindung folgt die Bestimmung der *relativen Mengen* dieser Elemente. **Kohlenstoff** und **Wasserstoff** werden nach einem von LIEBIG vervollkommneten Verfahren

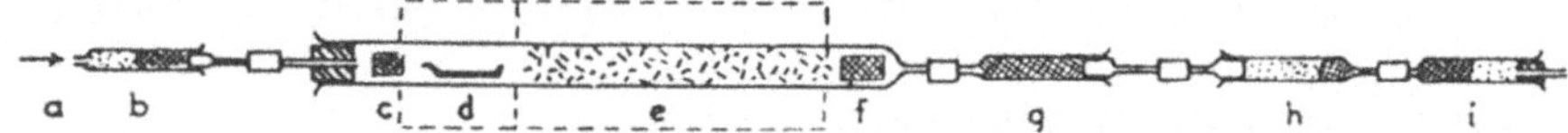

Abb. 15. Apparatur zur Bestimmung von Kohlenstoff und Wasserstoff: *a* Luft- oder Sauerstoffvorrat; *b* Absorptionsrohr, gefüllt mit Natronkalk zur Beseitigung von Kohlendioxyd, und einem zweiten festen Absorptionsmittel, z. B. wasserfreiem Magnesiumperchlorat oder aktivierter Tonerde zur Entfernung von Wasser; *c* Kupferoxyddrahtnetz zur Oxydation von zurückdiffundierenden Dämpfen; *d* Porzellan- oder Platinschiffchen, das die gewogene Probe enthält und von einem der Heizabschnitte des Verbrennungsofens (punktierte Linien) erhitzt wird; *e* Füllung von Kupferoxyddraht, die auf 600—800° erhitzt wird; *f* reines Kupferdrahtnetz zur Reduzierung von Stickoxyden zu Stickstoff; *g* gewogenes Absorptionsröhrchen mit Wasserabsorptionsmittel; *h* gewogenes Röhrchen mit Absorptionsmittel für Kohlendioxyd, an das sich noch Wasserabsorptionsmittel anschließt; *i* Sicherheitsröhrchen, das mit Absorptionsmittel für Wasser und Kohlendioxyd gefüllt ist und die Diffusion von Luftfeuchtigkeit und Kohlendioxyd nach *h* verhindert

bestimmt, das auf demselben Prinzip beruht wie der qualitative Nachweis, nämlich der Verbrennung zu Kohlendioxyd und Wasser. Die Apparatur und die Funktionen ihrer Einzelteile sind in Abb. 15 angegeben.

Die Verbrennung wird in einem Glasrohr ausgeführt, das mit Kupferoxyd gefüllt ist. Dieses wird durch einen elektrisch oder mit Gas beheizten Ofen auf 600—800° gehalten, damit das organische Material vollständig oxydiert wird. Das Rohr wird zuerst zur Entfernung von Feuchtigkeit und Kohlendioxyd mit gereinigter Luft ausgespült, und dann wird die gewogene Probe vollständig zu Kohlendioxyd und Wasser verbrannt. Die Verbrennungsgase werden durch eine Absorptionsvorrichtung geleitet, die aus einem Röhrchen mit Wasserabsorptionsmittel, einem Röhrchen mit Kohlendioxydabsorptionsmittel und einem Sicherheitsröhrchen mit einer weiteren Menge Wasser- und Kohlendioxydabsorptionsmittel besteht. Nach der einleitenden Zersetzung leitet man einen langsamen Strom von gereinigter Luft oder Sauerstoff in das Rohr, um die Verbrennung zu vervollständigen. Ist die Verbrennung beendet, so spült man die Apparatur mit gereinigter Luft nach, um alles Kohlendioxyd und Wasser in die Absorptionsröhrchen überzuführen. Die Gewichtszunahmen der Absorptionsröhrchen *g* und *h* (Abb. 15) ergeben das Gewicht des entstandenen Wassers bzw. Kohlendioxyds. Aus diesen Daten und dem Gewicht der Ausgangssubstanz kann man den Prozentgehalt an Wasserstoff und Kohlenstoff berechnen.

Die *Stickstoffbestimmung nach Dumas* ist die wichtigste Methode zur Bestimmung von **Stickstoff**, da sie auf alle Arten von Stickstoffverbindungen angewendet werden kann. Die Apparatur zeigt Abb. 16. Die gewogene Probe wird mit gepulvertem Kupferoxyd vermischt und in ein Rohr eingebracht, das man mit reinem Kohlendioxyd ausspült. Wenn der Teil des Rohres, der das Kupferoxyd mit der Probe enthält, erhitzt wird, verbrennt die Probe zu Kohlendioxyd, Wasser und Stickstoff. Die Gase passieren dann eine weitere Menge von erhitztem Kupferoxyd, damit vollständige Verbrennung gewährleistet wird. Etwa entstandene Stickoxyde werden durch Überleiten der Gase über ein reines Kupferdrahtnetz zu Stickstoff reduziert. Ist die Verbrennung zu Ende, wird das Rohr mit Kohlendioxyd nachgespült. Die Gase werden in ein mit 50%iger Kalilauge[1] gefülltes Azotometer geleitet,

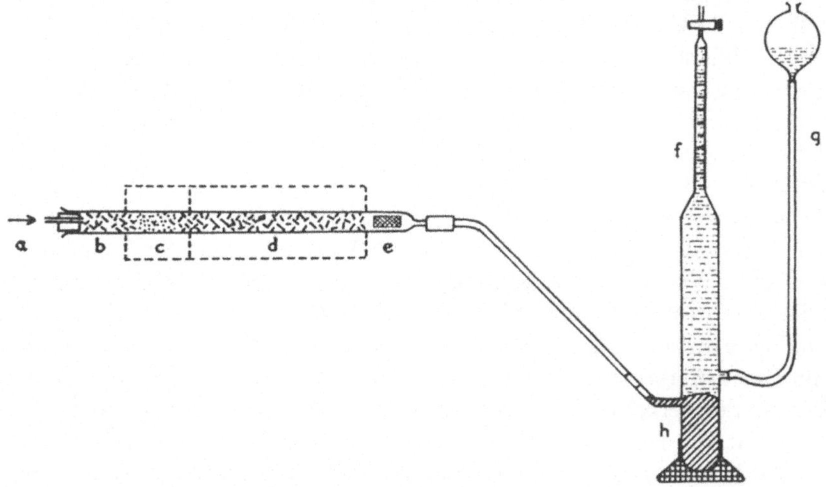

Abb. 16. Apparatur zur Bestimmung von Stickstoff nach DUMAS: *a* Vorrat an reinem Kohlendioxyd; *b* Kupferoxyddraht; *c* gewogene Probe, vermischt mit Kupferoxydpulver, durch einen der Heizabschnitte (punktierte Linien) erhitzt; *d* Kupferoxyddraht, der auf 600—800° erhitzt wird; *e* reines Kupferdrahtnetz zur Reduzierung von Stickoxyden zu Stickstoff; *f* Azotometer mit 50%iger wäßriger Kalilauge; *g* Niveaubirne und Kalilaugevorrat; *h* Quecksilberventil

wo das Kohlendioxyd absorbiert wird und der Stickstoff zurückbleibt. Das Stickstoffvolumen wird abgelesen, ebenso Temperatur und Barometerstand. Den Dampfdruck der Kalilauge kann man einer Tabelle entnehmen, er wird vom Atmosphärendruck abgezogen. Aus diesen Daten kann man das Gewicht des Stickstoffs und den Prozentgehalt in der Probe berechnen.

Bei der *Kjeldahl-Methode* wird eine gewogene Probe mit konzentrierter Schwefelsäure und einem Oxydationskatalysator wie Quecksilberoxyd oder Kupfersulfat und Selen erhitzt. Der in der Probe enthaltene Stickstoff wird in Ammoniumsulfat umgewandelt. Am Ende der Reaktion setzt man Natriumhydroxyd zu, um den Ammoniak freizusetzen, den man in ein abgemessenes Volumen einer eingestellten Säure destilliert. Rücktitration mit eingestellter Lauge und Methylrot als Indikator ergibt die Menge des entstandenen Ammoniaks. Dieses Verfahren eignet sich für Routineanalysen sehr zahlreicher Proben und ist bei Verbindungen, bei denen man genaue Resultate erhält, sehr zweckmäßig. Manche Verbindungen

---

[1] Man verwendet Kaliumhydroxyd anstatt Natriumhydroxyd, da Kaliumcarbonat in konzentrierter Kalilauge löslich ist, während Natriumcarbonat in konzentrierter Natronlauge unlöslich ist und ausfallen würde.

entwickeln aber Stickstoff oder zersetzen sich während der Reaktion nicht vollständig, so daß man zu niedrige Werte erhält.

Das einzig Besondere bei der quantitativen Bestimmung **anderer Elemente** ist die Notwendigkeit, sie in ionisierte Verbindungen umzuwandeln. Bei der Bestimmung von **Schwefel, Halogen** oder **Phosphor** z. B. wird die Verbindung in einer Stahlbombe nach PARR-WURZSCHMITT mit Natriumperoxyd geschmolzen, wobei Kohlenstoff und Wasserstoff zu Kohlendioxyd und Wasser verbrennen und Halogen, Schwefel und Phosphor in die Alkalihalogenide bzw. -sulfate bzw. -phosphate übergeführt werden. Oder man kann die Verbindungen mit Salpetersäure im Einschlußrohr bei erhöhter Temperatur oxydieren (*Bestimmung nach* CARIUS). Ist die Umwandlung in anorganische Salze herbeigeführt, so kann man nach den üblichen quantitativen Methoden gravimetrisch oder volumetrisch weiterarbeiten. Zur direkten Bestimmung von **Sauerstoff** gibt es kein allgemein gebräuchliches Verfahren. Infolgedessen wird dieses Element aus der Differenz zwischen 100% und der Summe der Prozentgehalte der anderen Elemente bestimmt.

Die *Substanzmenge*, die man für eine Analyse braucht, ist abhängig von der Geübtheit des Ausführenden sowie von der Apparatur und der Empfindlichkeit der benutzten Waage. Für **Makroanalysen** braucht man 0,1—0,2 g Substanz, für **Halbmikroanalysen** 0,01—0,02 g und für **Mikroanalysen** 0,003—0,005 g. In jedem Fall muß eine auf vier signifikante Stellen genaue Waage verwendet werden.

Empirische Formeln. Aus den Analysen kann man die relativen Gewichtsverhältnisse der verschiedenen vorhandenen Elemente berechnen, aber zur besseren Übersicht werden die Ergebnisse als *empirische Formel* ausgedrückt, die die relative Zahl der verschiedenen Atome im Molekül angibt. Zur Berechnung der empirischen Formel dividiert man die Prozentzahl jedes Elements durch sein Atomgewicht. Gewöhnlich erhält man ein Ergebnis in Form von Brüchen, die man üblicherweise in ein Verhältnis ganzer Zahlen umrechnet.

Das folgende Beispiel zeigt das allgemeine Verfahren, eine empirische Formel aus Analysenergebnissen aufzustellen.

Eine Probe von 0,1824 g ergab bei der Verbrennung 0,2681 g Kohlendioxyd und 0,1090 g Wasser.

$$\text{Gewicht des in der Probe enthaltenen Kohlenstoffs} = 0{,}2681 \times \frac{12}{44} = 0{,}07312 \text{ g.}$$

$$\text{Gewicht des in der Probe enthaltenen Wasserstoffs} = 0{,}1090 \times \frac{2}{18} = 0{,}01211 \text{ g.}$$

$$\text{Prozentgehalt des Kohlenstoffs in der Probe} = \frac{0{,}07312}{0{,}1824} \times 100 = 40{,}09.$$

$$\text{Prozentgehalt des Wasserstoffs in der Probe} = \frac{0{,}01211}{0{,}1824} \times 100 = 6{,}64.$$

$$\text{Prozentgehalt des Sauerstoffs in der Probe} = 100 - (40{,}09 + 6{,}64) = 53{,}27.$$

Element	Gewichts-prozente		Atom-gewicht		Atom-verhältnis				Atomverhältnis in ganzen Zahlen
C	40,09	:	12	=	3,36	:	3,33	=	1
H	6,64	:	1	=	6,64	:	3,33	=	2
O	53,27	:	16	=	3,33	:	3,33	=	1

Daraus ergibt sich die empirische Formel CH_2O.

Summenformeln. Im allgemeinen wird die Zusammensetzung einer anorganischen Verbindung durch die empirische Formel ausreichend bestimmt. Für die meisten organischen Verbindungen trifft dies nicht zu. Ein Grund für diesen Unterschied ist, daß viele organische Verbindungen die gleiche empirische Formel haben können, sich aber im Molekulargewicht unterscheiden. So haben Formaldehyd, Essigsäure, Milchsäure und Glucose alle die empirische Formel CH_2O, aber ihre Summenformeln, d. h. die Formeln, die nicht nur das Zahlenverhältnis, sondern die wirklich im Molekül vorhandene Zahl der Atome ausdrücken, sind in derselben Reihenfolge CH_2O, $C_2H_4O_2$, $C_3H_6O_3$ und $C_6H_{12}O_6$. Summenformeln geben die *Zusammensetzung* der Verbindung an. Auf die Bedeutung der Molekulargewichtsbestimmung wurde 1860 von CANNIZZARO hingewiesen, doch hatte schon AVOGADRO 1811 die Grundlagen für die Bestimmung geschaffen (S. 4).

Es gibt mehrere Methoden zur Molekulargewichtsbestimmung. Diejenige von DUMAS, die immer noch eine der genauesten ist, ist nur für Gase und niedrig siedende Flüssigkeiten geeignet. Ein Glaskolben bekannten Volumens wird zuerst in vollständig evakuiertem Zustand und dann nach Füllung mit Gas gewogen. Aus dem Gewicht des bekannten Gasvolumens bei beobachteter Temperatur und beobachtetem Druck kann man das Gewicht von 22,4 l bei 0° und 760 mm berechnen.

Die *Bestimmung nach* VICTOR MEYER[1] ist geeignet für leicht zu verflüchtigende Substanzen. Man verdampft eine gewogene Menge der Verbindung in einem geschlossenen System und mißt das Volumen der verdrängten Luft. Die Apparatur zeigt Abb. 17. Eine höher als die Probe siedende Flüssigkeit wird in den Heiz-

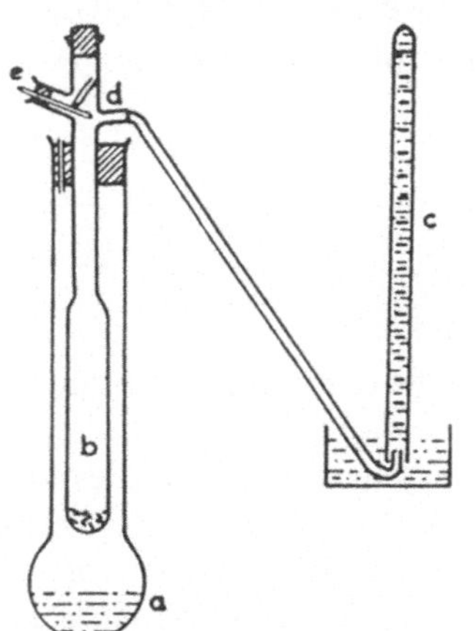

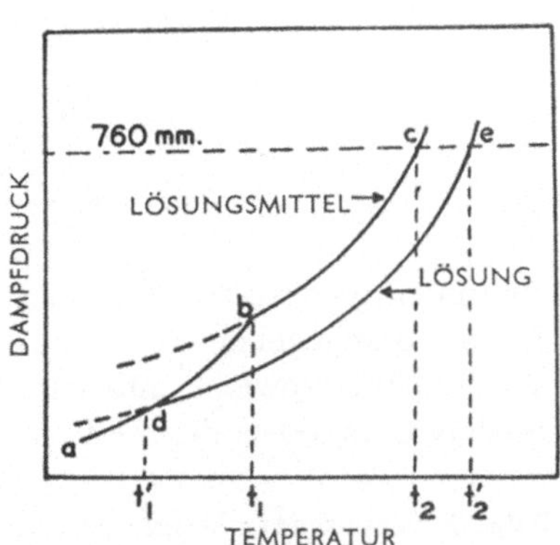

Abb. 17. Apparatur zur Molekulargewichtsbestimmung nach VICTOR MEYER   Abb. 18. Änderung des Dampfdruckes von Lösungsmittel und Lösung mit der Temperatur

mantel a eingebracht und so lange gleichmäßig gekocht, bis aus dem Abzugsrohr des inneren Gefäßes b keine Blasen mehr abgegeben werden, der Temperaturausgleich also erreicht ist. Dann wird über dem Abzugsrohr ein Eudiometer c angebracht, die Probe d mittels der Falle e in das Gefäß b eingeführt und so lange

---

[1] VICTOR MEYER (1848—1897), Professor der Chemie an der Universität Heidelberg. Er ist nicht nur bekannt wegen des Apparates, der seinen Namen trägt, sondern auch durch seine Arbeiten über sterische Hinderung (S. 579), aliphatische Nitroverbindungen (S. 270), Oxime (S. 219), Thiophen (S. 639) und Jodosoverbindungen (S. 460).

erhitzt, bis wieder Gleichgewicht erreicht ist. Das Volumen der im Eudiometerrohr gesammelten Luft ist dasselbe, das die Substanz einnehmen würde, wenn sie bei der Temperatur und dem Druck, bei denen die verdrängte Luft gemessen wurde, gasförmig wäre.

Zwei Methoden von allgemeinerer Anwendbarkeit als die oben beschriebenen sind die *kryoskopische* und die *ebullioskopische* Methode, d. h. Bestimmung der *Gefrierpunktserniedrigung* bzw. *Siedepunktserhöhung*. Sie beruhen auf dem Einfluß eines nichtflüchtigen gelösten Stoffes auf den Dampfdruck des Lösungsmittels. Dieser Effekt wird in den Kurven der Abb. 18 dargestellt. Kurve *bc* zeigt den Dampfdruck des reinen Lösungsmittels in flüssiger Phase, Kurve *ab* den in fester Phase. Der Dampfdruck eines Festkörpers ist niedriger als der der Flüssigkeit bei derselben Temperatur, da die Anziehungskräfte zwischen den Molekülen im eng gepackten Kristallgitter größer sind als in der Flüssigkeit. Auf dieser größeren Anziehung beruht auch die Erscheinung der Schmelzwärme eines Festkörpers. Der Dampfdruck der Lösung kann nun durch die Kurve *de* dargestellt werden, denn der Dampfdruck des Lösungsmittels wird durch gelöste Moleküle einer Substanz, deren Dampfdruck vernachlässigt werden kann, erniedrigt. Der Gefrierpunkt *b* der reinen Flüssigkeit wird um die Differenz Δt_1 auf den Gefrierpunkt *d* der Lösung erniedrigt. Der Siedepunkt *c* des reinen Lösungsmittels erhöht sich um Δt_2 auf den Siedepunkt *e* der Lösung. Da die Dampfdruckerniedrigung von der Zahl der gelösten Moleküle abhängt, wird durch ein Mol jeder nicht dissoziierenden Substanz, gelöst in 1000 Gramm eines Lösungsmittels, der Gefrierpunkt um K_F Grad erniedrigt (die *molare Gefrierpunktserniedrigung* des Lösungsmittels) bzw. der Siedepunkt um K_{Kp} Grad erhöht (die *molare Siedepunktserhöhung*). Werden W Gramm einer Substanz mit dem Molekulargewicht M in G Gramm Lösungsmittel gelöst, so gilt

$$\Delta t = K\,\frac{W}{M} \times \frac{1000}{G}$$

$$\text{oder}\quad M = \frac{KW}{\Delta t} \times \frac{1000}{G}$$

Die experimentell bestimmten Werte von K für einige der üblichen Lösungsmittel sind in Tab. 3 angegeben.

Das Molekulargewicht unbekannter Verbindungen wird durch Bestimmung des Siedepunkts oder des Gefrierpunkts in speziellen Apparaturen ermittelt (Abb. 19a und b), zuerst vom reinen Lösungsmittel, dann von einer Lösung bekannter Konzentration. Sind K, W, G und Δt bekannt, kann man das Molekulargewicht M berechnen. Da die Siedepunkts- bzw. Gefrierpunktsdifferenzen im allgemeinen klein sind, wird ein besonderes Differenz-Thermometer verwendet, mit dem sich kleine Temperaturunterschiede messen lassen, wie z. B. das *Beckmann-Thermometer* oder das *Menzies-Wright-Thermometer*. Außerdem benötigt man relativ große Substanzmengen. Arbeitet man jedoch mit

Tabelle 3. *Kryoskopische und ebullioskopische Konstanten*

Lösungsmittel	K_F	$K_{Kp_{760}}$
Wasser	1,86	0,51
Eisessig	3,86	3,07
Benzol	5,12	2,53
Cyclopentadecanon . .	21,3	
Campher	39,7	

Campher, einem Festkörper mit hoher molarer Gefrierpunktserniedrigung, so kann man die Gefrierpunktserniedrigung im Schmelzpunktsröhrchen unter Verwendung eines gewöhnlichen Thermometers ausführen (Abb. 20). Dieses Verfahren ist von RAST angegeben worden.

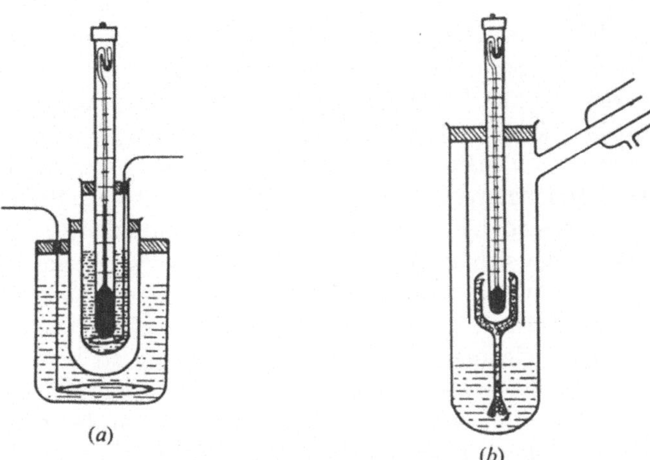

(a)

(b)

Abb. 19 (a) Gefrierpunktsapparatur, (b) Siedepunktsapparatur

Eine weitere brauchbare Methode zur Bestimmung des Molekulargewichts von Substanzen mit niedrigem Dampfdruck ist die Methode von SIGNER. Sie beruht auf der Tatsache, daß äquimolare Lösungen verschiedener nicht flüchtiger Substanzen im gleichen Lösungsmittel denselben Dampfdruck haben. Eine gewogene Menge einer reinen Substanz von bekanntem Molekulargewicht wird in einem Lösungsmittel von hohem Dampfdruck gelöst und in einen Schenkel eines umgekehrten U-Rohres ein-

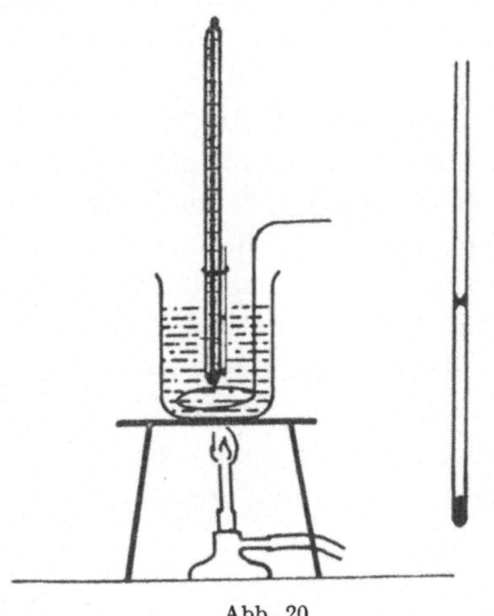

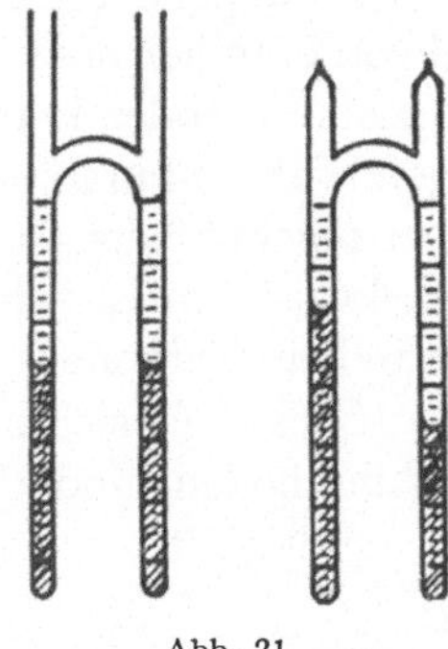

Abb. 20   Abb. 21

Abb. 20. Schmelzpunktsapparat (mit Schmelzpunktsröhrchen) und vergrößertes, zugeschmolzenes Schmelzpunktsröhrchen

Abb. 21. Molekulargewichtsapparatur nach SIGNER

gebracht, dessen Schenkel gleichen Durchmesser haben (Abb. 21). Eine gewogene Menge der unbekannten Verbindung wird im gleichen Lösungsmittel gelöst und in den anderen Schenkel eingebracht. Das System wird evakuiert, zugeschmolzen und bei gleichmäßiger Temperatur stehengelassen. Von der Lösung mit höherem Dampfdruck destilliert Lösungsmittel in die Lösung mit niedrigerem Dampfdruck. Wenn das Gleichgewicht erreicht ist, sind die molaren Konzentrationen beider Lösungen identisch. Aus dem Volumenverhältnis der beiden Lösungen, das man durch Messung der Höhe der Flüssigkeitssäulen erhält, kann das Molekulargewicht der unbekannten Substanz berechnet werden. Eine modifizierte Apparatur mit Schliffverbindungen (1954) gestattet eine schnellere Einstellung des Gleichgewichts und umgeht das Zuschmelzen der Röhren.

Der relative Fehler bei Molekulargewichtsbestimmungen ist selten kleiner als $\pm 5\%$, während das Ergebnis einer Verbrennungsanalyse als annehmbar betrachtet wird, wenn der absolute Fehler kleiner ist als $\pm 0,3\%$[1]. Daher ist es schwierig, allein durch Analyse die genauen Summenformeln gesättigter Kohlenwasserstoffe (Verbindungen von Kohlenstoff mit maximalen Wasserstoffmengen) zu bestimmen, wenn deren Molekulargewichte größer als etwa 150 sind. Sind noch andere Elemente zugegen, so sind die Unterschiede in der prozentualen Zusammensetzung von Verbindungen, die sich im Kohlenstoffgehalt um ein Atom unterscheiden, beträchtlich größer. Enthält z. B. eine Verbindung Kohlenstoff und Wasserstoff und ein Sauerstoffatom pro Molekül, so können empirische Formeln für Verbindungen bis zu einem Molekulargewicht von etwa 400 aufgestellt werden. Die Elementaranalyse ist im allgemeinen genauer als die gewöhnlichen Molekulargewichtsbestimmungen, die mehr zu dem Zweck ausgeführt werden, festzustellen, ob die Summenformel ein Vielfaches der empirischen Formel ist.

Einteilung der organischen Verbindungen

Bis 1948 waren schon schätzungsweise 1 000 000 organische Verbindungen bekannt. Wie schon ausgeführt, ist der Grund für diese große Zahl die Eigenschaft des Kohlenstoffatoms, sich mit vier Atomen oder Atomgruppen zu verbinden, und insbesondere die Eigenschaft der Kohlenstoffatome, sich unbeschränkt miteinander unter Bildung stabiler Verbindungen zu verknüpfen. Dadurch wird die Zahl möglicher Kohlenstoffverbindungen unendlich groß, und das Studium der organischen Chemie erschiene von vornherein hoffnungslos, bestünde nicht die Möglichkeit, die ungeheure Zahl von Einzelverbindungen in eine gewisse nicht zu große Zahl von Familien oder *Verbindungsklassen* einzuteilen, deren Glieder jeweils nach ähnlichen Methoden hergestellt werden und auch ähnliches chemisches Verhalten zeigen, während in ihren physikalischen Eigenschaften gewöhnlich ein mehr oder weniger regelmäßiger Gang festzustellen ist. Dagegen unterscheiden sich die Verbindungsklassen meist sehr deutlich in ihren chemischen Eigenschaften, und die synthetischen Methoden, die zu ihnen führen, sind recht verschieden. Dies erlaubt dem Chemiker, sich auf die Gruppeneigenschaften zu konzentrieren, die Darstellungsmethoden und Reaktionen ganzer Verbindungsklassen vom allgemeinen Standpunkt zu studieren und spezielle Synthesen oder Reaktionen

---

[1] Die Genauigkeit wird durch Angabe des absoluten oder relativen Fehlers ausgedrückt. Der Fehler einer Messung ist die Abweichung von dem als richtig angesehenen Wert. Der *absolute Fehler* ist der Unterschied zwischen dem beobachteten numerischen Wert und dem richtigen Wert, er wird in denselben Einheiten angegeben wie der numerische Wert. Der *relative Fehler* wird üblicherweise als prozentuale Abweichung ausgedrückt und ist der absolute Fehler, dividiert durch den richtigen Wert und multipliziert mit 100. Wenn z. B. eine Verbindung ein Molekulargewicht von 200 hat und der gemessene Wert 210 ist, dann beträgt der absolute Fehler 10 und der relative Fehler 5%. Enthält eine Verbindung 5,5% Wasserstoff und der gefundene Wert beträgt 5,3%, so ist der absolute Fehler 0,2% und der relative Fehler 3,6%.

einzelner Verbindungen als Ergänzungen oder Abweichungen vom Regelfall zu behandeln.

Die Gesamtheit der Verbindungsklassen wird auf Grund gemeinsamer Struktureigentümlichkeiten in drei Hauptgruppen eingeteilt: 1. *acyclische* Verbindungen, die keine Ringstrukturen von Atomen aufweisen, 2. *carbocyclische* Verbindungen, die Ringe enthalten, die nur aus Kohlenstoffatomen bestehen, und 3. *heterocyclische* Verbindungen, deren Ringe aus mehr als einer Atomart bestehen. Die acyclischen Verbindungen heißen üblicherweise *aliphatische* Verbindungen, nach dem griechischen Wort *aleiphatos = Fett,* weil die Fette diesem Strukturtypus angehören.

Wiederholungsfragen

1. Man definiere die Bezeichnung *organische Chemie.*

2. Welcher Zeitpunkt wird gewöhnlich als Beginn der modernen, wissenschaftlichen organischen Chemie angesehen und warum? Von wann ab erhielt sie ihre rationale Grundlage?

3. Man nenne einen für die Frühentwicklung der organischen Chemie bedeutsamen Beitrag von jedem der folgenden Forscher: SCHEELE, LAVOISIER, LIEBIG, CANNIZZARO, VICTOR MEYER, BERZELIUS, DUMAS, WOEHLER.

4. Man diskutiere die zwei gewöhnlichen Arten der Bindungsbildung zwischen Atomen und gebe Beispiele dazu an.

5. Man stelle die wichtigsten Unterschiede der physikalischen und chemischen Eigenschaften der meisten Salze und Nichtsalze zusammen, man nenne den Hauptgrund für diese Unterschiede und gebe an, inwiefern sie dadurch erklärt werden.

6. Wie vergleichen sich Kohlenstoffverbindungen und Verbindungen anderer Elemente nach Anzahl und Mannigfaltigkeit? Worauf beruht die einzigartige Stellung des Kohlenstoffs in dieser Beziehung?

7. Man diskutiere die Löslichkeit von Natriumchlorid in Wasser, Tetrachlorkohlenstoff und Benzin und die gegenseitigen Löslichkeitsverhältnisse dieser drei Substanzen. Man erkläre diese Tatsachen.

8. Man stelle die wichtigsten Verfahren zur Reinigung organischer Verbindungen zusammen.

9. Wie geht man im allgemeinen vor, wenn man feste organische Substanzen durch Umkristallisieren reinigen will?

10. Welche physikalischen Eigenschaften werden hauptsächlich als Reinheitskriterien für organische Verbindungen verwendet? Weshalb sind diese Kriterien für anorganische Salze von geringer Bedeutung?

11. Man gebe eine Skizze der Apparatur und eine kurze Beschreibung des üblichen Verfahrens zur Bestimmung von Kohlenstoff und Wasserstoff in organischen Verbindungen.

12. Man beschreibe kurz die Methode von DUMAS zur Bestimmung von Stickstoff in organischen Verbindungen.

13. Man beschreibe das Kjeldahl-Verfahren zur Bestimmung von Stickstoff in organischen Verbindungen. In welchen Grenzen ist es anwendbar?

14. Wozu muß man das Molekulargewicht organischer Verbindungen bestimmen? Was ist der Unterschied zwischen einer empirischen Formel und einer Summenformel?

15. Man gebe die Formel an, die das Molekulargewicht mit der Gefrierpunktserniedrigung eines Lösungsmittels verknüpft, und erkläre die Bedeutung der Symbole. Wie kann die Siedepunktserhöhung zur Bestimmung des Molekulargewichts herangezogen werden?

16. Es sei eine neue organische Verbindung im Gemisch mit anderen Substanzen gegeben; man umreiße kurz die experimentellen Schritte, die zur Aufstellung der Summenformel der Verbindung notwendig sind.

Aufgaben

17. Man berechne die prozentuale Zusammensetzung der Verbindungen mit folgenden Summenformeln: (a) C_3H_8; (b) C_2H_6O; (c) C_2H_3ClO; (d) C_3H_7NO; (e) $C_2H_8N_2$; (f) $C_2H_5NO_2$; (g) C_3H_5BrO; (h) $C_3H_9O_4P$; (i) CH_4S; (j) $C_4H_8Cl_2S$; (k) CH_6BrN; (l) C_4H_9Br; (m) C_2H_6Hg; (n) C_3H_9SiCl; (o) $C_2H_2O_4$.

18. Man berechne die Unterschiede im Prozentgehalt an Kohlenstoff und Wasserstoff für folgende Verbindungspaare:

A. (a) $C_{17}H_{36}$ und $C_{18}H_{38}$; (b) $C_{17}H_{36}O$ und $C_{18}H_{38}O$; (c) $C_{30}H_{48}O$ und $C_{31}H_{50}O$.
B. (a) $C_{16}H_{32}$ und $C_{17}H_{34}$; (b) $C_{16}H_{32}O$ und $C_{17}H_{34}O$; (c) $C_{27}H_{46}O$ und $C_{28}H_{48}O$.
C. (a) $C_{15}H_{32}$ und $C_{16}H_{34}$; (b) $C_{15}H_{32}O$ und $C_{16}H_{34}O$; (c) $C_{30}H_{62}O$ und $C_{31}H_{64}O$.
D. (a) $C_{14}H_{12}$ und $C_{15}H_{14}$; (b) $C_{14}H_{12}O$ und $C_{15}H_{14}O$; (c) $C_{30}H_{50}O$ und $C_{30}H_{52}O$.

19. Man berechne das Stickstoffvolumen, das man unter Normalbedingungen[1] erhält, wenn folgende Mengen der gegebenen Verbindungen in einer Dumas-Apparatur verbrannt werden: (a) 0,044 g C_2H_7N; (b) 0,072 g C_2H_5NO; (c) 0,104 g C_6H_7N; (d) 0,035 g $C_2H_6N_2$; (e) 0,065 g CH_4N_2S.

20. Man berechne die empirischen Formeln für folgende Verbindungen, die $X\%$ Kohlenstoff, $Y\%$ Wasserstoff, $Z\%$ Schwefel und als Rest eventuell Sauerstoff enthalten.

	A	B	C	D
X	38,65	47,29	53,32	57,65
Y	9,68	10,50	11,05	11,49
Z	51,62	42,15	35,60	30,78

21. Für folgende Verbindungen, die $X\%$ Kohlenstoff, $Y\%$ Wasserstoff, außerdem Sauerstoff enthalten und das angenäherte Molekulargewicht Z haben, berechne man die Summenformel und das genaue Molekulargewicht.

	A	B	C	D
X	54,55	62,05	66,72	69,75
Y	9,02	10,34	11,05	11,62
Z	84	164	148	88

22. Man berechne das angenäherte Molekulargewicht für die Verbindungen, die bei Auflösung von 0,310 g in 15 g Benzol folgende Gefrierpunktserniedrigung zeigen: (a) 1,582°; (b) 1,196°; (c) 0,719°; (d) 0,384°.

23. Man berechne das angenäherte Molekulargewicht für folgende Verbindungen, von denen X g in einer Apparatur nach VICTOR MEYER Y cm³ Luft verdrängen, bei 747 mm Druck und 20° über Wasser (Dampfdruck 17 mm Hg).

	A	B	C	D
X	0,202	0,152	0,175	0,168
Y	60,5	55,8	72,7	49,8

24. Welches ist das Mindestmolekulargewicht einer Verbindung, die (a) 59,2% Chlor; (b) 35,6% Schwefel; (c) 11,6% Stickstoff; (d) 4,24% Kupfer enthält?

25. Eine Ätherlösung von 9,82 mg einer reinen Verbindung mit dem Molekulargewicht 154 wurde in einen Schenkel einer Signer-Apparatur eingebracht, in den anderen Schenkel wurde eine Ätherlösung der unbekannten Verbindung gefüllt. Nach Erreichen des Gleichgewichtes wurde die Höhe der Flüssigkeiten in beiden Schenkeln gemessen. X war das Gewicht der unbekannten Substanz in Milligramm, Y die Flüssigkeitshöhe in dem Schenkel mit der bekannten Verbindung, und Z die Flüssigkeits-

---

[1] Normalbedingungen sind 0° und 760 mm Hg.

höhe in dem Schenkel mit der unbekannten Verbindung. Man berechne das Molekulargewicht für folgende Verbindungen:

	A	B	C	D
X	10,09	9,04	8,16	10,91
Y	5,32	7,31	8,45	6,35
Z	6,56	5,98	5,65	7,83

26. Die Verbindungen A—D enthalten Kohlenstoff, Wasserstoff und soweit möglich Sauerstoff. Die Verbrennung von X g ergab Y g Kohlendioxyd und Z g Wasser. Man berechne die prozentuale Zusammensetzung und die empirischen Formeln. Wurden M g in einer Victor-Meyer-Apparatur verdampft, so betrug das Volumen der verdrängten Luft umgerechnet auf Normalbedingungen N cm³. Welches sind die Summenformeln der Verbindungen:

	A	B	C	D
X	0,1562	0,1234	0,1085	0.1356
Y	0,4904	0,2359	0,3411	0.1863
Z	0,2020	0,1458	0,1394	0.1535
M	0,130	0,321	0.169	0,052
N	34,2	16,6	39.2	35,2

27. Die folgenden Verbindungen A—D enthalten Kohlenstoff, Wasserstoff, Brom und soweit möglich Sauerstoff. Die Verbrennung von X g ergab Y g Kohlendioxyd und Z g Wasser. Die Natriumperoxydschmelze von M g ergab nach Ansäuern mit Salpetersäure und Ausfällen mit Silbernitrat N g Silberbromid. Man berechne die empirischen Formeln der Verbindungen:

	A	B	C	D
X	0,2001	0,1763	0,1523	0,1835
Y	0,1902	0,2822	0,1753	0,2675
Z	0,0907	0,1259	0,0812	0,1213
M	0,1523	0,1836	0,1682	0,1783
N	0,2058	0,2088	0,2064	0,2217

28. Die Verbrennung von X g einer Substanz ergab Y g Kohlendioxyd und Z g Wasser. Die Verbrennung von M g in einer Apparatur nach DUMAS ergab N cm³ Stickstoff, der über 50%iger wäßriger Kalilauge bei 25° (Dampfdruck der Lösung = 9 mm Hg) und 735 mm Atmosphärendruck aufgefangen wurde. Wenn U g in 25 g Benzol gelöst wurden, wurde der Gefrierpunkt des Benzols um V Grad erniedrigt. Man berechne die Summenformeln folgender Verbindungen A—D:

	A	B	C	D
X	0,1908	0,1853	0,2350	0,2031
Y	0,2895	0,2763	0,3692	0,1986
Z	0,1192	0,1418	0,0756	0,1226
M	0,1825	0,1932	0,1792	0,1520
N	40,2	41,9	43,2	40,9
U	1,082	0,523	1,310	0,752
V	1,72	1,99	1,25	1,81

Kapitel 2

Alkane

Es gibt mehrere Klassen organischer Verbindungen, die neben Kohlenstoff nur noch das Element Wasserstoff enthalten und daher *Kohlenwasserstoffe* genannt werden. Die einfachste Klasse dieser Gruppe ist die der *Alkane*. Aus Gründen, die später deutlich werden, nennt man sie auch *gesättigte Kohlenwasserstoffe, Paraffin-*

kohlenwasserstoffe oder die *Methanreihe* der Kohlenwasserstoffe. Alle anderen Klassen der acyclischen oder aliphatischen Reihe kann man sich als von den Alkanen abgeleitet denken. Daher bildet die Kenntnis ihrer Eigenschaften und Konstitution die Grundlage für das weitere Studium.

Das einfachste Glied dieser Klasse von Kohlenwasserstoffen enthält nur ein einziges Kohlenstoffatom und wird *Methan* genannt. Es ist ein Gas, das sich bei $-161°$ verflüssigt. Zusammensetzung und Molekulargewicht entsprechen der Formel CH_4. Das nächsthöhere Glied siedet bei $-89°$, hat die Summenformel C_2H_6 und heißt *Äthan*. Das dritte Glied, *Propan* C_3H_8, siedet bei $-42°$. Es ist schon ersichtlich, daß diese Klasse aus einer Reihe von Verbindungen der allgemeinen Formel C_nH_{2n+2} besteht, in der jedes Glied sich von einem Nachbarglied durch Mehr- bzw. Mindergehalt von einem Kohlenstoffatom und zwei Wasserstoffatomen, also CH_2, unterscheidet. Eine solche Reihe nennt man eine *homologe Reihe*, und die einzelnen Glieder der Reihe *Homologe* (griech. *homos*, gleich, und *logos*, Wort, d. h. verwandt oder ähnlich).

Strukturformeln

Die Zusammensetzung dieser Verbindungen und das Bestehen einer homologen Reihe ist durch die Elektronenkonfiguration des Kohlenstoffatoms zu erklären. Das Kohlenstoffatom besitzt vier Elektronen, die mit vier Elektronen anderer Atome gepaart werden können. Von den zunächst betrachteten Verbindungen von Kohlenstoff mit Wasserstoff wird dann die einfachste diejenige sein, in welcher ein einzelnes Kohlenstoffatom seine vier Elektronen mit den Elektronen von vier Wasserstoffatomen gepaart hat, wodurch die Verbindung I oder CH_4 entsteht. Sind zwei Kohlenstoffatome im Molekül, müssen sie unter gegenseitiger Paarung von Elektronen nach II miteinander verbunden sein, da sich das Wasserstoffatom mit nur einem Valenzelektron nicht mit mehr als einem Kohlenstoffatom verbinden

$$
\begin{array}{ccc}
\begin{array}{c} H \\ {\times}^{\cdot} \\ H\!\overset{\cdot}{\underset{\cdot}{\times}}\!C\!\overset{\times}{\times}\!H \\ {}^{\cdot}{\times} \\ H \end{array}
&
{\cdot}\,\overset{\circ}{\underset{\circ}{C}}\,\overset{\circ}{\underset{\circ}{C}}\,{}_{\circ}
&
\begin{array}{c} H \quad H \\ {\times}^{\cdot}\ {\times}{\circ} \\ H\!\overset{\cdot}{\underset{\cdot}{\times}}\!C\!\overset{\circ}{\underset{\circ}{\circ}}\!C\!\overset{\times}{\underset{\circ}{\times}}\!H \\ {}^{\cdot}{\times}\ {\circ}{\times} \\ H \quad H \end{array} \\
I & II & III
\end{array}
$$

kann. Sechs Elektronen in II bleiben übrig, um bei der Verbindung mit sechs Wasserstoffatomen unter Bildung der Verbindung III, C_2H_6, gepaart zu werden. Es ist hier gewissermaßen eine CH_2-Gruppe zwischen eines der Wasserstoffatome und das Kohlenstoffatom des Methanmoleküls eingeschaltet, bzw. ein Wasserstoffatom durch eine CH_3-Gruppe ersetzt worden. Sind drei Kohlenstoffatome im Molekül, so kommt diesem die folgende Formel zu:

$$
\begin{array}{c}
H \quad H \quad H \\
{\cdot\cdot} \quad {\cdot\cdot} \quad {\cdot\cdot} \\
H : C : C : C : H \quad \text{oder } C_3H_8. \\
{\cdot\cdot} \quad {\cdot\cdot} \quad {\cdot\cdot} \\
H \quad H \quad H
\end{array}
$$

In der voranstehenden Elektronenformel ist zwischen den von verschiedenen Atomen beigesteuerten Elektronen kein Unterschied mehr gemacht. Die Darstellung wirkt so weniger künstlich, denn die Elektronen sind untereinander gleich. Es ist beim Hinschreiben von Elektronenformeln nur wichtig, zu beachten, daß die Gesamtzahl der Valenzelektronen stimmt, daß alle gepaart sind und daß die Valenzelektronenschalen aller Atome komplett aufgefüllt sind (zwei Elektronen bei Wasserstoff und gewöhnlich acht Elektronen bei allen Elementen der beiden nächsten Perioden).

Der Aufbau von Kohlenwasserstoffen kann unter Anwendung der Valenzregeln beliebig weitergeführt werden. Erwartungsgemäß existieren Verbindungen mit den Summenformeln C_4H_{10}, C_6H_{14}, ja irgendwelche Verbindungen der allgemeinen Formel C_nH_{2n+2}, d. h. n CH_2-Gruppen plus zwei Wasserstoffatome zur Versorgung der beiden restlichen einsamen Elektronen. Bei Alkanen mit vier oder mehr Kohlenstoffatomen werden die Verhältnisse etwas komplizierter; es gibt nämlich zwei verschiedene Verbindungen mit derselben Summenformel C_4H_{10}. Die eine von ihnen siedet bei $-0,5°$, die andere bei $-12°$. Zwei oder mehr Verbindungen, die dieselbe Summenformel besitzen, sich jedoch in mindestens einer physikalischen oder chemischen Eigenschaft unterscheiden, nennt man **Isomere** (griech. *isos* gleich und *meros* Teil, d. h. aus gleichen Teilen zusammengesetzt) und die Erscheinung selbst **Isomerie.** Sie kann unter Anwendung der Elektronenformeln leicht erklärt werden. Sobald das Molekül mehr als drei Kohlenstoffatome enthält, können diese auf mehr als eine Weise miteinander verbunden sein. Vier Kohlenstoffatome z. B. können entweder in fortlaufender Kette aneinander gebunden sein, oder ein Kohlenstoffatom kann mit dem mittleren in einer Kette von drei Kohlenstoffatomen verknüpft sein.

$$\cdot\overset{\cdot\ \cdot}{\underset{\cdot\ \cdot}{C:C:C:C}}\cdot \qquad \text{oder} \qquad \overset{\cdot\ \cdot}{\cdot\, C:C:C\,\cdot}\atop \cdot\, C\,\cdot$$

Paart man die einsamen Elektronen mit denjenigen von Wasserstoffatomen, so kommt man zu folgenden Formeln:

$$\overset{H\ \ H\ \ H\ \ H}{\underset{H\ \ H\ \ H\ \ H}{H:C:C:C:C:H}} \qquad \text{und} \qquad \overset{H\quad H\quad H}{\underset{H\ \ H:C:H\ H}{H:C\ :\ C\ :\ C:H}}\atop H$$

Gewöhnlich wird die Bindung mittels Elektronenpaar durch einen Valenzstrich angedeutet, und man kann also die voranstehenden Formeln auch folgendermaßen schreiben:

$$\overset{H\ \ H\ \ H\ \ H}{\underset{H\ \ H\ \ H\ \ H}{H-C-C-C-C-H}} \qquad \text{und} \qquad \overset{H\quad H\quad H}{H-C-C-C-H}$$

Der verschiedenen Anordnung der Atome in den beiden Molekülen entsprechen verschiedene chemische und physikalische Eigenschaften. Die Verbindungen sind als *Butane* bekannt. Die erste, mit fortlaufender Kohlenstoffkette, wird als *normales Butan*, das Isomere als *Isobutan* bezeichnet. Allgemein nennt man Kohlenwasserstoffe mit fortlaufender Anordnung der Kohlenstoffatome *normale* (geradkettige) Kohlenwasserstoffe. Sind *Seitenketten* im Molekül, wie im Isobutan, so spricht man von *verzweigten* Kohlenwasserstoffen. Formeln, die nicht nur die Art und Anzahl der im Molekül vorhandenen Atome angeben, sondern auch zeigen, in welcher Weise die Atome miteinander verknüpft sind, heißen *Strukturformeln* oder *Konstitutionsformeln*. Die Anordnung der Atome im Molekül wird *Konstitution* der Verbindung genannt, im Gegensatz zur *Zusammensetzung*, die durch die Summenformel zum Ausdruck gebracht wird (S. 23).

Schreibt man die Formeln in die Papierebene, die Kohlenstoffvalenzen von der Mitte eines Quadrats nach den Ecken gerichtet, so erscheinen auf den ersten Blick für Propan zwei Isomere I und II möglich.

$$
\begin{array}{cc}
\quad \text{H} & \quad \text{H} \\
\quad | & \quad | \\
\text{H}_3\text{C}-\text{C}-\text{H} & \text{H}_3\text{C}-\text{C}-\text{CH}_3 \\
\quad | & \quad | \\
\quad \text{CH}_3 & \quad \text{H} \\
\quad \text{I} & \quad \text{II}
\end{array}
$$

Ebenso sollte man für Butan eine größere Zahl von Isomeren als zwei erwarten. Solche zusätzlichen Isomeren kennt man jedoch nicht. Nun fordert die Existenz von optischen Isomeren die Annahme eines dreidimensionalen Aufbaus der Moleküle (S. 351), und zwar in der Weise, daß die Kohlenstoffvalenzen von der Mitte eines regulären Tetraeders nach den Ecken gerichtet sind. Abb. 22a (vgl. auch S. 13) zeigt dies für das Methanmolekül. Der räumliche Aufbau der Moleküle

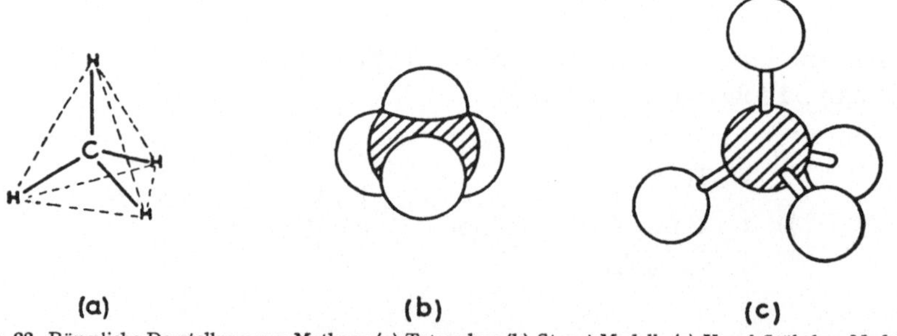

(a)   (b)   (c)

Abb. 22. Räumliche Darstellung von Methan: (a) Tetraeder; (b) Stuart-Modell; (c) Kugel-Stäbchen-Modell

wird durch Stuart-Modelle anschaulich gemacht (Abb. 22b), die maßstabgetreu die interatomaren Abstände und die Abstände bei dichtester Annäherung von Molekülen wiedergeben, wie sie durch Röntgenstreuung bestimmt werden können. Bei komplizierten Molekülen ist jedoch die Verknüpfungsweise der Atome mit dieser Art Modell nicht übersichtlich darzustellen. Hier leistet das ältere Modell mit Kugeln und Einsteckstäbchen (Abb. 22c) bessere Dienste. Auf Papier oder an der Wandtafel sind die ebenen Strichvalenzformeln, die nur die Ordnung zeigen, in der die einzelnen Atome aneinandergebunden sind, durchaus zweckentsprechend.

Bei tetraedrischer Anordnung der Kohlenstoffvalenzen sind sämtliche Wasserstoffatome im Äthanmolekül als gleichartig zu erkennen, d. h. die räumlichen Beziehungen zu jedem anderen Atom im Molekül sind für jedes von ihnen dieselben (Abb. 23a). Daher kann der Ersatz irgendeines Wasserstoffatoms durch ein anderes Atom oder eine andere Atomgruppe nur zu einer einzigen neuen Verbindung führen, mit anderen Worten, die beiden planaren Formeln für Propan werden bei räumlicher Darstellung identisch (Abb. 23b).

Man könnte sich vorstellen, daß die tetraedrische Ausrichtung der Kohlenstoffvalenzen selbst bei normalen Kohlenwasserstoffen mit mehr als drei C-Atomen zu

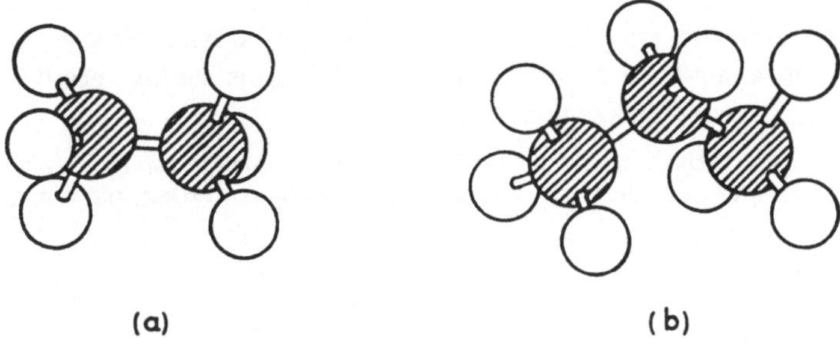

Abb. 23. Räumliche Darstellungen von (a) Äthan und (b) Propan

isomeren Verbindungen führt. Abb. 24 zeigt Beispiele von möglichen Konfigurationen einer Kette von fünf Kohlenstoffatomen. In Wirklichkeit sind aber keine derartigen Isomeren aufgefunden worden. Man nimmt daher wohl mit Recht an, daß in Gasen und Flüssigkeiten zwar die abgebildeten und zahllose weitere Modifikationen wirklich bestehen, daß sich diese Formen aber bei Zimmertemperatur

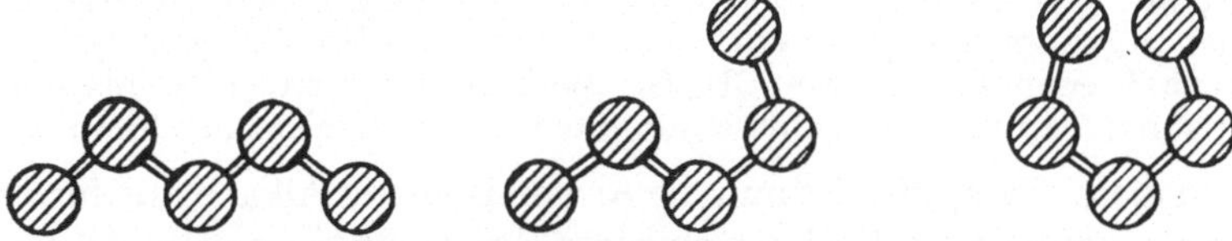

Abb. 24. Mögliche Konfigurationen einer Kette von fünf Kohlenstoffatomen

überaus leicht ineinander umwandeln, weil um jede einfache Bindung als Achse im wesentlichen freie Drehbarkeit herrscht. Die Lagen, die die einzelnen Atome jeweils im Verhältnis zueinander im Raum einnehmen, bezeichnet man als die *Konstellation (conformation)* des Moleküls. So kann ein und dasselbe Molekül eine beliebige Zahl von Konstellationen aufweisen. Ein Gas oder eine Flüssigkeit derselben Verbindung besteht also aus einer Mischung von Molekülen verschiedener Konstellationen, die kontinuierlich ineinander übergehen. Ungeachtet dessen können die Moleküle im zeitlichen Mittel bestimmte Konstellationen bevorzugen. Zum Beispiel nimmt man an, daß Äthan im Gaszustand die in Abb. 23a gezeigte Lage bevorzugt, in der die Wasserstoffatome auf Lücke stehen, weil sich die dichtstehenden Elektronen der Kohlenstoff-Wasserstoff-Bindungen gegenseitig abstoßen. Aus physikalischen Daten kann man berechnen, daß die Energieschwelle, die bei freier Rotation zu überwinden ist, einen sehr niedrigen Betrag hat, nämlich bei Äthan etwa 3 kcal pro Mol. Diese sog. *Energieschwelle* ist die Energie, die ausreicht, um die Methylgruppen so gegeneinander zu verdrehen, daß die Wasserstoffatome nicht mehr auf Lücke, sondern einander gegenüberstehen. Haben die Wasserstoffatome diese Stellung einmal erreicht, führt weitere Rotation der

Methylgruppen in derselben oder rückläufigen Richtung die Wasserstoffatome wieder in eine stabilere Lage zurück. Dabei wird derselbe Energiebetrag wieder freigesetzt. Eine Energieschwelle von 3 kcal pro Mol reicht aus, um zu bewirken, daß jeweils die meisten Moleküle die stabilste Konstellation einnehmen. Dagegen ist zur Stabilität unabhängiger Isomeren bei Raumtemperatur, d. h. zur Verhinderung wärmebedingter Umwandlungen eine Energieschwelle von mindestens 20 kcal pro Mol erforderlich.

Im festen Zustand sind die räumlichen Lagen stärker fixiert. Langkettige Paraffinkohlenwasserstoffe nehmen, wie die Röntgenstreuung ergibt, im festen Zustand die gestreckte Zickzacklage ein (S. 42).

Neben der quadratischen und tetraedrischen Ausrichtung der Kohlenstoffvalenzen könnte auch eine pyramidale Form in Erwägung gezogen werden, bei der das Kohlen-

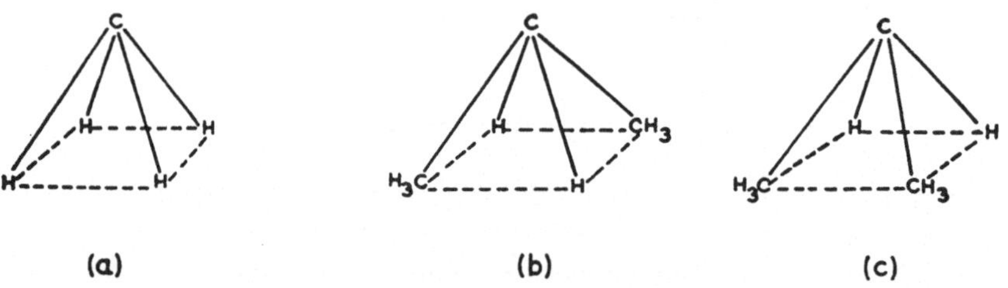

(a)   (b)   (c)

Abb. 25. (a) Pyramidenstruktur für Methan; (b) und (c) postulierte Pyramidenstruktur für Propan

stoffatom die Spitze einer quadratischen Pyramide einnimmt und die Valenzen nach den Basisecken gerichtet sind (Abb. 25a). Doch hat diese Struktur denselben Fehler wie die planar-quadratische, insofern nämlich Wasserstoffatome des Methans auf zwei verschiedene Weisen durch zwei CH_3-Gruppen ersetzt werden könnten und zwei Propane (Abb. 25b und c) bekannt sein müßten, was aber nicht der Fall ist.

Anhand dieser Tatsachen ist nun die Anzahl isomerer Alkane mit fünf Kohlenstoffatomen voraussagbar. Drei verschiedene Anordnungen der Kohlenstoffatome oder *Kohlenstoff-Gerüste*, wie man sich ausdrückt, sind möglich.

$$\text{C—C—C—C—C,}\qquad \underset{\displaystyle C}{\text{C—C—C—C}}\qquad \text{und}\qquad \overset{\displaystyle C}{\underset{\displaystyle C}{\text{C—C—C.}}}$$

Besetzung der freien Valenzen mit Wasserstoffatomen führt zu drei Kohlenwasserstoffen

Tatsächlich sind drei und nur drei Verbindungen mit der Summenformel C_5H_{12} bekannt. Die Verbindung, der die erste Struktur zugeschrieben wird, siedet bei 36° und heißt *normales Pentan*. Die Verbindung der zweiten Struktur siedet bei

28° und heißt *Isopentan*. Die Verbindung der dritten Struktur siedet bei 9,5° und heißt *Neopentan* (griech. *neos* neu).

Die obigen Strukturformeln nennt man *ausführliche*, zum Unterschied von *vereinfachten* Strukturformeln, wie man sie, um Platz und Zeit zu sparen, meist schreibt, z. B. $CH_3(CH_2)_3CH_3$, $CH_3CH_2CH(CH_3)_2$ oder $C_2H_5CH(CH_3)_2$ und $C(CH_3)_4$.

Nomenklatur

Notwendigerweise muß jede organische Verbindung einen Namen haben. Die Nomenklatur der organischen Chemie hat sich durchweg nach folgendem Schema entwickelt. Solange nur wenige Verbindungen einer Klasse bekannt sind und ihre Struktur noch unaufgeklärt ist, gibt man ihnen gewöhnlich Namen, die auf ihre Herkunft oder auffällige Eigenschaften hindeuten. Diese Namen nennt man *Trivialnamen*. Wächst die Zahl der Verbindungen einer Reihe, so entsteht das Bedürfnis nach einer systematischeren Nomenklatur, die auch etwas über die strukturellen Beziehungen der einzelnen Glieder aussagt. Schließlich wird der Versuch gemacht, ein ganz rationelles System zu entwickeln. Inzwischen haben sich jedoch die älteren Bezeichnungen eingebürgert, und es ist schwierig, sie durch neue zu verdrängen. So kommt es, daß für die einfacheren Verbindungen häufig mehrere Namen im Gebrauch sind, mit denen sich der Lernende vertraut machen muß, um sie wechselweise anwenden zu können.

Trivialnamen. In allen Nomenklatursystemen enden die Namen der Glieder der Alkanreihe auf die Nachsilbe *-an*. Die Namen der ersten vier Glieder (Methan, Äthan, Propan, Butan) können als Trivialnamen bezeichnet werden, weil sie sich von den Namen der Alkohole gleicher Kohlenstoffzahl ableiten. Beginnend mit dem fünften Glied werden die Namen aus den entsprechenden griechischen oder lateinischen[1] Zahlwörtern gebildet, was sie etwas systematischer erscheinen läßt. Aus dem Stamm des Zahlwortes ist die Anzahl der im Molekül vorhandenen Kohlenstoffatome unmittelbar zu entnehmen. Es heißen also die Kohlenwasserstoffe mit

C_5	Pentane	C_{15}	Pentadecane
C_6	Hexane	C_{16}—C_{19}	usw.
C_7	Heptane	C_{20}	Eicosane
C_8	Octane	C_{21}	Heneicosane
C_9	Nonane	C_{22}	Docosane
C_{10}	Decane	C_{23}	Tricosane
C_{11}	Undecane	C_{24}—C_{29}	usw.
C_{12}	Dodecane	C_{30}	Triacontane
C_{13}	Tridecane	C_{31}	Hentriacontane
C_{14}	Tetradecane	C_{32}—C_{39}	usw.
		C_{40}	Tetracontane usw.

---

[1] Diese Namen sind meist aus dem Griechischen abgeleitet, doch wird z. B. fast allgemein die lateinische Form *nona* benutzt und nicht die griechische *ennea*. Ähnlich findet man *Undecan* viel häufiger als *Hendecan*. Sprachreiniger nehmen daran Anstoß, ebenso wie an Ausdrücken wie *mono-* oder *tetravalent*, in denen ein griechisches Präfix an ein lateinisches Wort gebunden ist. Ist aber einmal ein Ausdruck in den Sprachgebrauch eingegangen, so ist eine nachträgliche Änderung der Terminologie, mag sie aus Gründen der Logik oder der Konsequenz noch so wünschenswert sein, immer untunlich.

Diese Namen sagen noch nichts über die Struktur der zahlreichen Isomeren, die in jedem einzelnen Fall existieren. Als man ein zweites Butan fand, nannte man es *Isobutan*, aus dem dritten Pentan wurde *Neopentan*, aber es wäre schwierig, solche Präfixe im Gedächtnis festzuhalten, wollte man sie ad libitum weiterbilden. Das Präfix *Iso-* ist noch im Gebrauch für alle Verbindungen mit einer einfachen Verzweigung am Ende einer normalen Kette. Isohexan ist also $(CH_3)_2CH(CH_2)_2CH_3$, Isononan $(CH_3)_2CH(CH_2)_5CH_3$. Das Präfix *Neo-* wird in dieser Reihe lediglich bei Neopentan und Neohexan verwendet.

Von Methan abgeleitete Namen. Auf der Suche nach einem System der Namenbildung, das eine größere Zahl von Isomeren erfaßt, verfiel man darauf, kompliziertere Verbindungen als Derivate (Abkömmlinge) einer einfachen Verbindung aufzufassen. So kann man sich jedes beliebige Alkan als von Methan abgeleitet denken, dessen Wasserstoffatome durch andere Atomgruppen ersetzt sind. Im Isobutan sind drei, im Neopentan sind vier Wasserstoffatome des Methans durch CH_3-Gruppen ersetzt, im Isopentan sind an die Stelle von drei Wasserstoffatomen des Methans zwei CH_3-Gruppen und eine C_2H_5-Gruppe getreten. Man muß also diesen Gruppen Namen geben, um dann die Verbindungen als Derivate des Methans benennen zu können. Die Gruppen sind selbst Kohlenwasserstoffe minus einem Wasserstoffatom und werden allgemein *Alkylgruppen* genannt. Die speziellen Namen werden gebildet, indem man die Nachsilbe *-an* im Namen des Alkans gleicher Kohlenstoffzahl durch *-yl* ersetzt. CH_3 ist *Methyl*, C_2H_5 ist *Äthyl*. Isobutan wird dann Trimethylmethan, Neopentan Tetramethylmethan, Isopentan wird Dimethyläthylmethan. Das Präfix wird immer mit dem Namen fest zu einem Wort verbunden.

Denselben Gebrauch macht man üblicherweise von Gruppen mit drei und vier Kohlenstoffatomen, um damit kompliziertere Verbindungen zu benennen. Da aber z. B. Propan *zwei Arten von Wasserstoff*[1] enthält, gibt es zwei Propylgruppen, $CH_3CH_2CH_2-$ und CH_3CHCH_3. Gewöhnlich markiert man das
        |
Kohlenstoffatom, an dem ein Wasserstoffatom fehlt, durch einen zugefügten Strich. Der Strich bezeichnet die Stelle, an der die Gruppe im Molekül mit einem Atom oder einer Atomgruppe verbunden ist[2]. Die namentliche Unterscheidung der beiden Propylgruppen erfolgt, indem man die eine *normal-Propyl* oder *n-Propyl*, die zweite *Isopropyl* nennt. Je zwei Gruppen können von n-Butan und Isobutan abgeleitet werden. n-Butan ergibt die *n-Butyl*-Gruppe $CH_3(CH_2)_2CH_2-$ und eine zweite Gruppe $CH_3CH_2CHCH_3$, die *sekundär-Butyl (sek.-Butyl)* genannt
                                               |

---

[1] Diese Ausdrucksweise hängt mit der Tatsache zusammen, daß die Eigenschaften eines Atoms im Molekül nicht nur von ihm selbst, sondern auch von dem Atom oder den Atomen abhängen, an die es gebunden ist. So ist es nicht nur möglich, zu unterscheiden zwischen einem Wasserstoffatom, das an Kohlenstoff, und einem, das an Stickstoff oder Sauerstoff gebunden ist, sondern es hat auch ein Wasserstoffatom, das an Kohlenstoff gebunden ist, verschiedene Eigenschaften, je nachdem das Kohlenstoffatom seinerseits mit einem weiteren Kohlenstoffatom und zwei Wasserstoffatomen oder mit zwei Kohlenstoffatomen und einem Wasserstoffatom verbunden ist.

[2] Früher war es üblich, solche Gruppen als *Radikale* zu bezeichnen. Mit dem Begriff *Radikal* verbindet man jedoch heute die Hauptbedeutung einer *freien* Gruppe, z. B. eines *freien Radikals*, das über ein ungepaartes Elektron verfügt. Es erscheint daher besser, von diesen Teilen eines stabilen Moleküls als von *Gruppen* zu sprechen.

wird, weil das Kohlenstoffatom, an dem ein Wasserstoffatom fehlt, an zwei andere Kohlenstoffatome gebunden ist. Solch ein Kohlenstoffatom nennt man *sekundäres Kohlenstoffatom*. Isobutan gibt die *Isobutyl-Gruppe* $(CH_3)_2CHCH_2-$ und die Gruppe $(CH_3)_3C-$. Diese letzte heißt *tertiär-Butyl (tert.-Butyl)*, weil das Kohlenstoffatom, an dem ein Wasserstoffatom fehlt, ein *tertiäres Kohlenstoffatom* ist, d. h. es ist an drei andere Kohlenstoffatome gebunden. Diese acht Gruppen bilden die Grundlage der Nomenklatur einer großen Zahl von Verbindungen, und es ist daher wichtig, sich ihre Namen und Strukturen genau einzuprägen. Ist dies erreicht, so wird die Benennung der meisten organischen Verbindungen ganz einfach. In Tab. 4 sind Strukturen und Namen zusammengestellt.

Tabelle 4. *Alkylgruppen mit bis zu vier Kohlenstoffatomen*

Struktur der Gruppe	Trivialname	Genfer Name[1]
CH_3-	Methyl	Methyl
CH_3CH_2- oder C_2H_5-	Äthyl	Äthyl
$CH_3CH_2CH_2-$	n-Propyl	Propyl
CH_3CHCH_3, $(H_3C)_2CH-$, oder $(CH_3)_2CH-$	Isopropyl	Isopropyl (Methyläthyl)
$CH_3CH_2CH_2CH_2-$	n-Butyl	Butyl
$CH_3CH_2CHCH_3$, $CH_3CH_2CH(CH_3)-$, oder $C_2H_5CH(CH_3)-$	sek.-Butyl	sek.-Butyl (1-Methyl-propyl)
$CH_3CHCH_2-(CH_3)$ oder $(CH_3)_2CHCH_2-$	Isobutyl	Isobutyl (2-Methyl-propyl)
$CH_3C(CH_3)_2-$ oder $(CH_3)_3C-$	tert.-Butyl	tert.-Butyl (Dimethyläthyl)

Üblicherweise leitet man nur die Namen verzweigter Alkane vom Methan ab. Im allgemeinen faßt man das Kohlenstoffatom mit dem höchsten Verzweigungsgrad als Methankohlenstoff auf, es sei denn die Wahl eines weniger verzweigten

[1] Neben den „systematischen" Namen der Alkylgruppen können auch alle Isoalkylnamen sowie sek.-Butyl, tert.-Butyl und tert.-Pentyl benutzt werden.

Atoms führe zur Benennung kleinerer Gruppen. So wird man Verbindung (*a*)
eher Trimethyl-isopropylmethan nennen als Dimethyl-tert.-butylmethan. Andererseits kann man Verbindung (*b*) Methyl-isopropyl-tert.-butylmethan nennen

$$
\begin{array}{cc}
\begin{array}{c}
CH_3 \\
| \\
CH_3\text{---}CH\text{---}C\text{---}CH_3 \\
| \quad\; | \\
CH_3 \; CH_3
\end{array}
&
\begin{array}{c}
CH_3 \\
| \\
CH_3\text{---}CH\text{---}C\text{---}CH_3 \\
| \qquad | \\
CH_3\text{---}CH \; CH_3 \\
| \\
CH_3
\end{array}
\\
(a) & (b)
\end{array}
$$

wenn man das weniger verzweigte Kohlenstoffatom als Methankohlenstoff auf-
faßt. Wählte man das höchstverzweigte Kohlenstoffatom, so benötigte man einen
Namen für die verzweigte fünfatomige Kohlenstoffkette.

Genfer, IUC- oder IUPAC-Nomenklatur. Das System, Alkane als Derivate von
Methan zu benennen, ist auch noch unzulänglich, insofern die acht Gruppen der
Tab. 4 nicht für die Namengebung bei komplizierteren Verbindungen ausreichen.
Diese Schwierigkeit wurde weitgehend durch ein System von Regeln überwunden,
das als *Genfer Nomenklatur* bekannt geworden ist und sich in großen Teilen durch-
gesetzt hat. Die Regeln wurden auf der ersten internationalen Konferenz in Genf
1892 aufgestellt und in der Folgezeit (Tagungen der *International Union of
Chemistry* Lüttich 1930 und der *International Union of Pure and Applied Chemistry* Amsterdam 1949 und folgende Jahre) mehrfach erweitert und modifiziert[1].
Sie seien, soweit sie die Alkane betreffen, nachstehend aufgeführt[2].

1. Die Endung aller Alkannamen ist -*an*.

2. Für normale Kohlenwasserstoffe gelten die eingeführten Namen.

3. Verzweigte Kohlenwasserstoffe werden als Derivate normaler Kohlenwasserstoffe aufgefaßt, wobei die längste im Molekül vorhandene normale Kette
als Stammkohlenwasserstoff gilt (Prinzip der „längsten Kette"). Hat man die
Wahl zwischen zwei oder mehr „Hauptketten" gleicher Länge, so fällt die Entscheidung für die am stärksten verzweigte, d. h. die am höchsten substituierte.

4. Die Kohlenstoffatome der Hauptkette werden von einem der beiden Enden
aus durchnumeriert, so daß die Verzweigungsstellen die kleinsten Ziffern erhalten.

5. Die Namen der Seitenketten werden denen der Hauptketten als Präfixe
direkt vorangestellt. Ihre Stellung wird durch die Nummer des Atoms angegeben,
an das sie gebunden sind. Sind zwei Gruppen an demselben Kohlenstoffatom, so
wird die Zahl wiederholt. Die Zahlen werden den Namen der Gruppen, getrennt
durch einen Bindestrich, vorangestellt. Mehrere aufeinanderfolgende Zahlen werden durch Punkte oder Kommata getrennt.

6. Alkylgruppen mit mehr als vier Kohlenstoffatomen benennt man wie die
entsprechenden Alkane und ersetzt deren Endung -*an* durch -*yl*. Die Verknüp-

---

[1] Das revidierte System wird daher (hauptsächlich von angelsächsischen Autoren)
manchmal als IUC- oder IUPAC-System bezeichnet, aber die meisten Chemiker halten
an dem eingebürgerten Ausdruck *Genfer System* oder *Nomenklatur* fest.

[2] Auch die Genfer Regeln sind nicht völlig eindeutig, und es ist erlaubt, sie bis zu
einem gewissen Grad elastisch anzuwenden. Der für Registrierzwecke geeignetste
Name ist oft nicht ebenso geeignet für den Sprachgebrauch. Die hier gegebenen Regeln
sind die meist befolgten.

fungsstelle wird Nummer 1. Der volle Name der Gruppe wird in Klammern gesetzt (vgl. Tab. 4, S. 37).

Tab. 5 erläutert die Anwendung dieser Regeln und der anderen Nomenklaturgebräuche bei den fünf isomeren Hexanen und einem komplizierteren Kohlenwasserstoff. Die Methode, Verbindungen als Derivate eines Stammkohlenwasserstoffs zu benennen, hat den Vorteil, daß für jede Verbindung leicht ein Name gebildet und zu jedem Namen leicht die Formel geschrieben werden kann. Zum Beispiel wird die Strukturformel von 2.2.5-Trimethyl-3-äthyl-hexan aufgestellt, indem man sechs Kohlenstoffatome (Nr. 1—6) in einer Reihe verbindet, an den richtigen Stellen drei Methylgruppen und eine Äthylgruppe anbringt und die restlichen Valenzen der Kohlenstoffatome mit Wasserstoffatomen versieht.

Tabelle 5. Nomenklatur der Alkane

Struktur	Trivialname	Als Methanderivat	Genfer Name
$CH_3(CH_2)_4CH_3$	normal-Hexan	(nicht üblich)	Hexan
$CH_3CH(CH_2)_2CH_3$ $\mid$ CH_3	Isohexan	Dimethylpropyl-methan	2-Methyl-pentan
$CH_3CH_2CHCH_2CH_3$ $\mid$ CH_3	—	Methyldiäthyl-methan	3-Methyl-pentan
$CH_3CH—CHCH_3$ $\mid\quad\mid$ $CH_3\ \ CH_3$	Diisopropyl[1]	Dimethylisopropyl-methan	2.3-Dimethyl-butan
CH_3 $\mid$ $CH_3—C—CH_2CH_3$ $\mid$ CH_3	Neohexan	Trimethyläthyl-methan	2.2-Dimethyl-butan
$\overset{9}{C}H_3(CH_2)_3\overset{5}{C}H(CH_2)_3CH_3$ $\mid\ ^4$ $CH_3—\overset{}{C}H$ $\mid\ ^3\quad ^2\quad ^1$ $CH_2—\overset{}{C}H\overset{}{C}H_3$ $\mid$ CH_3	—	Namenbildung mit den ersten acht Gruppen (Tab. 4) unmöglich	2.4-Dimethyl-5-butyl-nonan

Eine nützliche Probe auf die Korrektheit eines Namens ist die Feststellung, ob die Summe aller Kohlenstoffatome der Hauptkette und der Alkylgruppen die Gesamtzahl der Kohlenstoffatome im Molekül ergibt. Im letzten Beispiel der Tab. 5 hat jede Methylgruppe ein Kohlenstoffatom, die Butylgruppe hat vier, die Hauptkette neun Kohlenstoffatome, macht zusammen 15. Diese Zahl stimmt mit der Gesamtkohlenstoffzahl der Formel überein. Man beachte auch, daß in dieser Formel zwei Neunerketten zu finden sind, und daß die Wahl der höchstsubstituierten Kette zur Hauptkette das Benennen einer komplizierten 6 C-Alkylgruppe erspart. Müßte

---

[1] Gelegentlich gibt man einem Kohlenwasserstoff einen Trivialnamen, aus dem ersichtlich ist, daß das Molekül aus zwei gleichen Gruppen zusammengesetzt ist.

diese Gruppe aber doch benannt werden, so wäre ihr korrekter Name (1.3-Dimethyl-butyl)-Gruppe. Die Klammern sind nötig, um Mißverständnisse hinsichtlich des Molekülteils zu vermeiden, auf den sich die Stellungsbezeichnungen beziehen. Die Verbindung

$$\overset{1}{C}H_3\overset{2}{C}H\overset{3}{C}HCH_2\overset{4}{C}H_2\overset{5}{C}HCH_2\overset{6}{C}H_2\overset{7}{C}H_2\overset{8}{C}H_2\overset{9}{C}H_3$$

$$\underset{CH_3}{|} \qquad \underset{(1)CHCH_3}{|}$$

$$\underset{CH_3CHCH_3}{|}$$
$$(2)$$

z. B. kann 2-Methyl-5-(1.2-dimethyl-propyl)-nonan genannt werden. Die ersten fünf Verbindungen der Tab. 5 sind sämtlich Hexane, ungeachtet dessen, daß ihre Namen auf Methan bzw. Butan oder Pentan gebildet sind. Die letzte Verbindung der Tabelle ist ein Pentadecan, obwohl sie als Derivat von Nonan benannt ist.

Mit steigender Zahl der Kohlenstoffatome nimmt die Zahl der möglichen Strukturisomeren schnell zu und erreicht bald astronomische Ziffern, wie die folgende mathematisch errechnete Zusammenstellung erkennen läßt.

$$
\begin{array}{llll}
C_7 & : & 9 \\
C_8 & : & 18 \\
C_9 & : & 35 \\
C_{10} & : & 75
\end{array}
\qquad
\begin{array}{ll}
C_{15} & : \quad\quad 4\,347 \\
C_{20} & : \quad\quad 366\,319 \\
C_{30} & : \quad 4\,111\,846\,763 \\
C_{40} & : \quad 6{,}25 \times 10^{13}
\end{array}
$$

Um 1947 waren alle theoretisch möglichen Nonane und mehr als die Hälfte der möglichen Decane bekannt. Von den höheren Gliedern der Reihe kennt man nur wenige Isomere, hauptsächlich weil die Organiker für ihre Synthese keinen besonderen Anlaß oder keine Zeit hatten. Mögen auch einige Verbindungen dieser Reihe nicht einfach zu synthetisieren sein, so besteht doch kein Zweifel, daß jede derartige Aufgabe prinzipiell lösbar ist. Das höchste bisher synthetisierte Alkan von bekannter Struktur und bekanntem Molekulargewicht hat die Summenformel $C_{100}H_{202}$.

Physikalische Eigenschaften

Die physikalischen Eigenschaften der organischen Verbindungen hängen allgemein von der Art und Anzahl der Atome und von ihrer Verknüpfungsweise innerhalb des Moleküls ab. Bei 25° und 760 mm sind die normalen Kohlenwasserstoffe von C_1 bis C_4 Gase, von C_5 bis C_{17} Flüssigkeiten, ab C_{18} feste Stoffe.

Siedepunkte. Die Siedepunkte der normalen Kohlenwasserstoffe steigen mit wachsendem Molekulargewicht an und liegen, wenn man sie gegen die Zahl der Kohlenstoffatome aufträgt, auf einer regelmäßig ansteigenden Kurve (Abb. 26). Dieses Ansteigen der Siedepunkte beruht auf den zwischen dicht benachbarten Molekülen wirkenden Anziehungskräften oder *van der Waalsschen Kräften*[1], die mit wachsender Zahl der Atome im Molekül zunehmen.

---

[1] So bezeichnet, weil sie die Ursache der Konstante a in der van der Waalsschen Zustandsgleichung sind, $(P + a/V^2)\,(V - b) = R\,T$, bezogen auf ein Mol eines Gases. Das Gesetz für ideale Gase, $P\,V = R\,T$, gilt nur, sofern die Moleküle eines Gases gegenseitig keine Anziehungskräfte ausüben und sofern sie keinen Raum beanspruchen. Durch Einführung einer Konstante a für die Anziehungskräfte und einer Konstante b für das Volumen, das die Moleküle wirklich einnehmen, wird die Zustandsgleichung in bessere Übereinstimmung mit den experimentell gefundenen Daten gebracht. Die Konstanten a und b sind für jede Verbindung charakteristisch.

Kettenverzweigung bedingt immer eine Senkung des Siedepunkts, denn die van der Waalsschen Kräfte sind zwischen kompakteren Molekülen kleiner als zwischen langgestreckten. Daher siedet n-Pentan bei 36°, Isopentan bei 28° und Neopentan bei 9,5°.

Man kann die Siedepunkte einer Verbindung bei gegebenem Druck als ungefähres Maß der zwischen den Molekülen wirkenden Anziehungskräfte betrachten, denn der Siedepunkt ist nichts anderes als die Temperatur, bei der die Wärmebewegung der Moleküle ausreicht, um die zwischen ihnen herrschenden Anziehungskräfte zu überwinden. Alle Anziehungskräfte sind elektrischer Natur und ändern sich beständig mit der Struktur des Moleküls. Bei den Alkanen kommen diese Kräfte durch die *Polarisierbarkeit* der Moleküle zustande. Zwar hält sich in einem neutralen Molekül die negative Ladung der Elektronen und die positive Ladung der Kerne die Waage, aber die

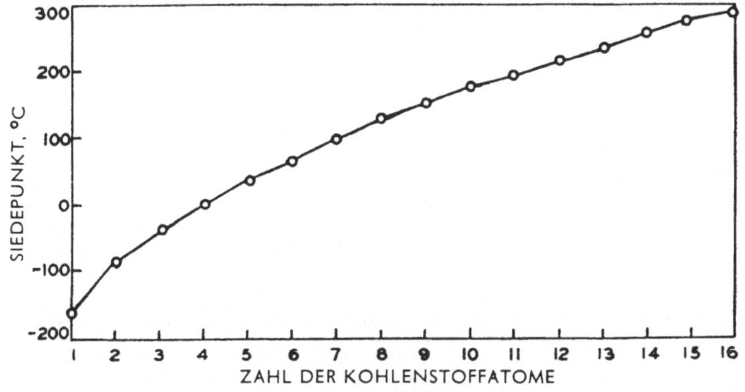

Abb. 26. Siedepunkte von normalen Alkanen

Elektronen sind in Bewegung, und die Zentren der Ladungsdichten der Elektronen und die der positiven Kerne fallen nicht durchweg zusammen. So kann eine vorübergehende leichte Ladungstrennung im Molekül oder ein *elektrischer Dipol* auftreten. Man nennt diese Erscheinung *Polarisierung* des Moleküls. Moleküle, die sich einander dicht genug und mit der richtigen Orientierung genähert haben, neigen dazu, auf Grund dieser Dipolbildung aneinander zu haften, wobei sich die ungleich geladenen Molekülteile gegenseitig anziehen. Durch die Wirkung dieser Anziehungskräfte wird die Polarisierung des Moleküls noch vergrößert. Daher haben selbst einfache Moleküle wie Helium und Wasserstoff eine gewisse Neigung, aneinander zu haften. Die leichte Polarisierbarkeit und damit auch die Anziehungskräfte wachsen mit der Zahl der Elektronen, also mit der Anzahl und Kompliziertheit der im Molekül enthaltenen Atome. Bei normalen Alkanen beträgt diese Kraft etwa 1,0 kcal pro Kohlenstoffatom pro Mol, und sie ist für das regelmäßige Ansteigen des Siedepunktes mit wachsendem Molekulargewicht innerhalb einer homologen Reihe verantwortlich. Es ist unmöglich, einen Kohlenwasserstoff mit mehr als 80 Kohlenstoffatomen ohne Zersetzungserscheinungen zu destillieren, mag auch das Vakuum noch so vollkommen sein, da die Energie von 80 kcal pro Mol, die die Trennung der Moleküle erfordert, ungefähr dieselbe ist, die zur Aufsprengung der Kohlenstoff-Kohlenstoff-Bindung ausreicht (S. 48, 49). Diese Kräfte ändern sich umgekehrt zur siebten Potenz der Entfernung zwischen den Molekülen und sind daher nur wirksam bei sehr dichter Annäherung der Moleküle. Molekülverzweigung verringert im allgemeinen die Stärke der unbeständigen Dipole und verhindert die optimale Annäherung der Moleküle aneinander. Damit erklärt sich der niedrigere Siedepunkt verzweigter Verbindungen. Anziehungskräfte, die auf vorübergehender Polarisierung beruhen, nennt man gewöhnlich *London-Kräfte*.

Schmelzpunkte. Die Schmelzpunkte der normalen Alkane liegen nicht auf einer regelmäßig ansteigenden Kurve, sondern sie alternieren (Abb. 27). Mit Ausnahme

von Methan liegen sie auf zwei Kurven, einer oberen für die Kohlenwasserstoffe
mit gerader Zahl von Kohlenstoffatomen und einer unteren für die mit ungerader
Zahl von C-Atomen. Röntgenographische Untersuchungen haben gezeigt, daß die
Ketten in den gesättigten Kohlenwasserstoffen gestreckt und die Kohlenstoff-
atome in ihnen zickzackförmig angeordnet sind. Bei Verbindungen mit gerader
Kohlenstoffzahl stehen die End-Kohlenstoffatome auf entgegengesetzten Seiten

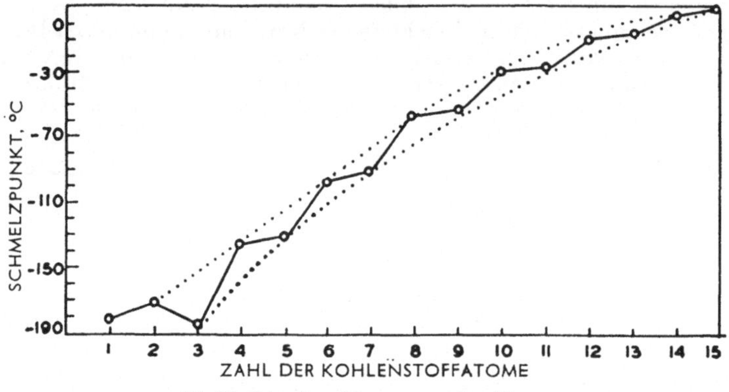

Abb. 27. Schmelzpunkte von normalen Alkanen

des Moleküls, bei solchen mit ungerader Kohlenstoffzahl dagegen auf derselben Seite
(Abb. 28). Anscheinend passen die Moleküle mit ungerader Zahl von Kohlenstoffatomen räumlich nicht so gut zusammen wie die mit gerader Zahl, und die
van der Waalsschen Kräfte sind deswegen nicht so wirksam.

Bei Kettenverzweigung ist bei den Schmelzpunkten — anders als bei den Siedepunkten — keine Regelmäßigkeit der Änderung erkennbar. Der Schmelzpunkt

Abb. 28. Gestreckte Ketten mit gerader und ungerader Zahl von Kohlenstoffatomen

hängt davon ab, wie eng die Moleküle im Kristallgitter aneinanderpassen und wie
stark somit die Anziehungskräfte wirken können. So schmilzt n-Pentan bei
—129,7°, Isopentan bei —160°, Neopentan bei —20°. Im allgemeinen ist jedoch
der Schmelzpunkt desto höher, je symmetrischer und kompakter das Molekül ist.
An Hexamethyläthan $(CH_3)_3CC(CH_3)_3$ ist interessant, daß es bei 100,7° schmilzt
und bei 106,3° siedet.

Andere Eigenschaften. Die *Dichte* D^{20} der normalen Alkane steigt allmählich
von 0,626 bei Pentan auf 0,769 bei Pentadecan an. Dieses Verhalten ist zu erwarten, wenn, wie das Ansteigen der Siedepunkte zeigt, die zwischenmolekularen
Anziehungskräfte zunehmen. Kettenverzweigung kann Abnahme oder Zunahme
der Dichte bewirken. Die *Viscosität* der normalen Alkane steigt mit wachsender
Kettenlänge an, weil die stärkere Anziehung zwischen den Molekülen und die
erhöhte Möglichkeit der Kettenverwirrung es den Molekülen immer schwerer
macht, aneinander vorbeizugleiten. Die Alkane sind *fast unlöslich in Wasser,*

weil zwischen ihnen und Wassermolekülen kaum Anziehung besteht, während sich Wassermoleküle gegenseitig stark anziehen (S. 91, 92). Alkane sind mischbar mit vielen anderen organischen Verbindungen, denn die Anziehungskräfte zwischen gleichartigen Molekülen und ungleichartigen Molekülen sind von derselben Größenordnung[1].

Vorkommen der Alkane

Die technischen Quellen der gesättigten Kohlenwasserstoffe sind in erster Linie *Erdöl (Petroleum)* und *Erdgas (Naturgas)*. Paraffinkohlenwasserstoffe finden sich auch unter den Produkten der *trocknen Destillation der Steinkohlen*. Erdgas besteht hauptsächlich aus **Methan** und kleineren Mengen **Äthan, Propan** und **Butanen** (S. 72). Erdöl enthält eine größere Zahl flüssiger Kohlenwasserstoffe (S. 74). *Methan* bildet sich bei der Einwirkung anaerober Mikroorganismen auf Cellulose und anderes organisches Material, also z. B. bei der Fäulnis von pflanzlichem Material in Sümpfen, daher der Name *Sumpfgas*. Es entsteht ferner in großen Mengen bei der Aufarbeitung von Abwässern nach dem Belebtschlamm-Prozeß. In Kohlebergwerken ist es mitbeteiligt an der Bildung der *schlagenden Wetter*. **n-Heptan** kommt im flüchtigen Öl der Frucht von *Pittosporum resiniferum* und im Terpentin der Nußkiefer *(Pinus sabiniana)* und der Jeffrey-Kiefer *(Pinus jeffreyi)* der Sierras vor und kann aus dem letzten leicht rein dargestellt werden. Die normalen Kohlenwasserstoffe mit ungerader Zahl von Kohlenstoffatomen von C_{25} bis C_{37} finden sich in den Wachsen vieler Pflanzen und Insekten. So enthalten die Wachse der Blätter von Kohlpflanzen *(Brassica)* die normalen Kohlenwasserstoffe C_{29} und C_{31}, Spinatwachs enthält die n-Kohlenwasserstoffe C_{33}, C_{35} und C_{37}.

Einzelne Alkane von definierter Struktur gewinnt man gewöhnlich durch Synthese, d. h. durch chemische Veränderung anderer Verbindungen. Diese synthetischen Methoden werden in Kapitel 7 beschrieben.

Chemische Eigenschaften

1. Beständigkeit gegen die meisten Reagentien. Alkane werden durch wäßrige Lösungen von Säuren, Alkalien, Oxydationsmitteln und den meisten anderen Reagentien bei Zimmertemperatur nicht angegriffen und widerstehen häufig auch unter drastischeren Bedingungen einer Reaktion. Diese Reaktionsträgheit gab Anlaß zu dem Namen Paraffin (lat. *parum* wenig; *affinis* verwandt) für einen gesättigten Kohlenwasserstoff[2].

Bei der Anwendung chemischer Reaktionen sind zwei Faktoren für den Chemiker maßgebend: 1. Die Lage des Gleichgewichts für die Reaktion und 2. die Geschwindig-

---

[1] Ein hervorragender Erforscher der Beziehung zwischen physikalischen Eigenschaften und chemischer Konstitution war HERMANN KOPP (1817—1892), Professor der Chemie zu Heidelberg. Er ist auch bekannt durch seine vierbändige Geschichte der Chemie, die heute noch für die behandelte Epoche maßgebend ist. Den ersten Band veröffentlichte er 1843 mit 26 Jahren, den letzten 1847.

[2] Der Begriff *Paraffin* wurde erstmals von dem Österreicher KARL REICHENBACH (1788—1869) gebraucht. Der österreichische Chemiker bezeichnete damit ein Wachs, das er aus einem Teer isolierte, den er durch trockene Destillation von Buchenholz erhalten hatte.

keit, mit der sich das Gleichgewicht einstellt. Der erste Faktor ist bestimmend für die maximale Ausbeute an Reaktionsprodukten unter den Bedingungen des Experiments, der zweite Faktor bestimmt, wie schnell die Reaktion abläuft. Der zweite Gesichtspunkt ist für den Chemiker nicht nur deshalb interessant, weil die Reaktion, um überhaupt anwendbar zu sein, eine endliche Geschwindigkeit haben muß, sondern auch weil bei organischen Umsetzungen gewöhnlich zwei oder mehrere konkurrierende Reaktionen nebeneinander ablaufen, durch deren relative Geschwindigkeiten die Ausbeute an dem gewünschten Produkt oft stärker beeinflußt wird als durch die Gleichgewichtslagen der konkurrierenden Reaktionen.

Die Lage des Gleichgewichts hängt nur von der Änderung der freien Energie bei der Reaktion ab, d. h. sie wird nur durch thermodynamische Verhältnisse bestimmt; dagegen ist sie unabhängig von dem Weg, auf dem die Reaktionsteilnehmer in die Endprodukte übergeführt werden. Andererseits hängen die jeweiligen Reaktionsgeschwindigkeiten sehr stark vom Reaktionsweg ab.

Um die Reaktionsträgheit der Alkane zu verstehen, muß man sich genau ansehen, wie die Reaktionen verlaufen, bei denen kovalente Bindungen im Spiel sind. Im allgemeinen bestehen derartige Reaktionen aus einer Folge von Einzelstufen, die man als *Reaktionsmechanismus* bezeichnet. Kovalente Bindungen sind starke Bindungen; sie müssen vor oder während der Reaktion erst aufgebrochen werden, bevor die Rekombination der Teilstücke einsetzen kann. Die Auflösung einer kovalenten Bindung ist grundsätzlich auf zweierlei Weise möglich: Entweder erhält jedes an der Bindung beteiligte Atom eines der beiden Elektronen wie bei (a), oder das Elektronenpaar verbleibt bei einem der beiden Atome wie bei (b) und (c). Der erste Weg heißt *Homolyse,* der zweite *Heterolyse* (griech.: *homos* gleich; *heteros* andersartig; *lysis* Lösung).

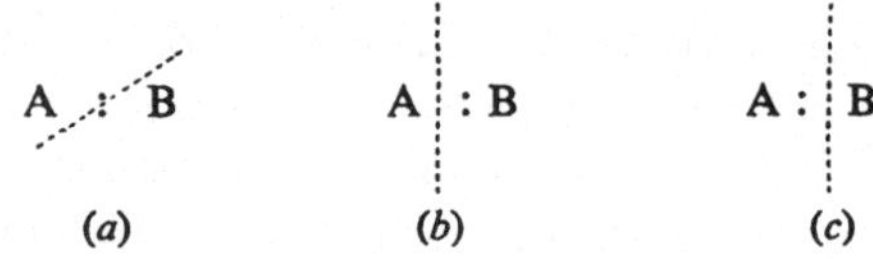

A ⋰ B   A : B   A : B

(a)   (b)   (c)

Wenn die Fragmente $(A\,\dot{})$ und $(B\,\dot{})$ mit einem ungepaarten Elektron existieren können, heißen sie *freie Radikale* (S. 597). Der Mechanismus der Bindungsaufsprengung nach (a) wird daher als **Radikalmechanismus** bezeichnet. Gewöhnlich lassen sich Reaktionen in der Gasphase und solche, die in flüssiger Phase von freien Radikalen katalysiert werden, durch diese Art Reaktionsmechanismus erklären. Die Fragmente, die man nach Reaktion (b) oder (c) erhält, wären die Ionen (A^+) und $(: B^-)$ bzw. $(A :^-)$ und (B^+), falls sie existieren. Positive Gruppen enthalten ein Kohlenstoffatom, dem ein Elektronenpaar in seiner Valenzelektronenschale fehlt. Sie heißen **Carbonium-Ionen**[1]. Negative Gruppen enthalten ein Kohlenstoffatom mit einem einsamen Elektronenpaar und werden **Carbeniat-Ionen** genannt. Reaktionsmechanismen, bei denen Bindungen während der Reaktion nach (b) oder (c) aufgebrochen werden, heißen danach **Ionenmechanismen.** Reaktionen in flüssiger Phase, bei denen polare Moleküle oder Ionen im Spiel sind, verlaufen wohl im allgemeinen über Ionenmechanismen.

Es sei betont, daß diese Theorie nicht die Existenz freier Radikale oder Ionen wie $(A\,\dot{})$, $(B\,\dot{})$, (A^+), $(: B^-)$, $(A :^-)$ oder (B^+) fordert oder ihre Bildung als notwendige Zwischenstufe einer Reaktion ansieht. Es gibt Beweise dafür, daß derartige Gruppen unter bestimmten Bedingungen eine gewisse Lebensdauer haben oder im Gleichgewicht in meßbarer Konzentration enthalten sind. Unter den üblichen Reaktionsbedingungen erfordert aber der vollständige Zerfall in freie Radikale oder Ionen viel zu viel Energie, als daß er der Reaktion vorausgehen könnte. Der Übergang von einem kovalenten Bindungszustand zum anderen geht kontinuierlich vor sich, ohne daß dabei zu irgendeiner Zeit ein wirklich freies Radikal oder Ion gebildet werden müßte. Der Zustand

---

[1] Es wäre wohl logischer, diese Art Ionen als *Carbenium-Ionen* zu bezeichnen, doch wird in der gesamten angelsächsischen Literatur und auch in einem Teil der deutschen Literatur immer noch an der Bezeichnung *Carbonium-Ion* festgehalten. Aus diesem Grunde wurde der Ausdruck originalgetreu übersetzt (Anm. d. Übers.).

größten Energieinhaltes, den die reagierenden Moleküle durchschreiten müssen, bevor die Endprodukte gebildet werden, heißt **Übergangszustand** oder **angeregter Zustand.** Die Energie, die auf die reagierenden Moleküle übertragen werden muß, bevor sie den angeregten Zustand erreichen, nennt man **Aktivierungsenergie** der Reaktion. **Katalysatoren** können die Bildung eines angeregten Zustands von geringerer Aktivierungsenergie bewirken.

Große Reaktionsfähigkeit ist immer mit Bedingungen innerhalb des Moleküls verbunden, die die Herstellung oder Aufsprengung einer kovalenten Bindung begünstigen. Derartige Bedingungen sind gegeben 1. bei unvollständiger äußerer Elektronenschale, 2. bei einem einsamen Elektronenpaar oder 3. bei teilweise polarisierter kovalenter Bindung. So fehlt bei Bortrifluorid ein Elektronenpaar in der äußeren Schale, Fluorwasserstoff dagegen besitzt freie Elektronenpaare am Fluoratom. Außerdem zieht das stark elektronenanziehende Fluoratom das bindende Elektronenpaar noch vom Wasserstoffatom weg, so daß dieses elektronenarm wird. Daher ist die Aktivierungsenergie für die Reaktion zwischen Fluorwasserstoff und Bortrifluorid sehr niedrig und die Reaktion findet schon weit unter Raumtemperatur statt.

$$
\begin{array}{ccc}
\ddot{:}\ddot{F}: & & \left[\ddot{:}\ddot{F}:\right. \\
H:\ddot{F}:+B:\ddot{F}: & \longrightarrow & \left. H:\ddot{F}:B:\ddot{F}: \right] \longrightarrow [H^+]\,[BF_4^-] \\
\ddot{:}\ddot{F}: & & \ddot{:}\ddot{F}:
\end{array}
$$

Ganz andere Verhältnisse bestehen bei den Alkanen. Alle Außenschalen sind aufgefüllt und alle Elektronenpaare sind anteilig. Die Kohlenstoff-Wasserstoff-Bindung ist bei den Alkanen sehr schwach polar, die Kohlenstoff-Kohlenstoff-Bindung überhaupt nicht. So ist es nicht überraschend, daß die gesättigten Kohlenwasserstoffe relativ wenig reaktionsfähig sind.

2. **Oxydation bei hoher Temperatur.** Kohlenwasserstoffe verbrennen bei hohen Temperaturen in Gegenwart von Sauerstoff oder starken Oxydationsmitteln zu Kohlendioxyd und Wasser.

$$
\begin{aligned}
CH_4 + 2\,O_2 &\longrightarrow CO_2 + 2\,H_2O \\
C_2H_6 + 3\tfrac{1}{2}\,O_2 &\longrightarrow 2\,CO_2 + 3\,H_2O \\
C_3H_8 + 5\,O_2 &\longrightarrow 3\,CO_2 + 4\,H_2O \\
C_nH_{2n+2} + \frac{3n+1}{2}\,O_2 &\longrightarrow n\,CO_2 + (n+1)\,H_2O
\end{aligned}
$$

Wie die Gleichungen zeigen, ändert sich die Differenz zwischen Gesamtvolumen der Gase vor der Verbrennung und Gesamtvolumen nach der Verbrennung von einem Homologen zum nächsten. Bei Zimmertemperatur wird das entstandene Wasser zu einer Flüssigkeit kondensiert. Also ergeben ein Volumen Methan und zwei Volumina Sauerstoff, zusammen drei Volumina, bei der Verbrennung ein Volumen Kohlendioxyd, also eine Volumverminderung vom doppelten Volumen des Methans. Ähnlich tritt bei der Verbrennung von Äthan ($4^1/_2$ Volumen Äthan + O_2), wobei zwei Volumina Kohlendioxyd entstehen, eine Volumverminderung ein, die dem $2^1/_2$fachen Volumen Äthan entspricht; 6 Volumina Propan + O_2 ergeben 3 Volumina Kohlendioxyd, also eine Verminderung um drei Volumina. Es zeigt sich also, daß ein reines Kohlenwasserstoffgas identifiziert werden kann, indem man ein bekanntes Volumen davon mit einem Überschuß von Sauerstoff oder Luft mischt, in einem geschlossenen System verbrennt und das Volumen nach der Verbrennung bestimmt.

Die Gleichungen zeigen weiter, daß das pro Volumen Kohlenwasserstoff entstandene Volumen Kohlendioxyd bei verschiedenen Kohlenwasserstoffen verschieden ist. So ergibt ein Volumen Methan ein Volumen Kohlendioxyd, ein Volumen Äthan gibt zwei Volumina Kohlendioxyd, ein Volumen Propan gibt drei. Das jeweils entstandene

Volumen Kohlendioxyd kann man leicht durch die Volumabnahme beim Schütteln mit einer Kaliumhydroxydlösung bestimmen. Man kann demnach unbekannte reine Kohlenwasserstoffe identifizieren, indem man nach der Verbrennung entweder die Volumkontraktion oder das Volumen des entstandenen Kohlendioxyds bestimmt. Auch die Zusammensetzung einer Mischung zweier bekannter reiner Kohlenwasserstoffe kann durch beide Methoden bestimmt werden. Die Zusammensetzung einer Mischung von zwei bekannten Kohlenwasserstoffen mit einem dritten nichtoxydierbaren Gas kann man bestimmen, indem man sowohl die Volumkontraktion als auch das Kohlendioxydvolumen mißt und dann einige einfache algebraische Gleichungen aufstellt und löst.

Die Oxydation oder Verbrennung von Kohlenwasserstoffen zu Kohlendioxyd und Wasser geht mit der Entwicklung von Wärme einher. Der Energiebetrag, der pro Mol einer Verbindung freigesetzt wird, heißt die *Verbrennungswärme* der Verbindung. Die Zahlen in Tab. 6 zeigen, daß die Verbrennungswärme pro Mol mit wachsender Zahl der Kohlenstoffatome ansteigt. Der größte Teil der freigesetzten Energie entsteht aus der Differenz zwischen der Summe der Bindungsenergien der reagierenden Substanzen und der der Reaktionsprodukte. Je größer also die Zahl der Bindungen ist, die unter Bildung stabilerer Verbindungen gespalten wurde, desto größer ist die entwickelte Wärmemenge. Für beliebige homologe Reihen ist das Inkrement je CH_2-Gruppe konstant und beträgt ungefähr 156 kcal. Ferner geht aus den angeführten Zahlen hervor, daß die Verbrennungswärme des flüssigen Aggregatzustandes wegen der Verdampfungswärme der Verbindung

Tabelle 6.
Verbrennungswärmen von Paraffinkohlenwasserstoffen

	Verbindung	kcal pro Mol	kcal pro Gramm
Gasförmig	Methan	212,8	13,3
	Äthan	372,8	12,4
	Propan	530,6	12,2
	n-Butan	688,0	11,9
	Isobutan	686,3	11,8
	n-Pentan	845,2	11,8
	Isopentan	843,2	11,7
	Neopentan	840,5	11,7
Flüssig	n-Pentan	838,8	11,6
	n-Hexan	995,0	11,6
	n-Heptan	1151,3	11,5
	n-Octan	1307,5	11,5
	n-Nonan	1463,8	11,4
	n-Decan	1620,1	11,4
	n-Pentadecan . .	2401,4	11,3
	n-Eicosan	3182,7	11,3

geringer ist als die der gasförmigen Verbindung und daß isomere Verbindungen verschiedene Verbrennungswärmen besitzen.

Die thermodynamischen Voraussetzungen für die Oxydation der Alkane sind an sich günstig, aber die Aktivierungsenergie ist sehr hoch. Es muß also ein entsprechend hoher Betrag an thermischer Energie aufgewendet werden, um die Reaktion in Gang zu bringen. Ist dies erst einmal geschehen, so wird genügend Energie zur Weiterführung der Reaktion frei. Katalysatoren, wie fein verteiltes Platin, können die Aktivierungsenergie und damit die Entzündungstemperatur wesentlich herabsetzen.

Die Tatsache, daß die Verbrennung der Kohlenwasserstoffe exotherm verläuft, ist die Grundlage ihrer Anwendung als Brennmaterial. Die Entflammbarkeit des Kohlenwasserstoffes hängt von seiner Flüchtigkeit ab. Mischungen von Kohlenwasserstoffdämpfen und Luft in geeigneten Verhältnissen explodieren bei Zündung, was zu ihrer Verwendung bei Verbrennungsmotoren Anlaß gegeben hat. Bei mangelnder Sauerstoffzufuhr kann Kohlenmonoxyd oder auch elementarer Kohlenstoff in der Form von Ruß entstehen.

Der Ausdruck **Entflammbarkeit** ist nicht exakt definiert. Zuweilen versteht man darunter lediglich die relative Fähigkeit eines Materials, in Gegenwart von Sauerstoff unter Wärmeentwicklung zu brennen. In dieser Beziehung sind Kohlenwasserstoffe leichter entflammbar als Verbindungen mit hohem Sauerstoffgehalt und diese wieder leichter als Verbindungen, die viel Halogen enthalten. In anderer Bedeutung bezieht sich „Entflammbarkeit" auf die Flüchtigkeit einer Verbindung, so wenn man von der größeren Entflammbarkeit von Benzin gegenüber Schmieröl spricht. Dieser Faktor wird durch den **Flammpunkt** eines Materials bestimmt, d. i. die niedrigste Temperatur, auf die eine brennbare Flüssigkeit erhitzt werden muß, so daß die Dämpfe, in Gegenwart von Luft durch eine offene Flamme entzündet, zur Verpuffung gebracht werden. Der Flammpunkt von Benzin (Kp 70—200°) ist —45°, der von Motorenschmieröl liegt bei 232°. Die Lage des Flammpunktes wird durch die **Explosionsgrenzen** der Mischungen von brennbaren Dämpfen mit Luft beeinflußt. So explodieren Mischungen von n-Pentan-Dämpfen mit Luft nur, wenn der Volumen-%-Gehalt an Pentan zwischen 1,5 und 7,5 liegt. Bei höherem oder niedrigerem Pentangehalt wird durch Funken oder Flamme keine Explosion hervorgerufen. Ein Gegenbeispiel hierzu ist Wasserstoff, der im Bereich von 4—74% explodierbar ist. Schließlich ist noch der **Selbstentzündungspunkt** wichtig, d. i. die niedrigste Temperatur, bei der sich ein brennbares Gemisch mit Luft unter Ausschluß einer Flamme von selbst entzündet. Wasserstoff ist unterhalb 582° nicht selbstentzündlich, n-Pentan-Dampf entzündet sich bei 309°, Schwefelkohlenstoffdampf bei 100°, der Temperatur siedenden Wassers.

Vom Gefahrenstandpunkt wäre noch zu erwähnen, daß die meisten Dämpfe eine größere Dichte als Luft besitzen, sich daher in Bodenvertiefungen, Ausgüssen, Sielen ansammeln und so zum Entstehen von Bränden oder Explosionen führen können.

3. Zersetzung bei hoher Temperatur. Bei genügend hohen Temperaturen zersetzen sich Kohlenwasserstoffe bei Ausschluß von Sauerstoff, eine Erscheinung, die man **Cracking** oder **Pyrolyse** nennt (griech. *pyr* Feuer und *lysis* Lösung). Methan gibt dabei Kohlenstoff und Wasserstoff.

$$CH_4 \longrightarrow C + 2\,H_2$$

Soll die Reaktion rasch verlaufen, so sind Temperaturen oberhalb 1200° erforderlich[1]. Andere Kohlenwasserstoffe zersetzen sich schon bei beträchtlich niedrigerer Temperatur sehr schnell. Bei der Zersetzung von Äthan bei 600° bildet sich ein neuer Kohlenwasserstoff, indem je Molekül Äthan ein Molekül Wasserstoff abgespalten wird.

$$C_2H_6 \longrightarrow C_2H_4 + H_2$$
$$\text{Äthylen}$$

Die neue Verbindung, Äthylen, ist einer anderen homologen Reihe, C_nH_{2n}, zugehörig, die man Alkene, Olefine oder ungesättigte Kohlenwasserstoffe (Kap. 3) nennt.

Propan zersetzt sich bei 600° unter Bildung von vier Reaktionsprodukten, die nach den folgenden Gleichungen entstehen.

$$CH_3CH_2CH_3 \longrightarrow C_3H_6 + H_2$$
$$\text{Propylen}$$

$$CH_3CH_2CH_3 \longrightarrow C_2H_4 + CH_4$$
$$\text{Äthylen \quad Methan}$$

---

[1] Setzt man Methan für sehr kurze Zeit höheren Temperaturen aus, entstehen auch noch andere Produkte, wie Äthylen, Acetylen und sogar Benzol (S. 138).

Praktisch entstehen als Hauptprodukte Äthylen (S. 55) und Methan. Höhere Alkane liefern beim Crackprozeß Wasserstoff und komplizierte Mischungen von Alkanen und Alkenen mit wechselnder Zahl von Kohlenstoffatomen. Dieser Crackprozeß ist von großer Bedeutung in der Petroleumindustrie (S. 77), da man mit seiner Hilfe aus größeren, schwer flüchtigen Molekülen, wie sie im natürlichen Petroleum überwiegen, kleinere, leichter flüchtige Kohlenwasserstoffmoleküle erzielen kann.

Für die heterolytische Dissoziation von Kohlenwasserstoffen in zwei freie Ionen ist etwa dreimal soviel Energie erforderlich wie für die homolytische Dissoziation in zwei freie Radikale oder in ein freies Radikal und ein Wasserstoffatom. Daher verläuft die Hitzezersetzung (Crackung) über einen Radikalmechanismus (vgl. S. 44). Methan beispielsweise zerfällt in Kohlenstoffatome und Wasserstoffatome.

$$\begin{array}{c} H \\ \cdot\cdot \\ H : C : H \\ \cdot\cdot \\ H \end{array} \quad\longrightarrow\quad 4H\cdot + \cdot\overset{\cdot}{\underset{\cdot}{C}}\cdot$$

Die Wasserstoffatome vereinigen sich zu molekularem Wasserstoff, die Kohlenstoffatome geben amorphen Kohlenstoff.

Bei Äthan sind zwei Startreaktionen möglich. Entweder wird eine Kohlenstoff-Kohlenstoff-Bindung unter Bildung zweier Methylradikale aufgesprengt, oder es löst sich eine Kohlenstoff-Wasserstoff-Bindung, wobei ein Äthylradikal und ein freies Wasserstoffatom entstehen.

$$CH_3CH_3 \longrightarrow 2\,CH_3\cdot \tag{1}$$

$$CH_3CH_3 \longrightarrow C_2H_5\cdot + H\cdot \tag{2}$$

Energetisch ist die erste Reaktion wahrscheinlicher, denn die homolytische Dissoziation der Kohlenstoff-Kohlenstoff-Bindung beim Äthan erfordert 84,4 kcal pro Mol, die der Kohlenstoff-Wasserstoff-Bindung 97,5 kcal pro Mol[1].

Haben sich freie Methylradikale einmal gebildet, können sie auf verschiedene Weise weiterreagieren, da ihre Aktivierungsenergie verhältnismäßig gering ist (5—10 kcal pro Mol).

$$CH_3\cdot + CH_3CH_3 \longrightarrow CH_4 + C_2H_5\cdot \tag{3}$$

$$C_2H_5\cdot \longrightarrow C_2H_4 + H\cdot \tag{4}$$

$$H\cdot + C_2H_6 \longrightarrow C_2H_5\cdot + H_2 \tag{5}$$

Reaktion (1) leitet den Prozeß ein. Die Reaktionen (3) und besonders (4) und (5) sind die in beliebig oft wiederholtem Turnus ablaufenden „Wachstumsreaktionen" bei der Überführung von Äthan in Äthylen und Wasserstoff. Diese Folge von Reaktionen wird als *Reaktionskette* bezeichnet. Da jedesmal, wenn ein Radikal zerstört wird, ein neues entsteht, nennt man diesen Reaktionstyp eine **Kettenreaktion.** Abgebrochen wird die Kette bei der Vereinigung eines beliebigen Paares freier Radikale. Bei der

---

[1] Bindungsenergien werden auf zweierlei Weise ausgedrückt. Entweder man nimmt an, daß die Bindungsenergie zwischen zwei gegebenen Arten von Atomen immer dieselbe ist, ohne Rücksicht auf die sonstige Struktur des Moleküls. Hierfür wird weithin der Ausdruck „Bindungsenergie" benutzt, obwohl *durchschnittliche* oder *mittlere Bindungsenergie* richtiger wäre. Diese Größe wird hauptsächlich zur Berechnung der bei einer Reaktion freigesetzten oder aufgenommenen Energie gebraucht, dagegen ist sie wertlos für die Berechnung der relativen Geschwindigkeiten verschiedener Reaktionen. Oder zweitens, man berücksichtigt, daß die zum Aufsprengen einer Bindung zwischen zwei gegebenen Elementen benötigte Energie von der Struktur des gesamten Restmoleküls abhängt. Man spricht dann von *Dissoziationsenergie* und meint damit die zur Aufsprengung einer individuellen Bindung erforderliche Energie.

Zersetzung von Äthan sind wohl die wichtigsten kettenabbrechenden Reaktionen die Vereinigung zweier Äthylradikale und die Vereinigung eines Äthylradikals mit einem Wasserstoffatom. Die drei Phasen *Startreaktion, Reaktionskette* und *Kettenabbruch* sind charakteristisch für Kettenreaktionen.

Beim Propanzerfall sind folgende homolytischen Startreaktionen möglich:

$$CH_3CH_2CH_3 \longrightarrow CH_3CH_2 \cdot + CH_3 \cdot \qquad (1)$$

$$CH_3CH_2CH_3 \longrightarrow CH_3CH_2CH_2 \cdot + H \cdot \qquad (2)$$

$$CH_3CH_2CH_3 \longrightarrow CH_3\overset{\cdot}{C}HCH_3 + H \cdot \qquad (3)$$

mit Dissoziationsenergien von 82,2 bzw. 95,5 bzw. 90,8 kcal pro Mol. Auch hier ist hauptsächlich Reaktion (1) für die Einleitung der Zersetzung verantwortlich. Mögliche Glieder der Reaktionskette sind:

$$CH_3 \cdot + CH_3CH_2CH_3 \longrightarrow CH_4 + CH_3CH_2CH_2 \cdot \qquad (4)$$

$$\longrightarrow CH_4 + CH_3\overset{\cdot}{C}HCH_3 \qquad (5)$$

$$C_2H_5 \cdot + CH_3CH_2CH_3 \longrightarrow C_2H_6 + CH_3CH_2CH_2 \cdot \qquad (6)$$

$$\longrightarrow C_2H_6 + CH_3\overset{\cdot}{C}HCH_3 \qquad (7)$$

$$C_2H_5 \cdot \longrightarrow C_2H_4 + H \cdot \qquad (8)$$

$$CH_3CH_2CH_2 \cdot \longrightarrow C_3H_6 + H \cdot \qquad (9)$$

$$CH_3\overset{\cdot}{C}HCH_3 \longrightarrow C_3H_6 + H \cdot \qquad (10)$$

$$H \cdot + CH_3CH_2CH_3 \longrightarrow H_2 + CH_3CH_2CH_2 \cdot \qquad (11)$$

$$\longrightarrow H_2 + CH_3\overset{\cdot}{C}HCH_3 \qquad (12)$$

$$CH_3CH_2CH_2 \cdot \longrightarrow C_2H_4 + CH_3 \cdot \qquad (13)$$

Die energetisch günstigste Reaktion ist Reaktion (13). Die Reaktion (5) sollte an sich weniger Energie erfordern als (4), doch ist die Wahrscheinlichkeit eines Zusammenstoßes mit einem sekundären Wasserstoffatom nur ein Drittel derjenigen eines Zusammenstoßes mit einem primären Wasserstoffatom. Daher überrascht es nicht, daß die Reaktionen (4) und (13) Reaktionen wie (5), (9) und (10) überwiegen. Kettenabbruch erfolgt wieder durch Vereinigung zweier freier Radikale.

4. Isomerisierung. Zwar sind Alkane ausgesprochen resistent gegen strukturelle Änderungen — eine Eigenschaft, die für die Kohlenstoffverbindungen charakteristisch ist und von VAN'T HOFF (S. 351) als „Trägheit der Kohlenstoffbindung" bezeichnet wurde —, aber in Gegenwart geeigneter Katalysatoren gehen sie doch leicht gewisse Reaktionen ein. So entsteht z. B., wenn man bei 27° n-Butan oder Isobutan mit einem Katalysator von Aluminiumbromid und Bromwasserstoff zusammenbringt, ein Gleichgewichtsgemisch von 20% n-Butan und 80% Isobutan.

$$CH_3CH_2CH_2CH_3 \underset{\xrightarrow{\hspace{2cm}}}{\overset{AlBr_3,\ HBr}{\xleftarrow{\hspace{2cm}}}} \quad \underset{\overset{|}{CH_3}}{CH_3CHCH_3}$$

Die Überführung eines Isomeren in ein anderes bezeichnet man als **Isomerisierung.** Die Isomerisierung von Kohlenwasserstoffen spielt eine wichtige Rolle bei der Herstellung moderner Spezialbenzine (S. 82). Der Mechanismus der Isomerisierung wird auf S. 82 behandelt.

Die Alkane gehen auch weitere Reaktionen ein, wie z. B. Alkylierung (S. 80), partielle Luftoxydation (S. 230), Halogenierung (S. 124) und Nitrierung (S. 271).

Wiederholungsfragen

1. Was bedeutet der Ausdruck *Isomere*? Wie wird das Auftreten von Isomeren erklärt?

2. Worin unterscheidet sich eine Strukturformel von einer Summenformel, und weshalb braucht man für organische Verbindungen Strukturformeln? Auf welchen Grundannahmen beruht die Strukturtheorie?

3. Was versteht man unter *homologen Reihen*? Man führe einen Vergleich der physikalischen und chemischen Eigenschaften der Glieder einer homologen Reihe mit denen einer anderen Reihe durch.

4. Man schreibe die abgekürzten Strukturformeln und Namen für alle Alkylgruppen, die ein bis vier Kohlenstoffatome enthalten.

5. Was versteht man unter den Bezeichnungen *primär, sekundär, tertiär* und *quartär* mit Bezug auf Kohlenstoffatome?

Aufgaben

6. Man schreibe die abgekürzten Strukturformeln für alle Isomeren der folgenden Verbindungen und benenne jedes nach der Genfer Nomenklatur, verzweigte Verbindungen auch als Derivate des Methans: (a) alle Heptane; (b) alle Octane mit einer Kette von fünf Kohlenstoffatomen; (c) alle Octane mit einer Kette von sechs Kohlenstoffatomen; (d) alle Decane mit einer Kette von fünf Kohlenstoffatomen.

7. Man gebe für folgende Verbindungen den Namen der Genfer Nomenklatur und je einen anderen an:

(a) $CH_3(CH_2)_7CH_3$; (b) $(CH_3)_2CH(CH_2)_7CH_3$; (c) $(CH_3)_2CHCH_2CH(CH_3)_2$;
(d) $C_2H_5CH(CH_3)CH_2CH_3$; (e) $(CH_3)_3CCH(CH_3)C_2H_5$; (f) $(CH_3)_3C(CH_2)_3CH_3$;
(g) $(CH_3)_2CHCH_2C(CH_3)_3$; (h) $C_2H_5CH(CH_3)CH(CH_3)_2$; (i) $(C_2H_5)_2C(CH_3)CH(CH_2)_2$;
(j) $(CH_3)_3CCH(CH_3)C_2H_5$.

8. Man gebe folgenden Verbindungen einen geeigneten Namen:

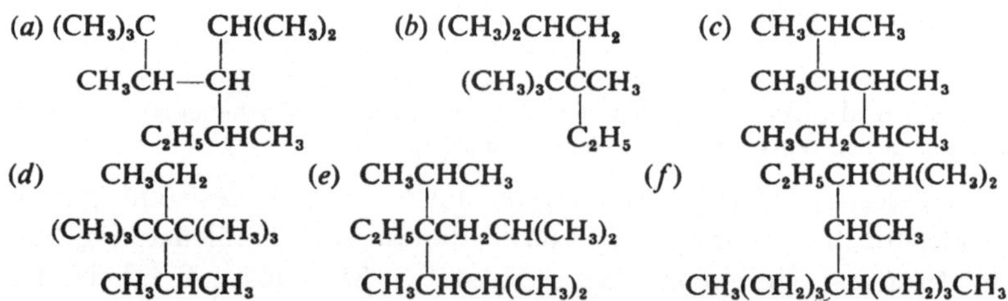

9. Man schreibe die abgekürzten Strukturformeln für folgende Verbindungen: (a) Undecan; (b) Isodecan; (c) Methyldiäthylisobutylmethan; (d) 6-(1.2-Dimethyl-propyl)-dodecan; (e) Hexadecan; (f) 2.3.4.-Trimethyl-pentan; (g) 5-(2.2.-Dimethyl-propyl)-nonan; (h) 4-Isopropyl-5-tert.-butyl-octan; (i) 5-(2.2-Dimethyl-propyl)-7-(1-methyl-2-äthyl-butyl)-dodecan; (j) 2-Methyl-3-äthyl-3-isopropyl-heptan.

10. Warum sind folgende Namen nicht einwandfrei? Man gebe den Verbindungen geeignetere Namen: (a) 3-Propyl-hexan; (b) 4-Methyl-pentan; (c) Methyl-3-pentan; (d) Methylisopropylmethan; (e) 3-Isopropyl-hexan; (f) 4-(1.2-Dimethyl-äthyl)-heptan; (g) Dimethyl-tert.-butylmethan.

11. Man schreibe die Strukturformeln für alle Alkylgruppen, die von den folgenden Verbindungen abgeleitet werden können, und benenne sie nach der Genfer Nomenklatur. Außerdem erkläre man, ob die Alkylgruppe primär, sekundär oder tertiär ist: (a) 2-Methyl-pentan; (b) 3-Methyl-pentan; (c) Neohexan; (d) Isoheptan; (e) Isopentan; (f) 2.3-Dimethyl-pentan; (g) Methyldiäthyl-isopropylmethan.

12. Man stelle die Reaktionsgleichungen auf für die Verbrennung folgender Gase in einem Überschuß an Sauerstoff und berechne die Volumenkontraktion und das Ver-

hältnis der Volumina des entstandenen Kohlendioxyds und des ursprünglichen Kohlenwasserstoffs: (a) Äthan; (b) Propan; (c) Butan; (d) Neopentan.

13. Folgende Alkane sollen identifiziert und die Reaktionsgleichung für jede Verbrennung aufgestellt werden: (a) Das Volumen des entstandenen Kohlendioxyds war doppelt so groß wie das des verwendeten Kohlenwasserstoffs; (b) die Volumenkontraktion betrug vier Fünftel des Volumens an entstandenem Kohlendioxyd; (c) das Volumen des entstandenen Kohlendioxyds betrug die Hälfte der Volumenkontraktion; (d) die Kontraktion war gleich dem Volumen des entstandenen Kohlendioxyds.

14. (a) 100 cm³ eines Äthan-Luft-Gemisches wurden mit einem Sauerstoffüberschuß verbrannt. Dabei bildeten sich 32 cm³ Kohlendioxyd. Wieviel Äthan enthielt die Mischung?

(b) Bei der Verbrennung von 100 cm³ eines Butan-Stickstoff-Gemisches mit einem Überschuß Sauerstoff verminderte sich das Volumen um 70 cm³. Wieviel Butan enthielt das Gemisch?

(c) Bei der Verbrennung von 50 cm³ eines Äthan-Propan-Gemisches im Sauerstoffüberschuß entstanden 130 cm³ Kohlendioxyd. Wieviel Äthan enthielt das Gemisch?

(d) Bei der Verbrennung von 10 cm³ eines Propan-Pentan-Gemisches mit einem Überschuß an Sauerstoff betrug die Volumenkontraktion 36 cm³. Wieviel Propan enthielt die Mischung?

(e) Zehn Kubikzentimeter einer Mischung von Methan, Äthan und Luft sind in einem geschlossenen System mit einem Überschuß von Sauerstoff vollständig verbrannt. Die Volumenkontraktion nach der Verbrennung war 13 cm³, und eine weitere Kontraktion von 8 cm³ wurde nach dem Waschen der Verbrennungsprodukte mit einer Lösung von Kaliumhydroxyd beobachtet. Alle Volumina wurden unter gleichen Bedingungen des Drucks und der Temperatur gemessen. Wie war die prozentuale Zusammensetzung der ursprünglichen Mischung? (Hinweis: Man bezeichne das Volumen des Methans mit X, das Volumen des Äthans mit Y, stelle aus den experimentellen Angaben zwei Gleichungen ersten Grades auf und löse diese.)

Kapitel 3

Alkene. Cyclische Kohlenwasserstoffe

Alkene

Wie die Alkane sind auch die Glieder der zweiten Klasse oder homologen Reihe der organischen Verbindungen Kohlenwasserstoffe. Sie werden *Alkene* genannt, oder auch *Äthylene* nach dem ersten Glied der Reihe, oder *Olefine* nach dem *gaz oléfiant* (*ölbildendes Gas*, ein alter Name für Äthylen) (S. 56). Die Glieder dieser zweiten homologen Reihe haben die allgemeine Formel C_nH_{2n}, d. h. jedes Alken hat zwei Wasserstoffatome weniger als das entsprechende Alkan. Weil sie nicht die größtmögliche Anzahl Wasserstoffatome aufweisen, heißen die Alkene oft auch *ungesättigte* Kohlenwasserstoffe, im Gegensatz zu den Alkanen, den *gesättigten* Kohlenwasserstoffen.

Struktur

Eine stabile Verbindung mit einem einzigen Kohlenstoffatom ist bei dieser homologen Reihe nicht bekannt. Das einfachste Glied dieser Reihe, das Äthylen, hat die Summenformel C_2H_4. Für diese Verbindung sind drei Elektronenformeln denkbar. Entweder hat ein Kohlenstoffatom zwei ungepaarte Elektronen (I),

4*

oder jedes Kohlenstoffatom hat ein ungepaartes Elektron (II), oder die Kohlenstoffatome sind durch zwei Elektronenpaare miteinander verbunden (III).

$$
\begin{array}{ccc}
\text{H} \quad \text{H} & \text{H} \quad \text{H} & \text{H} \qquad \text{H} \\
\cdot\!\times \quad \times\!\circ & \cdot\!\times \quad \times\!\circ & \cdot\times \qquad \circ\!\times \\
\text{H}\,\overset{\times}{\underset{\times}{\,}}\text{C}\,\overset{\circ}{\underset{\circ}{\,}}\text{C}\,\circ & \text{H}\,\overset{\times}{\,}\text{C}\,\overset{\circ}{\underset{\circ}{\,}}\text{C}\,\overset{\times}{\,}\text{H} & \text{C}\,\overset{\circ}{\underset{\circ}{\,}}\text{C} \\
\times\!\cdot \quad \circ & \cdot \quad \circ & \cdot\!\times \qquad \circ\!\times \\
\text{H} & & \text{H} \qquad \text{H} \\
\text{I} & \text{II} & \text{III}
\end{array}
$$

Wären I oder II existenzfähig, sollten es auch Gruppen wie $\text{H}\overset{\cdot\times}{\underset{\cdot}{\times}}\text{C}\cdot$ oder $\text{H}\overset{\cdot\times}{\underset{\times\cdot}{\underset{\text{H}}{\,}}}\text{C}\cdot$

sein, doch wurden diese nur als äußerst reaktionsfähige und kurzlebige *freie Radikale* nachgewiesen (S. 599). Formel I scheidet auch aus chemischen Gründen aus, denn Reaktionen einer derartigen Verbindung würden nur an *einem* Kohlenstoffatom angreifen, während bei allen bekannten Olefinreaktionen beide Kohlenstoffatome beteiligt sind. Formel III steht mit allen Tatsachen im Einklang. Haben Atome zwei Elektronenpaare gemeinsam, so bezeichnet man die zwischen ihnen bestehende Bindung als **Doppelbindung.**

Die Natur der kovalenten Bindung ist für kompliziertere Gebilde als das Wasserstoffmolekül noch nicht exakt beschrieben worden. Auf Grund von gewissen vernünftigen Annahmen kann man sich aber ein qualitativ befriedigendes Bild machen (S. 10). Noch schwieriger ist die genaue Beschreibung der Mehrfachbindung. Nach der geltenden Theorie, die sich bei Organikern und Spektroskopikern bewährt hat, bildet ein Kohlenstoffatom, das mit nur drei anderen Atomen verbunden ist, bastardisierte orbitals vom sp^2-Typ aus (S. 13). Die drei Bindungen liegen dann in einer Ebene und bilden Winkel von je 120°. Das verbleibende ungepaarte Elektron gehört zu einem p-orbital (S. 12) senkrecht zu der Ebene der drei Bindungen. Beim Äthylen z. B. überlagern sich je ein sp^2-orbital der beiden Kohlenstoffatome und bilden eine einfache sp^2—sp^2-Bindung zwischen den Kohlenstoffatomen. Die restlichen vier sp^2-orbitals überlagern sich mit den s-orbitals der vier Wasserstoffatome, wobei vier s—sp^2-Bindungen entstehen. Diese Bindungen kommen alle durch molecular orbitals vom σ-Typ (S. 11) zustande. Sie bilden Winkel von jeweils 120° miteinander. Diese molecular orbitals nehmen drei Valenzelektronen von jedem Kohlenstoffatom in Anspruch. Ein Elektron in einem p-orbital bleibt bei jedem Kohlenstoffatom übrig. Das orbital steht senkrecht zur Ebene der Kohlenstoff-Wasserstoff-Bindungen. Abb. 29a zeigt einen Querschnitt durch diese Ebene, Abb. 29b einen Querschnitt durch die Kohlenstoffatome, senkrecht zu dieser Ebene. Das in Abb. 29 dargestellte Molekül würde stabiler werden, wenn die zwei Elektronen auf den monozentrischen p-orbitals (Elektronen umgeben nur einen Kern) ein dizentrisches molecular orbital (Elektronen umgeben zwei Kerne) besetzen könnten. Die Ausbildung eines molecular orbital wird dann möglich, wenn sich die p-orbitals genügend überlagern. Da die p-orbitals senkrecht zu den Ebenen der CH_2-Gruppen stehen, können sie sich am besten dann überlagern, wenn die beiden CH_2-Gruppen in derselben Ebene liegen. In dieser Stellung verschmelzen die beiden p-orbitals zu einem molecular orbital, das die beiden übriggebliebenen Elektronen unterbringt. In Abb. 30b erscheint es wie zwei fette Würstchen oberhalb und unterhalb der Molekülebene. Abb. 30a zeigt denselben Querschnitt wie Abb. 29b, aber nach Ausbildung des molecular orbital. Abb. 30b gibt eine perspektivische, Abb. 30c eine entsprechende schematische Darstellung, worin die Achten die p-orbitals, die schwachen Verbindungslinien zwischen ihnen die zur Ausbildung des molecular orbital nötige Überlagerung bedeuten. Durch die Anwesenheit einer Knotenebene (S. 12) ähnelt dieses molecular orbital einem p-orbital. Deshalb heißt dieser Bindungstyp *π-Bindung*, und die die Bindung bewirkenden Elektronen werden *π-Elektronen* genannt.

Da sich die beiden p-orbitals relativ schwach überlagern, ist das molecular orbital vom π-Typ nicht so stabil wie das vom σ-Typ. Die Bindungsenergie der Kohlenstoff-Kohlenstoff-σ-Bindung beträgt etwa 80 kcal pro Mol, die der Kohlenstoff-Kohlenstoff-π-Bindung dagegen nur etwa 60 kcal pro Mol. Die geringere Stabilität der π-Bindung

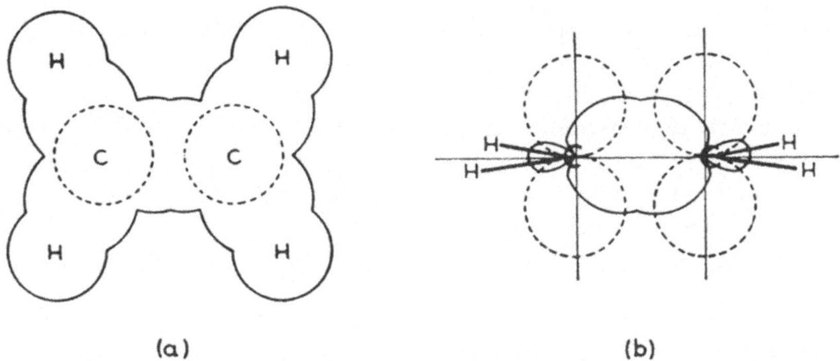

Abb. 29. Querschnitt durch das Äthylenmolekül vor Ausbildung der π-Bindung: (a) durch die Kohlenstoff- und Wasserstoffatome; (b) durch die Kohlenstoffatome, senkrecht zur Ebene der Wasserstoffatome

(höherer Energieinhalt der Elektronen) ist verantwortlich für die größere Reaktionsfähigkeit der π-Bindung, d. h. das Bestreben, mit anderen Atomen die stabilere σ-Bindung einzugehen. Man nennt die π-Elektronen auch *Elektronen zweiter Art.*

Eine andere beobachtbare Auswirkung der π-Bindung ist die Verringerung des Abstands zwischen den Kohlenstoffatomen. Bei der Einfachbindung beträgt der

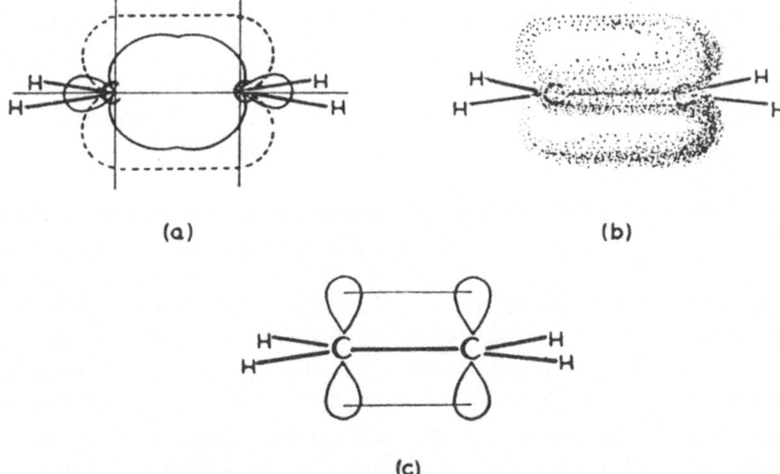

Abb. 30. Das Äthylenmolekül nach Ausbildung der π-Bindung: (a) Querschnitt durch die Kohlenstoffatome, senkrecht zur Ebene der Wasserstoffatome; (b) perspektivische Darstellung der π-Bindung; (c) schematische Darstellung der π-Bindung

Abstand zwischen den Kohlenstoffatomen 1,54 Å, bei der Doppelbindung nur 1,34 Å; d. h. die Kerne sind fester aneinander gebunden, wenn sie von einem zusätzlichen Elektronenpaar eingeschlossen sind.

Diese Theorie läuft auf eine neue Deutung der viel älteren Partialvalenztheorie von THIELE[1] hinaus, der annahm, daß die Valenzkräfte, deren Natur noch unbekannt

---

[1] JOHANNES THIELE (1865—1918), Professor an der Universität Straßburg. Er ist hauptsächlich bekannt durch seine Arbeiten über die Additionsreaktionen ungesättigter Verbindungen (S. 747).

war, bei einem doppelt gebundenen Kohlenstoffatom nur teilweise abgesättigt seien. Die zweite Bindung gab er durch eine gepunktete Linie wieder, um anzudeuten, daß sie reaktionsfähiger ist als die Einfachbindung. Die Thielesche Theorie verlor an Anhängerschaft, weil sie mit der Elektronenpaartheorie von LEWIS nicht erklärt werden konnte.

Formeln für die Homologen des Äthylens kann man in derselben Weise konstruieren wie die Formeln für die Methanhomologen, d. h. durch Einfügen von CH_2-Gruppen *(Methylengruppen)* zwischen Wasserstoff- und Kohlenstoffatome oder Ersatz von Wasserstoffatomen durch Alkylgruppen. Zum Beispiel hat das nächste Glied der Reihe, das Propylen, C_3H_6, die Formel $CH_3CH=CH_2$. Da das Propylen drei Arten von Wasserstoff besitzt[1], muß es drei isomere Butylene geben, die auch alle bekannt sind.

$$CH_3CH_2CH=CH_2 \qquad CH_3CH=CHCH_3 \qquad CH_3C=CH_2$$
$$\underset{CH_3}{|}$$

Man erhält dieselben Formeln, wenn man die Doppelbindung an allen in Frage kommenden Stellen im normalen Butan und Isobutan einsetzt.

Nomenklatur

Trivialnamen. Man bildet die Trivialnamen, indem man in den Trivialnamen der gesättigten Kohlenwasserstoffe die Endung *-an* durch *-ylen* ersetzt. Das n- (normal) für die geradkettigen Verbindungen wird aber weggelassen. Zur Unterscheidung der Isomeren benutzt man griechische Buchstaben (Tab. 7, S. 55).

Von Äthylen abgeleitete Namen. Die Alkylgruppen, die die Wasserstoffatome des Äthylens ersetzen, werden benannt und dem Wort *Äthylen* vorangestellt. Da Äthylen an jedem der beiden Kohlenstoffatome zwei Wasserstoffatome aufweist, ergibt der Ersatz von zwei Wasserstoffatomen durch zwei Gruppen zwei Isomere, je nachdem, ob die neuen Gruppen an ein und dasselbe oder an zwei verschiedene Kohlenstoffatome gebunden sind.

Um beide Isomeren unterscheiden zu können, numeriert man die Kohlenstoffatome des Äthylens und gibt die Stellung der Gruppen durch Voranstellen der Stellungszahlen an. Die beiden letzten in Tab. 7 angegebenen Verbindungen heißen dann 1-Methyl-2-äthyl-äthylen und 1.2-Dimethyl-2-sek.-butyl-äthylen.

In der älteren und in der angelsächsischen Literatur werden häufig Äthylenderivate, die die beiden Gruppen am selben Kohlenstoffatom tragen, als *unsymmetrisch* bezeichnet (z. B. asymm. Methyläthyläthylen für 1-Methyl-1-äthyläthylen), solche, die beide Gruppen an verschiedenen Kohlenstoffatomen tragen, als *symmetrisch* (z. B. symm. Methyläthyläthylen für 1-Methyl-2-äthyl-äthylen). Die Bezeichnungen symmetrisch bzw. asymmetrisch beziehen sich hierbei natürlich nicht auf die Symmetrie des Gesamtmoleküls, sondern auf die Symmetrie der eintretenden Gruppen mit Bezug auf die Doppelbindung.

Genfer Nomenklatur. Die Benennung der Alkene nach der Genfer Nomenklatur entspricht der der Alkane (S. 38): 1. die Endung *-an* des entsprechenden gesättigten Kohlenwasserstoffs wird durch die Endung *-en* ersetzt; 2. als Stammverbindung wird die längste Kette, *die die Doppelbindung enthält*, aufgefaßt; 3. die Ketten werden von dem Ende her durchnumeriert, das der Doppelbindung am nächsten

---

[1] Siehe Fußnote 1, S. 36.

Tabelle 7. *Nomenklatur der Alkene*

Formel	Trivialnamen	Als Derivate des Äthylens	Genfer Nomenklatur
$CH_2=CH_2$	Äthylen	—	Äthen
$CH_3CH=CH_2$	Propylen	Methyläthylen	Propen
$CH_3CH_2CH=CH_2$	α-Butylen	Äthyläthylen	Buten-(1)
$CH_3CH=CHCH_3$	β-Butylen	1.2-Dimethyl-äthylen	Buten-(2)
$CH_3C=CH_2$ $\quad\mid$ $\quad CH_3$	Isobutylen[1]	1.1-Dimethyl-äthylen	Methylpropen
$C_2H_5CH=CHCH_3$	β-Amylen[2]	1-Methyl-2-äthyl-äthylen	Penten-(2)
$\overset{6}{C}H_3\overset{5}{C}H_2\overset{4}{C}HCH_3$ $\quad\mid$ $\quad CH_3\overset{3}{C}=\overset{2}{C}H\overset{1}{C}H_3$	—	1.2-Dimethyl-2-sek.-butyl-äthylen	3.4-Dimethyl-hexen-(2)

ist; die Lage der Doppelbindung wird durch die Nummer des Kohlenstoffatomes bezeichnet, das zur Doppelbindung gehört und die kleinere Nummer trägt; 4. Seitenketten werden benannt, ihre Stellung wird durch eine Nummer angegeben.

Vorkommen und Verwendung der Alkene

Alkene werden gewonnen durch thermische Spaltung (Cracken) von Erdgas und Erdölkohlenwasserstoffen (S. 47). **Äthylen** ist als Rohmaterial für die Synthese anderer Chemikalien bei weitem das wichtigste Olefin. Die Produktion überstieg schon 1954 1,3 Millionen Tonnen, wovon die Hälfte durch Cracken von Propan, 40% aus Äthan und 10% aus Erdölraffineriegas (S. 75) hergestellt wurde. Von der Gesamtmenge wurden ungefähr je 25% zur Synthese von Äthylalkohol (S. 97) und Äthylenoxyd (S. 785), je 10% zur Synthese von Styrol (S. 605), Äthylchlorid (S. 123) und Polyäthylen (S. 65) verwendet.

Propylen und die **Butylene** finden in geringerem Umfang Anwendung zu synthetischen Zwecken; hauptsächlich dienen sie zur Herstellung von Benzin (S. 80) und synthetischem Kautschuk (S. 757). Methoden zur Synthese einzelner Olefine, z. B. aus Alkoholen oder organischen Halogenverbindungen, werden in Kapitel 8 beschrieben.

Physikalische Eigenschaften

Die allgemeinen physikalischen Eigenschaften der Alkene sind denen der entsprechenden gesättigten Kohlenwasserstoffe sehr ähnlich. Die Löslichkeit der

---

[1] Der Name Isobuten, der häufig benutzt wird, ist wegen der Vermengung zweier Nomenklatursysteme unerwünscht.

[2] Olefine mit fünf Kohlenstoffatomen heißen auch *Amylene* anstatt *Pentylene* (s. Fuselöl S. 96).

niederen Alkene in Wasser ist zwar gering, aber beträchtlich größer als die der Alkane, da die höhere Elektronenkonzentration der Doppelbindung eine stärkere Anziehung der positiven Teile der Wasserdipole mit sich bringt (S. 13).

Allgemeine chemische Eigenschaften

Im Gegensatz zu den gesättigten Kohlenwasserstoffen sind die ungesättigten Kohlenwasserstoffe sehr reaktionsfähig. Viele Reagentien lagern sich an die beiden durch eine Doppelbindung verbundenen Kohlenstoffatome an. Bei dieser Reaktion wird das Reagens selbst zerlegt; ein Teil vereinigt sich mit dem einen Kohlenstoffatom, der andere Teil mit dem anderen Kohlenstoffatom. Derartige Reaktionen heißen **Additionsreaktionen.** Die Bindungsfähigkeit des einen an der Doppelbindung beteiligten Elektronenpaares ist nicht voll befriedigt; es reagiert daher bei Anwesenheit geeigneter Reagentien, wobei dann ein stabileres Bindungssystem entsteht. Das Reagens wird von der Doppelbindung *„addiert"* oder *„angelagert".* Diese Reaktionen kann man in zwei Gruppen einteilen, je nachdem, ob die angelagerten Teile gleich sind oder nicht.

Additionsreaktionen an der Doppelbindung führen im Endergebnis zum Ersatz einer π-Bindung durch eine σ-Bindung. Da sich die atomic orbitals bei der Ausbildung einer π-Bindung weniger überlagern als bei der Ausbildung einer σ-Bindung, sind die σ-Bindungen stärker (S. 53). Daher führt die Anlagerung an eine Doppelbindung gewöhnlich zur Freisetzung eines beträchtlichen Energiebetrages, und die Reaktion kann vollständig ablaufen. Bei der Isomerisierung von Butan (S. 49) werden die Bindungskräfte dagegen nur wenig verändert, und das Gleichgewichtsgemisch enthält beträchtliche Mengen von beiden Isomeren.

Gleiche Addenden

1. Halogen. Die charakteristischste Reaktion der Doppelbindung ist die besonders schnelle Anlagerung von Chlor oder Brom an diejenigen Alkene, bei denen jedes der doppelt gebundenen Kohlenstoffatome mit wenigstens einem Wasserstoffatom verknüpft ist. Die Reaktion verläuft in flüssiger Phase oder in Lösung.

$$CH_2=CH_2 + Cl_2 \longrightarrow ClCH_2CH_2Cl$$
Äthylenchlorid[1](1.2-Dichlor-äthan)

$$CH_3CH=CH_2 + Br_2 \longrightarrow CH_3CHBrCH_2Br$$
Propylenbromid(1.2-Dibrom-propan)

Die Reaktion kann durch folgende allgemeine Gleichung ausgedrückt werden:

$$RCH=CHR + X_2 \longrightarrow RCHXCHXR$$

wobei R eine Alkylgruppe oder ein Wasserstoffatom und X ein Halogenatom bedeutet. Die Reaktion ist praktisch auf Chlor und Brom beschränkt, da Fluor zu heftig und unkontrollierbar reagiert und Jod stabile 1.2-Dijodverbindungen nur mit einigen einfachen Olefinen bildet. Sind an einem Kohlenstoffatom des

---

[1] Diese Reaktion gab den Anlaß zu dem alten Namen *gaz oléfiant (ölbildendes Gas)* für Äthylen, da die Reaktion von gasförmigem Äthylen mit gasförmigem Chlor flüssiges Äthylenchlorid ergab.

Äthylens beide Wasserstoffatome durch Alkylgruppen ersetzt, wie beim Isobutylen, so erfolgt die Addition von Chlor nicht so leicht wie eine andere Reaktion, eine *Substitution*, bei der ein Wasserstoffatom durch ein Chloratom ersetzt wird (S. 768). Brom wird aber normal addiert unter Bildung von Isobutylenbromid.

Die einfachste Vorstellung von der Reaktion zwischen Halogen und einer Doppelbindung wäre die gleichzeitige Addition beider Atome eines Halogenmoleküls. Aus experimentellen Befunden hat sich jedoch mit Sicherheit ergeben, daß diese Art von Reaktion nicht stattfindet. Statt dessen verläuft die Reaktion stufenweise über einen Ionenmechanismus (S. 44). Der ungesättigte Kohlenwasserstoff benutzt die π-Elektronen der Doppelbindung, um dem Halogenmolekül ein Halogenpartikel wegzunehmen, das nur sechs Elektronen aufweist. Das entstandene Carboniumion addiert dann ein negativ geladenes Halogenion aus der Lösung.

$$\text{RCH--CHR} + \;:\!\ddot{X}\!:\!\ddot{X}\!: \;\longrightarrow\; \left[\begin{array}{c} \text{RCH--CHR} \\ {}^{+}\;\;\;\;\ddot{} \\ :\ddot{X}: \end{array}\right] + \left[\;:\ddot{X}\!:^{-}\right]$$

$$:\ddot{X}\!:^{-} + \left[\begin{array}{c} \text{RCH--CHR} \\ {}^{+}\;\;\;\;\ddot{} \\ :\ddot{X}: \end{array}\right] \;\longrightarrow\; \begin{array}{c} \text{RCH--CHR} \\ |\;\;\;\;\;| \\ \text{X}\;\;\;\;\text{X} \end{array}$$

Das aus der Lösung entnommene Halogenion muß nicht dasselbe Halogenion sein, das in der ersten Reaktionsstufe freigesetzt wurde, und ist es aus statistischen Gründen auch wahrscheinlich nicht. Das intermediär entstandene positive Ion kann ein Halogenion von einem Halogenmolekül abspalten, besonders wenn die Halogenkonzentration relativ hoch ist.

$$\left[\begin{array}{c} \text{RCH--CHR} \\ {}^{+}\;\;\;\;\ddot{} \\ :\ddot{X}: \end{array}\right] + \;:\!\ddot{X}\!:\!\ddot{X}\!: \;\longrightarrow\; \begin{array}{c} \text{RCH--CHR} \\ |\;\;\;\;\;| \\ \text{X}\;\;\;\;\text{X} \end{array} + \left[\ddot{X}\!:^{+}\right]$$

Das nach der letzten Gleichung freigesetzte positive Halogenion kann mit einem Olefinmolekül reagieren und so die Kette fortsetzen oder zusammen mit einem negativen Halogenion ein Halogenmolekül zurückbilden.

Diese Halogenderivate sind farblose Flüssigkeiten. Daher kann die Entfärbung einer Lösung von Brom in Wasser, oder besser in einem gemeinsamen Lösungsmittel wie Tetrachlorkohlenstoff oder Eisessig, als *Nachweisreaktion für Doppelbindungen* dienen, vorausgesetzt, daß keine andere mit Brom reagierende Gruppe anwesend ist. Zur quantitativen Bestimmung eines bekannten Olefins im Gemisch mit anderen Substanzen kann man mit einer eingestellten Bromlösung titrieren. Entsprechend kann man durch Titration eines reinen unbekannten Olefins das Äquivalentgewicht der Verbindung, d. h. das auf eine Doppelbindung bezogene Gewicht, ermitteln. Die Anzahl der Doppelbindungen ist dann gleich dem Molekulargewicht, dividiert durch das Äquivalentgewicht.

2. Wasserstoff. In Gegenwart eines geeigneten Katalysators, z. B. feinverteiltes Platin, Palladium oder Nickel, wird Wasserstoff an eine Doppelbindung angelagert, wobei eine Energiemenge von etwa 30 kcal pro Mol freigesetzt wird. Dieser Vorgang heißt *katalytische Hydrierung*[1].

$$CH_2{=}CH_2 + H_2 \xrightarrow{\text{Pt, Pd oder Ni}} CH_3CH_3$$

$$R_2C{=}CR_2 + H_2 \xrightarrow{\text{Pt, Pd oder Ni}} R_2CHCHR_2$$

Gasförmige Olefine werden in Mischung mit Wasserstoff über den Katalysator geleitet. Flüssige Olefine oder feste Olefine können in inerten Lösungsmitteln mit Wasserstoff und einer Suspension von fein verteiltem Katalysator geschüttelt werden. Die Reaktion dient analytischen wie präparativen Zwecken. Aus dem Volumen des absorbierten Wasserstoffs kann man die Menge einer ungesättigten Verbindung bekannter Struktur im Gemisch mit gesättigten Verbindungen berechnen, oder man kann die Anzahl der Doppelbindungen einer unbekannten Verbindung bestimmen, deren Molekulargewicht bereits bekannt ist.

Obwohl die Hydrierung ein exothermer Vorgang ist, kommt die Reaktion nicht freiwillig in Gang, da der Energiebetrag, der zur Einleitung der Reaktion, d. h. zur Aufsprengung einer π-Bindung im Olefin bzw. einer σ-Bindung im Wasserstoff, erforderlich ist, zu groß ist. Die Aufgabe des metallischen Katalysators ist es, diese Aktivierungsenergie zu verringern, indem er eine Reihe von Zwischenstufen ermöglicht, deren jeweilige Aktivierungsenergie viel niedriger ist als die zur thermischen Aufsprengung einer π- oder σ-Bindung notwendige Energie.

Metalle wie Platin, Palladium, Nickel und Kupfer adsorbieren Wasserstoff und ungesättigte Moleküle sehr stark. Die Atome in der Metalloberfläche besitzen ungepaarte Elektronen, die mit den Elektronen des relativ exponierten σ-orbitals des Wasserstoffmoleküls und des π-orbitals der Doppelbindung in Wechselwirkung treten können. Die dadurch entstehenden lockeren Bindungen mit den Metallatomen bewirken die Adsorption. Wie in der schematischen Darstellung angedeutet, kann das Wasserstoffmolekül gespalten und in Form von Wasserstoffatomen adsorbiert werden, während das Olefinmolekül ein adsorbiertes Biradikal bildet. Eine Reaktion zwischen einem Wasserstoffatom und dem Biradikal läßt ein adsorbiertes Wasserstoffatom und ein adsorbiertes Radikal übrig. Eine weitere Reaktionsstufe führt zum gesättigten Kohlenwasserstoff, der desorbiert wird.

$$
\begin{array}{l}
\text{Pt}\,|\,\cdot \\
\text{Pt}\,|\,\cdot + \text{H}:\text{H} \\
\text{Pt}\,|\,\cdot \qquad \text{CH}_2 \\
\qquad + : | \\
\text{Pt}\,|\,\cdot \qquad \text{CH}_2
\end{array}
\;\longrightarrow\;
\begin{array}{l}
\text{Pt}\,|:\text{H} \\
\text{Pt}\,|:\text{H} \\
\text{Pt}\,|:\text{CH}_2 \\
\quad\;\;| \\
\text{Pt}\,|:\text{CH}_2
\end{array}
\;\longrightarrow\;
\begin{array}{l}
\text{Pt}\,|\,\cdot \\
\text{Pt}\,|:\text{H} \quad \text{H} \\
\text{Pt}\,|:\text{CH}_2\ddot{\text{C}}\text{H}_2 \\
\text{Pt}\,|\,\cdot
\end{array}
\;\longrightarrow\;
\begin{array}{l}
\text{Pt}\,|\,\cdot \\
\text{Pt}\,|\,\cdot \quad \text{H} \qquad \text{H} \\
\qquad + \;\; \ddot{\text{C}}\text{H}_2{-}\ddot{\text{C}}\text{H}_2 \\
\text{Pt}\,|\,\cdot \\
\text{Pt}\,|\,\cdot
\end{array}
$$

---

[1] Der erste Bericht über den Gebrauch der katalytischen Hydrierung scheint der von DEBUS aus dem Jahre 1863 zu sein. DEBUS entdeckte, daß Cyanwasserstoff bei Anwesenheit von Platin Wasserstoff addiert und in Methylamin übergeht (S. 241). In den nächsten vierunddreißig Jahren werden hin und wieder ähnliche Reaktionen erwähnt. 1897 fanden PAUL SABATIER (1854—1941) und JEAN BAPTISTE SENDERENS (1856—1937) an der Universität Toulouse, daß Äthylen und Wasserstoff Äthan ergeben, wenn man sie bei 300° über Kobalt, Eisen, Kupfer oder Platin leitet; Benzol und Wasserstoff über Nickel geleitet ergeben Cyclohexan (S. 876). SABATIER arbeitete auf diesem Gebiet, bis er 1930 in den Ruhestand trat. Er wurde 1912 zusammen mit VICTOR GRIGNARD (S. 125) mit dem Nobelpreis für Chemie ausgezeichnet. SENDERENS betätigte sich in der Industrie und führte die Kontaktkatalyse in die organisch-chemische Technik ein. Er war ein sehr religiöser Mensch und wurde Abbé und später Domherr der römisch-katholischen Kirche.

Da bei den einzelnen Reaktionsstufen ungepaarte Elektronen und lockere Bindungen im Spiel sind, sind die Aktivierungsenergien nicht groß.

Natürlich brauchen durchaus nicht beide an die Doppelbindung angelagerten Wasserstoffatome von dem gleichen Wasserstoffmolekül zu stammen. Das adsorbierte Äthylradikal ist von mehreren adsorbierten Wasserstoffatomen umgeben und kann mit irgendeinem von ihnen reagieren. Wird Äthylen mit einem Gemisch von Wasserstoff und seinem Isotop Deuterium (D_2) katalytisch reduziert, so entstehen Äthan (CH_3CH_3), Monodeuteroäthan (CH_3CH_2D) und Dideuteroäthan (CH_2DCH_2D).

Damit eine Reaktion zwischen den adsorbierten Molekülen stattfinden kann, müssen diese sich nahe genug kommen und die richtige Orientierung aufweisen. Diese räumlichen Beziehungen werden nicht nur von der Größe und Struktur der Reaktionsteilnehmer bestimmt, sondern auch von der Kristallstruktur der Katalysatoroberfläche. Offensichtlich werden also die optimalen Bedingungen und die Art des Katalysators für verschiedene Reaktionspaare verschieden sein, und die Wahl dieser Bedingungen und des Katalysators muß noch meistens empirisch erfolgen. Glücklicherweise sind aber Hydrierungskatalysatoren von hoher Aktivität bei einer Vielzahl von Verbindungen entwickelt worden, und so ist die katalytische Hydrierung von außerordentlicher praktischer Bedeutung.

3. Ozon. Leitet man einen Strom von ozonhaltiger Luft oder ozonhaltigem Sauerstoff durch ein flüssiges Olefin oder eine nichtwäßrige Lösung einer ungesättigten Verbindung, so wird das Ozon sehr schnell und quantitativ aufgenommen, und es entsteht ein Ozonid.

$$RCH{=}CHR' + O_3 \longrightarrow RCH \overset{O}{\underset{O-O}{\diamond}} CHR'$$

$$CH_3CH_2CH{=}CHCH_3 + O_3 \longrightarrow CH_3CH_2CH \overset{O}{\underset{O-O}{\diamond}} CHCH_3$$

Penten-(2)-ozonid

Der Strukturbeweis für die Ozonide aus einfachen Olefinen zeigt, daß beide Bindungen der Doppelbindung aufgespalten sind unter Bildung eines Fünfringes, der drei Sauerstoffatome enthält (S. 928). Man sagt, das Olefin sei *ozonisiert* worden, und die Reaktion heißt *Ozonisierung*.

Die Ozonide verdanken ihre Bedeutung der Tatsache, daß sie leicht mit Wasser unter Bildung von Aldehyden oder Ketonen reagieren (Kap. 11).

$$RCH \overset{O}{\underset{O-O}{\diamond}} CHR' + H_2O \longrightarrow RCHO + OCHR' + H_2O_2$$

$$CH_3CH_2CH \overset{O}{\underset{O-O}{\diamond}} CHCH_3 + H_2O \longrightarrow CH_3CH_2CHO + OCHCH_3 + H_2O_2$$

Propionalde-   Acetalde-
hyd   hyd

Ketone entstehen aus höhersubstituierten Äthylenen.

$$R_2C{=}CR_2 \xrightarrow{O_3} R_2C \overset{O}{\underset{O-O}{\diamond}} CR_2 \xrightarrow{H_2O} 2\,R_2CO + H_2O_2$$

Die Ozonisierung einer ungesättigten Verbindung und anschließende Zersetzung mit Wasser ist daher eine oft angewandte Methode zur Synthese von Aldehyden und Ketonen. Da man die Aldehyde und Ketone isolieren und analysieren kann, läßt sich die Reaktion außerdem zur Lokalisierung einer Doppelbindung in unbekannten Verbindungen benutzen. Entstehen z. B. aus einem Olefin ein drei Kohlenstoffatome enthaltender Aldehyd und ein zwei Kohlenstoffatome enthaltender Aldehyd, so handelte es sich um Penten-(2). Wäre es Penten-(1) gewesen, so hätten ein vier Kohlenstoffatome enthaltender Aldehyd und ein ein Kohlenstoffatom enthaltender Aldehyd entstehen müssen.

Der Vorgang der Ozonisierung mit anschließender Hydrolyse wird als *Ozonspaltung* bezeichnet. Die Hydrolyse verläuft etwas komplizierter als oben angedeutet; es bilden sich vielmehr Gemische von organischen Peroxyden mit Aldehyden bzw. Ketonen als Wasserstoffperoxyd. Gewöhnlich führt man die Zersetzung in Gegenwart eines Reduktionsmittels, z. B. Zinkstaub und Essigsäure oder Wasserstoff und Platin, durch, um die Peroxyde zu zerstören und die Oxydation der Aldehyde zu organischen Säuren zu verhindern (S. 221).

4. Wäßrige Permanganatlösung. Die Reaktion von Alkenen mit verdünnter wäßriger Permanganatlösung führt zur Anlagerung von zwei Hydroxylgruppen (OH) an die doppelt gebundenen Kohlenstoffatome. Über den Mechanismus dieser Reaktion ist wenig bekannt, doch zur Aufstellung der Reaktionsgleichung genügt es, anzunehmen, daß ein vom Permanganat geliefertes Sauerstoffatom mit einem Wassermolekül zwei Hydroxylgruppen ergibt, die von der Doppelbindung addiert werden.

$$R_2C\!=\!CR_2 + [O](KMnO_4) + H_2O \longrightarrow R_2COHCOHR_2$$

Das Symbol [O] bezeichnet nicht atomaren Sauerstoff, sondern ein Reagens, das bei einem Oxydationsvorgang Sauerstoff abgeben kann. Hier ist das Reagens in Klammern angegeben. Auf solche Weise wird das Aufstellen stöchiometrischer Reaktionsgleichungen erspart — was nicht besagt, daß der Studierende nicht jederzeit dazu imstande sein soll! In neutraler oder alkalischer Lösung wird das Permanganat zu Mangandioxyd reduziert, und es stehen drei Sauerstoffatome von je zwei Molekülen Kaliumpermanganat für die Oxydation zur Verfügung. Die stöchiometrische Reaktionsgleichung lautet also:

$$3\,R_2C\!=\!CR_2 + 2\,KMnO_4 + 4\,H_2O \longrightarrow 3\,R_2COHCOHR_2 + 2\,MnO_2 + 2\,KOH$$

Eine Anleitung zum Aufstellen stöchiometrischer Oxydations-Reduktions-Gleichungen für organische Verbindungen findet sich S. 151.

Nachweisbar ist die Reaktion mit Permanganat durch den Umschlag der Purpurfarbe des Permanganations zum Braun des ausfallenden Mangandioxyds. Bei Abwesenheit einer genügenden Menge Reduktionsmittel wird das Permanganation unter Umständen nur bis zum grünen Manganation, MnO_4^{--}, reduziert. Der Umschlag von Purpur nach Grün darf nicht als positiver Test gewertet werden, da diese Veränderung in stark alkalischer Lösung auch ohne Reduktionsmittel eintreten kann. Die Reaktion mit Permanganat wird gewöhnlich als *Baeyersche Doppelbindungsprobe* bezeichnet. Es sei aber betont, *daß diese Reaktion ebenso wie auch die Reaktion mit Brom und mit Wasserstoff* **nicht spezifisch** *für eine Doppelbindung ist.* Die Reaktion mit Permanganat beweist nur bei Abwesenheit anderer leicht oxydierbarer Gruppen die Anwesenheit einer Doppelbindung.

Ungleiche Addenden

Zahlreiche Reagentien lagern ungleiche Gruppen an eine Doppelbindung an. Zum Beispiel lagert Schwefelsäure H und OSO_3H an, Halogenwasserstoffsäuren H und X. Wenn das ungesättigte Molekül symmetrisch gebaut ist, d. h. wenn beide doppelt gebundenen Kohlenstoffatome mit gleichen Gruppen verknüpft sind, erhält man bei der Addition nur eine Verbindung, selbst wenn die Addenden ungleich sind. *Ist dagegen das Olefinmolekül unsymmetrisch, so müssen zwei Isomere möglich sein.* Praktisch *entsteht immer das eine Isomere in überwiegender Menge, nämlich dasjenige, das durch Anlagerung des Wasserstoffs der Schwefelsäure oder Halogenwasserstoffsäure an das wasserstoffreichere Kohlenstoffatom zustandekommt.* Diese Gesetzmäßigkeit ist als **Regel von Markownikow**[1] bekannt.

1. Schwefelsäure. Olefine addieren Schwefelsäure unter Bildung von *Alkylschwefelsäuren.*

$$CH_3CH_2CH=CH_2 + HOSO_3H \longrightarrow CH_3CH_2CHHC_3$$

Buten-(1)

OSO_3H

sek.-Butylschwefelsäure

$$RCH=CR_2 + HOSO_3H \longrightarrow RCH_2CR_2$$

OSO_3H

Aus Buten-(2) entsteht nur ein Reaktionsprodukt, es ist dasselbe wie das aus Buten-(1).

$$CH_3CH=CHCH_3 + HOSO_3H \longrightarrow CH_3CH_2CHCH_3$$

Buten-(2)

OSO_3H

Wie leicht die Schwefelsäureaddition erfolgt, hängt von der Anzahl der Alkylsubstituenten an der Doppelbindung ab. Äthylen z. B. reagiert bei Zimmertemperatur langsam mit konzentrierter Schwefelsäure. Für eine schnelle Addition ist ein Katalysator, etwa Silbersulfat, erforderlich. Propylen reagiert mit 85%iger Schwefelsäure ohne Katalysator; Isobutylen reagiert mit 65%iger Schwefelsäure bei Raumtemperatur. Von diesen Unterschieden in der Reaktionsfähigkeit macht man Gebrauch bei der Analyse und bei der Trennung von Olefingemischen.

Wenn man in einem 100 cm³ fassenden zylindrischen Scheidetrichter, der 10 cm³ 20%ige rauchende Schwefelsäure enthält, die Luft durch Äthylen verdrängt und den verschlossenen Scheidetrichter schüttelt, entsteht ein Vakuum, weil das Äthylen mit der Schwefelsäure unter Bildung von nichtflüchtiger Äthylschwefelsäure und Äthionsäure, $HO_3SCH_2CH_2OSO_2OH$, reagiert. Das Vakuum kann demonstriert werden, indem man das Ende des Trichters in etwa 150 cm³ konzentrierte Schwefelsäure taucht und den Hahn öffnet. Die Schwefelsäure schießt in den Scheidetrichter und füllt ihn nahezu.

Es ist schwierig, die freien Alkylschwefelsäuren von der überschüssigen Schwefelsäure abzutrennen, da keine der Verbindungen flüchtig ist und beide etwa

---

[1] Wladimir Wassiljewitsch Markownikow (1838—1904) war Direktor des chemischen Instituts der Universität Moskau. Obwohl er seine Ideen über den Einfluß der Struktur auf den Ablauf chemischer Reaktionen 1869 in russischer Sprache veröffentlichte, blieben sie bis 1899 in Europa unbeachtet, da er sich weigerte, sie in einer fremden Sprache zu veröffentlichen. Nach 1881 arbeitete er mit großem Erfolg über die Chemie der Erdölkohlenwasserstoffe.

dieselben Löslichkeitseigenschaften haben. Man kann aber das Gemisch neutralisieren, z. B. mit Kaliumhydroxyd, und das Kaliumalkylsulfat vom Kaliumsulfat durch Kristallisation trennen. Die Calcium- und Bariumalkylsulfate können noch leichter isoliert werden, da sie im Gegensatz zu Calcium- oder Bariumsulfat wasserlöslich sind. Ein Gemisch der Natriumsalze von sekundären Alkylschwefelsäuren mit acht bis achtzehn Kohlenstoffatomen wird in Europa als Waschmittel verwendet (S. 200). Das dazu benötigte Olefingemisch wird durch Cracken des Wachsdestillates aus Petroleum erhalten (S. 78).

In Gegenwart eines Olefinüberschusses kann ein zweites Molekül an die Alkylschwefelsäure addiert werden. Es entsteht ein Dialkylsulfat.

$$CH_3CH_2OSO_2OH + CH_2{=}CH_2 \longrightarrow CH_3CH_2OSO_2OCH_2CH_3$$

Äthylschwefelsäure   Diäthylsulfat

2. Halogenwasserstoffsäuren. Olefine addieren Halogenwasserstoffsäuren unter Bildung von *Alkylhalogeniden*.

$$CH_3CH{=}CH_2 + HBr \longrightarrow CH_3\underset{\underset{\displaystyle Br}{|}}{CH}CH_3$$

Isopropylbromid(2-Brom-propan)

$$RCH{=}CR_2 + HX \longrightarrow RCH_2\underset{\underset{\displaystyle X}{|}}{C}R_2$$

Auch Halogenwasserstoffsäuren werden um so leichter angelagert, je mehr Alkylsubstituenten sich an der Doppelbindung befinden. Zum Beispiel erfolgt die Addition von Chlorwasserstoff beim Isobutylen leichter als beim Propylen, beim Propylen leichter als beim Äthylen. Die Leichtigkeit der Addition ist auch bei den einzelnen Halogenwasserstoffen verschieden groß; sie nimmt in konzentrierter wäßriger Lösung in der Reihenfolge Jodwasserstoff, Bromwasserstoff, Chlorwasserstoff, Fluorwasserstoff ab.

Dem Organiker ist es bewußt, daß solche qualitativen Feststellungen ungenau sind. Was besagt die Feststellung, daß ein Reagens leichter reagiert als ein anderes? Gewöhnlich dies, daß die Reaktion 1. unter denselben Bedingungen schneller abläuft, oder 2. mit der gleichen Geschwindigkeit bei niedrigerer Temperatur abläuft, oder 3. bei geringerem Druck stattfindet, wenn es sich um eine Reaktion in der Gasphase mit einer Volumenabnahme handelt. Sie kann aber auch bedeuten, daß die Lage des Gleichgewichts in einem Fall günstiger ist als im anderen. Sehr oft weiß man aber gar nicht, ob sich die allgemeinen Aussagen auf die relativen Geschwindigkeiten oder die relativen Gleichgewichtslagen beziehen. Es sind dann nur die relativen Ausbeuten an gewünschten Produkten unter den jeweiligen Reaktionsbedingungen bekannt.

Viel zu oft werden Gesetzmäßigkeiten aus Vergleichen unter gänzlich verschiedenen Bedingungen abgeleitet, ohne daß dabei die Wirkung des Lösungsmittels und heterogener oder homogener Katalysatoren beachtet wird. Obwohl z. B. weder gasförmiger noch wäßriger Chlorwasserstoff mit meßbarer Geschwindigkeit an Äthylen angelagert wird, reagiert wasserfreier Chlorwasserstoff in flüssiger Phase bei niedriger Temperatur sehr leicht in Gegenwart von wasserfreiem Aluminiumchlorid. Hier muß man also nur für einen Katalysator sorgen, der die Reaktion mit praktisch ausreichender Geschwindigkeit ablaufen läßt. Das Reaktionsprodukt, Äthylchlorid, ist bei Raumtemperatur vollkommen stabil. Andererseits ist Fluorwasserstoff in wäßriger Lösung noch weniger reaktionsfähig als Chlorwasserstoff, wird aber in wasserfreiem Zustand sehr schnell an Olefine angelagert und ergibt, auch ohne Katalysator, Ausbeuten bis zu

80%[1] an Monofluoralkanen, falls die Reaktion bei —45° in Gegenwart eines großen Überschusses an Fluorwasserstoff durchgeführt wird. Erwärmt man die Monofluoralkane jedoch auf Zimmertemperatur, zerfallen sie spontan in Olefin und Fluorwasserstoff. Hier ist also das Ausbleiben einer Addition bei Raumtemperatur keine Frage der Additionsgeschwindigkeit, sondern der Lage des Gleichgewichts.

Die allgemeine Unkenntnis der Grundlagen selbst einfacher Reaktionen ist nicht überraschend, da die organischen Reaktionen außerordentlich zahlreich und verwickelt sind. Man kann mit Sicherheit sagen, daß die organische Chemie ihren heutigen Entwicklungsstand nur erreicht hat, weil sie nicht nur als Wissenschaft, sondern auch als Kunst betrieben wurde. Bis künftige Chemiker die qualitativen Feststellungen durch quantitative Messungen ersetzen, muß das Alte weiter seinen Dienst tun.

Die Addition von Bromwasserstoff verläuft bei Gegenwart von Peroxyden anomal, d. h. bei Anlagerung an unsymmetrisch substituierte Olefine abweichend von der Regel von MARKOWNIKOW. Reagiert z. B. Propylen mit Bromwasserstoff in Gegenwart von Peroxyden, so entsteht n-Propylbromid anstatt Isopropylbromid.

$$CH_3CH{=}CH_2 + HBr \xrightarrow{\text{(Peroxyde)}} CH_3CH_2CH_2Br$$

Die Additionsweise von Chlorwasserstoff und Jodwasserstoff wird von Peroxyden nicht beeinflußt.

Bei der Addition von Schwefelsäure und der nichtkatalysierten Addition von Halogenwasserstoffsäuren an Alkene nimmt man als ersten Schritt die Vereinigung der π-Elektronen der Doppelbindung mit einem der nicht ionisierten, aber polarisierten Säure entstammenden Proton unter Bildung eines sog. π-Komplexes an.

$$RCH{-}CHR + H : \ddot{X} : \longrightarrow \left[RCH{-}\overset{H}{\underset{+}{CHR}} \right] \left[: \ddot{X} :^- \right]$$

Ein Angriff auf das intermediär entstehende positive Ion durch ein negatives Ion oder die Abspaltung eines negativen Ions aus einem neutralen Molekül ergibt dann das Endprodukt.

$$\left[RCH{-}\overset{H}{\underset{+}{CHR}} \right] + \left[: \ddot{X} :^- \right] \longrightarrow RCH{-}CHR \;\;\; \overset{\displaystyle H}{\underset{\displaystyle X}{|}}$$

$$\left[RCH{-}\overset{H}{\underset{+}{CHR}} \right] + : \ddot{X} : H \longrightarrow RCH{-}CHR + [H^+] \;\;\; \overset{\displaystyle H}{\underset{\displaystyle X}{|}}$$

Wenn das Alken symmetrisch gebaut ist, ist das Molekül unpolar; d. h. die Elektronen sind im zeitlichen Mittel symmetrisch um das Molekülzentrum verteilt. Ist

---

[1] Organische Verbindungen erhält man selten in der Menge, die man nach einer bestimmten Gleichung erwarten sollte. Oft ist die Reaktion reversibel und läuft nicht vollständig ab, und noch öfter finden, ausgehend von bestimmten Reaktionsteilnehmern, mehrere nebeneinander oder nacheinander verlaufende Reaktionen statt. Außerdem gibt es gewöhnlich mechanische Verluste bei der Isolierung des Endproduktes. Aus diesen Gründen interessieren sich organische Chemiker immer für die Ausbeute. Die Ausbeute an gewünschtem Produkt wird gewöhnlich in Prozent des Betrages angegeben, den man bei quantitativer Reaktion nach der Reaktionsgleichung erwarten sollte.

das Alken unsymmetrisch, so sind die Elektronen in bezug auf die positiven Kerne verschoben, und das Molekül ist polarisiert. Diese Polarisation beruht wohl auf zwei Faktoren. Erstens machen die ungesättigten Kohlenstoffatome bei der Bindung mit anderen Atomen Gebrauch von bastardisierten sp^2-orbitals anstatt von sp^3-orbitals, wie sie gesättigte Kohlenstoffatome benutzen. Die sp^2-orbitals haben einen größeren s-orbital-Anteil (mehr s-Charakter) als die sp^3-orbitals. Da die Elektronen eines s-orbitals dem Kern näher sind als die eines p-orbitals, zieht ein sp^2-orbital die Elektronen näher an den Kern heran als ein sp^3-orbital. Daher zieht eine Mehrfachbindung von einer Einfachbindung Elektronen weg. Zweitens, eine Alkylgruppe mit ihrer größeren Zahl von Elektronen ist stärker polarisierbar als Wasserstoff und gibt leichter Elektronen an ein ungesättigtes Kohlenstoffatom ab als Wasserstoff. Das dadurch bedingte Anwachsen der Elektronendichte an dem Kohlenstoffatom, an das die Alkylgruppe gebunden ist, bewirkt eine Verschiebung der weniger fest gebundenen π-Elektronen von der Alkylgruppe weg und ergibt ein polarisiertes Molekül.

$$R \rightarrow \overset{\frown}{C}\!-\!C\!-\!H \qquad \text{oder} \qquad \underset{\delta+}{RCH}\!-\!\underset{\delta-}{CH_2}$$

Aus demselben Grund ist im π-Komplex der an die π-Elektronen gebundene Wasserstoff demjenigen Kohlenstoffatom näher, das die geringere Zahl von Alkylgruppen trägt. Dementsprechend erfolgt der Angriff eines negativen Ions an dem Kohlenstoffatom mit der größeren Anzahl Alkylgruppen. So erklärt sich die Markownikowsche Regel.

$$\left[\underset{+}{RCH}\!-\!CH_2\right] + \left[:X:^-\right] \longrightarrow RCH\!-\!\underset{X}{CH_2}$$

Die anomale Addition von Bromwasserstoff an unsymmetrisch substituierte Olefine in Gegenwart von Peroxyden ist leichter durch einen Radikalmechanismus als durch einen Ionenmechanismus erklärlich (S. 44). Die Peroxyde reagieren mit dem Bromwasserstoff unter Bildung von Brom*atomen*, die die Reaktion einleiten. Die Addition verläuft dann über einen Radikalkettenmechanismus.

$$\text{Peroxyd} + HBr \longrightarrow \text{reduziertes Peroxyd} + H_2O + [\cdot Br]$$
$$RCH{=}CH_2 + [\cdot Br] \longrightarrow [R\overset{\cdot}{C}HCH_2Br]$$
$$[R\overset{\cdot}{C}HCH_2Br] + HBr \longrightarrow RCH_2CH_2Br + [\cdot Br]$$

Von den Halogenwasserstoffsäuren zeigt nur Bromwasserstoff diesen Effekt. Chlorwasserstoff wird von den Peroxyden nicht so leicht oxydiert, daß Chloratome entstehen könnten. Jodwasserstoff zerfällt zwar leicht in Atome, aber sie sind zu wenig reaktionsfähig, um sich an eine Doppelbindung anzulagern und vereinigen sich statt dessen zu molekularem Jod. Für die Richtung der anomalen Addition gibt es bis jetzt keine wirklich befriedigende Erklärung. Vernünftigerweise ist zu erwarten, daß von den beiden möglichen Zwischenprodukten [RCHCH$_2$Br] und [RCHBrCH$_2$] nur das erste von einem Substituenten R beeinflußt wird. Man nimmt an, daß R das erste Zwischenprodukt durch Wechselwirkung mit dem ungepaarten Elektron stabilisiert.

3. Polymerisation. Ein *Polymeres* ist eine Verbindung von hohem Molekulargewicht, deren Struktur man sich aus vielen kleineren untereinander gleichen Teilen aufgebaut denken kann (griech. *polys*, viele, und *meros*, Teile). Der Vorgang, bei dem Polymere entstehen, heißt *Polymerisation* und besteht aus einer Folge stufenweiser Reaktionen. Zwei Moleküle der einfachen Verbindung, auch

Monomeres genannt, verbinden sich zu einem *Dimeren*, das Dimere reagiert mit einem dritten Molekül unter Bildung eines *Trimeren*, und so geht der Prozeß weiter, bis das Monomere ganz verbraucht ist.

Unter dem Einfluß verschiedener Katalysatoren gehen die Olefine eine Selbstaddition ein, die man *Additionspolymerisation* nennt. Sie bilden dabei Verbindungen, deren Molekulargewicht ein Vielfaches von dem der ursprünglichen Verbindungen beträgt. Zum Beispiel wird Äthylen beim Erhitzen über 100° unter mehr als 1000 Atm. Druck in Gegenwart von 0,01% Sauerstoff in einen hochmolekularen gesättigten Kohlenwasserstoff umgewandelt.

$$x\,CH_2{=}CH_2 \longrightarrow (—CH_2CH_2—)_x$$

Die Polymerisation findet auch fast ohne Überdruck statt, wenn spezielle Katalysatoren verwendet werden (S. 948). Das Reaktionsprodukt besteht aus langen Ketten, wobei man für x etwa 100 bis 1000 oder mehr einsetzen kann. Die in der Gleichung angegebene Formel für das Polymere sagt nichts über die Kettenenden aus, da die Ketten Endgruppen verschiedener Art haben können, z. B. eine Doppelbindung, ein Wasserstoffatom oder eine Hydroxylgruppe (OH). Die Zahl dieser Gruppen ist aber im Verhältnis zum Molekulargewicht so klein, daß die Polymeren fast so reaktionsträge sind wie Paraffinkohlenwasserstoffe. Ferner geht aus der Formel nicht hervor, daß die Moleküle in geringem Umfang verzweigt sind. Man schätzt, daß eine Methylgruppe auf je 8 bis 10 Methylengruppen (CH_2) kommt.

Die Polymeren des Äthylens heißen *Polyäthylene*. Sie können wachsartig oder zäh und dehnbar oder hart sein. Beim Erhitzen werden sie weich und fließend, weil die Moleküle gut aneinander vorbeigleiten können. Hat die Masse die gewünschte Form erhalten, kann eine Bestrahlung mit Elektronen oder Neutronen Bindungen zwischen den Ketten (Vernetzung) bewirken, und man erhält ein Material von größerer Härte und höherem Schmelzpunkt. Polyäthylen wird hauptsächlich zur Herstellung von Folien, Draht- und Kabelisolierungen und Plastikröhren verwendet. Die Produktion in den USA belief sich 1955 auf ca. 180 000 t.

Polymerisationen, die von Sauerstoff katalysiert werden, verlaufen über einen Radikalmechanismus. Das Sauerstoffmolekül hat die besondere Eigenschaft, zwei ungepaarte Elektronen mit gleichem Spin zu enthalten, was man daran erkennt, daß es paramagnetisch ist. Diese ungepaarten Elektronen verleihen ihm bis zu einem gewissen Grade Radikalnatur. Man nimmt nun an, daß sich bei den sauerstoffkatalysierten Polymerisationen das Sauerstoffmolekül mit einem Kohlenstoffatom des Alkens verbindet, indem es ein Elektron der π-Bindung (S. 53) in Anspruch nimmt und am anderen Kohlenstoffatom ein freies Elektron zurückläßt.

$$\cdot\overset{..}{\underset{..}{O}}:\overset{..}{O}\cdot + CH_2\overset{..}{—}CH_2 \longrightarrow \left[\,\cdot\overset{..}{\underset{..}{O}}:\overset{..}{O}:CH_2{—}CH_2\cdot\,\right]$$

Diese Zwischenstufe kann sich mit einem weiteren Olefinmolekül verbinden.

$$[\,\cdot O{—}O{—}CH_2{—}CH_2\cdot\,] + CH_2\overset{..}{}CH_2 \longrightarrow [\,\cdot O{—}O{—}CH_2{—}CH_2{—}CH_2{—}CH_2\cdot\,]$$

Der Prozeß wiederholt sich, bis die Kette abgebrochen wird, entweder durch Vereinigung zweier freier Radikale, oder durch Wegnahme eines Wasserstoffatoms aus einem anderen Molekül. Im zweiten Falle wird eine neue Kette eingeleitet. Je größer die als Katalysator benutzte Sauerstoffmenge ist, desto niedriger ist das Molekulargewicht des Polymeren, denn je mehr Ketten eingeleitet werden, desto weniger Monomere sind für die einzelne Kette verfügbar, und desto größer ist die Wahrscheinlichkeit, daß eine Kette durch Zusammenstoß mit einem anderen Sauerstoffmolekül oder einer Kette abgebrochen wird. Ist die angewandte Menge Sauerstoff zu groß, so findet überhaupt keine Polymerisation statt, da die Ketten, sobald sie eingeleitet werden, auch wieder abgebrochen werden.

Wenn man Propylen bei etwa 200° und 10 Atm. Druck über einen granulierten „festen" Phosphorsäurekatalysator (ein calciniertes Gemisch von Phosphorsäure und Diatomeenerde) leitet, entsteht ein Gemisch höherer Alkene.

$$x\ CH_3CH{=}CH_2 \xrightarrow{\ H_3PO_4\ } CH_3\underset{CH_3}{\overset{|}{C}}H\left[CH_2\underset{CH_3}{\overset{|}{C}}H\right]_{x-2}CH{=}CHCH_3$$

und

$$CH_3\underset{CH_3}{\overset{|}{C}}H\left[CH_2\underset{CH_3}{\overset{|}{C}}H\right]_{x-2}CH_2CH{=}CH_2$$

Das Tetramere ($x = 4$) wird als Zwischenprodukt für eines der vielverwendeten synthetischen Waschmittel (S. 495) technisch dargestellt. Neuerdings sind auch Katalysatoren entwickelt worden, die Propylen in Polypropylenkunststoffe analog den Polyäthylenkunststoffen umwandeln.

Leitet man Isobutylen in kalte 60%ige Schwefelsäure und erhitzt die Lösung auf 100°, so entsteht ein Gemisch aus Dimeren und Trimeren (etwa 4 : 1) neben kleineren Mengen höherer Polymere. Das Dimerengemisch heißt *Diisobutylen* und besteht aus vier Teilen 2.4.4-Trimethyl-penten-(1) und einem Teil 2.4.4-Trimethyl-penten-(2).

$$2(CH_3)_2C{=}CH_2 \underset{\longleftarrow}{\overset{H_2SO_4}{\longrightarrow}} \underset{20\%}{(CH_3)_3CCH{=}C(CH_3)_2}\ \text{und}\ \underset{80\%}{(CH_3)_3CCH_2C(CH_3){=}CH_2}$$

Die Trimeren und die höheren Polymeren entstehen aus dem Dimeren durch weitere Reaktion mit Isobutylen. Verwendet man Bortrifluorid oder wasserfreies Aluminiumchlorid als Katalysator bei —100°, dann erhält man hochmolekulare Polyisobutylene mit 400 bis 8000 C_4H_8-Einheiten, die von zähen Harzen bis zu elastischen, gummiartigen Festkörpern variieren.

$$x(CH_3)_2C{=}CH_2 \underset{-100°}{\overset{BF_3}{\rightleftharpoons}} [-C(CH_3)_2CH_2-]_x$$

Die säurekatalysierten Polymerisationen verlaufen über einen Ionenmechanismus und folgen der Markownikowschen Regel. Bei der Polymerisation von Propylen lagert sich ein Proton des Säurekatalysators am endständigen Kohlenstoffatom der Doppelbindung an und bildet ein Carboniumion mit positiver Ladung. Das Carboniumion verbindet sich in gleicher Weise mit dem endständigen Kohlenstoffatom eines zweiten Propylenmoleküls unter Bildung eines neuen Carboniumions. Dieser Vorgang wiederholt sich, bis die Kette abbricht. Jedes beliebige Carboniumion kann stabilisiert und die Kette abgebrochen werden durch Verlust eines Protons von einem dem Carboniumkohlenstoff benachbarten Kohlenstoffatom. Daher enthält das Reaktionsprodukt immer eine Doppelbindung pro Molekül und besteht aus einem Gemisch von Isomeren, in denen die Doppelbindung entweder 1.2- oder 2.3-Stellung einnimmt, falls keine weitere Isomerisierung eintritt.

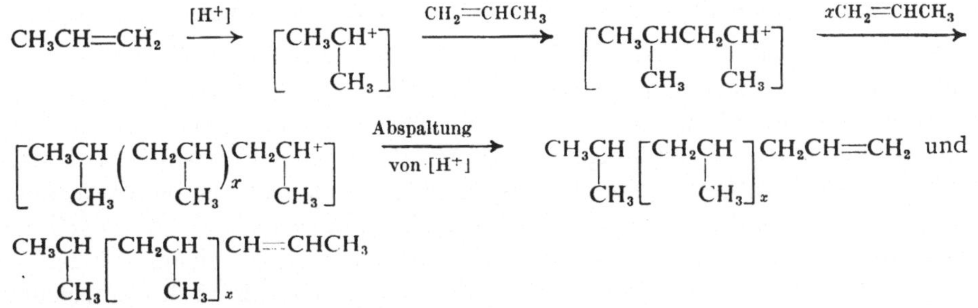

$$CH_3CH{=}CH_2 \xrightarrow{[H^+]} \left[\begin{matrix}CH_3CH^+ \\ | \\ CH_3\end{matrix}\right] \xrightarrow{CH_2{=}CHCH_3} \left[\begin{matrix}CH_3CHCH_2CH^+ \\ | \quad\quad | \\ CH_3 \quad CH_3\end{matrix}\right] \xrightarrow{xCH_2{=}CHCH_3}$$

$$\left[\begin{matrix}CH_3CH \\ | \\ CH_3\end{matrix}\left(\begin{matrix}CH_2CH \\ | \\ CH_3\end{matrix}\right)_x\begin{matrix}CH_2CH^+ \\ | \\ CH_3\end{matrix}\right] \xrightarrow[\text{von } [H^+]]{\text{Abspaltung}} \begin{matrix}CH_3CH \\ | \\ CH_3\end{matrix}\left[\begin{matrix}CH_2CH \\ | \\ CH_3\end{matrix}\right]_x CH_2CH{=}CH_2 \text{ und}$$

$$\begin{matrix}CH_3CH \\ | \\ CH_3\end{matrix}\left[\begin{matrix}CH_2CH \\ | \\ CH_3\end{matrix}\right]_x CH{=}CHCH_3$$

Eine entsprechende Folge von Stufenreaktionen ist verantwortlich für die Entstehung des Dimerengemisches, 2.4.4-Trimethyl-penten-(1) und 2.4.4-Trimethyl-penten-(2), und für die Struktur der aus Isobutylen entstehenden Polymeren.

Die Alkene gehen noch zahlreiche andere Additionsreaktionen ein. Einige davon werden verschiedentlich in den folgenden Kapiteln behandelt.

Alle voranstehend behandelten Alkenreaktionen sind abhängig vom Vorhandensein einer Doppelbindung. Der Rest des Moleküls ist reaktionsträge wie die Paraffinkohlenwasserstoffe. Eine *reaktionsfähige Gruppe wie die Doppelbindung nennt man eine* **funktionelle Gruppe.** Die meisten homologen Reihen haben ihre charakteristischen funktionellen Gruppen. Die Methoden, diese Gruppen einzuführen, sind die allgemeinen Darstellungsmethoden für die Glieder einer Reihe, und die Wirkung anderer Agentien auf diese Gruppen die allgemeinen Reaktionen der Reihe. Die Anzahl der funktionellen Gruppen ist klein im Vergleich zur Zahl der organischen Verbindungen. Richtet man den Hauptaugenmerk auf die funktionellen Gruppen jeder homologen Reihe, so ordnen sich die Tatsachen der organischen Chemie leichter in ein System, und es gelingt besser, sie sich einzuprägen.

Cyclische Kohlenwasserstoffe

Neben den Alkenen gibt es noch eine zweite Reihe von Kohlenwasserstoffen der allgemeinen Formel C_nH_{2n}. Im Gegensatz zu den Alkenen sind die meisten Glieder dieser isomeren Reihe so wenig reaktionsfähig wie die Alkane. Das niederste Glied der Reihe hat drei Kohlenstoffatome. Die einzige Art, in der drei Kohlenstoffatome außer in linearer Form aneinandergebunden sein können, ist ein geschlossenes Dreieck wie in (a). Jedes der sechs unanteiligen Elektronen der Kohlenstoffatome kann Bindung mit einem Wasserstoffatom eingehen, wobei sich die Struktur (b) oder nach der üblichen Schreibweise (c) ergibt.

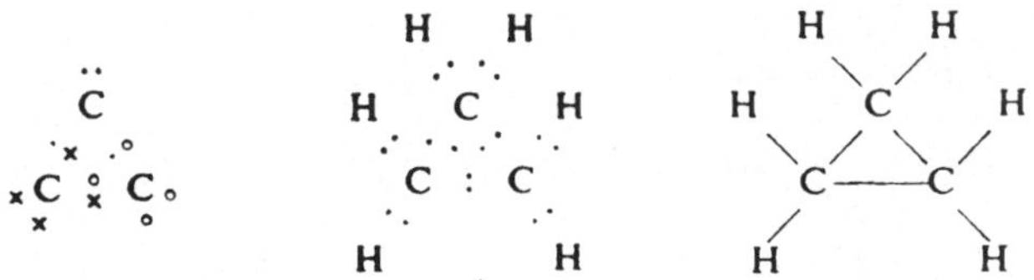

Dieses Molekül hat die Summenformel C_3H_6 und ist dem Propylen isomer. Doch enthält es keine Doppelbindung, in Übereinstimmung mit der Tatsache, daß die Verbindung weder alkalische Permanganatlösung entfärbt noch mit Ozon reagiert.

Wenn vier, fünf, sechs oder n Kohlenstoffatome in ähnlicher Weise gebunden sind, erhält man die homologe Reihe C_4H_8, C_5H_{10}, C_6H_{12}, C_nH_{2n}. Kohlenstoffatome, die auf solche Weise verbunden sind, bilden also einen geschlossenen Ring, und man bezeichnet Verbindungen dieser Art als *cyclische Verbindungen*. Da die Glieder dieser Reihe gesättigt sind und somit den Alkanen ähneln, heißen sie auch *Cycloalkane*. Ein anderer Name ist *alicyclische Kohlenwasserstoffe*, d. h. cyclische Verbindungen mit aliphatischen Eigenschaften. In der Erdölchemie heißen sie auch *Naphthene*, weil sie sich in der Naphthafraktion (70—200°) des Petroleums finden und mit den Alkenen isomer sind. Die Namen der einzelnen Verbindungen bildet man, indem man das Präfix *cyclo* dem Namen des gesättigten Kohlenwasserstoffes mit gleicher Kohlenstoffzahl zufügt. So heißt C_3H_6 Cyclopropan, C_4H_8 Cyclobutan, C_5H_{10} Cyclopentan, C_6H_{12} Cyclohexan und C_7H_{14} Cycloheptan.

Jedes Cycloalkan kann Ausgangspunkt einer neuen homologen Reihe sein, wenn Wasserstoffatome durch Alkylgruppen ersetzt werden. So gibt es Methylcyclopropan, Äthylcyclopropan, mehrere Dimethylcyclopropane und höhere Homologe. Die zum Ring gehörenden Atome werden fortlaufend um den Ring herum numeriert, damit man die verschiedenen möglichen Isomeren unterscheiden kann.

Methylcyclopropan   1.1-Dimethyl-cyclopropan   1.2-Dimethyl-cyclopropan

Von den verschiedenen Cycloalkantypen kommen nur die mit fünf oder sechs Kohlenstoffatomen im Ring in reichlicher Menge vor. Cycloalkane mit einer geringeren oder größeren Zahl von Kohlenstoffatomen sowie die Derivate der Cycloalkane werden in Kapitel 39 behandelt.

Der Cyclopentanring ist bei Raumtemperatur weniger stabil als der Cyclohexanring, es kann daher eine Isomerisierung des Cyclopentanrings zum Cyclohexanring stattfinden. So isomerisiert sich Methylcyclopentan in Gegenwart von wasserfreiem Aluminiumchlorid zu einem Gleichgewichtsgemisch, das 80% Cyclohexan enthält. 1.2-Dimethyl-cyclopentan isomerisiert sich zu einem Gemisch, das zu 97% aus Methylcyclohexan besteht.

Methylcyclopentan   Cyclohexan

$$\text{1.2-Dimethylcyclopentan} \quad \xrightarrow{\text{AlCl}_3} \quad \text{Methylcyclohexan}$$

Es gibt auch alicyclische Kohlenwasserstoffe mit Doppelbindungen im Ring. Die Verbindung mit einer Doppelbindung in einem sechsgliedrigen Ring heißt Cyclohexen; diejenigen mit zwei Doppelbindungen heißen Cyclohexadien-(1.3) und Cyclohexadien-(1.4).

Cyclohexen   Cyclohexadien-(1.3)   Cyclohexadien-(1.4)

Diese Verbindungen sind typisch ungesättigte Verbindungen und gehen alle Additionsreaktionen der Alkene ein (S. 56).

Bei Anwesenheit einer dritten Doppelbindung in einem Sechsring unterscheiden sich die Eigenschaften der Verbindung grundlegend von denen der Cycloalkane oder Cycloalkene. Die Glieder dieser Reihe heißen *aromatische Kohlenwasserstoffe*. Die Stammverbindung ist Benzol C_6H_6. Die niederen Homologen sind Toluol $C_6H_5CH_3$, Äthylbenzol $C_6H_5C_2H_5$ und drei Dimethylbenzole, die Xylole.

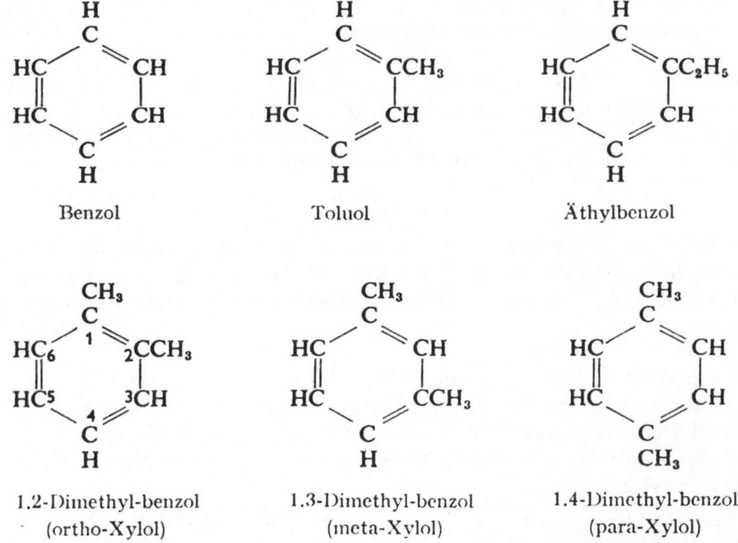

Benzol   Toluol   Äthylbenzol

1.2-Dimethyl-benzol   1.3-Dimethyl-benzol   1.4-Dimethyl-benzol
(ortho-Xylol)   (meta-Xylol)   (para-Xylol)

Die besonderen Eigenschaften der aromatischen Kohlenwasserstoffe werden in Kapitel 18 behandelt. Hier genügt die Feststellung, daß in einem Sechsring mit drei alternierenden Doppelbindungen die π-Elektronen fast so wenig reaktionsfähig sind wie die Elektronen in Einfachbindungen. Benzol entfärbt z. B. eine Bromlösung nicht und reagiert auch nicht mit wäßriger Permanganatlösung.

Aromatische Kohlenwasserstoffe kommen im Steinkohlenteer (S. 450) und im Erdöl (S. 74) vor. Sie können dargestellt werden durch Dehydrierung von Cyclohexanen über einem Platinkatalysator oder durch Cyclisierung von Alkanen zu Cycloalkanen und anschließende Dehydrierung.

$$\text{Cyclohexan} \xrightarrow[500°]{\text{Pt}} \text{Benzol} + 3\,H_2$$

Cyclohexan   Benzol

$$\text{Heptan} \longrightarrow H_2 + \text{Methylcyclohexan} \longrightarrow \text{Toluol} + 3\,H_2$$

Heptan   Methylcyclohexan   Toluol

Wiederholungsfragen

1. Man führe den Beweis für die allgemein anerkannte Struktur des Äthylens.

2. Man vergleiche die Alkene mit den Alkanen in bezug auf ihre physikalischen und chemischen Eigenschaften.

3. Wie lautet die Regel von MARKOWNIKOW? Man stelle eine Gleichung auf, die ihre Anwendung erläutert. Man diskutiere die Ausnahmen der Regel von MARKOWNIKOW.

4. Man erkläre die Bedeutung folgender Begriffe und erläutere sie an einem Beispiel oder einer Gleichung: (a) Doppelbindung; (b) Additionsreaktion; (c) Hydrierung; (d) Ozonspaltung; (e) Polymerisation; (f) funktionelle Gruppe; (g) cyclischer Kohlenwasserstoff; (h) Cycloalkan; (i) aromatischer Kohlenwasserstoff.

Aufgaben

5. Man schreibe abgekürzte Strukturformeln für die Glieder folgender Verbindungsgruppen und gebe ihnen geeignete Namen: (a) alle isomeren Pentene; (b) alle Hexene mit endständiger Doppelbindung; (c) alle Octene mit zentraler Doppelbindung; (d) alle Heptene mit sechs Kohlenstoffatomen in einer Kette; (e) alle Octene mit einer Äthylgruppe als Verzweigung.

6. Man schreibe die Strukturformeln für folgende Verbindungen:

(a) 2.2-Dimethyl-hexen-(3); (b) sek.-Butyläthylen; (c) 1-Äthyl-2-tert.-butyl-äthylen; (d) 3-(1-Methyl-propyl)-hepten-(2); (e) 1.2-Dimethyl-1-äthyl-äthylen.

7. Man benenne folgende Verbindungen nach der Genfer Nomenklatur und als Derivate des Äthylens:

(a) $(CH_3)_3CCH=CHCH_3$

(b) $CH_3CH_2CH(CH_3)CH=CHC_2H_5$

(c) $(CH_3)_2CHC=C(CH_3)_2$, mit C_2H_5 am mittleren Kohlenstoff

(d) $CH_3CH_2C=C(CH_2)_4CH_3$, mit CH_3 und CH_3 an den Doppelbindungskohlenstoffen

8. Warum sind folgende Namen nicht einwandfrei? Man gebe den Verbindungen korrekte Namen:

(*a*) 2-Äthyl-hexen-(3); (*b*) 3-Methyl-hepten-(4); (*c*) Methyl-tert.-butyläthylen; (*d*) 2.3-Dimethyl-2-penten; (*e*) (1-Methyläthyl)-äthylen.

9. Man stelle für folgende Reaktionen die Gleichungen auf und gebe dem organischen Reaktionsprodukt einen geeigneten Namen:

(*a*) Chlor und Penten-(2); (*b*) Schwefelsäure und Hexen-(1); (*c*) Chlorwasserstoff und 2-Methyl-penten-(1); (*d*) verdünntes Permanganat und tert.-Butyläthylen; (*e*) Wasserstoff, Platin und 3-Äthyl-penten-(1); (*f*) Bromwasserstoff, Peroxyde und Isobutyläthylen.

10. Man erläutere durch Reaktionen die Darstellung folgender Verbindungen aus den dazugehörigen Alkenen:

(*a*) 2.3-Dimethyl-pentan; (*b*) 2-Chlor-2-methyl-butan; (*c*) 1.1.2-Trimethyl-propyl-schwefelsäure; (*d*) 2.3-Dibrom-2-methyl-hexan; (*e*) 2-Methyl-pentylbromid.

11. Man leite aus den folgenden Produkten der Ozonspaltung die Struktur des ursprünglichen Olefins ab:

(*a*) ein ein Kohlenstoffatom enthaltender Aldehyd und ein drei Kohlenstoffatome enthaltendes Keton; (*b*) ein zwei Kohlenstoffatome enthaltender Aldehyd und ein vier Kohlenstoffatome enthaltendes Keton; (*c*) zwei Mol eines vier Kohlenstoffatome enthaltenden Ketons; (*d*) ein zwei Kohlenstoffatome enthaltender Aldehyd und ein vier Kohlenstoffatome enthaltender Aldehyd mit einer Isopropylgruppe; (*e*) ein drei Kohlenstoffatome enthaltendes Keton und ein vier Kohlenstoffatome enthaltendes Keton.

12. Ein Gramm eines Olefins entfärbt die angegebene Anzahl Kubikzentimeter einer eingestellten Lösung von Brom in Tetrachlorkohlenstoff, die 20 g Brom pro 100 cm³ Lösung enthält. Man berechne das Äquivalentgewicht der Verbindung:

(*a*) 14,3 cm³; (*b*) 8,2 cm³; (*c*) 19,1 cm³; (*d*) 11,4 cm³.

13. X ist das Gewicht eines reinen Olefins mit einer Doppelbindung, das Y Gramm Brom entfärbt. Man berechne die Summenformeln der folgenden Olefine A—E:

	A	B	C	D	E
X	5.6	8.9	11.7	2.2	9.3
Y	16.0	14.5	26.7	3.2	17.8

14. Wurden X Gramm eines reinen Kohlenwasserstoffs mit einer oder mehreren Doppelbindungen mit Wasserstoff in Gegenwart eines Platinkatalysators geschüttelt, so wurden Y cm³ Wasserstoff (0°; 760 mm) absorbiert. Z war das nach VIKTOR MEYER bestimmte Molekulargewicht. Man berechne die Zahl der Doppelbindungen und die Summenformeln für folgende Verbindungen A—E:

	A	B	C	D	E
X	0.235	0.192	0.117	0.133	0.151
Y	168	89.6	74.7	112	72
Z	90 ± 8	94 ± 6	73 ± 5	81 ± 8	101 ± 7

15. Bei der Titration von X Gramm eines Gemisches von Pentenen und Pentanen mit eingestellter Bromlösung wurden Y Gramm Brom verbraucht. Man berechne den prozentualen Pentengehalt für folgende Gemische A—E:

	A	B	C	D	E
X	4.2	3.9	5.5	2.6	8.4
Y	5.76	2.23	0.44	5.05	1.92

16. W cm³ eines Gemisches aus Luft, Äthan, Propan und Propylen wurden mit konzentrierter Schwefelsäure gewaschen. Es blieb ein Volumen von X cm³. Dieser Rest wurde mit einem bekannten Volumen Sauerstoff vermischt und in einer langsam wirkenden Verbrennungspipette vollständig zu Kohlendioxyd und Wasser verbrannt.

Es trat eine Kontraktion von Y cm³ ein. Beim Waschen der Verbrennungsprodukte mit 30%iger wäßriger Kalilauge trat eine weitere Kontraktion von Z cm³ ein. Man berechne die Zusammensetzung folgender Originalgemische in Volumenprozent:

	A	B	C	D
W	28.9	26.6	27.3	30.2
X	16.3	20.1	16.8	24.7
Y	20.6	27.8	20.6	23.7
Z	17.9	25.9	18.6	20.1

Kapitel 4

Erdgas, Erdöl und ihre Folgeprodukte

Erdgas und Erdöl sind wichtige natürliche Rohstoffe. Sie dienen hauptsächlich als Brennmaterial bei der Erzeugung mechanischer und elektrischer Energie und zum Heizen von Räumen. Die Weltförderung an Erdöl betrug im Jahre 1955 schätzungsweise 5,6 Milliarden barrels (1 barrel $\sim$ 159 l); davon entfielen 43% allein auf die USA, 21% auf den mittleren Osten, 14% auf Venezuela, 9% auf die Sowjetunion. Der Rest verteilte sich auf die übrigen Länder.

Entstehung

Erdgas und Erdöl entstanden durch Zersetzung ungeheurer Mengen organischer Substanzen zweifellos marinen Ursprungs, die von Sedimenten überlagert wurden. Die Ansicht, daß Petroleum biologischen Ursprungs ist, also nicht etwa aus anorganischen Carbiden oder aus Kohlenmonoxyd oder -dioxyd und Wasserstoff entstanden sei, wird gestützt durch das Vorkommen von organischen Stickstoff- und Schwefelverbindungen, von optisch aktiven Verbindungen (S. 347) und von komplizierten organischen Verbindungen, den Porphyrinen, die nur von Pflanzen und Tieren gebildet werden. Im einzelnen sind die Vorgänge bei der Umwandlung organischer Substanzen in Kohlenwasserstoffe, den Hauptbestandteil des Erdöls, nicht bekannt. Man glaubt aber, daß sie im wesentlichen bei gewöhnlichen Temperaturen abliefen, denn die Porphyrine wären zerstört worden, wenn hohe Temperaturen eine Rolle gespielt hätten. In Tiefen von 3000—4500 m ist das Öl natürlich Temperaturen von 150—200° ausgesetzt. Daher war die Hitze von Einfluß auf die Zusammensetzung von Öl, das in diesen oder noch größeren Tiefen gefunden oder gebildet wurde.

Sowohl Erdgas als auch Petroleum sammeln sich in porösen Schichten, die von kuppelförmigen, undurchlässigen Felsschichten überdacht sind, oder in anderen stratigraphischen Vertiefungen. Legt man eine Bohrung durch die undurchlässige Schicht, so treibt der hydrostatische Druck das Gas oder Öl an die Oberfläche. Hat der Druck soweit nachgelassen, daß das Öl nicht länger aus dem Bohrloch ausfließt, so wird es herausgepumpt.

Erdgas

Erdgas ist sehr verschieden zusammengesetzt. Meist enthält das Rohgas 60—80% Methan, 5—9% Äthan, 3—18% Propan und 2—14% höhere Kohlenwasserstoffe. Jedoch liefert ein pennsylvanisches Bohrloch Erdgas mit einem Methangehalt von 98,8%, und das Gas aus einem Bohrloch in Kentucky enthält nur 23% Methan. Neben Kohlenwasserstoffen sind im Erdgas wechselnde Mengen anderer Gase, z. B. Stickstoff, Kohlendioxyd und Schwefelwasserstoff vorhanden. Bei einigen Quellen enthält das Gas bis zu 98 % Kohlendioxyd, bei anderen bis zu 40% Schwefelwasserstoff. Erdgas wird nach Entfernung von Propan und Butan durch Verflüssigung hauptsächlich als Brennstoff verwendet. Nach der Aufarbeitung liegt die Zusammensetzung im Bereich von 70—90% Methan, 6—24% Äthan und 1—8% Propan. Erdgasleitungen versorgen praktisch jedes Gebiet der Vereinigten Staaten und erstrecken sich von Texas bis nach New York und nach Californien.

Große Mengen Erdgas werden durch unvollständige Verbrennung in eine feinverteilte Form von Kohlenstoff umgewandelt, die Ruß, Lampenruß oder Gasruß genannt wird.

$$CH_4 + O_2 \ (Luft) \longrightarrow C + 2\,H_2O$$

Nach dem älteren Verfahren werden die rußenden Methanflammen an sich bewegenden Stahlrinnen abgekühlt. Der abgeschiedene Kohlenstoff, der *channel black* (Gasruß), wird im kontinuierlichen Betrieb abgekratzt und wegtransportiert. Der neuere *furnace black* wird durch unvollständige Verbrennung von Methan oder einer wenig Wasserstoff enthaltenden Erdölfraktion in einem Ofen gewonnen. Der Ruß wird vom Gasstrom aus dem Ofen herausgeführt und nach Abkühlung in Stoffsäcken aufgefangen.

Ruße werden hauptsächlich dazu verwendet, den Laufflächen von Autoreifen Abriebfestigkeit zu verleihen; etwa ein Drittel des Gewichts der Laufflächen ist Ruß. Früher wurde für diesen Zweck ausschließlich channel black verwendet, der für Naturkautschuk am besten geeignet ist. Da aber für den synthetischen Kautschuk Buna S (GRS) der furnace black überlegen ist, sank die Produktion von channel black in den Vereinigten Staaten zwischen 1948 und 1954 von etwa 270000 t auf 225000 t pro Jahr, während die von furnace black von praktisch Null auf über 450000 t pro Jahr anstieg.

Ruß und Wasserstoff werden durch thermische Spaltung von Methan hergestellt.

$$CH_4 \ \overset{1200°}{\longrightarrow} \ C + 2\,H_2$$

Wasserstoff und Kohlenmonoxyd können aus Methan oder anderen Kohlenwasserstoffen und Dampf hergestellt werden

$$CH_4 + H_2O \ \xrightarrow[800°\text{-}900°]{Ni} \ CO + 3\,H_2$$

oder durch partielle Oxydation von Methan mit Sauerstoff aus flüssiger Luft.

$$2\,CH_4 + O_2 \longrightarrow 2\,CO + 4\,H_2$$

Beide Reaktionen können kombiniert werden, wenn man ein Gemisch von Methan, Sauerstoff und Dampf verwendet. Die zweite, exotherme (wärmeabgebende) Reaktion liefert die Energie, die die erste, endotherme (wärmeverbrauchende) Reaktion benötigt. Das Kohlenmonoxyd kann durch einen anderen endothermen Prozeß in Kohlendioxyd und eine weitere Menge Wasserstoff umgewandelt werden.

$$CO + H_2O \ \xrightarrow[450°\text{-}500°]{Fe_2O_3 + Promotoren} \ CO_2 + H_2$$

Das Kohlendioxyd entfernt man durch Auswaschen mit Wasser unter Druck oder mit alkalischen Reagentien, wie Lösungen von Natriumcarbonat oder Aminoäthanol (S. 795). Etwa zwei Drittel des zur Ammoniaksynthese benötigten Wasserstoffs werden in den USA mit Hilfe dieser Reaktionen hergestellt. Das Kohlenmonoxyd-Wasserstoff-Gemisch kann man zur Synthese von Methanol (S. 94) und Ketonen (S. 234) verwenden. Auch Verfahren zur Umwandlung von Erdgas in Acetylen (S. 138), Halogenkohlenwasserstoffe (S. 123), Alkohole (Kap. 5), Säuren (Kap. 9) und Aldehyde und Ketone (Kap. 11) sind entwickelt worden.

Erdöl

Erdöl ist ein flüssiges Gemisch organischer Verbindungen, das man an bestimmten Stellen aus den oberen Schichten der Erde gewinnt. Seine Zusammensetzung wechselt sehr stark je nach dem Fundort. Die Hauptbestandteile dieses sehr komplizierten Gemisches sind Kohlenwasserstoffe, und zwar Paraffine, alicyclische (S. 68) oder aromatische Verbindungen (S. 69) in wechselndem Verhältnis, je nach Herkunft des Erdöls. Die Beispiele in Tab. 8 sind so gewählt, daß sie die größten beobachteten Unterschiede zeigen.

Tabelle 8. *Zusammensetzung der bei Atmosphärendruck erhaltenen Erdölfraktionen*

Siedepunkts-intervall in ° C	Herkunft	Volumenprozent		
		Paraffine	Alicyclen	Aromaten
40—200	Michigan	74	18	8
	Hastings, Tex.	27	67	6
	Conroe, Tex.	35	39	26
200—300	Michigan	48	40	12
	Hastings, Tex.	0	75	25
	Conroe, Tex.	32	47	21
350—500	Pennsylvanien	30	50	20
	Ost-Texas	20	55	25
	Californien	0	60	40

Die Trennung der einzelnen Komponenten ist sehr schwierig, aber zwischen 1927 und 1952 wurden vom US. Bureau of Standards und vom Carnegie Institute of Technology 130 reine Kohlenwasserstoffe aus den Gas-, Benzin- und Leuchtölfraktionen eines mittelwestlichen Erdöls isoliert. Von den 130 Kohlenwasserstoffen waren 54 Paraffine, 39 alicyclische, 33 aromatische und 4 aromatisch-alicyclische Verbindungen. Man schätzt, daß der über 200° siedende Anteil des Erdöls mindestens 500 Verbindungen enthält.

Außer Kohlenstoff und Wasserstoff enthält das Erdöl 1—6% Schwefel, Stickstoff und Sauerstoff. Der Prozentgehalt an Schwefel-, Stickstoff- und Sauerstoffverbindungen ist natürlich viel höher. Hat z. B. eine Fraktion einen Schwefelgehalt von 1 % und besitzt die darin enthaltene Schwefelverbindung bei einem Molekulargewicht von 300 ein Atom Schwefel im Molekül, so beträgt der Gewichtsanteil der Schwefelverbindung etwa 10% der Fraktion.

Raffinierung

Erdöl wird entweder in der Nähe des Ölfeldes *raffiniert*, d. h. in verwendbare Produkte zerlegt, oder es wird durch eine Ölleitung oder durch Tanker in Raffinerien gebracht, die in Gebieten größerer Bevölkerungs- und Verkehrsdichte liegen. Die Raffinierung besteht im wesentlichen in der Destillation des Petroleums in verschieden hoch siedende Fraktionen, der Umwandlung der weniger erwünschten Komponenten in wertvollere Produkte und in spezieller Behandlung der Fraktionen zur Entfernung unerwünschter Anteile. Ursprünglich destillierte man im diskontinuierlichen Betrieb und verwendete dazu horizontale zylindrische Blasen, die direkt beheizt wurden. Die Fraktionen wurden entsprechend ihrer Dichte abgetrennt, da die spezifisch leichteren Fraktionen den niedrigeren Siedepunkt haben.

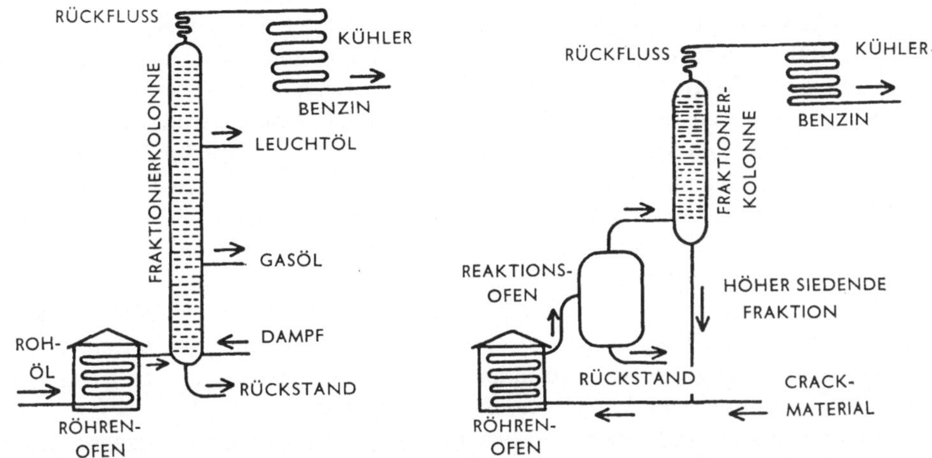

Abb. 31. Destillationseinheit für Atmosphärendruck　　　Abb. 32. Crackeinheit nach DUBBS

Nach Entfernung aller flüchtigen Bestandteile wurde die Blase abgekühlt, und der feste Rückstand mußte durch Arbeiter mit Picke und Schaufel entfernt werden. Heutzutage arbeitet man kontinuierlich mit dem Röhrenofen mit Fraktionierkolonne (Abb. 31). Das Öl wird kontinuierlich durch erhitzte Röhren gepumpt und geht in eine Kolonne über, aus der man die verschiedenen Fraktionen entnehmen kann. Die Hauptfraktionen sind Gas, Benzin, Leuchtöl (Kerosin), Gasöl und hochsiedender Rückstand. Den Rückstand kann man unter vermindertem Druck destillieren und so Schmieröl und Paraffinwachs gewinnen, oder man kann ihn zu Benzin cracken (S. 78) oder auch direkt verfeuern. Die relativen Mengen der verschiedenen Fraktionen schwanken sehr stark je nach Herkunft des Rohöls. So ergibt ein gelbes Rohöl aus Californien 2% Gas, 80% Benzin, 10% Leuchtöl und 8% Gasöl; ein grünes Rohöl aus Texas ergibt 1% Gas, 39% Benzin, 11% Leuchtöl, 22% Gasöl und 27% Rückstand; ein schwarzes Rohöl aus Californien ergibt 1% Gas, 28% Benzin, 8% Leuchtöl, 18% Gasöl und 45% Rückstand.

Gas. Die Gasfraktionen erhält man bei der ersten Destillation des Erdöls und auch bei Crackprozessen (S. 77). Sie bestehen hauptsächlich aus gesättigten oder ungesättigten Kohlenwasserstoffen mit einem bis fünf Kohlenstoffatomen. Durch chemische Methoden oder besonders wirksame Fraktionierkolonnen werden sie in ihre verschiedenen Bestandteile zerlegt. Methan und Äthan werden im allgemeinen verheizt. Die Olefine entfernt man durch Umwandlung in Alkohole (S. 97, 101) oder durch Polymerisierungs- oder Alkylierungsreaktionen (S. 80). Die Butene sind besonders wertvoll für die Fabrikation von Benzin mit hoher Octanzahl und von synthetischem Kautschuk (S. 757). Propan und die Butane kann man verflüssigen und in Hochdruckbehältern verkaufen oder zur Synthese anderer organischer Verbindungen verwenden. Insgesamt wurden 1956 in den Vereinigten Staaten 265 Millionen Hektoliter verflüssigtes Gas aus Erdöl verbraucht. Große Mengen Butane und fast alle Pentane werden dem Benzin beigemischt.

Benzin. Mit dem rapiden Anstieg der Motorisierung seit 1910 ist Benzin das wichtigste Erdölprodukt geworden. Die Zusammensetzung des Benzins schwankt sehr, aber man kann Motorenbenzin als ein kompliziertes Gemisch von Kohlenwasserstoffen definieren, die zwischen 0° und 200° sieden. Fliegerbenzin siedet zwischen 30° und 150°. Ursprünglich war die Benzinfraktion, die man bei der direkten Destillation des Petroleums erhielt, mehr als ausreichend zur Befriedigung des Bedarfs an Motorentreibstoff. Mit fortschreitender Motorisierung wurde dies anders; die zusätzlich benötigten Mengen Benzin gewann man durch thermische Zersetzung von höheren Kohlenwasserstoffen in niedermolekulare Verbindungen (S. 47). Die Herstellung von Gas aus Öl wurde in England schon 1792 diskutiert, und 1865 destillierte YOUNG Schieferöl unter Druck, um den Siedepunkt des Öls zu erhöhen und so eine partielle Pyrolyse (Hitzezersetzung) während der Destillation zu erreichen. Das Cracken im großtechnischen Maßstab wurde in den Vereinigten Staaten 1912 von BURTON[1] entwickelt, der Destillationen unter Druck in horizontalen Blasen als diskontinuierliche Prozesse durchführte. Seitdem sind zahlreiche kontinuierliche Verfahren entwickelt worden.

Für Benzin sind außer der richtigen Flüchtigkeit noch andere Eigenschaften wichtig, besonders die *Octanzahl*. Jedermann kennt das *Klopfen* (Klingeln) des Benzinmotors, das auftritt, wenn man im Automobil lange Steigungen zu überwinden hat oder wenn man versucht, einen Wagen zu schnell zu beschleunigen. Bei Betrieb eines Motors saugt der Abwärtshub (das Niedergehen) des Kolbens Luft durch den Vergaser, wobei die Luft mit Dampf und feinen Tröpfchen von Benzin beladen wird. Dieses Luft-Treibstoff-Gemisch wird sodann durch den Kolben auf ein kleines Volumen komprimiert; das Verhältnis von Anfangs- und Endvolumen heißt das *Verdichtungsverhältnis* des Motors. Wenn der Kolben den oberen Totpunkt erreicht, entsteht durch das Zündsystem an der Zündkerze ein Funken, der das Luft-Brennstoff-Gemisch zündet. Durch die Entzündung und Ausdehnung der Gase wird der Kolben niedergedrückt und Kraft auf die Kurbelwelle übertragen. Bei normaler Verbrennung beträgt die Geschwindigkeit der Explosionswelle vom Zündungspunkt an durch das Treibstoffgemisch 7,5 bis 75 m/sec. Beim *Klopfen* verhält sich die Wellenfront während der ersten drei Viertel der Verbrennung normal, beginnt dann aber plötzlich, sich mit 300 m/sec auszubreiten. Diese plötzliche Geschwindigkeitserhöhung bringt einen schnelleren Druckanstieg mit sich, und es werden Stoßwellen von der Frequenz des Klopftons ausgelöst. Klopfen vermindert die Leistung und erhöht die Abnutzung des Motors. Der Wirkungsgrad eines Motors steigt mit dem Kompressionsverhältnis, aber auch das Klopfen verstärkt sich. Trotzdem stieg das Kompressionsverhältnis der Benzinmotoren von rund 4 zu 1 im Jahre 1920 auf 7,5—10 zu 1 im Jahre 1956. Dieser Anstieg wurde durch die Entwicklung nichtklopfender Kraftstoffe möglich.

---

[1] WILLIAM MERIAM BURTON (1865—1954) begann seine Laufbahn als der erste Chemiker, den die Standard Oil Company in ihrer Raffinerie in Whiting (Indiana) beschäftigte. 1918 wurde er Präsident der Standard Oil Company in Indiana. Er gilt als Begründer der modernen Petroleumtechnologie.

Man hat gefunden, daß das Klopfverhalten eines Treibstoffes von der Struktur der Kohlenwasserstoffmoleküle abhängt, und daß das Klopfen durch Zusatz relativ kleiner Mengen anderer Chemikalien verstärkt oder vermindert werden kann (S. 83).

Um für das Klopfverhalten eines Treibstoffes einen Maßstab zu gewinnen, wählte man zwei reine Kohlenwasserstoffe als Standards. Der eine ist n-Heptan, das in seiner Neigung, das Klopfen auszulösen, übler war als irgendein gewöhnliches Benzin; der andere ist 2.2.4-Trimethyl-pentan[1], das besser war als jedes seinerzeit bekannte Benzin. Es lassen sich leicht Gemische dieser beiden reinen Kohlenwasserstoffe herstellen, die genau das gleiche Klopfverhalten zeigen wie ein beliebiger bekannter Kraftstoff. Das Klopfverhalten eines Treibstoffes kann dann beschrieben werden durch seine **Octanzahl,** d. h. den Prozentgehalt an 2.2.4-Trimethyl-pentan in der künstlichen Mischung, die im Klopfverhalten der Benzinprobe entspricht. Zahlreiche Untersuchungen an reinen Kohlenwasserstoffen zeigten, daß die Octanzahl im allgemeinen mit wachsender Verzweigung ansteigt, und daß Olefine und aromatische Kohlenwasserstoffe (S. 69, 452) besser sind als gesättigte Kohlenwasserstoffe. In der Benzinproduktion geht die Tendenz zur Entwicklung von Methoden zur Erzeugung von Motorbenzinen mit immer höherer Octanzahl. Man kann Benzinmotoren konstruieren, die mit Kompressionsverhältnissen von 12—16 zu 1 arbeiten und einen Wirkungsgrad haben, der dem eines Dieselmotors entspricht (S. 84). Solche Motoren erfordern Spezialtreibstoffe, z. B. Trimethylbutan (Triptan). 1955 betrugen die Octanzahlen von gewöhnlichem und Qualitätsbenzin in den USA etwa 87 bzw. 95.

Thermische Crackung. Bei der Hitzezersetzung von Kohlenwasserstoffen entstehen nicht nur kleinere Moleküle, die leichter flüchtig sind, sondern auch Olefine und aromatische Kohlenwasserstoffe. Daher ergibt das Crackverfahren eine größere Benzinausbeute und ein Produkt mit höherer Octanzahl. Welche Produkte gebildet werden, hängt ab von ihrer relativen thermodynamischen Stabilität und von den relativen Geschwindigkeiten der stattfindenden Reaktionen. Beide Faktoren sind temperatur- und druckabhängig. Zwischen 400 und 500° bilden sich gasförmige und flüssige Kohlenwasserstoffe von niedrigerem Siedebereich. Oberhalb 500° gewinnt die Gasentstehung an Bedeutung. Die technische Produktion von Ölgas (Gas aus Öl) wird gewöhnlich bei etwa 700° durchgeführt. Ungefähr bei 900° erhält man die maximale Ausbeute an aromatischen Kohlenwasserstoffen (S. 452), oberhalb 1000° sind Methan, Wasserstoff und Kohlenstoff die Hauptprodukte.

Die **Hauptbestandteile einer Crackanlage** sind eine *Heizschlange* und ein *Reaktionsofen.* Die verschiedenen möglichen Reaktionen brauchen alle Zeit, um ablaufen zu können. Vorgewärmtes Öl wird durch die Schlange gepumpt und so schnell auf die Cracktemperatur von 450—500° erhitzt (Verweilzeit eine halbe bis drei Minuten), daß unerwünschte Zersetzungserscheinungen, besonders Koksbildung, in der kurzen Zeit in der Schlange nicht eintreten können. Beim Übergang in den Reaktor, einfach ein isolierter zylindrischer Kessel, wird die Strömungsgeschwindigkeit soweit gedrosselt, daß die Reaktion Zeit hat, vollständig abzu-

---

[1] Von Erdöltechnologen unglücklicherweise *Isooctan* genannt. Das Präfix *iso* sollte Verbindungen mit zwei Methylgruppen am Ende einer geraden Kette vorbehalten bleiben (S. 36).

laufen. Bis dahin findet das Verfahren unter Drucken von 12—18 Atm. statt, damit die Ausbeute an flüssigen Produkten möglichst hoch wird. Beim Verlassen des Reaktionsofens geht das Öl in eine Fraktionierkolonne über, wo es in die gewünschten Produkte getrennt wird. Abb. 32 (S. 75) zeigt ein Schema des Dubbs-Verfahrens, das man so leiten kann, daß aus jeder Art von Ausgangsprodukt nur Gas, Benzin und als Rückstand Heizöl oder Koks anfallen.

Verwendet man saubere Rücklaufbestände, die fast keinen Koks ergeben, so kann man auf den Reaktor ganz verzichten. In diesem Fall crackt man bei höherer

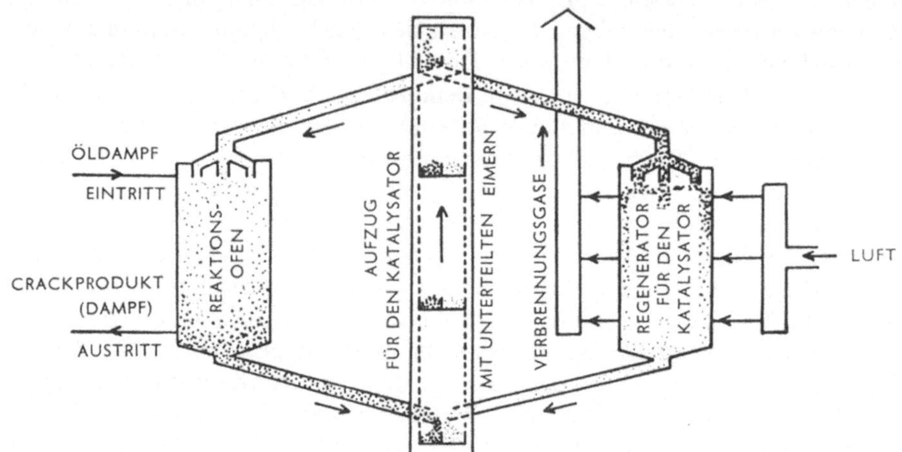

Abb. 33. Crackanlage nach dem katalytischen Fließbett-Verfahren

Temperatur (500—600°) und läßt den Crackprozeß in "soaking tubes" ablaufen, die sich an den Röhrenofen anschließen. Während die Octanzahl des bei Atmosphärendruck direkt gewonnenen Benzins 50—55 beträgt, beträgt die des thermisch gecrackten Benzins 70—72. Seit 1945 sind nur wenige neue Anlagen für thermisches Cracken gebaut worden, da man sich sehr schnell auf katalytisches Cracken umgestellt hat.

Katalytisches Cracken. Welche Produkte beim Crackverfahren entstehen, hängt, wie schon bemerkt, nicht nur von ihrer relativen Stabilität ab, sondern auch von den relativen Geschwindigkeiten der verschiedenen Reaktionen. Ein wichtiges Ziel war daher, Katalysatoren zu finden, die vorzugsweise solche Reaktionen beschleunigen, die zu erwünschten Produkten führen. Im Verlauf dieser Entwicklung erhielt das **katalytische Cracken** große Bedeutung. Bei diesen Verfahren erhält man Benzin mit Octanzahlen von 77—81. Als Katalysatoren verwendet man natürliche Tone oder synthetische Tonerde-Silicatgemische; man arbeitet bei 450—500° und relativ geringen Drucken von 0,7—3,5 Atm. Bei allen katalytischen Verfahren wird der Katalysator durch die Ablagerung von Koks inaktiviert. Deshalb muß der Koks zur Regenerierung des Katalysators regelmäßig weggebrannt werden. Die neueren Verfahren arbeiten kontinuierlich. Bei den Fließbett-("moving-bed"-)Verfahren wird der Katalysator in Form von Perlen durch mechanische Transportvorrichtungen und die Schwerkraft durch die Reaktions-, Reinigungs- und Regenerierungszonen geführt (Abb. 33). Bei neueren Ausführungen befindet sich der Reaktionsraum über dem Regenerationsraum, und der verwendete Katalysator fällt durch die Schwerkraft in den Regenerator. Der regenerierte Katalysator wird mit einem Aufzug zu einem Trichter oberhalb des Reaktionsraumes transportiert. Die Wirbelschicht-("fluidized bed"-)Verfahren arbeiten mit sehr fein verteilten Katalysatoren, die aufgewirbelt und von den Gasströmen durch die verschiedenen Zonen transportiert werden. Der Katalysator wird aus den Crackgasen oder den Rauchgasen durch eine Wirbelzentrifuge abgeschieden.

Wirtschaftlich hat der katalytische Crackprozeß noch einen anderen Vorteil vor dem thermischen Crackprozeß. Beim ersteren erhält man die für das Cracken notwendige Hitze durch Koksverbrennung, während man im anderen Fall die Hitze durch Verbrennung des wertvolleren Raffineriegases oder flüssiger Brennstoffe erzeugen muß.

Verkokung. Beim Raffinieren erhält man Ölrückstände in großen Mengen. Crackt man diese, so kann man die Benzinausbeute erhöhen, aber dabei erhält man im diskontinuierlichen Prozeß festgebackenen Koks, der schwer aus den Blasen zu entfernen ist. Deshalb wurden Destillation und thermische Crackung nur so weit geführt, daß der Ölrückstand noch genügend flüssig ist, um verfeuert zu werden. Neuerdings sind Verkokungsprozesse beschrieben worden, bei denen der Ölrückstand mit heißen Kokspartikeln, die vorher durch partielle Verbrennung erhitzt wurden, in Berührung gebracht wird. Während des Crackprozesses wachsen diese Partikel, sie werden kontinuierlich entfernt und durch frisch erhitzte Partikel ersetzt. Wie beim katalytischen Cracken kann man ein Fließbett- oder Wirbelschichtverfahren anwenden.

Reformen. Die meisten aromatischen Kohlenwasserstoffe im Siedebereich des Benzins haben Octanzahlen oberhalb 100. Wegen des Bedarfs an Benzin mit immer höherer Octanzahl hat man katalytische Verfahren zur Umwandlung von Cyclohexanen, Cyclopentanen und Alkanen in aromatische Kohlenwasserstoffe entwickelt (S. 68, 69).

Während des zweiten Weltkriegs wurde Molybdänoxyd auf Tonerde als Katalysator bei der Umwandlung von Methylcyclohexan in Toluol (S. 70) verwendet. Seit 1949 sind sehr viel aktivere Katalysatoren in Gebrauch, die weniger als 1% Platin auf Tonerde enthalten. Die Dehydrierung von Cyclohexanen (S. 70) geht am leichtesten, die Isomerisierung von Methylcyclopentanen zu Cyclohexanen (S. 68) ist schwieriger, die Cyclisierung von Alkanen zu Cyclohexanen noch schwieriger. Diese Reaktionen werden von hohen Temperaturen und niedrigen Drucken begünstigt. Aber diese Faktoren erhöhen auch die Koksbildung auf dem Katalysator, der dann durch Abbrennen regeneriert werden muß. Die verschiedenen technischen Verfahren laufen alle auf einen Kompromiß hinaus. Arbeitet das Verfahren bei 470° und 42 Atm., so kann der Katalysator jahrelang ohne Regenerierung aktiv bleiben, aber die Aromatenausbeute stammt hauptsächlich aus den Cyclohexanen. Arbeitet man bei 480° und 35 Atm., so werden in größerem Umfang Methylcyclopentane zu Cyclohexanen isomerisiert, doch muß der Katalysator gelegentlich regeneriert werden. Verfahren, die bei 510° und 21 Atm. arbeiten, führen zu einer weitergehenden Cyclisierung von Alkanen, erfordern aber eine regelmäßige Regenerierung des Katalysators. Da die Dehydrierung ein endothermer Vorgang ist, erfordert die Reaktion Wärmezufuhr, und die Dämpfe müssen in Öfen vorgeheizt werden, bevor sie über den Katalysator geleitet werden. Kombiniert man ein Extraktionsverfahren mit dem Reformprozeß, dann können die Komponenten mit niedriger Octanzahl in den Prozeß zurückgehen, und es ist möglich, das Ausgangsmaterial vollständig in Treibstoff mit einer Octanzahl von 100 oder darüber umzuwandeln.

Eine vollständige Umwandlung in aromatische Verbindungen gelingt bei keinem Reformverfahren. Wünscht man reines Benzol, Toluol oder Xylole, werden die Aromaten durch Extraktion mit einem geeigneten Lösungsmittel wie Diäthylenglykol (S. 786) abgetrennt oder einer Extraktionsdestillation unterworfen. Im zweiten Fall wird ein höhersiedendes Lösungsmittel wie Phenol (S. 530) in der Nähe des Kolonnenkopfes zugefügt. Das Lösungsmittel wird so gewählt, daß es die Unterschiede in der Flüchtigkeit der zu trennenden Stoffe erhöht.

Bei den Reformverfahren fallen große Mengen Wasserstoff an. Einen Teil davon verwendet man zur Verbesserung verschiedener Petroleumfraktionen und zur Entfernung von Schwefel durch Hydrierung. Den größten Teil wird man vermutlich zur Hydrierung von Rohöl schlechter Qualität und von Ölrückständen einsetzen, die dann beim Cracken mehr Benzin und weniger Koks liefern dürften.

Polymerisation. Da bei den Crackprozessen große Gasmengen anfallen, erschien es wünschenswert, dieselben in besser verwendbare Produkte überzuführen. Ein derartiges Verfahren zur Nutzbarmachung von Olefinen ist die **Polymerisation** zu flüssigen Brennstoffen. Die Polymerisation von Propylen in Dodecylene und von Isobutylen in Diisobutylene wurde auf S. 66 behandelt. Verwendet man Gemische von Propylen und Butylenen, findet eine Mischpolymerisation oder *Copolymerisation* statt. Die Reaktionsprodukte haben Octanzahlen von 80 bis 85 und enthalten noch, wie die Gleichung für die Polymerisation von Propylen zeigt (S. 66), eine Doppelbindung. Auf Grund dieses ungesättigten Charakters werden die Polymerisate bei Einwirkung von Luft langsam oxydiert und zu unerwünschten Verbindungen von hohem Molekulargewicht weiterpolymerisiert. Man bezeichnet diesen Vorgang als *Verharzen.* Die Geschwindigkeit der Oxydation und Polymerisation kann stark herabgesetzt werden durch geringe Zusätze von Substanzen, die man als *Oxydationsinhibitoren (Antioxydantien)* bezeichnet (S. 935). Bei Verwendung zu dem angeführten Zweck heißen sie auch *Verharzungsinhibitoren.* Die Harzbildung kann durch Hydrierung zu einem Gemisch gesättigter Kohlenwasserstoffe vollständig ausgeschlossen werden. Die Hydrierung von Diisobutylenen mit Wasserstoff und einem Nickelkatalysator (S. 58) ergibt 2.2.4-Trimethyl-pentan, den Standardkraftstoff mit der Octanzahl 100. Diese gesättigten Alkane mit hoher Octanzahl werden im Gemisch mit aromatischen Kohlenwasserstoffen als Fliegerbenzin verwendet (S. 453).

Alkylierung. Seit 1938 lagert man verzweigte Alkane an die Doppelbindung von Olefinen an, um so Benzine mit hoher Octanzahl zu erhalten. Das Verfahren heißt **Alkylierung.** Bei Atmosphärendruck ist dieser Prozeß thermodynamisch nur bei relativ niedrigen Temperaturen möglich. Will man eine annehmbare Reaktionsgeschwindigkeit erreichen, ist also ein Katalysator notwendig. Bei Verwendung von 85—100%iger Schwefelsäure oder wasserfreier Flußsäure als Katalysator reagiert Isobutan bei Temperaturen unter 20° mit Butylengemischen unter Bildung von Octangemischen mit Octanzahlen von 92—94.

$$(CH_3)_3CH \; + \quad \begin{array}{c} CH_3CH_2CH{=}CH_2 \\ und \\ CH_3CH{=}CHCH_3 \end{array} \quad \longrightarrow \quad \begin{array}{c} CH_3\underset{\underset{CH_3}{|}}{C}HCH_2C(CH_3)_3, \\[2mm] CH_3CH_2\underset{\underset{CH_3}{|}}{C}HC(CH_3)_3 \; und \\[2mm] CH_3\underset{\underset{CH_3}{|}}{C}H{-}\underset{\underset{CH_3}{|}}{C}HCH(CH_3)_2 \end{array}$$

Die Vorteile des Alkylierungsverfahrens gegenüber der Polymerisation liegen darin, daß die verzweigten Alkane genauso gut wie die Olefine verwendet werden können, aber als gesättigte Produkte weder hydriert werden müssen noch Verharzungsinhibitoren benötigen.

Man nimmt an, daß die Alkylierungsreaktion über einen Ionenmechanismus verläuft. Startreaktion ist die Übertragung eines Protons von dem protonenabgebenden Katalysator auf ein Olefinmolekül, wobei ein Carboniumion entsteht. Darauf folgt die Anlagerung des Carboniumions an ein zweites Olefinmolekül, es entsteht dabei ein dimeres Carboniumion wie bei der Polymerisation der Olefine (S. 66).

$$CH_3\underset{\underset{CH_3}{|}}{C}{=}CH_2 \xrightarrow{H_2SO_4} HSO_4^- + CH_3\overset{+}{\underset{\underset{CH_3}{|}}{C}}CH_3 \xrightarrow{CH_3CH{=}CHCH_3} CH_3\overset{+}{C}H\,CH{-}\underset{\underset{CH_3}{|}}{\overset{\overset{CH_3}{|}}{C}}CH_3$$

Anstatt daß sich aber das dimere Ion durch Abgabe eines Protons und Bildung eines ungesättigten Dimeren stabilisiert oder sich weiter polymerisiert, ermöglicht die Anwesenheit von Isobutan die Übertragung eines Hydridions, [H : ⁻], wobei ein gesättigtes Molekül entsteht und gleichzeitig ein tert.-Butylcarboniumion neu gebildet wird.

$$CH_3\overset{+}{C}H\,CH{-}\underset{\underset{CH_3}{|}}{\overset{\overset{CH_3}{|}}{C}}CH_3 + (CH_3)_3CH \longrightarrow CH_3CH_2CH{-}\underset{\underset{CH_3}{|}}{\overset{\overset{CH_3}{|}}{C}}CH_3 + (CH_3)_3C^+$$
2.2.3-Trimethyl-pentan

Der Grund, weshalb Isobutan bei der Alkylierungsreaktion unentbehrlich ist, ist der, daß nur das tert.-Butylcarboniumion dank der Elektronendonator-Eigenschaften der Methylgruppen (S. 64) soweit stabilisiert ist, daß unter den Bedingungen des Experiments Wasserstoff mit einem Elektronenpaar von einem Alkan auf ein Carboniumion übertragen werden kann.

Um die Bildung von 2.2.4-Trimethyl-pentan und 2.3.4-Trimethyl-pentan zu erklären, muß man annehmen, daß sich das intermediäre Carboniumion durch Wanderung eines Methidions, [CH₃ : ⁻], von einem benachbarten Kohlenstoffatom an das Carboniumion umlagert und darauf die Hydridion-Übertragung vom Isobutan erfolgt.

$$CH_3\overset{+}{C}HCH{-}\underset{\underset{CH_3}{|}}{\overset{\overset{CH_3}{|}}{C}}CH_3 \xrightarrow[\text{Wanderung}]{\text{Methidion-}} CH_3\overset{+}{C}HCH{-}\underset{\underset{CH_3}{|}}{\overset{\overset{CH_3}{|}}{C}}{-}CH_3 \xrightarrow[\text{Wanderung}]{\text{Methidion-}} CH_3\underset{\underset{CH_3}{|}}{C}H{-}\underset{\underset{CH_3}{|}}{C}H{-}\overset{+}{\underset{\underset{CH_3}{|}}{C}}CH_3$$

$$\downarrow (CH_3)_3CH \qquad\qquad\qquad\qquad\qquad \downarrow (CH_3)_3CH$$

$$CH_3\underset{\underset{CH_3}{|}}{C}HCH_2\underset{\underset{CH_3}{|}}{C}{-}CH_3 + (CH_3)_3C^+ \qquad CH_3\underset{\underset{CH_3}{|}}{C}H{-}\underset{\underset{CH_3}{|}}{C}H{-}\underset{\underset{CH_3}{|}}{C}HCH_3 + (CH_3)_3C^+$$

2.2.4-Trimethyl-pentan   2.3.4-Trimethyl-pentan

Die einleitende Bildung des tert.-Butylcarboniumions wurde als vom Isobutylen ausgehend formuliert; sie kann aber auch durch eine Hydridion-Übertragung vom Isobutan auf ein Carboniumion erfolgen, das aus Buten-(1) oder Buten-(2) stammt. Überdies können Buten-(1) und Buten-(2), da sie in Gegenwart von Schwefelsäure im Gleichgewicht stehen (S. 109), zu denselben Reaktionsprodukten führen. Weitere Verbindungen können auf vielen anderen Wegen über ähnliche Zwischenstufen entstehen. Die endgültige Zusammensetzung des Produktes hängt ab von den relativen Geschwindigkeiten der einzelnen Stufen und von dem Ausmaß, in dem der thermodynamische Gleichgewichtszustand erreicht wird.

Isomerisierung. Am wenigsten verwendbar sind von den niedrigsiedenden, gesättigten Kohlenwasserstoffen Methan, Äthan, Propan und n-Butan, weil sie keine Alkylierungsreaktionen eingehen, sowie n-Pentan und n-Hexan wegen ihrer niedrigen Octanzahl. n-Butan und Isobutan sind bei Abwesenheit eines Katalysators unbegrenzt stabil, doch zeigt Abb. 34, daß sie bei Raumtemperatur im Verhältnis 1:4 im Gleichgewicht stehen sollten. Technisch erreicht man mit Hilfe

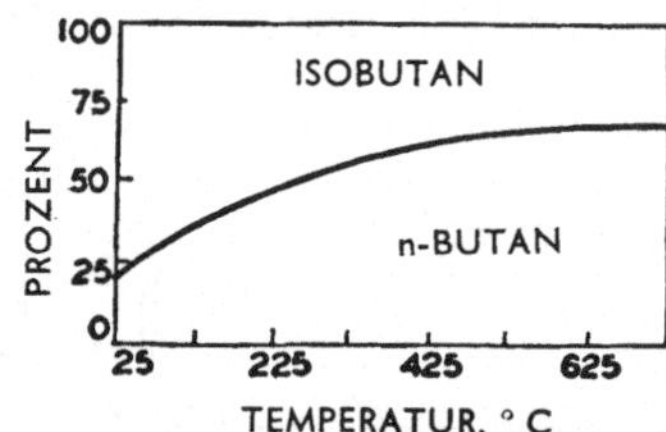

Abb. 34. Verschiebung der Gleichgewichtszusammensetzung bei Butanen mit der Temperatur   Abb. 35. Verschiebung der Gleichgewichtszusammensetzung bei Pentanen mit der Temperatur

eines Katalysators, der aus einem flüssigen Komplex von wasserfreiem Aluminiumchlorid, wasserfreiem Chlorwasserstoff und Kohlenwasserstoff besteht, oder eines festen Katalysators von Aluminiumchlorid auf Tonerde, daß sich das Gleichgewicht bei Raumtemperatur sehr schnell einstellt. Das so hergestellte Isobutan wird für Alkylierungsreaktionen verwendet. Wie Abb. 35 zeigt, sollte das Gleichgewichtsgemisch der Pentane größere Mengen Neopentan aufweisen. Man hat aber nie Neopentan erhalten; dagegen isomerisieren sich sowohl n-Pentan wie Isopentan so leicht, daß sie die Gleichgewichtszusammensetzung erreichen, die für die beiden Isomeren aus ihrer relativen thermodynamischen Stabilität errechnet wurde. Isopentan und die verzweigten Hexane, die durch Isomerisierung von n-Pentan bzw. n-Hexan gebildet werden, sind wertvolle Zusätze für Benzin.

Man nimmt an, daß die Isomerisierung ebenso wie die Alkylierung über einen Carboniumionen-Mechanismus verläuft. Aluminiumhalogenide sind in Abwesenheit von Halogenwasserstoffen keine wirksamen Katalysatoren, und die Isomerisierung wird bei Gegenwart von Olefinen stark beschleunigt. Man nimmt deshalb an, daß die erste Stufe die Addition eines Protons an ein Olefinmolekül ist, das als Verunreinigung vorliegt.

$$R_2C=CR_2 + HX + AlX_3 \longrightarrow [R_2\overset{+}{C}CHR_2] + [^-AlX_4]$$

Das so gebildete Carboniumion, [R+], kann einem sekundären oder tertiären Kohlenstoffatom ein Hydridion wegnehmen, wobei ein neues Carboniumion entsteht.

$$CH_3CH_2CH_2CH_3 + [R^+] \longrightarrow [CH_3CH_2\overset{+}{C}HCH_3] + RH$$

Darauf wird durch Platzwechsel eines Methidions ein umgelagertes Carboniumion gebildet; anschließende Hydridionverschiebung ergibt ein Zwischenprodukt, das ein Hydridion von einem sekundären Kohlenstoffatom abzuspalten vermag.

$$\left[CH_3CH_2\overset{+}{C}HCH_3\right] \rightleftarrows \left[\overset{+}{C}H_2CHCH_3 \atop \quad CH_3\right] \rightleftarrows \left[CH_3\overset{+}{C}CH_3 \atop \quad CH_3\right]$$

$$CH_3CH_2CH_2CH_3 + \left[CH_3\overset{+}{C}CH_3 \atop \quad CH_3\right] \rightleftarrows \left[CH_3CH_2CHCH_3 \atop \qquad +\right] + CH_3CHCH_3 \atop \qquad\qquad\qquad CH_3$$

Man muß notwendig annehmen, daß ein primäres Carboniumion, in diesem Fall das Isobutylcarboniumion, ein Proton nicht direkt von einem Butanmolekül abspalten kann. Sonst müßte es möglich sein, Isopentan und Neopentan durch einen ähnlichen Mechanismus zu isomerisieren.

$$\left[CH_3\overset{+}{C}CH_2CH_3 \atop \quad CH_3\right] \rightleftarrows \left[{CH_3 \atop CH_3\overset{|}{C}-CH_2{}^+} \atop \quad CH_3\right] \xrightleftharpoons{(CH_3)_2CHCH_2CH_3} {CH_3 \atop CH_3\overset{|}{C}CH_3} + [(CH_3)_2\overset{+}{C}CH_2CH_3]$$

Ebenso gilt es als unmöglich, daß ein Carboniumion ein Hydridion von einem primären Kohlenstoffatom abspalten kann.

Dehydrierung. Eine weitere Verwertungsmöglichkeit für Äthan, Propan und die Butane ist die Umwandlung in die wertvolleren Olefine durch thermisches Cracken, partielle Oxydation oder Dehydrierung mit Chromoxyd auf Tonerde als Katalysator. Abb. 36 zeigt die Gleichgewichtskonzentrationen von n-Butan,

Buten-(1), Butadien-(1.3) und Wasserstoff bei Atmosphärendruck zwischen 100 und 800°. Man verwendet die Butene bei Polymerisations- und Alkylierungsprozessen. Butadien ist die Grundlage für die umfangreiche Produktion von synthetischem Kautschuk (S. 756).

Antiklopfmittel. Zahlreiche Substanzen haben die Eigenschaft, als Zusätze zum Benzin dessen Octanzahl zu erhöhen. Jod und Anilin wurden zuerst als klopfvermindernde Agentien erkannt, aber die Metallalkyle sind am wirksamsten. Bleitetraäthyl, $Pb(C_2H_5)_4$ (S. 949), ist bei weitem am besten und ist die einzige Verbindung, die jetzt zu diesem Zweck im Handel ist[1]. Einer der Nachteile

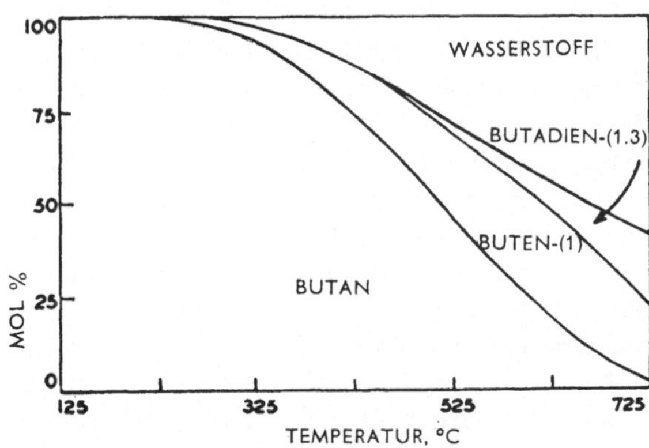

Abb. 36. Veränderung der Gleichgewichtszusammensetzung von Butan, Buten-(1), Butadien-(1.3) und Wasserstoff mit der Temperatur

---

[1] Die Geschichte der Entwicklung von Bleitetraäthyl als Antiklopfmittel ist sehr aufschlußreich. Thomas Midgley jr. (1889 —1944) glaubte, daß kleine Tröpfchen von unvollständig vergastem Kraftstoff das Klopfen auslösten. Die Möglichkeit wurde erwogen, daß bei Zusatz eines roten Farbstoffs zum Benzin die Tröpfchen mehr Hitze aufnehmen und vergast werden könnten. Midgley konnte aber im Vorratsraum keinen roten Farbstoff finden, und da es Sonnabend nachmittag war, waren die Geschäfte geschlossen. Als möglicher Ersatz kam ihm Jod in den Sinn, und als Midgley es damit versuchte, fand er, daß es das Klopfen verminderte. Am Montag erhielt er alle öllöslichen Farbstoffe, die in Dayton zu finden waren, aber keiner davon verminderte das Klopfen. Die Theorie war zwar falsch, aber Midgley hatte gefunden, daß

von Bleitetraäthyl bei Verwendung ohne weitere Zusätze ist der, daß das Verbrennungsprodukt Bleioxyd zu Blei reduziert wird und eine Beschädigung der Zylinderwände verursacht. Setzt man dem Bleitetraäthyl Äthylenhalogenide zu, so bilden sich Bleihalogenide, die nicht so leicht reduziert werden. Das handelsübliche „*Äthylfluid*", das dem Benzin zugesetzt wird, enthält ungefähr 60% Bleitetraäthyl, 20% Äthylenbromid und 20% Äthylenchlorid. Es ist interessant, daß der steigende Verbrauch von Brom für „Äthylfluid" und andere Bleitetraäthylgemische zur Entwicklung von Verfahren führte, nach denen Brom aus Meerwasser gewonnen wird. Das Ausmaß, in dem die Octanzahl bei Zusatz von Bleitetraäthyl verbessert wird, hängt von dem jeweiligen Kohlenwasserstoff ab; die Zunahme der Octanzahl bei Zusatz einer bestimmten Gewichtseinheit Bleitetraäthyl wird als **Bleiempfindlichkeit** bezeichnet. Die Paraffinkohlenwasserstoffe haben eine bessere Bleiempfindlichkeit als Olefine oder höherungesättigte Verbindungen. Demnach kann ein durch direkte Destillation gewonnenes Benzin trotz niedriger Octanzahl für die Produktion vorteilhafter sein als bestimmte Arten von Crackbenzinen, weil schon eine kleine Menge Bleitetraäthyl ausreicht, um die Octanzahl auf den gewünschten Wert zu bringen. Benzine mit Octanzahlen über 100 werden klassifiziert, indem man feststellt, wieviel Kubikzentimeter Bleitetraäthyl einer Gallone 2.2.4-Trimethyl-pentan zugesetzt werden müssen, um einen der Benzinprobe gleichwertigen Kraftstoff zu erhalten; 6 cm³ wurden als Octanzahl 120,3 festgelegt.

Leuchtöl. Vor 1910 war Leuchtöl das wichtigste Erdölprodukt, da es in Petroleumlampen für Beleuchtungszwecke verwendet wurde. Ansehnliche Mengen werden noch heute im Haushalt in Petroleumöfen verheizt. Die Leuchtölfraktion destilliert zwischen 175 und 275°. Alle Olefine und die meisten Aromaten müssen entfernt werden, damit das Öl am Docht mit weißer Flamme und ohne Rückstand verbrennt. Diese Raffinierung geschieht durch Waschen mit konzentrierter Schwefelsäure oder flüssigem Schwefeldioxyd *(Edeleanu-Verfahren)*. Obwohl die Aromaten mit rußender Flamme verbrennen, ist es nicht nötig, sie vollständig zu entfernen. In einer Konzentration bis zu 20% der ursprünglichen verbessern sie sogar die Brenneigenschaften des Leuchtöls. Die Nachfrage nach Leuchtöl ist wieder im Steigen, seit es als Brennstoff für Gasturbinen und Düsenmotoren gebraucht wird. Von Brennstoff für Düsenmotoren wird verlangt, daß er bei —60° flüssig ist. Die höherschmelzenden normalen Alkane müssen also entfernt werden, damit sie bei dieser tiefen Temperatur nicht auskristallisieren.

Gasöl, Heizöl und Dieselöl. Kohlenwasserstoffe, die oberhalb des Leuchtöls und unterhalb des Schmieröls (250—400°) destillieren, werden auf verschiedenste Weise verwendet. Man crackt sie zu Benzin oder drastischer zu Ölgas, man verbrennt sie zwecks Wärmeerzeugung oder verwendet sie in Verbrennungsmotoren vom *Diesel*typ. Diese Motoren unterscheiden sich vom Benzinmotor dadurch, daß das Verbrennungsgemisch aus Luft und Kraftstoff nicht von einem Funken gezündet wird, sondern von der hohen Temperatur, die bei der Kompression der Luft entsteht. Die Luft wird bei der Abwärtsbewegung des Kolbens in den Zylinder

---

sich das Klopfen durch Zusatz einer chemischen Substanz verringern ließ. Weitere umfassende Forschungen führten zu einem Mittel, das wirksamer war als Jod und keine Korrosion verursachte.

gesaugt und bei der Aufwärtsbewegung hoch komprimiert. Im Augenblick der größten Verdichtung wird das Öl durch Düsen in die heiße Luft eingespritzt. Damit die Temperatur hoch genug ist, um die Zündung eintreten zu lassen, muß das Verdichtungsverhältnis mindestens 12:1 betragen; gewöhnlich beträgt es 14—17:1. Bei einer Verdichtung von 16:1 liegt der theoretische thermodynamische Wirkungsgrad bei etwa 50%, verglichen mit einem Wirkungsgrad von 40% bei einem Benzinmotor mit einer Verdichtung von 6:1. Der Kraftstoff muß sich bei relativ niedriger Temperatur freiwillig entzünden und rein sein, damit sich die Düsen nicht verstopfen. Bei Verwendung als Dieselkraftstoff sind geradkettige Paraffinkohlenwasserstoffe den verzweigten Kohlenwasserstoffen und Aromaten überlegen. Analog der Octanzahl bei Ottokraftstoffen ist eine **Cetanzahl** bei Dieselkraftstoffen im Gebrauch. Als Standard dienen Gemische von Cetan (n-Hexadecan) = 100 und α-Methylnaphthalin (S. 620) = 0. Die Cetanzahl eines Kraftstoffs ist der Prozentgehalt an Cetan in einem Cetan-α-Methylnaphthalin-Gemisch, das dieselben Zündungseigenschaften hat wie der Kraftstoff. Außer dem etwas besseren Wirkungsgrad hat der Dieselmotor vor dem Benzinmotor den Vorteil, daß er billigere Treibstoffe verwerten kann. Eine neuere Entwicklung ist die *Gasturbine*, bei der voraussichtlich beliebige brennbare Flüssigkeiten oder gepulverte Brennstoffe verwendet werden können.

Schmieröle. Die Reibung wird durch rauhe Oberflächen und molekulare Anziehung verursacht. Bevor ein Zapfen beginnt, sich in einem Lager, das mit einer Flüssigkeit geschmiert ist, zu drehen, sind Zapfen und Lager in enger Berührung; es besteht maximale Reibung. Mit zunehmender Geschwindigkeit des Zapfens verringert sich die Reibung sehr schnell, bis sich der Zapfen in einer Lage Schmiermittel bewegt („instabile Schmierung"). Steigt die Geschwindigkeit des Zapfens weiter, so erhöht sich der Reibungskoeffizient langsam wieder, da sich die molekulare Reibung des Schmiermittels vergrößert. In dieser Phase der „stabilen Schmierung", solange sich der Zapfen in einer zusammenhängenden Schmiermittelschicht bewegt, wirkt jede Flüssigkeit von geeigneter Viscosität befriedigend. Bei Beginn und gegen Ende der Bewegung, wo sich das System im Bereich der instabilen Schmierung befindet, hängt das Verhalten des Schmiermittels von seiner Zusammensetzung und von der Beschaffenheit der Oberflächen ab.

Die harzigen und asphaltartigen Bestandteile des Öls sind keine Schmiermittel. Außerdem sind die höheren polycyclischen und aromatischen Kohlenwasserstoffe unerwünscht. Bei tiefen Temperaturen würden die Paraffinwachse in der Ölleitung auskristallisieren. Die Raffinierung der Schmieröle bezweckt also die Entfernung der harzigen und asphaltartigen Anteile sowie der höheren Polycyclen und der Wachsbestandteile. Die rohen höhersiedenden Ölfraktionen oder Destillationsrückstände werden bei vermindertem Druck destilliert, wobei man Fraktionen verschiedener Viscosität erhält. Diese extrahiert man mit geeigneten Lösungsmitteln wie flüssigem Schwefeldioxyd, Furfurol (S. 654), β-Chloräthyläther (Chlorex, S. 147), Phenol (S. 530) oder Gemischen von flüssigem Propan und Kresolen (S. 530) (Duosol-Verfahren), wobei die unerwünschten, nicht paraffinartigen Bestandteile entfernt werden. Entfernung des Paraffinwachses erreicht man durch Lösen in einem Gemisch von Methyläthylketon (S. 235) und Toluol (S. 443), Abkühlen, Abfiltrieren des Wachses und Entfernen des Lösungsmittels. Gewöhnlich setzt man kleine Mengen von Substanzen wie Phosphorsäureester

(S. 544) und Schwefelverbindungen zu, um die Schmiereigenschaften des Öls zu verbessern und die modernen Hochdruck-Schmiermittel zu erzielen. Polyisobutylen (S. 66) ist geeignet als Zusatz zwecks Verbesserung des Viscositätsindex (Änderung der Viscosität mit der Temperatur).

Sonstige Produkte. Zahlreiche Erdölfraktionen werden als Lösungsmittel benutzt. **Petroläther** ist eine Fraktion, die hauptsächlich aus Pentanen und Hexanen besteht und bei 30—60° siedet. Fraktionen, die bei 60—90° und 90 bis 100° sieden, bezeichnet man gewöhnlich als **Ligroin. Solventnaphtha** und Farbenverdünner sieden bei 140—200°. Bei gleichem Siedebereich kann die Zusammensetzung dieser Produkte sehr stark schwanken, je nach der Herkunft des Erdöls und dem Raffinierungsverfahren (vgl. Tab. 8, S. 74). Die Naphthas (Schwerbenzine) verwendet man als Fettlösungsmittel, für die chemische Reinigung und zum Verdünnen von Farben und synthetischen Lacken. Gewöhnliches Benzin sollte nie als Ersatz für Schwerbenzin dienen und ihm für die obengenannten Zwecke auch nicht beigemischt werden, da es niedrigsiedende Komponenten enthält, deren Dämpfe sich leicht durch Flammen oder Funken entzünden. Zudem enthalten viele handelsübliche Benzine das stark giftige Bleitetraäthyl. **Weiße Mineralöle** oder **Paraffinöle** sind polycyclische, hochsiedende Fraktionen, die mit aktivierter Fullererde (ein Diatomeenton) oder Bauxit (rohes Aluminiumoxyd) entfärbt wurden. **Paraffinwachs**[1] ist ein raffinierter Anteil der festen Kohlenwasserstofffraktion. Das gewöhnliche Paraffinwachs kristallisiert aus dem Wachsdestillat. Es wird abfiltriert und durch Umkristallisieren aus Methyläthylketon (S. 235) gereinigt. Qualitätsprodukte schmelzen bei 52—57° und bestehen zum größten Teil aus normalen Alkanen mit 20—30 Kohlenstoffatomen. Die *mikrokristallinen Wachse* erhält man durch Kristallisation aus den Destillationsrückständen, sie bestehen aus Molekülen mit 30—50 Kohlenstoffatomen. Diese Wachse schmelzen wegen ihres hohen Molekulargewichts erst bei 88—90° und sind daher für manche Zwecke wertvoller. Manche Wachse sind hart und spröde, andere ziemlich zäh und biegsam. **Vaseline (Petrolatum)** ist eine halbfeste Fraktion, die hauptsächlich für pharmazeutische Zwecke Verwendung findet. **Schmierfette** werden hergestellt durch Auflösen von Metallseifen (S. 201) in heißem Schmieröl. Die Lösung kühlt zu einer halbfesten Masse ab. **Bitumen** und **Asphalt** sind Rückstände, die als Schutzanstriche und als Bindemittel für Fasern und Rollsplit dienen. Destilliert man diese Rückstände zur Trockne, so erhält man **Petroleumkoks,** der durch Glühen in praktisch reinen Kohlenstoff übergeht und sich gut zur Herstellung von Kohleelektroden eignet.

Hydrierung und synthetische Treibstoffe

Beim Crackprozeß ist die Bildung von Olefinen, Koks und cyclischen Verbindungen bedingt durch Wasserstoffmangel; sie kann verhindert werden, wenn man Wasserstoff in Gegenwart oder Abwesenheit eines Katalysators zugibt. Man crackt bei tiefen Temperaturen und bei Drucken von etwa 200 Atm. Während dieses Prozesses der **zerstörenden Hydrierung** werden Stickstoff, Schwefel und Sauerstoff in Form ihrer Hydride vollständig entfernt. Die erhaltenen Benzine und Leuchtöle sind gesättigt und erfordern keine weitere Raffinierung. Außerdem

---

[1] Vgl. Fußnote 2, S. 43.

liefert jedes Faß Öl mehr als ein Faß flüssigen Endproduktes[1]. Da Wasserstoff aus den neueren Verfahren des Reformens (S. 79) zur Verfügung steht, wird die Hydrierung von minderwertigem Rohöl und Ölrückständen zweifellos an Bedeutung gewinnen.

Ein ähnliches Verfahren zur Umwandlung von Kohle und anderen festen Brennstoffen in flüssige Brennstoffe wurde in Ländern, die keine Petroleumvorkommen haben, angewandt. Pionier dieser Entwicklung war Deutschland, doch haben auch andere Länder Vorkehrungen getroffen gegen die Zeit, da die Erdölvorräte erschöpft sein werden[2], und Versuchsanlagen gebaut. Der *Bergius-Prozeß* wird in zwei Stufen durchgeführt. Bei der Behandlung in flüssiger Phase wird gepulverte Kohle mit Schwerölrückständen und einer kleinen Menge Katalysator (mit Natriumsulfid aktivierter Eisenkontakt) vermischt und bei 450° und 700 Atm. Wasserstoffdruck in Schwer- und Mittelöle umgewandelt. In der zweiten Stufe werden die Mittelöle verdampft und mit Wasserstoff über einen festen Katalysator geleitet. Die Produkte werden durch Destillation getrennt.

In neuerer Zeit wurden Verfahren auf der Grundlage der *Fischer-Tropsch-Synthese* flüssiger Brennstoffe eingehend erforscht. Kohle oder andere kohleartige Rohstoffe werden durch die Wassergasreaktion in Kohlenmonoxyd und Wasserstoff umgewandelt.

$$C + H_2O \longrightarrow CO + H_2$$

Das Kohlenmonoxyd-Wasserstoff-Gemisch wird mit Wasserstoff angereichert (S. 73) und bei 200—250° und gewöhnlichem oder schwach erhöhtem Druck über einen Kobalt-Thorium-Katalysator auf einem geeigneten Träger geleitet.

$$n\,CO + (2n + 1)H_2 \longrightarrow C_nH_{2n+2} + n\,H_2O$$

Die Benzinfraktion muß zur Verbesserung der Octanzahl dem Reformverfahren unterworfen werden. Ein offensichtlicher Vorteil gegenüber dem Bergius-Verfahren ist, daß keine Einrichtung gebraucht wird, die gegen hohen Druck und hohe Temperatur widerstandsfähig ist. Trotzdem werden in Deutschland die synthetischen Treibstoffe größtenteils nach dem Bergius-Verfahren hergestellt.

Wiederholungsfragen

1. Man diskutiere das Vorkommen und die Zusammensetzung des Erdöls. Welche theoretischen Vorstellungen hat man hinsichtlich Ursprung und Entstehungsbedingungen?

---

[1] Die Volumenvermehrung wird nicht von der aufgenommenen Wasserstoffmenge verursacht, sondern davon, daß die niedermolekularen Kohlenwasserstoffe eine geringere Dichte haben als die ursprünglichen Kohlenwasserstoffe. Gewöhnliches Cracken würde auch eine Volumenvermehrung zur Folge haben, wenn es nicht von der Bildung von Gasen und Koks begleitet wäre.

[2] Die nachgewiesenen Petroleumvorräte in den Vereinigten Staaten betrugen Ende 1955 30 Milliarden barrels. Die Produktion im selben Jahr belief sich auf 2,4 Milliarden barrels. Neuere geophysikalische Methoden zur Aufspürung von Ölquellen vergrößern die Reserven noch etwas, können dies aber nicht unbeschränkt tun. Vor der Erschöpfung der Vorräte müssen andere Quellen für flüssige Brennstoffe, wie Kohle und Ölschiefer, erschlossen werden, wenn die Vereinigten Staaten nicht von ausländischen Vorkommen abhängig werden wollen.

2. Was bedeuten folgende Begriffe: Verflüssigtes Petroleumgas; Petroläther; Ligroin; Crackbenzin; Naphtha; Leuchtöl; Gasöl; Dieselöl; Schmieröl; weißes Mineralöl; Vaseline (Petrolatum).

3. Man erläutere kurz das Klopfen, die Octanzahl, klopffestes Benzin, Äthylfluid und die Cetanzahl.

4. Man erkläre kurz das Cracken von Erdöl nach dem Burton-, Dubbs- und Wirbelschichtverfahren und gebe die Vorzüge und Nachteile eines jeden an.

5. Man beschreibe die folgenden Verfahren der Erdölindustrie: Polymerisation, Alkylierung, Isomerisierung, Reformen, Dehydrieren.

6. Man beschreibe die Prinzipien des Fischer-Tropsch- und des Bergius-Verfahrens zur Herstellung von Kohlenwasserstofföl aus Erdgas, Braunkohle oder Steinkohle.

Kapitel 5

Alkohole. Ester anorganischer Säuren

Alkohole

Die einfachsten Alkohole enthalten Sauerstoff und haben die allgemeine Formel $C_nH_{2n+2}O$. Das erste Glied, Methylalkohol, hat die Summenformel CH_4O. Sauerstoff mit seinen sechs Valenzelektronen benötigt zur Auffüllung seiner Außenschale zwei weitere Elektronen, die er gewinnen kann, indem sich zwei seiner Elektronen mit zwei Elektronen von einem oder zwei anderen Atomen oder Atomgruppen paaren, wobei sich zwei kovalente Bindungen bilden. Bei dem Alkoholmolekül CH_4O muß das Sauerstoffatom sowohl an Kohlenstoff wie an Wasserstoff gebunden sein, denn wenn es über beide Elektronen mit Kohlenstoff verbunden wäre, blieben dem Kohlenstoff nur zwei Valenzelektronen für Wasserstoffbindungen, und die Formel müßte CH_2O lauten. Wären beide Elektronen des Sauerstoffs an Bindungen mit Wasserstoff beteiligt, dann ergäbe sich ein Wassermolekül. Es ist also nur eine Strukturformel möglich, nämlich

$$\begin{array}{c} H \\ | \\ H-C-O-H \\ | \\ H \end{array} \quad \text{oder} \quad CH_3OH.$$

Diese Formel wird auch den gewöhnlichen Darstellungsmethoden und den Reaktionen des Methylalkohols gerecht.

Die Anzahl der möglichen Strukturen für die weiteren Glieder dieser homologen Reihe kann ebenso vorausgesagt werden wie bei den Olefinen. Man muß dabei in Betracht ziehen, welche verschiedenen Stellungen die funktionelle Gruppe, in diesem Fall die *Hydroxylgruppe* (OH), am Kohlenstoffskelett der Alkane einnehmen kann. Es zeigt sich dann, daß ein C_2-Alkohol, zwei C_3-Alkohole, vier C_4-Alkohole und acht C_5-Alkohole möglich sind.

Nomenklatur

Seit dem achtzehnten Jahrhundert gebraucht man das Wort *Alkohol* für das wirksame Prinzip berauschender Getränke. Nach herrschender Ansicht leitet sich das Wort von *al-kuhl* ab, dem arabischen Wort für feingepulvertes Antimonsulfid, das als Kosmetikum zum Nachdunkeln der Augenlider verwendet wurde.

Später gebrauchte man den Ausdruck für jede feinverteilte Substanz und dann, im Laufe des sechzehnten Jahrhunderts, im Sinne von „Essenz". So war *alcool vini* die Essenz oder der Geist des Weines. Allmählich wurde *vini* weggelassen, aber allgemein für Weingeist gebraucht wurde der Ausdruck *Alkohol* erst im frühen neunzehnten Jahrhundert. Er dient jetzt auch als Name für die ganze homologe Reihe.

Drei Nomenklatursysteme sind allgemein im Gebrauch. Beim ersten wird die mit der Hydroxylgruppe verbundene Alkylgruppe benannt und das Wort *Alkohol* angehängt. Nach dem zweiten System werden die höheren Alkohole als Derivate des ersten Gliedes der Reihe angesehen, das als *Carbinol* bezeichnet wird. Die dritte Methode ist ein abgewandeltes Genfer System mit folgenden Hauptregeln: 1. die längste Kohlenstoffkette, die die Hydroxylgruppe enthält, bestimmt den Namensstamm; 2. an den Namen des entsprechenden gesättigten Kohlenwasserstoffs wird *ol* angehängt; 3. die Kohlenstoffkette wird von dem Ende her durchnumeriert, das der Hydroxylgruppe am nächsten ist; 4. die Seitenketten werden benannt, und ihre Stellung wird durch die betreffende Stellungszahl angegeben. Die folgenden Beispiele erläutern diese verschiedenen Systeme.

CH_3OH	Methylalkohol, Carbinol, Methanol
C_2H_5OH	Äthylalkohol, Methylcarbinol, Äthanol
$CH_3CH_2CH_2OH$	normal-Propylalkohol (n-Propylalkohol) Äthylcarbinol, Propanol-(1)
CH_3CHCH_3 $\quad\;$| $\quad$OH	Isopropylalkohol, Dimethylcarbinol Propanol-(2)
$CH_3CH_2CH_2CH_2OH$	normal-Butylalkohol (n-Butylalkohol) n-Propylcarbinol, Butanol-(1)
$CH_3CH_2CHCH_3$ $\qquad\;$| $\qquad$OH	sekundärer Butylalkohol (sek.-Butylalkohol) Methyläthylcarbinol, Butanol-(2)
CH_3CHCH_2OH $\quad\;$| $\quad CH_3$	Isobutylalkohol, Isopropylcarbinol 2-Methyl-propanol-(1)

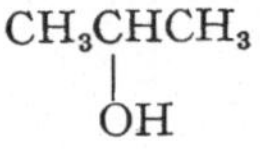

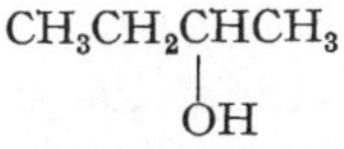

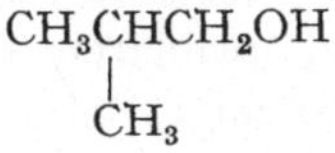

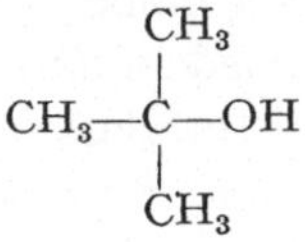

$$CH_3\!-\!\underset{\underset{\displaystyle CH_3}{|}}{\overset{\overset{\displaystyle CH_3}{|}}{C}}\!-\!OH$$

tertiärer Butylalkohol (tert.-Butylalkohol)
Trimethylcarbinol, 2-Methyl-propanol-(2)

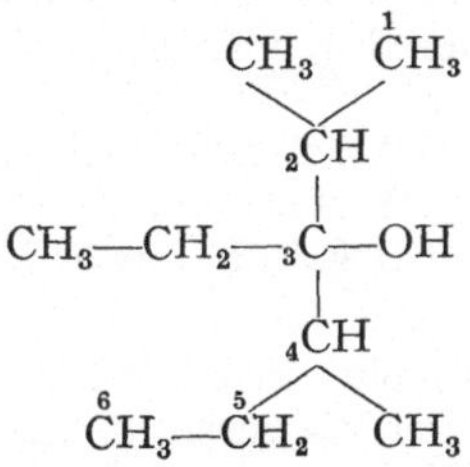

$$\underset{\overset{6}{CH_3}-\overset{5}{CH_2}\quad CH_3}{\underset{\underset{4}{CH}}{CH_3\!-\!CH_2\!-\!\underset{3}{C}\!-\!OH}}\overset{\overset{1}{CH_3}\;\;\overset{}{CH_3}}{\underset{}{\overset{2}{CH}}}$$

Äthyl-isopropyl-sek.-butylcarbinol
2.4-Dimethyl-3-äthyl-hexanol-(3)

Allgemein werden die Alkohole in drei Klassen eingeteilt. Bei den *primären* Alkoholen ist die Hydroxylgruppe mit einem primären Kohlenstoffatom verbunden, d. h. mit einem Kohlenstoffatom, das mit nur *einem* weiteren Kohlenstoffatom direkt verbunden ist. *Sekundäre* Alkohole haben die Hydroxylgruppe an ein sekundäres Kohlenstoffatom gebunden, d. h. an ein mit zwei anderen Kohlenstoffatomen verbundenes Atom. Bei *tertiären* Alkoholen ist die Hydroxylgruppe an ein

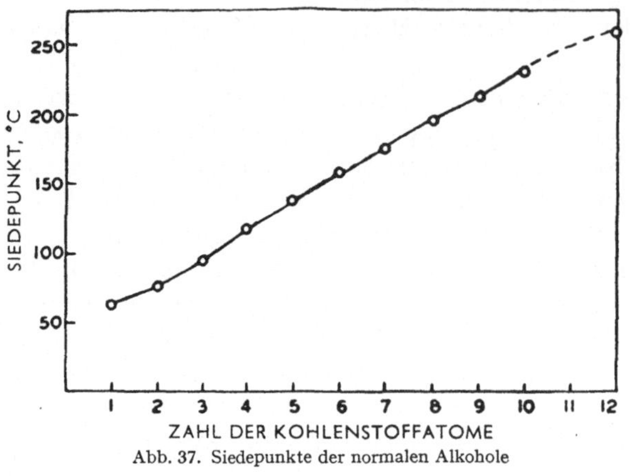

Abb. 37. Siedepunkte der normalen Alkohole

tertiäres Kohlenstoffatom gebunden, d. h. an ein Kohlenstoffatom, das an drei weitere Kohlenstoffatome direkt gebunden ist. Die drei Klassen können durch die allgemeinen Formeln RCH_2OH, R_2CHOH und R_3COH dargestellt werden. In der Zusammenstellung (S. 89) sind Äthyl-, n-Propyl-, n-Butyl- und Isobutylalkohol primäre Alkohole, Isopropyl- und sek.-Butylalkohol sind sekundäre Alkohole, tert.-Butylalkohol und Äthylisopropyl-sek.-butylcarbinol sind tertiäre Alkohole. Man rechnet Methylalkohol zu den primären Alkoholen, obwohl er eigentlich eine Sonderstellung einnimmt als einziger Alkohol, bei dem an das Kohlenstoffatom, das die Hydroxylgruppe trägt, nur Wasserstoffatome gebunden sind.

Physikalische Eigenschaften

Methylalkohol, das erste Glied der Reihe, ist eine Flüssigkeit, die bei 65° siedet, in auffälligem Unterschied zu Methan, das bei —161° siedet. Sogar Äthan, das fast dasselbe Molekulargewicht wie Methylalkohol hat, siedet bei —88°. Die Alkohole sieden allgemein bei beträchtlich höherer Temperatur als die gesättigten Kohlenwasserstoffe gleichen Molekulargewichts. Der Anstieg der Siedepunkte mit wachsendem Molekulargewicht beträgt bei den geradkettigen, primären Alkoholen etwa 18° für jede neu hinzutretende CH_2-Gruppe, wie Abb. 37 zeigt. Bei gegebenem Molekulargewicht erniedrigt eine Kettenverzweigung den Siedepunkt, genau wie bei den Kohlenwasserstoffen. Dementsprechend liegen die Siedepunkte von n-, Iso- und tert.-Butylalkohol bei 117° bzw. 107° bzw. 83°. Sek.-Butylalkohol siedet bei 100°; wie zu erwarten wirkt also die Hydroxylgruppe wie eine Verzweigung.

Der im Vergleich zu den Alkanen gleichen Molekulargewichts viel höhere Siedepunkt von Wasser und Alkoholen bedeutet, daß neben den durch die Polarisierbarkeit (S. 41) bewirkten unbeständigen Dipolen noch eine Anziehungskraft im Spiel sein muß. Diese zweite Art einer van der Waalsschen Kraft zeigt sich zwischen Molekülen, die Wasserstoff an Sauerstoff oder Stickstoff gebunden enthalten, und Molekülen mit einem einsamen Elektronenpaar an Sauerstoff oder Stickstoff sowie in einigen anderen isolierten Fällen.

Das Wasserstoffatom ist insofern einzigartig, als nur ein einzelnes Elektron den Kern umgibt. Bei einer Bindung an andere Elemente ist der Wasserstoffkern, d. h. das Proton, nicht so stark durch eine Elektronenhülle abgeschirmt wie die Kerne anderer Elemente, er kann sich daher den Elektronenschalen anderer Moleküle besser nähern. Infolgedessen kann zwischen dem Proton und einer Anhäufung negativer Ladung in einem anderen Molekül eine Anziehungskraft auftreten.

Wenn das andere Molekül ein Atom mit einem einsamen Elektronenpaar enthält, und wenn dieses Atom das Elektronenpaar gleichmäßiger mit dem Proton teilen kann als dasjenige Atom, an das das Wasserstoffatom gebunden ist, d. h. wenn es eine in vollkommenerem Grade kovalente Bindung bilden kann, dann findet eine Übertragung des Protons von einem Atom zum anderen statt. Die gewöhnlichen Säure-Basen-Reaktionen gehören diesem Typus an.

$$H_3N : + H : Cl \longrightarrow \left[H_3\overset{+}{N} : H \right] [Cl^-]$$

Wäre die neue Bindung weniger kovalent als die ursprüngliche, so würde keine Übertragung stattfinden. So besteht bei einem Alkan keine Neigung, ein Proton an andere Elemente abzugeben, da ein Wasserstoffatom mit einem Kohlenstoffatom eine vollkommenere kovalente Bindung bildet als mit irgendeinem anderen Element außer einem anderen Wasserstoffatom.

Man kann sich nun einen Schwebezustand vorstellen, bei dem die relativen elektrischen Kräfte die Neigung des Wasserstoffs, mit zwei verschiedenen Atomen eine kovalente Bindung einzugehen, ungefähr gleichmäßig begünstigen. Nähern sich dann die Moleküle einander dicht genug und in richtiger Orientierung, so daß der Übergang eines Protons stattfinden könnte, so wird eine Stufe durchlaufen, wo das Proton gleich oder fast gleich stark von den Atomen der beiden Moleküle angezogen wird. Unter solchen Bedingungen kann das Proton von einem Molekül zum anderen übergehen oder nicht; wenn der Übergang erfolgt, ist er reversibel. Auf alle Fälle ziehen während der Zeit, in der die Moleküle sich so nahe sind, daß ein Übergang stattfinden kann, beide Moleküle das Proton sehr stark an, so daß eine erhöhte Anziehungskraft zwischen den Molekülen wirksam wird. Diese Art der Anziehung wird als *Wasserstoffbrückenbindung* bezeichnet. Die Erscheinung heißt auch *Assoziation*, und man spricht bei Verbindungen mit Wasserstoffbrückenbindung von assoziierten Verbindungen.

Auf dieser Grundlage erklärt sich der hohe Siedepunkt des Wassers im Vergleich zu dem des Methans durch Assoziation der Wassermoleküle infolge von Wasserstoffbrückenbindung. Auf genau gleiche Weise erklärt sich, weshalb Alkohole so viel höher sieden als Alkane von jeweils gleichem Molekulargewicht.

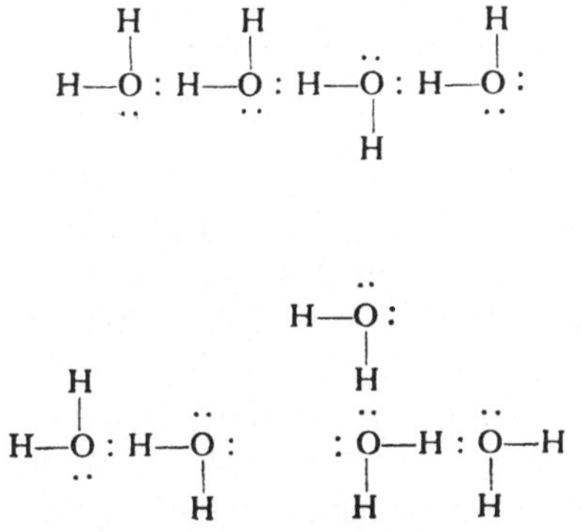

flüssiges Wasser 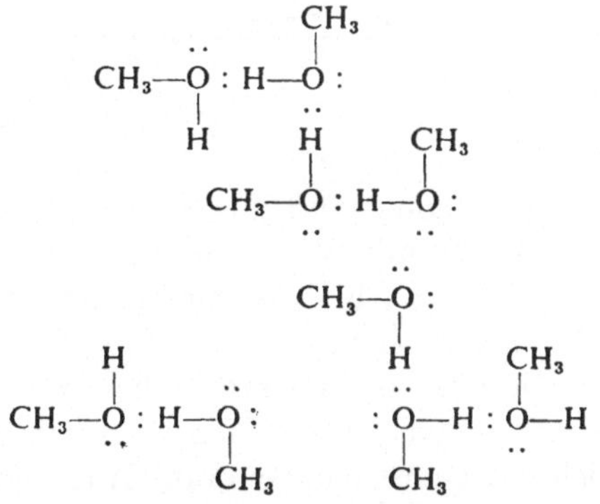   flüssiger Methylalkohol

Die Anziehungskräfte zwischen Alkoholmolekülen sind allerdings nicht so groß wie die zwischen Wassermolekülen, da die Wasserstoffatome der Alkylgruppe keine Wasserstoffbrücken bilden und die Raumerfüllung der Alkylgruppen die Möglichkeit, daß zwei zusammentreffende Alkoholmoleküle eine Wasserstoffbrücke zwischen zwei Hydroxylgruppen ausbilden, sehr einschränkt.

Bei der Wasserstoffbrückenbindung kann ein einzelnes Proton nicht mehr als zwei andere Atome anziehen. Wegen der Kleinheit des Protons kommen sich zwei Wasser- oder Alkoholmoleküle so nahe, daß ein drittes Molekül nicht mehr dicht genug an das Proton herankommt, um merkbar angezogen zu werden. Dagegen kann ein Proton eines dritten Moleküls eine Brückenbindung mit einem der Sauerstoffatome bilden, und dies kann sich wiederholen, bis die Anziehungskräfte durch die trennenden Kräfte aufgewogen werden, die die Wärmebewegung verursacht.

Der Grund, weswegen die Wasserstoffbrückenbindung besonders häufig zwischen Molekülen auftritt, bei denen Wasserstoff an Sauerstoff oder Stickstoff gebunden ist, und solchen, die einsame Elektronenpaare an Sauerstoff oder Stickstoff aufweisen, ist einfach der, daß dann ein derartiges Gleichgewicht der elektrischen Kräfte besteht, daß Wasserstoffbrückenbindung möglich ist. Das Proton wird von Sauerstoff und Stickstoff weder zu fest noch zu locker gehalten, und die auf dem einsamen Elektronenpaar am Sauerstoff oder Stickstoff beruhende negative Ladung ist konzentriert genug, um wirksam zu sein. Dem Wesen nach hat die Anziehung nichts mit einem einsamen Elektronenpaar zu tun. Aber nur dann, wenn ein Atom ein einsames Paar hat, liegt die negative Ladung so weit frei, daß das Proton vom Sauerstoff- oder Stickstoffatom eines anderen Moleküls dicht genug an die Elektronen herankommt, daß eine Anziehungskraft wirksam werden kann.

Dodecylalkohol ist der erste geradkettige Alkohol, der bei Raumtemperatur fest ist, während verzweigte Alkohole mit weniger Kohlenstoffatomen von mehr kugelförmiger Molekülgestalt, z. B. tert.-Butylalkohol, auch schon bei Raumtemperatur fest sein können. Die Schmelzpunkte (Abb. 38) zeigen im Gegensatz zu den gesättigten Kohlenwasserstoffen (Abb. 27, S. 42) keine Alternanz.

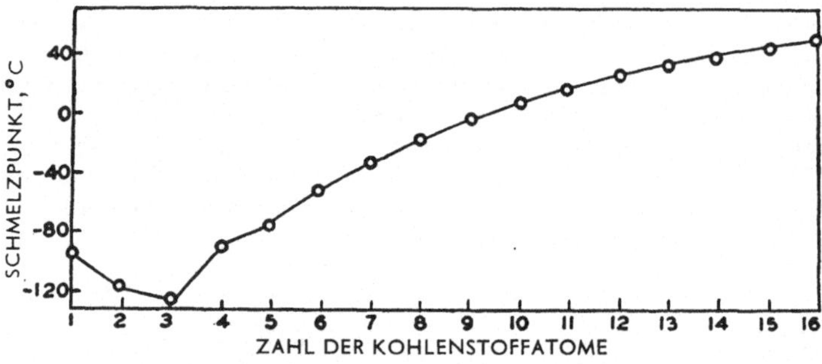

Abb. 38. Schmelzpunkte der normalen Alkohole

Die Alkohole mit drei oder weniger Kohlenstoffatomen und tert.-Butylalkohol sind bei 20° mit Wasser mischbar, n-Butylalkohol ist nur zu etwa 8% löslich, und die primären Alkohole mit mehr als fünf Kohlenstoffatomen sind zu weniger als 1% wasserlöslich.

Die Löslichkeit wurde schon auf den Seiten 13 und 42 erwähnt. Lösung ist nichts anderes als ein Sich-Vermischen von Molekülen. Zwei Flüssigkeiten werden sich nicht mischen, wenn die Anziehungskräfte zwischen den gleichen Molekülen viel größer sind als die zwischen den ungleichen Molekülen. Außerdem, je näher die Moleküle in Zusammensetzung und Struktur verwandt sind, desto ähnlicher werden die zwischen ihnen wirksamen anziehenden und abstoßenden Kräfte sein. Diese Feststellungen erklären die Faustregel: *Gleiches löst Gleiches.*

Es ist wünschenswert, ein etwas klareres Bild von den Faktoren zu erhalten, die Löslichkeit und Unlöslichkeit bedingen. Aus dem Unterschied der Siedepunkte wurde geschlossen, daß die Anziehung zwischen Wassermolekülen beträchtlich größer ist als zwischen Alkoholmolekülen; danach könnte man vermuten, daß sich Wasser und Methylalkohol nicht mischen. Die Alkoholmoleküle können jedoch Wasserstoffbrücken zu Wassermolekülen bilden und umgekehrt, wodurch die Unterschiede in den Anziehungskräften so weit zurücktreten, daß eine Vermischung stattfindet.

$$
\begin{array}{llll}
\text{R—O:H—O:} & \text{H—O:H—O:} & \text{R—O:H—O:} & \text{H—O:H—O:}\\
 & & \text{H—O:} & \text{:O—R}
\end{array}
$$

Mit wachsender Kohlenwasserstoffkette nehmen diejenigen Anziehungskräfte zu, die durch die Polarisierbarkeit des Moleküls (S. 41) bedingt sind, bis ein Punkt erreicht wird, wo die Assoziation mit den Wassermolekülen nicht ausreicht, um zu verhindern, daß die gegenseitige Anziehung der Alkoholmoleküle stärker wird als die zu den Wasserkomplexen, und sich zwei Phasen bilden. Die Trennung ist aber nicht vollständig. Einige Alkohol-Wasser-Komplexe verbleiben in der wäßrigen Schicht, andere in der Alkoholschicht. So lösen 100 g n-Butylalkohol bei 15° 37 g Wasser, und 100 g Wasser lösen 7,3 g n-Butylalkohol. Die Tatsache, daß tert.-Butylalkohol mit Wasser mischbar ist, steht im Einklang mit der Tatsache, daß er tiefer siedet als n-Butylalkohol, denn die höhere Löslichkeit und der niedrigere Siedepunkt sind beide eine Folge der kleineren Anziehungskräfte zwischen den tert.-Butylalkohol-Molekülen.

Technisch wichtige Alkohole

Methylalkohol. Das Wort *Methyl*, das zuerst von DUMAS und PELIGOT 1834 gebraucht wurde, ist von den griechischen Worten *methy* Wein und *yle* Holz oder Material abgeleitet und bezieht sich darauf, daß Methylalkohol der bei der trocknen Destillation des Holzes hauptsächlich entstehende Alkohol ist. Vor 1919 wurde er gewöhnlich *Holzgeist* genannt (in den USA auch *Columbian spirits*). In den USA kamen mit der Einführung der Prohibition Schwarzmarktschankstätten auf, in denen alles, was Alkohol hieß, für berauschende Getränke verwendet wurde. Da Methylalkohol sehr giftig ist, war die Folge eine alarmierende Zahl von Todesfällen und Erblindungen. Eine der Gegenmaßnahmen war, daß auf allgemeinen Gebrauch des Genfer Namens *Methanol* gedrungen wurde, und seither hat dieser Name den älteren weitgehend verdrängt.

Methanol wird heute durch Holzdestillation und nach einem synthetischen Verfahren hergestellt. Bei der **Holzdestillation** wird getrocknetes Hartholz wie Buche, Birke, Hickory, Ahorn oder Eiche in einem Ofen oder einer Retorte zersetzt bei Temperaturen, die von etwa 160—450° ansteigen. Ist das Holz trocken, wenn es in die Retorte gebracht wird, dann verläuft die Reaktion exotherm und man braucht nur zum Anlaufen der Reaktion Wärme. Die Reaktionsprodukte sind Gase, die verfeuert werden, ein flüssiges Kondensat und ein Rückstand von Holzkohle. Das flüssige Kondensat scheidet sich in eine wäßrige Schicht, den *Holzessig*, und eine Teerschicht. Der Holzessig, von dem 210—260 l pro Festmeter Holz gewonnen werden, besteht hauptsächlich aus Wasser, enthält aber 1—6% Methylalkohol, 4—10% Essigsäure, 0,1—0,5% Aceton, kleinere Mengen Methylacetat und eine Anzahl weiterer organischer Verbindungen.

Zur Trennung der Komponenten wurde nach dem älteren Verfahren die Essigsäure mit Kalk neutralisiert und so in nichtflüchtiges Calciumacetat übergeführt. Bei der anschließenden Destillation des Gemisches entsteht eine Flüssigkeit, die 8—10% Methanol und die übrigen flüchtigen Bestandteile enthält. Fraktionierte Destillation ergibt den sogenannten „82%igen Methylalkohol", der 82% organische Verbindungen enthält, und zwar 60—65% Methanol, 11—14%

Aceton und 6—8% Methylacetat. Durch weitere Fraktionierung werden Methylacetat und Aceton als niedrigsiedende azeotrope Gemische mit Methanol entfernt. Dieses Gemisch heißt „Methylaceton" und wird ohne weitere Trennung als Lösungsmittel[1] verkauft. Die nächste Fraktion besteht aus 92—95% Methylalkohol. Die höhersiedenden Fraktionen enthalten Allylalkohol (S. 779), n-Propylalkohol und Methyläthylketon (S. 235). Reinen Methylalkohol erhält man über den Calciumchloridkomplex (S. 101).

Im Jahre 1924 betrug die gesamte Methanoleinfuhr der Vereinigten Staaten 48 Gallonen (etwa 180 l). Es handelte sich um ein Produkt von hohem Reinheitsgrad; der Einfuhrzoll von 12 Cent pro Gallone genügte, um die Einfuhr von ausländischem technischem Holzgeist zu verhindern. Während der ersten fünf Monate des Jahres 1925 verschiffte die Badische Anilin- und Sodafabrik fast eine Million Liter Methylalkohol nach den USA. Der Holzgeist wurde damals für 88 Cent pro Gallone verkauft, aber das eingeführte Produkt wurde bei Herstellungskosten von rund 20 Cent pro Gallone nach einem 1923 vervollkommneten synthetischen Verfahren gewonnen. Selbst die Erhöhung des Einfuhrzolls auf das gesetzliche Maximum von 18 Cent pro Gallone konnte den Holzgeistherstellern wenig helfen. 1925 wurde nicht genug Methanol eingeführt, um den Preis unter 57 Cent pro Gallone zu treiben, und im Februar 1927 stieg der Preis aus verschiedenen Gründen wieder auf 82 Cent pro Gallone. Doch mit dem Anlaufen der synthetischen Produktion in den USA stabilisierte sich der Preis 1930 auf etwa 40 Cent pro Gallone. Viele Holzdestillationsanlagen konnten weiterbestehen, mußten aber den Betrieb rationalisieren und neue Verfahren entwickeln, insbesondere solche zur Abtrennung der Essigsäure durch Extraktion oder spezielle Destillierverfahren (S. 165).

Das **synthetische Verfahren** geht von Kohlenmonoxyd und Wasserstoff aus, die sich bei 300—400° und 200—300 Atm. Druck vereinigen. Als Katalysator dient Zinkoxyd, das mit anderen Oxyden, z. B. mit 10% Chromoxyd, als Mischkatalysator verwendet wird.

$$CO + 2\,H_2 \quad \xrightarrow{\;ZnO-Cr_2O_3\;} \quad CH_3OH$$

Die Synthese wird oft mit anderen Verfahren kombiniert, z. B. mit der Synthese von Ammoniak, Acetylen (S. 138) oder Blausäure (S. 267). Oft wird Wasserstoff verwendet, der bei anderen Verfahren, wie der anaeroben Gärung von Kohlenhydraten (S. 100) oder der elektrolytischen Herstellung von Chlor, als Nebenprodukt anfällt. In den USA werden Kohlenmonoxyd und Wasserstoff überwiegend aus Erdgas hergestellt (S. 73).

Einige höhere Alkohole werden ebenfalls bei dem synthetischen Verfahren gewonnen. Ihre Menge kann gesteigert werden durch Modifizierung des Katalysators, z. B. durch Zusatz von Alkalien oder durch Verwendung eines Eisen-

---

[1] Die Bezeichnung *Lösungsmittel* bezieht sich auf die Verwendung organischer Flüssigkeiten zum Auflösen anderer organischer Substanzen. Lösungsmittel dienen als Reaktionsmedium oder zur Extraktion organischer Verbindungen aus festen Stoffen oder wäßrigen Lösungen. Hat es seinen Zweck erfüllt, wird das Lösungsmittel durch Destillation oder Verdampfen entfernt. Deshalb verwendet man gewöhnlich niedrigsiedende Flüssigkeiten. Man gebraucht Lösungsmittel auch zum Auflösen fester organischer Stoffe, die zu Folien oder Fasern verarbeitet werden oder mit denen andere Materialien überzogen werden.

hydroxyd-Alkali-Katalysators, schließlich auch durch Erhöhung der Temperatur auf 350—475°.

Methylalkohol erhält man ferner bei der kontrollierten Luftoxydation von Erdgas (S. 230). Auch hierbei entstehen noch andere Alkohole sowie Aldehyde, Ketone und Säuren.

Die Gesamtproduktion an synthetischem Methanol betrug 1955 in den Vereinigten Staaten 590 Millionen kg oder 770 Millionen l und übertraf damit die jedes anderen organischen Syntheseprodukts. Etwa 45% wurden zur Fabrikation von Formaldehyd (S. 230) verwendet, 25% zur Synthese anderer Chemikalien, 15% als Gefrierschutzmittel für Kühler und 15% als Lösungsmittel und als Denaturierungsmittel für Äthylalkohol. Die Produktion von Holzgeist betrug 8,7 Millionen Liter. Sie diente fast ausschließlich der Denaturierung von Äthylalkohol.

Äthylalkohol. Die Endung *yl*, die, wie erwähnt, 1834 von DUMAS und PELIGOT in dem Wort *Methyl* zur Kennzeichnung seines Ursprungs vom Holz verwendet wurde, war schon von LIEBIG und WOEHLER 1832 in dem Ausdruck *Benzoyl* im Sinne von Stoff oder Material gebraucht worden. In dieser Bedeutung wird sie gewöhnlich angewendet. Äthyl bezeichnet den Stoff, der zum Äther führt (S. 141).

Eine wichtige Quelle für Äthylalkohol ist die *Vergärung von Zuckern*. **Gärung** ist Zersetzung organischer Verbindungen in einfachere Verbindungen durch die Wirkung von Enzymen. **Enzyme** sind komplizierte organische Verbindungen, die ihren Ursprung in lebenden Zellen haben. Der Name *Enzym* bedeutet *in Hefe* und wurde deshalb gewählt, weil die ersten bekannten Enzyme die der Hefezellen waren. PASTEUR[1], der das Wesen der Gärung aufklärte, glaubte, daß lebende Zellen dazu notwendig seien, aber diese Ansicht wurde 1897 von BUCHNER widerlegt. Er zeigte, daß Preßsaft aus vollständig zerstörten Hefezellen die Gärung noch bewirken kann.

Die hauptsächlichen Zuckerquellen für die Gärung sind die verschiedenen Stärkearten und die Melasserückstände der Zuckerraffinierung. In den Vereinigten Staaten ist der Mais die wichtigste Stärkequelle, und der daraus hergestellte Äthylalkohol heißt gewöhnlich *grain alcohol* (Getreidealkohol). In Europa ist die Hauptstärkequelle die Kartoffel, in Asien der Reis. Bei der Herstellung von Alkohol aus Mais wird zuerst der Keim entfernt und der Rest gemahlen und gekocht, wodurch die Maische entsteht. Man setzt Malz (keimende Gerste) oder eine Pilzkultur wie *Aspergillus oryzae*, die beide das Enzym *Diastase* enthalten, hinzu und hält das Gemisch so lange bei 40°, bis sich die gesamte Stärke in den Zucker Maltose umgewandelt hat. Diese Lösung ist die Würze.

$$2\,(C_6H_{10}O_5)_n + n\,H_2O \quad \xrightarrow[\text{in Malz}]{\text{Diastase}} \quad n\,C_{12}H_{22}O_{11}$$
$$\text{Stärke} \qquad\qquad\qquad\qquad\qquad\qquad\qquad \text{Maltose}$$

Die Würze wird auf 20° abgekühlt und auf einen Maltosegehalt von 10% verdünnt; dann wird eine Reinhefe, meist ein Stamm von *Saccharomyces cerevisiae* (oder *ellipsoidus*) zugesetzt. Die Hefezellen sondern zwei Enzyme ab, die *Maltase*,

---

[1] LOUIS PASTEUR (1822—1895), französischer Chemiker und Mikrobiologe, dessen Arbeiten über die Gärung zur Keimtheorie der Krankheiten und zur Immunisierung durch Impfen mit abgeschwächten Organismen und Viren führte. „Das Leben Pasteurs", geschrieben von seinem Schwiegersohn VALLERY-RADOT, ist ein sehr interessanter Bericht über Leben und Werk eines bedeutenden Wissenschaftlers.

die die Maltose in Glucose überführt, und die *Zymase*, die die Glucose in Kohlendioxyd und Alkohol umwandelt.

$$C_{12}H_{22}O_{11} + H_2O \xrightarrow{\text{Maltase}} 2\,C_6H_{12}O_6$$

Maltose   Glucose

$$C_6H_{12}O_6 \xrightarrow{\text{Zymase}} 2\,CO_2 + 2\,C_2H_5OH + 26\,\text{kcal}$$

Da hierbei Wärme freigesetzt wird, muß die Temperatur durch Kühlen unterhalb 32° gehalten werden. Nach 40—60 Stunden ist die Gärung beendet, und der Alkohol wird aus dem Reaktionsgemisch unter Verwendung einer Siebbodenkolonne (Abb. 14, S. 17) abdestilliert. Das Destillat wird mittels einer wirksamen Kolonne vom Glockenbodentyp rektifiziert. Zuerst geht eine kleine Menge Acetaldehyd über (Kp.: 21°), dann folgt 95%iger Alkohol. Aus der Mitte der Kolonne wird **Fuselöl** entnommen. Das Fuselöl besteht aus einem Gemisch höherer Alkohole, hauptsächlich n-Propyl-, Isobutyl-, Isoamylalkohol [3-Methyl-butanol-(1)] und aktivem Amylalkohol[1] [2-Methyl-butanol-(1)]. Die genaue Zusammensetzung des Fuselöls schwankt beträchtlich; sie hängt besonders von der Art des vergorenen Rohmaterials ab. Diese höheren Alkohole bilden sich nicht durch Vergärung von Glucose, sondern entstehen aus bestimmten Aminosäuren (S. 305), die ihren Ursprung in dem im Rohmaterial und in der Hefe enthaltenen Eiweiß haben.

Technischer Alkohol ist Äthylalkohol, der nicht für Getränke verwendet und im allgemeinen nicht aus Stärke hergestellt wird. Vor der Entwicklung leistungsfähiger synthetischer Verfahren wurde technischer Alkohol hauptsächlich durch Vergärung von schwarzer Melasse, dem nichtkristallisierenden Rückstand bei der Raffinierung von Saccharose (Rohrzucker oder Rübenzucker) gewonnen. Sie enthält etwa 50% Saccharose. Malz ist bei der Vergärung entbehrlich, da die Hefe ein Enzym, *Invertase*, enthält, das Saccharose in Glucose und Fructose überführt, die beide von Zymase vergoren werden.

$$C_{12}H_{22}O_{11} + H_2O \xrightarrow{\text{Invertase}} C_6H_{12}O_6 + C_6H_{12}O_6$$

Saccharose   Glucose   Fructose

$$C_6H_{12}O_6 \xrightarrow{\text{Zymase}} 2\,CO_2 + 2\,C_2H_5OH$$

Glucose oder Fructose

Die in Amerika verarbeiteten Melassen werden von den Karibischen Inseln in Tankern zu den Fabriken an der Atlantik- und Golfküste verschifft. Die Melasse wird mit Wasser auf eine Saccharosekonzentration von 14—18% verdünnt und dann zur Verhinderung schädlichen Bakterienwachstums leicht mit Schwefelsäure angesäuert. Nach Zusatz von Hefe verläuft das Verfahren genau wie die Darstellung von Alkohol aus Stärke. Manche Anlagen haben Gärgefäße von fast 2 Millionen Liter Fassungsvermögen. Diese Gefäße sind abgeschlossen, so daß das

---

[1] Die Alkohole mit fünf Kohlenstoffatomen werden gewöhnlich als *Amylalkohole* bezeichnet, da sie zuerst aus Gärungsprodukten erhalten wurden (lat. *amylum* = Stärke). Der Gebrauch von *pentyl* an Stelle von *amyl* wird angestrebt. Der Ausdruck *aktiv* bezieht sich auf das Verhalten der Verbindung im linearpolarisierten Licht (S. 347). Die höheren Alkohole sind schon in kleinen Mengen giftig. (Der Ausdruck *Fuselöl* kommt von *Fusel* für schlechten Schnaps.)

Kohlendioxyd aufgefangen werden kann. Nach Wiedergewinnung der mitgerissenen Alkoholdämpfe wird das Kohlendioxyd in die flüssige oder feste Form übergeführt. Die Lagerkapazität für Melasse übersteigt zuweilen 20000 Kubikmeter.

Auch die ungeheuren Flüssigkeitsmengen, die bei der Zellstoffproduktion nach dem Sulfitverfahren (S. 421) anfallen, enthalten vergärbare Zucker in geringer Konzentration und können eine Ausbeute von etwa 75 l Alkohol pro Tonne Zellstoff ergeben. In Deutschland und in den skandinavischen Ländern arbeiten viele Anlagen, die die im Überfluß vorhandenen Sulfitablaugen verwerten; in Kanada waren 1954 zwei Anlagen in Betrieb, in den USA eine. Durch Holzverzuckerung (S. 377, 422) entstandene Glucose ist ebenfalls eine der Vergärung zugängliche Kohlenhydratquelle, die in Deutschland ausgenutzt wird. In den USA wurden Versuchsanlagen gebaut, aber sie sind unter normalen Wirtschaftsverhältnissen gegenüber anderen Verfahren nicht wettbewerbsfähig. In Indien werden die Blüten von *Bassia latifolia* und anderen Spezies, die einen hohen Gehalt an Glucose und Fructose haben, in großem Umfang zur Alkoholherstellung verwendet.

Zur **Synthese von Äthylalkohol** gibt es mehrere Verfahren. Die erste Synthese wurde 1828 von HENNEL[1] beschrieben, also im gleichen Jahr, in dem WOEHLER über die Harnstoffsynthese (S. 325) berichtete. 1826 hatte HENNEL die Isolierung von Kaliumäthylsulfat (S. 62) mitgeteilt, und zwar aus einer Schwefelsäureprobe, die 80 Volumina Äthylen absorbiert hatte und ihm von FARADAY[2] zur Untersuchung übergeben worden war. 1828 berichtete HENNEL über die Hydrolyse des Kaliumäthylsulfats zu Äthylalkohol. HENNELs Entdeckung wurde jedoch übersehen, und erst 1855 wurde die Synthese von BERTHELOT[3] wiederentdeckt, der Äthylen aus Leuchtgas in konzentrierter Schwefelsäure absorbierte und die Lösung verdünnte und destillierte.

$$CH_2{=}CH_2 + H_2SO_4 \longrightarrow CH_3CH_2OSO_3H$$

$$CH_3CH_2OSO_3H + H_2O \longrightarrow CH_3CH_2OH + H_2SO_4$$

Obwohl die Möglichkeit einer industriellen Synthese nach diesem Verfahren im folgenden Jahr erwogen und schon 1862 in Frankreich behauptet wurde, synthetischer Alkohol lasse sich um etwa zwei Drittel billiger herstellen als Gärungsalkohol, lief in den Vereinigten Staaten das erste auf die Dauer erfolgreiche Verfahren erst 1930 an. Das als Ausgangsmaterial verwendete Äthylen wird durch Cracken von Kohlenwasserstoffen hergestellt. Es wird bei 100° in konzentrierter Schwefelsäure absorbiert und ergibt ein Gemisch von Äthylschwefelsäure und

---

[1] HENRY HENNEL, englischer Apotheker und Zeitgenosse von MICHAEL FARADAY. Er wurde 1842 bei der Explosion einer großen Menge Knallquecksilber getötet, die er im Auftrag der East India Company für militärische Zwecke hergestellt hatte.

[2] MICHAEL FARADAY (1791—1867) ist hauptsächlich durch seine Arbeiten über Elektrizität und Magnetismus bekannt, trug jedoch auch Hervorragendes zur Chemie bei. Er war der erste, der eine Anzahl Gase verflüssigte, und war der Entdecker des Benzols (S. 439). Er stellte die Gesetze der Elektrolyse auf und entdeckte die Erscheinung der magneto-optischen Rotation.

[3] MARCELLIN PIERRE EUGENE BERTHELOT (1827—1907), französischer Chemiker und Staatsmann. Er wurde besonders bekannt durch seine Hochtemperatursynthesen organischer Verbindungen, durch Studien über die Veresterung und durch Arbeiten auf dem Gebiet der Thermochemie.

Diäthylsulfat (S. 107). Verdünnen mit Wasser bewirkt die Hydrolyse zu Äthylalkohol, der durch Destillation abgetrennt wird. Die verdünnte Schwefelsäure wird zur Wiederverwendung konzentriert. Seit 1949 wird Äthylalkohol auch durch direkte Wasseranlagerung an Äthylen in der Dampfphase hergestellt. Die Bedingungen, soweit veröffentlicht, sind großer Wasserüberschuß, hohe Temperatur (300°), hoher Druck (70—280 Atm.) und ein fester Katalysator, etwa Phosphorsäure auf einem Träger, mit Flußsäure behandelte Tone oder ein Wolframoxydmischkatalysator. Durch Syntheseverfahren wurden in den USA 1940 25% der Gesamtproduktion an technischem Alkohol hergestellt, im Jahre 1955 80%. — Äthylalkohol entsteht auch neben anderen Produkten bei der Butylalkohol-Gärung der Stärke (S. 100), bei der Benzinsynthese nach FISCHER-TROPSCH (S. 87) und bei der kontrollierten Oxydation von Erdgas (S. 230).

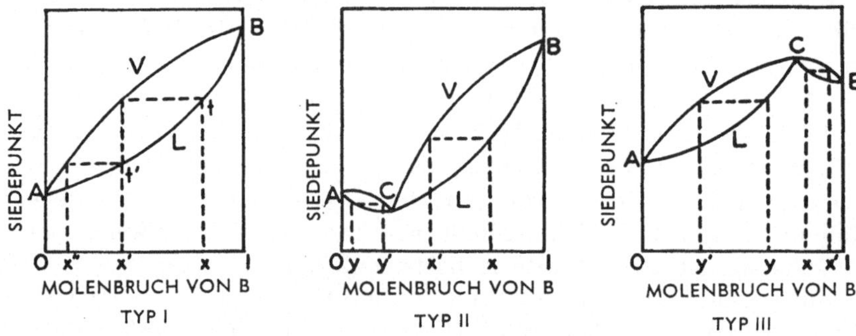

Abb. 39. Verschiedene Typen der Siedediagramme

Alkohol wird in verschiedenen Reinheitsgraden hergestellt. **Gewöhnlicher Alkohol** enthält 92—95 Gewichtsprozent Äthylalkohol, der Rest ist hauptsächlich Wasser. Wasserfreien Alkohol kann man durch einfache Destillation nicht erhalten, da ein konstantsiedendes *(azeotropes)* Gemisch, das 95,6 Gewichtsprozent Alkohol enthält, niedriger siedet (78,15°) als reiner Alkohol (78,3°).

Allgemeine Ausführungen über Destillation und Fraktionierung finden sich auf S. 16. Bei Destillationen hat man drei Typen binärer Gemische zu unterscheiden. Im ersten Fall (I) liegen die Siedepunkte bei allen Mischungsverhältnissen zwischen denen der beiden Komponenten. Bei der zweiten Art (II) gibt es ein bestimmtes Mischungsverhältnis, dessen Siedepunkt niedriger liegt als der jeder Komponente. Im dritten Fall (III) ist der Siedepunkt bei einem bestimmten Mischungsverhältnis höher als der jeder Komponente. Abb. 39 zeigt typische Siedediagramme für die drei Arten. Bei dem Diagramm zu Typ I gibt die Kurve L die Siedepunkte der Flüssigkeit für die verschiedenen Mischungsverhältnisse der Komponenten A und B an. Kurve V zeigt die Zusammensetzung der Dampfphase, wenn sie im Gleichgewicht mit der Flüssigkeit steht. Hat ein Gemisch die Zusammensetzung x, so liegt der Siedepunkt der Flüssigkeit bei t, und die Zusammensetzung des Dampfes im Gleichgewicht mit der Flüssigkeit bei dieser Temperatur ist x'. Die Dampfphase enthält mit anderen Worten den niedrigersiedenden Bestandteil in höherer Konzentration als die flüssige Phase, von der er wegdestilliert. Wird der Dampf kondensiert und erneut destilliert, so hat die neue Dampfphase die Zusammensetzung x''. Daher ist es möglich, das Gemisch durch fraktionierte Destillation oder durch Anwendung einer Fraktionierkolonne, die, wie schon auseinandergesetzt (S. 17), eine kontinuierliche fraktionierte Destillation bewirkt, in seine reinen Bestandteile aufzutrennen.

Bei Typ II und III berühren sich die Kurven L und V bei einem bestimmten Mischungsverhältnis. Mit anderen Worten, bei dieser Zusammensetzung der Flüssigkeit hat der der Flüssigkeit entstammende Dampf die gleiche Zusammensetzung wie die Flüssigkeit. Daher kann bei der Destillation keine Trennung erfolgen, die flüssige Phase bleibt in konstanter Zusammensetzung zurück, und das Gemisch siedet bei konstanter Temperatur. Bei diesen beiden Typen verhält sich die Mischung wie ein binäres Gemisch vom Typ I, das aus dem konstantsiedenden Gemisch und einer der reinen Komponenten besteht. Ein Beispiel zu dem Diagramm vom Typ II erläutere dies: Wenn das Gemisch die Zusammensetzung x hat, wird die Destillation das konstantsiedende Gemisch C im Destillat und die Komponente B im Rückstand anreichern; hat das Gemisch die Zusammensetzung y, so wird sich der konstantsiedende Anteil wieder im Destillat anreichern, im Rückstand dagegen die Komponente A. Bei Gemischen vom Typ III wird sich entweder Komponente A oder B im Destillat anreichern und das konstantsiedende Gemisch, das höher siedet als jede der beiden Komponenten, verbleibt in der Blase.

Abweichungen von der Idealität treten auf, wenn sich die Anziehungskräfte unterscheiden, die zwischen gleichen Molekülen und verschiedenartigen Molekülen wirken. Maxima und Minima bei physikalischen Erscheinungen treten dann auf, wenn mehr als ein Faktor eine Eigenschaft beeinflußt, und wenn diese Faktoren sich bei Schwankungen eines dritten Faktors in entgegengesetzten Richtungen ändern. Die verschiedenen Anziehungskräfte zwischen den Molekülen spielen eine große Rolle, wenn man die Größe der Abweichung vom Idealfall bestimmen will oder wissen will, ob Maxima oder Minima bei den Destillationskurven auftreten, wenn sich die Zusammensetzung der Flüssigkeiten ändert.

Absoluter Alkohol (wasserfrei, $> 99{,}9\%$) wird im Laboratorium gewöhnlich durch Entfernen des Wassers auf chemischem Wege hergestellt, z. B. durch Erhitzen mit Calciumoxyd, das mit dem Wasser reagiert, und Abdestillieren des entwässerten Alkohols von dem Calciumhydroxyd. Die 5% Wasser im gewöhnlichen Alkohol haben eine deutliche Wirkung auf seine Lösungseigenschaften, daher besteht großer Bedarf an dem wasserfreien Produkt. Eine technische Entwässerungsmethode macht von der Tatsache Gebrauch, daß ein ternäres Gemisch von 18,5 Gewichtsprozent Alkohol, 74,1% Benzol (C_6H_6, S. 69) und 7,4% Wasser bei 64,85° siedet. Da das Verhältnis von Wasser zu Alkohol in der ternären Mischung 1:2,5 beträgt, kann man genügend Benzol zusetzen, um alles Wasser mit der niedrigsiedenden Fraktion zu entfernen, und der wasserfreie Alkohol kann der Destillierblase entnommen werden. Ein binäres Gemisch von 80,2% Benzol und 19,8% Äthylalkohol, das bei 68,2° siedet, gestattet die vollständige Entfernung des Benzolüberschusses. Das ternäre Destillat trennt sich in zwei Schichten. Die obere Schicht umfaßt 84,7% der Gesamtmenge und enthält 11,6% Alkohol, 85,6% Benzol und 2,8% Wasser. Die untere Schicht (15,3%) besteht aus 51,3% Alkohol, 8,1% Benzol und 40,6% Wasser. Erneute Destillation der oberen Schicht entfernt ihr gesamtes Wasser als ternäres Gemisch, der Rückstand geht in die Hauptdestillation zurück. Die Redestillation der unteren Schicht entfernt das gesamte Benzol als ternäres Gemisch und läßt verdünnten Alkohol zurück, der zu 95%igem Alkohol rektifiziert wird und in die Hauptdestillation zurückgeht. Durch Verwendung von vier Destillationsanlagen kann der Prozeß kontinuierlich gestaltet werden, wobei dem System 95%iger Äthylalkohol zugeführt wird und absoluter Alkohol und Wasser abgezogen werden. Auch andere Substanzen, wie 2.2.4-Trimethyl-pentan (S. 80), Trichloräthylen (S. 764) oder Äthyläther (S. 146) können an Stelle von Benzol zum Entwässern dienen.

Da alle Staaten einen ansehnlichen Teil ihrer Einkünfte aus der Besteuerung des für Getränkezwecke bestimmten Alkohols beziehen, muß Äthylalkohol für industrielle Zwecke denaturiert werden, damit er für Genußzwecke unbrauchbar und somit steuerfrei wird. Unter **Denaturierung** (oder Vergällung) versteht man den Zusatz von Substanzen, die dem Alkohol einen unangenehmen Geschmack verleihen und die nicht ohne weiteres zu entfernen sind. In Deutschland verwendet man zu diesem Zweck hauptsächlich Pyridin und Methanol, doch sind für industrielle Sonderzwecke auch andere Denaturierungsmittel zulässig.

Die Produktion von Industriealkohol betrug in den USA im Jahre 1940 fast 500 Millionen Liter, 1944 über 2 Milliarden Liter. 1955 wurden etwa 820 Millionen Liter hergestellt, davon 80% durch Synthese aus Äthylen und nur 20% durch Vergärung von Kohlenhydraten. Die gewaltige Zunahme während des zweiten Weltkrieges war eine Folge der Verwendung von Alkohol zur Synthese von Butadien, das zur Herstellung von synthetischem Kautschuk (S. 756) gebraucht wurde. Für diesen Zweck wurden 55% der Gesamtproduktion in Anspruch genommen. 1954 dienten etwa 45% zur Synthese von Acetaldehyd (S. 233) und 26% als Lösungsmittel. Der Rest wurde zur Synthese anderer Chemikalien und für sonstige Zwecke verwendet.

Höhere Alkohole. Vor dem ersten Weltkrieg war die Hauptquelle für höhere Alkohole das Fuselöl, aus dem n-Propyl-, Isobutyl-, Isoamyl- und aktiver Amylalkohol durch Destillation abgetrennt wurden (S. 96). Seit damals sind viele andere Alkohole zugänglich geworden. **n-Butylalkohol** wird nach einem speziellen bakteriellen Gärungsprozeß hergestellt. Maismaische oder schwarze Melassen werden mit einer Reinkultur eines der verschiedenen Stämme von *Clostridium acetobutylicum* angeimpft und in verschlossenen Behältern unter anaeroben Bedingungen gehalten. Die Gärungsprodukte sind n-Butylalkohol, Aceton und Äthylalkohol im Verhältnis von 60:30:10 bis 74:24:2. Das entwickelte Gas enthält Wasserstoff und Kohlendioxyd im Volumenverhältnis 1:2. Das Verfahren wurde während des ersten Weltkrieges zur Beschaffung von Aceton entwickelt, als die Mengen, die bei der Zersetzung von Calciumacetat aus Holzessig gewonnen wurden, nicht mehr ausreichten, um den Bedarf der Engländer an Aceton zur Herstellung von Cordit (S. 423) zu decken. Damals hatte man keine rechte Verwendung für große Mengen n-Butylalkohol, die sich infolgedessen ansammelten. Inzwischen sind aber zahlreiche Verwendungsmöglichkeiten für n-Butylalkohol entwickelt worden, so daß er jetzt zum wertvolleren Produkt geworden ist und Aceton zum Nebenprodukt. Man gewinnt n-Butylalkohol auch auf synthetischem Wege, wobei man von Acetaldehyd (S. 233) ausgeht. Da auch Aceton durch Synthese hergestellt wird (S. 234), hängt die Konkurrenzfähigkeit des Gärverfahrens vom Mais- und Melassenpreis ab. 1955 betrug in den USA die Gesamtproduktion an n-Butylalkohol 102 Millionen kg, von denen etwa ein Drittel durch Gärung und zwei Drittel durch Synthese hergestellt wurden. n-Butylalkohol findet hauptsächlich Verwendung als Lösungsmittel, zur Herstellung von Estern (S. 182) und zur Synthese von n-Butyraldehyd (S. 234) und n-Buttersäure (S. 166).

Höhere verzweigte primäre Alkohole erhält man, wenn man normale primäre Alkohole mit Natriumalkoholat in Gegenwart eines Nickelkatalysators erhitzt **(Guerbet-Reaktion).**

$$RCH_2CH_2OH + RCH_2CH_2OH \xrightarrow[\text{200°—250°}]{\text{NaOCH}_2\text{CH}_2\text{R, Ni}} RCH_2CH_2\underset{\overset{|}{R}}{C}HCH_2OH + H_2O$$

2-Methyl-pentanol-(1) wird auf diese Weise aus n-Propylalkohol technisch hergestellt, ebenso **2-Äthyl-hexanol-(1)** aus n-Butylalkohol. Die Reaktion wird im Laboratorium seltener verwendet, da man oft komplizierte Gemische erhält.

Sekundäre und tertiäre Alkohole werden in großem Maßstab aus niederen Olefinen hergestellt, die man durch Cracken von gesättigten Kohlenwasserstoffen erhält.

$$CH_3CH = CH_2 \xrightarrow{H_2SO_4} \underset{\underset{OSO_3H}{|}}{CH_3CHCH_3} \xrightarrow{H_2O} \underset{\underset{OH}{|}}{CH_3CHCH_3}$$

Propylen, Isopropylalkohol

$$\begin{matrix}CH_3CH = CHCH_3 \\ \text{Buten-(2)} \\ \text{und} \\ CH_3CH_2CH = CH_2 \\ \text{Buten-(1)}\end{matrix} \xrightarrow{H_2SO_4} \underset{\underset{OSO_3H}{|}}{CH_3CH_2CHCH_3} \xrightarrow{H_2O} \underset{\underset{OH}{|}}{CH_3CH_2CHCH_3}$$

sek.-Butylalkohol

$$(CH_3)_2C = CH_2 \xrightarrow{H_2SO_4} \underset{\underset{OSO_3H}{|}}{(CH_3)_2CCH_3} \xrightarrow{H_2O} (CH_3)_3COH$$

Isobutylen, tert.-Butylalkohol

Auf ähnliche Weise werden Amylene (Pentene) in sekundären und tertiären Amylalkohol übergeführt.

Einige höhere Alkohole erhält man auch als Nebenprodukt bei der Methanolsynthese (S. 94), der Fischer-Tropsch-Synthese (S. 87) und der kontrollierten Luftoxydation von Erdgas (S. 230). Weitere Methoden zur Synthese von Alkoholen werden bei den Ausgangsverbindungen behandelt (S. 119, 169, 180, 207, 208).

Chemische Eigenschaften

Strukturell kann man sich einen Alkohol als von einem Wassermolekül abgeleitet denken, in welchem ein Wasserstoffatom durch eine Alkylgruppe ersetzt ist. Da sowohl Wasser als auch die Alkohole eine Hydroxylgruppe enthalten, sollte man erwarten, daß die Alkohole Reaktionen eingehen, die denen des Wassers analog sind, und in vieler Beziehung trifft dies auch zu.

1. Bildung von Komplexen mit Metallsalzen. Alkohole haben mit Wasser die Eigenschaft gemeinsam, sich leicht zu assoziieren, wie ihre abnormal hohen Siedepunkte zeigen. Genau wie Wasser mit anorganischen Salzen Hydrate bildet, geben auch Alkohole mit Salzen Additionsverbindungen. Entsprechend dem $MgCl_2 \cdot 6\,H_2O$ gibt es die Molekülkomplexe $MgCl_2 \cdot 6\,CH_3OH$ und $MgCl_2 \cdot 6\,C_2H_5OH$. Während jedoch Calciumchlorid ein Hexahydrat bildet, haben die beschriebenen Komplexe mit Methyl- und Äthylalkohol die Zusammensetzung $CaCl_2 \cdot 4\,CH_3OH$ und $CaCl_2 \cdot 3\,C_2H_5OH$. Andere hydratbildende Salze, z. B. wasserfreies Calciumsulfat, bilden keine Komplexe mit Alkoholen.

Gibt man zu einer wäßrigen Lösung von Ammoniumhexanitratocerat oder Perchloratocersäure etwa 5% eines Alkohols, so schlägt die Farbe von orange nach rot um. Diese Farbänderung kann als *Nachweis der alkoholischen Hydroxylgruppe* dienen. Die Reaktion ist zweifellos auf Ersatz der Nitrat- oder Perchloratgruppen im Komplexion durch Alkoholmoleküle zurückzuführen.

$$(NH_4^+)_2[(CeNO_3)_6]^= + 2\ ROH \longrightarrow Ce(NO_3)_4(ROH)_2 + 2\ NH_4NO_3$$

$$(H^+)_2[Ce(ClO_4)_6]^= + 2\ ROH \longrightarrow Ce(ClO_4)_4(ROH)_2 + 2\ HClO_4$$

Hydrate teilt man in drei Klassen ein. 1. Die Wassermoleküle füllen bloß die Lücken im Kristallgitter aus (Einschluß- oder Clathratverbindungen, lat. *clathri*, Gitter); die Zahl der Wassermoleküle, die mit einem Mol Substanz verbunden sind, hängt ab von der Zahl der Lücken im Kristall, die ein Wassermolekül aufnehmen können; 2. die Wassermoleküle sind mit einem bestimmten Ion verbunden; ein einsames Elektronenpaar von jedem Wassermolekül besetzt ein orbital des Metallions, wie bei

$$[Cu(H_2O)_4]^{++}\ oder\ \begin{bmatrix} H \\ \overset{..}{} \\ H : O : H \\ \overset{..}{}\ \ \overset{..}{}\ \ \overset{..}{} \\ H : O : Cu : O : H \\ \overset{..}{}\ \ \overset{..}{}\ \ \overset{..}{} \\ H : O : H \\ \overset{..}{} \\ H \end{bmatrix}^{++}$$

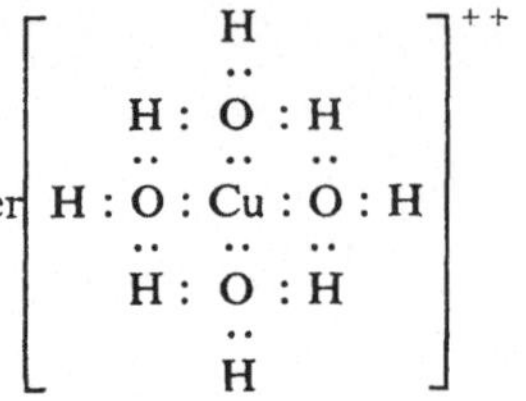

3. der Kristall ist Eis vergleichbar, in dem die Ionen gelöst sind; die Wassermoleküle sind mit den Ionen durch Ion-Dipol-Anziehung (S. 14) verbunden. — Da die Alkohole permanente Dipole und einsame Elektronenpaare aufweisen, kann man dieselben Möglichkeiten zwischen Salzen und Alkoholen erwarten. Man wird von vornherein vermuten, daß Größe und Gestalt des Moleküls bei der Bildung solcher Komplexe eine Rolle spielen, und so ist es nicht überraschend, daß die Zahl der Alkoholmoleküle, die mit einem gegebenen Salz verbunden sind, nicht immer dieselbe ist, sondern je nach Alkohol variiert.

Ganz allgemein sind Salze in Alkoholen nicht so gut löslich wie in Wasser, da die Alkohole eine viel niedrigere Dielektrizitätskonstante haben (Methylalkohol = 34, Wasser = 81) (S. 14). Wenn ein Salz, wie etwa Calciumchlorid, einen definierten Koordinationskomplex mit dem Alkohol bildet, kann der Komplex sehr gut löslich sein.

2. Oxoniumsalzbildung. Bekanntlich findet beim Auflösen einer starken Säure in Wasser ein praktisch vollständiger Übergang des Protons von dem Säurerest zum Wassermolekül statt, wie folgende Gleichung zeigt.

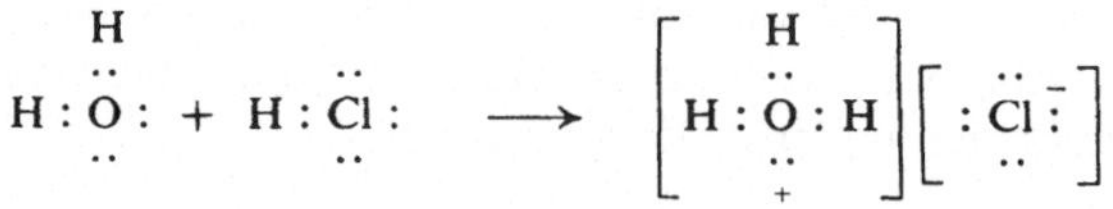

$$\begin{matrix} H \\ \overset{..}{} \\ H : O : \\ \overset{..}{} \end{matrix} + \begin{matrix} \overset{..}{} \\ H : Cl : \\ \overset{..}{} \end{matrix} \longrightarrow \begin{bmatrix} H \\ \overset{..}{} \\ H : O : H \\ \overset{..}{} \\ + \end{bmatrix}\begin{bmatrix} \overset{..}{}\ \overline{} \\ : Cl : \\ \overset{..}{} \end{bmatrix}$$

Das Produkt aus Chlorwasserstoff heißt *Hydroniumchlorid*, und das $[H_3O^+]$-ion ist das *Hydroniumion*. Die Erklärung dieser Reaktion ist, daß die negative Ladung an dem größeren Chloratom diffuser ist als an dem Sauerstoffatom. Daher kann das Proton mit dem Wassermolekül eine in vollkommenerem Grade kovalente Bindung eingehen als mit dem Chlorion. Man nennt die relative Fähigkeit, sich mit einem Proton oder einem Molekül mit Elektronendefizit zu verbinden, die *Basizität* einer Gruppe. Demnach geht das Proton zum Wassermolekül über, weil das Wassermolekül eine stärkere Base ist als das Chlorion.

Alkohole sind ebenfalls stärkere Basen als die Anionen starker Säuren. Daher lösen sich Alkohole in starken Säuren unter Bildung von Alkyloxoniumsalzen.

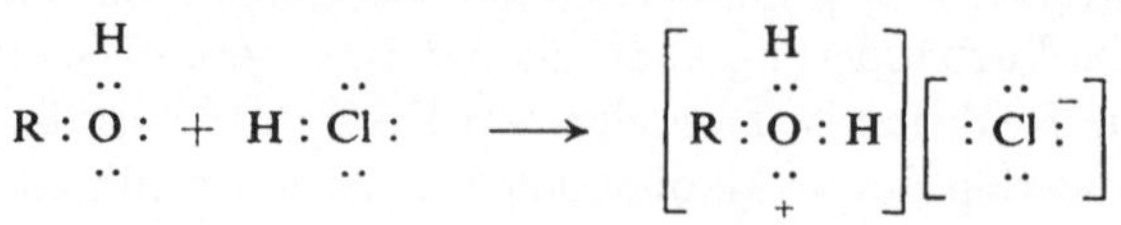

$$\begin{matrix} H \\ \overset{..}{} \\ R : O : \\ \overset{..}{} \end{matrix} + \begin{matrix} \overset{..}{} \\ H : Cl : \\ \overset{..}{} \end{matrix} \longrightarrow \begin{bmatrix} H \\ \overset{..}{} \\ R : O : H \\ \overset{..}{} \\ + \end{bmatrix}\begin{bmatrix} \overset{..}{}\ \overline{} \\ : Cl : \\ \overset{..}{} \end{bmatrix}$$

Der allgemeine Ausdruck für diesen Verbindungstyp ist *Oxoniumsalz*. Konzentrierte Schwefelsäure löst praktisch alle organischen Verbindungen, die Sauerstoff enthalten, häufig ohne chemische Veränderung außer der Salzbildung. Man macht von dieser Tatsache in der qualitativen organischen Analyse Gebrauch, um *sauerstoffhaltige organische Verbindungen von gesättigten Kohlenwasserstoffen zu unterscheiden.*

Alkohole und alle anderen sauerstoffhaltigen Verbindungen sind in wäßrigen Lösungen starker Säuren leichter löslich als in Wasser, weil das Alkohol- und das Wassermolekül um das Proton konkurrieren.

$$
\text{R}:\overset{\cdot\cdot}{\underset{\cdot\cdot}{\text{O}}}: \; + \; \left[\text{H}:\overset{\overset{\text{H}}{\cdot\cdot}}{\underset{\underset{+}{\cdot\cdot}}{\text{O}}}:\text{H}\right] \; \rightleftharpoons \; \left[\text{R}:\overset{\overset{\text{H}}{\cdot\cdot}}{\underset{\underset{+}{\cdot\cdot}}{\text{O}}}:\text{H}\right] + \text{H}_2\text{O}
$$

n-Butylalkohol ist mit konzentrierter Salzsäure mischbar, während er in Wasser nur zu 8% löslich ist.

Die Oxoniumsalzbildung unterscheidet sich von der Wasserstoffbrückenbindung; im zweiten Fall verbindet das Proton zwei Moleküle durch elektrostatische Anziehung, während im ersten Fall ein Proton vollständig von einem Molekül zum anderen übergeht. Das Proton wird in die Elektronenschale des neuen Moleküls vollkommen aufgenommen und bringt eine positive Ladung mit sich. Alkohole sind in wäßrigen Säuren leichter löslich als in Wasser, weil die geladenen Oxoniumionen beträchtlich stärker hydratisiert sind als das Alkoholmolekül, das bei der Hydratisierung vornehmlich auf die Wasserstoffbrückenbindung angewiesen ist.

3. Reaktion mit Metallen. Genau wie Wasser mit metallischem Natrium reagiert und dabei Wasserstoff und Natriumhydroxyd ergibt, reagieren die Alkohole mit Natrium unter Bildung von Wasserstoff und Natriumalkoholaten.

$$
\text{HOH} + \text{Na} \longrightarrow \text{HO}^{-+}\text{Na} + \tfrac{1}{2}\text{H}_2
$$
Natriumhydroxyd

$$
\text{CH}_3\text{OH} + \text{Na} \longrightarrow \text{CH}_3\text{O}^{-+}\text{Na} + \tfrac{1}{2}\text{H}_2
$$
Natriummethylat

$$
\text{ROH} + \text{Na} \longrightarrow \text{RO}^{-+}\text{Na} + \tfrac{1}{2}\text{H}_2
$$
Natriumalkoholat

Bei diesen Gleichungen ist die Ionenbindung zwischen dem Natriumatom und den Hydroxyl-, Methoxyl- und Alkoxylgruppen durch (+)- und (—)-Zeichen angedeutet. Gewöhnlich werden Ionenbindungen bei anorganischen Salzen nicht angegeben, da die Kenntnis vorausgesetzt wird, daß anorganische Salze vollständig ionisiert sind, und daß z. B., obwohl die Formel NaOH geschrieben wird, zwei Bindungstypen im Spiel sind, nämlich die Ionenbeziehung zwischen Natrium und der Hydroxylgruppe und die kovalente Bindung zwischen dem Wasserstoff- und dem Sauerstoffatom. Ebenfalls wird angenommen, daß der Leser versteht, daß das durch die Formel CH_3OH bezeichnete Molekül nur kovalente Bindungen aufweist. Enthält jedoch ein organisches Molekül sowohl ionische als auch kovalente Bindungen, so wird das Vorhandensein ionischer Bindungen häufig durch Andeutung der Ionenbeziehung mit (+)- und (—)-Ladungen betont.

Protonenübertragungsreaktionen werden oft nur durch das Symbol [H+] angedeutet, ohne die Base, mit der das Proton verbunden ist, anzugeben. So kann die Bildung eines Oxoniumsalzes wie folgt geschrieben werden.

$$
\text{R}:\overset{\cdot\cdot}{\underset{\cdot\cdot}{\text{O}}}: \; + \; [\text{H}^+] \; \longrightarrow \; \left[\text{R}:\overset{\overset{\text{H}}{\cdot\cdot}}{\underset{\underset{+}{\cdot\cdot}}{\text{O}}}:\text{H}\right]
$$

Wird wasserfreier Chlorwasserstoff verwendet, dann steht [H$^+$] für HCl; bei Verwendung einer wäßrigen Lösung von Chlorwasserstoff steht [H$^+$] für [H$_3$O$^+$]. Wenn eine stärkere Base als ein Alkohol mit einer alkoholischen Chlorwasserstofflösung neutralisiert wird, steht [H$^+$] für [ROH$_2^+$]. Ein Einwand gegen die Verwendung des Symbols [H$^+$] ist der, daß es ein Proton darstellt, und freie Protonen unter gewöhnlichen Bedingungen nicht existieren. Bei organischen Reaktionen aber, an denen wahlweise eine ganze Anzahl Basen beteiligt sein kann, hat es gewöhnlich keinen Sinn, die Base ausführlich anzugeben, mit der das Proton verbunden ist.

Die Reaktion von Metallen mit Alkoholen verläuft langsamer als die mit Wasser, und die Geschwindigkeit nimmt mit steigendem Molekulargewicht des Alkohols ab.

Gibt man ein kleines Stück Natrium in ein Becherglas, das Wasser von Raumtemperatur enthält, dann ist die Reaktion so heftig, daß der entstehende Wasserstoff in Flammen aufgeht; gibt man es in Methylalkohol, so ist die Reaktion heftig, aber es findet keine Entzündung statt; wenn man es in n-Butylalkohol gibt, kann man nur eine langsame Wasserstoffentwicklung beobachten. Die abnehmende Reaktionsgeschwindigkeit ist wahrscheinlich eher eine Folge der abnehmenden Löslichkeit des Alkoholats in dem Alkohol und der geringeren Geschwindigkeit der Diffusion der Ionen von der Metalloberfläche weg in das viscose Medium, mit dadurch bedingter Bedeckung der Oberfläche des Natriums, als einer Abnahme in der chemischen Reaktivität der Alkohole.

Das Reaktionsprodukt von Methylalkohol mit Natrium heißt *Natriummethylat.*

Bei erhöhten Temperaturen reagieren auch andere aktive Metalle. Zum Beispiel reagiert wasserfreier Methylalkohol mit Magnesium unter Bildung von Wasserstoff und Magnesiummethylat Mg(OCH$_3$)$_2$, und amalgamiertes Aluminium reagiert mit Äthyl-, Isopropyl- oder tert.-Butylalkohol, wobei sich entsprechend Aluminiumäthylat Al(OC$_2$H$_5$)$_3$, -isopropylat Al(OC$_3$H$_7$)$_3$ und -tert.-butylat Al(OC$_4$H$_9$)$_3$ bilden. Da in allen Fällen nur ein Wasserstoffatom pro Mol Alkohol freigesetzt wird, zeigen diese Reaktionen, daß sich ein Wasserstoffatom von den übrigen unterscheidet und an Sauerstoff gebunden ist.

Der Grund, weshalb an Kohlenstoff gebundener Wasserstoff gewöhnlich nicht von metallischem Natrium ersetzt wird, ist derselbe wie der, weshalb Wasserstoff, der an Kohlenstoff gebunden ist, keine Wasserstoffbrücken bildet: nämlich weil die Kohlenstoff-Wasserstoff-Bindung fast vollkommen kovalent ist. Die Reaktionsgeschwindigkeit beim Ersatz von Wasserstoff kann stark beschleunigt werden durch die Gegenwart anderer Gruppen, unter deren Einfluß die Kohlenstoff-Wasserstoff-Bindung weniger kovalent wird (S. 137, 223, 272).

Metallalkoholate werden von Wasser weitgehend hydrolysiert, da die Acidität von Wasser und Alkoholen nahezu dieselbe ist.

$$\text{RONa} + \text{H}_2\text{O} \;\rightleftarrows\; \text{ROH} + \text{NaOH}$$

Dieses Gleichgewicht ist reversibel, so daß Natriumalkoholat in der Technik aus Äthylalkohol und Natriumhydroxyd durch Entfernung des Wassers mittels azeotroper Destillation mit Benzol (S. 99) hergestellt wird. Magnesium- und Aluminiumalkoholate können zur Entfernung kleiner Wassermengen aus Alkoholen verwendet werden, da die extreme Unlöslichkeit von Magnesium- oder Aluminiumhydroxyd in Alkoholen das Gleichgewicht nach rechts verschiebt.

4. Reaktion mit anorganischen Säurehalogeniden. Eine ebenfalls für Wasser typische Reaktion ist die Reaktion mit anorganischen Säurehalogeniden, die Halogenwasserstoffsäure und eine zweite anorganische Säure ergibt.

$$3\,\text{HOH} + \text{PCl}_3 \;\longrightarrow\; 3\,\text{HCl} + \text{P(OH)}_3 \tag{1}$$

Die Alkohole verhalten sich entsprechend, und zwar reagieren sie auf zwei Wegen. Nach voranstehender Gleichung erhält man in jedem Fall Wasserstoff und Hydroxyl, zwischen welchem der beiden Wasserstoffatome und dem Sauerstoffatom auch immer die Spaltung des Wassermoleküls erfolgt. Reagiert anstatt Wasser jedoch ein Alkohol, so kann die Spaltung zwischen O und R oder zwischen O und H eintreten. Im einen Fall entsteht Wasserstoff und Alkoxyl, im anderen Hydroxyl und Alkyl. Deshalb sind zwei verschiedene Reaktionen möglich.

$$3\ ROH + PCl_3 \longrightarrow 3\ HCl + P(OR)_3 \tag{2}$$

$$3\ ROH + PCl_3 \longrightarrow 3\ RCl + P(OH)_3 \tag{3}$$

In welchem Verhältnis beide Reaktionswege beschritten werden, hängt von den Bedingungen und vom Reagens ab. Phosphortrichlorid reagiert mit primären Alkoholen bei Raumtemperatur überwiegend nach Gleichung *2*, während Phosphortribromid bei 0° hauptsächlich nach Gleichung *3* reagiert. Tertiäre Alkohole reagieren ausnahmslos nach Gleichung *3*, sekundäre Alkohole dagegen gleichzeitig in beiden Richtungen.

Verbindungen vom Typ $P(OR)_3$ sind *Alkylester der phosphorigen Säure* und werden wie Salze benannt. Zum Beispiel heißt $P(OC_2H_5)_3$ *Äthylphosphit*. Verbindungen vom Typ RCl heißen *Alkylchloride*, ein Ausdruck, der von den Salzen übernommen wurde. Man kann sie auch als Derivate von Kohlenwasserstoffen auffassen. So heißt $CH_3CHClCH_3$ entweder Isopropylchlorid oder 2-Chlor-propan.

Die Reaktionen mit Phosphorhalogeniden sind ein weiterer chemischer Beweis dafür, daß die Alkohole eine Hydroxylgruppe enthalten, da sie bei Reaktion *3* in der phosphorigen Säure in Erscheinung tritt. Die Entstehung eines Mols Chlorwasserstoff aus einem Mol Alkohol in Reaktion *2* ist ein weiteres Zeichen dafür, daß ein Wasserstoffatom im Alkohol anders gebunden ist als alle übrigen.

Wenn auch diese Reaktionen den Schluß zulassen, daß phosphorige Säure die Struktur $: P(OH)_3$ hat, ist sie doch eine zweibasische Säure und hat reduzierende Eigenschaften. Ihre stabile Form hat also zweifellos die isomere Struktur $: \overset{..}{O} : PH\,(OH)_2$. Andererseits kann sich $P(OR)_3$, das keinen ionisierbaren Wasserstoff enthält, nicht isomerisieren und hat die Struktur $: P(OR)_3$. Die große Beweglichkeit von Wasserstoff im Vergleich zur Unbeweglichkeit der Alkylgruppen, d. h. seine leichte Übertragbarkeit von einem elektronenanziehenden Element zum anderen oder zu einem Element mit geringerer Elektronenanziehung, kann durch seine Kleinheit und das Fehlen einer schützenden Elektronenhülle erklärt werden. Diese Bedingungen ermöglichen eine genügend starke Annäherung an ein anderes Molekül, so daß die Reaktion ohne Aufwendung einer hohen Aktivierungsenergie stattfinden kann.

Andere anorganische Säurechloride, z. B. Thionylchlorid, reagieren wie Phosphortrichlorid.

$$HOH + SOCl_2 \longrightarrow 2\ HCl + SO_2 \tag{4}$$

$$2\ ROH + SOCl_2 \longrightarrow 2\ HCl + SO(OR)_2 \tag{5}$$

$$ROH + SOCl_2 \longrightarrow HCl + RCl + SO_2 \tag{6}$$

Auch hier ergeben primäre Alkohole hauptsächlich Ester (Alkylsulfite, Reaktion *5*), während tertiäre Alkohole zu Alkylchloriden führen (Reaktion *6*).

Die meisten Reaktionen, an denen mehr als zwei Moleküle beteiligt sind, verlaufen stufenweise, und zwar so, daß nur zwei Moleküle an jedem Schritt beteiligt sind. Die Wahrscheinlichkeit ist nämlich sehr gering, daß sich mehr als zwei Moleküle mit der richtigen Energie und in der richtigen Orientierung zueinander so nähern, daß alle gleichzeitig reagieren. Bei Reaktion *5* sind die beiden Stufen folgende:

$$ROH + SOCl_2 \longrightarrow ROSOCl + HCl \tag{7}$$

$$ROSOCl + HOR \longrightarrow ROSOOR + HCl \tag{8}$$

Sogar eine Reaktion wie *6*, die bimolekular erscheint, verläuft über wenigstens zwei Stufen. Die erste ist dieselbe wie Reaktion *7*, die zweite die folgende:

$$ROSOCl \longrightarrow RCl + SO_2 \tag{9}$$

Hydrochloride tertiärer Amine wie Pyridinhydrochlorid (S. 654) katalysieren die Zersetzung der Alkylthionylchloride (Reaktion *9*), und daher kann man eine gute Ausbeute an Alkylchlorid sogar aus einem primären Alkohol und Thionylchlorid in Gegenwart von Pyridin erzielen, wenn man das Molverhältnis 1:1:1 wählt. Bei Gegenwart eines Überschusses an Pyridin wird die Chloridausbeute durch Bildung von Nebenprodukten verringert. Reagieren zwei Mol Alkohol, ein Mol Thionylchlorid und 2 Mol Pyridin miteinander, so erhält man eine besonders gute Ausbeute an Alkylsulfit (Reaktion *8*).

Analogieschlüsse führen nicht immer zur korrekten Interpretation des Verlaufs einer organischen Reaktion. Hierfür folgendes Beispiel: Da sich die Säurechloride der Monoalkylsulfite (ROSOCl) in Gegenwart von Pyridinhydrochlorid unter Bildung von Alkylchloriden zersetzen, könnte man vermuten, daß die Bildung von Chloriden aus Phosphortrichlorid und einem primären Alkohol das Ergebnis einer Zersetzung der Säurechloride von Alkylphosphiten sei. In Wirklichkeit sind diese Verbindungen in Gegenwart von Pyridin sehr stabil. Die Entstehung der Chloride in Abwesenheit von Pyridin wird durch die Reaktion des Esters mit Chlorwasserstoff (entstanden nach Reaktion *2*) bewirkt.

$$(RO)_3P + 3\,HCl \longrightarrow 3\,RCl + (HO)_3P \tag{10}$$

Ist bei Reaktion *2* Pyridin zugegen, erhöht sich die Phosphitausbeute und erniedrigt sich die Chloridausbeute, da sich das Pyridin mit dem Chlorwasserstoff vereinigt und die Reaktion *10* verhindert. Bei tertiären Alkoholen ist es wahrscheinlich, daß die Hydroxylgruppe direkt durch Halogen ersetzt wird (Reaktion *3*).

5. Reaktion mit Halogenwasserstoffsäuren. Anorganische Säuren reagieren allgemein mit Alkoholen unter Wasserabspaltung. Die Produkte der Reaktion mit Halogenwasserstoffsäuren sind Alkylhalogenide.

$$ROH + HX \longrightarrow RX + H_2O$$

Die Geschwindigkeit dieser Reaktion richtet sich nach der Säure und der Art des Alkohols. Die Reihenfolge für Halogenwasserstoffsäuren ist Jodwasserstoff > > Bromwasserstoff > Chlorwasserstoff > Fluorwasserstoff. Für die Alkohole ist die Reihenfolge tertiär > sekundär > primär.

Methyl-, Isobutyl- und Neopentylalkohol $(CH_3)_3CCH_2OH$ sind Ausnahmen von dieser Regel. Mit wäßrigem Bromwasserstoff reagiert Methanol so schnell wie sek.-Butylalkohol und schneller als Isopropylalkohol. Es ist bekannt, daß die Methylderivate im allgemeinen viel reaktionsfähiger sind als die Äthyl- und höheren Alkylderivate. Isobutylalkohol reagiert mit etwa einem Zehntel der Geschwindigkeit normaler primärer Alkohole. Bei Neopentylalkohol verläuft die Reaktion nicht nur langsam, sondern das Hauptprodukt ist tert.-Amylbromid (vgl. S. 176).

In der Praxis wählt man geeignete Bedingungen für die jeweils darzustellende Verbindung. Primäre Alkohole reagieren schon mit wäßrigen Lösungen von Jodwasserstoff, erfordern aber im allgemeinen wasserfreien Bromwasserstoff oder wäßrigen Bromwasserstoff und Schwefelsäure. Mit Chlorwasserstoff reagieren sie mit genügender Geschwindigkeit nur in heißer konzentrierter Lösung bei Gegenwart von Zinkchlorid als Katalysator. Dagegen reagieren tertiäre Alkohole mit konzentrierter Salzsäure bei Raumtemperatur.

Die *Lucassche Probe* zur **Unterscheidung primärer, sekundärer und tertiärer Alkohole** beruht auf den relativen Geschwindigkeiten der Reaktion mit Chlorwasserstoff. Das Reagens besteht aus einer Lösung von Zinkchlorid in konzentrierter Salzsäure. Die niederen Alkohole lösen sich alle in diesem Reagens auf Grund von Oxoniumsalzbildung (S. 102), aber die Alkylchloride sind unlöslich. Tertiäre Alkohole reagieren so schnell, daß es schwer ist, eine Auflösung zu beobachten, denn die Chloride scheiden sich sofort aus. Sekundäre Alkohole ergeben eine klare Lösung, die erst innerhalb von fünf Minuten trübe wird und sich unter Umständen in zwei Schichten teilt. Primäre Alkohole lösen sich auf, und die Lösung bleibt mehrere Stunden klar.

Die Reaktion der Alkohole mit Halogenwasserstoffsäuren gehört in die Klasse der Verdrängungsreaktionen (S. 121). Der einleitende Schritt ist lediglich die Bildung des Oxoniumsalzes (S. 102).

$$R:\ddot{O}: + H:X: \;\rightleftharpoons\; \left[R:\overset{+}{\underset{H}{\ddot{O}}}:H\right] + \left[:\ddot{X}:^{-}\right]$$

Die Addition eines Protons an die Hydroxylgruppe bewirkt eine Verschiebung des Elektronenpaares zwischen Alkylgruppe und Sauerstoff in Richtung auf das Sauerstoffatom und erleichtert die Abspaltung der Hydroxylgruppe mit dem Proton als Wassermolekül. Das Halogenion greift dann das Oxoniumion unter Verdrängung eines Wassermoleküls an.

$$\left[:\ddot{X}:^{-}\right] + \left[R:\overset{+}{\underset{H}{\ddot{O}}}:H\right] \longrightarrow :\ddot{X}:R + :\underset{H}{\ddot{O}}:H$$

6. Reaktion mit anorganischen Sauerstoffsäuren. Einige sauerstoffhaltige anorganische Säuren reagieren mit Alkoholen unter Bildung von Alkylestern, bei denen die Alkylgruppe über Sauerstoff an den Säurerest gebunden ist.

$$ROH + HONO \rightleftharpoons RONO + H_2O$$
Alkylnitrit

$$ROH + HONO_2 \rightleftharpoons RONO_2 + H_2O$$
Alkylnitrat

$$ROH + H_2SO_4 \rightleftharpoons ROSO_3H + H_2O$$
Alkylschwefelsäure

$$ROH + HOSO_2OR \rightleftharpoons ROSO_2OR + H_2O$$
Dialkylsulfat

$$3\,ROH + H_3BO_3 \rightleftharpoons (RO)_3B + 3\,H_2O$$
Trialkylborat

Schwefelsäureester tertiärer Alkohole, die Wasser abspalten können, wurden noch nicht isoliert, vermutlich wegen der leicht erfolgenden Zersetzung zum Olefin.

Soweit bekannt, verläuft die Reaktion der Alkohole mit anorganischen Sauerstoffsäuren auf einem anderen Weg als die Reaktion mit Halogenwasserstoffsäuren. Die Sauerstoffsäuren sind zur Selbstionisierung fähig, wobei sich auch andere positive Ionen als Protonen bilden. So existieren z. B. in konzentrierter Schwefelsäure die folgenden Gleichgewichte.

$$H : \overset{..}{\underset{..}{O}} : SO_3H + H : \overset{..}{\underset{..}{O}} : SO_3H \quad \rightleftharpoons \quad \left[H : \overset{+}{\overset{..}{O}} : SO_3H \right] + \left[\overset{-}{ \overset{..}{O}} : SO_3H \right]$$
$$ \underset{H}{} $$

$$\left[H : \overset{+}{\overset{..}{O}} : SO_3H \right] \quad \rightleftharpoons \quad H : \overset{..}{\underset{..}{O}} : + \left[\overset{+}{S}O_3H \right]$$
$$\underset{H}{} \underset{H}{}$$

$$H : \overset{..}{\underset{..}{O}} : + H : \overset{..}{\underset{..}{O}} : SO_3H \quad \rightleftharpoons \quad \left[H : \overset{+}{\overset{..}{O}} : H \right] + \left[\overset{-}{} \overset{..}{\underset{..}{O}} : SO_3H \right]$$
$$\underset{H}{} \underset{H}{}$$

Das $[SO_3H^+]$-Ion, dem am Schwefelatom ein Elektronenpaar fehlt, verbindet sich mit einem einsamen Elektronenpaar am Sauerstoffatom des Alkohols.

$$R : \overset{..}{\underset{..}{O}} : + \left[\overset{+}{S}O_3H \right] \quad \rightleftharpoons \quad \left[R : \overset{+}{\overset{..}{O}} : SO_3H \right]$$
$$\underset{H}{} \underset{H}{}$$

Abgabe eines Protons an ein Hydrogensulfation ergibt den Ester.

$$\left[R : \overset{+}{\overset{..}{O}} : SO_3H \right] + \left[\overset{-}{} \overset{..}{\underset{..}{O}} : SO_3H \right] \quad \rightleftharpoons \quad R : \overset{..}{\underset{..}{O}} : SO_3H + H_2SO_4$$
$$\underset{H}{}$$

Man sieht leicht, daß das Sauerstoffatom des bei der Gesamtreaktion eliminierten Wassermoleküls bei diesem Mechanismus von der Säure stammt, nicht vom Alkohol.

7. Dehydratisierung zu Olefinen. Flüchtige Alkohole können sehr bequem dehydratisiert werden, indem man ihre Dämpfe durch ein mit aktiviertem Aluminiumoxyd[1] gefülltes, erhitztes Rohr leitet.

$$RCHOHCH_2R \quad \xrightarrow[350°-450°]{Al_2O_3} \quad RCH = CHR + H_2O$$

Durch Verwendung von reinem Aluminiumoxyd werden Umlagerungen innerhalb des Moleküls, die bei Verwendung von Säurekatalysatoren häufig auftreten, weitgehend vermieden.

Bei Verwendung von Schwefelsäure als Katalysator tritt nach üblicher Auffassung intermediär Alkylschwefelsäure auf (s. u.).

$$RCHOHCH_2R + H_2SO_4 \longrightarrow H_2O + \underset{\underset{OSO_3H}{|}}{RCHCH_2R} \xrightarrow{W\ddot{a}rme} RCH = CHR + H_2SO_4$$

Liegt der Siedepunkt des Alkohols tiefer als die Zersetzungstemperatur des Zwischenprodukts, so muß man genügend Säure aufwenden, damit sich der gesamte Alkohol in nichtflüchtige Alkylschwefelsäure oder in das Oxoniumsalz umwandelt. Der Prozeß kann katalytisch und kontinuierlich ausgeführt werden,

---

[1] Bestimmte Ausführungsformen fester Katalysatoren sind wirksamer als andere. Sind Katalysatoren so vorbehandelt, daß sie maximale Aktivität aufweisen, so nennt man sie *aktivierte* Katalysatoren. Aktiviertes Aluminiumoxyd hat eine optimale Porosität oder Oberflächenstruktur und eine optimale Menge Adsorptions- oder Konstitutionswasser.

indem man die Alkoholdämpfe über Bimsstein leitet, der mit Schwefelsäure oder Phosphorsäure getränkt und auf die erforderliche Temperatur erhitzt wird.

Tertiäre Alkohole lassen sich leichter dehydratisieren als sekundäre, sekundäre leichter als primäre. Tertiäre Alkohole spalten so leicht Wasser ab, daß man das Olefin als Hauptprodukt erhält, wenn man versucht, andere Reaktionen in Gegenwart starker Säuren auszuführen. Gibt es für die Wasserabspaltung verschiedene Reaktionswege, so gilt die **Regel von Saytzeff**: Tertiäre Wasserstoffatome werden bevorzugt vor sekundären, diese bevorzugt vor primären abgespalten. So führt die Dehydratisierung von sek.-Butylalkohol fast ausschließlich zu Buten-(2).

Zwar wird die Dehydratisierung von Alkoholen zu Olefinen in Gegenwart von Schwefelsäure gewöhnlich so gedeutet, daß sie über intermediär entstehende Alkylschwefelsäure verläuft, und diese bildet sich auch wirklich beim Erhitzen von Alkoholen mit Schwefelsäure. Aber auch andere Säuren, z. B. Sulfonsäuren, die sich nicht leicht verestern lassen, und ebenso elektrophile Reagentien, die nicht verestert werden können, wie Zinkchlorid, katalysieren die Wasserabspaltung. Diese säurekatalysierten Dehydratationen der Alkohole gehören zur Klasse der **Eliminierungsreaktionen.** Der einleitende Schritt ist die Reaktion des Alkohols mit der Säure HB, wobei ein Oxoniumsalz gebildet wird, genau wie bei der Reaktion von Alkoholen mit Halogenwasserstoffsäuren (S. 106).

$$
\begin{array}{c}
\mathrm{R}\ \ \mathrm{R} \\
|\quad\ | \quad \overset{..}{} \\
\mathrm{H:\overset{|}{C}-\overset{|}{C}:\overset{..}{O}:} \ +\ \mathrm{H:B} \ \longrightarrow\
\left[\ \mathrm{H:\overset{\overset{\textstyle R\ \ R}{|\ \ |}}{C}-\overset{}{C}:\overset{+}{\overset{..}{O}}:H}\ \right] + [:B^-] \\
|\quad\ |\quad\overset{..}{} \\
\mathrm{R}\ \ \mathrm{R}\ \ \mathrm{H}
\end{array}
$$

Anschließend entzieht eine Base, die ein weiteres Alkoholmolekül oder auch das Anion [: B⁻] sein kann, dem zweiten Kohlenstoffatom ein Wasserstoffatom als Proton, und gleichzeitig wird ein Molekül Wasser frei.

$$
\mathrm{R:\overset{..}{\underset{..}{O}}:} \ +\ \mathrm{H:\overset{\overset{\textstyle R\ \ R}{|\ \ |}}{C}-\underset{\underset{\textstyle R\ \ H}{|\ \ |}}{C}:\overset{..}{\underset{..}{O}}:H} \ \longrightarrow\ \left[\ \mathrm{R:\overset{+}{\overset{..}{O}}:H}\ \right] + \mathrm{\overset{\overset{\textstyle R\ \ R}{|\ \ |}}{C}=\underset{\underset{\textstyle R\ \ R}{|\ \ |}}{C}} \ +\ \mathrm{:\overset{..}{\underset{..}{O}}:H}
$$

   oder **[B :]⁻**   oder **H : B**

Häufig hat das Reaktionsprodukt bei säurekatalysierten Wasserabspaltungen nicht die erwartete Struktur. Zum Beispiel ergibt die Wasserabspaltung aus n-Butylalkohol hauptsächlich Buten-(2) anstatt Buten-(1). Wenn das Oxoniumsalz ein Wassermolekül unter Bildung von n-Butylcarboniumion verliert, kann eine Hydridionenverschiebung zu sek.-Butylcarboniumion führen, das durch Verlust eines Protons entweder Buten-(1) oder Buten-(2) ergibt.

$$
\left[\ \mathrm{CH_3CH_2CH_2CH_2:\overset{+}{\overset{..}{O}}:H}\ \right] \ \rightleftarrows\ \left[\mathrm{CH_3CH_2CH_2\overset{+}{C}H_2}\right] + \mathrm{H_2O}
$$

$$
\Big\updownarrow
$$

$$
\mathrm{[H^+]} + \mathrm{CH_3CH_2CH\!=\!CH_2} \ \rightleftarrows\ \left[\mathrm{CH_3CH_2\overset{+}{C}HCH_3}\right] \ \rightleftarrows\ \mathrm{CH_3CH\!=\!CHCH_3} + \mathrm{[H^+]}
$$

Nun sind Olefine thermodynamisch um so stabiler, je höher die doppelt gebundenen Kohlenstoffatome substituiert sind. Daher ist das obige Gleichgewicht zugunsten von Buten-(2) und nicht von Buten-(1) verschoben. Die letzten Stufen sind auch die Begründung für die Isomerisierung von Buten-(1) zu Buten-(2) in Gegenwart starker Säuren.

Manchmal bringt die Wasserabspaltung auch eine Alkylgruppenwanderung mit sich. Wenn z. B. von Methyl-tert.-butylcarbinol in Gegenwart von Säuren Wasser abgespalten wird, entsteht sehr wenig von dem erwarteten tert.-Butyläthylen; die Hauptprodukte sind das Ergebnis von Methidionenverschiebungen (vgl. S. 81).

$$(CH_3)_3CCHCH_3 \xrightarrow[\text{Wärme}]{H_2SO_4}$$
$$\begin{array}{ll} (CH_3)_2C{=}C(CH_3)_2 & 61\% \\ (CH_3)_2CHC{=}CH_2 & 31\% \\ \quad\quad\quad | \\ \quad\quad\quad CH_3 \\ (CH_3)_3CCH{=}CH_2 & 3\% \end{array}$$

Einige Alkohole, deren Struktur eine Wasserabspaltung nicht zu erlauben scheint, können nach Umlagerung des Kohlenstoffskeletts dehydratisiert werden.

$$CH_3CCH_2OH \xrightarrow[\text{Wärme}]{H_2SO_4} CH_3C{=}CHCH_3 + H_2O$$

Eine Strukturveränderung während einer Reaktion wird häufig als **innermolekulare Umlagerung** bezeichnet. Dabei handelt es sich in Wirklichkeit um eine Isomerisierung, die im Verlauf einer anderen Reaktion stattfindet. Im Hinblick auf die Möglichkeit innermolekularer Umlagerungen sollten sich Strukturbeweise ebensosehr auf Abbaureaktionen wie auf Synthesen stützen. Die Strukturen der obenerwähnten Olefine können durch Ozonisierung, Zersetzung der Ozonide und Identifizierung der Reaktionsprodukte bewiesen werden (S. 59).

8. Dehydrierung oder Oxydation zu Aldehyden und Ketonen. Primäre und sekundäre Alkohole können zu Aldehyden bzw. Ketonen dehydriert werden, indem man ihre Dämpfe bei 300—325° über aktivierte Kupfer-, Kupfer-Chrom- oder Kupfer-Nickel-Katalysatoren leitet.

$$RCH_2OH \underset{325°}{\overset{Cu}{\rightleftarrows}} \underset{\text{Ein Aldehyd}}{R\overset{\overset{\textstyle H}{|}}{C}{=}O} + H_2$$

$$R_2CHOH \underset{325°}{\overset{Cu}{\rightleftarrows}} \underset{\text{Ein Keton}}{R_2C{=}O} + H_2$$

Wird Luft mit übergeleitet, so wird der Wasserstoff in Wasser übergeführt, und die Reaktion kann vollständig ablaufen.

$$RCH_2OH + \tfrac{1}{2}O_2 \xrightarrow[600°]{\text{Cu oder Ag}} RCHO + H_2O$$

$$R_2CHOH + \tfrac{1}{2}O_2 \xrightarrow[600°]{\text{Cu oder Ag}} R_2CO + H_2O$$

Tertiäre Alkohole, die an dem Kohlenstoffatom, das mit der Hydroxylgruppe verbunden ist, kein Wasserstoffatom mehr tragen, reagieren nicht auf diese Weise, können aber Wasser abspalten, wenn die Temperatur hoch genug ist.

Man kann dieselbe Art der Dehydrierung mit chemischen Oxydationsmitteln erreichen. Das am meisten verwendete Reagens ist Dichromsäure in wäßriger Schwefelsäure (Natriumdichromat + Schwefelsäure) oder Chromtrioxyd in Eisessig.

$$3\,RCH_2OH + Na_2Cr_2O_7 + 4\,H_2SO_4 \longrightarrow 3\,RCHO + Na_2SO_4 + Cr_2(SO_4)_3 + 7\,H_2O$$

$$3\,R_2CHOH + 2\,CrO_3 + 6\,HC_2H_3O_2 \longrightarrow 3\,R_2CO + 2\,Cr(C_2H_3O_2)_3 + 6\,H_2O$$

Die Darstellung von Aldehyden nach dieser Methode führt nur dann zum Erfolg, wenn man den Aldehyd sehr schnell durch Destillation aus dem Oxydationsgemisch entfernt, andernfalls wird er zu organischer Säure weiteroxydiert (S. 221).

$$RCHO + [O] \longrightarrow RCOOH$$

Starke Oxydationsmittel wie heiße Dichromsäure oder Kaliumpermanganat können tertiäre Alkohole unter Aufsprengung der Kohlenstoffkette oxydieren. Die Reaktionsprodukte haben immer weniger Kohlenstoffatome als der ursprüngliche Alkohol.

$$\underset{\underset{CH_3}{|}}{\overset{\overset{CH_3}{|}}{CH_3C}}OH + 2\,[O] \longrightarrow \underset{Aceton}{CH_3COCH_3} + \underset{Formaldehyd}{H_2CO} + H_2O$$

Unter derart drastischen Bedingungen erleiden diese Produkte weitere Oxydation.

$$CH_3COCH_3 + 2\,[O] \longrightarrow \underset{Essigsäure}{CH_3COOH} + H_2CO$$

$$H_2CO + [O] \longrightarrow \underset{Ameisensäure}{HCOOH}$$

$$HCOOH + [O] \longrightarrow CO_2 + H_2O$$

Der Mechanismus der Oxydation primärer und sekundärer Alkohole zu Aldehyden und Ketonen in saurer Lösung scheint bei Anwendung der meisten Oxydationsmittel nach demselben Schema zu verlaufen. Das eigentliche oxydierende Agens weist einen Elektronenmangel auf, es kann also ein positives Ion sein oder ein Molekül, das ein Atom mit Elektronenlücke besitzt. Zum Beispiel oxydiert Dichromsäure mit Hilfe des $[CrO_3H^+]$-Ions, das in der nachstehenden Folge von Gleichgewichten auftritt.

$$H_2Cr_2O_7 + H_2O \;\rightleftharpoons\; 2\,H_2CrO_4$$

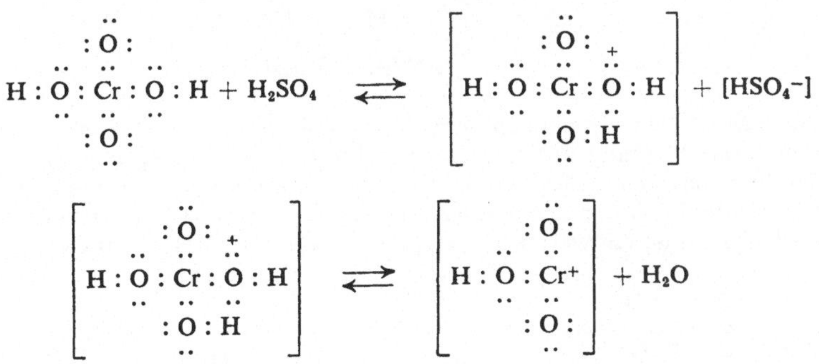

$$\begin{array}{c} \ddot{\underset{\cdot\cdot}{O}} \\ H:\ddot{O}:\underset{\underset{\cdot\cdot}{\ddot{O}}}{Cr}:\ddot{O}:H + H_2SO_4 \end{array} \;\rightleftharpoons\; \left[\begin{array}{c} \ddot{\underset{\cdot\cdot}{O}} \\ H:\ddot{O}:\underset{\underset{\cdot\cdot}{O}:H}{Cr}:\ddot{O}:H \end{array} \right]^+ + [HSO_4{}^-]$$

$$\left[\begin{array}{c} \ddot{\underset{\cdot\cdot}{O}} \\ H:\ddot{O}:\underset{\underset{\cdot\cdot}{O}:H}{Cr}:\ddot{O}:H \end{array} \right]^+ \;\rightleftharpoons\; \left[\begin{array}{c} \ddot{\underset{\cdot\cdot}{O}} \\ H:\ddot{O}:\underset{\underset{\cdot\cdot}{O}:}{Cr^+} \end{array} \right] + H_2O$$

$$H_2O + H_2SO_4 \;\rightleftharpoons\; [H_3O^+] + [HSO_4{}^-]$$

Hieraus ergibt sich als Bilanzgleichung:

$$H_2Cr_2O_7 + 3\,H_2SO_4 \longrightarrow 2\,[^+CrO_3H] + 3\,[HSO_4{}^-] + [H_3O^+]$$

Bei der Oxydation greift das positiv geladene Atom des aktiven Agens zuerst ein freies Elektronenpaar am Sauerstoffatom des Alkohols an.

$$RCH_2 : \overset{..}{\underset{..}{O}} : + \left[\begin{array}{c} : \overset{..}{O} : \\ {}^+Cr : \overset{..}{\underset{..}{O}} : H \\ : \overset{..}{\underset{..}{O}} : \end{array} \right] \rightleftharpoons \left[\begin{array}{c} {}_+ : \overset{..}{O} : \\ RCH_2 : \overset{..}{\underset{..}{O}} : Cr : \overset{..}{\underset{..}{O}} : H \\ H : \overset{..}{\underset{..}{O}} : \end{array} \right]$$

Verlust eines Protons an eine Base ergibt ein neutrales Zwischenprodukt, einen Ester (S. 107) der Chromsäure.

$$\left[\begin{array}{c} {}_+ : \overset{..}{O} : \\ RCH_2 : \overset{..}{\underset{..}{O}} : Cr : \overset{..}{\underset{..}{O}} : H \\ H : \overset{..}{\underset{..}{O}} : \end{array} \right] + [HSO_4{}^-] \rightleftharpoons RCH_2 : \overset{..}{\underset{..}{O}} : Cr : \overset{..}{\underset{..}{O}} : H + H_2SO_4 \quad \begin{array}{c} : \overset{..}{O} : \\ \\ : \overset{..}{\underset{..}{O}} : \end{array}$$

Die Ester von primären oder sekundären Alkoholen und solchen anorganischen Säuren, die stark oxydierende Eigenschaften haben, sind instabil, und die Alkylchromate zersetzen sich unter Abspaltung eines Protons und des sauren Chromitions zu Aldehyd und chromiger Säure. Die gebogenen Pfeile bezeichnen die dabei stattfindenden Elektronenverschiebungen.

$$\begin{array}{l} : \overset{..}{O} : \\ RCH : \overset{..}{\underset{..}{O}} : \overset{..}{Cr} : \overset{..}{\underset{..}{O}} : H \longrightarrow RCH{=\!\!=}O + [HCrO_3{}^-] + [H^+] \\ H \qquad : \overset{..}{\underset{..}{O}} : \end{array}$$

$$\underbrace{\phantom{[HCrO_3{}^-] + [H^+]}}_{H_2CrO_3}$$

Eine ähnliche Reihe von Reaktionsstufen kann zur Reduktion von chromiger Säure zu unterchromiger Säure H_2CrO_2 führen. Die Reaktion von unterchromiger Säure und chromiger Säure kann Chrom(III)-oxyd ergeben, das sich mit Schwefelsäure zu Chrom(III)-sulfat umsetzt.

$$\begin{array}{l} H : \overset{..}{\underset{..}{O}} : Cr + : \overset{..}{\underset{..}{O}} : Cr : \overset{..}{\underset{..}{O}} : H \longrightarrow H : \overset{..}{\underset{..}{O}} : Cr : \overset{..}{\underset{..}{O}} : Cr : \overset{..}{\underset{..}{O}} : H \longrightarrow Cr_2O_3 + 2\,H_2O \\ \quad : \overset{..}{\underset{..}{O}} : \qquad : \overset{..}{\underset{..}{O}} : \qquad\qquad\qquad : \overset{..}{\underset{..}{O}} : \qquad : \overset{..}{\underset{..}{O}} : \\ \quad H \qquad\quad H \qquad\qquad\qquad\qquad\quad H \qquad\quad H \end{array}$$

$$Cr_2O_3 + 3\,H_2SO_4 \longrightarrow Cr_2(SO_4)_3 + 3\,H_2O$$

Sekundäre Alkohole werden nach dem gleichen Mechanismus zu Ketonen oxydiert; die Ester tertiärer Alkohole mit Chromsäure können sich dagegen nicht nach dem angegebenen Schema zersetzen, denn sie sind recht stabile Verbindungen. Werden die Ester tertiärer Alkohole zur Zersetzung gezwungen, so muß ein Carboniumion abgegeben werden. Dies ist ein weit schwierigerer Vorgang als die Abgabe eines Protons.

$$\begin{array}{l} CH_3 \quad : \overset{..}{O} : \\ CH_3{-}C{-}O : \overset{..}{Cr} : \overset{..}{\underset{..}{O}} : H \rightleftharpoons CH_3COCH_3 + [HCrO_3{}^-] + [CH_3{}^+] \\ CH_3 \quad : \overset{..}{\underset{..}{O}} : \end{array}$$

$$[CH_3{}^+] + H_2O \longrightarrow CH_3 : \overset{..}{\underset{..}{O}} : H \rightleftharpoons CH_3OH + [H^+]$$
$$\qquad\qquad\qquad\qquad\qquad H$$

Der entstandene primäre Alkohol wird nach dem gewöhnlichen Mechanismus zum Aldehyd und zu weiteren Oxydationsprodukten oxydiert.

Andere Oxydationsmittel verhalten sich in saurer Lösung ähnlich. Die Bildung des wirksamen Agens mit der Elektronenlücke wird aus folgenden abgekürzt formulierten Gleichgewichten ersichtlich.

$$HOCl + 2\,HCl \;\rightleftharpoons\; [H_3O^+] + 2\left[:\overset{..}{\underset{..}{Cl}}:^-\right] + \left[:\overset{..}{\underset{..}{Cl}}{}^+\right]$$

$$HO{-}OH + 2\,H_2SO_4 \;\rightleftharpoons\; [H_3O^+] + 2\,[HSO_4{}^-] + \left[H:\overset{..}{\underset{..}{O}}{}^+\right]$$

$$3\,HONO_2 \;\rightleftharpoons\; [H_3O^+] + 2\,[NO_3{}^-] + \left[:\overset{..}{\underset{..}{O}}:\overset{..}{\underset{..}{N}}{}^+ \;\;:\overset{..}{\underset{..}{O}}:\right]$$

Ester anorganischer Säuren
Darstellung

Ester anorganischer Säuren werden dargestellt durch Reaktion von Alkoholen mit anorganischen Säurehalogeniden (Reaktionen 2 und 5, S. 105) oder mit anorganischen Säuren (S. 107). **Sulfite, Phosphite, Phosphate, Arsenite, Titanate** und **Silicate** stellt man meist nach der ersten Methode dar. In manchen Fällen ist es zweckmäßig, Natriumalkoholat anstatt des Alkohols zu verwenden, um die Bildung von Chlorwasserstoff zu vermeiden.

$$3\,RONa + POCl_3 \;\longrightarrow\; (RO)_3PO + 3\,NaCl$$

Häufiger verwendet man den Alkohol zusammen mit der berechneten Menge eines tertiären Amins, z. B. Pyridin (S. 654), das sich mit der freigesetzten Halogenwasserstoffsäure verbindet.

Nitrite, Nitrate, Methyl- und **Äthylsulfate** sowie **Borate** werden direkt aus Alkohol und Säure dargestellt (S. 107). Die Alkylnitrite bilden sich beim Einleiten von Stickoxyden ($NO + NO_2 + N_2O_3$) in den Alkohol oder beim Zugeben von Schwefelsäure zu einem Gemisch des Alkohols und einer wäßrigen Lösung von Natriumnitrit.

Wenn Salpetersäure mit Alkoholen reagiert, wird sie in geringem Umfang zu salpetriger Säure reduziert. Diese katalysiert die Oxydation des Alkohols, eine Ursache heftiger Explosionen. Diese autokatalytische Reaktion kann durch Zusatz von Harnstoff unterdrückt werden, der die salpetrige Säure in statu nascendi zerstört (S. 327).

Methyl- und Äthylsulfate werden durch Destillation eines Schwefelsäure-Methanol-(bzw. Äthanol-)Gemisches unter vermindertem Druck isoliert. Höhere Alkohole können nach dieser Methode nicht verestert werden; die Ester sieden bei zu hoher Temperatur, und die sauren Ester zersetzen sich schon bei relativ niedriger Temperatur zu Olefinen (S. 108). Man stellt die Sulfate höherer Alkohole stattdessen durch Reaktion des betreffenden Alkylsulfits mit dem Chlorsulfonsäureester dar.

$$C_4H_9OSO_2Cl + (C_4H_9O)_2SO \;\longrightarrow\; (C_4H_9O)_2SO_2 + C_4H_9Cl + SO_2$$
Butylchlorsulfonat Dibutylsulfit Dibutylsulfat

Die Alkylchlorsulfonate kann man durch Reaktion von Sulfurylchlorid mit dem Alkohol oder dem Sulfit herstellen.

$$C_4H_9OH + SO_2Cl_2 \;\longrightarrow\; C_4H_9OSO_2Cl + HCl$$

$$(C_4H_9O)_2SO + SO_2Cl_2 \;\longrightarrow\; C_4H_9OSO_2Cl + C_4H_9Cl + SO_2$$

Borate gewinnt man durch Erhitzen des Alkohols entweder mit Borsäure (S. 107) oder mit Bortrioxyd B_2O_3.

Von den Hypochloriten sind nur die der tertiären Alkohole stabil (S. 112). Sie können durch Einleiten von Chlor in eine alkalische Lösung des Alkohols dargestellt werden.

$$(CH_3)_3COH + NaOH + Cl_2 \longrightarrow (CH_3)_3COCl + NaCl + H_2O$$

tert.-Butyl-
hypochlorit

Eigenschaften

In den Estern von Sauerstoffsäuren ist die Kohlenwasserstoffgruppe immer durch Sauerstoff mit der Säuregruppe verknüpft. Die Ester sind kovalente Verbindungen, wenn sie auch wie Salze benannt werden. Die niedermolekularen Ester sind leichtflüchtige Flüssigkeiten, die höheren können unter vermindertem Druck destilliert werden. Sie sind unlöslich in Wasser und löslich in organischen Lösungsmitteln.

Die Ester werden mit verschiedener Leichtigkeit von Wasser hydrolysiert. Äthylborat und Äthylsilikat z. B. werden schon bei Raumtemperatur leicht von Wasser hydrolysiert.

$$(C_2H_5O)_3B + 3\,H_2O \longrightarrow 3\,C_2H_5OH + B(OH)_3$$

$$(C_2H_5O)_4Si + 4\,H_2O \longrightarrow 4\,C_2H_5OH + Si(OH)_4$$

Bei den Sulfaten und Phosphaten wird die erste Alkylgruppe sehr viel leichter hydrolysiert als die zweite. Zum Beispiel wird bei 95° und geringer Konzentration die erste Methylgruppe von Dimethylsulfat innerhalb von 3 Minuten vollständig abgespalten, während nach weiteren 3 Stunden die Abspaltung der zweiten Methylgruppe nur zu 25% erfolgt ist.

Äthylnitrat und Äthylperchlorat werden von Wasser selbst bei erhöhter Temperatur nur sehr langsam hydrolysiert. Beim Umgang mit diesen Verbindungen muß man Vorsicht walten lassen, da sie sich explosionsartig zersetzen. So kann z. B. Äthylperchlorat in wasserfreiem Zustand schon beim Umgießen von einem Gefäß ins andere explodieren.

Im Gegensatz zur Hydrolyse von Estern organischer Säuren (Carbonsäuren, S. 178) scheint die Hydrolyse der Ester anorganischer Säuren nicht von Wasserstoffionen katalysiert zu werden. Anscheinend wird durch Alkali die Hydrolyse etwas beschleunigt, doch ist die Wirkung nicht ausgeprägt.

Unter Wasserausschluß reagieren die Ester mit Halogenwasserstoffsäuren unter Bildung von Alkylhalogenid und anorganischer Säure.

$$RONO + HX \longrightarrow RX + HONO$$

Die Ester der Borsäure unterscheiden sich dadurch von den anderen, daß sie sich mit einem Mol eines Alkohols verbinden, wobei eine einbasische Säure entsteht. Dieses Verhalten wird durch die Tatsache erklärt, daß Bor eine Elektronenlücke aufweist und daher mit einem Alkoholmolekül einen Komplex bilden kann, indem es ein einsames Elektronenpaar vom Sauerstoffatom in seine Valenzschale aufnimmt. Das Elektronenpaar wird so fest gehalten, daß das Proton leicht abgespalten werden kann.

Der Komplex kann in methanolischer Lösung mit einer Lösung von Natriummethylat in Alkohol titriert werden, wobei ein Äquivalent der Base verbraucht wird.

$$
\begin{array}{c}
CH_3 \\
| \\
O \\
| \\
CH_3\!-\!O\!-\!B : O\!-\!CH_3 \ + \ Na^{+-}OCH_3 \\
| \quad | \\
O \ \ H \\
| \\
CH_3
\end{array}
\longrightarrow
\left[
\begin{array}{c}
CH_3 \\
| \\
O \\
| \\
CH_3\!-\!O\!-\!B\!-\!O\!-\!CH_3 \\
| \\
O \\
| \\
CH_3
\end{array}
\right] Na^+ \ + \ HOCH_3
$$

Die Aluminiumalkoholate verhalten sich ähnlich.

Verwendung

Nitrite entspannen die glatte Muskulatur des Körpers und bewirken eine rapide Senkung des Blutdrucks. **Isoamylnitrit** verwendet man zur Schmerzlinderung bei akuter Angina pectoris, obzwar bei der normalerweise auch ohne Medikation kurzen Anfalldauer schwer zu entscheiden ist, ob das Amylnitrit wirklich zur Schmerzlinderung verhilft. **Äthyl-, Butyl-** und **Isoamylnitrit** werden in großem Umfang als Lieferanten von salpetriger Säure bei organischen Reaktionen verwendet, wenn es notwendig oder wünschenswert ist, die Reaktion in wasserfreiem Lösungsmittel auszuführen (S. 521). Die **Sulfite, Sulfate** und **Phosphate** finden ausgedehnte Verwendung als Alkylierungsmittel, d. h. als Reagentien zur Einführung von Alkylgruppen (S. 143, 532). **Dimethylsulfat,** eines der wichtigsten Methylierungsmittel, ist ebenso wie Diäthylsulfat äußerst giftig, und sorgfältiger Schutz gegen das Einatmen der Dämpfe ist erforderlich.

Durch Umsetzung von Äthylphosphat mit Phosphoroxychlorid erhält man ein Produkt mit stark insecticider Wirkung, besonders gegen Blattläuse und Milben. Dieses Produkt, das in Amerika gewöhnlich als Tetraäthylpyrophosphat *(TEPP)* bezeichnet wird, ist ein Gemisch mehrerer Substanzen, deren wirksamer Bestandteil **Äthylpyrophosphat** $(C_2H_5O)_4P_2O_3$ zu sein scheint. Es ist für Tiere sehr giftig, aber an feuchter Luft hydrolysiert es sehr schnell zu harmloser Phosphorsäure und Äthylalkohol. Die leichte Hydrolysierbarkeit von **Äthylsilikat** findet Anwendung bei der Herstellung kolloidaler Kieselsäurelösungen und beim Aufbringen von Kieselsäurefilmen auf poröse Stoffe, wo die Kieselsäure anschließend Wasser abspaltet und in Siliciumdioxyd übergeht. Auch dieser Stoff muß mit Vorsicht gehandhabt werden, da die Dämpfe eine Trübung der Hornhaut bewirken. Ebenso hydrolysieren **Isopropyl-** und **n-Butyltitanat** $(RO)_4Ti$ leicht zu Titandioxyd TiO_2; sie werden zur Herstellung von Schutzüberzügen verwendet.

Wiederholungsfragen

1. Welche Schritte führen zur Aufstellung der Summenformel für Methylalkohol? Welche auf der Theorie der chemischen Bindung beruhenden Argumente sprechen für die Zuerteilung der Strukturformel CH_3OH? Welche chemischen Reaktionen beweisen, daß sich ein Wasserstoffatom von den drei anderen unterscheidet und daß eine Hydroxylgruppe anwesend ist?

2. Unter welchen Bedingungen kann sich Wasserstoffbrückenbindung ausbilden? Man gebe ein Beispiel.

3. Warum sollte man von Methan und Wasser nahezu dieselben Siedepunkte erwarten? Wie sind die Tatsachen wirklich, und wie sind sie zu erklären?

4. Man vergleiche die Siedepunkte der Alkohole mit denen der gesättigten Kohlenwasserstoffe annähernd gleichen Molekulargewichts und erkläre die Unterschiede.

5. Man diskutiere und erkläre das Löslichkeitsverhalten von Kohlenwasserstoffen und Alkoholen in Wasser.

6. In welcher Reihenfolge ändert sich die relative Reaktionsfähigkeit primärer, sekundärer und tertiärer Alkohole (*a*) mit Salzsäure und Zinkchlorid, (*b*) mit Phosphortrichlorid zur Herstellung von Phosphorsäureestern, (*c*) mit Phosphortrichlorid zur Herstellung von Alkylchloriden und (*d*) bei der Wasserabspaltung?

7. Mit welcher relativen Leichtigkeit reagieren Chlorwasserstoff, Bromwasserstoff und Jodwasserstoff mit primären Alkoholen?

8. Man beschreibe die Lucassche Probe zur Unterscheidung primärer, sekundärer und tertiärer Alkohole.

9. Man diskutiere kurz (*a*) die trockne Destillation von Holz, (*b*) synthetisches Methanol, (*c*) die Herstellung von Äthylalkohol durch Gärung und (*d*) die anaerobe Vergärung von Stärke mit *Clostridium acetobutylicum*.

10. Was ist Fuselöl, und welches sind seine Hauptbestandteile?

11. Was ist absoluter Alkohol, und wie wird er hergestellt? Weshalb ist es unmöglich, ihn durch einfache Destillation zu erhalten?

Aufgaben

12. Für jede der folgenden Gruppen schreibe man die abgekürzten Strukturformeln aller isomeren Alkohole, die die gegebenen Voraussetzungen erfüllen, benenne sie nach der Genfer Nomenklatur und gebe durch römische Zahlen I, II oder III an, ob die Alkohole primär, sekundär oder tertiär sind: (*a*) Summenformel $C_5H_{12}O$; (*b*) eine Kette aus fünf Kohlenstoffatomen und eine Methylverzweigung; (*c*) eine Kette aus fünf Kohlenstoffatomen und zwei Methylverzweigungen an einem einzigen Kohlenstoffatom; (*d*) eine Kette aus fünf Kohlenstoffatomen und zwei Methylverzweigungen an zwei verschiedenen Kohlenstoffatomen.

13. Man schreibe die Strukturformeln für folgende Alkohole:

A. (*a*) n-Amylalkohol; (*b*) Dimethyläthylcarbinol; (*c*) 2.2-Dimethylpentanol-(3); (*d*) Isohexylalkohol; (*e*) Diäthyl-sek.-butylcarbinol; (*f*) 3-Äthyl-hexanol-(2); (*g*) Neopentylalkohol; (*h*) Diisopropylcarbinol; (*i*) 4-Methyl-2-isopropyl-pentanol-(1); (*j*) aktiver Amylalkohol.

B. (*a*) n-Butylalkohol; (*b*) Methyldiäthylcarbinol; (*c*) 2.3-Dimethyl-pentanol-(2); (*d*) Isooctylalkohol; (*e*) Dimethylisopropylcarbinol; (*f*) 3-Methyl-hexanol-(3); (*g*)Neohexylalkohol; (*h*) Di-sek.-butylcarbinol; (*i*) 4-Methyl-3-isopropyl-hexanol-(2); (*j*) tert.-Amylalkohol.

14. Warum sind die folgenden Namen unbefriedigend? Man gebe bessere Namen.

A. (*a*) Isopropanol; (*b*) 3-Isopropyl-pentanol-(1); (*c*) Dimethyl-(2-methylbutyl)-carbinol; (*d*) 2-Methyl-1-hexanol; (*e*) sek.-Amylalkohol; (*f*) Isoamylalkohol; (*g*) sek.-Butanol; (*h*) 4.4-Dimethyl-pentanol-(3); (*i*) 3-Äthyl-butanol-(2).

B. (*a*) Tert.-Hexylalkohol; (*b*) n-Propylalkohol; (*c*) Neopentanol; (*d*) (1-Methylpropyl)-äthylcarbinol; (*e*) 3-Isobutyl-hexanol-(2); (*f*) 2-Methylbutanol-(3); (*g*)2-Äthyl-propanol-(2); (*h*) 3-Äthyl-3-pentanol; (*i*) 3-sek.-Butyl-hexanol-(1).

15. Man gebe Reaktionen für die Darstellung folgender Alkohole aus geeigneten Olefinen an:

A. (*a*) Pentanol-(2); (*b*) Dimethyl-n-propylcarbinol; (*c*) tert.-Amylalkohol; (*d*) Triäthylcarbinol.

B. (*a*) 3.3-Dimethyl-pentanol-(2); (*b*) Methyläthyl-n-propylcarbinol; (*c*) Methylneopentylcarbinol; (*d*) 2.3-Dimethyl-butanol-(2).

C. (*a*) Dimethyl-tert.-butylcarbinol; (*b*) 3-Methyl-pentanol-(2); (*c*) Methyläthylisopropylcarbinol; (*d*) 3.3-Dimethyl-butanol-(2).

16. Man stelle die stöchiometrischen Gleichungen für je zwei Reaktionen auf, mit denen sich folgende Umwandlungen bewirken lassen:

A. (*a*) 2-Methyl-butanol-(1) in 1-Chlor-2-methyl-butan; (*b*) Isohexylalkohol in Isohexyljodid; (*c*) Tridecanol in 1-Brom-tridecan.

B. (*a*) Diäthylcarbinol zu 3-Chlor-pentan; (*b*) 2-Methyl-pentanol-(3) zu 3-Brom-2-methyl-pentan; (*c*) 2.4-Dimethyl-pentanol-(2) zu 2-Jod-2.4-dimethyl-pentan.

C. (*a*) n-Hexadecylalkohol zu n-Hexadecylbromid; (*b*) Äthyl-n-propylcarbinol zu 3-Chlorhexan; (*c*) 3.3-Dimethylpentanol-(2) zu 2-Jod-3.3-dimethyl-pentan.

17. Für die Darstellung eines Alkoholats, eines Alkens und eines anorganischen Esters aus folgenden Alkoholen stelle man die Gleichungen auf, und man benenne das organische Reaktionsprodukt.

A. (*a*) Octadecanol; (*b*) 2-Methyl-pentanol-(1); (*c*) 2.3-Dimethyl-butanol-(1).

B. (*a*) n-Nonylalkohol; (*b*) Methylisobutylcarbinol; (*c*) 2.3-Dimethyl-pentanol-(1).

C. (*a*) Isoheptylalkohol; (*b*) 2.4-Dimethyl-pentanol-(3); (*c*) Methyl-n-butylcarbinol.

18. Man gebe die Teilreaktionen für folgende Umwandlungen an:

A. (*a*) n-Butylalkohol zu sek.-Butylalkohol; (*b*) 2-Methyl-buten-(1) zu 2-Methyl-buten-(2); (*c*) Äthylisopropylcarbinol zu 2-Methyl-2-chlor-pentan.

B. (*a*) Penten-(1) zu Penten-(2); (*b*) Propanol-(1) zu Propanol-(2), (*c*) Diisopropyl-carbinol zu Dimethyl-isobutyl-brommethan.

C. (*a*) Methylisopropylcarbinol zu tert.-Amylalkohol; (*b*) Isobutylalkohol zu tert.-Butylchlorid; (*c*) Isoamylalkohol zu 2-Methyl-buten-(2).

19. Man stelle die Gleichungen für folgende Reaktionen auf, und man benenne das organische Reaktionsprodukt.

A. (*a*) Natrium-n-butylat und Phosphoroxychlorid; (*b*) Äthylnitrit und trockner Chlorwasserstoff; (*c*) Methylborat und Wasser.

B. (*a*) Isoamylalkohol und salpetrige Säure; (*b*) n-Propylphosphat und wäßriges Natriumhydroxyd; (*c*) n-Butylnitrit und trockner Chlorwasserstoff.

C. (*a*) Methylalkohol und Bortrioxyd; (*b*) Äthylsilicat und Wasser; (*c*) n-Undecyl-alkohol und Salpetersäure.

20. Man nenne und erkläre einen chemischen Test zur Unterscheidung zwischen den Gliedern folgender Verbindungspaare:

A. (*a*) n-Propylalkohol und Isopropylalkohol; (*b*) Äthylnitrit und Äthylnitrat; (*c*) Natrium-n-butylat und Aluminium-n-butylat; (*d*) Methanol und Hexan; (*e*) n-Propylsulfat und n-Undecan; (*f*) Isoamylalkohol und Octen-(1); (*g*) 2-Methyl-propanol-(1) und Äthylphosphat; (*h*) Tridecen-(1) und Äthylsilicat.

B. (*a*) Methylsulfat und Methylborat; (*b*) 2-Methyl-butanol und Octadecen-(1); (*c*) Neohexan und Äthylsulfit; (*d*) Magnesiummethylat und Kaliummethylat; (*e*) n-Butylalkohol und n-Butylnitrit; (*f*) Butanol-(1) und Butanol-(2); (*g*) Isopropyl-titanat und Octen-(2); (*h*) Octanol-(2) und n-Octan.

C. (*a*) Natriumäthylat und Natriumhydroxyd; (*b*) n-Hexylalkohol und Äthyl-silicat; (*c*) 2-Methyl-propanol-(2) und 2-Methyl-propanol-(1); (*d*) 2.4.4-Trimethyl-penten-(2) und Äthylphosphat; (*e*) Äthylsulfat und Äthylsulfit; (*f*) Neohexan und n-Buytlnitrit; (*g*) sek.-Butylalkohol und Isooctan; (*h*) 4-Methyl-penten-(2) und Methanol.

Kapitel 6

Alkylhalogenide. Grignard-Verbindungen

Alkylhalogenide

Alkylhalogenide sind wichtige Zwischenprodukte für Synthesen von anderen Verbindungen. Sie gehen nicht nur eine Vielzahl von Reaktionen ein, sondern können auch leicht in guter Ausbeute dargestellt werden.

Darstellung

Alkylhalogenide entstehen, wenn Alkohole mit anorganischen Säurehalogeniden oder Halogenwasserstoffen unter geeigneten Bedingungen (S. 104, 106) reagieren. Diese beiden Verfahren sind die besten allgemeinen Darstellungsmethoden, aber auch die Anlagerung von Halogenwasserstoffen an Olefine (S. 62) und die direkte Halogenierung von gesättigten Kohlenwasserstoffen (S. 124) führt zum Ziele. Primäre Alkyljodide können aus primären Alkylchloriden und -bromiden durch Reaktion mit Natriumjodid in Aceton-Lösung hergestellt werden *(Finckelstein-Reaktion)*.

$$RCH_2Cl + NaJ \longrightarrow RCH_2J + NaCl$$

Diese Reaktion findet statt, weil Natriumchlorid und -bromid im Gegensatz zu Natriumjodid in Aceton unlöslich sind und das Gleichgewicht nach rechts verschoben wird. Bei sekundären und tertiären Chloriden und Bromiden verläuft die Reaktion zu langsam, als daß sie von praktischem Wert wäre.

Struktur und Nomenklatur

Die Bildungsweisen aus Alkoholen lassen über die Struktur der Alkylhalogenide keinen Zweifel. Üblicherweise benennt man sie wie Salze von Halogenwasserstoffsäuren. Sie können aber auch als Halogenderivate gesättigter Kohlenwasserstoffe aufgefaßt und entsprechend benannt werden. So kann Äthylchlorid auch Chloräthan, Isobutylbromid kann 1-Brom-2-methyl-propan genannt werden.

Physikalische Eigenschaften

In ihren physikalischen Eigenschaften gleichen die Alkylhalogenide den gesättigten Kohlenwasserstoffen. Sie sind unlöslich in Wasser und sind gute Lösungsmittel für viele organische Verbindungen. Die Siedepunkte der Chloride entsprechen ungefähr denen der Kohlenwasserstoffe gleichen Molekulargewichts, während die Bromide etwa 60° tiefer sieden als die Chloride, die Jodide 70° tiefer als die Bromide, wenn wieder Verbindungen ungefähr gleichen Molekulargewichts verglichen werden (Tab. 9).

Der Grund für die Erniedrigung der Siedepunkte von Bromiden gegenüber Chloriden und von Jodiden gegenüber Bromiden ist wahrscheinlich der gleiche, der auch für das Fallen des Siedepunktes bei Verzweigung der Kohlenwasserstoffkette verantwortlich ist. Bei der starken Zunahme der Atomgröße von Chlor über Brom zu Jod läßt sich durchaus eine ähnliche Verringerung der van der Waalsschen Kräfte zwischen den Molekülen erwarten wie bei einer Verzweigung.

Tabelle 9. *Vergleich der Siedepunkte von n-Alkanen mit denen von n-Alkylchloriden, -bromiden, -jodiden und Alkoholen von ähnlichem Molekulargewicht*

Alkane Mol.-Gew.	Kp.	Chloride Mol.-Gew.	Kp.	Bromide Mol.-Gew.	Kp.	Jodide Mol.-Gew.	Kp.	Alkohole Mol.-Gew.	Kp.
C_3 44	−45	C_1 51	−24					C_2 46	78
C_4 58	−0,5	C_2 65	+13					C_3 60	97
C_5 72	+36	C_3 78	46					C_4 74	118
C_6 86	69	C_4 93	78	C_1 95	5			C_5 88	138
C_7 100	98	C_5 107	108	C_2 109	38			C_6 102	157
C_8 114	126	C_6 121	133	C_3 123	71			C_7 116	177
C_9 128	150	C_7 135	157	C_4 137	102			C_8 130	195
C_{10} 142	174	C_8 149	183	C_5 151	130	C_1 142	42	C_9 144	213
C_{11} 156	194	C_9 163	190	C_6 165	156	C_2 156	75	C_{10} 158	231
C_{12} 170	214	C_{10} 177	223	C_7 179	178	C_3 170	103	C_{11} 172	248

Alkylhalogenide haben größere Dichte als Kohlenwasserstoffe. Die Dichten der bisher behandelten Verbindungen zeigen ein Anwachsen in der Reihenfolge Kohlenwasserstoffe < Alkohole < Alkylchloride < Alkylbromide < Alkyljodide, wenn Verbindungen der gleichen Kohlenstoffzahl verglichen werden. Die Dichten der Kohlenwasserstoffe steigen mit wachsender Kettenlänge an, da die van der Waalsschen Kräfte zunehmen; da aber Kohlenstoffatome eine geringere Dichte haben als Elemente höherer Ordnungszahl, bewirkt zunehmende Größe der Alkylgruppen in Alkylhalogeniden ein Abnehmen der Dichte.

Reaktionen

Die Bedeutung der Alkylhalogenide liegt in der großen Mannigfaltigkeit der Reaktionen, die sie eingehen können. Bei all diesen Reaktionen wird das Halogen abgespalten oder durch eine andere Gruppe ersetzt. Einige der wichtigeren Reaktionen primärer und sekundärer Halogenide seien durch folgende Gleichungen erläutert.

$$RX + AgOH \longrightarrow ROH + AgX \tag{1}$$
(oder wäßrige NaOH)　　ein Alkohol　(oder NaX)

$$RX + NaOR \longrightarrow ROR + NaX \tag{2}$$
ein Äther

$$RX + NaSH \longrightarrow RSH + NaX \tag{3}$$
ein Mercaptan,
Thioalkohol
oder Alkanthiol

$$2\,RX + Na_2S \longrightarrow R_2S + 2\,NaX \tag{4}$$
ein Alkylsulfid

$$RX + NaCN \longrightarrow RCN + NaX \tag{5}$$
ein Alkylcyanid

$$RX + NH_3 \longrightarrow RNH_3^+X^- \tag{6}$$
ein Alkylammoniumhalogenid
(Aminhydrohalogenid)

$$RX + Mg \longrightarrow RMgX \tag{7}$$
ein Alkylmagnesiumhalogenid
(Grignard-Verbindung, S. 125)

$$RX + Zn\text{---}Cu \longrightarrow RZnX\,(+\,Cu) \tag{8}$$
ein Alkylzinkhalogenid

$$2\,RX + 2\,Zn\text{---}Cu \longrightarrow R_2Zn + ZnX_2\,(+\,Cu) \tag{9}$$
ein Dialkylzink

$$2\,RX + 2\,Na \longrightarrow RR + 2\,NaX \tag{10}$$
ein Alkan
(Wurtzsche Synthese, S. 131)

$$RX + Zn + HX \longrightarrow RH + ZnX_2 \tag{11}$$
(in Alkohol)　　　　ein Alkan

Die Reagentien, die mit Alkylhalogeniden reagieren, sind Metalle oder Salze schwacher Säuren. Die gleichen Reagentien reagieren mit Halogenwasserstoffsäuren. Die Reaktionen verlaufen in beiden Fällen meist gleich, nur daß ein Wasserstoffatom der Säure die Rolle der Alkylgruppe des Alkylhalogenids übernimmt. Zum Beispiel geben Silberhydroxyd und Halogenwasserstoffsäure

Wasser und Silberhalogenid, Natriumsulfid gibt Schwefelwasserstoff, Natriumcyanid Cyanwasserstoff, Ammoniak Ammoniumhalogenid und Natrium Wasserstoff. Der Hauptunterschied ist der, daß die Reaktionen mit Alkylhalogeniden langsam, diejenigen mit Halogenwasserstoffsäuren sehr schnell verlaufen.

Alkyljodide reagieren schneller als Bromide und diese schneller als Chloride. Da die Bromide billiger als Jodide und im allgemeinen reaktionsfähig genug sind, werden sie im Laboratorium am häufigsten verwendet. Innerhalb welcher Grenzen die oben angeführten Reaktionen anwendbar und welche speziellen Bedingungen dabei einzuhalten sind, wird später erörtert, wenn die Methoden zur Darstellung der einzelnen dabei entstehenden Verbindungen behandelt werden.

Eine weitere Reaktion der Alkylhalogenide muß noch besprochen werden, nämlich die Abspaltung von Halogenwasserstoff durch alkalische Reagentien, wobei Olefine entstehen.

$$R_2CHCR_2 + KOH \text{ (in Alkohol)} \longrightarrow R_2C{=}CR_2 + KX + H_2O$$
$$\overset{|}{X}$$

Diese Reaktion ist im allgemeinen zur Abspaltung von Halogenwasserstoffsäuren aus primären Halogeniden nicht geeignet wegen eventuellen Überwiegens einer anderen Reaktion, die zur Ätherbildung führt (S. 142).

$$C_2H_5OH + KOH \rightleftharpoons C_2H_5OK + H_2O$$
$$C_2H_5OK + RX \longrightarrow C_2H_5OR + KX$$

Bei den Reaktionen (1) bis (10) reagieren primäre Alkylhalogenide schneller als sekundäre, sekundäre schneller als tertiäre. Bei der Olefinbildung ist die Reihenfolge jedoch umgekehrt tertiär > sekundär > primär. Daher ergeben bei den Reaktionen (1) bis (10) primäre Halogenide die besten Ausbeuten. Bei tertiären Halogeniden verläuft die Eliminierung von Halogenwasserstoffsäuren so viel leichter als der Ersatz von Halogen durch eine andere Gruppe, daß die meisten Reagentien, die sich mit Halogenwasserstoffsäure verbinden können, das Olefin liefern. Tert.-Butylchlorid z. B. reagiert mit Natriumcyanid unter Bildung von Isobutylen, Cyanwasserstoff und Natriumchlorid. Eine Ausnahme von diesem allgemeinen Verhalten bildet die Reaktion mit Magnesium zur Grignard-Verbindung, aber auch hier müssen besondere Bedingungen eingehalten werden, wenn mit tertiären Halogeniden gute Ausbeuten erzielt werden sollen (S. 126). Wie bei der Dehydratisierung von Alkoholen folgt die Richtung der Chlorwasserstoffeliminierung der Regel von SAYTZEFF (S. 109).

Wie die Halogenwasserstoffabspaltung, so nimmt auch die Leichtigkeit der Hydrolyse der Alkylhalogenide in der Reihenfolge tertiär > sekundär > primär ab. Tertiäre Halogenide werden durch reines Wasser hydrolysiert; die Geschwindigkeit wird weder von Säuren noch von Basen beeinflußt.

$$R_3CX + H_2O \longrightarrow R_3COH + HX$$

Der Unterschied der Hydrolysegeschwindigkeit von Isobutylbromid und tert.-Butylbromid ist so groß, daß die Zusammensetzung eines Gemisches der beiden Verbindungen durch Schütteln mit Wasser bestimmt werden kann; man trennt das nicht umgesetzte Isobutylbromid ab und fällt die Bromionen in der wäßrigen Schicht mit Silbernitrat.

Die Reaktionen der Alkylhalogenide mit den Salzen schwacher Säuren verlaufen nach dem einfachsten Schema der Verdrängungsreaktion (S. 107). Das reagierende Agens ist das basische, elektronenabgebende negative Ion (Elektronendonator), z. B. $[:OH^-]$, $[:SH^-]$ oder $[:CN^-]$, das als $[:B^-]$ symbolisiert werden kann. Moleküle mit einem einsamen Elektronenpaar, wie Wasser oder Ammoniak, verhalten sich genauso. Zusammenstoß eines negativen Ions mit dem Alkylhalogenid-Molekül bewirkt den Verlust eines Halogenions und die Bildung eines neuen Moleküls.

$$[B:^-] + R:X: \longrightarrow B:R + \left[:X:^- \right]$$

Damit der Zusammenstoß diese Wirkung hat, muß sich das angreifende Ion von der entgegengesetzten Seite her nähern, und zwar in einer Linie mit dem Kohlenstoffatom und dem Ion, das abgegeben wird.

$$[B:^-] + H{-}\underset{R}{\overset{H}{C}}{-}X \;\rightleftharpoons\; \left[B:\underset{R}{\overset{H\;H}{C}}:X \right]^- \;\rightleftharpoons\; B{-}\underset{R}{\overset{H}{C}}{-}H + [:X^-]$$

Diese Art der Annäherung ist u. a. deshalb wirkungsvoller, weil ein Teil, sozusagen das „Schwanzende" des orbitals der Kohlenstoff-Halogen-Bindung, sich in dieser Richtung ausbreitet (Abb. 11a, S. 14). Überdies ist die Konfiguration der Zwischenstufe ziemlich stabil, sie entspricht der trigonalen Bipyramide, die man bei den Phosphorpentahalogeniden findet.

Wenn sich das negative Ion genügend genähert hat, beginnt das Binden mit dem Kohlenstoffatom, und das Halogenion löst sich langsam aus dem Molekülverband, was durch Solvatisierung mit Lösungsmittelmolekülen noch unterstützt wird. Im Zwischenzustand der Reaktion liegen das Kohlenstoffatom und die drei restlichen an das Kohlenstoffatom gebundenen Gruppen in einer Ebene senkrecht zu der Verbindungslinie zwischen dem Kohlenstoffatom und der in das Molekül eintretenden Gruppe einerseits und der es verlassenden Gruppe andererseits. Dieser Zustand der halb abgelaufenen Reaktion, zusammen mit den assoziierten Lösungsmittelmolekülen, stellt den Übergangszustand (S. 45) der Reaktion dar. Während sich das Halogenion ablöst, bewegt sich das Kohlenstoffatom durch die Ebene, um sich mit der eintretenden Gruppe zu verbinden. Daher besteht am Ende der Reaktion wieder eine tetraedrische Anordnung der Bindungen. Dieser Vorgang ähnelt dem Umklappen eines Regenschirms und heißt **Waldensche Umkehrung** (S. 363).

Die Geschwindigkeit der Reaktionen, die nach diesem Mechanismus verlaufen, ist proportional der Konzentration sowohl des eintretenden Ions als auch des Alkylhalogenids. Man nennt diese Reaktionen bimolekular und spricht von einem Verlauf nach einem **S_N2-Mechanismus.** Dieses Symbol wird angewandt für die Substitution durch ein nucleophiles (den Kern suchendes, d. h. elektronenabgebendes) Reagens, wobei die Reaktionsgeschwindigkeit durch einen bimolekularen Schritt bestimmt wird[1]. Verdrängungsreaktionen verlaufen gewöhnlich nach diesem Mechanismus bei Verbindungen, deren funktionelle Gruppe an einem primären Kohlenstoffatom sitzt.

---

[1] Es sind zahlreiche neugeprägte Fachausdrücke und Symbole in allgemeinen Gebrauch gekommen, deren Bedeutung dem Uneingeweihten nicht ohne weiteres klar ist und deren Eignung und Notwendigkeit fragwürdig sein mögen. Trotzdem haben sie sich im chemischen Sprachgebrauch eingebürgert, und man muß ihre Bedeutung kennen. Die meistgebrauchten Ausdrücke seien im folgenden für Nachschlagzwecke definiert.

Wie schon erwähnt, bedeutet *nucleophil* wörtlich „den Kern liebend", aber selbst die Übersetzung ist nicht unmittelbar klar. Die Gruppe strebt nicht notwendig einem Kern zu, sondern nur einem freien orbital oder einem Ort von geringer Elektronendichte. Der gleichbedeutende Ausdruck *anionoid* weist auf die Anwesenheit eines

Man hat experimentell gefunden, daß die Geschwindigkeiten von Verdrängungsreaktionen bei Verbindungen, deren funktionelle Gruppe mit sekundären oder tertiären Alkylgruppen oder bestimmten anderen Gruppen (S. 461) verbunden ist, eventuell nur von der Konzentration der Verbindung abhängig sind und nicht von der Konzentration des nucleophilen Reagens. Bei solchen kinetisch nach erster Ordnung verlaufenden Reaktionen spricht man von einem **S_N1-Mechanismus.** Reaktionen dieser Art können mit oder ohne Waldensche Umkehrung verlaufen. Trotz eingehender Untersuchungen besteht über den Mechanismus dieser Reaktionen noch keine Einigkeit. In Anbetracht der Tatsache, daß die S_N1-Reaktionen dann vorkommen, wenn Faktoren gegeben sind, die die Stabilität eines Carboniumions erhöhen, ist die am wenigsten komplizierte Erklärung, daß die Dissoziation des Alkylhalogenids in Carboniumion und Halogenion der geschwindigkeitsbestimmende Schritt ist. Der Dissoziation folgt eine schnelle Vereinigung des Carboniumions mit dem nucleophilen Reagens.

$$R : X \xrightarrow{\text{langsam}} [R^+] + [: X^-]$$

$$[R^+] + [: B^-] \xrightarrow{\text{schnell}} R : B$$

So hängt die Gesamtreaktionsgeschwindigkeit nur vom Aufbrechen der Bindung und damit von der Konzentration des Alkylhalogenids ab. Greift die Base das Carboniumion an, bevor es planare Struktur annimmt, so tritt keine Waldensche Umkehrung ein. Ist das Carboniumion eben geworden, so kann die Umkehrung eintreten oder nicht, je nachdem, von welcher Seite sich die Base nähert.

Die Tatsache, daß tertiäre Halogenide nach einem S_N1-Mechanismus reagieren, primäre Halogenide dagegen nach einem S_N2-Mechanismus, kann man durch die größere Polarisierbarkeit der Alkylgruppen im Vergleich zu Wasserstoffatomen erklären, die es möglich macht, daß die Alkylgruppen Elektronen an das tertiäre Kohlenstoffatom abgeben und so die Ablösung des Halogens als solvatisiertes negatives Ion erleichtern. Für andere Verbindungen, die nach dem S_N1-Mechanismus reagieren, kann die Stabilisierung des intermediären Carboniumions auf andere Weise erfolgen (S. 489). Man hat auch die Auffassung vertreten, daß ein tertiäres Carboniumion deshalb leichter gebildet wird als ein primäres, weil die Alkylgruppen mehr Platz beanspruchen als Wasserstoff und die dadurch bedingte Raumüberfüllung durch Ausbildung des planaren Carboniumions gemildert wird.

Bei Reaktionen, die nach einem S_N2-Mechanismus verlaufen, ändert sich die Reaktionsfähigkeit der Alkylhalogenide in der Reihenfolge primär > sekundär > tertiär. Alkylgruppen sind größer als Wasserstoff und hemmen die Annäherung des nucleophilen Reagens an der Rückseite des Moleküls. Dieser räumliche Effekt heißt

---

einsamen Elektronenpaares, wie es für ein Anion charakteristisch ist, und das englische Wort "electrodotic" auf die Fähigkeit, ein Elektronenpaar abzugeben. Ein derartiges *elektronenabgebendes* Reagens heißt auch *Elektronendonator.*

Der Ausdruck *elektrophil* bedeutet wörtlich elektronenliebend. Man bezeichnet damit eine Gruppe, der es an Elektronen fehlt, wie z. B. ein Proton. *Kationoid* wird im gleichen Sinne angewandt, da die positiven Kationen Elektronen ermangeln. Der Ausdruck *Elektronenacceptor* (bzw. *elektronenarm*) ist anschaulicher. — Sehr verwirrend ist die Bezeichnung *elektronegativ* in der Bedeutung *elektronenanziehend*, d. h. wenn eine elektronegative Gruppe in Wirklichkeit in bezug auf die Gruppe, mit der sie verbunden ist, *positiv* ist. Ursprünglich wurden so Gruppen bezeichnet, die die Acidität von Säuren verstärkten; der Ausdruck bezog sich also auf den Zustand des Atoms oder der Gruppe *nach Empfang von Elektronen.* Der Ausdruck *elektropositiv* ist, außer bei Bezug auf Elemente, fast ganz durch die Bezeichnungen *elektronenabgebend* (oder *-abstoßend*) und *Elektronendonator* abgelöst worden.

Der Gebrauch des Buchstaben S in den Symbolen S_N1 und S_N2 darf nicht dazu verleiten, Verdrängungsreaktionen als nucleophile Substitution zu bezeichnen. Der Ausdruck *Substitution* sollte auf Reaktionen beschränkt bleiben, bei denen an Kohlenstoff gebundener Wasserstoff durch eine andere Gruppe ersetzt wird (S. 125).

sterische Hinderung. Bei S_N1-Reaktionen ist die Reihenfolge tertiär > sekundär > primär, da hier die Leichtigkeit der Bildung des Carboniumions maßgebend ist (s. oben). Diese Feststellungen bedeuten nicht, daß eine bestimmte Ordnung einen spezifischen Mechanismus anzeigt. S_N1- und S_N2-Reaktionen können nebeneinander ablaufen, und auch verschiedene Übergangsformen zwischen reinen S_N1- und reinen S_N2-Reaktionen erscheinen möglich. Außerdem sind die Solvatisierung der Moleküle und Ionen (S. 14), einschließlich der intermediär entstehenden Carboniumionen, und die Art des nucleophilen Reagens bei den Reaktionen von Bedeutung. Die Geschwindigkeit jeder einzelnen Reaktion hängt von all diesen Faktoren ab.

Bei Abspaltung eines Protons und einer anderen Gruppe von benachbarten Kohlenstoffatomen findet Olefinbildung statt (S. 120). Bei der Reaktion von Alkylhalogeniden mit Basen spaltet das negative Hydroxylion ein Proton heraus, und das Halogen verläßt das Molekül als Halogenion.

$$[HO:^-] + H:\underset{\underset{R}{|}}{\overset{\overset{R}{|}}{C}}\!-\!\underset{\underset{R}{|}}{\overset{\overset{R}{|}}{C}}:X \longrightarrow H_2O + \underset{\underset{R}{|}}{\overset{\overset{R}{|}}{C}}\!=\!\underset{\underset{R}{|}}{\overset{\overset{R}{|}}{C}} + [:X^-]$$

Die Eliminierungsreaktion kann bimolekular sein, wobei die Geschwindigkeit von der Konzentration sowohl der Base als auch des Alkylhalogenids abhängt **(E2-Mechanismus)**, oder der geschwindigkeitsbestimmende Schritt hängt nur von der Konzentration des Alkylhalogenids ab; die Reaktion folgt dann einem monomolekularen Mechanismus **(E1-Mechanismus).**

Alkylhalogenide von technischer Bedeutung

Die Alkylhalogenide sind in Anbetracht der Vielzahl anderer Verbindungen, die man aus ihnen erhalten kann, für den organischen Chemiker äußerst wichtig. Aber nur einige der einfacheren Halogenide haben technische Bedeutung, da nur ein sehr kleiner Teil der bekannten organischen Verbindungen in großen Mengen hergestellt wird. Im Laboratorium verwendet der Chemiker gewöhnlich Bromide oder Jodide wegen ihrer größeren Reaktionsfähigkeit, dagegen arbeitet man in der Industrie mit den billigeren Chloriden. Viele Polyhalogenverbindungen sind technisch wichtig, sie werden in Kapitel 33 behandelt. **Methylchlorid,** Kp.: —24°, stellt man durch Erhitzen von Methanol mit Salzsäure her. Es entsteht auch neben anderen Produkten bei der Reaktion von Chlor mit Methan (S. 763). Es findet hauptsächlich Verwendung als Kühlmittel in Kühlschränken, als Lösungsmittel bei tiefen Temperaturen und als Methylierungsmittel bei der Herstellung von Methylcellulose (S. 426), Silikonen (S. 964) und anderen organischen Verbindungen. **Methylbromid,** Kp.: 4,5°, wird aus Methanol und Bromwasserstoff gewonnen. Es ist sehr giftig und wird zur Vertilgung von Nagetieren benutzt. Auch auf andere Lebewesen wirkt es giftig; u. a. wird es zur Boden- und Getreidedesinfektion verwendet. Seine Anwendung in Feuerlöschern beruht wahrscheinlich auf der Dissoziation in freie Radikale (S. 599), die Ketten abbrechen können und die Ausbreitung der Flammen verhindern. Wegen seiner hohen Toxizität für den Menschen sollte es aber zu diesem Zweck nur verwendet werden, wenn durch geeignete Vorsichtsmaßnahmen das Einatmen der Dämpfe verhindert werden kann. Die gleichen Vorsichtsmaßregeln sollte man bei chemischen Reaktionen mit Methylbromid treffen. **Äthylchlorid,** Kp.: 13°, wird entweder aus Äthylalkohol und Salzsäure in Gegenwart von Zinkchlorid oder durch Einleiten eines äquimolekularen Gemisches von Äthylen und Chlorwasserstoff in eine Lösung von wasserfreiem Aluminiumchlorid in flüssigem Äthylchlorid hergestellt oder auch durch

Reaktion eines Äthan-Äthylen-Gemisches mit Chlor, wobei der durch die Substitution des Äthans gebildete Chlorwasserstoff an das Äthylen angelagert wird.

$$C_2H_6 + Cl_2 \longrightarrow C_2H_5Cl + HCl$$

$$C_2H_4 + HCl \longrightarrow C_2H_5Cl$$

Es wird zur Herstellung von Bleitetraäthyl (S. 949) und Äthylcellulose (S. 426) sowie als rasch wirkendes allgemeines Anaestheticum (Fußnote 1, S. 146) bei kleineren Operationen verwendet.

Die **Amylchloride** gewinnt man durch direkte Substitution der Wasserstoffatome von n-Pentan und Isopentan mit Halogen; der Vorgang heißt *Halogenierung*.

$$C_5H_{12} + Cl_2 \longrightarrow C_5H_{11}Cl + HCl$$

Diese Reaktion der Kohlenwasserstoffe ist nur beschränkt anwendbar und wurde daher nicht in Kapitel 2 behandelt. Fluor reagiert mit den Alkanen spontan und so heftig, daß die Reaktion explosionsartig verlaufen kann. Die meisten brennbaren Verbindungen gehen sofort in Flammen auf, wenn man einen Fluorstrom darüberleitet. Chlor, Brom und Jod reagieren im Dunkeln bei Raumtemperatur nicht mit Alkanen. Chlor und Brom reagieren mit Kohlenwasserstoffen auf photochemischem Wege unter dem Einfluß von Licht kurzer Wellenlängen (250—500 mμ[1]) oder thermisch bei hohen Temperaturen. Die Anwendbarkeit der Reaktion ist dadurch begrenzt, daß sie nicht sehr selektiv ist. Alle Arten von Wasserstoff werden mit fast gleicher Leichtigkeit angegriffen, und die Einführung eines Halogenatoms beeinflußt den Ersatz eines zweiten Wasserstoffatoms nicht merklich. Die Folge ist, daß man ein Gemisch fast sämtlicher möglichen Monosubstitutionsprodukte und überdies noch Polysubstitutionsprodukte erhält.

Die technische Chlorierung von Pentanen wird bei 250—300° in der Gasphase durchgeführt, wobei Pentan und Chlor im Volumenverhältnis 15:1 verwendet werden, damit hauptsächlich Monosubstitutionsprodukte gebildet werden. Sogar bei diesem Verhältnis entstehen 5% Disubstitutionsprodukte. Die Strömungsgeschwindigkeit der Gase beträgt fast 100 km/Stunde. Diese Geschwindigkeit ist größer als die Ausbreitungsgeschwindigkeit der Chlor-Kohlenwasserstoff-Flamme, so daß der noch nicht umgesetzte Anteil hinter der Flamme nicht explodieren kann. Die relativen Mengen an Monosubstitutionsprodukten, die bei 300° aus n-Pentan gebildet werden, sind 24% 1-Chlor-pentan, 49% 2-Chlor-pentan und 27% 3-Chlor-pentan. Aus Isopentan erhält man 33% 1-Chlor-2-methyl-butan, 22% 2-Chlor-2-methyl-butan, 17% 1-Chlor-3-methyl-butan und 28% 2-Chlor-3-methyl-butan. Technisch werden die gemischten Monochloride zu gemischten Amylalkoholen hydrolysiert (Pentasol). Die Reaktion mit Ammoniak führt zu Amylaminen und die mit Natriumhydrogensulfid zu Amylmercaptanen und Amylsulfiden. Es ist möglich, die Mischungen durch Destillation zu trennen, aber für die meisten Zwecke ist dies unnötig.

Substitutionsreaktionen

Der direkte Ersatz von Wasserstoff durch ein Halogenatom oder eine andere monovalente Gruppe wird als **Substitution** bezeichnet und ist nicht nur bei den

---

[1] Die Abkürzung mμ wird für Millimicron verwendet, das gleich 10^{-7} Zentimeter oder 10 Ångström-Einheiten ist.

gesättigten Kohlenwasserstoffen, sondern auch bei anderen Verbindungen von großer Bedeutung. Die Substitution von Wasserstoff durch Halogen wurde zuerst von DUMAS nach einer Episode in den Tuilerien erforscht. Bei einem Ball während der Regierungszeit Karls X. von Frankreich wurden die Gäste von erstickenden Dämpfen, die von den brennenden Kerzen ausgingen, aus dem Ballsaal vertrieben. BRONGIART, der chemische Berater des Königs, zog seinen Schwiegersohn DUMAS hinzu, und dieser stellte fest, daß die Kerzen nach einem neuen Verfahren mit Chlor gebleicht worden waren. Beim Bleichen hatten sich chlorierte Fettsäuren gebildet, die beim Brennen Chlorwasserstoff abgaben. Im Anschluß daran stellte DUMAS umfangreiche Untersuchungen über die Substitutionsreaktion an. Eine der *Grundvorstellungen der Substitution und aller Verdrängungsreaktionen* ist, daß das neue Atom oder die neue Gruppe die Stellung einnimmt, die vorher von dem verdrängten Atom bzw. der Atomgruppe besetzt war.

Die Ausdrücke *Substitution, Chlorierung, Halogenierung* und Bezeichnungen für analoge Reaktionen sollten nur bei direktem Ersatz von Wasserstoff gebraucht werden. So sollte bei der Reaktion eines Alkohols mit Bromwasserstoff keinesfalls von Bromierung des Alkohols oder von einer Substitutionsreaktion gesprochen werden, sondern vom Ersatz der Hydroxylgruppe durch Brom. Entsprechend sollte die Reaktion von Buten-(2) und Chlor zu 2.3-Dichlor-butan nicht Chlorierung, sondern Addition von Chlor an Buten-(2) genannt werden. Diese Festsetzungen mögen etwas willkürlich erscheinen, sollten aber doch beachtet werden, wenn im Sprachgebrauch der Chemiker keine Verwirrung herrschen soll.

Grignard-Verbindungen

Zink oder Magnesium reagieren mit Alkylhalogeniden unter Bildung von Verbindungen, bei denen die Alkylgruppe mit dem Metall verbunden ist. Derartige Produkte heißen *metallorganische Verbindungen* (S. 937). Die organischen Zinkverbindungen fanden früher Verwendung für Synthesen, haben aber den Nachteil, daß nur Methyl- und Äthyljodid gute Ausbeuten ergeben und daß selbst Zinkdimethyl und Zinkdiäthyl schwierig zu handhaben sind, weil sie sich an der Luft spontan entzünden. 1899 gab BARBIER[1] bekannt, daß man in vielen Fällen an Stelle der Zinkalkyle ein Gemisch von Alkylhalogenid und Magnesium in Äther (S. 141) mit der Verbindung, mit der die Reaktion ausgeführt werden soll, reagieren lassen kann. Diese Methode wurde von GRIGNARD[2], einem Schüler BARBIERs, verbessert, der im Jahre 1900 über die Darstellung von Alkylmagnesiumhalogenid-Lösungen und ihre Reaktionen mit einer Vielzahl von Verbindungen berichtete. Weitere Arbeiten GRIGNARDs und anderer Forscher haben gezeigt, daß die Verwendung von Alkylmagnesiumhalogenid-Lösungen — jetzt allgemein als

---

[1] FRANCOIS PHILIPPE ANTOINE BARBIER (1848—1922), Professor an der Universität Lyon. Er ist nicht nur bekannt als Entdecker der Verwendbarkeit von Magnesium für organische Synthesen, sondern auch durch seine Arbeiten über die Konstitution der Terpene. In späteren Jahren interessierte er sich für Mineralogie und Mineralienanalyse.

[2] VICTOR GRIGNARD (1871—1935), Professor an der Universität Nancy und später Nachfolger BARBIERs in Lyon. Er wurde 1912 zusammen mit PAUL SABATIER (S. 58) mit dem Nobelpreis für Chemie ausgezeichnet.

Grignard-Reagentien bekannt — zu Synthesen organischer Verbindungen im Laboratorium von größerer praktischer Bedeutung ist als irgendeine andere Einzelmethode. Zur Zeit von GRIGNARDs Tod gab es in der Literatur etwa 6000 Arbeiten über diesen Gegenstand. In der Technik spielt die Reaktion nur eine geringe Rolle.

Darstellung

Grignard-Verbindungen werden durch direkte Einwirkung von Alkylhalogeniden auf Magnesiumspäne dargestellt. Die Reaktion findet ohne Lösungsmittel statt, kommt aber bald zum Stillstand, weil das Alkylmagnesiumhalogenid eine in Alkylhalogenid unlösliche, feste Substanz ist, die die Magnesiumoberfläche überzieht. In Gegenwart eines Lösungsmittels für das Alkylmagnesiumhalogenid läuft die Reaktion vollständig ab. Äther ist das gebräuchlichste Lösungsmittel, aber auch Tetrahydrofuran (S. 654) hat viele Vorteile. Manchmal kommt die Reaktion nicht gleich in Gang. Je trockner Reagentien und Apparatur sind und je geringer die Oxydschicht auf dem Magnesium, desto leichter tritt die Reaktion ein. Gewöhnlich setzt man einen kleinen Jodkristall zu, um die Reaktion in Gang zu bringen. Alkyljodide reagieren leichter als -bromide und -bromide leichter als -chloride, aber das Verhältnis der Ausbeuten ist umgekehrt, nämlich Chloride > Bromide > Jodide. Je größer die Verdünnung und je reiner und je feiner verteilt das Magnesium ist, desto höher ist die Ausbeute.

Mehrere **Nebenreaktionen** beeinträchtigen die Ausbeute.

1. Das Halogenid kann an der Magnesiumoberfläche eine der Wurtzschen Synthese (S. 131) analoge Reaktion eingehen.

$$2\,RX + Mg \longrightarrow RR + MgX_2$$

2. Wird das Halogen leicht verdrängt, wie bei tertiären Halogeniden, so kann der Überschuß an Halogenid mit dem Grignard-Reagens reagieren.

$$RMgX + RX \longrightarrow RR + MgX_2$$

3. Unter Bildung von Alken kann Halogenwasserstoff abgespalten werden, besonders bei tertiären Halogeniden.

$$2\,R_2CHCXR_2 + Mg \longrightarrow 2\,R_2C=CR_2 + H_2 + MgX_2$$

4. Alkylhalogenide, die Halogenwasserstoffsäuren abspalten, können in Gegenwart von metallischen Verunreinigungen, besonders von Kupfer, mit dem Magnesium reagieren und Alkene und Alkane bilden.

$$2\,RCH_2CHXR + Mg \longrightarrow RCH=CHR + RCH_2CH_2R + MgX_2$$

Reaktionen

1. **Mit reaktionsfähigem Wasserstoff.** Grignard-Verbindungen reagieren mit allen Verbindungen, die mit Alkalimetallen Wasserstoff entwickeln. Das organische Produkt ist ein Alkan.

$$RMgX \begin{cases} + \text{HOH} \longrightarrow \\ + \text{HOR} \longrightarrow \\ + \text{HNH}_2 \longrightarrow \\ + \text{HX} \longrightarrow \end{cases} RH \begin{cases} + \text{Mg(OH)X} \\ + \text{Mg(OR)X} \\ + \text{Mg(NH}_2)\text{X} \\ + \text{MgX}_2 \end{cases}$$

Der Einfachheit halber werden beim Aufstellen von Gleichungen die anorganischen Produkte gewöhnlich als Mischsalze Mg(OH)X, Mg(OR)X und Mg(NH$_2$)X formuliert. Da es sich aber um Ionenmoleküle handelt, ist es wahrscheinlicher, daß die festen Salze Gemische der verschiedenen Kristallarten sind, die MgX$_2$ und Mg(OH)$_2$ bzw. Mg(OR)$_2$ bzw. Mg(NH$_2$)$_2$ enthalten. Die Reaktionsfähigkeit der Grignard-Verbindungen mit Hydroxylgruppen ist der Grund, weswegen man bei der Herstellung der Verbindungen alle Substanzen und Apparaturen peinlich frei von Wasser und Alkohol halten muß.

Die Bildung des Alkans ist eine Säure-Basen-Reaktion, d. h. eine Protonenübertragungsreaktion. Wasserstoff, der an Sauerstoff gebunden ist, wird leichter als Proton abgegeben als an Kohlenstoff gebundener Wasserstoff, und so wird die schwächere Säure, das Alkan, freigesetzt. Mit anderen Worten, die Reaktion einer Grignard-Verbindung mit Wasser unter Bildung von Alkan und Magnesiumhydroxyd ist analog der Reaktion von Natriumcyanid mit Salzsäure zu Cyanwasserstoff und Natriumchlorid.

Diese Reaktion ist wertvoll zur Bestimmung von Gruppen, die aktiven Wasserstoff enthalten, z. B. Hydroxylgruppen. Die Methode wurde zuerst von TSCHUGAEFF[1] vorgeschlagen und später von seinem Schüler ZEREWITINOW und anderen weiterentwickelt. Man nennt sie gewöhnlich *Bestimmung nach* ZEREWITINOW. Eine einfache Apparatur zeigt Abb. 40. Eine Lösung von Methylmagnesiumjodid in einem hochsiedenden Äther, wie Isoamyläther (S. 147), wird in einen Schenkel des gegabelten Reaktionsgefäßes gegeben und eine gewogene Menge der Verbindung in einem geeigneten Lösungsmittel in den anderen Schenkel. Die Apparatur wird bis zum Temperaturausgleich bei geöffnetem Hahn gehalten, dann wird der Hahn geschlossen und die Höhe der Quecksilbersäule abgelesen. Hiernach werden die beiden Lösungen vermischt, und nach abermaligem Temperaturausgleich wird das Volumen des bei der Reaktion entstandenen Methans abgelesen. Aus diesen Daten und dem Molekulargewicht der Verbindung kann die Anzahl der aktiven Wasserstoffatome im Molekül berechnet werden. Zur Erhöhung der Genauigkeit der Bestimmung wurden verschiedene Verfeinerungen des geschilderten Verfahrens eingeführt.

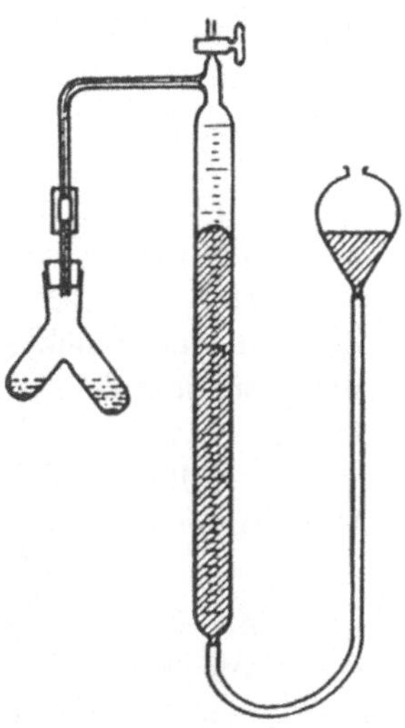

Abb. 40. Apparatur zur Bestimmung von aktivem Wasserstoff nach ZEREWITINOW

Die Konzentration der Grignard-Lösung kann bestimmt werden, indem man Wasser zu einem bekannten Volumen des Reagens gibt und das entstandene Magnesiumhydroxyd titriert. Die Methode ist in dem Maß ungenau, in dem das Reagens schon mit Luft reagiert hat, da auch Magnesiumalkoholate mit Wasser unter Bildung von Magnesiumhydroxyd reagieren (S. 104).

2. Mit Halogen. Halogene reagieren mit Alkylmagnesiumhalogenid unter Bildung von Alkylhalogenid und Magnesiumhalogenid.

$$RMgX + X_2 \longrightarrow RX + MgX_2$$

Diese Reaktion kann zur Konzentrationsbestimmung von Grignard-Lösungen herangezogen werden. Man titriert dann mit eingestellter Jodlösung.

3. Mit Sauerstoff. Grignard-Verbindungen absorbieren Sauerstoff unter Bildung von Alkoholaten, aus denen durch Zugabe von Wasser der Alkohol freigesetzt werden kann.

---

[1] LEO A. TSCHUGAEFF (1872—1922), Professor an der Universität St. Petersburg, Rußland.

$$2\,RMgX + O_2 \longrightarrow 2\,ROMgX$$

$$ROMgX + HOH \longrightarrow ROH + Mg(OH)X$$

Man muß also zur Erzielung optimaler Ausbeuten unter Luftausschluß arbeiten. Bei tiefen Temperaturen entsteht ein Salz des Alkylhydroperoxyds (S. 922).

$$RMgX + O_2 \longrightarrow RO\!-\!O^{-\,+}MgX$$

4. Mit anorganischen Halogeniden. Grignard-Reagentien reagieren mit den Halogenverbindungen aller Elemente, die in der Spannungsreihe unterhalb von Magnesium stehen, gewöhnlich unter Austausch des Halogens gegen Alkylgruppen.

$$HgCl_2 + 2\,RMgX \longrightarrow HgR_2 + 2\,MgX_2$$

$$AlCl_3 + 3\,RMgX \longrightarrow AlR_3 + 3\,MgX_2$$

$$SnCl_4 + 4\,RMgX \longrightarrow SnR_4 + 4\,MgX_2$$

$$PCl_3 + 3\,RMgX \longrightarrow PR_3 + 3\,MgX_2$$

$$SiCl_4 + 4\,RMgX \longrightarrow SiR_4 + 4\,MgX_2$$

Verwendet man weniger Reagens, als zur vollständigen Reaktion mit dem Halogen erforderlich ist, so erhält man Zwischenprodukte. Siliciumtetrachlorid und Methylmagnesiumchlorid ergeben z. B. Methylsiliciumtrichlorid, CH_3SiCl_3, Dimethylsiliciumdichlorid, $(CH_3)_2SiCl_2$, Trimethylsiliciumchlorid, $(CH_3)_3SiCl$, und Tetramethylsilan, $(CH_3)_4Si$. Quecksilber(I)-chlorid und die Chloride von Eisen, Kupfer, Silber und Gold bewirken hauptsächlich einen Zusammenschluß der Alkylgruppen.

$$2\,RMgX + CuCl_2 \longrightarrow RR + 2\,MgX_2 + Cu$$

5. Mit Kohlendioxyd. Grignard-Verbindungen werden an die Kohlenstoff-Sauerstoff-Doppelbindung von Kohlendioxyd angelagert, wobei sich das Halogenmagnesiumsalz einer Carbonsäure bildet.

$$RMgX + O\!=\!C\!=\!O \longrightarrow \underset{\overset{|}{R}}{O\!=\!C}\!-\!OMgX$$

Fügt man Mineralsäure zu, wird die Carbonsäure freigesetzt (S. 149).

$$RCOOMgX + HCl \longrightarrow RCOOH + MgX_2$$

In metallorganischen Verbindungen ist die Kohlenstoff-Metall-Bindung zweifellos stark polarisiert, und zwar liegt das positive Ende des Dipols beim Metall (a).

$C_2H_5 : O : C_2H_5$

$\underset{\delta^-}{R}\!-\!\underset{\delta^+}{Mg^+}X^- \qquad\qquad R\!-\!Mg^+X^- \qquad\qquad \underset{\delta^-}{O}\!=\!\underset{\delta^+}{C}\!=\!\underset{\delta^-}{O}$

$C_2H_5 : O : C_2H_5$

(a)   (b)   (c)

Deshalb kann man annehmen, daß bei Reaktionen, bei denen die Kohlenstoff-Metall-Bindung gespalten wird, das Elektronenpaar bei der Alkylgruppe verbleibt. Diese Art der Spaltung magnesiumorganischer Verbindungen wird durch die Solvatisierung des Reagens durch die Äthermoleküle noch unterstützt (b), weil hierbei das Magnesiumatom mit Elektronen versehen und so die Abspaltung der Alkylgruppe erleichtert wird. Bei Verbindungen wie Kohlendioxyd, Aldehyden und Ketonen (S. 206) ist die Carbonylgruppe so polarisiert, daß das Kohlenstoffatom das positive Ende des Dipols bildet, denn der Sauerstoffkern ist stärker elektronenanziehend als der Kohlenstoffkern (c). Daher verbinden sich bei der Anlagerung von Grignard-Verbindungen und anderen reaktionsfähigen metallorganischen Reagentien (S. 940) an Carbonylgruppen die Alkylgruppen mit dem Kohlenstoff, das Metall mit dem Sauerstoff.

$$O=C=O \ + \ R-Mg^+X^- \ \longrightarrow \ O=C-O^{-\,+}Mg^+-X$$
$$\underset{\delta^-}{} \ \underset{\delta^+}{} \ \underset{\delta^-}{} \qquad \underset{\delta^-}{} \ \underset{\delta^+}{} \qquad\qquad\qquad \underset{R}{|}$$

Oft geht der Reaktion von Grignard-Reagens mit Carbonylverbindungen eine Komplexbildung voraus, wobei die Carbonylverbindung Äthermoleküle an dem solvatisierten Magnesiumatom verdrängt. Obgleich solche einleitende Komplexbildung den Verlauf gewisser Grignard-Reaktionen bestimmen kann (S. 462), scheint sie für die Reaktion nicht notwendig zu sein, da auch Lösungen von Grignard-Verbindungen in tertiären Aminen wie Pyridin (S. 654) mit Carbonylverbindungen reagieren. Diese Solvate sind so stabil, daß es unwahrscheinlich ist, daß das tertiäre Amin vor der Anlagerungsreaktion von der Carbonylverbindung, einer viel schwächeren Base, verdrängt wird.

6. Mit sonstigen Verbindungen. Die vielen wichtigen Reaktionen der Grignard-Verbindungen mit anderen organischen Verbindungen werden im Zusammenhang mit später zu besprechenden funktionellen Gruppen behandelt.

Wiederholungsfragen

1. Man diskutiere die physikalischen Eigenschaften der Alkylhalogenide.

2. Man beschreibe kurz die allgemeinen Methoden zur Darstellung von Alkylhalogeniden.

3. Man erläutere die unterschiedlichen Reaktionsbedingungen, die notwendig sind für die Darstellung von Alkylchloriden, -bromiden und -jodiden aus primären, sekundären und tertiären Alkoholen mit (a) Halogenwasserstoffsäuren, (b) Phosphortrihalogeniden.

4. Man erläutere die direkte Substitution von Wasserstoff durch Halogen bei einem gesättigten Kohlenwasserstoff. Weshalb ist die Reaktion vom präparativen Standpunkt im allgemeinen unbefriedigend?

5. Wie kann man primäre Alkylchloride in Alkyljodide überführen?

6. Man vergleiche primäre, sekundäre und tertiäre Halogenide in bezug auf ihre Hydrolysierbarkeit und die Abspaltbarkeit von Halogenwasserstoffsäuren.

7. Man vergleiche primäre, sekundäre und tertiäre Alkylhalogenide in bezug auf die Leichtigkeit des Ersatzes von Halogen durch andere Gruppen (ohne Hydrolyse).

8. Man erläutere die Einwirkung wäßriger Hydroxydlösungen und alkoholischer Kalilauge auf Alkylhalogenide.

9. Welche Gründe sprechen für und gegen die Auffassung, daß die Alkylhalogenide zu den Estern gehören?

10. Wie unterscheiden sich die chemischen und physikalischen Eigenschaften von Alkalihalogeniden und Alkylhalogeniden?

Aufgaben

11. Man gebe die abgekürzten Strukturformeln und einen geeigneten Namen für jedes Glied folgender Gruppen an: (a) die Monobrompentane; (b) die Dichlorbutane; (c) diejenigen Dibrompentane, die leicht aus Olefinen dargestellt werden können; (d) alle sekundären Jodhexane; (e) alle primären Bromhexane.

12. Man gebe die Reaktionsgleichungen für die Darstellung folgender Verbindungen nach je drei Methoden, jede mit einem anderen Reagens: (a) Isopropylbromid; (b) tert.-Butylchlorid; (c) sek.-Butyljodid; (d) n-Butylchlorid; (e) tert.-Amylbromid; (f) 2-Chlor-pentan; (g) n-Propylchlorid; (h) Isooctyljodid.

13. Man stelle die Gleichungen für folgende Reaktionen auf:

A. (*a*) Sek.-Butylbromid mit Silberhydroxyd; (*b*) Isoamylchlorid mit Natriumäthylat; (*c*) 1-Jod-butan mit Natriumsulfid; (*d*) tert.-Amylbromid mit Magnesium in Äther; (*e*) Isopropyljodid mit Natriumcyanid; (*f*) n-Amylchlorid mit Natriumjodid; (*g*) tert.-Butylchlorid mit Wasser; (*h*) n-Butylbromid mit Natrium; (*i*) 2-Brompentan mit Natriumhydrogensulfid.

B. (*a*) 2-Brom-octan mit Natriumcyanid; (*b*) tert.-Butylchlorid und Magnesium; (*c*) Isopropyljodid mit Silberhydroxyd; (*d*) Isoamylchlorid und Natriumjodid; (*e*) Laurylbromid und Natriumhydrogensulfid; (*f*) n-Butylbromid und Natriumisopropylat; (*g*) Äthyljodid und Natriumsulfid; (*h*) tert.-Amylbromid und Wasser; (*i*) 1-Bromhexan und Natrium.

C. (*a*) Äthylbromid und Natriumhydrogensulfid; (*b*) n-Heptyljodid und Natriumcyanid; (*c*) Isooctylbromid und Natrium; (*d*) tert.-Butyljodid und Wasser; (*e*) n-Amyljodid und Natrium-tert.-butylat; (*f*) sek.-Butylbromid und Natriumsulfid; (*g*) 3-Brom-3-methyl-pentan; (*h*) n-Propylchlorid und Natriumjodid; (*i*) 2-Chlor-pentan mit Silberhydroxyd.

14. Man stelle für folgende Reaktionen die Gleichungen auf:

A. (*a*) Äthylmagnesiumbromid mit Quecksilber(II)-chlorid; (*b*) tert.-Butylmagnesiumchlorid mit Kohlendioxyd; (*c*) n-Hexylmagnesiumjodid mit Wasser; (*d*) Methylmagnesiumchlorid mit Siliciumtetrachlorid; (*e*) 1-Methyl-butylmagnesiumbromid mit Phosphortrichlorid; (*f*) n-Nonylmagnesiumjodid mit Methanol; (*g*) Isooctylmagnesiumbromid mit Kupfer(II)-chlorid.

B. (*a*) Methylmagnesiumjodid mit Aluminiumchlorid; (*b*) Laurylmagnesiumbromid mit Wasser; (*c*) n-Butylmagnesiumchlorid mit Zinkchlorid; (*d*) sek.-Butylmagnesiumchlorid mit Äthanol; (*e*) Isoamylmagnesiumjodid mit Silberchlorid; (*f*) n-Tetradecylmagnesiumbromid mit Kohlendioxyd; (*g*) Äthylmagnesiumjodid mit Zinn(IV)-chlorid.

C. (*a*) Isobutylmagnesiumbromid mit Quecksilber(I)-chlorid; (*b*) n-Propylmagnesiumchlorid mit Arsen(V)-chlorid; (*c*) 1-Methyl-heptylmagnesiumjodid mit Propanol-(2); (*d*) Isopropylmagnesiumbromid mit Cadmiumchlorid; (*e*) n-Heptylmagnesiumbromid mit Kohlendioxyd; (*f*) Methylmagnesiumjodid mit Germaniumchlorid; (*g*) Isoamylmagnesiumbromid mit Wasser.

15. Man berechne die Mengen Alkohol und Natriumbromid, die zur Darstellung folgender Mengen der angegebenen Alkylbromide bei Verwendung eines 20%igen Überschusses an Natriumbromid und Schwefelsäure und einer Ausbeute von 90% nötig sind: (*a*) 100 g Isopropylbromid; (*b*) 150 g n-Butylbromid; (*c*) 180 g Isoamylbromid; (*d*) 50 g Äthylbromid.

16. Man berechne das Volumen an Methan (0°, 760 mmHg), das sich entwickelt, wenn ein Überschuß an Methylmagnesiumjodid mit jeweils 0,1 g folgender Verbindungen reagiert: (*a*) Butanol; (*b*) 3-Methyl-pentanol-(1); (*c*) 2.3-Dihydroxy-butan; (*d*) Octanol; (*e*) 1.2.3-Trihydroxy-propan.

17. 0,1 g einer unbekannten Verbindung mit dem Molekulargewicht X reagieren in einer Zerewitinow-Apparatur mit einem Überschuß von Methylmagnesiumjodid und ergeben Y cm³ Methan (0°, 760 mmHg). Man berechne die Zahl der Hydroxylgruppen in den Verbindungen A—D:

	A	*B*	*C*	*D*
X	62 ± 5	86 ± 4	100 ± 7	120 ± 8
Y	72,0	50,0	63,5	56,3

18. Welche Strukturen sind für die Verbindungen von Aufgabe 17 möglich, wenn es sich um Hydroxy- oder Polyhydroxyalkane handelt?

Kapitel 7

Synthese von Alkanen und Alkenen. Alkine (Acetylene)

Alkan- und Alkensynthesen

Wie schon in Kapitel 5 und 6 erwähnt, führen einige Reaktionen der Alkohole und Alkylhalogenide zur Bildung von Paraffin- und Olefinkohlenwasserstoffen. Es ist nun möglich, einige der allgemeinen Methoden zur Synthese von Paraffinen und Olefinen gewünschter Struktur zusammenzufassen.

Alkansynthesen

1. Reduktion eines Alkylhalogenids. Die direkte Reduktion von Alkylhalogeniden kann mit einer Vielzahl von Reagentien durchgeführt werden, z. B. mit Zink und Salzsäure in alkoholischer Lösung, Natrium und Alkohol, Natriumamalgam und Wasser, Jodwasserstoff oder mit Wasserstoff und einem Katalysator, z. B. Platin. Die Reaktion wird durch folgende Gleichung dargestellt:

$$RX + 2\,[H] \longrightarrow RH + HX$$

wobei [H] für irgendeines der oben erwähnten Reduktionsmittel steht. Verwendet man Jodwasserstoff, so gilt die Gleichung

$$RJ + HJ \longrightarrow RH + J_2$$

Bei dieser Reaktion wird häufig roter Phosphor zusammen mit wäßriger Jodwasserstoffsäure benutzt. Der Phosphor reagiert mit dem Jod unter Bildung von Phosphortrijodid, das durch das Wasser hydrolysiert wird und wieder Jodwasserstoff bildet. Auf diese Weise nimmt die Jodwasserstoffkonzentration nicht ab, und bei der Reduktion wird nur roter Phosphor verbraucht. Da die Lage des Gleichgewichts die Bildung von Kohlenwasserstoff und Jod begünstigt, ist die Substitution eines Moleküls durch Jod über die direkte Jodierung nicht möglich, wenn nicht noch ein anderes Reagens anwesend ist, das den Jodwasserstoff zerstört. Durch diese reduzierende Wirkung des Jodwasserstoffs wird auch die Anwendbarkeit seiner Reaktion mit Alkoholen zu Alkyljodiden (S. 106) eingeschränkt.

Eins der besten Verfahren zur Darstellung reiner Alkane ist die indirekte Reduktion der Halogenide über die Grignard-Verbindungen (S. 126).

$$RX + Mg \longrightarrow RMgX$$
$$RMgX + HOH \longrightarrow RH + Mg(OH)X$$

2. Wurtzsche Synthese[1]. Die Reaktion eines Alkylhalogenids mit einem Alkalimetall ergibt einen Kohlenwasserstoff, der durch Kombination der beiden Alkylgruppen entstanden ist (S. 119).

$$2\,RX + 2\,Na \longrightarrow RR + 2\,NaX$$

---

[1] CHARLES ADOLPHE WURTZ (1817—1894), Nachfolger von DUMAS nach dessen Ausscheiden aus der Fakultät der École de Médecine im Jahre 1853 und erster Inhaber des Lehrstuhls für organische Chemie, der 1875 an der Sorbonne eingerichtet wurde. 1849 synthetisierte er als erster Amine. Seine Alkansynthese wurde 1855 veröffentlicht. Von seinen vielen sonstigen Arbeiten seien die Synthesen von Äthylenglykol und

Die Reaktion wird in einem gewöhnlichen Kolben ausgeführt, dem man einen Rückflußkühler mit großer Öffnung aufsetzt. Das metallische Natrium wird in kleine Stückchen zerschnitten und in den Kolben eingebracht. Durch den Kühler gibt man trocknes Alkylbromid so hinzu, daß die Reaktion immer unter Kontrolle bleibt. Die Oberfläche des Natriums wird zuerst blau, dann mit der Bildung von Natriumbromid weiß. Wenn die Reaktion beendet ist, ist die Flüssigkeit halogenfrei, und sie wird destilliert. Die besten Ausbeuten erhält man mit primären Halogeniden. Tertiäre Halogenide ergeben fast ausschließlich Olefine.

Es sollte möglich sein, durch Reaktion von Natrium mit einem Gemisch zweier Alkylhalogenide unsymmetrische Kohlenwasserstoffe darzustellen.

$$RX + 2\,Na + R'X \longrightarrow RR' + 2\,NaX$$

Diese Reaktion findet auch wirklich statt, falls die Reaktionsfähigkeit der beiden Alkylhalogenide annähernd gleich ist. Da sich jedoch auch die beiden anderen möglichen Kohlenwasserstoffe, RR und R'R', bilden, ist die Ausbeute an dem gewünschten Produkt gering. Die unsymmetrischen Verbindungen treten in gewissem Umfang auch dann auf, wenn ein deutlicher Unterschied in der Reaktionsfähigkeit der Alkylhalogenide besteht, aber je größer dieser Unterschied ist, desto größere Mengen der symmetrischen Kohlenwasserstoffe entstehen.

3. Reduktion von Olefinen. Die Doppelbindung eines Olefins addiert Wasserstoff quantitativ in Gegenwart von feinverteiltem Platin, Nickel, Palladium oder anderen Hydrierungskatalysatoren unter Bildung von Alkanen (S. 58).

$$RCH{=}CHR + H_2 \xrightarrow[\text{oder Pd}]{\text{Pt, Ni,}} RCH_2CH_2R$$

Ist der betreffende ungesättigte Kohlenwasserstoff verfügbar, z. B. durch Dehydratisierung eines Alkohols, so ist dieses Verfahren zur Synthese eines Alkans ausgezeichnet. Zur Umwandlung eines Alkohols in ein Alkan ist die Reaktionsfolge Alkohol $\longrightarrow$ Alken $\longrightarrow$ Alkan im allgemeinen günstiger als die Folge Alkohol $\longrightarrow$ Alkylhalogenid $\longrightarrow$ Alkan.

Alkensynthesen

1. Pyrolyse gesättigter Kohlenwasserstoffe. Die Hauptquellen für die niederen Alkene sind die Raffineriegase, die beim industriellen Cracken von Erdöl entstehen (S. **75**), und die Gase, die sich beim Cracken von Propan und bei der Dehydrierung von Butan (S. **83**) bilden. Doch ist das Cracken von Alkanen kein geeignetes Laboratoriumsverfahren, denn die Reaktion kann nicht so beherrscht werden, daß ein einziges Produkt entsteht, und die Abtrennung der reinen Produkte aus dem Gemisch von Reaktionsprodukten ist bei Verfahren im kleinen Maßstab zu schwierig.

2. Dehydratisierung von Alkoholen. Im allgemeinen ist das beste Verfahren zur Überführung von Alkoholen in Olefine das Überleiten der Dämpfe über heiße aktivierte Tonerde (S. 108).

$$RCH_2CHOHR \xrightarrow[350°-450°]{Al_2O_3} RCH{=}CHR + H_2O$$

Äthylenoxyd im Jahre 1859, die Reduktion von Aldehyden zu Alkoholen 1866 und die Synthese von Aldol im Jahre 1872 genannt. Mit einem Werk über die Geschichte der Grundlagen der Chemie machte er sich viele Chemiker anderer Nationen zu Gegnern durch seine einleitende Behauptung: „Die Chemie ist eine französische Wissenschaft. Sie wurde von Lavoisier unsterblichen Andenkens begründet."

Bei dieser Reaktion ist eine Umlagerung am wenigsten wahrscheinlich. Verwendet man z. B. hochgereinigte Tonerde, so ergibt n-Butylalkohol hauptsächlich Buten-(1) und nur geringe Mengen Buten-(2).

Werden Säurekatalysatoren benutzt, so findet häufig Umlagerung statt (S. 109). Wenn keine Umlagerung eintritt oder wenn die Konstitution des Umlagerungsproduktes bekannt ist, kann das Erhitzen des Alkohols auf eine genügend hohe Temperatur in Gegenwart einer starken Säure, wie Schwefel-, Phosphor- oder p-Toluolsulfonsäure (S. 497) ein zufriedenstellendes Resultat liefern. Die beiden letztgenannten Säuren haben den Vorteil, daß sie kaum oxydierend wirken. Siedet der Alkohol oberhalb der erforderlichen Zersetzungstemperatur, so genügt meist eine Spur Säure; andernfalls muß soviel Säure vorhanden sein, daß der Alkohol in Form des nichtflüchtigen Oxoniumsalzes festgehalten wird. — Man kann auch die Alkoholdämpfe über heißen Bimsstein leiten, der mit Phosphorsäure imprägniert wurde. Manche Alkohole wie z. B. Diacetonalkohol (S. 215) lassen sich so leicht dehydratisieren, daß eine Spur Jod genügt, um die Zersetzung zu katalysieren.

3. Abspaltung von Halogenwasserstoff aus Alkylhalogeniden. Die Abspaltung von Halogenwasserstoff ist bei tertiären Alkylhalogeniden leichter als bei sekundären, bei diesen leichter als bei primären; dies gilt sowohl für das Halogenatom als auch für das Wasserstoffatom. Das übliche Reagens ist eine alkoholische Lösung von Kaliumhydroxyd.

$$\text{RCH}_2\text{CHXR} + \text{KOH (alkoholisch)} \longrightarrow \text{RCH}=\text{CHR} + \text{KX} + \text{H}_2\text{O}$$

Alkohol wird als gemeinsames Lösungsmittel für die Base und das Alkylhalogenid verwendet; dadurch wird der Ablauf der Reaktion in einer einzigen Phase ermöglicht. Kaliumhydroxyd wird Natriumhydroxyd vorgezogen, weil es sich in Alkohol sehr viel leichter löst als Natriumhydroxyd. Tertiäre Alkylhalogenide geben so leicht Halogenwasserstoff ab, daß man eine höhersiedende organische Base wie Pyridin (S. 654) oder Chinolin (S. 662) verwenden kann. Primäre Halogenide verlieren den Halogenwasserstoff so langsam, daß die Ätherbildung zur überwiegenden Reaktion wird.

$$\text{C}_2\text{H}_5\text{OH} + \text{KOH} \;\rightleftarrows\; \text{C}_2\text{H}_5\text{OK} + \text{H}_2\text{O}$$
$$\text{RCH}_2\text{X} + \text{KOC}_2\text{H}_5 \longrightarrow \text{RCH}_2\text{OC}_2\text{H}_5 + \text{KX}$$

4. Abspaltung zweier Halogenatome von benachbarten Kohlenstoffatomen. Enthält eine Verbindung zwei Halogenatome an benachbarten Kohlenstoffatomen, so kann man das Halogen durch Erhitzen mit Zinkstaub in Alkohol leicht abspalten. Hierbei entsteht eine Doppelbindung im Molekül.

$$\begin{array}{c} \text{RCHCHR} + \text{Zn (in Alkohol)} \longrightarrow \text{RCH}=\text{CHR} + \text{ZnX}_2 \\ \;\; | \;\;\; | \\ \;\; \text{X} \;\; \text{X} \end{array}$$

Diese Reaktion ist von geringer präparativer Bedeutung, da man ja 1.2-Dihalogenide am besten durch Anlagerung von Halogen an ein Olefin erhält. Sie ist gelegentlich von Nutzen zur Reinigung ungesättigter Verbindungen, nämlich wenn das Dihalogenid leichter zu reinigen ist als das Olefin selbst. In solchen Fällen führt man das Olefin in das Dihalogenid über, reinigt dieses und gewinnt mit Zinkstaub das Olefin zurück.

Alkine (Acetylene)

Neben den Olefinen gibt es eine zweite homologe Reihe von ungesättigten Kohlenwasserstoffen, die **Acetylene** (nach dem ersten Glied der Reihe) oder **Alkine**. Acetylen hat die Summenformel C_2H_2. Die Acetylene lagern zwei Moleküle Halogen an, wobei an zwei benachbarten Kohlenstoffatomen je zwei Halogenatome gebunden werden. Die gleichen Überlegungen, die im Hinblick auf die Olefinstruktur angestellt wurden, führen zu der Auffassung der Acetylene als Verbindungen, in denen zwei Kohlenstoffatome durch eine Dreifachbindung verbunden sind. Acetylen kommt danach die Struktur HC≡CH, den Acetylenen allgemein die Struktur RC≡CR zu.

Der Erklärung der Dreifachbindung liegt derselbe Gedankengang zugrunde wie der der Doppelbindung (S. 52). Beim Acetylen ist jedes Kohlenstoffatom mit nur

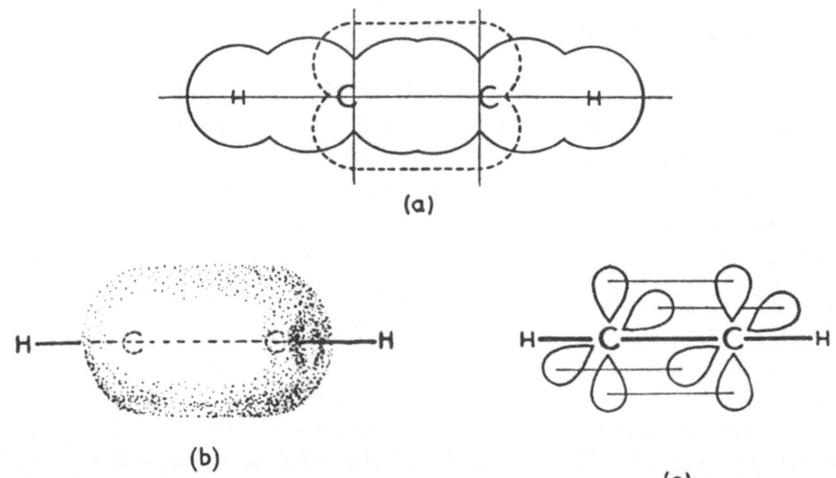

Abb. 41. Das Acetylenmolekül: (a) Querschnitt durch die molecular orbitals; (b) perspektivische Darstellung der π-Bindungen; (c) schematische Darstellung der π-Bindungen

zwei weiteren Atomen verknüpft. Daher findet bei der Bindung sp-Bastardisierung statt, und die Bindungsrichtungen liegen auf einer Geraden (S. 13). Die einfache Bindung zwischen den beiden Kohlenstoffatomen ergibt sich aus einer sp—sp-Überlappung von orbitals, die Kohlenstoff-Wasserstoff-Bindung aus einer sp—s-Überlagerung, und es entsteht ein lineares Molekül. Beide Kohlenstoffatome haben noch zwei p-orbitals, die senkrecht zueinander stehen und je ein Elektron enthalten. Eine Überlagerung dieser vier p-orbitals ergibt zwei π-molecular orbitals von zylindrischer Symmetrie. Abb. 41a zeigt einen Querschnitt durch die σ-orbitals und die π-orbitals. Abb. 41b gibt eine perspektivische Ansicht der π-orbitals, Abb. 41c eine schematische Darstellung der Überlappung von p-orbitals.

Physikalische Eigenschaften und Nomenklatur

Die physikalischen Eigenschaften der Alkine ähneln weitgehend denen der Alkane und Alkene; allerdings liegen die Siedepunkte etwas höher, und die Löslichkeit in Wasser ist größer. Die Nomenklatur ist der der Olefine analog. Alkine können entweder als Derivate von Acetylen oder nach der Genfer Nomenklatur benannt werden. Im zweiten Fall heißt die Endung *-in*. Hierfür zwei Beispiele:

$$(CH_3)_2CHC\equiv CH \qquad\qquad CH_3CH_2\underset{\overset{|}{CH_3}}{C}HC\equiv CC_2H_5$$

Isopropylacetylen
(Methylbutin)

Äthyl-sek.-butyl-acetylen
(5-Methyl-heptin-(3))

Darstellung

Es gibt zwei allgemeine Methoden zur Darstellung von Acetylenen, die der Darstellung der Olefine analog sind, und eine dritte, die für Olefine nicht verwendet werden kann.

1. Abspaltung von zwei Mol Halogenwasserstoff aus Dihalogeniden. Hat ein Dihalogenid die Halogenatome am selben oder an benachbarten Kohlenstoffatomen, so werden durch Kochen mit alkoholischer Kalilauge zwei Mol Halogenwasserstoff abgespalten, und es wird eine Dreifachbindung eingeführt.

$$RCH_2CX_2R + 2\,KOH\ (\text{alkoholisch}) \longrightarrow RC\equiv CR + 2\,KX + 2\,H_2O$$

$$\underset{\overset{|}{X}\ \overset{|}{X}}{RCHCHR} + 2\,KOH\ (\text{alkoholisch}) \longrightarrow RC\equiv CR + 2\,KX + 2\,H_2O$$

Da die 1.2-Dihalogenide leicht aus Olefinen dargestellt werden können, kann man nach dieser Methode Olefine in Acetylene umwandeln.

2. Abspaltung von vier Halogenatomen von benachbarten Kohlenstoffatomen. Weist ein Tetrahalogenid je zwei Halogenatome an zwei benachbarten Kohlenstoffatomen auf, so kann das Halogen durch Kochen mit Zinkstaub in alkoholischer Lösung abgespalten und ein Alkin erhalten werden.

$$RCX_2CX_2R + 2\,Zn\ (\text{in Alkohol}) \longrightarrow RC\equiv CR + 2\,ZnX_2$$

Die Anwendbarkeit dieser Reaktion ist jedoch ebenso beschränkt wie die der analogen Reaktion zur Darstellung von Olefinen, weil die Halogenide, die als Ausgangsmaterial gebraucht werden, am besten durch Anlagerung von Halogen an die ungesättigte Verbindung gewonnen werden.

3. Aus anderen Acetylenen. Dieses Verfahren erzeugt keine neue Dreifachbindung, sondern beruht auf der Tatsache, daß der Wasserstoff, der mit einem dreifach gebundenen Kohlenstoffatom verbunden ist, viel saurer ist als Wasserstoff, der mit einem einfach oder doppelt gebundenen Kohlenstoffatom verbunden ist. Daher bilden Acetylene Metallderivate, in denen Wasserstoff durch ein Metall ersetzt ist.

$$RC\equiv CH + Na\ (\text{in flüssigem } NH_3) \longrightarrow [RC\equiv C^-]Na^+ + \tfrac{1}{2}H_2$$

Die Natrium-Kohlenstoff-Bindung in den Acetyliden ist ionischer Natur; d. h. diese Metallderivate sind Salze.

Die Natriumacetylide reagieren mit Alkylhalogeniden oder Alkylsulfaten unter Bildung höherer Acetylenhomologen.

$$RC\equiv CNa + R'X \longrightarrow RC\equiv CR' + NaX$$

$$CH_3C\equiv CNa + C_2H_5Br \longrightarrow CH_3C\equiv CC_2H_5 + NaBr$$

Natriummethyl-
acetylid

Methyläthylacetylen
(Pentin-(2))

Reaktionen

Die Acetylene gehen Additionsreaktionen ein, die denen der Olefine analog sind, nur können sie anstatt einem Mol eines Reagens zwei Mol anlagern. Von den Olefinen unterscheiden sich die Acetylene durch die Fähigkeit zur Bildung von Metallacetyliden (s. o.).

1. Anlagerung an die Dreifachbindung. Wasserstoff kann in Gegenwart geeigneter Katalysatoren an die Dreifachbindung angelagert werden.

$$RC{\equiv}CR + 2\,H_2 \xrightarrow{Pt} RCH_2CH_2R$$

Bei Verwendung von feinverteiltem Palladium oder Eisen als Katalysator ist es möglich, die Reaktion abzubrechen, wenn ein Mol Wasserstoff angelagert wurde.

$$RC{\equiv}CR + H_2 \xrightarrow{Pd\ oder\ Fe} RCH{=}CHR$$

Es können ein oder zwei Mol Halogen oder Halogenwasserstoff an die Dreifachbindung angelagert werden.

$$RC{\equiv}CH \begin{cases} +\quad X_2 \longrightarrow RCX{=}CHX \\ +\ 2\,X_2 \longrightarrow RCX_2CHX_2 \\ +\quad HX \longrightarrow RCX{=}CH_2 \\ +\ 2\,HX \longrightarrow RCX_2CH_3 \end{cases}$$

Die Anlagerung ungleicher Addenden folgt der Regel von MARKOWNIKOW.

Wasser wird zwar nicht direkt an die Dreifachbindung angelagert, wohl aber reagieren die Acetylene mit Wasser in Gegenwart von Schwefelsäure und Quecksilber(I)-sulfat (Quecksilber-Quecksilber(II)-sulfat-Gemisch). Während jedoch bei der Reaktion von Olefinen mit Wasser und Schwefelsäure Hydroxyverbindungen entstehen, erhält man aus Acetylen Acetaldehyd.

$$HC{\equiv}CH + H_2O \xrightarrow[Hg-HgSO_4]{H_2SO_4} [H_2C{=}CHOH]^1 \longrightarrow CH_3\overset{\displaystyle H}{\underset{}{C}}{=}O$$
Acetaldehyd

Der zuerst entstehende Quecksilbersalzkomplex bildet wahrscheinlich ein Hydroxyolefin, das eine Hydroxylgruppe an einem Kohlenstoffatom trägt, das an ein weiteres Kohlenstoffatom doppelt gebunden ist. Verbindungen derartiger Struktur heißen *Enole*. Die einfachen Enole sind instabil[1] und lagern sich zu einem stabileren Isomeren um, in welchem sich die Doppelbindung zwischen dem Kohlenstoffatom und dem Sauerstoffatom befindet, anstatt zwischen den beiden Kohlenstoffatomen. Andere Alkine als Acetylen selbst ergeben Ketone, denn die Anlagerung verläuft nach der Regel von MARKOWNIKOW.

$$RC{\equiv}CH + HOH \xrightarrow[Hg-HgSO_4]{H_2SO_4} \left[\begin{matrix} RC{=}CH_2 \\ | \\ OH \end{matrix}\right]^1 \longrightarrow \underset{O}{\overset{}{RCCH_3}}$$
Ein Keton

---

[1] Um anzudeuten, daß eine Struktur instabil ist, und daß eine Verbindung dieser Struktur nicht isoliert werden kann, setzt man die Formel in eckige Klammern.

Acetylene addieren Alkohole in Gegenwart von Alkali unter Bildung von Vinyläthern (S. 779).

$$HC{\equiv}CH + ROH \xrightarrow[150°-180°]{KOH} H_2C{=}CHOR$$

2. Reaktionen des Wasserstoffs. Trägt eines der Acetylenkohlenstoffatome ein Wasserstoffatom, so kann dieses durch Metalle ersetzt werden. Acetylen reagiert mit geschmolzenem Natrium und bildet bei 110° ein Mononatriumderivat (Natriumacetylid).

$$HC{\equiv}CH + Na \text{ (geschmolzen bei } 110°) \longrightarrow [HC{\equiv}C^-][Na^+] + \tfrac{1}{2}H_2$$

Natriumacetylid bildet sich auch, wenn man Acetylen in eine verdünnte Lösung von Natrium in flüssigem Ammoniak oder in eine Lösung von Natriumamid in flüssigem Ammoniak einleitet.

$$HC{\equiv}CH + NaNH_2 \longrightarrow [HC{\equiv}C^-]Na^+ + NH_3$$

Leitet man Acetylen bei 190—220° in Natrium ein oder erhitzt man Natriumacetylid auf diese Temperatur, so bildet sich Natriumcarbid.

$$HC{\equiv}CH + 2\,Na \text{ (bei } 190{-}220°) \longrightarrow Na^+[^-C{\equiv}C^-]Na^+ + H_2$$

$$2\,[HC{\equiv}C^-]Na^+ \xrightarrow{\text{Erhitzen auf } 200°} Na_2C_2 + C_2H_2$$

Acetylen reagiert in wäßrig-ammoniakalischer Lösung leicht mit Silbernitrat oder Kupfer(I)-chlorid unter Bildung wasserunlöslicher Carbide.

$$HC{\equiv}CH + 2\,Ag(NH_3)_2NO_3 \longrightarrow Ag_2C_2 + 2\,NH_4NO_3 + 2\,NH_3$$

$$HC{\equiv}CH + 2\,Cu(NH_3)_2Cl \longrightarrow Cu_2C_2 + 2\,NH_4Cl + 2\,NH_3$$

Verbindungen des Typus $RC{\equiv}CH$ ergeben Acetylide $[RC{\equiv}C^-]Ag^+$ und $[RC{\equiv}C^-]Cu^+$, während Verbindungen des Typus $RC{\equiv}CR$ nicht reagieren. Diese Reaktionen sind nützlich zur Unterscheidung von Acetylen und monosubstituierten Acetylenen von Olefinen und disubstituierten Acetylenen.

Die Schwermetallcarbide sind thermodynamisch instabil und können in trocknem Zustand in der Wärme oder auf Schlag explodieren; es entsteht das Metall und Kohlenstoff. Silbercarbid z. B. explodiert bei 140—150°. Natriumcarbid dagegen ist bis 400° stabil, und Calciumcarbid, das im elektrischen Ofen hergestellt wird, schmilzt bei 2300°, ohne sich zu zersetzen.

Die Acetylide und Carbide sind Salze der sehr schwachen Säure Acetylen und werden daher von Wasser hydrolysiert.

$$[HC{\equiv}C^-]\,Na^+ + H_2O \longrightarrow NaOH + C_2H_2$$

$$Ca^{++}[^-C{\equiv}C^-] + 2\,H_2O \longrightarrow Ca(OH)_2 + C_2H_2$$

Zur Zersetzung der Schwermetallsalze ist eine Mineralsäure erforderlich.

$$Ag_2C_2 + 2\,HNO_3 \longrightarrow 2\,AgNO_3 + C_2H_2$$

Acetylenischer Wasserstoff (der Wasserstoff in $HC{\equiv}CH$ oder $RC{\equiv}CH$) ist in solchem Grade saurer als Alkanwasserstoff (Wasserstoff in RCH_3), daß er aus Alkyl-Grignard-Verbindungen unter Bildung von Acetylen-Grignard-Verbindungen die Alkane freizusetzen vermag.

$$RC{\equiv}CH + R'MgX \longrightarrow RC{\equiv}CMgX + R'H$$

Da die Grignard-Verbindungen eine Vielzahl von Reaktionen eingehen, sind die Acetylen-Grignard-Verbindungen wertvoll zur Darstellung weiterer Verbindungen, die eine Dreifachbindung enthalten.

Die Acidität von Äthylen liegt zwischen der von Acetylen und Äthan, wobei allerdings der Unterschied zwischen Äthylen und Äthan kleiner ist als der zwischen Acetylen und Äthylen. Es ist von Interesse, daß die wachsende Acidität mit einer Änderung der Bindungsart von sp^3—s zu sp^2—s zu sp—s (S. 12) parallel geht. Wenn auch dieser Zusammenhang nur eine andere Art ist zu sagen, Äthylen sei saurer als Äthan und Acetylen saurer als Äthylen, so ergibt sich daraus doch eine Verallgemeinerung, die sich auf die Wasserstoff-Stickstoff-Bindung und die Wasserstoff-Sauerstoff-Bindung erstreckt (S. 263). Quantenmechanische Rechnungen zeigen, daß ein Atom, das durch eine Dreifachbindung an ein anderes gebunden ist, dazu neigt, ein viertes Elektronenpaar in seiner Umgebung zu lokalisieren. Es wird also weniger leicht eine kovalente Bindung zu einem zweiten Atom ausbilden als ein Atom, das nur über einfache oder doppelte Bindungen an andere gebunden ist. Mit anderen Worten, das bastardisierte sp-orbital, das zur Bindung mit Wasserstoff zur Verfügung steht, hat mehr s-Charakter als ein sp^3- oder sp^2-orbital, und das Elektronenpaar der sp—s-Bindung wird stärker am Kohlenstoffkern festgehalten als bei sp^3—s- oder sp^2—s-Bindungen.

Technische Darstellung und Verwendung von Acetylen

Acetylen ist die einzige technisch wichtige Verbindung der Reihe. Viel billiger als nach einer der allgemeinen Darstellungsmethoden wird es aus Koks über das Calciumcarbid oder aus Erdgas hergestellt.

$$3\,C + CaO \xrightarrow[2000°]{\text{Elektrischer Ofen}} CaC_2 + CO$$
$$\text{Koks} \quad \text{Kalk} \qquad\qquad\qquad \text{Calciumcarbid}$$

$$CaC_2 + 2\,H_2O \longrightarrow HC\equiv CH + Ca(OH)_2$$

Erhitzt man Methan auf sehr hohe Temperaturen, so entsteht neben anderen Produkten Acetylen.

$$2\,CH_4 \rightleftarrows C_2H_2 + 3\,H_2 - 95,5\ \text{kcal}$$

Ist die Zeit, in der das Gas der hohen Temperatur (1400—1600°) ausgesetzt ist, sehr kurz (0,1 bis 0,01 Sekunden), und werden die Reaktionsprodukte schnell genug abgekühlt, so kann man eine ziemlich hohe Acetylenausbeute erzielen. Viele Verfahren wurden entwickelt mit dem Ziel, diese Bedingungen zu erfüllen, z. B. Durchleiten von Methan durch einen elektrischen Bogen oder über ein hocherhitztes, widerstandsfähiges Material. Das Verfahren, das 1955 in den Vereinigten Staaten am erfolgreichsten arbeitete, wurde in Deutschland entwickelt. Die nötige Wärme wird durch partielle Verbrennung von Methan mit Sauerstoff gewonnen. Erdgas und 95% Sauerstoff werden getrennt auf 600° vorgeheizt, vermischt und in einem Spezialbrenner gezündet; die Produkte werden sofort durch versprühtes Wasser gekühlt. Die abgekühlten Gase werden komprimiert, und das Acetylen wird in Wasser absorbiert, aus dem es mit einer Reinheit von 99,8% wiedergewonnen werden kann. Die restlichen Gase bestehen aus Kohlenmonoxyd und Wasserstoff im Verhältnis 7:15, einer guten Zusammensetzung zur Synthese von Methanol (S. 94).

Der einleitende Schritt bei der Zersetzung von Methan ist die Bildung von Methylradikalen und Wasserstoffatomen. Die Methylradikale können zu Äthan, Äthylen und Acetylen führen. Die Kombination der Wasserstoffatome ergibt molekularen Wasserstoff.

$$CH_4 \; \rightleftarrows \; CH_3\cdot + H\cdot$$
$$2\,CH_3\cdot \; \rightleftarrows \; CH_3CH_3$$
$$CH_3CH_3 \; \rightleftarrows \; CH_3CH_2\cdot + H\cdot$$
$$CH_3CH_2\cdot \; \rightleftarrows \; CH_2{=}CH_2 + H\cdot$$
$$CH_2{=}CH_2 \; \rightleftarrows \; CH_2{=}CH\cdot + H\cdot$$
$$CH_2{=}CH\cdot \; \rightleftarrows \; CH{\equiv}CH + H\cdot$$
$$2\,H\cdot \; \rightleftarrows \; H_2$$

Während bei 25° Äthan stabiler als Äthylen und dieses stabiler als Acetylen ist — bei 1000° sind die Verhältnisse etwa gleich —, kehrt sich bei noch höheren Temperaturen die Reihenfolge um.

Acetylen ist ein farbloses Gas, das bei —84° siedet. Das Rohprodukt aus Calciumcarbid und Wasser hat einen knoblauchartigen Geruch durch die Anwesenheit von Phosphin. Acetylen kann man nicht gefahrlos verflüssigen, da es thermodynamisch instabil ist und bei Erschütterungen unter Bildung der Elemente explodiert.

$$C_2H_2 \; \longrightarrow \; 2\,C + H_2 + 56\ kcal.$$

Man hat Verfahren entwickelt, nach denen man Acetylen bis zu Drucken von 30 Atmosphären gefahrlos handhaben kann. Jede Berührung mit Kupfer oder Kupferlegierungen muß vermieden werden, und der tote Raum muß auf ein Minimum beschränkt werden. Keinerlei Druckleitungen haben mehr als 35 mm Durchmesser, alle größeren Leitungen sind aus kleinen Röhren zusammengesetzt. Höhere Drucke kann man ohne Explosionsgefahr anwenden, wenn man ein inertes Gas wie Wasserdampf oder Stickstoff beifügt.

Bei Atmosphärendruck lösen sich von Acetylen ein Volumen in einem Volumen Wasser, vier Volumina in einem Volumen Benzol (S. 69), sechs Volumina in einem Volumen Äthanol, fünfundzwanzig Volumina in einem Volumen Aceton (S. 234) und dreiunddreißig Volumina in einem Volumen Methylsulfoxyd (S. 297). Bei zwölf Atmosphären lösen sich 300 Volumina in einem Volumen Aceton. Da diese Lösung stabil ist, transportiert man Acetylen in Druckgefäßen, die mit einem porösen, mit Aceton gesättigten Material gefüllt sind.

Verwendung. Früher benutzte man Acetylen für Beleuchtungszwecke. Bei Verwendung besonderer Brenner, in denen es mit der richtigen Menge Luft vermischt wird, brennt Acetylen mit intensiver weißer Flamme. Bei der Zersetzung des Gases entstehen Kohlenstoffpartikel, die bei der hohen Flammentemperatur weiße Inkandeszenz zeigen. Man hat daher Acetylen auch dem Leuchtgas beigemischt, um die Leuchtkraft der Flamme zu verstärken. 1954 wurden in den USA von 270 Mill. kg Acetylen 45% zum Schweißen, Schneiden und Reinigen von Eisen und Stahl verwendet. Man benutzt dazu eine Sauerstoff-Acetylen-Flamme, die eine Temperatur von etwa 2800° hat.

Auf Grund der Verbrennungswärmen von Äthan, Äthylen und Acetylen könnte man meinen, Äthan ergebe die höchste Temperatur.

$$C_2H_6 + 3\tfrac{1}{2}\,O_2 \; \longrightarrow \; 2\,CO_2 + 3\,H_2O + 373\ kcal$$
$$C_2H_4 + 3\,O_2 \; \longrightarrow \; 2\,CO_2 + 2\,H_2O + 337\ kcal$$
$$C_2H_2 + 2\tfrac{1}{2}\,O_2 \; \longrightarrow \; 2\,CO_2 + H_2O + 317\ kcal$$

In Wirklichkeit liefert Acetylen die heißeste Flamme, da die geringste Menge Sauerstoff zur Verbrennung eines gegebenen Volumens Kohlenwasserstoff erforderlich ist und daher die geringste Menge Wärme benötigt wird, um die Gase von Raumtemperatur auf die Temperatur der Flamme zu erhitzen. Die Temperaturen dieser Flammen wären noch viel höher, wenn die Reaktionen bis zum Ende ablaufen würden. Bei 2800° zerfällt Wasser in Wasserstoff und Sauerstoff, Kohlendioxyd in Kohlenmonoxyd und Sauerstoff, wahrscheinlich im Ausmaß von 20—25%.

Etwa 55% des hergestellten Acetylens wurden zur Darstellung anderer organischer Chemikalien verwendet. Acetylendichlorid und Acetylentetrachlorid gewinnt man durch Anlagerung von Chlor an Acetylen; sie dienen als Lösungsmittel und zur Synthese anderer Verbindungen (S. 764). Die katalytische Wasseranlagerung ergibt Acetaldehyd, aus dem man Essigsäure und eine große Zahl anderer organischer Verbindungen herstellen kann (S. 233). Die katalytische Anlagerung von Essigsäure führt zu Vinylacetat (S. 778), die Anlagerung von Alkoholen zu Vinyläthern (S. 779), die zur Erzeugung von Kunststoffen und anderen wichtigen Produkten dienen. Die Anlagerung von Blausäure ergibt Acrylnitril (S. 831), ein Ausgangsmaterial zur Herstellung von synthetischen Fasern (S. 832) und synthetischem Kautschuk (S. 759). Auch Vinylacetylen (S. 760) und Butadien-(1.3) (S. 756) sind Ausgangsmaterialien für synthetischen Kautschuk und werden aus Acetylen synthetisiert.

Während des zweiten Weltkrieges wurde in Deutschland Äthylen durch katalytische Reduktion von Acetylen hergestellt, und zwar etwa 3000 Tonnen im Monat. Wieweit die deutsche chemische Industrie auf Acetylen basierte, kann man ermessen durch Vergleich der statistisch erfaßten Produktion von 450000 Tonnen in Deutschland im Jahre 1943 gegenüber 186000 Tonnen 1944 in den Vereinigten Staaten.

Wiederholungsfragen

1. Man fasse die bisher besprochenen allgemeinen Methoden zur Synthese von Alkanen zusammen.

2. Dasselbe für die Alkene.

3. Man vergleiche die allgemeinen Darstellungsmethoden für Olefine mit denen für Acetylene.

4. Man vergleiche die Reaktionen der Alkine, Alkene und Alkane.

5. Man bespreche die technischen Darstellungsverfahren und die technische Verwendung von Acetylen.

Aufgaben

6. Man schreibe die Strukturformeln für die Glieder folgender Verbindungsgruppen und benenne jede Verbindung: (*a*) Alkine mit der Summenformel C_6H_{10}; (*b*) Dialkylacetylene mit der Summenformel C_7H_{12}; (*c*) Äthylacetylene und Propylacetylene mit der Summenformel C_8H_{14}.

7. Man gebe für folgende Darstellungen Reaktionen an:

A. (*a*) 2.3-Dimethyl-butan aus einem Alkylhalogenid mit drei Kohlenstoffatomen; (*b*) 3-Methyl-penten-(1) aus einem Dihalogenid; (*c*) n-Heptan aus einem Alkylhalogenid; (*d*) Isobutylen aus einem Alkohol.

B. (*a*) Isopentan aus einem Alkylhalogenid; (*b*) 3.4-Dimethyl-hexan aus einem Alkylhalogenid mit vier Kohlenstoffatomen; (*c*) 4-Methyl-penten-(2) aus einem Dihalogenid; (*d*) Neohexan aus einem Olefin.

C. (*a*) n-Octan aus einem Alkylhalogenid mit vier Kohlenstoffatomen; (*b*) Hexadecan aus einem Alkylhalogenid; (*c*) Tetramethyläthylen aus einem Dihalogenid; (*d*) Trimethyläthylen aus einem Alkohol.

8. Man gebe Reaktionen für folgende Synthesen:

A. (*a*) Pentin-(1) aus n-Propylbromid; (*b*) 2.2-Dibrom-butan aus Äthylacetylen; (*c*) Hexen-(3) aus Hexin-(3); (*d*) Butin-(2) aus Acetylen.

B. (*a*) Butin-(1) aus Acetylen; (*b*) 3.3-Dibrom-hexan aus Hexin-(3); (*c*) Hexin-(3) aus Äthyljodid; (*d*) 3-Methyl-buten-(1) aus Isopropylacetylen.

C. (*a*) Methyläthylacetylen aus Propin; (*b*) 2.5-Dimethyl-3.3-dibrom-hexan aus Isopropylacetylen; (*c*) Octin-(4) aus Acetylen; (*d*) Isopentan aus 3-Methyl-butin-(1).

9. Zur Ausführung folgender Umwandlungen gebe man Reaktionsfolgen an:

A. (*a*) Penten-(1) in Penten-(2); (*b*) Äthyl-sek.-butylcarbinol in 3-Methyl-hexan; (*c*) n-Hexylbromid in Hexin-(1); (*d*) Isobutylalkohol in 2.5-Dimethyl-hexan; (*e*) 2.3-Dibrom-butan in 2.2-Dibrom-butan.

B. (*a*) Tert.-Amylchlorid in Dimethyläthylmethan; (*b*) sek.-Butylalkohol in Butin-(2); (*c*) Äthylacetylen in sek.-Butylbromid; (*d*) 3-Methyl-buten-(1) in Trimethyläthylen; (*e*) Penten-(1) in 4.5-Dimethyl-octan.

C. (*a*) Propylen in 3-Methyl-butin-(1); (*b*) 2.3-Dimethyl-buten-(1) in 2.3-Dimethyl-buten-(2); (*c*) n-Hexylalkohol in n-Dodecan; (*d*) 1.2-Dibrom-pentan in 2-Brom-pentan; (*e*) Octanol-(2) in n-Octan.

10. Wie kann man mit chemischen Mitteln zwischen folgenden Gruppen von Gasen unterscheiden, ohne dabei auf quantitative Bestimmungen zurückzugreifen: (*a*) Äthylchlorid, Butan oder Butin-(2); (*b*) Propan, Propen oder Propin; (*c*) Äthylacetylen, Isobutan oder Dimethylacetylen.

11. Man beschreibe ein Verfahren, wie man mit Hilfe chemischer Reaktionen die Komponenten folgender Gemische in relativ reiner Form erhalten kann: (*a*) Äthan, Äthylen und Acetylen; (*b*) Methylchlorid, Butin-(2) und Butin-(1); (*c*) Pentin-(1), Pentin-(2) und Pentan; (*d*) Äthylacetylen, Diäthylacetylen und Hexen-(3).

Kapitel 8

Äther

Die einfachsten Äther haben die allgemeine Formel $C_nH_{2n+2}O$ und sind daher mit den Alkoholen isomer. Anders als bei den Alkoholen ist kein Äther mit nur einem Kohlenstoffatom bekannt; das erste Glied der Reihe hat die Summenformel C_2H_6O. Teilt man die Formel CH_3CH_2OH dem Äthylalkohol zu, so gibt es nur eine einzige Strukturmöglichkeit für die isomere Verbindung, nämlich diejenige, in der das Sauerstoffatom mit zwei Kohlenstoffatomen verbunden ist. Also muß der einfachste Äther die Gruppierung C—O—C enthalten. Verteilt man die Wasserstoffatome auf die beiden Kohlenstoffatome zur Verbindung CH_3OCH_3, so sind alle Valenzregeln erfüllt. Die allgemeine Formel für die Äther ist dann ROR. Die Darstellungsmethoden und die chemischen Eigenschaften der Äther bestätigen diese Struktur.

Nomenklatur

Der Name *Äther* (griech. *aither*, der Stoff, der den Himmelsraum erfüllt) wurde dem Äthyläther auf Grund seiner Flüchtigkeit gegeben. Die Äther werden allgemein in zwei Gruppen eingeteilt, die einfachen Äther ROR, in denen beide R-Gruppen gleich sind, und die gemischten Äther ROR', in denen die R-Gruppen verschieden sind. Sie werden gewöhnlich in der Weise benannt, daß man die Alkylgruppen aufführt und das Wort -äther zufügt. Bei den einfachen Äthern verzichtet man meist auf die Angabe, daß zwei Alkylgruppen dem Molekül angehören;

$(CH_3)_2O$ heißt Methyläther, $CH_3OC_2H_5$ Methyläthyläther, und $(C_2H_5)_2O$ heißt Äthyläther[1].

Die Gruppe RO heißt *Alkoxylgruppe*, während sie als Substituent *Alkoxy-* genannt wird. Nach der Genfer Nomenklatur werden die Äther als Alkoxyderivate von Kohlenwasserstoffen bezeichnet. Methyläther heißt Methoxymethan und Methyläthyläther Methoxyäthan. Jedoch bedient man sich dieser Nomenklatur meist nur dann, wenn noch andere funktionelle Gruppen zugegen sind. Zum Beispiel kann $CH_3OCH_2CH_2CH_2OH$ 3-Methoxy-propanol-(1) genannt werden.

Physikalische Eigenschaften

Da die Äther keinen an Sauerstoff gebundenen Wasserstoff enthalten, zeigen die Moleküle keine Neigung, sich über Wasserstoffbrücken zu assoziieren, und die Siedepunkte sind fast normal. Methyläther siedet bei $-24°$, Propan bei $-42°$; Methyläthyläther siedet bei $6°$, n-Butan bei $-0,5°$; Äthyläther siedet bei $35°$, n-Pentan bei $36°$.

Die Äther haben jedoch einsame Elektronenpaare am Sauerstoff und können mit Wassermolekülen Wasserstoffbrücken ausbilden. Erwartungsgemäß sind die Löslichkeiten in Wasser ungefähr dieselben wie die der Alkohole mit der gleichen Kohlenstoffzahl. Eine bei $25°$ gesättigte Lösung von Äthyläther in Wasser enthält 6 Gewichtsprozent Äther, und eine bei $25°$ gesättigte Lösung von n-Butylalkohol enthält $7,5$ Gewichtsprozent des Alkohols. Wasser ist in beiden löslich, aber bei $25°$ in Äther nur zu $1,5\%$, in n-Butylalkohol dagegen zu 26%.

Darstellung

Die Äther stellt man gewöhnlich nach einem der beiden folgenden Verfahren dar.

1. Die Synthese nach WILLIAMSON[2]. Diese Methode beruht auf der Reaktion eines Metallalkoholats mit einem Alkylhalogenid.

$$RONa + XR' \longrightarrow ROR' + NaX$$

Die Reaktion kann zur Herstellung gemischter wie einfacher Äther herangezogen werden, denn sie ist nicht reversibel. Die Reaktion ist auch deshalb wichtig, weil sie für die Äther einen Strukturbeweis durch Synthese gibt. Eine Alkylgruppe ersetzt das Natrium eines Alkoholats, das seinerseits durch Verdrängung des Wasserstoffs einer alkoholischen Hydroxylgruppe durch Natrium entstanden ist. Daher muß ein Äther zwei Alkylgruppen aufweisen, die durch Sauerstoff miteinander verbunden sind. Den Alkylhalogeniden ähnlich verhalten sich bei

---

[1] Es ist nicht notwendig, CH_3OCH_3 Dimethyläther zu nennen, denn der Name Methyläther ist unzweideutig, ebenso wie Natriumsulfat für Na_2SO_4, Magnesiumchlorid für $MgCl_2$, Äthylenchlorid für das Additionsprodukt von Chlor an Äthylen (S. 56). Die gleiche Überlegung gilt auch für die später zu behandelnden Verbindungsklassen der Ketone (S. 205), Sulfide (S. 291), Sulfoxyde und Sulfone (S. 299), Polycarbonsäureester (S. 836) und Alkylperoxyde (S. 922).

[2] ALEXANDER WILLIAM WILLIAMSON (1824—1904), Professor am University College in London. Mit der Synthese des Äthyläthers im Jahre 1850 klärte er die Verwirrung, die damals mit Bezug auf die Konstitution der Alkohole und Äther herrschte. Er war auch der erste, der Orthoester (S. 182) synthetisierte, und der dem Aceton (S. 205) die richtige Struktur zuerteilte.

Verdrängungsreaktionen die Alkylsulfate; diese können daher ebenfalls zur Darstellung von Äthern verwendet werden.

$$RONa + (R'O)_2SO_2 \longrightarrow ROR' + NaSO_3OR'$$

2. Das Schwefelsäure-Verfahren. Alkylschwefelsäuren reagieren mit Alkoholen unter Bildung von Äthern. Daher kann man Äther aus Alkoholen durch Reaktion mit Schwefelsäure darstellen.

$$ROH + H_2SO_4 \rightleftharpoons ROSO_3H + H_2O$$

$$ROSO_3H + HOR \rightleftharpoons ROR + H_2SO_4$$

Diese Reaktion wird ausgeführt, indem man Alkohol und konzentrierte Schwefelsäure im gleichen Molverhältnis mischt und auf eine Temperatur erhitzt, die ausreicht, um eine schnelle Reaktion mit dem Alkohol zu erreichen, aber tiefer liegt als die Temperatur, die für eine merkliche Zersetzung der Alkylschwefelsäure zum Alken erforderlich ist (S. 108). Bei weiterer Zugabe von Alkohol zu dem Gemisch destilliert der Äther über. Die besten Ausbeuten an Äther erhält man mit primären Alkoholen, da diese am wenigsten leicht zu Olefinen dehydratisiert werden. Je flüchtiger der Äther ist, desto leichter kann er aus dem Reaktionsgemisch entfernt werden. Siedet der Äther oberhalb der Temperatur, bei der sich die Alkylschwefelsäure zum Olefin zersetzt, so muß der Äther unter vermindertem Druck abdestilliert werden. — Es ist nicht möglich, ditertiäre Äther nach einem der beiden beschriebenen Verfahren darzustellen, denn die Natriumalkoholate spalten aus tert.-Alkylhalogeniden Halogenwasserstoff ab, und Mineralsäuren dehydratisieren die tertiären Alkohole unter Bildung der Olefine.

Den Gleichungen zufolge könnte man annehmen, daß die Schwefelsäuremethode zur Darstellung gemischter Äther verwendet werden kann, indem man aus einem Alkohol die Alkylschwefelsäure bereitet und das Produkt mit einem zweiten Alkohol reagieren läßt. Nun reagiert zwar der zweite Alkohol, und es bildet sich eine gewisse Menge des gemischten Äthers, aber er ist stets von großen Mengen der beiden einfachen Äther begleitet, da die betreffenden Reaktionen leicht umkehrbar sind.

Zur Bildung des Äthers ist es nicht notwendig, daß die Alkylschwefelsäure als Zwischenprodukt gebildet wird. Wie bei der Dehydratisierung von Alkoholen hat es sich gezeigt, daß jede starke Säure, wie Salzsäure oder die Sulfonsäuren (S. 494), ja sogar jeder starke Elektronenacceptor, wie Zinkchlorid oder Bortrifluorid, die Ätherbildung katalysiert. Es hat sich weiter gezeigt, daß Chlorwasserstoff die Ätherbildung unter Bedingungen katalysiert, die sonst nicht zur Ätherbildung aus Äthylchlorid und Äthanol führen. Allgemein ist der Mechanismus zweifellos der einer Säurekatalyse und Verdrängung.

$$
\overset{\textstyle H}{\underset{\displaystyle R:\overset{\cdot\cdot}{\underset{\cdot\cdot}{O}}:}{}}
\;\;\underset{[B^-]}{\overset{HB}{\rightleftharpoons}}\;\;
\left[R:\overset{\overset{\textstyle H}{\cdot\cdot}}{\underset{\underset{\textstyle +}{\cdot\cdot}}{O}}:H \right]
\;\;\underset{H_2O}{\overset{ROH}{\rightleftharpoons}}\;\;
\left[R:\overset{\overset{\textstyle +}{\cdot\cdot}}{\underset{\underset{\textstyle H}{\cdot\cdot}}{O}}:R \right]
\;\;\underset{HB}{\overset{[B^-]}{\rightleftharpoons}}\;\;
R:\overset{\cdot\cdot}{\underset{\cdot\cdot}{O}}:R
$$

In der voranstehenden Formelreihe und den später folgenden Reaktionsgleichgewichten, die stufenweise Mechanismen erläutern, ist eine Konvention übernommen, die das doppelte Schreiben von Gleichungen erspart. Das Reagens wird über den Doppelpfeil geschrieben, das bei der Reaktion entstehende Nebenprodukt unter den Doppelpfeil. Die obenstehende Reaktionsgleichung sagt folgendes aus: Ein Alkoholmolekül entnimmt der Säure HB ein Proton, wobei die Base $[B^-]$ freigesetzt wird. Das Zwischenprodukt, ein Alkoxoniumion, verliert beim Zusammenstoß mit einem weiteren Molekül Alkohol Wasser und bildet das Äther-Oxonium-Ion, das mit der Base [B$^-$] reagiert, dabei die Säure zurückbildet und Äther ergibt. Bei der Reaktion in umgekehrter Richtung bedeutet die Substanz unterhalb der Pfeile das Reagens, während das Nebenprodukt oberhalb steht. Man liest dann so: Bei der säurekatalysierten Hydrolyse von Äthern überträgt ein Säuremolekül HB ein Proton auf das Äthermolekül, wobei sich ein Äther-Oxonium-Ion bildet und die Base [B$^-$] eliminiert wird. Das Äther-Oxonium-Ion reagiert mit einem Wassermolekül unter Bildung des Alkohol-Oxonium-Ions und Eliminierung eines Alkoholmoleküls. Das Alkohol-Oxonium-Ion überträgt ein Proton auf die Base [B$^-$], wobei ein Molekül Alkohol gebildet und die Säure HB regeneriert wird. Man sieht, daß die Zwischenprodukte in den eckigen Klammern verschwinden und die Reagentien und Zwischenprodukte, die oberhalb und unterhalb der Pfeile stehen, sich gegenseitig aufheben. Die resultierende Reaktion ist also

$$ROH + ROH \rightleftharpoons ROR + H_2O$$

Beim Schwefelsäure-Verfahren ist die Ätherbildung möglicherweise das Ergebnis zweier verschiedener Reaktionen, die gleichzeitig ablaufen. Der direktere Weg wäre der für Säuren allgemein anzunehmende. Der zweite Weg wäre der über die Alkylschwefelsäure (S. 107) als Zwischenprodukt.

$$R : OSO_3H \quad \overset{ROH}{\underset{[\bar{O}SO_3H]}{\rightleftharpoons}} \quad \left[R : \overset{+}{\overset{..}{\underset{..}{O}}} : R \atop H \right] \quad \overset{[\bar{O}SO_3H]}{\underset{H_2SO_4}{\rightleftharpoons}} \quad R : \overset{..}{\underset{..}{O}} : R$$

Äther erhält man als Nebenprodukte bei der Fabrikation von Alkoholen aus Olefinen (S. 101). Da die Reaktionen, bei denen Äther aus Alkoholen in Gegenwart von Säuren entstehen, reversibel sind (s. o.), geht alles, was nicht gewinnbringend verkauft werden kann, in den Prozeß zurück. Die direkte Darstellung aus Olefinen ist besonders zweckmäßig bei Äthern, die eine tertiäre Alkylgruppe haben. In diesem Fall reagiert das Olefin mit einem primären Alkohol in Gegenwart von Schwefelsäure.

$$\underset{\underset{CH_3}{|}}{CH_3C} {=} CH_2 + HOC_2H_5 \quad \overset{H_2SO_4}{\rightleftharpoons} \quad (CH_3)_3COC_2H_5$$
$$\text{Äthyl-tert.-butyläther}$$

Tert.-Butyläther ist der einzige bekannte ditertiäre Alkyläther. Er wurde dargestellt durch Behandeln von tert.-Butylchlorid mit wasserfreiem Silbercarbonat.

$$2\,(CH_3)_3CCl + Ag_2CO_3 \longrightarrow (CH_3)_3C{-}O{-}C(CH_3)_3 + 2\,AgCl + CO_2$$

Die Reaktion von Schwefelsäure mit einem Alkohol ist ein gutes Beispiel dafür, wie der Verlauf einer organischen Reaktion durch die Bedingungen beeinflußt werden kann. Bei Raumtemperatur ist die Hauptreaktion die Bildung des Oxoniumsalzes.

$$C_2H_5OH + H_2SO_4 \quad \rightleftharpoons \quad \left[C_2H_5\overset{+}{O}H_2 \right]\left[\bar{S}O_4H \right]$$

Wird Äthylalkohol mit einem Überschuß an Schwefelsäure erwärmt, so bildet sich Äthylschwefelsäure.

$$C_2H_5OH + H_2SO_4 \quad \rightleftharpoons \quad C_2H_5OSO_3H + H_2O$$

Wird Äthylschwefelsäure bis zum Zersetzungspunkt (oberhalb 150°) erhitzt, so bildet sich Äthylen.

$$C_2H_5OSO_3H \quad \rightleftharpoons \quad CH_2{=}CH_2 + H_2SO_4$$

Läßt man Schwefelsäure mit einem Überschuß von Alkohol reagieren und erhitzt das Gemisch unter vermindertem Druck, so geht Diäthylsulfat (S. 113) über.

$$C_2H_5OSO_3H + C_2H_5OH \rightleftharpoons (C_2H_5)_2SO_4 + H_2O$$

Erhitzt man Äthylschwefelsäure auf 140—150° und gibt unter die Oberfläche Alkohol zu, so destilliert Äthyläther.

$$C_2H_5OSO_3H + C_2H_5OH \rightleftharpoons (C_2H_5)_2O + H_2SO_4$$

Da diese Reaktionen alle reversibel sind, stehen alle Reagentien und Reaktionsprodukte im Gleichgewicht miteinander. Zur Darstellung einer bestimmten Verbindung müssen die optimalen Bedingungen gewählt werden, damit die Ausbeute nicht durch unerwünschte Verbindungen beeinträchtigt wird.

Reaktionen

Äther sind relativ reaktionsträge. Auf Grund der unanteiligen Elektronen am Sauerstoffatom können die Äther mit jeder starken Säure HB Oxoniumsalze bilden; ebenso bilden sich Additionskomplexe mit jedem Molekül, in welchem einem Atom ein Elektronenpaar in seiner Valenzschale fehlt.

$$R:\overset{..}{\underset{..}{O}}: + HB \rightleftharpoons \left[R:\overset{\overset{+}{..}}{\underset{..}{O}}:H \right][B^-]$$
$$R \qquad\qquad R$$

$$+ BF_3 \rightleftharpoons R:\overset{..}{O}:BF_3$$
$$R$$

$$R$$
$$R:\overset{..}{O}:$$
$$+ MgX_2 \rightleftharpoons X:\overset{..}{\underset{..}{Mg}}:\overset{..}{\underset{..}{O}}:R$$
$$X \quad R$$

$$R$$
$$R:\overset{..}{O}:$$
$$+ RMgX \rightleftharpoons R:\overset{..}{\underset{..}{Mg}}:\overset{..}{\underset{..}{O}}:R$$
$$X \quad R$$

Auf Grund der zuletzt angeführten Reaktion löst Äther Alkylmagnesiumhalogenide und wird bei der Darstellung von Grignard-Verbindungen als Lösungsmittel benutzt. Nicht alle Äther sind geeignete Lösungsmittel, da die Komplexe in manchen Fällen, z. B. im Fall des Isopropyläthers und des Dioxans (S. 677), in einem Überschuß des Lösungsmittels unlöslich sind.

Alle anderen Reaktionen der Äther gehen mit einer Spaltung der Kohlenstoff-Sauerstoff-Bindung einher. Da die Reagentien, die die Kohlenstoff-Sauerstoff-Bindung der Äther aufsprengen können, ebensogut die Kohlenstoff-Sauerstoff-Bindung der Alkohole aufzusprengen vermögen, folgt der Anfangsreaktion oft eine zweite, die zum Endprodukt führt.

$$ROR \; \xrightarrow[]{H_2SO_4} \; ROSO_3H + ROH \; \xrightarrow[]{H_2SO_4} \; 2\,ROSO_3H + H_2O$$

$$ROR \; \xrightarrow[]{HBr} \; RBr + ROH \; \xrightarrow[]{HBr} \; 2\,RBr + H_2O$$

$$ROR + AlCl_3 \; \longrightarrow \; ROAlCl_2 + RCl$$

Die Reaktion von Äthern und anderen Alkoxylgruppen enthaltenden Verbindungen mit Jodwasserstoff ist wichtig, hauptsächlich weil sie die Grundlage des *Verfahrens zur Bestimmung von Methoxyl und Äthoxyl nach* ZEISEL ist. Die an Sauerstoff gebundenen Methyl- oder Äthylgruppen werden in flüchtiges Methyl- bzw. Äthyljodid umgewandelt und überdestilliert. Die Alkyljodidmenge im Destillat wird bestimmt durch Umsetzung mit alkoholischer Silbernitratlösung und gravimetrische Bestimmung des Silberjodidniederschlages. Durch eine *Modifikation von* VIEBOECK *und* SCHWAPPACH wird die Genauigkeit der Bestimmung erheblich vergrößert. Das Alkyljodid wird in einer Lösung von Brom und Kaliumacetat in Eisessig absorbiert, die das Jodid in Jodat umwandelt

$$RJ + Br_2 \; \longrightarrow \; RBr + JBr$$

$$JBr + 2\,Br_2 + 3\,H_2O \; \longrightarrow \; HJO_3 + 5\,HBr$$

Den Bromüberschuß zerstört man durch Zugabe von Ameisensäure. Auf Zugabe von Kaliumjodid und Ansäuern werden sechs Atome Jod für jedes ursprünglich im Alkyljodid vorhandene Jodatom frei, oder sechs Atome Jod je Alkoxylgruppe.

$$HJO_3 + 5\,HJ \; \longrightarrow \; 3\,J_2 + 3\,H_2O$$

Das Jod wird mit eingestellter Thiosulfatlösung titriert.

Eine Reaktion der Äther, die keine präparative Bedeutung hat, an die man aber wegen ihrer potentiellen Gefährlichkeit stets denken muß, ist die Absorption von Luftsauerstoff unter Bildung von Peroxyden (S. 932).

$$R_2O + O_2 \; \longrightarrow \; R_2O_3$$

Diese Peroxyde sind instabil und zersetzen sich beim Erhitzen mit großer Heftigkeit. Es wurde von einem Fall berichtet, in dem ein Gefäß mit Isopropyläther, der eine Zeitlang der Luft ausgesetzt war, beim Bewegen explodierte. Daher soll man Äther nicht unnötig der Luft aussetzen und vor Gebrauch immer erst auf Peroxyde prüfen, besonders vor der Destillation (vgl. S. 932).

Verwendung von Äthern

Methyläther siedet bei $-24°$ und kann bei tiefen Temperaturen als Lösungs- und Extraktionsmittel verwendet werden, ferner als Treibmittel für Aerosol-Sprays. **Äthyläther** wurde in unreiner Form schon im sechzehnten Jahrhundert nach dem Schwefelsäureverfahren dargestellt und enthielt gewöhnlich Schwefel als Verunreinigung; erst um 1800 wurde bewiesen, daß der Schwefel nicht Bestandteil des Äthermoleküls ist. Seit 1846 wird Äther als Allgemeinanaestheticum verwendet[1], und er ist als solches bis heute von keinem anderen Mittel verdrängt worden. Ferner wird Äther als Lösungsmittel für Fette benutzt. Im Laboratorium findet Äther vielfach Anwendung als Lösungsmittel zur Extraktion organischer Verbindungen aus wäßrigen Lösungen, ohne immer das beste Lösungsmittel für

---

[1] Ein Allgemeinanaestheticum wirkt auf das Gehirn und bewirkt sowohl Bewußtlosigkeit als auch Schmerzunempfindlichkeit. Bei der Lokalanaesthesie und bei der Rückenmarksanaesthesie werden nur Teile des Körpers unempfindlich, und der Patient bleibt bei Bewußtsein.

diesen Zweck zu sein. Äther ist sehr leicht entflammbar und sehr leicht löslich in stark sauren Lösungen. Überdies emulgiert er leicht und erschwert so die Trennung von Äther- und Wasserschicht. Endlich enthält er gewöhnlich Peroxyde, die nicht nur gefährlich sind (s. o.), sondern unter Umständen die zu extrahierende Verbindung oxydieren können, also entfernt werden sollten. In vielen Fällen wird einer der niedrig siedenden chlorierten Kohlenwasserstoffe wie Methylenchlorid (S. 763) oder Äthylenchlorid (S. 763) bessere Dienste tun. Ein Vorteil von Äther ist, daß sich die Gleichgewichtsverteilung einer Verbindung zwischen Wasser und Äther rasch einstellt, da Äther und Wasser merklich ineinander löslich sind.

Gewöhnlicher Äther enthält etwas Wasser und Alkohol. Dies ist für manche Zwecke von Nachteil, z. B. bei der Darstellung von Grignard-Verbindungen. Beide Verunreinigungen kann man entfernen, indem man den Äther über metallischem Natrium stehen läßt, da Natriumhydroxyd und Natriumäthylat in Äther unlöslich sind. Das reine Produkt heißt **absoluter Äther.**

Methylpropyläther ist als wirksameres und im Vergleich zu Äther weniger Reizung verursachendes Allgemeinanaestheticum genannt worden. **Isopropyläther** ist ein Nebenprodukt bei der Fabrikation von Isopropylalkohol aus Propylen. **n-Butyläther** (Kp. 142°) und **Isoamyläther** (Kp. 173°) werden aus den Alkoholen dargestellt und als höhersiedende Lösungsmittel benutzt. **β-Chloräthyläther** (Chlorex) $(ClCH_2CH_2)_2O$ wird durch Einwirkung von Schwefelsäure auf Äthylenchlorhydrin, $ClCH_2CH_2OH$ (S. 785) hergestellt. Er wird als Bodendesinfiziens verwendet sowie als Lösungsmittel bei der Raffinierung von Schmierölen (S. 85). Wie bei anderen β-Chloräthern ist das Halogen sehr reaktionsträge; z. B. reagiert es nicht mit Natriumcyanid zum Cyanoäther oder mit Magnesium zur Grignard-Verbindung.

Wiederholungsfragen

1. Man erkläre die Vorteile und Nachteile der Synthese von WILLIAMSON und des Schwefelsäureverfahrens zur Darstellung von Äthern.

2. Man entwickle den wahrscheinlichen Mechanismus der säurekatalysierten Ätherbildung aus Alkoholen. Welche Tatsachen stützen diese Anschauung?

3. Warum sind Di-tert.-alkyläther schwer darzustellen? Wie kann man die gemischten primär-tertiären Alkyläther darstellen (a) aus Olefinen, (b) nach der Synthese von WILLIAMSON?

4. Man gebe Reaktionsgleichungen und Bedingungen für die Darstellung von Äthylschwefelsäure, Äthylen, Äthyläther und Diäthylsulfat aus Äthylalkohol und Schwefelsäure.

5. Weshalb hat Äthyläther etwa dieselbe Löslichkeit in Wasser wie n-Butylalkohol, aber einen um 82° tieferen Siedepunkt? Von welchem normalen Alkan ist zu erwarten, daß sein Siedepunkt in der Nähe desjenigen des Äthers liegt?

6. Weshalb ist Äther nur wenig in Wasser löslich, aber mit konzentrierter Salzsäure mischbar? Warum ist trockner Chlorwasserstoff in Äther ebenso wie in Wasser gut löslich, nicht aber in Hexan oder Tetrachlorkohlenstoff?

7. Warum lösen sich Grignard-Verbindungen in Äther, aber nicht in Kohlenwasserstoffen? Man nenne einige anorganische Verbindungen, die sich in Äther lösen.

8. Was ist absoluter Äther und wie wird er dargestellt? Wie wird Äther hauptsächlich verwendet?

9. Warum ist es gefährlich, Äther zu destillieren, der der Luft ausgesetzt war? Welchen Nachteil kann es haben, wenn man Äther, der der Luft ausgesetzt war, als Lösungsmittel für eine Extraktion oder für eine Reaktion verwendet? Durch welche Reaktionen kann man feststellen, ob ein Äther gefahrlos verwendet werden kann?

Aufgaben

10. Man schreibe die Strukturformeln für alle möglichen isomeren Äther innerhalb der folgenden Gruppen und gebe jeder Verbindung einen Namen: (a) Alle Äther der Summenformel $C_5H_{12}O$; (b) Methylalkyläther mit der Summenformel $C_6H_{14}O$; (c) alle Äther mit Ausnahme von Methylalkyläthern, die die Summenformel $C_6H_{14}O$ haben.

11. Es sind alle möglichen Reaktionswege für die Darstellung der Äther a—d nach WILLIAMSON aus Alkoholen und Alkylchloriden, Alkylbromiden oder Alkyljodiden anzugeben: (a) Methyl-isobutyl-äther; (b) Methyl-n-amyl-äther; (c) Äthyl-n-propyl-äther; (d) Äthyl-isoamyl-äther.

12. Man stelle in einem Handbuch die Siedepunkte aller in den Reaktionen von Aufgabe 11 verwendeten Alkohole und Alkylhalogenide fest und entscheide, welche Reaktion die beste Abtrennung des Produktes durch Destillation ermöglicht.

13. Man gebe für folgende Umwandlungen die Gleichungen an:

A. (a) n-Butyläther in n-Butyljodid; (b) Isopropyläther in Propylen; (c) sek.-Butyläther in sek.-Butylalkohol; (d) Isobutylen in Äthyl-tert.-butyl-äther.

B. (a) Isopropyläther in Isopropylbromid; (b) sek.-Butyläther in Buten-(2); (c) n-Amyläther in n-Amylalkohol; (d) 2-Methyl-buten-(2) in Methyl-tert.-amyl-äther.

C. (a) Isoamyläther in Isoamylalkohol; (b) 1-Methylbutyl-äther in Penten-(2); (c) n-Propyläther in 1-Jod-propan; (d) Buten-(2) in sek.-Butyläther.

14. Mit welchen einfachen chemischen Proben kann man zwischen den Gliedern folgender Verbindungsgruppen unterscheiden: (a) Äthanol, Isopropylalkohol und Isopropyläther; (b) Hexen-(2), Äthyläther und n-Hexan; (c) sek.-Butylalkohol, n-Butylacetylen und n-Propyläther; (d) Isoamyläther, Isoamylchlorid und Hexin-(3).

15. Man beschreibe eine Methode zur Unterscheidung zwischen den Gliedern folgender Verbindungsgruppen: (a) Verbindungen mit der Summenformel C_3H_8O; (b) Äther mit der Summenformel $C_4H_{10}O$; (c) Äther mit der Summenformel $C_5H_{12}O$.

16. X g einer Verbindung ergeben bei der Bestimmung nach ZEISEL Y g Silberjodid. Man berechne den Prozentgehalt an Methoxyl und das Äquivalentgewicht für Verbindungen *A—D:*

	A	*B*	*C*	*D*
X	0,1178	0,0604	0,1121	0,1532
Y	0,3137	0,2540	0,3604	0,3341

17. X g einer Verbindung verbrauchen bei einer Methoxylbestimmung nach der Methode von VIEBOECK und SCHWAPPACH Y cm³ 0,1 n Thiosulfatlösung. Man berechne den Prozentgehalt an Methoxyl und das Äquivalentgewicht für Verbindungen *A—D:*

	A	*B*	*C*	*D*
X	0,0511	0,0302	0,0589	0,0560
Y	28,42	35,68	40,11	46,81

Kapitel 9

Carbonsäuren und ihre Derivate. Orthoester

Carbonsäuren

Viele Arten organischer Verbindungen geben leichter Protonen an Basen ab als das Wassermolekül, und man spricht von ihnen als von organischen Säuren oder von Verbindungen mit Säurecharakter. Die Carbonsäuren bilden eine der wichtigsten Verbindungsgruppen mit dieser Eigenschaft.

Struktur

Die einfachsten Carbonsäuren haben die allgemeine Formel $C_nH_{2n}O_2$, und da eine Carbonsäure mit nur einem Kohlenstoffatom bekannt ist, nämlich Ameisensäure CH_2O_2, ist die Zahl der möglichen Strukturen begrenzt. Schließt man unwahrscheinliche Strukturen, die ungepaarte Elektronen enthalten, aus, so kommen vom Standpunkt der Elektronentheorie nur zwei Formeln, I und II, in Frage.

Formel I enthält zwei aneinandergebundene Sauerstoffatome, d. h. ihre Struktur entspricht einem Peroxyd. Die Carbonsäuren zeigen jedoch keine Peroxydeigenschaften, setzen z. B. kein Jod aus Jodwasserstofflösungen frei. Außerdem enthalten alle Monocarbonsäuren nur ein ionisierbares Wasserstoffatom. Wäre Wasserstoff in Formel I ionisierbar, so müßte man dies von beiden Wasserstoffatomen erwarten. Formel II, in der ein Wasserstoffatom mit Sauerstoff, ein zweites mit Kohlenstoff verbunden ist, entspricht dem unterschiedlichen Verhalten der Wasserstoffatome. Formel III ist die allgemeine Formel für die homologe Reihe. Die Methoden der Synthese und die Reaktionen der Carbonsäuren bestätigen die Auffassung, daß sowohl das doppeltgebundene Sauerstoffatom als auch die Hydroxylgruppe an ein und dasselbe Kohlenstoffatom gebunden sind und mit ihm zusammen die Gruppe —COOH, die *Carboxylgruppe*, bilden.

Allgemeine Darstellungsmethoden

1. Aus Grignard-Reagens und Kohlendioxyd (S. 128).

Diese Reaktion ist eine der besten allgemeinen Methoden zur Synthese von Carbonsäuren und beweist gleichzeitig, daß beide Sauerstoffatome mit demselben Kohlenstoffatom verknüpft sind.

2. Durch Hydrolyse von Alkylcyaniden (Nitrilen).

Diese beiden Reaktionen sind das Ergebnis einer Wasseranlagerung an die Cyangruppe, gefolgt von einer Ammoniakabspaltung. Die Anlagerung wird sowohl von

Protonen wie von Hydroxylionen katalysiert und ist reversibel, während die Sekundärreaktionen, d. h. die Bildung von Ammoniumchlorid oder Ammoniak, irreversibel sind, so daß die Reaktion vollständig abläuft. Der Mechanismus der Hydrolyse von Alkylcyaniden wird auf den Seiten 264 und 257 behandelt. Die Bildung von Carbonsäuren durch Hydrolyse von Nitrilen beweist, daß die Alkylgruppe und beide Sauerstoffatome mit ein und demselben Kohlenstoffatom verknüpft sind.

3. Durch Oxydation primärer Alkohole. Oxydiert man primäre Alkohole mit einem Überschuß eines starken Oxydationsmittels wie Natriumdichromat und Schwefelsäure, Chromtrioxyd in Eisessig, Kaliumpermanganat oder Salpetersäure, so entstehen Carbonsäuren, ohne daß ein Kohlenstoffatom abgespalten wird.

$$RCH_2OH + 2\,[O] \longrightarrow RCOOH + H_2O$$

Zwischenprodukt dieser Reaktion ist ein Aldehyd (S. 202). Das Symbol [O] steht für irgendein passendes Oxydationsmittel. Die Kenntnis der geeigneten Oxydationsmittel und die Fähigkeit, stöchiometrische Oxydations-Reduktions-Gleichungen aufzustellen (S. 151), muß für den Studierenden selbstverständlich sein. Bei Verwendung von Natriumdichromat und Schwefelsäure als Oxydationsmittel lautet die stöchiometrische Gleichung:

$$3\,RCH_2OH + 2\,Na_2Cr_2O_7 + 8\,H_2SO_4 \longrightarrow 3\,RCOOH + 2\,Cr_2(SO_4)_3 + 2\,Na_2SO_4 + 11\,H_2O$$

Der Mechanismus der Oxydation von Alkoholen zu Aldehyden oder Ketonen wurde auf S. 111 behandelt. Die Oxydation von Aldehyden zu Säuren wird auf S. 221 besprochen.

Enthalten organische Verbindungen Methylgruppen, die mit Methylidengruppen (CH) verbunden sind, so wird bei energischer Oxydation (Chromtrioxyd in heißer konzentrierter Schwefelsäure) jede $CH_3CH{<}$-Gruppierung zu Essigsäure oxydiert. Die Essigsäure kann destilliert und quantitativ bestimmt werden. Man verfügt somit über eine Methode zur Bestimmung der Zahl der Methylverzweigungen eines Moleküls *(C-Methyl-Bestimmung)*.

4. Durch Oxydation ungesättigter Verbindungen. Gemäßigte Oxydation von Alkenen mit verdünnter Permanganatlösung ergibt die Dihydroxyderivate (S. 60). Die Anwesenheit von Sauerstoff an zwei benachbarten Kohlenstoffatomen macht die Kohlenstoff-Kohlenstoff-Bindung empfindlicher gegen Oxydation, und unter energischeren Bedingungen (höhere Temperatur, längere Reaktionszeit und höhere Konzentration des Oxydationsmittels) wird das Dihydroxyalkan zu zwei Molekülen Carbonsäure oxydiert. Da Kaliumhydroxyd eines der Reaktionsprodukte ist, entsteht das Salz der Säure.

$$3\,RCH{=}CHR' + 2\,KMnO_4 + 4\,H_2O \longrightarrow 3\,\underset{\underset{\displaystyle OH\quad OH}{|\qquad |}}{RCH{-}CHR'} + 2\,MnO_2 + 2\,KOH$$

$$3\,\underset{\underset{\displaystyle OH\quad OH}{|\qquad |}}{RCH{-}CHR'} + 6\,KMnO_4 \longrightarrow 3\,RCOOK + 3\,KOOCR' + 6\,MnO_2 + 6\,H_2O$$

Addition der beiden Gleichungen ergibt

$$3\,RCH{=}CHR' + 8\,KMnO_4 \longrightarrow 3\,RCOOK + 3\,KOOCR' + 8\,MnO_2 + 2\,H_2O + 2\,KOH$$

Fehlt an einem der doppelt gebundenen Kohlenstoffatome oder an beiden ein Wasserstoffatom, so führt die Reaktion zu einem oder zwei Molekülen Keton.

$$R_2C{=}CHR' + 2\,KMnO_4 \longrightarrow R_2C{=}O + KOOCR' + 2\,MnO_2 + KOH$$

Ungesättigte Verbindungen mit einer endständigen Methylengruppe ergeben Kaliumcarbonat, da die entstehende Ameisensäure zu Kohlendioxyd und Wasser weiteroxydiert wird (S. 164).

$$3\,RCH{=}CH_2 + 10\,KMnO_4 \longrightarrow 3\,RCOOK + 3\,K_2CO_3 + 10\,MnO_2 + 4\,H_2O + KOH$$

Das Aufstellen von stöchiometrischen Oxydations-Reduktions-Gleichungen

1. Auf Grund der Sauerstoffbilanz. Wird Natriumdichromat zu Chrom(III)-sulfat reduziert, so werden drei Atome Sauerstoff für die Oxydation verfügbar. Wird ein primärer Alkohol zur Säure oxydiert, sind zwei Sauerstoffatome erforderlich.

$$Na_2Cr_2O_7 + 4\,H_2SO_4 \longrightarrow Na_2SO_4 + Cr_2(SO_4)_3 + 4\,H_2O + 3\,[O]$$

$$RCH_2OH + 2\,[O] \longrightarrow RCOOH + H_2O$$

Man muß deshalb die erste Gleichung mit zwei multiplizieren, die zweite mit drei. Durch Addition dieser Gleichungen ergibt sich die stöchiometrische Gleichung.

Kaliumpermanganat wird in neutraler oder alkalischer Lösung zu Mangandioxyd reduziert. Je zwei Moleküle Permanganat stellen also drei Atome Sauerstoff für die Oxydation zur Verfügung.

$$2\,KMnO_4 + H_2O \longrightarrow 2\,KOH + 2\,MnO_2 + 3\,[O]$$

In saurer Lösung ist das Reduktionsprodukt ein Mangan(II)-salz; je zwei Moleküle Permanganat geben fünf Atome Sauerstoff ab.

$$2\,KMnO_4 + 3\,H_2SO_4 \longrightarrow K_2SO_4 + 2\,MnSO_4 + 3\,H_2O + 5\,[O]$$

Bei Verwendung von Salpetersäure als Oxydationsmittel wird gewöhnlich Stickstoffdioxyd als Reduktionsprodukt angenommen; je zwei Moleküle Salpetersäure ergeben ein Atom Sauerstoff.

$$2\,HNO_3 \longrightarrow 2\,NO_2 + H_2O + [O]$$

Ist das Reduktionsprodukt Stickstofftrioxyd, so stellt jedes Molekül Salpetersäure ein Sauerstoffatom.

$$2\,HNO_3 \longrightarrow N_2O_3 + H_2O + 2\,[O]$$

Ist das Reduktionsprodukt Stickoxyd, so liefern je zwei Moleküle Salpetersäure drei Atome Sauerstoff.

$$2\,HNO_3 \longrightarrow 2\,NO + H_2O + 3\,[O]$$

2. Auf Grund der Änderung der Oxydationsstufe (Oxydationszahl). Da Oxydation Verlust, Reduktion Gewinn von Elektronen bedeutet, muß die Berechnung von Gewinn und Verlust an Elektronen zur Aufstellung stöchiometrischer Oxydations-Reduktions-Gleichungen führen. Hierzu werden von den beteiligten Molekülen bestimmte Atome als bei der Reaktion oxydiert bzw. reduziert ins Auge gefaßt. Der Grad der Oxydation bzw. Reduktion eines Atoms in einem Molekül oder einem Ion wird als proportional der Elektronendichte um das Atom im Vergleich zu der um das freie Atom aufgefaßt. Jeder Bindung, die von dem Atom ausgeht, wird eine Einheitspolarität zugeschrieben, wobei die Richtung der Polarität davon abhängt, welches Atom die stärkere Anziehung auf Elektronen ausübt. Wasserstoff ist mit Bezug auf andere Atome stets positiv. Die Elektronenanziehung anderer Elemente nimmt im Periodensystem in einer gegebenen Periode von links nach rechts zu, in einer gegebenen Gruppe von oben nach unten ab. Die R—C-Bindung eines primären Alkohols besteht zwischen zwei Kohlenstoffatomen, daher wird ihr die Polarität Null zuerkannt. Jeder C—H-Bindung und der O—H-Bindung wird eine Polarität mit dem negativen Ende am Kohlenstoff bzw. Sauerstoff, dem positiven Ende am Wasserstoff zugeschrieben, jeder C—O-Bindung eine Polarität mit dem positiven Ende am Kohlenstoff, dem negativen am Sauerstoff. Bei der Kohlenstoff-Sauerstoff-Doppelbindung der Carboxylgruppe wird jede Bindung einzeln gerechnet.

$$
\begin{array}{ccc}
 & \overset{+1}{\overset{\displaystyle H}{|}} & \\
\underset{0}{R}\!-\!\!\!\overset{-1\,|\,+1\ -1\ \ -1\ +1}{\underset{0\ |\ -1}{C}}\!\!\!-\!\!\!-\!\!\!O\!-\!\!\!-\!\!\!H & & \\
 & \overset{+1}{\underset{\displaystyle H}{|}} &
\end{array}
\qquad\qquad
\underset{0}{R}\!-\!\!\!\overset{-1\ \|\ -1}{\underset{0\ +1\ -1\ \ -1\ +1}{\overset{\displaystyle O}{\underset{+1\ \|\ +1}{C}}}}\!\!\!-\!\!\!O\!-\!\!\!-\!\!\!H
$$

Die algebraische Summe der Ladungen an einem bestimmten Atom ist dessen **Oxydationszahl** oder **Oxydationsstufe.** Demnach ist die Oxydationszahl von Kohlenstoff in der Carbinolgruppe eines primären Alkohols gleich $0 - 1 + 1 - 1 = -1$, in einer Carboxylgruppe gleich $0 + 1 + 1 + 1 = +3$. Wird die Oxydationszahl bei einer Reaktion positiver — was eine Abnahme der Elektronendichte anzeigt —, so ist das Atom oxydiert worden; wird sie negativer — was Zunahme der Elektronendichte anzeigt —, so wurde es reduziert. Die Änderung der Oxydationszahl eines Atoms des Oxydationsmittels muß aufgewogen werden durch die Änderung der Oxydationszahl eines Atoms im oxydierten Molekül.

Bei der Reaktion

$$RCH_2OH + Na_2Cr_2O_7 + H_2SO_4 \longrightarrow RCOOH + Cr_2(SO_4)_3 + Na_2SO_4 + H_2O$$

sind die Atome, deren Oxydationszahl sich ändert, das Kohlenstoffatom im primären Alkohol, dessen Oxydationszahl von -1 auf $+3$, also insgesamt um $+4$ zunimmt, und die Chromatome im Dichromat, deren jedes von $+6$ auf $+3$ abnimmt, also eine Änderung von -3 erfährt. Daraus ergibt sich für beide Chromatome zusammen eine Änderung um -6. Um $+4$ gegen -6 auszugleichen, hat man $+4$ mit 6, -6 mit 4 oder einfacher $+4$ mit 3, -6 mit 2 zu multiplizieren. Es werden also drei Moleküle Alkohol von zwei Molekülen Dichromat oxydiert. Wieviel Mol Schwefelsäure gebraucht und wieviel Mol Wasser gebildet werden, ergibt sich aus der Zahl der benötigten Sulfationen und der Menge verfügbaren Wasserstoffs.

Fatalerweise wird im Zusammenhang mit Oxydations-Reduktions-Reaktionen manchmal von *Wertigkeitswechsel* gesprochen, wenn in Wirklichkeit *Änderung der Oxydationsstufe* gemeint ist. Mit dem Ausdruck *Wertigkeit* darf nichts anderes bezeichnet werden als die Zahl kovalenter Bindungen, durch die ein Atom an andere Atome gebunden ist, oder die Zahl von Ladungen, die ein Ion trägt. Wie das Beispiel zeigt, ist die Wertigkeit des Kohlenstoffs bei der Oxydation einer CH_2-Gruppe zu einer $C{=}O$-Gruppe unverändert vier geblieben; dagegen hat sich seine Oxydationsstufe von -1 auf $+3$ geändert.

3. Auf Grund der Elektronenbilanz. Eine weitere Methode, zu korrekten Oxydations-Reduktions-Gleichungen zu gelangen, ist die, die Gesamtreaktion in zwei Teilreaktionen, eine oxydierende und eine reduzierende, zu trennen und festzustellen, wieviele Elektronen bei jeder Teilreaktion frei werden bzw. verbraucht werden. Im gegebenen Beispiel ist die erste Teilreaktion die Oxydation des primären Alkohols zur Säure, die zweite die Reduktion des Dichromats zum Chrom (III)-Ion. Als Sauerstoffquelle für die Oxydationsreaktion kann Wasser angenommen werden.

$$RCH_2OH + H_2O \longrightarrow RCOOH + 4\,[H^+] + 4\,[e^-]$$

$$[Cr_2O_7{}^-] + 14\,[H^+] + 6\,[e^-] \longrightarrow 2\,[Cr^{+++}] + 7\,H_2O$$

Da die erste Teilreaktion ebensoviele Elektronen liefern muß, wie die zweite verbraucht, muß die erste Gleichung mit 3, die zweite mit 2 multipliziert werden. Die Addition der beiden Gleichungen ergibt

$$3\,RCH_2OH + 2\,[Cr_2O_7{}^-] + 16\,[H^+] \longrightarrow 3\,RCOOH + 4\,[Cr^{+++}] + 11\,H_2O$$

Alle drei geschilderten Methoden sind empirisch, und keine kann den Anspruch erheben, wissenschaftlicher zu sein als die anderen. Die erste Methode bezieht sich darauf, daß von dem Oxydationsmittel Sauerstoff zur Verfügung gestellt wird; bei der zweiten nimmt man einen Polaritätsunterschied der Atome in Ladungseinheiten an; die dritte geht davon aus, daß eine Reaktion unter Freisetzung und Verbrauch von Elektronen abläuft. Aber dies sind nur Kunstgriffe zum Erreichen des gewünschten Resultats, und man kann nach der jeweils günstigsten Methode vorgehen. Bei der Oxydation organischer Verbindungen wird gewöhnlich nur Sauerstoff angelagert oder Wasserstoff abgespalten, bei der Reduktion wird Wasserstoff angelagert oder Sauerstoff abgespalten. Da der Sauerstoff- bzw. Wasserstoffbedarf organischer Oxydationen und Reduktionen auf einen Blick übersehen werden kann, ist die erste Methode zur Aufstellung von Oxydations-Reduktions-Gleichungen meist die einfachste. Welche Methode man auch anwendet, sie sollte genügend eingeübt sein, um leicht und sicher ausgeführt werden zu können.

Nomenklatur

Trivialnamen. Normale Carbonsäuren wurden zuerst aus Naturstoffen isoliert, besonders aus Fetten (Kap. 10). Daher werden sie häufig als *Fettsäuren* bezeichnet. Solange nichts über ihre Struktur bekannt war, gab man ihnen Trivialnamen, die

Tabelle 10. *Trivialnamen der normalen Carbonsäuren*

Anzahl der Kohlenstoffatome	Säure	Herkunft des Namens	Siedepunkt	Schmelzpunkt	Dichte $20°/4°$
1	Ameisensäure	lat. *formica*, Ameise	100,7	8,4	1,220
2	Essigsäure	lat. *acetum*, Essig	118,2	16,6	1,049
3	Propionsäure	griech. *proto*, der erste; *pion*, Fett	141,4	—20,8	0,993
4	Buttersäure	lat. *butyrum*, Butter	164,1	—5,5	0,958
5	Valeriansäure	Baldrianwurzel (lat. *valere*, stark sein)	186,4	—34,5	0,939
6	Capronsäure	lat. *caper*, Ziege	205.4	—3,9	0,936
7	Önanthsäure	griech. *oenanthe*, Weinblüte	223,0	—7,5	0,918
8	Caprylsäure	lat. *caper*, Ziege	239,3	16,3	0,909
9	Pelargonsäure	Pelargonie	253,0	12,0	
10	Caprinsäure	lat. *caper*, Ziege	268,7	31,3	
11	n-Undecansäure		280	28,5	
12	Laurinsäure	lat. *laurus*, Lorbeer		43,2	
13	n-Tridecansäure			41,6	
14	Myristinsäure	Myristica, Muskatnuß		54,4	
15	n-Pentadecansäure			52,3	
16	Palmitinsäure	Palmöl		62,8	
17	Margarinsäure	griech. *margaron*, Perle		61,2	
18	Stearinsäure	griech. *stear*, Talg		69,6	
19	n-Nonadecansäure			68,7	
20	Arachinsäure	Arachis (Erdnuß)		75,4	
21	n-Heneicosansäure			74,3	
22	Behensäure	Behenöl		79,9	
23	n-Tricosansäure			79,1	
24	Lignocerinsäure	lat. *lignum*, Holz; *cera*, Wachs		84,2	
25	n-Pentacosansäure			83,5	
26	Cerotinsäure	lat. *cera*, Wachs		87,7	

auf ihr Vorkommen hinweisen. Diese Namen und ihre Herkunft sind zusammen mit einigen physikalischen Eigenschaften in Tab. 10 aufgeführt.

Die Säuren mit ungerader Kohlenstoffzahl oberhalb C_{10} haben meist Genfer Namen und keine Trivialnamen. Der Grund dafür ist, daß man nur die Säuren mit gerader Kohlenstoffzahl in Fetten gefunden hat[1]. Die Säuren mit ungerader Kohlenstoffzahl würden synthetisch durch Verseifung der Nitrile dargestellt. Der Name *Margarinsäure* scheint eine Ausnahme zu sein. Es hat sich jedoch gezeigt, daß das aus Fetten isolierte Material, das man für eine C_{17}-Säure hielt, in Wirklichkeit ein Gemisch aus Palmitinsäure und Stearinsäure war. Als die wirkliche C_{17}-Säure synthetisiert wurde, wurde der Trivialname beibehalten.

Wie bei anderen homologen Reihen kann man die Verbindungen, die am Ende einer normalen Kohlenwasserstoffkette eine Isopropylgruppe haben, durch Zufügen des Praefix *iso* zum Trivialnamen benennen, z. B. $(CH_3)_2CHCOOH$ Isobuttersäure oder $(CH_3)_2CHCH_2CH_2CH_2CH_2CH_2CH_2COOH$ Isocaprinsäure. Steht die Methylverzweigung an einer anderen Stelle der Kette, so darf die Bezeichnung *iso* nicht angewandt werden.

Als Derivate normaler Säuren. Häufig werden Carbonsäuren als Derivate der Essigsäure benannt, in der die Wasserstoffatome der Methylgruppe durch Alkylgruppen ersetzt sind.

$$\overset{\overset{5}{\delta}}{C}H_3\overset{\overset{4}{\gamma}}{C}H_2\overset{\overset{3}{\beta}}{C}H-\overset{\overset{2}{\alpha}}{C}\overset{1}{H}COOH$$
$$\qquad \quad |\qquad |$$
$$\qquad \; CH_3 \; CH_3$$

Diese Verbindung kann Methyl-sek.-butyl-essigsäure genannt werden. Man kann sie auch als von Valeriansäure abgeleitet auffassen und α, β-Dimethyl-valeriansäure oder 2.3-Dimethyl-valeriansäure nennen. Bei Verwendung von griechischen Buchstaben zur Stellungsbezeichnung ist das α-Kohlenstoffatom der Kette das der Carboxylgruppe benachbarte C-Atom. Bei Benutzung von Zahlen trägt das Kohlenstoffatom der Carboxylgruppe die Nummer 1.

Genfer Nomenklatur. Die offiziellen Genfer Namen werden gebildet, indem man an den Namen des Kohlenwasserstoffs, der die gleiche Zahl von Kohlenstoffatomen enthält wie die Hauptkette, die Endung *-säure* anhängt. Das Carboxylkohlenstoffatom ist Nummer 1 der Hauptkette. Essigsäure heißt demnach Äthansäure, die Verbindung $CH_3CH_2CH(CH_3)CH(CH_3)COOH$ 2.3-Dimethyl-pentansäure. — Noch üblicher ist es jedoch, die Carboxylgruppe selbst als Substituenten zu betrachten und die Carbonsäure als Derivat des um ein C-Atom ärmeren Kohlenwasserstoffs aufzufassen. Nach diesem Prinzip ist die Essigsäure als Methancarbonsäure zu bezeichnen, die Säure $CH_3CH_2CH(CH_3)CH(CH_3)COOH$ als 1.2-Dimethyl-butan-carbonsäure-(1).

Physikalische Eigenschaften

Die **Siedepunkte** der Carbonsäuren steigen mehr oder weniger gleichförmig mit wachsendem Molekulargewicht. Die Zunahme beträgt für die in Tab. 10 aufgeführten Säuren durchschnittlich 18° pro hinzutretende Methylengruppe, ebensoviel wie bei den Alkoholen. Die Höhe der Siedepunkte ist jedoch noch abnormaler als bei den Alkoholen. Äthylalkohol siedet bei 78°, Ameisensäure, die dasselbe

---

[1] Über das Vorkommen geringer Mengen normaler Säuren mit ungerader Kohlenstoffzahl in natürlichen Fetten wurde kürzlich berichtet. So erhielt man Tridecansäure, Pentadecansäure und Heptadecansäure aus Butter. Heptadecansäure wurde auch aus Hammelfett und Haifischlebertran isoliert.

Molekulargewicht hat, siedet bei 101°; n-Propylalkohol siedet bei 98°, aber Essigsäure bei 118°. Der Grund für die abnormalen Siedepunkte der Säuren ist wie bei den Alkoholen die Assoziation durch Wasserstoffbrückenbindung, doch sind die Assoziate (Doppelmoleküle) der Carbonsäuren stabiler als die der Alkohole.

$$R-C\underset{\underset{\displaystyle O-H:O}{}}{\overset{\overset{\displaystyle O:H-O}{}}{}}C-R$$

Aus Messungen der Dampfdichte geht hervor, daß die Doppelmoleküle der Essigsäure selbst im Dampfzustand bestehen bleiben. Daher überrascht es nicht, daß der Siedepunkt der Essigsäure (118°, Mol.-Gew. = 60 × 2 = 120) von derselben Größenordnung ist wie der des n-Octans (126°, Mol.-Gew. 114).

Ein interessantes Charakteristikum der normalen Carbonsäuren ist der alternierende Anstieg der **Schmelzpunkte.** Säuren mit einer geraden Anzahl von Kohlenstoffatomen schmelzen immer bei höherer Temperatur als das nächsthöhere Glied der Reihe (Abb. 42). Die Röntgenstrukturanalyse zeigt, daß im

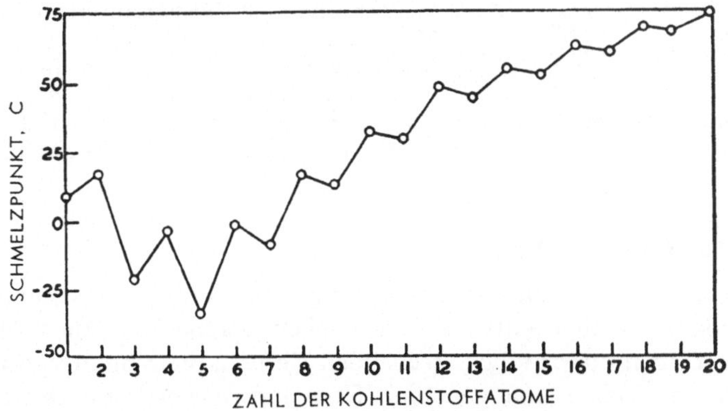

Abb. 42. Schmelzpunkte normaler Carbonsäuren

festen Zustand die Kohlenstoffatome der Kohlenwasserstoffkette eine gestreckte Zickzack-Anordnung einnehmen. Bei den Säuren mit ungerader Kohlenstoffzahl befindet sich die Carboxylgruppe auf derselben Seite der Kette wie die endständige Methylgruppe, bei Säuren mit gerader Kohlenstoffzahl auf der entgegengesetzten Seite der Kette (s. S. 42). Zwar liegen alle Säuren als Doppelmoleküle vor, doch sind diejenigen mit gerader Kohlenstoffzahl so angeordnet, daß sie ein Molekül von größerer Symmetrie und ein stabileres Kristallgitter bilden.

Auch andere homologe Verbindungen zeigen ein Oszillieren der Schmelzpunkte. So weisen die ersten vier normalen Paraffinkohlenwasserstoffe eine echte Alternanz der Schmelzpunkte auf, aber die restlichen alternieren unvollständig; d. h. beim Übergang von einer geradzahligen Kohlenstoffkette zu einer ungeradzahligen tritt kein Absinken des Schmelzpunkts ein, aber der Anstieg ist geringer als beim Übergang von einer ungeraden Zahl zu einer geraden (Abb. 27, S. 42). Bei normalen Alkoholen (Abb. 38, S. 92) wird keine Alternanz der Schmelzpunkte beobachtet. Auch andere physikalische

Eigenschaften wie Kristallisationswärme, Löslichkeit und Viscosität können bei aufeinanderfolgenden Gliedern homologer Reihen alternieren.

Infolge ihrer teilweisen Ionisierung in Wasser sind die Carbonsäuren etwas stärker hydratisiert als die Alkohole und zeigen daher größere **Löslichkeit** in Wasser als diese. Ihre Wasserlöslichkeit entspricht im allgemeinen derjenigen der um ein C-Atom ärmeren Alkohole. So ist z. B. n-Buttersäure mit Wasser mischbar wie n-Propylalkohol, während sich von n-Butylalkohol nur etwa 1 Vol. in 11 Vol. Wasser löst. Monocarbonsäuren sind gewöhnlich leicht löslich in organischen Lösungsmitteln.

Die ausgeprägte Anziehung von Wassermolekülen durch Carbonsäuren macht sich im Verhalten der niederen Säuren bei der Destillation ihrer wäßrigen Lösungen bemerkbar. Man würde zunächst erwarten, daß eine Säure um so leichter mit Wasser destilliert, je niedriger ihr Siedepunkt ist. Wieviel Säure bei der Destillation einer verdünnten Lösung in den ersten 10% des Destillats erscheint, wird in Tab. 11 in Molprozent der Gesamtsäuremenge angegeben. Diese Ergebnisse zeigen, daß die Flüchtigkeit mit wachsendem Siedepunkt zunimmt, nicht abnimmt. Dieses Verhalten kann nur bedeuten, daß die Anziehungskräfte zwischen Wasser und den Carbonsäuren mit wachsendem Molekulargewicht abnehmen, was mit dem Löslichkeitsverhalten der Säuren in Wasser übereinstimmt. Die numerischen Werte, die in Tab. 11 gegeben werden, werden als *Duclaux-Werte* der Säuren bezeichnet und sind so weit charakteristisch für die reinen Säuren, daß sie zum Zwecke der Identifizierung benutzt werden können.

Tabelle 11. *Duclaux-Werte für einige flüchtige Carbonsäuren*

Säure	Molprozent Säure in den ersten 10% des Destillats
Ameisensäure	3,9
Essigsäure	6,8
Propionsäure	11,9
Buttersäure	17,9
Valeriansäure	24,5
Capronsäure	33,0

Geruch und Geschmack

Diejenigen Carbonsäuren, die in Wasser genügend löslich sind, um eine merkliche Wasserstoffionenkonzentration zu ergeben, schmecken sauer. Die niederen Glieder haben einen unerträglich stechenden Geruch, die Säuren von Buttersäure bis Caprylsäure riechen unangenehm. Der Geruch von ranziger Butter und scharfem Käse rührt von flüchtigen Säuren her; Capronsäure führt ihren Namen, weil sie in den Hautsekreten von Ziegen vorkommt. Die höheren Säuren sind infolge ihrer geringen Flüchtigkeit geruchlos.

Allgemeine Reaktionen der freien Säuren

1. Salzbildung. Die Acidität der Alkohole ist von derselben Größenordnung wie die des Wassers; dagegen sind die Carbonsäuren stärker als Kohlensäure, aber schwächer als Mineralsäuren. Die Säurestärke, d. h. der Grad der Ionisation in Wasser, wird gewöhnlich durch die Dissoziationskonstante ausgedrückt, die mit der Gleichgewichtskonstante für folgende reversible Reaktion in einfacher Beziehung steht

$$HB + H_2O \; \rightleftharpoons \; [H_3O^+] + [B^-]$$

Die Gleichgewichtskonstante dieser Reaktion ist

$$K = \frac{[H_3O^+][B^-]}{[HB][H_2O]}$$

wobei die Symbole in Klammern nun die Konzentration in Mol pro Liter angeben. Da die Wasserkonzentration so groß ist, daß man sie als konstant ansehen kann, kann der obenstehende Ausdruck wie folgt geschrieben werden:

$$K_S = \frac{[\mathrm{H_3O^+}][\mathrm{B^-}]}{[\mathrm{HB}]}$$

K_S heißt die Dissoziationskonstante der Säure, sie ist proportional dem Ionisationsgrad. Die Dissoziationskonstanten der meisten einfachen Carbonsäuren liegen zwischen 10^{-4} und 10^{-5}, während die Dissoziationskonstante der ersten Stufe der Kohlensäure $4,3 \times 10^{-7}$ beträgt. Für Wasser ist die Säuredissoziationskonstante $1,8 \times 10^{-16}$. Daher reagieren Carbonsäuren mit Bicarbonaten, Carbonaten oder Hydroxyden unter Bildung von Salzen, die von Wasser nur schwach hydrolysiert werden.

$$\mathrm{RCOOH + NaHCO_3} \longrightarrow \mathrm{RCOO^{-+}Na + CO_2 + H_2O}$$
$$\mathrm{2\,RCOOH + Na_2CO_3} \longrightarrow \mathrm{2\,RCOO^{-+}Na + CO_2 + H_2O}$$
$$\mathrm{RCOOH + NaOH} \longrightarrow \mathrm{RCOO^{-+}Na + H_2O}$$

Jedoch werden die Carbonsäuren von Mineralsäuren ($K_S > 10^{-1}$) aus ihren Salzen verdrängt.

$$\mathrm{RCOO^{-+}Na + HCl} \longrightarrow \mathrm{RCOOH + NaCl}$$

Die übliche Methode zur Bestimmung von Säuren ist ihre Neutralisation durch die eingestellte Lösung einer Base. Neutralisiert man eine schwache Säure mit einer starken Base, so liegt der Äquivalenzpunkt infolge der Hydrolyse des Salzes im alkalischen Bereich. Deshalb braucht man einen Indikator, der bei der richtigen Acidität umschlägt. Bei der Titration von Carbonsäuren gibt Phenolphthalein gewöhnlich zufriedenstellende Ergebnisse. Das Äquivalentgewicht einer Säure, wie es durch Neutralisation mit einer eingestellten Lauge bestimmt wird, heißt das *Neutralisationsäquivalent* der Säure.

Da Salze vollständig ionisiert sind, und die Ionen stärker hydratisiert sind als neutrale Moleküle, sind die Alkalisalze der Carbonsäuren viel leichter löslich als die Säuren selbst. Während sich z. B. die Wasserlöslichkeit der freien normalen Säuren oberhalb C_5 der der gesättigten Kohlenwasserstoffe annähert, sind die Natriumsalze bis zu C_{10} sehr leicht löslich und bilden von C_{10} bis C_{18} kolloidale Lösungen. Diese Tatsache erlaubt, Säuren von wasserunlöslichen Verbindungen wie Alkoholen oder Kohlenwasserstoffen zu trennen. Bei der Extraktion des Gemisches mit verdünntem Alkali geht die Säure als Salz in die wäßrige Schicht. Die wäßrige Schicht wird dann abgetrennt und die Säure durch Zusatz einer Mineralsäure aus ihrem Salz freigesetzt. Man muß mindestens die berechnete Menge Mineralsäure zugeben, oder, falls die vorhandene Salzmenge unbekannt ist, soviel Mineralsäure, bis ein Universalindikator das Erreichen von p_H 1 oder 2 anzeigt. Ist die Lösung bloß lackmussauer, so werden die Carbonsäuren nicht vollständig aus ihren Salzen freigesetzt; schon ein Gemisch des Salzes und der organischen Säure ist gegen Lackmus sauer.

Als weitere Folge ihrer ionischen Natur sind die Salze nichtflüchtig. Diese Tatsache gestattet eine Wiedergewinnung flüchtiger Säuren aus wäßrigen Lösungen oder eine Trennung von anderen flüchtigen Substanzen, indem man die Säuren in ihre Salze überführt und zur Trockene dampft.

2. Ersatz von Hydroxyl durch Halogen. Da die Hydroxylgruppen der Alkohole durch Halogen ersetzt werden können (S. 105), ist ohne weiteres anzunehmen, daß die Hydroxylgruppe der Carbonsäuren ebenso ersetzbar sei. Reagentien wie Halogenwasserstoff führen indes nicht zum Ziel, da das Gleichgewicht weit auf der Seite der Carbonsäure und des Halogenwasserstoffes liegt. Anorganische Säurehalogenide reagieren dagegen leicht; die Reaktionsprodukte sind ein organisches Säurehalogenid (Acylhalogenid) und eine anorganische Säure.

$$3\ RCOOH + PX_3 \longrightarrow 3\ R-\overset{\displaystyle O}{\overset{\|}{C}}-X + P(OH)_3$$
Ein Acylhalogenid

Die Reaktionen anderer anorganischer Säurehalogenide werden bei der Darstellung der Acylhalogenide behandelt (S. 166).

3. Veresterung. Carbonsäuren reagieren mit Alkoholen unter Bildung von Estern und Wasser. Die Reaktion wird von Wasserstoffionen katalysiert (S. 173).

$$RCOOH + HOR' \overset{[H^+]}{\rightleftharpoons} R-\overset{\displaystyle O}{\overset{\|}{C}}-OR' + H_2O$$
Ein Ester

Methylester können durch Umsetzung der Säuren mit Diazomethan leicht dargestellt werden (S. 279).

$$RCOOH + CH_2N_2 \longrightarrow RCOOCH_3 + N_2$$

4. Zersetzung zu Ketonen. Wenn man Carbonsäuren in Gegenwart von Thoriumoxyd oder Mangan(II)-oxyd so hoch erhitzt, daß Zersetzung eintritt, oder wenn man die Salze mehrwertiger Metalle wie Calcium, Blei oder Thorium der Pyrolyse unterwirft, bilden sich Ketone.

$$\begin{array}{c} R-\overset{\displaystyle O}{\overset{\|}{C}}-OH \\ R-\overset{\|}{\underset{\displaystyle O}{C}}-OH \end{array} \quad \overset{ThO_2\ oder\ MnO}{\underset{400°-450°}{\longrightarrow}} \quad R-\overset{\displaystyle O}{\overset{\|}{C}}-R + CO_2 + H_2O$$
Ein Keton

$$\begin{array}{c} R-\overset{\displaystyle O}{\overset{\|}{C}}-O^- \\ R-\overset{\|}{\underset{\displaystyle O}{C}}-O^- \end{array} Ca^{++} \quad \overset{Erhitzen\ bis}{\underset{zur\ Zersetzung}{\longrightarrow}} \quad R-\overset{\displaystyle O}{\overset{\|}{C}}-R + CaCO_3$$

Die Zersetzung in der Dampfphase über Thoriumoxyd ist das im allgemeinen bevorzugte Verfahren.

Leitet man den Dampf der freien Säure über ein schwach basisches Oxyd, so muß nicht notwendig das Salz als Zwischenprodukt gebildet werden. Die Sauerstoffatome des Thoriumoxyds könnten einfach als basische Oberfläche wirken, die den Übergang eines Protons von einem Säuremolekül zum anderen unterstützt.

$$R-\overset{\displaystyle O}{\overset{\|}{C}}-OH + R-\overset{\displaystyle O}{\overset{\|}{C}}-OH \overset{ThO_2}{\longrightarrow} \left[R-\overset{\displaystyle O}{\overset{\|}{C}}-O^-\right] + \left[R-\overset{\displaystyle ^+OH}{\overset{\|}{C}}-OH\right]$$

Zersetzung des negativen Ions kann zu einem Carbeniation führen, das dann mit dem zweiten positiven Ion zum Keton reagiert.

$$\left[R{-}\overset{\overset{O}{\|}}{C}{-}O^- \right] \longrightarrow [R\bar{:}] + CO_2$$

$$[R\bar{:}] + \left[R{-}\overset{\overset{+OH}{\|}}{C}{-}OH \right] \longrightarrow \left[R{-}\overset{\overset{OH}{|}}{\underset{\underset{R}{|}}{C}}{-}OH \right] \longrightarrow R_2CO + H_2O$$

Eine andere Möglichkeit ist, daß das hydratisierte Keton direkt durch Reaktion des Oxoniumions mit dem Carboxylation entsteht.

$$\left[R{-}\overset{\overset{+OH}{\|}}{\underset{\underset{OH}{|}}{C}} \right] + [RCOO^-] \longrightarrow \left[R{-}\overset{\overset{OH}{|}}{\underset{\underset{OH}{|}}{C}}{-}R \right] + CO_2$$

5. Reaktion mit Wasserstoffperoxyd. Mischt man Carbonsäuren mit 90%igem Wasserstoffperoxyd in Gegenwart von Schwefelsäure, dann bilden sich Peroxysäuren (Persäuren) (S. 924). Der Vorgang ist zweifellos der Veresterung analog.

$$RCOOH + HO{-}OH \xrightarrow{H_2SO_4} RC{-}O{-}OH + H_2O$$
$$\qquad\qquad\qquad\qquad\quad \overset{}{\underset{O}{\|}}$$

Die Persäuren geben leicht Sauerstoff an ungesättigte Verbindungen ab, wobei sich die dreigliedrige Epoxygruppe bildet. Diese Verbindungen heißen gewöhnlich *Epoxyde* (S. 787).

$$RCH{=}CHR + CH_3C{-}O{-}OH \longrightarrow RCH{-}CHR + CH_3COOH$$
$$\qquad\qquad\qquad\quad \overset{}{\underset{O}{\|}} \qquad\qquad\qquad \underset{O}{\diagdown\diagup}$$

In Gegenwart starker Säuren öffnet sich der Ring unter Bildung von Dihydroxyverbindungen (S. 787).

Die Persäuren dienen ferner zur Darstellung von Estern aus Ketonen (S. 924) und zur Darstellung von Äthylenoxyden aus Olefinen (S. 787).

Die Acidität der Carbonsäuren und die Resonanz im Carboxylation

Es erhebt sich die Frage, weshalb der Ersatz eines Wasserstoffatoms im Wassermolekül durch die Acylgruppe die Säurestärke erheblich erhöht. Es ist davon auszugehen, daß sich bei der Ionisierung ein Proton von der Säure ablöst, d. h. das Elektronenpaar, das das Wasserstoff- und das Sauerstoffatom aneinander bindet, verbleibt beim Sauerstoffatom. Daher wird durch jeden Faktor, der Elektronen vom Wasserstoff wegzieht, die Abspaltung des Wasserstoffs als Proton erleichtert. Eine Acylgruppe wirkt elektronenanziehend, denn das Sauerstoffatom mit seiner größeren Kernladung zieht die Elektronen vom Kohlenstoffatom weg und bewirkt an diesem einen Elektronenmangel (S. 7). Aus diesem Grund erleichtern die Acylgruppen die Abspaltung eines Protons von einer Hydroxylgruppe. Diese Wirkung der Acylgruppe heißt *elektrostatischer* oder *induktiver Effekt.*

Ein weiterer Faktor, weswegen die Abspaltung eines Protons bei Carbonsäuren leichter erfolgt als bei Wasser, ist die Wechselwirkung der π-Elektronen mit den Kernen des Kohlenstoffatoms und beider Sauerstoffatome, eine Erscheinung, die man

Resonanz *(Mesomerie)* nennt. Beim Carboxylation werden die Einfachbindungen zwischen dem Kohlenstoffatom und den drei Gruppen, an die es gebunden ist, von je zwei in jedem der drei σ-orbitals (S. 11) vorhandenen Elektronen gebildet. Wegen der sp^2-Bastardisierung der atomic orbitals beim Kohlenstoffatom bilden die molecular orbitals Winkel von etwa 120° und liegen in einer Ebene (S. 13). Diese Bindungen, die in Abb. 43 durch die üblichen Valenzstriche angedeutet werden, beanspruchen drei der vier Valenzelektronen des Kohlenstoffatoms. Jedes Sauerstoffatom steuert zu diesen Bindungen eines seiner sechs Valenzelektronen bei. Zwei weitere Valenzelektronen jedes Sauerstoffatoms nehmen ein $2s$-orbital ein, und zwei ein p-orbital. Von jedem Sauerstoffatom bleibt somit ein Elektron, und da durch die Abspaltung des Protons ein Elektron hinzukommt, müssen noch insgesamt vier Elektronen untergebracht werden. Es sind drei p-orbitals übrig, je eines an den Sauerstoffatomen und eines am Kohlenstoffatom. Ihre Achsen können sich parallel zueinander und senkrecht zur Ebene der σ-orbitals stellen. Wenn sich das p-orbital des Kohlenstoffs und ein p-orbital von einem der beiden Sauerstoffatome zu einem π-molecular orbital überlagern, kann letzteres zwei Elektronen halten. Das übrigbleibende Paar könnte das leere p-orbital des zweiten Sauerstoffatoms besetzen. Dieser Typus von Überlagerung wird nach Abb. 43a oder durch die konventionelle Valenzstruktur (b) veranschaulicht. Ebensogut könnte das p-orbital des Kohlenstoffs das p-orbital des anderen Sauerstoffatoms überlagern, wie in (c) oder (d) gezeigt wird. Sowohl Struktur (a) als auch Struktur (c) sind stabiler als eine Struktur mit ungepaarten Elektronen auf jedem der beiden p-orbitals, da in beiden Fällen die Elektronen zwei positive Kerne umgeben können (S. 10). Da das p-orbital des Kohlenstoffs jedoch die p-orbitals von jedem der beiden Sauerstoffatome gleich gut überlagern kann, kann sich ein molecular orbital ausbilden, das alle drei Kerne umgibt, wie es in (e) gezeigt wird. In diesem Fall sind die Elektronen noch energieärmer als in (a) oder (c), da die Elektronen nun drei Kerne umschließen. Zwei solcher trizentrischer molecular orbitals sind möglich; eines hat eine einzige Knotenebene (f), das andere hat zwei Knotenebenen, die aufeinander senkrecht stehen (g). Daher können zwei Elektronenpaare untergebracht werden. Obwohl das orbital mit zwei Knotenebenen (g) energiereicher ist als das mit einer einzigen Knotenebene (f), ist die Gesamtenergie der beiden Elektronen in (g) und der beiden in (f) kleiner als die Gesamtenergie von zwei Elektronen in einem dizentrischen orbital und zwei Elektronen in einem p-orbital wie in (a) oder (c). Diese Fähigkeit zur Ausbildung von molecular orbitals, die mehr als zwei positive Kerne einschließen, ist die Erscheinung, die man als *Resonanz* bezeichnet. Die Energiedifferenz zwischen dem trizentrischen und dem dizentrischen Zustand heißt *Resonanzenergie (Mesomerieenergie)* des Moleküls. Wechselwirkungen dieser Art werden angedeutet, indem man einen Pfeil mit zwei Spitzen zwischen die konventionellen Valenzstrichformeln schreibt und das ganze in geschweifte Klammern einschließt.

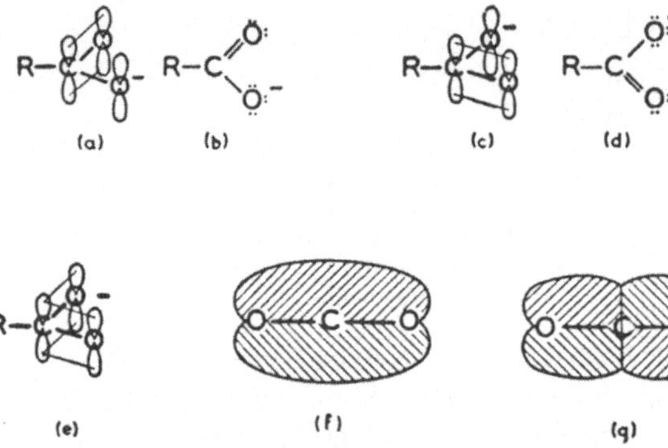

Abb. 43. Resonanz beim Carboxylation

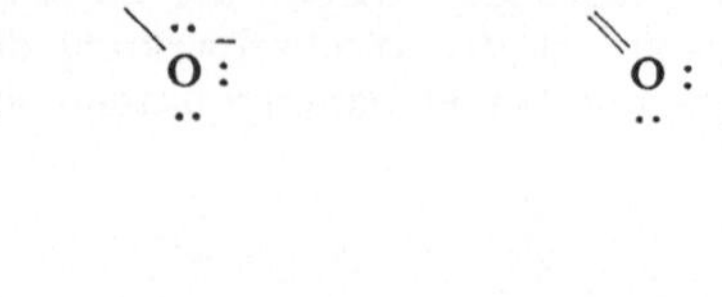

Nach dem Vorhergehenden dürfte es klar sein, daß diese getrennten Valenzstrukturen im Grundzustand des Moleküls nicht existieren. Das wirkliche Molekül wird gewöhnlich als *Resonanzhybrid* der beiden Strukturen bezeichnet. Der Begriff des Bastards oder Hybrids ist eine zweckmäßige Alternative für den Begriff Resonanz.

Die Quelle der Resonanzenergie ist die gleiche wie die jedes anderen Typus von Bindungsenergie. So kommt die Energie einer Einfach- oder Doppelbindung dadurch zustande, daß ein Elektron in einem Molekül zwei positive Kerne umgeben kann, anstatt nur einen in einem Atom (S. 10). Die Resonanzenergie bringt nur eine zusätzliche Stabilisierung dadurch, daß ein Elektron in der Lage ist, anstatt zwei Kerne drei oder mehr zu umgeben. Man nennt Elektronen, die mehr als zwei Kerne umschließen, häufig *bewegliche Elektronen* und bezeichnet sie als *delokalisiert*, im Gegensatz zu den lokalisierten Elektronen der σ-Bindungen. Daher wird die Resonanzenergie auch als *Delokalisierungsenergie* bezeichnet. Ein anderer Ausdruck für Resonanz ist *Mesomerie* (griech. *mesos*, mittel), weil das Molekül einen Zwischenzustand zwischen den möglichen klassischen Valenzstrukturen einnimmt.

Zwei physikalische Eigenschaften, an denen das Ausmaß der Resonanz beobachtbar ist, sind die Reaktionswärme und die interatomaren Abstände. So ist die Verbrennungswärme eines Resonanzhybrids um den Betrag der Resonanzenergie kleiner als die Verbrennungswärme einer isomeren Verbindung mit denselben funktionellen Gruppen in isolierter Stellung, in der keine Resonanz möglich ist. Man kann diesen Effekt beobachten; allerdings sind die Werte für die Resonanzenergien, die aus den Differenzen der Verbrennungswärmen bestimmt werden, nicht sehr genau. Die numerischen Werte der Verbrennungswärmen sind hoch im Vergleich zur Größe der Resonanzenergien, und ein geringer prozentualer Fehler bei den Verbrennungswärmen kann bei der Berechnung der Resonanzenergie einen beträchtlichen Fehler ergeben.

Die interatomaren Abstände in Molekülen können mit großer Genauigkeit bestimmt werden aus Daten der Röntgenbeugung an Kristallen, der Elektronenbeugung in Gasen oder aus spektroskopischen Daten. Durch die Doppelbindung wird der Abstand zwischen zwei Atomen verringert (S. 53). So beträgt der Abstand zwischen einem Kohlenstoff- und einem Sauerstoffatom, die durch eine Einfachbindung verknüpft sind, 1,43 Å, während der Abstand zwischen doppelt gebundenem Kohlenstoff und Sauerstoff 1,24 Å beträgt. Im Resonanzhybrid jedoch gibt es weder eine Einfachbindung noch eine Doppelbindung, sondern eine Bindung, die in gleicher Weise alle drei Atome einschließt. Daher sollten die Abstände zwischen dem Kohlenstoff und jedem der beiden Sauerstoffatome gleich sein. Außerdem müßte dieser Abstand kleiner sein als der Mittelwert zwischen den Abständen einer Doppelbindung und einer Einfachbindung, da die Resonanzenergie eine stärkere Bindung der Atome bewirkt. Der gemessene Abstand beim Formiat-Ion beträgt 1,27 Å.

Man kann sich nun erklären, weshalb sich die Carbonsäuren leichter ionisieren als Wasser oder Alkohole; man braucht nur zu bedenken, daß zur Vereinigung eines Protons mit einem Carboxylation Energie vom Betrag der Resonanzenergie des Ions aufgewendet werden muß. Da ein Hydroxyl- oder Alkoxylion nicht durch Resonanz stabilisiert ist, wird bei der Vereinigung mit einem Proton mehr Energie frei. Umgekehrt kann sich ein Proton von der Carboxylgruppe einer Säure leichter lösen als von der Hydroxylgruppe des Wassers oder eines Alkohols. Beide, der elektrostatische (induktive) Effekt wie der Resonanzeffekt, wirken in der Richtung, die Ionisierung des Protons einer Carboxylgruppe zu erleichtern. Welcher Effekt die größere Bedeutung hat, ist nicht bekannt.

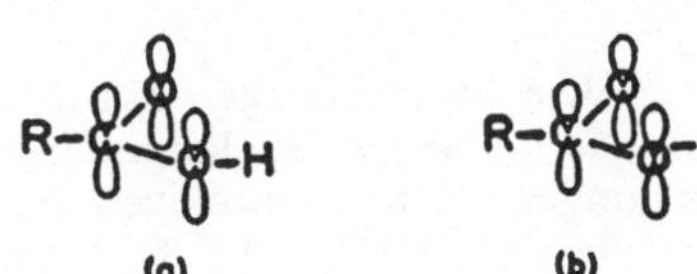

Abb. 44. *p*-Orbitals, die zur Ausbildung der π-Bindung zur Verfügung stehen (a) bei der undissoziierten Carboxylgruppe, (b) beim Carboxylation

Die Resonanzenergie der undissoziierten Carboxylgruppe ist viel geringer als die des Carboxylations, obwohl die Möglichkeit zur Überlappung der *p*-orbitals gleich groß erscheinen könnte (Abb. 44). Tatsächlich überlappt jedoch bei der undissoziierten Carboxylgruppe (a) das *p*-orbital des Hydroxyl-Sauerstoffs das des Kohlenstoffatoms viel weniger, als es das *p*-orbital des anderen Sauerstoffatoms tut, denn die Ausbildung einer Bindung mit dem zusätzlichen positiven Kern bewirkt ein Elektronendefizit in der Umgebung des Hydroxyl-Sauerstoffs. Mit anderen Worten, da der Hydroxyl-Sauerstoff ein einsames Elektronenpaar weniger hat, sind seine Möglichkeiten, Elektronen zu einem π-orbital beizusteuern, geringer als bei dem anderen Sauerstoffatom. Daher die Tendenz zur vorzugsweisen Ausbildung eines dizentrischen orbitals, d. h. einer gewöhnlichen Doppelbindung, anstatt eines trizentrischen orbitals. Betrachtet man das Molekül als ein Resonanzhybrid der gewöhnlichen elektronischen Valenzstrukturen, so erscheint die zweite Struktur, die eine Ladungstrennung innerhalb des Moleküls

$$\left\{ \begin{array}{c} \ddot{O}: \\ \diagdown\diagup \\ R\!-\!C \\ \diagdown \ddot{O}\!-\!H \\ \end{array} \quad \longleftrightarrow \quad \begin{array}{c} \ddot{O}:^{-} \\ \diagup \ddot{} \\ R\!-\!C \\ \diagdown \overset{+}{O}\!-\!H \\ \end{array} \right\}$$

postuliert, als viel weniger stabil als die erste[1]. Daher besteht weniger Neigung zur Ausbildung eines mesomeren Zwischenzustandes, und die Mesomerieenergie eines

derartigen Systems ist gering. Die Struktur $R\!-\!\overset{:\ddot{O}:}{\underset{+}{C}}\!-\!OH$ ist noch instabiler als diejenige

mit beiden Ladungen an Sauerstoffatomen, da das p-orbital des Kohlenstoffs überhaupt nicht benutzt wird. Infolgedessen tritt eine Bastardisierung dieser Struktur mit

$R\!-\!\overset{O}{\underset{}{C}}\!-\!OH$ noch weniger ein. Diese Ansichten werden durch Elektronenbeugungsdaten bestätigt, die für monomere Ameisensäure oder Essigsäure zwei verschiedene Kohlenstoff-Sauerstoff-Abstände ergeben, einen von 1,43 Å und einen von 1,24 Å. Innerhalb der Fehlergrenze stimmen diese Werte mit den Atomabständen für Einfach- und Doppelbindung überein.

Allgemeine Reaktionen der Salze von Carbonsäuren

1. Elektrolyse (Kolbesche Kohlenwasserstoffsynthese). Elektrolysiert man die wäßrige Lösung eines wasserlöslichen Salzes einer Carbonsäure, so entstehen an der positiven Elektrode (Anode) Alkan und Kohlendioxyd, an der negativen (Kathode) Hydroxylion und Wasserstoff.

$$2\,RCOO^{-\,+}Na + 2\,H_2O \quad \longrightarrow \quad R\!-\!R + 2\,CO_2 + 2\,NaOH + H_2$$

---

[1] Die bei derartigen Strukturen angegebenen Ladungen nennt man manchmal *formale Ladungen*. Sie kommen durch die Annahme zustande, daß zu jedem Atom alle es umgebenden unanteiligen Elektronen gehören sowie von jedem anteiligen Paar jeweils die Hälfte. Die Differenz zwischen dieser Zahl und der Zahl der Valenzelektronen im Normalzustand des Atoms ist die formale Ladung. So besitzt der Hydroxylsauerstoff in der oben rechtsstehenden Formel zwei Elektronen in Gestalt des unanteiligen Paares und die Hälfte von drei anteiligen Paaren, insgesamt also fünf Elektronen. Da das normale Sauerstoffatom über sechs Valenzelektronen verfügt, hat der Hydroxyl-Sauerstoff ein Defizit von einem Elektron, also eine formale Ladung von + 1. Zum Carboxyl-Kohlenstoff gehören die Hälfte von vier anteiligen Elektronenpaaren, was der Zahl der Valenzelektronen des Kohlenstoffatoms entspricht, die formale Ladung ist also 0. Das zweite Sauerstoffatom hat drei unanteilige Paare und die Hälfte eines anteiligen Paares, also insgesamt sieben Elektronen. Daher hat es einen Überschuß von einem Elektron und trägt eine formale Ladung von — 1.

Das Carboxylation wandert zur Anode und entlädt sich zu Kohlendioxyd und Kohlenwasserstoff.

$$2\,[RCOO^-] \longrightarrow 2e + 2\,[RCOO\cdot] \longrightarrow R:R + 2\,CO_2$$

An der Kathode bilden sich Hydroxylion und Wasserstoff.

$$2\,H_2O + 2e \longrightarrow 2\,[^-OH] + 2\,[H\cdot]$$
$$2\,[H\cdot] \longrightarrow H_2$$

2. Reaktion mit Alkylhalogeniden. Bei der Reaktion eines Metallsalzes mit einem Alkylhalogenid entstehen ein Ester und ein Metallhalogenid.

$$RCOO^{-+}M + XR' \longrightarrow RCOOR' + MX$$

Diese Reaktion verläuft analog den anderen Verdrängungsreaktionen der Alkylhalogenide (S. 121).

Häufig ergeben die Natriumsalze befriedigende Ausbeuten, doch lassen sich diese meist noch steigern durch Verwendung der Salze von Schwermetallen wie Silber oder Quecksilber, die nichtionisierbare Halogenide bilden.

3. Zersetzung der Ammoniumsalze. Wenn man Ammoniumcarboxylate erhitzt, finden zwei Reaktionen statt: Die Dissoziation in Säure und Ammoniak,

$$RCOO^{-+}NH_4 \;\rightleftharpoons\; RCOOH + NH_3$$

und eine Zersetzung unter Bildung von *Amid* und Wasser.

$$\underset{\text{Säureamid}}{R{-}\overset{\overset{\textstyle O}{\|}}{C}{-}O^{-+}NH_4 \;\rightleftharpoons\; R{-}\overset{\overset{\textstyle O}{\|}}{C}{-}NH_2 + H_2O}$$

Erhitzt man das Ammoniumsalz mit einem Überschuß von freier Säure oder in Gegenwart von Ammoniak, so wird die Dissoziation unterdrückt. Entfernung des Wassers durch Destillation führt zu guten Ausbeuten an Amid.

4. Reaktion der Silbersalze mit Brom (Hunsdiecker-Reaktion). Wenn Silbersalze unter Wasserausschluß mit einer Lösung von Brom in Tetrachlorkohlenstoff reagieren, tritt Decarboxylierung unter Bildung eines Alkylbromids ein.

$$RCOOAg + Br_2 \longrightarrow RBr + CO_2 + AgBr$$

Jod ergibt ein Alkyljodid. Ein Kohlenstoffatom verschwindet als CO_2, und so ist diese Reaktion zur Verkleinerung einer Kohlenstoffkette anwendbar.

Diese Reaktionen werden durch Licht beschleunigt und scheinen über einen Radikalmechanismus zu verlaufen.

$$Br_2 \longrightarrow 2\,[Br\cdot]$$
$$RCOOAg + [Br\cdot] \longrightarrow AgBr + [RCOO\cdot] \longrightarrow [R\cdot] + CO_2$$
$$[R\cdot] + Br_2 \longrightarrow RBr + [Br\cdot]$$

Technisch wichtige Säuren

Verbindungen von technischer Bedeutung werden oft durch spezielle Reaktionen hergestellt, die auf andere Glieder der homologen Reihe nicht anwendbar sind. Der Grund dafür ist, daß die Industrie versucht, von billigen Rohmaterialien auszugehen und neue Wege zu finden, um die Kosten unentbehrlicher Materialien zu senken. Daher kann eine Verbindung technisch wichtig sein, weil ein Verfahren bekannt ist, nach dem sie billig hergestellt werden kann. Andererseits kann eine

Verbindung einen solchen Eigenwert haben, daß weder Mühe noch Kosten gescheut werden, um billigere Wege zu ihrer Fabrikation zu finden als eines der allgemeinen Verfahren.

Ameisensäure. Natriumformiat wird nach einem speziellen Verfahren aus Kohlenmonoxyd und Ätznatron hergestellt.

$$CO + NaOH \quad \xrightarrow[6-10 \text{ Atm.}]{200°} \quad HCOO^{-+}Na$$

Diese Reaktion war eine der ersten, die zur Synthese einer organischen Verbindung aus Kohlenstoff und Salz technische Anwendung fanden. **Ameisensäure** kann durch Zugabe einer Mineralsäure aus dem Natriumsalz freigesetzt werden. Der Bedarf an Ameisensäure wird aber mehr als gedeckt durch die großen Mengen, die als Nebenprodukt bei der Fabrikation des Pentaerythrits (S. 795) anfallen.

Da die Carboxylgruppe mit einem Wasserstoffatom verbunden ist, anstatt mit einem Kohlenstoffatom wie bei allen folgenden Gliedern der Reihe, gibt die Ameisensäure eine Anzahl *spezieller Reaktionen*. Beim Erhitzen mit wasserentziehenden Mitteln zersetzt sie sich zu Kohlenmonoxyd und Wasser.

$$HCOOH \quad \xrightarrow[H_2SO_4]{\text{konz.}} \quad CO + H_2O$$

Die Reaktion mit Phosphortrichlorid führt zu Kohlenmonoxyd und Chlorwasserstoff, denn Formylchlorid ist bei gewöhnlicher Temperatur unbeständig.

$$3\;\overset{O}{\underset{\|}{H-C}}-OH + PCl_3 \quad \longrightarrow \quad P(OH)_3 + 3\left[\overset{O}{\underset{\|}{H-C}}-Cl\right] \quad \rightleftarrows \quad 3\,CO + 3\,HCl$$

Die letzte Reaktion ist reversibel, und man kann Formylchlorid bei der Temperatur der flüssigen Luft aus Kohlenmonoxyd und Chlorwasserstoff erhalten. Beim Erhitzen von Natriumformiat entwickelt sich Wasserstoff, und Natriumoxalat bleibt zurück.

$$\begin{matrix} HCOO^{-+}Na \\ \\ HCOO^{-+}Na \end{matrix} \quad \longrightarrow \quad H_2 + \begin{matrix} COO^{-+}Na \\ | \\ COO^{-+}Na \end{matrix}$$

Wie andere Verbindungen, die die H—C=O-Gruppe (S. 221) enthalten, ist Ameisensäure ein mildes Reduktionsmittel.

$$HCOOH + [O] \quad \longrightarrow \quad [HOCOOH] \quad \longrightarrow \quad CO_2 + H_2O$$

Da Ameisensäure eine etwa zehnmal stärkere Säure ist als ihre Homologen, wird sie immer dann verwendet, wenn man eine Säure braucht, die stärker als Essigsäure, aber schwächer als eine Mineralsäure ist. Ferner findet sie Verwendung zur Herstellung ihrer Ester und Salze. Natriumformiat dient zur Herstellung von Ameisensäure und Oxalsäure und in gewissem Umfang als Reduktionsmittel.

Essigsäure. Vom Standpunkt des Verbrauchs gesehen ist diese organische Säure bei weitem die wichtigste. Die Produktion in den Vereinigten Staaten betrug 1940 84 Millionen kg, 1955 etwa 237 Millionen kg ausschließlich der Menge, die in Form von Speiseessig hergestellt wurde. Im Handel erscheint Essigsäure hauptsächlich als *Eisessig* mit einer Reinheit von etwa 99,5%. Dieser Name rührt daher, daß sie an kalten Tagen zu einem eisartigen Festkörper erstarrt. Der Schmelzpunkt von reiner Essigsäure liegt bei 16,7°.

Es sind mehrere Verfahren zur Herstellung von Essigsäure in Gebrauch.

1. Enzymatische Oxydation von Äthylalkohol. Essigsäure ist der Haupt-bestandteil des **Speiseessigs.** Der Alkohol vergorener Fruchtsäfte oder von ver-gorenem Malz (Bier) wird in Gegenwart verschiedener *Acetobacter*-Stämme durch Luft zu Essigsäure oxydiert.

$$CH_3CH_2OH + O_2 \text{ (Luft)} \xrightarrow{\text{Acetobacter}} CH_3COOH + H_2O$$

Beim *Orléans-Verfahren* wird der Fruchtsaft in Fässern der Luft ausgesetzt; die Bakterien bilden einen dünnen Film auf der Oberfläche, der als *Essigmutter* bekannt ist. Da der Alkohol mit dem Sauerstoff und den Bakterien durch Diffusion in Berührung kommen muß, verläuft die Oxydation langsam, und erst im Verlauf einiger Monate steigt der Essigsäuregehalt auf 4—5%. Beim *Schnellessigverfahren* verwendet man einen großen Behälter, gefüllt mit Buchenspänen oder einem anderen porösen Material, das mit den Mikroorganismen angeimpft wird. Man läßt eine 12—15%ige Alkohollösung, die Nährsalze für das Bakterienwachstum enthält, über die Späne rieseln, die in entgegengesetzter Richtung von einem mäßigen Strom warmer Luft passiert werden. Man erhält so einen Speiseessig mit einem Gehalt von 8—10% Essigsäure, der zum Gebrauch auf einen Gehalt von 4—5% verdünnt wird. Der durch Gärung hergestellte Essig wird fast ausschließ-lich als Konservierungs- und Würzmittel verwendet; die in ihm enthaltenen Aroma-stoffe aus Most, Wein oder Malz machen ihn für diesen Zweck besonders geeignet.

2. Aus Holzessig. Die flüssigen Bestandteile der trocknen Destillation von Holz (S. 93) enthalten 4—10% Essigsäure, die man durch Neutrali-sation mit Kalk und Eindampfen zur Trockne gewinnen kann. Der so er-haltene **Graukalk** kann mit konzentrierter Schwefelsäure in Eisessig übergeführt werden. In neuerer Zeit gewinnt man Essigsäure aus verdünnten wäßrigen Lösungen durch Extraktion im Dampfzustand mit Teeröl *(Suida-Verfahren)* oder durch azeotrope Destillation (S. 98) mit Äthylenchlorid, Propylacetat oder Butylacetat, die mit dem Wasser ein konstantsiedendes Gemisch bilden *(Clarke-Othmer-Verfahren).* Ferner kann Essigsäure nach Veresterung mit Äthylalkohol auch als Essigester gewonnen werden.

3. Aus Acetaldehyd. In den Vereinigten Staaten wurde vor 1952 die Haupt-menge an synthetischer Essigsäure durch Oxydation von Acetaldehyd hergestellt, der seinerseits durch Wasseranlagerung an Acetylen (S. 136), durch katalytische Dehydrierung oder Luftoxydation von Äthylalkohol (S. 110) oder durch partielle Luftoxydation von Propan und Butan (S. 230) gewonnen werden kann. Acet-aldehyd absorbiert sehr schnell Sauerstoff aus der Luft und bildet Peressigsäure, eine Percarbonsäure (S. 924), die in Gegenwart von Mangan(II)- oder Kobalt-acetat mit dem Acetaldehyd unter Bildung von Essigsäure reagiert.

$$CH_3\overset{O}{\overset{\|}{C}}H + O_2 \longrightarrow CH_3\overset{O}{\overset{\|}{C}}-O-OH$$
Peressigsäure

$$CH_3\overset{O}{\overset{\|}{C}}-O-OH + CH_3CHO \xrightarrow[\text{Co(OCOCH}_3)_2]{\text{Mn(OCOCH}_3)_2 \text{ oder}} 2\,CH_3COOH$$

Bei Verwendung von 99—99,8%igem Acetaldehyd erhält man 96%ige Essigsäure, die leicht zu 99,5%iger Säure rektifiziert werden kann.

4. Aus Butan. Seit 1952 werden in den USA steigende Mengen Essigsäure durch Luftoxydation von Butan in flüssiger Phase hergestellt. Man leitet ein Gemisch aus Luft und einem großen Überschuß von Butan in Essigsäure, die gelöstes Mangan(IV)-acetat und Kobaltacetat enthält und bei 165° unter 20 Atm. Druck gehalten wird. Die Geschwindigkeit des Gasstromes wird so reguliert, daß die Reaktionsprodukte sofort nach der Bildung durch den Stickstoff und das nicht umgesetzte Butan weggeführt werden. Die Oxydationsprodukte, hauptsächlich Essigsäure und Methyläthylketon S. (235), werden mit Wasser herausgewaschen und durch fraktionierte Destillation getrennt. Das den Bedarf übersteigende Methyläthylketon geht in den Prozeß zurück.

$$CH_3CH_2CH_2CH_3 + O_2 \longrightarrow CH_3CH_2COCH_3 + H_2O$$
$$\text{Methyläthylketon}$$

$$2\,CH_3CH_2COCH_3 + 3\,O_2 \longrightarrow 4\,CH_3COOH$$

Essigsäure wird allgemein da eingesetzt, wo eine billige organische Säure gebraucht wird. Spezielle Anwendung findet sie zur Darstellung von Metallsalzen, von Acetanhydrid (S. 171) und von Estern (S. 182), zur Herstellung von Acetylcellulose (S. 425) und Bleiweiß, als Fällungsmittel für Casein aus Milch und für Kautschuk oder synthetischen Kautschuk aus ihren wäßrigen Emulsionen (S. 749) und für viele andere Zwecke. **Natriumacetat** verwendet man zur Verminderung der Acidität von Mineralsäuren. **Bleiacetat,** der sogenannte **Bleizucker,** und **basisches Bleiacetat** $Pb(OH)(OCOCH_3)$ werden zur Darstellung anderer Bleisalze benutzt. **Grünspan** ist basisches Kupferacetat $Cu(OH)_2 \cdot 2\,Cu(OCOCH_3)_2$, **Pariser Grün (Schweinfurter Grün)** ein gemischtes Kupferacetatarsenit. **Aluminiumacetat** dient zum Imprägnieren von Baumwollstoffen oder -fäden mit Aluminiumhydroxyd vor dem Färben, ein Verfahren, das man als *Beizen* bezeichnet (S. 711).

Höhere Säuren. Propionsäure und **Buttersäure** können durch Oxydation der entsprechenden Alkohole oder Aldehyde oder durch spezielle Gärungsprozesse aus Stärke dargestellt werden. Man verwendet sie zur Herstellung von Acetyl-propionyl-cellulose und Acetyl-butyryl-cellulose (S. 426). **Calciumpropionat** wird dem Brot zugesetzt, damit es nicht schimmlig oder klebrig wird.

Die **höheren normalen Säuren** mit gerader Kohlenstoffzahl entstehen bei der Hydrolyse von Fetten (S. 191). Einige verzweigte Fettsäuren wurden aus Mikroorganismen isoliert. Die Hydrolyse des Antibioticums aus *Bacillus polymyxa* ergibt 6-Methyl-octansäure. **Tuberculostearinsäure** aus der Fetthülle des Tuberkelbacillus, *Mycobacterium tuberculosis*, ist 10-Methyl-stearinsäure. In Deutschland wurde während des zweiten Weltkrieges Paraffin aus der Fischer-Tropsch-Synthese (S. 87) mit Luft bei 115—125° in Gegenwart von Mangan(IV)-salzen oxydiert. Hierbei entsteht ein kompliziertes Gemisch höherer Säuren, die als Ersatz für Säuren aus natürlichen Fetten dienten.

Acylhalogenide

Darstellung

Da Acylhalogenide durch Ersatz der Hydroxylgruppe der Säure durch ein Halogenatom zustande kommen, ist ihre Struktur durch die allgemeine Formel

$$R-\overset{\displaystyle O}{\underset{\displaystyle \|}{C}}-X$$

wiederzugeben. Man muß ein anorganisches Säurehalogenid wie Phosphortrichlorid, Phosphorpentachlorid, Thionylchlorid oder Sulfurylchlorid anwenden, um diese Verdrängung zu erreichen (diese Verbindungen sind die Säurechloride von phosphoriger Säure, Phosphorsäure, schwefliger Säure bzw. Schwefelsäure). Ihre Reaktionen mit organischen Säuren verlaufen nach folgenden Gleichungen

$$3\ RCOOH + PCl_3 \longrightarrow 3\ RCOCl + P(OH)_3$$

$$RCOOH + PCl_5 \longrightarrow RCOCl + POCl_3 + HCl$$

$$RCOOH + SOCl_2 \longrightarrow RCOCl + SO_2 + HCl$$

$$2\ RCOOH + SO_2Cl_2 \longrightarrow 2\ RCOCl + H_2SO_4$$

Verwendet man das Natriumsalz der organischen Säure, so reagiert auch Phosphoroxychlorid.

$$2\ RCOONa + POCl_3 \longrightarrow 2\ RCOCl + NaCl + NaPO_3$$

Somit werden bei der Reaktion des Natriumsalzes mit Phosphorpentachlorid drei Fünftel des gesamten Chlors für die Chlorierung ausgenutzt statt nur einem Fünftel.

$$3\ RCOONa + PCl_5 \longrightarrow 3\ RCOCl + 2\ NaCl + NaPO_3$$

Thionylchlorid $SOCl_2$ hat gegenüber den anderen Reagentien den Vorteil, daß das Acylchlorid in guter Ausbeute entsteht und leicht gereinigt werden kann, da die anderen Reaktionsprodukte gasförmig sind. Aus diesen Gründen verwendet man für kleinere Ansätze Thionylchlorid, obwohl es etwas teurer ist als die anderen Reagentien.

Die **Acylbromide** können in analoger Weise aus organischen Säuren und anorganischen Säurebromiden dargestellt werden. **Acyljodide** stellt man gewöhnlich aus Acylchloriden und Calciumjodid oder trocknem Jodwasserstoff dar.

$$2\ RCOCl + CaJ_2 \longrightarrow 2\ RCOJ + CaCl_2$$

$$RCOCl + HJ \longrightarrow RCOJ + HCl$$

Ähnlich stellt man die **Acylfluoride** aus Acylchloriden und Antimonfluorid oder Fluorwasserstoff dar.

Nomenklatur

Acylhalogenide werden auf zweierlei Art benannt. Entweder man nennt den Namen der zugrunde liegenden Säure und fügt -chlorid (-bromid, -jodid, -fluorid) hinzu; z. B. Essigsäurechlorid, Palmitinsäurechlorid. Oder man führt, um zu kürzeren Namen zu gelangen, Radikale ein, entsprechend der Bezeichnung *Acyl-*

für ein beliebiges Säureradikal des Typus $R-\overset{\overset{\textstyle O}{\|}}{C}-$. Die Radikalnamen werden in der Regel aus den normalen Carbonsäurenamen durch Ersatz der Endung -säure durch die Endung -yl gebildet (Propionsäure, Propionylchlorid), doch werden gerade bei den am häufigsten vorkommenden Carbonsäuren nicht die Säurenamen selbst, sondern die Wortstämme der alten lateinischen Namen der Radikalbezeichnung zugrunde gelegt (Formylchlorid, Acetylchlorid, Butyrylchlorid). Bei den Säuren mit mehr als fünf Kohlenstoffatomen überwiegt die Endung -oylchlorid, z. B. Lauroylchlorid, Palmitoylchlorid.

Physikalische Eigenschaften

Da die Acylhalogenide kein an Sauerstoff gebundenesWasserstoffatom enthalten und infolgedessen keine Wasserstoffbrückenbindung auftreten kann, sind ihre Siedepunkte normal. Zum Beispiel siedet Essigsäure (Mol. Gew. 60) bei 118°, dagegen Acetylchlorid (Mol. Gew. 78,5) bei 51°. Dieser Wert liegt zwischen den Siedepunkten von Pentan (Mol.Gew. 72; Kp. 36°) und Hexan (Mol.Gew. 86; Kp. 69°). Acylhalogenide sind in Wasser unlöslich, denn das kovalent gebundene Halogenatom setzt die von der Carbonylgruppe bewirkte Wasserlöslichkeit so stark herab wie zwei oder drei Methylengruppen. Die Acylhalogenide haben einen stechenden Geruch und reizen die Schleimhäute.

Reaktionen

1. Mit Wasser, Alkoholen und Ammoniak. Man kann die Acylhalogenide als gemischte Anhydride einer Carbonsäure und einer Halogenwasserstoffsäure auffassen, und als solche zeigen sie die allgemeinen Reaktionen der Anhydride mit Wasser, Alkohol und Ammoniak unter Bildung von Säuren, Estern und Amiden.

$$RCOCl \begin{cases} + HOH \longrightarrow RCOOH + HCl \\ + HOR' \longrightarrow RCOOR' + HCl \\ \qquad \text{Ein Ester} \\ \\ + HNH_2 \longrightarrow RCONH_2 + HCl \xrightarrow{NH_3} NH_4Cl \\ \qquad \text{Ein Amid} \end{cases}$$

Die letzte Reaktion erfordert zwei Mol Ammoniak, weil die Geschwindigkeit der Reaktion von Ammoniak mit Chlorwasserstoff größer ist als die der Reaktion mit Acylchlorid.

Die im Vergleich mit den Alkylhalogeniden leichter verlaufende Hydrolyse, Alkoholyse und Ammonolyse der Acylhalogenide kann dem induktiven Effekt des doppelt gebundenen Sauerstoffatoms (S. 159) zugeschrieben werden, der eine geringere Elektronendichte am Carbonylkohlenstoffatom bewirkt. Die Geschwindigkeit der Reaktion mit Elektronendonatoren ist bei Acylhalogeniden größer als bei Alkylhalogeniden, obwohl derselbe induktive Effekt die Abspaltung des Chlors als Chlorion sogar hemmt.

Der induktive Effekt des Sauerstoffs ist auch verantwortlich für die leichtere Substitution des α-Wasserstoffs durch Halogen, da die positive Ladung des Carbonylkohlenstoffatoms die Abspaltung eines Protons vom α-Kohlenstoffatom erleichtert (s. u. Nr. 3).

2. Mit Salzen von Carbonsäuren. Acylhalogenide reagieren mit Metallsalzen organischer Säuren unter Bildung von *Carbonsäure-anhydriden*.

$$RCOCl + NaO\overset{O}{\overset{\|}{C}}-R' \longrightarrow R\overset{O}{\overset{\|}{C}}-O-\overset{O}{\overset{\|}{C}}R' + NaCl$$

3. Mit Halogen. Acylhalogenide werden leichter halogeniert als Kohlenwasserstoffe oder als freie Säuren. Leicht ersetzt wird indessen nur ein α-Wasserstoffatom, d. h. ein Wasserstoffatom an dem der Carbonylgruppe benachbarten Kohlenstoffatom.

$$RCH_2COX + X_2 \longrightarrow RCHXCOX + HX$$

In der Praxis verwendet man die freien Säuren und führt die Halogenierung in Gegenwart einer kleinen Menge Phosphortrihalogenid durch. Die Reaktionen sind dann

$$3\,RCH_2COOH + PX_3 \longrightarrow 3\,RCH_2COX + P(OH)_3$$
$$RCH_2COX + X_2 \longrightarrow RCHXCOX + HX$$
$$RCHXCOX + RCH_2COOH \rightleftarrows RCHXCOOH + RCH_2COX$$

Auf Grund der letzten Reaktion genügt eine kleine Menge Säurechlorid zur direkten Halogenierung einer großen Säuremenge. Dieses Verfahren zur Darstellung von Halogensäuren ist als *Hell-Volhard-Zelinsky-Reaktion* bekannt.

4. Reduktion. *a) Katalytische Reduktion zu Aldehyden (Reduktion nach* ROSENMUND). Acylchloride können unter Verwendung eines Palladiumkatalysators zu Aldehyden reduziert werden. Der Katalysator wird gewöhnlich durch Zusatz von Schwefelverbindungen partiell vergiftet und so für die Katalyse der weiteren Reduktion der Aldehyde zu Alkoholen inaktiviert.

$$RCOCl + H_2 \xrightarrow{\text{Pd}} RCHO + HCl$$

b) Reduktion mit Lithiumaluminiumhydrid zu Alkoholen. Gibt man eine ätherische Lösung von Lithiumaluminiumhydrid zu einem Acylhalogenid, so findet Reduktion zum Alkohol statt. Reaktionsprodukt ist das Lithiumaluminiumsalz des Alkohols, aus dem der Alkohol durch Zugabe von Salzsäure freigesetzt wird.

$$4\,RCOCl + 2\,LiAlH_4 \longrightarrow (RCH_2O)_4LiAl + LiAlCl_4$$
$$(RCH_2O)_4LiAl + 4\,HCl \longrightarrow 4\,RCH_2OH + LiAlCl_4$$

Säureanhydride

Darstellung

Es gibt zwei allgemeine Verfahren zur Darstellung von Säureanhydriden, von denen das erste, das von einem Säurehalogenid und einem Salz ausgeht, die Struktur der Carbonsäureanhydride beweist.

$$\underset{\overset{\|}{\text{O}}}{\text{RCCl}} + Na^{+-}\underset{\overset{\|}{\text{O}}}{\text{OCR}'} \longrightarrow \underset{\overset{\|}{\text{O}}}{\text{RC}}{-}O{-}\underset{\overset{\|}{\text{O}}}{\text{CR}'} + NaCl$$

Die zweite Methode beruht darauf, daß zwischen Carbonsäuren und Säureanhydriden ein Gleichgewicht besteht.

$$2\,RCOOH + CH_3\underset{\overset{\|}{\text{O}}}{\text{C}}{-}O{-}\underset{\overset{\|}{\text{O}}}{\text{C}}CH_3 \rightleftarrows \underset{\overset{\|}{\text{O}}}{\text{RC}}{-}O{-}\underset{\overset{\|}{\text{O}}}{\text{CR}} + 2\,CH_3COOH$$

Da Essigsäure bei tieferer Temperatur siedet als jede andere Komponente des Systems, kann sie durch sorgfältige Destillation entfernt und so der vollständige Ablauf der Reaktion erzwungen werden. Die erste Reaktion kann zur Darstellung von Anhydriden mit gleichen oder verschiedenen R-Gruppen herangezogen werden. Die zweite Methode eignet sich zwar nur zur Darstellung von Anhydriden mit gleichen R-Gruppen, wird für diesen Zweck aber der ersten vorgezogen, da Acetanhydrid leicht zu beschaffen ist, wenig kostet und ausgezeichnete Ausbeuten ergibt.

Nomenklatur

Die Glieder dieser Verbindungsklasse werden durch Anfügen von -anhydrid an die Namen der Säure bzw. der Säuren, von denen sie sich ableiten, benannt. Zum Beispiel ist $(CH_3CO)_2O$ Essigsäureanhydrid oder Acetanhydrid, $(CH_3CO)O(COCH_2CH_2CH_3)$ ist Essigsäure-buttersäure-anhydrid. Die Anhydride mit gleichen R-Gruppen heißen *einfache Anhydride*, während die mit ungleichen R-Gruppen als *gemischte Anhydride* bezeichnet werden. Die erstgenannten sind wichtiger.

Physikalische Eigenschaften

Anhydride sieden höher als Kohlenwasserstoffe, aber tiefer als Alkohole vergleichbaren Molekulargewichts. Acetanhydrid und seine höheren Homologen sind unlöslich in Wasser. Wie die Säurehalogenide reizen die flüchtigen Anhydride die Schleimhäute.

In Anbetracht des relativ hohen Sauerstoffgehalts könnte man erwarten, daß sich Acetanhydrid in Wasser löst. Jedoch ist die Resonanzenergie, die von der Wechselwirkung zwischen den p-orbitals der Sauerstoff- und Kohlenstoffatome herrührt, hoch (40 kcal). Infolgedessen zeigen die Sauerstoffatome wenig Neigung, mit den Wassermolekülen Wasserstoffbrücken auszubilden.

Reaktionen

Die Reaktionen der Carbonsäureanhydride mit Wasser, Alkoholen und Ammoniak sind mit denen der Acylhalogenide identisch, außer daß unter den Reaktionsprodukten anstelle der Halogenwasserstoffsäure eine organische Säure auftritt.

$$
R{-}\overset{\overset{O}{\|}}{C}{-}O{-}\overset{\overset{O}{\|}}{C}{-}R
\begin{cases}
+\ \mathbf{HOH} & \longrightarrow \quad \mathbf{RCOOH + RCOOH} \\
+\ \mathbf{HOR'} & \longrightarrow \quad \mathbf{RCOOR' + RCOOH} \\
& \text{Ein Ester} \\
+\ \mathbf{HNH_2} & \longrightarrow \quad \mathbf{RCONH_2 + RCOOH} \xrightarrow{\mathbf{NH_3}} \mathbf{RCOONH_4} \\
& \text{Ein Amid}
\end{cases}
$$

Die Reaktion der Anhydride mit Natriumperoxyd in wäßriger Lösung führt zu **Acylperoxyden** (S. 925).

$$
2\ (RCO)_2O + Na_2O_2 \longrightarrow R\overset{\overset{O}{\|}}{C}{-}O{-}O{-}\overset{\overset{O}{\|}}{C}R + 2\ NaOCOR
$$

Acetylperoxyd ist eine Quelle für freie Acetoxyl- und Methylradikale.

$$
CH_3CO{-}O{-}O{-}COCH_3 \longrightarrow 2\ [CH_3COO\,\cdot] \longrightarrow 2\ [CH_3\,\cdot] + CO_2
$$

Es muß vorsichtig und nur in kleinen Mengen gehandhabt werden, da es beim Erhitzen explodiert.

Acetanhydrid

Acetanhydrid ist das einzige technisch wichtige Glied der Reihe. Solange Holzessig die Hauptquelle der Essigsäure war, aus dem sie als Calcium- oder Natriumacetat gewonnen wurde, stellte man das Anhydrid durch Umsetzung von Natriumacetat mit der Hälfte der zur Darstellung von Acetylchlorid nötigen Menge Sulfurylchlorid oder Schwefelchlorid und Chlor her. Das so entstandene Acetylchlorid reagierte mit dem Rest des Salzes zum Anhydrid. Mit dem Aufkommen der synthetischen Essigsäure und von neuen Methoden ihrer Gewinnung aus wäßrigen Lösungen wurden auch neue Methoden zur Darstellung des Anhydrids entwickelt. Nach einem dieser Verfahren gibt man Essigsäure in Gegenwart von Quecksilbersalzen zu Acetylen, wobei Äthylidenacetat entsteht, das sich beim Erhitzen mit sauren Katalysatoren wie Schwefelsäure oder Zinkchlorid zu Acetaldehyd und Acetanhydrid zersetzt.

$$HC\equiv CH + 2\ CH_3COOH \xrightarrow{\text{Hg-Salze}} H_3C\text{---}\overset{\displaystyle OCOCH_3}{\underset{\displaystyle OCOCH_3}{CH}} \xrightarrow[\text{oder ZnCl}_2]{H_2SO_4} CH_3CHO + (CH_3CO)_2O$$

Äthylidenacetat

Nach einem zweiten Verfahren wird das Anhydrid durch gemäßigte Luftoxydation von Acetaldehyd gewonnen. Etwas Anhydrid bildet sich immer bei der Synthese von Essigsäure aus Acetaldehyd; die intermediär entstehende Peressigsäure (S. 165) reagiert offenbar mit dem Acetaldehyd unter Bildung von Anhydrid und Wasser.

$$CH_3\text{---}\overset{\displaystyle O}{\overset{\|}{C}}\text{---}O\text{---}OH + CH_3CHO \longrightarrow (CH_3CO)_2O + H_2O$$

Bei Beschleunigung der Oxydation unter Verwendung eines Kobaltacetat-Kupferacetat-Katalysators bei 50° und bei Benutzung eines Überträgers wie Äthylacetat gelingt es, zwei Drittel des Acetaldehyds in Acetanhydrid umzuwandeln, während ein Drittel in Essigsäure übergeführt wird. Destillation unter vermindertem Druck erlaubt, die Temperatur tief genug zu halten, daß das wäßrige azeotrope Gemisch entfernt werden kann, ohne daß Hydrolyse des Anhydrids eintritt.

Ein drittes gegenwärtig wichtiges Verfahren ist die Anlagerung von Essigsäure an Keten (S. 803). Keten ist ein Gas, das bei Zersetzung von Essigsäure oder Aceton entsteht. Essigsäuredämpfe, die Äthylphosphat enthalten, werden auf 700—720° erhitzt, oder Essigsäuredämpfe werden bei 600—700° über Aluminiumphosphat geleitet.

$$CH_3COOH \longrightarrow CH_2\text{=}C\text{=}O + H_2O$$

Keten

Das Gemisch von Keten-, Wasser- und Essigsäuredämpfen wird schnell abgekühlt bis zur Kondensation des Wassers und der nicht umgesetzten Essigsäure. Das Keten wird dann in einem Waschturm in Essigsäure absorbiert, wobei Acetanhydrid entsteht.

$$CH_2\text{=}C\text{=}O + HOOCCH_3 \longrightarrow CH_3\overset{}{\underset{\|\ \ O}{C}}\text{---}O\text{---}\overset{}{\underset{\|\ \ O}{C}}CH_3$$

Nach einem anderen Verfahren wird Keten durch Zersetzung von Aceton ohne Katalysator bei 700° gewonnen.

$$CH_3COCH_3 \longrightarrow CH_2{=}C{=}O + CH_4$$

Acetanhydrid dient hauptsächlich zur Darstellung von Estern, die man nicht durch direkte Veresterung der Alkohole mit Essigsäure erhalten kann. Von solchen Verbindungen hat die Acetylcellulose die größte Bedeutung. In den Vereinigten Staaten stieg die jährliche Produktion von Acetanhydrid zwischen 1940 und 1955 von 113 auf 380 Millionen kg.

Ester

Darstellung

Die meisten Verfahren zur Darstellung von Estern wurden schon beschrieben, so die direkte Esterbildung zwischen einer Säure und einem Alkohol (S. 158), die Reaktion eines Metallsalzes mit einem Alkylhalogenid (S. 163), die Reaktion eines Acylhalogenids mit einem Alkohol (S. 168) und die Reaktion eines Säureanhydrids mit einem Alkohol (S. 170). Einige allgemeine Bemerkungen über diese Reaktionen seien angefügt. Zum ersten verlaufen alle Reaktionen außer der direkten Esterbildung praktisch vollständig. Es können jedoch Nebenreaktionen stattfinden, besonders bei tertiären Alkoholen und tertiären Alkylhalogeniden, die die Reaktionen unbrauchbar machen, wenn sich nicht spezielle Bedingungen zur Erzielung befriedigender Ausbeuten finden lassen. Im allgemeinen spalten tertiäre Alkohole oder Alkylhalogenide leichter Wasser bzw. Halogenwasserstoff ab als sekundäre, sekundäre leichter als primäre (S. 109, 120). Daher ist bei der Reaktion eines tertiären Alkohols mit einem Säureanhydrid, das wasserabspaltend wirkt, oder bei der Reaktion eines tertiären Alkylhalogenids mit einem Natriumsalz, das als Base wirkt, die Geschwindigkeit der Olefinbildung viel größer als die Geschwindigkeit der Esterbildung, und es entsteht nur Olefin.

Die Konstitution der Carbonsäure beeinflußt die Veresterungsgeschwindigkeit. So nimmt die Geschwindigkeit der Veresterung aliphatischer Carbonsäuren mit Methylalkohol mit wachsender Substitution durch Alkylgruppen in α- und β-Stellung der Säure ab.

Dieser Effekt steht in gewisser Beziehung zur Gesamtzahl der Substituenten am α- und β-Kohlenstoffatom. Bei jeder der folgenden Verbindungen bedeutet die erste Zahl in der Klammer die Summe der α- und β-Substituenten, die zweite die relative Reaktionsgeschwindigkeit verglichen mit Essigsäure: Dimethylessigsäure (2, 0,33); Trimethylessigsäure (3, 0,037); Di-n-butylessigsäure (4, 0,008); Methyl-tert.-butylessigsäure (5, 0,0006); Dimethyl-tert.-butylessigsäure (6, 0,0001). Für die betrachteten Substanzen ergibt sich die richtige Größenordnung, wenn man annimmt, daß bei mehr als zwei Substituenten die Geschwindigkeit für jeden zusätzlichen Substituenten an einem α- oder β-Kohlenstoffatom auf etwa ein Siebentel des ursprünglichen Wertes abnimmt. Sind noch mindestens drei Substituenten an einem γ-Kohlenstoffatom, so wird eine weitere Geschwindigkeitsverminderung beobachtet. Gruppen an den α- und β-Kohlenstoffatomen erschweren die Annäherung eines Alkoholmoleküls, das das Kohlenstoffatom der Carboxylgruppe angreifen muß (S. 176). Diese sperrende Wirkung von Substituenten ist ein weiteres Beispiel sterischer Hinderung (vgl. S. 123).

Tertiäre Alkylester werden von Halogenwasserstoffen sehr leicht gespalten. Daher führt die Einwirkung eines Acylhalogenids auf einen tertiären Alkohol gewöhnlich zur Bildung des Alkylhalogenids und der organischen Säure. Die

Reaktion von tert.-Butylalkohol und Acetylbromid ist sogar ein gutes Verfahren zur Darstellung von tert.-Butylbromid.

$$(CH_3)_3COH + BrCOCH_3 \longrightarrow (CH_3)_3C\!-\!O\!-\!COCH_3 + HBr$$

$$\downarrow$$

$$(CH_3)_3CBr + HOCOCH_3$$

Entfernt man die Halogenwasserstoffsäure sowie sie sich bildet, so kann man recht gute Ausbeuten an tertiären Estern erhalten. Wird z. B. Acetylchlorid mit tert.-Butylalkohol in Gegenwart von Magnesium umgesetzt, so beträgt die Ausbeute an tert.-Butylacetat 50%.

$$(CH_3)_3COH + ClCOCH_3 + \tfrac{1}{2}\,Mg \longrightarrow (CH_3)_3C\!-\!O\!-\!COCH_3 + \tfrac{1}{2}\,MgCl_2 + \tfrac{1}{2}\,H_2$$

Eine Ausbeute von 65% wird erhalten, wenn anstatt Magnesium ein organisches tertiäres Amin wie Dimethylanilin (S. 515) verwendet wird.

$$(CH_3)_3COH + ClCOCH_3 + C_6H_5N(CH_3)_2 \longrightarrow$$

$$(CH_3)_3C\!-\!O\!-\!COCH_3 + [C_6H_5\overset{+}{N}(CH_3)_2H]Cl^-$$

Ebenso wie man durch Anlagerung von Alkoholen an Olefine (S. 144) tertiäre Alkyläther darstellen kann, so erhält man durch Anlagerung von Carbonsäuren an Olefine tertiäre Alkylester.

$$CH_3COOH + CH_2\!=\!\underset{\underset{CH_3}{|}}{CCH_3} \xrightarrow[\text{oder HBF}_4]{H_2SO_4} \underset{\text{tert.-Butylacetat}}{CH_3COOC(CH_3)_3}$$

Methylester können leicht durch Umsetzung der Carbonsäuren mit Diazomethan (S. 279) dargestellt werden.

Die **direkte Veresterung** ist ein gutes Beispiel einer reversiblen Reaktion. Die Bezeichnung *reversible Reaktion* kann zweierlei bedeuten. Entweder es ist gemeint, daß bei Erreichen des Gleichgewichts zwischen Vor- und Rückreaktion noch beträchtliche Mengen der ursprünglichen Reaktionsteilnehmer vorhanden sind, oder daß die Einstellungsgeschwindigkeit des Gleichgewichts, d. h. die Beweglichkeit der Reaktion, so groß ist, daß die Reaktion leicht durch Veränderung der Konzentrationen umgekehrt werden kann.

Die Veresterungsreaktion ist zur Bestimmung der quantitativen Gesetze reversibler Reaktionen eingehend untersucht worden, da bei der Reaktion keine Nebenprodukte gebildet werden, die analytischen Verfahren einfach und genau sind, die Reaktion mit einer für Messungen geeigneten Geschwindigkeit verläuft und die Lage des Gleichgewichts so ist, daß sie genau bestimmt werden kann. Die Reaktion kann folgendermaßen geschrieben werden.

$$RCOOH + HOR' \underset{V_2}{\overset{V_1}{\rightleftarrows}} RCOOR' + H_2O$$

Die Geschwindigkeiten V_1 für die erste Reaktionen und V_2 für die Rückreaktion sind proportional den Molenbrüchen der reagierenden Substanzen.

$$V_1 = k_1[RCOOH][R'OH]$$

$$V_2 = k_2[RCOOR'][H_2O]$$

Bei Beginn der Reaktion sind die Konzentrationen von Alkohol und Säure maximal, die der Reaktionsprodukte sind gleich Null. Folglich ist auch V_1 maximal, V_2 ist gleich Null. Wenn die reagierenden Substanzen verbraucht werden und sich die Reaktionsprodukte bilden, nimmt V_1 ab, während V_2 wächst. Schließlich wird ein Punkt erreicht, an dem $V_1 = V_2$ ist: die Bedingung für das chemische Gleichgewicht. Deshalb gilt im Gleichgewichtszustand

$$k_1[\text{RCOOH}][\text{R'OH}] = k_2[\text{RCOOR'}][\text{H}_2\text{O}]$$

$$\frac{k_1}{k_2} = \frac{[\text{RCOOR'}][\text{H}_2\text{O}]}{[\text{RCOOH}][\text{R'OH}]} = K_E$$

K_E heißt die *Gleichgewichtskonstante* der Reaktion.

Läßt man ein Mol Äthylalkohol und ein Mol Essigsäure bis zum Erreichen des Gleichgewichts reagieren, stehen zwei Drittel Mol Äthylacetat (Essigester) und zwei Drittel Mol Wasser im Gleichgewicht mit einem Drittel Mol Äthylalkohol und einem Drittel Mol Essigsäure. Genau dieselbe Gleichgewichtszusammensetzung wird erhalten, wenn man von einem Mol Wasser und einem Mol Äthylacetat ausgeht. Da während dieser Reaktion keine Änderung der Gesamtmolzahl eintritt, kann man die Mole für die Molenbrüche in die Gleichung einsetzen und die Gleichgewichtskonstante berechnen.

$$K_E = \frac{2/3 \times 2/3}{1/3 \times 1/3} = 4$$

Ist die Gleichgewichtskonstante bekannt, so ist es möglich, die Gleichgewichtszusammensetzung der Reaktion zu berechnen, von welchem Molverhältnis von Äthylalkohol und Essigsäure man auch ausgeht.

Die Lage des Gleichgewichts wird durch Katalysatoren nicht beeinflußt, da in diesem Stadium Katalysatoren die Vor- und Rückreaktion in genau gleichem Maße beeinflussen. Katalysatoren verändern lediglich die Beweglichkeit des Systems, d. h. die zum Erreichen des Gleichgewichts erforderliche Zeit.

Obwohl die Veresterungsreaktion mit dem Massenwirkungsgesetz im Einklang steht, ist diese gute Übereinstimmung wahrscheinlich ein Zufall, da die Lösung nicht ideal ist, eine Bedingung für die strenge Abhängigkeit vom Massenwirkungsgesetz also nicht erfüllt ist. Die Nichtidealität dürfte auch verantwortlich dafür sein, daß die Lage des Gleichgewichts nicht immer unabhängig vom Vorhandensein eines Katalysators ist. Erhöht man z. B. die Konzentration von Chlorwasserstoff pro Mol Äthylalkohol und Essigsäure von etwa 0,005 auf 0,33 Mol, so ändert sich die scheinbare Gleichgewichtskonstante von 4,3 auf 8,8 infolge der Änderung des Reaktionsmilieus.

Der Einfluß der Temperatur auf die Lage des Gleichgewichts wird von dem Le Chatellierschen Prinzip bestimmt. Wird bei der Reaktion Wärme entwickelt *(exotherme Reaktion)*, so wird die Lage des Gleichgewichts mit steigender Temperatur nach links verschoben; wird dagegen Wärme verbraucht *(endotherme Reaktion)*, so verläuft die Reaktion bei erhöhter Temperatur vollständiger. Die Veresterungsreaktion ist nur schwach exotherm (ΔH = etwa -1 kcal), und daher ist die Temperatur praktisch ohne Einfluß auf die Lage des Gleichgewichts.

Dagegen hat die Temperatur wie ein Katalysator eine erhebliche Wirkung auf die Beweglichkeit des Systems. Ungefähr gilt, daß die Geschwindigkeit einer chemischen Reaktion bei Temperaturerhöhungen um je 10° auf das Zwei- bis Dreifache ansteigt. Der Druck beeinflußt die Lage des Gleichgewichts nur dann, wenn während des Reaktionsablaufes eine Volumänderung eintritt. Merkbare Volumänderungen finden aber nur dann statt, wenn ein oder mehrere Reaktionsteilnehmer unter den Bedingungen des Experiments gasförmig sind. Sind Gase beteiligt, so beeinflußt der Druck auch die Geschwindigkeit der Gleichgewichtseinstellung, da Druckerhöhung eine Zunahme der Konzentration der Reaktionsteilnehmer bedeutet.

Die Gleichung für die Gleichgewichtskonstante zeigt, daß die Reaktion in Richtung einer höheren Esterausbeute gelenkt werden kann, indem die Konzentration des Alkohols oder der Säure erhöht wird. Wird der Wert des Nenners erhöht, während K_E konstant bleibt, so muß auch der Wert des Zählers steigen. Ist einer der Reaktionsteilnehmer sehr billig, der andere relativ teuer, so ist es vorteilhaft, die billigere Verbindung im Überschuß anzuwenden, um eine bessere Ausnutzung der teuren Verbindung zu erzielen. Eine weitere Möglichkeit zur vollständigen Verwertung der Reagentien ist die Entfernung eines oder beider Reaktionsprodukte, denn die Verminderung des Wertes des Zählers erzwingt eine Verminderung derjenigen des Nenners. Das zweite Verfahren ist, falls anwendbar, besser, da man die Reaktionsteilnehmer im stöchiometrischen Verhältnis einsetzen kann und eine vollständige Umsetzung erreicht. Ist eines der Reaktionsprodukte Wasser, so kann es oft leicht durch azeotrope Destillation (S. 98) entfernt werden.

Oberflächlich betrachtet könnte die Reaktion zwischen Alkohol und Säure als analog der Neutralisation einer Base durch eine Säure aufgefaßt werden, aber dies wäre weit gefehlt. Die Neutralisation ist eine Ionenreaktion, die fast augenblicklich bei Raumtemperatur ohne Katalysator vollständig abläuft. Die Esterbildung ist eine Reaktion zwischen Molekülen, sie verläuft langsam, sogar bei erhöhter Temperatur, benötigt zum Erreichen einer annehmbaren Geschwindigkeit einen Katalysator und läuft nicht vollständig ab.

Der Mechanismus der säurekatalysierten Esterbildung ist noch nicht vollkommen geklärt, doch gibt die nachstehende Folge von Gleichgewichten eine Vorstellung von der Kompliziertheit der Reaktionen, die sich bei der Veresterung einer schwachen Säure mit einem primären oder sekundären Alkohol abspielen, und von der Funktion der Katalysatoren. Über die Schreibweise der Gleichgewichte vgl. S. 143. Sind oberhalb und unterhalb desselben Pfeilpaares Reagentien angegeben, so handelt es sich bei der betreffenden Reaktionsstufe um eine direkte Verdrängung mit oder ohne Waldensche Umkehrung (S. 121) oder um eine Protonenübertragung.

Es wird häufig geltend gemacht, bei derartigen intermediär entstehenden Produkten sei die Ladung außerhalb der Klammer anzuschreiben, da das Zwischenprodukt ein Resonanzhybrid ist und die Ladung nicht an dem einen oder anderen Sauerstoffatom lokalisiert, sondern über die ganze Gruppe verteilt ist. Diese Feststellung ist zwar richtig, aber in der Struktur, wie sie dasteht, ist der Sitz der Ladung bestimmt das eine Sauerstoffatom und nicht das andere. Nur dann, wenn die Gruppe durch den Symbolismus eines Resonanzhybrids dargestellt wird (S. 160), ist es berechtigt, die Ladung außerhalb der Klammer anzuschreiben. Die einfache Valenzelektronenformel ist aber einfacher und für die meisten Zwecke ausreichend.

Wohl ist die tatsächlich zugegebene Substanz eine starke Säure wie Schwefelsäure, doch bildet sich sofort ein Gleichgewicht aus, in welchem alle vorhandenen Basen — Sulfationen, Carbonsäuremoleküle, Wasser-, Ester- und Alkoholmoleküle — sich um das verfügbare Proton bewerben. Dementsprechend wird der Katalysator als HB angeschrieben, wobei B irgendeine Base darstellt, aber auch ein neutrales Molekül oder ein negativ geladenes Ion bedeuten kann, wenn nämlich HB eine positiv geladene Gruppe ist wie das Ammoniumion [NH_4^+], bzw. ein neutrales Molekül wie Chlorwasserstoff HCl.

Die Katalyse bedingt den Übergang des Protons von einer Base zu einer anderen, und daher wird der Angriffspunkt eine Region hoher Elektronendichte des Moleküls sein. Der erste Schritt ist die Übertragung des Protons an die Carbonylgruppe der Säure (I) und die Eliminierung der Base B. Als nächstes kompensieren die unanteiligen Elektronen eines Alkoholmoleküls das Elektronendefizit des Kohlenstoffatoms in II, und es entsteht III. Eine Base spaltet aus III ein Proton ab, wobei das Zwischenprodukt IV entsteht, das von einem Protonendonator ein Proton erhält und V bildet. Wasserabspaltung führt zu VI, das ein Proton an eine Base abgibt und den Ester VII bildet. Die säurekatalysierte Hydrolyse eines Esters ist die genaue Umkehrung dieser Reihe von VII bis I. Man erhält aus dieser Folge von Reaktionen die Gesamtgleichung, indem man diejenigen Reagentien, die sowohl oberhalb wie unterhalb der Pfeilpaare auftreten, durchstreicht. Die Reaktionsteilnehmer sind die Ausgangsverbindung und die Reagentien, die oberhalb der Pfeile übrigbleiben. Die Reaktionsprodukte sind die Endverbindung und die Reagentien, die unterhalb der Pfeile zurückbleiben. Die Reihe von Gleichgewichten wird dann auf folgenden Ausdruck reduziert.

$$\text{RCOOH} + \text{HOR}' \rightleftharpoons \text{RCOOR}' + H_2O$$

Neben den angegebenen Gleichgewichtsreaktionen finden gleichzeitig noch zahlreiche weitere Protonenübertragungsreaktionen statt, die nicht zu neuen Produkten führen. Da überdies alle Stufen reversibel sind, reagiert nicht jedes Molekül nach Erreichen einer Zwischenstufe dem Schema gemäß weiter, um als Reaktionsprodukt zu enden. Die Zusammensetzung des Gemisches nach Beendigung der Reaktion hängt von der relativen thermodynamischen Stabilität der Reaktionsteilnehmer und der Reaktionsprodukte ab.

Der oben behandelte Mechanismus wird der Tatsache gerecht, daß bei der Veresterung schwacher Säuren mit primären und sekundären Alkoholen das Sauerstoffatom des eliminierten Wassermoleküls nicht vom Alkohol stammt, sondern von der Säure (Acyl-Sauerstoff-Spaltung). Der erste experimentelle Beweis für diesen Spaltungstypus ergab sich bei der Veresterung von Carbonsäuren mit Mercaptanen, den Schwefelanaloga der Alkohole (S. 290). Der strenge Beweis, daß sich Alkohole genauso verhalten, wurde erbracht durch Veresterung einer Säure, die gewöhnlichen Sauerstoff enthielt, mit einem Alkohol, der einen hohen Prozentsatz des Isotopen ^{18}O enthielt. Der markierte Sauerstoff wurde zum Bestandteil des Estermoleküls und nicht des Wassermoleküls.

$$\text{RCOOH} + \text{H}^{18}\text{OR}' \rightleftharpoons \text{RCO}^{18}\text{OR}' + H_2O$$

Überdies werden Alkohole wie Neopentylalkohol, die sich bei der Ablösung eines Hydroxylions vom Kohlenwasserstoffradikal normalerweise umlagern (S. 110), ohne Umlagerung verestert. Es gibt aber Anzeichen dafür, daß die Veresterung von tertiären Alkoholen nach einem Mechanismus verläuft, bei dem das als Wasser eliminierte

Sauerstoffatom vom Alkohol stammt (Alkyl-Sauerstoff-Spaltung, S. 179). Es sind nicht weniger als vier verschiedene Reaktionstypen säurekatalysierter Esterifizierung und Hydrolyse vorgeschlagen worden.

Nomenklatur

Oft, und in der angelsächsischen Literatur durchweg, werden die Ester benannt, als ob sie Alkylsalze organischer Säuren wären, da man früher annahm, die Esterbildung sei der Neutralisation analog. Hiernach ist $CH_3COOC_2H_5$ als Äthylacetat zu bezeichnen. Einfacher ist es, den Namen des Esters aus dem vollen Namen der Carbonsäure, demjenigen der vom Alkohol stammenden Alkylgruppe und der Gruppenbezeichnung -ester zu bilden: Essigsäureäthylester. Beim Lesen von Strukturformeln, besonders von abgekürzten, ist zu unterscheiden, welcher Teil des Moleküls von der Säure stammt und welcher vom Alkohol. Beide Formeln $(CH_3)_2CHOCOCH_2CH_3$ und $CH_3CH_2COOCH(CH_3)_2$ bedeuten Isopropylpropionat, nicht Äthylisobutyrat. Das hat keine Schwierigkeit, wenn bedacht wird, daß der Sauerstoff einer Carbonylgruppe meist unmittelbar auf das Kohlenstoffatom folgt, an das er gebunden ist, und daß die Alkylgruppe vom Alkoholteil des Esters an ein Sauerstoffatom gebunden ist. — Ergibt sich die Notwendigkeit, die Ester als Substitutionsprodukte zu benennen, so heißt die Estergruppe Carboalkoxy- oder Alkoxycarbonylgruppe. So ist —$COOCH_3$ die Carbomethoxy- oder Methoxycarbonylgruppe.

Physikalische Eigenschaften

Die Ester haben normale Siedepunkte, aber ihre Löslichkeit in Wasser ist geringer, als man in Anbetracht ihres Sauerstoffgehaltes erwarten sollte. Essigsäureäthylester mit vier Kohlenstoffatomen und zwei Sauerstoffatomen ist etwa gleich löslich wie n-Butylalkohol, der vier Kohlenstoffatome und ein Sauerstoffatom hat (vgl. Säureanhydride S. 170). Die flüchtigen Ester haben einen angenehmen Geruch, der gewöhnlich als fruchtartig bezeichnet wird.

Reaktionen

Die Reaktionen der Ester gehen meist mit der Aufsprengung der Bindung zwischen der Carbonylgruppe und der Alkoxylgruppe *(Acyl-Sauerstoff-Spaltung)* oder zwischen der Alkylgruppe und dem Sauerstoffatom *(Alkyl-Sauerstoff-Spaltung)* einher. Die Leichtigkeit, mit der eine Kohlenstoff-Sauerstoff-Bindung aufzusprengen ist, und der Typus einer eventuellen Katalyse hängen davon ab, welche Gruppen an die Kohlenstoffatome, die durch das Sauerstoffatom verknüpft sind, gebunden sind. Die Äther R—O—R, bei denen zwei Alkylgruppen durch Sauerstoff verbunden sind, werden am schwersten hydrolysiert, und die Hydrolyse ist nur bei Säurekatalyse möglich. Die Ester RCO—O—R, bei denen eine Acylgruppe und eine Alkylgruppe durch Sauerstoff verbunden sind, werden leichter hydrolysiert, und zwar wird die Reaktion sowohl durch Säuren wie durch Basen katalysiert. Noch leichter hydrolysierbar sind die Anhydride RCO—O—COR, die zwei durch Sauerstoff verbundene Acylgruppen aufweisen; die Reaktion kommt durch Wasser allein zustande.

1. Hydrolyse oder Verseifung. Man kann Ester durch Wasser in Gegenwart saurer oder basischer Katalysatoren spalten (Hydrolyse).

$$RCOOR' + HOH \underset{}{\overset{[H^+]}{\rightleftharpoons}} RCOOH + HOR'$$

$$RCOOR' + HOH \underset{}{\overset{[OH^-]}{\rightleftharpoons}} RCOOH + HOR'$$

$$\downarrow [OH^-]$$

$$[RCOO^-] + HOH$$

Die alkalische Hydrolyse wird oft als **Verseifung** bezeichnet, da diese Art von Reaktion bei der Herstellung von Seife (S. 196) angewandt wird. Die säurekatalysierte Reaktion ist die genaue Umkehrung der säurekatalysierten Esterbildung, und beide ergeben dasselbe Gleichgewicht. Die basenkatalysierte Reaktion verläuft vollständig und erfordert ein Äquivalent Alkali je Äquivalent Ester, da die Säure, die in dem basenkatalysierten Gleichgewicht gebildet wird, irreversibel mit dem Katalysator reagiert und ein Salz und Wasser bildet. Die Gesamtreaktionsgleichung lautet

$$RCOOR' + NaOH \longrightarrow [RCOO^-]Na^+ + R'OH$$

Da diese Reaktion bis zum Ende geht, kann die alkalische Verseifung der Ester als Methode ihrer quantitativen Bestimmung dienen. Eine gewogene Probe der unbekannten Substanz wird mit einem Überschuß von eingestellter wäßriger oder alkoholischer Alkalilauge unter Rückfluß gekocht; nach Beendigung der Reaktion wird die überschüssige Base mit eingestellter Säure unter Zusatz eines geeigneten Indikators, gewöhnlich Phenolphthalein (S. 740), zurücktitriert. Das durch die Verseifung bestimmte Äquivalentgewicht heißt das **Verseifungsäquivalent** des Esters.

Da bei der säurekatalysierten Hydrolyse dieselbe Gleichgewichtslage erreicht wird wie bei der Esterbildung, ist die Konstitution des Alkohols und der Säure von gleichem Einfluß auf die Geschwindigkeit der Hydrolyse wie auf die Geschwindigkeit der Esterbildung (S. 172). Durch Substitution von Wasserstoffatomen sowohl der Essigsäure als auch des Methylalkohols durch Alkylgruppen wird die Geschwindigkeit der alkalischen Hydrolyse sehr stark herabgesetzt. So ist die Geschwindigkeit der Verseifung von Trimethylessigsäureäthylester nur etwa ein Hundertstel derjenigen von Essigsäureäthylester, und die von tert.-Butylacetat nur etwa ein Hundertstel derjenigen von Methylacetat.

2. Alkoholyse (Umesterung). Die Alkoxylgruppe eines Esters aus einer schwachen Säure und einem primären oder sekundären Alkohol kann leicht gegen die eines anderen Alkohols ausgetauscht werden, eine Reaktion, die durch saure oder basische Mittel katalysiert wird.

$$RCOOR' + HOR'' \overset{[H^+] \text{ oder } [R'O^-]}{\rightleftharpoons} RCOOR'' + HOR'$$

Beide Arten der Katalyse führen zu ein und demselben Gleichgewicht, da sich unter den Reaktionsprodukten keine Säure befindet. Als basischen Katalysator verwendet man an Stelle von Hydroxylion, das eine Verseifung des Esters bewirken würde, besser Alkoholation, das man durch Reaktion eines aktiven Metalls, z. B. Natrium, mit dem betreffenden Alkohol erhält.

Die säurekatalysierte Hydrolyse eines Esters ist lediglich die Umkehrung der Esterbildung (S. 175), und die säurekatalysierte Alkoholyse ebenfalls, nur daß ein zweiter Alkohol an die Stelle des Wassers tritt. Es wurde schon mehrmals erwähnt, daß während der Veresterung schwacher Säuren mit primären oder sekundären Alkoholen eine Acyl-Sauerstoff-Spaltung eintritt. Bei Estern starker Säuren wie Schwefelsäure oder Sulfonsäuren oder bei Estern tertiärer Alkohole führt die Reaktion mit Alkoholen zur Ätherbildung und nicht zur Umesterung. Diese Reaktionen sind wahrscheinlich das Ergebnis einer Verdrängung am Kohlenstoffatom durch den Alkohol, und wenn dies so ist, sollte man erwarten, daß sie unter Alkyl-Sauerstoff-Spaltung verlaufen.

$$C_2H_5 : \overset{..}{\underset{..}{O}} : \ + \ CH_3 : \overset{..}{\underset{..}{O}} : \qquad \longrightarrow \qquad \left[C_2H_5 : \overset{..}{\underset{..}{O}} \overset{+}{:} CH_3 \right] \left[\overset{-}{:} \overset{..}{\underset{..}{O}} : SO_3CH_3 \right]$$

$$\qquad\quad H \qquad\qquad\quad SO_3CH_3 \qquad\qquad\qquad\qquad H$$

$$CH_3 : \overset{..}{\underset{..}{O}} : \ + \ (CH_3)_3C : \overset{..}{\underset{..}{O}} : \underset{\overset{\|}{O}}{C}R \qquad \longrightarrow \qquad \left[CH_3 : \overset{..}{\underset{..}{O}} \overset{+}{:} C(CH_3)_3 \right] \left[\overset{-}{:} \underset{\overset{\|}{O}}{\overset{..}{O}} : CR \right]$$

$$\quad\ H \qquad\qquad\qquad\qquad H$$

Abspaltung eines Protons vom Oxoniumion ergibt Äther.

Die basische Katalyse unterscheidet sich insofern von der sauren, als der Katalysator eine elektronenreiche Gruppe ist und der Angriffspunkt das Kohlenstoffatom der Carbonylgruppe, das infolge der stärkeren Elektronenanziehung des Sauerstoffatoms ein Elektronendefizit hat. Es ist nachgewiesen, daß bei der alkalischen Verseifung dasselbe Zwischenprodukt gebildet wird wie bei der sauren Verseifung (IV, S. 175)

$$\underset{R}{\overset{O}{R'O{-}C}} \ \underset{\longleftarrow}{\overset{[^-OH]}{\longrightarrow}} \ \left[\underset{R}{\overset{O^-}{R'O{-}C{-}OH}} \right] \ \underset{[^-OH]}{\overset{H_2O}{\rightleftarrows}} \ \left[\underset{R}{\overset{OH}{R'O{-}C{-}OH}} \right] \ \underset{HOR'}{\overset{}{\rightleftarrows}} \ \underset{R}{\overset{O}{C{-}OH}}$$

Die Säure reagiert irreversibel mit Hydroxylion unter Bildung des Salzes.

$$RCOOH + [^-OH] \ \longrightarrow \ [RCOO^-] + H_2O$$

Diese Mechanismen stehen in Einklang mit der Tatsache, daß bei Ausführung der alkalischen oder sauren Verseifung eines Esters in O^{18}-reichem Wasser das O^{18}-Isotop in das Säuremolekül eingelagert wird, nicht in das bei der Hydrolyse entstehende Alkoholmolekül.

$$\left[H : \overset{..}{\underset{..}{O}} \overset{-}{:} \right] + H : \overset{..18}{\underset{..}{O}} : H \ \rightleftarrows \ H : \overset{..}{\underset{..}{O}} : H + \left[\overset{-..18}{:} \overset{}{\underset{..}{O}} : H \right]$$

$$\underset{}{\overset{O}{RC{-}OR'}} + \left[\overset{-..18}{:} \overset{}{\underset{..}{O}} : H \right] \ \longrightarrow \ \left[\overset{O}{R{-}C{-}O^{18-}} \right] + HOR'$$

$$\overset{O}{RCOR'} + H_2O^{18} \ \underset{}{\overset{[H^+]}{\rightleftarrows}} \ \overset{O}{RCO^{18}H} + HOR'$$

3. Ammonolyse. Ammoniak spaltet Ester unter Bildung von Amiden.

$$\overset{O}{RC{-}OR'} + : NH_3 \ \rightleftarrows \ \overset{O}{RC{-}NH_2} + R'OH$$

Der Mechanismus der Ammonolyse ist wahrscheinlich identisch mit dem der alkalischen Hydrolyse oder Alkoholyse; das Ammoniakmolekül tritt an die Stelle des Hydroxyl- oder Alkoholations.

4. Spaltung durch Säuren. Wasserfreier Bromwasserstoff oder Jodwasserstoff sowie konzentrierte Schwefelsäure spalten Ester wie Äther (S. 146); es bilden sich die organische Säure und das Alkylhalogenid bzw. die Alkylschwefelsäure.

$$RCOOR' + HBr \rightleftarrows RCOOH + R'Br$$

Die Reaktion ist prinzipiell wichtig bei der Bestimmung von Methoxyl und Äthoxyl nach ZEISEL (S. 146).

5. Reduktion. Die Estergruppe und damit indirekt die Carboxylgruppe kann in eine primäre Alkoholgruppe umgewandelt werden entweder durch Reaktion mit Natrium und einem Alkohol oder durch katalytische Reduktion. Diese Reaktionen führen also zu Anlagerung von Wasserstoff an die Carbonylgruppe und Eliminierung der Alkoxylgruppe.

$$RCOOR' + 4\,Na + 2\,R'OH \longrightarrow RCH_2ONa + 3\,NaOR'$$

Durch Zugabe von Wasser wird der Alkohol aus seinem Salz freigesetzt. Gewöhnlich verwendet man bei der *Natrium-Alkohol-Reduktion* die Methyl-, Äthyl- oder n-Butylester zusammen mit einem Überschuß des betreffenden Alkohols als Lösungsmittel und Wasserstoffquelle. Noch bessere Ausbeuten werden erhalten, wenn als Wasserstoffquelle die äquivalente Menge eines höhersiedenden sekundären Alkohols wie sek.-Hexylalkohol oder Methylcyclohexanol (S. 887) in einem inerten Lösungsmittel wie Toluol oder Xylol (S. 69) verwendet wird. Als Reduktionsmittel an Stelle von Natrium und einem Alkohol eignet sich auch *Lithiumaluminiumhydrid* $LiAlH_4$ in ätherischer Lösung.

$$4\,RCOOR' + 2\,LiAlH_4 \longrightarrow LiAl(OCH_2R)_4 + LiAl(OR')_4$$

Ein halbes Mol Lithiumaluminiumhydrid (19 g) ist in seiner Reduktionswirkung vier Atomen Natrium (92 g) äquivalent. Lithiumaluminiumhydrid ist jedoch beträchtlich teurer, da es aus Lithiumhydrid dargestellt wird.

$$4\,LiH + AlCl_3 \longrightarrow LiAlH_4 + 3\,LiCl$$

Zur *katalytischen Reduktion* der Ester dient ein Kupferoxyd-Chromoxyd-Katalysator mit Wasserstoff ohne Lösungsmittel bei 200° und 200 Atmosphären.

$$RCOOR' + 2\,H_2 \xrightarrow[200°,\ 200\ Atm.]{CuO-Cr_2O_3} RCH_2OH + HOR'$$

Für Laboratoriumsdarstellungen in großem Maßstab ist die katalytische Reduktion der Ester vorteilhafter als die Natrium-Alkohol-Reduktion, sofern eine geeignete Apparatur zur Verfügung steht.

Auch Säuren werden auf katalytischem Wege zu Alkoholen reduziert, und zwar bei 350—400° unter Verwendung eines Kupfer-Zink-Cadmiumoxyd-Chromoxyd-Katalysators. Dieses Verfahren hat in der Technik einige Bedeutung, wird aber im Laboratorium seltener angewendet. Ebenso lassen sich Säuren mit Lithiumaluminiumhydrid reduzieren, doch sind je Mol Säure drei Mol Reagens erforderlich, da in erster Stufe das Salz der Säure unter Freisetzung von Wasserstoff entsteht.

$$4\,RCOOH + 3\,LiAlH_4 \longrightarrow (RCH_2O)_4LiAl + 2\,LiAlO_2 + 4\,H_2$$

Die Reduktion der Ester zu Alkoholen ist wichtig für die Darstellung höherer Alkohole aus den Säuren natürlicher Fette. So lassen sich Octyl-, Decyl-, Dodecyl- (Lauryl-), Tetradecyl- (Myristyl-), Hexadecyl- (Cetyl-) und Octadecyl- (Stearyl)- alkohole leicht aus den entsprechenden Fettsäuren darstellen. Die gemischten

Alkohole, die bei der Reduktion von Kokosnußöl entstehen, werden zur Herstellung synthetischer Waschmittel (S. 200) verwendet. Die Reaktion ist auch deswegen wichtig, weil sie der letzte Schritt einer Folge von Reaktionen ist, die die kontinuierliche Verlängerung einer Kohlenwasserstoffkette um jeweils ein Kohlenstoffatom ermöglicht.

$$ROH \longrightarrow RX \overset{RCN}{\underset{RMgX}{\diamond}} RCOOH \longrightarrow RCOOCH_3 \longrightarrow RCH_2OH$$

Wiederholung dieser Reaktionsfolge führt zu höheren Homologen.

6. Reaktion mit Grignard-Verbindungen. Grignard-Verbindungen werden an die Carbonylgruppe angelagert (S. 128). Wenn sie mit einem Ester reagieren, verliert das primäre Additionsprodukt Magnesiumalkoholat und gibt ein Keton, das ein zweites Mol Grignard-Reagens addiert. Daher ist das Endprodukt der Reaktion eines Esters mit einer Grignard-Verbindung das Magnesiumsalz eines tertiären Alkohols; durch Zersetzung mit Wasser wird der Alkohol in Freiheit gesetzt.

$$R{-}\overset{O}{\overset{\|}{C}}{-}OR' + R''MgX \longrightarrow R{-}\overset{OMgX}{\underset{OR'}{C}}{-}R'' \longrightarrow R'OMgX + R{-}\overset{O}{\overset{\|}{C}}{-}R'' \xoverset{R''MgX}{\longrightarrow}$$

$$R{-}\overset{OMgX}{\underset{R''}{C}}{-}R'' \xrightarrow{H_2O} R{-}\overset{OH}{\underset{R''}{C}}{-}R'' + Mg(OH)X$$

7. Acyloinbildung. Wenn ein Ester in ätherischer Lösung mit Natrium reagiert, findet eine Kondensation von zwei Mol Ester statt, und es entsteht das Natriumsalz der Enolform (S. 136) eines Hydroxyketons. Zugabe von Wasser liefert das Hydroxyketon, das als **Acyloin** bezeichnet wird.

$$2\,RCOOC_2H_5 + 4\,Na \longrightarrow \underset{NaO\ \ ONa}{RC{=}CR} + 2\,C_2H_5ONa$$

$$\underset{NaO\ \ ONa}{RC{=}CR} + 2\,H_2O \longrightarrow 2\,NaOH + \left[\underset{HO\ \ OH}{RC{=}CR}\right] \longrightarrow \underset{O\ \ \ OH}{RC{-}CHR}$$

Ein Acyloin

8. Pyrolyse zu Olefinen. Erhitzt man Ester, die am β-Kohlenstoffatom der Alkoxylgruppe Wasserstoff haben, auf 500°, so verlieren sie ein Molekül Säure, und es bildet sich ein Olefin. Ester primärer Alkohole ergeben 1,2-Alkene.

$$RCOOCH_2CH_2R' \xrightarrow{500°} RCOOH + CH_2{=}CHR'$$

Bei der Zersetzung von Estern sekundärer oder tertiärer Alkohole wird ein primäres β-Wasserstoffatom bevorzugt vor einem sekundären, ein sekundäres bevorzugt vor einem tertiären abgespalten. Diese Reihenfolge ist entgegengesetzt der bei der Dehydratisierung von Alkoholen (S. 109) geltenden.

Verwendung

Bei weitem die wichtigste allgemeine Verwendungsart für Ester ist die als Lösungsmittel, insbesondere für Nitrocellulose bei der Herstellung von Lacken (S. 424). Für diesen Zweck verwendet man in größtem Maßstab Essigester und Butylacetat. Die Produktion dieser beiden Ester belief sich 1955 in den Vereinigten Staaten auf 35 bzw. 30 Millionen kg. Äthylformiat wird zur Räucherdesinfektion und zum Vertilgen von Larven in Getreide und Nahrungsmitteln verwendet. Höhersiedende Ester dienen als Weichmacher bei Harzen und Kunststoffen (S. 582); eine Reihe von Harzen und Kunststoffen sind selbst Ester, z. B. Polymethacrylsäuremethylester (S. 833), Polyvinylacetat (S. 778), Acetylcellulose (S. 425), Dacron (Terylen, Terephthalsäureester) (S. 585) und Alkydharze (Polyester) (S. 583).

Einige flüchtige Ester haben einen spezifischen Fruchtgeruch. So erinnert der Geruch von Isoamylacetat an den der Bananen, Isoamylvalerianat riecht nach Äpfeln, Butylbutyrat nach Ananas, Isobutylpropionat nach Rum. In begrenztem Umfang werden solche Ester daher bei synthetischen Gewürzen und Parfüms verwendet. Natürliche Geruch- und Geschmackstoffe sind sehr kompliziert zusammengesetzte Gemische organischer Verbindungen. Es bedarf daher eines überaus sorgfältigen Mischens der synthetischen Verbindungen, um die Qualitäten eines Naturproduktes nur einigermaßen zu erreichen. Tab. 12 zeigt die Resultate einer sehr sorgfältigen Analyse der Substanzen, die den Geruch und Geschmack

Tabelle 12. *Zusammensetzung des flüchtigen Ananasöls*

Winterfrucht		Sommerfrucht	
Bestandteil	mg pro kg	Bestandteil	mg pro kg
Gesamtes flüchtiges Öl	15,6	Gesamtes flüchtiges Öl	190,0
Äthylacetat	2,91	Äthylacetat	119,6
Äthylalkohol	0,0	Äthylalkohol	60,5
Acetaldehyd	0,61	Acetaldehyd	1,35
n-Valeriansäuremethylester	0,49	Acrylsäureäthylester	0,77
Isovaleriansäuremethylester	0,60	Isovaleriansäureäthylester	0,39
Isocapronsäuremethylester	1,40	n-Capronsäureäthylester	0,77
Caprylsäuremethylester	0,75		

der Ananas bewirken. Sowohl die Menge des flüchtigen Öls als auch seine Zusammensetzung schwanken je nach der Jahreszeit, in der die Frucht geerntet wird. Die Blume (bouquet) guter Weine wird Estern zugeschrieben, die durch langsame Veresterung organischer Säuren während der Lagerung entstehen.

Orthoester

Orthosäuren sind Säuren im Zustand höchster Hydratisierung; d. h. sie enthalten die maximale Zahl von Hydroxylgruppen. Orthoameisensäure z. B. müßte die Formel $HC(OH)_3$ haben. Verbindungen jedoch, die mehr als eine Hydroxylgruppe am selben Kohlenstoffatom haben, sind meist instabil und spalten Wasser ab.

$$\left[\begin{array}{c} OH \\ | \\ H—C—OH \\ | \\ OH \end{array} \right] \longrightarrow \begin{array}{c} O \\ \| \\ H—C—OH \end{array} + H_2O$$

Wenn Orthoameisensäure überhaupt existiert, dann nur in wäßriger Lösung. Dagegen sind Verbindungen mit mehr als einer Alkoxylgruppe am selben Kohlenstoffatom durchaus beständig. Die O-Alkylderivate der Orthosäuren werden als Orthoester bezeichnet.

Zur Synthese der Orthoester dienen hauptsächlich zwei Verfahren. Das erste wurde von WILLIAMSON (S. 142) entdeckt und besteht in der Reaktion eines Trihalogenids mit Natriumalkoholat, analog der Äthersynthese. Zum Beispiel wird **Orthoameisensäureäthylester** gewöhnlich durch Umsetzung von Chloroform mit Natriumäthylat dargestellt.

$$HCCl_3 + 3\ NaOC_2H_5 \longrightarrow HC(OC_2H_5)_3 + 3\ NaCl$$

Diese Reaktion ist formal analog der Reaktion der Alkylhalogenide mit Natriumäthylat, doch ist Chloroform etwa 1000 mal reaktionsfähiger als Tetrachlorkohlenstoff oder Methylenchlorid. Vielfach wird angenommen, daß Reaktionen, an denen Chloroform und ein stark alkalisches Reagens beteiligt sind, über die intermediäre Bildung des Dichlormethylenradikals (Dichlorcarben) verlaufen.

$$CHCl_3 + [C_2H_5O^-] \longrightarrow [^-CCl_3] + C_2H_5OH$$

$$[^-CCl_3] \longrightarrow [:CCl_2] + [Cl^-]$$

$$[:CCl_2] + 3\ [C_2H_5O^-] \longrightarrow [(C_2H_5O)_3C^{\,-}] + 2\ [Cl^-]$$

$$[(C_2H_5O)_3C^{\,-}] + C_2H_5OH \longrightarrow (C_2H_5O)_3CH + [C_2H_5O^-]$$

Die zweite Methode wurde von PINNER entwickelt. Wenn ein Alkylcyanid mit einem Alkohol und Chlorwasserstoff unter Wasserausschluß reagiert, erhält man das Hydrochlorid eines Additionsproduktes aus einem Mol Alkohol und dem Cyanid, also das Hydrochlorid eines *Imidoesters (Imidoäthers)*, oft auch fälschlich als Iminoäther bezeichnet. Zum Beispiel reagiert Methylcyanid mit Äthylalkohol und Chlorwasserstoff unter Bildung von Acetimidoäthyläther-hydrochlorid.

$$CH_3C\!\equiv\!N + HOC_2H_5 + HCl \longrightarrow \left[\begin{array}{c} {}^{+}NH_2 \\ \| \\ CH_3C\!-\!OC_2H_5 \end{array}\right][Cl^-]$$

Beim Erwärmen der Imidoäther-hydrochloride mit einem Überschuß von Alkohol entstehen die Orthoester.

$$\left[\begin{array}{c} {}^{+}NH_2 \\ \| \\ CH_3C\!-\!OC_2H_5 \end{array}\right][Cl^-] + 2\ HOC_2H_5 \longrightarrow CH_3C(OC_2H_5)_3 + NH_4Cl$$

Orthoessigsäure-
äthylester

Diese Alkoholysereaktionen sind der Hydrolyse der Nitrile zu Amiden und Säuren analog (S. 265, 264).

Das Fehlen einer Carbonylgruppe macht die Orthoester in einigen ihrer chemischen Eigenschaften den Äthern ähnlicher als den Carbonsäureestern. So sind sie sehr stabil gegen wäßriges Alkali, werden aber von verdünnten Säuren leicht und irreversibel hydrolysiert.

$$RC(OC_2H_5)_3 + H_2O \xrightarrow{[H^+]} RCOOC_2H_5 + 2\ C_2H_5OH$$

Der Carbonsäureester geht dann in ein reversibles Gleichgewicht mit dem Alkohol und der freien Säure.

Grignard-Verbindungen ersetzen eine der Alkoxylgruppen des Orthoesters durch eine Alkylgruppe.

$$H-\overset{\displaystyle OC_2H_5}{\underset{\displaystyle OC_2H_5}{\vert\ \ C\ \ \vert}}-OC_2H_5 + RMgX \longrightarrow H-\overset{\displaystyle R}{\underset{\displaystyle OC_2H_5}{\vert\ \ C\ \ \vert}}-OC_2H_5 + C_2H_5OMgX$$

Diese Reaktion findet Anwendung zur Synthese von Aldehyden (S. 204).

Wiederholungsfragen

1. Welches sind die meist benutzten Namen für die normalen Carbonsäuren mit ein bis achtzehn Kohlenstoffatomen?

2. Wie vergleicht sich der Siedepunkt der Essigsäure mit dem des Alkohols und des Kohlenwasserstoffs von etwa gleichem Molekulargewicht? Man gebe eine Erklärung.

3. Man diskutiere das Löslichkeitsverhalten der Carbonsäuren in Wasser, in organischen Lösungsmitteln, in verdünnter Kalilauge.

4. Nach welchen technischen Verfahren werden Ameisensäure, Essigsäure, Propionsäure und Buttersäure hergestellt? Welches ist die Hauptquelle der höheren normalen Carbonsäuren?

5. Welches ist der Hauptunterschied zwischen der Darstellung von Estern durch direkte Veresterung und ihrer Darstellung aus Säurechloriden oder Säureanhydriden?

6. Man vergleiche die Reaktionen der Neutralisation und der Esterbildung und erkläre den Unterschied.

7. Was versteht man unter den Begriffen *reversible Reaktion* und *chemisches Gleichgewicht*? Welche Faktoren haben einen ausgeprägten Einfluß auf die Geschwindigkeit einer chemischen Reaktion? Wie kann die Lage eines Gleichgewichts verschoben werden?

8. Man diskutiere die relative Leichtigkeit der Hydrolyse von Äthern, Estern und Anhydriden.

Aufgaben

9. Man schreibe die abgekürzten Strukturformeln für die Glieder folgender Gruppen isomerer Carbonsäuren und benenne sie als Derivate der Essigsäure sowie nach der Genfer Nomenklatur: (*a*) Säuren mit sechs Kohlenstoffatomen; (*b*) Dialkylessigsäuren mit sieben oder weniger Kohlenstoffatomen; (*c*) Trialkylessigsäuren mit acht oder weniger Kohlenstoffatomen; (*d*) Dialkylessigsäuren mit zwei Alkylgruppen von je vier Kohlenstoffatomen.

10. Unter Berücksichtigung der geltenden Strukturtheorie schreibe man die Formeln für alle möglichen Verbindungen der Summenformel $C_2H_4O_2$.

11. Man stelle für die Oxydation folgender Verbindungen zu Carbonsäuren stöchiometrische Gleichungen auf:

A. (*a*) n-Propylalkohol mit Dichromat und Schwefelsäure; (*b*) Isobutylalkohol mit alkalischem Permanganat; (*c*) Buten-(2) mit saurem Permanganat; (*d*) Octanol-(1) mit Salpetersäure.

B. (*a*) Butanol-(1) mit saurem Permanganat; (*b*) Isoamylalkohol mit Chromtrioxyd in Eisessig; (*c*) Hexen-(3) mit alkalischem Permanganat; (*d*) Hexanol-(1) mit Salpetersäure.

12. Man schreibe die Reaktionen für die Darstellung folgender Verbindungen aus irgendeiner anderen organischen Verbindung:

A. (*a*) Heptansäurebromid; (*b*) n-Buttersäureanhydrid; (*c*) Isocapronsäure; (*d*) n-Valeriansäureamid; (*e*) sek.-Butylpropionat; (*f*) Calciumacetat.

B. (*a*) Isobutyramid; (*b*) Undecansäure; (*c*) Essigsäure-buttersäure-anhydrid; (*d*) Bariumönanthat; (*e*) Isoamylpropionat; (*f*) Propionylchlorid.

13. Für die Reaktionen von Wasser, Äthanol und Ammoniak mit jeder der folgenden Verbindungen gebe man die Reaktionsgleichung an; falls notwendig unter der Annahme, daß die Reaktion mit Wasser oder Alkohol durch Säure katalysiert wird:

A. (*a*) n-Butyrylchlorid; (*b*) Propionsäureanhydrid; (*c*) Äthylpalmitat.

B. (*a*) n-Butylstearat; (*b*) Heptansäurebromid; (*c*) Buttersäureanhydrid.

C. (*a*) Valeriansäure-isopropylester; (*b*) Laurinsäureanhydrid; (*c*) 2-Methyl-butyrylbromid.

D. (*a*) 2-Methyl-pentansäureanhydrid; (*b*) Isovalerylchlorid; (*c*) sek.-Butyl-propionat.

14. Man überlege sich ein einfaches chemisches Verfahren zur Unterscheidung zwischen den Gliedern folgender Verbindungsgruppen:

A. (*a*) n-Butyläther, Äthylbutyrat und Acetanhydrid; (*b*) Palmitylchlorid, Palmitoylchlorid und Palmitinsäureanhydrid; (*c*) Wasser, n-Propylalkohol und Essigsäure; (*d*) Aluminiumhydroxyd, Aluminiumacetat und Aluminiumäthylat.

B. (*a*) Ameisensäure, Wasser und Methanol; (*b*) Methylpalmitat, Buttersäureanhydrid und Isoamyläther; (*c*) Lauroylbromid, Laurylbromid und Laurinsäureanhydrid; (*d*) Natriumäthylat, Natriumhydroxyd und Natriumacetat.

15. Man gebe eine Folge von Reaktionen für jede der folgenden Umwandlungen: (*a*) n-Hexylbromid in Heptansäure; (*b*) Isoamylalkohol in Isovaleriansäureäthylester; (*c*) Caprinsäuremethylester in n-Decylbromid; (*d*) Dodecanol-(1) in n-Docosan; (*e*) Stearinsäure in Octadecanol-(1); (*f*) Myristinsäureäthylester in Tetradecen-(1); (*g*) n-Hexadecylalkohol in n-Pentadecylbromid; (*h*) Lauroylchlorid in n-Dodecyljodid; (*i*) Propionsäure in Triäthylcarbinol; (*j*) Buten-(2) in 2-Methyl-buttersäure.

16. Bei der Titration von X g einer Carbonsäure unter Zusatz von Phenolphthalein werden Y cm³ 0,1 N Natronlauge verbraucht. Man berechne das Äquivalentgewicht folgender Säuren A—D:

	A	B	C	D
X	0,2410	0,1356	0,1824	0,1065
Y	23,61	18,35	20,72	17,75

17. Man berechne für jeden der folgenden Ester das Äquivalentgewicht des Alkohols, mit dem die Säure verestert war, wenn X das Verseifungsäquivalent des Esters ist und Y das Neutralisationsäquivalent der Säure:

	A	B	C	D
X	116	130	116	102
Y	74	102	60	88

18. Welche Strukturen sind für die Ester der Aufgabe 17 möglich, wenn die Säuren einbasisch und die Alkohole einwertig sind?

Kapitel 10

Wachse, Fette und Öle

Wachse, Fette und Öle sind natürlich vorkommende Ester höherer geradkettiger Carbonsäuren. Das übliche Schema ihrer Einteilung gründet sich sowohl auf ihr Vorkommen in der Natur als auch auf ihre physikalischen und chemischen Eigenschaften.

Wachse { pflanzlich / tierisch

Fette { pflanzlich / tierisch

Öle { pflanzlich { nichttrocknend / halbtrocknend / trocknend

tierisch { von Landtieren / von Meerestieren

Wachse

Als Wachs bezeichnet man im täglichen Leben, was sich wachsartig anfühlt und
oberhalb der Körpertemperatur, aber unterhalb der Siedetemperatur des Wassers
schmilzt. So gilt die Bezeichnung Paraffinwachs für ein Gemisch fester Kohlenwasserstoffe, die Bezeichnung Bienenwachs für ein Estergemisch und Carbowachs
für einen synthetischen Polyäther. Chemisch werden die Wachse jedoch als *Ester
aus höheren einwertigen (eine Hydroxylgruppe enthaltenden) Alkoholen und den
gewöhnlichen höheren Fettsäuren* definiert (Tab. 10, S. 153). Daher haben sie
die allgemeine Formel eines einfachen Esters, RCOOR'. In Wirklichkeit sind
die natürlichen Wachse Gemische von Estern und enthalten häufig auch noch
Kohlenwasserstoffe.

Carnaubawachs ist das wertvollste pflanzliche Wachs. Es kommt als Überzug
auf den Blättern einer brasilianischen Palme, *Corypha cerifera*, vor, und wird aus
ihnen durch Zerkleinern und Schlagen gewonnen. Es besteht aus einem Gemisch
von Estern aus normalen Alkoholen und normalen Fettsäuren mit gerader
Kohlenstoffzahl von 18—30. Daneben sind beträchtliche Mengen von veresterten
C_{18}-C_{30}-ω-Hydroxysäuren und geringere Mengen von Estern der α,ω-Dihydroxy-
alkane vorhanden. Wegen seines hohen Schmelzpunktes von 80—87°, seiner Härte
und seiner Undurchdringlichkeit für Wasser ist Carnaubawachs ein wertvoller
Bestandteil von Politurmassen, Bohnerwachsen und Kohlepapierüberzügen.
Ouricuriwachs aus den Blättern der brasilianischen Palme *Scheelia martiana* hat
ungefähr dieselbe Zusammensetzung und dieselben Eigenschaften wie Carnaubawachs. **Bienenwachs** ist das Baumaterial der Bienenhonigwaben. In der Zusammensetzung ist es nicht sehr verschieden von Carnaubawachs, nur ergeben die
Ester bei der Hydrolyse hauptsächlich C_{26}- und C_{28}-Säuren und -Alkohole; hieraus
erklärt sich der niedrigere Schmelzpunkt von 60—82°. **Walrat** erhält man aus dem
Kopf des Pottwals *(Cetaceae)*. Es besteht hauptsächlich aus Cetylpalmitat,
$C_{15}C_{31}COOC_{16}H_{33}$, und schmilzt bei 42—47°. **Wollfett** ist ein kompliziertes Gemisch
aus Wachsen, Alkoholen und freien Fettsäuren und wird aus dem Wollwaschwasser
gewonnen. Es hat die ungewöhnliche Eigenschaft, eine halbfeste, stabile Emulsion
zu bilden, die bis zu 80% Wasser enthält. Ein gereinigtes Produkt, das **Lanolin,**
findet Verwendung als Salbengrundlage, wo es darauf ankommt, wasserlösliche
und fettlösliche Substanzen zu vereinigen. — Einige der Säuren, die man durch
Hydrolyse des Wollwachses erhält, sind insofern ungewöhnlich, als sie eine Methylverzweigung haben und sowohl ungerade wie gerade Zahl von Kohlenstoffatomen
von C_9 bis C_{27} aufweisen.

Fette und Öle

Die Konstitution der Fette und Öle wurde von CHEVREUL[1] als erstem systematisch untersucht. Es sind dies *Ester höherer Fettsäuren mit einem dreiwertigen*

---

[1] MICHAEL EUGÈNE CHEVREUL (1786—1889), Professor der Chemie in Paris. Er
war unter den ersten, die sich mit der Chemie komplizierter Naturstoffe befaßten.
1810 isolierte er das Glykosid Quercitrin (S. 737). Er ist besonders bekannt durch
seine Arbeiten über Fette, die 1811 begonnen wurden. Er war der erste, der das Wesen
der Verseifung erkannte; aus den Hydrolyseprodukten der Fette isolierte er Capron-,
Caprin-, Palmitin-, Stearin- und Ölsäure. 1818 entdeckte er Cetylalkohol in der unverseifbaren Fraktion des Walrats, 1834 isolierte er Kreatin (S. 338) aus Urin. Er war aktiv
in der Forschung tätig bis zu seinem Tode im Alter von 102 Jahren und 7 Monaten.

Alkohol, dem Glycerin $HOCH_2CHOHCH_2OH$. Die Ester des Glycerins bezeichnet man als *Glyceride*. Sie haben die allgemeine Formel $RCOOCH_2CHCH_2OCOR'$ und
$$\overset{|}{OCOR''}$$
unterscheiden sich nur dadurch, daß die Fette bei Zimmertemperatur fest oder halbfest sind, während die Öle flüssig sind. Pflanzliche Fette und Öle kommen hauptsächlich in den Früchten und Samen vor. Man extrahiert sie 1. durch Kaltpressen in hydraulischen Pressen oder kontinuierlich arbeitenden Pressen, 2. durch heißes Pressen und 3. durch Extraktion mit Lösungsmitteln. Kaltes Pressen ergibt das mildeste Produkt und wird zur Herstellung hochwertiger Speiseöle wie Oliven-, Baumwollsaat- und Erdnußöl angewendet. Heißes Pressen ergibt eine höhere Ausbeute, doch werden größere Mengen unerwünschter Bestandteile mit ausgepreßt, und das Öl hat einen strengeren Geruch und Geschmack. Die höchste Ausbeute erhält man durch Extraktion mit Lösungsmitteln. Dieses Verfahren wurde in den letzten Jahren so verbessert, daß es sogar Speiseöle herzustellen erlaubt, die frei von unerwünschtem Geruch und Geschmack sind. Tierische Fette gewinnt man durch Erhitzen des Fettgewebes auf hohe Temperatur (Trockenschmelze) oder durch Behandeln mit Dampf oder heißem Wasser und Abscheiden des freigesetzten Fettes (Naßschmelze).

Fettsäuren

Da alle Fette und Öle Ester des Glycerins sind, müssen die Unterschiede durch die Fettsäuren bedingt sein, mit denen das Glycerin verestert ist. Diese Säuren können gesättigt oder ungesättigt sein. Die wichtigsten gesättigten Säuren sind **Laurinsäure,** $CH_3(CH_2)_{10}COOH$, **Palmitinsäure,** $CH_3(CH_2)_{14}COOH$, und **Stearinsäure,** $CH_3(CH_2)_{16}COOH$. Die wichtigsten ungesättigten Säuren haben achtzehn Kohlenstoffatome und gewöhnlich eine Doppelbindung in der Mitte der Kette. Sind weitere Doppelbindungen vorhanden, so liegen sie weiter entfernt von der Carboxylgruppe. **Ölsäure (Oleinsäure)** $CH_3(CH_2)_7CH=CH(CH_2)_7COOH$ hat nur eine Doppelbindung; **Linolsäure** $CH_3(CH_2)_4CH=CHCH_2CH=CH(CH_2)_7COOH$ hat zwei Doppelbindungen, getrennt durch eine Methylengruppe, **Linolensäure** $CH_3CH_2CH=CHCH_2CH=CHCH_2CH=CH(CH_2)_7COOH$ drei Doppelbindungen, die jeweils durch eine Methylengruppe getrennt sind; **Eläostearinsäure** $CH_3(CH_2)_3CH=CH—CH=CH—CH=CH(CH_2)_7COOH$ hat ebenfalls drei Doppelbindungen, aber diese sind konjugiert[1]; **Licansäure** ist 4-Keto-eläostearinsäure $CH_3(CH_2)_3CH=CH—CH=CH—CH=CH(CH_2)_4CO(CH_2)_2COOH$; **Parinarsäure** $CH_3CH_2CH=CH—CH=CH—CH=CH—CH=CH(CH_2)_7COOH$ hat vier konjugierte Doppelbindungen.

Es sind noch einige andere ungesättigte Säuren von Interesse. **Ricinolsäure** $CH_3(CH_2)_5CHOHCH_2CH=CH(CH_2)_7COOH$ ist 12-Hydroxy-ölsäure. In **Palmitoleinsäure** $CH_3(CH_2)_5CH=CH(CH_2)_7COOH$, **Petroselinsäure** $CH_3(CH_2)_{10}—CH==CH(CH_2)_4COOH$, **Vaccensäure** $CH_3(CH_2)_5CH=CH(CH_2)_9COOH$ und **Erucasäure** $CH_3(CH_2)_7CH=CH(CH_2)_{11}COOH$ ist die Doppelbindung nicht in der Mitte der Kette. **Taririnsäure** $CH_3(CH_2)_{10}C\equiv C(CH_2)_4COOH$ und **Isansäure (Erythrogensäure)** $CH_2=CH(CH_2)_4C\equiv C—C\equiv C(CH_2)_7COOH$ enthalten Dreifachbindungen.

---

[1] Folgen sich in einem Molekül abwechselnd Doppel- und Einfachbindungen, so spricht man von *konjugierten* Doppelbindungen.

Tabelle 13. *Verseifungszahl und Jodzahl der Fette und Öle und Zusammensetzung der Fettsäuren, die durch Hydrolyse erhalten werden*

Fett oder Öl			Verseifungszahl	Jodzahl	Zusammensetzung der Fettsäuren (in %)						
					Myristin-säure	Palmitin-säure	Stearin-säure	Palmitolein-säure	Ölsäure	Linolsäure	Sonstige Bestandteile
Pflanzenfette		Kokosnuß	250—60	8—10	17—20	4—10	1—5		2—10	0—2	a
		Babassu	245—55	10—18	15—20	6—9	3—6		12—18	1—3	b
		Palme	196—210	48—58	1—3	34—43	3—6		38—40	5—11	
Tierische Fette		Butter	216—35	26—45	7—9	23—26	10—13	5	30—40	4—5	c
		Schweineschmalz	193—200	46—66	1—2	28—30	12—18	1—3	41—48	6—7	d
		Talg	190—200	31—47	2—3	24—32	14—32	1—3	35—48	2—4	
Pflanzliche Öle	nicht trocknend	Ricinus	176—87	81—90		0—1			0—9	3—7	e
		Olive	185—200	74—94	0—1	5—15	1—4	0—1	69—84	4—12	
		Erdnuß	185—95	83—98		6—9	2—6	0—1	50—70	13—26	f
		Raps	172—5	94—106	0—2	0—1	0—2		20—38	10—15	g
	halb trocknend	Mais	188—93	116—30	0—2	7—11	3—4	0—2	43—49	34—42	
		Sesam	187—93	104—16		8	4	1	45	41	h
		Baumwollsamen	191—6	103—15	0—2	19—24	1—2	0—2	23—33	40—48	
	trocknend	Sojabohne	189—94	124—36	0—1	6—10	2—4		21—29	50—59	i
		Sonnenblume	190—2	122—36		10—13			21—39	51—68	
		Hanf	190—3	149—67		4—10			13	53	j
		Leinsamen	189—96	170—204		4—7	2—5			9—38	3—43	k
		Tung (Holzöl)	189—95	160—80		2—6			4—16	0—1	l
		Oiticica	186—94	139—55		11			6		m
Tierische Öle	Landtiere	Schmalzöl	190—95	46—70		22—26	15—17		45—55	8—10	
		Rinderklaue	192—7	67—73		17—18	2—3		74—77		
	Seetiere	Wal	188—94	110—50	4—6	11—18	2—4	13—18	33—38		n
		Fisch	185—95	120—90	6—8	10—16	1—2	6—15			o

(a) 5—10 Caprylsäure, 5—11 Caprinsäure, und 45—51 Laurinsäure

(b) 4—7 Caprylsäure, 3—8 Caprinsäure und 44—46 Laurinsäure

(c) 3—4 Buttersäure, 1—2 Capronsäure, 1 Caprylsäure, 2—3 Caprinsäure und 2—3 Laurinsäure

(d) 2 ungesättigte Fettsäuren von C_{20} und C_{22}

(e) 80—92 Ricinolsäure

(f) 2—5 Arachinsäure und 1—5 Tetracosansäure

(g) 1—2 Tetracosansäure, 1—4 Linolensäure und 43—57 Erucasäure

(h) 1 Arachinsäure

(i) 4—8 Linolensäure

(j) 24 Linolensäure

(k) 25—58 Linolensäure

(l) 4—5 gesättigte Säuren und 74—91 Eläostearinsäure

(m) 70—78 Licansäure

(n) 11—20 C_{20}- und 6—11 C_{22}-ungesättigte Säuren

(o) 24—30 C_{18}-, 19—26 C_{20}- und 12—19 C_{22}-ungesättigte Säuren

Von den Fettsäuren kommt Palmitinsäure in der größten Menge vor, Ölsäure ist die am weitesten verbreitete Fettsäure.

Fette und Öle sind meist gemischte Glyceride und nicht Gemische einfacher Glyceride. Die verschiedenen Fettsäuren sind nicht wahllos, sondern so gleichmäßig wie möglich über die Glycerinmoleküle verteilt. Einfache Glyceride kommen in größerer Menge nur vor, wenn mehr als zwei Drittel der Acylgruppen von einer Art sind. Die relativen Mengen der verschiedenen Säuren, die bei der Hydrolyse der Fette erhalten werden, sind in Tab. 13 angegeben.

In den Fetten überwiegen die gesättigten Säuren, in den Ölen die ungesättigten. Die Ungesättigtheit erniedrigt also den Schmelzpunkt. Ein weiterer Faktor, der auf den Schmelzpunkt von Einfluß ist, ist das Molekulargewicht. Niedrigschmelzende Fette wie Kokosöl, Palmöl und Butter enthalten nur geringe Mengen ungesättigter Säuren, dafür aber beträchtliche Mengen niederer Fettsäuren. Sie rechnen zu den Fetten, weil sie in gemäßigten Zonen fest sind, doch kommt schon in den Namen Kokosöl und Palmöl zum Ausdruck, daß diese Produkte in den Tropen, wo sie gewonnen werden, flüssig sind.

Einzelne Fette und Öle

Palmöl wird aus den Früchten der Palmenart *Elaeis guineensis* gewonnen, die in Nigeria und an der afrikanischen Westküste beheimatet ist und auf Sumatra in Plantagen gezogen wird. Das Palmöl hat gelbe bis rote Farbe und einen charakteristischen Geruch. Die Hydrolyse ergibt hauptsächlich Palmitin- und Ölsäure. Palmen in Plantagen ergeben mehr Fett pro Hektar als jede andere Kulturpflanze. Die Durchschnittsergebnisse sind 2780 kg, während die Ausbeute bei Kokospalmen 810 kg, bei Erdnüssen 400 kg und bei der Sojapflanze 210 kg pro Hektar beträgt. **Kokosöl** wird aus Kopra, dem getrockneten Fruchtfleisch der Kokosnuß von der Palme *Cocos nucifera*, durch Auspressen gewonnen. Die durch Hydrolyse erhaltenen Fettsäuren enthalten zum großen Teil weniger als sechzehn Kohlenstoffatome. Die Weltproduktion an Kokosöl übertrifft die jedes anderen Pflanzenfettes oder -öls. **Babassuöl** aus den Samenkernen der brasilianischen Palme *Orbignya oleifera* ist dem Kokosöl sehr ähnlich. Seine Produktion könnte sehr ausgeweitet werden, wenn es nicht so schwierig wäre, die harten Schalen zu öffnen, was manuell geschieht. Vor dem zweiten Weltkrieg dürften 75000 Personen mit der Gewinnung von Babassuöl beschäftigt gewesen sein. **Butter** aus Milch ist charakterisiert durch die Freisetzung meßbarer Buttersäuremengen bei der Hydrolyse. **Schmalz** von Schweinen und **Talg** von Rindern und Schafen unterscheiden sich hauptsächlich durch die Menge an gebundener Ölsäure. Wird Schmalz abgekühlt und in hydraulischen Pressen ausgepreßt, so wird der tieferschmelzende Anteil als **Schmalzöl** entfernt. Der Preßkuchen hat einen höheren Schmelzpunkt als das ursprüngliche Material und wird als *Sommerschmalz* bezeichnet. Die Zusammensetzung tierischer Fette schwankt beträchtlich je nach Art der Fütterung. Zum Beispiel geben Schweine bei Fütterung mit Mais ein Schmalz von höherem Schmelzpunkt als bei Fütterung mit Erdnüssen. **Klauenöl,** das man durch Auskochen der Klauen und Schienbeine von Rindern erhält, ist ähnlich zusammengesetzt wie Schmalzöl. Charakteristisch für **Waltran** ist ein hoher Prozentsatz an ungesättigten Säuren mit zwanzig bis vierundzwanzig Kohlenstoffatomen sowie ein beträchtlicher Gehalt an Palmitoleinsäure. Die wichtigsten **Fischöle** sind Alsen- und Pilchardtran, die aus verschiedenen Sardinenarten gewonnen werden. *Clupea pilchardus* ist die europäische Sardine, während *Clupea menhaden* an der Atlantikküste von Nordamerika gefangen wird. *Clupea caerulea* aus dem Pazifischen Ozean ist der europäischen Sardine sehr ähnlich. Die Trane ergeben ein kompliziertes Gemisch hochungesättigter Säuren, von denen einige bis zu vier Doppelbindungen enthalten.

Die Einteilung der Öle in nichttrocknende, halbtrocknende und trocknende beruht auf ihrem Autoxydations- und Polymerisationsvermögen, das um so größer ist, je höher ungesättigt die Säuren sind. Die wichtigsten ungesättigten Fettsäuren der nichttrocknenden Öle (Tab. 13) enthalten nur eine Doppelbindung; die der halbtrocknenden Öle enthalten einen größeren Prozentsatz doppelt ungesättigter Säuren, z. B. Linolsäure; die Säuren der trocknenden Öle enthalten sehr wenig Ölsäure, dafür hauptsächlich Linolsäure und dreifach ungesättigte Säuren wie Linolensäure, Eläostearinsäure und Licansäure. Eine strenge Abgrenzung zwischen den verschiedenen Ölarten gibt es jedoch nicht. **Olivenöl,** das aus den reifen Früchten des Ölbaums *Olea europaea* ausgepreßt wird, ist hauptsächlich durch den hohen Prozentgehalt an Ölsäure gekennzeichnet. **Erdnußöl** aus den Samen der Leguminose *Arachis hypogaea* enthält weniger Ölsäure und mehr Linolsäure als Olivenöl. Die Weltproduktion an Erdnußöl ist annähernd so groß wie die an Kokosöl.

Maisöl aus den Keimen von Mais, *Zea mays*, Baumwollsaatöl aus den Samen verschiedener *Gossypium*-Arten und Sesamöl aus den Samen von *Sesamum indicum* haben ähnliche Eigenschaften wie Erdnußöl, enthalten aber größere Mengen an Linolsäure. Die Weltproduktion an Sesamöl reicht an die des Olivenöls; der größte Teil davon wird als Nahrungsmittel in Indien und China verbraucht, wo die Pflanze wahrscheinlich schon so lange kultiviert wird wie der Reis. Sonnenblumenöl aus *Helianthus annuus* und Hanfsamenöl aus *Cannabis sativa* enthalten etwas größere Mengen von Linolsäure, und Sojabohnenöl aus den Samen der Hülsenfrucht *Glycine max* enthält geringe Mengen der dreifach ungesättigten Linolensäure. Diese Säure bildet einen bedeutenden Anteil der Fettsäuren aus **Leinöl,** das beim Auspressen der Samen des Flachses *Linum usitatissimum* erhalten wird. Es ist somit eine allmähliche Vermehrung der Komponenten mit trocknenden Eigenschaften vom Olivenöl bis zum Leinöl festzustellen, und die Einteilung in nichttrocknende, halbtrocknende und trocknende Öle erscheint einigermaßen willkürlich. Das ursprünglich als halbtrocknendes Öl klassifizierte Sojabohnenöl wird jetzt zu den trocknenden Ölen gezählt.

Für manche Öle ist ein Gehalt an ungewöhnlichen Fettsäuren charakteristisch. **Ricinusöl** aus den Samen der Ricinuspflanze *Ricinus communis* ist z. B. durch einen hohen Prozentgehalt an der ungesättigten Oxysäure Ricinolsäure ausgezeichnet. Die purgierende Wirkung des Ricinusöls beruht auf der Reizung der Darmwände durch den Ricinolsäureteil des Moleküls. **Rüböle** aus den Samen von *Brassica rapa* und verwandten Species ergeben große Mengen Erucasäure. Unter den Säuren des **Erdnußöls** findet sich die Arachinsäure. **Chinesisches Holzöl (Tungöl)** aus den Samen des Tungbaumes *Aleurites fordii* enthält überwiegend die dreifach ungesättigte Eläostearinsäure. **Oiticicaöl** aus den Samenkernen des brasilianischen Baumes *Licania rigida* enthält Licansäure.

Tabelle 14. *Statistisch erfaßter Verbrauch an Fetten und Ölen in den USA im Jahre 1954*

Produkt	Menge in Millionen kg
Sojabohnenöl	1056
Baumwollsaatöl	853
Schmalz	754
Butter	709
Talg	632
Kokosfett	252
Leinöl	220
Maisöl	118
Fischöle (Trane)	44
Erdnußöl	29
Ricinusöl	26
Holzöl	21
Waltrane	17

Reaktionen der Fette und Öle

Die charakteristischen chemischen Eigenschaften der Fette ergeben sich aus den Esterbindungen und den Doppelbindungen. Als Ester werden sie in Gegenwart von Säuren, Enzymen oder Alkalien zu freien Fettsäuren bzw. deren Salzen und Glycerin hydrolysiert.

$$
\begin{array}{llll}
RCOOCH_2 & & RCOOH & CH_2OH \\
| & [H^+]\ oder & & | \\
R'COOCH + 3\ H_2O \xrightarrow{Enzyme} & R'COOH + & CHOH \\
| & & & | \\
R''COOCH_2 & & R''COOH & CH_2OH \\
& & & \text{Glycerin}
\end{array}
$$

$$
\begin{array}{lll}
& [RCOO^-]M^+ & CH_2OH \\
& & | \\
+\ 3\ M^+OH^- \longrightarrow & [R'COO^-]M^+ + & CHOH \\
& & | \\
& [R''COO^-]M^+ & CH_2OH
\end{array}
$$

Da immer Fettsäuren verschiedenen Molekulargewichts vorliegen, und da Verbindungen wie höhere Alkohole und Kohlenwasserstoffe anwesend sein können, die nicht mit Alkalien reagieren, erfordern verschiedene Fette unterschiedliche Mengen Alkali zur Verseifung. Daher kann man die Alkalimenge, die zur Verseifung einer bestimmten Menge eines Fettes erforderlich ist, zu dessen Charakterisierung heranziehen. Man benutzt in der Praxis eine willkürlich festgelegte Einheit, die **Verseifungszahl,** die angibt, *wieviel Milligramm Kaliumhydroxyd zur Verseifung von einem Gramm Fett erforderlich sind.* Tab. 13 zeigt, daß diejenigen Fette, die hauptsächlich C_{18}-Säuren enthalten, fast gleiche Verseifungszahlen haben. Diese Bestimmung eignet sich also hauptsächlich dazu, Kokosfett oder Butterfett aufzufinden bzw. zu identifizieren, oder um festzustellen, ob diese Fette mit anderen Fetten von geringerer Verseifungszahl oder mit Mineralölen oder -fetten verfälscht sind.

Das zweite wichtige Charakteristikum der Fette ist der Grad der Ungesättigtheit. Er kann durch Addition von Halogen an die Doppelbindung bestimmt werden. Jod gibt jedoch im allgemeinen keine stabilen Additionsprodukte mit ungesättigten Verbindungen (S. 56), und Chlor und Brom werden nicht nur addiert, sondern wirken auch substituierend. In der Praxis verwendet man eine eingestellte Lösung von Jodmonochlorid *(Wijssche Lösung)* oder Jodmonobromid *(Hanussche Lösung)* in Eisessig. Die Wijssche oder Hanussche Lösung wird standardisiert durch Zugabe von Kaliumjodid und Titration des freigesetzten Jods mit eingestellter Thiosulfat-Lösung. Auf die gleiche Weise wird die Menge an Reagens bestimmt, die nach der Reaktion mit einem Fett übrigbleibt. *Die Differenz, ausgedrückt in Gramm verbrauchtes Jod pro 100 Gramm Fett,* ist die **Jodzahl** des Fettes. Aus Tab. 13 ist das Ansteigen der Jodzahl mit zunehmendem Gehalt an ungesättigten Säuren ersichtlich.

Rhodan $(SCN)_2$ (S. 342) zeigt viele Halogeneigenschaften. Es setzt aus Kaliumjodid Jod frei und lagert sich auch an Doppelbindungen an. Während jedoch an einfach ungesättigte Säuren wie Ölsäure ein Mol Rhodan angelagert wird, addiert die zweifach ungesättigte Linolsäure nur wenig mehr als ein Mol, die dreifach ungesättigte Linolensäure nicht ganz zwei Mol Rhodan. Lösungen von Rhodan in

Eisessig bereitet man durch Zugabe von Brom zu Bleirhodanid; sie werden eingestellt und gehandhabt wie Wijssche oder Hanussche Lösung. *Die verbrauchte Rhodanmenge, ausgedrückt in Gramm Jod pro 100 Gramm Fett*, heißt **Rhodanzahl.** Da die Wijssche oder Hanussche Lösung alle Doppelbindungen absättigt, kann man aus der Jodzahl und der Rhodanzahl die Zusammensetzung von Gemischen aus Ölsäure, Linolsäure und gesättigten Säuren oder, falls die Menge der gesättigten Säuren bekannt ist, die Mengen an Ölsäure, Linolsäure und Linolensäure berechnen.

Die **Hydrierung der Öle (Fetthärtung)** wird in großem Maßstab technisch ausgeführt. Hierzu wird Wasserstoff durch ein Öl geleitet, in dem feinverteiltes Nickel suspendiert ist. Bei diesem Verfahren werden die Doppelbindungen von Ölsäure-, Linolsäure-, Linolensäure- und Eläostearinsäureglyceriden hydriert und die Öle in das harte wachsartige Tristearin umgewandelt. Je nach der Menge von zugeführtem Wasserstoff kann jede gewünschte Konsistenz erzielt werden. Da die Völker der gemäßigten Zonen Fett für Kochzwecke dem Öl vorziehen, und da die Fette als Seifenrohstoffe wertvoller sind als die Öle, erhöht sich der Wert eines Öls durch Hydrierung beträchtlich.

Das **Ranzigwerden** der Öle wird hauptsächlich dadurch verursacht, daß die ungesättigten Säuren durch die Luft oxydiert werden. Dabei entsteht ein kompliziertes Gemisch flüchtiger Aldehyde, Ketone und Säuren. Auch Mikroorganismen können in manchen Fällen das Ranzigwerden hervorrufen. Fette, die von Geruch und unerwünschtem Geschmack befreit worden sind, werden jetzt meist durch Zusatz von Substanzen stabilisiert, die eine Oxydation verhindern (Oxydationsinhibitoren, Antioxydantien S. 935).

Bei Abfällen oder Lumpen, die ungesättigte Öle enthalten, besteht die Gefahr der **Selbstentzündung,** wenn die Luft nicht ausgeschlossen wird oder wenn nicht so stark ventiliert werden kann, daß eine Temperaturerhöhung infolge der Oxydation des Öls verhindert wird. Jeder Temperaturanstieg erhöht die Oxydationsgeschwindigkeit, und der Prozeß wird beschleunigt, bis das Material in Flammen aufgeht.

Ricinusöl ist charakterisiert durch seinen hohen Prozentgehalt an Ricinolsäure, die eine Hydroxylgruppe enthält. Die Hydroxylgruppe kann acetyliert werden, und *die Anzahl von Milligramm Kaliumhydroxyd, die zur Neutralisation der Essigsäure notwendig sind, die aus einem Gramm acetyliertem Produkt freigesetzt wird*, ist die sogenannte **Acetylzahl.** Bei Ricinusöl liegt die Acetylzahl zwischen 142 und 150, bei gewöhnlichen Fetten und Ölen zwischen 2 und 20. Auch andere Substanzen als Ricinolsäure, z. B. höhermolekulare Alkohole und partiell hydrolysierte Glyceride, werden acetyliert und können daher ganz oder teilweise verantwortlich für die Acetylzahl eines Fettes sein.

In den Ricinolsäureanteil des Ricinusöls kann durch **Dehydratisierung** eine zweite Doppelbindung eingeführt werden. Es entsteht ein Gemisch von Linolsäure und der 9.11-doppeltungesättigten Säure, deren Doppelbindungen konjugiert sind. Es wird auf diese Weise ein nichttrocknendes Öl in ein trocknendes umgewandelt. Der hohe Anteil konjugierter Doppelbindungen verleiht diesem dehydratisierten Öl zudem Eigenschaften, die denen des Holzöls ähnlich sind.

Die **Umesterung** ist technisch wichtig zur Abwandlung der Eigenschaften eines Fettes. Sie wird bei Ausschluß von Wasser mit Natriummethylat als Katalysator durchgeführt. In Gegenwart des Methylations werden die verschiedenen Fettsäuren sehr schnell wahllos zwischen den Hydroxylgruppen der Glycerinmoleküle ausgetauscht. Während die Fettsäuren in natürlichen Fetten gleichmäßig auf die Glycerinmoleküle verteilt sind, ergibt die Behandlung mit Methylation eine statistische Verteilung, und die Eigenschaften des Fettes werden verändert. Natürliches Schmalz läßt sich z. B. schwer ausformen, da es dazu neigt, große Kristalle zu bilden. Durch andere Verteilung der Fettsäuren über die Glycerinmoleküle wird es in dieser Beziehung wesentlich verbessert.

Das Gleichgewicht ist so beweglich, daß die Umesterung bei einer Temperatur ausgeführt werden kann, bei der die höherschmelzenden gesättigten Triglyceride aus dem Gemisch auskristallisieren. Durch das Auskristallisieren verschiebt sich das Gleichgewicht, bis die gesättigten Säuren größtenteils aus dem flüssigen Anteil entfernt sind. Nach Abtrennung des kristallisierten Materials ist das verbleibende Öl viel höher ungesättigt. Auf diese Weise wird das Trocknungsvermögen der Öle verbessert.

Wird die Umesterung in Gegenwart von Glycerin vorgenommen, so tritt Alkoholyse ein (S. 178). Die Triglyceride werden so in Mono- und Diglyceride umgewandelt, die als Emulgiermittel (S. 196) Verwendung finden.

Eine **Reduktion** der Fette **zu primären Alkoholen** und Glycerin kann mit Natrium und einem sekundären Alkohol (S. 180) erzielt werden. Ein anderer Weg ist, die freien Säuren katalytisch zu Alkoholen zu reduzieren (S. 180).

Zur laboratoriumsmäßigen **Isolierung einzelner Fettsäuren,** sei es in präparativer Absicht, sei es mit dem Ziel der Bestimmung der Zusammensetzung eines Fettes, werden durch Alkoholyse (S. 178) die Methyl- oder Äthylester dargestellt und unter vermindertem Druck destilliert. Dieses Verfahren eignet sich nur zur Trennung von Säuren merklich verschiedenen Molekulargewichts, nicht aber zur Trennung verschiedener ungesättigter Säuren gleicher Kohlenstoffzahl. Die Ester zu destillieren ist deshalb von Vorteil, weil die freien Säuren gemischte Doppelmoleküle bilden, die die Siedepunktsunterschiede der einzelnen Säuren leicht verwischen. In der Technik werden die freien Fettsäuren durch Destillation oder Lösungsmittelextraktion getrennt. Gesättigte Fettsäuren lassen sich von ungesättigten trennen, indem man das Gemisch in die **Bleisalze** überführt und mit Äther extrahiert. Die Bleisalze der ungesättigten Säuren sind in Äther viel leichter löslich als die der gesättigten Fettsäuren.

Linolsäure bildet ein Tetrabromid vom Schmelzpunkt 115—116°, Linolensäure ein Hexabromid vom Schmelzpunkt 185—186°; diese Bromide können leicht isoliert und gereinigt werden. Aus den Bromiden werden Linolsäure bzw. Linolensäure durch Debromierung (S. 133) mit Zinkstaub in alkoholischer Lösung zurückerhalten.

Die **Oxydation ungesättigter Säuren** mit verdünnter Permanganatlösung liefert feste Polyhydroxysäuren; pro Doppelbindung werden zwei Hydroxylgruppen eingeführt (S. 60). Die Überführung in Polyhydroxysäuren ist zur Identifizierung der einzelnen ungesättigten Fettsäuren geeignet.

Stickoxyde aus Salpetersäure und Quecksilber *(Poutet-Reagens)* wandeln flüssige ungesättigte Säuren katalytisch in feste Isomere um (S. 373). Aus Ölsäure wird so *Elaidinsäure.* Das Verfahren heißt **Elaidinierung.** Auch Öle können durch dieses Verfahren teilweise verfestigt werden.

Verwendung der Fette und Öle

Nahrung. Der Mensch deckt 25—50% seines Kalorienbedarfs durch Fette. Bei der Verbrennung im Organismus ergibt Fett etwa 9,5 kcal pro Gramm. Demgegenüber liefern Kohlenhydrate und Eiweißstoffe nur 4 kcal pro Gramm. Fette können wegen ihrer Unlöslichkeit in Wasser und ihrer beträchtlichen Teilchengröße nicht in unveränderter Form durch die Darmwand resorbiert werden. Sie werden im Dünndarm in Gegenwart enzymatischer Katalysatoren, der Lipasen, zu Di- und Monoglyceriden hydrolysiert, die im Verein mit den Salzen der Gallensäuren (S. 916) eine Emulgierung bewirken können. Die Partikel werden so weit gespalten, daß sie klein genug sind, um durch die Darmwand in die Lymphbahn zu gelangen, die die Fette als hochdispergierte Emulsion an die Blutbahn abgibt. Der Blutstrom befördert sie ins Gewebe, wo sie zwecks Energielieferung verbrannt oder als Depotfett für künftige Verwendung gespeichert werden. Im Hinblick auf die Verdauung ist ein Fett so wertvoll wie ein anderes, es sei denn, sein Schmelzpunkt liege so hoch, daß es bei Körpertemperatur im Gemisch mit anderen Fetten nicht schmilzt oder sich mit der Galle nicht emulgiert; in diesem Falle geht es unverändert in die Fäces über. Zur Gesunderhaltung der Haut müssen die mit der Nahrung aufgenommenen Fette jedoch Linolsäure oder Linolensäure enthalten.

Ein Teil des aufgenommenen Nahrungsfettes liegt in innigem Gemisch mit den anderen Nahrungsbestandteilen, den Proteinen, den Kohlenhydraten und Ballaststoffen, vor; ein beträchtlicher Teil wird jedoch zuerst in relativ reiner Form isoliert und so verbraucht, z. B. als Brotaufstrich, als Bratfett, Salatöl, Mayonnaise usw. Der relativ hohe Preis der Butter gab Anlaß zur Entwicklung des als **Margarine** bekannten Ersatzstoffes. Ausgesuchte pflanzliche und tierische Fette und Öle, hoch gereinigt und auf den gewünschten Schmelzpunkt und die gewünschte Konsistenz hydriert, werden mit etwa 17 Gewichtsprozent einer Milch emulgiert, die zur Verbesserung des Geschmacks mit bestimmten Mikroorganismen behandelt wurde. Weiter wird gewöhnlich ein Emulgiermittel, z. B. ein Monoglycerid (S. 200) oder ein pflanzliches Lecithin (S. 796), zugesetzt. Butter besteht aus in Öl suspendierten Wassertröpfchen (Wasser-in-Öl-Emulsion). Die Margarinesorten sind entweder Wasser-in-Öl-Emulsionen oder Öl-in-Wasser-Emulsionen, je nach dem Herstellungsverfahren. Diacetyl $CH_3COCOCH_3$ (S. 815) und Methylacetylcarbinol $CH_3CHOHCOCH_3$ sind die Stoffe, denen die Butter ihren charakteristischen Geschmack verdankt; auch sie werden häufig der Margarine zugesetzt, ebenso wie die Vitamine A und D. Die wichtige Frage des Zusatzes von Farbstoffen wird von der Gesetzgebung der verschiedenen Länder uneinheitlich und schwankend gehandhabt, je nach dem Überwiegen gesundheitlicher oder verkaufspolitischer Rücksichten. Ungefärbte Produkte finden bei der breiten Masse der Käufer geringeren Absatz. In den USA z. B. unterlag gefärbte Margarine bis 1950 einer Sonderbesteuerung. Nach Aufheben dieses Gesetzes wurde die Produktion von Butter innerhalb dreier Jahre von der Margarineproduktion überflügelt.

Schutzüberzüge. Glyceride von Fettsäuren, die zwei oder mehr Doppelbindungen enthalten, absorbieren, wenn sie der Luft ausgesetzt sind, Sauerstoff und ergeben Peroxyde, die eine Polymerisation der ungesättigten Anteile katalysieren. Die Öle werden dadurch fest oder halbfest *(trocknende Öle)*. Beim Ausbreiten in dünnen Schichten bilden sie zähe, elastische, wasserdichte Filme.

Ölfarben sind ein Gemisch aus trocknendem Öl, Pigment, Verdünnungsmittel und Sikkativ. Das Pigment ist ein undurchsichtiger Stoff, dessen Brechungsindex von dem des Ölfilms verschieden ist. Es verleiht dem Produkt Farbe und Deckkraft und schützt den Ölfilm vor der zerstörenden Wirkung des Lichtes. Als Verdünnungsmittel dient ein flüchtiges Lösungsmittel, entweder Terpentin (S. 902) oder eine bestimmte, der Solventnaphtha (S. 86) verwandte Petroleumfraktion. Es ermöglicht die gleichmäßige Ausbreitung auf der Fläche und hinterläßt beim Verdampfen einen dünnen, glatten Film aus Öl und Farbstoff, der nicht verläuft. Sikkative sind Lösungen von Kobalt-, Mangan- oder Bleisalzen organischer Säuren, gewöhnlich Naphthensäuren aus Erdöl (S. 885), die die Oxydation und Polymerisation des Öls katalysieren. Das trocknende Öl ist das *Bindemittel* (vehicle) des Farbstoffs, den es nach der Polymerisation hält oder trägt. Das am meisten verwendete trocknende Öl ist Leinöl, doch verleiht eine gewisse Menge Holzöl einer Ölfarbe überlegene Eigenschaften, die wahrscheinlich durch die Konjugation der Doppelbindungen bedingt sind. Holzöl wurde hauptsächlich aus China importiert, aber der Tungbaum gedeiht auch in einem südlichen Gürtel der USA, wo das Öl in Plantagen gewonnen wird. Dehydratisiertes Ricinusöl (S. 192) hat ähnliche Eigenschaften wie Holzöl und kann dieses bis zu einem gewissen Grade ersetzen. Der Grad, in welchem die Doppelbindungen konjugiert sind, kann aus dem Ultraviolett-Absorptionsspektrum des Öls ermittelt werden (S. 747).

Sojabohnenöl wird neuerdings zu den trocknenden Ölen gerechnet, während es früher zu den halbtrocknenden zählte; hinsichtlich seiner Eigenschaften nimmt es, wie schon seine Zusammensetzung (vgl. Tab. 13) vermuten läßt, eine Mittelstellung zwischen dem Baumwollsaatöl und dem Leinöl ein. Seine Trocknungseigenschaften lassen sich noch durch verschiedene Veredelungsverfahren steigern. Eines davon besteht in einer Lösungsmittelextraktion, die das Öl in Fraktionen von verschiedenem Ungesättigtheitsgrad trennt, ein anderes in einer Umesterung (S. 192). Bei einem weiteren Verfahren wird das durch Hydrolyse freigesetzte Säuregemisch mit Alkoholen verestert, die eine größere Zahl von Hydroxylgruppen enthalten, z. B. Pentaerithrit $C(CH_2OH)_4$ (S. 795) oder Sorbit $CH_2OH(CHOH)_4CH_2OH$ (S. 435). Auf diese Weise entstehen Moleküle, die ein höheres Molekulargewicht haben als die Glyceride, und bei denen schon ein geringer Grad von Polymerisation zur Erzielung eines festen Films genügt. Derartige „synthetische" Bindemittel „trocknen" sehr viel schneller und ergeben bessere Überzüge. Wieder ein anderes Verfahren beruht auf der Entfernung der gesättigten Säuren und der Ölsäure in Form von Harnstoffeinschlußverbindungen (S. 326); die restlichen hochungesättigten Säuren werden mit einem mehrwertigen Alkohol erneut verestert. Viele zur Herstellung von Lacken verwendete synthetische Harze (Kunstharze) enthalten ungesättigte Fettsäurereste im Molekül, und die Verfestigung des Überzugs ist abhängig von ihrer Polymerisation (S. 583).

Firnis ist ein Gemisch aus einem trocknenden Öl, Kolophonium (S. 908) und Verdünnungsmittel. Das Kolophonium verleiht dem getrockneten Film Härte und hohen Glanz; es kann durch andere natürliche oder synthetische Harze ersetzt werden. **Wachstuch** wird hergestellt, indem man Baumwolltuch mit einem Gemisch eines teilweise oxydierten Öls mit einem Farbstoff überzieht und in warmen Räumen trocknen läßt. Öl, das bereits zu einer dicken viscosen Masse oxydiert ist, wird mit Kolophonium und gemahlenem Kork oder anderen

Füllstoffen vermischt und zu einem endlosen Band, dem **Linoleum,** ausgewalzt. Das Linoleum durchläuft langsam warme Kammern, damit eine vollständige Polymerisation gewährleistet wird.

Netzmittel, Emulgiermittel und Detergentien. Wenn die Anziehungskräfte zwischen Wassermolekülen und einer Oberfläche nicht zur Überwindung der Oberflächenspannung des Wassers ausreichen, kann das Wasser die Oberfläche nicht benetzen. Setzt man eine dritte Substanz zu, die von der Oberfläche stärker als Wasser adsorbiert wird und die eine neue Oberfläche bildet, die ihrerseits stark Wasser adsorbiert, so wird die Oberfläche von Wasser benetzt. Solche Substanzen heißen **Netzmittel.**

Öl und Wasser mischen sich nicht, weil die Anziehungskräfte zwischen den Wassermolekülen untereinander und zwischen den Ölmolekülen untereinander größer sind als zwischen den Wassermolekülen und den Ölmolekülen. Wenn Moleküle einer dritten Substanz mit einem Teil des Moleküls eine starke Anziehung auf die Ölmoleküle, mit einem anderen Teil eine starke Anziehung auf die Wassermoleküle ausüben, kann die Substanz in Wasser dispergieren und eine kolloidale Lösung bilden, wenn die Wirkung des wasseranziehenden Teils des Moleküls groß genug ist. Die dispergierte Substanz zieht jedoch auch Ölmoleküle an, und wenn ein Öl mit der kolloidalen Lösung geschüttelt wird, wird es in kleinen Tröpfchen dispergiert, und es entsteht eine Öl-in-Wasser-Emulsion. Andererseits kann sich die Substanz, wenn die Wirkung des öllöslichen Anteils ihres Moleküls groß genug ist, auch in Öl lösen. Die wasserlösliche Gruppe übt dann eine Anziehungskraft auf Wasser aus, und wenn die Lösung mit Wasser geschüttelt wird, wird es in dem Öl dispergiert und ergibt eine Wasser-in-Öl-Emulsion. Substanzen, die die Bildung von Emulsionen erleichtern, heißen **Emulgiermittel.** Setzt eine Substanz die Oberflächenspannung des Wassers herab, so schäumt die Lösung leicht. Es hat sich gezeigt, daß sich die Öle in dünnen Linien da anreichern, wo die Filmoberflächen aneinanderstoßen. Dank dieser feinen Verteilung des Öls ist daher die Herabsetzung der Oberflächenspannung ein gutes Hilfsmittel, um die Emulgierung durch Schütteln zu erleichtern.

Schmutz haftet an Tuch und anderen Oberflächen hauptsächlich mittels dünner Ölfilme, und die **Reinigungswirkung** ist im wesentlichen das Ergebnis des Netzens und Emulgierens. Die Adsorption des Waschmittels an der festen Oberfläche gestattet deren Benetzung durch Wasser und ermöglicht dem Ölfilm, zu kleinen Tröpfchen zusammenzurollen. Diese Öltröpfchen werden beim Schütteln mit der Waschlösung emulgiert und auf diese Weise mitsamt dem anhaftenden Schmutz von der Oberfläche weggewaschen. Schäumt das Waschmittel, so kann das Öl leichter emulgiert werden (s. o.). Es sei jedoch bemerkt, daß die Reinigungswirkung nicht von der Schaumbildung abhängt; es gibt zahlreiche nichtschäumende Waschmittel, die gegenüber schäumenden bei Anlagen wie automatischen Geschirrspülmaschinen deutliche Vorteile aufweisen.

Die Alkalisalze der Fettsäuren mit zehn bis achtzehn Kohlenstoffatomen nennt man **Seifen.** In ihnen ist eine lange fettlösliche Kohlenwasserstoffkette mit einem wasserlöslichen Carboxylation verbunden, daher wirken sie als Netz-, Emulgier- und Waschmittel. Nur diese Salze sollte man strenggenommen als Seifen bezeichnen. Hat die Kohlenwasserstoffkette des Alkalisalzes weniger als zehn Kohlenstoffatome, so bewirkt sie keine Emulgierung von Öl. Sind mehr als achtzehn Kohlenstoffatome vorhanden, so ist das Salz zu schwer wasserlöslich, als daß es eine genügend konzentrierte kolloidale Lösung bilden könnte. Die Erdalkali- und Schwermetallsalze sind wasserunlöslich und daher als Waschmittel ungeeignet. Hartes Wasser, das Calcium-, Magnesium- und Eisenionen enthält, ergibt einen Niederschlag unlöslicher Salze, wenn man Seifenlösung zugibt, und es tritt keine Schaumbildung ein, ehe diese Ionen nicht vollständig entfernt sind. Überdies kann die Abscheidung von unlöslichen Salzen, die sich aus der Seife und anorganischem Salz bilden, schwer von dem zu waschenden Artikel zu entfernen sein. Die unlöslichen Salze haben jedoch andere Verwendungszwecke (S. 201) und werden häufig ebenfalls als Seifen bezeichnet.

Gewöhnliche Seifen sind im allgemeinen Natriumsalze. Ausgangsmaterial, das hauptsächlich gesättigte Fette enthält, liefert harte Seifen, während hochungesättigte Fette weiche Seifen ergeben. Seifen von niedrigem Molekulargewicht, z. B. aus Kokosfett, sind sehr leicht löslich in Wasser und geben einen lockeren Seifenschaum, der aus großen unbeständigen Blasen besteht, während Seifen höheren Molekulargewichts, z. B. aus Talg, einen dichteren Schaum aus feinen beständigen Blasen liefern. Kaliseifen sind leichter löslich als Natronseifen, aber teurer. Durch sorgfältiges Mischen der zur Seifenherstellung verwendeten Fette und hydrierten Öle lassen sich Seifensorten mit verschiedenen Eigenschaften erzeugen.

Etwa drei Viertel der harten Seifen werden nach dem *Siedeverfahren* hergestellt. Dieses umfaßt drei grundlegende Vorgänge: Verseifung, Auswaschen und „Klarsieden". Natronlauge (etwa 14% Natriumhydroxyd) und geschmolzenes Fett werden gleichzeitig in einen großen Kessel mit konischem Boden eingeführt und mit Dampf gekocht, der durch geschlossene und durchlöcherte Schlangen am Boden des Kessels strömt. Nach vollständiger Verseifung, die durch Kontrollbestimmungen festgestellt wird, wird die Seife *ausgesalzen*, d. h. durch Zugabe von Salz ausgefällt. Seifen sind in starken Salz- oder Natriumhydroxydlösungen unlöslich, wahrscheinlich weil das Carboxylation schwächer hydratisiert ist. Nach dem Absetzen zieht man die Salzlösung von unten ab, kocht die Seife mit Wasser, fällt wieder mit Salz und läßt absitzen. Als nächstes kocht man die Seife mit 6,5%iger Natronlauge, um eine vollständige Verseifung zu gewährleisten. Die Lauge ist stark genug, um eine Auflösung der Seife zu verhindern; sie wird abgezogen, verstärkt und für eine neue Charge Fett weiterverwendet. Zuletzt wird die Seife mit Wasser zu einem glatten Gemisch verkocht; der Vorgang heißt *Klarsieden*. Beim Absetzen bilden sich drei Schichten: Die obere Schicht, der *Seifenkern*, enthält 30—35% Wasser; die mittlere, *Seifenleim* genannte Schicht enthält Seife, Seifenlösung und einige Verunreinigungen; die untere, mengenmäßig kleinere Schicht, die *Unterlauge*, besteht aus Alkali. Die Alkalilauge wird von unten abgezogen, die geschmolzene Seife oben weggepumpt. Der zurückbleibende Seifenleim kann mit dem nächsten Ansatz aufgearbeitet werden. Die Entwicklung geht dahin, Seife in immer größeren Ansätzen herzustellen, und zwar wegen des geringeren Arbeitsaufwandes pro kg Seife und weil das Absetzen besser geht. Es gibt Seifenkessel, die fast eine halbe Million kg Flüssigkeit fassen und eine viertel Million kg Seife pro Ansatz ergeben. Die Salzlösung wird zwecks Gewinnung des Glycerins und des Salzes eingedampft. Neuerdings wäscht man die Seife im Gegenstromverfahren, um die Glycerinausbeute zu verbessern und auch um die

Glycerinkonzentration in der verbrauchten Lauge zu erhöhen. Beim Gegenstromverfahren wird bis zu zehnmal gewaschen, und man erhält 95% der berechneten Glycerinmenge in einer Konzentration von 10—15%.

Bei der *kalten Verseifung* werden die Fette und die Lauge in einem Rührkessel bei 30—40° vermischt, bis sich eine homogene Emulsion gebildet hat, die dann in Behälter übergeführt wird, in denen die Verseifung zu Ende verläuft. Bei Verwendung eines geringen Überschusses von Alkali erhält man eine harte, weiße Seife, bei 5—10% Fettüberschuß eine glatte, durchsichtige Seife. In beiden Fällen bleibt das gesamte Wasser, das Glycerin und der Überschuß von Lauge oder Fett in der Seife. Die Seifenherstellung ist nach diesem Verfahren einfacher, erfordert aber bessere Fette, und wenn ein Überschuß Lauge zugegen ist, kann das Produkt eine größere Reizwirkung auf die Haut ausüben. Castile- und Kokosfett-Castile-Seifen stellt man auf diese Weise her, desgleichen Kaliseifen, die wegen ihrer größeren Löslichkeit nicht gut mit Kaliumchlorid ausgesalzen werden können.

Bei dem direkten *Neutralisations- oder Carbonat-Verfahren* werden freie Fettsäuren mit der berechneten Menge Natriumhydroxyd oder Natriumcarbonat neutralisiert. Natriumcarbonat ist billiger, aber die Neutralisation verläuft wegen des großen Volumens an freigesetztem Kohlendioxyd nicht so glatt. Der Hauptvorteil dieses Verfahrens ist, daß die Neutralisation der freien Fettsäuren schneller abläuft als die Verseifung des Fettes, und daß das Aussalzen und Absetzen vermieden wird. Ein Ansatz Seife kann in drei bis vier Stunden fertiggestellt sein, während das Siedeverfahren mehrere Tage bis eine Woche beansprucht. Die freien Fettsäuren werden durch Fetthydrolyse mit oder ohne saure oder alkalische Katalysatoren erhalten. Beim *Twitchell-Verfahren* verwendet man 30%ige Schwefelsäure, zusammen mit 0,5—1% Sulfonsäuren, die die Emulgierung von Fett und Wasser erleichtern. Durch zweimalige Behandlung erreicht man 95%ige oder bessere Hydrolyse. Die freien Fettsäuren werden gewaschen und durch Vakuumdestillation gereinigt. Die wäßrige Schicht wird mit Kalk neutralisiert, das gefällte Calciumsulfat abfiltriert und aus dem eingeengten Filtrat das Glycerin gewonnen. Die Konzentration des Glycerins im Filtrat ist bedeutend höher, nämlich 15—20%, gegenüber 3—5% in der Waschlauge des gewöhnlichen Verfahrens oder 10—15% in der des Gegenstromverfahrens; vor allem aber ist auch kein Salz zugegen, das die Gewinnung des Glycerins erschwert. Nach den moderneren *kontinuierlichen Verfahren* werden Fett und Wasser ohne Katalysator in Heizschlangen auf 260° erhitzt. Bei Durchführung dieses Prozesses nach dem Gegenstromprinzip sind die Resultate sehr befriedigend, und die Gewinnung des Glycerins wird sehr vereinfacht. Da die Fettsäuren vor der Weiterverwendung destilliert werden, kann man geringerwertige Fette verarbeiten. Früher erfolgte die Produktion freier Fettsäuren hauptsächlich zum Zweck der Herstellung technischer Stearinsäure. Doch wird wohl in Zukunft dank der Einführung kontinuierlicher Prozesse und besserer Reinigungsmethoden für die Fettsäuren die direkte Neutralisation die Fettverseifung in der Seifenfabrikation weitgehend verdrängen.

Kernseife wird in größtem Umfang hergestellt. Die gelben Seifenriegel werden gewöhnlich aus zwei Teilen Fett und einem Teil Colophonium hergestellt, das als Natriumresinat (S. 909) zugesetzt wird. Das Harz erhöht die Löslichkeit der Seife, verbessert ihr Schaumvermögen und hat auch eine gewisse Reinigungswirkung. Weiße Kernseifen können bis zu 12% Natriumsilikat, bis zu 5% Natriumcarbonat oder bis zu 5% Trinatriumphosphat enthalten. Nach dem Mischen mit den Zusätzen im Rührkessel wird die Seife in Formen gegossen, bis zum Festwerden abgekühlt und in Stücke oder Riegel geschnitten oder gepreßt. Das fertige Produkt enthält etwa 30% Wasser. Wird es getrocknet und zu **Seifenschnitzeln oder -flocken** zerkleinert oder wird es im Sprühverfahren zu **Seifenpulver** getrocknet, so beträgt der Wassergehalt 10—15%. Minderwertige Waschpulver (Kriegswaschpulver, Bleichsoda) sind trocken zerstäubte Gemische von etwa 20% Seife, 40% Soda und 40% Wasser; oft enthalten sie auch Wasserglas und andere Füllstoffe. Sie sind trocken, weil der größte Teil des Wassers als Natriumcarbonat-Dekahydrat gebunden ist. Das der Menge nach nächstwichtige Produkt ist **Toilettenseife.** Zu ihrer Herstellung dienen höherwertige Fette; die gewünschten Löslichkeits- und Schäumeigenschaften erzielt man durch Verwendung von etwa drei Vierteln Talg oder Palmöl und einem Viertel Kokosfett. Die Grundseife wird kleingeschnitten und bis auf einen Wassergehalt von 10—15% getrocknet, durch Walken und Kneten mit Farb- und Riechstoffen, eventuell auch mit weißmachenden Stoffen wie Titandioxyd vermischt und in Stücke gepreßt. Dieses Verfahren ergibt die sogenannten *Hartseifen.* **Schwimmseifen** werden hergestellt durch Einblasen von so viel Luft in den Rührkessel, daß die Seife eine geringere Dichte als Wasser erhält. Zur Aufnahme der Luft muß die Seife halbflüssig sein, daher enthält das fertige Produkt 30—35% Wasser. Neuerdings ist es gelungen, den Wassergehalt auf weniger als 25% herabzusetzen. **Salzwasserseifen** werden durch kalte Verseifung aus Kokosfett hergestellt, da die Natriumsalze der niedrigeren Fettsäuren nicht so leicht ausgesalzen werden und die Magnesiumsalze leichter löslich sind. Solche Seifen enthalten bis zu 50—55% Wasser. Sie üben jedoch eine Reizwirkung auf die Haut aus, die von dem Kokosfett herrührt, und aus diesem Grund beschränkt man den Kokosfettgehalt der Toilettenseifen auf ein Minimum. **Flüssige Seifen** enthalten 70—85% Wasser, es sind die Kalisalze der Kokosfettsäuren. **Rasierseifen** sind hauptsächlich Kalisalze der Palmitin- und Stearinsäure. Die Seifen aus den höheren gesättigten Fettsäuren geben nämlich einen dichteren, beständigeren Schaum, und Kaliseifen werden verwendet wegen ihrer besseren Löslichkeit.

Synthetische Detergentien und Emulgiermittel. In den letzten Jahren sind zahlreiche synthetische Verbindungen zugänglich geworden, die strukturell die an ein Wasch- und Emulgiermittel zu stellende Forderung erfüllen, daß im Molekül ein wasser- und ein fettlöslicher Teil vorhanden sein muß. Die ersten Verbindungen dieser Art waren die *sulfurierten* (oder besser *sulfatisierten*) *Fette und Öle*, die seit über 100 Jahren handelsüblich sind. Wird ein ungesättigtes Fett mit konzentrierter Schwefelsäure behandelt, so addieren die Doppelbindungen Schwefelsäure und ergeben das Hydrogensulfat der Oxysäure. Zum Beispiel reagiert der Ölsäurerest nach folgender Gleichung

$$\begin{array}{l} CH_2OCO(CH_2)_7CH{=}CH(CH_2)_7CH_3 \\ | \\ CHOCOR \qquad\qquad\qquad +\ H_2SO_4 \ \longrightarrow \\ | \\ CH_2OCOR' \end{array} \qquad \begin{array}{l} CH_2OCO(CH_2)_7CH_2CH(CH_2)_7CH_3 \\ \qquad\qquad\qquad\qquad\quad | \\ CHOCOR \qquad\qquad OSO_3H \\ | \\ CH_2OCOR' \end{array}$$

Neutralisierung ergibt das Natriumsalz, das den wasserlöslichen Anteil des Moleküls bildet. Bei der Sulfurierung von *Ricinusöl* reagiert die Hydroxylgruppe des Ricinolsäureanteils leichter als die Doppelbindung. Führt man die Sulfurierung bei genügend tiefer Temperatur durch, so bleibt die Doppelbindung weitgehend unverändert.

$$C_3H_5\left[OCO(CH_2)_7CH\!=\!CHCH_2\underset{\underset{\textstyle OH}{|}}{CH}(CH_2)_5CH_3\right]_3 + 3\,H_2SO_4 \longrightarrow$$

$$C_3H_5\left[OCO(CH_2)_7CH\!=\!CHCH_2\underset{\underset{\textstyle OSO_3H}{|}}{CH}(CH_2)_5CH_3\right]_3$$

Sulfuriertes Ricinusöl ist als *Türkischrotöl* bekannt, weil es als Netzmittel beim Aufbringen des Farbstoffs Alizarin auf mit Tonerde gebeiztes Tuch verwendet wurde, wobei die Türkischrot (S. 727) genannte Farbe entstand. Türkischrotöl ist als Waschmittel ungeeignet. 1955 wurden in den Vereinigten Staaten 24 Millionen kg sulfurierte Öle hergestellt, davon nahezu 4,5 Millionen kg aus Fischölen, 5 Millionen kg aus Talg und 4 Millionen kg aus Ricinusöl.

In Europa verwendet man ein Gemisch der Natriumsalze sekundärer Alkylschwefelsäuren von acht bis achtzehn Kohlenstoffatomen als Waschmittel unter dem Namen *Teepol*. Es wird hergestellt durch Sulfurieren einer Olefinfraktion, die man durch Cracken des Wachsdestillats aus Petroleum erhält (S. 62).

Seit 1930 macht man Gebrauch von der katalytischen Reduktion der Fettsäuren oder der Natrium-Alkohol-Reduktion der Fette (S. 180), speziell des Kokosfettes, zur Herstellung von Gemischen höherer Alkohole, die man zur Erzeugung von Detergentien sulfurieren kann.

$$RCH_2OH + H_2SO_4 \longrightarrow RCH_2OSO_3H \longrightarrow RCH_2OSO_3Na$$

Die Zahl der synthetischen oberflächenaktiven Agentien ist in den letzten Jahren ungeheuer angestiegen. Es sind 500—600 verschiedene Erzeugnisse im Handel. In den USA entwickelte Detergentien bestehen aus den Natriumsalzen alkylierter aromatischer Sulfonsäuren (S. 495), deren Produktion im Jahr 1955 267 Millionen kg betrug. Die langkettigen Alkylgruppen entstammen dem Erdöl. Die Verwendung von Produkten, die synthetische Detergentien enthalten, hat sehr schnell zugenommen. Schon 1954 überstieg in den USA der Verkauf synthetischer Waschmittel den der Seifen.

Im Gegensatz zu den Triglyceriden enthalten die Monoglyceride freie Hydroxylgruppen, die als hydrophile Gruppen fungieren, daher wirken die Monoglyceride als Emulgiermittel. Sie finden ausgedehnte Verwendung besonders bei der Herstellung von Margarine und anderen Nahrungsmitteln und als Bestandteile kosmetischer Kreme. Es handelt sich praktisch um Gemische, die entweder durch partielle Veresterung von Glycerin mit freien Fettsäuren oder durch Glycerin-Alkoholyse von Fetten (S. 178) hergestellt werden. Allein an Glycerinmonostearat wurden 1955 in den USA fast 5,5 Millionen kg produziert. Durch Acetylierung des Monostearats wird ein Produkt erhalten, das Aussicht hat, als flexibler, nichtfettiger, eßbarer Überzug bei Nahrungsmitteln praktische Verwendung zu finden.

Weitere Verwendung der Fettsäuren. Freie Fettsäuren dienen als Weichmacher für Gummi. Technische Stearinsäure, ein Gemisch aus Stearin- und Palmitinsäure, ist wichtig für die Fabrikation von Kerzen, Kosmetika und Rasierseifen. Aluminium-, Calcium-, Blei- und andere Metallseifen bilden beim Erhitzen mit Mineralölen ein Gel, weswegen sie sich zum Eindicken von Ölen bei der Schmierfetterzeugung eignen. Magnesium- und Zinkstearat finden Verwendung in Gesichtspudern und zum Ausstreichen der Gußformen für Kunststoffe zur Verhinderung des Anhaftens. Fettsäurereste werden in die Moleküle von Antiseptika, Drogen, Farbstoffen, Harzen und Kunststoffen eingeführt, um deren Löslichkeit und Härtungseigenschaften zu modifizieren. Seit kurzem werden Fettsäuren in technischem Maßstab in Ester, Amide, Nitrile und Amine umgewandelt. Amine sind besonders wertvoll als Ausgangsmaterial zur Synthese von Invertseifen (S. 255).

Wiederholungsfragen

1. Man definiere die Bezeichnungen Wachs, Fett und Öl.

2. Man liefere eine Einteilung der Wachse, Fette und Öle in Gruppen und Untergruppen und gebe für jede die repräsentativen Glieder an.

3. Man bespreche die Zusammensetzung der Fette und Öle. Man gebe die Namen und Strukturen der wichtigeren Säuren an, die bei der Hydrolyse von Carnaubawachs, Butter, Schmalz, Talg, Kokosfett, Olivenöl, Tungöl und Leinöl entstehen. Was ist bei den meisten natürlich vorkommenden Fettsäuren ungewöhnlich?

4. Was versteht man unter den Bezeichnungen Verseifungszahl, Jodzahl, Acetylzahl? Wie kann man Baumwollsaatöl leicht von Schmieröl unterscheiden; Ricinusöl von Olivenöl; Kokosfett von Schmalz; Olivenöl von Leinöl; Waltran von Talg?

5. Man bespreche die Herstellung von Seife.

6. Nach welchen Prinzipien und Verfahren werden Öle in Fette umgewandelt?

7. Welche der sogenannten synthetischen Detergentien leiten sich von den Fettsäuren ab, und wie werden sie hergestellt?

Aufgaben

8. Man berechne das Volumen Wasserstoff ($0°$, 760 mm Hg), das zur Umwandlung von 500 g Öl mit gegebener Jodzahl in das vollständig gesättigte Fett erforderlich ist: (a) 90; (b) 105; (c) 130; (d) 180.

9. Die Säuren A, B, C und D wurden aus den Verseifungsprodukten natürlicher Fette isoliert und ihre Neutralisationsäquivalente durch Titration bestimmt. Die Säuren wurden dann energisch mit alkalischem Permanganat oxidiert. Jede ergab zwei neue saure Produkte, die isoliert und deren Neutralisationsäquivalente bestimmt wurden. Aus den folgenden Daten schließe man auf die wahrscheinliche Struktur der ursprünglichen Verbindungen:

	A	B	C	D
Neutralisationsäquivalent der ursprünglichen Säure	254	282	282	338
Neutralisationsäquivalent der Oxydationsprodukte	94 und 130	73 und 200	94 und 158	122 und 158

10. Wieviel kg Natriumhydroxyd sind notwendig zur Verseifung von 10 kg Fett mit der Verseifungszahl (a) 250; (b) 210; (c) 175; (d) 190?

11. Wie hoch wäre die maximale Ausbeute an Glycerin bei jeder der in Aufgabe 10 angegebenen Verseifungen?

12. Man berechne die Menge metallisches Natrium, die zur Reduktion von 100 g eines Fettes gegebener Verseifungszahl erforderlich ist: (a) 260; (b) 205; (c) 185; (d) 195.

13. Welches ist die maximale Menge wasserfreies Natriumalkylsulfat, die man bei den in Aufgabe 12 angegebenen Reduktionen erhalten kann?

Kapitel 11

Aldehyde und Ketone

Den gesättigten Alkoholen und Äthern kommt die allgemeine Formel $C_nH_{2n+2}O$ zu. Es ist nun eine Gruppe von Verbindungen geringeren Sättigungsgrades der allgemeinen Formel $C_nH_{2n}O$ bekannt. Da das erste Glied dieser Reihe, CH_2O, nur ein Kohlenstoffatom besitzt, kann die Ungesättigtheit nicht von einer Kohlenstoff-Kohlenstoff-Doppelbindung herrühren. Hieraus folgt unter Berücksichtigung der Valenzregeln zwingend eine Struktur, in der das Kohlenstoffatom durch eine Doppelbindung mit dem Sauerstoffatom verknüpft ist. Die funktionelle Gruppe $C=O$, die als *Carbonylgruppe* bezeichnet wird, wurde schon in der Carboxylgruppe der Carbonsäuren angetroffen, doch wurden dort ihre Eigenschaften durch die Anwesenheit einer Hydroxylgruppe am selben Kohlenstoffatom verdeckt. Sind nur Wasserstoff- und Kohlenstoffatome mit der Carbonylgruppe verbunden, so ist diese Gruppe charakteristisch für die als *Aldehyde* und *Ketone* bezeichneten Verbindungen. Bei den **Aldehyden** ist mindestens ein Wasserstoffatom an die Carbonylgruppe gebunden; sie haben die allgemeine Formel RCHO. Bei den **Ketonen** sind zwei Kohlenstoffatome mit der Carbonylgruppe verknüpft, entsprechend der Formel RCOR. Die Darstellungsmethoden und Reaktionen stehen mit diesen Strukturen im Einklang.

Darstellung

1. Oxydation oder Dehydrierung von Alkoholen. Aldehyde und Ketone bilden sich bei der Oxydation oder Dehydrierung primärer bzw. sekundärer Alkohole (S. 110).

$$RCH_2OH + [O] \longrightarrow R-\overset{\overset{\textstyle O}{\|}}{C}-H + H_2O$$

$$R_2CHOH + [O] \longrightarrow R-\overset{\overset{\textstyle O}{\|}}{C}-R + H_2O$$

Die Oxydation kann durch Luft in Gegenwart eines Kupfer- oder Silberkatalysators bei 550—600° bewirkt werden oder durch ein Oxydationsmittel wie Natriumdichromat und Schwefelsäure (Chromsäure). Das letztgenannte Reagens eignet sich nur zur Darstellung der niederen Aldehyde, die auf Grund ihres niedrigen Siedepunktes in dem Maß, wie sie entstehen, aus dem Reaktionsgemisch entweichen können. Geschieht dies nicht und bleibt der Aldehyd im Gemisch, so wird er sehr schnell zur Säure oxydiert (S. 221). Die Ketone werden weniger leicht weiteroxydiert, und zu ihrer Darstellung ist die Reaktion allgemeiner anwendbar. Zur Umwandlung sekundärer Alkoholgruppen in Ketogruppen führt auch die berechnete Menge Chromtrioxyd CrO_3 in Eisessig. Ein gutes Reagens zur Oxydation höherer primärer Alkohole zu Aldehyden ist tert.-Butylchromat, das aus tert.-Butylalkohol und Chromtrioxyd dargestellt wird.

Eine bequeme Methode zur Darstellung von Aldehyden und Ketonen ist die katalytische Dehydrierung.

$$\underset{\text{(oder } R_2CHOH)}{RCH_2OH} \quad \overset{\text{Cu-Zn}}{\underset{325°}{\rightleftarrows}} \quad \underset{\text{(oder } R_2CO)}{RCHO + H_2}$$

Auf Grund des Gleichgewichts läuft die Reaktion nicht vollständig ab, aber das Reaktionsgemisch kann durch Destillation getrennt und der Alkohol in den Prozeß zurückgeführt werden. Kupferchromit, Silber, Kupfer-Silber-Legierungen oder solche von Kupfer und Nickel sind ebenfalls gute Katalysatoren. An diese erste Darstellungsmethode erinnert auch der Name Aldehyd (*al*coholus *dehyd*rogenatus).

Bei der Dehydrierung wird Wärme aufgenommen (endotherme Reaktion), während bei der Oxydation mit Sauerstoff Wärme entwickelt wird (exotherme Reaktion). In der Technik können die beiden Verfahren kombiniert werden, indem gerade so viel Luft zugeführt wird, daß die zur Dehydrierung erforderliche Wärme entsteht. So läßt sich das Verfahren durchführen, ohne daß zur Aufrechterhaltung der für die Reaktion optimalen Temperatur Wärme zuzuführen oder nach außen abzuführen ist.

2. Ozonspaltung ungesättigter Verbindungen. Die Anlagerung von Ozon an die Kohlenstoff-Kohlenstoff-Doppelbindung, gefolgt von Hydrolyse, ergibt Aldehyde oder Ketone oder beides (S. 59).

$$RCH{=}CR_2 \xrightarrow{O_3} RCH\underset{O-O}{\overset{O}{<>}}CR_2 \xrightarrow{H_2O} RCHO + H_2O_2 + OCR_2$$

Zur Erzielung maximaler Ausbeuten an Aldehyden und Ketonen führt man die Zersetzung in Gegenwart eines Reduktionsmittels wie Zinkstaub und Essigsäure oder Wasserstoff und Platin durch, um die Peroxyde (S. 928) zu zerstören und die Bildung organischer Säuren zu verhindern. Ob Aldehyde, Ketone oder beide gebildet werden, hängt von der Struktur der Olefine ab, aus denen die Ozonide dargestellt wurden.

3. Pyrolyse von Carbonsäuren. Die Hitzezersetzung von Carbonsäuren über Thoriumoxyd führt zu Ketonen (S. 158). Der Katalysator wird auf ein poröses Material wie Bimsstein aufgebracht und in ein Rohr eingefüllt, das auf die geeignete Temperatur erhitzt wird. Die organische Säure wird in das Rohr eingeleitet, wo sie verdampft und den Katalysator passiert. Die austretenden Gase werden kondensiert und die Reaktionsprodukte durch Destillation getrennt.

$$2\,RCOOH \xrightarrow[400°-450°]{ThO_2} R_2CO + CO_2 + H_2O$$

Bei Verwendung eines Gemisches organischer Säuren kann man gemischte Ketone erhalten; Verwendung eines Gemisches von Ameisensäure mit einer anderen organischen Säure führt zu Aldehyden.

$$\begin{matrix} RCOOH \\ + \\ R'COOH \end{matrix} \xrightarrow[400°-450°]{ThO_2} RCOR' + CO_2 + H_2O$$

$$\begin{matrix} RCOOH \\ + \\ HCOOH \end{matrix} \xrightarrow[400°-450°]{ThO_2} RCHO + CO_2 + H_2O$$

Die Ausbeuten an gemischten Ketonen und an Aldehyden sind allerdings gering, da auch einfache Ketone und Formaldehyd gebildet werden, und weil Ameisensäure sich in Kohlenmonoxyd und Wasser zersetzt.

4. Anlagerung von Wasser an Alkine. Anlagerung von Wasser an Acetylen führt zur Bildung von Acetaldehyd (S. 136). Alle anderen Alkine addieren Wasser in Übereinstimmung mit der Regel von MARKOWNIKOW und ergeben Ketone.

$$RC\equiv CH + H_2O \quad \xrightarrow[\text{Hg—HgSO}_4]{\text{H}_2\text{SO}_4} \quad \left[\begin{array}{c} R—C=CH_2 \\ | \\ OH \end{array} \right] \quad \longrightarrow \quad \begin{array}{c} R—C—CH_3 \\ \| \\ O \end{array}$$

5. Hydrolyse von Acetalen. Eine der besten Laboratoriumsmethoden zur Synthese von Aldehyden ist die Reaktion von Orthoameisensäureäthylester (S. 183) mit einem Grignard-Reagens zu einem Acetal (S. 212), das mit verdünnten Säuren zum Aldehyd hydrolysiert werden kann.

$$HC(OC_2H_5)_3 + RMgX \quad \longrightarrow \quad RCH(OC_2H_5)_2 + C_2H_5OMgX$$
Ein Acetal

$$RCH(OC_2H_5)_2 + 2\,H_2O \quad \xrightarrow{[\text{H}^+]} \quad [RCH(OH)_2] + 2\,C_2H_5OH$$
$$\downarrow$$
$$RCHO + H_2O$$

6. Anlagerung von Grignard-Reagens an organische Cyanide. Grignard-Verbindungen werden von der Dreifachbindung eines Nitrils auf gleiche Weise addiert wie von einer Carbonylgruppe (S. 208), nur langsamer (S. 941). Das Reaktionsprodukt wird in saurer Lösung leicht zu einem Keton hydrolysiert.

$$RC\equiv N + R'MgX \quad \longrightarrow \quad \begin{array}{c} RC=NMgX \\ | \\ R' \end{array} \quad \xrightarrow{\text{H}_2\text{O} + 2\,\text{HX}} \quad \begin{array}{c} RC=O \\ | \\ R' \end{array} + NH_4X + MgX_2$$

Trägt das α-Kohlenstoffatom des Nitrils ein Wasserstoffatom, so kann das Hauptprodukt ein Salz des Nitrils sein (vgl. S. 209).

$$RCH_2C\equiv N + R'MgX \quad \longrightarrow \quad [R\overset{-}{C}HC\equiv N]\overset{+}{M}gX + R'H$$

7. Reaktion von Grignard-Verbindungen oder Alkylcadmiumverbindungen mit Acylchloriden. Grignard-Verbindungen reagieren mit Acylchloriden bei tiefer Temperatur in Gegenwart von Eisen(III)-chlorid und geben Ketone in guter Ausbeute.

$$RCOCl + R'MgCl \quad \xrightarrow[-65°]{\text{FeCl}_3} \quad RCOR' + MgCl_2$$

Führt man die Reaktion bei Zimmertemperatur durch, so reagiert das Keton weiter und gibt einen tertiären Alkohol (S. 208). Methylketone lassen sich in guter Ausbeute aus Grignard-Verbindungen und Acetanhydrid bei tiefen Temperaturen herstellen.

$$(CH_3CO)_2O + RMgX \quad \xrightarrow{-70°} \quad CH_3COR + CH_3COOMgX$$

Auch Alkylcadmiumverbindungen (S. 942) ersetzen das Halogen der Acylhalogenide durch Alkyl, reagieren aber weniger leicht mit der Carbonylgruppe. Die Alkylcadmiumlösungen bereitet man aus Grignard-Verbindungen und Cadmiumchlorid.

$$2\,RMgCl + CdCl_2 \quad \longrightarrow \quad CdR_2 + 2\,MgCl_2$$
$$2\,R'COCl + CdR_2 \quad \longrightarrow \quad 2\,R'COR + CdCl_2$$

Alkylcadmiumverbindungen mit primären Alkylgruppen werden in besserer Ausbeute erhalten als solche mit sekundären oder tertiären Alkylgruppen.

Nomenklatur

Aldehyde. Die **Trivialnamen** der Aldehyde leiten sich von denen der Säuren ab, die aus ihnen durch Oxydation gebildet werden, d. h. von den Säuren mit gleicher Zahl von Kohlenstoffatomen, indem entweder an den Wortstamm des Säureradikalnamens oder an den der Säure selbst das Suffix *-aldehyd* angehängt wird. So entspricht Formaldehyd (von *Formyl*) der Ameisensäure, Propionaldehyd der Propionsäure, Butyraldehyd *(Butyryl-)* der Buttersäure, Capronaldehyd der Capronsäure usw. Bei komplizierteren Aldehyden ist es manchmal zweckmäßig, sie als substituierte einfache Aldehyde zu benennen, z. B. als **Derivate des Acetaldehyds;** so kann man $C_2H_5CH(CH_3)CHO$ als Methyläthylacetaldehyd bezeichnen. Nach der **Genfer Nomenklatur** heißt diese Verbindung 2-Methyl-butanal; allgemein wird nach diesem Prinzip die Endung *-al* an den vollen Namen des zugrunde liegenden Kohlenwasserstoffs angehängt, ebenso wie die Endung *-ol* bei den entsprechenden Alkoholen. Die Stellung der Aldehydgruppe wird nicht besonders angegeben, weil sie immer am Ende einer Kette steht und ihr Kohlenstoffatom die Nummer eins trägt.

Ketone. Die **Trivialnamen** einiger einfacher symmetrischer Ketone leiten sich von den Säuren ab, aus denen sie bei der Hitzezersetzung entstehen. Zum Beispiel entsteht Aceton CH_3COCH_3 aus zwei Molekülen Essigsäure, Isobutyron $(CH_3)_2CHCOCH(CH_3)_2$ aus Isobuttersäure. Allgemein gebräuchlich und auch auf **gemischte Ketone** anwendbar ist die Methode, an die Namen der mit der Carbonylgruppe verbundenen Alkylgruppen die Gruppenbezeichnung *-keton* zuzufügen. Zum Beispiel ist $CH_3COC_2H_5$ Methyläthylketon. Die **Genfer Nomenklatur** beruht auf den Namen der durch Reduktion entstehenden Kohlenwasserstoffe, an die die Endung *-on* angehängt wird, und zwar mit einer Stellungsbezeichnung, wenn der Name ohne diese nicht eindeutig ist. So ist für Methyläthylketon der Name Butanon ausreichend, dagegen muß Diäthylketon $CH_3CH_2COCH_2CH_3$ als Pentanon-(3) bezeichnet werden, während dem Methylpropylketon $CH_3COCH_2CH_2CH_3$ die Bezeichnung Pentanon-(2) zukommt. Seitenketten werden wie üblich benannt und numeriert.

Wenn es nötig ist, eine Carbonylfunktion neben weiteren funktionellen Gruppen zu benennen, wird doppeltgebundener Sauerstoff durch das Präfix *Oxo-* bezeichnet. So ist $CH_3COCH_2CH_2COOH$ 4-Oxo-pentansäure-(1). Als Gattungsbegriff gibt man jedoch der Bezeichnung Ketosäure den Vorzug vor Oxosäure.

Physikalische Eigenschaften

Die Aldehyde und Ketone ähneln in ihren Löslichkeitseigenschaften und ihrer Flüchtigkeit den Äthern, doch sieden die Aldehyde und Ketone etwas höher als Äther mit derselben Kohlenstoffzahl. Zum Beispiel siedet Dimethyläther bei $-24°$, Acetaldehyd bei $+20°$; Methyläthyläther siedet bei 6°, während Propionaldehyd bei 49° siedet und Aceton bei 56°.

Bisher wurden zwei Ursachen der van der Waalsschen Kräfte behandelt, und zwar die London-Kräfte, die von der Polarisierbarkeit des Moleküls herrühren (S. 41), und die Wasserstoffbrückenbindung (S. 91). Für die Tatsache, daß Aldehyde und Ketone höher sieden als Äther von nahezu gleichem Molekulargewicht, kann keine dieser Anziehungskräfte verantwortlich sein, denn die Polarisierbarkeit ist annähernd gleich, Wasserstoffbrückenbindung aber ist nicht möglich. Daher muß eine dritte Art von Anziehungskraft im Spiel sein, die entweder zwischen Äthermolekülen nicht auftritt oder bei Aldehyden und Ketonen größer ist als bei Äthern. Diese dritte Anziehungskraft kommt durch die Anwesenheit **permanenter Dipole** im Molekül zustande.

Bei den Atomen fallen die Zentren positiver und negativer Ladung zusammen, d. h. man findet ein Elektron an irgendeinem Punkt in der Umgebung des Kerns mit gleicher Wahrscheinlichkeit wie an einem Punkt in demselben Abstand an der entgegengesetzten Seite des Kerns. Dieselben Verhältnisse bestehen bei zweiatomigen Molekülen, die aus gleichen Atomen bestehen, z. B. bei Wasserstoff- oder Chlormolekülen, oder bei symmetrischen mehratomigen Molekülen wie Methan oder Tetrachlorkohlenstoff. Sind jedoch ungleiche Atome zu einem unsymmetrischen Molekül verbunden, dann fallen die Zentren positiver und negativer Ladung im Molekül gewöhnlich nicht zusammen, und das Molekül hat ein positives und ein negatives Ende, d. h. es ist ein elektrischer Dipol. Dieser Dipol ist permanent, im Gegensatz zu den Dipolen, die aus der vorübergehenden Polarisierbarkeit des Moleküls resultieren. Immer wenn eine derartige ungleiche Ladungsverteilung auftritt, kommt es zu einem elektrischen Moment, das als *Dipolmoment* bezeichnet wird. Dieses Moment, das Produkt der an jedem Dipolende vorhandenen Ladung mal dem Abstand zwischen den Ladungszentren, ist meßbar. Diese Dipole zeigen in einem elektrischen Feld die Tendenz, sich zu orientieren, und daher wird ein Gas mit permanentem Dipol die Kapazität eines Kondensators verändern. Der Ausrichtung wirkt die Wärmebewegung der Moleküle entgegen, so daß sich die Wirkung auf die Kapazität des Kondensators mit der Temperatur ändert. Aus der Änderung der Dielektrizitätskonstante einer Verbindung mit der Temperatur kann man das Dipolmoment der Verbindung berechnen, das mit dem Symbol μ bezeichnet wird. Gewöhnlich ist das Moment von der Größenordnung 10^{-18} elektrostatische Einheiten. Diese Größe bezeichnet man als eine *Debye-Einheit* oder einfach als ein *Debye* mit dem Symbol D (nach P. DEBYE, der als erster elektrische Momente gemessen hat). Dimethyläther hat ein Moment von 1,3 D, Methyläthyläther ein solches von 1,2 D. Die Momente von Acetaldehyd, Propionaldehyd und Aceton betragen 2,7, 2,7, 2,8 D. Diese permanenten Dipole addieren sich zu jenen, die durch die Polarisierbarkeit des Moleküls verursacht werden, und erhöhen die Anziehungskräfte zwischen den Molekülen. Auf diese Weise können die im Vergleich zu den Dipolmomenten der Äther höheren Dipolmomente der Carbonylverbindungen deren höhere Siedepunkte erklären. Die durch Dipole bewirkten Anziehungskräfte sind eher proportional dem Quadrat des Dipolmoments als direkt proportional (S. 263). Daher erhöht sich ihre Wirkung mit steigender Größe sehr schnell.

Eine Zeitlang nahm man an, die Ursache der Dipole liege in der relativen Anziehung der verschiedenen Kerne auf die bindenden Elektronenpaare, die ihrerseits auf die relativen Ladungen der Kerne und die relativen Abstände der Valenzelektronen vom Kern zurückzuführen ist. Man schrieb den einzelnen Bindungen Bindungsmomente zu und nahm an, daß sich diese Bindungsmomente vektoriell addierten. Heute wird angenommen, daß diese Ansicht die Dinge zu sehr vereinfacht, und daß wenigstens drei weitere Faktoren zum Auftreten der Dipolmomente beitragen. Die ältere Auffassung kann nicht nur zu Diskrepanzen bei der Berechnung der Größe des Moments für ein Molekül führen, sondern auch zu einer falschen Voraussage über die Richtung des Moments. So glaubte man z. B. unter Zugrundelegung der relativen Elektronegativität von Kohlenstoff und Wasserstoff, daß der Dipol der Kohlenstoff-Wasserstoff-Bindung sein positives Ende immer am Wasserstoff habe. Dagegen wird jetzt angenommen, daß bei den Alkanen das negative Ende am Wasserstoff ist, daß aber elektronenwegziehende Gruppen die Polarität der Kohlenstoff-Wasserstoff-Bindung umkehren können. Es erscheint daher wenigstens gegenwärtig ratsam, nicht Bindungsmomente individuellen Bindungen zuzuordnen, sondern nur mit experimentell bestimmten Dipolmomenten der Moleküle zu arbeiten. Es gibt jedoch Fälle, in denen bestimmte Bindungsmomente offensichtlich als Hauptursache für das Moment einer

Gruppe oder eines ganzen Moleküls angesehen werden können und man die Additivität der Gruppenmomente anwenden kann (vgl. S. 476).

Moleküle mit permanentem Dipol werden *polare* Moleküle genannt, und nur in diesem Sinne sollte der Ausdruck „polar" angewendet werden. Substanzen wie Natriumchlorid, die Ionenbindungen aufweisen, sollten ionische oder elektrovalente Verbindungen genannt werden. Flüssigkeiten wie Wasser sollten nur dann polar genannt werden, wenn auf ihre durch den Dipol im Molekül verursachten Eigenschaften Bezug genommen wird, nicht aber mit Bezug auf ihre abnormalen Eigenschaften wie die Assoziation, die durch Wasserstoffbrückenbindung verursacht wird, oder auf ihre Fähigkeit, unter Bildung elektrisch leitender Lösungen Salze aufzulösen, die auf einer Ion-Dipol-Wechselwirkung und einer hohen Dielektrizitätskonstante beruht. Eine hohe Dielektrizitätskonstante steht zwar in Beziehung zu einem hohen Dipolmoment, doch sind auch andere Faktoren im Spiel. So hat Wasser, das beste ionisierende Lösungsmittel, ein Dipolmoment von 1,84 und eine Dielektrizitätskonstante von 81, während Äthylbromid, das keine Salze löst, das gleiche Dipolmoment, aber eine Dielektrizitätskonstante von nur 9 hat. Flüssige Blausäure hat zwar ein höheres Dipolmoment (2,1) und eine höhere Dielektrizitätskonstante (95) als Wasser, ist aber trotzdem ein schlechter ionisierendes Lösungsmittel.

Reaktionen

In der Carbonylgruppe sind Kohlenstoff- und Sauerstoffatom durch eine Doppelbindung verbunden, und die meisten Reaktionen der Aldehyde und Ketone vollziehen sich durch eine Addition. Da die Kernladung des Sauerstoffs größer ist als die des Kohlenstoffs, und da das Sauerstoffatom über einsame Elektronenpaare verfügt, ist die Kohlenstoff-Sauerstoff-Doppelbindung stärker polarisiert als eine Kohlenstoff-Kohlenstoff-Doppelbindung. Daher reagiert die Carbonylgruppe mit den verschiedenartigsten Reagentien. Im allgemeinen unterscheiden sich Aldehyde von Ketonen nur durch die relative Reaktionsgeschwindigkeit und die Lage des Gleichgewichts. Aldehyde reagieren gewöhnlich schneller, und die Reaktion verläuft vollständiger. Die Mannigfaltigkeit der Reaktionen legt eine Einteilung in Gruppen nahe.

Einfache Addition

1. Wasserstoff. Aldehyde geben bei der Reduktion primäre Alkohole, Ketone geben sekundäre Alkohole.

$$\overset{\overset{\displaystyle H}{\displaystyle |}}{R\,C}{=}O + 2\,[H] \longrightarrow RCH_2OH$$

$$R_2C{=}O + 2\,[H] \longrightarrow R_2CHOH$$

Man kann die Reduktion katalytisch mit Wasserstoff und einem Platin-, Palladium- oder Nickelkatalysator durchführen oder mit chemischen Reduktionsmitteln in neutraler oder alkalischer Lösung, z. B. mit Natrium und absolutem Alkohol, Natriumamalgam und Wasser, Lithiumaluminiumhydrid (S. 180) in ätherischer Lösung oder Natriumborhydrid ($NaBH_4$) in wäßriger Lösung. Eine andere Methode, die als *Reduktion nach* MEERWEIN-PONNDORF bekannt ist, beruht auf dem Gleichgewicht, das in Gegenwart von Aluminiumalkoholaten zwischen Alkoholen und Carbonylverbindungen besteht.

$$R'CHO + R_2CHOH \overset{Al(OR)_3}{\underset{}{\rightleftharpoons}} R'CH_2OH + R_2CO$$

oder $\qquad\qquad\qquad\qquad$ oder

$$R'_2CO \qquad\qquad\qquad\qquad\qquad R'_2CHOH$$

Wird der als Reduktionsmittel verwendete Alkohol so gewählt, daß der entstandene Aldehyd bzw. das Keton bei tieferer Temperatur siedet als irgendein anderer Reaktionsteilnehmer, so ist es möglich, die Carbonylverbindung durch langsame Destillation aus dem Gemisch zu entfernen und so einen vollständigen Ablauf der Reaktion zu erreichen. Verwendet man z. B. Äthylalkohol und Aluminiumäthylat oder Isopropylalkohol und Aluminiumisopropylat, so destilliert der niedrigsiedende Acetaldehyd bzw. das Aceton ab. Es können sowohl Ketone wie Aldehyde reduziert werden. Wird die Reaktion so durchgeführt, daß ein Alkohol durch ein Keton oxydiert wird, so wird sie als *Oxydation nach* OPPENAUER bezeichnet.

Koordination des Metallatoms mit einem einsamen Elektronenpaar von der Carbonylgruppe des Aldehyds oder Ketons erleichtert den Übergang eines Hydridions von der primären oder sekundären Alkoholgruppe zur Carbonylgruppe durch cyclische Elektronenwanderung.

$$R'_2C{=}O + MOCHR_2 \; \rightleftharpoons \; R'{-}\overset{R}{\underset{:\overset{..}{O}:}{C}}\!\!\overset{\frown}{}\!\!H{-}\overset{R}{\underset{:\overset{..}{O}:}{C}}{-}R \; \rightleftharpoons \; R'{-}\overset{R'}{\underset{:\overset{..}{O}:}{C}}{-}H \; \overset{R}{\underset{:\overset{..}{O}:}{C}}{-}R \; \rightleftharpoons$$

$$R'_2CHOM + OCR_2$$

Es ist nur eine kleine Menge Metallalkoholat erforderlich, da die Alkoholate mit den Alkoholen im Gleichgewicht stehen.

$$R'_2CHOM + R_2CHOH \; \rightleftharpoons \; R'_2CHOH + R_2CHOM$$

2. Grignard-Verbindungen. Die Anlagerung von Grignard-Verbindungen verläuft wie bei der Carbonylgruppe des Kohlendioxyds (S. 128), d. h. R geht an den Kohlenstoff, MgX an den Sauerstoff. Formaldehyd gibt primäre Alkohole, alle anderen Aldehyde geben sekundäre Alkohole, und Ketone geben tertiäre Alkohole. Dieses Verfahren ist eines der wichtigsten zur Synthese komplizierter Alkohole, da durch richtige Wahl der R-Gruppen in Aldehyd oder Keton und in der Grignard-Verbindung fast jeder gewünschte Alkohol synthetisiert werden kann, vorausgesetzt, daß die R-Gruppen nicht zu sehr verzweigt sind, so daß sie eine sterische Hinderung verursachen und die Anlagerung unmöglich machen.

$$\overset{O}{H{-}\overset{\|}{C}{-}H} + RMgX \longrightarrow H{-}\overset{OMgX}{\underset{R}{C}}{-}H \overset{H_2O}{\longrightarrow} RCH_2OH + HOMgX^1$$

$$RCHO + R'MgX \longrightarrow R{-}\underset{OMgX}{\overset{|}{C}H}{-}R' \overset{H_2O}{\longrightarrow} R\underset{OH}{\overset{|}{C}H}R' + HOMgX$$

$$R_2CO + R'MgX \longrightarrow R_2\underset{OMgX}{\overset{|}{C}}{-}R' \overset{H_2O}{\longrightarrow} R_2\underset{OH}{\overset{|}{C}}R' + HOMgX$$

Die voranstehenden Reaktionen laufen leicht ab und geben gute Ausbeuten, wenn einfache Aldehyde und Ketone oder einfache Grignard-Verbindungen im Spiel sind. Dagegen kann eine Verzweigung der Alkylgruppen der Carbonylverbindung oder

---

[1] Vgl. S. 127.

des Grignard-Reagens oder beider zu einem Überwiegen von Nebenreaktionen führen. Folgende Nebenreaktionen wurden beobachtet:

(a) Reduktion. Bei dieser Reaktion entsteht das Halogenmagnesiumsalz des primären oder sekundären Alkohols, und die Alkylgruppe der Grignard-Verbindung bildet ein Alken.

$$R_2C{=}O + R'_2CHCH_2MgX \longrightarrow R_2CHOMgX + R'_2C{=}CH_2$$

Unter bestimmten Bedingungen kann eine Meerwein-Ponndorf-Reduktion (S. 207) oder eine Pinakon-Reduktion (S. 226) stattfinden.

(b) Salzbildung. Die Grignard-Verbindung kann ein Proton von einem α-Kohlenstoffatom abspalten und das Halogenmagnesiumsalz des Ketons bilden (vgl. S. 223).

$$R_2CHCOR + R'MgX \longrightarrow \left[R_2\overset{..}{\overset{-}{C}}COR \right] \overset{+}{MgX} + R'H$$

Durch Zufügen von Wasser wird das Keton regeneriert.

$$\left[R_2\overset{..}{\overset{-}{C}}COR \right] \overset{+}{MgX} + H_2O \longrightarrow R_2CHCOR + HOMgX$$

Mit Bezug auf die Salzbildung mit Ketonen wird häufig von der *enolisierenden Wirkung* der Grignard-Verbindung gesprochen, da man früher annahm, der Wasserstoff sei nur in der Enolform des Ketons sauer genug, um aus Grignard-Verbindungen Kohlenwasserstoffe zu bilden (vgl. S. 223).

(c) Kondensation. Halogenmagnesiumalkoholat, das sich durch Reduktion *(a)* oder Oxydation (S. 127) gebildet hat, kann eine Aldolkondensation katalysieren (S. 214).

$$R_2C{=}O + R'CH_2\underset{\underset{O}{\|}}{C}R'' \xrightarrow{ROMgX} R_2\underset{\underset{OH}{|}}{C}{-}\underset{\underset{R'}{|}}{CH}{-}\underset{\underset{O}{\|}}{C}{-}R''$$

Diese Nebenreaktionen nehmen bei verzweigten Aldehyden, Ketonen und Grignard-Verbindungen so überhand, daß man viele Alkohole durch Reaktion einer Grignard-Verbindung mit einem Aldehyd oder Keton gar nicht darstellen kann. Zum Beispiel ergibt die Reaktion von Trimethylacetaldehyd mit tert.-Butylmagnesiumbromid fast ausschließlich Neopentylalkohol, und die Reaktion von Di-tert.-butylketon mit n-Butylmagnesiumbromid führt zu Di-tert.-butylcarbinol. Häufig erhält man den gewünschten Alkohol, wenn man Lithiumalkyl (S. 940) an Stelle einer Grignard-Verbindung verwendet.

Der Mechanismus der Anlagerung von Grignard-Verbindungen an Carbonylgruppen wurde auf S. 128 behandelt.

3. Cyanwasserstoff. Wasserfreier Cyanwasserstoff wird von Aldehyden und Ketonen addiert. Dabei entstehen α-Hydroxycyanide, die auch als **Cyanhydrine** bezeichnet werden.

$$RCHO + HCN \longrightarrow R\underset{\underset{H}{|}}{\overset{\overset{OH}{|}}{C}}{-}CN$$

$$R_2CO + HCN \longrightarrow R_2\overset{\overset{OH}{|}}{C}{-}CN$$

Diese Verbindungen benennt man als Additionsprodukte. Zum Beispiel heißt die von Acetaldehyd abgeleitete Verbindung *Acetaldehydcyanhydrin* und die von

Aceton abgeleitete *Acetoncyanhydrin*. Wie bei jedem anderen Nitril kann man die Cyanidgruppe zur Carboxylgruppe verseifen (S. 149). Die Cyanhydrine sind also Zwischenprodukte bei der Synthese von α-Oxysäuren (S. 825).

Die Reaktionsfähigkeit der Carbonylgruppe beruht auf der Fähigkeit eines Elektronenacceptors, das Sauerstoffatom anzugreifen, oder der Fähigkeit eines Elektronendonators, das Kohlenstoffatom anzugreifen. So wurde schon 1903 von LAPWORTH[1] gezeigt, daß die Anlagerung von Cyanwasserstoff an Aldehyde und Ketone durch Zugabe von Basen beschleunigt, durch Zugabe von Säuren dagegen verlangsamt wird. Somit ist das Cyanidion und nicht Cyanwasserstoff das aktive Reagens.

$$R_2C\overset{\delta_+}{=}\overset{\delta_-}{O} : \quad \underset{[:CN^-]}{\rightleftarrows} \quad \left[R_2C\overset{\cdot\cdot}{-}O\overset{\cdot\cdot}{:}\overset{-}{\underset{|}{}}_{CN} \right] \quad \underset{HCN}{\rightleftarrows} \quad R_2\underset{CN}{\overset{|}{C}}-OH + [:CN^-]$$

4. Natriumbisulfit. Beim Schütteln mit einer gesättigten wäßrigen Natriumbisulfitlösung reagieren die meisten Aldehyde und Methylketone unter Bildung einer nur wenig löslichen Bisulfit-Anlagerungsverbindung, wobei der Wasserstoff an den Sauerstoff und die Natriumsulfonatgruppe an den Kohlenstoff angelagert wird.

$$RCHO + NaHSO_3 \rightleftarrows \left[R-\underset{H}{\overset{OH}{\underset{|}{\overset{|}{C}}}}-SO_3^- \right] Na^+$$

$$RCOCH_3 + NaHSO_3 \rightleftarrows \left[\underset{HO}{\overset{R-C-CH_3}{\diagup \diagdown}}\underset{SO_3^-}{} \right] Na^+$$

Sind beide mit der Carbonylgruppe verbundenen Gruppen größer als die Methylgruppe, so bildet sich nur dann eine Additionsverbindung, wenn die Gruppen der Carbonylgruppe nicht im Wege stehen, z. B. wenn sie wie im Falle des Cyclohexanons (S. 837) Teile eines Ringes sind. Selbst dann, wenn eine der Gruppen Methyl ist, kann die Reaktion sehr langsam verlaufen, wenn die andere Gruppe verzweigt ist, z. B. eine tert.-Butylgruppe. Das Produkt aus Acetaldehyd wird als *Acetaldehydbisulfit* oder als *Bisulfitverbindung des Acetaldehyds* bezeichnet, das Produkt aus Aceton heißt *Acetonbisulfit* bzw. die *Bisulfitverbindung des Acetons*.

Da diese Verbindungen Salze sind, sind sie unlöslich in organischen Lösungsmitteln und können von anderen organischen Verbindungen, wie Kohlenwasserstoffen oder Alkoholen durch Abfiltrieren und Auswaschen mit Äther befreit werden. Die Reaktionen sind reversibel, und daher kann die Carbonylverbindung durch jedes Reagens zurückgebildet werden, das irreversibel mit Bisulfit reagiert. Hierzu kann entweder Alkali oder Säure verwendet werden.

$$RCHOHSO_3Na + HCl \longrightarrow RCHO + NaCl + SO_2 + H_2O$$

$$R_2COHSO_3Na + Na_2CO_3 \longrightarrow R_2CO + Na_2SO_3 + NaHCO_3$$

---

[1] ARTHUR LAPWORTH (1872—1941), Professor an der Universität Manchester, hatte erst den Lehrstuhl für organische Chemie, dann den für physikalische Chemie inne. Er war ein bahnbrechender Erforscher organischer Reaktionsmechanismen. Seine Ideen waren so neuartig, daß sein Frühwerk viele Jahre wenig Beachtung fand. Seine Arbeiten über die Anlagerung von Cyanwasserstoff an Carbonylverbindungen, die Bromierung von Ketonen und über Säure- und Basenkatalyse gelten heute als klassisch.

Säuren haben den Nachteil, daß Schwefeldioxyd aus dem Reaktionsprodukt entfernt werden muß. Alkalien haben den Nachteil, daß sie Kondensationsreaktionen der Aldehyde auslösen (S. 214). Deshalb benutzt man meist Alkalien zur Freisetzung von Ketonen, Säuren zur Freisetzung von Aldehyden. Eine weitere Methode besteht im Erhitzen der Bisulfitverbindung mit einem schwachen Überschuß einer wäßrigen Formaldehyd-Lösung.

$$RCH(OH)(SO_3Na) + HCHO \longrightarrow RCHO + H_2C(OH)(SO_3Na)$$

$$R_2C(OH)(SO_3Na) + HCHO \longrightarrow R_2CO + H_2C(OH)(SO_3Na)$$

Diese Austauschreaktion findet statt, weil das Gleichgewicht der Reaktion von Formaldehyd mit Bisulfit weiter rechts liegt als bei anderen Aldehyden und Ketonen. Die Hauptanwendung der Bisulfitverbindungen ist die Abtrennung von Carbonylverbindungen aus Gemischen mit anderen organischen Verbindungen.

5. **Wasser.** Obwohl Verbindungen mit zwei Hydroxylgruppen am gleichen Kohlenstoffatom kaum in reinem Zustand isoliert werden können, erscheint es möglich, daß sie in wäßriger Lösung existieren. Ein allgemein bekanntes Beispiel ist Kohlensäure $O=C(OH)_2$, die sich in wäßriger Lösung wie eine zweibasische Säure verhält, aber nur in Form ihrer Salze oder Ester oder ihres Anhydrids, Kohlendioxyd, isoliert werden kann. Analog erscheint es möglich, daß Aldehyde, wenn sie in Wasser gelöst werden, in beträchtlichem Maße in der hydratisierten Form vorliegen. Dies gilt besonders für Formaldehyd, der in wäßriger Lösung fast ausschließlich als Dihydroxymethan vorzuliegen scheint.

$$HCHO + HOH \rightleftarrows H{-}\underset{OH}{\overset{H}{C}}{-}OH$$

Andererseits addiert Aceton in Abwesenheit von Säuren oder Hydroxylionen kein Wasser mit meßbarer Geschwindigkeit.

Ein Beweis für die fast vollständige Reaktion von Formaldehyd mit Wasser ist das Fehlen einer charakteristischen Carbonyl-Absorptionsbande (S. 701) im Ultraviolett bei wäßrigen Lösungen. Aceton reagiert nicht, denn beim Auflösen von Aceton in Wasser, das eine größere Menge des schweren Sauerstoffisotops ^{18}O enthält, findet kein Austausch von Sauerstoffatomen statt. Ein Austausch tritt in meßbarer Geschwindigkeit nur in Gegenwart von Säuren oder Hydroxylionen ein. Der Mechanismus der katalysierten Reaktionen wird durch die Gleichgewichte auf Seite 211 unten ausgedrückt (zur Schreibweise siehe S. 143).

In Gegenwart von $H_2^{18}O$ führt der rückläufige Prozeß zu einer Anreicherung von Aceton mit dem ^{18}O-Isotop.

6. Alkohole. In Gegenwart saurer oder basischer Katalysatoren addieren Aldehyde ein Mol Alkohol und bilden *Halbacetale.*

$$RCHO + R'OH \quad \xrightarrow{[H^+] \text{ oder } [B^-]} \quad RCH\begin{smallmatrix} \diagup OH \\ \diagdown OR' \end{smallmatrix}$$

Ein Halbacetal

Bei Alkoholüberschuß wird in Gegenwart eines sauren Katalysators Wasser abgespalten und ein *Acetal* gebildet.

$$RCH\begin{smallmatrix} \diagup OH \\ \diagdown OR' \end{smallmatrix} + HOR' \;\underset{}{\overset{[H^+]}{\rightleftharpoons}}\; RCH\begin{smallmatrix} \diagup OR' \\ \diagdown OR' \end{smallmatrix} + H_2O$$

Ein Acetal

Basen katalysieren die Bildung oder Hydrolyse von Acetalen nicht.

Acetal wird gelegentlich auch als spezieller Name für die Verbindung aus Acetaldehyd und Äthylalkohol gebraucht. Das Produkt aus Formaldehyd und Methylalkohol hat den Trivialnamen **Methylal.**

In Gegenwart eines Überschusses von Chlor- oder Bromwasserstoff bilden sich bei der Reaktion *α-Halogenäther* an Stelle von Acetalen.

$$RCH\begin{smallmatrix} \diagup OH \\ \diagdown OR' \end{smallmatrix} + HX \;\longrightarrow\; RCH\begin{smallmatrix} \diagup X \\ \diagdown OR' \end{smallmatrix} + H_2O$$

In diesen Verbindungen ist das Halogen sehr reaktionsfähig; es kann mit Hilfe von Grignard-Verbindungen durch eine Alkylgruppe ersetzt werden, wobei sich gemischte Äther bilden.

$$RCH\begin{smallmatrix} \diagup X \\ \diagdown OR' \end{smallmatrix} + R''MgX \;\longrightarrow\; RCH\begin{smallmatrix} \diagup R'' \\ \diagdown OR' \end{smallmatrix} + MgX_2$$

Von Interesse ist eine Erklärung für die Tatsache, daß die Halbacetalbildung sowohl von Säuren als auch von Basen katalysiert wird, während die Acetalbildung nur von Säuren katalysiert wird. Bei der basischen Katalyse der Halbacetalbildung muß der Alkohol das Angriffsziel des Katalysators sein.

$$R'OH \;\underset{HOH}{\overset{[OH^-]}{\rightleftharpoons}}\; [R'O^-] \;\underset{}{\overset{RCHO}{\rightleftharpoons}}\; \left[RCH\begin{smallmatrix} | \\ OR' \end{smallmatrix}\!\!-\!\!\ddot{O}\!: \right]^- \;\underset{[OH^-]}{\overset{HOH}{\rightleftharpoons}}\; RCHOH\begin{smallmatrix} | \\ OR' \end{smallmatrix} \quad (a)$$

Obwohl das Kohlenstoffatom der Carbonylgruppe des Aldehyds von der Base angegriffen werden kann, führt dies nicht zur Bildung eines Halbacetals, sondern nur zu einem hydratisierten Aldehyd.

$$RCHO \;\; \underset{}{\overset{[OH^-]}{\rightleftharpoons}} \;\; \left[\underset{OH}{RCH-\overset{..}{\underset{..}{O}}{:}} \right]^- \;\; \underset{[OR^-] \text{ oder } [OH^-]}{\overset{HOR \text{ oder } HOH}{\rightleftharpoons}} \;\; \left[\underset{OH}{RCH-OH} \right] \qquad (b)$$

Bei der Säurekatalyse dagegen ist der Angriffspunkt die Carbonylgruppe.

$$RCHO \;\; \underset{[B^-]}{\overset{HB}{\rightleftharpoons}} \;\; \left[\underset{+}{RCH{=}\overset{..}{O}{:}H} \right] \;\; \overset{ROH}{\rightleftharpoons} \;\; \left[\underset{H}{\overset{H}{\underset{+\,:O-R}{R-C-OH}}} \right] \;\; \underset{HB}{\overset{[B^-]}{\rightleftharpoons}} \;\; \underset{OR}{\overset{H}{R-C-OH}} \quad (c)$$

Ein Angriff der Säure auf den Alkohol ergibt $[ROH_2^+]$, das lediglich Protonen auf die Carbonylgruppe übertragen kann.

Bei der Umwandlung des Halbacetals zum Acetal wirken Basen nicht als Katalysator, weil sie ja nur das Hydroxyl des Halbacetals angreifen können, was auf eine Umkehrung der Halbacetalbildung (Gleichung a) hinausläuft. Säurekatalysatoren können jedoch eine Fortsetzung der Reaktion zur Acetalstufe einleiten. Greift die Säure die Alkoxylgruppe an, so katalysiert sie nur die Umkehrung der Halbacetalbildung (Gleichung c). Greift sie aber die Hydroxylgruppe an, dann kann sich ein Acetal bilden.

$$\underset{OR}{\overset{H}{R-C-OH}} \;\; \underset{[B^-]}{\overset{HB}{\rightleftharpoons}} \;\; \left[\underset{OR}{\overset{H\;\;H}{R-C-\overset{+}{\overset{..}{O}}H}} \right] \;\; \underset{HOH}{\overset{HOR}{\rightleftharpoons}} \;\; \left[\underset{OR}{\overset{H\;\;H}{R-C-\overset{+}{\overset{..}{O}}R}} \right] \;\; \underset{HB}{\overset{[B^-]}{\rightleftharpoons}} \;\; \underset{OR}{\overset{H}{R-C-OR}}$$

Das Gleichgewicht der Reaktion von Ketonen mit Alkoholen liegt so weit links, daß Ketale in meßbarer Menge nicht gebildet werden. Ketale werden indirekt durch eine Austauschreaktion mit Orthoameisensäureestern (S. 183) oder Alkylsulfiten (S. 113) dargestellt.

$$R_2C{=}O + (R'O)_3CH \;\; \overset{[H^+]}{\longrightarrow} \;\; R_2C\overset{OR'}{\underset{OR'}{\big\langle}} + O{=}CH\underset{OR'}{\big|}$$

$$R_2C{=}O + (R'O)_2SO \;\; \overset{[H^+]}{\longrightarrow} \;\; R_2C\overset{OR'}{\underset{OR'}{\big\langle}} + SO_2$$

7. Säureanhydride. Aldehyde addieren Säureanhydride unter Bildung von Estern der hydratisierten Aldehyde. Die Verbindungen bezeichnet man als **Acylale.**

$$\underset{}{\overset{H}{RC}}{=}O + (R'CO)_2O \;\; \overset{BF_3}{\longrightarrow} \;\; RCH\overset{OCOR'}{\underset{OCOR'}{\big\langle}}$$

$$CH_3CHO + (CH_3CO)_2O \;\; \overset{BF_3}{\longrightarrow} \;\; CH_3CH\overset{OCOCH_3}{\underset{OCOCH_3}{\big\langle}}$$

Äthylidenacetat

Diese Reaktion und die Überführung in Acetale kann zum Abdecken einer Aldehydgruppe dienen, während ein anderer Teil des Moleküls einer Reaktion, z. B. Oxydation oder Reduktion, unterworfen wird. Nach Ablauf der Reaktion kann man die Alkoxyl- oder Acylgruppen durch Hydrolyse abspalten.

$$RCH(OR')_2 + 2\,H_2O \xrightarrow{[H^+]} [RCH(OH)_2] + 2\,HOR'$$
$$[RCH(OH)_2] \rightarrow RCHO + H_2O$$

$$RCH(OCOCH_3)_2 + 2\,NaOH \longrightarrow [RCH(OH)_2] + 2\,NaOCOCH_3$$

Während die Hydrolyse der Acetale nur von Säuren katalysiert wird, wird die Hydrolyse der Acylale, die Ester von Carbonsäuren sind, sowohl von Säuren als auch von Basen katalysiert.

8. Acetylene. Aldehyde und Ketone lagern in Gegenwart von Katalysatoren Acetylene an unter Bildung von *Alkinolen*.

$$\underset{R'}{\overset{R}{\diagdown}}C{=}O + R''C{\equiv}CH \longrightarrow R-\underset{OH}{\overset{R'}{\underset{|}{\overset{|}{C}}}}-C{\equiv}CR''$$

Wäßriger Formaldehyd und Acetylen ergeben bei 100° und 6 Atmosphären Druck in Gegenwart von Kupfer(I)-carbid (Kupferacetylid) **1,4-Dihydroxy-butin-(2)** *(Butindiol)*.

$$2\,HCHO + HC{\equiv}CH \xrightarrow{Cu_2C_2} HOCH_2C{\equiv}CCH_2OH$$

Kaliumhydroxyd, gelöst in einem Äther des Äthylenglykols (S. 785), kann als Katalysator bei solchen Carbonylverbindungen dienen, bei denen Alkali unwirksam ist. So geben Methyläthylketon und Acetylen **3-Hydroxy-3-methyl-pentin-(1)** *(Methylpentinol)*, ein wirksames Schlafmittel.

$$C_2H_5\underset{CH_3}{\overset{|}{C}}{=}O + HC{\equiv}CH \xrightarrow{KOH} C_2H_5-\underset{OH}{\overset{CH_3}{\underset{|}{\overset{|}{C}}}}-C{\equiv}CH$$

Die HC≡C-Gruppe ist die *Äthinylgruppe*, und ihre Einführung mit Hilfe von Acetylen heißt *Äthinylierung*.

9. Aldolkondensation[1]. In Gegenwart verdünnter Alkalien oder Säuren gehen Aldehyde und Ketone, die über mindestens ein α-ständiges Wasserstoffatom verfügen, mit sich selbst Addition ein. Diese Reaktionen können sich wiederholen, und unter bestimmten Bedingungen bilden sich komplizierte Verbindungen. Bei

---

[1] Der Ausdruck Aldolkondensation ist zwar allgemein eingebürgert, doch sei darauf hingewiesen, daß es sich nicht um eine *Kondensation* im strengen Sinne handelt. Hierunter versteht man in der organischen Chemie die Bildung einer Kohlenstoff-Kohlenstoff-Bindung unter Abspaltung eines kleineren Moleküls wie Wasser, Alkohol oder Metallhalogenid. Der Ausdruck Aldoladdition wäre daher korrekter.

Anwendung sehr verdünnter Alkalien oder Säuren gelingt es, das Reaktionsprodukt aus zwei Molekülen Aldehyd oder Keton zu isolieren. Die Reaktion kann geschrieben werden als Addition eines α-ständigen Wasserstoffatoms an eine Carbonylgruppe und von Kohlenstoff an Kohlenstoff.

$$RCH=O + R'-\underset{\underset{H}{|}}{C}HCHO \quad \underset{\longleftarrow}{\overset{[OH^-] \text{ oder } [H^+]}{\longrightarrow}} \quad RCHOH\underset{\overset{|}{R'}}{C}HCHO$$

Da das Reaktionsprodukt sowohl eine Alkohol- als auch eine Aldehydfunktion aufweist, bezeichnet man es als ein *Aldol*. **Acetaldol** wurde 1872 von Wurtz synthetisiert (S. 131).

$$CH_3CHO + CH_3CHO \quad \underset{\longleftarrow}{\overset{[OH^-] \text{ oder } [H^+]}{\longrightarrow}} \quad CH_3CHOHCH_2CHO$$
Acetaldol oder Aldol

Da während der Aldolkondensation stets ein Überschuß an Aldehyd vorhanden ist, erhebt sich die Frage, weshalb das zuerst gebildete Aldol nicht mit weiteren Aldehydmolekülen zu polymeren Produkten fortreagiert.

$$CH_3CHOHCH_2CHO + CH_3CHO \quad \longrightarrow \quad CH_3CHOHCH_2CHOHCH_2CHO \text{ usw.}$$

Es scheint, daß die Kondensation von mehr als zwei Molekülen durch die Bildung eines Sesquiacetals zwischen einem Molekül Aldol und einem Molekül Acetaldehyd verhindert wird.

$$\begin{array}{ccc} CH_3CHCH_2CHO & CH_3CHCH_2CHO & CH_3CHCH_2CHOH \\ | & | \qquad | & | \qquad | \\ OH \quad + & O \qquad OH & O \qquad O \\ & \diagdown \diagup & \diagdown \diagup \\ OCHCH_3 & CH & CH \\ & | & | \\ & CH_3 & CH_3 \end{array}$$

Das Gleichgewicht ist zwar genügend beweglich, so daß der Acetaldehyd leicht durch Destillation entfernt werden kann, aber seine Lage ist doch weit genug auf der rechten Seite, sodaß eine weitere Aldolkondensation verhindert wird. Bei langem Stehen reagieren zwei Moleküle Aldol zu **Paraldol**, einem analogen Produkt.

$$\begin{array}{ccc} CH_3CHCH_2CHO & & CH_2-CHOH \\ | & & \diagup \qquad \diagdown \\ OH \qquad + & \rightleftharpoons \quad CH_3-CH & \qquad O \\ & & \diagdown \qquad \diagup \\ OCHCH_2CHOHCH_3 & O-CHCH_2CHOHCH_3 \end{array}$$
Paraldol

Bei Ketonen liegt das Gleichgewicht so weit links, daß es besonderer Maßnahmen bedarf, um es nach rechts zu verschieben, ehe sich brauchbare Ausbeuten an Reaktionsprodukten ergeben.

$$CH_3COCH_3 + CH_3COCH_3 \quad \underset{\longleftarrow}{\overset{[OH^-] \text{ oder } [H^+]}{\longrightarrow}} \quad (CH_3)_2COHCH_2COCH_3$$
Diacetonalkohol

Zur Darstellung von Diacetonalkohol leitet man Aceton über einen unlöslichen Katalysator wie Calciumhydroxyd oder Bariumhydroxyd, entfernt das unveränderte Aceton durch Destillation und leitet es in den Prozeß zurück.

Bei der alkalischen Katalyse der Aldolkondensation zeigt sich ein neuer Angriffspunkt des Katalysators bei Carbonylverbindungen, nämlich das Wasserstoffatom an dem zur Carbonylgruppe α-ständigen Kohlenstoffatom. Das Kohlenstoffatom der

Carbonylgruppe ist infolge der elektronenanziehenden Wirkung des doppeltgebundenen Sauerstoffatoms elektronenarm. Die resultierende positive Ladung zieht ihrerseits Elektronen vom α-Kohlenstoffatom ab und ermöglicht die Abspaltung eines Protons durch eine Base. Das so gebildete Anion greift das Carbonylkohlenstoffatom eines zweiten Moleküls an, und das Produkt stabilisiert sich durch Erwerb eines Protons von einem Wassermolekül.

$$\underset{CH_2CHO}{\overset{R}{|}} \underset{HOH}{\overset{[OH^-]}{\rightleftarrows}} \left[\underset{:CHCHO}{\overset{R}{|}}\right]^- \underset{\longleftarrow}{\overset{R'CHO}{\longrightarrow}} \left[\underset{:\ddot{O}:}{\overset{R}{\underset{|}{R'CH-CHCHO}}}\right]^- \underset{[OH^-]}{\overset{HOH}{\rightleftarrows}} \underset{OH}{\overset{R}{\underset{|}{R'CH-CHCHO}}}$$

Obwohl der elektrostatische Effekt des Sauerstoffatoms den direkt an die Carbonylgruppe gebundenen Wasserstoff saurer machen sollte als den Wasserstoff am α-Kohlenstoffatom, ist das Ion $[R-CH_2-\bar{C}=O]$ nicht so stabil wie das Ion $[R-\bar{C}H-CH=O]$, da nur das zweite durch Resonanz (S. 160) stabilisiert ist.

$$\left\{ R-\bar{C}H-CH=O \quad \longleftrightarrow \quad R-CH=CH-\ddot{\bar{O}}: \right\}$$

Bei der säurekatalysierten Reaktion ist die Carbonylgruppe der erste Angriffspunkt, und die Abspaltung eines Protons vom α-Kohlenstoffatom folgt nach.

$$RCH_2\overset{H}{\underset{|}{C}}=O \underset{[B^-]}{\overset{HB}{\rightleftarrows}} \left[RCH-\overset{H}{\underset{|}{\underset{H}{C}}}=\overset{+}{O}H\right] \underset{HB}{\overset{[B^-]}{\rightleftarrows}} \left[RCH=\overset{H}{\underset{|}{C}}OH\right]$$

Das Produkt der ersten Reaktionsstufe wird als *Enolform* der Carbonylverbindung bezeichnet, der Vorgang heißt *Enolisierung*[1]. Bei diesem Prozeß liegt das Gleichgewicht für einfache Aldehyde und Ketone im flüssigen Zustand weit links. In der nächsten Stufe der Reaktion greifen die π-Elektronen der Enolform das elektronenarme Kohlenstoffatom eines zweiten Moleküls der als korrespondierende Säure (S. 246) vorliegenden Carbonylverbindung an.

$$\begin{array}{c} \left[RCH=\overset{H}{\underset{|}{C}}-OH\right] \\ + \\ \left[RCH_2\overset{+}{\underset{\underset{H}{|}}{C}}=OH\right] \end{array} \rightleftarrows \left[\begin{array}{c} RCH-\overset{H}{\underset{|}{C}}=\overset{+}{O}H \\ RCH_2\overset{}{\underset{\underset{H}{|}}{C}}-OH \end{array}\right] \underset{HB}{\overset{[B^-]}{\rightleftarrows}} \begin{array}{c} RCHCHO \\ RCH_2CHOH \end{array}$$

Charakteristisch ist für Aldole, daß sie sehr leicht Wasser verlieren. Beim Erhitzen mit Spuren von Säure oder Jod gehen sie in α,β-ungesättigte Aldehyde oder Ketone über.

$$CH_3CHOHCH_2CHO \underset{\text{Wärme}}{\overset{[H^+]}{\longrightarrow}} \underset{\text{Crotonaldehyd}}{CH_3CH=CHCHO + H_2O}$$

$$(CH_3)_2COHCH_2COCH_3 \underset{\text{Wärme}}{\overset{J_2}{\longrightarrow}} \underset{\text{Mesityloxyd}}{(CH_3)_2C=CHCOCH_3 + H_2O}$$

---

[1] Isomere, die sich spontan ineinander umwandeln, heißen *Tautomere*, und die Erscheinung bezeichnet man als *Tautomerie* (S. 867). Die Tautomerie ist nicht zu verwechseln mit der Mesomerie. Tautomere haben verschiedene Strukturen, während Mesomerie nicht von einer Veränderung in der Stellung der Atome im Molekül begleitet ist.

Jod katalysiert die oben angegebene Wasserabspaltung, weil es ein Elektronenacceptor ist. Dies zeigt sich in der vertrauten Erscheinung der leichteren Löslichkeit von Jod in Kaliumjodidlösung als in Wasser auf Grund der Reaktion $J_2 + \left[: \ddot{J} : ^- \right] \longrightarrow$ $\longrightarrow [J_3^-]$, bei der sich das Trijodidion bildet. Eine verwandte Erscheinung ist die braune Farbe der Lösung von Jod in Alkohol gegenüber der violetten Farbe der Hexanlösung (vgl. S. 474).

Konzentrierte Natronlauge bewirkt eine Umwandlung der Aldehyde mit wenigstens zwei α-ständigen Wasserstoffatomen in hochmolekulare komplizierte Produkte, die **Aldehydharze.** Bei ihrer Bildung spielen wahrscheinlich Aldolkondensation, Wasserabspaltung und Polymerisationsreaktionen eine Rolle. Das Produkt aus Acetaldehyd ist ein klebriges, viscoses, orangefarbenes Öl von charakteristischem Geruch.

Ketone werden von konzentrierter Natronlauge nicht stark beeinflußt. Das Amidion ist jedoch eine stärkere Base als das Hydroxylion, und unter Ausschluß von Wasser wandelt Natriumamid Aceton in eine cyclische Verbindung um, die **Isophoron** genannt wird. Auch hierbei wirken Aldolkondensation und Wasserabspaltung zusammen.

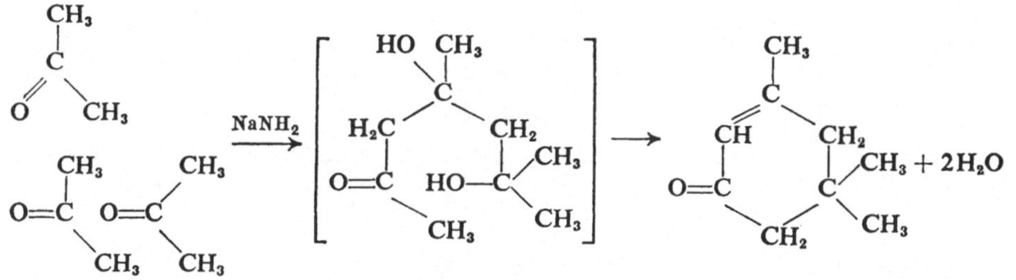

Starke Säuren begünstigen die Trimerisierung der Aldehyde (siehe 10), führen aber bei Ketonen zur Kondensation und Wasserabspaltung. Zum Beispiel gibt Aceton bei säurekatalysierter Reaktion direkt Mesityloxyd.

$$\underset{CH_3}{\overset{CH_3}{>}}C{=}O + CH_3COCH_3 \; \underset{}{\overset{[H^+]}{\rightleftharpoons}} \; (CH_3)_2COHCH_2COCH_3 \;\; \underset{H_2O}{\overset{[H^+]}{\rightleftharpoons}} \; (CH_3)_2C{=}CHCOCH_3$$

Diacetonalkohol   Mesityloxyd

Unter energischeren Bedingungen der Katalyse und Wasserabspaltung entstehen höhere Kondensationsprodukte.

$$(CH_3)_2C{=}O + CH_3COCH_3 + O{=}C(CH_3)_2 \; \xrightarrow{\text{Trockner HCl, ZnCl}_2 \;/\; \text{oder AlCl}_3} $$

$$(CH_3)_2C{=}CH{-}CO{-}CH{=}C(CH_3)_2 + 2\,H_2O$$

Phoron

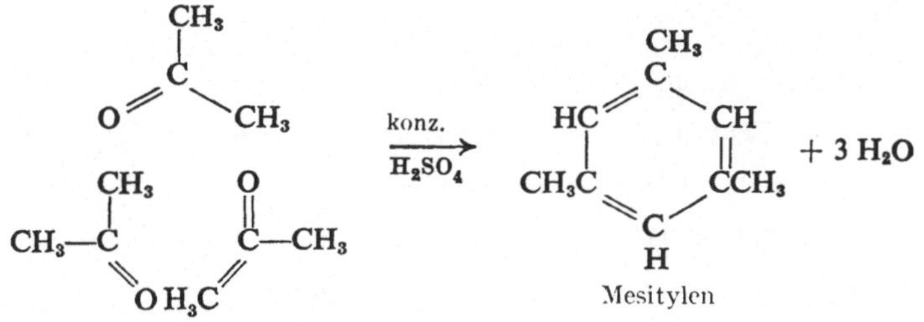

Die Bildung von Mesitylen aus Aceton ist ein Beispiel für die Synthese einer aromatischen Verbindung (S. 439) aus einem Glied der aliphatischen Reihe.

10. Cyclische Trimerisierung. Aliphatische Aldehyde, nicht aber Ketone, gehen säurekatalysierte Additionsreaktionen ein, die zu cyclischen Trimeren führen. Die Reaktion findet auch ohne Katalysator langsam statt.

$$3\,RCHO \; \underset{}{\overset{[H^+]}{\rightleftharpoons}} \; \text{(cyclisches Trimer)}$$

Man kann das Trimere wieder in das Monomere überführen, indem man es mit oder ohne Katalysator erhitzt und den tiefersiedenden Aldehyd durch Destillation entfernt. Andere Arten der Polymerisation werden bei den einzelnen Aldehyden behandelt.

Der Mechanismus der säurekatalysierten Trimerisierung und Detrimerisierung ist wahrscheinlich der folgende:

$$\text{(Reaktionsmechanismus, siehe Strukturformeln)}$$

Diese Trimeren ähneln insofern den Acetalen, als sie keinen Angriffspunkt für basische Katalysatoren haben. Daher sind sie in neutraler und alkalischer Lösung stabil.

11. Anlagerung von Aldehyden an Olefine. Aldehyde werden in Gegenwart von Acylperoxyden an die Kohlenstoff-Kohlenstoff-Doppelbindung angelagert; hierbei bilden sich Ketone. Der Carbonylkohlenstoff verbindet sich mit demjenigen Olefinkohlenstoffatom, das den meisten Wasserstoff aufweist.

$$RCHO + CH_2{=}CHR \; \xrightarrow{(CH_3CO)_2O_2} \; RCOCH_2CH_2R$$

Die Reaktion verläuft nach einem Kettenmechanismus, der von freien Radikalen katalysiert wird. Methylradikale, die durch Zersetzung des Acetylperoxyds entstehen, setzen die Reaktion in Gang.

$$(CH_3CO)_2O_2 \longrightarrow 2\,CH_3COO\cdot \longrightarrow 2\,CH_3\cdot + 2\,CO_2$$

$$RCHO + CH_3\cdot \longrightarrow R\overset{\cdot}{C}O + CH_4$$

$$R\overset{\cdot}{C}O + CH_2{=}CHR \longrightarrow RCOCH_2\overset{\cdot}{C}HR$$

$$RCOCH_2\overset{\cdot}{C}HR + RCHO \longrightarrow RCOCH_2CH_2R + R\overset{\cdot}{C}O$$

Durch Licht werden Aldehyde zu freien Acylradikalen zersetzt, die ebenfalls die Addition einleiten können.

$$RCHO \xrightarrow{h\nu} R\dot{C}O + H\cdot$$

Additionsreaktionen mit Abspaltung von Wasser

1. Ammoniak. Es wurden Reaktionsprodukte aus Aldehyden und Ammoniak isoliert, die das Ergebnis einer Addition von Ammoniak an die Carbonylgruppe zu sein scheinen. Das primäre Produkt ist jedoch instabil und spaltet Wasser ab zu einem **Aldimin,** $RCH=NH$, das sich zu einem cyclischen Trimeren polymerisiert.

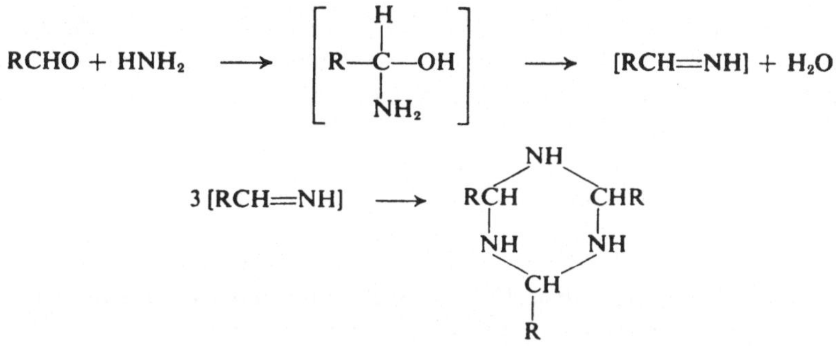

$$RCHO + HNH_2 \longrightarrow \left[\begin{array}{c} H \\ | \\ R-C-OH \\ | \\ NH_2 \end{array} \right] \longrightarrow [RCH=NH] + H_2O$$

Das Reaktionsprodukt aus Acetaldehyd und Ammoniak, **Aldehydammoniak,** ist ein kristallisiertes Trihydrat der cyclischen Verbindung. Ketone geben keine analogen Verbindungen, aber die primäre Addition von Ammoniak an die Carbonylgruppe findet bei Reaktionen wie der Streckerschen Synthese von α-Aminosäuren (S. 317) zweifellos statt. Ketone können mit Ammoniak unter Bildung aldolartiger Kondensationsprodukte reagieren (S. 807).

2. Hydroxylamin. Aldehyde und Ketone addieren Hydroxylamin, das Hydroxyderivat des Ammoniaks. Dabei entsteht ein instabiles Primärprodukt, das dem bei Addition von Ammoniak an die Carbonylgruppe entstehenden analog ist; die anschließende Wasserabspaltung ergibt ein stabiles monomolekulares Produkt, das als **Oxim** bezeichnet wird.

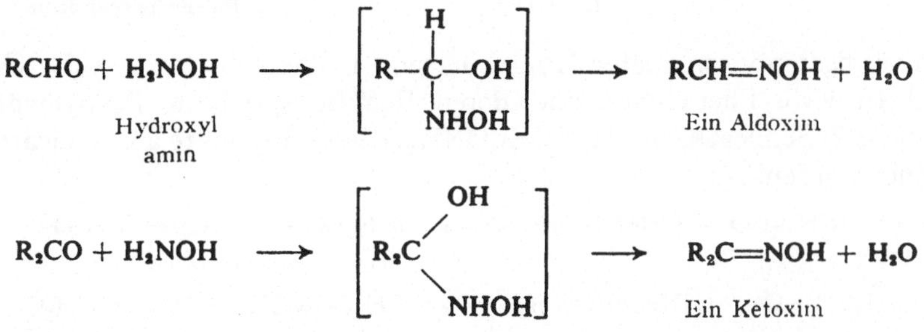

$$RCHO + H_2NOH \longrightarrow \left[\begin{array}{c} H \\ | \\ R-C-OH \\ | \\ NHOH \end{array} \right] \longrightarrow RCH=NOH + H_2O$$

Hydroxylamin — Ein Aldoxim

$$R_2CO + H_2NOH \longrightarrow \left[R_2C \begin{array}{c} OH \\ \diagdown \\ NHOH \end{array} \right] \longrightarrow R_2C=NOH + H_2O$$

Ein Ketoxim

Die Verbindung aus Acetaldehyd $CH_3CH=NOH$ heißt **Acetaldoxim,** diejenige aus Aceton **Acetoxim** (Dimethylketoxim), die aus Methyläthylketon **Methyläthylketoxim** $CH_3(C_2H_5)C=NOH$. Homologe Verbindungen werden in gleicher Weise benannt.

Werden Oxime mit einem Überschuß von wäßriger Salzsäure erhitzt, dann werden sie unter Rückbildung des Aldehyds bzw. Ketons und des Hydroxylaminhydrochlorids hydrolysiert.

$$RCH=NOH + HCl + H_2O \longrightarrow RCHO + [HO\overset{+}{N}H_3]Cl^-$$

Die Oxime sind sowohl schwache Basen als auch schwache Säuren. Sie sind in kalten verdünnten Säuren oder in kalten verdünnten Alkalien leichter löslich als in Wasser.

$$RCH=NOH + HCl \longrightarrow [RCH=\overset{+}{N}HOH]Cl^-$$

$$RCH=NOH + NaOH \longrightarrow [RCH=NO^-]Na^+ + H_2O$$

Die Oxime sind jedoch weit schwächere Basen ($K_B = 6 \times 10^{-13}$ für Acetoxim) als Hydroxylamin ($K_B = 1 \times 10^{-8}$). Von dieser Tatsache wird bei einer Methode zur Bestimmung von Aldehyden und Ketonen Gebrauch gemacht. Nach der Reaktion der Carbonylverbindung mit Hydroxylaminhydrochlorid titriert man den freigesetzten Chlorwasserstoff mit eingestelltem Alkali unter Verwendung eines geeigneten Indikators (Bromphenolblau).

$$RCHO + [H_3\overset{+}{N}OH]Cl^- \longrightarrow RCH=NOH + HCl + H_2O$$

Oxime sind häufig kristallisierte feste Stoffe und daher geeignete Derivate zur Identifizierung von Aldehyden und Ketonen. Daneben sind sie geeignete Ausgangsmaterialien für die Synthese primärer Amine (S. 242) und Alkylcyanide (S. 262) und Zwischenprodukte bei der Ringöffnung cyclischer Ketone (S. 887).

3. Substituierte Hydrazine. Hydrazin H_2NNH_2 reagiert mit Aldehyden und Ketonen, eignet sich aber wegen der häufig entstehenden atypischen Reaktionsprodukte weniger zur Darstellung kristallisierter Derivate. Dagegen verhalten sich die substituierten Hydrazine mit nur einer freien Aminogruppe (NH_2-Gruppe) in der Regel normal analog dem Hydroxylamin.

$$RCHO + H_2N—NHR' \longrightarrow \begin{bmatrix} RCHNH—NHR' \\ | \\ OH \end{bmatrix} \longrightarrow RCH=N—NHR' + H_2O$$

Ein Aldehydhydrazon

$$R_2CO + H_2N—NHR' \longrightarrow \begin{bmatrix} R_2C—NH—NHR' \\ | \\ OH \end{bmatrix} \longrightarrow R_2C=N—NHR' + H_2O$$

Ein Ketonhydrazon

Die am häufigsten verwendeten Hydrazine sind 1. Phenylhydrazin, $C_6H_5NHNH_2$, und substituierte Phenylhydrazine, deren Reaktionsprodukte **Phenylhydrazone** heißen, und 2. Semicarbazid, $H_2NNHCONH_2$, dessen Produkte als **Semicarbazone** bezeichnet werden.

$$(CH_3)_2CO + H_2NNHC_6H_5 \longrightarrow (CH_3)_2C=NNHC_6H_5 + H_2O$$

Aceton-phenylhydrazon

$$CH_3CH=O + H_2NNHCONH_2 \longrightarrow CH_3CH=NNHCONH_2 + H_2O$$

Acetaldehyd-semicarbazon

Während die einfacheren Aldehyde und Ketone im allgemeinen flüssig sind, sind viele Phenylhydrazone und Semicarbazone kristallisierte Stoffe, die leicht zu reinigen sind und scharfe Schmelzpunkte haben. Wie die Oxime sind sie geeignete Derivate zur Identifizierung von Aldehyden und Ketonen.

Die Reaktionen der Aldehyde und Ketone mit Hydroxylamin und Semicarbazid verlaufen überaus leicht bei einer Wasserstoffionenkonzentration, bei der das Reagens zur Hälfte als Salz vorliegt. Eine befriedigende Erklärung des Mechanismus geht davon aus, daß die Reaktion durch Säure katalysiert wird und das Reagens über seine freien Aminogruppen reagiert.

$$R_2C{=}O \underset{[B^-]}{\overset{HB}{\rightleftarrows}} [R_2C{=}\overset{+}{O}H] \underset{}{\overset{H_2\ddot{N}R}{\rightleftarrows}} \left[\begin{array}{c} R_2C{-}OH \\ \ddot{} \\ H_2N{-}R \\ + \end{array}\right] \underset{HB}{\overset{[B^-]}{\rightleftarrows}}$$

$$\begin{array}{c} R_2C{-}OH \\ | \\ NHR \end{array} \underset{[B^-]}{\overset{HB}{\rightleftarrows}} \left[\begin{array}{c} H \\ R_2C{-}\overset{+}{O}H \\ :NHR \end{array}\right] \underset{H_2O}{\rightleftarrows} \left[\begin{array}{c} R_2C \\ || \\ {+}NHR \end{array}\right] \underset{HB}{\overset{[B^-]}{\rightleftarrows}} \begin{array}{c} R_2C \\ || \\ NR \end{array}$$

Oxydation

Aldehyde werden schon von milden Oxydationsmitteln leicht zu Säuren oxydiert. Jedoch verwendet man bei Abwesenheit anderer leicht oxydierbarer Gruppen die üblichen Oxydationsmittel wie Salpetersäure, Chromsäure oder Kaliumpermanganat.

$$3\,RCHO + Na_2Cr_2O_7 + 4\,H_2SO_4 \longrightarrow 3\,RCOOH + Na_2SO_4 + Cr_2(SO_4)_3 + 4\,H_2O$$

Dagegen sind Ketone ziemlich beständig gegen Oxydationsmittel. Wird eine Oxydation durch Anwendung starker Oxydationsmittel unter harten Bedingungen erzwungen, so wird die Kohlenstoffkette gesprengt, und es entsteht ein Gemisch von Säuren mit einer kleineren Zahl von Kohlenstoffatomen.

$$RCH_2COCH_2R' \xrightarrow[\text{Oxydation}]{\text{kräftige}} \begin{array}{c} RCOOH + HOOCCH_2R' \\ \text{und} \\ RCH_2COOH + HOOCR' \end{array}$$

Über den Mechanismus der Oxydation von Aldehyden und Ketonen zu Säuren ist wenig bekannt. Man könnte erwarten, daß sie über das Hydrat verläuft, nach einem Mechanismus analog der Oxydation primärer und sekundärer Alkohole zu Aldehyden bzw. Ketonen (S. 111). Aus dem Studium der Oxydation des aromatischen Aldehyds Benzaldehyd ergibt sich jedoch, daß Permanganationen in saurer Lösung das Carbonylkohlenstoffatom angreifen, während sich in alkalischer Lösung ein Radikalmechanismus abspielt (S. 563).

Die verschiedene Leichtigkeit, mit der Aldehyde und Ketone oxydiert werden, gestattet die Wahl geeigneter Oxydationsmittel, die zwar Aldehyde, aber keine Ketone angreifen, und die Verwendung dieser Reaktion zur Unterscheidung beider. Einige milde Oxydationsmittel für diesen Zweck sind: Fehlingsche Lösung, eine alkalische Lösung eines Kupfer(II)-komplexes mit Natriumtartrat (S. 855); Benedictsche Lösung, ein Kupfer(II)-komplex mit Natriumcitrat (S. 855) und Tollenssche Lösung, eine ammoniakalische Lösung von Silberhydroxyd, die sich alle wie Lösungen der Metallhydroxyde verhalten. Bei Fehlingscher und Benedictscher Lösung wird das Kupfer(II) zu Kupfer(I) reduziert; dieses bildet mit den Tartrat- oder Citrationen keinen stabilen Komplex und fällt als Kupfer(I)-oxyd aus.

$$RCHO + 2\,Cu(OH)_2 + NaOH \longrightarrow RCO\overset{-}{O}\overset{+}{N}a + Cu_2O{\downarrow} + 3\,H_2O$$

Fällt der Niederschlag von Kupfer(I)-oxyd in Gegenwart von Schutzkolloiden aus, so ist er fein verteilt und gelb; bildet er sich in Abwesenheit von Schutzkolloiden, dann sind die Partikel größer und rot. Bei der Tollensschen Lösung ist das Reduktionsprodukt metallisches Silber.

$$RCHO + 2\,Ag(NH_3)_2OH \longrightarrow RCOO\overset{-}{N}\overset{+}{H}_4 + 2\,Ag\downarrow + H_2O + 3\,NH_3$$

Ist das Gefäß, in dem die zuletzt genannte Reaktion stattfindet, sehr rein und die Geschwindigkeit der Abscheidung klein genug, dann setzt sich das Silber als zusammenhängender Silberspiegel ab, andernfalls als grauer bis schwarzer, fein verteilter Niederschlag[1].

In neutraler oder saurer Lösung werden Aldehyde weder von Kupfersalzen noch von Silbersalzen sehr schnell oxydiert, und in alkalischer Lösung fallen die völlig unlöslichen Hydroxyde aus. Um die Hydroxyde in Lösung zu halten, macht man Gebrauch von der Komplexbildung. Im Falle des Silberhydroxyds ist der verwendete Komplex $Ag(NH_3)_2OH$. Fehlingsche Lösung stellt man aus Kupfersulfat, Natriumhydroxyd und Natriumkaliumtartrat (Seignette-Salz, S. 854) her. Das Reagens ist jedoch nicht sehr beständig, und daher wird die Kupfersulfatlösung erst kurz vor Gebrauch mit der alkalischen Tartratlösung gemischt. Benedictsche Lösung wird aus Kupfersulfat, Natriumcitrat (S. 855) und einer schwächeren Base, Natriumcarbonat, dargestellt; sie ist unbegrenzt haltbar. Die Natur des Kupfer(II)-ionenkomplexes wird auf S. 331 behandelt.

Verschiedene Proben und Reaktionen

1. Fuchsinschweflige Säure (Schiffsches Reagens). Fuchsin ist ein roter Farbstoff (S. 719), der in wäßriger Lösung von Schwefeldioxyd entfärbt wird. In Gegenwart von Aldehyden, aber nicht von Ketonen, erscheint wieder die rote Farbe. Die Reaktion ist nicht spezifisch für Aldehyde, da alles, was Schwefeldioxyd beseitigt, z. B. milde Alkalien, Amine, ja sogar Erhitzen oder Luftzutritt, den Farbstoff regeneriert. In Abwesenheit derartiger Störungen kann die Reaktion jedoch zur Unterscheidung zwischen Aldehyden und Ketonen dienen.

Diese Farbreaktion bedeutet nicht lediglich eine Verbindung des Fuchsins mit Schwefeldioxyd und Rückbildung des ursprünglichen Farbstoffs durch den Aldehyd. Die wiederauftretende Farbe rührt von einem Reaktionsprodukt des Aldehyds mit dem Farbstoff her (S. 719). Dementsprechend variiert der Farbton je nach dem angewandten Aldehyd; z. B. ist er bei Formaldehyd blaustichiger als bei Acetaldehyd. Auch wird durch starke Mineralsäuren die von Acetaldehyd hervorgerufene Farbe zerstört, nicht aber die von Formaldehyd erzeugte.

2. Ersatz von Sauerstoff durch Halogen. Wenn Aldehyde oder Ketone mit Phosphorpentachlorid oder Phosphorpentabromid reagieren, wird der Sauerstoff der Carbonylgruppe durch zwei Halogenatome ersetzt.

$$RCHO + PX_5 \longrightarrow RCHX_2 + POX_3$$
$$R_2CO + PX_5 \longrightarrow R_2CX_2 + POX_3$$

Die Tatsache, daß beide Halogenatome des Reaktionsprodukts mit dem gleichen Kohlenstoffatom verknüpft sind, ist eine weitere Bestätigung dafür, daß das Sauerstoffatom in Aldehyden und Ketonen über eine Doppelbindung an ein einziges Kohlenstoffatom gebunden ist. Im übrigen ist diese Reaktion von geringer Bedeutung.

---

[1] Tollenssche Lösung stellt man am besten frisch her und verwirft sie sofort nach Gebrauch. Beim Aufbewahren bildet sich Silberimid Ag_2NH neben etwas Silberamid $AgNH_2$ und Silbernitrid Ag_3N, die alle sehr explosiv sind.

3. Salzbildung. Die Wasserstoffatome an einem Kohlenstoffatom in α-Stellung zu einer Carbonylgruppe besitzen genügende Acidität (S. 104), um mit Alkalimetallen zu reagieren und Salze zu bilden. So reagiert Aceton leicht mit metallischem Natrium unter Entwicklung von Wasserstoff.

$$CH_3COCH_3 + Na \longrightarrow [CH_3COCH_2^-]\overset{+}{Na} + \tfrac{1}{2} H_2$$

Da das Reaktionsprodukt als basischer Katalysator zu fungieren vermag, ist es von den Kondensationsprodukten des Acetons (S. 217) begleitet, die bei Anwesenheit alkalischer Katalysatoren entstehen. Aceton ist eine so schwache Säure, daß seine Salze von Wasser vollständig hydrolysiert werden.

Das Ion $[RC\overline{O}CH_2]$ ist ein Resonanzhybrid (Abb. 45; vgl. S. 160). Als solcher ist es identisch mit dem Enolation $\left[\begin{smallmatrix} RC=CH_2 \\ | \\ O^- \end{smallmatrix}\right]$, und mit diesem Namen wird es gewöhn-

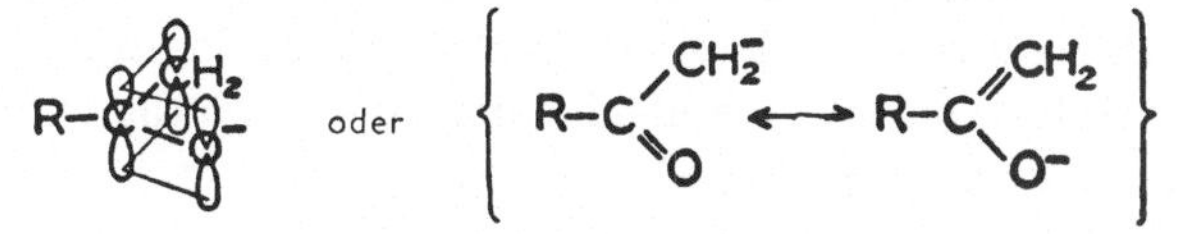

Abb. 45. Mesomerie beim Enolation

lich bezeichnet. Eine Zeitlang nahm man an, daß das Keton vor der Reaktion mit dem Metall zur Enolform (S. 216) isomerisiert wird.

$$\underset{O}{RCCH_3} \rightleftarrows \underset{OH}{RC=CH_2} \overset{Na}{\longrightarrow} \underset{ONa}{RC=CH_2} + \tfrac{1}{2} H_2$$

Bei den säurekatalysierten Reaktionen, z. B. der durch Säure bewirkten Aldolkondensation (S. 216) oder dem säurekatalysierten Austausch von Wasserstoff gegen Deuterium, tritt das Enol zweifellos als Zwischenprodukt auf.

Bei den durch Basen katalysierten Reaktionen dagegen, wie der basisch katalysierten Aldolkondensation (S. 215) oder dem durch Basen katalysierten Deuteriumaustausch ist es nicht notwendig, das intermediäre Auftreten der Enolform anzunehmen.

4. Bildung von Enolacetat. Aldehyde und Ketone reagieren mit Acetanhydrid in Gegenwart von Kaliumacetat oder mit Acetylchlorid unter Bildung von Estern der Enolform.

$$RCH_2CHO + (CH_3CO)_2O \xrightarrow{CH_3COOK} RCH=CHOCOCH_3 + CH_3COOH$$

$$\underset{O}{RCCH_2R} + ClCOCH_3 \longrightarrow \underset{OCOCH_3}{RC=CHR} + HCl$$

Bei der Hydrolyse der Ester bildet sich die Carbonylverbindung zurück, da die Enolform nicht beständig ist.

$$\underset{OCOCH_3}{RC=CHR} + NaOH \longrightarrow CH_3COONa + \left[\underset{OH}{RC=CHR}\right] \longrightarrow \underset{O}{RCCH_2R}$$

5. Halogenierung und die Haloform-Reaktion. Die α-ständigen Wasserstoffatome der Aldehyde und Ketone werden wie die der Acylhalogenide (S. 169) leicht durch Halogen substituiert.

$$RCH_2CHO \xrightarrow{X_2} HX + RCHXCHO \xrightarrow{X_2} HX + RCX_2CHO$$

$$RCOCH_3 \xrightarrow{X_2} HX + RCOCH_2X \xrightarrow{X_2} HX + RCOCHX_2 \xrightarrow{X_2} HX + RCOCX_3$$

In alkalischer Lösung wirkt auch das Hypochlorition als Halogenierungsmittel. Nachdem ein Wasserstoffatom substituiert ist, wird ein zweites und ein drittes am gleichen Kohlenstoffatom mit zunehmender Leichtigkeit substituiert. Ist die Substitution daher einmal in Gang gekommen, so geht sie an dem gleichen Kohlenstoffatom weiter, bis alle Wasserstoffatome durch Halogen ersetzt sind. Das dreifach substituierte Produkt ist in alkalischer Lösung nicht beständig, und es folgt daher eine Sekundärreaktion, in deren Verlauf es durch das Alkali zerstört wird; als Zersetzungsprodukte treten ein dreifach halogeniertes Methan und das Natriumsalz einer Carbonsäure auf.

$$RCOCX_3 + HONa \longrightarrow RCOONa + HCX_3$$

Dreifach halogenierte Methane geben bei der Hydrolyse Ameisensäure, was DUMAS veranlaßte, ihnen den allgemeinen Namen *Haloform* beizulegen (Chloroform, Bromoform und Jodoform). Soll ein Haloform aus einer Carbonylverbindung entstehen, so muß wenigstens eine der an die Carbonylgruppe gebundenen Gruppen eine Methylgruppe sein. Die andere Gruppe kann Wasserstoff sein oder irgendeine über Kohlenstoff gebundene Gruppe, wobei allerdings keines der an diesem Kohlenstoffatom vorhandenen Wasserstoffatome leichter substituierbar sein darf als die der Methylgruppe, und irgendwelche Substituenten der Gruppe die Reaktionsfähigkeit des Wasserstoffs nicht durch sterische Hinderung vermindern dürfen. Essigsäure liefert kein Haloform, da die Acetylgruppe an Sauerstoff gebunden ist, der den Einfluß der Carbonylgruppe auf die α-ständigen Wasserstoffatome infolge von Resonanz vermindert (S. 160). Acetessigsäure, CH_3COCH_2COOH, wird leichter an der Methylengruppe substituiert als an der Methylgruppe; es entsteht CH_3COCX_2COOH, das mit Alkali unter Bildung von Natriumacetat und einer Dihalogenessigsäure reagiert (vgl. S. 867).

$$CH_3COCX_2COOH + 2\,NaOH \longrightarrow CH_3COONa + HCX_2COONa + H_2O$$

Pinakolin (S. 227) bildet Bromoform, aber kein Jodoform, da die stark verzweigte tert.-Butylgruppe ein Weiterreagieren über die zweifach jodierte Stufe hinaus verhindert.

$$(CH_3)_3CCOCH_3 + 2\,NaOJ \longrightarrow (CH_3)_3CCOCHJ_2 + 2\,NaOH$$

Gelegentlich ergeben Verbindungen Jodoform, von denen man es nicht erwartet. Die Reaktion von Acetoxim kann man durch die Tatsache erklären, daß es ein Stickstoffanalogon eines Ketons ist oder daß Hydrolyse zu Aceton der Haloformbildung vorausgeht. Die Reaktion von Pulegon (S. 901) kann man durch seine Zersetzung zu Aceton in alkalischem Medium erklären. 2-Methyl-buten-(2) wird wahrscheinlich während der Reaktion zuerst in Methylisopropylketon umgewandelt (S. 784).

Nicht nur Carbonylverbindungen, die die angegebenen Bedingungen erfüllen, gehen die Haloformreaktion ein, sondern alle Verbindungen, die unter den

Bedingungen der Reaktion zu Carbonylverbindungen oxydiert werden, z. B. Alkohole geeigneter Konstitution, liefern ebenfalls Haloform.

$$RCHOHCH_3 + NaOX \longrightarrow RCOCH_3 + NaX + H_2O$$

$$RCOCH_3 + 3\,NaOX \longrightarrow HCX_3 + RCOONa + 2\,NaOH$$

Die praktische Bedeutung der Haloformreaktion liegt in ihrer Anwendung zur Unterscheidung zwischen verschiedenen möglichen Strukturen. Zum Beispiel ist Acetaldehyd der einzige Aldehyd und Äthylalkohol der einzige primäre Alkohol, aus dem ein Haloform entstehen kann. Die beiden größten Verbindungsgruppen, die die Reaktion eingehen, sind die Methylketone und die Alkylmethylcarbinole. Zur Durchführung eines derartigen Tests eignet sich am besten die Reaktion mit Jod und Alkali, da Jodoform eine gelbe kristallisierte Verbindung ist, die man leicht durch ihren Schmelzpunkt identifizieren kann.

Die Halogenierung der Aldehyde und Ketone wird von Säuren und Basen katalysiert, und wie sich gezeigt hat, ist es die Enolform oder das Enolation, das mit dem Halogenierungsmittel reagiert (vgl. S. 223). Die Reaktionsgeschwindigkeit hängt sowohl von der Konzentration des Ketons als auch von der Konzentration der Säure oder Base ab, ist aber unabhängig von der Konzentration oder der Art des Halogens. Bei der säurekatalysierten Reaktion ist die Carbonylgruppe der erste Angriffspunkt; die wesentlichen Stufen werden durch folgende Gleichgewichte wiedergegeben.

$$RCCH_2R \underset{[B^-]}{\overset{HB}{\rightleftarrows}} \left[\underset{\overset{+}{:\underset{\cdot\cdot}{O}:H}}{RC-CH_2R} \right] \underset{HB}{\overset{[B^-]}{\rightleftarrows}} \left[\underset{OH}{RC=CHR} \right] \underset{HX}{\overset{X_2}{\rightleftarrows}} \underset{O}{\overset{X}{RC-CHR}}$$

Die Addition des Protons an die Carbonylgruppe hat zur Folge, daß deren elektronenanziehende Wirkung verstärkt und dadurch die Abspaltung des α-ständigen Wasserstoffatoms als Proton erleichtert wird. Da auch das Halogen Elektronen anzieht, wird ein zweites Wasserstoffatom noch leichter verdrängt als das erste, und auf diese Weise kommt die unsymmetrische Substitution zustande. Bei basischer Katalyse besteht die erste Reaktionsstufe in der Abspaltung eines Protons von einem α-ständigen Kohlenstoffatom, und als Halogenierungsmittel wird hauptsächlich Hypohalogenition angewandt.

$$RCCH_2R \underset{HB}{\overset{[B^-]}{\rightleftarrows}} \left[\underset{O}{RCCHR} \right]^- \underset{[X^-]\ oder\ [OH^-]}{\overset{X_2\ oder\ HOX}{\rightleftarrows}} \underset{O}{\overset{X}{RCCHR}}$$

Auch hier erleichtert die Substitution des ersten Wasserstoffatoms durch Halogen infolge der elektronenanziehenden Wirkung des Halogens die Abspaltung des zweiten Wasserstoffatoms, und es ergibt sich unsymmetrische Substitution.

Die Substitution von α-ständigem Wasserstoff in Acylhalogeniden durch Halogen (S. 169) verläuft zweifellos nach demselben Schema wie die säurekatalysierte Haloformreaktion. Monocarbonsäuren werden nicht leicht halogeniert, denn die elektronenanziehende Wirkung der Carbonylgruppe wird durch Resonanz vermindert (S. 160). Befinden sich jedoch zwei Carboxylgruppen an ein und demselben Kohlenstoffatom, dann geht die Substitution sehr schnell vor sich (S. 317). ·

6. Reduktion der Carbonylgruppe zu einer Methyl- oder Methylengruppe. Man kann eine Carbonylgruppe in eine Methyl- oder Methylengruppe umwandeln, indem man sie zum Alkohol reduziert, diesen in das Halogenid überführt und das Halogenid zum Kohlenwasserstoff reduziert (S. 131); oder man kann den Alkohol in das Olefin überführen und die Doppelbindung katalytisch reduzieren (S. 132).

Es gibt jedoch auch direktere Methoden. Bei der *Reduktion nach* WOLFF-KISHNER erhitzt man den Aldehyd oder das Keton mit Hydrazin in Gegenwart von Natrium-äthylat auf 200°. Die Reduktion verläuft vermutlich über das Hydrazon, das sich unter dem Einfluß des Natriumäthylats zersetzt.

$$RCHO + H_2NNH_2 \longrightarrow H_2O + RCH{=}NNH_2 \xrightarrow[200°]{NaOC_2H_5} RCH_3 + N_2$$

$$R_2CO + H_2NNH_2 \longrightarrow H_2O + R_2C{=}NNH_2 \xrightarrow[200°]{NaOC_2H_5} R_2CH_2 + N_2$$

Die *Reduktion nach* CLEMMENSEN erfolgt durch Kochen der Verbindung mit konzentrierter Salzsäure in Gegenwart von amalgamiertem Zink[1] am Rückfluß-kühler.

$$R_2CO + 2\,Zn(Hg) + 4\,HCl \longrightarrow R_2CH_2 + 2\,ZnCl_2 + H_2O$$

Sie ist leichter durchzuführen als die Reduktion nach WOLFF-KISHNER, aber nicht so befriedigend für die Reduktion von Aldehyden, da diese in Gegenwart starker Säuren zu leicht Kondensations- und Polymerisationsreaktionen eingehen.

7. Reduktion zu Glykolen und Pinakonen. Reagiert ein Aldehyd mit Natrium in wassergesättigtem Äther oder mit amalgamiertem Magnesium, so vereinigen sich zwei Moleküle unter Bildung einer 1.2-Dihydroxy-Verbindung, die man als ein **Glykol** bezeichnet.

$$2\,RCHO + 2\,Na + H_2O \text{ (in Äther)} \longrightarrow RCHOHCHOHR + 2\,NaOH$$

Die Reduktion mit Magnesium wird gewöhnlich unter Ausschluß von Wasser vorgenommen, wobei das Salz des Glykols entsteht. Das Glykol wird von einer schwachen Säure freigesetzt. Ketone verhalten sich analog, und die aus ihnen entstehenden ditertiären Glykole heißen **Pinakone.**

$$2\,R_2CO + Mg(Hg) \longrightarrow \begin{bmatrix} R_2C{-}O^- \\ | \\ R_2C{-}O^- \end{bmatrix} Mg^{++} \xrightarrow{2\,CH_3COOH} R_2COHCOHR_2 + Mg(OCOCH_3)_2$$

---

[1] Zwei Metalle in gegenseitiger Berührung, von denen eines in der Spannungsreihe oberhalb des Wasserstoffs, das zweite unterhalb des Wasserstoffs steht, bilden ein Metallpaar. Allgemein bekannte Beispiele sind amalgamiertes Aluminium, amal-gamiertes Zink, das Aluminium-Kupfer-Paar und das Zink-Kupfer-Paar. Gewöhnlich sind derartige Metallpaare wirksamere Reduktionsmittel als die reinen Metalle. Die reduzierende Wirkung eines Metalls ist abhängig von der Bereitschaft des Metallatoms, positive Ionen zu bilden, wobei an der Metalloberfläche Elektronen verfügbar werden, die auf andere Ionen oder Moleküle übertragen werden und deren Reduktion bewirken können. Die von den reinen Metallen gebildeten positiven Ionen werden leicht von der verbleibenden negativen Ladung festgehalten, und die zu reduzierenden Moleküle oder Ionen können die Elektronen, die an der Oberfläche des Metalls zurückbleiben, nicht erreichen. Sind Metalle wie Aluminium und Zink beteiligt, und verläuft die Reaktion in wäßrigem Medium, bilden die entstandenen unlöslichen Hydroxyde einen fest-haftenden Belag auf der Oberfläche des Metalls, so daß die Reaktion abbricht. Bei Verwendung von Metallpaaren werden die Elektronen, die durch Auflösung des aktiven Metalls freigesetzt werden, auf das weniger aktive Metall übertragen, und die Reduktion findet an der Oberfläche des inaktiven Metalls statt, also getrennt von der Stelle, an der das aktive Metall in Lösung geht.

Da Natrium eines der aktivsten Metalle ist, und Natriumhydroxyd in Wasser sehr leicht löslich ist, ist die Reaktion zwischen Natrium und Wasser sehr heftig. In diesem Fall setzt eine Amalgamierung die Reaktionsfähigkeit herab; es bildet sich die weniger reaktionsfähige Verbindung Na_4Hg. Infolgedessen kann man Reduktionen mit Natriumamalgam in wäßriger oder selbst in schwach saurer Lösung durchführen.

Der Gruppenname *Pinakon* ist von dem griechischen Wort *pinax* gleich *Tafel* abgeleitet und bezieht sich auf die Kristallstruktur des Pinakons selbst, des Reduktionsproduktes des Acetons $(CH_3)_2COHCOH(CH_3)_2$.

Starke Säuren bewirken Wasserabspaltung und innermolekulare Umlagerung der Pinakone zu Ketonen.

$$R_2COHCOHR_2 \xrightarrow{[H^+]} R_3CCOR + H_2O$$

Pinakon lagert sich zu der Verbindung $(CH_3)_3CCOCH_3$ um, die den Namen **Pinakolin** hat. Die allgemeine Reaktion heißt **Pinakolin-Umlagerung.**

Der Mechanismus der Umlagerung kann durch folgende Reaktionsstufen dargestellt werden.

$$
\begin{array}{ccc}
\underset{\displaystyle Pinakon}{CH_3-\overset{\displaystyle CH_3}{\underset{\displaystyle HO}{C}}-\overset{\displaystyle CH_3}{\underset{\displaystyle OH}{C}}-CH_3}
& \xrightarrow[\,[B^-]\,]{HB} &
CH_3-\overset{\displaystyle CH_3}{\underset{\displaystyle HO:}{C}}-\overset{\displaystyle CH_3}{\underset{\displaystyle :OH}{\overset{+}{C}}}-CH_3 \xrightarrow{\;H_2O\;}
\end{array}
$$

$$
CH_3-\overset{\displaystyle CH_3}{\underset{\displaystyle CH_3}{C}}-\overset{\displaystyle}{\underset{\displaystyle {}^+OH}{C}}-CH_3 \xrightarrow[HB]{[B^-]}
\underset{\displaystyle Pinakolin}{CH_3-\overset{\displaystyle CH_3}{\underset{\displaystyle CH_3}{C}}-\overset{\displaystyle}{\underset{\displaystyle O}{C}}-CH_3}
$$

Mechanismus der Reduktion organischer Verbindungen durch aktive Metalle

Man kennt drei Weisen der Reduktion von Carbonylverbindungen durch aktive Metalle, nämlich die Reduktion zu Alkoholen, die zu Pinakonen und die Clemmensen-Reduktion zum Kohlenwasserstoff. Wodurch ist es bedingt, daß bei der Reduktion so verschiedenartige Reaktionsprodukte entstehen?

Um eine Grundlage zur Beantwortung dieser Frage zu gewinnen, betrachten wir zunächst die Reaktion aktiver Metalle mit protonenabgebenden Flüssigkeiten unter Bildung von molekularem Wasserstoff. Die Spannungsreihe gibt die Bereitschaft eines Metalls an, Elektronen abzugeben und als positives Ion in Lösung zu gehen. Wasserstoff, gebunden an ein elektronenanziehendes Element, etwa Sauerstoff, kann von jedem Element, das in der Spannungsreihe über ihm steht, ein Elektron aufnehmen; verläßt also das Wasserstoffatom die Verbindung und beläßt dabei sein Elektron bei dem elektronenanziehenden Element, so geht bei Gegenwart z. B. von Natrium das austretende Proton wieder in ein Wasserstoffatom über. Das Wasserstoffatom wird durch Paaren seines Elektrons mit einem Elektron eines Metallatoms an der Metalloberfläche adsorbiert. Gleichzeitig geht ein Metallkation in Lösung.

$$
\begin{array}{ccc}
\begin{array}{l} Na\;\cdot \\ Na\;\cdot \\ Na\;\cdot \\ Na\;\cdot \\ Na\;\cdot \end{array}
&
H:\overset{\cdot\cdot}{\underset{\cdot\cdot}{O}}:H \xrightarrow{\qquad}
&
\begin{array}{l} Na\;\cdot \\ Na\;\cdot \\ Na\;\cdot \\ Na\;:H \\ \\ Na^+\;\overline{:}\,\overset{\cdot\cdot}{OH} \end{array}
\\
\text{Metalloberfläche} & &
\end{array}
$$

Es ist ungewiß, wie der molekulare Wasserstoff gebildet wird. Ein plausibler Mechanismus beruht auf der Vorstellung, daß zahlreiche Wasserstoffatome an der Metalloberfläche adsorbiert sein und auf Grund der Beweglichkeit der Elektronen in einem Metall auf der Metalloberfläche wandern können. Wenn zwei Wasserstoffatome zusammenstoßen, kann sich eine kovalente Bindung zwischen ihnen ausbilden, und das Molekül wird als gasförmiger Wasserstoff desorbiert.

15*

$$
\text{Na} \mid \cdot \qquad \overset{\cdot\cdot}{\underset{\cdot\cdot}{\text{H}:\text{O}:\text{H}}} \qquad
\begin{array}{l}
\text{Na}^+ \; \bar{:} \overset{\cdot\cdot}{\text{O}} : \text{H} \\[4pt]
\text{Na} \mid : \text{H} \\
\text{Na} \mid \cdot \\
\text{Na} \mid : \text{H}
\end{array}
\longrightarrow
\begin{array}{l}
\text{Na} \mid \cdot \\
\text{Na} \mid : \text{H} \\
\text{Na} \mid : \text{H}
\end{array}
\longrightarrow
\begin{array}{l}
\text{Na} \mid \cdot \\
\text{Na} \mid \cdot \; + \; \overset{\cdot\cdot}{\underset{}{\text{H}}} \\
\text{Na} \mid \cdot
\end{array}
$$

Ein analoger Mechanismus kann dazu dienen, die verschiedenen Reduktionsweisen der Carbonylverbindungen zu erklären. Das doppeltgebundene Sauerstoffatom einer Carbonylgruppe bewirkt ein Elektronendefizit am Kohlenstoffatom, vergleichbar demjenigen des Wasserstoffatoms in einem Wasser- oder Alkoholmolekül. Dementsprechend wird dieses Kohlenstoffatom wie ein Proton an der Oberfläche des Metalls adsorbiert. Ist kein Protonendonator anwesend, so können sich zwei solcher adsorbierter Moleküle bei der Kollision vereinigen und das Salz eines Pinakons bilden.

$$
\begin{array}{l}
\text{Na} \mid \cdot \\
\text{Na} \mid \cdot \\
\text{Na} \mid \cdot \; + \; 2\, \overset{\text{O}}{\underset{}{\overset{\|}{\text{C}}}}(\text{CH}_3)_2 \\
\text{Na} \mid \cdot \\
\text{Na} \mid \cdot
\end{array}
\longrightarrow
\begin{array}{l}
\text{Na}^+ \quad \bar{:}\overset{\cdot\cdot}{\text{O}}: \\
\text{Na} \mid : \text{C}(\text{CH}_3)_2 \\
\text{Na} \mid \cdot \\
\text{Na} \mid : \text{C}(\text{CH}_3)_2 \\
\text{Na}^+ \; :\underset{\bar{}\cdot\cdot}{\text{O}}:
\end{array}
\longrightarrow
\begin{array}{l}
\text{Na}^+ \qquad \text{O}^- \\
\text{Na} \mid \cdot \quad | \\
\quad\quad\quad \text{C}(\text{CH}_3)_2 \\
\text{Na} \mid \cdot \; + \; \text{C}(\text{CH}_3)_2 \\
\quad\quad\quad | \\
\text{Na} \mid \cdot \quad \text{O}^- \\
\text{Na}^+
\end{array}
$$

In Gegenwart eines protonenabgebenden Lösungsmittels kann das adsorbierte Molekül der Carbonylverbindung mit einem adsorbierten Wasserstoffatom zum Alkoholation des einfachen Alkohols zusammentreten.

$$
\begin{array}{l}
\text{Na} \mid \cdot \; + \; \text{HOR} \\
\text{Na} \mid \cdot \\
\text{Na} \mid \cdot \\
\text{Na} \mid \cdot \\
\text{Na} \mid \cdot \; + \; \overset{}{\underset{\text{O}}{\overset{\|}{\text{CR}_2}}}
\end{array}
\longrightarrow
\begin{array}{l}
\text{Na}^+ \; {}^-\text{OR} \\
\text{Na} \mid : \text{H} \\
\text{Na} \mid \cdot \\
\text{Na} \mid : \text{CR}_2 \\
\quad\quad\; | \\
\quad\quad\; \text{O}^- \\
\text{Na}^+
\end{array}
\longrightarrow
\begin{array}{l}
\text{Na} \mid \cdot \quad \text{H} \\
\quad\quad\quad | \\
\text{Na} \mid \cdot \; + \; \text{CR}_2 \\
\quad\quad\quad | \\
\text{Na} \mid \cdot \quad \text{O}^- \\
\text{Na}^+
\end{array}
$$

In bestimmten Sonderfällen verläuft die Reaktion in schwach saurer Lösung anders als in neutraler Lösung. Es ist denkbar, daß in diesen Fällen nicht die freie, sondern die protonierte Carbonylverbindung adsorbiert wird, und daß sich dann ein anders orientierter Adsorptionskomplex ausbildet.

$$
\begin{array}{l}
\text{Na} \mid \cdot \; + \; \text{HOR} \\
\text{Na} \mid \cdot \\
\text{Na} \mid \cdot \\
\text{Na} \mid \cdot \\
\text{Na} \mid \cdot \; + \; \overset{}{\underset{+\,\text{O}\!-\!\text{H}}{\overset{\|}{\text{CR}_2}}}
\end{array}
\longrightarrow
\begin{array}{l}
\text{Na}^+ \; {}^-\text{OR} \\
\text{Na} \mid : \text{H} \\
\text{Na} \mid \cdot \\
\text{Na} \mid : \text{CR}_2 \\
\quad\quad\; | \\
\text{Na}^+ \;\; \text{OH}
\end{array}
\qquad
\begin{array}{l}
\text{Na} \mid \cdot \quad \text{H} \\
\quad\quad\quad | \\
\text{Na} \mid \cdot \quad \text{CR}_2 \\
\quad\quad\quad | \\
\text{Na} \mid \cdot \; + \; \text{OH}
\end{array}
$$

Die Reduktion nach CLEMMENSEN findet in Gegenwart von konzentrierter Salzsäure statt, und die Ausbeute ist dann am besten, wenn man die Konzentration des Ketons durch Auflösen in einem nicht mit Wasser mischbaren Lösungsmittel niedrig hält. Wahrscheinlich führt die hohe Säurekonzentration zur Adsorption des Oxoniumsalzes an der Metalloberfläche. Die Absättigung des Elektronendefizits am Kohlenstoffatom durch Adsorption ermöglicht die Reaktion des Sauerstoffatoms mit einem zweiten Proton. Hiernach kann der Sauerstoff als Wassermolekül abgespalten werden, wobei gleichzeitig ein Zinkion in Lösung geht und ein adsorbiertes Methylenradikal gebildet wird.

Das adsorbierte Methylenradikal kann anschließend mit zwei adsorbierten Wasserstoffatomen reagieren, und es bildet sich der Kohlenwasserstoff und ein positives Metallion. Dadurch, daß die Konzentration des adsorbierten Ketons niedrig gehalten wird, wird die Bildung bimolekularer Reduktionsprodukte hintangehalten.

8. Cannizzaro-Reaktion. Diejenigen Aldehyde, die kein α-ständiges Wasserstoffatom besitzen, können keine Aldolkondensation eingehen. Werden sie jedoch mit starkem Alkali erhitzt, so findet eine intermolekulare Oxydation und Reduktion (Disproportionierung) statt, bei der ein Molekül als Reduktionsmittel wirkt und zur Säure oxydiert wird, während das andere als Oxydationsmittel wirkt und zum Alkohol reduziert wird. In dem alkalischen Medium tritt die Säure in Form ihres Salzes in Erscheinung.

$$2\,HCHO + NaOH \longrightarrow HCOO^{-\,+}Na + CH_3OH$$

$$2\,R_3CCHO + NaOH \longrightarrow R_3CCOO^{-\,+}Na + R_3CCH_2OH$$

Der Mechanismus dieser Reaktion wird auf S. 564 behandelt. Unter bestimmten Bedingungen gehen sogar Aldehyde mit α-ständigem Wasserstoff eine Cannizzaro-Reaktion ein. Erhitzt man z. B. Isobutyraldehyd mit wäßrigem Bariumhydroxyd im geschlossenen Rohr auf 150°, dann entsteht quantitativ Isobutylalkohol und Bariumisobutyrat. Analog geben Isovaleraldehyd und n-Heptaldehyd bei mehrstündigem Erhitzen mit Calciumoxyd auf 100° als Hauptprodukte die entsprechenden Alkohole und Calciumsalze. Bei Isobutyraldehyd findet anfänglich eine sehr schnelle, reversible Aldolkondensation statt, auf die die langsamere, irreversible Cannizzaro-Reaktion folgt.

9. Tischtschenko-Reaktion. Erhitzt man Aldehyde mit einem Aluminium-alkoholat, im allgemeinen Äthylat oder Isopropylat, das durch eine kleine Menge wasserfreies Aluminiumchlorid oder Zinkchlorid aktiviert wird, so tritt eine intermolekulare Oxydation und Reduktion ähnlich der Cannizzaro-Reaktion ein. Anstelle von Alkohol und Säure als solchen erhält man jedoch den Ester.

$$2\ RCHO \xrightarrow{Al(OR)_3} RCOOR$$

So gibt Acetaldehyd Essigsäureäthylester, n-Butyraldehyd liefert Buttersäure-butylester.

Technisch wichtige Aldehyde und Ketone

Formaldehyd wurde erstmals von BUTLEROW[1] 1859 dargestellt, mehr als vierzehn Jahre nach der Isolierung des Acetaldehyds durch LIEBIG. 1868 erhielt HOFMANN (S. 239) Formaldehyd durch Oxydation von Methanol mit Luft in Gegenwart eines Platinkatalysators. Diese Reaktion liegt zwei technischen Verfahren zugrunde. Nach dem älteren Verfahren wird ein methanolreiches Methanol-Luft-Gemisch (1 Vol. : 1 Vol.) bei 635° über einen Silberkatalysator geleitet. Es wird praktisch der gesamte Sauerstoff verbraucht, und die Abgase enthalten 18—20% Wasserstoff; dies zeigt, daß der Vorgang in einer kombinierten Dehydrierung und Oxydation besteht. Der Formaldehyd und das überschüssige Methanol werden in Wasser aufgefangen, dann wird die Lösung durch Destillation auf einen Formaldehydgehalt von 37% konzentriert. Der Formaldehyd liegt in Lösung als Methylenglykol (Formaldehydhydrat) $CH_2(OH)_2$ und als polymere Verbindung $HO(CH_2O)_xH$ vor, wobei x einen Durchschnittswert von 3 hat. Diese Lösung heißt **Formalin.** Gewöhnliches Formalin enthält im Sommer 7—10%, im Winter 10—15% Methanol, damit die Abscheidung der polymeren Verbindung unterbleibt. Auch methanolfreies Formalin für industrielle Zwecke ist ohne Polymerenabscheidung transportierbar, wenn es warmgehalten wird (etwa 30°). Bei dem neueren Verfahren wird ein weniger konzentriertes Gemisch von Luft und 5—10 Volumenprozent Methanol über einen Eisenoxyd-Molybdänoxyd-Katalysator geleitet. Hierbei entsteht fast methanolfreier Formaldehyd; die Abgase enthalten Sauerstoff, aber keinen Wasserstoff. Formaldehyd bildet sich auch bei der gemäßigten Luftoxydation von Erdgas oder Propan-Butan-Gemischen in der Dampfphase bei 350—450°. Methan gibt vorwiegend Methanol und Formaldehyd. Propan-Butan-Gemische führen in der Hauptsache zu Formaldehyd, Acetaldehyd und Methanol neben Aceton, Propyl- und Butylalkohol und organischen Säuren.

---

[1] ALEXANDER MICHAILOWITSCH BUTLEROW (1828—1886), bedeutender russischer Chemiker und Professor an den Universitäten Kasan und St. Petersburg. Er stellte als erster wäßrigen Formaldehyd her, desgleichen Paraformaldehyd, Hexamethylentetramin und das Kohlenhydratgemisch, das durch Einwirkung von verdünntem Calciumhydroxyd auf Formaldehyd entsteht. Er war ein eifriger Verfechter der Strukturauffassung der organischen Chemie und der erste, der von der „chemischen Struktur organischer Verbindungen" sprach. BUTLEROW stellte den ersten tertiären Alkohol durch Einwirkung von Zinkmethyl auf Acetylchlorid dar. Seine Untersuchungen über die Reaktionen des tert.-Butylalkohols führten ihn zur Darstellung der isomeren Butane und Butene und zur Entdeckung der Polymerisation des Isobutylens und des säurekatalysierten Gleichgewichts zwischen den zwei Diisobutylenen (S. 66).

Formaldehyd kann zwar leicht verflüssigt werden (Kp: $-21°$), jedoch in flüssiger Form nicht gut aufbewahrt und transportiert werden, da er sich selbst bei Temperaturen dicht oberhalb des Schmelzpunkts ($-118°$) leicht polymerisiert, und da ein wirksames Stabilisierungsmittel nicht bekannt ist. Zum Transport eignet sich neben der wäßrigen Lösung, dem Formalin, die polymere Verbindung **Paraformaldehyd (Polyoxymethylen).** Diese wird durch Konzentrieren von Formalin unter vermindertem Druck erhalten. Paraformaldehyd ist linear polymer und hat die Formel $HO(CH_2O)_xH$, wobei x einen Durchschnittswert von rund 30 hat. Ist x kleiner als 12, so ist das Produkt löslich in Wasser, Aceton oder Äther; die höheren Polymeren sind jedoch unlöslich. Eine langsame Auflösung der höheren Polymeren in Wasser ist von einer Hydrolyse begleitet, die zu Bruchstücken von geringerem Molekulargewicht führt.

Polymere mit einem Durchschnittsmolekulargewicht über 150000 sind aus reinem, flüssigem Formaldehyd bei tiefer Temperatur erhalten worden. Formaldehyd bildet auch feste Polymere, wenn das Gas bei Temperaturen unterhalb $137°$ mit festen Oberflächen in Berührung kommt. Gasförmigen Formaldehyd erhält man bequem durch Erhitzen eines seiner festen Polymeren über diese Temperatur hinaus.

Wird eine 60—65%ige wäßrige Formaldehydlösung mit 2% Schwefelsäure destilliert, so läßt sich aus dem Destillat das cyclische *Trimere* (S. 218) **Trioxymethylen** extrahieren. Es ist eine farblose Verbindung von hohem Lichtbrechungsvermögen, die bei $62°$ schmilzt und bei $115°$ ohne Zersetzung oder Depolymerisierung siedet. Der Geruch ist angenehm, ähnlich dem des Chloroforms, im Gegensatz zu dem scharfen Geruch des Formaldehyds; die Verbindung ist löslich in Wasser und organischen Lösungsmitteln. Starke Säuren bewirken Depolymerisierung, wie bei allen Verbindungen dieser Art. Trioxymethylen verspricht Anwendungsmöglichkeit als Quelle für Formaldehyd bei Reaktionen in nichtwäßrigen Lösungen.

Formaldehyd gibt eine Reihe von Reaktionen, die die meisten anderen Aldehyde nicht eingehen, 1. weil nur Wasserstoffatome mit der Carbonylgruppe verknüpft sind und die Reaktionsfähigkeit größer ist als bei anderen Aldehyden, wie auch die Aldehyde reaktionsfähiger sind als die Ketone, und 2. weil Formaldehyd als Einkohlenstoffverbindung nicht über α-ständige Wasserstoffatome verfügt und deshalb keine Aldolkondensationen mit sich selbst eingehen kann. Die Reaktion mit Ammoniak führt z. B. nicht zu einem Aldehydammoniak. Statt dessen reagiert das ursprüngliche Additionsprodukt weiter und es entsteht eine Verbindung der Formel $(CH_2)_6N_4$, die **Hexamethylentetramin** genannt wird.

$$3\ HCHO + 3\ NH_3 \rightleftharpoons \left[\begin{array}{c} CH_2 \\ HO \diagup \quad \diagdown NH_2 \\ NH_2 \qquad OH \\ CH_2 \qquad CH_2 \\ OH \quad H_2N \end{array}\right] \underset{3\ H_2O}{\overset{}{\rightleftarrows}} \left[\begin{array}{c} CH_2 \\ NH \quad NH \\ CH_2 \quad CH_2 \\ N \\ H \end{array}\right] \underset{3H_2O}{\overset{3\ CH_2O + NH_3}{\rightleftarrows}} \text{(Hexamethylentetramin)}$$

Diese organische Verbindung war die erste, deren Struktur, die auf Grund der Valenzlehre und chemischer Reaktionen aufgestellt worden war, durch Röntgenbeugung bestätigt wurde.

Hexamethylentetramin erlangte im zweiten Weltkrieg Bedeutung als Zwischenprodukt bei der Herstellung des hochexplosiven Trimethylentrinitramins (Hexogen, Cyclonit, RDX). Die Nitrierung wurde in Gegenwart von Ammoniumnitrat oder Ammoniumsulfat durchgeführt, was eine Ausnutzung von 80—90% der Methylengruppen erlaubt.

$$\text{(Hexamethylentetramin)} + 2\,NH_4NO_3 + 4\,HNO_3 \longrightarrow 2\,\text{(Trimethylentrinitramin)} + 6\,H_2O$$

Trimethylentrinitramin ist einer der stärksten organischen Sprengstoffe; es hat eine größere Brisanz als TNT (Trinitrotoluol) (S. 490). Bis zu 30% dieser Verbindung wurden dem TNT beigemischt, um vollständige Detonation großer Bomben zu gewährleisten und die Gewalt der Explosion zu erhöhen.

Mangels α-ständiger Wasserstoffatome gibt Formaldehyd mit konzentriertem Alkali keine Aldehydharze, er geht aber die *Cannizzaro-Reaktion* (S. 229) ein. Mit verdünntem Alkali entsteht durch eine Reihe von Selbstadditionen (S. 406) ein Zuckergemisch, das man als *Formose* bezeichnet.

$$6\,HCHO \xrightarrow{\text{Verd. Ca\,(OH)}_2} C_6H_{12}O_6$$

Ein *spezifischer Nachweis von Formaldehyd* ist die violette Färbung mit Milchcasein in Gegenwart von Eisen(III)-chlorid und konzentrierter Schwefelsäure. Die Empfindlichkeitsgrenze liegt bei 1 Teil Formaldehyd in 200000 Teilen Milch. Dieser Nachweis spielte eine Rolle bei der Durchführung des Gesetzes gegen den Zusatz von Formaldehyd zu Milch als Konservierungsmittel. Der allgemeine Nachweis von Formaldehyd wird geführt, indem man dem zu prüfenden Material Milch zusetzt und die Probe mit Eisenchlorid und Schwefelsäure macht. Zur quantitativen Bestimmung von Formaldehyd wird die Wasserstoffmenge gemessen, die sich bei der Reaktion mit alkalischer Wasserstoffperoxydlösung bildet (S. 927).

$$2\,CH_2O + H_2O_2 + 2\,NaOH \longrightarrow 2\,H\overset{-}{C}OO\overset{+}{N}a + 2\,H_2O + H_2$$

Formaldehyd findet in gewissem Umfang Verwendung als Desinfektionsmittel und zur Konservierung biologischer Präparate, sein Hauptverwendungszweck ist aber die Herstellung von Kunstharzen durch Kondensation mit Harnstoff (S. 329), Melamin (S. 336) oder Phenol (S. 540), wobei häufig Polyoxymethylen oder Hexamethylentetramin an die Stelle von Formalin treten können. Formaldehyd wird ferner zur Herstellung von *Pentaerythrit* gebraucht, der für die Fabrikation trocknender Öle (S. 195) und des hochexplosiven *Pentaerythritnitrats* (PETN) (S. 795) wichtig ist. Das aus Hexamethylentetramin gewonnene hochexplosive *Trimethylentrinitramin* wurde oben erwähnt. Per os eingenommenes Hexamethylentetramin wird im Urin ausgeschieden und bei saurer Reaktion des Urins zu Formaldehyd hydrolysiert. Es fand längere Zeit unter dem Namen *Urotropin (Methenamin)* medikamentöse Verwendung zur Desinfektion der Harnwege, bis es weitgehend durch die Sulfonamide (S. 516) und Mandelsäure (S. 592) verdrängt wurde. In den Vereinigten Staaten betrug die Produktion von 37%igem Formalin 1940 82 Millionen kg, 1955 über 540 Millionen kg.

Acetaldehyd wird technisch durch Wasseranlagerung an Acetylen und durch Luftoxydation von Äthylalkohol über einem Silberkatalysator hergestellt. In den USA werden seit 1945 große Mengen durch gemäßigte Luftoxydation des Propan-Butan-Gemisches aus Erdgas gewonnen (S. 230). Gewisse Mengen Acetaldehyd fallen auch als Nebenprodukt bei der Vergärung an (S. 96). Er siedet bei 20°, ist mit Wasser und organischen Lösungsmitteln mischbar und zeigt in allen Reaktionen ein typisches Verhalten. Die Hauptbedeutung des Acetaldehyds liegt in seiner Verwendung als Zwischenprodukt bei der Synthese anderer organischer Verbindungen, besonders Essigsäure (S. 165) und Acetanhydrid (S. 171) durch Luftoxydation, n-Butylalkohol durch Kondensation zu Crotonaldehyd und anschließende katalytische Reduktion,

$$2\ CH_3CHO \xrightarrow[\text{NaOH}]{\text{Verd.}} CH_3CHOHCH_2CHO \xrightarrow{[H^+]}$$

$$CH_3CH{=}CHCHO \xrightarrow[\substack{Cu \\ \text{auf Bimsstein bei 200°}}]{H_2} CH_3CH_2CH_2CH_2OH$$

und Äthylacetat nach der Reaktion von TISCHTSCHENKO (S. 230). Acetaldehyd findet ferner Verwendung zur Herstellung von Vulkanisationsbeschleunigern (S. 752) sowie des trimeren Paraldehyds und des tetrameren Metaldehyds. **Paraldehyd** ist eine beständige Flüssigkeit vom Siedepunkt 125°, die sich beim Erhitzen mit Säuren leicht depolymerisiert und daher eine geeignete Quelle für Acetaldehyd darstellt. Paraldehyd wurde 1882 erstmals medizinisch als Schlafmittel verwendet. Er gilt noch heute als eines der wirksamsten und ungiftigsten Schlafmittel. Seiner Verwendung zu diesem Zweck steht hauptsächlich im Wege, daß er eine Flüssigkeit mit brennendem unangenehmen Geschmack ist und daß, da er hauptsächlich durch die Lunge ausgeschieden wird, der Atem eines Patienten bis zu vierundzwanzig Stunden nach dem Einnehmen nach Paraldehyd riecht. **Metaldehyd** bildet sich beim Behandeln von Acetaldehyd mit Spuren von Säuren oder Schwefeldioxyd unterhalb 0°. Einer der hierbei technisch verwendeten Katalysatoren ist ein Gemisch aus Calciumnitrat und Bromwasserstoff, das bei —20° angewendet wird. Das Reaktionsprodukt ist ein festes Tetrameres, das wie Paraldehyd eine Ringstruktur hat.

$$4\ CH_3CHO \xrightarrow[\text{bei } -20°]{Ca(NO_3)_2,\ HBr}$$

Durch Erhitzen wird er wie Paraldehyd zu Acetaldehyd depolymerisiert. Da Metaldehyd fest ist und trotz seines hohen Schmelzpunktes (F: 246°; sublimiert unter 150°) einen ziemlich hohen Dampfdruck hat, eignet er sich als fester Brennstoff (Hartspiritus, Meta) zum Erhitzen von Flüssigkeiten oder Nahrungsmitteln, z. B.

beim Abkochen im Freien. Große Mengen werden zum Beschicken von Garten-
fallen gebraucht, denn die Dämpfe wirken anziehend und gleichzeitig hoch
toxisch auf Schnecken.

n-Butyraldehyd und **Isobutyraldehyd** können durch Dehydrierung der ent-
sprechenden Alkohole dargestellt werden. Eine wichtigere Methode ist jedoch das
Oxo-Verfahren, das auf einer amerikanischen Beobachtung aus dem Jahr 1929
basiert und während des zweiten Weltkrieges in Deutschland ausgearbeitet wurde.
Man läßt ein Gemisch aus Olefin und Kobaltsalz oder eine Lösung von vor-
gebildetem Dicobaltoctacarbonyl $Co_2(CO)_8$ und Kobalttetracarbonylhydrid
$HCo(CO)_4$ (S. 954) bei 150° und 200 Atmosphären mit Kohlenmonoxyd und
Wasserstoff reagieren. Propylen ergibt n-Butyraldehyd und Isobutyraldehyd im
Verhältnis 3:2.

$$CH_3CH=CH_2 + CO + H_2 \longrightarrow CH_3CH_2CH_2CHO \text{ und } CH_3CHCH_3$$
$$\overset{|}{C}HO$$

Bei der technischen Durchführung dieser Reaktion entsteht auch ein Octylalkohol-
gemisch, das hauptsächlich **2-Äthyl-hexanol** enthält. Dieser Alkohol kommt vermutlich durch Aldolkondensation von zwei Mol n-Butyraldehyd, Wasserabspaltung und Hydrierung zustande.

$$2\, CH_3CH_2CH_2CHO \longrightarrow CH_3CH_2CH_2CHOHCHCHO \longrightarrow$$
$$\overset{|}{C}_2H_5$$

$$CH_3CH_2CH_2CH=C\!-\!CHO \longrightarrow CH_3CH_2CH_2CH_2CHCH_2OH$$
$$\overset{|}{C}_2H_5 \qquad\qquad\qquad \overset{|}{C}_2H_5$$

Ist ein an der Doppelbindung beteiligtes Kohlenstoffatom zweifach substituiert, so bildet sich nur ein Produkt. Isobutylen z. B. ergibt ausschließlich
Isovaleraldehyd.

$$(CH_3)_2C=CH_2 + CO + H_2 \longrightarrow (CH_3)_2CHCH_2CHO$$

Ist die Doppelbindung überdies nicht endständig, so tritt vor der Reaktion
Isomerisierung ein, d. h. es bildet sich die endständige Doppelbindung. So ergibt
ein Gemisch der Diisobutylene (S. 66) nur **3.5.5-Trimethyl-hexanal** (sogenannten
,,Nonylaldehyd'').

$$\begin{matrix}(CH_3)_3CCH_2C(CH_3)=CH_2\\ \text{und} \\ (CH_3)_3CCH=C(CH_3)_2\end{matrix} \quad + CO + H_2 \longrightarrow (CH_3)_3CCH_2CH(CH_3)CH_2CHO$$

Die nach dem Oxo-Verfahren hergestellten Aldehyde werden gewöhnlich zu
Alkoholen reduziert (S. 207) oder zu Säuren oxydiert (S. 221). So entsteht z. B.
ein Gemisch primärer Octylalkohole bei der katalytischen Reduktion der Aldehyde,
die aus Heptengemischen hergestellt werden. n-Butyraldehyd verwendet man zur
Herstellung von Vulkanisationsbeschleunigern (S. 752) und Polyvinylbutyral
(S. 779). Aldehyde mit sieben bis sechzehn Kohlenstoffatomen werden zu Par-
fümeriezwecken verwendet. **Önanthaldehyd (n-Heptanal)** entsteht neben anderen
Produkten bei der zersetzenden Destillation von Ricinusöl (S. 833).

Aceton ist das weitaus wichtigste der Ketone. Es wurde früher durch trockne
Destillation von Calciumacetat (aus Holzessig, S. 165) erhalten. Heute gewinnt
man es hauptsächlich durch Dehydrierung von Isopropylalkohol. In neuerer Zeit

ist ein Verfahren der unkatalysierten Oxydation von Isopropylalkohol mit Luft beschrieben worden, das als Hauptprodukte Aceton und Wasserstoffperoxyd liefert.

$$(CH_3)_2CHOH + O_2 \xrightarrow[30 \text{ Sek.}]{460°} (CH_3)_2CO + H_2O_2$$

Aceton ist auch unter den Produkten der Butylalkohol-Gärung von Kohlenhydraten (S. 100). Dieses Verfahren gewann vorübergehend während des ersten Weltkrieges Bedeutung, als die in England vorhandenen Quellen von Aceton nicht ausreichten, um den großen Bedarf zur Fabrikation des rauchlosen Sprengstoffs Cordit (S. 423) zu decken[1]. Seit 1954 wird Aceton als Nebenprodukt bei der Synthese von Phenol (S. 540) und p-Kresol (S. 544) gewonnen.

Aceton dient hauptsächlich als Lösungsmittel für Acetylcellulose (S. 425), Nitrocellulose (S. 422) und Acetylen (S. 139). In den letzten Jahren wurden große Mengen zu Keten zersetzt, einem Zwischenprodukt bei der Fabrikation von Acetanhydrid (S. 171).

$$CH_3COCH_3 \xrightarrow{700°} CH_2{=}C{=}O + CH_4$$
$$\text{Keten}$$

$$CH_2{=}C{=}O + HOCOCH_3 \longrightarrow CH_3CO{-}O{-}COCH_3$$

Daneben wird Aceton noch zur Herstellung anderer Chemikalien, wie Diacetonalkohol, Mesityloxyd und Phoron (S. 217) gebraucht. 1955 wurden in den USA fast 250 Millionen kg erzeugt, von denen 5% durch Gärung, 81% aus Isopropylalkohol und 14% nach anderen Verfahren gewonnen wurden.

Methyläthylketon entsteht bei der Dehydrierung von sek.-Butanol und der Oxydation von Butan (S. 166). Es dient hauptsächlich als Lösungsmittel zur Entfernung des Paraffinwachses aus Schmieröl. **Methylisobutylketon** wird bei der gemäßigten katalytischen Reduktion von Mesityloxyd (S. 217) gewonnen.

Wiederholungsfragen

1. Wodurch wird die Anwesenheit einer Carbonylgruppe in Aldehyden und Ketonen chemisch bewiesen?

2. Man vergleiche Siedepunkte und Löslichkeitsverhältnisse der Aldehyde und Ketone mit denen früher behandelter Verbindungsklassen.

3. Wodurch unterscheidet sich die Meerwein-Ponndorf-Reduktion von der Oppenauer-Oxydation?

4. Inwieweit stimmen die Reaktionen der Acetale und Äther überein und inwieweit unterscheiden sie sich?

5. Man erläutere die Anwendung der Cannizzaro-Reaktion und ihre Grenzen.

6. Man vergleiche Formaldehyd und Acetaldehyd mit Bezug auf ihre Reaktionen mit Ammoniak und Natronlauge.

7. Man erläutere die Polymerisation von Formaldehyd und Acetaldehyd und ziehe Vergleiche zum Verhalten der Ketone.

---

[1] Selten haben Wissenschaftler die Entscheidungen von Politikern und Staatsmännern direkt beeinflußt, aber es wird behauptet, die Balfour Declaration, durch die Palästina zur Nationalheimat der Juden erklärt wurde, sei ein Akt der Dankbarkeit LLOYD GEORGES gegenüber CHAIM WEIZMANN (1874—1952) gewesen, der dieses Verfahren zur Herstellung von Aceton entwickelte. WEIZMANN wurde später der erste Präsident des neuen Staates Israel.

8. Wie verhalten sich Aldehyde und Ketone gegen gesättigte Natriumbisulfit-lösung? Welchen Nutzen kann man aus dieser Reaktion ziehen?

9. Man beschreibe die drei einfachsten Teste zur Unterscheidung zwischen Aldehyden und Ketonen.

Aufgaben

10. Man schreibe die abgekürzten Strukturformeln für die Verbindungen, die zu folgenden Gruppen gehören und gebe jeder Verbindung einen Namen: (a) Aldehyde mit fünf oder weniger Kohlenstoffatomen; (b) Ketone mit drei, vier, fünf und sechs Kohlenstoffatomen; (c) Dialkylderivate des Acetaldehyds mit sieben oder weniger Kohlenstoffatomen; (d) Dialkylketone mit neun Kohlenstoffatomen.

11. Man stelle Reaktionsgleichungen für folgende Oxydationen auf: (a) Äthylalkohol zu Acetaldehyd mit Dichromat und Schwefelsäure; (b) n-Butyraldehyd zu n-Buttersäure mit alkalischem Permanganat; (c) Laurylalkohol zu Dodecanal mit tert.-Butylchromat; (d) Octanol-(2) zu Octanon-(2) mit Chromtrioxyd in Eisessig.

12. Für die Synthese folgender Verbindungen gebe man eine Reaktion an, die von einem geeigneten Aldehyd ausgeht: (a) Diäthylcarbinol; (b) 2.5-Dihydroxy-hexin-(3); (c) Propionaldoxim; (d) 3-Hydroxy-butanal; (e) Heptanol-(1).

13. Für die Synthese folgender Verbindungen gebe man eine Reaktion an, die von einem geeigneten Keton ausgeht: (a) 2-Methyl-butanol-(2); (b) Diäthylketoxim; (c) 3-Hydroxy-3-methyl-pentin-(1); (d) 3.4-Dihydroxy-3.4-dimethyl-hexan; (e) Methyl-isopropyl-carbinol.

14. Man stelle für folgende Reaktionen die Gleichungen auf und benenne das organische Reaktionsprodukt:

A. (a) Methyläthylketon und Natriumhypojodit; (b) Aceton und Semicarbazid; (c) Propionaldehyd und Acetanhydrid; (d) Clemmensen-Reduktion von Nonanon-(5); (e) Octanon-(2) und Cyanwasserstoff; (f) Acetaldehyd und tert.-Butylmagnesiumchlorid.

B. (a) Isobutyraldehyd und Cyanwasserstoff; (b) Pentanon-(2) und Isopropylmagnesiumbromid; (c) Octanol-(2) und Natriumhypochlorit; (d) n-Butyraldehyd und Acetanhydrid; (e) Diäthylketon und Hydroxylamin; (f) Meerwein-Ponndorf-Reduktion von Valeron.

C. (a) Hexanon-(3) und Phenylhydrazin; (b) Diäthylacetaldehyd und Blausäure; (c) Hexanon-(3) und sek.-Butylmagnesiumjodid; (d) Wolff-Kishner-Reduktion von Butyron; (e) Methylisobutylketon und Natriumhypobromit; (f) Isobutyraldehyd und Acetanhydrid.

15. Man nenne die Glieder folgender Verbindungsgruppen, die einen positiven Jodoform-Test ergeben: (a) Aldehyde und Ketone mit vier oder weniger Kohlenstoffatomen; (b) Ketone mit fünf Kohlenstoffatomen; (c) Alkohole mit vier oder weniger Kohlenstoffatomen.

16. Man beschreibe eine Reihe chemischer Proben, die zur Unterscheidung zwischen den Gliedern folgender Gruppen von Verbindungen dienen können: (a) Methyl-n-propylcarbinol, Pentanol-(3), n-Amylalkohol und Dimethyl-äthyl-carbinol; (b) Äthylisopropylcarbinol, Dimethyl-n-propylcarbinol, Methylisobutylcarbinol und Isohexylalkohol; (c) Methylalkohol, Äthylalkohol, Propanol-(2) und tert.-Butylalkohol; (d) Formaldehyd, Acetaldehyd, Aceton und Diäthylketon.

17. Man entwerfe Verfahren zur Trennung folgender Gemische in die Komponenten: (a) n-Nonylalkohol, Pelargonaldehyd und Nonan; (b) Octanon-(2), Octanol-(2) und Caprinsäure; (c) Nonanol-(1), Nonanon-(5) und Nonin-(1); (d) Laurylalkohol, Dodecanal und Dihexyläther.

18. Man gebe Reaktionen an, mit denen die folgenden Gruppen von Verbindungen aus den angegebenen Verbindungen dargestellt werden können: (a) n-Butylalkohol, n-Hexylalkohol, n-Butyraldehyd, Capronaldehyd und Hexandiol-(1.3) aus Acetaldehyd; (b) 2-Äthyl-hexanol, 2-Äthyl-hexandiol-(1.3), 2-Äthyl-butanol und 2-Äthyl-butandiol-(1.3) aus n-Butyraldehyd oder n-Butyraldehyd und Acetaldehyd; (c) 5-Äthyl-nonanol-(2), 5.11-Diäthyl-pentadecanol-(8) und 2-Methyl-7-äthyl-undecanol-(4) aus 2-Äthyl-hexanal und Aceton; (d) Mesityloxyd, Methylisobutylketon, Diisobutylcarbinol und 2-Methylpentandiol-(2.4) aus Aceton.

19. Man gebe die Reaktionsfolge für folgende Umwandlungen an: (*a*) n-Butyraldehyd in n-Hexan; (*b*) Isobutylbromid in Isovaleraldehyd; (*c*) Heptansäure in Nonanol-(3); (*d*) Diisopropyläther in Isobutylalkohol; (*e*) Isobutyraldehyd in Isobutyljodid; (*f*) Palmitinsäureäthylester in Hexadecanal; (*g*) Propionsäure in Methyldiäthylcarbinol; (*h*) Penten-(1) in 2-Methyl-pentanol-(1); (*i*) Diäthylketon in 2-Methyl-3-äthyl-penten-(2); (*j*) n-Butylalkohol in 2-Äthyl-3-hydroxy-hexanal; (*k*) Propionaldehyd in Di-n-propyläther; (*l*) Pentanol-(3) in Triäthylcarbinol; (*m*) Äthylalkohol in Acetal; (*n*) Buttersäureäthylester in Butyron; (*o*) Methyläthylketon in Buten-(2); (*p*) Methylacetylen in Isopropylalkohol; (*q*) Önanthaldehyd in Isopropyl-n-hexyl-keton; (*r*) sek.-Butylalkohol in 3.4-Dimethyl-hexandiol-(3.4); (*s*) Essigsäure in Pinakon; (*t*) Hexen-(3) in Hexanon-(3); (*u*) Acetylen in Äthylalkohol; (*v*) Ölsäure in Nonylalkohol; (*w*) n-Amylbromid in n-Hexylbromid.

20. Ein Kohlenwasserstoff mit dem Molekulargewicht 95 ± 5 entfärbt wäßriges Permanganat unter Bildung eines braunen Niederschlags. Nach der Reaktion der Verbindung mit einem Überschuß an Permanganat werden zwei Produkte isoliert, eine Säure mit dem Neutralisationsäquivalent 74 und eine neutrale Verbindung, die ein Oxim bildet und einen positiven Jodoformtest ergibt. Man stelle die Strukturformel des Kohlenwasserstoffs sowie die Gleichungen der beteiligten Reaktionen auf.

21. Eine unbekannte Verbindung bildet ein Monoxim, reduziert Fehlingsche Lösung, gibt bei Behandlung mit Hypojoditlösung Jodoform und bei Behandlung mit Methylmagnesiumjodid Methan. Durch Oxydation entstand eine Säure, die nach der Reinigung titriert wurde und ein Äquivalentgewicht von 116 ergab. Auch die Säure bildete ein Oxim und ergab einen positiven Jodoformtest, reduzierte aber Fehlingsche Lösung nicht. Welche Strukturformel kommt für die Verbindung in Frage? Welchen Reaktionen war die Verbindung unterworfen?

22. Verbindung *A* entwickelte beim Erwärmen mit metallischem Natrium Wasserstoff. Bei Behandlung von 0,2 g mit Methylmagnesiumjodid in einer Zerewitinow-Apparatur entwickelten sich 34,5 cm³ (0°, 760 mm Hg) Methan. Beim Erhitzen der Verbindung *A* mit Schwefelsäure entstand hauptsächlich eine einzige niedrigersiedende Verbindung *B*, die Brom in Tetrachlorkohlenstoff entfärbte. Ozonspaltung von *B* führte zu zwei Produkten *C* und *D*, die beide mit fuchsinschwefliger Säure keine Färbung zeigten, aber beim Behandeln mit Natriumhypojodit Jodoform ergaben. Reduktion von *D*, der höhersiedenden Verbindung, mit Wasser und Platin führte zu einem Alkohol, der zu einem Olefin *E* dehydratisiert wurde. Ozonspaltung von *E* ergab zwei Produkte, von denen eines mit fuchsinschwefliger Säure eine Färbung ergab. Man gebe *A* eine Strukturformel und stelle für die beschriebenen Reaktionen die Gleichungen auf.

23. Eine unbekannte Verbindung *A* reagiert mit heißem Bromwasserstoff zu zwei verschiedenen Halogenverbindungen *B* und *C*, die durch fraktionierte Destillation getrennt wurden. Verbindung *B* ergab beim Behandeln mit feuchtem Silberoxyd eine Verbindung *D*, die mit einem kalten Gemisch von konzentrierter Salzsäure und Zinkchlorid nicht sofort reagierte, aber beim Aufbewahren eine unlösliche Flüssigkeit ergab. Auch Verbindung *C* ergab beim Behandeln mit feuchtem Silberoxyd eine neue Substanz *E*, die jedoch mit kalter Salzsäure-Zinkchlorid-Lösung nicht reagierte. Sowohl *D* als auch *E* bildeten mit Jod in alkalischer Lösung Jodoform. Bei der Oxydation von *E* unter geeigneten Bedingungen entstand ein Aldehyd *F*, der bei Behandlung mit Methylmagnesiumjodid-Lösung und nachfolgender Zersetzung mit Wasser eine Verbindung ergab, die mit *D* identisch war. Man stelle für *A* eine Strukturformel auf und erläutere alle beteiligten Reaktionen durch Gleichungen.

24. Eine Verbindung der Summenformel $C_6H_{12}O$ reagierte mit Hydroxylamin, aber nicht mit ammoniakalischer Silberhydroxydlösung. Reduktion mit Wasserstoff und Platin ergab einen Alkohol, dessen Dehydratisierung hauptsächlich zu einem einzigen Olefin führte. Ozonisierung und Zersetzung des Ozonids ergab zwei flüssige Produkte, von denen das eine Tollenssches Reagens reduzierte, aber keinen positiven Jodoformtest gab, während das andere Tollenssches Reagens nicht reduzierte, aber einen positiven Jodoformtest ergab. Man gebe der ursprünglichen Verbindung eine Strukturformel und stelle für die beteiligten Reaktionen die Gleichungen auf.

25. Ein Alkylhalogenid *A* wurde in die entsprechende Grignard-Verbindung umgewandelt, die man mit Isobutyraldehyd reagieren ließ. Nach Zersetzung mit Wasser wurde eine Verbindung *B* erhalten, die mit Bromwasserstoff leicht zu einem neuen Alkylhalogenid *C* reagierte. Verbindung *C* wurde ebenfalls in die Grignard-Verbindung überführt und mit Wasser zu einer vierten Verbindung *D* zersetzt. Durch Erhitzen der ursprünglichen Verbindung *A* mit metallischem Natrium erhielt man eine Verbindung, die mit *D* identisch war. Man gebe *A* eine Strukturformel und erläutere alle beteiligten Reaktionen.

26. Eine Verbindung der Summenformel $C_7H_{16}O$ reagierte weder mit Natrium noch mit Phosphortrichlorid. Nach Erwärmen mit konzentrierter Schwefelsäure, Verdünnen und Destillieren erhielt man ein Gemisch, das durch fraktionierte Destillation nicht befriedigend zu trennen war. Nach Oxydation des Gemisches mit Chromsäure wurde ein saures Produkt mit dem Neutralisationsäquivalent 74 isoliert, daneben ein neutrales Produkt, das mit Semicarbazid reagierte, aber nicht mit ammoniakalischer Silberhydroxyd-Lösung. Man gebe der ursprünglichen Verbindung eine Strukturformel und erläutere die beteiligten Reaktionen.

27. Eine wasserunlösliche Verbindung löste sich beim Kochen mit wäßriger Natronlauge. Aus der alkalischen Lösung konnte man eine Fraktion mit positiver Jodoform-Reaktion herausdestillieren. Erhitzte man das Destillat mit Natriumdichromat und Schwefelsäure und destillierte erneut, so erhielt man ein Destillat, das mit fuchsinschwefliger Säure eine Färbung ergab. Nach dem Ansäuern der alkalischen Lösung bildete sich eine wasserunlösliche Verbindung, die beim Leiten über Thoriumoxyd bei 400° in ein Produkt überging, das sich in wäßrigem Alkali nicht mehr löste, aber ein Semicarbazon bildete. Dieses Produkt ergab beim Kochen mit amalgamiertem Zink und Salzsäure unter Rückfluß eine Verbindung, die sich als identisch erwies mit der Verbindung, die sich beim Erhitzen von Undecanal mit Hydrazin und Natriumäthylat bildete. Man gebe der ursprünglichen Verbindung eine Strukturformel und stelle für die beteiligten Reaktionen die Gleichungen auf.

Kapitel 12

Aliphatische Stickstoffverbindungen

Die organischen Sauerstoffverbindungen wurden strukturmäßig als Derivate des Wassermoleküls betrachtet. In ähnlicher Weise können viele organische Stickstoffverbindungen als Ammoniakmoleküle aufgefaßt werden, in denen Wasserstoffatome durch andere Gruppen ersetzt sind. Da sich am Stickstoff drei ersetzbare Wasserstoffatome befinden, anstatt zwei wie beim Wasser, ist die Zahl der Kombinationsmöglichkeiten größer.

H_2O	Wasser	NH_3	Ammoniak
ROH	Alkohole	RNH_2	primäre Amine
		R_2NH	sekundäre Amine
ROR	Äther	R_3N	tertiäre Amine
RCOOH	Säuren	$RCONH_2$	Amide
		$RC(NH)NH_2$	Amidine
RCOOR	Ester	RCONHR	*N*-Alkylamide
		$RCONR_2$	*N.N*-Dialkylamide
		RC(NH)OR	Imidoester
RCOOCOR	Anhydride	RCONHCOR	Imide
RCH$=$O	Aldehyde	RCH$=$NH	Aldimine
$R_2C=$O	Ketone	$R_2C=$NH	Ketimine

Diese Liste ist nicht vollständig, enthält aber die häufigsten Verbindungstypen. Der Stickstoff kann außer Wasserstoff, Alkyl und Acyl auch andere Substituenten haben, z. B. in den Cyaniden (S. 261), den Isocyaniden (S. 268), den Oximen (S. 219), den Hydrazonen (S. 220) und den Nitroverbindungen (S. 270).

Amine

Nomenklatur

Aliphatische Amine sind Alkylsubstitutionsprodukte des Ammoniaks und werden als solche benannt, wobei *Ammoniak* zu *Amin* zusammengezogen wird. So heißt CH_3NH_2 Methylamin, $(CH_3)_2NH$ Dimethylamin und $(CH_3)_3N$ Trimethylamin. Bei gemischten Aminen nennt man die Alkylgruppen in der Reihenfolge zunehmender Kompliziertheit, also $CH_3(C_2H_5)NCH(CH_3)_2$ Methyläthylisopropylamin. Verbindungen, in denen das Stickstoffatom mit einem Kohlenstoffatom verbunden ist, RNH_2, heißen *primäre Amine*; mit zwei Kohlenstoffatomen, R_2NH, *sekundäre Amine*; mit drei Kohlenstoffatomen, R_3N, *tertiäre Amine. Die Bezeichnungen primär, sekundär und tertiär beziehen sich hier auf die Verhältnisse am Stickstoffatom*, während sie sich bei Alkoholen auf das mit der Hydroxylgruppe verknüpfte Kohlenstoffatom beziehen. Während also tert.-Butylalkohol, $(CH_3)_3COH$, ein tertiärer Alkohol ist, weil das Kohlenstoffatom mit drei anderen Kohlenstoffatomen verbunden ist, ist tert.-Butylamin, $(CH_3)_3CNH_2$ ein primäres Amin, da das Stickstoffatom mit nur einem Kohlenstoffatom direkt verbunden ist. Die NH_2-Gruppe heißt *Aminogruppe*; primäre Amine mit weiteren funktionellen Gruppen können also zweckmäßig als Aminosubstitutionsprodukte benannt werden, z. B. $CH_3CHNH_2CH_2CH_2OH$ 3-Amino-butanol-(1).

Darstellung

Gemischte primäre, sekundäre und tertiäre Amine

1. Aus Alkylhalogeniden und Ammoniak. 1849 stellte WURTZ die ersten Amine aus Alkylisocyanaten (S. 332) dar. Die direkteste Methode zur Darstellung von Aminen ist jedoch die Reaktion von Ammoniak mit einem Alkylhalogenid, über die HOFMANN[1] 1850 berichtete. Bei dieser Reaktion verdrängt das basischere Ammoniakmolekül das Chlor als Chlorion, während sich die Alkylgruppe über das einsame Elektronenpaar des Stickstoffs an das Ammoniakmolekül bindet.

$$H : \overset{..}{\underset{..}{N}} : + R : \overset{..}{\underset{..}{X}} : \longrightarrow \left[H : \overset{..}{\underset{..}{N}} \overset{+}{:} R \right] : \overset{..}{\underset{..}{X}} : ^{-}$$

(mit H oben und unten am N links, sowie H oben und unten am N rechts)

Dieser einleitenden Reaktion folgt jedoch eine Reihe von Sekundärreaktionen. Ebenso wie Ammoniak aus einem Ammoniumsalz durch Reaktion mit einer stärkeren Base freigesetzt wird,

$$NH_4Cl + NaOH \longrightarrow NH_3 + H_2O + NaCl$$

kann das primäre Amin aus dem Alkylammoniumsalz freigesetzt werden.

$$RNH_3X + NaOH \longrightarrow RNH_2 + H_2O + NaX$$

---

[1] AUGUST WILHELM HOFMANN (1818—1895), deutscher Chemiker, Schüler von LIEBIG. Er war von 1845 bis 1864 Professor am Royal College of Chemistry in London, von 1864 bis zu seinem Tode an der Universität Berlin. Besonders bekannt wurde er durch seine Arbeiten über Amine und durch Untersuchungen über aromatische Verbindungen, die die Grundlage für die chemische Industrie des Steinkohlenteers schufen.

In ähnlicher Weise tritt der Überschuß an Ammoniak, der während der Reaktion des Alkylhalogenids mit Ammoniak zugegen ist, mit dem primären Amin in Wettbewerb um den Halogenwasserstoff. Da Ammoniak und das Amin etwa dieselbe Basizität haben, läuft die Reaktion nicht vollständig ab, sondern es bildet sich ein Gleichgewicht.

$$RNH_3X + NH_3 \rightleftarrows RNH_2 + NH_4X$$

Auf Grund seines einsamen Elektronenpaares kann das so entstehende primäre Amin ebenfalls mit einem Molekül Alkylhalogenid reagieren und ein zweites Reaktionspaar in Gang setzen, das zur Bildung eines sekundären Amins führt.

$$RNH_2 + RX \longrightarrow R_2NH_2X$$
$$R_2NH_2X + NH_3 \rightleftarrows R_2NH + NH_4X$$

Hierauf kann sofort ein drittes Reaktionspaar einsetzen, wobei ein tertiäres Amin entsteht.

$$RX + R_2NH \longrightarrow R_3NHX$$
$$R_3NHX + NH_3 \rightleftarrows R_3N + NH_4X$$

Schließlich kann eine einzelne weitere Reaktion stattfinden und ein quartäres Ammoniumsalz ergeben.

$$RX + R_3N \longrightarrow R_4NX$$

Hier findet die Reaktionsfolge ein Ende, da in dem quartären Ammoniumsalz kein Wasserstoff an Stickstoff gebunden ist (der Stickstoff ist an vier Kohlenstoffatome gebunden) und daher kein Proton auf eine andere Base übertragen werden kann.

Demnach ergibt die Reaktion von Alkylhalogeniden mit Ammoniak, die auch als *Hofmannsche Alkylaminsynthese* bezeichnet wird, ein Gemisch primärer, sekundärer und tertiärer Amine, ihrer Salze und des quartären Ammoniumsalzes. Zugabe von starkem Alkali am Ende der Reaktion führt zur Freisetzung eines Gemisches freier Amine aus ihren Salzen, nur das quartäre Salz wird nicht angegriffen. Bis zu einem gewissen Grad ist es möglich, die Reaktion zu beeinflussen. Verwendet man einen sehr großen Überschuß an Ammoniak, so ist die Wahrscheinlichkeit größer, daß das Alkylhalogenid mit den Ammoniakmolekülen reagiert als mit den Aminmolekülen, und es entstehen vorwiegend primäre Amine. Je größer die Menge Alkylhalogenid, die eingesetzt wird, desto mehr bildet sich von den anderen Produkten.

Die Reaktionsfähigkeit der Alkylhalogenide mit Ammoniak und Aminen nimmt ab in der Reihenfolge Jodide > Bromide > Chloride, und Methyl > primär > sekundär > tertiär. Alkylsulfate können die Alkylhalogenide ersetzen (vgl. S. 142). Da die tertiären Alkylhalogenide sehr leicht Halogenwasserstoff abspalten, ergibt ihre Reaktion mit Ammoniak nur Olefin und Ammoniumhalogenid.

$$(CH_3)_3CCl + NH_3 \longrightarrow CH_2{=}C(CH_3)_2 + NH_4Cl$$

Verbindungen, in denen eine Aminogruppe mit einem tertiären Kohlenstoffatom verbunden ist, kann man darstellen durch Hofmannschen Abbau eines geeigneten Amids (S. 242), das seinerseits durch Hydrolyse des Nitrils (S. 265) leicht zugänglich ist. Ein anderer Weg ist die Reaktion von Chloramin mit einer tertiären Alkyl-Grignard-Verbindung (S. 243) oder die Hydrolyse des entsprechenden Formylderivats (S. 266).

2. Katalytische Reduktion von Alkylcyaniden. Die Anlagerung von vier Atomen Wasserstoff an die Kohlenstoff-Stickstoff-Dreifachbindung ergibt ein primäres Amin.

$$RC\equiv N + 2\,H_2 \xrightarrow{\text{Pt oder Ni}} RCH_2NH_2$$

Gleichzeitig bilden sich sekundäre und tertiäre Amine durch Addition von Amin an das intermediär entstehende Imin und anschließende Abspaltung von Ammoniak und Weiterreduktion, oder durch reduktive Abspaltung der Aminogruppe.

$$RCH\!=\!\!NH + H_2NR \longrightarrow R-CH-NHR$$

Die Reaktionen, die vom sekundären Amin zum tertiären führen, sind analog. Die Bildung sekundärer und tertiärer Amine kann weitgehend unterdrückt werden durch Reduktion in Gegenwart eines großen Überschusses von Ammoniak.

3. Reduktive Alkylierung von Ammoniak. Die katalytische Reduktion von Aldehyden oder Ketonen in Gegenwart von Ammoniak ergibt ein Gemisch von Aminen.

$$RCHO + NH_3 \longrightarrow H_2O + RCH\!=\!\!NH \xrightarrow{H_2(\text{Pt oder Ni})} RCH_2NH_2$$

Die sekundären und tertiären Amine bilden sich in gleicher Weise wie bei der katalytischen Reduktion von Alkylcyaniden. Wegen der Nebenreaktionen führt das Verfahren bei Aldehyden mit weniger als fünf Kohlenstoffatomen nicht zu befriedigenden Resultaten.

Eine reduktive Alkylierung von Ammoniak kann auch durch Erhitzen von Carbonylverbindungen mit Ammoniumformiat bewirkt werden *(Leuckart-Reaktion)*. Reduktionsmittel ist hier die Ameisensäure.

$$R_2CO + HCOONH_4 \longrightarrow R_2CHNH_2 + CO_2 + H_2O$$

Die primären Amine können zu sekundären und tertiären Aminen weiteralkyliert werden. Die primären und sekundären Amine werden teilweise in die Formamide umgewandelt, aus denen das Amin durch Hydrolyse erhalten wird. Die besten Ausbeuten an primären Aminen (25—75%) werden aus Ketonen erhalten, die oberhalb 100° sieden. Die Leuckart-Reaktion empfiehlt sich besonders dann, wenn noch andere funktionelle Gruppen zugegen sind, die durch die Natrium-Alkohol-Reduktion eines Oxims (S. 557) angegriffen würden.

Formaldehyd und Ammoniumformiat liefern Trimethylamin *(Eschweiler-Clarke-Reaktion)*, und daher kann Formaldehyd zur Methylierung primärer oder sekundärer Amine in Gegenwart von Ameisensäure verwendet werden.

$$HCHO + HCOONH_3R \longrightarrow CH_3NHR + CO_2 + H_2O$$

Einheitliche primäre Amine

Zur Gewinnung einheitlicher primärer, sekundärer oder tertiärer Amine wird man solchen Reaktionen den Vorzug geben, bei denen keine Gemische entstehen. Bei den nachstehend beschriebenen entsteht nur primäres Amin.

1. Aus Amiden (Hofmannscher Abbau). Beim Behandeln eines Amids mit einer alkalischen Natriumhypochlorit- oder Natriumhypobromitlösung entsteht ein primäres Amin, das ein Kohlenstoffatom weniger hat als das Amid.

$$RCONH_2 + NaOX + 2\,NaOH \longrightarrow RNH_2 + Na_2CO_3 + NaX + H_2O$$

Die Reaktion verläuft über mehrere Stufen, die bei den Reaktionen der Amide besprochen werden (S. 258).

Führt man den Hofmannschen Abbau in Gegenwart von Natriumhypohalogenit und Natriumhydroxyd durch, so tritt bei höheren primären Aminen, z. B. bei Pentadecylamin aus Palmitinamid, eine Nebenreaktion ein, in der das Amin zum Cyanid oxydiert wird.

$$RCH_2NH_2 + 2\,NaOCl \longrightarrow RCN + 2\,NaCl + 2\,H_2O$$

Man kann diese Reaktion umgehen, indem man als Reagentien Brom und Natriummethylat in methanolischer Lösung verwendet; es entsteht dann der Methylester einer substituierten Carbamidsäure (S. 330).

$$RCONH_2 + Br_2 + 2\,NaOCH_3 \longrightarrow RNHCOOCH_3 + 2\,NaBr + CH_3OH$$

Hydrolyse des Methylesters mit wäßriger Salzsäure ergibt die Carbamidsäure, die spontan Kohlendioxyd verliert. In Gegenwart von Salzsäure entsteht das Aminhydrochlorid (S. 245).

$$RNHCOOCH_3 + H_2O \underset{}{\overset{[H+]}{\rightleftharpoons}} [RNHCOOH] + CH_3OH$$

$$[RNHCOOH] + HCl \longrightarrow RNH_3Cl + CO_2$$

Durch Zugabe einer starken Base wird das freie Amin erhalten.

$$RNH_3Cl + NaOH \longrightarrow RNH_2 + NaCl + H_2O$$

2. Aus Carbonsäuren (Schmidtscher Abbau). Carbonsäuren, die gegen konzentrierte Schwefelsäure beständig sind, können mit Stickstoffwasserstoffsäure (S. 280) in primäre Amine umgewandelt werden, die um ein Kohlenstoffatom ärmer sind.

$$RCOOH + HN_3 \xrightarrow{H_2SO_4} RNH_2 + CO_2 + N_2$$

Da Stickstoffwasserstoffsäure flüchtig und sehr giftig ist, geht man in der Praxis so vor, daß man eine Lösung der Ausgangsverbindung in einem inerten Lösungsmittel wie Chloroform mit Schwefelsäure vermischt und dann Natriumazid zufügt. Der Schmidtsche Abbau führt zu demselben Produkt wie der Hofmannsche oder Curtiussche Abbau (S. 281), wird aber für kleine Ansätze bevorzugt, weil er direkter ist und im allgemeinen bessere Ausbeuten gibt.

3. Chemische Reduktion von Alkylcyaniden. Diese Reaktion ähnelt der Reduktion von Estern zu Alkoholen (S. 180). Das übliche Reagens ist Natrium und absoluter Alkohol.

$$RC{\equiv}N + 4\,Na + 4\,C_2H_5OH \longrightarrow RCH_2NH_2 + 4\,C_2H_5ONa$$

4. Reduktion von Oximen. Auch Oxime von Aldehyden oder Ketonen lassen sich mit Natrium und Alkohol reduzieren. Dabei entstehen primäre Amine in guter Ausbeute.

$$RCH{=}NOH + 4\,Na + 3\,C_2H_5OH \longrightarrow RCH_2NH_2 + NaOH + 3\,C_2H_5ONa$$

Mit dieser Reaktion ist eine allgemeine Methode zur Umwandlung von Aldehyden und Ketonen in primäre Amine gegeben. Als Reduktionsmittel kann anstatt Natrium und Alkohol auch Lithiumaluminiumhydrid dienen.

5. Aus Hexamethylentetramin (Delepine-Reaktion). Die Reaktion von Hexamethylentetramin (S. 231) mit primären Alkylhalogeniden liefert quartäre Salze, die mit verdünnten Säuren zum primären Amin hydrolysiert werden können.

$$(CH_2)_6N_4 + RX \longrightarrow [(CH_2)_6N_4R]^+X^-$$

$$[(CH_2)_6N_4R]^+X^- + 6\,H_2O + 3\,HX \longrightarrow RNH_3X + 6\,CH_2O + 3\,NH_4X$$

Das Amin wird durch Zufügen von Natriumhydroxyd aus seinem Salz freigesetzt.

6. Weitere Methoden. Primäre Amine können auch durch Reduktion von Nitroverbindungen (S. 274) und durch Hydrolyse von p-Nitroalkylacetaniliden (S. 508) dargestellt werden.

Einheitliche sekundäre Amine

1. Aus Natriumcyanamid und Alkylhalogeniden oder Alkylsulfaten. Natriumcyanamid (S. 335) reagiert mit Alkylhalogeniden oder -sulfaten wie viele andere Salze, indem das Metallion durch eine kovalent gebundene Alkylgruppe ersetzt wird.

$$2\,RX + Na^+{}_2[^=N—C\equiv N] \longrightarrow R_2N—C\equiv N + 2\,NaX$$

Die Dialkylcyanamide hydrolysieren leicht mit verdünnten Säuren oder Basen unter Bildung von $N.N$-Dialkylcarbamidsäure, die Kohlendioxyd abspaltet (S. 330).

$$R_2N—C\equiv N + 2\,HOH \xrightarrow{\text{[H}^+\text{] oder [OH}^-\text{]}} [R_2NCOOH] + NH_3$$
$$\downarrow$$
$$R_2NH + CO_2$$

In saurer Lösung entwickelt sich Kohlendioxyd, und man erhält ein Gemisch von Aminsalz und Ammoniumsalz, während in alkalischer Lösung das freie Amin, Ammoniak und Alkalicarbonat gebildet werden.

2. Aus Chloraminen und Grignard-Verbindungen. N-Chloramine bilden sich leicht aus Aminen durch Einwirkung von Natriumhypochlorit.

$$RNH_2 + NaOCl \longrightarrow RNHCl + NaOH$$

Grignard-Verbindungen ersetzen das Chlor durch eine Alkylgruppe.

$$RNHCl + R'MgCl \longrightarrow RNHR' + MgCl_2$$

Die Reaktion ist besonders wertvoll für die Darstellung von Aminen, die tertiäre Alkylgruppen enthalten, wie Di-tert.-butylamin, das wegen der Bildung von Olefin nicht aus tertiären Halogeniden und Ammoniak dargestellt werden kann. Dialkylmagnesium (S. 941) ergibt oft bessere Ausbeuten als das Alkylmagnesiumchlorid. Die Reaktion kann auch zur Darstellung primärer Amine aus Chloramin $ClNH_2$ und tertiärer Amine aus Dialkylchloraminen $ClNR_2$ dienen.

3. Weitere Methoden. Sekundäre Amine können auch durch Entalkylierung tertiärer Amine (S. 251) oder durch Hydrolyse von p-Nitrosodialkylanilinen (S. 508) dargestellt werden.

Einheitliche tertiäre Amine

Einheitliche tertiäre Amine lassen sich aus Dialkylchloraminen und Grignard-Verbindungen darstellen.

$$R_2NCl + R'MgCl \longrightarrow R_2NR' + MgCl_2$$

Häufiger setzt man jedoch das sekundäre Amin mit einem Überschuß von Alkylhalogenid um und trennt das tertiäre Amin von dem daneben entstandenen quartären Salz.

Physikalische Eigenschaften

Wasser, Ammoniak und Methan haben fast gleiche Molekulargewichte, doch ihre Siedepunkte liegen bei 100° bzw. —33° bzw. —161°. Der abnormal hohe Siedepunkt des Wassers erklärt sich durch die Wasserstoffbrückenbindung zwischen dem an Sauerstoff gebundenen Wasserstoff und dem einsamen Elektronenpaar am Sauerstoffatom (S. 90). Der Siedepunkt des Ammoniaks zeigt, daß diese Verbindung nicht so stark assoziiert ist wie Wasser. Das Stickstoffatom steht weiter gegen die Mitte des Periodensystems als Sauerstoff und übt daher eine geringere Anziehung auf Elektronen aus (S. 246). Deshalb neigen mit Stickstoff verbundene Wasserstoffatome weniger dazu, den Stickstoff als Protonen zu verlassen oder mit anderen Atomen anteilig zu werden, als solche, die an Sauerstoff gebunden sind. Andererseits wird das einsame Elektronenpaar am Stickstoff leichter mit anderen Atomen anteilig als die des Sauerstoffs. Die geringere Neigung, ein Proton abzugeben, ist der Grund für die geringere Assoziation.

Primäre und sekundäre Amine sind ebenfalls assoziiert. Methylamin (Mol.-Gew. 31) siedet bei —7°, Dimethylamin (Mol.-Gew. 45) bei +7°, Trimethylamin (Mol.-Gew. 59) dagegen bei +4°. Obwohl also das Molekulargewicht des Trimethylamins größer ist als das von Dimethylamin, hat Trimethylamin den niedrigeren Siedepunkt. Die Erklärung ist offensichtlich, daß Trimethylamin kein Wasserstoffatom mehr hat, das Wasserstoffbrückenbindung eingehen könnte, und daß es daher nicht assoziiert ist.

Die einsamen Elektronenpaare der tertiären Amine können ohne weiteres Wasserstoffbrücken zu Wassermolekülen ausbilden, und daher sind alle Arten von Aminen niedrigen Molekulargewichts wasserlöslich. Da die Amine stärker als die Alkohole dazu neigen, ihre einsamen Elektronenpaare anteilig werden zu lassen, bilden sie mit Wasser stärkere Wasserstoffbrücken und sind etwas leichter löslich. Zum Beispiel löst sich n-Butylalkohol bei Raumtemperatur zu etwa 8% in Wasser, dagegen ist n-Butylamin mit Wasser mischbar; n-Amylalkohol löst sich in Wasser zu weniger als 1%, während bei den Aminen dieser Grad von Schwerlöslichkeit erst beim n-Hexylamin erreicht wird. Wie die Alkohole und Äther lösen sich die einfachen Amine in den meisten organischen Lösungsmitteln.

Die niederen Amine haben einen Geruch, der an Ammoniak erinnert; der Geruch von Trimethylamin wird als „fischartig" bezeichnet. Die höheren Amine riechen äußerst übel, aber mit weiter steigendem Molekulargewicht nimmt der Dampfdruck ab, und der üble Geruch kommt weniger stark zur Geltung.

Reaktionen

1. Basische Eigenschaften. Für viele Zwecke genügt es, eine Säure als eine Substanz zu definieren, die beim Auflösen in Wasser Wasserstoffionen abgibt, und eine Base als eine Substanz, die beim Auflösen in Wasser Hydroxylionen abgibt.

Für die organische Chemie ist ein allgemeinerer Begriff zweckmäßig, da Säure-Basen-Reaktionen auch in vielen nichtwäßrigen Lösungsmitteln ausgeführt werden. Gewöhnlich betrachtet man als eine Säure irgendeine Substanz, die ein Proton abgeben kann, als Base irgendeine Substanz mit einem einsamen Elektronenpaar, das mit einem Proton eine Bindung eingehen kann. Die Reaktion einer Säure mit einer Base besteht in der Übertragung eines Protons von einer Base auf eine andere. Löst sich z. B. Chlorwasserstoff in Wasser, dann geht das Proton von einer sehr schwachen Base, dem Chlorion, zu der stärkeren Base, dem Wassermolekül über.

$$\text{H}:\overset{..}{\text{O}}: + \text{H}:\overset{..}{\underset{..}{\text{Cl}}}: \longrightarrow \left[\text{H}:\overset{..}{\text{O}}\overset{+}{:}\text{H}\right]:\overset{..}{\underset{..}{\text{Cl}}}:^-$$

$$\overset{\displaystyle \text{H}}{} \qquad\qquad\qquad\qquad \underset{\displaystyle \text{H}}{}$$

Hydroniumchlorid

Wird Ammoniak zu der wäßrigen Lösung von Chlorwasserstoff zugefügt, so wird das Proton von dem Wassermolekül auf die stärkere Base, das Ammoniakmolekül, übertragen.

$$[\text{H}_3\text{O}^+] + :\text{NH}_3 \longrightarrow [\text{NH}_4^+] + \text{H}_2\text{O}$$

Ebenso verdrängt das Hydroxylion die schwächere Base, Ammoniak, aus dem Ammoniumion.

$$[\text{NH}_4^+] + \left[:\overset{..}{\underset{..}{\text{O}}}\text{H}\right]^- \longrightarrow \text{NH}_3 + \text{H}_2\text{O}$$

Im allgemeinen sind die aliphatischen Amine etwas stärkere Basen als Ammoniak und bilden mit Säuren in wäßriger Lösung Salze. Sie werden durch stärkere Basen wie Natronlauge aus ihren Salzen freigesetzt.

Die Aminsalze benennt man als substituierte Ammoniumsalze oder als Säure-additionsprodukte; z. B. heißt CH_3NH_3Cl entweder Methylammoniumchlorid oder Methylaminhydrochlorid. In der älteren Literatur werden die Aminsalze häufig durch Formeln wie $CH_3NH_2 \cdot HCl$ dargestellt; ebensogut könnte man Ammoniumchlorid durch die Formel $NH_3 \cdot HCl$ wiedergeben.

Analog wie Ammoniak mit Hexachloroplatinsäure ein unlösliches Salz $(NH_4)_2PtCl_6$ bildet, bilden auch die Amine unlösliche Salze, z. B. $(RNH_3)_2PtCl_6$, die für analytische Zwecke verwendet werden. Zur Bestimmung des Äquivalentgewichts eines Amins braucht nur eine gewogene Probe seines Hexachloroplatinats verbrannt und der Platinrückstand gewogen zu werden.

Calciumchlorid ist zum Entfernen von Wasser aus Aminen ungeeignet, da es von ihnen ebenso wie von Wasser und Ammoniak solvatisiert wird. Man entwässert Amine gewöhnlich mit Kaliumcarbonat, Kaliumhydroxyd oder Bariumoxyd.

Allgemeine Theorie der Säuren und Basen

Definiert man eine Base als eine Substanz mit einem einsamen Elektronenpaar, das mit einem Proton eine Bindung eingehen kann, dann beruhen Unterschiede der Basizität auf der relativen Verfügbarkeit des einsamen Elektronenpaares zur Auffüllung des orbital eines Protons. Je stärker das Elektronenpaar von der Base festgehalten wird, desto schwächer sind die basischen Eigenschaften der Substanz, je loser das Paar festgehalten wird, desto stärker sind die basischen Eigenschaften der Substanz. Ist umgekehrt das Elektronenpaar mit einem Proton anteilig, so sind die sauren Eigenschaften der Substanz um so stärker, je leichter ein Proton abgegeben wird, d. h. je stärker das Elektronenpaar von der Base gehalten wird; je lockerer die Elektronen an die Base gebunden sind, desto schwieriger ist die Abgabe eines Protons, und desto schwächer sind die sauren Eigenschaften der Substanz. Zum Beispiel steigt die Acidität der Hydride von Kohlenstoff, Stickstoff, Sauerstoff und Fluor von links nach rechts im Periodensystem an. Die Basizität derjenigen Hydride, die ein einsames Elektronenpaar haben, nimmt von Ammoniak über Wasser zum Fluorwasserstoff ab. Von den Ionen CH_3^-, NH_2^-, OH^- und F^- ist das Methidion die stärkste Base, das Fluorion die schwächste. Der Grad der Basizität oder Acidität innerhalb einer gegebenen Reihe ist bedingt durch die ansteigende Kernladung des Zentralatoms, die einen entsprechend wachsenden Zug auf die Elektronen ausübt und diese fester hält. Auf die gleiche Weise erklärt sich, weshalb die Ionen basischer sind als die entsprechenden neutralen Moleküle; die negative Ladung der Ionen bewirkt, daß die Elektronen weniger fest gehalten werden als bei den neutralen Molekülen. In Reihen wie H_2O, RCH_2OH, R_2CHOH, R_3COH oder RCH_2O^-, R_2CHO^-, R_3CO^- oder NH_3, RNH_2, R_2NH, R_3N oder NH_2^-, RNH^-, R_2N^-, wobei R eine Alkylgruppe bedeutet, die als Elektronendonator (S. 64) wirkt, ist zu erwarten, daß die Basizität jeweils ansteigt und die Acidität abnimmt, vorausgesetzt, daß nicht sterische Effekte (S. 123) oder Solvatisierung auftreten. Daß tatsächlich noch andere Faktoren eine Rolle spielen, erweist sich z. B. an der Reihenfolge der Basizität bei Ammoniak und den Methylaminen in wäßriger Lösung, die die folgende ist: $NH_3 < (CH_3)_3N < CH_3NH_2 < (CH_3)_2NH$ (vgl. S. 946). Substituenten an der R-Gruppe beeinflussen die Acidität, je nachdem ob sie Elektronen anziehen oder abstoßen. Einige der häufiger vorkommenden Moleküle und Ionen sind nachstehend in der Reihenfolge wachsender Acidität bzw. abnehmender Basizität zusammengestellt.

wachsende Acidität	abnehmende Basizität
schwächste CH_4	stärkste CH_3^-
R_2NH, RNH_2	R_2N^-, RNH^-
NH_3	NH_2^-
R_3COH, R_2CHOH, RCH_2OH	R_3CO^-, R_2CHO^-, RCH_2O^-
HOH	OH^-
HCN	CN^-
R_3NH^+, $R_2NH_2^+$, RNH_3^+	R_3N, R_2NH, RNH_2
NH_4^+	NH_3
H_2CO_3	HCO_3^-
RCOOH	$RCOO^-$
R_2OH^+, ROH_2^+	R_2O, ROH
H_3O^+	H_2O
$RCONH_3^+$	$RCONH_2$
$RCOOH_2^+$	RCOOH
stärkste HX	schwächste X^-

Säuren und Basen, die wie Ammoniak und das Ammoniumion oder wie das Hydroxylion und Wasser zusammengehören, heißen *korrespondierende Säure-Base-Paare*. So ist Ammoniak die *korrespondierende Base* des Ammoniumions, das Ammoniumion ist die *korrespondierende Säure* des Ammoniaks; das Hydroxylion ist die korrespondierende Base des Wassers, Wasser die korrespondierende Säure des Hydroxylions.

Diese Auffassungen werden gewöhnlich als die Brönstedsche[1] Theorie der Säuren und Basen bezeichnet, obwohl einige Monate vor BRÖNSTED LOWRY[2] eine Arbeit ver-

---

[1] J. N. BRÖNSTED (1879—1947), Direktor des physikalisch-chemischen Instituts in Kopenhagen, arbeitete hauptsächlich auf dem Gebiet der Elektrolyte und der Reaktionskinetik.

[2] THOMAS MARTIN LOWRY (1878—1936), Professor für physikalische Chemie an der Universität Cambridge, ist bekannt durch seine Forschungen auf dem Gebiet der optischen Drehung und der Protonenübertragungsreaktionen.

öffentlicht hatte, in der er ähnliche Ansichten zum Ausdruck brachte. Des Interesses halber sei vermerkt, daß Lewis[1] in seinem Buch über die Valenztheorie im Jahre 1923, dem Erscheinungsjahr der Arbeiten von Lowry und Brönsted, feststellt, daß „die Definition einer Säure oder einer Base als eine Substanz, die Wasserstoffionen abgibt bzw. aufnimmt, allgemeiner sein würde als die vorher benutzte, wenn auch nicht universell". Demnach zog Lewis diese Auffassung mindestens so früh wie Lowry und Brönsted in Betracht, verwarf sie aber zugunsten einer allgemeineren.

Der hier betrachtete grundlegende Vorgang ist die Vereinigung eines Protons, dem ein Elektronenpaar fehlt, mit einem Ion oder Molekül, das über ein einsames Elektronenpaar verfügt.

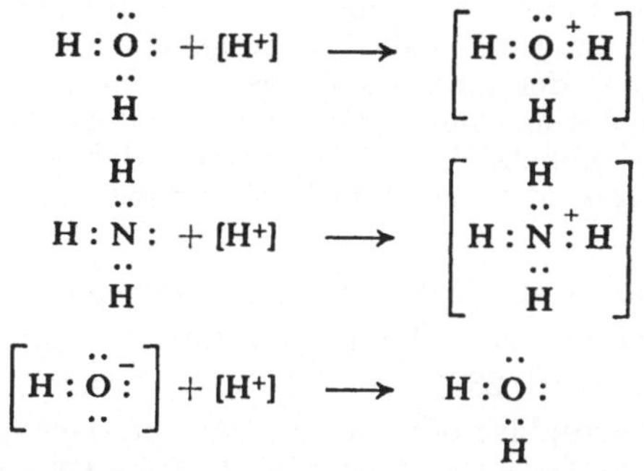

$$
\mathrm{H : \overset{\cdot\cdot}{O} :} + [\mathrm{H^+}] \longrightarrow \left[\mathrm{H : \overset{\cdot\cdot}{O} : H}\right]^+
$$
$$
\mathrm{H} \qquad\qquad\qquad \mathrm{H}
$$

$$
\mathrm{H : \overset{\cdot\cdot}{N} :} + [\mathrm{H^+}] \longrightarrow \left[\mathrm{H : \overset{\cdot\cdot}{N} : H}\right]^+
$$
$$
\mathrm{H} \qquad\qquad\qquad \mathrm{H}
$$

$$
\left[\mathrm{H : \overset{\cdot\cdot}{O} :}\right]^- + [\mathrm{H^+}] \longrightarrow \mathrm{H : \overset{\cdot\cdot}{O} :}
$$
$$
\qquad\qquad\qquad\qquad\qquad \mathrm{H}
$$

Ein völlig analoger Vorgang kann jedoch stattfinden zwischen irgendeinem Ion oder Molekül, dem ein Elektronenpaar in seiner Valenzschale fehlt, und irgendeinem Ion oder Molekül, das ein einsames Elektronenpaar besitzt. So bildet z. B. Ammoniak einen stabilen Komplex mit Bortrichlorid.

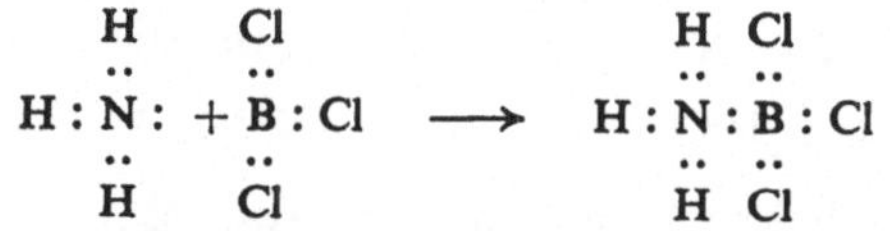

$$
\begin{array}{cc}
\mathrm{H} & \mathrm{Cl} \\
\mathrm{H : \overset{\cdot\cdot}{N} :} & + \; \mathrm{\overset{\cdot\cdot}{B} : Cl} \\
\mathrm{H} & \mathrm{Cl}
\end{array}
\longrightarrow
\begin{array}{cc}
\mathrm{H} & \mathrm{Cl} \\
\mathrm{H : \overset{\cdot\cdot}{N} : \overset{\cdot\cdot}{B} : Cl} \\
\mathrm{H} & \mathrm{Cl}
\end{array}
$$

Dementsprechend klassifizierte Lewis Bortrichlorid als eine Säure und definierte eine Säure als eine Substanz, die die Valenzschale eines ihrer Atome mit einem einsamen Elektronenpaar aus einem anderen Molekül auffüllen kann. Für diese Auffassung spricht die Tatsache, daß Substanzen wie Bortrifluorid, Aluminiumchlorid, Zinkchlorid oder Zinntetrachlorid gleiche Arten von Reaktionen katalysieren können wie ein Proton, z. B. die Polymerisation von Olefinen (S. 66) oder die Ätherbildung (S. 143).

Lewis erneuerte seine Vorschläge in einer Arbeit des Jahres 1938, und Verbindungen der beschriebenen Art werden oft als Lewis-Säuren bezeichnet. Wenn man diese Definition einer Säure anwendet, muß man sich bewußt sein, daß Chlorwasserstoff, Schwefelsäure, Essigsäure, in der Tat all die zahllosen Substanzen, die vom Anbeginn der Chemie als Säuren gelten, keine Säuren im Sinne der Lewisschen Definition sind. Die von Lewis definierte Säure ist das nackte unsolvatisierte Proton, das praktisch nicht existenzfähig ist. Überdies sind Substanzen wie Kupfer(II)-ion entgegen der gewöhnlichen Auffassung im Sinne der Theorie von Lewis als Säuren anzusehen, da sie ihre Valenzschalen mit einsamen Elektronenpaaren von anderen Molekülen auf-

---

[1] Gilbert Newton Lewis (1875—1946), Professor für physikalische Chemie an der Universität von Kalifornien, ist besonders durch die Entwicklung der Elektronentheorie der Valenz, durch Arbeiten über chemische Thermodynamik, durch Untersuchungen über Deuterium und die Absorptionsspektren organischer Verbindungen bekannt geworden.

füllen können, wie es z. B. geschieht, wenn Kupfer(II)-ion mit Ammoniakmolekülen zum Kupfer-Ammoniak-Komplex zusammentritt.

$$\mathrm{Cu^{++} + 4\,NH_3} \longrightarrow \begin{bmatrix} & \mathrm{NH_3} & \\ & \overset{\cdot\cdot}{} & \\ \mathrm{H_3N} & \!\!:\mathrm{Cu}:\!\! & \mathrm{NH_3} \\ & \overset{\cdot\cdot}{} & \\ & \mathrm{NH_3} & \end{bmatrix}^{++}$$

Anstatt alle Verbindungsarten, die ein Elektronenpaar aufnehmen können, als Säuren zu bezeichnen, nennt sie SIDGWICK[1] in seinem Buch über Valenz (1927) Elektronen-acceptoren, überläßt also die Bezeichnung Säure denjenigen Verbindungen, die ein Proton auf eine Base übertragen können. Für Reagentien wie Bortrifluorid, Aluminium-chlorid, Zinntetrachlorid oder Zinkchlorid, die sich wie ein Proton verhalten, wäre **Protonoid** oder **protonoides Reagens** vielleicht eine bessere Bezeichnung. Dieser Ausdruck würde auf protonähnliche Eigenschaften hindeuten, ohne die betreffenden Verbindungen in die Gruppe der Substanzen einzureihen, die üblicherweise Säuren genannt werden.

2. Alkylierung. Da Ammoniak mit Alkylhalogeniden unter Bildung eines Gemisches von primären, sekundären und tertiären Aminen und quartärem Ammoniumsalz reagiert (S. 239), können auch Amine mit Alkylhalogeniden reagieren und dabei sekundäre oder tertiäre Amine oder quartäre Salze liefern.

3. Acylierung. Acylhalogenide, Säureanhydride und Ester reagieren in gleicher Weise wie mit Ammoniak auch mit primären und sekundären Aminen; dabei entstehen Amide. Tertiäre Amine liefern keine Amide, da sie kein ersetzbares Wasserstoffatom enthalten.

$$\mathrm{2\,RNH_2 + R'COX} \longrightarrow \mathrm{RNHCOR' + RNH_3X}$$
$$\mathrm{RNH_2 + (R'CO)_2O} \longrightarrow \mathrm{RNHCOR' + R'COOH}$$
$$\mathrm{RNH_2 + R'COOR'' } \longrightarrow \mathrm{RNHCOR' + R''OH}$$

Die Reaktion mit Acylhalogeniden erfordert zwei Mol Amin, wovon nur eines acyliert wird, da sich das zweite mit dem Halogenwasserstoff verbindet. Bei der zweiten Reaktion bildet sich zwar eine Säure, doch ist es eine schwache Säure, und das Salz einer schwachen Base und einer schwachen Säure ist in genügendem Maß dissoziiert, daß beim Erhitzen mit einem Überschuß an Anhydrid das acylierte Amin entstehen kann. Daher wird bei diesem Verfahren das gesamte Amin in Amid umgewandelt.

Die Reaktionsprodukte heißen *N-substituierte Amide*, wobei sich das *N* auf das Stickstoffatom des Amids bezieht. Demgemäß wird das Reaktionsprodukt aus Methylamin und Acetanhydrid, $\mathrm{CH_3CONHCH_3}$, als *N*-Methylacetamid bezeichnet. Werden die oben angeführten Reaktionen mit sekundären Aminen durchgeführt, so entstehen *N.N*-disubstituierte Amide. Isobutyrylchlorid und Diäthylamin geben *N.N*-Diäthyl-isobutyramid $\mathrm{(CH_3)_2CHCON(C_2H_5)_2}$.

Eine wichtige Anwendung der Acylierungsreaktion ist die Abtrennung tertiärer Amine aus einem Gemisch mit primären und sekundären Aminen. Nach der Acetylierung mit Acetanhydrid kann das unveränderte tertiäre Amin von den höhersiedenden Amiden durch Destillation oder durch Extraktion mit verdünnter

---

[1] NEVIL VINCENT SIDGWICK (1873—1952), Professor der Chemie an der Universität Oxford. In seinen Schriften setzte er sich für die Anwendung physikalischer Methoden auf organisch-chemische Probleme ein.

Säure abgeschieden werden. Das tertiäre Amin ist basisch und bildet wasserlösliche Salze, während die Amide neutral sind. Da das tertiäre Amin nicht reagiert, kann die Acylierung auch zur Unterscheidung zwischen tertiären Aminen und primären oder sekundären Aminen dienen.

4. Isonitrilbildung als Nachweisreaktion auf primäre Amine. Wird ein primäres Amin mit Chloroform und einigen Tropfen alkoholischer Natronlauge erhitzt, so bildet sich ein *Isocyanid (Isonitril, Carbylamin)*.

$$RNH_2 + CHCl_3 + 3\,NaOH \longrightarrow RNC + 3\,NaCl + 3\,H_2O$$

Reaktionen mit Chloroform und starkem Alkali scheinen über das sehr reaktionsfähige Dichlormethylenradikal (S. 183) zu verlaufen.

$$CHCl_3 + KOH \longrightarrow [:CCl_2] + KCl + H_2O$$

In Gegenwart eines primären Amins bildet sich ein inneres Salz von der Art eines Ylids (S. 255).

$$\overset{oo}{R\dot{N}H_2} + [:CCl_2] \longrightarrow \left[\underset{+}{RNH_2} : \overset{..}{\underset{-}{CCl_2}}\right]$$

Abspaltung von zwei Mol Chlorwasserstoff ergibt das Isocyanid.

$$\left[\underset{+}{RNH_2} : \overset{..}{\underset{-}{CCl_2}}\right] + 2\,KOH \longrightarrow R : N : C: + 2\,KCl + 2\,H_2O$$

In der Elektronenstruktur des Isocyanids ist das Kohlenstoffatom anteilig an einem Elektronenpaar des Stickstoffs, das im Amin ausschließlich zum Stickstoff gehört. Daher erwirbt das Stickstoffatom eine positive, das Kohlenstoffatom eine negative Ladungseinheit, entsprechend der Formel $R{-}N^+{\equiv}^-C$. Die Formel wird gelegentlich auch $R{-}N{\rightleftharpoons}C$ geschrieben, wodurch zum Ausdruck gebracht wird, daß ein Elektronenpaar vom Stickstoffatom stammt. *Eine kovalente Bindung, zu der beide Elektronen von einem Atom beigesteuert werden, so daß eine Ladungsdifferenz von einem Elektron zwischen zwei Atomen eines Moleküls auftritt*, wird als **semipolare Bindung** bezeichnet. Der Ammoniak-Bortrichlorid-Komplex (S. 247) enthält ebenfalls eine semipolare Bindung.

$$H_3N \overset{+-}{-}BCl_3,\ \text{oder}\ H_3N \rightarrow BCl_3$$

Dagegen ist die Bindung, die bei der Kombination eines Ammoniak- oder Aminmoleküls mit einem Proton zustande kommt, keine semipolare Bindung, da das Proton ja eine positive Ladung mitbringt; diese neutralisiert die negative Ladung, die es erhalten hätte, wenn es an der Hälfte des zum Stickstoff gehörenden Elektronenpaares anteilig geworden wäre.

$$H:\overset{..}{\underset{..}{N}}: + [H^+] \longrightarrow \left[H:\overset{..}{\underset{..}{N}}:\overset{+}{H}\right]$$

Daher trägt nur das Stickstoffatom eine positive Ladung und die vier N—H-Bindungen sind gleichwertige kovalente Bindungen.

Die Isocyanide sind durch einen äußerst widerlichen Geruch gekennzeichnet, der noch in winzigen Mengen wahrnehmbar ist und die Reaktion zur Unterscheidung primärer Amine von sekundären und tertiären Aminen geeignet macht. In der Kombination dieser Reaktion mit der Acylierungsreaktion, die eine

Differenzierung zwischen primären oder sekundären und tertiären Aminen erlaubt, ist eine Methode gegeben, um zwischen den drei Amintypen zu unterscheiden. Die Isonitrilprobe ist so empfindlich, daß sekundäre Amine bei minimaler Verunreinigung mit primärem Amin einen positiven Test zeigen. Wird jedoch der Test mit einer sehr kleinen Menge (weniger als 1 mg) Amin ausgeführt, dann kann wohl ein primäres Amin eine positive Reaktion geben, nicht aber ein sekundäres Amin mit einer Verunreinigung von 2% primärem Amin. Die Empfindlichkeit der Probe hängt natürlich von der Flüchtigkeit des gebildeten Isocyanids ab. Eine bessere Methode zur Unterscheidung zwischen den drei Arten von Aminen wird auf S. 498 behandelt.

5. Reaktionen mit salpetriger Säure. Das Verhalten der Amine gegen salpetrige Säure hängt von den Reaktionsbedingungen und von der Art des Amins ab. In Abwesenheit einer starken Säure ergeben alle Arten von Aminen Aminonitrite.

$$RNH_2 + HONO \longrightarrow RNH_3^+ {}^-NO_2$$

Die Reaktion kann durch Einleiten von Kohlendioxyd in eine Suspension von feinverteiltem Natriumnitrit in einer methylalkoholischen Lösung des Amins ausgeführt werden. Diisopropyl-ammoniumnitrit und Dicyclohexyl-ammoniumnitrit (S. 889) dienen als Rostschutzmittel. Sie verflüchtigen sich langsam durch Dissoziation in das freie Amin und finden Verwendung beim Verpacken von Maschinen und Maschinenteilen.

In Gegenwart einer starken Säure reagieren primäre Amine mit salpetriger Säure unter Entwicklung von Stickstoff. Was sonst an Reaktionsprodukten auftritt, hängt von der Struktur der Alkylgruppe ab. Gewöhnlich wird ein Substanzgemisch erhalten, das den erwarteten Alkohol oder umgelagerte Produkte, ein Olefin, einen Äther oder ein anderes Alkoholderivat oder, falls die Reaktion in Gegenwart einer Halogenwasserstoffsäure ausgeführt wurde, ein Alkylhalogenid enthalten kann.

$$RNH_2 + HONO \xrightarrow{(HX)} \text{Alkohol (Äther, Alkylhalogenid oder Olefingemisch)} + N_2 + H_2O$$

Äthylamin z. B. ergibt 60% Äthylalkohol und Spuren Äther; n-Propylamin gibt 7% n-Propylalkohol, 32% Isopropylalkohol und 28% Propylen; n-Butylamin gibt 25% n-Butylalkohol, 13% sek.-Butylalkohol, je 8% n- und sek.-Butylchlorid und 36% Buten-(1) und Buten-(2). Da die Reaktion so kompliziert ist, ist sie für präparative Zwecke von geringem Wert, aber analytisch findet sie auf Grund der quantitativen Stickstoffentwicklung Anwendung zur Bestimmung primärer Aminogruppen.

In stark sauren Lösungen wirkt wahrscheinlich hauptsächlich das Nitrosylkation, das aus der salpetrigen Säure gebildet wird, als Nitrosierungsmittel.

$$HONO + 2\,HX \longrightarrow [H_3O^+] + 2\,[X^-] + [^+NO]$$

Anlagerung des Nitrosylkations an das einsame Elektronenpaar der Aminogruppe und Abspaltung eines Protons ergibt das Nitrosoderivat, das sich zu dem unbeständigen Diazohydroxyd umlagert.

$$RNH_2 + [^+NO] \longrightarrow [H^+] + [RNHNO] \rightleftarrows [RN=NOH]$$

Abspaltung von Stickstoff liefert das Alkylcarboniumion.

$$[RN=NOH] + HX \longrightarrow [R^+] + N_2 + H_2O + [X^-]$$

Das Carboniumion kann sich durch Abgabe eines Protons stabilisieren und das Olefin ergeben, oder es kann sich vor oder nach einer Umlagerung mit $[X^-]$ zu einem Alkylhalogenid, mit $[OH^-]$ aus einem Wassermolekül zu einem Alkohol oder mit $[^-OR]$ aus einem Alkoholmolekül zu einem Äther verbinden.

Sekundäre Amine geben gelbliche Nitrosamine. Als Amide der salpetrigen Säure sind sie nicht basisch; sie sind unlöslich in verdünnten Säuren (S. 258).

$$R_2NH + HONO \xrightarrow{[H^+]} R_2NNO + H_2O$$

Tertiäre Amine bleiben in der Lösung in Form ihrer Salze, aus denen sie durch Zugabe von Alkali wiedergewonnen werden können. Geht die Reaktion der tertiären Amine mit salpetriger Säure über die Salzbindung hinaus, so wird sie kompliziert; die Hauptprodukte sind Aldehyde und die Nitrosoderivate sekundärer Amine.

6. Umwandlung tertiärer Amine in sekundäre Amine *(von Braunsche Reaktion[1])*. Tertiäre Amine reagieren mit Bromcyan (S. 335) unter Bildung von quartären Salzen, die sich spontan zu Dialkylcyanamiden zersetzen.

$$R_3N: + \ Br:CN \longrightarrow [R_3\overset{+}{N}{-}CN]Br^- \longrightarrow R_2N{-}CN + RBr$$

Wenn die Alkylgruppen nicht gleich sind, wird vorzugsweise die kleinste Gruppe als Alkylhalogenid eliminiert. Hydrolyse des Cyanamids ergibt Carbamidsäure, die freiwillig Kohlendioxyd abgibt und ein sekundäres Amin bildet (S. 243).

7. Oxydation tertiärer Amine. Wenn tertiäre Amine mit wäßrigem Wasserstoffperoxyd reagieren, entstehen Aminoxyde.

$$R_3N + H_2O_2 \longrightarrow R_3NO + H_2O$$

Der Mechanismus dieser Reaktion ist wohl eine einfache Verdrängung eines Hydroxylions von einem Molekül Wasserstoffperoxyd, gefolgt von der Abspaltung eines Protons aus dem Hydroxyammoniumion (S. 292).

$$R_3N: \underset{[OH^-]}{\overset{HO-OH}{\rightleftarrows}} [R_3\overset{+}{N}:OH] \underset{H_2O}{\overset{[OH^-]}{\rightleftarrows}} R_3\overset{+}{N}:\overset{-}{O}$$

Wie die Isocyanide (S. 249) enthalten die Aminoxyde eine semipolare Bindung, im vorliegenden Fall zwischen Stickstoff und Sauerstoff, und so kommt ihnen die Formel $R_3N^+{-}^-O$ oder $R_3N{\rightarrow}O$ zu. Das Vorhandensein der semipolaren Bindung bedingt ein hohes Dipolmoment ($\mu = 4{,}87$ D), das seinerseits den abnormal hohen Siedepunkt verursacht. Trimethylaminoxyd mit dem Molekulargewicht 75 siedet bis zu seiner Zersetzungstemperatur von 180° nicht, während Dimethyläthylamin mit dem Molekulargewicht 73 bei 38° siedet.

Die Aminoxyde sind schwächer basisch als Amine, bilden aber mit starken Säuren Salze.

$$R_3N:\overset{..}{\underset{..}{O}}: + \ HX \longrightarrow \left[R_3\overset{+}{N}:\overset{..}{\underset{..}{O}}:H\right]X^-$$

Trimethylaminoxyd ist aus den Muskeln verschiedener Meerestiere, z. B. des Seepolypen und des Dornhais isoliert worden.

---

[1] JULIUS VON BRAUN (1875—1939), Professor an der Universität Frankfurt. Er arbeitete hauptsächlich über organische Stickstoffverbindungen. Verschiedene Methoden zur Öffnung stickstoffhaltiger Heterocyclen tragen seinen Namen. Er war der erste, der einen zehngliedrigen Ring synthetisierte, ferner einen Ring, der die meta-Stellungen eines Benzolkerns überbrückt (S. 895).

Einzelne Amine

Methylamin, Dimethylamin und **Trimethylamin** kommen in der Heringslake vor und sind in anderen Naturstoffen weit verbreitet, wahrscheinlich als Abbau- oder Stoffwechselprodukte stickstoffhaltiger Verbindungen. Sie werden technisch hergestellt durch Überleiten eines Methanol-Ammoniak-Gemisches über erhitzte Tonerde.

$$CH_3OH + NH_3 \xrightarrow[400°]{Al_2O_3} \underset{H_2O}{\overset{+}{CH_3NH_2}} \xrightarrow{CH_4OH} \underset{H_2O}{\overset{+}{(CH_3)_2NH}} \xrightarrow{CH_3OH} \underset{H_2O}{\overset{+}{(CH_3)_3N}}$$

Dieses Verfahren ist ungeeignet für Alkohole, die dehydratisiert werden können, da sie hauptsächlich Olefine ergeben. Methylaminhydrochlorid bildet sich neben etwas Di- und Trimethylamin-hydrochlorid, wenn eine Lösung von Ammoniumchlorid in Formalin zur Trockne verdampft wird.

$$NH_4Cl + 2\,HCHO \longrightarrow CH_3NH_3^+Cl^- + HCOOH$$

Wenn eine Mischung von festem Ammoniumchlorid und Paraformaldehyd erhitzt wird, entsteht Trimethylamin-hydrochlorid.

$$2\,NH_4Cl + 9\,HCHO \longrightarrow 2\,(CH_3)_3NHCl + 3\,CO_2 + 3\,H_2O$$

Diese Reaktionen sind wahrscheinlich als reduktive Alkylierungen (S. 241) aufzufassen. Trimethylamin kann auch durch trockne Destillation von Rübenzuckerrückständen dargestellt werden, die Betain (S. 829) enthalten.

$$2\,(CH_3)_3N^+CH_2COO^- \longrightarrow 2\,(CH_3)_3N + CH_2{=}CH_2 + 2\,CO_2$$

Dimethylamin ist das wichtigste dieser drei bei der technischen Synthese entstehenden Amine. 1954 wurden in den USA mehr als 6000 t verbraucht. Die drei Hauptverwendungszwecke waren die Darstellung der Dimethylaminsalze von 2.4-Dichlor-phenoxyessigsäure und 2.4.5-Trichlor-phenoxyessigsäure, die als Pflanzenschutzmittel dienen (S. 543), die Darstellung von Beschleunigern für die Kautschukvulkanisation (S. 340) und die Darstellung von Dimethylformamid (S. 259), das als Lösungsmittel beim Verspinnen von Acrylfasern (S. 832) verwendet wird. Ursprünglich diente Dimethylamin hauptsächlich zum Enthaaren von Ziegenfellen. Der Verbrauch ist für diesen Zweck etwa konstant geblieben, beträgt jetzt aber nur noch etwa 2% der Produktion. Methylamin wird für zahlreiche Zwecke, aber nur in geringen Mengen verbraucht; die Hauptmenge wird in den Prozeß zurückgegeben. Trimethylamin dient hauptsächlich als Ausgangsmaterial für Cholinchlorid (S. 254), das dem Viehfutter zugesetzt wird. Überschüssiges Trimethylamin kann in Dimethylamin und Methylchlorid oder in Ammoniumchlorid und Methylchlorid übergeführt werden.

$$(CH_3)_3NHCl + HCl \xrightarrow{Wärme} (CH_3)_2NH_2Cl + CH_3Cl$$

$$(CH_3)_3NHCl + 3\,HCl \xrightarrow{Wärme} NH_4Cl + 3\,CH_3Cl$$

n-Butylamine werden technisch aus Butylchloriden und Ammoniak gewonnen, **Amylamine** aus Amylchloriden und Ammoniak. Diese Amine finden verschiedenste Anwendung, z. B. als Oxydations- und Korrosionsinhibitoren, als Absorptionsmittel für saure Gase und bei der Fabrikation öllöslicher Seifen. **Höhere normale Amine** werden durch Reduktion der aus Fettsäuren über die Amide erhältlichen Nitrile dargestellt (S. 266).

Quartäre Ammoniumsalze

Das Endprodukt der Reaktion von Ammoniak oder einem Amin mit einem Alkylhalogenid ist ein quartäres Ammoniumsalz (S. 240). Die Eigenschaften dieser Salze sind ganz verschieden von denen der Aminsalze, da der Stickstoff kein Wasserstoffatom mehr trägt. Beim Erhitzen dissoziieren sie nicht in Amin und Säure, und starke Alkalien haben keinen Einfluß auf sie. Schüttelt man eine Lösung eines quartären Ammoniumhalogenids mit Silberhydroxyd, oder läßt man eine Lösung von quartärem Ammoniumhydrogensulfat mit Bariumhydroxyd reagieren, so fällt das unlösliche Silberhalogenid oder Bariumsulfat aus und das quartäre Ammoniumhydroxyd bleibt in Lösung.

$$[R_4N^+]X^- + AgOH \longrightarrow [R_4N^+]OH^- + AgX$$

$$[R_4N^+]SO_4H^- + Ba(OH)_2 \longrightarrow [R_4N^+]OH^- + BaSO_4 + H_2O$$

Die quartäre Ammoniumbase ist in wäßriger Lösung vollständig in ihre Ionen dissoziiert und hat daher in Wasser dieselbe Basizität wie Natrium- oder Kaliumhydroxyd. Zum Beispiel wird Glas von den Lösungen quartärer Ammoniumbasen geätzt wie von Natronlauge. Zersetzt man ein quartäres Ammoniumsalz durch Hitze, dann dissoziiert es in tertiäres Amin und Alkylhalogenid. Mit anderen Worten, die Reaktion, die zur Bildung eines quartären Salzes führt, ist bei hohen Temperaturen umkehrbar.

$$[R_4N^+]X^- \xrightarrow{\text{Wärme}} R_3N + RX$$

Mit einer analogen Reaktion kann die Veresterung sterisch gehinderter Säuren herbeigeführt werden. Die Säure wird in das quartäre Ammoniumsalz übergeführt und dieses durch Hitze zersetzt.

$$[(CH_3)_4N^+][\overline{O}OCCR_3] \longrightarrow (CH_3)_3N + CH_3OCOCR_3$$

Wird Tetramethylammoniumhydroxyd erhitzt, so zerfällt es in Trimethylamin und Methanol.

$$[(CH_3)_4N^+]OH^- \longrightarrow (CH_3)_3N + CH_3OH$$

Ist aber eine Alkylgruppe vorhanden, die ein Olefin bilden kann, so sind die Zerfallsprodukte ein tertiäres Amin, Olefin und Wasser.

$$[(CH_3)_3\overset{+}{N}C_2H_5]OH^- \longrightarrow (CH_3)_3N + C_2H_4 + H_2O$$

Diese Reaktion bietet die Möglichkeit der Einführung der Doppelbindung in komplizierte Verbindungen und der Ringöffnung bei stickstoffhaltigen Heterocyclen (S. 655).

Bei den Zerfallsreaktionen der quartären Verbindungen verdrängt das negative Ion lediglich das Amin aus dem Ammoniumion.

Ist jedoch eine Gruppe anwesend, die ein Olefin bilden kann, dann findet eine Reaktion statt, die der Bildung eines Olefins aus einem Alkylhalogenid analog ist (S. 123). Das Hydroxylion spaltet vom β-Kohlenstoff ein Proton ab unter gleichzeitiger Eliminierung des tertiären Amins.

$$[CH_3CH_2\overset{+}{N}(CH_3)_3] \underset{H_2O}{\overset{[OH^-]}{\rightleftharpoons}} [\bar{C}H_2CH_2 : \overset{+}{N}(CH_3)_3] \longrightarrow CH_2{=}CH_2 + : N(CH_3)_3$$

Die Abspaltung eines Protons wird durch die positive Ladung am Stickstoffatom geradeso erleichtert, wie bei einem Alkylhalogenid durch die elektronenanziehende Wirkung des Halogenatoms.

Charakteristisch für die Zersetzung quartärer Ammoniumbasen ist, daß sich für die Leichtigkeit der Abspaltung von β-Wasserstoff eine Gesetzmäßigkeit feststellen läßt, falls mehr als ein β-Kohlenstoffatom und mehrere Arten von β-ständigem Wasserstoff vorhanden sind: Primärer Wasserstoff wird leichter abgespalten als sekundärer, und dieser leichter als tertiärer *(Hofmannsche Regel)*. Zum Beispiel ergibt die Zersetzung von sek.-Butyltrimethylammoniumhydroxyd viel eher Buten-(1) als Buten-(2).

$$\left[\begin{array}{c} CH_3 \\ | \\ CH_3CH_2\overset{+}{CH}\overset{}{N}(CH_3)_3 \end{array}\right][OH^-] \overset{Wärme}{\longrightarrow} CH_3CH_2CH{=}CH_2 + N(CH_3)_3 + H_2O$$

Die Reihenfolge der Leichtigkeit der Wasserstoffabspaltung ist also hier umgekehrt wie bei der Dehydratisierung von Alkoholen oder der Abspaltung von Halogenwasserstoff aus Alkylhalogeniden, wo sie gemäß der *Saytzeffschen Regel* tertiär > sekundär > > primär ist; trotzdem wird für alle drei Reaktionen ein im grundsätzlichen gleicher Mechanismus angenommen.

Cholinchlorid ist Trimethyl-(2-hydroxyäthyl)-ammoniumchlorid $[(CH_3)_3\overset{+}{N}CH_2CH_2OH]Cl^-$. Das quartäre Ammoniumion, das gewöhnlich als **Cholin** bezeichnet wird, ist ein hochwichtiger Faktor bei biologischen Vorgängen und muß dem tierischen Organismus mit der Nahrung zugeführt werden. Cholin ist 1. unentbehrlich für das Wachstum, 2. beeinflußt es den Fetttransport und den Kohlenhydratstoffwechsel, 3. ist es am Eiweißstoffwechsel beteiligt, und 4. verhindert es eine bestimmte hämorrhagische Nierenerkrankung und die Entwicklung einer Fettleber bei pankreasektomierten Hunden. Es ist ferner im tierischen Organismus eine Vorstufe des Acetylcholin-Ions, $[(CH_3)_3\overset{+}{N}CH_2CH_2OCOCH_3]$, gewöhnlich **Acetylcholin** genannt, dem eine überaus bedeutsame Hormonfunktion zukommt.

Nervenimpulse, die an der Verbindungsstelle zwischen Nervenzellen oder Nervenfasern ankommen, setzen chemische Substanzen frei, die die Übertragung des Impulses auf die nächste Zelle oder Faser ermöglichen. Diese Substanzen sind Acetylcholin oder ein Gemisch von Adrenalin und Noradrenalin, häufig *Sympathin* genannt. Die Wirkung von Acetylcholin ist auf die Stelle beschränkt, wo es freigesetzt wird, denn das Blut und die dem Blutstrom angrenzenden Gewebe enthalten eine Esterase (ein Enzym, das die Esterhydrolyse katalysiert), die Acetylcholin fast augenblicklich in das praktisch unwirksame Cholin überführt. Zu den gefährlichsten bekannten Giftstoffen gehören quartäre Salze, die Acetylcholin an den Nervenenden verdrängen können. Durch Ausschaltung der Wirkung des Acetylcholins führen sie zur totalen Muskelerschlaffung und Lähmung.

Übergroße Aktivität des sympathischen Nervensystems kann zu hohem Blutdruck und nervöser Übererregbarkeit führen. Dieser Zustand kann dadurch gebessert werden, daß man die Funktion der Nervenganglien durch Verabreichung quartärer Ammoniumsalze blockiert. **Tetraäthylammoniumbromid** wurde zuerst zu diesem Zweck verwendet, dann aber durch **Hexamethoniumbromid** *(Hexamethylen-bis-triäthyl-ammoniumbromid)* $[(C_2H_5)_3\overset{+}{N}(CH_2)_6\overset{+}{N}(C_2H_5)_3]$ 2 Br$^-$ ersetzt. **Succinylcholin** $[(CH_3)_3\overset{+}{N}CH_2CH_2OCOCH_2-]_2\,2\,J^-$ kann an Stelle von Curare (S. 687) als unterstützendes Muskelrelaxans bei der Äthernarkose eingesetzt werden.

Quartäre Ammoniumsalze, in denen eine der mit Stickstoff verbundenen Alkylgruppen eine lange Kohlenwasserstoffkette ist, wie Cetyltrimethylammoniumchlorid $[C_{16}H_{33}\overset{+}{N}(CH_3)_3]Cl^-$, haben ähnliche Eigenschaften wie die Seifen und werden als *Invertseifen* oder *kationenaktive Detergentien* bezeichnet; ihre Wirkung beruht nicht wie bei gewöhnlichen Seifen auf einem negativen, sondern auf einem positiven Ion. Viele dieser Invertseifen wirken überdies sehr stark keimtötend.

Es sind viele Versuche angestellt worden, um pentakovalente Stickstoffverbindungen zu erhalten, aber ohne Erfolg. So könnte etwa erwartet werden, daß bei der Reaktion eines quartären Ammoniumsalzes mit einer lithiumorganischen Verbindung (S. 938) das Halogen durch eine organische Gruppe ersetzt wird.

$$[(CH_3)_4N^+]Br^- + RLi \longrightarrow (CH_3)_4NR + LiBr$$

Stattdessen wird ein Proton abgespalten unter Bildung eines inneren Salzes, das als *Ylid* bezeichnet wird. So ergibt Tetramethylammoniumbromid **Trimethylammoniummethylid.**

$$[(CH_3)_3\overset{+}{N}CH_3][Br^-] + RLi \longrightarrow (CH_3)_3\overset{..}{N}\!-\!\overset{+}{C}H_2 + RH + LiBr$$

Die Struktur des Ylids geht aus seiner Reaktion mit Methyljodid hervor, wobei Trimethyläthylammoniumjodid entsteht.

$$(CH_3)_3\overset{..}{N}\!-\!\overset{+}{C}H_2 + CH_3J \longrightarrow [(CH_3)_3\overset{+}{N}CH_2CH_3][J^-]$$

Amide

Die Monoacylderivate von Ammoniak und den primären und sekundären Aminen haben die allgemeinen Formeln $RCONH_2$, $RCONHR$ oder $RCONR_2$ und heißen *Amide*. Diacylderivate von Ammoniak, $(RCO)_2NH$, und primären Aminen, $(RCO)_2NR$, sind ebenfalls bekannt und heißen *Imide*. Mit Ausnahme der cyclischen Imide (S. 583, 841) ist ihre Darstellung gewöhnlich schwieriger, da die erste Acylgruppe die Basizität des Stickstoffs beträchtlich herabsetzt. Die Darstellung von Triacylaminen ist noch schwieriger.

Darstellung

Die meisten Methoden zur Darstellung von Amiden wurden bereits bei den Reaktionen der Säuren und ihrer Derivate besprochen, daher seien sie hier nur kurz zusammengefaßt.

1. Aus Acylhalogeniden und Ammoniak oder Aminen (S. 168, 248).

$$RCOCl + 2\,NH_3 \longrightarrow RCONH_2 + NH_4Cl$$
$$+ 2\,H_2NR \longrightarrow RCONHR + RNH_3Cl$$
$$+ 2\,HNR_2 \longrightarrow RCONR_2 + R_2NH_2Cl$$

Diese Reaktionen laufen bei Raumtemperatur vollständig ab. Pro Mol Acylhalogenid werden zwei Mol Ammoniak oder Amin benötigt wegen der unmerklichen Dissoziation des Aminhalogenids bei der Reaktionstemperatur.

2. Aus Säureanhydriden und Ammoniak oder Aminen (S. 170, 248).

$$(RCO)_2O + 2\,NH_3 \longrightarrow RCONH_2 + RCOONH_4$$
$$+ 2\,H_2NR \longrightarrow RCONHR + RCOONH_3R$$
$$+ 2\,HNR_2 \longrightarrow RCONR_2 + RCOONH_2R_2$$

Obwohl diese Reaktionen, wie schon erwähnt, in Gegenwart eines Ammoniak- oder Aminüberschusses stattfinden, ist es möglich, in Gegenwart eines Überschusses an Anhydrid das gesamte Amin in ein Amid umzuwandeln, da die Ammoniumsalze der Carbonsäuren leicht dissoziieren.

$$RCOONH_3R' \rightleftarrows RCOOH + H_2NR'$$
$$(RCO)_2O + H_2NR' \longrightarrow RCONHR' + RCOOH$$

Auf Grund ihrer größeren Basizität reagieren die Amine mit Acetanhydrid viel schneller als Wasser. Daher können Amine in wäßriger Lösung acetyliert werden.

3. Aus Estern und Ammoniak oder Aminen (S. 179, 248).

$$RCOOR' + NH_3 \longrightarrow RCONH_2 + HOR'$$
$$+ H_2NR \longrightarrow RCONHR + HOR'$$
$$+ HNR_2 \longrightarrow RCONR_2 + HOR'$$

Die Geschwindigkeit der Ammonolyse eines Esters ist wie die Geschwindigkeit der Hydrolyse (S. 178) abhängig von der Zahl der Verzweigungen in den Alkylgruppen des Esters, außerdem aber auch von der Struktur des Amins. Die Reaktion der Ester mit Aminen wird durch Ammoniumchlorid katalysiert.

4. Aus Ammoniumsalzen durch thermische Zersetzung (S. 163).

$$RCOONH_4 \xrightarrow{\text{Wärme}} RCONH_2 + H_2O$$
$$RCOONH_3R \xrightarrow{\text{Wärme}} RCONHR + H_2O$$
$$RCOONH_2R_2 \xrightarrow{\text{Wärme}} RCONR_2 + H_2O$$

Das entstehende Wasser wird bei der Zersetzungstemperatur entfernt, wodurch vollständiger Ablauf der Reaktion erzwungen wird. Man führt die Reaktion gewöhnlich in Gegenwart eines Überschusses von Carbonsäure aus, um die Dissoziation des Salzes möglichst gering zu halten.

$$RCOONH_4 \rightleftarrows RCOOH + NH_3$$

5. Aus anderen Amiden durch Säureaustausch. Werden Amide mit Carbonsäuren erhitzt, so findet eine Austauschreaktion statt, die zu einem Gleichgewichtsgemisch zweier Amide und zweier Säuren führt.

$$RCONH_2 + R'COOH \rightleftarrows RCOOH + R'CONH_2$$

Wenn Harnstoff, das Diamid der Kohlensäure (S. 325), mit einer Carbonsäure erhitzt wird, zersetzt sich die entstandene unbeständige Carbamidsäure, und die Reaktion läuft vollständig ab.

$$CO(NH_2)_2 + RCOOH \rightleftarrows RCONH_2 + [H_2NCOOH] \longrightarrow NH_3 + CO_2$$

6. Weitere Methoden. Amide können weiterhin durch partielle Hydrolyse von Nitrilen (S. 265) und durch Anlagerung von Olefinen an Nitrile (S. 266) dargestellt werden.

Nomenklatur

Die einfachen Amide werden benannt durch Anfügen von *-amid* an den Namen der Säure, dabei wird oft die Endung Säure weggelassen. So ist $CH_3CH_2CONH_2$ Propionsäureamid oder einfach Propionamid und $(CH_3)_2CHCONH_2$ Isobutyramid oder Methylpropionamid. Von Aminen abgeleitete Amide werden als Stickstoffsubstitutionsprodukte aufgefaßt; z. B. heißt $CH_3CONHCH_3$ *N*-Methylacetamid.

Physikalische Eigenschaften

Die meisten Amide, die die $CONH_2$-Gruppe enthalten, sind fest. Formamid schmilzt bei 2°. Die *N*-Alkyl-Substitutionsprodukte der Amide aliphatischer Säuren sind gewöhnlich flüssig. Die Amide sind durch Wasserstoffbrückenbindung assoziiert und haben hohe Siedepunkte. Da sie auch mit hydroxylhaltigen Lösungsmitteln und anderen sauerstoffhaltigen Molekülen Wasserstoffbrücken bilden, sind die Amide der Monocarbonsäuren mit fünf oder weniger Kohlenstoffatomen wasserlöslich. Die flüssigen Amide sind ausgezeichnete Lösungsmittel für andere organische Verbindungen.

Reaktionen

1. Basische und saure Eigenschaften. Im Gegensatz zu Ammoniak und den Aminen bilden die Amide keine in wäßriger Lösung beständigen Salze; d. h. der Ersatz eines Wasserstoffatoms des Ammoniakmoleküls durch eine Acylgruppe führt zu einer Verbindung, die eine schwächere Base ist als Wasser. Dieser Effekt ist also der gleiche wie der, der beim Ersatz eines Wasserstoffatoms in einem Wassermolekül durch eine Acylgruppe eintritt. Die Carbonylgruppe übt eine elektronenanziehende Wirkung aus, die im Fall der Carbonsäuren die Ionisierung des verbleibenden Protons erleichtert, im Fall der Amide die Fähigkeit des Amidstickstoffatoms, sein einsames Elektronenpaar anteilig werden zu lassen, herabsetzt. Sind zwei Wasserstoffatome des Ammoniaks durch Acylgruppen ersetzt, dann ist die Anziehung auf die Elektronen so groß, daß der verbleibende Wasserstoff von starken Basen in wäßriger Lösung als Proton abgespalten wird. Mit anderen Worten, die Imide sind schwache Säuren.

$$(RCO)_2NH + NaOH \longrightarrow (RCO)_2N^{-+}Na + H_2O$$

2. Hydrolyse. Die Hydrolyse von Amiden liefert die Säure und das Amin. Wie die Hydrolyse von Estern wird auch diese Reaktion sowohl von Säuren als auch von Basen katalysiert. Während jedoch bei den Estern nur der basische Katalysator mit einem der Reaktionsprodukte reagiert, reagiert bei der Hydrolyse der Amide sowohl der saure als auch der basische Katalysator mit einem der Produkte, so daß beide Reaktionen vollständig ablaufen.

$$RCONH_2 + NaOH \longrightarrow RCOONa + NH_3$$
$$RCONH_2 + HCl + H_2O \longrightarrow RCOOH + NH_4Cl$$

Der Mechanismus der säurekatalysierten Hydrolyse von Amiden scheint sich von dem der Ester (S. 179) insofern zu unterscheiden, als während der Hydrolyse kein Sauerstoffaustausch mit dem Wasser stattfindet. Es wird angenommen, daß der Ammoniak aus dem Amid, an das sich ein Proton angelagert hat, direkt verdrängt wird.

$$RC(=O)-NH_2 \underset{[B^-]}{\overset{HB}{\rightleftharpoons}} \left[R-C(=O)-\overset{+}{N}H_2(\cdot\cdot)(H)\right] \underset{NH_3}{\overset{H_2O}{\rightleftharpoons}} \left[R-C(=O)-\overset{+}{O}H_2\right] \overset{NH_3}{\longrightarrow} R-C(=O)-OH + [\overset{+}{N}H_4]$$

Ein Einwand gegen diese Auffassung ist, daß eigentlich eher zu erwarten wäre, daß sich das Proton an das Sauerstoffatom des Amids anlagert, nicht an den Stickstoff (S. 327).

Der Austausch von Sauerstoff bei der basischen Hydrolyse weist darauf hin, daß der Mechanismus dem der basischen Hydrolyse der Ester analog ist.

$$R-\overset{\displaystyle O}{\overset{\|}{C}}-NH_2 \;\underset{\longleftarrow}{\overset{[OH^-]}{\longrightarrow}}\; \left[R-\overset{\displaystyle O^-}{\underset{\displaystyle OH}{\overset{|}{\underset{|}{C}}}}-NH_2\right] \;\underset{[OH^-]}{\overset{H_2O}{\rightleftharpoons}}\; \left[R-\overset{\displaystyle OH}{\underset{\displaystyle OH}{\overset{|}{\underset{|}{C}}}}-NH_2\right] \;\longrightarrow\; R-\overset{\displaystyle O}{\underset{\displaystyle OH}{\overset{\|}{\underset{|}{C}}}} + NH_3$$

Die Säure reagiert irreversibel mit dem Hydroxylion unter Bildung des Salzes.

$$RCOOH + [OH^-] \longrightarrow [RCOO^-] + H_2O$$

3. Dehydratisierung. Die Destillation eines Gemisches von unsubstituiertem Amid und einem stark dehydratisierenden Agens führt zu einem Alkylcyanid (S. 261).

$$RCONH_2 + P_2O_5 \longrightarrow RC\equiv N + 2\,HPO_3$$
$$RCONH_2 + SOCl_2 \longrightarrow RC\equiv N + SO_2 + 2\,HCl$$

4. Reaktion mit salpetriger Säure oder Distickstofftetroxyd. Wie primäre Amine reagieren unsubstituierte Amide mit salpetriger Säure in wäßriger Lösung unter Entwicklung von Stickstoff.

$$RCONH_2 + HONO \longrightarrow RCOOH + N_2 + H_2O$$

Mono-N-substituierte Amide liefern Nitrosoderivate.

$$RCONHR + HONO \longrightarrow \underset{\displaystyle NO}{RCON\overset{|}{R}} + H_2O$$

Diese Reaktion verläuft langsam und findet nur dann statt, wenn die N-Alkylgruppe primär ist. Distickstofftetroxyd N_2O_4 reagiert selbst bei 0° sehr schnell, wobei die N-Alkylgruppe ebensogut sekundär wie primär sein kann. Es wird Natriumacetat zugefügt, damit die entstehende Salpetersäure entfernt und die Reaktion im gegenläufigen Sinn verhindert wird.

$$RCONHR + N_2O_4 \;\rightleftharpoons\; \underset{\displaystyle NO}{RCON\overset{|}{R}} + HNO_3$$
$$HNO_3 + NaOCOCH_3 \longrightarrow NaNO_3 + CH_3COOH$$

N-Alkyl-N-nitroso-amide zersetzen sich beim Erhitzen und liefern dabei hauptsächlich den Ester und Stickstoff.

$$\underset{\displaystyle NO}{RCON\overset{|}{R'}} \;\overset{W\ddot{a}rme}{\longrightarrow}\; RCOOR' + N_2$$

Da der Ester zum Alkohol hydrolysiert werden kann, eröffnet diese Reaktion einen Weg zur Umwandlung eines primären Amins $R'NH_2$ in den entsprechenden Alkohol $R'OH$.

5. Hofmannscher Abbau. Eine der Methoden zur Darstellung reiner primärer Amine ist die Reaktion der Amide mit einer alkalischen Lösung von Natriumhypochlorit oder Natriumhypobromit (S. 242).

$$RCONH_2 + NaOX + 2\,NaOH \longrightarrow RNH_2 + Na_2CO_3 + NaX + H_2O$$

In Wirklichkeit verläuft die Reaktion über mehrere Stufen, nämlich Halogenierung des Amids, Abspaltung von Halogenwasserstoffsäure unter gleichzeitiger Umlagerung zum Isocyanat (S. 332) und Hydrolyse des Isocyanats zu Amin und Kohlensäure.

$$RCONH_2 + NaOX \longrightarrow RCONHX + NaOH$$

$$RCONHX + NaOH \longrightarrow R\!-\!N\!=\!C\!=\!O + NaX + H_2O$$
ein Isocyanat

$$R\!-\!N\!=\!C\!=\!O + 2\,NaOH \longrightarrow RNH_2 + Na_2CO_3$$

Diese Reaktionsfolge kann trotz ihrer Kompliziertheit in einer einzigen Operation durchgeführt werden, indem Halogen zu einem Gemisch von Amid und Alkali gegeben wird. Die Reaktion ist wichtig nicht nur zur Darstellung primärer Amine, sondern auch als allgemein anwendbare Methode zur Abspaltung eines Kohlenstoffatoms von einer Kohlenstoffkette. Eine Einschränkung, die für die Reaktion als präparatives Verfahren zur Darstellung von primären Aminen gilt, wurde auf S. 242 behandelt.

6. Reaktion mit Grignard-Verbindungen. Amide, die Wasserstoff am Stickstoff haben, reagieren mit Grignard-Verbindungen unter Bildung des Kohlenwasserstoffs, dagegen lagern N,N-Dialkylamide das Reagens an die Carbonylgruppe an. Hydrolyse des Additionsproduktes ergibt einen Aldehydammoniak, der unter Verlust von Dialkylamin in einen Aldehyd oder ein Keton übergeht.

$$RMgX + \underset{\displaystyle O}{\overset{\|}{HC}}N(CH_3)_2 \longrightarrow \underset{\displaystyle OMgX}{\overset{|}{RCH}}N(CH_3)_2 \xrightarrow{2HX} RCHO + (CH_3)_2NH_2Cl + MgX_2$$

$$RMgX + \underset{\displaystyle O}{\overset{\|}{R'C}}N(CH_3)_2 \longrightarrow R\!-\!\underset{R'\ \ OMgX}{CN}(CH_3)_2 \xrightarrow{2HX} RCOR' + (CH_3)_2NH_2Cl + MgX_2$$

Die meisten einfachen aliphatischen Amide sind von geringer technischer Bedeutung. **N.N-Dimethylformamid** und **N.N-Dimethylacetamid** dienen als Lösungsmittel beim Verspinnen von Polyacrylfasern (S. 832). Im Laboratorium werden Amide als Derivate zur Identifizierung von Carbonsäuren, Estern, Säurehalogeniden und Nitrilen gebraucht; ihre Eignung zu diesem Zweck beruht darauf, daß viele Amide feste Stoffe sind, die leicht kristallisieren und charakteristische Schmelzpunkte zeigen. Unter den Diamiden sind Harnstoff und seine Derivate die wichtigsten.

Imidoester und Amidine

Während der Basizitätsunterschied zwischen Sauerstoff und Stickstoff das Entstehen merklicher Mengen der tautomeren Form $RC\!-\!OH$ nicht zuläßt, sind

$\overset{\|}{NH}$

die entsprechenden O-Alkylderivate $RC\!-\!OR$ bekannt; sie werden als **Imidoester,**

$\overset{\|}{NH}$

oft auch weniger korrekt als *Iminoester* oder *Iminoäther* bezeichnet. Sie werden leicht erhalten durch Einleiten von trocknem Chlorwasserstoff in ein Gemisch eines

17*

Alkylcyanids und eines Alkohols in ätherischer Lösung; es fällt dann das Hydrochlorid des Imidoesters aus.

$$RC{\equiv}N + HOR' + HCl \longrightarrow \left[\underset{RC-OR'}{\overset{{}^{+}NH_2}{\|}} \right] Cl^-$$

Beim Neutralisieren des Hydrochlorids mit Natriumcarbonat in Gegenwart von Äther bildet sich der freie Imidoester, der sich im Äther löst.

$$\left[\underset{RC-OR'}{\overset{{}^{+}NH_2}{\|}} \right] Cl^- + Na_2CO_3 \longrightarrow \underset{RC-OR'}{\overset{NH}{\|}} + NaCl + NaHCO_3$$

Durch Zugabe von Wasser wird das Imidoester-hydrochlorid zu einem Ester hydrolysiert.

$$\left[\underset{RC-OR'}{\overset{{}^{+}NH_2}{\|}} \right] [Cl^-] + H_2O \longrightarrow \underset{RC-OR'}{\overset{O}{\|}} + NH_4Cl$$

Wird das Hydrochlorid mit einem Überschuß von Alkohol erwärmt, so entsteht ein Orthoester (S. 183).

$$\left[\underset{RC-OR'}{\overset{{}^{+}NH_2}{\|}} \right] [Cl^-] + 2\,HOR' \longrightarrow \underset{\underset{OR'}{|}}{\overset{\overset{OR'}{|}}{RC-OR'}} + NH_4Cl$$

Die Reaktion eines Imidoesters mit Ammoniak liefert ein **Amidin**.

$$\underset{RC-OR'}{\overset{NH}{\|}} + NH_3 \longrightarrow \underset{RC-NH_2}{\overset{NH}{\|}} + HOR'$$

Die Hydrochloride der Amidine werden durch Erhitzen von Alkylcyaniden mit Ammoniumchlorid erhalten.

$$RC{\equiv}N + NH_4Cl \longrightarrow \left[\underset{RC-NH_2}{\overset{{}^{+}NH_2}{\|}} \right] [Cl^-]$$

Im Gegensatz zu den Amiden, die sehr schwache Basen sind (K_B = etwa 10^{-15}) (S. 257), sind die Amidine starke Basen mit einer Dissoziationskonstante von etwa 10^{-2}. Die große Stabilität des Salzes erklärt sich durch seine hohe Resonanzenergie, denn die beteiligten Resonanzstrukturen sind identisch.

$$\left\{ \underset{RC-NH_2}{\overset{{}^{+}NH_2}{\|}} \longleftrightarrow \underset{RC=\overset{+}{N}H_2}{\overset{NH_2}{|}} \right\}$$

Bei den Amiden trägt die Resonanz sehr wenig zur Stabilität des Kations bei, da die möglichen Strukturen nicht identisch sind.

$$\left\{ \underset{RC-NH_2}{\overset{{}^{+}OH}{\|}} \longleftrightarrow \underset{RC=\overset{+}{N}H_2}{\overset{OH}{|}} \right\}$$

Ein etwaiger Resonanzeffekt wird weit überwogen durch den induktiven Effekt des Sauerstoffatoms (S. 159). Weder in den Amiden noch in den Amidinen zeigt ein Proton die geringste Tendenz, an eine NH_2-Gruppe zu gehen, da die Resonanz der Amid- oder Amidingruppe zerstört würde, ohne daß ein stabileres Ion entstünde (S. 327).

Alkylcyanide (Nitrile)

Nomenklatur

Die Alkylcyanide $RC\equiv N$ sind einerseits Alkylierungsprodukte der Blausäure, zum anderen Derivate der Carbonsäuren. Diese Doppelnatur kommt in der Nomenklatur zum Ausdruck: Methylcyanid ist nicht nur das Methylderivat der Blausäure, sondern auch das Nitril der Essigsäure und führt als solches den Namen Acetonitril. Analog werden die Namen Äthylcyanid und Propionitril, Propylcyanid und Buttersäurenitril oder Butyronitril nebeneinander gebraucht. Die Alkylcyanide enthalten ein Kohlenstoffatom mehr in ununterbrochener Kette, als der Name des Alkylrestes angibt! Nach der Genfer Nomenklatur bestimmt die längste Kette, die die Nitrilgruppe als Endgruppe trägt, den Namensstamm. $CH_3(CH_2)_{11}CN$ wäre danach als Tridecannitril zu bezeichnen. Soll die $N\equiv C$-Gruppe als Substituent genannt werden, so wird das Präfix *Cyan-* verwandt; z. B. $N\equiv CCH_2COOH$ Cyanessigsäure.

Darstellung

Die üblichen Darstellungsverfahren wurden im Zusammenhang mit den Reaktionen der Alkylhalogenide, Amide und Aldoxime schon erwähnt.

1. Aus Alkylhalogeniden (oder -sulfaten) und Natriumcyanid.

$$RX + NaCN \longrightarrow RCN + NaX$$

$$R_2SO_4 + NaCN \longrightarrow RCN + ROSO_3Na$$

$$ROSO_3Na + NaCN \longrightarrow RCN + Na_2SO_4$$

Die Reaktionen werden in alkoholischer oder wäßrig-alkoholischer Lösung ausgeführt. Tertiäre Alkylcyanide lassen sich nicht auf diese Weise darstellen, weil tertiäre Alkylhalogenide Halogenwasserstoff abspalten unter Bildung von Olefin, Natriumhalogenid und Blausäure. Sie werden aber erhalten durch Umsetzen des Halogenids mit Quecksilber(II)-cyanid, durch Alkylierung primärer oder sekundärer Alkylcyanide (S. 266) oder durch Anlagerung von Cyanwasserstoff an Olefine (S. 262).

Bei der Reaktion von Alkylhalogeniden mit Natriumcyanid entsteht auch eine geringe Menge Isocyanid $R\overset{+}{N}\equiv\overset{-}{C}$ (S. 268). Das reaktionsfähige Agens ist das Cyanidion $(:C\equiv N:)^-$, das sowohl am Kohlenstoff als auch am Stickstoff unanteilige Elektronen hat. Wenn es daher das Halogenion aus dem Alkylhalogenid verdrängt, kann entweder das Kohlenstoffatom oder das Stickstoffatom eine Bindung mit der Alkylgruppe eingehen. Im zweiten Fall führt die Reaktion zur Bildung von Isocyanid (vgl. S. 271).

$$(:C\equiv N:)^- + R:\overset{\cdot\cdot}{\underset{\cdot\cdot}{X}}: \longrightarrow :C\equiv N:R + :\overset{\cdot\cdot}{\underset{\cdot\cdot}{X}}:^-$$

Das Isocyanid kann auf Grund seiner leichteren Hydrolysierbarkeit aus dem Reaktionsgemisch entfernt werden.

2. Dehydratisierung von Amiden. Amide werden beim Erhitzen mit wasserentziehenden Mitteln in Nitrile umgewandelt. Das übliche Reagens ist Phosphorpentoxyd oder Thionylchlorid.

$$RCONH_2 + P_2O_5 \overset{\text{Wärme}}{\longrightarrow} RCN + 2\,HPO_3$$

$$RCONH_2 + SOCl_2 \overset{\text{Wärme}}{\longrightarrow} RCN + SO_2 + 2\,HCl$$

Wird Phosphorpentoxyd verwendet, dann destilliert man das Nitril aus dem Reaktionsgemisch heraus. Verwendet man Thionylchlorid, dann erhitzt man das Gemisch unter Rückfluß, und es entweichen Schwefeldioxyd und Chlorwasserstoff. Ein anderer Weg zur Dehydratisierung der Amide ist das Überleiten ihrer Dämpfe über einen Katalysator wie Borphosphat (S. 843) bei 350° oder Aluminiumoxyd bei 425°. Schließlich können die höheren Carbonsäuren oder ihre Amide durch Erhitzen im Ammoniakstrom auf 300° quantitativ in die Nitrile übergeführt werden; das entstehende Wasser wird kontinuierlich entfernt.

3. Dehydratisierung von Aldoximen. Die Abspaltung der Elemente des Wassers aus einem Aldoxim wird gewöhnlich mit Acetanhydrid bewirkt.

$$RCH{=}NOH + (CH_3CO)_2O \xrightarrow{\text{Wärme}} RC{\equiv}N + 2\,CH_3COOH$$

Auch andere wasserentziehende Mittel wie Phosphorpentoxyd, Phosphorpentachlorid oder Phosphoroxychlorid sind verwendbar.

4. Anlagerung von Cyanwasserstoff an Olefine. Cyanwasserstoff wird in der Gasphase bei 350° in Gegenwart von aktiviertem Aluminiumoxyd oder in homogener Phase bei 130° in Gegenwart von Dicobaltoctacarbonyl (S. 954) an Olefine angelagert. Aus Isobutylen wird so tert.-Butylcyanid *(Pivalonitril)* erhalten.

$$RCH{=}CH_2 + HCN \longrightarrow \underset{\underset{CH_3}{|}}{RCHCN}$$

Die besten Ausbeuten geben Olefine mit endständiger Doppelbindung.

Physikalische Eigenschaften

Nitrile haben abnormal hohe Siedepunkte. Äthylcyanid mit dem Molekulargewicht 55 siedet bei 97°, während Trimethylamin mit dem Molekulargewicht 59 bei $+4°$ siedet.

Da bei den Nitrilen nicht die Möglichkeit zur Ausbildung von Wasserstoffbrückenbindungen gegeben ist, sind ihre abnormal hohen Siedepunkte wohl auf das große Dipolmoment der Moleküle zurückzuführen. In Tab. 15 ist eine Gruppe

Tabelle 15. *Siedepunkte und Dipolmomente*

Substanz	Formel	Mol.-Gew.	Kp	μ	μ^2
n-Butan	$CH_3(CH_2)_2CH_3$	58	0,6	0	0
Trimethylamin	$(CH_3)_3N$	59	3,8	0,6	0,4
Methyläthyläther	$CH_3OC_2H_5$	60	6,4	1,2	1,4
Aceton	CH_3COCH_3	58	56,5	2,8	7,8
Äthylisocyanid	$C_2H_5N{\equiv}C$	55	78,0	2,9	8,4
Äthylcyanid	$C_2H_5C{\equiv}N$	55	97,0	3,3	10,9

von Verbindungen annähernd gleichen Molekulargewichts zusammengestellt, die keine Wasserstoffbrücken bilden können. In diesen Fällen ist anzunehmen, daß das verschiedene Siedeverhalten hauptsächlich auf unterschiedlicher Dipolassoziation beruht. Die Siedepunkte steigen mit wachsendem Dipolmoment. Die Gesetzmäßigkeit dieses Zusammenhangs wird im Diagramm noch deutlicher. Abb. 46 zeigt, daß die Siedepunkte nicht direkt proportional mit den Dipolmomenten ansteigen, sondern schneller. Dies ist auch nicht zu erwarten, denn da die Anziehung zwischen zwei Molekülen auftritt, ist die wirkende Kraft nicht dem Dipolmoment eines einzigen Moleküls proportional, sondern dem Produkt aus den Dipolmomenten zweier Moleküle. In Abb. 47, wo das Quadrat der Dipolmomente gegen die Siedepunkte aufgetragen ist, ergibt sich denn auch eine annähernd gerade Linie, trotz zahlreicher untergeordneter Faktoren, denen eine gewisse Wirkung zukommt.

Nitrile sind schwerer löslich in Wasser als Amine mit derselben Kohlenstoffzahl. Cyanwasserstoff und Acetonitril sind mit Wasser mischbar, Propionitril ist ziemlich leicht löslich, die höheren Nitrile nur schwer. Die geringere Tendenz zur Ausbildung von Wasserstoffbrücken zum Wasser kann der verminderten Basizität des Stickstoffatoms zugeschrieben werden (geringere Neigung, das einsame Elektronenpaar anteilig werden zu lassen). Die Nitrile lösen sich nicht in verdünnten Säuren, weil sie zu schwach basisch sind, als daß sie Salze bilden könnten.

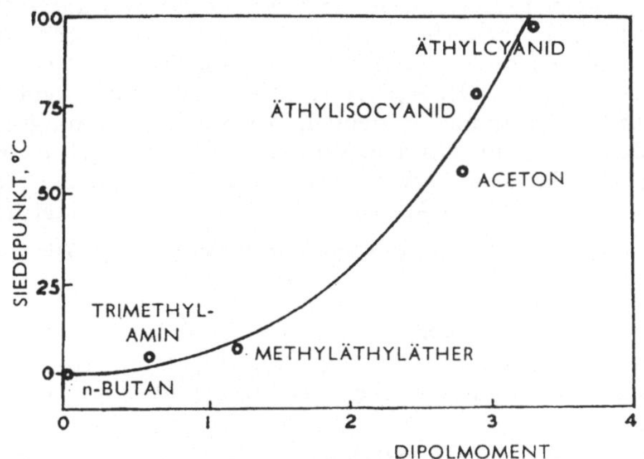

Abb. 46. Abhängigkeit des Siedepunkts vom Dipolmoment bei Molekülen ohne Wasserstoffbrückenbindung

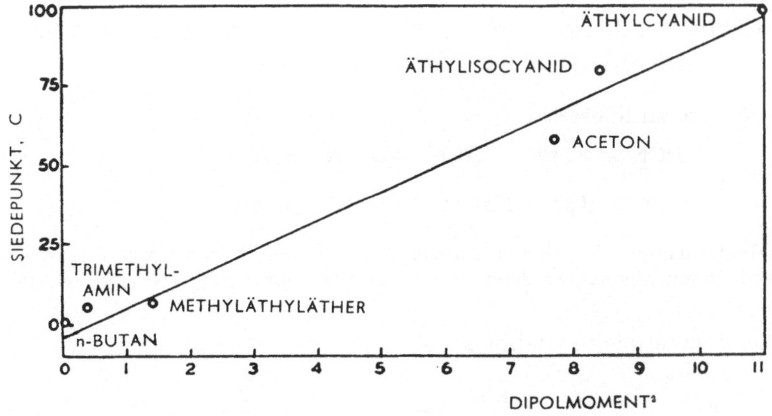

Abb. 47. Abhängigkeit der Siedepunkte vom Quadrat des Dipolmoments

Die Feststellung, daß die Alkylcyanide schwächere Basen sind als die Amine, kann noch auf andere Weise ausgedrückt werden: Die korrespondierende Säure des Nitrils $RC\equiv\overset{+}{N} : H$ ist eine stärkere Säure als die korrespondierende Säure des Amins $R_3\overset{+}{N} : H$. Dieses Verhalten erinnert sofort an die stärkere Acidität des Acetylens im Vergleich zu der des Äthans (S. 138). Kämen ausschließlich induktive Effekte in Betracht, dann würde die Anhäufung von Elektronen zwischen zwei Atomen erwarten lassen, daß in der Umgebung der Atome Elektronen leicht verfügbar sind und damit die Tendenz zur

Abspaltung eines Protons verringert, die Tendenz, ein Elektronenpaar anteilig werden zu lassen, aber verstärkt wird. Bei den Cyaniden wie bei Acetylen trifft jedoch die erhöhte Acidität zusammen mit einer Änderung der Bindungsart von sp^3—s in sp—s (S. 134); d. h. beim Aminsalz wird die Stickstoff-Wasserstoff-Bindung durch Überlagerung eines sp^3-orbital vom Stickstoff mit einem s-orbital vom Wasserstoff gebildet, während beim Nitrilsalz an der Überlappung ein sp-orbital und ein s-orbital beteiligt sind. Ferner: Ebenso wie die Äthylene stärker sauren Charakter haben als die Äthane, sind die Iminoverbindungen RCH=NR schwächer basisch als die entsprechenden sekundären Amine RCH₂NHR und die Oxime RCH=NOH schwächer basisch als die Hydroxylamine RCH₂NHOH. Die Zunahme der Acidität bzw. Abnahme der Basizität fällt hier zusammen mit einem Wechsel der Bindungsart von sp^2—s zu sp—s. Daß der Effekt nicht nur auf dem Vorliegen einer Doppel- oder Dreifachbindung beruht, geht aus der Tatsache hervor, daß sich die Basizität der Ketone R₂C=O nicht wesentlich von der sekundärer Alkohole R₂CHOH unterscheidet. In beiden Fällen, bei R₂C=O : H und R₂CHO⁺ : H sind die Sauerstoff-Wasserstoff-Bindungen vom p—s-Typ. Quantenmechanische Berechnungen zeigen, daß bei dreifachgebundenen Atomen ein viertes Elektronenpaar in der Umgebung des Atoms lokalisiert und daher für die Bildung kovalenter Bindungen nicht leicht verfügbar ist (S. 138).

Physiologische Wirkung

Reine Alkylcyanide haben einen angenehmen Geruch und sind nur schwach giftig. Gewöhnlich sind sie jedoch mit den unangenehm riechenden, stark giftigen Isocyaniden verunreinigt. α-Hydroxy- und α-Aminonitrile sind giftig, wahrscheinlich deswegen, weil sie leicht Cyanwasserstoff abgeben.

Reaktionen

Die wichtigeren Reaktionen der Alkylcyanide sind schon als Darstellungsmethoden für andere Verbindungen behandelt worden.

1. Hydrolyse zu Säuren.

$$\text{RCN} + 2\,\text{H}_2\text{O} + \text{HCl} \longrightarrow \text{RCOOH} + \text{NH}_4\text{Cl}$$

$$\text{RCN} + \text{H}_2\text{O} + \text{NaOH} \longrightarrow \text{RCOONa} + \text{NH}_3$$

Die Mechanismen der durch Säuren oder Basen katalysierten Hydrolyse der Nitrile sind denen der sauren oder basischen Esterverseifung (S. 179) zweifellos sehr ähnlich.

Durch Säuren katalysierte Hydrolyse:

$$\text{RC}\equiv\text{N} \underset{[:B^-]}{\overset{HB}{\rightleftharpoons}} [\text{RC}\equiv\overset{+}{\text{N}}\text{H}] \overset{\text{HÖH}}{\rightleftharpoons} \left[\begin{array}{c} \text{R--C=NH} \\ \overset{+}{:}\text{O}:\text{H} \\ \text{H} \end{array}\right] \underset{HB}{\overset{[:B^-]}{\rightleftharpoons}} \left[\begin{array}{c} \text{R--C=NH} \\ :\text{OH} \end{array}\right] \underset{[:B^-]}{\overset{HB}{\rightleftharpoons}}$$

$$\left\{\begin{array}{c} \text{H} \\ \text{R--C=N}:\text{H} \\ \overset{+}{:}\text{OH} \end{array} \longleftrightarrow \begin{array}{c} \text{H} \\ \text{R--C--N}:\text{H} \\ {}^+\text{OH} \end{array}\right\} \underset{HB}{\overset{[:B^-]}{\rightleftharpoons}} \begin{array}{c} \text{R--C--NH}_2 \\ \| \\ \text{O} \end{array}$$

Durch Basen katalysierte Hydrolyse:

$$RC{\equiv}N \xrightleftharpoons{[:\ddot{O}H^-]} \left[\begin{matrix} R{-}C{=}\ddot{N}: \\ :\ddot{O}H \end{matrix}\right]^- \xrightleftharpoons[{[OH^-]}]{HOH} \left[\begin{matrix} R{-}C{=}NH \\ :\ddot{O}H \end{matrix}\right] \xrightleftharpoons[HOH]{[OH^-]}$$

$$\left\{\begin{matrix} RC{=}NH \\ :\ddot{O}:^- \end{matrix} \leftrightarrow \begin{matrix} R{-}C{-}NH^- \\ \| \\ :\ddot{O}: \end{matrix}\right\} \xrightleftharpoons[{[OH^-]}]{HOH} \begin{matrix} R{-}C{-}NH_2 \\ \| \\ O \end{matrix}$$

Der Mechanismus der Hydrolyse der intermediär entstehenden Amide ist auf S. 257 behandelt. Die Geschwindigkeit, mit der die Amide hydrolysiert werden, ist gewöhnlich so viel größer als die Geschwindigkeit ihrer Bildung aus den Nitrilen, daß es nicht gelingt, die Amide unter den üblichen Bedingungen der Hydrolyse als Zwischenprodukte zu isolieren. Zum Beispiel wird Formamid 14000 mal schneller hydrolysiert, als es sich aus Blausäure bildet. Ausnahmen sind die tertiären Alkylcyanide, deren Hydrolyse auf der Amidstufe stehen bleibt. Amide aus anderen Alkylcyaniden können isoliert werden, wenn man die Alkylcyanide mit einem Mol Wasser ohne Katalysator auf 200° erhitzt oder indem man mit alkalischem Wasserstoffperoxyd hydrolysiert.

Eine Besonderheit der säurekatalysierten Hydrolyse ist von Interesse. Bei geringen Konzentrationen zeigen alle starken Säuren gleiche Wirksamkeit als Katalysator, denn die Reaktionsgeschwindigkeit wird von der Hydroniumionkonzentration bestimmt. Bei hohen Konzentrationen hat jedoch Bromwasserstoff nur ein Zehntel der Wirksamkeit von Chlorwasserstoff, und Schwefelsäure ist ein sehr schlechter Katalysator. Also muß auch das Säureanion neben dem Proton eine Rolle spielen, und der angegebene Mechanismus gilt wahrscheinlich nur bei geringen Säurekonzentrationen.

2. Hydrolyse zu Amiden. Nitrile werden von alkalischem Wasserstoffperoxyd mit ausgezeichneter Ausbeute in Amide umgewandelt.

$$RCN + H_2O_2 \xrightarrow{NaOH} RCONH_2 + \tfrac{1}{2} O_2$$

Das wirksame Reagens ist bei dieser Reaktion das Hydroperoxydion. Als Reaktionsstufen werden folgende angenommen:

$$H_2O_2 \xrightleftharpoons[H_2O]{[OH^-]} [HO_2^-] \xrightarrow{RC{\equiv}N} \begin{matrix} RC{=}N^- \\ | \\ O{-}OH \end{matrix} \xrightleftharpoons[{[OH^-]}]{H_2O} \begin{matrix} RC{=}NH \\ | \\ O{-}OH \end{matrix}$$

$$\begin{matrix} RC{=}NH \\ | \\ O{-}OH \end{matrix} + H{-}O{-}O{-}H \longrightarrow \begin{matrix} RC{-}NH_2 \\ \| \\ O \end{matrix} + O_2 + [H^+] + [OH^-]$$

Tertiäre Alkylcyanide können durch Kochen mit 80%iger Schwefelsäure leicht zu Amiden hydrolysiert werden, da die weitere Hydrolyse zur Säure wegen sterischer Hinderung ausbleibt.

$$R_3CCN + H_2O \xrightarrow[\text{Wärme}]{80\%\text{ige } H_2SO_4} R_3CCONH_2$$

3. Alkoholyse zu Estern. Die Umwandlung der Nitrile in Ester erfordert nicht die Darstellung der freien Säure. Wird das Nitril mit absolutem Alkohol und wasserfreier Säure unter Rückfluß gekocht, so bildet sich das Salz des Imidoesters (S. 260). Bei Zugabe von Wasser entsteht der Ester.

$$RC{\equiv}N + CH_3OH + HCl \longrightarrow \left[\begin{matrix} {}^+NH_2 \\ \| \\ RC{-}OCH_3 \end{matrix}\right][Cl^-] \xrightarrow{H_2O} \begin{matrix} O \\ \| \\ RC{-}OCH_3 \end{matrix} + NH_4Cl$$

Imidoester-
hydrochlorid

Enthält der Alkohol oder die Säure etwas Wasser, dann wird der Ester direkt erhalten.

4. Reduktion zu primären Aminen. Nitrile können zu primären Aminen auf die gleiche Weise reduziert werden wie Ester zu Alkoholen, nämlich durch Zufügen von metallischem Natrium zu einer unter Rückfluß kochenden Lösung des Nitrils in absolutem Äthanol.

$$RC{\equiv}N + 4\,Na + 4\,C_2H_5OH \longrightarrow RCH_2NH_2 + 4\,NaOC_2H_5$$

Die katalytische Reduktion gibt ein Gemisch primärer, sekundärer und tertiärer Amine, aber in Gegenwart eines Überschusses von Ammoniak führt die Reaktion zu guten Ausbeuten an primären Aminen (S. 241).

$$RC{\equiv}N + 2\,H_2 \xrightarrow[\;(+\,NH_3)\;]{\text{Raney-Ni}} RCH_2NH_2$$

5. Alkylierung. Primäre und sekundäre Nitrile werden beim Erhitzen mit einem Alkylhalogenid in Gegenwart von feinverteiltem Natriumamid leicht alkyliert.

$$RCH_2CN + R'X + NaNH_2 \longrightarrow \underset{\overset{|}{R'}}{RCHCN} + NaX + NH_3$$

$$R_2CHCN + R'X + NaNH_2 \longrightarrow \underset{\overset{|}{R'}}{R_2CCN} + NaX + NH_3$$

Diese Reaktion ist die beste allgemeine Methode zur Darstellung von tertiären Alkylcyaniden.

6. Anlagerung von Olefinen. Dialkyläthylene lagern sich in Eisessig-Lösung bei Gegenwart von Schwefelsäure an Nitrile an. Zufügen von Wasser liefert das N-tert.-Alkylamid.

$$R_2C{=}CH_2 + R'C{\equiv}N + H_2SO_4 \longrightarrow \underset{\overset{|}{CH_3}\quad\overset{|}{OSO_3H}}{R_2C{-}N{=}CR'} \xrightarrow[H_2SO_4]{H_2O}$$

$$\left[\underset{\overset{|}{CH_3}\quad\overset{|}{OH}}{R_2C{-}N{=}CR'}\right] \longrightarrow \underset{\overset{|}{CH_3}\;\overset{\|}{O}}{R_2CNHC{-}R'}$$

An Stelle von Olefinen können sekundäre oder tertiäre Alkohole für die Reaktion verwendet werden.

Die Reaktionsprodukte, die sich von den Alkylcyaniden ableiten, werden in alkalischer Lösung nur schwer hydrolysiert; durch saure Hydrolyse wird das Olefin regeneriert.

$$\underset{\overset{|}{CH_3}\;\overset{\|}{O}}{R_2CNHC{-}R'} + HCl \longrightarrow R_2C{=}CH_2 + NH_4Cl + HOOCR'$$

Die von Blausäure abgeleiteten Formamide werden dagegen von Basen hydrolysiert; damit ist ein brauchbarer Weg zur Synthese von tert.-Alkylaminen gegeben. Isobutylen z. B. ergibt N-tert.-Butylformamid, das zu tert.-Butylamin hydrolysiert werden kann.

Verwendung

Nitrile sind gute Lösungsmittel, haben aber mit Ausnahme von Blausäure und Acrylnitril (S. 831) keine größere technische Bedeutung. Im Laboratorium sind sie jedoch wichtige Zwischenprodukte bei der Synthese von Säuren, Estern, Amiden und Aminen.

Das technisch wichtigste Glied der Reihe ist **Cyanwasserstoff (Cyanwasserstoff-säure, Blausäure).** Er wurde aus Naturstoffen isoliert, obwohl er in Pflanzen nicht frei vorkommt. Er bildet sich bei der Hydrolyse *cyanhaltiger Glykoside*, die weit verbreitet sind. Das bekannteste von diesen ist **Amygdalin,** der bittere Bestandteil der Kerne des Steinobstes; es findet sich in hoher Konzentration in der bitteren Mandel. Bei der Hydrolyse gibt Amygdalin Cyanwasserstoff, Glucose und Benz-aldehyd (S. 567). Die cyanhaltigen Glykoside sind giftig und müssen vor Ver-wendung der betreffenden Pflanze zur Ernährung entfernt werden, wie z. B. das Glykosid des Maniokstrauches bei der Herstellung von Tapioca. Beim Abfressen von Pflanzen, die cyanhaltige Glykoside enthalten, kann Vieh vergiftet werden.

Das gewöhnliche Ausgangsmaterial für Blausäure ist **Natriumcyanid,** das durch Einleiten von wasserfreiem Ammoniak in ein Gemisch aus Natrium und Holzkohle in eisernen Gefäßen bei 800° gewonnen wird. Der Ammoniak gibt mit dem Natrium Natriumamid, das bei 800° mit dem Kohlenstoff unter Bildung von Natrium-cyanid reagiert. Das Produkt wird als Flüssigkeit abgezogen und in eiförmige Klumpen gegossen oder in dünnen Schichten auf einer Umlauftrommel abgekühlt, abgeschabt und in Stücke gebrochen.

$$Na + NH_3 \longrightarrow NaNH_2 + \tfrac{1}{2} H_2$$

$$NaNH_2 + C \overset{800°}{\longrightarrow} NaCN + H_2$$

Der Wasserstoff kann aufgefangen und zur erneuten Synthese von Ammoniak verwendet werden. Blausäure ist eine schwache Säure, die beim Zufügen von Mineralsäuren aus ihren Salzen freigesetzt wird.

Natriumcyanid kann auch durch Schmelzen von Calciumcyanamid (aus Calciumcarbid, S. 336) mit Natriumchlorid und Kohlenstoff dargestellt werden.

$$CaNCN + C + 2\,NaCl \longrightarrow CaCl_2 + 2\,NaCN$$

Ein Verfahren zur Synthese von Blausäure aus Ammoniak und Kohlen-monoxyd, das den Verbrauch elektrischer Energie, die zur Herstellung von metallischem Natrium erforderlich ist, umgeht, wurde während des zweiten Weltkriegs in Deutschland entwickelt. Die Reaktion von Kohlenmonoxyd mit wasserfreiem Methanol unter hohem Druck in Gegenwart von Natriummethylat führt zu Ameisensäuremethylester.

$$CH_3OH + CO \overset{NaOCH_3}{\longrightarrow} HCOOCH_3$$

Reaktion mit Ammoniak gibt Formamid, wobei der Methylalkohol zurück-gewonnen wird.

$$HCOOCH_3 + NH_3 \longrightarrow HCONH_2 + CH_3OH$$

Durch Überleiten der Dämpfe über Aluminiumoxyd bei 300° wird das Amid dehydratisiert.

$$HCONH_2 \overset{Al_2O_3}{\underset{300°}{\longrightarrow}} HCN + H_2O$$

Bei Kriegsende wurden pro Monat 460 Tonnen Cyanwasserstoff nach diesem Verfahren produziert.

In den Vereinigten Staaten wird seit 1948 Cyanwasserstoff durch katalytische Synthese aus Ammoniak und hochgereinigtem Methan gewonnen. Die Reaktion von Ammoniak und Methan zu Cyanwasserstoff und Wasserstoff ist endotherm; die erforderliche Wärme wird durch Vermischen der Gase mit Sauerstoff beschafft, der den Wasserstoff und einen Teil des Methans verbrennt.

$$2\,CH_4 + 2\,NH_3 + 3\,O_2 \;\xrightarrow[1000°]{Pt}\; 2\,HCN + 6\,H_2O \;\;(\text{mit } H_2 \text{ und } CO)$$
$$\text{(Luft)}$$

Die Umwandlung von Ammoniak in Cyanwasserstoff erfolgt in einem Durchgang zu 67%, die Gesamtausbeute beträgt 74%. Der Cyanwasserstoff und der nicht umgesetzte Ammoniak werden in einer wäßrigen Lösung von Pentaerythrit und Borsäure absorbiert. Die Acidität dieser Lösung (S. 784) ist so bemessen, daß der Ammoniak festgehalten wird, während die Blausäure beim Erhitzen auf 90° unter vermindertem Druck entweicht; der Ammoniak wird erst beim Erhitzen der Lösung auf 130° abgegeben.

Cyanwasserstoff ist eine Flüssigkeit, die bei 25° siedet und bei −12° erstarrt. Er ist mit Wasser unter Bildung einer schwachsauren Lösung mischbar. Seine Acidität (K_S: $7{,}2 \times 10^{-10}$) ist geringer als die der Kohlensäure (K_S: $4{,}3 \times 10^{-7}$). Cyanwasserstoff ist ein wichtiges Reagens in der organischen Chemie. Er ist sehr giftig, aber nicht giftiger als Schwefelwasserstoff, und kann mit etwas Sorgfalt gefahrlos gehandhabt werden. Er hat einen charakteristischen süßlichen Geruch, der mehr wie ein süßlicher Geschmack in der Kehle empfunden wird und als Warnzeichen vor Erreichen gefährlicher Konzentrationen ausreicht. Es wird allerdings behauptet, daß manche Personen diesen Geruch nicht wahrzunehmen vermögen, und daher ist es ratsam, daß man sich durch Riechen an Natriumcyanid, das durch Hydrolyse geringe Mengen Cyanwasserstoff abgibt, von seiner individuellen Empfindlichkeit überzeugt.

Reiner, wasserfreier Cyanwasserstoff ist beständig, aber in Gegenwart von Wasser und anderen Verunreinigungen, besonders von alkalischen Substanzen, geht er komplizierte Kondensations- und Polymerisationsreaktionen ein und gibt dabei dunkelfarbige Produkte. Diese Reaktionen können mit explosionsartiger Heftigkeit stattfinden. Daher sollte Cyanwasserstoff nur in wasserfreier Form gelagert werden. Metallisches Kupfer und Kobaltoxalat scheinen die besten Stabilisatoren zu sein.

In den Vereinigten Staaten dient Cyanwasserstoff in der Technik hauptsächlich als Zwischenprodukt zur Synthese anderer organischer Verbindungen, insbesondere Acrylnitril (S. 831) und Acetoncyanhydrin (S. 210), Zwischenprodukte bei der Fabrikation bestimmter Sorten von synthetischem Kautschuk (S. 759) und Kunststoffen (S. 767, 832). Die vielseitige Anwendung der Salze wird in den Lehrbüchern der anorganischen Chemie abgehandelt.

Alkylisocyanide (Isonitrile)

Wie der Name sagt, sind die Isocyanide oder Isonitrile Isomere der Cyanide oder Nitrile. Die Struktur der Isocyanide und die gebräuchlichste Methode der Darstellung aus primären Aminen wurden auf S. 249 behandelt.

$$RNH_2 + CHCl_3 + NaOH \longrightarrow R\!-\!\overset{+}{N}\!\equiv\!\overset{-}{C}: + 3\,NaCl + 3\,H_2O$$

Reagiert ein Alkylhalogenid mit Silbercyanid anstatt mit Natriumcyanid, so entsteht als Hauptprodukt das Isocyanid, nicht das Cyanid.

$$RX + AgCN \longrightarrow RNC + AgX$$

Das verschiedene Verhalten von Natriumcyanid und Silbercyanid hat anscheinend seinen Grund in der Fähigkeit des Silberions, sich mit dem Halogen des Alkylhalogenids zu koordinieren und dabei ein Carboniumion zu bilden, das sich infolge der höheren Elektronendichte am Stickstoffatom leichter mit dem Stickstoffatom verbindet als mit dem Kohlenstoffatom. In Abwesenheit von Silberion verläuft die Reaktion nach einem S_N2-Mechanismus (S. 121), und es bildet sich die stabilere Kohlenstoff-Kohlenstoff-Bindung (vgl. S. 271).

Physikalische Eigenschaften

Die Isocyanide sieden etwa 20° tiefer als die Cyanide. Methylcyanid siedet bei 81°, Methylisocyanid bei 60°. Die entsprechenden Äthylderivate sieden bei 97° und 78°. Die Isonitrile haben einen üblen Geruch, der noch in winzigen Mengen wahrnehmbar ist, und sind sehr giftig.

Das eben erwähnte Siedeverhalten der Isocyanide beruht vermutlich auf ihren niedrigeren Dipolmomenten (Tab. 15, S. 262). Da die Isocyanide eine semipolare Bindung enthalten (S. 249), könnte ihr Dipolmoment zunächst größer vermutet werden als das der Cyanide. Das Moment jedoch, das durch die semipolare Bindung bedingt ist, ist dem Moment entgegengerichtet, das durch die unterschiedliche Elektronenanziehung von Kohlenstoff und Stickstoff bedingt wird, und daher ist das resultierende Moment bei den Isocyaniden kleiner als bei den Nitrilen.

Reaktionen

Die Isocyanide sind sehr viel reaktionsfähiger als die Nitrile, da ein Kohlenstoffatom ein einsames Elektronenpaar besitzt. Jede Reaktion beginnt mit einem Angriff auf dieses einsame Paar.

1. Umlagerung zu Nitrilen. Isocyanide sind weniger beständig als Nitrile und lagern sich beim Erhitzen in Nitrile um.

$$R\!-\!\overset{+}{N}\!\equiv\!\overset{-}{C}: \longrightarrow RC\equiv N$$

2. Reduktion. Isocyanide können katalytisch zu Alkylmethylaminen reduziert werden.

$$R\overset{+}{N}\!\equiv\!\overset{-}{C}: \xrightarrow[\text{Pt oder Ni}]{H_2} [RN\!=\!CH_2] \xrightarrow[\text{Pt oder Ni}]{H_2} RNHCH_3$$

Die Reduktion der Isocyanide führt also zu sekundären Aminen, während die Nitrile primäre Amine geben (S. 242). Daß ein sekundäres Amin entsteht, beweist, daß der Stickstoff zwischen einem einzelnen Kohlenstoffatom und der Alkylgruppe steht.

3. Oxydation. Milde Oxydationsmittel wie Schwermetalloxyde wandeln Isocyanide in Isocyanate um.

$$R\overset{+}{N}\!\equiv\!\overset{-}{C}: + HgO \longrightarrow RN\!=\!C\!=\!O + Hg$$
$$\text{Alkylisocyanat}$$

Entsprechend entsteht mit Schwefel ein Isothiocyanat.

$$\overset{+}{RN} \equiv \overset{-}{C} : + S \longrightarrow R-N=C=S$$

Alkylisothiocyanat

Brom lagert sich an und gibt ein Dibromid.

$$\overset{+}{RN} \equiv \overset{-}{C} : + Br_2 \longrightarrow RN=CBr_2$$

4. Hydrolyse. Durch saure oder alkalische Hydrolyse wird die Mehrfachbindung in üblicher Weise gespalten. Dabei entsteht ein primäres Amin und Ameisensäure. Primärprodukt ist das entsprechende Formamid.

$$R-\overset{+}{N} \equiv \overset{-}{C} : + H_2O \longrightarrow [RN=CHOH] \longrightarrow RNH-CHO$$

$$RNHCHO + H_2O + HCl \longrightarrow RNH_3Cl + HCOOH$$

$$RNHCHO + NaOH \longrightarrow RNH_2 + HCOONa$$

Die Isocyanide haben bei der Entwicklung der Theorien über die Struktur organischer Moleküle eine Rolle gespielt; technische Bedeutung besitzen sie nicht.

Nitroalkane

Nitroverbindungen haben die allgemeine Formel RNO_2, in der die Nitrogruppe (NO_2) über Stickstoff mit dem Kohlenstoff verbunden ist. Wenn ein Elektronenoktett am Stickstoff aufrechterhalten werden soll, muß ein Sauerstoffatom mit einer Doppelbindung, das andere mit einer semipolaren Bindung gebunden sein (S. 249).

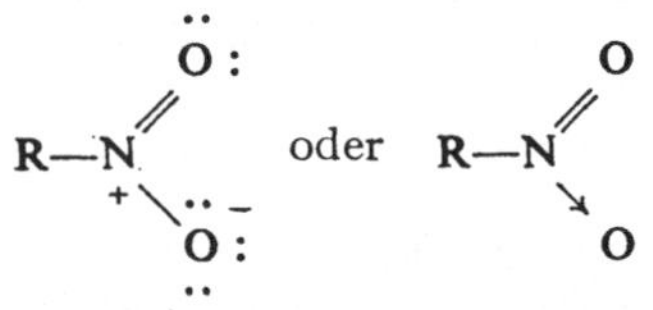

Die Nitrogruppe ist insofern dem Carboxylation zu vergleichen (S. 160), als die p-orbitals der beiden Sauerstoffatome das p-orbital des Stickstoffatoms gleich gut überlagern können; dies führt zum Entstehen von zwei π-molecular orbitals, die alle drei Kerne einschließen, wie in Abb. 48a angedeutet. Die Nitrogruppe kann auch als Resonanzhybrid zweier angeregter Strukturen aufgefaßt werden (Abb. 48b).

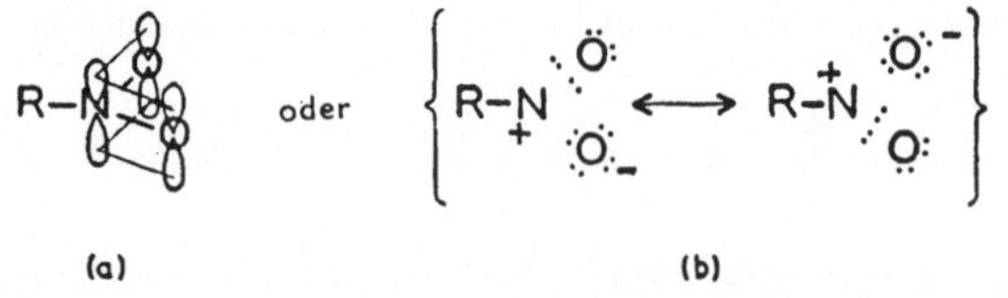

(a)   oder   (b)

Abb. 48. Resonanz in der Nitrogruppe

Die Energieschwelle für die freie Rotation um die Kohlenstoff-Kohlenstoff-Bindung beim Äthan beträgt etwa 3000 cal/Mol, da die Wasserstoffatome bevorzugt auf Lücke stehen, nicht in Opposition (S. 33). Dagegen beträgt die Energieschwelle für die freie Rotation um die Kohlenstoff-Stickstoff-Bindung im Nitromethan nur etwa 6 cal/Mol, wie durch Mikrowellenspektroskopie festgestellt wurde (S. 693). Dies bestätigt die Ansicht, daß trigonale Bastardisierung zu einer ebenen Anordnung der Stickstoffbindungen in Nitroverbindungen führt, denn es gibt für die Sauerstoffatome im Nitromethan keine begünstigte Stellung. Wenn ein Sauerstoffatom zwischen zwei Wasserstoffatomen steht, steht das andere dem dritten Wasserstoffatom gegenüber.

Vor 1940 hatten die Nitroalkane mehr theoretisches Interesse. Seit dem Aufkommen der Dampfphasennitrierung von Propan in technischem Maßstab stehen jedoch die niederen Nitroalkane reichlich zur Verfügung, und ihre zahlreichen Reaktionen haben beträchtliche Bedeutung erlangt.

Nitroverbindungen werden als Substitutionsprodukte benannt. So ist CH_3NO_2 Nitromethan, und $CH_3CH(NO_2)CH_3$ ist 2-Nitro-propan.

Darstellung

1. Aus Alkylhalogeniden und Nitriten. Primäre und sekundäre Alkylbromide und -jodide ergeben mit Natriumnitrit in Dimethylformamid, das etwas Harnstoff (S. 325) enthält, Nitroverbindungen in Ausbeuten von 50—60%.

$$RX + Na^{+-}NO_2 \longrightarrow RNO_2 + NaX$$

Daneben bilden sich 25—35% Alkylnitrit RONO (S. 107). Bei Verwendung von Silbernitrit in Äther entstehen aus primären Alkylbromiden und -jodiden 70—80% Nitroverbindung und 10—15% Alkylnitrit. Tertiäre Halogenide geben mit Natriumnitrit nur Olefin, mit Silbernitrit hauptsächlich Alkylnitrit.

Die Reaktion der Alkylhalogenide mit anorganischen Nitriten ist intensiv erforscht worden, und die Ergebnisse sind aufschlußreich betreffs der Reaktionen solcher negativen Ionen, die wie das Cyanid- und das Nitrition bei Verdrängungsreaktionen (S. 121) an mehr als einer Stelle Bindungen eingehen können. Das Nitrition hat sowohl am Stickstoff wie am Sauerstoff einsame Elektronenpaare, die zur Ausbildung einer Bindung zur Verfügung stehen. Wird das einsame Paar am Stickstoff betroffen, dann bildet sich eine Nitroverbindung, im anderen Fall ein Alkylnitrit. Da Sauerstoff stärker elektronenanziehend wirkt als Stickstoff, ist die Elektronendichte am Sauerstoff größer, und Sauerstoff sollte leichter als Stickstoff an einem Ort geringer Elektronendichte eine Bindung eingehen. Andererseits ist zwischen Stickstoff und Kohlenstoff eine ausgeprägter kovalente und stabilere Bindung zu erwarten als zwischen Sauerstoff und Kohlenstoff. Unter Bedingungen, die die Entstehung eines Carboniumions begünstigen (S. 122), bilden sich daher über einen S_N1-Mechanismus Nitrite; fehlen solche, dann überwiegen die stabileren Nitroverbindungen (S_N2-Mechanismus). Diese Interpretation stimmt mit der Tatsache überein, daß die relative Geschwindigkeit der Reaktion der Alkylhalogenide zu Nitroverbindungen die Ordnung primär > sekundär > tertiär zeigt, zu Alkylnitriten umgekehrt tertiär > sekundär > primär (S. 122).

Nitromethan wird leicht in guter Ausbeute erhalten bei der Reaktion einer wäßrigen Lösung von Natriumchloracetat mit Natriumnitrit und anschließenden Destillation des Reaktionsgemisches. Das intermediär entstehende Natriumsalz der Nitroessigsäure zersetzt sich zu Nitromethan und Natriumcarbonat.

$$ClCH_2COONa + NaNO_2 \longrightarrow NO_2CH_2COONa + NaCl$$
$$2\ NO_2CH_2COONa + H_2O \longrightarrow 2\ CH_3NO_2 + CO_2 + Na_2CO_3$$

2. Dampfphasennitrierung von Kohlenwasserstoffen.

$$RH + HONO_2 \xrightarrow{420°} RNO_2 + H_2O$$

Bei der Nitrierung von Propan entstehen nicht nur 1- und 2-Nitro-propan, sondern durch Spaltung von Kohlenstoffbindungen auch Nitroäthan und Nitromethan. Diese Produkte werden durch Destillation getrennt und sind im Handel erhältlich.

3. Oxydation von Oximen. Primäre und sekundäre Nitroverbindungen können durch Oxydation von Oximen mit Trifluorperessigsäure (S. 925) dargestellt werden.

$$RCH{=}NOH + CF_3\overset{O}{\overset{\|}{C}}{-}O{-}OH \longrightarrow CF_3COOH + RCH{=}\overset{O^-}{\overset{|}{\underset{+}{N}}}{-}OH \rightleftharpoons RCH_2NO_2$$

$$R_2C{=}NOH + CF_3\overset{O}{\overset{\|}{C}}{-}O{-}OH \longrightarrow CF_3COOH + R_2C{=}\overset{O_+}{\overset{|}{\underset{-}{N}}}{-}OH \rightleftharpoons R_2CHNO_2$$

Die Reaktion wird am besten in Acetonitril ausgeführt, und zwar in Gegenwart von Natriumbicarbonat oder Dinatriumhydrogenphosphat, die die starke Trifluoressigsäure neutralisieren.

4. Oxydation von tert.-Alkylaminen. Tertiäre Nitroverbindungen werden am besten durch Oxydation von tert.-Alkylaminen mit wäßriger Kaliumpermanganatlösung oder alkalischem Wasserstoffperoxyd dargestellt.

$$R_3CNH_2 + 3\ [O](KMnO_4\ \text{oder}\ H_2O_2) \longrightarrow R_3CNO_2 + H_2O$$

5. Anlagerung von Stickstoffdioxyd an Olefine. Monomeres Stickstoffdioxyd hat ein ungepaartes Elektron und wird leicht an die Doppelbindung von Olefinen angelagert, wobei sich in etwa gleichen Mengen 1.2-Dinitro-alkane und Nitroalkylnitrite bilden.

$$RCH{=}CHR + 2\ NO_2 \longrightarrow \underset{\underset{NO_2}{|}\ \underset{NO_2}{|}}{RCH{-}CHR}\ \text{und}\ \underset{\underset{NO_2}{|}\ \underset{ONO}{|}}{RCH{-}CHR}$$

Am besten wird das Olefin bei tiefer Temperatur (zwischen $-10°$ und Raumtemperatur) zu einer konzentrierten Lösung von reinem Stickstoffdioxyd in Äther gegeben[1]. Da sich die Nitroalkylnitrite sehr heftig zersetzen können, werden sie vor der Isolierung der Dinitroalkane durch Zugabe von Wasser zu Nitroalkoholen hydrolysiert.

Physikalische Eigenschaften

Das Vorliegen einer semipolaren Bindung in der Nitrogruppe verleiht den Nitroalkanen ein hohes Dipolmoment, das abnorm hohe Siedepunkte bedingt. Wahrscheinlich führt auch die Acidität des α-ständigen Wasserstoffs zu Wasserstoffbrückenbindung zwischen den Molekülen. So siedet Nitromethan (Mol.-Gew. 61) bei $101,5°$. Nitromethan ist in Wasser ungefähr so löslich wie n-Butylalkohol; die höheren Nitroalkane sind praktisch unlöslich in Wasser. Die meisten Nitroalkane sind gute Lösungsmittel für andere organische Verbindungen.

Reaktionen

1. Salzbildung. Die Nitrogruppe wirkt stark elektronenanziehend und vermindert die Elektronendichte in der Umgebung des Atoms, mit dem sie verbunden ist. Daher wird von einem Kohlenstoffatom, das mit einer Nitrogruppe verbunden ist, leichter Wasserstoff abgespalten als von einer gewöhnlichen Alkylgruppe. Tatsächlich sind aliphatische Nitroverbindungen mit α-ständigem Wasserstoff

---

[1] Distickstofftetroxyd N_2O_4 ist das farblose Dimere des Stickstoffdioxyds und schmilzt bei $-12°$. Oberhalb des Schmelzpunkts dissoziiert es in das braune Monomere.

stärkere Säuren als Wasser und bilden mit starken Basen in wäßriger Lösung wasserlösliche Salze.

$$RCH_2NO_2 + NaOH \longrightarrow [R\bar{C}HNO_2]\, Na^+ + H_2O$$

2-Nitro-propan, obwohl praktisch unlöslich in Wasser, erhält in diesem eine Acidität von p_H 4,3 aufrecht. Tertiäre Nitroverbindungen R_3CNO_2, bei denen kein Wasserstoff mit dem Kohlenstoffatom verbunden ist, das die Nitrogruppe trägt, bilden keine Salze.

Dieses Verhalten primärer und sekundärer Nitroverbindungen ist analog der Salzbildung bei Ketonen (S. 223). Reagiert jedoch das Natriumsalz eines Ketons mit Wasser, dann wird das Keton sofort regeneriert, während beim Behandeln der Natriumsalze gewisser Nitroverbindungen mit verdünnter Säure ein Isomeres der ursprünglichen Verbindung entsteht, das eine ziemlich starke Säure ist. Man nimmt an, daß dem schwächer sauren Isomeren die Nitrostruktur zukommt und nennt es *nitro*-Form, während dem stärker sauren Isomeren eine Enolstruktur zugeschrieben wird; diese Form wird als *aci*-Form bezeichnet. Die *aci*-Form lagert sich langsam in die *nitro*-Form um.

nitro-Form   aci-Form

Die *nitro*-Form und die *aci*-Form sind tautomer (S. 216), aber das Anion des Natriumsalzes einer Nitroverbindung ist ein Resonanzhybrid, dessen polyzentrische molecular orbitals nicht nur das Stickstoffatom und die Sauerstoffatome, sondern auch das benachbarte Kohlenstoffatom einschließen.

Wird das Natriumsalz angesäuert, dann vereinigt sich das Proton schneller mit einem Sauerstoffatom des anionischen Resonanzhybrids zur *aci*-Form als mit dem α-Kohlenstoffatom. Die *nitro*-Form ist jedoch thermodynamisch stabiler, so daß das Proton langsam vom Sauerstoff zum Stickstoff übergeht.

2. Bromierung. Primäre und sekundäre Nitroverbindungen werden wie Aldehyde und Ketone (S. 224) in alkalischer Lösung leicht bromiert.

$$[R\bar{C}HNO_2]\overset{+}{Na} + Br_2 \longrightarrow \underset{\underset{Br}{|}}{RCHNO_2} + NaBr$$

$$[R_2\bar{C}NO_2]\overset{+}{Na} + Br_2 \longrightarrow \underset{\underset{Br}{|}}{R_2CNO_2} + NaBr$$

Nur der Wasserstoff an dem der Nitrogruppe benachbarten Kohlenstoffatom ist reaktionsfähig. Daher werden tertiäre Nitroverbindungen nicht bromiert.

3. Reaktion mit salpetriger Säure. Primäre Nitroverbindungen geben mit salpetriger Säure Nitrosoderivate, die man als *Nitrolsäuren* bezeichnet; diese lösen sich in Alkalien zu roten Salzen.

$$RCH_2NO_2 + HONO \longrightarrow RCH\text{---}NO_2 + H_2O$$
$$\text{(NO)}$$

$$RCHNO_2 + NaOH \longrightarrow \left\{ RC\text{---}N \cdots \longleftrightarrow RC=N \right\} Na^+$$

rote Lösung

Sekundäre Nitroverbindungen ergeben blaue Nitrosoderivate, die in Alkalien unlöslich sind.

$$R_2CHNO_2 + HONO \longrightarrow R_2C\text{---}NO_2 + H_2O$$
$$\text{(NO)}$$

blau, unlöslich in Wasser
und verdünnten Alkalien

Diese Nitrosoderivate sind nur im flüssigen monomolekularen Zustand blau. Sie erstarren zu farblosen kristallinen Dimeren, die wahrscheinlich folgende Struktur haben.

$$R_2C(NO_2)\text{---}N=N\text{---}C(NO_2)R_2$$

Tertiäre Nitroverbindungen reagieren nicht mit salpetriger Säure. Das verschiedene Verhalten primärer, sekundärer und tertiärer Nitroverbindungen gegen salpetrige Säure und Alkalien eignet sich als Testreaktion zur Unterscheidung dieser drei Verbindungstypen (Rot-Weiß-Blau-Reaktion).

4. Reduktion zu primären Aminen.

$$RNO_2 + 6\,[H] \longrightarrow RNH_2 + 2\,H_2O$$

Die Reduktion kann mit Wasserstoff und einem Platin- oder Nickelkatalysator oder mit einem aktiven Metall (Eisen, Zink oder Zinn) und Salzsäure durchgeführt werden.

5. Saure Hydrolyse. *(a) Hydrolyse der Nitroform einer primären Nitroverbindung.* Kocht man eine primäre Nitroverbindung mit konzentrierter Salzsäure oder 85%iger Schwefelsäure, so bildet sich eine Carbonsäure und ein Salz des Hydroxylamins. Die Reaktion besteht in einer Oxydation der Methylengruppe und einer Reduktion der Nitrogruppe unter Bildung einer Hydroxamsäure. Hydrolyse der Hydroxamsäure ergibt die Endprodukte.

$$RCH_2NO_2 \longrightarrow RC=NOH \xrightarrow{\;HCl,\ H_2O\;} RCOOH + HONH_3Cl$$
$$\text{(OH)}$$

Eine Hydroxamsäure

Durch die Auffindung dieser Reaktion ist Hydroxylamin, das früher durch Reduktion von salpetriger Säure hergestellt und über das Acetoxim (S. 219) isoliert wurde, viel leichter zugänglich und damit billiger geworden.

(b) Hydrolyse der Aciform einer primären oder sekundären Nitroverbindung.
Führt man eine primäre oder sekundäre Nitroverbindung zuerst mit Alkali in die
aci-Form über und hydrolysiert diese mit 25%iger Schwefelsäure, so entstehen
unter Entwicklung von Distickstoffoxyd Aldehyde bzw. Ketone *(Nefsche Reaktion[1])*.

$$2\ RCH{=}NOONa + 2\ H_2SO_4 \longrightarrow 2\ RCHO + N_2O + 2\ NaHSO_4 + H_2O$$

$$2\ R_2C{=}NOONa + 2\ H_2SO_4 \longrightarrow 2\ R_2CO + N_2O + 2\ NaHSO_4 + H_2O$$

6. Anlagerung an Aldehyde oder Ketone. Primäre und sekundäre Nitroverbindungen lagern sich in Gegenwart von verdünnten Alkalien aldolartig an
Aldehyde oder Ketone an. Formaldehyd reagiert gewöhnlich mit allen α-ständigen
Wasserstoffatomen, während andere Aldehyde und Ketone im allgemeinen nur
mit einem einzigen reagieren.

$$RCH_2NO_2 + 2\ HCHO \xrightarrow{[OH^-]} HOCH_2{-}\overset{\displaystyle R}{\underset{\displaystyle NO_2}{C}}{-}CH_2OH$$

$$R_2CHNO_2 + HCHO \xrightarrow{[OH^-]} R{-}\overset{\displaystyle R}{\underset{\displaystyle NO_2}{C}}{-}CH_2OH$$

$$RCH_2NO_2 + R'CHO \xrightarrow{[OH^-]} \underset{\displaystyle NO_2\ \ OH}{RCH{-}CHR'}$$

Diese Nitroalkohole können leicht zu Aminoalkoholen reduziert werden (S. 797).
   In Gegenwart von Formaldehyd und einem sekundären Amin erhält man ein
Dialkylaminomethylderivat *(Mannich-Reaktion, S. 537)*.

$$RCH_2NO_2 + HCHO + HNR'_2 \longrightarrow \underset{\displaystyle NO_2}{RCHCH_2NR'_2} + H_2O$$

7. Alkylierung. Wenn Salze von Nitroverbindungen mit Alkylhalogeniden
reagieren, findet gewöhnlich *O*-Alkylierung statt.

$$[R\bar{C}HNO_2]\overset{+}{Na} + R'X \longrightarrow RCH{=}\overset{+}{N}\Big(\begin{matrix}{}^-O\\ OR'\end{matrix} + NaX$$

Diazomethan (S. 279) gibt mit Nitroverbindungen *O*-Methylderivate.

$$RCH{=}\overset{+}{N}\Big(\begin{matrix}{}^-O\\ OH\end{matrix} + CH_2N_2 \longrightarrow RCH{=}\overset{+}{N}\Big(\begin{matrix}{}^-O\\ OCH_3\end{matrix} + N_2$$

---

[1] JOHN ULRIC NEF (1862—1915), amerikanischer Chemiker, Professor an der
Universität Chicago. Er untersuchte die Reaktionsprodukte, die bei der Einwirkung
von Alkalien auf Kohlenhydrate entstehen, und entwickelte vieldiskutierte Vorstellungen über die Natur der Verbindungen, die wie die Isocyanide und Fulminate
sogenannten *zweiwertigen Kohlenstoff* enthalten.

18*

Diese *O*-Alkylderivate, die man als *Nitronsäureester* bezeichnet, zersetzen sich häufig spontan zu dem Oxim und einem Aldehyd oder Keton.

$$RCH{=}\overset{+}{N}\overset{\displaystyle\ ^-O}{\underset{\displaystyle OCH_2R'}{\big<}} \longrightarrow RCH{=}NOH + R'CHO$$

Die aliphatischen Nitroverbindungen sind ausgezeichnete Lösungsmittel, hauptsächlich werden sie aber als Zwischenprodukte bei der Synthese anderer organischer Verbindungen verwendet, besonders der Aminoalkohole (S. 797). **Tetranitromethan** ist ein wertvolles Reagens zur Prüfung auf ungesättigte Kohlenstoff-Kohlenstoff-Bindungen. Gibt man eine verdünnte Lösung in Chloroform zur Lösung einer ungesättigten Verbindung, dann tritt eine gelbe bis rote Färbung auf. Die einfacheren Olefine und Acetylene geben eine gelbe, Tetraalkyläthylene und die einfachen konjugierten Diene (S. 747) eine orangerote bis hellrote, alkylsubstituierte Diene eine tiefrote Färbung. Ein Vorteil dieser Nachweisreaktion ist, daß selbst wenig reaktionsfähige Doppelbindungen, die weder mit Brom reagieren noch katalytisch reduziert werden, mit Tetranitromethan eine Färbung geben. α,β-ungesättigte Carbonylverbindungen (S. 805) sprechen auf den Test nicht an.

Tetranitromethan wird durch Einwirkung von Salpetersäure auf Acetanhydrid oder Keten dargestellt.

$$(CH_3CO)_2O + 4\,HONO_2 \longrightarrow C(NO_2)_4 + CO_2 + CH_3COOH + 3\,H_2O$$
$$CH_2{=}C{=}O + 4\,HONO_2 \longrightarrow C(NO_2)_4 + CO_2 + 3\,H_2O$$

Gemische von Tetranitromethan mit organischen Verbindungen sind sehr explosiv. Es ist daher beim Arbeiten mit Tetranitromethan schon zu schweren Unfällen gekommen. Nur sehr verdünnte Lösungen sollten verwendet werden, und die Lösungen sollten nicht erhitzt werden.

Chlorpikrin Cl_3CNO_2 entsteht bei der Chlorierung von Nitromethan in Gegenwart von Calciumcarbonat oder durch Umsetzung von Pikrinsäure mit Natriumhypochlorit (S. 543). Es ist ein wirkungsvolles Tränengas und dient zum Auseinandertreiben von Mobs. Auch wird es giftigen Gasen als Warnmittel beigemischt.

Vor 1949 war kein Naturstoff bekannt, der eine Nitrogruppe enthielt. In diesem Jahr wurde jedoch **β-Nitropropionsäure** $O_2NCH_2CH_2COOH$ als Hydrolyseprodukt des Glykosids (S. 391) **Hiptagin** festgestellt, das in der Rinde von *Hiptage mandoblata* und in den Kernen von *Corynocarpus laevigata* vorkommt. Später wurde es auch aus Kulturen des Pilzes *Aspergillus flavus* isoliert. Das Antibioticum Chloromycetin (S. 559) enthält eine aromatische Nitrogruppe.

Hydrazine

Die Monoalkylhydrazine können durch Alkylierung eines Überschusses von Hydrazin mit Alkylsulfaten in Gegenwart von Natriumhydroxyd dargestellt werden.

$$H_2NNH_2 + (RO)_2SO_2 + NaOH \longrightarrow RNHNH_2 + ROSO_3Na + H_2O$$

Da die Gegenwart einer Alkylgruppe die Basizität des Stickstoffatoms, mit dem sie verbunden ist, erhöht, führt weitere Alkylierung zu unsymmetrischen Dialkylhydrazinen.

$$RNHNH_2 + (RO)_2SO_2 + NaOH \longrightarrow R_2N{-}NH_2 + ROSO_3Na + H_2O$$

Unsymmetrische Dialkylhydrazine werden auch durch Reduktion von N-Nitrosodialkylaminen oder durch Umsetzung eines sekundären Amins mit Chloramin erhalten.

$$R_2NNO + 4\,[H](Na + C_2H_5OH \text{ oder } LiAlH_4) \longrightarrow R_2NNH_2$$

$$R_2NH + ClNH_2 \longrightarrow [R_2\overset{+}{N}HNH_2]Cl^- \xrightarrow{\ NaOH\ } R_2NNH_2$$

Symmetrische Dialkylhydrazine lassen sich nur darstellen, indem man ein Wasserstoffatom an jedem Stickstoffatom „maskiert", d. h. durch eine Gruppe ersetzt, die später leicht entfernt werden kann. Bei der Diacylierung von Hydrazin entsteht ein symmetrisches Produkt, da der Ersatz eines Wasserstoffatoms durch eine Acylgruppe die Basizität des betreffenden Stickstoffatoms verringert. Anschließende Dialkylierung und Hydrolyse ergibt das symmetrische Dialkylhydrazin.

$$H_2NNH_2 \xrightarrow{\ HCOOH\ } HCONHNHCHO \xrightarrow{(RO)_2SO_2 + NaOH}$$

$$\underset{\begin{subarray}{c}|\quad\ |\\ R\ \ R\end{subarray}}{HCON{-}NCHO} \xrightarrow{\ H_2O + HCl\ } RNHNHR + 2\,HCOOH$$

Die Hydrazine können zu zwei Mol Amin reduziert oder zu Azoverbindungen oxydiert werden.

Aliphatische Azo- und Diazoverbindungen

Oxydiert man ein symmetrisches disubstituiertes Hydrazin mit Natriumdichromat und Schwefelsäure, so entsteht eine Azoverbindung (franz. *azote* Stickstoff), in der die beiden Stickstoffatome durch eine Doppelbindung verbunden sind.

$$RNHNHR \xrightarrow{Na_2Cr_2O_7, H_2SO_4} RN{=}NR + H_2O$$

Azomethan, $CH_3N{=}NCH_3$, wird aus symmetrischem Dimethylhydrazin dargestellt; es ist ein gelbes Gas (S. 701). Obwohl die Stickstoffatome beide ein einsames Elektronenpaar besitzen, zeigen sie in wäßriger Lösung keine basischen Eigenschaften. Wie bei den Oximen und noch ausgeprägter bei den Nitrilen und beim Acetylidion sind die einsamen Elektronenpaare infolge des Vorliegens einer Mehrfachbindung nicht frei verfügbar (S. 264). Die Azoverbindungen werden leicht zu den Hydrazinen und weiter zu den primären Aminen reduziert. Beim Kochen mit verdünnter Salzsäure wird Azomethan zu Methylhydrazin und Formaldehyd hydrolysiert, vermutlich weil es sich zum tautomeren Hydrazon des Formaldehyds umlagern kann.

$$CH_3N{=}NCH_3 \rightleftarrows \underset{\substack{\text{Formaldehyd-}\\\text{methylhydrazon}}}{CH_3NHN{=}CH_2} \xrightarrow{H_2O,\ HCl} \underset{\substack{\text{Methylhydrazin-}\\\text{hydrochlorid}}}{CH_3NHNH_3Cl} + HCHO$$

Häufig ist es nicht möglich, die Azoverbindung zu isolieren, da sie sich vollständig zum Hydrazon isomerisiert.

Azomethan ist oberhalb 200° unbeständig und zerfällt in Methylradikale (S. 599) und Stickstoff.

$$CH_3N=NCH_3 \longrightarrow 2\,CH_3\cdot + N_2$$

Die Methylradikale können sich zu Äthan vereinigen, können aber in Gegenwart anderer Moleküle auch aus diesen Wasserstoff abspalten oder Reaktionen einleiten, die von freien Radikalen katalysiert werden (S. 600).

α,α′-Azo-bis-isobutyronitril wurde erstmals 1896 von THIELE dargestellt. Bei der Reaktion von Aceton mit Kaliumcyanid und Hydrazinhydrochlorid bilden sich zuerst freies Hydrazin und Cyanwasserstoff. Das Hydrazin reagiert mit dem Aceton unter Bildung von Aldehyd-Ammoniak, der dann mit Cyanwasserstoff reagiert. Dabei entsteht das substituierte Hydrazin, das mit Natriumhypochlorit zur Azoverbindung oxydiert werden kann.

$$2\,(CH_3)_2C=O + H_2NNH_2 \longrightarrow \underset{\underset{OH}{|}}{(CH_3)_2C}-NHNH-\underset{\underset{OH}{|}}{C(CH_3)_2} \xrightarrow{2\ HCN}$$

$$\underset{\underset{CN}{|}}{(CH_3)_2C}-NHNH-\underset{\underset{CN}{|}}{C(CH_3)_2} \xrightarrow{NaOCl} \underset{\underset{CN}{|}}{(CH_3)_2C}-N=N-\underset{\underset{CN}{|}}{C(CH_3)_2}$$

Diese Verbindung zersetzt sich beim Erhitzen auf 100° in Stickstoff und freie Radikale, die als Katalysatoren wirken oder sich zu Tetramethylsuccinonitril (S. 837) vereinigen können.

$$\underset{\underset{CN}{|}}{(CH_3)_2C}-N=N-\underset{\underset{CN}{|}}{C(CH_3)_2} \xrightarrow{100°} N_2 + 2\left[\underset{\underset{CN}{|}}{(CH_3)_2C}\cdot\right] \longrightarrow \underset{\underset{CN}{|}}{(CH_3)_2C}-\underset{\underset{CN}{|}}{C(CH_3)_2}$$

Seit 1948 wird die Verbindung in großem Umfang zur Katalysierung radikalischer Polymerisationen und als schaumerzeugendes Mittel bei der Herstellung von Schaumgummi und Schaumkunststoffen verwendet.

Verbindungen mit der charakteristischen Gruppe $>CN_2$ bezeichnet man als **aliphatische Diazoverbindungen.** Sie werden durch Einwirkung von Alkali auf bestimmte Typen von Nitrosaminen dargestellt. So reagieren β-Aminoketone, die man durch Anlagerung von primären Aminen an Mesityloxyd (S. 216) darstellt, mit salpetriger Säure unter Bildung des Nitrosoderivates. Natriumalkoholate führen dann unter Rückbildung von Mesityloxyd zum Diazokohlenwasserstoff und Alkohol.

$$\underset{\text{Mesityloxyd}}{(CH_3)_2C=CHCOCH_3} + H_2NCH_2R \longrightarrow$$

$$\underset{\underset{\underset{\text{Ein β-Aminoketon}}{NHCH_2R}}{|}}{(CH_3)_2CCH_2COCH_3} \xrightarrow{HNO_2} \underset{\underset{\underset{CH_2R}{|}}{\underset{N-NO}{|}}}{(CH_3)_2CCH_2COCH_3} \xrightarrow{NaOCH(CH_3)_2}$$

$$\underset{\text{Ein Diazoalkan}}{(CH_3)_2C=CHCOCH_3 + RCHN_2 + HOCH(CH_3)_2 + NaOH}$$

Nitrosoalkylharnstoffe (S. 318), *Nitrosoalkylurethane* (S. 318) und *Nitrososulfonamide* (S. 499) werden ebenfalls zur Darstellung von Diazokohlenwasserstoffen verwendet.

Diazomethan CH_2N_2, die am meisten verwendete aliphatische Diazoverbindung kann nach einer der allgemeinen Methoden dargestellt werden. Es ist ein gelbes, sehr giftiges Gas, das selbst in gasförmigem Zustand bei tiefen Temperaturen gelegentlich explodiert. Es wird gewöhnlich in ätherischer Lösung angewandt.

Aus der Größe des Dipolmoments und aus Elektronenbeugungsdaten wird geschlossen, daß Diazomethan lineare Struktur hat und ein Resonanzhybrid ist. Die beiden für das lineare Molekül möglichen extremen Grenzstrukturen verschmelzen, weil sich *p*-atomic orbitals aller drei Atome überlagern, und es kommen molecular orbitals vom π-Typus zustande, wie in Abb. 49 angedeutet. Resonanzhybride, bei denen alle beteiligten Grenzstrukturen zwitterionisch sind (eine Ladungstrennung aufweisen), sind *mesoionische Verbindungen* genannt worden.

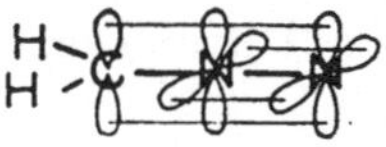

$$\text{oder}\quad \left\{ CH_2 \!=\! \overset{+}{N} \!=\! \overset{-}{N} : \longleftrightarrow \overset{-}{C}H_2 \!-\! \overset{+}{N} \!\equiv\! N : \right\}$$

Abb. 49 Resonanz bei Diazomethan

Diazomethan hat präparative Bedeutung. Mit Säuren reagiert es leicht unter Bildung der Methylester.

$$RCOOH + CH_2N_2 \longrightarrow RCOOCH_3 + N_2$$

Gewöhnlich wird eine ätherische Lösung von Diazomethan zu einer ätherischen Lösung der Säure gegeben, bis keine Stickstoffentwicklung mehr eintritt und die gelbe Färbung bestehen bleibt. Da die Reaktion bei Zimmertemperatur stattfindet und ausgezeichnete Ausbeuten eines von Nebenprodukten praktisch freien Esters liefert, ist sie im Forschungslaboratorium die Methode der Wahl zur Darstellung von Methylester aus geringen Mengen einer Säure.

Diazomethan führt Aldehyde in Methylketone und Ketone in die nächsthöheren Homologen über.

$$RCHO + CH_2N_2 \longrightarrow RCOCH_3 + N_2$$
$$RCOR + CH_2N_2 \longrightarrow RCOCH_2R + N_2$$

Der Mechanismus dieser Reaktion ist wohl als Angriff der Methylengruppe auf das Kohlenstoffatom, gefolgt von einer Alkidionverschiebung und Abspaltung von Stickstoff zu deuten.

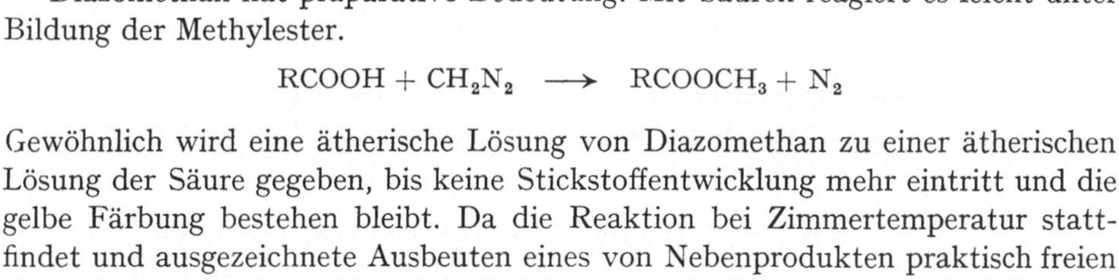

Eine vom synthetischen Standpunkt sehr wichtige Reaktion ist die *Arndt-Eistert-Reaktion*. Beim Zufügen von Acylchloriden zu einem Überschuß von Diazomethanlösung entstehen **Diazomethylketone.**

$$RCOCl + CH_2N_2 \longrightarrow RCOCHN_2 + HCl$$
$$CH_2N_2 + HCl \longrightarrow CH_3Cl + N_2$$

Die Diazomethylketone reagieren mit Wasser, Alkoholen oder Ammoniak in Gegenwart feinverteilter Metalle wie Silber, Platin oder Kupfer unter Bildung von Carbonsäuren bzw. deren Estern oder Amiden, die eine Methylengruppe mehr haben als die Säure, aus der das Acylchlorid dargestellt wurde. Man kann die Reaktion in homogener Phase ausführen, wenn man Triäthylamin als Lösungsmittel und Silberbenzoat als Katalysator verwendet.

$$RCOCHN_2 \begin{cases} + HOH \\ + HOR \\ + HNH_2 \end{cases} \xrightarrow[\text{oder Cu}]{\text{Ag, Pt,}} \begin{cases} RCH_2COOH \\ RCH_2COOR' \\ RCH_2CONH_2 \end{cases} + N_2$$

Dieses Verfahren eignet sich somit zur schrittweisen Kettenverlängerung einer Säure unter Bildung von deren höheren Homologen.

Wird das Diazomethan zu einem Überschuß an Acylchlorid gegeben, so bildet sich das **Chlormethylketon,** da der Chlorwasserstoff mit dem Diazomethylketon reagiert anstatt mit dem überschüssigen Diazomethan.

$$RCOCHN_2 + HCl \longrightarrow RCOCH_2Cl + N_2$$

Essigsäure gibt mit Diazoketonen Ketolacetate.

$$RCOCHN_2 + HOOCCH_3 \longrightarrow RCOCH_2OCOCH_3 + N_2$$

Diazoessigsäureäthylester *(Diazoessigester)*, ein gelbes Öl, wird durch direkte Einwirkung von salpetriger Säure auf Aminoessigsäureäthylester erhalten.

$$\overset{O}{\overset{\|}{C_2H_5OCCH_2NH_2}} + HONO \longrightarrow \overset{O}{\overset{\|}{C_2H_5OCCHN_2}} + 2\,H_2O$$

Die Geschwindigkeit der Zersetzung des Diazoessigesters bei Einwirkung wäßriger Säuren ist direkt proportional der Wasserstoffionenkonzentration.

Azide

Die Azide sind Derivate der Stickstoffwasserstoffsäure HN_3. Natriumazid stellt man durch Einleiten von Distickstoffoxyd in geschmolzenes Natriumamid dar.

$$N_2O + 2\,NaNH_2 \longrightarrow NaN_3 + NH_3 + NaOH$$
Natriumazid

Wird eine wäßrige Lösung von Natriumazid mit Dimethylsulfat behandelt, so entwickelt sich **Methylazid,** das zu einer Flüssigkeit vom Siedepunkt 20° kondensiert werden kann.

$$(CH_3)_2SO_4 + NaN_3 \longrightarrow CH_3N_3 + NaCH_3SO_4$$
Methylazid

In ähnlicher Weise kann Äthylazid dargestellt werden.

Die Azidgruppe hat eine lineare Resonanzstruktur analog der Diazogruppe (S. 279), d. h. die Azide sind Resonanzhybride, deren mesomere Grenzstrukturen wie folgt formuliert werden können.

$$\left\{ R N = \overset{+}{N} = \overset{-}{N} : \longleftrightarrow R \overset{..}{N} - \overset{+}{N} \equiv N : \right\}$$

Die Alkylazide detonieren bei raschem Erhitzen, doch läßt sich ihre Zersetzung in der Gasphase unter Kontrolle halten. Sowohl Methylazid als auch Äthylazid geben Äthylen und Stickstoffwasserstoffsäure.

$$2\,CH_3N_3 \longrightarrow CH_2{=}CH_2 + 2\,HN_3$$

$$CH_3CH_2N_3 \longrightarrow CH_2{=}CH_2 + HN_3$$

Die wichtigsten Azide sind die Acylderivate. Sie wurden zuerst von CURTIUS[1] durch Einwirkung von salpetriger Säure auf Säurehydrazide dargestellt.

$$RCONHNH_2 + HONO \longrightarrow RCON_3 + 2\,H_2O$$

Gewöhnlich stellt man Säureazide durch Reaktion eines Säurechlorids mit Natriumazid dar.

$$RCOCl + NaN_3 \longrightarrow RCON_3 + NaCl$$

Beim Erhitzen erleiden die Säureazide die *Curtiussche Umlagerung*, die zur Bildung des Isocyanats (S. 332) führt. Die Reaktion ist der Hofmannschen Umlagerung der Amide (S. 258) analog, doch verläuft die Umlagerung der Azide in wasserfreiem Medium, und das Isocyanat kann ohne Schwierigkeit isoliert werden.

$$RCON_3 \xrightarrow{\text{Wärme}} RN{=}C{=}O + N_2$$

In Gegenwart von Wasser ergibt die Curtiussche Umlagerung dasselbe Reaktionsprodukt wie die Hofmannsche Umlagerung, nämlich das um ein Kohlenstoffatom ärmere Amin.

$$RN{=}C{=}O + H_2O \longrightarrow RNH_2 + CO_2$$

Unter bestimmten Bedingungen wirken die Azide acylierend (S. 320).

Wiederholungsfragen

Amine

1. Was sind Amine? Wie benennt man sie?

2. Wie unterscheidet sich die Bedeutung der Bezeichnungen primär, sekundär und tertiär in Anwendung auf Amine bzw. auf Alkohole?

3. Man bespreche Löslichkeitseigenschaften und Siedepunkte der Amine.

4. Man definiere die Bezeichnungen Säure und Base. Man ordne die folgenden Verbindungstypen in der Reihenfolge wachsender Acidität: Wasser, Hydroniumion, Ammoniak, Ammoniumion, Kohlensäure, Mineralsäuren, Alkane, Alkohole, Carbonsäuren. Man gebe zu jedem Verbindungstyp die korrespondierende Base an und ordne diese in der Reihenfolge abnehmender Basizität.

5. Man gebe zwei Methoden zur Unterscheidung zwischen primären, sekundären und tertiären Aminen an (mit Reaktionsgleichungen).

6. Man gebe das Prinzip zweier Methoden an, die zur Bestimmung primärer Amine in Gegenwart anderer, nichtbasischer Stickstoffverbindungen dienen können.

7. Man erläutere die Darstellung sowie die physikalischen und chemischen Eigenschaften der quartären Ammoniumsalze und -hydroxyde. Was ist Cholinchlorid und welche Bedeutung hat es? Was sind Aminoxyde und wie werden sie dargestellt?

---

[1] THEODOR CURTIUS (1857—1928), Professor an der Universität Heidelberg. Er ist bekannt als Entdecker der aliphatischen Diazoverbindungen (1883) und der Umlagerung der Säureazide, ferner durch seine Arbeiten über Hydrazine und heterocyclische Verbindungen und durch seine Synthesen von Aminosäuren und Polypeptiden.

Amide

8. Man gebe für die allgemeinen Darstellungsverfahren der Amide Reaktionsgleichungen an.

9. Weshalb wird bei der Darstellung von Acetamid aus Ammoniumacetat im Laboratorium ein Überschuß an Essigsäure verwendet?

10. Wie werden die Amide benannt? Wie wird Substitution am Stickstoffatom ausgedrückt?

11. Man bespreche die physikalischen Eigenschaften der Amide. Man vergleiche die Siedepunkte von Essigsäure, Acetamid, N-Methylacetamid und $N.N$-Dimethylacetamid und gebe eine Erklärung.

12. Wie vergleicht sich der Einfluß von Acylgruppen auf die Basizität von Wasser bzw. Ammoniak?

13. Man vergleiche die durch Säuren oder Basen katalysierte Hydrolyse von Amiden mit der durch Säuren oder Basen katalysierten Hydrolyse von Estern.

14. Über welche Reaktionsstufen führt der Hofmannsche Abbau eines Amids zu einem primären Amin?

15. Wozu lassen sich Amide verwenden?

Alkylcyanide und Alkylisocyanide

16. Die allgemeinen Darstellungsmethoden für Alkylcyanide sind aufzuzählen.

17. Man vergleiche die beiden Nomenklaturprinzipien: Benennung als Cyanide und als Nitrile.

18. Wie vergleicht sich die Basizität von Nitrilen mit der von tertiären Aminen? Wirkt sich der Unterschied auf die Löslichkeit von Nitrilen in Wasser aus?

19. Es sind die Gleichungen für die wichtigeren Reaktionen der Alkylcyanide anzuschreiben.

20. Wie werden Isocyanide dargestellt?

21. Man vergleiche die Elektronenstruktur der Isocyanide mit der der Cyanide. Man vergleiche die Siedepunkte der beiden Verbindungsklassen und gebe eine Erklärung.

22. Man vergleiche die Reduktion und Hydrolyse der Isocyanide mit der Reduktion und Hydrolyse der Cyanide.

Nitroalkane

23. Man erläutere die technische Darstellung der Nitroalkane.

24. Man bespreche das Löslichkeitsverhalten der Nitroalkane in Wasser, in verdünnten Säuren und verdünnten Alkalien und erkläre es.

25. Durch welche Reaktion lassen sich primäre, sekundäre und tertiäre Nitroverbindungen unterscheiden?

26. Wie können primäre Nitroverbindungen in Amine, in Carbonsäuren oder in Aldehyde übergeführt werden?

27. Wie verläuft die Kondensation von Nitroverbindungen mit Aldehyden?

28. Man nenne zwei einfache Methoden zur Unterscheidung zwischen einem Nitroalkan und einem Alkylnitrit.

Aufgaben

Amine

29. (a) Man vergleiche die Zahl möglicher Alkohole der Summenformel $C_4H_{10}O$ mit der Zahl möglicher Amine der Summenformel $C_4H_{11}N$. (b) Man vergleiche die Zahl sekundärer Alkohole der Summenformel $C_5H_{12}O$ mit der Zahl sekundärer Amine der Summenformel $C_5H_{13}N$. (c) Man vergleiche die Zahl der primären Alkohole der Summenformel $C_5H_{12}O$ mit der Zahl primärer Amine der Formel $C_5H_{13}N$.

30. Man stelle Reaktionsgleichungen für folgende Darstellungsmethoden auf: (a) Äthylamin aus einem Amid; (b) n-Butylamin aus einem Oxim; (c) Isopropyl-di-n-butyl-amin aus einem Chloramin; (d) n-Hexadecylamin aus einer Säure; (e) Isobutylamin aus einem Cyanid; (f) Diäthylamin aus Natriumcyanamid; (g) n-Octylamin aus Hexamethylentetramin.

31. Man schreibe die Elektronenformeln für jede der folgenden Verbindungen und gebe an, von welchem Atom die Elektronen stammen; (a) Äthylamin; (b) Tetramethylammoniumjodid; (c) tert.-Butylaminhydrochlorid; (d) Trimethylaminoxyd; (e) Trimethylamin-Bortrifluorid-Komplex; (f) Nitrosodimethylamin; (g) Triäthylammoniumnitrit; (h) Methylaminsulfat; (i) Diäthylaminphosphat.

32. Man gebe die Reaktionsfolgen für nachstehende Umwandlungen an: (a) Methyljodid in Trimethylaminoxyd; (b) Äthylpalmitat in n-Pentadecylamin; (c) Äthylcyanid in N-Acetyl-n-propylamin; (d) Octanon-(2) in 2-Amino-octan; (e) Diisopropyläther in Isopropylamin; (f) Buten-(1) in sek.-Butylisocyanid; (g) Laurinsäureäthylester in n-Dodecylamin; (h) Caprinsäure in Di-n-nonylamin; (i) Isoamylbromid in Isohexylamin; (j) Triäthylamin in Nitrosodiäthylamin.

33. Wie kann man leicht zwischen den Gliedern jeder der folgenden Gruppen von Verbindungen unterscheiden: (a) n-Butylalkohol, n-Butylamin und Diäthylamin; (b) Propionsäure, Isobutylamin und Diäthyläther; (c) n-Octan, Hexylamin und Triäthylamin; (d) Tetraäthylammoniumbromid, Ammoniumbromid und Natriumbromid; (e) n-Hexylbromid, n-Hexylammoniumbromid und Ammoniumbromid; (f) Propionamid, Ammoniumpropionat und Trimethylammoniumpropionat; (g) n-Butylnitrit, Diisopropylammoniumnitrit und Trimethylammoniumnitrit; (h) Diäthylketoxim, Isooctylamin und Capronamid; (i) Isobutylamin, Isobutyramid und Äthylisobutyrat; (j) Trimethylammoniumnitrit, Nitrosodimethylamin und Ammoniumnitrit.

34. Man überlege sich, wie man jede Komponente der folgenden Gemische in relativ reinem Zustand erhalten kann: (a) Octanol-(2), n-Octan, Tri-n-butylamin und Methylisobutylketon; (b) Methylamin, Essigsäure, Methanol und n-Hexan; (c) Aceton, Äthanol, Trimethylamin und Acetamid; (d) Buttersäureäthylester, n-Butyraldehyd, Tributylamin und Propionsäure; (e) Äthanol, Dimethylamin, Trimethylamin und Tetramethylammoniumbromid.

Amide

35. Man gebe für folgende Synthesen Reaktionsgleichungen: (a) N-Äthylpropionamid aus einem Acylchlorid; (b) Valeramid aus einem Ester; (c) N,N-Dimethyln-butyramid aus einem Anhydrid; (d) Lauramid aus einer Säure.

36. Man gebe die Reaktionsfolgen für die Ausführung folgender Umwandlungen an: (a) n-Butyramid in N-n-Propylacetamid; (b) N-Methylcapronamid in Capronsäureäthylester; (c) N-n-Butylacetamid in n-Butylacetat; (d) Propionamid in N,N-Dimethylpropionamid; (e) N,N-Dimethylformamid in Nitrosodimethylamin; (f) N-Nitroso-N-tridecylacetamid in Tridecylalkohol; (g) Caprylamid in n-Octylamin; (h) N,N-Diisopropylacetamid in N,N-Diisopropyl-n-valeramid; (i) Isoamylalkohol in N-sek.-Butyl-isovaleramid; (j) Nonansäuremethylester in N-Nitroso-N-äthyl-nonansäureamid.

37. Welche Aussagen lassen sich über die Konstitution der Glieder folgender Verbindungspaare machen: (a) Zwei Verbindungen haben die Summenformel C_3H_7NO. Die eine reduziert Tollenssches Reagens, entwickelt aber bei Behandlung mit salpetriger Säure keinen Stickstoff, während die andere Stickstoff entwickelt, aber Tollenssches Reagens nicht reduziert. Beim Kochen mit verdünnter Natronlauge liefern beide Verbindungen ein Produkt, das Lackmus bläut. (b) Zwei Verbindungen haben die Summenformel $C_6H_{13}NO$. Beide werden mehrere Stunden mit Salzsäure gekocht. Die nichtwäßrige Schicht des Reaktionsprodukts gibt in einem Fall die Jodoform-Reaktion, im anderen löst sie sich in verdünnten wäßrigen Alkalien. (c) Zwei Verbindungen haben die Summenformel C_3H_9NO. Die eine davon entwickelt bei Behandlung mit Methylmagnesiumjodid Methan, die andere nicht.

Alkylcyanide und Alkylisocyanide

38. Man gebe für folgende Darstellungsmethoden Reaktionsgleichungen: (a) Propionitril aus einem Alkyljodid; (b) 2-Methyl-buttersäure aus einem Alkylcyanid; (c) Isopropylisocyanid aus einem Amin; (d) (4-Methyl-pentyl)amin aus einem Alkylcyanid; (e) 2-Cyan-3-methyl-butan aus einem Olefin; (f) Acetamid aus einem Alkylcyanid; (g) Isobutylcyanid aus einem Amid; (h) Trimethylessigsäuremethylester aus

einem Alkylcyanid; (*i*) n-Hexylcyanid aus einem Aldoxim; (*j*) Methyl-n-butyl-amin aus einem Alkylisocyanid.

39. Man gebe für nachstehende Umwandlungen eine Folge von Reaktionen an: (*a*) n-Amylbromid in n-Hexylamin; (*b*) Äthylcyanid in n-Propylisocyanid; (*c*) Isoamyl-alkohol in 1.2-Dimethyl-propylcyanid; (*d*) n-Buttersäure in n-Butyronitril; (*e*) Iso-butyraldehyd in Isopropylcyanid; (*f*) Caprylamid in n-Heptylisocyanid; (*g*) Methyl-palmitat in Hexadecylcyanid; (*h*) Methyläthylketon in sek.-Butylisocyanid; (*i*) n-Butyläther in n-Amylamin; (*j*) Propionsäure in sek.-Butylcyanid.

40. Wie kann man leicht zwischen den Gliedern folgender Gruppen von Ver-bindungen unterscheiden: (*a*) Di-n-butyläther, n-Butylcyanid und n-Butylamin; (*b*) Isooctylcyanid, Isooctylisocyanid und Isocaprinamid; (*c*) Butyronitril, Buttersäure und Butyron; (*d*) Acetaldoxim, Acetamid und Stearonitril; (*e*) Acetonitril, N,N-Di-methylformamid und N,N-Dimethylacetamid?

Nitroalkane

41. Für folgende Synthesen sind Reaktionsgleichungen anzugeben: (*a*) 2-Nitro-2-methyl-propan aus einem Amin; (*b*) Isopropylamin aus einer Nitroverbindung; (*c*) Propionaldehyd aus einer Nitroverbindung; (*d*) 1-Nitro-heptan aus einem Oxim; (*e*) Essigsäure aus einer Nitroverbindung; (*f*) 1.3-Dihydroxy-2-nitro-2-äthyl-propan aus einer Nitroverbindung.

42. Man gebe eine Folge von Reaktionen für die Ausführung folgender Umwand-lungen: (*a*) sek.-Butylalkohol in 2.3-Dinitro-butan; (*b*) Isoamyläther in 1-Nitro-3-methyl-butan; (*c*) Octanon-(2) in 2-Nitro-octan; (*d*) 1-Nitro-butan in n-Propylamin; (*e*) Trimethylacetamid in 2-Nitro-2-methyl-propan.

43. Welche Nachweisreaktionen erlauben, zwischen den Gliedern folgender Gruppen von Verbindungen zu unterscheiden: (*a*) 1-Nitro-propan, Butyronitril und n-Hexylamin;(*b*) Nitromethan, 2-Nitro-propan und Heptansäure; (*c*) 2-Nitro-2-methyl-propan, Di-n-propyläther und n-Octan; (*d*) Nonen-(1), 1-Nitro-propan und Nonanol-(1); (*e*) sek.-Butylnitrit, 2-Nitro-butan und Butyronitril.

44. Man schreibe die Elektronenformeln für Methylnitrit, Nitromethan, die aci-Form des Nitromethans, Methylnitrat und Nitrosonitromethan.

45. Die Analyse ergab für zwei Verbindungen die Summenformel $C_5H_{11}NO_2$. Die eine davon war ziemlich leicht löslich in Wasser, die andere unlöslich in Wasser, aber löslich in verdünnten Alkalien. Die wasserlösliche Verbindung entwickelte beim Kochen mit Alkalien Ammoniak, und kräftige Oxydation des Hydrolyseproduktes ergab eine Säure mit dem Neutralisationsäquivalent 66. Die alkalische Lösung der wasserunlöslichen Verbindung lieferte beim Eingießen in heiße 25%ige Schwefelsäure ein Produkt, das positive Jodoformreaktion gab. Was läßt sich über die Struktur der beiden Verbindungen aussagen? Für die beteiligten Reaktionen sind die Gleichungen anzugeben.

Kapitel 13

Aliphatische Schwefelverbindungen

Da Schwefel im Periodensystem unter dem Sauerstoff steht, gibt es eine Reihe von organischen Verbindungen, die Schwefelanaloga von Sauerstoff-verbindungen darstellen.

R—S—H	Thioalkohole (Thiole, Mercaptane)	$R-\overset{\displaystyle S}{\overset{\|}{C}}-SH$	Dithiosäuren
R—S—R	Sulfide (Thioäther)	$R-\overset{\displaystyle S}{\overset{\|}{C}}-H$	Thioaldehyde (Thiale)
R—S—S—R	Disulfide	$R-\overset{\displaystyle S}{\overset{\|}{C}}-R$	Thioketone (Thione)
$R-\overset{\displaystyle O}{\overset{\|}{C}}-SH$	Thiosäuren		

Außer diesen sind jedoch verschiedene Arten von Verbindungen bekannt, in denen Schwefel an drei oder vier Atome oder Atomgruppen gebunden ist. In diesen Verbindungen dienen die einsamen Elektronenpaare des Schwefels zu Bindungszwecken. In den Fällen, in denen das dritte und vierte Atom Sauerstoff ist, besteht über die Natur der Bindung noch keine Sicherheit. Für die meisten Zwecke genügt es, die gewöhnliche Oktettregel auf die zweite Periode auszudehnen und anzunehmen, daß die Bindungen zum Sauerstoff semipolar sind (S. 249), wobei beide Elektronen vom Schwefelatom gestellt werden.

$$\left[\begin{array}{c} R \\ \ddot{R:S:}{}^{+} \\ R \end{array}\right][X^-], \quad \left[\begin{array}{c} R \\ R{-}S^+ \\ R \end{array}\right][X^-] \ \text{oder}\ [R_3S^+][X^-] \qquad \text{Sulfoniumsalze}$$

$$\ddot{:O:} \qquad O_- \\ R:\ddot{S}:R, \qquad R{-}\overset{+}{S}{-}R, \qquad RS(O)R\ \text{oder}\ RSOR \qquad \text{Sulfoxyde}$$

$$\ddot{:O:} \qquad O_- \\ R:\ddot{S}:\ddot{O}:H, \qquad R{-}\overset{+}{S}{-}O{-}H, \ RS(O)OH\ \text{oder}\ RSO_2H \qquad \text{Sulfinsäuren}$$

$$\ddot{:O:} \qquad O_- \\ R:\ddot{S}:R, \qquad R{-}\overset{+}{\underset{+}{S}}{-}R, \qquad RS(O)_2R\ \text{oder}\ RSO_2R \qquad \text{Sulfone} \\ \ddot{:O:} \qquad O^-$$

$$\ddot{:O:} \qquad O_- \\ R:\ddot{S}:\ddot{O}:H, \qquad R{-}\overset{+}{\underset{+}{S}}{-}O{-}H, \ RS(O)_2OH\ \text{oder}\ RSO_3H \quad \text{Sulfonsäuren} \\ \ddot{:O:} \qquad O^-$$

Vor der Veröffentlichung der Elektronentheorie von Lewis im Jahre 1916 wurde angenommen, daß Verbindungen wie die Sulfoxyde und Sulfinsäuren vierwertigen Schwefel enthalten, und daß ein Sauerstoff durch eine Doppelbindung mit dem Schwefel verknüpft ist. Entsprechend wurden Sulfone und Sulfonsäuren als Verbindungen mit sechswertigem Schwefel aufgefaßt, in denen zwei doppeltgebundene Sauerstoffatome vorkommen.

$$\begin{array}{cccc} O & O & O & O \\ \| & \| & \| & \| \\ R{-}S{-}R & R{-}S{-}OH & R{-}S{-}R & R{-}S{-}OH \\ & & \| & \| \\ & & O & O \\ \\ \text{Sulfoxyde} & \text{Sulfin-} & \text{Sulfone} & \text{Sulfon-} \\ & \text{säuren} & & \text{säuren} \end{array}$$

Analog wurde das Stickstoffatom in Salpetersäure, Nitroverbindungen und Aminoxyden für fünfwertig gehalten.

$$\begin{array}{ccc} O & O & \\ \| & \| & \\ HO{-}N{=}O & R{-}N{=}O & R_3N{=}O \end{array}$$

Die Aufstellung der Oktettregel durch Lewis und durch Langmuir führte dann zu der Auffassung, daß das Stickstoffatom in den Nitrogruppen und Aminoxyden tetrakovalent ist, ebenso wie im Ammoniumion, was zwangsläufig zu der Annahme führte, daß das Stickstoffatom mit dem einen der Sauerstoffatome durch eine semipolare Bindung (S. 249) verknüpft ist. Diese Vorstellungen wurden auch auf die Sauerstoffverbindungen des Schwefels und Phosphors übertragen, und Verbindungen wie Schwefelhexafluorid und Phosphorpentachlorid wurden als anomale Ausnahmen von einer allgemeinen Regel angesehen.

Während der nächsten zwanzig Jahre schienen verschiedene Forschungsergebnisse die neuere Auffassung zu bestätigen (S. 369), aber 1937 ergab sich bei der experimentellen Bestimmung der Bindungsabstände, daß diese Schwefel-Sauerstoff-Bindungen kürzer und somit stärker sind, als für semipolare Bindungen anzunehmen wäre. Trotzdem wurde das Vorliegen einer semipolaren Bindung bis 1944 nicht ernstlich in Frage gestellt. Seither haben sich aber die Beweise dafür gehäuft, daß durch die Wechselwirkung eines einsamen Elektronenpaares vom Sauerstoff mit dem Schwefelatom ein gewisser Grad von Doppelbindungscharakter zustande kommt.

Diese Wechselwirkung kann in der Sprache der molecular orbital-Theorie verstanden werden. Man weiß, daß das Sulfoxydmolekül R_2SO pyramidal, nicht eben gebaut ist. Daher ist nur ein p-orbital oder ein bastardisiertes sp^3-orbital an der Ausbildung der σ-Bindung zum Sauerstoff beteiligt. Der Doppelbindungscharakter kommt durch Überlagerung eines $3d$-orbital vom Schwefel mit einem $2p$-orbital vom Sauerstoff zustande, wie in Abb. 50 gezeigt. Berechnungen ergeben, daß das Ausmaß der

Abb. 50. Bindungsbildung durch Überlagerung eines 3 d-orbital und eines 2 p-orbital.

Überlagerung genügt, um eine ziemlich starke π-Bindung entstehen zu lassen. Der Doppelbindungsanteil erklärt die größere Bindungsstärke, die geringere Bindungslänge und das niedrigere Bindungsmoment als einer einfachen koordinativen Kovalenz entspricht. Diese Art Wechselwirkung ist zwischen Sauerstoff und Stickstoff in Ermangelung von $2d$-orbitals nicht möglich. Die Sulfone R_2SO_2 und die Sulfonsäuren RSO_2OH unterscheiden sich von den Sulfoxyden und Sulfinsäuren nur dadurch, daß die an der σ-Bindung beteiligten Schwefelorbitals bastardisierte sp^3-orbitals sein müssen. Ähnliche Vorstellungen gelten auch für Phosphor und in abgewandelter Form für Silicium.

In der neueren Literatur besteht die Tendenz, die alte Symbolik $>S=O$ und

$$>S\!\!<^{\textstyle O}_{\textstyle O}$$ wiederaufzunehmen, wodurch der Doppelbindungscharakter der Schwefel-Sauerstoff-Bindungen betont werden soll. Dabei wird kein Unterschied zwischen einer Kohlenstoff-Sauerstoff-Doppelbindung und einer Schwefel-Sauerstoff-Doppelbindung gemacht, und doch sind die Verschiedenheiten viel größer als die gemeinsamen Züge. Bei einer Kohlenstoff-Sauerstoff-Doppelbindung, etwa in einem Keton $R_2C=O$, ist die σ-Bindung das Ergebnis der Überlagerung eines bastardisierten sp^2-orbital und eines p-orbital, und die Kohlenstoffvalenzen sind planar. Die π-Bindung kommt durch Überlagerung zweier p-orbitals zustande (S. 52). Reagentien wie Wasserstoff können sich an die Doppelbindung unter Ausbildung neuer starker σ-Einfachbindungen anlagern. Dagegen werden an die Schwefel-Sauerstoff-Doppelbindung keine Reagentien angelagert, da die vierlappige Gestalt der d-orbitals allgemein keine ausreichende Überlagerung reiner d-orbitals oder bastardisierter s—p—d-orbitals mit s-, p- oder bastardisierten s—p-orbitals erlaubt, und somit keine starken σ-Bindungen entstehen können. Einerseits erschiene es nützlich, einen neuen Symbolismus für die Schwefel-Sauerstoff-Bindung einzuführen, z. B. die σp—p-Bindung oder die sp^3—p-Bindung als semipolare Bindung aufzufassen, zu der beide Elektronen vom Schwefelatom gestellt werden, die πd—p-Bindung als semipolare Bindung, zu der das Sauerstoffatom beide Elektronen liefert. Ein geeignetes Symbol hierfür wäre S $\rightleftarrows$ O. Andererseits würde der Versuch, für jede besondere Bindungsart ein verschiedenes Symbol einzuführen, eine verwirrende Vielfalt von Symbolen bringen. Da die Schwefel-Sauerstoff-Doppelbindung in ihrem chemischen Verhalten mehr der semipolaren Stickstoff-Sauerstoff-

Bindung gleicht als der Kohlenstoff-Sauerstoff-Doppelbindung, ist es vorzuziehen, sie als semipolare Bindung zu formulieren, mit der stillschweigenden Voraussetzung, daß die Ladungsdifferenz und die Bindungslänge geringer sind als bei der semipolaren Stickstoff-Sauerstoff-Bindung. Wird eine derartige Formel einzeilig geschrieben, so kann der Sauerstoff in Klammern gesetzt werden, z. B. $RS(O)R$; eine Verwechslung mit der hypothetischen Verbindung $R—S—O—R$ ist dann ausgeschlossen.

Thioalkohole (Thiole, Mercaptane)

Darstellung

1. Aus Alkylhalogeniden oder -sulfaten und Natriumhydrogensulfid. Thioalkohole (Mercaptane) bilden sich, wenn ein Alkylhalogenid mit einer alkoholischen Lösung von Natriumhydrogensulfid unter Rückfluß gekocht wird.

$$RX + NaSH \longrightarrow RSH + NaX$$

Eine bessere Methode besteht darin, den Alkohol in Schwefelsäure zu lösen, mit Natriumcarbonat zu neutralisieren und dann eine Lösung von Natriumhydrogensulfat zuzufügen, die durch Sättigen einer Natriumhydroxydlösung mit Schwefelwasserstoff dargestellt wurde.

$$ROH + H_2SO_4 \longrightarrow ROSO_3H + H_2O$$
$$2\,ROSO_3H + Na_2CO_3 \longrightarrow 2\,ROSO_3Na + CO_2 + H_2O$$
$$ROSO_3Na + NaSH \longrightarrow RSH + Na_2SO_4$$

Ob man von Alkylhalogeniden oder Alkylsulfaten ausgeht, man erhält immer etwas Dialkylsulfid auf Grund des folgenden Gleichgewichtes

$$RSH + NaSH \rightleftarrows RSNa + H_2S$$

Die Natriummercaptide können mit einem zweiten Mol Alkylhalogenid oder -sulfat reagieren.

$$RSNa + RX \longrightarrow RSR + NaX$$

Das Natriumhydrogensulfid wird gewöhnlich in großem Überschuß angewendet. Die Alkalinität seiner Lösung verursacht eine weitere Nebenreaktion, nämlich die Abspaltung von Mineralsäure unter Bildung des Olefins. Die besten Ausbeuten an Mercaptanen oder Sulfiden werden daher erhalten, wenn die Alkylgruppe primär ist, während sich nur Olefin bildet, wenn sie tertiär ist.

2. Aus Olefinen und Schwefelwasserstoff. Schwefelwasserstoff wird von Olefinen in flüssiger Phase unter dem Einfluß von Licht kurzer Wellenlängen (etwa 2800 Å) glatt addiert. Die Addition erfolgt nicht nach der Regel von MARKOWNIKOW; aus $\Delta^{1.2}$-Alkenen entstehen primäre Alkylhydrogensulfide.

$$RCH=CH_2 + H_2S \xrightarrow{h\nu} RCH_2CH_2SH$$

Die Reaktion verläuft über einen Radikalmechanismus.

Startreaktion $\qquad\qquad\qquad H_2S \xrightarrow{h\nu} H\cdot + \cdot SH$

Reaktionskette $\quad RCH=CH_2 + \cdot SH \longrightarrow R\overset{\cdot}{C}HCH_2SH$

$\qquad\qquad\qquad R\overset{\cdot}{C}HCH_2SH + H_2S \longrightarrow RCH_2CH_2SH + \cdot SH$

Kettenabbruch $\quad R\overset{\cdot}{C}HCH_2SH + \cdot SH \longrightarrow \underset{\underset{SH}{|}}{RCHCH_2SH}$

$\qquad\qquad\qquad R\overset{\cdot}{C}HCH_2SH + H\cdot \longrightarrow RCH_2CH_2SH$

$\qquad\qquad\qquad\qquad H\cdot + \cdot SH \longrightarrow H_2S$

Die Addition entgegen der Markownikowschen Regel ist charakteristisch für Radikalmechanismen (S. 64).

Unsymmetrisch substituierte Olefine addieren Schwefelwasserstoff in flüssiger Phase bei hoher Temperatur und hohem Druck in Gegenwart eines Siliciumdioxyd-Aluminiumoxyd-Katalysators unter Bildung von tertiären Alkylhydrogensulfiden.

$$R_2CH\!=\!CH_2 + H_2S \xrightarrow[\text{200°, 70 Atm.}]{SiO_2-Al_2O_3} R_2\underset{\underset{CH_3}{|}}{C}HSH$$

Diese Reaktion folgt der Regel von MARKOWNIKOW. Es liegt also zweifellos ein Ionenmechanismus vor, bei dem das Aluminiumoxyd als saurer Katalysator wirkt.

3. Aus Alkyldithiocarbaminaten. Reagiert Ammoniak mit Schwefelkohlenstoff, so entsteht das Ammoniumsalz der Dithiocarbamidsäure (S. 340), das mit Alkylhalogeniden unter Bildung von Alkyldithiocarbaminaten reagieren kann. Diese Verbindungen sind Ester und können zu Thioalkoholen verseift werden.

$$CS_2 + 2\,NH_3 \longrightarrow \left[H_2N-\overset{\overset{S}{\|}}{C}-S^-\right][NH_4^+]$$

$$[H_2NCSS^-]NH_4^+ + RX \longrightarrow H_2NCSSR + NH_4X$$

$$H_2NCSSR + 2\,NaOH \longrightarrow RSNa + NaSCN + 2\,H_2O$$

$$RSNa + HCl \longrightarrow RSH + NaCl$$

Diese Methode empfiehlt sich bei Halogeniden, die leicht Halogenwasserstoffsäure verlieren, und zur Darstellung von Thioglykolen.

4. Durch Reduktion von Disulfiden. Die Reduktion kann durch Zufügen von Zinkstaub zu einem siedenden Gemisch von Disulfid (S. 293) und 50%iger wäßriger Schwefelsäure bewirkt werden.

$$RSSR + 2\,[H]\,(Zn + H_2SO_4) \longrightarrow 2\,RSH$$

5. Aus S-Alkylthioharnstoffen. Alkylhalogenide reagieren mit Thioharnstoff (S. 342) unter Bildung von S-Alkylthioharnstoffen, die beim Erhitzen Mercaptane und Dicyandiamide (S. 336) liefern.

$$RX + S\!=\!C\!\!\begin{array}{c}\nearrow NH_2\\ \searrow NH_2\end{array} \longrightarrow RSC\!\!\begin{array}{c}\nearrow NH_2^+X^-\\ \searrow NH_2\end{array} \xrightarrow{NaOH} RSC\!\!\begin{array}{c}\nearrow NH\\ \searrow NH_2\end{array} + NaX + H_2O$$

Ein S-Alkylthioharnstoff

$$RSC\!\!\begin{array}{c}\nearrow NH\\ \searrow NH_2\end{array} \xrightarrow{\text{Wärme}} RSH + H_2NC\!\equiv\!N \xrightarrow{\text{2 Mol}} H_2N-\overset{\overset{}{\underset{\underset{NH}{\|}}{C}}}{}-NHCN$$

Cyanamid

Dicyandiamid

Nomenklatur

Die Nomenklatur der aliphatischen Sulfhydrylverbindungen ist ganz analog der der entsprechenden Hydroxyverbindungen. CH_3SH heißt Methylmercaptan oder Methanthiol; $CH_3CH_2CHSHCH_3$ ist sek.-Butylmercaptan oder Butanthiol-(2). Die $-SH$-Gruppe wird *Sulfhydryl*-Gruppe oder häufiger *Mercapto*-Gruppe genannt. Diese Bezeichnung wird bei Verbindungen, die mehrere Funktionen enthalten, als Präfix gebraucht; z. B. ist $HSCH_2COOH$ Mercaptoessigsäure.

Physikalische Eigenschaften

Beim Vergleich der Siedepunkte der dikovalenten Schwefelverbindungen mit denen der analogen Sauerstoff-, Stickstoff- und Kohlenstoffverbindungen von annähernd gleichem Molekulargewicht (Tab. 16) fällt auf, daß die Siedepunkte der Mercaptane normaler sind als die der Alkohole oder der primären und sekundären Amine. Die Mercaptane sieden etwas höher als Kohlenwasserstoffe gleichen

Tabelle 16. *Siedepunkte von Wasser, Ammoniak, Schwefelwasserstoff, Methan und ihren Alkylderivaten*

Sauerstoffverbindungen			Stickstoffverbindungen			Schwefelverbindungen			Kohlenstoffverbindungen		
Verbindung	Mol. Gew.	Kp.	Verbindung	Mol. Gew.	Kp.	Verbindung	Mol. Gew.	Kp.	Verbindung	Mol. Gew.	Kp.
H_2O	18	$+100$	NH_3	17	-33				CH_4	16	-161
CH_3OH	32	$+65$	CH_3NH_2	31	-7	H_2S	34	-61	C_2H_6	30	-89
C_2H_5OH	46	$+78$	$C_2H_5NH_2$	45	$+17$	CH_3SH	48	$+6$	C_3H_8	44	-42
$(CH_3)_2O$	46	-24	$(CH_3)_2NH$	45	$+7$						
$n\text{-}C_3H_7OH$	60	$+98$	$n\text{-}C_3H_7NH_2$	59	$+49$	C_2H_5SH	62	$+37$	$n\text{-}C_4H_{10}$	58	-1
$i\text{-}C_3H_7OH$	60	$+82$	$CH_3NHC_2H_5$	59	$+32$				$i\text{-}C_4H_{10}$	58	-10
$CH_3OC_2H_5$	60	$+11$	$(CH_3)_3N$	59	$+4$	$(CH_3)_2S$	62	$+38$			

Molekulargewichts, doch ist dies sicher nicht auf Wasserstoffbrückenbindung zurückzuführen, da Äthylmercaptan und Dimethylsulfid bei fast gleicher Temperatur sieden. Dieses Verhalten weicht völlig ab von dem der Propylalkohole und des Methyläthyläthers oder von Methyläthylamin und Trimethylamin. Das Ansteigen der Siedepunkte in der Reihe n-Butan, Trimethylamin, Methyläthyläther und Methylsulfid kann der Erhöhung der Dipolmomente zugeschrieben werden, deren gemessene oder berechnete Werte in der gleichen Reihe 0, 0,6, 1,2 und 1,6 betragen.

Die Mercaptane sind viel schwerer in Wasser löslich als die entsprechenden Alkohole; z. B. lösen sich nur 1,5 g Äthylmercaptan in 100 cm³ Wasser von Raumtemperatur. Diese geringe Wasserlöslichkeit kann mit der Unfähigkeit des Schwefels zur Ausbildung von Wasserstoffbrücken sowohl mit Wasserstoff, der an Sauerstoff gebunden ist, als auch mit Wasserstoff, der an Schwefel gebunden ist, erklärt werden.

Physiologische Eigenschaften

Die flüchtigen Mercaptane haben einen äußerst unangenehmen Geruch. E. FISCHER fand, daß ein Volumen Äthylmercaptan in 50 Milliarden Volumen Luft noch mit der Nase wahrnehmbar ist. Diese Konzentration, ausgedrückt in Gewichtseinheiten pro Kubikzentimeter Luft, entspricht $^1/_{250}$ der Konzentration an Natrium, die KIRCHHOFF und BUNSEN auf spektroskopischem Wege nachweisen konnten. Mit steigendem Molekulargewicht wird der Geruch der Mercaptane weniger unangenehm, bei Verbindungen mit mehr als neun Kohlenstoffatomen ist er sogar angenehm. Wie Schwefelwasserstoff sind auch die niederen Mercaptane giftig.

Reaktionen

1. Salzbildung. Wie Schwefelwasserstoff saurer ist als Wasser, sind auch die Mercaptane saurer als die Alkohole und reagieren mit den wäßrigen Lösungen starker Basen unter Bildung von Salzen. In wäßriger Lösung sind diese Salze wie Natriumsulfid merklich hydrolysiert.

$$RSH + NaOH \rightleftarrows RSNa + H_2O$$

Die Schwermetallsalze, z. B. von Blei, Quecksilber, Kupfer, Cadmium und Silber, sind unlöslich in Wasser. Die Leichtigkeit der Bildung unlöslicher Quecksilbersalze gab Anlaß zu dem Namen Mercaptan (lat. *mercurium captans*, nach Quecksilber greifend). Zur Bestimmung der Mercaptane kann eingestellte wäßrige Silbernitratlösung verwendet werden.

2. Oxydation zu Disulfiden. Natriumhypohalogenitlösungen oxydieren Mercaptane bei Raumtemperatur zu Disulfiden.

$$2\,RSH + J_2 + 2\,NaOH \longrightarrow RSSR + 2\,NaJ + 2\,H_2O$$

Bei Verwendung einer standardisierten Jodlösung eignet sich die Reaktion zur quantitativen Bestimmung von Mercaptanen. Auch von Luft werden sie leicht oxydiert, besonders in Gegenwart von Ammoniak. Das *Doktor-Verfahren* zum „Süßen" (geruchlos machen) von Benzin beruht auf der Oxydation der Mercaptane zu den schwächer riechenden Disulfiden mit Hilfe von Natriumplumbitlösungen und einer kleinen Menge freiem Schwefel.

$$2\,RSH + Na_2PbO_2 \longrightarrow Pb(SR)_2 + 2\,NaOH$$
$$Pb(SR)_2 + S \longrightarrow PbS + (RS)_2$$

Die Doktor-Lösung wird durch Leiten von Luft durch die heiße Lösung regeneriert.

$$PbS + 4\,NaOH + 2\,O_2 \longrightarrow Na_2PbO_2 + Na_2SO_4 + 2\,H_2O$$

Die Doktor-Lösung kann auch zum Nachweis von Mercaptogruppen verwendet werden. Die Bildung von schwarzem Bleisulfid zeigt eine positive Reaktion an. Die Oxydation von Sulfhydrylgruppen zu Disulfidgruppen und die Reduktion von Disulfid zu Sulfhydryl im Cysteinanteil von Eiweißmolekülen (S. 312, 317) spielt eine wichtige Rolle bei biologischen Vorgängen.

3. Oxydation zu Sulfonsäuren. Diese Reaktion wird gewöhnlich durch Erhitzen des Mercaptans oder eines Salzes wie Bleimercaptid mit konzentrierter Salpetersäure durchgeführt (S. 299).

$$RSH + 3\,[O]\ (HNO_3) \longrightarrow RSO_3H$$
$$(RS)_2Pb + 6\,[O]\ (HNO_3) \longrightarrow (RSO_3)_2Pb$$

4. Esterbildung. Wenn primäre Thiole mit Carbonsäuren reagieren, bilden sich Thioester und Wasser, nicht Ester und Schwefelwasserstoff.

$$RCOOH + HSR \rightleftarrows RCOSR + H_2O$$

Diese Reaktion bildete die Grundlage für die Annahme, daß bei der Esterbildung zwischen primären Alkoholen und Säuren die Hydroxylgruppe von der Säure abgespalten wird und nicht vom Alkohol, eine Annahme, die durch Verwendung des ^{18}O-Isotops bestätigt wurde (S. 176).

Mercaptane reagieren auch mit Acylhalogeniden unter Bildung von Thioestern.

$$RSH + ClCOR \longrightarrow RSCOR + HCl$$

Im Gegensatz zur Hydroxylgruppe ist die Mercaptogruppe nicht leicht ersetzbar. Die Reaktion mit Phosphortrichlorid führt z. B. zu einem Thioester.

$$RSH + PCl_3 \longrightarrow RSPCl_2 + HCl$$

5. Thioacetalbildung. Thiole reagieren in Gegenwart von Chlorwasserstoff oder Zinkchlorid leicht mit Aldehyden oder Ketonen unter Bildung von Thioacetalen.

$$RCHO + 2\,R'SH \longrightarrow RCH(SR')_2 + H_2O$$
$$R_2CO + 2\,R'SH \longrightarrow R_2C(SR')_2 + H_2O$$

Diese Verbindungen sind viel beständiger gegen saure Hydrolyse als Acetale, doch kann der Aldehyd oder das Keton durch Hydrolyse in Gegenwart von Quecksilberoxyd wiedergewonnen werden.

Sulfide (Thioäther)

Darstellung

Sulfide werden gewöhnlich durch Reaktion von Alkylhalogeniden oder -sulfaten mit Natriumsulfid oder Natriummercaptiden in alkoholischer Lösung dargestellt.

$$2\,RX + Na_2S \longrightarrow R_2S + 2\,NaX$$
$$RX + NaSR' \longrightarrow RSR' + NaX$$

Die erste Reaktion ergibt einfache Sulfide, die zweite kann zur Darstellung gemischter Sulfide dienen.

Nomenklatur

Die Nomenklatur der Sulfide ergibt sich aus folgenden Beispielen: $C_2H_5SC_2H_5$ ist Diäthylsulfid, $CH_3SCH_2CH(CH_3)_2$ Methylisobutylsulfid; die Genfer Namen Äthylthioäthan bzw. 1-Methylthio-2-methyl-propan werden kaum benutzt. Bei Verbindungen mit mehreren Funktionen wird die RS-Gruppe als Alkylthio- bzw. Alkylmercaptogruppe bezeichnet.

Reaktionen

1. Oxydation zu Sulfoxyden. Sulfide werden bei Raumtemperatur durch Salpetersäure, Chromtrioxyd oder Wasserstoffperoxyd zu Sulfoxyden oxydiert.

$$R-S-R + [O] \ (HNO_3, \ CrO_3, \ \text{oder} \ H_2O_2) \longrightarrow R-\overset{\overset{\displaystyle O^-}{|}}{\underset{}{S}}{}^+-R \ (RSOR)$$

Sulfide können durch Titration mit einer eingestellten Lösung von wäßrigem Brom quantitativ bestimmt werden.

$$R_2S + Br_2 + H_2O \longrightarrow R_2SO + 2\,HBr$$

2. Oxydation zu Sulfonen. Wasserstoffperoxyd in Eisessig, rauchende Salpetersäure oder Kaliumpermanganat oxydieren Sulfide bei erhöhter Temperatur zu Sulfonen, die gegen weitere Oxydation sehr beständig sind.

$$R\text{—}S\text{—}R + 2\,[O]\ (H_2O_2,\ HNO_3\ \text{oder}\ KMnO_4)\ \longrightarrow\ R\text{—}\overset{\overset{O_-}{|\,+}}{\underset{\underset{O^-}{|\,+}}{S}}\text{—}R\quad(RSO_2R)$$

Die Oxydation mit Wasserstoffperoxyd wird von starken Säuren katalysiert. Anscheinend beruht der Reaktionsmechanismus auf der Bildung der korrespondierenden Säure des Wasserstoffperoxyds, die auf Grund der positiven Ladung an einem Sauerstoffatom leichter als Wasserstoffperoxyd [ÖH$^+$] auf das einsame Elektronenpaar des Schwefelatoms übertragen kann.

$$H\text{—}\ddot{O}\text{—}\ddot{O}\text{—}H\ \underset{[B^-]}{\overset{HB}{\rightleftarrows}}\ \left[H\text{—}\ddot{O}\text{—}\overset{+}{\ddot{O}}\text{—}\underset{H}{H}\right]\ \underset{H_2O}{\overset{R_2\ddot{S}:}{\rightleftarrows}}\ \left[R_2\overset{+}{S}\text{—}\ddot{O}\text{—}H\right]\ \underset{HB}{\overset{[B^-]}{\rightleftarrows}}\ R_2\overset{+}{S}\text{—}\overset{-}{\ddot{O}}$$

Die Oxydation tertiärer Amine durch Wasserstoffperoxyd (S. 251) scheint nach einem ähnlichen Mechanismus zu verlaufen.

3. Bildung von Sulfoniumsalzen. Sulfide reagieren mit Alkylhalogeniden unter Bildung von Sulfoniumsalzen, analog der Überführung tertiärer Amine in quartäre Ammoniumsalze.

$$\underset{R}{R:\ddot{S}:} + R:X\ \longrightarrow\ \left[\underset{R}{R\text{—}\overset{+}{S}\text{—}R}\right][X^-]$$

Sind die R-Gruppen nicht alle gleich, so kompliziert sich die Reaktion dadurch, daß die Sulfoniumsalze leichter dissoziieren als die quartären Ammoniumsalze. So können z. B. folgende Reaktionen ablaufen und zu einem Gemisch aller nur möglichen Sulfoniumsalze führen.

$$R_2S + R'X\ \longrightarrow\ [R_2R'S^+][X^-]$$
$$[R_2R'S^+][X^-]\ \rightleftarrows\ RSR' + RX$$
$$RSR' + R'X\ \longrightarrow\ [RR'_2S^+][X^-]$$
$$R_2S + RX\ \longrightarrow\ [R_3S^+][X^-]$$
$$[RR'_2S^+][X^-]\ \rightleftarrows\ R'_2S + RX$$
$$R'_2S + R'X\ \longrightarrow\ [R'_3S^+][X^-]$$

Die Reaktion der Sulfide mit Halogen führt zu Dihalogeniden deren Strukturen wahrscheinlich denen der Sulfoniumsalze analog sind.

$$\underset{R}{R:\ddot{S}:} + :\ddot{C}l:\ddot{C}l:\ \longrightarrow\ \left[\underset{R}{R:\overset{+}{\ddot{S}}:\ddot{C}l:}\right]\left[:\ddot{C}l\,\bar{:}\right]$$

4. Spaltung der C—S-Bindung. Die Sulfide sind noch beständiger gegen Spaltungsreaktionen als die Äther. Sie ähneln in dieser Hinsicht den Aminen. Die C—S-Bindung kann mit Bromcyan gespalten werden, eine Reaktion, die der Abspaltung einer Alkylgruppe von einem tertiären Amin (S. 251) analog ist.

$$R_2S + BrCN\ \longrightarrow\ [R_2\overset{+}{\ddot{S}}:CN][Br^-]\ \overset{\text{Wärme}}{\longrightarrow}\ RBr + RSCN$$

Beim Einleiten von Chlor in die Lösung eines Sulfids in etwas Wasser enthaltendem Eisessig wird das Sulfid in ähnlicher Weise unter Bildung eines Sulfenylchlorids und eines Alkylchlorids gespalten. Das Sulfenylchlorid wird dann zum Sulfonylchlorid oxydiert.

$$R_2S + Cl_2 \longrightarrow [R_2\overset{..}{\overset{+}{S}}:Cl][Cl^-] \rightleftarrows RSCl + RCl$$

$$RSCl + 2\,Cl_2 + 2\,H_2O \longrightarrow RSO_2Cl + 4\,HCl$$

Disulfide

Darstellung

1. **Durch Oxydation von Mercaptanen** (S. 290).
2. **Aus Alkylhalogeniden oder -sulfaten und Natriumdisulfid.**

$$2\,RX + Na_2S_2 \longrightarrow RSSR + 2\,NaX$$

Natriumdisulfid wird durch Auflösen einer äquivalenten Menge Schwefel in einer konzentrierten wäßrigen Lösung von Natriumsulfid dargestellt. Die wäßrige Lösung wird mit Alkohol verdünnt und zum Sieden erhitzt, dann wird das Alkylhalogenid zugegeben.

Nomenklatur

Disulfide werden als solche benannt; z. B. heißt $(CH_3)_2S_2$ Methyldisulfid oder exakter Dimethyldisulfid, $CH_3SSC_2H_5$ ist Methyläthyldisulfid.

Reaktionen

1. **Reduktion zu Mercaptanen.** Die Reduktion mit Zinkstaub und Säure wurde S. 288 besprochen. Eine zweite interessante Methode ist die Spaltung mit metallischem Natrium.

$$RSSR + 2\,Na \longrightarrow 2\,RSNa$$

Die Geschwindigkeit dieser Reaktion nimmt mit wachsendem Molekulargewicht der Alkylgruppe sehr schnell zu. Dimethyl- und Diäthyldisulfid sind sehr reaktionsträge, während die Reaktion von Di-n-butyldisulfid durch Kühlen gemäßigt werden muß.

Die Reduktion zu Mercaptanen wird zur Bestimmung der Disulfide herangezogen. Das entstandene Mercaptan bestimmt man mit eingestellter Silbernitratlösung (S. 290). Das Locken von Haaren durch das Verfahren der „kalten Dauerwelle" beruht auf der Reduktion von Disulfidbindungen und anschließenden Regenerierung der Disulfidbindungen durch Oxydation (S. 313).

2. **Oxydation zu Sulfonsäuren.** Wie die Mercaptane werden auch die Disulfide durch Erhitzen mit starken Oxydationsmitteln wie 50%iger Salpetersäure zu Sulfonsäuren oxydiert.

$$RSSR + 5\,[O]\,(HNO_3) + H_2O \longrightarrow 2\,RSO_2OH$$

3. **Oxydation zu Thiosulfonaten.**

$$RS\!-\!SR + 2\,H_2O_2 \longrightarrow R\!-\!\overset{\displaystyle O^-}{\underset{\displaystyle O^-}{\overset{+}{\underset{+}{S}}}}\!-\!SR + 2\,H_2O$$

Das durch diese Reaktion gebildete Produkt ist identisch mit dem, das durch Reaktion eines Sulfonylchlorids mit einem Mercaptan entsteht.

$$RSO_2Cl + HSR \longrightarrow R-\overset{\overset{O^-}{\underset{|}{\overset{+}{|}}}}{\underset{\underset{O^-}{\overset{+}{|}}}{S}}-SR + HCl$$

4. Anlagerung an Olefine. In Gegenwart saurer Katalysatoren werden Disulfide unter Bildung von Thiodiäthern an Olefine angelagert.

$$R_2S_2 + R'CH{=}CHR' \xrightarrow{\text{HF oder BF}_3} RSCHR'CHR'SR$$

5. Reaktion mit Alkyljodiden unter Bildung von Sulfoniumsalzen. Diese Reaktion erfolgt in Gegenwart eines Katalysators wie Quecksilberjodid oder Eisen (III)-chlorid.

$$RSSR + 4\,RJ \xrightarrow[\text{oder FeCl}_3]{\text{HgJ}_2} 2\,[R_3S^+]J^- + J_2$$

Polysulfide

Die Fähigkeit der Schwefelatome, sich miteinander zu verbinden und lange Ketten und große Ringe zu bilden, erweist sich auch an der Existenz organischer Polysulfide. So führt die Reaktion von Alkylhalogeniden mit Natriumpolysulfiden zur Bildung von Gemischen von Alkylpolysulfiden.

$$2\,RX + Na_2S_x \longrightarrow R-S_x-R + 2\,NaX$$

Physikalische Messungen zeigen, daß die Schwefelatome in derartigen Verbindungen linear gebunden sind, obwohl sogar ein Teil des Schwefels durch Kochen mit wäßrigem Natriumhydroxyd abgespalten werden kann.

Thioaldehyde (Thiale) und Thioketone (Thione)

Die Thioaldehyde und Thioketone können aus Aldehyden bzw. Ketonen und Schwefelwasserstoff in Gegenwart von wäßrigem oder alkoholischem Chlorwasserstoff dargestellt werden.

$$RCHO + H_2S \xrightarrow{\text{HCl}} R\overset{\overset{S}{\|}}{C}H + H_2O$$

$$R_2CO + H_2S \xrightarrow{\text{HCl}} R_2C{=}S + H_2O$$

Die aliphatischen Verbindungen polymerisieren sich zu Trimeren $(RCHS)_3$ und $(R_2CS)_3$; diese sind cyclische Trisulfide und können zu Trisulfonen oxydiert werden. Angeblich ist der Geruch von Thioaceton so widerlich, daß BAUMANN und FROMM wegen der Proteste der Stadt Freiburg ihre Arbeit mit der Verbindung abbrechen mußten.

Thiocarbonsäuren und Dithiocarbonsäuren

Thiocarbonsäuren werden durch Einwirkung von Phosphorpentasulfid auf Carbonsäuren erhalten.

$$RCOOH + P_2S_5 \longrightarrow RCOSH + P_2OS_4$$

Die Strukturtheorie fordert die Existenz einer isomeren Verbindung RCSOH, die aber nicht isoliert werden kann, da sich die beiden Formen leicht ineinander umwandeln; d. h. sie sind tautomer (S. 216, 867).

$$R-\overset{\overset{\displaystyle O}{\|}}{C}-SH \;\rightleftharpoons\; R-\overset{\overset{\displaystyle OH}{|}}{C}=S$$

Die **Ester** der beiden Formen sind stabile Isomere. Das eine davon entsteht aus einem Säurechlorid und einem Mercaptan, das andere aus einem Imidoesterhydrochlorid und Schwefelwasserstoff.

$$RCOCl + HSR \longrightarrow R\overset{\overset{\displaystyle O}{\|}}{C}-SR + HCl$$

$$\left[\overset{\overset{\displaystyle +NH_2}{\|}}{R\overset{}{C}-OR}\right][Cl^-] + H_2S \longrightarrow R\overset{\overset{\displaystyle S}{\|}}{C}-OR + NH_4Cl$$

Die **Thioamide** dagegen sind wieder tautomer.

$$R-\overset{\overset{\displaystyle S}{\|}}{C}-NH_2 \;\rightleftharpoons\; R-\overset{\overset{\displaystyle SH}{|}}{C}=NH$$

Sie werden durch Behandeln eines Amids mit Phosphorpentasulfid dargestellt.

$$RCONH_2 + P_2S_5 \longrightarrow RCSNH_2 + P_2OS_4$$

Die **Dithiosäuren** werden bei der Reaktion von Schwefelkohlenstoff mit Grignard-Verbindungen erhalten.

$$S=C=S + RMgX \longrightarrow R-\overset{\overset{\displaystyle S}{\|}}{C}-SMgX \overset{[H^+]}{\longrightarrow} R-\overset{\overset{\displaystyle S}{\|}}{C}-SH$$

Es sind farbige Öle von unerträglichem Geruch, die durch Luft oxydiert werden.

$$2\,RCSSH + [O]\;(Luft) \longrightarrow R\overset{\overset{\displaystyle S}{\|}}{C}-S-S-\overset{\overset{\displaystyle S}{\|}}{C}-R + H_2O$$

Dithioester können durch Addition eines Mercaptans an ein Nitril und Behandeln des Reaktionsprodukts mit Schwefelwasserstoff dargestellt werden.

$$RC{\equiv}N + R'SH + HCl \longrightarrow \left[\overset{\overset{\displaystyle +NH_2}{\|}}{R\overset{}{C}-SR'}\right][Cl^-] \overset{H_2S}{\longrightarrow} R\overset{\overset{\displaystyle S}{\|}}{C}-SR' + NH_4Cl$$

Diese Reaktionen sind der Bildung von Imidoesterhydrochloriden und ihrer Hydrolyse zu Estern (S. 260) analog.

Sulfoniumsalze

Sulfoniumsalze $[R_3S^+]X^-$ bilden sich gewöhnlich aus Sulfiden oder Disulfiden und Alkyljodiden (S. 292, 294); sie sind in wäßriger Lösung stark dissoziiert. Mit Silberhydroxyd reagieren sie unter Bildung von Sulfoniumhydroxyden.

$$[R_3S^+]X^- + AgOH \longrightarrow [R_3S^+]\,OH^- + AgX$$

Die Sulfoniumhydroxyde sind starke Basen, die den quartären Ammoniumhydroxyden (S. 253) analog sind. Sie zersetzen sich ähnlich wie diese unter Bildung von Sulfiden und Olefinen.

$$[(C_2H_5)_3S^+]OH^- \xrightarrow{\text{Wärme}} (C_2H_5)_2S + C_2H_4 + H_2O$$

Die Sulfoniumsalze dissoziieren leichter als die quartären Ammoniumsalze (vgl. S. 292).

$$[R_3S^+]X^- \rightleftarrows R_2S + RX$$

Das Schwefelatom im Sulfoniumion besitzt zwar noch ein einsames Elektronenpaar, doch wird dies durch die positive Ladung so fest gehalten, daß keine Reaktion mit einem zweiten Molekül Alkylhalogenid zu einem zweifach positiv geladenen Tetraalkylsulfoniumion vom Typus $[R_4S^{++}]\,2\,X^-$ möglich ist. Sulfoniumsalze reagieren mit Halogen und mit einigen Metallsalzen unter Bildung von stabilen Komplexen, die wahrscheinlich folgendem Strukturtypus angehören.

$$[R_3S^+]X^- + X_2 \longrightarrow [R_3SX^{++}]\,2\,X^-$$

Selen, dessen Valenzelektronen weiter vom Kern entfernt sind, vermag Tetraalkylselenonium-dihalogenide des Typus $[R_4Se^{++}]\,2\,X^-$ zu bilden.

Sulfoxyde

Sulfoxyde stellt man gewöhnlich durch Behandeln von Sulfiden mit der theoretischen Menge 30%igen Wasserstoffperoxyds in Aceton- oder Eisessiglösung bei Raumtemperatur dar.

$$R_2S + H_2O_2 \longrightarrow R_2\overset{+}{S}{-}\overset{-}{O} + H_2O$$

Eine andere Methode ist die Hydrolyse von Dihalogeniden (S. 293).

$$[R_2\overset{+}{S}Cl][Cl^-] + H_2O \rightleftarrows R_2SO + 2\,HCl$$

Auch bei der Reaktion von Grignard-Verbindungen mit Thionylchlorid oder mit Alkylsulfiten entstehen Sulfoxyde.

$$2\,RMgX + SOCl_2 \longrightarrow R_2SO + 2\,MgX_2$$
$$2\,RMgX + SO(OR)_2 \longrightarrow R_2SO + Mg(OR)_2 + MgX_2$$

Sulfoxyde lassen sich mit Zink und Essigsäure zu Sulfiden reduzieren oder mit einem Überschuß von Wasserstoffperoxyd in Eisessig bei 100°, mit alkalischem Permanganat oder mit heißer rauchender Salpetersäure zu Sulfonen oxydieren.

Enthält eine der Alkylgruppen eines Sulfoxyds Wasserstoff an dem zur Sulfoxydgruppe α-ständigen Kohlenstoffatom, so bewirkt Erhitzen mit Salzsäure eine Spaltung des Sulfoxyds unter Bildung eines Aldehyds oder Ketons und eines Mercaptans.

$$RCH_2SOR + HCl \longrightarrow \left[RCH_2\overset{OH}{\underset{+}{\overset{|}{S}}R} \right][Cl^-] \longrightarrow H_2O + [RCH{=}\overset{+}{S}R][Cl^-]$$

$$[RCH{=}\overset{+}{S}R]Cl^- + H_2O \longrightarrow RCHO + HSR + HCl$$

Gewöhnlich werden Sulfoxyde als solche benannt. Nach der Genfer Nomenklatur heißt die SO-*Gruppe Sulfinylgruppe*. So ist $C_4H_9SOC_4H_9$ Di-n-butylsulfoxyd oder 1-Butylsulfinyl-butan; $CH_3SOCH(CH_3)_2$ ist Methylisopropylsulfoxyd oder 2-Methylsulfinyl-propan.

Die Sulfoxyde sind feste Stoffe oder dicke, viskose Öle, die sich leicht unterkühlen lassen und nur schwer kristallisieren. Sie sind löslich in organischen Lösungsmitteln, und die niederen Glieder sind infolge von Wasserstoffbrückenbindung zwischen den Wassermolekülen und dem Sauerstoffatom auch sehr leicht löslich in Wasser. Wie die Aminoxyde haben sie ein hohes Dipolmoment und einen hohen Siedepunkt. Dimethylsulfoxyd siedet bei 189° unter leichter Zersetzung. Es löst vielfältige organische Verbindungen und kommt also als wertvolles hochsiedendes Lösungsmittel in Betracht. In Gegenwart organischer oder anorganischer Säurehalogenide zersetzt es sich heftig.

Sulfinsäuren

Sulfinsäuren erhält man durch Einleiten von Schwefeldioxyd in eine Grignard-Lösung und Freisetzen der Säure aus dem Halogenmagnesiumsalz durch Zugabe von Mineralsäure

$$RMgX + SO_2 \longrightarrow RS^{+}(O^-)\text{—}OMgX \xrightarrow{\;HX\;} RS^{+}(O^-)\text{—}OH + MgX_2$$

oder durch Spaltung eines Sulfons oder eines Disulfons mit Natrium oder Alkalien (S. 298, 299).

Die aliphatischen Sulfinsäuren sind gewöhnlich unbeständig und werden in Form ihrer Salze isoliert. Die freien Säuren unterliegen allmählicher Oxydation und Reduktion (Disproportionierung), gefolgt von einer Veresterungsreaktion; als Endprodukte entstehen Sulfonsäure und Sulfonsäurethioester.

$$2\,RSO_2H \longrightarrow [RSOH] + RSO_3H$$

$$[RSOH] + RSO_2H \longrightarrow RSO_2SR + H_2O$$

Die Salze der Sulfinsäuren werden auch durch Reduktion von Sulfonylchloriden (S. 301) mit Zinkstaub oder Natriumsulfit erhalten.

$$2\,RSO_2Cl + 2\,Zn \longrightarrow (RSO_2)_2Zn + ZnCl_2$$

$$RSO_2Cl + Na_2SO_3 + 2\,NaOH \longrightarrow RSO_2Na + Na_2SO_4 + NaCl + H_2O$$

Die Sulfinsäuren können zu Sulfonsäuren oxydiert werden

$$RSOOH + [O]\;(Luft) \longrightarrow RSO_2OH$$

und zu Mercaptanen reduziert werden.

$$RSO_2H + 4\,[H]\;(Zn + H_2SO_4) \longrightarrow RSH + 2\,H_2O$$

Die letzte Reaktion beweist, daß das Schwefelatom in Sulfinsäuren und Sulfonsäuren direkt an Kohlenstoff gebunden ist.

Die **Alkansulfinylchloride** RSOCl werden leicht durch partielle Hydrolyse von Alkyldichlorsulfoniumchloriden erhalten. Diese werden durch Reaktion von Mercaptanen oder Disulfiden mit Chlor dargestellt.

$$RSH + 2\,Cl_2 \longrightarrow RSCl_3 + HCl$$

$$RSSR + 3\,Cl_2 \longrightarrow 2\,RSCl_3$$

$$RSCl_3 + H_2O \longrightarrow RSOCl + 2\,HCl$$

Sulfone

Die Darstellung der Sulfone erfolgt gewöhnlich durch Oxydation von Sulfiden oder Sulfoxyden bei erhöhter Temperatur mit einem Überschuß an Wasserstoffperoxyd in Eisessig, mit rauchender Salpetersäure oder mit Kaliumpermanganat (S. 292). Sulfone bilden sich auch durch Reaktion von Alkalisulfinaten mit primären Alkylhalogeniden.

$$RSO_2Na + RBr \longrightarrow R_2SO_2 + NaBr$$

Bei dieser Reaktion könnten Alkylsulfinate erwartet werden, doch vereinigt sich die Alkylgruppe mit dem einsamen Elektronenpaar vom Schwefelatom des Sulfinations [R—$\overset{..}{S}O_2^-$], nicht mit einem einsamen Paar von einem Sauerstoffatom (vgl. S. 271).

Die Reaktion der Sulfinate mit Acylhalogeniden führt zu α-Oxosulfonen, mit Sulfonylhalogeniden zu Disulfonen.

$$RSO_2Na + ClCOR \longrightarrow RSO_2COR + NaCl$$

$$RSO_2Na + ClSO_2R \longrightarrow RSO_2SO_2R + NaCl$$

Olefine reagieren mit Schwefeldioxyd in Gegenwart von Peroxyden unter Bildung von linear-polymeren Sulfonen.

$$n\,R_2C{=}CR_2 + n\,SO_2 \longrightarrow \left[-\overset{\displaystyle R}{\underset{\displaystyle R}{C}}-\overset{\displaystyle R}{\underset{\displaystyle R}{C}}-SO_2- \right]_n$$

Konjugierte Diene (S. 747) addieren Schwefeldioxyd in 1.4-Stellung und geben monomere cyclische Sulfone, die sich beim Erhitzen in die Ausgangsverbindungen zersetzen.

$$CH_2{=}CH{-}CH{=}CH_2 + SO_2 \rightleftharpoons \begin{array}{c} CH{=}CH \\ | \quad\quad | \\ CH_2 \quad CH_2 \\ \diagdown \quad \diagup \\ SO_2 \end{array}$$

Sulfone sind farblose, beständige feste Verbindungen. Die niederen Glieder sind in Wasser löslich und, obwohl hochsiedend, ohne Zersetzung destillierbar. Im Gegensatz zu den Sulfoxyden lassen sich die Sulfone nicht leicht zu Sulfiden reduzieren. In manchen Fällen gelingt dies durch Erhitzen mit Schwefel bis nahe an den Siedepunkt. Beim Erhitzen mit Raney-Nickel, das adsorbierten Wasserstoff enthält, wird der Schwefel vollständig entfernt, und es entstehen gesättigte Kohlenwasserstoffe.

$$R_2SO_2 + 3\,H_2 + Ni \longrightarrow 2\,RH + 2\,H_2O + NiS$$

Reaktionen dieser Art finden auch bei Sulfoxyden, Sulfiden und Mercaptanen statt.

Werden Sulfone mit Selen erhitzt, dann entstehen Dialkylselenide und Schwefeldioxyd.

$$R_2SO_2 + Se \longrightarrow R_2Se + SO_2$$

Erhitzt man Sulfone mit metallischem Natrium, so bildet sich das Natriumsulfinat. Die abgespaltenen Alkylgruppen vereinigen sich teils zu einem gesättigten Kohlenwasserstoff, teils disproportionieren sie sich unter Bildung von Alken und Alkan.

$$2\,C_2H_5SO_2C_2H_5 + 2\,Na \longrightarrow 2\,C_2H_5SO_2Na + C_4H_{10} \;(\text{mit } C_2H_4 + C_2H_6)$$

Die Sulfongruppe hat wie die Carbonylgruppe eine aktivierende Wirkung auf α-ständigen Wasserstoff oder eine vom α-ständigen Kohlenstoffatom ausgehende Doppelbindung (Reaktionen von CLAISEN, MICHAEL, KNOEVENAGEL und C-Alkylierung, S. 812, 848, 817, 866).

Die Disulfone vom Typus RSO_2SO_2R werden von Alkali in Sulfinate und Sulfonate gespalten.

$$RSO_2SO_2R + 2\,NaOH \longrightarrow RSO_2Na + RSO_3Na + H_2O$$

Die Sulfone werden gewöhnlich als solche benannt. Die Genfer Bezeichnung für die SO_2-*Gruppe* ist *Sulfonylgruppe,* und die Sulfone werden als Sulfonylderivate gesättigter Kohlenwasserstoffe benannt. $CH_3SO_2CH_3$ heißt demnach Dimethylsulfon oder Methylsulfonylmethan; $CH_3CH_2CH_2CH_2SO_2CH(CH_3)_2$ ist Isopropyl-n-butyl-sulfon oder 1-(Methyl-äthylsulfonyl)-butan.

Sulfonsäuren und ihre Derivate

Darstellung von Sulfonsäuren

1. Durch Oxydation von Mercaptanen.

$$RSH + 3\,[O]\,(HNO_3) \longrightarrow RSO_2OH$$

Mercaptane werden häufig über die Bleimercaptide gereinigt, und diese lassen sich direkt zu den Bleisalzen der Sulfonsäuren oxydieren (S. 290). Die freie Säure wird durch Einleiten von Chlorwasserstoff in eine alkoholische Suspension der Bleisulfonate erhalten.

2. Aus Alkylhalogeniden und Alkalisulfit.
Primäre Alkylhalogenide reagieren mit wäßrigen Lösungen von Natrium- oder Ammoniumsulfit bei erhöhter Temperatur unter Bildung von Alkansulfonaten.

$$RX + Na_2SO_3 \xrightarrow{200°} [RSO_3^-]Na^+ + NaX$$

Wie bei der Reaktion von primären Alkylhalogeniden mit Natriumsulfinaten (S. 298) vereinigt sich die Alkylgruppe leichter mit Schwefel als mit Sauerstoff, so daß ein Sulfonat an Stelle eines Alkylsulfits entsteht (vgl. S. 271).

Die freien Sulfonsäuren erhält man durch Einleiten von trocknem Chlorwasserstoff in eine alkoholische Lösung des Natriumsalzes; die Sulfonsäure ist in Alkohol löslich, Natriumchlorid unlöslich.

3. Aus Sulfonylchloriden.
Sulfonylchloride lassen sich leicht durch Destillation reinigen. Sie können durch Kochen mit Wasser zu Sulfonsäuren hydrolysiert werden.

$$RSO_2Cl + H_2O \longrightarrow RSO_3H + HCl$$

Da die Sulfonsäuren nicht flüchtig sind, kann man den Chlorwasserstoff und das Wasser durch Destillation unter vermindertem Druck entfernen, und die reine Säure bleibt zurück.

4. Anlagerung von Bisulfit an Doppelbindungen.
Natriumbisulfit lagert sich an einfache Olefine nur in Gegenwart von Sauerstoff oder Stickstoffoxyden an. Die Anlagerung verläuft über einen Radikalmechanismus und folgt nicht der Markownikowschen Regel.

$$RCH{=}CH_2 + NaHSO_3 \xrightarrow{O_2\ oder\ NO_2} RCH_2CH_2SO_3Na$$

Aldehyde und Methylketone addieren gewöhnlich Bisulfite zu Bisulfitadditionsverbindungen, in welchen die Natriumsalze von Hydroxysulfonsäuren vorliegen (S. 210).

$$\underset{\displaystyle \overset{|}{RC}=O}{\overset{\textstyle H}{}} + NaHSO_3 \longrightarrow \underset{\displaystyle SO_3Na}{\underset{|}{\overset{\displaystyle \overset{|}{RC}-OH}{\overset{\textstyle H}{}}}}$$

Steht eine Kohlenstoff-Kohlenstoff-Doppelbindung in Konjugation, d. h. in α,β-Stellung zur Carbonylgruppe (S. 805), so addiert sie ebenfalls Bisulfit.

$$CH_3\overset{\overset{\textstyle CH_3}{|}}{C}=CH-\underset{\underset{\textstyle O}{\|}}{C}CH_3 + 2\,NaHSO_3 \longrightarrow CH_3\underset{\underset{\textstyle SO_3Na}{|}}{\overset{\overset{\textstyle CH_3}{|}}{C}}-CH_2-\underset{\underset{\textstyle SO_3Na}{|}}{\overset{\overset{\textstyle OH}{|}}{C}}-CH_3$$

Mesityloxyd

Hierbei reagiert sowohl die Doppelbindung als auch die Carbonylgruppe, aber nur die Sulfonsäuregruppe, die durch Addition an die Carbonylgruppe entstanden ist, läßt sich leicht wieder abspalten.

$$CH_3-\underset{\underset{\textstyle SO_3Na}{|}}{\overset{\overset{\textstyle CH_3}{|}}{C}}-CH_2-\underset{\underset{\textstyle SO_3Na}{|}}{\overset{\overset{\textstyle OH}{|}}{C}}-CH_3 + HCl \longrightarrow CH_3-\underset{\underset{\textstyle SO_3Na}{|}}{\overset{\overset{\textstyle CH_3}{|}}{C}}-CH_2-\underset{\underset{\textstyle O}{\|}}{C}-CH_3 + SO_2 + NaCl + H_2O$$

5. Sulfonierung von Paraffinkohlenwasserstoffen. Paraffinkohlenwasserstoffe reagieren nicht merklich mit konzentrierter Schwefelsäure. Rauchende Schwefelsäure reagiert mit höheren Kohlenwasserstoffen, und Chlorsulfonsäure $ClSO_3H$ reagiert so leicht mit verzweigten Kohlenwasserstoffen, daß sie zur Trennung dieser von normalen Kohlenwasserstoffen dienen kann. Die Produkte dieser Reaktion sollen Sulfonsäuren sein, aber ihre Identifizierung scheint nicht gesichert, da es nicht gelungen ist, sie in reinem Zustand und in guter Ausbeute zu isolieren. Es ist möglich, daß durch Oxydation Doppelbindungen in das Molekül eingeführt werden, die anschließend mit Schwefelsäure oder Chlorsulfonsäure reagieren.

Nomenklatur

Die Benennung folgt allgemein der Genfer Nomenklatur, wonach das Suffix *-sulfonsäure* an die Namen derjenigen Kohlenwasserstoffe angehängt wird, in denen die Sulfogruppe ein Wasserstoffatom ersetzt. So heißt CH_3SO_3H Methansulfonsäure, $C_{12}H_{25}SO_3H$ Dodecansulfonsäure (nicht Laurylsulfonsäure), $C_{16}H_{33}SO_3H$ Hexadecansulfonsäure (nicht Cetylsulfonsäure). Daneben ist, hauptsächlich zur Benennung komplizierterer polyfunktioneller Verbindungen, das Präfix *Sulfo-* für die SO_3H-Gruppe gebräuchlich.

Reaktionen der Sulfonsäuren und ihrer Derivate

Im Gegensatz zu den Carbonsäuren sind die Sulfonsäuren starke Säuren. Bei fast vollständiger Ionisierung sind sie sehr leicht löslich in Wasser, dagegen sind sie unlöslich in gesättigten Kohlenwasserstoffen und relativ wenig flüchtig.

Die **Sulfonsäurechloride (Sulfochloride)** werden durch Einwirkung von Phosphorpentachlorid auf die Sulfonsäuren oder ihre Natriumsalze dargestellt.

$$RSO_2ONa + PCl_5 \longrightarrow RSO_2Cl + POCl_3 + NaCl$$

Bei Anwendung hoher Temperatur wird die Sulfochloridgruppe durch Halogen verdrängt.

$$RSO_2Cl + PCl_5 \longrightarrow RCl + SOCl_2 + POCl_3$$

Phosphortrihalogenide reduzieren das Sulfohalogenid zu einem Disulfid.

$$2\,RSO_2X + 5\,PX_3 \longrightarrow RSSR + 4\,POX_3 + PX_5$$

Sulfochloride können auch durch Einwirkung von Chlor und Wasser auf die verschiedensten Schwefelverbindungen dargestellt werden. Eine der besten Methoden geht von Disulfiden aus.

$$RSSR + 5\,Cl_2 + 4\,H_2O \longrightarrow 2\,RSO_2Cl + 8\,HCl$$

Auch Alkylthiocyanate (S. 341) sind als Ausgangsmaterial gut geeignet. Diese Reaktion erfordert Vorsicht, da sich das sehr giftige Chlorcyan bildet.

$$RSCN + 3\,Cl_2 + 2\,H_2O \longrightarrow RSO_2Cl + ClCN + 4\,HCl$$

Ein drittes Verfahren, das von Alkylisothioharnstoffen ausgeht, wird nicht mehr empfohlen, da heftige Explosionen vorgekommen sind.

$$RSC\!\!\begin{array}{c} NH \\ \diagup\diagdown \\ NH_2 \end{array} + 3\,Cl_2 + 2\,H_2O \longrightarrow RSO_2Cl + ClC\!\!\begin{array}{c} NH_2^+Cl^- \\ \diagup\diagdown \\ NH_2 \end{array} + 3\,HCl$$

Diese Oxydationen werden alle in Gegenwart von Wasser durchgeführt, obwohl als Reaktionsprodukt jeweils ein Säurechlorid entsteht. Die Sulfochloride sind so gut wie unlöslich in Wasser, die Geschwindigkeit ihrer Reaktion mit Wasser ist daher so klein, daß sie isoliert werden können, bevor eine merkbare Hydrolyse eingetreten ist.

Methansulfonsäure gibt mit Thionylchlorid oder Phosphortrichlorid Methansulfochlorid in guter Ausbeute; diese Reaktionen sind allgemein anwendbar.

$$CH_3SO_2OH + SOCl_2 \longrightarrow CH_3SO_2Cl + HCl + SO_2$$
$$3\,CH_3SO_2OH + PCl_3 \longrightarrow 3\,CH_3SO_2Cl + P(OH)_3$$

Die Sulfonsäuren ergeben bei direkter Veresterung keine guten Ausbeuten an Estern, beim Erhitzen der Ammoniumsalze keine guten Ausbeuten an Amiden. Zur Darstellung dieser Derivate geht man daher stets von den Sulfochloriden aus. Wegen der geringen Hydrolysegeschwindigkeit des Chlorids können die Reaktionen in Gegenwart von Wasser durchgeführt werden, gewöhnlich unter Zugabe von Natriumhydroxyd (vgl. Schotten-Baumann-Reaktion, S. 579).

$$RSO_2Cl + HOR' + NaOH \longrightarrow RSO_2OR' + NaCl + H_2O$$
$$RSO_2Cl + NH_3 + NaOH \longrightarrow RSO_2NH_2 + NaCl + H_2O$$

Sulfonamide sind durch die relativ große Acidität der an den Stickstoff gebundenen Wasserstoffatome charakterisiert. Sie sind so sauer, daß sie in wäßriger Lösung mit starken Alkalien beständige Salze bilden.

$$RSO_2NH_2 + NaOH \longrightarrow [RSO_2\overline{N}H][Na^+] + H_2O$$

Daher sind Sulfonamide, die sich von Ammoniak oder primären Aminen ableiten, in verdünnter Natronlauge löslich.

Sulfonsäureester verhalten sich mehr gleich den Schwefelsäureestern als den Carbonsäureestern. Sie werden leichter von Wasser hydrolysiert als die Carbonsäureester und haben wie die Schwefelsäureester alkylierende Wirkung. So führt die Einwirkung von Ammoniak zu Aminsalzen anstatt zu Sulfonamiden.

$$RSO_2OR' + NH_3 \longrightarrow [RSO_2O^-][^+NH_3R']$$

Beim Erhitzen mit Alkoholen bilden sich Äther.

$$RSO_2OR' + HOR'' \longrightarrow RSO_2OH + R'OR''$$

Die Reaktion mit Grignard-Verbindungen liefert Kohlenwasserstoffe.

$$RSO_2OR' + R''MgX \longrightarrow R'R'' + [RSO_2O^-]^+MgX$$

Werden Sulfonsäuren mit Phosphorpentoxyd erhitzt, so bilden sich die **Anhydride**.

$$2\,RSO_2OH + P_2O_5 \longrightarrow (RSO_2)_2O + 2\,HPO_3$$

Diese lassen sich auch aus der Säure und Arylcarbodiimiden (S. 338) darstellen. Die Reaktionen der Sulfonsäureanhydride sind analog denen der Sulfohalogenide, verlaufen aber schneller.

Beim Schmelzen von Natriumalkansulfonaten mit Natriumhydroxyd entstehen Olefine, Natriumsulfit und Wasser.

$$C_2H_5SO_3Na + NaOH \longrightarrow C_2H_4 + Na_2SO_3 + H_2O$$

Einzelne Schwefelverbindungen

Methylmercaptan wird technisch durch Überleiten eines Methanol-Schwefelwasserstoff-Gemisches über Aluminiumoxyd bei 400° dargestellt.

$$CH_3OH + H_2S \longrightarrow CH_3SH + H_2O$$

Es findet hauptsächlich zur Synthese von Methionin (S. 808) Verwendung. **n-Propylmercaptan** ist in den flüchtigen Bestandteilen frischgepreßter Zwiebeln nachgewiesen worden. **Trichlormethansulfenylchlorid** *(Perchlormethylmercaptan)*, das durch Reaktion von Chlor mit Schwefelkohlenstoff dargestellt wird, ist das einzig wichtige Derivat der unbekannten aliphatischen Sulfensäuren R—S—OH.

$$2\,CS_2 + 5\,Cl_2 \longrightarrow 2\,Cl_3CSCl + S_2Cl_2$$

Es wird zur Synthese des sehr wirksamen Fungicids Captan (S. 889) verwendet. **n-Butylmercaptan** wurde als Bestandteil der übelriechenden Ausscheidung des Stinktiers isoliert. **n-Dodecylmercaptan** findet praktische Anwendung zur Regulierung der Kettenlänge bei der Herstellung des synthetischen Kautschuks Buna S (S. 758).

Dimethylsulfid wird technisch durch Erhitzen der Sulfatablauge der Zellstofffabrikation (S. 421) mit Natriumsulfid gewonnen. Es wird als riechender Zusatz dem Erdgas beigemischt. Ferner dient es zur Herstellung von Methylsulfoxyd. **Senfgas** oder **Lost** *(β-Dichlordiäthylsulfid)* ist ein stark blasenziehendes Gift, das im Gaskrieg verwendet wurde. Es ist kein Gas, sondern eine schwere, ölige Flüssigkeit, die bei 217° siedet. Es wird aus Äthylen und Schwefelmonochlorid hergestellt.

$$2\,CH_2{=}CH_2 + S_2Cl_2 \longrightarrow ClCH_2CH_2SCH_2CH_2Cl + S$$

Ein anderes Verfahren liefert ein von Schwefel freies Endprodukt.

$$CH_2{=}CH_2 \xrightarrow[\text{Ag-Katalysator}]{O_2(\text{Luft})} \underset{\text{Äthylenoxyd}}{CH_2{-}CH_2 \diagdown O \diagup} \xrightarrow{H_2S} \underset{\text{2-Hydroxy-äthylsulfid}}{(HOCH_2CH_2)_2S} \xrightarrow{HCl} \underset{\text{Senfgas}}{(ClCH_2CH_2)_2S}$$

Im zweiten Weltkrieg wurde es nicht eingesetzt; von beiden kriegführenden Parteien wurde es aber in riesigen Mengen fabriziert, was möglicherweise von seiner Verwendung abschreckte.

Ausgedehnte Untersuchungen dienten dem Ziel, eine Beziehung zwischen der blasenziehenden Wirkung und der Struktur zu finden. Es wurde festgestellt, daß das Chlor an einem Kohlenstoffatom in β-Stellung zum Schwefelatom stehen muß. Zum Beispiel hat $ClCH_2CH_2SCH_3$ ähnliche Eigenschaften wie Senfgas, $ClCH_2CH_2CH_2SCH_3$ oder $ClCH_2SCH_3$ dagegen nicht. Diese Beobachtungen haben zu der Annahme geführt, daß die blasenziehende Wirkung mit der Fähigkeit zur Bildung eines dreigliedrigen cyclischen Sulfoniumchlorids zusammenhängt.

$$\left[R{-}\overset{+}{S} \diagup\diagdown \begin{matrix} CH_2 \\ | \\ CH_2 \end{matrix} \right][Cl^-]$$

Das **Öl des Knoblauchs** ist ein kompliziertes Gemisch, dessen Hauptbestandteil Diallyldisulfid $(CH_2{=}CHCH_2)_2S_2$ zu sein scheint. **Allicin,** das Monosulfoxyd, scheint die direkte Vorstufe zu sein. **Thiokole** sind linear-polymere Disulfide von hohem Molekulargewicht und Polysulfide mit gummiartigen Eigenschaften (S. 761). **Thioacetamid** wird an Stelle von gasförmigem Schwefelwasserstoff in der qualitativen und quantitativen anorganischen Analyse verwendet. In neutraler, wäßriger Lösung ist es ziemlich beständig, aber in Gegenwart von Säuren oder Basen hydrolysiert es, besonders beim Erwärmen, unter Bildung von Schwefelwasserstoff bzw. Sulfidion.

$$CH_3CSNH_2 + H_2O + HCl \longrightarrow H_2S + CH_3COOH + NH_4Cl$$

$$CH_3CSNH_2 + 3\,NaOH \longrightarrow Na_2S + CH_3COONa + NH_3 + H_2O$$

Sulfonal ist ein früher viel gebrauchtes Schlafmittel, das seit der Entdeckung der Barbiturate (S. 675) fast völlig durch diese verdrängt wurde. Sulfonal ist ein Disulfon, das durch Oxydation des Thioacetals aus Aceton und Äthylmercaptan (S. 291) dargestellt wird.

$$\underset{CH_3}{\overset{CH_3}{\diagdown}}C{=}O + 2\,HSC_2H_5 \longrightarrow \underset{\underset{\text{Aceton-äthyl-}}{CH_3 \quad SC_2H_5}}{\overset{CH_3 \quad SC_2H_5}{\diagup\diagdown C \diagup\diagdown}} \xrightarrow{KMnO_4} \underset{\underset{\textbf{Sulfonal}}{CH_3 \quad SO_2C_2H_5}}{\overset{CH_3 \quad SO_2C_2H_5}{\diagup\diagdown C \diagup\diagdown}}$$

thioacetal

$$\underset{\underset{\text{Trional}}{C_2H_3 \quad SO_2C_2H_5}}{\overset{CH_3 \quad SO_2C_2H_5}{\diagup\diagdown C \diagup\diagdown}} \qquad \underset{\underset{\text{Tetronal}}{C_2H_5 \quad SO_2C_2H_5}}{\overset{C_2H_5 \quad SO_2C_2H_5}{\diagup\diagdown C \diagup\diagdown}}$$

Trional und noch mehr **Tetronal** sind wirksamer als Schlafmittel; zur Erzielung eines bestimmten Effektes genügen viel geringere Mengen als von Sulfonal. Trotzdem waren zu der Zeit, als diese Schlafmittel in Gebrauch waren, Trional und Tetronal nicht konkurrenzfähig gegen Sulfonal, da die benötigten Ausgangsmaterialien, Methyläthylketon und Diäthylketon, nur schwer zugänglich waren.

Die Salze vieler Sulfonsäuren, die lange Kohlenwasserstoffreste enthalten, werden als Netzmittel und Detergentien (S. 196) verwendet. Die oberflächenaktiven Aerosole (nicht zu verwechseln mit aerosol-sprays) werden durch Zugabe von Natriumbisulfit zu langkettigen Alkylestern der Maleinsäure (S. 850) dargestellt.

$$\begin{array}{c} CH—COOR \\ \parallel \\ CH—COOR \end{array} + NaHSO_3 \longrightarrow \begin{array}{c} CH_2COOR \\ | \\ CHCOOR \\ | \\ SO_3Na \end{array}$$

Die Igepone $RCONCH_2CH_2SO_3Na$ sind Fettsäureamide N-substituierter Taurine (S. 797).

$$\overset{|}{R'}$$

Methansulfochlorid *(Mesylchlorid)* verwendet man im Laboratorium zur Darstellung von Methansulfonaten, besonders auf dem Gebiet der Kohlenhydrate (S. 398).

Wiederholungsfragen

1. Man stelle die Schwefelverbindungen zusammen, die Sauerstoffanaloga haben. Welche Typen haben keine Sauerstoffanaloga?

2. (*a*) Man vergleiche die Siedepunkte von Wasser, Ammoniak, Schwefelwasserstoff und ihren Alkylderivaten und gebe eine Erklärung dazu. (*b*) Man vergleiche die Löslichkeit dieser Verbindungen in Wasser und gebe eine Erklärung.

3. Man vergleiche die chemischen Eigenschaften von Diäthyläther und Diäthylsulfid.

4. Man erläutere die Reaktion von Essigsäure mit Äthylmercaptan und ihre Bedeutung für die Erklärung des Mechanismus der Esterbildung. Welchen direkteren Beweis gibt es für die Richtigkeit dieser Erklärung?

5. Man vergleiche die chemischen Eigenschaften der Thioaldehyde und Thioketone mit denen der Aldehyde und Ketone.

6. Man gebe einen chemischen Beweis, daß der Schwefel in den Sulfonsäuren direkt an Kohlenstoff gebunden ist.

Aufgaben

7. Für folgende Oxydationen, und zwar unter Verwendung eines Überschusses an Oxydationsmittel, stelle man die Reaktionsgleichungen auf:

A. (*a*) n-Butylmercaptan mit Dichromat und Schwefelsäure; (*b*) Diisopropyldisulfid mit alkalischem Permanganat; (*c*) Diäthylsulfid mit Salpetersäure.

B. (*a*) Diisoamylsulfid mit saurem Permanganat; (*b*) Pentanthiol-(1) mit Salpetersäure; (*c*) Diisobutyldisulfid mit Dichromat und Schwefelsäure.

8. Für die Synthese folgender Verbindungen stelle man die Gleichungen auf: (*a*) Diisopropylsulfid; (*b*) Äthyl-n-butyl-sulfid; (*c*) Dimethylsulfon; (*d*) Dithioacetal; (*e*) Äthylmercaptan aus Diäthyldisulfid; (*f*) Di-n-amyl-disulfid aus n-Amylchlorid; (*g*) Isoamylmercaptan aus Isoamylschwefelsäure; (*h*) Di-n-butyl-disulfid aus n-Butylmercaptan; (*i*) n-Decylmercaptan aus n-Decylbromid; (*j*) n-Hexan aus Di-n-hexylsulfon.

9. Man stelle Gleichungen auf für die Darstellung folgender Verbindungen: (*a*) Thiopropionsäure; (*b*) Thio-n-butyramid; (*c*) *S*-Methylthioacetat; (*d*) Methansulfonsäureäthylester; (*e*) Tripropylsulfoniumjodid; (*f*) Propansulfonamid; (*g*) Isobutansulfonsäure aus 2-Methyl-propanthiol-(1); (*h*) n-Butansulfinsäure aus n-Butylbromid; (*i*) Äthansulfochlorid aus Diäthyldisulfid; (*j*) Dithioessigsäure aus Methyljodid; (*k*) n-Dodecansulfonsäure aus Lauryldisulfid (*l*) Hexadecansulfonsäure aus Cetyljodid; (*m*) Methansulfochlorid aus Methansulfonsäure; (*n*) Neohexan aus Methansulfonsäureäthylester; (*o*) Äthansulfinsäure aus Äthansulfochlorid.

10. Man schreibe die Elektronenformeln für folgende Verbindungen; (*a*) Diäthylsulfoxyd; (*b*) Triäthylsulfoniumjodid; (*c*) Kaliummethylsulfat; (*d*) Äthyl-isopropylsulfon; (*e*) n-Butylsulfit; (*f*) Butansulfonsäureäthylester; (*g*) Dithioessigsäure; (*h*) Natriumäthansulfinat; (*i*) Thioacetamid.

11. Man stelle Gleichungen für folgende Reaktionen auf: (*a*) Thermische Zersetzung von Dimethyl-n-butyl-sulfoniumhydroxyd; (*b*) Reaktion von Diisopropylsulfid mit Bromcyan; (*c*) Disproportionierung von Äthansulfinsäure; (*d*) Erhitzen von Diäthylsulfon mit Selen; (*e*) Luftoxydation von Dithiopropionsäure; (*f*) Reaktion von Diisobutylsulfoxyd mit Salzsäure; (*g*) Diäthyldisulfid und Buten-(2) in Gegenwart von Bortrifluorid; (*h*) Propylmercaptan mit Natriumplumbit in Gegenwart von Schwefel; (*i*) Einwirkung von Chlor auf Di-n-butylsulfid in wäßriger Essigsäure; (*j*) Einwirkung von Phosphortrichlorid auf 2-Methyl-propanthiol-(1).

12. Welche chemischen Reaktionen erlauben die Unterscheidung zwischen den Gliedern folgender Gruppen von Verbindungen: (*a*) Dimethylsulfit, Dimethylsulfat und Methansulfonsäuremethylester; (*b*) Äthylmercaptan, Diäthylsulfid und Diäthyldisulfid; (*c*) Dipropylsulfoxyd, Dipropylsulfid und Dipropylsulfon; (*d*) Isobutyrylchlorid, Methansulfochlorid und Trimethylsulfoniumchlorid; (*e*) Äthylschwefelsäure; Äthansulfonsäure und Propionsäure; (*f*) Ammonium-hexansulfonat, Hexansulfonamid und Hexansulfonsäureäthylester.

13. Wie kann man folgende Gemische in ihre Komponenten trennen: (*a*) Äthylalkohol, Essigsäure und Methansulfonsäure; (*b*) Decansulfonamid, Decansäureamid und Ammoniumdecanoat; (*c*) n-Amylalkohol, Di-n-amylsulfid und n-Amylmercaptan; (*d*) Di-n-butyläther, n-Butylbromid und n-Butylmercaptan; (*e*) Dipropylsulfid, Pentansulfonsäure-(1), Pentansulfonsäure-(1)-amid.

14. Für folgende Umwandlungen gebe man die Reaktionsstufen an: (*a*) Äthylmercaptan in Äthansulfonsäureanhydrid; (*b*) n-Butylbromid in Di-n-butylsulfoxyd; (*c*) Isopropylalkohol in Thioaceton; (*d*) Propylcyanid in Dithiobutansäuremethylester; (*e*) Diisopropyldisulfid in Methylisopropylsulfid; (*f*) Laurinsäuremethylester in Dodecylmercaptan; (*g*) Äthylcyanid in Thiopropionamid; (*h*) Pentansulfonsäure-(1) in n-Amylmercaptan; (*i*) Methyläthylketon in Di-sek.-butyl-disulfid; (*j*) Buten-(1) in *S*-sek.-Butyl-thioacetat.

15. (*a*) Man schreibe die Strukturformeln für alle Isomeren der Summenformel $C_3H_6O_2S$. (*b*) Man gebe Reaktionen zur Unterscheidung dieser Verbindungen an.

Kapitel 14

Proteine, Aminosäuren und Peptide

Proteine (griech. *proteios*, von erster Bedeutung) (Eiweißstoffe) sind makromolekulare Verbindungen von äußerst kompliziertem Bau, die bei der Hydrolyse **α-Aminosäuren** $RCH(NH_2)COOH$ ergeben. Jedes lebende Gewebe enthält Proteine, wenn auch in verschiedenen Mengen; so ist z. B. der Eiweißgehalt von Samen und Fleisch wesentlich höher als der von Fett- und Knochengewebe. Alle Proteine haben ihren letzten Ursprung in Pflanzen und Bakterien, da der tierische Organismus nicht imstande ist, bestimmte essentielle Aminosäuren (S. 316) aus anorganischen Stickstoffverbindungen zu synthetisieren.

Bei der Synthese von Aminosäuren wirken die Mikroorganismen des Bodens entscheidend mit. Die Nitritbakterien verwandeln Ammoniak in Nitrite, die Nitratbakterien verwandeln diese weiter in Nitrate. Die Nitrate und Ammoniak werden durch die Pflanze zunächst in α-Aminosäuren und dann in Proteine übergeführt. Andere Bodenbakterien vermögen organisch gebundenen Stickstoff in Ammoniak zu verwandeln. So wird der Kreis geschlossen. Hinzu kommt, daß gewisse Bodenbakterien im Verein mit den Pflanzen, auf deren Wurzeln sie wachsen, nämlich den Leguminosen, imstande sind, atmosphärischen Stickstoff in Aminosäuren überzuführen. Einige Bodenorganismen können auf nichtsymbiotischem Wege Stickstoff in Ammonium-Ion verwandeln, wieder andere sind imstande, die umgekehrten Vorgänge der Reduktion von Nitrat und Nitrit zu Stickstoff und Ammoniak zu bewirken. Diese verschiedenen Vorgänge, insgesamt bekannt als **Kreislauf des Stickstoffs,** sind in Abb. 51 dargestellt.

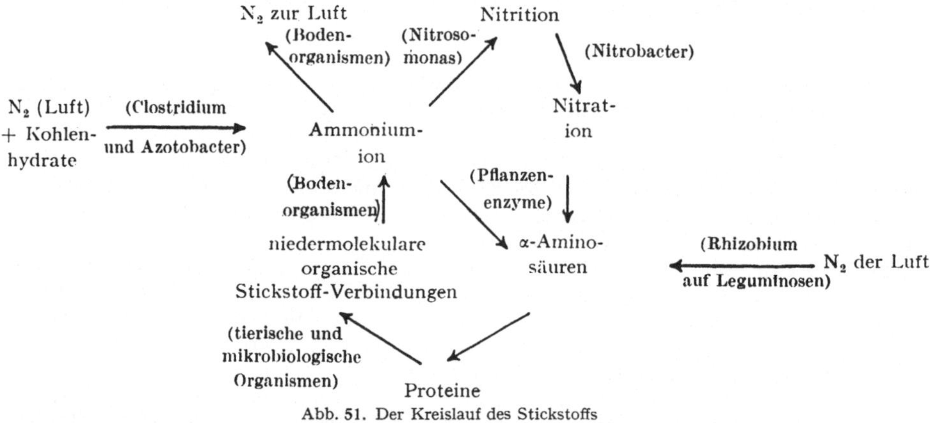

Abb. 51. Der Kreislauf des Stickstoffs

Bei dem hohen Molekulargewicht der Proteine und ihrer Ähnlichkeit in der Zusammensetzung aus Aminosäuren ist es nicht möglich, aus Elementaranalysen Summenformeln zu bestimmen. Die Elementarzusammensetzung sämtlicher Eiweißstoffe schwankt innerhalb enger Grenzen um 50% Kohlenstoff, 7% Wasserstoff, 16% Stickstoff, 25% Sauerstoff und 0—2% Schwefel. Phosphor, Eisen, Kupfer und andere Elemente können außerdem enthalten sein. Der Proteingehalt von Mischungen mit stickstofffreien Substanzen, z. B. Nahrungsmitteln, wird gewöhnlich bestimmt, indem man den Gesamtstickstoffgehalt nach KJELDAHL (S. 21) feststellt und durch die Zahl 0,16 dividiert.

Die Proteine werden eingeteilt in **einfache Proteine,** die bei der Hydrolyse ausschließlich α-Aminosäuren ergeben, und **zusammengesetzte Proteine (Proteide),** die neben α-Aminosäuren eine oder mehrere niedermolekulare Gruppen von Nichtproteinnatur ergeben; die letztgenannten bezeichnet man als **prosthetische Gruppen** (griech. *prosthesis,* Hinzufügung). Da die genaue Struktur individueller Proteine unbekannt ist, ist die weitere Einteilung der Proteine willkürlich und gründet sich in der Hauptsache auf ihre Löslichkeitseigenschaften. Diese Einteilung wurde zu einer Zeit getroffen, als noch wenig über die Struktur der Proteine bekannt war; infolgedessen hat sie lediglich Wert als Hilfsmittel zur Aufteilung der Proteine in kleinere Gruppen. Mit zunehmender Kenntnis einzelner reiner Proteine wird häufig gefunden, daß ihre Eigenschaften für mehr als eine Gruppe charakteristisch sind.

Einfache Proteine

Albumine sind in Wasser löslich, werden in der Hitze koaguliert und aus ihrer Lösung durch Aussalzen mit Ammoniumsulfat gefällt. Beispiele sind das *Serumalbumin* aus Blutserum, das *Ovalbumin* des Hühnereiweißes und *Lactalbumin* der Milch.

Globuline sind unlöslich in Wasser, jedoch löslich in verdünnten Salzlösungen, wie 5%iger Natriumchloridlösung, und werden durch Halbsättigung mit Ammoniumsulfat ausgefällt. Sie lösen sich auch in verdünnten Lösungen starker Säuren und Alkalien. Sie kommen in Serum und in Zellgeweben vor und sind ein Hauptbestandteil der Proteine von Samen und Nüssen. Antikörper gegen verschiedene Krankheiten wurden in der γ-Globulin-Fraktion des menschlichen Serums gefunden.

Prolamine sind unlöslich in Wasser und absolutem Alkohol, löslich in 70- bis 80%igem Äthylalkohol. Man gewinnt sie hauptsächlich aus Getreidesamen, z. B. das *Gliadin* des Weizenklebers. Das *Zein* aus Mais wird in technischem Maßstab dargestellt.

Gluteline sind unlöslich in Wasser und verdünnten Salzlösungen, dagegen löslich in verdünnten Lösungen starker Säuren und Alkalien. Sie sind Bestandteile von Getreidesamen und bleiben bei der Aufarbeitung zurück, nachdem Albumin, Globulin und Prolamine entfernt sind.

Scleroproteine (Albuminoide) sind nur in konzentrierten Lösungen starker Säuren und Alkalien löslich. Unter dieser Bezeichnung faßt man eine Reihe von Proteinarten zusammen, die im tierischen Organismus mechanische (stützende bzw. schützende) Funktionen zu erfüllen haben. Hierzu gehören die *Collagene* des Bindegewebes, des Knorpel- und Knochengewebes, die *Elastine* der elastischen Gewebe wie Sehnen und Arterien, und die *Keratine* der Epidermis, der Haare, der Nägel und des Horns.

Histone sind in Wasser löslich, werden jedoch durch verdünnte Ammoniaklösung gefällt. Sie sind basische Verbindungen und kommen in tierischen Geweben in salzartiger Bindung an Substanzen mit Säureeigenschaften wie Nucleinsäuren (S. 679) oder Hämin (S. 647) vor.

Protamine sind löslich in Wasser und werden aus der Lösung durch Alkohol ausgefällt. Sie sind durch Wärme nicht koagulierbar. Sie sind stärker basisch als die Histone und haben bei niedrigem Molekulargewicht wesentlich einfachere Struktur. In salzartiger Bindung an Nucleinsäuren sind sie Bestandteile von Fisch-Spermatozoen *(Clupein, Salmin)*.

Zusammengesetze Proteine (Proteide)

Nucleoproteide sind Verbindungen von Nucleinsäuren (S. 679) mit Proteinen (Histonen, Protaminen); die Bindung kann salzartig oder kovalent sein. Sie sind Hauptbestandteile der tierischen und pflanzlichen Zellkerne, finden sich aber auch im Zellplasma.

20*

Glykoproteide sind Verbindungen von Eiweiß mit Kohlenhydraten, die frei von Phosphorsäure, Purinen und Pyrimidinen sind. Es sind u. a. die *Mucine* und *Mucoide* (schleimartige Substanzen) der Knochen, Sehnen, Fischeier, Schnecken und weiterer Absonderungen von Geweben und Drüsen.

Phosphoproteide haben als prosthetische Gruppe lediglich Phosphorsäure. Hierzu gehören das *Casein* der Milch und das im Eidotter enthaltene Eiweiß.

Chromoproteide sind farbige Eiweißstoffe. Sie enthalten im Molekül ein metallisches Element wie Eisen, Kupfer, Magnesium, Mangan, Vanadium oder Kobalt, und sie können eine prosthetische Gruppe tragen, in erster Linie ein Metallporphyrin (S. 647). Beispiele sind das *Hämoglobin* der roten Blutkörperchen und das *Hämocyanin* von Mollusken und Arthropoden.

Struktur der Proteine

Bei der großen Zahl der Proteine und ihrer natürlich vorkommenden Gemische, bei ihrem komplizierten Aufbau, ihrem hohen Molekulargewicht, ihrer Ähnlichkeit im chemischen und physikalischen Verhalten ist die Feststellung, ob ein Protein „rein" ist (aus einer einzigen Molekülart besteht), schwierig zu treffen. Verschiedene Proteine sind in kristallisiertem Zustand erhalten worden, doch nicht einmal Kristallinität ist ein Beweis dafür, daß ein Protein homomolekular ist. Früher für rein gehaltene Proteine konnten in eine Anzahl Fraktionen getrennt werden, nachdem man von der Verschiedenheit der Wanderungsgeschwindigkeit im elektrischen Feld *(Elektrophorese)* Vorteil zu ziehen gelernt hatte. Zusätzlich zur chemischen Analyse und der Kristallhomogenität müssen folgende Reinheits-kriterien angewandt werden: Konstanz der Löslichkeit bei einer bestimmten Temperatur ohne Rücksicht auf das Maß etwa vorhandenen Protein-Überschusses, Konstanz der Diffusionsgeschwindigkeit und der Geschwindigkeit der Wanderung im elektrischen Feld (elektrophoretische Beweglichkeit), Konstanz der Sedi-mentationsgeschwindigkeit in der Ultrazentrifuge und Konstanz der Dielektrizi-tätskonstante.

Das Molekulargewicht der Proteine ist so hoch, daß Bestimmungsmethoden wie die auf der Gefrierpunktserniedrigung oder Siedepunktserhöhung beruhenden versagen. Enthält das Protein ein charakteristisches Atom (z. B. Kupfer) oder eine charakteristische Gruppe (z. B. Cystin), so kann man das Äquivalentgewicht des Proteins finden, indem man das Gewicht der Gruppe oder des Atoms in einer gegebenen Menge des Proteins bestimmt und dasjenige Gewicht Protein berechnet, das mit einem Grammolekül der Gruppe, bzw. einem Grammatom des charak-teristischen Atoms verknüpft ist. So kann z. B. das Äquivalentgewicht des Hämo-globins aus der vorhandenen Menge Eisen berechnet werden. Die Molekular-gewichte sind durch Messung des osmotischen Druckes, der Diffusionsgeschwindig-keit, der Sedimentation in der Ultrazentrifuge und der Lichtstreuung bestimmt worden. Diese Werte sind Partikelgrößen und schließen die Möglichkeit einer Teilung in kleinere Einheiten ohne Aufbrechen kovalenter Bindungen nicht aus. Zum Beispiel wurde für Insulin durch Sedimentation eine Partikelgröße von 48000 bestimmt, während Messungen des osmotischen Druckes unter den Bedingungen maximaler Dissoziation einen Wert von 12000 ergaben. In anderen Arbeiten wird ein Mindestmolekulargewicht von etwa 6000 vertreten. Tab. 17 gibt Molekular-gewichte einer Anzahl Proteine, nach verschiedenen Methoden bestimmt. Es besteht befriedigende Übereinstimmung der Werte, die nach den verschiedenen Verfahren erhalten wurden. Daß die Molekulargewichte nicht ganzzahlige Vielfache der chemisch bestimmten Äquivalentgewichte sind, dürfte auf mangelnde Genauigkeit der Analysenmethoden zurückzuführen sein.

Einige Proteine haben sich mit Hilfe der Sedimentation in der Ultrazentrifuge eindeutig als polymolekular erwiesen, d. h. sie bestehen aus Mischungen von Molekülen verschiedenen Molekulargewichts. So variieren die Molekulargewichte der Moleküle von Lactalbumin zwischen 12000 und 25000, von Gelatine zwischen 10000 und 100000 und von Casein zwischen 75000 und 375000.

Die aus den Proteinen erhaltenen Aminosäuren sind in Tab. 18 zusammengestellt. Die Monoamide der Asparaginsäure (Asparagin $H_2NCOCH_2CH(NH_2)COOH$) und der Glutaminsäure (Glutamin $H_2NCOCH_2CH_2CH(NH_2)COOH$) sind ebenfalls Bestandteile der Proteine. Zahlreiche weitere α-Aminosäuren wie Citrullin $H_2NCONH(CH_2)_3CH(NH_2)COOH$ und Ornithin $H_2N(CH_2)_3CH(NH_2)COOH$ wurden ebenfalls aus Naturstoffen isoliert, aber nicht als Bausteine der Proteine sichergestellt.

Tabelle 17. *Partikelgrößen oder Molekulargewichte gereinigter Proteine*

Protein Methode	Osmotischer Druck	Sedimentation Diffusion	Lichtstreuung	Äquivalentgewicht durch chem. Analyse
Insulin	12000	6, 12, 24, 36 und 48 tausend		5734 (vollständige Analyse der Aminosäuren)
Lysozym	17500	14000—17000	15000	
Pepsin	36000	35000		
β-Lactoglobulin	35000	41000	36000	
Ovalbumin	45000	44000	46000	35000 (Tryptophan)
Hämoglobin	67000	63000		16700 (Eisen)
Serumalbumin (Pferd) .	73000	70000	76000	8000 (Cystin)
Hämocyanin (Hummer)		760000	625000	
Hämocyanin (Schnecke).		8900000	6300000	25500 (Kupfer)
Tabakmosaikvirus . . .		59000000	40000000	
Influenzavirus			322000000	

Tabelle 18.

Aminosäuren, die als direkte Hydrolyseprodukte von Proteinen erkannt sind

Neutrale Aminosäuren (gleiche Zahl von Aminogruppen und Carboxylgruppen)

1. Glycin, Aminoessigsäure, H_2NCH_2COOH
2. Alanin, α-Amino-propionsäure, $CH_3CH(NH_2)COOH$
3. Valin, α-Amino-isovaleriansäure, $(CH_3)_2CHCH(NH_2)COOH$
4. Leucin, α-Amino-isocapronsäure, $(CH_3)_2CHCH_2CH(NH_2)COOH$
5. Isoleucin, α-Amino-β-methyl-valeriansäure, $CH_3CH_2CH(CH_3)CH(NH_2)COOH$
6. Serin, α-Amino-β-oxy-propionsäure, $HOCH_2CH(NH_2)COOH$
7. Threonin, α-Amino-β-oxy-buttersäure, $CH_3CH(OH)CH(NH_2)COOH$
8. Cystein, α-Amino-β-mercapto-propionsäure, $HSCH_2CH(NH_2)COOH$
9. Cystin, Bis-(β-amino-β-carboxy-äthyl)-disulfid, $HOOCCH(NH_2)CH_2SSCH_2CH(NH_2)COOH$
10. Methionin, α-Amino-γ-methylmercapto-buttersäure, $CH_3SCH_2CH_2CH(NH_2)COOH$

Tabelle 18 (Fortsetzung)

11. Phenylalanin, α-Amino-β-phenyl-propionsäure[1]

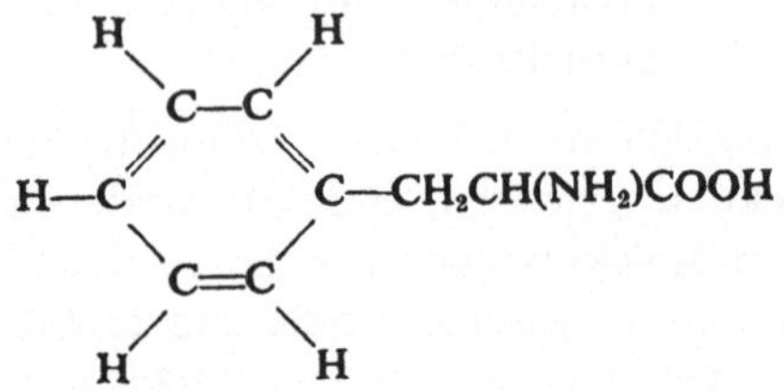

$$\text{Benzolring}—CH_2CH(NH_2)COOH$$

12. Tyrosin, α-Amino-β-(4-oxy-phenyl)-propionsäure[1]

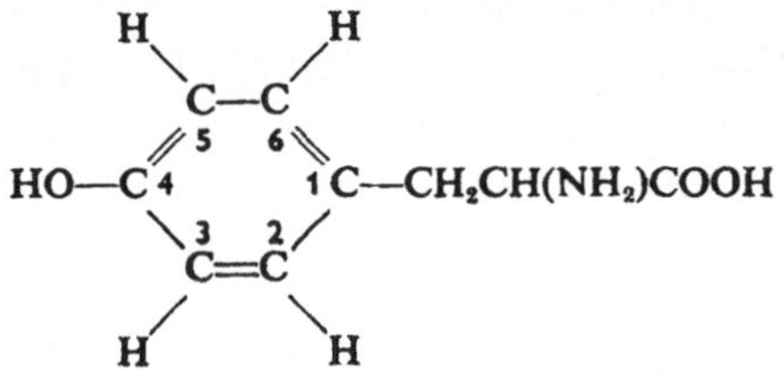

$$HO—\text{Benzolring}—CH_2CH(NH_2)COOH$$

13. Halogenierte Tyrosine
    (a) 3-Brom-tyrosin
    (b) 3-Jod-tyrosin
    (c) 3.5-Dibrom-tyrosin
    (d) 3.5-Dijod-tyrosin *(Jodgorgosäure)*
14. Halogenierte Thyronine

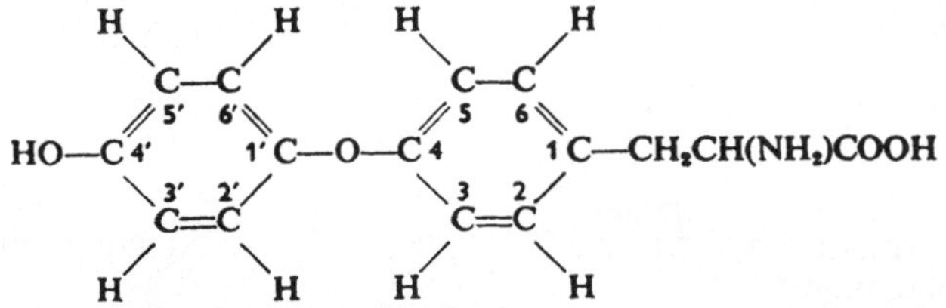

$$HO—\text{Benzolring}—O—\text{Benzolring}—CH_2CH(NH_2)COOH$$

Thyronin

    (a) 3.5.3'-Trijod-thyronin
    (b) 3.5.3'.5'-Tetrajod-thyronin *(Thyroxin)*
15. Prolin, Pyrrolidin-α-carbonsäure[1]

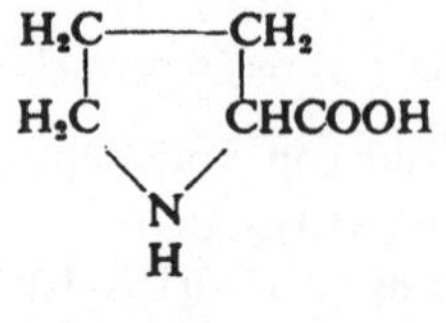

$$\begin{array}{c} H_2C{-}{-}CH_2 \\ H_2C \qquad CHCOOH \\ N \\ H \end{array}$$

16. Oxyprolin, 4-Oxy-pyrrolidin-carbonsäure-(2)[1]

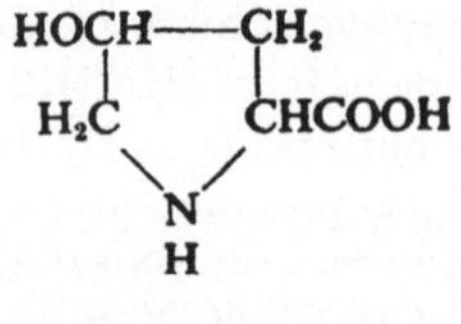

$$\begin{array}{c} HOCH{-}{-}CH_2 \\ H_2C \qquad CHCOOH \\ N \\ H \end{array}$$

---

[1] Verbindungen mit cyclischen Strukturen werden in den Kapiteln 18—29 besprochen.

Tabelle 18 (Fortsetzung)

17. Tryptophan, α-Amino-β-[indolyl-(3)]-propionsäure[1]

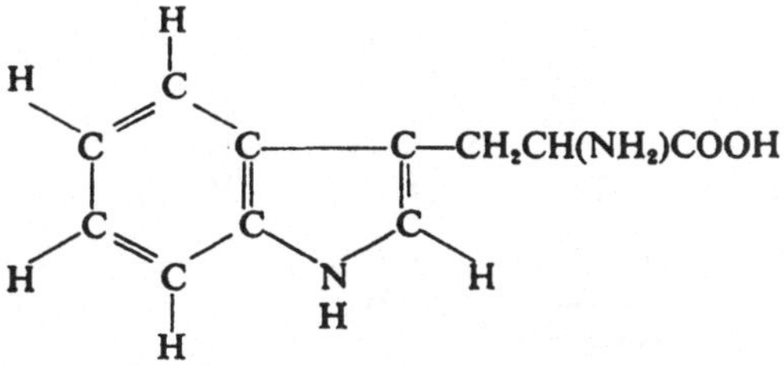

$$\text{(Indolring)}\quad\text{C}-\text{CH}_2\text{CH(NH}_2)\text{COOH}$$

Basische Aminosäuren (mehr basische Gruppen als Carboxylgruppen)

18. Lysin, $\alpha.\varepsilon$-Diamino-capronsäure, $H_2NCH_2CH_2CH_2CH_2CH(NH_2)COOH$
19. Oxylysin, $\alpha.\varepsilon$-Diamino-δ-oxy-capronsäure,
    $H_2NCH_2CH(OH)CH_2CH_2CH(NH_2)COOH$
20. Arginin, α-Amino-δ-guanidino-valeriansäure

$$\overset{\displaystyle NH}{\underset{\displaystyle \parallel}{}}$$
$$H_2N\overset{NH}{\overset{\parallel}{C}}NHCH_2CH_2CH_2CH(NH_2)COOH$$

21. Histidin, α-Amino-β-[imidazolyl-(5)]-propionsäure[1]

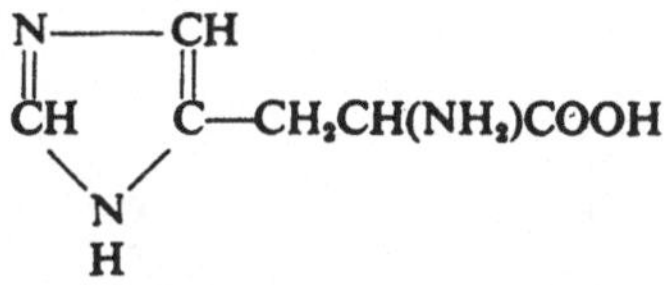

$$\text{(Imidazolring)}\quad\text{C}-\text{CH}_2\text{CH(NH}_2)\text{COOH}$$

Saure Aminosäuren (mehr Carboxylgruppen als Aminogruppen)

22. Asparaginsäure, α-Amino-bernsteinsäure, $HOOCCH_2CH(NH_2)COOH$
23. Glutaminsäure, α-Amino-glutarsäure, $HOOCCH_2CH_2CH(NH_2)COOH$

Da als funktionelle Gruppen häufig lediglich Aminogruppen und Carboxylgruppen vorliegen, ergibt sich logischerweise die Amidbindung als die Art der
Verknüpfung zwischen den Aminosäuren. Gibt man die α-Aminosäuren durch die
allgemeine Formel $RCH(NH_2)COOH$ wieder, so folgt für ein Protein die Teil-
struktur I.

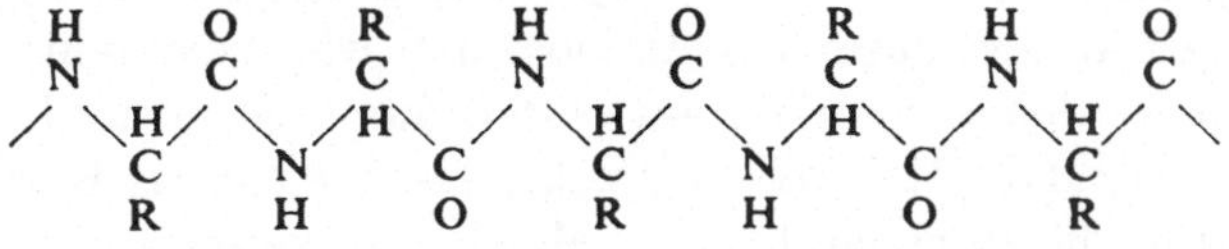

I

Jedoch besitzen einige Aminosäuren mehr als eine Carboxylgruppe, andere mehr
als eine Aminogruppe. Daher kann in einem Molekül entsprechend I die Anwesenheit einiger freier Amino- und Carboxylgruppen erwartet werden. Nun entsteht bei
der Hydrolyse von Protein auch Ammoniak als Spaltprodukt. Somit müssen
einige der Carboxylgruppen in Form einfacher Amidgruppen $CONH_2$ vorliegen.

---

[1] Verbindungen mit cyclischen Strukturen werden in den Kapiteln 18—29 besprochen.

Es ergibt sich also für einen Abschnitt eines Proteinmoleküls, der Lysin, Asparaginsäure und Glutaminsäure enthält, folgende mögliche Struktur II.

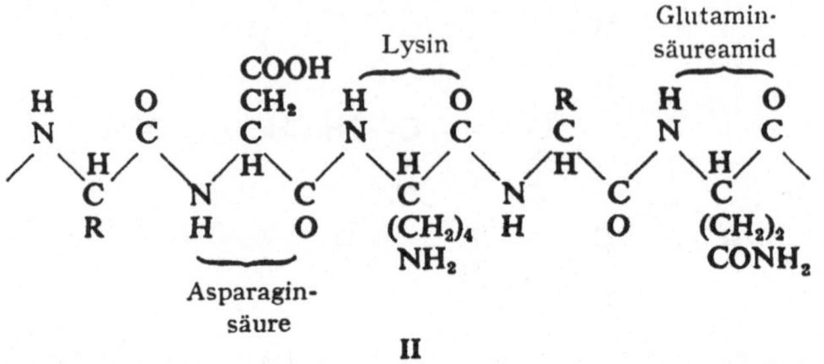

$$
\begin{array}{ccccccc}
& & \text{COOH} & \overbrace{\quad\text{Lysin}\quad} & & \overbrace{\begin{array}{c}\text{Glutamin-}\\\text{säureamid}\end{array}} & \\
\text{H} \quad \text{O} & & \text{CH}_2 \quad \text{H} \quad \text{O} & \text{R} & \text{H} \quad \text{O} \\
\text{N} \quad\quad \text{C} & & \text{C} \quad\quad \text{N} \quad\quad \text{C} & \text{C} & \text{N} \quad\quad \text{C} \\
\end{array}
$$

Überdies gibt es Hinweise dafür, daß mit Hilfe von Disulfidbindungen an den
Stellen der Proteine, an denen sich Cystin befindet, Querverbindungen zwischen
Aminosäureketten auftreten können (III).

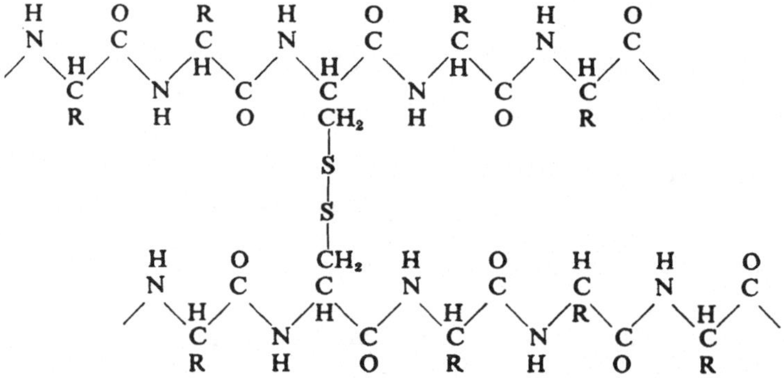

Andere Arten von Querverbindungen, wie die Amid- oder Imid-Bindung, sind
ebenfalls vorstellbar, doch ist ein Beweis für ihr Auftreten bisher nicht erbracht.
Ketten von Aminosäureresten, die über ihre Carboxyl- und Aminogruppen amid-
artig aneinander gebunden sind, werden **Peptide** genannt, und dieser spezielle
Typus der Amidbindung heißt **Peptidbindung.**

    Die Faserproteine, wie Seide, Wolle, Haar, Bindegewebe, zeigen einen auf-
fallenden Mangel an zweibasischen Aminosäuren wie Asparaginsäure und Glutaminsäure und werden vermutlich am besten durch Struktur I wiedergegeben.
Im Seidenfibroin sind die Moleküle gestreckt, dagegen hat das Keratin des Haares
eine Faltstruktur, die zu einem linearen Molekül ausgezogen werden kann. Auch
bei globulären Proteinen dürften die Ketten in nicht näher bekannter Weise
gefaltet sein. Als Kräfte, die die Moleküle in einer Faltstruktur festhalten, kommen
in erster Linie Wasserstoffbrücken zwischen NH-Gruppen und CO-Gruppen in
Frage. Man kann nichtfaserige Proteine wie Zein, Casein, Albumin oder Soja-
bohnen-Eiweiß in Faserform überführen, indem man sie in wäßriger Natronlauge
löst und die Lösung durch enge Düsen in ein saures Formaldehyd-Bad preßt,
wobei die Fädchen koagulieren. Die Moleküle werden beim Lösen entknäuelt und
während des Spinnvorganges gestreckt und parallel orientiert. Das Produkt ist als
synthetische Wolle bekannt. Nach einem anderen Verfahren werden die Disulfid-

bindungen im Keratin der Hühnerfedern zu Sulfhydrylgruppen reduziert. Das Keratin wird in wäßriger Harnstofflösung gelöst und zu künstlichen Borsten ausgepreßt. Das Prinzip der „kalten Dauerwelle" besteht in der Reduktion der Disulfidbindungen des Haares mit Ammoniumthioglykolat (S. 827), wonach das Haar in eine bestimmte Form gelegt werden kann.

$$RSSR + 2\,HSCH_2COONH_4 \longrightarrow 2\,RSH + (NH_4OOCCH_2S)_2$$

Anschließende Rückbildung der Disulfidbindung durch Oxydation mit Kaliumbromat stabilisiert die Welle.

$$6\,RSH + KBrO_3 \longrightarrow 3\,RSSR + KBr + 3\,H_2O$$

Die oben angegebenen Strukturformeln erklären noch eine weitere wichtige physikalische Eigenschaft der Proteine. Nicht alle Amino- und Carboxylgruppen sind ja untereinander durch Amid-Bindung verknüpft, sondern daneben gibt es, wie oben ausgeführt, freie und somit reaktionsfähige Aminogruppen und Carboxylgruppen im Proteinmolekül. Die meisten von diesen liegen zweifellos in Salzform vor, indem Protonen von den Carboxylgruppen auf die basischen Aminogruppen übertragen sind. In Gegenwart starker Säuren sind jedoch undissoziierte Carboxylgruppen existenzfähig, in Gegenwart starker Alkalien sind die Aminogruppen frei. Die Proteine sind demnach amphotere Elektrolyte *(Ampholyte)*. Da auch jede einfache Aminosäure über eine freie Aminogruppe und eine freie Carboxylgruppe verfügt, können die hier in Betracht zu ziehenden Gleichgewichte am einfachsten an diesem Modell veranschaulicht werden.

$$\left[H_2N-\overset{\overset{\textstyle R}{|}}{C}H-COO^-\right] \underset{H_2O}{\overset{[OH^-]}{\rightleftarrows}} \left[H_3\overset{+}{N}-\overset{\overset{\textstyle R}{|}}{C}H-COO^-\right] \overset{[H^+]}{\rightleftarrows} \left[H_3\overset{+}{N}-\overset{\overset{\textstyle R}{|}}{C}H-COOH\right]$$

Basisches Salz,	Inneres Salz,	Saures Salz, z. B.
z. B. in Form des	überwiegende Form	in Form des
Natriumsalzes	der freien Amino-	Aminosäure-
der Aminosäure	säure ·	hydrochlorids

In Form ihrer inneren Salze sind die Aminosäuren **Dipol-Ionen (Zwitterionen)**, d. h. sie tragen zwei entgegengesetzte Ladungen. Diese Ionen wandern in wäßriger Lösung nicht, wenn eine Potentialdifferenz angelegt wird. Wird die Lösung stärker sauer gemacht, so geht ein Teil der Zwitterionen in die Form des sauren Salzes über. Die Aminosäure trägt dann eine positive Ladung und wandert im elektrischen Feld zur negativen Elektrode. Macht man die Lösung dagegen stärker alkalisch, so entsteht die Form des basischen Salzes, und die Aminosäure wandert infolge ihrer negativen Ladung zur positiven Elektrode. Diejenige H^+-Konzentration, ausgedrückt als p_H (log $1/[H^+]$), bei der keine Wanderung stattfindet, nennt man den **isoelektrischen Punkt**. Die Lage dieses Punktes ist meist verschieden vom Neutralpunkt (p_H 7), weil er vom Verhältnis der Dissoziationskonstanten K_S (als Säure) und K_B (als Base) abhängt. Die Größe dieser Dissoziationskonstanten ist aber ihrerseits strukturabhängig. — Dieselben Überlegungen treffen auf Proteine zu, die freie Amino- und Carboxylgruppen tragen. Die Verschiedenheit der isoelektrischen Punkte ist besonders wichtig bei der Isolierung und Reinigung von Aminosäuren und Proteinen, denn am isoelektrischen Punkt weisen die Ampholyte im allgemeinen ein Minimum ihrer Löslichkeit auf; Richtung und Geschwindigkeit der Wanderung im elektrischen Feld können nach dem oben Gesagten durch Veränderung des p_H der Lösung beeinflußt werden.

Dank den großen Fortschritten, die in der Trennung und Bestimmung von Aminosäuren seit 1937 erzielt wurden, ist der relative Aminosäurengehalt vieler Proteine heute bekannt. Weniger weiß man über die Anordnung der einzelnen Aminosäuren in den Proteinmolekülen. Allgemein spricht schon die hohe *Spezifität* der Proteine gegen eine rein zufällige Anordnung der Aminosäuren. Unterschiede in Anzahl und Art der an einem Proteinmolekül beteiligten Aminosäuren allein reichen nicht hin, diese Spezifität zu erklären. Proteine sind nämlich nicht nur spezifisch für verschiedene Gewebe, sondern auch für verschiedene Tierarten und selbst für Individuen innerhalb einer Gattung. Fremdproteine, etwa durch Blutübertragung in den Blutkreislauf eines Menschen verbracht, können unter Umständen toxisch wirken, weswegen jeder Übertragung von natürlichem Blut eine Blutgruppenbestimmung vorhergehen muß.

Die Zahl der möglichen Strukturen für Proteine ist fast unvorstellbar. Tryptophan hat unter den gewöhnlichen Aminosäuren das höchste Molekulargewicht (204). Ein Protein wie Ovalbumin mit einem Molekulargewicht von 45 000 muß also mehr als 200 Moleküle Aminosäuren enthalten. Man kann ausrechnen, daß die Anzahl möglicher Anordnungen in einem Proteinmolekül, das nur 50 Moleküle von 19 verschiedenen Aminosäuren enthält, von denen eine Art zehnmal, vier Arten viermal, zehn zweimal und vier einmal auftreten, sich auf 10^{48} beläuft. Zur Veranschaulichung dieser Zahl drücke man einmal den Durchmesser des Milchstraßensystems ($\sim 300\,000$ Lichtjahre) in Ångström-Einheiten (1 zehnmillionstel Millimeter) aus: Man erhält nur die Zahl 10^{32}. Trotzdem sind bemerkenswerte Fortschritte in der exakten Bestimmung der Struktur von Proteinen erzielt worden. 1954 berichtete SANGER über die vollständige Strukturaufklärung der kleinsten Struktureinheit des **Insulinmoleküls** vom Molekulargewicht etwa 6000.

Das Prinzip des Verfahrens zur Konstitutionsbestimmung eines linearen Proteinmoleküls ist relativ einfach. Zuerst muß man die Aminosäurezusammensetzung des Proteins kennen. An einem Ende der Kette muß eine Aminosäure mit freier Aminogruppe (endständige Aminogruppe) stehen, am anderen Ende eine Aminosäure mit freier Carboxylgruppe. Die gleiche Eigenschaft muß jedes durch Hydrolyse entstandene Bruchstück unabhängig von der Zahl der aufgebrochenen Amidbindungen aufweisen. Es hat sich nun als möglich erwiesen, die endständige Aminogruppe mit einem „Anhänger" zu versehen, und zwar durch Umsetzung mit 1-Fluor-2.4-dinitrobenzol DNP-F (S. 488), das mit der Aminoendgruppe wie ein Alkylhalogenid reagiert.

$$HO(-\underset{\underset{O}{\|}}{C}-\underset{\underset{R}{|}}{CH}NH)_x-\underset{\underset{O}{\|}}{C}-\underset{\underset{R}{|}}{CH}NH_2 + F-DNP + NaHCO_3 \longrightarrow$$

$$HO(-\underset{\underset{O}{\|}}{C}-\underset{\underset{R}{|}}{CH}NH)_x-\underset{\underset{O}{\|}}{C}-\underset{\underset{R}{|}}{CH}NHDNP + NaF + CO_2 + H_2O$$

Durch Hydrolyse des Produktes und anschließende Abtrennung und Identifizierung des Dinitrophenyl(DNP)-Derivates wird die endständige Aminosäure identifiziert. Dann wird das Protein unter verschiedenen Bedingungen partiell hydrolysiert mit dem Ziel, möglichst viele verschiedene Bruchstücke mit zwei bis vier Aminosäureresten zu erhalten. Alle diese Bruchstücke werden in die DNP-Derivate übergeführt, abgetrennt und auf die mit DNP verbundenen Aminosäuren hin untersucht.

Ist die zur endständigen Aminogruppe jedes Bruchstücks gehörende Aminosäure bekannt, so ist es möglich, die Reihenfolge der Aminosäuren im Molekül aufzustellen.

An dem einfachen Beispiel einer Kette von vier Aminosäuren a, b, c und d sei das Prinzip verdeutlicht. Umsetzung mit DNP-F ergibt DNP-b (a, c, d), weitere Behandlung der Hydrolyseprodukte liefert DNP-a (c, d), DNP-b (a, d), DNP-b-a und DNP-d-c. Hieraus läßt sich die Struktur von DNP-(a, b, c, d) als DNP-b-a-d-c ermitteln.

Der kleinsten durch kovalente Bindungen zusammengehaltenen Struktureinheit des Insulins wird ein Molekulargewicht von etwa 6000 zugeschrieben. Bei der Hydrolyse entstehen 48 Aminosäuremoleküle von sechzehn verschiedenen Arten. Der gesamte Schwefelgehalt des Proteinmoleküls wird durch drei Cystinmoleküle ausgewiesen. Die Oxydation des Proteinmoleküls mit Perameisensäure (S. 159) bewirkt eine Umwandlung der Disulfidbindungen der Cystineinheiten in Sulfonsäuregruppen (S. 293) und Spaltung des Moleküls in zwei Ketten. Die eine Kette gibt bei der Hydrolyse einundzwanzig Aminosäuremoleküle, darunter vier Moleküle Cysteinsäure HO_3S—$CH_2CH(NH_2)COOH$, die andere Kette gibt dreißig Aminosäuremoleküle, darunter zwei Moleküle Cysteinsäure. Die Aminosäurensequenz jeder Kette wurde bestimmt, hauptsächlich nach der DNP-Methode. Endlich wurde die Art der Verknüpfung der beiden Ketten über die Disulfidbindungen ermittelt, und zwar durch Isolierung von Bruchstücken mit erhaltener Disulfidbindung und Bestimmung ihrer Konstitution. Die vollständige Struktur des Proteinmoleküls ist in folgender Formel schematisch angegeben.

$$
\begin{array}{l}
\text{H}_2\text{NCO} \qquad\qquad\qquad \text{S—S} \qquad\qquad\qquad\qquad \text{CONH}_2 \qquad\quad \text{CONH}_2 \qquad\quad \text{CONH}_2 \\
\text{H}_2\text{N–Gly–Ileu–Val–Glu–Glu–Cy–Cy–Ala–Ser–Val–Cy–Ser–Leu–Tyr–Glu–Leu–Glu–Asp–Tyr–Cy–Asp–COOH} \\
\qquad\qquad\qquad\qquad\qquad\qquad \text{S} \qquad\qquad\qquad\qquad\qquad\qquad\qquad\qquad\qquad\qquad\qquad\qquad\quad \text{S} \\
\text{H}_2\text{NCO} \quad \text{CONH}_2 \quad\; \text{S} \qquad\qquad\qquad\qquad\qquad\qquad\qquad\qquad\qquad\qquad\qquad\qquad\quad \text{S} \\
\text{H}_2\text{N–Phe–Val–Asp–Glu–His–Leu–Cy–Gly–Ser–His–Leu–Val–Glu–Ala–Leu–Tyr–Leu–Val–Cy–Gly–Glu–Arg–} \\
\qquad\qquad\qquad\qquad\qquad\qquad\qquad\qquad\qquad\qquad\qquad\qquad \text{Gly–Phe–Phe–Tyr–Thr–Pro–Lys–Ala–COOH}
\end{array}
$$

INSULIN

Insgesamt sind zwölf Carboxylgruppen, drei von der Asparaginsäure, sieben von der Glutaminsäure und zwei an den Kettenenden, nicht an den Peptidbindungen beteiligt. Da sich bei der Hydrolyse sechs Moleküle Ammoniak bilden, liegen sechs dieser Carboxylgruppen als einfache Amidgruppen vor. Das genaue Molekulargewicht der Insulineinheit ist also 5734. Interessanterweise sind die Insuline verschiedener Tierarten nicht identisch. Die oben angegebene Formel gilt für Insulin aus Rinderpankreas. Die Strukturen der anderen erforschten Insuline unterscheiden sich nur in dem Teil des Moleküls, der in das punktierte Rechteck eingeschlossen ist. Im Insulin des Schafes ist dieser Teil Alanin-Glycin-Valin, im Pferdeinsulin Threonin-Glycin-Isoleucin, im Schweine- oder Walinsulin Threonin-Serin-Isoleucin.

β-ACTH (adrenocorticotropes Hormon), eines der Hormone des Hypophysenvorderlappens, ist ein lineares Peptid aus 39 Aminosäuremolekülen. **Glucagon,** ein anderes Pankreashormon, besteht aus 29 linear angeordneten Aminosäuremolekülen. Die Aminosäurensequenz auch dieser beiden Polypeptide ist bestimmt worden.

Proteinstoffwechsel

Der tierische Organismus deckt normalerweise seinen Stickstoffbedarf hauptsächlich durch Aufnahme von Proteinen aus Pflanzen und aus anderen Tieren. Diese Proteine werden schrittweise zu Peptiden (S. 316) und Aminosäuren hydrolysiert. Die Hydrolyse wird durch verschiedene Enzyme katalytisch beschleunigt, und zwar im sauren Milieu (p_H 1—2) des Magens durch das Enzym *Pepsin*, im leicht sauren bis alkalischen Milieu (p_H 6—8) des Darms durch *Trypsin*, *Chymotrypsin* und durch *Peptidasen*. Die Aminosäuren werden durch die Darmwand resorbiert und durch die Pfortader der Leber zugeführt. Spezifische celluläre Enzyme bewerkstelligen auch den Aufbau körpereigener Proteine aus Aminosäuren. In der Leber wird ein Teil der Aminosäuren in Plasmaproteine umgewandelt, die in die peripheren Gewebe transportiert und dort offenbar ohne größere Änderungen in das Organeiweiß eingebaut werden können. Die Fähigkeit der Organismen, für jeden besonderen Zweck ein spezifisches Protein zu synthetisieren, indem aus dem Blutstrom die benötigten Aminosäuren ausgesondert und in der richtigen Reihenfolge zusammengebaut werden, ist ein schlagendes Beispiel für die Exaktheit, mit welcher die Lebensvorgänge geregelt werden.

Der Organismus vermag auch gewisse Aminosäuren in andere überzuführen oder aus Ammoniumsalzen und α-Ketosäuren aus Kohlenhydraten zu synthetisieren. Aminosäuren, die so entstehen, brauchen ihm nicht zugeführt zu werden. Es ist aber aus Fütterungsversuchen bekannt, daß die Aminosäuren Valin, Leucin, Isoleucin, Phenylalanin, Threonin, Tryptophan, Methionin, Lysin, Arginin[1], Histidin von der Ratte nicht aufgebaut werden können. Man hat diese Aminosäuren als *unentbehrliche* oder *essentielle Aminosäuren* bezeichnet. Der Ausdruck „unentbehrlich" darf nicht dazu verleiten anzunehmen, daß diese Aminosäuren lebenswichtiger seien als die „entbehrlichen" — zweifellos sind alle natürlichen Aminosäuren gleich notwendig für die Entwicklung und Aufrechterhaltung der normalen Funktionen des Organismus. Der Ausdruck „unentbehrlich" besagt lediglich, daß diese Aminosäuren unbedingt mit dem Nahrungsprotein zugeführt werden müssen, weil der Organismus sie nicht aus anderen Aminosäuren oder Ammoniakstickstoff selbst herstellen kann. Nahezu 6% der Proteinzufuhr muß aus diesen Aminosäuren bestehen. Alle bisherigen Versuche sprechen dafür, daß bei anderen Tierarten und beim Menschen ähnliche Erfordernisse bestehen wie bei der Ratte. Doch ist Arginin „entbehrlich" für den Hund, Histidin für den Menschen. Glycin ist entbehrlich für die Ratte, aber unentbehrlich für das wachsende Küken. Eines der interessantesten Ergebnisse, die die Anwendung der Isotopenmethoden in den letzten Jahren gezeitigt hat, ist die Erkenntnis, daß die Proteine im Organismus ständig auf- und abgebaut werden, und daß der Umsatz der Aminosäuren mit ziemlicher Geschwindigkeit vor sich geht. Eine Berechnung der durchschnittlichen „Halbwertszeit" der Proteine, d. h. der Zeit, in der die Hälfte der ursprünglichen Aminosäuren im Körpereiweiß durch andere Aminosäuren ersetzt sind, ergibt **17 Tage** für die Ratte und **80 Tage** für den erwachsenen Menschen.

In der Natur vorkommende Peptide

Die Bezeichnung Peptid wird gewöhnlich auf Verbindungen angewandt, deren Molekulargewicht unter 10000 liegt; allerdings besteht keine scharfe Grenze zwischen Peptiden mit höherem Molekulargewicht und Proteinen mit niedrigem Molekulargewicht. Die Peptide haben oft Strukturen oder ergeben Hydrolyseprodukte, die für Proteine nicht charakteristisch sind.

Viele natürlich vorkommende Peptide sind aus Tieren, Pflanzen, Pilzen und Bakterien isoliert worden. Von einigen dieser Peptide konnte auch die Struktur bestimmt werden. **Glutathion,** ein weitverbreiteter Bestandteil von Gewebe, ist das Tripeptid Glutaminyl-cysteinyl-glycin

$$HOOCCH(NH_2)CH_2CH_2CONHCH(CH_2SH)CONHCH_2COOH.$$

---

[1] Arginin kann von der Ratte aufgebaut werden, aber nicht in für normales Wachstum ausreichendem Maß.

Die Glutaminsäure ist in diesem Peptid nicht wie in den Proteinen gebunden, sondern die Verbindung mit der Nachbaraminosäure wird durch die γ-Carboxylgruppe hergestellt. Die Struktur wurde durch Synthese bewiesen. **Gramicidin-S,** eines der aus dem Bodenbakterium *Bacillus brevis* isolierten Antibiotica, ist ein Cyclodecapeptid der Struktur (Valyl-ornithyl-leucyl-phenylalanyl-prolyl)$_2$, wobei die Carboxylgruppe des Prolins mit der Aminogruppe des Valins durch Peptidbindung unter Bildung eines Ringes verbunden ist. Demnach weist Gramicidin-S keine Endgruppen auf; überdies enthält es zwei nicht in Proteinen nachgewiesene Bausteine: Ornithin und die D-Form des Phenylalanins (S. 366). **Oxytocin,** ein aus den Extrakten des Hypophysenhinterlappens isoliertes Hormon, reguliert die Uteruskontraktion und die Lactation. Es ist ebenfalls eine cyclische Verbindung, doch wird der Ring durch eine Disulfidbindung gebildet, die durch Reduktion bzw. Oxydation leicht geöffnet oder geschlossen werden kann. Oxytocin war das erste Polypeptid-Hormon, das synthetisiert werden konnte (S. 320).

$$\begin{array}{c}
CONH_2 \quad CONH_2 \\
| \qquad \quad | \\
H_2N\text{—}Cy\text{—}Tyr\text{—}Ileu\text{—}Glu\text{———}Asp\text{—}Cy\text{—}Pro\text{—}Leu\text{—}Gly\text{—}CONH_2 \\
\underline{\qquad\qquad\quad S\text{—}S\qquad\qquad} \\
\text{Oxytocin}
\end{array}$$

In-vitro-Synthese von α-Aminosäuren

Eine der allgemeinsten Laboratoriumsmethoden zur Synthese von α-Aminosäuren ist die Reaktion von α-Halogenfettsäuren mit Ammoniak.

$$\underset{\underset{X}{|}}{RCHCOOH} + 2\,NH_3 \longrightarrow RCH(NH_2)COOH + NH_4X$$

Es wird ein großer Überschuß von Ammoniak angewandt, um die Menge des Nebenprodukts zurückzudrängen, das durch Reaktion von 2 Mol Halogenfettsäure mit 1 Mol Ammoniak entsteht. Meist werden als Ausgangsmaterial α-Bromfettsäuren benutzt, die durch die Hell-Volhard-Zelinsky-Reaktion leicht zugänglich sind (vgl. S. 169). Gelingt diese Reaktion auf Grund der besonderen Natur der Gruppe R nicht, so kann man eine substituierte Malonsäure bromieren (S. 845); hier verläuft die Bromierung viel leichter als bei Monocarbonsäuren. Das Reaktionsprodukt spaltet unter Bildung der Bromfettsäure in der Hitze Kohlendioxyd ab (S. 839).

$$\underset{\underset{COOH}{|}}{\overset{\overset{COOH}{|}}{R\text{—}CH}} \xrightarrow{Br_2} \underset{\underset{COOH}{|}}{\overset{\overset{COOH}{|}}{R\text{—}C\text{—}Br}} \longrightarrow \underset{\underset{COOH}{|}}{\overset{\overset{H}{|}}{R\text{—}C\text{—}Br}} + CO_2$$

Eine zweite Methode ist als *Streckersche Synthese* bekannt. Sie besteht in der Reaktion von Aldehyden oder Ketonen mit einem Gemisch von Ammoniumchlorid und Natriumcyanid. Das in erster Stufe entstehende Ammoniumcyanid dissoziiert zu Ammoniak und Cyanwasserstoff. Ammoniak gibt mit dem Aldehyd bzw. Keton die Ammoniakadditionsverbindung, die mit dem Cyanwasserstoff weiterreagiert unter Bildung des entsprechenden Aminonitrils, das anschließend verseift wird.

$$NH_4Cl + NaCN \longrightarrow NH_4CN + NaCl$$

$$NH_4CN \rightleftarrows NH_3 + HCN$$

$$RCHO \underset{}{\overset{NH_3}{\rightleftarrows}} \underset{NH_2}{RCHOH} \underset{H_2O}{\overset{HCN}{\rightleftarrows}} \underset{NH_2}{RCHCN} \overset{H_2O,[H^+]}{\longrightarrow} \underset{NH_2}{RCHCOOH}$$

Bei der Wichtigkeit synthetischer Aminosäuren für den Biochemiker und Arzt ist es verständlich, daß noch weitere sinnreiche Darstellungsverfahren ausgearbeitet wurden (S. 670, 847). In der Natur vorkommende Aminosäuren sind mit Ausnahme des Glycins optisch-aktiv (sie besitzen fast alle L-Konfiguration; vgl. Kap. 16). Im Gegensatz dazu sind die synthetisch erhaltenen Aminosäuren optisch-inaktiv. Sie sind zu gleichen Teilen aus der in der Natur vorkommenden L-Form und einer zweiten D-Form zusammengesetzt, die vom tierischen Organismus nicht verwertet werden kann. Die D-Form der essentiellen Aminosäuren Tryptophan, Phenylalanin, Methionin und Histidin kann vom tierischen Organismus in die L-Form umgewandelt werden. Daher ist in diesen Fällen das D.L-Gemisch ebenso wertvoll wie die reine L-Form. Von den anderen synthetischen essentiellen Aminosäuren kann nur die Hälfte der zugeführten Menge verwertet werden, und es muß also zur Erzielung einer bestimmten Wirkung die doppelte Menge verfüttert werden. Methoden zur Spaltung der synthetischen Verbindungen in ihre optisch-aktiven Komponenten sind bekannt, doch ist ihre Durchführung meist schwierig.

Das **Mononatriumsalz** der **Glutaminsäure** findet ausgedehnte Verwendung zum Würzen und Hervorheben des Eigenaromas von Speisen. Man gewinnt es in technischem Maßstab durch Hydrolyse geeigneter Pflanzenproteine, z. B. aus Weizen-Gluten oder aus den Rückständen der Zuckerrübenverarbeitung (USA) oder aus Soja-Eiweiß (Orient). Die Produktion betrug 1955 in den USA rund 7,3 Millionen Kilogramm im Wert von 23 Millionen Dollar. — **D.L-Tryptophan** wird technisch hergestellt (S. 847). Als essentielle Aminosäure darf es in den Proteinhydrolysaten nicht fehlen, wie sie für die Behandlung schwer unterernährter Patienten benötigt werden; es muß den Hydrolysaten nachträglich hinzugefügt werden, da das ursprünglich im Eiweiß enthaltene Tryptophan bei der Säurehydrolyse weitgehend zerstört wird. — Mit **D.L-Methionin** (Synthese S. 808) werden Proteinhydrolysate und manche Nahrungsmittel angereichert. Schon kleine Mengen davon beschleunigen stark das Wachstum von Tieren. Es scheint auch von großem therapeutischem Wert bei der Behandlung von Stoffwechselstörungen zu sein.

Für den ausgeprägten Einfluß der Struktur auf die biologische Wirkung gibt es ein lehrreiches Beispiel aus der Geschichte des „Mehlbleichens". Jahrelang wurde Mehl mit geringen Mengen Stickstofftrichlorid behandelt, um seine Backeigenschaften zu verbessern. Dann wurde gefunden, daß mit derartigem Mehl gefütterte Tiere zu Hysterie und Krämpfen neigten. Schließlich gelang es, die Substanz nach einer langen Folge von Arbeitsgängen zu isolieren und als das hochgiftige Methioninsulfoximin,

$$CH_3\overset{\overset{\displaystyle NH}{\|}}{\underset{\underset{\displaystyle O}{\|}}{S}}CH_2CH_2CH(NH_2)COOH,$$ zu identifizieren. Diese Verbindung bildet sich bei der

Einwirkung von Stickstofftrichlorid auf Gluten, den methioninhaltigen Bestandteil des Mehls.

L-Lysin wird in technischem Maßstab (S. 803) synthetisiert und als Lebensmittelzusatz verwendet.

Synthese von Peptiden

Peptide sind niedermolekulare Polyamide, die bei der Hydrolyse in zwei oder mehr Mol Aminosäuren gespalten werden. Üblicherweise spricht man von *Di-*, *Tri-*, *Tetra-* und *Pentapeptiden*. Peptide, die eine größere Zahl von Aminosäuren enthalten, werden als **Polypeptide** bezeichnet. Dieser letzten Verbindungsklasse können also auch die Proteine zugerechnet werden. Das Interesse an der Synthese von Peptiden hat unvermindert angehalten, seit die Amid-Verknüpfung von α-Aminosäuren als Bauprinzip der Proteine von F. HOFMEISTER[1] postuliert wurde, und zwar nicht nur aus theoretischen Gründen, sondern in der Absicht, einfachere Verbindungen von bekannter Konstitution zu synthetisieren, um an diesen den Zusammenhang zwischen Konstitution und Enzymwirkung zu studieren.

Zur Darstellung hochmolekularer Polypeptide bieten sich eine Reihe naheliegender Methoden an, die von einer einzigen Aminosäure oder von einem Aminosäuregemisch nicht näher definierter Zusammensetzung ausgehen. Um jedoch zu Verbindungen von definierter Konstitution zu gelangen, ist es erforderlich, die Aminosäuren schrittweise zu kondensieren. Die erste derartige Methode von allgemeiner Anwendbarkeit wurde von EMIL FISCHER[2] gefunden, der α-Halogenfettsäurehalogenide mit Aminosäuren oder Peptiden umsetzte und anschließend das α-Halogen (X) durch eine Aminogruppe ersetzte.

$$\underset{\text{XCHCOX}}{\overset{\text{R}}{|}} + \underset{\text{H}_2\text{NCHCOOH}}{\overset{\text{R}'}{|}} \longrightarrow \underset{\text{XCHCONHCHCOOH}}{\overset{\text{R} \quad\quad \text{R}'}{|\quad\quad\quad|}} \xrightarrow{\text{NH}_3} \underset{\text{H}_2\text{NCHCONHCHCOOH}}{\overset{\text{R} \quad\quad \text{R}'}{|\quad\quad\quad|}}$$

Das so entstandene Dipeptid kann mit einem weiteren Molekül α-Halogenfettsäurehalogenid reagieren, und aus dem Reaktionsprodukt entsteht durch Einwirkung von Ammoniak ein Tripeptid. Anwendung dieser und ähnlicher Methoden führte E. FISCHER schließlich zu einem Peptid bekannter Konstitution, das achtzehn Aminosäureglieder enthielt.

Die Fischersche Synthese kann aber nur zur Kondensation der einfacheren Aminosäuren dienen. Einen Fortschritt brachte der Gedanke, die freien Aminogruppen zu schützen, etwa durch Acylierung, was aber deshalb nicht zum Ziele führt, weil eine derartige Amidbindung nicht leichter hydrolysiert wird als die Bindung der Aminosäuren untereinander, und der Versuch der Entfernung der Acylgruppe durch Hydrolyse daher auch zur Hydrolyse der Peptidbindung führt.

---

[1] FRANZ HOFMEISTER (1850—1922), Professor der Biochemie und experimentellen Pharmakologie an der Universität Prag, später an der Universität Straßburg.

[2] EMIL FISCHER (1852—1919), Professor der organischen Chemie an der Universität Berlin, überragender Leiter organisch-chemischer Forschung. Von ihm und seiner Schule stammen grundlegende Arbeiten über Aminosäuren und Proteine, über Kohlenhydrate und über Purine sowie bedeutsame Beiträge auf anderen Gebieten wie Stereochemie, Enzyme, Triphenylmethanfarbstoffe, Hydrazine und Indole. Er empfing als zweiter den Nobelpreis für Chemie (1902) nach VAN 'T HOFF (1901).

Dieses Problem wurde erfolgreich von BERGMANN[1] gelöst durch die Einführung des sog. *Carbobenzoxy-Verfahrens*. Hiernach läßt man die freie Aminogruppe mit Kohlensäurebenzylesterchlorid reagieren und erhält die Carbobenzoxy-aminosäure. Die Carbobenzoxy-Gruppe kann durch katalytische Hydrierung sehr leicht abgespalten werden (S. 556).

$$\underset{NH_2}{\overset{RCHCOOCH_3}{|}} + C_6H_5CH_2OCOCl \longrightarrow$$

$$\underset{NHCOOCH_2C_6H_5}{\overset{RCHCOOCH_3}{|}} \xrightarrow{H_2, Pd} \underset{NH_2}{\overset{RCHCOOCH_3}{|}} + CO_2 + C_6H_5CH_3$$

Als Beispiel für den Verlauf der Peptidsynthese sei die Synthese von Lysylglutaminsäure angeführt. Die Säure mit den geschützten Aminogruppen wird in das Chlorid oder besser nach CURTIUS in das Azid (S. 281) übergeführt und dann mit Glutaminsäure kondensiert (B = Benzyl, $C_6H_5CH_2$—).

$$\underset{CH_2(CH_2)_3CHCON_3}{\overset{NHCOOB\ NHCOOB}{|\quad\ |}} + \underset{\underset{\text{Glutaminsäure-methylester}}{H_2NCHCOOCH_3}}{\overset{(CH_2)_2COOCH_3}{|}} \longrightarrow$$

$$\underset{CH_2(CH_2)_3CHCO-NHCHCOOCH_3}{\overset{NHCOOB\ NHCOOB\ \ (CH_2)_2COOCH_3}{|\quad\ \ |\qquad\qquad |}} \xrightarrow{NaOH} \underset{CH_2(CH_2)_3CHCO-NHCHCOOH}{\overset{NHCOOB\ NHCOOB\ \ (CH_2)_2COOH}{|\quad\ \ |\qquad\qquad |}} \xrightarrow{H_2, Pd}$$

$$\underset{CH_2(CH_2)_3CHCONHCHCOOH}{\overset{NH_2\qquad\ NH_2\qquad\ (CH_2)_2COOH}{|\qquad\quad |\qquad\qquad |}}$$

Lysylglutaminsäure

Eine noch bessere Methode zur Herstellung der Amidbindung ist die Behandlung einer Lösung der Carboxylkomponente und der Aminokomponente mit Dicyclohexylcarbodiimid (vgl. S. 339).

$$\underset{NHCOOB}{\overset{RCHCOOH}{|}} + \underset{R}{\overset{H_2NCHCOOCH_3}{|}} + C_6H_{11}N{=}C{=}NC_6H_{11} \longrightarrow$$

$$\underset{NHCOOB\quad\ R'}{\overset{RCHCO-NHCHCOOCH_3}{|\qquad\qquad |}} + C_6H_{11}NHCONHC_6H_{11}$$

Man hat zahlreiche Peptide niederen Molekulargewichts synthetisiert, um festzustellen, welche Arten von Peptidbindungen von den verschiedenen proteolytischen Enzymen angegriffen werden. Das Verfahren von BERGMANN und einige in neuerer Zeit entwickelte Methoden wurden 1953 zur ersten Synthese eines Polypeptid-Hormons, des Oxytocins (S. 317) herangezogen.

Spezielle Reaktionen der α-Aminosäuren und Polypeptide

Ninhydrinreaktion. α-Aminosäuren, Eiweißstoffe und Eiweißspaltprodukte mit einer freien Amino- und Carboxylgruppe geben in verdünnter Lösung beim

---

[1] MAX BERGMANN (1886—1944), Schüler und Assistent von EMIL FISCHER, später Direktor des Kaiser-Wilhelm-Instituts für Lederforschung in Dresden, machte sich durch seine Arbeiten über die Analyse von Proteinen, die Synthese von Peptiden und die enzymatische Synthese von Proteinen einen Namen. 1933 ging er in die Vereinigten Staaten und trat dem Rockefeller-Institut bei.

Behandeln mit *Triketohydrindenhydrat (Ninhydrin)* eine blaue Färbung. Es entwickelt sich ein Mol Kohlendioxyd pro Mol umgesetzter α-Aminosäure (S. 886). Ammoniumsalze, verdünnte Ammoniaklösungen und bestimmte Amine geben unter geeigneten Bedingungen ebenfalls eine blaue Färbung.

Biuretreaktion. Eiweißstoffe sowie Tri-, Tetra- und höhere Peptide geben in alkalischer Lösung beim Zufügen von sehr verdünnter Kupfersulfatlösung eine rosa bis violette Färbung. Über diese Reaktion, die auch mit Biuret erfolgt, und die Konstitution der entstehenden Produkte vgl. S. 331. Die folgende Strukturformel gibt einen Ausschnitt aus einer Polypeptidkette nach Eintreten der Biuretreaktion wieder.

$$
\left[
\begin{array}{ccc}
& \overset{\displaystyle R}{|} & \overset{\displaystyle CO} {} \text{---}\text{---} \overset{\displaystyle CHR}{|} \\
\text{---COCH---} & N & N\text{---} \\
& \diagdown & \diagup \\
& Cu & \\
& \diagup & \diagdown \\
\text{---}N & & N\text{---CHCO---} \\
\overset{}{|} & & \overset{}{|} \\
& & R \\
RCH\text{---}\text{---} & CO &
\end{array}
\right]^{=} \quad 2\,Na^{+}
$$

Xanthoproteinreaktion. Eiweißstoffe geben beim Zusammenbringen mit konzentrierter Salpetersäure die gleiche gelbe Färbung, die auch beim Benetzen der Haut mit Salpetersäure auftritt. Sie beruht auf der Nitrierung aromatischer Kerne, d. h. auf der Bildung gelber Nitroverbindungen (vgl. Kap. 20). Diese Reaktion ist also nicht spezifisch für Eiweißstoffe, sondern für einzelne Aminosäuren im Verband des Eiweißmoleküls (Tyrosin, Tryptophan, Phenylalanin).

Zur *quantitativen Bestimmung* freier Aminogruppen in Aminosäuren oder Proteinen mißt man das Volumen des Stickstoffs, der bei der Reaktion mit salpetriger Säure in Freiheit gesetzt wird *(Van Slyke-Methode)*.

$$RCH_2CHNH_2COOH + HONO \longrightarrow RCH{=}CHCOOH + N_2 + 2\,H_2O$$

Die übliche Schreibweise der Reaktionsgleichung zeigt einen Ersatz der primären Aminogruppe durch eine Hydroxylgruppe an; es können jedoch auch ungesättigte und andere Verbindungen entstehen (S. 250). An dem Prinzip der gasvolumetrischen Bestimmung wird dadurch nichts geändert. Maßgebend ist, daß auf jede im Molekül vorhandene freie Aminogruppe ein Mol Stickstoff entbunden wird.

Wiederholungsfragen

1. Man definiere die Bezeichnung *Protein*. Welches ist der Ursprung der Proteine? Worin besteht der Unterschied zwischen einem einfachen und einem zusammengesetzten Protein? Was versteht man unter einer prosthetischen Gruppe?

2. Man erörtere Elementarzusammensetzung und Molekulargewicht der Proteine und gebe Methoden zur Bestimmung der Molekulargewichte an.

3. Welches ist die allgemeine Auffassung über den Strukturtypus der Proteine? Weshalb geben Proteine die Biuretreaktion? Was ist ein Peptid?

4. Wieviele in der Natur vorkommende Aminosäuren sind ungefähr isoliert worden? Wie werden sie gewöhnlich eingeteilt?

5. Man erörtere den Begriff *isoelektrischer Punkt* in seiner Anwendung auf Aminosäuren und Proteine. Inwiefern bezeichnet er eine wichtige Eigenschaft?

6. Welchen Weg gehen die Proteine im Stoffwechsel des tierischen Organismus? Was versteht man unter *essentiellen* oder *unentbehrlichen* Aminosäuren?

Aufgaben

7. Man stelle Reaktionsgleichungen für folgende Synthesen auf: (*a*) Leucin aus Isocapronsäure; (*b*) Valin aus Isobutyraldehyd; (*c*) Alanin aus Propionaldehyd; (*d*) Isoleucin aus 2-Methyl-butanol-(1); (*e*) Valin aus Isobutylbromid.

8. Man gebe eine Reihe von Reaktionen an, die zur Synthese folgender Tripeptide führen: (*a*) Alanylglycylleucin; (*b*) Valylleucylalanin; (*c*) Glycylalanylvalin; (*d*) Isoleucylvalylglycin; (*e*) Lysylalanylasparaginsäure.

9. Folgende Pentapeptide werden in ihre DNP-Derivate umgewandelt, hydrolysiert und die Produkte qualitativ und quantitativ bestimmt. Die Peptide werden dann partiell hydrolysiert und die Hydrolyseprodukte als reine DNP-Derivate isoliert; diese Derivate werden weiterhydrolysiert und die Endprodukte qualitativ und quantitativ bestimmt. Aus den gegebenen Daten leite man die Strukturformel des Peptids ab.

Hydrolyseprodukte des DNP-Penta-peptids	*Hydrolyseprodukte der DNP-Derivate aus den Hydrolyseprodukten des Peptids*
A. DNP-Glycin und je zwei Mol Glycin und Serin	DNP-Serin, ein Mol Serin und zwei Mol Glycin DNP-Glycin und je ein Mol Serin und Glycin DNP-Serin und je ein Mol Serin und Glycin
B. DNP-Cystein und je zwei Mol Cystein und Leucin	DNP-Leucin, ein Mol Leucin und zwei Mol Cystein DNP-Cystein und je ein Mol Cystein und Leucin DNP-Cystein und ein Mol Cystein
C. DNP-Isoleucin und je zwei Mol Isoleucin und Asparaginsäure	DNP-Isoleucin und je ein Mol Isoleucin und Asparaginsäure DNP-Asparaginsäure und ein Mol Asparaginsäure DNP-Asparaginsäure und ein Mol Isoleucin
D. DNP-Methionin, zwei Mol Methionin und je ein Mol Serin und Glycin	DNP-Methionin und je ein Mol Methionin und Glycin DNP-Methionin und ein Mol Methionin DNP-Serin und ein Mol Methionin DNP-Methionin und je ein Mol Methionin und Serin

Kapitel 15

Derivate der Kohlensäure und Thiokohlensäure

Derivate der Kohlensäure

Vom Standpunkt der Strukturtheorie könnte an sich die Verbindung $C(OH)_4$ existieren, doch ist ein Molekül mit mehr als einer Hydroxylgruppe am gleichen Kohlenstoffatom gewöhnlich instabil und spaltet Wasser ab (S. 182). Es überrascht daher nicht, daß es nicht gelingt, die hypothetische Orthokohlensäure als beständige Verbindung zu isolieren. Die Abspaltung von einem Molekül Wasser sollte zu der gewöhnlichen Kohlensäure $O{=}C(OH)_2$ führen. Von dieser Verbindung ist zwar anzunehmen, daß sie in wäßrigen Lösungen von Kohlendioxyd existiert, doch führen alle Isolierungsversuche zu ihrer Zersetzung in Kohlendioxyd und Wasser.

$$[C(OH)_4] \underset{H_2O}{\overset{}{\rightleftarrows}} [O{=}C(OH)_2] \underset{H_2O}{\overset{}{\rightleftarrows}} O{=}C{=}O$$

Orthokohlensäure   Kohlensäure   Kohlendioxyd
(hypothetisch)   (hypothetisch)

Wenn auch Orthokohlensäure und Kohlensäure als freie Säuren unbeständig sind, so sind doch ,zahlreiche Derivate dieser Verbindungen bekannt, von welchen einigen größere Bedeutung zukommt. Formeln und Namen einiger dieser Verbindungen sowie ihrer Schwefelanaloga sind in Tab. 19 zusammengestellt. Verbindungen, deren Formeln in Klammern stehen, konnten nicht in reinem Zustand isoliert werden.

Tabelle 19. *Derivate der Kohlensäure und Thiokohlensäure*

$O{=}C{=}O$	Kohlensäureanhydrid, Kohlendioxyd
$[C(OH)_4]$	Orthokohlensäure
CCl_4	Tetrachlorkohlenstoff
$C(OR)_4$	Orthokohlensäurealkylester
$[O{=}C(OH)_2]$	Kohlensäure
$[HO{-}\overset{\overset{\displaystyle O}{\|}}{C}{-}Cl]$	Chlorameisensäure (Chlorkohlensäure)
$O{=}CCl_2$	Kohlensäuredichlorid, Phosgen
$RO{-}\overset{\overset{\displaystyle O}{\|}}{C}{-}Cl$	Chlorameisensäurealkylester (Chlorkohlensäureester)
$O{=}C(OR)_2$	Kohlensäuredialkylester, Dialkylcarbonate
$[H_2N{-}\overset{\overset{\displaystyle O}{\|}}{C}{-}OH]$	Carbamidsäure (Kohlensäuremonoamid)
$H_2N{-}\overset{\overset{\displaystyle O}{\|}}{C}{-}OR$	Carbamidsäurealkylester, Urethane
$O{=}C(NH_2)_2$	Kohlensäurediamid, Harnstoff
$RNH{-}\overset{\overset{\displaystyle O}{\|}}{C}{-}NH_2$	*N*-Alkyl-harnstoffe
$RO{-}\overset{\overset{\displaystyle NH}{\|}}{C}{-}NH_2$	*O*-Alkyl-isoharnstoffe
$HN{=}C(NH_2)_2$	Guanidin (Kohlensäure-diamid-imid)
$O{=}C{=}NH \rightleftarrows HOC{\equiv}N$	Isocyansäure $\rightleftarrows$ Cyansäure
$[ROC{\equiv}N]$	Cyansäurealkylester, Alkylcyanate
$O{=}C{=}NR$	Isocyansäurealkylester, Alkylisocyanate
$RN{=}C{=}NR$	Carbodiimide
$H_2NC{\equiv}N$	Cyanamid
$ClC{\equiv}N$	Chlorcyan
$S{=}C{=}O$	Monothiokohlensäureanhydrid, Kohlenoxysulfid

Tabelle 19 (Fortsetzung)

$S=C=S$	Thiokohlensäureanhydrid, Schwefelkohlenstoff
$[C(SH)_4]$	Orthothiokohlensäure
$[S=C(OH)_2]$	Monothiokohlensäure
$[HO-\overset{\overset{S}{\|}}{C}-SH]$	Dithiokohlensäure
$S=C(SH)_2$	Trithiokohlensäure
$S=CCl_2$	Thiokohlensäuredichlorid, Thiophosgen
$RO-\overset{\overset{S}{\|}}{C}-S^{-+}Na$	Natriumsalze der Dithiokohlensäure-O-alkylester, Natriumalkylxanthogenate
$[H_2N-\overset{\overset{S}{\|}}{C}-OH]$	Thiocarbamidsäure
$H_2N-\overset{\overset{S}{\|}}{C}-OR$	Thiocarbamidsäurealkylester, Thiourethane
$H_2N-\overset{\overset{S}{\|}}{C}-SH$	Dithiocarbamidsäure
$S=C(NH_2)_2$	Thiokohlensäurediamid, Thioharnstoff
$HSC\equiv N$	Thiocyansäure, Rhodanwasserstoffsäure
$RSC\equiv N$	Thiocyansäurealkylester
$S=C=NR$	Isothiocyansäurealkylester
$N\equiv CSSC\equiv N$	Rhodan

Die **Derivate der Orthokohlensäure** haben mit den Derivaten der Orthocarbonsäuren (S. 183) gemeinsam, daß sie keine Carbonylgruppe besitzen und daher nicht die Eigenschaften von Carbonsäureabkömmlingen aufweisen. Tetrachlorkohlenstoff z. B. verhält sich nicht wie ein Acylhalogenid. Er ist gegen Hydrolyse, Alkoholyse oder Ammonolyse ziemlich beständig. Entsprechend verhält sich Orthokohlensäureäthylester ähnlicher einem Acetal als einem Ester, denn er ist beständig gegen Alkalien, wird aber von verdünnten Säuren leicht hydrolysiert. Die **Orthokohlensäureester** werden durch Einwirkung von Chlorpikrin (Trichlornitromethan, S. 276) auf Natriumalkoholate dargestellt.

$$Cl_3CNO_2 + 4\,RONa \longrightarrow C(OR)_4 + 3\,NaCl + NaNO_2$$

Die **Derivate der Kohlensäure** enthalten dagegen eine Carbonylgruppe oder eine äquivalente Gruppe. Sie reagieren daher wie typische Carbonsäurederivate. Beide Hydroxylgruppen der Kohlensäure sind mit der Carbonylgruppe verbunden, und so verhält sich jede von ihnen wie die Hydroxylgruppe einer Carbonsäure.

Phosgen $COCl_2$, das Säurechlorid der Kohlensäure, wurde zuerst durch Einwirkung von Licht auf ein Gemisch aus Kohlenmonoxyd und Chlor dargestellt (griech. *phos*, Licht; *genes*, geboren). In der Technik dient Aktivkohle als Katalysator.

$$CO + Cl_2 \xrightarrow{\text{Aktiv-} \atop \text{kohle}} COCl_2$$
Phosgen

Phosgen ist ein süßlich riechendes Gas (Kp: 8°), das zehnmal so giftig ist wie Chlor. Im ersten Weltkrieg wurde es als wichtigstes offensives Kampfgas angewandt. Seine Giftwirkung beruht zum Teil auf der schnellen Hydrolyse in Bronchien und Lunge, wobei Chlorwasserstoff freigesetzt wird.

Bei der Reaktion von Phosgen mit Alkoholen bildet sich zuerst **Chlorameisensäurealkylester,** in nächster Stufe **Kohlensäuredialkylester.**

$$COCl_2 + C_2H_5OH \longrightarrow ClCOOC_2H_5 + HCl$$

Phosgen   Chlorameisensäure-
äthylester

$$ClCOOC_2H_5 + C_2H_5OH \longrightarrow OC(OC_2H_5)_2 + HCl$$

Diäthylcarbonat

Die Chlorameisensäureester werden manchmal unkorrekt *Chlorkohlensäureester* genannt. Phosgen findet Verwendung zur Herstellung bestimmter Ketone, die als Zwischenprodukte der Farbstoffabrikation benötigt werden (S. 571), und zur Darstellung von **Diäthylcarbonat,** einem guten Lösungsmittel.

Harnstoff $CO(NH_2)_2$ ist das wichtigste Derivat der Kohlensäure. Er ist als Diamid der Kohlensäure aufzufassen, das Monoamid ist die in freiem Zustand nicht existenzfähige Carbamidsäure H_2NCOOH. Auf Grund dieser Beziehung zur Carbamidsäure wird Harnstoff auch *Carbamid* genannt.

Vor der Entwicklung moderner technischer Syntheseverfahren und Anwendungsgebiete war Harnstoff hauptsächlich von Interesse als wichtigstes Endprodukt des Stickstoff-Stoffwechsels der Säugetiere, als welches er im Urin ausgeschieden wird. Ein erwachsener Mensch scheidet in 24 Stunden etwa 30 g Harnstoff aus. Er entsteht in der Leber aus Ammoniak und Kohlendioxyd über den Ornithinzyklus. Harnstoff wurde schon 1773 aus Urin isoliert, aber erst 1799 vollständig charakterisiert und Harnstoff benannt. Der erste Forscher, der Harnstoff synthetisierte, war wahrscheinlich JOHN DAVY, ein Bruder von Sir HUMPHREY DAVY, der 1811 Phosgen durch Einwirkung des Sonnenlichts auf ein Gemisch von Chlor und Kohlenmonoxyd darstellte und 1812 berichtete, daß das Produkt mit trocknem Ammoniak unter Bildung eines festen Stoffes reagiert, der bei Behandlung mit Essigsäure kein Kohlendioxyd entwickelt und daher kein Ammoniumcarbonat sein kann. Die Verbindung wurde jedoch von DAVY nicht als Harnstoff identifiziert, und so fiel die Ehre der ersten Harnstoffsynthese an WOEHLER, der 1828 erkannte, daß das Produkt, das beim Kochen einer Lösung von Ammoniumcyanat in Wasser entsteht, mit dem aus Urin isolierten Harnstoff identisch ist (S. 4).

$$NH_4OCN \rightleftharpoons CO(NH_2)_2$$

Über den Mechanismus dieser Reaktion vgl. S. 330.

Seit seiner Entdeckung ist Harnstoff als Produkt von mehr als fünfzig Reaktionen isoliert worden, von denen zwei zu großtechnischen Syntheseverfahren ausgebildet wurden. Um die Zeit des ersten Weltkrieges wurde Harnstoff durch Hydrolyse von Calciumcyanamid gewonnen (S. 336). Heute geht die technische Synthese von trocknem Kohlendioxyd und Ammoniak aus. Ammoniak lagert sich an eine Doppelbindung des Kohlendioxyds an und ergibt Carbamidsäure, die mit einem zweiten Molekül Ammoniak unter Bildung des Ammoniumsalzes reagiert. Nach der allgemeinen Methode zur Darstellung von Amiden durch Erhitzen der

Ammoniumsalze wird das Ammoniumcarbaminat in Harnstoff übergeführt. Da Wasser als Reaktionsprodukt auftritt, und da Ammoniumcarbaminat zu Ammoniumcarbonat hydrolysiert werden kann, das seinerseits in Ammoniak und Kohlendioxyd zerfällt, sind zur Erzielung einer optimalen Harnstoffausbeute bestimmte Bedingungen genau einzuhalten. Die Zersetzung des Ammoniumcarbaminats wird bei 150° und 35 Atmosphären Druck in Gegenwart eines dreifachen Ammoniaküberschusses durchgeführt.

$$CO_2 + NH_3 \rightleftharpoons \left[\overset{\overset{\displaystyle OH}{|}}{O=C}-NH_2\right] \underset{\text{Carbamid-}\atop\text{säure}}{} \overset{NH_3}{\rightleftharpoons} \left[\overset{\overset{\displaystyle O^-}{|}}{O=C}-NH_2\right]NH_4^+ \underset{\text{Ammonium-}\atop\text{carbaminat}}{} \overset{150°}{\rightleftharpoons} \overset{\overset{\displaystyle NH_2}{|}}{O=C}-NH_2 + H_2O \underset{\text{Harnstoff}}{}$$

Die hohe Ammoniakkonzentration unterdrückt die folgende Nebenreaktion.

$$\left[\overset{\overset{\displaystyle O^-}{|}}{O=C}-NH_2\right]NH_4^+ + H_2O \rightleftharpoons (NH_4)_2CO_3 \rightleftharpoons 2\,NH_3 + CO_2$$

Seit der Entwicklung dieses Verfahrens ist die Harnstoffproduktion stark angestiegen, und der Preis des Harnstoffs ist auf etwa $^1/_{10}$ des früheren Preises gefallen. 1954 betrug die Produktion in den Vereinigten Staaten etwa 140 Millionen kg. Harnstoff wird als Düngemittel und zur Herstellung von Harnstoff-Formaldehyd-Kunststoffen verwendet (S. 329). Wiederkäuer können einen Teil des Stickstoffs, den sie zum Aufbau von Proteinen benötigen, durch Harnstoff decken, der deshalb käuflichen Futtermitteln für Rinder beigemischt wird. Kleinere Mengen Harnstoff werden zur Herstellung von Pharmazeutika verwendet (S. 673).

Eine wichtige Eigenschaft des Harnstoffs ist die Fähigkeit zur Bildung kristallisierter **Einschlußverbindungen** (S. 102) mit vielen geradkettigen organischen Verbindungen, die mehr als vier Kohlenstoffatome enthalten, z. B. mit Kohlenwasserstoffen, Alkoholen, Mercaptanen, Alkylhalogeniden, Ketonen, Säuren und Estern, dagegen nicht mit den meisten verzweigten oder cyclischen Verbindungen. Die Darstellung dieser Einschlußverbindungen geschieht einfach durch Vermischen der Methanollösungen der Komponenten. Es bildet sich ein kristallisierter Niederschlag, der entweder durch Extraktion des Harnstoffs mit Wasser oder durch Extraktion der organischen Verbindung mit Äther wieder in die Komponenten getrennt werden kann. Das Verfahren dient zur Verbesserung der Octanzahl von Benzin, zur Erniedrigung des Schmelzpunktes von Düsentreibstoffen und zur Erniedrigung des Stockpunktes von Schmieröl durch Entfernen der normalen Kohlenwasserstoffe. Im Laboratorium wird es angewendet zur Isolierung und Reinigung von Verbindungen und zur Zerlegung von Alkylhalogeniden in ihre optisch aktiven Komponenten (S. 361). Thioharnstoff (S. 342) bildet Einschlußverbindungen mit vielen verzweigten und cyclischen Verbindungen.

Die geradkettigen Verbindungen scheinen nur durch Adsorptionskräfte an die feste Oberfläche der Harnstoffmoleküle gebunden zu sein. Die Ketten nehmen die kanalförmigen Hohlräume innerhalb des Harnstoffkristallgitters ein. Der Schmelzpunkt ist für jede Verbindung der des Harnstoffs, und die Bildungswärme ist sogar noch geringer als die gewöhnliche Adsorptionswärme bei Adsorption an festen Oberflächen. Zwar haben alle Verbindungen eine definierte Zusammensetzung, doch ist das Verhältnis der Harnstoffmoleküle zu den geradkettigen Molekülen nicht stöchiometrisch, sondern proportional der Zahl von Kohlenstoffatomen in der Kette. Annähernd zwei Drittel eines Harnstoffmoleküls entfallen auf je ein Ångström Kettenlänge. Interessanterweise unterliegen in Harnstoffkristalle eingeschlossene ungesättigte Verbindungen nicht der Autoxydation.

Die Reaktionen des Harnstoffs sind die eines Amids. Harnstoff ist eine sehr schwache Base, $K_B = 1{,}5 \times 10^{-14}$ bei 25°, aber offensichtlich eine etwas stärkere als Acetamid, $K_B = 3{,}1 \times 10^{-15}$. Trotz dieser geringen Basizität entsteht beim Zufügen von konzentrierter Salpetersäure zu einer konzentrierten wäßrigen Harnstofflösung ein Niederschlag von **Harnstoffnitrat,** da dieses in konzentrierter Salpetersäure unlöslich ist.

Obwohl das Stickstoffatom einer Aminogruppe gewöhnlich stärker basisch ist als das Sauerstoffatom einer Carbonylgruppe, beruht hier die Salzbildung der Amidgruppe zweifellos auf Anlagerung eines Protons an Sauerstoff, nicht an Stickstoff. Lagerte sich das Proton an den Stickstoff an, dann wäre die Resonanzenergie des Ions sehr gering, während bei Anlagerung an Sauerstoff eine beträchtliche Stabilisierung durch Resonanz eintritt. Daher wird das Kation des Harnstoffnitrats am besten als Resonanzhybrid formuliert (S. 160).

$$\left\{ \begin{array}{ccccc} \overset{+}{O}H & & OH & & OH \\ \| & & | & & | \\ H_2N-C-NH_2 & \longleftrightarrow & H_2\overset{+}{N}=C-NH_2 & \longleftrightarrow & H_2N-C=\overset{+}{N}H_2 \end{array} \right\}$$

Die Hydrolyse von Harnstoff führt zu Ammoniumcarbonat.

$$CO(NH_2)_2 + 2\,H_2O \longrightarrow [CO(OH)_2] + 2\,NH_3 \longrightarrow (NH_4)_2CO_3$$

Wird die Reaktion durch Alkalien katalysiert, dann sind die Endprodukte Alkalicarbonat und Ammoniak, während bei Säurekatalyse Kohlendioxyd und das Ammoniumsalz entstehen. Sehr schnell und bei Raumtemperatur verläuft die Hydrolyse unter dem Einfluß des Enzyms *Urease*, das sich in Sojabohnen und Jackbohnen findet und von gewissen Bakterien gebildet wird. Die Hydrolyse von Harnstoff im Boden, bei der Stickstoff als Ammoniak freigesetzt wird, ist ein Teil des Stickstoffkreislaufs (Abb. 51, S. 306). Die Ureasekatalyse findet Anwendung zur Bestimmung von Harnstoff in biologischen Flüssigkeiten. Nach der Hydrolyse in entsprechend gepufferter Lösung wird der Ammoniak freigesetzt und colorimetrisch oder durch Titration mit eingestellter Säure bestimmt.

Da Harnstoff NH_2-Gruppen enthält, wird bei der Reaktion mit salpetriger Säure Stickstoff entwickelt (S. 250).

$$CO(NH_2)_2 + 2\,HONO \longrightarrow CO_2 + 2\,N_2 + 3\,H_2O$$

Von dieser Reaktion wird zur Zerstörung von salpetriger Säure und Stickoxyden Gebrauch gemacht.

Als Amid unterliegt Harnstoff der Hofmannschen Umlagerung (S. 258), doch wird das Reaktionsprodukt Hydrazin durch das Hypobromit unter Bildung von Stickstoff und Wasser oxydiert.

$$H_2NCONH_2 + NaOBr + 2\,NaOH \longrightarrow H_2NNH_2 + Na_2CO_3 + NaBr + H_2O$$
Hydrazin

$$\downarrow 2\,NaOBr$$

$$N_2 + 2\,H_2O + 2\,NaBr$$

Die Acylierung von Amiden führt zu Diacylderivaten des Ammoniaks, die als *Imide* bezeichnet werden. Die Imide sind stärker sauer als die Amide; sie reagieren mit starken Basen in wäßriger Lösung unter Bildung von Salzen (S. 257). Auch Harnstoff kann diacyliert werden, die Reaktionsprodukte heißen **Ureide**.

$$CO(NH_2)_2 + 2\ (CH_3CO)_2O \longrightarrow CO(NHCOCH_3)_2 + 2\ CH_3COOH$$
Diacetylharnstoff

Viele cyclische Ureide wie die Barbitursäuren (S. 673) und Alloxan (S. 676) haben bemerkenswerte physiologische Eigenschaften.

Erhitzt man Acetamid mit Paraformaldehyd, so entsteht N-Hydroxymethyl-acetamid (Methylolacetamid).

$$CH_3CONH_2 + HCHO \longrightarrow CH_3CONHCH_2OH$$
N-Hydroxymethyl-acetamid
(Methylolacetamid)

Analog entsteht aus Harnstoff beim Behandeln mit Formaldehyd N-Hydroxy-methyl-harnstoff, der gewöhnlich als *Methylolharnstoff* bezeichnet wird.

$$H_2NCONH_2 + HCHO \longrightarrow H_2NCONHCH_2OH$$
N-Hydroxymethyl-harnstoff
(Methylolharnstoff)

Wenn eine Hydroxymethylgruppe an ein Stickstoffatom gebunden ist, reagiert sie mit Aminogruppen leicht weiter unter Abspaltung von Wasser (vgl. Bildung von Hexamethylentetramin aus Formaldehyd und Ammoniak, S. 231). Daher kann sich N-Hydroxymethyl-harnstoff mit einem zweiten Molekül Harnstoff kondensieren.

$$H_2NCONHCH_2OH + H_2NCONH_2 \longrightarrow H_2NCONHCH_2NHCONH_2$$

Da sich die Aminogruppen mit Formaldehyd weiterkondensieren können, ist die Reaktion ein Weg zur Bildung hochmolekularer Ketten der allgemeinen Formel $(-NHCONHCH_2-)_x$. Von einem derartigen langkettigen Polymeren ist zu erwarten, daß es eine dick-viskose Flüssigkeit oder einen thermoplastischen festen Stoff bildet. Es enthält jedoch noch NH-Gruppen, die mit Formaldehyd unter Bildung von N-Hydroxymethyl-Gruppen reagieren können, die dann ihrerseits unter Abspaltung von Wasser mit weiteren NH-Gruppen in Reaktion treten. Gehört die zweite NH-Gruppe einer anderen Kette an, so werden die Ketten durch CH_2-Gruppen miteinander verknüpft, und es entsteht ein dreidimensionales Makromolekül; das Ergebnis ist ein Stoff mit den Eigenschaften eines unlöslichen, nicht schmelzbaren Harzes.

$$[-NHCONHCH_2-]_x + x\ HCHO \longrightarrow \left[\begin{matrix} -NHCONCH_2- \\ | \\ CH_2OH \end{matrix}\right]_x$$

$$\left[\begin{matrix} -NHCONCH_2- \\ | \\ CH_2OH \end{matrix}\right]_x \atop {+ \atop [-NHCONHCH_2-]_x} \longrightarrow x\ H_2O + \left[\begin{matrix} -NHCONCH_2- \\ | \\ CH_2 \\ | \\ -NCONHCH_2- \end{matrix}\right]_x$$

Bei der Leichtigkeit, mit der sich sechsgliedrige Ringe bilden, ist mit Sicherheit anzunehmen, daß sich ein Teil der Methylolharnstoffmoleküle zu cyclischen Polymeren kondensiert.

$$\text{(Dioxymethylharnstoff-Kondensation, Ringbildung)} + 3\,H_2O$$

Auch diese sind Polyamide, die weiterreagieren und in das Makromolekül eingebaut werden können, so daß dessen Struktur noch komplizierter wird.

Diese Polykondensationsprodukte bilden die technisch wichtige Kunststoffgruppe der **Harnstoff-Formaldehyd-Harze.** Drei Mol Formaldehyd und ein Mol Harnstoff werden in wäßriger Lösung in Gegenwart von Ammoniak als alkalischem Katalysator kondensiert. Die Reaktion wird auf der sirupösen Kettenstufe abgebrochen, und das Produkt wird mit einem Füllmittel, gewöhnlich hochwertige Cellulose, vermischt. Das Gemisch wird getrocknet und gemahlen und stellt dann das Preßpulver dar. Dieses wird erhitzt und unter Druck in Formen gepreßt, wo es sich bald zu einer unschmelzbaren Masse verfestigt, da die Reaktion weitergeht und Kettenvernetzung eintritt. Die Harnstoff-Formaldehyd-Kunststoffe sind farblos und können daher durch Zugabe von Farbstoffen in jedem gewünschten Farbton angefärbt werden. Die sirupösen Zwischenprodukte dienen in großem Umfang als wasserfeste Klebstoffe bei der Herstellung von Sperrholz. Einige niedermolekulare Produkte werden als Düngemittel verwendet, wenn eine langsame Entwicklung von Ammoniak erwünscht ist. In den Vereinigten Staaten wurden im Jahre 1955 etwa 100 Millionen kg Harnstoff-Formaldehyd-Harze hergestellt.

Erhitzt man Dioxymethylharnstoff mit Butanol-(1), so bildet sich ein butyliertes Polymeres.

$$x\,HNCONHCH_2OH + x\,C_4H_9OH \longrightarrow H\left[-\underset{\underset{CH_2OC_4H_9}{|}}{N}-CO-NHCH_2-\right]_x OH + (2x-1)\,H_2O$$

(mit $\dot{C}H_2OH$ am ersten Stickstoff)

Bei Zusatz zu Alkydharzen, die für Schutzüberzüge verwendet werden (S. 583), verbessert es die Härte und Haftfestigkeit des Films. Die Produktion in den Vereinigten Staaten betrug 1955 8 Millionen kg.

Beim Erhitzen auf Temperaturen oberhalb des Schmelzpunkts zersetzt sich Harnstoff zu Ammoniak und Isocyansäure. Die Isocyansäure polymerisiert sich sofort zu einem Gemisch von etwa 70% der trimeren **Cyanursäure** und 30% des linear-polymeren **Cyamelids.**

$$H_2NCONH_2 \longrightarrow NH_3 + HN{=}C{=}O$$

Isocyansäure

$$3\,HNCO \longrightarrow \text{Cyanursäure}$$

$$x\,HNCO \longrightarrow \left[-NH-\overset{\overset{\textstyle O}{\|}}{C}-\right]_x$$

Cyamelid

Erhitzt man Cyanursäure auf hohe Temperaturen, so tritt Depolymerisation zu monomerer **Isocyansäure** ein, die sich unterhalb 0° zu einer farblosen Flüssigkeit kondensiert. Beim Erwärmen auf Raumtemperatur polymerisiert sich die Flüssigkeit spontan und explosionsartig zu Cyanursäure und Cyamelid.

Isocyansäure und **Cyansäure** sind tautomer.

$$HN=C=O \rightleftarrows N\equiv COH$$

Die monomere Flüssigkeit bezeichnet man zwar oft als Cyansäure, aber sie geht Additionsreaktionen ein, die für Verbindungen mit *kumulierter Doppelbindung* charakteristisch sind (vgl. Keten, S. 804). Auch das Ramanspektrum zeigt ein Überwiegen der *Iso*-Struktur an. Isocyansäure wird sehr schnell zu Kohlendioxyd und Ammoniak hydrolysiert; die intermediär entstehende Carbamidsäure ist unbeständig.

$$HN=C=O + H_2O \longrightarrow [H_2NCOOH] \longrightarrow CO_2 + NH_3$$

Ammoniak und Amine lagern sich an Isocyansäure unter Bildung von Harnstoff bzw. *N-Alkylharnstoffen* an. Daher bildet sich bei der Hydrolyse etwas Harnstoff.

$$HN=C=O + NH_3 \longrightarrow H_2NCONH_2$$
$$+ H_2NR \longrightarrow H_2NCONHR$$
$$+ HNR_2 \longrightarrow H_2NCONR_2$$

Die Woehlersche Harnstoffsynthese beruht wahrscheinlich auf der Dissoziation von Ammoniumcyanat in Ammoniak und Cyansäure und anschließender Addition.

$$NH_4NCO \rightleftarrows NH_3 + HN=C=O \longrightarrow H_2NCONH_2$$

Alkohole geben mit Isocyansäure **Carbamidsäurealkylester** *(Urethane)*.

$$HN=C=O + HOR \longrightarrow H_2NCOOR$$

Die Urethane werden auch leicht durch Erhitzen von Harnstoff mit Alkoholen erhalten, wobei es nicht erforderlich ist, die Isocyansäure zu isolieren. Die Urethane reagieren mit einem Überschuß von Isocyansäure unter Bildung von Allophansäureestern, sogenannten **Allophanaten.** Die Allophanate eignen sich als feste Derivate von Hydroxylverbindungen häufig zu deren Identifizierung.

$$HN=C=O + H_2NCOOR \longrightarrow H_2NCONHCOOR$$

Ein Alkylallophanat

Der Mechanismus dieser Reaktionen erklärt sich unzweifelhaft als Angriff auf das elektronenarme Kohlenstoffatom der Isocyansäure durch die einsamen Elektronenpaare von Sauerstoff oder Stickstoff und anschließende Übertragung eines Protons.

$$HN=C=O + :BH \longrightarrow HN=C-O^- \longrightarrow HN-C=O$$

Urethane können ferner durch Umsetzung von Chlorameisensäureestern mit Ammoniak dargestellt werden.

$$2\,NH_3 + ClCOOR \longrightarrow H_2NCOOR + NH_4Cl$$

Amine geben *N*-substituierte Urethane.

$$2\,R'NH_2 + ClCOOR \longrightarrow R'NHCOOR + R'NH_3Cl$$
$$2\,R'_2NH + ClCOOR \longrightarrow R'_2NCOOR + R'_2NH_2Cl$$

Die einfachen Urethane wie Carbamidsäureäthylester sind milde Schlafmittel. Das vom 2-Methyl-2-propyl-propandiol-(1.3) abgeleitete Dicarbaminat ist in den USA als *Meprobamat* oder *Miltown* eines der häufiger verwendeten "tranquilizer" im Handel.

Wird Harnstoff schwach erhitzt, so lagert die zuerst entstehende Isocyansäure ein Molekül Harnstoff an und bildet **Biuret**.

$$HN{=}C{=}O \;+\; H_2NCONH_2 \;\longrightarrow\; H_2NCONHCONH_2$$
Biuret

Eine alkalische Lösung von Biuret gibt mit Kupfersulfatlösung eine violettrote Färbung. Diese beruht auf der Gegenwart eines Kupfer(II)-Koordinations-komplexes, in welchem die vier Wassermoleküle, die normalerweise mit dem Kupfer(II)-ion koordiniert sind, durch Aminogruppen ersetzt sind. Das Alkali entnimmt den koordinierten Aminogruppen zwei Protonen, wobei der in neutralem Medium unlösliche Komplex entsteht, und darauf zwei weitere Protonen unter Bildung des wasserlöslichen Salzes.

unlöslicher Komplex   löslicher Komplex

Die Reaktion findet statt, weil durch die Ringbildung die Stabilität vergrößert wird. Da sich wegen der durch die Bindungswinkel gegebenen Einschränkungen nur Fünf- und Sechsringe leicht bilden, entstehen derartige Komplexe nur dann, wenn die elektronenabgebenden Gruppen, z. B. Aminogruppen, geeignete Lagen im Molekül einnehmen. Die Peptidbindung der Proteine kann zu einem stabilen Komplex mit Kupfer führen, wobei zwei fünfgliedrige Ringe entstehen; die Proteine und Peptide geben daher die Biuretreaktion (S. 321). Analoge Komplexe bilden sich mit 1.2- und 1.3-Dihydroxy-Verbindungen, wo die Hydroxylgruppen als Elektronendonatoren fungieren. Beispiele sind Fehlingsche und Benedictsche Lösung (S. 855).

Wenn Cyansäure und Isocyansäure tautomer sind, sollten zwei Reihen von Alkylderivaten (oder Estern) bestehen: die *Alkylcyanate* $ROC\equiv N$ und die *Alkylisocyanate* $O=C=NR$. Die ersten sind in monomerem Zustand unbekannt. Wenn Chlorcyan mit Natriumalkoholat reagiert, bildet sich der *Cyanursäurealkylester*. Falls der Cyansäureester als Zwischenprodukt auftritt, polymerisiert er sich so schnell wie er entsteht.

$$RONa + ClCN \longrightarrow [ROCN] + NaCl$$

$$3\,[ROCN] \longrightarrow$$

Cyanursäure-
alkylester

Dagegen sind die **Isocyansäureester** beständige Verbindungen. Sie bilden sich beim Erhitzen von Kaliumcyanat mit einem Alkylsulfat in Gegenwart von trocknem Natriumcarbonat.

$$R_2SO_4 + KOCN \xrightarrow{Na_2CO_3} RN=C=O + RSO_4K$$

Phosgen reagiert mit primären Aminen unter Bildung von *N*-Alkylcarbamidsäurechloriden, die sich beim Erhitzen zu Alkylisocyanaten zersetzen.

$$2\,RNH_2 + COCl_2 \longrightarrow RNH_3Cl + RNHCOCl \xrightarrow{Wärme} RN=C=O + HCl$$

Bei der Hofmannschen Umlagerung der Amide zu Aminen (S. 258) und bei der Curtiusschen Umlagerung (S. 281) treten die Alkylisocyanate als Zwischenprodukte auf.

Wie die Isocyansäure werden auch die Isocyanate leicht von Wasser hydrolysiert. Die Endprodukte sind primäres Amin und Kohlendioxyd.

$$RN=C=O + H_2O \longrightarrow [RNHCOOH] \longrightarrow RNH_2 + CO_2$$

Es ist interessant, daß diese Reaktion zur Entdeckung der Amine durch WURTZ (S. 131) führte, der 1849 als erster Methylamin und Äthylamin durch Hydrolyse von Methyl- bzw. Äthylisocyanat darstellte, die er aus Kaliumcyanat und den Alkyljodiden erhalten hatte.

Isocyanate addieren Alkohole oder Amine unter Bildung von Urethanen bzw. substituierten Harnstoffen.

$$RN=C=O + HOR' \longrightarrow RNHCOOR'$$
$$+ HNH_2 \longrightarrow RNHCONH_2$$
$$+ HNHR' \longrightarrow RNHCONHR'$$
$$+ HNR'_2 \longrightarrow RNHCONR'_2$$

Da die Reaktion leicht vonstatten geht und zu festen Reaktionsprodukten führt, werden die Isocyanate, besonders Phenylisocyanat $C_6H_5N=C=O$ (S. 506), häufig zur Darstellung von Derivaten der Alkohole und Amine zum Zwecke von deren Identifizierung herangezogen.

Knallsäure ist mit den Cyansäuren isomer. Ihre Reaktionen weisen darauf hin, daß sie sich vom Kohlenmonoxyd ableitet, nicht von Kohlendioxyd oder Kohlensäure. Zum Beispiel bildet sie mit Chlorwasserstoff ein Additionsprodukt, das bei der Hydrolyse Ameisensäure und Hydroxylamin-hydrochlorid ergibt. Diese Reaktionen lassen sich am besten erklären, indem Knallsäure als Oxim des Kohlenmonoxyds aufgefaßt wird; d. h. das Molekül weist die $-\overset{+}{N}\equiv\overset{-}{C}:$-Gruppierung auf, die auch in den Isocyaniden vorliegt.

$$\underset{\text{Knallsäure}}{HO\overset{+}{N}\equiv\overset{-}{C}:} + HCl \longrightarrow HON=\overset{\overset{\displaystyle H}{|}}{C}-Cl$$

$$HON=\overset{\overset{\displaystyle H}{|}}{C}-Cl + 2\,H_2O \longrightarrow [HON\overset{+}{H_3}]\,\overset{-}{Cl} + O=\overset{\overset{\displaystyle H}{|}}{C}-OH$$

Versuche zur Isolierung der Knallsäure führten zu komplizierten Polymerisationsprodukten, dagegen sind ihre Salze gut bekannt. **Knallquecksilber** erhält man durch Einwirkung von Salpetersäure auf Quecksilber und Äthylalkohol. Es ist hochexplosiv und detoniert bei Hitze oder auf Schlag und dient zur Herstellung von Initialzündern für Sprengstoffe. LIEBIG zeigte 1823, daß Knallsilber dieselbe Zusammensetzung hat wie Silbercyanat, das zuvor von WOEHLER analysiert worden war. An diesem Beispiel wurde zum ersten Mal das Phänomen erkannt, das später den Namen Isomerie erhielt.

Bei der Reaktion von Harnstoff mit rauchender Schwefelsäure entsteht **Amidosulfonsäure** (Sulfamidsäure).

$$H_2NCONH_2 + SO_3 + H_2SO_4 \longrightarrow 2\,H_2NSO_3H + CO_2$$

Das Ammoniumsalz der Amidosulfonsäure ist wichtig als Flammenschutzmittel und als Herbicid.

Löst man Harnstoffnitrat in konzentrierter Schwefelsäure, so bildet sich **Nitroharnstoff.**

$$[H_2NC(OH)NH_2]^+NO_3^- \xrightarrow[\text{H}_2\text{SO}_4]{\text{konz.}} \underset{\text{Nitroharnstoff}}{H_2NCONHNO_2 + H_2O}$$

Elektrolytische Reduktion von Nitroharnstoff führt zu **Semicarbazid,** einem wertvollen Reagens auf Aldehyde und Ketone (S. 220).

$$H_2NCONHNO_2 + 6\,[H]\ (\text{elektrolytisch}) \longrightarrow \underset{\text{Semicarbazid}}{H_2NCONHNH_2 + 2\,H_2O}$$

Semicarbazidlösungen zersetzen sich langsam unter Bildung von Hydrazodicarbonamid.

$$H_2NCONHNH_2 + H_2NNHCONH_2 \longrightarrow H_2NCONHNHCONH_2 + H_2NNH_2$$

Diese schwerlösliche Verbindung, die bei 246—258° unter Zersetzung schmilzt, fällt nach mehrstündigem Kochen einer Semicarbazidlösung aus und kann irrtümlich für ein Semicarbazon gehalten werden.

Von Harnstoff geht auch eine geeignete Methode zur Darstellung von **Diazomethan** (S. 279) aus. Harnstoff tauscht beim Erhitzen mit Methylamin-hydrochlorid in wäßriger Lösung eine Aminogruppe gegen eine Methylaminogruppe aus und geht in N-Methylharnstoff über. Nitrosierung gibt **Nitrosomethylharnstoff,** der mit Alkali unter Bildung von Diazomethan reagiert.

$$H_2NCONH_2 + CH_3NH_3Cl \longrightarrow \underset{N\text{-Methylharnstoff}}{H_2NCONHCH_3} + NH_4Cl$$

$$H_2NCONHCH_3 + HONO \longrightarrow \underset{\underset{\text{Nitrosomethylharnstoff}}{NO}}{\overset{\displaystyle |}{H_2NCONCH_3}} + H_2O$$

$$\underset{\underset{NO}{|}}{H_2NCONCH_3} + KOH \longrightarrow \underset{\text{Diazomethan}}{CH_2N_2} + KCNO + 2\,H_2O$$

Soll Diazomethan zur Ringerweiterung von Ketonen herangezogen werden (S. 877), so wird es am besten *in situ* aus **Nitrosomethylurethan** dargestellt, das aus Chlorameisensäureäthylester synthetisiert wird.

$$CH_3NH_2 + ClCOOC_2H_5 + NaOH \longrightarrow CH_3NHCOOC_2H_5 + NaCl + H_2O$$

Chlorameisensäure- N-Methylcarbamidsäure-
äthylester   äthylester
(N-Methylurethan)

$$CH_3NHCOOC_2H_5 + HONO \longrightarrow \underset{\underset{\text{Nitrosomethylurethan}}{NO}}{\overset{\displaystyle |}{CH_3NCOOC_2H_5}} + H_2O$$

$$\underset{\underset{NO}{|}}{CH_3NCOOC_2H_5} + 2\,KOH \longrightarrow \underset{\text{Diazomethan}}{CH_2N_2} + C_2H_5OH + K_2CO_3 + H_2O$$

Nitrosomethylharnstoff und Nitrosomethylurethan können bei Berührung mit der Haut schwere Entzündungen verursachen. Diazomethan ist ein äußerst giftiges Gas.

Zur Darstellung von **N-Alkylharnstoffen** dienen verschiedene Verfahren (S. 330, 332). Direkte Alkylierung von Harnstoff führt jedoch zu **O-Alkylharnstoffen.**

$$O{=}C\overset{\displaystyle NH_2}{\underset{\displaystyle NH_2}{\Big\langle}} + (CH_3)_2SO_4 + NaOH \longrightarrow CH_3O{-}C\overset{\displaystyle NH}{\underset{\displaystyle NH_2}{\Big\langle}} + NaCH_3SO_4 + H_2O$$

O-Methylharnstoff

Die O-Alkylierung des Harnstoffs findet eine analoge Erklärung wie die Salzbildung des Harnstoffs, bei der ein Proton an das Sauerstoffatom angelagert wird, und nicht an ein Stickstoffatom (S. 327). Das Primärprodukt $[\overset{+}{RO}{=}C(NH_2)_2]$ wird durch Resonanz stabilisiert, was bei dem Ion $[H_2NCO\overset{+}{N}H_2R]$ nicht möglich ist.

In diesem Zusammenhang interessiert, daß während Harnstoff und seine N-Alkylderivate nur sehr schwache Basen (K_B: etwa 10^{-14}) sind, die Basenstärke der O-Alkylharnstoffe etwa der der aliphatischen Amine gleichkommt (K_B: etwa 10^{-4}). Die Ionen der beiden Salze dürften vergleichbare Resonanzenergien haben.

$$\left\{\overset{+}{HO}=C\begin{smallmatrix}NH_2\\NHR\end{smallmatrix}\ \longleftrightarrow\ HO-C\begin{smallmatrix}\overset{+}{NH_2}\\NHR\end{smallmatrix}\ \longleftrightarrow\ HO-C\begin{smallmatrix}NH_2\\\underset{+}{NHR}\end{smallmatrix}\right\}$$

$$\left\{\overset{+}{RO}=C\begin{smallmatrix}NH_2\\NHR\end{smallmatrix}\ \longleftrightarrow\ RO-C\begin{smallmatrix}\overset{+}{NH_2}\\NHR\end{smallmatrix}\ \longleftrightarrow\ RO-C\begin{smallmatrix}NH_2\\\underset{+}{NHR}\end{smallmatrix}\right\}$$

Der neutrale *N*-Alkylharnstoff ist jedoch stärker durch Resonanz stabilisiert als der neutrale *O*-Alkylharnstoff, da der Sauerstoff des *N*-Alkylharnstoffs eine negative Ladung leichter unterbringen kann als der Stickstoff des *O*-Alkylharnstoffs.

$$\left\{O=C\begin{smallmatrix}NH_2\\NHR\end{smallmatrix}\ \longleftrightarrow\ \overset{-}{O}-C\begin{smallmatrix}\overset{+}{NH_2}\\NHR\end{smallmatrix}\ \longleftrightarrow\ \overset{-}{O}-C\begin{smallmatrix}NH_2\\\overset{+}{NHR}\end{smallmatrix}\right\}$$

$$\left\{HN=C\begin{smallmatrix}NH_2\\OR\end{smallmatrix}\ \longleftrightarrow\ H\overset{-}{N}-C\begin{smallmatrix}\overset{+}{NH_2}\\OR\end{smallmatrix}\ \longleftrightarrow\ H\overset{-}{N}-C\begin{smallmatrix}NH_2\\\overset{+}{OR}\end{smallmatrix}\right\}$$

Die Lage des Gleichgewichts sollte also bei den *O*-Alkylharnstoffen für die Salzbildung günstiger sein als bei den *N*-Alkylharnstoffen. Die *O*-Alkylharnstoffe sind schwächer basisch als die Amidine (S. 260), wahrscheinlich auf Grund der elektronenanziehenden Wirkung des Sauerstoffatoms.

Die **Halogencyane** können als Säurehalogenide der Cyansäure aufgefaßt werden. Sie werden durch Einwirkung von Halogen auf Metallcyanide dargestellt.

$$MCN + X_2 \longrightarrow XCN + MX$$

Die Halogencyane sind sehr giftig und reizen zu Tränen. **Chlorcyan** schmilzt bei —6° und siedet bei 15.5°. **Bromcyan** schmilzt bei 52° und siedet bei 61°. **Jodcyan** sublimiert bei Atmosphärendruck. Die Halogencyane sind in reinem Zustand beständig, polymerisieren sich aber in Gegenwart von freiem Halogen leicht zu Cyanurhalogeniden.

$$3\ \textbf{ClCN}\ \longrightarrow$$

Chlor-
cyan

Cyanur-
chlorid

Die beste Methode zur Darstellung von Cyanurchlorid ist die Reaktion von Chlor und Cyanwasserstoff in Chloroform, das 1% Äthanol enthält. Halogencyane reagieren wie Alkylhalogenide mit tertiären Aminen unter Bildung quartärer Salze (S. 251).

Cyanamid $H_2NC{\equiv}N$ kann als Amid der Blausäure aufgefaßt werden. Es entsteht durch Umsetzung von Chlorcyan oder Bromcyan mit Ammoniak.

$$2\ NH_3 + ClCN \longrightarrow H_2NCN + NH_4Cl$$

Es entsteht ferner beim Einleiten von Kohlendioxyd in eine Suspension von technischem Calciumcyanamid in wäßrigem Methanol. Die für das Laboratorium einfachste Darstellungsmethode ist die Umsetzung von Thioharnstoff (S. 342) mit frisch gefälltem Quecksilberoxyd.

$$\underset{\overset{\|}{S}}{H_2NCNH_2} + HgO \longrightarrow H_2NC{\equiv}N + HgS + H_2O$$

Bei der Hydrolyse mit Alkalien verhält sich Cyanamid als Nitril der Carbamidsäure und liefert Carbamid (Harnstoff).

$$H_2NC{\equiv}N + H_2O \xrightarrow{[OH^-]} H_2NCONH_2$$

Die wichtigste Verbindung des Cyanamids ist das Calciumsalz, **Calciumcyanamid** (Kalkstickstoff), das durch Überleiten von Stickstoff über Calciumcarbid bei 1100° hergestellt wird. Bei 1200° absorbiert reines Calciumcarbid keinen Stickstoff, aber in Gegenwart von 10% Calciumoxyd wird Stickstoff bei 1050° leicht absorbiert.

$$CaC_2 + N_2 \xrightarrow{CaO} CaNCN + C$$

Das Gemisch wird durch einen elektrisch erhitzten Kohlestab auf die Reaktionstemperatur aufgeheizt; ist die exotherme Reaktion einmal in Gang gekommen, kann der Kohlestab entfernt werden. Die Herstellung von Kalkstickstoff war das erste Verfahren von Bedeutung, durch das atmosphärischer Stickstoff gebunden werden konnte. Kalkstickstoff ist immer noch ein wichtiges Stickstoffdüngemittel. Er findet auch Verwendung zur Bodendesinfektion und als Entlaubungsmittel.

Cyanamid ist in wäßrigen Lösungen vom $p_H < 5$ beständig, dimerisiert sich aber bei p_H 7—12 leicht zu **Dicyandiamid.** Daher bildet sich Dicyandiamid beim Erhitzen von Calciumcyanamid mit Wasser.

$$CaNCN + 2\,H_2O \longrightarrow Ca(OH)_2 + H_2NCN$$

$$H_2NC{\equiv}N + H_2NC{\equiv}N \longrightarrow \underset{\underset{NH}{\|}}{H_2NCNHC{\equiv}N}$$

Dicyandiamid

Beim Erhitzen von Dicyandiamid in Gegenwart von wasserfreiem Ammoniak und Methylalkohol bildet sich **Melamin,** das cyclische Trimere des Cyanamids.

$$3\,\underset{\underset{NH}{\|}}{H_2NCNHC{\equiv}N} \xrightarrow[\text{Wärme}]{NH_3,\ CH_3OH} 2\ \text{Melamin}$$

Melamin

Die Amidinaminogruppen des Melamins kondensieren sich wie die Amidaminogruppen des Harnstoffs mit Formaldehyd unter Bildung hochmolekularer Produkte, der **Melaminharze.** Diese sind den Harnstoff-Formaldehyd-Harzen in ihrer Widerstandsfähigkeit gegen Hitze und Wasser überlegen.

Guanidin $HN{=}C(NH_2)_2$, das Amidin (S. 260) der Carbamidsäure, bildet sich beim Erhitzen von Dicyandiamid mit einem Überschuß von Ammoniak. Erhitzt man Dicyandiamid mit Ammoniumchlorid, so entsteht Guanidinhydrochlorid.

$$\underset{\underset{NH}{\|}}{H_2NCNHCN} + 2\,NH_3 \longrightarrow 2\,HN{=}C(NH_2)_2$$

Guanidin

$$+ 2\,NH_4Cl \longrightarrow 2\,[H_2\overset{+}{N}{=}C(NH_2)_2][Cl^-]$$

Guanidin-
hydrochlorid

Biguanidin, das Guanidinanalogon des Biurets (S. 331), ist ein Zwischenprodukt der Reaktion.

$$H_2NCNHC{\equiv}N + NH_3 \longrightarrow H_2NCNHCNH_2$$

(NH)

Biguanidin

Wird Calciumcyanamid mit verdünnter Schwefelsäure erhitzt, so entsteht zuerst Dicyandiamid, das zu **Guanylharnstoff** *(Dicyandiamidin)* hydrolysiert wird, einem Analogon des Biurets, bei dem nur die Hälfte des Moleküls aus einem Guanidinrest besteht.

$$H_2NCNHC{\equiv}N + H_2O \xrightarrow{H_2SO_4} H_2NCNHCNH_2$$

Guanylharnstoff
(Dicyandiamidin)

Guanylharnstoffphosphat ist ein wirksames Rostschutzmittel für Eisen und Stahl. Beim Kochen von Guanylharnstoff mit Wasser in Gegenwart von Kohlendioxyd bildet sich **Guanidincarbonat** in ausgezeichneter Ausbeute.

$$H_2NCNHCONH_2 + H_2O \longrightarrow HN{=}C(NH_2)_2 + CO_2 + NH_3$$

$$2\,HN{=}(CNH_2)_2 + CO_2 + H_2O \longrightarrow [H_2\overset{+}{N}{=}C(NH_2)_2]_2[CO_3^-]$$

Guanidincarbonat

Guanidin ist die stärkste bekannte organische Base; seine Basizität (K_B: 4.5×10^{-1}) ist mit der des Hydroxylions vergleichbar. Diese starke Basizität ist auf den hohen Betrag an Resonanzenergie zurückzuführen, der frei wird, wenn sich ein Proton an Guanidin anlagert. Die Größe der Resonanzenergie entspricht der Erwartung, denn die Grenzstrukturen sind identisch (vgl. Harnstoff S. 327).

Während die Salze des Guanidins leicht zugänglich sind, ist es schwierig, die freie Base zu erhalten. Beim Vermischen einer alkoholischen Lösung des Perchlorats mit alkoholischer Kalilauge fällt Kaliumperchlorat aus. Das alkoholische Filtrat liefert beim Eindampfen die freie Base.

Wird Guanidinnitrat mit konzentrierter Schwefelsäure vermischt, so bildet sich **Nitroguanidin.**

$$[H_2\overset{+}{N}{=}C(NH_2)_2]NO_3^- \xrightarrow{H_2SO_4} H_2NC{=}NNO_2 + H_2O$$

(NH_2)

Nitroguanidin

Dieses findet Verwendung als Bestandteil verschiedener Sprengstoffe. Es ist ungefähr so wirksam wie TNT und explodiert ohne Explosionsflamme. Im Gemisch mit kolloidaler Nitrocellulose (S. 422) dient es als flammenloser fester Sprengstoff.

Zwei Derivate des Guanidins sind von großer biologischer Bedeutung. **Kreatin** ist Methylguanidinoessigsäure. Sein Phosphorsäurederivat, das **Phosphagen,** spielt eine große Rolle bei der Muskeltätigkeit der Wirbeltiere. Kreatin wird leicht zu **Kreatinin** dehydratisiert, das im Urin ausgeschieden wird.

$$H_2N^+ {=} C(NH_2){-}N(CH_3){-}CH_2COO^- \quad (\text{oder } HN{=}C(NH_2){-}N(CH_3){-}CH_2COOH) \;\rightleftarrows\; HN{=}C\langle\!\!\begin{array}{c}NH{-}CO\\N(CH_3){-}CH_2\end{array}\!\!\rangle + H_2O$$

Kreatin   Kreatinin

Die Aminosäure **Arginin** ist α-Amino-δ-guanidino-n-valeriansäure. Sie ist am Stickstoff-Stoffwechsel der Säugetiere beteiligt. Sie spielt auch eine Rolle bei der Muskeltätigkeit der Wirbellosen.

Die Isocyansäureester $O{=}C{=}NR$ sind Monostickstoffanaloga der Kohlensäure. Die Distickstoffanaloga $RN{=}C{=}NR$ sind als **Carbodiimide** bekannt. Sie werden aus den symmetrischen Dialkylthioharnstoffen (S. 342) dargestellt durch Abspaltung von Schwefelwasserstoff entweder mit frisch gefälltem Quecksilberoxyd oder mit Natriumhypochlorit.

$$\underset{\underset{S}{\|}}{RNHCNHR} + HgO \longrightarrow RN{=}C{=}NR + HgS + H_2O$$

$$\underset{\underset{S}{\|}}{RNHCNHR} + NaOCl \longrightarrow RN{=}C{=}NR + H_2O + S + NaCl$$

Wie die Isocyansäure und ihre Ester enthalten die Carbodiimide zwei kumulierte Doppelbindungen und gehen daher leicht Additionsreaktionen mit Verbindungen ein, die reaktionsfähigen Wasserstoff enthalten. Mit Wasser entstehen disubstituierte Harnstoffe.

$$RN{=}C{=}NR + H_2O \longrightarrow \left[\underset{\underset{OH}{|}}{RNHC}{=}NR\right] \longrightarrow RNHCONHR$$

Alkohole ergeben O-Alkylharnstoffe, Mercaptane S-Alkylthioharnstoffe (S. 342), Amine substituierte Guanidine.

$$RN{=}C{=}NR + HOR' \longrightarrow \underset{\underset{OR}{|}}{RNHC}{=}NR$$

$$+ HSR' \longrightarrow \underset{\underset{SR'}{|}}{RNHC}{=}NR$$

$$+ HNHR' \longrightarrow \underset{\underset{NHR'}{|}}{RNHC}{=}NR$$

Carbonsäuren liefern entweder N-Acylharnstoffe oder den entsprechenden Harnstoff und Carbonsäureanhydrid.

$$RN{=}C{=}NR + R'COOH \longrightarrow \left[\underset{\underset{OCOR'}{|}}{RNH{-}C}{=}NR\right] \longrightarrow RNH{-}\underset{\underset{O}{\|}}{C}{-}\underset{\underset{COR'}{|}}{NR}$$

$$+ 2\,R'COOH \longrightarrow (R'CO)_2O + RNHCONHR$$

Ist R eine aromatische Gruppe, dann ist der Acylharnstoff das Hauptprodukt, ist R dagegen eine aliphatische Gruppe, so bilden sich substituierter Harnstoff und Säureanhydrid. Anhydride bilden sich nicht nur aus Carbonsäuren, sondern auch aus Sulfonsäuren und Dialkylestern der Phosphorsäure.

$$RN{=}C{=}NR + 2\,R'SO_3H \longrightarrow (R'SO_2)_2O + RNHCONHR$$

$$+ 2\,(R'O)_2P_+OH \longrightarrow (R'O)_2P_+{-}O{-}P_+(OR')_2 + RNHCONHR$$

Die zuletzt genannte Reaktion eignet sich zur Synthese von Derivaten von Polyphosphorsäureestern, die biologische Bedeutung haben (S. 679).

Reagiert ein aliphatisches Carbodiimid mit einem Gemisch aus einer Aminoverbindung und einer Carbonsäure, so bildet sich ein Amid.

$$RN{=}C{=}NR + R'COOH + R''NH_2 \longrightarrow R'CONHR'' + RNHCONHR$$

Diese Reaktion findet sogar in Gegenwart von Wasser und anderen Hydroxylverbindungen statt. Sie ist besonders wichtig zur Synthese von Peptiden (S. 320).

Bei der Bildung von Anhydriden kommt dem Carbodiimid nicht nur die Rolle eines wasserentziehenden Mittels zu. Zweifellos wird die Säure viel schneller an das Carbodiimid angelagert als Wasser. Bei der Bildung von Amiden kann das Primärprodukt, der *O*-Acylharnstoff, als Acylierungsmittel für das Amin wirken.

In Abwesenheit eines Amins könnte sich der *O*-Acylharnstoff nach einem analogen Mechanismus zum *N*-Acylharnstoff umlagern oder aber von einem weiteren Säuremolekül angegriffen werden, wobei das Anhydrid entsteht.

Derivate der Thiokohlensäure

Viele Derivate der Kohlensäure haben Schwefelanaloga, von denen einige von allgemeinem Interesse sind. Kohlenoxysulfid und Schwefelkohlenstoff sind Analoga des Kohlendioxyds. Zur Darstellung von **Kohlenoxysulfid** wird ein Gemisch von Kohlenmonoxyd und Schwefeldämpfen durch ein auf 500° erhitztes Eisenrohr geleitet.

$$CO + S \xrightarrow{\;500°\;} COS$$

Kohlenoxysulfid ist ein geruchloses, giftiges Gas, das bei —47,5° siedet. **Schwefelkohlenstoff** wird in technischem Maßstab hergestellt durch Umsetzung von Schwefel mit Kohlenstoff bei hoher Temperatur, entweder in direkt beheizten Retorten oder in einem kontinuierlich arbeitenden Ofen, in dem der Widerstand des Kohlenstoffs gegen den elektrischen Strom die erforderliche Wärme liefert.

$$C + 2\,S \longrightarrow CS_2$$

Eine andere Methode zur Darstellung von Schwefelkohlenstoff ist die Reaktion von Methan und Schwefel bei 700° über einem Aluminiumkatalysator.

$$CH_4 + 4\,S \xrightarrow[\text{Al}_2\text{O}_3]{700°} CS_2 + 2\,H_2S$$

Schwefelkohlenstoff ist eine giftige, niedrigsiedende, sehr leicht entzündliche Flüssigkeit (S. 47), die in gewissem Maß als Lösungsmittel, als Vertilgungsmittel gegen Nagetiere und als Zwischenprodukt bei der Fabrikation von Tetrachlorkohlenstoff (S. 763) dient. Hauptanwendungsgebiete sind die Fabrikation von Kunstseide nach dem Viskoseverfahren, von Vulkanisationsbeschleunigern und Fungiciden.

Werden Lösungen von Alkalihydroxyd oder -alkoholat in Alkoholen mit Schwefelkohlenstoff vermischt, so bilden sich *Alkalisalze* der *Dithiokohlensäure-O-alkylester*. Die übliche Bezeichnung für diese Estersalze ist **Xanthogenate**[1].

$$C_2H_5OH + CS_2 + NaOH \longrightarrow C_2H_5O\overset{\displaystyle S}{\overset{\|}{C}}S^{-\,+}Na$$

Natriumäthyl-
xanthogenat

Die Dithiokohlensäure-*O*-alkylester zersetzen sich bei Raumtemperatur in Schwefelkohlenstoff und Alkohol. Daher wird die vorstehende Reaktion bei Zugabe von Säure umgekehrt.

$$C_2H_5O\overset{\displaystyle S}{\overset{\|}{C}}S^-Na^+ + HCl \longrightarrow NaCl + \left[C_2H_5O\overset{\displaystyle S}{\overset{\|}{C}}SH\right] \longrightarrow C_2H_5OH + CS_2$$

Die **Natriumalkylxanthogenate** finden Verwendung als „Sammler" beim Flotationsverfahren zur Anreicherung von Erzen. Die wichtigste Anwendung der Reaktion von Schwefelkohlenstoff mit Hydroxylgruppen ist die Herstellung der Viscoselösungen aus Cellulose (S. 427).

Analog der Reaktion mit Alkoholen reagiert Schwefelkohlenstoff mit Ammoniak bzw. mit primären und sekundären Aminen unter Bildung von Ammoniumdithiocarbaminat bzw. von Aminsalzen substituierter **Dithiocarbamidsäuren**.

$$S{=}C{=}S + 2\,HNH_2 \longrightarrow H_2N\overset{\displaystyle S}{\overset{\|}{C}}S^{-\,+}NH_4$$

$$+ 2\,HNHR \longrightarrow RNH\overset{\displaystyle S}{\overset{\|}{C}}S^{-\,+}NH_3R$$

$$+ 2\,HNR_2 \longrightarrow R_2N\overset{\displaystyle S}{\overset{\|}{C}}S^{-\,+}NH_2R_2$$

---

[1] Ursprünglich bezeichnete man das Reaktionsprodukt aus Schwefelkohlenstoff, Äthylalkohol und Kaliumhydroxyd als Kaliumxanthogenat, da es mit Kupfersulfat einen gelben Niederschlag gab (griech. *xanthos*, gelb). Dementsprechend käme der Name Xanthogensäure der Verbindung C_2H_5OCSSH zu. Da die Hauptvariationsmöglichkeit der Xanthogenate aber in der Alkylgruppe liegt, ist es vorzuziehen, den Trivialnamen Xanthogensäure der hypothetischen Dithiokohlensäure HOCSSH zu erteilen.

Das Reaktionsprodukt aus Dimethylamin und Schwefelkohlenstoff $(CH_3)_2NCSS^{-+}NH_2(CH_3)_2$ und das entsprechende Zinksalz $[(CH_3)_2NCSS^-]_2Zn^{++}$ sind in Gegenwart von Zinkoxyd wirksame Vulkanisationsbeschleuniger. Das Zinksalz und Eisensalze sind als wertvolle Fungicide unter verschiedenen Namen wie *Ferbam, Fermate* oder *Pomarsol* im Handel. Natriumdiäthyl-dithiocarbaminat $(C_2H_5)_2NCSS^{-+}Na$ ist das bevorzugte Reagens zur Bestimmung kleiner Kupfermengen.

Wie alle Mercaptoverbindungen werden die Dithiocarbaminate leicht zu Disulfiden oxydiert. Die Oxydationsprodukte werden *Thiuramdisulfide* genannt. Tetramethylthiuramdisulfid $(CH_3)_2NCSS$—$SCSN(CH_3)_2$ ist ein wertvoller Vulkanisationsbeschleuniger (S. 751). Es dient auch in fungiciden Präparaten zur Desinfektion von Saatgut und Torf. Während die Verbindung schon seit 1918 als Vulkanisationsbeschleuniger verwendet wird, wurden ihre fungiciden Eigenschaften erst 1931 erkannt. Tetraäthylthiuramdisulfid *(Antabus)* findet Verwendung zur Behandlung von chronischem Alkoholismus. Nach oraler Verabreichung verursacht die Einnahme alkoholischer Getränke heftige Übelkeit, da sich die Acetaldehydkonzentration im Blut erhöht.

Die Reaktion der Alkalirhodanide mit Alkylhalogeniden oder -sulfaten liefert **Rhodanwasserstoffsäureester** (Alkylrhodanide, Thiocyansäureester), abweichend von der entsprechenden Reaktion der Alkalicyanate, die zu Alkylisocyanaten führt (S. 332).

$$RX + NaSCN \longrightarrow RSCN + NaX$$

Gemeinsam ist beiden Reaktionen, daß jeweils die Bindung von stärker kovalentem Charakter hergestellt wird. Dies entspricht dem üblichen Verlauf der Reaktion eines primären Alkylhalogenids (vgl. S. 271).

Einige Alkylrhodanide sind brauchbare Insecticide (Lethane). Partielle Hydrolyse oder Alkoholyse in Gegenwart konzentrierter Schwefelsäure ergibt S-Alkylthiocarbaminate bzw. S-Alkyl-N-alkyl- thiocarbaminate.

$$RSCN + H_2O \xrightarrow{H_2SO_4} RSCONH_2$$

$$RSCN + R'OH \xrightarrow{H_2SO_4} RSCONHR'$$

Die **Isothiocyansäureester** oder **Senföle** bilden sich aus N-Alkyl-dithiocarbaminaten durch Abspaltung von Schwefelwasserstoff mit Hilfe von Schwermetallsalzen, z. B. Bleinitrat, die ein unlösliches Sulfid geben.

$$RNHCSS^{-+}NH_3R + Pb(NO_3)_2 \longrightarrow RN{=}C{=}S + PbS + RNH_3NO_3 + HNO_3$$

Die Isothiocyansäureester heißen deshalb Senföle, weil sich **Allylisothiocyanat** $CH_2{=}CHCH_2NCS$ unter den Hydrolyseprodukten eines Glykosids findet, das im Senfsamen vorkommt. Alle flüchtigen Senföle haben einen scharfen, charakteristischen Geruch.

Wie die Isocyansäureester lagern die Isothiocyansäureester leicht Alkohole und Amine an; dabei entstehen **Thiocarbamidsäureester** *(Thiourethane)* und **Thioharnstoffe.**

$$RNCS + HOR' \longrightarrow RNHCSOR'$$
$$+ HNHR' \longrightarrow RNHCSNHR'$$
$$+ HNR'_2 \longrightarrow RNHCSNR'_2$$

Feste substituierte Thioharnstoffe, die auf Grund dieser Reaktion aus **Phenylisothiocyanat** $C_6H_5N{=}C{=}S$ (S. 509) entstehen, eignen sich zur Identifizierung von

Aminen. Phenylsenföl reagiert so viel schneller mit Aminen als mit Wasser, daß die Reaktion in der wäßrigen Lösung der Amine durchgeführt werden kann.

Rhodan $N\equiv CS{-}SC\equiv N$ wird durch Einwirkung von Brom in ätherischer Lösung auf Bleirhodanid dargestellt. Es ist eine bei Raumtemperatur unbeständige Flüssigkeit, die gewöhnlich in Lösung angewandt wird. Es verhält sich wie ein Halogen und steht in seiner Reaktionsfähigkeit zwischen Brom und Jod. Es setzt Jod aus Kaliumjodid frei und wird an die olefinische Doppelbindung angelagert.

$$RCH{=}CHR + (SCN)_2 \longrightarrow \underset{\underset{\displaystyle SCN\quad SCN}{|\qquad\ |}}{RCH{-}CHR}$$

Es wird zur Bestimmung der Doppelbindungen in Ölen (*Rhodanzahl*, S. 192) verwendet.

Thioharnstoff kann aus Ammoniumrhodanid, einem Produkt der Leuchtgasfabrikation, hergestellt werden; die Reaktion ist analog der Woehlerschen Harnstoffsynthese.

$$NH_4SCN \rightleftharpoons S{=}C(NH_2)_2$$

Anders als bei der Herstellung von Harnstoff aus Ammoniumcyanat ist jedoch die Geschwindigkeit der Reaktion bei 100° sehr gering, und das geschmolzene Salz muß, damit die Reaktion schneller verläuft, auf etwa 175° erhitzt werden. Bei dieser Temperatur ist die Lage des Gleichgewichts nicht sehr günstig, denn nur ein Fünftel des Ausgangsmaterials wird in Thioharnstoff umgewandelt. Nach dem Abkühlen der Schmelze wird das unveränderte Rhodanid in Wasser gelöst und der unlösliche Thioharnstoff abgetrennt. Das Filtrat kann konzentriert und die Operation so oft wiederholt werden, bis die Umwandlung praktisch vollständig ist. Thioharnstoff kann auch durch Einwirkung von Schwefelwasserstoff auf Calciumcyanamid hergestellt werden.

$$CaNCN + 2\,H_2S \xrightarrow{\ 150°-180°\ } CaS + H_2NCSNH_2$$

Thioharnstoff bildet wie Harnstoff Einschlußverbindungen mit anderen organischen Verbindungen (S. 326), doch erstreckt sich anders als beim Harnstoff diese Fähigkeit auf verzweigte aliphatische und auf cyclische Verbindungen, während von geradkettigen Verbindungen nur solche, die mehr als vierzehn Kohlenstoffatome enthalten, mit Thioharnstoff Einschlußverbindungen geben.

N-Substituierte Thioharnstoffe entstehen bei der Reaktion von Aminen mit Isothiocyansäurealkylestern (S. 341). Symmetrisch substituierte Dialkylthioharnstoffe erhält man am besten durch thermische Zersetzung der Aminsalze der Alkyldithiocarbamidsäuren (S. 341).

$$RNHCSS^- {}^+NH_3R \longrightarrow RNHCSNHR + H_2S$$

Die direkte Alkylierung von Thioharnstoff führt zu dem Salz des *S*-Alkylderivats, aus dem der freie ***S*-Alkyl-isothioharnstoff** (häufig Pseudoäthylthioharnstoff genannt) durch Behandeln mit Alkalien erhalten wird.

$$(H_2N)_2C{=}S + RX \longrightarrow \left[\underset{\overset{\displaystyle ||}{{}^+NH_2}}{H_2N{-}C{-}SR}\right] X^- \xrightarrow{\ NaOH\ } RSC\overset{\displaystyle NH}{\underset{\displaystyle NH_2}{\diagdown\!\!\diagup}} + NaX + H_2O$$

S-Alkylthioharnstoff
(Alkylisothioharnstoff)

S-Substituierte Thioharnstoffe wie S-Benzyl-isothioharnstoff
$C_6H_5CH_2SC(=NH)NH_2$ bilden Salze mit Carbonsäuren und Sulfonsäuren, die man
als **Thiuroniumsalze** bezeichnet. Diese kristallisieren leicht und werden als Derivate
zur Identifizierung der Säuren verwendet.

Wiederholungsfragen

1. Man schreibe die Strukturformeln für Orthokohlensäure, Kohlensäure und
Kohlendioxyd und setze diejenigen Verbindungen in Klammern, die nicht isoliert
werden können. Man schreibe die Strukturformeln für diejenigen Säurechloride, Ester
und Amide, die sich formal von den drei obengenannten Verbindungen ableiten und die
als in freiem Zustand existenzfähig bekannt sind. Wie lauten die Trivialnamen der verschiedenen Derivate?

2. Welche technischen Verfahren der Harnstoffsynthese sind bekannt, und welches
Verfahren ist jetzt üblich? Zu welchen Zwecken ist Harnstoff im Handel?

3. Man erläutere den Mechanismus der Umwandlung von Ammoniumcyanat in
Harnstoff.

4. Man diskutiere das Verhalten des Harnstoffs bei erhöhten Temperaturen und
gebe Gleichungen dazu an.

5. Was ist die Biuretprobe? Man schreibe die Elektronenformel des Reaktionsprodukts.

6. Man schreibe die Gleichungen für die Reaktion von Harnstoff mit verdünnten
Alkalien, salpetriger Säure und Natriumhypobromit. Wie wird Harnstoff meist
quantitativ bestimmt?

7. Man diskutiere die Basizität des Harnstoffs. Wie kommt es, daß Harnstoff mit
Salpetersäure ein beständiges Salz bildet?

8. Was sind Ureide? Man gebe ein Beispiel.

9. Was ist Methylolharnstoff und wie entsteht er? Man erläutere seine Beziehung
zu den Harnstoff-Formaldehyd-Harzen. Wie ist der Härtungsmechanismus für diesen
Typus eines Harzes?

10. Was sind Allophanate, wie werden sie dargestellt und wozu können sie dienen?

11. Wie werden Alkylisocyanate dargestellt? Man gebe für ihre charakteristischen
Reaktionen Gleichungen an.

12. Wie werden die N-Alkylderivate des Harnstoffs dargestellt? Die O-Alkyl-
derivate?

13. Man gebe Gleichungen für die Synthese von Diazomethan, ausgehend (*a*) von
Harnstoff, (*b*) von Chlorameisensäureäthylester.

14. Wie stellt man Calciumcyanamid her? Wozu findet es Verwendung?

15. Man vergleiche die stufenweise Polymerisation von Cyanamid zu Dicyandiamid und Melamin mit der Polymerisation der Cyansäure.

16. Wie wird Guanidin hergestellt? Weshalb ist es eine viel stärkere Base als
Harnstoff?

17. Man schreibe die Konstitutionsformeln für die bekannteren stabilen Schwefelanaloga der Kohlendioxydderivate.

18. Wie wird Schwefelkohlenstoff hergestellt, und zu welchen Zwecken findet er
hauptsächlich Verwendung?

19. Man erläutere die Darstellung und die Reaktionen der Thiocyansäureester und
der Isothiocyansäureester.

20. Was sind Xanthogenate, wie werden sie dargestellt und wozu werden sie verwendet?

21. Wie stellt man Thioharnstoff und die alkylsubstituierten Thioharnstoffe dar?

22. Man erläutere die Darstellung und die Bedeutung der Derivate der Dithiocarbamidsäure.

Aufgaben

23. Man gebe Gleichungen für alle Reaktionen, die sich zur Darstellung von Harnstoff aus verschiedenen Verbindungstypen eignen.

24. Für die Darstellung folgender Verbindungen gebe man die Gleichungen an: (*a*) Chlorameisensäuremethylester; (*b*) Kohlensäure-n-butylester; (*c*) *O*-Äthyl-harnstoff; (*d*) *S*-Isobutyl-isothioharnstoff; (*e*) Thiocyansäure-isopropylester; (*f*) *S.N.N'*-Triäthyl-isothioharnstoff; (*g*) Kalium-isoamylxanthogenat; (*h*) Natrium-*N*-methyl-dithio-carbaminat; (*i*) Dipropylcarbodiimid; (*j*) Tetra-*N*-methyl-harnstoff.

25. Wie kann man zwischen den Gliedern folgender Verbindungspaare unterscheiden? Man gebe die betreffenden Reaktionen an: (*a*) Harnstoff und Acetamid; (*b*) Äthylisocyanat und Äthylisocyanid; (*c*) *N.N'*-Dimethyl-thioharnstoff und *N.S*-Dimethyl-isothioharnstoff; (*d*) Chlorameisensäureäthylester und Acetylchlorid; (*e*) Harnstoff und *N.N'*-Dimethyl-harnstoff; (*f*) Diäthylcarbonat und Tetraäthylortho-carbonat; (*g*) Thiocyansäureisopropylester und Isothiocyansäure-isopropylester; (*h*) Diäthylcarbodiimid und *N.N'*-Dimethyl-harnstoff; (*i*) Phosgen und Äthylchlorid.

26. Für folgende Synthesen entwickle man eine Reaktionsfolge: (*a*) *N*-Methyl-*N'*-äthyl-harnstoff aus Kaliumcyanat; (*b*) Isothiocyansäure-n-propylester aus Schwefel-kohlenstoff; (*c*) Tetraäthylthiuram-disulfid aus Diäthylamin; (*d*) Methylallophanat aus Harnstoff; (*e*) *N.N'*-Dimethyl-thioharnstoff aus Methylamin; (*f*) *N.N'.N''*-Trimethyl-guanidin aus *N.N'*-Dimethyl-thioharnstoff; (*g*) *N*-Äthyl-*N'*-n-butyl-thioharnstoff aus Äthylammonium-*N*-äthyldithiocarbaminat; (*h*) *N*-sek.-Butyl-carbamidsäureäthylester aus sek.-Butylamin.

27. (*a*) Wieviel Mol Ammoniak werden entwickelt, wenn man Arginin mit verdünnter Natronlauge kocht? Man gebe Gleichungen an, die den stufenweisen Verlauf der Reaktion illustrieren. (*b*) Wieviele Mol Stickstoff werden entwickelt, wenn man Arginin mit wäßriger salpetriger Säure behandelt? Man gebe Gleichungen an, die den stufenweisen Verlauf der Reaktion illustrieren.

28. Die Verbindungen *A* und *B* haben die gleiche Summenformel $C_3H_8N_2S$. Verbindung *A* wird bei Behandlung mit frisch gefälltem Quecksilberoxyd schwarz, Verbindung *B* nicht. Kocht man *A* oder *B* mit verdünnter Natronlauge und destilliert in Wasser, so färbt das Destillat rotes Lackmus blau. Das Destillat von *A* entwickelt beim Erwärmen mit Chloroform und Kaliumhydroxyd einen unangenehmen Geruch, das von *B* nicht. Verbindung *B* entwickelt beim Behandeln mit salpetriger Säure Stickstoff, Verbindung *A* nicht. Man schreibe die Strukturformeln von *A* und *B* und die Gleichungen der beteiligten Reaktionen.

29. Verbindung *A* hat die Summenformel $C_4H_7ClO_2$. Sie reagiert mit Ammoniak unter Bildung einer Verbindung *B* mit der Summenformel $C_4H_9NO_2$. Erhitzt man *B* mit verdünnter Schwefelsäure, so entwickelt sich ein Gas, das beim Einleiten in Baryt-wasser einen Niederschlag gibt. Destilliert man die saure Lösung und sättigt das Destillat mit Natriumhydroxyd, scheidet sich eine ölige Flüssigkeit ab. Diese Flüssig-keit liefert beim Schütteln mit einer wäßrigen Lösung von Natriumhypojodit einen gelben Niederschlag. Macht man die saure Lösung mit Natriumhydroxyd alkalisch, so entwickelt sich ein Gas, das einen Farbumschlag von rotem Lackmus nach blau bewirkt. Man schreibe eine Strukturformel für *A* und gebe Gleichungen für die be-schriebenen Reaktionen an.

Kapitel 16

Stereoisomerie

Für die Erscheinung, daß zwei oder mehr Verbindungen die gleiche Zahl und Art von Atomen und das gleiche Molekulargewicht haben können, ist der Begriff *Isomerie* geprägt worden. Isomere haben die gleiche *Elementarzusammensetzung* und werden durch die gleiche Summenformel wiedergegeben. Es gibt zwei Haupt-arten von Isomerie. Die häufigste und wichtigste ist als **Strukturisomerie** bekannt, welche Bezeichnung zum Ausdruck bringt, daß die Unterschiede zwischen den Isomeren auf der verschiedenen Anordnung beruhen, in der die Atome mit-einander verknüpft sind. Es sei an das Beispiel des Butans und Isobutans erinnert; im ersten sind die C-Atome in einer unverzweigten, im zweiten in einer verzweigten

Kette angeordnet. Derartige Strukturisomere kann man *Gerüstisomere* nennen. Unter den Begriff der Strukturisomerie fällt aber auch die Möglichkeit, daß ein anderes Element oder eine Atomgruppe verschiedene Stellungen im Molekül einnehmen kann, wie im Fall von 1-Chlor-propan und 2-Chlor-propan. Derartige Isomere werden *Stellungsisomere* genannt. Bei Verbindungen von komplizierterer Zusammensetzung können größere strukturelle Unterschiede bestehen, so daß verschiedene funktionelle Gruppen in den Isomeren vorkommen, wie z. B. bei Dimethyläther und Äthylalkohol. Strukturisomere dieser Art wären als *Funktionsisomere* zu bezeichnen. Unter der *Konstitution* einer Verbindung wird die Anordnung verstanden, in der die Atome miteinander verbunden sind; sie wird durch eine Konstitutionsformel wiedergegeben.

Bei der zweiten Hauptart von Isomerie kommen jedoch den Isomeren identische Strukturformeln zu. Um diese Isomerieerscheinung befriedigend zu erklären, ist es notwendig, eine verschiedene Anordnung der Atome im Raum anzunehmen, und daher trägt die Erscheinung den Namen **Stereoisomerie** (griech. *stereos*, körperlich). Hier sind zwei verschiedene Fälle zu behandeln, die *optische* oder *Spiegelbildisomerie* und die *geometrische Isomerie*. Die Anordnung der Atome im Raum wird als *Konfiguration* eines Moleküls bezeichnet, und zur Veranschaulichung der Unterschiede zwischen Stereoisomeren bedarf es dreidimensionaler Modelle oder perspektivischer Zeichnungen oder Projektionen räumlicher Modelle.

Infolge der im wesentlichen freien Rotation um Einfachbindungen und einer gewissen Flexibilität der Bindungswinkel können gleichartige Moleküle, d. h. Moleküle gleicher Konstitution und Konfiguration im Raum verschiedene Gestalt annehmen. Die besondere Form oder Gestalt, die ein Molekül jeweils hat, wird *Konstellation* (engl. *conformation*) genannt. Die vier Begriffe Zusammensetzung, Konstitution, Konfiguration und Konstellation haben verschiedene, scharf definierte Bedeutung und dürfen also nicht willkürlich vertauscht werden.

Spiegelbildisomerie

Polarisiertes Licht

Eine Wellenbewegung wird durch longitudinale oder transversale Schwingungen verursacht. Bei einer longitudinalen Schwingung, z. B. einer Schallwelle, verlaufen die Schwingungen parallel zur Fortpflanzungsrichtung und symmetrisch in bezug auf die Fortpflanzungsgerade. Transversale Schwingungen, z. B. einer Wasserwelle, verlaufen senkrecht zur Fortpflanzungsrichtung, sie sind nicht symmetrisch in bezug auf die Fortpflanzungsgerade. Die Fortpflanzung einer derartigen Welle zeigt Abb. 52; aus ihr wird die augenblickliche Größe der Schwingungen über eine gegebene Strecke ersichtlich. Das Verhalten der schwingenden Teilchen während der Fortpflanzung der Welle kann durch die Verschiebung der Wellenbegrenzung entlang der Fortpflanzungsrichtung veranschaulicht werden. Jeder Vektor hat eine bestimmte Stellung und Richtung, schwankt aber in der Größe kontinuierlich zwischen Null, $+1$, Null, -1, Null.

Gewöhnliches Licht zeigt keinen Mangel an Symmetrie, aber 1669 entdeckte ERASMUS BARTHOLINUS[1], daß ein geeignet orientierter Kristall des isländischen

---

[1] ERASMUS BARTHOLINUS (1625—1698), dänischer Professor der Mathematik und Medizin an der Universität Kopenhagen.

Doppelspats (Kalkspat, kristallisiertes Calciumcarbonat) einen einzelnen Strahl gewöhnlichen Lichts in zwei Strahlen zerlegt. So erscheint eine einfache Linie durch den Kristall gesehen doppelt. Diese Erscheinung heißt *Doppelbrechung*. Acht Jahre später fand HUYGENS[1], daß jeder der durch Doppelbrechung gebildeten Strahlen in einer einzigen Ebene schwingt, und daß die Schwingungsebenen der beiden Strahlen aufeinander senkrecht stehen (Abb. 53).

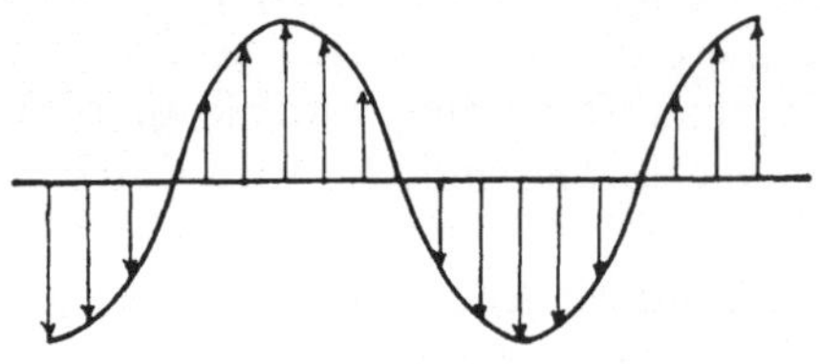

Abb. 52. Fortpflanzung einer Welle durch
transversale Schwingungen

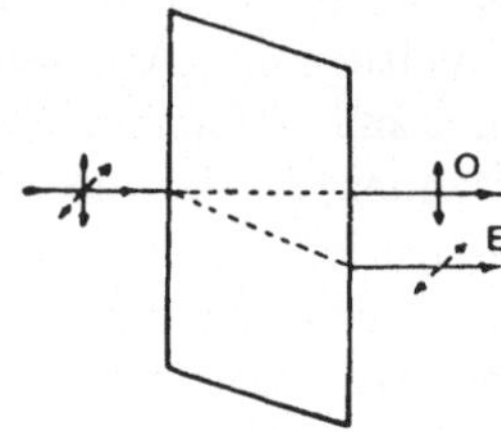

Abb. 53. Doppelbrechung
in einem Kalkspatkristall

So ist die Symmetrie eines Strahles von gewöhnlichem Licht in bezug auf die Fortpflanzungsrichtung eine Folge transversaler Schwingungen in allen Richtungen senkrecht zur Fortpflanzungsrichtung. Legt man zwei zueinander senkrechte Ebenen durch den Strahl, so wird, wie Abb. 54 zeigt, in jede dieser Ebenen

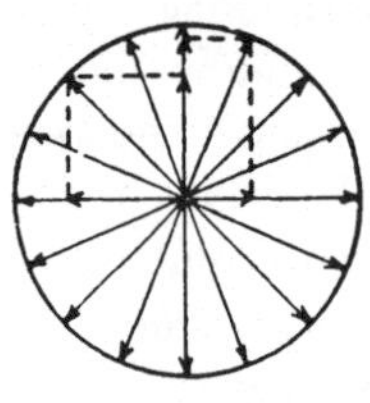

Abb. 54

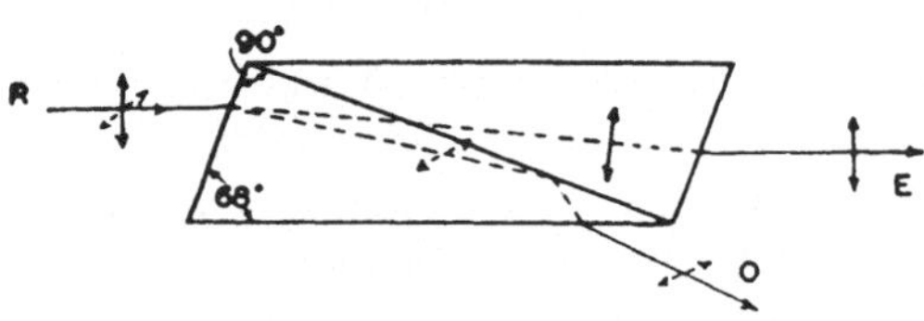

Abb. 55

Abb. 54. Schwingungsvektoren längs der Fortpflanzungsrichtung des Lichtstrahls. Die punktierten Linien deuten an, daß jeder Vektor als Resultierende zweier im rechten Winkel zueinander schwingenden Komponenten angesehen werden kann

Abb. 55. Entstehung linear polarisierten Lichtes durch ein Nicolsches Prisma

je eine Komponente jedes Vektors fallen. Die Wirkung des Kalkspatkristalls besteht darin, daß die Vektoren in ihre Komponenten getrennt werden. Die austretenden Strahlen, von denen jeder in einer einzigen Ebene schwingt, sind *linear polarisiert*.

Das Nicolsche Prisma[2], erfunden 1828, dient zur Erzeugung von polarisiertem Licht durch Abtrennung des einen linear polarisierten Strahls vom anderen. Der Kalkspatkristall ist ein rechtwinkliger Rhomboeder, dessen spitze Winkel 71° messen. Zur Herstellung eines Nicolschen Prismas werden die beiden Endflächen so abgeschliffen, daß diese Winkel auf 68° reduziert werden. Der Kristall wird in einer Ebene senkrecht zu den beiden Endflächen und diagonal durch die Ecken mit

---

[1] CHRISTIAAN HUYGENS (1629—1695), holländischer Mathematiker, Astronom und Physiker. Er wurde besonders durch seine Beiträge zur Optik bekannt.

[2] WILLIAM NICOL (1768—1851), schottischer Physiker, Privatgelehrter. Er widmete sich hauptsächlich der Untersuchung flüssigkeitsgefüllter Hohlräume in Kristallen, der Herstellung von Mikroskoplinsen und der mikroskopischen Untersuchung fossilen Holzes.

den stumpfen Winkeln in zwei gleiche Teile zerschnitten und nach sorgfältigem Polieren der Flächen mit Canadabalsam wieder zusammengekittet. Der Brechungsindex des Canadabalsams ist für den einen der beiden polarisierten Strahlen kleiner, für den anderen größer als der des Kalkspats (Abb. 55). Ein Lichtstrahl R trifft parallel der Längsachse auf das Prisma und unterliegt der Doppelbrechung. Der ordentliche Strahl O wird von der Oberfläche des Canadabalsams total reflektiert. Der außerordentliche Strahl E geht durch den Kristall durch, weil die Brechzahl des Kalkspats in der betreffenden Richtung ($n = 1,49$) kleiner ist als die des Canadabalsams ($n = 1,66$) und deshalb keine Totalreflexion eintritt. Die Verminderung der spitzen Winkel des Kalkspatkristalls von 71° auf 68° hat den Zweck, sicherzustellen, daß die beiden polarisierten Strahlen im richtigen Einfallswinkel auf den Canadabalsam treffen.

Wird ein parallel orientiertes zweites Nicolsches Prisma in den Strahlengang des austretenden linear polarisierten Lichtes gebracht, so geht der Strahl unbeeinflußt durch das zweite Prisma hindurch. Ist jedoch das zweite Prisma um 90° um seine Längsachse gedreht, dann ist der Effekt derselbe, als wenn der Strahl senkrecht zu seiner ursprünglichen Richtung schwingen würde, d. h. der Strahl wird von der Canadabalsamschicht des zweiten Prismas total reflektiert. Zwei Prismen, die so aufgestellt sind, daß der vom einen durchgelassene, linear polarisierte Strahl vom anderen nicht durchgelassen wird, nennt man *gekreuzte Nicols*.

Licht kann auch auf andere Weise als durch Doppelbrechung polarisiert werden. 1808 entdeckte MALUS[1], daß Licht, das von einer Glasplatte in einem bestimmten Winkel reflektiert wird, linear polarisiert ist. Fällt gewöhnliches Licht durch einen Kristall des Minerals Turmalin, so wird die in der einen Ebene schwingende Komponente sehr viel stärker absorbiert als die senkrecht zu dieser Ebene schwingende Komponente. Diese Erscheinung heißt *Dichroismus*. Ist ein derartiger Kristall dick genug, so löscht er die stärker absorbierte Komponente praktisch aus, während die andere in beträchtlicher Intensität als linear polarisiertes Licht hindurchtritt. Die modernen Polarisatoren arbeiten nach demselben Prinzip; das absorbierende Medium besteht aus einem Film, der geeignet orientierte mikroskopische Kristalle einer dichroitischen Substanz enthält, z. B. Chininperjodat-sulfat. Das durchgelassene Licht ist schwach gefärbt und nicht vollständig polarisiert, aber es ist auf diese Weise möglich, großflächige polarisierende Platten zu erschwinglichem Preis herzustellen.

Optische Aktivität

1811 fand ARAGO[2], ein Schüler von MALUS, daß ein Quarzplättchen, das er durch Zerschneiden eines Quarzkristalls senkrecht zur Kristallachse erhalten hatte, eine Drehung der Polarisationsebene linear polarisierten Lichtes bewirkt. Diese Erscheinung läßt sich am besten beobachten, indem ein Quarzplättchen zwischen

[1] ETIENNE LOUIS MALUS (1775—1812), französischer Militäringenieur. Er schied 1801 aus der Armee aus und starb in Paris im Alter von 37 Jahren an Tuberkulose.

[2] DOMINIQUE FRANÇOIS JEAN ARAGO (1786—1853), französischer Physiker, der nach erfolgreich abgeschlossener Vermessung Spaniens als Astronom am königlich-französischen Observatorium angestellt wurde, eine Stellung, die er bis zu seinem Tode innehatte. Er beschäftigte sich aktiv mit französischer Politik und tat viel zur Hebung des Ansehens der französischen Wissenschaft.

gekreuzte Nicols gebracht und die Vorderseite des einen Nicolschen Prismas durch
eine Lichtquelle beleuchtet wird. Bevor sich das Quarzplättchen zwischen den
beiden Nicolschen Prismen befindet, tritt durch das zweite Prisma kein Licht
hindurch. Befindet sich das Quarzplättchen dazwischen, dann läßt das zweite
Prisma einen Teil des Lichtes hindurch, und es muß um einen bestimmten Winkel
gedreht werden, damit wieder Dunkelheit eintritt. *Die Fähigkeit, die Polarisationsebene linear polarisierten Lichtes zu drehen*, heißt **optische Aktivität**; Substanzen,
die diese Fähigkeit besitzen, nennt man *optisch aktiv*. Der Winkel in Grad, um den
der zweite Kristall zur Wiederherstellung des ursprünglichen Zustandes gedreht
werden muß, wird als *optische Drehung* der optisch aktiven Substanz bezeichnet.
Der Drehwert wird durch das Symbol α gekennzeichnet.

HÄUY[1] hatte zwei Arten von Quarz entdeckt, deren Kristalle sich nur in der
Anordnung zweier kleiner Flächen unterscheiden, derart, daß sich die Kristalle wie
Bild und Spiegelbild verhalten. Sie werden auf Grund der spiegelbildlichen Ver-
wandtschaft *Enantiomorphe* genannt (griech. *enantios* entgegengesetzt, *morph*
Gestalt). 1815 entdeckte BIOT[2], ebenfalls ein Schüler von MALUS, daß Plättchen
der beiden Quarzarten von gleicher Dicke die Ebene linear polarisierten Lichtes
um den gleichen Betrag, aber in verschiedener Richtung drehen. Diejenige Form,
die die Polarisationsebene zur Lichtquelle gesehen nach rechts dreht, heißt *rechtsdrehend*, diejenige, die die Polarisationsebene nach links dreht, heißt *linksdrehend*.
BIOT fand, daß auch andere Substanzen wie Zuckerlösungen und Terpentin
optisch aktiv sind, letzteres sogar in der Dampfphase.

Messung der optischen Drehung

Das Instrument, mit dem die Größe der Drehung linear polarisierten Lichtes
gemessen wird, heißt *Polarimeter* oder *Polarisationsapparat* (Abb. 56). Es besteht
aus einem feststehenden Nicolschen Prisma A, dem *Polarisator*, der das mono-
chromatische Licht der Licht-
quelle B polarisiert. Ein zweites
Nicolsches Prisma C, der *Analysator*, ist mit einer Scheibe D verbunden, die in Grade und ihre
Bruchteile eingeteilt ist und gedreht werden kann. Als Behälter
für die Probe dient ein Rohr E
mit klaren Glasenden, das *Polarisationsrohr*. Polarisator und
Analysator sind auf ein festes

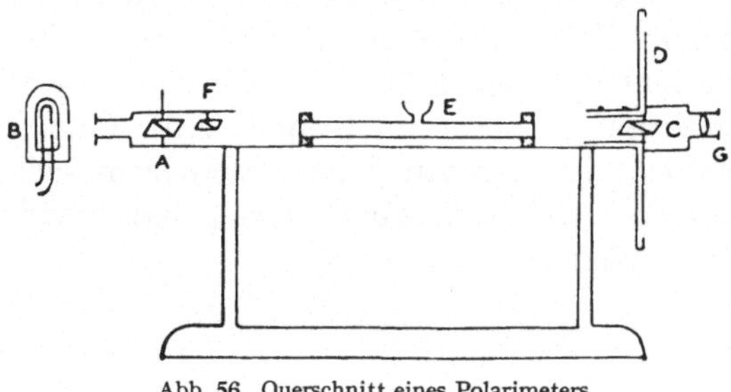

Abb. 56. Querschnitt eines Polarimeters

Gestell montiert mit einer Rinne dazwischen, die das Polarisationsrohr im
Strahlengang des polarisierten Lichtes hält. Da es für das Auge leichter ist,
zwei benachbarte Flächen auf gleiche Helligkeit einzustellen, als einen Punkt
maximaler Dunkelheit oder Helligkeit zu bestimmen, ist ein drittes, kleineres

---

[1] RENE JUST HÄUY (1743—1822), französischer Mineraloge, der als einer der
Begründer der Kristallographie gilt.
[2] JEAN BAPTISTE BIOT (1774—1862), französischer Physiker, der zusammen mit
ARAGO verschiedene geodätische Vermessungen durchführte. Seine bedeutendsten
Arbeiten betreffen das Gebiet der Optik, speziell der Lichtpolarisation.

Nicolsches Prisma F hinter dem Polarisator angebracht und um einen kleinen Winkel gedreht. Auf diese Weise wird das Gesichtsfeld in zwei Hälften ungleicher Helligkeit geteilt. Ein Okular G ist auf dieses Feld gerichtet. Durch Drehen des Analysators wird auf Helligkeitsgleichheit eingestellt und so ein Nullpunkt festgelegt. Bringt man nun eine optisch aktive Substanz in den Strahlengang, so tritt wieder ungleiche Helligkeit der Felder auf. Erneutes Drehen des Analysators führt wieder Helligkeitsgleichheit herbei, und der Winkel, um den der Analysator gedreht worden ist, ist ein Maß für die Aktivität der Probe.

Der Betrag der Drehung ist abhängig von der Zahl der Moleküle im Strahlengang. Daher ist er der Weglänge durch das aktive Material direkt proportional; diese Größe muß also genau bekannt sein. Bei Lösungen hängt das Ausmaß der Drehung von der Konzentration oder dem Gewicht der Substanz pro Volumeneinheit der Lösung ab. Diese Gesetzmäßigkeiten werden durch folgende Gleichung ausgedrückt:

$$\alpha = \frac{[\alpha]gl}{v} \quad \text{oder} \quad [\alpha] = \frac{\alpha v}{gl}$$

dabei ist α = beobachtete Drehung,

           g = Gramm gelöste Substanz,

           v = Volumen der Lösung in Kubikzentimeter,

           l = Länge des Drehrohrs in Dezimeter,

      $[\alpha]$ = eine für die Verbindung charakteristische Konstante, die *spezifische Drehung* genannt wird.

Die *Molekularrotation* $[M]$ ist die spezifische Drehung multipliziert mit dem Molekulargewicht, geteilt durch 100 zur Verminderung der Größe des Wertes.

$$[M] = \frac{M[\alpha]}{100}$$

Die Größe der Drehung ändert sich umgekehrt proportional dem Quadrat der Wellenlänge des Lichtes. Diese Erscheinung ist die sogenannte *Rotationsdispersion*. Würde man weißes Licht als Lichtquelle verwenden, dann würde jede Wellenlänge beim Durchgang durch die Lösung um einen anderen Betrag gedreht. Deshalb muß zur Messung der optischen Aktivität monochromatisches Licht verwendet werden. Gewöhnlich wird die D-Linie des Natriums benutzt, doch ist häufig die grüne Linie des Quecksilberbogens oder die rote Linie des Cadmiumbogens vorzuziehen. Der Drehwert ist ferner etwas von der Temperatur abhängig. Für genauere Bestimmungen wird das Polarisationsrohr auf einer bestimmten Temperatur gehalten, gewöhnlich 25°. Die verwendete Wellenlänge und die Temperatur der Lösung werden durch tief- bzw. hochgestellte Indices angegeben. $[\alpha]_D^{25}$ z. B. bedeutet, daß die Drehung bei 25° unter Verwendung der D-Linie des Natriums ausgeführt wurde. Im allgemeinen besteht eine mehr oder weniger große elektrische Wechselwirkung der gelösten Moleküle untereinander und zwischen Lösungsmittel und gelösten Molekülen, so daß sich die spezifische Drehung je nach Konzentration und Lösungsmittel etwas ändert. Daher muß sowohl die Konzentration als auch das verwendete Lösungsmittel angegeben werden. Eine richtige Angabe der spezifischen Drehung sieht also folgendermaßen aus:

$$[\alpha]_D^{25} = 95,01° \text{ in Methanol } (c = 0,105 \text{ g/cm}^3)$$

Spiegelbildisomerie

Spiegelbildisomere können als Glieder einer Gruppe von Stereoisomeren definiert werden, von denen mindestens zwei optisch aktiv sind. Um 1848 waren zwei isomere Säuren bekannt, die aus dem Weinstein der Trauben isoliert worden waren. Die gewöhnliche Weinsäure wurde 1769 von SCHEELE entdeckt und von BIOT als rechtsdrehend erkannt. Ihr Isomeres (Traubensäure), das vor 1819 von KESTNER[1] isoliert und von GAY-LUSSAC racemische Säure genannt wurde (lat. *racemus*, Weinbeere) ist optisch inaktiv. Im Frühjahr 1848 beschäftigte sich PASTEUR (S. 95) mit der Kristallstruktur des Natrium-ammonium-tartrats. Er bemerkte, daß die Kristalle durch kleine Flächen charakterisiert sind, durch die gewisse Symmetrieelemente des Kristalls wegfallen (vgl. S. 352). Derartige Flächen werden als *hemiedrisch* bezeichnet, da sie nur in der Hälfte der für vollständige Symmetrie erforderlichen Zahl auftreten. Infolge des Auftretens hemiedrischer Flächen sind die Kristalle mit ihren Spiegelbildern nicht identisch; d. h. Spiegelbild und Kristall können nicht vollkommen zur Deckung gebracht werden. Abb. 57 zeigt enantiomorphe Kristalle der aktiven Formen des sauren Ammonium-salzes der Äpfelsäure (S. 854). Diese Kristalle haben weniger Flächen als die des Natrium-ammonium-tartrats, so daß die hemiedrischen Flächen sofort auffallen. Fehlten die hemiedrischen Flächen, oder wären die Kristalle holoedrisch, d. h. erschienen die Flächen an allen Ecken, dann wären die Spiegelbilder identisch.

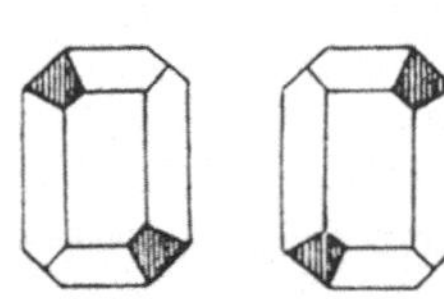

Abb. 57. Enantiomorphe Kristalle der aktiven Formen des sauren Ammoniumsalzes der Äpfelsäure

PASTEUR erinnerte sich, daß die optisch aktiven Quarzkristalle hemiedrische Flächen besitzen, und daß HERSCHEL[2] schon 1820 zwischen dem hemiedrischen Kristallbau des Quarzes und seiner optischen Aktivität einen Zusammenhang vermutet hatte. Deshalb ging PASTEUR zur Untersuchung der Kristalle des inaktiven Natrium-ammonium-racemats über in der Erwartung, sie holoedrisch zu finden. Statt dessen entdeckte er, daß alle Kristalle hemiedrische Flächen aufwiesen, daß aber zwei Arten von Kristallen vorlagen. Eine Art war identisch mit den Kristallen des Natrium-ammonium-tartrats, die andere bestand aus Spiegelbildern der Tartratkristalle. PASTEUR trennte die beiden Kristalltypen unter dem Mikroskop und fand, daß der wie Natrium-ammonium-tartrat aussehende Typ tatsächlich rechtsdrehend und mit dem Tartrat identisch war. Die spiegelbildlichen Kristalle drehten nach Auflösen in Wasser die Ebene des linear polarisierten Lichts um genau den gleichen Betrag in entgegengesetzter Richtung. Nach Vermischen gleicher Mengen der beiden Kristalle war die Lösung optisch inaktiv. Mit anderen

---

[1] KESTNER, Eigentümer einer chemischen Fabrik, hatte bei der Herstellung von Weinsäure eine Säure als Nebenprodukt erhalten, die er für Oxalsäure hielt und als solche verkaufte. In einem Handbuch wurde 1819 darauf hingewiesen, daß diese Verbindung weder Oxalsäure noch Weinsäure sei. GAY-LUSSAC erhielt von KESTNER eine Probe, fand die gleichen Analysenwerte wie für Weinsäure und nannte die neue Verbindung racemische Säure. Erst 1830 überzeugte sich BERZELIUS, daß beide Verbindungen gleiche Zusammensetzung hatten, und er war es, der die Bezeichnung *Isomerie* für die Erscheinung einführte.

[2] JOHN FREDERICK WILLIAM HERSCHEL (1792—1871), bekannter englischer Astronom, der sich jedoch mehr für Chemie und die Eigenschaften des Lichtes interessierte und auf diesen Gebieten Wertvolles leistete.

Worten die racemische Säure war deshalb inaktiv, weil sie aus gleichen Mengen zweier verschiedener Molekülarten bestand, von denen eine rechtsdrehend, die andere linksdrehend war.

Quarz und andere aktive Kristalle wie Natriumchlorat und Magnesiumsulfat verlieren ihre optische Aktivität beim Lösen. Desgleichen ist amorphes Siliciumdioxyd optisch inaktiv. Die Aktivität dieser Kristalle ist also durch die Anordnung der Atome im Kristall bedingt. Weinsäure dagegen ist auch in Lösung aktiv. Pinen aus Terpentinöl ist sogar im flüssigen und im Gaszustand aktiv. Bei diesen Verbindungen muß die Anordnung der Atome im einzelnen Molekül für die Aktivität verantwortlich sein. Zu diesem Schluß kam bereits PASTEUR, aber da die Theorien der organischen Strukturchemie erst um 1860 (S. 4) entwickelt wurden, fehlte ihm der Schlüssel zur Erkenntnis des Zusammenhangs zwischen optischer Aktivität und Molekülstruktur.

1874 war die Konstitution mehrerer aktiver Verbindungen bekannt. Im September und November dieses Jahres erschienen zwei Arbeiten, eine von VAN'T HOFF[1], die andere von LE BEL[2], die beide darauf hinwiesen, daß in jedem Fall, in dem eine Verbindung optische Aktivität besitzt, mindestens ein Kohlenstoffatom zugegen ist, das mit vier verschiedenen Gruppen verbunden ist. Es seien folgende Beispiele angeführt; die betreffenden Kohlenstoffatome sind durch ein Sternchen markiert.

$$CH_3CH_2\overset{*}{C}HCH_2OH \qquad\qquad CH_3\overset{*}{C}HCOOH$$
$$\underset{\text{aktiver Amylalkohol}}{|\ \ CH_3} \qquad\qquad\qquad \underset{\text{Milchsäure}}{|\ \ OH}$$

$$H\,OOCCH_2\overset{*}{C}HCOOH \qquad\qquad HOOCCH_2\overset{*}{C}HCOOH$$
$$\underset{\text{Äpfelsäure}}{|\ \ OH} \qquad\qquad\qquad \underset{\text{Asparaginsäure}}{|\ \ NH_2}$$

Wo immer ein Isomerenpaar bekannt wurde, das sich durch seinen Drehungssinn unterschied, hatten die Glieder des Paares identische chemische und physikalische Eigenschaften mit Ausnahme ihres Verhaltens gegenüber linear polarisiertem Licht, und auch hier unterschieden sie sich nur in der Richtung und nicht in der Größe der Drehung. Dementsprechend mußten die räumlichen Beziehungen zwischen den Atomen des einen Isomeren dieselben sein wie zwischen den Atomen des anderen Isomeren. VAN'T HOFF und LE BEL zeigten, daß die vier verschiedenen Gruppen um das Kohlenstoffatom dann zwei verschiedene Anordnungen ergeben, wenn sich die Gruppen an den vier Ecken eines Tetraeders befinden. Dann ergeben

---

[1] JACOBUS HENDRICUS VAN'T HOFF (1852—1911), holländischer Physikochemiker, Professor an der Universität Amsterdam und nach 1896 an der Preußischen Akademie der Wissenschaften und der Universität Berlin. Er ist nicht nur durch seine theoretischen Beiträge zur Stereochemie bekannt, sondern auch durch seine Beiträge zur Theorie der Lösungen und der chemischen Gleichgewichte. Er empfing als erster den Nobelpreis für Chemie im Jahre 1901.

[2] JULES ACHILLE LE BEL (1847—1930), französischer Chemiker, war finanziell unabhängig und betrieb seine Forschungen privatim. Seine experimentellen Arbeiten dienten hauptsächlich der Verifizierung von Voraussagen, die auf seinen stereochemischen Theorien beruhten.

sich zwei Moleküle, die sich wie Bild und Spiegelbild verhalten, aber nicht zur Deckung gebracht werden können und daher nicht identisch sind (Abb.58). Die Asymmetrie derartiger Anordnungen ist von der gleichen Art wie die Asymmetrie der Quarzkristalle oder der Natrium-ammonium-tartrat-Kristalle; d. h. *die Voraussetzung für das Auftreten optischer Aktivität ist eine derartige Anordnung der Atome, daß ein Kristall oder ein Molekül und sein Spiegelbild nicht zur Deckung gebracht werden können.* Man nennt Objekte, die mit ihren Spiegelbildern nicht zur Deckung gebracht werden können, *dissymmetrisch.* Es sei aber betont, daß ihnen nicht alle Symmetrieelemente fehlen müssen, und daß zwar alle asymmetrischen

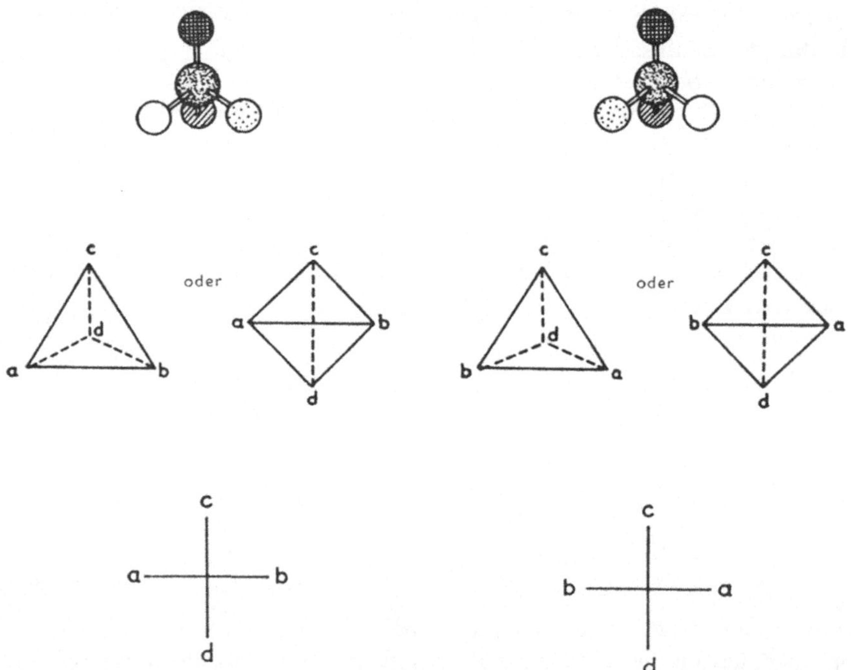

Abb. 58. Darstellung nichtidentischer Spiegelbilder durch Molekülmodelle, durch Tetraeder und durch Projektionsformeln

Gebilde auch dissymmetrisch sind, dissymmetrische Gebilde aber nicht notwendig asymmetrisch. Ein Kohlenstoffatom, das mit vier verschiedenen Atomen oder Atomgruppen verbunden ist, hat keinerlei Symmetrie und wird *asymmetrisches Kohlenstoffatom* genannt. Zwei Isomere, die linear polarisiertes Licht um den gleichen Betrag, aber in entgegengesetzter Richtung drehen, heißen *optisch aktive Komponenten, optische Antipoden, enantiomorphe* oder *enantiomere Verbindungen.* Auch der Ausdruck *Spiegelbilder* wird häufig gebraucht.

In Wirklichkeit ist die Gegenwart eines asymmetrischen Kohlenstoffatoms nicht unerläßliche Vorbedingung für das Auftreten von optischer Aktivität. Sie ist aber die am häufigsten anzutreffende Bedingung für das Wegfallen der Symmetrieelemente, die Spiegelbilder identisch machen. Diese Symmetrieelemente sind 1. eine Symmetrieebene, 2. ein Symmetriezentrum, 3. eine vierfach alternierende Symmetrieachse. Eine *Symmetrieebene* teilt ein Objekt in zwei Hälften, die sich wie Bild und Spiegelbild verhalten. Die Verbindung *Caabd* (Abb. 59a) z. B. hat eine Symmetrieebene, nämlich die, die das Kohlenstoffatom und die Gruppen *b* und *d* in gleiche Hälften teilt, während die Verbindung *Cabde* (Abb. 59b) keine Symmetrieebene besitzt.

Hat ein Objekt eine Symmetrieebene, dann sind das Objekt und sein Spiegelbild identisch. Dieselbe Feststellung gilt für die beiden anderen Symmetrieelemente, aber da sie nur selten in Betracht kommen, wird darauf nicht ein-

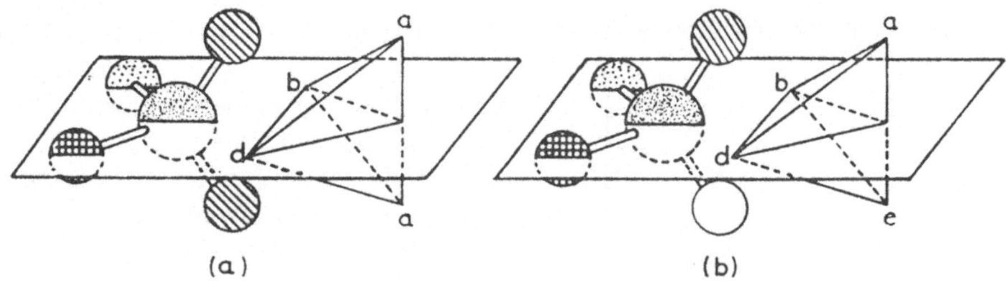

Abb. 59. (a) Symmetrieebene der Verbindung *Caabd*; (b) Fehlen einer Symmetrieebene bei der Verbindung *Cabed*.

gegangen. Ein Beispiel einer Verbindung, die ein Symmetriezentrum aufweist, ist auf S. 882 erwähnt. Beispiele für Molekülasymmetrie in Abwesenheit eines asymmetrischen Atoms werden auf S. 612 und 637 besprochen.

Anzahl der möglichen optischen Isomeren

Moleküle, die ein einziges asymmetrisches Kohlenstoffatom haben, existieren nur in zwei Formen. Die asymmetrischen Atome der rechtsdrehenden und linksdrehenden Form können als $A +$ bzw. $A -$ bezeichnet werden. Liegt ein zweites asymmetrisches Kohlenstoffatom vor, so kann dessen Konfiguration als $B +$ bzw. $B -$ bezeichnet werden. Es sind dann insgesamt vier Isomere möglich, nämlich mit den vier Konfigurationen $A + B +$, $A + B -$, $A - B +$ und $A - B -$. Da $A +$ das Spiegelbild von $A -$ und $B +$ das Spiegelbild von $B -$ ist, ist $A + B +$ das Spiegelbild von $A - B -$, und die beiden bilden ein enantiomorphes Paar und haben mit Ausnahme des Drehungssinnes identische Eigenschaften. Entsprechend sind $A + B -$ und $A - B +$ enantiomorph. Dagegen ist $A + B +$ weder ein Spiegelbild von $A + B -$ noch von $A - B +$ und hat daher andere chemische und physikalische Eigenschaften. Jede aktive Verbindung hat also nur ein Spiegelbild, und alle weiteren optischen Isomeren unterscheiden sich in ihren chemischen und physikalischen Eigenschaften von ihr. Optische Isomere, die sich nicht wie Bild und Spiegelbild verhalten, werden *Diastereoisomere* genannt.

Ist ein drittes asymmetrisches Atom vorhanden, dann kann auch dieses in zwei Formen $C +$ und $C -$ existieren, desgleichen ein viertes Atom, $D +$ und $D -$. Daher bestehen zwei aktive Formen, wenn ein einziges asymmetrisches Kohlenstoffatom zugegen ist, und die Anzahl der aktiven Formen verdoppelt sich jedesmal, wenn ein asymmetrisches Atom neu hinzutritt. Die Gesamtzahl der aktiven Formen ist also 2^n, wobei n die Zahl der asymmetrischen Kohlenstoffatome angibt.

Zur Darstellung von Raummodellen auf der Papierebene können perspektivische Zeichnungen von Tetraedern dienen. Es ist jedoch bequemer, Projektionsformeln zu benutzen. In diesen stehen nach Übereinkunft die beiden Gruppen am oberen und unteren Ende der Projektionsformel immer direkt übereinander und hinter der Papierebene. Beim Vergleichen der Projektionsformeln miteinander darf weder die Formel als ganze noch irgendein Teil der Formel aus der Papierebene herausgedreht werden. Andernfalls stehen die Gruppen oben und unten nicht mehr in der gleichen Beziehung zum übrigen, wie sie bei der Projektion der Formel zugrunde gelegt wurde. Jede Drehung in der Papierebene muß 180° betragen. Ist eine Projektionsformel um 90° gedreht, so muß sie im Uhrzeigersinn oder gegen den Uhrzeigersinn um 90° weitergedreht werden, ehe man eine Aussage über ihre Konfiguration machen kann. Allgemeine Beispiele verschiedener Methoden zur Wiedergabe aktiver Formen werden in Abb. 60 und 61 gegeben.

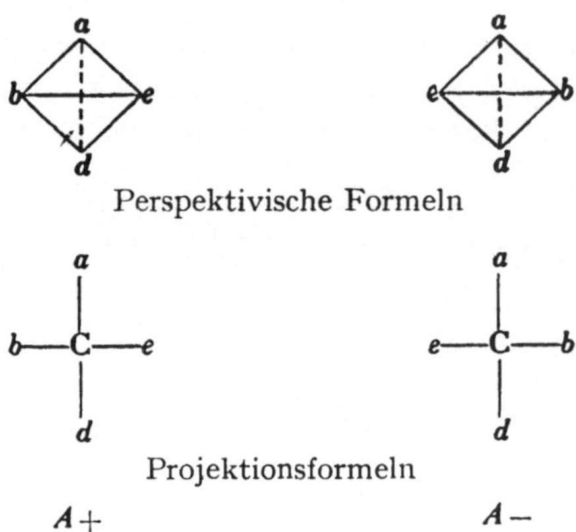

Abb. 60. Methoden zur Darstellung aktiver Formen mit einem einzigen asymmetrischen Kohlenstoffatom

Die Formulierung der 2^n-Regel geschah unter der Annahme, daß alle asymmetrischen Kohlenstoffatome verschieden sind, d. h. daß keine zwei von ihnen an vier gleichartige Gruppen gebunden sind.

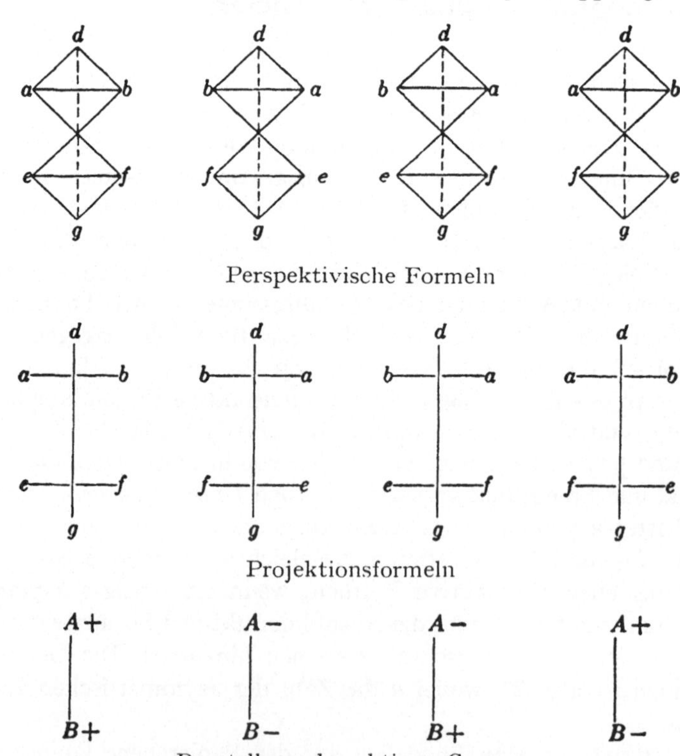

Abb. 61. Methoden zur Darstellung aktiver Formen mit zwei verschiedenen asymmetrischen Kohlenstoffatomen

Wenn sich in dieser Beziehung irgendwelche asymmetrischen Kohlenstoffatome gleichen, vermindert sich die Zahl der möglichen Isomeren. Enthält z. B. eine Verbindung zwei gleiche asymmetrische Kohlenstoffatome, dann sind die möglichen Konfigurationen $A + A +$, $A + A -$, $A - A +$ und $A - A -$. Da aber $A + A -$ und $A - A +$ identisch sind, existieren nur drei optische Isomere. Als Beispiel mögen die von PASTEUR untersuchten Weinsäuren dienen. Sie haben die Konstitution HOOCCHOHCHOHCOOH. Jedes der beiden asymmetrischen

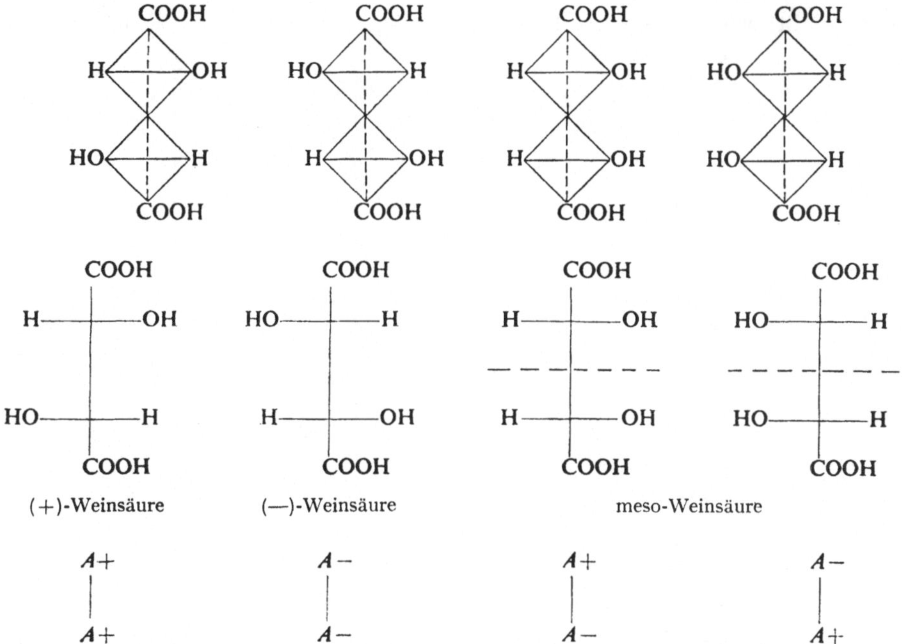

(+)-Weinsäure   (—)-Weinsäure   meso-Weinsäure

Abb. 62. Methoden zur Wiedergabe der optischen Isomeren einer Verbindung mit zwei gleichen asymmetrischen Kohlenstoffatomen

Kohlenstoffatome trägt die Gruppen H, OH, COOH und CHOHCOOH, sie sind daher gleich. Die vier möglichen Kombinationen der aktiven Gruppen sind in Abb. 62 als perspektivische und Projektionsformeln angegeben.

Die beiden ersten Formen lassen sich nicht zur Deckung bringen. Die beiden anderen Anordnungen haben jedoch eine Symmetrieebene. Diese Strukturen können in den angegebenen Stellungen nicht zur Deckung gebracht werden, wohl aber wenn eine von ihnen in der Papierebene um 180° gedreht wird. Die punktierten Linien in den Projektionsformeln zeigen eine Symmetrieebene an. Durch Drehung einer Projektionsformel um ihre vertikale Achse kann sie nicht mit der anderen zur Deckung gebracht werden, da die Carboxylgruppen nicht in der Papierebene liegen.

Bei Vorhandensein zweier gleicher asymmetrischer Kohlenstoffatome verringert sich nicht nur die Anzahl der optischen Isomeren von vier auf drei, sondern die dritte Form, die eine Symmetrieebene besitzt, ist zudem optisch inaktiv. Sie heißt *meso-Form* (griech. *mesos* mittleres). Demnach bestehen von einer Verbindung mit zwei gleichen asymmetrischen Kohlenstoffatomen drei optische Isomere.

Zwei davon sind aktive Enantiomorphe mit identischen chemischen und physikalischen Eigenschaften außer der entgegengesetzten Wirkung auf linear polarisiertes Licht. Die dritte ist eine inaktive *meso*-Form, die mit den anderen beiden Formen diastereoisomer ist und daher andere chemische und physikalische Eigenschaften besitzt. Außerdem gibt es noch eine vierte, die *racemische* Form (abgeleitet von racemischer Säure), die aus einem Gemisch gleicher Mengen der beiden aktiven Formen besteht und daher optisch inaktiv ist. Diese Form unterscheidet sich jedoch dadurch von der *meso*-Form, daß sie sich in zwei aktive Formen trennen läßt, was bei der *meso*-Form nicht möglich ist. Die feste racemische Form

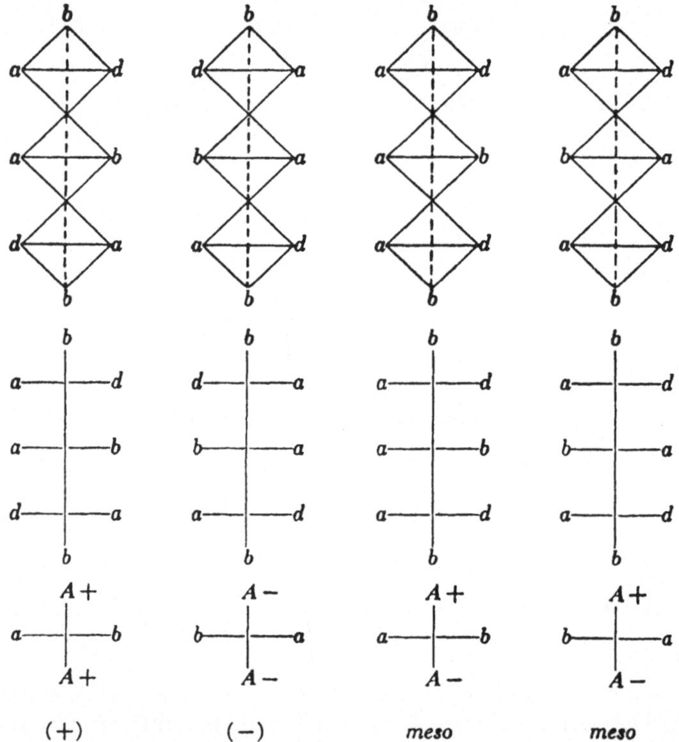

(+)   (−)   meso   meso

Abb. 63. Formale Darstellung der optischen Isomeren einer Verbindung mit einem pseudoasymmetrischen Kohlenstoffatom

unterscheidet sich gewöhnlich in ihren physikalischen Eigenschaften von den anderen Formen, dissoziiert aber in Lösung in die beiden aktiven Formen, so daß ihre Eigenschaften in Lösung mit den Eigenschaften der aktiven Formen identisch sind, nur ist die Lösung nicht optisch aktiv.

Sind asymmetrische Kohlenstoffatome getrennt durch Kohlenstoffatome, die mit zwei gleichen Gruppen verbunden sind, so bleibt die Zahl der optischen Isomeren die gleiche. Zum Beispiel hat die Verbindung $Cabd\,Caa\,Cabe$ vier aktive Formen, die Verbindung $Cabd\,Caa\,Cabd$ dagegen zwei aktive und eine *meso*-Form. Sind dagegen zwei gleiche asymmetrische Kohlenstoffatome mit einem Kohlenstoffatom verknüpft, das an zwei verschiedene nichtasymmetrische Gruppen gebunden ist, wie im Fall $Cabd\,Cab\,Cabd$, so sind zwei aktive Formen und zwei *meso*-Formen möglich, wobei jede der *meso*-Formen eine Symmetrieebene besitzt. Diese Situation wird durch Abb. 63 veranschaulicht.

Das Zentralkohlenstoffatom einer derartigen Verbindung wurde von WERNER[1] als *pseudoasymmetrisches Kohlenstoffatom* bezeichnet, weil es an vier verschiedene Gruppen gebunden ist, wobei zwei der Gruppen $A +$ und $A -$ sind, das Molekül aber auf Grund der Symmetrieebene optisch inaktiv ist.

Die Zahl der aktiven und der *meso*-Formen kann aus den untenstehenden Formeln berechnet werden, vorausgesetzt daß sich alle asymmetrischen Kohlenstoffatome in einer Kette befinden, und keines von ihnen einer Verzweigung angehört. In den Formeln bedeutet n die Gesamtzahl der asymmetrischen Kohlenstoffatome einschließlich des pseudoasymmetrischen Kohlenstoffatoms, falls eines vorhanden ist, a die Zahl der aktiven Formen und m die Zahl der meso-Formen.

1. Sind alle asymmetrischen Kohlenstoffatome verschieden, so ist $a = 2^n, m = 0$.

2. Enthält das Molekül gleiche asymmetrische Kohlenstoffatome, und ist n eine gerade Zahl, so ist

$$a = 2^{(n-1)}, \quad m = 2^{\left(\frac{n-2}{2}\right)}.$$

3. Enthält das Molekül gleiche asymmetrische Kohlenstoffatome, und ist n eine ungerade Zahl, so ist

$$a = 2^{(n-1)} - 2^{\left(\frac{n-1}{2}\right)}, \quad m = 2^{\left(\frac{n-1}{2}\right)}.$$

Trennung von Racematen in ihre aktiven Komponenten (Spaltung)

Viele natürlich vorkommenden organischen Verbindungen enthalten asymmetrische Kohlenstoffatome und sind optisch aktiv. Zum Beispiel ist die aus dem Muskel isolierte Milchsäure $CH_3CHOHCOOH$ das $(+)$-Isomere. Die durch Gärung entstehende Milchsäure kann die $(+)$-Form, die $(-)$-Form oder das Racemat sein, je nach den beteiligten Bakterienstämmen. Die durch Synthese dargestellte Milchsäure ist dagegen immer racemisch. Ursache hiervon ist, daß das bei der Synthese gebildete asymmetrische Kohlenstoffatom mit gleich großer Wahrscheinlichkeit in der $(+)$-Form oder der $(-)$-Form entstehen kann, und da die Zahl der beteiligten Moleküle sehr groß ist, entstehen gleiche Mengen beider Formen. Angenommen, es werde Milchsäure durch Bromieren von Propionsäure zu α-Brompropionsäure und folgende Hydrolyse zur Hydroxysäure dargestellt. Bei der Bromierung kann jedes der beiden α-Wasserstoffatome ersetzt werden. Bei Verdrängung des einen entsteht die $(+)$-Form, bei Verdrängung des anderen die $(-)$-Form.

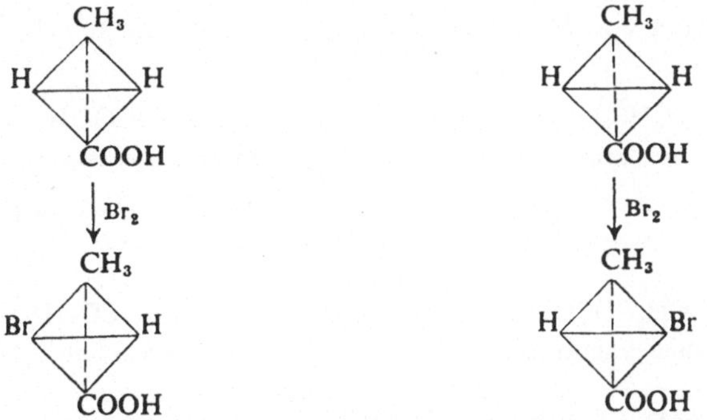

Oder, wenn Acetaldehyd in das Cyanhydrin übergeführt wird, wird ein Racemat gebildet, weil die Doppelbindung der Carbonylgruppe während der Anlagerung von Cyanwasserstoff von beiden Seiten mit gleicher Leichtigkeit angegriffen werden kann. Die Spaltung racemischer Gemische in ihre aktiven Komponenten ist daher von erheblicher Bedeutung.

Die Pasteursche Methode der Trennung des Natrium-ammonium-racemats in (+)-Tartrat und (—)-Tartrat hat nur noch historisches Interesse, da nicht alle Racemate in enantiomorphen Kristallen auftreten. Selbst Natrium-ammonium-tartrat zeigt diese Eigenschaft nur unterhalb 27,7°. Außerdem ist die mechanische Trennung sehr mühsam.

S. 351 wurde ausgeführt, daß die chemischen Eigenschaften enantiomorpher Verbindungen identisch sind, aber dies gilt nur unter der Voraussetzung, daß das Reagens nicht selbst optisch aktiv ist; ist das Reagens dissymmetrisch, so ist die Geschwindigkeit, mit der zwei gleiche Bindungen angegriffen werden, nicht länger dieselbe. PASTEUR fand z. B., daß viele Organismen die eine Form eines enantiomorphen Paares zerstören, die andere nicht. So zerstören die Enzyme des Schimmelpilzes *Penicillium glaucum* bei Einwirkung auf Ammoniumracemat das Ammonium (+)-tartrat und lassen die (—)-Form unverändert. Die allgemeine Methode ist, eine Lösung des Racemats herzustellen, Nährsalze zuzufügen und mit dem entsprechenden Organismus zu impfen. Sie hat den großen Nachteil, daß die eine Form verlorengeht, die andere gewöhnlich in schlechter Ausbeute erhalten wird. Überdies muß in verdünnten Lösungen gearbeitet werden. Ihr Vorteil ist der vielseitiger Anwendbarkeit und ziemlicher Einfachheit, besonders wenn es sich nur darum handelt, festzustellen, ob eine Verbindung in optische Antipoden zerlegt werden kann.

Die enzymatische Spaltung oder Synthese ist ein komplizierter Vorgang, doch lassen sich die Prinzipien der Darstellung aktiver Verbindungen mit Hilfe von Enzymen auch auf einfachere Reaktionen übertragen. Verestert man z. B. racemische Milchsäure partiell mit einem aktiven Alkohol wie (+)-Amylalkohol, so reagieren die (+)- und die (—)-Form der Milchsäure mit verschiedener Geschwindigkeit, so daß der nichtumgesetzte Anteil einen Überschuß der einen Form enthält und bis zu einem gewissen Grade optisch aktiv ist.

Ein eng verwandter Vorgang ist die *asymmetrische Synthese*. Bei der katalytischen Reduktion von Brenztraubensäure entsteht racemische Milchsäure.

$$CH_3COCOOH + H_2 \xrightarrow{Pt} CH_3CHOHCOOH$$

Brenztraubensäure   racemische Milchsäure

Wird die Reduktion mit Hilfe von Hefe-Reduktase vorgenommen, so entsteht (—)-Milchsäure.

$$CH_3COCOOH \xrightarrow{Reduktase} CH_3CHOHCOOH$$

Brenztraubensäure   (—)-Milchsäure

Wird ferner Brenztraubensäure-(+)-amylester katalytisch reduziert und der so erhaltene Milchsäure-(+)-amylester hydrolysiert, dann ist die so dargestellte Milchsäure in geringem Maße optisch aktiv, da eine der aktiven Formen im Überschuß vorliegt.

$$CH_3COCOOC_5H_{11}(+) \xrightarrow{\;H_2,\,Pt\;} CH_3CHOHCOOC_5H_{11}(+)$$

$$\downarrow H_2O$$

$$CH_3CHOHCOOH + C_5H_{11}OH(+)$$
$$\text{aktiv}$$

In ähnlicher Weise kann jede chemische Reaktion, an der dissymmetrische Agentien beteiligt sind, zur Darstellung aktiver Verbindungen führen. Sogar durch selektive Adsorption an optisch aktiven Adsorbentien und durch asymmetrische Zersetzung über Quarz ist es gelungen, optisch aktive Verbindungen aus racemischen Gemischen zu gewinnen.

Die Unterschiede im Verhalten enantiomorpher Verbindungen in der lebenden Materie erklären sich dadurch, daß die Reaktionen in lebenden Zellen weitgehend von optisch aktiven Enzymen katalysiert werden. Hierfür einige Beispiele: In den Proteinen kommen Aminosäuren gewöhnlich nur in der einen Form vor, und nur diese kann vom Organismus zum Aufbau von Proteinen verwertet werden; (+)-Glucose ist die von Pflanzen synthetisierte Form, und nur sie wird von Hefe vergoren und von lebenden Zellen verwertet; (+)-Leucin schmeckt süß, (—)-Leucin schwach bitter; (—)-Weinsäure ist giftiger als (+)-Weinsäure; (—)-Adrenalin wirkt zwanzigmal stärker blutdruckerhöhend als (+)-Adrenalin. Diese Unterschiede unterstreichen nur die Tatsache, daß enantiomorphe Verbindungen nur dann gleiche Eigenschaften zeigen, wenn sie mit inaktiven Substanzen reagieren.

Die allgemeinste praktische Methode zur Zerlegung racemischer Gemische geht ebenfalls auf PASTEUR zurück und besteht in der Überführung der Enantiomorphen in diastereoisomere Verbindungen. Da die Diastereoisomeren sich nicht wie Bild und Spiegelbild verhalten, besitzen sie nicht gleiche physikalische Eigenschaften und können durch gewöhnliche physikalische Methoden, z. B. durch fraktionierte Kristallisation, getrennt werden. Nach der Trennung der Diastereoisomeren werden diese einzeln wieder in die ursprünglichen Komponenten gespalten. Werden durch $(A+)$ und $(A-)$ die beiden aktiven Formen eines racemischen Gemisches, durch $(B+)$ eine einzelne aktive Form einer anderen Verbindung bezeichnet, die sich mit dem Racemat verbindet, so kann der Vorgang der Trennung durch folgendes Schema wiedergegeben werden:

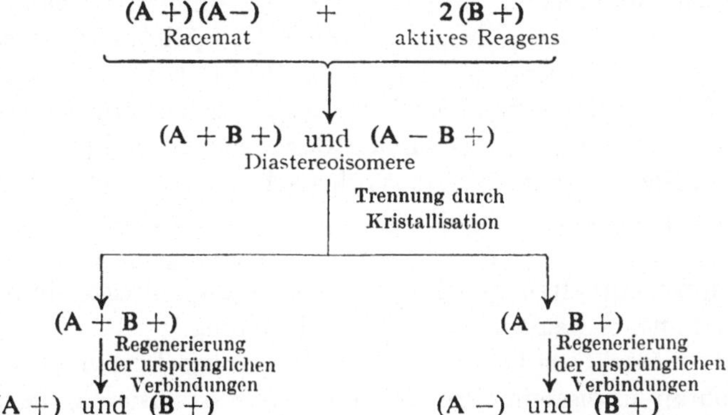

Die für die Praxis nächstliegende Art der Verbindungsbildung ist die Salzbildung, weil sie leicht vonstatten geht, und weil sich die ursprünglichen Reaktions-

teilnehmer aus den Salzen am leichtesten zurückgewinnen lassen. Auf diese Weise
kann eine racemische Säure mit Hilfe einer aktiven Base, eine racemische Base
mit Hilfe einer aktiven Säure gespalten werden.

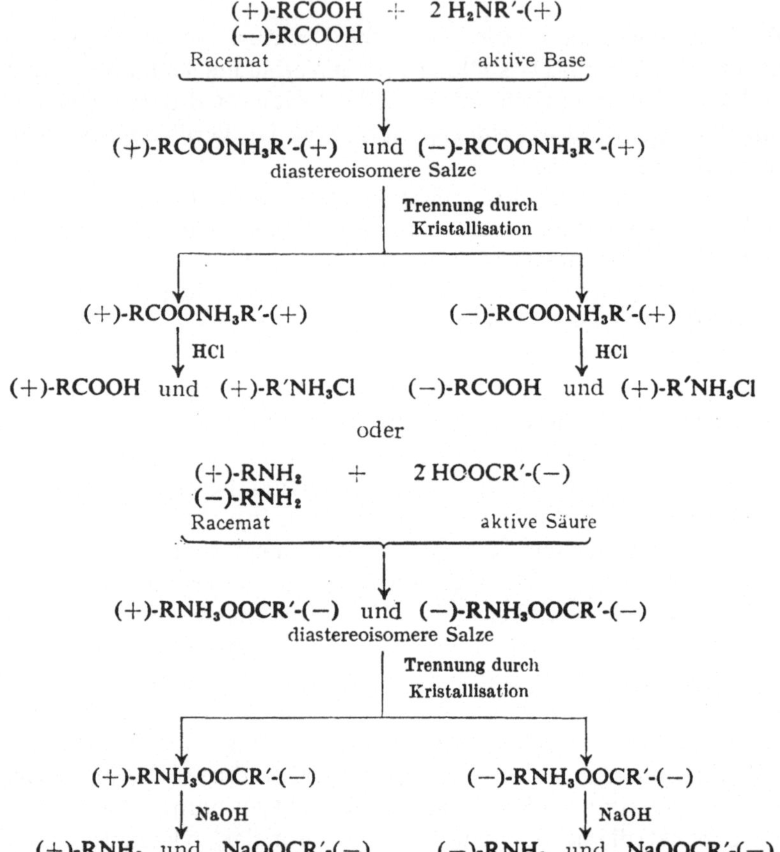

Die natürlich vorkommenden Alkaloide (S. 683) sind optisch aktive Basen, die
leicht kristallisierende Salze bilden. Zum Zweck der Spaltung racemischer Säuren
werden meistens (—)-Brucin, (—)-Strychnin, (—)-Chinin, (+)-Cinchonin, (+)-
Chinidin und (—)-Morphin verwendet. Leicht zugängliche, natürlich vorkommende
Säuren, die sich zur Zerlegung racemischer Basen eignen, sind (+)-Weinsäure und
(—)-Äpfelsäure. Nach Trennung eines synthetisch dargestellten Racemats können
die aktiven Komponenten zur Spaltung anderer Racemate herangezogen werden.
Zur Trennung in aktive Formen von solchen Verbindungen, die keine sauren oder
basischen Gruppen enthalten, greift man entweder auf indirekte Methoden zurück
oder verwendet andere Reaktionen als die Salzbildung.

1952 wurde entdeckt, daß gewisse Verbindungen wie Trithymotid (S. 590) und
Harnstoff spontan in dissymmetrischen Formen kristallisieren, die andere Verbindungen „einschließen" können (S. 326). Erfolgt die Kristallisation in Gegenwart eines racemischen Gemisches, so kann eine Form bevorzugt eingeschlossen
und dadurch eine Trennung bewirkt werden. Die Anwendung dieser Methode ist

vielversprechend im Hinblick auf die Spaltung racemischer Kohlenwasserstoffe und Alkylhalogenide, die nach den üblichen Methoden schwierig zu trennen sind, weil sie keine reaktionsfähigen Gruppen aufweisen.

Es erhebt sich die Frage nach dem Grad der Verschiedenheit, der zwischen Gruppen bestehen muß, damit eine beobachtbare optische Aktivität zustande kommt. Es konnte an einer Reihe von Verbindungen gezeigt werden, daß schon der Unterschied zwischen den Isotopen Wasserstoff und Deuterium ausreicht, um eine meßbare Aktivität zu bewirken. So sind z. B. die enantiomorphen Essigsäure-(1-deutero-butylester) $CH_3CH_2CH_2CHD(OCOCH_3)$ dargestellt worden mit einer spezifischen Drehung von $[\alpha]_D^{25} = +0,094 \pm 0,001°$ bzw. $[\alpha]_D^{25} = -0,090 \pm 0,007°$.

Ursprung optisch aktiver Verbindungen

Bei allen bisher besprochenen Vorgängen ist die Entstehung einer aktiven Verbindung abhängig von der Gegenwart einer anderen, dissymmetrischen Verbindung. Die Frage liegt nahe: „Wie wurde die erste aktive Verbindung gebildet?" PASTEUR glaubte, optisch aktive Formen könnten nur unter Vermittlung lebender Zellen entstehen. LE BEL wies darauf hin, daß in dem Fall, in dem ein asymmetrisches Kohlenstoffatom bei einer Reaktion entsteht, die von zirkular polarisiertem Licht katalysiert wird, nicht unbedingt gleiche Mengen der beiden Antipoden zu erwarten sind. Doch wurde erst 1896 experimentell gezeigt, daß d- oder l-zirkularpolarisiertes Licht von enantiomorphen Verbindungen in verschiedenem Maße absorbiert wird (*Zirkulardichroismus* oder *Cotton-Effekt*). 1930 gelang schließlich die Darstellung einer optisch aktiven Substanz durch partielle photochemische Zersetzung unter Anwendung von zirkular polarisiertem Licht. Da das von der Meeresoberfläche reflektierte Licht durch das irdische Magnetfeld zirkular polarisiert wird, ist somit eine vernünftige Erklärung für den Ursprung optisch aktiver Verbindungen zur Hand.

Eine andere Möglichkeit ist, daß die ersten organischen Verbindungen durch Einschluß in dissymmetrischen Kristallen nichtdissymmetrischer Moleküle gespalten wurden. Es ist z. B. bekannt, daß zahlreiche Verbindungen, die in Lösung inaktiv sind, wie Quarz, Natriumchlorat, Benzil (S. 572) oder Harnstoff, beim Auskristallisieren enantiomorphe Kristalle bilden. Häufig entsteht dabei bevorzugt oder ausschließlich die eine Form. Welche besondere Form entsteht, hängt vom Zufall ab; hat aber das Wachstum des Kristalls in einer bestimmten Konfiguration begonnen, so kristallisiert die gesamte Verbindung in dieser Form. Ein solcher Kristall könnte bevorzugt die eine Form eines organischen Racemats einschließen oder adsorbieren und so zu einer optischen Spaltung Anlaß geben. Experimentell konnte 2-Chlor-octan dadurch in Antipoden gespalten werden, daß man es mit Harnstoff spontan kristallisieren ließ.

Racemisierung

Zwei Methoden zur Gewinnung racemischer Gemische wurden bisher besprochen, einmal das Mischen gleicher Mengen der (+)- und der (—)-Form (S. 350), zum anderen die Darstellung einer Verbindung mit asymmetrischem Kohlenstoffatom durch Synthese, wobei keines der verwendeten Reagentien optisch aktiv ist (S. 357). Eine dritte Methode besteht in der Umwandlung entweder einer (+)-Form oder einer (—)-Form in ein Gemisch beider Formen. Dieser Vorgang heißt *Racemisierung*.

Da die Umwandlung einer (+)-Form in eine (—)-Form oder einer (—)-Form in eine (+)-Form einen Stellungswechsel von wenigstens zwei Gruppen am asymmetrischen Atom bedingt, müssen während der Racemisierung Bindungen aufgebrochen werden, und das Molekül muß einen nichtdissymmetrischen Zwischenzustand durchlaufen. Bei der anschließenden Neubildung der Verbindung entstehen gleiche Mengen beider Formen. Die Verbindungen, die am leichtesten racemisiert werden, und bei denen die Racemisierung auch besonders leicht zu erklären ist, enthalten eine Carbonylgruppe in α-Stellung zu einem asymmetrischen Atom, das ein Wasserstoffatom trägt. Ihre Racemisierung geht zweifellos unter Enolisierung (S. 216) vor sich. Die Enolform enthält kein asymmetrisches Atom; bei der Rückbildung des Ketons wird die Doppelbindung von beiden Seiten mit gleicher Leichtigkeit angegriffen, und infolgedessen werden gleiche Mengen der (+)-Form und der (—)-Form gebildet. Die Racemisierung verläuft schließlich vollständig. Die folgenden Gleichgewichte beschreiben die Racemisierung aktiver Milchsäure.

$$
\begin{array}{ccc}
\underset{\substack{\text{(—)-Milch-}\\\text{säure}}}{\overset{\displaystyle\text{O}\quad\text{OH}}{\underset{\displaystyle\text{CH}_3}{\overset{\displaystyle\text{C}}{\underset{\displaystyle\text{H—C—OH}}{|}}}}}
&\rightleftharpoons
\underset{\text{Enolform}}{\overset{\displaystyle\text{HO}\quad\text{OH}}{\underset{\displaystyle\text{CH}_3\quad\text{OH}}{\overset{\displaystyle\text{C}}{\underset{\displaystyle\text{C}}{\|}}}}}
&\rightleftharpoons
\underset{\substack{\text{(+)-Milch-}\\\text{säure}}}{\overset{\displaystyle\text{O}\quad\text{OH}}{\underset{\displaystyle\text{CH}_3}{\overset{\displaystyle\text{C}}{\underset{\displaystyle\text{HO—C—H}}{|}}}}}
\end{array}
$$

Wird eine wäßrige Lösung von (+)- oder (—)-Weinsäure oder eine alkalische Lösung des Natriumsalzes gekocht, dann entsteht ein Gleichgewichtsgemisch von Traubensäure und Mesoweinsäure, da beide asymmetrischen Kohlenstoffatome racemisiert werden.

$$
\begin{array}{ccccc}
\text{COOH} & & \text{COOH} & & \text{COOH} \\
\text{H—C—OH} & & \text{HO—C—H} & & \text{HO—C—H} \\
\text{HO—C—H} & \rightleftharpoons & \text{HO—C—H} & \rightleftharpoons & \text{H—C—OH} \\
\text{COOH} & & \text{COOH} & & \text{COOH} \\
\text{(+)-Weinsäure} & & \text{meso-Weinsäure} & & \text{(—)-Weinsäure}
\end{array}
$$

Wenn die Verbindung mehr als ein asymmetrisches Kohlenstoffatom enthält, werden nur diejenigen C-Atome isomerisiert, die über enolisierbaren Wasserstoff verfügen. Zum Beispiel isomerisiert sich eine aktive Form der 1.2-Dichlor-buttersäure nur zum Diastereoisomeren und nicht zum Racematgemisch.

$$
\begin{array}{ccc}
\text{COOH} & & \text{COOH} \\
\text{H—C—Cl} & & \text{Cl—C—H} \\
\text{Cl—C—H} & \rightleftharpoons & \text{Cl—C—H} \\
\text{CH}_3 & & \text{CH}_3
\end{array}
$$

Optische Isomere, die sich nur in der Konfiguration eines einzigen Kohlenstoffatoms unterscheiden, heißen *Epimere* (griech. *epi* neben oder über), und unter *Epimerisierung* versteht man die Umwandlung einer aktiven Verbindung in ihr Epimeres.

Auch wenn keine Enolisierung möglich ist, kann Racemisierung eintreten, wenn die aktive Verbindung auf eine Temperatur erhitzt wird, bei der Dissoziation zwischen dem asymmetrischen Atom und einer mit ihm verbundenen Gruppe erfolgt. Das dabei entstehende Bruchstück mit nur drei an das asymmetrische Atom gebundenen Gruppen kann dann eine ebene Konfiguration annehmen. Die Wiedervereinigung mit der dissoziierten Gruppe kann von jeder Seite her erfolgen, so daß gleiche Mengen beider Formen entstehen (Abb. 64).

Abb. 64. Racemisierung durch Dissoziation

Aktive Verbindungen, deren Dissymmetrie auf sterischen Effekten beruht, können allein durch Deformation des Moleküls racemisiert werden, ohne daß eine Bindung gesprengt wird (S. 612, 591).

Waldensche Umkehrung

Wenn aktive Verbindungen Reaktionen eingehen, die das asymmetrische Atom betreffen, kann das Reaktionsprodukt inaktiv sein, da ja Racemisierung erfolgen kann, wenn Bindungen am asymmetrischen Atom gesprengt werden. Häufig bleibt jedoch die volle Aktivität erhalten. Dies ist nur verständlich, wenn man annimmt, daß das Molekül seine Asymmetrie während der Reaktion behält, die eintretende Gruppe also lediglich die zu eliminierende Gruppe aus ihrer Stellung verdrängt und deren Platz einnimmt. Wird jedoch die gleiche Verbindung auf verschiedenen Wegen dargestellt, dann ist der Drehungssinn der entstandenen aktiven Form oft verschieden, je nach der Zahl der beteiligten Reaktionsstufen. Zum Beispiel kann Asparaginsäure entweder direkt oder über die Brombernsteinsäure in Chlorbernsteinsäure übergeführt werden. Wenn die eingeführten Gruppen lediglich an die Stelle der eliminierten Gruppen treten, sollte das Reaktionsprodukt in beiden Fällen das gleiche sein. In Wirklichkeit ist das eine Produkt linksdrehend, das andere rechtsdrehend.

$$
\begin{array}{cccc}
\mathrm{HOOCCHNH_2} & \xrightarrow[+\,2\,\mathrm{HCl}]{\mathrm{NaNO_2}} & \mathrm{HOOCCHCl} & \\
\quad| & & \quad| & +\ \mathrm{NaCl} + \mathrm{N_2} + 2\,\mathrm{H_2O} \\
\mathrm{HOOCCH_2} & & \mathrm{HOOCCH_2} & \\
\end{array}
$$

(—)-Asparaginsäure   (—)-Chlorbernsteinsäure

$$
\downarrow{\substack{\mathrm{NaNO_2}\\ +\,2\,\mathrm{HBr}}}
$$

$$
\begin{array}{ccc}
\mathrm{HOOCCHBr} & \xrightarrow{\mathrm{NaCl}} & \mathrm{HOOCCHCl} \\
\quad| & & \quad| \\
\mathrm{HOOCCH_2} & & \mathrm{HOOCCH_2} + \mathrm{NaBr} \\
\end{array}
$$

(—)-Brombernsteinsäure   (+)-Chlorbernsteinsäure

Bei einer oder mehreren Reaktionsstufen muß also eine Änderung der Konfiguration stattgefunden haben.

Die Annahme erscheint vernünftig, daß der Mechanismus der Verdrängung der Aminogruppe durch Halogen, wie immer er sei, der gleiche ist, ob nun Natriumnitrit und Chlorwasserstoff oder Natriumnitrit und Bromwasserstoff als Reagentien dienen. Daher ist für die bei dieser Reaktion entstehende Chlor- bzw. Brombernsteinsäure die gleiche Konfiguration zu erwarten; eine Änderung der Konfiguration muß also bei der Umwandlung von Brombernsteinsäure in Chlorbernsteinsäure stattfinden. Da die Reaktion der Aminogruppe mit salpetriger Säure und Chlorwasserstoff kompliziert ist, sei nur die Umwandlung der Brombernsteinsäure in Chlorbernsteinsäure betrachtet. Dieser Schritt besteht zweifellos in einer Verdrängung von Bromion durch Chlorion. Das Chlorion nähert sich dem Molekül von der dem Bromatom abgekehrten Seite, und gleichzeitig verläßt das Bromion das Molekül auf der anderen Seite. Es findet eine Umkehrung der Konfiguration unter Bildung einer einzigen aktiven Form statt (Abb. 65).

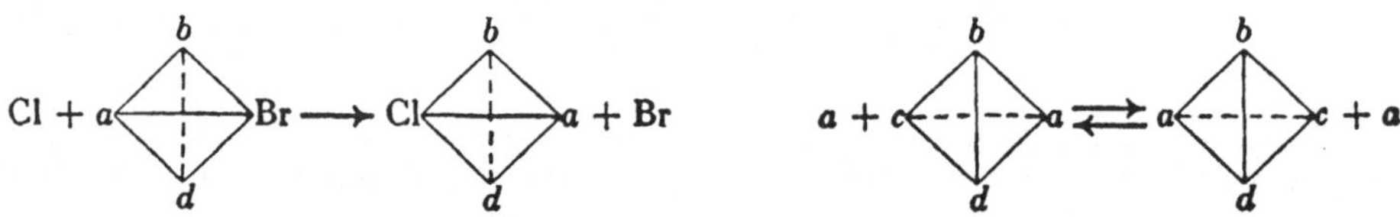

Abb. 65. Waldensche Umkehrung   Abb. 66. Racemisierung durch Verdrängung

Die Erscheinung der optischen Umkehrung wurde 1893 von WALDEN[1] entdeckt und heißt deshalb *Waldensche Umkehrung*. Die noch heute gültige Interpretation des Umkehrungsmechanismus wurde schon 1911 von WERNER (S. 357) vorgeschlagen, und erneut von LEWIS (S. 247) 1923 in seinem Buch über Valenz und von LOWRY (S. 246) 1924. Wenn der Mechanismus korrekt ist, muß bei Verdrängung einer Gruppe vom asymmetrischen Atom durch eine gleiche Gruppe die enantiomorphe Verbindung entstehen. Daher sollte schließlich vollständige Racemisierung eintreten (Abb. 66).

Schon 1913 wurde gezeigt, daß die Racemisierungsgeschwindigkeit aktiver Brombernsteinsäure proportional der Konzentration von Bromionen ist, aber der Beweis, daß nur dieser Mechanismus an der Racemisierung beteiligt ist, wurde erst 1935 erbracht. Man fand unter Verwendung radioaktiver Jodionen, daß die Geschwindigkeit der Einführung von radioaktivem Jod in 2-Jod-octan gleich ist der Geschwindigkeit, mit der optisch aktives 2-Jod-octan durch Jodionen racemisiert wird. Heute wird allgemein angenommen, daß die meisten Verdrängungsreaktionen nach diesem Mechanismus (S. 121) verlaufen. Es findet also bei jeder Reaktionsstufe ein Konfigurationswechsel statt, der jedoch nur bei aktiven Verbindungen feststellbar ist.

Absolute und relative Konfiguration

Die **absolute Konfiguration** ist die wirkliche Konfiguration des Moleküls im Raum; d. h. sie ist die Antwort auf die Frage: „Welches der beiden enantiomorphen Modelle entspricht der rechtsdrehenden Form einer Verbindung, und welches der

---

[1] PAUL WALDEN (1863—1957), deutscher Physikochemiker, dessen Hauptwerk auf dem Gebiet der Elektrolyte liegt. Er nahm unter drei Regierungen pensionsberechtigte Stellungen ein, sah sich aber trotzdem am Ende des zweiten Weltkrieges im Alter von 82 Jahren gezwungen, sich wieder selbst zu erhalten.

linksdrehenden Form?" Vor 1951 gab es keine Möglichkeit, diese Frage zu entscheiden. Man einigte sich daher auf eine Bezugsverbindung mit angenommener Konfiguration und bezog die Konfigurationen aller anderen aktiven Verbindungen auf diese Substanz und gleichzeitig aufeinander. *Die Konfiguration einer Verbindung in bezug auf die willkürlich festgelegte Konfiguration der Bezugsverbindung heißt ihre* **relative Konfiguration.**

Die Bezugssubstanz ist Glycerinaldehyd, dessen (+)-Form die durch die perspektivische Formel I dargestellte Konfiguration zugeordnet wurde. In dieser Formel ist das asymmetrische Kohlenstoffatom in der Papierebene, die Aldehyd- und die Hydroxymethylgruppe hinter der Papierebene, das Wasserstoffatom und die Hydroxylgruppe vor der Papierebene zu denken. Formel II ist eine Projektion dieser Raumformel in die Papierebene.

$$\text{I} \qquad\qquad \text{II}$$

(+)-Glycerinaldehyd

Diese Konfiguration war dem (+)-Glycerinaldehyd ursprünglich willkürlich zugeschrieben worden, aber 1951 zeigte es sich, daß es sich um die tatsächliche oder *absolute* Konfiguration handelte. Durch eine besondere Art der Röntgenanalyse wurde am Natrium-Rubidium-Salz der (+)-Weinsäure die absolute Konfiguration der (+)-Weinsäure bestimmt. Die Konfiguration des (+)-Glycerinaldehyds in bezug auf die (—)-Weinsäure war schon mit chemischen Methoden bestimmt worden (S. 366).

Die klassischen chemischen Methoden zur Bestimmung der relativen Konfiguration beruhen auf der Annahme, daß keine Waldensche Umkehrung stattfindet, solange nicht Bindungen gesprengt werden oder das asymmetrische Atom direkt betroffen wird. Die Folge von Reaktionen auf S. 366 zeigt, wie die Konfigurationen einer Gruppe von Verbindungen aufeinander bezogen werden. Das Kohlenstoffatom, das dem asymmetrischen Atom der Bezugssubstanz entspricht, ist fett gedruckt.

Zwischen der Konfiguration und dem Drehungssinn ist keine Beziehung ersichtlich. Was wichtig ist, ist aber die Konfiguration und nicht der Drehungssinn; aus diesem Grund sind die aktiven Verbindungen derart in zwei Gruppen eingeteilt worden, daß diejenigen, die konfigurativ mit (+)-Glycerinaldehyd verwandt sind, zur D-Reihe rechnen, die mit (—)-Glycerinaldehyd verwandt sind, zur L-Reihe. Die kleinen Kapitälchen D und L werden *de* bzw. *el* ausgesprochen, nicht dextro und laevo. Sie beziehen sich ausschließlich auf die Konfiguration, nicht auf die optische Drehung. Der Name D(+)-Glycerinaldehyd gibt sowohl die Konfiguration als auch den Drehungssinn an.

Es wird häufig nicht richtig verstanden, daß es nicht genügt, zu sagen, eine Verbindung sei konfigurativ mit (+)-Glycerinaldehyd verwandt, sondern daß gleichzeitig die Beziehungen ihrer funktionellen Gruppen zu denen des (+)-Glycerinaldehyds klarzulegen sind. So ist die Konfiguration des (+)-Isoserins die des (+)-Glycerinaldehyds, wenn die Carboxylgruppe bzw. Aminomethylgruppe des Isoserins der Aldehyd- bzw. Hydroxymethylgruppe des Glycerinaldehyds entspricht. Wenn die Carboxyl- bzw. Aminomethylgruppe des Isoserins der Hydroxymethyl- bzw. Aldehydgruppe des Glycerinaldehyds entspricht, dann stimmt die Konfiguration des (—)-Isoserins mit der des (+)-Glycerinaldehyds überein. Beim Isoserin entspricht offensichtlich die Carboxylgruppe der (+)-Form der Aldehydgruppe; die enantiomorphen Verbindungen heißen D(+)-Isoserin und L(—)-Isoserin[1].

$$
\begin{array}{ccc}
\text{CHO} & \text{COOH} & \text{COOH} \\
\text{H—C—OH} & \xrightarrow{\text{Oxydation}} \quad \text{H—C—OH} & \xleftarrow{\text{HNO}_2} \quad \text{H—C—OH} \\
\text{CH}_2\text{OH} & \text{CH}_2\text{OH} & \text{CH}_2\text{NH}_2 \\
\text{(+)-Glycerinaldehyd} & \text{(—)-Glycerinsäure} & \text{(+)-Isoserin}
\end{array}
$$

(+)-Glycerinaldehyd → HCN

$$
\begin{array}{cc}
\text{CN} & \text{CN} \\
\text{H—C—OH} \quad + \quad \text{HO—C—H} \\
\text{H—C—OH} & \text{H—C—OH} \\
\text{CH}_2\text{OH} & \text{CH}_2\text{OH}
\end{array}
\xrightarrow[\text{und Oxydation}]{\text{Hydrolyse}}
\begin{array}{c}
\text{COOH} \\
\text{HO—C—H} \\
\text{H—C—OH} \\
\text{COOH} \\
\text{(—)-Weinsäure}
\end{array}
$$

Rechts: NaNO$_2$ + 2 HBr

$$
\begin{array}{c}
\text{COOH} \\
\text{H—C—OH} \\
\text{CH}_2\text{Br}
\end{array}
$$

Hydrolyse und Oxydation (linker Zweig):

$$
\begin{array}{c}
\text{COOH} \\
\text{H—C—OH} \\
\text{H—C—OH} \\
\text{COOH} \\
\textit{meso}\text{-Weinsäure}
\end{array}
$$

(—)-Weinsäure → HI →

$$
\begin{array}{c}
\text{COOH} \\
\text{CH}_2 \\
\text{H—C—OH} \\
\text{COOH} \\
\text{(—)-Äpfelsäure}
\end{array}
$$

Zn—HCl →

$$
\begin{array}{c}
\text{COOH} \\
\text{H—C—OH} \\
\text{CH}_3 \\
\text{(—)-Milchsäure}
\end{array}
$$

(—)-Äpfelsäure →

$$
\begin{array}{c}
\text{CONH}_2 \\
\text{CH}_2 \\
\text{H—C—OH} \\
\text{COOH}
\end{array}
\xrightarrow{\text{NaOCl}}
\begin{array}{c}
\text{CH}_2\text{NH}_2 \\
\text{H—C—OH} \\
\text{COOH} \\
\text{(—)-Isoserin}
\end{array}
$$

Es ist interessant, daß fast alle gewöhnlichen in der Natur vorkommenden Aminosäuren dieselbe relative Konfiguration besitzen. Man begegnet häufig der Feststellung, sie gehörten alle der L-Reihe an. Damit wird ausgesagt, daß sie konfigurativ zum (—)-Glycerinaldehyd gehören, nicht zum (+)-Glycerinaldehyd. Dieser Klassifizierung haftet wieder ein Element der Willkür an, sie bedeutet lediglich für den Fall, daß die Carboxylgruppe, die Aminogruppe, der Wasserstoff

---

[1] 1951 wurde ein allgemeines System zur Bezeichnung der asymmetrischen Konfiguration veröffentlicht, nach dem jedes asymmetrische Zentrum gemäß unzweideutigen Regeln als R (lat. *rectus*) oder S (lat. *sinister*) bezeichnet wird. Dieses System wurde 1956 modifiziert und erweitert, so daß es optische Isomere aus axialer und planarer Asymmetrie mit einbezieht.

und der Rest R der Aminosäure jeweils der Aldehydgruppe, der Hydroxylgruppe, dem Wasserstoff und der Hydroxymethylgruppe des Glycerinaldehyds entsprechen, daß die gewöhnlichen natürlichen Aminosäuren folgende Konfiguration besitzen.

Dieser Schluß war ursprünglich auf Analogien in den physikalischen Eigenschaften gegründet. Es ist schwierig, die Konfiguration der Aminosäuren mit Hilfe chemischer Methoden auf (+)-Glycerinaldehyd zu beziehen, da jede Überführung ineinander Bindungen des asymmetrischen Kohlenstoffatomes in Mitleidenschaft zieht, und es also notwendig ist, zu wissen, ob bei der betreffenden Reaktionsstufe Waldensche Umkehrung eingetreten ist oder nicht. 1947 wurde gezeigt, daß (+)-Alanin (R=CH$_3$) der L-Reihe angehört, indem es von 2-Glucosamin (S. 432) abgeleitet wurde. Die relative Konfiguration dieser Verbindung war 1939 durch eine Reihe von Reaktionen bestimmt worden, deren konfigurativer Ablauf bekannt war. Dieses Ergebnis wurde 1954 mit der Bestimmung der absoluten Konfiguration des L-Isoleucin-hydrobromids durch Röntgenanalyse bestätigt.

Molekulare Dissymmetrie, verursacht durch andere asymmetrische Atome als Kohlenstoff

Silicium, Germanium, Zinn und Blei gehören derselben Gruppe des Periodensystems an wie Kohlenstoff und können wie dieser tetrakovalent mit tetraedrischer Anordnung der Bindungen auftreten. Wenn diese Atome mit vier verschiedenen Gruppen verbunden sind, können die racemischen Formen der Verbindungen in ihre optisch aktiven Komponenten gespalten werden.

Die Bindungswinkel von Verbindungen des trikovalenten Stickstoffs sollten aus theoretischen Gründen 90° betragen; der gemessene Winkel beträgt aber beim Ammoniakmolekül etwa 107°, ist also annähernd gleich dem Tetraederwinkel. In jedem Fall sollten Verbindungen mit drei verschiedenen an Stickstoff gebundenen Gruppen in zwei enantiomorphen Konfigurationen auftreten.

Es scheint jedoch, daß die Abwesenheit einer vierten Gruppe eine extrem leicht verlaufende Racemisierung durch Umkehrung des dreiwertigen Stickstoffatoms ermöglichst.

Die einzige Verbindung mit molekularer Dissymmetrie auf Grund von trikovalentem Stickstoff, die bisher in aktive Formen zerlegt wurde, ist ein kompliziertes Molekül, die sogenannte Trögersche Base (S. 509). Die Stickstoffvalenzen gehören zum Gerüst einer Käfigstruktur, die eine Waldensche Umkehrung verhindert (Abb. 67).

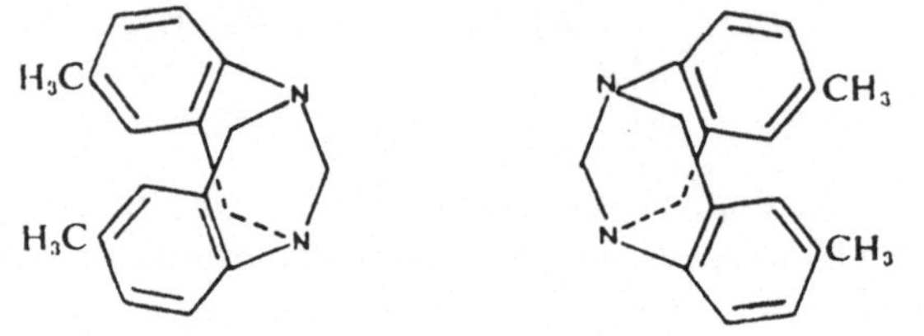

Abb. 67. Aktive Antipoden der Trögerschen Base

Ist das Stickstoffatom tetrakovalent, so gelingt eine Spaltung in optische Antipoden ohne Schwierigkeit. Pope[1] spaltete 1899 das inaktive Methyl-allyl-phenyl-benzyl-ammoniumjodid mit Hilfe der (+)-Camphersulfonsäure (S. 903) in die aktiven Komponenten.

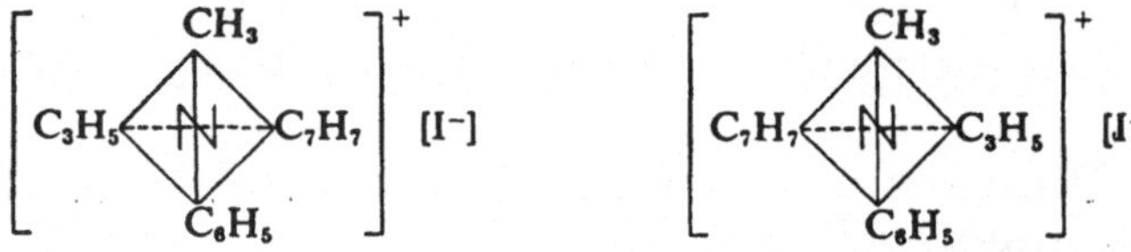

Seitdem wurden alle Voraussagen, die sich auf die tetraedrische Anordnung der Bindungen im Ammoniumion gründen, experimentell verwirklicht. Auch die Aminoxyde R_3N^+—^-O (S. 251) sind dem Ammoniumion strukturell verwandt, und so ist es gelungen, Methyl-äthyl-propyl-aminoxyd in optisch aktive Formen zu spalten.

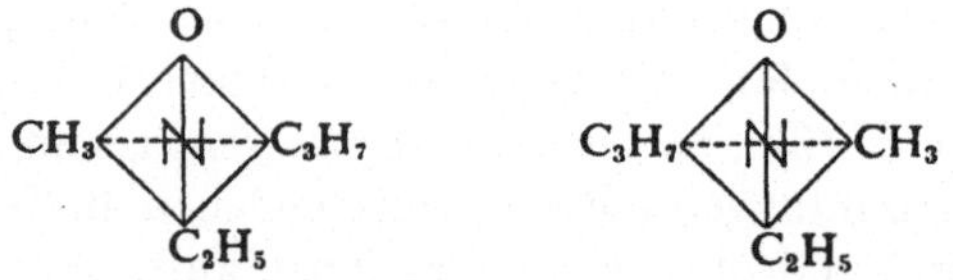

Phosphor- und Arsenverbindungen gleichen in den meisten Fällen den Stickstoffverbindungen.

Dikovalente Verbindungen der Elemente der sechsten Gruppe des periodischen Systems können nicht in aktiven Formen existieren, da die Moleküle eine Symmetrieebene haben. Dagegen ist die räumliche Anordnung der kovalent gebundenen Gruppen in den Sulfonium- und Selenoniumsalzen (S. 296) analog der in Ver-

---

[1] William Jackson Pope (1870—1939), Professor an der Universität Cambridge und einer der Begründer der International Union of Chemistry. Seine frühen Arbeiten über Camphersulfonsäure (S. 686) führten ihn zu deren Anwendung zur Spaltung von Dihydropapaverin und später zur Spaltung optisch aktiver Stickstoff-, Schwefel- und Selenverbindungen. Er stellte die erste optisch aktive Verbindung dar, die kein asymmetrisches Atom enthielt, und die erste aktive Verbindung, die nur ein einziges Kohlenstoffatom enthielt. Während des ersten Weltkrieges entwickelte er das Verfahren zur Darstellung von Senfgas aus Äthylen und Schwefelmonochlorid (S. 302).

bindungen des trikovalenten Stickstoffs. Während diese wie erwähnt konfigurativ instabil sind, konnten jene schon frühzeitig gespalten werden. Das Reaktionsprodukt aus Methyläthylsulfid und Chloressigsäure wurde schon 1900 in zwei Formen erhalten.

Die Verbindung $\left[\mathrm{C_2H_5SCH_2CH_2SC_2H_5}\right]^{++}$ 2 $[\mathrm{J^-}]$ mit zwei gleichen asymmetrischen Schwefelatomen existiert in einer Mesoform und in einer spaltbaren racemischen Form. Die aktiven Formen dieser Verbindungen sind sehr beständig. Wenn eine Racemisierung stattfindet, wird sie nicht durch Umkehrung, sondern durch Dissoziation in Sulfid und Alkylhalogenid verursacht.

$$[\mathrm{R_3S^+}]\mathrm{X^-} \rightleftarrows \mathrm{R_2S} + \mathrm{RX}$$

Als Argument für die semipolare Bindung in Schwefel-Sauerstoff-Verbindungen (S. 286) wurde angeführt, daß bei Gültigkeit der klassischen, eine Schwefel-Sauerstoff-Doppelbindung enthaltenden Formel für Sulfoxyde Verbindungen vom Typ a—SO—b nicht spaltbar sein dürften, da das Molekül eine Symmetrieebene hat. Wenn das Sauerstoffatom aber semipolar an den Schwefel gebunden ist, ist die Struktur des Moleküls der eines Sulfoniumions ähnlich, und es wären zwei aktive Formen möglich.

Sulfoxyde mit zwei verschiedenen Gruppen wurden 1926 gespalten. Liegen zwei derartige Asymmetriezentren vor, so erhält man zwei aktive Formen und eine Mesoform. Die optische Aktivität des Sulforaphens $\mathrm{CH_3SOCH{=}CHCH_2CH_2N{=}C{=}S}$, das 1948 aus Radieschen isoliert wurde, kann nur durch die Dissymmetrie der RSOR′-Gruppierung verursacht sein. Auch Sulfinsäureester RSOOR′ sind gespalten worden; wäre das eine Sauerstoffatom doppelt gebunden, so dürfte keine Spaltung zu erwarten sein.

Die Spaltung der Sulfoxyde und Sulfinsäureester beweist, daß die Anordnung der Gruppen pyramidenförmig sein muß und nicht planar sein kann wie in den Ketonen. Daher muß jeglicher Doppelbindungscharakter der S—O-Bindung von dem der Carbonylgruppe verschieden sein (S. 286).

Andere räumliche Anordnungen als die tetraedrische

Die Bastardisierung höherer orbitals kann zur Ausbildung starker Bindungen führen, die nicht nach den Ecken eines Tetraeders gerichtet sind. Beim Kobalt(III)-ion z. B. können zwei 3d-orbitals mit den 4s- und 4p-orbitals sechs bastardisierte d^2sp^3-orbitals bilden, die nach den Ecken eines Oktaeders gerichtet sind. Lange bevor eine theoretische Erklärung hierfür gefunden war, zeigte WERNER, daß für mehrere Elemente die Anzahl der auf Grund einer oktaedrischen Verteilung der Valenzen vorhergesagten Formen experimentell realisiert werden konnte. So existiert das zweifach positiv geladene Kation des Kobaltkomplexes

$$[Co \cdot 2\,NH_2CH_2CH_2NH_2 \cdot NH_3 \cdot Cl]^{++}2\,[Cl^-]$$

in zwei aktiven Formen und einer Mesoform (Abb. 68). Die Bindungen zum Kobalt sind analog denen zwischen Wasser- bzw. Ammoniakmolekülen und Kupfer(II)-ion.

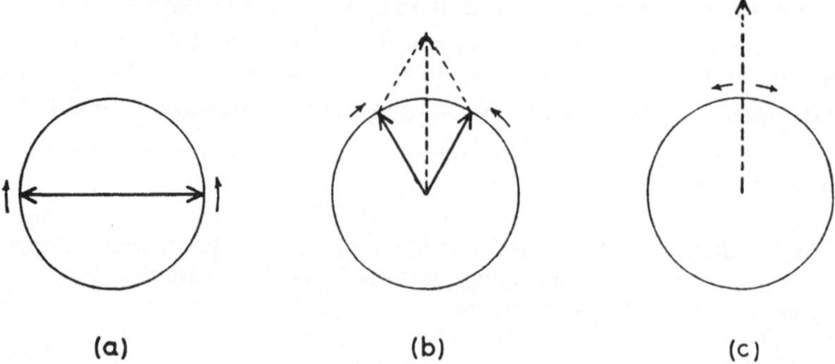

Abb. 68. Stereoisomere Formen eines Kobaltkomplexions

Die Ursache der optischen Aktivität

Es gibt mehrere Theorien über die Ursache der Drehung der Polarisationsebene von linear polarisiertem Licht durch optisch aktive Verbindungen. Einige der einschlägigen Begriffe seien hier erörtert. Gewöhnliches Licht kann in zwei Komponenten getrennt werden, die in zwei zueinander senkrechten Ebenen schwingen (S. 346). Linear polarisiertes Licht ist ebenfalls in zwei Komponenten aufteilbar, nämlich in rechts und links zirkular polarisiertes Licht. Die in Abb. 52, S. 346, gezeigten Vektoren sind die elektrischen Vektoren des Lichtstrahls. Der magnetische Vektor der elektromagnetischen Lichttheorie von MAXWELL ist bei diamagnetischen Substanzen so klein, daß er vernachlässigt werden kann. Jeder elektrische Vektor hat feste Lage und Richtung, ändert sich aber in der Größe von Null nach $+1$ nach Null nach -1. Das gleiche Verhalten ergibt sich, wenn zwei Vektoren von konstanter Größe mit konstanter Geschwindigkeit in entgegengesetzter Richtung um einen Punkt rotieren, und zwar in einer Ebene senkrecht zur Fortpflanzungsrichtung. In Abb. 69a heben sich die beiden

(a)

(b)

(c)

Abb. 69. Linear polarisiertes Licht als Überlagerung von rechts und links zirkular polarisiertem Licht

rotierenden Vektoren gegenseitig auf; der Vektor der linear polarisierten Welle ist gleich Null. In (b) heben sich die horizontalen Komponenten der rotierenden Vektoren noch auf, aber die vertikalen Komponenten verstärken sich gegenseitig; der Vektor der linear polarisierten Welle ist im Zunehmen. In (c) hat er seinen Maximalwert erreicht. Bei weiterer Rotation der kreisenden Vektoren geht der vertikale Vektor wieder auf Null zurück und wächst dann bis zu einem Maximum in entgegengesetzter Richtung. Danach nimmt er wieder ab, bis die rotierenden Vektoren wieder ihre Ausgangslage erreicht haben.

Doppelbrechung kommt dadurch zustande, daß die in der einen Ebene schwingende Lichtkomponente gegenüber derjenigen verzögert wird, die in der dazu senkrechten Ebene schwingt (S. 346). FRESNEL[1] nahm 1825 als erster an, daß die Drehung der Polarisationsebene des linear polarisierten Lichtes durch Verzögerung der einen zirkular polarisierten Komponente gegenüber der anderen verursacht wird. Wenn nach Passieren der aktiven Substanz der im Uhrzeigersinn umlaufende Vektor eine vertikale Position erreicht hat, der andere Vektor aber verzögert wurde und die vertikale Position noch nicht erreicht hat (Abb. 70a), dann schwingt der resultierende linear polarisierte Strahl beim Austritt in einer Ebene, die mit der Schwingungsebene des einfallenden Strahls einen Winkel α bildet; mit anderen Worten, die Schwingungsebene hat sich nach rechts gedreht. Sind andererseits die relativen Positionen der beiden Vektoren wie in Abb. 70b, dann hat sich die Schwingungsebene nach links gedreht.

Schwieriger zu beantworten ist die Frage, weshalb ein Körper, der mit seinem Spiegelbild nicht zur Deckung gebracht werden kann, eine der zirkular polarisierten Komponenten selektiv verzögert. Von den verschiedenen Modellen, die zur Erklärung der selektiven Verzögerung vorgeschlagen worden sind, hat keines allgemeine Zustimmung gefunden. Es sei betont, daß Kristalle, die eine Symmetrieebene enthalten, nur dann optisch inaktiv sind, wenn der Strahl senkrecht zur Symmetrieebene durch den Kristall tritt. In allen anderen Richtungen ist der Kristall optisch aktiv. Vermutlich gilt das gleiche für die einzelnen Moleküle optisch inaktiver Verbindungen in einer Flüssigkeit oder Lösung. Hier sind jedoch sehr zahlreiche Moleküle rein zufällig orientiert, und für jedes in der Bahn des Lichtes befindliche Molekül gibt es ein anderes, das spiegelbildlich orientiert ist. Daher wird die etwa durch das eine Molekül verursachte Drehung durch das andere aufgehoben. Bei optisch aktiven Substanzen ist es unmöglich, daß sich zwei gleiche Moleküle so orientieren, daß sie sich wie Bild und Spiegelbild verhalten, was nichts anderes heißt, als daß das Molekül und sein Spiegelbild nicht zur Deckung gebracht werden kann. Daher wird die von einem Molekül verursachte Drehung nicht durch ein anderes aufgehoben. Das Ebengesagte ist nicht auf Kristalle oder Moleküle mit einem Symmetriezentrum anwendbar. In diesen Fällen ist die Drehung null, unabhängig von der Richtung, in der das Licht den Kristall oder das Molekül passiert.

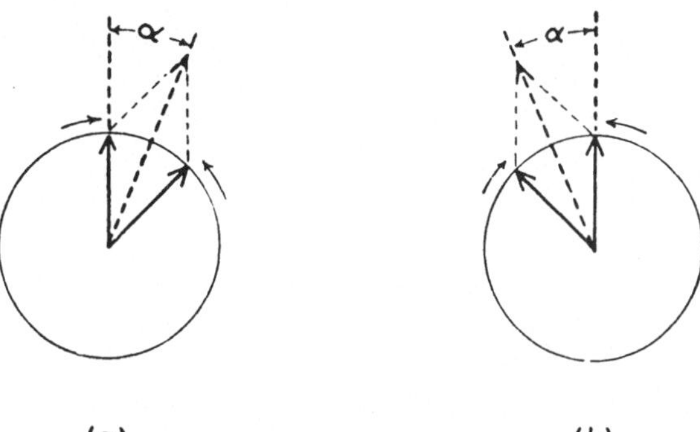

(a)　　　　　　　　　　　　　　　　**(b)**

Abb. 70. (a) Rechtsdrehung und (b) Linksdrehung des linear polarisierten Lichtes als Folge einer Verzögerung der links bzw. rechts zirkular polarisierten Komponente

Geometrische Isomerie

Geometrische Isomere können am einfachsten definiert werden als *eine Gruppe von Stereoisomeren, deren Glieder alle optisch inaktiv sind*. Geometrische Isomerie findet sich häufig bei ungesättigten Verbindungen. Zum Beispiel wird Ölsäure,

---

[1] AUGUSTIN JEAN FRESNEL (1788—1827), französischer Physiker, der als Ingenieur im Staatsdienst beschäftigt war. Etwa 1814 begann er seine optischen Forschungen. Er war ein Zeitgenosse von ARAGO, BIOT, LA PLACE und YOUNG.

F: 16°, durch Einwirkung von Stickstoffoxyden in Elaidinsäure, F: 44°, ein
Isomeres der gleichen Konstitution (S. 193), übergeführt. Während nur ein
Buten-(1) bekannt ist, gibt es von Buten-(2) zwei Formen, von denen die eine bei
0,96°, die andere bei 3,73° siedet. Auch 1.1-Dichlor-äthylen existiert nur in einer
einzigen Form, während von 1.2-Dichlor-äthylen zwei Formen bekannt sind; die
eine siedet bei 48,3°, die andere bei 60,5°. Die Erklärung für diese zusätzliche Zahl

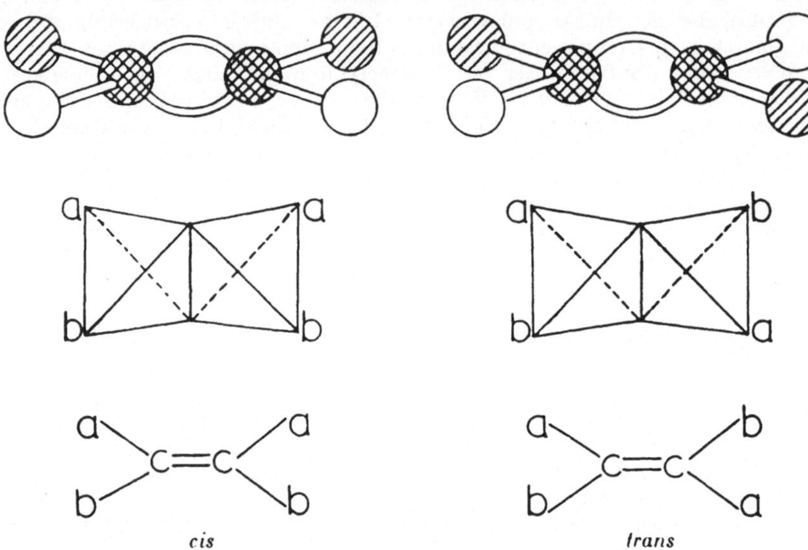

Abb. 71. Darstellung der cis- und trans-Formen geometrischer Isomere durch Molekülmodelle, durch Tetraeder und durch Projektionsformeln

von Isomeren bei bestimmten ungesättigten Verbindungen ist, daß die beiden
doppelt gebundenen Kohlenstoffatome und die vier mit ihnen verbundenen
Atome oder Atomgruppen in einer Ebene liegen, und daß freie Drehbarkeit um
die Doppelbindung nicht möglich ist. Wenn daher die beiden Gruppen an jedem
Kohlenstoffatom verschieden sind, können zwei Isomere existieren (Abb. 71); sind
die beiden Glieder jedes Gruppenpaares gleich, so ist nur eine Verbindung möglich.
In einer der beiden Formen des Butens-(2) befinden sich also die beiden Methylgruppen auf derselben Seite des Moleküls, in der anderen auf entgegengesetzten
Seiten. Das Isomere mit gleichen Gruppen auf derselben Seite bezeichnet man
als cis-Form, das mit gleichen Gruppen auf entgegengesetzten Seiten als trans-
Form (lat. *cis* auf dieser Seite; *trans* auf der anderen Seite). Eine analoge Erklärung gilt für die beiden 1.2-Dichlor-äthylene.

Ursprünglich wurde auch für doppelt gebundene Kohlenstoffatome eine tetraedrische Anordnung der Valenzen postuliert und modellmäßig als Vereinigung der beiden Tetraeder längs zweier Kanten anschaulich gemacht (Abb. 71). Nach heutiger Auffassung besteht die Doppelbindung aus einer σ-Bindung und einer π-Bindung. Da die π-Bindung durch Überlagerung zweier parallel stehender p_z-atomic orbitals zustande kommt, ist die freie Drehbarkeit um die σ-Bindung aufgehoben (S. 52). Der praktisch wichtigste Unterschied zwischen den beiden Auffassungen ist, daß nach der ersten der Winkel aCb zu etwa 109,5° anzunehmen ist, nach der zweiten zu annähernd 120°. Aus den Ultrarot-Absorptionsspektren des Äthylens und des Deuteroäthylens ergibt sich, daß der HCH-Bindungswinkel des Äthylens 119°55' beträgt.

Auf etwas komplizierte Art konnte bewiesen werden, daß cis-Buten-(2) das bei 3,73° siedende, trans-Buten-(2) das bei 0,96° siedende Isomere ist. Die Konfigurationsbestimmung der beiden 1.2-Dichlor-äthylene war leichter, da das Dipolmoment der Kohlenstoff-Halogen-Bindung viel größer ist als das der Kohlenstoff-Wasserstoff-Bindung. Die Prüfung der fraglichen Strukturen zeigt, daß das trans-Isomere das Dipolmoment null haben muß, denn

Tabelle 20. *Dipolmomente der 1.2-Dihalogen-äthylene*

		F.	μ
1.2-Dichlor-äthylen	(trans)	—50	0
	(cis)	—80	1,85
1.2-Dibrom-äthylen	(trans)	—6	0
	(cis)	—53	1,35
1.2-Dijod-äthylen	(trans)	+72	0
	(cis)	—14	0,75

die einzelnen Bindungsmomente heben sich gegenseitig auf. Dagegen muß sich bei der cis-Verbindung ein resultierendes Moment für das Gesamtmolekül ergeben. Der Pfeil gibt Richtung und Größe des Moments an, das + am Pfeilende bezeichnet das positive Ende des Moments. Die Schmelzpunkte und Momente der 1.2-Dihalogen-äthylene sind in Tab. 20 zusammengestellt. Das trans-Isomere hat gewöhnlich den höheren Schmelzpunkt.

Die Konfiguration einiger geometrischer Isomere kann aus ihrem verschiedenen Verhalten bei chemischen Reaktionen bestimmt werden. Von dem Isomerenpaar Maleinsäure-Fumarsäure kommt z. B. der Maleinsäure die cis-Konfiguration zu, da sie leichter ein Anhydrid bildet (S. 850).

Nun kann auch die Isomerisierung der ungesättigten Fettsäuren verstanden werden. Die natürlich vorkommenden Verbindungen liegen in der einen Form vor, und diese wird in Gegenwart eines radikalartigen Katalysators in ihr geometrisches Isomeres umgewandelt. So geht die flüssige cis-Ölsäure in ein Gleichgewichtsgemisch mit Elaidinsäure, ihrem festen trans-Isomeren über.

Der Grad der Stabilität von geometrischen Isomeren ist konstitutionsbedingt. Manche Isomere wandeln sich beim Aufbewahren oder beim Erwärmen ineinander um, aber im allgemeinen ist Licht (S. 699), ein Katalysator mit Radikalnatur wie Stickoxyde oder metallisches Natrium, oder ein ionischer Katalysator wie Halogen oder Halogenwasserstoff erforderlich. Im Gleichgewicht überwiegt unter gewöhnlichen Bedingungen im allgemeinen die trans-Form.

Enthält ein unsymmetrisches Molekül zwei Doppelbindungen, wie im Fall der Linolsäuren, dann tritt es in vier isomeren Formen auf.

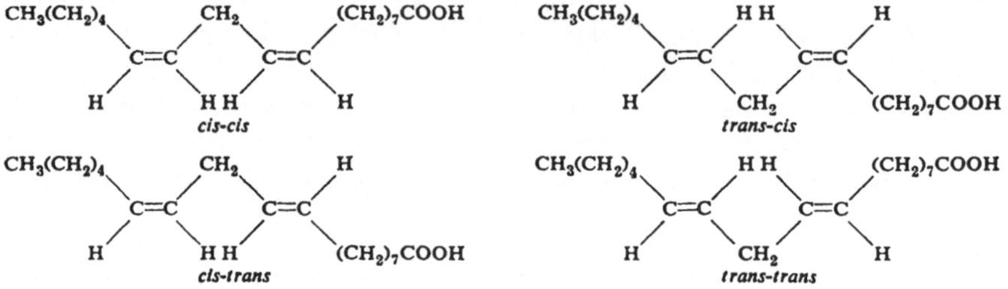

Die Zahl der Isomeren vermindert sich, wenn das Molekül symmetrisch gebaut ist. Zum Beispiel sind bei Hexadien-(2.4) nur drei geometrische Isomere möglich, denn die trans-cis- und die cis-trans-Form sind identisch.

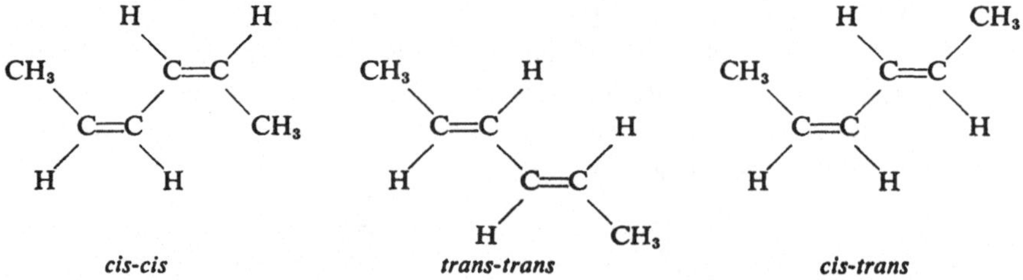

Ist N die Zahl der möglichen Stereoisomeren und n die Anzahl der Doppelbindungen, so gilt für unsymmetrisch gebaute Verbindungen $N = 2^n$. Für symmetrische Verbindungen gilt $N = 2^{n-1} + 2^{\frac{n-2}{2}}$, wenn n eine gerade Zahl ist, und $N = 2^{n-1} + 2^{\frac{n-1}{2}}$, wenn n eine ungerade Zahl ist.

Ist in einem Molekül eine zur cis-trans-Isomerie befähigte Doppelbindung und gleichzeitig ein asymmetrisches Kohlenstoffatom enthalten, so sind alle vier Isomere optisch aktiv, und sie bilden zwei racemische Gemische. Aus diesem Grunde ist es einfacher, die Beziehungen zwischen den Isomeren als die zwischen Enantiomorphen und Diastereoisomeren anzusehen, und nicht als die zwischen enantiomorphen und geometrischen Isomeren.

Es sind auch Beispiele für geometrische Isomerie auf Grund von Kohlenstoff-Stickstoff-Doppelbindungen und Stickstoff-Stickstoff-Doppelbindungen und auf Grund der Anordnung von Gruppen in cyclischen Verbindungen bekannt (S. 572, 528, 882, 889).

Bastardisierung höherer orbitals führt zu planaren Molekülen, die ebenfalls geometrische Isomerie zeigen können. Zum Beispiel kann im Platin(II)-ion ein $5d$-orbital mit dem $6s$-orbital und zwei $6p$-orbitals vier bastardisierte dsp^2-orbitals bilden, die nach den Ecken eines Quadrats gerichtet sind. WERNER stellte Amin-komplexe des Platin (II)-chlorids dar, die zwei verschiedene Paare von gleichen Gruppen hatten, und fand, daß sie in zwei geometrisch isomeren Formen auftreten.

$$\left[\begin{array}{cc} H_3N & NH_2C_6H_5 \\ & Pt \\ H_3N & NH_2C_6H_5 \end{array}\right]^{++} 2\,[Cl^-] \qquad \left[\begin{array}{cc} C_6H_5NH_2 & NH_3 \\ & Pt \\ H_3N & NH_2C_6H_5 \end{array}\right]^{++} 2\,[Cl^-]$$

Wiederholungsfragen

1. Man definiere den Ausdruck Stereoisomerie. Welches sind die beiden Haupt-gruppen der Stereoisomeren?

2. Was bedeutet der Ausdruck linear polarisiertes Licht? Man beschreibe zwei einfache Methoden zu seiner Erzeugung und gebe an, wie die Polarisation jeweils zustande kommt.

3. Was bedeutet der Ausdruck optische Aktivität? Wie wird sie gemessen? Von welchen Faktoren hängt die Größe der Drehung ab? Was wird unter spezifischer Drehung verstanden, und nach welcher Formel wird sie aus der beobachteten Drehung und anderen Daten berechnet? Was ist Rotationsdispersion?

4. Welches sind die notwendigen und zureichenden Bedingungen für das Auftreten von optischer Aktivität? Weshalb führt sie bei organischen Verbindungen notwendig zur Isomerie? Welches ist die häufigste Ursache der optischen Isomerie? Welche anderen Bezeichnungen bringen zum Ausdruck, daß sich zwei verschiedene Ver-bindungen wie Bild und Spiegelbild verhalten?

5. Worin unterscheidet sich die optische Aktivität von Quarz von der organischer Verbindungen?

6. Man vergleiche die physikalischen und chemischen Eigenschaften von Enantio-morphen. Worin besteht der Unterschied zu denen von geometrischen Isomeren und wie ist er zu erklären?

7. Was ist ein Racemat? Weshalb ist es nicht möglich, ein racemisches Gemisch durch die üblichen Methoden wie fraktionierte Destillation oder Kristallisation direkt in seine Komponenten zu zerlegen?

8. Wenn ein asymmetrisches Kohlenstoffatom durch Synthese in ein Molekül ein-geführt wird und keines der Reagentien optisch aktiv ist, entsteht immer ein Racemat, nicht eine optisch aktive Verbindung. Weshalb?

9. Was sind Diastereoisomere? Man vergleiche ihre physikalischen und chemischen Eigenschaften. Wie kann ein Gemisch von Diastereoisomeren getrennt werden?

10. Welches ist, und worauf beruht die chemische Methode zur Spaltung eines Racemats in seine aktiven Komponenten? Welche anderen Methoden stehen zur Spaltung racemischer Gemische zur Verfügung?

11. Wenn alle asymmetrischen Kohlenstoffatome eines Moleküls verschieden sind und in einer geraden Kette liegen, so daß keines der asymmetrischen Kohlenstoffatome zu einer Seitenkette gehört, ist die Zahl der möglichen aktiven Formen 2^n, wobei n die Zahl der asymmetrischen Kohlenstoffatome ist. Erklärung?

12. Welche Komplikationen treten auf, wenn ein Molekül zwei gleiche asym-metrische Kohlenstoffatome hat? Man gebe eine Erklärung. Wie können die Meso-formen voneinander und von den Racematen getrennt werden.

13. Was ist die Waldensche Umkehrung und wie ist sie zu erklären? Kommt sie nur bei optisch aktiven Verbindungen vor?

14. Welche Übereinkunft gilt für die Darstellung stereoisomerer Verbindungen durch ebene Projektionsformeln?

15. Was bedeuten die Ausdrücke absolute Konfiguration und relative Konfigura-tion?

16. Was ist der Unterschied zwischen Konfiguration und Konstellation (con-formation)?

17. Man definiere den Begriff „geometrische Isomere". Welches ist eine häufige Ursache der geometrischen Isomerie?

18. Man vergleiche die physikalischen und chemischen Eigenschaften von geometrischen Isomeren. Worin unterscheidet sich dieser Vergleich von dem der physikalischen und chemischen Eigenschaften enantiomorpher Verbindungen?

19. Man vergleiche die verfügbaren Methoden zur Trennung geometrischer Isomeren mit denen zur Trennung von Enantiomorphen.

Aufgaben

20. Man bestimme Zahl und Art der Stereoisomeren (aktiv, meso oder geometrisch), die für jede der folgenden Verbindungen theoretisch möglich sind:
(a) $(CH_3)_2CHCH(NH_2)COOH$; (b) $C_2H_5CH(CH_3)CH_2OH$; (c) $CH_3CHBrCH_2CHBrCH_3$;
(d) $CH_2OH(CHOH)_4CHO$; (e) $CH_2(NH_2)CH_2COOH$; (f) $CH_2ClCHClCH_2COOH$;
(g) $CH_3CH_2CHBrCHBrCH_3$; (h) $CH_3(CHOH)_2CH_3$; (i) Serin; (j) Threonin; (k) Methionin;
(l) Lysin; (m) Cystin; (n) Arginin; (o) Hydroxyprolin; (p) Isoleucin;
(q) $CH_3(CH=CH)_4CH_3$; (r) $CH_2=CHCH_2COOH$; (s) $CH_3(CH=CCH_3)_2(CH=CH)_2CH_3$;
(t) $CH_3(CH=CH)_7CH_3$; (u) Linolensäure; (v) Ricinolsäure; (w) Farnesol; (x) Lycopin;
(y) Bixin; (z) Crocetin.
(Die Formeln noch unvertrauter Verbindungen suche man anhand des Sachregisters.)

21. Man bestimme für jede Verbindung der folgenden Reaktionsreihen Zahl und Art der möglichen Stereoisomeren und schreibe die Projektionsformel für jedes von ihnen. Die Möglichkeit der Racematbildung ist durch Zusammenstellung der entsprechenden enantiomorphen Verbindungen anzudeuten.

(a) $HOOCCH(CH_3)CHOHCH(CH_3)COOH \rightarrow CH_3OOCCH(CH_3)CHOHCH(CH_3)COOH \rightarrow$
$CH_3OOCCH(CH_3)CH=C(CH_3)COOH \rightarrow CH_3OOCCH(CH_3)CH_2CH(CH_3)COOH \rightarrow$
$CH_3OOCCH(CH_3)CH_2CH(CH_3)COOCH_3$.

(b) $C_2H_5CH(CH_3)CH_2SCH_2CH_2COOH \rightarrow C_2H_5CH(CH_3)CH_2-SO-CH_2CH_2COOH \rightarrow$
$C_2H_5CH(CH_3)CH_2-SO-CH_2CHBrCOOH \rightarrow C_2H_5CH(CH_3)CH_2-SO-CH=CHCOOH$.

(c) $CH_3CHOHCHCHO \rightarrow CH_3CHOHCH-CHOH \rightarrow CH_3CHOHCH(CH_3)CHCN \rightarrow$
　　　　$|$　　　　　　　　　　$|$　$|$　　　　　　　　　　　$|$
　　　CH_3　　　　　　　　CH_3　CN　　　　　　　　$C_3H_7NC_2H_5$

$CH_3CH=C(CH_3)CHCOOH \rightarrow CH_3CH=C(CH_3)CH-\!-N^+(CH_3)C_2H_5$
　　　　$|$　　　　　　　　　　　　　　　　$|$　$|$
　　$C_3H_7NC_2H_5$　　　　　　　　　　COO^-　C_3H_7

22. (a) Eine Probe von reinem aktiven Amylalkohol der Dichte 0,8 g/cm³ zeigte bei 20° in einem 20 cm-Rohr eine Drehung von 9,44°. Man berechne die spezifische Drehung des Alkohols. (b) Eine Fuselölfraktion, die zwischen 125° und 135° siedet und eine Dichte von 0,8 g/cm³ hat, zeigt bei 20° in einem 4 dm-Rohr eine Drehung von 3,56°. Wieviel Prozent aktiven Amylalkohol enthält das Gemisch?

23. (a) 5,678 g Rohrzucker werden in Wasser gelöst und bei 20° auf ein Volumen von 20 cm³ gebracht; die Lösung zeigt in einem 10 cm-Rohr eine Drehung von 18,88°. Welches ist die spezifische Drehung des Rohrzuckers? (b) Die beobachtete Drehung einer wäßrigen Rohrzuckerlösung in einem 2 dm-Rohr betrug 10,75°. Wie war die Konzentration der Zuckerlösung?

Kapitel 17

Kohlenhydrate

Kohlenhydrate sind Polyhydroxyaldehyde oder Polyhydroxyketone oder Substanzen, die bei der Hydrolyse die genannten Verbindungen liefern. Sie sind im Pflanzen- und Tierreich weit verbreitet und bilden die dritte wichtige Gruppe von Nahrungsstoffen. Die Verbrennung der Kohlenhydrate in Kohlendioxyd und Wasser liefert eine Energie von etwa 4 kcal pro Gramm. Die Bezeichnung *Kohlenhydrate* für diese Verbindungen kam deshalb auf, weil Wasserstoff und

Sauerstoff gewöhnlich im Verhältnis 2 zu 1 vorliegen, z. B. in $C_6H_{10}O_5$, $C_6H_{12}O_6$ oder $C_{12}H_{22}O_{11}$. Dieses Verhältnis gilt jedoch nicht für alle Kohlenhydrate; z. B. hat Rhamnose die Summenformel $C_6H_{12}O_5$.

Nomenklatur und Einteilung der Kohlenhydrate

Die einfacheren Kohlenhydrate werden allgemein als *Zucker* oder *Saccharide* (lat. *saccharon* Zucker) bezeichnet. Die einzelnen Verbindungen haben meist Trivialnamen, denen die Endung *ose* gemeinsam ist; z. B. Arabinose, Glucose, Maltose. Auch die ältere Bezeichnung *Glykose* findet sich noch häufig als Klassenbezeichnung in zusammengesetzten Namen, namentlich in Fällen, in denen eine Festlegung auf einen bestimmten Zucker bzw. ein bestimmtes Derivat vermieden werden soll. Eine rationelle Bezeichnungsweise gibt es nur für die verschiedenen *Gruppen* der Zucker. Hier ist einmal nach der Zahl der Kohlenstoffatome zu unterscheiden zwischen *Tetrosen*, *Pentosen*, *Hexosen* usw., zum anderen je nach der Funktion der Oxo-Gruppe zwischen *Aldosen* (Aldehydzucker) und *Ketosen* (Ketozucker). Durch Kombination dieser beiden Bezeichnungsweisen entstehen Namen wie *Aldopentosen* oder *Ketohexosen*.

Die Kohlenhydrate können in folgende Gruppen eingeteilt werden:

A. Monosaccharide. Kohlenhydrate, die nicht hydrolysiert werden können.

B. Oligosaccharide. Kohlenhydrate, die durch Hydrolyse in einige Moleküle Monosaccharide gespalten werden.

   1. Disaccharide. Ein Molekül liefert bei der Hydrolyse zwei Moleküle Monosaccharid.

      (a) Reduzierende Disaccharide. Disaccharide, die Fehlingsche Lösung reduzieren.

      (b) Nichtreduzierende Disaccharide. Disaccharide, die Fehlingsche Lösung nicht reduzieren.

   2. Trisaccharide. Ein Molekül liefert bei der Hydrolyse drei Moleküle Monosaccharid.

   3. Tetra-, Penta- und Hexasaccharide.

C. Polysaccharide. Kohlenhydrate, die durch Hydrolyse in eine große Zahl von Monosaccharidmolekülen gespalten werden.

   1. Homopolysaccharide. Polysaccharide, die bei der Hydrolyse nur eine Zuckerart ergeben.

   2. Heteropolysaccharide. Polysaccharide, die durch Hydrolyse mehr als eine Zuckerart ergeben.

Monosaccharide

Aldosen

Das wichtigste Kohlenhydrat ist die **(+)-Glucose (Dextrose** oder **Traubenzucker)**. Da in der Natur nur das rechtsdrehende Isomere vorkommt, bedeutet das Wort *Glucose* ohne Angabe des Drehungssinnes immer (+)-Glucose. Da Glucose für die Aldosen typisch ist, wird sie hier ausführlich behandelt. Von den anderen Aldosen werden dann nur charakteristische Unterschiede angegeben.

Glucose wird sehr leicht durch Hydrolyse von Stärke oder Cellulose erhalten. Ferner entsteht sie als eines der Hydrolyseprodukte aus den meisten Oligosacchariden und vielen anderen Pflanzenprodukten, die als Glucoside bezeichnet werden. In freier Form kommt sie neben Fructose und Saccharose in Fruchtsäften und im Honig und bis zu einem Gehalt von etwa 0,1% im Blut normaler Säugetiere vor. Glucose in freier oder gebundener Form ist wahrscheinlich die in größter Menge in der Natur vorkommende organische Verbindung.

Konstitution. Glucose hat die Summenformel $C_6H_{12}O_6$. Ihre Konstitution ergibt sich aus ihrem im folgenden beschriebenen chemischen Verhalten.

(a) Reduktion mit Jodwasserstoff und Phosphor ergibt n-Hexan. Alle sechs Kohlenstoffatome müssen also in fortlaufender Kette ohne Verzweigung aneinander gebunden sein.

(b) Glucose bildet mit Hydroxylamin ein Monoxim und addiert ein Mol Cyanwasserstoff unter Bildung eines Cyanhydrins; es muß also eine Carbonylgruppe vorliegen.

(c) Bei milder Oxydation, z. B. mit Natriumhypobromit, liefert Glucose die einbasische Gluconsäure $C_5H_{11}O_5COOH$[1]. Da hierbei kein Kohlenstoffatom abgespalten wird, muß die Carbonylgruppe als Aldehydgruppe vorliegen, die nur eine Endstellung in der Kette einnehmen kann.

(d) Bei der Reduktion mit Natriumamalgam werden zwei Wasserstoffatome angelagert unter Bildung einer Verbindung $C_6H_{14}O_6$, dem *Sorbit* (S. 435). Sorbit gibt mit Acetanhydrid ein Hexaacetat. Dementsprechend müssen die sechs Sauerstoffatome des Sorbits als Hydroxylgruppen vorliegen. Verbindungen mit zwei Hydroxylgruppen am gleichen Kohlenstoffatom sind selten, und die wenigen, die bekannt sind, verlieren leicht Wasser. Sorbit wird jedoch nicht leicht dehydratisiert. Daher muß sich je eine Hydroxylgruppe an jedem der sechs Kohlenstoffatome befinden. Da sich eine Hydroxylgruppe durch Reduktion der Aldehydgruppe der Glucose gebildet hatte, kann die Konstitution der Glucose durch die Formel $HOCH_2(CHOH)_4CHO$ wiedergegeben werden. Die meisten isomeren Aldohexosen gehen dieselben Reaktionen ein, haben also die gleiche Konstitution. Sie sind daher Stereoisomere der Glucose.

Mit Hilfe ähnlicher Methoden hat man gezeigt, daß die Aldopentosen $C_5H_{10}O_5$ die Struktur $HOCH_2(CHOH)_3CHO$ haben. Entsprechend besitzen die Aldotetrosen die Struktur $HOCH_2(CHOH)_2CHO$. Die einfachste Verbindung, die zu den Aldosen gerechnet wird, ist die Triose $HOCH_2CHOHCHO$, der Glycerinaldehyd (Glycerose).

Konfiguration. Die Strukturformel der Glucose zeigt vier verschiedene asymmetrische Kohlenstoffatome; es sind also 16 Isomere möglich, die auch alle bekannt sind. Von diesen 16 Isomeren kommen neben (+)-Glucose nur zwei häufiger vor, nämlich (+)-Mannose und (+)-Galaktose. **(+)-Mannose** gehört zu den Hydrolyseprodukten einer Reihe von Polysacchariden. Besonders leicht erhält man sie durch Hydrolyse des pflanzlichen Elfenbeins, des harten Endosperms der Steinnuß, der Frucht der Elfenbeinpalme *Phyletephas macrocarpa*. Die Steinnuß findet Verwendung zur Herstellung von Knöpfen. **(+)-Galaktose** entsteht neben (+)-Glucose bei der Hydrolyse des Disaccharids Lactose oder Milch-

---

[1] Diese Reaktion gilt allgemein für Aldosen; die Reaktionsprodukte führen die Gruppenbezeichnung *Aldonsäuren*.

zucker; ferner entsteht sie neben anderen Produkten bei der Hydrolyse verschiedener Polysaccharide. Diesen drei Zuckern wurden folgende Konfigurationen zuerkannt.

$$
\begin{array}{ccc}
\text{(+)-Glucose} & \text{(+)-Mannose} & \text{(+)-Galaktose}
\end{array}
$$

(—)-Galaktose wurde aus den Hydrolyseprodukten des Leinsamenschleims und aus Meeresalgen isoliert.

Von den Aldopentosen sind acht Isomere möglich, die alle bekannt sind. **(+)-Arabinose** und **(+)-Xylose** können durch Hydrolyse der verschiedensten pflanzlichen Polysaccharide erhalten werden. So ergeben Maiskolben, Stroh, Haferschalen und Baumwollsamenschalen 8 bis 12% (+)-Xylose. (+)-Arabinose entsteht bei der Hydrolyse vieler Pflanzengummiarten. **(—)-Arabinose** wurde nur aus zwei natürlichen Quellen isoliert, aus dem in der Aloe vorkommenden Glykosid *Barbaloin* und aus dem Polysaccharid der Tuberkelbazillen, doch kann sie leicht durch Abbau von (+)-Glucose dargestellt werden (S. 401). **(—)-Ribose** ist wichtig als Hydrolyseprodukt der Nucleinsäuren (S. 679). **(+)-Apiose** (lat. *apium* Petersilie), ein Zucker mit verzweigter Kette, findet sich unter den Hydrolyseprodukten von *Apiin*, einem in der Petersilie vorkommenden Glykosid.

$$
\begin{array}{cccc}
\text{(+)-Arabinose} & \text{(+)-Xylose} & \text{(—)-Ribose} & \text{(+)-Apiose}
\end{array}
$$

Bestimmung der Konfiguration

Die Bestimmung der relativen Konfiguration der Zucker war eine schwierige Aufgabe, die im wesentlichen von einem einzigen Forscher, EMIL FISCHER (S. 319), und dessen zahlreichen Schülern gelöst wurde. Der komplizierte Weg, auf dem die Bestimmung der relativen Konfiguration der sechzehn isomeren Aldohexosen gelang, kann hier nicht nachgezeichnet werden. Einfacher ist es, FISCHERs Beweisführung für die Konfiguration der Glucose und damit gleichzeitig der Mannose, Gulose und Arabinose in großen Zügen darzustellen.

Von den zahlreichen Reaktionen, die zur Bestimmung der relativen Konfiguration der Zucker herangezogen wurden, sind drei von besonderer Bedeutung.

1. Oxydation zu Zuckersäuren. Oxydiert man Aldosen mit starker Salpetersäure, so werden sowohl die Aldehydgruppe als auch die primäre Alkoholgruppe in Carboxylgruppen verwandelt. Diese Dicarbonsäuren heißen **Zuckersäuren.** Auf diese Weise werden beide Enden des Zuckermoleküls gleich, und es ist möglich zu bestimmen, bei welchen Aldosen die Konfigurationen der oberen und der unteren Paare von asymmetrischen Kohlenstoffatomen enantiomorph sind, denn die Zuckersäuren aus derartigen Molekülen haben eine Symmetrieebene, sind also Mesoformen und damit inaktiv. So entsteht aus (+)- oder (—)-Galaktose die inaktive Galaktozuckersäure (Schleimsäure), während (+)- und (—)-Mannose die aktiven Mannozuckersäuren liefern.

$$
\begin{array}{ccc}
\text{CHO} & \text{COOH} & \text{CHO} \\
\text{H—C—OH} & \text{H—C—OH} & \text{HO—C—H} \\
\text{HO—C—H} & \text{HO—C—H} & \text{H—C—OH} \\
\text{HO—C—H} & \text{HO—C—H} & \text{H—C—OH} \\
\text{H—C—OH} & \text{H—C—OH} & \text{HO—C—H} \\
\text{CH}_2\text{OH} & \text{COOH} & \text{CH}_2\text{OH}
\end{array}
$$

$$\xrightarrow{\text{HNO}_3} \qquad \xleftarrow{\text{HNO}_3}$$

(+)-Galaktose Galaktozuckersäure (—)-Galactose
(Schleimsäure)
inaktiv

$$
\begin{array}{cccc}
\text{CHO} & \text{COOH} & \text{COOH} & \text{CHO} \\
\text{HO—C—H} & \text{HO—C—H} & \text{H—C—OH} & \text{H—C—OH} \\
\text{HO—C—H} & \text{HO—C—H} & \text{H—C—OH} & \text{H—C—OH} \\
\text{H—C—OH} & \text{H—C—OH} & \text{HO—C—H} & \text{HO—C—H} \\
\text{H—C—OH} & \text{H—C—OH} & \text{HO—C—H} & \text{HO—C—H} \\
\text{CH}_2\text{OH} & \text{COOH} & \text{COOH} & \text{CH}_2\text{OH}
\end{array}
$$

$$\xrightarrow{\text{HNO}_3} \qquad \xleftarrow{\text{HNO}_3}$$

(+)-Mannose Mannozuckersäuren (−)-Mannose
aktiv

2. Umwandlung in die nächsthöheren Aldonsäuren und Zuckersäuren. Durch eine Reihe von Reaktionen, die zuerst von KILIANI[1] angewendet wurden, ist es möglich, eine Aldose in je zwei Aldonsäuren und Zuckersäuren umzuwandeln, die um ein Kohlenstoffatom reicher sind. Als allgemeines Beispiel diene die Umwandlung einer Aldopentose in die entsprechenden Aldonsäuren und Zuckersäuren mit sechs Kohlenstoffatomen. Da bei der Bildung des Cyanhydrins ein neues asymmetrisches Kohlenstoffatom entsteht, führt eine einzige Aldopentose zu zwei Cyanhydrinen und damit zu zwei Aldonsäuren und zwei Zuckersäuren.

---

[1] HEINRICH KILIANI (1855—1945), Direktor des medizinisch-chemischen Laboratoriums der Universität Freiburg. Er führte als erster mehrere Reaktionen ein, die dann von seinem Zeitgenossen EMIL FISCHER angewendet und ausgebaut wurden. KILIANI zeigte, daß die meisten Zucker Polyhydroxyaldehyde sind, und daß Fructose eine Ketose, Arabinose eine Aldopentose ist. Er verwendete als erster Hypobromit zur Oxydation von Aldosen zu Aldonsäuren und stellte die letztgenannten auch durch Cyanhydrinsynthese dar. Er wandelte die Aldonsäuren in Lactone um, verfehlte jedoch den Weg zur Umwandlung eines Lactons in einen Aldehyd, die erst einige Jahre später EMIL FISCHER gelang, da die Reduktion zu weit ging und er stattdessen den Zuckeralkohol erhielt. Später arbeitete er über Digitalisglykoside (S. 917). Unter seiner Leitung begann WINDAUS seine Arbeit über Digitonin, die ihn zu einer lebenslangen Erforschung der Konstitution des Cholesterins (S. 915) führte.

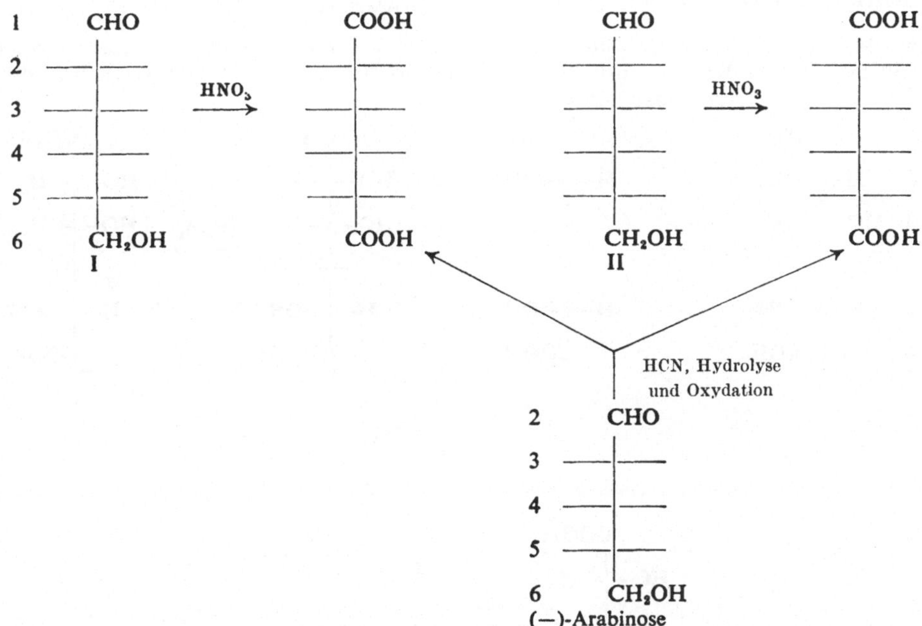

$$
\begin{array}{ccccccc}
 & & \text{CN} & & \text{COOH} & & \text{COOH} \\
\text{CHO} & & \text{CHOH} & & \text{CHOH} & & \text{CHOH} \\
\text{CHOH} & \xrightarrow{\text{HCN}} & \text{CHOH} & \xrightarrow{\text{Hydrolyse}} & \text{CHOH} & \xrightarrow{\text{HNO}_3} & \text{CHOH} \\
\text{CHOH} & & \text{CHOH} & & \text{CHOH} & & \text{CHOH} \\
\text{CHOH} & & \text{CHOH} & & \text{CHOH} & & \text{CHOH} \\
\text{CH}_2\text{OH} & & \text{CH}_2\text{OH} & & \text{CH}_2\text{OH} & & \text{COOH} \\
\text{Aldopentose} & & \text{Cyanhydrin} & & \text{Aldonsäure} & & \text{Zuckersäure}
\end{array}
$$

3. Osazonbildung. Die Reaktion wird auf S. 389 ausführlicher beschrieben. Hier genügt der Hinweis, daß bei dieser Reaktion die Asymmetrie des Kohlenstoffatoms Nummer zwei zerstört wird.

$$
\begin{array}{c}
\text{CHO} \\
\text{CHOH} \\
|
\end{array} + 3\,\text{H}_2\text{NNHC}_6\text{H}_5 \longrightarrow
\begin{array}{c}
\text{CH}=\text{NNHC}_6\text{H}_5 \\
\text{C}=\text{NNHC}_6\text{H}_5 \\
|
\end{array} + 2\,\text{H}_2\text{O} + \text{NH}_3 + \text{C}_6\text{H}_5\text{NH}_2
$$

Phenyl-
hydrazin   Ein Phenylosazon

Die systematische Anwendung dieser Reaktionen ermöglicht es, die Konfiguration der Glucose festzulegen. FISCHER standen vier Zucker zur Verfügung, (—)-Arabinose, (+)-Glucose, (+)-Mannose und (+)-Gulose. (+)-Glucose und (+)-Mannose geben bei der Oxydation zwei verschiedene optisch aktive Zuckersäuren, die Zuckersäure bzw. die Mannozuckersäure. (—)-Arabinose liefert bei der Umwandlung in die Zuckersäuren mit sechs Kohlenstoffatomen die beiden gleichen zweibasischen Säuren. Daraus ergeben sich die folgenden Beziehungen, wobei I Glucose oder Mannose ist und II Mannose oder Glucose.

FISCHER erkannte, daß es nicht möglich sei, zu jener Zeit die absolute Konfiguration eines aktiven Moleküls zu bestimmen, und daß es zur Bestimmung relativer Konfigurationen einer Bezugssubstanz bedürfe. Er entschloß sich daher 1891 zu der Festsetzung, daß die C-5-Hydroxylgruppe der Zuckersäure auf der rechten Seite der

Projektionsformel stehen solle, stellte aber fest, daß diese Festsetzung willkürlich sei und über die absolute Konfiguration dieses Kohlenstoffatoms nichts aussage.

Steht die Hydroxylgruppe am fünften C-Atom der Zuckersäure rechts, dann muß die gleiche Hydroxylgruppe auch bei Glucose und Arabinose rechts stehen, und steht sie bei Arabinose rechts, dann notwendig auch bei Mannozuckersäure und Mannose.

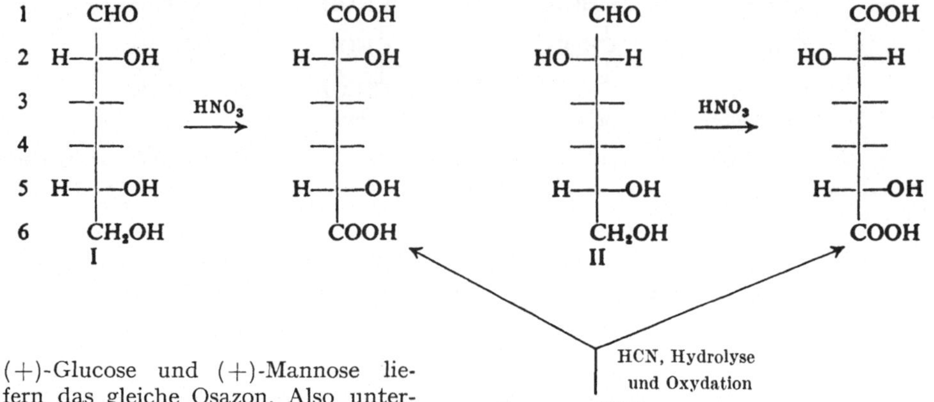

$$
\begin{array}{c|c}
1 & CHO \\
2 & H{-}OH \\
3 & {-} \\
4 & {-} \\
5 & H{-}OH \\
6 & CH_2OH \\
 & I
\end{array}
\quad\xrightarrow{HNO_3}\quad
\begin{array}{c}
COOH \\
H{-}OH \\
{-} \\
{-} \\
H{-}OH \\
COOH
\end{array}
\qquad
\begin{array}{c}
CHO \\
HO{-}H \\
{-} \\
{-} \\
H{-}OH \\
CH_2OH \\
II
\end{array}
\quad\xrightarrow{HNO_3}\quad
\begin{array}{c}
COOH \\
HO{-}H \\
{-} \\
{-} \\
H{-}OH \\
COOH
\end{array}
$$

(Die Säuren aus II und der rechten Formel führen zusammen über HCN, Hydrolyse und Oxydation zu:)

$$
\begin{array}{c|c}
2 & CHO \\
3 & {-} \\
4 & {-} \\
5 & H{-}OH \\
6 & CH_2OH
\end{array}
$$
(−)-Arabinose

(+)-Glucose und (+)-Mannose liefern das gleiche Osazon. Also unterscheiden sich diese Zucker nur in der Konfiguration von C-2, und die Hydroxylgruppe dieses Kohlenstoffatoms muß in der Projektionsformel des einen Isomeren rechts, in der des anderen Isomeren links stehen. Diese Überlegungen führen zu nebenstehenden partiell bestimmten Konfigurationen.

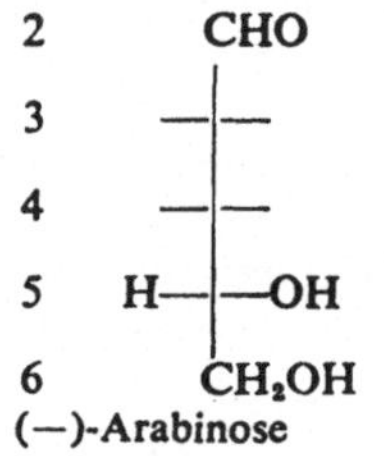

Bei der Oxydation von Arabinose bildet sich eine *aktive* zweibasische Säure. Daher muß die Hydroxylgruppe an C-3 links stehen, wodurch dieses Hydroxyl auch in den anderen Verbindungen lokalisiert ist.

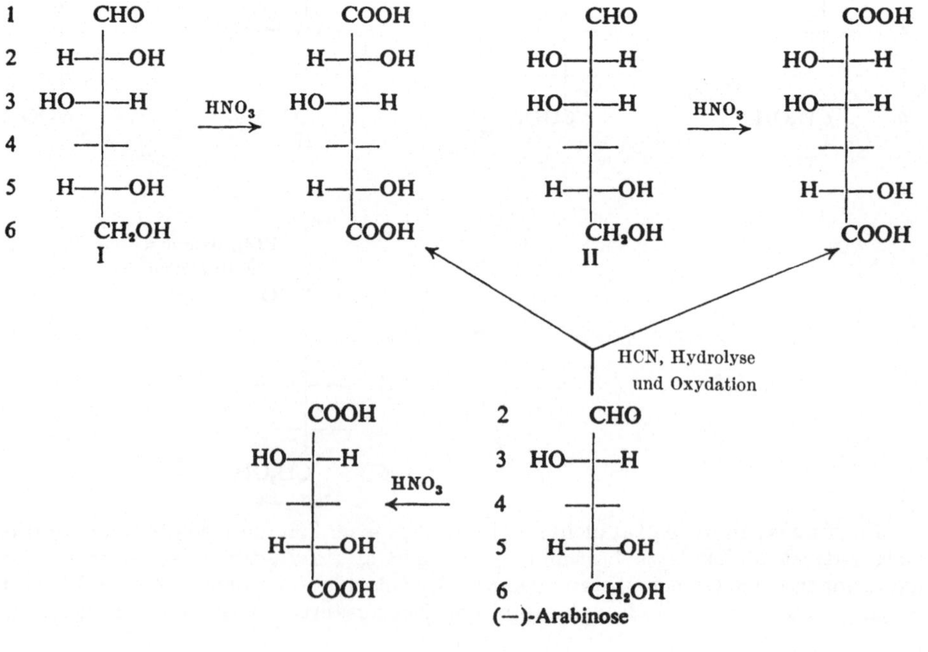

$$
\begin{array}{c|c}
1 & CHO \\
2 & H{-}OH \\
3 & HO{-}H \\
4 & {-} \\
5 & H{-}OH \\
6 & CH_2OH \\
 & I
\end{array}
\quad\xrightarrow{HNO_3}\quad
\begin{array}{c}
COOH \\
H{-}OH \\
HO{-}H \\
{-} \\
H{-}OH \\
COOH
\end{array}
\qquad
\begin{array}{c}
CHO \\
HO{-}H \\
HO{-}H \\
{-} \\
H{-}OH \\
CH_2OH \\
II
\end{array}
\quad\xrightarrow{HNO_3}\quad
\begin{array}{c}
COOH \\
HO{-}H \\
HO{-}H \\
{-} \\
H{-}OH \\
COOH
\end{array}
$$

(HCN, Hydrolyse und Oxydation)

$$
\begin{array}{c}
COOH \\
HO{-}H \\
{-} \\
H{-}OH \\
COOH
\end{array}
\quad\xleftarrow{HNO_3}\quad
\begin{array}{c|c}
2 & CHO \\
3 & HO{-}H \\
4 & {-} \\
5 & H{-}OH \\
6 & CH_2OH
\end{array}
$$
(−)-Arabinose

Da sowohl Glucose als auch Mannose bei der Oxydation *aktive* Zuckersäuren liefern, muß die Hydroxylgruppe an C-4 rechts stehen. Andernfalls würde die durch Struktur I dargestellte Hexose zu einer *inaktiven* zweibasischen Säure führen. Damit ist die Konfiguration der (—)-Arabinose festgelegt.

```
 1      CHO              COOH              CHO              COOH
 2   H——|——OH         H——|——OH        HO——|——H         HO——|——H
 3  HO——|——H    HNO3  HO——|——H       HO——|——H   HNO3  HO——|——H
 4   H——|——OH   ——>    H——|——OH        H——|——OH   ——>    H——|——OH
 5   H——|——OH          H——|——OH        H——|——OH          H——|——OH
 6    CH2OH            COOH             CH2OH            COOH
       I               aktiv             II               aktiv
```

HCN, Hydrolyse
und Oxydation

```
        COOH         2      CHO
     HO——|——H        3   HO——|——H
      H——|——OH  HNO3 4    H——|——OH
      H——|——OH   <—  5    H——|——OH
        COOH         6     CH2OH
        aktiv          (—)-Arabinose
```

Die Zuordnung von (+)-Glucose und (+)-Mannose zu den beiden durch I und II dargestellten Strukturen beruht auf der Tatsache, daß ein anderer Zucker, die (+)-Gulose, bei der Oxydation eine zweibasische Säure gibt, die mit der aus (+)-Glucose erhaltenen identisch ist. Diese zwei Zucker unterscheiden sich also nur dadurch, daß ihre Aldehyd- und Hydroxymethylgruppen vertauscht sind. Die Betrachtung der Formeln I und II zeigt, daß nur I mit diesem Verhalten im Einklang steht, denn die Struktur, die durch Vertauschen der Endgruppen von II entsteht, stellt keinen neuen Zucker dar. (+)-Glucose ist also durch Formel I, (+)-Mannose durch Formel II wiederzugeben. Auch die Konfiguration der (+)-Gulose liegt damit fest.

```
     CHO               COOH              CH2OH             CHO
  H——|——OH          H——|——OH          H——|——OH         HO——|——H
 HO——|——H    HNO3  HO——|——H    HNO3  HO——|——H         HO——|——H
  H——|——OH   ——>    H——|——OH   <—     H——|——OH   oder   H——|——OH
  H——|——OH          H——|——OH          H——|——OH         HO——|——H
   CH2OH             COOH              CHO               CH2OH
(+)-Glucose         Zucker-                            (+)-Gulose
                    säure
```

Die Anwendung anderer Reaktionen, aber grundsätzlich gleicher Beweisführung hat dann zur Konfigurationsaufklärung vieler anderer Zucker und verwandter Verbindungen geführt.

Zuckerstammbaum. Abb. 72 zeigt, daß die Hälfte der Zucker auf D(+)-Glycerinaldehyd (S. 365) als Stammverbindung zurückzuführen sind. Entsprechend sind ihre Enantiomorphen auf L(—)-Glycerinaldehyd zurückzuführen.

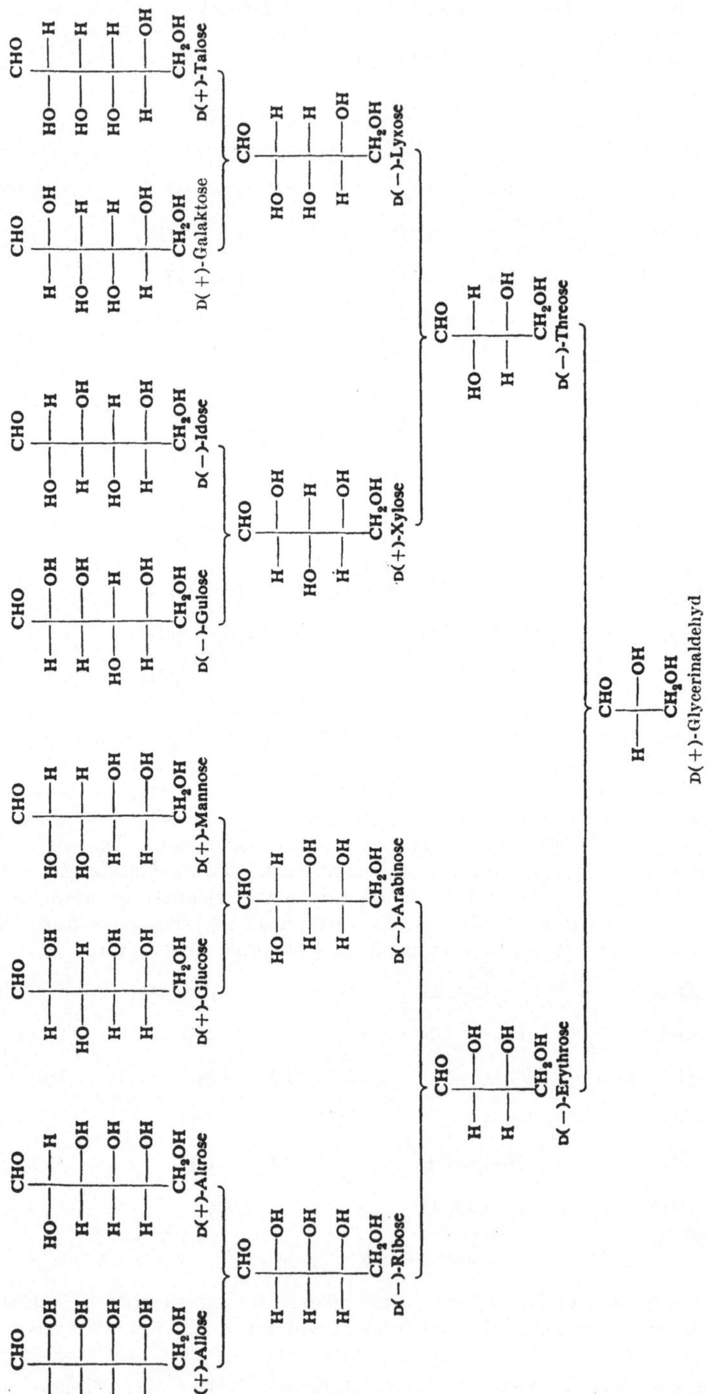

Abb. 72. Konfigurationen der D-Reihe der Aldosen

Zucker, bei denen das asymmetrische Kohlenstoffatom mit der höchsten Nummer die gleiche Konfiguration hat wie D(+)-Glycerinaldehyd (in der Fischerschen Projektionsformel die Hydroxylgruppe auf der rechten Seite), werden in die sogenannte D-Reihe eingeordnet; die Verbindungen mit enantiomorpher Konfiguration gehören dann zur L-Reihe (vgl. S. 365).

Obgleich FISCHER erkannte, daß die Bestimmung der relativen Konfigurationen die Einteilung der aktiven Verbindungen in zwei Gruppen erlaubte (S. 365), verwendete er (+)-Glucose als Bezugssubstanz, weil ihm die Vorteile nicht ganz klar waren, die sich ergeben, wenn die relativen Konfigurationen auf eine Verbindung mit einem einzigen asymmetrischen Kohlenstoffatom gegründet werden. Diese Vorteile wurden zuerst von ROSANOFF 1906 diskutiert, der vorschlug, eine der beiden aktiven Formen des Glycerinaldehyds CHOCHOHCH$_2$OH als Bezugssubstanz zu wählen. Damit diese Bezugsstruktur mit der Fischerschen Konfigurationsfestsetzung in Einklang sei, schlug ROSANOFF vor, die dem C-Atom 5 der (+)-Glucose entsprechende Konfiguration D-Glycerinaldehyd zu nennen und alle von D-Glycerinaldehyd abgeleiteten Verbindungen in die D-Reihe einzuordnen. Um 1914 gelang es WOHL und Mitarbeitern, den Glycerinaldehyd in optische Antipoden zu zerlegen und zu zeigen, daß (+)-Glycerinaldehyd die D-Konfiguration hat, da er konfigurativ mit (—)-Weinsäure verwandt ist (S. 366). Die Konfiguration der (—)-Weinsäure war von M. BERGMANN mit der der (+)-Glucose durch folgende Reaktionsreihe in Beziehung gesetzt worden. Seit den Arbeiten WOHLS ist D-Glycerinaldehyd als Bezugssubstanz allgemein angenommen.

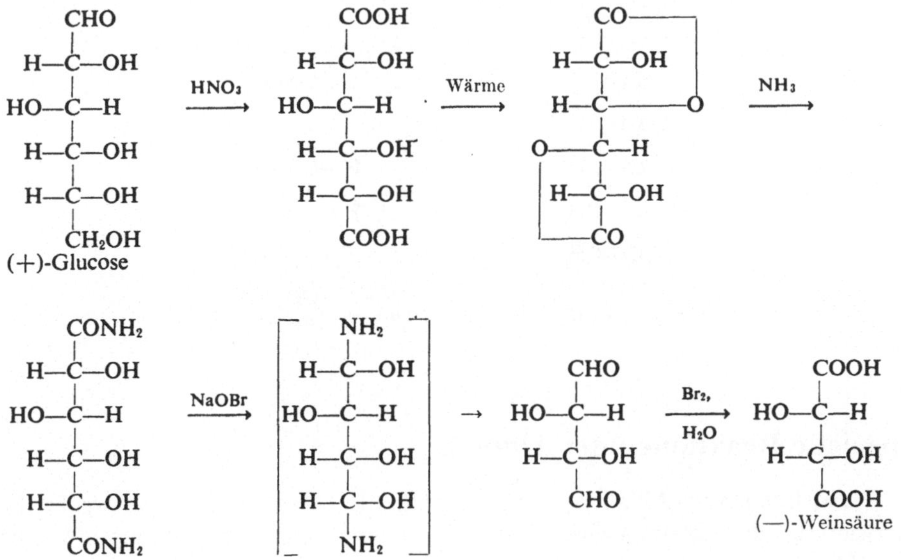

Desoxyaldosen

Einige natürlich vorkommende Zucker haben an Stelle einer oder mehrerer der Hydroxylgruppen ein Wasserstoffatom. Zur Benennung dieser Verbindungen verwendet man das Präfix *Desoxy-* in Verbindung mit dem Namen des Sauerstoffanalogen, um so das Fehlen von Sauerstoff anzudeuten. Die Verbindungsklasse als solche ist die der **Desoxyzucker.** **L(+)-Rhamnose** (6-Desoxy-L-mannose) ist ein Hydrolyseprodukt vieler Glykoside. Es ist der in der Natur am häufigsten vorkommende Desoxyzucker. L(—)-**Fucose** (6-Desoxy-L-galaktose) entsteht neben anderen Produkten bei der Hydrolyse der Zellwände von Meeresalgen.

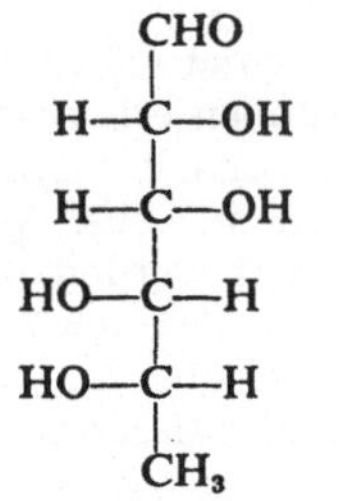

$$
\begin{array}{c}
\text{CHO} \\
\text{H—C—OH} \\
\text{H—C—OH} \\
\text{HO—C—H} \\
\text{HO—C—H} \\
\text{CH}_3 \\
\text{L(+)-Rhamnose}
\end{array}
\qquad
\begin{array}{c}
\text{CHO} \\
\text{HO—C—H} \\
\text{H—C—OH} \\
\text{H—C—OH} \\
\text{HO—C—H} \\
\text{CH}_3 \\
\text{L(—)-Fucose}
\end{array}
$$

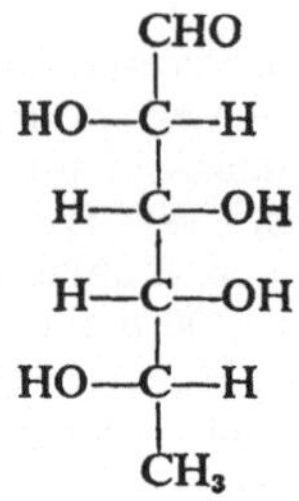

Rhamnose und Fucose werden auch *Methylpentosen* genannt, welche Bezeichnung aber zu Verwechslungen mit methylierten Zuckern (S. 392) führen kann.

2-Desoxy-D-ribose ist ein Hydrolyseprodukt der Nucleoside aus Thymusnucleinsäure (S. 679), und **Digitoxose** (2.6-Didesoxy-D-allose) ist ein Hydrolyseprodukt des Digitoxins und anderer herzwirksamer Glykoside (S. 918).

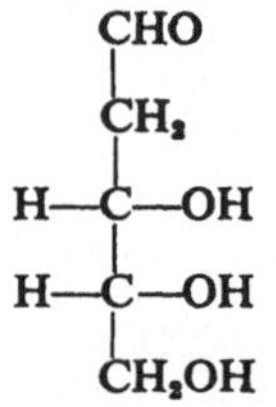

$$
\begin{array}{c}
\text{CHO} \\
\text{CH}_2 \\
\text{H—C—OH} \\
\text{H—C—OH} \\
\text{CH}_2\text{OH} \\
\text{2-Desoxy-D-ribose}
\end{array}
\qquad
\begin{array}{c}
\text{CHO} \\
\text{CH}_2 \\
\text{H—C—OH} \\
\text{H—C—OH} \\
\text{H—C—OH} \\
\text{CH}_3 \\
\text{2.6-Didesoxy-D-allose} \\
\text{(Digitoxose)}
\end{array}
$$

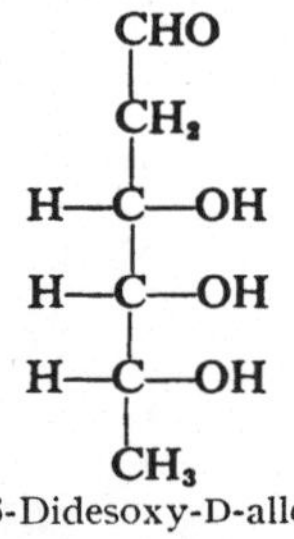

Spezielle Reaktionen der Aldosen

Einwirkung von Alkalien. Durch verdünnte Alkalien wird entweder Isomerisierung oder Abbau bewirkt. *Isomerisierung* tritt mit sehr verdünnten Alkalien bei Raumtemperatur ein. Läßt man z. B. Glucose mit verdünntem Calciumhydroxyd einige Tage stehen, so entsteht ein Gemisch aus 63,5% Glucose, 2,5% Mannose, 31% der 2-Ketohexose Fructose (S. 404) und 3% anderen Substanzen. Andere Aldosen verhalten sich ähnlich. Diese Reaktion wurde nach ihren Entdeckern *Lobry de Bruyn und Alberda van Ekenstein-Umlagerung* genannt und zur Darstellung von Ketosen angewandt. Die Reaktion ist reversibel, doch wird das wahre Gleichgewicht nicht erreicht. Die Zusammensetzung des Reaktionsproduktes hängt von dem reagierenden Zucker und von der Konzentration und Art des basischen Katalysators ab.

In dem von NEF (S. 275) postulierten Mechanismus der Lobry de Bruyn-Alberda van Ekenstein-Umlagerung wird eine Endiol-Form als Zwischenprodukt angesehen.

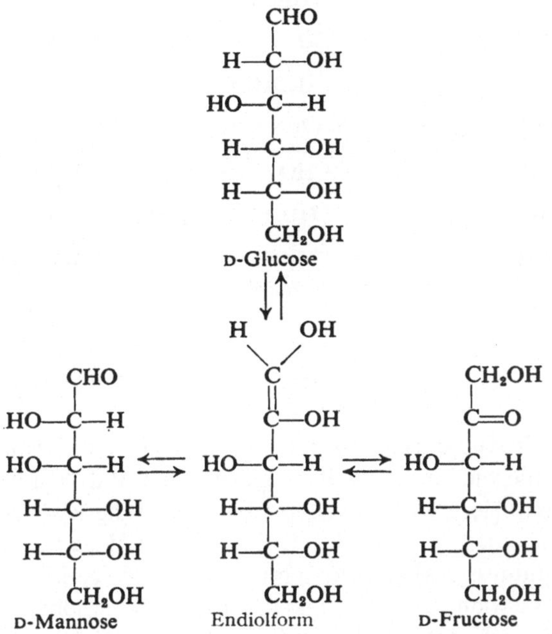

$$
\begin{array}{c}
\text{CHO} \\
\mathrm{H{-}C{-}OH} \\
\mathrm{HO{-}C{-}H} \\
\mathrm{H{-}C{-}OH} \\
\mathrm{H{-}C{-}OH} \\
\mathrm{CH_2OH} \\
\text{D-Glucose}
\end{array}
$$

$$
\underset{\text{D-Mannose}}{
\begin{array}{c}
\text{CHO} \\
\mathrm{HO{-}C{-}H} \\
\mathrm{HO{-}C{-}H} \\
\mathrm{H{-}C{-}OH} \\
\mathrm{H{-}C{-}OH} \\
\mathrm{CH_2OH}
\end{array}}
\;\rightleftarrows\;
\underset{\text{Endiolform}}{
\begin{array}{c}
\mathrm{H}\quad\mathrm{OH} \\
\mathrm{C} \\
\mathrm{C{-}OH} \\
\mathrm{HO{-}C{-}H} \\
\mathrm{H{-}C{-}OH} \\
\mathrm{H{-}C{-}OH} \\
\mathrm{CH_2OH}
\end{array}}
\;\rightleftarrows\;
\underset{\text{D-Fructose}}{
\begin{array}{c}
\mathrm{CH_2OH} \\
\mathrm{C{=}O} \\
\mathrm{HO{-}C{-}H} \\
\mathrm{H{-}C{-}OH} \\
\mathrm{H{-}C{-}OH} \\
\mathrm{CH_2OH}
\end{array}}
$$

Eine Stütze für diese Auffassung des Mechanismus ist die Tatsache, daß, wenn man die Reaktion in Deuteriumoxd durchführt, an Kohlenstoff gebundenes Deuterium in die Reaktionsprodukte eingebaut wird. Überdies bildet sich, wenn die Hydroxylgruppe an C-2 methyliert ist, wie in 2.3.4.6-Tetramethyl-glucose (S. 410), nur 2.3.4.6-Tetramethyl-mannose, und wenn die Isomerisierung in schwerem Wasser vorgenommen wird, wird ein an Kohlenstoff gebundenes Wasserstoffatom durch Deuterium ersetzt.

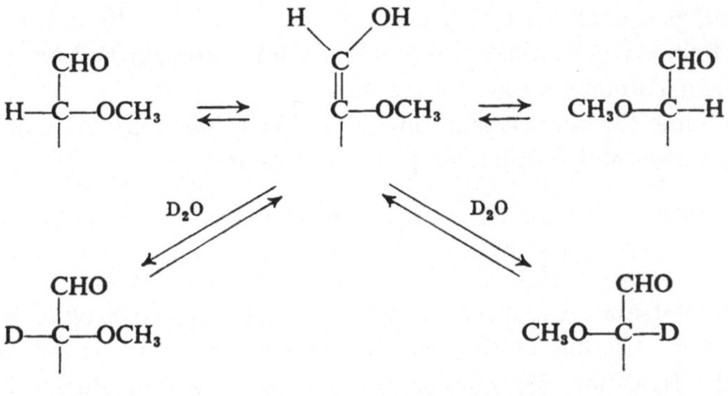

$$
\begin{array}{ccccc}
\begin{array}{c}\text{CHO}\\ \mathrm{H{-}C{-}OCH_3}\\ | \end{array}
& \rightleftarrows &
\begin{array}{c}\mathrm{H}\quad\mathrm{OH}\\ \mathrm{C}\\ \mathrm{C{-}OCH_3}\\ | \end{array}
& \rightleftarrows &
\begin{array}{c}\text{CHO}\\ \mathrm{CH_3O{-}C{-}H}\\ | \end{array} \\[4ex]
\begin{array}{c}\text{CHO}\\ \mathrm{D{-}C{-}OCH_3}\\ | \end{array}
& \overset{\mathrm{D_2O}}{\nearrow} \quad \underset{}{} \quad \overset{\mathrm{D_2O}}{\nwarrow} &
& &
\begin{array}{c}\text{CHO}\\ \mathrm{CH_3O{-}C{-}D}\\ | \end{array}
\end{array}
$$

Die zweite wichtige Art der Einwirkung von Alkalien auf Monosaccharide ist die Spaltung in kleinere Moleküle, auch *Abbau* genannt. Da die Aldolkondensation reversibel ist, bilden die natürlichen Ketosen und solche, die durch Isomerisierung

25*

von Aldosen entstehen, in Gegenwart von Alkali Formaldehyd und niedermolekulare Hydroxyaldehyde und Polyhydroxyketone.

$$
\begin{array}{ccccc}
& & \text{CH}_2\text{OH} & & \\
& & | & & \\
\text{CH}_2\text{OH} & & \text{CO} & & \\
| & & | & & \\
\text{CO} & & \text{CH}_2\text{OH} & & \\
| & & \text{Dihydroxyaceton} & & \\
\text{CHOH} & \rightleftharpoons & + & & \\
| & & \text{CHO} & & \text{CHO} \\
\text{CHOH} & & | & & | \\
| & & \text{CHOH} & \rightleftharpoons & \text{CH}_2\text{OH} \\
\text{CHOH} & & | & & \\
| & & \text{CH}_2\text{OH} & & \text{Glykolaldehyd} \\
\text{CH}_2\text{OH} & & \text{Glycerinaldehyd} & & + \\
& & & & \text{HCHO}
\end{array}
$$

Auch *Redukton* $HOCH_2COCHO$ (S. 815), ein starkes Reduktionsmittel und verzweigte Säuren, die als *Saccharinsäuren* bezeichnet werden, sind isoliert worden.

Oxydation durch Kupfer(II)-ion in alkalischer Lösung. Zwar werden die Salze vieler Schwermetalle wie Kupfer, Silber, Quecksilber und Wismut von alkalischen Zuckerlösungen reduziert, doch werden für analytische Zwecke gewöhnlich nur kupferhaltige Reagentien verwendet. Kupferhydroxyd oxydiert Kohlenhydrate, da es aber in verdünntem Alkali nur schwer löslich ist, verläuft die Reaktion nur langsam. Die Oxydationsgeschwindigkeit wird stark erhöht, wenn das Kupfer durch Bildung eines Komplexsalzes mit Tartration (Fehlingsche Lösung) oder Citration (Benedictsche Lösung) (S. 855) in Lösung gehalten wird. Im ersten Fall ist das alkalische Mittel Natriumhydroxyd im zweiten Fall Natriumcarbonat. Benedictsche Lösung ist stabiler und spricht auf Substanzen wie Kreatin (S. 338) und Harnsäure (S. 680) nicht an. Daher wird sie zum Nachweis und zur Bestimmung von Glucose im Urin bevorzugt.

Die Reduktion ist an der Bildung des roten Kupfer(I)-oxyds erkennbar, das ausfällt, da die Kupfer(I)-ionen mit Tartraten oder Citraten keine Komplexe bilden. In Gegenwart von Schutzkolloiden, wie in Urinproben, kann die Farbe des Niederschlags je nach der Größe der Teilchen zwischen gelb und rot schwanken. In Gegenwart eines Überschusses an Kohlenhydrat kann ein Teil des Kupferoxyds zu metallischem Kupfer reduziert werden.

Die Gleichung für die Oxydation einer Aldehydgruppe zu einer Carboxylgruppe fordert zwei Mol Kupfersalz pro Mol Aldehyd.

$$RCHO + 2\,Cu(OH)_2 \longrightarrow RCOOH + Cu_2O + 2\,H_2O$$

Tatsächlich reduziert ein Mol Glucose je nach den Reaktionsbedingungen fünf bis sechs Mol Kupfersalz. Außerdem reduzieren Ketosen ebensogut wie Aldosen, während einfache Ketone Fehlingsche Lösung nicht reduzieren. Die Erklärung wird durch die Reaktion der Zucker mit Alkalien gegeben, durch die nicht nur Aldosen und Ketosen ineinander umgewandelt werden, sondern auch Abbauprodukte mit reduzierenden Eigenschaften (s. o.) entstehen. Überdies kann die zusätzliche Reduktion zum Teil durch die der Carbonylgruppe benachbarten CHOH-Gruppen verursacht sein, da schon einfache Verbindungen, die diese

Gruppierung enthalten, von alkalischer Kupfer(II)-lösung zu Dicarbonyl-verbindungen oxydiert werden.

$$R-\underset{\underset{O}{\|}}{C}-\underset{\underset{OH}{|}}{CH}-R + 2\,Cu(OH)_2 \longrightarrow R-\underset{\underset{O}{\|}}{C}-\underset{\underset{O}{\|}}{C}-R + Cu_2O + 3\,H_2O$$

Trotz der Kompliziertheit der Reaktion kann die Oxydation mit Erfolg zur quantitativen Bestimmung von Zuckern herangezogen werden; Voraussetzung ist die Einhaltung streng standardisierter Bedingungen und die Anwendung empirisch ermittelter Tabellen, die das Verhältnis der Zuckermenge zur Menge des reduzierten Kupferions angeben.

Bildung von Osazonen. Bei der Erforschung der Reaktionen des Phenyl-hydrazins mit Aldehyden und Ketonen fand FISCHER, daß bei der Reaktion mit reduzierenden Zuckern zwei Phenylhydrazinreste eingeführt werden anstatt eines einzigen. Aus heißer wäßriger Lösung scheidet sich ein gelbes kristallisiertes Reaktionsprodukt ab, das als **Phenylosazon** bezeichnet wird. Weitere Reaktions-produkte sind Anilin (Phenylamin) und Ammoniak. Diese Reaktion ist für die RCOCHOHR-Gruppierung charakteristisch.

$$\begin{array}{l} CHO \\ | \\ CHOH \\ | \\ (CHOH)_3 \\ | \\ CH_2OH \end{array} + 3\,C_6H_5NHNH_2 \longrightarrow \begin{array}{l} CH{=}N{-}NHC_6H_5 \\ | \\ C{=}N{-}NHC_6H_5 \\ | \\ (CHOH)_3 \\ | \\ CH_2OH \end{array} + C_6H_5NH_2 + NH_3 + 2\,H_2O$$

Ein Phenylosazon   Anilin

Substituierte Hydrazine der allgemeinen Formel $RNHNH_2$ und R_2NNH_2 können zur Bildung von Osazonen herangezogen werden. Da sich die Osazone ver-schiedener Hydrazine und verschiedener Zucker in Schmelzpunkt, Kristallform und Bildungsgeschwindigkeit unterscheiden, ist die Osazonbildung eine wertvolle Reaktion zur Identifizierung von Zuckern. Durch Hydrolyse der Osazone werden die α-Dicarbonylverbindungen erhalten, die als **Osone** bezeichnet werden.

$$\begin{array}{l} CH{=}NNHC_6H_5 \\ | \\ C{=}NNHC_6H_5 \\ | \\ (CHOH)_3 \\ | \\ CH_2OH \end{array} \xrightarrow[+2\,HCl]{+2\,H_2O} \begin{array}{l} CH{=}O \\ | \\ C{=}O \\ | \\ (CHOH)_3 \\ | \\ CH_2OH \end{array} + 2\,C_6H_5NHNH_3^+Cl^-$$

Ein Oson

Durch die Bildung von Osazonen wird die Asymmetrie des α-Kohlenstoffatoms aufgehoben. Daher bilden Zucker, die sich nur durch die Konfiguration des Kohlenstoffatoms-2 unterscheiden, wie Glucose und Mannose, das gleiche Osazon.

$$\begin{array}{l} CHO \\ | \\ H{-}C{-}OH \\ | \\ HO{-}C{-}H \\ | \\ H{-}C{-}OH \\ | \\ H{-}C{-}OH \\ | \\ CH_2OH \end{array} \xrightarrow{C_6H_5NHNH_2} \begin{array}{l} CH{=}NNHC_6H_5 \\ | \\ C{=}NNHC_6H_5 \\ | \\ HO{-}C{-}H \\ | \\ H{-}C{-}OH \\ | \\ H{-}C{-}OH \\ | \\ CH_2OH \end{array} \xleftarrow{C_6H_5NHNH_2} \begin{array}{l} CHO \\ | \\ HO{-}C{-}H \\ | \\ HO{-}C{-}H \\ | \\ H{-}C{-}OH \\ | \\ H{-}C{-}OH \\ | \\ CH_2OH \end{array}$$

D-Glucose   D-Glucosephenylosazon   **D-Mannose**
(gelber Niederschlag)

Ein Zwischenprodukt dieser Reaktion ist das Phenylhydrazon, bei dem nur die Carbonylgruppe reagiert hat. Während Glucosephenylhydrazon in Wasser löslich ist, ist Mannosephenylhydrazon in Wasser unlöslich und fällt schon bei Raumtemperatur als weißer Niederschlag aus wäßriger Lösung aus. Dieses verschiedene Verhalten dient zur Unterscheidung zwischen Glucose und Mannose.

$$
\begin{array}{ccc}
\text{CHO} & & \text{CH=NNHC}_6\text{H}_5 \\
\text{HO---C---H} & & \text{HO---C---H} \\
\text{HO---C---H} & \xrightarrow{\text{C}_6\text{H}_5\text{NHNH}_2} & \text{HO---C---H} \\
\text{H---C---OH} & & \text{H---C---OH} \\
\text{H---C---OH} & & \text{H---C---OH} \\
\text{CH}_2\text{OH} & & \text{CH}_2\text{OH} \\
\text{D-Mannose} & & \text{D-Mannose-phenylhydrazon} \\
& & \text{(weißer Niederschlag)}
\end{array}
$$

Der Verlauf der Osazonbildung ist nicht mit Sicherheit bekannt. FISCHER nahm an, daß die Alkoholgruppe durch das Phenylhydrazin oxydiert wird, wobei dieses der Reduktion zu Anilin und Ammoniak anheimfällt.

$$
\begin{array}{ll}
\text{CH=NNHC}_6\text{H}_5 & \qquad \text{CH=NNHC}_6\text{H}_5 \\
| & \qquad | \\
\text{CHOH} \quad + \text{C}_6\text{H}_5\text{NHNH}_2 \longrightarrow & \text{C=O} \quad + \text{C}_6\text{H}_5\text{NH}_2 + \text{NH}_3 \\
| & \qquad |
\end{array}
$$

Die neugebildete Carbonylgruppe kann nun mit einem dritten Molekül Phenylhydrazin reagieren. Ein Argument zugunsten dieser Auffassung ist, daß eine CHOH-Gruppe, die einer Carbonylgruppe benachbart ist, sehr leicht oxydiert wird, z. B. durch alkalische Kupferlösungen. In neuerer Zeit wurde daran gedacht, daß das Anilin durch Zersetzung einer isomeren Form des Hydrazons entstehen kann, die als Folge einer kombinierten Enaminisierung (analog der Enolisierung) und Ketonisierung auftritt.

$$
\begin{array}{lllll}
\text{CH=NNHC}_6\text{H}_5 & \text{Enamini-} & \text{CHNHNHC}_6\text{H}_5 & \text{CH}_2\text{NHNHC}_6\text{H}_5 & [H^+] & \text{CH=NH} \\
| & \xrightarrow{\text{sierung}} & || & | & \longrightarrow & | \\
\text{CHOH} & & \text{COH} \longrightarrow & \text{C=O} & & \text{C=O} \quad + [\text{C}_6\text{H}_5\text{NH}_3^+] \\
| & & | & | & & |
\end{array}
$$

Es sind analoge Arten von säure-katalysierten Reaktionen bei anderen Verbindungsgruppen bekannt, und die besten Osazonausbeuten wurden in schwach saurer Lösung erhalten. Das Osazon würde dann durch Verdrängung des doppelt gebundenen Sauerstoffs und der Iminogruppe durch die Hydrazinreste entstehen.

$$
\begin{array}{ll}
\text{CH=NH} & \qquad \text{CH=NNHC}_6\text{H}_5 \\
| & \qquad | \\
\text{C=O} \quad + 2\,\text{C}_6\text{H}_5\text{NHNH}_2 \longrightarrow & \text{C=NNHC}_6\text{H}_5 \quad + \text{NH}_3 + \text{H}_2\text{O} \\
| & \qquad |
\end{array}
$$

Das Hauptargument zugunsten dieses Reaktionsverlaufes ist, daß Aldosen nur in 40—60%iger Ausbeute Osazone ergeben, während die Ausbeute bei Verbindungen vom Typ $\text{HOCH}_2(\text{CHOH})_3\text{COCH}_2\text{NHR}$ nahezu quantitativ ist. Für diese Reaktion wird folgender Verlauf angenommen.

$$
\begin{array}{lllll}
\text{CH}_2\text{NHR} & \text{C}_6\text{H}_5\text{NHNH}_2 & \text{CH}_2\text{NHR} & \text{CHNHR} & \\
| & \xrightarrow{} & | & || & \longrightarrow \\
\text{C=O} & & \text{C=NNHC}_6\text{H}_5 \longrightarrow & \text{C---NHNHC}_6\text{H}_5 & \\
| & & | & | &
\end{array}
$$

$$
\begin{array}{lllll}
\text{CH=NR} & [H^+] & \text{CH=NR} & 2\,\text{C}_6\text{H}_5\text{NHNH}_2 & \text{CH=NNHC}_6\text{H}_5 \\
| & \longrightarrow & | & \xrightarrow{} & | \\
\text{CHNHNHC}_6\text{H}_5 & & \text{C=NH} & & \text{C=NNHC}_6\text{H}_5 \\
| & & | & & | \\
& & \quad + [\text{C}_6\text{H}_5\text{NH}_3^+] & & \quad + \text{RNH}_2 + \text{NH}_3
\end{array}
$$

In beiden Fällen ist die treibende Kraft der Reaktion die Bildung des konjugierten Systems. Auf der Stabilität des konjugierten Systems beruht auch zweifellos die Tatsache, daß sich die Reaktion nicht über die ganze Kette des Zuckermoleküls fortsetzt.

Glykosidbildung. Aldehyde reagieren mit Alkoholen in Gegenwart saurer Katalysatoren unter Bildung von Acetalen. Zwischenprodukte dieser Reaktion sind die Halbacetale (S. 212).

$$RCHO + HOR' \xrightleftharpoons{[H^+]} RCH\begin{matrix} OH \\ OR' \end{matrix} \xrightleftharpoons{R'OH,[H^+]} RCH\begin{matrix} OR' \\ OR' \end{matrix} + H_2O$$

Halbacetal　　　　Acetal

Als FISCHER versuchte, aus Glucose, Methylalkohol und Chlorwasserstoff ein Acetal darzustellen, erhielt er definierte kristallisierte Produkte, aber die Analyse zeigte, daß zwar ein Molekül Wasser eliminiert, aber nur eine Methylgruppe eingeführt worden war. Überdies wurden zwei isomere Verbindungen erhalten. Diese reduzierten Fehlingsche Lösung nicht mehr und bildeten keine Osazone. In ihrem Verhalten glichen sie Acetalen insofern als sie in saurer Lösung leicht hydrolysiert wurden, aber gegen Alkalien beständig waren. Dieses Verhalten ist erklärbar, wenn man annimmt, daß die Aldehydgruppe des Zuckers zuerst mit der Alkoholgruppe am fünften Kohlenstoffatom unter Bildung eines inneren cyclischen Halbacetals reagiert, das einen Sechsring bildet. Das Halbacetal reagiert dann mit Methanol unter Bildung des Acetals. Da bei diesem Vorgang ein neues asymmetrisches Kohlenstoffatom entsteht, bilden sich zwei Diastereoisomere.

Diese Acetale werden *Glykoside* genannt, und die beiden Formen werden mit α und β bezeichnet. Isomere dieser Art nennt man *Anomere* (griech. *ano* oben), und das Kohlenstoffatom, durch das die Existenz von Anomeren zustande kommt, ist das *anomere* Kohlenstoffatom. Das anomere Kohlenstoffatom wird von hier ab durch fetteren Druck hervorgehoben. Es unterscheidet sich von den anderen Kohlenstoffatomen auf den ersten Blick dadurch, daß es mit zwei Sauerstoffatomen verbunden ist. Bei Glykosiden wird das anomere Kohlenstoffatom auch *glykosidisches* Kohlenstoffatom genannt. Die Bezeichnung α wird derjenigen Form zuerteilt, bei der die Hydroxylgruppe oder die substituierte Hydroxylgruppe auf der rechten Seite der Projektionsformel steht, wenn die Substanz zur D-Reihe gehört, und auf der linken Seite, wenn sie zur L-Reihe gehört. Wird also die Konfiguration des anomeren Kohlenstoffatoms näher bezeichnet, so muß auch die Zugehörigkeit des Zuckers zur D- oder L-Reihe angegeben werden.

Methyl-α-D-glykosid　　　　　　　　　　　　　　　　　　　　Methyl-β-D-glykosid

Die Bestimmung der Ringstruktur der Methylglykoside war ursprünglich eine schwierige Aufgabe. Eine wesentliche Erleichterung bietet die Oxydation mit Perjodsäure, durch die 1.2-Dihydroxyverbindungen, α- Hydroxyaldehyde und α-Hydroxyketone zwischen den beiden mit Sauerstoff verbundenen Kohlenstoffatomen gespalten werden (S. 784). Die Dihydroxyverbindungen geben zwei Mol Aldehyd, während α-Hydroxyaldehyde und α-Hydroxyketone ein Mol Aldehyd und ein Mol Säure liefern.

$$RCHOHCH_2OH + HJO_4 \longrightarrow RCHO + HCHO + HJO_3 + H_2O$$

$$RCHOHCHOHR' + HJO_4 \longrightarrow RCHO + OCHR' + HJO_3 + H_2O$$

$$RCHOHCHO + HJO_4 \longrightarrow RCHO + HCOOH + HJO_3$$

$$RCHOHCOR' + HJO_4 \longrightarrow RCHO + R'COOH + HJO_3$$

Es sind fünf Ringstrukturen für die Methylglykoside einer Aldohexose möglich. Die Zahl der erforderlichen Mole Perjodsäure und der entstandenen Mole Ameisensäure und Formaldehyd sind unten für jede Struktur angegeben. Die Pfeile zeigen die Stellen, an denen die oxydative Spaltung stattfindet.

Struktur	I	II	III	IV	V
	CHOCH$_3$	CHOCH$_3$	CHOCH$_3$	CHOCH$_3$	CHOCH$_3$
	CH—O	CHOH O	CHOH	CHOH	CHOH
	CHOH	CH—	CHOH O	CHOH	CHOH
	CHOH	CHOH	CH—	CHOH O	CHOH
	CHOH	CHOH	CHOH	CH—	CHOH O
	CH$_2$OH	CH$_2$OH	CH$_2$OH	CH$_2$OH	CH$_2$—

Mole					
HJO$_4$	3	2	2	2	3
HCOOH	2	1	0	1	2
HCHO	1	1	1	0	0

Die Reaktionen verlaufen praktisch quantitativ. Daher kann aus der Zahl der verbrauchten Mole Perjodsäure und der entstandenen Mole Ameisensäure und Formaldehyd die Ringstruktur bestimmt werden. Die gewöhnlichen Methylglucoside und die meisten Methylglykoside verbrauchen zwei Mol Perjodsäure, und es entsteht kein Formaldehyd, was auf einen Sechsring hinweist.

Methylierung. Sobald der Zucker in ein Methylglykosid übergeführt ist, ist er beständig gegen Alkalien, und die restlichen Hydroxylgruppen können durch eine modifizierte Williamson-Synthese in Methyläthergruppen übergeführt werden. Eine ältere, von PURDIE[1] entdeckte und von PURDIE und IRVINE[2] in großem

---

[1] THOMAS PURDIE (1843—1916), Professor der Chemie an der Universität St. Andrews, Schottland, interessierte sich anfänglich für die Beziehungen zwischen optischer Drehung und Struktur. Während dieser Arbeiten wurde beobachtet, daß Milchsäureäthylester $CH_3CHOHCOOC_2H_5$, der aus dem Silbersalz und Äthyljodid dargestellt wurde, immer eine höhere Drehung hatte als durch direkte Veresterung gewonnener. Es ergab sich, daß das erstgenannte Produkt mit dem Äthyläther verunreinigt war, und dies führte zur Entdeckung der Alkylierung mit Alkyljodid und Silberoxyd. Wie IRVINE berichtet, erkannte PURDIE sofort, daß sich diese Reaktion zum Studium der Struktur der Zucker anwenden läßt, und bald entdeckte er, daß α- und β-Glucoside die gleiche Tetramethylglucose ergeben und daher gleiche Ringstruktur haben müssen.

[2] JAMES COLQUHOUN IRVINE (1877—1952), Schüler von PURDIE und dessen Nachfolger als Professor der Chemie in St. Andrews. Später wurde er Rektor und Vizekanzler von St. Andrews. Er stellte systematische Untersuchungen über die Methylierung von Zuckern an und schuf die Voraussetzungen für die Strukturaufklärung der Di- und Polysaccharide.

Umfang angewandte Methode besteht darin, die Hydroxyverbindungen mit Methyljodid in Gegenwart von Silberoxyd zu behandeln.

$$2\,ROH + 2\,CH_3J + Ag_2O \longrightarrow 2\,ROCH_3 + 2\,AgJ + H_2O$$

Später arbeitete HAWORTH[1] die Verwendung von Dimethylsulfat in Gegenwart von Natriumhydroxyd aus. Diese Methode führt häufig nur zu partieller Methylierung; in diesen Fällen wird nach der Methode von PURDIE zu Ende methyliert.

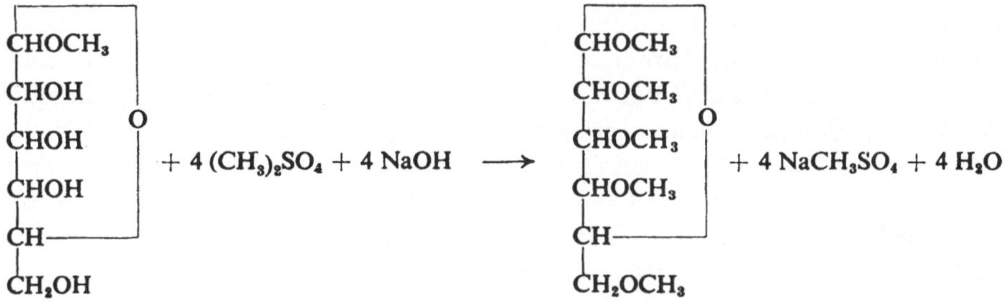

CHOCH₃ — CHOH — CHOH — CHOH — CH — CH₂OH (O-Ring)
Methylglykosid

$+ 4\,(CH_3)_2SO_4 + 4\,NaOH \longrightarrow$

CHOCH₃ — CHOCH₃ — CHOCH₃ — CHOCH₃ — CH — CH₂OCH₃ (O-Ring)
Methyltetramethylglykosid

$+ 4\,NaCH_3SO_4 + 4\,H_2O$

Zwischen der Methoxylgruppe an C-1 und den vier anderen Methoxylgruppen besteht ein ausgeprägter Unterschied, denn die erste ist ein Acetalmethoxyl, während die anderen Äthermethoxyle sind. Das Acetalmethoxyl kann durch saure Hydrolyse leicht abgespalten werden; dabei entsteht die 2.3.4.6-Tetramethyl-glykose, die wieder Fehlingsche Lösung reduziert, weil sich der Ring leicht öffnet.

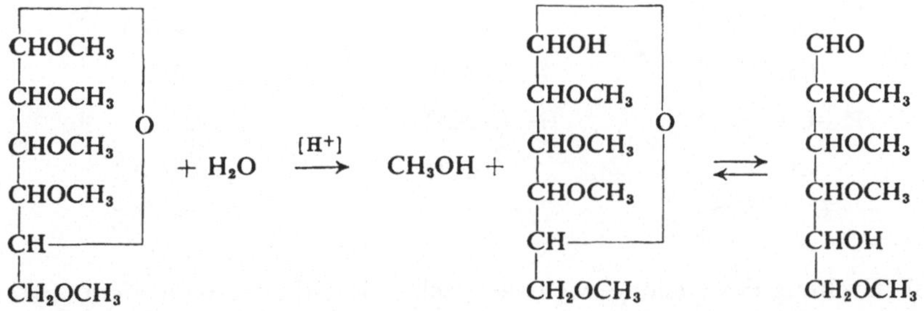

CHOCH₃ — CHOCH₃ — CHOCH₃ — CHOCH₃ — CH — CH₂OCH₃ (O-Ring)

$+ H_2O \xrightarrow{[H^+]} CH_3OH +$

CHOH — CHOCH₃ — CHOCH₃ — CHOCH₃ — CH — CH₂OCH₃ (O-Ring)

$\rightleftharpoons$

CHO — CHOCH₃ — CHOCH₃ — CHOCH₃ — CHOH — CH₂OCH₃

Doch kann die 2.3.4.6-Tetramethyl-glykose nur ein Hydrazon, aber kein Osazon bilden, da die Hydroxylgruppe an C-2 methyliert ist. Die methylierten Zucker

---

[1] WALTER NORMAN HAWORTH (1883—1950), Professor der Chemie an der Universität Birmingham. Er begann das Studium der Chemie unter W. H. PERKIN jr. (S. 874) und arbeitete später im Laboratorium von WALLACH in Göttingen. Eine Dozentur in St. Andrews brachte ihn in Berührung mit den Arbeiten von PURDIE und IRVINE; dadurch verlagerte sich sein Interesse vom Gebiet der Terpene zu dem der Kohlenhydrate. Er entwickelte die Methode der Methylierung mit Dimethylsulfat und Natriumhydroxyd, und seinen Arbeiten ist es weitgehend zu danken, daß die Ringstruktur und Konstitution der meisten Mono- und Disaccharide sowie die Grundstruktur vieler Polysaccharide aufgeklärt werden konnten. 1937 wurde er mit dem Nobelpreis ausgezeichnet.

spielen eine wichtige Rolle bei der Bestimmung der Ringstrukturen und bei der Konstitutionsermittlung von Oligosacchariden und Polysacchariden (S. 410).

Mutarotation. Viele optisch aktive Verbindungen geben Lösungen, deren Drehung sich mit der Zeit ändert. Diese *Mutarotation* genannte Erscheinung (lat. *mutare* ändern) muß ihren Grund in einer chemischen Veränderung des Moleküls haben. Über die Mutarotation von Glucoselösungen wurde erstmals 1846 berichtet. Bis 1895 waren leicht ineinander umwandelbare isomere Modifikationen von Lactose und Glucose isoliert worden. Es gibt drei derartige Formen der Glucose. Die als α-Form bezeichnete Modifikation kristallisiert aus 70%igem Alkohol unterhalb 30° als Hydrat. Ihre frisch bereitete wäßrige Lösung hat eine spezifische Drehung von $+112°$. Die β-Form kristallisiert aus wäßrigen Lösungen, die oberhalb 98° eingedampft werden. Sie hat eine spezifische Drehung von $+18,7°$. Die dritte Form erhält man durch Zufügen von Alkohol zu einer konzentrierten wäßrigen Lösung; sie hat eine Drehung von $+52,7°$. Jedoch zeigen nur die α- und β-Glucose Mutarotation, und beide Formen erreichen den gleichen Endwert von $+52,7°$. Die dritte Form ist also nichts anderes als das Gleichgewichtsgemisch der α- und der β-Form.

Die Existenz zweier Formen von Glucose und ihre Mutarotation ist erklärbar, wenn man ihnen eine cyclische Halbacetalstruktur zuschreibt, analog der Acetalstruktur der Methyl-α- und β-glykoside. Gewöhnlich wird angenommen, daß die Umwandlung über die offenkettige Form verläuft.

$$
\begin{array}{ccccc}
\text{H—C—OH} & & \text{CHO} & & \text{HO—C—H} \\
| & & | & & | \\
\text{CHOH} & & \text{CHOH} & & \text{CHOH} \\
| & & | & & | \\
\text{CHOH} & \rightleftharpoons & \text{CHOH} & \rightleftharpoons & \text{CHOH} \\
| & & | & & | \\
\text{CHOH} & & \text{CHOH} & & \text{CHOH} \\
| & & | & & | \\
\text{H—C} & & \text{H—C—OH} & & \text{H—C} \\
| & & | & & | \\
\text{CH}_2\text{OH} & & \text{CH}_2\text{OH} & & \text{CH}_2\text{OH} \\
\text{α-D-Glykose} & & & & \text{β-D-Glykose}
\end{array}
$$

Daß die Drehung des Gleichgewichtsgemisches der Glucose nicht dem Mittelwert der Drehungen von α- und β-Glucose entspricht, ist nicht überraschend, da die beiden Formen nicht enantiomorph sind, sie also im Gleichgewicht nicht zu je 50% vorliegen müssen. Das anomere Kohlenstoffatom der Halbacetalstruktur wird häufig als *reduzierendes Kohlenstoffatom* bezeichnet, da es die Reduktion Fehlingscher Lösung bewirkt. Die anomere Hydroxylgruppe wird oft Halbacetalhydroxylgruppe genannt.

Alle Anzeichen sprechen dafür, daß die freie Aldehydform in Lösung, wenn überhaupt, nur in sehr geringer Menge vorkommt. So zeigen wäßrige Glucoselösungen nicht die Ultraviolett-Absorptionsbande der Carbonylgruppe (S. 701). Ferner geben die Aldosen mit gewöhnlicher fuchsinschwefliger Säure keine Färbung. Wird dagegen besonders zubereitete fuchsinschweflige Säure verwendet, so geben die Aldosen Färbungen verschiedener Intensität, von sehr schwachen (bei Glucose) bis zu intensiven (bei Arabinose). Die Reduktion an der Quecksilber-Tropfelektrode *(polarographische Analyse)* zeigt, daß die in verdünnten Lösungen vorliegende Menge an reduzierbarem Material zwischen 0,02% bei Glucose und 8,5% bei Ribose schwankt. Lösungen von Glucose in starker Schwefelsäure haben dagegen eine Absorptionsbande im Ultraviolett, die auf die Anwesenheit einer Carbonylgruppe schließen läßt.

Da die Mutarotation der Zucker lediglich auf einem Aldehyd-Halbacetal-Gleichgewicht beruht, wird sie sowohl von Säuren als auch von Basen katalysiert. Der genaue Mechanismus dieser Art von Reaktion wurde bereits besprochen (S. 212).

Die **Bestimmung der Ringstruktur** ist bei den freien Zuckern bedeutend unsicherer als bei den Glykosiden, weil sich die Ringe leicht öffnen und schließen. Jeder chemische Beweis muß von der Annahme ausgehen, daß die betreffenden Reaktionen ohne Veränderung der Ringstruktur ablaufen. Ein starkes Argument für den Sechsring der Glucose ist, daß die vorsichtige enzymatische Hydrolyse von Methyl-α-glucosid zu α-Glucose, von Methyl-β-glucosid zu β-Glucose führt. Bei Veränderung der Ringstruktur wäre das Gleichgewichtsgemisch aus α-Glucose und β-Glucose zu erwarten gewesen.

In den Formeln für die Zucker und die Methylglykoside wurde dem α-Isomeren die Konfiguration mit der nach rechts gerichteten Hydroxylgruppe zuerteilt, dem β-Isomeren diejenige mit der nach links gerichteten Hydroxylgruppe. Diese Zuordnung geschah bei Glucose auf Grund der Leitfähigkeit von Borsäurelösungen in Gegenwart der Zucker. Es ist bekannt, daß Borsäure mit ringförmigen Verbindungen, die zwei Hydroxylgruppen an benachbarten Kohlenstoffatomen in cis-Stellung enthalten, Komplexe bildet, die stärker sauer sind als Borsäure selbst. Daher wird die Leitfähigkeit der Borsäurelösung erhöht.

Diese Reaktion beruht darauf, daß drei Hydroxylgruppen mit der Borsäure den Borsäureester bilden, und eine vierte Hydroxylgruppe zur Auffüllung der Elektronenschale des Bors koordinativ gebunden wird (S. 783). Von dieser Hydroxylgruppe ionisiert leicht ein Proton, wodurch die Lösung leitend wird. Befinden sich die Hydroxylgruppen auf gegenüberliegenden Seiten des Rings, so könnte sich der bicyclische Borkomplex nicht ohne Verbiegung der Bindungen und Veränderung der normalen Valenzwinkel bilden.

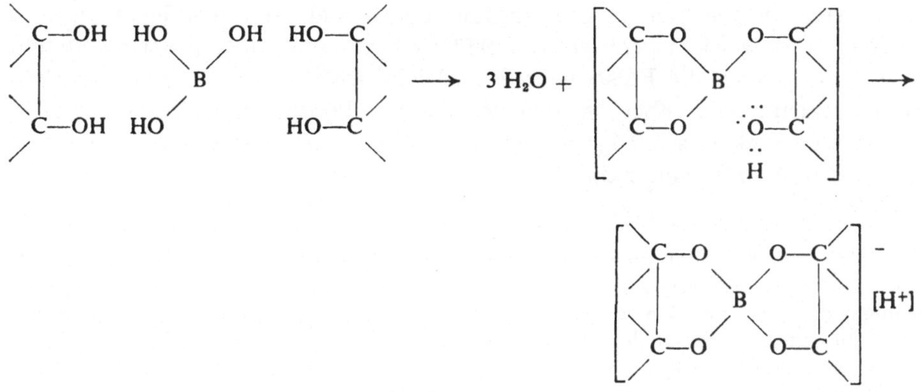

Von den beiden möglichen Strukturen für α- und β-D-Glucose hat die eine die Hydroxylgruppen von C-1 und C-2 auf derselben Seite des Rings, die andere auf gegenüberliegenden Seiten. Im Experiment zeigt α-D-Glucose in Borsäurelösung eine höhere

Leitfähigkeit als β-D-Glucose, und daher wurde der ersten die cis-Konfiguration zuerkannt.

$$
\begin{array}{ccccc}
\text{H--C--OH} & & \text{CHO} & & \text{HO--C--H} \\
\text{H--C--OH} & & \text{H--C--OH} & & \text{H--C--OH} \\
\text{HO--C--H} \quad \text{O} & \rightleftharpoons & \text{HO--C--H} & \rightleftharpoons & \text{HO--C--H} \quad \text{O} \\
\text{H--C--OH} & & \text{H--C--OH} & & \text{H--C--OH} \\
\text{H--C} & & \text{H--C--OH} & & \text{H--C} \\
\text{CH}_2\text{OH} & & \text{CH}_2\text{OH} & & \text{CH}_2\text{OH} \\
\alpha\text{-D-Glucose} & & & & \beta\text{-D-Glucose}
\end{array}
$$

Die Überführung von Methyl-α-glucosid in α-Glucose und von Methyl-β-glucosid in β-Glucose legt die Konfiguration dieser Glykoside fest. Nun ist bekannt, daß bei Zuckern der D-Reihe die stärker rechtsdrehende (oder schwächer linksdrehende) Form eines jeden α,β-Paares das α-Isomere ist; in der L-Reihe sind die Verhältnisse umgekehrt. Tatsächlich beruhte die von HUDSON[1] eingeführte Verwendung von α und β zur Kennzeichnung eines anomeren Paares ursprünglich auf ihren optischen Drehungen.

Esterbildung. Die Hydroxylgruppen der Zucker können leicht verestert werden. Die Aldosen werden durch Acetanhydrid in Gegenwart saurer oder basischer Katalysatoren acetyliert. Die Hexosen ergeben Pentaacetate, die Pentosen Tetraacetate; es liegen also fünf bzw. vier Hydroxylgruppen vor. Die Acetate reduzieren jedoch Fehlingsche Lösung nicht, enthalten also keine freie Aldehydgruppe. Da ferner von jedem Acetat die isomeren α- und β-Formen erhalten werden, muß die cyclische Form des Zuckers acetyliert worden sein. Die gebräuchlichsten sauren Katalysatoren sind Schwefelsäure oder Zinkchlorid, als basische Katalysatoren dienen Pyridin (S. 654) oder Natriumacetat (Acetation)[2].

Durch Wahl geeigneter Katalysatoren und Reaktionsbedingungen gelingt es, nach Wunsch überwiegend α- oder β-Glucosepentaacetate zu erhalten. Säuren katalysieren die gegenseitige Umwandlung der α- und β-Formen der Acetate, so daß das Gleichgewichtsgemisch von 90% α-Form und 10% β-Form entsteht. Basen katalysieren die Einstellung des Gleichgewichtes bei den freien Zuckern (Halbacetalen), nicht aber bei den acetylierten Produkten (Acetalen). Da die β-Form des Zuckers schneller reagiert als die α-Form, führt die von einer Base katalysierte Acetylierung hauptsächlich zum β-Acetat.

---

[1] CLAUDE SILBERT HUDSON (1881—1952), Chemiker am United States Bureau of Chemistry, am National Bureau of Standards und beim Public Health Service. Als fortgeschrittener Student an der Princeton Universität faßte er Interesse für das Problem der Mutarotation, während er die Aktivität einer Lactoseprobe bestimmte, die er für einen Professor der Physik reinigen sollte. HUDSON arbeitete über die Beziehungen zwischen Struktur und optischer Aktivität und führte die Perjodatmethode (S. 392) zur Bestimmung der Ringstruktur von Zuckern ein.

[2] Zinkchlorid ist ein saurer Katalysator, weil dem Zinkatom Elektronen in seiner Valenzschale fehlen und es sich deshalb wie ein Proton mit einem einsamen Elektronenpaar verbinden kann. Acetation in essigsaurer Lösung ist eine Base analog dem Hydroxylion in wäßriger Lösung (S. 246).

Die Zuckeracetate werden durch Alkalien leicht verseift. Für präparative Zwecke empfiehlt es sich jedoch, die Acetylgruppen durch Alkoholyse abzuspalten, die durch Alkoholation katalysiert wird (S. 178).

Trockner Bromwasserstoff in Eisessig ersetzt die glykosidische Acetatgruppe (d. h. diejenige am anomeren Kohlenstoffatom) durch Brom. Die entsprechenden Chlor- und Fluorverbindungen werden auf ähnlichem Wege erhalten. Die Reaktionsprodukte werden als *Tetraacetylglykose-halogenide* oder *Acetohalogenglykosen* bezeichnet. Sie sind wertvoll als Ausgangsmaterialien für die Synthese von Glykosiden und Oligosacchariden.

Pentaacetyl-β-D-glucose gibt Tetraacetyl-α-D-glucose-bromid. Die β-Isomeren der Halogenglucosen sind sehr unbeständig und isomerisieren sich sehr schnell zur α-Form. Umsetzungen der α-Acetobromglucose mit Alkoholen oder Zuckern führen jedoch zu den β-Glucosiden.

Es sind noch viele andere Ester der Zucker dargestellt worden. Von Bedeutung sind die *Benzoate* (S. 579) und die *Sulfonate* (Tosyl- und Mesylderivate S. 497, 304). Auch die Ester einiger anorganischer Säuren wie *Nitrate, Carbonate* und *Phosphate* sind wichtig. **Glucose-1-phosphorsäure** (Glucose-1-dihydrogenphosphat, Cori-Ester) und **Glucose-6-phosphorsäure** (Glucose-6-dihydrogenphosphat, Robison-Ester) sind Zwischenprodukte der alkoholischen Gärung der Kohlenhydrate.

Einwirkung starker Säuren. Während verdünnte Säuren bei Raumtemperatur bei Aldosen zwar die α,β-Umwandlung katalysieren, sonst aber wenig Wirkung zeigen, bewirken starke Säuren in der Hitze komplizierte Veränderungen, die mit Abspaltung von Wasser verbunden sind. So liefern alle Pentosen bei der Destillation mit 12%iger Salzsäure Furfurol (S. 651) in nahezu theoretischer Ausbeute. Die Reaktion dient sowohl zum Nachweis als auch zur quantitativen Bestimmung von Pentosen und solchen Verbindungen, die bei der Hydrolyse Pentosen liefern. Zu diesem Zweck wird das überdestillierende Furfurol nachgewiesen bzw. bestimmt (S. 651). Die 6-Desoxyaldohexosen werden in 5-Methyl-furfurol übergeführt.

Furfurol

Hexosen geben 5-Hydroxymethyl-furfurol, aber diese Verbindung ist leichter löslich in Wasser als Furfurol und nicht mit Wasserdampf flüchtig. Daher ist sie länger der Wirkung der heißen Säure ausgesetzt und geht in Lävulinsäure und beträchtliche Mengen dunkler unlöslicher Kondensationsprodukte über, die als Huminsäuren bekannt sind.

5-Hydroxymethyl-furfurol   Lävulinsäure

Die verschiedenen Furfurole geben charakteristische Farbreaktionen mit mehrwertigen Phenolen wie Resorcin (S. 546), Orcin (S. 546) und Phloroglucin (S. 547),

die zur Unterscheidung zwischen Pentosen, 6-Desoxyhexosen und Hexosen
herangezogen werden können.

Reaktionen mit Aldehyden und Ketonen. Verbindungen mit zwei Hydroxylgruppen, die räumlich so angeordnet sind, daß die Sauerstoffatome Glieder eines
Fünf- und Sechsrings bilden können, reagieren mit Aldehyden oder Ketonen leicht
unter Bildung von cyclischen Acetalen.

Eine solche Gruppierung liegt bei den Zuckern vor, und es konnten viele derartige
Derivate dargestellt werden. Unter ihnen besitzen die größte Bedeutung die
Produkte der Reaktion mit Aceton, die **Isopropylidenderivate**, auch **Acetonzucker**
genannt. α-D-Galaktose gibt z. B. ein Diisopropylidenderivat, das keine reduzierenden Eigenschaften mehr hat.

α-D-Galaktose 1.2:3.4-Diisopropyliden-D-galaktose

α-D-Glucose hat nur zwei benachbarte Hydroxylgruppen in cis-Stellung, sollte
also nur ein Monoisopropylidenderivat erwarten lassen. Stattdessen reagiert auch
sie mit zwei Mol Aceton, und zwar wird dies dadurch möglich, daß der Sechsring
der freien Glucose in einen Fünfring übergeht. Es dürfen daher aus der Ringstruktur der Isopropylidenderivate keine Rückschlüsse auf die Ringstruktur der
freien Zucker gezogen werden.

α-D-Glucose 1.2:5.6-Diisopropyliden-D-glucose

Der Wert der Isopropylidenderivate liegt in ihrer Anwendung zur Darstellung partiell substituierter Zucker, denn sie sind Acetale und somit beständig gegen Alkalien, und die Isopropylidengruppen lassen sich durch Hydrolyse mit verdünnten Säuren leicht wieder abspalten. Die oben erwähnte Diisopropylidenglucose besitzt z. B. ein einziges freies Hydroxyl an C-3, das acetyliert oder methyliert werden kann. Anschließende hydrolytische Abspaltung der Isopropylidengruppen mit verdünnter Säure führt zu 3-Acetyl- oder 3-Methyl-D-glucose.

Überführung in den nächsthöheren Zucker. EMIL FISCHER gelang es, Aldonsäurelactone in Zucker überzuführen und so die Kilianische Cyanhydrinsynthese (S. 380) zu erweitern, die von einem Zucker über zwei Aldonsäuren zu zwei Zuckern führt, die um ein C-Atom reicher sind. Die Reaktionen, die zur Umwandlung einer Aldopentose in die entsprechenden Aldohexosen führen, sind die folgenden:

$$
\begin{array}{ccccccccc}
& & \text{CN} & & \text{COOH} & & \text{C}{=}\text{O} & & \text{CHO} \\
\text{CHO} & & \text{CHOH} & & \text{CHOH} & & \text{CHOH} & & \text{CHOH} \\
\text{CHOH} & \xrightarrow{\text{HCN}} & \text{CHOH} & \xrightarrow{\text{Hydrolyse}} & \text{CHOH} & \xrightarrow[\text{auf }100°]{\text{Erhitzen}} & \text{CHOH}\ \text{O} & \xrightarrow[\substack{\text{Reduktion}\\ \text{in saurer}\\ \text{Lösung}}]{\text{Na—Hg}} & \text{CHOH} \\
\text{CHOH} & & \text{CHOH} & & \text{CHOH} & & \text{CH—} & & \text{CHOH} \\
\text{CHOH} & & \text{CHOH} & & \text{CHOH} & & \text{CHOH} & & \text{CHOH} \\
\text{CH}_2\text{OH} & & \text{CH}_2\text{OH} & & \text{CH}_2\text{OH} & & \text{CH}_2\text{OH} & & \text{CH}_2\text{OH} \\
\text{Aldopentose} & & \text{Cyanhydrin} & & \text{Aldonsäure} & & \text{Aldonsäurelacton} & & \text{Aldohexose}
\end{array}
$$

Die als Zwischenprodukte auftretenden Aldonsäurelactone sind lediglich cyclische Ester, gebildet durch Reaktion der Carboxylgruppe mit der Hydroxylgruppe des γ-Kohlenstoffatoms (S. 827). Die Reaktion verläuft leicht, weil ein beständiger Fünfring gebildet werden kann. Die Reduktion des Lactons zum Zucker erfolgt unter milden Bedingungen und ist analog der Reduktion eines einfachen Esters, nur bleibt die Reduktion der Carboxylgruppe auf der Aldehydstufe stehen, anstatt als Endprodukt einen primären Alkohol zu liefern. Bei der Bildung des Cyanhydrins entsteht ein neues asymmetrisches Kohlenstoffatom, daher ist eine einzige Aldopentose die Muttersubstanz von zwei Aldohexosen.

Dieses Verfahren ist zeitraubend, und die Ausbeute an dem gewünschten Zucker ist gering. Die folgende einfache Methode, die auf der Nefschen Reaktion aliphatischer Nitroverbindungen (S. 275) beruht, ist leichter durchzuführen und liefert oft bessere Ausbeuten.

$$
\begin{array}{ccccccc}
\text{CHO} & & & & \text{CH}_2\text{NO}_2 & & \text{CHO} \\
| & & & & | & & | \\
(\text{CHOH})_n & + & \text{CH}_3\text{NO}_2 & \xrightarrow{\text{NaOCH}_3} & \text{CHOH} & \xrightarrow{\text{NaOH, H}_2\text{SO}_4} & \text{CHOH} \\
| & & & & | & & | \\
\text{CH}_2\text{OH} & & & & (\text{CHOH})_n & & (\text{CHOH})_n \\
& & & & | & & | \\
& & & & \text{CH}_2\text{OH} & & \text{CH}_2\text{OH}
\end{array}
$$

In abgewandelter Form kann diese Methode zur Synthese von 2-Desoxyaldosen dienen. Der Nitroalkohol wird acetyliert, und ein Mol Essigsäure mit Natriumbicarbonat abgespalten; hierbei entsteht die ungesättigte Verbindung. Katalytische Reduktion der Doppelbindung, gefolgt von der Nefschen Reaktion und Entacetylierung ergibt die Desoxyaldose.

$$\underset{\text{CH}_2\text{OH}}{\overset{\text{CH}_2\text{NO}_2}{\underset{|}{\overset{|}{\text{CHOH}}}}} \quad (\text{CHOH})_n \quad \xrightarrow{\text{Ac}_2\text{O}} \quad \text{CHOAc} \quad (\text{CHOAc})_n \quad \xrightarrow{\text{NaHCO}_3} \quad \text{CH} \quad (\text{CHOAc})_n \quad \xrightarrow{\text{H}_2-\text{Pd}}$$

Bei Verwendung von 2-Nitro-äthanol an Stelle von Nitromethan können aus Aldosen 2-Ketosen (S. 404) synthetisiert werden.

Abbau zum nächstniederen Zucker. Von den verschiedenen Methoden zum Abbau ist die für präparative Zwecke geeignetste die Oxydation zur Aldonsäure und anschließende Weiteroxydation mit Fentonschem Reagens (Wasserstoffperoxyd und Eisen(II)-sulfat S. 935).

Epimerisierung. Da asymmetrische Kohlenstoffatome mit einem Wasserstoffatom in α-Stellung zu einer Carbonylgruppe in Gegenwart alkalischer Katalysatoren leicht racemisiert werden (S. 362), unterliegen Zucker leicht der Epimerisierung. Jedoch hat die Einwirkung von Alkalien auf freie Zucker kompliziertere Reaktionen zur Folge (S. 386). Daher wird der Zucker besser zuerst in die Aldonsäure übergeführt, diese durch Erhitzen mit dem tertiären Amin Pyridin (S. 654) epimerisiert und dann durch Reduktion des Lactons (S. 400) in den Zucker zurückverwandelt.

Aldehydoderivate

Die Zucker und ihre Derivate sind zum größten Teil cyclische Verbindungen, doch ist es möglich, offenkettige Derivate darzustellen, die eine freie Aldehydgruppe enthalten. Wird z. B. ein Zucker mit Äthylmercaptan und konzentrierter Salzsäure geschüttelt, so kristallisiert das Diäthylmercaptal aus dem Gemisch aus.

Die Mercaptale können methyliert oder acetyliert werden. Abspaltung der Mercaptalgruppen von dem Acetat durch Hydrolyse in verdünnter Acetonlösung in Gegenwart von Quecksilber(II)-chlorid und Cadmiumcarbonat ergibt die Aldehydoacetylverbindung.

$$
\begin{array}{ccccc}
\begin{array}{l}\text{CHOH}\\ \text{CHOH}\\ \text{CHOH}\\ \text{CHOH}\\ \text{CH}\\ \text{CH}_2\text{OH}\end{array}\Big{|}\text{O}
& \xrightarrow[\text{HCl}]{\text{C}_2\text{H}_5\text{SH}}
& \begin{array}{c}\text{C}_2\text{H}_5\text{S}\diagdown\diagup\text{SC}_2\text{H}_5\\ \text{C}-\text{H}\\ \text{CHOH}\\ \text{CHOH}\\ \text{CHOH}\\ \text{CHOH}\\ \text{CH}_2\text{OH}\end{array}
& \xrightarrow[\text{NaOAc}]{\text{Ac}_2\text{O}\,*}
& \begin{array}{c}\text{C}_2\text{H}_5\text{S}\diagdown\diagup\text{SC}_2\text{H}_5\\ \text{C}-\text{H}\\ \text{CHOAc}\\ \text{CHOAc}\\ \text{CHOAc}\\ \text{CHOAc}\\ \text{CH}_2\text{OAc}\end{array}
\xrightarrow[\substack{\text{CdCO}_3}]{\substack{\text{H}_2\text{O}+\\\text{HgCl}_2}}
\begin{array}{c}\text{CHO}\\ \text{CHOAc}\\ \text{CHOAc}\\ \text{CHOAc}\\ \text{CHOAc}\\ \text{CH}_2\text{OAc}\end{array}
\end{array}
$$

Diese Aldehydoacetate geben mit fuchsinschwefliger Säure eine Färbung, bilden Semicarbazone, ohne eine Acetylgruppe abzuspalten, und können in Dimethylacetale übergeführt werden. In Wasser oder Alkohol zeigen sie Mutarotation und geben kristallisierte Hydrate bzw. Alkoholate. Dieses Verhalten ist wohl auf eine Addition von Wasser bzw. Alkohol an die Carbonylgruppe zurückzuführen.

$$
\begin{array}{c}\text{CHO}\\ \text{(CHOAc)}_4\\ \text{CH}_2\text{OAc}\end{array}
\;\underset{\text{H}_2\text{O}}{\rightleftharpoons}\;
\begin{array}{c}\text{H}\\ \text{HO}-\text{C}-\text{OH}\\ \text{(CHOAc)}_4\\ \text{CH}_2\text{OAc}\end{array}
$$

In der wäßrigen Lösung eines freien Zuckers wie Glucose ist der in der Aldehydform vorliegende Anteil zweifellos hydratisiert. Alkohol kann zur Bildung eines Gleichgewichtsgemisches der Halbacetale Anlaß geben.

$$
\begin{array}{c}\text{H}\\ \text{HO}-\text{C}-\text{OR}\\ \text{(CHOAc)}_4\\ \text{CH}_2\text{OAc}\end{array}
\;\rightleftharpoons\;
\begin{array}{c}\text{CHO}\\ \text{(CHOAc)}_4\\ \text{CH}_2\text{OAc}\end{array}
\;\underset{\text{ROH}}{\rightleftharpoons}\;
\begin{array}{c}\text{H}\\ \text{RO}-\text{C}-\text{OH}\\ \text{(CHOAc)}_4\\ \text{CH}_2\text{OAc}\end{array}
$$

Die Strukturen der Oxime, Hydrazone und Osazone der Zucker werden zwar gewöhnlich als offenkettige Formeln geschrieben, doch gibt es Belege dafür, daß diese Derivate auch in der cyclischen Form existieren können. So gibt Glucosephenylhydrazon ein Pentaacetat (a), aus dem durch Hydrolyse Acetylphenylhydrazin erhalten werden kann. Von der offenkettigen Struktur wäre entweder ein Hexaacetat (b) oder ein Pentaacetat (c) zu erwarten, die bei der Hydrolyse Phenylhydrazin geben.

---

* Die Abkürzung Ac dient gewöhnlich zur Kennzeichnung der Acetylgruppe CH₃CO. So ist HOAc Essigsäure, Ac₂O Acetanhydrid und ROAc ein Essigsäureester.

$$
\begin{array}{ccc}
\text{(a)} & \text{(b)} & \text{(c)}
\end{array}
$$

Galaktose-phenylhydrazon scheint dagegen die offene Kettenstruktur zu besitzen, denn bei der Acetylierung liefert es das gleiche Produkt, das beim Behandeln von Aldehydo-galaktose-pentaacetat mit Phenylhydrazin entsteht.

Formelmäßige Darstellung der Ringstrukturen

Die bisher verwendeten Strukturformeln der Zucker geben die räumlichen Verhältnisse innerhalb der Moleküle nicht zutreffend wieder, besonders nicht in bezug auf die Gruppen an den beiden letzten Kohlenstoffatomen. Mit Hilfe eines Molekülmodells kann die offenkettige Formel der Glucose (I) in einer aufgerollten Form (II) konstruiert werden, in der der Winkel von 109.5° zwischen den Kohlenstoffatomen berücksichtigt ist.

$$
\begin{array}{cccc}
\text{I} & \text{II} & \text{III} & \text{IV}
\end{array}
$$

Ehe jedoch der Hydroxylsauerstoff an C-5 Ringglied der cyclischen Halbacetalform (IV) werden kann, muß um die Bindung zwischen dem vierten und dem fünften Kohlenstoffatom eine Drehung erfolgen (III), so daß die Wasserstoffatome des vierten und fünften Kohlenstoffatoms auf gegenüberliegenden Seiten des Ringes liegen, statt auf derselben Seite wie in der Projektionsformel (I). Formel IV ist keine Projektionsformel, sondern eine perspektivische Formel. Der Ring ist senkrecht zur Papierebene zu denken, wobei der untere Teil nach vorn zeigt, und die Gruppen sich oberhalb und unterhalb der Ringebene befinden.

Formel IV sagt nichts über die Konfiguration des reduzierenden Kohlenstoffatoms aus. Aus den folgenden beiden Formeln für α- und β-Glucose ist die Konfiguration zu ersehen. Die Ringkohlenstoffatome sind mit Ausnahme des anomeren Kohlenstoffatoms weggelassen.

$$
\begin{array}{cc}
\text{α-D-Glucose} & \text{β-D-Glucose}
\end{array}
$$

Diese perspektivischen Formeln oder *Haworth-Formeln* eignen sich auch gut zur Darstellung der Strukturen von Oligo- und Polysacchariden (S. 410, 420). In neuerer Zeit sind gewisse Eigenschaften der Zucker auf Grund der am Pyranosering bestehenden Konstellationsmöglichkeiten (S. 889) erklärt worden.

Ketosen

Die Ketosen sind isomer mit den Aldosen der gleichen Kohlenstoffzahl und unterscheiden sich strukturell nur insofern von diesen, als die Carbonylgruppe nicht endständig ist. Die gewöhnlichen Ketosen haben alle den Carbonylsauerstoff am zweiten Kohlenstoffatom und können durch die allgemeine Formel $HOCH_2(CHOH)_nCOCH_2OH$ wiedergegeben werden.

Wie Glycerinaldehyd als erstes Glied der Aldosen (Abb. 72, S. 384) kann Dihydroxyaceton als erstes Glied der Ketosen betrachtet werden; allerdings ist das erste Glied der D-Reihe der Ketosen (Abb. 73) die D-Erythrulose (D-*Glycero*tetrulose). Die gebräuchlichsten Namen der Ketosen sind Trivialnamen. Die

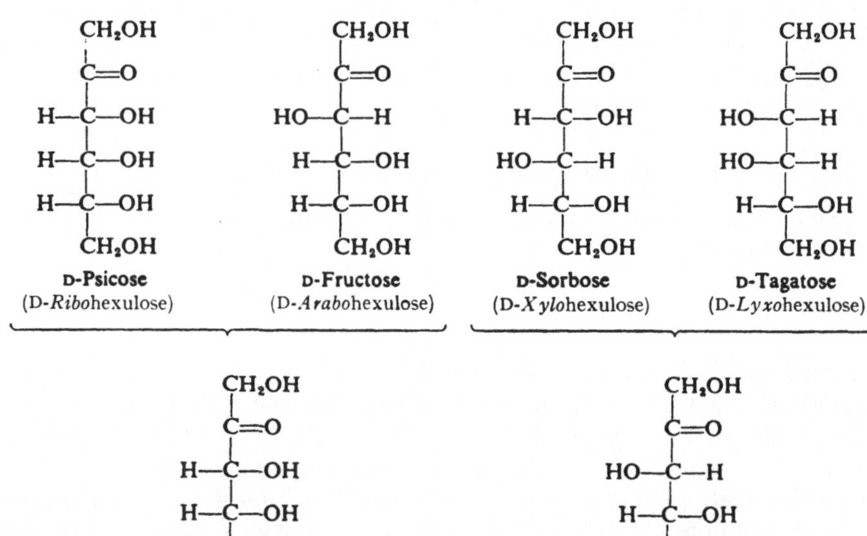

Abb. 73. Konfigurationen in der D-Reihe der Ketosen

rationellen Namen werden meist analog den Aldosenamen mit den aus griechischen Zahlwörtern gebildeten Gruppennamen zusammengesetzt, denen aber anstatt -*ose* die Endung *-ulose* gemeinsam ist; also Tetrulose, Pentulose usw. Bei den Namen individueller Ketosen tritt hierzu eine sogenannte Konfigurationsvorsilbe, die kursiv gedruckt wird, aus den Namen der Aldosen entsprechender Konfiguration abgeleitet ist und die Konfiguration einer Gruppe mit ein bis vier Kohlenstoffatomen angibt, die sich zwar in einer linearen Kette befinden müssen, aber nicht unbedingt benachbart zueinander zu stehen brauchen.

D(—)-**Fructose** ist die in größter Menge vorkommende Ketose. Sie findet sich frei neben Glucose und Saccharose in Fruchtsäften und Honig, und an andere Zucker gebunden in Oligosacchariden. Sie ist das Hauptprodukt der Hydrolyse des Polysaccharids Inulin (S. 432). Natürlich vorkommende Fructose ist stark linksdrehend, daher der Trivialname *Lävulose*. Von allen Zuckern ist Fructose der süßeste.

Da die Sinneswahrnehmungen verschiedener Individuen voneinander abweichen, lassen sich über den Geschmack nur Durchschnittsangaben machen. Ergebnisse früherer Forscher, die mit der Methode der Schwellenwerte (größte Verdünnung, in der ein Stoff noch wahrnehmbar ist) gewonnen wurden, sind wertlos. Vergleicht man Konzentrationen gleicher Süße, so schwankt die relative Süße mit der Konzentration. Da zudem α-Glucose süßer ist als β-Glucose, müssen Lösungen verwendet werden, in denen sich das Gleichgewicht bereits eingestellt hat. Verglichen mit einer 10%igen Glucoselösung ist die relative Süße einiger der wichtigeren Zucker: Lactose 0,55, Galaktose 0,95, Glucose 1,00. Saccharose 1,45, Fructose 1,65. Es sind viele synthetische Verbindungen bekannt, die mehrere hundert bis mehrere tausendmal so süß sind wie die Zucker (S. 510 586).

Fructose gibt die üblichen Additionsreaktionen der Carbonylverbindungen, wird aber von Hypobromitlösungen nicht zu einer Monocarbonsäure oxydiert. Sie ist also eine Ketose und keine Aldose. Sie wird von Fehlingscher Lösung oxydiert; ihre Reduktionswirkung ist der der Glucose vergleichbar. Von einem Keton ist nicht zu erwarten, daß es Fehlingsche Lösung reduziert. In Gegenwart von Alkalien wird Fructose jedoch zu reduzierenden Substanzen von geringerem Molekulargewicht abgebaut und in Glucose und Mannose (S. 386) umgewandelt, die beide leicht oxydiert werden. Außerdem werden CHOH-Gruppen, die einer Carbonylgruppe benachbart sind, von Fehlingscher Lösung ebenfalls oxydiert (S. 572).

Wenn Fructose mit Phenylhydrazin reagiert, wird ein Phenylosazon erhalten, das identisch ist mit dem aus (+)-Glucose entstehenden. Die Carbonylgruppe muß also die 2-Stellung einnehmen, und die Konfiguration des restlichen Moleküls muß mit der der (+)-Glucose identisch sein. Die (—)-Fructose muß also der D-Reihe angehören.

$$
\begin{array}{ccc}
\text{CHO} & \text{CH=NNHC}_6\text{H}_5 & \text{CH}_2\text{OH} \\
\text{H—C—OH} & \text{C=NNHC}_6\text{H}_5 & \text{C=O} \\
\text{HO—C—H} & \text{HO—C—H} & \text{HO—C—H} \\
\text{H—C—OH} \xrightarrow{3\,\text{C}_6\text{H}_5\text{NHNH}_2} & \text{H—C—OH} \xleftarrow{3\,\text{C}_6\text{H}_5\text{NHNH}_2} & \text{H—C—OH} \\
\text{H—C—OH} & \text{H—C—OH} & \text{H—C—OH} \\
\text{CH}_2\text{OH} & \text{CH}_2\text{OH} & \text{CH}_2\text{OH} \\
\text{D(+)-Glucose} & \text{D-Glucosephenyl-osazon} & \text{D(—)-Fructose}
\end{array}
$$

Es war die Entdeckung, daß Glucose, Mannose (S. 389) und Fructose das gleiche
Osazon geben, und die Erkenntnis ihrer Bedeutung, die EMIL FISCHER veranlaßte, die Entwirrung der Konfiguration der Zucker in Angriff zu nehmen. Ein
Reagens zur Unterscheidung der Fructose von Glucose oder Mannose ist α-Methyl-
phenylhydrazin $C_6H_5N(CH_3)NH_2$, mit dem Fructose unter geeigneten Bedingungen
ein Osazon bildet, Glucose und Mannose dagegen nicht.

Das Verhalten der Fructose in wäßriger Lösung ist komplizierter als das der
Glucose. Es ist nur eine einzige kristallisierte Form der Fructose bekannt, der
β-Konfiguration und Sechsringstruktur zugeschrieben wird. Wird sie in Wasser
gelöst, so folgt die Geschwindigkeit der Mutarotation nicht dem Gesetz einer
Reaktion erster Ordnung. Man nimmt an, daß nicht nur Umwandlung in die α-Form
stattfindet, sondern daß auch α- und β-Formen entstehen, die einen Fünfring enthalten. Zucker der letztgenannten Art wurden ursprünglich „Gamma"-zucker genannt.

α-d-Fructose   β-d-Fructose   α-"γ"-d-Fructose   β-"γ"-d-Fructose

α-D-Fructose   α-D-Fructopyranose   β-D-Fructose   β-D-Fructopyranose   α-"γ"-D-Fructose   α-D-Fructofuranose   β-"γ"-D-Fructose   β-D-Fructofuranose

Ein Ring, der fünf Kohlenstoffatome und ein Sauerstoffatom enthält, wird als
Pyranring (S. 666), ein Ring mit vier Kohlenstoffatomen und einem Sauerstoffatom als Furanring (S. 652) bezeichnet. Es ist jetzt allgemein üblich, die entsprechenden Ringstrukturen der Zucker durch die Bezeichnungen Pyranose und
Furanose zu unterscheiden. Es sind Methylglykoside sowohl der Fructopyranose als
auch der Fructofuranose bekannt; die letztgenannten werden schneller hydrolysiert.

Eine Totalsynthese von D-Fructose neben D-Glucose und D-Mannose geht auf
Arbeiten von EMIL FISCHER und anderen zurück, die gezeigt haben, daß Formose,
das Gemisch zuckerartiger Produkte, das bei der Einwirkung von sehr verdünnten
Alkalien auf Formaldehyd entsteht (S. 232), DL-Fructose (α-Acrose) und DL-
Sorbose (β-Acrose) enthält. Durch eine Folge von Umwandlungen und Racemat-
trennungen gelang es EMIL FISCHER, aus α-Acrose sowohl L-Fructose, als auch die
natürlich vorkommende D-Fructose zu gewinnen. Später wurde gefunden, daß
D-Glycerinaldehyd mit Dihydroxyaceton eine Aldolkondensation eingeht, wobei
D-Fructose und D-Sorbose entstehen, beide in 45%iger Ausbeute. D-Psikose oder
D-Tagatose (S. 404) wurden nicht nachgewiesen.

Verd. Alkali

d-Fructose   d-Sorbose

Die Ketosen der Formose entstehen wahrscheinlich in der Weise, daß sich zuerst ein Formylanion bildet, welches das Kohlenstoffatom eines zweiten Formaldehydmoleküls angreift, wobei Hydroxyacetaldehyd (Glykolaldehyd, S. 802) entsteht.

$$H_2C{=}O \quad \overset{[OH^-]}{\underset{H_2O}{\rightleftharpoons}} \quad \left[HC{=}O \right] \quad \overset{HCHO}{\rightleftharpoons} \quad \left[HC{-}CH_2O^- \atop \qquad\| \atop \qquad O \right] \quad \overset{H_2O}{\underset{[OH^-]}{\rightleftharpoons}} \quad HC{-}CH_2OH \atop \| \atop O$$

Wird der Glykoaldehyd von einem Formylanion angegriffen, so kann Glycerinaldehyd entstehen.

$$HOCH_2CHO + \left[HC{=}O \right] \;\rightleftharpoons\; \left[HOCH_2CHCHO \atop \qquad\quad | \atop \qquad\quad O^- \right] \;\overset{H_2O}{\underset{[OH^-]}{\rightleftharpoons}}\; HOCH_2CHOHCHO$$

Andererseits kann der Glycerinaldehyd auch durch Aldolkondensation von Glykolaldehyd und Formaldehyd entstehen.

$$H_2C{=}O + HOCH_2CHO \;\rightleftharpoons\; HOCH_2CHOHCHO$$

Glycerinaldehyd steht in Gegenwart von Alkalien im Gleichgewicht mit Dihydroxyaceton (S. 388), denn die Endiolformen beider Verbindungen (S. 387) sind identisch.

$$HOCH_2CHOHCHO \;\rightleftharpoons\; HOCH_2C(OH){=}CHOH \;\rightleftharpoons\; HOCH_2COCH_2OH$$

Aldolkondensation von Dihydroxyaceton und Glycerinaldehyd liefert das Polyhydroxyketon.

$$HOCH_2CHOHCHO + HOCH_2COCH_2OH \;\longrightarrow\; HOCH_2(CHOH)_3COCH_2OH$$

L(—)-Sorbose ist die einzige Ketose, die sonst noch von Bedeutung ist. Sie kommt in der Natur nicht vor, bildet sich aber durch Einwirkung von Sorbosebakterien (*Acetobacter xylinum* oder besser *Acetobacter suboxydans*) auf Sorbit (S. 435).

CH$_2$OH		CH$_2$OH
HO—C—H		C=O
HO—C—H	$\xrightarrow[\text{Acetobacter}]{O_2}$	HO—C—H
H—C—OH		H—C—OH
HO—C—H		HO—C—H
CH$_2$OH		CH$_2$OH
Sorbit		L(—)-Sorbose

L-Sorbose ist wichtig als Zwischenprodukt bei der technischen Synthese von **Vitamin C** *(Ascorbinsäure)*, das zur Verhütung von Skorbut in der Nahrung enthalten sein muß. Sorbose kann mit Salpetersäure zu 2-Desoxy-2-oxo-L-gulonsäure oxydiert werden, die beim Erhitzen in Wasser zum 1.4-Lacton dehydratisiert wird.

Auf Grund der sauren Eigenschaften der Ascorbinsäure und ihrer Empfindlichkeit gegen Oxydationsmittel wird angenommen, daß sie in der Endiolform vorliegt.

L-Sorbose $\xrightarrow{HNO_3}$ 2-Desoxy-2-oxo-L-gulonsäure $\xrightarrow{Wärme}$ Vitamin C (Ascorbinsäure)

Wird die Sorbose zuerst in das Diisopropylidenderivat (S. 399) übergeführt, so wird bei der folgenden Oxydation eine bessere Ausbeute erhalten.

D-Ribulose *(D-Erythopentulose)* und **D-Sedoheptulose** *(D-Altroheptulose)* spielen eine Rolle bei der Umwandlung von Kohlendioxyd und Wasser in Kohlenhydrate durch Pflanzen (photosynthetischer Cyclus). D-Sedoheptulose war zuerst aus *Sedum spectabile*, einem gewöhnlichen Gartenkraut, isoliert worden. D-*Mannoheptulose* kommt in der Frucht des Avocadobaums *(Persea gratissima)* vor. Sie wird im Stoffwechsel nicht verändert, sondern mit dem Urin ausgeschieden und kann daher einen positiven Glykosurietest vortäuschen.

D-Sedoheptulose (D-*Altro*heptulose)   D-*Manno*heptulose

Anhydrozucker

Werden Aldosen oder Polysaccharide unter vermindertem Druck erhitzt, so entstehen intramolekulare Dehydratationsprodukte. Diese Verbindungen werden *Glykosane, Zuckeranhydride* oder *Anhydrozucker* genannt. Ihren Namen ist in der rationellen Nomenklatur die Endung *-osan* gemeinsam. Als wichtigster Vertreter dieser Verbindungsgruppe entsteht bei der thermischen Zersetzung der Stärke (S. 417) die **1.6-Anhydro-β-D-glucopyranose** *(β-Glucosan)*, wegen ihrer starken Linksdrehung auch *Lävoglucosan* genannt. Die gleiche Verbindung entsteht in übersichtlicher Synthese bei der Einwirkung von Bariumhydroxyd auf Tetraacetyl-D-glucosyl-trimethylammoniumbromid, das aus α-Acetobromglucose und Trimethylamin dargestellt wird.

In den 1.6-Anhydrozuckern sind beide Ringe glykosidischer Natur.

Reagieren die 6-Tosylderivate (S. 497) der Methylglykoside mit Alkalien, dann werden **Methyl-3.6-anhydroglykoside** gebildet.

Es sind auch **1.2-Anhydrozucker** bekannt, die den dreigliedrigen Äthylenoxydring

$>$C——C$<$ enthalten (S. 416).

Oligosaccharide

Disaccharide

Reduzierende Disaccharide. Maltose $C_{12}H_{22}O_{11}$ bildet sich bei der enzymatischen Hydrolyse von Stärke.

$$(C_6H_{10}O_5)_x + \frac{x}{2}\,H_2O \xrightarrow{\text{Diastase}} \frac{x}{2}\,C_{12}H_{22}O_{11}$$

Stärke   Maltose

Säure- oder enzymkatalysierte Hydrolyse von Maltose gibt zwei Moleküle Glucose.

$$C_{12}H_{22}O_{11} + H_2O \xrightarrow[\substack{\text{Maltase} \\ (\alpha\text{-Glucosidase})}]{[H^+]\ \text{oder}} 2\,C_6H_{12}O_6$$

Maltose   Glucose

Maltose reduziert Fehlingsche Lösung, bildet ein Osazon und unterliegt der Mutarotation. Sie muß also eine latente Aldehydgruppe und die Ringstruktur eines Halbacetals aufweisen. Die Bildung eines Octaacetats und eines Octamethylderivats deutet auf Anwesenheit von acht Hydroxylgruppen.

Die Hydrolyse zu zwei Mol Glucose weist auf eine Bindung durch Sauerstoff, nicht etwa eine Bindung zwischen zwei Kohlenstoffatomen, und die Leichtigkeit der Hydrolyse durch Enzyme und Säuren entscheidet zwischen den beiden Möglichkeiten der Acetalbindung und Ätherbindung zugunsten der ersten. Der Abbau von methylierten Derivaten hat gezeigt, daß die beiden Glucoseeinheiten durch die 1-Stellung der nichtreduzierenden Molekülhälfte und die 4-Stellung der reduzierenden Hälfte verbunden sind. Maltose wird durch *Maltase* hydrolysiert (das ist die α-Glucosidase, durch die Methyl-α-glucosid hydrolysiert wird), aber nicht durch *Emulsin*, die β-Glucosidase, die Methyl-β-glucosid hydrolysiert. Daher wird dem C-1 des nichtreduzierenden Anteils die α-Konfiguration zugeschrieben. Aus alledem ergeben sich die folgenden perspektivischen Formeln.

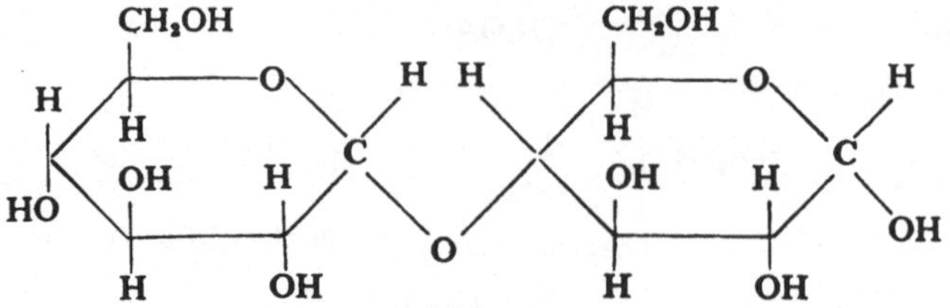

α-Maltose
4-(α-D-Glucopyranosyl)-α-D-glucopyranose

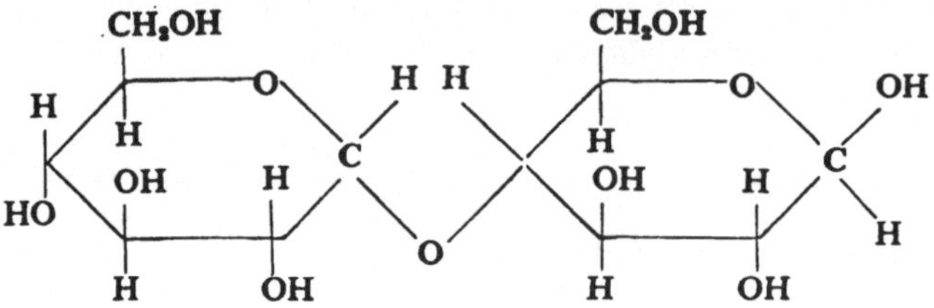

β-Maltose
4-(α-D-Glucopyranosyl)-β-D-glucopyranose

α- und β-Maltose unterscheiden sich lediglich in der Konfiguration des anomeren Kohlenstoffatoms der reduzierenden Hälfte des Moleküls. Der zweite, systematische Name unter den Formeln gibt den Ort der Verknüpfung der nichtreduzierenden und der reduzierenden Hälfte des Moleküls sowie die Struktur und Konfiguration beider Hälften an. **Isomaltose,** die man durch partielle Hydrolyse von Dextran (S. 429) erhält, ist 6-(α-D-Glucopyranosyl)-D-glucopyranose.

Ein Beweis für die Struktur der Maltose kann kurz skizziert werden. Wenn Maltose oxydiert wird, wird das reduzierende Kohlenstoffatom in eine Carboxylgruppe übergeführt, und es entsteht Maltobionsäure. Methylierung mit Dimethylsulfat und Natronlauge verwandelt die Carboxylgruppe in die Methylestergruppe, wodurch bei dieser Molekülhälfte eine Ringstruktur ausgeschlossen wird und die Hydroxylgruppen in Methoxylgruppen verwandelt werden. Hydrolyse des entstandenen Produktes ergibt 2.3.4.6-Tetramethyl-glucose und 2.3.5.6-Tetramethyl-gluconsäure. Die nichtreduzierende Hälfte des Moleküls muß also einen sechsgliedrigen Ring enthalten haben, der mit der reduzierenden in 4-Stellung verknüpft war.

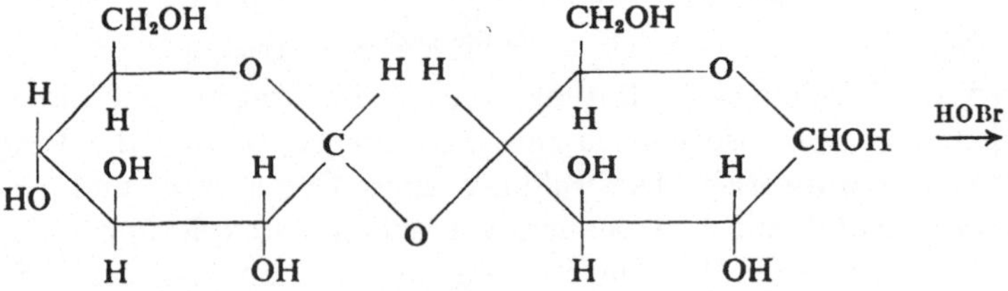

α- oder β-Maltose $\xrightarrow{\text{HOBr}}$

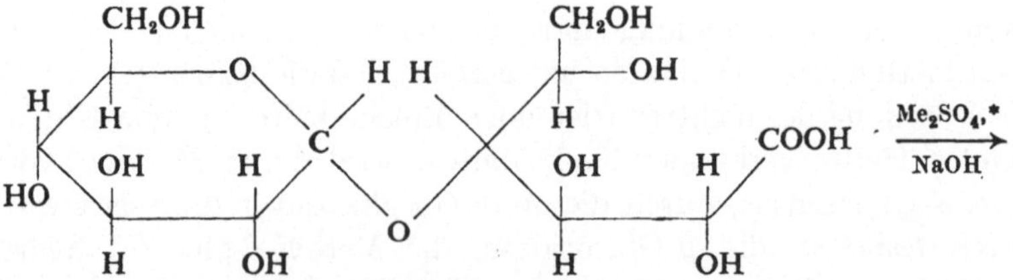

Maltonsäure $\xrightarrow[\text{NaOH}]{\text{Me}_2\text{SO}_4,^*}$

---

* Die Abkürzung Me dient häufig zur Bezeichnung der Methylgruppe CH_3. So ist Me_2SO_4 Dimethylsulfat, MeOH Methylalkohol, MeOR ein Methyläther.

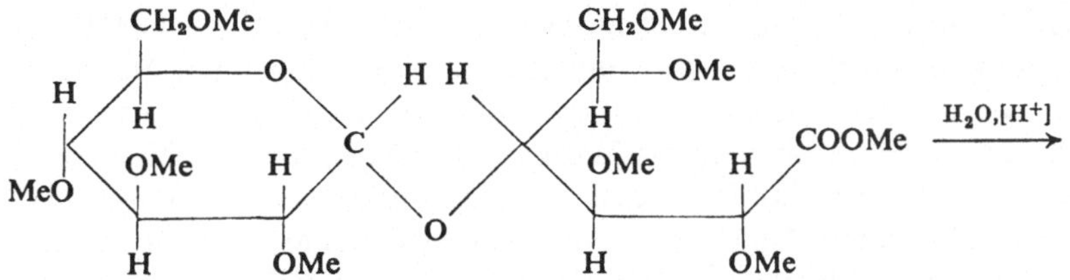

CH$_2$OMe ... CH$_2$OMe ... OMe ... COOMe $\xrightarrow{\text{H}_2\text{O,[H}^+]}$

Octamethylmaltonsäure-
methylester

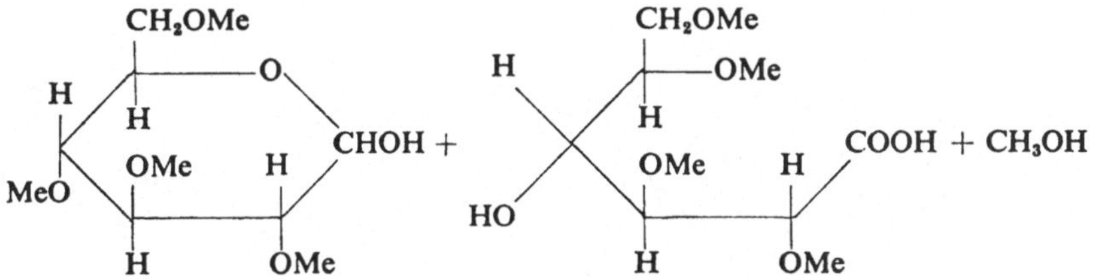

CH$_2$OMe ... CHOH + ... CH$_2$OMe ... COOH + CH$_3$OH

2.3.4.6-Tetramethyl-glucose ... 2.3.5.6-Tetramethyl-gluconsäure

Es wird angenommen, daß die reduzierende Hälfte der freien Maltose ebenfalls einen
Sechsring enthält, denn die Methylierung der Maltose liefert ein Methyl-heptamethyl-
maltosid, das bei der Hydrolyse in 2.3.4.6-Tetramethyl-glucose und 2.3.6-Trimethyl-
glucose zerfällt.

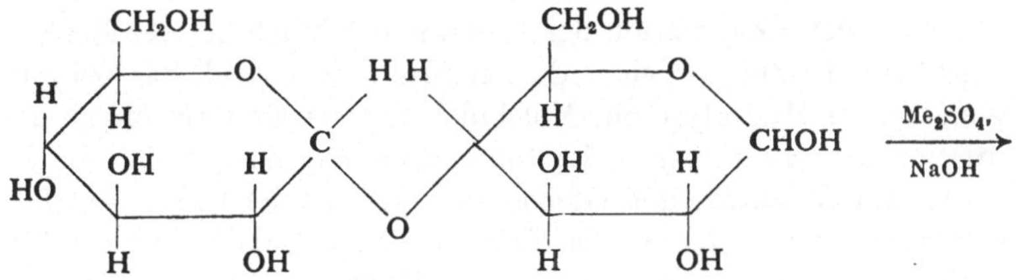

CH$_2$OH ... CH$_2$OH ... CHOH $\xrightarrow{\text{Me}_2\text{SO}_4, \text{NaOH}}$

Maltose

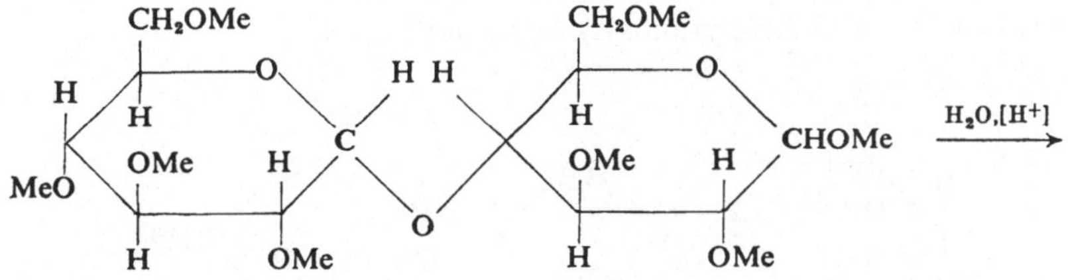

CH$_2$OMe ... CH$_2$OMe ... CHOMe $\xrightarrow{\text{H}_2\text{O,[H}^+]}$

Methyl-heptamethyl-maltosid

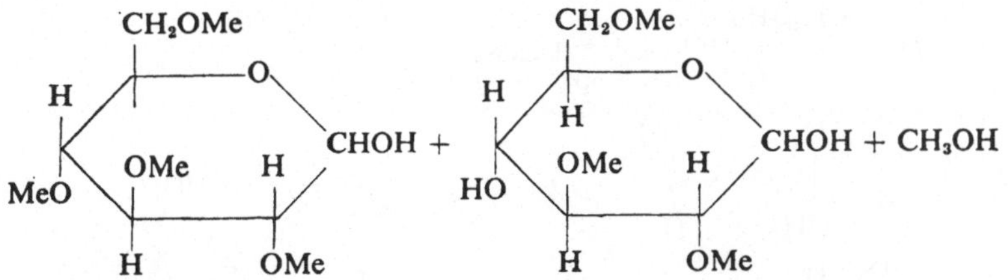

CH$_2$OMe ... CHOH + ... CH$_2$OMe ... CHOH + CH$_3$OH

2.3.4.6-Tetramethyl-glucose ... 2.3.6-Trimethyl-glucose

Cellobiose ist ein Disaccharid, das sich durch Hydrolyse seines Octaacetats
bildet. Diese Verbindung erhält man in 40%iger Ausbeute, wenn man eine Lösung
von Cellulose (Baumwolle oder Papier) in einem Gemisch von Acetanhydrid und

Schwefelsäure eine Woche bei 35° aufbewahrt. Cellobiose gibt wie Maltose bei der Hydrolyse zwei Moleküle Glucose und zeigt alle Reaktionen der Maltose. Aus den Ergebnissen der Methylierung und aus Abbauversuchen geht hervor, daß Cellobiose die gleiche Struktur hat wie Maltose. Der einzige Unterschied im Verhalten der beiden Zucker ist, daß Cellobiose durch Emulsin (β-Glucosidase) hydrolysiert wird, nicht aber durch Maltase (α-Glucosidase). Cellobiose unterscheidet sich von Maltose also dadurch, daß die Bindung zwischen den beiden Glucoseeinheiten β-Konfiguration hat, anstatt α-Konfiguration.

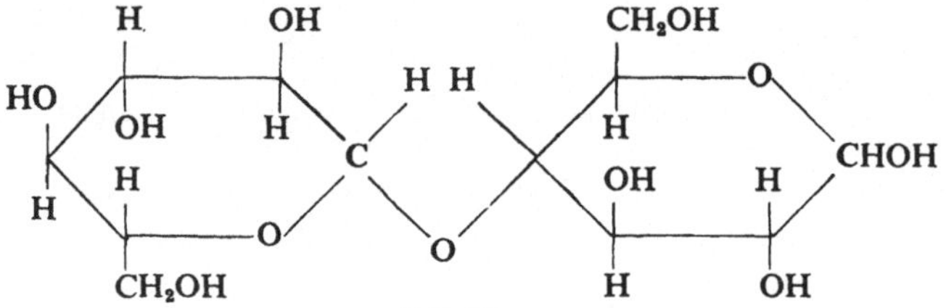

Cellobiose
·4-(β-D-Glucopyranosyl)-D-glucopyranose

Lactose *(Milchzucker)* kommt in etwa 5%iger Konzentration in der Milch aller Säugetiere vor. Dieser Zucker wird technisch gewonnen aus Molke, der wäßrigen Lösung, die nach der Koagulation der Proteine der Milch bei der Bereitung von Käse übrig bleibt. Lactose ist ein reduzierendes Disaccharid, das bei der sauren oder enzymatischen Hydrolyse ein Molekül Galactose und ein Molekül Glucose gibt. Wird vor der Hydrolyse zu Lactobionsäure oxydiert, dann erhält man als Hydrolyseprodukt Galaktose und Gluconsäure. Demnach enthält die Glucose den reduzierenden Teil des Moleküls. Da Lactose von β-Galaktosidase hydrolysiert wird, ist eine β-Bindung zwischen dem Galaktose- und Glucosemolekül anzunehmen. Methylierungs- und Abbauversuche führten zur Aufstellung der Struktur als 4-(β-D-Galaktopyranosyl)-D-glucopyranose.

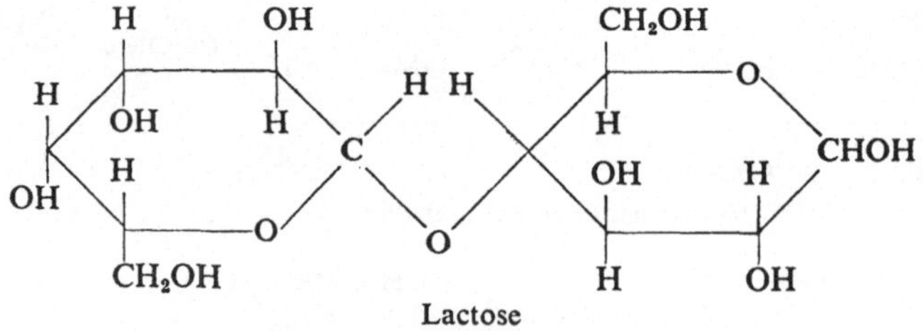

Lactose
4-(β-D-Galactopyranosyl)-D-glucopyranose

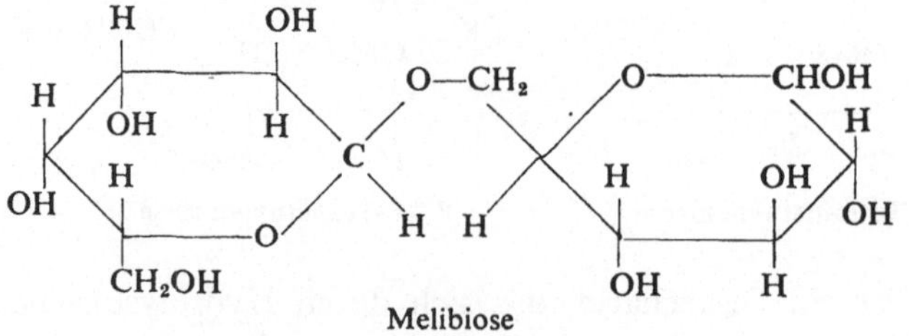

Melibiose
6-(α-D-Galactopyranosyl)-D-glucopyranose

Melibiose, ein reduzierendes Disaccharid, kann durch partielle Hydrolyse des Trisaccharids *Raffinose* (S. 416) erhalten werden. Sie findet sich frei in pflanzlichen Ausscheidungen und hat sich als 6-(α-D-Galaktopyranosyl)-D-glucopyranose erwiesen. **Gentiobiose,** die man bei der partiellen Hydrolyse des Trisaccharids *Gentianose* (S. 416) oder des Glykosids *Amygdalin* (S. 567) erhält, ist 6-(β-D-Glucopyranosyl)-D-glucopyranose.

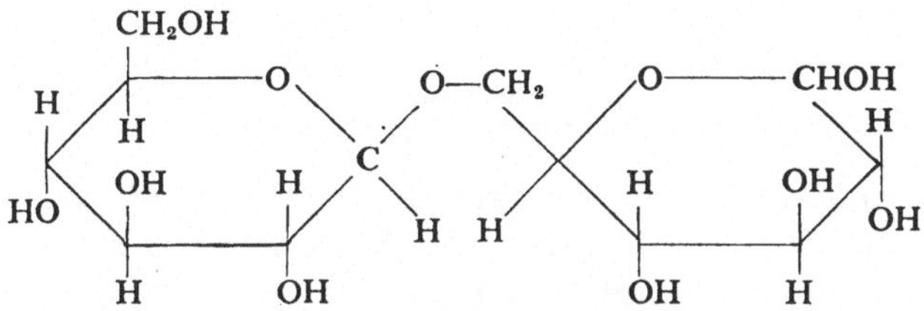

Gentiobiose

6-(β-D-Glucopyranosyl)-D-glucopyranose

Rutinose, ein Hydrolyseprodukt des Rutins (S. 737), ist 6-(β-L-Rhamnopyranosyl)-D-glucopyranose.

Zwar geben sowohl Monosaccharide als auch reduzierende Disaccharide Osazone, doch bietet die Reaktion mit Phenylhydrazin trotzdem die Möglichkeit, zwischen ihnen zu unterscheiden, weil die Osazone der Monosaccharide (I) schwerer löslich sind als die der Disaccharide (II) und aus der heißen Lösung auskristallisieren, während die Osazone der Disaccharide erst beim Abkühlen kristallisieren. Dieser Löslichkeitsunterschied überrascht nicht, denn das Verhältnis der Kohlenstoffatome zu Sauerstoff- und Stickstoffatomen ist im einen Fall 18:8 (oder 2,25:1), im anderen Fall 24:13 (oder 1,85:1).

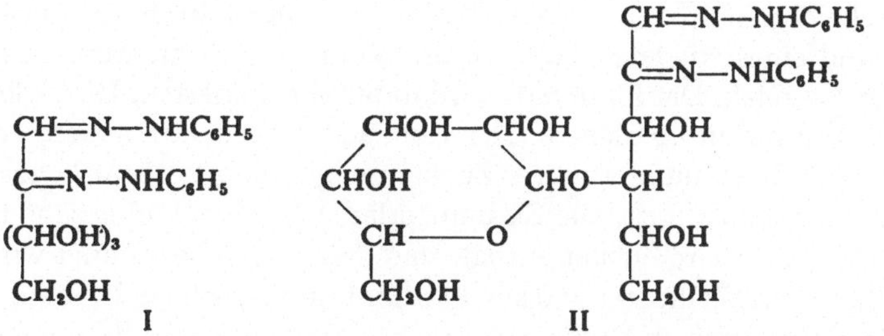

Nichtreduzierende Disaccharide. Trehalose ist ein Disaccharid, das in jungen Steinpilzen und anderen Pilzen vorkommt, ferner in der Auferstehungspflanze, *Selaginella lepidophylla,* die im südwestlichen Teil der Vereinigten Staaten verbreitet ist. Wie Maltose und Cellobiose gibt Trehalose bei der Hydrolyse zwei Mol Glucose. Sie reduziert jedoch Fehlingsche Lösung nicht, bildet kein Osazon, mutarotiert nicht und bildet keine α- und β-Acetate oder Methylglykoside. Die glykosidische Bindung muß also zwischen den beiden anomeren Kohlenstoffatomen liegen. Da Methylierung und anschließende Hydrolyse zu zwei Molekülen 2.3.4.6-Tetramethyl-glucose führt, sind beide Ringe sechsgliedrig. Die hohe positive

Drehung von $[\alpha]_D^{20}: +178,3$ läßt auf α-Konfiguration beider anomeren Kohlenstoffatome schließen.

Trehalose
α-D-Glucopyranosyl-α-D-glucopyranosid

Saccharose *(Rohrzucker, Rübenzucker;* engl. *sucrose)* ist das wichtigste Disaccharid. Rohrzucker ist im Pflanzenreich sehr weit verbreitet und kommt, wenn auch meist nur in geringer Konzentration, in allen Teilen der Pflanze vor. Auch im Honig findet er sich neben Glucose und Fructose. Die Hauptquellen sind Zuckerrohr, Zuckerrüben und Zuckerahorn. Die große Kristallisationsfreudigkeit des Rohrzuckers ist wahrscheinlich der Grund, weshalb er schon 300 n. Chr. (S. 2) in reinem Zustand isoliert wurde. Zuckerrohr *(Saccharum officinarum)* gehört zur Familie der Gräser und stammt wahrscheinlich aus dem nordöstlichen Indien (Sanskrit: *sakara* grober Sand oder Zucker). Von dort aus wurde es etwa 400 n. Chr. in China und 640 n. Chr. durch die Araber in Ägypten eingeführt. Columbus soll es 1494 auf seiner zweiten Amerikareise nach San Domingo gebracht haben. Im Zuckerrübensaft wurde Saccharose zwar schon 1747 entdeckt, doch wurde dieses Vorkommen erst während der Napoleonischen Kriege (1796—1814) ausgenutzt, als der Rohrzucker infolge der Kontinentalsperre in Europa unerschwinglich war.

Die Saccharose wird aus Zuckerrohr durch Mahlen der Stengel und Auspressen des Saftes mit Walzen gewonnen. Der Saft, der etwa 15% Saccharose enthält, wird zur Verhütung der Hydrolyse mit Kalk schwach alkalisch gemacht. Beim Erhitzen scheiden sich die meisten Verunreinigungen in Form eines schweren Schaumes und eines Niederschlages ab und können entfernt werden. Dieses Verfahren heißt *Scheiden.* Der klare Saft wird unter vermindertem Druck konzentriert und der Kristallisation überlassen. Der Rohzucker wird abzentrifugiert, und das Filtrat wird zur Gewinnung weiterer Zuckermengen so oft erneut konzentriert, als es wirtschaftlich sinnvoll ist. Die Endmutterlauge ist eine dunkle zähe Flüssigkeit, die etwa 50% vergärbare Zucker enthält und als *Melasse* bezeichnet wird. Sie wird zur Herstellung von Viehfutter und zur Fabrikation von Alkohol (S. 96) verwertet.

Der Rohzucker wird in Raffinerien transportiert, wo seine braune Farbe durch Waschen, Auflösen in Wasser und Behandeln mit Aktivkohle entfernt wird. Durch Konzentrieren und Kristallisation wird der reine Zucker des Handels erhalten. Die dunkler gefärbten Anteile, die bei der Raffinierung anfallen, werden als *brauner Zucker* verkauft. Weißer kristallisierter Zucker, der mit 3% Stärke zur Verhütung des Zusammenbackens vermahlen wurde, heißt *Puderzucker* oder *Staubzucker.*

Die weiße Zuckerrübe, eine kultivierte Abart von *Beta maritima* ist auf einen Zuckergehalt von 18% Saccharose gezüchtet worden. Die entblätterte Rübe wird gewaschen und in V-förmige Stücke von etwa 1 cm Dicke geschnitten. Diese Stücke werden im Gegenstrom mit heißem Wasser extrahiert, wobei eine dunkle

Lösung, die etwa 12%Saccharose enthält, erhalten wird. Wenn der Zucker durch Diffusion aus den Pflanzenzellen ausgelaugt wird, enthält er viel weniger Proteine und hochmolekulare Verunreinigungen als wenn die Rüben zerquetscht und ausgepreßt werden. Der warme Extrakt wird mit 2—3% Ätzkalk geschüttelt und anschließend mit Kohlendioxyd gesättigt. Der Niederschlag reißt die meisten Verunreinigungen mit; das gelbe Filtrat wird mit Schwefeldioxyd entfärbt. Nach dem Konzentrieren, Kristallisieren und Waschen ist das Produkt fertig für den Verkauf.

Die Gewinnung von Saccharose aus Zuckerahorn *(Acer saccharinum)* ist von relativ geringer Bedeutung. Kleine Mengen werden auch aus anderen Quellen dargestellt, so aus Sorghum (chinesisches Zuckerrohr) und Palmensaft, doch spielt Zucker diesen Ursprungs auf dem Weltmarkt keine Rolle.

Saccharose wird in größerer Menge hergestellt als irgendeine andere reine organische Verbindung. Die Weltproduktion (ohne UdSSR) betrug 1954 40 Mill. Tonnen, davon etwa ein Drittel aus Zuckerrüben, zwei Drittel aus Zuckerrohr. In den Vereinigten Staaten (Festland) wurden 2,6 Millionen Tonnen produziert, davon nur ein Viertel aus Zuckerrohr. Der Verbrauch belief sich auf 8 Millionen Tonnen oder 45 kg pro Kopf.

Die Hydrolyse der Saccharose in Gegenwart von Säuren oder des Enzyms *Invertase* gibt ein Molekül Fructose und ein Molekül Glucose. Saccharose ist rechtsdrehend, $[\alpha]_D^{20} : +66{,}53$; im Verlauf der Hydrolyse kehrt sich der Drehungssinn um, da die starke Linksdrehung der Fructose ($[\alpha_D^{20}] : -92{,}4$ im Gleichgewichtsgemisch) die Rechtsdrehung der Glucose ($[\alpha]_D^{20} : +52{,}7$ im Gleichgewichtsgemisch) überwiegt. Wegen der Umkehrung des Drehungssinnes während der Hydrolyse wird der Vorgang auch *Inversion* und das Gemisch aus Fructose und Glucose *Invertzucker* genannt. Dieses hat etwa dieselbe Süßkraft wie Saccharose (S. 405), aber seine Kristallisationsfreudigkeit ist sehr viel geringer. Daher wird es zur Herstellung von Kunsthonig, Zuckerwerk und Sirupen verwendet. Saccharoseoctaacetat schmeckt interessanterweise äußerst bitter.

Saccharose reduziert Fehlingsche Lösung nicht, bildet kein Osazon, mutarotiert nicht und bildet kein Methylglykosid. Dementsprechend müssen Fructose und Glucose über die beiden anomeren Kohlenstoffatome verbunden sein. Durch Methylierung entsteht Octamethylsaccharose, die zu 2.3.4.6-Tetramethyl-glucose und 1.3.4.6- Tetramethyl-fructose hydrolysiert wird. Das erstgenannte Produkt beweist das Vorliegen eines Sechsrings im Glucoseanteil, das zweite das Vorliegen eines Fünfrings im Fructoseanteil des Moleküls. Saccharose wird durch die α-Glucosidase der Hefe hydrolysiert, nicht aber durch die β-Glucosidase des Emulsins. Sie wird auch durch Invertase hydrolysiert, einem Enzym, das zwar β- aber keine α-Fructofuranoside spaltet. Das anomere Kohlenstoffatom des Glucoseanteils hat also α-Konfiguration, das des Fructoseanteils β-Konfiguration.

Saccharose

α-D-Glucopyranosyl-β-D-fructofuranosid

Die enzymatische Synthese der Saccharose aus D-Glucopyranose-1-phosphat
und Fructose gelang 1943 mit Hilfe eines Enzyms aus dem Mikroorganismus
Pseudomonas saccharophila. Zahlreiche frühere Versuche, Saccharose auf chemischem Wege zu synthetisieren, scheiterten an der Schwierigkeit, die richtige
Konfiguration der glykosidischen Bindung zu erhalten. 1953 wurde Saccharoseoctaacetat in 5,5%iger Ausbeute durch Erhitzen von 1.2-Anhydro-3.4.6-triacetyl-
α-D-glucopyranose (vgl. S. 409) mit 1.3.4.6-Tetraacetyl-D-fructofuranose erhalten.
Reinigung und Entacetylierung ergab Saccharose, die mit dem Naturprodukt
identisch war.

Trisaccharide

Raffinose kommt in kleinen Mengen in vielen Pflanzen vor. Sie reichert sich bei
der Herstellung von Rübenzucker in der Mutterlauge an und kann aus den Rüben-
zuckermelassen dargestellt werden. Auch durch Extraktion entfetteter gemahlener
Baumwollsamen mit Wasser kann sie gewonnen werden. Die vollständige Hydrolyse der Raffinose ergibt je ein Mol Glucose, Fructose und Galaktose. Da die
Raffinose nicht reduzierend wirkt, müssen alle anomeren Kohlenstoffatome an
glykosidischen Bindungen beteiligt sein. Wird Raffinose in Gegenwart der
α-Galaktosidase des Emulsins hydrolysiert, so entstehen Galaktose und Saccharose, wird sie dagegen durch Invertase (β-Fructosidase) hydrolysiert, sind die
Reaktionsprodukte Fructose und Melibiose. Da die Strukturen der Saccharose und
der Melibiose bekannt sind, steht damit auch die Struktur der Raffinose fest.

Raffinose

Gentianose kommt im Wurzelstock zahlreicher Enzianarten vor. In Gegenwart
von Invertase wird sie zu Fructose und Gentiobiose hydrolysiert, in Gegenwart der
β-Glucosidase des Emulsins zu Glucose und Saccharose.

Gentianose

Polysaccharide

Wie schon im Namen zum Ausdruck kommt, sind die Polysaccharide Substanzen von hohem Molekulargewicht (30000 bis 14000000). Sie sind unlöslich in Flüssigkeiten und werden durch Säuren und Alkalien, die zu ihrer Umwandlung in lösliche Derivate benötigt werden, leicht verändert. Ihre Reinigung ist daher äußerst schwierig. Außerdem sind selbst die gereinigten Produkte in bezug auf ihre Molekülgröße nicht homogen, denn ein und dieselbe Substanz kann aus Polymeren verschiedenen Molekulargewichts bestehen. Trotzdem sind die Polysaccharide viel einfacher aufgebaut als die Proteine, da häufig nur ein einziges Bauelement, z. B. Glucose, vorliegt. Verbindungen dieser Art werden *Homopolysaccharide* genannt. Polysaccharide, die aus verschiedenen Bauelementen zusammengesetzt sind, werden als *Heteropolysaccharide* bezeichnet. Polysaccharide wie Stärke, Glykogen oder Inulin dienen als Reservestoffe für Pflanzen und Tiere; andere, wie die Cellulose der Pflanzen und das Chitin der Crustaceae, sind Gerüststoffe; bei noch anderen, wie den Gummi- und Schleimsubstanzen, ist die Funktion nicht bekannt.

Homopolysaccharide

Stärke. Während des Wachstums speichern die Pflanzen Kohlenhydrate in verschiedenen Teilen wie Wurzeln, Samen und Früchten in Form mikroskopisch kleiner Stärkekörner. Samen enthalten bis zu 70%, Wurzeln und Knollen bis zu 30% Stärke. Die Hauptquellen für die technische Gewinnung von Stärke sind Mais, Kartoffeln, Weizen, Reis, Tapioca, Sago und süße Kartoffeln. Stärkekörner verschiedenen Ursprungs unterscheiden sich in Gestalt, Größe und allgemeinem Habitus.

In den Vereinigten Staaten wird Stärke hauptsächlich aus Mais gewonnen. Die Maiskörner werden in schwefeldioxydhaltigem warmem Wasser eingeweicht und dann zum Ablösen des Keimlings zu Schrot zerkleinert. Nach Mischen der gemahlenen Masse mit Wasser können die Keime auf Grund des hohen Ölgehalts oben abgeschöpft werden; sie werden getrocknet und zur Gewinnung von Maisöl ausgepreßt (S. 190). Das restliche Material sinkt zu Boden und wird so fein gemahlen, wie es ohne Zerstörung der Stärkekörner möglich ist, und anschließend über Sieben gewaschen, wobei der größte Teil der Hüllen entfernt wird. Die Stärkesuspension wird durch lange flache Tröge geleitet, wo sich die Stärkekörner absetzen, oder zentrifugiert. Die Eiweißbestandteile des Korns (Gluten) gewinnt man aus dem Einweichwasser und aus dem Wasser, das die Absetztröge verläßt. Wichtig ist heute die direkte Verwendung von Mais-Einweichwasser als Nährlösung für die Pilzkulturen, die zur Herstellung von Penicillin (S. 671) benötigt werden. Die Gewinnung von Stärke aus Kartoffeln ist einfacher, da nur Mahlen und Absitzenlassen erforderlich ist. Die Jahresproduktion an Maisstärke in den Vereinigten Staaten beträgt etwa 1,8 Milliarden kg, die an Kartoffelstärke etwa 45 Millionen kg.

Wird Stärke mit Wasser erhitzt, so quellen die Körner sehr stark, und es bildet sich eine kolloidale Suspension. Dieses disperse System läßt sich in zwei Komponenten trennen. Beim Sättigen mit einem schwerlöslichen Alkohol wie Butanol oder dem handelsüblichen Amylalkoholgemisch (Pentasol, S. 124) oder mit Thymol (S. 544) bildet sich ein mikrokristalliner Niederschlag, die *A-Fraktion* oder **Amylose.** Gibt man zu der Mutterlauge einen mit Wasser mischbaren Alkohol wie Methanol oder fällt man zusammen mit Aluminiumhydroxyd, so wird eine amorphe Substanz erhalten, die als *B-Fraktion* oder **Amylopektin** bezeichnet wird. Die meisten Stärken enthalten Amylose und Amylopektin im Verhältnis 1:4 bis 1:5. Einige genetisch reine Getreidemutanten wie Wachsmais, Sorghum, Hirse, Reis und Gerste enthalten nur Amylopektin, während eine recessive Mutante der runzligen Erbse zwischen 70 und 98% Amylose enthalten soll.

Die beiden Fraktionen unterscheiden sich beträchtlich in ihren physikalischen und chemischen Eigenschaften. Gereinigte Amylose ist in heißem Wasser nur schwer löslich und fällt beim Stehenlassen der Lösung wieder aus *(Retrogradation)*. Sie dispergiert leicht in verdünnter Natronlauge, wird aber durch das Alkali abgebaut. Amylopektin löst sich leicht in Wasser, und die Lösung bildet beim Aufbewahren kein Gel, und es entsteht auch kein Niederschlag. Lösungen nativer Stärken erstarren sehr schnell, und die Stärke fällt langsam aus. Offensichtlich wirkt das Amylopektin als Schutzkolloid der Amylose.

Die typische blaue Farbreaktion der Stärke mit Jod ist der Amylosefraktion zuzuschreiben, die, wie durch potentiometrische Titration festgestellt wurde, 18 bis 20% ihres Gewichtes an Jod absorbiert. Das blaue Produkt ist eine Einschlußverbindung (S. 326), in der die Jodmoleküle die zentralen offenen Räume einer Helix aus C_6-Einheiten, die das Amylosemolekül bildet, einnehmen. Amylopektin gibt eine rote bis purpurrote Färbung und absorbiert nur 0,5 bis 0,8% Jod. Durch Jodtitration der Gesamtstärke können die relativen Mengen an beiden Komponenten bestimmt werden.

Beide Fraktionen geben bei der vollständigen Hydrolyse durch Säuren nur Glucose. Aufschlußreicher ist die partielle Hydrolyse mit Hilfe von Enzymen. Seit längerer Zeit werden zwei Gruppen von stärkespaltenden Enzymen unterschieden, die α- und *β-Amylasen*. Durch α und β werden hier lediglich die beiden Gruppen unterschieden, dagegen wird nichts über die Konfiguration der glucosidischen Bindung ausgesagt, die die Enzyme angreifen, denn beide sind 1.4-α-Glucosidasen. In ihrer Wirkung unterscheiden sie sich dadurch, daß α-Amylase die Glucosidbindungen wahllos hydrolysiert, während β-Amylase nur die zweite Bindung vom nichtreduzierenden Ende einer Kette angreift und Maltose freisetzt. Von reiner β-Maltase wird Amylose nur zu etwa 70% zu Maltose hydrolysiert. 1952 wurde gefunden, daß bei Gegenwart eines weiteren Enzyms, des *Z-Enzyms*, die Hydrolyse zu Maltose nahezu vollständig verläuft. Z-Enzym ist eine β-Glucosidase. Es wird daher angenommen, daß Amylose aus Glucoseeinheiten besteht, die in der Hauptsache durch α-glucosidische Bindungen über die 1.4-Stellungen verknüpft sind und ein im wesentlichen lineares, zu einer Spirale aufgewickeltes Polymeres bilden, daß aber einzelne β-Glucosyleinheiten als Verzweigungen vorkommen. Diese Verzweigungen verhindern die vollständige Hydrolyse der Amylose zu Maltose durch die β-Amylase, wenn sie nicht zuerst durch das Z-Enzym abgespalten werden. Wird Amylose vollständig methyliert und dann hydrolysiert, so ist das Hauptprodukt 2.3.6-Trimethyl-glucose; daneben treten etwa 0,3% 2.3.4.6-Tetramethylglucose auf, die aus den endständigen nichtreduzierenden Glucoseeinheiten herrührt. Untersuchungen mit der Ultrazentrifuge zeigen, daß Amylose heterogen ist, und daß die Molekulargewichte der Moleküle zwischen 17000 und 225000 variieren.

Amylopektin wird von β-Amylase nur zu etwa 50% hydrolysiert, gleich ob Z-Enzym zugegen ist oder nicht; der Rest ist ein hochmolekulares Produkt, das als *Grenzdextrin* bezeichnet wird. Jedoch bewirkt β-Amylase im Verein mit einem anderen Enzym, dem sogenannten *R-Enzym*, einer 1.6-α-Glucosidase, eine vollständige Hydrolyse. Methylierung und anschließende Hydrolyse von Amylopektin ergibt 4% 2.3.4.6-Tetramethyl-glucose und eine gleiche Menge 2.3-Dimethyl-glucose. Die Menge an Tetramethyl-glucose entspricht etwa einer nichtreduzierenden Endgruppe auf je 25 Glucoseeinheiten. Molekulargewichtsbestimmungen ergeben einen Durchschnittswert von einer bis sechs Millionen (6000—37000 C_6-Einheiten) aus Messungen des osmotischen Drucks und von 400 Millionen (2.5×10^6 C_6-Einheiten) aus der Lichtstreuung. Amylopektin muß also ein stark verzweigtes Molekül sein. Die Zweige bestehen aus 20 bis 25 Glucoseeinheiten, die durch 1.4-α-Bindungen verknüpft und ihrerseits durch 1.6-α-Bindungen mit anderen Zweigen verbunden sind. Es wird angenommen, daß die Verzweigungen rein zufällig sind und keinem regelmäßigen Bauplan folgen.

Stärke wird hauptsächlich als Nahrungsmittel verwendet. Sie wird von den *Speichelamylasen* stufenweise hydrolysiert; wenn die Reaktion vollständig ablaufen kann, ist das Endprodukt Maltose. Da diese Enzyme durch starke Säure zerstört werden, wird die Stärkeverdauung unterbrochen, sobald die Speisen vollständig mit der Salzsäure des Magens vermischt sind. Die Verdauung wird jedoch im Dünndarm fortgesetzt, wo die Salzsäure neutralisiert wird und die *Pankreasamylase* die Hydrolyse zu Maltose zu Ende führt. Vor der Passage durch die Darmschleimhaut werden Disaccharide wie Maltose, Saccharose und Lactose durch spezifische Darmenzyme zu Monosacchariden hydrolysiert. Es gibt Gründe anzunehmen, daß während des Übergangs von Glucose, Fructose und Galaktose durch die Darmwand in den Blutstrom Phosphorylierungs- und Entphosphorylierungsreaktionen eine Rolle spielen. Diese Zucker werden dem Blut von Leber und Muskelgewebe sehr schnell entzogen und in Glykogen umgewandelt.

Technische Stärke wird durch Säurehydrolyse in **Malzsirup** oder **kristalline Glucose** übergeführt, die als Nahrungsmittel dienen. Große Mengen Stärke werden als Wäschestärke und Klebstoffe verwendet, oft nach Überführung in Dextrine. Stärke kann in Ester und Äther umgewandelt werden, aber bis jetzt haben diese funktionellen Derivate nicht in größerem Maßstab Verwendung gefunden. **Stärkenitrate** (sogenannte *Nitrostärke*) mit 11 bis 13% Stickstoff sind als Ersatz von TNT als Sprengstoff verwendet worden.

Glykogen. Dieses Reservekohlenhydrat des tierischen Körpers kommt nicht in Form von Körnchen vor, sondern ist durch das ganze Protoplasma verteilt. Es ist teilweise wasserlöslich, ein anderer Teil ist an Protein gebunden. Als Quelle zur Darstellung eignen sich am besten Fluß- oder Meeresmuscheln. Die Isolierung geschieht durch Hydrolyse des Gewebes mit heißer Alkalilauge, Neutralisieren und Fällen mit Alkohol. Glykogen gibt mit Jod eine violette bis braune Färbung. Bei der sauren Hydrolyse entsteht ausschließlich Glucose; bei der Spaltung mit Diastase werden bis zu 30% Maltose erhalten. Durch Methylierung und folgende Hydrolyse läßt sich zeigen, daß auf je zwölf C_6-Einheiten eine Endgruppe entfällt. Glykogenpräparate sind stets sehr heterogen; die Molekulargewichte liegen zwischen 3 und 15 Millionen (aus dem osmotischen Druck bestimmt). Die geringere Kettenlänge und das höhere Molekulargewicht bedeuten, daß Glykogen im

Vergleich zu Amylopektin bei sonst ähnlicher Struktur noch stärkere Molekülverzweigung aufweist.

Cellulose. Dieses Polysaccharid bildet die Zellwände der höheren Pflanzen. Es stellt etwa 10% des Trockengewichts der Blätter, etwa 50% der verholzten Teile der Pflanzen und 98% der Baumwollfaser. Reine Cellulose erhält man am besten aus Baumwolle durch Entfetten mit einem organischen Lösungsmittel und Entfernen der Pektinstoffe (S. 430) durch Extraktion mit heißer 1%iger Natronlauge.

Wie Stärke gibt auch Cellulose bei der Hydrolyse nur Glucose, und methylierte Cellulose gibt in einer Ausbeute von 90—95% 2.3.6-Trimethyl-glucose. Anders als bei der Stärke wird dabei keine Tetramethylglucose erhalten, sofern die Methylierung unter Luftausschluß vorgenommen wird. Hieraus folgt, daß entweder das Molekül so groß ist, daß die Menge etwa entstehender Tetramethylglucose sich dem Nachweis entzieht, oder daß das Molekül ringförmig gebaut ist. Bestimmungen mit der Ultrazentrifuge ergeben Molekulargewichte von 1 bis 2 Millionen (6000—12000 C_6-Einheiten).

Aus dem Ergebnis der acetylierenden Spaltung, die in 40—50% Ausbeute die β-glucosidische Octaacetylcellobiose liefert, wird geschlossen, daß die Glucoseeinheiten der Cellulose in 1.4-Stellung durch eine β-Bindung verknüpft sind.

Cellulose

Ungeachtet der Tatsache, daß Cellulose auf je sechs Kohlenstoffatome fünf Sauerstoffatome enthält, ist sie unlöslich in Wasser und Alkoholen. Das hohe Molekulargewicht und die lineare Natur des Moleküls haben offenbar starke van der Waalsche Kräfte zur Folge, durch die die Dispersion in Lösungsmitteln verhindert wird. In Schwefelsäure oder konzentrierten Lösungen von Zinkchlorid ist Cellulose löslich, aber in Gegenwart von Säuren werden die Glucosidbindungen teilweise gespalten, so daß die durch Eingießen der Lösung in Wasser erhaltene regenerierte Cellulose ein viel niedrigeres Molekulargewicht besitzt als native Cellulose. Ein solcher *Abbau* der Molekülketten tritt auch ein, wenn Cellulose in Gegenwart von Alkalien der Luft ausgesetzt wird.

Die besten Lösungsmittel für Cellulose sind eine ammoniakalische Lösung von Kupfer(II)-hydroxyd [$Cu(NH_3)_4(OH)_2$, *Schweitzers Reagens*] oder das neuerdings viel verwendete *Cupriäthylendiamin* $Cu(H_2NCH_2CH_2NH_2)_2(OH)_2$, das durch Auflösen von Kupfer(II)-hydroxyd in Äthylendiamin (S. 798) und Verdünnen mit Wasser auf die gewünschte Konzentration hergestellt wird. Das Ausmaß des Abbaus, dem Cellulose in diesen Lösungsmitteln unterliegt, kann durch die Bestimmung der Viscosität der Lösungen ermittelt werden, denn mit abnehmender Kettenlänge der Moleküle nimmt auch die Viscosität der Lösungen ab. Es zeigt sich, daß Lösungen von Cellulose, die durch Ansäuern der Kupferammoniaklösungen regeneriert wurde, geringere Viscosität aufweisen, als Lösungen nativer Cellulose. Somit wird auch durch diese Lösungsmittel ein Abbau bewirkt, und zwar noch in verstärktem Maße, wenn die Lösungen der Luft ausgesetzt werden.

Trotz eingehender Untersuchung dieser Lösungen ist noch weitgehend unbekannt, in welcher Form die gelöste Cellulose vorliegt. Sind die Kupferlösungen sehr konzentriert, so wird je C_6-Einheit ein Atom Kupfer gebunden. Es erscheint plausibel, daß Komplexe analog denen in Fehlingscher Lösung (S. 855) gebildet werden. Die bedeutende Größe des Kupferatoms vergrößert die Abstände zwischen den Ketten und hebt die zwischen ihnen wirkenden van der Waalschen Kräfte auf, so daß Hydratation und Auflösung erfolgen kann (vgl. S. 426).

Technisch genutzte Cellulosevorkommen. Die technische Verwendung der Cellulose beruht hauptsächlich auf ihrer Faserform und auf der Stärke und Flexibilität der daraus hergestellten Produkte. Baumwollfasern haben eine durchschnittliche Zugfestigkeit von 56 kg/mm²; bei Stahl beträgt dieser Wert etwa 46 kg/mm². Die Faserlänge hängt von der Herkunft ab. Die größte Länge von 20—350 cm haben Bastfasern wie die von Flachs, Jute, Hanf. Baumwolle zeigt als Samenhaar eine Faserlänge von 1,5—5 cm. Holzfasern sind nur 0,2—5 mm lang. Die langen Fasern werden hauptsächlich zur Herstellung von Textilien verwendet, und der für diesen Zweck weitaus wichtigste Rohstoff ist die Baumwolle.

Holz enthält nach dem Trocknen 40 bis 50% Cellulose, 15 bis 25% sonstige Polysaccharide, die sogenannten *Hemicellulosen*, 30% Lignin (S. 556), das als Kittsubstanz für die Cellulosefasern dient, und 5% sonstige Substanzen wie Mineralsalze, Zucker, Fette, Harze und Proteine. Holzzellstoff wird hergestellt durch Herauslösen des Lignins mit heißen Lösungen von 1. Natriumhydroxyd, 2. Calcium-, Magnesium- oder Ammoniumbisulfit oder 3. einem Gemisch aus Natriumhydroxyd und Natriumsulfid (hergestellt aus Kalk und reduziertem Natriumsulfat). Die Produkte, der Natronzellstoff bzw. Sulfitzellstoff bzw. Sulfatzellstoff, bestehen aus verunreinigter Cellulose, die mehr oder weniger stark abgebaut ist. Der größte Teil des Holzzellstoffs dient zur Papierherstellung. Die vergärbaren Zucker der Sulfitablaugen können aus diesen gewonnen und auf Alkohol verarbeitet werden. Beim Sulfatverfahren fallen pro Tonne Papier etwa 23 kg flüssiges Harz (*Tall-Öl*; schwed. *tallolja*, Kiefernöl) an, das zu etwa 50% aus ungesättigten Fettsäuren, hauptsächlich Ölsäure und Linolsäure, und zu 50% aus Harzsäuren besteht. Es wird bei der Fabrikation von Seife (S. 196) und synthetischen Schutzüberzügen verwendet (S. 583).

Mercerisierte Baumwolle. JOHN MERCER, ein englischer Chemiker und Kattundrucker, versuchte 1814 konzentrierte Natronlauge durch ein Baumwolltuch zu filtrieren und stellte dabei fest, daß die Fasern quellen und die Filtration unmöglich machen. Nachdem das Tuch von Natriumhydroxyd freigewaschen und getrocknet worden war, ließ es sich leichter färben als das unveränderte Tuch. 1850 ließ MERCER sein Verfahren patentieren. Das Tuch schrumpft jedoch bei dieser Behandlung erheblich ein. Um 1889 versuchte HORACE LOWE, ebenfalls ein englischer technischer Chemiker, dieses Schrumpfen mechanisch zu verhindern, indem er das Tuch oder Garn während des ganzen Prozesses unter Spannung hielt. Dadurch wurde nicht nur das Schrumpfen verhindert, sondern auch die Unregelmäßigkeiten der Faseroberfläche wurden beseitigt, so daß die Faser einen seidenartigen Glanz erhielt. Gleichzeitig erhöht sich die Festigkeit der Faser um etwa

20%. Das Verfahren ist als *Mercerisation*, und das mit ihm erzeugte Produkt als *mercerisierte Baumwolle* bekannt. Es ist dies die bei weitem am ausgedehntesten geübte Methode zur chemischen Veredlung von Baumwolle, die eine Veränderung der Faser einschließt. In den Vereinigten Staaten werden pro Jahr etwa 20 Millionen kg Garn und 730 Millionen Meter Tuch mercerisiert.

Pergamentpapier. Wird Papier einige Sekunden mit etwa 80%iger Schwefelsäure behandelt, so tritt eine Änderung der Faseroberfläche ein, und nach dem Waschen und Trocknen ist das Papier steifer und zäher, und es zerfällt nicht in Wasser. Wegen seiner Ähnlichkeit mit Pergament wird es *Pergamentpapier* genannt.

Holzverzuckerung. Cellulose kann zu Glucose hydrolysiert und auf diese Weise für die Ernährung oder die Herstellung von Alkohol oder Hefe durch Vergärung nutzbar gemacht werden. Der Aufschluß geschieht in der Technik durch Extraktion der Holzspäne mit 40%iger Salzsäure bei 20° (Bergius-Verfahren) oder mit 0,5%iger Schwefelsäure bei 130° (Scholler-Verfahren). Dabei löst sich die Cellulose auf, während das Lignin in festem Zustand zurückbleibt. Durch Konzentrierung des Extraktes werden die Zucker erhalten. Auch Essigsäure läßt sich aus den Extrakten gewinnen. Das zurückbleibende Lignin wird in Stücke gepreßt und der trocknen Destillation unterworfen, wobei Holzkohle und Methylalkohol entstehen. Die Holzverzuckerung ist ein Verfahren für Länder mit gelenkter Wirtschaft, z. B. Deutschland vor dem zweiten Weltkrieg, wo es allerdings auch nicht so weitgehend angewendet wurde, wie vielfach geglaubt wird. In den Vereinigten Staaten wurde seit 1900 periodisch versucht, Anlagen in Betrieb zu nehmen, aber sie erwiesen sich immer als unwirtschaftlich.

Celluloseester. Es gibt eine Reihe wichtiger Produkte, die aus Cellulose durch Veresterung der Hydroxylgruppen hergestellt werden. Diese Derivate sind in organischen Lösungsmitteln löslich und daher zur Herstellung von Filmen oder Fasern geeignet. Früher verwendete man zu diesem Zweck hauptsächlich gereinigte "Linters", die kurzen Baumwollfasern, die nach Entfernung der langen Fasern im "cotton-gin" von den Baumwollsamen gewonnen werden. In neuerer Zeit ist Zellstoff mit hohem Gehalt an α-*Cellulose* das vorherrschende Rohmaterial. α-Cellulose ist eine technische Bezeichnung für den Anteil am Holzzellstoff, der in Alkalien von der Stärke der Mercerisierungslauge (17,5%) unlöslich ist. Der lösliche Anteil besteht aus den sogenannten *Hemicellulosen*, d. h. Gemischen von vorwiegend Pentosanen und Mannanen (S. 429) sowie aus Zuckern und niedrigermolekularen Substanzen.

Die **Cellulosenitrate,** gewöhnlich weniger korrekt als Nitrocellulose bezeichnet, waren die ersten Cellulosederivate, die technische Bedeutung erlangten. Die Darstellung geschieht durch Einwirkung eines Gemisches von Salpetersäure und Schwefelsäure auf trockne gereinigte Baumwoll-Linters. Es ist vorteilhaft, die Reaktion in möglichst kurzer Zeit (15—30 Minuten) und bei möglichst tiefer Temperatur (30—40°) durchzuführen und den Wassergehalt niedrig zu halten, um Abbaureaktionen einzuschränken. Nach dem Abzentrifugieren und Waschen kocht man die nitrierte Baumwolle mit Wasser, um die Sulfate zu hydrolysieren und dem Produkt eine gute Stabilität zu verleihen. Es wird in feuchtem Zustand gelagert und vor Gebrauch durch Waschen mit Äthanol oder Butanol entwässert. Es werden hauptsächlich drei Sorten Nitrocellulose hergestellt: 1. *Celluloid-*

Kollodiumwolle, die 10,5—11% Stickstoff enthält und in Äthanol-Äther-Gemisch und in absolutem Äthanol löslich ist; 2. *Kollodiumwolle*, die 11,5—12,3% Stickstoff enthält und in absolutem Äthanol löslich ist; und 3. *Schießbaumwolle*, die 12,5 bis 13,5% Stickstoff enthält. Schießbaumwolle, die mehr als 13% Stickstoff enthält, ist unlöslich in Äthanol-Äther-Gemisch und in absolutem Äthanol. Alle technischen Nitrate der Cellulose lösen sich in Aceton und in niedriger-molekularen Estern. Auf Cellulose-dinitrat berechnet sich ein Gehalt von 11,11% Stickstoff, auf Trinitrat ein solcher von 14,15%. Die technischen Produkte sind also Gemische von Verbindungen, die zwei bis drei Nitrogruppen pro C_6-Einheit enthalten.

Schießbaumwolle ist das am wenigsten abgebaute Produkt mit einer Kettenlänge von etwa 3000 C_6-Einheiten. Dementsprechend zeigen die Lösungen extrem hohe Viscosität. Schießbaumwolle dient zur Herstellung von rauchlosem Schießpulver, dem wichtigsten Geschoßtreibmittel. Hierzu wird sie durch Vermischen mit einem Lösungsmittel *gelatiniert*, d. h. in eine teigförmige, kolloidale Masse übergeführt, die ausgepreßt und zu zylindrischen, perforierten Körnern zerkleinert wird. Die Perforierung bewirkt eine fortschreitende Ausbreitung der Flammzone und daher ein Anwachsen der Verbrennungsgeschwindigkeit während sich das Geschoß durch den Gewehrlauf bewegt. Das amerikanische Militär verwendet ein Schießpulver, das aus 12,5% Stickstoff enthaltender Schießbaumwolle hergestellt und mit Äthanol-Äther gelatiniert wird. Das englische Militär benutzt Schießpulver aus einer mehr als 13% Stickstoff enthaltenden Schießbaumwolle, die mit Aceton gelatiniert wird. Pulver mit höherem Stickstoffgehalt erzielen eine etwas größere Reichweite, wirken aber stärker korrodierend auf die Bohrung der Schußwaffe. **Cordit** und **Ballistit** *(Sprenggelatine)* bestehen aus Schießbaumwolle, die ihre Plastizität durch Nitrogylcerin (S. 791) erhält. Die Gleichung für die Zersetzung von Trinitrocellulose kann wie folgt geschrieben werden.

$$2 \left[\begin{array}{l} \text{—CH(CHONO}_2)_2\text{—CH—O—} \\ \text{CH————————O} \\ \text{CH}_2\text{ONO}_2 \end{array} \right]_x \longrightarrow 9x\,CO + 3x\,CO_2 + 7x\,H_2O + 3x\,N_2$$

Der chemisch gebundene Sauerstoff reicht aus, um die Verbindung vollständig in gasförmige Produkte umzuwandeln, und die große Energiemenge, die beim Übergang des Sauerstoffs vom Stickstoff auf Wasserstoff und Kohlenstoff frei wird, bringt die Gase auf sehr hohe Temperatur und erzeugt den Druck, der erforderlich ist, um das Geschoß mit hoher Geschwindigkeit auszutreiben.

1865 erhielt der Engländer ALEXANDER PARKES durch Vermischen von Nitrocellulose, Alkohol und Campher eine hornartige Masse. 1869 wurde dem amerikanischen Erfinder JOHN WESLEY HYATT ein ähnliches Produkt patentiert, das er als Ersatz für Elfenbein für Billiardbälle entwickelt hatte, und dem er den Namen **Celluloid** gab. Celluloid ist eine feste Lösung von 1 Teil Campher (S. 903) in 2 Teilen Nitrocellulose; durch Verkneten mit Alkohol erhält man eine teigförmige Masse, die in Formen gepreßt oder zu Folien ausgewalzt werden kann. Durch Entweichen des Alkohols verfestigen sich die Gegenstände. Celluloid war der älteste und durch fünfzig Jahre der einzige technisch bedeutungsvolle Kunststoff. Seine hohe Feuergefährlichkeit, aber auch unerwünschter Geruch und Geschmack,

Unbeständigkeit gegen Säuren und Alkalien, Verfärbung durch Licht beeinträchtigen seine praktische Verwendbarkeit.

Das wichtigste Anwendungsgebiet ist die Herstellung von photographischem Filmmaterial. Zu diesem Zweck wird Kollodiumwolle in einer Mischung von Methanol und Aceton mit Campher als Weichmacher gelöst. Die Lösung wird auf die hochpolierte Oberfläche einer Walze von 6—9 m Durchmesser aufgetragen; während die Walze langsam rotiert, verdunstet das Lösungsmittel, und der Film kann auf der gegenüberliegenden Seite abgelöst und durch Trockenräume geführt werden, wo die letzten Reste des Lösungsmittels entweichen.

Vor der Entwicklung der Vinylkunststoffe (S. 778) wurden große Mengen Nitrocellulose zur Herstellung von **Kunstleder** verwendet. Viscose Lösungen, die vorbehandeltes Ricinusöl (S. 190) als Weichmacher sowie Farbstoff enthielten, wurden in mehreren Schichten auf Baumwolltuch gegossen und zur Erzielung von Lederähnlichkeit erhaben verarbeitet.

Celluloid-Kollodiumwolle und lösliche Kollodiumwolle sind stärker abgebaut als Schießbaumwolle; die Kettenlängen betragen nur 500 bis 600 C_6-Einheiten. Auf Grund dieser geringeren Molekülgröße können diese Produkte fließende Lösungen von beträchtlicher Konzentration geben. Lösungen, deren Konzentration ausreicht, um einen Film von genügender Dicke zu bilden, der als Bindemittel für Farbstoffe und als Schutzüberzug dienen kann, sind jedoch zu viscos, um mit Pinsel oder einer Spritzpistole aufgetragen zu werden. Weiterer Abbau läßt sich durch Erhitzen der Nitrocellulose mit Wasser im Autoklaven erreichen. Die so entstehende Nitrocellulose liefert Lösungen beinahe jeder gewünschten Viscosität, doch je geringer die Viscosität ist, desto kleiner ist die Kettenlänge, desto geringer daher auch die Festigkeit und desto größer die Sprödigkeit des Films. Die Viscosität gewöhnlich für Lacke verwendeten Materials (engl. *"half-second cotton"*) wird gemessen durch die Zeit, die eine Kugel von bestimmter Größe und bestimmtem Material benötigt, um unter standardisierten Bedingungen durch eine Lösung bestimmter Zusammensetzung zu fallen. Die Kettenlänge beträgt bei derartiger Nitrocellulose 150 bis 200 C_6-Einheiten.

Nitrocelluloselacke („Nitrolacke") bestehen aus Farbstoff, "half-second cotton" und einem Lösungsmittelgemisch. Die Lösungsmittel werden in niedrigsiedende, bei mittlerer Temperatur siedende und hochsiedende eingeteilt. Die niedrigsiedenden Lösungsmittel verdampfen sehr schnell und hinterlassen einen dicken Film, der noch soweit fließbar ist, daß Pinsel- oder Spritzspuren verwischt werden. Beim Verdampfen der bei mittlerer Temperatur siedenden Lösungsmittel hinterbleibt ein trockner Film. Die hochsiedenden Lösungsmittel verbleiben in dem Film und verleihen ihm eine gewisse Plastizität, d. h. der Film bleibt flexibel. Die Lacke wurden 1924 als Ersatz für den bis dahin verwendeten Firnis in der Automobilindustrie eingeführt, und die Einfachheit ihrer Aufbringung, ihr schnelles Trocknen und ihre Dauerhaftigkeit revolutionierten die Industrie. Die Entwicklung der Verchromung soll ihren Hauptanstoß dadurch erhalten haben, daß die neuen Karosserielacke die Nickelteile überdauerten. In der Folge wurden die Nitrolacke in der Automobilfabrik weitgehend von synthetischen Produkten auf Alkydharzgrundlage (S. 583) verdrängt, doch werden sie noch in großem Umfang zum Neulackieren von Autos und für Lackanstriche im Haushalt verwendet.

Die **Celluloseacetate** sind von den Estern der Cellulose die technisch wichtigsten. Der maximale Acetylierungsgrad, der durch direkte Veresterung erreicht werden kann, entspricht der Acetylierung von einer der drei Hydroxylgruppen; dieses Produkt ist unlöslich in organischen Lösungsmitteln und hat keinerlei technische Bedeutung. Wird Cellulose durch Einweichen in einer verdünnten Lösung von Schwefelsäure in Eisessig unter sorgfältig kontrollierten Bedingungen vorbehandelt und dann zu einem Acetanhydrid-Essigsäure-Gemisch gegeben, so löst sie sich zu einer viscosen Lösung. Beim Verdünnen mit Wasser fällt ein fast vollständig acetyliertes Produkt aus, das **Cellulose-triacetat.** Früher fand das Triacetat kaum Verwendung, denn es löst sich nur in dem teuren und sehr giftigen Tetrachloräthan (S. 764) oder in wenig Alkohol enthaltendem Chloroform. Überdies war das Produkt nicht thermoplastisch, und die Filme oder Fäden, die daraus hergestellt wurden, waren spröde. Neuerdings wurde jedoch ein Triacetat entwickelt, das in Methylenchlorid löslich ist und flexible Filme ergibt. Ab 1949 stellte die größte Herstellerin von photographischem Film in den Vereinigten Staaten ihre gesamte Produktion an Sicherheitsfilm auf dieses Triacetat um. Textilfasern auf Basis des Triacetats (S. 428) wurden 1955 eingeführt.

Ein technisch schon früher verwendetes Produkt entspricht ungefähr der Zusammensetzung eines **Cellulose-diacetats** und wird gewonnen durch Acetylierung der Cellulose auf die Stufe des Triacetats und nachträgliche Verseifung eines Teils der Acetylgruppen durch Zufügen von Wasser zu dem Acetylierungsgemisch. Das Produkt wird durch Wasser ausgefällt, gewaschen und getrocknet. Es wird auf Grund seiner Darstellung auch als *Sekundäracetat (Cellit)* bezeichnet, ist in Aceton löslich und läßt sich aus dieser Lösung zu flexiblen Filmen und Fasern verarbeiten. Es ist molekular heterogen, die Durchschnittszusammensetzung entspricht etwa dem Diacetat.

Es ist nicht möglich, verwendungsfähige Diacetate zu gewinnen, indem man die Acetylierung auf der Diacetatstufe unterbricht, denn diejenigen Acetatgruppen, die am leichtesten gebildet werden, werden auch am leichtesten hydrolysiert. Daher ist ein Diacetat, das durch Veresterung von zwei der insgesamt drei Hydroxylgruppen dargestellt wird, ganz verschieden von einem solchen, das durch Hydrolyse einer der drei Acetatgruppen erhalten wird.

Acetylcellulose ist teurer als Nitrocellulose, denn erstens ist Nitrocellulose in der Nitriersäure nicht löslich, und die überschüssigen Reagentien können unverdünnt wiedergewonnen werden, während das Acetat mit Wasser ausgefällt werden muß, infolgedessen große Mengen verdünnter Essigsäure konzentriert werden müssen. Zweitens sind die Reagentien zur Herstellung des Nitrats billiger als die zur Herstellung des Acetats benötigten. Ein weiterer Nachteil des Acetats ist, daß es bei einer durchschnittlichen Kettenlänge von 175 bis 300 C_6-Einheiten stärker abgebaut ist als Nitrocellulose. Daher sind die aus Acetylcellulose hergestellten Fasern und Filme schwächer und spröder. Trotzdem hat die Acetylcellulose, da sie nicht so leicht entzündlich ist, sich nicht spontan zersetzt und beständiger gegen Verfärbung ist, die Nitrocellulose in der technischen Anwendung weitgehend verdrängt. So nimmt es nicht wunder, daß die Produktion von Nitrocellulose-Kunststoffen in den USA 1955 nur 2,3 Millionen kg betrug gegenüber 61 Millionen kg Acetylcellulose-Kunststoffen.

In neuerer Zeit wurden **Acetyl-propionyl-** und **Acetyl-butyryl-**Derivate hergestellt, indem dem Acetylierungsgemisch Propionsäure oder Buttersäure zugefügt wurde. Diese Produkte sind ohne partielle Hydrolyse thermoplastisch, und da sie weniger freie Hydroxylgruppen enthalten, sind sie weniger durchlässig gegen Wasser, wetterfester und können besser mit Gummi und Weichmachern verarbeitet werden.

Celluloseäther. Eine Anzahl von Celluloseäthern hat technische Bedeutung. Zu ihrer Darstellung behandelt man zunächst viel α-Cellulose enthaltenden Holzzellstoff oder Baumwoll-Linters mit 17—18%iger Natronlauge und preßt den Überschuß an Lösung hydraulisch ab. Die so entstehende *Alkalicellulose* ist offensichtlich keine definierte Verbindung und hat die ungefähre Zusammensetzung $(C_6H_{10}O_5 \cdot 2\,NaOH)_x$; sie wird zu Krümeln zerkleinert und im Autoklaven 8 bis 12 Stunden mit Äthylchlorid auf 120—130° erhitzt. Auf diese Weise entsteht **Äthylcellulose,** deren Äthoxylgehalt und Löslichkeitseigenschaften von der Zahl und Dauer der Behandlungen abhängt. Produkte, die 0,8—1,4 Äthoxylgruppen pro C_6-Einheit enthalten, sind löslich in Wasser, solche mit mehr als 1,5 Äthoxylgruppen löslich in organischen Lösungsmitteln. Das meistverwendete Produkt enthält 2,2—2,6 Äthoxylgruppen, ist löslich in Gemischen von Alkohol und Kohlenwasserstoffen und läßt sich sehr gut mit Harzen und Weichmachern kombinieren. Es ist im Gegensatz zu den Estern sehr widerstandsfähig gegen Alkalien und wird in rasch zunehmendem Maß zur Fabrikation von Schutzüberzügen, Filmen und Kunststoffen verwendet.

Die **Methylcellulosen** von geringem Methoxylgehalt lösen sich in kaltem Wasser und fallen beim Erhitzen aus. Sie finden hauptsächlich zum Verdicken von Textildruckfarben, für Pasten, Cosmetica, Klebemittel und Textilappreturen Verwendung.

Die Wasserlöslichkeit der niederen Acetate und Äther erscheint anomal, da Acylierung oder Verätherung einer Hydroxylgruppe die Löslichkeit in Wasser gewöhnlich verringert. Die Unlöslichkeit der Cellulose in Wasser kann jedoch durch starke van der Waalsche Kräfte zwischen den Ketten (S. 41, 90) erklärt werden. Durch Ersatz weniger Wasserstoffatome durch Kohlenwasserstoff- oder Acylgruppen werden die Ketten getrennt und diese Kräfte aufgehoben, und damit gewinnt die Hydratisierung der Hydroxylgruppen an Bedeutung. Mit dieser Ansicht steht in Einklang, daß die Löslichkeit in Wasser bei höheren Temperaturen abnimmt, weil die Hydrate instabiler werden.

Carboxymethylcellulose (Tylose HBR) wird durch Umsetzung von Alkalicellulose mit Natriumchloracetat gewonnen.

$$ROH + ClCH_2COONa + NaOH \longrightarrow R—O—CH_2COONa + NaCl + H_2O$$

Das technische Produkt enthält etwa 0,5 Carboxymethylgruppen pro C_6-Einheit; das Natriumsalz ist sowohl in kaltem als auch in heißem Wasser löslich. Salze anderer Metalle als der Alkalimetalle sind unlöslich in Wasser. Das *Natriumsalz* wird in großem Umfang als Verdickungsmittel und Schutzkolloid, als Zusatz zu synthetischen Waschmitteln und als Leim für Textilien verwendet. In Deutschland wurde es während des zweiten Weltkrieges viel zum Strecken von Waschpulver und als Ersatz für Stärke verwendet. Stärkere technische Erzeugung lief in den Vereinigten Staaten 1946 an und erreichte 1955 12 Millionen kg. Ein gereinigtes Produkt *(cellulose gum)* wird dort als Verdickungsmittel in Speisen, besonders Eiscreme verwendet. Auch **Hydroxyäthylcellulose** wird technisch hergestellt und als wasserlösliches Verdickungsmittel verwendet.

Oxydierte Cellulose ist kein Äther, hat aber ähnliche Eigenschaften wie Carboxymethylcellulose, da sie Carboxylgruppen aufweist. Durch Stickstoffdioxyd in Gegenwart von so viel Wasser, daß sich Salpetersäure bilden kann, wird die primäre Hydroxylgruppe zur Carboxylgruppe oxydiert, ohne daß der Rest des Moleküls merklich verändert wird, abgesehen von einer beträchtlichen Verringerung der Kettenlänge.

$$3\,NO_2 + H_2O \longrightarrow 2\,HNO_3 + NO$$

$$3\left[\begin{array}{l} -CH-(CHOH)_2CH-O- \\ CH\text{------}O- \\ CH_2OH \end{array}\right]_x + 4x\,HNO_3 \longrightarrow 3\left[\begin{array}{l} -CH(CHOH)_2CH-O- \\ CH\text{------}O- \\ COOH \end{array}\right]_x \begin{array}{l} + 5x\,H_2O \\ + 4x\,NO \end{array}$$

          Cellulose   Oxydierte Cellulose

Rayon. Kunstfasern sind Textilfasern, die aus einer homogenen Lösung oder Schmelze hergestellt werden, gleich ob das Rohmaterial ein natürliches oder synthetisches Produkt ist. So dient Koks als Rohmaterial für einige Kunstfasern, im wesentlichen unveränderte Cellulose oder Protein für andere. Aus Cellulose hergestellte synthetische Fasern werden als *Kunstseide* oder **Rayon** bezeichnet.

Alle Verfahren haben die gleichen Operationen gemeinsam, nämlich Lösung der Cellulose oder eines Derivates, Durchpressen der Lösung durch die feinen Kanäle einer Spinndüse und Ausfällen der Cellulose oder Verdampfen des Lösungsmittels unter Bildung eines Fadens. Die Fäden haben glatte zylindrische Oberflächen, die das Licht reflektieren und den Fäden einen hohen Glanz verleihen. Die Festigkeit der Fäden kann durch Strecken stark verbessert werden, weil dadurch eine lineare Orientierung der Moleküle und damit eine Erhöhung der Anziehungskräfte zwischen den Molekülen erreicht wird.

Die Herstellung von **Viscose-Rayon** beruht auf der Reaktion der Hydroxylgruppen der Cellulose mit Schwefelkohlenstoff in Gegenwart von Natriumhydroxyd, wobei wasserlösliche *Xanthogenate* (S. 340) entstehen. Die Reaktion ist durch Ansäuern umkehrbar.

$$ROH + CS_2 + NaOH \longrightarrow \left[RO\overset{\overset{\textstyle S}{\|}}{C}-S^-\right]Na^+ + H_2O$$

$$\left[RO\overset{\overset{\textstyle S}{\|}}{C}-S^-\right]^+Na + NaHSO_4 \longrightarrow ROH + CS_2 + Na_2SO_4$$

Alkalicellulose (S. 426) aus einem Sulfitzellstoff mit hohem Gehalt an α-Cellulose oder aus Baumwoll-Linters wird in rotierenden Trommeln mit Schwefelkohlenstoff in einer Menge von 30 bis 40 % des Trockengewichts der Cellulose behandelt (berechnete Menge für ein Mol Schwefelkohlenstoff pro C_6-Einheit ist 47 %). Es bildet sich ein orangefarbenes, krümeliges Produkt, das mit 3 %iger Natronlauge eine dickflüssige, als *Viscose* bezeichnete Lösung gibt, in der die Cellulosemoleküle zu einer durchschnittlichen Kettenlänge von 400 bis 500 C_6-Einheiten abgebaut sind. Die Lösung ist zunächst instabil, und die Viscosität nimmt am ersten Tag des Stehens stark ab. Dann setzt langsame Hydrolyse der Xanthogenatradikale ein, die sich über etwa 8 Tage erstreckt und mit einem allmählichen Ansteigen der Viscosität verbunden ist. Dann erstarrt die Lösung plötzlich zu einem Gel. Das Verspinnen der Lösung wird nach vier bis fünf Tagen durchgeführt, wenn sich die Viscosität noch nicht plötzlich ändert, aber schon weitgehende Hydrolyse eingetreten ist. Die aus der Spinndüse austretenden Fädchen werden durch ein Bad geführt, das Natriumbisulfat und gewisse Zusätze enthält; hier wird die Hydrolyse zu Ende geführt und eine regenerierte Cellulosefaser gebildet. Nachdem die Fasern koaguliert und zu einem Faden verzwirnt sind, wird das Produkt gründlich gewaschen und gegebenenfalls gebleicht. Die Zahl der Spinndüsenkanäle liegt zwischen 15 und 500, je nachdem aus wieviel Fasern der Faden gebildet werden soll. Maß für die Faser- bzw. Fadenstärke ist das *denier*, das Gewicht in Gramm von 9000 m Faden. Die übliche Stärke ist bei Fasern 2—3, bei Fäden 150 denier. Es werden jedoch auch feine Rayonfäden von 50 denier und grobe Fäden bis zu 1000 denier hergestellt. Gewöhnliches Viscose-Rayon hat 50 bis 80% der Festigkeit der Seide und verliert 50 bis 60% seiner Festigkeit beim Naßwerden. Wird das Verspinnen unter Spannung durchgeführt, so lange die Fasern noch plastisch sind (Streckspinnen), so tritt eine Orientierung der Moleküle ein, und das Produkt hat naß oder trocken dieselbe Festigkeit wie Seide. Etwa seit 1930 werden Fasern von 1 bis 20 denier in 2,5 bis 15 cm lange Stücke geschnitten, wobei die sogenannte **Stapelfaser** entsteht. Hierzu werden Spinndüsen verwendet, die bis zu 10000 Fasern liefern. Stapelfaser wird zusammen mit Wolle, Baumwolle oder Leinen zu Garnen versponnen, oder als solche nach dem für Baumwolle oder Wolle üblichen Spinnverfahren zu **Zellwolle** verarbeitet.

Wird die Viscose-Lösung durch einen Spalt in das Koagulierbad gepreßt, so entsteht **Cellophan**. Zusatz von Glycerin verbessert die Flexibilität, und ein Überzug von Wachs oder Nitrolack macht es undurchdringlich für Wasserdampf. Durch entsprechende Gestaltung der Austrittsöffnung lassen sich Wursthäute, künstliches Stroh und andere Artikel herstellen. Cellophanverschlüsse werden in verdünntem Glycerin angefeuchtet und geschmeidig gemacht. Zieht man sie über die Öffnung eines Gefäßes, so trocknen sie und schrumpfen zu einer enganliegenden Hülle zusammen. Viscoseschwämme stellt man her, indem man Glaubersalzkristalle ($Na_2SO_4 \cdot 10\ H_2O$) aller Größen mit der Viscoselösung vermischt und in Blocks coagulieren läßt. Die Kristalle werden durch Auslaugen mit warmem Wasser herausgelöst, und es hinterbleibt eine schwammartige Masse.

Acetatseide wird hergestellt durch Auflösen von Cellulose-diacetat in Aceton oder durch Auflösen des Triacetats in Methylenchlorid und Durchpressen der Lösung durch Spinndüsen in warme Luft, in der das Lösungsmittel verdampft. Der Faden erfordert keine Nachbehandlung, und da von den Hydroxylgruppen zwei Drittel oder mehr verestert sind, hat er in nassem Zustand eine größere Festigkeit als gewöhnliche Viscoseseide. Durch die geringere Zahl freier Hydroxylgruppen wird jedoch das direkte Färben sehr erschwert, und es werden hierzu spezielle Farbstoffe benötigt (S. 712). Der Farbstoff kann auch direkt der Spinnlösung zugesetzt werden, so daß ein in der Masse gefärbter Faden entsteht. Acetatseide ist von den anderen Rayonarten leicht zu unterscheiden, da sie in

Aceton oder Methylenchlorid noch löslich ist. Viscoseseide, Kupferseide und Nitratseide sind als regenerierte Cellulosen in organischen Lösungsmitteln unlöslich.

Das **Kupferverfahren** ist im wesentlichen dem Viscoseverfahren gleich, nur wird die gereinigte Cellulose direkt in Schweitzers Reagens gelöst. Die Cellulose wird ausgefällt, indem die Faser in ein Natriumbisulfatbad überführt wird, wo das Ammoniak neutralisiert und Kupfersulfat gebildet wird.

Das **Chardonnet-Nitratverfahren** war das erste technisch erfolgreiche Verfahren, doch wurde es bald durch das Viscoseverfahren überflügelt. Zur Herstellung von Chardonnet-Seide werden Nitrocellulosefasern in gleicher Weise wie Acetatseide aus einem Lösungsmittel versponnen. Das entstehende Produkt ist jedoch so feuergefährlich, daß die Nitratgruppen beseitigt werden müssen. Durch alkalische oder saure Hydrolyse kann dies wegen eintretender Nebenreaktionen nicht geschehen. Reduktive Abspaltung mit Ammoniumsulfid liefert ein Produkt mit befriedigenden Eigenschaften, das indessen wirtschaftlich nicht mit Viscose- oder Acetatrayon konkurrieren kann.

Die Weltproduktion an Rayon betrug 1954 2,2 Millionen Tonnen; 80% dieser Menge wurden nach dem Viscose-Verfahren hergestellt, 15% nach dem Acetatverfahren, 4% nach dem Kupfer-Ammoniak-Verfahren und weniger als 1% nach dem Nitrat-Verfahren. In den Vereinigten Staaten entfallen 60% der Produktion auf Viscose-Rayon, 40% auf Acetatseide.

Pentosane und Hexosane. In der älteren Literatur findet sich die Endung *-an* bei den Namen von Polysacchariden undefinierter Zusammensetzung oder unbekannter Konstitution mit Ausnahme von Stärke und Cellulose. Intramolekulare Anhydride von Monosacchariden, für die sich ebenfalls noch auf *-an* endende Namen als Trivialnamen erhalten haben, werden jetzt allgemein als Anhydrozucker (S. 408) bezeichnet. Die **Pentosane** geben bei der Hydrolyse hauptsächlich Pentosen, die **Hexosane** Hexosen.

Ein **Araban** wurde aus *Erdnußschalen* isoliert, das bei der Hydrolyse nur Arabinose liefert. Die Hydrolyse von methyliertem Araban führt zu äquimolekularen Mengen 3-Methyl-arabinose, 2.3-Dimethyl-arabinose und 2.3.5-Trimethylarabinose, was auf eine stark verzweigte Struktur schließen läßt; auf je drei Arabinose-Einheiten entfällt eine Endgruppe, eine mit zwei anderen Gruppen verbundene Gruppe und eine mit drei anderen Gruppen verbundene Gruppe. **Xylane** kommen in allen Landpflanzen vor, und zwar besonders reichlich in Maiskolben, Stroh und Getreideschalen, die als Ausgangsmaterial zur technischen Herstellung von Furfurol (S. 652) dienen. Einige Xylane liefern bei der Hydrolyse nur Xylose; vermutlich sind sie aus β-D-Xylopyranose-Einheiten aufgebaut, die über die 1.4-Stellung verknüpft sind. Diese Struktur entspricht der der Cellulose, nur daß Wasserstoff an Stelle der Hydroxylmethylgruppe steht. Natives Xylan kann eine geringe Zahl von L-Arabinose- und D-Glucuronsäureresten enthalten.

Dextrane sind stark verzweigte Glucosane, die durch Vergärung von Saccharoselösungen durch gewisse Bakterien *(Leuconostoc mesenteroides, Betacoccus arabinosaceus)* entstehen. Durch partielle Hydrolyse nativen Dextrans entstehen Dextrane, deren Molekulargewichte zu 90% im Bereich von 50000—100000 liegen; sie werden zum Strecken von Blutplasma bei der Behandlung von Schocks nach großem Blutverlust verwendet. Für Dextrane, die keine klinische Ver-

wendung finden, werden jetzt technische Anwendungsgebiete entwickelt. Aus
Hefe wurde ein **Mannan** isoliert, das nach Methylierung und Hydrolyse 3.4-Di-
methyl-mannose, 2.4.6-Trimethyl-mannose, 3.4.6-Trimethyl-mannose und 2.3.4.6-
Tetramethyl-mannose im Molekularverhältnis 2:1:1:2 ergibt neben kleinen
Mengen 2.3.4-Trimethyl-mannose. Es liegen also drei Bindungstypen vor, 1.2-,
1.3- und 1.6-Bindung im Verhältnis 3:1:2.

Pektine und Pektinsäuren. Früchte und Beeren enthalten in Wasser unlösliche,
komplizierte Kohlenhydrate, die sogenannten *Protopektine*, die durch partielle
Hydrolyse in **Pektine** und **Pektinsäuren** übergehen. Pektine haben die Eigenschaft,
unter geeigneten Bedingungen mit Zucker und Säure Gele zu bilden; es ist dies
der der Geleebildung aus Fruchtsäften zugrunde liegende Vorgang. Die Pektine
enthalten sowohl Carboxylgruppen als auch Carbomethoxygruppen; hydrolytische Abspaltung der Methylestergruppen liefert die **Pektinsäuren.** Enzymatische
Hydrolyse der gereinigten Pektinsäuren liefert bis zu 85% D-Galacturonsäure;
daneben wurden keine weiteren Kohlenhydrate identifiziert. Die Pektinsäuren
enthalten pro C_6-Einheit eine freie Carboxylgruppe. Diese und andere experimentelle Daten lassen darauf schließen, daß die Pektinsäuren im wesentlichen
lineare, durch α-Bindungen verknüpfte Polygalacturonide sind. In den Pektinen
sind die Carboxylgruppen teilweise mit Methylgruppen verestert.

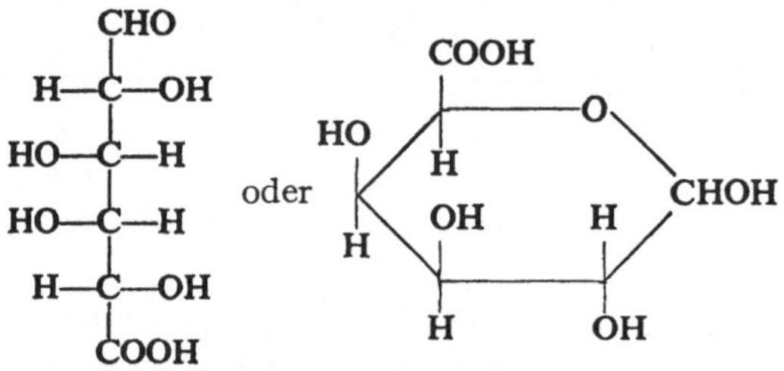

D-Galacturonsäure

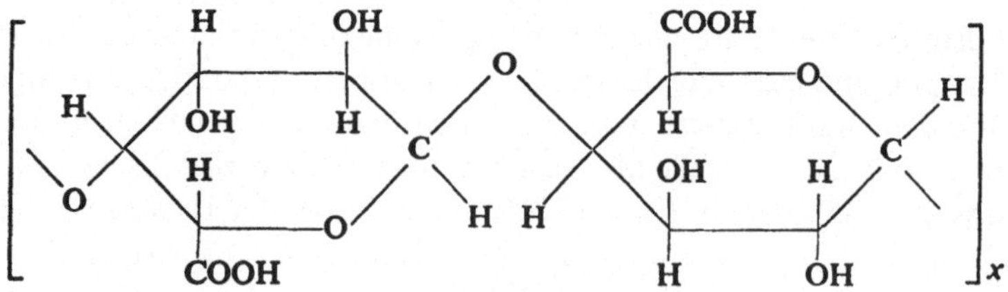

Pectinsäure

Galacturonsäure gehört zu der als **Uronsäuren** bezeichneten Gruppe von
Substanzen, bei der das endständige Kohlenstoffatom der Aldose als Carboxylgruppe vorliegt, während die Aldehydgruppe unverändert ist. In den *Aldonsäuren*
(S. 378) ist die Aldehydgruppe durch die Carboxylgruppe ersetzt, in den Zuckersäuren (S. 379) liegen beide endständigen Kohlenstoffatome als Carboxylgruppen
vor. Die Uronsäuren und ihre Polymeren verlieren beim Erhitzen mit 12%iger

Salzsäure pro Carboxylgruppe ein Mol Kohlendioxyd; die anderen Reaktions-

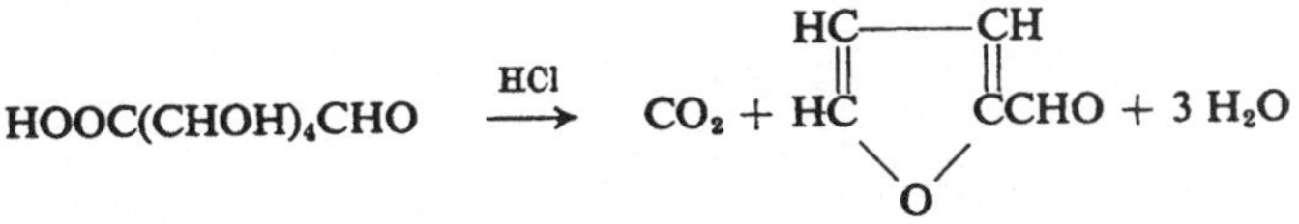

$$HOOC(CHOH)_4CHO \xrightarrow{HCl} CO_2 + \text{Furfurol} + 3\,H_2O$$

produkte sind Furfurol und Wasser. Diese Reaktion dient zur quantitativen Bestimmung von Uronsäuren und Polyuroniden. Zu diesem Zweck wird das freigesetzte Kohlendioxyd in Barytwasser absorbiert und das ausgefällte Bariumcarbonat gewogen.

Die Hydrolyse wie auch die Methylierung der Polyuronide ist schwierig. Gelingt die Methylierung mit Dimethylsulfat und Natronlauge nicht, so muß man auf die Salzbildung mit Thalliumhydroxyd oder mit Natrium in flüssigem Ammoniak und anschließende Reaktion mit Methyljodid zurückgreifen. Häufig wird zuerst eine partielle Methylierung mit Dimethylsulfat und Natriumhydroxyd durchgeführt bis das Produkt in organischen Lösungsmitteln löslich wird, und dann mit Methyljodid in Gegenwart von Silberoxyd permethyliert.

Alginsäure. Die Extraktion von Braunalgen *(Laminaria digitata)* liefert eine als **Alginsäure** bezeichnete Substanz, die hauptsächlich als Verdickungsmittel für Speisen, speziell Eiscreme dient. Sie liefert bei der Hydrolyse nur D-*Mannuronsäure* und ist wahrscheinlich ein lineares Polymannuronid mit β-Bindungen zwischen den 1.4-Stellungen.

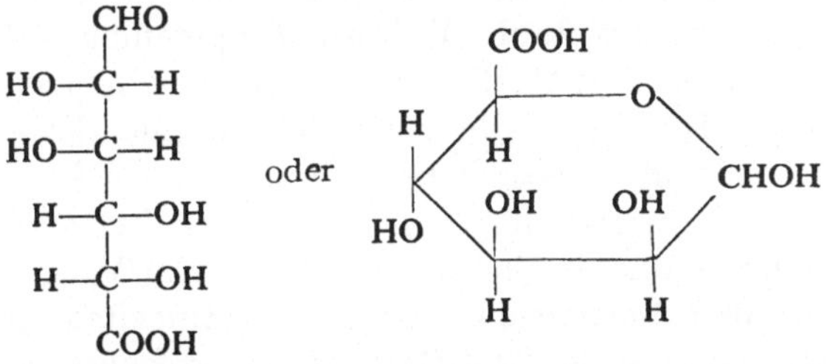

D-Mannuronsäure

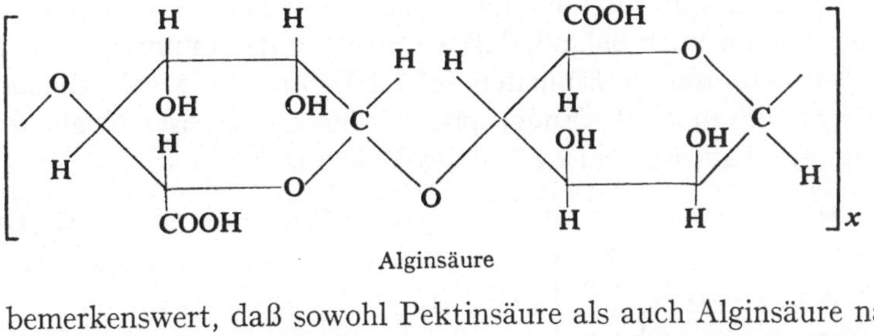

Alginsäure

Es ist bemerkenswert, daß sowohl Pektinsäure als auch Alginsäure nach dem geometrischen Muster der Cellulose gebaut sind, obwohl bei Pektinsäure wie bei Stärke α-Verknüpfung besteht.

Chitin. Die Schalen der Crustaceen und die Gerüstsubstanz von Insekten und Pilzen bestehen aus dem Polysaccharid **Chitin,** das Stickstoff enthält. Enzymatische Hydrolyse gibt *N*-Acetyl-2-amino-2-desoxy-glucose (*N*-Acetyl-glucosamin-(2)).

Die Struktur des Chitins scheint mit der der Cellulose identisch zu sein, nur daß an Stelle der Hydroxylgruppe an C-2 die Acetylaminogruppe steht.

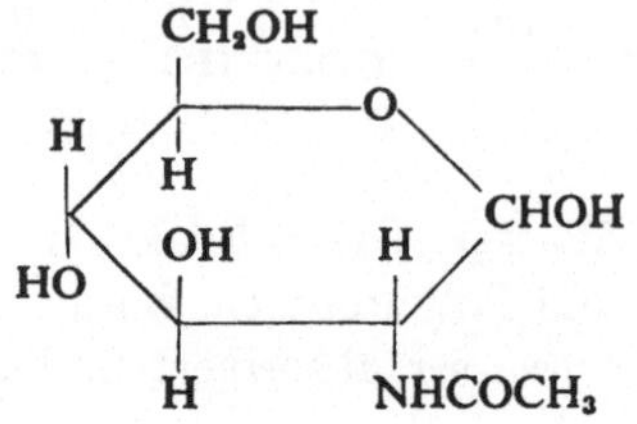

N-Acetyl-2-amino-2-desoxy-glucose
(N-acetyl-glucosamin-(2))

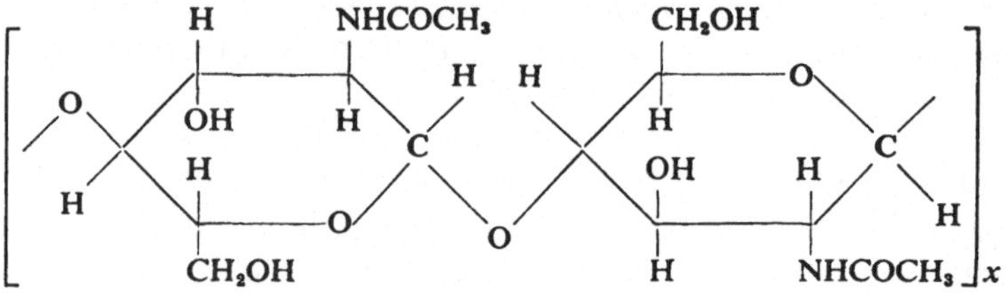

Chitin

Heteropolysaccharide

Inulin. Diese stärkeartige Substanz findet sich in zahlreichen Pflanzen, besonders in *Compositen*, z. B. Inula, Erdbirne (Topinambur), Goldrute, Löwenzahn, Dahlie und Zichorie. Aus Dahlienknollen oder den Wurzeln der Zichorie ist sie leicht zu erhalten. Hydrolyse gibt Fructose und eine kleine Menge Glucose. Durch Methylierung und anschließende Hydrolyse entstehen 91% 3.4.6-Trimethylfructose, 3% einer Tetramethylfructose, 2% einer Tetramethylglucose und kleinere Mengen eines Trimethylglucose-Gemisches. Die Menge an Tetramethylfructose deutet auf eine Kettenlänge von etwa 33 C_6-Einheiten. Aus Messungen des osmotischen Drucks beim Acetat und Methyläther errechnet sich ein Molekulargewicht, das etwa 30 C_6-Einheiten entspricht. Das Ergebnis der Hydrolyse durch Invertase sowie die Linksdrehung der Lösungen weisen auf eine β-Verknüpfung. Diese Daten erlauben den Schluß, daß die Struktur des Inulins als eine Kette von etwa 30 β-Fructofuranose-Einheiten in 1.2-Verknüpfung mit Glucose in saccharoseartiger Bindung als Endgruppe wiederzugeben ist. Möglicherweise ist noch eine zweite Glucose-Einheit Teil des Moleküls.

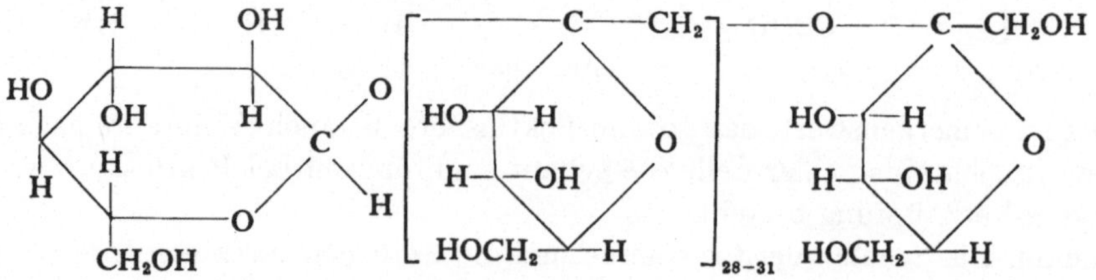

Inulin

Agar. Heißwasserextrakte gewisser ostindischer Algen (verschiedene Species von *Gelidium*) bilden beim Abkühlen ein Gel. Beim Einfrieren des Gels und anschließendem Auftauen fällt eine Substanz aus, die sich filtrieren läßt. Beim Trocknen des Niederschlags auf einen Feuchtigkeitsgehalt von 35% erhält man durchscheinende Flocken, die als **Agar** bezeichnet werden. Lösungen von Agar in heißem Wasser geben beim Abkühlen wieder ein Gel. Agar findet hauptsächlich Anwendung zur Herstellung von Nährboden für die Kultur von Mikroorganismen. Das trockne Produkt quillt in warmem Wasser, ohne sich zu lösen, und ist unverdaulich; diese Eigenschaften machen es als Abführmittel verwendbar.

Die Hydrolyse von Agar gibt hauptsächlich D-Galaktose neben geringen Mengen 3.6-Anhydro-L-galaktose und Schwefelsäure. Methylierung und Hydrolyse deuten auf eine Kette aus D-Galaktose-Einheiten, die durch β-Bindung in 1.3-Stellung verknüpft sind; ihrerseits ist die Kette mit der 4-Stellung von L-Galaktose verbunden, die in 6-Stellung mit Schwefelsäure verestert ist. Vermutlich entsteht die 3.6-Anhydro-L-galaktose durch Abspaltung von Schwefelsäure während der Hydrolyse. Da es nicht gelungen ist, unter den Hydrolyseprodukten Tetramethylgalaktose nachzuweisen, muß auf ein hohes Molekulargewicht geschlossen werden.

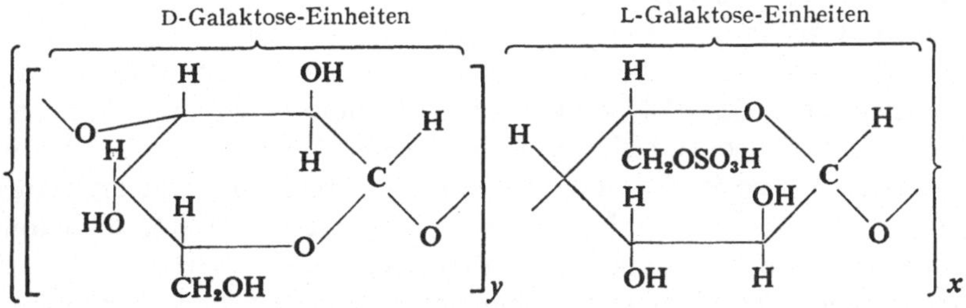

Agar

Hyaluronsäure. Dieses Polysaccharid wurde erstmals aus dem Glaskörper von Rinderaugen (griech. *hyalos* Glas) isoliert. Es ist im Körper der Tiere weit verbreitet und weitgehend verantwortlich für die Viscosität gallertiger Körperflüssigkeiten und Schleime. Durch Hydrolyse entstehen äquimolekulare Mengen D-Glucuronsäure und *N*-Acetyl-D-glucosamin. Es ist nicht sicher, ob das Molekül linear oder verzweigt ist. Viscositätsmessungen deuten auf Molekulargewichte bis zu 400000.

Pflanzengummis und Pflanzenschleime. Aus vielen Pflanzen lassen sich wasserlösliche Exsudate oder Extraktivstoffe gewinnen, deren Lösungen von viscoser, schleimiger Beschaffenheit sind, und die in größerem Umfang als Klebstoffe und Verdickungsmittel Verwendung finden. Diese bestehen überwiegend aus Heteropolysacchariden. **Gummi arabicum** ist der wichtigste Polysaccharid-Gummi des Handels, dessen Jahresproduktion in den Vereinigten Staaten rund 23 Millionen kg beträgt. Es besteht hauptsächlich aus dem Calciumsalz der **Arabinsäure** und wird aus verschiedenen Akazienarten, besonders aus *Acacia verek* gewonnen. Arabinsäure liefert bei der Hydrolyse L-Arabinose, L-Rhamnose, D-Galaktose und D-Glucuronsäure. **Mesquitgummi,** ein Exsudat aus Stamm und Zweigen des Wüstenstrauches *Prosopsis juliflora*, der in Mexiko und im Südwesten der Vereinigten Staaten wächst, ist ein dem Gummi arabicum ähnliches Salz. Hydrolyse führt zu L-Arabinose, D-Galaktose und Methylglucuronsäure. Es ist das beste Ausgangsmaterial zur Darstellung von L-Arabinose, da man diese durch milde Hydrolyse abspalten kann, wobei ein gegen Hydrolyse beständiger Rückstand bleibt, der die Galaktose und die Uronsäure enthält. **Damaszenerpflaumen-Gummi**

(Damson gum) wird von der verletzten Rinde einer Pflaumenspecies ausgeschieden. Es gibt bei der Hydrolyse L-Arabinose, D-Xylose, D-Galaktose, D-Mannose und D-Glucuronsäure. **Tragantgummi,** eine Ausscheidung von Sträuchern der Gattung *Astragalus,* enthält ein saures und ein neutrales Polysaccharid. Der saure Anteil gibt bei der Hydrolyse Fucose, Xylose, Galaktose und Galakturonsäure, der neutrale Anteil gibt L-Arabinose und D-Galaktose. Ein anderes Polysaccharid ist der Pflanzenschleim der Rotulme, zusammengesetzt aus L-Rhamnose, D-Galaktose, 3-Methyl-D-galaktose und D-Galakturonsäure, und der Leinsamenschleim ist ein Polysaccharid aus L-Arabinose, D-Xylose, L-Rhamnose, L-Galaktose und D-Galakturonsäure. Die Samen vieler Leguminosen enthalten **Galaktomannane.** Mehl aus *Johannisbrot,* das aus dem Endosperm der Samen des mediterranen Johannisbrotbaumes *(Ceratonia siliqua)* gewonnen wird, ist ein Handelsprodukt. Bei der Hydrolyse wird Mannose und Galaktose ungefähr im Verhältnis 5:1 erhalten. *Guarmehl* ist ein ähnliches Produkt aus dem Endosperm der Guarbohne *(Cyamopsis proraloides* oder *C. tetragona),* die in Indien beheimatet ist und jetzt im Süden der Vereinigten Staaten angebaut wird.

Immunopolysaccharide. Pneumokokken und zahlreiche andere Bakterien produzieren Polysaccharide, die für die immunologische Spezifität der Organismen verantwortlich sind. Das Polysaccharid des Pneumococcus Typ III wurde eingehend erforscht. Es scheint sich um ein lineares Molekül zu handeln, in dem Glucose-Einheiten, die in 1.4-Stellung verknüpft sind, mit Glucuronsäure-Einheiten, die in 1.3-Stellung verbunden sind, abwechseln. Das Molekulargewicht scheint von der Größenordnung 10^5—10^6 zu sein.

Polysaccharide in Verbindung mit Proteinen. Polysaccharide kommen in Verbindung mit Eiweißstoffen vor und müssen eine wichtige Rolle in biologischen Prozessen spielen, doch ist über ihre Struktur nur wenig bekannt. Das Glykoprotein **Ovomucoid** aus Eieralbumin gibt bei enzymatischer Digestion ein Kohlenhydrat, das aus *N*-Acetyl-D-glucosamin-(2), D-Mannose und D-Galaktose aufgebaut ist.

Chondroitinschwefelsäure kommt bis zu einem Gehalt von 20—40% im Knorpel vor, wo sie salzartig an das Protein *Kollagen* gebunden ist, und aus dem sie mit Alkalien extrahiert werden kann. Sie kommt auch in der Haut und im Bindegewebe vor. Durch Hydrolyse erhält man äquimolekulare Mengen 2-Amino-2-desoxy-D-galaktose, D-Glucuronsäure, Schwefelsäure und Essigsäure. Für das Molekulargewicht finden sich Angaben zwischen 10000 und 260000. Es wird eine lineare Molekülstruktur angenommen, in der sich Glucuronsäure- und Galaktos-amin-Einheiten abwechseln, deren Pyranoseringe durch β-Bindungen in 1.3-Stellung miteinander verknüpft sind. Die Aminogruppen der Galaktosamin-Einheiten sind acetyliert, und die C-6-Hydroxylgruppen sind mit Schwefelsäure verestert.

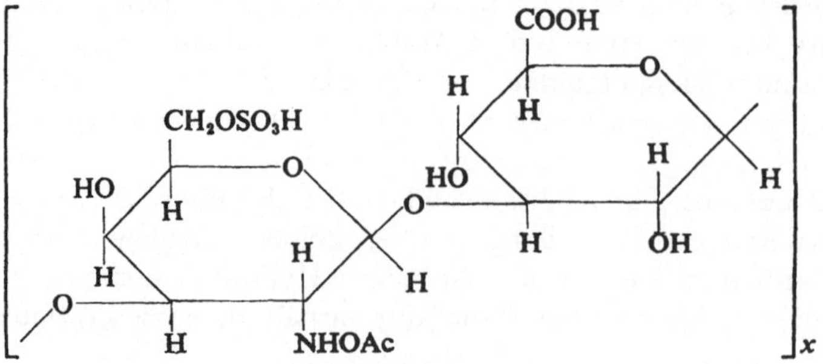

Chondroitinschwefelsäure

Zuckeralkohole

Die Zuckeralkohole sind keine Kohlenhydrate im eigentlichen Sinn, doch sind die in der Natur vorkommenden Vertreter dieser Verbindungsgruppe den Kohlenhydraten so nahe verwandt, daß sie besser hier behandelt werden als bei den anderen mehrwertigen Alkoholen (S. 781). Die in der Natur am weitesten verbreiteten Zuckeralkohole sind D-Sorbit (engl. D-glucitol), D-Mannit und Dulcit (engl. galactitol). Sie entsprechen den Reduktionsprodukten von Glucose, Mannose und Galaktose.

$$
\begin{array}{ccc}
\text{CH}_2\text{OH} & \text{CH}_2\text{OH} & \text{CH}_2\text{OH} \\
\text{H—C—OH} & \text{HO—C—H} & \text{H—C—OH} \\
\text{HO—C—H} & \text{HO—C—H} & \text{HO—C—H} \\
\text{H—C—OH} & \text{H—C—OH} & \text{HO—C—H} \\
\text{H—C—OH} & \text{H—C—OH} & \text{H—C—OH} \\
\text{CH}_2\text{OH} & \text{CH}_2\text{OH} & \text{CH}_2\text{OH} \\
\text{Sorbit} & \text{D-Mannit} & \text{Dulcit} \\
\text{(D-Glucit)} & & \text{(Galaktit)}
\end{array}
$$

Da die Reduktion der Zucker zu Verbindungen führt, deren Endgruppen identisch sind, sind die Reduktionsprodukte zweier verschiedener Zucker häufig identisch. So ist L-Arabit identisch mit L-Lyxit. Entsprechend gibt Glucose bei der Reduktion einen Zuckeralkohol, der identisch ist mit Sorbit, einem der beiden Reduktionsprodukte der L-Sorbose. Die natürlich vorkommende Verbindung wurde von Anfang an D-Sorbit genannt, daher ist dieser Name üblicher als D-Glucit. Bei Mesoformen wie Erythrit und Dulcit ist die Angabe der Reihe bedeutungslos.

D-Sorbit wurde zuerst 1872 aus Vogelbeeren *(Sorbus aucuparia)* isoliert. Die Rotalge *Bostrychia scorpoides* enthält fast 14% Sorbit. Auch aus anderen Pflanzen von den Algen bis zu höheren Pflanzen ist er in beträchtlichen Mengen isoliert worden. Sorbit ist der wichtigste Zuckeralkohol; er wird durch katalytische Hydrierung von Glucose hergestellt. Durch elektrolytische Reduktion von Glucose bei p_H 10—13 erhält man ein Gemisch aus D-Mannit und D-Sorbit infolge der epimerisierenden Wirkung von Alkalien auf die Glucose. Sorbit ist leicht löslich in Wasser und gibt dicke viscose Lösungen, die für manche Zwecke an Stelle von Glycerin verwendet werden können. Bei der leicht verlaufenden Abspaltung von Wasser entstehen Derivate von Tetrahydropyran und Tetrahydrofuran.

$$
\begin{array}{c}
\text{CH}_2\text{OH} \\
\text{H—C—OH} \\
\text{HO—C—H} \quad \xrightarrow{-\text{H}_2\text{O}} \\
\text{H—C—OH} \\
\text{H—C—OH} \\
\text{CH}_2\text{OH} \\
\text{Sorbit}
\end{array}
$$

Die Monoester der cyclischen Dehydratisierungsprodukte mit langkettigen Fettsäuren ("Spans") oder ihre Reaktionsprodukte mit Äthylenoxyd ("Tweens") werden als nichtionische Emulgier- und Netzmittel verwendet. Sorbit ist auch ein Zwischenprodukt bei der Synthese von Vitamin C (S. 407).

D-Mannit kommt in vielen Land- und Wasserpflanzen vor und ist im Gegensatz zu Sorbit ein häufiger Bestandteil der als *Manna* bekannten Pflanzenausscheidungen, z. B. der Exsudate der Mannaesche *(Fraxinus ornus)*, des Ölbaums und der Platane. Der Gehalt von Mannit in der Meeresalge *Laminaria digitata*, der bereits erwähnten Quelle der Alginsäure (S. 431), schwankt zwischen 3% (Trockengewicht) in den Wintermonaten und 37% im Sommer. Auch **Dulcit** kommt in zahlreichen Pflanzen und Pflanzenausscheidungen vor und kann durch katalytische Hydrierung von Galaktose hergestellt werden.

Verwandt mit den Zuckeralkoholen sind die Polyhydroxy-cyclohexane, von denen die Hexahydroxyderivate, die **Inosite,** das größte Interesse besitzen. Es sind neun stereoisomere Formen möglich, von denen zwei optisch aktiv sind und sieben Mesoformen darstellen. Eine der Mesoformen ist in der Natur weit verbreitet; es ist die Form, die den Namen **Inosit** oder **Mesoinosit** trägt. Zum Unterschied von anderen Mesoinositen wurde die Bezeichnung *Myoinosit* eingeführt.

meso-Inosit
(myo-Inosit)

aktive Inosite

Inosit findet sich in Mikroorganismen, Pflanzen und sowohl frei wie auch gebunden in vielen Organen und Körperflüssigkeiten der Tiere. Der Hexaphosphorsäureester ist die sogenannte **Phytinsäure,** deren Calcium-Magnesium-Salz, das **Phytin,** in Pflanzen vorkommt. Die beste Quelle für Phytin ist die Maisweiche (S. 417), aus der Inosit technisch gewonnen wird. Myoinosit ist eine Komponente **(Bios I)** des Vitamin B-Komplexes und muß von niederen wie höheren Tieren mit der Nahrung aufgenommen werden, zählt daher zu den Vitaminen.

Pinit ist ein (+)-Inosit-monomethyläther der in verschiedenen Coniferen vorkommt, besonders in der Zuckerkiefer *(Pinus lambertiana)*. **Quebrachit** ist ein (—)-Inosit-monomethyläther, der sich in der Quebrachorinde und im Latex des Gummibaumes *(Hevea brasiliensis)* findet. **Scyllit,** eine vierte Form des Inosits, die in der Natur gefunden wurde, findet sich in kleinen Mengen in Knorpelfischen und in verschiedenen Pflanzen. Es ist die trans-Form. **(+)-Quercit** ist ein Desoxyinosit, der sich in Eicheln und in der Rinde verschiedener Eichenarten findet.

Scyllit

(+)-Quercit

Streptamin

Streptomycin, ein Antibioticum aus *Streptomyces griseus,* das gegen gram-negative Mikroorganismen aktiver ist als Penicillin (S. 671), liefert bei der Hydrolyse **Streptamin** neben anderen Produkten. Streptamin hat an Stelle von zwei Hydroxylgruppen des Scyllits zwei Aminogruppen. Die Aminogruppen stammen von den Guanidingruppen des Streptomycinmoleküls. Die übrigen Bestandteile scheinen ein Dialdehydodesoxyzucker mit dem Namen **Streptose** und N-Methyl-L-glucosamin zu sein.

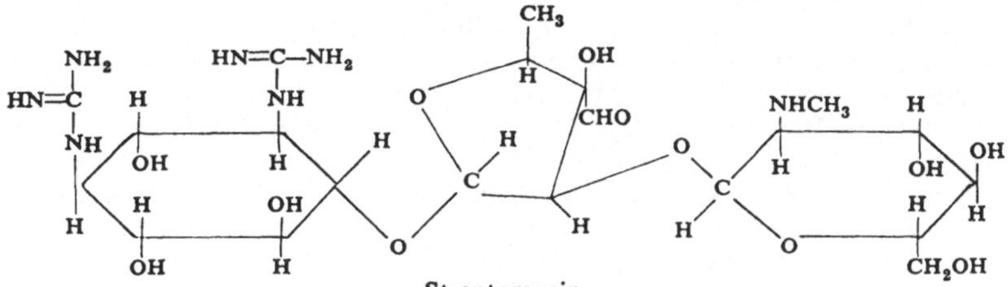

Streptomycin

Wiederholungsfragen

1. Man definiere die Bezeichnung Kohlenhydrate.

2. Man gebe eine kurze Einteilung der Kohlenhydrate.

3. Man führe an Hand einer Gruppe von Reaktionen den Konstitutionsbeweis für Glucose in der angenommenen offenkettigen Form und erkläre die Bedeutung jeder einzelnen Reaktion.

4. Warum ist die offenkettige Formel für Glucose nicht völlig befriedigend? Wie sind diese Erscheinungen zu erklären?

5. Warum kann eine Hydroxylgruppe der reduzierenden Zucker mit Methyl-alkohol und Chlorwasserstoff methyliert werden, die anderen vier nicht? Warum wird eine Methylgruppe des α-Methyl-2.3.4.6-tetramethyl-D-glucosids leichter durch Hydrolyse abgespalten als die anderen vier?

6. Welche Konfiguration haben D-Glucose, D-Mannose und D-Galaktose?

7. Wieviel geradkettige Aldoheptosen sind möglich ohne Berücksichtigung der α- und β-Formen?

8. Was bedeutet die Bezeichnung *relative Konfiguration;* D-Reihe der Zucker?

9. Warum geben D-Glucose, D-Mannose und D-Fructose das gleiche Osazon?

10. Wie kommt es, daß Fructose Fehlingsche Lösung reduziert? Warum müssen zur Bestimmung von Zuckern nach oxydativen Methoden empirische Tabellen verwendet werden? Welcher Unterschied besteht in der Zusammensetzung von Fehlingscher und Benedictscher Lösung, und welchen Vorteil hat die eine gegenüber der anderen?

11. Wie kann man Aldohexosen von Aldopentosen unterscheiden?

12. Was bedeuten die Bezeichnungen *Pyranose* und *Furanose?*

13. Man erkläre die Unterschiede der Struktur von Maltose, Cellobiose, Lactose und Saccharose.

14. Man vergleiche die Reaktionen der reduzierenden und nichtreduzierenden Disaccharide.

15. Welches sind die Hauptunterschiede in der chemischen Konstitution von Stärke, Glykogen, Inulin und Cellulose?

16. Wie wird Nitrocellulose hergestellt? Wodurch unterscheiden sich Schieß-baumwolle, lösliches Kollodium und "half second cotton"? Für welche Zwecke werden sie verwendet?

17. Man erläutere Darstellung und Eigenschaften von Cellulosetriacetat, Cellulose-diacetat und Celluloseacetatbutyrat.

18. Wie unterscheidet sich Viscoserayon von Acetatrayon? Wie werden beide Produkte hergestellt? Was ist Cellophan?

19. Was ist Methylcellulose, Äthylcellulose, Carboxymethylcellulose und oxydierte Cellulose? Verwendungszweck?

Aufgaben

20. Man gebe Reaktionen für die Darstellung folgender Verbindungen an: (*a*) L-Arabozuckersäure; (*b*) D-Galaktonsäure; (*c*) L-Rhamnonsäurelacton; (*d*) Methyl-β-D-mannosid; (*e*) D-Glucoson; (*f*) Isopropylidenmethyl-β-arabinosid; (*g*) D-Xylose-phenylosazon; (*h*) Methyl-β-D-mannose-tetraacetat.

21. Wie kann man die Glieder folgender Verbindungspaare leicht voneinander unterscheiden: (*a*) L-Arabinose und D-Glucose; (*b*) D-Ribose und L-Arabinose; (*c*) D-Glucose und D-Mannose; (*d*) L-Rhamnose und L-Arabinose; (*e*) D-Xylose und D-Galaktose; (*f*) D-Glucose und Maltose; (*g*) Saccharose und Trehalose; (*h*) Maltose und Lactose; (*i*) Lactose und Trehalose; (*j*) Cellobiose und Saccharose; (*k*) Inulin und Stärke; (*l*) Pektinsäure und Alginsäure; (*m*) Acetylcellulose und Nitrocellulose; (*n*) Viscoseseide und Acetatseide; (*o*) Äthylcellulose und Acetylcellulose?

22. Man gebe Reaktionen für die Ausführung folgender Umwandlungen an: (*a*) D-Xylose in D-Gulonsäure; (*b*) D-Galaktose in D-Talose; (*c*) D-Arabinose in D-Altrose; (*d*) D-Ribose in 2-Desoxy-D-allose; (*e*) D-Xylose in D-Sorbose; (*f*) D-Galaktose in D-Lyxose.

23. Man schreibe perspektivische Formeln für folgende Disaccharide: (*a*) 4-(α-L-Arabinopyranosyl)-β-D-galaktopyranose; (*b*) 6-(β-D-Ribofuranosyl)α-D-glucopyranose; (*c*) β-D-Mannopyranosyl-α-L-rhamnopyranosid; (*d*) 4-(α-D-Mannofuranosyl)-α-D-xylopyranose; (*e*) β-L-Fucopyranosyl-β-D-glucofuranosid.

24. Zur Darstellung folgender Verbindungen gebe man eine Folge von Reaktionen an, die von dem geeigneten Zucker ausgehen: (*a*) 2.3.4.6-Tetramethyl-D-mannose; (*b*) 2.3.6-Trimethyl-D-glucose; (*c*) 2.3.4-Trimethyl-L-arabinose; (*d*) 6-Methyl-D-galaktose; (*e*) 3-Methyl-D-glucose; (*f*) 2.3.4.5.6-Pentamethyl-D-mannose; (*g*) 2.3.4.6-Tetraacetyl-D-galaktose.

25. Eine Pentose der D-Reihe gibt durch Oxydation eine optisch aktive Zuckersäure. Nach Abbau zur Tetrose und Oxydation der Tetrose wird meso-Weinsäure erhalten. Welche Konfiguration hat die Pentose und wie heißt sie?

26. Eine Pentose der D-Reihe gibt durch Oxydation eine optisch aktive zweibasische Säure. Sie wird in ein diastereoisomeres Paar von Hexosen übergeführt, von dem die eine bei der Oxydation eine optisch aktive, die andere eine optisch inaktive Zuckersäure liefert. Welche Konfiguration haben die Hexosen und die Pentose und welches sind ihre Namen?

27. Eine Pentose gibt bei der Oxydation eine optisch inaktive Zuckersäure. Sie wird in ein diastereoisomeres Paar von Hexosen umgewandelt; eine von diesen wird zu derselben Zuckersäure oxydiert, die bei der Oxydation von D-Glucose entsteht. Welche Konfiguration haben die Hexosen und die Pentose und wie heißen sie?

28. Eine Aldoheptose, die zur D-Reihe gehört, gab bei der Oxydation mit Salpetersäure eine meso-Pentahydroxy-dicarbonsäure. Wurde die Heptose zur Hexose abgebaut und zur zweibasischen Säure oxydiert, erhielt man eine aktive Form. Wurde die Hexose zuerst epimerisiert und dann oxydiert, so war die zweibasische Säure inaktiv. Welche Konfiguration hat die Heptose?

Kapitel 18

Benzol und seine Homologen. Vorkommen der aromatischen Verbindungen

Die meisten der bisher behandelten Verbindungen zählen zu den aliphatischen Verbindungen, denn ihre Zusammensetzung entspricht, soweit sie den Kohlenwasserstoffanteil des Moleküls betrifft, der der Fette (griech. *aleiphatos* Fett). Es wurde schon früh erkannt, daß es viele andere Verbindungen gibt, deren Kohlenwasserstoffanteil ein höheres Verhältnis von Kohlenstoff zu Wasserstoff bei deutlich verschiedenen Eigenschaften aufweist. Diese Substanzen zeigten oft angenehmen Geruch oder wurden aus aromatischen Substanzen gewonnen, wie zum Beispiel die Hauptbestandteile der flüchtigen Öle von Gewürznelken, Zimt, Sassafraslorbeer, Anis, bitteren Mandeln, Wintergrün und Vanille. Der Kohlenwasserstoff *Benzol* verdankt seinen Namen der Tatsache, daß er bei der Decarboxylierung von Benzoesäure entsteht, die ihrerseits aus der aromatischen Substanz *Benzoeharz* isoliert worden war; ein anderer Kohlenwasserstoff erhielt den Namen *Toluol*, weil er durch Erhitzen des wohlriechenden *Tolubalsams* gewonnen wurde. LOSCHMIDT[1] stellte 1861 als erster fest, daß die meisten aromatischen Verbindungen als Derivate des Benzols C_6H_6 angesehen werden können, so wie die aliphatischen Verbindungen als Derivate des Methans CH_4 aufgefaßt werden. Seitdem wird die Bezeichnung *aromatische Verbindungen* auf diejenigen Verbindungen angewandt, die die charakteristischen chemischen Eigenschaften des Benzols aufweisen.

Benzol und seine Homologen

Isolierung und Struktur des Benzols

Gegen Ende des achtzehnten Jahrhunderts wurde in England ein Leuchtgas durch thermische Zersetzung von Walöl und anderen fetten Ölen hergestellt. Wenn dieses Gas für den Verkauf in Tanks gepreßt wurde, schied sich eine leicht bewegliche Flüssigkeit ab. 1820 wurde MICHAEL FARADAY (S. 97) auf diese Flüssigkeit aufmerksam gemacht, und 1825 berichtete er über die durch Destillation und Kristallisation erfolgte Isolierung einer Verbindung, die er *bicarburet of hydrogen* nannte. 1833 berichtete MITSCHERLICH[2] über die Isolierung des gleichen Kohlenwasserstoffs durch Destillation von Benzoesäure mit Kalk. Er nannte sein Produkt *Benzin*, doch fügte LIEBIG als Herausgeber der Annalen der Chemie MITSCHERLICHs Arbeit eine Fußnote an, in der er für den Namen *Benzol* eintrat, da die Endung *ol* andeute, daß die Verbindung als Flüssigkeit (lat. *oleum* Öl) aus der festen Benzoesäure erhalten worden sei. Der Name Benzol hat sich bis heute in der deutschen chemischen Literatur und bei den Technikern der Steinkohlenteerindustrie aller Länder erhalten. In der angelsächsichen und französischen Fachliteratur wurde er durch die Bezeichnung *benzene* ersetzt, weil die Endung *ol* den Alkoholen vorbehalten bleiben soll. Die Abtrennung des Benzols von den Produkten der trocknen Destillation der Kohle (S. 450) wird gewöhnlich LEIGH (1842) und HOFMANN (1845) zugeschrieben, doch zeigt LIEBIGs Anmerkung zu der Arbeit von MITSCHERLICH, daß FARADAYs Verbindung schon damals als eines der Produkte der Kohledestillation erkannt war.

---

[1] JOSEPH LOSCHMIDT (1821—1895), österreichischer Physiker und Professor an der Universität Wien. Er war ursprünglich Chemiker und veröffentlichte 1861 ein Werk „Chemische Studien", in welchem er seine Ansichten über den Gebrauch von graphischen Konstitutionsformeln in der organischen Chemie niederlegte. Es enthielt u. a. Formeln für 368 Verbindungen, von denen 121 der aromatischen Reihe angehörten.

[2] EILHARD MITSCHERLICH (1794—1855), Professor der Chemie an der Universität Berlin. Sein Spezialgebiet waren zuerst orientalische Sprachen, besonders Persisch. Dann begann er Medizin zu studieren, um als Arzt in größerer Freiheit als andere Europäer in Persien reisen zu können. Bald gewann er derartiges Interesse für Chemie, daß er seine anderen Bestrebungen aufgab. Er ist besonders bekannt durch seine Arbeiten über Isomorphie.

Die Analysen von FARADAY wie die von MITSCHERLICH ergaben für Benzol die Summenformel C_6H_6. Da das entsprechende Alkan die Summenformel C_6H_{14} hat, wäre zu erwarten, daß Benzol stark ungesättigten Charakter zeigt. Im Gegensatz dazu ist es fast so beständig gegen Oxydation und die üblichen Anlagerungsreaktionen wie die gesättigten Kohlenwasserstoffe. Wasserstoff wird auf katalytischem Wege angelagert (S. 876), Chlor oder Brom im Sonnenlicht (S. 456), doch werden nicht acht Atome angelagert, sondern nur sechs. Außerdem entspricht die Zahl der Isomeren, die beim Ersatz von Wasserstoff durch andere Elemente oder Gruppen entstehen, nicht der bei aliphatischen Kohlenwasserstoffen zu erwartenden. So ist nur ein einziges Monosubstitutionsprodukt, z. B. ein Chlorbenzol, ein Hydroxybenzol oder ein Aminobenzol bekannt. Jedes Wasserstoffatom steht also in gleicher Beziehung zu dem Gesamtmolekül wie alle anderen Wasserstoffatome; d. h. das Molekül ist symmetrisch gebaut.

KEKULÉ, von dem die meisten Anschauungen über die Struktur der organischen Verbindungen (S. 4) begründet oder gesichert wurden, schlug 1865 die erste festumrissene Strukturformel für Benzol vor. Hiernach nehmen die sechs Kohlenstoffatome die Ecken eines regelmäßigen Sechsecks ein und sind mit je einem Wasserstoffatom verbunden.

Vier Jahre früher hatte LOSCHMIDT (S. 439) den Benzolkern durch einen Kreis dargestellt, aber keinen Versuch gemacht, die Anordnung der Kohlenstoffatome im Kern anzudeuten. KEKULÉs Formel trägt auch der Tatsache Rechnung, daß drei und nur drei Isomere entstehen können, wenn man zwei Wasserstoffatome durch andere Gruppen (Y) ersetzt. Werden zwei benachbarte Wasserstoffatome ersetzt, so bezeichnet man die entstehende Verbindung als *ortho*-Isomeres, werden zwei alternierende Wasserstoffatome ersetzt, so entsteht das *meta*-Isomere, werden zwei gegenüberliegende Wasserstoffatome ersetzt, das *para*-Isomere.

ortho-Isomeres   *meta*-Isomeres   *para*-Isomeres

Unabhängig davon, welche zwei benachbarten Wasserstoffatome ersetzt werden, entsteht ein und dieselbe Verbindung. Werden z. B. die Wasserstoffatome der Stellungen 3 und 4 ersetzt anstatt jener in 1 und 2, so bringt eine Drehung um 120°

in der Papierebene die beiden Moleküle zur Deckung. Ähnliche Betrachtungen gelten für die *meta-* und *para*-Isomeren. Außerdem können die beiden Gruppen Y gleich oder verschieden sein, ohne daß sich dadurch die Zahl der Isomeren ändert.

Gegen die einfache Sechseckformel für Benzol spricht, daß sie das von KEKULÉ selbst verteidigte Prinzip der Vierwertigkeit des Kohlenstoffs verletzt, und daß sie die Anlagerung von sechs Atomen Halogen oder sechs Atomen Wasserstoff nicht erklärt. Beide Einwände werden gegenstandslos durch die Einführung von drei Doppelbindungen in kontinuierlicher Konjugation. Doch taucht nun der neue Einwand auf, daß zwei *ortho*-Substitutionsprodukte zu erwarten wären, eines, bei dem die beiden Kohlenstoffatome, die die Y-Gruppen tragen, durch eine Doppelbindung verbunden sind (*a*), und ein zweites, in dem sie durch eine Einfachbindung verbunden sind (*b*). Um diese Schwierigkeit zu überwinden, entschloß sich KEKULÉ 1872 zu der Auffassung, daß die Stellungen der Doppelbindungen nicht

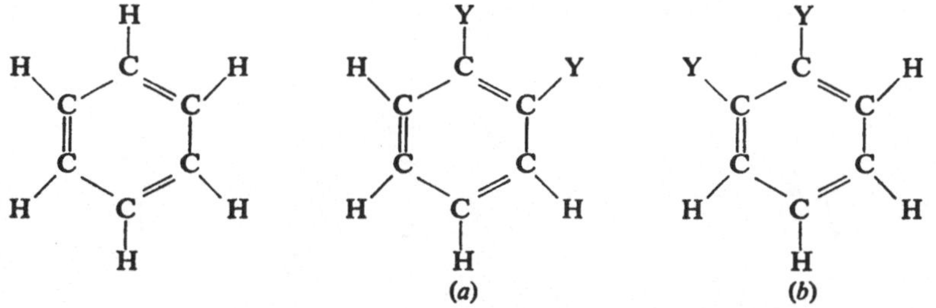

fixiert sind, sondern daß ein Gleichgewicht zwischen zwei Strukturen besteht, das so beweglich ist, daß einzelne Isomere wie (*a*) und (*b*) nicht isoliert werden können.

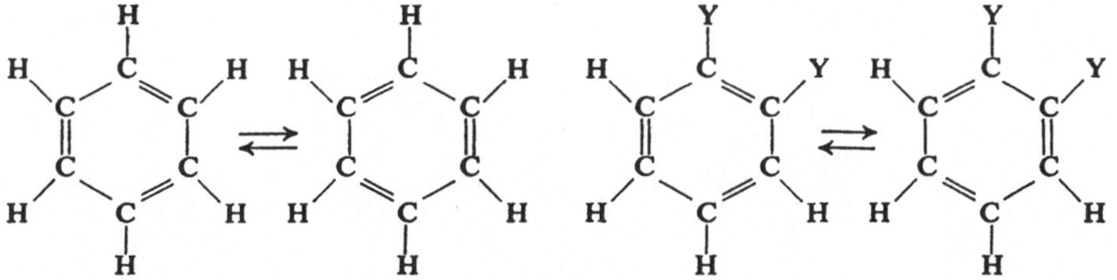

Die heutige Auffassung ist, daß weder im Benzol noch in seinen Derivaten Moleküle zweier verschiedener Strukturen in einem beweglichen Gleichgewicht stehen, sondern daß nur eine einzige Molekülart vorliegt, die durch Bastardisierung der beiden Strukturen entsteht. Der direkteste Beweis für diese Ansicht wird durch die Messung der Abstände zwischen den Kohlenstoffatomen mit Hilfe der Elektronenbeugung erbracht. Bei Äthan und anderen gesättigten Verbindungen beträgt der Abstand zwischen benachbarten Kohlenstoffatomen 1.55 Å, beim Äthylen beträgt der Kohlenstoff-Kohlenstoff-Abstand 1.34 Å, beim Acetylen 1.20 Å. Mit anderen Worten, der Abstand ist bei einer Doppelbindung geringer als bei einer Einfachbindung und bei einer Dreifachbindung geringer als bei einer Doppelbindung (S. 53). Dieses Ergebnis entspricht der Erwartung, denn die Anziehungskräfte zwischen Atomen vergrößern sich mit der Ausbildung einer jeden Bindung. Bei Verbindungen, die sowohl Einfach- als auch Doppelbindungen enthalten, werden beide Abstände beobachtet, dagegen kann beim Benzol nur ein einziger

Kohlenstoff-Kohlenstoff-Abstand festgestellt werden, nämlich 1.39 Å, der zwischen dem Abstand der Einfachbindungen und dem der Doppelbindungen liegt. Es sind also alle Kohlenstoff-Kohlenstoff-Bindungen des Benzols gleichartig, und ihre Eigenschaften liegen in der Mitte zwischen denen einer Einfachbindung und einer Doppelbindung.

Das Problem der Benzolstruktur ist das gleiche wie das des Carboxylations (S. 160) und der Nitrogruppe (S. 270). Die beiden klassischen Kekulé-Strukturen entsprechen zwei äquivalenten Elektronenstrukturen. Das sogenannte *Resonanzhybrid* (der mesomere Zwischenzustand) der beiden Elektronenstrukturen ist gegenüber jeder einzelnen Struktur durch die Resonanzenergie stabilisiert, die beim Benzol etwa 36 kcal pro Mol beträgt. Die Natur des Resonanzhybrids kann vielleicht am einfachsten mit Hilfe der molecular orbitals erklärt werden. Jedes Kohlenstoffatom ist mit drei anderen Atomen verbunden. Daher tritt beim Binden eine sp^2-Bastardisierung der atomic orbitals der Kohlenstoffatome ein, und es bilden sich drei molecular orbitals des σ-Typus, die in Winkeln von 120° zueinander stehen und bewirken, daß die vier Atome in einer Ebene liegen (S. 13). Daher liegen sämtliche Atome des Benzols in einer

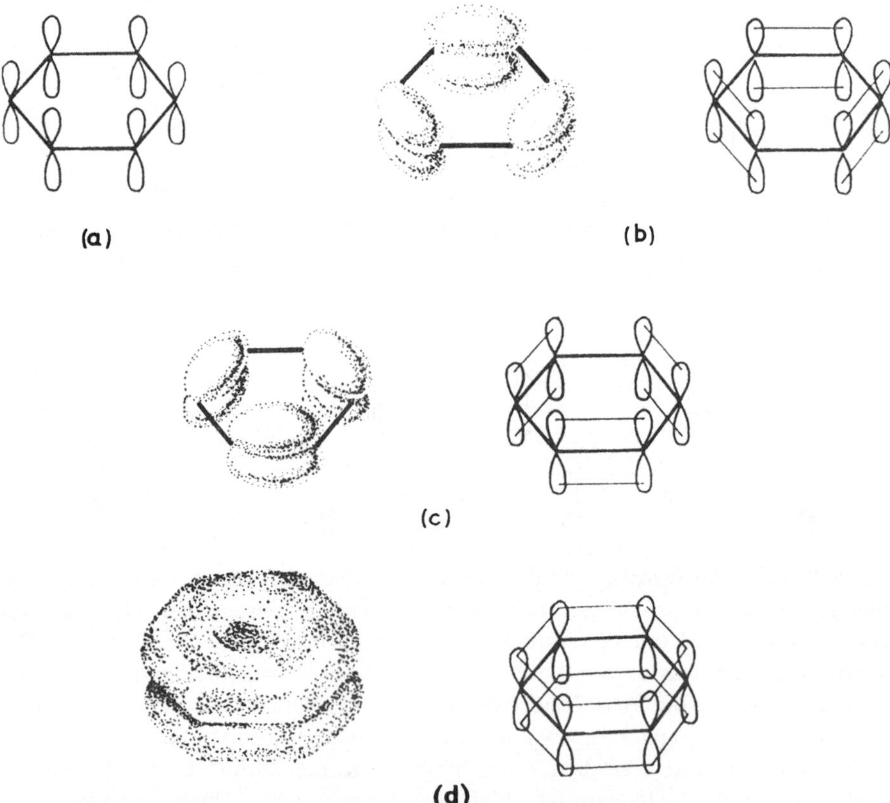

Abb. 74. Resonanz beim Benzol

Ebene, und alle Bindungswinkel betragen 120°. Diese σ-Bindungen werden durch den üblichen Bindestrich angegeben. Es bleibt ein p-orbital mit einem ungepaarten Elektron an jedem Kohlenstoffatom (Abb. 74a). Wenn sich die p-orbitals gemäß Abb. 74b zu drei Paaren überlagerten, so erhielte man eine der Kekulé-Strukturen mit drei Doppelbindungen; bei Überlagerung gemäß Abb. 74c entstünde die andere Kekulé-Struktur. Da nun aber jedes p-orbital beide benachbarten p-orbitals mit gleicher Bereitwilligkeit überlagert, überlagern sich alle sechs orbitals gegenseitig und bilden ein hexagonales π-orbital oberhalb und unterhalb der Ebene der Kohlenstoffatome (Abb. 74d). Diese Strukturen werden schematisch angedeutet, indem man zwischen den p-orbitals zum Zeichen der Überlagerung dünne Verbindungslinien zieht. Die dickeren Linien stehen für die σ-Bindungen zwischen den Atomen (S. 11). Die Bewegung der π-Elektronen um sechs anstatt nur zwei positive Kerne ist Ursache der größeren Stabilität dieses Systems und der hohen Resonanzenergie des aromatischen Rings. Auf Grund des Pauli-Prinzips (S. 6) kann das angegebene π-molecular orbital nur zwei Elektronen unterbringen. Daher müssen noch zwei zusätzliche π-orbitals zur Versorgung der restlichen vier Elektronen verfügbar sein. Diese beiden π-orbitals umgeben ebenfalls alle sechs Kerne, aber jedes davon hat senkrecht zur Ringebene eine Knotenebene zusätzlich zu derjenigen, die mit der Ringebene zusammenfällt.

Nomenklatur

Aromatische Verbindungen können als Derivate des Benzols bzw. einer anderen aromatischen Verbindung benannt werden. So heißt die Verbindung, die aus Benzol durch Ersatz eines Wasserstoffatoms durch ein Chloratom entsteht, Chlorbenzol. Sind mehrere Substituenten vorhanden, so werden die Stellungen durch Zahlen angegeben. Die sechs Kohlenstoffatome des Benzols werden von 1 bis 6 durchnumeriert; der Ausgangspunkt wird so gewählt, daß die Substituenten möglichst kleine Nummern erhalten. Die Formeln werden gewöhnlich so geschrieben, daß eine Gruppe am obersten Kohlenstoffatom des Sechsecks steht, und dieses Kohlenstoffatom erhält dann die Nummer 1. Es wäre wünschenswert, daß die substituierenden Gruppen in alphabetischer Reihenfolge aufgeführt würden. Sind nur zwei Substituenten vorhanden, so können die Namen mit den Ortsbezeichnungen *ortho, meta, para* gebildet werden. Manchmal werden diese Ausdrücke mit Stellungszahlen kombiniert, doch führt dies häufig zu Mißverständnissen und sollte unterbleiben.

1-Chlor-3-nitro-benzol
3-Chlor-nitrobenzol
m-Chlornitrobenzol

Chlorbenzol

In dieser und den folgenden Formeln werden die Kohlenstoff- und Wasserstoffatome des Benzolrings durch das einfache Sechseck wiedergegeben, und nur diejenigen Gruppen, die Wasserstoff ersetzen, sind angeschrieben. Die Doppelbindungen sind eingezeichnet, damit klar ist, daß der Ring aromatisch und nicht alicyclisch (S. 68) ist, wobei sich von selbst versteht, daß es sich nicht um fixierte aliphatische Doppelbindungen handelt (S. 441).

Trivialnamen sind für aromatische Verbindungen noch häufiger im Gebrauch als für aliphatische. So haben zahlreiche Kohlenwasserstoffe Trivialnamen. Methylbenzol heißt *Toluol*, und 1.2-, 1.3- und 1.4-Dimethyl-benzol werden *ortho-, meta-* und *para-Xylol* genannt.

o-Xylol   m-Xylol   p-Xylol

1.3.5-Trimethyl-benzol heißt *Mesitylen*, Isopropylbenzol ist *Cumol*, 1.2.4.5-Tetra-methyl-benzol ist *Durol*, 4-Isopropyl-toluol ist *p-Cymol*.

Mesitylen	Cumol	Durol	p-Cymol

KEKULÉ führte die Ausdrücke *Ring* und *Kern* zur Bezeichnung des charakteristischen Molekülteils der aromatischen Verbindungen ein. Die aliphatischen Teile nannte er *Seitenketten*. Gruppen, die durch Wegnahme eines Wasserstoffatoms vom Kern entstehen, werden *Arylgruppen* genannt. Sie werden häufig durch das Symbol Ar wiedergegeben, so wie R für eine Alkylgruppe steht. Die von Benzol abgeleitete C_6H_5-Gruppe ist als *Phenyl-Gruppe* bekannt. Dieser Name leitet sich von *phène* ab, welcher Name von LAURENT (S. 565) für Benzol vorgeschlagen wurde, weil es im Leuchtgas vorkommt (griech. *phainein* erleuchten). Werden zwei Wasserstoffatome weggenommen, so wird der Rest C_6H_4 als *Phenylen-Gruppe* bezeichnet. Da die beiden Wasserstoffatome auf dreierlei Weise entfernt werden können, gibt es o-, m- und p-Phenylengruppen. Wird der Methylgruppe des Toluols ein Wasserstoffatom entnommen, so wird der Rest als *Benzylgruppe* bezeichnet, wird es dem Kern entnommen, so entstehen die drei *Tolylgruppen*, ortho, meta und para. Die Bezeichnung *Xylyl*- findet ebenfalls sich in der Literatur, sollte aber vermieden werden, denn sie kann sowohl $(CH_3)_2C_6H_3$- als auch $CH_3C_6H_4CH_2$- bedeuten.

Brombenzol (Phenylbromid)	o-Dibrombenzol oder 1,2-Dibrom-benzol (o-Phenylenbromid)

Benzylchlorid (Phenylmethylchlorid)	p-Chlortoluol (p-Tolylchlorid)

Physikalische Eigenschaften des Benzols

Hexan C_6H_{14} siedet bei 68,8°, und da Benzol ein niedrigeres Molekulargewicht hat, sollte man erwarten, das es einen niedrigeren Siedepunkt hat. In Wirklichkeit siedet Benzol bei 80,1°. Der höhere Siedepunkt kann auf den Umstand zurückgeführt werden, daß die Benzolmoleküle eine starre, flache Struktur haben, während sich die Hexanketten unter dem Einfluß der Wärmebewegung erheblich drehen und biegen können. Daher können sich die van der Waalschen Kräfte zwischen den Benzolmolekülen stärker auswirken. Die höhere Symmetrie der Benzolstruktur ist auch für den relativ hohen Schmelzpunkt des Benzols von $+5{,}5°$ gegenüber $-95°$ bei Hexan oder Toluol verantwortlich.

Als Kohlenwasserstoff ist Benzol praktisch unlöslich in Wasser, aber immerhin ist die Löslichkeit bei $15°$ mit $0{,}18$ g pro 100 g Wasser über zehnmal so groß wie die von n-Hexan mit $0{,}014$ g pro 100 g Wasser. Die stärkere Anziehungskraft des Benzols auf Wassermoleküle ist auf Grund der größeren Polarisierbarkeit der Elektronen zweiter Art zu erwarten. Die Löslichkeit von Wasser in Benzol beträgt $0{,}06$ g in 100 g Benzol. Im allgemeinen ist die Löslichkeit von stark assoziierten Flüssigkeiten und Festkörpern in aromatischen Kohlenwasserstoffen und von aromatischen Kohlenwasserstoffen in assoziierten Flüssigkeiten größer als die entsprechenden Löslichkeiten der gesättigten Kohlenwasserstoffe. Dies ist der Grund, weshalb die aromatischen Kohlenwasserstoffe als Lösungsmittel und als Verdünnungsmittel für Farben, Lacke, usw. wertvoller sind als die Erdölfraktionen. Sie sind jedoch mit Vorsicht zu handhaben, da sie sehr giftig sind. Sie bewirken eine Zerstörung der roten Blutkörperchen und sind bei längerer Einwirkung schon in sehr geringen Konzentrationen gefährlich. Arbeiter, die flüchtigen, aromatischen Kohlenwasserstoffen ausgesetzt sind, sollten häufig anhand eines Blutbildes auf Anzeichen einer Vergiftung kontrolliert werden.

Reaktionen des Benzolkerns

Die üblichen Reagentien auf Doppelbindungen werden nicht ohne weiteres an den Benzolkern angelagert. Als Vergleichsmaßstab für die Reaktionsfähigkeit von Benzol und von Olefinen gegenüber Additionen diene die Wärmemenge, die bei der katalytischen Hydrierung freigesetzt wird. Bei der katalytischen Hydrierung eines doppelt substituierten Olefins wie cis-Buten werden $28{,}6$ kcal pro Mol frei. Wenn Benzol drei gewöhnliche Doppelbindungen enthielte, müßte eine Hydrierungswärme von $3 \times 28{,}6 = 85{,}8$ kcal frei werden. Die tatsächlich frei werdende Wärmemenge ist $49{,}8$ kcal. Die Differenz von 36 kcal ist die Resonanzenergie des Benzols, d. h. von den $85{,}8$ kcal, die bei der katalytischen Hydrierung von drei Doppelbindungen frei werden, werden 36 kcal zur Überwindung der Resonanzenergie des Benzolmoleküls verbraucht. Da die bei der Hydrierung von Cyclohexadien-(1.3), der cyclischen Verbindung mit zwei konjugierten Doppelbindungen, freigesetzte Wärme $57{,}2$ kcal beträgt, ist die Hydrierung von Benzol zu Cyclohexadien tatsächlich mit $7{,}4$ kcal endotherm. Ganz entsprechend muß auch bei anderen Additionsreaktionen Energie aufgewendet werden, damit das erste Mol des Reagens zur Reaktion gebracht wird. Allgemein ist die Reaktionsfähigkeit der π-Elektronen des Benzols so gering, daß die Doppelbindungen meist vernachlässigt werden können. Häufig werden sie in der Benzolformel nicht einmal angegeben.

Ganz im Gegensatz zu der Reaktionsträgheit der Doppelbindungen werden die Wasserstoffatome des aromatischen Kerns viel leichter substituiert als die der Alkane. Die wichtigsten der für aromatische Verbindungen charakteristischen Reaktionen werden im folgenden aufgeführt.

1. Gemäßigte Halogenierung. Paraffinkohlenwasserstoffe reagieren mit Chlor oder Brom bei hohen Temperaturen oder unter dem Einfluß von kurzwelligem Licht, aber die Reaktion ist heftig, die Stellung der Substituenten ist rein zufällig, und es werden beträchtliche Mengen von Polysubstitutionsprodukten gebildet (S. 124). Bei gewöhnlicher Temperatur und unter Lichtausschluß verläuft die Reaktion äußerst langsam. Benzol reagiert im Licht mit Chlor, doch tritt anstatt einer Substitution eine Addition ein. Dagegen reagiert Benzol in Gegenwart eines Katalysators wie Eisen(III)-chlorid oder -bromid bei mäßig erhöhter Temperatur schnell mit Chlor oder Brom unter Bildung von Halogensubstitutionsprodukten.

$$+ Cl_2 \xrightarrow{FeCl_3} \quad + HCl$$

Chlorbenzol

Da die Substitution durch ein zweites Halogenatom mit größerer Schwierigkeit erfolgt, kann die Reaktion leicht kontrolliert werden, so daß hauptsächlich das Monosubstitutionsprodukt entsteht.

2. Gemäßigte Nitrierung. Propan oder n-Butan reagieren mit Stickstoffoxyden bei hohen Temperaturen. Dabei entstehen jedoch nicht nur sämtliche isomeren Monosubstitutionsprodukte, sondern auch alle diejenigen Nitroverbindungen, die nach Spaltung der Kohlenstoff-Kohlenstoff-Bindungen entstehen können (S. 271). Im Gegensatz dazu bildet Benzol mit rauchender Salpetersäure bei gemäßigter Temperatur oder besser mit konzentrierter Salpetersäure in Gegenwart von konzentrierter Schwefelsäure in guter Ausbeute das Mononitro-Substitutionsprodukt.

$$+ HONO_2 \xrightarrow{H_2SO_4} \quad + H_2O$$

Nitrobenzol

3. Direkte Sulfurierung. Geradkettige Alkane reagieren nicht mit konzentrierter Schwefelsäure, und verzweigte Alkane reagieren zwar, aber es gibt Anzeichen, daß in erster Stufe eine Oxydation zum Olefin eintritt (S. 300). Die Sulfurierung von Benzol ist eine leicht verlaufende Reaktion, die in guter Ausbeute die Monosulfonsäure liefert.

$$+ HOSO_3H \xrightarrow{Wärme} \quad + H_2O$$

Benzolsulfonsäure

4. Friedel-Crafts-Reaktion. Aromatische Kohlenwasserstoffe reagieren mit Acylhalogeniden in Gegenwart von wasserfreiem Aluminiumchlorid, wobei Ketone in guter Ausbeute entstehen. Diese Reaktion ist als Friedel-Crafts-Reaktion [1,2] bekannt.

Die Fähigkeit, diese Substitutionsreaktionen einzugehen, ist für Benzol und seine Derivate charakteristisch. Verbindungen, die diese Eigenschaften zeigen, gehören zu den *aromatischen Verbindungen*.

5. Oxydation von Seitenketten. Obwohl bei dieser Reaktion der aromatische Kern unverändert bleibt, wird sie gewöhnlich unter den für aromatische Verbindungen typischen Reaktionen aufgeführt. Unterwirft man die Alkylbenzole der Einwirkung starker Oxydationsmittel wie Chromsäure (Natriumdichromat und Schwefelsäure) oder Kaliumpermanganat oder der katalytischen Luftoxydation, so wird die Alkylgruppe in eine Carboxylgruppe umgewandelt.

Toluol   Benzoesäure

Der Angriffspunkt des Oxydationsmittels ist dabei immer das mit dem Benzolkern verbundene Kohlenstoffatom, und daher entsteht eine Carboxylgruppe, unabhängig von der Größe der Alkylgruppe oder der Natur eines in der Alkylgruppe anwesenden Substituenten.

---

[1] CHARLES FRIEDEL (1832—1899), Nachfolger von WURTZ an der Sorbonne. Er war der erste, der Isopropylalkohol durch Reduktion von Aceton darstellte und, zusammen mit CRAFTS, über die Umesterung berichtete. Er untersuchte die Darstellung von Organosiliciumverbindungen und beschäftigte sich in seinen späteren Jahren mit den chemischen Aspekten der Mineralogie.

[2] JAMES MASON CRAFTS (1839—1917) studierte an der Harvard-Universität und war Schüler von BUNSEN und WURTZ. Er wurde Professor für Chemie zuerst in Cornell und dann am Massachusetts Institute of Technology, trat aber 1874 aus Gesundheitsgründen zurück. Er ging dann an das Laboratorium von WURTZ zurück, eigentlich nur für ein Jahr, blieb dann aber siebzehn Jahre. Einen großen Teil dieser Zeit arbeitete er mit FRIEDEL zusammen. 1891 kehrte er in die Vereinigten Staaten zurück und nahm seine Lehrtätigkeit am MIT wieder auf. 1895 wurde er Head of the Chemistry Department, 1897 Präsident des Institutes, 1900 trat er zurück, um seine wissenschaftliche Arbeit fortzusetzen.

Ortsbestimmung der Substituenten im Benzolkern

Wie bereits erwähnt, sind bei Anwesenheit von mehr als einem Substituenten im Benzolkern mehrere Strukturisomere möglich, und es entsteht die Notwendigkeit, die Struktur eines bestimmten Isomeren zu ermitteln. Zum Beispiel sind drei Xylole bekannt (S. 443). Eines davon siedet bei 138,4° und schmilzt bei $+13,4°$, ein anderes siedet bei 139,3° und schmilzt bei $-47,4°$, das dritte siedet bei 144,1° und schmilzt bei $-25°$. Frage: Bei welchem dieser Isomeren befinden sich die Methylgruppen in ortho-Stellung, bei welchem in meta-Stellung und bei welchem in para-Stellung? Das Verfahren der Zuordnung von Strukturen zu den einzelnen Benzolderivaten heißt *Ortsbestimmung*. Es seien hier zwei Methoden beschrieben, die allgemein anwendbar sind. Die erste ist die absolute Methode nach KÖRNER, die zweite kann als Interkonversionsmethode bezeichnet werden.

Die absolute Ortsbestimmung nach KÖRNER[1]. Führt man in jedes Glied einer beliebigen Reihe von drei isomeren disubstituierten Benzolen, in der die beiden Substituenten gleich sind, eine dritte Gruppe ein, so muß das ortho-Isomere zwei Trisubstitutionsprodukte ergeben, das meta-Isomere drei Trisubstitutionsprodukte, das para-Isomere nur eines. Beispiel: Bei Einführung einer Nitrogruppe liefert o-Xylol zwei Nitro-o-xylole, m-Xylol gibt drei Nitro-m-xylole und p-Xylol ein einziges Nitro-p-xylol.

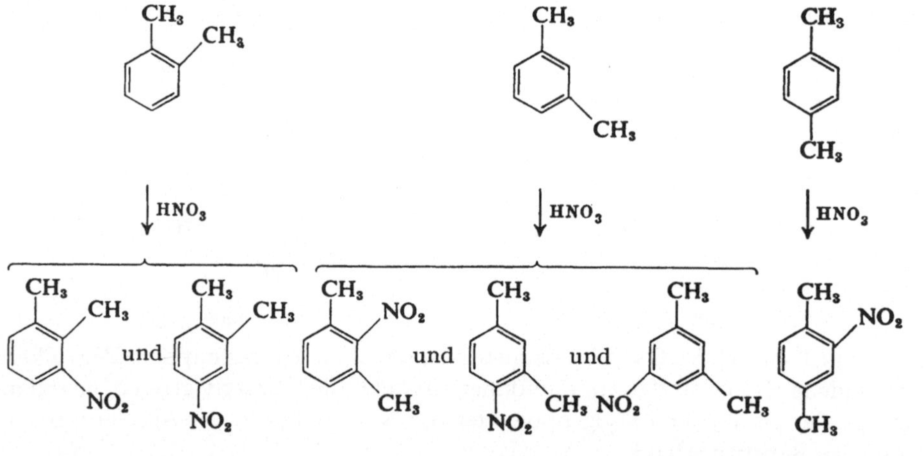

Die Zahl der Stellungen, in die die Nitrogruppe eintreten kann, ist natürlich insgesamt größer, doch kann der Eintritt in mehr als eine Stellung zu dem gleichen Reaktionsprodukt führen. Zum Beispiel können beim p-Xylol vier Wasserstoffatome durch eine Nitrogruppe ersetzt werden, aber der Ersatz von jedem von diesen führt zu ein und demselben Produkt.

Werden die drei bekannten Xylole der Monosubstitution unterworfen, so liefert das bei 138,4° siedende nur eine einzige Verbindung und ist also das para-Isomere;

---

[1] WILHELM KÖRNER (1839—1925), Assistent von KEKULÉ und CANNIZZARO, später Professor für Chemie und Direktor der Schule für Technologie und Landwirtschaft in Mailand. Er fand einen der chemischen Beweise für die Gleichwertigkeit der sechs Wasserstoffatome des Benzols und schlug als erster die richtige Strukturformel für Pyridin vor (S. 654).

das bei 139,3° siedende liefert drei Verbindungen und ist daher das meta-Isomere; das bei 144,1° siedende Xylol gibt zwei Verbindungen und ist demnach das ortho-Isomere. Mit dieser Methode ist die Konstitution einer Anzahl disubstituierter Benzole bestimmt worden, und das Prinzip kann auf Substitutionsprodukte anderer Art ausgedehnt werden.

Die Ortsbestimmung war schon früher bei mehreren polysubstituierten Benzolen nach weniger allgemeinem Verfahren unternommen worden. Zum Beispiel hatte GRIESS (S. 520) 1874, ein Jahr vor der Publikation von KÖRNERs Arbeit, die Struktur der drei Diaminobenzole bestimmt, und zwar nach einem Verfahren, das gewissermaßen eine Umkehrung der Methode von KÖRNER darstellt. Es waren sechs verschiedene Diaminobenzolcarbonsäuren bekannt, die zu den Diaminen decarboxyliert werden konnten.

$$C_6H_3(NH_2)_2COOH \longrightarrow C_6H_4(NH_2)_2 + CO_2$$

Drei der Säuren gaben das gleiche Diamin, welches also das meta-Diaminobenzol sein mußte. Zwei der Säuren lieferten ein zweites Diamin, das damit als die ortho-Verbindung erkannt war. Die sechste Säure lieferte das dritte Diamin, die para-Verbindung.

Die relative Ortsbestimmung. Ist einmal die Orientierung der Gruppen eines substituierten Benzols bestimmt, so liegt sie auch für alle diejenigen Verbindungen fest, die durch Umwandlung eines oder mehrerer Substituenten in andere Gruppen aus ihm erhalten werden können. Beispiel: Es sind drei Benzoldicarbonsäuren bekannt. Eine davon, die *Phthalsäure*, schmilzt bei etwa 200° unter Zersetzung, eine zweite, die *Isophthalsäure*, schmilzt bei 348°, die dritte, die *Terephthalsäure*, sublimiert ohne zu schmelzen bei 300°. Diese Säuren entstehen bei energischer Oxydation von o- bzw. m- bzw. p-Xylol, es handelt sich also um die o- bzw. m- bzw. p-Dicarbonsäure.

Phthalsäure   Isophthalsäure   Terephthalsäure

Da die drei Methylbenzolcarbonsäuren (Toluolcarbonsäuren) bei der Oxydation ebenfalls Phthalsäuren liefern, ist auch ihre Konstitution gesichert.

Vorkommen der aromatischen Verbindungen

Verkokung von Steinkohlen

Kohlen kommen in festen, geschichteten Lagern vor, die durch partielle Zersetzung von Pflanzen entstanden sind und Hitze und Druck in verschiedenem Grade ausgesetzt waren. Vermutlich haben die meisten normalen Kohlenlager ihren Ursprung in torfigen Sümpfen. Torf, Braunkohle, weiche oder bituminöse Steinkohle und Anthrazit oder Hartkohle sind fortschreitende Stufen einer Umwandlung, bei der das Verhältnis der Kohlenstoffmenge zur Menge der anderen Elemente ansteigt. Wird bituminöse Steinkohle unter Luftabschluß auf eine ausreichend hohe Temperatur ($350-1000°$) erhitzt, so bilden sich flüchtige Produkte, und es verbleibt ein Rückstand von unreinem Kohlenstoff, der *Koks* genannt wird. Das Verfahren heißt *Verkokung* oder *trockne Destillation* der Kohle. Wenn die flüchtigen Produkte auf gewöhnliche Temperatur abgekühlt werden, kondensiert sich ein Teil zu einer schwarzen, zähen Flüssigkeit, dem *Steinkohlenteer*. Die nichtkondensierbaren Gase werden als *Steinkohlengas* bezeichnet. Eine Tonne Steinkohle liefert etwa 680 kg Koks, 30 l Teer und 280 cbm Gas. Aus dem Gas erhält man durch Herauswaschen des Ammoniaks mit Schwefelsäure etwa 9 kg Ammoniumsulfat. Die Produktion an Steinkohlenteer belief sich 1955 in den Vereinigten Staaten auf annähernd 3,5 Milliarden Liter.

Der Hauptzweck der technischen Verkokung von Steinkohle ist die Gewinnung von **Koks,** der zur Reduktion von Erzen im Hochofen verwendet wird. Ferner findet Koks Verwendung als schwachrauchender Brennstoff in der Industrie und im Haushalt.

Steinkohlengas zeigt im Verlauf der Verkokung veränderliche Zusammensetzung, besteht aber in der Hauptsache aus Wasserstoff und Methan in etwa gleichen Mengen, neben Kohlenmonoxyd, Äthan, Äthylen, Benzol, Kohlendioxyd, Sauerstoff und Stickstoff sowie geringeren Mengen von Cyclopentadien (S. 883), Toluol, Naphthalin (S. 614), Wasserdampf, Ammoniak, Schwefelwasserstoff, Cyanwasserstoff, Dicyan und Stickstoffmonoxyd. Nach Entfernung der giftigen Bestandteile geht das Gas als Leuchtgas oder Heizgas in die Leitungen. Wo es wirtschaftlich angezeigt ist, werden Benzol, Toluol und andere weniger flüchtige Kohlenwasserstoffe ebenfalls herausgewaschen, wobei eine hochsiedende Petroleumfraktion (Kp: $285-350°$) als Waschöl dient. Die Kohlenwasserstoffe werden durch Erhitzen des Öls *(Abtreiben)* und Kondensation der Dämpfe gewonnen. Die Flüssigkeit enthält hauptsächlich Benzol und Toluol und wird wegen ihres niedrigen spezifischen Gewichts als *Leichtöl* bezeichnet. Obwohl Benzol und Toluol bei Raumtemperatur flüssig sind, ist das Steinkohlengas an ihnen gesättigt, und es werden größere Mengen durch Waschen des Leuchtgases erhalten als durch Destillation des Steinkohlenteers. Pro Tonne verkokter Kohle werden etwa 11,4 l Leichtöl gewonnen.

Die Zusammensetzung des **Steinkohlenteers** schwankt je nach dem Verkokungsverfahren. Der bei hoher Verkokungstemperatur erhaltene Teer ist für chemische Zwecke am wertvollsten. Der erste Schritt zur Trennung der schwarzen, unangenehm riechenden Flüssigkeit in ihre Komponenten ist die fraktionierte Destillation. Hierbei werden die folgenden fünf Fraktionen erhalten: 1. *Leichtöl* (so genannt, weil es leichter ist als Wasser), das bis 200° übergeht, 5% des Rohteers; 2. *Mittelöl* (Carbolöl) $200-250°$, 17%; 3. *Schweröl* (Kreosotöl) $250-300°$, 7%; 4. *Anthracenöl*, $300-350°$, 9%; 5. *Pech*, der Destillationsrückstand, 62%.

Die weitere Trennung der Fraktionen geschieht mit Hilfe einer Kombination chemischer und physikalischer Methoden. Es liegen drei Hauptgruppen von Substanzen vor: 1. *neutrale Verbindungen*, hauptsächlich Kohlenwasserstoffe; 2. *saure Teerbestandteile*, sehr schwach saure Substanzen, die in Natronlauge löslich sind;

3. *basische Teerbestandteile*, schwach basische Substanzen, die sich in verdünnter Schwefelsäure lösen.

Die **Leichtöl**fraktion des Steinkohlenteers ist ziemlich gering, etwa die achtfache Menge kann durch Waschen des Steinkohlengases gewonnen werden. Gewöhnlich wird das Leichtöl durch fraktionierte Destillation direkt in seine Komponenten getrennt. Eine Fraktion ist das rohe 90%ige Benzol, das zu 90% zwischen 80 und 100° siedet; weitere Fraktionen, die ebenfalls zu 90% in den Intervallen 100—120°, 130—160° und 160—210° sieden, sind das rohe 90%ige Toluol, das Lösungsbenzol (Solventnaphtha) und Schwernaphtha. Diese Fraktionen bestehen hauptsächlich aus aromatischen Kohlenwasserstoffen und Olefinen. Die basischen und sauren Bestandteile bleiben zum größten Teil zurück. Die Fraktionen werden zwecks Polymerisation der Olefine mit konzentrierter Schwefelsäure behandelt, dann mit 10%iger Natronlauge gewaschen und auf Benzol, Toluol und Xylole feinfraktioniert.

Das **Mittelöl** oder **Carbolöl** wird mit der hochsiedenden Fraktion des Leichtöls vereinigt und in großen, flachen Tiegeln abgekühlt. Der feste Kohlenwasserstoff *Naphthalin* (S. 614) kristallisiert aus und wird abzentrifugiert. Das rohe Naphthalin wird destilliert, in geschmolzenem Zustand mit Schwefelsäure, Wasser und verdünntem Alkali gewaschen und erneut destilliert, wodurch gereinigtes Naphthalin erhalten wird. Das Öl, das von dem rohen Naphthalin abgetrennt wurde, wird zur Entfernung der sauren Bestandteile mit verdünnter Natronlauge gewaschen. Durch Einleiten von Dampf in den wäßrigen Extrakt werden flüchtige Bestandteile entfernt, darauf wird die Lösung abgekühlt und mit Kohlendioxyd gesättigt, wobei die schwachen Teersäuren aus ihren Salzen freigesetzt werden. Die Teersäureschicht wird abgetrennt und auf Phenol (S. 538) fraktioniert destilliert; die weitere Reinigung des Phenols geschieht durch Kristallisation. Die wäßrige Sodalösung wird durch Zugabe von gebranntem Kalk wieder in Natriumhydroxydlösung zurückverwandelt (kaustifiziert), und der Calciumcarbonatniederschlag wird im Kalkofen wieder zu Ätzkalk und Kohlendioxyd gebrannt. Das Öl, das nach der Extraktion der sauren Substanzen mit Alkalien zurückbleibt, wird mit verdünnter Schwefelsäure gewaschen, die mit den Teerbasen lösliche Salze bildet. Die Basen werden durch Zugabe von Natriumhydroxyd freigesetzt und destilliert, wobei hauptsächlich *Pyridin* (S. 654) erhalten wird. Das nach der Behandlung mit Säure zurückbleibende Öl liefert bei der Destillation Solventnaphtha und einen festen Rückstand von polymerisierten Olefinen.

Das **Schweröl** kann auf ziemlich gleiche Weise zur Gewinnung von Naphthalin, höheren Teersäuren (Kresole, S. 530) und höheren Teerbasen (Chinoline, S. 662) behandelt werden. Das **Anthracenöl** wird in Tanks gefüllt und während ein bis zwei Wochen der Kristallisation überlassen. Nach der Filtration werden die nahezu trockenen Kuchen in einer warmen hydraulischen Presse unter Drucken von mehr als 25000 kg von weiteren Mengen flüssiger Verunreinigungen befreit und dann gemahlen und mit Solventnaphtha gewaschen, wobei die Hauptmenge des Kohlenwasserstoffs *Phenanthren* (S. 635) extrahiert wird, darauf mit Pyridin, das den größten Teil der stickstoffhaltigen Verbindung *Carbazol* (S. 650) aufnimmt. Durch Sublimation des Rückstands wird der Kohlenwasserstoff *Anthracen* (S. 628) in 85- bis 90%iger Reinheit erhalten. Die Entwicklung technischer Methoden zur Synthese von Pyridin und dessen Derivaten, von Anthracenderivaten und Carbazol

29*

hatte allerdings die Tendenz zur Folge, die höheren Fraktionen nicht mehr in ihre Komponenten zu trennen, sondern sie direkt unter dem Namen *Carbolineum (Kreosotöl)* als Holzschutzmittel zu verwenden.

Bis 1951 waren 222 einzelne Verbindungen aus dem Steinkohlenteer isoliert worden, als erste 1820 das Naphthalin. Anthracen wurde 1832 isoliert, Phenol, Anilin (S. 513), Chinolin und Pyrrol (S. 643) folgten 1834, Chrysen (S. 636) 1837. Sechsundvierzig Komponenten wurden in den dreißig Jahren zwischen 1861 und 1890 isoliert, mehr als 100 während der 15 Jahre zwischen 1931 und 1946. Der Rest fällt auf die folgenden Jahre, und die Zahl neuisolierter Verbindungen nimmt noch ständig zu. In den Zeitraum von 1861—1890 fällt die intensivste Entwicklung der Chemie des Steinkohlenteers. Die große Anzahl von Verbindungen, deren Isolierung zwischen 1931 und 1946 gelang, bezeichnet den Erfolg neuer Trennungsmethoden und intensiver Bemühungen, alle Komponenten des Steinkohlenteers zu identifizieren. Die wichtigsten davon sind in Tabelle 21 zusammengestellt. Die für Benzol und Toluol angegebenen Mengen sind die im Steinkohlenteer enthaltenen Mengen, ausschließlich der durch Waschen des Steinkohlengases (S. 451) gewinnbaren Leichtölfraktion.

Tabelle 21. *Hauptbestandteile des Steinkohlenteers*

Verbindung	%	Verbindung	%
Benzol	0,1	Phenanthren	4,0
Toluol	0,2	Anthracen	1,1
Xylole	1,0	Carbazol	1,1
Naphthalin	10,9	Rohe Teerbasen	2,0
α- und β-Methylnaphthalin	2,5	(Pyridin 0,1)	
Dimethylnaphthaline	3,4	Rohe Teersäuren	2,5
Acenaphthen	1,4	(Phenol 0,7, Kresole 1,1,	
Fluoren	1,6	Xylenole 0,2)	

1952 wurde in den Vereinigten Staaten eine Versuchsanlage in Betrieb genommen, deren primärer Zweck darin besteht, aus Steinkohle größere Mengen aromatischer Chemikalien anstatt Koks zu erzeugen. Ein Gemisch von gemahlener Kohle und Schweröl aus den anfallenden Produkten wird bei 500° und 350 Atm. Druck in Gegenwart eines Eisenkatalysators partiell hydriert; es gelingt so, etwa 90% der Kohlesubstanz in ein flüssiges Rohöl überzuführen. Destillation des Öls liefert etwa 10% aliphatische Verbindungen, 50% aromatische Verbindungen und 40% Koks. Gegenüber den üblichen Verkokungsverfahren ist bei diesem Verfahren die Ausbeute an Naphthalin auf das 5—8fache, an Phenol auf das 60—80fache, an Kresol auf das 100—200fache und an Teerbasen auf das 300—500fache erhöht.

Aromatische Kohlenwasserstoffe aus Erdöl

Durch den steigenden Bedarf an aromatischen Verbindungen und die Entwicklung neuerer Verfahren ist die Herstellung aromatischer Verbindungen aus Erdöl durch Isomerisierung und Dehydrierung (S. 68, 70, 79) wirtschaftlich geworden. Die Gesamtproduktion an Benzol in den Vereinigten Staaten betrug 1955 1,6 Milliarden Liter, davon stammte ein Viertel aus Petroleum. Ein noch höherer Anteil wurde von Toluol, nämlich 45% von 1,3 Milliarden Liter, und von Xylol, 50% von fast 800 Millionen Liter, aus Erdöl produziert.

Vor 1950 wurde Benzol nur aus Steinkohlengas und Steinkohlenteer technisch gewonnen (S. 450). Noch 1940 waren die aus dieser Quelle verfügbaren Mengen mehr als ausreichend, da nur ein Drittel der in den Vereinigten Staaten jährlich anfallenden 470 Millionen Liter zu reinem Benzol als Lösungsmittel und für chemische Zwecke raffiniert wurde. Der Überschuß wurde mit Benzin vermischt und als Motorentreibstoff verbraucht. Während des zweiten Weltkrieges stieg der Bedarf an Anilin, Phenol und Styrol, Verbindungen, die aus Benzol hergestellt werden. Nach dem Krieg stieg der Bedarf weiter, so daß das als Nebenprodukt der Koksherstellung anfallende Benzol nicht mehr ausreichte, denn die Koksproduktion ist mit der Stahlproduktion gekoppelt. Der Preis stieg von 1946 bis 1950 auf das Doppelte, und damit wurde die Herstellung von Benzol aus Erdöl wirtschaftlich. Das in den USA 1955 produzierte Benzol wurde zu 35% zur Herstellung von Styrol verwandt, 20% wurden zu Phenol verarbeitet, 10% zu synthetischen Waschmitteln, 5% zu Anilin, und 30% wurden für weitere chemische Zwischenprodukte und als Lösungsmittel verbraucht.

Die wirtschaftlichen Grundlagen der Toluolproduktion sind anders gestaltet. Vor dem zweiten Weltkrieg wurde der größte Teil des in den USA bei der Koksherstellung anfallenden Toluols, über 100 Millionen Liter pro Jahr, raffiniert und in größerem Umfang als Lösungsmittel verwendet als für chemische Zwecke. Während des Krieges wurden derartige Mengen Toluol für die Fabrikation von TNT benötigt, daß die Herstellung aus Petroleum erforderlich wurde. Die Herstellung aus dieser Quelle erreichte eine Jahreskapazität von 660 Millionen Liter und brachte damit die Gesamtkapazität auf mehr als 750 Millionen Liter. Nach dem Krieg sank die Produktion auf 300 Millionen Liter, stieg aber bis 1955 langsam wieder auf etwa 800 Millionen Liter an. Der Preis blieb während dieser Zeit annähernd konstant.

Andere Quellen für Benzolhomologe

Bei der Friedel-Crafts-Reaktion (S. 447) können ebensogut wie Acylhalogenide auch Alkylhalogenide verwendet werden, wobei dann Alkylderivate an Stelle von Acylderivaten entstehen.

$$\text{C}_6\text{H}_6 + RCl \xrightarrow{\text{AlCl}_3} \text{C}_6\text{H}_5\text{--}R + HCl$$

Da ein Alkylbenzol noch leichter substituiert wird als Benzol (S. 474), führen diese Reaktionen normalerweise nicht zu einem einzigen Produkt, sondern zu Gemischen höheralkylierter Verbindungen. So entsteht bei der Umsetzung von Benzol mit Methylchlorid in Gegenwart von wasserfreiem Aluminiumchlorid nicht allein Toluol, sondern es bilden sich auch die Xylole und höheralkylierte Benzole. Es ist jedoch möglich, in der Hauptsache monoalkyliertes Benzol zu erhalten, wenn man einen großen Überschuß von Benzol verwendet.

Höhere primäre Alkylhalogenide geben bei der Friedel-Crafts-Reaktion umgelagerte Produkte. So führen z. B. n-Propylhalogenide hauptsächlich zu Isopropylbenzol, n-Butylhalogenide zu sek.-Butylbenzol und Isobutylhalogenide zu tert.-Butylbenzol.

Unter dem Einfluß von Friedel-Crafts-Katalysatoren wie Aluminiumchlorid-Chlorwasserstoff und Bortrifluorid-Fluorwasserstoff unterliegen die Alkylbenzole einem intra- und intermolekularen Austausch von Alkylgruppen. Zum Beispiel liefert ein beliebiges Xylol in Gegenwart geringer Mengen Bortrifluorid-Fluorwasserstoff bei 100° ein Gemisch von Toluol, Xylolen und Trimethylbenzolen. Darin finden sich die Xylole in der Gleichgewichtskonzentration, die ihrer relativen thermodynamischen Stabilität entspricht (o:m:p = 16:60:24). Ist jedoch der Katalysator in hoher Konzentration zugegen (1 Mol pro Mol Kohlenwasserstoff), so erhält man nur m-Xylol. Auf ähnliche Weise isomerisieren sich die Trimethylbenzole unter diesen Bedingungen vollständig zu 1.3.5-Trimethylbenzol (Mesitylen). Dieses Verhalten entspricht der Tatsache, daß m-Xylol und 1.3.5-Trimethylbenzol unter den verschiedenen Isomeren die stärksten Basen sind und die stabilsten Komplexsalze bilden (vgl. S. 474).

Auch Alkohole oder Olefine können zur Alkylierung aromatischer Verbindungen herangezogen werden. Als Katalysatoren können konzentrierte Schwefelsäure, Phosphorsäure oder wasserfreier Fluorwasserstoff ebensowohl verwendet werden wie die Aluminiumchlorid-Chlorwasserstoff-Komplexe. Im technischen Verfahren eignen sich die Olefine besonders gut, und es werden mehrere wichtige Kohlenwasserstoffe nach diesem Verfahren synthetisiert. Daher war es z. B. früher einfacher, **Äthylbenzol** durch Synthese herzustellen, als es aus der Fraktion gemischter Xylole aus Petroleum abzutrennen, die etwa 20% Äthylbenzol enthält, aus der es aber wegen der dicht benachbarten Siedepunkte der Komponenten (m-Xylol 139°, p-Xylol 138°, Äthylbenzol 136°) schwer in der erforderlichen Reinheit erhalten werden konnte.

$$\text{C}_6\text{H}_6 + \text{CH}_2{=}\text{CH}_2 \xrightarrow[\text{260 mm Hg}]{\text{AlCl}_3\text{—HCl, 95°}} \text{C}_6\text{H}_5\text{CH}_2\text{CH}_3$$

Äthylbenzol

Als Katalysator dient ein flüssiger Aluminiumchlorid-Chlorwasserstoff-Kohlenwasserstoff-Komplex; das Gemisch aus Äthylen und einem Überschuß von Benzoldampf wird hindurchgeleitet. Die aromatischen Kohlenwasserstoffe sind in dem Komplex unlöslich und lassen sich leicht abtrennen; das Äthylbenzol wird durch Destillation gereinigt. Nicht umgesetztes Benzol und die höheralkylierten Benzole gehen in den Prozeß zurück, so daß sich eine Gesamtausbeute von mehr als 95% bezogen auf Äthylen oder Benzol ergibt. Das reine Äthylbenzol dient ausschließlich als Zwischenprodukt bei der Fabrikation von Styrol (S. 605), die mehr als ein Drittel der Gesamtproduktion an Benzol in Anspruch nimmt. Äthylbenzol wurde 1955 in den USA in einer Menge von etwa 500 Millionen kg produziert und war damit nach Methanol die in größter Menge hergestellte synthetische organische Verbindung.

Cumol *(Isopropylbenzol)* wird in ähnlicher Weise aus Benzol und Propylen synthetisiert. Hierzu dient bevorzugt Phosphorsäure auf einem Träger als Katalysator, ähnlich dem zur Polymerisation von Olefinen verwendeten (S. 66). Die Reaktion wird bei höheren Temperaturen und Drucken ausgeführt.

$$\text{C}_6\text{H}_6 + \text{CH}_2{=}\text{CHCH}_3 \xrightarrow[\text{29 Atm.}]{\text{H}_3\text{PO}_4,\ 250°} \text{C}_6\text{H}_5\text{CH(CH}_3)_2$$

Cumol dient auf Grund seiner hohen Octanzahl als Zusatz zu Flugmotorenbenzin, ferner ist es Zwischenprodukt bei der Synthese von Phenol (S. 540).

Mesitylen wird durch Kondensation von drei Mol Aceton in Gegenwart von konzentrierter Schwefelsäure hergestellt.

Mesitylen

Diese Reaktion ist eine der zahlreichen Synthesen, bei denen aromatische Verbindungen aus aliphatischen dargestellt werden. **p-Cymol** findet sich in geringer Menge unter den Nebenprodukten bei der Fabrikation von Holzzellstoff nach dem Sulfitverfahren (S. 421). Das Rohprodukt ist als Tannenterpentin bekannt.

Wiederholungsfragen

1. Welches ist die wichtigste Quelle für aromatische Verbindungen? Wie werden die verschiedenen Komponenten getrennt?

2. Auf welche experimentellen Tatsachen gründet sich die geltende Strukturformel des Benzols?

3. Man bespreche die wichtigsten Unterschiede im chemischen Verhalten der aliphatischen und aromatischen Kohlenwasserstoffe anhand von Reaktionsgleichungen.

4. Man beschreibe die Körnersche Methode zur Unterscheidung zwischen ortho-, meta- und para-disubstituierten Benzolen bei Gleichheit beider Gruppen. Welche andere Methode kann angewandt werden?

5. Man schreibe die Strukturformeln für Toluol, die Xylole, Mesitylen, p-Cymol und Cumol. Wie können diese Verbindungen durch Synthese oder anders erhalten werden, abgesehen von der direkten Isolierung aus Steinkohlenteer?

6. Welche Formel hat die Phenyl-, Phenylen-, Benzyl- und Tolylgruppe?

7. Man vergleiche die wirtschaftliche Bedeutung des Benzols mit der des Toluols.

Aufgaben

8. Man gebe die Strukturformeln und Namen aller Verbindungen der folgenden Gruppen an; (a) die Tri- und Tetramethylbenzole; (b) die Monochlormononitrotoluole; (c) die Monochlordinitrobenzole; (d) die Monobromtrimethylbenzole.

9. Warum ist es nicht möglich, die einfache Körnersche Methode zur Unterscheidung zwischen disubstituierten ortho-, meta- und para-Verbindungen anzuwenden, wenn die beiden Gruppen verschieden sind?

10. Welche Strukturformeln sind für einen aromatischen Kohlenwasserstoff $C_{10}H_{14}$ möglich, wenn er folgende Eigenschaften zeigt: (a) Oxydation gibt eine Monocarbonsäure; (b) Nitrierung kann drei Mononitro-Derivate liefern und Oxydation eine Dicarbonsäure; (c) Nitrierung kann zwei Mononitro-Derivate ergeben und Oxydation eine Dicarbonsäure; (d) Nitrierung kann zwei Mononitro-Derivate liefern und Oxydation eine Tricarbonsäure.

11. Es sind drei Tribrombenzole bekannt, die bei 44°, 87,4° und 119° schmelzen. Wird jedes von ihnen nitriert, so entstehen drei bzw. zwei bzw. ein Mononitrotribrombenzol. Man gebe die Strukturen der Tribrombenzole und ihrer Nitroderivate an.

12. Sechs Dibromnitrobenzole schmelzen bei 57,8°, 61,8°, 82,6°, 83,6°, 85,2° und 104,5°. Wenn durch eine Folge von Reaktionen die Nitrogruppe durch Wasserstoff ersetzt wird, liefert die bei 83,6° schmelzende Verbindung ein Dibrombenzol, das bei 87° schmilzt, die beiden Dibromnitrobenzole, die bei 57,8° und 85,2° schmelzen, geben ein Dibrombenzol, das bei 225° siedet. Die drei restlichen Dibromnitrobenzole führen zu einem Dibrombenzol, das bei 219° siedet. Man schreibe die Strukturformeln der drei Dibrombenzole.

13. Drei Chlornitrobenzole A, B und C liefern bei weiterer Nitrierung zwei bzw. vier bzw. vier Dinitro-Derivate. Wenn o-Dinitrobenzol monochloriert wird, ist eines der Reaktionsprodukte identisch mit einem der vier aus B erhaltenen Reaktionsprodukte und mit einem der vier aus C erhaltenen Produkte. Das andere Isomere wird ebenfalls aus C, aber nicht aus B erhalten. Man gebe den drei Chlornitrobenzolen Strukturformeln.

Kapitel 19

Halogenderivate der aromatischen Kohlenwasserstoffe

Aromatische Halogenverbindungen im strengen Sinn sind Verbindungen, in denen das Halogen direkt an einen aromatischen Kern gebunden ist. Es ist jedoch zweckmäßig, hier auch jene Halogenverbindungen zu behandeln, die durch Addition von Halogen an die Doppelbindungen des Kerns zustande kommen, oder bei denen das Halogen in einer Seitenkette lokalisiert ist.

Reaktionen der aromatischen Kohlenwasserstoffe mit Halogen

Halogen kann auf drei Weisen mit aromatischen Kohlenwasserstoffen reagieren: 1. Es kann sich an die Doppelbindungen des Kerns anlagern, wobei ein Reaktionsprodukt entsteht, das keine aromatischen Eigenschaften mehr aufweist; 2. es kann ein Wasserstoffatom des Benzolkerns ersetzen, wobei ein Arylhalogenid entsteht; 3. es kann bei Vorhandensein einer Seitenkette ein Wasserstoffatom der Seitenkette ersetzen, wobei ein Arylalkylhalogenid entsteht.

Anlagerung von Halogen. Wird ein Gemisch aus Benzol und Chlor oder Brom kurzwelligem Licht ausgesetzt, so werden sechs Atome Halogen angelagert, wobei ein Gemisch der stereoisomeren Benzolhexachloride bzw. -bromide entsteht.

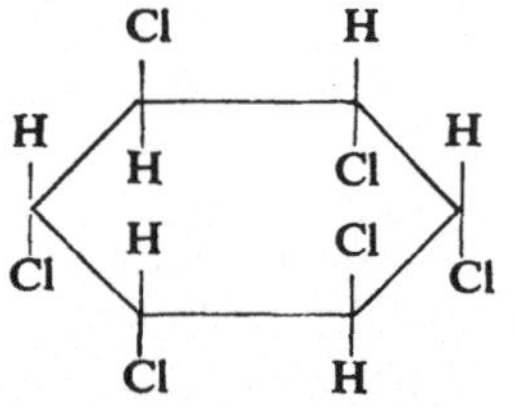

γ-Benzolhexachlorid

Über die Bildung der Hexachloride berichtete erstmals FARADAY 1825 in seiner Arbeit über die Isolierung des Benzols. Es sind neun stereoisomere Benzolhexachloride möglich, entsprechend den neun Inositen (S. 436). Fünf Isomere wurden isoliert und mit α, β, γ, δ und ε bezeichnet. Ihre Konfigurationen wurden durch Elektronenbeugung bestimmt.

Das Isomerengemisch hat nach der Entdeckung seiner insecticiden Eigenschaften im Jahre 1943 beträchtliche technische Bedeutung erlangt. In den Vereinigten Staaten wurden 1955 etwa 22 Millionen kg hergestellt. Es wird nach seinem Namen bzw. nach seiner Formel $C_6H_6Cl_6$ abgekürzt als *HCH (BHC* oder *666)* bezeichnet. Es muß infolge seines bei höheren Konzentrationen durchdringenden muffigen Geruches entsprechend verdünnt werden. Die insecticide Wirkung kommt ausschließlich der γ-Form zu, die nur zu 18% in dem Isomerengemisch enthalten ist. Die insecticiden Produkte werden nach ihrem Gehalt an dem γ-Isomeren verkauft, das *Gammexan* oder *Lindan* genannt wird (nach VAN DER LINDEN, der 1912 die Existenz der ersten vier Isomeren sicherstellte). Das reine γ-Isomere soll frei von dem muffigen Geruch sein.

Werden die Hexachloride oder Hexabromide mit alkoholischer Kalilauge erhitzt, so werden drei Mol Halogenwasserstoffsäure abgespalten, und es entsteht 1.2.4.-Trihalogenbenzol[1].

$$C_6H_6X_6 + 3\,KOH \longrightarrow \quad + 3\,KX + 3\,H_2O$$

Substitution am Kern. Wenn man aromatische Kohlenwasserstoffe mit Chlor oder Brom in Gegenwart von Eisen erwärmt, erfolgt unter Entwicklung von Halogenwasserstoffsäure Substitution von Kernwasserstoff. Hierbei wirkt als Katalysator Eisen(III)-chlorid bzw. Eisen(III)-bromid, das durch Einwirkung des Halogens auf das Eisen entsteht. Auch wasserfreies Aluminiumchlorid oder -bromid sind wirksame Katalysatoren.

Chlorbenzol

Bei diesen Reaktionen tritt auch Disubstitution ein, und es entsteht ein Gemisch des ortho- und des para-Isomeren neben sehr geringen Mengen des meta-Isomeren.

o-Dichlor-benzol   p-Dichlor-benzol

Die Einführung des Halogenatoms in den Benzolring erschwert den Ersatz eines zweiten Wasserstoffatoms; die relative Geschwindigkeit der Substitution verhält sich bei Benzol und Chlorbenzol etwa wie 8.5:1. Man kann daher durch Veränderung der Menge Halogen, der Reaktionsdauer und der Temperatur nach Wunsch vorwiegend Mono- oder Polysubstitutionsprodukte darstellen. Bei technischen Ansätzen wird gewöhnlich so lange chloriert, bis praktisch das gesamte Benzol reagiert hat. Das so entstandene Gemisch enthält etwa 80% Chlorbenzol, 17% p-Dichlorbenzol, 2% o-Dichlorbenzol und 1% höhere Substitutionsprodukte.

Chlorbenzol ist ein Zwischenprodukt für die Herstellung von Phenol, Anilin, DDT und Farbstoffen. p-Dichlorbenzol ist als Larvicid gegen die Kleidermotte und andere Schädlinge in Gebrauch. o-Dichlorbenzol mit einem Gehalt von etwa 4% des para-Isomeren dient als Wärmeaustauschmittel im Bereich von 150—250°. Die relative technische Bedeutung von Chlorbenzol, p-Dichlorbenzol und o-Dichlorbenzol zeigt sich in den Produktionsziffern des Jahres 1955 für die USA mit 197, 26 und 12 Millionen kg.

---

[1] In der Formel für diese und folgende Verbindungen werden die Bindungen zwischen Substituenten und dem aromatischen Ring gewöhnlich nicht angegeben.

Andere aromatische Verbindungen werden in ähnlicher Weise halogeniert. Zum Beispiel gibt Toluol bei der Chlorierung oder Bromierung in Gegenwart von Eisen ein Gemisch von o- und p-Chlor- bzw. Bromtoluol.

$$CH_3\text{-}C_6H_5 + X_2 \xrightarrow{FeX_3} \text{(o-}CH_3C_6H_4X) \text{ und } \text{(p-}CH_3C_6H_4X) + HX$$

Wie bei den aliphatischen Kohlenwasserstoffen tritt keine Jodierung ein, da die Lage des Gleichgewichts ungünstig ist. Die Jodierung aromatischer Kohlenwasserstoffe kann in Gegenwart von Salpetersäure oder Quecksilberoxyd erreicht werden, vermutlich weil das Gleichgewicht durch Oxydation des Jodwasserstoffs verschoben wird.

$$C_6H_6 + J_2 \rightleftarrows C_6H_5J + HJ$$

$$4\,HJ + 2\,HNO_3 \longrightarrow 2\,J_2 + N_2O_3 + 3\,H_2O$$

$$2\,HJ + HgO \longrightarrow HgJ_2 + H_2O$$

Die direkte Halogenierung ist das übliche Verfahren zur Darstellung von Arylhalogeniden. Der Ersatz einer Hydroxylgruppe durch Halogen, der für die Darstellung von Alkylhalogeniden von primärer Bedeutung ist, wird selten angewandt, weil es schwierig ist, eine mit einem Benzolring verknüpfte Hydroxylgruppe zu verdrängen (S. 533). Methoden zur Ersetzung der Aminogruppe durch Halogen werden auf Seite 522 behandelt.

Substitution an der Seitenkette. Die chemischen Eigenschaften der Seitenketten entsprechen im großen und ganzen jenen der aliphatischen Verbindungen. Wird daher ein Gemisch von Toluoldampf und Halogen kurzwelligem Licht ausgesetzt, so erfolgt die Halogenierung der Seitenkette schneller als die Substitution am Kern oder Anlagerung an die Doppelbindungen. Dabei entstehen, da bei aliphatischen Kohlenwasserstoffen ein zweites und drittes Wasserstoffatom mit ähnlicher Geschwindigkeit ersetzt wird wie das erste Wasserstoffatom, nebeneinander Mono-, Di- und Trisubstitutionsprodukte.

$$CH_3\text{-}C_6H_5 \xrightarrow[+\ Licht]{X_2} HX + CH_2X\text{-}C_6H_5 \xrightarrow[+\ Licht]{X_2} HX + CHX_2\text{-}C_6H_5 \xrightarrow[+\ Licht]{X_2} HX + CX_3\text{-}C_6H_5$$

Benzyl-halogenid   Benzyliden-halogenid (Benzalhalogenid)   Benzylidin-halogenid (Benzotrihalogenid)

Bis zu einem gewissen Grade läßt sich das Verhältnis von Mono : Di : Trisubstitution durch Variieren des Kohlenwasserstoff-Halogen-Verhältnisses beeinflussen. Bei der technischen Darstellung von Benzylchlorid ist die Reaktionstemperatur 130—140°. Diese ist höher als der Siedepunkt von Toluol (111°), aber niedriger als der Siedepunkt von Benzylchlorid (179°). Daher kondensiert sich das Benzylchlorid so rasch es sich bildet, und eine weitere Chlorierung wird vermieden. Die Reaktion wird in

einem mit Blei ausgekleideten Gefäß durchgeführt, das innen mit Quecksilberdampflampen erleuchtet wird. Bei höheren Temperaturen findet die Reaktion auch
ohne Licht statt.

Benzylchlorid kann durch Umsetzung von Benzol mit Formaldehyd und Chlorwasserstoff in Gegenwart von Zinkchlorid oder Phosphorsäure dargestellt werden.

$$\text{C}_6\text{H}_6 + \text{HCHO} + \text{HCl} \xrightarrow[\text{oder H}_3\text{PO}_4]{\text{ZnCl}_2} \text{C}_6\text{H}_5\text{CH}_2\text{Cl} + \text{H}_2\text{O}$$

Das Verfahren heißt **Chlormethylierung**; es gehört zu den allgemein auf aromatische Verbindungen anwendbaren Substitutionsreaktionen. Entweder kondensiert
sich der Formaldehyd mit der aromatischen Verbindung unter Bildung eines
Benzylalkohols, der dann mit Chlorwasserstoff reagiert, oder der Chlorwasserstoff
addiert sich an Formaldehyd zu Chlormethylalkohol, der mit der aromatischen
Verbindung unter Bildung von Benzylchlorid reagiert.

Reaktionen der Aryl- und Arylalkylverbindungen

Arylhalogenide. Im Gegensatz zu den Alkylhalogeniden sind die einfachen
Arylhalogenide sehr reaktionsträge. Mit Natriumhydroxyd, Silbersalzen, Natriumalkoholat, Natriumcyanid, Natriumsulfid oder Ammoniak findet unter Bedingungen, wie sie bei Alkylhalogeniden zu Verdrängungsreaktionen führen
(S. 119), keine merkliche Reaktion statt. Die Reaktionsfähigkeit kann jedoch bei
Gegenwart weiterer Substituenten am Benzolring stark erhöht sein (S. 487). Aryl-
bromide und -jodide reagieren mit Magnesium in Ätherlösung leicht und bilden
Grignard-Verbindungen, die alle üblichen Reaktionen zeigen S. 126, 181, 184, 204,
208, 212, 259).

$$\text{C}_6\text{H}_5\text{Br} \xrightarrow[\text{Äther}]{\text{Mg in}} \text{C}_6\text{H}_5\text{MgBr}$$

Phenylmagnesium-
bromid

Werden die Jodide mit aktiviertem Kupferpulver erhitzt, so findet ein Zusammenschluß zweier aromatischer Kerne statt *(Ullmann-Reaktion)*.

$$\text{C}_6\text{H}_5\text{J} + 2\,\text{Cu} + \text{J}\,\text{C}_6\text{H}_5 \longrightarrow \text{C}_6\text{H}_5\text{—}\text{C}_6\text{H}_5 + 2\,\text{CuJ}$$

Diphenyl

Wird ein Gemisch von Arylhalogenid und Alkylhalogenid längere Zeit in Gegenwart von metallischem Natrium stehen gelassen, so vereinigen sich Aryl- und Alkyl-
reste *(Wurtz-Fittig[1]-Reaktion)*.

---

[1] RUDOLPH FITTIG (1835—1910), Professor an der Universität Straßburg. Er
entdeckte 1858 die Pinakolin-Umlagerung und übertrug 1863 die Wurtzsche Synthese
auf gemischte Alkyl- und Arylhalogenide. Weiter hat sich FITTIG einen Namen gemacht
mit der Synthese von β-Naphthol aus Benzaldehyd (1883) und der Entdeckung der
gegenseitigen Umlagerung von α,β- und β,γ-ungesättigten Säuren durch Alkalien
(1814).

$$\langle\rangle Br + 2\,Na + BrR \longrightarrow \langle\rangle R + 2\,NaBr$$

Diese Reaktion hat zur Synthese von Benzolhomologen Anwendung gefunden, auch hat sie besonders gute Dienste bei der Interkonversion von Verbindungen im Rahmen der frühen Arbeiten zur Ortsbestimmung (S. 448) geleistet.

Bei Temperaturen zwischen 200° und 300° reagieren Arylhalogenide besonders in Gegenwart von Kupfersalzen mit wäßrigen Lösungen von Natriumhydroxyd, Natriumcyanid oder Ammoniak unter Bildung der entsprechenden Hydroxy-, Cyano- oder Aminoverbindungen (S. 514, 538). Eine Abspaltung von Halogenwasserstoffsäure unter Bildung einer Dreifachbindung findet auch in stark alkalischen Lösungen nicht statt, da die —C≡C—Bindungen linear sind (S. 134) und daher mit den Bindungswinkeln von 120° eines sechsgliedrigen Ringes nicht so kombiniert werden können, daß ein stabiles Produkt entsteht. Jedoch wird zur Erklärung einiger Fälle von "cine substitution" (S. 482) postuliert, daß sich Halogenwasserstoff abspaltet und reaktionsfähige Zwischenprodukte, sog. „Arine", gebildet werden. Die derzeit geltende Theorie betreffend die Reaktionsträgheit nichtsubstituierter Arylhalogenide wird auf Seite 488 behandelt.

Mehrwertige Jodverbindungen. Das Jodatom in Arylhalogeniden kann in höheren Oxydationsstufen vorkommen. So addiert Jodbenzol in Chloroform ein Mol Chlor zu *Phenyljodidchlorid*, einem gelben, festen Stoff. Bei Erhitzen des Dichlorids auf 120° entsteht p-Chlorjodbenzol. Verdünnte Natronlauge hydrolysiert das Dichlorid zu **Jodosobenzol.**

$$C_6H_5J + Cl_2 \longrightarrow C_6H_5JCl_2 \underset{\substack{2\ NaOH \\ (verd.)}}{\overset{120°}{\diagdown}}$$

$$\overset{120°}{\nearrow} p\text{-}ClC_6H_4J + HCl$$

$$\underset{\substack{2\ NaOH \\ (verd.)}}{\searrow} C_6H_5JO + 2\,NaCl + H_2O$$
$$\text{Jodoso-}$$
$$\text{benzol}$$

Jodosobenzol entsteht auch bei Einwirkung von Ozon auf Jodbenzol. Jodosobenzol ist unbeständig und disproportioniert sich langsam zu Jodbenzol und **Jodobenzol** (intermolekulare Oxydation und Reduktion). Diese Reaktion verläuft beim Kochen mit Wasser sehr schnell, da Jodbenzol mit Wasserdampf flüchtig ist.

$$2\,C_6H_5JO \longrightarrow C_6H_5J + C_6H_5JO_2$$
$$\text{Jodobenzol}$$

Jodobenzol kann auch direkt durch Oxydation von Jodbenzol mit Kaliumpersulfat und Schwefelsäure *(Carosches Reagens)* oder durch Oxydation von Jodosobenzol mit Hypochlorit dargestellt werden.

Jodosoverbindungen reagieren mit Essigsäure unter Bildung von **Aryljodidacetaten.**

$$ArJO + 2\,CH_3COOH \longrightarrow ArJ(OCOCH_3)_2 + H_2O$$

Phenyljodidacetat wird am besten durch Umsetzung von Jodbenzol mit Peressigsäure in Gegenwart von Acetanhydrid dargestellt.

$$C_6H_5J + CH_3CO_3H + (CH_3CO)_2O \longrightarrow C_6H_5J(OCOCH_3)_2 + CH_3COOH$$

Die Eigenschaften der Aryljodidacetate sind analog denen des Bleitetraacetats (S. 784).

Die Kondensation von Jodosoverbindungen mit aromatischen Kohlenwasserstoffen in Gegenwart von konzentrierter Schwefelsäure führt zu **Diaryljodoniumsalzen.** Die sauren Sulfate sind wasserlöslich, dagegen fallen die in Wasser unlöslichen Halogenide bei Zugabe verdünnter Natriumhalogenidlösungen aus.

$$ArJO + Ar'H + H_2SO_4 \longrightarrow H_2O + [Ar\overset{+}{-J}-Ar'][^-SO_4H] \overset{NaX}{\longrightarrow}$$

$$[Ar\overset{+}{-J}-Ar'][X^-] + NaHSO_4$$

Die Jodoniumsalze unterliegen Verdrängungsreaktionen mit einer Vielzahl von Basen, einschließlich der Amine und der meisten negativen Ionen.

$$[Ar\overset{+}{-J}-Ar][X^-] + [:B^-] \longrightarrow Ar:B + ArJ + [X^-]$$

Es gibt kaum einen direkten Beweis für die Struktur der polyvalenten Jodverbindungen. Die dikovalenten Jodoniumsalze sind wahrscheinlich den anderen „onium"-Verbindungen analog und machen Gebrauch von $5p$-orbitals oder bastardisierten $5s$- und $5p$-orbitals. Das trikovalente Phenyljodidchlorid und das trikovalente Phenyljodidacetat müssen dagegen von einem $5d$-orbital Gebrauch machen, entweder zu Bindungszwecken oder um ein einsames Elektronenpaar aufzunehmen. Die Röntgenbeugung des Phenyljodidchlorids zeigt, daß die Cl—J—Cl-Bindungen linear sind und zur Ebene des Benzolrings senkrecht stehen. Die Strukturen der Jodoso- und Jodoverbindungen sind möglicherweise analog denen der Sulfoxyde und Sulfone (S. 285) zu formulieren.

Arylalkylhalogenide. Im allgemeinen unterliegt Halogen in der Seitenkette den gleichen Reaktionen wie in einfachen Alkylhalogeniden (S. 119). Sogar die Reaktionsgeschwindigkeiten sind nahezu gleich, sofern das Halogen nicht an dem unmittelbar mit dem Ring verbundenen Kohlenstoffatom lokalisiert ist. Wenn das Halogen an dem mit dem Ring verknüpften Kohlenstoffatom sitzt, so ist die Reaktionsfähigkeit stark erhöht. Zum Beispiel wird Benzylchlorid, obwohl es ein primäres Halogenid ist, durch wäßrige Natriumcarbonatlösungen leicht hydrolysiert, und Benzylbromid reagiert etwa 300mal schneller als Propylbromid mit tertiären Aminen unter Bildung von quartären Salzen. Die hohe Reaktionsfähigkeit der Benzylhalogenide kann heute theoretisch befriedigend erklärt werden (S. 489).

Aus Benzylhalogeniden dargestellte Grignard-Verbindungen reagieren häufig abnormal, insofern als Reaktionsprodukt ein ortho-Methylderivat an Stelle eines Benzylderivates entsteht. So erhält man aus Benzylmagnesiumchlorid und Formaldehyd o-Methylbenzylalkohol anstatt 2-Phenyl-äthylalkohol (S. 556).

In ähnlicher Weise entsteht mit Acetylchlorid o-Tolylmethylketon.

Dagegen führen Dimethylsulfat und Chloramin zu den normalen Reaktionsprodukten.

$$2\,C_6H_5CH_2MgCl + 2\,(CH_3O)_2SO_2 \longrightarrow 2\,C_6H_5CH_2CH_3 + MgCl_2 + Mg(CH_3OSO_2O)_2$$

$$C_6H_5CH_2MgCl + ClNH_2 \longrightarrow C_6H_5CH_2NH_2 + MgCl_2$$

Der erste Schritt bei der Anlagerung einer Grignard-Verbindung an eine Carbonylgruppe besteht in der Bildung eines Komplexes, in dem ein einsames Elektronenpaar der Carbonylgruppe ein leeres orbital des Magnesiumatoms besetzt. Darauf erfolgt eine Umlagerung der Bindungen, und das an Magnesium gebundene Kohlenstoffatom wird an das Kohlenstoffatom der Carbonylgruppe gebunden.

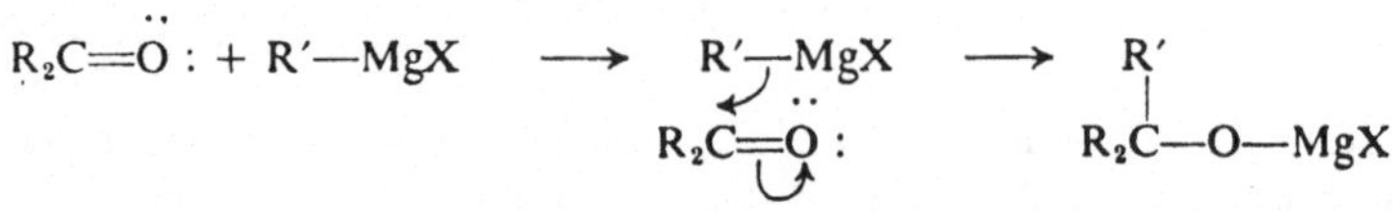

Bei dem Benzylmagnesiumhalogenid-Komplex kann sich das Kohlenstoffatom der Carbonylgruppe der ortho-Stellung auf Bindungsabstand nähern, infolgedessen kann eine Elektronenverschiebung stattfinden mit dem Ergebnis, daß die Bindung mit dem ortho-Kohlenstoffatom erfolgt anstatt mit dem Kohlenstoffatom, das mit dem Magnesium verbunden ist.

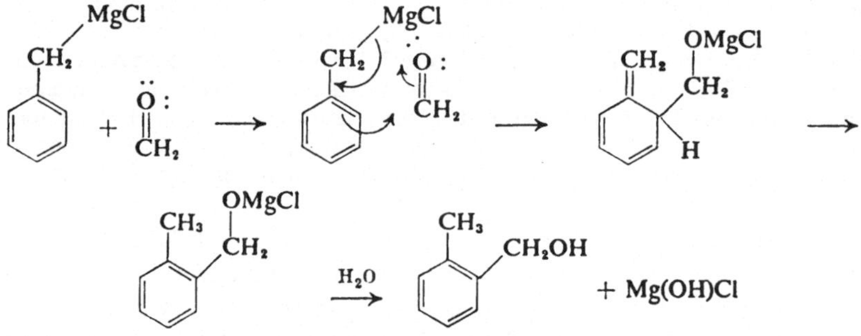

Wiederholungsfragen

1. Wie unterscheiden sich die gewöhnlichen Darstellungsmethoden für Arylhalogenide und Alkylhalogenide und weshalb?

2. Welches sind die gewöhnlichen Bedingungen für Addition von Halogen an den Benzolkern, und welches für Substitution durch Halogen?

3. Wie vergleichen sich die Bedingungen für Substitution von aromatischem Wasserstoff durch Jod mit denen für Substitution durch Chlor oder Brom?

4. Man bespreche im einzelnen die Halogenierung von Toluol unter verschiedenen Bedingungen.

5. Wie unterscheiden sich Aryljodide von Arylchloriden und -bromiden in ihrem chemischen Verhalten?

6. Man vergleiche die Reaktionsfähigkeit von Chlorbenzol, Benzylchlorid, 2-Phenyläthylchlorid und n-Butylchlorid.

7. Was bedeutet der Ausdruck „abnormale Grignardreaktion" mit Bezug auf Benzylmagnesiumhalogenide?

Aufgaben

8. Man schreibe perspektivische Formeln (vgl. S. 403) für die neun stereoisomeren Benzolhexachloride. Welche Formen sind optisch aktiv?

9. Man gebe Reaktionen zur Darstellung folgender Verbindungen an: (a) Benzolhexabromid; (b) o- und p-Chlorcumol; (c) o-Methylbenzylbromid; (d) o- und p-Bromchlorbenzol; (e) p-Jodosotoluol; (f) o-Jodoäthylbenzol; (g) 2.4-Dimethyl-phenyljodidchlorid; (h) 4-Methyl-diphenyl; (i) Di-o-tolyljodoniumhydrogensulfat; (j) p-Bis-chlormethyl-benzol.

10. Man gebe eine Folge von Reaktionen für folgende Umwandlungen: (*a*) Toluol in Phenylessigsäure; (*b*) m-Xylol in m-Methyläthylbenzol; (*c*) Benzol in p-Isopropyl-benzylchlorid; (*d*) Mesitylen in Brombenzoltricarbonsäure-(2.4.6); (*e*) p-Xylol in 1.4-Dimethyl-2-propyl-benzol; (*f*) Durol in Duryljodidacetat; (*g*) Aceton in Jod-mesitylen.

11. Man gebe Reaktionen zur Unterscheidung zwischen den Gliedern folgender Verbindungspaare an: (*a*) Benzol und n-Hexan; (*b*) Brombenzol und Benzylbromid; (*c*) Chlorbenzol und m-Xylol; (*d*) Benzylchlorid und Benzalchlorid; (*e*) Benzylchlorid und tert.-Amylchlorid; (*f*) Jodbenzol und Brombenzol; (*g*) o-, m- und p-Dichlorbenzol; (*h*) Jodosobenzol und Jodobenzol; (*i*) p-Dichlorbenzol und p-Dibrombenzol.

Kapitel 20

Aromatische Nitroverbindungen. Mechanismus der aromatischen Substitution

Während aliphatische Nitroverbindungen erst seit 1940 technisch hergestellt werden (S. 271), haben die aromatischen Nitroverbindungen schon seit langem technische Bedeutung. Sie dienen seit der Entdeckung des Mauveins durch PERKIN im Jahre 1856 als Zwischenprodukte zur Fabrikation von Farbstoffen. Die technische Entwicklung auf anderen Gebieten hat zu ihrer Anwendung als Sprengstoffe und als Zwischenprodukte zur Herstellung von Pharmazeutika und vielen anderen technisch wichtigen aromatischen Verbindungen geführt.

Darstellung von Nitroverbindungen

Was die vielseitige Verwendung der aromatischen Nitroverbindungen am stärksten gefördert hat, ist die Leichtigkeit, mit der sie durch direkte Nitrierung von aromatischen Verbindungen dargestellt werden können. Wenn Benzol mit rauchender Salpetersäure oder mit konzentrierter Salpetersäure und Schwefelsäure erwärmt wird, entsteht als Hauptprodukt Nitrobenzol.

$$\bigcirc + HONO_2 \, (H_2SO_4) \longrightarrow \bigcirc\!\!NO_2 + H_2O$$

Nitro-
benzol

Die Anwesenheit einer Nitrogruppe in einem Benzolring vermindert die Geschwindigkeit der Substitution eines zweiten Wasserstoffatoms noch stärker als ein Halogenatom; infolgedessen sind konzentriertere Säuren und höhere Temperaturen zur Erzielung größerer Mengen des dinitrierten Produktes erforderlich. Wenn die Substitution eines zweiten Wasserstoffatoms erfolgt, tritt die Nitrogruppe hauptsächlich in die meta-Stellung ein.

$$NO_2\!\!-\!\!\bigcirc + \;\xrightarrow[(H_2SO_4)]{HONO_2}\; NO_2\!\!-\!\!\bigcirc\!\!-\!\!NO_2 + H_2O$$

m-Dinitro-
benzol

Es ist sehr schwierig, durch direkte Nitrierung eine dritte Nitrogruppe in Benzol einzuführen.

Toluol wird leichter nitriert als Benzol. Als Hauptprodukte erhält man zunächst ein Gemisch von o- und p-Nitrotoluol, dann 2,4-Dinitro-toluol, schließlich 2.4.6-Trinitro-toluol (TNT).

$$CH_3 \xrightarrow[\text{(H}_2\text{SO}_4)]{\text{HONO}_2} \quad \text{o-Nitrotoluol} \quad \text{und} \quad \text{p-Nitrotoluol}$$

$$\xrightarrow{\text{HONO}_2 \ (\text{H}_2\text{SO}_4)} \quad \text{2.4-Dinitro-toluol} \xrightarrow[\text{(H}_2\text{SO}_4)]{\text{HONO}_2} \quad \text{2.4.6-Trinitro-toluol}$$

Die Nitrierung von Chlor- und Brombenzol erfolgt nicht ganz so leicht wie die des Benzols und führt hauptsächlich zu einem Gemisch der ortho- und para-Isomeren.

$$Cl \xrightarrow[\text{(H}_2\text{SO}_4)]{\text{HONO}_2} \quad \text{o-Nitrochlor-benzol} \quad \text{und} \quad \text{p-Nitrochlor-benzol} + H_2O$$

Dagegen liefert die Chlorierung oder Bromierung von Nitrobenzol hauptsächlich das meta-Isomere.

$$NO_2 + Cl_2 \xrightarrow{\text{FeCl}_3} \quad \text{m-Nitrochlor-benzol} + HCl$$

Da Eisen Nitrogruppen reduziert (S. 482), wird bei der Halogenierung von Nitroverbindungen vorzugsweise wasserfreies Eisen(III)-chlorid als Katalysator verwendet.

Gelegentlich werden bei der Nitrierung einer aromatischen Verbindung anstatt Wasserstoff andere Gruppen durch eine Nitrogruppe ersetzt. Zum Beispiel führt die Nitrierung von Phenol-disulfonsäure-(2.4) zu 2.4-Dinitro-phenol, und von 2.4-Dihydroxy-benzoesäure hauptsächlich zu 2.4.6-Trinitro-resorcin; die Nitrierung von p-Cymol kann zu 2.4-Dinitro-toluol führen.

$$\underset{\text{SO}_3\text{H}}{\overset{\text{OH, SO}_3\text{H}}{\bigcirc}} \xrightarrow[\text{(H}_2\text{SO}_4)]{2\ \text{HONO}_2} \quad \underset{\text{NO}_2}{\overset{\text{OH, NO}_2}{\bigcirc}} + 2\,H_2SO_4$$

$$\underset{\text{OH}}{\overset{\text{COOH, OH}}{\bigcirc}} \xrightarrow[\text{(H}_2\text{SO}_4)]{3\ \text{HONO}_2} \quad O_2N\underset{\text{OH}}{\overset{\text{NO}_2,\ \text{OH},\ \text{NO}_2}{\bigcirc}} + 3\,H_2O + CO_2$$

$$\underset{\text{CH(CH}_3)_2}{\overset{\text{CH}_3}{\bigcirc}} \xrightarrow[\text{(H}_2\text{SO}_4)]{2\ \text{HONO}_2} \quad \underset{\text{NO}_2}{\overset{\text{CH}_3,\ \text{NO}_2}{\bigcirc}} + H_2O + (CH_3)_2CHOH$$

Regeln für die Substitution am Benzolkern

Aus den bisher behandelten Substitutionsreaktionen ergeben sich zwei auffallende Tatsachen: 1. Bei manchen Reaktionen tritt der Substituent hauptsächlich in ortho- und para-Stellung zu der schon vorhandenen Gruppe in den Ring ein, z. B. bei der Halogenierung oder Nitrierung von Toluol und Chlorbenzol; bei anderen Reaktionen tritt er hauptsächlich in meta-Stellung ein, z. B. bei der Halogenierung oder Nitrierung von Nitrobenzol; 2. ein schon vorhandener Substituent, z. B. eine Methylgruppe, kann die Substitution eines zweiten Wasserstoffatoms im Vergleich zu der von Benzolwasserstoff erleichtern, oder auch, wie im Fall eines Halogenatoms oder einer Nitrogruppe, erschweren.

Ausgedehnte Untersuchungen über die Reaktionsprodukte, die sich bei Substitutionsreaktionen zwischen aromatischen Verbindungen und einer Vielzahl von Reagentien bilden, haben zu der Ableitung folgender allgemeiner Regeln geführt:

1. Eine Anzahl von Gruppen wie Halogen (X), die Nitrogruppe (NO_2), die Sulfonsäuregruppe (SO_3H), Alkyl-(R) und Acylgruppen (RCO oder ArCO) können direkt in den Benzolkern eingeführt werden, wobei Wasserstoff verdrängt wird.

2. Bei Einführung eines zweiten Substituenten in einen Benzolkern sollten die ortho-, meta- und para-Isomeren aus statistischen Gründen im Verhältnis 40:40:20% auftreten. Meistens wird dieses Verhältnis nicht erreicht. In welchen relativen Mengen die Isomeren entstehen, hängt in erster Linie von der Natur der schon im Ring vorhandenen Gruppe ab, aber auch die Natur der eintretenden Gruppe und die Reaktionsbedingungen wie Temperatur und Konzentration sind von Einfluß.

3. Die Gruppen unterscheiden sich stark in ihrer dirigierenden Wirkung, von der $[\overset{+}{N}R_3]$-Gruppe, die eintretende Substituenten fast ausschließlich in meta-Stellung lenkt, bis zur $[O^-]$-Gruppe, die fast ausschließlich in ortho- und para-Stellung dirigiert. Die dirigierende Wirkung der anderen Gruppen liegt zwischen diesen Extremen (Tab. 22). Gruppen, die die Entstehung von mehr als zusammen 60% ortho- und para-Isomeren bewirken, heißen *ortho-para-dirigierende Gruppen*, solche, die die Entstehung von mehr als 40% des meta-Isomeren bewirken, heißen *meta-dirigierende Gruppen (Substituenten 1. bzw. 2. Ordnung)*.

4. Ortho-para-dirigierende Gruppen *mit Ausnahme von Halogen* erleichtern die Substitution eines zweiten Wasserstoffatoms. Derartige Gruppen *aktivieren* also den Ring. Meta-dirigierende Gruppen *und Halogen* erschweren die Substitution eines zweiten Wasserstoffatoms, es sind *desaktivierende* Gruppen.

Aktivierung und Desaktivierung stehen in engem Zusammenhang mit der Geschwindigkeit der Substitution gegenüber Benzol als Vergleichssubstanz. Welche relativen Mengen der drei Isomeren unter dem Einfluß einer Gruppe gebildet werden, hängt von den relativen Geschwindigkeiten der Substitution an den unsubstituierten Stellen ab. Wirkt die schon vorhandene Gruppe aktivierend und ortho-para-dirigierend, so ist die Substitutionsgeschwindigkeit größer als beim Benzol, und in den ortho- und para-Stellungen stärker erhöht als in den meta-Stellungen. Wirkt eine Gruppe desaktivierend und meta-dirigierend, so verringert sie die Geschwindigkeit der Substitution gegenüber der des Benzols, aber in geringerem Maß in den meta-Stellungen als in ortho- und para-Stellung.

Tabelle 22. *Relative Mengen an meta-, ortho- und para-Isomeren, die bei der Nitrierung monosubstituierter Benzole entstehen*

Im Ring vorhandene Gruppe	Durch Nitrierung gebildete Isomere (in %)			
	meta	ortho	para	o + p
OH*	0	73	27	100
J	Spuren	34	66	100
Br	Spuren	42	58	100
Cl	Spuren	30	70	100
F	Spuren	12	88	100
NHCOCH$_3$	2	19	79	98
CH$_3$	4	59	37	96
CH$_2$COOC$_2$H$_5$	11	42	47	89
CH$_2$CH$_2$NO$_2$	13	35	52	87
CH$_2$Cl	16	32	52	84
CHCl$_2$	34	23	43	66
[NH$_3{}^+$]	47	1	52	53
CH$_2$NO$_2$	48			52
COCH$_3$	55	45	0	45
CCl$_3$	64	7	29	36
CONH$_2$	70	27	3	30
COOC$_2$H$_5$	72	24	4	28
SO$_3$H	72	21	7	28
CHO	72	19	9	28
COOH	80	19	1	20
CN	81	17	2	19
NO$_2$	93	7	Spuren	7
SO$_2$CH$_3$	99	Spuren	Spuren	1
[N(CH$_3$)$_3{}^+$]	100	0	0	0

   * In Abwesenheit von salpetriger Säure.

Halogen, das desaktiviert, aber ortho-para-dirigierend wirkt, verringert die Substitutionsgeschwindigkeit im Vergleich zu Benzol, aber in geringerem Maß in den ortho- und para-Stellungen als in den meta-Stellungen.

Tabelle 23. *Relative Geschwindigkeit der Mononitrierung*

Im Ring vorhandene Gruppe	Gesamt-geschwindigkeit	Geschwindigkeit an jeder Stellung		
		ortho	meta	para
CH$_3$	147,0	43	3	55
CH$_2$COOC$_2$H$_5$	22,0	4,6	1,2	10,4
H (Benzol)	6,0	1	1	1
CH$_2$Cl	1,8	0,3	0,15	0,9
Cl	0,20	0,03	0	0,14
Br	0,18	0,04	0	0,10
COOC$_2$H$_5$	0,022	0,0025	0,008	0,001

In Tab. 23 sind die relativen Geschwindigkeiten der Mononitrierung in den Stellungen ortho-, meta- und para- für jene Verbindungen angegeben, bei denen quantitative Angaben vorliegen. Die relative Gesamtgeschwindigkeit wurde erhalten durch Umsetzung von zwei Verbindungen, z. B. Benzol und Toluol, mit einer begrenzten Menge Salpetersäure und Bestimmung der relativen Mengen entstandener Nitroverbindungen. Als Vergleichseinheit ist die Geschwindigkeit der Substitution eines Wasserstoffatoms des Benzols genommen. Da dieses sechs äquivalente Wasserstoffatome besitzt, ist die Gesamtgeschwindigkeit sechs. Die relativen Geschwindigkeiten der Substitution in den ortho-, meta- und para-Stellungen eines bestimmten substituierten Benzols erhält man aus den relativen Gesamtgeschwindigkeiten und den relativen Mengen der bei der Nitrierung einer einzigen Verbindung entstandenen Isomeren. Zum Beispiel liefert die Nitrierung von Toluol 59% ortho-Nitrotoluol, 4% meta- und 37% para-Nitrotoluol. Da es zwei ortho- und zwei meta-Stellungen gibt, sind 29,5% der gesamten relativen Geschwindigkeit von 147, also 43 auf jede ortho-Stellung, 2% oder 3 auf jede meta-Stellung und 37% oder 55 auf die para-Stellung zurückzuführen. Die Werte der Tab. 23 zeigen, daß die Methylgruppe und die Carbäthoxymethylgruppe alle Stellungen aktivieren, aber in stärkerem Grade die ortho- und para-Stellungen. Die Chlormethyl- und die Halogengruppe desaktivieren, aber sie desaktivieren die ortho- und para-Stellungen nicht so stark wie die meta-Stellungen, und sind daher noch ortho-para-dirigierend. Die Carbäthoxygruppe desaktiviert dagegen die ortho- und para-Stellungen stärker als die meta-Stellungen und ist daher meta-dirigierend.

Aus Tab. 22 ergibt sich eine ungefähre Ordnung der verschiedenen Gruppen hinsichtlich ihres dirigierenden Einflusses. *Diese Ergebnisse beziehen sich jedoch nur auf die Nitrierung, und zwar unter bestimmten Reaktionsbedingungen.* Zum Beispiel liefert die Nitrierung von Chlorbenzol 30% o-, 70% p- und kein m-Nitrochlorbenzol, die Chlorierung dagegen 39% o-, 55% p- und 6% m-Dichlorbenzol. Die Bromierung von Brombenzol in Gegenwart von Aluminiumchlorid gibt 8% o-, 30% m- und 62% p-Dibrombenzol, während die Bromierung in Gegenwart von Eisen(III)-chlorid zu 13% o-, 2% m- und 85% p-Dibrombenzol führt. Durch Nitrierung von Benzolsulfonsäure bei 20—30° erhält man 21% o-, 72% m- und 7% p-Nitrobenzolsulfonsäure, wird die Nitrierung aber bei 90—100° vorgenommen, so erhält man 29% o-, 58% m- und 13% p-Nitrobenzolsulfonsäure. Obwohl also in erster Linie die im Ring vorhandene Gruppe die Stellung einer neu eintretenden Gruppe bestimmt, werden die relativen Mengen, in denen die Isomeren gebildet werden, durch die Natur des Reagens und die Reaktionsbedingungen mitbeeinflußt.

Überdies entstehen o- und p-Verbindung selten in dem statistisch zu erwartenden Verhältnis 2:1. Gewöhnlich entsteht die para-Verbindung in größerer Menge als die ortho-Verbindung, da die ortho-Stellungen sterisch gehindert sind. Ausnahmen sind gewöhnlich solche Verbindungen, die eine stark desaktivierende Gruppe enthalten, in der das mit dem Ring verbundene Atom mit einem anderen Atom durch eine Doppelbindung verknüpft ist. Ein sterischer Effekt wird auch im Hinblick auf die eintretende Gruppe beobachtet. So nimmt das Verhältnis von ortho- zu para-Substitution in der Reihenfolge Chlorierung, Nitrierung, Bromierung, Sulfonierung ab, d. h. in der Reihenfolge, in der die relative Größe der eintretenden Gruppe zunimmt.

In Tab. 22 sind weder die freien NH_2-, NHR- oder NR_2-Gruppen noch die [O⁻]-Gruppe berücksichtigt, da sie in saurer Lösung nicht als solche existieren können. Diese Gruppen sind stark ortho- und para-dirigierend, wie man aus anderen Reaktionen, z. B. der Halogenierung, weiß.

Wenn mehrere Gruppen stark ortho-para-dirigierend sind, ist es schwierig, ihre relative dirigierende Wirkung zu bestimmen, weil so wenig von dem meta-Isomeren gebildet wird. Diese Schwierigkeit läßt sich überwinden, indem man bestimmt, welches der Isomeren in größerer Menge gebildet wird, wenn man in eine para-disubstituierte Verbindung eine dritte Gruppe einführt. Zum Beispiel entsteht durch Chlorierung von p-Hydroxytoluol hauptsächlich 3-Chlor-4-

hydroxy-toluol, woraus sich ergibt, daß die Hydroxylgruppe stärker ortho-para-dirigierend ist als die Methylgruppe.

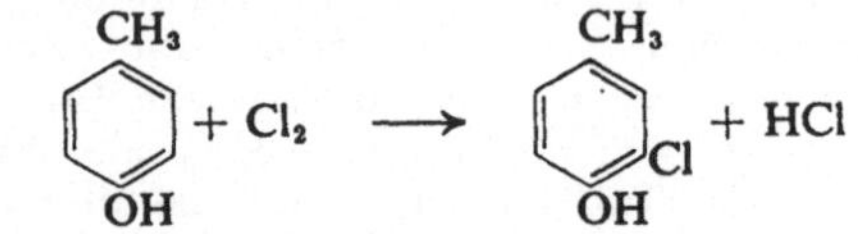

$$CH_3-C_6H_4-OH + Cl_2 \longrightarrow CH_3-C_6H_3(Cl)-OH + HCl$$

Mit solchen Methoden konnte folgende Reihenfolge hinsichtlich der dirigierenden Wirkung bestimmt werden: $[O^-] > NH_2 > OH > J > Br > Cl > F > CH_3$.

Ist der Benzolring zweifach substituiert, so wird die Stellung der eintretenden Gruppe von beiden schon vorhandenen Gruppen beeinflußt. Lenken diese Gruppen in die gleiche Stellung, so tritt eine dritte Gruppe fast ausschließlich in diese Stellung ein. Zum Beispiel führt die weitere Nitrierung von 2-Nitro-toluol oder 4-Nitro-toluol zu 2.4-Dinitro-toluol (S. 464). Bei der ersten dieser Verbindungen steht die 4-Stellung in para-Stellung zur Methylgruppe und in meta-Stellung zur Nitrogruppe, bei der zweiten steht die 2-Stellung in ortho-Stellung zur Methylgruppe und in meta-Stellung zur Nitrogruppe. Ähnlich lenken zwei ortho-para-dirigierende Gruppen oder zwei meta-dirigierende Gruppen, die in meta-Stellung zueinander stehen, in eine einzige Stellung.

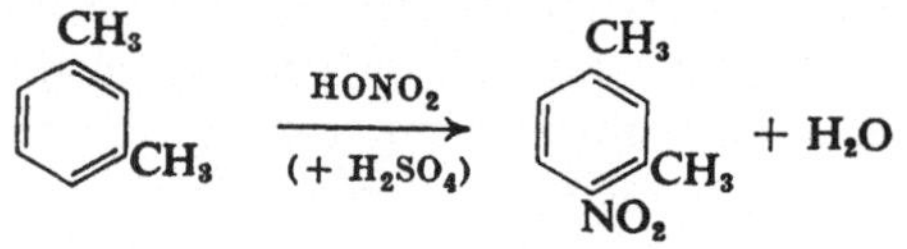

$$\underset{CH_3}{C_6H_4}CH_3 \xrightarrow[(+\,H_2SO_4)]{HONO_2} \underset{CH_3,\,NO_2}{C_6H_3}CH_3 + H_2O$$

1.3-Dimethyl-
4-nitro-benzol

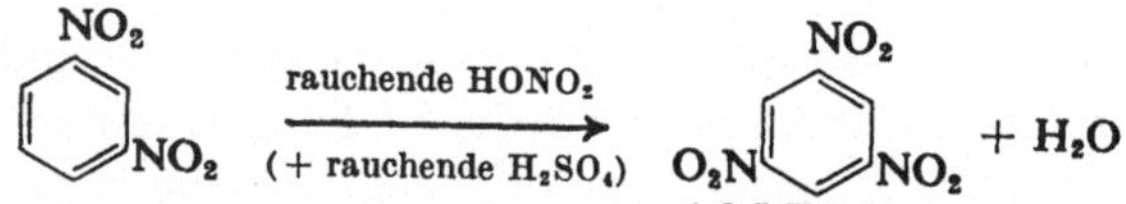

$$\underset{NO_2}{C_6H_4}NO_2 \xrightarrow[(+\,rauchende\;H_2SO_4)]{rauchende\;HONO_2} O_2N\text{-}C_6H_3(NO_2)\text{-}NO_2 + H_2O$$

1.3.5-Trinitro-
benzol

Stehen zwei ortho-para-dirigierende Gruppen oder zwei meta-dirigierende Gruppen in ortho- oder para-Stellung zueinander, so bestimmt der Substituent mit der stärkeren dirigierenden Wirkung, welches Isomere vorherrscht. Daher entsteht bei der Chlorierung von p-Hydroxytoluol 3-Chlor-4-hydroxy-toluol.

Steht eine ortho-para-dirigierende Gruppe in meta-Stellung zu einer meta-dirigierenden Gruppe, so überwiegt der Einfluß der ortho-para-dirigierenden Gruppe gewöhnlich den der meta-dirigierenden Gruppe. Zum Beispiel tritt bei Nitrierung von m-Nitrotoluol die Nitrogruppe als dritte Gruppe in 2-, 4- oder 6-Stellung ein, dagegen nicht in 5-Stellung.

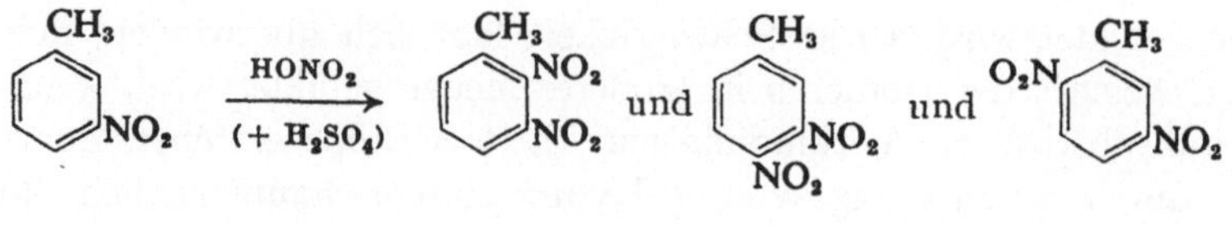

$$\underset{NO_2}{C_6H_4}CH_3 \xrightarrow[(+\,H_2SO_4)]{HONO_2} \quad \text{und} \quad \text{und}$$

Es sind eine Reihe von Regeln aufgestellt worden, mit denen man sich merken kann, ob eine Gruppe überwiegend ortho-para-dirigierend oder meta-dirigierend ist. Einige davon sind rein empirisch, andere haben eine gewisse theoretische Grundlage, aber keine gilt streng. Die wahrscheinlich einfachste empirische Regel besagt, daß Halogene und diejenigen Gruppen, deren mit dem Ring verbundenes Atom mit anderen Elementen durch homöopolare Einfachbindungen verknüpft ist oder eine negative Ladung trägt, hauptsächlich in die ortho- und para-Stellung dirigieren, während diejenigen Gruppen, deren mit dem Ring verbundenes Atom mit anderen Elementen durch Mehrfachbindungen oder semipolare Bindungen verknüpft ist oder eine positive Ladung trägt, hauptsächlich in meta-Stellung dirigieren. Die wichtigsten Ausnahmen von dieser Regel sind die Trichlormethylgruppe (CCl_3), die vorwiegend in die meta-Stellung dirigiert, und die Vinylgruppe ($CH=CH_2$), die hauptsächlich in die ortho- und para-Stellung dirigiert.

Der Mechanismus der Substitution am Benzolkern durch elektrophile Reagentien und die Theorie der dirigierenden Wirkung

Mechanismus der Substitution am Benzolkern. Viel von der modernen Theorie organischer Reaktionsmechanismen hat seinen Ursprung in Versuchen zur Erklärung der aromatischen Substitution, besonders der dirigierenden Wirkung der Substituenten. Wenn auch die π-Elektronen beim Anschreiben der Reaktionen aromatischer Verbindungen gewöhnlich weggelassen werden, sind sie doch ohne Zweifel verantwortlich für die charakteristischen Substitutionsreaktionen.

Bei dem Mechanismus, der für die Anlagerung von Halogenwasserstoffsäuren an Olefine vorgeschlagen wurde (S. 63), wird davon ausgegangen, daß das Wasserstoffatom bei der Annäherung des H:X-Moleküls an das Olefinmolekül eine Anziehung auf die π-Elektronen ausübt und einen π-Komplex bildet. Durch das so entstandene Elektronendefizit wird das Halogenatom eines anderen Halogenwasserstoffmoleküls angezogen und gebunden, wobei das Additionsprodukt und ein Proton entstehen.

$$\text{RCH}\overset{\cdot\cdot}{-}\text{CHR} + \text{H}:\overset{\cdot\cdot}{\underset{\cdot\cdot}{\text{X}}}: \longrightarrow [\text{RCH}\overset{\overset{\text{H}}{\cdot\cdot}}{-}\text{CHR}]\underset{+}{} + \left[:\overset{\cdot\cdot}{\underset{\cdot\cdot}{\text{X}}}:^-\right]$$

$$[\text{RCH}\overset{\overset{\text{H}}{\cdot\cdot}}{-}\text{CH R}]\underset{+}{} + :\overset{\cdot\cdot}{\underset{\cdot\cdot}{\text{X}}}:\text{H} \longrightarrow \text{RCHX}-\text{CH}_2\text{R} + [\text{H}^+]$$

$[\text{H}^+]$ und $[:\overset{\cdot\cdot}{\underset{\cdot\cdot}{\text{X}}}:^-]$ können sich zu $\text{H}:\overset{\cdot\cdot}{\underset{\cdot\cdot}{\text{X}}}:$ vereinigen, oder $[:\overset{\cdot\cdot}{\underset{\cdot\cdot}{\text{X}}}:^-]$ wird an $[\text{RCH}\overset{\overset{\text{H}}{\cdot\cdot}}{\underset{+}{-}}\text{CHR}]$ angelagert.

Zweifellos besteht anfänglich eine Bereitschaft des Benzols, mit Protonendonatoren nach dem gleichen Schema zu reagieren; der Wasserstoff wird von den π-Elektronen angezogen, so daß ein π-Komplex entsteht. So bildet Toluol bei —78° mit Chlorwasserstoff einen Komplex im Verhältnis 1:1. Es setzt jedoch keine Reaktion ein, da die Energie, die zur Überwindung der Resonanzenergie des Benzols und zur Abtrennung eines Protons vom Halogenion erforderlich ist, zu groß ist. Ist eine dritte Verbindung wie wasserfreies Aluminiumchlorid zugegen, die ein orbital mit Elektronendefizit aufweist, so wird die Trennung des Protons von dem Halogenion erleichtert. Daher findet eine Reaktion mit den Elektronen statt, und es entsteht ein sog. σ-Komplex, ein positives Ion, in welchem der Wasserstoff kovalent gebunden ist und das durch Resonanz noch beträchtlich stabilisiert wird.

π-Komplex

σ-Komplex

In dem vereinfachten Symbolismus dieser Reaktion stehen die sechs Punkte der ersten Formel für die sechs Elektronen des π-molecular orbitals des Benzols, die Doppelbindungen bedeuten konjugierte oder äthylenartige π-orbitals, und das +-Zeichen bedeutet ein leeres p-orbital. Abb. 75a soll die Natur dieses intermediären positiven Ions, in dem das eintretende Proton eine σ-Bindung gebildet hat und die positive Ladung über fünf Kohlenstoffatome des Rings verteilt ist, anschaulich machen. Auf einfachere Weise zeigt Abb. 75b, daß der Übergangszustand ein Resonanzhybrid ist.

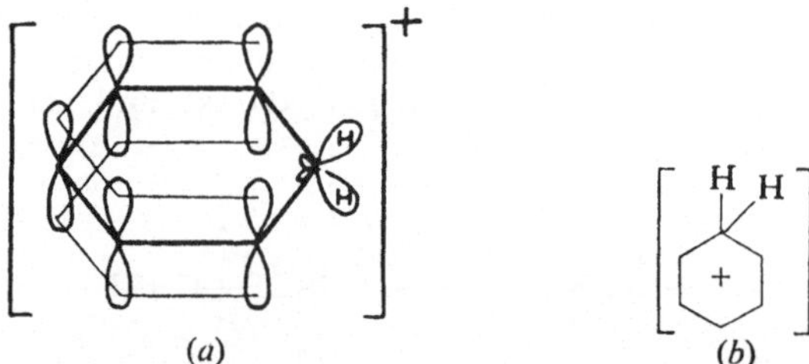

(a)   (b)

Abb. 75. Darstellung des intermediär auftretenden Ions, d. h. des Übergangszustandes nach Übertragung eines Protons auf Benzol

Wenn die folgenden Reaktionsstufen ebenso verliefen wie bei den Olefinen, würde sich das intermediäre Ion der obenstehenden Reaktion in ortho- und para-Stellung mit Halogenionen verbinden und Additionsprodukte bilden. Dadurch würde jedoch die Resonanz des Ions wie auch die des Benzolkerns zerstört. Auf Grund der erheblichen Resonanzenergie ist das intermediär auftretende positive Ion überdies nicht so reaktionsfähig wie das entsprechende Alkylcarboniumion aus einem Olefin. Daher gibt das Kohlenstoffatom, mit dem sich das Proton verbindet, wieder ein Proton ab, und die Benzolresonanz bleibt erhalten. Es kann also auf diesem Wege lediglich ein Austausch von Wasserstoffatomen stattfinden.

Mehrere Tatsachen deuten auf den ausgeprägten Unterschied zwischen den Eigenschaften des π-Komplexes und des σ-Komplexes und auf die Existenz des letzteren hin. Die Lösung von Chlorwasserstoff in Toluol ist farblos, und ihr Absorptionsspektrum unterscheidet sich nicht wesentlich von dem des Toluols, was zeigt, daß die Elektronenstruktur des Toluols kaum gestört ist. Die Lösung leitet den elektrischen Strom nicht, der Komplex ist also nicht merklich ionisiert. Bei Verwendung von Deuteriumchlorid an Stelle von Chlorwasserstoff findet kein Austausch zwischen Deuterium und dem Wasserstoff des Toluols statt. In dem π-Komplex besteht also keine Bindung zwischen Deuterium und den Kohlenstoffatomen des Toluols. Andererseits ist Aluminiumchlorid zwar in Toluol bei $-78°$ nicht merklich löslich, löst sich aber leicht in Gegenwart von Chlorwasserstoff unter Bildung einer grünen Lösung. Diese Lösung hat eine hohe elektrische Leitfähigkeit, und wenn Deuteriumchlorid zugegen ist, findet ein schneller Austausch des Toluolwasserstoffs gegen Deuterium statt, wobei das Deuterium hauptsächlich in ortho- und para-Stellung eintritt.

$$\underset{}{\text{CH}_3}\!\!-\!\!\bigcirc + \text{DCl} \xrightarrow{\text{AlCl}_3} \text{CH}_3\!\!-\!\!\bigcirc\!\!-\!\!\text{D} \quad \text{und} \quad \text{CH}_3\!\!-\!\!\bigcirc\!\!-\!\!\text{D} + \text{HCl}$$

Da kein Anzeichen für die Bildung eines Komplexes vom Typus $[\text{H}^+]\,[^-\text{AlCl}_4]$ besteht, ist es unwahrscheinlich, daß der Bildung des σ-Komplexes eine Reaktion zwischen Aluminiumchlorid und Chlorwasserstoff vorausgeht[1].

Hier liegt also ein anderer Typus von Substitutionsreaktion vor. Der Angriff erfolgt nicht von der Rückseite unter Waldenscher Umkehrung wie bei den einfachen Verdrängungsreaktionen (S. 121), denn das Reagens kann sich nicht von der Innenseite des Ringes her nähern, und die Ringstruktur wäre beim Eintreten einer Waldenschen Umkehrung nicht aufrechtzuerhalten. Statt dessen greift das Reagens von einer Seite des Ringes her an, und die verdrängte Gruppe tritt nach der anderen Seite aus.

Für die meisten anderen Substitutionsreaktionen wird ein ähnlicher Verlauf angenommen. Die Halogenierung und Alkylierung durch primäre Halogenide verläuft wahrscheinlich unter Bildung von σ-Komplexen ohne vorherige Ionisierung des Reagens.

$$\bigcirc + :\text{X}:\text{X}: + \text{FeX}_3 \longrightarrow \left[\bigcirc^{+}\!\!\overset{\text{H}}{\underset{}{\diagdown\text{X}}}\right][^-\text{FeX}_4] \longrightarrow \bigcirc\!\!-\!\!\text{X} + \text{HX} + \text{FeX}_3$$

$$\bigcirc + \text{R}:\text{X}: + \text{AlX}_3 \longrightarrow \left[\bigcirc^{+}\!\!\overset{\text{H}}{\underset{}{\diagdown\text{R}}}\right][^-\text{AlX}_4] \longrightarrow \bigcirc\!\!-\!\!\text{R} + \text{HX} + \text{AlX}_3$$

---

[1] Aluminiumchlorid und Aluminiumbromid sind Doppelmoleküle der Summenformel Al_2X_6, in denen zwei Halogenatome Brücken zwischen den beiden Aluminiumatomen bilden, indem sie Elektronenpaare zu den nichtaufgefüllten orbitals beisteuern (a). Es sind feste Komplexe aus Toluol, Bromwasserstoff und Aluminium-

$$\begin{array}{ccc}
\text{X} \quad \text{X} \quad \text{X} \\
\text{Al} \quad\quad \text{Al} \\
\text{X} \quad \text{X} \quad \text{X} \\
(a)
\end{array}
\qquad
[\text{ArH}_2]^+\left[\begin{array}{c}\text{Br}\\ \text{Br}:\text{Al}:\text{Br}\\ \text{Br}\end{array}\right]^- \qquad (b)
\qquad
[\text{ArH}_2]^+\left[\begin{array}{cc}\text{Br} & \text{Br}\\ \text{Br}:\text{Al}:\text{Br}:\text{Al}:\text{Br}\\ \text{Br} & \text{Br}\end{array}\right]^- \qquad (c)$$

bromid isoliert worden, die die Zusammensetzung $\text{C}_6\text{H}_5\text{CH}_3 \cdot \text{HBr} \cdot \text{AlBr}_3$ und $\text{C}_6\text{H}_5\text{CH}_3 \cdot \text{HBr} \cdot \text{Al}_2\text{Br}_6$ haben; ihre Strukturen entsprechen wohl (b) und (c). Wegen der leichten Löslichkeit von Aluminiumhalogeniden in den flüssigen Komplexen ist es wahrscheinlich, daß selbst mehr als zwei Mol mit je einem Mol Kohlenwasserstoff und Halogenwasserstoff assoziiert sein können. Da aber die katalytische Aktivität der Aluminiumhalogenide der monomeren Form zukommt, ist es nicht nötig, polymere Formeln zu benutzen.

Die stärker basischen Reagentien werden zunächst Komplexe mit den stark sauren Katalysatoren bilden.

$$\text{C}_6\text{H}_6 + [\text{R}\overset{+}{\text{O}}\text{H}_2][^-\text{SO}_4\text{H}] + \text{H}_2\text{SO}_4 \longrightarrow [\text{H}_3\text{O}^+][^-\text{SO}_4\text{H}] + \left[\text{C}_6\text{H}_6\overset{\text{H}}{\underset{+}{\diagdown}}\text{R}\right][^-\text{SO}_4\text{H}] \longrightarrow$$

$$\text{C}_6\text{H}_5\text{R} + \text{H}_2\text{SO}_4$$

$$\text{C}_6\text{H}_6 + \underset{:\,\text{O}\,:\,\text{AlCl}_3}{\overset{\text{R}}{\text{CCl}}} + \text{AlCl}_3 \longrightarrow \left[\text{C}_6\text{H}_6\overset{\text{H}}{\underset{+}{\diagdown}}\underset{:\,\text{O}\,:\,\text{AlCl}_3}{\overset{}{\text{C}-\text{R}}}\right][^-\text{AlCl}_4] \longrightarrow$$

$$\text{C}_6\text{H}_5-\underset{:\,\text{O}\,:\,\text{AlCl}_3}{\overset{}{\text{C}-\text{R}}} + \text{HCl} + \text{AlCl}_3$$

Aluminiumchlorid katalysiert die Reaktion der Olefine mit aromatischen Verbindungen nur in Gegenwart von Chlorwasserstoff, lediglich ausgesprochen reaktionsfähige Olefine reagieren auch in Gegenwart von Fluorwasserstoff, konzentrierter Schwefelsäure oder konzentrierter Phosphorsäure.

$$\text{C}_6\text{H}_6 + \text{CH}_2{=}\text{CH}_2 + \text{H}:\text{Cl} + \text{AlCl}_3 \longrightarrow \left[\text{C}_6\text{H}_6\overset{\text{H}}{\underset{+}{\diagdown}}\text{CH}_2\text{CH}_3\right][^-\text{AlCl}_4] \longrightarrow$$

$$\text{C}_6\text{H}_5\text{CH}_2\text{CH}_3 + \text{HCl} + \text{AlCl}_3$$

$$\text{C}_6\text{H}_6 + \underset{\text{CH}_3}{\overset{}{\text{CH}{=}\text{CH}_2}} + \text{H}_2\text{SO}_4 \longrightarrow \left[\text{C}_6\text{H}_6\overset{\text{H}}{\underset{+}{\diagdown}}\underset{\text{CH}_3}{\overset{}{\text{CHCH}_3}}\right][^-\text{SO}_4\text{H}] \longrightarrow$$

$$\text{C}_6\text{H}_5\text{CH}(\text{CH}_3)_2 + \text{H}_2\text{SO}_4$$

Was nun die Nitrierung aromatischer Verbindungen betrifft, so spricht vieles dafür, daß das aktive Reagens in einem Gemisch von Salpetersäure und konzentrierter Schwefelsäure das Nitrylion (Nitroniumion) $[\text{NO}_2^+]$ ist, das bei folgender Reaktion entsteht.

$$\text{HONO}_2 + 2\,\text{H}_2\text{SO}_4 \longrightarrow [\text{NO}_2^+] + [\text{H}_3\text{O}^+] + 2\,[\text{HSO}_4^-]$$

Der Beweis für diese Ionisierung liegt in folgenden Tatsachen: 1. Der Partialdruck der Salpetersäure erreicht ein Maximum in Schwefelsäure-monohydrat und ist Null in 100%iger Schwefelsäure; 2. Zugabe von Salpetersäure zu Schwefelsäure-monohydrat hat wenig Einfluß auf die Leitfähigkeit, dagegen wird die Leitfähigkeit bei Zugabe zu 100%iger Schwefelsäure stark erhöht; 3. bei Elektrolyse einer Lösung von Salpetersäure in Schwefelsäure wandert die Salpetersäure zur Kathode; 4. die molale Gefrierpunktserniedrigung von 100%iger Schwefelsäure durch Salpetersäure beträgt das 3,8fache des für Salpetersäure erwarteten Wertes; dies zeigt, daß sich pro Molekül Salpetersäure vier ionale Einheiten bilden; 5. die charakteristischen Ultraviolett-Absorptionsbanden des $[\text{NO}_3^-]$-Ions und der freien Salpetersäure fehlen in den Lösungen der Salpetersäure in 100%iger Schwefelsäure, und das Raman-Spektrum deutet auf die Anwesenheit von $[NO_2^+]$.

Daß $[NO_2^+]$ das aktive nitrierende Agens ist, ergibt sich a) aus der Tatsache, daß obwohl die Konzentration an freier Salpetersäure in Schwefelsäure-monohydrat ein Maximum erreicht, die nitrierende Wirkung der Lösung doch schwach ist, während die nitrierende Wirkung in 90%iger Schwefelsäure, deren Ultraviolett-Absorptionsspektrum die Abwesenheit freier HNO_3 oder $[NO_3^-]$-Ionen anzeigt, ein Maximum erreicht; b) aus der beobachteten Geschwindigkeit der Nitrierung, die in Einklang mit der Konzentration von $[NO_2^+]$ steht. Es findet also neben dem Angriff von Protonen auf den Benzolkern, der lediglich einen Wasserstoffaustausch bewirkt, ein Angriff durch $[NO_2^+]$-Ionen statt. Wiederum wird wegen der großen Energiemenge, die zur Zerstörung der Benzolresonanz erforderlich ist, und wegen der erheblichen Resonanzstabilisierung des intermediären Ions, nicht ein negatives Ion an das intermediäre positive Ion angelagert; statt dessen wird ein Proton abgegeben und das Substitutionsprodukt gebildet.

$$\text{C}_6\text{H}_6 \xrightarrow{[^+NO_2]} \left[\text{C}_6\text{H}_6{\cdot}NO_2\right]^+ \longrightarrow \text{C}_6\text{H}_5{-}NO_2 + [\text{H}^+]$$

Gleichzeitig können sich aus den reaktionsfähigeren aromatischen Verbindungen Nitroverbindungen durch Nitrosierung mit salpetriger Säure und anschließende Oxydation durch Salpetersäure bilden.

$$\text{ArH} + \text{HONO} \longrightarrow \text{ArNO} + \text{H}_2\text{O}$$

$$\text{ArNO} + \text{HNO}_3 \longrightarrow \text{ArNO}_2 + \text{HNO}_2$$

Die salpetrige Säure braucht nicht von Anfang an in der Salpetersäure vorzuliegen, weil Phenole und Amine leicht von Salpetersäure unter Bildung salpetriger Säure oxydiert werden. Das nitrosierende Agens ist das Nitrosylion $[^+NO]$, das durch Reaktion von salpetriger Säure mit Salpetersäure entsteht.

$$\text{HONO} + 2\,\text{HNO}_3 \longrightarrow [\text{H}_3\text{O}^+] + [^+\text{NO}] + 2\,[\text{NO}_3^-]$$

Salpetrige Säure liegt in Gegenwart von Salpetersäure hauptsächlich in Form von Distickstofftetroxyd vor, das als Reaktionsprodukt aus Nitrosylion und Nitration angesehen werden kann. Auch Distickstofftetroxyd ist ein wirksames Nitrosierungsmittel; es wirkt als „Träger" oder Lieferant des Nitrosylions.

$$[\text{ON}^+] + [\text{NO}_3^-] \rightleftharpoons \text{ON}{-}\text{O}{-}\text{NO}_2$$

Die Sulfonierung verläuft anders als die Nitrierung, denn das aktive Reagens ist nicht das Hydrogensulfoniumion (Bisulfoniumion) $[^+SO_3H]$, sondern Schwefeltrioxyd. Schwefeltrioxyd ist auf Grund folgender Reaktion ein Bestandteil der Schwefelsäure.

$$2\,\text{H}_2\text{SO}_4 \rightleftharpoons \text{SO}_3 + [\text{H}_3\text{O}^+] + [\text{HSO}_4^-]$$

Die drei Sauerstoffatome im Schwefeltrioxyd vermindern stark die Elektronendichte am Schwefel, und infolgedessen ist Schwefeltrioxyd ein ausgesprochen elektrophiles Reagens.

$$\text{C}_6\text{H}_6 + \text{SO}_3 \longrightarrow \left[\text{C}_6\text{H}_6{\cdot}SO_2\text{O}^-\right]^+ \longrightarrow \text{C}_6\text{H}_5{-}SO_2\text{OH}$$

Die inneren Umlagerungen der Xylole und anderer polyalkylierter Benzole in Gegenwart von Chlorwasserstoff-Aluminiumchlorid oder Fluorwasserstoff-Bortrifluorid (S. 453) werden als Folge der Wanderung eines Alkidions im σ-Komplex angesehen.

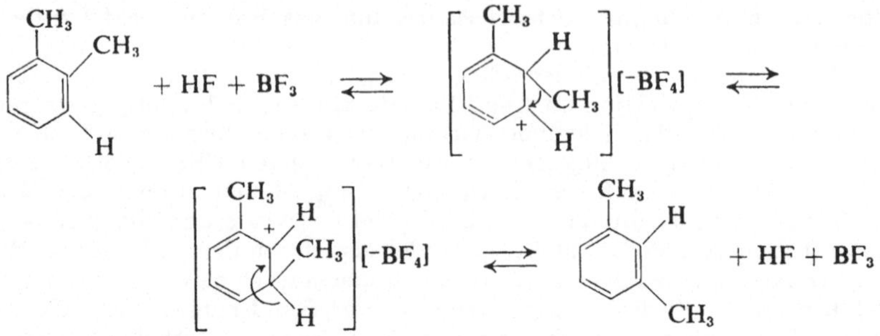

In ähnlicher Weise kann eine Methylgruppe des m-Xylols wandern, so daß sich p-Xylol bildet.

Die Tatsache, daß m-Xylol das basischste der Dimethylbenzole und Mesitylen das basischste der Trimethylbenzole ist, wird dadurch erklärt, daß die Methylgruppen das Salz besser stabilisieren können, wenn sie in meta-Stellung zueinander stehen, als wenn sie in ortho- oder para-Stellung stehen. In dem Salz mit o-Xylol z. B. kann nur die Elektronendonator-Wirkung einer einzigen Methylgruppe zur Neutralisierung der positiven Ladung beitragen, während beim m-Xylol beide Methylgruppen wirksam sind (vgl. S. 64).

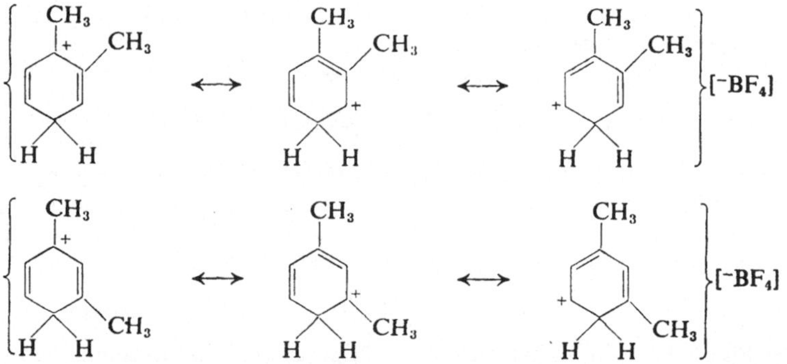

Das Anwachsen der Basizität, d. h. der Elektronendonator-Wirkung in der Reihe Hexan, Benzol, Toluol, m-Xylol, Mesitylen, Essigsäure, Äthanol kann an verdünnten Lösungen von Jod in diesen Flüssigkeiten visuell beobachtet werden. Lösungen von Jod in Hexan sind violett; das Absorptionsmaximum liegt bei 520 mμ. Es ist dies die Absorption des Jodmoleküls, im wesentlichen unbeeinflußt durch Wechselwirkung mit Lösungsmittelmolekülen. Lösungen von Jod in Alkohol sind gelb; das Absorptionsmaximum liegt bei 360 mμ. Diese Absorption kommt dem Jod-Alkohol-Komplex $\left[C_2H_5\overset{+}{\overset{\cdot\cdot}{O}}:\overset{\cdot\cdot}{\underset{H}{J}}:\right]\left[\overset{\cdot\cdot}{:}\overset{-}{\underset{\cdot\cdot}{J}}:\right]$ zu. Bei gleicher Konzentration von Jod in der genannten Reihe von Lösungsmitteln ändert sich die Farbe stufenweise von Violett nach Gelb.

Aktivierung und Desaktivierung des Benzolkerns. Die nächste Frage betrifft die Wirkung von anderen Gruppen als Wasserstoff auf die Leichtigkeit der Substitution. Die am stärksten aktivierende Gruppe ist die $[O^-]$-Gruppe, die die volle negative Ladung eines Elektrons trägt; die am stärksten desaktivierende Gruppe ist die $[NR_3{}^+]$-Gruppe, die eine volle positive, einem Elektron äquivalente Ladung trägt. Dieses Verhalten ist mit den bisher entwickelten Auffassungen vereinbar, denn eine negativ geladene Gruppe wird Elektronen weniger fest halten als ein Wasserstoffatom und damit die Kernelektronen für elektrophile Reagentien leichter verfügbar machen, während eine positiv geladene Gruppe Elektronen fester halten wird als Wasserstoff, so daß die Kernelektronen nicht so leicht verfügbar sind. Bei Gruppen, die keine volle negative oder positive Ladung tragen, wird die relative Wirksamkeit bei der

Erhöhung oder Verminderung der Substitutionsgeschwindigkeit von der Größe und Richtung des elektrischen Dipols des monosubstituierten Benzols abhängen.

Elektrische Dipolmomente und ihre Richtung. Es wird angenommen, daß die Methylgruppe die Elektronendichte an einem ungesättigten Kohlenstoffatom erhöht (S. 64). Findet eine Änderung in der Elektronenverteilung statt, wenn eine Gruppe eine andere ersetzt, so wird dies zu einer Änderung der elektrischen Dipolmomente (S. 206) führen, falls die beiden gebundenen Gruppen nicht die gleiche Elektronenanziehung ausüben.

Das Dipolmoment des Benzols ist Null, wie das des Methans, des p-Xylols und aller anderen symmetrisch gebauten Verbindungen (S. 206). Bestände zwischen der Phenylgruppe und der Methylgruppe kein Unterschied in ihrer Fähigkeit, Elektronen anzuziehen oder abzustoßen, dann wäre das Moment des Toluols Null wie das des Äthans oder des Diphenyls. Toluol hat jedoch ein Moment von 0,3 D. Daher muß eine Verschiebung der Elektronendichte entweder gegen die Phenylgruppe oder gegen die Methylgruppe bestehen.

Die Richtung der Polarisation wurde durch Vergleich des Moments von Nitrobenzol mit dem des p-Nitrotoluols bestimmt. Nitrobenzol hat das Moment 4,0 D. Das hohe Dipolmoment der Nitroverbindungen wird durch die Annahme einer semipolaren Bindung erklärt, in der der Stickstoff in bezug auf die Sauerstoffatome positiv ist. Die Gruppe muß also die Elektronendichte des Rings verringern, was mit ihrer desaktivierenden Eigenschaft übereinstimmt. Da p-Dinitrobenzol das Moment Null hat, müssen die durch die Nitrogruppen verursachten Momente einander entgegengesetzt sein und auf einer durch die para-Stellung führenden Geraden liegen[1]. Wenn nun

---

[1] Hierin liegt ein direkter Beweis dafür, daß die Nitrogruppe ein Resonanzhybrid der Strukturen $-\overset{+}{N}\!\!\diagup^{O^-}_{\diagdown O}$ und $-N\!\!\diagup^{O}_{\overset{+}{\diagdown O_-}}$ ist. Wäre sie unsymmetrisch konstituiert entsprechend einer dieser Strukturen, so könnte p-Dinitrobenzol nur dann das Moment Null besitzen, wenn die N $-\!\!\mid\!\!\rightarrow$ O-Vektoren einander entgegengesetzt sind. In allen anderen Stellungen hätte das Molekül ein resultierendes Moment. Da keine isomeren Formen isoliert werden konnten, muß freie Rotation um die Stickstoff-

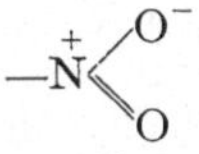

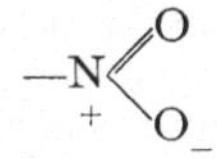

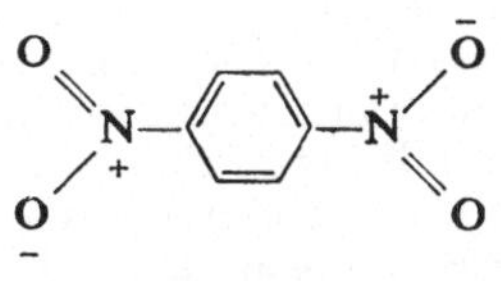

$$\mu = 0 \qquad\qquad \mu = \text{Maximum}$$

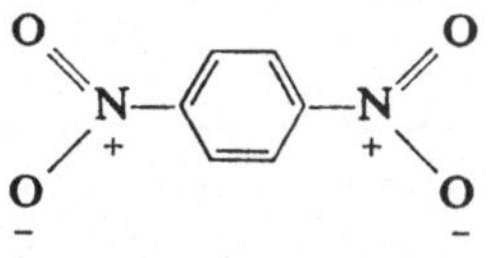

Kohlenstoff-Bindung angenommen werden. Somit wären die Momente von unsymmetrischen Nitrogruppen nicht immer genau entgegengesetzt, und das Molekül müßte ein resultierendes elektrisches Moment haben. Hieraus folgt, daß das Moment Null durch eine symmetrische Struktur der Nitrogruppe zustande kommen muß.

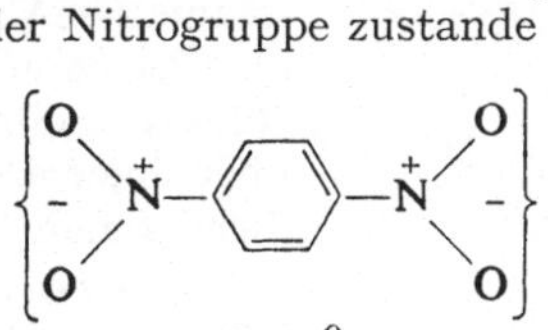

$$\mu = 0$$

Von Gruppen wie der Hydroxylgruppe und der Aminogruppe ist es bekannt, daß sie unsymmetrische Struktur besitzen; diese verursachen denn auch in para-disubstituierten Verbindungen ein elektrisches Moment.

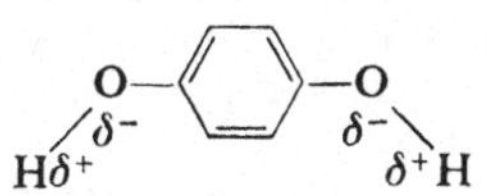

$$\mu = 2.5\,\text{D} \qquad\qquad\qquad \mu = 1.5\,\text{D}$$

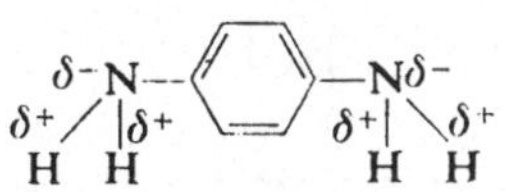

irgendeine andere Gruppe in para-Stellung zur Nitrogruppe steht und der Vektor des von ihr induzierten elektrischen Moments auf der durch die para-Stellungen gehenden Geraden liegt, wird das Moment des disubstituierten Benzols größer oder kleiner sein als das des Nitrobenzols, je nachdem ob die Richtung des Moments gleich oder entgegengesetzt der Richtung des von der Nitrogruppe induzierten Moments ist. Wenn z. B. die Methylgruppe eine stärker elektronenanziehende Wirkung hat als ein Wasserstoffatom, sollte das Moment des p-Nitrotoluols kleiner sein als das des Nitrobenzols und etwa $4,0-0,3 = 3,7$ D betragen. Wenn aber die Methylgruppe eine geringere Anziehung auf die Elektronen ausübt als Wasserstoff (wenn sie ein Elektronendonator, elektronenabstoßend ist), sollte das Moment des p-Nitrotoluols größer sein als das des Nitrobenzols und etwa $4,0 + 0,3 = 4,3$ D betragen. Das beobachtete Moment für p-Nitrotoluol ist 4,5 D, also erhöht die Methylgruppe die Elektronendichte des Benzolkerns, was mit ihrer aktivierenden Wirkung im Einklang steht. Die Richtung des induzierten Moments wird nach Übereinkunft durch das Zeichen $\dashv\!\!\rightarrow$ angegeben. Der Pfeil gibt die Richtung an, in der die Elektronendichte zunimmt, das entgegengesetzte Ende ist die positive Seite des Dipols.

$$O_2N-\!\!\bigcirc\!\!-CH_3 \qquad\qquad O_2N-\!\!\bigcirc\!\!-Cl$$

$\leftarrow\!\!\dashv$	$\leftarrow\!\!\dashv$	$\leftarrow\!\!\dashv$	$\dashv\!\!\rightarrow$
4.0 D	0.3 D	4.0 D	1.6 D

Differenz = 3.7 D   Differenz = 2.4 D
Summe   = 4.3 D   Summe   = 5.6 D
Gefunden = 4.5 D   Gefunden = 3.1 D

Chlorbenzol hat ein Moment von 1,6, p-Chlornitrobenzol von 3,1. Das Chloratom muß also stärker elektronenanziehend sein als Wasserstoff, in Übereinstimmung mit seiner desaktivierenden Wirkung. Die Richtungen der Momente von anderen Gruppen wurden nach ähnlichen Methoden bestimmt und sind in Tab. 24 zusammengestellt.

Die Momente der Aminogruppe, der substituierten Aminogruppen und aller sauerstoffhaltigen Gruppen mit Ausnahme der Nitrogruppe, des Phenolations und des Carboxylations sind nicht collinear mit der Achse des Benzolrings, sondern bilden einen Winkel mit ihr (s. Fußnote, S. 475). Daher kann für diese Gruppen die Komponente, die die Bindung an den Ring beeinflußt, beträchtlich verschieden von dem beobachteten Moment des Moleküls sein.

Dirigierende Wirkung der Substituenten. Die allgemeine Zunahme oder Abnahme der Verfügbarkeit der π-Elektronen des Kerns erklärt noch nicht die größere Reaktionsfähigkeit einer Stellung gegenüber einer anderen. Wenn eine ortho-para-dirigierende Gruppe vorliegt, muß sich derjenige σ-Komplex oder der Übergangszustand, in welchem das elektrophile Reagens mit einem Kohlenstoffatom in ortho- oder para-Stellung gebunden ist, leichter bilden, d. h. die für seine Bildung notwendige Aktivierungsenergie muß geringer sein als bei einer Bindung in meta-Stellung. Für meta-dirigierende Gruppen muß das Umgekehrte gelten.

Tabelle 24. *Größe und Richtung der elektrischen Momente von Benzolderivaten*

Gruppe A in C_6H_5—A	Elektrisches Moment von C_6H_5—A	Richtung des Moments C_6H_5—A $\leftarrow\!\!\dashv$ oder C_6H_5—A $\dashv\!\!\rightarrow$
$N(CH_3)_2$	1,6	
OH	1,6	
NH_2	1,5	
SH	1,3	$\leftarrow\!\!\dashv$
OCH_3	1,2	
CH_3	0,3	
H	0,0	
J	1,4	
Br	1,5	
Cl	1,6	
COOH	1,6	
CH_2Cl	1,8	
$COOC_2H_5$	1,9	
$CHCl_2$	2,0	
CCl_3	2,1	$\dashv\!\!\rightarrow$
CHO	2,8	
$COCH_3$	2,8	
NO	3,1	
SO_3H	3,8	
CN	4,0	
NO_2	4,0	

Ist A die dirigierende Gruppe und Z die eintretende Gruppe, so werden die stabileren Resonanzformen diejenigen sein, in denen die positive Ladung in ortho- und para-

Stellung zu Z steht. Resonanzformen, in denen die positive Ladung in meta-Stellung zu Z steht, sind ohne Bedeutung, weil sie die Spaltung eines Elektronenpaares und eine Ladungstrennung im Molekül erfordern würden. Steht Z in ortho- oder para-Stellung zu A, so ist eine positive Ladung an dem mit A verknüpften Ringkohlenstoffatom in (a) und (d) der Übergangszustände I und II lokalisiert, steht Z dagegen in meta-Stellung zu A wie im Übergangszustand III, so trägt dieses Kohlenstoffatom in keiner der Resonanzformen eine positive Ladung.

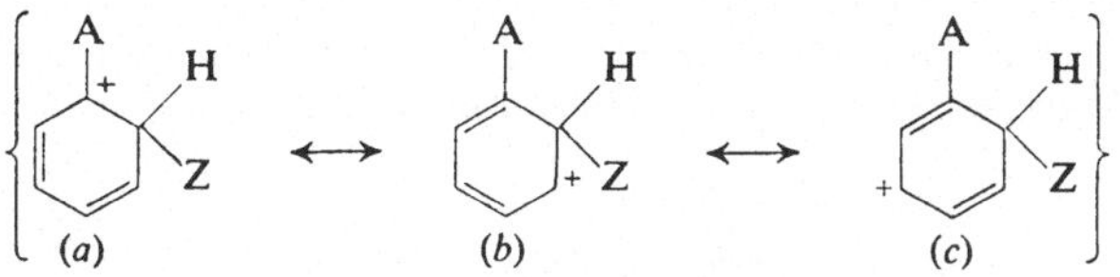

Ist A eine elektronenabgebende Gruppe, so stabilisiert sie eine positive Ladung in ihrer Nachbarschaft und begünstigt daher die Bildung der Übergangszustände I und II, bei denen Z in ortho- oder para-Stellung steht, gegenüber III mit Z in meta-Stellung. Ist A dagegen elektronenanziehend, so ist es schwieriger, Elektronen von dem mit A verknüpften Kohlenstoffatom wegzuziehen, so daß sich die Übergangszustände I und II nicht so leicht bilden wie der Übergangszustand III. Somit begünstigen Elektronendonatoren (elektronenabgebende Gruppen) die Substitution in ortho- und para-Stellung, während elektronenanziehende Gruppen die meta-Substitution begünstigen.

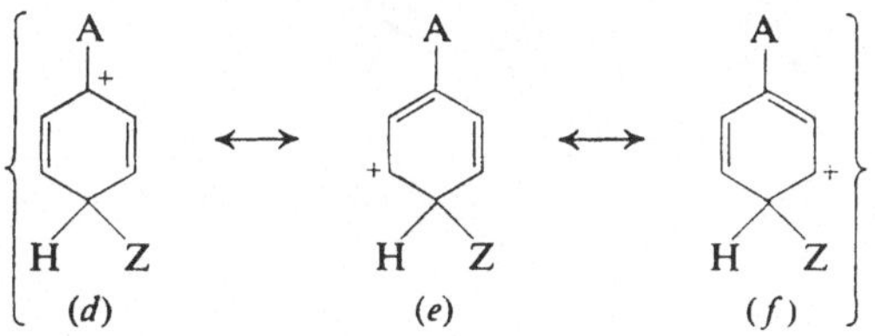

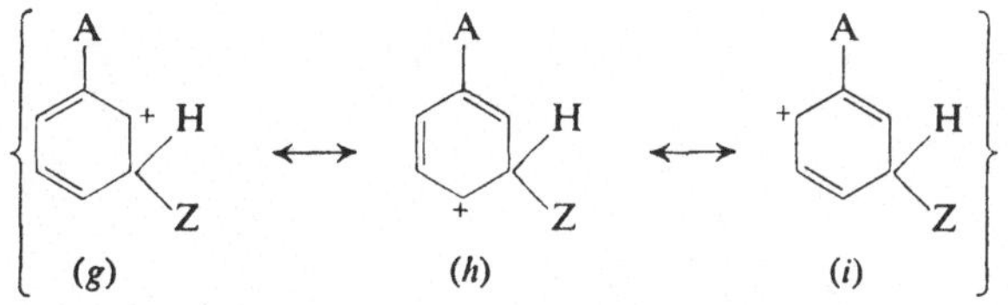

Ist A eine Gruppe, bei der keine Komplikationen durch einsame Elektronen oder Mehrfachbindungen an dem mit dem Ring verbundenen Atom auftreten, also z. B. eine Methylgruppe CH_3 oder eine Trichlormethylgruppe CCl_3, so sind diese Überlegungen stichhaltig. Wenn also eine Methylgruppe mit einer Gruppe verbunden ist, die Elektronen aufnehmen kann, kann sie Elektronen besser zur Verfügung stellen als ein mit der gleichen Gruppe verbundenes Wasserstoffatom (Tab. 24). Daher ist die Geschwindigkeit der Substitution in ortho- und para-Stellung gegenüber der statistisch zu erwartenden vergrößert. Diese Art von dirigierendem Einfluß der Gruppe A wird als **induktiver Effekt** *(Feld-Effekt)* bezeichnet. Nach Tab. 24 ist die Trichlormethylgruppe stärker elektronenanziehend als das Wasserstoffatom; d. h. sie hat einen induktiven Effekt, der dem der Methylgruppe entgegengesetzt ist, und neigt durch Verringerung der Elektronendichte dazu, die Ausbildung der Übergangszustände I und II zu verhindern. Daher ist die Geschwindigkeit der Substitution in ortho- und para-Stellung gegenüber der statistisch zu erwartenden verringert, und es tritt in verstärktem Maße meta-Substitution ein.

Die Reihe NO_2, CH_2NO_2 und $CH_2CH_2NO_2$ der Tab. 22, S. 466 zeigt, daß die Wirkung einer Gruppe sehr schnell abnimmt, wenn gesättigte Kohlenwasserstoffgruppen zwischen ihr und dem Ring stehen. Die Reihe CH_3, CH_2Cl, $CHCl_2$, CCl_3

illustriert die Wirkung des Ersatzes einer weniger stark elektronenanziehenden Gruppe durch eine stärker elektronenanziehende Gruppe.

Halogen scheint anomal zu sein. Da es stärker elektronenanziehend wirkt als Wasserstoff, desaktiviert sein induktiver Effekt den Kern. Trotzdem dirigiert es in ortho- und para-Stellung. Den Schlüssel zu diesem Problem liefert die Betrachtung der zwischenatomaren Abstände von Kohlenstoff und Chlor sowie der Dipolmomente von tert. Butylchlorid und Chlorbenzol. Die betreffenden Abstände sind 1,76 Å bzw. 1,69 Å und die Momente 2,14 D bzw. 1,56 D. Sowohl die Verkürzung des Bindungsabstandes als auch das niedrigere Moment bei der aromatischen Verbindung kann durch die Wechselwirkung eines einsamen Elektronenpaares von einem p-orbital

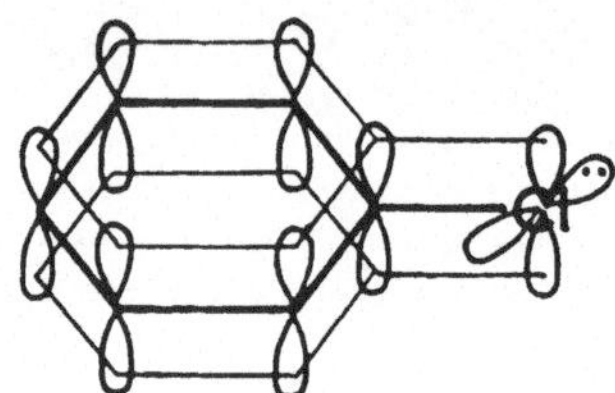

Abb. 76. Wechselwirkung der einsamen Elektronen des Chloratoms in Chlorbenzol mit den π-Elektronen des Benzolkerns

des Chloratoms mit den π-Elektronen des aromatischen Kerns erklärt werden, wie Abb. 76 zeigt, oder durch den folgenden Resonanzhybridsymbolismus

Der Effekt dieser Wechselwirkung der Elektronen ist dem induktiven Effekt entgegengesetzt, aber nicht ausreichend, um diesen aufzuwiegen, so daß das Chloratom desaktivierend bleibt. Bei Annäherung eines elektrophilen Reagens wie des Nitrylions wirkt sich diese Art der elektronischen Wechselwirkung jedoch stark genug aus, um denjenigen Übergangszustand, bei dem die Nitrogruppe in ortho- oder para-Stellung gebunden ist (I oder II), stabiler werden zu lassen als jenen mit der Nitrogruppe in meta-Stellung (III).

Daher ist die Geschwindigkeit der Reaktion an den ortho- und para-Stellungen größer als an den meta-Stellungen, wenn auch kleiner als die Reaktionsgeschwindigkeit des Benzols. Dieser Effekt wird **elektromerer** *(E-Effekt)*, „**tautomerer**"[1], **mesomerer** oder **Resonanzeffekt**[2] genannt.

---

[1] Es ist nicht zweckmäßig, wie es in der angelsächsischen Literatur zuweilen geschieht, hier von einem tautomeren Effekt zu sprechen, denn es besteht keinerlei Beziehung zur Tautomerie.

[2] Es wird etwas überspitzt unterschieden zwischen dem elektromeren (tautomeren) Effekt und dem mesomeren Effekt. Der mesomere Effekt ist in dem nicht-

Auch die Hydroxylgruppe und die Aminogruppe sind elektronenanziehend, was aus der Tatsache hervorgeht, daß Hydroxylamin $HONH_2$ ($K_B = 1{,}1 \times 10^{-8}$) und Hydrazin H_2NNH_2 ($K_B = 3{,}0 \times 10^{-6}$) schwächere Basen sind als Ammoniak ($K_B = 1{,}8 \times 10^{-5}$). Jedoch überwiegt der Resonanzeffekt den induktiven Effekt, wie sich aus der Größe und Richtung der Dipolmomente der monosubstituierten Benzole ergibt (Tab. 24, S. 476). Daher sind diese Gruppen sowohl aktivierend als auch ortho-para-dirigierend.

Die Hydroxylgruppe wirkt in alkalischer Lösung stärker aktivierend als in neutraler oder saurer Lösung, da im Phenolation die negative Ladung am Sauerstoffatom den induktiven Effekt umkehrt; überdies ist der Resonanzeffekt verstärkt, da in den Resonanzstrukturen des Phenolations keine Ladungstrennung auftritt.

Da sich induktiver Effekt und Resonanzeffekt gegenseitig verstärken, ist das negativ geladene Sauerstoffatom die am stärksten aktivierende und am stärksten ortho-para-dirigierende Gruppe.

Die Aminogruppe ist nicht so stark elektronenanziehend wie die Hydroxylgruppe. Daher liegt die Wirkung der Aminogruppe zwischen der der undissoziierten Hydroxylgruppe und des negativ geladenen Sauerstoffatoms. In saurer Lösung erwirbt das einsame Elektronenpaar der Aminogruppe ein Proton, und die Gruppe erhält eine positive Ladung; hierdurch wird der Resonanzeffekt beseitigt und die elektronenanziehende Wirkung der Gruppe verstärkt mit dem Ergebnis, daß sie desaktivierend und meta-dirigierend wird. Bei der Nitrierung des Anilins in saurer Lösung entsteht der größte Teil des ortho- und para-Isomeren durch Reaktion des freien Amins, das mit seinem Salz im Gleichgewicht steht. Dementsprechend steigt der Anteil an meta-Isomerem mit wachsender Konzentration der Säure.

Substituierte Vinylgruppen sind ortho-para-dirigierend selbst dann, wenn sie elektronenanziehend sind. So gibt β-Nitro-α-phenyl-äthylen (β-Nitro-styrol) bei der Nitrierung nur 2% des meta-Isomeren. Wie bei den Halogenbenzolen ist der Übergangszustand stabiler, wenn der Substituent in ortho- oder para-Stellung (I oder II) gebunden ist, als wenn er sich in meta-Stellung (III) befindet.

I   II   III

Nucleophile Substitution

Die bisherigen Ausführungen beziehen sich durchweg auf die Substitution durch ein elektronenanziehendes (elektrophiles) Reagens. Es sind jedoch auch Substitutionen des aromatischen Kerns bekannt, bei denen das aktive Agens nucleophil (vgl. S. 121),

reagierenden Molekül vorhanden und verursacht das verminderte Moment des Chlorbenzols im Vergleich mit tert.-Butylchlorid. Der elektromere (tautomere) Effekt ermöglicht die leichte Polarisierbarkeit des Moleküls und die Abgabe eines Elektronenpaares an das elektrophile Reagens im Übergangszustand der Reaktion. Die Bezeichnung „Resonanzeffekt" bezieht sich auf jeden dieser Effekte und auf beide zusammen.

also ein Elektronendonator, ist. Ein Beispiel ist die Bildung von o-Nitrophenol (o-Hydroxynitrobenzol) beim Erhitzen von Nitrobenzol mit Kaliumhydroxyd in Gegenwart von Luft.

$$2\,[\mathrm{H}:{}^-] + \mathrm{O}_2 \longrightarrow 2\,[:\ddot{\mathrm{O}}\mathrm{H}^-]$$

Die Theorie wird auch diesen Reaktionen gerecht. Diejenigen Gruppen, die den Kern für den Angriff elektrophiler Reagentien aktivieren, erhöhen die Elektronendichte des Kerns, und daher wirken sie desaktivierend mit Bezug auf Elektronendonatoren. Gruppen, die mit Bezug auf elektrophile Reagentien desaktivierend wirken, ziehen Elektronen vom Kern weg und wirken daher aktivierend mit Bezug auf Reagentien mit Elektronendonator-Charakter. Was die dirigierende Wirkung anlangt, so ist im Fall der letztgenannten im Übergangszustand ein einsames Elektronenpaar vorauszusetzen, und infolgedessen in den Resonanzstrukturen der auf S. 477 wiedergegebenen Übergangszustände eine negative Ladung anstelle einer positiven Ladung. Infolgedessen werden elektronenanziehende Gruppen zu ortho-para-Substitution, Gruppen mit Elektronendonator-Eigenschaften zu meta-Substitution führen. Eine besonders stark aktivierende Wirkung kommt hier der Nitrogruppe zu, da sowohl der induktive Effekt als auch der Resonanzeffekt den Übergangszustand stabilisieren, wenn sich Z in ortho- oder para-Stellung befindet.

Physikalische Eigenschaften der Nitroverbindungen

Aromatische Nitroverbindungen sind gewöhnlich farblose oder gelbe feste Substanzen. Nur wenige Mononitro-Kohlenwasserstoffe sind bei Raumtemperatur flüssig. Auf Grund der semipolaren Bindung hat die Nitrogruppe ein hohes Dipolmoment, und die Nitroverbindungen haben hohe Siedepunkte. Die am niedrigsten siedende aromatische Nitroverbindung, das Nitrobenzol, hat ein Dipolmoment von 4,0 D und siedet bei 209°. Die Eigenschaft der Nitrogruppen, aromatischen Verbindungen hohes Kristallisierungsvermögen und einen hohen Schmelzpunkt zu verleihen, hat zu der ausgedehnten Anwendung von Nitroverbindungen wie 2.4-Dinitro-phenylhydrazin (S. 488) und 3.5-Dinitro-benzoylchlorid (S. 581) zur Darstellung von Derivaten anderer Verbindungen zum Zweck von deren Identifizierung geführt.

Aromatische Nitrokohlenwasserstoffe sind praktisch unlöslich in Wasser. In flüssigem Zustand sind sie gute Lösungsmittel für die meisten organischen Verbindungen und recht gute für zahlreiche anorganische Salze, besonders von der

Art des Zinkchlorids oder Aluminiumchlorids, die unter Bildung eines Komplexes ein einsames Elektronenpaar aufnehmen können.

$$C_6H_5\overset{+}{N}\begin{smallmatrix}\bar{O}\\ \\O\end{smallmatrix} + AlCl_3 \longrightarrow C_6H_5\overset{+}{N}\begin{smallmatrix}O:\bar{A}lCl_3\\ \\O\end{smallmatrix}$$

Nitrobenzol absorbiert stark ultraviolettes Licht knapp an der Grenze des sichtbaren Bereiches (Abb. 96, S. 701). Eine Störung der Elektronenkonfiguration, hervorgerufen durch andere Gruppen im Molekül oder durch Annäherung anderer Moleküle, kann die Absorptionsbande nach längeren Wellenlängen verschieben und so eine gelbe, orange oder rote Farbe der Verbindungen oder ihrer Lösungen verursachen (S. 486, 702).

Physiologische Wirkung

Nitroverbindungen mit ausreichend hohem Dampfdruck haben einen starken charakteristischen Geruch. Sie sind größtenteils sehr giftig. Selbst die Verbindungen mit niedrigem Dampfdruck sind gefährlich, da sie, insbesondere aus Lösungen, leicht durch die Haut resorbiert werden. Symptome einer Vergiftung sind Schwindel, Kopfschmerzen, unregelmäßiger Puls und Cyanose (blaue Lippen und Fingerspitzen, hervorgerufen durch eine Veränderung des Bluthämoglobins). Längere Einwirkung führt zum Tode.

Reaktionen der aromatischen Nitrogruppe

Verdrängungsreaktionen. Im allgemeinen unterliegen die Nitrogruppen keinen Verdrängungsreaktionen. Bei einigen Polynitroverbindungen wird jedoch häufig eine Nitrogruppe durch basische Reagentien verdrängt, wobei als zweites Reaktionsprodukt Nitrit entsteht.

p-Dinitrobenzol verhält sich ähnlich, m-Dinitrobenzol dagegen nicht. Andererseits reagiert 1.3.5-Trinitro-benzol mit Natriummethylat in Methanol-Lösung unter Bildung von 1.3-Dinitro-5-methoxybenzol.

Bei Verdrängungsreaktionen nimmt die eintretende Gruppe häufig nicht dieselbe Stellung ein wie die verdrängte Gruppe. Zum Beispiel entsteht bei der Umsetzung von p-Bromnitrobenzol mit Kaliumcyanid etwas m-Brombenzonitril; o-Bromanisol und

Natriumamid geben in flüssigem Ammoniak m-Aminoanisol; -o, m- oder p-Chlortoluol liefern mit verdünnter Natronlauge bei 350° ein Gemisch der drei Hydroxytoluole, in dem das meta-Isomere überwiegt.

Es konnte gezeigt werden, daß diese Produkte nicht durch Umlagerung der erwarteten Verbindungen entstehen, sondern durch eine Umlagerung im Übergangszustand (in der angelsächsischen Literatur findet sich gelegentlich die Bezeichnung *cine substitution*). Bei den frühen Versuchen zur Aufklärung der Struktur aromatischer Substitutionsprodukte haben solche Platzwechselvorgänge ziemliche Schwierigkeiten bereitet.

Reduktion. Wie die aliphatischen Nitroverbindungen werden auch die aromatischen leicht zu primären Aminen reduziert. Die Reduktion kann mit Wasserstoff und einem Hydrierungskatalysator bei Raumtemperatur und Atmosphärendruck durchgeführt werden. Wegen der großen Wärmemenge, die sich entwickelt, und der Geschwindigkeit der Reaktion müssen bei der Hydrierung großer Ansätze im geschlossenen System geeignete Vorsichtsmaßregeln getroffen werden, damit die Reaktion unter Kontrolle bleibt.

$$C_6H_5NO_2 + 3\,H_2 \xrightarrow[\text{Raney-Ni}]{\text{Pt oder}} C_6H_5NH_2 + 2\,H_2O$$
$$\text{Anilin}$$

Recht zweckmäßig ist die Verwendung von Hydrazin als Wasserstoffquelle.

$$2\,C_6H_5NO_2 + 3\,H_2NNH_2 \xrightarrow{\text{Raney-Ni}} 2\,C_6H_5NH_2 + 4\,H_2O + 3\,N_2$$

Gewöhnlich wird aber die Reduktion zum Amin durch aktive Metalle in saurer Lösung herbeigeführt. Meist verwendet man zu diesem Zweck Eisen oder Zinn in Gegenwart von Salzsäure. Wird Zinn im Überschuß verwendet, so tritt als Reaktionsprodukt das Arylammonium-chlorostannat(II) auf, aus welchem das Amin durch Zugabe von Alkalien freigesetzt wird.

$$2\,C_6H_5NO_2 + 6\,Sn + 24\,HCl \longrightarrow (C_6H_5\overset{+}{N}H_3)_2\overset{=}{S}nCl_4 + 5\,H_2SnCl_4 + 4\,H_2O$$

Phenylammonium-chlorostannat(II)   Tetrachloro-zinnsäure

$$\Big\downarrow 6\,\text{NaOH}$$

$$2\,C_6H_5NH_2 + Na_2SnO_2 + 4\,NaCl + 4\,H_2O$$

Anilin   Natrium-stannat(II)

Zinn(II)-chlorid in Gegenwart von Salzsäure reduziert Nitroverbindungen zu Aminen, doch das eigentliche Produkt ist das Chlorostannat(IV).

$$2\ C_6H_5NO_2 + 6\ SnCl_2 + 24\ HCl \longrightarrow (C_6H_5\overset{+}{N}H_3)_2\overset{=}{S}nCl_6 + 5\ H_2SnCl_6 + 4\ H_2O$$

Phenylammonium-   Hexachloro-
chlorostannat(IV)   zinnsäure

Bei Anwendung standardisierter Lösungen von Zinn(II)-chlorid kann die Reaktion zur quantitativen Bestimmung von Nitrogruppen dienen. Zink und Salzsäure ist kein befriedigendes Reduktionsmittel, da beträchtliche Mengen von Chloranilinen gebildet werden (s. 484).

Technisch wird Nitrobenzol mit Eisenspänen und Wasser in Gegenwart von etwa ein vierzigstel der berechneten Menge Salzsäure zu Anilin reduziert. Die Reduktion wird also im wesentlichen durch Eisen und Wasser bewirkt, wobei das Eisen in das schwarze Eisenoxyd Fe_3O_4 (S. 514) umgewandelt wird.

$$4\ C_6H_5NO_2 + 9\ Fe + 4\ H_2O \overset{(HCl)}{\longrightarrow} 4\ C_6H_5NH_2 + 3\ Fe_3O_4$$

Wenn zwei Nitrogruppen im Ring vorhanden sind, ist es möglich, eine Gruppe zu reduzieren, ohne daß die andere verändert wird. Als Reagentien dienen hierbei vorzugsweise Ammoniumsulfid oder Natriumsulfid.

$$\underset{NO_2}{\overset{NO_2}{C_6H_4}} + 3\ (NH_4)_2S \longrightarrow \underset{NH_2}{\overset{NO_2}{C_6H_4}} + 6\ NH_3 + 3\ S + 2\ H_2O$$

Dieses Verhalten ist verständlich, da die Nitrogruppen dank ihrer elektronenanziehenden Eigenschaften ihre Oxydationswirkung gegenseitig verstärken; infolgedessen wird eine von ihnen leichter reduzierbar sein, als wenn eine einzige Nitrogruppe vorläge. Nachdem eine Nitrogruppe reduziert ist, macht sich die geringere elektronenanziehende Wirkung der Aminogruppe in der Weise geltend, daß die Fähigkeit der verbleibenden Nitrogruppe, reduziert zu werden, vermindert ist.

Die primären Amine sind bei aliphatischen wie aromatischen Nitroverbindungen die Endprodukte der Reduktion, doch können bei der Reduktion der aromatischen Nitroverbindungen zahlreiche Zwischenprodukte isoliert werden, und zwar bei Anwendung gemäßigter Reduktionsbedingungen in guter Ausbeute. So gibt Nitrobenzol beim Kochen mit einer wäßrigen Lösung von Ammoniumchlorid und Zinkstaub **N-Phenyl-hydroxylamin.**

$$C_6H_5NO_2 + 2\ Zn + 4\ NH_4Cl \longrightarrow C_6H_5NHOH + 2\ ZnCl_2 + H_2O + 4\ NH_3$$

N-Phenylhydroxylamin

N-Phenyl-hydroxylamin ist eine farblose feste Substanz, die bei 81° schmilzt. Es ist jedoch unbeständig; die Moleküle unterliegen intermolekularer Oxydation und Reduktion sowie Kondensation, und dabei entsteht ein Gemisch verschiedener Reduktionsprodukte des Nitrobenzols (S. 485). Wird eine Lösung von *N*-Phenylhydroxylamin in Äther mit trocknem Ammoniak und einem Alkylnitrit behandelt, so fällt das Ammoniumsalz des *N*-Phenyl-*N*-nitroso-hydroxylamins aus.

$$C_6H_5NHOH + NH_3 + C_4H_9ONO \longrightarrow \underset{\underset{NO}{|}}{C_6H_5NO^-}{}^+NH_4 + C_4H_9OH$$

31*

Es ist als **Cupferron** bekannt und dient in der analytischen Chemie zur Abtrennung gewisser Metallionen, z. B. von Kupfer, Eisen und Titan, die mit ihm unlösliche Chelat-Koordinationsverbindungen (S. 784) bilden.

$$2\,C_6H_5N\!-\!O^{-+}NH_4 + [Cu^{++}] \longrightarrow \underset{N=O}{\overset{C_6H_5N\!-\!O}{|}} \cdot\!\cdot\,Cu\,\cdot\!\cdot\; \underset{O\!-\!NC_6H_5}{\overset{O=N}{|}} + 2\,[NH_4^+]$$

Bei Verwendung von Zink und Salzsäure zur Reduktion von Nitrobenzol ist Anilin das Hauptprodukt, daneben entstehen aber beträchtliche Mengen o- und p-Chloranilin, vermutlich durch Umlagerung von N-Chlor-anilin, das aus N-Phenylhydroxylamin gebildet wird.

$$\underset{}{\overset{NHOH}{\bigcirc}} + HCl \longrightarrow H_2O + \overset{NHCl}{\bigcirc} \longrightarrow \overset{NH_2}{\underset{}{\bigcirc}}{}^{Cl} \;\text{und}\; \overset{NH_2}{\underset{Cl}{\bigcirc}}$$

Nitrosobenzol ist zwar nachweislich ein intermediäres Reduktionsprodukt des Nitrobenzols, doch konnte es nicht isoliert werden, da es sehr rasch zu N-Phenylhydroxylamin (S. 483) weiterreduziert wird. Es kann jedoch aus der letztgenannten Verbindung durch Oxydation dargestellt werden.

$$3\,C_6H_5NHOH + Na_2Cr_2O_7 + 4\,H_2SO_4 \xrightarrow{\;0°\;} 3\,C_6H_5NO + Na_2SO_4 + Cr_2(SO_4)_3 + 7H_2O$$
Nitrosobenzol

Natriummethylat in Alkohol oder Natriumarsenit-Lösung führt Nitrobenzol in **Azoxybenzol** über, das durch Kupplung zweier Moleküle entsteht.

$$4\,C_6H_5NO_2 + 3\,NaOCH_3 \longrightarrow 2\,C_6H_5N\!=\!NC_6H_5 + 3\,NaOCHO + 3\,H_2O$$
(oder 6 Na₃AsO₃) $\overset{|}{O^-}{}^{+}$ Natriumformiat
(oder 6 Na₃AsO₄)
Azoxybenzol

Die gleiche Verbindung entsteht bei der Oxydation von Azobenzol mit Wasserstoffperoxyd in Essigsäure.

$$C_6H_5N\!=\!NC_6H_5 + H_2O_2 \longrightarrow C_6H_5N\!=\!NC_6H_5 + H_2O$$
$\overset{|}{O^-}{}^{+}$

Man nimmt an, daß das Sauerstoffatom im Azoxybenzol durch eine semipolare Bindung an Stickstoff gebunden ist, wie in den Aminoxyden (S. 251). Mit dieser Ansicht steht in Einklang, daß bei der Oxydation von unsymmetrischen Azoverbindungen zwei strukturisomere Reaktionsprodukte erhalten werden.

$$C_6H_5N\!=\!NC_6H_4NO_2 \xrightarrow{\;H_2O_2\;} C_6H_5N\!=\!NC_6H_4NO_2 \;\text{und}\; C_6H_5N\!=\!NC_6H_4NO_2$$
$\overset{|}{O^-}{}^{+}$ $\overset{|}{O^-}{}^{+}$

Azobenzol kann durch Erhitzen von Azoxybenzol mit Eisenfeilspänen dargestellt werden,

$$3\,C_6H_5N\!=\!NC_6H_5 + 2\,Fe \longrightarrow 3\,C_6H_5N\!=\!NC_6H_5 + Fe_2O_3$$
$\overset{|}{O^-}{}^{+}$

doch besteht die übliche Methode der Darstellung im Laboratorium in der Oxydation von Hydrazobenzol mit Hypobromit-Lösung.

$$C_6H_5NHNHC_6H_5 + NaOBr \longrightarrow C_6H_5N=NC_6H_5 + NaBr + H_2O$$
Hydrazobenzol

Die Oxydation des Hydrazobenzols kann auch bewirkt werden, indem man durch eine alkalisch-alkoholische Lösung Luft leitet.

Wird Nitrobenzol mit Zinkstaub und verdünnter Natronlauge erhitzt, so ist das Reaktionsprodukt **Hydrazobenzol.**

$$2\ C_6H_5NO_2 + 5\ Zn + 10\ NaOH \longrightarrow C_6H_5NHNHC_6H_5 + 5\ Na_2ZnO_2 + 4\ H_2O$$

Sämtliche intermediär auftretenden Reduktionsprodukte können durch starke Reduktionsmittel zu Anilin reduziert werden. Abb. 77 bietet eine Übersicht über die Reaktionen des Nitrobenzols.

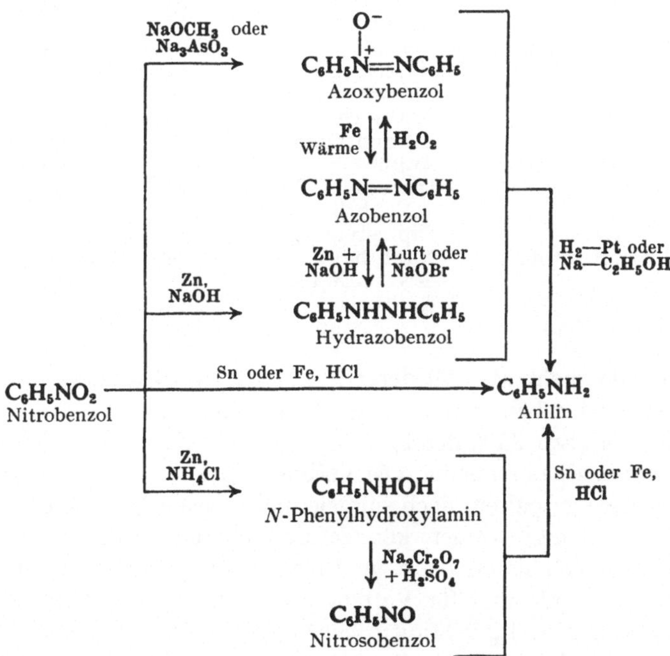

Abb. 77. Reduktionsprodukte des Nitrobenzols

Die bimolekularen Reduktionsprodukte des Nitrobenzols, die in alkalischer Lösung erhalten werden, entstehen durch Sekundärreaktionen von Nitrosobenzol und Phenylhydroxylamin. Das erste bimolekulare Reaktionsprodukt ist Azoxybenzol, das sich durch Kondensation von Nitrosobenzol und N-Phenyl-hydroxylamin in alkalischer Lösung bildet.

$$C_6H_5NHOH + ONC_6H_5 \longrightarrow C_6H_5N=NC_6H_5 + H_2O$$
$$\overset{|+}{O^-}$$

Weitere Reduktion von Azoxybenzol liefert Hydrazobenzol, nicht aber Azobenzol.

$$C_6H_5N=NC_6H_5 + 4\ [H] \longrightarrow C_6H_5NHNHC_6H_5 + H_2O$$
$$\overset{|+}{O^-}$$

Azobenzol entsteht durch Oxydation von Hydrazobenzol mit Nitrobenzol.

$$C_6H_5NHNHC_6H_5 + C_6H_5NO_2 \longrightarrow C_6H_5N=NC_6H_5 + C_6H_5NO + H_2O$$

Welches Reduktionsprodukt als Hauptprodukt erhalten wird, hängt daher nicht nur von der reduzierenden Wirkung des Reduktionsmittels ab, sondern auch von den relativen Geschwindigkeiten der Reduktion von Nitrobenzol und der Sekundärreaktionen.

Bildung von Molekülverbindungen. Eine auffallende Eigenschaft der Polynitroverbindungen ist ihre Fähigkeit, mit aromatischen Verbindungen Molekülverbindungen zu bilden. In Tab. 25 ist eine Anzahl von Beispielen aufgeführt.

Tabelle 25. *Molekülverbindungen von Polynitro-Kohlenwasserstoffen*

Polynitro-Kohlenwasserstoffe	zweite Komponente	F des Komplexes	Farbe des Komplexes
1.3-Dinitro-benzol	Naphthalin	53	farblos
	Anilin	42	rot
1.3.5-Trinitro-benzol	Benzol	Zers.	farblos
	Naphthalin	152	farblos
	Phenanthren	158	orange
	Anthracen	174	scharlachrot
	α-Naphthol	179	orange
	Anilin	124	orange-rot
	Dimethylanilin	107	dunkelviolett
	α-Naphthoesäure	183	blaßgelb
	Diphenylenoxyd	96	zitronengelb
2.4.6-Trinitro-toluol	Naphthalin	98	farblos
	α-Naphthol	110	orange
	Anilin	84	rot
Hexanitroäthan	Naphthalin	Zers.	rot

Bis 1927 sind mehr als 700 derartige Molekülverbindungen mit Polynitroverbindungen beschrieben worden, und seit damals sind zahlreiche Verbindungen hinzugetreten. In etwa 85% der Fälle kommt auf ein Mol der Nitroverbindung ein Mol der zweiten Komponente. Die Verbindungen werden gewöhnlich leicht in ihre Komponenten gespalten, doch sind sie meist soweit beständig, daß sie durch Kristallisation gereinigt werden können und charakteristische Schmelzpunkte haben. Sie eignen sich als Derivate zur Identifizierung, besonders für kompliziertere Kohlenwasserstoffe und für Verbindungen, die keine reaktionsfähige funktionelle Gruppe haben. 1.3.5-Trinitro-benzol, 2.4.6-Trinitro-phenol (Pikrinsäure, S. 543), 2.4.6-Trinitro-resorcin (Styphninsäure, S. 546) und 2.4.7-Trinitrofluorenon (S. 886) sind die zu diesem Zweck am häufigsten verwendeten Verbindungen. Die Additionsprodukte sind im allgemeinen tief gefärbt, obwohl die Komponenten farblos sind. Die Bildung von molekularen Komplexen ist nicht auf die aromatischen Polynitroverbindungen beschränkt. Zum Beispiel gibt Hexanitroäthan rote Additionsprodukte mit Naphthalin, Anilin und Phenol.

Häufig geben Nitroverbindungen Färbungen mit anderen Verbindungen, auch wenn die Bildung einer Verbindung nicht nachweisbar ist. Nitrobenzol liefert beim Vermischen mit aliphatischen Aminen zitronengelbe Lösungen und orangefarbene bis rote Lösungen mit aromatischen Aminen. Die purpurroten bis roten Färbungen, die beim Auflösen von aromatischen Polynitroverbindungen in Aceton und Zufügen von einigen Tropfen verdünnten Alkalis auftreten, mögen von ähnlicher Natur sein. Tetranitromethan (S. 276) gibt gelbe bis rote Färbungen mit Olefinen und aromatischen Kohlenwasserstoffen und braune Färbungen mit Aminen.

Über die Natur der Kräfte, die die Moleküle zusammenhalten, und die Ursache der Farbe ist viel diskutiert worden. Trotz der wohldefinierten Eigenschaften der Molekülverbindungen kann man nicht annehmen, daß zwischen den beiden Komponenten eine Bindung im üblichen chemischen Sinn eintritt. m-Dinitrobenzol und 1.3.5-Trinitro-benzol bilden praktisch ohne Farbänderung einen Komplex miteinander. Hier müssen die Moleküle allein durch Dipol-Assoziation zusammengehalten werden. Andererseits leitet in flüssigem Ammoniak aufgelöstes 1.3.5-Trinitro-benzol den elektrischen Strom, und das Trinitrobenzol wandert zur Anode, was die Übertragung eines Elektrons von Ammoniak auf das Trinitrobenzol unter Bildung eines ionischen Komplexes anzeigt. Im allgemeinen erhöht sich die Beständigkeit eines Komplexes mit wachsender Fähigkeit der einen Komponente, Elektronen abzugeben, und mit wachsender Fähigkeit der anderen Komponente, Elektronen aufzunehmen. Mit ziemlicher Wahrscheinlichkeit ist jedoch anzunehmen, daß bei den meisten farbigen Komplexen die Übertragung eines Elektrons von der Bildung einer intermolekularen Elektronenpaar-Bindung begleitet ist, wobei ein Komplex ähnlich dem σ-Komplex (S. 470) entsteht, der als Übergangszustand bei der elektrophilen Substitution aromatischer Verbindungen postuliert wird.

Für einen Komplex dieser Art ist zu erwarten, daß er eine gewisse Stabilität aufweist und doch leicht in die ursprünglichen Komponenten zerfällt. Das hohe elektrische Moment, das mit der Resonanz zwischen gleichwertigen Elektronenstrukturen einhergeht, ist verantwortlich für die Intensität der Farbe der Komplexe, die oft an die von Farbstoffen (S. 698, 702, 703) heranreicht. Unzweifelhaft liegen die in den in Lösung existierenden Molekülverbindungen wirkenden intermolekularen Kräfte in dem weiten Bereich zwischen reiner Dipol-Assoziation, über π-Komplexe (S. 470) und σ-Komplexe bis zu ionischen Verbindungen mit vollständiger Übertragung eines Elektrons.

Wirkung der Nitrogruppe und anderer meta-dirigierender Gruppen auf die Reaktionsfähigkeit weiterer Kernsubstituenten

Halogen, das an eine Arylgruppe gebunden ist, ist bei den üblichen Verdrängungsreaktionen sehr reaktionsträge (S. 459). Steht jedoch eine Nitrogruppe oder eine andere meta-dirigierende Gruppe in ortho- oder para-Stellung zu dem Halogenatom, so wird die Reaktionsfähigkeit erheblich gesteigert. Noch größer ist die Reaktionsfähigkeit, wenn zwei Nitrogruppen in 2.4-Stellung vorhanden sind, und am größten bei Gegenwart von drei Nitrogruppen in den Stellungen 2.4.6. Während z. B. Chlorbenzol mit konzentrierten Alkalien erst bei 200—300° in Gegenwart von Kupfer reagiert, wird 2.4-Dinitro-chlorbenzol durch Kochen mit einer verdünnten Natriumcarbonat-Lösung hydrolysiert.

2.4-Dinitrochlorbenzol   **2,4-Dinitrophenol**

Analog entsteht beim Behandeln mit wäßrigem Natriumhydrogensulfid 2.4-Dinitro-thiophenol, mit Natriumsulfid 2.4-Dinitro-phenylsulfid, mit Natriumdisulfid 2.4-Dinitro-phenyldisulfid, mit Ammoniak 2.4-Dinitro-anilin und mit Hydrazin 2.4-Dinitro-phenylhydrazin. Die letztgenannte Verbindung ist ein vielgebrauchtes Reagens zur Darstellung von Derivaten der Aldehyde und Ketone. 2.4-Dinitro-fluorbenzol, das durch Umsetzung von 2.4-Dinitro-chlorbenzol mit Kaliumfluorid in Nitrobenzol bei 190° dargestellt wird, findet wichtige Anwendung bei der Strukturaufklärung von Polypeptiden (S. 314). Die große Reaktionsfähigkeit des Fluors ermöglicht die Reaktion mit freien Aminogruppen unter relativ milden Bedingungen.

Andere meta-dirigierende Gruppen wie die Carbonylgruppe haben, wenn sie in ortho- oder para-Stellung zum Halogen stehen, ebenfalls eine aktivierende Wirkung. Steht die Gruppe in meta-Stellung zum Halogenatom, so hat sie einen geringeren Einfluß auf die Reaktionsfähigkeit. Meta-dirigierende Gruppen in ortho- und para-Stellung und in geringerem Maße in meta-Stellung steigern auch die Reaktionsfähigkeit anderer Gruppen, z. B. der Alkylgruppe (S. 517). Ferner erhöhen sie die Acidität von Carboxylgruppen und phenolischen Hydroxylgruppen (S. 578, 532) und vermindern die Basizität der Aminogruppen (S. 505). Elektronendonator-Gruppen in para-Stellung haben die entgegengesetzte Wirkung (S. 494, 578).

Mechanismus der Verdrängung von aromatischem Halogen

Wenn ein Halogenatom in einem Alkylhalogenid durch eine Elektronendonator-Gruppe, z. B. ein Hydroxylion oder ein Ammoniakmolekül verdrängt wird, kann die Reaktion auf zweierlei Weise verlaufen. Nach dem üblichen bimolekularen Mechanismus (S. 121) nähert sich das Reagens dem Kohlenstoffatom von der dem Halogen gegenüberliegenden Seite, und während sich die neue Bindung bildet und das Halogen sich ablöst, unterliegt das Kohlenstoffatom der Waldenschen Umkehrung. Für andere Reaktionen, z. B. die Hydrolyse von tertiären Halogeniden, ist ein monomolekularer Mechanismus vorgeschlagen worden, bei dem eine langsame Ionisierung des Alkylhalogenids stattfindet, gefolgt von einer schnellen Vereinigung des Carboniumions mit dem Elektronendonator-Reagens (S. 122).

Bei aromatischen Halogeniden ist keiner dieser Mechanismen möglich. Wegen des Ringes von Kohlenstoffatomen können sich die Reagentien nicht von der Rückseite her nähern; und wäre dies selbst möglich, könnte keine Waldensche Umkehrung ohne Spaltung des Ringes eintreten. Überdies neigt das Halogen weniger zur Ionisierung als das eines Alkylhalogenids, da es mit dem Benzolring in Resonanz steht (Abb. 76, S. 478). Die einzige Möglichkeit scheint also eine direkte Verdrängung zu sein, analog der Substitution durch ein Elektronendonator-Reagens (S. 479).

Steht eine elektronenanziehende Gruppe in ortho- oder para-Stellung, so unterstützt sie die Bildung des Übergangszustandes durch Abschwächen der erhöhten Elektronendichte in diesen Stellungen. Besonders wirksam sind die Nitrogruppe und die Carboxylgruppe, da bei beiden günstige Möglichkeiten zur Lokalisierung einer negativen Ladung gegeben sind.

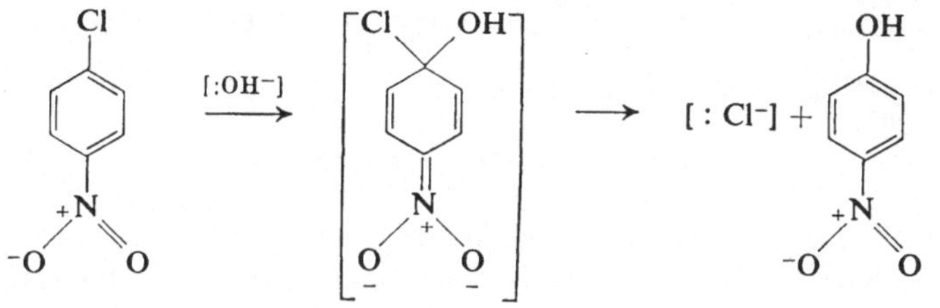

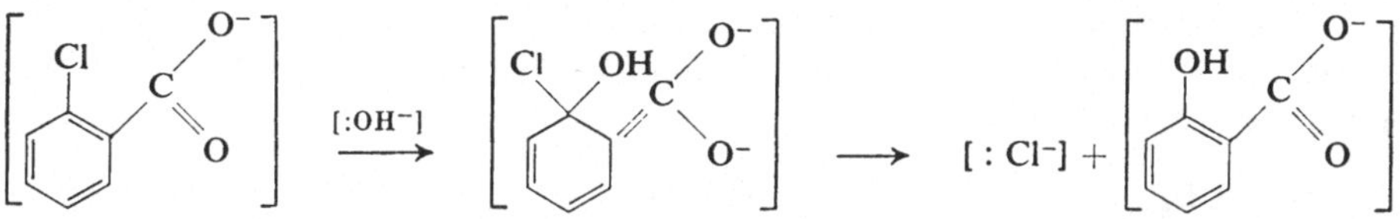

Die geläufige Erklärung für die hohe Reaktionsfähigkeit von Halogen, das an ein ringständiges Kohlenstoffatom gebunden ist, kann anhand der Phenylmethylhalogenide (S. 461) erläutert werden. Bei der Verdrängung des Halogenions durch eine elektronenabstoßende Gruppe muß im Übergangszustand eine erhöhte Elektronendichte in der Umgebung des Kohlenstoffatoms herrschen, von dem das Halogen verdrängt wird. Die Fähigkeit des aromatischen Rings, diesen Elektronendruck abzuschwächen, erleichtert die Bildung des Übergangszustandes und erhöht somit die Reaktionsfähigkeit der Benzylhalogenide gegenüber jener der primären Alkylhalogenide.

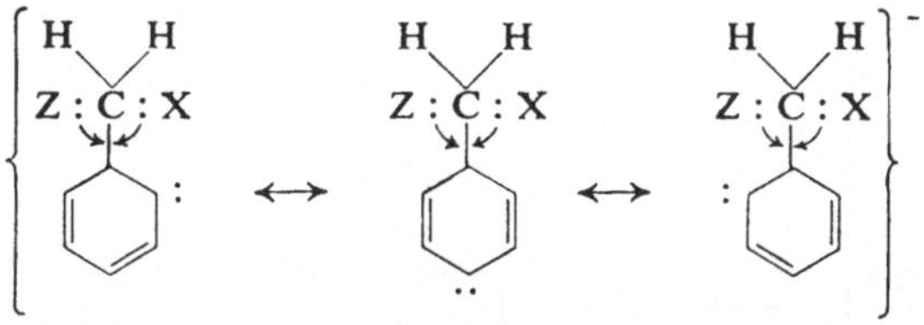

Wichtige Nitrokohlenwasserstoffe

Nitrobenzol wurde erstmals 1834 von MITSCHERLICH dargestellt, der es *Nitrobenzid* nannte. Es ist in Friedenszeiten der wichtigste unter den aromatischen Nitrokohlenwasserstoffen. Die Produktion stieg in den USA von 31 Millionen kg im Jahre 1940 auf 56 Millionen kg im Jahre 1943 und auf 80 Millionen kg im Jahre 1955. Sehr wenig Nitrobenzol wird als solches verwendet, sondern praktisch die gesamte Menge wird in Anilin übergeführt. Auf Grund seines Geruches wurde Nitrobenzol *Mirbanöl* oder *künstliches Bittermandelöl* genannt. Es wurde früher als Geschmackstoff und als Parfüm für Seifen sowie zur Verfälschung von Bittermandelöl verwendet. Da es sehr giftig ist, kam man davon bald ab. Nitrobenzol dringt in Leder ein und wurde daher lange Zeit als Lösungsmittel für Schuhfarben verwendet, aber auch hier kamen Vergiftungen durch Absorption der Dämpfe durch die Haut vor, und solche Mittel sind jetzt in den meisten Ländern verboten.

Einige Di- und Trinitroalkylbenzole haben einen moschusartigen Geruch und werden in der Parfümerie verwendet. Auch Methoxyl- oder Acetylgruppen können zugegen sein. Diese Verbindungen sind als „**synthetischer Moschus**" oder „**Nitro-moschus**" bekannt, aber chemisch nicht mit den echten Moschusarten ver-wandt, bei denen es sich um cyclische Ketone (S. 893) handelt.

Xylol-Moschus   Tibeten-Moschus   Ambrette-Moschus   Keton-Moschus

1.3.5-Trinitro-benzol ist ein wirksamerer Explosivstoff als TNT, kann aber durch direkte Nitrierung nicht in zufriedenstellender Ausbeute hergestellt werden, da es schwierig ist, eine dritte Nitrogruppe einzuführen, wenn nicht außerdem eine aktivierende Gruppe anwesend ist. Es wird in kleinen Mengen als Reagens her-gestellt durch Decarboxylierung von 2.4.6.-Trinitro-benzoesäure, die durch Oxy-dation von TNT erhalten wird.

2.4.6-Trinitro-benzoesäure   1.3.5-Trinitro-benzol

2.4.6-Trinitro-benzoesäure wird leichter decarboxyliert als die meisten anderen Benzoesäuren. Die Zersetzung verläuft über das Anion, da die starke elektronen-anziehende Wirkung der Nitrogruppen die Bildung eines intermediären Carbeniations erleichtert.

2.4.6-Trinitro-toluol, gewöhnlich TNT genannt, ist ein wichtiger Sprengstoff für militärische Zwecke. Es wird zur Füllung von Bomben, Granaten und Hand-granaten entweder allein oder in Kombination mit anderen Explosivstoffen (S. 232, 795) verwendet. Da es bei 81° schmilzt und nicht unterhalb 280° explodiert, kann es in flüssigem Zustand in Granaten gegossen werden, wo es sich dann verfestigt. Es ist relativ beständig gegen Schlag und muß durch einen Initialzünder zur Ex-plosion gebracht werden. Die Produktion in den USA erreichte während des zwei-ten Weltkrieges wahrscheinlich eine Million Tonnen pro Jahr. Die erste H-Bombe hatte vermutlich eine Sprengwirkung, die 14 Millionen Tonnen TNT entspricht.

Wiederholungsfragen

1. Man vergleiche die direkte Nitrierung der aromatischen Kohlenwasserstoffe mit der der aliphatischen Kohlenwasserstoffe.

2. Man vergleiche die Siedepunkte von aromatischen Kohlenwasserstoffen und Halogeniden mit denen von Nitroverbindungen annähernd gleichen Molekulargewichts.

Man vergleiche die Schmelzpunkte der ortho-, meta- und para-Nitro-Derivate von Toluol, Chlorbenzol und Nitrobenzol.

3. Man diskutiere die Wirkung von Substituenten auf die Stellung einer eintretenden Gruppe bei Substitutionsreaktionen aromatischer Verbindungen.

4. Was bedeuten die Ausdrücke *Aktivierung* und *Desaktivierung* in Anwendung auf aromatische Verbindungen?

5. Was bedeutet die Bezeichnung Molekülverbindung? Man gebe ein Beispiel.

Aufgaben

6. Man gebe die Formeln und Namen des Hauptprodukts oder der Hauptprodukte, die bei Einführung einer weiteren Gruppe durch folgende Substitutionsreaktionen zu erwarten sind:

A. (a) Nitrierung von Brombenzol; (b) Chlorierung von Nitrobenzol; (c) Sulfonierung von Toluol; (d) Bromierung von Benzoesäure; (e) Nitrierung von Benzolsulfonsäure; (f) Chlorierung von m-Xylol in Gegenwart von Eisen(III)-chlorid; (g) durch Licht katalysierte Bromierung von o-Xylol; (h) Nitrierung von m-Dinitrobenzol; (i) Sulfonierung von o-Nitrocumol; (j) Bromierung von Chlorbenzol.

B. (a) Sulfonierung von Chlorbenzol; (b) Chlorierung von Brombenzol; (c) Nitrierung von Äthylbenzol; (d) Bromierung von Nitrobenzol; (e) Sulfonierung von Benzolsulfonsäure; (f) Nitrierung von Fluorbenzol; (g) Bromierung von p-Nitrotoluol; (h) Chlorierung von m-Dinitrobenzol; (i) durch Licht katalysierte Chlorierung von o-Xylol; (j) Sulfonierung von m-Diäthylbenzol.

C. (a) Chlorierung von Benzolsulfonsäure; (b) Nitrierung von Cumol; (c) Sulfonierung von Phenol; (d) Bromierung von Benzolsulfonsäure; (e) Sulfonierung von Nitrobenzol; (f) Nitrierung von Chlorbenzol; (g) Chlorierung von m-Bromtoluol; (h) Sulfonierung von p-Nitroäthylbenzol; (i) durch Licht katalysierte Bromierung von p-Xylol; (j) Chlorierung von m-Benzoldisulfonsäure.

7. Man gebe Gleichungen für folgende Reaktionen:

A. (a) p-Nitrotoluol mit Eisen und Salzsäure; (b) o-Nitrocumol mit Natriummethylat; (c) p,p'-Dimethyl-azobenzol mit Wasserstoffperoxyd; (d) p-Nitroäthylbenzol mit Zinkstaub und Natronlauge; (e) m-Chlornitrobenzol mit Zinkstaub und Ammoniumchlorid; (f) Hydrazocumol mit Natriumhypobromit; (g) N-o-Tolyl-hydroxylamin mit Dichromat und Schwefelsäure.

B. (a) o-Nitrochlorbenzol mit Wasserstoff und Raney-Nickel; (b) p,p'-Diäthylazobenzol und Wasserstoffperoxyd; (c) o-Nitrocumol mit Zinkstaub und Natronlauge; (d) p-Nitroäthylbenzol mit Natriumarsenit; (e) N-(p-Äthyl-phenyl)-hydroxylamin mit Dichromat und Schwefelsäure; (f) p,p'-Dimethyl-hydrazobenzol mit Natriumhypobromit; (g) m-Nitrotoluol mit Zinkstaub und Ammoniumchlorid.

C. (a) p-Nitrocumol und Natriummethylat; (b) m,m'-Diäthylhydrazobenzol und Natriumhypobromit; (c) m-Chlornitrobenzol mit Eisen und Salzsäure; (d) N-(p-Brom-phenyl)-hydroxylamin mit Dichromat und Schwefelsäure; (e) p-Nitroäthylbenzol mit Zinkstaub und Ammoniumchlorid; (f) m-Nitrotoluol mit Zinkstaub und Natronlauge; (g) p,p'Diisopropyl-azobenzol und Wasserstoffperoxyd.

8. Man gebe eine Reaktionsfolge zur Synthese folgender Verbindungen aus einem aromatischen Kohlenwasserstoff:

A. (a) m-Bromnitrobenzol; (b) 1-Chlor-2.4-dimethyl-5-nitro-benzol; (c) 2-Nitro-4-brom-1-äthyl-benzol; (d) p-Chlorbenzolsulfonsäure; (e) 2-Chlor-4-nitro-toluol; (f) m-Nitrobenzoesäure; (g) p-Brombenzoesäure; (h) 1-Chlor-2.4-dinitro-benzol.

B. (a) 2-Nitro-4-chlor-toluol; (b) m-Chlorbenzolsulfonsäure; (c) m-Chlorbenzoesäure; (d) 4-Nitro-2-brom-cumol; (e) p-Bromnitrobenzol; (f) 2.4-Dimethyl-5-brom-benzolsulfonsäure; (g) p-Nitrobenzoesäure; (h) 1-Chlor-3.5-dinitro-benzol.

C. (a) p-Brombenzolsulfonsäure; (b) 4-Nitro-2-brom-1-äthyl-benzol; (c) 5-Brom-2.4-dimethyl-1-nitro-benzol; (d) m-Brombenzoesäure; (e) 2-Nitro-4-chlor-cumol; (f) m-Chlornitrobenzol; (g) p-Chlorbenzoesäure; (h) 3-Nitro-4-chlor-benzolsulfonsäure.

9. Wie kann man durch eine chemische Reaktion zwischen den Gliedern folgender Verbindungspaare unterscheiden: (a) Nitrobenzol und 1-Nitro-hexan; (b) Azoxybenzol

und Hydrazobenzol; (c) m-Nitrochlorbenzol und 1-Chlor-2.4-dinitro-benzol; (d) Nitrobenzol und *N*-Phenyl-hydroxylamin; (e) m-Chlornitrobenzol und 2-Chlor-4-nitrotoluol?

10. Man ordne die folgenden Verbindungen in der Reihenfolge wachsender Leichtigkeit, mit der Halogen durch ein negatives Ion verdrängt wird: Brombenzol, o-Nitrochlorbenzol, m-Nitrochlorbenzol, Chlorbenzol, 1-Chlor-3.5-dinitro-benzol, 1-Chlor-2.4-dinitro-benzol, Benzylchlorid, 1-Chlor-2.4.6-trinitro-benzol.

Kapitel 21

Aromatische Sulfonsäuren und ihre Derivate

Sulfonsäuren

Da die aromatischen Sulfonsäuren durch direkte Sulfonierung erhalten werden können, sind sie leichter zugänglich als die aliphatischen Sulfonsäuren. Die aromatischen Sulfonsäuren spielen bei der Einführung anderer Gruppen eine Rolle als intermediäre Verbindungen, und die Sulfonsäuregruppe verleiht aromatischen Verbindungen, besonders Farbstoffen, Wasserlöslichkeit.

Nomenklatur

Sulfonsäuren werden benannt durch Anfügen der Endung *-sulfonsäure* an den Namen der substituierten Verbindung. Die Stellung der Sulfonsäuregruppen wird durch Zahlen oder Buchstaben angegeben.

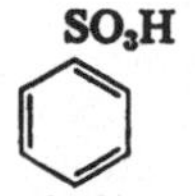

Benzolsulfon-
säure

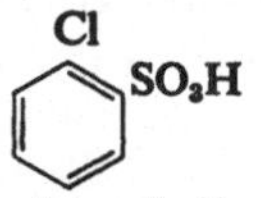

2-Chlor-benzolsulfon-
säure oder
o-Chlorbenzolsulfon-
säure

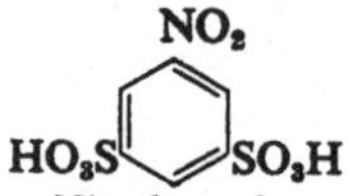

Nitrobenzol-
disulfonsäure-(3.5)

Physikalische Eigenschaften

Die Sulfonsäuren sind starke Säuren, die in wäßriger Lösung vollständig ionisiert sind. Sie sind sehr leicht löslich in Wasser, aber unlöslich oder schwerlöslich in Lösungsmitteln, die keinen Sauerstoff enthalten. Die reinen Säuren sind hygroskopisch und nur schwer wasserfrei zu erhalten. Aus wäßrigen Lösungen kristallisieren sie gewöhnlich als Hydrate.

Die Sulfonsäuren sind relativ schwer flüchtig; einige von ihnen können allerdings bei niedrigem Druck ohne Zersetzung destilliert werden. Zum Beispiel siedet Benzolsulfonsäure bei einem Druck unterhalb 0,01 mm Hg bei 135—137°. Die Schmelzpunkte der wasserfreien Sulfonsäuren sind niedriger als die der entsprechenden Carbonsäuren.

Darstellung

Aromatische Sulfonsäuren werden im allgemeinen durch direkte Sulfonierung dargestellt. Die Leichtigkeit der Sulfonierung hängt davon ab, welche Substituenten schon am Ring vorhanden sind. Sind z. B. aktivierende Gruppen

zugegen, so genügt zur Durchführung der Sulfonierung konzentrierte Schwefelsäure bei Raumtemperatur. Sind desaktivierende Gruppen vorhanden, so kann die
Anwendung erhöhter Temperaturen und rauchender Schwefelsäure (Oleum), die
gelöstes Schwefeltrioxyd enthält, erforderlich sein. Benzol läßt sich mit 10%iger
rauchender Schwefelsäure (100%ige Schwefelsäure, die 10% Schwefeltrioxyd
enthält) bei Raumtemperatur in die Monosulfonsäure überführen. Die Umwandlung der Monosulfonsäure in die m-Disulfonsäure wird bei 200—245°, die der
m-Disulfonsäure in die 1.3.5-Trisulfonsäure bei 280—300° durchgeführt.

Seit 1947 ist eine stabilisierte Form flüssigen Schwefeltrioxyds im Handel, die viel
reaktionsfähiger ist als Schwefelsäure und daher in stöchiometrischen Mengen
angewendet werden kann; man erhält dann ein von Schwefelsäure freies Reaktionsprodukt. Bei Anwendung von rauchender Schwefelsäure oder Schwefeltrioxyd
kann etwas *Sulfon* (S. 298) als Nebenprodukt gebildet werden. Da das Sulfon in
Wasser unlöslich ist, kann es nach dem Verdünnen des Sulfonierungsgemisches
entfernt werden.

$$C_6H_5SO_2OH + C_6H_6 + SO_3 \longrightarrow C_6H_5SO_2C_6H_5 + H_2SO_4$$
Diphenylsulfon

Im allgemeinen folgt die Sulfonierung den für die Nitrierung gegebenen
Substitutionsregeln (S. 465), doch erscheint die Reaktion etwas unberechenbarer
und stärker abhängig von den Reaktionsbedingungen. Phenol gibt z. B. hauptsächlich o-Phenolsulfonsäure, während Chlorbenzol hauptsächlich p-Chlorbenzolsulfonsäure liefert. Die Reaktionstemperatur und Katalysatoren wie Queck-
silber(II)-sulfat haben häufig einen bestimmenden Einfluß auf die Stellung, in
welche die Sulfonsäuregruppe eintritt. Der Mechanismus der Sulfonierung ist
S. 473 behandelt.

Die meisten Sulfonsäuren werden in Form ihrer Salze verwendet. Glücklicherweise können die Salze leichter isoliert werden als die freien Säuren. Die Natriumsalze sind gewöhnlich schwerer löslich als die Sulfonsäuren, besonders in Lösungen,
die mit Natriumchlorid gesättigt sind. Sie können daher durch *Aussalzen* isoliert
werden. Das Reaktionsgemisch wird in Wasser gegossen und eine Salzlösung
zugegeben.

$$C_6H_5SO_3H + NaCl \longrightarrow C_6H_5SO_3Na + HCl$$
Natriumbenzolsulfonat

Die *Calcium-*, *Barium-* und *Bleisulfonate* sind im Gegensatz zu den Sulfaten in
Wasser löslich. Nach Verdünnen des Sulfonierungsgemisches mit Wasser können
die Hydroxyde oder Carbonate von Calcium, Barium oder Blei zugesetzt werden,
wobei das vorhandene Sulfat ausgefällt wird, die Sulfonate aber in Lösung
bleiben. Durch Eindampfen des Filtrats erhält man dann das Calcium-, Barium-
oder Bleisulfonat.

In der Technik sind die **Natriumsalze** am wichtigsten. Sie werden durch „*Auskalken*" gewonnen. Nach Verdünnen des Sulfonierungsgemisches wird gelöschter Kalk zugegeben und der Niederschlag von Calciumsulfat durch Filtration entfernt. Durch Zugabe von Natriumcarbonat zum Filtrat wird Calciumcarbonat ausgefällt, während das Natriumsulfonat in Lösung bleibt. Entfernung des Calciumcarbonats und Eindampfen führt zum Natriumsalz.

Freie Sulfonsäuren können gewonnen werden, indem man zu einer wäßrigen Lösung eines Calcium-, Barium- oder Bleisalzes soviel Schwefelsäure gibt, daß das Metall als Sulfat ausgefällt wird, und das Filtrat eindampft. Gewöhnlich ist es einfacher, das reine Sulfochlorid zu hydrolysieren (S. 496).

Reaktionen der aromatischen Sulfonsäuren und ihrer Salze

Substitution am Kern

Der aromatische Ring kann halogeniert oder nitriert werden; hierbei wirkt die SO_3H-Gruppe desaktivierend und meta-dirigierend.

$$\text{C}_6\text{H}_5\text{SO}_3\text{H} + \text{Br}_2 \xrightarrow{\text{Fe}} m\text{-Br-C}_6\text{H}_4\text{-SO}_3\text{H} + \text{HBr}$$

$$\text{C}_6\text{H}_5\text{SO}_3\text{H} + \text{HNO}_3 \xrightarrow{\text{H}_2\text{SO}_4} m\text{-O}_2\text{N-C}_6\text{H}_4\text{-SO}_3\text{H} + \text{H}_2\text{O}$$

Häufig wird die Sulfonsäuregruppe verdrängt, besonders wenn die Reaktion in Gegenwart von Wasser ausgeführt wird.

$$\text{(CH}_3)_2\text{C}_6\text{H}_2(\text{SO}_3\text{H}) + 2\,\text{Br}_2 + \text{H}_2\text{O} \longrightarrow \text{(CH}_3)_2\text{C}_6\text{H}_2(\text{Br})_2 + \text{HBr} + \text{H}_2\text{SO}_4$$

$$\text{HO-C}_6\text{H}_3(\text{Cl})(\text{SO}_3\text{H}) + 2\,\text{HNO}_3 \longrightarrow \text{HO-C}_6\text{H}_2(\text{Cl})(\text{NO}_2)_2 + \text{H}_2\text{SO}_4 + \text{H}_2\text{O}$$

Reaktionen der freien Sulfonsäuren

1. **Salzbildung und Säurestärke.** Sulfonsäuren reagieren mit starken Basen unter Bildung neutraler Salze. Salze schwacher Basen reagieren beim Auflösen in Wasser sauer. Benzolsulfonsäure ist etwa so stark wie Schwefelsäure. Elektronenanziehende Gruppen in ortho- und para-Stellung erhöhen die Acidität, elektronenabgebende Gruppen vermindern sie (S. 488). So ist 2.4-Dinitro-benzolsulfonsäure stärker als Schwefelsäure, dagegen ist 2.4-Dimethoxy-benzolsulfonsäure schwächer als Schwefelsäure, aber immerhin stärker als Salpetersäure.

2. **Hydrolyse.** Die Sulfonierungsreaktion ist reversibel. Die Sulfonsäuregruppe wird daher beim Kochen der Sulfonsäuren mit einem Überschuß von Wasser langsam abgespalten. Mineralsäure in größerer Konzentration erhöht die Hydrolyse-

geschwindigkeit stark. Besonders schnell verläuft die Reaktion im Einschlußrohr bei 150—170°.

$$C_6H_5SO_3H + H_2O \underset{HCl}{\overset{Wärme}{\rightleftarrows}} C_6H_6 + H_2SO_4$$

Reaktionen der Natriumsulfonate

1. Ersatz durch Hydroxyl. Wird ein Natriumsulfonat mit geschmolzenem Natriumhydroxyd erhitzt, so bildet sich das Salz eines Phenols und Natriumsulfit.

$$C_6H_5SO_3Na + 2\,NaOH \xrightarrow{Schmelze} C_6H_5ONa + Na_2SO_3 + H_2O$$
$$\text{Natriumphenolat}$$

2. Ersatz durch die Nitrilgruppe. Beim Schmelzen eines Natriumsalzes mit Natriumcyanid entsteht ein Nitril und Natriumsulfit.

$$C_6H_5SO_3Na + NaCN \xrightarrow{Schmelze} C_6H_5CN + Na_2SO_3$$
$$\text{Phenylcyanid}$$
$$\text{(Benzonitril)}$$

Verwendung der Sulfonsäuren und ihrer Salze

Die freien Sulfonsäuren finden wenig Verwendung. Da sie starke Säuren sind und viel schwächer oxydierend wirken als Schwefelsäure, werden sie häufig als saure Katalysatoren angewandt.

Ein wichtiges Anwendungsgebiet der Natriumsulfonate ist die Herstellung von Phenolen durch Schmelzen mit Natriumhydroxyd (S. 538). Die Natriumsulfonatgruppe ist gewöhnlich in direktziehenden oder substantiven Farbstoffen (S. 711) vorhanden; sie verleiht dem Farbstoff Löslichkeit in Wasser. Die Natriumsalze alkylierter aromatischer Sulfonsäuren sind wichtige synthetische Detergentien. Da ihre Calcium-, Magnesium- und Eisensalze in Wasser löslich sind, sind sie in hartem Wasser ebenso wirksam wie in weichem (vgl. S. 197). Bei einem der technischen Verfahren wird Benzol mit Tetrapropylen (S. 66) alkyliert und das Reaktionsprodukt sulfoniert und in das Natriumsalz übergeführt.

$$C_{10}H_{21}CH{=}CH_2 + \text{[Benzol]} \xrightarrow{HF} \text{[}CH_3CHC_{10}H_{21}\text{]} \xrightarrow[\text{oder } SO_3]{H_2SO_4} \text{[}C_{12}H_{25}\text{, } SO_3H\text{]} \xrightarrow{Na_2CO_3} \text{[}C_{12}H_{25}\text{, } SO_3Na\text{]}$$

Bei einem anderen Verfahren wird eine C_{12}-Leuchtölfraktion chloriert, das Reaktionsprodukt wird mit Benzol kondensiert und dann das alkylierte Benzol sulfoniert und in das Natriumsalz übergeführt.

$$C_{12}H_{26} + Cl_2 \longrightarrow C_{12}H_{25}Cl \xrightarrow[AlCl_3]{C_6H_6} C_6H_5C_{12}H_{25} \xrightarrow[\text{oder } SO_3]{H_2SO_4}$$

$$C_{12}H_{25}C_6H_4SO_3H \xrightarrow{Na_2CO_3} C_{12}H_{25}C_6H_4SO_3Na$$

Das nach dem ersten Verfahren hergestellte Produkt trägt seine aromatische Gruppe in der Nähe des Kettenendes, während beim zweiten Verfahren die

Chlorierung an den verschiedensten Stellen der aliphatischen Kohlenwasserstoffkette erfolgt und daher die Stellung des aromatischen Rings bei verschiedenen Molekülen verschieden ist, am Ende der Kette, in der Mitte der Kette oder an dazwischenliegenden Punkten. Waschmittel, bei denen die wasserlösliche Gruppe am Ende der Kette liegt, sollen wirksamer sein, und solche werden am meisten verwendet. 1954 erreichten in den USA die synthetischen Produkte über 60% der Gesamtproduktion an Seifen und Waschmitteln; ihre Herstellung ist das größte Anwendungsgebiet der Sulfonierungsreaktion.

Alkylbenzolsulfonsäuren von hohem Molekulargewicht werden durch Sulfonierung der aromatischen Komponenten hochraffinierter Schmieröle erhalten, sowie als Nebenprodukte bei der Herstellung „weißer Mineralöle" (S. 86). Die Calcium- oder Bariumsalze werden Schmierölen zugesetzt, um die Ablagerung von Kohlenstoff in Verbrennungsmotoren zu unterbinden. Besonders wertvoll ist ihre Beimischung zu Dieselschmierölen.

Derivate der Sulfonsäuren

Die Derivate der aliphatischen (S. 299) und der aromatischen Sulfonsäuren, z. B. die Amide und Ester, werden aus den Säurechloriden dargestellt. Alle Methoden zur Darstellung von Alkansulfochloriden (S. 301) können auch zur Darstellung aromatischer Sulfochloride herangezogen werden. Die letztgenannten werden jedoch gewöhnlich nach einer Methode dargestellt, die nur auf aromatische Verbindungen anwendbar ist, nämlich durch direkte Chlorsulfonierung mit Hilfe von Chlorsulfonsäure. Pro Mol der aromatischen Verbindung sind zwei Mo-Chlorsulfonsäure erforderlich. Toluol liefert ein Gemisch der o- und p-Toluolsulfochloride.

$$CH_3\text{-}C_6H_5 + 2\,HOSO_2Cl \longrightarrow CH_3\text{-}C_6H_4\text{-}SO_2Cl \;\; \text{und} \;\; CH_3\text{-}C_6H_4\text{-}SO_2Cl + H_2SO_4 + HCl$$

o-Toluolsulfochlorid   p-Toluolsulfochlorid

Die Sulfonierung wird zweifellos durch Schwefeltrioxyd bewirkt, das sich durch Dissoziation der Chlorsulfonsäure bildet; anschließend erfolgt die Umwandlung der Sulfonsäure in das Sulfochlorid.

$$HOSO_2Cl \;\rightleftarrows\; SO_3 + HCl$$

$$C_6H_6 + SO_3 \;\rightleftarrows\; C_6H_5SO_2OH$$

$$C_6H_5SO_2OH + ClSO_3H \;\rightleftarrows\; C_6H_5SO_2Cl + H_2SO_4$$

Benzolsulfochlorid

Leicht zugängliche Aryldisulfide, z. B. 2.4-Dinitro-phenyldisulfid (S. 488), können durch Einwirkung von Chlor und Wasser in die Sulfochloride übergeführt werden (S. 301).

Die Sulfochloride sieden viel niedriger als die Sulfonsäuren. Sie sind unlöslich in Wasser und löslich in organischen Lösungsmitteln. Daher können sie leichter als die Sulfonsäuren isoliert und durch Destillation oder Kristallisation gereinigt werden.

Auf Grund ihrer Unlöslichkeit in Wasser reagieren die Sulfochloride nur langsam mit Wasser; beim Kochen mit Wasser werden sie unter Bildung von Sulfonsäure und Chlorwasserstoff hydrolysiert und durch Verdampfen unter vermindertem Druck wird die freie Sulfonsäure erhalten.

$$p\text{-}CH_3C_6H_4SO_2Cl + H_2O \xrightarrow{\text{Wärme}} p\text{-}CH_3C_6H_4SO_3H + HCl$$

Mit Alkoholen und Aminen verläuft die Reaktion viel schneller als mit Wasser. Daher können diese Reaktionen in Gegenwart von Wasser durchgeführt werden, wobei gewöhnlich Alkalien zur Bindung des Chlorwasserstoffs zugesetzt werden.

$$ArSO_2Cl + HOR + NaOH \longrightarrow ArSO_2OR + NaCl + H_2O$$

In Abwesenheit von Alkalien wirkt der Ester als Alkylierungsmittel und geht mit dem Chlorwasserstoff und dem überschüssigen Alkohol Nebenreaktionen ein.

$$ArSO_2OR + HCl \longrightarrow ArSO_3H + RCl$$

$$ArSO_2OR + HOR \xrightarrow{[H^+]} ArSO_3H + ROR$$

Oft wird Pyridin, ein tertiäres Amin (S. 654), an Stelle von verdünnten Alkalien bei der Darstellung der Sulfonsäureester verwendet. Es wirkt nicht nur als basischer Katalysator und verbindet sich mit dem bei der Reaktion entstehenden Chlorwasserstoff, sondern es ist auch ein Lösungsmittel für die Sulfochloride und den Alkohol. Die Reaktion von p-Toluolsulfochlorid *(Tosylchlorid)* mit Alkoholen wird häufig *Tosylierung* genannt. Besonders wichtig ist ihre Anwendung zur Darstellung der p-Toluolsulfonyl-*(Tosyl)*-Derivate der Kohlenhydrate (S. 398). Die Ester werden auch *Tosylate* genannt. Für p-Brombenzolsulfonsäurechlorid findet sich in der Literatur die analoge Bezeichnung „Brosylchlorid", für die Ester „Brosylate". Das allgemeine Verhalten der Sulfonsäureester ist bereits behandelt worden (S. 302). Wegen ihrer alkylierenden Wirkung und ihrer leichten Zugänglichkeit werden die p-Toluolsulfonsäureester häufig zur Darstellung von Kohlenwasserstoffen, quartären Salzen und Carbonsäureestern verwendet.

$$p\text{-}CH_3C_6H_4SO_2OR + R'MgX \longrightarrow R\text{---}R' + p\text{-}CH_3C_6H_4SO_2OMgX$$

$$+\, 2\,NR_3 \longrightarrow p\text{-}CH_3C_6H_4SO_3^{-+}NR_4$$

$$+\, Na^{+-}OCOR' \longrightarrow ROCOR' + p\text{-}CH_3C_6H_4SO_3^{-+}Na$$

Diese letzte Reaktion ist eine einfache Verdrängungsreaktion. Wenn daher das mit dem Sauerstoff verbundene Kohlenstoffatom der Gruppe R asymmetrisch ist, tritt Konfigurationsumkehrung ein (S. 364).

Ammoniak sowie die primären und sekundären Amine reagieren mit Sulfochloriden in Gegenwart von Wasser wie die Alkohole. Auch hier wird eine äquivalente Menge eines starken Alkalis verwendet, aber aus einem anderen Grund. Der während der Reaktion entstehende Chlorwasserstoff verbindet sich sofort mit nichtumgesetztem Amin. Da die Aminsalze nicht mit dem Sulfochlorid reagieren können, wird nur die Hälfte des Amins in das Sulfonamid übergeführt.

$$ArSO_2Cl + 2\,HNHR \longrightarrow ArSO_2NHR + RNH_3Cl$$

Bei Anwesenheit einer äquivalenten Menge einer starken Base reagiert diese mit dem Chlorwasserstoff, und das gesamte Amin wird in Sulfonamid umgewandelt.

$$ArSO_2Cl + HNHR + NaOH \longrightarrow ArSO_2NHR + NaCl + H_2O$$

Da Benzolsulfochlorid und p-Toluolsulfochlorid leicht zugänglich sind, ist ihre Reaktion mit Aminen wichtig zur Unterscheidung zwischen primären, sekundären und tertiären Aminen und zur Trennung von Gemischen der verschiedenen Amine. Diese Methode ist als *Hinsbergsche Reaktion* bekannt. Sie basiert darauf, daß Sulfonamide aus primären Aminen genügend sauer sind, um in wäßriger Lösung Natriumsalze zu bilden, und sich daher in verdünnten wäßrigen Alkalien lösen (S. 301). Die Sulfonamide aus sekundären Aminen können kein Salz bilden und lösen sich nicht in verdünnten Alkalien. Tertiäre Amine reagieren nicht mit Sulfochloriden in Gegenwart von Wasser.

$$C_6H_5SO_2Cl + H_2NR + 2\,NaOH \longrightarrow [C_6H_5SO_2\overline{N}R]Na^+ + NaCl + 2\,H_2O$$

Löslich in Wasser; reagiert
mit verdünnter Säure
unter Bildung wasserun-
löslicher Sulfonamide

$$C_6H_5SO_2Cl + HNR_2 + NaOH \longrightarrow C_6H_5SO_2NR_2 + NaCl + H_2O$$

Unlöslich in ver-
dünnten Alkalien
oder verdünnten Säuren

$$C_6H_5SO_2Cl + NR_3 \longrightarrow$$

Keine Reaktion; tertiäres Amin
in verdünnten Säuren löslich

Zwei Fehlerquellen sind bei der Anwendung der Hinsbergschen Reaktion als Nachweis- oder Trennungsmethode zu beachten. Einige primäre Amine reagieren mit zwei Mol Sulfochlorid unter Bildung von Imiden, die in verdünnten Alkalien unlöslich sind.

$$2\,C_6H_5SO_2Cl + H_2NR + 2\,NaOH \longrightarrow (C_6H_5SO_2)_2NR + 2\,NaCl + 2\,H_2O$$

Zweitens können Amide aus primären Aminen von hohem Molekulargewicht in verdünnten Alkalien unlöslich sein. Diese Fehlermöglichkeiten lassen sich folgendermaßen erkennen und umgehen: 1. Die Umsetzung des Imids mit Natriumalkoholat in alkoholischer Lösung liefert das Natriumsalz des Amids;

$$(C_6H_5SO_2)_2NR + NaOC_2H_5 \longrightarrow (C_6H_5SO_2\overline{N}R)Na^+ + C_6H_5SO_2OC_2H_5$$

2. die in Alkalien unlöslichen Amide der primären Amine, gelöst in Äther, reagieren mit metallischem Natrium unter Bildung von ätherunlöslichen Natriumsalzen.

$$C_6H_5SO_2NHR + Na \longrightarrow [C_6H_5SO_2\overline{N}R]Na^+ + \tfrac{1}{2}H_2$$

Unlöslich in Äther

Tertiäre Amine reagieren in Gegenwart von Wasser nicht mit Benzolsulfochlorid, wohl aber in wasserfreien Lösungsmitteln; dabei erhält man das Sulfonamid eines sekundären Amins und das quartäre Ammoniumchlorid des Amins.

$$C_6H_5SO_2Cl + 2\,N(CH_3)_3 \text{ (in Äther)} \longrightarrow C_6H_5SO_2N(CH_3)_2 + [(CH_3)_4N^+]Cl^-$$

Die Sulfonamide werden nicht leicht hydrolysiert. Das beste Reagens ist 30%iger Bromwasserstoff in Essigsäure, die etwas Phenol enthält.

$$ArSO_2NHR + 2\,HBr \longrightarrow ArSO_3Br + RNH_2^{+\,-}Br$$

Das Phenol verhindert Nebenreaktionen, indem es mit dem Brom reagiert, das sich durch die Oxydationswirkung des Sulfobromids aus Bromwasserstoff bildet.

Die Sulfonamide, die Wasserstoff am Stickstoffatom enthalten, reagieren mit alkalischen Hypochlorit-Lösungen unter Bildung von N-Halogen-Derivaten.

$$\underset{\quad\quad\quad\quad\quad\quad\quad\quad\quad\quad\quad\overset{|}{Cl}}{ArSO_2NHR + NaOCl \;\rightleftharpoons\; ArSO_2NR + NaOH}$$

p-Toluolsulfonamid gibt das Natriumsalz, das in Wasser löslich ist. Es wird gewöhnlich als **Chloramin-T** bezeichnet.

$$p\text{-}CH_3C_6H_4SO_2NH_2 + NaOCl \;\rightleftharpoons\; [p\text{-}CH_3C_6H_4SO_2\overline{N}Cl]Na^+ + H_2O$$

Natriumsalz des N-Chlor-p-toluol-
sulfonamids
(Chloramin-T)

Da die Substanz in trocknem Zustand beständig ist, und da die Reaktion in wäßriger Lösung reversibel ist, haben die N-Chlorsulfonamide die antiseptischen Eigenschaften der Hypochlorit-Lösungen. Die analoge Verbindung aus Benzolsulfonamid wird als **Chloramin-B** bezeichnet. Wird die Chlorierung weiter geführt, so bildet sich ein Dichlorderivat, das in Ölen und Salben löslich ist.

$$p\text{-}CH_3C_6H_4SO_2NH_2 + 2\,NaOCl \;\longrightarrow\; p\text{-}CH_3C_6H_4SO_2NCl_2 + 2\,NaOH$$

N,N-Dichlor-p-toluol-
sulfonamid
(Dichloramin-T)

p-Toluolsulfochlorid fällt als Nebenprodukt bei der Herstellung von Saccharin (S. 586) an, und so ist seine Umwandlung in das Amid und in Chloramin-T und Dichloramin-T eine Methode zu seiner Nutzbarmachung.

Salpetrige Säure reagiert mit N-Methyl-p-toluolsulfonamid unter Bildung des N-Nitrosoderivats, ein Ausgangsmaterial zur Darstellung von Diazomethan (S. 279).

$$\underset{\quad\quad\quad\quad\quad\quad\quad\quad\quad\quad\quad\quad\quad\quad\quad\quad\overset{|}{NO}}{p\text{-}CH_3C_6H_4SO_2NHCH_3 + HONO \;\longrightarrow\; p\text{-}CH_3C_6H_4SO_2NCH_3 + H_2O}$$

$$\underset{\;\;\overset{|}{NO}}{p\text{-}CH_3C_6H_4SO_2NCH_3} + NaOH\ (\text{in Alkohol}) \longrightarrow p\text{-}CH_3C_6H_4SO_2O^{-\,+}Na + CH_2N_2 + H_2O$$

Wenn Arylsulfohydrazide erhitzt werden, zersetzen sie sich unter Entwicklung von Stickstoff. Sie dienen als schaumerzeugende Mittel bei der Herstellung von Schaumgummi und Schaumkunststoffen. Als zweites Reaktionsprodukt entsteht vermutlich die Sulfensäure, die aber unbeständig ist und das Disulfid und den Thiosulfonsäureester liefert.

$$ArSO_2NHNH_2 \;\longrightarrow\; N_2 + H_2O + [ArSOH]$$

$$4\,[ArSOH] \;\longrightarrow\; ArSSAr + ArSO_2SAr + 2\,H_2O$$

Das Zersetzungsprodukt des Bis-[sulfonhydrazidophenyl]-äthers (Celogen) $H_2NNHSO_2C_6H_4OC_6H_4SO_2NHNH_2$ ist polymer und geruchlos.

32*

Die Sulfochloride können zu Sulfinsäuren und zu Mercaptanen reduziert werden (S. 297). In der aromatischen Reihe sind diese Reaktionen wichtig zur Darstellung von **Sulfinsäuren** und **Thiophenolen**.

$$2\,C_6H_5SO_2Cl + 2\,Zn\ \text{(in Äther)} \longrightarrow (C_6H_5SO_2)_2Zn + ZnCl_2$$

Zinksalz der Benzol-
sulfinsäure

$$\downarrow 2\,HCl$$

$$2\,C_6H_5SO_2H + ZnCl_2$$

Benzolsulfinsäure

$$2\,C_6H_5SO_2Cl + 6\,Zn + 5\,H_2SO_4\ \text{(in Wasser)} \longrightarrow 2\,C_6H_5\,SH + ZnCl_2 + 5\,ZnSO_4 + 4\,H_2O$$

Thiophenol

In Gegenwart von wasserfreiem Aluminiumchlorid unterliegen die Sulfochloride der Friedel-Craftsschen-Reaktion mit aromatischen Verbindungen; dabei entstehen **Sulfone**.

$$C_6H_5SO_2Cl + C_6H_6 \xrightarrow{AlCl_3} C_6H_5SO_2C_6H_5 + HCl$$

Diphenylsulfon

Derivate der Sulfensäuren

Während die Sulfonsäuren und die Sulfinsäuren leicht erhalten werden, ist nur ein Vertreter der Sulfensäuren RSOH bekannt. Die Schwefelchloride RSCl können jedoch als Säurechloride der Sulfensäuren angesehen werden. Von diesen ist das interessanteste das **2.4-Dinitro-phenylschwefelchlorid,** das durch Einwirkung von Chlor auf Bis-[2.4-dinitro-phenyl]-disulfid (S. 488) erhalten wird.

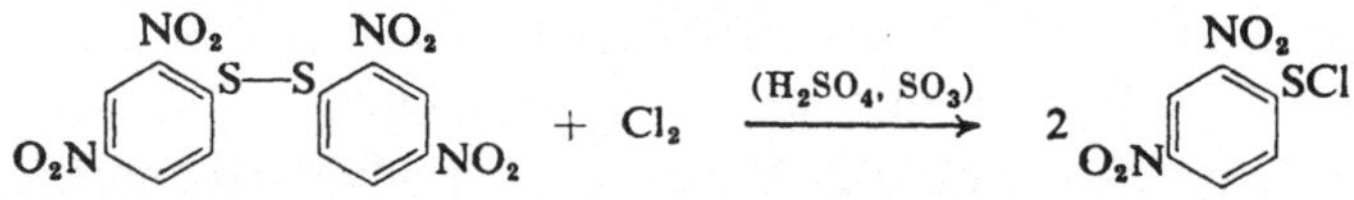

$$O_2N\text{-Ar-}S\text{-}S\text{-Ar-}NO_2\ (NO_2)\ + Cl_2 \xrightarrow{(H_2SO_4,\ SO_3)} 2\ O_2N\text{-Ar-}SCl\ (NO_2)$$

Seine Reaktionen sind im allgemeinen denen eines Alkylhalogenids analog; es kann zur Darstellung von Derivaten einer Vielzahl von Verbindungen verwendet werden.

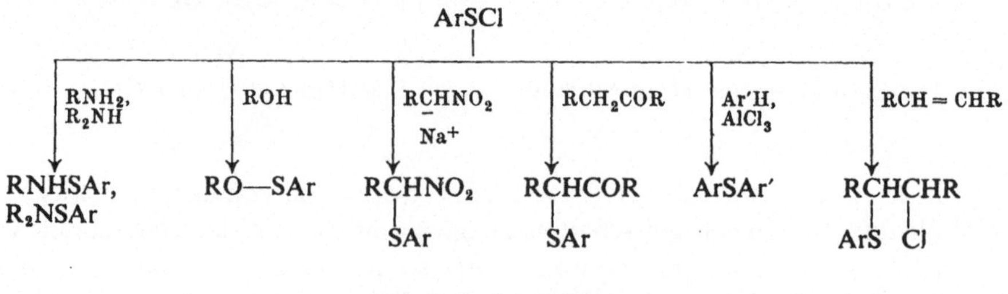

ArSCl

RNH₂, R₂NH	ROH	RCHNO₂ ⁻ Na⁺	RCH₂COR	Ar'H, AlCl₃	RCH=CHR
RNHSAr, R₂NSAr	RO—SAr	RCHNO₂ | SAr	RCHCOR | SAr	ArSAr'	RCHCHR | | ArS Cl

Wiederholungsfragen

1. Wie werden die aromatischen Sulfonsäuren dargestellt? Was entsteht gewöhnlich als Nebenprodukt?

2. Was ist das Verfahren der *Auskalkung*? Wie erhält man die Sulfonsäuren in reinem Zustand?

3. Man vergleiche die Eigenschaften der Sulfonsäuren mit denen der Carbonsäuren.

4. Was bedeutet der Ausdruck Tosylierung?

5. Was ist die Hinsbergsche Reaktion und welche Bedeutung hat sie?

6. Welche Typen von Waschmitteln wurden bisher besprochen?

7. Man gebe Gleichungen für die verschiedenen Methoden zur Darstellung aromatischer Sulfochloride.

8. Wie werden Amide und Ester von Sulfonsäuren dargestellt? Weshalb wird bei diesen Reaktionen Natriumhydroxyd verwendet?

9. Man führe einige technische Verwendungszwecke für die Salze aromatischer Sulfonsäuren und für Sulfonamide auf.

10. Welche Methoden zur Synthese von Diazomethan wurden bisher behandelt?

11. Man vergleiche die Reaktionen der Carbonsäureester mit denen der Sulfonsäureester.

12. Wie ist die allgemeine Formel einer Sulfensäure? Welches Derivat einer Sulfensäure ist wichtig und für welchen Zweck wird es verwendet?

Aufgaben

13. Für die Darstellung folgender Verbindungen sind Gleichungen anzugeben:

A. (*a*) p-Tolylsulfon; (*b*) o-Methylthiophenol; (*c*) N-Methylbenzolsulfonamid; (*d*) p-Toluolsulfonsäure-n-butylester; (*e*) p-Brombenzolsulfochlorid; (*f*) 2.4-Dimethylbenzolsulfinsäure.

B. (*a*) N,N-Dimethyl-p-toluolsulfonamid; (*b*) Benzolsulfonsäureisoamylester; (*c*) 2-Äthyl-phenylsulfon; (*d*) m-Nitrobenzolsulfochlorid; (*e*) 2.4-Dimethyl-thiophenol; (*f*) o-Chlorbenzolsulfinsäure.

C. (*a*) p-Äthylthiophenol; (*b*) N-Äthyl-N-isopropyl-benzolsulfonamid; (*c*) p-Brombenzolsulfonsäurepropylester; (*d*) 2.4-Dimethyl-phenylsulfon; (*e*) p-Toluolsulfinsäure; (*f*) m-Chlorbenzolsulfochlorid.

14. Für folgende Reaktionen gebe man die Gleichungen an: (*a*) p-Toluolsulfonsäureäthylester und Benzylmagnesiumchlorid; (*b*) N-Chlor-benzolsulfonamid und Wasser; (*c*) N-Methyl-N-nitroso-p-toluolsulfonamid und alkoholische Natronlauge; (*d*) Cumol und p-Toluolsulfochlorid in Gegenwart von Aluminiumchlorid; (*e*) 2.4-Dinitro-benzolsulfenylchlorid und Diäthylamin; (*f*) 3.5-Dibrom-benzolsulfonsäure gekocht mit verdünnter Salzsäure; (*g*) Natrium-m-benzoldisulfonat und Phosphorpentachlorid; (*h*) Bis-[2.4-dinitrophenyl]-disulfid, Chlor und Wasser; (*i*) Schmelzen von Natrium-p-toluolsulfonat mit Natriumhydroxyd; (*j*) Benzolsulfonsäurepropylester und Ammoniak.

15. Man beschreibe einen Test zur Unterscheidung zwischen den Gliedern folgender Verbindungspaare: (*a*) p-Chlorbenzolsulfonsäuremethylester und Benzolsulfochlorid; (*b*) Natriumbenzolsulfonat und Natriumsulfat; (*c*) Benzolsulfochlorid und p-Chlorphenylsulfon; (*d*) N-Methyl-benzolsulfonamid und N,N-Dimethyl-benzolsulfonamid; (*e*) N-Chlor-benzolsulfonamid und p-Chlorbenzolsulfonamid; (*f*) Benzolsulfonsäure und Phenylsulfon; (*g*) Benzylchlorid und Benzolsulfochlorid; (*h*) p-Toluolsulfonsäureäthylester und N,N-Dimethyl-p-toluolsulfonamid; (*i*) p-Nitrobenzolsulfonsäureäthylester und N,N-Dimethyl-benzolsulfonamid.

Kapitel 22

Aromatische Amine

In den aromatischen Aminen ist eine Aminogruppe oder eine alkyl- oder arylsubstituierte Aminogruppe direkt an einen aromatischen Kern gebunden. Die üblichen Methoden ihrer Darstellung weichen von denen der aliphatischen Amine ab; auch zeigen sie eine Reihe von Reaktionen, die bei den aliphatischen Aminen nicht eintreten.

Nomenklatur

Aromatische Amine können primär, sekundär oder tertiär sein; bei den sekundären und tertiären Aminen können ein bzw. zwei Kohlenwasserstoffreste aliphatisch sein. Die primären Amine werden gewöhnlich als Aminoderivate des aromatischen Kohlenwasserstoffs oder als Arylderivate des Ammoniaks benannt; für einige von ihnen gibt es allgemein gebräuchliche Trivialnamen wie Anilin und Toluidin.

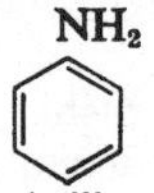

NH_2

Anilin
(Aminobenzol oder
Phenylamin)

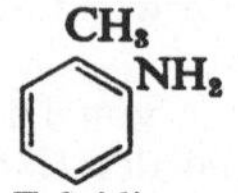

CH_3 NH_2

o-Toluidin
(o-Aminotoluol oder
o-Tolylamin)

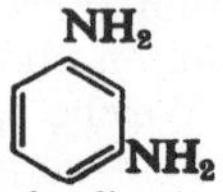

NH_2 NH_2

m-Phenylendiamin
(m-Diaminobenzol)

Sekundäre und tertiäre Amine werden als Derivate des primären Amins oder als Derivate des Ammoniaks benannt.

$N(CH_3)_2$

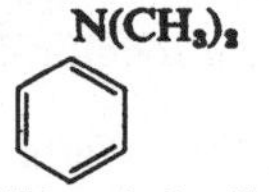

N,N-Dimethylanilin
(Dimethylanilin)

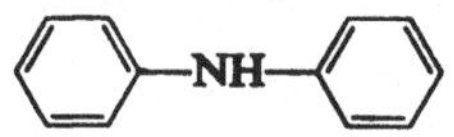

—NH—

Diphenylamin

Struktur

Die Struktur der aromatischen Amine weist eine Aminogruppe auf, die mit einem aromatischen Ring verbunden ist. Enthält der aromatische Kern drei Doppelbindungen, dann ist die Aminogruppe mit einem Kohlenstoffatom verknüpft, das durch eine Doppelbindung mit einem anderen Kohlenstoffatom verbunden ist. Derartige Enamin-Strukturen sind in der aliphatischen Reihe unbeständig und lagern sich in die Iminform um, die gewöhnlich polymerisiert.

$$>C=C- \rightleftharpoons >CH-C-$$

NH_2

Enaminform;
beständige Struktur
in aromatischen
Systemen

NH

Iminform;
beständige Struk-
tur in aliphati-
schen Systemen

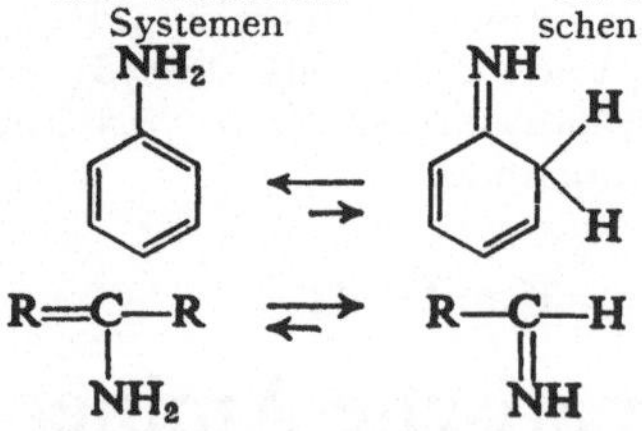

NH_2 $\rightleftharpoons$ NH

$R=C-R \rightleftharpoons R-C-H$

NH_2 $\qquad NH$

Die Stabilität der Aminostruktur in den aromatischen Aminen ist auf die hohe Resonanzenergie des aromatischen Kerns zurückzuführen, die in der Dienimin-Struktur fehlt.

Physikalische Eigenschaften

Die physikalischen Eigenschaften der aromatischen Amine entsprechen etwa der Erwartung. Ebenso wie Benzol (Kp: 80°) bei höherer Temperatur siedet als n-Hexan (Kp: 69°), hat auch Anilin (Kp: 184°) einen höheren Siedepunkt als n-Hexylamin (Kp: 130°). Der größere Unterschied in den Siedepunkten des zweiten Paares beruht darauf, daß Anilin ein höheres Dipolmoment ($\mu = 1,6$) hat als n-Hexylamin ($\mu = 1,3$). N-Methylanilin (Kp: 195°) siedet höher als Anilin, dagegen siedet N,N-Dimethylanilin (Kp: 193°) trotz seines höheren Molekulargewichtes bei tieferer Temperatur als Methylanilin, da bei Dimethylanilin keine Wasserstoffbrückenbindung möglich ist.

Anilin ist in Wasser etwas leichter löslich (3,6 g pro 100 g Wasser) als n-Hexylamin (0,4 g pro 100 g Wasser). Wasser ist in Anilin zu etwa 5% löslich. Anilin ist mischbar mit Benzol, aber nicht mit n-Hexan.

Wie alle disubstituierten Benzole haben die para-substituierten Aniline als Disubstitutionsprodukte mit der größten Symmetrie den höchsten Schmelzpunkt. So ist p-Toluidin bei Zimmertemperatur fest, während das ortho- und das meta-Isomere flüssig sind.

Physiologische Eigenschaften

Die aromatischen Amine sind wie die Kohlenwasserstoffe und ihre Halogen- und Nitroderivate sehr giftig. Die flüssigen Verbindungen werden leicht durch die Haut absorbiert, und schon geringe Konzentrationen der Dämpfe, über längere Zeit eingeatmet, rufen Vergiftungserscheinungen hervor. Anilindämpfe können schon bei mehrstündiger Einwirkung in einer Konzentration von $7:10^6$ Vergiftungserscheinungen bewirken. Anilin schädigt sowohl das Blut als auch das Nervensystem. Das Hämoglobin des Blutes geht in Methämoglobin über und büßt dadurch einen Teil seiner Kapazität als Sauerstofftransportmittel ein, so daß schließlich Cyanose eintritt. Eine direkt hemmende Wirkung wird auf den Herzmuskel ausgeübt. Fortgesetzte Einwirkung führt zu geistigen Störungen. Aromatische Amine scheinen auch für Blasenreizungen und Tumorbildungen bei Arbeitern, die bei der Fabrikation von Farbstoffzwischenprodukten beschäftigt sind, verantwortlich zu sein.

Auch die kernsubstituierten Chlor- und Nitro-amine, die N-alkylierten und -acylierten Amine sowie die Diamine sind sehr giftig. Die N-Phenylamine wirken weniger toxisch als die N-Alkylderivate. Auch die phenolische Hydroxylgruppe schwächt die Toxicität etwas ab. Stark herabgesetzt wird die Giftigkeit durch Anwesenheit von Carbonsäure- oder Sulfonsäuregruppen im Ring.

Darstellung

1. **Durch Reduktion von Verbindungen mit höher oxydiertem Stickstoff.** Aromatische Nitroverbindungen liefern eine Folge von Reduktionsprodukten; das Endprodukt der Reduktion ist das primäre Amin (Abb. 77, S. 485). Daher können aromatische Amine aus Nitroverbindungen wie aus den Verbindungen mit niedrigerem Oxydationsgrad, Nitroso-, Hydroxylamin-, Azoxy-, Azo- und Hydrazoverbindungen, durch Reduktion mit Zinn oder Eisen und Salzsäure oder durch katalytische Hydrierung dargestellt werden.

2. **Durch Ammonolyse von Halogenverbindungen.** Halogen, das mit einem aromatischen Kern verbunden ist, ist gewöhnlich sehr beständig gegen Hydrolyse oder Ammonolyse, und die Reaktion kommt nur unter ziemlich drastischen Bedingungen zustande (S. 514). Sind jedoch in ortho- und para-Stellungen elektronenanziehende Gruppen zugegen, so wird das Halogen leichter verdrängt. So reagiert

2.4.6-Trinitro-chlorbenzol *(Pikrylchlorid)* leicht mit Ammoniak unter Bildung von
2.4.6-Trinitro-anilin *(Pikramid)*.

$$O_2N\text{-}C_6H_2(NO_2)_2\text{-}Cl + 2\,NH_3 \longrightarrow O_2N\text{-}C_6H_2(NO_2)_2\text{-}NH_2 + NH_4Cl$$

2.4.6-Trinitro-
chlorbenzol
(Pikrylchlorid)

2.4.6-Trinitro-
anilin
(Pikramid)

Reaktionen

Reaktionen der Aminogruppe

1. **Basizität.** Eine mit einem aromatischen Kern verbundene Aminogruppe ist
im allgemeinen viel schwächer basisch als eine mit einem Alkylrest verbundene,
wenn auch immer noch beträchtlich stärker basisch als eine Aminogruppe, die mit
einer Acylgruppe verknüpft ist. Zum Beispiel sind die Dissoziationskonstanten von
Methylamin, Anilin und Acetamid als Basen $4{,}4 \times 10^{-5}$ bzw. $3{,}8 \times 10^{-10}$ bzw.
$3{,}1 \times 10^{-15}$. Die Anwesenheit elektronenanziehender Gruppen am Kern setzt die
Basizität noch weiter herab. Zum Beispiel sind die Dissoziationskonstanten von
o-, m- und p-Nitranilin als Basen 1×10^{-14}, 4×10^{-12} und 1×10^{-12}. In ähnlicher
Weise verringert die Einführung eines zweiten aromatischen Kerns am Stickstoff-
atom die Basizität stark; die Dissoziationskonstante für Diphenylamin als Base
beträgt $7{,}6 \times 10^{-14}$. Andererseits wird die Basizität durch Einführung von Alkylgruppen verstärkt; die Dissoziationskonstanten für N-Methylanilin und N,N-Di-
methylanilin sind $7{,}1 \times 10^{-10}$ bzw. $1{,}1 \times 10^{-9}$.

Die im Vergleich mit aliphatischen Aminen verminderte Basizität des Anilins kann
durch elektronische Wechselwirkung oder Resonanz des einsamen Elektronenpaares
am Stickstoff mit den π-Elektronen des Kerns erklärt werden (Abb. 78). Infolge dieser

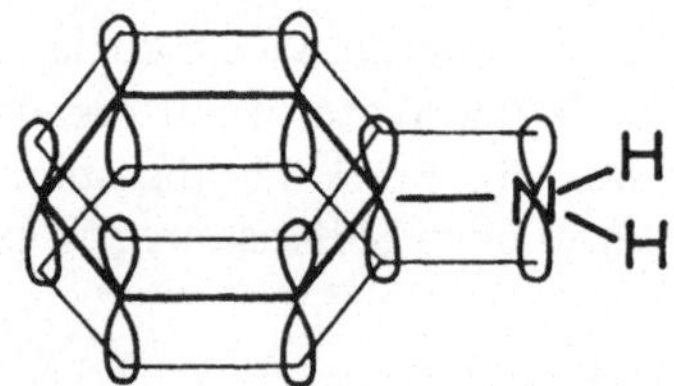

Abb. 78. Wechselwirkung der einsamen Elektronen vom Stickstoffatom des Anilins mit den π-Elektronen des Benzols

Wechselwirkung ist das einsame Elektronenpaar für eine Bindung mit einem
Proton nicht mehr uneingeschränkt verfügbar. Wie beim Chlorbenzol (S. 478) können
die Verhältnisse anstatt durch den molecular orbital-Symbolismus auch durch den
eines Resonanzhybrids wiedergegeben werden.

Die Wirkungen anderer Substituenten im aromatischen Kern hängen sowohl von ihrem
induktiven Effekt als auch von ihrem Resonanzeffekt ab. Der induktive Effekt hängt

von der Entfernung zwischen den betreffenden Gruppen ab und wird daher in den verschiedenen Stellungen in der Reihenfolge o > m > p schwächer. Resonanzeffekte dagegen können am besten durch konjugierte Systeme übertragen werden und sind daher in den Stellungen ortho und para am meisten, in meta-Stellung am wenigsten wirkungsvoll.

starke Resonanz   schwache Resonanz   starke Resonanz
und starke Induktion   und mäßige Induktion   und schwache Induktion

Bei den Nitrogruppen wirken induktiver Effekt und Resonanzeffekt in gleicher Richtung. Obwohl der induktive Effekt in para-Stellung geringer ist als in meta-Stellung, ist p-Nitroanilin eine schwächere Base als m-Nitroanilin, da Resonanz stattfinden kann und der Resonanzeffekt überwiegt. o-Nitroanilin ist die schwächste Base, da der Resonanzeffekt wirksam ist und der induktive Effekt maximale Stärke besitzt.

2. **Alkylierung und Arylierung.** Wie die aliphatischen Amine reagieren die primären aromatischen Amine mit Alkylhalogeniden unter Bildung von sekundären und tertiären Aminen sowie von quartären Ammoniumsalzen.

$$C_6H_5NH_2 + RX \longrightarrow [C_6H_5\overset{+}{N}H_2R]X^- \overset{NaOH}{\longrightarrow} C_6H_5NHR + NaX + H_2O$$
$$N\text{-Alkyl-anilin}$$

$$C_6H_5NHR + RX \longrightarrow [C_6H_5\overset{+}{N}HR_2]X^- \overset{NaOH}{\longrightarrow} C_6H_5NR_2 + NaX + H_2O$$
$$N,N\text{-Dialkyl-anilin}$$

$$C_6H_5NR_2 + RX \longrightarrow [C_6H_5\overset{+}{N}R_3]X^-$$
$$\text{Phenyltrialkyl-ammoniumhalogenid}$$

Einfache Arylhalogenide reagieren schwer. Diphenylamin entsteht zwar in geringer Menge als Nebenprodukt bei der technischen Herstellung von Anilin aus Chlorbenzol (S. 514), wird aber am besten durch Erhitzen von Anilin mit Anilinhydrochlorid dargestellt.

$$C_6H_5NH_2 + [C_6H_5\overset{+}{N}H_3]Cl^- \overset{220°}{\longrightarrow} (C_6H_5)_2NH + NH_4Cl$$
$$\text{Diphenylamin}$$

Triphenylamin wird durch Erhitzen von Diphenylamin mit Jodbenzol, Kaliumcarbonat und Kupferbronze dargestellt.

$$(C_6H_5)_2NH + JC_6H_5 \overset{K_2CO_3(Cu)}{\longrightarrow} (C_6H_5)_3N + KJ + KHCO_3$$
$$\text{Triphenylamin}$$

3. Acylierung. Säureanhydride und Säurechloride überführen primäre und sekundäre Amine in Amide.

$$C_6H_5NH_2 + (CH_3CO)_2O \longrightarrow C_6H_5NHCOCH_3 + CH_3COOH$$

Acetanilid

$$2\ C_6H_5NHCH_3 + CH_3COCl \longrightarrow C_6H_5N(CH_3)COCH_3 + [C_6H_5\overset{+}{N}H_2CH_3]Cl^-$$

N-Methyl-anilin N-Methyl-acetanilid N-Methyl-anilin-
hydrochlorid
(Phenylmethylammoniumchlorid)

Die Acylierung kommt auch durch Erhitzen der Aminsalze von Carbonsäuren zustande.

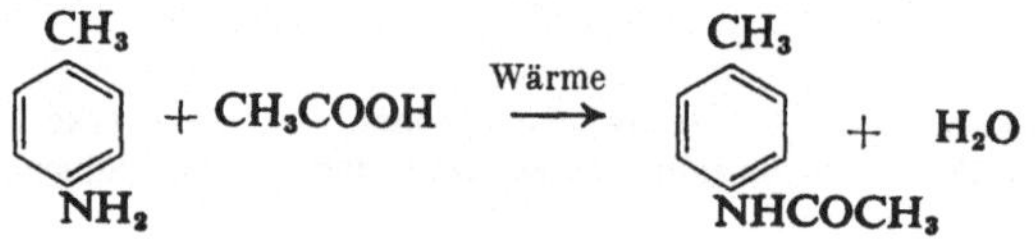

p-Tolui-
din

Aceto-p-
toluidid

Reagiert Anilin mit Phosgen, so bildet sich Phenylcarbamidsäurechlorid. Beim Erhitzen wird Chlorwasserstoff abgegeben, und es entsteht **Phenylisocyanat,** ein wertvolles Reagens auf Alkohole und Amine (S. 332).

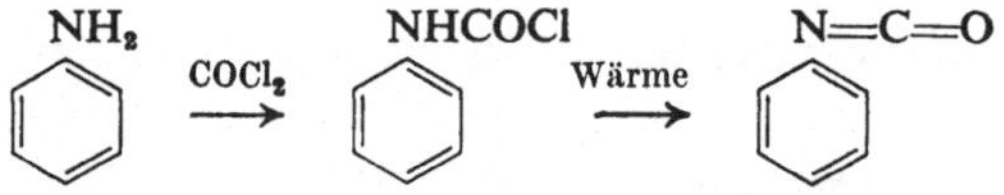

Phenyl-
isocyanat

Phenylisocyanat eignet sich auch zur Identifizierung von Alkylhalogeniden, da diese in Grignard-Verbindungen umgewandelt werden können, die sich an Phenylisocyanat anlagern. Bei der Hydrolyse des Additionsproduktes entsteht ein festes Anilid.

Diisocyanate, wie das aus 2.4-Diamino-toluol hergestellte (sogenanntes Toluoldiisocyanat), haben technische Bedeutung für die Fabrikation von Polyurethanen (S. 844) erlangt.

4. Reaktion mit salpetriger Säure. Das Verhalten der aromatischen Amine gegen salpetrige Säure hängt wie das der aliphatischen Amine davon ab, ob das Amin primär, sekundär oder tertiär ist. Die Reaktionen der primären und tertiären aromatischen Amine unterscheiden sich jedoch von denen der primären und tertiären aliphatischen Amine (S. 250).

(a) Primäre Amine. Bei Temperaturen unterhalb 0° in stark saurer Lösung reagiert salpetrige Säure mit primären aromatischen Aminen unter Bildung wasserlöslicher Verbindungen, die als *Diazoniumsalze* bezeichnet werden. Die Eigenschaften und Anwendungsmöglichkeiten dieser wichtigen Verbindungen werden in Kapitel 23 beschrieben.

$$[C_6H_5\overset{+}{N}H_3]Cl^- + HONO(NaNO_2 + HCl) \longrightarrow [C_6H_5\overset{+}{N}_2]Cl^- + 2\ H_2O$$

Anilin-hydrochlorid   Benzol-diazoniumchlorid

(b) Sekundäre Amine. Sekundäre aromatische Amine verhalten sich wie sekundäre aliphatische Amine, d. h. sie geben N-Nitrosoderivate.

$$C_6H_5NHCH_3 + HONO \longrightarrow C_6H_5NCH_3 + H_2O$$

N-Methyl-anilin

NO

N-Nitroso-*N*-methylanilin

(c) Tertiäre Amine. Tertiäre aromatische Amine mit unsubstituierter para-Stellung liefern p-Nitrosoderivate.

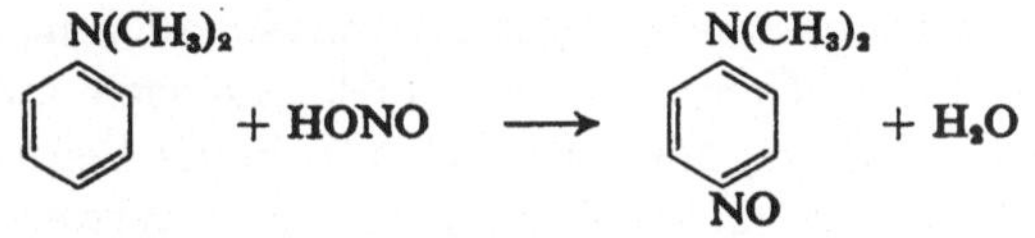

N,N-Dimethyl-anilin $+$ HONO $\longrightarrow$ p-Nitroso-N,N-dimethylanilin $+ H_2O$

Diese Reaktion findet infolge des stark aktivierenden Effektes der Dimethylaminogruppe statt. Obwohl der größte Teil des Dimethylanilins in saurer Lösung als Salz vorliegt und die Dimethylammoniumgruppe desaktivierend und meta-dirigierend wirkt, ist genügend freies Dimethylanilin im Gleichgewicht mit dem Salz und kann mit der salpetrigen Säure reagieren, so daß sich das Gleichgewicht so lange verschiebt, bis die Nitrosierung vollständig abgelaufen ist. Salpetrige Säure bewirkt bei Benzol und auch bei Toluol oder Mesitylen keine Nitrosierung.

Die Aktivierung durch die Dimethylaminogruppe kommt durch den Resonanz-effekt zustande (S. 478); hierzu muß die Dimethylaminogruppe eine Stellung in der Ebene des Benzolrings einnehmen können.

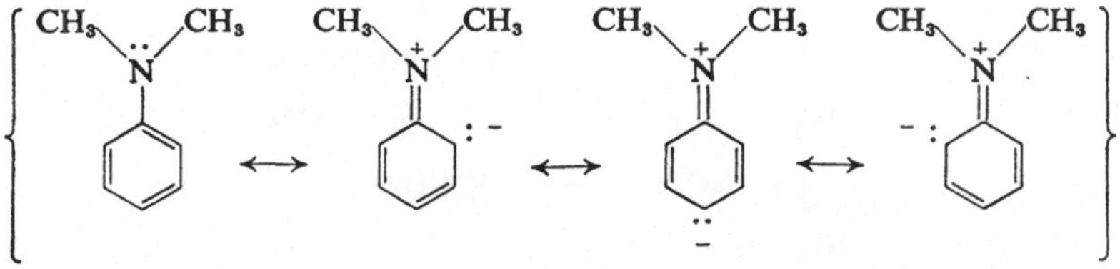

Diese Coplanarität kann dann nicht erreicht werden, wenn sich in den ortho-Stellungen Gruppen größer als Wasserstoff befinden, und eine Aktivierung des Ringes ist dann nicht möglich. So zeigt 2.6-Dimethyl-N,N-dimethyl-anilin keine Reaktionen, die eine starke Aktivierung des Kerns voraussetzen; es wird weder nitrosiert, noch kuppelt es mit Diazoniumsalzen (S. 526).

Zwar geben sowohl die sekundären als auch die tertiären aromatischen Amine Nitrosoderivate, doch kann die Reaktion trotzdem zur Unterscheidung zwischen ihnen herangezogen werden, da die N-Nitrosoderivate Amide der salpetrigen Säure sind. Sie sind also nicht basisch und lösen sich nicht in verdünnten Säuren. Dagegen bilden die p-Nitrosoderivate mit Mineralsäuren gelbe Salze. Die Diazoniumsalze aus den primären Aminen können leicht durch Umsetzung mit aromatischen Aminen oder Phenolen nachgewiesen werden, mit denen sie tief-farbige Azoverbindungen (S. 714) bilden.

Es scheint, daß die Salzbildung nicht mit der tertiären Aminogruppe, sondern mit der Nitrosogruppe erfolgt, wobei die Stabilisierung durch Resonanz mit der chinoiden Struktur (S. 550) zustande kommt.

5. Hydrolyse.

5. Hydrolyse. Wie in der aliphatischen Reihe ist auch in der aromatischen die Aminogruppe gewöhnlich beständig gegen Hydrolyse; allerdings besteht in Gegenwart von Wasser bei hohen Temperaturen ein Gleichgewicht zwischen dem aromatischen Amin und dem Phenol. Diese Reaktion ist in der Benzolreihe von geringer Bedeutung, wird aber in der Naphthalinreihe technisch verwertet (S. 620, 622).

$$C_6H_5NH_2 + H_2O \overset{200°}{\rightleftarrows} C_6H_5OH + NH_3$$

Wenn jedoch in para-Stellung eine stark elektronenanziehende Gruppe vorhanden ist, kann eine starke Base die Aminogruppe unter relativ milden Bedingungen verdrängen. Die Reaktion bietet die Möglichkeit der Darstellung einheitlicher primärer und einheitlicher sekundärer aliphatischer Amine. Ausgangsmaterial für primäre Amine ist das N-Alkylanilin, das acetyliert und nitriert und anschließend der Hydrolyse mit Natronlauge unterworfen wird.

Natrium-p-nitrophenolat

Sekundäre Amine werden aus p-Nitrosodialkylanilinen erhalten.

Die Funktion der Nitro- oder Nitrosogruppe läßt sich erklären, indem man annimmt, daß bei der Annäherung des Hydroxylions an die Aminogruppe die Nitro- oder Nitrosogruppe dem Benzolring ein Elektronenpaar entzieht und so die Bindung eines Elektronenpaares vom Hydroxylion ermöglicht. Anschließend verläßt das Amidion den Kern, die Elektronenverschiebung wird rückgängig gemacht, und das Amidion reagiert mit dem Phenol unter Bildung des Amins.

6. Oxydation. Primäre aromatische Amine werden von Phenyljodidacetat (S. 460) in Benzol-Lösung zu Azoverbindungen oxydiert.

$$2\,ArNH_2 + 2\,C_6H_5J(OCOCH_3)_2 \longrightarrow ArN=NAr + 2\,C_6H_5J + 4\,CH_3COOH$$

Trifluorperessigsäure (Wasserstoffperoxyd und Trifluoressigsäure) oxydieren die Aminogruppe zur Nitrogruppe. Die besondere Bedeutung dieser Reaktion liegt darin, daß sie die Darstellung von Verbindungen ermöglicht, die nicht durch direkte Substitution erhalten werden können, wie z. B. p-Dinitrobenzol.

$$O_2N \langle \bigcirc \rangle NH_2 + 3\ F_3CCO_3H \longrightarrow O_2N \langle \bigcirc \rangle NO_2 + 3\ F_3CCO_2H + H_2O$$

7. Weitere Reaktionen. Die aromatischen Amine unterliegen den meisten Reaktionen, wie sie für die aliphatischen Amine beschrieben wurden. So geben sie Kondensationsprodukte mit Aldehyden und Ketonen. Intermediär auftretende Kondensationsprodukte sind häufig beständiger als die der aliphatischen Amine. Zum Beispiel können die Produkte der Reaktion eines Aldehyds mit einem oder zwei Mol Anilin isoliert werden.

$$C_6H_5NH_2 + OCHR \longrightarrow C_6H_5N = CHR + H_2O$$
$$2\ C_6H_5NH_2 + OCHR \longrightarrow (C_6H_5NH)_2CHR + H_2O$$

Die Reaktionsprodukte aus je einem Mol Amin und Aldehyd werden als *Schiffsche Basen* oder *Anile* bezeichnet. Diese Zwischenprodukte unterliegen weiterer Polymerisation und Kondensation. Die Kondensationsprodukte finden Verwendung als Vulkanisationsbeschleuniger und Antioxydantien (S. 752). p-Toluidin reagiert mit Formaldehyd in saurer Lösung unter Bildung eines cyclischen Kondensationsproduktes, der sogenannten *Trögerschen Base*, die von stereochemischem Interesse ist (S. 368).

Im Gegensatz zu den aliphatischen Aminen reagiert Anilin bei Raumtemperatur nicht mit Schwefelkohlenstoff unter Bildung von Dithiocarbaminaten (S. 340). Wird eine Lösung von Anilin und Schwefelkohlenstoff in Alkohol am Rückflußkühler gekocht, so entwickelt sich Schwefelwasserstoff unter Bildung des **Thiocarbanilids.**

$$2\ C_6H_5NH_2 + CS_2 \longrightarrow C_6H_5NHCSNHC_6H_5 + H_2S$$
Thiocarbanilid
(Diphenylthioharnstoff)

Eine Zeitlang war Thiocarbanilid ein wichtiger Vulkanisationsbeschleuniger. Heutzutage wird es hauptsächlich zur Herstellung von 2-Mercapto-benzthiazol verwendet, das an seine Stelle getreten ist (S. 671).

Wird Thiocarbanilid mit starker Salzsäure gekocht, so entsteht **Phenylisothiocyanat** *(Phenylsenföl)*, eine stechend riechende Substanz.

$$C_6H_5NHCSNHC_6H_5 + HCl \longrightarrow C_6H_5N = C = S + C_6H_5NH_3^{+-}Cl$$

Phenylisothiocyanat reagiert leicht mit primären und sekundären Aminen unter Bildung von Thioharnstoffen; von dieser Reaktion wird häufig zur Identifizierung von Aminen Gebrauch gemacht.

$$C_6H_5N = C = S + H_2NR \longrightarrow C_6H_5NHCSNHR$$

Durch Umsetzung mit Ammoniak entsteht **Phenylthioharnstoff** $C_6H_5NHCSNH_2$, eine Verbindung, die von manchen Personen als extrem bitter, von anderen als geschmacklos empfunden wird, und zwar ist die Fähigkeit, diese Verbindung zu schmecken, erblich. **p-Äthoxy-phenylharnstoff** *(Dulcin)* p-$C_2H_5OC_6H_4NHCONH_2$ ist etwa 100mal süßer als Rohrzucker.

In Gegenwart von Ammoniak reagiert Anilin mit Schwefelkohlenstoff unter Bildung von **Ammonium-phenyldithiocarbaminat.**

$$C_6H_5NH_2 + CS_2 + NH_3 \longrightarrow C_6H_5NHCSS^{-\,+}NH_4$$

Abspaltung von Schwefelwasserstoff aus dem Salz durch Umsetzung mit Bleinitrat (S. 341) liefert Phenylisothiocyanat.

$$C_6H_5NHCSS^{-\,+}NH_4 + Pb(NO_3)_2 \longrightarrow C_6H_5N{=}C{=}S + PbS + NH_4NO_3 + HNO_3$$

Primäre aromatische Amine liefern beim Erhitzen mit Chloroform und Alkali die *Isocyanide* oder *Carbylamine* (S. 249).

Reaktionen am Kern

1. Oxydation. Während aliphatische Amine ziemlich beständig gegen Oxydation sind, werden aromatische Amine leicht oxydiert. Präparate, die nicht sorgfältig gereinigt sind, werden beim Aufbewahren unter Luftzutritt bald dunkel. Stärkere Oxydationsmittel liefern tieffarbene Produkte. Schon Anilin, das einfachste aromatische Amin, vermag zahlreiche und häufig kompliziert gebaute Oxydationsprodukte zu bilden. Es überrascht nicht, daß sich je nach Art des Oxydationsmittels Azobenzol, Azoxybenzol, Phenylhydroxylamin, Nitrosobenzol und Nitrobenzol isolieren lassen, da Anilin ein Reduktionsprodukt dieser Verbindungen ist. Es wird jedoch nicht nur die Aminogruppe oxydiert, sondern gleichzeitig werden die ortho- und para-ständigen Wasserstoffatome des Benzolrings zu Hydroxylgruppen oxydiert. Wird z. B. eine Lösung von Natriumhypochlorit zu Anilin gegeben, so bildet sich p-Aminophenol neben Azobenzol und anderen Produkten.

Diese Hydroxyamine werden sehr leicht zu Chinonen (S. 550) oxydiert, die weiteren Oxydations- und Kondensationsreaktionen unterliegen. So beruht die violette Färbung, die beim Vermischen von Anilin mit Calciumhypochlorit auftritt, auf einer Folge von Reaktionen, die zu der blauen Verbindung *Indophenol* führt.

Einige der komplizierteren Reaktionen werden später (s. Chinone S. 551, Anilinschwarz S. 735) behandelt.

Aminsalze werden viel weniger leicht oxydiert als die freien Amine, da durch die positive Ladung die Elektronendonator-Eigenschaften des Moleküls stark verringert werden. Auch der Ersatz beider Wasserstoffatome der Aminogruppe durch Alkylgruppen schließt bestimmte Formen der Oxydation aus. Fehlt Wasserstoff am Stickstoffatom, so wird die Bildung von Verbindungen wie Azobenzol und Phenylhydroxylamin unmöglich. Gleichzeitig wird auch die Oxydation von Kernwasserstoff verhindert, denn diese Reaktion hängt anscheinend von der Anwesenheit geringer Mengen der tautomeren Iminoform des Amins ab (S. 502).

2. **Halogenierung.** Auf Grund der stark aktivierenden Wirkung der Aminogruppe ist für die Halogenierung des Kerns kein Katalysator erforderlich. Die Halogenierung findet außerdem in wäßriger Lösung statt und verläuft so schnell, daß nur 2.4.6-Trichlor- bzw. 2.4.6-Tribrom-anilin leicht isoliert werden können. Die drei Halogenatome in ortho- und para-Stellung schwächen die Basizität der Aminogruppe, so daß sich in wäßriger Lösung keine Salze bilden.

$$\text{Anilin} + 3\,Br_2 \longrightarrow \text{2.4.6-Tribrom-anilin} + 3\,HBr$$

Tatsächlich bilden sich Trichloranilin oder Tribromanilin selbst dann, wenn Chlor, bzw. Brom zu einer wäßrigen Lösung eines Anilinsalzes zugegeben wird. Dieses Verhalten erscheint zunächst anomal, denn die Salzbildung sollte zur Desaktivierung und meta-Orientierung führen. Die experimentellen Ergebnisse lassen sich jedoch mit der Anwesenheit von freiem Amin erklären, das sich in wäßriger Lösung durch Hydrolyse des Salzes bildet. Daß diese Erklärung richtig ist, geht daraus hervor, daß Anilin in konzentrierter Schwefelsäure gelöst, bei Raumtemperatur nicht chloriert oder bromiert wird, und daß sich bei höheren Temperaturen das meta-Substitutionsprodukt bildet.

$$\text{Anilin-hydrogensulfat} + Cl_2 \longrightarrow \text{m-Chloranilin-hydrogensulfat} + HCl$$

Selbst durch das weniger reaktionsfähige Jod wird Anilin direkt substituiert; der Jodwasserstoff vereinigt sich mit nicht umgesetztem Anilin.

$$2\,\text{Anilin} + J_2 \longrightarrow \text{p-Jod-anilin} + \text{Anilinhydrojodid (Phenylammoniumjodid)}$$

Wenn der aktivierende Effekt der Aminogruppe durch Umwandlung in die Acetaminogruppe geschwächt wird, können Monochlor- bzw. Monobromderivate erhalten werden.

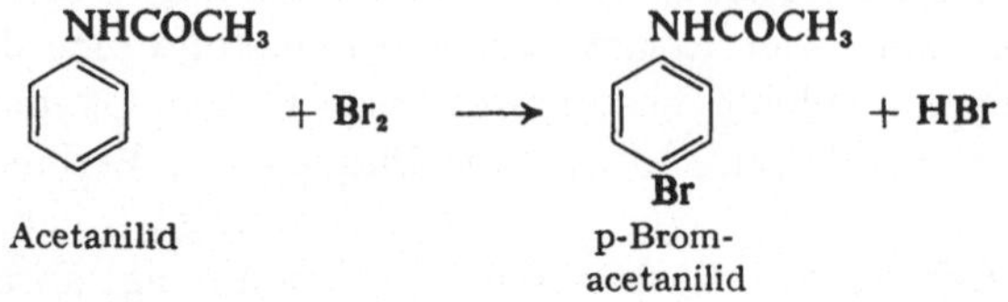

$$\text{NHCOCH}_3 \qquad + \text{Br}_2 \longrightarrow \qquad \text{NHCOCH}_3 \qquad + \text{HBr}$$

Acetanilid　　　　　　　　p-Brom-acetanilid

Gewöhnlich werden monohalogenierte Aniline durch Reduktion der halogenierten Nitroverbindungen dargestellt.

3. **Nitrierung.** Da freies Anilin leicht oxydiert wird (S. 510), kann nur das Salz mit Erfolg nitriert werden, und die Nitrierung wird in konzentrierter Schwefelsäure-Lösung durchgeführt. Das Hauptprodukt ist daher m-Nitroanilin.

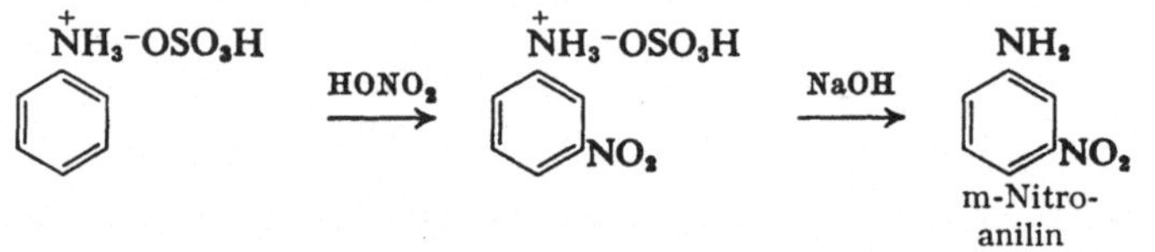

$$\overset{+}{\text{NH}_3}\text{-OSO}_3\text{H} \quad \xrightarrow{\text{HONO}_2} \quad \overset{+}{\text{NH}_3}\text{-OSO}_3\text{H}\ \text{NO}_2 \quad \xrightarrow{\text{NaOH}} \quad \text{NH}_2\ \text{NO}_2$$

m-Nitro-anilin

Daneben entstehen geringe Mengen von o- und p-Nitroanilin, wahrscheinlich durch Nitrierung der kleinen Menge an freiem Amin, das mit seinem Salz im Gleichgewicht steht, denn die Menge an meta-Isomerem erhöht sich mit der Konzentration der Schwefelsäure. Die drei Nitroaniline unterscheiden sich durch ihre Basizität (S. 504) und können durch fraktionierte Fällung aus ihren Salzen mit Alkalien getrennt werden. Zuerst wird die ortho-Verbindung ausgefällt, dann die para-Verbindung, zuletzt die meta-Verbindung. m-Nitroanilin wird gewöhnlich durch partielle Reduktion von m-Dinitrobenzol (S. 483) dargestellt.

Wird die Salzbildung durch Umwandlung der basischen Aminogruppe in die neutrale Acetamidogruppe verhindert, so erfolgt die Nitrierung in essigsaurer Lösung fast ausschließlich in para-Stellung. Wenn die Nitrierung in Gegenwart von Acetanhydrid durchgeführt wird, ist das ortho-Isomere das Hauptprodukt.

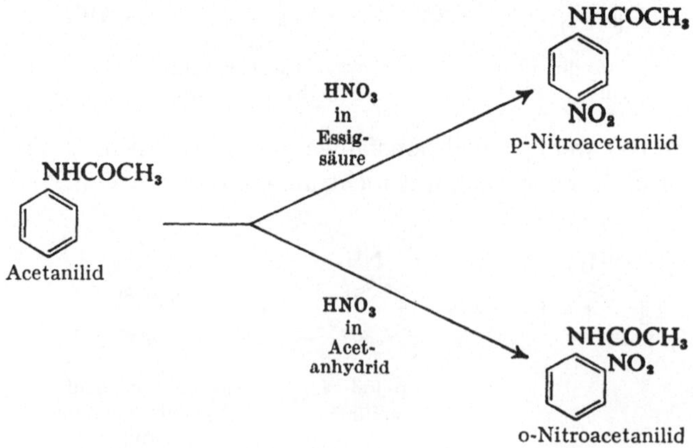

NHCOCH$_3$

Acetanilid

HNO$_3$ in Essigsäure → NHCOCH$_3$ NO$_2$ p-Nitroacetanilid

HNO$_3$ in Acetanhydrid → NHCOCH$_3$ NO$_2$ o-Nitroacetanilid

Die Verseifung der Nitroacetanilide mit Natronlauge gibt die Nitroaniline. p-Nitroanilin ist ein Zwischenprodukt bei der Herstellung von Pararot (S. 714).

4. **Sulfonierung.** Bei der Sulfonierung von Anilin mit rauchender Schwefelsäure bei Raumtemperatur entsteht ein Gemisch von o-, m- und p-Aminobenzolsulfonsäure. Da die Wirkung der [$^+$NH$_3$]-Gruppe der der [$^+$NR$_3$]-Gruppe vergleichbar sein muß, wäre reine meta-Substitution zu erwarten. Die ortho- und para-Isomeren müssen also wie bei der Nitrierung durch Sulfonierung der kleinen Menge von freiem Amin entstanden sein, die mit dem Salz im Gleichgewicht steht. Wird Anilin mehrere Stunden mit konzentrierter Schwefelsäure auf 180° erhitzt (*Backverfahren*), so entsteht das para-Isomere, die Sulfanilsäure, als einziges Reaktionsprodukt. Es gibt einige Anzeichen, daß sich dabei zunächst Phenylsulfamidsäure bildet, die ortho-para-dirigierend sein sollte.

$$\overset{+}{N}H_3{}^-SO_4H \quad \xrightarrow{\text{Wärme}} \quad NHSO_3H \quad \xrightarrow{H_2SO_4} \quad NHSO_3H \quad \xrightarrow{H_2O} \quad NH_2 \quad \text{oder besser} \quad \overset{+}{N}H_3$$

Phenylsulfamidsäure — SO$_3$H — SO$_3$H (Sulfanilsäure) — SO$_3{}^-$

Jedoch verhält sich *N,N*-Dimethyl-anilin genau wie Anilin, und da sich hier keine Sulfamidsäure bilden kann, ist die para-Substitution vermutlich auf Sulfonierung des freien Amins sowohl bei tiefen als auch bei hohen Temperaturen zurückzuführen.

Die Formeln für die sulfonierten Amine werden zwar häufig als Aminosulfonsäuren geschrieben, tatsächlich handelt es sich aber um innere Salze bzw. Zwitterionen (vgl. S. 313). So zersetzt sich Sulfanilsäure bei 280—300° ohne zu schmelzen, während Anilin eine Flüssigkeit, und Benzolsulfonsäure ein bei niedriger Temperatur schmelzender fester Stoff ist, und beide Verbindungen destilliert werden können. Während die Aminocarbonsäuren sowohl in starken Basen als auch in starken Säuren leichter löslich sind als in Wasser, ist Sulfanilsäure nur in starken Basen leichter löslich, da die Sulfonsäuregruppe in wäßriger Lösung so stark ist wie jede Mineralsäure.

Die Trivialnamen für o-, m- und p-Aminobenzolsulfonsäure sind *Orthanilsäure*, *Metanilsäure* und *Sulfanilsäure*. Metanilsäure wird durch Reduktion von m-Nitrobenzolsulfonsäure dargestellt. Orthanilsäure ist nicht leicht zugänglich, kann aber durch Abspaltung des Bromatoms aus 4-Brom-anilin-sulfonsäure-(2) durch Reduktion oder aus o-Nitrobenzolsulfonsäure, hergestellt aus Bis-o-nitrophenyldisulfid (S. 488) durch Oxydation, erhalten werden.

Technisch wichtige aromatische Amine und ihre Derivate

Anilin ist vom technischen Standpunkt bei weitem das wichtigste Amin. In den USA wurden 1955 fast 60 Millionen kg hergestellt. Anilin wurde 1826 unter den Produkten der trocknen Destillation von Indigo (S. 722) entdeckt und *Krystallin* genannt, weil es leicht kristallisierte Salze bildet. 1834 wurde Anilin im Steinkohlenteer entdeckt und *Kyanol* genannt, da es mit Bleichpulver (Calciumhypochlorit) eine blaue Färbung gab. 1841 wurde es erneut unter den Destillationsprodukten des Indigos gefunden und nach *añil*, dem spanischen Wort für Indigo,

Anilin genannt. Im gleichen Jahre wurde es durch Reduktion von Nitrobenzol mit Ammoniumsulfid dargestellt und *Benzidam* genannt. 1843 bewies HOFMANN (S. 239), daß alle diese Substanzen identisch sind.

Technisch wird Anilin sowohl durch Reduktion von Nitrobenzol als auch durch Ammonolyse von Chlorbenzol hergestellt. Beim Reduktionsprozeß werden gußeiserne Drehspäne und Wasser in einen gußeisernen Kessel gegeben, der mit einem Rührer und einem Rückflußkühler ausgestattet ist. Zunächst werden Oxyde von der Oberfläche des Eisens entfernt, indem man eine kleine Menge Salzsäure oder Eisen(III)-chlorid zusetzt und das Gemisch erhitzt; hierbei geht die Salzsäure bzw. das Eisen(III)-chlorid in Eisen(II)-chlorid über. Dann wird unter kräftigem Rühren Nitrobenzol zugefügt. Das Eisen wird in schwarzes Eisenoxyd Fe_3O_4 übergeführt, das gewonnen und als Pigment verwendet wird (S. 483). Das Anilin wird mit Wasserdampf destilliert, und die gemischten Dämpfe werden kondensiert. Die Anilinschicht des Destillats wird von der Wasserschicht abgetrennt und durch Destillation unter vermindertem Druck gereinigt. Da Anilin zu etwa 3% in Wasser löslich ist, ist es in dieser Menge in der wäßrigen Schicht des Destillats enthalten. Um die Extraktion mit einem Lösungsmittel und anschließende Rückgewinnung des Lösungsmittels zu vermeiden, gibt man die mit Anilin gesättigte wäßrige Schicht in den Dampfentwickler zurück und verarbeitet damit einen folgenden Ansatz. Nach einem anderen Verfahren wird das Anilin mit Nitrobenzol aus dem Wasser extrahiert und der Extrakt dem Reduktionsverfahren unterworfen. 1956 wurde eine Anlage zur kontinuierlichen katalytischen Hydrierung in der Dampfphase in Betrieb genommen.

Seit 1926 wird Anilin in großem Maßstab durch Umsetzung von Chlorbenzol mit Ammoniak gewonnen. Chlorbenzol wird im Autoklaven mit 28%igem wäßrigem Ammoniak (Molverhältnis 1:6) in Gegenwart von Kupfer(I)-chlorid (eingeführt als Kupfer(I)-oxyd) auf 190—210° erhitzt. Es entsteht ein Druck von etwa 63 Atmosphären. Das Verfahren verläuft kontinuierlich, die Reaktions-

$$C_6H_5Cl + 2\,NH_3 \quad \xrightarrow[190°-210°]{CuCl} \quad C_6H_5NH_2 + NH_4Cl$$

teilnehmer treten an einem Ende des Systems ein, am anderen Ende werden die Produkte entnommen. Als Nebenprodukte entstehen etwa 5% Phenol und 1—2% Diphenylamin.

$$C_6H_5Cl + H_2O + NH_3 \longrightarrow C_6H_5OH + NH_4Cl$$
$$\text{Phenol}$$

$$C_6H_5Cl + H_2NC_6H_5 + NH_3 \longrightarrow C_6H_5NHC_6H_5 + NH_4Cl$$
$$\text{Diphenylamin}$$

Diese Nebenreaktionen würden in größerem Umfang stattfinden, läge der Ammoniak nicht in großem Überschuß vor. Wenn die Reaktion beendet ist, wird die Flüssigkeit destilliert. Der freie Ammoniak und das Anilin verdampfen und werden kondensiert. Dem Rückstand wird Ätznatron zugesetzt; dadurch werden Ammoniak und Anilin aus ihren Hydrochloriden freigesetzt, Phenol wird in das Natriumsalz umgewandelt, und die Kupfersalze werden ausgefällt.

Anilin wurde erstmals 1856 technisch verwendet, und zwar zur Herstellung von Mauvein, dem ersten technischen synthetischen Farbstoff (S. 709). Auch jetzt noch dient Anilin fast ausschließlich als Zwischenprodukt zur Herstellung anderer Verbindungen. Etwa 65% der Gesamtproduktion wird zur Herstellung von Vulkanisationsbeschleunigern und Antioxydantien (S. 751) verwendet, etwa 15% für Farbstoffe und Farbstoff-Zwischenprodukte und rund 10% zur Herstellung von Arzneimitteln.

Die **Toluidine, Xylidine, Phenylendiamine** und die meisten anderen primären aromatischen Amine werden nach ähnlichen Verfahren durch Reduktion von Nitroverbindungen hergestellt. **m-Nitroanilin** wird technisch durch partielle Reduktion von m-Dinitrobenzol mit Natriumsulfid als Reduktionsmittel gewonnen (S. 483).

$$\underset{NO_2}{\underset{|}{C_6H_4}}\text{—}NO_2 + 3\ Na_2S + 4\ H_2O \longrightarrow \underset{NH_2}{\underset{|}{C_6H_4}}\text{—}NO_2 + 6\ NaOH + 3\ S$$

o- oder p-Nitroanilin können durch Ammonolyse von o- oder p-Nitrochlorbenzol dargestellt werden. Diese Reaktion verläuft leichter als die Ammonolyse des Chlorbenzols, da die Nitrogruppe in ortho- bzw. para-Stellung eine aktivierende Wirkung ausübt (S. 487).

Acetanilid wurde 1943 in den USA in einer Menge von etwa 5,8 Millionen kg hergestellt, doch ist die Produktion seit 1948 auf etwa ein Viertel gefallen, da die Herstellung von Sulfonamiden (S. 516) zurückgegangen ist. Kleinere Mengen finden Verwendung als Zwischenprodukt für Farbstoffe. 1886 wurde Acetanilid unter dem Namen *Antifebrin* als Antipyreticum eingeführt; es war eine Zeitlang für diesen Zweck und als Analgeticum weit verbreitet. Es ist jedoch sehr giftig, in seiner Wirkung ähnlich dem Anilin, und ist daher weitgehend von den relativ ungefährlicheren Salicylaten (S. 590) verdrängt worden, besonders von dem 1899 eingeführten Aspirin. Wegen seiner Billigkeit wird es jedoch noch in einigen Marken von schmerzstillenden Mitteln mitverwendet.

Xylocain, ein neuartiges Lokalanaestheticum (S. 146), ist das Hydrochlorid des α-Diäthylamino-2.6-dimethyl-acetanilids, das durch folgende Umsetzungen dargestellt wird.

$$\underset{CH_3}{\underset{CH_3}{C_6H_3}}\text{—}NH_2 \xrightarrow{ClCOCH_2Cl} \underset{CH_3}{\underset{CH_3}{C_6H_3}}\text{—}NHCOCH_2Cl \xrightarrow{NH(C_2H_5)_2}$$

$$\left[\ \underset{CH_3}{\underset{CH_3}{C_6H_3}}\text{—}NHCOCH_2\overset{+}{N}H(C_2H_5)_2\ \right]\ [^-Cl]$$

1955 wurden etwa 3 Millionen kg **N,N-Dimethyl-anilin** hergestellt. Es wird durch Erhitzen von Anilin und Methylalkohol in Gegenwart von Salzsäure oder Schwefelsäure auf 220° im Autoklaven gewonnen.

$$C_6H_5NH_2 + 2\ CH_3OH \xrightarrow[220°]{H_2SO_4} C_6H_5N(CH_3)_2 + 2\ H_2O$$

Es kann auch durch Überleiten von Anilin- und Dimethyläther-Dämpfen über aktiviertes Aluminiumoxyd bei 260° dargestellt werden.

$$C_6H_5NH_2 + (CH_3)_2O \xrightarrow[260°]{Al_2O_3} C_6H_5N(CH_3)_2 + H_2O$$

Dimethylanilin dient als Zwischenprodukt bei der Farbstoffherstellung (S. 517, 571, 719) und zur Herstellung von Tetryl (S. 518). **N,N′-Di-sek.-butyl-p-phenylendiamin** p-(sek.-C_4H_9NH)$_2C_6H_4$ gehört zu den häufig benutzten Oxydationsinhibitoren (S. 935), die die Polymerisation der ungesättigten Komponenten im Crackbenzin verhindern. Langkettige Alkylderivate wie **N,N′-Di-2-octyl-p-phenylendiamin** werden als Oxydationsinhibitoren für synthetischen Kautschuk verwendet.

Diphenylamin ist der wichtigste Stabilisator für rauchloses Schießpulver (S. 423), und wird dem fertigen Produkt in Mengen von 1—8% zugesetzt. Es hat die Funktion, sich mit irgendwelchen freigesetzten Stickstoffoxyden zu verbinden, die andernfalls eine weitere Zersetzung katalysieren würden. Große Mengen Diphenylamin dienen auch zur Herstellung von Phenothiazin (S. 678), einem Darmdesinfiziens für Tiere. Wenn eine Lösung von Diphenylamin in konzentrierter Schwefelsäure mit salpetriger Säure oder Salpetersäure oder ihren Salzen oder Estern reagiert, entsteht eine tiefblaue Färbung (S. 603). Diese Reaktion dient als Probe auf Diphenylamin oder auf salpetrige Säure, Salpetersäure oder deren Salze und Ester.

Sulfanilsäure und **p-Toluidin** dienen hauptsächlich als Zwischenprodukte bei der Herstellung von Farbstoffen. Die Produktion an **Sulfonamiden**, die 1945 etwa 2,7 Millionen kg betrug, sank 1948 auf 1,1 Millionen kg infolge der zunehmenden Verwendung von Penicillin und anderen Antibioticis. Vorläufer der Sulfanilamide war das *Prontosil*, ein Azofarbstoff, den die I.G. Farbenindustrie 1932 patentieren ließ und der sich 1935 in klinischen Versuchen als sehr wirksam gegen Streptokokken-Infektionen erwies. Fourneau, ein französischer Chemiker, und seine Mitarbeiter zeigten 1935, daß Prontosil im Körper in Sulfanilamid umgewandelt wird, und 1936, daß Sulfanilamid ebenso wirksam ist wie Prontosil. Es zeigte sich bald, daß Sulfanilamid auch gegen Kokkeninfektionen wie Lungenentzündung und Gonorrhöe und gegen andere bakterielle Infektionen wirksam ist. Diese Ergebnisse führten zur Synthese und Erprobung von Hunderten von Derivaten des Sulfanilamids. *Sulfanilamid* wird auf folgendem Wege aus Anilin synthetisiert.

Die meisten Derivate des Sulfanilamids, die sich als diesem überlegen erwiesen haben, unterscheiden sich strukturell nur dadurch von ihm, daß eines der Wasserstoffatome der Sulfonamidgruppe durch eine kompliziertere organische Gruppe ersetzt ist. Diese Derivate werden erhalten, indem Ammoniak auf der Stufe der Amidbildung durch ein anderes Amin ersetzt wird. Eine Ausnahme ist *Marfanil*, dessen Kern-Aminogruppe durch eine Methylengruppe vom Benzolring getrennt ist. Es ist wirksamer als die Sulfanilamide gegen anaerobe Bakterien wie den Anthraxbacillus und wird als Streupuder bei offenen Wunden verwendet.

Prontosil   Sulfadiazin   Sulfamerazin

Sulfamethazin   Sulfisoxazol   **Marfanil**

Der Nachteil der Sulfonamide liegt in ihrer geringen Löslichkeit in Wasser, die zu einer Ablagerung in den Nieren und entsprechenden Schädigungen führte. Diese Schwierigkeit wird etwas gemildert, indem man ein Gemisch von drei verschiedenen Verbindungen anwendet. Diese kombinierte Dosis ist so wirksam wie die gleiche Menge einer einzigen Substanz, aber die Konzentration jeder Substanz beträgt nur ein Drittel. *Sulfisoxazol* hat den Vorteil, daß es im Urin relativ leicht löslich ist.

1955 wurde über klinische Versuche berichtet, die ergaben, daß p-Aminobenzolsulfonyl- und p-Tolylsulfonylderivate des n-Butylharnstoffs bei oraler Eingabe in leichten Fällen von Diabetes den Blutzucker herabsetzen, doch haben diese Präparate einige ernste unerwünschte Nebenwirkungen. p-Aminophenylsulfon (Diaminodiphenylsulfon) und seine Derivate sind wirksam bei der Behandlung der Lepra. Es dient auch als Härtungsmittel für Epoxyharze (S. 792).

N-(p-Tolylsulfonyl)-N'-(n-butyl)-harnstoff
(Orinase)

p-Aminophenylsulfon
(Diamino-diphenyl-sulfon)

p-Nitrosodimethylanilin wird technisch hergestellt durch Nitrosierung von Dimethylanilin (S. 516). Es kondensiert sich mit aktivierten Methylgruppen, wie sie im α-Picolin (S. 660) oder 2.4-Dinitro-toluol (S. 464) vorliegen. Hydrolyse des Kondensationsproduktes führt zum Aldehyd.

Reduktion von p-Nitrosodimethylanilin gibt **p-Dimethylaminoanilin,** das zur Herstellung von Methylenblau (S. 735) verwendet wird. p-Dimethylaminoanilin

wird auch zur Trennung von Aldehyden und Ketonen benutzt, da es nur mit
Aldehyden unter Bildung von Anilen (S. 509) reagiert. Die Zinkchlorid-Doppel-
salze von diazotiertem p-Dimethylaminoanilin und diazotiertem **p-Diäthylaminoanilin** werden bei dem photographischen Verfahren der Diazotypie (S. 521, 737)
verwendet. p-Diäthylaminoanilin dient auch als Entwickler in der Farbenphotographie (S. 731).

Tetryl, 2.4.6-Trinitro-phenylmethylnitramid, ist der übliche Verstärker
(booster) für hochexplosive Granaten. Die Explosion einer Granate wird durch
einen Initialzünder wie Knallquecksilber (S. 333) bewirkt, das gegen Hitze oder
Schlag empfindlich ist. Die Detonation des Initialzünders verursacht die Explosion des weniger empfindlichen Verstärkers, der dann seinerseits die noch
weniger empfindliche Hauptladung, etwa TNT, zur Detonation bringt. Tetryl
kann durch Umsetzung von Dinitrochlorbenzol mit Methylamin und anschließende
weitere Nitrierung gewonnen werden.

Gewöhnlich wird es durch Nitrierung von Dimethylanilin in konzentrierter
Schwefelsäure hergestellt. Im Verlauf der Reaktion wird eine der Methylgruppen
durch Oxydation abgespalten.

Wiederholungsfragen

1. Man vergleiche die Siedepunkte von Anilin, n-Hexylamin, Methylanilin und
Dimethylanilin und erkläre die Unterschiede.

2. Man sehe die Schmelzpunkte der ortho-, meta- und para-Isomeren von Toluidin,
Nitroanilin und Chloranilin nach. Welche Regelmäßigkeiten ergeben sich? Erklärung.

3. Wie ist die physiologische Wirkung der aromatischen Amine?

4. Man fasse die Methoden zur Darstellung von primären, sekundären und tertiären
aromatischen Aminen zusammen.

5. Man diskutiere die Bromierung, Nitrierung und Sulfonierung des Anilins.

6. Welche Methoden gibt es zur Darstellung von o-, m- und p-Nitroanilin?

7. Man diskutiere die Eigenschaften und die Struktur der p-Aminobenzolsulfonsäure.

8. Man vergleiche die Basizität des Anilins mit der der aliphatischen Amine und
der Säureamide. Man diskutiere die Wirkung der Substituenten am Stickstoffatom und
der Substituenten des Rings auf die Basizität der Aminogruppe.

9. Man vergleiche die Reaktionen der primären, sekundären und tertiären aromatischen Amine mit denen der entsprechenden aliphatischen Amine.

10. Man vergleiche die Leichtigkeit der Oxydation der aromatischen Amine mit der ihrer Salze.

11. Was sind Sulfonamide? Wie wird Sulfanilamid synthetisiert, ausgehend von Benzol? Weshalb wird Anilin nicht direkt chlorsulfoniert?

Aufgaben

12. Man gebe Gleichungen für die Darstellung folgender Verbindungen an:

A. (*a*) p-Toluidin aus Toluol; (*b*) *N*-Nitroso-diphenylamin aus Anilin; (*c*) Di-n-butylamin aus *N.N*-Di-n-butyl-anilin; (*d*) p-Chlorphenylisocyanat aus p-Chloranilin; (*e*) *N.N'*-Di-sek.-butyl-p-phenylendiamin aus p-Nitroanilin; (*f*) p-Nitroacetanilid aus Anilin.

B. (*a*) m-Phenylendiisocyanat aus m-Phenylendiamin; (*b*) 2.4-Dimethyl-anilin aus m-Xylol; (*c*) *N*-Nitroso-*N*-methyl-p-toluidin aus p-Toluidin; (*d*) Isobutylamin aus *N*-Isobutyl-acetanilid; (*e*) p-Bromacetanilid aus Anilin; (*f*) p-Diäthylaminoanilin aus *N.N*-Diäthyl-anilin.

C. (*a*) *N*-Nitroso-*N*-äthyl-anilin aus Anilin; (*b*) p-Tolylisocyanat aus p-Toluidin; (*c*) p-Isopropylanilin aus Cumol; (*d*) o-Nitroanilin aus Acetanilid; (*e*) p-Dimethyl-aminoanilin aus *N.N*-Dimethyl-anilin; (*f*) Diäthylamin aus *N.N*-Diäthyl-anilin.

13. Man gebe Gleichungen an für folgende Reaktionen und benenne das Reaktionsprodukt:

A. (*a*) Äthylmagnesiumbromid mit Phenylisocyanat; (*b*) salpetrige Säure mit 2.4-Dimethyl-anilin-hydrochlorid; (*c*) Sulfanilsäure mit Trifluorperessigsäure; (*d*) p-Toluidin erhitzt mit p-Toluidin-hydrochlorid; (*e*) Phenylisothiocyanat mit Dimethyl-amin; (*f*) 2.6-Dinitro-toluol mit Ammoniumsulfid.

B. (*a*) o-Nitroanilin mit Trifluorperessigsäure; (*b*) Benzylmagnesiumchlorid mit p-Tolylisocyanat; (*c*) o-Chloranilin erhitzt mit o-Chloranilin-hydrochlorid; (*d*) salpetrige Säure mit p-Nitroanilin-hydrochlorid; (*e*) 1.2-Dimethyl-4.5-dinitro-benzol mit Ammoniumsulfid; (*f*) p-Chlorphenylisothiocyanat mit n-Butylamin.

C. (*a*) Salpetrige Säure mit o-Chloranilin-hydrochlorid; (*b*) 3-Nitro-4-amino-toluol mit Trifluorperessigsäure; (*c*) 3.5-Dinitrobenzolsulfonsäure mit Ammoniumsulfid; (*d*) Phenylmagnesiumbromid mit p-Chlorphenylisocyanat; (*e*) p-Tolylisothiocyanat mit Diäthylamin; (*f*) o-Toluidin erhitzt mit o-Toluidin-hydrochlorid.

14. Man beschreibe ein Verfahren zur Unterscheidung zwischen den Gliedern folgender Verbindungspaare: (*a*) Thiocarbanilid und Diphenylharnstoff; (*b*) Anilin und n-Hexylamin; (*c*) Acetanilid und Acetamid; (*d*) o-Toluidin und o-Nitrotoluol; (*e*) Phenylisocyanat und Phenylisocyanid; (*f*) *N*-Methylanilin und *N.N*-Dimethyl-anilin; (*g*) o-Chloranilin und Anilinhydrochlorid; (*h*) Diphenylamin und Acetanilid; (i) Thiocarbanilid und p-Toluolsulfonamid; (*j*) m-Toluidin und *N*-Methyl-anilin.

15. Welches Glied der folgenden Verbindungspaare ist die stärkere Base: (*a*) Diphenylamin und *N*-Methyl-phenylamin; (*b*) p-Nitroanilin und 2.4-Dinitroanilin; (*c*) p-Toluidin und *N.N*-Dimethyl-anilin; (*d*) Anilin und p-Toluidin; (*e*) Anilin und n-Amylamin; (*f*) m-Chloranilin und p-Chloranilin.

16. Fünf Verbindungen *A, B, C, D* und *E* haben die Summenformel C_7H_9N. Alle sind löslich in verdünnter Salzsäure. Alle außer *A* reagieren mit Benzolsulfochlorid in Gegenwart verdünnter Natronlauge unter Bildung löslicher Reaktionsprodukte; *A* gibt ein Produkt, das in verdünnten Alkalien unlöslich ist. Bei energischer Oxydation liefert *B* eine Säure mit dem Neutralisationsäquivalent 122, dagegen liefern die übrigen Substanzen nur Produkte von niederem Molekulargewicht. Mit Ausnahme von *E*, das fest ist, sind alle Verbindungen bei Raumtemperatur flüssig. Wenn *C* und *D* zuerst mit Trifluorperessigsäure und dann mit Natriumdichromat und Schwefelsäure oxydiert werden, geben sie Säuren mit dem Neutralisationsäquivalent 167. Die Säure aus *C* schmilzt bei 140°, die aus *D* bei 147°. Man gebe die für die fünf Verbindungen möglichen Strukturformeln an und ebenfalls die Gleichungen für die beteiligten Reaktionen.

17. Verbindung *A* hat die Summenformel $C_{15}H_{16}N_2S$. Beim Kochen mit Salzsäure ergibt sie ein Öl mit scharfem Geruch. Wenn die saure wäßrige Schicht alkalisch gemacht wird, fällt ein fester Niederschlag *B* aus. Wird ein Gemisch des Öls und der festen Substanz erwärmt und dann abgekühlt, so wird ein fester Stoff erhalten, der nach

Reinigung als identisch mit der Ausgangsverbindung A gefunden wird. Wird A mit Quecksilber(II)-oxyd erhitzt, so erhält man eine schwefelfreie Verbindung. Diese Verbindung reagiert mit Wasser unter Bildung der Verbindung C, die die Summenformel $C_{15}H_{16}N_2O$ hat. Beim Kochen mit verdünnter Salzsäure geht C vollständig in Lösung. Wird die Lösung alkalisch gemacht, so fällt eine mit B identische Verbindung aus. Man gebe A eine Strukturformel und erläutere durch Gleichungen, welche Reaktionen stattgefunden haben.

Kapitel 23

Diazoniumsalze und Diazoverbindungen

Diazoniumsalze

Diazoniumsalze und Grignard-Verbindungen sind die vielseitigsten Reagentien des organischen Chemikers. Der Anwendungsbereich der Grignard-Verbindungen ist dadurch begrenzt, daß diese meist nur aus den Halogenderivaten der aliphatischen oder aromatischen Kohlenwasserstoffe dargestellt werden können, d. h. daß nur wenige andere funktionelle Gruppen vorhanden sein dürfen. Diese Beschränkung besteht bei der Bildung von Diazoniumsalzen nicht. Die letztgenannten können jedoch nur dargestellt werden, wenn eine Aminogruppe mit einem aromatischen Kern verbunden ist.

Diazoniumsalze wurden erstmals 1858 von PETER GRIESS[1] durch Einwirkung von salpetriger Säure auf das Salz eines aromatischen Amins dargestellt.

$$\mathrm{ArNH_3^+Cl^-} + \mathrm{HONO} \longrightarrow \mathrm{ArN_2^+Cl^-} + 2\,\mathrm{H_2O}$$

Die Bedeutung dieser Verbindungen wurde bald erkannt, und innerhalb der folgenden fünf Jahre waren ihre Reaktionen weitgehend erforscht worden, und die Azofarbstoffe, die sich von ihnen ableiten, wurden technisch hergestellt. Im übrigen hat die Erforschung der Struktur der Diazoniumsalze und allgemein der Diazoverbindungen wichtige Gesichtspunkte zur Entwicklung der theoretischen organischen Chemie beigebracht.

Physikalische Eigenschaften, Struktur und Nomenklatur

In saurer Lösung zeigen die aromatischen Diazoverbindungen alle Eigenschaften von Salzen. Sie sind fest, löslich in Wasser und unlöslich in organischen Lösungsmitteln. Messungen der elektrischen Leitfähigkeit zeigen, daß sie in verdünnter Lösung vollständig ionisiert sind. Die einzige vernünftige Struktur ist die, in welcher ein Stickstoffatom quartär ist wie in den Ammoniumsalzen, und in der die Stickstoffatome durch eine Dreifachbindung verknüpft sind.

$$\left[\mathrm{Ar\!:\!\overset{+}{N}\!:\!N\!:} \right] [^-\mathrm{X}] \quad \text{oder} \quad [\mathrm{Ar\!-\!\overset{+}{N}\!\equiv\!N}]\,[^-\mathrm{X}]$$

Zur Benennung dieser Verbindungen wird der Name des Kohlenwasserstoffs, von dem sie abgeleitet sind, vor das Wort *diazonium* und den Namen des Säurerestes gestellt.

---

[1] JOHANN PETER GRIESS (1829—1888) entdeckte die Diazoniumverbindungen, während er an einem von KOLBE vorgeschlagenen Problem arbeitete. Er setzte seine Forschungen zuerst als Assistent von HOFMANN fort und dann sein ganzes Leben lang, wann immer er während seiner Arbeit als Chemiker für eine englische Brauerei Zeit erübrigen konnte.

$$\left[\langle C_6H_4\rangle \overset{+}{N}\equiv N \right][\bar{C}l] \qquad \left[O_2N\langle C_6H_4\rangle \overset{+}{N}\equiv N \right][\bar{O}SO_3H]$$

Benzoldiazonium-   p-Nitrobenzoldiazoniumchlorid   hydrogensulfat

Die Bezeichnung *azo* stammt von dem französischen Wort *azote* für Stickstoff. In Verbindungen wie Azobenzol $C_6H_5N=NC_6H_5$ entfällt *ein* Stickstoffatom auf jeden aromatischen Kern. Bei den Diazoverbindungen kommen *zwei* Stickstoffatome auf jeden aromatischen Kern.

Darstellung

Im allgemeinen werden Diazoniumsalze nicht in reiner Form isoliert, sondern in wäßriger Lösung dargestellt und verwendet. Die Reaktion der Aminsalze mit salpetriger Säure wird als *Diazotierung* bezeichnet; sie muß in stark saurer Lösung durchgeführt werden, damit keine Kupplung des Diazoniumsalzes mit nicht umgesetztem Amin (S. 526) stattfindet. Die salpetrige Säure wird gewöhnlich *in situ* durch Zufügen von Natriumnitrit zu der Suspension des Aminsalzes in einem Überschuß an Mineralsäure entwickelt. Die Diazoniumsalze sind im allgemeinen bei Raumtemperatur unbeständig. Die Reaktion wird daher gewöhnlich bei 0° durchgeführt, und die Lösung wird sofort verwendet.

Feste Diazoniumsalze können erhalten werden, indem man das Aminsalz in angesäuertem Alkohol auflöst und ein Alkylnitrit zufügt.

$$[Ar\overset{+}{N}H_3]Cl^- + C_2H_5ONO \longrightarrow [Ar\overset{+}{N}_2]\bar{C}l + C_2H_5OH + H_2O$$

Bei dieser Methode werden keine anorganischen Salze eingeführt oder gebildet, und das Diazoniumsalz kann durch Zugabe von Äther ausgefällt werden. Die festen Salze sind kristallisiert und farblos, werden aber an der Luft dunkel. Sie explodieren beim Erhitzen oder bei mechanischen Erschütterungen. Die Stabilität der Diazoniumsalze schwankt sehr stark je nach der Struktur des Moleküls. p-Nitrobenzoldiazoniumchlorid ist beträchtlich beständiger als Benzoldiazoniumchlorid. Doppelsalze mit Zinkchlorid und den Salzen verschiedener Säuren wie Naphthalin-disulfonsäure-(1.5) (S. 619) sind viel beständiger als die Salze von Mineralsäuren. In feuchtem Zustand halten sie sich einige Zeit bei Zimmertemperatur, ohne sich zu zersetzen; sie werden bei bestimmten Färbeverfahren und bei der Diazotypie verwendet (S. 737).

Hinsichtlich des Mechanismus der Diazotierung ist anzunehmen, daß zunächst ein Angriff von Distickstofftrioxyd, Nitritacidium-Ion oder Nitrosylion auf das freie Amin erfolgt, das im Gleichgewicht mit seinem Salz vorliegt.

$$ArNH_2 + O=N-O-N=O \longrightarrow \left[\begin{array}{c} Ar\overset{+}{N}H_2 \\ \cdot\cdot \\ NO \end{array} \right] + [^-NO_2]$$

$$+ [ON\overset{+}{O}H_2] \longrightarrow \left[\begin{array}{c} Ar\overset{+}{N}H_2 \\ \cdot\cdot \\ NO \end{array} \right] + H_2O$$

$$+ [^+NO] \longrightarrow \left[\begin{array}{c} Ar\overset{+}{N}H_2 \\ \cdot\cdot \\ NO \end{array} \right]$$

Darauf führt die Abspaltung von Wasser vom Arylnitrosoammoniumion über eine Reihe von Zwischenstufen zum Diazoniumion.

$$\left[\begin{matrix}Ar\overset{+}{N}H_2 \\ \ddot{\ } \\ NO\end{matrix}\right] \underset{[H^+]}{\rightleftharpoons} [ArNHN{=}O] \rightleftharpoons [ArN{=}NOH] \underset{H_2O}{\overset{[H^+]}{\rightleftharpoons}} [Ar\overset{+}{N}{\equiv}N]$$

Reaktionen

Unter Abspaltung von Stickstoff

1. Austausch gegen Wasserstoff. Zahlreiche Reduktionsmittel können zum Austausch der Diazoniumgruppe gegen Wasserstoff verwendet werden. Unterphosphorige Säure gibt im allgemeinen die besten Ausbeuten, doch kann auch alkalischer Formaldehyd zufriedenstellende Ergebnisse liefern.

$$[ArN_2{}^+]^-OSO_3H + H_3PO_2 + H_2O \longrightarrow ArH + N_2 + H_2SO_4 + H_3PO_3$$

$$[ArN_2{}^+]^-OSO_3H + HCHO + 3\,NaOH \longrightarrow ArH + N_2 + Na_2SO_4 + NaOCHO + 2\,H_2O$$

Reduktionen dieser Art sind häufig wichtig, insofern eine Aminogruppe zur Aktivierung des Kerns oder zur Erreichung der gewünschten Orientierung benutzt und dann durch Diazotierung und Reduktion abgespalten werden kann. Das Grundsätzliche dieser Methode wird durch folgende Reihe von Reaktionen zur Darstellung von 1.3.5-Tribrom-benzol erläutert.

2. Austausch gegen Hydroxyl. Wird eine wäßrige Lösung von Diazoniumsulfat erhitzt, so entwickelt sich Stickstoff, und es bildet sich das Phenol.

$$[ArN_2{}^+]^-OSO_3H + H_2O \overset{Wärme}{\longrightarrow} ArOH + N_2 + H_2SO_4$$

3. Austausch gegen Alkoxyl. Wenn die Lösung eines Diazoniumsalzes in einem Alkohol erhitzt wird, wird die Diazoniumgruppe häufig gegen Alkoxyl ausgetauscht.

$$[ArN_2{}^+]^-OSO_3H + CH_3OH \longrightarrow ArOCH_3 + N_2 + H_2SO_4$$

4. Austausch gegen Halogen. Die Diazoniumgruppe kann leicht durch ein beliebiges Halogen ersetzt werden, wobei allerdings bestimmte Bedingungen eingehalten werden müssen. Zum Austausch gegen Chlor oder Brom wird die wäßrige Lösung des entsprechenden Salzes entweder mit Kupferbronze *(Gattermann-Reaktion)* oder mit Kupfer(I)-chlorid oder Kupfer(I)-bromid *(Sandmeyer-Reaktion)* erhitzt. Im allgemeinen geben die Kupferhalogenide bessere Ausbeuten.

$$[ArN_2{}^+]Cl^- \overset{Cu\ oder\ CuCl}{\underset{Wärme}{\longrightarrow}} ArCl + N_2$$

$$[ArN_2{}^+]Br^- \overset{Cu\ oder\ CuBr}{\underset{Wärme}{\longrightarrow}} ArBr + N_2$$

Um die Diazoniumgruppe durch Jod zu ersetzen, genügt es, Kaliumjodid zur wäßrigen Lösung des Sulfats zuzufügen und zu erhitzen.

$$[ArN_2{}^+]^-OSO_3H + KJ \longrightarrow ArJ + N_2 + KHSO_4$$

Zur Darstellung von Fluorverbindungen wird eine Lösung des diazotierten aromatischen Amins zu einer Lösung von Tetrafluoroborsäure gegeben. Das Fluoroborat fällt aus und wird gewaschen und getrocknet. Beim Erhitzen zersetzt es sich unter Bildung des Fluorderivates und von Bortrifluorid.

$$ArN_2^+Cl^- + HBF_4 \longrightarrow [ArN_2^+]^-BF_4 + HCl$$
$$\downarrow \text{Wärme}$$
$$ArF + N_2 + BF_3$$

Diese Reaktionen zeigen, daß zum Austausch gegen andere Gruppen als Halogen die Diazoniumsulfate besser verwendbar sind als die Diazoniumhalogenide, da die letztgenannten immer gewisse Mengen Halogen-Substitutionsprodukt liefern. Chlor- und Bromverbindungen können zwar durch direkte Substitution dargestellt werden, doch ist ihre Darstellung aus den Diazoniumsalzen häufig vorteilhaft, weil das Halogen dann nur in die Stellung eintritt, die vorher von der Diazoniumgruppe eingenommen wurde. Es wird also auf diese Weise nur ein einziges Produkt erhalten, und es können Isomere dargestellt werden, die durch direkte Halogenierung auf Grund ungünstiger dirigierender Einflüsse nicht zugänglich sind.

5. Austausch gegen die Cyan- (und Carboxyl-)Gruppe. Wird eine neutrale Lösung eines Diazoniumsalzes zu einer Lösung des Kupfer(I)-cyanid-Natrium-cyanid-Komplexes gegeben, so bildet sich ein Niederschlag, der sich beim Erhitzen zum Nitril zersetzt.

$$[ArN_2^+]^-OSO_3Na + NaCu(CN)_2 \longrightarrow ArCN + N_2 + CuCN + Na_2SO_4$$

Da das Nitril zur Säure hydrolysiert werden kann, bietet die Reaktion eine Methode zum Austausch der Diazoniumgruppe gegen eine Carboxylgruppe.

6. Austausch gegen die Nitrogruppe. Wird ein Diazoniumfluoroborat mit Natriumnitrit in Gegenwart von Kupferbronze erhitzt, so tritt in einer Ausbeute von 10 bis 60% die Nitrogruppe ein.

$$ArN_2BF_4 + NaNO_2 \xrightarrow{Cu} ArNO_2 + N_2 + NaBF_4$$

Eine Reaktion dieser Art ermöglicht bisweilen die Darstellung einer Nitro-verbindung, die nicht durch direkte Nitrierung erhältlich ist.

7. Austausch gegen die Mercaptogruppe. Wenn ein Diazoniumsalz mit Kalium-äthylxanthogenat (S. 340) reagiert, bildet sich ein Aryläthyldithiocarbonat, das zum Thiophenol verseift werden kann.

$$[ArN_2^+]^-OSO_3K + K^+\left[\begin{matrix}S\\\|\\-SCOC_2H_5\end{matrix}\right] \longrightarrow N_2 + K_2SO_4 + Ar\overset{S}{\overset{\|}{S}COC_2H_5} \xrightarrow{5\ KOH}$$

$$K_2S + K_2CO_3 + C_2H_5OH + 2 H_2O + [ArS^-]^+K \xrightarrow{HCl} ArSH + KCl$$

Die Reaktion muß sorgfältig kontrolliert werden, da sich andernfalls heftige Explosionen ereignen können.

8. Austausch gegen die Arsongruppe. Lösungen der Diazoniumsalze reagieren mit Natriumarsenit in neutraler Lösung in Gegenwart von Kupferbronze unter Bildung von Arsonsäuren *(Bartsche Reaktion)*.

$$[ArN_2^+]^-OSO_3H + Na_2HAsO_3 \xrightarrow{Cu} ArAsO_3H_2 + N_2 + Na_2SO_4$$

9. Austausch gegen Quecksilber. Wird Quecksilber(II)-chlorid zur Lösung eines Diazoniumchlorids gegeben, so fällt ein komplexes Additionsprodukt aus.

$$ArN_2Cl + HgCl_2 \longrightarrow ArN_2Cl \cdot HgCl_2$$

Wird dieser Niederschlag in Aceton suspendiert, Kupferpulver zugegeben und das Gemisch erhitzt, so bildet sich das Arylquecksilberchlorid *(Nesmejanow-Reaktion)*.

$$ArN_2Cl \cdot HgCl_2 + 2\,Cu \quad \xrightarrow{\text{Erhitzen in Aceton}} \quad ArHgCl + N_2 + 2\,CuCl$$

Bei Gegenwart von Ammoniak während der Zersetzung bildet sich Diarylquecksilber.

$$2\,ArN_2Cl \cdot HgCl_2 + 5\,Cu \quad \xrightarrow[\text{in Aceton}]{\text{Erhitzen mit NH}_3} \quad Ar_2Hg + HgCl + 2\,N_2 + 5\,CuCl$$

Diese Reaktionen führen nur dann zu guten Ergebnissen, wenn die Arylgruppe nicht substituiert ist oder wenn sie elektronenabgebende Gruppen wie Methyl oder Methoxyl enthält. Sind elektronenanziehende Gruppen, etwa Nitro- oder Carboxylgruppen, zugegen, so ist es vorteilhaft, vom Fluoroborat auszugehen.

$$[ArN_2{}^+]^-BF_4 + HgCl_2 + SnCl_2 \longrightarrow ArHgCl + N_2 + SnCl_3BF_4$$

Es sind noch zahlreiche weitere Austauschreaktionen bekannt, die z. B. zu Thiocyanaten, Sulfiden, Disulfiden, Sulfinsäuren und Stibonsäuren führen. Da die Diazoniumgruppe eine positive Ladung trägt und wie eine Nitrogruppe die Verdrängung ortho- und paraständiger Gruppen erleichtert (S. 487), ist es nicht überraschend, daß 2.4-Dibrom-benzoldiazoniumchlorid in salzsaurer Lösung in das 2-Brom-4-chlor-benzoldiazoniumsalz umgewandelt wird.

10. Vereinigung der aromatischen Kerne. Bei Behandlung eines Diazoniumsalzes mit Kupferbronze bildet sich als Nebenprodukt der Gattermannschen Reaktion etwas Diaryl.

$$2\,ArN_2Cl + 2\,Cu \longrightarrow Ar_2 + 2\,N_2 + 2\,CuCl$$

Die Ausbeute an Diphenyl aus Benzoldiazoniumchlorid beträgt etwa 20%, doch tritt die Kupplung bei einigen Diazoniumsalzen in größerem Umfang ein.

Wird eine Lösung des Diazoniumsalzes bei 5—10° mit einer flüssigen aromatischen Verbindung vermischt und das Gemisch mit Natriumhydroxyd alkalisch gemacht, so wird in 10—45%iger Ausbeute ein Reaktionsprodukt erhalten, in welchem die beiden aromatischen Kerne vereinigt sind *(Gomberg-Reaktion)*.

11. Arylierung ungesättigter Verbindungen *(Meerwein-Reaktion)*. Diazoniumhalogenide werden in Gegenwart von Kupfer(I)-Salzen an eine Kohlenstoff-Kohlenstoff-Doppelbindung angelagert. Die Reaktion verläuft besonders gut bei α,β-ungesättigten Estern oder Nitrilen. Gewöhnlich wird sie in Aceton-Lösung in

Gegenwart katalytischer Mengen Kupfer(II)-chlorid durchgeführt, doch konnte gezeigt werden, daß nur das Kupfer(I)-ion, das sich durch Reduktion des Kupfer(II)-chlorids durch Aceton bildet, wirksam ist.

$$2\ CuCl_2 + CH_3COCH_3 \longrightarrow 2\ CuCl + ClCH_2COCH_3 + HCl$$

$$ArN_2Cl + CH_2{=}CHCOOCH_3 \xrightarrow{\ CuCl\ } ArCH_2CHClCOOCH_3 + N_2$$

$$ArN_2Cl + CH_2{=}CHCN \xrightarrow{\ CuCl\ } ArCH_2CHClCN + N_2$$

Bei gewissen ungesättigten Verbindungen erhält man als Reaktionsprodukt nicht das gewöhnliche Additionsprodukt, sondern die durch Abspaltung von Halogenwasserstoff daraus entstehende Verbindung; ferner geben α,β-ungesättigte Säuren Kohlendioxyd ab unter Bildung des arylierten Alkens.

$$ArN_2Cl + CH_2{=}CHCOOH \longrightarrow ArCH{=}CH_2 + N_2 + HCl + CO_2$$

Mechanismus der Zersetzungsreaktionen von Diazoniumsalzen

Die Diazoniumsalze sind in stark saurer Lösung vollständig ionisiert, können aber in schwach saurer bis alkalischer Lösung als kovalente Diazoverbindungen (S. 527) existieren. Anscheinend verlaufen die unter Eliminierung von Stickstoff stattfindenden Reaktionen entweder nach einem ionischen Mechanismus über das Diazoniumsalz oder nach einem radikalischen Mechanismus über die kovalente Diazoverbindung.

Austausch gegen Hydroxyl oder Methoxyl. In stark saurer wäßriger oder methylalkoholischer Lösung überwiegt ein Ionenmechanismus.

$$[ArN_2{}^+][^-SO_4H] + H_2O \longrightarrow [HSO_4{}^-] + N_2 + [Ar\overset{+}{O}H_2] \longrightarrow ArOH + [H^+]$$

$$+\ CH_3OH \longrightarrow [HSO_4{}^-] + N_2 + \left[Ar\overset{+}{\underset{\underset{H}{\cdot\cdot}}{O}}CH_3 \right] \longrightarrow ArOCH_3 + [H^+]$$

Reduktion durch unterphosphorige Säure. Die Reduktionen verlaufen wahrscheinlich über freie Radikale.

$$[ArN_2{}^+][X^-] \rightleftharpoons Ar{-}N{=}N{-}X \longrightarrow [Ar\cdot] + N_2 + [\cdot X]$$

$$[Ar\cdot] + HPO_2H_2 \longrightarrow ArH + [O{=}\overset{\cdot}{P}HOH]$$

$$[ArN_2{}^+] + [O{=}\overset{\cdot}{P}HOH] \longrightarrow [Ar\cdot] + N_2 + [O{=}\overset{+}{P}HOH]$$

$$[O{=}\overset{+}{P}HOH] + [X^-] \longrightarrow HX + HPO_2$$

Sandmeyer-Reaktion. Hier leitet Kupfer(I)-chlorid eine radikalische Zersetzung ein.

$$[ArN_2{}^+] + \cdot Cu:Cl \longrightarrow [Ar\cdot] + N_2 + [\overset{+}{Cu}:Cl]$$

$$[Ar\cdot] + [\overset{+}{Cu}:Cl] \longrightarrow ArCl + [\cdot Cu^+]$$

$$[\cdot Cu^+] + [^-:Cl] \longrightarrow \cdot Cu:Cl$$

Kupfer(II)-chlorid katalysiert die Reaktion nicht, und die Geschwindigkeit nimmt mit wachsender Konzentration an Chlorionen ab, da sich das $[^-CuCl_3]$-Komplexion bildet.

Gomberg-Reaktion. Wie schon lange bekannt, verläuft diese Reaktion unter Beteiligung freier Radikale.

$$[ArN_2^+] + [^-OH] \; \rightleftarrows \; ArN{=}NOH \; \longrightarrow \; [Ar \cdot] + N_2 + [\cdot OH]$$

$$[Ar \cdot] + Ar'H \; \longrightarrow \; ArAr' + [H \cdot]$$

$$[H \cdot] + [\cdot OH] \; \longrightarrow \; H_2O$$

Bei aliphatischen Verbindungen ist die Hauptreaktion die Übertragung eines Wasserstoffatoms.

$$[Ar \cdot] + HR \; \longrightarrow \; ArH + R \cdot$$

Dies ist der Grund, weshalb der zweite Reaktionsteilnehmer eine aromatische Flüssigkeit sein muß, denn jedes Lösungsmittel würde von den intermediär auftretenden freien Radikalen angegriffen. Eine radikalische Substitution folgt weder den Regeln der elektrophilen noch der nucleophilen Substitution. Sowohl elektronenabgebende als auch elektronenanziehende Gruppen wirken aktivierend, und das durchschnittliche Isomerenverhältnis im Reaktionsprodukt ist ungefähr 50% ortho-Verbindung und je 25% meta- und para-Verbindung.

Ohne Abspaltung von Stickstoff

1. Reduktion zu Hydrazinen. Wird ein Diazoniumsalz mit Zinkstaub und Essigsäure oder mit Schwefeldioxyd, mit Natriumhydrogensulfit oder Zinn(II)-chlorid reduziert, so bildet sich ein Arylhydrazin.

$$[C_6H_5\overset{+}{N}{=}N]\overset{-}{Cl} + 2\,H_2SO_3 + 2\,H_2O \; \longrightarrow \; [C_6H_5NHN\overset{+}{H_3}]\overset{-}{Cl} + 2\,H_2SO_4$$

Es ist dies eine allgemeine Reaktion, und so sind viele dieser wertvollen Reagentien leicht zugänglich. Es war die Entdeckung des Phenylhydrazins durch EMIL FISCHER im Jahre 1875, die zu seinen Arbeiten über die Konstitution der Zucker (S. 406) führte.

2. Die Kupplungsreaktion. Diazoniumsalze reagieren mit Phenolen und tertiären Aminen in schwach saurer, neutraler oder alkalischer Lösung, wobei eine Substitution in para-Stellung zur Hydroxyl- oder Aminogruppe unter Bildung stark farbiger Azoverbindungen erfolgt (S. 714).

$$[C_6H_5\overset{+}{N}{\equiv}N]Cl^- + H\!\!-\!\!\bigcirc\!\!-\!\!OH + NaOH \; \longrightarrow \; C_6H_5N{=}N\!\!-\!\!\bigcirc\!\!-\!\!OH + NaCl + H_2O$$

p-Hydroxyazobenzol

$$+ H\!\!-\!\!\bigcirc\!\!-\!\!N(CH_3)_2 + NaOH \; \longrightarrow \; C_6H_5N{=}N\!\!-\!\!\bigcirc\!\!-\!\!N(CH_3)_2 + NaCl + H_2O$$

p-Dimethylaminoazobenzol

Bei der Kupplungsreaktion wird das Diazoniumsalz als *primäre Komponente*, die Verbindung, mit der es kuppelt, als *sekundäre Komponente* bezeichnet. Ist die para-Stellung der sekundären Komponente besetzt, so findet die Kupplung in ortho-Stellung statt. Wenn die para-Stellung und beide ortho-Stellungen blockiert sind, tritt gewöhnlich keine Kupplung ein, doch wird gelegentlich die paraständige Gruppe verdrängt.

Die Kupplungsreaktion ist eine Substitutionsreaktion analog der Nitrierung, Sulfonierung und Halogenierung, wobei das Diazoniumion $[ArN_2^+]$ das aktive Reagens ist. Wie salpetrige Säure ist jedoch das Diazoniumion ein sehr schwaches Reagens und verdrängt Wasserstoff nur dann aus einem aromatischen Kern, wenn dieser eine stark aktivierende Gruppe, etwa eine Amino- oder Hydroxylgruppe enthält. In stark saurer Lösung findet keine Kupplung statt, weil die Aminogruppen Salze bilden und desaktivierend werden, und weil die Hydroxylgruppe undissoziiert ist und in diesem Zustand nicht so stark aktiviert wie das Phenolation (S. 479).

Mit primären und sekundären aliphatischen Aminen erfolgt Kupplung unter Bildung von *Diazoaminoverbindungen*.

$$[ArN_2]^+\overset{-}{Cl} + 2\,HNHR \longrightarrow ArN=N-NHR + RNH_3Cl$$

Auch einige primäre und sekundäre aromatische Amine gehen diese Reaktion ein. So kuppelt Anilin mit Benzoldiazoniumchlorid, das mit Natriumacetat gepuffert ist, unter Bildung von Diazoaminobenzol.

$$C_6H_5N_2Cl + H_2NC_6H_5 + NaOCOCH_3 \longrightarrow C_6H_5N=N-NHC_6H_5 + NaCl + CH_3COOH$$
Diazoaminobenzol

Die Verhinderung dieser Reaktion ist der Grund, weswegen die Diazotierung in stark saurer Lösung ausgeführt wird, denn die Salze der Amine kuppeln nicht.

Wird die Diazoaminoverbindung erhitzt, und zwar in Gegenwart eines Aminsalzes, das dabei katalytisch wirkt, so findet Umlagerung in die Aminoazoverbindung statt.

$$C_6H_5N=N-NHC_6H_5 \xrightarrow{\text{Wärme } (+\ C_6H_5NH_3Cl)} C_6H_5N=N\!\!\!\bigcirc\!\!\!NH_2$$
p-Aminoazobenzol

Die Diazoaminoverbindungen von vielen primären aromatischen Aminen, z. B. den Naphthylaminen (S. 620), können nicht isoliert werden, da sich die kernsubstituierten Azoverbindungen direkt bilden.

1875 berichtete VICTOR MEYER, daß Benzoldiazoniumsalze mit Nitroäthan in alkalischer Lösung kuppeln.

$$RCH_2NO_2 + ArN_2Cl + NaOH \longrightarrow \underset{\underset{N=NAr}{|}}{RCHNO_2} + NaCl + H_2O$$

Wenn die aliphatische Komponente zwei aktive Wasserstoffatome enthält, ist das Reaktionsprodukt tautomer mit dem Hydrazon.

$$\underset{\underset{N=NAr}{|}}{RCHNO_2} \rightleftarrows \underset{\underset{NNHAr}{\|}}{RCNO_2}$$

Andere Verbindungen mit aktiver Methylengruppe wie die Malonsäureester (S. 845), β-Ketosäureester (S. 863), Acetessigsäureanilide (S. 743) und β-Diketone (S. 815) kuppeln ebenfalls mit Diazoniumsalzen.

Diazoverbindungen

Wenn Natriumhydroxyd zur wäßrigen Lösung eines gewöhnlichen quartären Ammoniumsalzes wie Tetramethylammoniumbromid gegeben wird, geschieht nichts, weil das quartäre Ammoniumhydroxyd vollständig ionisiert ist, und die Lösung nur Tetramethylammoniumionen, Natriumionen, Bromionen und Hydroxylionen enthält. Bei Zugabe von Silberoxyd fällt Silberbromid aus, und die Lösung wird stark basisch und enthält Tetramethylammonium- und Hydroxylionen (S. 253). Die Diazoniumsalze verhalten sich ganz anders. Bei Zugabe von Natriumhydroxyd oder Silberoxyd entsteht das Natriumsalz bzw. Silbersalz einer

Verbindung, die die Diazogruppe in einem negativen Ion anstatt in einem positiven Ion enthält. Das Natriumsalz ist in wäßriger Lösung nur schwach alkalisch, ist also das Salz einer relativ starken Säure. Die Zusammensetzung der Salze zeigt, daß die Säure mit dem Diazoniumhydroxyd isomer ist. Sie kann als ein **Diazohydroxyd** oder *Pseudobase des Diazoniumhydroxyds* bezeichnet werden, ihre Salze sind die **Diazotate.** Die freien Diazohydroxyde können nicht isoliert werden. Es wird ihnen die Struktur ArN=NOH zugeschrieben, von der etwa die gleiche Acidität wie von salpetriger Säure O=NOH zu erwarten wäre. Dementsprechend stellt man sich vor, daß die Reaktion eines Diazoniumsalzes mit Natriumhydroxyd in der Umsetzung des Diazoniumions mit dem Hydroxylion besteht, wobei sich das Diazohydroxyd bildet, welches sich dann durch Salzbildung stabilisiert.

$$[Ar\overset{+}{N}\equiv N]\overset{-}{Cl} \xrightarrow{\text{NaOH}} NaCl + [ArN=NOH] \xrightarrow{\text{NaOH}} H_2O + [ArN=NO^-]\overset{+}{Na}$$

                             Aryldiazohydroxyd   Natriumaryldiazotat

Beim Ansäuern der Diazotatlösung findet die umgekehrte Reaktion statt, und es bildet sich das Diazoniumsalz.

$$[ArN=NO^-]\overset{+}{Na} \xrightarrow{\text{HCl}} NaCl + [ArN=NOH] \xrightarrow{\text{HCl}} H_2O + [Ar\overset{+}{N}\equiv N]\overset{-}{Cl}$$

Natriumcyanid verhält sich wie Natriumhydroxyd und führt zu einem Diazocyanid.

$$[ArN_2^+]Cl^- + NaCN \longrightarrow ArN=NCN + NaCl$$

Die Diazocyanide sind Nichtelektrolyte und sind löslich in organischen Lösungsmitteln. Die Nitrilgruppe ist also kovalent an Stickstoff gebunden.

Werden die Diazotate mit einem Überschuß an Alkali erhitzt, oder werden die Diazocyanide im festen Zustand oder in alkoholischer Lösung stehengelassen, so können gelegentlich isomere Verbindungen isoliert werden. Nach HANTZSCH[1] handelt es sich hier um einen Fall von geometrischer Isomerie, verursacht durch die räumliche Anordnung der Stickstoffbindungen und der Doppelbindungen zwischen den Stickstoffatomen, analog der *cis-trans*-Isomerie bei Kohlenstoff-Kohlenstoff-Doppelbindungen (S. 371). An Stelle von *cis* und *trans* führte HANTZSCH die Bezeichnung *syn* und *anti* ein.

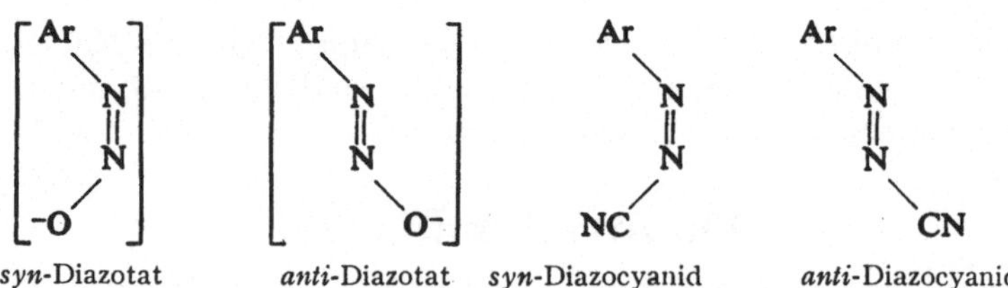

      syn-Diazotat   *anti*-Diazotat   *syn*-Diazocyanid   *anti*-Diazocyanid

---

[1] ARTHUR RUDOLF HANTZSCH (1857—1935) reichte 1882 seine Habilitationsschrift über die Synthese von Pyridinen ein. Im Alter von 28 Jahren wurde er Nachfolger von VICTOR MEYER als ordentlicher Professor am Polytechnikum in Zürich, 1893 Nachfolger von EMIL FISCHER in Würzburg und 1903 von WISLICENUS in Leipzig. Bis 1890 befaßte er sich hauptsächlich mit der Synthese heterocyclischer Verbindungen. Nachdem MEYER bewiesen hatte, daß die Benzilmonoxime keine Strukturisomeren sind, brachten HANTZSCH und WERNER die stereochemische Erklärung, und damit war der Weg zur Untersuchung der Diazoverbindungen eingeschlagen. Später befaßte sich

Die Ansichten von HANTZSCH wurden neuerdings angefochten, scheinen aber die Tatsachen immer noch am befriedigendsten zu erklären.

Die Fähigkeit der Stickstoff-Stickstoff-Doppelbindung, zum Auftreten von Stereoisomeren Anlaß zu geben, wurde durch die Isolierung zweier Formen des Azobenzols bestätigt. Beim Bestrahlen von Lösungen der stabilen trans-Form mit Licht geht diese teilweise in das cis-Isomere über, das durch Kristallisation oder durch Adsorption an Aluminiumhydroxyd isoliert werden kann. Viele Azofarbstoffe unterliegen in Lösung einer reversiblen Farbänderung, wenn sie dem Licht ausgesetzt werden *(Phototropismus)*, da die cis-Form eine andere Farbe hat als die trans-Form.

Wiederholungsfragen

1. Man diskutiere die physikalischen Eigenschaften der Diazoniumsalze und ihre Beziehungen zur Struktur dieser Verbindungsklasse.

2. Man gebe Gleichungen und Bedingungen für den Austausch einer Diazoniumgruppe gegen Hydroxyl, Wasserstoff, Halogen und Nitril an.

3. Wie wird Phenylhydrazin dargestellt?

4. Man diskutiere die Kupplungsreaktion der Diazoniumsalze. Warum findet eine Kupplung nur in alkalischer oder schwach saurer Lösung statt? Warum muß das Reaktionsgemisch bei der Darstellung von Diazoniumsalzen einen großen Überschuß an Mineralsäure enthalten?

5. Man überlege sich eine colorimetrische Methode zur Bestimmung von salpetriger Säure. (Hinweis: man verwende ein Diazoniumsalz als Zwischenprodukt.)

6. Man diskutiere die Isomerie der aromatischen Azoverbindungen.

Aufgaben

7. Man gebe Reaktionen an für die Synthese folgender Verbindungen aus dem entsprechenden Amin über das Diazoniumsalz:

A. (*a*) p-Hydroxytoluol; (*b*) o-Chlorbrombenzol; (*c*) Benzonitril; (*d*) p-Hydroxy-p'-nitro-azobenzol; (*e*) m-Bromphenylhydrazin; (*f*) 2.4-Dimethyl-thiophenol; (*g*) p-Nitrobenzolarsonsäure; (*h*) Di-o-tolyl; (*i*) Phenylquecksilberchlorid; (*j*) o-Dinitrobenzol.

B. (*a*) 2.4-Dimethyl-benzonitril; (*b*) p-Tolylhydrazin; (*c*) m-Nitrophenol; (*d*) p-Dimethylamino-o'-methyl-azobenzol; (*e*) o-Jod-toluol; (*f*) p-Methoxyphenylquecksilber; (*g*) 2-Methyl-diphenyl; (*h*) p-Isopropylthiophenol; (*i*) p-Nitrobenzolsulfonsäure; (*j*) m-Toluolarsonsäure.

C. (*a*) Fluorbenzol; (*b*) o-Chlor-p'-hydroxy-azobenzol; (*c*) m-Brombenzonitril; (*d*) p-Chlorphenylhydrazin; (*e*) 2.4-Dimethyl-phenol; (*f*) m-Chlordiphenyl; (*g*) p-Isopropylbenzolarsonsäure; (*h*) m-Nitrotoluol; (*i*) o-Methylphenylquecksilberchlorid; (*j*) o-Äthylthiophenol.

8. Zur Darstellung folgender Verbindungen gebe man eine Folge von Reaktionen an, die von einem aromatischen Kohlenwasserstoff ausgeht: (*a*) 2-Cyan-4-chlor-toluol; (*b*) m-Dibrombenzol; (*c*) p-Bromfluorbenzol; (*d*) 3.3'-Dinitro-diphenyl; (*e*) 3-Brom-4-methylthiophenol; (*f*) m-Jodnitrobenzol; (*g*) p-Methyldiphenyl; (*h*) m-Chlorphenol; (*i*) o-Chlorthiophenol; (*j*) 2.5-Dimethylphenylhydrazin; (*k*) 1.3.5-Trichlor-benzol.

HANTZSCH mit den tautomeren Formen der aliphatischen Nitroverbindungen. Der Einfluß der starken physiko-chemischen Schule in Leipzig führte ihn zur Anwendung physikalisch-chemischer Methoden, z. B. Messung der Leitfähigkeit und der Gefrierpunktserniedrigung, zum Studium organisch-chemischer Probleme. Von 1906 ab beschäftigte er sich besonders mit den Absorptionsspektren organischer Verbindungen und den Beziehungen zwischen Farbe und chemischer Konstitution.

9. In der Annahme, daß die Eigenschaften der drei Phthalsäuren bekannt sind, überlege man sich ein Verfahren zur Ortsbestimmung (*a*) der drei Nitroaniline, (*b*) der drei Nitrotoluole.

10. In der Annahme, daß die Eigenschaften der drei Nitroaniline bekannt sind, und daß *Y* und *Z* zwei Gruppen sind, die über die Diazoniumsalze eingeführt werden können, stelle man die disubstituierten Benzole zusammen, deren Orientierung leicht bestimmt werden kann.

Kapitel 24

Phenole, Aminophenole und Chinone

Phenole

Phenole sind Verbindungen, die eine Hydroxylgruppe in direkter Bindung an einen aromatischen Kern enthalten. Die Methoden zu ihrer Darstellung und ihre Reaktionen sind im allgemeinen von denen der Alkohole verschieden.

Vorkommen und Nomenklatur

Der Name *Phenol* für Hydroxybenzol leitet sich von *phene*, einem alten Namen für Benzol (S. 565) her. Die Hydroxyderivate des Toluols haben den Trivialnamen *Kresole*, die der Xylole werden *Xylenole* genannt. Allgemein erfolgt die Benennung der Phenole gewöhnlich durch Trivialnamen oder von dem zugrunde liegenden Phenol abgeleitete Namen.

o-Kresol
(o-Methylphenol)

p-Aminophenol

Phenol, Kresole und Xylenole kommen im Steinkohlenteer, im Holzteer und in Petroleumdestillaten neben anderen phenolischen Verbindungen vor; sie bilden die sauren Bestandteile des Teers. Die gemischten Phenole der Kresolfraktion werden in der Technik als *Teerkresol (Kresylsäure)* bezeichnet. Phenolderivate kommen häufig als pflanzliche Produkte vor (S. 544, 545).

Struktur

Während die Enolform der einfachen Aldehyde und Ketone unbeständig ist und fast vollständig in die Ketoform übergeht, liegen die meisten Phenole ausschließlich in der Enolform vor. Die größere Beständigkeit der Enolform der Phenole im Vergleich zur Ketoform ist auf die hohe Resonanzenergie zurückzuführen. Die Verhältnisse liegen genau gleich wie bei den aromatischen Aminen (S. 502).

Darstellung

Die folgenden allgemeinen Methoden sind schon an früheren Stellen besprochen worden.

1. Aus aromatischen Sulfonsäuren (S. 495).

$$\text{ArSO}_3\text{Na} + 2\,\text{NaOH} \xrightarrow[300°]{\text{Schmelze}} \text{ArONa} + \text{Na}_2\text{SO}_3 + \text{H}_2\text{O}$$

2. Aus Arylhalogeniden.

$$\text{ArCl} + 2\,\text{NaOH} \longrightarrow \text{ArONa} + \text{NaCl} + \text{H}_2\text{O}$$

Diese Reaktion verläuft nur dann leicht, wenn das Halogen durch eine elektronenanziehende Gruppe aktiviert wird (S. 487), doch wird sie in der Technik mit Hilfe eines Katalysators und hoher Temperaturen auch auf reaktionsträge Halogenide angewandt (S. 538).

3. Aus Diazoniumsalzen (S. 522).

$$[\text{Ar}\overset{+}{\text{N}}_2]\overset{-}{\text{O}}\text{SO}_3\text{H} + \text{H}_2\text{O} \xrightarrow{\text{Wärme}} \text{ArOH} + \text{N}_2 + \text{H}_2\text{SO}_4$$

Physikalische Eigenschaften

Die reinen Phenole sind farblose feste Stoffe oder Flüssigkeiten; die rote Färbung, die die meisten Präparate aufweisen, beruht auf der Anwesenheit von Oxydationsprodukten. Wie die aromatischen Amine (S. 502) sieden sie höher als die normalen aliphatischen Analoga gleichen Molekulargewichts. So siedet Phenol bei 181°, während Hexanol-(1) bei 157° siedet. Phenol ist in Wasser von 25° zu 9 g pro 100 g Wasser löslich und wird bei 65° mischbar. In 100 g Phenol lösen sich 29 g Wasser. Da der Schmelzpunkt des Phenols bei nur 42° liegt, erniedrigt eine geringe Menge Wasser den Schmelzpunkt unterhalb Raumtemperatur. Diese flüssige Form, die etwa 5% Wasser enthält, wird **Carbolsäure** genannt. Von den monosubstituierten Phenolen hat das para-Isomere den höchsten Schmelzpunkt.

Reaktionen
Reaktionen unter Beteiligung der Hydroxylgruppe

1. Acidität. Phenole sind beträchtlich saurer als Alkohole oder Wasser, aber schwächer sauer als Carbonsäuren und selbst als Kohlensäure. So beträgt die Säure-Dissoziationskonstante der Essigsäure $1,8 \times 10^{-5}$, die der Kohlensäure $4,3 \times 10^{-7}$, der Blausäure $7,2 \times 10^{-10}$, des Phenols $1,3 \times 10^{-10}$ und des Wassers $1,8 \times 10^{-16}$. Daher reagieren die Phenole mit Natronlauge unter Bildung wasserlöslicher Salze, dagegen reagieren sie nicht mit Natriumcarbonatlösung. Überdies werden die in Wasser unlöslichen Phenole von Kohlensäure aus ihren Salzen ausgefällt.

$$\text{ArOH} + \text{NaOH} \longrightarrow [\text{Ar}\overset{-}{\text{O}}]\overset{+}{\text{Na}} + \text{H}_2\text{O}$$

$$[\text{Ar}\overset{-}{\text{O}}]\overset{+}{\text{Na}} + \text{CO}_2 + \text{H}_2\text{O} \longrightarrow \text{ArOH} + \text{NaHCO}_3$$

Diese Reaktionen dienen zur Unterscheidung und Abtrennung der Phenole von Alkoholen oder Carbonsäuren.

Anders liegen die Verhältnisse bei Phenolen, die stark elektronenanziehende Gruppen im Kern enthalten. Das zeigen z. B. die Säure-Dissoziationskonstanten einiger Nitrophenole: o-Nitrophenol $6,8 \times 10^{-8}$; m-Nitrophenol $5,3 \times 10^{-9}$; p-Nitrophenol $6,5 \times 10^{-8}$; 2.4-Dinitro-phenol $8,3 \times 10^{-5}$; 2.4.6-Trinitro-phenol (Pikrinsäure) $4,2 \times 10^{-1}$. Bei den Mononitrophenolen ist die Wirkung der Nitrogruppe in ortho- und para-Stellung größer als in meta-Stellung. Zwei Nitrogruppen in ortho- und para-Stellung geben eine Säure, die fast so stark ist wie eine Carbonsäure. Die Pikrinsäure mit drei Nitrogruppen in ortho- und para-Stellungen erreicht fast die Stärke einer Mineralsäure.

Die im Vergleich mit den Alkoholen größere Acidität der Phenole läßt sich erklären durch Überlagerung eines p-orbitals vom Sauerstoffatom mit einem p-orbital des benachbarten Kohlenstoffatoms, was zu einer Wechselwirkung des einsamen Elektronenpaars des Sauerstoffatoms mit den π-Elektronen des Kerns führt, wie es schon beim Chlorbenzol (Abb. 76, S. 478) und beim Anilin (Abb. 78, S. 504) gezeigt wurde. Dieser Resonanzeffekt verringert die Elektronendichte am Sauerstoffatom, und daher erfolgt die Abspaltung eines Protons bei einem Phenol leichter als bei einem Alkohol. Der Resonanzeffekt ist bei den Phenolen nicht so ausgeprägt wie bei den Carbonsäuren (S. 159), weil die mesomeren Grenzstrukturen des Phenolations (S. 479) nicht wie beim Carboxylation gleichwertig sind. Dieser Faktor bedingt zusammen mit dem Fehlen des induktiven Effekts des zweiten Sauerstoffatoms die im Vergleich mit den Carbonsäuren geringere Acidität der Phenole. Der induktive Effekt zusammen mit dem Resonanzeffekt der Nitrogruppen bewirken eine Verstärkung der Acidität von Phenolen, in gleicher Weise wie sie die Basizität von aromatischen Aminen verringern (S. 504).

2. Farbige Komplexe mit Eisen(III)-chlorid. Enole geben allgemein farbige wasserlösliche Komplexe mit Eisen(III)-chlorid. Die Natur dieser farbigen Verbindungen ist nicht genau bestimmt, es scheint aber, daß eine Koordinationsverbindung mit hexakovalentem Eisen entsteht. Bei den Phenolen wird die Reaktion wahrscheinlich durch Bildung farbiger Oxydationsprodukte (S. 533) kompliziert. Die von einfachen Enolen hervorgerufene Färbung ist ein Burgunderrot, dagegen geben die Phenole weniger reine Färbungen, die gewöhnlich purpurfarben oder grünlich sind. Diese Reaktion ist eine einfache Probe auf Phenole und andere Enole.

3. Esterbildung. Phenole lassen sich nicht direkt mit Carbonsäuren verestern. Ester können durch Umsetzung mit Anhydriden oder Säurechloriden dargestellt werden.

$$\text{C}_6\text{H}_5\text{OH} + (\text{CH}_3\text{CO})_2\text{O} \xrightarrow{\text{(H}_2\text{SO}_4)} \text{C}_6\text{H}_5\text{OCOCH}_3 + \text{HOCOCH}_3$$
$$\text{Phenol} \qquad\qquad\qquad\qquad\qquad\qquad \text{Phenylacetat}$$

$$\text{C}_6\text{H}_5\text{OH} + \text{CH}_3\text{COCl} \longrightarrow \text{C}_6\text{H}_5\text{OCOCH}_3 + \text{HCl}$$

4. Ätherbildung. Phenole bilden Äther sehr leicht durch Williamson-Synthese (S. 142). Da die Natriumphenolate in wäßriger Lösung nur partiell hydrolysiert werden, kann die Reaktion in diesem Medium ausgeführt werden.

$$\text{ArONa} + \text{XR} \longrightarrow \text{ArOR} + \text{NaX}$$

Am wichtigsten sind die Methyläther, da sie leicht durch Schütteln einer alkalischen Lösung des Phenols mit Dimethylsulfat zugänglich sind.

$$[\text{C}_6\text{H}_5\overset{-}{\text{O}}]\overset{+}{\text{Na}} + (\text{CH}_3)_2\text{SO}_4 \longrightarrow \text{C}_6\text{H}_5\text{OCH}_3 + \text{CH}_3\text{HSO}_4$$
$$\text{Natriumphenolat} \qquad\qquad\qquad\qquad \text{Anisol}$$
$$\text{(Methylphenyläther)}$$

Äthylphenyläther wird *Phenetol* genannt. *Diphenyläther* (Diphenyloxyd) ist ein Nebenprodukt bei einem der technischen Verfahren zur Synthese von Phenol (S. 539).

5. Austausch gegen Halogen. Die Hydroxylgruppe der Phenole wird im Gegensatz zu der der Alkohole nur schwer gegen Halogen ausgetauscht. Halogenwasserstoffsäuren sind wirkungslos, Phosphortrihalogenide geben nur Ester der phosphorigen Säure. Bei Verwendung von Phosphorpentachlorid oder -pentabromid findet in gewissem Umfang ein Austausch statt, doch wird die Reaktion nicht zu präparativen Zwecken verwendet.

$$ArOH + PX_5 \longrightarrow ArX + POX_3 + HX$$

6. Austausch gegen Wasserstoff. Beim Erhitzen von Phenolen mit Zinkstaub wird der Sauerstoff vom Molekül abgespalten.

$$ArOH + Zn \xrightarrow{\text{Wärme}} ArH + ZnO$$

Diese Reaktion ist zwar für synthetische Zwecke wertlos, hat sich aber zur Aufklärung der Grundstruktur von aromatischen Verbindungen als nützlich erwiesen. Die Methode wurde erstmals von BAEYER bei der Strukturaufklärung des Indigos (S. 722) angewandt.

7. Austausch gegen die Aminogruppe. Unter bestimmten Bedingungen besteht ein Gleichgewicht zwischen Phenol, Anilin, Wasser und Ammoniak (S. 508). Gewöhnlich wird der Austausch einer Hydroxylgruppe gegen eine Aminogruppe herbeigeführt, indem man das Phenol mit dem Komplex aus Ammoniak und Zinkchlorid oder aus Ammoniak und Calciumchlorid erhitzt.

$$4\,ArOH + Zn(NH_3)_4Cl_2 \longrightarrow 4\,ArNH_2 + Zn(H_2O)_4Cl_2$$

Reaktionen unter Beteiligung des Kerns

1. Oxydation. Wie die Aminogruppe bei aromatischen Aminen kann auch die Hydroxylgruppe Elektronen an den Kern abgeben und eine leichte Oxydation ermöglichen. Bei Einwirkung von Luft oder anderen Oxydationsmitteln bilden sich komplizierte Gemische von Oxydationsprodukten. Eines der an der Luft entstehenden Oxydationsprodukte des Phenols ist *Chinon* (S. 550), das mit Phenol ein leuchtend rotes Additionsprodukt, das *Phenochinon*, bildet.

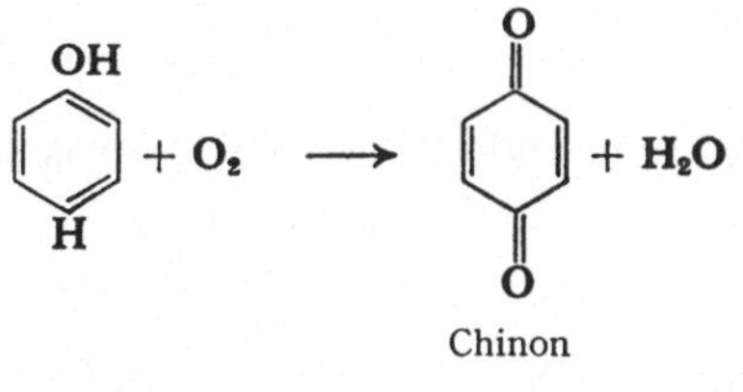

Chinon

$$C_6H_4O_2 + 2\,C_6H_5OH \longrightarrow C_6H_4O_2 \cdot 2\,C_6H_5OH$$

Phenochinon

Das Röntgenbeugungsdiagramm von kristallisiertem Phenochinon zeigt, daß das Chinonmolekül zwischen den beiden Phenolmolekülen sandwichartig eingeschlossen ist, wobei die Ebenen der Benzolringe parallel liegen. Die Bindungskräfte derartiger Komplexe sind die gleichen wie bei den Komplexen der Polynitroverbindungen (S. 487).

2. Sulfonierung. Infolge der stark aktivierenden Wirkung der Hydroxylgruppe findet sehr leicht Sulfonierung statt. Bei Raumtemperatur liefert konzentrierte Schwefelsäure hauptsächlich das ortho-Isomere, während bei 100° das para-Isomere überwiegt.

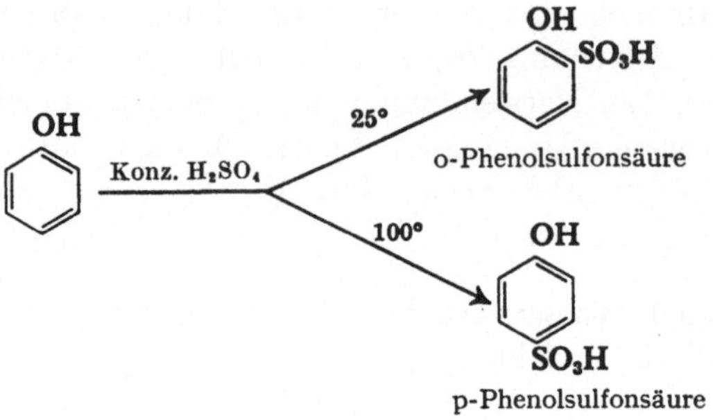

o-Phenolsulfonsäure

p-Phenolsulfonsäure

3. Halogenierung. Durch kontrollierte Halogenierung in wasserfreien Lösungsmitteln ist es möglich, monohalogenierte Phenole in befriedigender Ausbeute zu erhalten.

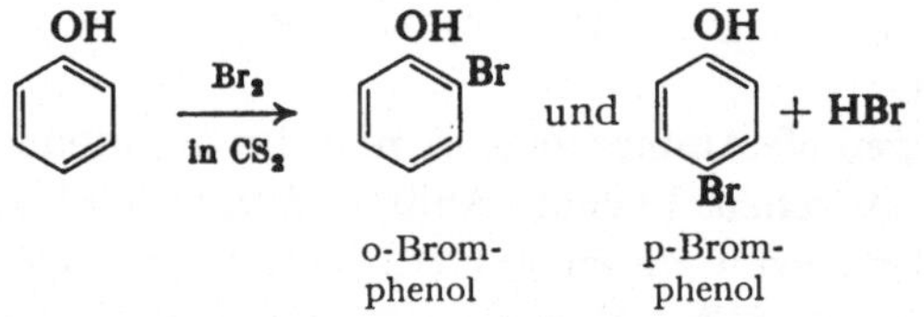

o-Bromphenol

p-Bromphenol

Wird Bromwasser zu einer wäßrigen Lösung von Phenol gegeben, so fällt ein chinoides Tetrabromderivat aus. Beim Zufügen von Natriumbisulfit entsteht hieraus 2.4.6-Tribrom-phenol.

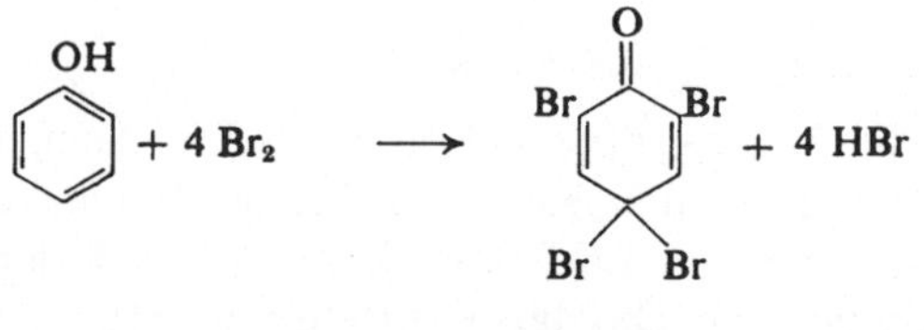

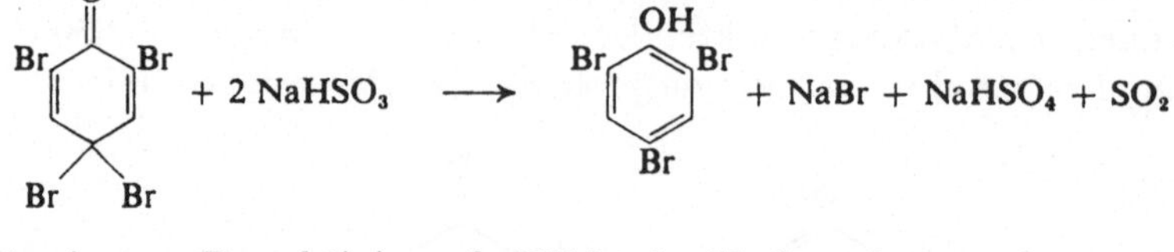

4. Nitrosierung. Der aktivierende Effekt der Hydroxylgruppe ist so stark, daß Phenol mit salpetriger Säure unter Bildung von **p-Nitrosophenol** reagiert. Diese Verbindung ist tautomer mit dem Monoxim des Chinons (S. 550).

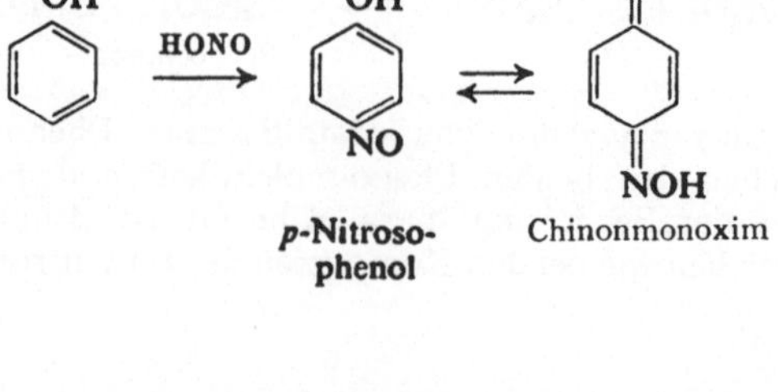

p-Nitrosophenol   Chinonmonoxim

Wenn die Reaktion in Gegenwart konzentrierter Schwefelsäure ausgeführt wird, tritt nachfolgend Kondensation mit Phenol ein unter Bildung einer dunkelblauen Lösung von Phenolindophenol-hydrogensulfat. Beim Verdünnen der sauren Lösung mit Wasser wird das rote **Phenolindophenol** freigesetzt. Wird ein Überschuß an Natronlauge zugegeben, so entsteht das tiefblaue Natriumsalz.

Phenolindophenolhydrogensulfat
(tiefblau)

Phenolindophenol
(rot)

Natriumsalz des Phenolindophenols
(tiefblau)

Verbindungen dieser Art werden Phenolindophenole genannt, weil sie Hydroxy-analoga des Indophenols sind, das anstelle einer Hydroxylgruppe eine Amino-gruppe enthält. Die Reaktion dient als Probe auf Nitrite und ist als **Liebermann-sche Nitroso-Reaktion**[1] bekannt. Auch einige Nitrate und aliphatische Nitro-verbindungen geben die Probe, da in konzentrierter Schwefelsäure Reduktion zum Nitrit stattfindet.

Die tiefblaue Färbung der stark basischen und der stark sauren Lösung ist auf voll-ständige Resonanz der Ionen zurückzuführen (S. 703).

5. Nitrierung. Phenol wird so schnell nitriert, daß man, um Mononitrierung zu erreichen, mit verdünnter Salpetersäure bei Raumtemperatur arbeitet.

o-Nitro-phenol p-Nitro-phenol

Die Isomeren können durch Wasserdampfdestillation getrennt werden, da das ortho-Isomere sehr viel flüchtiger ist.

Ortho-, meta- und para-Isomere sieden gewöhnlich innerhalb eines Bereiches von 10°, doch siedet o-Nitrophenol bei 214°, p-Nitrophenol bei 245°. Das ortho-Isomere ist auch schwerer löslich in Wasser als die meta- oder para-Verbindung. Ferner zeigt das ortho-Isomere wenig Neigung zur Assoziation mit sich selbst oder mit anderen Hydroxyl-verbindungen. Eine Erklärung dieses Verhaltens bietet die räumliche Anordnung der Gruppen, die erlaubt, daß das Wasserstoffatom der Hydroxylgruppe eine innere Wasserstoffbrückenbindung zu der orthoständigen Nitrogruppe ausbildet, nicht aber zu einer Nitrogruppe in meta- oder para-Stellung.

---

[1] CARL THEODOR LIEBERMANN (1842—1914), Professor an der Technischen Hoch-schule in Berlin. Er befaßte sich hauptsächlich mit natürlichen Farbstoffen und mit der Chemie des Anthracens (S. 628).

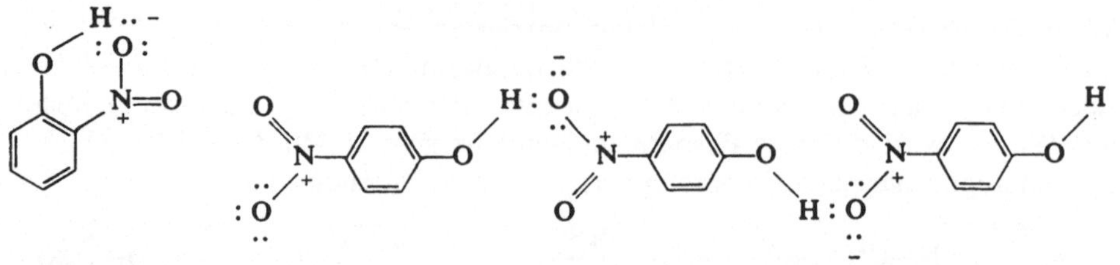

nichtassoziiertes
o-Nitrophenol

assoziiertes p-Nitrophenol

Nitrierung von Phenol mit konzentrierter Salpetersäure liefert 2.4.6-Trinitrophenol (Pikrinsäure), doch tritt dabei in solchem Umfang Oxydation ein, daß zur Darstellung indirekte Methoden angewandt werden. Die Nitrophenole sind farblos oder blaßgelb. Ihre Salze sind tiefgelb (S. 702).

Die Nitrierung der Phenole mit verdünnter Salpetersäure scheint durch Nitrosierung und anschließende Oxydation der Nitrosogruppe durch die Salpetersäure (S. 473) zu erfolgen. Bei Zusatz von Harnstoff, der die in der Salpetersäure vorliegende oder durch Reduktion durch das Phenol aus Salpetersäure entstehende salpetrige Säure zerstört, findet keine Nitrierung statt.

6. Ringalkylierung. Auf Grund der aktivierenden Wirkung der Hydroxylgruppe werden Phenole im aromatischen Ring viel leichter alkyliert als Kohlenwasserstoffe. Gewöhnlich kommt die Reaktion schon durch Erwärmen des Phenols mit einem Olefin oder einem Alkohol in Gegenwart von Schwefelsäure zustande.

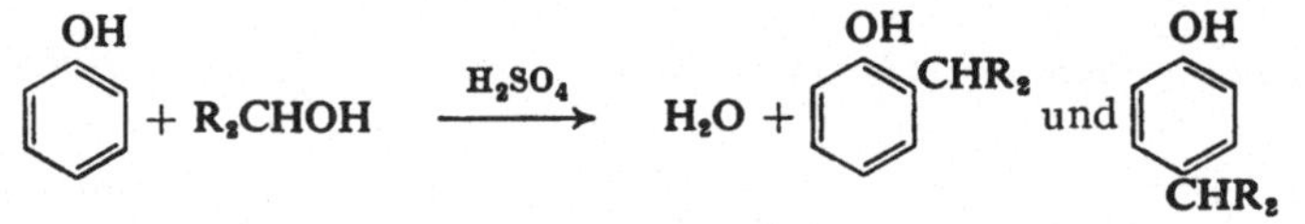

7. Kondensation mit Aldehyden und Ketonen. Die aktivierende Wirkung der Hydroxylgruppe erlaubt auch eine Kondensation mit Aldehyden und Ketonen in ortho- und para-Stellung. So geht Phenol in Gegenwart verdünnter Alkalien eine aldolartige Kondensation mit Formaldehyd ein *(Lederer-Manasse-Reaktion)*.

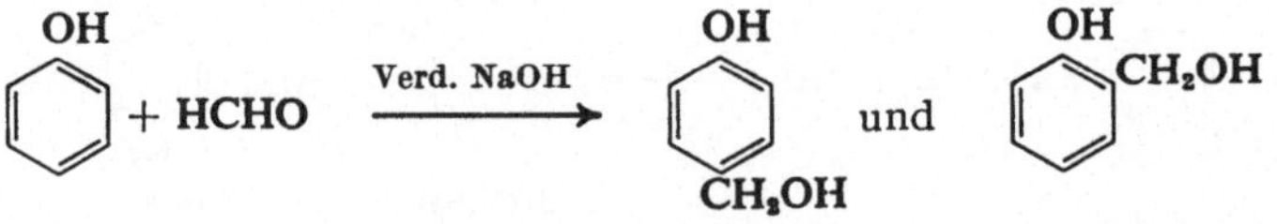

p-Hydroxy-
benzyl-
alkohol

o-Hydroxybenzyl-
alkohol
(Saligenin)

Wenn die Reaktion nicht sorgfältig kontrolliert wird, kondensieren sich diese Produkte weiter und gehen in Phenol-Formaldehyd-Harze (S. 540) über.

Aldehyde, die in Gegenwart von Alkalien verharzen, kondensieren sich mit Phenolen in saurem Medium, und zwar gewöhnlich mit zwei Molekülen Phenol.

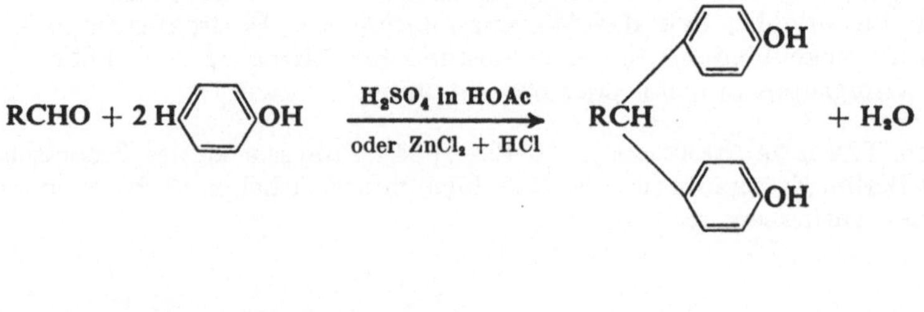

Bei höheren Temperaturen reagieren Ketone in gleicher Weise.

Die Kondensation mit Aldehyden oder Ketonen ist eine typische Substitutionsreaktion. In alkalischer Lösung erhöht die Bildung des Phenolations stark die Elektronendichte des aromatischen Rings und ermöglicht so den Angriff des Carbonyl-Kohlenstoffatoms in ortho- und para-Stellung und die leichte Ausbildung des Übergangszustandes.

In saurer Lösung bildet sich das Oxoniumsalz des Aldehyds bzw. Ketons, wodurch das Carbonylkohlenstoffatom stärker elektronenanziehend wird.

$$R_2C{=}O \;\xrightleftharpoons{[H^+]}\; \left\{ R_2C{=}\overset{+}{O}H \;\longleftrightarrow\; R_2C\underset{+}{-}OH \right\}$$

8. Mannich-Reaktion. Die ortho- und paraständigen Wasserstoffatome der Phenole sind genügend reaktionsfähig, um die *Mannich-Reaktion* mit Formaldehyd und sekundären Aminen einzugehen. Phenol liefert das Trisubstitutionsprodukt, p-Kresol ein Gemisch von Mono- und Disubstitutionsprodukt.

Die Mannich-Reaktion ist ziemlich allgemein auf Verbindungen mit reaktionsfähigen Wasserstoffatomen anwendbar. So kondensieren sich Thiophen (S. 641) und Verbindungen mit Acetylenwasserstoff oder Wasserstoff in α-Stellung zu einer Carbonylgruppe (S. 810) oder einer Nitrogruppe (S. 275) ebenfalls mit Formaldehyd und Aminen.

Physiologische Wirkung

Alle Phenole mit genügend hohem Dampfdruck haben einen charakteristischen Geruch. Phenol ist sehr giftig, es tötet Zellen aller Art ab. Es fällt Proteine aus und erzeugt bei Berührung mit der Haut einen weißen Fleck, der bald rot wird; später löst sich die tote Haut ab. Bei längerer Einwirkung auf die Haut dringt es in tiefere Gewebe ein und verursacht schwere Verbrennungen. Es wird auch in den Blutstrom aufgenommen und wirkt als Allgemeingift. Phenol wird mit dem Urin als Natriumphenylsulfat $C_6H_5OSO_3Na$ ausgeschieden. Andere toxische aromatische Verbindungen, z. B. Naphthalin und Brombenzol, werden häufig vom Körper durch Oxydation zum Phenol und Eliminierung als Schwefelsäureester unschädlich gemacht.

Allgemein sind die Phenole giftig gegen Mikroorganismen. Es waren zwar, lange bevor die Natur der bakteriellen Infektion bekannt war, zahlreiche Substanzen mit konservierender und heilender Wirkung empirisch entdeckt worden, doch war Phenol selbst die erste Verbindung, die in großem Umfang für ausgesprochen antiseptische Zwecke verwendet wurde. Es wurde 1867 von LISTER eingeführt. Seitdem wurden viel wirksamere und schwächergiftige Verbindungen entwickelt, doch wird die antiseptische Wirksamkeit noch immer durch den *Phenolkoeffizienten* angegeben, eine Zahl, die die Wirksamkeit eines Präparates gegen *Staphylococcus aureus* mit der einer 5%igen Lösung von Phenol vergleicht.

Phenol und einige wichtige Derivate

Phenol stand 1955 an dritter Stelle der synthetisch hergestellten aromatischen Chemikalien, seine Produktion wurde an Umfang nur von Styrol (S. 605) und Äthylbenzol (S. 454) übertroffen. 1928 betrug die in den USA durch Synthese hergestellte Menge 3,6 Millionen kg, 1948 125 Millionen kg, 1955 215 Millionen kg. Demgegenüber belief sich in den gleichen Jahren die Menge an Phenol, das aus Steinkohlenteer gewonnen wurde, auf 900000 bzw. 10 Millionen bzw. 17 Millionen kg. Außerdem wurden 1955 etwa 1,8 Millionen kg bei der Erdölraffinierung gewonnen.

Herstellung von Phenol. Zur Synthese von Phenol sind zahlreiche Verfahren entwickelt worden. In den Vereinigten Staaten stehen mindestens vier verschiedene Verfahren im Wettbewerb.

1. Sulfonierung und Alkalischmelze. Dieses Verfahren ist das älteste. Es wurde 1867 unabhängig voneinander von KEKULÉ, WURTZ und DUSART entdeckt. Die technische Durchführung umfaßte ursprünglich die Sulfonierung mit rauchender Schwefelsäure, Umwandlung in das Natriumsalz durch Zugabe von Kalk (S. 494) und Verschmelzen mit Natriumhydroxyd. 1918 wurde ein kontinuierlich verlaufendes Verfahren entwickelt; bei ihm wird ein großer Überschuß an Benzol im Gegenstrom mit der sulfonierenden Säure zusammengebracht, deren Anfangskonzentration 98% und deren Endkonzentration 77% beträgt. Die Sulfonsäure bleibt in einer Konzentration von 2% im Benzol gelöst. Sie wird mit Wasser herausgewaschen und mit Natriumsulfit, das bei der Alkalischmelze gewonnen wird, neutralisiert. Die Lösung des Natriumsalzes wird konzentriert und läuft bei 320—350° in geschmolzenes Natriumhydroxyd. Die Schmelze wird mit möglichst wenig Wasser zur Herauslösung des Natriumphenolats behandelt, so daß das Natriumsulfit ungelöst zurückbleibt. Durch Einleiten von Kohlendioxyd in die Lösung wird das Phenol freigesetzt. Das Natriumcarbonat wird durch Zusatz von Ätzkalk wieder in Natronlauge umgewandelt, und das ausfallende Calciumcarbonat wird in Kalköfen in Kohlendioxyd und Ätzkalk übergeführt. Oder aber das Phenol kann mit dem Schwefeldioxyd freigesetzt werden, das sich bei der Umwandlung der Benzolsulfonsäure in ihr Natriumsalz bildet, oder auch durch die Benzolsulfonsäure selbst. Von Verlusten abgesehen werden bei dem Verfahren nur Benzol, Natriumhydroxyd und Schwefelsäure verbraucht; die Produkte sind Phenol und Natriumbisulfit (oder Schwefeldioxyd und Natriumsulfit). Insgesamt läuft das Verfahren also auf die Oxydation von Benzol mit Schwefelsäure hinaus. Da Schwefelsäure durch Oxydation von Schwefeldioxyd mit Luft hergestellt wird, ist diese letzten Endes das Oxydationsmittel.

2. Hydrolyse von Chlorbenzol (Dow-Prozeß). Seit 1928 wird Phenol in großen Mengen durch Hydrolyse von Chlorbenzol hergestellt. Dieses wird mit 10%iger

Natronlauge emulgiert und läuft dann unter Aufwirbelung bei 320° durch mit Kupfer ausgekleidete Eisenrohre. Das Produkt tritt mit gleicher Geschwindigkeit aus dem System aus wie die ursprüngliche Emulsion eintritt, so daß der Prozeß kontinuierlich verläuft. Die Reaktion tritt zu fast 100% ein. Neben Phenol entstehen etwa 20% Diphenyläther und geringere Mengen o- und p-Phenylphenol.

$$C_6H_5Cl + 2\ NaOH \longrightarrow C_6H_5ONa + NaCl + H_2O$$

$$C_6H_5Cl + NaOC_6H_5 \longrightarrow C_6H_5OC_6H_5 + NaCl$$
Diphenyläther

$$C_6H_5Cl + C_6H_5ONa + NaOH \longrightarrow \qquad\qquad \text{und} \qquad\qquad -ONa + NaCl + H_2O$$

Der Diphenyläther wird mit Chlorbenzol extrahiert und das Phenol mit Salzsäure freigesetzt. Das Phenol wird durch Destillation gereinigt und von den Phenylphenolen getrennt.

Etwas Diphenyläther wird in der Parfümindustrie verwendet, und große Mengen dienen zusammen mit Diphenyl (S. 609), mit dem er ein eutektisches Gemisch bildet, als Wärmeaustauschmittel bei technischen Verfahren. Dieses Gemisch aus 74 Teilen Diphenyläther und 26 Teilen Diphenyl ist bei 10 Atmosphären bis 400° stabil. Entsteht bei der Fabrikation von Phenol mehr Diphenyläther als verkäuflich, kann er in den Prozeß zurückgehen, da er bei 320° in Gegenwart von Natriumhydroxyd mit Natriumphenolat im Gleichgewicht steht.

$$C_6H_5OC_6H_5 + 2\ NaOH \rightleftarrows 2\ C_6H_5ONa + H_2O$$

3. Raschig-Verfahren. Dieses in Deutschland entwickelte Verfahren wurde um 1940 in den Vereinigten Staaten eingeführt. Es umfaßt wie der Dow-Prozeß zwei Stufen, die Chlorierung von Benzol und die Hydrolyse, doch ersetzen Chlorwasserstoff und Luft das elektrolytisch herzustellende Chlor, Wasser die Natronlauge, und der Prozeß wird in der Dampfphase durchgeführt. In erster Stufe werden Benzol, Chlorwasserstoff und Luft über einen Katalysator geleitet.

$$C_6H_6 + HCl + \tfrac{1}{2}\,O_2 \ (\text{Luft}) \xrightarrow[\text{CuCl}_2 - \text{FeCl}_3 - \text{Kat.}]{230°} C_6H_5Cl + H_2O$$

Dieser Vorgang verläuft zwar in einem Schritt, doch wird zweifellos intermediär aus Chlorwasserstoff und Luft in Gegenwart von Kupfer(II)-chlorid Chlor gebildet, wie bei dem alten Deacon-Verfahren. Die Umwandlung erfolgt zu etwa 10% pro Umlauf, doch läßt sich das Chlorbenzol leicht abtrennen, und die nichtumgesetzten Reagentien gehen in den Prozeß zurück.

In zweiter Stufe wird das Chlorbenzol mit Wasser hydrolysiert. Auch hier wird eine Umwandlung von etwa 10% erreicht.

$$C_6H_5Cl + H_2O \xrightarrow{425° + \text{Kat.}} C_6H_5OH + HCl$$

Der Chlorwasserstoff wird zu etwa 97% zur Wiederverwendung in der ersten Stufe zurückgewonnen. Es entstehen etwa 10% Nebenprodukte, darunter 6%

Dichlorbenzol in der ersten Stufe. Auch dieses Verfahren besteht wie das erste in einer indirekten Luftoxydation von Benzol.

4. Aus Cumol. Seit 1954 wird Phenol aus Cumol synthetisiert, das aus Benzol und Propylen (S. 454) dargestellt wird. Durch Luftoxydation entsteht Cumolhydroperoxyd (S. 923). Starke Säuren katalysieren die Zersetzung des Hydroperoxyds in Phenol und Aceton.

$$C_6H_5CH(CH_3)_2 + O_2 \text{ (Luft)} \longrightarrow \underset{\underset{\text{Cumolhydroperoxyd}}{O-OH}}{C_6H_5\overset{|}{\underset{|}{C}}(CH_3)_2} \overset{H_2SO_4}{\longrightarrow} C_6H_5OH + (CH_3)_2CO$$

Daneben bilden sich geringe Mengen Methanol, Acetophenon (S. 571) und α-Methylstyrol (S. 606).

Die durch Säure katalysierte Zersetzung verläuft nach einem ionischen Mechanismus. Die starke Säure spaltet ein Hydroxylion vom Hydroperoxyd ab, wobei ein intermediäres Ion mit positiver Ladung am Sauerstoff entsteht. Wanderung der Phenylgruppe und Anlagerung eines Wassermoleküls führt zum Oxoniumsalz eines Halbacetals, das sich unter Bildung von Phenol, Aceton und einem Proton zersetzt.

$$\underset{C_6H_5\overset{|}{C}(CH_3)_2}{\overset{O-OH}{|}} \underset{H_2O}{\overset{[H^+]}{\rightleftharpoons}} \left[C_6H_5\overset{O^+}{\underset{|}{C}}(CH_3)_2 \right] \rightleftharpoons \left[\overset{OC_6H_5}{\underset{+C(CH_3)_2}{|}} \right] \overset{H_2O}{\rightleftharpoons}$$

$$\underset{H_2\overset{}{O}C(CH_3)_2}{\overset{OC_6H_5}{\underset{+}{|}}} \rightleftharpoons \underset{HOC(CH_3)_2}{\overset{H\overset{+}{O}C_6H_5}{|}} \longrightarrow [H^+] + HOC_6H_5 + O=C(CH_3)_2$$

Verwendung von Phenol und seinen Derivaten. Etwa die Hälfte des Phenols wird zur Herstellung von Phenol-Formaldehyd-Harzen und Kunststoffen verwendet. Die Produktion dieser Phenoplaste betrug 1955 in den USA 254 Millionen Kilogramm. Über die Reaktion von Phenol und Formaldehyd unter Bildung von Harzen wurde zwar schon 1872 von BAEYER berichtet, doch wurde das erste technisch brauchbare Produkt erst 1909 von BAEKELAND entwickelt, einem in Belgien geborenen amerikanischen Chemiker, der auf der Suche nach einem Ersatz für Schellack war. Die Bezeichnung *Bakelit* war lange gleichbedeutend mit Phenol-Formaldehyd-Kunststoffen. Der Handelsname ist jetzt Eigentum der Union Carbide and Carbon-Corporation und dient zur Bezeichnung sämtlicher Kunststoffe dieser Firma mit Ausnahme der Vinylpolymeren (S. 778).

Es werden zwei allgemeine Herstellungsverfahren ausgeübt. Der *einstufige Prozeß* liefert Gießharze, die gewöhnlich maschinell zu Gegenständen verarbeitet werden. Phenol und etwas mehr als ein Mol Formaldehyd in wäßriger Lösung werden kurze Zeit mit einem basischen Katalysator wie Ammoniak oder Natriumhydroxyd erhitzt. Es entsteht ein *Resol (Bakelit A)*, das schmelzbar und in organischen Solventien löslich ist. Es ist linear polymer; die Kondensation ist in ortho- und para-Stellung eingetreten. Dieses geschmolzene Harz wird abgezogen und in Formen gegossen, die dann auf 75—85° erhitzt werden, bis die Reaktion vollständig abgelaufen ist. Während dieses Reaktionsschrittes werden die linearpolymeren Ketten durch den überschüssigen Formaldehyd vernetzt, und es entsteht das unschmelzbare, unlösliche Harz *(Resit)*.

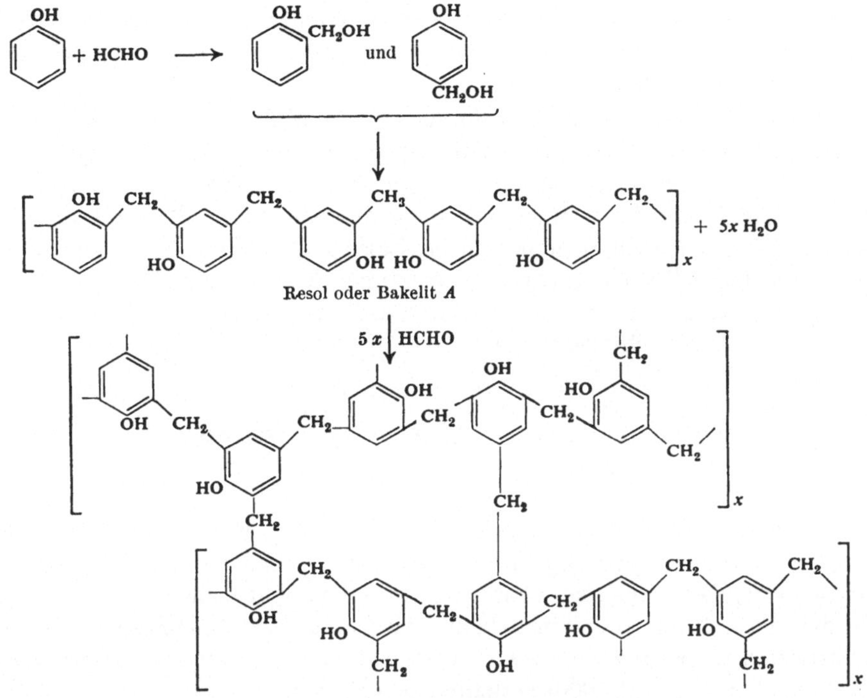

$$OH + HCHO \longrightarrow$$ Resol oder Bakelit *A* $+ 5x\,H_2O$

$5x$ | HCHO

Vernetztes unschmelzbares Harz

Die oben angegebenen Formeln zeigen lediglich Beispiele möglicher Verknüpfungs-weisen. In dem Harz selbst sind die verschiedenen Brückenbindungen ohne Zweifel regellos verteilt.

Das *zweistufige Verfahren* wird zur Herstellung von Phenol-Preßharzen an-gewandt. 1 Mol Phenol und etwa 0,8 Mol Formaldehyd werden mit ungefähr 0,1% Chlorwasserstoff als saurem Katalysator erhitzt. Nach etwa zwei Stunden wird das Wasser durch Destillation unter vermindertem Druck entfernt, und das Resol wird in Pfannen oder auf den Boden gegossen, wo es beim Abkühlen zu einer glasartigen, festen Masse erstarrt. Es wird in Stücke gebrochen, die in Kugel-mühlen mit Kalk zur Neutralisation der Säure gemahlen werden. Es wird dann mit Hexamethylentetramin (S. 231), ferner mit einem Schmiermittel für die Form wie Zinkstearat, einem Füllstoff, z. B. Sägemehl sowie mit einem braunen oder schwarzen Farbstoff vermischt. Durch das Zusammenbacken und Körnen dieser Mischung entsteht die sogenannte *Preßmasse*. Wird die richtige Menge davon in eine Form gegeben und erhitzt und gepreßt, so füllt das zerfließende Material die Hohlräume der Form aus; das Hexamethylentetramin liefert zusätzlichen Form-aldehyd und Ammoniak, die für die Vernetzung und Härtung des Harzes erforder-lich sind.

Die Phenol-Formaldehyd-Kunststoffe sind gewöhnlich dunkel gefärbt und spröde; die Festigkeit der fertigen Produkte ist weitgehend abhängig vom Füllstoff. Sie sind jedoch billig, lassen sich gut verarbeiten, sind sehr hitzebeständig und haben gute dielektrische Eigenschaften. Bei Verwendung para-substituierter Phenole, z. B. von p-Kresol oder p-tert.-Butylphenol kann keine Vernetzung statt-finden, so daß das Produkt thermoplastisch ist. Etwa die Hälfte der Produktion an

Phenolharzen wird vergossen. Der Rest dient größtenteils als Klebemittel bei der Herstellung von Sperrholz und ähnlichen Materialien und als wasserfeste Klebemittel für andere Zwecke.

Wird eine Phenolsulfonsäure mit Formaldehyd und Phenol kondensiert, so enthält das entstandene Harz Sulfonsäuregruppen und kann als Ionenaustauscher wirken. Sein Hauptverwendungszweck ist die Wasserenthärtung. Hartes Wasser enthält Erdalkali- und Schwermetallsalze, die mit Seifen unlösliche Niederschläge bilden (S. 197) und sich in Form unlöslicher Salze in Wasserbehältern und Dampfkesseln festsetzen. Wird derartiges Wasser über das Natriumsalz eines Ionenaustauschers geleitet, werden diese unerwünschten Ionen durch Natriumionen ersetzt, deren Salze leichter löslich sind.

$$\left[-\langle\rangle SO_3{}^-Na^+\right]_x + x\,M^+A^- \rightleftharpoons \left[-\langle\rangle SO_3{}^-M^+\right]_x + x\,Na^+A^-$$

In dem oben angegebenen Gleichgewicht ist M^+ irgendein Kation und A^- irgendein Anion, die beide nicht einwertig zu sein brauchen. Wenn der Austauscher so lange in Betrieb war, daß er die unerwünschten Kationen nicht mehr in ausreichendem Maße aus der Lösung aufnehmen kann, wird er durch Stehenlassen mit einer konzentrierten Salzlösung, die das Gleichgewicht nach links verschiebt, regeneriert. Sulfonierte Polystyrole (S. 606) verhalten sich ebenso.

Wird das Ionenaustauscherharz als freie Säure eingesetzt, so tauscht es Wasserstoffionen gegen andere Kationen aus und kann mit konzentrierter Salzsäure regeneriert werden.

$$\left[-\langle\rangle SO_3{}^-H^+\right]_x + x\,M^+A^- \rightleftharpoons \left[-\langle\rangle SO_3{}^-M^+\right]_x + x\,H^+A^-$$

Eine Lösung, die ihre Metallionen gegen Wasserstoffionen ausgetauscht hat, kann über ein basisches Harz geleitet werden, wie es z. B. durch Kondensation von m-Phenylendiamin (S. 502) mit Formaldehyd hergestellt wird. Auf solche Weise erhält man ein im wesentlichen ionenfreies Wasser.

$$\left[-\langle\rangle{}^{NH_2}_{NH_2}\right]_x + 2x\,H^+A^- \longrightarrow \left[-\langle\rangle{}^{NH_3{}^+A^-}_{NH_3{}^+A^-}\right]_x$$

Wenn das basische Harz vollständig in sein Salz umgewandelt ist, kann es mit Natronlauge regeneriert werden.

Da die aromatischen Aminogruppen nur schwach basisch sind (S. 504), eignen sich diese Harze nicht gut zur Entfernung schwacher Säuren. Zur Einführung stärker basischer Gruppen von hoher Kapazität werden mehrsäurige aliphatische Amine wie Tetraäthylenpentamin (S. 798) mit dem aromatischen Diamin und Formaldehyd kondensiert (Mannich-Reaktion, S. 537) oder es wird ein tertiäres Amin gebildet, das in ein quartäres Hydroxyd umgewandelt werden kann.

$$\text{Tolyl-NH}_2 + HCHO + H(NHCH_2CH_2)_4NH_2 \longrightarrow \text{Tolyl-}CH_2(NHCH_2CH_2)_4NH_2 + H_2O$$

$$\text{Xylyl} + HCHO + HN(CH_3)_2 \longrightarrow \text{Xylyl-}CH_2N(CH_3)_2 \xrightarrow{(CH_3)_2SO_4}$$

$$\left[\text{Xylyl-}CH_2\overset{+}{N}(CH_3)_3\right]_2 [\overset{=}{S}O_4] \xrightarrow{NaOH} \left[\text{Xylyl-}CH_2\overset{+}{N}(CH_3)_3\right][^-OH]$$

2. 2-Bis-[4-hydroxy-phenyl]-propan *(Bisphenol A)* ist das Kondensationsprodukt aus Aceton und zwei Mol Phenol.

$$2\ C_6H_5OH + (CH_3)_2CO \xrightarrow{H_2SO_4} HO-\!\!\!\bigcirc\!\!\!-C(CH_3)_2-\!\!\!\bigcirc\!\!\!-OH + H_2O$$

Es ist ein wichtiges Zwischenprodukt bei der Herstellung von Epoxyharzen (S. 792). **Pentachlorphenol,** gelöst in Öl, wird in weitem Umfang zur Behandlung von Holz zum Schutz gegen Pilze und Termiten verwendet. Das Natriumsalz dient zur Verhütung des Algenwachstums in Industriewasser. Die Salze und Ester der halogenierten Phenoxyalkylsäuren sind wichtige selektive Unkrautvernichtungsmittel. **2.4-Dichlor-phenoxyessigsäure** *(2-4-D)* wird aus Natrium-2.4-dichlorphenolat und Natriumchloracetat hergestellt.

$$\text{(2,4-Dichlorphenolat, ONa)} + ClCH_2COONa \longrightarrow \text{(2,4-Dichlorphenoxy, OCH}_2COONa)$$

2.4.5-Trichlor-phenoxyessigsäure *(2.4.5-T)* wird in gleicher Weise aus 2.4.5-Trichlor-phenol dargestellt. Die letztgenannte Verbindung wird durch Hydrolyse von 1.2.4.5-Tetrachlor-benzol gewonnen, das seinerseits durch direkte Chlorierung von Benzol erhalten wird.

$$C_6H_6 + 4\ Cl_2 \xrightarrow{FeCl_3} \text{(Tetrachlorbenzol)} \xrightarrow{NaOH} \text{(Trichlorphenol, OH)}$$

2.4.6-Trinitro-phenol erhielt auf Grund seiner hohen Acidität und seines bitteren Geschmackes den Namen **Pikrinsäure** (griech. *pikros* bitter). Es wurde zeitweise als gelber Farbstoff für Seide und als Sprengstoff für militärische Zwecke verwendet. Außer den von Phenol ausgehenden Methoden wurden noch andere Herstellungsverfahren entwickelt. Wird z. B. Chlorbenzol zu 2.4-Dinitro-chlorbenzol nitriert, dann kann das Halogen leicht durch Hydrolyse abgespalten und die Nitrierung in guter Ausbeute beendet werden.

$$\text{(Chlorbenzol, Cl)} \xrightarrow{HNO_3 + H_2SO_4} \text{(Cl, NO}_2, NO_2) \xrightarrow{H_2O + Na_2CO_3} \text{(OH, NO}_2, NO_2) \xrightarrow{HNO_3 + H_2SO_4} \text{(OH, O}_2N, NO_2, NO_2)$$

Der aromatische Ring des Trinitrophenols wird von alkalischem Hypochlorit unter Bildung von **Chlorpikrin** (Trichlornitromethan, S. 276) oxydiert.

$$\underset{\substack{\\ NO_2}}{\overset{\substack{OH \\ O_2N \diagup\diagdown NO_2}}{\bigcirc}} \quad + \; 11\; NaOCl \quad \longrightarrow \quad 3\; Cl_3CNO_2 + 3\; Na_2CO_3 + 3\; NaOH + 2\; NaCl$$

Die *Arylphosphate* werden durch Umsetzung von Phenol mit Phosphoroxychlorid dargestellt.

$$3\; ArOH + POCl_3 \quad \longrightarrow \quad (ArO)_3PO + 3\; HCl$$

Sie werden in großem Umfang als Weichmacher und Flammschutzmittel verwendet. **Triphenylphosphat** dient bei photographischem Filmmaterial zur Erhöhung der Flexibilität, zur Erzeugung ebener Folien und zur Verminderung der Entzündlichkeit. Technisches **Trikresylphosphat,** aus dem Kresolgemisch dargestellt, ist einer der wichtigsten Weichmacher, besonders für Vinylpolymere. Es dient auch als nichtentzündliche hydraulische Flüssigkeit und als Zusatz zu Schmierölen. Neuerdings wird es unter der Markenbezeichnung *TCP* zur Verhütung der Frühzündung und des Verrußens der Zündkerzen dem Benzin zugesetzt. 1955 wurden in den USA 15 Millionen kg hergestellt.

Kreosotöl, eine bei 225—270° siedende Fraktion aus Steinkohlen-, Holz- oder Petroleumteer, enthält beträchtliche Mengen an **Kresolen** und dient in großem Umfang als Holzschutzmittel. **p-Kresol** wird aus dem Hydroperoxyd synthetisiert, das sich durch Luftoxydation von p-Cymol bildet (vgl. Phenol aus Cumol, S. 540). **Thymol,** *3-Hydroxy-4-isopropyl-toluol,* kommt im Thymianöl vor. Da das Naturprodukt nicht in ausreichender Menge vorkommt, wird es aus m-Kresol und Propylen (S. 454) synthetisiert. Alkylierung von p-Kresol mit Isobutylen führt zu **2.6-Di-tert.-butyl-4-methyl-phenol,** das in weitem Umfang als Antioxydans (S. 935) für Benzin, Schmieröle, Gummi und eßbare Fette und Öle dient. Es ist unlöslich in verdünnten Alkalien und gibt mit Eisen(III)-chlorid keine Färbung. Phenole, die in ortho-Stellung große Gruppen haben und die üblichen Reaktionen der Phenole nicht geben, werden bisweilen Kryptophenole genannt.

Thymol

**2.6-Di-tert.-butyl-
4-methyl-phenol**

Thymol wirkt noch in großer Verdünnung antiseptisch. Es hat einen angenehmeren aromatischen Geruch als Phenol oder die Kresole und wird häufig in Marken-Antiseptica verwendet. Thymol ist Ausgangsmaterial für die Synthese von Menthol (S. 901). **Carvacrol,** *2-Hydroxy-4-isopropyl-toluol* kommt ebenfalls in einigen ätherischen Ölen vor. Viele andere Phenole oder Phenoläther sind verantwortlich für die aromatischen Eigenschaften ätherischer Öle. **Anethol,** der Hauptbestandteil des Anisöls, ist 4-Propenyl-anisol.

Carvacrol

Anethol

Cardanol ist ein technisches Produkt aus dem Öl der Cachounußschalen. Es setzt sich in der Hauptsache aus einwertigen Phenolen zusammen, die in 3-Stellung mit einer unverzweigten 15-gliedrigen Kohlenstoffkette substituiert sind, die gesättigt sein oder eine, zwei oder drei Doppelbindungen enthalten kann. Die Doppelbindungen befinden sich in 8- bzw. 8,11- bzw. 8,11,14-Stellung. Cardanol findet Verwendung zur Herstellung bestimmter Phenol-Formaldehyd-Harze. Auf Grund der Doppelbindungen in der Seitenkette haben diese Harze trocknende Eigenschaften, ähnlich wie die trocknenden Öle, aber da sie keine Ester sind, sind sie beständiger gegen Hydrolyse. Überdies wird das Harz durch die lange Kette zäher und nicht so spröde wie die üblichen Phenol-Formaldehyd-Harze.

Mehrwertige Phenole und Aminophenole

o-, m- und p-Dihydroxybenzol werden als *Brenzcatechin, Resorcin* und *Hydrochinon* bezeichnet. **Brenzcatechin** wird so genannt, weil es zu den Destillationsprodukten von *Catechu* gehört, das aus gewissen asiatischen Tropenpflanzen erhalten wird. Es kann nach der allgemeinen Methode dargestellt werden, nämlich durch Schmelzen von Natrium-o-phenolsulfonat mit Ätznatron, oder durch saure Hydrolyse seines Monomethyläthers (Guajacol). **Guajacol** findet sich unter den Destillationsprodukten von Guajakharz, dem Harz amerikanischer tropischer

$$OCH_3 \quad OH + HBr \longrightarrow OH + CH_3Br$$

Guajacol　　　　　　　　　　Brenzcatechin

Bäume der Familie *Guaiacum.* Technisch wird Guajacol aus Holzteer gewonnen. Das technische Produkt wird auf Grund seiner oxydationshemmenden Eigenschaften zur Verhütung der Hautbildung bei Farben verwendet. Guajacolcarbonat dient als schleimlösender Zusatz in Hustenmitteln. Methylierung von Guajacol mit Dimethylsulfat und Natriumhydroxyd (S. 532) führt zum Dimethyläther des Brenzcatechins, dem **Veratrol.** Veratrol bildet sich auch durch Decarboxylierung von Veratrumsäure (S. 591). **Eugenol** aus Gewürznelkenöl ist 2-Methoxy-4-allyl-phenol, und **Safrol** aus dem Öl des Sassafraslorbeers und aus Campheröl ist das Formaldehydacetal des 4-Allyl-brenzcatechins. Als Acetal wird Safrol von verdünnten Säuren leicht hydrolysiert.

Guajacolcarbonat　　　　　　　　Eugenol　　　　　　　　Safrol

Die toxischen Reizstoffe des Giftsumachs *(Rhus toxicodendron)* und anderer Sumacharten *(Rhus diversiloba,* "poison oak"*)* sowie gewisser verwandter *Anacardiaceae-Arten* sind Gemische von Brenzcatechinen mit unverzweigten Seitenketten aus 15 Kohlenstoffatomen in 3-Stellung. Wie beim Cardanol wurden aus Giftsumach vier Verbindungen isoliert, deren Seitenkette gesättigt ist bzw. eine, zwei oder drei Doppelbindungen in 8-, 8,11- bzw. 8,11,14-Stellung enthält.

Drei der Komponenten des **Urushiols**, des toxischen Prinzips eines Lackbaums *(Rhus vernicifera)*, sind identisch mit drei aus Giftsumach erhaltenen Verbindungen, aber die dreifach ungesättigte Verbindung hat zwei konjugierte Doppelbindungen in 12,14-Stellung.

Resorcin entsteht bei der Destillation von natürlichen Harzen, wird aber technisch durch Schmelzen des Natriumsalzes der m-Benzoldisulfonsäure mit Ätznatron hergestellt. Es unterliegt leicht Substitutionsreaktionen in 4-Stellung. Seine Kondensationsprodukte mit Formaldehyd dienen als kalthärtende Klebemittel. Resorcin ist auch ein Zwischenprodukt bei der Herstellung von Azofarbstoffen (S. 714), von Fluorescein (S. 721) und **n-Hexylresorcin.** Die letztgenannte Verbindung ist ein vielgebrauchtes Antisepticum und wird durch Clemmensen-Reduktion von 4-Caproyl-resorcin (vgl. S. 226, 569) synthetisiert.

$$\text{OH}\underset{\text{CO(CH}_2)_4\text{CH}_3}{\bigcirc}\text{OH} \quad\xrightarrow{\text{Zn–Hg + HCl}}\quad \text{OH}\underset{(\text{CH}_2)_5\text{CH}_3}{\bigcirc}\text{OH}$$

Die antiseptische Wirkung des Phenols wird durch Einführung von Alkylgruppen in den Kern sehr verstärkt. So sind die Kresole nahezu so giftig wie Phenol, aber ihre Phenolkoeffizienten sind ungefähr 3. Die Wirksamkeit erhöht sich mit der Länge der Alkylgruppen bis zu sechs Kohlenstoffatomen und nimmt dann ab. n-Hexylphenol ist 500 mal so wirksam wie Phenol. Offensichtlich entspricht eine Kohlenwasserstoffkette von sechs Kohlenstoffatomen der optimalen Löslichkeit in Wasser und in Fetten, die beide in den Zellen vorliegen. Ferner ist von Bedeutung, daß die Verbindung die Oberflächenspannung des Wassers erniedrigt.

2.4.6-Trinitro-resorcin wird als **Styphninsäure** bezeichnet und dient wie Pikrinsäure zur Darstellung von kristallisierten Derivaten organischer Verbindungen (S. 486). **Orcin,** das aus verschiedenen Flechten und Aloearten erhalten werden kann, ist 5-Methyl-resorcin. Es findet Anwendung als Reagens zur Unterscheidung zwischen Pentosen, Methylpentosen und Hexosen (S. 398).

Hydrochinon wird durch Reduktion von Chinon (S. 550) mit Eisen und Wasser hergestellt.

$$4\ \underset{\text{O}}{\overset{\text{O}}{\bigcirc}}\ +\ 3\,\text{Fe}\ +\ 4\,\text{H}_2\text{O}\ \longrightarrow\ 4\ \underset{\text{OH}}{\overset{\text{OH}}{\bigcirc}}\ +\ \text{Fe}_3\text{O}_4$$

Chinon   Hydrochinon

Hydrochinon und einige seiner Derivate, z. B. der Monobenzyläther, haben die unangenehme Eigenschaft, eine permanente Depigmentierung der Haut hervorzurufen. **Pyrogallol,** das *1.2.3-Trihydroxy-benzol*, wird durch Decarboxylierung von Gallussäure dargestellt; Gallussäure entsteht bei der Hydrolyse von Gallotannin (S. 591).

$$\underset{\text{COOH}}{\overset{\text{OH}}{\text{HO}\bigcirc\text{OH}}}\quad\xrightarrow{\text{Wärme}}\quad\underset{}{\overset{\text{OH}}{\text{HO}\bigcirc\text{OH}}}\ +\ \text{CO}_2$$

Gallussäure   **Pyrogallol**

Hydrochinon und Pyrogallol sind wichtige photographische Entwickler (S. 549). Alkalische Lösungen von Pyrogallol absorbieren begierig Sauerstoff und werden zur Abtrennung von Sauerstoff aus Gemischen mit anderen Gasen verwendet. Hydrochinon dient in weitem Umfang zur Verhinderung unerwünschter Autoxydation und Polymerisation organischer Verbindungen (S. 935).

Benzoesäuren mit Hydroxyl- oder Aminogruppen in ortho- oder para-Stellung werden leichter decarboxyliert als nichtsubstituierte Säuren. Der Resonanzeffekt steigert die Elektronendichte an dem Kohlenstoffatom, das die Carboxylgruppe trägt, und erleichtert die Verdrängung der Carboxylgruppe durch ein Proton.

Phloroglucin *(symm. Trihydroxybenzol, 1.3.5-Trihydroxy-benzol)* ist ein gutes Reagens zur Bestimmung von Furfurol und somit von Pentosen (S. 398). Es wird dargestellt entweder aus Trinitrotoluol über folgende Reaktionsstufen:

Trinitrotoluol　　　　　Trinitrobenzoesäure　　　　　Triaminobenzoesäure　　　　　Phloroglucin

oder aus Quercetin (S. 737) durch Alkalischmelze.

Obwohl Elektronenbeugungsmessungen zeigen, daß Phloroglucin 1.3.5-Trihydroxybenzol ist, reagiert es so, als wenn es in einem sehr beweglichen Gleichgewicht mit Cyclohexantrion-(1.3.5) stände.

So gibt es eine blauviolette Färbung mit Eisen (III)-chlorid und bildet mit Diazomethan (S. 279) einen Trimethyläther.

Andererseits reagiert es mit Ammoniak und mit Hydroxylamin; diese Reaktionen sind charakteristisch für Ketone. Man könnte sich vorstellen, die zuletzt genannten Reaktionen zeigten lediglich an, daß die Hydroxylgruppen leicht verdrängt werden, und daß das Trioxim in Wirklichkeit ein Trihydroxylaminoderivat des Benzols ist.

35*

Wenn jedoch Phloroglucin mit Methyljodid in alkoholischer Kalilauge alkyliert wird, so findet die Alkylierung nicht am Sauerstoff, sondern am Kohlenstoff statt, und als Endprodukt entsteht ein Hexamethylderivat, das nur die Ketostruktur haben kann.

Dieses Verhalten ist charakteristisch für Verbindungen, die eine Methylengruppe zwischen zwei Carbonylgruppen enthalten (S. 817).

Von den Aminophenolen ist **p-Aminophenol** (Rodinal) das wichtigste wegen seiner Verwendung als photographischer Entwickler. Es wird durch Nitrosierung von Phenol und anschließende Reduktion hergestellt.

Es kann auch durch elektrolytische Reduktion von Nitrobenzol in saurer Lösung gewonnen werden. Hierbei bildet sich N-Phenyl-hydroxylamin, das sich in saurer Lösung zum Salz des p-Aminophenols umlagert.

p-Hydroxyphenyl-glycin (das *Glycin* des Photographen) wird durch Kondensation von p-Aminophenol mit dem Natriumsalz der Chloressigsäure gewonnen.

Wird p-Hydroxyphenylglycin in einem Gemisch von Kresolen erhitzt, so tritt Decarboxylierung unter Bildung von **p-Methylamino-phenol** ein. Diese Verbindung kann auch durch Erhitzen einer wäßrigen Lösung von Methylamin mit Hydrochinon im Autoklaven auf 100° (vgl. S. 533) hergestellt werden. Das Sulfat, als

Metol oder *Elon* bekannt, ist ebenfalls ein handelsüblicher photographischer Entwickler. Auch Gemische von Hydrochinon und p-Methylamino-phenol werden viel verwendet *(Metochinon)*.

Die gewöhnlichen Schwarzweiß-Filme, -Platten oder -Photopapiere bestehen aus einem Träger, der mit einer Emulsion von Silberbromid und Silberjodid in Gelatinelösung überzogen ist. Silberhalogenide werden am Licht dunkel. Die Lichtenergie spaltet die Silberhalogenide in Silber- und Halogenatome, wobei die Zahl der entstehenden Silberatome von der Intensität des auf das Silberhalogenid fallenden Lichtes und von der Belichtungszeit abhängt. Würde eine photographische Platte lange genug dem Bild eines Lichtes ausgesetzt, so bildete sich genügend Silber, um ein Silberbild auf der Platte entstehen zu lassen. Besser wird jedoch die Belichtungszeit kurz bemessen und ein unsichtbares, latentes Bild auf der Platte erzeugt. Jede dabei entstandene Silberpartikel kann als Keim für die Abscheidung von mehr Silber wirken, wenn die Platte einer milden chemischen Reduktion unterworfen wird. Während dieser Reduktion entwickelt sich ein sichtbares Bild, denn die Dichte des abgelagerten Silbers ist proportional der Zahl der Silberkeime, und diese ist proportional der Intensität des Lichtes, das auf die Platte einwirkte. Nach Erreichen des gewünschten Entwicklungsgrades wird das nichtreduzierte Silberhalogenid mit einer Lösung von Natriumthiosulfat *(Fixiersalz)* herausgelöst, wobei das Silberbild auf der Platte, dem Film oder Abzug bleibt.

Die wichtigsten Entwickler sind Hydrochinon, Pyrogallol und p-Aminophenol und dessen Derivate, denn sie bewirken die chemische Reduktion des Silberhalogenids mit der gewünschten Geschwindigkeit. Die Einführung von Amino- und Hydroxylgruppen in den Benzolkern steigert die Oxydationsbereitschaft, da die π-Elektronen leichter verfügbar sind (S. 510, 533). Die Oxydation verläuft besonders leicht in alkalischer Lösung, dagegen schwerer in saurer Lösung, denn an einem Phenolation oder einer freien Aminogruppe sind viel eher Elektronen verfügbar als an einer Hydroxylgruppe oder einem Ammoniumion. Stehen zwei Hydroxylgruppen oder Aminogruppen in ortho- oder para-Stellung zueinander, so ist die Oxydationsbereitschaft besonders groß, da derartige Verbindungen zu Chinonen (S. 550) oxydiert werden können. Verschiedene Entwickler erzeugen verschiedengeartete Silberablagerungen und beeinflussen daher den Charakter des entwickelten Bildes. Zwecks Erreichung der gewünschten Wirkung wird gewöhnlich ein Gemisch verschiedener Entwickler verwendet.

Die Methyläther der Aminophenole werden als *Anisidine*, die Äthyläther als *Phenetidine* bezeichnet. **p-Phenetidin** und sein Acetylderivat, das **Acetophenetidin** oder **Phenacetin** haben antipyretische und analgetische Wirkung. Obwohl weniger giftig als Acetanilid, vermindern sie ebenfalls die Fähigkeit des Blutes, Sauerstoff zu binden.

Die quartären Salze der Carbaminate von m-Aminophenol sind starke Hemmstoffe für Acetylcholinesterase (S. 254), und gewisse Derivate gehören zu den giftigsten bekannten Verbindungen. **Prostigmin** wird medizinisch verwendet zur Behandlung von *myasthenia gravis*, einem spastischen Zustand der Skeletmuskulatur. Die Methoden für seine synthetische Darstellung sind typisch für diese Verbindungsklasse.

Chinone

Von den drei Dihydroxybenzolen und den entsprechenden Diaminen oder Aminophenolen werden die ortho- und para-Isomeren viel leichter oxydiert als die meta-Isomeren. Die ortho- und para-Isomeren können nämlich zwei Wasserstoffatome vom Sauerstoff oder Stickstoff abgeben, wobei beständige Verbindungen, die *Chinone* entstehen.

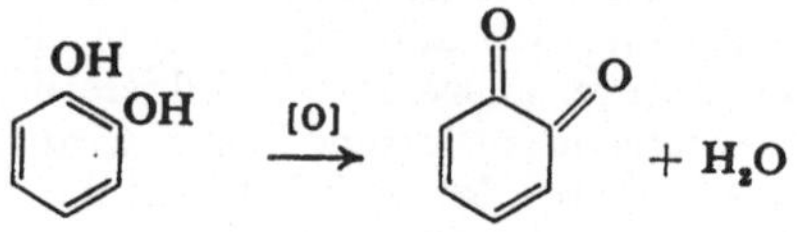

o-Benzochinon

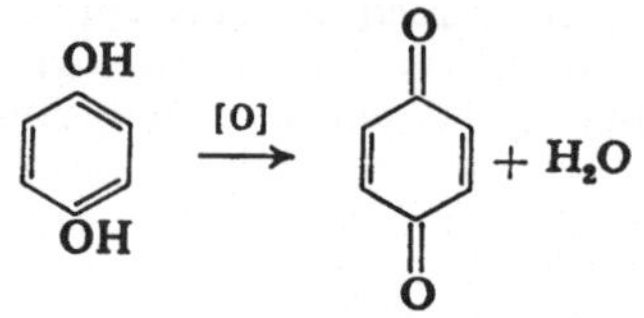

p-Benzochinon

Eine Oxydation dieser Art ist bei meta-Isomeren nicht möglich, da für ein meta-Chinon keine stabile Struktur geschrieben werden kann. Chinone bilden sich auch durch Oxydation von Aminophenolen und Diaminen, da die intermediären Chinonimine und Chinondiimine in wäßriger Lösung sehr schnell hydrolysiert werden.

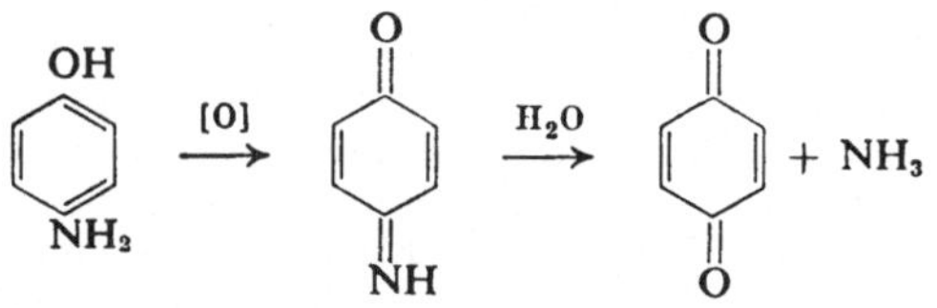

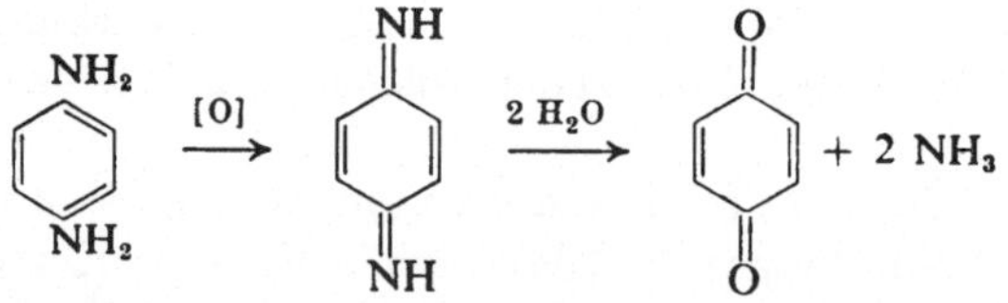

Chinon ist eine Klassenbezeichnung für die ganze Gruppe von Verbindungen, wird aber häufig auch als Namen für die einzelne Verbindung **p-Benzochinon** gebraucht. Diese Verbindung erhielt den Namen *Chinoyl*, als sie erstmals durch Oxydation von Chinasäure (S. 888), einer aus Cinchonarinde extrahierten Substanz, erhalten worden war. Später änderte BERZELIUS den Namen in *Chinon*. Die Verbindung wird technisch durch Oxydation von Anilin mit Mangandioxyd und Schwefelsäure hergestellt.

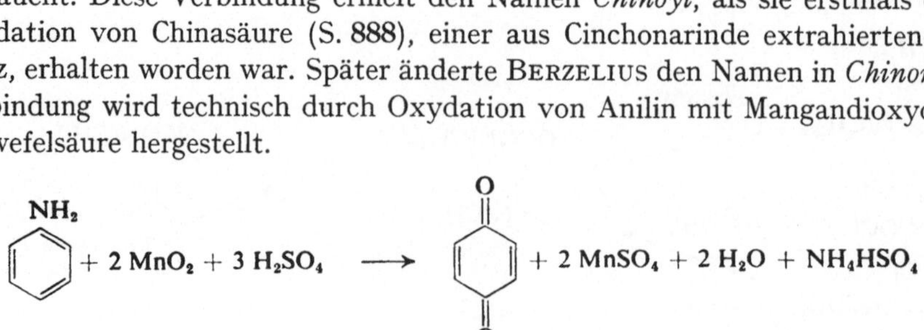

Chinon ist ein leuchtend gelber, fester Stoff von scharfem Geruch. Seine Reaktionen entsprechen denen der α,β-ungesättigten Ketone, einschließlich der 1.4-Addition (S. 806), und nicht denen der aromatischen Verbindungen. Wenn sich die zuerst entstehenden Reaktionsprodukte zu einer aromatischen Verbindung umlagern können, bilden sich substituierte Hydrochinone.

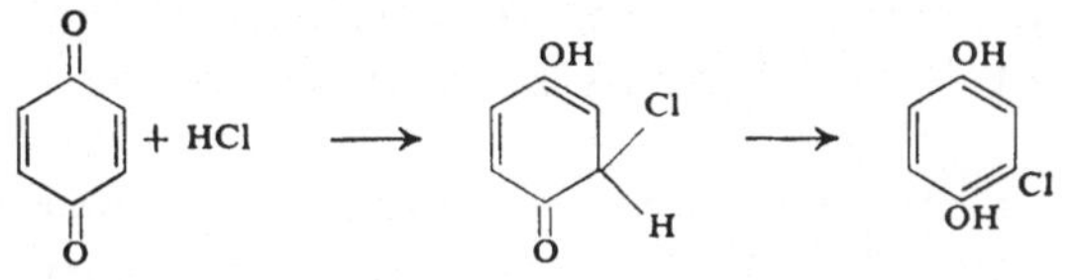

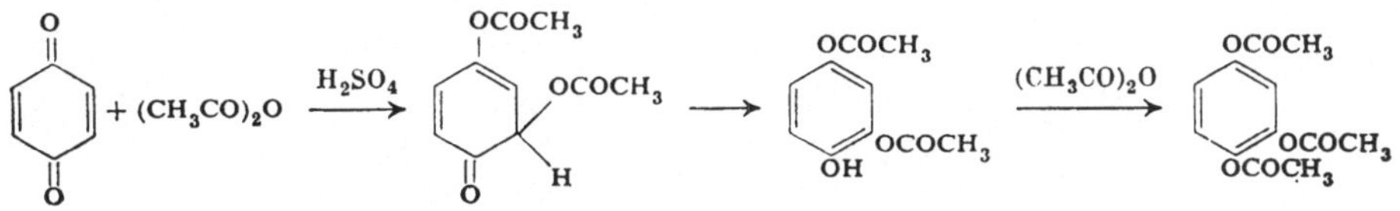

Wenn das Chinon ein stärkeres Oxydationsmittel ist als das substituierte Chinon, so erhält man das letzgenannte und Hydrochinon als Endprodukte. Dieses Verhalten ist verantwortlich für die Bildung von 2.5-Dimethoxy-chinon durch Umsetzung von Chinon mit Methylalkohol.

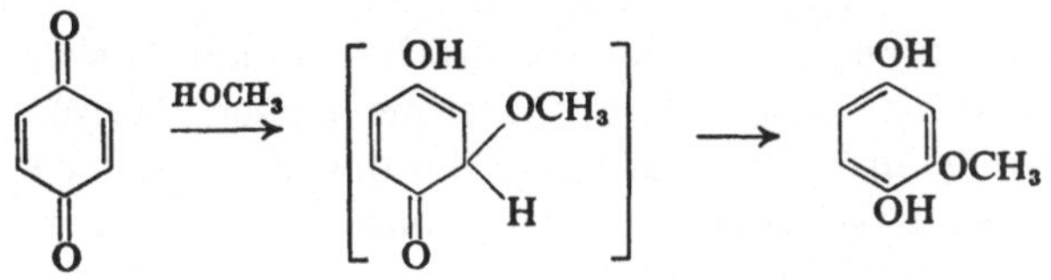

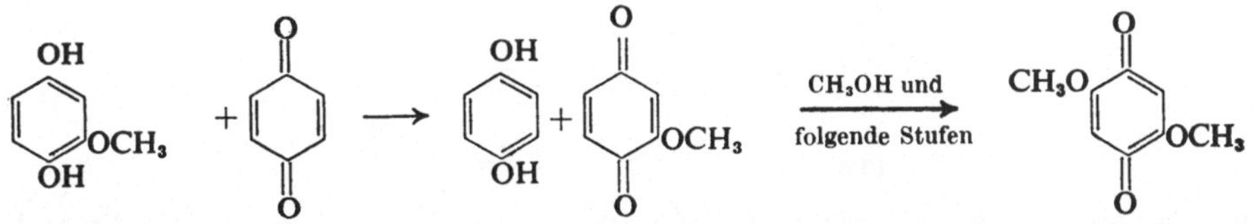

Ähnliche Additions- und Oxydationsreaktionen sind der Grund für das Auftreten von **2.5-Dianilino-chinon** und dessen Mono- und Dianil **(Azophenin)** unter den farbigen Oxydationsprodukten des Anilins (S. 510).

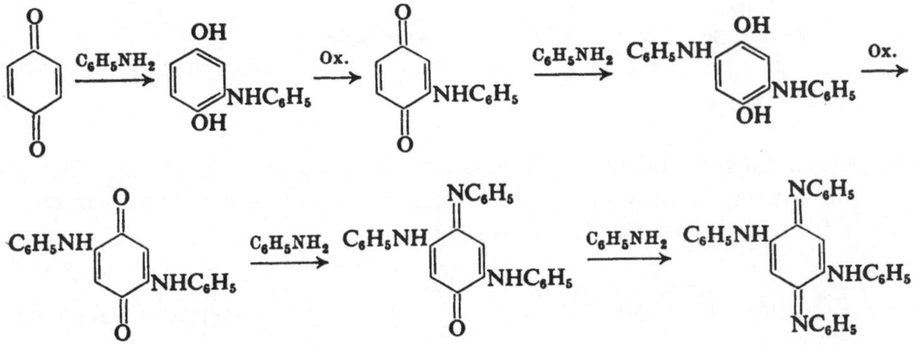

Im allgemeinen vermindern Gruppen mit Elektronendonator-Eigenschaften das Oxydationsvermögen des Chinons und erhöhen das Reduktionsvermögen des Chinols. Elektronenanziehende Gruppen steigern das Oxydationsvermögen des Chinons und verringern das Reduktionsvermögen des Chinols. Die relative Wirkung der verschiedenen Gruppen entspricht annähernd ihrem Einfluß auf die Orientierung im aromatischen Kern. Tetrachlorchinon wird als **Chloranil** bezeichnet und findet Verwendung als Dehydrierungsmittel für organische Verbindungen.

Chinone kuppeln mit Diazoniumsalzen in schwach saurer Lösung unter Abspaltung von Stickstoff. Diese Reaktion ist analog der Gomberg-Reaktion (S. 524) und verläuft wahrscheinlich über einen Radikalmechanismus.

$$+ [C_6H_5N_2^+]Cl^- \longrightarrow \quad + N_2 + HCl$$

Chinon und Hydrochinon vereinigen sich in äquimolekularem Verhältnis direkt unter Bildung von **Chinhydron,** einer fast schwarzen kristallisierten Substanz, die tief gefärbte Lösungen gibt. Die Assoziation scheint auf Wasserstoffbrückenbindung zu beruhen (S. 603). In wäßriger Lösung verhält sich Chinhydron wie ein äquimolares Gemisch aus Chinon und Hydrochinon, und da sich die beiden Verbindungen quantitativ und leicht reversibel ineinander überführen lassen, kann eine Platinelektrode in einer gesättigten Lösung an Stelle einer Wasserstoffelektrode zur Messung der Wasserstoffionenkonzentration dienen.

$$+ 2[H^+] + 2[e^-] \rightleftharpoons$$

Die Wasserstoffelektrode wie die Chinhydronelektrode sind jedoch fast vollständig von der Glaselektrode verdrängt worden.

Wenn ein Salz des 2.6-Dichlor- oder des 2.6-Dibrom-4-amino-phenols mit Hypochloritlösung reagiert, bildet sich das **Chinon-chlorimid.**

$$+ 2\,NaOCl \longrightarrow \quad + 2\,NaCl + 2\,H_2O$$

Diese Verbindungen sind wertvolle Reagentien zum Nachweis geringer Mengen Phenol in Wasser, da sie in alkalischer Lösung mit Phenol unter Bildung intensivfarbiger Phenolindophenole (S. 535) reagieren.

$$O{=}\!\!=\!\!{=}NCl + \quad OH \xrightarrow{2\,NaOH} \left[O{=}\!\!=\!\!{=}N{-}\!\!-\!\!{-}\bar{O} \right] Na^+ + NaCl + H_2O$$

Wiederholungsfragen

1. Welche allgemeinen Methoden gibt es zur Synthese von Phenolen? Man gebe Reaktionen an.

2. Man vergleiche die Reaktionen der Hydroxylgruppe in Phenolen mit den Reaktionen der alkoholischen Hydroxylgruppe und erkläre die Unterschiede.

3. Man gebe drei Reaktionen des Phenols an, die zeigen, in welch ausgeprägter Weise die Hydroxylgruppe die Substitution am Benzolring erleichtert.

4. Was versteht man unter Liebermannscher Nitrosoreaktion? Welche andere in diesem Kapitel besprochene Reaktion ist ihr ähnlich?

5. Man gebe Reaktionen an für die technischen Verfahren zur Synthese von Phenol. Welche sind seine Hauptverwendungszwecke?

6. Welche sind die Formeln und Vorkommen der Kresole; des Thymols; des Brenzcatechins; Resorcins; Chinons; Hydrochinons; Pyrogallols; Phloroglucins?

7. Man diskutiere die Wirkung von Kernsubstituenten auf die Acidität von Phenol.

8. Welche Reaktionen eignen sich zur Synthese von p-tert.-Butylphenol? Was bedeutet die Bezeichnung *Phenolkoeffizient*?

9. Warum sind Brenzcatechin, Hydrochinon und p-Aminophenol brauchbare photographische Entwickler, Resorcin und m-Aminophenol dagegen nicht?

10. Man schreibe die einzelnen Reaktionsschritte an, über welche die Bildung von Azophenin durch Oxydation von Anilin verläuft.

Aufgaben

11. Man gebe Reaktionen für die Synthese folgender Verbindungen, ausgehend von einem aromatischen Kohlenwasserstoff: (*a*) p-Methoxytoluol; (*b*) o-Nitrophenylacetat; (*c*) m-Nitrophenol; (*d*) 2.4-Dinitro-anisol; (*e*) (2.4-Dimethylphenyl)-benzyläther; (*f*) m-Chlorphenol; (*g*) m-Phenolsulfonsäure; (*h*) 1.3-Dihydroxy-4.6-dimethyl-benzol; (*i*) p-Bromphenylcarbonat; (*j*) p-Methoxybenzolsulfonamid.

12. Man gebe Reaktionen für die Synthese folgender Verbindungen aus leicht zugänglichen Chemikalien: (*a*) o-Kresylphosphat; (*b*) Thymol; (*c*) p-Methylamino-phenol; (*d*) o-Anisidin; (*e*) p-Diäthylaminophenyl-dipropylcarbaminat; (*f*) Acet-phenetidin; (*g*) Styphninsäure; (*h*) 2-n-Butyl-5-methyl-phenol; (*i*) Veratrol; (*j*) 2.6-Dichlor-chinon-chlorimid.

13. Man beschreibe ein Verfahren zur Trennung folgender Gemische, wobei jede Komponente in relativ reinem Zustand erhalten werden soll. Die Trennung beruhe auf Unterschieden in physikalischen und chemischen Eigenschaften: (*a*) p-Cymol, p-Kresol, Benzolsulfonsäure und Anilin; (*b*) *N*-Methyl-anilin, *N,N*-Dimethyl-anilin, o-Chlorphenol und Benzoesäure; (*c*) Acetanilid, n-Buttersäure, Phenol und Sulfanil-säure; (*d*) o-Dichlorbenzol, Benzolsulfonamid, Phenol und p-Phenolsulfonsäure; (*e*) o-Nitrophenol, p-Nitrophenol, 2.4.6-Trinitro-phenol, Anilin und 2.4.6-Trinitro-anilin.

14. Man schreibe die Strukturformeln für die Komponenten von (*a*) Cardanol; (*b*) die toxischen Prinzipien des Giftsumachs und anderer Sumacharten; (*c*) Urushiol.

15. Verbindung A hat die Summenformel $C_9H_{12}O_2$. Sie gibt einen positiven Jodoformtest und entwickelt bei Behandlung mit Methylmagnesiumjodid zwei Mol Methan. Beim Erhitzen mit Natriumbisulfat entsteht Verbindung B, $C_9H_{10}O$, die katalytisch zu Verbindung C, $C_9H_{12}O$, reduziert wird. Wird C mit Zinkstaub destilliert, so wird Verbindung D C_9H_{12} erhalten, die durch kräftige Oxydation in Terephthalsäure übergeführt wird. Verbindung A reagiert mit Thionylchlorid unter Bildung eines Reaktionsproduktes der Summenformel $C_9H_{10}O_3S$. Man gebe die Strukturformel für A an und die Gleichungen für die beteiligten Reaktionen.

16. Verbindung A hat die Summenformel $C_{15}H_{14}O_5$. Sie ist unlöslich in Wasser, löst sich aber vollständig beim Kochen mit verdünnter Natronlauge. Wird die alkalische Lösung destilliert, so geht nur Wasser über. Die alkalische Lösung braust beim An-säuern auf, und es scheidet sich ein Öl ab. Das Gas gibt beim Einleiten in Barytwasser einen weißen Niederschlag. Das Öl gibt mit Eisen (III)-chlorid eine Färbung. Wird das

Öl mit konstant siedender Bromwasserstoffsäure gekocht, so entwickelt sich Methylbromid. Nach Abdestillieren des überschüssigen Bromwasserstoffs unter vermindertem Druck bleibt ein Öl, das bei Raumtemperatur fest wird. Es erweist sich als identisch mit der Verbindung, die man durch Alkalischmelze von Natrium-m-benzoldisulfonat und Ansäuern der Schmelze erhält. Man gebe A eine Strukturformel und stelle für die beteiligten Reaktionen die Gleichungen auf.

17. Verbindung A hat die Summenformel $C_{10}H_{11}NO_3$. Sie ist unlöslich in verdünnten Alkalien oder verdünnten Säuren. Wird sie mit verdünnter Schwefelsäure gekocht und destilliert, so ist das Destillat sauer gegen Lackmus und gibt einen Duclaux-Wert von 6,8. Wird ein Teil des im Kolben verbleibenden Rückstands alkalisch gemacht, so bildet sich kein Niederschlag. Wird der Rest der sauren Lösung auf 0° abgekühlt und Natriumnitrit zugegeben, so entwickelt sich kein Gas, doch entwickelt sich beim Erwärmen der Lösung Stickstoff. Wird die Lösung abgekühlt, so kristallisiert eine Substanz aus. Eine wäßrige Lösung dieser Substanz reduziert Tollens-Reagens und gibt eine unbeständige grüne Färbung mit Eisen(III)-chlorid. Wird mehr Eisen(III)-chlorid zugegeben, so bildet sich ein gelber Niederschlag. Man gebe A eine Strukturformel und stelle für die beteiligten Reaktionen die Gleichungen auf.

Kapitel 25

Aromatische Alkohole, Arylalkylamine, Aldehyde und Ketone. Stereochemie der Oxime.

Alkohole und Arylalkylamine

Die Methoden zur Darstellung von Verbindungen, die Hydroxyl- oder Aminogruppen in Alkylseitenketten aromatischer Kerne enthalten, und die Reaktionen dieser Gruppen sind die gleichen wie die Darstellungsmethoden und Reaktionen der aliphatischen Alkohole und Amine. Der Hauptunterschied ist eine erheblich größere Reaktionsfähigkeit solcher Gruppen, die mit dem dem Ring benachbarten Kohlenstoffatom verknüpft sind.

Benzylalkohol wird durch Hydrolyse von Benzylchlorid (S. 458) hergestellt.

$$C_6H_5CH_2Cl + H_2O + Na_2CO_3 \longrightarrow C_6H_5CH_2OH + NaHCO_3 + NaCl$$

Beim Vermischen von Benzylalkohol mit Schwefelsäure bildet sich ein hochmolekularer, unlöslicher Kohlenwasserstoff durch Selbstkondensation in ortho- und para-Stellung.

$$3x\ C_6H_5CH_2OH \xrightarrow{H_2SO_4} \left[\ \right]_x + 3\,x\,H_2O$$

Benzylalkohol wird Lösungen oder Suspensionen für intramusculäre oder subcutane Injektionen in einer Menge von 1 bis 3% zugesetzt, da er an der Stelle der Injektion schmerzlindernd wirkt. **Essigsäurebenzylester** wird zur Herstellung von Parfüms des Jasmin- oder Gardenientypus verwendet, und **Benzoesäurebenzylester** (S. 565) dient als Milbenvertilgungsmittel. Die antipyretische (fiebersenkende) Wirkung der Weidenrinde *(Salix alba)* war schon im Altertum bekannt und wird von dem bitteren Glucosid **Salicin** verursacht, das erstmals 1827 isoliert wurde. Bei der Hydrolyse liefert es Glucose und **Saligenin** *(o-Hydroxybenzyl-alkohol, S. 536).*

$$C_6H_4(CH_2OH)(OC_6H_{11}O_5) \xrightarrow{H_2O} C_6H_4(CH_2OH)(OH) + C_6H_{12}O_6$$

Salicin $\qquad$ Saligenin $\quad$ Glucose

Methylphenylcarbinol wird durch katalytische Reduktion von Methylphenyl-keton (Acetophenon, S. 571) dargestellt.

$$C_6H_5COCH_3 + H_2 \xrightarrow[150°,\ 7\ Atm.]{Cu\text{-}Cr\text{-}Fe} C_6H_5CHOHCH_3$$

α-Methylbenzyläther $[C_6H_5CH(CH_3)]_2O$, dargestellt durch Dehydratisierung des Carbinols, dient als Weichmacher für acrylnitrilhaltige synthetische Kautschuk-sorten (S. 759).

Diphenylcarbinol *(Benzhydrol)* wird durch Reduktion von Diphenylketon (Benzophenon, S. 571) dargestellt.

$$C_6H_5COC_6H_5 + Zn + 2\,NaOH \longrightarrow C_6H_5CHOHC_6H_5 + Na_2ZnO_2$$

Es wird besonders leicht dehydratisiert unter Bildung von **Dibenzhydryläther**; die Reaktion kommt schon durch verdünnte Säuren zustande.

$$2\,(C_6H_5)_2CHOH \longrightarrow (C_6H_5)_2CHOCH(C_6H_5)_2 + H_2O$$

Benadryl $(C_6H_5)_2CHOCH_2CH_2N(CH_3)_2$, der β-Dimethylaminoäthyläther des Benzhydrols, war eine der ersten synthetischen Verbindungen, die in weitem Umfang zur Behandlung von Histaminallergien (S. 669) verwendet wurden. Es ist auch eines der wirksameren Vorbeugungs- und Heilmittel gegen Seekrankheit. Dargestellt wird die Verbindung nach einer modifizierten Williamson-Synthese aus Diphenylmethylbromid und α-Dimethylaminoäthanol.

$$(C_6H_5)_2CHBr + HOCH_2CH_2N(CH_3)_2 \xrightarrow[140°]{K_2CO_3} (C_6H_5)_2CHOCH_2CH_2N(CH_3)_2$$
$$+ KBr + KHCO_3$$

Triphenylcarbinol wird gewöhnlich durch Einwirkung von Phenylmagnesium-bromid auf Benzoesäureäthylester dargestellt.

$$C_6H_5COOC_2H_5 + 2\,C_6H_5MgBr \longrightarrow (C_6H_5)_3COMgBr + MgBr(OC_2H_5)$$
$$\downarrow H_2O$$
$$(C_6H_5)_3COH + MgBr(OH)$$

Das Carbinol löst sich in konzentrierter Schwefelsäure unter Bildung einer orange-farbenen Lösung (halochromes Salz, S. 604), aus der das Carbinol durch Ein-gießen in Wasser regeneriert wird. Umsetzung des Triphenylcarbinols mit konzentrierter wäßriger Salzsäure führt zum **Triphenylchlormethan** *(Tritylchlorid).*

$$(C_6H_5)_3COH + HCl \longrightarrow (C_6H_5)_3CCl + H_2O$$

Triphenylchlormethan reagiert in Gegenwart von Pyridin mit den primären Alkoholgruppen der Zucker unter Bildung von Triphenylmethyläthern; diese Methode wird gelegentlich als *Tritylierung* bezeichnet.

$$RCH_2OH + ClC(C_6H_5)_3 + C_5H_5N \longrightarrow RCH_2OC(C_6H_5)_3 + C_5H_5NHCl$$

Die verbleibenden Hydroxylgruppen können methyliert oder acetyliert werden. Die Triphenylmethylgruppe läßt sich dann selektiv abspalten, da die Triphenylmethyläther in saurer Lösung leichter hydrolysiert werden als Methyläther oder Ester.

Ein wichtiges Charakteristikum der Benzyl-Sauerstoff-Bindung ist ihre leichte Spaltung durch katalytische oder chemische Hydrierung.

$$ArCH_2OR \xrightarrow[\text{oder Na}-ROH]{H_2-\text{Pt oder Ni}} ArCH_2OH + HOR$$

Auch die Benzyl-Schwefel- und die Benzyl-Stickstoff-Bindung werden leicht durch Hydrierung gelöst. Man kann daher eine Benzylgruppe zur Maskierung einer Hydroxyl-, Mercapto- oder Aminogruppe verwenden, mit der Verbindung irgendeine andere Reaktion durchführen und die Benzylgruppe anschließend durch hydrierende Spaltung wieder beseitigen (vgl. S. 320).

β-Phenyläthylalkohol *(Phenäthylalkohol)* ist ein wichtiger Bestandteil des Rosenöls. Das synthetische Produkt wird entweder durch Natrium-Alkohol-Reduktion von Phenylessigsäureäthylester oder durch Friedel-Crafts-Reaktion zwischen Benzol und Äthylenoxyd (S. 785) dargestellt.

$$C_6H_5CH_2COOC_2H_5 + 4\,Na + 3\,C_2H_5OH \longrightarrow C_6H_5CH_2CH_2OH + 4\,NaOC_2H_5$$

$$C_6H_6 + CH_2\!-\!CH_2 \xrightarrow{AlCl_3} C_6H_5CH_2CH_2OAlCl_2 \xrightarrow{H_2O} C_6H_5CH_2CH_2OH$$

Zimtalkohol wird durch Meerwein-Ponndorf-Reduktion von Zimtaldehyd (S. 567) gewonnen.

$$C_6H_5CH\!=\!CHCHO + (CH_3)_2CHOH \xrightarrow{Al(OPr\text{-}i)_3} C_6H_5CH\!=\!CHCH_2OH + (CH_3)_2CO$$

Er hat einen hyazinthenartigen Geruch. Der Alkohol und seine Ester finden Verwendung in der Parfümerie.

Coniferin, das aus dem Cambialsaft von Coniferen isoliert wurde, ist das Glucosid des **Coniferylalkohols.**

$$(C_6H_{11}O_5)O\!-\!\langle\ \rangle\!-\!CH\!=\!CHCH_2OH \qquad HO\!-\!\langle\ \rangle\!-\!CH\!=\!CHCH_2OH$$
$$CH_3O \qquad\qquad\qquad\qquad\qquad CH_3O$$

Coniferin   Coniferylalkohol

Das Lignin der Coniferen (S. 421) scheint ein oxydatives Polymerisationsprodukt des Coniferylalkohols zu sein. Durch alkalische Oxydation von Lignin werden bis zu 25% Vanillin erhalten (S. 568). Das Lignin von Laubbäumen ergibt ein Gemisch aus Vanillin und Syringaaldehyd, wobei der Syringaaldehyd das Vanillin an Menge häufig übertrifft. Dementsprechend scheint sich das Lignin von Laubbäumen nicht nur vom Coniferylalkohol abzuleiten, sondern auch vom **Syringenin,** erstmals erhalten aus dem Glykosid **Syringin,** das in der Rinde des Flieders, *Syringa vulgaris*, vorkommt.

$$(C_6H_{11}O_5)O-C_6H_2(CH_3O)_2-CH=CHCH_2OH \qquad HO-C_6H_2(CH_3O)_2-CH=CHCH_2OH$$

Syringin   Syringenin

Benzylamin, Dibenzylamin und **Tribenzylamin** bilden sich durch Umsetzung von Benzylchlorid mit Ammoniak. Diese Verbindungen sind nur wenig schwächer basisch als die aliphatischen Amine.

Primäre und sekundäre Arylalkylamine können auch aus aromatischen Aldehyden oder Ketonen durch reduktive Alkylierung von Ammoniak oder einem primären Amin (S. 241) dargestellt werden.

$$ArCHO + NH_3 + H_2 \xrightarrow{Ni} ArCH_2NH_2 + H_2O$$

$$ArCOR + H_2NR' + H_2 \xrightarrow{Ni} ArCHR(NHR) + H_2O$$

α-Phenyläthylamin *(α-Phenäthylamin)* wird im Laboratorium gewöhnlich unter Anwendung der Leuckart-Reaktion (S. 241) aus Acetophenon hergestellt.

$$C_6H_5COCH_3 + HCOONH_4 \longrightarrow C_6H_5CH(CH_3)NH_2 + CO_2 + H_2O$$

Es gelingt leicht, diese Verbindung in die beiden aktiven Formen zu zerlegen, und diese eignen sich zur Trennung racemischer Säuren in optische Antipoden. Ein wichtiger Vorzug der Leuckart-Reaktion gegenüber anderen reduktiven Methoden ist, daß Halogen und Nitrogruppen am aromatischen Kern nicht angegriffen werden.

β-Phenyläthylamin *(β-Phenäthylamin)* kann als Stammsubstanz einer großen Gruppe medizinisch wichtiger Verbindungen, der *sympathomimetischen Amine* aufgefaßt werden. Der Name soll andeuten, daß diese Substanzen die Wirkung des sympathischen Nervensystems „nachahmen". Zum Beispiel vergrößern sie die Pupille des Auges *(mydriatische Wirkung)*, verstärken den Herzschlag und erhöhen den Blutdruck *(blutdrucksteigernde Wirkung)*. Nach heutiger Ansicht erfüllt das sympathische System diese Funktionen durch Erzeugung von Adrenalin (Epinephrin) und Noradrenalin (Arterenol), also substituierten β-Phenyläthyl-aminen. Nachstehend seien Formeln für einige wenige dieser wichtigen Verbindungen gegeben.

$$C_6H_5-CH_2CH_2NH_2 \qquad HO-C_6H_4-CH_2CH_2NH_2$$

β-Phenyläthylamin   Tyramin

$$C_6H_5-CH_2CHNH_2(CH_3) \qquad C_6H_5-CHCHNHCH_3(OH)(CH_3)$$

Benzedrin   Ephedrin

Norephedrin

Adrianol

Adrenalin

Noradrenalin

Mescalin

Chloromycetin

Für die Synthese von β-Phenyläthylaminen und ihren Hydroxyderivaten gibt es eine ganze Reihe von Methoden. Einige davon sind in den folgenden Reaktionsreihen angegeben.

(a) $ArCH_2Cl \xrightarrow{NaCN} ArCH_2CN \xrightarrow{H_2,Ni} ArCH_2CH_2NH_2$

(b) $ArCH_2COR \xrightarrow{H_2NOH} ArCH_2CR \xrightarrow{Na,C_2H_5OH} ArCH_2CHR$
        $\underset{NOH}{} \quad \underset{NH_2}{}$

(c) $ArCHO \xrightarrow{RCH_2NO_2} ArCHOHCHNO_2 \xrightarrow{H_2,Pt} ArCHOHCHNH_2$
        $\underset{R}{} \quad \underset{R}{}$

(d) $ArCOCH_2R \xrightarrow{HONO} [ArCOCHR] \longrightarrow ArCOCR \xrightarrow{Na,C_2H_5OH} ArCHOHCHR$
        $\underset{NO}{} \quad \underset{NOH}{} \quad \underset{NH_2}{}$

(e) $ArCOCH_2Cl \xrightarrow{HNR_2} ArCOCH_2NR_2 \xrightarrow{Na,C_2H_5OH} ArCHOHCH_2NR_2$

Benzedrin wirkt besonders stark auf das Zentralnervensystem und bewirkt vorübergehend gesteigerte Munterkeit, Unterdrückung des Ermüdungsgefühls, erhöhte Reizbarkeit und Schlaflosigkeit. Dieser Wirkung folgt Ermüdung und geistige Depression; daher ist die unkontrollierte Verwendung des Mittels sehr gefährlich. Die rechtsdrehende Form ist zwei- bis viermal so aktiv wie racemisches Benzedrin und wird unter dem Handelsnamen Dexedrin verkauft. Sie vermindert die Kontraktion des Magens und wird „als Appetitzügler" bei Entfettungskuren verordnet.

Die nahe verwandte Verbindung **Ephedrin**, die im *Ma Huang-Kraut (Ephedra vulgaris)* vorkommt, wurde von chinesischen Ärzten schon vor Tausenden von Jahren angewandt. Das aktive Prinzip wurde 1885 von japanischen Forschern isoliert, wurde aber in der westlichen Welt erst um 1925 nach den Untersuchungen von CHEN und SCHMIDT in den Vereinigten Staaten bekannter. Es wird zur

Behandlung von Bronchialasthma verordnet, wurde auch einige Jahre lang in Nasentropfen zur Kontraktion der Kapillaren und zur Erleichterung von nasaler Verstopfung bei Schnupfen verwendet. Für letztgenannten Zweck wurde es weitgehend von anderen synthetischen Aryläthylaminen, z. B. dem **Adrianol** (Neo-Synephrin) verdrängt. **Norephedrin** *(Propadrin)* wird zu diesem Zweck oral eingenommen. Interessanterweise unterscheidet sich Norephedrin vom Benzedrin nur durch eine zusätzliche Hydroxylgruppe; trotzdem ist die Möglichkeit einer zentralen Stimulierung viel geringer.

Adrenalin und **Noradrenalin** sind die aktiven Prinzipien des Nebennierenmarks und der postganglionären Nervenenden (S. 254). Adrenalin war das erste Hormon, das in kristallisierter Form isoliert wurde (ABEL 1897) und das erste synthetisch hergestellte Hormon (STOLZ 1904 und DAKIN 1905). Hormone (griech. *hormaein* erregen) sind chemische Substanzen, die von Zellen in einem Teil des Organismus produziert werden und durch die Körperflüssigkeiten an andere Stellen transportiert werden, wo sie ihre spezifische Wirkung entfalten. Obschon viel früher vermutet wurde, daß das Sympathin der Nervenenden (S. 254) aus zwei Substanzen, *Sympathin E* und *Sympathin I*, besteht, wurde erst 1948 bewiesen, daß Sympathin I hauptsächlich Adrenalin, Sympathin E fast reines Noradrenalin ist, und daß das gewöhnliche Adrenalin aus der Nebenniere 12 bis 18% Noradrenalin enthält. Äußerst geringe Mengen Adrenalin erhöhen den Blutdruck durch Verstärkung und Beschleunigung des Herzschlags und Verengung der Arterien. Diese blutdrucksteigernde Wirkung wird durch eine erweiternde Wirkung auf die peripheren Blutkapillaren abgeschwächt. Noradrenalin wirkt stark gefäßverengend auf alle Arten von Blutgefäßen und zeigt eine etwa 1,5mal stärker blutdrucksteigernde Wirkung als Adrenalin. Lokalanästhetica (S. 589) werden zusammen mit Adrenalin verabfolgt; auf diese Weise wird ihre Wirkung verlängert, da das Adrenalin die Blutgefäße in der Umgebung der Injektionsstelle verengt und so verhindert, daß das Anästheticum weggeschwemmt wird. Adrenalin hat auch eine stark erweiternde Wirkung auf die Bronchien und wird zur Behandlung von Bronchialasthma verwendet. Es ist für diesen Zweck etwa 100mal wirksamer als Noradrenalin. Sowohl Adrenalin als auch Noradrenalin enthalten ein asymmetrisches Kohlenstoffatom; ihre natürlich vorkommenden (—)-Formen sind rund zwanzigmal wirksamer als die (+)-Formen.

Mescalin wurde aus "mescal buttons", den Spitzen der Knollen des Peyotekaktus *(Lophophora williamsii)* isoliert. Mescal wird von den Indianern der südwestlichen Vereinigten Staaten und des nördlichen Mexiko auf Grund der von ihm hervorgerufenen psychischen Effekte und Halluzinationen bei religiösen Zeremonien gebraucht. **Tyramin** findet sich im Mutterkorn und in faulendem Fleisch; es bildet sich wahrscheinlich durch Decarboxylierung der Aminosäure Tyrosin (Tab. 18, S. 310). Seine blutdrucksteigernde Wirkung entspricht etwa der des β-Phenyläthylamins.

Chloromycetin *(Chloramphenicol)* wurde aus einer *Streptomyces*-Art, einem Bodenorganismus, isoliert; es ist das erste nach einem rationellen Verfahren synthetisierte Antibioticum. Sein Molekül ist relativ einfach und enthält eine aromatische Nitrogruppe sowie eine Dichloracetylgruppe. Keine dieser Struktureigentümlichkeiten war vorher in einem Naturprodukt gefunden worden. Chloromycetin ist besonders wirksam gegen Typhus und Rocky-Mountain-Fleckfieber.

Aldehyde

Darstellung

Die aromatischen Aldehyde können nach allen allgemeinen Methoden dargestellt werden, nach denen auch die aliphatischen Aldehyde (S. 202) gewonnen werden. Daneben stehen Methoden zur Verfügung, die nur auf aromatische Verbindungen anwendbar sind. Gewöhnlich gibt es für einen bestimmten aromatischen Aldehyd ein bestimmtes Verfahren, das allen anderen überlegen ist. Die in größerer Allgemeinheit anwendbaren Verfahren seien nachstehend zusammengefaßt.

1. Oxydation von Seitenketten. *(a) Methylseitenketten.* Die Gegenwart einer Phenylgruppe erleichtert in gewissem Grade die Oxydation einer Alkylgruppe. Wird die Oxydation in Gegenwart von Acetanhydrid durchgeführt, so wird die weitere Oxydation des Aldehyds durch Bildung des Diacetats vermieden. Hydrolyse liefert den Aldehyd.

$$ArCH_3 + 2\,MnO_2 + 2\,H_2SO_4 \longrightarrow ArCHO + 3\,H_2O + 2\,MnSO_4$$

$$ArCHO + (CH_3CO)_2O \longrightarrow ArCH(OCOCH_3)_2$$

$$ArCH(OCOCH_3)_2 + H_2O \longrightarrow ArCHO + 2\,CH_3COOH$$

Eine interessante Oxydation einer Methylgruppe zur Aldehydgruppe ist die Darstellung von p-Aminobenzaldehyd in 75%iger Ausbeute durch Erhitzen von p-Nitrotoluol mit Natriumpolysulfid.

$$3\,CH_3\!\!-\!\!\langle\bigcirc\rangle\!\!-\!\!NO_2 + Na_2S_4 \longrightarrow 3\,OCH\!\!-\!\!\langle\bigcirc\rangle\!\!-\!\!NH_2 + Na_2S_2O_3 + 2\,S$$

(b) Hydroxymethylseitenketten. Verschiedene Oxydationsmittel überführen primäre oder sekundäre aromatische Alkohole in Aldehyde oder Ketone. Erwähnt seien tert.-Butylhypochlorit (S. 114) oder *N*-Chlorsuccinimid (S. 842) in Tetrachlorkohlenstoff-Lösung, zusammen mit einem Mol Pyridin zur Bindung des entstehenden Chlorwasserstoffs.

$$ArCH_2OH + t\text{-}C_4H_9OCl + C_5H_5N \longrightarrow ArCHO + t\text{-}C_4H_9OH + C_5H_5NHCl$$

Auch tert.-Butylchromat in einem Petroleum-Lösungsmittel, Distickstofftetroxyd in Chloroform und Salpetersäure können als Oxydationsmittel verwendet werden.

(c) Ungesättigte Seitenketten. Wenn die Seitenkette eine dem Ring benachbarte Doppelbindung enthält, kann sie unter Bildung aromatischer Aldehyde oxydiert werden. Diese werden von Reagentien wie Kaliumpermanganat nicht so leicht zu Säuren oxydiert wie die aliphatischen Aldehyde.

$$ArCH\!=\!CHCH_3 \xrightarrow{\ KMnO_4\ } ArCHO + CH_3COOH$$

2. Hydrolyse von Dihalogeniden. Gewöhnlich ist es vorteilhafter, eine Methylgruppe indirekt zu oxydieren, nämlich durch Halogenierung zum Dihalogenid (S. 458) und anschließende Hydrolyse.

$$ArCH_3 + 2\,Cl_2 \longrightarrow ArCHCl_2 + 2\,HCl$$

$$ArCHCl_2 \xrightarrow{\ H_2O(Na_2CO_3)\ } HCl + [ArCH(OH)Cl] \longrightarrow ArCHO + HCl$$

3. Gattermannsche[1] Synthese mit Kohlenmonoxyd (Aldehydsynthese nach Gattermann-Koch). Formylchlorid ist nur bei der Temperatur der flüssigen Luft beständig, doch verhält sich ein Gemisch aus Kohlenmonoxyd und Chlorwasserstoff in Gegenwart von wasserfreiem Aluminiumchlorid und Kupfer(I)-chlorid in seinen Reaktionen mit aromatischen Verbindungen wie Formylchlorid (S. 447).

$$CH_3\text{-}C_6H_5 + \underbrace{CO + HCl}_{[ClCHO]} \xrightarrow{AlCl_3\text{-}CuCl} CH_3\text{-}C_6H_4\text{-}CHO + HCl$$

Ein äquimolekulares Gemisch aus Kohlenmonoxyd und Chlorwasserstoff kann bequem durch Zugabe von Chlorsulfonsäure zu Ameisensäure erhalten werden.

$$HCOOH + ClSO_3H \longrightarrow CO + HCl + H_2SO_4$$

4. Gattermannsche Synthese mit Cyanwasserstoff. Diese Methode wird hauptsächlich auf Phenole und Phenoläther angewandt, die leichter substituiert werden als Kohlenwasserstoffe. Auch hier handelt es sich um eine Reaktion vom Friedel-Crafts-Typus (S. 447); das aktive Reagens ist wahrscheinlich ein Additionsprodukt aus Chlorwasserstoff und Cyanwasserstoff.

$$C_6H_4(OH)_2 + \underbrace{HCN + HCl}_{[ClCH=NH]} \xrightarrow{ZnCl_2} (HO)_2C_6H_3\text{-}CH=NH_2^{+-}Cl \xrightarrow{H_2O} (HO)_2C_6H_3\text{-}CHO + NH_4Cl$$

Bei der Reaktion des Resorcins ist Zinkchlorid als Katalysator von genügender Aktivität. An Stelle von wasserfreiem Cyanwasserstoff kann Zinkcyanid und Chlorwasserstoff verwendet werden, oder der Cyanwasserstoff kann durch Bromcyan ersetzt werden. Früher wurde angenommen, die Reaktion eigne sich nur für Phenole und Phenoläther, doch ist gezeigt worden, daß mit Toluol oder Xylol bei 100° Ausbeuten von 85 bis 100% erhalten werden.

5. Reimer-Tiemannsche Reaktion. Diese Reaktion findet nur mit Phenolen statt.

$$C_6H_5OH + CHCl_3 \xrightarrow{NaOH} (HO)C_6H_4\text{-}CHCl_2 \xrightarrow{H_2O} (HO)C_6H_4\text{-}CHO$$

Salicylaldehyd

Sie umfaßt Substitution und Hydrolyse. Gewöhnlich überwiegt ortho-Substitution; nur wenn die ortho-Stellungen besetzt sind, findet para-Substitution statt.

Wie bei anderen Reaktionen von Chloroform in stark alkalischer Lösung (S. 183) scheint bei der Reimer-Tiemannschen Reaktion Dichlormethylen als Zwischenprodukt aufzutreten.

---

[1] LUDWIG GATTERMANN (1860—1920), Professor in Freiburg i. Br. hat sich besonders bekannt gemacht durch seine Arbeiten mit Diazoniumsalzen (S. 522), seine Synthesen von aromatischen Aldehyden und durch sein beliebtes Laboratoriumsbuch.

$$CHCl_3 + [^-OH] \longrightarrow H_2O + [^- : CCl_3] \longrightarrow [Cl^-] + [: CCl_2]$$

6. Reduktion von Nitrilen (Stephen-Reaktion). Aromatische Nitrile können von Zinn(II)-chlorid und Chlorwasserstoff unter Bildung der Imino-chlorostannate reduziert werden, die leicht zu den Aldehyden hydrolysiert werden.

$$ArCN + SnCl_2 + 4\,HCl \longrightarrow \left[ArCH{=}\overset{+}{N}H_2\right]\left[H\overset{-}{S}nCl_6\right] \xrightarrow{H_2O} ArCHO + (NH_4)HSnCl_6$$

7. Aus Benzylhalogeniden (Sommelet-Reaktion). Wird das durch Umsetzung eines Benzylchlorids mit Hexamethylentetramin (S. 231) entstandene quartäre Salz mit wäßrigem Alkohol gekocht, so entsteht der aromatische Aldehyd in guter Ausbeute.

$$ArCH_2[(CH_2)_6N_4]^+Cl^- + 6\,H_2O \longrightarrow ArCHO + CH_3NH_3Cl + 3\,NH_3 + 5\,CH_2O$$

Reaktion zwischen Ammoniak und Formaldehyd führt sekundär zu einem Gemisch von Methylaminen (S. 241).

Die Sommelet-Reaktion scheint zunächst wie die Delepine-Reaktion (S. 243) unter Bildung des primären Amins zu verlaufen.

$$ArCH_2[(CH_2)_6N_4]^+Cl^- + 6\,H_2O \longrightarrow ArCH_2NH_2 + 2\,NH_3 + NH_4Cl + 6\,CH_2O$$

Durch Reaktion des primären Amins mit Formaldehyd entsteht das Iminoderivat, das im tautomeren Gleichgewicht mit dem Benzylidenderivat des Methylamins steht. Hydrolyse des Benzylidenderivats führt zum aromatischen Aldehyd.

$$ArCH_2NH_2 + HCHO \longrightarrow ArCH_2N{=}CH_2 \rightleftarrows ArCH{=}NCH_3 \xrightarrow{H_2O}$$

$$\left[\begin{array}{c} Ar\overset{}{C}HNHCH_3 \\ | \\ OH \end{array}\right] \longrightarrow ArCHO + H_2NCH_3$$

8. Über Aldehyd-Ammoniak-Zwischenprodukte. Verschiedene andere Methoden zur Darstellung von Aldehyden verlaufen über die intermediäre Bildung eines Aldehyd-Ammoniaks, der sich unter Bildung des Aldehyds und des Amins zersetzt. So reagiert ein aktivierter aromatischer Kern in Gegenwart von Phosphoroxychlorid mit N,N-Dimethylformamid oder N-Methylformanilid unter Bildung des aromatischen Aldehyds.

p-Dimethylamino-
benzaldehyd

Ähnliche Zwischenprodukte bilden sich durch Addition reaktionsfähiger metallorganischer Verbindungen an N-Methylformanilid oder durch Reduktion der N-Methylanilide anderer Carbonsäuren mit Lithiumaluminiumhydrid.

$$C_6H_5N(CH_3)CHO + ArLi \longrightarrow \left[\begin{array}{c} C_6H_5N(CH_3)CHAr \\ | \\ O^{-+}Li \end{array}\right] \xrightarrow{H_2O}$$

$$C_6H_5NHCH_3 + OCHAr + LiOH$$

$$4 C_6H_5N(CH_3)COR + LiAlH_4 \longrightarrow \left[\begin{array}{c} C_6H_5N(CH_3)CHR \\ | \\ O^- \end{array}\right]_4 Li^+Al^{+++} \xrightarrow{H_2O}$$

$$4 C_6H_5NHCH_3 + 4 OCHR + LiOH + Al(OH)_3$$

Reaktionen

Die aromatischen Aldehyde gehen die meisten allgemeinen Additionsreaktionen der aliphatischen Aldehyde ein, z. B. Reduktion und Oximbildung, aber sie polymerisieren sich nicht. Von Luft werden sie über das Peroxyd (S. 934) zur Säure oxydiert. Dagegen werden sie durch Lösungen von Oxydationsmitteln nicht so leicht oxydiert wie die aliphatischen Aldehyde. Zum Beispiel reduziert Benzaldehyd Fehlingsche Lösung nicht.

Die Oxydation von Benzaldehyd mit Permanganat unterliegt sowohl einer allgemeinen Säurekatalyse als auch einer spezifischen Hydroxylionenkatalyse. Bei neutraler und säurekatalysierter Oxydation wird der Aldehyd nach Anlagerung eines Protons von dem Permanganation angegriffen, wobei der Permanganatester des hydratisierten Aldehyds entsteht; dieser gibt ein Proton und $[MnO_3^-]$-Ion ab und geht in die Säure über.

$$ArCH{=}O \xrightarrow{[H^+]} \left[ArCH{=}\overset{+}{O}H\right] \xrightarrow{[^-:OMnO_3]} Ar\overset{\overset{\textstyle OH}{|}}{\underset{\underset{\textstyle O-MnO_3}{|}}{C}}{-}H \longrightarrow ArCOOH + [H^+] + [MnO_3^-]$$

Das $[MnO_3^-]$-Ion wird sehr rasch in Mangandioxyd und Permanganation übergeführt.

$$3 [MnO_3^-] + H_2O \longrightarrow 2 MnO_2 + [MnO_4^-] + 2 [^-OH]$$

Im Einklang mit diesem Mechanismus wird bei Verwendung von $[^-Mn^{18}O_4]$ als Oxydationsmittel ^{18}O in die Säure eingeführt. Dieser Mechanismus gleicht insofern dem der Oxydation von Alkoholen durch Chromsäure (S. 112), als ein Ester als Zwischenprodukt auftritt. Er unterscheidet sich von ihm jedoch dadurch, daß der Sauerstoff der Esterbindung vom Permanganat geliefert wird, während er bei der Chromsäureoxydation vom Alkohol stammt.

Anders verläuft die Oxydation mit alkalischem Permanganat. Hier stammt der in das Reaktionsprodukt eingeführte Sauerstoff hauptsächlich aus den als Lösungsmittel dienenden Wassermolekülen und nicht aus dem Permanganat. Es gibt Anzeichen, daß die Oxydation nach einem Radikalmechanismus über freie Hydroxylradikale verläuft.

$$[MnO_4^-] + [^-:OH] \longrightarrow [MnO_4^=] + [\cdot OH]$$

$$R{-}\overset{\overset{\textstyle O}{\|}}{\underset{\underset{\textstyle H}{|}}{C}} + [\cdot OH] \longrightarrow \left[R{-}\overset{\overset{\textstyle O\cdot}{|}}{\underset{\underset{\textstyle H}{|}}{C}}{-}OH\right]$$

$$\left[R{-}\overset{\overset{\textstyle O\cdot}{|}}{\underset{\underset{\textstyle H}{|}}{C}}{-}OH\right] + [MnO_4^-] \longrightarrow RCOOH + [MnO_3^-] + [\cdot OH]$$

Bei Verwendung von $[^-Mn^{18}O_4]$ wird nur wenig ^{18}O in die Benzoesäure eingeführt, da der Sauerstoff zwischen den Hydroxylradikalen und den Wassermolekülen sehr schnell ausgetauscht wird.

$$[HO \cdot] + HOH \rightleftarrows HOH + [\cdot OH]$$

Einige der wichtigeren Reaktionen verdienen besondere Betrachtung.

1. Halogenierung der Aldehydgruppe. Bei aliphatischen Aldehyden wird der Kohlenwasserstoffteil des Moleküls in α-Stellung zur Carbonylgruppe schneller halogeniert als die Aldehydgruppe selbst. Da bei aromatischen Aldehyden kein α-ständiger Wasserstoff vorhanden ist, und da der aromatische Ring in Abwesenheit eines speziellen Katalysators nicht substituiert wird, ist es möglich, eine direkte Substitution des Wasserstoffatoms der Aldehydgruppe durch Halogen zu bewirken; das Reaktionsprodukt ist ein Acylhalogenid.

$$C_6H_5CHO + Cl_2 \longrightarrow C_6H_5COCl + HCl$$
$$\text{Benzaldehyd} \qquad\qquad \text{Benzoylchlorid}$$

2. Cannizzaro-Reaktion. Wie alle Aldehyde ohne α-ständigen Wasserstoff unterliegen die aromatischen Aldehyde der Cannizzaro-Reaktion (S. 229).

$$2\,C_6H_5CHO + NaOH \longrightarrow C_6H_5CH_2OH + C_6H_5COONa$$
$$\text{Benzylalkohol} \quad \text{Natriumbenzoat}$$

Da Formaldehyd leichter oxydiert wird als die aromatischen Aldehyde, können diese vollständig in die Alkohole umgewandelt werden, indem man ein Gemisch des aromatischen Aldehyds mit einem Überschuß an Formaldehyd in Gegenwart von konzentrierter Natronlauge erhitzt („gekreuzte" Cannizzaro-Reaktion).

$$C_6H_5CHO + HCHO + NaOH \longrightarrow C_6H_5CH_2OH + HCOONa$$

Steht in ortho- oder para-Stellung eine Hydroxylgruppe, so findet die Cannizzaro-Reaktion nur in Gegenwart von feinverteilten Metallen (besonders Silber) statt.

Für die Cannizzaro-Reaktion kommen verschiedene, auch radikalische Reaktionsmechanismen in Betracht, die in heterogenem Medium nebeneinander ablaufen können. In homogenem Reaktionsmedium greift ein Hydroxylion das (positivierte) Carbonylkohlenstoffatom des polarisierten Aldehyds an; gleichzeitig wird Wasserstoff als Anion abgespalten und auf den positiv polarisierten Kohlenstoff eines zweiten Aldehydmoleküls übertragen. So entstehen eine Säure und ein Alkoxyl-Ion. Daß es sich hierbei um eine Hydridionenwanderung, nicht um Übertragung von Protonen handelt, geht daraus hervor, daß beim Ablauf der Reaktion in schwerem Wasser kein an Kohlenstoff gebundenes Deuterium in den Reaktionsprodukten auftritt.

$$
\begin{array}{ccccc}
& H & & H & & H \\
& | & [OH^-] & | & & | \\
Ar - C^{\delta+} & \xrightarrow{\quad} & Ar - C - OH & \longrightarrow & Ar - C - OH + [H^-] \\
\| & & | & & \| \\
O^{\delta-} & & O^- & & O
\end{array}
$$

$$
\begin{array}{ccccc}
& H & & H & & H \\
& | & [H^-] & | & [Na^+] & | \\
Ar - C^{\delta+} & \xrightarrow{\quad} & Ar - C - H & \xrightarrow{\quad} & Ar - C - H \\
\| & & | & & | \\
O^{\delta-} & & O^- & & ONA
\end{array}
$$

Die Polarisierung des Aldehydmoleküls wird offenbar durch die Bildung von Komplexverbindungen mit Metallhydroxyd verstärkt, in denen das Metallion mit dem Sauerstoff der Carbonylgruppe koordiniert ist. Es hat sich gezeigt, daß eine Base die Disproportionierung um so besser zu bewirken vermag, je schwächer sie ist; $Ca(OH)_2$ wirkt besser als NaOH.

Benzaldehyd wird durch katalytische Einwirkung von Aluminiumäthylat in Benzoesäurebenzylester übergeführt (Tischtschenko-Reaktion, S. 230).

$$2\;C_6H_5CHO \xrightarrow{\;Al(OC_2H_5)_3\;} C_6H_5COOCH_2C_6H_5$$

3. Reaktion mit Ammoniak. Acetaldehyd reagiert mit Ammoniak im Molverhältnis 1:1 unter Bildung eines Additionsproduktes, des Acetaldehyd-Ammoniaks, der unter Bildung von Äthylidenimin oder dessen Polymeren (S. 219) Wasser abspaltet. Bei Formaldehyd ist das Molverhältnis der Reaktionsteilnehmer 6:4, und die Dehydratisierung tritt spontan ein, wobei Hexamethylentetramin entsteht, das eine Käfigstruktur hat (S. 231). Benzaldehyd reagiert mit Ammoniak im Molverhältnis 3:2 unter spontaner Dehydratisierung; hierbei entsteht ein Reaktionsprodukt, das als **Hydrobenzamid** bezeichnet wird.

$$3\;C_6H_5CHO + 2\;NH_3 \longrightarrow \underset{\overset{|}{C_6H_5}}{C_6H_5CH=NCHN=CHC_6H_5} + 3\;H_2O$$

Hydrobenzamid

Dieser Name geht auf LAURENT[1] zurück, der Benzaldehyd für eine Art Säure hielt, die zum Unterschied von Benzoesäure keine Ammoniumsalze, wohl aber Amide bilde. Er nannte Benzaldehyd eine „Hydrogensäure", und das Reaktionsprodukt mit Ammoniak ein „Hydrogenamid" oder „Hydramid". In Wirklichkeit ist das Produkt kein Amid, sondern das Dibenzylidenderivat des Benzylidendiamins. Zweifellos ist bei den Reaktionen sämtlicher Aldehyde mit Ammoniak der Aldehyd-Ammoniak das Primärprodukt.

4. Kondensation mit primären Aminen. Aromatische Aldehyde kondensieren sich mit primären aliphatischen oder aromatischen Aminen unter Bildung von Iminoderivaten, den *Schiffschen Basen*. Die Reaktionsprodukte mit aromatischen Aminen werden auch als *Anile* bezeichnet.

$$C_6H_5CHO + H_2NCH_3 \longrightarrow C_6H_5CH=NCH_3 + H_2O$$
N-Methylbenzylidenimin

$$C_6H_5CHO + H_2NC_6H_5 \longrightarrow C_6H_5CH=NC_6H_5 + H_2O$$
Benzylidenanilin

Schiffsche Basen polymerisieren sich nicht und sind im allgemeinen beständiger als die *N*-Alkyl-alkylidenimine RCH=NR, da die Konjugation der Doppelbindung mit dem aromatischen Kern ihre Reaktionsfähigkeit stark herabsetzt.

Schiffsche Basen können von Wasserstoff und Raney-Nickel leicht unter Bildung der sekundären Amine reduziert werden. Es ist unnötig, die Schiffschen Basen zu isolieren. Es genügt, eine alkoholische Lösung des aromatischen Aldehyds und des primären Amins mit Wasserstoff in Gegenwart des Katalysators zu schütteln.

---

[1] AUGUSTE LAURENT (1807—1853) studierte zuerst Bergbau und wurde dann Assistent von DUMAS, unter dessen Leitung er Anthracen aus Steinkohlenteer isolierte. Er stellte als erster Anthrachinon (1832), Phthalsäure (1836) und Adipinsäure (1837) dar und trug zur Erforschung des Naphthalins und des Phenols bei. Er prägte das Wort *phène* (S. 444) für Benzol, das in den Worten *Phenol* und *Phenyl* erhalten blieb. LAURENT war der erste, der klar zwischen Atom, Äquivalent und Molekül unterschied. In seinen späteren Jahren war er Münzwardein in Paris.

5. Aldolartige Kondensationen mit aliphatischen Aldehyden und Ketonen.
Aromatische Aldehyde kondensieren sich mit anderen Aldehyden und Ketonen,
die zwei α-ständige Wasserstoffatome aufweisen. Die intermediär entstehenden
Aldole verlieren jedoch noch leichter Wasser als die aliphatischen Aldole (S. 216),
da die so entstehende Doppelbindung nicht nur mit der Carbonylgruppe, sondern
auch mit dem aromatischen Ring konjugiert ist.

$$C_6H_5CHO + CH_3CHO \xrightarrow{\text{Verd. NaOH}} C_6H_5CH=CHCHO + H_2O$$
Zimtaldehyd

$$C_6H_5CHO + CH_3COCH_3 \xrightarrow[10\%]{\text{NaOH}} C_6H_5CH=CHCCH_3 + H_2O$$
Benzylidenaceton

$$C_6H_5CH=CHCCH_3 + OCHC_6H_5 \xrightarrow[10\%]{\text{NaOH}} C_6H_5CH=CHCCH=CHC_6H_5 + H_2O$$
Dibenzylidenaceton

Die Ausbeute an Zimtaldehyd ist nicht so gut wie die an Benzyliden- oder Dibenzylidenaceton, und zwar wegen der polymerisierenden Wirkung des Alkalis
auf den aliphatischen Aldehyd. Aldehydkondensationen mit Ketonen, die mit
10%iger Natronlauge durchgeführt werden, sind als *Claisen-Reaktionen* bekannt.
Die Benzylidenacetone liefern in wasserfreiem Medium tieffarbene halochrome
Salze mit starken Säuren (S. 604).

6. Perkinsche Synthese. Eine aldolartige Addition von Anhydriden an aromatische Aldehyde wurde von PERKIN entdeckt (S. 709). Als basischer Katalysator
für die Reaktion dient gewöhnlich das Natriumsalz der Säure, die dem verwendeten
Anhydrid entspricht.

$$ArCHO + (RCH_2CO)_2O \xrightarrow[100°]{\text{NaOCOCH}_2\text{R}} \left[ArCH=\overset{R}{C}-\overset{O}{C}-O-\overset{O}{C}-CH_2R + H_2O \right]$$

$$\downarrow$$

$$ArCH=\overset{R}{C}COOH + RCH_2COOH$$

Das Endprodukt ist eine α,β-ungesättigte Säure, die durch Hydrolyse des intermediären Anhydrids entsteht.

7. Benzoin-Kondensation. Beim Schütteln von Benzaldehyd mit der wäßrigen
Lösung eines Alkalicyanids tritt Kondensation zweier Moleküle ein unter Bildung
eines Ketoalkohols, der **Benzoin** genannt wird.

$$2\,C_6H_5CHO \xrightarrow{\text{KCN}} C_6H_5CCHOHC_6H_5$$
Benzoin

Formal scheint diese Reaktion durch Anlagerung des Wasserstoffs der einen Aldehydgruppe an die Carbonylgruppe der anderen Gruppe und Vereinigung der Kohlenstoffatome stattzufinden. Die Reaktion ist jedoch nicht einfach als aldolartige Kondensation
zu deuten, denn sie wird nicht von gewöhnlichen Basen, sondern spezifisch von Alkali-
cyaniden katalysiert. Nach einem Vorschlag von LAPWORTH (S. 210) besteht die erste

Stufe in der Addition von Cyanidion, worauf eine Protonenübertragung unter Bildung des Cyanhydrins folgt. Das Cyanhydrin enthält ein zur Nitrilgruppe α-ständiges Wasserstoffatom und kann daher eine von Basen katalysierte Kondensation mit einem zweiten Molekül Aldehyd eingehen. Das entstehende Cyanhydrin des Benzoins verliert dann Cyanwasserstoff.

$$ArCHO \xrightleftharpoons{[:CN^-]} \left[\begin{array}{c} ArCHO\overset{..}{:} \\ | \\ CN \end{array}\right] \xrightleftharpoons[{[:OH^-]}]{H_2O} \begin{array}{c} ArCHOH \\ | \\ CN \end{array} \xrightleftharpoons[H_2O]{[:OH^-].} \left[\begin{array}{c} Ar\overset{..}{C}OH \\ | \\ CN \end{array}\right] \xrightleftharpoons{ArCHO}$$

$$\left[\begin{array}{c} O\overset{..}{:} \\ | \\ Ar-C-CHAr \\ | \quad\quad | \\ CN \quad OH \end{array}\right] \xrightleftharpoons[{[:OH^-]}]{H_2O} \begin{array}{c} Ar-C-CHOHAr \\ | \quad\quad\quad | \\ CN \quad\quad OH \end{array} \xrightleftharpoons[H_2O]{[:OH^-]} \left[\begin{array}{c} Ar-C-CHOHAr \\ | \quad\quad\quad | \\ CN \quad O\overset{..}{:} \end{array}\right] \xrightleftharpoons{[:CN^-]} \begin{array}{c} ArCCHOHAr \\ || \\ O \end{array}$$

8. Pinakonbildung. Bei Umsetzung von aromatischen Aldehyden mit metallischem Natrium in ätherischer Lösung bilden sich Pinakone analog denen, die aus aliphatischen Ketonen erhalten werden (S. 226).

$$2\,C_6H_5CHO + 2\,Na \longrightarrow \begin{array}{c} C_6H_5CH——CHC_6H_5 \\ | \quad\quad\quad | \\ ONa \quad ONa \end{array}$$

$$\xrightarrow{H_2O} C_6H_5CHOHCHOHC_6H_5 + 2\,NaOH$$
$$\text{Hydrobenzoin}$$

Aromatische Aldehyde von Bedeutung

Benzaldehyd ist unter den Hydrolyseprodukten des blausäurebildenden Glykosids *Amygdalin* (griech. *amygdalon*, Mandel), das in den Samen des Steinobstes vorkommt (S. 267). Ein alter Name für Benzaldehyd ist *Bittermandelöl*.

$$\begin{array}{c} C_6H_5CHCN \\ | \\ OC_{12}H_{21}O_{10} \end{array} \xrightarrow{H_2O} \underset{\text{Glucose}}{2\,C_6H_{12}O_6} + \underset{\substack{\text{Benzaldehyd-}\\\text{cyanhydrin}}}{C_6H_5CHOHCN} \longrightarrow \underset{\text{Benzaldehyd}}{C_6H_5CHO + HCN}$$
$$\text{Amygdalin}$$

Benzaldehyd spielte eine wichtige Rolle im Rahmen der Arbeiten, durch die die Grundlagen der organischen Strukturchemie gelegt wurden, da LIEBIG und WOEHLER zeigten, daß das Radikal Benzoyl C_6H_5CO intakt durch eine große Zahl aufeinanderfolgender chemischer Operationen erhalten bleibt. Benzaldehyd wird technisch durch Hydrolyse von Benzylidenchlorid, einem der Produkte der Seitenkettenchlorierung von Toluol (S. 458) dargestellt. Er wird in gewissem Umfang als Geschmackstoff und als Parfüm verwendet, dient aber hauptsächlich zur Synthese anderer organischer Verbindungen.

Zimtaldehyd $C_6H_5CH{=}CHCHO$ ist der Hauptbestandteil des Cassiaöls und des Zimtöls, der flüchtigen Öle der Rinde von *Cinnamomum cassia* und *Cinnamomum ceylanicum*. Er wird durch Aldolkondensation von Benzaldehyd mit Acetaldehyd synthetisiert (S. 566).

Anisaldehyd wird durch Oxydation von Anethol (S. 544) dargestellt.

$$\underset{\text{Anethol}}{CH_3O\langle\bigcirc\rangle{-}CH{=}CHCH_3} + 2\,KMnO_4 \longrightarrow \underset{\text{Anisaldehyd}}{CH_3O\langle\bigcirc\rangle CHO} + 2\,MnO_2 + CH_3COOK + KOH$$

Anisaldehyd wird in der Parfümerie unter dem Namen *Aubépine* verwendet. Sein Geruch ist der der Weißdornblüten und hat keine Ähnlichkeit mit dem des

Anisols, Benzaldehyds oder Anethols. Der blütenartige Charakter des Geruchs fehlt bei den ortho- und meta-Isomeren vollständig.

Vanillin ist der Hauptbestandteil des Duftstoffs der Vanilleschoten, der langen schotenartigen Kapseln einer tropischen, kletternden Orchidee, *Vanilla planifolia*. Es ist mit Ausnahme von Salz, Pfeffer und Essig wahrscheinlich der verbreitetste Geschmackstoff. Die jährliche Produktion des synthetischen Produktes beträgt in den USA etwa eine Viertel Million kg. Es ruft nicht nur den erwünschten Vanillegeruch oder -geschmack hervor, sondern überdeckt auch in ausgeprägter Weise unerwünschte Gerüche. Zum Beispiel überdeckt es in einer Verdünnung von 1:2000 den unerwünschten Geruch frischer Farbe. Das Maskieren und Neutralisieren des Geruchs von Artikeln aus Gummi, Textilstoffen und Kunststoffen ist ein wichtiger Zweig der Parfümeriekunst.

Der Preis der Vanilleschoten war starken Schwankungen unterworfen, während der des synthetischen Vanillins kontinuierlich abgenommen hat. Da ein kg Vanillin in seiner Geschmackswirkung etwa 100 kg erstklassigen Vanilleschoten entspricht, konnte das erste synthetische Vanillin, das 1875 zu einem Preis von $ 80 pro Pfund auf dem Markt erschien, mit den Vanilleschoten, die $ 2.50 pro Pfund kosteten, konkurrieren. Der Preis des synthetischen Vanillins betrug 1925 $ 8 pro Pfund, während der der Vanilleschoten $ 9 pro Pfund betrug. Seit 1940 ist der Preis auf etwa $ 2 pro Pfund weitergefallen. Trotzdem behält das Naturprodukt aus naheliegenden Gründen einen Teil des Marktes.

Es wurden zahlreiche Verfahren zur Synthese von Vanillin entwickelt. Lange Jahre hindurch ging das billigste synthetische Verfahren von Eugenol aus natürlichem Nelkenöl aus. Das Eugenol wurde zu Isoeugenol isomerisiert, bei dem die Doppelbindung in Konjugation zum Benzolring steht, und dann wurde die Seitenkette unter gemäßigten Bedingungen mit Permanganat oxydiert.

$$\underset{\textbf{Eugenol}}{\text{[OH, OCH}_3\text{, CH}_2\text{CH=CH}_2\text{]}} \xrightarrow{\text{NaOH}} \underset{\textbf{Isoeugenol}}{\text{[OH, OCH}_3\text{, CH=CHCH}_3\text{]}} \xrightarrow{\text{KMnO}_4} \underset{\textbf{Vanillin}}{\text{[OH, OCH}_3\text{, CHO]}}$$

Guajacol reagiert leicht mit Formaldehyd, und der entstehende Vanillylalkohol kann mit verschiedenen milden Oxydationsmitteln, z. B. p-Nitrosodimethylanilin (S. 517) zu Vanillin oxydiert werden.

$$\underset{\textbf{Guajakol}}{\text{[OH, OCH}_3\text{]}} \xrightarrow{\text{HCHO}} \underset{\textbf{Vanillylalkohol}}{\text{[OH, OCH}_3\text{, CH}_2\text{OH]}} \xrightarrow{\text{ONC}_6\text{H}_4\text{N(CH}_3)_2} \underset{\textbf{Vanillin}}{\text{[OH, OCH}_3\text{, CHO]}} + \text{H}_2\text{NC}_6\text{H}_4\text{N(CH}_3)_2$$

Heutzutage wird Vanillin durch Oxydation alkalischer Lösungen der Ligninsulfonate aus den Sulfitablaugen (S. 421, 556) mit Luft gewonnen. *Bourbonal* oder *Vanirom* sind zwei Handelsnamen eines synthetischen Produktes, das an Stelle der Methoxylgruppe eine Äthoxylgruppe enthält. Es hat in geschmacklicher Hinsicht die 3,5fache Wirkung des Vanillins.

Methylierung von Vanillin mit Dimethylsulfat und Alkali gibt **Veratral** (Veratrumaldehyd, 3.4-Dimethoxy-benzaldehyd), eine Verbindung, die für organische Synthesen vielseitig anwendbar ist. **Piperonal** *(Heliotropin)* ist 3.4-Methylendioxy-benzaldehyd; es wird aus Safrol (S. 545) hergestellt, analog der Gewinnung von Vanillin aus Eugenol. Es hat einen angenehmen Geruch und wird in der Parfümerie verwendet; auch für organische Synthesen ist es wertvoll. Im Gegensatz zu Benzaldehyd und Zimtaldehyd, die an der Luft leicht zu Säuren oxydiert werden, sind Anisaldehyd, Vanillin und Piperonal sehr beständig gegen Autoxydation (S. 936).

Ketone

Ketone, deren Carbonylgruppe nicht einem aromatischen Kern benachbart ist, werden nach den für die aliphatischen Ketone beschriebenen allgemeinen Methoden dargestellt (S. 202). Ketone, deren Carbonylgruppe dem Ring benachbart ist, werden gewöhnlich durch Friedel-Craftssche Synthese (S. 447) gewonnen. Zu diesem Zweck wird entweder ein Acylhalogenid oder ein Säureanhydrid verwendet. Bei Verwendung von Acylhalogeniden ist ein Äquivalent wasserfreies Aluminiumchlorid erforderlich, da sich ein stabiles Additionsprodukt aus dem Keton und dem Katalysator bildet. Die Reaktion mit Säureanhydriden erfordert zwei Mol Aluminiumchlorid, weil die entstandene Carbonsäure ebenfalls mit Aluminiumchlorid reagiert.

$$\text{ArH} + \text{ClCOR (oder Ar)} + \text{AlCl}_3 \longrightarrow \underset{\overset{\|}{\text{O} : \text{AlCl}_3}}{\text{Ar}\overset{}{\text{C}}\text{R (oder Ar)}} + \text{HCl}$$

$$\downarrow \text{H}_2\text{O}$$

$$\text{ArCOR (oder Ar)} + \text{H}_2\text{O} : \text{AlCl}_3$$

$$\text{ArH} + (\text{RCO})_2\text{O} + 2\,\text{AlCl}_3 \longrightarrow \underset{\overset{\|}{\text{O} : \text{AlCl}_3}}{\text{Ar}\overset{}{\text{C}}\text{R}} + \text{RCOOAlCl}_2 + \text{HCl}$$

$$\downarrow 2\,\text{H}_2\text{O}$$

$$\text{ArCOR} + \text{RCOOH} + \text{H}_2\text{O} : \text{AlCl}_3 + \text{HOAlCl}_2$$

Es erfolgt Substitution durch nur eine Acylgruppe, da die desaktivierende Wirkung der Carbonylgruppe ausreicht, um eine Zweitsubstitution zu verhindern. Aus dem gleichen Grund verhindern Halogen und meta-dirigierende Gruppen den Eintritt der Friedel-Craftsschen Reaktion. Häufig dient Nitrobenzol als Lösungsmittel für diese Reaktionen. Andererseits ermöglichen aktivierende Gruppen Reaktionen vom Friedel-Crafts-Typus, die bei aromatischen Kohlenwasserstoffen nicht möglich sind. So gibt z. B. Resorcin Ketone durch Kondensation mit Carbonsäuren in Gegenwart von Zinkchlorid.

An der desaktivierenden Wirkung einer Carbonylgruppe ist sowohl ein induktiver als auch ein Resonanzeffekt beteiligt. Voraussetzung für die Wirksamkeit des Resonanzeffekts ist, daß das Sauerstoffatom der Carbonylgruppe mit dem Benzolring in einer

Ebene liegen kann, so daß das π-orbital der Carbonylgruppe das π-orbital des Benzolrings überlappen kann.

Wenn diese Coplanarität durch die blockierende Wirkung orthoständiger Gruppen verhindert wird, dann reicht der induktive Effekt allein nicht aus, um die Substitution durch eine zweite Acylgruppe zu verhindern. So kann zwar in 2.5-Dimethyl-acetophenon durch Friedel-Crafts-Reaktion keine zweite Acetylgruppe eingeführt werden, dagegen gibt 2.6-Dimethyl-acetophenon, bei dem der Resonanzeffekt blockiert ist, das Diacetylderivat.

Eine andere Spielart der Friedel-Crafts-Reaktion ist die *Friessche Reaktion*, durch die phenolische Ketone durch Erhitzen von Phenolestern mit Aluminiumchlorid in Nitrobenzol-Lösung erhalten werden.

Aromatische Ketone bilden sich auch durch Hydrolyse der Additionsprodukte von Grignard-Verbindungen mit Arylcyaniden.

$$\text{ArC}{\equiv}\text{N} + \text{RMgCl} \longrightarrow \text{ArC}{=}\text{NMgCl} \ (\text{R}) \xrightarrow{\text{H}_2\text{O} + 2\ \text{HCl}} \text{ArCR}{=}\text{O} + \text{NH}_4\text{Cl} + \text{MgCl}_2$$

Diese Reaktion ist für aliphatische Nitrile mit α-ständigem Wasserstoff weniger geeignet, da diese ausreichend sauer sind, um den Kohlenwasserstoff zu liefern.

$$\text{RCH}_2\text{C}{\equiv}\text{N} + \text{R}'\text{MgCl} \longrightarrow [\text{RCHC}{\equiv}\text{N}]\overset{+}{\text{M}}\text{gCl} + \text{R}'\text{H}$$

Aromatische Ketone geben die gleichen allgemeinen Reaktionen wie aliphatische Ketone. Sie unterliegen leicht der bimolekularen Reduktion zu Pinakonen. Magnesium und Magnesiumjodid ist das bevorzugte Reduktionsmittel.

$$2\,(\text{C}_6\text{H}_5)_2\text{CO} + \text{Mg} \xrightarrow{\text{MgJ}_2} \left[(\text{C}_6\text{H}_5)_2\text{C}{-}\text{C}(\text{C}_6\text{H}_5)_2\right]\text{Mg}^{++} \xrightarrow{2\,\text{H}_2\text{O}}$$

$$(\text{C}_6\text{H}_5)_2\text{C}{-}\text{C}(\text{C}_6\text{H}_5)_2 + \text{Mg(OH)}_2$$

Benzpinakon

Eine in der aromatischen Reihe besonders wichtige Reaktion ist die Überführung von Arylalkylketonen in Amide mit Hilfe der *Willgerodt-Reaktion*.

$$\text{ArCO(CH}_2)_n\text{CH}_3 + 2\,(\text{NH}_4)_2\text{S} + \text{S} \xrightarrow{160°} \text{Ar(CH}_2)_{n+1}\text{CONH}_2 + 3\,\text{NH}_4\text{SH}$$

Das umgelagerte Produkt enthält die Carbonylgruppe stets am endständigen Kohlenstoffatom der Seitenkette. Die wichtigste Anwendung der Willgerodt-

Reaktion ist die Darstellung arylsubstituierter aliphatischer Säuren. Wenn das Keton anstatt mit wäßrigem Ammoniumpolysulfid mit äquimolekularen Mengen Schwefel und einem wasserfreien Amin erhitzt wird, bildet sich das Thioamid, das unter Bildung der Säure hydrolysiert oder unter Bildung des Amins elektrolytisch reduziert werden kann.

$$ArCOCH_3 \xrightarrow{(CH_3)_2NH\,+\,S} ArCH_2CSN(CH_3)_2 \begin{array}{c} \xrightarrow{H_2O} ArCH_2COOH \\ \xrightarrow{4\,[H]} ArCH_2CH_2N(CH_3)_2 \end{array}$$

Acetophenon ist Methylphenylketon, **Benzophenon** ist Diphenylketon. Beide finden einige Verwendung in der Parfümerie und sind wertvolle Zwischenprodukte für organische Synthesen. Sie werden durch Friedel-Crafts-Reaktion aus Benzol und Acetylchlorid oder Acetanhydrid bzw. aus Benzol und Benzoylchlorid dargestellt. Acetophenon wird jetzt technisch durch katalytische Luftoxydation von Äthylbenzol hergestellt.

$$C_6H_5CH_2CH_3 + O_2 \xrightarrow[130°,\ 3.5\ \text{Atm.}]{Mn(OAc)_2} C_6H_5COCH_3 + H_2O$$

Als Zwischenprodukt wird es hauptsächlich zur Synthese von Styrol (S. 605) gebraucht, doch dient es auch zur Herstellung anderer organischer Verbindungen (S. 555, 557). Claisen-Reaktion von Benzaldehyd mit Acetophenon (S. 566) gibt **Benzyliden-acetophenon** $C_6H_5COCH{=}CHC_6H_5$. Dieses hat den Namen *Chalkon* (griech. *chalkos* Kupfer) erhalten, da seine Hydroxyderivate rötlichgelbe Farbe haben. **Michlers Keton**, Bis-[p-Dimethylaminophenyl]-keton, wird aus Dimethyl-anilin und Phosgen dargestellt. Es ist ein Farbstoff-Zwischenprodukt (S. 719).

$$4\,(CH_3)_2NC_6H_5 + COCl_2 \xrightarrow{ZnCl_2} (CH_3)_2N\!\!\left\langle\!\!\bigcirc\!\!\right\rangle\!\!CO\!\!\left\langle\!\!\bigcirc\!\!\right\rangle\!\!N(CH_3)_2 + 2\,C_6H_5\overset{+}{N}H(CH_3)_2\overset{-}{Cl}$$
Michlers Keton

Chlorierung oder Bromierung von Acetophenon führt zu **ω-Chlor-** bzw. **ω-Brom-acetophenon** *(Phenacylchlorid* bzw. *Phenacylbromid)*. Beide reizen stark zu Tränen, sind dabei aber relativ harmlos, und Chloracetophenon wird in weitem Umfang als Tränengas zur Zerstreuung des Mobs eingesetzt. Die Phenacylchloride und -bromide reagieren mit den Natriumsalzen von Carbonsäuren unter Bildung fester Ester, die als Derivate zur Identifizierung von Carbonsäuren dienen. **p-Nitrophenacylbromid** ist zu diesem Zweck besonders geeignet.

$$p\text{-}NO_2C_6H_4COCH_2Br + NaOCOR \longrightarrow p\text{-}NO_2C_6H_4COCH_2OCOR + NaBr$$
p-Nitrophenacylester

Benzylalkylketone können aus einem Aldehyd und einer primären aliphatischen Nitroverbindung über das Oxim dargestellt werden.

$$ArCHO + RCH_2NO_2 \longrightarrow ArCH{=}\underset{R}{C}NO_2 \xrightarrow{Fe,\ HCl} \left[ArCH{=}\underset{R}{C}NHOH\right] \rightleftarrows$$

$$ArCH_2\underset{R}{C}{=}NOH \xrightarrow{H_2O,\ HCl} ArCH_2COR + HONH_3Cl$$

Benzil, ein 1.2-Diketon, wird leicht durch Oxydation von Benzoin (S. 566) erhalten. Schon milde Oxydationsmittel wie Fehlingsche Lösung oder Kupfersulfat in Pyridin bewirken die Reaktion.

$$C_6H_5COCHOHC_6H_5 + 2\,CuSO_4 + 2\,C_5H_5N \longrightarrow$$

Benzoin   Pyridin

$$C_6H_5COCOC_6H_5 + Cu_2SO_4 + (C_5H_5NH)_2SO_4$$

Benzil

Das Kupfer(II)-sulfat kann durch Einleiten von Luft in die Kupfer(I)-Lösung regeneriert werden. Benzil unterliegt beim Erhitzen mit wäßrigen oder alkoholischen Alkalien der **Benzilsäure-Umlagerung,** wobei das Natriumsalz der Benzilsäure entsteht.

$$C_6H_5COCOC_6H_5 + NaOH \longrightarrow (C_6H_5)_2COHCOONa$$

Die Benzilsäure-Umlagerung verläuft unter intramolekularer Verschiebung einer Gruppe mit ihrem Elektronenpaar.

Bei Verwendung von Natriumäthylat an Stelle von Natriumhydroxyd entstehen Benzoesäureäthylester und Benzaldehyd.

$$\longrightarrow [C_2H_5O^-] + C_6H_5CHO + C_6H_5COOC_2H_5$$

Stereochemie der Oxime

Wenn Benzaldehyd mit Hydroxylamin reagiert, bildet sich ein α-Benzaldoxim genanntes Oxim, das bei 34° schmilzt. Wird das Oxim in Äther und trocknem Chlorwasserstoff aufgelöst, so fällt ein Hydrochlorid aus. Zersetzung des Hydrochlorids mit Natriumcarbonat-Lösung liefert ein β-Benzaldoxim genanntes Oxim, das bei 128—130° schmilzt. Beide Oxime geben bei der Hydrolyse Benzaldehyd und Hydroxylamin. Benzophenon gibt nur ein einziges Oxim, doch geben gemischte Ketone zwei Oxime. Zum Beispiel liefert Phenyl-p-tolylketon ein α-Ketoxim, F: 153—154°, und ein β-Ketoxim, F: 115—116°.

HANTZSCH und WERNER (S. 528, 357) schlugen 1890 eine stereochemische Erklärung dieser Isomerie vor. Sie nahmen an, daß die drei Stickstoff-Valenzen nicht in einer Ebene liegen, und daß eine Kohlenstoff-Stickstoff-Doppelbindung in gleicher Weise zu geometrischen Isomeren führen kann wie eine Kohlenstoff-Kohlenstoff-Doppelbindung (S. 371). HANTZSCH schlug die Bezeichnung *syn* und *anti* für die beiden Formen vor. Bei den Aldoximen beziehen sich die Präfixe auf die relative Stellung von Wasserstoff und Hydroxylgruppe, bei den Ketoximen auf die relative Stellung der Hydroxylgruppe und der dem Präfix nächststehenden Gruppe.

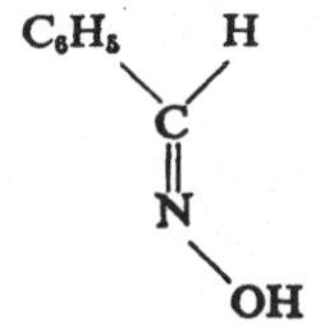

$$C_6H_5 \quad H$$
$$\diagdown \diagup$$
$$C$$
$$\|$$
$$N$$
$$\diagdown$$
$$OH$$

α- oder *syn*-Benzaldoxim

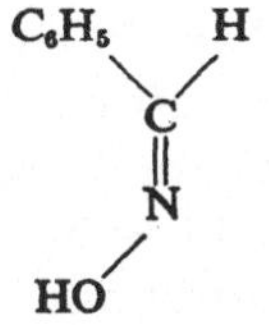

$$C_6H_5 \quad H$$
$$\diagdown \diagup$$
$$C$$
$$\|$$
$$N$$
$$\diagup$$
$$HO$$

β- oder *anti*-Benzaldoxim

$$C_6H_5 \quad C_6H_4CH_3$$
$$\diagdown \diagup$$
$$C$$
$$\|$$
$$N$$
$$\diagup$$
$$HO$$

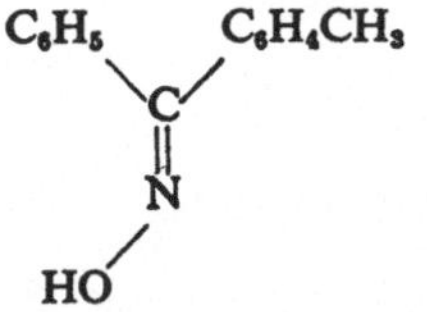

syn-Phenyltolylketoxim
oder *anti*-Tolylphenylketoxim

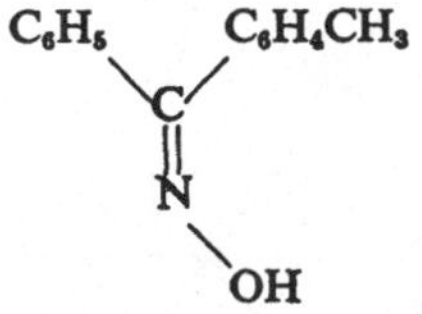

$$C_6H_5 \quad C_6H_4CH_3$$
$$\diagdown \diagup$$
$$C$$
$$\|$$
$$N$$
$$\diagdown$$
$$OH$$

syn-Tolylphenylketoxim
oder *anti*-Phenyltolylketoxim

Die heute gültigen Konfigurationen der isomeren Formen wurden von MEISENHEIMER[1] bestimmt. Befindet sich ein reaktionsfähiges Halogenatom in ortho-Stellung zur Aldoximinogruppe, so unterliegt die eine Form des Aldoxims in Gegenwart von Alkalien leicht einem Ringschluß, während die andere Form das gleiche Produkt sehr viel langsamer liefert. Es ist daher wahrscheinlich, daß die Form, bei der die Cyclisierung leicht erfolgt, das anti-Aldoxim ist, und daß sich das syn-Aldoxim erst in die anti-Form umlagern muß, ehe der Ringschluß eintritt. Ferner liefert die Form, die leicht einen Ring bildet, ein Acetat, das mit Alkalien unter Bildung eines Nitrils reagiert, während das Acetat der anderen Form zum ursprünglichen Oxim regeneriert wird. Hieraus ergibt sich eine Methode zur Bestimmung der Konfiguration von Aldoximen, die keinem Ringschluß unterliegen

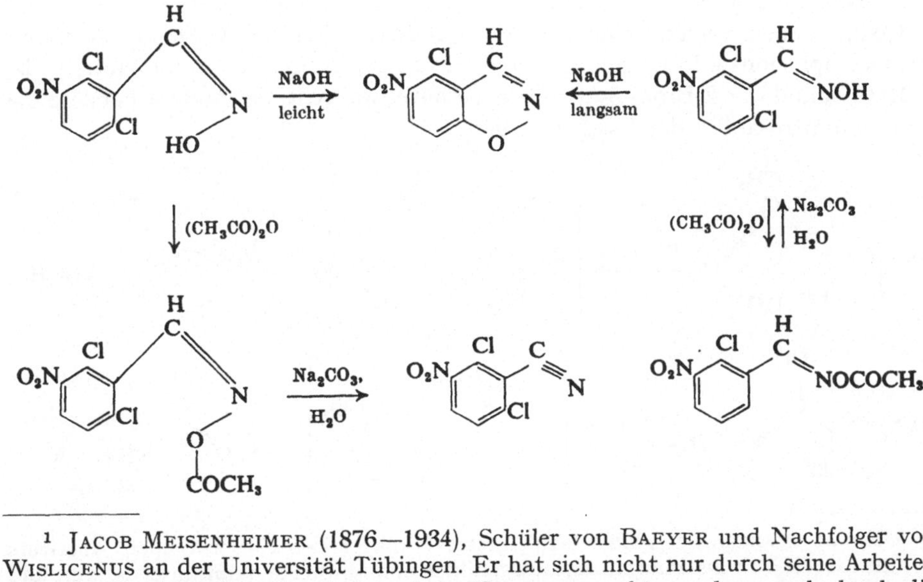

Reaktionsschema (Chlor-nitro-benzaldoxime):

O_2N–Ringsystem mit Cl, $C(H)=N$–OH $\xrightarrow[\text{leicht}]{\text{NaOH}}$ Benzisoxazol-System (O_2N, Cl, $C(H)=N$–O) $\xleftarrow[\text{langsam}]{\text{NaOH}}$ O_2N, Cl, $C(H)=N$–OH (mit Cl)

$\downarrow (CH_3CO)_2O$ (links) $(CH_3CO)_2O \updownarrow \begin{array}{c} \text{Na}_2\text{CO}_3 \\ \text{H}_2\text{O} \end{array}$ (rechts)

O_2N, Cl, $C(H)=N$–O–$COCH_3$ $\xrightarrow[\text{H}_2\text{O}]{\text{Na}_2\text{CO}_3}$ O_2N, Cl, $C\equiv N$ (Nitril) O_2N, Cl, $C(H)=N$–$OCOCH_3$

---

[1] JACOB MEISENHEIMER (1876—1934), Schüler von BAEYER und Nachfolger von WISLICENUS an der Universität Tübingen. Er hat sich nicht nur durch seine Arbeiten über die Konfiguration der Oxime einen Namen gemacht, sondern auch durch die Spaltung von Aminoxyden und Phosphinoxyden in optische Antipoden und durch Versuche zur Spaltung von trikovalenten Stickstoffverbindungen.

können. Zum Beispiel gibt α-Benzaldoxim ein Acetat, F: 14—16°, aus dem durch Erwärmen mit Natriumcarbonat-Lösung das Oxim regeneriert wird, während das Acetat des β-Benzaldoxims, F: 55—56°, bei gleicher Behandlung zum Benzonitril führt. Dies macht wahrscheinlich, daß α-Benzaldoxim die syn-Form ist, β-Benzaldoxim die anti-Form.

Die Ringschlußreaktion wurde erstmals 1921 von MEISENHEIMER zur Bestimmung der Konfiguration von Ketoximen herangezogen.

Das vorstehend geschilderte Verhalten ist auch mit einem Unterschied im chemischen Verhalten in Beziehung gesetzt worden, der nichts mit dem Ringschluß zu tun hat. Bei Behandlung von Ketoximen mit den verschiedensten sauren Reagentien wie konzentrierter Schwefelsäure, Acetylchlorid oder Phosphorpentachlorid in Äther-Lösung tritt eine Umlagerung zum Amid ein.

Diese Reaktion ist als **Beckmannsche[1] Umlagerung** bekannt. Die syn- und anti-Ketoxime geben verschiedene Reaktionsprodukte. Bei den Oximen des Bromnitroacetophenons gibt dasjenige Isomere, bei dem leicht Ringschluß eintritt, das N-Methylamid der 2-Brom-5-nitro-benzoesäure, während das andere Isomere das 2-Brom-5-nitro-anilid der Essigsäure liefert.

---

[1] ERNST BECKMANN (1853—1923), erster Direktor des Kaiser-Wilhelm-Instituts für Chemie. Er war als Pharmazeut ausgebildet und studierte dann unter KOLBE und WISLICENUS. 1886 beobachtete er als erster die Umlagerung von Benzophenonoxim. BECKMANN hatte weitgespannte Interessen; er versah zu verschiedenen Zeiten Lehrstühle für organische, physikalische und pharmazeutische Chemie sowie für Nahrungs-

Bei der Umlagerung wechseln also diejenigen Gruppen die Plätze, die in anti-Stellung zueinander stehen. Daher kann die Beckmannsche Umlagerung zur Bestimmung der Konfiguration von Ketoximen dienen, die keinen Ringschluß eingehen können. Zum Beispiel gibt das α-Isomere des Phenyltolylketoxims ein Anilid, das zu p-Toluylsäure und Anilin hydrolysiert werden kann, und dem die anti-Phenyltolylketoxim-Struktur zuerteilt wurde, während das β-Isomere ein Anilid liefert, das zu Benzoesäure und Toluidin hydrolysiert werden kann, und dem die syn-Phenyltolylketoxim-Struktur zuerkannt wurde.

$$\underset{\overset{\|}{NOH}}{C_6H_5CC_6H_4CH_3} \xrightarrow[\text{H}_2\text{O}]{\text{PCl}_5,\ \text{dann}} \left[\underset{\overset{\|}{NC_6H_5}}{HOCC_6H_4CH_3}\right] \longrightarrow \underset{NHC_6H_5}{O{=}CC_6H_4CH_3} \xrightarrow{\text{H}_2\text{O}} CH_3C_6H_4COOH + H_2NC_6H_5$$

$$\underset{\overset{\|}{HON}}{C_6H_5CC_6H_4CH_3} \xrightarrow[\text{H}_2\text{O}]{\text{PCl}_5,\ \text{dann}} \left[\underset{CH_3C_6H_4N}{\overset{\|}{C_6H_5COH}}\right] \longrightarrow \underset{CH_3C_6H_4NH}{C_6H_5C{=}O} \xrightarrow{\text{H}_2\text{O}} C_6H_5COOH + H_2NC_6H_4CH_3$$

Diese Schlüsse wurden durch andere chemische Reaktionen und besonders durch die Bestimmung der Dipolmomente geeignet substituierter Aldoxime und Ketoxime bestätigt. Aliphatische Aldehyde und Ketone geben keine isomeren Oxime, wahrscheinlich weil eine Form sehr viel beständiger ist als die andere.

Der Mechanismus der Beckmannschen Umlagerung ist von beträchtlichem Interesse. Die Reaktion ist energetisch begünstigt, da eine Anordnung, in der Sauerstoff und Stickstoff mit Kohlenstoff verbunden sind, beständiger ist als eine solche, in der zwei elektronenanziehende Elemente wie Stickstoff und Sauerstoff miteinander verknüpft sind. Die Umlagerung ist intramolekular, und nicht intermolekular, und die Wanderung der anti-R-Gruppe mit ihrem Elektronenpaar findet gleichzeitig mit der Abspaltung der an Stickstoff gebundenen Gruppe statt.

$$\underset{R'}{\overset{R}{>}}C{=}N\overset{X}{:} \longrightarrow R{-}\overset{+}{\underset{R'}{C}}{=}N: + [X^-] \longrightarrow \underset{R\quad R'}{\overset{X}{>}}C{=}N:$$

Abb. 79. Beckmannsche Umlagerung der Oxime

Die Funktion des Katalysators besteht darin, die Abspaltung der Hydroxylgruppe mit dem Elektronenpaar zu erleichtern, indem ein Proton addiert wird, bzw. in der Bildung eines Esters oder im Austausch der Hydroxylgruppe gegen Chlor.

Werden die Monoxime des Benzils den Bedingungen einer Beckmannschen Umlagerung ausgesetzt, dann tritt eine Spaltung des Moleküls ein. α-Benzil-monoxim gibt Benzonitril, während β-Benzil-monoxim Phenylisocyanid liefert.

$$\underset{HON}{\overset{\|}{C_6H_5CCOC_6H_5}} \longrightarrow C_6H_5CN + C_6H_5COOH$$

α-Benzil-monoxim

$$\underset{NOH}{\overset{\|}{C_6H_5CCOC_6H_5}} \longrightarrow C_6H_5NC + C_6H_5COOH$$

β-Benzil-monoxim

Reaktionen dieser Art werden auch Beckmannsche Umlagerungen *zweiter Ordnung* genannt.

mitteltechnologie und Ernährungswissenschaft. Er entwickelte zahlreiche Laboratoriumsapparate, wie die Natriumpresse, das Beckmann-Thermometer, elektromagnetische Rührer und elektrische Heizapparate. BECKMANN gestaltete die Laboratorien in Leipzig um, und das Kaiser-Wilhelm-Institut wurde weitgehend nach seinen Plänen gebaut.

Wiederholungsfragen

1. Man vergleiche das chemische Verhalten von Benzylchlorid, Benzylamin und Benzylalkohol mit dem von Chlorbenzol, Anilin und Phenol.

2. Was ist die Gattermannsche Kohlenmonoxyd-Synthese; die Gattermannsche Cyanwasserstoff-Synthese; die Reimer-Tiemannsche Synthese?

3. Man gebe Gleichungen für die Reaktion von Benzaldehyd mit konzentrierter Natronlauge; mit Ammoniak; mit verdünnter Kaliumcyanid-Lösung.

4. Man diskutiere den Mechanismus der Benzoin-Kondensation und vergleiche ihn mit dem der Aldol-Kondensation.

5. Man diskutiere die Friedel-Crafts-Reaktion zur Darstellung von Alkylarylketonen und Diarylketonen, einschließlich der Reagentien und der Grenzen der Anwendbarkeit der Reaktion.

6. Was ist die Claisen-Reaktion? Als Beispiele behandle man die Reaktionen zur Darstellung von Benzylidenacetophenon, Benzylidenaceton und Dibenzylidenaceton.

7. Was sind *Anile* oder *Schiffsche Basen* und wie werden sie dargestellt? Was entsteht bei der sauren Hydrolyse von Anilen, was bei katalytischer Reduktion?

8. Man diskutiere die Isomerie der Aldoxime und Ketoxime. Was ist die Beckmannsche Umlagerung und wie kann sie zur Konfigurationsbestimmung der Ketoxime benutzt werden? Welche Methode gibt es zur Bestimmung der Konfiguration der Aldoxime?

Aufgaben

9. Für folgende Darstellungen gebe man die Gleichungen: (*a*) p-Chlorbenzaldehyd aus Toluol; (*b*) p-Toluylaldehyd aus einem Nitril; (*c*) Äthylphenylcarbinol unter Verwendung einer Grignard-Verbindung; (*d*) p-Methylacetophenon aus einem Acylhalogenid; (*e*) o-Methylbenzylamin aus o-Xylol; (*f*) p.p'-Dimethoxybenzil aus Anisaldehyd; (*g*) o-Nitrobenzaldehyd aus o-Nitrobenzylchlorid; (*h*) Piperonylidenaceton aus Safrol; (*i*) 2.4-Dimethyl-benzaldehyd aus einem Kohlenwasserstoff; (*j*) Diäthylbenzylamin aus Benzaldeyd.

10. Man gebe Gleichungen für die Überführung von Benzaldehyd in folgende Verbindungen: (*a*) $C_6H_5CH_2OH$; (*b*) C_6H_5COCl; (*c*) C_6H_5COOH; (*d*) $C_6H_5CHOHCH_3$; (*e*) $C_6H_5CH=CHCHO$; (*f*) $C_6H_5CHOHCOC_6H_5$; (*g*) $m\text{-}BrC_6H_4CHO$; (*h*) C_6H_5CN; (*i*) $C_6H_5CHOHCN$; (*j*) $C_6H_5CH=N\text{-}NHCONH_2$; (*k*) $C_6H_5CH=NNHC_6H_5$; (*l*) $C_6H_5N=CHC_6H_5$; (*m*) $C_6H_5CHOHCHOHC_6H_5$; (*n*) $CH_3COCH=CHC_6H_5$; (*o*) $C_6H_5CHCl_2$; (*p*) $C_6H_5CH_2OCOC_6H_5$; (*q*) $C_6H_5CH=CHCOOH$; (*r*) $C_6H_5CH=CHNO_2$.

11. Man gebe Reaktionen für folgende Synthesen an: (*a*) Triphenylchlormethan aus Benzoesäureäthylester; (*b*) β-Phenyläthylchlorid aus Benzylchlorid; (*c*) Benzylmethylketon aus Nitroäthan; (*d*) Benzedrin aus Phenylessigsäure; (*e*) Anisaldehyd aus Phenol; (*f*) Propadrin aus Benzaldehyd; (*g*) Coniferylalkohol aus Vanillin; (*h*) Tyramin aus Phenol; (*i*) Veratral aus Eugenol; (*j*) Hydroxydiphenylessigsäure aus Benzaldehyd.

12. Über welche Reaktionsstufen ist die Synthese folgender Verbindungen möglich, wenn als Lieferanten der aromatischen Kerne nur Kohlenwasserstoffe zur Verfügung stehen: (*a*) α-Methylbenzyläther; (*b*) β-Phenyläthylamin; (*c*) Anisaldehyd; (*d*) Michlers Keton; (*e*) m-Nitrobenzaldehyd; (*f*) ω-Chloracetophenon; (*g*) p-Dimethylaminobenzaldehyd; (*h*) 2.4-Dinitro-benzaldehyd; (*i*) p-Nitrophenacylbromid; (*j*) Benzpinakon.

13. Wie kann man durch eine chemische Reaktion zwischen den Gliedern folgender Verbindungspaare unterscheiden: (*a*) Phenyläthylalkohol und Phenetol; (*b*) Anethol und Anisaldehyd; (*c*) Vanillin und Piperonal; (*d*) p-Toluylaldehyd und Anisaldehyd; (*e*) Benzylanilin und Diphenylamin; (*f*) Acetophenon und Isobutyrophenon; (*g*) Nitrobenzol und Benzaldehyd; (*h*) Diphenyl und Benzophenon; (*i*) Benzylphenyläther und Diphenyläther; (*j*) Benzylamin und Dibenzylamin.

14. Man schreibe die Strukturformeln und Konfigurationen für die Oxime, die folgende Reaktionsprodukte liefern, wenn die durch Beckmannsche Umlagerung gebildeten Amide hydrolysiert werden: (*a*) Benzoesäure und p-Toluidin; (*b*) p-Brombenzoesäure und p-Aminocumol; (*c*) m-Toluylsäure und p-Chloranilin; (*d*) o-Nitrobenzoesäure und Anilin.

15. Es ist die Aufgabe gestellt, folgende Verbindungen mit radioaktivem Kohlenstoff an der mit Stern bezeichneten Stelle darzustellen. Man gebe die Folge von Reaktionen an, die eine derartige Synthese, ausgehend von radioaktivem Bariumcarbonat BaC^*O_3 und anderen leicht zugänglichen Materialien, ermöglicht: (a) $C_6H_5C^*H_2CH_2CH_2OH$; (b) $C_6H_5C^*H=CH_2$; (c) $C_6H_5COOC^*H_2CH_3$; (d) $C_6H_5C^*HOHCOOH$; (e) $(C_6H_5)_2C^*(OH)C_2H_5$; (f) $m\text{-}C_6H_4(C^*OOH)COOH$.

Kapitel 26

Aromatische Carbonsäuren und ihre Derivate

Der Einfluß eines aromatischen Kerns auf die Eigenschaften einer mit ihm verbundenen Carboxylgruppe ist weniger ausgeprägt als seine Wirkung auf andere Gruppen wie Halogen, Amino- und Hydroxylgruppen. Immerhin ist er groß genug, um eine besondere Betrachtung der Darstellungsmethoden und Reaktionen aromatischer Carbonsäuren zu rechtfertigen. Viele Derivate von Carbonsäuren sind von großer Bedeutung.

Darstellung

Im strengen Sinne aromatische Säuren, in denen die Carboxylgruppe mit dem Ring verknüpft ist, können nach den allgemeinen Methoden dargestellt werden, die für die aliphatischen Carbonsäuren gelten. Einige dieser allgemeinen Methoden sind in der aromatischen Reihe besonders wichtig.

1. Umsetzung von Grignard-Verbindungen mit Kohlendioxyd. Arylmagnesiumhalogenide reagieren mit Kohlendioxyd unter Bildung der Salze von Carbonsäuren.

$$ArMgX \xrightarrow{\;CO_2\;} ArCO_2MgX \xrightarrow{\;HX\;} ArCOOH$$

2. Hydrolyse von Nitrilen. Arylcyanide können dargestellt werden aus Arylhalogeniden durch Umsetzung mit Natriumcyanid (S. 459), aus Sulfonaten durch Cyanidschmelze (S. 495) oder aus Aminen über die Diazoniumsalze (S. 523). Sauer oder basisch katalysierte Hydrolyse liefert die Säure.

$$ArCN \begin{cases} \xrightarrow{NaOH\,+\,H_2O} ArCOONa + NH_3 \\ \xrightarrow{HCl\,+\,2\,H_2O} ArCOOH + NH_4Cl \end{cases}$$

3. Hydrolyse der Trichlormethylgruppe. Da die Trichlormethylgruppe häufig durch direkte Chlorierung (S. 458) gebildet werden kann, ist die Hydrolyse dieser Gruppe eine wichtige Methode zur Darstellung von aromatischen Carbonsäuren.

$$\underset{\text{Benzotrichlorid}}{C_6H_5CCl_3} + 2\,Na_2CO_3\;\text{(wäßrig)} \longrightarrow \underset{\text{Natriumbenzoat}}{C_6H_5COONa} + 3\,NaCl + 2\,CO_2$$

4. Oxydation von Seitenketten. Während in der aliphatischen Reihe nur primäre Alkohole und Aldehyde ohne Abspaltung von Kohlenstoff zu Säuren oxydiert werden können, kann schon eine mit einem aromatischen Kern verbundene Methylgruppe in guter Ausbeute zu einer Carboxylgruppe oxydiert werden.

$$ArCH_3 \xrightarrow[\text{oder } KMnO_4]{Na_2Cr_2O_7\,+\,H_2SO_4} ArCOOH + H_2O$$

Der Einfluß der Arylgruppe macht das mit dem Ring verbundene Kohlenstoffatom leichter oxydierbar als weiter vom Ring entfernte Atome. Ist dieses Kohlenstoffatom einmal oxydiert, geschieht eine Weiteroxydation noch leichter; daher geben auch Seitenketten, die länger als Methyl sind, aromatische Säuren.

$$ArCH_2R \xrightarrow{\text{Ox.}} ArCHOHR \longrightarrow ArCOR \longrightarrow ArCOOH$$

Die meisten Seitenketten, bei denen ein Kohlenstoffatom mit dem Kern verknüpft ist, werden bei kräftiger Oxydation in eine Carboxylgruppe umgewandelt. Die Reaktion hat nicht nur Bedeutung für die Darstellung von aromatischen Säuren, sondern auch für die Ortsbestimmung von Seitenketten am aromatischen Kern, da die Konstitution der gewöhnlichen aromatischen Säuren bekannt ist. Die Reaktion ist auf Verbindungen beschränkt, die keine Hydroxyl- oder Aminogruppen im Kern enthalten, da diese die Oxydation des Kerns erleichtern.

Reaktionen

Die Reaktionen der aromatischen Säuren sind zum größten Teil identisch mit denen der aliphatischen Säuren, die wichtigsten Unterschiede sind mehr gradueller Art.

1. Acidität. Der unsubstituierte Benzolring führt zu einer etwas stärkeren Säure als eine unsubstituierte Alkylgruppe (Benzoesäure $K_s = 6,6 \times 10^{-5}$; Essigsäure $K_s = 1,8 \times 10^{-5}$). Der Einfluß von Substituenten am Kern auf die Dissoziation der Benzoesäure ist eingehend untersucht worden. Die Dissoziationskonstanten einiger Verbindungen sind in Tab. 26 zusammengestellt.

Tabelle 26. *Dissoziationskonstanten von Benzoesäure und Derivaten*

Substituent	Stellung		
	ortho	*meta*	*para*
H . . .	$6,6 \times 10^{-5}$	$6,6 \times 10^{-5}$	$6,6 \times 10^{-5}$
CH$_3$ . .	$1,2 \times 10^{-4}$	$5,3 \times 10^{-5}$	$4,2 \times 10^{-5}$
OH . . .	$1,1 \times 10^{-3}$	$8,3 \times 10^{-5}$	$3,3 \times 10^{-5}$
OCH$_3$ . .	$8,0 \times 10^{-5}$	$8,2 \times 10^{-5}$	$3,4 \times 10^{-5}$
Br . . .	$1,4 \times 10^{-3}$	$1,5 \times 10^{-4}$	$1,0 \times 10^{-4}$
Cl . . .	$1,2 \times 10^{-3}$	$1,5 \times 10^{-4}$	$1,0 \times 10^{-4}$
NO$_2$ . .	$6,7 \times 10^{-3}$	$3,1 \times 10^{-4}$	$3,7 \times 10^{-4}$

Substituenten in ortho-Stellung erhöhen die Acidität unabhängig von der Natur der Gruppe; hier sind also andere Faktoren als der induktive und der Resonanzeffekt von Einfluß. Bei Substituenten in meta- und para-Stellung sind gewisse Wechselbeziehungen erkennbar. Die Elektronendonator-Wirkung einer Methylgruppe wird zur Carboxylgruppe fortgeleitet, und die erhöhte Elektronendichte verringert die Tendenz, ein Proton abzugeben. Die Hydroxyl- und Methoxylgruppen in meta-Stellung vermindern die Elektronendichte durch ihren induktiven Effekt, der elektronenanziehend ist, und verstärken die Acidität. Der Resonanzeffekt wirkt in entgegengesetzter Richtung, und da er sich in para-Stellung auswirken kann, überwiegt er den induktiven Effekt, und die Säure ist schwächer. Beim Halogenatom ist der induktive Effekt stärker, der Resonanzeffekt schwächer als beim Sauerstoffatom, und daher verstärkt Halogen die Acidität, wenn es in meta- oder para-Stellung steht. Bei der Nitrogruppe wirken induktiver und Resonanzeffekt in gleicher Richtung und bewirken in jeder Stellung eine erhöhte Acidität. Interessant ist die Feststellung einer Beziehung zwischen der Wirkung verschiedenster Substituenten in meta- und para-Stellung auf die Reaktionsgeschwindigkeit und der Lage des Gleichgewichts bei einer großen Zahl von Reaktionen. Ist k^0 die Geschwindigkeit oder Gleichgewichtskonstante für das unsubstituierte Benzolderivat und k die für die gleiche Verbindung mit einem Substituenten in meta- oder para-Stellung, so ist

$$\log k - \log k^0 = \varrho\sigma$$

wobei ϱ eine Konstante ist, die von der besonderen Reaktion abhängt und unabhängig vom Substituenten ist, und σ eine Konstante, die von der Natur des Substituenten abhängt und unabhängig ist von der Natur der Reaktion (Hammett-Gleichung). Sind daher die Werte von ϱ und σ bekannt, so ist es möglich, die Reaktionsgeschwindigkeit oder die Lage des Gleichgewichts für eine Reaktion aus der Reaktionsgeschwindigkeit oder der Lage des Gleichgewichts bei der unsubstituierten Verbindung zu berechnen.

2. Veresterung. Liegen in den ortho-Stellungen keine Substituenten vor, so verläuft die direkte Veresterung der Carboxylgruppe wie bei geradkettigen aliphatischen Säuren. Wenn jedoch eine der ortho-Stellungen substituiert ist, wird die Veresterungsgeschwindigkeit stark herabgesetzt, und wenn beide ortho-Stellungen besetzt sind, findet keine Veresterung statt. Dieses Verhalten wurde zuerst von VICTOR MEYER (S. 23) bemerkt und wird manchmal *Victor Meyersches Veresterungsgesetz* genannt. Die Ester der ortho-substituierten Benzoesäuren können durch Umsetzung der Silbersalze mit Alkylhalogeniden dargestellt werden. Diese Ester können, einmal gebildet, nicht leicht wieder hydrolysiert werden.

Diese Effekte werden unabhängig von der Natur der Substituenten beobachtet. Offensichtlich handelt es sich um einen **sterischen Effekt (sterische Hinderung,** S. 123) analog dem bei sekundären und tertiären aliphatischen Carbonsäuren (S. 172) beobachteten. Größere Gruppen als Wasserstoff beanspruchen so viel Raum in der Umgebung des Kohlenstoffatoms der Carboxylgruppe, daß für den zur Bildung oder Verseifung des Esters in Betracht kommenden Übergangszustand nicht genug Platz vorhanden ist.

3. Acylhalogenid-Bildung. Im allgemeinen wird die Hydroxylgruppe aromatischer Säuren schwerer ersetzt als die aliphatischer Säuren, und daher wird Phosphorpentachlorid dem Phosphortrichlorid vorgezogen.

$$ArCOOH + PCl_5 \longrightarrow ArCOCl + POCl_3 + HCl$$

Auch Thionylchlorid kann verwendet werden. Manchmal kann das Säurechlorid bequem durch Chlorierung des Aldehyds (S. 564) dargestellt werden.

Die aromatischen Acylchloride (häufig *Aroylchloride* genannt) sind unlöslich in Wasser und reagieren daher nur sehr langsam mit Wasser. Infolgedessen können Alkohole und Amine in wäßriger Lösung acyliert werden. Bei Verwendung verdünnter Alkalien zum Zwecke der Bindung des entstehenden Chlorwasserstoffs spricht man von der *Schotten-Baumann-Reaktion*.

$$ArCOCl + ROH + NaOH \longrightarrow ArCOOR + NaCl + H_2O$$
$$ArCOCl + H_2NR + NaOH \longrightarrow ArCONHR + NaCl + H_2O$$

Ein neueres Verfahren verwendet ein tertiäres Amin wie Pyridin (S. 654), das gleichzeitig als Lösungsmittel und als Base fungiert.

$$ArCOCl + HOR + C_5H_5N \longrightarrow ArCOOR + C_5H_5NHCl$$

4. Decarboxylierung. Wenn das Salz einer aromatischen Carbonsäure mit Alkali geschmolzen wird, wird die Carboxylgruppe durch Wasserstoff ersetzt. Als

Reagens dient gewöhnlich *Natronkalk*, ein Gemisch aus Natriumhydroxyd und Calciumhydroxyd.

$$ArCOONa + NaOH \xrightarrow{\text{Wärme}} ArH + Na_2CO_3$$

Diese Reaktion findet auch bei aliphatischen Carbonsäuren statt, aber mit Ausnahme des Natriumacetats, das Methan liefert, treten dabei so komplizierte Nebenreaktionen auf, daß die Reaktion keinen praktischen Wert hat.

5. Reduktion der Carboxylgruppe. Aromatische Säuren werden von Lithiumaluminiumhydrid (S. 180) in 80—99 %iger Ausbeute zu den entsprechenden Benzylalkoholen reduziert. Wie bei aliphatischen Verbindungen wird die Reduktion der Ester oder Acylhalogenide bevorzugt, da diese in Äther leichter löslich sind, und um ein Drittel des Reagens weniger benötigt wird. Die Reduktion von aromatischen Estern mit Natrium und Alkohol (S. 180) ist keine befriedigende Methode zur Darstellung von Benzylalkoholen, weil die Carbäthoxygruppe nicht zu einer Hydroxymethylgruppe, sondern zu einer Methylgruppe reduziert wird.

$$C_6H_5COOC_2H_5 + 6\,Na + 4\,C_2H_5OH \longrightarrow C_6H_5CH_3 + 5\,C_2H_5ONa + NaOH$$

6. Reduktion des Kerns. Anders als bei den aromatischen Kohlenwasserstoffen und den meisten ihrer Derivate kann bei den Carbonsäuren der aromatische Kern von den chemischen Reagentien reduziert werden. So wird Natriumbenzoat in wäßriger Lösung von Natriumamalgam zum Natriumsalz der Tetrahydrobenzoesäure reduziert; ein Ansteigen der Alkalinität wird durch Einleiten von Kohlendioxyd in die Lösung verhindert.

$$C_6H_5COONa + 4\,Na(Hg) + 4\,H_2O \longrightarrow C_6H_9COONa + 4\,NaOH$$

Natrium und siedender Amylalkohol liefern Hexahydrobenzoesäure (Cyclohexancarbonsäure).

$$C_6H_5COONa + 6\,Na + 6\,C_5H_{11}OH \longrightarrow C_6H_{11}COONa + 6\,NaOC_5H_{11}$$

Dieses Verhalten ist analog dem α,β-ungesättigter Carbonylverbindungen im allgemeinen (S. 806).

Wichtige aromatische Säuren und Derivate

Benzoesäure wurde 1560 als Produkt der Destillation von siamesischem Benzoeharz, einem aromatischen Harz, beschrieben. Die Bezeichnung *Benzoin* ist eine Entartung des arabischen *luban jawi*, das *Weihrauch aus Java* bedeutet. Die Zusammensetzung der Benzoesäure wurde 1832 von LIEBIG und WOEHLER bestimmt. Sie wird technisch durch Oxydation von Toluol, durch Hydrolyse von Benzotrichlorid oder durch partielle Decarboxylierung von Phthalsäure (S. 583) hergestellt. Das Benzoylderivat des Glycins $C_6H_5CONHCH_2COOH$ kommt im Urin von Pferden und anderen Pflanzenfressern vor und wird *Hippursäure* (griech. *hippos*, Pferd) genannt. Wird Benzoesäure von Tieren und Menschen eingenommen, so wird sie durch Bindung an Glycin entgiftet und als Hippursäure mit dem Urin ausgeschieden. **Natriumbenzoat** wird häufig Lebensmitteln als Konservierungsmittel zugesetzt, was 80 % der Produktion von Benzoesäure in Anspruch nimmt. Da nur freie Benzoesäure das Wachstum von Mikroorganismen verhindert, muß der p$_H$ des Nahrungsmittels kleiner als 4,5 sein. Auch **o-Jodhippursäure** wird von der Niere ausgeschieden, und da Jod undurchlässig gegen Röntgenstrahlen ist, wird die Säure als Röntgenkontrastmittel bei der Untersuchung des Harntrakts verwendet. **3-Acetylamino-2.4.6-trijod-benzoesäure** hat einen erheblich höheren Jodgehalt und dient demselben Zweck.

Benzoylchlorid wird durch Chlorierung von Benzaldehyd dargestellt. Es ist eine Flüssigkeit von charakteristischem Geruch, die stark zu Tränen reizt, und dient als Benzoylierungsmittel. Wird Benzoylchlorid mit Natriumperoxyd in Wasser oder einer alkalischen Lösung von Wasserstoffperoxyd geschüttelt, so entsteht **Benzoylperoxyd.**

$$2\ C_6H_5COCl + Na_2O_2 \longrightarrow C_6H_5\overset{\displaystyle O}{\overset{\|}{C}}{-}O{-}O{-}\overset{\displaystyle O}{\overset{\|}{C}}C_6H_5 + 2\ NaCl$$

Benzoylperoxyd

Benzoylperoxyd dient als Bleichmittel für eßbare Öle und Fette sowie für Mehl und als Katalysator bei Polymerisationsreaktionen (S. 606, 767). Beim Umsetzen mit Natriummethylat entstehen Benzoesäuremethylester und das Natriumsalz der Benzopersäure. Entfernung des Benzoesäuremethylesters, Ansäuern und Extraktion mit Chloroform liefert eine Chloroform-Lösung von **Benzopersäure.**

$$(C_6H_5COO)_2 + NaOCH_3 \longrightarrow CH_3OOCC_6H_5 + C_6H_5\overset{\displaystyle O}{\overset{\|}{C}}{-}O{-}ONa \xrightarrow{\ HCl\ } C_6H_5\overset{\displaystyle O}{\overset{\|}{C}}{-}O{-}OH$$

Benzopersäure

Benzopersäure reagiert quantitativ mit nichtkonjugierten Doppelbindungen unter Bildung des Oxyds, diese Reaktion ist präparativ wichtig.

$$\textbf{RCH}{=}\textbf{CHR} + \textbf{C}_6\textbf{H}_5\textbf{CO}_3\textbf{H} \longrightarrow \underset{\displaystyle\diagdown\!\underset{O}{}\!\diagup}{\textbf{RCH}{-}\textbf{CHR}} + \textbf{C}_6\textbf{H}_5\textbf{COOH}$$

Da Benzopersäure Jod aus Kaliumjodid freisetzt, kann die Chloroformlösung standardisiert und die Reaktion zur *quantitativen Bestimmung von Doppelbindungen* herangezogen werden.

3.5-Dinitro-benzoesäure wird durch Nitrierung von Benzoesäure dargestellt. Umsetzung mit Phosphorpentachlorid liefert **3.5-Dinitro-benzoylchlorid,** ein wertvolles Reagens zur Identifizierung von Alkoholen. Diese reagieren selbst in wäßriger Lösung auf dem Wege der Schotten-Baumann-Reaktion (S. 579) unter Bildung von festen 3.5-Dinitro-benzoaten.

Die Methylbenzoesäuren werden **Toluylsäuren** genannt. Man erhält sie durch partielle Oxydation von o-, m- und p-Xylol. *N.N*-Diäthyl-m-toluylsäureamid ist ein wirksames Insekten abwehrendes Mittel. **p-tert.-Butylbenzoesäure** wird technisch durch Luftoxydation von tert.-Butyltoluol in flüssiger Phase in Gegenwart eines löslichen Kobaltsalzes als Katalysator gewonnen. Sie kann einige der Fettsäuren in Alkydharzen (Polyesterharzen) (S. 583) vorteilhaft ersetzen.

Die o-, m- und p-Benzoldicarbonsäuren werden als *Phthalsäure, Isophthalsäure* und *Terephthalsäure* bezeichnet. **Phthalsäure** gibt beim Erhitzen oberhalb 180° schnell Wasser ab und bildet das flüchtige cyclische Anhydrid.

$$\text{(Phthalsäure)} \xrightarrow[\text{auf 180}°]{\text{Erhitzen}} \text{(Phthalsäureanhydrid)} + H_2O$$

Phthalsäure   Phthalsäureanhydrid

Daher wird bei den üblichen Methoden zur Synthese von Phthalsäure, nämlich der Hochtemperatur-Oxydation von o-Xylol oder Naphthalin (S. 614) das Anhydrid erhalten.

$$\text{o-Xylol} + 3\,O_2\,(\text{Luft}) \xrightarrow{V_2O_5,\ 360°} \text{Phthalsäureanhydrid} + 3\,H_2O + 220\ \text{kcal}$$

$$\text{Naphthalin} + 4\tfrac{1}{2}\,O_2\,(\text{Luft}) \xrightarrow{V_2O_5,\ 360°} \text{Phthalsäureanhydrid} + 2\,CO_2 + 2\,H_2O + 511\ \text{kcal}$$

Naphthalin

Naphthalin ist billiger als o-Xylol, doch kann die Oxydation von o-Xylol besser kontrolliert werden, weil weniger als halb soviel Wärme pro Mol entstehendes Anhydrid entwickelt wird. Vor der Entwicklung dieses Verfahrens durch GIBBS im Jahre 1917 wurde Schwefelsäure in Gegenwart von Quecksilber(II)-sulfat als Oxydationsmittel verwendet (S. 723).

1955 wurden in den USA etwa 150 Millionen kg Phthalsäureanhydrid hergestellt, wovon etwa die Hälfte zu Estern verarbeitet wurde, die als Weichmacher für synthetische Polymere, besonders Polyvinylchlorid verwendet werden. 1955 betrug die Produktion an Estern in Millionen kg: Methylester 1,8; Äthylester 7,2; Butylester 10,8; 2-Äthylhexylester 32,4. **Phthalsäuredimethylester** ist ein wirksames Abwehrmittel gegen Insekten.

Das restliche Phthalsäureanhydrid wird zum größten Teil zur Herstellung von Polyesterharzen gebraucht, von denen die des **Glyptal-**Typus (Glycerin und Phthalsäureanhydrid) die einfachsten sind. Da sowohl Phthalsäure als auch Glycerin mehrere funktionelle Gruppen haben, führt das Erhitzen eines Gemisches zu polymeren Estern. Werden drei Mol Phthalsäureanhydrid auf zwei Mol Glycerin verwendet, so wird zuerst ein schmelzbares Harz erhalten, das bei weiterem Erhitzen in einen unschmelzbaren festen Stoff übergeht, der in organischen Lösungsmitteln unlöslich ist. Es tritt nicht nur Vernetzung zwischen zwei polymeren Ketten ein, wie in untenstehender Formel, sondern zwischen vielen Ketten.

schmelzbares Harz

unschmelzbares Harz

Wird ein Mol Phthalsäureanhydrid, ein Mol Glycerin und ein Mol einer Monocarbonsäure (als Moderator) erhitzt, so wird eine der Hydroxylgruppen mit der Monocarbonsäure verestert und die Vernetzung verhindert, so daß sich eine schmelzbare, in organischen Lösungsmitteln lösliche, feste Substanz bildet. Wenn ungesättigte Monocarbonsäuren wie jene aus trocknenden Ölen verwendet werden, kann das Harz nach Aufbringen auf eine Oberfläche einer weiteren oxydativen Polymerisation nach Art eines trocknenden Öls unterliegen, wobei sehr zähe, elastische, wetterbeständige Filme entstehen. Derartige synthetische Lacke werden in großem Umfang zur Lackierung von Automobilen und Haushaltsgeräten verwendet. Die Glyptalharze gehören zu einer allgemeineren Klasse von polymeren Substanzen, die sich von mehrwertigen Alkoholen und mehrbasischen Säuren ableiten und als **Alkydharze** bezeichnet werden. Andere Typen von Polyesterharzen werden für Glasfaserplatten (S. 852) und zur Herstellung gummiartiger Produkte (S. 844) verwendet.

Eine erhebliche Menge Phthalsäureanhydrid dient zur Fabrikation von Anthrachinon (S. 630) und seinen Derivaten, Zwischenprodukten bei der Synthese von Anthrachinonfarbstoffen (S. 726). Kleinere Mengen werden für verschiedene Zwecke, z. B. zur Herstellung von Phthalein- und Xanthenfarbstoffen (S. 721), Benzoesäure und Phthalimid, gebraucht.

$$\text{Phthalsäureanhydrid} + H_2O \xrightarrow[220°]{\text{Cr-Na-Salz}} C_6H_5\text{-COOH} + CO_2$$

$$\text{Phthalsäureanhydrid} + NH_3 \xrightarrow{\text{Wärme}} \text{Phthalimid} + H_2O$$

Phthalimid findet einige Verwendung in der organischen Synthese. Sein Kaliumsalz reagiert mit Alkylhalogeniden bei 100° in $N.N$-Dimethylformamid als Lösungsmittel unter Bildung von N-substituiertem Phthalimid; dieses kann zu einem primären Amin hydrolysiert werden, das frei von sekundärem oder tertiärem Amin ist.

$$\text{Phthalimid-NH} \xrightarrow[K_2CO_3]{\text{KOH oder}} \text{Phthalimid-NK} \xrightarrow[100°]{RX} \text{Phthalimid-NR} \xrightarrow[H_2O]{HCl} \text{Phthalsäure(COOH)}_2 + RNH_3Cl$$

Wenn das Phthalimid schwer zu hydrolysieren ist, kann Hydrazin verwendet werden, wobei sich das Phthalohydrazid und freies Amin bildet.

$$\text{Phthalimid-NR} \xrightarrow{H_2NNH_2} \text{Phthalohydrazid(NH-NH)} + RNH_2$$

Diese Methode zur Darstellung von Aminen wird als **Gabrielsche Phthalimid-Synthese** bezeichnet. Sie eignet sich besonders zur Synthese von komplizierteren

Verbindungen, da die Phthalimidgruppe wenig reaktionsfähig ist. Zum Beispiel kann ein Dihalogenid ein Monophthalimid $C_6H_4(CO)_2N(CH_2)_xBr$ bilden, und das verbleibende Halogen kann die meisten Reaktionen eines Alkylhalogenids eingehen. Halogenierte Ester geben Phthalimidderivate $C_6H_4(CO)_2N(CH_2)_xCOOR$, die verseift, in das Säurechlorid umgewandelt und für Friedel-Crafts-Reaktionen verwendet werden können. Anschließend an diese Reaktionen kann die Phthalylgruppe unter Bildung der freien Aminogruppe abgespalten werden.

Durch Umsetzung von Phthalsäureanhydrid mit Phosphorpentachlorid wird das flüssige symmetrische Phthalylchlorid (F: 12—16°) erhalten, das durch Erhitzen mit wasserfreiem Aluminiumchlorid in eine feste unsymmetrische Form (F: 87—89°) umgewandelt werden kann.

Beim Erhitzen über ihren Schmelzpunkt geht die unsymmetrische Form wieder in die symmetrische Form über. Nach ihren Reaktionen steht die gewöhnliche, flüssige Form im Gleichgewicht mit der unsymmetrischen Form. So gibt Hydrazin das cyclische Hydrazid; dagegen führt die Reduktion mit Zink und Salzsäure zu Phthalid, und Ammoniak gibt o-Cyanbenzoesäure.

Eine ähnliche Tautomerie kann bei den Acylhalogeniden derjenigen Halbester zweibasischer Säuren bestehen, die ein cyclisches Zwischenprodukt geben. So steht 2-Carbomethoxy-6-nitro-benzoylchlorid im Gleichgewicht mit 2-Carbomethoxy-3-nitro-benzoylchlorid.

Durch Umsetzung von Phthalsäureanhydrid mit einer alkalischen Lösung von Wasserstoffperoxyd und anschließendes Ansäuern entsteht die **Phthalmonopersäure.** Sie kann für die gleichen Zwecke wie Benzopersäure (S. 581) verwendet werden.

$$C_6H_4(CO)_2O + H_2O_2 \xrightarrow{\text{NaOH, dann } H_2SO_4} C_6H_4(CO\text{-}O\text{-}OH)(COOH)$$

Phthalmono-
persäure

Isophthalsäure und **Terephthalsäure** haben erst seit 1950 technische Bedeutung erlangt. Sie können nicht nach dem gleichen Verfahren hergestellt werden wie Phthalsäureanhydrid, da sie keine flüchtigen monomeren Anhydride bilden können. Gewöhnlich wird die Oxydation von m- oder p-Xylol in mehreren Stufen durchgeführt. Das Xylol wird in flüssiger Phase und in Gegenwart eines löslichen Kobalt- oder Mangansalzes durch Luft zu Toluylsäure oxydiert. Die Toluylsäure wird in den Methylester übergeführt, und dieser wird zum Phthalsäuremonomethylester oxydiert. Die Isolierung geschieht über den Dimethylester.

$$C_6H_4(CH_3)_2 \xrightarrow[140°]{O_2,\ Co\text{-} \text{oder Mn-Salz}} C_6H_4(CH_3)COOH \xrightarrow[[H^+]]{CH_3OH}$$

m- oder p-Xylol   m- oder p-Toluylsäure

$$C_6H_4(CH_3)COOCH_3 \xrightarrow{O_2,\ Co\text{-} \text{oder Mn-Salz}} C_6H_4(COOH)COOCH_3 \xrightarrow[[H^+]]{CH_3OH} C_6H_4(COOCH_3)_2$$

m- oder p-Toluyl-
säuremethylester   Iso- oder Terephthal-
säuremonomethylester   Iso- oder Terephthal-
säuredimethylester

Die Toluylsäuren können jedoch auch in alkalischer Lösung weiteroxydiert werden. Für die meisten Zwecke werden die Isophthalsäure- und Terephthalsäuremethylester den freien Säuren vorgezogen, doch können die letztgenannten durch Hydrolyse der Ester erhalten werden. Isophthalsäure wirkt sich sehr günstig auf die Eigenschaften von Alkydharzen und anderen Polyestern aus. Britische Forscher fanden anknüpfend an frühere Arbeiten von CAROTHERS (S. 760), daß Fasern, die aus dem polymeren Ester der Terephthalsäure und des zweiwertigen Alkohols Äthylenglykol (S. 785) gesponnen werden, ausgezeichnete Eigenschaften besitzen. Textilfasern aus Polyterephthalsäureglykolester werden **Terylen** oder **Dacron** genannt. Transparente Filme werden als „Mylar", photographische Filme als „Cronar" verkauft. Das Produkt wird durch Alkoholyse von Terephthalsäuredimethylester mit Äthylenglykol gewonnen, wobei Terephthalsäure-hydroxyäthylester entsteht. Weitere Alkoholyse und Beseitigung von Äthylenglykol durch Destillation gibt das Polymere, für das n einen Wert von 80 bis 130 hat.

$$CH_3OCO\text{-}C_6H_4\text{-}COOCH_3 + 2\,HOCH_2CH_2OH \xrightarrow{[^-OCH_3]}$$

$$2\,CH_3OH + HOCH_2CH_2OCO\text{-}C_6H_4\text{-}COOCH_2CH_2OH \xrightarrow[\text{Wärme}]{n\,\text{Mol}}$$

$$n\,HOCH_2CH_2OH + (\text{-}CO\text{-}C_6H_4\text{-}COOCH_2CH_2O\text{-})_n$$

Terylen oder Dacron

$N.N'$-Dimethyl-$N.N'$-dinitroso-terephthalamid dient als schaumerzeugendes Mittel für Schaumgummis und -kunststoffe. Es zersetzt sich beim Erhitzen in Stickstoff und Terephthalsäuremethylester.

Die Benzolpolycarbonsäuren werden gewöhnlich durch Oxydation der entsprechenden Polymethylbenzole dargestellt. Zum Beispiel kann **Trimesinsäure** (Benzoltricarbonsäure-(1.3.5)) durch Oxydation von Mesitylen, **Pyromellitsäure** (Benzoltetracarbonsäure-(1.2.4.5)) durch Oxydation von 1.2.4.5-Tetramethylbenzol (Durol) gewonnen werden. Beim Erhitzen über ihren Schmelzpunkt (270°) gibt Pyromellitsäure **Pyromellitsäureanhydrid,** das zur Herstellung von Alkydharzen Verwendung findet.

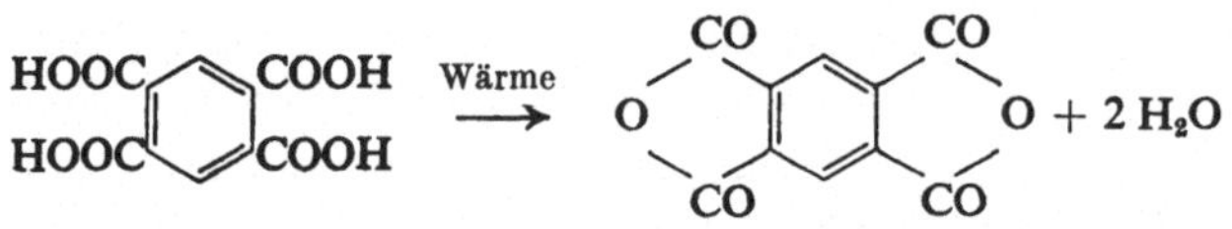

Pyromellitsäure $\xrightarrow{\text{Wärme}}$ Pyromellitsäureanhydrid $+ \; 2\,H_2O$

Mellitsäure ist Benzolhexacarbonsäure. Sie wurde 1799 aus ihrem Aluminiumsalz isoliert, das in Form des Minerals *Honigstein (Mellit)*, so genannt wegen seines ausgeprägt süßen Geschmacks, in der Braunkohle vorkommt. Mellitsäure wird am besten durch Oxydation von Holzkohle mit rauchender Salpetersäure oder von Graphit mit Permanganat dargestellt. Diese Bildungsweise steht im Einklang mit der für Graphit angenommenen Struktur.

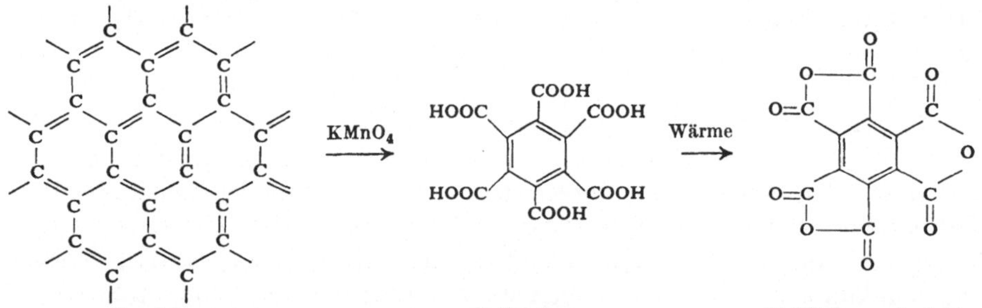

Graphit $\xrightarrow{\text{KMnO}_4}$ Mellitsäure $\xrightarrow{\text{Wärme}}$ Mellitsäureanhydrid

Mellitsäureanhydrid $C_{12}O_9$ ist ein Oxyd des Kohlenstoffs.

Wenn Phthalid mit Kaliumcyanid erhitzt wird, bildet sich das Kaliumsalz des Nitrils der Homophthalsäure. Hydrolyse führt zur **Homophthalsäure.**

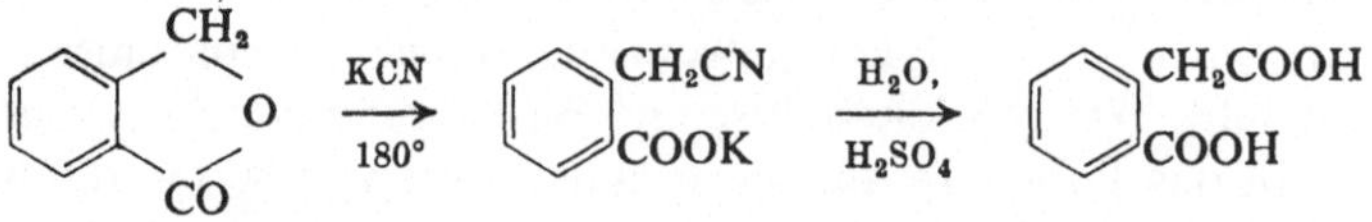

Homophthalsäure wird durch Erhitzen oder Behandeln mit wasserentziehenden Mitteln in das cyclische Anhydrid übergeführt.

Saccharin, das von Remsen[1] entdeckt wurde, ist das Imid des gemischten Anhydrids der o-Carboxybenzolsulfonsäure. Gewöhnlich wird behauptet, seine

---

[1] Ira Remsen (1846—1927), Professor der Chemie an der John Hopkins University, später Präsident der Universität. Er richtete die erste vollwertige graduate school für Chemie in den Vereinigten Staaten ein. Er war ein hervorragender Lehrer, und seine

Süßkraft sei die 550—750 fache des Rohrzuckers. Die relative Süße hängt jedoch von der Bestimmungsmethode und vom Individuum ab (S. 405). Für den Durchschnittsgeschmack entspricht eine Tablette von 0,03 g einem gehäuften Teelöffel (10 g) Saccharose; dies entspricht der 300 fachen Süßkraft von Saccharose. Saccharin hat keinen Nährwert und wird nur dann verwendet, wenn der Genuß von Zucker eingeschränkt werden soll. Saccharin wurde zuerst auf folgendem Wege aus Toluol hergestellt.

Das Imid wird zur Erhöhung der Wasserlöslichkeit in das Natriumsalz umgewandelt.

Der leicht bittere Geschmack, der dem Saccharin anhaftet, soll durch Verunreinigung mit o-Toluylsäureamid verursacht sein. Da überdies für das anfallende p-Toluolsulfochlorid keine nutzbringende Verwendung gefunden werden konnte, wurden zwei neue Verfahren ausgearbeitet, durch die beide Nachteile vermieden werden. Das eine geht von Thionaphthen (S. 642), das andere von Anthranilsäure aus.

p-Toluolsulfochlorid, das als Nebenprodukt bei der Chlorsulfonierung von Toluol erhalten wird, kann in das Amid umgewandelt und zu p-Carboxybenzol-

Lehrbücher der anorganischen und organischen Chemie wurden in der ganzen Welt gebraucht. Er gründete 1879 das American Chemical Journal, das später mit dem Journal of the American Chemical Society vereinigt wurde. REMSEN interessierte sich für den Einfluß von Substituenten auf die Reaktionsfähigkeit anderer Gruppen, und bei der Untersuchung der Wirkung von Substituenten auf die Oxydation von Seitenketten entdeckte er das Saccharin.

sulfonamid oxydiert werden. Umsetzung mit unterchloriger Säure gibt das Dichloramid, das als **Halazon** bezeichnet wird.

Tabletten aus Halazon und Natriumcarbonat bilden beim Auflösen in Wasser Natriumhypochlorit, das sterilisierend wirkt. Das N-Chlorderivat des Benzoesäure-2.4-dichloranilids, „Impregnit", wurde zum Imprägnieren von Kleidern und Zeltbahnen zum Schutze gegen Senfgas (S. 302) verwendet, welches es zu dem ungefährlichen Sulfoxyd oxydiert.

Anthranilsäure, o-Aminobenzoesäure, wird durch Einwirkung von alkalischem Natriumhypochlorit auf Phthalimid dargestellt. Die Reaktion besteht in der Hydrolyse zum Natriumsalz der Phthalamidsäure und folgendem Hofmannschem Abbau (S. 242).

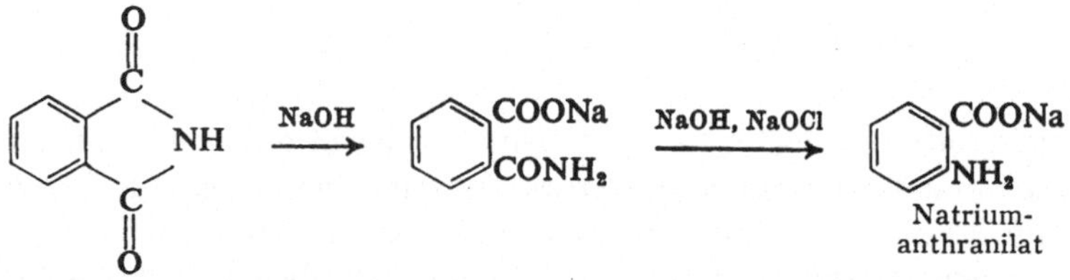

Eine Zeitlang wurden große Mengen Anthranilsäure zur Synthese von Indigo (S. 723) gebraucht. Jetzt dient sie noch als Zwischenprodukt bei der Synthese von Thioindigo (S. 725) und anderen Farbstoffen, doch wurden 1955 in den USA nur 182000 kg hergestellt. **Anthranilsäuremethylester** ist ein Bestandteil verschiedener wohlriechender Öle und des Traubensaft-Aromas. Das synthetische Produkt findet entsprechende Verwendung.

p-Aminobenzoesäure ist in dem als Vitamin B-Komplex bekannten Substanzgemisch vorhanden und bildet einen Teil des Folsäuremoleküls (S. 682); daß sie als Ernährungsfaktor unentbehrlich sei, ist nicht nachgewiesen worden. Gewisse Bakterien bedürfen jedoch der Zufuhr, vermutlich zur Synthese der Folsäurekomponente von Vitaminen, die für ihr Wachstum erforderlich sind. Anscheinend ist dieser Bedarf der Grund für die Wirksamkeit der Sulfonamide bei der Bekämpfung von Infektionen, die von derartigen Organismen verursacht werden. Eine ausreichend hohe Konzentration an Sulfonamiden verhindert die Bildung von Folsäure und damit das Wachstum der Organismen. Verbindungen, die strukturell mit normalen Stoffwechselprodukten verwandt sind, aber wesentliche Stoffwechselprozesse verhindern, werden *Antimetabolite* genannt. Sie spielen in der Chemotherapie eine immer wichtigere Rolle.

Da bei der Nitrierung von Benzoesäure als Hauptprodukt m-Nitrobenzoesäure entsteht, wird p-Aminobenzoesäure durch Oxydation von p-Nitrotoluol und anschließende Reduktion dargestellt.

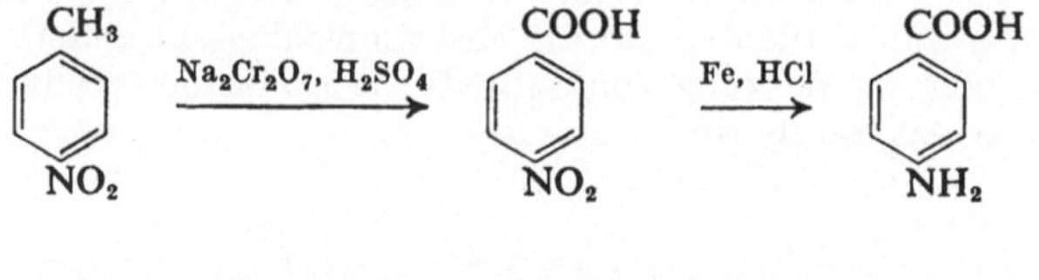

Gewisse p-Aminobenzoesäureester wirken als Lokalanaesthetica. Der Äthylester ist als **Anaesthesin** *(Benzocain)* bekannt, der Butylester als **Butesin.** Sie werden zur Schmerzlinderung bei Verbrennungen und offenen Wunden verwendet. Die wichtigsten Derivate sind die p-Aminobenzoesäure-aminoalkylester, die bei Injektion an geeigneter Stelle die Nervenfasern oder -enden anaesthesieren oder die Übertragung des Schmerzes über die Hauptbahnen blockieren. Ihre Entwicklung resultiert aus Versuchen, ungiftigere Mittel zu finden als Cocain, das älteste Lokalanaestheticum (S. 685). **Novocain** *(Procain,* p-Aminobenzoesäure-β-diäthylaminoäthylester-hydrochlorid) wurde 1905 von EINHORN synthetisiert. Es ist noch immer das am häufigsten verwendete Lokal- und Rückenmarksanaestheticum, obwohl buchstäblich Tausende von verwandten Verbindungen synthetisiert wurden, von denen auch viele auf den Markt kamen. Die Synthese erfolgt nach dem für diese Verbindungsgruppe allgemeinen Verfahren.

$$O_2N\text{–}C_6H_4\text{–}COCl + HOCH_2CH_2N(C_2H_5)_2 \longrightarrow$$

$$\left[O_2N\text{–}C_6H_4\text{–}COOCH_2CH_2\overset{+}{N}H(C_2H_5)_2\right]Cl^- \xrightarrow{\text{Fe, HCl}} \left[H_2N\text{–}C_6H_4\text{–}COOCH_2CH_2\overset{+}{N}H(C_2H_5)_2\right]Cl^-$$

Novocain
(Procain)

Butyn ist wirksamer, aber auch giftiger als Novocain. **Pontocain** *(Tetracain)* wird als Oberflächenanaestheticum für das Auge oder als Rückenmarksanaestheticum verwendet.

COOCH$_2$CH$_2$CH$_2$NH(n-C$_4$H$_9$)$_2$ $\overset{+}{C}$l$^-$ COOCH$_2$CH$_2$NH(CH$_3$)$_2$ $\overset{+}{C}$l$^-$

NH$_2$ NHC$_4$H$_9$-n

Butyn   Pontocain (Tetracain)

     Von den Hydroxysäuren ist das ortho-Isomere, die **Salicylsäure,** bei weitem das wichtigste. Sie wird durch Einwirkung von Kohlendioxyd auf Natriumphenolat bei 150° dargestellt *(Kolbesche Synthese).*

ONa   OH

$$\xrightarrow[150°]{CO_2}$$

COONa

Natriumsalicylat

Bei Verwendung von Kaliumphenolat an Stelle von Natriumphenolat entsteht hauptsächlich das para-Isomere. Salicylsäure wurde erstmals von PIRIA 1838 aus Salicylaldehyd dargestellt, der seinen Namen daher hat, daß er durch Oxydation von Saligenin aus dem Glucosid Salicin (S. 555) erhalten wurde. Salicylsäure war in der älteren deutschen Literatur auch als *Spirsäure* bekannt, da Salicylaldehyd in dem ätherischen Öl der Blüten und Blätter verschiedener *Spiraea*-Arten vorkommt.

     Die Bedeutung der Salicylsäure und ihrer Derivate liegt in ihrer antipyretischen und analgetischen Wirkung. 1875 wurde erstmals **Natriumsalicylat** für diesen Zweck verwendet. Im folgenden Jahr wurde es zur Behandlung von Gelenkrheumatismus benutzt. Die Reizwirkung von Natriumsalicylat auf die Magenwände veranlaßte die Erprobung zahlreicher Derivate.

Salol *(Salicylsäurephenylester)* wurde 1886 eingeführt. Es passiert den Magen unverändert und wird von den alkalischen Darmsäften zu Phenol und Salicylsäure hydrolysiert. Da jedoch gewichtsmäßig fast ebensoviel Phenol wie Salicylsäure freigesetzt wird, besteht die erhebliche Gefahr einer Phenolvergiftung. Salol wird nur noch als Schutzüberzug bei Medikamenten verwendet, die andernfalls von den Magensekreten zerstört würden. Wenn die Tablette in das alkalische Medium des Darmes gelangt, wird das Salol hydrolysiert und aufgelöst, und das Medikament wird freigesetzt. Salicylsäure wird jetzt fast ausschließlich in Form ihres Acetylderivates verordnet, das als **Aspirin** (von Acetylspirsäure) bekannt ist. Wie Salol passiert es den Magen unverändert und wird im Darm zu Salicylsäure hydrolysiert.

Die Salicylate senken die Körpertemperatur sehr schnell und wirksam bei Fieber (antipyretische Wirkung), haben aber nur wenig Einfluß, wenn die Temperatur normal ist. Sie sind milde Analgetica und lindern gewisse Schmerzarten wie Kopfschmerzen, Neuralgie und Rheumatismus. Die Schwelle für Hautschmerz bei Hitzeeinwirkung wird bei oraler Einnahme von 2 Gramm Aspirin um 35% erhöht. Wie ausgedehnt Aspirin angewendet wird, zeigt sich an dem Ausmaß der Produktion, die 1955 in den USA etwa 6,8 Millionen kg betrug, genug für hundertfünfundzwanzig Tabletten zu 0,3 g für jede Person der gesamten Bevölkerung. Obwohl die toxische Dosis sehr hoch ist, ist der unkontrollierte Verbrauch von Salicylaten nicht ungefährlich. Eine einzige Dosis von 5—10 Gramm hat schon zum Tode geführt, und 12 Gramm, im Verlauf von vierundzwanzig Stunden eingenommen, rufen Vergiftungserscheinungen hervor. Überdies verursachen die Salicylate bei manchen Personen Hautausschläge.

Der Hauptbestandteil des Wintergrünöls *(Gaultheria procumbens)* wurde 1843 als **Salicylsäuremethylester** identifiziert. Er wird in beträchtlichem Umfang als Geschmackstoff und in Einreibmitteln verwendet. Er übt eine milde Reizwirkung auf die Haut aus und bewirkt bei Muskelschmerzen eine Gegenreizung.

Wird Salicylsäure erhitzt, so vereinigen sich zwei, drei oder vier Moleküle unter Bildung cyclischer Lactone mit acht, zwölf und sechzehn Atomen im Ring. Das Analogon aus drei Mol **o-Thymotinsäure** hat den Trivialnamen **Trithymotid**.

Gegenseitige räumliche Behinderung der Isopropyl- und Carbonylgruppen bewirkt eine schraubenpropellerartige Anordnung der Ringe, wobei sich eine Rechtsschraube oder eine Linksschraube ausbilden kann. Bei der Kristallisation kann sich die eine oder die andere Form ausbilden, je nachdem welche von ihnen zu kristallisieren beginnt. Werden die Kristalle nach partieller Kristallisation entfernt, so ist die verbleibende Lösung optisch aktiv. Außerdem bildet Trithymotid Einschlußverbindungen mit vielen Flüssigkeiten (S. 326). Da die Höhlung in einem Trithymotidkristall dissymmetrisch ist, kann Trithymotid zur Spaltung racemischer Gemische anderer dissymmetrischer Verbindungen (S. 361) herangezogen werden.

2-Hydroxy-4-amino-benzoesäure, gewöhnlich p-Aminosalicylsäure oder PAS genannt, kann durch Kolbesche Synthese (S. 589) aus m-Aminophenol dargestellt werden. Sie findet zusammen mit Streptomycin Verwendung zur Behandlung der Tuberkulose.

Vanillinsäure kann in guter Ausbeute durch Schmelzen von Vanillin mit Natriumhydroxyd unterhalb 240° erhalten werden; dabei entwickelt sich Wasserstoff. Bei höheren Temperaturen wird die Methylgruppe abgespalten, und es bildet sich **Protocatechusäure.**

$$\text{NaOH-Schmelze unterhalb 240°} \quad \text{Natriumvannilat} + H_2 + H_2O$$

$$\text{NaOH-Schmelze oberhalb 240°} \quad \text{Natriumprotocatechuat} + H_2 + H_2O + CH_3OH$$

Vanillinsäureäthylester (3-Methoxy-4-hydroxy-benzoesäureäthylester) verhindert wirksam das Wachstum von Schimmelpilzen. Er wurde zur Nahrungskonservierung und als Heilmittel bei Pilzkrankheiten der Haut vorgeschlagen.

Veratrumsäure, der Dimethyläther der Protocatechusäure, wurde erstmals aus den Samen von *Sabadilla veratrum* erhalten.

Gallussäure (3.4.5-Trihydroxy-benzoesäure) findet sich frei in Sumach, Tee und zahlreichen anderen Pflanzen. Sie wird dargestellt durch Hydrolyse des **Tannins** von Eichengalläpfeln, Auswüchsen, die von parasitären Insekten an jungen Zweigen von Eichen verursacht werden. Dieser Gerbstoff, *Gallotannin* genannt, ist ein Gemisch von Gallussäureestern der Glucose. Ein von E. FISCHER isoliertes Produkt erwies sich als *Pentadigalloylglucose.* Die Digallussäure ist selbst ein Ester, nämlich m-Galloylgallussäure.

m-Galloylgallussäure

Verbindungen dieser Art werden **Depside** (griech. *depsein* gerben) genannt, da sie vielfach gerbende Eigenschaften aufweisen. Gerbstoffe im allgemeinen sind Substanzen, die ein Unlöslichwerden der Gelatine von Häuten bewirken, wodurch die Haut in Leder umgewandelt wird.

Gallussäure und Tannin werden zur Herstellung von Schreibtinten verwendet. Sie bilden farblose, wasserlösliche Eisen(II)-salze, die durch Oxydation an der Luft in schwarze, unlösliche Eisen(III)-salze übergehen. Diese sind lichtbeständiger als der Farbstoff, der zugesetzt wird, damit die Tinte sofort sichtbar ist. Gallussäure wird zur Herstellung von Pyrogallol (S. 546) decarboxyliert.

Hydrolyse von Benzylcyanid, das aus Benzylchlorid und Natriumcyanid dargestellt wird, gibt **Phenylessigsäure**. Die α-ständigen Wasserstoffatome in Phenylessigsäure und ihren Estern sind saurer als diejenigen in rein aliphatischen Verbindungen. So setzt Phenylessigsäure aus Lösungen von Methylmagnesiumbromid zwei Mol Methan frei.

$$C_6H_5CH_2COOH + 2\,CH_3MgBr \longrightarrow C_6H_5\overset{-}{C}HCOO^{-+}MgBr + 2\,CH_4$$
$$\overset{+}{M}gBr$$

Das Reaktionsprodukt verhält sich wie eine Grignard-Verbindung und ist als *Iwanow-Reagens* bekannt. Es reagiert mit Kohlendioxyd unter Bildung der zweibasischen Phenylmalonsäure, und mit Aldehyden oder Ketonen unter Bildung von α-Phenyl-β-hydroxysäuren.

$$C_6H_5CHCOO^{-+}MgBr \xrightarrow{[H^+]} C_6H_5CH(COOH)_2$$

Mandelsäure (α-Hydroxyphenylessigsäure) wird durch Hydrolyse von Benzaldehyd-cyanhydrin (Mandelsäurenitril) dargestellt.

$$C_6H_5CHO \xrightarrow{HCN} C_6H_5CHOHCN \xrightarrow{HCl} C_6H_5CHOHCOOH$$

Mandelsäurenitril   Mandelsäure

Erstmals wurde die Säure durch Erhitzen eines Extraktes aus bitteren Mandeln mit Salzsäure erhalten (S. 567). Oral eingenommene Mandelsäure wird unverändert mit dem Urin ausgeschieden; da sie in saurem Medium baktericide Wirkung besitzt, kann sie infolgedessen zur Behandlung von Infektionen des Harntrakts verwendet werden. Zum Einnehmen eignet sich das Salz mit Hexamethylentetramin (S. 231), das ebenfalls mit dem Urin ausgeschieden wird und antiseptische Eigenschaften hat. **p-Brommandelsäure** dient zur Bestimmung des Verhältnisses Hafnium:Zirkon in den Salzgemischen.

Zimtsäure wird durch Perkinsche Synthese (S. 566) dargestellt.

$$C_6H_5CHO + (CH_3CO)_2O \xrightarrow{NaOCOCH_3} [C_6H_5CH=CHCOOCOCH_3 + H_2O] \longrightarrow$$

$$C_6H_5CH=CHCOOH + HOOCCH_3$$
$$\text{Zimtsäure}$$

Zimtsäuren geben bei starkem Erhitzen Kohlendioxyd ab und gehen in Aryl-äthylene über.

$$ArCH=CHCOOH \xrightarrow{\text{Wärme}} ArCH=CH_2 + CO_2$$

Wird Salicylaldehyd der Perkinschen Reaktion unterworfen, so ist die entstehende freie Säure unbeständig und bildet unter Ringschluß spontan das Lacton **Cumarin**. Cumarin kommt in der Tonkabohne, dem Samen eines tropischen

Cumarin

südamerikanischen Baumes *(Dipteryx odorata)* vor, der von den Eingeborenen *Cumaru* genannt wird. Es wurde auch aus zahlreichen anderen Pflanzen isoliert. Es riecht nach frisch gemähtem Heu und wird in der Parfümerie verwendet. Es war das erste natürliche Parfüm, das aus einem Bestandteil des Steinkohlenteers synthetisiert wurde (S. 709). Die Verwendung als Geschmacksstoff wurde auf Grund seiner Giftigkeit aufgegeben.

Dicumarol verhindert die Blutkoagulation und ist die Ursache einer hämorrhagischen Erkrankung bei Rindern nach Fütterung mit verdorbenem Süßklee. Dicumarol und bestimmte verwandte Verbindungen dienen in der Medizin zur Vorbeugung gegen die Bildung von Blutgerinnseln, z. B. nach Operationen, und zur Behandlung von Coronarthrombose. Ein anderes Cumarinderivat, das *Warfarin*, ist ein wirksames Rattengift.

Dicumarol   **Warfarin**

Die dreifach ungesättigte **Phenylpropiolsäure** wird durch Umsetzung von Dibromzimtsäureäthylester mit alkoholischer Kalilauge erhalten.

$$C_6H_5CHBrCHBrCOOC_2H_5 \xrightarrow{\text{Alk. KOH}} C_6H_5C\equiv CCOO^{-+}K \xrightarrow{[H^+]} C_6H_5C\equiv CCOOH$$
$$\text{Phenylpropiolsäure}$$

Wiederholungsfragen

1. Man vergleiche die Reaktionen der aromatischen Carbonsäuren mit denen der aliphatischen Carbonsäuren. Welche Wirkung übt ortho-Substitution auf die Veresterungsgeschwindigkeit aromatischer Säuren und auf die Leichtigkeit der Hydrolyse von Estern aus?

2. Welches sind die Rohmaterialien für die technische Synthese von Phthalsäureanhydrid? Wozu wird dieses hauptsächlich verwendet?

3. Was ist die Gabrielsche Phthalimid-Methode zur Synthese primärer Amine?

4. Wie wird Benzoylchlorid technisch hergestellt? Andere Darstellungsmethoden? Was ist die Schotten-Baumann-Reaktion, und weshalb kann Acetylchlorid bei dieser nicht angewendet werden?

5. Man gebe Reaktionen für die Darstellung von Benzoylperoxyd und Benzopersäure. Wozu kann Benzopersäure im Laboratorium gebraucht werden?

6. Was ist die Kolbesche Salicylsäuresynthese? Was ist Wintergrünöl; Aspirin?

7. Man gebe Gleichungen für die Synthese von Saccharin, ausgehend von Toluol. Welches ist das hauptsächliche Nebenprodukt der Synthese, und wie wird es verwendet?

Aufgaben

8. Man gebe Reaktionen für folgende Darstellungen: (a) o-Toluylsäure aus o-Nitrotoluol; (b) Benzanilid aus Benzotrichlorid; (c) o-Toluylsäuremethylester aus o-Xylol; (d) m-Chlorbenzylalkohol aus m-Chlorbenzoesäure; (e) Benzoesäure aus Brombenzol.

9. In folgenden Verbindungen soll die jeweils angegebene Gruppe durch Wasserstoff ersetzt werden. Man erläutere die einzelnen Reaktionsschritte durch Gleichungen: (a) COOH in p-Toluylsäure; (b) NH_2 in 3.4-Dichlor-anilin; (c) SO_3H in 3.5-Dinitrobenzolsulfonsäure; (d) OH in 2.4.6-Trimethyl-phenol; (e) Br in p-Brom-sek.-butylbenzol; (f) NO_2 in 2.4-Dimethyl-nitrobenzol; (g) CH_3 in 2.4-Dinitro-toluol; (h) SO_2NH_2 in Sulfanilamid; (i) C_2H_5O in Äthyl-p-tolyläther; (j) $C_6H_5CH_2$ in N-Benzyl-p-chloranilin; (k) CHO in 3.5-Dinitro-benzaldehyd.

10. Man gebe eine Folge von Reaktionen zur Darstellung der nachstehenden Verbindungen, wobei ein aromatischer Kohlenwasserstoff Quelle des aromatischen Kerns sein soll; (a) o-Jodhippursäure; (b) Benzopersäure; (c) 3.5-Dinitro-benzoylchlorid; (d) m-Toluylsäuremethylester; (e) Aspirin; (f) Anaesthesin; (g) 2-Hydroxy-4-aminobenzoesäure; (h) Phenylessigsäure; (i) Salicylsäurephenylester; (j) p-tert.-Butylbenzoesäure; (k) 3-Acetylamino-2.4.6-trijod-benzoesäure; (l) m-Aminobenzoesäure.

11. Man gebe eine Folge von Reaktionen für folgende Darstellungsweisen: (a) Anthranilsäuremethylester aus Phthalsäureanhydrid; (b) Butyn aus Toluol und Trimethylenchlorhydrin; (c) o-Thymotinsäure aus m-Kresol; (d) Veratrumsäure aus Vanillin; (e) 3.4.5-Trimethoxy-benzaldehyd aus Gallussäure; (f) Trimesinsäure aus Aceton; (g) α-Phenyl-β-hydroxy-buttersäure aus Phenylessigsäure; (h) Phenylpropiolsäure aus Benzaldehyd; (i) Isoamylamin aus Phthalsäureanhydrid; (j) Pontocain aus Toluol und Äthylenchlorhydrin.

12. Wie muß die Reihenfolge wachsender Säurestärke bei den Gliedern folgender Gruppen von Verbindungen sein: (a) Benzolsulfonsäure, Hexansäureamid, Benzoesäure, p-Nitrobenzoesäure, p-Toluylsäure, Benzamid, Phenol; (b) Benzoesäure, 2.4.6-Trinitro-benzoesäure, Diphenylamin, Phthalimid, Trimesinsäure, Saccharin, 2.4.6-Trichlor-benzoesäure; (c) Phenylessigsäure, 2.4-Dichlor-benzoesäure, 2.3-Dimethyl-benzoesäure, p-Chlorbenzoesäure, p-Toluylamid, Benzolsulfonamid, 2.4.6-Trichlor-benzoesäure.

13. Man gebe die Reaktionen für vier Verfahren zur Darstellung von p-Toluylsäure, ausgehend von Toluol oder p-Xylol.

14. Die folgenden Verbindungen haben alle die Summenformel C_9H_{12}. Aus dem angegebenen Verhalten schließe man auf die Strukturformel der Verbindung: (a) Nitrierung gibt nur zwei Mononitroderivate, und Oxydation gibt eine Säure vom Neutralisationsäquivalent 83; (b) Nitrierung gibt nur zwei Mononitroderivate, und Oxydation liefert eine Säure vom Neutralisationsäquivalent 70; (c) Nitrierung gibt nur drei Mononitroderivate, und Oxydation gibt eine Säure vom Neutralisationsäquivalent 122; (d) Nitrierung gibt nur drei Mononitroderivate, und Oxydation liefert eine Säure vom Neutralisationsäquivalent 70.

15. Verbindung A hat die Summenformel $C_{18}H_{18}O_3$. Sie ist unlöslich in kalter verdünnter Natronlauge, geht aber beim Kochen in Lösung. Das Verseifungsäquivalent

ist 141. Wird die alkalische Lösung destilliert, so geht nur Wasser über. Ansäuern der alkalischen Lösung gibt einen Niederschlag B, der ein Neutralisationsäquivalent von 150 hat. Kräftige Oxydation von B liefert C; dies ist eine Säure vom Neutralisationsäquivalent 83. Wenn C über seinen Schmelzpunkt erhitzt wird, entwickelt es ein Gas und liefert eine Verbindung, die sich nur langsam in verdünnten Alkalien löst. Man schreibe die Strukturformel von A und gebe die Gleichungen der beteiligten Reaktionen an.

16. Verbindung A hat die Summenformel $C_{14}H_{10}N_2O_5$. Sie ist löslich in wäßrigem Bicarbonat und unlöslich in verdünnter Salzsäure. Wird A in Gegenwart eines Platinkatalysators mit Wasserstoff geschüttelt, so wird ein Produkt B erhalten, das in verdünnten Säuren und in verdünnten Alkalien löslich ist. Wird B einige Zeit mit starker Salzsäure gekocht und die Lösung auf p_H 7 neutralisiert, dann wird eine einzige Verbindung C erhalten, die sowohl in Säuren als auch in Alkalien löslich ist und die Summenformel $C_7H_7NO_2$ hat. Welche Strukturformel ist für A möglich? Man gebe Gleichungen für die beteiligten Reaktionen.

17. Verbindung A hat die Summenformel $C_9H_{12}ClNO_2$. Sie ist löslich in Wasser und gibt mit Silbernitrat einen Niederschlag. Wird die wäßrige Lösung alkalisch gemacht, so entsteht ein Niederschlag B, der frei von Halogen ist. Wird B mit Alkalien am Rückfluß gekocht, so löst es sich auf. Wenn die alkalische Lösung destilliert wird, wird ein Destillat erhalten, das einen positiven Jodoformtest gibt. Wird die alkalische Lösung auf p_H 7 neutralisiert, so entsteht ein Niederschlag C, der sich sowohl in Säuren als auch in Alkalien löst. Bei Behandlung einer kalten sauren Lösung von C mit Natriumnitrit entwickelt sich kein Stickstoff. Zugabe von Kupfer(I)-cyanid-Natriumcyanid-Lösung liefert ein Produkt, das beim Kochen mit Alkalien Ammoniak entwickelt. Nach Ende der Ammoniakentwicklung wird die alkalische Lösung angesäuert. Man erhält einen Niederschlag, der identisch ist mit Terephthalsäure. Man gebe A eine Strukturformel und stelle Gleichungen für die beteiligten Reaktionen auf.

Kapitel 27

Arylalkane. Freie Gruppen. Arylalkene und Arylalkine. Diphenyl und seine Derivate

Arylalkane

Das einfachste Arylalkan ist **Toluol** (S. 69). **Diphenylmethan** kann durch Friedel-Crafts-Reaktion entweder aus Benzylchlorid oder aus Methylenchlorid und Benzol synthetisiert werden.

$$C_6H_5CH_2Cl + C_6H_6 \xrightarrow{AlCl_3} C_6H_5CH_2C_6H_5 + HCl$$

$$CH_2Cl_2 + 2\,C_6H_6 \xrightarrow{AlCl_3} C_6H_5CH_2C_6H_5 + 2\,HCl$$
Diphenylmethan

Oxydation von Diphenylmethan gibt Benzophenon, das gegen weitere Oxydation beständiger ist als aliphatische Ketone.

$$C_6H_5CH_2C_6H_5 \xrightarrow{Na_2Cr_2O_7,\ H_2SO_4} C_6H_5\overset{\displaystyle O}{\overset{\|}{C}}C_6H_5 + H_2O$$

Hexachlorophen (2.2'-Dihydroxy-3.5.6.3'.5'.6'-hexachlor-diphenylmethan) wird als keimtötendes Mittel besonders in Seifen verwendet.

38*

Triphenylmethan kann aus Chloroform und Benzol dargestellt werden.

$$3\ C_6H_6 + CHCl_3 \xrightarrow{\ AlCl_3\ } (C_6H_5)_3CH + 3\ HCl$$

Ein besseres Verfahren geht von Benzol und Tetrachlorkohlenstoff aus. Der intermediär entstehende Komplex aus Triphenylchlormethan und Aluminiumchlorid wird durch Zugabe von Äther reduziert.

$$CCl_4 + 3\ C_6H_6 \xrightarrow{\ AlCl_3\ } (C_6H_5)_3C^{+\,-}AlCl_4 + 3\ HCl$$

$$(C_6H_5)_3C^{+\,-}AlCl_4 + (C_2H_5)_2O \longrightarrow (C_6H_5)_3CH + CH_3CHO : AlCl_3 + C_2H_5Cl$$

Das reduzierende Agens ist zweifellos das Äthylat-Ion, das sich durch Spaltung des Äthers mit Aluminiumchlorid bildet (S. 146).

Die Häufung von Phenylgruppen in Triphenylmethan steigert die Acidität der CH-Gruppe derart, daß eine Reaktion mit Kaliumamid in flüssigem Ammoniak unter Bildung des Kaliumsalzes möglich ist; d. h. Triphenylmethan ist eine stärkere Säure als Ammoniak (vgl. S. 246).

$$(C_6H_5)_3CH + KNH_2 \longrightarrow (C_6H_5)_3\overset{-\,+}{C} : K + NH_3$$

Die Lösung des Kaliumsalzes in flüssigem Ammoniak ist rot. Bei Anwesenheit von elektronenanziehenden Gruppen ist die Acidität erhöht. Zum Beispiel gibt Tri-p-nitro-triphenylmethan mit Kaliumhydroxyd in alkoholischer Lösung ein blaues Salz. Die Ursache der Acidität des Triphenylmethans und der Farbe der Lösungen seiner Salze wird bei den freien Gruppen besprochen (S. 600).

Direkte Oxydation von Triphenylmethan liefert Triphenylcarbinol.

$$(C_6H_5)_3CH \xrightarrow{\ Na_2Cr_2O_7,\ H_2SO_4\ } (C_6H_5)_3COH$$
Triphenylcarbinol

Tetraphenylmethan ist schwierig darzustellen, da das eine Halogenatom nur langsam durch eine vierte große Gruppe ersetzt wird. Es entsteht bei der Umsetzung von Triphenylchlormethan mit Phenylmagnesiumbromid in einer Ausbeute von etwa 5%.

$$(C_6H_5)_3CCl + C_6H_5MgBr \longrightarrow (C_6H_5)_4C + MgBrCl$$

Derivate des **1.1-Diphenyl-äthans** sind wichtige Insekticide. Als erstes wurde das als **DDT** bekannte 1.1-Bis(p-chlorphenyl)-2.2.2-trichlor-äthan für diesen Zweck verwendet. Es wird durch Einwirkung von Schwefelsäure auf ein Gemisch von Chlorbenzol und Chloral (Trichloracetaldehyd, S. 781) hergestellt.

$$2\ ClC_6H_5 + OCHCCl_3 \xrightarrow{\ H_2SO_4\ } (p\text{-}ClC_6H_4)_2CHCCl_3 + H_2O$$
Chloral   DDT

Es wurde zwar schon 1874 dargestellt, doch wurden seine insecticiden Eigenschaften erst 1942 bekannt. Während des zweiten Weltkrieges wurde DDT in Entlausungspulvern zur Verhütung von Flecktyphus und als Moskitolarvicid zur Bewohnbarmachung sumpfiger Gelände verwendet, in den vergangenen Jahren in größtem Umfang als Insecticid in der Landwirtschaft und in Sprühmitteln für den Haushalt. In den USA wurden 1955 über 53 Millionen kg hergestellt. Es wurde auch eine große Zahl von verwandten Verbindungen dargestellt und geprüft. **DDD** oder **TDE** ist 1.1-Bis(p-chlorphenyl)-2.2-dichlor-äthan, und **Methoxychlor** ist 1.1-Bis(p-methoxyphenyl)-2.2.2-trichlor-äthan.

Hexaphenyläthan wurde 1900 von GOMBERG[1] durch Einwirkung von fein verteilten Metallen auf eine Lösung von Triphenylchlormethan in Benzol dargestellt.

$$2 (C_6H_5)_3CCl + 2 Ag \text{ (oder Zn)} \longrightarrow (C_6H_5)_3CC(C_6H_5)_3 + 2 AgCl \text{ (oder } ZnCl_2)$$
$$\text{Hexaphenyläthan}$$

Hexaphenyläthan ist eine farblose kristallisierte Substanz, doch ihre Lösungen sind tiefgelb. Die Lösungen absorbieren rasch Sauerstoff aus der Luft unter Bildung von Triphenylmethylperoxyd.

$$(C_6H_5)_3CC(C_6H_5)_3 + O_2 \longrightarrow (C_6H_5)_3C-O-O-C(C_6H_5)_3$$

Sie entfärben Jod unter Bildung von Triphenyljodmethan und reagieren mit Alkalimetallen unter Bildung ziegelroter Metallsalze.

$$(C_6H_5)_3CC(C_6H_5)_3 + J_2 \longrightarrow 2 (C_6H_5)_3CJ$$
$$+ 2 K \longrightarrow 2 (C_6H_5)_3CK$$

Nach der Struktur des Kohlenwasserstoffs war keine dieser Reaktionen zu erwarten. Sie erklären sich durch die Dissoziation von Hexaphenyläthan in Lösung zu zwei freien **Triphenylmethyl-**Gruppen, die beide ein ungepaartes Elektron aufweisen.

$$(C_6H_5)_3C : C(C_6H_5)_3 \rightleftarrows 2 [(C_6H_5)_3C \cdot]$$

Diese ungepaarten Elektronen können sich mit den ungepaarten Elektronen des Sauerstoffmoleküls oder mit dem eines Jodatoms unter Bildung kovalenter Bindungen paaren, oder sie können ein Elektron von einem Metallatom aufnehmen, wobei sich eine ionische Bindung ausbildet.

Freie Gruppen

Freie Radikale

Stabile freie Radikale. Zufolge der während der zweiten Hälfte des achtzehnten Jahrhunderts aufkommenden Erkenntnis, daß chemische Verbindungen aus Teilstücken aufgebaut sind, die von LAVOISIER als Radikale (lat. *radicalis* Wurzeln habend) bezeichnet wurden, wurden Versuche gemacht, diese Teile zu isolieren. Während der ersten Hälfte des neunzehnten Jahrhunderts schienen Teilerfolge diese Bemühungen zu lohnen. So gelang es BERZELIUS 1808, freies *Ammonium* als Amalgam zu isolieren, und 1815 stellte GAY-LUSSAC gasförmiges Cyan dar, das er für das freie Cyanradikal hielt. 1849 glaubte FRANKLAND, er habe das Äthylradikal durch Erhitzen von Äthyljodid mit Zink erhalten. CANNIZZARO wies jedoch 1858 darauf hin, daß Molekulargewichtsbestimmungen auf der Grundlage der Avogadroschen Hypothese unerläßlich sind, und so erwies sich Cyan als $(CN)_2$ und FRANKLANDs Äthyl als $(C_2H_5)_2$ oder Butan. Mit anderen Worten, auf jede Reaktion, die zur Bildung eines freien Radikals hätte führen können, folgte eine Vereinigung der Radikale. Diese Ergebnisse führten zu der Ansicht, daß Verbindungen mit zwei- oder dreiwertigem Kohlenstoff, mit Ausnahme des Kohlenmonoxyds, nicht existenzfähig seien. Zwar zeigte VICTOR MEYER 1880 durch Messungen der Dampfdichte bei hohen Temperaturen, daß ein Jodmolekül reversibel in zwei

---

[1] MOSES GOMBERG (1866—1947), amerikanischer Chemiker russischer Herkunft, erhielt an der University of Michigan seine Ausbildung und arbeitete dann bei BAEYER und VICTOR MEYER. Nachdem ihm die Synthese von Tetraphenylmethan gelungen war, ging er nach Michigan zurück und versuchte Hexaphenyläthan zu synthetisieren, mit dem Ergebnis, daß er beständige freie Radikale entdeckte.

freie Jodatome zerfällt, doch verscheuchte der große Erfolg, den die Anwendung der Kekuléschen Valenzregeln auf die Synthese neuer organischer Verbindungen mit sich brachte, jeden Gedanken, daß Gruppen mit abnormalen Valenzen zu unabhängiger Existenz befähigt sein könnten. Daher wurde GOMBERGs Entdeckung des freien Triphenylmethyls (S. 597) mit großem Interesse und erheblicher Skepsis aufgenommen. Weitere experimentelle Ergebnisse von GOMBERG und seinen Mitarbeitern und von anderen Forschern, die sich diesem Gebiet zuwandten, bestätigten die Entdeckung bald.

Daß ein Gleichgewicht zwischen dem freien Triphenylmethylradikal und dem undissoziierten Hexaphenyläthan besteht, kann leicht beobachtet werden, denn das feste Äthan gibt beim Auflösen zuerst eine farblose Lösung, die bald gelb wird. Beim Schütteln mit Luft verschwindet die Färbung, doch tritt sie in Abwesenheit von Sauerstoff erneut auf, da das Äthan weiterdissoziiert. Der Vorgang kann mehrmals wiederholt werden, bis das gesamte Äthan in das Peroxyd umgewandelt ist. Molekulargewichtsbestimmungen zeigen, daß Hexaphenyläthan in 3%iger Benzollösung bei 20° zu etwa 2%, bei 75° zu etwa 9% in Triphenylmethyl dissoziiert ist.

Der zwingendste Beweis, daß freie Radikale mit einem ungepaarten Elektron vorliegen, ergibt sich aus der magnetischen Susceptibilität. Da sich die Elektronen um den positiven Kern bewegen, induziert ein magnetisches Feld bei jeder Art von Materie einen magnetischen Dipol. Der induzierte Dipol ruft ein magnetisches Feld hervor, das dem angelegten Feld entgegengesetzt ist, und die Substanz wird daher als *diamagnetisch* bezeichnet; sie wird von dem angelegten Feld abgestoßen. Wenn die Moleküle einer Substanz ein ungepaartes Elektron enthalten, liegt ein permanenter magnetischer Dipol vor. In der Nähe eines äußeren Feldes richten sich diese Dipole so aus, daß ihr Feld das angelegte Feld verstärkt. Derartige Substanzen werden als *paramagnetisch*[1] bezeichnet; sie werden von dem angelegten Feld angezogen, denn die Wirkung des permanenten Dipols überwiegt den induzierten Diamagnetismus bei weitem. So sind Stickstoffmonoxyd NO, Stickstoffdioxyd NO_2 und Chlordioxyd ClO_2, die ein ungepaartes Elektron enthalten müssen, paramagnetisch. Überraschenderweise ist auch das zweiatomige Sauerstoffmolekül O_2 stark paramagnetisch; dies zeigt, daß es sich um ein Biradikal mit zwei ungepaarten Elektronen handelt. Lösungen von Hexaphenyläthan sind paramagnetisch, und der aus der magnetischen Susceptibilität errechnete Dissoziationsgrad stimmt ungefähr mit dem nach anderen Methoden bestimmten überein.

Eine andere physikalische Methode zur Entdeckung freier Radikale beruht darauf, daß diese die gegenseitige Umwandlung von ortho- und para-Wasserstoff katalysieren. Die beiden Formen unterscheiden sich dadurch, daß die spins der beiden Wasserstoffkerne beim ortho-Wasserstoff gleiche Richtung, beim para-Wasserstoff entgegengesetzte Richtung haben. Jede Form ist beständig, und die thermische gegenseitige Umwandlung verläuft bei gewöhnlichen Temperaturen nur langsam. Wenn jedoch ein magnetisches Feld ausreichender Stärke nahe genug an ein Wasserstoffmolekül herangebracht wird, kann sich die Richtung eines Kernspins umkehren, mit dem Ergebnis, daß sich ortho- oder para-Wasserstoff in die Gleichgewichtsmischung (25% para, 75% ortho) umwandelt. Stickstoffmonoxyd, Stickstoffdioxyd, Sauerstoff und Lösungen von Triphenylmethyl katalysieren die gegenseitige Umwandlung von ortho- und para-Wasserstoff.

Die neuere Entwicklung von Apparaten zur Entdeckung der Elektronenspin-Resonanzabsorption (S. 705) bietet die Möglichkeit, ungepaarte Elektronen und damit freie Radikale in Konzentrationen bis herab zu 10^{-8}molar nachzuweisen. Diese Untersuchungen haben die Existenz von freien Radikalen bestätigt und die Existenz von vorher noch nicht bekannten Radikalen erwiesen. Überdies wurde die Verteilung des ungepaarten Elektrons über die ganze Gruppe in einem freien Radikal wie Triphenylmethyl bestätigt, da Wechselwirkung des ungepaarten Elektrons mit sämtlichen Wasserstoffatomen, deren Kerne ebenfalls ein magnetisches Moment haben (S. 704), beobachtet wurde.

---

[1] Paramagnetismus darf nicht mit Ferromagnetismus verwechselt werden, der mindestens tausendmal stärker ist als jeder paramagnetische Effekt.

Kurzlebige freie Radikale. Der Beweis, daß beständige freie Radikale existieren können, stützte die naheliegende Hypothese, daß kurzlebige freie Radikale als Zwischenprodukte in organischen Reaktionen eine Rolle spielen könnten. 1929 bewiesen PANETH und Mitarbeiter die unabhängige Existenz **freier Methylradikale.** Wird ein Strom eines inerten Gases, das mit Bleitetramethyl-Dampf gesättigt ist, durch ein Quarzrohr geleitet, das an einer Stelle erhitzt wird, so bildet sich an dieser Stelle ein Bleispiegel infolge der Zersetzung von Bleitetramethyl. Wird das Rohr dann um eine Strecke näher an der Quelle des Gasstromes erhitzt, so bildet sich ein neuer Spiegel, und gleichzeitig verschwindet der alte Spiegel. Offensichtlich liefert die Zersetzung von Bleitetramethyl freie Methylradikale, die lange genug existieren können, um die Entfernung bis zu dem ersten Bleispiegel zurücklegen und ihn in flüchtiges Bleitetramethyl umwandeln zu können.

$$Pb(CH_3)_4 \xrightarrow{\text{heiß}} Pb + 4\,[CH_3 \cdot]$$

$$Pb + 4\,[CH_3 \cdot] \xrightarrow{\text{kalt}} Pb(CH_3)_4$$

Aus der Geschwindigkeit des Gasstromes und der Entfernung zwischen den beiden Spiegeln wurde die durchschnittliche Lebensdauer des Methylradikals unter den Bedingungen des Experiments zu $8,4 \times 10^{-3}$ Sekunden berechnet. Selbst im Gaszustand bei 1 bis 2 mm Druck werden also die Methylradikale rasch durch Zusammenstoß mit gasförmigen Partikeln oder mit der Rohrwand zerstört. In ähnlicher Weise bilden sich Methylradikale bei der Pyrolyse von Aceton bei 700°, von Butan bei 600°, von Azomethan bei 200° (S. 278) und bei zahlreichen ähnlichen thermischen Zersetzungen. Ihre Anwesenheit kann durch Auflösen eines Bleispiegels in geringer Entfernung von der Pyrolysezone und Entstehung von Bleitetramethyl demonstriert werden.

Bestimmte Typen von Verbindungen zersetzen sich sogar noch leichter als Azomethan unter Bildung kurzlebiger freier Radikale. So gibt Acetylperoxyd beim Erhitzen auf relativ niedrige Temperaturen freie Acetoxylradikale, die sich weiter in Methylradikale und Kohlendioxyd zersetzen können.

$$CH_3CO-O-O-COCH_3 \xrightarrow{\text{Wärme}} 2\,[CH_3CO-O \cdot]$$

$$[CH_3CO-O \cdot] \longrightarrow [CH_3 \cdot] + CO_2$$

Benzoylperoxyd gibt Benzoxyl- und Phenylradikale. Auch Diazoacetate, Diazohydroxyde und Diazocyanide (S. 528) zersetzen sich leicht unter Bildung freier Radikale.

$$C_6H_5N=NOCOCH_3 \longrightarrow [C_6H_5 \cdot] + N_2 + [\cdot OCOCH_3]$$

In Abwesenheit eines Lösungsmittels vereinigen sich freie Radikale sofort nach der Bildung. Benzoylperoxyd gibt hauptsächlich Diphenyl neben geringen Mengen Benzoesäurephenylester und Benzol. In einem Lösungsmittel sind jedoch Verdrängungsreaktionen mit den Lösungsmittelmolekülen wahrscheinlicher als die Vereinigung von zwei freien Radikalen. Wenn Benzoylperoxyd durch Kochen einer Benzol-Lösung zersetzt wird, erhält man als Reaktionsprodukte Kohlendioxyd, Diphenyl und Benzoesäure neben Benzoesäurephenylester, Terphenyl- und Quaterphenyl-Verbindungen. Die Benzoesäure entsteht durch Verdrängung des Phenyls von Benzol durch das Benzoxylradikal.

$$[C_6H_5COO \cdot] + C_6H_6 \longrightarrow C_6H_5COOH + [C_6H_5 \cdot]$$

Diphenyl entsteht durch Vereinigung von zwei Phenylradikalen, aber die Terphenyle müssen sich durch Überführung von Diphenyl in ein freies Radikal und anschließende Vereinigung mit einem Phenylradikal bilden.

$$2\,[C_6H_5 \cdot] \longrightarrow C_6H_5-C_6H_5$$
$$\text{Diphenyl}$$

$$C_6H_5C_6H_5 + [C_6H_5 \cdot] \longrightarrow [C_6H_5-C_6H_4 \cdot] + C_6H_6$$

$$[C_6H_5C_6H_4 \cdot] + [C_6H_5 \cdot] \longrightarrow C_6H_5C_6H_4C_6H_5$$
$$\text{Terphenyl}$$

Quaterphenyl entsteht aus Terphenyl durch eine analoge Reihe von Verdrängungsreaktionen. Bei Verwendung von Toluol, Chlorbenzol oder Nitrobenzol als Lösungsmittel entstehen die entsprechend substituierten Diphenyle.

Insofern freie Radikale durch Verdrängungsreaktionen aus einem Lösungsmittel andere freie Radikale erzeugen können, werden Kettenreaktionen, die von geringen Mengen einer leicht freie Radikale bildenden Substanz eingeleitet werden, charakteristisch für das Lösungsmittel. Daher sind Acylperoxyde wichtig als Katalysatoren für Reaktionen, die nach einem Radikalkettenmechanismus verlaufen. Zum Beispiel katalysiert Acetylperoxyd die Anlagerung von Tetrachlorkohlenstoff an Olefine (S. 765).

$$(CH_3CO)_2O_2 \longrightarrow 2\,[CH_3\cdot] + 2\,CO_2$$
$$[CH_3\cdot] + CCl_4 \longrightarrow CH_3Cl + [\cdot CCl_3]$$
Startreaktion

$$RCH{=}CH_2 + [\cdot CCl_3] \longrightarrow [RCH{-}CH_2CCl_3]$$
$$[RCH{-}CH_2CCl_3] + CCl_4 \longrightarrow RCH{-}CH_2CCl_3 + [\cdot CCl_3]$$
$$\underset{Cl}{|}$$
Reaktionskette

Erklärung der Stabilität langlebiger freier Radikale. Die erheblich größere Stabilität des freien Triphenylmethylradikals im Vergleich zum freien Methylradikal kann der hohen Resonanzenergie des erstgenannten zugeschrieben werden. Beim freien Methylradikal verknüpfen drei bastardisierte sp^2-Bindungen das Kohlenstoffatom mit drei Wasserstoffatomen, und ein ungepaartes Elektron besetzt das verbleibende p-orbital (Abb. 80a). Daher besteht eine starke Tendenz zur Paarung mit einem anderen Elektron, also zur Bindung mit einem anderen Atom oder einer Gruppe, die zu einer tetraedrischen sp^3-Bastardisierung führt. Beim freien Triphenylmethyl-

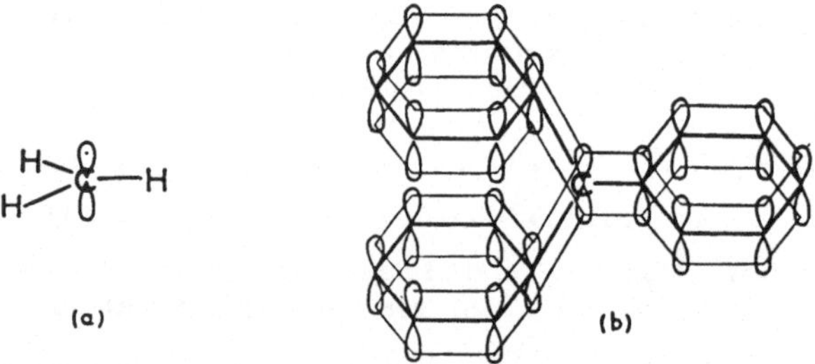

Abb. 80. Darstellung der Elektronenstrukturen (a) des freien Methylradikals, (b) des freien Triphenylmethylradikals

radikal kann das p-orbital des Methankohlenstoffatoms die p-orbitals der ungesättigten Kohlenstoffatome des aromatischen Rings überlagern, so daß das ungepaarte Elektron mit den π-Elektronen des aromatischen Rings in Wechselwirkung treten kann (Abb. 80b). Diese Resonanz kann auch durch den Symbolismus der mesomeren Grenzstrukturen dargestellt werden.

Da elektronische Wechselwirkung mit allen drei Benzolkernen stattfindet, sind zehn Stellungen für das ungepaarte Elektron möglich, und es können insgesamt 44 Valenzbindungsstrukturen geschrieben werden. Sind noch mehr aromatische Kerne mit dem System konjugiert, so ergeben sich noch mehr Resonanzmöglichkeiten, und die freien

Radikale werden noch beständiger. So erhöht der sukzessive Ersatz der Phenylgruppen des Hexaphenyläthans durch p-Diphenylgruppen (Xenylgruppen) den Dissoziationsgrad. In 3%iger benzolischer Lösung steht Triphenylmethyl zu etwa 2% im Gleichgewicht mit seinen Dimeren, Xenyldiphenylmethyl zu 15%, Dixenylphenylmethyl zu 79% und Trixenylmethyl zu 100%.

Der vorstehend beschriebene *Mesomerieeffekt* reicht allein nicht aus, die verminderte Dissoziationsenergie der hexasubstituierten Äthane zu erklären. Schon Hexaphenyläthan ist nicht ganz eben gebaut, da sich die Wirkungsbereiche der ortho-Wasserstoffatome bei coplanarer Anordnung der Sechsringe überschneiden würden. Dadurch sinkt die Mesomerieenergie des Tritylradikals um etwa 10%. Eine sehr viel stärkere Verminderung von etwa 50% verursacht die sterische Hinderung beim Tri-o-tolylmethyl-Radikal. Trotzdem ist es viel stabiler als das Tritylradikal. Während Hexaphenyläthan in verdünnter Lösung bei Zimmertemperatur zu etwa 2—3% dissoziiert ist, erreicht die Dissoziation bei Hexa-o-tolyläthan 87%. Es muß also noch ein zweiter, sterisch bedingter Lockerungseffekt im Spiel sein, der den Mesomerieeffekt unterstützt. Er wird in einer durch die Raumerfüllung der sechs Arylreste hervorgerufenen *Streckung der Äthanbindung* erblickt, die im Falle des Hexaphenyläthans auch nachgewiesen werden konnte.

Biradikale können dann auftreten, wenn die ungepaarten Elektronen keine Möglichkeit haben, innerhalb des Moleküls eine Elektronenpaar-Bindung zu bilden. Zum Beispiel existiert m,m'-Bis-(diphenylmethyl)-diphenyl als Biradikal, dagegen hat das para-Analogon überwiegend die chinoide Struktur (vgl. S. 706).

Beim ortho-Analogon paaren sich die Elektronen unter Bildung eines dritten Sechsrings, wobei 9.10-Dihydro-9.9.10.10-tetraphenyl-phenanthren entsteht.

Metallketyle. Läßt man eine Lösung von Benzophenon in Toluol mit metallischem Natrium unter Ausschluß von Wasser und Luft reagieren, so entsteht eine tiefblaue Lösung, die mit Luft rasch unter Rückbildung des Ketons reagiert. Wasser gibt Benzhydrol und nicht Benzpinakon (S. 570). Ein Überschuß von Natrium liefert ein violettes Dinatriumderivat. Diese Reaktionen wurden so gedeutet, daß sich eine Verbindung mit dreiwertigem Kohlenstoff bildet, und diese Auffassung hat sich durch den Nachweis bestätigen lassen, daß die Lösungen paramagnetisch sind. Solche Metallderivate von aromatischen Ketonen werden als *Metallketyle* bezeichnet.

$$(C_6H_5)_2C{=}O + \cdot Na \longrightarrow [(C_6H_5)_2\dot{C}{-}ONa]$$

$$2\,[(C_6H_5)_2\dot{C}{-}ONa] + O_2 \longrightarrow 2\,(C_6H_5)_2C{=}O + Na_2O_2$$

$$2\,[(C_6H_5)_2\dot{C}{-}ONa] + 2\,H_2O \longrightarrow (C_6H_5)_2CHOH + (C_6H_5)_2CO + 2\,NaOH$$

$$[(C_6H_5)_2\dot{C}{-}ONa] + \cdot Na \longrightarrow (C_6H_5)_2\overset{Na}{\underset{\cdot\cdot}{C}}{-}ONa$$

Di-tert.-butylketon gibt bei Behandlung mit Natrium nur das Natriumderivat des Pinakons.

$$2\,(CH_3)_3CCOC(CH_3)_3 + 2\,Na \longrightarrow \begin{array}{l}[(CH_3)_3C]_2C{-}ONa \\ \;\;\;\;\;\;\;| \\ [(CH_3)_3C]_2C{-}ONa\end{array}$$

Auch aus Metallketylen wird bei der Hydrolyse mit verdünnten Säuren eine hohe Ausbeute an Pinakon erhalten.

$$2\,[(C_6H_5)_2\dot{C}{-}ONa] + 2\,HCl \longrightarrow 2\,[(C_6H_5)_2\dot{C}{-}OH] + 2\,NaCl$$

$$\begin{array}{l}(C_6H_5)_2C{-}OH \\ \;\;\;\;\;| \\ (C_6H_5)_2\dot{C}{-}OH\end{array}$$

Die Beständigkeit der Metallketyle ist zu erklären 1. mit der Fähigkeit des ungepaarten Elektrons, mit den Elektronen der aromatischen Kerne in Wechselwirkung zu treten und 2. mit der Tendenz der negativen Ladung am Sauerstoffatom, das Elektron in die Kerne zu drängen und damit die Wahrscheinlichkeit seiner Lokalisierung am Methankohlenstoffatom zu vermindern.

Beständige Stickstoff- und Sauerstoffradikale. Daß Stickstoff und Sauerstoff anomale Valenzen zeigen und in Molekülen mit einem ungepaarten Elektron existieren können, zeigt der Paramagnetismus von Stickstoffmonoxyd und Sauerstoff, und das zeigen auch deren chemische Eigenschaften. So vereinigen sich Stickstoffmonoxyd und Sauerstoff leicht mit Triphenylmethyl unter Bildung des Nitrosoderivates bzw. des Peroxyds.

$$[(C_6H_5)_3C \cdot] + [\cdot NO] \longrightarrow (C_6H_5)_3C-NO$$
$$2 [(C_6H_5)_3C \cdot] + [\underset{\bullet}{O}-\underset{\bullet}{O}] \longrightarrow (C_6H_5)_3C-O-O-C(C_6H_5)_3$$

Näher verwandt mit Triphenylmethyl ist **Diphenylstickstoff.** Wird eine kalte Lösung von Diphenylamin mit Permanganat oxydiert, so wird das farblose feste Tetraphenylhydrazin erhalten.

$$2 (C_6H_5)_2NH \overset{Ox.}{\longrightarrow} (C_6H_5)_2N-N(C_6H_5)_2$$
$$\text{Tetraphenylhydrazin}$$

Seine Lösungen in nichtionisierenden Lösungsmitteln werden beim Erhitzen grün *(Thermochromismus)* und reagieren mit Stickstoffmonoxyd, metallischem Natrium und Triphenylmethyl. Dieses Verhalten ist zweifellos auf Dissoziation in freie Radikale zurückzuführen.

$$(C_6H_5)_2N : N(C_6H_5)_2 \rightleftarrows 2 [(C_6H_5)_2N \cdot]$$
$$[(C_6H_5)_2N \cdot] + [\cdot NO] \longrightarrow (C_6H_5)_2N-NO$$
$$+ [\cdot Na] \longrightarrow [(C_6H_5)_2N \bar{:}]Na^+$$
$$+ [(C_6H_5)_3C \cdot] \longrightarrow (C_6H_5)_2N-C(C_6H_5)_3$$

2.4.6-Tri-tert.-butyl-phenol gibt bei der Oxydation mit Bleidioxyd oder Kaliumhexacyanoferrat-(III) in Benzol eine tiefblaue Lösung und beim Verdampfen des Lösungsmittels dunkelblaue Kristalle. Die Verbindung ist extrem luftempfindlich, und ihre Reaktionen wie ihre paramagnetischen Eigenschaften zeigen, daß es sich um ein freies Sauerstoffradikal handelt.

Bimolekulare Kupplung der freien Radikale wird zweifellos durch die umfangreichen tert.-Butylgruppen in 2-, 4- und 6-Stellung verhindert. Dem gelben Peroxyd, das sich bei der Reaktion mit Luft bildet, wird folgende Struktur zugeschrieben.

Die **Chinhydrone** sind bimolekulare Additionsprodukte, bei denen die Assoziation durch Wasserstoffbrückenbindung (S. 91) verursacht wird. In alkalischer Lösung sind diese Verbindungen jedoch paramagnetisch und haben die Eigenschaften von freien Radikalen. Offensichtlich erfolgt eine Elektronenübertragung vom Hydrochinon-Ion auf das Chinonmolekül, wobei sich Semichinon-Ionen bilden, die durch Resonanz stabilisiert werden.

$$\text{Chinhydron} \xrightarrow{2[OH^-]} 2\ \text{Semichinon} + 2\,H_2O$$

Werden p-Phenylendiamin und seine Alkylderivate mit Brom in saurer Lösung oxydiert, so bilden sich farbige Reaktionsprodukte, die als **Wurstersche Salze** bekannt sind. Sie sind den Semichinonen ähnlich und können sich nur dann bilden, wenn das Molekül in solchem Grade symmetrisch ist, daß Resonanz zwischen identischen oder fast identischen Strukturen auftreten kann.

$$2\ [\ldots]\ Br^- + Br_2 \longrightarrow 2\ [\ldots]\ Br^- + 2\,HBr$$

Wurstersches Salz

Das Wurstersche Salz aus p-Phenylendiamin ist nur im p_H-Bereich von 3,5 bis 6 beständig, da nur das Ion des einsäurigen Salzes (II) symmetrisch ist und eine ausreichende Stabilisierung durch Resonanz erlaubt. Die freie Base (I) und das Ion des zweisäurigen Salzes (III) sind unsymmetrisch.

$$[\,H_2N{-}\langle\ \rangle{-}NH\,] \qquad [\,H_2\overset{..}{N}{-}\langle\ \rangle{-}\overset{+}{N}H_2\,] \qquad [\,H_3\overset{+}{N}{-}\langle\ \rangle{-}\overset{+}{N}H_2\,]$$

$$\text{I} \qquad\qquad\qquad \text{II} \qquad\qquad\qquad \text{III}$$

Eine analoge Konstitution hat wahrscheinlich die tiefblaue Verbindung, die sich bei der Umsetzung einer Lösung von Diphenylamin in konzentrierter Schwefelsäure mit Nitriten oder Nitraten (S. 516) bildet. Das zuerst entstehende Oxydationsprodukt ist Tetraphenylhydrazin, das einer Benzidinumlagerung (S. 610) unterliegt und dann weiteroxydiert wird.

$$2\,(C_6H_5)_2NH \xrightarrow{Ox.} (C_6H_5)_2N{-}N(C_6H_5)_2 \xrightarrow[H_2SO_4]{Konz.}$$

$$\big[\langle\ \rangle{-}NH{-}\langle\ \rangle{-}\langle\ \rangle{-}\overset{+}{N}H_2{-}\langle\ \rangle\big]\ \bar{S}O_4H \xrightarrow{Ox.}$$

$$\big[\langle\ \rangle{-}NH{-}\langle\ \rangle{-}\langle\ \rangle{-}\overset{+}{N}H{-}\langle\ \rangle\big]\ \bar{S}O_4H$$

Carboniumionen

Wird farbloses Triphenylcarbinol in konzentrierter Schwefelsäure gelöst, so entsteht eine gelbe Lösung. Wird die Lösung in Wasser gegossen, so fällt farbloses Triphenylcarbinol aus. Ferner zeigt die Erniedrigung des Gefrierpunkts von 100%iger Schwefelsäure durch Triphenylcarbinol, daß in der Lösung vier Partikel vorliegen. Daraus ist zu schließen, daß die Lösung von Triphenylcarbinol in Schwefelsäure Triphenylmethonium-Ionen enthält.

$$(C_6H_5)_3COH + 2\,H_2SO_4 \longrightarrow [(C_6H_5)_3C^+] + [H_3O^+] + 2\,[HSO_4^-]$$

Das Triphenylmethonium-Ion wird in gleicher Weise durch Resonanz stabilisiert, wie das freie Triphenylmethylradikal (S. 600).

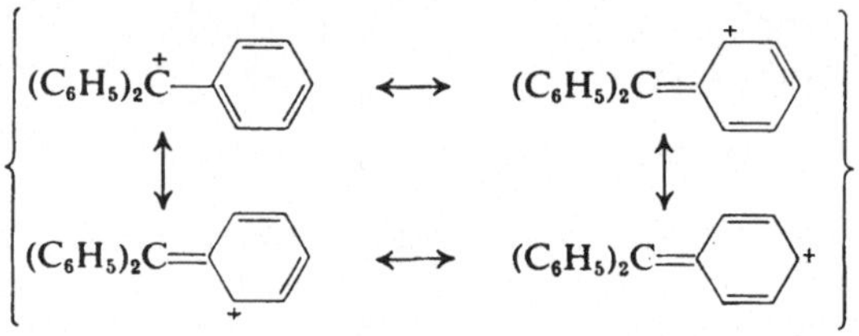

Tieffarbene Verbindungen, die sich bei der Reaktion von organischen Verbindungen mit protonoiden Reagentien bilden, werden **halochrome Salze** genannt. Andere Beispiele sind die tiefblauen Lösungen, die bei der Liebermannschen Nitrosoreaktion (S. 535) erhalten werden, und die roten bis purpurfarbenen Lösungen von Dibenzylidenaceton und seinen Derivaten in konzentrierter Schwefelsäure. Es wird immer die gleiche Färbung erhalten, ob als Reagens Schwefelsäure dient oder Lösungen von wasserfreiem Aluminiumchlorid, Zinkchlorid oder Bortrifluorid. Die Leichtigkeit, mit der diese tieffarbigen Lösungen gebildet werden, hängt von der „Basizität" der organischen Verbindung ab, d. h. von der Verfügbarkeit eines einsamen Elektronenpaares, und von der „Acidität" des protonoiden Reagens, d. h. seiner Anziehungskraft auf ein Elektronenpaar. Auf Grund der Indikatorwirkung der organischen Verbindungen läßt sich ihre relative Basizität oder die relative Acidität des protonoiden Reagens leicht bestimmen. So kann gezeigt werden, daß die Fähigkeit des Reagens zur Aufnahme eines Elektronenpaares in folgender Reihenfolge abnimmt: Wasserfreies Aluminiumchlorid in Nitrobenzol > konzentrierte Schwefelsäure > wasserfreies Zinkchlorid in Nitrobenzol; diese Reihenfolge ist die gleiche wie die der katalytischen Aktivität dieser Reagentien bei Kondensationsreaktionen.

Carbeniationen

Das **Triphenylmethid-Ion** kann sich durch Umsetzung von Triphenylmethyl mit metallischem Natrium oder durch Umsetzung von Triphenylmethan mit Kaliumamid bilden.

$$[(C_6H_5)_3C \cdot\,] + [\,\cdot\,Na] \longrightarrow [(C_6H_5)_3C : {}^-]Na^+$$

$$(C_6H_5)_3CH + KNH_2 \longrightarrow [(C_6H_5)_3C : {}^-]K^+ + NH_3$$

Die Lösung von Kaliumtriphenylmethyl in flüssigem Ammoniak ist tiefrot. Die Beständigkeit des Triphenylmethidions kann ebenfalls durch Resonanz erklärt werden, denn die Konstellation dieses Ions ist coplaner, und dadurch wird eine Überlagerung des p-orbitals vom Methankohlenstoffatom mit denen der benachbarten Kohlenstoffatome des aromatischen Rings möglich, und gleichzeitig eine Wechselwirkung des einsamen Elektronenpaars mit den π-Elektronen des aromatischen Rings (S. 600).

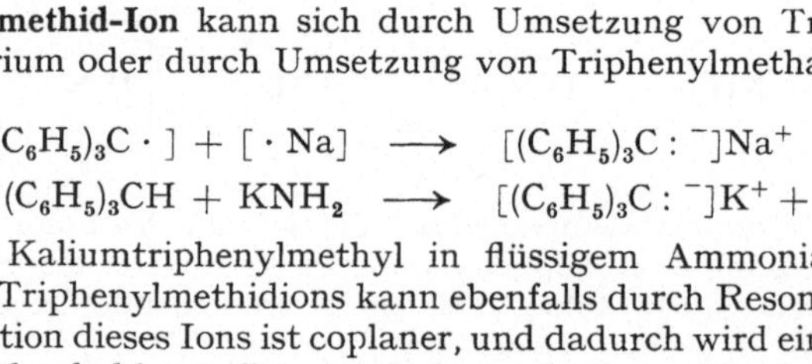

Triptycen *(9.10-o-Phenylen-9.10-dihydro-anthracen)*, dessen Methankohlenstoffatome Teil einer Käfigstruktur sind, kann keine ebene Konfiguration einnehmen (Abb. 81), es bildet kein Kaliumsalz.

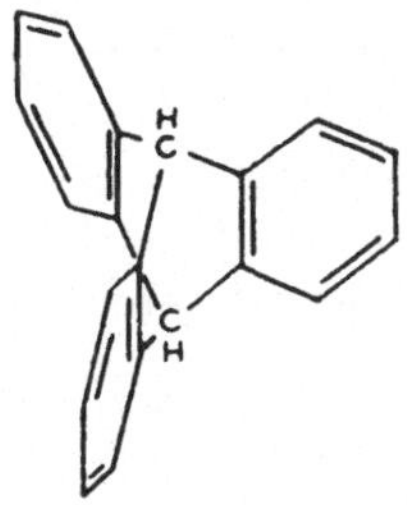

Abb. 81. Triptycen

Arylalkene und Arylalkine

Vom technischen Standpunkt ist das einfachste Arylalken, das **Phenyläthylen,** eine sehr wichtige Substanz. In den USA wurden 1955 fast 500 Millionen kg produziert, mehr als von irgendeinem anderen synthetischen aromatischen Produkt. Den Trivialnamen **Styrol** erhielt die Verbindung, als sie 1831 durch Destillation von *flüssigem Storax*, einem wohlriechenden Balsam aus *Liquidambar styraciflua* und *Liquidambar orientalis* erhalten worden war. Sie bildet sich wahrscheinlich aus der vorhandenen Zimtsäure, die sich bei langsamer Destillation zersetzt (S. 593).

$$C_6H_5CH\!=\!CHCOOH \xrightarrow{\text{Wärme}} C_6H_5CH\!=\!CH_2 + CO_2$$
$$\text{Styrol}$$

Styrol findet sich auch im Steinkohlenteer und wurde aus diesem zuerst technisch gewonnen. Jetzt wird es durch katalytische Dehydrierung von Äthylbenzol (S. 454) hergestellt. Als Katalysator dient entweder Eisenoxyd oder Zinkoxyd mit geringen Mengen von Promotoren wie Chromoxyd. Überhitzter Wasserdampf liefert die Wärme für die endotherme Reaktion und verschiebt das Gleichgewicht durch Verminderung des Partialdruckes der Reaktionsteilnehmer.

$$C_6H_5CH_2CH_3 \xrightarrow[650°]{Fe_2O_3 \text{ oder } ZnO} C_6H_5CH\!=\!CH_2 + H_2$$

Die Umwandlung von Äthylbenzol erfolgt zu etwa 40% pro Durchgang, und die Gesamtausbeute beträgt etwa 90%. Die Reinigung des Styrols ist schwierig, da sein Siedepunkt (145°) nahe dem des Äthylbenzols (136°) liegt und da es leicht polymerisiert. Schwefel dient als Inhibitor, und die Temperatur wird durch Destillation unter vermindertem Druck unterhalb 90° gehalten. Bei einem komplizierteren technischen Verfahren, das in geringem Umfang angewandt wird, wird die schwierige Fraktionierung durch folgende Reaktionen umgangen: Äthylbenzol $\longrightarrow$ Acetophenon (S. 571) $\longrightarrow$ Methylphenylcarbinol (S. 555) $\longrightarrow$ Styrol. Die Dehydratisierung wird durch Überleiten des Carbinols über Titandioxyd bei 250° bewirkt. Für Lagerung und Versand wird ein Antioxydans wie tert.-Butylbrenzcatechin zugesetzt und die Temperatur durch Kühlung niedrig gehalten.

Die Bedeutung des Styrols liegt in seiner leichten Polymerisation, die schon 1839 beobachtet wurde. Noch 1930 wurde Polystyrol jedoch kaum technisch verwendet, da das Produkt sehr spröde war. Später fand man, daß sich die Sprödigkeit der Polymeren vermeiden läßt, wenn das Monomere gut gereinigt wird und so die geringen Mengen von Verunreinigungen entfernt werden, die eine Vernetzung bewirken. Sehr reines Styrol, bei Zimmertemperatur polymerisiert, gibt eine faserige, zähe Substanz mit einem Molekulargewicht von etwa 500000; es ist dies ein thermoplastisches lineares Polymeres, das in Benzol löslich ist. Vor der Ausführung der Polymerisation wird das Antioxydans durch Auswaschen mit Alkalien entfernt und Benzoylperoxyd als Katalysator zugegeben.

$$x\ C_6H_5CH{=}CH_2 \xrightarrow{(C_6H_5CO)_2O_2} \left[\begin{array}{c}{-}CH_2CH{-}\\ |\\ C_6H_5\end{array}\right]_x$$

Bei Gegenwart von so geringen Mengen wie 0,01 % Divinylbenzol $CH_2{=}CHC_6H_4CH = CH_2$ erhält man ein Produkt, das nicht mehr thermoplastisch ist und in Benzol lediglich quillt, weil eine Vernetzung der linearen Ketten eingetreten ist.

$$\left[\begin{array}{c}{-}CH_2CHCH_2CHCH_2CH{-}\\ \quad |\quad\qquad\qquad | \\ \quad C_6H_5 \qquad\qquad C_6H_5 \\ \\ {-}CH_2CHCH_2CHCH_2CH{-}\\ \quad |\quad\qquad\qquad | \\ \quad C_6H_5 \qquad\qquad C_6H_5 \end{array}\right]_x$$

Polystyrol hat eine hohe Transparenz und Festigkeit und ist als Kohlenwasserstoff ein guter elektrischer Isolator; es ist chemisch widerstandsfähig und gewichtsmäßig leicht.

Das vernetzte Copolymere von Styrol und Divinylbenzol wird sulfoniert zwecks Erzeugung von Kationenaustauscher-Harzen. Durch Chlormethylierung (S. 459) und anschließende Umsetzung mit Trimethylamin entsteht ein quartäres Salz. Umwandlung zum quartären Hydroxyd führt zu einem stark basischen Anionenaustauscher-Harz (vgl. S. 542). Styrol wird auch zusammen mit Butadien polymerisiert, wobei die wichtige synthetische Kautschuksorte Buna-S (S. 758) entsteht, ferner mit ungesättigten Alkydharzen, was zu Polyesterharzen (S. 852) führt. Emulsionen von Styrol-Butadien-Copolymeren dienen als Bindemittel für wäßrige Latexfarben. Wird Polystyrol, das ein flüchtiges Lösungsmittel enthält, erhitzt und vermindertem Druck ausgesetzt, so entsteht ein harter Polystyrolschaum (Schaumstyrol), der spezifisch leicht ist und gute isolierende Eigenschaften hat.

α-Methylstyrol *(2-Phenyl-propylen)* sowie die **m-** und **p-Methylstyrole** *(Vinyltoluole)* werden durch katalytische Dehydrierung von Cumol (S. 454) und den Methyläthylbenzolen gewonnen. Sie können Styrol für die meisten Zwecke ersetzen. α-Methylstyrol hat den Vorteil, daß es nicht so leicht polymerisiert wie Styrol, daher kann es leichter transportiert und gelagert werden und bietet größere Freiheit in der Durchführung der Verfahren. Die m- und p-Methylstyrole haben den Vorteil, daß Toluol anstatt Benzol als Rohmaterial dient. Toluol steht in großen Mengen aus Reformverfahren (S. 79) zur Verfügung und kann aus Petroleum billiger gewonnen werden als Benzol. Jedoch entstehen bei der Äthylierung von Toluol Produkte in größerer Zahl als bei der Äthylierung von Benzol

(S. 454), und o-Äthyltoluol muß vor der Dehydrierung entfernt werden, weil es
mehr Inden als o-Methylstyrol liefert.

Außerdem ist die Trennung der Methylstyrole durch Destillation noch schwieriger
als die Abtrennung des Styrols.

Styrol addiert unterchlorige Säure, wobei sich ein Gemisch der zwei Chlor-
hydrine bildet, das durch Destillation schwer zu trennen ist. Umsetzung des
Gemisches mit Alkalien führt zu **Styroloxyd.** Es wird technisch hergestellt und zur
Fabrikation von Epoxyharzen (S. 792) und anderen Verbindungen verwendet.

$$C_6H_5CH{=}CH_2 \xrightarrow{\text{HOCl}} C_6H_5CHOHCH_2Cl \quad \xrightarrow{\text{NaOH}} \quad C_6H_5CH{-}CH_2$$

Aryläthylene reagieren mit Paraformaldehyd in essigsaurer Lösung in Gegen-
wart von konzentrierter Schwefelsäure unter Bildung von ungesättigten Alkoholen,
Glykolen bzw. deren Acetaten oder cyclischen Formaldehydacetalen *(Prins-
Reaktion).*

$$ArCH{=}CH_2 + HCHO \xrightarrow{\text{H}_2\text{SO}_4} ArCH{=}CHCH_2OH \xrightarrow{\text{H}_2\text{O}}$$

Die letzte Verbindung ist ein Benzyläther und kann katalytisch oder mit Natrium
und Alkohol (S. 556) reduziert werden, wobei ein Halbacetal des Formaldehyds
entsteht. Verlust von Formaldehyd, der gleichzeitig zu Methanol reduziert wird,
liefert das 3-Aryl-propanol.

Auch rein aliphatische Olefine unterliegen der Prins-Reaktion, doch entsteht im
allgemeinen ein komplizierteres Gemisch von Reaktionsprodukten.

ω-Bromstyrol wird erhalten, wenn Dibromzimtsäure mit Sodalösung gekocht
wird.

$$C_6H_5CHBrCHBrCOONa \longrightarrow C_6H_5CH{=}CHBr + CO_2 + NaBr$$

Wird ω-Bromstyrol auf geschmolzenes Kaliumhydroxyd getropft, so destilliert
Phenylacetylen über.

$$C_6H_5CH{=}CHBr + KOH \xrightarrow{200°} C_6H_5C{\equiv}CH + KBr + H_2O$$

Es sind drei Diphenyläthylene möglich. **1.1-Diphenyl-äthylen** kann durch
Umsetzung von Acetophenon und Phenylmagnesiumbromid erhalten werden. Das
intermediär entstehende Carbinol kann leicht zum Olefin dehydratisiert werden.

$$C_6H_5COCH_3 \xrightarrow{C_6H_5MgBr} C_6H_5\overset{\overset{\displaystyle C_6H_5}{|}}{\underset{\underset{\displaystyle OMgBr}{|}}{C}}CH_3 \xrightarrow{H_2O} (C_6H_5)_2\overset{\overset{\displaystyle }{}}{\underset{\underset{\displaystyle OH}{|}}{C}}CH_3 \xrightarrow{H_2SO_4} (C_6H_5)_2C{=}CH_2 + H_2O$$

Die beiden *1.2-Diphenyl-äthylene* sind als **cis-** und **trans-Stilben** (S. 372) bekannt. trans-Stilben ist das stabile Isomere und wird durch Wasserabspaltung aus Benzyl-phenylcarbinol erhalten.

$$C_6H_5CHOHCH_2C_6H_5 \xrightarrow{H_2SO_4} \quad \underset{\text{trans-Stilben}}{\underset{\displaystyle H \qquad C_6H_5}{\overset{\displaystyle C_6H_5 \qquad H}{C{=}C}}} \quad + H_2O$$

Durch Bestrahlung mit ultraviolettem Licht wird es in cis-Stilben umgewandelt (S. 699).

$$\underset{\displaystyle H \qquad C_6H_5}{\overset{\displaystyle C_6H_5 \qquad H}{C{=}C}} \underset{\text{Lichtenergie}}{\rightleftarrows} \underset{\text{cis-Stilben}}{\underset{\displaystyle H \qquad H}{\overset{\displaystyle C_6H_5 \qquad C_6H_5}{C{=}C}}}$$

Wird Stilbendibromid mit alkoholischer Kalilauge gekocht, so wird es erst in Bromstilben und dann in **Diphenylacetylen** *(Tolan)* umgewandelt.

$$C_6H_5CHBrCHBrC_6H_5 \xrightarrow{KOH} C_6H_5CH{=}CBrC_6H_5 \xrightarrow{KOH} C_6H_5C{\equiv}CC_6H_5$$

Tolan kann auch durch Oxydation des Dihydrazons von Benzil dargestellt werden.

$$C_6H_5COCOC_6H_5 \xrightarrow{2\,H_2NNH_2} C_6H_5\underset{\underset{\displaystyle NNH_2\ NNH_2}{\parallel\quad\parallel}}{C{-}CC_6H_5} \xrightarrow{2\,HgO}$$

$$C_6H_5C{\equiv}CC_6H_5 + 2\,N_2 + 2\,H_2O + 2\,Hg$$

Triphenyläthylen kann durch Dehydratisierung von Diphenylbenzylcarbinol oder Phenylbenzylhydrylcarbinol dargestellt werden. **Tetraphenyläthylen** bildet sich, wenn Diphenyldichlormethan, das durch Einwirkung von Phosphorpentachlorid auf Benzophenon dargestellt wird, mit Zinkstaub erhitzt wird.

$$2\,(C_6H_5)_2CO \xrightarrow{2\,PCl_5} 2\,(C_6H_5)_2CCl_2 \xrightarrow{2\,Zn} (C_6H_5)_2C{=}C(C_6H_5)_2 + 2\,ZnCl_2$$

Stilben addiert Brom weniger leicht als Äthylen, Triphenyläthylen weniger leicht als Styrol, und Tetraphenyläthylen weniger leicht als Stilben. Trotzdem addiert Styrol Brom leichter als Äthylen, und Triphenyläthylen leichter als Stilben; d. h. sofern die Phenylgruppen den Wasserstoff symmetrisch ersetzen, vermindern sie die Reaktionsfähigkeit, dagegen sind unsymmetrische Verbindungen reaktionsfähiger als weniger hoch phenylierte symmetrische Verbindungen. Eine Erklärung liegt darin, daß die Phenylgruppen eine Stabilisierung des intermediären Ions durch Resonanz erlauben. Je größer die Anzahl der Phenylgruppen an einem Kohlenstoffatom mit Elektronen-defizit ist, desto größer ist die Stabilität des Ions, und desto wahrscheinlicher seine Bildung. So ist Ion II beständiger als I, und IV beständiger als III. Zwar haben die Ionen II und III und die Ionen IV und V etwa gleiche Stabilität, doch sind die Elektronen der π-Bindung des ursprünglichen Olefins in der Verbindung mit der größeren Zahl von Phenylgruppen nicht so leicht verfügbar.

$$CH_2CH_2Br \qquad\qquad C_6H_5CHCH_2Br \qquad\qquad C_6H_5CHCHBrC_6H_5$$
$$+ \qquad\qquad\qquad\qquad + \qquad\qquad\qquad\qquad\qquad +$$
$$\text{I} \qquad\qquad\qquad\qquad\quad \text{II} \qquad\qquad\qquad\qquad\qquad \text{III}$$

$$(C_6H_5)_2CCHBrC_6H_5 \qquad\qquad (C_6H_5)_2CCBr(C_6H_5)_2$$
$$+ \qquad\qquad\qquad\qquad\qquad\qquad +$$
$$\text{IV} \qquad\qquad\qquad\qquad\qquad\qquad \text{V}$$

Die Anhäufung von Phenylgruppen an einer Kohlenstoff-Kohlenstoff-Doppelbindung ermöglicht Alkalimetallen, mit den π-Elektronen zu reagieren, denn die entstehenden Ionen sind durch Resonanz stabilisiert. Bei 1.1-Diphenyl-äthylen dimerisiert sich das intermediäre Radikal-Ion unter Bildung des Dinatriumderivates von 1.1.4.4-Tetraphenyl-butan.

$$2\,(C_6H_5)_2C{=}CH_2 + 2\,[Na\,\cdot] \longrightarrow 2\left[\begin{matrix}(C_6H_5)_2CCH_2\,\cdot\\ \bar{N}a^+\end{matrix}\right] \longrightarrow (C_6H_5)_2CCH_2 : CH_2C(C_6H_5)_2$$
$$\bar{N}a^+ \qquad\quad \bar{N}a^+$$

Das intermediäre Radikal-Ion aus Tetraphenyläthylen ist so stabil, daß es mit einem zweiten Metallatom reagiert und ein Dinatriumderivat liefert.

$$(C_6H_5)_2C{=}C(C_6H_5)_2 \xrightarrow{\;Na\,\cdot\;} \left[\begin{matrix}(C_6H_5)_2C{-}C(C_6H_5)_2\\ \bar{N}a^+\end{matrix}\right] \xrightarrow{\;Na\,\cdot\;} (C_6H_5)_2C{-\!-}C(C_6H_5)_2$$
$$\bar{N}a^+ \quad \bar{N}a^+$$

Diese Metallderivate sind tieffarbige, feste Substanzen, die wie metallorganische Verbindungen reagieren. So entsteht mit Wasser der gesättigte Kohlenwasserstoff, mit Kohlendioxyd die Dicarbonsäure.

$$(C_6H_5)_2CH{-}CH(C_6H_5)_2 + 2\,NaOH$$
$$\nearrow \;2\,H_2O$$
$$(C_6H_5)_2C{-\!-}C(C_6H_5)_2$$
$$\bar{N}a^+ \quad \bar{N}a^+ \qquad 2\,CO_2 \searrow$$
$$(C_6H_5)_2C{-\!-\!-}C(C_6H_5)_2$$
$$\underset{COONa}{|} \qquad \underset{COONa}{|}$$

Diphenyl und seine Derivate

Diphenyl und dessen Derivate bilden die größte Gruppe unter den Verbindungen, in denen Benzolringe direkt miteinander vereinigt sind. **Diphenyl** wird beim Erhitzen von Benzol auf hohe Temperaturen erhalten. Bei der Darstellung im Laboratorium werden die Dämpfe von unter Rückfluß siedendem Benzol mit einer elektrisch erhitzten Nichromdraht-Spule in Berührung gebracht; im technischen Verfahren wird der Dampf durch geschmolzenes Blei oder heiße Röhren geleitet.

$$2\,C_6H_6 \xrightarrow{\;700°-800°\;} C_6H_5C_6H_5 + H_2$$

Da die primäre Stufe bei der Bildung von Diphenyl zweifellos in der Zersetzung von Benzol in Phenylradikale und Wasserstoffatome besteht, überrascht es nicht, daß auch kleine Mengen der Terphenyle, **m-** und **p-Diphenylbenzol** sowie die Quaterphenyle **1.3.5-Triphenyl-benzol** und **4.4'-Bis-diphenyl** entstehen.

Diphenyl wird im eutektischen Gemisch mit Diphenyläther als Wärmeaustauschmittel (S. 539) verwendet; daneben besitzen einige seiner Substitutionsprodukte technische Bedeutung. Die halogenierten Diphenyle (Arochlor) werden als Transformatorenöle und als nichtentzündliche Wärmeaustauschmittel benutzt, einige Aminodiphenyle sind Farbstoff-Zwischenprodukte. Direkte Substitutionsreaktionen führen zu ortho- und para-Monosubstitutionsprodukten, da aber die eingeführten Gruppen gewöhnlich desaktivierend wirken, erfolgt Zweitsubstitution im zweiten Ring.

Das wichtigste Derivat des Diphenyls, p.p'-Diaminodiphenyl oder **Benzidin,** wird nicht aus Diphenyl gewonnen, sondern aus Hydrazobenzol (S. 485) durch *Benzidin-Umlagerung.* Es ist ein wichtiges Zwischenprodukt für die Synthese direktziehender Baumwollfarbstoffe (S. 716).

$$\text{⬡NHNH⬡} + 2\,HCl \xrightarrow{\text{Wärme}} \left[H_3N\overset{+}{\underset{}{}}\text{⬡—⬡}\overset{+}{\underset{}{}}NH_3\right]2\,Cl^-$$

Benzidinhydrochlorid.

o-Tolidin *(p.p'-Diamino-m.m'-dimethyldiphenyl)* wird in ähnlicher Weise aus o-Hydrazotoluol dargestellt, **Dianisidin** *(p.p'-Diamino-m.m'-dimethoxydiphenyl)* aus o-Hydrazoanisol. Sind eine oder beide para-Stellungen der Hydrazoverbindungen blockiert, so bildet sich anstelle eines Diphenylderivates ein Diphenylaminderivat.

$$R\text{⬡NHNH⬡} + HCl \xrightarrow{\text{Wärme}} \left[R\text{⬡NH⬡}NH_3{}^+\right]Cl^-$$

$$R\text{⬡NHNH⬡}R + HCl \xrightarrow{\text{Wärme}} \left[R\text{⬡NH⬡}\overset{R}{\underset{NH_3{}^+}{}}\right]Cl^-$$

Dieser Reaktionstypus wird *Semidin-Umlagerung* genannt.

Der Mechanismus der Benzidin-Umlagerung ist viel untersucht worden. Er ist schwer zu erklären, da die Umlagerung mit Sicherheit völlig intramolekular verläuft; d.h. daß sich das Molekül während der Umlagerung zu keiner Zeit in zwei getrennte Teilchen spaltet. Es ist gezeigt worden, daß sich in Wirklichkeit das Dihydrochlorid des Hydrazobenzols umlagert, und man nimmt an, daß die benachbarten positiven Ladungen eine gegenseitige Abstoßung der Stickstoffatome bewirken und die Bildung der parachinoiden Struktur ermöglichen, die zwei Protonen unter Bildung von Benzidin abspaltet.

$$\underset{}{\text{NH—NH}}\;\;\xrightarrow{2\,[H^+]}\;\;\left[\overset{+}{N}H_2—\overset{+}{N}H_2\right]\;\longrightarrow\;\left[H_2\overset{+}{N}\qquad\overset{+}{N}H_2\right]\longrightarrow$$

$$2\,[H^+] + H_2N\text{⬡—⬡}NH_2$$

Benzidin wird unter bestimmten Bedingungen oxydiert, wobei sich das intensiv farbige **Benzidinblau** bildet. Diese Reaktion dient als Grundlage für Proben auf Wasserstoffperoxyd und Peroxydasen, für empfindliche Tüpfelreaktionen auf leicht reduzierbare Ionen von Metallen wie Cer, Mangan, Kobalt und Kupfer, und für Brom-, Jod-, Cyanid- und Thiocyanat-Ionen. Der Nachweis von Kupfer ist bei Verwendung von Tolidin an Stelle von Benzidin noch empfindlicher.

Der Nachweis von Wasserstoffperoxyd oder Peroxydasen beruht auf der Fähigkeit der Peroxydasen, eine Dissoziation von Wasserstoffperoxyd in freie Hydroxylradikale zu bewirken, die ein Wasserstoffatom vom Benzidinacetat abspalten können, wobei sich ein radikalisches Semichinon-Ion bildet, ähnlich den Wursterschen Salzen (S. 603).

$$H_2O_2 \xrightarrow{\text{Peroxidase}} 2\,[HO\cdot]$$

$$\left[H_2N\text{—}\bigcirc\text{—}\bigcirc\text{—}\overset{+}{N}H_3\right][^-OAc] + [\cdot OH] \longrightarrow$$

$$\left[H_2N\text{—}\bigcirc\text{—}\bigcirc\text{—}\overset{+}{N}H_2\right][^-OAc] + H_2O$$
Benzidinblau

Die Nachweisreaktionen auf die Metalle beruhen auf deren Fähigkeit, Benzidinacetat zu oxydieren, wobei sie selbst zu einem niedrigeren Valenzzustand reduziert werden.

$$\left[H_2N\text{—}\bigcirc\text{—}\bigcirc\text{—}\overset{+}{N}H_3\right][^-OAc] + [Cu^{++}] \longrightarrow$$

$$\left[H_2N\text{—}\bigcirc\text{—}\bigcirc\text{—}\overset{+}{N}H_2\right][^-OAc] + [Cu^+] + [H^+]$$

Das Kupfer(II)-Ion ist als Oxydationsmittel nicht stark genug, die blaue Färbung hervorzurufen, wenn nicht das entstehende Kupfer(I)-Ion aus der Lösung entfernt wird. Dies geschieht durch Cyanid-, Brom-, Jod- oder Thiocyanationen, die schwerlösliche Kupfer(I)-Salze bilden; bei Gegenwart dieser Ionen gibt Kupfer(II)-Ion einen positiven Test. Benzidinacetat wird in Gegenwart von Cyanidion auch durch gewisse adsorbierende Tone wie Bentonit, die Kristallgitterdefekte haben, in Benzidinblau umgewandelt.

Diphenylderivate können durch Erhitzen von Jodbenzolen mit fein verteiltem Kupfer dargestellt werden *(Ullmann-Reaktion)*. Die Reaktion ist wichtig, da sie die Synthese von Derivaten eindeutiger Konstitution erlaubt, sowie von Verbindungen, die auf anderem Wege nicht leicht dargestellt werden können.

$$2 \overset{NO_2}{\underset{COOH}{\bigcirc}}J + 2\,Cu \longrightarrow \overset{NO_2 \quad NO_2}{\underset{COOH \quad COOH}{\bigcirc\text{—}\bigcirc}} + Cu_2J_2$$
2.2′-Dinitro-
diphenyl-dicarbon-
säure-(6.6′)

Diphenyl und Derivate entstehen auch durch Umsetzung von Diazoniumsalzen mit aromatischen Kohlenwasserstoffen in Gegenwart von Alkalien (S. 524).

Die Derivate des Diphenyls sind theoretisch interessant. Zum Beispiel kann 2.2′-Dinitro-diphenyl-dicarbonsäure-(6.6′) in zwei optisch aktive Isomeren zerlegt werden, obwohl sie kein asymmetrisches Kohlenstoffatom enthält. Es sind zahlreiche Derivate des Diphenyls untersucht worden. Dabei hat sich ergeben, daß nur diejenigen, die Substituenten in den ortho-Stellungen tragen, in zwei Formen getrennt werden können. Ferner sind die aktiven Formen von Verbindungen mit vier orthoständigen Substituenten sehr beständig gegen Racemisierung, Verbindungen mit drei orthoständigen Substituenten dagegen weniger. Aber auch bei diesen wird die Beständigkeit gegen Racemisierung um so größer, je größer die Gruppe an demjenigen Ring ist, der nur einen einzigen orthoständigen Substituenten trägt. Abb. 82 zeigt, daß zwei orthoständige Gruppen, deren Wirkungsradius größer ist als der des aromatischen Kohlenstoffatoms (1,39 Å),

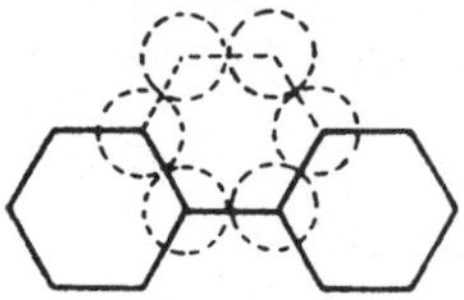

Abb. 82 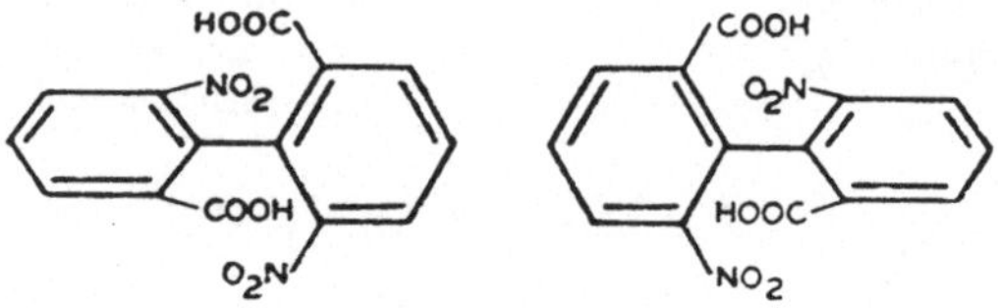   Abb. 83

Abb. 82. Kürzester internuclearer Abstand zwischen ortho-Gruppen, der bei Diphenylderivaten freie Drehung erlaubt

Abb. 83. Aktive Formen der 2.2′-Dinitro-diphenyl-dicarbonsäure-(6.6′)

nicht aneinander vorbei gelangen können, und daß die freie Drehbarkeit um die Bindung zwischen den beiden Phenylgruppen aufgehoben wird. Wenn die beiden Phenylgruppen nur in einer nichtplanaren Konfiguration bestehen können, und das resultierende Molekül weder eine Symmetrieebene, noch ein Symmetriezentrum, noch eine alternierende Symmetrieachse (S. 352) besitzt, dann sind zwei Konfigurationen möglich, die nicht zur Deckung gebracht werden können, sich also wie Bild und Spiegelbild verhalten (Abb. 83). Die Racemisierung der tri-o-substituierten Diphenylderivate ist verständlich, denn eine geringfügige Verbiegung der Bindung zwischen den beiden Phenylgruppen wird den beiden orthoständigen Gruppen ermöglichen, aneinander vorbei zu gelangen, ohne daß die dritte ortho-Gruppe mit dem orthoständigen Wasserstoff kollidiert. Ist aber eine Gruppe so groß, daß sie doch mit dem orthoständigen Wasserstoffatom zusammenstößt, dann sollte bei Anwesenheit einer derartigen Gruppe in jedem Ring eine Spaltbarkeit in optische Antipoden zu erwarten sein. Ein solcher Fall scheint bei Diphenyl-disulfonsäure-(2.2′) vorzuliegen. Ferner gibt es Anzeichen dafür, daß eine einzige Trimethylarsoniumgruppe groß genug ist, um die freie Drehbarkeit selbst bei Verbiegung der Bindung zwischen den Phenylgruppen zu verhindern.

Von der Spaltbarkeit in optische Antipoden völlig unabhängiges Beweismaterial bestätigt, daß die tetra-orthosubstituierten Diphenyle unfähig sind, eine ebene Konfiguration anzunehmen. Das Ultraviolett-Absorptionsspektrum des Diphenyls zeigt charakteristische Banden infolge der Wechselwirkung von π-Elektronen des einen Kerns mit denen des zweiten. Diese Wechselwirkung ist nur möglich, weil die Ringe in einer Ebene liegen können, und damit die *p*-orbitals der die Ringe verbindenden Kohlenstoffatome sich überlagern können. Bei 2.2′,6.6′-Tetrachlor-diphenyl können die Ringe nicht in einer Ebene liegen, und die für Diphenyl charakteristischen Banden fehlen (Abb. 84).

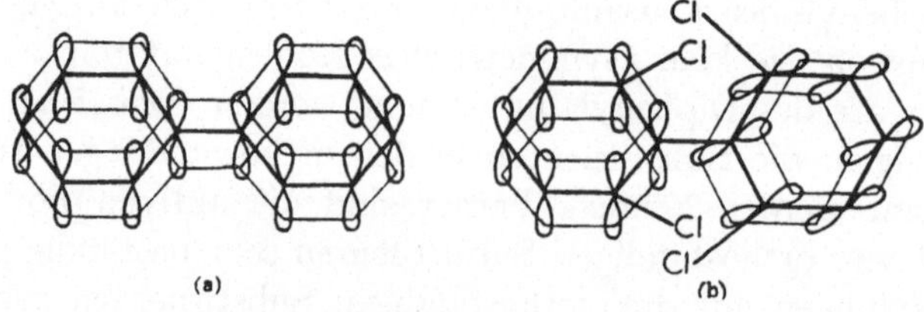

Abb. 84. Sterische Hinderung der elektronischen Wechselwirkung: (a) Wechselwirkung zwischen Ringen in einer Ebene; (b) keine Wechselwirkung bei nichtplanaren Ringen

Die Verhinderung der freien Drehbarkeit um Einfachbindungen und der Coplanarität durch die blockierende Wirkung von Gruppen ist intensiv erforscht worden, und es hat sich ergeben, daß sie nicht nur bei Diphenylderivaten, sondern bei einer Vielzahl von anderen Verbindungen vorkommt. Zum Beispiel wurde Verbindung I in optische Antipoden zerlegt, und die aktive Form wird in siedendem Butanol nicht racemisiert. Auch Verbindung II wurde gespalten, nicht dagegen Verbindung III, die eine Symmetrieebene hat.

Daher muß für die Aktivität von II die beschränkte Drehbarkeit verantwortlich sein und nicht die Asymmetrie des Stickstoffatoms. Beschränkte Drehbarkeit um Einfachbindungen, die zur Verhinderung der Resonanz führt, beeinflußt auch die Reaktionsfähigkeit von aromatischen Verbindungen (S. 507, 570).

Ellagsäure, das Dilacton der 4.5.6.4.'5'.6'-Hexahydroxy-diphensäure, wird durch Hydrolyse von Ellagengerbstoffen erhalten, die in zahlreichen Pflanzen vorkommen. Diese Gerbstoffe sind gemischte Hexahydroxydiphensäure- und Gallussäureester (S. 591) der Glucose. Im Gerbstoff liegt die Hexahydroxydiphensäure in der aktiven (+)-Form vor, aber die freie Säure geht spontan in das Lacton über, wodurch die Dissymmetrie zerstört wird.

Ellagsäure

Wiederholungsfragen

1. Wie wird Triphenylmethylnatrium dargestellt? Was ist ungewöhnlich an den Lösungen dieser Verbindung, und wie lassen sich die ungewöhnlichen Eigenschaften erklären?

2. Man erläutere die Methode der Darstellung von Hexaphenyläthan und dessen chemische Eigenschaften. Wie sind diese Eigenschaften zu erklären? Welche drei Klassen *freier Gruppen* gibt es?

3. Wie wird Styrol hergestellt und wozu wird es verwendet?

4. Welche Reaktion geht Tetraphenyläthylen ein, die Tetramethyläthylen nicht gibt?

5. Was ist Diphenyl und wie wird es dargestellt? Wie wird es verwendet?

6. Welche Stellungen nehmen bei direkter Substitution von Diphenyl die eintretenden Gruppen ein, und weshalb?

7. Wie lautet der Trivialname von p.p′-Diaminodiphenyl, und wie wird die Verbindung dargestellt?

8. Man diskutiere die Isomerieerscheinungen bei tri- und tetra-ortho-substituierten Diphenylverbindungen.

9. Was ist Benzidinblau? Man erkläre die Anwendung von Benzidin bei der Nachweisreaktion auf verschiedene Kationen und Anionen.

Aufgaben

10. Man gebe eine Folge von Reaktionen für die angegebenen Synthesen: (*a*) Methoxychlor aus Phenol; (*b*) ω-Bromstyrol aus Benzaldehyd; (*c*) 3-Phenyl-propanol-(1) aus Styrol; (*d*) o-Tolidin aus Toluol; (*e*) 2-Amino-4′.5-dimethyl-diphenylamin aus Toluol; (*f*) Styrol aus Benzaldehyd; (*g*) Triphenylmethyl aus Benzol; (*h*) Diphenylacetylen aus Benzylalkohol; (*i*) p.p′-Diphenyldicarbonsäure aus Toluol; (*j*) p.p′-Dijoddiphenyl aus Nitrobenzol.

11. Wie kann man durch chemische Reaktionen zwischen den Gliedern folgender Verbindungspaare unterscheiden: (*a*) p-Methyldiphenyl und Diphenylmethan; (*b*) Diphenyl und Triphenylmethan; (*c*) 1.2-Diphenyl-äthylen und p.p′-Dimethyldiphenyl; (*d*) Styrol und Phenylacetylen; (*e*) 1.2-Diphenyl-äthylen und 1.1-Diphenyläthylen?

Kapitel 28

Kondensierte aromatische Kohlenwasserstoffe und ihre Derivate

Kondensierte aromatische Kohlenwasserstoffe enthalten zwei oder mehr Kohlenstoffatome, die zwei oder mehr aromatischen Ringen zugleich angehören. Die bekanntesten Verbindungen dieser Art sind Naphthalin und Anthracen und deren Derivate. Es sind aber auch zahlreiche kompliziertere Systeme bekannt.

Naphthalin

Vorkommen und Struktur

Naphthalin, vor dem Jahre 1820 isoliert, war die erste Verbindung, die aus den Destillationsprodukten der Steinkohle rein erhalten wurde. Die Entdeckung war leicht, denn es ist eine schön kristallisierende, leicht sublimierende Substanz, die zuerst bei der Destillation der Naphthafraktion als Ablagerung in den Kühlern gefunden wurde; daher auch der Name Naphthalin. Naphthalin wird hauptsächlich durch freiwillige Kristallisation aus der Carbolöl- und Kreosotölfraktion des Steinkohlenteers (S. 450) gewonnen.

1826 stellte FARADAY auf Grund der Analyse von Bariumnaphthalinsulfonat die empirische Formel C_5H_4 auf. Erst vierzig Jahre später, nach Bekanntwerden der Kekuléschen Theorie der aromatischen Struktur, schlug ERLENMEYER[1] eine befriedigende Struktur für die Summenformel $C_{10}H_8$ vor. ERLENMEYERs Formel enthält zwei aromatische Kerne, die zwei Kohlenstoffatome gemeinsam haben.

---

[1] RICHARD AUGUST KARL EMIL ERLENMEYER (1825—1909), Professor an der Universität München. Der Name ist jedem Chemiker durch den Erlenmeyerkolben vertraut.

Dieser Verbindungstypus enthält ein sogenanntes *kondensiertes* Ringsystem.

1869 wies GRAEBE[1] erstmals darauf hin, daß Naphthalin zwei verschiedene Benzolringe enthält, doch wurde später ein direkterer Beweis geliefert. Bei der Oxydation von 1-Nitro-naphthalin bildet sich 3-Nitro-phthalsäure; wird jedoch die Nitrogruppe zuerst zur Aminogruppe reduziert, so entsteht bei anschließender Oxydation Phthalsäure.

Der Grund für den Unterschied im Verhalten bei der Oxydation ist, daß ein aromatischer Ring, der eine Nitrogruppe trägt, schwerer oxydierbar ist als ein unsubstituierter Benzolring, während die Aminogruppe eine leichtere Oxydation des Ringes bewirkt, an den sie gebunden ist (S. 510).

Zahlreiche Synthesen des Naphthalins bestätigen die Erlenmeyersche Formel. Eine der eindeutigsten Synthesen ist die von FITTIG; sie besteht in der Cyclisierung von β-Benzylidenpropionsäure zu α-Naphthol und anschließenden Reduktion zu Naphthalin.

Der Formel entsprechend existieren zwei Monosubstitutionsprodukte, die häufig mit α und β bezeichnet werden, und zehn Disubstitutionsprodukte, falls beide

---

[1] CARL GRAEBE (1841—1927), Schüler von BUNSEN und BAEYER, später Professor an der Universität Genf, gelang die Strukturaufklärung und Synthese des Alizarins, außerdem leistete er Bedeutendes auf den Gebieten der polycyclischen Verbindungen und der Farbstoffe im allgemeinen.

Gruppen gleich sind. Es können bis zu zehn Wasserstoffatome an Naphthalin addiert werden, was für das Vorliegen von fünf Doppelbindungen spricht.

Wie beim Benzol sind die π-Elektronen in den für geschlossene konjugierte Systeme charakteristischen molecular orbitals (S. 442). Naphthalin wird wie Benzol gewöhnlich als Resonanzhybrid der konventionellen Bindungsstrukturen dargestellt. Die Resonanzenergie des Naphthalins beträgt 61 kcal pro Mol. Da die Resonanzenergie des Benzols 36 kcal pro Mol beträgt, steuert der zweite Ring nur 25 kcal pro Mol an zusätzlicher Resonanzenergie bei. Diese relativ geringere Resonanzenergie kommt in der im Vergleich zu Benzol größeren Reaktionsfähigkeit des Naphthalins zum Ausdruck.

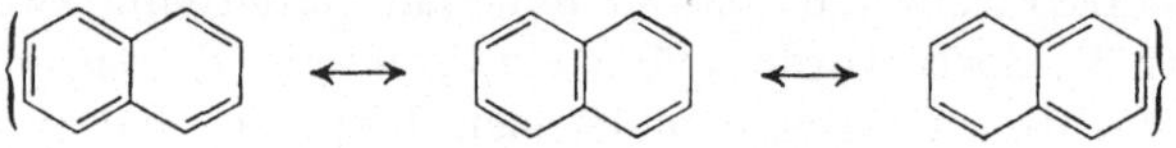

Reaktionen

Additionsreaktionen. Ein Ring des Naphthalins geht leichter Additionsreaktionen ein als Benzol. Reaktion mit Natrium und Äthylalkohol liefert ein 1.4-Dihydro-derivat. Bei der höheren Temperatur des siedenden Isoamylalkohols bildet sich das 1.2.3.4-Tetrahydroderivat (Tetralin).

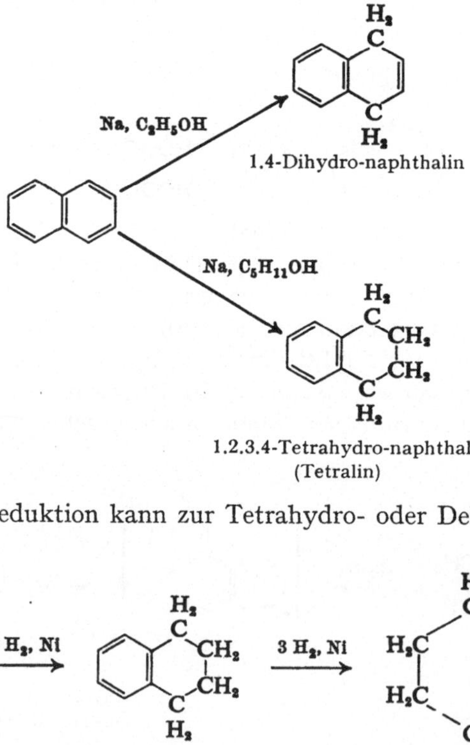

1.4-Dihydro-naphthalin

1.2.3.4-Tetrahydro-naphthalin
(Tetralin)

Die katalytische Reduktion kann zur Tetrahydro- oder Dekahydrostufe geführt werden.

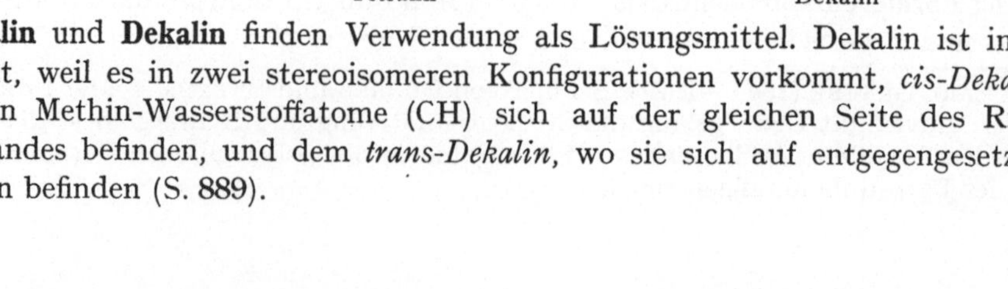

Tetralin

Dekalin

Tetralin und **Dekalin** finden Verwendung als Lösungsmittel. Dekalin ist interessant, weil es in zwei stereoisomeren Konfigurationen vorkommt, *cis-Dekalin*, dessen Methin-Wasserstoffatome (CH) sich auf der gleichen Seite des Ringverbandes befinden, und dem *trans-Dekalin*, wo sie sich auf entgegengesetzten Seiten befinden (S. 889).

Naphthalin addiert ein oder zwei Moleküle Chlor, und zwar leichter als Benzol.
Die Additionsprodukte geben beim Erhitzen Chlorwasserstoff ab.

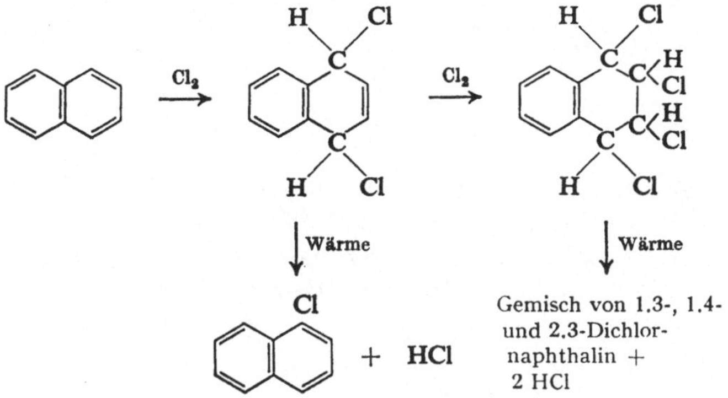

Auf Grund dieses Verhaltens wird **Naphthalintetrachlorid** als Bestandteil von Löt-
pasten verwendet, denn der beim Erhitzen entstehende Chlorwasserstoff dient zur
Entfernung von Metalloxydfilmen.

Naphthalin addiert auch Alkalimetalle. In Lösungen von Dimethyläther
werden zwei Atome Natrium addiert, vermutlich unter Bildung der 1.2- und 1.4-
Additionsprodukte, denn die weitere Reaktion mit Wasser oder Kohlendioxyd führt
zu einem Gemisch der Dihydronaphthaline bzw. der Dicarbonsäuren.

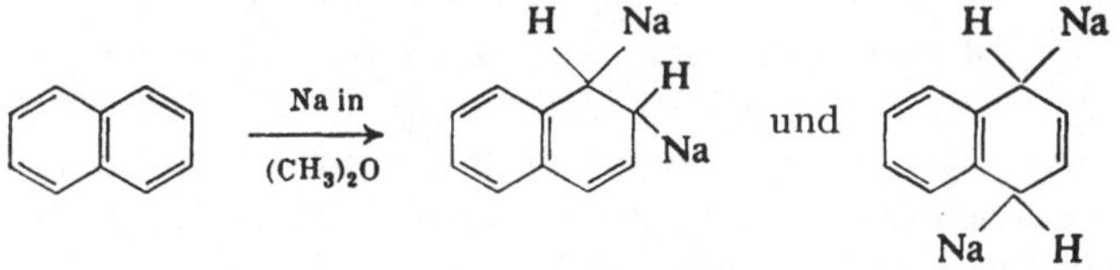

In flüssigem Ammoniak werden vier Atome Natrium addiert, von denen jedoch
drei sofortiger Ammonolyse unterliegen. Das vierte Atom kann durch Zugabe von
Ammoniumchlorid gegen Wasserstoff ausgetauscht werden.

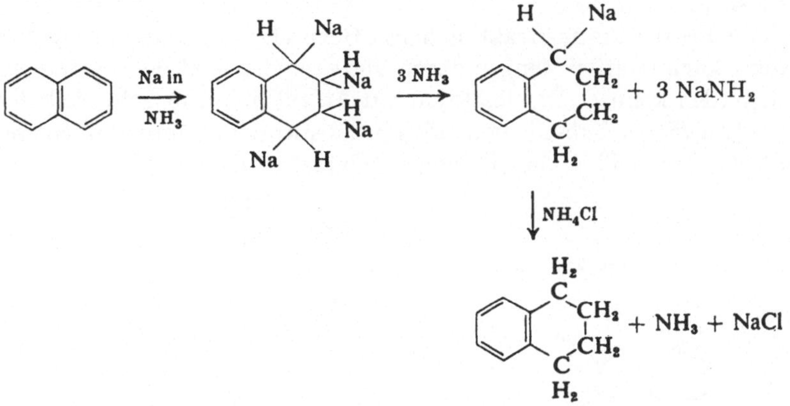

Dieses Verfahren ist zur technischen Darstellung von Tetralin geeignet; das Natriumamid ist ein wertvolles Nebenprodukt.

Substitutionsreaktionen. Naphthalin unterliegt allen Substitutionsreaktionen
des Benzols, auch die verwendeten Reagentien und Katalysatoren sind die gleichen.

Direkte Halogenierung in Gegenwart von Eisen gibt 95% α-Chlornaphthalin und

etwa 5% des β-Isomeren. Ebenso liefert die Nitrierung mit Salpetersäure und Schwefelsäure 95% α-Nitronaphthalin und 5% β-Nitronaphthalin. Die Sulfonierung von Naphthalin liefert unterhalb 80° hauptsächlich die α-Sulfonsäure, während oberhalb 120° die β-Sulfonsäure das Hauptprodukt ist.

Dieses Verhalten ist von Bedeutung, weil es die Grundlage der wichtigsten Methode zur Einführung einer funktionellen Gruppe in β-Stellung ist. Die meisten β-substituierten Naphthaline werden über die β-Sulfonsäure dargestellt. Ursache dieses Verhaltens scheint zu sein, daß die Geschwindigkeit der Sulfonierung in α-Stellung sehr viel größer ist als in β-Stellung, daß aber die Lage des Gleichgewichts für die β-Sulfonsäure günstiger ist. Da die Reaktion reversibel ist, überwiegt schließlich das β-Isomere. Gemische von α- und β-Säure werden durch Kristallisation der Calciumsalze getrennt; das Calciumsalz des α-Isomeren ist leichter löslich.

Auch die Friedel-Crafts-Reaktion liefert Gemische von α- und β-Substitutionsprodukten, deren relative Mengen durch Variieren der Reaktionsbedingungen beherrscht werden können. Die Reaktion mit Acetylchlorid in Schwefelkohlenstoff liefert zu etwa 75% α-Substitution, 25% β-Substitution, während in Nitrobenzol-Lösung fast ausschließlich das β-Isomere gebildet wird.

Die **Disubstitution** folgt im wesentlichen den gleichen Regeln wie bei Benzol, allerdings ermöglicht die Reversibilität mancher Reaktionen häufig eine Umlagerung des Primärproduktes in ein stabileres Isomeres. Ist der Substituent in einem monosubstituierten Naphthalin desaktivierend, so tritt ein zweiter Substituent am zweiten Ring, gewöhnlich in eine der α'-Stellungen ein, lediglich die Sulfonierung kann in β'-Stellung stattfinden.

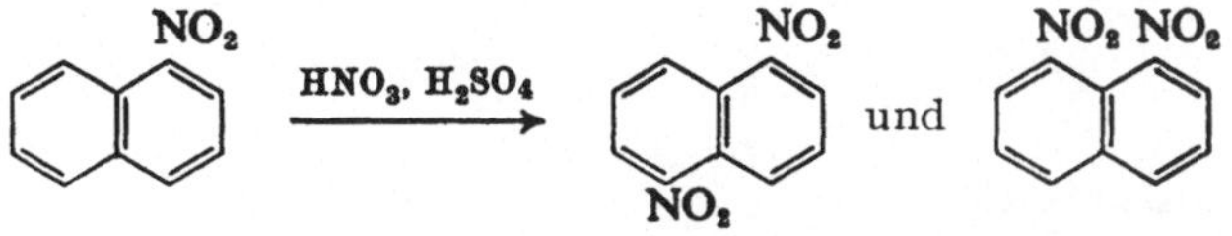

1.5-Dinitro-naphthalin   und   1.8-Dinitro-naphthalin

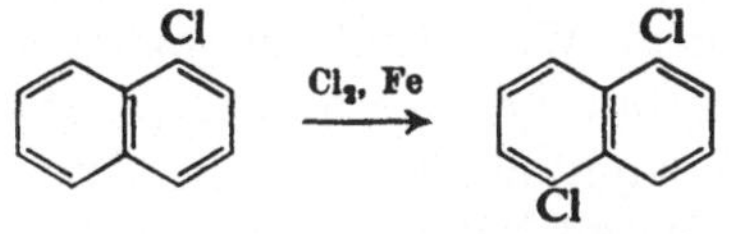

1.5-Dichlor-naphthalin

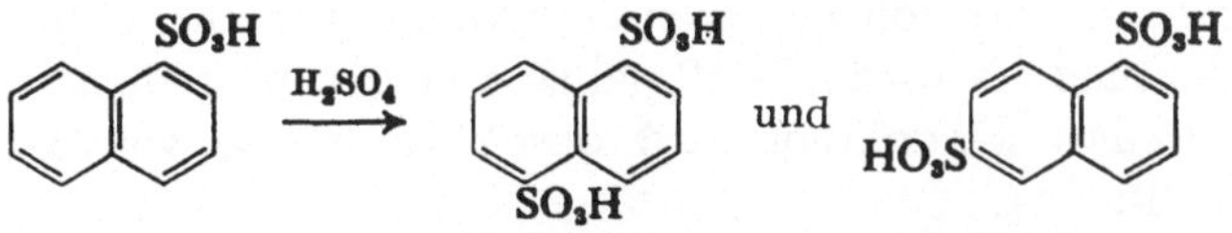

Naphthalin-disulfonsäure-(1.5)   und   Naphthalin-disulfonsäure-(1.6)

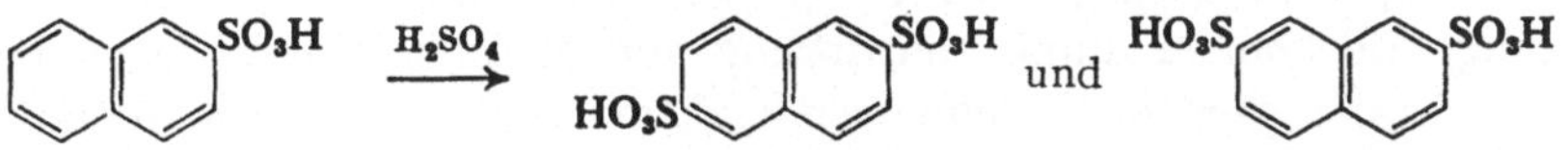

Naphthalin-disulfonsäure-(2.6)   und   Naphthalin-disulfonsäure-(2.7)

Wenn die vorhandene Gruppe aktivierend wirkt und in α-Stellung steht, tritt ein zweiter Substituent in 4 (para)-Stellung ein, nur bei Sulfonierung kann ein umgelagertes Produkt entstehen. Steht eine aktivierende Gruppe in β-Stellung, so geht ein zweiter Substituent in die α-Stellung. Auch hier kann die Sulfonierung wieder zu anomalen Reaktionsprodukten führen (S. 622).

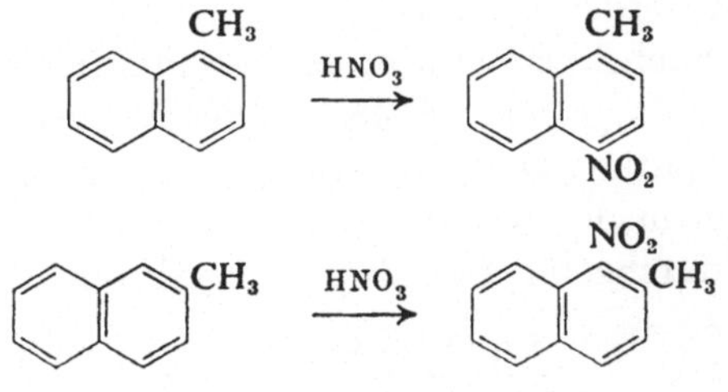

Die Bevorzugung der 1-Stellung gegenüber der 3-Stellung bei der zweiten Reaktion kann dadurch erklärt werden, daß bei Substitution in 1-Stellung zwei der Resonanzstrukturen des Übergangszustandes einen Benzolring aufweisen, während bei Substitution in 3-Stellung nur eine Struktur einen aromatischen Ring hat.

Naphthalinderivate

Alkylderivate. α- und β-Methylnaphthalin werden technisch aus Steinkohlenteer isoliert. **α-Methylnaphthalin** wurde für die Prüfung von Dieseltreibstoffen als Standardtreibstoff mit dem Wert Null ausgewählt, da seine Verbrennungseigenschaften im Dieselmotor sehr schlecht sind (S. 85).

Naphthole. α- und β-Naphthol werden aus den entsprechenden Natriumsulfonaten durch Schmelzen mit Natriumhydroxyd dargestellt und sind nicht nur selbst wichtige Zwischenprodukte für Farbstoffe, sondern werden auch zur Synthese von anderen Farbstoff-Zwischenprodukten gebraucht. β-Naphthol ist von größerer Bedeutung; es wird 40—50 mal so viel davon produziert wie von dem α-Isomeren. Reines α-Naphthol wird durch Hydrolyse von α-Naphthylamin (s. u.) hergestellt.

Halogenierte Naphthaline. α-Chlor- und α-Bromnaphthalin werden durch direkte Halogenierung dargestellt. Die β-Isomeren sind nur von Interesse für die Forschung. Sie können durch Einwirkung von Phosphorpentahalogeniden auf β-Naphthol oder nach der Sandmeyer-Reaktion aus diazotiertem β-Naphthylamin gewonnen werden.

Die durch direkte Chlorierung hergestellten Polychlornaphthaline sind feste Substanzen, die als nicht entzündliche Imprägnierungsmittel für elektrische Isoliermaterialien verwendet werden *(Halowax)*.

Naphthylamine. α-Naphthylamin wird durch Reduktion von α-Nitronaphthalin mit Eisen und Wasser dargestellt (S. 483). β-Naphthylamin erhält man durch Ammonolyse von β-Naphthol. Diese Reaktion, die in der Benzolreihe nur langsam verläuft (S. 533), kann in der Naphthalinreihe leicht mit wäßrigem Ammoniak und Ammoniumsulfit durchgeführt werden; sie ist als **Bucherer-Reaktion** bekannt.

Andere Amine als Ammoniak können zur Gewinnung substituierter Aminonaphthaline verwendet werden. Die Reaktion ist reversibel und wird zur Darstellung von Naphtholen aus Naphthylaminen herangezogen, wenn das Naphthylamin die leichter zugängliche Verbindung ist. Zum Beispiel wird reines α-Naphthol am besten aus reinem α-Naphthylamin erhalten.

Es wird gewöhnlich angenommen, daß die Bucherer-Reaktion über die Ketoform verläuft, und daß das Sulfit die Funktion hat, diese Form durch Überführung in das Bisulfitadditionsprodukt zu stabilisieren.

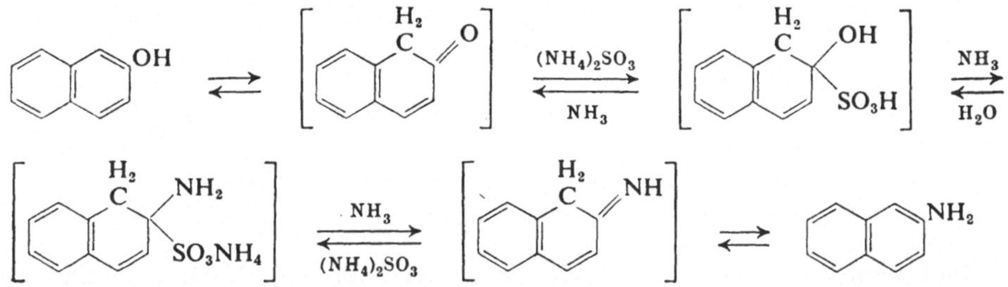

Sulfonierte Naphthole und Naphthylamine. Naphthole und Naphthylamine kuppeln mit Diazoniumsalzen unter Bildung von Azoverbindungen. Diese absorbieren längerwelliges Licht als die einfacheren, von Benzolderivaten abgeleiteten Azoverbindungen, da sie vermehrte Resonanzmöglichkeiten haben (S. 703). Damit diese farbigen Verbindungen jedoch wasserlöslich seien, müssen Gruppen zugegen sein, die die Wasserlöslichkeit fördern. Daher enthalten direktziehende Azofarbstoffe immer Sulfonsäuregruppen, und die sulfonierten Naphthole und Naphthylamine dienen in größtem Umfang als Farbstoff-Zwischenprodukte. Die meisten von diesen führen Trivialnamen, entweder weil bei ihrer ersten Anwendung die Konstitution noch nicht bekannt war, oder weil der Fabrikant bestrebt war, sie vor der Konkurrenz zu verheimlichen.

Naphthionsäure wird aus α-Naphthylamin nach dem bei der Herstellung von Sulfanilsäure bereits beschriebenen Backverfahren (S. 513) hergestellt.

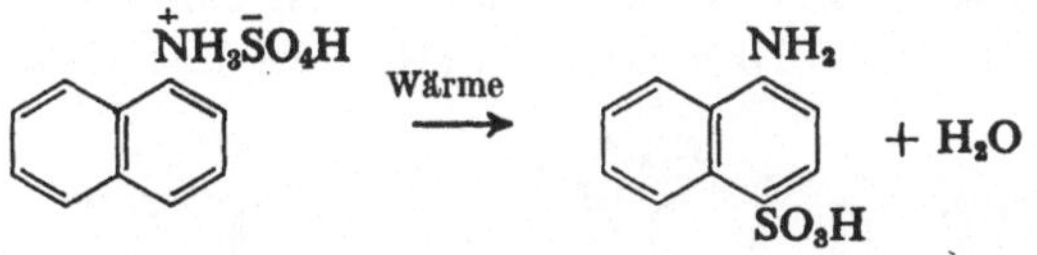

Naphthionsäure

Nitrierung von α-Naphthalinsulfonsäure gibt ein Gemisch aus 5- und 8-Nitrosulfonsäure; hieraus erhält man durch Reduktion mit Eisen das entsprechende Gemisch von Aminen. Beim Neutralisieren bis auf p_H 4 fällt die 8-Amino-naphthalin-sulfonsäure(1) **(Peri-Säure)** aus, bei weiterer Neutralisation bis p_H 5 entsteht die 5-Amino-naphthalin-sulfonsäure-(1), die **Laurentsche Säure.**

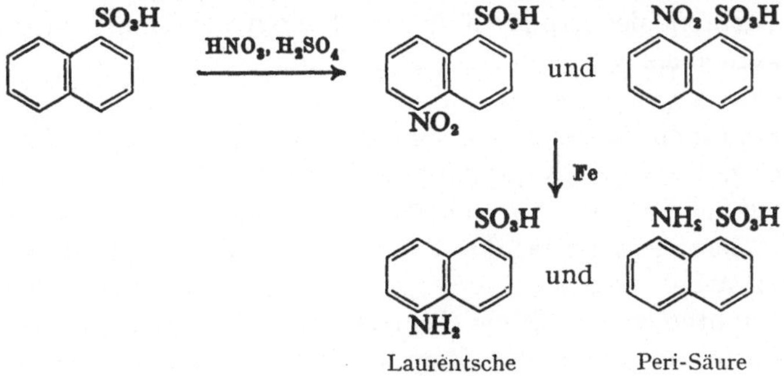

Laurentsche Säure   Peri-Säure

Wird β-Naphthalinsulfonsäure nitriert, so tritt die Nitrogruppe ebenfalls in 5- und 8-Stellung ein. Reduktion führt zu den entsprechenden Aminosulfonsäuren, die als **Clevesche Säuren** bekannt sind.

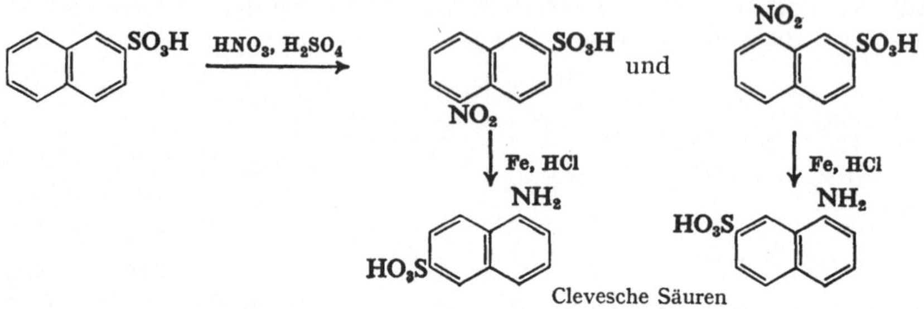

Clevesche Säuren

Naphthionsäure wird durch Kochen mit wäßrigem Natriumbisulfit zu Naphthol-(1)-sulfonsäure-(4) **(Nevile-Winthersche Säure)** hydrolysiert.

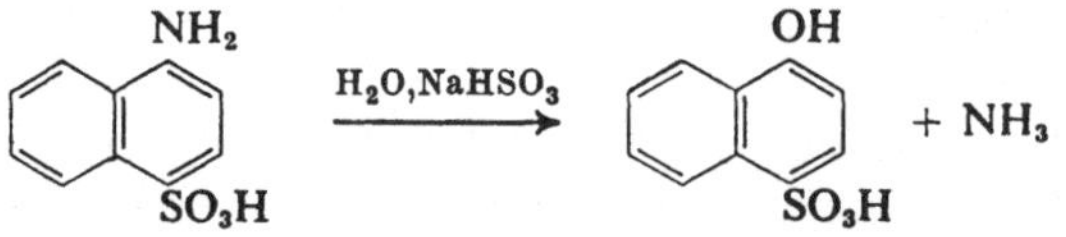

Naphthol-(1)-sulfon-
säure-(4)
(Nevile-Winthersche Säure)

Diese Reaktion war schon acht Jahre vor ihrer Entdeckung durch BUCHERER im Jahre 1904 bekannt, aber nicht veröffentlicht, doch zeigte BUCHERER die allgemeine Anwendbarkeit und Reversibilität der Reaktion.

Sulfonierung von β-Naphthol bei niedriger Temperatur führt zur 1-Sulfonsäure, die sich rasch in die 8-Sulfonsäure umlagert, bei höheren Temperaturen in die 6-Sulfonsäure **(Schaeffersche Säure)**. Mit einem Überschuß von Schwefelsäure werden die 3.6- und die 6.8-Disulfonsäure **(R-Säure** und **G-Säure)** gebildet.

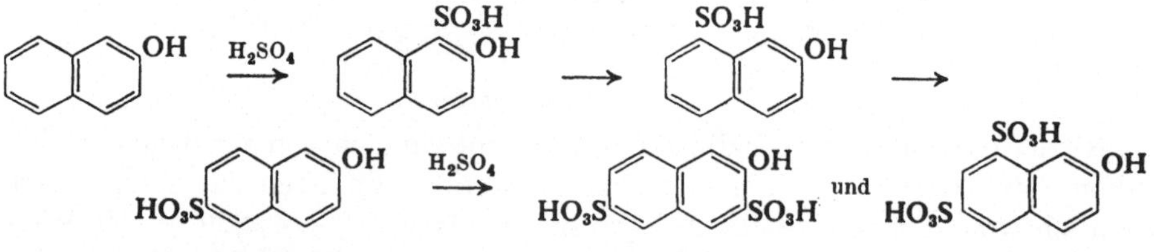

Schaeffersche Säure R-Säure G-Säure

Die Bezeichnungen R und G beziehen sich auf die beim Kuppeln entstehenden roten und gelben Farbtöne der Azofarbstoffe. Die Säuren werden als Natriumsalze isoliert; diese werden als Schaeffer-Salz, R-Salz und G-Salz bezeichnet.

Alle drei Säuren sind wichtig, besonders die G-Säure. Die relative Menge der Isomeren kann durch Variieren der Sulfonierungsbedingungen verändert werden. Zum Beispiel gibt ein Teil Naphthol auf zwei Teile 100%ige Schwefelsäure bei 80—110° einen Teil Schaeffer-Salz und 0,5 Teile R-Salz, während ein Teil Naphthol auf drei Teile Schwefelsäure bei 30—35° in zwei bis drei Tagen einen Teil G-Salz und einen Teil R-Salz liefert.

Wird β-Naphthol bei niedriger Temperatur in einem wasserfreien Lösungsmittel mit einem Mol Chlorsulfonsäure sulfoniert, so erhält man Naphthol-(2)-

sulfonsäure-(1). Sie wird durch die Bucherer-Reaktion (S. 620) in die technisch wichtige **Tobiassche Säure** umgewandelt.

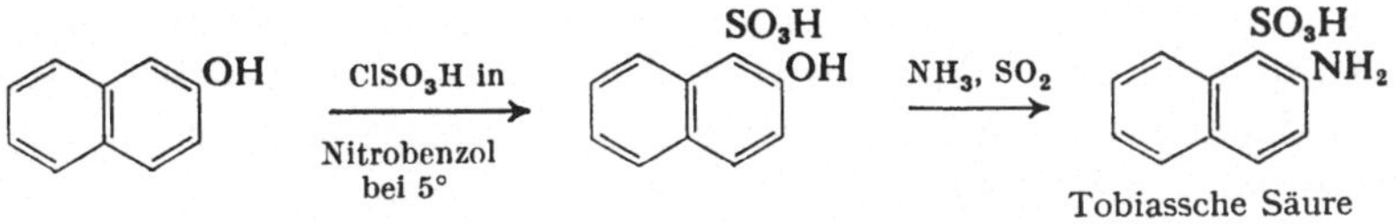

Tobiassche Säure

Aminonaphthole. 4-Amino-naphthol-(1) und 1-Amino-naphthol-(2) werden durch Kuppeln von α- oder β-Naphthol mit diazotierter Sulfanilsäure und Reduktion des Azofarbstoffs mit Natriumdithionit dargestellt.

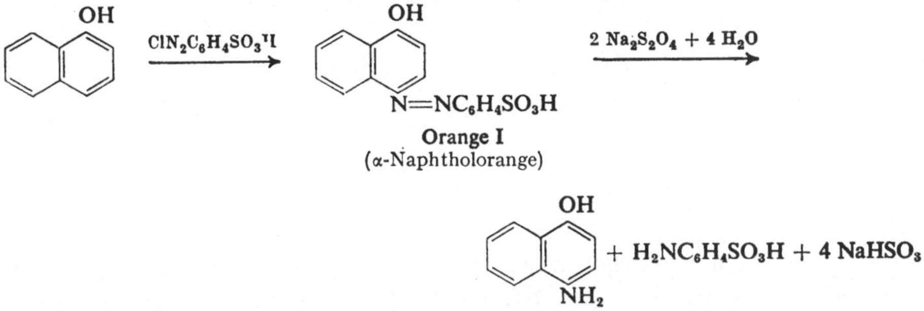

Orange I
(α-Naphtholorange)

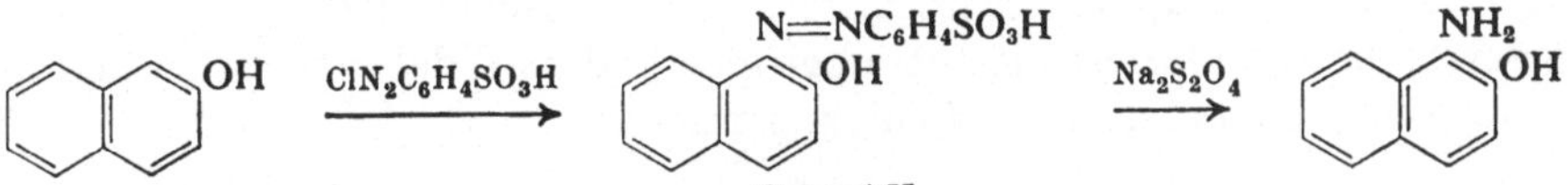

$+ H_2NC_6H_4SO_3H + 4 NaHSO_3$

Orange II
(β-Naphtholorange)

Andere Aminonaphthole können durch Verschmelzen der Salze von Aminosulfonsäuren mit Natriumhydroxyd oder von Hydroxysulfonsäuren mit Natriumamid gewonnen werden.

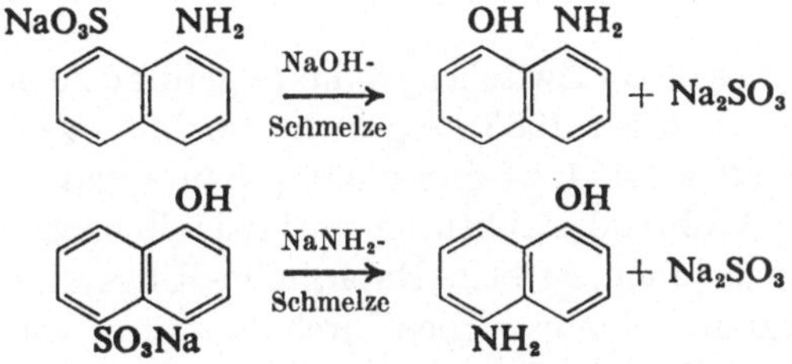

Aminonaphtholsulfonsäuren. Das wichtigste Derivat eines Aminonaphthols ist die **H-Säure**, die durch kontrollierte Natriumhydroxyd-Schmelze von Naphthylamin-(1)-trisulfonsäure-(3.6.8) **(Kochsche Säure)** dargestellt wird, wobei die Sulfonsäuregruppe in 8-Stellung leicht ersetzt wird.

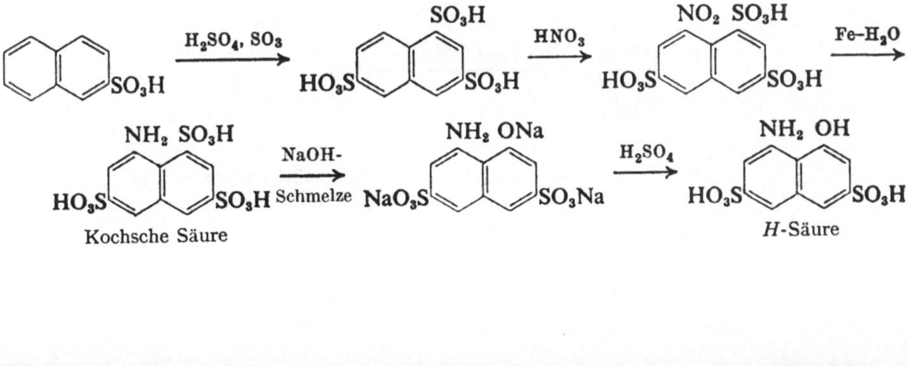

Kochsche Säure

H-Säure

Sulfonierung von β-Naphthylamin gibt ein Gemisch aus 2-Amino-naphthalin-disulfonsäure-(6.8) und 2-Amino-naphthalin-trisulfonsäure-(1.5.7). Kontrollierte alkalische Schmelze der Disulfonsäure gibt die **γ-Säure**, 2-Amino-8-hydroxy-naphthalin-sulfonsäure-(6). Partielle Hydrolyse der Trisulfonsäure liefert 2-Amino-naphthalin-disulfonsäure-(5.7), die durch Alkalischmelze in 2-Amino-5-hydroxy-naphthalinsulfonsäure-(7) **(J-Säure)** umgewandelt wird.

Die einzige Aminonaphtholsulfonsäure, deren technische Darstellung ohne Alkalischmelze erfolgt, ist die 1-Amino-2-hydroxy-naphthalin-sulfonsäure-(4), ("1.2.4-Säure"). β-Naphthol wird nitrosiert und anschließend mit Natriumsulfit umgesetzt; dieses reduziert die Nitrosogruppe und wird dabei selbst zu Schwefelsäure oxydiert, die dann die Sulfonierung bewirkt.

Die relative Bedeutung dieser Zwischenprodukte geht aus den Produktionsziffern hervor. In den USA wurden 1955 hergestellt (in Millionen kg): H-Säure und Tobiassche-Säure je etwa 1,4, 1.2.4-Säure 0,9, J-Säure und γ-Säure je 0,45.

Naphthochinone. Während strukturell nur zwei Benzochinone möglich sind, ortho- und para-Benzochinon, ist beim Naphthalin-Ringsystem ein drittes Chinon bekannt. α- und β-Naphthochinon werden durch Oxydation von 4-Amino-naphthol-(1) bzw. 2-Amino-naphthol-(1) dargestellt. Die letztgenannten sind leichter zugänglich als die Dihydroxy- oder Diaminoderivate. Das dritte Naphthochinon, *amphi-Naphthochinon* genannt, wird durch Oxydation von 2.6-Dihydroxy-naphthalin erhalten.

α-Naphthochinon
(1.4-Naphthochinon)

β-Naphthochinon
(1.2-Naphthochinon)

amphi-Naphthochinon
(2.6-Naphthochinon)

Zahlreiche Derivate des α-Naphthochinons wurden aus Naturstoffen isoliert, wo ihre Farbe schon frühzeitig auf sie aufmerksam machte. Die fleischigen Schalen der Walnuß *(Juglans regia)* enthalten 1.4.5-Trihydroxy-naphthalin, das durch Oxydation mit Luft das dunkelgefärbte Chinhydron gibt, aus dem 1856 **Juglon** isoliert wurde.

Juglon   Lawson   **Phthiocol**

Lawson ist ein gelbes Pigment, das aus indischem Henna *(Lawsonia alba)* isoliert wurde. Eine Paste aus Hennablättern und einem Extrakt aus *Acacia catechu* wurde zum Rotfärben von Haaren verwendet, und daher stammt die Bezeichnung Hennarot für diesen besonderen Farbton. **Phthiocol** wird durch Verseifen der ätherlöslichen Fraktion (Lipoidfraktion) von Tuberkelbazillen erhalten.

1.4-Chinone mit einer Hydroxylgruppe in 2-Stellung sind tautomer mit 4-Hydroxy-1.2-chinonen, allerdings sind die 1.4-Chinone beständiger. Im Gegensatz dazu existiert 2-Hydroxy-1.4-iminochinon fast ausschließlich als 1.2-Chinon, außer in stark alkalischen Lösungen.

Die interessantesten Naphthochinone sind die beiden Formen des **Vitamin K.** Vitamin K_1 findet sich in grünen Pflanzen, z. B. in Alfalfa, Vitamin K_2 in fauligem

Fischmehl. Eines der K-Vitamine muß zur Sicherung ausreichender Blutgerinnung in der Nahrung enthalten sein; sie werden deshalb *antihämorrhagische Faktoren* genannt.

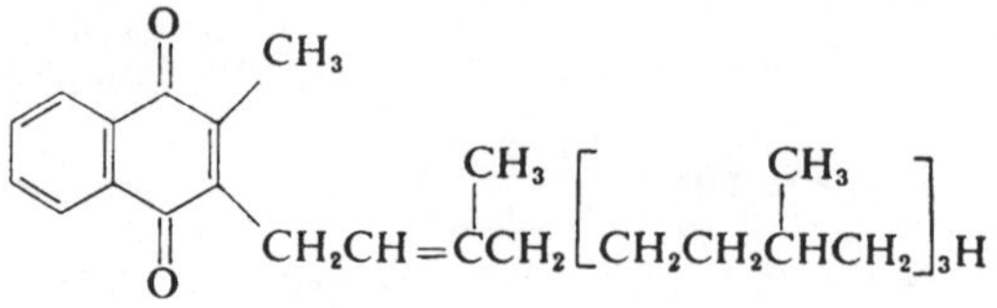

Vitamin K₁

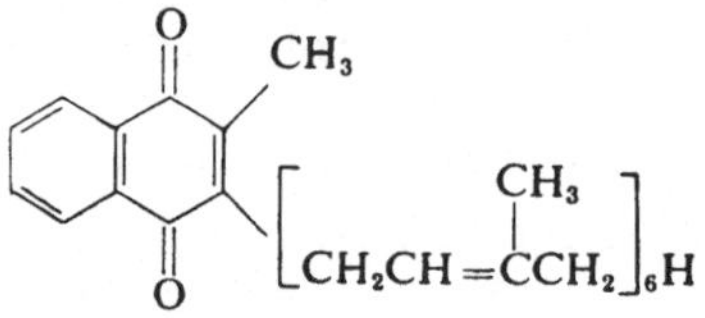

Vitamin K₂

Durch Änderungen in der Struktur von Vitamin K_1 wird dessen Aktivität im allgemeinen herabgesetzt; trotzdem ist **2-Methyl-naphthochinon-(1.4)** auf Gewichtsbasis wirksamer, auf Molbasis fast so wirksam wie Vitamin K_1. Dieses Chinon kann leicht durch direkte Oxydation von β-Methylnaphthalin synthetisiert werden und wird unter dem Namen *Menadion* in der Therapie verwendet.

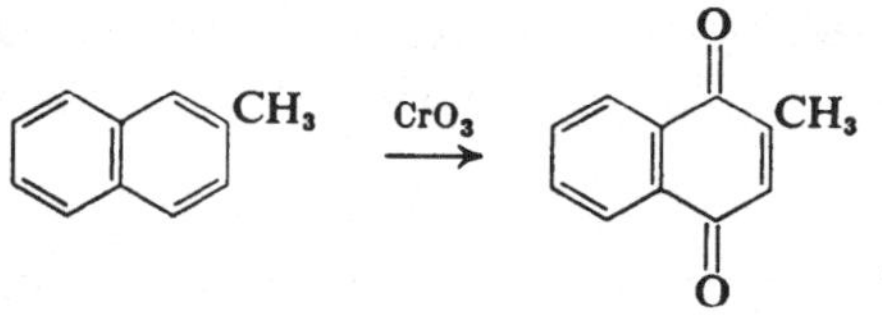

Vielleicht trifft die Annahme zu, daß das Methylchinon eine Vorstufe für die biologische Synthese einer aktiven Verbindung im Tierkörper ist.

Interessant ist die Synthese von 2.3-Dimethyl-naphthochinon-(1.4), da sie durch direkte Methylierung von 2-Methyl-naphthochinon-(1.4) mit Bleitetraacetat oder Acetylperoxyd zustandekommt, vermutlich über einen Radikalmechanismus.

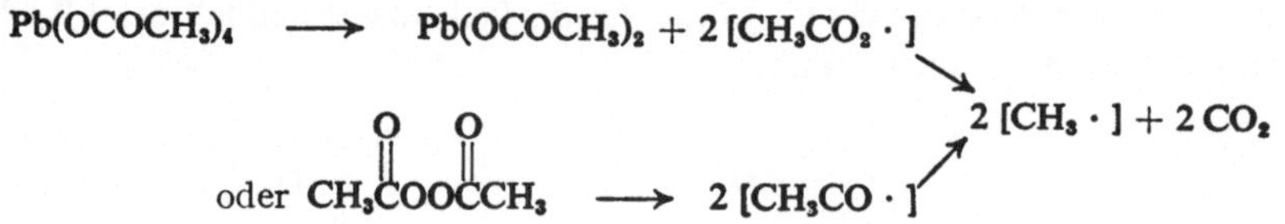

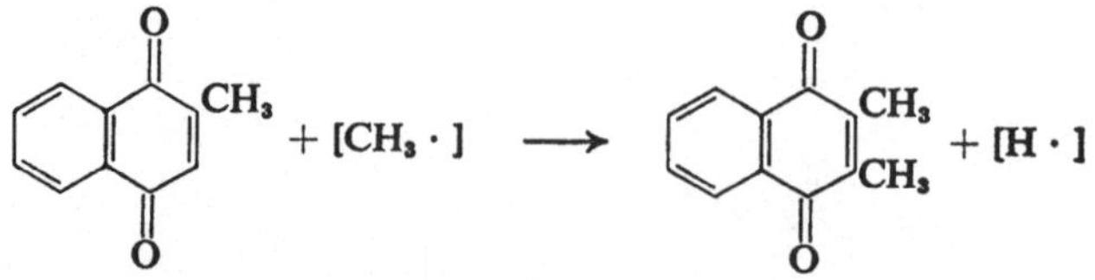

Carbonsäuren. α- und β-Naphthoesäure können durch Hydrolyse der entsprechenden Nitrile dargestellt werden. Diese werden aus der Sulfonsäure durch Schmelzen mit Natriumcyanid oder aus dem Amin durch Diazotierung gewonnen.

α-Naphthoesäure kann auch aus α-Bromnaphthalin über die Grignard-Verbindung erhalten werden. Die Oxydation von Seitenketten, eine wichtige Methode zur Darstellung von Benzolcarbonsäuren (S. 577), ist zur Gewinnung von Naphthalin-carbonsäuren nicht immer geeignet. So gibt β-Äthylnaphthalin bei der Oxydation β-Naphthoesäure, dagegen liefert β-Methylnaphthalin 2-Methyl-naphthochinon-(1.4). Oxydation von α-Methylnaphthalin mit Chromtrioxyd führt zu 5-Methyl-naphthochinon-1.4.

3-Hydroxy-naphthoesäure-(2) *(β-Oxynaphthoesäure)* wird in großem Maßstab nach der Kolbeschen Synthese aus β-Naphthol hergestellt.

Die Verbindung wird zur Herstellung des als **Naphthol AS** bekannten Anilids benutzt, das ein wichtiges Zwischenprodukt für die Gewinnung von Azofarbstoffen ist (S. 714). 1955 wurden in den USA fast 500000 kg produziert.

Auch andere Arylamide finden Verwendung, aber in kleineren Mengen.

Die wichtigste zweibasische Säure ist die **Naphthalsäure,** die durch Oxydation von Acenaphthen, einem Bestandteil des Steinkohlenteers gewonnen wird.

Die räumlichen Beziehungen zwischen den beiden Carboxylgruppen sind derart, daß die Naphthalsäure in ihren Eigenschaften weitgehende Ähnlichkeit mit der Phthalsäure aufweist. Beim Erhitzen gibt sie ein Anhydrid, das in das Imid umgewandelt werden kann.

Bestimmte in Pflanzen vorkommende chemische Verbindungen beschleunigen das Wachstum von Zellen; sie werden **Auxine** genannt. Viele synthetische Verbindungen haben ähnliche Eigenschaften und werden in Baumschulen zur Erleichterung des Wurzelschlagens von Stecklingen, von Gärtnern zur Verhinderung vorzeitiger Knospenbildung und vorzeitigen Abfallens der Früchte angewendet. Eine der für diesen Zweck häufiger gebrauchten Substanzen ist

40*

α-Naphthylessigsäure, die durch Chlormethylierung von Naphthalin, Umwandlung in das Nitril und folgende Hydrolyse erhalten werden kann.

$$\text{HCHO, HCl} \longrightarrow \quad CH_2Cl \quad \xrightarrow{\text{NaCN}} \quad CH_2CN \quad \xrightarrow{\text{H}_2\text{O, HCl}} \quad CH_2COOH$$

α-Naphthyl-
essigsäure

Leichter wird α-Naphthylessigsäure nach einem weniger konventionellen Verfahren gewonnen, nämlich durch Umsetzung von Naphthalin mit Acetanhydrid in Gegenwart von Kaliumpermanganat. Anscheinend treten intermediär freie Carboxymethyl-radikale auf.

$$(CH_3CO)_2O + KMnO_4 \longrightarrow 2\,[\cdot\,CH_2COOH] + KMnO_3$$

$$+ [\cdot\,CH_2COOH] \longrightarrow \quad CH_2COOH \quad + 2\,[H\,\cdot]$$

$$2\,[H\cdot] + KMnO_4 \longrightarrow H_2O + KMnO_3$$

Technische Verwendung von Naphthalin. Von den 215 Millionen kg Naphthalin, die 1955 in den USA produziert wurden, dienten 70% zur Herstellung von Phthalsäureanhydrid, 8% zur Herstellung von β-Naphthol, je 5% für andere Farbstoff-Zwischenprodukte sowie zur Verwendung als Insekticid, je 3% zur Herstellung von Netzmitteln und von chlorierten und hydrierten Naphthalinen. Aus dem einheimischen Steinkohlenteer wurde das darin enthaltene Naphthalin zu etwa 70% gewonnen.

Anthracen und seine Derivate

Die Steinkohlenteerfraktion, die zwischen 300 und 350° siedet, heißt **Anthracen-öl** oder auch *Grünöl* wegen ihrer dunkelgrünen Fluorescenz. Sie wird in Behälter geleitet, ein bis zwei Wochen der Kristallisation überlassen und filtriert. Die annähernd trockenen Kuchen werden in der Hitze unter Drucken von 20000 bis 30000 kg ausgepreßt, wobei ein Gemisch von Anthracen, Phenanthren und Carbazol erhalten wird. Der Preßkuchen wird gemahlen und mit Steinkohlenteer-Naphtha zur Entfernung der Hauptmenge Phenanthren und mit Pyridin zur Entfernung des Carbazols gewaschen. Anthracen war die zweite Verbindung, die aus Steinkohlenteer isoliert wurde (S. 451), obwohl es darin zu weniger als 1% enthalten ist. Zuerst wurde es für ein Isomeres des Naphthalins gehalten und Paranaphthalin genannt; erst später wurde der Name in Anthracen (griech. *anthrax* Kohle) geändert. Längere Zeit war Anthracen das einzige Ausgangsmaterial für Anthrachinonfarbstoffe. Heute werden Zwischenprodukte für deren Synthese aus Benzol synthetisiert.

Anthracen hat die Summenformel $C_{14}H_{10}$. Es hat sowohl die Eigenschaften eines ungesättigten wie die eines aromatischen Kohlenwasserstoffs. So addiert es leicht ein Mol Wasserstoff, Chlor oder Brom, oder zwei Atome Natrium. Es wird auch direkt sulfoniert und kann zu Anthrachinon $C_{14}H_8O_2$ oxydiert werden. Die Struktur geht aus der übersichtlichen Synthese einiger seiner Derivate hervor. So bildet sich durch Umsetzung von o-Brombenzylbromid mit metallischem

Natrium ein Dihydroanthracen, das identisch mit dem durch Reduktion von Anthracen erhaltenen ist. Durch milde Oxydation wird es in Anthracen übergeführt.

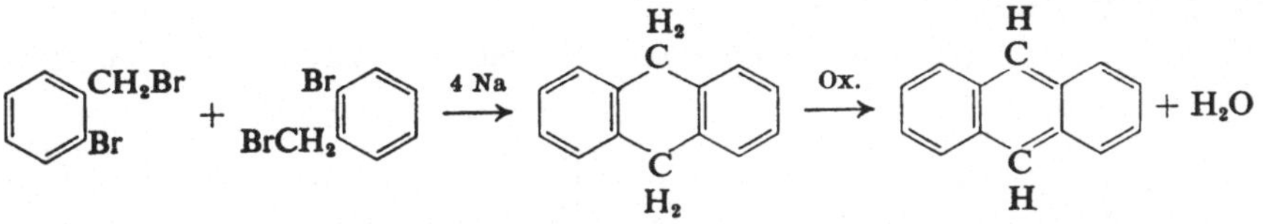

9.10-Dihydro-
anthracen

Anthracen

9.10-Anthrachinon wird in guter Ausbeute durch Kondensation von Benzol mit Phthalsäureanhydrid und Cyclisierung durch Schwefelsäure erhalten.

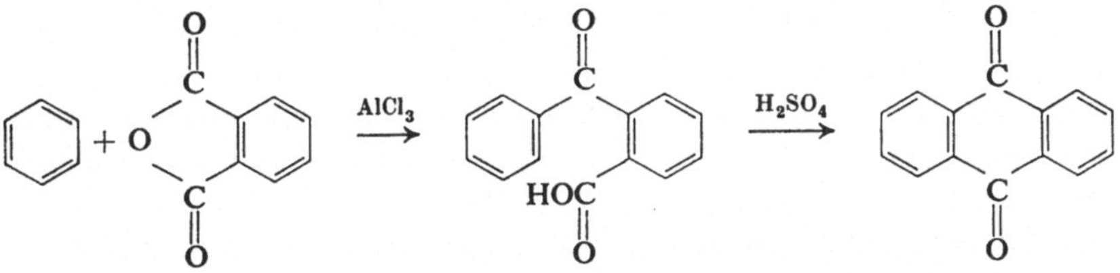

o-Benzoylbenzoe-
säure

9.10-Anthrachinon

Diese Synthesen beweisen, daß Anthracen drei kondensierte Ringe enthält, und daß Addition und Oxydation an den beiden zentralen Kohlenstoffatomen einsetzt, die als Stellungen 9 und 10 beziffert werden.

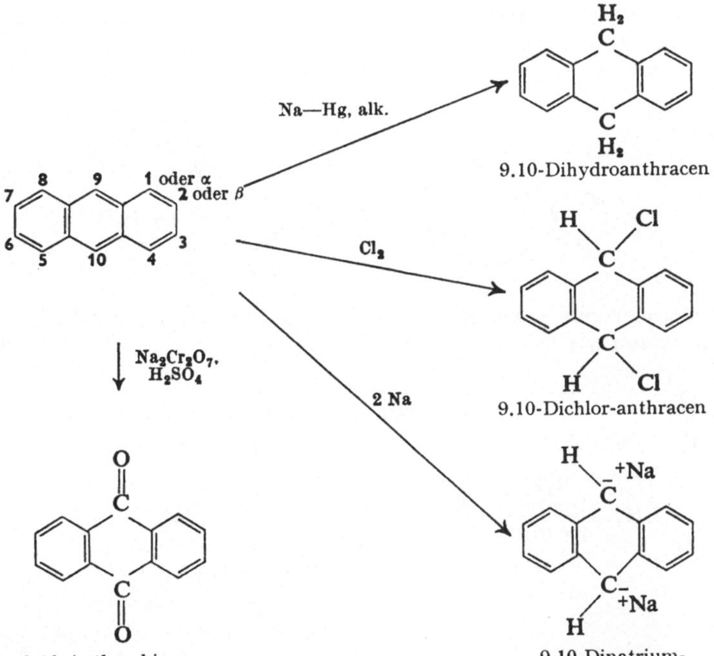

9.10-Dihydroanthracen

9.10-Dichlor-anthracen

9.10-Anthrachinon

9.10-Dinatrium-
anthracen
(tiefblau)

Anthracen selbst hat wenig Verwendung gefunden. Es ist in reinem Zustand farblos und gibt bei Bestrahlung mit ultraviolettem Licht eine starke blaßblaue Fluorescenz. Gewöhnliches Anthracen hat eine blaßgelbe Farbe und gibt eine starke grünlichgelbe Fluorescenz.

Anthracen wird wie andere aromatische Kohlenwasserstoffe als Resonanzhybrid aufgefaßt.

Die Resonanzenergie des Anthracens beträgt 84 kcal pro Mol. Da die Resonanzenergie von zwei Benzolringen 72 kcal entspricht, ist der Anteil für den zusätzlichen Ring nur 12 kcal, was im Einklang mit der hohen Reaktionsfähigkeit des Anthracens steht. Eine Reaktion in 9.10-Stellung, wobei zwei Benzolringe verbleiben, erfolgt leichter als an einem äußeren Ring, da im zweiten Fall ein Naphthalinring mit einer Resonanzenergie von nur 61 kcal zurückbliebe.

Von den verschiedenen Anthrachinonen ist das 9.10-Isomere das einzig wichtige, und es wird deshalb gewöhnlich einfach als **Anthrachinon** bezeichnet. Seine Derivate haben große Bedeutung in der Farbenindustrie (S. 726). Früher wurde Anthrachinon durch Oxydation von Anthracen dargestellt. Heute stellt man es durch Cyclisierung von o-Benzoylbenzoesäure her. Da Halogen- oder Nitrogruppen durch direkte Substitution in Phthalsäureanhydrid eingeführt werden können, und da dieses wie auch seine Derivate mit beliebigen aromatischen Verbindungen kondensiert werden können, sofern sie nur zur Friedel-Crafts-Reaktion befähigt sind, steht ein allgemeines Verfahren zur Verfügung, nach welchem eine große Zahl von Anthrachinonderivaten erhältlich ist.

Der Ringschluß von Carbonsäuren unter Bildung von Ketonen ist eine allgemeine Reaktion. Zum Beispiel unterliegt γ-Phenylbuttersäure leicht der Cyclisierung unter Bildung von α-Tetralon. Die Reaktion kann als Substitutionsreaktion vom Friedel-Crafts-Typus gedeutet werden. Die Übertragung eines Protons von der Schwefelsäure

auf die Carbonylgruppe vermindert die Elektronendichte am Carbonylkohlenstoffatom, welches dann wie jedes elektrophile Reagens die ortho-Stellung angreift.

Wegen der Gegenwart der desaktivierenden Carbonylgruppen wird Anthrachinon nicht leicht durch elektrophile Reagentien substituiert. Dementsprechend ist die Halogenierung schwierig, und Reaktionen vom Friedel-Crafts-Typus finden nicht statt. Andererseits erleichtern die Carbonylgruppen eine Verdrängung von Wasserstoff und anderen Gruppen durch Elektronendonatoren.

Die von Quecksilber(II)-sulfat bei 120° katalysierte Sulfonierung gibt hauptsächlich **α-Anthrachinonsulfonsäure**, während die nichtkatalysierte Sulfonierung bei 140° hauptsächlich **β-Anthrachinonsulfonsäure** liefert. Das Natriumsalz des β-Isomeren, das durch „Auskalken" (S. 494) erhalten wird, ist wegen seines silbergrauen Aussehens als **Silbersalz** bekannt.

Nitrierung von Anthrachinon führt ausschließlich zu **α-Nitroanthrachinon.**

α- oder β-Anthrachinonsulfonate geben beim Erhitzen mit Kalkmilch auf 180° die entsprechenden **α- oder β-Hydroxyanthrachinone.** Unter den drastischeren Bedingungen der Natronschmelze, die zur Darstellung von Phenolen verwendet wird, zerfallen die α-Sulfonate in Benzolderivate. Wird Silbersalz mit Natriumhydroxyd geschmolzen, so wird der α-Wasserstoff wie auch die Sulfonatgruppe gegen Hydroxyl ausgetauscht (vgl. S. 480). Um eine gleichzeitige Reduktion des Anthrachinons zu vermeiden, setzt man ein Oxydationsmittel zu.

Das Reaktionsprodukt ist **Alizarin,** das früher ein bedeutender Beizenfarbstoff (S. 726) war.

Das 1.4-Isomere, **Chinizarin,** ist ein wichtiges Farbstoff-Zwischenprodukt. Es wird durch Umsetzung von Phthalsäureanhydrid mit p-Chlorphenol gewonnen.

Kondensation, Ringschluß und Hydrolyse finden in einem einzigen Arbeitsgang statt.

Chinizarin

Etwa fünfzig Anthrachinonderivate wurden als Pigmente in Pflanzen, Pilzen, Flechten und Insekten identifiziert. Viele von ihnen sind Hydroxymethyl-anthrachinone. **Emodin** hat stark abführende Eigenschaften; es ist ein aktives Prinzip von Cascara, Sennesblättern, Aloe und Rhabarber. **Physcion** ist weit verbreitet in Schimmeln und Flechten.

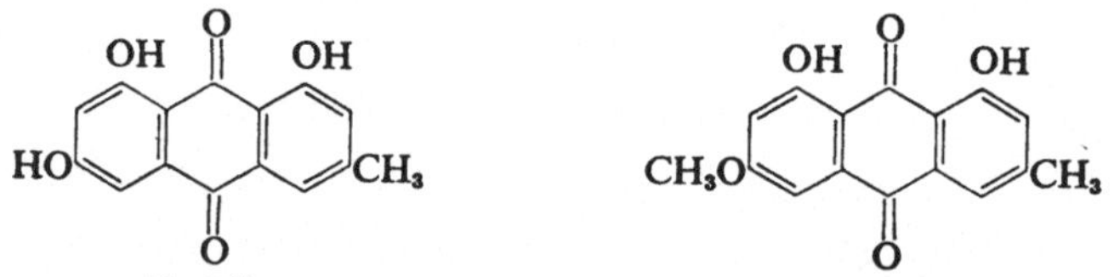

Emodin   Physcion

Wenn α- oder β-Anthrachinonsulfonat mit Chlor (Natriumchlorat und Chlorwasserstoff) behandelt wird, wird die Sulfonsäuregruppe verdrängt, und es entsteht **α-** bzw. **β-Chloranthrachinon.**

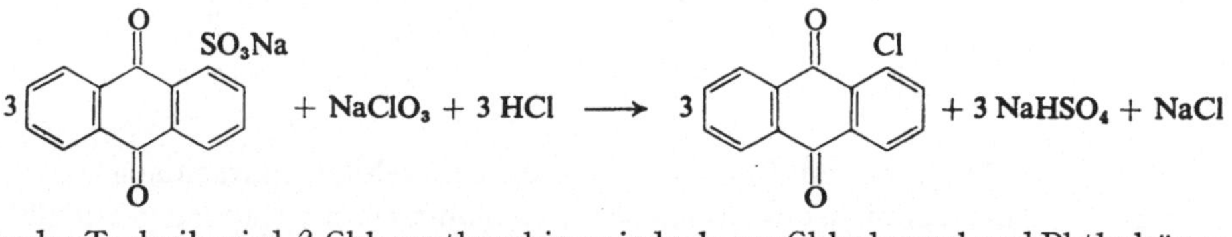

$$3 \text{ (Anthrachinon-}SO_3Na) + NaClO_3 + 3\,HCl \longrightarrow 3 \text{ (Chloranthrachinon)} + 3\,NaHSO_4 + NaCl$$

In der Technik wird β-Chloranthrachinon jedoch aus Chlorbenzol und Phthalsäureanhydrid gewonnen.

α-Aminoanthrachinon kann durch Reduktion von α-Nitroanthrachinon oder durch Einwirkung von Ammoniak auf das Salz des α-Sulfonats in Gegenwart von Bariumchlorid dargestellt werden.

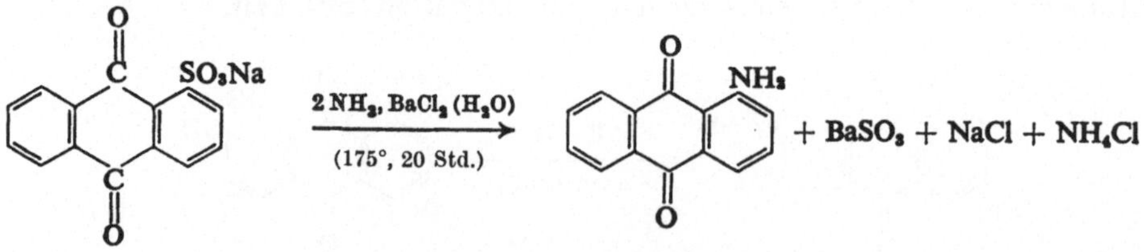

$$\text{(Anthrachinon-}SO_3Na) \xrightarrow[\text{(175°, 20 Std.)}]{2\,NH_3,\,BaCl_2\,(H_2O)} \text{(}\alpha\text{-Aminoanthrachinon)} + BaSO_3 + NaCl + NH_4Cl$$

α-Aminoanthrachinon

β-Aminoanthrachinon wird aus Silbersalz nach einem ähnlichen Verfahren unter Verwendung von Calciumchlorid an Stelle von Bariumchlorid bei 195° hergestellt. Ein zweites technisches Verfahren für dieses wichtige Farbstoff-Zwischenprodukt ist die Ammonolyse von β-Chloranthrachinon.

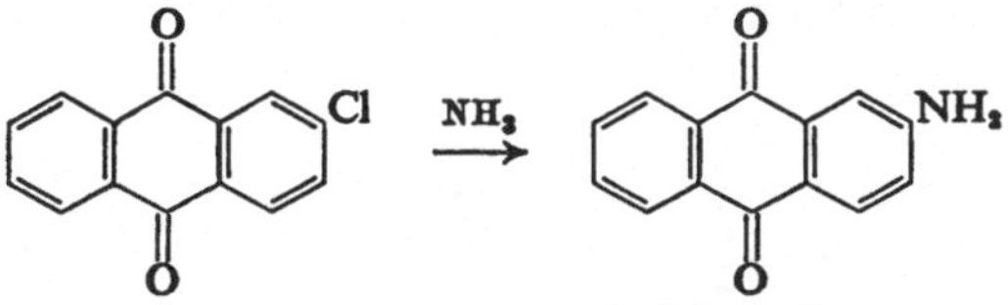

β-Aminoanthra-
chinon

Die Aminoanthrachinone kuppeln nicht mit Diazoniumsalzen, vermutlich infolge der desaktivierenden Wirkung der Carbonylgruppen. Die Dihydroderivate, in denen anstatt der Carbonylgruppen Hydroxylgruppen vorhanden sind, kuppeln leicht. **1.4-Diamino-anthrachinone** können durch Erhitzen von Chinizarin mit wäßrigem Ammoniak oder mit aliphatischen oder aromatischen Aminen dargestellt werden.

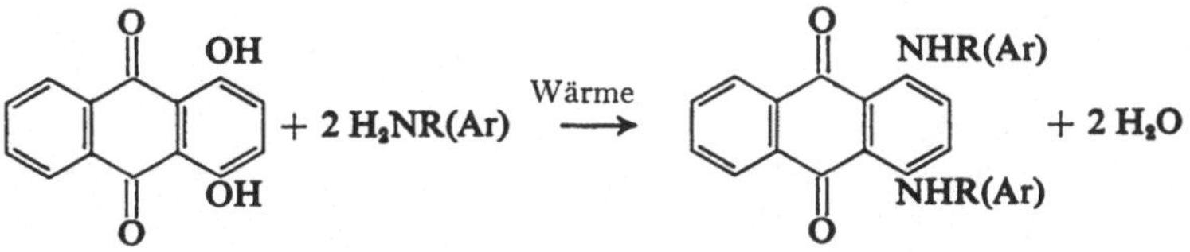

Sie sind tiefer gefärbt (blau und violett) als die Dihydroxyanthrachinone (gelb und rot), und werden, da sie in organischen Medien löslich sind, zum Färben von Acetylcellulose, Lacken, Ölen und Wachsen verwendet. Sie sublimieren ohne Zersetzung und werden zur Erzeugung gefärbter Rauche verwendet.

Die wichtigste Reaktion der Anthrachinone ist ihre leicht verlaufende Reduktion zu Dihydroderivaten. Dies sind Phenole, die in Alkalien löslich sind. Die reduzierte Form wird an der Luft zum wasserunlöslichen Anthrachinon zurückoxydiert.

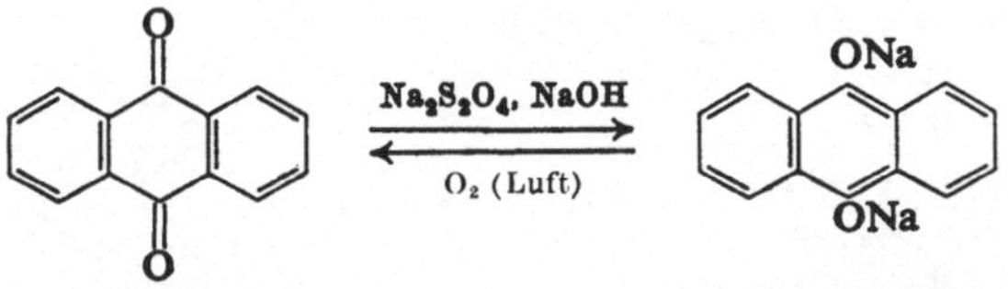

in Wasser unlösliches
Anthrachinon

wasserlösliches Natrium-
salz des Dihydro-
anthrachinons

Diese Reaktionen sind die Grundlage für die Anwendung von Anthrachinon-Küpenfarbstoffen zum Färben von Baumwolle (S. 727).

Reduktion von Anthrachinon mit Zinn und Salzsäure in Eisessig gibt **Anthron**.

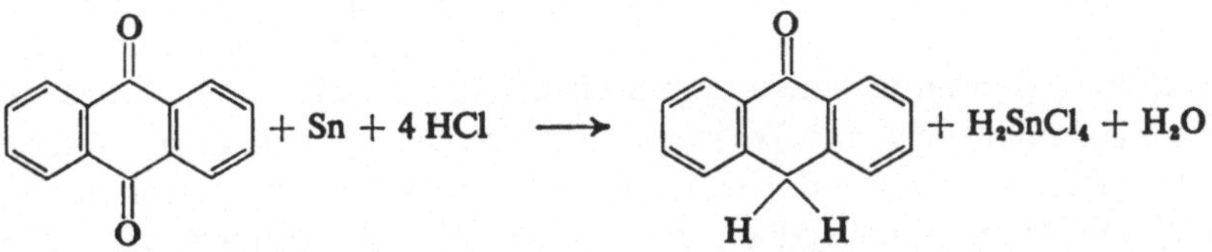

Anthron

Anthron ist unlöslich in Wasser, löst sich aber in heißen verdünnten Alkalien unter Bildung eines Salzes, aus dem **Anthranol,** die Enolform des Anthrons, mit Säure ausgefällt werden kann. Durch Erhitzen von Anthranol mit Säuren wird Anthron regeneriert.

Anthron dient zum qualitativen Nachweis und zur quantitativen Bestimmung von Kohlenhydraten. Alle bekannten Saccharide, Polysaccharide und Glykoside geben mit einer Lösung von Anthron in Schwefelsäure eine blaugrüne Färbung. Furfurol ist das einzige Nichtkohlenhydrat, bei dem ein positiver Ausfall dieser Farbreaktion festgestellt wurde. Kondensation von Anthron mit Acrolein (S. 807) und Oxydation mit Schwefelsäure liefert **Benzanthron,** ein wichtiges Farbstoff-Zwischenprodukt.

Direkt kann Benzanthron durch Erhitzen von Anthrachinon mit Eisenpulver, Glycerin und Schwefelsäure erhalten werden. Das Eisen reduziert das Anthrachinon, und das Glycerin spaltet unter Bildung von Acrolein Wasser ab (S. 807).

2-Äthyl-anthrachinon, dargestellt aus Phthalsäureanhydrid und Äthylbenzol, ist von gewissem Interesse, weil es die Möglichkeit bietet, durch ein nichtelektrolytisches Verfahren Wasserstoffperoxyd herzustellen.

Die Reaktionen werden in einem organischen Lösungsmittel ausgeführt, und das Wasserstoffperoxyd wird mit Wasser extrahiert. Es können auch andere alkylierte Anthrachinone verwendet werden, und der Nickelkatalysator kann durch Palladium auf Aluminiumoxyd ersetzt werden. Bei der Herstellung von 90 bis 100%igem Wasserstoffperoxyd hat das Verfahren den Nachteil, daß es schwierig ist, organische Verunreinigungen zu entfernen, die die explosive Zersetzung hochkonzentrierter Peroxydlösungen katalysieren.

Weitere kondensierte Ringsysteme

Phenanthren ist ein Isomeres des Anthracens. Seine Struktur geht aus der Oxydation zu 9.10-Phenanthrenchinon und Diphensäure (Diphenyl-dicarbonsäure-(2.2′)) hervor.

Wie Anthracen gibt es ein 9.10-Dibromid und ein 9.10-Dihydroderivat.

Die Resonanzenergie von Phenanthren beträgt 92 kcal pro Mol, also 22 kcal mehr als zwei Benzolringen entspricht. In Übereinstimmung mit diesem Wert liegt die Reaktionsfähigkeit zwischen der von Naphthalin und Anthracen (S. 616, 630).

Phenanthren ist, obwohl im Steinkohlenteer leicht zugänglich, von geringer praktischer Bedeutung, hauptsächlich weil bei Substitutionsreaktionen zahlreiche, schwierig zu trennende Isomere entstehen. Das Kohlenstoffgerüst des Phenanthrens liegt jedoch als nichtaromatisches Ringsystem vielen Naturstoffen zugrunde. Wenn diese Stoffe mit Schwefel oder Selen erhitzt werden, findet Dehydrierung statt und es entstehen Phenanthrenderivate. Da der aromatische Kohlenwasserstoff gewöhnlich leicht gereinigt werden kann, und seine Konstitution leichter zu bestimmen ist als die der ursprünglichen Verbindung, haben diese Dehydrierungsprodukte eine wichtige Rolle bei der Konstitutionsaufklärung komplizierter Naturstoffe gespielt. Zum Beispiel wurde das Ringsystem der Abietinsäure, des Hauptbestandteils von Kiefernharz (S. 908), durch Isolierung von **Reten,** 1-Methyl-7-isopropyl-phenanthren, aus den Dehydrierungsprodukten identifiziert.

Zum Zwecke des Strukturbeweises der verschiedenen Dehydrierungsprodukte wurden zahlreiche Synthesen von Phenanthrenderivaten ersonnen. Folgende

Reaktionsreihe erläutert ein Verfahren zur Synthese von Reten, das auch für
die Synthese anderer alkylierter Phenanthrene modifiziert werden kann.

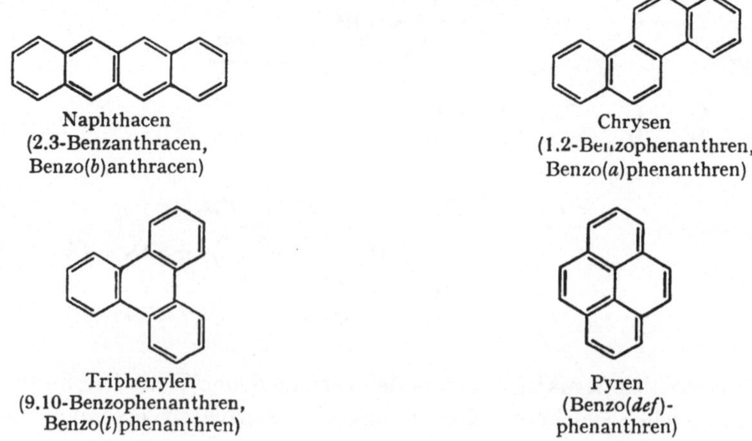

Nachstehende Formeln zeigen die Strukturen von weiteren interessanten aromatischen Kohlenwasserstoffen mit kondensierten Ringen. Die komplizierteren
mehrkernigen aromatischen Kohlenwasserstoffe können als Benzologe oder Naph-
thologe von Kohlenwasserstoffen mit Trivialnamen benannt werden. Um Verwechslungen der peripheren Bezifferungen der Verbindung und der Stammverbindung
vorzubeugen, kann man die Kanten der letztgenannten mit den Buchstaben a, b, c
usw. bezeichnen, wobei die 1.2-Kante den Buchstaben a erhält.

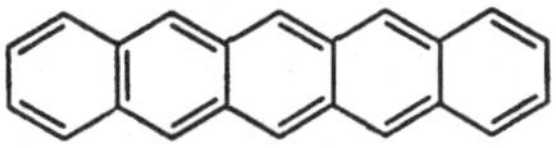

Pentacen
(Benzo(*b*)naphthacen)

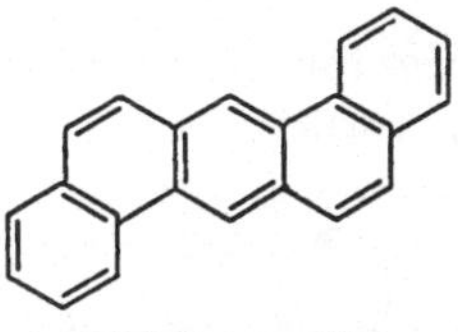

1.2 : 5.6-Dibenzanthracen
(Dibenz(*ah*)anthracen)

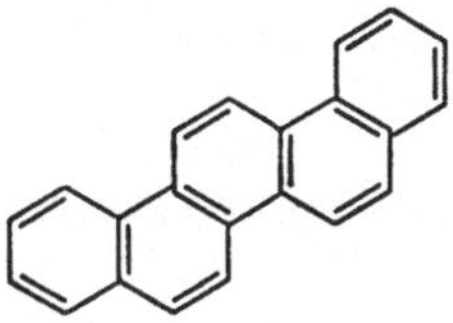

Picen
(Dibenz(*ai*)phenanthren)

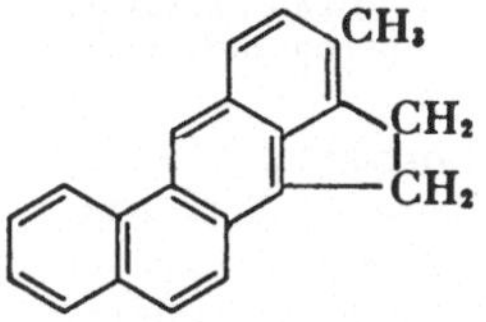

Methylcholanthren

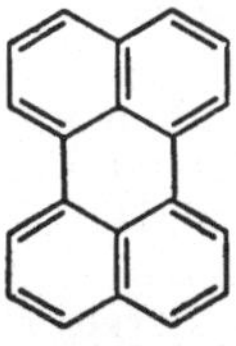

Perylen
(Dibenz(*de, kl*)-
anthracen)

Coronen
(Dibenz(*ghi, pqr*)-
perylen)

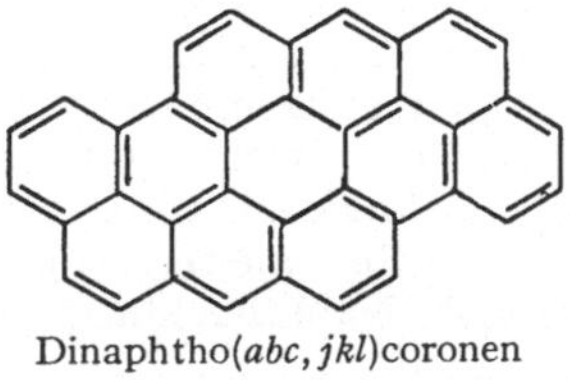

Dinaphtho(*abc, jkl*)coronen

Anthracen hat eine Absorptionsbande im langwelligen Ultraviolett und ist farblos, dagegen ist Naphthacen orangegelb und Pentacen purpurrot (S. 703).

Zwei wichtige Antibiotica sind komplizierte Derivate eines partiell hydrierten Naphthacenkerns. **Terramycin** wird aus *Streptomyces rimosus* erhalten, **Aureomycin** aus *Streptomyces aureofaciens.*

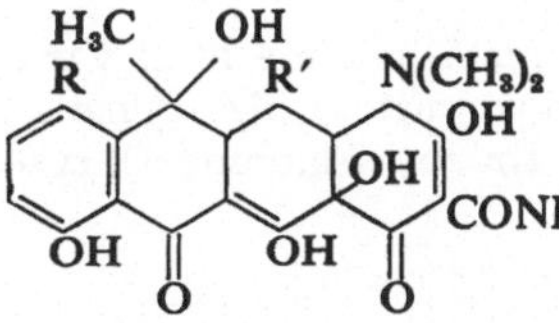

Tetracyclin   **R = H, R′ = H**

Terramycin   **R = H, R′ = OH**

Aureomycin   **R = Cl, R′ = H**

Sie werden Breitspektrum-Antibiotica genannt, weil sie gegen eine Vielzahl von Organismen wirksam sind. **Tetracyclin,** das durch Austausch einer Hydroxylgruppe oder eines Chloratoms gegen Wasserstoff erhalten wird, ist ebenfalls ein wirksames Antibioticum. Aureomycin wird zur Verzögerung des Verderbens von Fleisch verwendet.

1.5-Dibenzanthracen und **Methylcholanthren** sind carcinogene Kohlenwasserstoffe, d. h. sie verursachen bei längerer Einwirkung auf die Haut Krebs. Auch zahlreiche andere mehrkernige aromatische Kohlenwasserstoffe sind carcinogen. Derivate des Picens werden durch Dehydrierung vieler Naturstoffe aus der Triterpen-Gruppe (S. 910) erhalten. Dinaphthocoronen $C_{36}H_{16}$ enthält 96,4% Kohlenstoff und sublimiert bei 500°, ohne sich zu zersetzen.

In einigen mehrkernigen Kohlenwasserstoffen, z. B. im Benzo(c)phenanthren, verhindern Substituenten in 1.12-Stellung die Coplanarität der Ringe und führen zu molekularer Asymmetrie. Zum Beispiel wurde 1.12-Dimethyl-benzo(c)phenanthren-essigsäure-(5) in zwei aktive Isomere gespalten, obgleich kein asymmetrisches Atom vorliegt.

1.12-Dimethylbenzo(c)-
phenanthren-essigsäure-(5)   1.12-Dimethylbenzo(c)-
phenanthren

Erwartungsgemäß bewirkt die Nichtplanarität der aromatischen Ringe in 1.12-Dimethyl-benzo(c)phenanthren eine gesteigerte Reaktionsfähigkeit gegenüber Methylradikalen im Vergleich zu der anderer Methylbenzophenanthrene, vermutlich infolge Verminderung der Resonanzenergie.

Wiederholungsfragen

1. Woraus wird Naphthalin gewonnen, und in welcher Menge, verglichen mit begleitenden Verbindungen?

2. Man liefere einen Strukturbeweis für Naphthalin, ausgehend von Ergebnissen der Analyse, Reaktionen, Synthese und Zahl der Monosubstitutionsprodukte.

3. Welche Monosubstitutionsprodukte werden bei der direkten Halogenierung, Nitrierung und Sulfonierung von Naphthalin erhalten?

4. Wieviele Naphthochinone sind bekannt und wie werden sie dargestellt? Was sind Vitamine K_1 und K_2?

5. Man gebe eine Reaktion für die Überführung von Acenaphthen in Naphthalsäure an.

6. Man gebe Gleichungen für die Reaktion von Anthracen mit Halogen; Chromsäure; metallischem Natrium; Natriumamalgam und Alkohol.

7. Welche Reaktionsprodukte bilden sich aus Anthrachinon durch Reduktion, durch Nitrierung, durch Sulfonierung?

8. Wie wird β-Aminoanthrachinon dargestellt; wie Alizarin?

9. Was ist Emodin?

10. Welche Struktur hat Phenanthren? Man gebe Reaktionen für seine Umwandlung in Phenanthrenchinon und Diphensäure.

11. Was geschieht, wenn Phenanthrenchinon mit Alkalien erhitzt wird? (Hinweis: Man vergleiche die Struktur des Phenanthrenchinons mit der des Benzils.)

12. Man schreibe die Strukturformeln von Inden; Fluoren; Chrysen; 1.2:5.6-Dibenzanthracen; Benzo(c)phenanthren.

Aufgaben

13. Man gebe Strukturformeln für die theoretisch möglichen Isomeren, einschließlich der Stereoisomeren, für jede der folgenden Gruppen von Verbindungen: (a) Dinitronaphthaline; (b) Trichlornaphthaline; (c) Dinaphthyläthylene; (d) Brom-β-nitronaphthaline.

14. Welches Hauptprodukt (bzw. welche Hauptprodukte) erhält man bei Einführung einer weiteren Gruppe durch folgende Reaktionen: (a) Nitrierung von 1-Bromnaphthalin; (b) Bromierung von β-Naphthalinsulfonsäure; (c) Nitrierung von β-Naphthol; (d) Chlorierung von α-Methylnaphthalin; (e) Bromierung von β-Chlornaphthalin; (f) Chlorierung von β-Naphthylamin; (g) Sulfonierung von 8-Hydroxynaphthylamin-(1).

15. Man gebe Reaktionen für die Synthese folgender Verbindungen, ausgehend von Naphthalin: (a) α-Naphthylamin; (b) β-Naphthylamin; (c) α-Naphthol; (d) β-Naphthol; (e) α-Naphthoesäure; (f) β-Naphthoesäure; (g) α-Naphthaldehyd; (h) β-Naphthaldehyd; (i) α-Naphthochinon; (j) β-Naphthochinon; (k) α-Naphthylessigsäure; (l) β-Naphthylessigsäure; (m) β-Isopropylnaphthalin.

16. Welches Hauptprodukt ist bei Oxydation jeder der folgenden Verbindungen zu erwarten: (a) α-Naphthoesäure; (b) β-Naphthol; (c) β-Chloranthracen; (d) 1.4-Dihydroxy-anthrachinon; (e) β-Naphthalinsulfonsäure; (f) Phenanthren; (g) 2.6-Diamino-naphthalin?

17. Man gebe eine praktische Synthese für die folgenden Verbindungen, ausgehend von einem aromatischen Kohlenwasserstoff: (a) 3-Chlor-phthalsäureanhydrid; (b) 4-Nitro-phthalsäureanhydrid; (c) β-Chloranthrachinon; (d) 1.4-Dianilino-anthrachinon; (e) 2-Methyl-1-nitro-anthrachinon; (f) 2-Methyl-5-nitro-anthrachinon.

18. Welche Zwischenstufen treten wahrscheinlich bei folgenden Synthesen auf: (a) Alizarin aus Silbersalz; (b) Chinizarin aus Phthalsäureanhydrid und p-Chlorphenol?

Kapitel 29

Heterocyclische Verbindungen. Alkaloide

Verbindungen, in denen drei oder mehr Atome zu einem geschlossenen Ring verbunden sind, werden cyclische Verbindungen genannt. Wenn alle Ringatome Kohlenstoffatome sind, wird die Verbindung *carbocyclisch* genannt, besteht der Ring aber aus verschiedenen Atomarten, ist die Verbindung *heterocyclisch*. Theoretisch kann jedes Atom, das wenigstens zwei kovalente Bindungen betätigen kann, Glied eines Ringes sein. Die am häufigsten vorkommenden heterocyclischen Verbindungen enthalten Stickstoff, Sauerstoff und Schwefel als Heteroatome.

Ringverbindungen, die ein Heteroatom enthalten

Drei- und viergliedrige Ringe

Von den Gliedern dieser Gruppe sind die Äthylenoxyde die wichtigsten. Die Methoden zu ihrer Darstellung und ihre Reaktionen werden auf Seite 787 behandelt.

Fünfgliedrige Ringe

Thiophene. 1879 berichtete BAEYER, daß Benzol beim Vermischen mit Isatin (S. 722) und konzentrierter Schwefelsäure eine blaue Färbung gibt. Die Reaktion erhielt den Namen *Indopheninreaktion* (S. 725) und wurde als für Benzol charakteristisch angesehen, bis VICTOR MEYER 1882 versuchte, die Reaktion an einer Benzolprobe zu demonstrieren, die durch Decarboxylierung von Benzoesäure dargestellt worden war. Der Vorlesungsversuch schlug fehl, und die nähere Untersuchung der Ursachen führte 1883 zu der Entdeckung, daß die Indopheninreaktion nicht dem Benzol zuzuschreiben ist, sondern einer Schwefelverbindung, deren physikalische und chemische Eigenschaften so ähnlich denen des Benzols sind, daß die wenigen Zehntel Prozent, die in dem Steinkohlenteer-Benzol enthalten sind, nicht früher entdeckt worden waren. Diese Verbindung wurde *Thiophen* genannt. Sofort setzte eine stürmische Entwicklung der Thiophenchemie ein, und schon fünf Jahre später veröffentlichte V. MEYER ein Buch von 300 Seiten über dieses Thema.

Thiophen hat die Summenformel C_4H_4S; es bildet zwei Monosubstitutionsprodukte. Es wird ihm eine cyclische Struktur mit zwei Doppelbindungen zugeschrieben, die durch die Methoden der Synthese gestützt wird. Bis 1946 wurde Thiophen durch Erhitzen von Natriumsuccinat (S. 836) mit Phosphorheptasulfid (manchmal Phosphortrisulfid genannt) synthetisiert.

$$2\ \text{Natriumsuccinat} + P_4S_7 \longrightarrow 2\ \text{Thiophen} + 4\,NaPO_3S + S$$

Natriumsuccinat   Thiophen

Homologe des Thiophens können durch Umsetzung von 1.4-Diketonen (S. 818) mit Phosphorpentasulfid dargestellt werden.

Ein 1.4-Diketon

Ein erneutes Interesse an der Chemie des Thiophens und seiner Derivate hat sich durch die technische Darstellung von Thiophen aus Butan und Schwefel entwickelt.

$$CH_3CH_2CH_2CH_3 + 4\,S \xrightarrow{650°} \quad + 3\,H_2S$$

Butan und Schwefeldampf werden getrennt auf 600° vorerhitzt und im Reaktionsrohr bei 650° für eine Verweilzeit von 0,07 Sekunden gemischt, danach werden die austretenden Gase sehr schnell abgekühlt. Das nicht umgesetzte Material geht in den Prozeß zurück. Längere Reaktionszeit führt zu komplizierteren Gemischen von Reaktionsprodukten. Thiophen kann auch durch Umsetzung von Butenen mit Schwefeldioxyd dargestellt werden.

$$\begin{array}{c} CH_3CH_2CH{=}CH_2 \\ \text{und} \\ CH_3CH{=}CHCH_3 \end{array} + SO_2 \xrightarrow[600°]{Cr_2O_3-Al_2O_3} \quad + 2\,H_2O$$

Die einzige echte Thiophenverbindung, deren Vorkommen in Pflanzen bekannt ist, ist **α-Trithienyl,** das aus der Samtblume *(Tagetes erecta)* isoliert wurde.

α-Trithienyl

Thiophen siedet bei 84°; auch die Siedepunkte der Homologen und Derivate liegen nahe denen der entsprechenden Benzolanaloga. Der Austausch eines Benzolrings in physiologisch wirksamen Verbindungen gegen einen Thiophenring hat wenig Einfluß auf deren Wirkung. Zum Beispiel weisen die Thiophenanaloga des Cocains oder Atropins (S. 685) ähnliche lokalanaesthetische oder mydriatische Eigenschaften auf. Wenn Thiophen-carbonsäure-(2) eingenommen wird, erscheint sie als Amid des Glycins im Urin, genau wie Benzoesäure als Hippursäure (S. 580) ausgeschieden wird.

Thiophen gibt die typischen Substitutionsreaktionen der aromatischen Verbindungen, ist aber erheblich reaktionsfähiger als Benzol. Wenn möglich, findet die Substitution fast ausschließlich in 2- oder 5-Stellung statt. Ob eine meta-dirigierende oder eine ortho,para-dirigierende Gruppe in 2-Stellung steht, immer geht eine zweite Gruppe in 5-Stellung. Steht ein Substituent in 3- (4-) Stellung, dann führt weitere Substitution gewöhnlich zu Gemischen von Isomeren.

Eine Ausnahme von der ausschließlichen Substitution in 2-Stellung bildet die Alkylierung mit Isobutylen, die zu etwa gleichen Mengen der 2- und 3-tert.-Butyl-thiophene führt.

Die gegenüber Benzol größere Reaktionsfähigkeit des Thiophens gestattet, alle Reaktionen unter milderen Bedingungen durchzuführen, die mehr den bei Phenolen angewandten entsprechen. So erfordert die Halogenierung keinen Katalysator. Die direkte Nitrierung liefert sofort 2.5-Dinitro-thiophen, wenn nicht spezielle Bedingungen eingehalten werden. Konzentrierte Schwefelsäure reagiert bei Raumtemperatur, vorzugsweise in einem inerten Lösungsmittel. Die Friedel-Crafts-Reaktion wird in Petroläther-Lösung durchgeführt, oder es wird an Stelle von Aluminiumchlorid ein milderer Katalysator wie Zinn(IV)-chlorid verwendet. Auf Grund der leichteren Sulfonierung wird Benzol von Thiophen gereinigt durch Schütteln mit konzentrierter Schwefelsäure.

Thiophen und seine Homologen verhalten sich nicht wie Sulfide. Zum Beispiel führt die Oxydation nicht zum Sulfoxyd oder Sulfon, und Alkylhalogenide geben keine Sulfoniumsalze. Das unreine Sulfon ist indirekt durch eine Folge von Reaktionen erhalten worden, doch unterliegt es leicht intermolekularer Addition und anschließender Abspaltung von Schwefeldioxyd, wobei ein Dihydrobenzothiophen-sulfon entsteht.

Einige Derivate des Thiophens verhalten sich zwar wie die entsprechenden Benzolanaloga, doch sind die meisten von ihnen zu reaktionsfähig, um befriedigende Ausbeuten an einfachen Reaktionsprodukten zu geben. So bilden die Halogenderivate Grignard-Verbindungen, und 2-Acetyl-thiophen kann zu Thiophencarbonsäure-(2) oxydiert werden. Andererseits ist die Reduktion von 2-Nitrothiophen zum Amin schwierig, weil der Ring unter Bildung von Schwefelwasserstoff ebenfalls reduziert wird. 2-Amino-thiophen kann als Chlorostannat durch vorsichtige Reduktion mit Zinn und Salzsäure erhalten werden. Das freie Amin wird bei Berührung mit Sauerstoff dunkel und verfestigt sich. Es kuppelt mit Benzoldiazoniumchlorid unter Bildung des Azoderivats, geht aber selbst keine echte Diazotierung ein.

Die Ähnlichkeit von Thiophen mit Benzol ist der Ähnlichkeit der Molekulargewichte, der Molekülgestalt und vor allem der elektronischen Wechselwirkungen zuzuschreiben. Die p-orbitals der Kohlenstoffatome im Benzolring überlagern sich, unter Bildung von molecular orbitals oberhalb und unterhalb der Ringebene (Abb. 74 S. 442); in gleicher Weise überlagert sich ein p-orbital des Schwefelatoms mit den p-orbitals der Kohlenstoffatome unter Bildung von molecular orbitals oberhalb und unterhalb der Ringebene (Abb. 85). Ein molecular orbital des Thiophens hat eine einzige Knotenebene in der Ringebene und zwei weitere Knotenebenen senkrecht zur Ringebene.

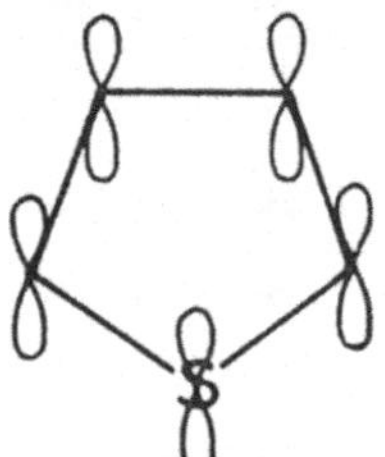 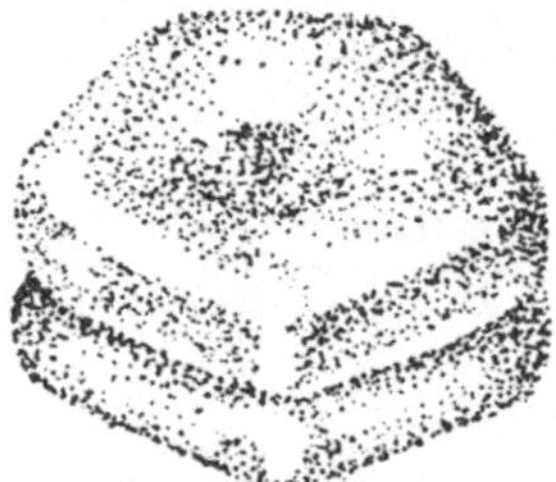 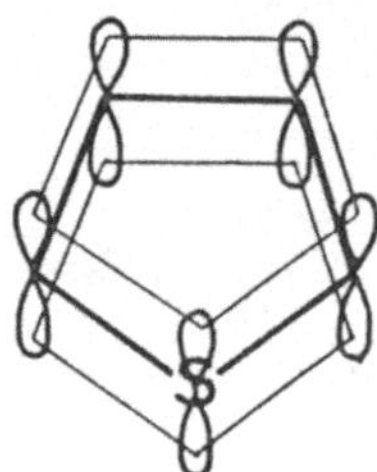

Abb. 85. Resonanz im Thiophenmolekül

Die erhöhte Reaktionsfähigkeit des Thiophens im Vergleich zu Benzol beruht auf der höheren Elektronendichte des Thiophenrings infolge der einsamen Elektronenpaare am Schwefel. Bei Annäherung elektrophiler Reagentien bilden sich Übergangskomplexe leichter in 2-Stellung als in 3-Stellung, da die positive Ladung besser über den Ring verteilt werden kann.

Benzothiophene. 2-Benzothiophen ist als **Thionaphthen** bekannt. Man erhält es in 60%iger Ausbeute durch katalysierte Umsetzung von Styrol mit Schwefelwasserstoff.

Kräftige Oxydation von Thionaphthen gibt o-Sulfobenzoesäure-endoanhydrid (S. 587). **Dibenzothiophen** (Diphenylensulfid) bildet sich in 65 %iger Ausbeute beim Erhitzen von Diphenyl mit Schwefel in Gegenwart von wasserfreiem Aluminiumchlorid.

Oxydation mit Chromsäure führt zum Sulfon, das durch Erhitzen mit Schwefel wieder in Dibenzothiophen übergeführt werden kann.

Pyrrole. Pyrrol C_4H_5N ist das Stickstoffanalogon des Thiophens. Es kommt im Steinkohlenteer vor sowie in Teeren, die durch Destillation tierischer Abfallprodukte wie Knochen *(Knochenöl* oder DIPPELs *Tieröl)*, Horn oder Lederabfällen erhalten werden. Im Knochenöl wurde es 1834 dadurch entdeckt, daß es bei Berührung seiner Dämpfe mit einem in konzentrierte Salzsäure getauchten Fichtenspan eine rote Färbung gab (griech. *pyrros* rot). In reinem Zustand wurde es aus diesen Quellen jedoch erst 1858 isoliert.

Die **Struktur** des Pyrrols ergibt sich am klarsten aus seiner Bildung bei der Destillation von Succinimid (S. 841) mit Zinkstaub.

Im Laboratorium wird es am besten **dargestellt** durch Erhitzen der Ammoniumsalze von Zuckersäuren (S. 380) im Ammoniakstrom. Ammoniumsaccharat gibt die beste Ausbeute, doch ist das Ammoniumsalz der Schleimsäure leichter zugänglich. Bei der hohen Temperatur des Prozesses dissoziiert das Ammoniumsalz zweifellos zur freien Säure, die Wasser und Kohlendioxyd abspaltet und mit Ammoniak reagiert.

In der Technik wird Pyrrol aus Furan und Ammoniak hergestellt (S. 653). Eine der allgemeineren Methoden zur Synthese von substituierten Pyrrolen ist die Umsetzung von 1.4-Diketonen (S. 818) mit Ammoniak oder einem Ammoniumsalz.

$$2\,R\!-\!\underset{O}{\overset{CH_2\!-\!CH_2}{\underset{|}{C}\;\;\;\;\underset{|}{C}}}\!-\!R + (NH_4)_2CO_3 \;\xrightarrow{\;R\ddot{u}ckfluß\;}\; 2\,RC\overset{HC\!-\!-\!-\!CH}{\underset{\underset{H}{N}}{\;\;\;\;}}CR + 5\,H_2O + CO_2$$

Pyrrolderivate können auch aus β-Ketosäureestern (S. 865) dargestellt werden.

Die **physikalischen Eigenschaften** des Pyrrols sind ausgesprochen anomal. Der Siedepunkt 131° ist im Vergleich zu dem des n-Butylamins (78°) außergewöhnlich hoch. Pyrrol ist praktisch unlöslich in Wasser, während n-Butylamin mit Wasser mischbar ist. Das Dipolmoment, 1.83 D, ist hoch, aber niedriger als das Moment des Pyridins C_5H_5N, 2.11 D, obwohl Pyridin niedriger siedet und mit Wasser mischbar ist (S. 654).

In bezug auf die **chemischen Eigenschaften** ist charakteristisch für Pyrrol und seine einfachen Derivate, daß sie von Luft sehr leicht zu dunklen Harzen oxydiert werden und daß sie empfindlich gegen starke Säuren sind, die rote polymere Substanzen erzeugen.

Es ist die Ansicht vertreten worden, die Empfindlichkeit gegen Säuren sei auf die Aufhebung der aromatischen Resonanz (vgl. Thiophen, S. 642) durch Salzbildung zurückzuführen. Das entstehende Produkt ist ein konjugiertes Dien, das sich leicht polymerisiert.

Indessen polymerisieren sich konjugierte Diene wie Butadien-(1.3) (S. 747) nicht leicht in Gegenwart von Säuren. Eine andere Möglichkeit wäre ein Mechanismus analog der säurekatalysierten Polymerisation der Olefine (S. 66).

Pyrrol ist eine schwächere Base und eine stärkere Säure als ein Amin. Seine basischen und sauren Eigenschaften entsprechen etwa denen des Wassers. Es bildet ein Kaliumsalz durch Reaktion mit festem Kaliumhydroxyd, aber die Reaktion wird bei Zugabe eines Überschusses von Wasser zu dem Kaliumsalz umgekehrt.

$$C_4H_4NH + KOH \;\rightleftharpoons\; [C_4H_4N^-]K^+ + H_2O$$

Die geringere Basizität und stärkere Acidität der Pyrrole im Vergleich zu den sekundären Aminen ist verständlich auf Grund der Resonanzverhältnisse. Da die einsamen Elektronen am Stickstoff in Wechselwirkung mit den π-Elektronen des Ringes stehen, sind sie für die Bindung mit einem Proton nicht so leicht verfügbar, und die geringe Elektronendichte am Stickstoff gestattet eine verhältnismäßig leichte Abspaltung des Wasserstoffatoms als Proton.

Methylmagnesiumbromid reagiert mit Pyrrol unter Bildung von Methan und einem N-Magnesiumbromid-Derivat. Diese Derivate verhalten sich, als wenn Magnesium in 2-Stellung gebunden wäre, denn sie ergeben **in 2-Stellung substituierte Pyrrole.**

Dieses Verhalten erinnert an das der Benzylmagnesiumhalogenide (S. 461) und kann durch einen ähnlichen Mechanismus erklärt werden.

Der Pyrrolkern geht zahlreiche Reaktionen ein, die für aromatische Verbindungen charakteristisch sind. Da er jedoch von starken Säuren zerstört wird, sind Halogenierung, Nitrierung, Sulfonierung und Friedel-Crafts-Reaktion unter den üblichen Bedingungen nicht möglich. Andererseits aktiviert die NH-Gruppe den Ring sogar noch stärker als das Schwefelatom im Thiophen, und viele Substitutionsreaktionen finden bereits unter milden Bedingungen statt. Die Halogenierung wird in alkalischem Medium durchgeführt, in welchem selbst Jod **Tetrajodpyrrol** liefert.

$$C_4H_4NH + 4\ J_2 + 4\ NaOH \longrightarrow C_4J_4NH + 4\ NaJ + 4\ H_2O$$

3-Nitro-pyrrol entsteht durch Umsetzung von Amylnitrat mit Natriumäthylat.

Andere Reaktionen am Kern verlaufen wie bei anderen hochaktivierten Kernen, z. B. Phenol (S. 537, 526).

Die Reimer-Tiemannsche Reaktion (S. 561) liefert geringere Mengen **Pyrrolaldehyd-(2),** aber hauptsächlich durch Ringerweiterung 3-Chlor-pyridin.

Der Mechanismus der Bildung von Pyrrolaldehyd-(2) ist analog dem des Salicyl-aldehyds (S. 561).

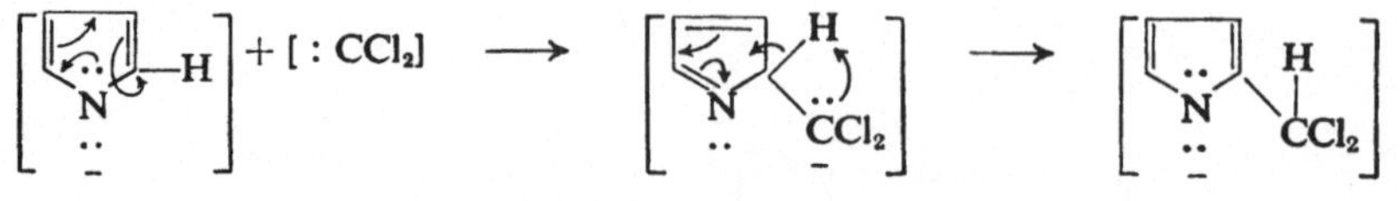

Das intermediär entstehende Additionsprodukt kann jedoch durch Abspaltung eines Chlorions das beständigere Pyridinderivat bilden.

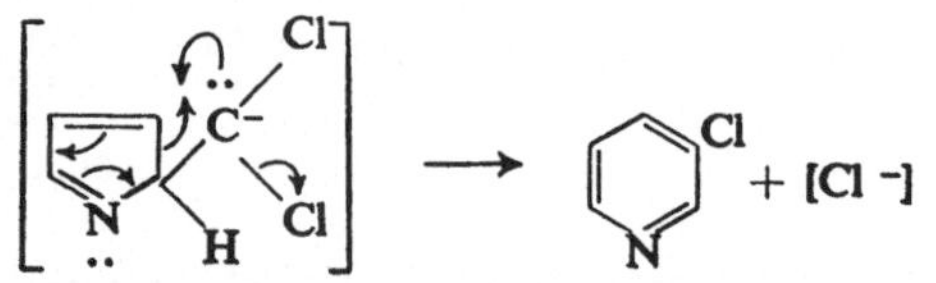

Pyrrolcarbonsäuren spalten beim Erhitzen Kohlendioxyd ab, ein Verhalten, das für Phenolcarbonsäuren charakteristisch ist (S. 547).

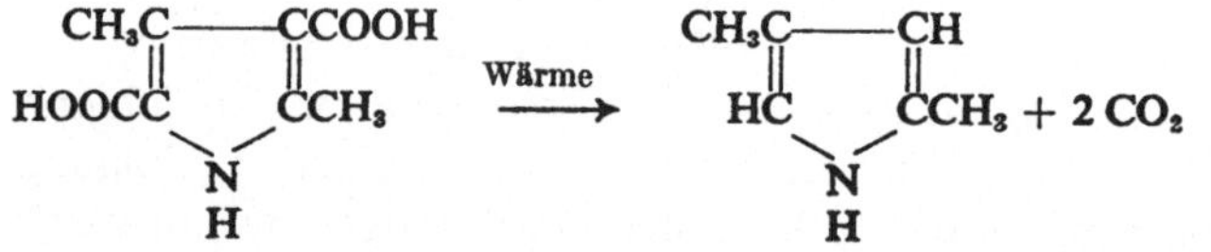

Reduktion von Pyrrol mit Zink und Essigsäure liefert 2.5-Dihydro-pyrrol **(Pyrrolin),** katalytische Reduktion führt zu dem Tetrahydroderivat **Pyrrolidin.** Die Entstehung von Pyrrolidin-hydrochlorid durch Erhitzen von 1-Chlor-4-amino-butan ist ein Strukturbeweis für Pyrrolidin.

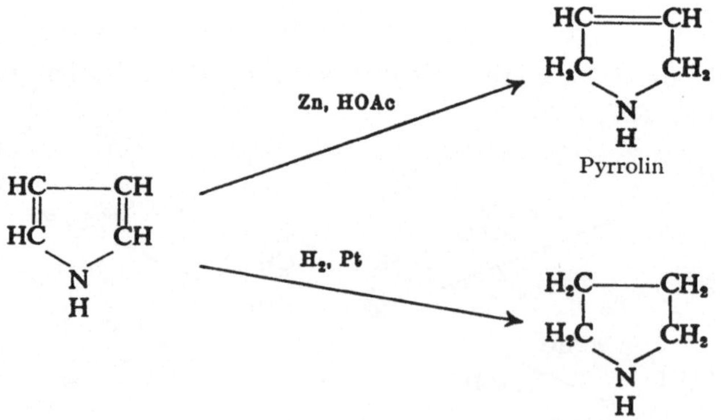

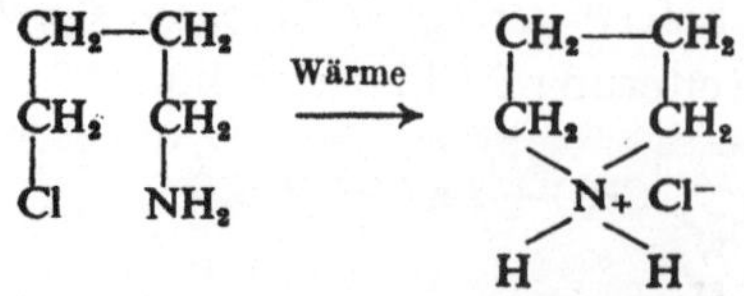

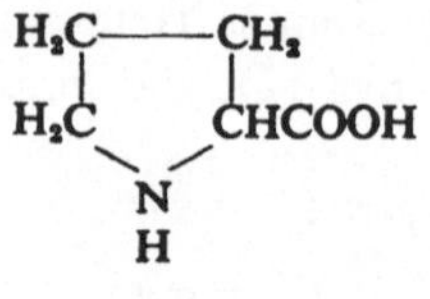

Pyrrolidin verhält sich wie ein typisches sekundäres aliphatisches Amin. Es ist mit Wasser mischbar, seine basische Dissoziationskonstante beträgt 1.3×10^{-3}, sein Siedepunkt liegt bei 88°. **Prolin** [*Pyrrolidin-carbonsäure-(2)*] und **Hydroxyprolin** [*4-Hydroxy-pyrrolidin-carbonsäure-(2)*] sind natürliche Aminosäuren (Tab. 18, S. 309). Die **Pyrrolidone** sind Lactame der γ-Aminosäuren (S. 828).

Porphinderivate. Alkylierte Pyrrolkerne sind Bausteine vieler biologisch wichtiger Farbstoffe, z. B. der Gallen- und Blutfarbstoffe und des Blattgrüns der Pflanzen. Daher auch das Auftreten von Pyrrol und alkylierten Pyrrolen im Knochenöl (S. 643), das bei der Zersetzung von Knochenmark entsteht, der Bildungsstätte des Blutfarbstoffs. Das Grundgerüst dieser Farbstoffe, der **Porphinkern,** besteht aus einem ebenen, 16-gliedrigen Ring. Die **Porphyrine** (griech. *porphyra* purpur), die sich von natürlichen Farbstoffen ableiten, enthalten Substituenten in den acht β-Stellungen der Pyrrolkerne. Die natürlichen Farbstoffe selbst sind Metall-Chelatkomplexe (S. 784) der Porphyrine. Entsprechend reagiert **Protoporphyrin** mit Eisen(III)-chlorid in alkalischer Lösung unter Bildung von

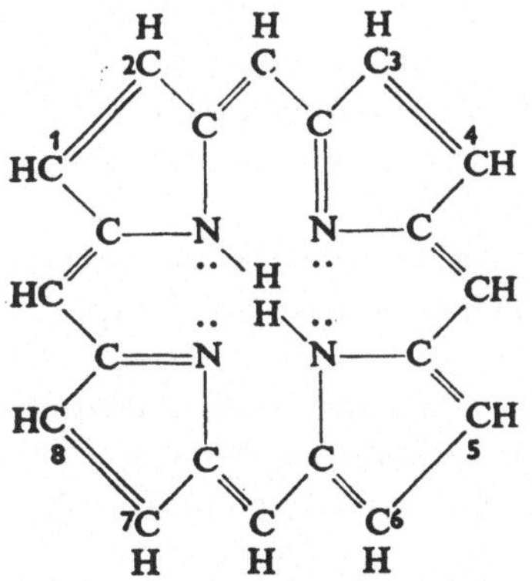

Porphinkern 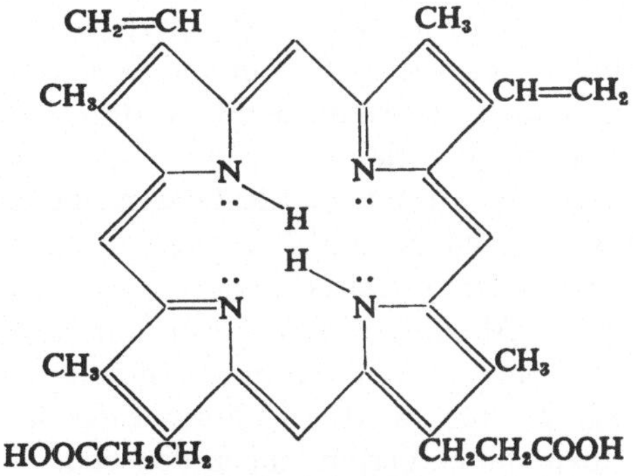   Protoporphyrin

Hämin. Die Synthese des Hämins ist verwirklicht, aber zu kompliziert, als daß man die Methode als eindeutigen Strukturbeweis ansehen könnte. Die reduzierte Verbindung ohne das Chlorion ist das **Häm** des Hämoglobins (S. 308).

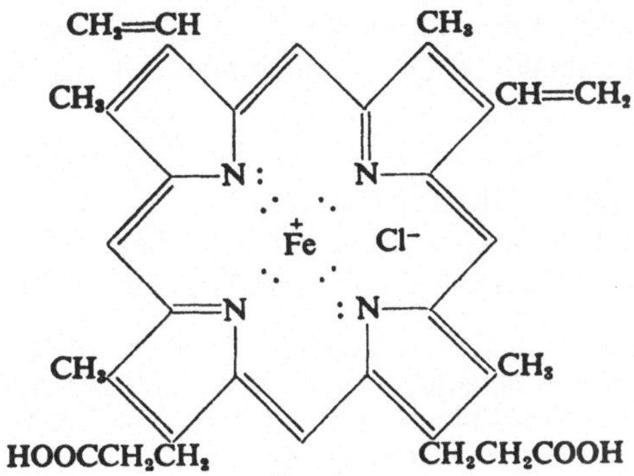

Hämin

$$CH_2{=}CH \qquad CH_3$$
$$CH_3 \qquad\qquad CH_2CH_3$$
$$N : \qquad N$$
$$Mg$$
$$N \qquad : N$$
$$CH_3 \qquad\qquad CH_3$$
$$H$$
$$C_{20}H_{39}OOCCH_2CH_2 \qquad H \qquad CH{-}\!{-}C$$
$$COOCH_3 \qquad O$$

Chlorophyll *a*

Die **Chlorophylle** sind Magnesiumkomplexe der Porphyrine, verestert mit dem langkettigen Alkohol Phytol $C_{20}H_{39}OH$ (S. 907). Chlorophyll b unterscheidet sich von Chlorophyll a dadurch, daß es an Stelle der Methylgruppe in 3-Stellung eine Aldehydgruppe enthält. Mit Hilfe von durch Isotope markierten Molekülen konnte gezeigt werden, daß der Porphyrinkern sowohl beim Häm als auch beim Chlorophyll biologisch aus Glycin und Essigsäure synthetisiert wird und daß die Synthese durch die roten Blutzellen bzw. durch die Chloroplasten der Pflanze über die gleichen Stufen verläuft.

Die **Cytochrome** und **Katalasen** sind Enzyme der biologischen Oxydationen und Reduktionen. Es sind Proteine mit einer eisenhaltigen prosthetischen Gruppe, die mit dem Häm identisch oder verwandt ist.

Der Abbau der Porphyrine im Stoffwechsel führt zu den **Gallenfarbstoffen,** wobei der Porphinkern unter Bildung einer linearen Anordnung der vier Pyrrolringe geöffnet wird. Die Formel des **Bilirubins** macht das allgemeine Strukturprinzip dieser Verbindungen deutlich.

$$CH_3 \qquad CH{=}CH_2 \quad CH_3 \qquad C_3H_7 \quad C_3H_7 \qquad CH_3 \quad CH_3 \qquad CH{=}CH_2$$
$$HO \quad N \qquad CH \qquad N \qquad CH_2 \qquad N \qquad CH \qquad N \quad OH$$
$$H \qquad\qquad H$$

Bilirubin

Vitamin B_{12} wurde aus der Leber isoliert. Es ist wirksam bei der Behandlung von perniciöser Anämie; es ist ein Kobaltkomplex, der einen Porphinkern enthält. Seine Struktur wurde 1955 durch chemische Methoden und Röntgenstrukturanalyse vollständig aufgeklärt. Die Summenformel ist $C_{63}H_{90}O_{14}N_{14}PCo$. Es ist von allen organischen Nichteiweißverbindungen bekannter Struktur die komplizierteste. Nickel- und Vanadinkomplexe von Porphyrinen finden sich im Erdöl und führen zu Schwierigkeiten bei der Verarbeitung.

Benzopyrrole. 2.3-Benzo-pyrrol ist als **Indol** bekannt; es wurde erstmals von BAEYER[1] 1866 durch Destillation von Oxindol, einem Abbauprodukt des Indigos

---

[1] JOHANN FRIEDRICH WILHELM ADOLF VON BAEYER (1835—1917), Schüler von BUNSEN und KEKULÉ und Nachfolger von LIEBIG an der Universität München, wurde 1905 mit dem Nobelpreis für Chemie ausgezeichnet. Von BAEYERs zahlreichen Schülern seien EMIL und OTTO FISCHER, PERKIN jr., FRIEDLÄNDER, BAMBERGER, CURTIUS, RUPE und WILLSTÄTTER erwähnt.

(S. 722), mit Zinkstaub erhalten. Die erste Synthese gelang 1869, im Steinkohlenteer wurde es erst 1910 entdeckt. Zahlreiche Synthesen des Indols und seiner Derivate sind entwickelt worden. Eine von ihnen, gleichzeitig ein Strukturbeweis, ist die intramolekulare Kondensation von Form-o-toluidid *(Madelungsche Synthese)*.

Indol und 3-Methyl-indol (Skatol) bilden sich bei der Fäulnis von Proteinen und bedingen zum Teil den charakteristischen Geruch der Faeces. Reines Indol hat dagegen in großer Verdünnung einen blumigen Geruch und wird zur Herstellung von Jasmin-, Orangenblüten- und Fliederparfüms verwendet, wie es sich auch in natürlichem Jasmin-, Orangenblüten- und Narzissenöl findet. **Skatol** erhält man durch die *Fischersche Indolsynthese;* diese besteht im Erhitzen von Phenylhydrazonen von Aldehyden, Ketonen oder Ketosäuren mit Zinkchlorid oder alkoholischer Schwefelsäure.

Die Indole verhalten sich wie Pyrrole. Sie verharzen mit Mineralsäuren, bilden Kaliumsalze und gehen unter alkalischen Bedingungen Substitutionsreaktionen ein. Der Substituent tritt, anders als bei Pyrrol, gewöhnlich in β-Stellung ein.

Daß hier die β-Substitution vor der α-Substitution bevorzugt wird, ist dadurch zu erklären, daß im Übergangszustand der β-Substitution die positive Ladung durch Resonanz stabilisiert werden kann, ohne daß die Resonanz des Benzolrings zerstört wird.

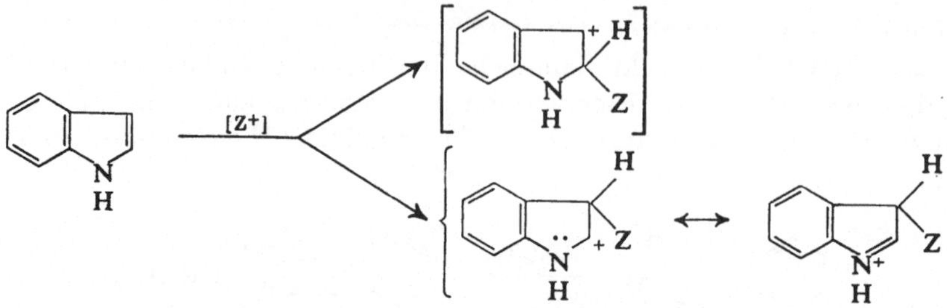

Das wichtigste Derivat des Indols ist **Tryptophan,** eine essentielle Aminosäure (S. 316). Bei der sauren Hydrolyse von Proteinen wird es zerstört, doch kann es durch enzymatische Hydrolyse mit Trypsin erhalten werden, worauf die Namenbildung hinweisen soll. Über eine praktische Methode zur Synthese siehe S. 848. **Serotonin** *(5-Hydroxy-tryptamin)*, eine gefäßverengende Substanz, kommt im Serum der Säugetiere vor.

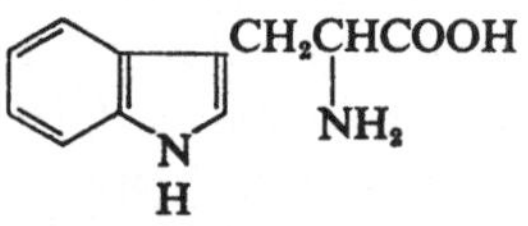

Tryptophan 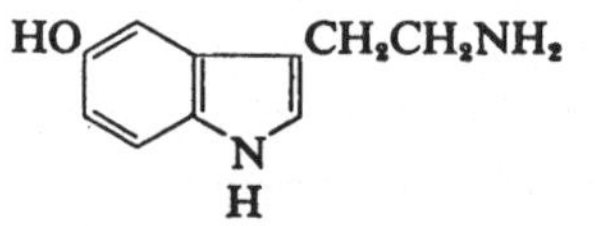   **Serotonin** 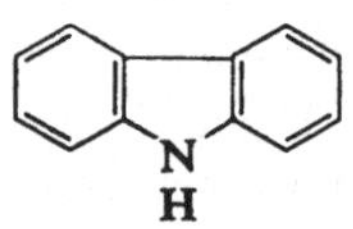   Carbazol

Carbazol, 2.3;4.5-Dibenzo-pyrrol, kommt zu mehr als 1% im Steinkohlenteer vor. Es kann aus der Anthracenfraktion als Kaliumsalz isoliert werden. Da sich diese Quelle als unzureichend erwies, wurde ein synthetisches Verfahren ausgehend von o-Aminodiphenyl entwickelt. Dadurch ist die Gewinnung aus Steinkohlenteer unwirtschaftlich geworden.

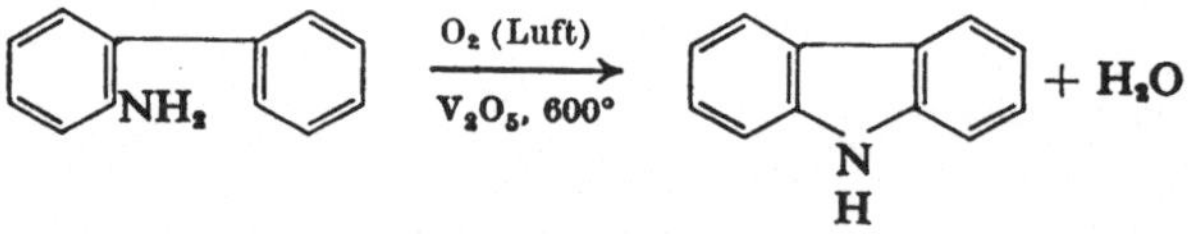

Carbazol dient hauptsächlich zur Herstellung blauer Schwefelfarbstoffe (S. 731). Auch zur Herstellung von **Polyvinylcarbazol,** einem hochschmelzenden Kunststoff mit guten dielektrischen Eigenschaften, wird es verwendet.

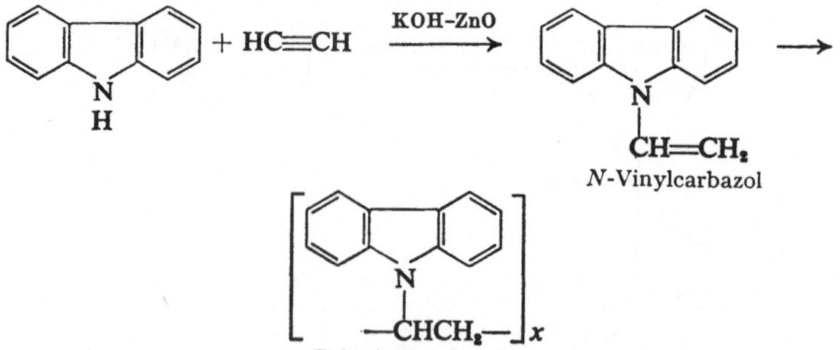

N-Vinylcarbazol

Polyvinylcarbazol

Weitere wichtige Derivate des Indols werden S. 722 bei Indigo besprochen.

Furane. Furan C_4H_4O ist das Sauerstoffanalogon des Thiophens. Das am leichtesten zugängliche Derivat des Furans ist der α-Aldehyd, **Furfurol,** aus dem die meisten anderen Furane dargestellt werden. Furfurol wurde erstmals 1840

durch Destillation von Kleie (lat. *furfur*) mit verdünnter Schwefelsäure erhalten. Es entsteht durch Wasserabspaltung aus Pentosen, die sich bei der Hydrolyse der in der Kleie vorhandenen Pentosane (S. 429) bilden.

$$HOCH\text{---}CHOH \quad \xrightarrow[\text{verd. Säure}]{\text{Dest. mit}} \quad HC\text{---}CH$$

Eine Pentose — Furfurol

Versuche zur technischen Hydrolyse von Haferschalen, ursprünglich mit dem Ziel der Gewinnung höherwertigen Viehfutters angestellt, führten zur industriellen Herstellung von Furfurol zu niedrigem Preis, was die Erschließung neuer Anwendungsgebiete zur Folge hatte, und im Gefolge die Herstellung auch aus anderen landwirtschaftlichen Abfallprodukten, die Pentosane enthalten, z. B. aus Maisspindeln und Stroh.

Furfurol ist eine farblose Flüssigkeit von angenehmem Geruch. Es wird an der Luft oxydiert, wobei die Farbe über gelbe und braune Töne fast in Schwarz übergeht. Dabei entsteht nach der Peroxydbildung offenbar zuerst neben Ameisensäure β-Formylacrylsäure $OCHCH=CHCOOH$, die Kondensationsreaktionen unter Bildung von Polymeren hohen Molekulargewichts unterliegt. Diese Veränderungen können durch Lagern unter Sauerstoffausschluß oder Zugabe eines Antioxydans (S. 935) verhindert werden.

Furfurol ist leicht nachzuweisen durch die leuchtendrote Färbung, die es mit Anilin in Gegenwart von Essigsäure gibt. Anscheinend kondensieren sich zwei Mol Anilin mit einem Mol Furfurol unter Ringöffnung.

$$C_6H_5NH_2 + HC\text{---}CH\text{...}CCHO + H_2NC_6H_5 \xrightarrow{HOCOCH_3} C_6H_5NHCH=CHCH=CCH=NC_6H_5$$

Mit einer sauren Lösung von Phloroglucin (S. 547) reagiert Furfurol unter Bildung eines dunkelgrünen Niederschlags von unbekannter und wahrscheinlich wechselnder Zusammensetzung. Das Gewicht des entstandenen Niederschlags wird empirisch auf das Gewicht der Furfurols bezogen, aus dem er entstanden ist. Daher kann die Reaktion zur quantitativen Bestimmung von Furfurol, und indirekt zur Bestimmung von Pentosen und Pentosanen (S. 398) herangezogen werden.

Furfurol wie allgemein die Furane unterliegt der Ringöffnung durch Säuren, auf die gewöhnlich komplizierte Kondensationsreaktionen folgen. Nitrierung von Furfurol in Gegenwart von Acetanhydrid gibt **5-Nitro-furfuroldiacetat.**

$$CHO + HNO_3 + 2\,(CH_3CO)_2O \longrightarrow O_2N\text{---}CH(OCOCH_3)_2 + 2\,CH_3COOH$$

Zahlreiche Nitrofurane haben antibakterielle Eigenschaften. 5-Nitro-furfurolsemicarbazon, als **Nitrofurazon** oder **Furacin** bekannt, wird zur Verhütung und Behandlung von Hautinfektionen und in der Tiermedizin verwendet. In alkalischer oder neutraler Lösung zeigt Furfurol alle Reaktionen des Benzaldehyds. Die allgemeiner angewandten Reaktionen sind in Abb. 86, S. 652, zusammengefaßt.

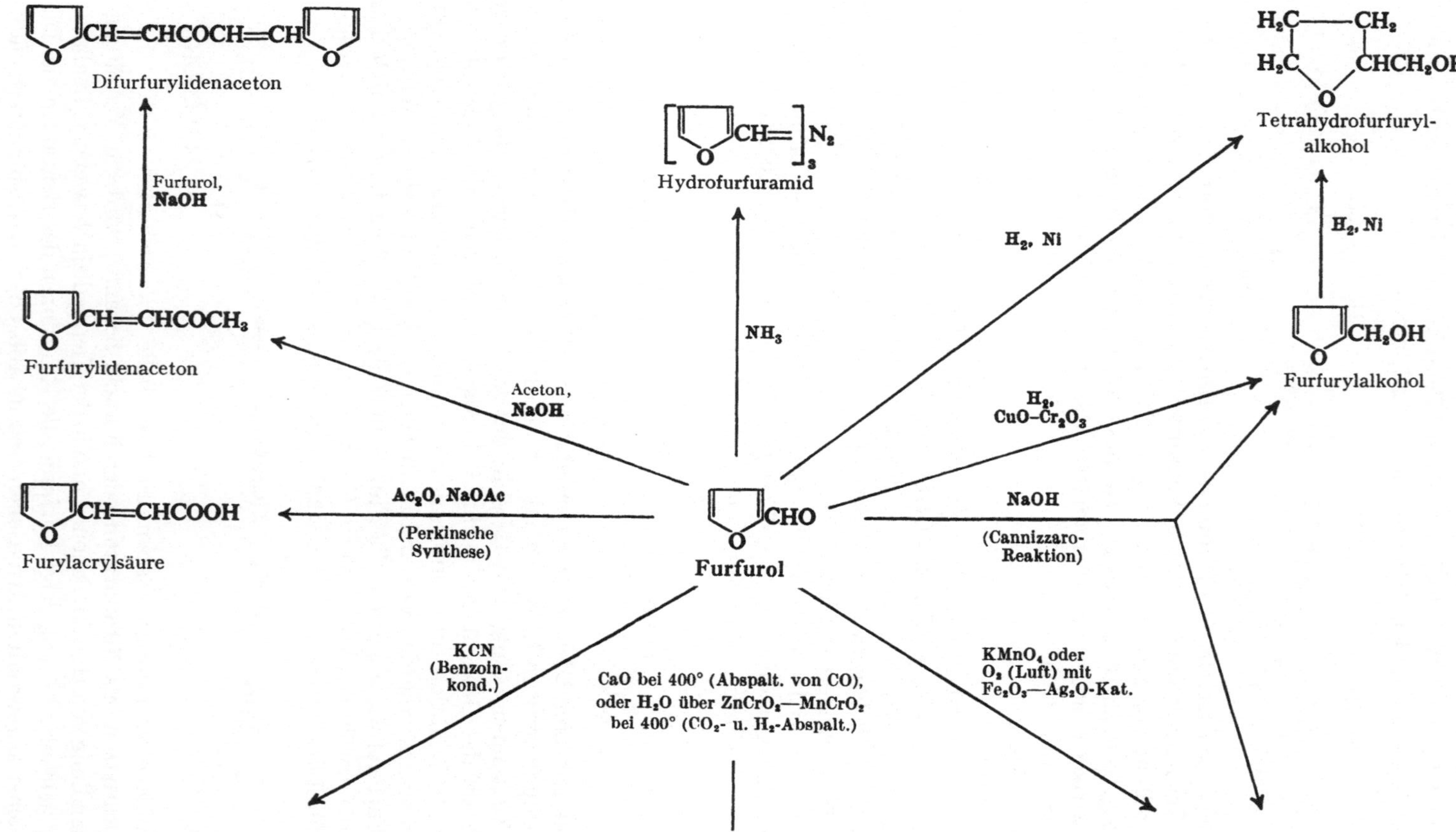
CH=CHCOCH=CH
O O
Difurfurylidenaceton
Furfurol,
NaOH
CH=CHCOCH₃
O
Furfurylidenaceton
Aceton,
NaOH
CH= N₂
O ₃
Hydrofurfuramid
NH₃
H₂C—CH₂
H₂C CHCH₂OH
O
Tetrahydrofurfuryl-
alkohol
H₂, Ni
H₂, Ni
CH₂OH
O
Furfurylalkohol
H₂,
CuO—Cr₂O₃
NaOH
(Cannizzaro-
Reaktion)
Ac₂O, NaOAc
(Perkinsche
Synthese)
CH=CHCOOH
O
Furylacrylsäure
CHO
O
Furfurol
KCN
(Benzoin-
kond.)
CaO bei 400° (Abspalt. von CO),
oder H₂O über ZnCrO₂—MnCrO₂
bei 400° (CO₂- u. H₂-Abspalt.)
KMnO₄ oder
O₂ (Luft) mit
Fe₂O₃—Ag₂O-Kat.

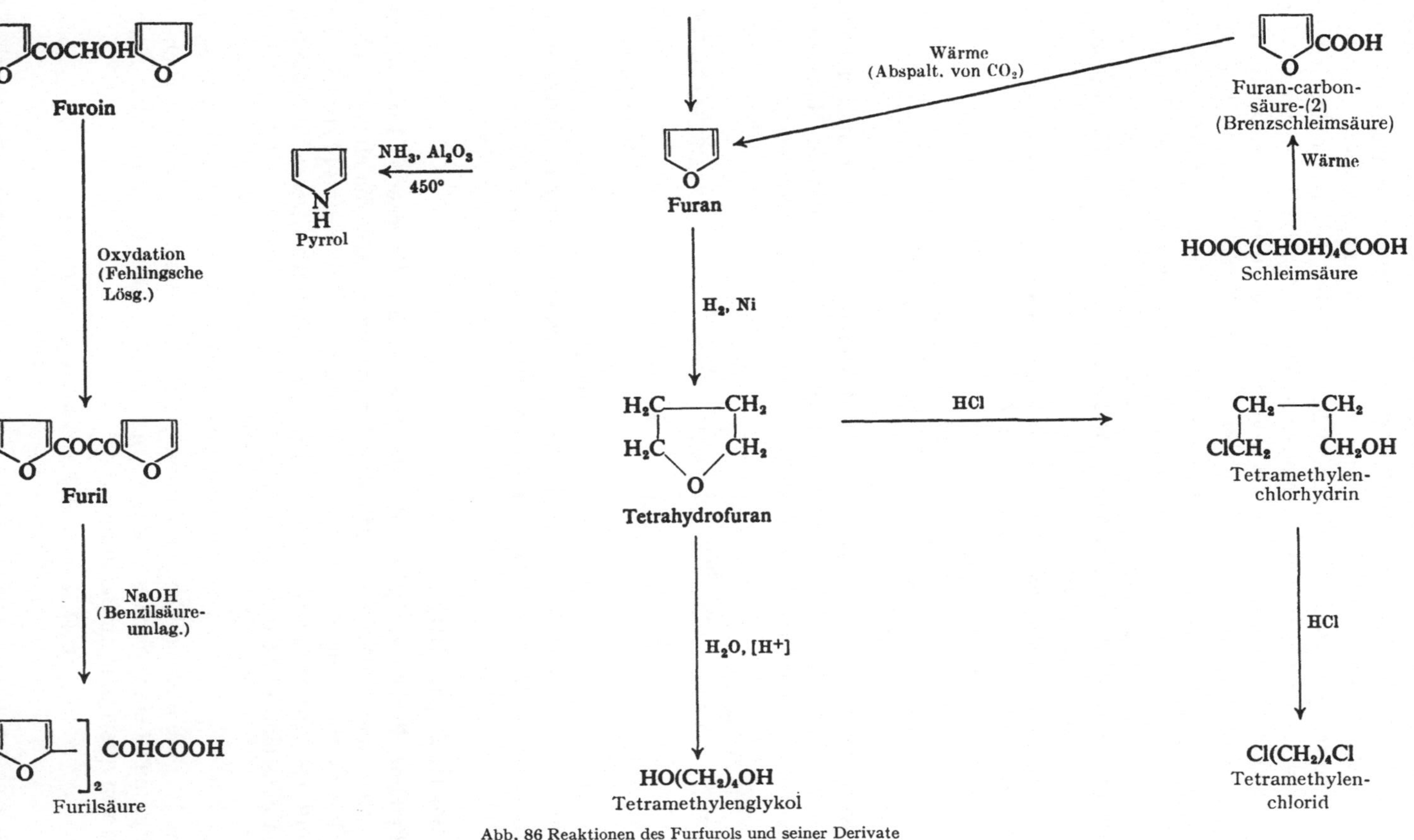

Abb. 86 Reaktionen des Furfurols und seiner Derivate

Furfurol wird in großem Maßstab als Lösungsmittel bei der Raffination von Schmierölen (S. 85) und zur Entfernung von Butadien aus seinen Gemischen mit Buten und Butan (S. 757) verwendet. Infolge der Verknappung von Benzol wurde ein Verfahren entwickelt (S. 844), aus Furfurol über Tetramethylenchlorid und Tetramethylencyanid Hexamethylendiamin $H_2N(CH_2)_6NH_2$ herzustellen, eine der Komponenten zur Herstellung von Nylon (S. 843). **α-Furfuryl-mercaptan,** das dem Furfurylalkohol entsprechende Thiol, ist ein wesentlicher Bestandteil des Aromas von geröstetem Kaffee. In hohen Konzentrationen riecht das synthetische Produkt intensiv nach Zwiebeln, in großer Verdünnung $(1:10^6)$ hat es jedoch das Aroma des gerösteten Kaffees und wird in Parfüms und Geschmackstoffen verwendet. **Tetrahydrofuran** wird in technischem Maßstab aus Acetylen (S. 757) wie auch aus Furfurol (S. 653) synthetisiert.

Ein allgemein anwendbares Verfahren zur Synthese von Furanen ist die Wasserabspaltung aus 1.4-Diketonen (S. 818).

$$
\underset{\substack{\\ \\ R-C \diagdown \;\; \diagup C-R \\ O \quad\; O}}{CH_2\!-\!\!-\!CH_2} \quad\xrightarrow{\text{konz. HCl}}\quad \underset{\substack{\\ R-C\diagdown_{\;O}\diagup C-R}}{HC\!-\!\!-\!CH} + H_2O
$$

Die Reaktion kann umgekehrt werden, und Acetonylaceton wird am besten durch Hydrolyse von **2.5-Dimethyl-furan** dargestellt, das neben dem Hauptprodukt Keten bei der thermischen Zersetzung von Aceton (S. 172) entsteht.

$$
\underset{\text{2.5-Dimethyl-furan}}{\underset{\substack{CH_3C\diagdown_{\;O}\diagup CCH_3}}{HC\!-\!\!-\!CH}} \quad\xrightarrow{H_2O,\ HCl}\quad \left[\underset{\substack{OH\quad\; OH}}{\underset{\substack{CH_3C\quad\;\; CCH_3}}{HC\!-\!\!-\!CH}}\right] \quad\rightleftharpoons\quad \underset{\text{Acetonylaceton}}{CH_3COCH_2CH_2COCH_3}
$$

Benzofuran *(Cumaron)* kommt in der Naphthafraktion des Steinkohlenteers vor. Es wird von Schwefelsäure unter Bildung von **Cumaronharzen** polymerisiert, die hauptsächlich zur Herstellung von Firnissen und als Bindemittel verwendet werden.

Sechsgliedrige Ringe

Pyridine. Pyridin C_5H_5N wurde 1851 erstmals aus Knochenöl, 1854 aus Steinkohlenteer isoliert. Bis etwa 1950 war der Steinkohlenteer die einzige technische Quelle, obwohl weniger als 0,1 % Pyridin darin enthalten sind (Tab. 21, S. 452). Neuerdings wird es aus Acetylen und Ammoniak synthetisiert; Einzelheiten des Verfahrens sind nicht bekanntgegeben.

Pyridin siedet bei 115° und ist mit Wasser mischbar. Es ist auch ein gutes Lösungsmittel für die meisten organischen Verbindungen und löst viele anorganische Salze. Wie die meisten höheren Amine hat es einen unangenehmen Geruch.

Pyridin ist ein typisches tertiäres Amin. Es reagiert mit Alkyljodiden unter Bildung von quartären Ammoniumsalzen.

$$
C_5H_5N: +\ CH_3J \quad\longrightarrow\quad [C_5H_5\overset{+}{N}:CH_3]\,J^-
$$

N-Methylpyridiniumjodid

Es ist eine erheblich schwächere Base $(K_B: 2.3 \times 10^{-9})$ als die aliphatischen tertiären Amine $(K_B:$ etwa $10^{-4})$, aber stärker als Anilin $(K_B: 3.8 \times 10^{-10})$. Reduktion mit Natrium und Alkohol liefert ein Hexahydroderivat, das *Piperidin*. Da drei Monosubstitutionsprodukte bekannt sind, kann Pyridin am besten als Analogon des Benzols dargestellt werden, in dem eine CH-Gruppe durch Stickstoff ersetzt ist.

Pyridin   Piperidin

Piperidin ist ein typisches sekundäres Amin, dessen Basizität (K_B : $1,6 \times 10^{-3}$) und andere Eigenschaften denen der sekundären aliphatischen Amine entsprechen. Die ihm zuerteilte Struktur wird durch die Synthese aus Pentamethylendiaminhydrochlorid (S. 799) gestützt.

Pentamethylendiamin-hydrochlorid   Piperidin-hydrochlorid

Piperidin kann in ein quartäres Ammoniumhydroxyd übergeführt werden, das sich beim Erhitzen unter Ringöffnung zersetzt (S. 253).

$$(CH_3)_2NCH_2CH_2CH_2CH{=}CH_2 + H_2O$$

Diese Methode zur Öffnung stickstoffhaltiger Ringe, die als **Hofmannscher Abbau nach erschöpfender Methylierung** bekannt ist, ist ein wertvolles Hilfsmittel bei der Strukturaufklärung von Alkaloiden (S. 683) und anderen stickstoffhaltigen Heterocyclen unbekannter Konstitution.

Abgesehen von den basischen Eigenschaften ist Pyridin weniger reaktionsfähig als irgendeine Verbindungsgruppe mit Ausnahme der gesättigten Kohlenwasserstoffe. Es wird durch Kochen mit alkalischem Permanganat, konzentrierter Salpetersäure oder Chromsäure nicht angegriffen. Bei Einwirkung von Chlor auf Pyridin-hydrochlorid bei 120° während mehrerer Wochen entsteht ein kompliziertes Gemisch aus Di-, Tetra- und Pentachlorpyridinen. Brom reagiert mit dem Hydrobromid unter Bildung von **3-Brom-** und **3.5-Dibrom-pyridin.** Bromierung in der Dampfphase bei 300° führt zu **3-Brom-pyridin,** während bei 500° **2-Brom-pyridin** entsteht. Destillation von Pyridinsulfat mit konzentrierter Schwefelsäure in Gegenwart von Vanadinsulfat gibt **Pyridin-sulfonsäure-(3)** in 50%iger Ausbeute.

Pyridin wird durch Schwefeltrioxyd nicht sulfoniert, sondern bildet einen beständigen Additionskomplex $C_5H_5NSO_3$; dieser kann zur Sulfonierung anderer Verbindungen (Furane, Pyrrole), die empfindlich gegen starke Säuren sind, verwendet werden. Wird ein Mol Brom zu einer Lösung von einem Mol Pyridin in 48%iger Bromwasserstoffsäure gegeben, so entsteht ein beständiges festes **Pyridiniumbromid-perbromid** $[C_5H_5\overset{+}{N}H][^-Br_3]$. Es ist ein geeignetes Bromierungsmittel für andere Verbindungen, denn es läßt sich leichter handhaben als Brom. **3-Nitro-pyridin** wird in 22%iger Ausbeute durch Erhitzen mit konzentrierter Schwefelsäure und rauchender Salpetersäure auf 300° in Gegenwart von Eisensalzen erhalten. Andererseits kann die Aminogruppe direkt durch Erhitzen mit Natriumamid in Pyridin eingeführt werden (*Tschitschibabinsche*[1] *Reaktion*). Das Hauptprodukt ist **2-Amino-pyridin** neben etwas **4-Amino-pyridin** und anderen Produkten.

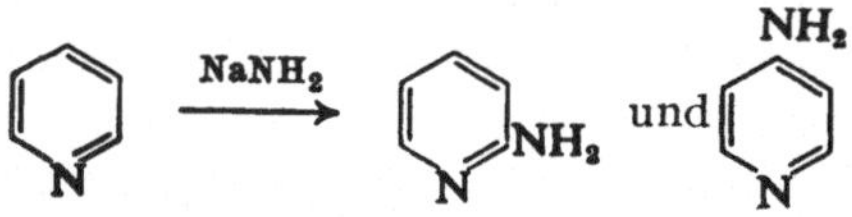

Die Reaktionsträgheit des Pyridins bei Substitutionsreaktionen mit sauren Reagentien und die vergleichsweise leichte Substitution durch Amid-Ion, ebenso wie die von den Substituenten eingenommenen Stellungen, sind verständlich. Erstens übt das Stickstoffatom mit seiner größeren positiven Kernladung eine stärkere Anziehung auf die Elektronen aus als ein Kohlenstoffatom, so daß die π-Elektronen nicht so leicht verfügbar sind. Noch wichtiger ist aber, daß es bei Vereinigung mit einem Proton oder einem anderen elektrophilen Reagens eine positive Ladung erhält, die die Elektronen noch fester bindet. Deswegen ist die Geschwindigkeit der Substitution durch elektrophile Reagentien sehr gering (vgl. S. 474). Ferner würde ein Angriff des elektrophilen Reagens in 2- oder 4-Stellung ein Anwachsen der positiven Ladung am Stickstoff während des Übergangszustandes erfordern, während dies bei einem Angriff in 3-Stellung nicht der Fall ist. Aus diesem Grund ist die Geschwindigkeit der Substitution in 3-Stellung größer als in 2- oder 4-Stellung.

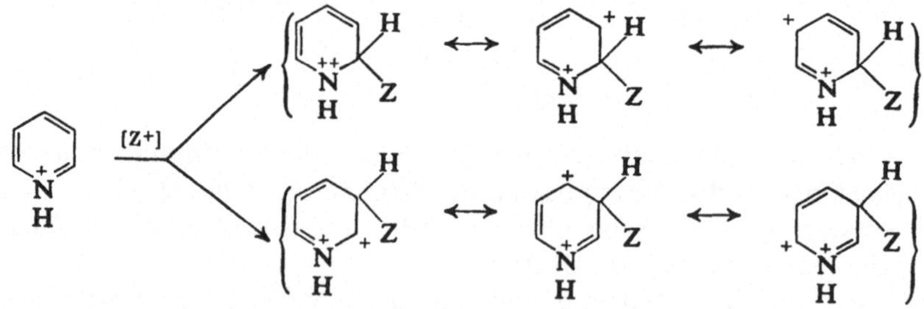

Die Verringerung der Elektronendichte des Rings unter der Wirkung des Stickstoffatoms ist auch die Ursache dafür, daß Pyridin von Elektronendonatoren leichter substituiert wird als Benzol. Überdies begünstigt die Fähigkeit des Stickstoffs, eine negative Ladung anzunehmen, die Reaktion mit Elektronendonatoren in 2- und 4-Stellung und ist verantwortlich für die leichtere Hydrolyse von 2- und 4-Chlorpyridin gegenüber 3-Chlor-pyridin (vgl. S. 488).

---

[1] ALEXEJ EUGENJEWITSCH TSCHITSCHIBABIN (1871—1945), bis 1929 Professor der Chemie in Moskau. Von 1931 bis zu seinem Tode arbeitete er am Collège de France in Paris. Er ist hauptsächlich durch seine Arbeiten über die Chemie der Pyridinverbindungen bekannt.

Die geringere Basizität des Pyridins im Vergleich mit aliphatischen tertiären Aminen kann der Tatsache zugeschrieben werden, daß das für das Proton günstigste orbital ein bastardisiertes sp^2-orbital ist, d. h. die Basizität hat, wie die der Imine, einen Mittelwert zwischen der Basizität der Amine und der Nitrile (S. 263).

2- oder **4-Hydroxy-pyridin** können durch Diazotierung von 2- oder 4-Aminopyridin erhalten werden. **3-Hydroxy-pyridin** oder **3-Cyan-pyridin** bilden sich durch Schmelzen des Natriumsulfonats mit Natriumhydroxyd bzw. Natriumcyanid. Die 2- und 4-Hydroxy-pyridine sind tautomer mit den Ketoformen.

α-Pyridon   γ-Pyridon

Für 3-Hydroxy-pyridin ist eine entsprechende Struktur nicht möglich. Die **N-Alkyl-α-pyridone** werden durch Oxydation der quartären Hydroxyde erhalten. Die letztgenannten starken Basen scheinen im Gleichgewicht mit den α-Hydroxy-dihydropyridinen zu stehen, die als *Pseudobasen* bezeichnet werden.

Quartäre   Pseudobase   N-Methyl-
Base   pyridon

Die Hydroxylgruppen der α- und γ-Hydroxypyridine können unter Verwendung von Phosphortrichlorid oder Phosphorpentachlorid gegen Chlor ausgetauscht werden. α- oder γ- halogenierte Pyridine werden viel leichter hydrolysiert als die β-Isomeren.

Wenn quartäre Pyridiniumjodide im Einschlußrohr auf hohe Temperaturen (etwa 300°) erhitzt werden, bilden sich **Alkylpyridin-hydrojodide**. Diese Reaktion ist als *Ladenburgsche*[1] *Umlagerung* bekannt.

Rohes Pyridin wird in der Technik in großem Umfang zum Denaturieren von Äthylalkohol verwendet. Neuerdings dient es auch als Zwischenprodukt bei der Herstellung bestimmter Pharmaceutica. Zum Beispiel wird **α-Aminopyridin** zur Herstellung von Sulfapyridin (S. 516) gebraucht. In der organischen Synthese ist

---

[1] ALBERT LADENBURG (1842—1911), Schüler von BUNSEN, FRIEDEL und KEKULÉ und später Professor an der Universität Breslau. Er ist bekannt durch seinen Beweis der Gleichwertigkeit der Wasserstoffatome im Benzol, durch seine frühen Arbeiten über siliciumorganische Verbindungen (S. 961) und durch seine Arbeiten über heterocyclische Verbindungen und Alkaloide.

Pyridin wichtig als basisches Lösungsmittel, das nicht nur katalytische Wirkung ausüben kann, sondern sich auch mit den Säuren verbindet, die bei den Reaktionen entstehen. Zum Beispiel nehmen Acetylierungen und Benzoylierungen in Pyridin-Lösung einen glatten Verlauf.

$$ROH + ClCOC_6H_5 + C_5H_5N \longrightarrow ROCOC_6H_5 + C_5H_5NHCl$$

Zu diesem Zweck muß das Pyridin wasserfrei sein, da Wasser in Gegenwart von Pyridin das Reagens hydrolysiert. Störende Mengen von Wasser im Pyridin können leicht durch Zugabe von reinem, benzoesäurefreiem Benzoylchlorid entdeckt werden. Ist Wasser zugegen, so bildet sich sofort ein Niederschlag von schwer löslichem Benzoesäureanhydrid.

$$C_6H_5COCl + H_2O + C_5H_5N \longrightarrow C_6H_5COOH + C_5H_5NHCl$$
$$C_6H_5COOH + ClCOC_6H_5 + C_5H_5N \longrightarrow (C_6H_5CO)_2O + C_5H_5NHCl$$

Pyridin reagiert mit Persäuren oder mit 30%igem Wasserstoffperoxyd in essigsaurer Lösung unter Bildung von **Pyridin-N-oxyd** in guter Ausbeute.

Im Gegensatz zum Pyridin wird das N-Oxyd leicht nitriert; es gibt in 85%iger Ausbeute **4-Nitro-pyridin-N-oxyd**.

Aus dem Nitro-N-oxyd kann durch Reduktion mit Eisen und Essigsäure **4-Amino-pyridin** erhalten werden.

Umsetzung der Nitroverbindung mit Acylchloriden oder -bromiden liefert **4-Chlor-** bzw. **4-Brom-pyridin-N-oxyd**. 4-Chlor-pyridin-N-oxyd kann zu **4-Chlor-pyridin** reduziert werden.

Die Nitrogruppe kann auch von Alkoxy- oder Phenoxygruppen verdrängt werden.

Die katalytische Reduktion von 4-Benzyloxy-pyridin-N-oxyd liefert **4-Hydroxypyridin** (vgl. S. 556).

Die drei Methylpyridine sind als **α, β-** und **γ-Picolin** (lat. *pix, picis* Pech) bekannt. Sie kommen im Knochenöl vor, werden aber technisch aus Steinkohlenteer gewonnen. Das α-Isomere findet sich darin in der größten Menge, es wurde erstmals 1846 isoliert. Das β-Isomere wurde 1879 isoliert, das in der kleinsten Menge vorkommende γ-Isomere 1887. Durch Oxydation der drei Isomeren mit Permanganat entstehen die drei **Carbonsäuren**.

α-Picolin   α-Picolinsäure (Picolinsäure)

β-Picolin   β-Picolinsäure (Nicotinsäure)

γ-Picolin   γ-Picolinsäure (Isonicotinsäure)

Die α- und die γ-Säure verlieren beim Erhitzen Kohlendioxyd unter Bildung von Pyridin. Die β-Säure wurde 1867 erstmals durch Oxydation von Nicotin erhalten und **Nicotinsäure** genannt. Durch diese Reaktion ist die Struktur der einen Hälfte des Nicotinmoleküls aufgeklärt worden.

Nicotin

Erst 1937 wurde entdeckt, daß das Fehlen von Nicotinsäure bzw. dem Amid in der Nahrung Ursache einer Mangelkrankheit ist, die beim Menschen als *Pellagra*, beim Hund als *Schwarzzungenkrankheit* bezeichnet wird. In den USA wurden 1955 über 900 000 kg der freien Säure und des Amids zum Anreichern von Weizenmehl und für Vitaminpräparate hergestellt. *Niacin, Niamid* und *Nicobion* sind einige der üblichen Trivial- und Handelsnamen.

Nicotinsäure ist in der Nahrung unentbehrlich zur biologischen Synthese von *Coenzym I* und *II*, die in Gegenwart dehydrierender Enzyme als Wasserstoffacceptoren fungieren.

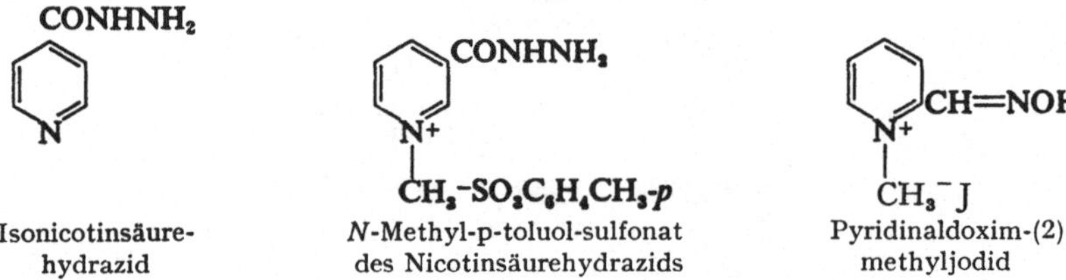

Coenzym II enthält Adenosin-triphosphat (ATP) an Stelle von Adenosin-diphosphat (ADP) (S. 679).

Isonicotinsäurehydrazid *(Neoteben, Isoniazid)* ist eines der wirksameren Tuberculostatica, kann aber nicht verhindern, daß sich resistente Stämme des Mikroorganismus herausbilden. Die Verbindung ist auch zur Behandlung der Lepra verwendet worden.

Das **N-Methyl-p-toluolsulfonat** des **Nicotinsäurehydrazids** ist ein geeignetes Reagens zur Darstellung wasserlöslicher Derivate von Aldehyden und Ketonen.

Luftoxydation von α- oder γ-Picolin in der Dampfphase gibt **Pyridinaldehyd-(2)** bzw. **-(4)**. **Pyridinaldoxim-(2)-methyljodid** scheint ein wirksames Gegengift gegen die Nervengase (S. 959) zu sein, die die Cholinesterase (S. 254) hemmen. **Pyridinaldehyd-(3)** ist aus 3-Brom-pyridin über die Grignard-Verbindung (S. 204) erhältlich.

α- und γ-Picolin, nicht aber β-Picolin kondensieren sich mit aromatischen Aldehyden unter Bildung von Benzylidenderivaten.

Diese Reaktionen sind nichts anderes als Aldolkondensationen; die elektronenanziehende Wirkung des Stickstoffatoms im Picolin ersetzt die des doppelt gebundenen Sauerstoffatoms in einem Aldehyd oder Keton. Diese Wirkung kann durch Konjugation auf die γ-Stellung übertragen werden, aber nicht auf die β-Stellung.

Die größere Bereitschaft von Methylgruppen in α- und γ-Stellung, ein Proton zu verlieren, zeigt sich auch in der leichten Bildung metallorganischer Derivate.

So reagiert Lithiumphenyl (S. 938) unter Bildung von Lithiumderivaten, die mit Kohlendioxyd unter Bildung der Lithiumsalze der **Pyridylessigsäuren** reagieren.

Kondensation von α- oder γ-Picolin mit Formaldehyd führt zu **Hydroxyäthylpyridinen,** die zu **Vinylpyridinen** dehydratisiert werden können.

2-Vinyl-pyridin

2-Vinyl-pyridin gibt bei der Copolymerisation mit Butadien ein Elastomeres, das an Rayon- und Nylongeweben fest haftet und die Herstellung von Cord-Autoreifen ermöglicht. Bei Copolymerisation mit Acrylnitril führt es eine basische Gruppe ein, die eine leichtere Färbbarkeit der Polyacrylnitril-Fasern (S. 832) bewirkt.

Die Dimethylpyridine werden **Lutidine** genannt, weil sie isomer mit den Toluidinen sind. Es sind alle sechs möglichen Isomeren bekannt. Die Trimethylpyridine heißen **Collidine** (griech. *kolla* Leim); sie finden sich mit den anderen Pyridin- und Pyrrolbasen im Steinkohlenteer und in Zersetzungsprodukten von tierischem Material.

2-Methyl-5-äthyl-pyridin *(Aldehyd-collidin)* kann in guter Ausbeute durch Erhitzen von Paraldehyd mit Ammoniak auf 220° erhalten werden. Der Paraldehyd depolymerisiert sich zu Acetaldehyd, der wahrscheinlich eine mehrfache Aldolkondensation eingeht, mit Ammoniak reagiert, Wasser abspaltet und sich umlagert.

Es dient zur Ergänzung der begrenzten Mengen β-Picolin, die aus Steinkohlenteer zur Verfügung stehen, für die Synthese von Nicotinsäure. Oxydation führt zu Pyridin-dicarbonsäure-(2.5), aber da Carboxylgruppen in 2- und 4-Stellung leicht abgespalten werden, ist Nicotinsäure das Endprodukt.

Die Abspaltung von Kohlendioxyd aus einer Carboxylgruppe in 2- oder 4-Stellung erfolgt über das dipolare Ion, wobei das Intermediärprodukt durch die Fähigkeit des Stickstoffatoms zur Aufnahme eines Elektronenpaars stabilisiert wird. Dieser Mechanismus ist bei Carboxylgruppen in 3-Stellung nicht möglich.

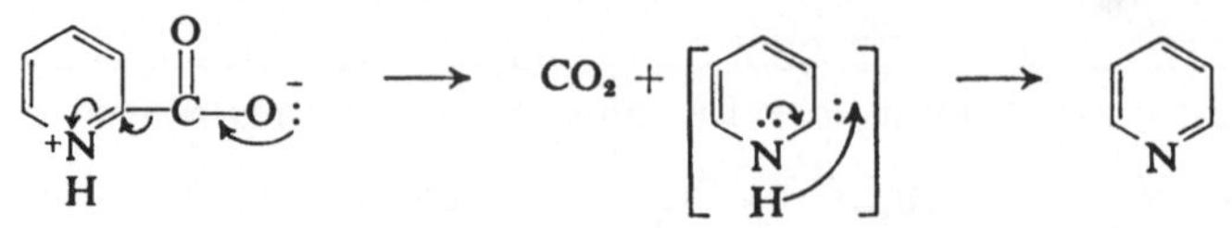

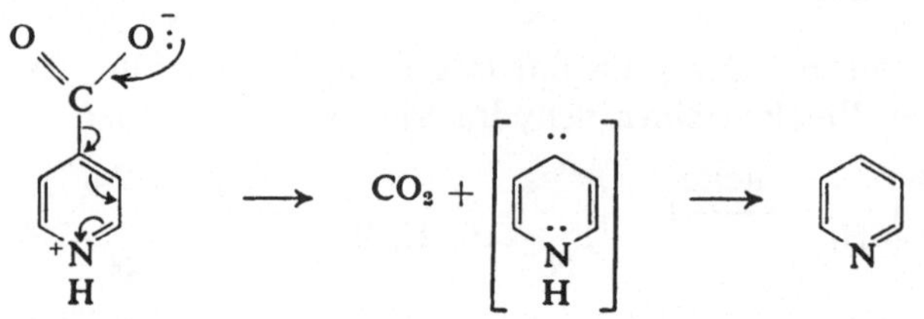

Auch die α- und γ-Pyridylessigsäuren verlieren nach einem analogen Mechanismus leicht Kohlendioxyd.

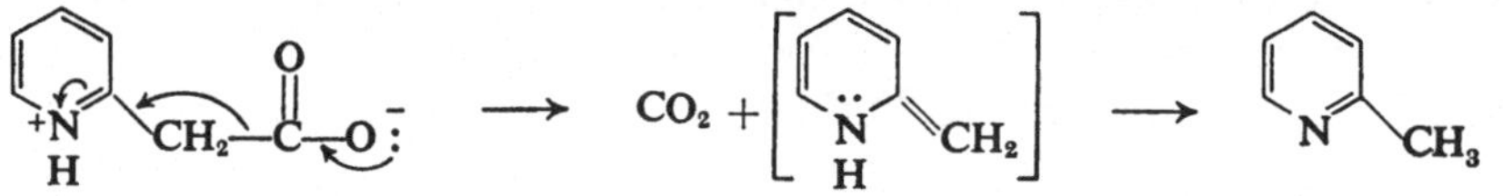

Pyridoxin *(Vitamin B_6)*, **Pyridoxamin** und **Pyridoxal** fungieren in bestimmten Fermentsystemen. Die biologische Aktivität aller drei Verbindungen ist zwar bei höheren Tieren die gleiche, doch scheint Pyridoxalphosphat das aktive Agens zu sein. Es spielt eine Rolle bei der enzymatischen Transaminierung und Decarboxylierung von α-Aminosäuren, und übt noch andere Funktionen aus.

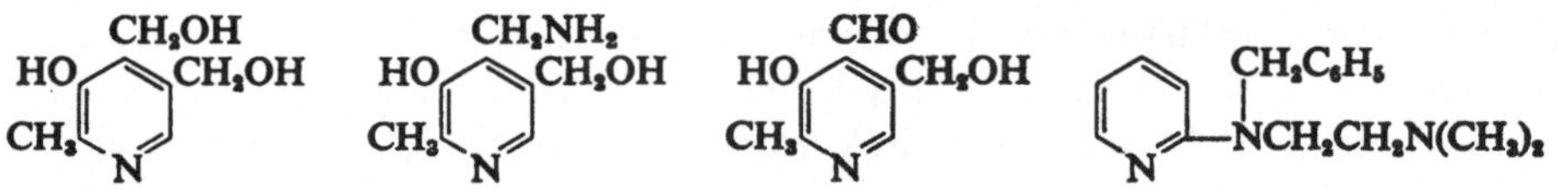

Pyridoxin (Vitamin B_6) Pyridoxamin Pyridoxal Pyribenzamin

Pyribenzamin gehört zu den häufiger verwendeten Antihistaminica (S. 669).

Chinoline. Chinolin ist 2.3-Benzo-pyridin. Es wurde 1834 erstmals aus Steinkohlenteer isoliert. Es wurde auch (1842) durch Destillation von Chinaalkaloiden mit Alkalien erhalten. Die Präparate aus beiden Quellen waren jedoch von Verunreinigungen begleitet, die verschiedene Farbreaktionen gaben, so daß sie zunächst für verschiedene Stoffe gehalten wurden; erst 1882 wurde ihre Identität bewiesen.

Die Struktur des Chinolins ergibt sich aus der Synthese aus o-Aminobenzaldehyd und Acetaldehyd in Gegenwart verdünnter Alkalien *(Friedländersche Synthese)*.

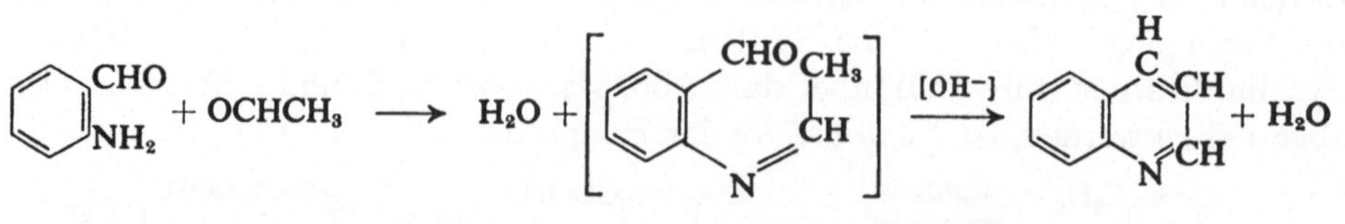

Obwohl die Reaktion glatt verläuft und allgemein anwendbar ist, ist sie für präparative Zwecke nicht geeignet, da die o-Aminobenzaldehyde schwer zugänglich sind.

Daß das Chinolinmolekül einen Pyridinring enthält, zeigt die Oxydation mit Permanganat, bei der der Benzolring bevorzugt angegriffen wird, weil der Pyridinring beständiger ist. Das Hauptprodukt ist α,β-Pyridin-dicarbonsäure (**Chinolin-säure**), die zu Pyridin decarboxyliert werden kann.

Reines Chinolin wird am besten durch die *Skraupsche Synthese* erhalten. Man erhitzt ein Gemisch von Glycerin und Anilin mit konzentrierter Schwefelsäure und einem milden Oxydationsmittel wie Arsensäure oder Nitrobenzol. Gewöhnlich werden Eisen(II)-sulfat und Borsäure zur Mäßigung der Reaktion zugegeben. Die erste Stufe ist vermutlich die Dehydratisierung des Glycerins unter Bildung des ungesättigten Aldehyds Acrolein. Dann folgt 1.4-Addition des Anilins an den konjugierten ungesättigten Aldehyd. Anschließende Cyclisierung und Oxydation ergibt Chinolin. Die Methode ist auch auf die Synthese von Chinolinderivaten anwendbar.

2-Methyl-chinolin oder **Chinaldin** kommt im Steinkohlenteer vor. Es kann nach einer der Skraupschen Synthese ähnlichen Reaktion synthetisiert werden, die als *Doebner-Millersche Synthese* bekannt ist. Sie besteht im Erhitzen von Anilin mit Paraldehyd in Gegenwart von Schwefelsäure. Die Stufen der Reaktion sind wahrscheinlich intermediäre Bildung von Crotonaldehyd, 1.4-Addition von Anilin, Ringschluß und Oxydation. Nebenprodukte der Reaktion sind Äthylanilin und n-Butylanilin, was darauf schließen läßt, daß die Anile des Acetaldehyds und des Crotonaldehyds die Rolle von Wasserstoffacceptoren bei der Dehydrierung von Dihydrochinaldin spielen.

Chinoline entstehen auch bei der Umsetzung von aromatischen Aminen mit 1.3-Diketonen (S. 816).

4-Methyl-chinolin **(Lepidin)** entsteht neben Chinolin und anderen Produkten bei der Zersetzung von Chinaalkaloiden. Die Methylgruppen des Chinaldins wie auch des Lepidins sind reaktionsfähig; sie teilen diese Eigenschaft mit denjenigen des 2- und 4-Picolins (S. 660).

Reduktion von o-Nitrozimtsäure liefert die entsprechende Aminosäure, die sich spontan zum Amid cyclisiert. Das Reaktionsprodukt ist α-Chinolon, das mit 2-Hydroxy-chinolin **(Carbostyril)** tautomer ist.

8-Hydroxy-chinolin wird aus o-Aminophenol durch Skraupsche Synthese erhalten. Die räumlichen Beziehungen zwischen der Hydroxylgruppe und dem einsamen Elektronenpaar am Stickstoffatom sind derart, daß sich mit Metallionen unlösliche Chelat-Koordinationskomplexe (S. 784) bilden, was die Verbindung zu einem wertvollen Reagens in der analytischen Chemie macht.

Wird Chinolin in Gegenwart von wäßrigem Kaliumcyanid mit Benzoylchlorid umgesetzt, so findet Anlagerung von Benzoylchlorid an den Stickstoff und von Cyanid an Kohlenstoff statt, und es entsteht die sogenannte **Reissertsche Verbindung.** Saure Hydrolyse führt zu Benzaldehyd und **Chinaldinsäure** [*Chinolin-carbonsäure-(2)*].

Cinchoninsäure [*Chinolin-carbonsäure-(4)*] wurde erstmals durch Oxydation des Alkaloids Cinchonin erhalten. Ihre Derivate können durch die *Pfitzinger-Reaktion* aus Isatin (S. 722) und Aldehyden oder Ketonen erhalten werden.

3.4-Benzo-pyridin ist als **Isochinolin** bekannt. Es ist ein Begleiter des Chinolins im Steinkohlenteer und wird aus diesem technisch gewonnen. Oxydation mit Permanganat führt sowohl zu Phthalsäure als auch zu **Cinchomeronsäure** [*Pyridindicarbonsäure-(3.4)*].

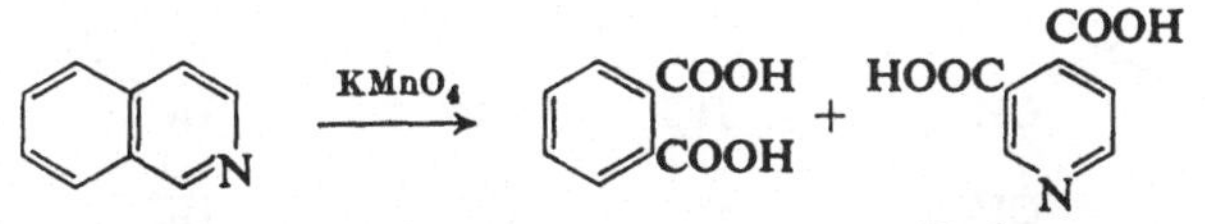

Isochinolin — Cinchomeronsäure

Die allgemeinste Synthese von Isochinolinen ist die *Bischler-Napieralski-Reaktion*, die von β-Phenyläthylaminen ausgeht.

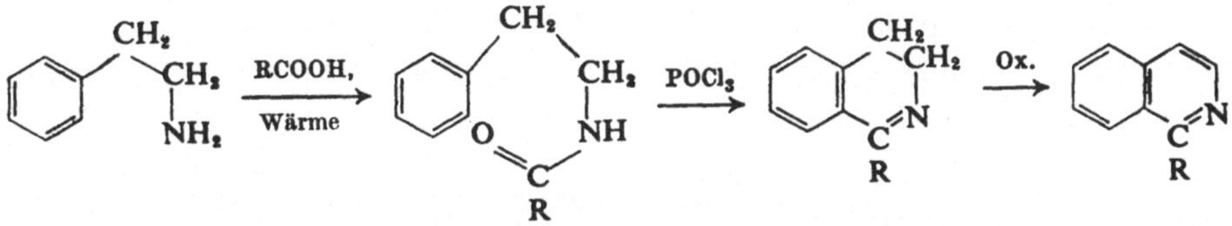

Verschiedene natürliche Alkaloide sind Benzylisochinoline (S. 686).

Acridin ist 2.3;5.6-Dibenzo-pyridin. Der Name deutet auf die Reizwirkung auf

Acridin — Phenanthridin

Haut und Schleimhäute. 2.3;4.5-Dibenzo-pyridin wird wegen seiner strukturellen Beziehung zu Phenanthren als **Phenanthridin** bezeichnet.

o-Phenanthrolin enthält zwei Stickstoffatome an Stelle von zwei CH-Gruppen im Phenanthrenkern. Die räumliche Lage der Stickstoffatome gestattet die Bildung beständiger Komplexkationen mit Metallionen. Der *Eisenchelatkomplex* (S. 784), in welchem das Eisen die Koordinationszahl sechs hat, ist ein wertvoller Oxydations-Reduktions-Indikator; er ist in der reduzierten Form intensiv rot, in der oxydierten Form schwach blau.

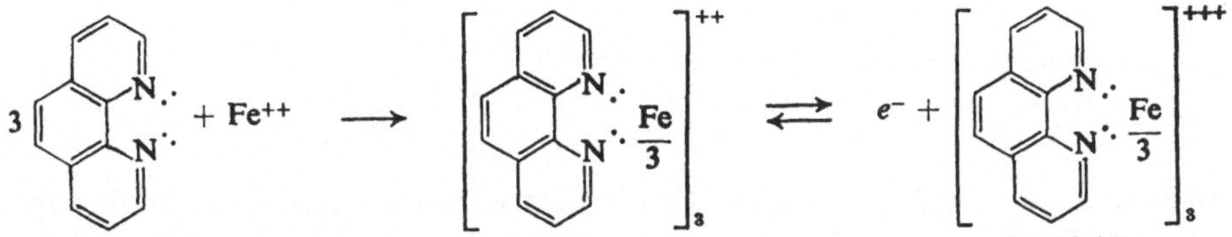

o-Phenanthrolin — intensiv rot — schwach blau

o-Phenanthrolin dient auch als nichtmetallischer Katalysator zur Polymerisation trocknender Öle. Es kann durch Skraupsche Synthese aus o-Phenylendiamin dargestellt werden.

Pyrane. Der sechsgliedrige Ring mit einem Heterosauerstoffatom und zwei Doppelbindungen hat den Namen *Pyranring*. Die Oxoniumsalze bilden ein aromatisches System und heißen *Pyryliumsalze*.

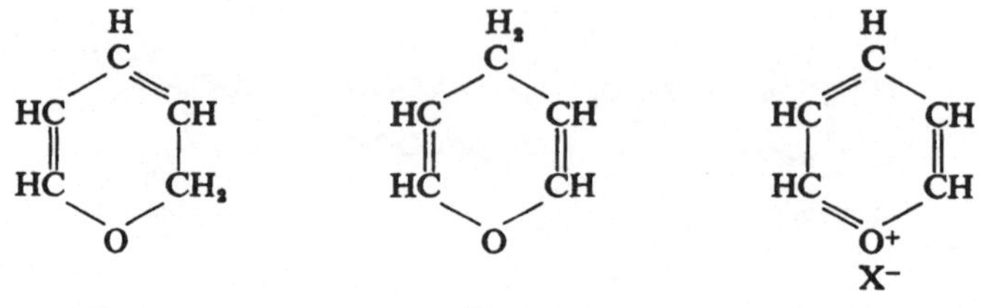

$$\alpha\text{-Pyran} \qquad \gamma\text{-Pyran} \qquad \text{Pyryliumsalz}$$

Ein einfaches Pyran oder Pyryliumsalz ist nicht bekannt. **Dihydropyran** entsteht aus Tetrahydrofurfurylalkohol durch katalytische Dehydratisierung unter Ringerweiterung. Katalytische Hydrierung von Dihydropyran führt zu **Tetrahydropyran.**

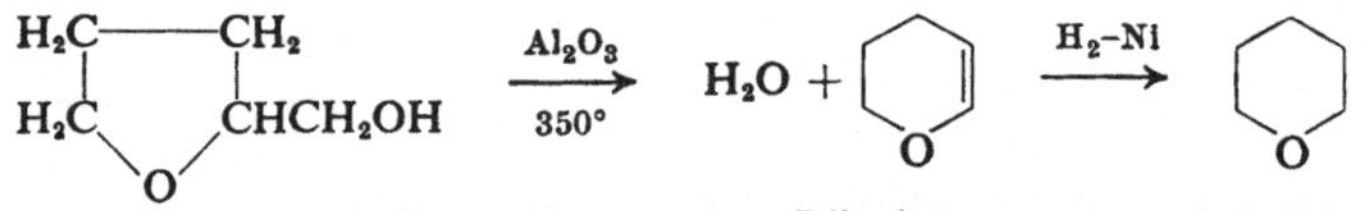

$$\text{Dihydropyran} \qquad \text{Tetrahydropyran}$$

Hydrolyse von Dihydropyran gibt **δ-Hydroxy-valeraldehyd.** Durch Hydrolyse und gleichzeitige Hydrierung entsteht **Pentandiol-(1.5).**

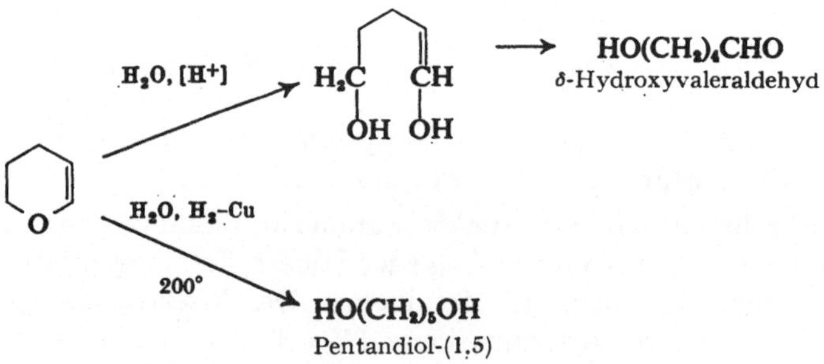

$$HO(CH_2)_4CHO$$
δ-Hydroxyvaleraldehyd

$$HO(CH_2)_5OH$$
Pentandiol-(1.5)

Alkohole werden leicht unter Bildung cyclischer Acetale addiert.

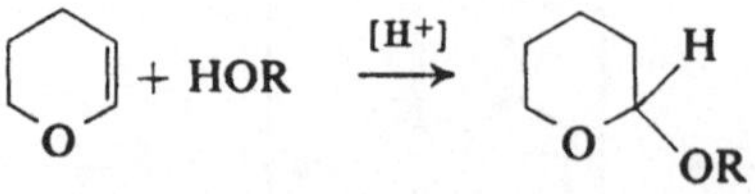

Die Acetale sind beständig gegen Alkalien sowie Reduktions- und Acylierungsmittel, doch können die Alkohole durch saure Hydrolyse regeneriert werden. Dieser Reaktion bedient man sich zum Maskieren von Hydroxylgruppen, wenn an komplizierten Molekülen andere Reaktionen auszuführen sind.

    2-Aldehydo-2.3-dihydro-γ-pyran ist als Dimeres des Acroleins (S. 807) leicht zugänglich. Es kann zu **2-Hydroxymethyl-tetrahydropyran** hydriert werden.

Kojisäure, die sich bei Vergärung von Stärke durch *Aspergillus oryzae* bildet, **Maltol,** das erstmals aus Lärchenrinde isoliert wurde, und **Chelidonsäure** aus dem gemeinen Schellkraut *(Chelidonium majus)* sind γ-Pyrone.

Kojisäure   Maltol   Chelidonsäure

Die schwach sauren Eigenschaften der Kojisäure werden von dem enolischen Hydroxyl verursacht. Maltol entsteht auch durch trockne Destillation von Kohlenhydraten und Hartholz. Es hat die Eigenschaft, nichtstickstoffhaltige Geschmacksstoffe zu verstärken, ebenso wie Mononatriumglutamat stickstoffhaltige Geschmacksstoffe verstärkt (S. 318).

Benzopyrane kommen häufig in Pflanzen vor, und vielen von ihnen kommt beträchtliches Interesse zu. So enthält das Keimöl von Samen, speziell Weizenkeimöl, Substanzen, die als *Vitamin E* bezeichnet werden, und die für Wachstum und normale Fortpflanzung der Ratte notwendig sind. Mindestens vier aktive Verbindungen sind zugegen; sie werden *Tokopherole* genannt (griech. *tokos* Nachkommenschaft; *pherein* tragen). Die aktivste ist **α-Tokopherol,** dessen racemische Form aus Trimethylhydrochinon und Phytylbromid synthetisiert wurde (S. 907).

α-Tokopherol

Die Tokopherole sind in Nahrungsmitteln weit verbreitet. Der Zusatz zur Nahrung für Menschen und Tiere zu therapeutischen Zwecken ist umstritten. Die Tokopherole haben eine ausgeprägte oxydationshemmende Wirkung und vermindern die Geschwindigkeit, mit der fetthaltige Nahrungsmittel ranzig werden (S. 935).

Das Harz aus den Blütenstauden von Hanf *(Cannabis sativa)* wird seit dem Altertum wegen seiner physiologischen Wirkung verwendet. Das Harz ist als *Haschisch* oder *Bhang* bekannt, die getrockneten Pflanzenspitzen als *Marihuana*. Die aktiven Bestandteile sind vermutlich isomere **Tetrahydrocannabinole,** von denen eines synthetisiert wurde.

Tetrahydrocannabinol

Rotenon

Rotenon enthält zwei Dihydropyranringe und einen Dihydrofuranring. Es gehört zu den aktiven Bestandteilen verschiedener Pflanzen, die als Insecticide benutzt werden. Sie sind auch stark giftig für Fische, für den Menschen aber relativ harmlos. Daher können sie ohne Bedenken bei Nahrungspflanzen angewendet werden. Rotenon und verwandte Verbindungen wurden in siebenundsechzig Pflanzenarten nachgewiesen, doch die hauptsächlichen, wirtschaftlich genutzten Vorkommen sind die Wurzeln von *Derris elliptica*, die in Malaya und Ostindien angebaut wird, und von *Lonchocarpus nicou* (Timbowurzel), die in Südamerika gepflanzt wird. Die der Gruppe der **Anthocyane** angehörenden Blütenfarbstoffe enthalten ebenfalls einen Pyranring. Sie werden in Kapitel 31 besprochen.

Xanthon *(Dibenzo-γ-pyron)* wird durch thermische Zersetzung von Salicylsäurephenylester erhalten.

Xanthon

Durch Reduktion von Xanthon entsteht **Xanthydrol** das mit primären Amiden feste, zur Identifizierung geeignete Derivate liefert und auch zur quantitativen Bestimmung von Harnstoff verwendet wird.

Xanthydrol

Ringverbindungen mit zwei oder mehr Heteroatomen

Von der sehr großen Zahl von Verbindungen dieser Gruppe werden hier nur die wichtigeren behandelt.

Fünfgliedrige Ringe

Pyrazole und **Imidazole** enthalten je zwei Heterostickstoffatome im Ring. **Histidin,** das einen Imidazolring enthält, ist eine essentielle Aminosäure (S. 316).

$$\underset{\text{Pyrazol}}{\begin{array}{c} \text{HC}\overset{4}{\underset{}{}}\text{—}\overset{3}{\text{CH}} \\ \text{HC}\underset{5}{\underset{}{}}\text{║}\quad\text{N} \\ \overset{}{\underset{1}{\text{N}}}\overset{}{\underset{2}{}} \\ \text{H} \end{array}} \qquad \underset{\text{Imidazol}}{\begin{array}{c} \text{HC}\overset{4}{}\text{—}\overset{3}{\text{N}} \\ \text{HC}\underset{5}{}\quad\text{CH} \\ \underset{1}{\text{N}}\underset{2}{} \\ \text{H} \end{array}} \qquad \underset{\text{Histidin}}{\begin{array}{c} \text{HC}═\text{CCH}_2\text{CHCOOH} \\ \text{N}\quad\text{NH}\quad\text{NH}_2 \\ \text{C} \\ \text{H} \end{array}} \qquad \underset{\text{Histamin}}{\begin{array}{c} \text{HC}═\text{CCH}_2\text{CH}_2\text{NH}_2 \\ \text{N}\quad\text{NH} \\ \text{C} \\ \text{H} \end{array}}$$

Histamin entsteht sicher aus Histidin durch Decarboxylierung und kommt in allen Körpergeweben vor. Es ist extrem giftig, wenn es dem Organismus parenteral, d. h. nicht auf dem Wege durch den Darm zugeführt wird, und muß also in den Geweben an Protein gebunden sein. Keine andere chemische Verbindung übt ähnlich vielfältige Wirkungen aus. Nahezu jedes Gewebe reagiert irgendwie auf Histamin. Übermäßige Mengen von freiem Histamin gelten als Ursache vieler Allergien. Seit 1941 wurden viele synthetische organische Verbindungen gefunden, die Allergieerscheinungen, wie die durch Heuschnupfen, Giftsumach und andere Sumacharten und gewöhnliche Erkältung hervorgerufenen, erleichtern können. Sie werden als *Antihistamine* bezeichnet (S. 555, 662, 676).

Die *Hydantoine* enthalten das Imidazolringsystem. **Hydantoin** kann durch Cyclisierung von Hydantoinsäure dargestellt werden, die ihrerseits durch Kochen von Glycin mit Harnstoff erhalten wird. Der Name Hydantoin wurde von BAEYER geprägt, der die Verbindung durch Reduktion von Allantoin (S. 680) mit Jodwasserstoff erhielt. Hydantoinsäure wurde erstmals durch Hydrolyse von Hydan-

$$\text{HOOCCH}_2\text{NH}_2 + \text{H}_2\text{NCONH}_2 \longrightarrow \text{NH}_3 + \underset{\text{Hydantoinsäure}}{\begin{array}{c} \text{CH}_2\text{——NH} \\ |\qquad\quad\searrow \\ |\qquad\qquad\text{CO} \\ |\qquad\quad\nearrow \\ \text{COOH}\ \text{H}_2\text{N} \end{array}} \xrightarrow[\substack{\text{mit verd.} \\ \text{Säure}}]{\text{Erhitzen}} \underset{\textbf{Hydantoin}}{\begin{array}{c} \text{CH}_2\text{—NH} \\ |\qquad\quad\searrow \\ |\qquad\qquad\text{CO} \\ |\qquad\quad\nearrow \\ \text{CO——NH} \end{array}}$$

toin dargestellt. Das Natriumsalz des Diphenylhydantoins, bekannt als **Epanutin,** wird zur Behandlung von Epilepsie verwendet. Es hat eine krampflösende Wirkung, die der des Luminals (S. 675) gleichkommt, wirkt aber in geringerem Grade sedativ.

$$\underset{\text{Epanutin}}{\begin{array}{c} (\text{C}_6\text{H}_5)_2\text{C}\text{———NH} \\ |\qquad\qquad\searrow \\ |\qquad\qquad\quad\text{CONa} \\ |\qquad\qquad\nearrow \\ \text{CO——N} \end{array}} \qquad \underset{\substack{\text{1.3-Dibrom-5.5-} \\ \text{dimethyl-hydantoin}}}{\begin{array}{c} (\text{CH}_3)_2\text{C}\text{———NBr} \\ |\qquad\qquad\searrow \\ |\qquad\qquad\quad\text{CO} \\ |\qquad\qquad\nearrow \\ \text{CO——NBr} \end{array}} \qquad \underset{\text{Liponsäure}}{\begin{array}{c} \text{H}_2\text{C——CH(CH}_2)_4\text{COOH} \\ \text{H}_2\text{C}\quad\text{S} \\ \text{S} \end{array}}$$

1.3-Dibrom-5.5-dimethyl-hydantoin ist beständiger als *N*-Brom-succinimid (S. 842) und kann für die gleichen Zwecke verwendet werden. Das Chloranalogon reagiert mit Wasser unter Bildung von unterchloriger Säure und kann als in trocknem Zustand stabiles Bleichmittel in Waschmitteln verwendet werden.

Liponsäure (Thioctansäure) enthält den *1.2-Dithiolanring*. Sie spielt eine Rolle in den an der Photosynthese und am Kohlenhydrat-Stoffwechsel beteiligten Enzymsystemen.

Der fünfgliedrige, ein Sauerstoff- und ein Stickstoffatom in Nachbarstellung enthaltende Ring wird als **Isoxazolring** bezeichnet; steht eine CH-Gruppe zwischen den Heteroatomen, dann heißt der Ring **Oxazolring**. Die Schwefel-Stickstoff-Analoga werden **Isothiazole** und **Thiazole** genannt.

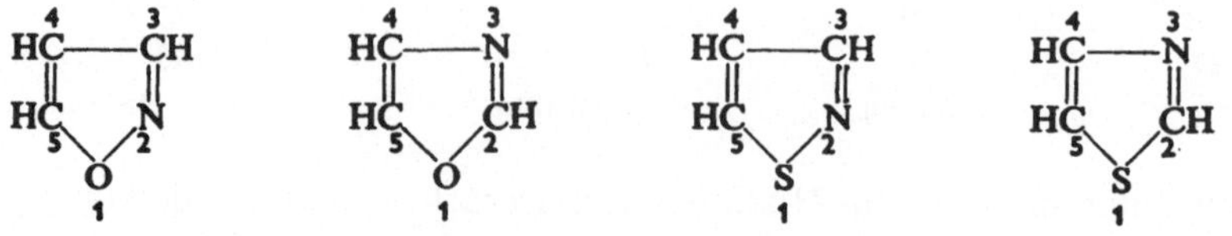

$$\text{Isoxazol} \qquad \text{Oxazol} \qquad \text{Isothiazol} \qquad \text{Thiazol}$$

Azlactone enthalten den Oxazolring. Sie bilden sich durch Dehydratisierung von acylierten Glycinen mit Acetanhydrid unter Ringschluß. Im selben Arbeitsgang kann Kondensation mit einem Aldehyd durchgeführt werden; das Reaktionsprodukt liefert nach Reduktion und Hydrolyse eine α-Aminosäure.

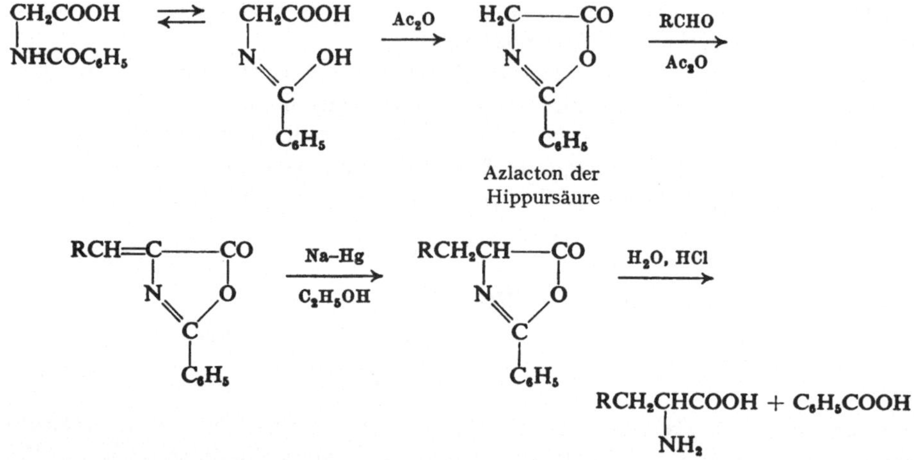

$$\text{Azlacton der Hippursäure}$$

$$RCH_2CHCOOH + C_6H_5COOH$$
$$\quad\ \ |$$
$$\quad NH_2$$

Rhodanin *(2-Mercapto-4-hydroxy-thiazol)* entsteht durch Umsetzung von Natriumchloracetat mit Ammoniumdithiocarbaminat. Es ist in der organischen Synthese vielseitig anwendbar, da sich die Methylengruppe der Ketoform mit Aldehyden kondensiert. Der Ring stellt einen Imidothioester dar und kann daher unter

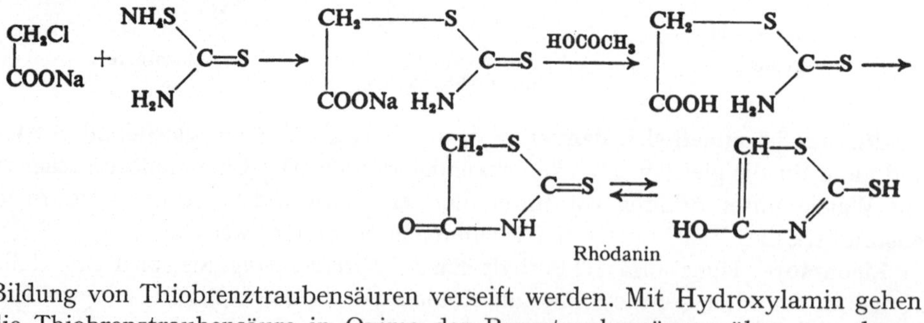

$$\text{Rhodanin}$$

Bildung von Thiobrenztraubensäuren verseift werden. Mit Hydroxylamin gehen die Thiobrenztraubensäure in Oxime der Brenztraubensäuren über, aus denen α-Aminosäuren, Nitrile, Amine und substituierte Essigsäuren dargestellt werden können.

Diese Reaktionen kommen besonders in Betracht für die Synthese von arylsub-
stituierten Verbindungen, ausgehend von aromatischen Aldehyden.

2-Methyl-benzthiazol entsteht bei der Oxydation von Thioacetanilid.

Die Methylgruppe ist wie bei α-Picolin und Chinaldin durch das doppelt gebundene
Stickstoffatom aktiviert und unterliegt Kondensationsreaktionen wie ein Methylketon.

2-Mercapto-benzthiazol *(Captax)* ist ein wichtiger Vulkanisationsbeschleuniger.
Er bildet sich durch Erhitzen von Thiocarbanilid (S. 509) mit Schwefelkohlenstoff
und Schwefel.

Die natürlichen **Penicilline,** die ersten in der Medizin verwendeten Antibiotica,
enthalten das Thiazolringssystem. 1955 wurden in den USA über 200 000 kg
Penicillin G hergestellt, hauptsächlich aus Kulturen von *Penicillium chrysogenum.*
Während des zweiten Weltkrieges arbeiteten schätzungsweise tausend Chemiker
in neununddreißig Laboratorien Großbritanniens und der USA über Struktur und
Synthese des Penicillins mit einem Kostenaufwand von 20 Millionen Dollar. Eine
brauchbare Synthese wurde jedoch erst 1957 entwickelt.

PENICILLIN	R
G oder II	$C_6H_5CH_2$—
X oder III	$p\text{-}HOC_6H_4CH_2$—
F oder I	$CH_3CH_2CH=CHCH_2$—
Dihydro F	$CH_3(CH_2)_4$—
Flavicidin	$CH_3CH=CH(CH_2)_2$—
K oder IV	$CH_3(CH_2)_6$—
V	$C_6H_5OCH_2$—

Natürliche Penicilline

Die cyclischen Acetale und Carbonate, die sich aus 1.2-Glykolen (S. 783) bilden, enthalten einen fünfgliedrigen Ring mit zwei Heterosauerstoffatomen.

$$\begin{array}{cc} \text{RCH—O} & \text{RCH—O} \\ \quad\quad\quad\text{CHR} & \quad\quad\quad\text{C=O} \\ \text{RCH—O} & \text{RCH—O} \end{array}$$

Ein cyclisches   Ein cyclisches
Acetal   Carbonat

Wenn N-Nitroso-N-phenyl-glycin mit Acetanhydrid erhitzt wird, wird Wasser abgespalten, und es bildet sich eine Verbindung mit einem 1.2.3-Oxadiazol-Ring. Verbindungen dieser Art, die nach der Universität Sydney, wo sie entdeckt wurden, *Sydnone* genannt werden, wurden zuerst als Vierring mit einem Dreiring kondensiert formuliert. Dipolmoment-Messungen zeigen, daß mesomere Dipolmoleküle vorliegen, für die die Bezeichnung *mesoionisch* geprägt wurde (S. 279).

Mehrere Tetrazolderivate sind von praktischer Bedeutung. **Tetracen** ist ein Initialsprengstoff, der Bleiazid oder Knallquecksilber ersetzen kann. Es entsteht in einer verwickelten Reaktionsfolge beim Behandeln von Aminoguanidiniumnitrat mit Natriumnitrit.

Tetrazol   Tetracen

Arylhydrazone kuppeln mit Diazoniumsalzen unter Bildung tieffarbiger, in Wasser unlöslicher *Formazane*. Diese können zu farblosen, wasserlöslichen **Tetrazoliumsalzen** oxydiert werden.

$$\text{RCH=NNHAr} + \text{Ar'N}_2{}^{+-}\text{Cl} \xrightarrow{[^-\text{OH}]} \begin{array}{c}\text{RC=NNHAr}\\ |\\ \text{N=NAr'}\end{array}$$

farbiges Formazan

$$\begin{array}{c}\text{RC=NNHAr}\\ |\\ \text{N=NAr'}\end{array} + \text{H}_2\text{O}_2 + \text{HCl} \xrightarrow{\text{V}_2\text{O}_5} \left[\begin{array}{c}\text{RC=N}\\ |\quad\quad\text{NAr}\\ \text{N=N}\\ \quad\quad\text{Ar'}\end{array}\right][^-\text{Cl}] + 2\,\text{H}_2\text{O}$$

farbloses Tetrazoliumchlorid

Die Reduktion der Tetrazoliumsalze zu Formazanen kann leicht mit verschiedenen Reagentien einschließlich biologischer Systeme durchgeführt werden. Wenn Gewebe mit einem Tetrazoliumsalz behandelt werden, wird an der Stelle, wo die Reduktion stattfindet, das farbige, unlösliche Formazan abgelagert. **Triphenyltetrazoliumchlorid,** das bei biologischen Untersuchungen am häufigsten verwendet

wird, wird aus Benzaldehyd-phenylhydrazon und Benzoldiazoniumchlorid dargestellt und gibt ein rotes Formazan. Das Diformazan aus Benzaldehyd-phenylhydrazon und diazotiertem o-Dianisidin wird **Tetrazoliumblau** genannt.

Sechsgliedrige Ringe

Es sind drei sechsgliedrige Ringsysteme mit zwei Stickstoffatomen bekannt,
nämlich die 1.2-Diazine oder Pyridazine, die 1.3-Diazine oder Pyrimidine und die
1.4-Diazine oder Pyrazine.

1.2-Diazin   1.3-Diazin   1.4-Diazin
oder Pyridazin   oder Pyrimidin   oder Pyrazin

Pyridazine bilden sich, wenn 1.4-Diketone mit Hydrazin in Gegenwart von Luft
reagieren. Die Gruppe ist im ganzen von geringer Bedeutung.

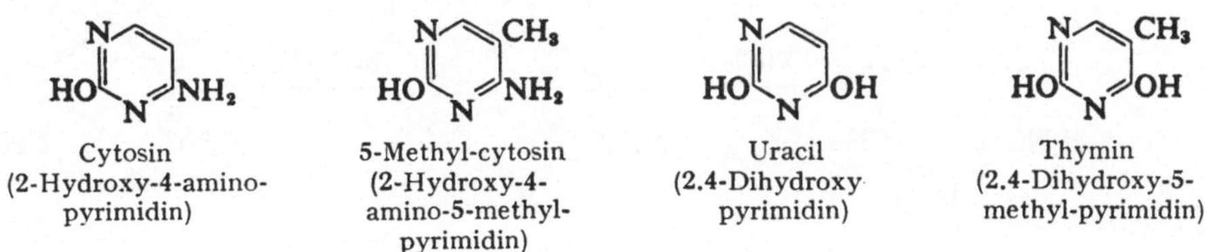

Verbindungen, die den **Pyrimidinring** enthalten, kommen in allen lebenden
Zellen vor. Durch Hydrolyse von Nucleinsäuren aus Nucleoproteiden entstehen
die Pyrimidine **Cytosin, 5-Methyl-cytosin, Uracil** und **Thymin,** daneben Purine,
D-Ribose oder 2-Desoxy-D-ribose und Phosphorsäure.

Cytosin   5-Methyl-cytosin   Uracil   Thymin
(2-Hydroxy-4-amino-   (2-Hydroxy-4-   (2.4-Dihydroxy·   (2.4-Dihydroxy-5-
pyrimidin)   amino-5-methyl-   pyrimidin)   methyl-pyrimidin)
                       pyrimidin)

Die meisten Methoden zur Synthese von Pyrimidinen gehen von der Reaktion
eines Malonesters (S. 845) oder eines β-Ketosäureesters (S. 863) mit Amidinen oder
mit Harnstoff oder Thioharnstoff aus. Zum Beispiel entsteht **Barbitursäure**[1]
(2.4.6-Trihydroxy-pyrimidin) durch Umsetzung von Harnstoff mit Malonsäure-

---

[1] Barbitursäure wurde erstmals von BAEYER (S. 648) aus Harnsäure dargestellt
und nach einer Freundin namens Barbara benannt. Nach einer weniger hübschen
Version hängt der Name mit dem Tag der Entdeckung — St. Barbaras Tag — zusammen.

diäthylester (S. 836). Die Reaktion von Barbitursäure mit Phosphortrichlorid führt zum Trichlorderivat, das mit Zinkstaub und Wasser zu Pyrimidin reduziert werden kann.

Kondensation von Formylessigsäureäthylester (S. 860) mit Guanidin gibt 2-Amino-4-hydroxy-pyrimidin, das bei der Reduktion **2-Amino-pyrimidin** liefert, ein Zwischenprodukt für die Synthese von Sulfadiazin (S. 517).

Thymin kann aus 2-Formyl-propionsäureäthylester und *S*-Methyl-thioharnstoff synthetisiert werden.

Die **Barbiturate** bilden eine wichtige Gruppe unter den Pyrimidinderivaten. Es sind cyclische Diimide, die durch Kondensation von Harnstoff oder Thioharnstoff mit disubstituierten Malonestern dargestellt werden und beständige Natriumsalze bilden.

Die Enolform der Barbitursäure wird durch Resonanz des Pyrimidinrings stabilisiert. Die elektronenanziehenden Eigenschaften der beiden Stickstoffatome erhöhen die Acidität der zwischen ihnen stehenden COH-Gruppe sehr stark, so daß die Acidität von Barbitursäure ($K_s = 1 \times 10^{-4}$) selbst die von Essigsäure ($K_s = 1{,}8 \times 10^{-5}$) übertrifft. Die beiden Alkylsubstituenten in den Barbituraten verhindern, daß sich das Molekül aromatisiert, doch ist die Iminogruppe zwischen zwei Carbonylgruppen noch immer erheblich saurer (K_s: etwa 10^{-8}) als Phenol (K_s: 10^{-10}). Daher bilden auch diese Barbitursäurederivate wasserlösliche Natriumsalze.

In der Medizin werden sowohl die freien Verbindungen als auch ihre Natriumsalze verwendet. Die Barbiturate üben eine sedative Wirkung auf das Zentralnervensystem aus und sind wertvolle Beruhigungs- und Schlafmittel. **Veronal** *(Barbital)* (R_1 und $R_2 = C_2H_5$) wurde 1882 erstmals aus dem Silbersalz der Barbitursäure durch Umsetzung mit Äthyljodid synthetisiert. 1903 entdeckte VON MERING seine Schlafmittel-Wirkung und nannte es *Veronal*, weil er Verona für die ruhevollste Stadt der Welt hielt. Barbital ist der ungeschützte Name. Die Synthese aus Diäthylmalonsäurediäthylester wurde von EMIL FISCHER entwickelt. **Phenobarbital** ($R_1 = $ Äthyl, $R_2 = $ Phenyl) wurde einige Jahre später unter dem Handelsnamen *Luminal* eingeführt. Seine spezifische Wirkung ist die Verhütung epileptischer Anfälle. **Amytal** ($R_1 = $ Äthyl, $R_2 = $ Isoamyl) und **Pentobarbital (Nembutal)** ($R_1 = $ Äthyl, $R_2 = $ 1-Methyl-butyl) wirken schneller, haben aber eine kürzere Wirkungsdauer als Veronal oder Luminal. **Seconal (Rectidon)** ($R_1 = $ Allyl, $R_2 = $ 1-Methyl-butyl) wirkt noch schneller und für relativ kurze Zeit.

Der massenhafte Verbrauch von Barbituraten und die überdosierte Anwendung wird zu einer Gefahr für einen großen Teil der Bevölkerung. In den USA wurden 1955 fast 200000 kg Luminal und die gleiche Menge an anderen Barbituraten hergestellt, das entspricht zwölf 0,2 g-Dosen pro Kopf der Bevölkerung.

Pentothal-Natrium ist ein Thiobarbiturat, das nach intravenöser Injektion Vollnarkose hervorruft. Die Verwendung der Barbiturate für die Narkose erfordert Sorgfalt, da die anaesthetische Dosis 50—70 % der letalen Dosis beträgt. Der Vorteil besteht in der einfachen Handhabung und der schnellen Erholung der Patienten.

Pentothal-Natrium

Alloxan

Alloxan wurde 1817 aus den Oxydationsprodukten der Harnsäure (S. 680) isoliert. Die 1943 erfolgte Entdeckung, daß orale oder parenterale Gabe an Tiere eine Zerstörung der Langerhansschen Inseln in der Pankreasdrüse und damit Diabetes bewirkt, erneuerte das Interesse an der Verbindung.

Thiamin *(Vitamin B₁, Aneurin)* enthält einen Pyrimidinkern, der durch eine Methylengruppe mit einem Thiazolkern verknüpft ist. Das Fehlen von Aneurin in der Nahrung bewirkt die beim Menschen als Beriberi, bei Vögeln als Polyneuritis bekannten Mangelkrankheiten. Das Pyrophosphat ist das Coenzym **Cocarboxylase,** die für die enzymatische Decarboxylierung von Brenztraubensäure (S. 857) erforderlich ist. Der aktive Teil des Enzyms dürfte das Liponsäureamid der Cocarboxylase sein (S. 669).

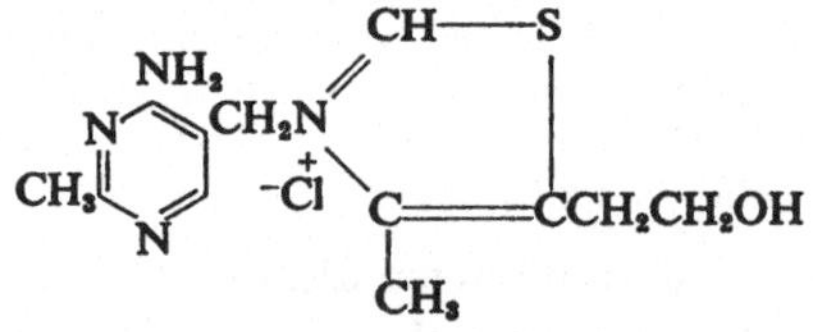

Thiamin
(Vitamin B₁, Aneurin)

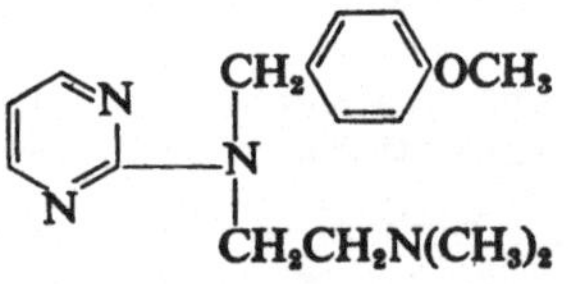

Neohetramin

Neohetramin gehörte zu den ersten Antihistaminen (S. 669), die in den USA ohne ärztliches Rezept verkauft werden durften.

Pyrazine werden aus den Kondensationsprodukten von α-Aminoaldehyden oder α-Aminoketonen durch Luftoxydation erhalten.

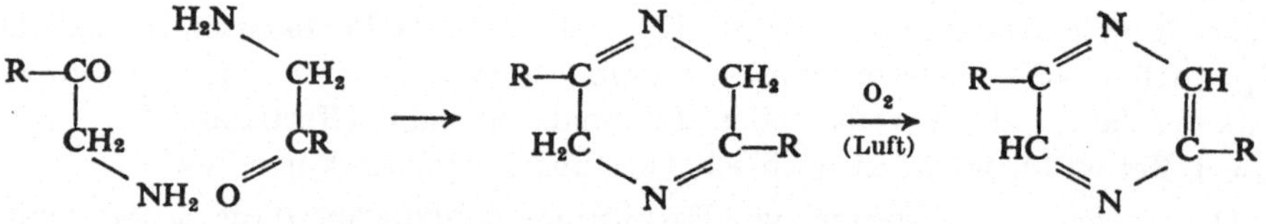

Hexahydropyrazine werden **Piperazine** genannt. Die Hydrochloride bilden sich beim Erhitzen der Hydrochloride von 1.2-Diaminen.

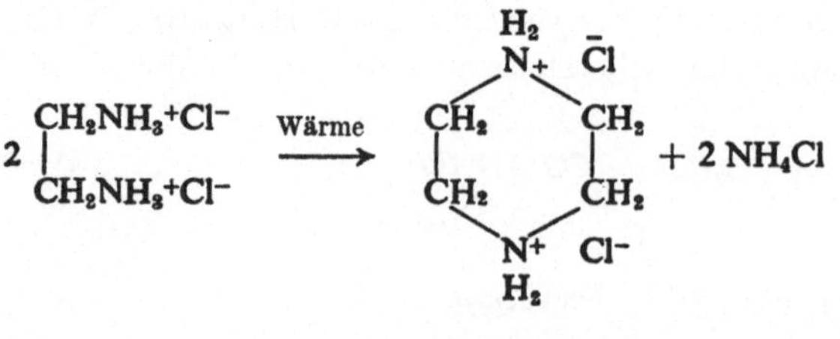

Piperazin-dihydrochlorid

Die **2.5-Diketo-piperazine** sind cyclische Amide, die beim Erhitzen von α-Aminosäuren entstehen (S. 828).

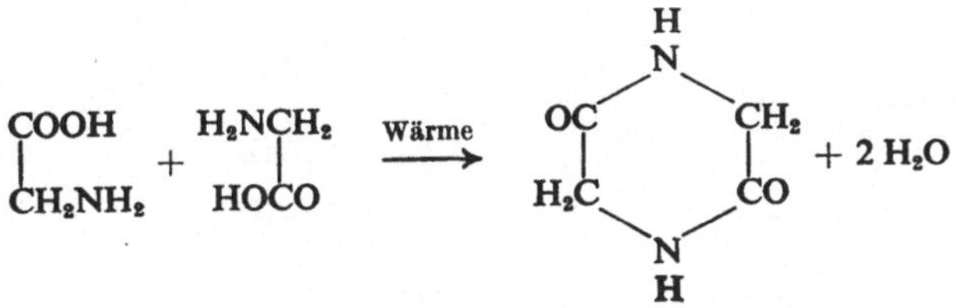

$$\begin{array}{c} COOH \\ | \\ CH_2NH_2 \end{array} + \begin{array}{c} H_2NCH_2 \\ | \\ HOCO \end{array} \xrightarrow{\text{Wärme}} \text{2.5-Diketo-piperazin} + 2\,H_2O$$

2.5-Diketo-piperazin

Benzopyrazine, bekannt als **Chinoxaline,** bilden sich durch Umsetzung von o-Phenylendiaminen mit 1.2-Dicarbonyl-Verbindungen. Ihre Bildung dient als Nachweisreaktion für die letztgenannten.

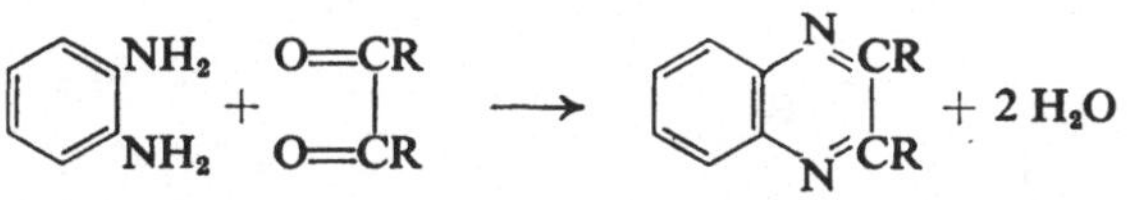

Durch Oxydation von Chinoxalinen entstehen Dicarbonsäuren der Pyrazine, die leicht decarboxyliert werden können.

Chinoxalin   Pyrazin-di-   Pyrazin
                  cárbonsäure-(2.3)

Phenazin (Dibenzopyrazin) bildet sich äußerst leicht bei der Kondensation von o-Phenylendiamin mit o-Benzochinon.

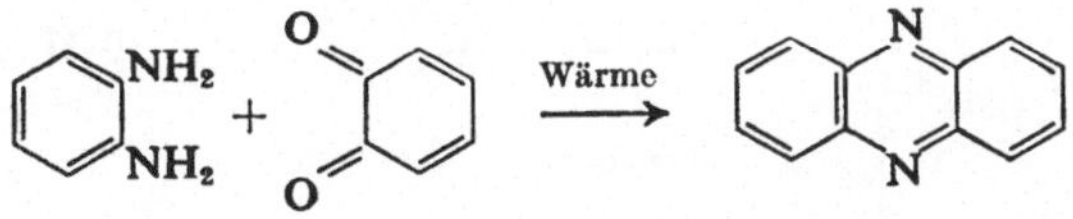

Phenazin

Der Phenazinkern ist in mehreren Farbstoffklassen (S. 728, 735) vorhanden.

Von Bedeutung sind noch einige sechsgliedrige Heterocyclen, die Sauerstoff oder Schwefel enthalten. **1.4-Dioxan** wird durch Wasserabspaltung aus Äthylenglykol oder Diäthylenglykol (S. 786) erhalten, **Morpholin** durch Dehydratisierung von Diäthanolamin (S. 795).

$$2\,HOCH_2CH_2OH \xrightarrow[\substack{H_2SO_4 \\ (4\%\,ig, \\ w\ddot{a}\beta rig)}]{\text{Wärme}} (HOCH_2CH_2)_2O \longrightarrow \text{1.4-Dioxan}$$

Äthylenglykol   Diäthylenglykol

1.4-Dioxan

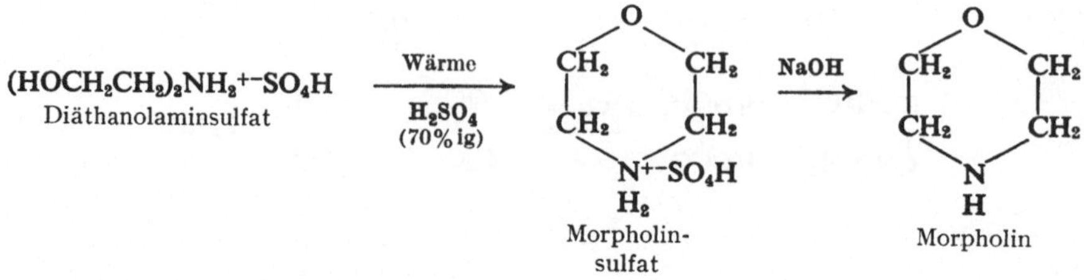

$(HOCH_2CH_2)_2NH_2^+{}^-SO_4H$
Diäthanolaminsulfat

Wärme →
H_2SO_4
(70%ig)

Morpholin-
sulfat

NaOH →

Morpholin

Die cyclischen Anhydride der Hydroxysulfonsäuren und die cyclischen Amide der Aminosulfonsäuren enthalten Schwefel und Sauerstoff bzw. Schwefel und Stickstoff im selben Ring. Sie werden als **Sultone** und **Sultame** bezeichnet.

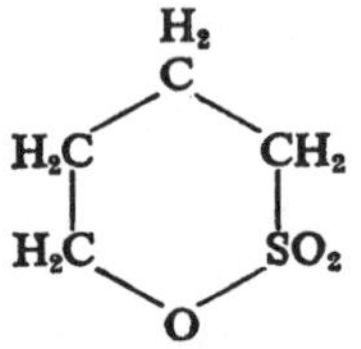

4-Hydroxy-butan-
sulfonsäure-(1)-
sulton

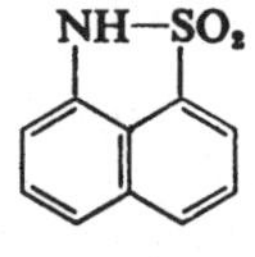

8-Amino-naphtha-
lin-sulfonsäure-
(1)-sultam

Einige Dibenzo-1.4-thiazine sind wichtig. **Phenothiazin** (gelegentlich Thiodiphenylamin genannt) wird durch Erhitzen von Diphenylamin mit Schwefel dargestellt. Es dient in großem Maßstab als Darmantisepticum für Rindvieh und Geflügel. **Chlorpromazin** *(Megaphen)* gehört zu den verbreiteteren psychiatrischen Beruhigungsmitteln.

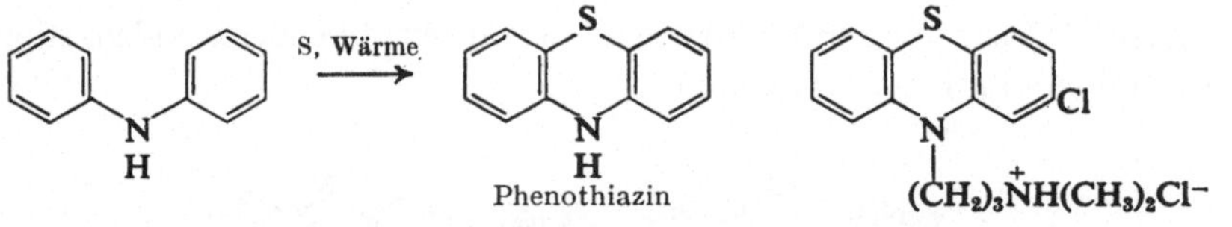

S, Wärme →

Phenothiazin

$(CH_2)_3\overset{+}{N}H(CH_3)_2Cl^-$
Chlorpromazin

Verbindungen mit kondensierten Heteroringen

Die **Purine** bilden die wichtigste Klasse von Verbindungen mit zwei kondensierten heterocyclischen Ringen. Sie enthalten einen Pyrimidinring und einen Imidazolrinz.

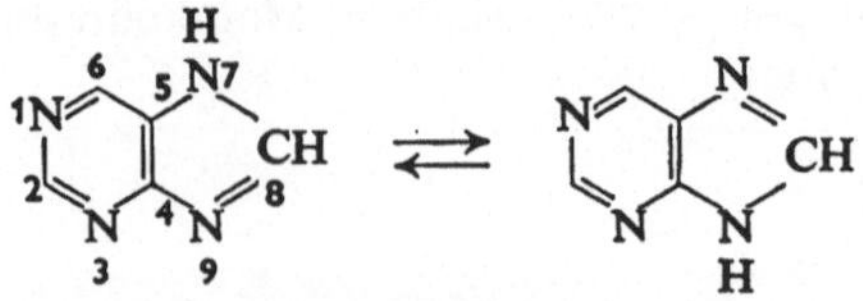

Purin

Amino- und Hydroxyderivate des Purins finden sich neben Pyrimidinen unter den Hydrolyseprodukten der Nucleinsäuren (S. 307). **Adenin** ist 6-Amino-purin, **Hypoxanthin** 6-Hydroxy-purin, **Guanin** (von Guano) 2-Amino-6-hydroxy-purin

und **Xanthin** 2.6-Dihydroxy-purin. Die chemischen Eigenschaften der Nucleinsäuren im allgemeinen und der Ribonucleinsäure im besonderen sind in Abb. 87
schematisch dargestellt.

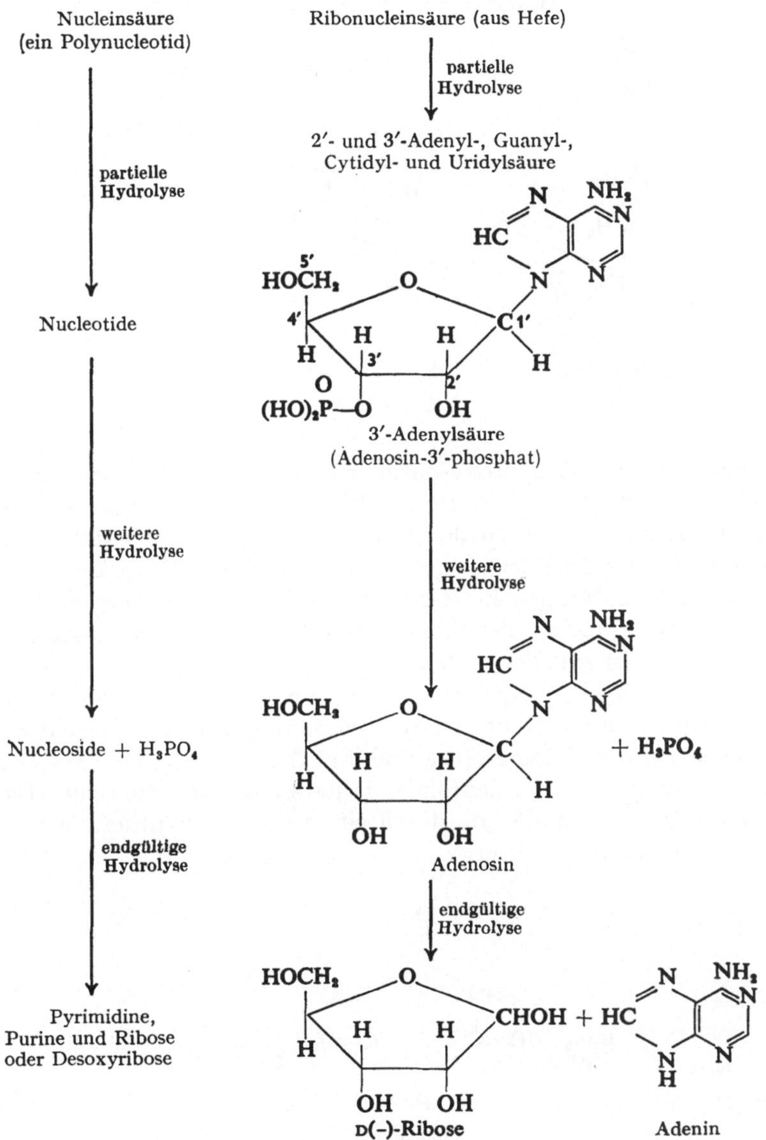

Abb. 87. Hydrolyseprodukte der Nucleinsäuren

Muskeladenylsäure ist Adenosin-5'-monophosphat (AMP). Ihre reversible Umwandlung in Adenosin-5'-diphosphat (ADP) und Adenosin-5'-triphosphat (ATP),
in denen alle Phosphorsäureeinheiten durch Phosphorsäureanhydrid-Bindungen
miteinander verknüpft sind, spielt eine wichtige Rolle im Kohlenhydrat-Stoffwechsel. **Coenzym A,** das für den Stoffwechsel der Kohlenhydrate und Fette und

für die Bildung von Acetylcholin unentbehrlich ist, ist ein Ester von Pantethein (S. 829) und einem polyphosphorylierten Adenosin.

$$CH_2C(CH_3)_2CHOHCONHCH_2CH_2CONHCH_2CH_2SH$$

Coenzym A

Harnsäure ist 2.6.8-Trihydroxy-purin. Sie kommt im Blut und im Urin vor und kann die Bildung von Blasensteinen bewirken, aus denen sie 1776 erstmals von Scheele isoliert wurde. In den Gelenken abgelagerte Kristalle des Mononatriumsalzes sind Ursache der Gichtschmerzen. Während Harnsäure von Säugetieren nur in geringen Mengen ausgeschieden wird, ist sie bei Raupen, Vögeln und Reptilien das Hauptprodukt des Stickstoff-Stoffwechsels. Guano, der etwa 25% Harnsäure enthält, ist eine der besten natürlichen Quellen.

Die Summenformel $C_5H_4N_4O_3$ wurde 1834 von Liebig und Mitscherlich aufgestellt. Die Konstitution ergibt sich aus der Bildung von Alloxan und Harnstoff bei der Oxydation mit Salpetersäure und von Allantoin bei der Oxydation mit Bleidioxyd. Reduktion von Allantoin mit Jodwasserstoff führt zur Hydantoin (S. 669). Emil Fischer bestätigte durch eine rationelle Synthese aus Barbitursäure die angenommene Struktur.

Harnsäure   Alloxan   Allantoin   Hydantoin

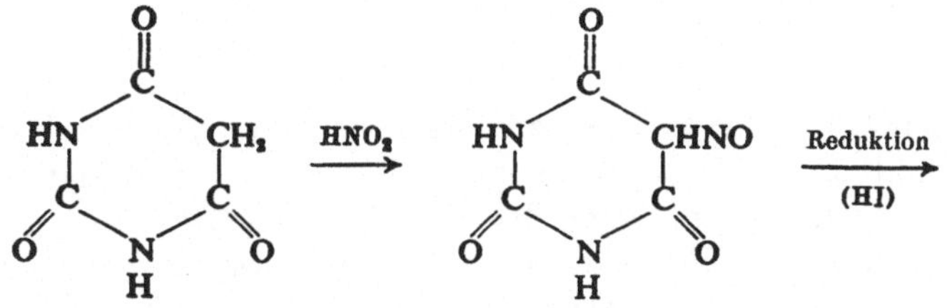

Barbitursäure   Violursäure

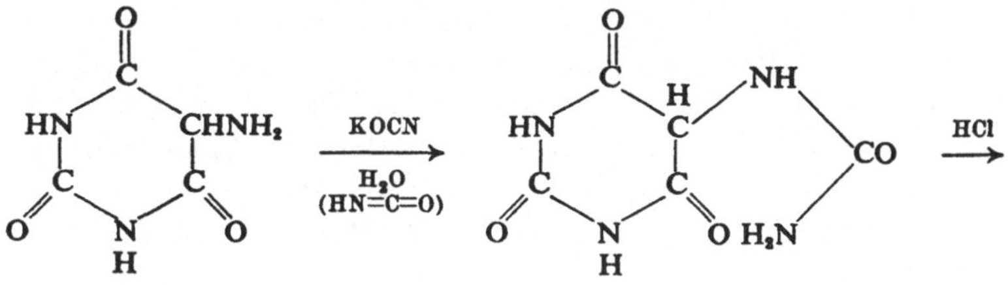

Uramil   Pseudoharnsäure

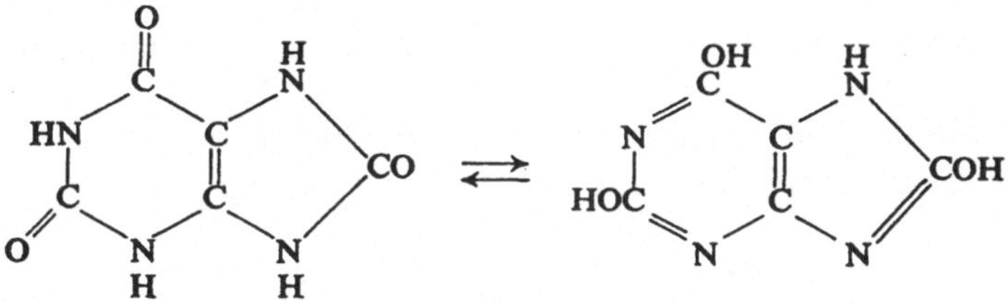

Harnsäure

Die Verbindungen, die die stimulierende Wirkung von Kaffee, Tee und Kakao
verursachen, sind Methylderivate des Xanthins. **Theophyllin** kommt im Tee
(Thea sinensis) vor, **Theobromin** im Kakao *(Theobroma cacao)* und **Coffein** in Tee,
Kaffee *(Coffea arabica)*, Colanüssen *(Cola acuminata)*, Maté *(Ilex paraguayensis)*
und vielen anderen Pflanzen. Über die erste Verwendung von Kaffee und Tee als

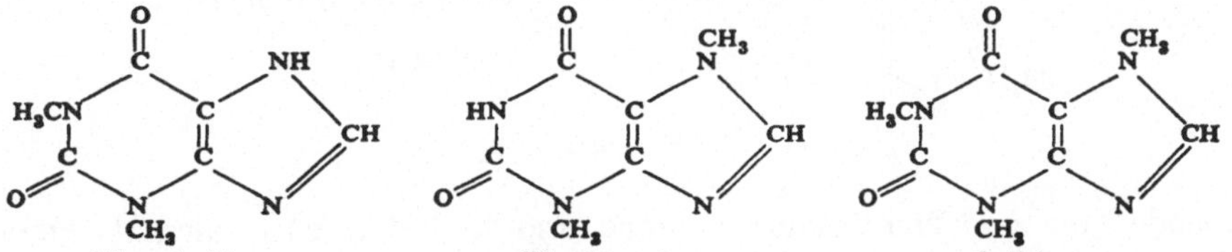

Theophyllin   Theobromin   Coffein

Getränke ist nichts sicheres bekannt. Fest steht, daß die Eingeborenen aller
Gebiete, in denen Pflanzen mit hohem Coffeingehalt heimisch sind, Extrakte der
Pflanze als Getränk nehmen. Alle genannten Verbindungen üben eine stimulierende
Wirkung auf das Zentralnervensystem aus; Coffein wirkt am stärksten, Theobromin am schwächsten. Die wirksame Dosis ist bei Coffein 150 bis 250 mg, entsprechend 1 bis 2 Tassen Kaffee oder Tee. Etwa 80% werden im Körper zu Harnstoff abgebaut, der Rest wird unverändert oder partiell entmethyliert ausgeschieden. Eine Dosis von 10 g gilt bei Coffein als lebensgefährlich, doch ist über

Todesfälle nicht berichtet worden. In den letzten Jahren ist der Konsum an coffeinhaltigen Getränken enorm gestiegen, hauptsächlich wegen ihrer stimulierenden Wirkung. 1955 betrug die Produktion an natürlichem und synthetischem Coffein in den USA rund 520000 kg, das entspricht mehr als 3,5 Milliarden 150 mg-Dosen oder etwa zwanzig pro Kopf der Bevölkerung. Große Mengen Theobromin werden aus gemahlenen Kakaoschalen gewonnen sowie aus den Preßkuchen, die bei der Herstellung von Schokolade abfallen. Die Base wird mit Ätzkalk freigesetzt und mit einem Lösungsmittel extrahiert. Aus 6500 kg Rohmaterial werden etwa 100 kg Theobromin erhalten. Das Theobromin wird nicht als Droge verkauft, sondern durch Methylierung in Coffein übergeführt. Coffein wird auch synthetisch gewonnen, ausgehend von Harnstoff und Cyanessigsäure.

Theophyllin ist eine stärkere Säure ($K_S : 1{,}69 \times 10^{-9}$) als Phenol ($K_S : 1{,}3 \times 10^{-10}$) und ist löslich in wäßrigem Ammoniak. Das Salz aus 8-Chlor-theophyllin und Benadryl (S. 555), **Dramamine** genannt, wird zur Verhütung der See- und Luftkrankheit verwendet. Seine Wirksamkeit scheint völlig auf dem Gehalt an Benadryl zu beruhen.

Mehreren biologisch wichtigen Verbindungen ist der *Pteridinkern* gemeinsam, in dem ein Pyrimidinring mit einem Pyrazinring kondensiert ist. Die **Pterine** (griech. *pteron*, Flügel) sind farblose oder gelbe Verbindungen, die in den Flügeln verschiedener Schmetterlings- und Wespenarten, in Haut und Augen von Fischen und in der Leber und im Urin von Säugetieren vorkommen. Charakteristisch ist ihre ausgeprägte Fluorescenz in neutraler Lösung.

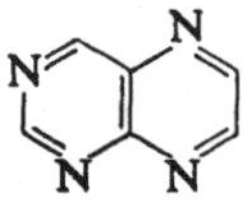

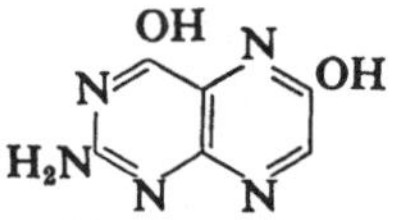

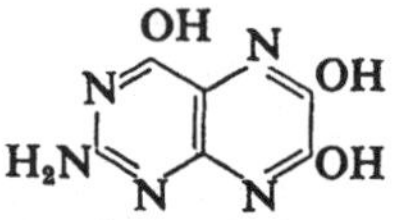

Die **Folsäuren** sind unentbehrlich für das Wachstum bestimmter Mikroorganismen. Der nach Abspaltung der Glutaminsäureeinheiten durch Hydrolyse ver-

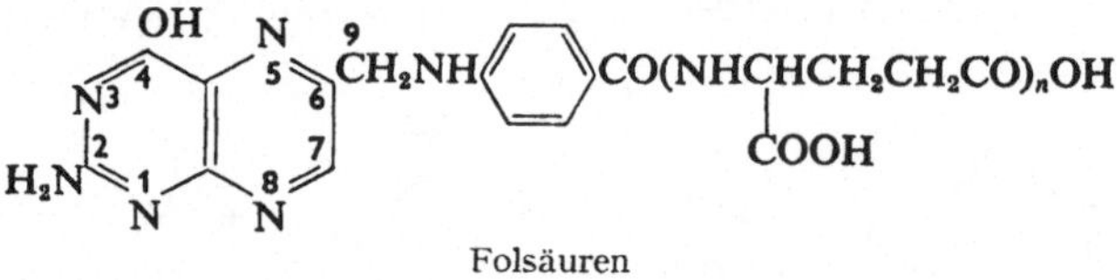

bleibende Rest wird **Pteroinsäure** genannt, und die Folsäuren werden als *Pteroylglutaminsäuren* bezeichnet. **Pteroylglutaminsäure** (n = 1) wird in technischem Maßstab synthetisiert und zur Behandlung von Anämien verwendet. Sie scheint eine Vorstufe des sogenannten *Citrovorum-Faktors*, eines 5.6.7.8-Tetrahydro-*N*-formyl-Derivates, zu sein und ist für die Zellteilung bei Säugetieren erforderlich. **Aminopterin** enthält in 4-Stellung eine Aminogruppe an Stelle einer Hydroxylgruppe. Es ist ein Antimetabolit (S. 588), der die Zellteilung verhindert und zur Behandlung von akuter Leukämie verwendet wird.

Lactoflavin *(Riboflavin)* ist die prosthetische Gruppe der verschiedenen *gelben Fermente* oder *Flavoproteine*. Diese spielen eine Rolle beim Stoffwechsel der α-Aminosäuren und beim aeroben Kohlenhydrat-Stoffwechsel. Lactoflavin ist gelb, und seine Lösungen zeigen im ultravioletten Licht eine starke Fluorescenz. Die Poly-hydroxy-Seitenkette hat die Konfiguration der D-Ribose. In den USA wurden 1955 140 000 kg Lactoflavin im Werte von über 6 Millionen Dollar hergestellt.

Lactoflavin (Vitamin B_2)　　　　　　Biotin

Biotin *(Vitamin H)* ist als Bestandteil der B-Vitamingruppe möglicherweise ebenfalls am Brenztraubensäure-Stoffwechsel beteiligt. Es enthält einen Imidazol-ring, kondensiert mit einem Thiophenring.

„Oxa-aza"-Nomenklatur. Die vielen das Gedächtnis belastenden Namen für die heterocyclischen Strukturen würden bei konsequenter Anwendung des „Oxa-aza"-Nomenklaturprinzips entbehrlich. Nach diesem werden die Heterocyclen auf die entsprechenden carbocyclischen Verbindungen zurückgeführt. *Oxa* oder *Thia* bedeuten Ersatz einer CH_2-Gruppe durch Sauerstoff bzw. Schwefel, *Aza* oder *Phospha* bedeuten Ersatz einer CH-Gruppe durch Stickstoff bzw. Phosphor. Pyridin heißt dann Azabenzol, Dioxan 1.4-Dioxa-cyclohexan, Xanthopterin 2.8-Dihydroxy-6-amino-1.4.5.7-tetraaza-naphthalin.

Alkaloide

Die Bezeichnung *Alkaloid* bedeutet *alkaliähnlich*; definiert werden die Alkaloide gewöhnlich als basische, stickstoffhaltige Pflanzenprodukte, die nach Eingabe im tierischen Organismus eine ausgeprägte physiologische Wirkung ausüben. Es werden jedoch einige Verbindungen zu den Alkaloiden gezählt, die dieser De-finition nicht gerecht werden. Piperin zum Beispiel, das Alkaloid des Pfeffers, ist nicht basisch und hat praktisch keine physiologische Wirkung. Andererseits sind einige Substanzen wie das Coffein so harmlos, daß sie, obwohl unstreitig Alkaloide, häufig nicht als solche betrachtet werden. Ferner sind manche Verbindungen den Alkaloiden entweder strukturell so nahe verwandt oder so ähnlich in ihrer physio-logischen Wirkung, daß es ganz natürlich ist, sie zu den Alkaloiden zu rechnen, obwohl sie nicht der üblichen Definition entsprechen. So sind Adrenalin und Ephedrin nahe verwandt, aber nur Ephedrin ist eine pflanzliches Produkt; Opium und Haschisch (Marihuana) sind beide süchtig machende Drogen von ähnlicher Wirkung, doch ist das aktive Prinzip des letztgenannten nicht basisch und enthält keinen Stickstoff (S. 667).

Coniin kommt in allen Teilen des giftigen Schierlings *(Conium masculatium)* vor. Es ist α-Propylpiperidin, das einfachste Alkaloid. Es wurde aus α-Picolin synthetisiert.

α-Picolin　　　　　　　　　　　　　　　　　　　　　Coniin

Wenigstens zehn Alkaloide kommen im Tabak *(Nicotiana tabacum)* vor. Etwa drei Viertel der Gesamtalkaloide macht das **Nicotin** aus. Eine interessante Synthese geht von 3-Cyan-pyridin und dem Grignard-Reagens aus γ-Brom-propyläthyläther aus.

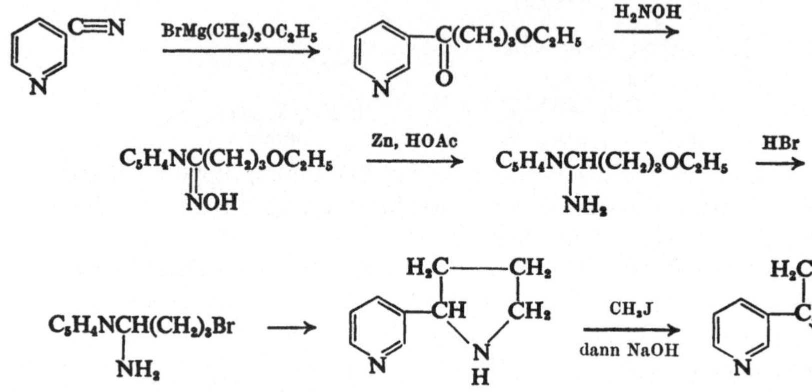

$$C_5H_4NC(CH_2)_3OC_2H_5 \xrightarrow{\text{Zn, HOAc}} C_5H_4NCH(CH_2)_3OC_2H_5 \xrightarrow{\text{HBr}}$$

Nicotin ist für Tiere sehr giftig; in kleinen Mengen bewirkt es eine vorübergehende Stimulierung, gefolgt von Depression. Es wird in großem Umfang als Kontaktinsecticid verwendet.

Piperin ist das Alkaloid des schwarzen Pfeffers *(Piper nigrum)*. Der Piperingehalt schwankt zwischen 5 und 9%. Hydrolyse ergibt Piperidin und Piperinsäure, was auf eine Amidbindung deutet. Piperinsäure $C_{12}H_{10}O_4$ enthält zwei Doppelbindungen und liefert bei der Oxydation Piperonal.

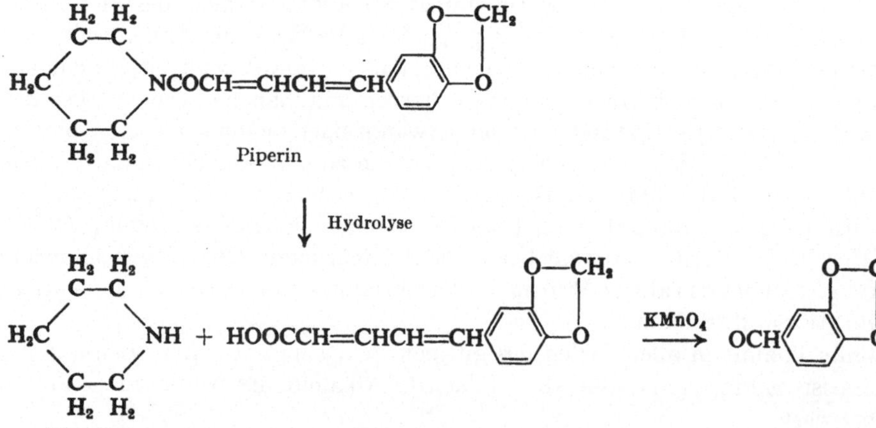

Capsaicin ist das scharfe Prinzip von Tabasco-Pfeffer (*Capsicum*-Art), Cayennepfeffer oder rotem Pfeffer *(Capsicum fastigatum)* und Paprika *(Capsicum annuum)*; die relative Schärfe ist proportional dem Capsaicingehalt. Capsaicin gibt bei der Hydrolyse Vanillylamin und eine ungesättigte C_{10}-Säure. Letztgenannte liefert bei der Hydrierung Isocaprinsäure, bei der Oxydation Adipinsäure.

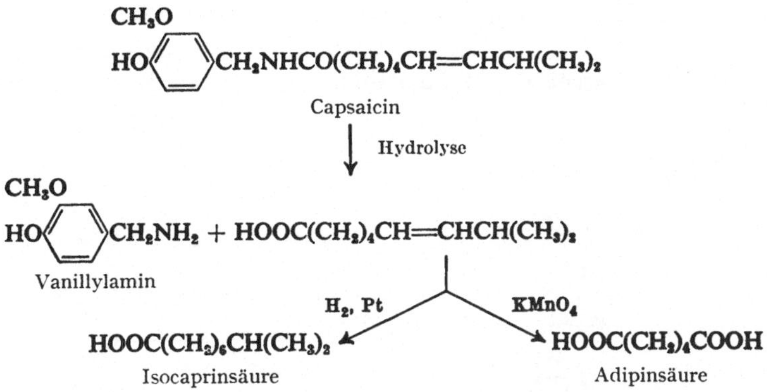

$$CH_3O$$

HO⟨ ⟩CH_2NHCO(CH_2)_4CH=CHCH(CH_3)_2

Capsaicin

↓ Hydrolyse

$$CH_3O$$

HO⟨ ⟩CH_2NH_2 + HOOC(CH_2)_4CH=CHCH(CH_3)_2

Vanillylamin

H_2, Pt ↙　　　↘ KMnO_4

HOOC(CH_2)_6CH(CH_3)_2　　　　　HOOC(CH_2)_4COOH

Isocaprinsäure　　　　　　　　　　Adipinsäure

Eine Anzahl von Alkaloiden haben ein **Tropanringsystem;** in diesem über-
brücken zwei Methylengruppen die Stellungen 2 und 6 eines reduzierten Pyridin-
rings. **(-)-Hyoscyamin** ist das Hauptalkaloid vieler Pflanzen aus der Familie der
Solanaceae, besonders des Bilsenkrautes *(Hyoscyamus niger)*, der Tollkirsche *(Atropa
belladonna)* und des Stechapfels *(Datura stramonium)*. Es wird leicht zu **Atropin**

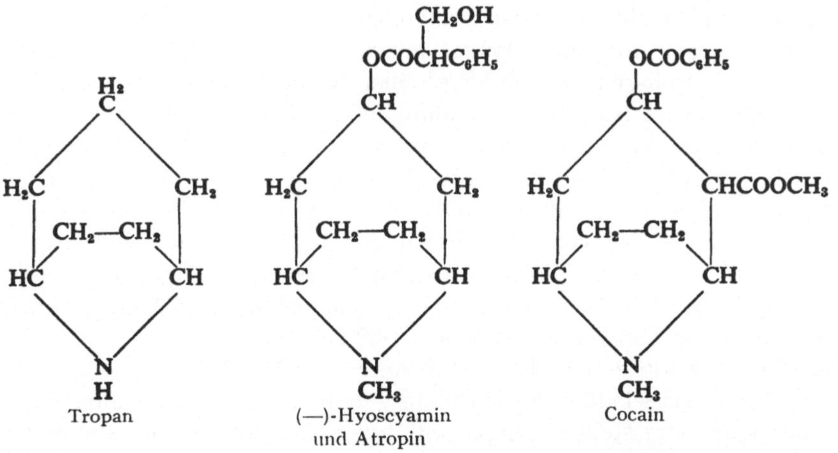

Tropan　　　　(—)-Hyoscyamin　　　　Cocain
　　　　　　　　und Atropin

racemisiert, das wohl höchstens in Spuren in der Natur vorkommt. **Cocain** ist das
Hauptalkaloid in den Blättern des peruanischen Busches *Erythroxylum coca.*

Alle Alkaloide dieser Gruppe sind durch ihre mydriatische Wirkung charakterisiert. Atropin bewirkt eine Vergrößerung der Pupille des Auges in einer Verdünnung
von 1:130000 Teilen Wasser. Cocain ist besonders bemerkenswert wegen seiner
stimulierenden Wirkung auf das Zentralnervensystem, die eine große physische
Ausdauer ermöglicht, und seiner Wirkung als Lokalanaestheticum. Seit man die
Gefahr der Gewöhnung erkannt hat, wird die medikamentöse Anwendung nach
Möglichkeit eingeschränkt. Die Entwicklung der Lokalanaesthetica vom Novo-
cain-Typus (S. 589) ergab sich aus der Beobachtung, daß die toxische Wirkung des
Cocains mit der Carbomethoxygruppe zusammenhängt, während die anaesthe-
tische Wirkung auf der Gruppierung des Aminoalkohol-benzoesäureesters beruht.

Wenigstens vierundzwanzig verschiedene Alkaloide sind im **Opium** (griech.
opion Mohnsaft) vorhanden, dem getrockneten Latex einer Mohnart *(Papaver*

somniferum), die in Kleinasien heimisch ist. Diese Alkaloide fallen in zwei Hauptgruppen, die Benzylisochinolingruppe und die Phenanthrengruppe. Zu der ersten gehören **Papaverin, Narcotin** und **Laudanin,** zur zweiten **Morphin, Codein** und **Thebain.**

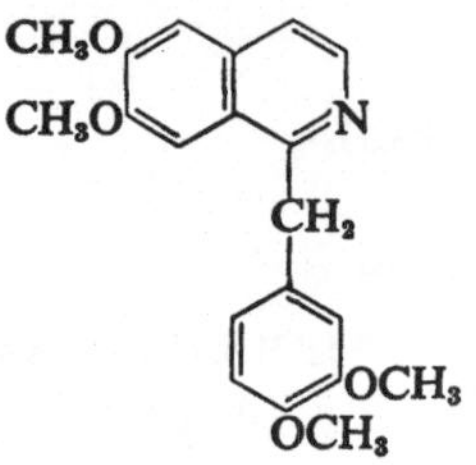

Papaverin 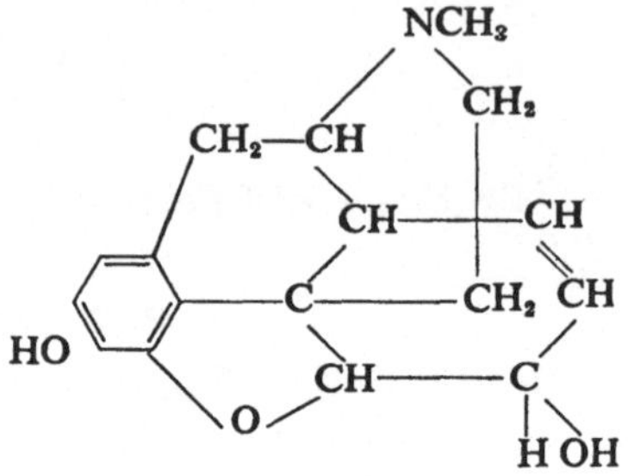   Morphin

Eine der Hydroxylgruppen des Morphins ist phenolisch und kann leicht methyliert werden; der entstehende Methyläther ist identisch mit dem natürlichen **Codein. Thebain** ist das Dimethylderivat. Acetylierung von Morphin liefert das Diacetat, **Heroin,** das im Opium nicht vorkommt.

Die Wirkungen des Opiums waren schon in vorgeschichtlicher Zeit bekannt, und es war und bleibt eines der wertvollsten Mittel in der Hand des Arztes. Morphin, das etwa 10% des Opiums ausmacht, wurde 1805 von SERTÜRNER isoliert, und die Isolierung von anderen reinen Komponenten folgte bald. Seitdem finden die einzelnen Alkaloide Verwendung in der Medizin. Die Benzylisochinolin-Alkaloide haben nur unbedeutende Wirkung auf das Zentralnervensystem, wirken aber erschlaffend auf die glatte Muskulatur. Papaverin ist das wichtigste Glied der Gruppe; es ist ein wertvolles krampflösendes Mittel. Morphin wirkt gleichzeitig sedativ und stimulierend auf das Zentralnervensystem; es erzeugt Müdigkeit und Schlaf, verursacht jedoch auch Erregung der glatten Muskulatur und infolgedessen Übelkeit und Erbrechen. Morphin dient hauptsächlich der Schmerzlinderung. Die Totalsynthese ist 1952 gelungen.

Eine Zeitlang wurde der Phenanthrenanteil des Moleküls für die Ursache der analgetischen Eigenschaften des Morphins gehalten. Es wurden zahlreiche Phenanthrenderivate dargestellt und erprobt mit dem Ziel, eine Substanz zu finden, die die wünschbaren Eigenschaften des Morphins besitzt, aber nicht süchtig macht. Dies gelang nicht, aber 1939 wurde zufällig beobachtet, daß Ratten nach Injektion einer relativ einfachen synthetischen Verbindung, **Pethidin** *(Dolantin, Demerol),* die gleiche typische Schwanzstellung zeigen wie nach Injektion von Morphin. Nähere Untersuchung ergab, daß Pethidin ausgeprägte analgetische Wirkung besitzt, wenn auch schwächer als Morphin. Pethidin hat den Vorteil, keine Übelkeit hervorzurufen.

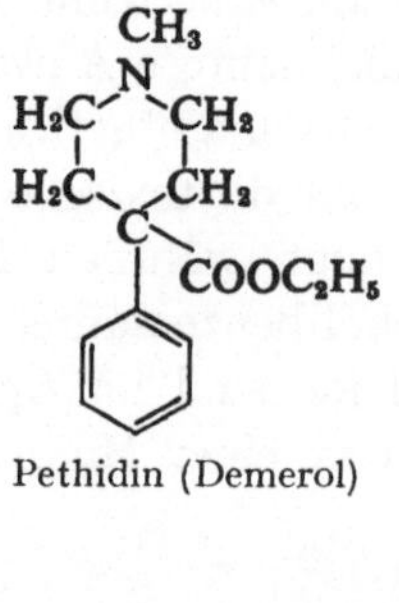

Pethidin (Demerol) 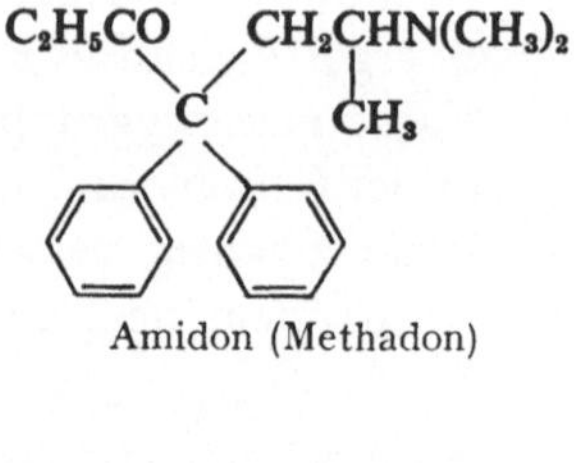   Amidon (Methadon)

Diese Entdeckung lenkte die Aufmerksamkeit auf die Tatsache, daß Morphin ebenfalls eine Phenylpiperidinstruktur enthält. Zahlreiche Derivate des Phenylpiperidins wurden daraufhin synthetisiert und geprüft; unter ihnen befanden sich mehrere Verbindungen mit analgetischer Wirksamkeit. Um 1941 wurde **Amidon** *(Methadon, Polamidon)* gefunden, das als Analgeticum selbst Morphin übertrifft. Obwohl Amidon gewisse strukturelle Züge mit Morphin gemein hat, besteht nur sehr entfernte Verwandschaft. Leider führen sowohl Pethidin wie Amidon bei längerem Gebrauch zur Gewöhnung.

Die Weltproduktion an Morphin betrug 1954 81 500 kg; hiervon wurden 5400 kg als Morphin verbraucht, der Rest wurde in andere Derivate übergeführt, insbesondere in Codein. Die Produktion an Codein betrug 73 000 kg, Pethidin 12 000 kg, Methadon 580 kg.

Die als **Curare** bekannten Stoffe werden von südamerikanischen Stämmen als Pfeilgift verwendet. Der Ursprung von Curare ist schwer anzugeben; es werden drei Arten unterschieden, die — entsprechend der Verpackungsart — als *Tubo-Curare, Kalebassen-Curare* und *Topf-Curare* bezeichnet werden. 1935 wurde aus Tubo-Curare ein kristallisiertes aktives Alkaloid isoliert und **d-Tubocurarin-chlorid** genannt. Später wurde das gleiche Alkaloid aus einer Curareprobe isoliert, die nachweislich aus einer einzigen Pflanzenart, *Chondodendron tomentosum*, gewonnen worden war. Dieses Alkaloid ist ein doppeltes Tetrahydroisochinolinderivat, das mit Papaverin verwandt ist; beide Stickstoffatome sind quartär.

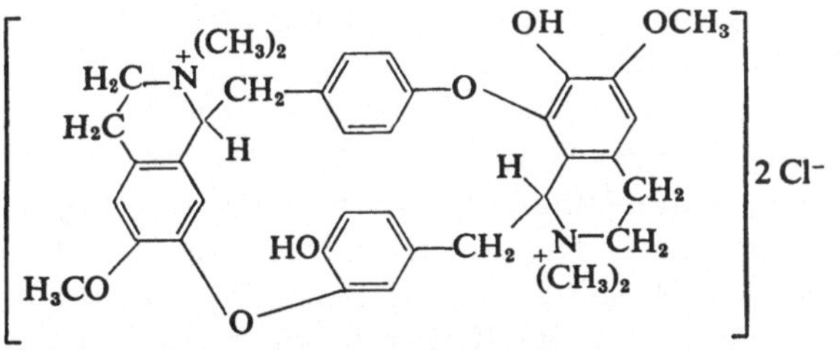

d-Tubocurarin-chlorid

Die lähmende Wirkung, „Curarewirkung", ist eine allgemeine Eigenschaft von quartären Ammoniumsalzen.

Curare hat keine Wirkung auf das Zentralnervensystem, bewirkt aber vollkommene Erschlaffung der Muskulatur. Der Tod tritt durch Atemstillstand ein. d-Tubocurarin-chlorid sowie standardisierte Curarepräparate dienen zur Behandlung von spastischen und anderen paralytischen Zuständen; außerdem sind sie wichtig als Adjuvantien bei der Allgemein-Narkose. Curaregaben ermöglichen eine völlige Erschlaffung bei schwacher Narkose, so daß die nachteiligen Wirkungen einer tiefen Narkose vermieden werden. Succinylcholin, ein synthetisches diquartäres Salz (S. 255), vermag Curare als Adjuvans zu ersetzen.

Eine weitere wichtige Gruppe von Alkaloiden wird aus der **Cinchonarinde** (Chinarinde) gewonnen. Es sei dahingestellt, ob der Name daran erinnert, daß die Gräfin Anna del Chinchon, die Gattin des spanischen Vizekönigs von Peru, 1638 durch Behandlung mit der Rinde von Malaria geheilt wurde, oder ob er von dem Inkawort *Kinia* für *Rinde* stammt.

Die Rinde kam wahrscheinlich um 1632 nach Europa und war 1640 schon weit verbreitet. Die Gattung *Cinchona* wurde 1742 von LINNÉ klassifiziert und der als

Cinchona officinalis bekannte Baum, der an den östlichen Hängen der Anden beheimatet ist, wurde 1753 von ihm beschrieben. Die Alkaloide **Chinin** und **Cinchonin** wurden erst 1820 von Pelletier und Caventou isoliert. Um 1860 trieb das drohende Aussterben der in den Anden beheimateten Bäume den Preis der Droge so in die Höhe, daß versucht wurde, den Cinchonabaum anderswo anzupflanzen. Es gelang, ihn in Indien, Ceylon und Java anzubauen, und heute stammen über 90% der Chininproduktion von Plantagen in Java. Der Gesamtalkaloidgehalt der Rinde der kultivierten Bäume beträgt 6%, davon sind 70% Chinin. Die letzte Stufe der Totalsynthese des Chinins wurde 1944 erfolgreich abgeschlossen.

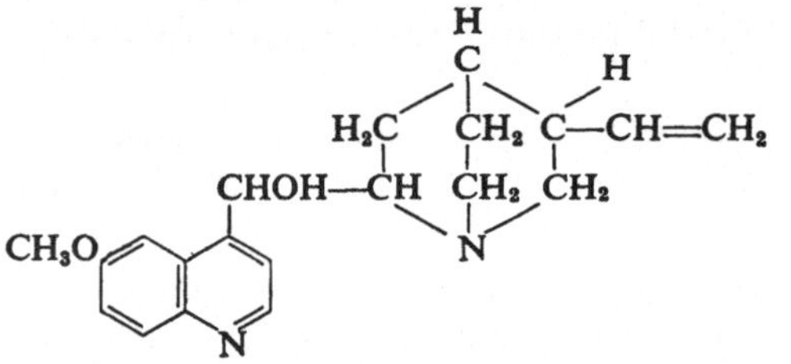

Chinin

Aus den verschiedenen Species von *Cinchona* und *Cuprea* wurden mehr als zwanzig weitere Alkaloide isoliert. **Epichinin, Chinidin** und **Epichinidin** sind Stereoisomere des Chinins. **Cinchonin, Cinchonidin** und **Cinchonicin** sind untereinander stereoisomer und unterscheiden sich von Chinin und seinen Isomeren durch das Fehlen der Methoxylgruppe.

Die Bedeutung des Chinins liegt in seiner spezifischen Wirkung bei der Behandlung von Malaria. In der Welt gibt es jährlich einige hundert Millionen Fälle von Malaria, von denen drei Millionen tödlich enden, die übrigen zu teilweiser oder völliger Entkräftung führen. Die jährliche Produktion von Chinin in Höhe von 600 Tonnen ist nur ein Bruchteil der zur Behandlung sämtlicher Fälle erforderlichen Menge; allerdings wären die Kosten für die meisten Opfer unerschwinglich. Ausgehend von Ehrlichs (S. 952) Beobachtung im Jahr 1891, daß Methylenblau (S. 735) Antimalariawirkung hat, nahmen die Chemiker der I. G. Farbenindustrie ein umfangreiches Forschungsprogramm in Angriff, das 1926 zur Einführung des **Plasmochins** führte. Es vermag die geschlechtliche Form des Parasiten abzutöten und so die Verbreitung der Malaria durch Moskitos zu verhindern, eine wertvolle Eigenschaft, die Chinin nicht besitzt. Wegen seiner toxischen Wirkung wurde Plasmochin jedoch nicht allgemein angewandt, und 1930 wurde das **Atebrin** eingeführt.

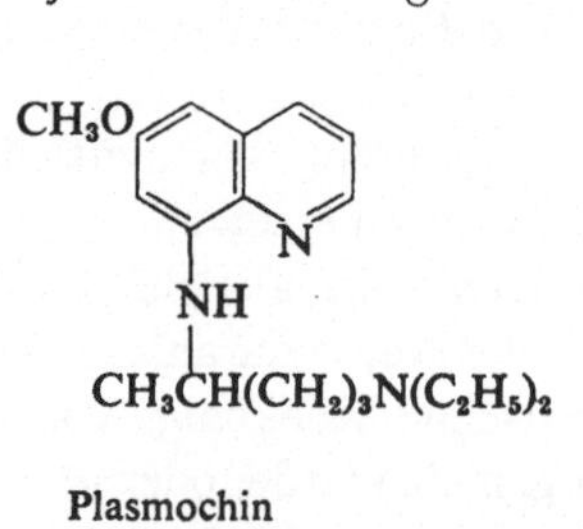

Plasmochin 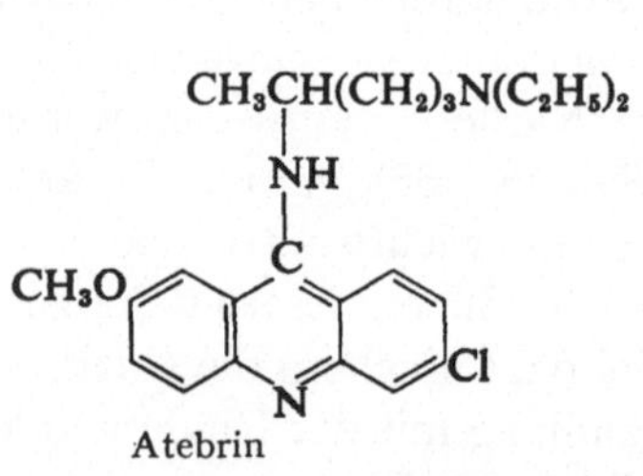   Atebrin

Atebrin wirkt wie Chinin auf die Schizonten des Parasiten ein und vermindert die Bildung der Gametocyten, deren ungeschlechtliche Vermehrung die Zerstörung

der roten Blutkörperchen verursacht und zu den symptomatischen Schüttel-
frösten und Fieberanfällen führt. Atebrin wurde jedoch erst in größerem Umfang
benutzt, als durch den zweiten Weltkrieg die Zufuhr von Chinin aus Java abgeschnitten wurde. Mit dem neuen Mittel besser vertraut, zogen es die Ärzte dem
Chinin vor. Trotzdem wurde die Anwendung aufgegeben, weil es eine Gelbfärbung
der Haut verursacht.

Zwischen 1920 und 1930, während der Entwicklung von Plasmochin und Atebrin in Deutschland, wurden mehr als 12000 Verbindungen dargestellt und erprobt.
Mit Beginn des Tropenkrieges 1942 setzte in den USA, Kanada und England eine
intensive Forschung nach besseren Malariamitteln ein. Von mehr als 14000 untersuchten Verbindungen wurden einige als brauchbar befunden. **Resochin** (Chloro-
quine, Aralen) erwies sich in ausgedehnten klinischen Versuchen mit menschlichen
Patienten als dem Atebrin überlegen, doch wird es jetzt von **Primachin** verdrängt.

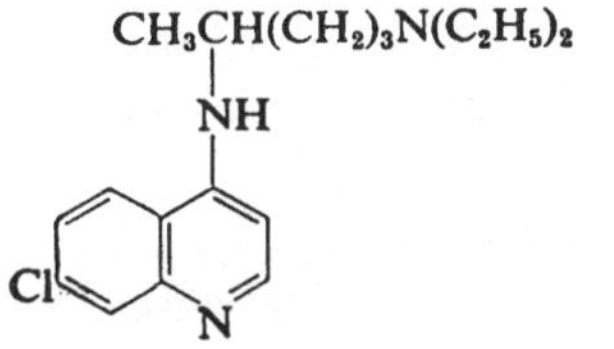

Resochin
(Aralen)

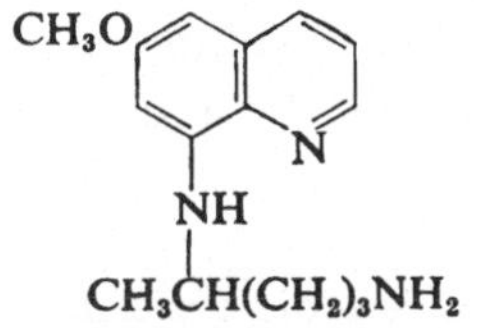

Primachin

Daraprim und **Paludrin** sind insofern interessant, als sie nicht den Chinolinkern
enthalten.

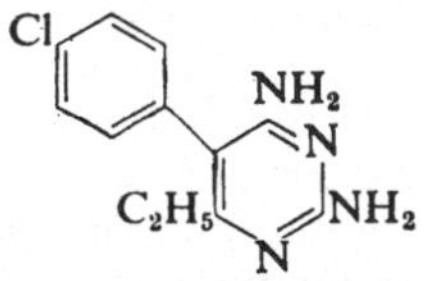

Daraprim

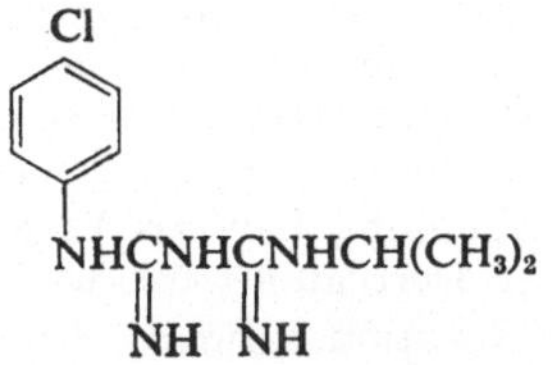

Paludrin

Die **Mutterkornalkaloide** entstammen dem Mutterkorn, einem Pilz, der auf
Roggen und anderen Getreidearten wächst. Diese Alkaloide verursachen eine als
Ergotismus (Kornstaupe) bekannte Krankheit, die im Mittelalter verbreitet war.
Sie sind sämtlich Amide der **Lysergsäure. Ergonovin** enthält in peptidartiger Bindung 2-Amino-propanol-(1) und wird in der Medizin zur Einleitung der Uterus-
kontraktionen bei der Geburt verwendet. Verabreichung des synthetischen **Lyserg-
säurediäthylamids** ruft eine Psychose ähnlich der Schizophrenie hervor.

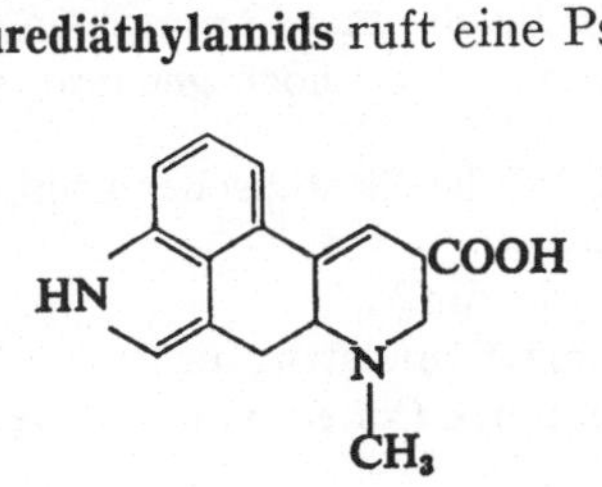

Lysergsäure

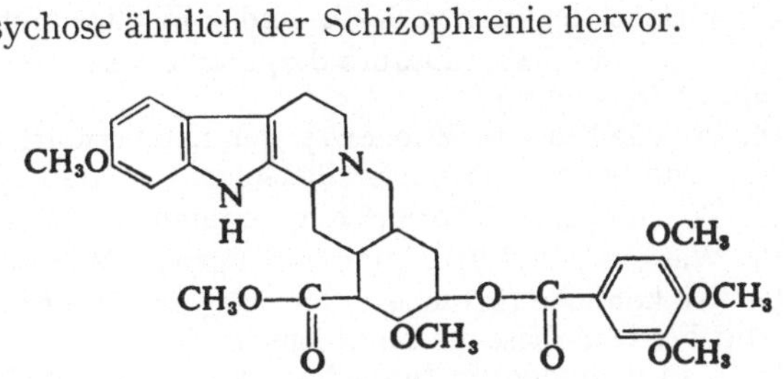

Reserpin (Serpasil)

Rauwolfia serpentina (Indische Klapperschlangenwurzel) ist ein Strauch, der in den feuchtheißen Gegenden Indiens wächst. Extrakte der Wurzel wurden als Mittel gegen Fieber, Schlangenbiß und Ruhr benutzt. Neuerdings wird es zur Senkung des Blutdrucks und zur Behandlung verschiedener Formen von Geisteskrankheit verwendet. Das aktive Alkaloid wurde 1952 in reinem Zustand isoliert und **Reserpin** oder **Serpasil** genannt. Seitdem dient es in großem Umfang zur Behandlung von Hypertension und als allgemeines Beruhigungsmittel. Gewalttätige Schizophreniepatienten werden durch das Mittel beruhigt, aber nicht eingeschläfert. Dadurch werden sie psychiatrischer Behandlung zugänglich, und ein Anstaltsaufenthalt kann häufig vermieden werden. Reserpin ist ein schlagendes Beispiel für die wirtschaftliche Bedeutung eines neuen Arzneimittels. 1952 erstmals isoliert, war es 1954 zu mehr als einem Viertel am Gesamtumsatz einer großen pharmazeutischen Gesellschaft beteiligt. Die Struktur des komplizierten Moleküls war um 1955 sichergestellt, die Synthese wurde 1956 bekanntgegeben. Als synthetische "Tranquilizers" werden auch Chlorpromazin (S. 678) und Meprobamat (S. 331) viel verwendet, und zahlreiche andere werden in rascher Folge in den Handel gebracht.

Wiederholungsfragen

1. Man definiere die Bezeichnung *heterocyclische Verbindungen*. Welche Elemente treten am häufigsten als Heteroatome auf?

2. Man vergleiche die physikalischen und chemischen Eigenschaften von Thiophen und Benzol. Wie wurde Thiophen entdeckt? Wie wird es synthetisiert?

3. Man gebe eine Methode zur Darstellung von Pyrrol im Laboratorium. Man vergleiche dessen physikalische Eigenschaften mit denen des Pyridins.

4. Die Reaktionen des Pyrrols zeigen eine gewisse Ähnlichkeit mit denen des Phenols. Diese Aussage ist durch spezielle Beispiele zu erläutern.

5. Was versteht man unter dem *Porphinkern*, und weshalb ist er wichtig?

6. Man schreibe die Strukturformeln für Prolin, Indol, Tryptophan und Skatol und nenne für jede Verbindung eine Quelle oder eine Darstellungsmethode.

7. Welche Verbindung dient als Ausgangsmaterial für die Synthese von Furan und seinen bekannteren Derivaten? Wie wird diese Verbindung dargestellt?

8. Man gebe Reaktionen für die Einwirkung folgender Reagentien auf Furfurol: wäßriges Permanganat; Wasserstoff und ein Platinkatalysator; starke wäßrige Natronlauge; verdünntes wäßriges Kaliumcyanid; Aceton und Natriumhydroxyd; Ammoniak; Acetanhydrid in Gegenwart von Natriumacetat.

9. Woraus wird Pyridin gewonnen? Warum ist es beständiger gegen Substitutionsreaktionen als Benzol? Für welche Zwecke wird es im Laboratorium verwendet?

10. Man gebe eine Reaktion für die Überführung von Pyridin in Piperidin. Man gebe eine Reaktion für die Synthese von Piperidin, die als Strukturbeweis gelten kann. Welche chemischen Eigenschaften hat Piperidin?

11. Was sind Picoline; Lutidine; Collidine?

12. Welche Reaktionen des α- und γ-Picolins gibt β-Picolin nicht?

13. Wie kann β-Picolinsäure dargestellt werden? Wie wird sie noch genannt, und weshalb ist sie wichtig?

14. Welche Einzelreaktionen spielen sich vermutlich bei der Skraupschen Chinolinsynthese und bei der Doebner-Millerschen Chinaldinsynthese ab?

15. Welche Strukturformel hat Isochinolin; Phenanthridin?

16. Was sind die Pyrimidine und Purine? Wie ist ihre Grundstruktur?

17. Wo kommen Harnsäure, Theophyllin, Theobromin und Coffein vor, und welche Struktur besitzen diese Verbindungen?

18. Man definiere die Bezeichnung *Alkaloid*. Welche Konstitution haben Coniin; Piperin; Cocain; Morphin; Chinin?

Aufgaben

19. Wie kann man durch chemische Reaktionen leicht zwischen den Gliedern folgender Verbindungspaare unterscheiden: (*a*) Benzaldehyd und Furfurol; (*b*) Pyridin und Piperidin; (*c*) α-Picolin und β-Picolin; (*d*) Thiophen und Benzol; (*e*) Brenzschleimsäure und Benzoesäure; (*f*) α-Picolinsäure und β-Picolinsäure; (*g*) Chinolin und Chinaldin; (*h*) Chinolin und Tetralin; (*i*) Phthalsäure und Chinolinsäure; (*j*) Phenanthridin und o-Phenanthrolin; (*k*) 6-Hydroxy-chinolin und 8-Hydroxy-chinolin; (*l*) 2-Hydroxychinolin und 3-Hydroxy-chinolin; (*m*) Pyrrol und Pyrrolidin; (*n*) Coniin und Nicotin; (*o*) Capsaicin und Piperin; (*p*) Pethidin und Methadon; (*q*) o-Phenylendiamin und m-Phenylendiamin; (*r*) Benzil und Dibenzoylmethan.

20. Man gebe eine Folge von Reaktionen für nachstehende Darstellungen an: (*a*) Thiophen-carbonsäure-(2) aus Thiophen; (*b*) Thienylessigsäure aus Thiophen; (*c*) Methyl-α-pyrrylketon aus Pyrrol; (*d*) Pyrrolidin aus Galaktose; (*e*) Pyrrolidon aus Tetrahydrofuran; (*f*) β-Methylindol aus Anilin; (*g*) α-Methylindol aus o-Toluidin; (*h*) 4-Methoxy-pyridin aus Pyridin; (*i*) 4-Brom-pyridin aus Pyridin; (*j*) 2-Hydroxypyridin aus Pyridin; (*k*) 1-Phenyl-2-α-pyridyl-äthan aus α-Picolin; (*l*) 2-Äthyl-pyridin aus α-Picolin; (*m*) Pyridinaldehyd-(3) aus Pyridin.

21. Man gebe Reaktionen für die folgenden Synthesen: (*a*) 5-Nitro-furfurol-semicarbazon aus Furfurol; (*b*) Prolin aus Tetrahydrofuran; (*c*) Isonicotinsäurehydrazid aus γ-Picolin; (*d*) Pyridinaldoxim-(2)-methyljodid aus α-Picolin; (*e*) Pyribenzamin aus Pyridin und anderen leicht zugänglichen Chemikalien; (*f*) 2-Chlorchinolin aus o-Nitrobenzaldehyd; (*g*) Papaverin aus Vanillin; (*h*) Phenylalanin aus Hippursäure; (*i*) 1.3-Dichlor-5.5-dimethyl-hydantoin aus Isobuttersäure; (*j*) Epanutin aus Benzaldehyd; (*k*) Leucin aus Rhodanin; (*l*) Triphenyltetrazoliumchlorid aus Benzaldehyd und Anilin; (*m*) Tetrazoliumblau aus Benzaldehyd und o-Nitroanisol; (*n*) 8-Hydroxychinolin aus Phenol; (*o*) 6-Chlor-chinolin aus Benzol; (*p*) o-Phenanthrolin aus o-Nitroanilin; (*q*) 6-Methoxy-chinaldin aus Anisol; (*r*) Tetrahydropyran aus Furfurol; (*s*) 2.3-Diphenyl-chinoxalin aus Benzaldehyd.

22. Anthranilsäure wird in salzsaurer Lösung bei 0° mit Natriumnitrit behandelt, und die Lösung wird nach Zugabe von Kupfer(I)-chlorid erwärmt. Die entstandene Verbindung A wird mit Salpetersäure und Schwefelsäure erhitzt, wobei sich B bildet, das beim Erhitzen mit Anilin C $C_{13}H_{10}N_2O_4$ gibt. C wird mit Zinn und Salzsäure behandelt, wobei D entsteht, das nach Isolierung in Salzsäure aufgelöst und gekühlt wird. Zu dieser Lösung wird erst Natriumnitrit, dann unterphosphorige Säure zugefügt, und die Lösung wird erwärmt. Das Reaktionsprodukt E hat die Formel $C_{13}H_{11}NO_2$. Wird E mit konzentrierter Schwefelsäure erhitzt, so wird Verbindung F $C_{13}H_9NO$ erhalten, die beim Erhitzen mit Zinkstaub G $C_{13}H_9N$ gibt. Man gebe die beteiligten Reaktionen sowie die Strukturformeln und Namen der organischen Reaktionsprodukte an.

23. Verbindung A ist optisch aktiv und hat die Summenformel $C_8H_{14}O_2S_2$. Sie löst sich leicht in verdünnter Bicarbonat-Lösung und fällt beim Ansäuern der alkalischen Lösung unverändert wieder aus. Reduktion mit Zink und Salzsäure gibt Verbindung B $C_8H_{16}O_2S_2$, die beim Behandeln mit Natriumhypojodit-Lösung wieder in A übergeht. Wird A mit Raney-Nickel, das adsorbierten Wasserstoff enthält, erhitzt, so wird sie in Octansäure umgewandelt. Wird A mit Chromtrioxyd erhitzt und destilliert, so bildet sich keine Essigsäure (vgl. S. 150). Man gebe plausible Strukturformeln für A und Gleichungen der beteiligten Reaktionen.

24. Verbindung A, $C_{10}H_{13}N$, ist löslich in verdünnter Salzsäure und reagiert mit Benzolsulfochlorid unter Bildung eines Derivats, das in verdünnter Natronlauge unlöslich ist. Durch Hofmannschen Abbau nach erschöpfender Methylierung geht A in die Verbindung B, $C_{12}H_{17}N$ über. B ist löslich in verdünnten Säuren, reagiert aber nicht mit Acetylchlorid. Wird die erschöpfende Methylierung und Zersetzung bei B wiederholt, so bildet sich Verbindung C, $C_{10}H_{10}$. C entfärbt sehr schnell Brom in Tetrachlorkohlenstoff ohne Entwicklung von Bromwasserstoff. Kräftige Oxydation wandelt sowohl A als auch B oder C in Verbindung D um. D ist löslich in verdünnten Alkalien und hat ein Neutralisationsäquivalent von 83. Beim Erhitzen geht D in Verbindung E $C_8H_4O_3$ über. Man gebe eine Strukturformel für A und Gleichungen für die beteiligten Reaktionen.

25. Man gebe Gleichungen für folgende Reaktionen und Strukturformeln für die organischen Verbindungen: Vanillin, behandelt mit Dimethylsulfat und Natriumhydroxyd, gibt Verbindung A. Beim Schütteln einer alkoholischen Lösung von A mit Wasserstoff und einem Platinkatalysator bildet sich Verbindung B. B reagiert mit trocknem Chlorwasserstoff unter Bildung von C, das mit Natriumcyanid in Gegenwart von Kupfer(I)-cyanid unter Bildung von D reagiert. Durch Kochen von D mit schwefelsäurehaltigem Alkohol wird E erhalten. Wird D bei 112 kg Druck in Gegenwart von Raney-Nickel mit Wasserstoff geschüttelt, so wird Verbindung F erhalten. Werden E und F zusammen in Tetralin zum Sieden erhitzt, so entsteht G. Wenn G in Toluol-Lösung mit Phosphoroxychlorid unter Rückfluß gekocht wird, bildet sich H. H gibt beim Erhitzen mit Platinschwarz Verbindung I mit der Summenformel $C_{20}H_{21}NO_4$.

26. Man gebe Gleichungen für folgende Umwandlungen: Kräftige Sulfonierung von Benzol, Auskalken, Konzentrieren und Schmelzen mit Natriumhydroxyd gibt eine Schmelze, aus der nach dem Ansäuern Verbindung A, $C_6H_6O_2$ isoliert werden kann. Wird Chlorwasserstoff in ein Gemisch von A und Zinkcyanid in Benzol geleitet und das Reaktionsprodukt mit Wasser zersetzt, so wird Verbindung B, $C_7H_6O_3$ erhalten. Durch Erhitzen von B mit Acetanhydrid und Natriumacetat entsteht Verbindung C, $C_{13}H_{12}O_6$. Verseifung von C und Ansäuern gibt Verbindung D, $C_9H_6O_3$.

Kapitel 30

Schwingungs- und Elektronensprung-Absorptionsspektren.
Kern- und Elektronenspin-Resonanz

Die Anwendung physikalischer Methoden ist für die Charakterisierung und Strukturbestimmung organischer Verbindungen schon immer von Bedeutung gewesen. Für den organischen Chemiker war die routinemäßige Anwendung dieser Methoden abhängig von der technischen Vollkommenheit des Geräts, von Zeitaufwand und Geduld, die für die Messung erforderlich waren, der Übung und den Kenntnissen, die für die Bedienung des Geräts und für die Deutung der Ergebnisse notwendig waren, und von der Brauchbarkeit der dabei erhaltenen Informationen. Von den einfachsten Methoden seien erwähnt: die Bestimmung von Schmelzpunkt, Siedepunkt, Brechungsindex und optischer Drehung. Der Wert des letzten Verfahrens wird erhöht, wenn man sowohl im ultravioletten als auch im sichtbaren Licht Messungen ausführt. Unter den komplizierteren Verfahren seien die Röntgenstrahlbeugung an Kristallen und die Elektronenbeugung an Gasen, Flüssigkeiten oder Festsubstanzen erwähnt. Sie liefern wertvolle Aussagen über die Abstände und Bindungswinkel zwischen den Atomen, sind aber in der apparativen Ausrüstung und bei der Deutung für den routinemäßigen Gebrauch zu kompliziert. Eine Ausnahme hierin bildet der Vergleich der Röntgenbeugungsdiagramme einer bekannten und unbekannten Verbindung mit dem Zweck, Identität oder Nichtidentität der Proben festzustellen. Die Molekulargewichtsbestimmung mit Hilfe der Massenspektroskopie, Sedimentation und Diffusion oder Lichtstreuung ist etwas weniger kompliziert, doch ist die Anwendung dieser Methoden auf Verbindungen sehr niederen und sehr hohen Molekulargewichts beschränkt.

Es ist schon lange bekannt, daß wertvolle Auskünfte über die Struktur organischer Verbindungen durch Messung der Stärke der Absorption elektromagnetischer Strahlung bei verschiedenen Wellenlängen erhalten werden können. Drei Spektralbereiche sind hierfür von Bedeutung. Die Wellenlängen, die von einem Molekül im **Bereich der Mikrowellen** von 1 mm bis zu wenigen cm Wellenlänge absorbiert werden, gehören zu Energiedifferenzen der verschiedenen Rotationszustände des Moleküls. Sie ergeben die Hauptträgheitsmomente des Moleküls, woraus innermolekulare Abstände und Bindungswinkel einfacher Moleküle ermittelt werden können. Obwohl das Absorptionsspektrum in diesem Gebiet nicht zur Bestimmung funktioneller Gruppen im Molekül benutzt werden kann, so ist es doch für das Molekül als Ganzes charakteristisch und kann zur Identifikation des Moleküls gebraucht werden. Bisher hat der organische Chemiker wenig Gebrauch von der Mikrowellenspektroskopie gemacht.

Völlig anders liegen die Verhältnisse bei der Absorption im **Infrarot-Bereich** zwischen den Wellenlängen 2,5 Mikron (2,5 μ = 0,0025 mm) und 15 Mikron (15 μ = 0,015 mm) und im Gebiet des **Ultraviolett** und **Sichtbaren** von 200 Millimikron (200 mμ = 0,2 μ = 0,0002 mm) bis 800 Millimikron (800 mμ). Der Betrag der Strahlungsenergie im Infrarot ist von der Größenordnung, daß Schwingungen

Tabelle 27. *Bereiche im elektromagnetischen Spektrum*

Bereich	Wellenlänge[1,2]
Kosmische Strahlung	0,00005 mμ
Gammastrahlen	0,001—0,14 mμ
Röntgenstrahlen	0,01—15 mμ
fernes Ultraviolett	15—200 mμ
nahes Ultraviolett	200—400 mμ
sichtbarer Bereich	400—800 mμ
nahes Infrarot	0,8—2,5 μ
Infrarotbereich der Grundschwingungen	2,5—25 μ
fernes Infrarot	0,025—0,5 mm
Mikrowellen, Radar	0,5—300 mm
Kurzwellenbereich (Radio)	0,3—30 m
Mittelwellenbereich (Radio)	30—550 m
Langwellenbereich (Radio)	über 550 m

[1] Ein Millimikron (mμ) = 0,001 Mikron (μ); ein Mikron = 0,001 Millimeter (mm); ein Millimeter = 0,001 Meter (m).

[2] Die Trennungslinien zwischen den einzelnen Bereichen sind nicht scharf definiert. Jeder Bereich überlappt die angrenzenden in beiden Richtungen.

im Molekül angeregt werden; die höhere Energie der sichtbaren und ultravioletten Strahlung kann dagegen Elektronensprünge anregen. Beide sind mit den Bindekräften zwischen den Atomen im Molekül eng verknüpft und können zur Strukturbestimmung benutzt werden. Seit etwa 1940 sind handelsübliche Geräte erhältlich, die jedermann bedienen kann, und die in wenigen Minuten ein vollständiges Spektrum als graphische Darstellung registrieren.

Seit kurzem sind Geräte für die Bestimmung von Kern- und Elektronenspinresonanz erhältlich; bei diesen Messungen wird der **Radiofrequenzbereich** (Kernspinresonanz) bzw. Mikrowellenfrequenzbereich (Elektronenspinresonanz) des elektromagnetischen Spektrums benutzt. Dieses neue Forschungswerkzeug gewinnt jetzt für die Strukturaufklärung organischer Verbindungen schnell an Bedeutung.

Schwingungs- oder Infrarotspektren

Die Atomlagen im Molekül sind Gleichgewichtslagen; d. h. es sind die Lagen, in denen die Anziehungskräfte der Kerne auf die Elektronen und die Abstoßungskräfte der Kerne auf die Kerne und der Elektronen auf die Elektronen einander die Waage halten. Aus dieser Lage können die Atome näher zusammengebracht oder weiter auseinandergezogen, die Bindungswinkel verkleinert oder vergrößert werden. Nach Beseitigung der verzerrenden Kräfte kehren die Atome in ihre ursprüngliche Lage zurück. Man kann die Bindungen zwischen den Atomen mit Spiralfedern vergleichen, die Dehnungs-, Verbiegungs- und Drillschwingungen unterworfen werden. Jede Schwingung hat ihre Eigenfrequenz, die von der Masse der Atome und der Stärke der Bindungen abhängt. Ferner besteht gewöhnlich ein Ladungsunterschied zwischen zwei miteinander verbundenen Atomen, von denen das eine etwas negativer oder positiver ist als das andere. Wenn eine elektromagnetische Welle an einem Molekül vorbeiläuft, verstärkt das elektrische Feld der Welle die Schwingungen der Atome, indem es diese zusammendrückt oder auseinanderzieht. Das schwingende elektrische Feld (S. 345) ist am wirksamsten, wenn seine Eigenfrequenz mit einer natürlichen Frequenz einer bestimmten Schwingung zusammenfällt. Wenn diese Schwingung eine Änderung des Dipolmoments im Molekül verursacht, wird ein Teil der Strahlungsenergie absorbiert, wodurch die Intensität der Strahlung dieser bestimmten Wellenlänge geschwächt wird, während diese durch die Substanz läuft. So hat z. B. Kohlendioxyd, ein lineares Molekül, drei voneinander verschiedene Schwingungsformen: a) diejenige, bei der ein Sauerstoffatom sich auf das Kohlenstoffatom hinbewegt, während sich das andere entfernt; b) diejenige, bei der sich beide Sauerstoffatome gleichzeitig in Richtung auf das Kohlenstoffatom oder von ihm wegbewegen; c) diejenige, bei der das Molekül durch eine Auf- und Abknickbewegung am Molekülmittelpunkt deformiert wird.

Kohlendioxyd absorbiert jedoch nur bei zwei Wellenlängen Strahlung, nämlich bei $4{,}2\,\mu$, entsprechend der antisymmetrischen Schwingung, und bei $15\,\mu$, entsprechend der Deformationsschwingung. Die symmetrische Valenzschwingung bedingt keine Dipolmomentsänderung und absorbiert keine Strahlungsenergie.

Energie kann nur in Teilbeträgen, die als *Quanten* bekannt sind, übertragen werden. Die Energie eines elektromagnetischen Strahlungsquants, *Photon* genannt, ist gleich dem Produkt aus der Planckschen Konstanten und der Lichtgeschwindigkeit, dividiert durch die Wellenlänge. Je kürzer also die Wellenlänge

ist, desto größer ist der Energiebetrag in dem Quant. Die Wellenlängen, die gerade
den richtigen Energiebetrag besitzen, um Molekülschwingungen zu verursachen,
liegen im Infrarotteil des Spektrums. Obwohl der Infrarot-Bereich sich von
$0,8\,\mu$ bis $500\,\mu$ erstreckt (Tab. 27, S. 693), ist der Teil von 2 bis $15\,\mu$, der gewöhnlich
Schwingungsbereich genannt wird, für den Chemiker der wichtigste. Dieser Bereich
ist es, der von den handelsüblichen Instrumenten erfaßt wird, und der gewöhnlich
gemeint ist, wenn Infrarotspektren diskutiert werden.

Zur Aufnahme eines Infrarotspektrums wird eine Substanzprobe in den Licht-
weg der Infrarotstrahlung gebracht, die gewöhnlich durch Erhitzen eines Carbo-
rundumstäbchens oder Nernst-Stiftes auf 1200° erzeugt wird, und von der kürzesten
bis zur längsten Wellenlänge der Prozentsatz der ursprünglichen Strahlungsinten-
sität bestimmt, der von der Probe durchgelassen wird. Das Gerät registriert das Ergebnis als graphische Darstellung, worin die prozentuale Durchlässigkeit gewöhnlich
gegen die Wellenlänge in Mikron aufgetragen ist. In solchen Darstellungen erscheinen die Absorptionsmaxima oder Spitzen als Minima oder Täler. An dieser Stelle
muß bemerkt werden, daß die graphische Darstellung von Absorptionsspektren
nicht normiert ist. Prozentuale Absorption oder andere Methoden, die Absorption
auszudrücken, können benutzt werden; die Wellenlänge wird häufig durch die
Wellenzahl ersetzt, die der Kehrwert der Wellenlänge in cm ist, oder 10000 geteilt
durch die Wellenlänge in Mikron.

Abb. 88 stellt die Spektren für verschiedene einfache Verbindungen dar. Die
Zuordnung, die für einige der Absorptionsbanden getroffen wurde, ist angegeben.
Die Intensität der Absorption (Bandentiefe) ist in erster Näherung der Dipol-
moments-Änderung, die durch die Schwingung verursacht wird, proportional.
Deshalb zeigen Bindungen, die ein hohes Bindungsmoment haben, wie O—H,
N—H, C—O und C—N starke Absorption. Der Absorptionsbereich für Einfach-
bindungen zwischen Wasserstoff und anderen Atomen, z. B. O—H, N—H oder
C—H, liegt zwischen $2,7\,\mu$ und $3,7\,\mu$, derjenige für Dreifachbindungen zwischen
$4,4\,\mu$ und $4,8\,\mu$, und derjenige für Doppelbindungen zwischen $5,3\,\mu$ und $6,7\,\mu$. Diese
Banden werden durch Valenzschwingungen verursacht. Das Gebiet zwischen 6,7
und 15 μ wird gewöhnlich *Profilbereich*[1] genannt. Hier erscheinen die verschiedenen
Valenz-, Deformations- und Drillschwingungen von Einfachbindungen. Wegen der
großen Zahl möglicher Schwingungsformen ist es gewöhnlich schwierig, die
einzelnen Banden spezifischen Schwingungstypen zuzuordnen, doch ist das
Spektrum für eine vorgegebene Substanz sehr charakteristisch.

Zusätzlich zu den Banden, die zu Grundschwingungen gehören, können Ober-
schwingungen bei Wellenlängen erscheinen, die Frequenzen entsprechen, die ein
Vielfaches der Grundfrequenz ausmachen. Diese Banden sind gewöhnlich sehr
schwach, doch kann die Intensität bis zu 10% der Grundfrequenz-Intensität
ausmachen. Ist die letztere sehr stark, dann kann die Oberschwingung die Stärke
von schwachen Grundfrequenzen erreichen.

Obwohl es häufig möglich ist, aus dem Infrarotspektrum einer unbekannten
Substanz auf die Gegenwart spezieller struktureller Einzelheiten zu schließen, so
ist es doch nicht immer ein einfaches Verfahren, und die Deutung muß durch

---

[1] Anm.: In der angelsächsischen Literatur findet sich meist der Ausdruck "finger-
print region", selten "profile region", wie im englischen Original dieses Buches.

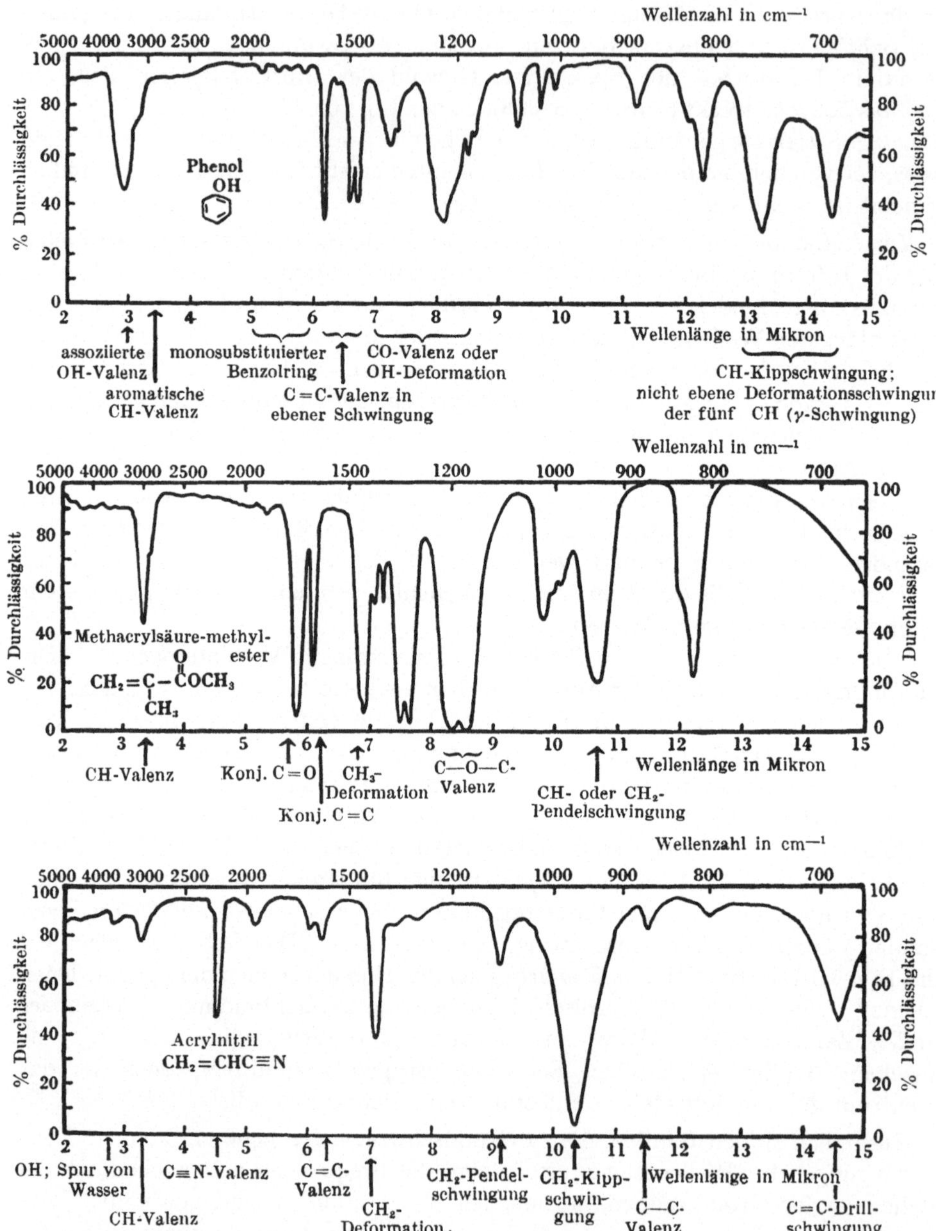

Abb. 88. Infrarot-Absorptionsspektren

chemische Beweise bestätigt werden. Theoretisch haben alle verschiedenen Substanzen, mit Ausnahme der enantiomorphen Verbindungen, verschiedene Infrarot-Spektren. Deshalb ist der Spektrenvergleich eine der besten Methoden, um die Identität oder Nichtidentität einer Substanz unbekannter Struktur mit einer solchen bekannter Struktur zu begründen.

Elektronensprungspektren
(ultravioletter und sichtbarer Bereich)

Die graphische Darstellung, die gewöhnlich für ultraviolette und sichtbare Spektren gewählt wird, unterscheidet sich von derjenigen, die man für Ultrarotspektren braucht. Die Wellenlängeneinheit ist das Millimikron (1 mμ = 0,001 μ). Die Absorption wird als **Extinktion** E dargestellt (auch *optische Dichte D* oder *Absorption* genannt), welche gleich ist dem Logarithmus des Quotienten aus der Intensität I_0 des einfallenden Lichtes und der Intensität I des durchgehenden Lichtes. Die Intensität des ultravioletten und sichtbaren Lichtes kann leichter genau gemessen werden als die Intensität der Infrarotstrahlung, und die Absorption wird normalerweise quantitativ, nicht nur qualitativ angegeben. Häufig wird die Extinktion für eine Lösungsschichtdicke von 1 cm und eine Konzentration von 1% angegeben, wofür das Symbol $E_{1\,cm}^{1\%}$ gilt. Wenn das Molekulargewicht der Substanz bekannt ist, wird die Absorption gewöhnlich als molarer Extinktionskoeffizient ε dargestellt, der definiert ist als

$$\varepsilon = \log \frac{I_0}{I} \times \frac{\text{Mol. Gew.}}{c\,d} \; ;$$

darin bedeuten c die Konzentration in Gramm pro Liter, d die Dicke der Lösung (in cm), durch die das Licht hindurchfällt. Der höchste Betrag von ε, den man erwarten kann, ist etwa 10^5. Für große Werte wird die Extinktion gewöhnlich als $\log E$ oder $\log \varepsilon$ angegeben. Da die Absorption öfter aufgetragen wird als die Durchlässigkeit, sind die Absorptionsspitzen in den ultravioletten und sichtbaren Spektrenkurven öfter Maxima, anstatt Minima wie bei den Infrarotkurven.

Im Gegensatz zur Absorption der Infrarotstrahlen, die durch Molekülschwingung hervorgerufen wird, ergibt sich die Absorption der ultravioletten und sichtbaren Strahlung aus Elektronensprüngen. Bei gewöhnlichen Temperaturen befinden sich die Elektronen in den Molekülen auf orbitals, die die niedrigstmögliche Energie besitzen, ein Zustand, der als *Grundzustand* bekannt ist. Höhere orbitals sind unbesetzt, aber es erfordert Energie, um ein Elektron aus einem niedrigen orbital in ein höheres zu heben ("transition"), und die kinetische Energie ist, abgesehen von hohen Temperaturen, nicht hoch genug, um dies zu bewirken. Es trifft sich jedoch, daß elektromagnetische Schwingungen, die eine Wellenlänge von 100 mμ bis 1300 mμ haben, d. i. Licht im Ultraviolett, Sichtbaren und nahen Infrarot, gerade den richtigen Energiebetrag aufweisen, um die Energiedifferenz der niederen Elektronensprünge der Moleküle zu decken. Daher kann die Energie einer Lichtquelle benutzt werden, um ein Elektron aus seinem Grundzustand in das nächsthöhere orbital zu heben, wobei Licht der betreffenden Wellenlänge absorbiert wird.

Wenn ein Elektronensprung stattfindet, wird nur eine einzige Wellenlänge, die gerade die richtige Energie besitzt, um ein Elektron in ein höheres orbital zu heben, absorbiert. Das Ergebnis ist ein Linienspektrum. Beim Wasserstoffatom befindet sich das einzelne Elektron im Grundzustand im 1s-orbital. Das orbital der nächsthöheren Energie ist das 2s-orbital. Damit jedoch die Lichtquelle in der Lage ist, ihre Energie mit großer Wahrscheinlichkeit auf das Atom zu übertragen, muß von den besetzten und unbesetzten orbitals eine quantenmechanische

Bedingung erfüllt sein, nämlich die Existenz eines nicht verschwindenden Übergangmomentes. Der $1s \rightarrow 2s$-Übergang genügt nicht dieser Bedingung, wohl aber der nächsthöhere Übergang, $1s \rightarrow 2p$. Die Energie, die mit diesem Wechsel verknüpft ist, beträgt 235 kcal/Mol und erklärt die starke Linie im fernen Ultraviolett bei 120 mμ (Abb. 89).

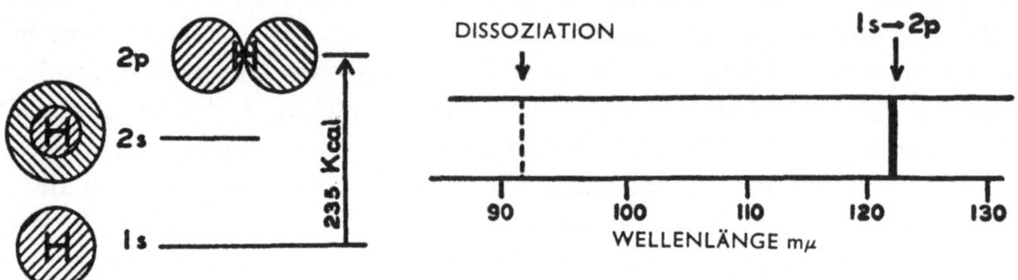

Abb. 89. Erster Elektronenübergang und das daraus entstehende Absorptionsspektrum des Wasserstoffatoms
(nach Bowen)

Moleküle haben jedoch mehr als einen positiven Kern. Wenn hier ein Elektronenübergang stattfindet, tritt eine Änderung im Kernabstand ein, und die Rotations- und Schwingungsenergien ändern sich. Infolgedessen ist die Absorption nicht auf eine einzige Wellenlänge beschränkt, sondern erstreckt sich über ein breites Spektralgebiet und ergibt ein *Bandensystem*. So befinden sich im Grundzustand des Wasserstoffmoleküls zwei Elektronen in einem zylindersymmetrischen molecular orbital, das man mit σ_g bezeichnet. Das nächsthöhere molecular orbital ist hantelförmig mit einer Knotenebene senkrecht zur Verbindungsachse der Kerne und wird mit σ_u bezeichnet. Der Übergang eines Elektrons aus einem σ_g- in ein σ_u-orbital bedingt Lichtabsorption im Gebiet von 110 mμ, doch werden wegen der damit verbundenen Rotations- und Schwingungsänderungen mehrere Wellenlängen absorbiert (Abb. 90).

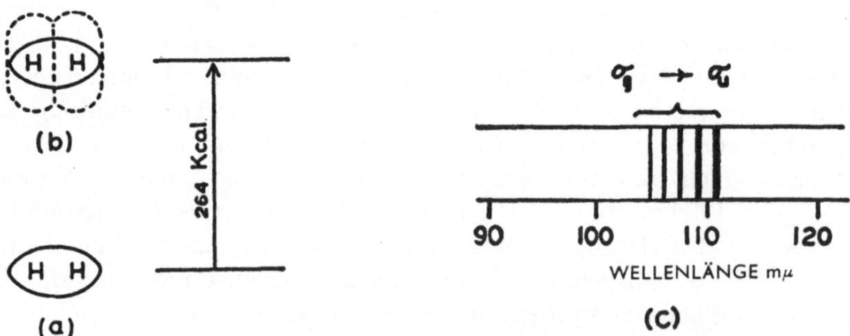

Abb. 90. Erster Elektronenübergang des Wasserstoffmoleküls: a) zwei Elektronen im σ_g-orbital; b) ein Elektron im σ_g-
eins im σ_u-orbital; c) das zu diesem Übergang gehörige Absorptionsspektrum

Die Einfachbindungen in organischen Molekülen bestehen aus einem Elektronenpaar vom Typus des σ-orbitals. Die Absorption liegt wie beim Wasserstoffmolekül im fernen Ultraviolett. Es macht wenig aus, ob Wasserstoff-, Kohlenstoff-, Stickstoff- oder Sauerstoffatome miteinander verknüpft sind, sofern nur Einfachbindungen vorliegen. Handelt es sich jedoch um eine Doppelbindung, dann ist ein Elektronenpaar in einem π-orbital, π_u genannt, das eine Knotenebene in der

Ebene der einfachen Bindungen hat (S. 53 und Abb. 91a). Das nächsthöhere π-orbital, mit π_g bezeichnet, hat zusätzlich eine Knotenebene senkrecht zur C—C-σ-Bindung (Abb. 91b). Die Energiedifferenz zwischen den π_u- und π_g-

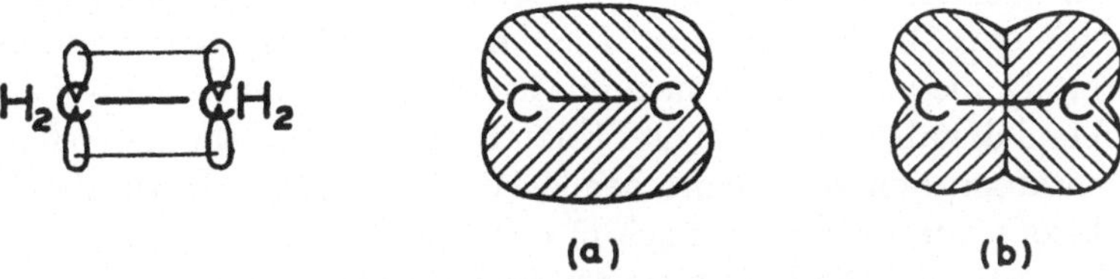

Abb. 91. π-orbitals des Äthylens: (a) π_u-orbital; (b) π_g-orbital

orbitals ist geringer als diejenige zwischen einem σ_g- und σ_u-orbital; das bedeutet, daß die Elektronen weniger stark gebunden sind und Licht geringerer Energie (längerer Wellenlänge) den Übergang bewirken kann. So ist die längste Wellenlänge, die von Äthan absorbiert wird, 140 mμ, wogegen Äthylen bei 162 mμ absorbiert. Im angeregten Zustand verringert die Anwesenheit eines Elektrons in einem orbital, das eine Knotenebene senkrecht zur σ-Bindung besitzt, die Energie, die notwendig ist, um freie Drehbarkeit an der Bindung hervorzurufen, womit der Lichteffekt der cis-trans-Isomerisierung erklärt ist (S. 374, 529 und 608).

Wenn zwei isolierte Doppelbindungen in einem Molekül vorliegen, ist die Absorption lediglich die Summe der Einzelabsorptionen. Sind jedoch die Doppelbindungen konjugiert, dann können sich die Wellenfunktionen aller vier p-orbitals vereinigen, und es entsteht eine völlig neue Anordnung von molecular orbitals (Abb. 92). Das festeste dieser orbitals, π_u, stammt aus der Vereinigung aller

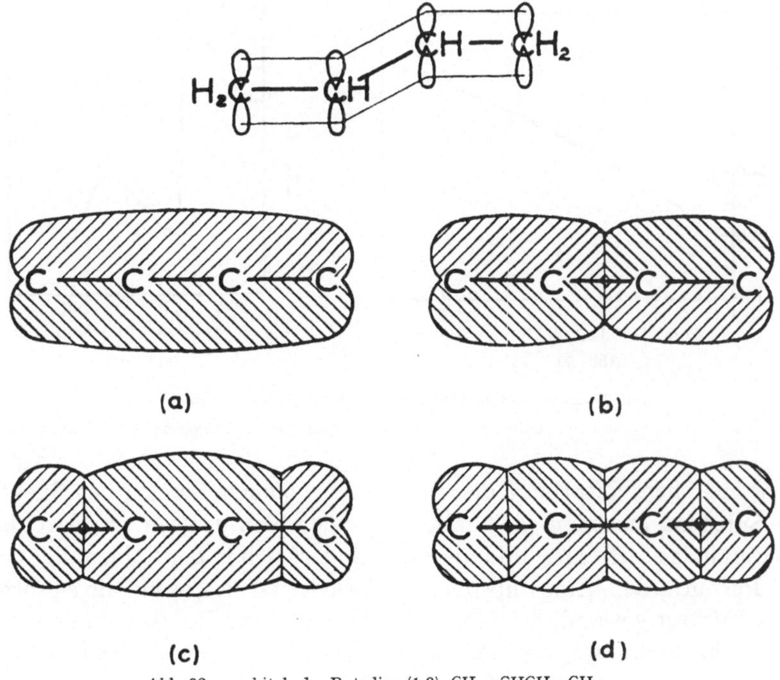

Abb. 92. π-orbitals des Butadien-(1.3), CH_2=CHCH=CH_2

vier orbitals in der Weise, daß die Zahl der Knotenebenen ein Minimum darstellt wie in a). Wie alle orbitals, so kann auch das π_u-orbital in Übereinstimmung mit dem Pauli-Prinzip höchstens zwei Elektronen aufnehmen. Mithin befindet sich das zweite Paar in einem π_g-orbital, das eine zweite Knotenebene senkrecht zur ersten aufweist, wie unter b) dargestellt ist. Diese beiden orbitals bringen zusammen mit den σ_g-orbitals alle Valenzelektronen im Grundzustand unter. Die beiden höheren orbitals c) und d) haben zwei und drei Knotenebenen senkrecht zur ersten Knotenebene. Lichtabsorption der entsprechenden Wellenlänge verursacht den Übergang eines Elektrons von a) oder b) nach c) oder d) und damit die Entstehung von vier Bandensystemen. Der Übergang, der die geringste Energie benötigt und somit die Absorption mit der größten Wellenlänge erzeugt, ist b) → c). Die Energiedifferenz von b) und c) beträgt nur 130 kcal/Mol und verursacht starke Absorption ($\varepsilon = 10^4$) bei etwa 220 mμ. Da Luft Licht von kürzerer Wellenlänge als etwa 200 mμ nicht durchläßt, ist diese Bande die erste, die bei organischen Molekülen bequem beobachtet werden kann.

Mit wachsender Zahl von in Konjugation stehenden Doppelbindungen wächst auch die Zahl der π-orbitals, die notwendig sind, um die π-Elektronen unterzubringen. Da ein Elektron von jedem orbital des Grundzustandes aus in den niedersten angeregten Zustand überführt werden kann, ist die Zahl der Bandensysteme gleich dem Quadrat der Zahl der miteinander in Konjugation stehenden Doppelbindungen. Ferner wird die Energiedifferenz zwischen dem obersten besetzten π-orbital des Grundzustandes und dem ersten angeregten Zustand mit jeder weiteren Doppelbindung kleiner, und die langwelligste Absorption verschiebt sich nach Rot (Abb. 93). Wenn schließlich acht oder neun Doppelbindungen in

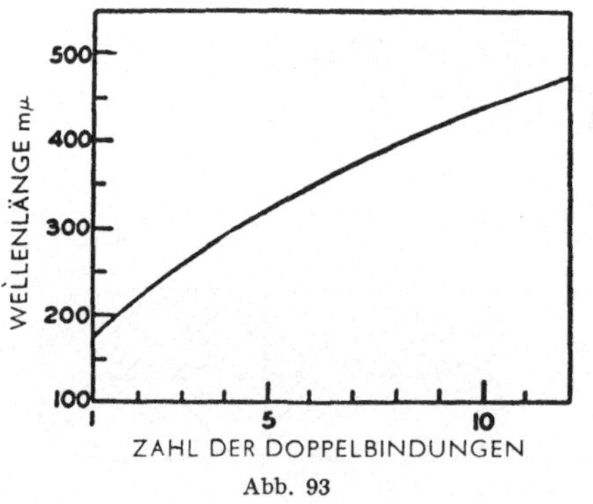

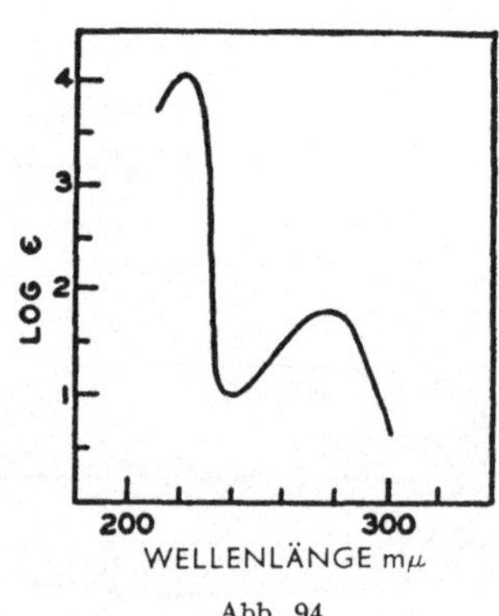

Abb. 93. Langwelligste Absorption von konjugierten Polyenen

Abb. 94. Absorptionsspektrum von Mesityloxyd, $(CH_3)_2C{=}CHCOCH_3$, einem konjugierten, ungesättigten Keton

Konjugation stehen, absorbiert die Substanz im blauen Bereich des Spektrums, und die Substanz erscheint gelb. Mit steigender Konjugation wandert die Absorption durch das Sichtbare, und die Farbe ändert sich in der Reihenfolge Orange, Rot und Purpurfarben. Eine Substanz wird wieder farblos, wenn die Absorptionsbande ins Infrarot gewandert ist, es sei denn, eine neue Bande wandere aus dem Ultraviolett ins Sichtbare, was häufig der Fall ist. Wenn zwei oder mehr Banden genügend eng beieinander liegen, dann können im Sichtbaren verschiedene

Absorptionen gleichzeitig eintreten, und die auftretende Farbe hängt von dem Restbetrag des Lichtes ab, der durchgelassen oder reflektiert wird (S. 707). Die Lage des Absorptionsmaximums wird auch durch den Ersatz eines Wasserstoffs durch eine andere Gruppe beeinflußt. Die Bande $\lambda_{max.} = 217\ m\mu$ von 1.3-Dienen wird zum Beispiel um 5 mμ nach Rot verschoben für jedes Wasserstoffatom, welches durch ein Alkylgruppe ersetzt wird.

Kohlenstoff-Sauerstoff- und Kohlenstoff-Stickstoff-Doppelbindungen ähneln insofern einer Kohlenstoff-Kohlenstoff-Doppelbindung, als die zwei Elektronenpaare, die die Doppelbindung bilden, sich in einem σ-orbital und in einem π-orbital befinden. Die Folge ist, daß analoge elektronische Übergänge möglich sind. Formaldehyd absorbiert bei 190 mμ. Möglicherweise entspricht diese Absorption derjenigen des Äthylens bei 162 mμ. Der Grund dafür ist der Übergang eines Elektrons von dem π_u-orbital zu dem π_g-orbital. Formaldehyd und ebenso andere Aldehyde und Ketone absorbieren jedoch auch bei 280 mμ ($\varepsilon = 10^2$), während Äthylen und seine Homologe dies nicht tun. Diese Bande scheint daher nicht das Ergebnis eines Übergangs eines π-Elektrons zu sein, sondern eines p-Elektrons des Sauerstoffs zu dem unbesetzten π_g-orbital. Ähnliches gilt für Azomethan, $CH_3N{=}NCH_3$, welches eine sehr intensive Absorption bei $\lambda_{max.} = 245\ m\mu$ besitzt und eine Bande geringer Intensität bei $\lambda_{max.} = 345\ m\mu$. Die letztere Bande ist so breit, daß sie sich noch ins Sichtbare erstreckt, und deshalb ist Azomethan gelb. Weder die Carboxyl- noch die Nitril-Gruppe besitzen eine bestimmbare Absorption im Ultraviolett.

Eine Kohlenstoff-Kohlenstoff-Doppelbindung in Konjugation mit einer Carbonylgruppe führt zu einer intensiven Absorption ($\varepsilon = 10^4$) an etwa der gleichen

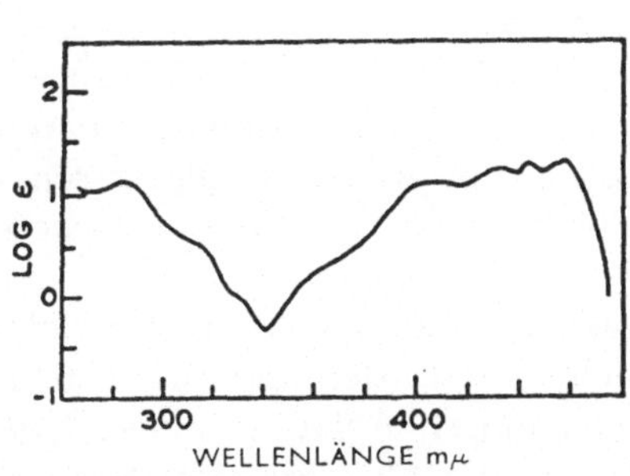

Abb. 95. Absorptionsspektrum des Diacetyls, $CH_3COCOCH_3$, eines konjugierten Diketons

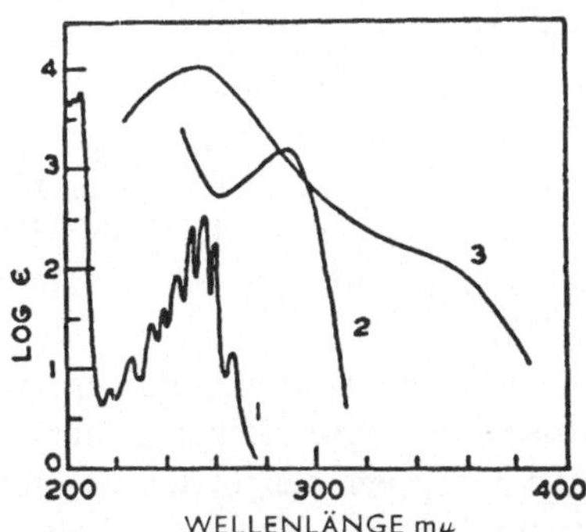

Abb. 96. Absorptionsspektrum von Benzol (*1*), Anilin (*2*) und Nitrobenzol (*3*)

Stelle ($\lambda_{max.} = 220\ m\mu$) wie zwei konjugierte Kohlenstoff-Kohlenstoff-Doppelbindungen. Auch hier wird die Lage des Maximums nach Rot verschoben, wenn die Substitution an der Kohlenstoff-Kohlenstoff-Doppelbindung verstärkt wird. Die geringe Absorption der Carbonylgruppe bleibt an der gleichen Stelle bei etwa 280 mμ (Abb. 94).

Wenn sich zwei Carbonylgruppen in Konjugation befinden, wie im Diacetyl, $CH_3COCOCH_3$, treten zwei Absorptionsbanden auf, von denen die eine bei 280 mμ liegt und die andere sich bis ins Sichtbare erstreckt. Diese Bande liegt zwischen 400 und 460 mμ (Abb. 95). Das Diacetyl ist deshalb gelb. Die kurzwellige Bande entspricht der 220 mμ-Bande der konjugierten Diene, doch wird die langwellige

Absorption wahrscheinlich von einem Elektron aus dem p-orbital des Sauerstoffs verursacht, nicht aus dem π_u-orbital. Auf ähnliche Weise wird durch die Konjugation der Stickstoff-Stickstoff-Doppelbindung mit Phenylgruppen im Azobenzol (S. 484) die Absorption der längerwelligen Bande des gelben Azomethans weiter nach Rot verschoben ($\lambda_{max.} = 448$ mμ), und das Azobenzol ist deswegen orangefarben. Die kurzwellige Bande ($\lambda_{max.} = 313$ mμ) entspricht derjenigen des farblosen trans-Stilbens ($\lambda_{max.} = 300$ mμ).

Damit ein elektronischer Übergang mit großer Wahrscheinlichkeit vorsichgehen kann, muß ein Übergangsmoment vorhanden sein (S. 698). Diese Bedingung ist eng an die Symmetrie des Moleküls geknüpft. So könnte man vom Benzol mit seinen drei konjugierten Doppelbindungen eine starke Absorption im Ultraviolett erwarten. Tatsächlich erscheint bei 260 mμ eine Bande, aber diese ist verhältnismäßig schwach (Abb. 96). Für ein exakt hexagonales Molekül ist der dieser Bande entsprechende Übergang nicht möglich, denn das Übergangsmoment ist Null. Deswegen muß die an dieser Stelle erscheinende Bande, die selbst in festem Benzol bei der Temperatur des flüssigen Wasserstoffs beobachtet wird, auf den kleinen Störungen beruhen, die durch Kristallkräfte hervorgerufen werden. In flüssigem oder in gelöstem Benzol bei gewöhnlichen Temperaturen ist die Bande von mittlerer Stärke, da die thermischen Atomschwingungen sich als Störungen bemerkbar machen. Substituierte Benzole absorbieren stärker, weil die Substituenten die Symmetrie der π-molecular orbitals weiter herabsetzen. Eine Amino- oder eine Hydroxy-Gruppe bewirkt nicht nur ein starkes Anwachsen der Absorptionsstärke, sondern verschiebt die Bande auch nach längeren Wellenlängen wegen der Wechselwirkung zwischen dem freien Elektronenpaar und den π-Elektronen des Rings (S. 504). Das bedeutet, daß die π-orbitals jetzt auch die Sauerstoff- oder die Stickstoff-Atome umfassen, ebenso wie den Benzolring. Dadurch steigt die Zahl der π-orbitals von drei auf vier. Mit einer Nitrogruppe als Substituent umfassen die π-orbitals den Benzolkern, das Stickstoffatom und die Sauerstoffatome, und die Zahl der π-orbitals steigt weiter. Infolgedessen ist die Absorption noch intensiver und noch weiter zum Sichtbaren hin verschoben (Abb. 96).

p-Nitrophenol hat eine Bande hoher Intensität ($\varepsilon = 10^4$) im nahen Ultraviolett, weil das angeregte Elektron über die beträchtliche Entfernung zwischen den polaren Gruppen des Moleküls schwingt und dadurch Anlaß zu einem hohen Übergangsmoment gibt. In alkalischer Lösung ist die Absorption ins Sichtbare verschoben, das Salz ist gelb. Das Verschwinden des Protons und die zurückbleibende negative Ladung am Sauerstoff macht es dem freien Elektronenpaar leichter, mit dem Kern und der Nitrogruppe in Wechselwirkung zu treten, und deshalb kann der Übergang durch längere Wellenlängen bewirkt werden. Die Intensität der Absorption bleibt unverändert (Abb. 97). Wird andererseits eine kernständige Aminogruppe in ein Salz verwandelt, dann wird wegen der Kombination mit dem Proton die Wechselwirkung des freien Elektronenpaares mit dem Kern gehindert. Die Absorption wird infolgedessen nach kurzen Wellen hin verschoben. Die Absorption des Aniliniumions ist daher fast identisch mit der des Benzols.

Mit wachsender Zahl kondensierter aromatischer Ringe in einem System verschiebt sich die Absorption nach längeren Wellenlängen. So liegt die langwelligste

Bande des Benzols bei 260 mμ, von Naphthalin bei 280 mμ, von Anthracen bei 375 mμ, von Naphthacen bei 450 mμ und von Pentacen bei 575 mμ. Benzol, Naphthalin und Anthracen sind farblos, aber Naphthacen ist orangefarben, und Pentacen ist purpurfarben. Phenanthren hat zwar die gleiche Anzahl von kondensierten Ringen wie Anthracen, aber es absorbiert bei kürzeren Wellenlängen (350 mμ).

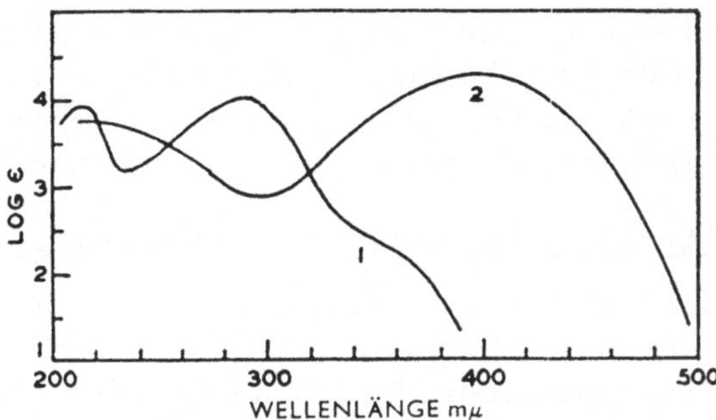

Abb. 97. Absorptionsspektren von p-Nitrophenol 1. in Hexan, 2. in 0.1 N-Natronlauge

Ebenso absorbiert Coronen bei kürzeren Wellenlängen (400 mμ) als Naphthacen. Dieses Verhalten kann man dem höheren aromatischen Charakter (größere Resonanzenergie) des Phenanthrens und des Coronens zuschreiben (S. 635), und somit dem niedrigeren Energieniveau des höchsten besetzten molecular orbital.

Benzol	Naphthalin	Anthracen	Phenanthren
$\lambda_{max.} = 260$ mμ	$\lambda_{max.} = 280$ mμ	$\lambda_{max.} = 375$ mμ	$\lambda_{max.} = 350$ mμ
Naphthacen	Pentacen	Coronen	
$\lambda_{max.} = 450$ mμ	$\lambda_{max.} = 575$ mμ	$\lambda_{max.} = 400$ mμ	

Sehr intensive Absorption im Sichtbaren ist für organische Farbstoffe charakteristisch. Sie haben alle 1. eine große Zahl von konjugierten Doppelbindungen, welche das Auftreten vieler π-orbitals mit nur sehr kleinen Energiedifferenzen bewirken, und 2. zwei oder mehr polare Gruppen in beträchtlichem Abstand, welche ein großes Übergangsmoment verursachen.

Kompliziertere Spektren

Die vorstehende kurze Diskussion mag den Eindruck erwecken, es sei leicht, die verschiedenen Absorptionsbanden von organischen Molekülen spezifischen strukturellen Zügen des Moleküls zuzuordnen. Das ist aber nur bei verhältnismäßig einfachen chromophoren Systemen und nur unter gewissen Bedingungen der Fall.

Fast jeder äußere Einfluß verändert das Absorptionsspektrum eines Moleküls. Lösungsmittelmoleküle können elektrische und magnetische Felder um das gelöste Molekül bilden, wodurch die Energiedifferenzen zwischen den Grund- und Anregungszuständen verändert werden; sie können Solvate bilden, oder das Lösungsmittel wirkt als Säure oder Base und verändert das Verhältnis zwischen Base und korrespondierender Säure, in welchem die betreffende Verbindung vorliegt. Die gelöste Substanz kann im Lösungsmittel dissoziieren, polymerisieren oder sich isomerisieren. Alle diese Faktoren vervielfältigen die Kompliziertheit der Molekülspektren. Dazu kommt noch, daß ganz verschiedene elektronische Systeme eine Absorption im gleichen Bereich des Spektrums hervorrufen.

Das Schicksal des absorbierten Lichtes; Fluorescenz

Obgleich die Energie der absorbierten elektromagnetischen Strahlung im Bereich von 100—1300 mμ elektronische Übergänge hervorruft, bleiben die Moleküle nicht in dem angeregten Zustand, sondern kehren fast sofort in den Grundzustand zurück. Für gewöhnlich ist die mittlere Lebensdauer eines angeregten Moleküls etwa 10^{-8} sek. In den meisten Fällen verwandelt sich die freigesetzte Energie durch Stöße oder andere Prozesse in Wärme; das heißt, das Licht absorbierende Material erwärmt sich. Die Energie kann auch durch photochemische Reaktionen verbraucht werden, was sich z. B. darin zeigt, daß gefärbte Substanzen im Licht ausbleichen. Einige Moleküle jedoch sind gegenüber elektronischer Desaktivierung durch Stöße oder durch photochemische Reaktionen widerstandsfähig, und die Energie wird in Form von Licht wieder abgegeben. Diese Erscheinung nennt man Fluorescenz. Da ein gewisser Anteil der absorbierten Energie zur Anregung von Schwingungen verbraucht wird, deren Energie leicht durch Stöße abgeführt wird, besitzt das emittierte Licht eine geringere Energie, daß heißt, es ist Licht von längerer Wellenlänge als das absorbierte Licht. So besitzt eine farblose Substanz wie das Anthracen eine Absorptionsbande im nahen Ultraviolett, aber eine Fluorescenz im Sichtbaren.

Kern- und Elektronen-Spin-Resonanz

Die Atomkerne einiger Isotopen haben ein magnetisches Moment, welches durch den Spin des Kerns hervorgerufen wird. Bringt man eine Substanz, die Isotopen mit der Spinquantenzahl Einhalb enthält, wie ^{1}H, ^{19}F oder ^{31}P, in ein starkes Magnetfeld, so stellen sich die magnetischen Kernmomente entweder parallel oder antiparallel zu dem angelegten Feld ein. Die auf diese Weise entstandenen zwei Zustände unterscheiden sich in ihrer Energie. Wenn man elektromagnetische Strahlung geeigneter Frequenz aus dem Radiowellengebiet auf die Substanz einwirken läßt, so absorbiert der Kern die Strahlung und geht aus dem Zustand niederer Energie in den höherer Energie über. Die Frequenz, bei der das geschieht, nennt man die *Resonanzfrequenz*. Trägt man die Absorptionskoeffizienten bei den verschiedenen Frequenzen gegen die Frequenz auf, so erhält man ein für jede Substanz charakteristisches Spektrum. Man nennt es das magnetische *Kern-Resonanz-Spektrum* (*NMR*, abgekürzt nach dem Englischen nuclear magnetic resonance) oder *Kern-Spin-Resonanz-Spektrum* (*NSR*, nach nuclear spin resonance).

Von denjenigen Isotopen, die ein starkes magnetisches Kernmoment haben, ist
Wasserstoff das für den organischen Chemiker bedeutendste. Kohlenstoff, Sauerstoff und Schwefel dagegen haben das kernmagnetische Moment Null und können
nicht bestimmt werden. Das Moment des Stickstoffs ist schwach, während Bor,
Fluor und Phosphor starke Momente haben und beobachtet werden können,
wenn sie in organischen Substanzen vorkommen. Es ist günstig, daß die meisten
Elemente wenigstens ein Isotop haben, welches ein genügend starkes Moment
besitzt, wie zum Beispiel ^{13}C und ^{17}O. Für besondere Zwecke können sie in organische Verbindungen eingeführt und gemessen werden. Bei Routine-Messungen[1]
des kernmagnetischen Resonanz-Spektrums beschränkt man sich jedoch, von
speziellen Fällen abgesehen, meist auf die Bestimmung des Wasserstoffs. Der
Grund liegt darin, daß das kernmagnetische Resonanz-Spektrum charakteristisch
für die strukturelle Umgebung des Wasserstoffs ist, welche mit anderen physikalischen Methoden nur schwierig bestimmt werden kann. Das effektive magnetische Moment des Wasserstoffkerns hängt nämlich von dem abschirmenden
Effekt der Elektronen ab, die den Wasserstoffkern umgeben. Deswegen ist der
Betrag an Resonanzenergie, der absorbiert wird, verschieden groß für verschiedene
Elektronendichten beim Wasserstoffkern. In Abb. 98a ist das kernmagnetische

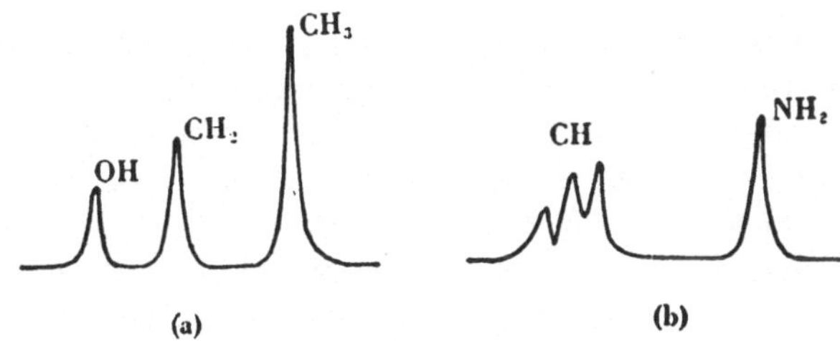

Abb. 98. Kern-Spin-Resonanz-Spektren

Resonanz-Spektrum von reinem flüssigem Äthanol abgebildet. Die Frequenz des
Absorptionsmaximums zeigt nicht nur den Typus des Wasserstoffs an, der vor-
handen ist, sondern man kann weiterhin aus dem Flächeninhalt der einzelnen
Banden die relative Anzahl der Wasserstoffatome von jedem Typus ermitteln.
Abb. 98b zeigt den analogen Effekt von Stickstoff im Anilin auf die Protonen der
Aminogruppe und in der ortho-, meta- und para-Stellung des Benzolrings. Hier sind
die H—C-Banden links von den H—N-Banden wegen der hohen Elektronendichte
des Benzolrings. Eine noch höhere Auflösung zeigt, daß die Hauptbanden von einer
Feinstruktur begleitet werden, welche die strukturelle Umgebung des Wasserstoffs
noch genauer charakterisiert.

Der Spin eines ungepaarten Elektrons bewirkt ebenfalls ein magnetisches
Moment und gibt infolgedessen, wenn ein solches Elektron in freien Radikalen
vorhanden ist, einen Resonanzeffekt, der der kernmagnetischen Spin-Resonanz
analog ist. Diese *Elektronen-Spin-Resonanz (ESR)* wird auch *paramagnetische
Elektronen-Resonanz (EPR)* genannt. Die Elektronen-Spin-Resonanz ist komplizierter als die kernmagnetische Resonanz. Die Zahl der beobachtbaren Linien ist gleich

---

[1] Es ist in Betracht zu ziehen, daß die Kosten für eine *NMR*-Anlage sehr hoch
sind ($ 20000 bis $ 40000).

eins plus zweimal die magnetische Quantenzahl desjenigen Kerns, bei dem das ungepaarte Elektron sich aufhält. So ergibt ein ungepaartes Elektron in der Nachbarschaft eines ^{12}C-Kerns, welcher den Kernspin Null besitzt, eine einzelne Linie. Für ^{1}H mit dem Kernspin $^1/_2$ spaltet die Absorptionslinie in zwei Komponenten auf, und bei ^{14}N mit dem Kernspin 1 ergeben sich drei Linien. Wenn das Elektron mit mehreren „gleichwertigen" Kernen in Wechselwirkung tritt, nimmt die totale magnetische Quantenzahl zu. So werden, wenn ein Elektron mit zwei Stickstoffatomen in Wechselwirkung tritt, fünf Linien $[2\,(1 + 1) + 1]$ beobachtet, mit drei Wasserstoffatomen vier Linien $[2\,(^1/_2 + ^1/_2 + ^1/_2) + 1]$. Diese Aufspaltung der Absorptionslinien bei stabilen freien Radikalen ist ein Beweis für die Delokalisation des Elektrons. Bei hoher Auflösung zeigt das Triphenylmethyl-Spektrum eine Reihe von Mehrfachlinien, die anzeigen, daß das ungepaarte Elektron mit allen Kernen des Moleküls in Wechselwirkung steht (vgl. S. 600). Die Beobachtung von 13 Linien im ESR-Spektrum des Tetramethylsemichinons (vgl. S. 603) zeigt die Wechselwirkung des ungepaarten Elektrons mit allen zwölf Wasserstoffatomen der Methylgruppen. Solche Resonanz-Wechselwirkung zwischen Elektronen der Kohlenstoff-Wasserstoff-Bindung in Methylgruppen und Elektronen in ungesättigten Gruppierungen ist aus chemischen Gründen gefordert worden und ist als *Hyperkonjugation* bekannt.

Die extrem kleinen Konzentrationen, bei welchen ungepaarte Elektronen jetzt bestimmt werden können, hat es möglich gemacht, auch solche Radikale nachzuweisen, die mit den Methoden der statischen Suszeptibilitäts-Messung nicht beobachtbar waren. Zum Beispiel konnte bisher im p,p'-Bis-(diphenylmethyl)-diphenyl (*Tschitschibabinscher Kohlenwasserstoff*, S. 601) kein Paramagnetismus nachgewiesen werden. Erst die ESR-Absorption zeigte, daß vier Prozent in der Form des freien Biradikals vorliegen. Freie Radikale sind auch in Polymeren entdeckt worden, die katalytisch über einen radikalischen Mechanismus hergestellt worden sind, sowie in Substanzen, die energiereicher Strahlung ausgesetzt worden waren. Ferner hat man ESR-Absorption auch in Substanzen beobachtet, von denen man früher nicht angenommen hatte, daß sie ungepaarte Elektronen enthalten.

Kapitel 31

Farbe. Farbstoffe und Färben. Organische Pigmente

Die Farbe hat im Leben des Menschen stets eine wichtige Rolle gespielt, wenn auch fast nur in ästhetischer Beziehung. Seit den frühesten Zeiten sind Farbstoffe und Pigmente, sowohl natürliche wie synthetische, ein wichtiger Handelsartikel.

Farbe

Farbempfindung

Das menschliche Auge ist nur empfindlich gegen elektromagnetische Schwingungen im Bereich der Wellenlängen zwischen 400 und 750 mμ. Dieser Teil des elektromagnetischen Spektrums ist als *sichtbarer* Bereich bekannt (vgl. Tab. 27 u. 28). Ein Gemisch sämtlicher Wellenlängen des sichtbaren Bereichs, und zwar in den relativen Intensitäten, wie sie von einem Körper bei Weißglut hervorgerufen werden, wird als *weißes Licht* bezeichnet. Wenn das auf die Netzhaut des Auges fallende Licht nicht alle Wellenlängen des sichtbaren Spektrums enthält, oder wenn die Intensität einiger Wellenlängen erheblich geschwächt ist, entsteht der Sinneseindruck einer Farbe.

Licht kann farbig sein, weil nur ein begrenzter Teil des Spektrums von einer Lichtquelle ausgestrahlt wird, wie z. B. das gelbe Licht der Natriumflammen. Oder Licht kann farbig sein, weil bestimmte Wellenlängen des sichtbaren Lichts abgetrennt oder ausgeschaltet werden. Da verschiedene Wellenlängen des Lichts beim Passieren eines durchsichtigen Mediums in verschiedenem Grade gebrochen werden (Geschwindigkeitsverminderung), ist es möglich, sie mit Hilfe eines Prismas zu trennen und ein farbiges Spektrum zu erzeugen. Eine andere Methode, Teile des Spektrums auszuschalten, bietet die Erscheinung der Interferenz. Licht werde von den beiden Oberflächen einer dünnen Folie reflektiert. Die Dicke der Folie kann dann so sein, daß eine von der entfernteren Oberfläche reflektierte Lichtwelle einen um $\frac{\lambda}{2}$ längeren Weg zurücklegt als eine von der näheren Oberfläche reflektierte Lichtwelle, so daß sie sich in entgegengesetzter Phase befindet. Diese Wellenlänge wird dann ausgelöscht, und wenn weißes Licht eingestrahlt wird, ist das reflektierte Licht farbig. Die Farben von manchen Vogelfedern und von Seifenblasen sind Beispiele dieses Phänomens. Endlich können bestimmte Wellenlängen des weißen Lichtes durch Absorption ausgeschaltet werden; dies ist der weitaus häufigste Grund für das Auftreten von Farbe. Die Farbe kann als das durch eine Lösung der Substanz in einem durchsichtigen Mittel durchgelassene Licht beobachtet werden, oder als das von einer undurchsichtigen Substanz reflektierte Licht.

Tabelle 28. *Beziehung zwischen Absorption und sichtbarer Farbe*

absorbierte Wellenlängen (mμ)	absorbierte Farbe	sichtbare Farbe
400—435	Violett	Gelbgrün
435—480	Blau	Gelb
480—490	Grünblau	Orange
490—500	Blaugrün	Rot
500—560	Grün	Purpur
560—580	Gelbgrün	Violett
580—595	Gelb	Blau
595—605	Orange	Grünblau
605—750	Rot	Blaugrün

Die sichtbare Farbe ist die Komplementärfarbe der absorbierten Farbe; d. h. es ist die Farbempfindung, die von der Gesamtheit der Wellenlängen minus der absorbierten Wellenlängen hervorgerufen wird. Tab. 28 gibt die beobachteten Farben für den Fall, daß relativ enge Bereiche des sichtbaren Spektrums absorbiert werden. Sind die Absorptionsbanden breiter, oder liegt mehr als eine Absorptionsbande vor, so ist die sichtbare Farbe eine andere.

Farbe und chemische Konstitution

Bis vor kurzem begnügten sich die Chemiker mit Versuchen, die sichtbare Farbe mit strukturellen Eigenheiten der Moleküle in Beziehung zu setzen. Schon 1868 diskutierten GRAEBE und LIEBERMANN die Bedeutung des ungesättigten

Charakters für das Auftreten von Farbe und stellten fest, daß die Reduktion einer farbigen Verbindung immer zu einem farblosen Reaktionsprodukt führt.

1876 zeigte WITT, daß in intensivfarbigen Verbindungen gewöhnlich zwei Arten von Gruppen zugegen sind: einmal ungesättigte Gruppen, die er **Chromophore** (griech. *chroma* Farbe; *phoros* von *pherein* tragen) nannte, und zweitens farbverstärkende Gruppen, die er **Auxochrome** (griech. *auxein* verstärken) nannte. Zu den Chromophoren rechnete er die Gruppen NO_2, $C=O$ und $N=N$, zu welchen später $C=C$, $C=N$, $C=S$ und $N=O$ traten. 1888 fügte ARMSTRONG[1] die sehr wichtige chromophore Chinoidstruktur $=\!<\!\overline{\underline{}}\!>\!=$ hinzu und wies darauf hin, daß die Strukturen der meisten intensivfarbigen Substanzen, die einen aromatischen Ring enthalten, so geschrieben werden können, daß sie eine Chinoidstruktur aufweisen. Als wichtigste auxochrome Gruppen galten die Hydroxylgruppe, die Aminogruppe und die alkylierte Aminogruppe. Nach WITT bestand ein Zusammenhang zwischen der Wirkung der auxochromen Gruppen und ihrer Fähigkeit zur Salzbildung, da Acetylierung der Aminogruppe oder Methylierung der Hydroxylgruppe den Effekt zerstört, nicht aber Methylierung der Aminogruppe. Überdies sind die Salze der phenolischen Verbindungen stärker farbig als die freien Phenole. Es wurden noch zahlreiche andere empirische Beobachtungen gemacht. Zum Beispiel beeinflussen auxochrome Gruppen die Farbe nicht, wenn sie in meta-Stellung zu der chromophoren Gruppe stehen.

Zu der Zeit, als WITT den Einfluß salzbildender Gruppen auf die Farbe diskutierte, wies er auch auf die Notwendigkeit ihrer Anwesenheit, wenn die farbige Verbindung als Farbstoff wirken sollte, d. h. wenn sie die Fähigkeit haben sollte, auf einer Faser fixiert zu werden. Diese Dualität der Eigenschaften auxochromer Gruppen stiftete Verwirrung, denn beide Eigenschaften treten durchaus nicht immer zusammen auf.

Die Widersprüche und Mängel dieser Theorie sind seit langem erkannt; in neuerer Zeit ist es gelungen, sie neu zu interpretieren und zu erweitern im Sinne der modernen Elektronentheorie der Absorptionsspektren, die in Kapitel 30 behandelt wurde. Dort ist gezeigt, daß das gesamte konjugierte System für die Farbe verantwortlich ist, und daß sowohl Nitrogruppen wie Aminogruppen die Absorption nach längeren Wellenlängen verschieben (S. 702). WITTs chromophore Gruppen sind Elektronenacceptoren, die auxochromen Gruppen sind Elektronendonatoren. Wenn sie über ein konjugiertes System verbunden sind, erweitern sie die Konjugation und verstärken das Moment des Übergangsdipols. Dadurch wird die Absorptionsbande noch weiter nach längeren Wellenlängen verschoben. Acylierung der Amino- oder Hydroxylgruppe verringert lediglich die Verfügbarkeit eines einsamen Elektronenpaars für die Wechselwirkung mit dem konjugierten System. Die Natur der Fixierung eines Farbstoffs auf der Faser, insbesondere auf Beizen, wird jetzt ebenfalls besser verstanden, und die Funktion der Hydroxyl- und Aminogruppen in dieser Hinsicht wird von ihrem Einfluß auf die Farbe unterschieden.

---

[1] HENRY EDWARD ARMSTRONG (1848—1937), Professor der Chemie am Central Technical College, South Kensington, England. Bekannt durch seine Beiträge zur Theorie der Farbe und zur Struktur des Benzols, aber auch durch seine scharfe Kritik an chemischen Lehrmeinungen seiner Zeit.

Farbstoffe und Färben
Geschichtliches

Natürliche Färbemittel hat der Mensch seit Anbeginn der Zivilisation benutzt. Der erste synthetische Farbstoff war Pikrinsäure, 1771 von WOULFE durch Einwirkung von Salpetersäure auf natürlichen Indigo dargestellt; ein technisches Verfahren für die Fabrikation aus Steinkohlenteer wurde erst 1855 eingeführt. Der erste aus Steinkohlenteer dargestellte Farbstoff war das *Aurin ("Rosolsäure")*, das 1834 von RUNGE[1] entdeckt wurde. RUNGE fand, daß es mit den üblichen Beizen rote Farben und Farblacke bildete, die denen aus Cochenille und Krapp gleichkamen. Da damals über die Bestandteile des Steinkohlenteers wenig bekannt war und die Kekulésche Theorie der Konstitution des Benzols erst 1865 herauskam, wurden RUNGEs Beobachtungen nicht weiter verfolgt.

Schon 1843 hatte A. W. HOFMANN beobachtet, daß Anilin, wie es damals dargestellt wurde, unter bestimmten Bedingungen rote Färbungen gab. 1856 oxydierte PERKIN[2] Anilinsulfat mit Kaliumdichromat und erhielt einen purpur-

---

[1] FRIEDLIEB FERDINAND RUNGE (1794—1867), Professor der Chemie an der Universität Breslau, später Fabrikdirektor in Oranienburg. Er isolierte 1834 als erster Anilin, Chinolin, Pyrrol und Phenol aus Steinkohlenteer und entdeckte das Anilinschwarz (S. 735). RUNGE führte auch die Verwendung von absorbierendem Papier für Tüpfelreaktionen ein.

[2] WILLIAM HENRY PERKIN (1838—1907) studierte ab 1853 am Royal College of Chemistry, London, unter A. W. HOFMANN. Bei Versuchen, Anthracen zu nitrieren, entdeckte er das Anthrachinon, befaßte sich mit dieser Verbindung aber erst 1869 wieder, als er eine technische Synthese von Alizarin daraus entwickelte (S. 726).

In seinem Bericht über die Arbeit des Royal College of Chemistry im Jahre 1849 hatte HOFMANN bemerkt, daß die Synthese des Chinins anzustreben sei. Sieben Jahre später griff PERKIN, damals 18 Jahre alt und Forschungsassistent von HOFMANN, diese Bemerkung auf. Zu jener Zeit war der Hauptanhaltspunkt für die Struktur einer Verbindung der Unterschied zwischen ihrer Summenformel und der einer bekannten Verbindung. PERKIN dachte, daß Chinin durch Oxydationvon Allyltoluidin entstehen könnte.

$$2\,C_{10}H_{13}N + 3\,[O] \longrightarrow C_{20}H_{24}N_2O_2 + H_2O$$
Allyltoluidin   Chinin

Während der Osterferien 1856 stellte er in seinem häuslichen Laboratorium Allyltoluidin her und oxydierte das Sulfat mit Kaliumdichromat. Er erhielt nur einen schmutzigen rötlichbraunen Niederschlag, aber da sein Interesse erweckt war, beschloß er, die Reaktion auf einfacherer Basis zu versuchen. Bei Behandlung von Anilinsulfat (das verwendete Anilin war in Wirklichkeit ein Gemisch, das auch o- und p-Toluidin enthielt) mit Dichromat erhielt er einen schwarzen Niederschlag, aus dem er eine purpurfarbene Verbindung extrahierte, die die Eigenschaften eines Farbstoffs besaß und sich als lichtecht erwies. Proben davon wurden an Färber gegeben und günstig beurteilt. Daraufhin gab PERKIN seine Stellung am Royal College auf und begann mit Hilfe seines Vaters und seines Bruders 1857 die Fabrikation. Der Farbstoff kam als *Anilinpurpur* oder *Mauvein* in den Handel. Mit ihm gefärbte Stoffe wurden so beliebt, daß man von der "Mauvein-Dekade" sprach. Interessant ist, daß die Totalsynthese des Chinins erst 1944 gelang.

PERKIN wurde ein erfolgreicher Industrieller, ohne deswegen die Forschungsarbeit aufzugeben. 1867 veröffentlichte er seine erste Arbeit über die später nach ihm benannte Reaktion (S. 566), 1868 folgte die Synthese des Cumarins (S. 593), des ersten natürlichen Riechstoffs, der aus einer Komponente des Steinkohlenteers synthetisiert wurde. 1874, im Alter von 36 Jahren, zog sich PERKIN vom Geschäft zurück, um ausschließlich wissenschaftlich zu arbeiten, insbesondere über die Wirkung des Magnetfeldes auf die optische Drehung.

roten Farbstoff, das *Mauvein* (S. 735), den ersten synthetischen Teerfarbstoff, der auch technisch hergestellt wurde. 1859 wurde in Frankreich ein Verfahren zur Oxydation von Anilin mit Zinntetrachlorid patentiert, bei dem ein Farbstoff entsteht, dessen Farbe der der Fuchsien ähnlich ist und der daher *Fuchsin* genannt wurde. Nachdem HOFMANN gezeigt hatte, daß Fuchsin ein Derivat des Triphenylmethans ist, wurde diese Farbstoffklasse intensiv untersucht und in großem Umfang praktisch angewendet.

Währenddessen wurden 1862 von GRIESS die Azofarbstoffe entdeckt, die Theorie der aromatischen Struktur wurde aufgestellt, 1868 von GRAEBE und LIEBERMANN Alizarin, 1879 von BAEYER Indigo synthetisiert. 1893 wurden Schwefelfarben aus Derivaten des Steinkohlenteers hergestellt, 1901 Anthrachinonküpenfarbstoffe, 1910 Acridinfarbstoffe, 1923 Acetessigsäurearylide, 1934 Phthalocyanine.

Die Industrie der synthetischen Teerfarben entwickelte sich zuerst in England unter PERKIN, NICHOLSON und anderen, ging aber allmählich in deutsche Hände über. 1913, unmittelbar vor Beginn des ersten Weltkriegs, wurden in Deutschland drei Viertel der Weltproduktion an Farbstoffen und 90% der in England und den USA verwendeten Farbstoffe hergestellt. Frankreich und die Schweiz hatten ebenfalls blühende Farbstoffindustrien, die aber in teilweiser Interessengemeinschaft mit dem deutschen Kartell standen. Gründe für die deutsche Vorherrschaft waren u. a. 1. ausgedehnte Forschungsprogramme der deutschen Hersteller in enger Zusammenarbeit mit Universitätslaboratorien, 2. die günstige amerikanische Patentgesetzgebung, die Ausländern erlaubt, für Verfahren und Produkte Patentschutz zu erlangen, ohne daß eine Herstellung in den USA erforderlich ist, 3. geringe Zollbeschränkungen, und 4. kartellmäßige Preiskontrolle mit Preisdruck und Dumping zur Verhinderung des Wettbewerbs. Hand in Hand mit der Kontrolle der Farbenindustrie ging auch die Kontrolle der Erzeugung von synthetischen Medikamenten und aller anderen organischen Chemikalien.

Während des ersten Weltkrieges verlor Deutschland die Kontrolle über den organisch-chemischen Markt, da die Vereinigten Staaten und England ihre Farbstoffe und Pharmazeutika selbst herstellen mußten, und da diese Länder erkannten, daß die Farbenfabriken mit ihren Anlagen zur Nitrierung und zur Herstellung von Chlor und Phosgen potentielle Munitionsfabriken seien. Die "Chemical Foundation" enteignete deutsche US-Patente und erteilte Lizenzen an amerikanische Firmen, und nach dem Krieg wurden entsprechende Zollgesetze zur Sicherung des Fortbestands und des Wachstums der organisch-chemischen Industrie erlassen. Die allgemeine industrielle Entwicklung und kühne Forschungsprogramme haben die organisch-chemische Industrie in den USA seitdem mächtig zur Entfaltung gebracht.

Färben

Nicht alle farbigen Substanzen sind Farbstoffe. Ein eigentlicher Farbstoff kann definiert werden als eine farbige Substanz, die sich aus einer Lösung fest an einen Stoff bindet, und die licht- und waschecht ist.

Der Färbevorgang muß je nach Art des zu färbenden Materials verschieden sein, d. h. je nachdem ob es sich um Protein, Cellulose oder eine synthetische Substanz handelt. Das Färben von Wolle und Seide wurde früher für einen chemischen Vorgang gehalten, bei dem die sauren oder basischen Gruppen eines Farbstoffs sich mit den basischen oder sauren Gruppen des Proteins verbinden. Jetzt nimmt man an, daß die sauren und basischen Gruppen des Farbstoffs die anfängliche Adsorption des Farbstoffs auf der Oberfläche der Faser erleichtern, daß sich aber an diesen Vorgang Lösung und Diffusion des Farbstoffs in die Faser anschließen.

Direktziehende oder substantive Farbstoffe. Die **direktziehenden** oder **substantiven Farbstoffe** erfordern nur ein Eintauchen des Garns oder des Tuches in eine heiße Lösung des Farbstoffs in Wasser (die „Flotte"). Diejenigen Farbstoffe, die sich zum Färben *tierischer Fasern* eignen, werden in **saure Farbstoffe** und **basische Farbstoffe** eingeteilt. **Saure Farbstoffe** sind die Natriumsalze von Sulfonsäuren; ihre Anwendung geschieht aus einer Flotte, die mit Schwefelsäure oder Essigsäure angesäuert wird. **Basische Farbstoffe** sind die Hydrochloride oder Zinkchlorid-komplexe von Farbstoffen mit basischen Gruppen. Sie werden in einem neutralen Bad verwendet; die zu färbende Faser wird gewöhnlich mit Tannin vorbehandelt. Auch basische Farbstoffe enthalten häufig Natriumsulfonatgruppen, damit sie in Wasser besser löslich sind. Einige basische Farbstoffe werden neuerdings zum Färben von Acrylfasern (S. 718) verwendet.

Die Cellulose hat keine stark sauren ober basischen Gruppen, und niedermolekulare farbige Verbindungen, die Proteinfasern färben, werden auf Baumwolle oder Viscoserayon nicht fixiert. Stärker werden Farbstoffe von höherem Molekulargewicht adsorbiert, die kolloidale Lösungen bilden können; solche sind **direktziehende Farbstoffe für Baumwolle und Viscoserayon.** Diese Farbstoffe werden auch **Salzfarben** genannt, weil die Adsorption auf der Faser gewöhnlich durch Zugabe eines Salzes wie Natriumsulfat unterstützt wird.

Beizen- oder adjektive Farbstoffe und Chromierungsfarbstoffe. Eine Beize ist jede Substanz, die auf der Faser fixiert und später gefärbt werden kann. So wurde etwa Albumin als Beize in der Kattundruckerei verwendet. Das Protein wurde auf der Baumwollfaser durch Hitze koaguliert und dann mit einem sauren Farbstoff gefärbt. Tannin wurde als Beize für basische Farbstoffe verwendet. Beizen- und Chromierungsfarbstoffe im engeren Sinne sind jedoch Farbstoffe, die mit Metalloxyden unlösliche Komplexe bilden können. Gewöhnlich wird zuerst das Oxyd auf der Faser niedergeschlagen und dann gefärbt. Zum Beispiel wird Baumwolle in einer Lösung von Aluminiumacetat oder -formiat eingeweicht und dann gedämpft. Das Aluminiumsalz wird dabei hydrolysiert, und die flüchtige organische Säure verdampft. Die Reaktion des Aluminiumhydroxyds mit einer alkalischen Lösung von Alizarin (S. 726) ergibt einen farbigen, unlöslichen Chelatkomplex (S. 784) von hohem Molekulargewicht, der von der Faser stark adsorbiert wird.

Zuweilen wird Tuch mit einem direktziehenden Farbstoff gefärbt und anschließend mit einem Chromsalz behandelt; hierdurch wird auf der Faser ein Metallkomplex erzeugt, der bessere Echtheitseigenschaften aufweist oder mehr dem gewünschten Farbton entspricht. Dieses Verfahren heißt *Nachchromierung*. Bei der *Vorchromierung* wird umgekehrt der Farbstoff auf die mit Chrombeize vorbehandelte Faser gebracht, ein Verfahren, das heute fast nicht mehr ausgeübt wird. Bei dem *Metachromverfahren* wird die Chromierung während des Färbevorgangs vorgenommen, d. h. Farbstoff und Chromsalz werden gleichzeitig auf die Faser einwirken gelassen. Schließlich, und dies ist das heute am meisten geübte Verfahren, kann der Farbstoff selbst vorchromiert, d. h. in einen Metall-Farbstoff-Komplex übergeführt werden, der dann als direktziehender Farbstoff verwendet werden kann.

Entwicklungsfarbstoffe. Entwicklungsfarbstoffe sind wasserunlösliche Azofarbstoffe, die auf der Faser erzeugt werden. Sie werden gewöhnlich für Baumwolle verwendet. Die **Eisfarben** werden erhalten, indem man einen Stoff mit einer zur Kupplung mit einem Diazoniumsalz befähigten Verbindung imprägniert und anschließend in eine eiskalte Lösung eines diazotierten Amins eintaucht. Bei Verwendung von **Diazotierungsfarbstoffen** wird das Tuch mit einem direktziehenden Farbstoff, der eine freie Aminogruppe enthält, angefärbt. Der Farbstoff wird dann auf der Faser diazotiert und durch Kuppeln mit einem Amin oder Phenol entwickelt. Der auf der Faser neu entstandene Farbstoff ist auf Grund seines höheren Molekulargewichts waschechter und hat gewöhnlich eine tiefere Farbe.

Schwefelfarbstoffe. Diese Klasse umfaßt diejenigen schwefelhaltigen Farbstoffe, mit denen Baumwolle aus Lösungen in wäßrigem Natriumsulfid gefärbt wird. Die lösliche reduzierte Form des Farbstoffs zieht auf Baumwolle direkt auf. Nach dem Färbevorgang wird der Stoff der Luft oder Oxydationsmitteln ausgesetzt, wodurch der unlösliche Farbstoff auf der Faser regeneriert wird.

Küpenfarbstoffe. Küpenfarbstoffe sind in Wasser vollkommen unlöslich, können aber durch Reduktion in alkalischer Lösung wasserlöslich gemacht werden. Aus dieser Lösung adsorbiert Baumwolle die reduzierte Form des Farbstoffs. Die Umwandlung des adsorbierten Farbstoffs in die oxydierte Form geschieht wie bei den Schwefelfarbstoffen. Die Reduktion wurde früher durch einen Gärungsvorgang bewirkt, der in großen, „Küpen" genannten Holzgefäßen durchgeführt wurde, von denen die Farbstoffe noch heute ihren Namen tragen.

Dispersionsfarbstoffe. Direktziehende Farbstoffe sind für synthetische Fasern wie Acetylcellulose oder die Polyester- (S. 585) oder Polyamidfasern (S. 843) nicht geeignet, da diese Fasern infolge des Fehlens von Hydroxyl- oder Aminogruppen noch weniger leicht adsorbieren als Cellulose. Küpen- oder Entwicklungsfarbstoffe können ebenfalls nicht verwendet werden, weil die alkalischen und sauren Lösungen eine partielle Hydrolyse der Ester- oder Amidgruppen bewirken, wodurch die Faser an Glanz und Festigkeit verliert. Eine Färbung kann hier jedoch bewirkt werden durch Anwendung kolloidaler wäßriger Dispersionen von Azo- oder Anthrachinonfarbstoffen, die keine Sulfogruppen aufweisen und in den organischen Polymeren löslich sind. Die Farbstoffe müssen zur Erhöhung ihrer Lösungsgeschwindigkeit in Wasser sehr fein verteilt sein, da die Faser nur die kleine Menge des in dem Wasser gelösten Farbstoffs aufzunehmen scheint. Dispersionsfarbstoffe sind nicht sehr waschecht. Ein besonderer Nachteil ist, daß sie selbst in der Dunkelheit ausbleichen, und zwar unter der Wirkung der Oxyde von Stickstoff und Schwefel, die in der Atmosphäre enthalten sind.

Öl- und spritlösliche Farbstoffe. Zahlreiche farbige Verbindungen ohne Sulfonsäuregruppen sind löslich in organischen Lösungsmitteln und werden zum Färben von Benzin, Kunststoffen, Fetten, Ölen und Wachsen, alkoholhaltigen Druckfarben und Beizen verwendet.

Blankophore. Farblose Verbindungen, die eine Affinität zu Fasern haben und beim Bestrahlen mit langwelligem ultraviolettem Licht eine blaue Fluorescenz zeigen, werden als optische Aufhellungsmittel verwendet. Sie sind als *Blankophore* oder *optische Bleichmittel* bekannt.

Von der Gesamtproduktion der USA im Jahr 1955 entfielen auf Küpenfarbstoffe 32%, auf direktziehende Baumwollfarbstoffe 20%, auf Schwefelfarbstoffe 14%, auf saure Farbstoffe 9%, auf basische Farbstoffe 5%, auf Entwicklungsfarbstoffe 5%, auf Dispersionsfarbstoffe 4% und auf Beizen- und Chromierungsfarbstoffe 3%.

Chemische Einteilung der Farbstoffe

Nitro- und Nitrosoverbindungen

Von den älteren Nitrofarbstoffen wird **Naphtholgelb S** noch in gewissem Umfang verwendet. Es wird durch Sulfonierung von Naphthol und Nitrieren der Trisulfonsäure hergestellt.

Flaviansäure

Naphtholgelb S

Die freie Säure heißt **Flaviansäure** und ist wichtig als Fällungsmittel für die Isolierung der Aminosäure Arginin. Die heute wichtigsten Nitrofarbstoffe sind die **Nitrophenylamine,** die gelbe, orangerote und braune Farbtöne geben. Sie werden hergestellt durch Umsetzung eines aromatischen Amins mit einer aromatischen Nitroverbindung, die reaktionsfähiges Halogen enthält.

Amidonaphtholbraun G

Einige der einfacheren Nitrophenylamine werden als Dispersionsfarbstoffe für Acetylcellulose und Nylon verwendet. **Naphtholgrün B,** das durch Nitrosierung von Schaefferschem Salz (S. 622) hergestellt wird, wird mit einer Eisenbeize verwendet.

Naphtholgrün B

Azofarbstoffe

Mehr als die Hälfte aller synthetischen Farbstoffe von bekannter Struktur gehört dieser Gruppe an. Der Anteil der Azofarbstoffe an der gesamten Farbstoffproduktion der USA betrug 1955 mit etwa 30 Millionen kg nach Gewicht etwa 37%, im Wert etwa 42%. Die meisten Azofarbstoffe sind Sulfonsäuren. Diejenigen Azofarbstoffe von höherem Molekulargewicht, die zwei, drei und vier Azogruppen enthalten (Disazo-, Trisazo- und Tetrakisazofarbstoffe), sind substantive Baumwollfarbstoffe.

Azofarbstoffe werden durch Kuppeln eines diazotierten aromatischen Amins, der *primären Komponente*, mit einem Phenol oder einem aromatischen Amin, der *sekundären Komponente* dargestellt (S. 526). In der Benzolreihe erfolgt die Kupplung in para-Stellung zur Hydroxyl- oder Aminogruppe, oder in ortho-Stellung, falls die para-Stellung besetzt ist. Sind alle ortho- und para-Stellungen besetzt, so findet keine Kupplung statt. Gelegentlich kann eine Gruppe wie die Carboxylgruppe aus der para-Stellung verdrängt werden. Bei Phenolen tritt in stark alkalischer Lösung in gewissem Umfang Kupplung unter ortho-Substitution ein. Von Diaminen und Dihydroxyverbindungen kuppeln nur die meta-Isomeren.

In der Naphthalinreihe kuppeln α-Naphthol und α-Naphthylamin in 4-Stellung. Ist die 4-Stellung besetzt, oder befindet sich eine Sulfogruppe in 3- oder 5-Stellung, so findet Kupplung in 2-Stellung statt. β-Naphthol und β-Napthylamin kuppeln nur in 1-Stellung. Wenn sowohl eine Aminogruppe als auch eine Hydroxylgruppe zugegen sind, dirigiert die Aminogruppe in schwach saurer Lösung, die Hydroxylgruppe in alkalischer Lösung.

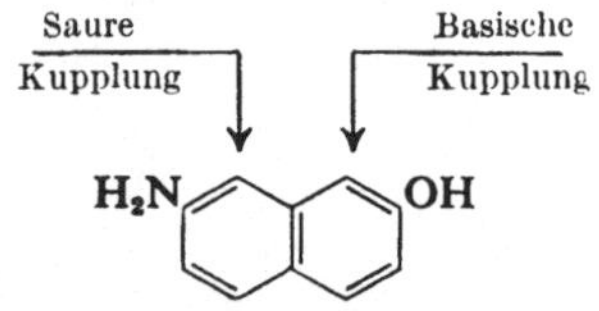

Monoazofarbstoffe *(a) Basisch.* Nur noch wenige basische Monoazofarbstoffe sind heute in Gebrauch. Von *Chrysoidin Y*, dem ersten, 1875 technisch erzeugten Azofarbstoff, wurde noch 1955 in den USA etwa eine Viertel Million kg zum Färben von Leder und Papier hergestellt.

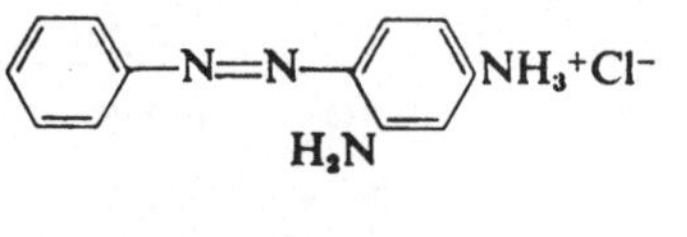

Chrysoidin Y

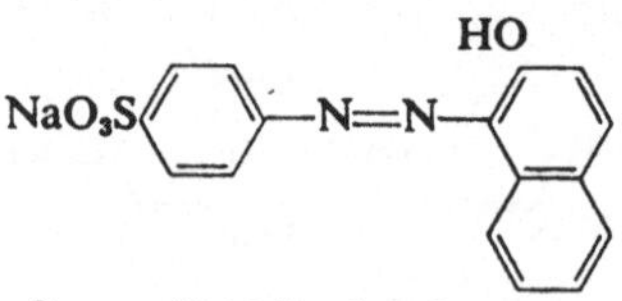

Orange II (β-Naphtholorange)

(b) Sauer. Der 1955 in größter Menge (400000 kg) dargestellte saure Monoazofarbstoff war **Orange II.**

(c) Entwicklungsfarbstoffe. **Pararot** war die erste Eisfarbe; das Tuch wird zuerst mit einer alkalischen Lösung von β-Naphthol imprägniert und dann in eine eiskalte Lösung von diazotiertem p-Nitroanilin getaucht. Viel echtere Farben werden jedoch erhalten, wenn als sekundäre Komponente Anilide der 3-Hydroxy-naphthoesäure-(2) (S. 627) verwendet werden. Diese Verbindungen sind als **Naphthol-AS-**

Farbstoffe bekannt (von Anilid und Säure). Die besten primären Komponenten sind Amine mit einer Elektronendonator-Gruppe in ortho-Stellung zur Aminogruppe und einer elektronenanziehenden Gruppe in para-Stellung zur Aminogruppe. Die freien Amine werden als *Echtbasen,* die stabilisierten diazotierten Amine als *Echtfärbesalze* verkauft. Es sind etwa 30 Naphthole und 50 Basen oder Salze im Handel, wodurch 1500 Kombinationen möglich werden. Jedoch werden nicht alle Kombinationen angewendet, da sich viele Farben überschneiden, und nicht alle entstehenden Farben die bestmöglichen Eigenschaften haben. Entwicklungsfarbstoffe werden nicht nur für Unifärbung, sondern auch für den Zeugdruck verwendet. Die meisten Farben haben keine eigenen Namen, da sie nicht als solche, sondern in Form ihrer Komponenten verkauft werden. **Echtscharlach R** ist die Farbe, die aus Echtscharlachsalz R und Naphthol AS entsteht.

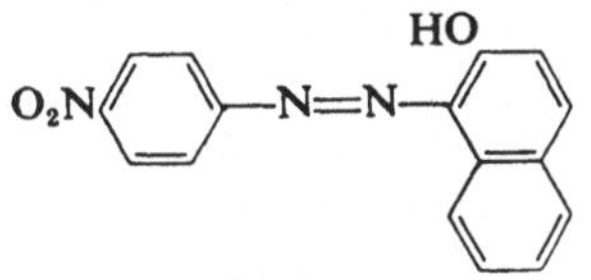

Pararot 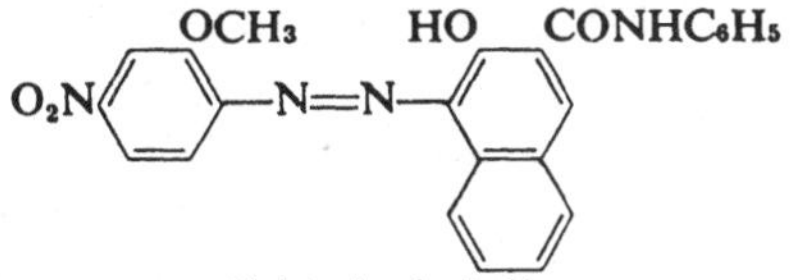   Echtscharlach R

Da die Entwicklungsfarbstoffe in Wasser unlöslich sind, werden viele von ihnen als Pigmente für Anstrichfarben und Druckfarben verwendet. Die Gesamtproduktion an Entwicklungsfarben und Komponenten betrug 1955 in den USA etwa 4 Millionen kg oder 5 % aller erzeugten Farbstoffe.

(d) Dispersionsfarbstoffe und öllösliche Farbstoffe. **Cellitonechtgelb G** ist ein Beispiel vielverwendeter Dispersionsfarbstoffe für Acetylcellulose. **Sudan I** *(Ölorange)* ist ein Vertreter der öllöslichen Farbstoffe.

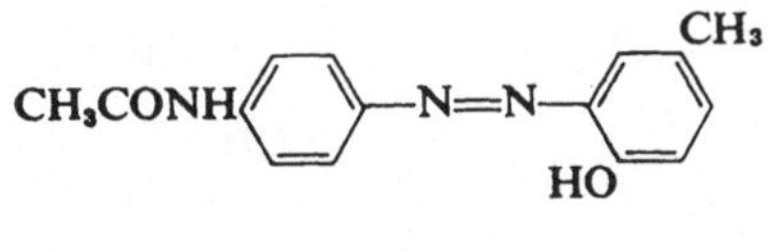

Cellitonechtgelb G 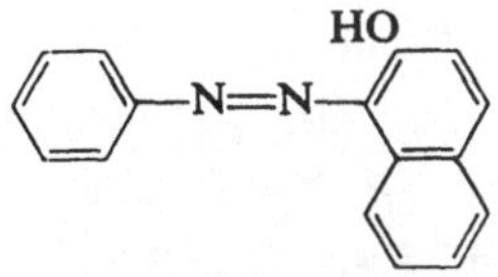   Sudan I (Ölorange)

(e) Beizenfarbstoffe. **Eriochromblauschwarz R** ist ein vielgebrauchter Monoazobeizenfarbstoff (0,9 Millionen kg, 1955, USA). Die Faser kann vor, nach oder während des Färbevorgangs mit der chromierenden Lösung behandelt werden (S. 711). Die Chromierung vertieft die Farbe und erzeugt auf der Faser ein Molekül von viel höherem Molekulargewicht und daher größerer Echtheit.

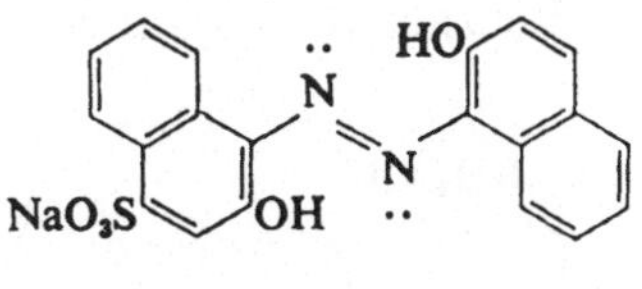

Eriochromblauschwarz R 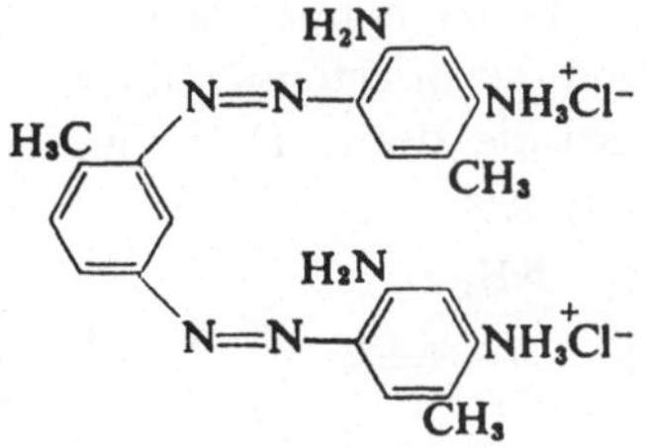   Bismarckbraun R

Disazofarbstoffe. *(a) Basisch.* **Bismarckbraun R** wird durch Einwirkung von salpetriger Säure auf 2.4-Diamino-toluol (m-Toluylendiamin) hergestellt. Das ursprüngliche Bismarckbraun aus m-Phenylendiamin wurde 1863 von MARTIUS entdeckt.

(b) Sauer. Die Entdeckung, daß die vom Benzidin abgeleiteten Disazofarbstoffe direktziehende Baumwollfarbstoffe sind, gab der Farbenindustrie einen ungeheuren Antrieb. **Kongorot,** aus Benzidin und Naphthionsäure, war der erste Farbstoff dieser Klasse, der aber empfindlich gegen Säuren ist. Der direktziehende Baumwollfarbstoff, dem die Badische Anilin- und Sodafabrik ihren Aufstieg wesentlich mitverdankt, war **Benzopurpurin 4B,** das aus o-Tolidin (S. 610) und Naphthionsäure (S. 621) gewonnen wird.

Benzopurpurin 4B

Von Benzidin leiten sich noch zahlreiche weitere wichtige Farbstoffe ab. So wird **Diaminblau 2B** (Direktblau 2B) durch Kuppeln von diazotiertem Benzidin mit *H*-Säure (S. 623) hergestellt.

Diaminblau 2 B

(c) Diazotierungsfarbstoffe. **Direktschwarz BH** (1,2 Millionen kg, 1955, USA) wird durch Kuppeln von diazotiertem Benzidin mit einem Mol γ-Säure (S. 624) und dann mit einem Mol *H*-Säure in alkalischer Lösung gewonnen.

Direktschwarz BH

Es färbt Baumwolle hellblau. Auf der Faser diazotiert und mit β-Naphthol gekuppelt gibt es ein Marineblau; wird mit m-Phenylendiamin gekuppelt, so entsteht eine schwarze Farbe.

Trisazofarbstoffe. Der meistbenutzte schwarze Azofarbstoff ist **Direkttiefschwarz EW** (2,7 Millionen kg, 1955, USA), das 1901 in den Vereinigten Staaten von OSCAR MUELLER entdeckt wurde. Es wird hergestellt durch Kuppeln von diazotiertem Benzidin mit einem Mol *H*-Säure in saurer Lösung und anschließendes Kuppeln von diazotiertem Anilin mit dem *H*-Säure-Anteil in alkalischer Lösung. Endlich wird die zweite Diazoniumgruppe des Benzidinanteils mit m-Phenylendiamin gekuppelt.

Direkttiefschwarz EW

Stilbenfarbstoffe. Diese gelben bis orangefarbenen direktziehenden Baumwoll-farbstoffe sind Azo- oder Azoxyverbindungen, die nicht durch die übliche Kupp-lungsreaktion dargestellt werden, sondern aus 4-Nitro-toluolsulfonsäure-(2) *(Para-säure)* durch Kochen mit verdünnter Natronlauge und Oxydation oder Reduktion der Reaktionsprodukte erhalten werden. Das Primärprodukt aus Parasäure ist das Natriumsalz der 4.4'-Dinitroso-stilbendisulfonsäure-(2.2').

$$2\ O_2N\langle\!\!\!\!\rangle\ \overset{SO_3H}{CH_3} \xrightarrow{2\ NaOH} ON\langle\!\!\!\!\rangle \overset{SO_3Na}{-CH\!=\!CH-} \overset{NaO_3S}{\langle\!\!\!\!\rangle}NO + 4\ H_2O$$

Parasäure   Natriumsalz der 4.4'-Dinitrosostilbendisulfonsäure-(2.2')

Die Konstitution der durch Oxydation bzw. Reduktion entstehenden Farbstoffe ist ungewiß. Die Produktion an Stilbenfarbstoffen betrug 1955 in den USA über 3 Millionen kg oder 4% der Gesamtproduktion.

Reduktion der Dinitrosostilbendisulfonsäure gibt das Diamin. Wenn dieses mit Phenylisocyanat reagiert, so entsteht **Blankophor R,** eines der ersten optischen Auf-hellungsmittel (S. 713).

$$\left[H_2N\langle\!\!\!\!\rangle\overset{SO_3Na}{-CH\!=}\right]_2 \xrightarrow{C_6H_5NCO} \left[C_6H_5NHCONH\langle\!\!\!\!\rangle\overset{SO_3Na}{-CH\!=}\right]_2$$

Blankophor R

Pyrazolone. Tartrazin, ein wichtiger gelber Wollfarbstoff (0,18 Millionen kg, 1955, USA), wird durch Kuppeln des Pyrazolons aus Oxalessigsäureäthylester (S. 860) und p-Hydrazinobenzolsulfonsäure mit diazotierter Sulfanilsäure her-gestellt.

Triphenylmethanfarbstoffe

Triphenylmethanfarbstoffe sind basische Farbstoffe für Wolle oder Seide oder für mit Tannin gebeizte Baumwolle. Von der Zeit ihrer Entdeckung im Jahre 1859 bis zur Entwicklung der Anthrachinonküpenfarbstoffe waren die Triphenylmethan-farbstoffe dank ihrer leuchtenden Farben sehr geschätzt; sie absorbieren nicht nur einige Teile des Spektrums stark, sondern reflektieren auch kräftig andere Teile des Spektrums. Sie sind jedoch weder licht- noch waschecht, außer in Anwendung auf Acrylfasern.

Malachitgrün-Reihe. Farbstoffe dieser Gruppe sind Derivate von Bis-(p-amino-phenyl-)-phenylmethan. **Malachitgrün** wird hergestellt durch Kondensation von Benzaldehyd mit Dimethylanilin, wobei Bis-(p-dimethylaminophenyl)-phenyl-methan, die sogenannte *Leukobase* (griech. *leukos* weiß) entsteht. Diese wird durch Oxydation in das ebenfalls farblose Carbinol übergeführt, das als *Farbbase* oder *Carbinolbase* bekannt ist. Starke Säuren wandeln die Carbinolbase in den Farb-stoff um.

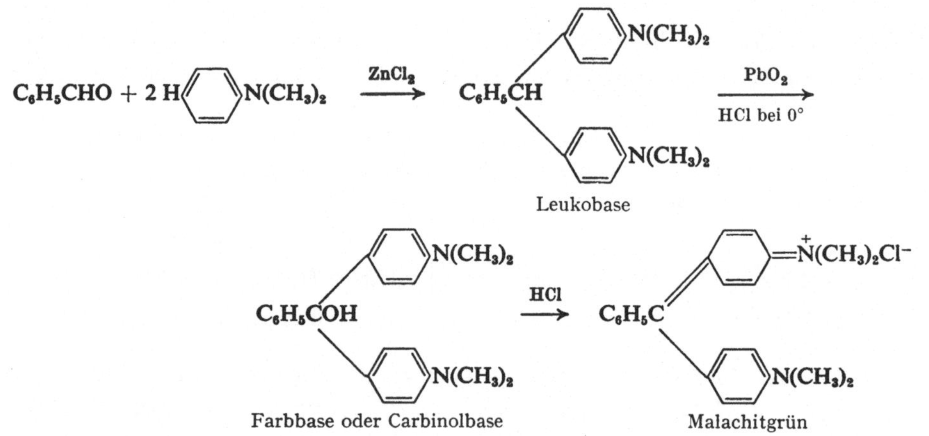

$$C_6H_5CHO + 2\,H{-}C_6H_4{-}N(CH_3)_2 \xrightarrow{ZnCl_2} \text{Leukobase} \xrightarrow[\text{HCl bei } 0°]{PbO_2}$$

Leukobase

$$C_6H_5COH \xrightarrow{HCl} \text{Malachitgrün}$$

Farbbase oder Carbinolbase   Malachitgrün

Rosanilin-Reihe. Die Rosaniline sind Derivate des Tris-(p-aminophenyl)-methans.

(a) Pararosanilin. **Pararosanilin** *(Parafuchsin)*, das Verguin 1859 in Frank-reich patentieren ließ, war der erste Triphenylmethanfarbstoff. Wie Mauvein wurde er durch Oxydation von Anilin dargestellt, jedoch nicht mit Dichromat, sondern mit Zinntetrachlorid, Nitrobenzol oder Arsenoxyd. Der Farbstoff wurde von der Ciba in Basel fabriziert, bis die Produktion eingestellt werden mußte, weil das aus Frankreich importierte Anilin keine befriedigenden Ausbeuten mehr gab. Hofmann fand, daß die Bildung des Farbstoffs von der Gegenwart von Toluidin im Anilin abhing, und durch das Ergebnis seiner Untersuchungen wurde die Konstitution des Rosanilins festgelegt. Die Methylgruppe des p-Toluidins stellt das Methin-kohlenstoffatom (CH) der Leukobase.

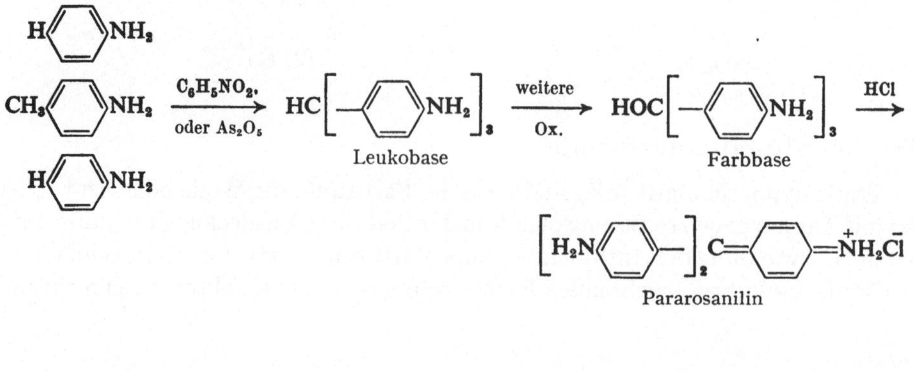

$$CH_3{-}C_6H_4{-}NH_2 + 2\,H{-}C_6H_4{-}NH_2 \xrightarrow[\text{oder As}_2O_5]{C_6H_5NO_2,} HC[{-}C_6H_4{-}NH_2]_3 \xrightarrow[\text{Ox.}]{\text{weitere}} HOC[{-}C_6H_4{-}NH_2]_3 \xrightarrow{HCl}$$

Leukobase   Farbbase

$$[H_2N{-}C_6H_4{-}]_2 C{=}C_6H_4{=}\overset{+}{N}H_2\bar{C}l$$

Pararosanilin

Die technischen **Fuchsine** und **Rosaniline** sind gewöhnlich Gemische von Pararosanilin mit dessen Methylhomologen.

Die Entfärbung von Fuchsin durch Schwefeldioxyd scheint unter Bildung der Leukosulfonsäure und gleichzeitiger Anlagerung von Schwefeldioxyd an zwei Aminogruppen vor sich zu gehen. Anschließende Reaktion mit einem Aldehyd liefert ein Additionsprodukt, das unter Abspaltung von schwefliger Säure eine neue farbige Verbindung bildet.

farblose fuchsinschweflige Säure

farbiges Aldehyd-Additionsprodukt

(b) Methylviolett und Kristallviolett sind die einzigen Triphenylmethanfarbstoffe, die heute noch wirkliche Bedeutung besitzen. Die Produktion von **Methylviolett** betrug 1955 in den USA etwa 0,7 Millionen kg. Es ist der bekannte Farbstoff der rotvioletten Tinten, Kopierstifte und Schreibmaschinen-Farbbänder. Methylviolett wird durch Oxydation von Dimethylanilin mit Luft in Gegenwart von Kupfersulfat hergestellt. Die Reaktion beruht auf der oxydativen Abspaltung einer Methylgruppe vom Stickstoff als Formaldehyd, der sich dann mit Monomethylanilin und Dimethylanilin unter Weiteroxydation zur Leukobase kondensiert. Aus der Leukobase entsteht im gleichen Arbeitsgang durch Dehydrierung das Farbsalz.

$$C_6H_5N(CH_3)_2 + [O] \xrightarrow[\text{NaCl}]{\text{CuSO}_4} C_6H_5NHCH_3 + HCHO$$

$$HCHO + C_6H_5NHCH_3 + 2\,C_6H_5N(CH_3)_2 \xrightarrow{[O]} \underset{C_6H_4N(CH_3)_2}{\overset{C_6H_4NHCH_3}{HC{-}C_6H_4N(CH_3)_2}} \xrightarrow{[O]}$$

Methylviolett

Kristallviolett, das Hexamethylderivat des Parafuchsins, wird durch Kondensation von Michlers Keton (S. 571) mit Dimethylanilin erhalten.

$$[(CH_3)_2NC_6H_4]_2CO + C_6H_5N(CH_3)_2 \xrightarrow{\text{POCl}_3} HOC[C_6H_4N(CH_3)_2]_3 \xrightarrow{\text{HCl}}$$

Kristallviolett

Gentianaviolett, das als Antisepticum verwendet wird, ist ein Gemisch aus Methylviolett und Kristallviolett.

Aurin. Die Synthese dieses ersten aus Steinkohlenteer synthetisierten Farbstoffs ging der des Mauveins um über zwanzig Jahre voraus. Aurin wurde 1834 von RUNGE durch mehrstündiges Kochen einer Lösung der gemischten Steinkohlenteerphenole mit Calciumhydroxyd erhalten. Es wird am besten durch Oxydation eines Gemisches von Phenol und Formaldehyd dargestellt.

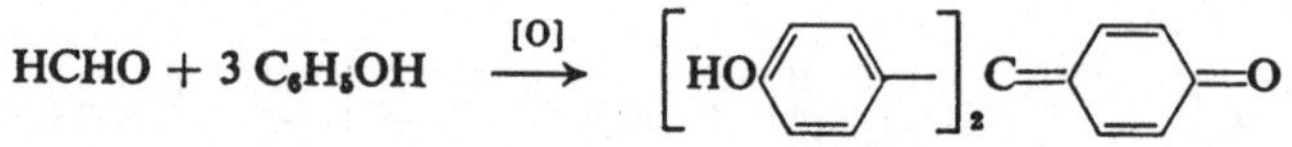

$$HCHO + 3\ C_6H_5OH \xrightarrow{[O]} \left[HO\!\!-\!\!\bigcirc\!\!-\right]_2 C\!=\!\bigcirc\!=\!O$$

Aurin

Gegenwärtig wird es nur noch als neutraler Indikator verwendet.

Phthaleine. Obwohl nicht als Farbstoff verwendet, ist **Phenolphthalein** das wichtigste und typische Glied dieser Gruppe. Es wird durch Kondensation von Phthalsäureanhydrid und Phenol in Gegenwart eines wasserfreien sauren Katalysators dargestellt.

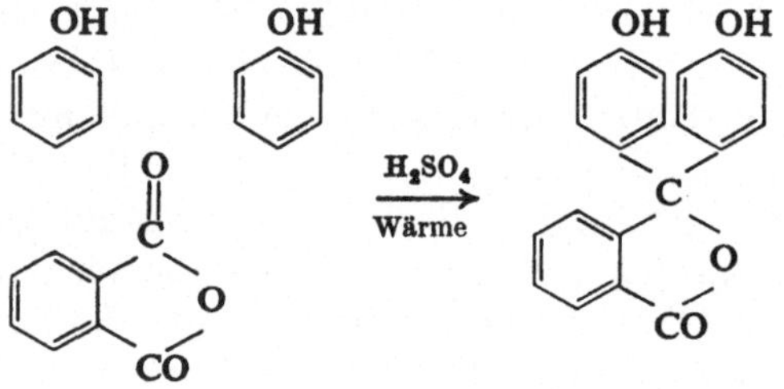

Phenolphthalein

In gewissem Umfang wird Phenolphthalein als Säure-Base-Indikator (S. 740) verwendet, aber seine wirtschaftliche Hauptbedeutung liegt in der medizinischen Anwendung als Laxativum. **Tetrajodphenolphthalein** wird durch direkte Jodierung von Phenolphthalein in alkalischer Lösung hergestellt. Es dient als Röntgenkontrastmittel bei der Untersuchung der Gallenblase, da es sich dort ansammelt, und da die schweren Jodatome für Röntgenstrahlen schwer durchlässig sind.

Die **Sulfonphthaleine** entstehen durch Kondensation von Phenolen mit o-Sulfobenzoesäure-anhydrid.

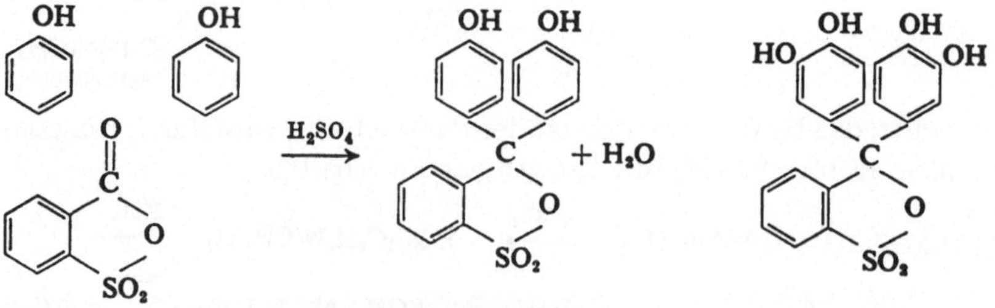

Phenolsulfonphthalein   Brenzcatechinviolett

Wie Phenolphthalein und dessen Derivate dienen die Sulfonphthaleine als Indikatoren in der Acidimetrie. **Brenzcatechinviolett** wird als Indikator für komplexometrische Titrationen verwendet, da seine ortho-ständigen Hydroxylgruppen Chelatkomplexe mit Metallionen bilden. Diese Koordinationsverbindungen haben eine andere Farbe als der Indikator selbst. Wenn eine Lösung von Metallionen, die den Indikator enthält, mit der Lösung einer Verbindung wie Äthylendiamintetraessigsäure (S. 798) titriert wird, die sich mit Metallionen stärker koordiniert als der Indikator, tritt ein Farbumschlag ein, wenn alle Metallionen aus der Lösung entfernt sind.

Xanthenfarbstoffe. Die Farbstoffe dieser Gruppe sind verwandt mit den Phthaleinen und werden auf analoge Weise dargestellt. Sie leiten sich jedoch von m-Dihydroxyverbindungen oder m-Hydroxyaminen ab, die die Bildung des Xanthenringsystems (1.2;5.6-Dibenzopyran) gestatten. Ein typisches Beispiel ist **Fluorescein,** dessen Natriumsalz auch **Uranin** genannt wird.

Fluorescein   Uranin

Wäßrige Lösungen des Natriumsalzes von Fluorescein zeigen selbst bei sehr niedriger Konzentration (bis etwa $1:40 \times 10^6$) eine intensive gelbgrüne Fluorescenz. Es dient zum Nachweis des Verlaufs unterirdischer Gewässer und zur Entdeckung des Ursprungs von Verunreinigungen in Wasserzuflüssen. In normalen Zeiten ist die Produktion gering, aber während des zweiten Weltkriegs wurden große Mengen gebraucht. Päckchen mit Fluorescein wurden an Flugzeugbesatzungen ausgegeben, und leuchtende grüne Kreisflächen auf dem Meer zeigten den Rettungsflugzeugen den Weg zu abgesprungenen Soldaten. Auch andere stark fluoreszierende Farbstoffe fanden im Kriege Verwendung. Zum Beispiel wurden Flugzeuge bei Nacht auf Flugzeugträgern durch Signalmänner eingewinkt, deren gefärbte Anzüge und Flaggen bei Bestrahlung mit ultraviolettem Licht leuchteten.

Tetrabromfluorescein, das durch direkte Bromierung von Fluorescein dargestellt wird, ist als **Eosin** (*Eos,* die Göttin der Morgenröte) bekannt; das Natriumsalz ist der Farbstoff der roten Tinte. **Mercurochrom,** ein antiseptischer Farbstoff (S. 944), ist das Natriumsalz des Hydroxymercuridibromfluoresceins. **Erythrosin,** ein roter Farbstoff, der zum Färben von Nahrungsmitteln und zur Sensibilisierung photographischer Schichten (S. 732) verwendet wird, ist Tetrajodfluorescein, das Jodanalogon des Eosins.

Eosin   Mercurochrom

Indigoide Farbstoffe

Indigo. Die älteste geschichtlich belegte Verwendung eines organischen Farbstoffs ist die von **Indigo**. Mit ihm sind ägyptische Mumientücher gefärbt, deren Alter zu mehr als viertausend Jahren bestimmt wurde. Indigo kommt in zahlreichen Pflanzen in Form des Glucosids *Indican* vor und wurde in der westlichen Welt aus Färberwaid *(Isatis tinctoria)* und aus *Indigofera*-Pflanzen gewonnen.

Die früheste Quelle für Indigo war in Europa die Färberwaidpflanze, die schon den alten indogermanischen Stämmen bekannt war. Es wird vermutet, daß die Kunst ihrer Kultivierung und die Methoden ihrer Anwendung aus Indien zu ihnen gekommen waren. Färberwaid wurde bis in moderne Zeiten angepflanzt, allerdings gegen Ende nur noch zum Zweck der fermentativen Reduktion von Indigo (S. 724). Färberwaid wurde in Frankreich bis 1887, in Deutschland bis 1910 und in England bis 1931 angebaut. Indigo aus *Indigofera*-Arten, die nur in tropischen Ländern wachsen, war den Griechen und Römern bekannt, nicht aber in Europa zwischen dem fünften und zwölften Jahrhundert. Nach dem zwölften Jahrhundert wurde er ein wichtiger Handelsartikel. Die Produktion von natürlichem Indigo erreichte 1890 mit etwa $2^{1}/_{4}$ Millionen kg ein Maximum; der Preis betrug gegen 30 Mark pro kg. Allein in Indien wurden über 100000 ha auf Indigo angebaut.

Die Muttersubstanz des natürlichen Indigos ist ein Glucosid, das *Indican*, das bei saurer oder enzymatischer Hydrolyse Glucose und *Indoxyl* gibt. Luftoxydation von Indoxyl liefert den in Wasser unlöslichen Indigo. Indigo hat die Summenformel $C_{16}H_{10}N_2O_2$. Bei der trocknen Destillation von Indigo wurde 1826 erstmals Anilin erhalten (S. 513). 1841 wurde durch Einwirkung von Alkalien auf Indigo Anthranilsäure erhalten. Die Namen dieser beiden Verbindungen leiten sich von dem spanischen Wort *añil* für Indigo ab, das seinerseits über das arabische *al-nil* von dem Sanskrit-Wort *nila* = dunkelblau stammt.

1841 wurde durch Oxydation von Indigo *Isatin* erhalten. BAEYER begann seine Untersuchungen über Indigo im Jahre 1865. Er reduzierte Isatin stufenweise zu Dioxindol und Oxindol, und synthetisierte Oxindol durch gleichzeitige Hydrolyse und Reduktion von o-Acetylaminomandelsäure mit Jodwasserstoff.

Er schlug den Namen *Indol* für die Stammverbindung vor und stellte diese durch Erhitzen von Oxindol mit Zinkstaub dar. In der Folge erwies sich die Zinkstaubdestillation als wertvolle allgemeine Methode zur Entfernung von Sauerstoff aus komplizierten organischen Verbindungen (S. 533). Auf der Grundlage der geschilderten Ergebnisse wurden Konstitutionsformeln aufgestellt, die mit den Reaktionen des Indigos und seiner Derivate im Einklang standen.

Die erste Synthese von Indigo aus einem nicht von ihm abgeleiteten Produkt wurde 1880 von BAEYER veröffentlicht. Eine technische Synthese, nach der es gelang, den Preis von natürlichem Indigo zu unterbieten, konnte von der Badischen Anilin- und Sodafabrik erst achtzehn Jahre später verwirklicht werden. Für die Geschichte der technischen Synthese sind zwei Verfahren von Belang, deren grundlegende Reaktionen in beiden Fällen von HEUMANN 1890 entdeckt wurden. Das erste besteht in der Cyclisierung von N-Phenylglycin zu Indoxyl, das zweite in der Cyclisierung von N-Phenylglycin-o-carbonsäure zu Indoxylsäure durch Schmelzen mit Natriumhydroxyd. Sowohl Indoxyl wie Indoxylsäure liefern bei Luftoxydation Indigo. Die Badische Anilin- und Sodafabrik entschied sich für das zweite Verfahren, das von Naphthalin ausgeht.

Voraussetzung war, daß billiges Phthalsäureanhydrid zur Herstellung von Anthranilsäure, billiges Chlor zur Herstellung von Chloressigsäure und Hypochlorit, und billiges Ätznatron für die Kondensation zur Verfügung stand. Die erste Forderung erfüllte sich durch die Zufallsentdeckung von SAPPER, der ein Thermometer zerbrach und so die durch Quecksilber katalysierte Oxydation des Naphthalins durch Schwefelsäure auffand. Der Bedarf an billigem Chlor und Natriumhydroxyd führte zur Entwicklung der elektrolytischen Herstellungsverfahren.

Kurz nachdem das Verfahren der Badischen Anilin- und Sodafabrik in Gang gekommen war, wurde HEUMANNs zweites, von der BASF nicht weiter verfolgtes Verfahren von den Höchster Farbwerken modifiziert und zur Produktion entwickelt. Dieses Verfahren, das von Anilin und Chloressigsäure ausgeht, ist wirt-

46*

schaftlich, wenn auf der Cyclisierungsstufe anstatt Natriumhydroxyd Natrium-amid verwendet wird. Es wurde bald das Standardverfahren für die Synthese.

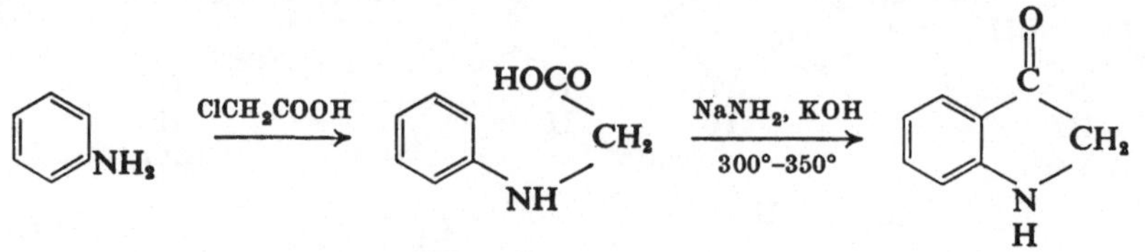

Neuere Entwicklungen sind die Synthese von N-Phenylglycin aus Anilin, Form-aldehyd, Bisulfit und Natriumcyanid, oder aus Anilin, Formaldehyd und Cyan-wasserstoff.

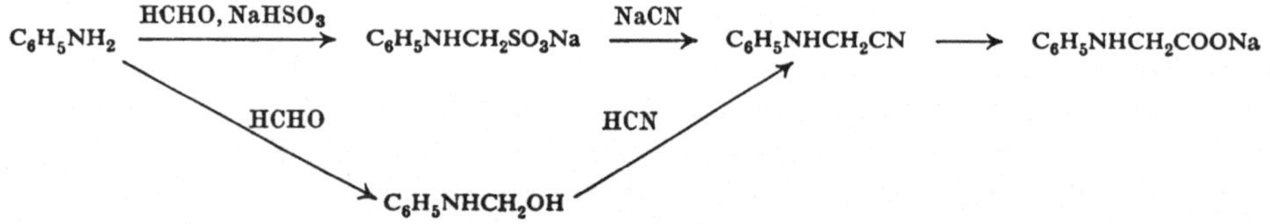

Indigo ist eine tiefblaue, bronzeschimmernde, in Wasser unlösliche Substanz. Die Verwendung zum Färben von Textilien beruht auf seiner leicht erfolgenden Reduktion zu einer hellgelben Dihydroxyverbindung, dem *Indigweiß*. Dieses ist auf Grund der sauren Natur seiner Hydroxylgruppen in Alkalien löslich. Das Tuch wird in die heiße Indigweiß-Lösung getaucht und dann der Luft ausgesetzt, die das Indigweiß rasch oxydiert und den unlöslichen Indigo in der Faser ablagert.

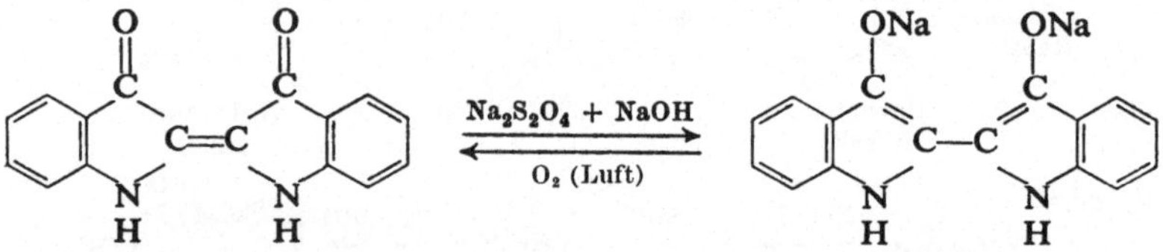

Früher wurde Indigo durch einen Fermentationsprozeß reduziert. Die zur Einleitung des Prozesses notwendigen Bakterien wurden durch die natürliche Gärung von Färberwaid geliefert. Zucker, Kalk und Indigopaste wurden in der erforderlichen Menge zugesetzt, so daß das Bad die erwünschte Konzentration an Indigweiß erreichte. Da das Verfahren in großen offenen „Küpen" durchgeführt wurde, wurde es *Küpenfärberei* genannt. Die Verküpung durch Färberwaid und andere Gärungsverfahren wird in industrialisierten Ländern nicht mehr ausgeübt; das übliche Reduktionsmittel ist eine alkalische Lösung von Natriumdithionit. Jedoch ist die Bezeichnung *Küpenfarbstoff* noch jetzt für Farbstoffe in Gebrauch, die in reduzierter Form angewendet werden. Sie werden gewöhnlich als wäßrige Paste mit einem Gehalt von 10 bis 20% unlöslichem Farbstoff geliefert, der die Dispersion in Wasser für den Reduktionsprozeß erleichtert. Indigo ist ziemlich licht- und waschecht und ist auf Grund seiner Billigkeit immer noch der am meisten gebrauchte blaue Farbstoff. In den USA betrug die Produktion 1955 rund 1 Million kg.

Indigo liegt ausschließlich in der trans-Form vor. Eine cis-Form konnte lediglich bei bestimmten substituierten Indigos nachgewiesen werden; sie lagert sich äußerst schnell in die trans-Form um. Auch bei Thioindigo konnte eine wenig beständige cis-Form nachgewiesen und isoliert werden.

Antiker Purpur wurde als Farbstoff ebenfalls schon im Altertum gebraucht, in Kreta vermutlich schon um 1600 v. Chr. Er wurde aus verschiedenen Molluskenarten der Familie *Murex* gewonnen. Wie aus der Bezeichnung *Königspurpur* und der Redensart „für den Pupur geboren" hervorgeht, war der kostbare Farbstoff einem kleinen Kreis vorbehalten: 9000 Mollusken waren erforderlich, um ein Gramm Farbstoff zu gewinnen. Der Hauptbestandteil des Farbstoffs ist 6.6'-Dibrom-indigo. 5.5'.7.7'-Tetrabromindigo **(Brillantindigo, Bromindigoblau 2BD)** wurde 1955 in den USA in einer Menge von 38000 kg hergestellt und zu einem Preis von § 5.00 pro Pfund auf 100%-Basis verkauft.

Die blaue Farbe der Indopheninreaktion (S. 639) beruht auf der Entstehung von Verbindungen, die mit Indigo verwandt sind. Zwei Produkte wurden isoliert, das α- und β-Indophenin.

Thioindigo-Farbstoffe. In diesen Farbstoffen ist die NH-Gruppe vom Indolring des Indigos durch ein Schwefelatom ersetzt. Sie können durch analoge Reaktionen dargestellt werden, werden in gleicher Weise wie Indigo angewendet und geben eine Vielzahl echter Farben.

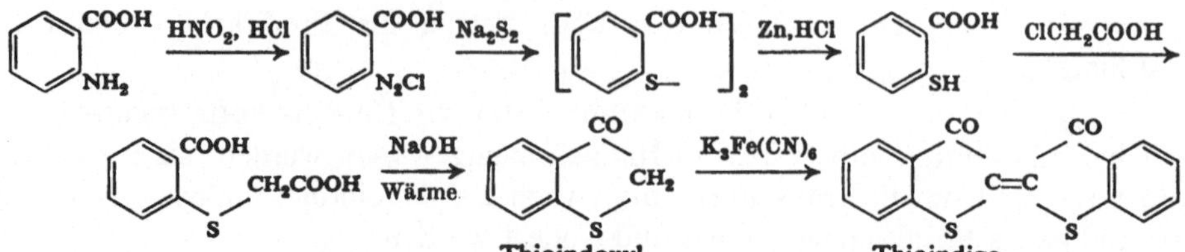

Thioindoxyl

Thioindigo

Von größerer Bedeutung als Thioindigo sind **Indanthrenbrillantrosa R, Algolorange RF** (Helindonorange R) und **Indanthrenbraun RRD**.

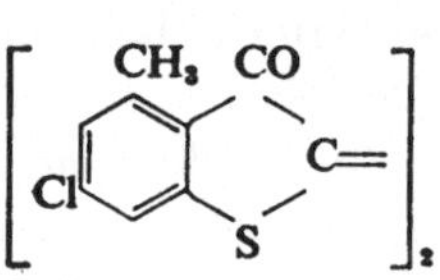

Indanthrenbrillantrosa R

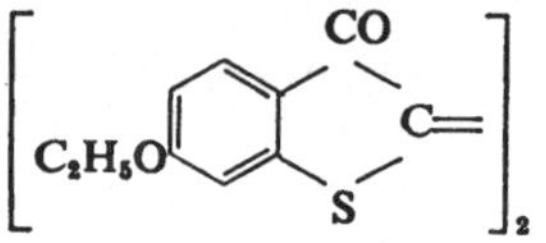

Algolorange RF

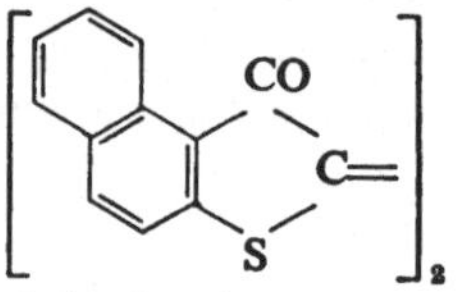

Indanthrenbraun RRD

Anthrachinonfarbstoffe

Beizenfarbstoffe. Der bekannteste Vertreter dieser Klasse ist das **Alizarin,** das als natürlicher Farbstoff ebenfalls schon den alten Ägyptern und Persern bekannt war. Es kommt in der Krappwurzel (*Rubia tinctorum*; franz. *garance,* engl. *madder,* arab. *alizari*) vor. Die Kultivierung von Krapp ergab 1868 in Europa eine Ernte von 70000 Tonnen. Alizarin wurde zwar schon 1826 isoliert, doch scheiterten alle frühen Versuche, seine Struktur zu bestimmen, hauptsächlich weil die Chemiker sich darauf versteiften, es müsse ein Naphthalinderivat sein. 1868 wendeten GRAEBE und LIEBERMANN BAEYERs neu entdeckte Reduktionsmethode, die Zinkstaubdestillation, auf Alizarin an und erhielten Anthracen. Ähnlichkeiten im Verhalten von Alizarin und 5.6-Dihydroxy-naphthochinon (früher Naphthazarin genannt) legten ihnen den Schluß nahe, Alizarin sei 1.2-Dihydroxy-anthrachinon. Im folgenden Jahr gelang ihnen die Synthese von Alizarin durch Schmelzen von 1.2-Dibromanthrachinon mit Alkali. Dieses Verfahren ist für die Technik ungeeignet, aber im gleichen Jahr wurden in England an CARO, GRAEBE und LIEBERMANN und fast gleichzeitig an PERKIN Patente erteilt auf Verfahren, Alizarin aus dem Natriumsalz der β-Anthrachinonsulfonsäure (S. 631) zu gewinnen.

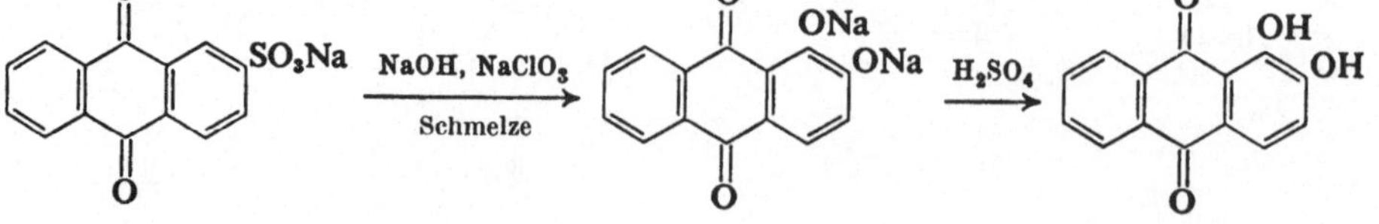

Alizarin

Der Herstellungsprozeß war — anders als bei Indigo — sofort technisch erfolgreich, und das Naturprodukt verschwand schnell vom Markt. Für die westeuropäische Landwirtschaft war das zunächst ein Schlag. Der Preis des Alizarins fiel zwischen 1870 und 1914 auf etwa ein Dreißigstel.

Alizarin ist als Beizenfarbstoff sehr vielseitig, denn es gibt mit verschiedenen Metallionen verschiedene charakteristische Farblacke. Eine Magnesiumbeize gibt einen violetten Lack, Calcium einen purpurroten, Barium einen blauen; von den dreiwertigen Metallionen gibt Aluminium einen rosenroten, Chrom einen braunvioletten, Eisen einen violetten Lack. Alizarin diente hauptsächlich zur Erzeugung der als *Türkischrot* bekannten Farbe auf Baumwolle, die mit Aluminiumhydroxyd (S. 711) in Gegenwart von sulfoniertem Ricinus- oder Olivenöl gebeizt war. Obwohl der Farbstoff jetzt außer Gebrauch gekommen ist, werden sulfonierte Öle immer noch als Türkischrotöl (S. 200) bezeichnet.

Saure Farbstoffe. Die vom Anthrachinon abgeleiteten sauren Farbstoffe sind sulfonierte Amino- oder Hydroxyderivate. Wichtig sind **Alizarinsaphirol B** und **Alizarincyaningrün.** Sie erzeugen auf Wolle einen Farbton von einer Reinheit, die der der Triphenylmethanfarbstoffe gleichkommt, außerdem sind sie sehr lichtecht.

Alizarinsaphirol B   Alizarincyaningrün

Dispersionsfarbstoffe. Farbstoffe für Acetylcellulose, Nylon und Polyesterfasern sind im allgemeinen einfache Aminoanthrachinone oder Derivate, in denen die Aminogruppen einfach oder mehrfach substituiert sind. Beispiele sind **Cellitonechtrosa B** (36000 kg, 1955, USA) und **Cellitonechtblau FFR** (273000 kg, 1955, USA).

Cellitonechtrosa B   Cellitonechtblau FFR

Küpenfarbstoffe. Die Anthrachinone geben wie Indigo bei der Reduktion Dihydroderivate, die in Alkalien löslich sind und durch Luft oder Oxydationsmittel zu den unlöslichen Farbstoffen zurückoxydiert werden (S. 633). Die einfachen Chinone werden auf tierischen oder pflanzlichen Fasern nicht fixiert, wohl aber die komplizierteren Verbindungen.

(a) Acylaminoanthrachinone. Während die Küpen der Aminoanthrachinone keine Affinität zu Baumwolle haben, werden sie substantiv, wenn eine Aminogruppe in α-Stellung mit einer aromatischen Acylgruppe acyliert wird. Die entstehenden Produkte sind die einfachsten unter den Küpenfarbstoffen. Beispiele sind **Indanthrenrot 5GK** und **Indanthrenbrillantviolett RK.**

Indanthrenrot 5GK

Indanthrenbrillantviolett RK

(b) Hydroazine. Diese Gruppe ist die älteste der Anthrachinon-Küpenfarbstoffe. **Indanthrenblau R,** der erste Anthrachinon-Küpenfarbstoff, wurde 1901 von Bohn durch Zufall entdeckt. Er versuchte, Diphthaloylindigo durch Schmelzen des von β-Amino-anthrachinon abgeleiteten Glycins mit Alkali herzustellen. Er erhielt einen blauen Küpenfarbstoff, der sich als ein Dehydrierungsprodukt des β-Aminoanthrachinons erwies. Bohn fand, daß der Farbstoff durch Einwirkung von Alkalien auf β-Aminoanthrachinon in Gegenwart eines Oxydationsmittels hergestellt werden kann.

Indanthrenblau R

Indanthrenblau ist eine der beständigsten organischen Verbindungen. Es kann ohne Zersetzung an der Luft auf 470°, mit starker Salzsäure auf 400° oder mit Kaliumhydroxyd auf 300° erhitzt werden. Die Färbungen auf Tuch sind extrem wasch- und lichtecht, eine Eigenschaft, die von den meisten Anthrachinonküpenfarbstoffen geteilt wird. **Indanthrenblau GCD,** ein Dichlorderivat des Indanthrenblaus, wird gegenwärtig in großem Umfang hergestellt.

(c) Carbazolderivate. Diese Farbstoffe erhält man durch Kondensation eines Aminoanthrachinons mit einem Chloranthrachinon und folgender Cyclisierung unter Bildung eines Carbazolkerns, die von einer Oxydation oder Dehydrierung begleitet ist.

Indanthrengelb FFRK

Indanthrenbraun BR (450000 kg, 1955, USA) wird aus einem Mol 1.4-Diamino-anthrachinon und zwei Mol 1-Chlor-anthrachinon hergestellt. **Indanthrenkhaki GG** war während des zweiten Weltkrieges eines der Hauptprodukte der amerikanischen Farbenindustrie. Es wird aus einem Mol 1.4.5.8-Tetrachlor-anthrachinon und vier Mol 1-Amino-anthrachinon erhalten.

Indanthrenbraun BR

Indanthrenkhaki GG

(d) Komplizierte carbocyclische Verbindungen. Anthrachinon ist nicht farbig und wird auf Fasern nicht fixiert, dagegen ist bei vielkernigen Anthrachinonen beides der Fall. Die beiden Carbonylgruppen brauchen sich nicht an ein und demselben Ring zu befinden, vorausgesetzt, daß sie durch ein konjugiertes aromatisches Ringsystem, entweder des Pyrens oder des Perylens (S. 636) miteinander verbunden sind. Derartige zusammengesetzte Ringsysteme kommen entweder durch Wasserabspaltung oder durch Dehydrierung zustande.

Indanthrengoldorange G

Benzanthron

Indanthrendunkelblau

Caledon-Jade-Grün, eine britische Entdeckung, seit 1920 in Produktion, wird von den Farbstoffchemikern als bester Baumwollfarbstoff betrachtet. Es ist ein Dimethoxyderivat von Indanthrendunkelblau BO (Violanthron).

Caledon-Jade-grün

In den USA wurden 1955 über 170000 kg fabriziert.

Die Dithionit-Küpe muß beim Färben mit Anthrachinonküpenfarbstoffen erheblich alkalischer sein (S. 633) als die Indigoküpe. Daher war die Anwendung früher auf Baumwolle und Viscoserayon beschränkt. Neuerdings sind Verfahren entwickelt worden, nach denen Wolle bei tieferer Temperatur als Baumwolle gefärbt werden kann. Die schwierigere Herstellung der Anthrachinonküpenfarbstoffe macht sie teurer als die meisten anderen Farbstoffe. Der Durchschnittspreis pro kg betrug 1955 in den USA für die verschiedenen Farbstoffklassen (100%-Basis): Schwefelfarbstoffe $ 0.58; Azofarbstoffe $ 3.00; indigoide Farbstoffe $ 4.10; Anthrachinonküpenfarbstoffe $ 21.55. Trotzdem hat die überlegene Licht- und Waschechtheit der Anthrachinonküpenfarbstoffe, ihre Brillianz und ihre hohe Färbekraft seit Jahren zu immer ausgedehnterer Anwendung geführt. Der Absatz erreichte in den USA im Jahr 1955 einen Wert von 44 Millionen Dollar; die Vergleichszahlen sind für Azofarbstoffe 77, für indigoide Farbstoffe 7,8 und für Schwefelfarbstoffe 6,6 Millionen Dollar.

Schwefelfarbstoffe

Diese wichtige Farbstoffklasse umfaßt diejenigen Farbstoffe, die durch Erhitzen von organischen Substanzen mit Alkalipolysulfiden entstehen. Nicht hierzu gerechnet werden andere schwefelhaltige Farbstoffe bekannter Struktur wie Thiazine, Thioindigofarbstoffe und Thiazole. Die ersten Schwefelfarbstoffe waren gelbe und braune Farbstoffe, die durch Erhitzen von Sägemehl, Kleie oder Mist mit Schwefel hergestellt wurden. 1893 führte VIDAL die Anwendung von Benzol- und Naphthalinderivaten zur Herstellung von schwarzen Farbstoffen ein, und später wurden blaue, grüne, gelbe und orange Farbstoffe entwickelt. Schwefelfarbstoffe sind unlöslich in Wasser, werden aber von Natriumsulfid zu wasserlöslichen, auf Baumwolle direktziehenden Produkten reduziert, aus denen der unlösliche Farbstoff an der Luft oder durch chemische Oxydation regeneriert wird. Sie werden nur für Baumwolle verwendet, da die Natriumsulfid-Lösung, in der sie „verküpt" werden, Protein- und Esterfasern angreift.

Die Konstitution der Schwefelfarbstoffe ist nicht gut bekannt; fest steht, daß es sich um komplizierte Verbindungen handelt, die die Ringsysteme des Thiazols, Phenothiazins und Thianthrens (9.10-Dithia-anthracens) enthalten können. Durch den Sulfurierungsprozeß werden auch Mercapto- oder Disulfidgruppen eingeführt, die die eigentliche Ursache der „Verküpbarkeit", d. h. der Auflösung bei alkalischer Reduktion und Wiederausfällung durch Oxydation darstellen.

$$FH \xrightarrow{S} FSH \xrightarrow{NaOH} FSNa \xrightarrow{O_2,\ H_2O} FS-SF$$

Da über die Konstitution der Farbstoffe wenig bekannt ist, und da die Produkte der verschiedenen Hersteller differieren, werden die Farbstoffe gewöhnlich nach ihrer Farbe eingeteilt. Der wichtigste und zugleich billigste der **schwarzen** Farbstoffe wird aus 2.4-Dinitro-phenol gewonnen. Die Produktion (1955: $7^1/_2$ Millionen kg, USA) übertrifft um ein mehrfaches die jedes anderen einzelnen Farbstoffs. **Blaue** Farbstoffe werden aus Indophenolen (s. u.), aus Diphenylaminderivaten, aus Carbazol und p-Nitrosophenol erhalten. Zur Erzeugung **grüner** Farbstoffe werden den Polysulfidschmelzen der blauen Farbstoffe Kupfersalze zugesetzt. **Gelbe, orange** und **braune** Farbstoffe werden aus Verbindungen mit reaktionsfähigen Gruppen in meta-Stellung (z. B. m-Toluylendiamin) hergestellt.

Chinonimine

Die Bildung dieser farbigen Verbindungen von einfacher Struktur ist bei der Liebermannschen Nitrosoreaktion (S. 535) und der Chinonchlorimidprobe auf Phenole (S. 552) behandelt. Der Farbstoff **Indophenolblau** kann als Küpenfarbstoff verwendet werden, denn seine reduzierte Form ist in Alkalien löslich.

Indophenolblau

Er ist fast so echt wie Indigo, ist aber empfindlich gegen Säuren. Hauptsächlich dienen die Indophenole jedoch als Ausgangsmaterial für blaue Schwefelfarbstoffe (siehe oben).

Die in Farbfilmen bei der Entwicklung entstehenden Farbstoffe sind Chinonimine. Wenn p-Diäthylaminoanilin als Entwickler verwendet wird, wird es durch das Silberbromid zum chinoiden Salz oxydiert, das dann mit einer Kupplungskomponente (Farbbildner) wie α-Naphthol unter Bildung eines blaugrünen Indophenols reagieren kann. Die Entwicklung wird in gepufferter alkalischer Lösung durchgeführt, in welcher der Bromwasserstoff neutralisiert wird.

Der Farbstoff wird an der Stelle abgelagert, wo das Silberbromid reduziert wurde, und in einer Menge, die der Menge an reduziertem Silberbromid (S. 549) proportional ist. Nach Entfernung des Silbers bleibt ein Farbstoffbild. Durch Verwendung einer Dreischichten-Emulsion und dreier verschiedener Farbbildner, die mit dem gleichen Entwickler blaugrüne, purpurfarbene und gelbe Farbstoffe geben, zusammen mit geeigneten Sensibilisatoren für das Silberhalogenid und Farbstoffen, die als Filter wirken, entsteht eine farbige Photographie.

Methin- und Polymethinfarbstoffe (Cyaninfarbstoffe)

Die Verbindungen dieser Farbstoffklasse enthalten eine oder mehrere Methingruppen in ihrem chromophoren System. Viele Jahre hindurch dienten sie hauptsächlich als Sensibilisatoren in der Photographie, doch wurden in neuerer Zeit mehrere von ihnen als Farbstoffe für Acetylcellulose eingeführt.

Die Entwicklung dieser Sensibilisierungsfarbstoffe hat die moderne Photographie mit kurzen Belichtungszeiten und die Farbenphotographie ermöglicht. Alle photochemischen Reaktionen, und so auch die Reaktion von Silberhalogenid bei Einwirkung von Licht, setzen voraus, daß Licht absorbiert wird. Weißes Silberchlorid ist nur im violetten und ultravioletten Bereich des Spektrums empfindlich. Silberbromid ist gelb und daher empfindlich für den blauen Bereich, und Gemische aus Silberbromid und Silberjodid, die dunkler sind als jedes dieser Halogenide für sich, sind empfindlich bis zu 500 mμ. Alle längeren Wellenlängen haben keinen Einfluß auf die Emulsion. Sie werden auf einem Abzug als schwarz registriert, und daher vermittelt das Bild nicht die relative Intensität von Licht und Dunkel, wie sie das Auge registriert. Farbenphotographie wäre mit einer derartigen Emulsion unmöglich, da der rote, orange, gelbe und der größte Teil des grünen Bereiches die photographische Platte nicht beeinflussen würde.

1873 entdeckte VOGEL, daß der Zusatz geringer Mengen von Farbstoffen die Emulsion empfindlich gegen längere Wellen macht, und man fand bald, daß der Bereich, in dem ein Farbstoff sensibilisiert, ungefähr dem Bereich entspricht, in dem der Farbstoff Licht absorbiert; gewöhnlich erstreckt sich die Empfindlichkeit 20 bis 40 mμ weiter nach Rot. Man weiß jetzt, daß die sensibilisierende Wirkung durch eine Bande verursacht wird, die charakteristisch ist für einen Adsorptionskomplex, in welchem mehrere Schichten von Farbstoffmolekülen auf der Oberfläche der Silberhalogenidkristalle angeordnet sind.

Wohl steigern viele Farbstoffe die Empfindlichkeit in einem bestimmten Bereich des Spektrums, aber die meisten von ihnen haben einen verderblichen Einfluß auf die Emulsion, die trübe wird oder in anderen Bereichen des Spektrums an Empfindlichkeit verliert. Mit Ausnahme des Erythrosins (Tetrajodfluorescein) sind die Farbstoffe, die sich als besonders brauchbar erwiesen haben, sämtlich **Cyaninfarbstoffe,** die sich von Chinolinderivaten ableiten. Die einfachen **Cyanine** können durch Umsetzung von (substituiertem) Chinaldinjodäthylat mit (substituiertem) 2-Jod-chinolinjodäthylat in Gegenwart einer Base dargestellt werden.

Chinaldin-jodäthylat   2-Jod-chinolin-jodäthylat   1.1'-Diäthyl-2.2'-cyanin-jodid

Die **Carbocyanine** werden durch Kondensation von zwei Molekülen eines Chinaldinjodäthylats mit Formaldehyd, Chloroform oder einem Orthoformiat erhalten.

$$1.1'\text{-Di\"athyl-}2.2'\text{-carbocyanin-jodid}$$

Jede Vinylengruppe (CH=CH), die zwischen die Kerne eingeführt wird, verschiebt die Absorption und die sensibilisierende Wirkung um etwa 100 mμ nach Rot. Es sind Di-, Tri-, Tetra- und Pentacarbocyanine mit zwei, drei, vier und fünf Vinylengruppen im konjugierten System dargestellt worden, womit eine Sensibilisierung der photographischen Emulsion bis 1400 mμ im Infrarot erreicht werden kann.

Da eine Methylgruppe in der 4-Stellung des Chinolins ebenfalls reaktionsfähig ist (S. 664), ergeben sich außer den Cyaninen aus Chinaldinderivaten auch Cyanine aus Lepidinderivaten. Wenn auch der Chinolinkern der erste war, der zur Darstellung von Cyaninsensibilisatoren verwendet wurde, so erfüllt doch jeder Ring mit einer reaktionsfähigen Methylgruppe den gleichen Zweck. So geben Derivate von 2-Methyl-benzthiazol (S. 671) einige besonders wichtige photographische Sensibilisatoren, die **Thiacarbocyanine.** Auch Derivate des Benzoxazols und des Benzoselenazols wurden dargestellt. In den **Azacyaninen** sind eine oder mehrere Methingruppen durch ein Stickstoffatom ersetzt.

Auch einige **Merocyanine** sind wichtig als Sensibilisatoren. Es sind dies nicht wie die Cyanine salzartige, sondern nichtionische Verbindungen, die eine Polymethinkette enthalten. Man erhält sie durch Kondensation eines quartären Salzes mit einer nichtionischen Verbindung, die eine Methylengruppe in Nachbarschaft zu einer Carbonylgruppe enthält.

Cellitonechtgelb 7G und **Astrazonrosa FG** *(Genacrylrosa FG)* gehören zu den Methinfarbstoffen, die sich für Acetylcellulose eignen.

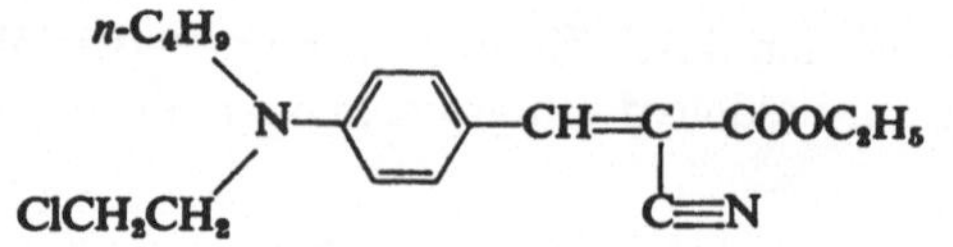

Cellitonechtgelb 7G

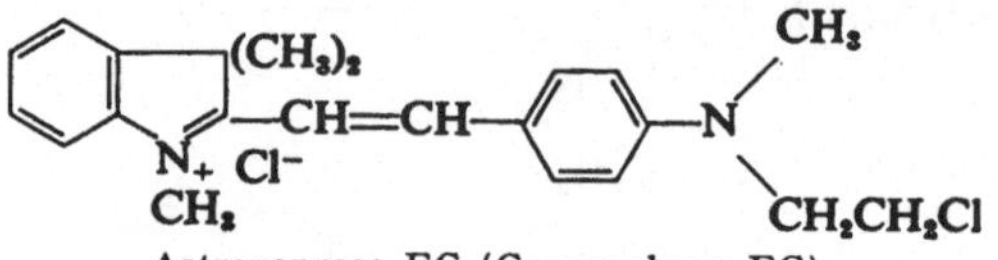

Astrazonrosa FG (Genacrylrosa FG)

Acridinfarbstoffe

Die Farbstoffe dieser Klasse sind gelb oder braun. Als Farbstoffe sind hier nur die basischen Vertreter von Bedeutung. Eine Anzahl Acridinfarbstoffe zeigt jedoch starke antiseptische Wirkung. **Proflavin** scheint unter bestimmten Bedingungen den Sulfonamiden als Wundantisepticum überlegen zu sein. **Trypaflavin** hat u. a. eine starke Wirkung gegen Trypanosomen und wird zur Behandlung der Schlaf-

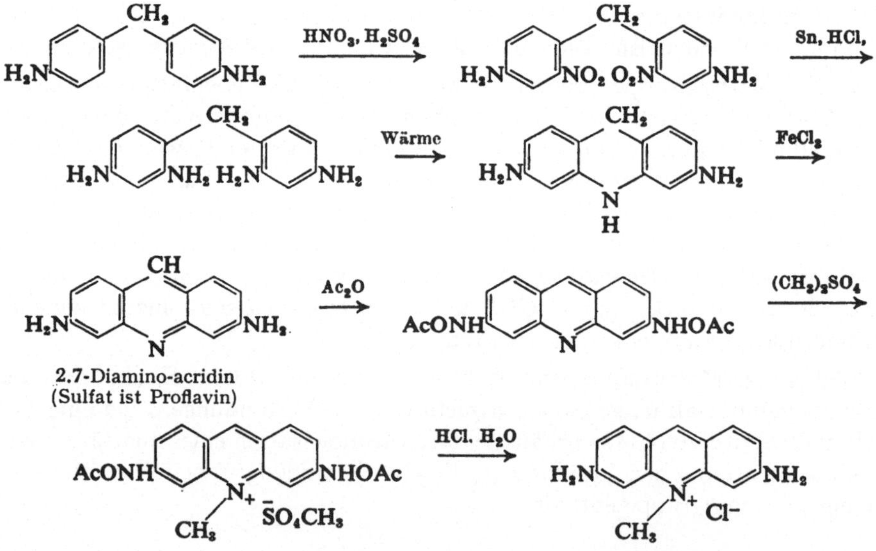

2.7-Diamino-acridin
(Sulfat ist Proflavin)

Trypaflavin

krankheit verwendet. Der Farbstoff **Phosphin** ist ein Nebenprodukt der Fuchsin-schmelze und wird in der Lederfärberei benutzt.

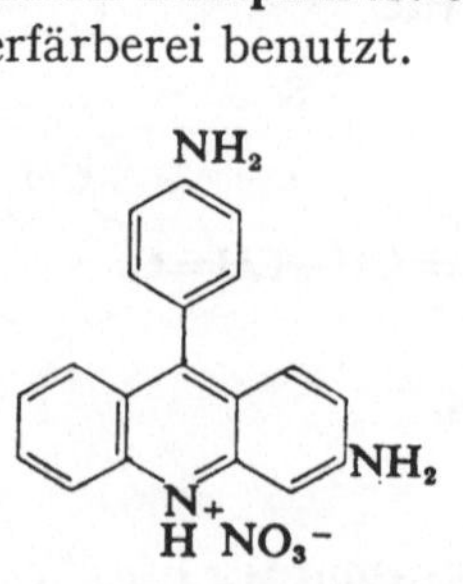

Phosphin

Azinfarbstoffe

Diese Farbstoffe sind oxydierte Aminoderivate des Phenoxazins, Phenothiazins und Dihydrophenazins und sind als Oxazine, Thiazine und Phenazine bekannt. Sie können zu farblosen Verbindungen reduziert werden, und die Farbe kann durch Oxydation regeneriert werden.

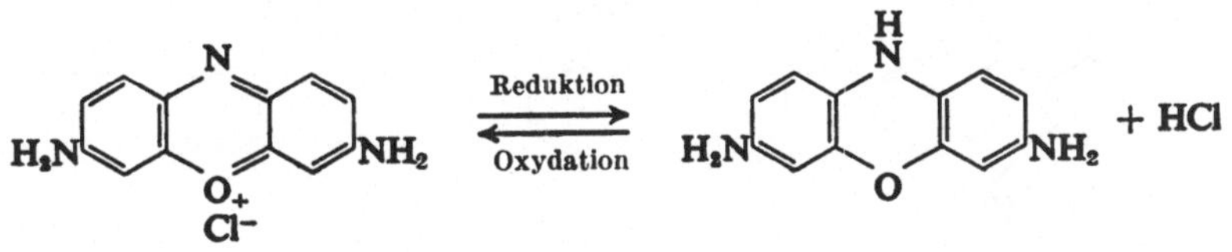

Methylenblau, das in großem Umfang als Wasserstoffakzeptor bei biologischen Redoxreaktionen verwendet wird, ist ein Thiazin, und **Safranin-T** ist ein Phenazin. Auch das S. 709 erwähnte **Mauvein** von PERKIN hat sich als ein Phenazinderivat erwiesen. Die Methylgruppen sind darauf zurückzuführen, daß das von PERKIN verwendete Anilin auch o- und p-Toluidin enthielt.

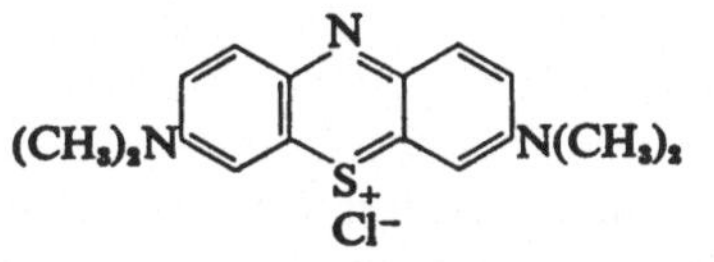

Methylenblau

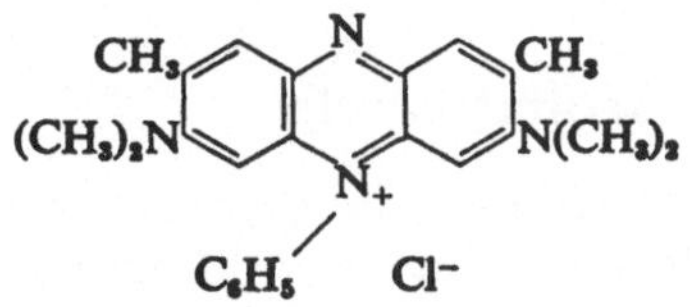

Safranin T

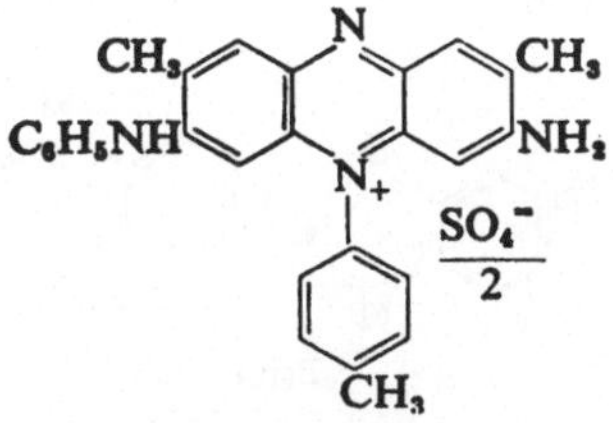

Mauvein

Einer der wichtigsten schwarzen Farbstoffe ist ein Phenazinderivat, das sogenannte **Anilinschwarz.** Es erscheint nicht in den Farbstoffstatistiken, da es als völlig wasserunlöslicher Farbstoff direkt auf der Faser erzeugt wird, und zwar durch Oxydation von Anilinsalzen mit Oxydationsmitteln wie Kaliumchlorat, Natriumdichromat oder Eisen(III)-chlorid in Gegenwart von Vanadium-, Kupfer- oder Eisensalzen als Katalysatoren. Zum ersten Mal wurde Anilinschwarz 1863 von LIGHTFOOT dargestellt. Die ersten Färbungen mit Anilinschwarz neigten infolge Hydrolyse zum Vergrünen, wie der färbereitechnische Ausdruck lautet; der angewendete Farbstoff entsprach der Stufe des **Nigranilins.** Später wurde ein unvergrünbares Anilinschwarz entwickelt, das durch Einbau von drei weiteren Anilinmolekülen in der Hitze stabilisiert ist. Dieses wird **Pernigranilin** genannt und ist ein Polyphenazinderivat.

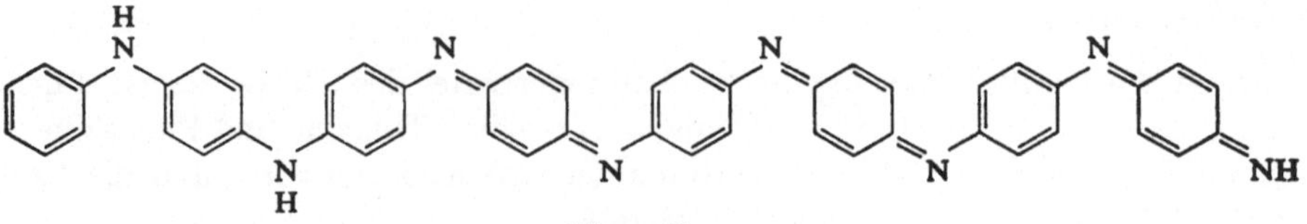

Nigranilin

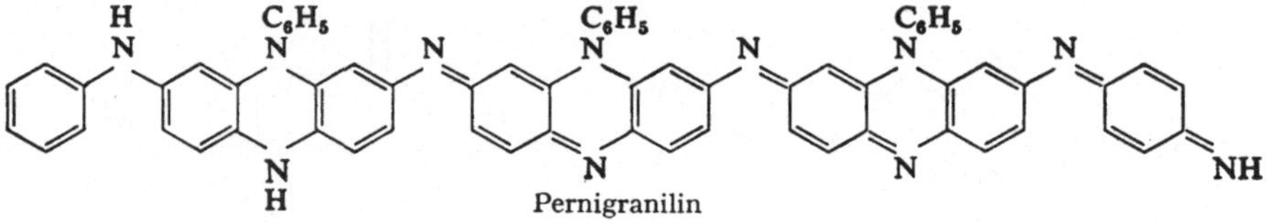

Pernigranilin

Hydrolyse und weitere Oxydation von Anilinschwarz gibt Chinon (S. 550).

Nigrosin ist ein billiger schwarzer Farbstoff, der durch Oxydation von Anilin und Anilinhydrochlorid mit Nitrobenzol oder Nitrophenol in Gegenwart von Eisen(III)-chlorid bei 180° hergestellt wird. Die freie Base ist löslich in Ölen und Wachsen, das Hydrochlorid löst sich in Alkohol, das sulfonierte Produkt in Wasser. In den USA werden jährlich etwa 1,4 Millionen kg zum Färben von Schuhwichse, Druckfarben, Leder und Papier hergestellt.

Thiazolfarbstoffe

Wenn p-Toluidin in einer Natriumpolysulfidschmelze erhitzt wird, entwickelt sich Schwefelwasserstoff, und es wird als Reaktionsprodukt die sogenannte *Primulinbase* erhalten. Deren Sulfonierung gibt den gelben Farbstoff **Primulin,** ein Derivat des Benzthiazols (S. 671).

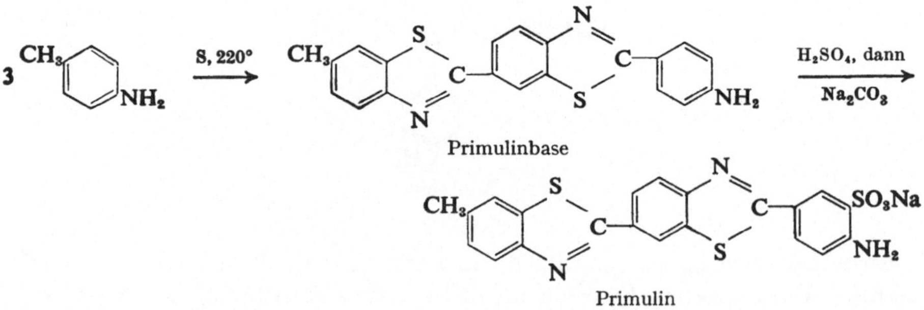

Primulinbase

Primulin

Primulin wird zwar auf gleiche Weise hergestellt wie die Schwefelfarbstoffe, dennoch aber nicht zu diesen gerechnet, weil die Sulfonierung eine Färbung aus wäßriger Lösung ermöglicht. Primulin ist ein substantiver Baumwollfarbstoff, ist aber nicht besonders echt. Es kann jedoch auf der Faser diazotiert werden und gibt nach Kupplung mit sekundären Komponenten echte rote Entwicklungsfarben. Die Diazoniumgruppe des diazotierten Primulins wird durch Einwirkung von starkem Licht auffallend leicht zersetzt.

Dieses Verhalten zeigen auch andere diazotierte Amine, und es ist die Grundlage wichtiger technischer photographischer Prozesse. Zum Beispiel kann Papier, das mit diazotiertem Amin überzogen ist, durch ein Negativ belichtet und dann durch eine Lösung der sekundären Komponente gezogen werden. Kupplung tritt nur da ein, wo das Diazoniumsalz nicht zersetzt wurde, und daher resultiert ein Farbstoffbild. Bei neueren Verfahren überzieht man das Papier mit einem Gemisch aus einem stabilisierten lichtempfindlichen Diazoniumsalz und einer sekundären Komponente, die nur unter alkalischen Bedingungen kuppelt. Nach der Belichtung wird das Papier mit Ammoniak entwickelt, wodurch Kupplung an den unbelichteten Stellen eintritt. Die meistverwendeten Amine sind p-Aminodimethylanilin, p-Aminomethylanilin und p-Aminohydroxyäthylanilin. Dieses *Diazotypieverfahren (Ozalidverfahren)* ist für alle Arten photographischer Reproduktion in Gebrauch, besonders für Strichzeichnungen, Briefe und andere Geschäftspapiere.

Die Thiacarbocyanine, die bei den Polymethinfarbstoffen als wichtige photographische Sensibilisatoren erwähnt wurden (S. 733), sind ebenfalls Thiazolderivate.

Flavone und Flavyliumsalze

Diese Verbindungen sind Benzopyrane, sie sind als Blütenfarbstoffe weit verbreitet.

Flavone. *Chromon* (2.3-Benzo-4-oxo-pyran oder Benzo-α-pyron) ist farblos, und ebenfalls 2-Phenyl-chromon oder *Flavon*. Anwesenheit einer Hydroxylgruppe in 3-Stellung führt jedoch zu farbigen Verbindungen (lat. *flavus* gelb).

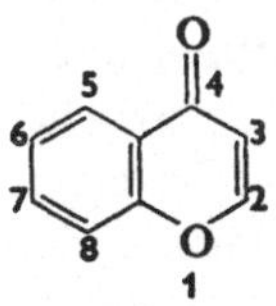

Chromon
(farblos)

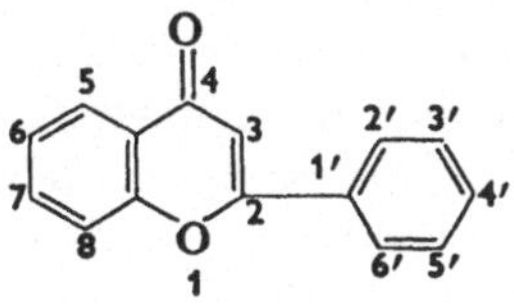

Flavon
(farblos)

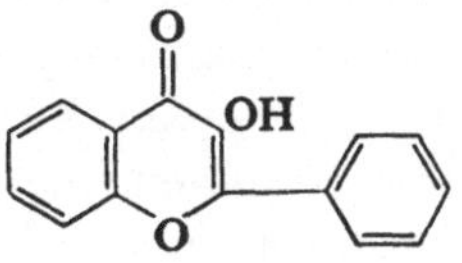

Flavonol
(gelb)

Quercitrin, ein in zahlreichen Pflanzen vorkommendes Rhamnosid (in 3-Stellung), wurde erstmals aus der Rinde der Färbereiche, *Quercus tinctoria* erhalten. Hydrolyse gibt **Quercetin,** das seit den ältesten Zeiten als Beizenfarbstoff verwendet wird.

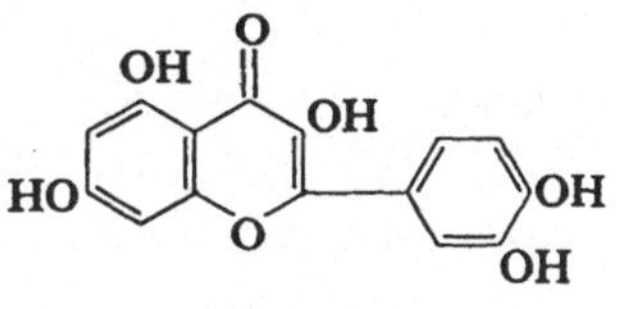

Quercetin

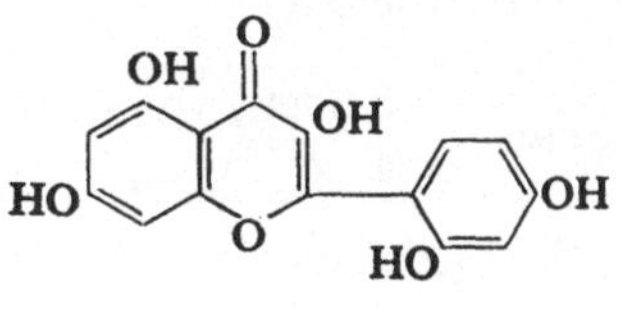

Morin

Rutin, Quercetin-3-β-rutinosid, wird aus der Buchweizenpflanze gewonnen und zur Behandlung von kapillaren Blutungen verwendet. Es kommt auch in zahlreichen anderen Pflanzen vor und ist u. a. der Farbstoff der gelben Flecken auf Stengeln und Blättern der Tomatenpflanze. **Morin,** der Farbstoff des Gelbholzes, ist ein empfindliches Reagens auf Aluminium. Auch in den **kondensierten Gerbstoffen** (vgl. S. 591), zu welcher Gruppe die meisten technisch genutzten natürlichen

Gerbstoffe gehören, liegen offenbar Derivate des Flavons vor. Die saure Hydrolyse gibt rote polymere Produkte, die als *Gerbstoffrote* oder *Phlobaphene* bekannt sind.

Flavyliumsalze. Bei der Reaktion eines aromatischen o-Hydroxyaldehyds mit einem Aldehyd oder Keton in Gegenwart von Säuren entsteht ein Benzopyranderivat, das als *Benzopyryliumsalz* bezeichnet wird. Zwischenprodukt der Reaktion ist wahrscheinlich ein cyclisches Halbacetal, eine Pseudobase analog derjenigen, die im Gleichgewicht mit N-Methyl-pyridiniumhydroxyd (S. 657) steht.

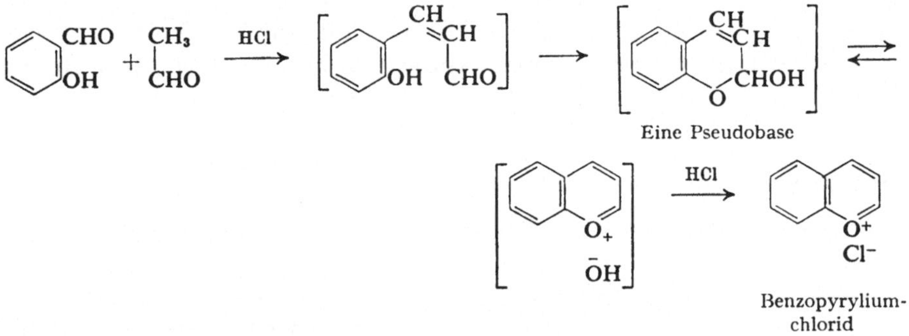

Eine Pseudobase

Benzopyrylium-
chlorid

Die meisten roten und blauen Blüten- und Beerenfarbstoffe sind Derivate von 2-Phenyl-benzopyryliumsalzen, die auch *Flavyliumsalze* genannt werden. Sie kommen in der Pflanze als Glucoside vor; diese werden als **Anthocyane,** die dazugehörigen Aglykone als **Anthocyanidine** bezeichnet. Die den natürlichen Anthocyanen zugrunde liegenden Anthocyanidine bilden drei Gruppen. Sie haben sämtlich Hydroxylgruppen in 3-, 5- und 7-Stellung. **Pelargonidinchlorid** (scharlachrote Pelargonie, orangefarbene Dahlie) enthält eine zusätzliche Hydroxylgruppe in 4'-Stellung, **Cyanidinchlorid** (rote Rose, blaue Kornblume, rote Dahlie, schwarze Kirsche, Pflaume) zwei Hydroxylgruppen in 3'- und 4'-Stellung, **Delphinidinchlorid** (Rittersporn, violettes Stiefmütterchen, purpurfarbene Traube) enthält drei Hydroxylgruppen in 3'-, 4'- und 5'-Stellung.

Die Anthocyanidine wurden nach der allgemeinen Methode zur Synthese von Benzopyryliumsalzen unter Verwendung entsprechend substituierter Aldehyde und Ketone synthetisiert.

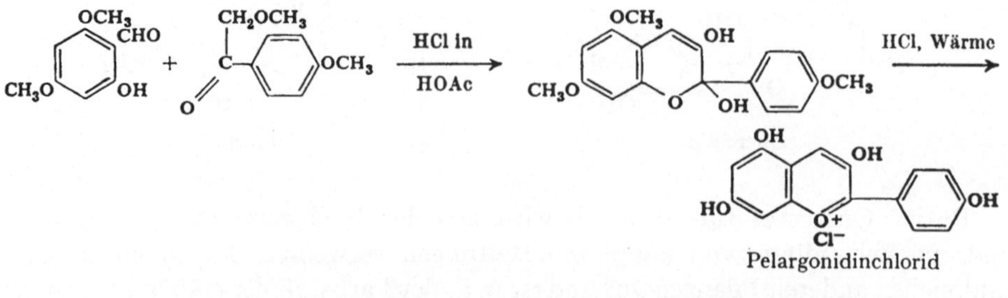

Pelargonidinchlorid

Die Farbe der Anthocyane, die gewöhnlich als 3.5-Diglucoside vorliegen, hängt nicht nur von der Natur der Komponenten ab. Die Acidität der Blüte scheint zwar nicht maßgebend zu sein, dafür aber der Zustand des Farbstoffmoleküls. In der roten Rose liegt z. B. der Farbstoff als Anthocyan-Oxoniumsalz vor, in der blauen Kornblume dagegen als „Protocyan", ein höhermolekularer Aluminium-Eisen (III)-Cyaninkomplex.

Indikatorwirkung

Viele Verbindungen haben bei verschiedener Wasserstoffionenkonzentration verschiedene Farben. Diese Farbänderungen erfolgen, weil die Verbindungen selbst Säuren oder Basen sind, die in Protonenübertragungsreaktionen eintreten, und weil die saure Form eine andere Farbe hat als die basische Form. Die Wasserstoffionenkonzentration, bei der der Farbumschlag erfolgt, ist abhängig von der Säure- bzw. Basenstärke der Verbindung.

Methylorange liegt in Lösungen, die basischer sind als p_H 4,4, fast vollständig als gelbes negatives Ion vor. In Lösungen, die saurer sind als p_H 3,1, vereinigt es sich fast vollständig mit einem Proton und bildet das rote dipolare Ion.

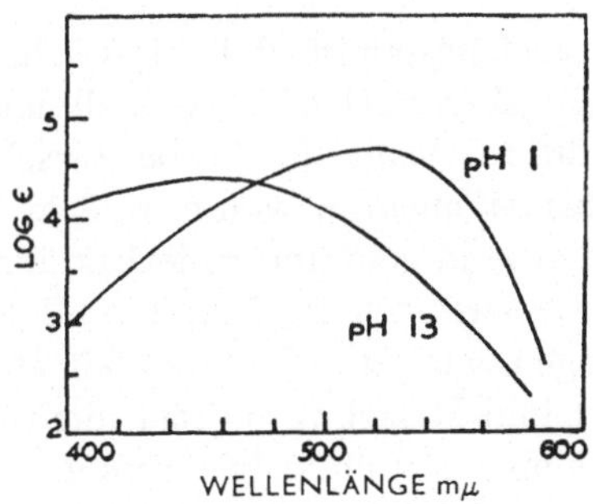

Die Wechselwirkung der π-Elektronen über eine größere Entfernung ist in dem dipolaren Ion leichter als in dem negativen Ion, und daher absorbiert das dipolare Ion bei längeren Wellenlängen ($\lambda_{max.} = 520$ mμ, Abb. 99). Dieser Typus

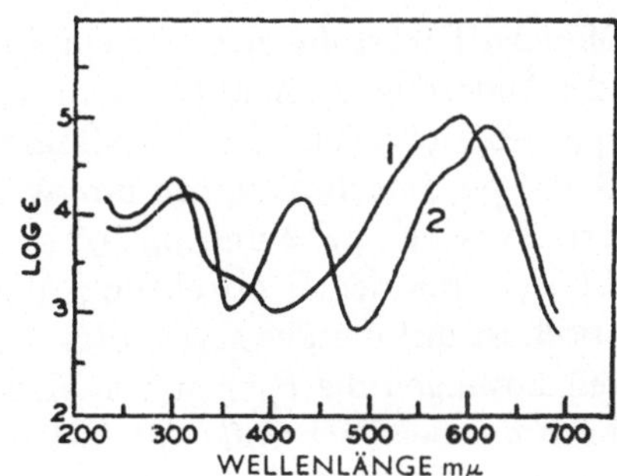

Abb. 99. Absorptionsspektren von Methylorange in alkalischer und in saurer Lösung

Abb. 100. Absorptionsspektren von 1. Kristallviolett, 2. Malachitgrün

eines mesomeren Zwischenzustands kommt beim negativen Ion ($\lambda_{max.} = 460$ mμ) weniger in Betracht, denn die chinoide Struktur würde eine Ladungstrennung in dem Ion erfordern.

Phenolphthalein ist farblos in Lösungen von niedrigerem p_H als 8,3, wo es fast ausschließlich als phenolisches Lacton existiert. Bei höherem p_H als 10 bildet es ein rotes Salz. In sehr stark alkalischen Lösungen wird es langsam in das Carbinol umgewandelt, das wieder farblos ist.

Der Grund, weshalb Methylorange im sauren Bereich, Phenolphthalein dagegen im alkalischen Bereich die Farbe wechselt, ist der, daß das Salz von Methylorange mit einer Säure eine viel stärkere Säure ist als Phenolphthalein, ähnlich wie ein Aminhydrochlorid eine stärkere Säure ist als Phenol. Die Umwandlung des roten Phenolphthalein-Ions in das farblose Carbinol ist charakteristisch für alle Triphenylmethanfarbstoffe und ist lediglich die Umkehrung der Bildung des Farbstoffs aus der Carbinolbase (S. 718).

Manche Farbstoffe zeigen mehr als einen Umschlagspunkt, d. h. sie wechseln mit der Änderung des Acidität mehrmals die Farbe. Zum Beispiel ist Kristallviolett bei $p_H > 6$ tiefviolett. Bei Erhöhung der Acidität schlägt die Farbe zwischen p_H 6 und p_H 5 nach blaugrün um, woran sich bis zu einem p_H von etwa 2 nichts ändert. Zwischen p_H 2 und p_H 0,5 schlägt die Farbe in gelb um. Eine Erklärung ergibt sich aus der Beobachtung, daß die Farbe zwischen p_H 5 und p_H 2 fast identisch ist mit der des Malachitgrüns in Lösungen vom $p_H > 2$, und daß in stark sauren Lösungen die Farben von Kristallviolett und Malachitgrün fast identisch sind mit der des Farbstoffs aus (p-Dimethylaminophenyl)-diphenylcarbinol.

Im Kristallviolett findet bei $p_H > 6$ elektronische Wechselwirkung über alle drei Ringe statt. Zwischen p_H 5 und p_H 2 wird die Resonanz mit einem der Ringe verhindert, da das einsame Elektronenpaar einer der Dimethylaminogruppen an ein Proton gebunden ist, und die Bedingungen sind dann analog denen bei Malachitgrün bei $p_H > 2$. Bei $p_H < 0,5$ ist je ein Proton an die einsamen Elektronenpaare von zwei Stickstoffatomen des Kristallvioletts und von einem Stickstoffatom des Malachitgrüns angelagert. Daher kommen diese Ringe für eine Resonanz genausowenig in Betracht wie die beiden Phenylgruppen in dem Farbstoff aus (p-Dimethylaminophenyl)-diphenylcarbinol.

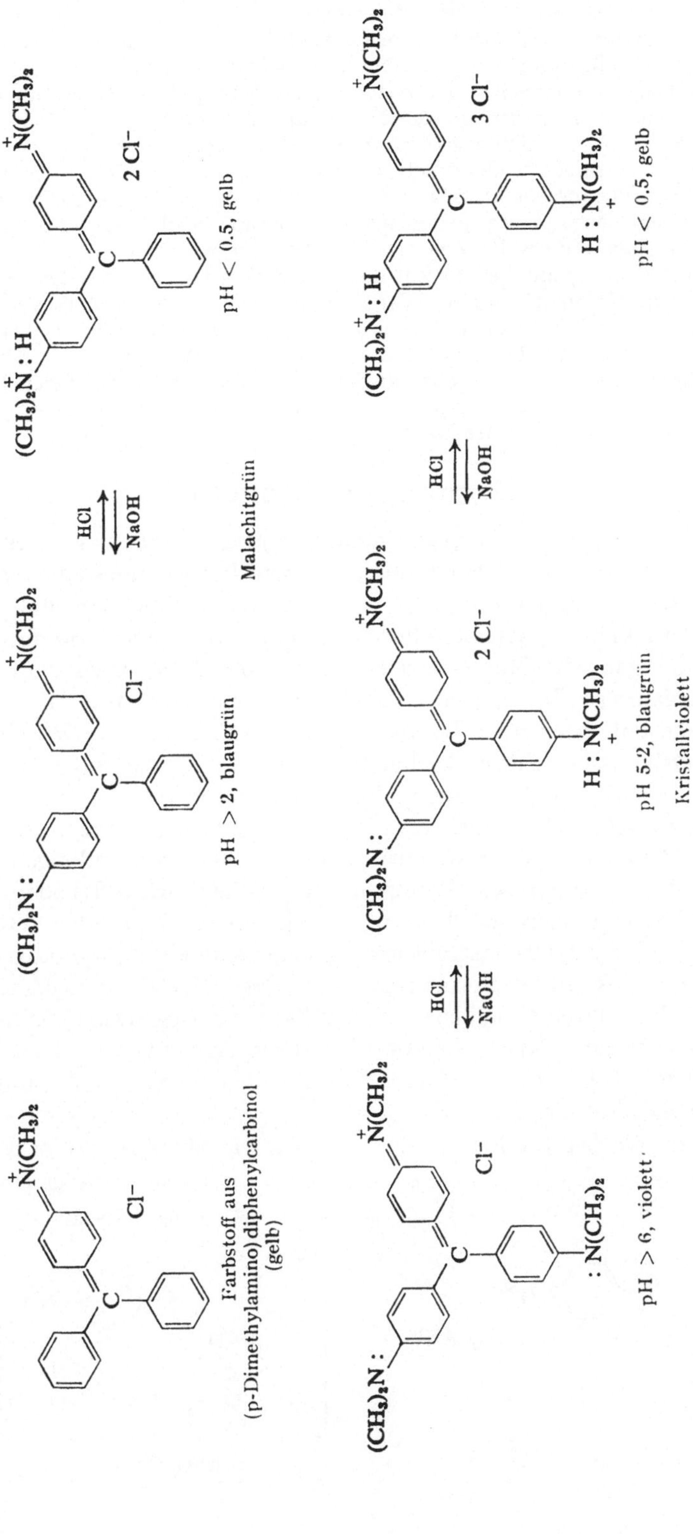

Malachitgrün

pH < 0.5, gelb

pH > 2, blaugrün

Farbstoff aus
(p-Dimethylamino)diphenylcarbinol
(gelb)

Kristallviolett

pH < 0.5, gelb

pH 5-2, blaugrün

pH > 6, violett

HCl / NaOH

Nach den einfachen Vorstellungen über die Resonanz zwischen Valenzstrukturen sollte Kristallviolett bei längeren Wellenlängen absorbieren als Malachitgrün. In Wirklichkeit erfolgt die Absorption im langwelligen Bereich beim Kristallviolett bei etwas kürzeren Wellenlängen ($\lambda_{max.} = 590$ mμ) als beim Malachitgrün ($\lambda_{max.} = 616$ mμ). Überdies zeigen beide eine Absorptionsbande an etwa gleicher Stelle im Ultraviolett ($\lambda_{max.} = 300$ mμ). Das Spektrum des Malachitgrüns unterscheidet sich durch eine dritte Bande bei $\lambda_{max.} = 423$ mμ (Abb. 100, S. 739). Die Absorption des Lichtes ist stark von der Richtung des elektrischen Vektors im Verhältnis zur Lage des Moleküls abhängig. Nach der molecular orbital-Theorie kann Absorption stattfinden, wenn ein Elektron auf ein neues orbital gehoben werden kann, welches senkrecht zum elektrischen Vektor der Lichtwelle eine zusätzliche Knotenebene aufweist. Die Bande 423 mμ des Malachitgrüns beruht auf der Absorption von Lichtwellen, die längs zur kurzen Achse des Resonanzsystems polarisiert sind. Die Bande bei ca. 625 mμ beruht auf der Absorption von Lichtwellen, die in Richtung der großen Achse des Resonanz-Systems polarisiert sind. Da Kristallviolett symmetrisch ist und der Abstand quer durch das Resonanzsystem etwa der Längsachse des Malachitgrün-Systems entspricht, zeigt Kristallviolett nur eine einzige Bande im Sichtbaren, und zwar etwa an der Stelle der langwelligen Absorption des Malachitgrüns.

Organische Pigmente

Unter einem Pigment (lat. *pigmentum*, von *pingere* färben) wird ein undurchsichtiges, unlösliches Pulver verstanden, das zum Färben eines anderen Materials verwendet wird. Pigmente werden hauptsächlich für Schutz- und Schmuckanstriche, Druckfarben, Kunststoffe und Gummi verwendet. Häufig dienen als Pigmente anorganische Materialien wie Tone und Metalloxyde, oft aber synthetische organische Substanzen. Als Pigment benutztes Material sollte in der Bindemittellösung oder dem Lösungsmittel unlöslich oder praktisch unlöslich sein. Die physikalischen Eigenschaften des Produktes, besonders die Teilchengröße, sind ebenso wichtig wie die Farbe und die Lichtechtheit.

Es gibt *unverschnittene* und *verschnittene* organische Pigmente. Die **unverschnittenen Pigmente** sind im wesentlichen einheitliche Verbindungen, und zwar entweder unlösliche organische Verbindungen (Pigmentfarbstoffe) oder Metallsalze organischer Verbindungen, oder Koordinationskomplexe organischer Verbindungen mit Metallen (Farblacke). **Verschnittene Pigmente** sind Mischprodukte, hergestellt entweder durch Adsorption eines Farbstoffs auf einem Metallhydroxyd, z. B. Aluminiumoxydhydrat, durch Ausfällen eines Metallsalzes in Gegenwart von Aluminiumoxydhydrat oder durch Mischen eines organischen Pigments mit Aluminiumoxydhydrat oder mit Tonerdehydrat-Blanc fixe, einem Gemisch von Aluminiumoxydhydrat und Bariumsulfat.

Jeder Beizenfarbstoff bildet mit Metallsalzen wie Aluminiumchlorid unlösliche Koordinationskomplexe. So entsteht z. B. aus drei Molekülen Orange II und einem Molekül Aluminiumchlorid der Pigmentfarbstoff „Persisch Orange''.

Orange II + AlCl$_3$ $\longrightarrow$ Persisch Orange + 3 HCl

Zur Darstellung der entsprechenden verschnittenen Pigmente wird eine Lösung des Farbstoffs mit einer Suspension von Aluminiumoxyd gemischt und Aluminiumchlorid zugesetzt.

Einige unverschnittene Pigmente wie die **Lithole** sind Farbstoffsalze. Sie werden dargestellt durch Kuppeln von diazotierter Tobias-Säure (S. 623) mit β-Naphthol und Überführung des Reaktionsproduktes in ein unlösliches Salz.

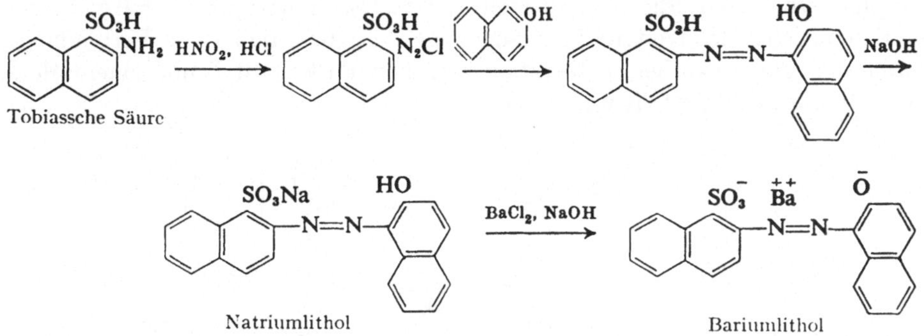

Natriumlithol ist hellorange, Bariumlithol ist rot (2,5 Millionen kg, 1955, USA).

Die basischen Triphenylmethanfarbstoffe (S. 717) sind nicht sehr lichtecht, doch sind ihre Phosphorwolframate, Phosphormolybdate und Phosphorwolframmolybdate erheblich beständiger und stellen wertvolle Pigmente für Druckfarben dar. Sie werden gewöhnlich als einfache Salze der komplexen Phosphorwolframsäure $H_3PW_{12}O_4$ bzw. Phosphormolybdänsäure $H_3PMo_{12}O_4$ mit drei Molekülen eines Triphenylmethanfarbstoffs (z. B. Methylviolett oder Malachitgrün) angesehen.

Zahlreiche wasserunlösliche, farbige organische Verbindungen werden direkt als Pigmentfarbstoffe verwendet, besonders die in Wasser unlöslichen Azoverbindungen wie Pararot und die Naphthole (S. 714). Die **Hansagelbe** sind wichtige gelbe Pigmentfarbstoffe. Sie werden durch Kuppeln von diazotierten aromatischen Aminen mit Aniliden der Acetessigsäure (Acetoacetaniliden) gewonnen. Die letztgenannten Verbindungen sind Enole und kuppeln wie die Phenole (S. 526).

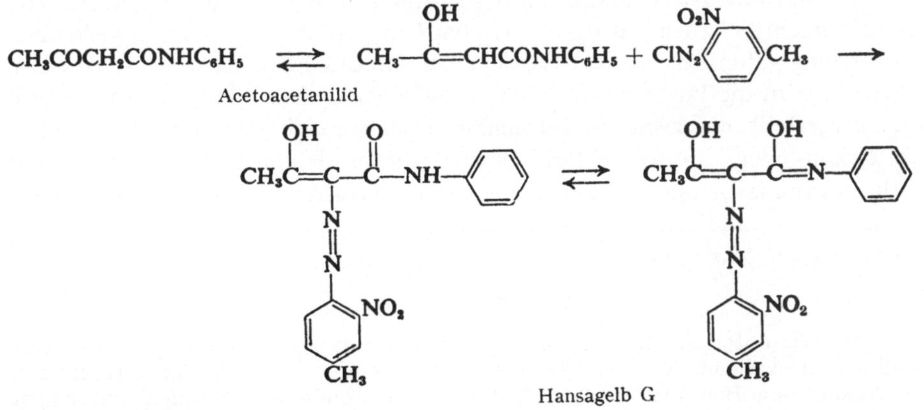

Die **Benzidingelbe** (1,2 Millionen kg, 1955, USA) sind analoge Verbindungen aus Acetessigsäureaniliden und diazotiertem Benzidin.

Die **Phthalocyanine** bilden eine wichtige Gruppe von Pigmentfarbstoffen, über die 1934 berichtet wurde. Man wurde zuerst 1928 auf diese Farbstoffklasse aufmerksam, als eine blaue Substanz isoliert wurde, die zuweilen bei der technischen Darstellung von Phthalimid (S. 583) entsteht, wobei Ammoniak durch geschmolzenes Phthalsäure anhydrid in Eisenkesseln geleitet wird. Die Verunreinigung erwies sich als Eisenkomplex einer Verbindung mit 16-gliedrigem Ring analog dem Porphinkern (S. 647), die aber an Stelle der vier Methingruppen (CH) vier Stickstoffatome enthält. Weitere Untersuchungen ergaben, daß diese Verbindungen durch eine stark exotherme Reaktion zwischen Phthalonitril und einem Metall oder Metallsalz dargestellt werden können.

Kupferphthalocyanin

Kupferphthalocyanin (1,1 Millionen kg, 1955, USA) wird billiger durch Erhitzen von Phthalsäureanhydrid mit Harnstoff in Gegenwart eines Kupfersalzes dargestellt; als Katalysatoren werden außerdem geringe Mengen von Vanadiumoxyd, Aluminiumoxyd oder Molybdänoxyd zugesetzt. Kupferphthalocyanin war schon 1927 bei der Einwirkung von Kupfer(I)-cyanid auf o-Dibrombenzol in Pyridin erhalten worden, erhielt aber eine falsche Strukturformel und wurde nicht weiter untersucht. Es ist ein glänzendes Blau mit guten färberischen Eigenschaften, auch ist es sehr beständig gegen Licht, chemische Einwirkungen und Hitze. Es sublimiert bei 500°, ohne sich merklich zu zersetzen.

Das metallfreie Phthalocyanin, das 1907 dargestellt, aber nicht weiter untersucht worden war, ist ebenfalls von beträchtlichem Wert. Von anderen Phthalocyaninpigmenten haben nur die chlorierten Kupferphthalocyanine ausgedehntere Verwendung gefunden. Mit wachsender Zahl von Chlorsubstituenten an den Benzolkernen wird die Farbe grüner. Die Hexadekachlorverbindung wird jetzt technisch hergestellt, und zwar aus Tetrachlorphthalsäureanhydrid unter Verwendung von Zirkon- oder Titantetrachlorid als zusätzlichem Kondensationsmittel. Einige Phthalocyaninfarbstoffe, die zum Färben von Textilien verwendet werden können, wurden durch Einführung von Gruppen dargestellt, die Löslichkeit in Wasser oder Verküpbarkeit bewirken.

Wiederholungsfragen

1. (*a*) Wie unterscheiden sich direktziehende Azofarbstoffe für Baumwolle strukturell von direktziehenden Azofarbstoffen für Wolle und Seide? (*b*) Man erläutere die Anwendung von Beizenfarbstoffen, Eisfarben, Entwicklungsfarbstoffen und Küpenfarbstoffen. Weshalb sind Küpenfarbstoffe nur für Baumwolle geeignet? (*c*) Welches ist der prinzipielle Unterschied zwischen dem Färben von Acetatseide und anderen Textilien?

2. (*a*) Man definiere die Bezeichnung *chromophore Gruppe* und gebe drei gewöhnliche Beispiele. (*b*) Man erkläre die Wirkung der auxochromen Gruppen beim Hervorbringen von Farben und Farbänderungen.

3. Welche Art von chemischer Reaktion findet zwischen einer Metallhydroxydbeize und einem Farbstoff statt? Man erläutere durch eine Formel.

4. (*a*) Man erkläre den Farbumschlag von Methylorange bei Änderung des p_H. (*b*) Phenolphthalein ist in saurer Lösung farblos, in schwach alkalischer Lösung rot und entfärbt sich wieder in stark alkalischer Lösung; man erkläre. (*c*) Bei Zugabe steigender Mengen Säure zu einer wäßrigen Lösung von Kristallviolett ändert sich die Farbe von violett über blaugrün nach gelb, während sich die Farbe im Fall des Malachitgrüns von blaugrün nach gelb ändert; man erkläre.

5. Was sind Anthocyane? Wie ist die allgemeine Struktur der Anthocyanidine?

Aufgaben

6. Ausgehend von Verbindungen, die aus Steinkohlenteer erhalten werden können, gebe man die Reaktionsstufen für nachstehende Synthesen: (*a*) Orange II; (*b*) Echtscharlach R; (*c*) Cellitonechtgelb G; (*d*) Blankophor R; (*e*) Benzopurpurin 4 B; (*f*) Malachitgrün; (*g*) Indophenolblau.

7. Ein Farbstoff wurde durch Kochen mit Zinn und Salzsäure entfärbt. Aus der farblosen Lösung wurden zwei Produkte isoliert; beide enthielten Stickstoff, aber nur eines davon Schwefel. Schmelzen der schwefelhaltigen Verbindung mit Natriumhydroxyd gab ein Reaktionsprodukt, das mit der schwefelfreien Verbindung identisch war. Die Oxydation dieser Verbindung mit Dichromat und Schwefelsäure gab α-Naphthochinon. Welche Struktur ist für den Farbstoff anzunehmen?

8. Man gebe eine Folge von Reaktionen für die Synthese von Brenzkatechinviolett ausgehend von Verbindungen aus Steinkohlenteer oder Holzteer.

9. Eine rote Verbindung *A* hat die Summenformel $C_{28}H_{18}N_2O_4$. Sie ist unlöslich in verdünnten Säuren oder Alkalien, löst sich aber beim Erwärmen mit alkalischer Natriumdithionit-Lösung. *A* wird beim Kochen mit alkoholischer Kalilauge verseift. Wird nach Entfernung der Hauptmenge Alkohol mit Wasser verdünnt, so entsteht ein Niederschlag *B* $C_{14}H_{10}N_2O_2$. *B* ist löslich in verdünnter Schwefelsäure, und wenn Natriumnitrit zu der kalten sauren Lösung gegeben wird, entwickelt sich kein Stickstoff. Beim Erwärmen der Lösung entwickelt sich Stickstoff, und es wird Verbindung *C* erhalten. Wird *C* mit Zinkstaub destilliert, so sublimiert Anthracen.

Wird die alkalische Lösung, aus der Verbindung *B* entfernt wurde, angesäuert, so wird Verbindung *D* erhalten, die ein Neutralisationsäquivalent von 122 hat. Wenn *D* mit Natronkalk erhitzt wird, geht Benzol über. Welche Strukturformel ist für *A* anzunehmen? Man gebe die Gleichungen der beteiligten Reaktionen.

10. Eine gelbe, wasserlösliche Verbindung *A* hat die Summenformel $C_{14}H_{14}ClN_3$. Wenn *A* stark erhitzt wird, entwickelt sich ein Gas, und der Rückstand gibt nach Reinigung Verbindung *B* $C_{13}H_{11}N_3$, die in Wasser unlöslich, in verdünnten Säuren löslich ist. Verbindung *B* kann diazotiert werden, und wenn die Lösung des Diazoniumsalzes zu einer alkalischen Lösung von Formaldehyd gegeben wird, wird Verbindung *C* $C_{13}H_9N$ erhalten; diese ist identisch mit dem Reaktionsprodukt, das sich beim Erhitzen von Bis-(2-amino-phenyl)-methan und folgender Oxydation mit Eisen(III)-chlorid bildet. Man gebe *A* eine Strukturformel und stelle die Gleichungen der beteiligten Reaktionen auf.

Kapitel 32

Diene. Kautschuk und synthetischer Kautschuk

Diene

Die chemischen Eigenschaften der Diene sind je nach der Stellung der Doppelbindungen verschieden. Stehen die Doppelbindungen isoliert, d. h. durch zwei oder mehrere Einfachbindungen getrennt, so reagiert jede Doppelbindung unabhängig von den anderen, und die Reaktionen sind die gleichen, wie wenn nur eine einzige Doppelbindung vorhanden ist. Wenn beide Doppelbindungen von einem einzigen Kohlenstoffatom ausgehen, werden sie als *kumulierte Doppelbindungen* bezeichnet; sie unterliegen leicht der Umlagerung. Kohlenwasserstoffe mit zwei kumulierten Doppelbindungen werden nach dem ersten Glied der Reihe $CH_2=C=CH_2$ *Allene* genannt. Verbindungen mit mehr als zwei kumulierten Doppelbindungen heißen *Kumulene*. Alternieren die Doppelbindungen mit Einfachbindungen, dann spricht man von *konjugierten* Doppelbindungen, deren chemisches Verhalten wiederum andere Züge aufweist.

Allene

Allen oder **Propadien** ist der einfachste Kohlenwasserstoff mit zwei Doppelbindungen; es kann über mehrere Reaktionsstufen aus Glycerin dargestellt werden.

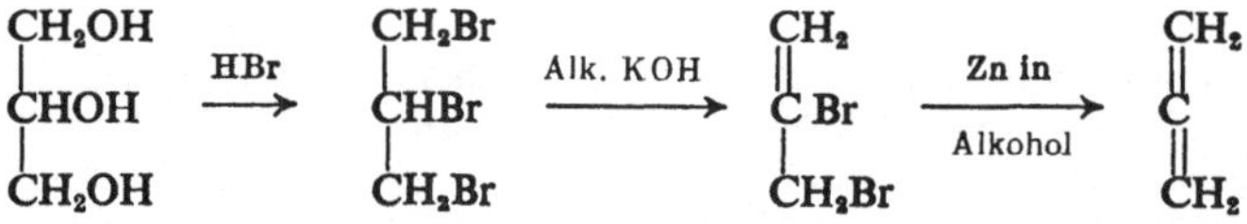

$$
\begin{array}{c}
CH_2OH \\ | \\ CHOH \\ | \\ CH_2OH
\end{array}
\xrightarrow{\ HBr\ }
\begin{array}{c}
CH_2Br \\ | \\ CHBr \\ | \\ CH_2Br
\end{array}
\xrightarrow{\ Alk.\ KOH\ }
\begin{array}{c}
CH_2 \\ \| \\ C\ Br \\ | \\ CH_2Br
\end{array}
\xrightarrow[\ Alkohol\ ]{\ Zn\ in\ }
\begin{array}{c}
CH_2 \\ \| \\ C \\ \| \\ CH_2
\end{array}
$$

Allen

Besonders charakteristisch ist seine Reaktion mit Natrium unter Bildung von Natriummethylacetylid.

$$
CH_2=C=CH_2 \xrightarrow[\text{Äther}]{\text{Na in}} CH_3C\equiv CNa
$$

Die größere Beständigkeit der Acetylen-Bindung gegenüber der Allenstruktur zeigt sich daran, daß die Dihalogenide mit Halogenatomen an benachbarten Kohlenstoffatomen bei Umsetzung mit alkoholischen Alkalien (S. 135) hauptsächlich Acetylene geben. Zum Beispiel besteht das Gas, das durch Umsetzung von Propylenbromid mit heißer alkoholischer Kalilauge erhalten wird, aus etwa 95% Methylacetylen und 5% Allen. **Butatrien** $H_2C=C=C=CH_2$ ist das einfachste Kumulen.

Die Ebenen der beiden Doppelbindungen in den Allenen stehen senkrecht zueinander. Wenn daher die mit jedem Kohlenstoffatom an den Enden des Allensystems verbundenen zwei Gruppen verschieden sind, ist das Molekül dissymmetrisch, und es sind zwei enantiomorphe Formen möglich (Abb. 101). VAN'T HOFF sagte 1874 voraus,

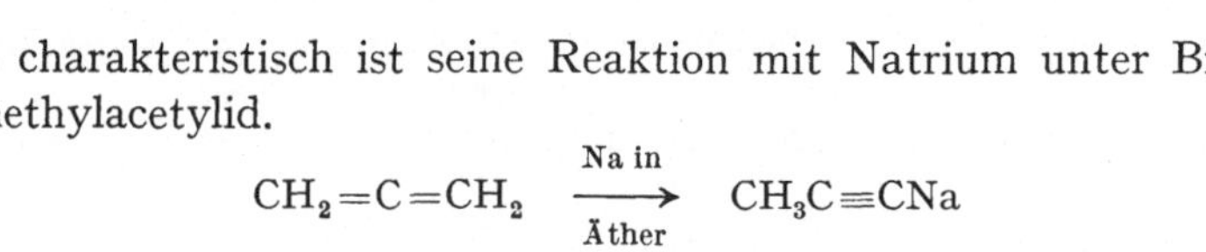

Abb. 101. Enantiomorphe Allene

daß es möglich sein sollte, derartige optisch aktive Isomere zu erhalten. Experimentell wurde dies erst 1935 bestätigt, als 1.3-Diphenyl-1.3-di-α-naphthyl-allen in den stark aktiven ($[\alpha]_{546} = 437°$) rechts- und linksdrehenden Formen erhalten wurde. 1952 wurde ein Naturstoff isoliert, der auf Grund einer Allenstruktur optisch aktiv war (S. 834). Eine ungerade Zahl kumulierter Doppelbindungen kann zu cis-trans-Isomerie führen. Ein Beispiel hierfür wurde 1954 veröffentlicht.

Konjugierte Diene

Das wichtigste konjugierte Dien ist **Butadien-(1.3)**. Es wird technisch zur Herstellung von synthetischem Kautschuk angewendet; die Methoden zu seiner Darstellung werden auf S. 756 besprochen. Charakteristisch für das chemische Verhalten der konjugierten Diene ist die 1.4-Addition. So fand THIELE (S. 53) nach Anlagerung von einem Mol Brom an Butadien-(1.3) als Hauptprodukt 1.4-Dibrom-buten-(2).

$$CH_2=CH-CH=CH_2 + Br_2 \longrightarrow CH_2-CH=CH-CH_2 \text{ und } CH_2=CH-CH-CH_2$$
$$\underset{\underset{80\%}{Br}}{|} \qquad \underset{Br}{|} \qquad \underset{\underset{20\%}{Br \quad Br}}{| \quad |}$$

Dieses Verhalten steht im Einklang mit dem für die Halogenaddition postulierten stufenweisen Mechanismus (S. 57).

$$CH_2{=}CH{-}CH{=}CH_2 \underset{[Br^-]}{\overset{Br_2}{\rightleftarrows}} \left\{ CH_2{=}CH{-}\underset{+}{CH}{-}CH_2Br \longleftrightarrow CH_2{-}CH{=}CH{-}\underset{+}{CH_2}Br \right\} \overset{Br_2}{\longrightarrow}$$

$$CH_2{=}CHCHBrCH_2Br \text{ und } BrCH_2{-}CH{=}CH{-}CH_2Br + [Br^+]$$

Konjugierte Diene lagern sich auch über die 1.4-Stellung an die Doppelbindung von Maleinsäureanhydrid (S. 850) an, eine Reaktion, die zu ihrer quantitativen Bestimmung herangezogen werden kann.

Die wichtigste Reaktion der konjugierten Diene ist ihre Polymerisation zu kautschukartigen Produkten durch 1.4-Addition unter dem Einfluß von radikalischen Katalysatoren (S. 759).

$$x\, CH_2=CH-CH=CH_2 \xrightarrow[\text{Katalysator}]{\text{radikalischer}} (-CH_2-CH=CH-CH_2-)_x$$

Konjugierte Diene können leicht durch ihre sehr starke Absorptionsbande bei 220—250 mμ (S. 700) entdeckt werden. Wenn zwei Doppelbindungen in einem einzigen Ring konjugiert sind, liegt die Absorptionsbande bei 250—290 mμ.

Konjugation von Doppelbindungen ist nichts anderes als die Bildung polyzentrischer molecular orbitals (S. 160, 442). Werden also beim Butadien-(1.3) bastardisierte sp^2-orbitals zur Bindung herangezogen, so bleibt ein p-orbital mit einem Elektron an jedem Kohlenstoffatom übrig. Überlagerung der p-orbitals (Abb. 92a, S. 699) ermöglich die Bildung von zwei molecular orbitals, deren jedes alle vier Kohlenstoffkerne umgibt. Das π-orbital niedrigster Energie hat eine einzige Knotenebene (Abb. 92b), während das andere zwei Knotenebenen (Abb. 92c) hat und energiereicher ist. Jedoch ist die Gesamtenergie der Elektronen in diesen polyzentrischen orbitals geringer als bei Lokalisation der Elektronen in den dizentrischen orbitals zweier isolierter Doppelbindungen. Steht eine zusätzliche Einfachbindung zwischen den beiden Doppelbindungen, wie beim Pentadien-(1.4), dann können sich die p-orbitals von Kohlenstoffatom 2 und 4 nicht überlagern, und es ergibt sich keine Konjugation.

Kautschuk

Vorkommen

Kautschuk wurde kurz nach der Entdeckung Amerikas in Europa eingeführt. Schon den ersten spanischen Forschern fiel auf, daß süd- und zentralamerikanische Eingeborene die Substanz zum Abdichten von Haushaltsgeräten gegen Wasser und zur Herstellung von Bällen für ihre Spiele verwendeten. Der Name Kautschuk stammt von dem indianischen cahutschu (*ca* Holz, *o-chu* Rinnen, Tränen). *Gummi* wurde von altbekannten Pflanzengummen abgeleitet. Der englische Name *rubber* geht auf JOSEPH PRIESTLEY zurück, der mit ihm Bleistiftstriche vom Papier „rieb".

Kautschuk ist im Pflanzenreich weit verbreitet. Er kommt gewöhnlich als kolloidale Lösung in einer weißen Flüssigkeit, dem *Latex*, vor. Wenn die milchige Flüssigkeit aus Goldrute oder Löwenzahn zwischen den Fingern zerrieben wird, bildet sich bald ein kleiner Kautschukball. Viele derartige Vorkommen wurden untersucht; die hauptsächlichste Quelle für die technische Produktion ist der Gummibaum *Hevea brasiliensis*, aus dem über 98% der Weltproduktion gewonnen werden. Der Baum ist im Amazonasgebiet heimisch, und die Kautschukproduktion war eine Zeitlang ein brasilianisches Monopol. 1876 wurden 70000 Samen nach England gebracht, und fast 3000 davon wurden in Kew Gardens erfolgreich zum Keimen gebracht. Die jungen Bäume wurden in fernöstliche Kolonien gebracht und in Ceylon und auf der malayischen Halbinsel mit Erfolg in Plantagen angebaut. 1899 waren 1620 ha angepflanzt, und im gleichen Jahr wurden vier Tonnen Kautschuk exportiert. 1910 hatte die Plantagenproduktion im Zeichen der sich entwickelnden Automobilindustrie 11000 Tonnen, die Produktion an wild gewachsenem Kautschuk 83000 Tonnen erreicht. 1922 betrug die Weltproduktion 400000 Tonnen, davon 93% aus Plantagen, 1940 1,4 Millionen Tonnen, davon 97% aus Plantagen, 1% aus der wilden *Hevea*-Pflanze und 2% aus anderen Quellen. Nach Überwindung der Folgen des zweiten Weltkriegs erreichte die Produktion 1955 2 Millionen Tonnen.

Der Kautschukpreis war immer großen Schwankungen unterworfen. Er betrug 1910 $ 6.93 pro kg und fiel 1921 auf $ 0.27. 1925 stieg er auf Grund britischer Maßnahmen auf $ 2.69, fiel aber 1932 wieder auf $ 0.07. 1940 wurde der Kautschuk für $ 0.42 verkauft, doch herrschte zu der Zeit die Meinung, daß er für $ 0.07 ab Plantage und für $ 0.16 in New York mit Gewinn verkauft werden könnte. Durch die Entwicklung der Industrie für synthetischen Kautschuk während des zweiten Weltkrieges wurden die Länder vom natürlichen Kautschuk unabhängig. Infolgedessen dürfte der Preis in Zukunft unter normalen Bedingungen die Kosten des synthetischen Produktes, die bei etwa $ 0.55 pro kg liegen, nicht wesentlich übersteigen.

Herstellung

1940 gab es über 3,6 Millionen ha Kautschukplantagen. Die Durchschnittsernte betrug etwa 450 kg pro ha. Diese Durchschnittsausbeute zeigt steigende Tendenz, da die Ausbeute in neuen Plantagen mit veredelten Pflanzen 2250 kg pro ha erreicht. Zum Vergleich: Goldrute gibt 65 bis 100 kg pro ha, der russische Löwenzahn (die Kok-Saghys-Pflanze) 33 bis 65 kg pro ha.

Latex ist nicht der Saft des Gummibaums. Er kommt in mikroskopischen Röhrchen vor, die über die ganze Pflanze verteilt sind, und wird aus denjenigen gewonnen, die sich im Phloem zwischen Korkschicht und Cambium befinden. Zu diesem Zweck wird ein schräger V-förmiger Einschnitt um etwa ein Drittel des Stammes gemacht, wobei etwa 1 m über dem Boden begonnen wird, und der Latex wird in ein Gefäß geleitet, das am Ende des Einschnitts am Stamm befestigt ist. Es besteht kein Fluß in den Röhrchen, deshalb muß jeden zweiten Tag zur Erzeugung einer frischen Oberfläche ein dünner Streifen entfernt werden; der Schnitt wird pro Monat um etwa 2,5 cm tiefer. Pro Zapfung werden 15 bis 30 cm³ Latex, der 35% Kautschuk enthält, gewonnen. Ein einzelner Arbeiter kann 350 bis 400 Bäume pro Tag anzapfen.

Der Latex wird auf einen Kautschukgehalt von 15% verdünnt und durch Zugabe von Salz und Essigsäure koaguliert. Der Niederschlag wird zu Fellen ausgerollt, gewaschen und zur Verhütung von Schimmel geräuchert. Dieses Produkt ist dunkelbraun. Zur Herstellung von hellfarbigem Crêpekautschuk wird vor dem Ausfällen zur Verhütung einer Oxydation Bisulfit zugesetzt und das Produkt zur Entfernung des Serums und zur Vermeidung des Verderbs besser durchgewaschen.

Steigende Mengen Kautschuk werden als Latex verschifft, der durch Zugabe von Ammoniak stabilisiert und nach einem der drei folgenden Verfahren auf 60 bis 75% Festsubstanz konzentriert wird: 1. Durch Zentrifugieren, 2. durch *Aufrahmen*, wobei sich durch Zugabe kleiner Mengen eines hydratisierten Kolloids wie Carrageenmoos oder Traganthgummi eine konzentriertere Schicht abscheidet, 3. durch Verdampfung.

Kleine Mengen Kautschuk werden aus dem Guayule-Strauch *Parthenium argentatum* gewonnen, der im nördlichen Mexiko und im Südwesten der Vereinigten Staaten heimisch ist. Der Kautschuk kommt in Partikeln in der ganzen Pflanze vor und wird abgetrennt durch Mahlen der ganzen Pflanze, Verrottenlassen in Wasser und Abschöpfen der Kautschukpartikel, die an die Oberfläche steigen. In den letzten Jahren wurden intensive Züchtungsversuche zum Zweck eines wirtschaftlichen Anbaus in den Vereinigten Staaten gemacht, aber meist wieder eingestellt. Guayulekautschuk hat einen viel höheren Harzgehalt (18—25%) als Plantagenkautschuk (1—4%), doch ist dieser höhere Harzgehalt für bestimmte Zwecke erwünscht. Daher herrscht immer Nachfrage nach Guayulekautschuk zum Verschneiden.

Konstitution

Roher Plantagenkautschuk enthält 2 bis 4% Protein und 1 bis 4% Harze, die in Aceton löslich sind. Der Rest ist der *Kautschuk-Kohlenwasserstoff*, dessen empirische Formel C_5H_8 1826 von FARADAY bestimmt wurde. Zur Bestimmung seines Molekulargewichts wurden zahlreiche Versuche gemacht. Eine der Untersuchungen zeigt, daß das Molekulargewicht zwischen 50000 und 3000000 liegt, wobei 60% der Moleküle Molekulargewichte oberhalb 1300000 haben.

Die trockne Destillation von Kautschuk liefert neben anderen Produkten einen Kohlenwasserstoff **Isopren** C_5H_8, der die Konstitution des 2-Methyl-butadiens-(1.3) $CH_2=C(CH_3)CH=CH_2$ besitzt. Isopren geht allmählich wieder in ein kautschukartiges Produkt über, was den Schluß nahelegt, daß Kautschuk ein Polymerisationsprodukt des Isoprens ist. Kautschuk ist ungesättigt und addiert auf je fünf

Kohlenstoffatome ein Mol Wasserstoff auf katalytischem Wege, bzw. ein Mol Brom oder ein Mol Chlorwasserstoff. Demnach entfällt auf jede Isopreneinheit eine Doppelbindung. HARRIES[1] stellte 1904 das Ozonid des Kautschuks dar und isolierte aus den Hydrolyseprodukten Lävulinaldehyd und Lävulinsäure. Die Produkte der Ozonspaltung wurden 1936 erneut sorgfältig analysiert, und dabei wurden 95% des Kohlenstoffgehalts des Kautschukmoleküls wiedergefunden, und 90% der isolierten Produkte können als aus Lävulinaldehyd abgeleitet aufgefaßt werden. Diese Ergebnisse lassen kaum zweifeln, daß der Kautschuk-Kohlenwasserstoff ein lineares Polymeres des Isoprens ist, und daß die von PICKLES 1910 vorgeschlagene Struktur richtig ist. Die Natur der Endgruppen wurde nicht ermittelt.

$$\left[\!\!\begin{array}{c} -\!\!-CH_2C\!=\!CHCH_2(CH_2C\!=\!CHCH_2)_x CH_2C\!=\!CHCH_2-\!\!- \\ \quad|\qquad\qquad\quad|\qquad\qquad\qquad| \\ \quad CH_3\qquad\qquad CH_3\qquad\qquad\quad CH_3 \end{array}\!\!\right] \xrightarrow{\text{Ozonspaltung}} (x+2)\ \begin{array}{c} O\!=\!CHCH_2CH_2C\!=\!O \\ | \\ CH_3 \end{array}$$

Kautschukkohlenwasserstoff   Lävulinaldehyd

Vulkanisation

Da die Kettenmoleküle des Kautschuks wenig oder gar nicht vernetzt sind, ist Kautschuk thermoplastisch und wird beim Erhitzen weich und klebrig. Beim Abkühlen auf niedrige Temperaturen wird er hart und spröde. Diese Eigenschaften wirkten sich schon zu einer Zeit ungünstig aus, als Kautschuk noch hauptsächlich zur Herstellung von wasserdichten Textilien verwendet wurde. 1834 begann CHARLES GOODYEAR[2] mit Versuchen, die Eigenschaften zu verbessern. Schon früher war mit Schwefelgemischen experimentiert worden, und 1839 ließ GOODYEAR, der diese Gemische verbessern wollte, zufällig einen Versuchsansatz auf einen heißen Ofen fallen und entdeckte so den Prozeß, den er **Vulkanisation** nannte. Die weitere Entwicklung dieses Verfahrens führte zur Herstellung eines Materials, das viel zäher und elastischer ist als Naturkautschuk, bei relativ hohen Temperaturen nicht weich wird und bei niedrigen Temperaturen seine Elastizität und Flexibilität behält.

Die Vulkanisation ist eine chemische Reaktion des Kautschuk-Kohlenwasserstoffs mit Schwefel, wobei sich Schwefel an die Doppelbindungen anlagert. Die Addition erfolgt derart, daß sich die Ketten unter Bildung eines vernetzten Riesenmoleküls zusammenschließen.

$$[-CH_2C(CH_3)\!=\!CHCH_2-]_x \qquad\qquad \left[\begin{array}{c}|\\ -CH_2C(CH_3)CHCH_2-\\ |\\ S\end{array}\right]_x$$

$$+\,2\,S\ \longrightarrow \qquad\qquad\qquad\quad\ \ S$$

$$[-CH_2C(CH_3)\!=\!CHCH_2-]_x \qquad\qquad \left[\begin{array}{c} |\\ -CH_2C(CH_3)CHCH_2-\\ |\end{array}\right]_x$$

---

[1] CARL DIETRICH HARRIES (1866—1923), Professor an der Universität Kiel. Er ist bekannt durch ausgedehnte Untersuchungen über die Ozonisierung ungesättigter organischer Verbindungen.

[2] CHARLES GOODYEAR (1800—1860) war ein Erfinder aus Neuengland. 1844 wurde ihm sein erstes Patent erteilt, auf das in den anschließenden Jahren über sechzig weitere folgten. GOODYEAR wurde vielfach geehrt, blieb jedoch arm, weil Patentverletzungen ihn nötigten, Prozesse zu führen.

Wenn nur einige wenige Vernetzungen vorliegen, können die Moleküle durch Strecken ausgerichtet und in erheblichem Maße verlängert werden, können aber nicht aneinander vorbeigleiten. Wird die Spannung aufgehoben, dann stellt die Wärmebewegung die ursprüngliche zufällige Orientierung der Moleküle wieder her (Abb. 102).

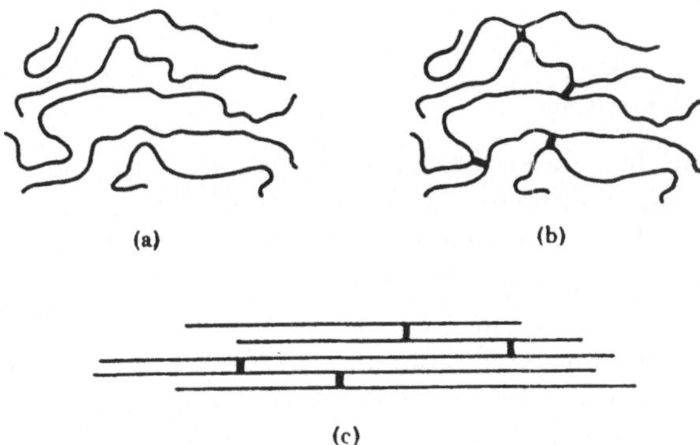

Abb. 102. Kautschukmoleküle: (a) nicht vulkanisiert; (b) vulkanisiert, aber nicht gestreckt; (c) vulkanisiert und gestreckt

Die genaue Art der Schwefelbindungen im vulkanisierten Kautschuk ist unbekannt. Es ist ziemlich sicher, daß ein Teil des gebundenen Schwefels an die Doppelbindungen angelagert wird, ohne daß Vernetzung eintritt, und daß sowohl Polysulfid- als auch Sulfidbrücken möglich sind.

Schon 0,3% Schwefel, d. h. 1% des zur Absättigung der Doppelbindungen erforderlichen Schwefels bewirken eine Verbesserung. Technischer Gummi enthält entweder geringe Mengen (1—3%) Schwefel (Weichgummi), oder große (23—35%) Mengen (Hartgummi oder Ebonit). Gummisorten mit mittleren Schwefelgehalten sind schwer zu bearbeiten und ohne Wert. Da die zur Absättigung der Doppelbindungen notwendige Menge Schwefel etwa 32% beträgt, hat Hartgummi eine maximale Vernetzung erreicht.

Es sind auch andere Vulkanisierungsmittel als Schwefel oder schwefelhaltige Verbindungen bekannt. Wenn dünne Kautschukfolien dem Licht ausgesetzt werden, erfolgt eine Vernetzung, die in ihrer Wirkung der Vulkanisation entspricht. Kautschuk, der mit bestimmten aromatischen Nitroverbindungen vulkanisiert ist, wird als Isolierungsüberzug für Kupferdrähte verwendet. Er hat den Vorzug, keine Verfärbung des Kupfers zu verursachen. Auch Peroxyde, z. B. Cumylperoxyd, können als Vulkanisationsmittel verwendet werden.

Vulkanisationsbeschleuniger und andere Zusätze

Zahlreiche Arten von Verbindungen anorganischer wie organischer Natur erhöhen die Geschwindigkeit der Vulkanisation und ermöglichen ihre schnelle Durchführung bei niedrigerer Temperatur und mit geringeren Mengen Schwefel. Diese Verbindungen sind als **Vulkanisationsbeschleuniger** bekannt. Unter den augenblicklich wichtigsten von ihnen sind zu nennen Zink-diäthyl- und -dibutyl-dithiocarbaminat (S. 341), 2-Mercapto-benzthiazol und das entsprechende Disulfid (S. 671) sowie Tetramethylthiuramdisulfid (S. 341). Neuerdings wurden

Verbindungen entwickelt, die durch oxydative Kondensation von 2-Mercapto-benzthiazol und aliphatischen Aminen dargestellt werden und sich zum Beispiel gut für synthetischen Kautschuk eignen.

$$\underset{\substack{\text{2-Mercapto-}\\\text{benzthiazol}}}{\text{[Benzthiazol-}CSH]} + \underset{\substack{\text{Cyclo-}\\\text{hexylamin}}}{H_2NC_6H_{11}} \xrightarrow{\text{NaOCl}} \text{[Benzthiazol-}CSNHC_6H_{11}] + NaCl + H_2O$$

Die meisten organischen Vulkanisationsbeschleuniger wirken am besten in Gegenwart von **Beschleuniger-Aktivatoren,** deren gebräuchlichster Zinkoxyd ist.

Eine der wichtigsten Entwicklungen in der Gummiindustrie war die Anwendung von **Antioxydantien** (Stabilisatoren) (S. 935) zur Verlängerung der Lebensdauer von Gummiartikeln. Das Altern von Gummi wird durch die Reaktion der Doppelbindungen mit Sauerstoff und anschließende Spaltung der Doppelbindung und Verminderung des Molekulargewichts verursacht. Diese Reaktion ist autokatalytisch und kann durch Zusatz von sekundären aromatischen Aminen wie Phenyl-β-naphthylamin verhindert werden. Kondensationsprodukte aus Aldehyd und aromatischem Amin, z. B. ein Gemisch der Kondensationsprodukte aus Acetaldehyd oder n-Butyraldehyd und Anilin (S. 509), sind nicht nur Antioxydantien, sondern haben auch beschleunigende Wirkung.

Aktive Füllstoffe *(Verstärkerfüllstoffe)* steigern die Härte, die Zugfestigkeit und die Abriebfestigkeit der Produkte. *Ruß* (S. 73) wird für diesen Zweck am meisten verwendet (750 000 Tonnen, 1954, USA). Neuerdings ist ein extrem feines Siliciumdioxydpulver als heller Verstärkerfüllstoff eingeführt worden; es soll Dauerhaftigkeit und Abriebfestigkeit besonders wirksam steigern und die Durchsichtigkeit oder Farbzusätze nicht beeinträchtigen. **Inaktive Füllstoffe** wie Bariumsulfat, Calciumcarbonat und Diatomeenerde vermindern die Festigkeit und werden zur Verbilligung von Artikeln hinzugesetzt, wenn es auf Festigkeit nicht ankommt. Auch **Weichmacher** wie Fettsäuren oder Harzöl können zugesetzt werden.

Verarbeitung

Die Vereinigung des Kautschuks mit den verschiedenen Zusätzen geschieht auf einem Mischwalzwerk. Der Kautschuk wird zwischen zwei große Metallwalzen gepreßt, die sich mit verschiedener Geschwindigkeit langsam in entgegengesetzter Richtung drehen. Die Kautschukmasse umgibt dabei eine der Walzen und läuft kontinuierlich zwischen beiden Walzen durch. Sie wird auf diese Weise Scherkräften ausgesetzt und erwärmt sich infolgedessen. Es findet Luftoxydation statt, die Kettenlänge der Kautschukmoleküle wird reduziert, und die Masse wird klebrig und plastisch. Der Kautschuk wird bei diesem Verfahren *abgebaut* oder *mastiziert.* Ist dieser Zustand eingetreten, dann können die verschiedenen festen und flüssigen Zusätze auf den Walzen in den Kautschuk eingearbeitet werden. Der vollkommen durchgemischte Kautschuk wird von der Walze abgeschnitten und zu Platten ausgerollt. Die Platten werden in eine Form eingelegt, die dann Hitze und Druck ausgesetzt wird und das fertige Produkt formt.

Die verschiedenen fein gepulverten Bestandteile der Gummimischung können auch dem Latex durch einfaches Vermischen zugesetzt werden. Die Gegenstände werden auf einer Form geliert und dann vulkanisiert. Die Mischung kann auch durch Elektrodekantieren ausgefällt werden. Latex kann in einem Koagulierbad zu Fäden versponnen werden. Die Verwendung von Latex ist im Zunehmen, da die Verarbeitung keinen schweren Maschinenpark und keinen hohen Kraftverbrauch erfordert. Überdies sind die Produkte fester, weil der Kautschuk nicht durch ein Walzverfahren abgebaut wird.

Regenerierung von Gummi

Vulkanisierter Gummi wird in großem Umfang wiederverwertet, besonders Gummi gebrauchter Autoreifen. Der Reifen wird zerkleinert und mit 4 bis 8%iger Natronlauge auf 180—200° erhitzt; dadurch wird der Gummi plastisch, und das Gewebe zersetzt sich und kann herausgewaschen werden. Es ist auch ein Gärungsverfahren zur Entfernung der Baumwolle entwickelt worden. Nach dem Weichmachen mit Harzöl und Pressen wird die Mischung ausgerollt. Während des Prozesses wird kein Schwefel entfernt, doch war der Schwefelgehalt von Anfang niedrig, und daher sind noch genügend Doppelbindungen für eine neue Vulkanisation vorhanden. Der Preis ist gewöhnlich $^1/_4$ bis $^1/_3$ des Preises von natürlichem Kautschuk. Für die meisten Gummiartikel wird eine gewisse Menge an regeneriertem Gummi mitverwendet. Die Produktion betrug in den USA 1954 287000 Tonnen.

Kautschukderivate

Oxydierter Kautschuk ist ein klebriges Produkt, das durch Luftoxydation in Gegenwart von Kobaltlinoleat hergestellt wird. Er eignet sich für bestimmte Sorten von Anstrichfarben und als selbstklebender Überzug auf Klebestreifen und Briefumschlägen.

Hydrokautschuk wird durch katalytische Hydrierung gewonnen. Die Beschaffenheit wechselt zwischen der eines weichen paraffinartigen Materials und eines schweren Öls. Die sehr beständige Substanz ist ein gutes Transformatorenöl.

Chlorkautschuk (Parlon, Pergut) wird dargestellt, indem man Chlor in eine Lösung von Kautschuk in Tetrachlorkohlenstoff einleitet, bis der Chlorgehalt 60 bis 65% beträgt. Das Produkt ist ein weißes Pulver, das sich in aromatischen und chlorierten Kohlenwasserstoffen löst und thermoplastisch, nichtentzündlich und widerstandsfähig gegen verdünnte Säuren, Alkalien und Oxydationsmittel ist. Es eignet sich als Bestandteil korrosionsfester Anstriche für Holz und Metall.

Cyclokautschuk wird durch Erhitzen von Kautschuk mit Phenolsulfonsäure oder Zinntetrachlorid hergestellt. Die Eigenschaften schwanken zwischen denen der Guttapercha und des Schellacks. Durch Auflösung der zähen Produkte in einem Lösungsmittel erhält man gute Klebemittel zum Befestigen von Gummi an Metall (Vulcalock-Verfahren), während die harzartigen Produkte mit gewissen Zusätzen unter dem Namen Cyclosit oder Plioform als Gußpulver verwendet werden.

Guttapercha und Balata

Guttapercha und Balata kommen in den Latexzellen zahlreicher Pflanzen aus der Familie der *Sapotaceae* vor. Guttapercha wird jetzt fast ausschließlich aus den Blättern von *Palaquium*hybriden gewonnen, die in Malaya und Indien in Plantagen gezogen werden. Balata ist der Guttapercha ähnlich, wird aber aus *Mimusops* *globosa* erhalten, einer Pflanze, die in Panama und im nördlichen Südamerika beheimatet ist.

Die Kohlenwasserstoffe der Guttapercha und Balata unterscheiden sich nicht wesentlich und haben gleiche Zusammensetzung wie der Kohlenwasserstoff des Kautschuks. Im Gegensatz zu Kautschuk sind Guttapercha und Balata hornig. Sie werden beim Erwärmen noch unterhalb 100° plastisch und dienen hauptsächlich als Deckschichten bei Überseekabeln und Golfbällen. Die chemischen Eigenschaften des Guttapercha- und Balata-Kohlenwasserstoffs sind denen des Kautschuk-Kohlenwasserstoffs ähnlich, doch ist der erstgenannte etwas reaktionsträger. Durch katalytische Hydrierung wird ein Produkt erhalten, das sich von Hydrokautschuk nicht unterscheidet. Die geringen Unterschiede der beiden Kohlenwasserstoffe werden daher durch Stereoisomerie zu erklären sein.

Gestreckter Kautschuk gibt ein Röntgenbeugungsdiagramm ähnlich dem von Kristallen, und zwar beträgt der Identitätsabstand 8,2 Å. Diese Distanz kann nur durch cis-Konfiguration an den Doppelbindungen erklärt werden, verbunden mit einer gewissen Verbiegung des Moleküls, so daß die Kohlenstoffatome der Kette nicht in einer Ebene liegen. Guttapercha existiert in zwei Modifikationen, der α- und der β-Modifikation; die Umwandlungstemperatur liegt bei 68°. Die α-Form hat einen Identitätsabstand von 8,7 Å, entsprechend einer trans-Konfiguration, bei der alle Kohlenstoffatome der Kette in einer Ebene liegen. Die β-Modifikation mit einem Identitätsabstand von 4,8 Å entspricht einer trans-Konfiguration, bei der wie im Kautschukmolekül die Kohlenstoffatome der Ketten nicht in einer Ebene liegen.

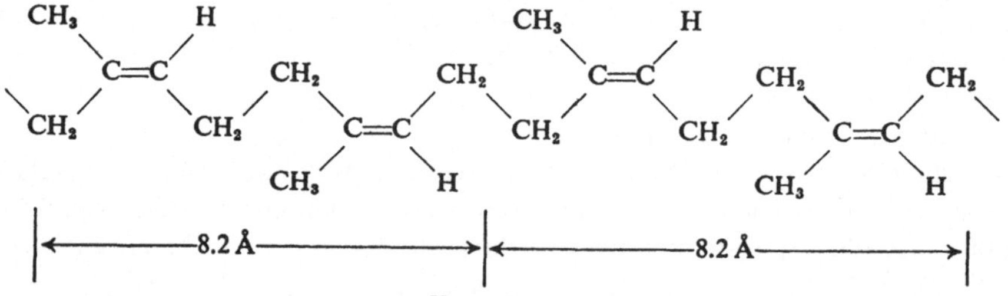

Kautschuk

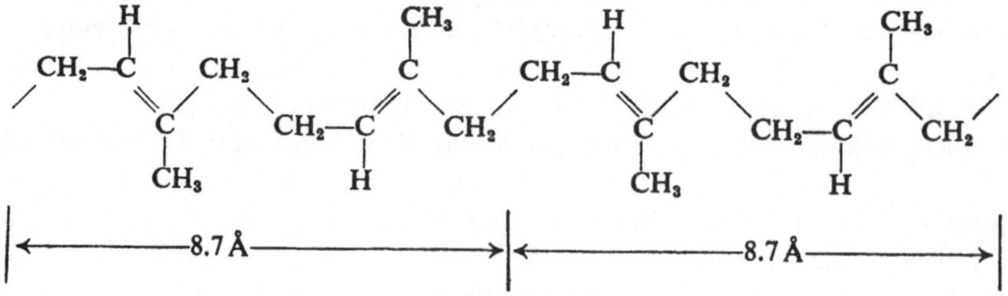

α-Guttapercha

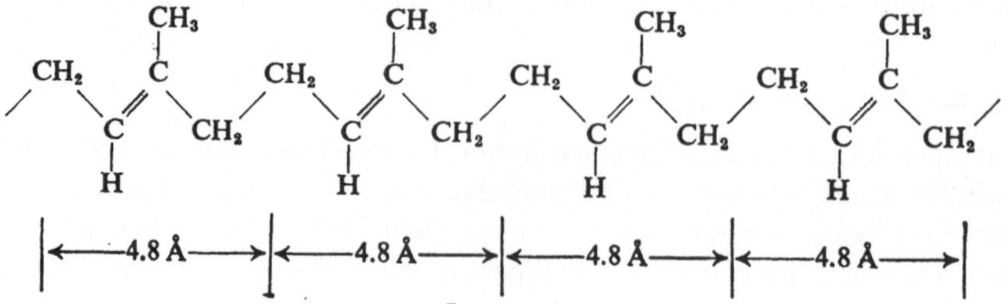

β-Guttapercha

Chiclegummi ist ein Harz, das durch Konzentrierung des Latex des Sapodillbaumes *(Achras sapota)*, der nur auf der Yucatan-Halbinsel wächst, erhalten wird. Es ist ein Gemisch, das etwa 5% cis-Polyisoprene und 12% trans-Polyisoprene enthält. Der Rest besteht aus Harz, Kohlenhydraten und anorganischen Verbindungen. Das Produkt wird hauptsächlich zur Herstellung von Kaugummi verwendet.

Synthetischer Kautschuk

Geschichtliches

Isopren wurde erstmals 1835 von GREGORY durch Destillation von Kautschuk erhalten. 1879 berichtete BOURCHARDT über die Polymerisation von Isopren zu einem elastischen Produkt, das bei Destillation wieder Isopren gab. Seitdem wurden fortlaufend Versuche gemacht, ein technisches Verfahren zur Synthese von Kautschuk zu entwickeln. Jahrelang wetteiferten zahlreiche fähige englische und deutsche Chemiker aus Industrie und Universität in ihren Bemühungen zur Lösung des Problems. 1910 entdeckte HARRIES die katalytische Wirkung des Natriums bei der Polymerisation von Isopren und fand, daß Homologe des Isoprens wie Butadien und 2.3-Dimethylbutadien ebenfalls zu kautschukartigen Produkten polymerisiert werden. Die Industrie des synthetischen Kautschuks wird zwar gewöhnlich für eine neuere Entwicklung gehalten, und in gewisser Hinsicht stimmt dies auch, doch ist es interessant, daß MATTHEWS und PERKIN jr. 1910 ein Verfahren auf der Grundlage der Natriumpolymerisation ausgearbeitet hatten, und daß die Badische Anilin- und Sodafabrik 1912 auf dem achten internationalen Kongreß für reine und angewandte Chemie in New York ein Paar Automobilreifen aus synthetischem Kautschuk ausstellte.

Es gibt zwei prinzipielle Gründe für die langsame technische Entwicklung des synthetischen Kautschuks. Erstens war es praktisch unmöglich, mit einem Produkt zu konkurrieren, dessen Preis zwischen 0.07 und 6.60 Dollar pro kg lag, und zweitens war das synthetische Produkt für die meisten Zwecke nicht so gut wie das Naturprodukt. Daher wurde lange Zeit synthetischer Kautschuk nur dann verwendet, wenn ein Land durch Krieg oder durch gelenkte Wirtschaft vom Weltmarkt abgeschnitten war. Gegen Ende des ersten Weltkrieges produzierte Deutschland monatlich 165 Tonnen *Methylkautschuk* aus Dimethylbutadien, das aus Aceton hergestellt wurde, doch war das Produkt nicht für alle Zwecke geeignet. Nach dem Kriege wurde die Forschung weitergeführt, und bessere Produkte, die *Buna*sorten (zusammengezogen aus *Butadien* und *Natrium*) wurden entwickelt. Im Zeichen der Wirtschaftslenkung wurden solche in Deutschland und Rußland in großem Umfang hergestellt. Der deutsche Wirtschaftsminister rühmte 1936, daß die Kosten nur um 60 bis 80% höher lagen als die Marktpreise für Naturkautschuk, während die Russen behaupteten, ihr Produkt sei in bezug auf menschliche Arbeitsstunden billiger. Das erste synthetische Produkt, das mit Naturkautschuk in der freien Wirtschaft konkurrieren konnte, war *Neopren*, eine amerikanische Entwicklung. Es war nicht die Frucht planmäßiger Versuche zur Herstellung eines synthetischen Kautschuks, sondern ergab sich aus NIEUWLANDs[1]

---

[1] JULIUS ARTHUR NIEUWLAND (1879—1936), Professor der Chemie an der Universität Notre Dame. Er wurde bekannt durch seine Arbeiten über die Chemie des Acetylens. Nebenbei war er ein ausgezeichneter Botaniker.

rein akademischen Untersuchungen über Acetylen. Dieses Produkt war nur auf Grund seiner überlegenen Eigenschaften für bestimmte Zwecke konkurrenzfähig; bei seiner Einführung im Jahre 1932 kostete es $ 1.00 pro Pfund, während Kautschuk für $ 0.15 pro Pfund verkauft wurde.

Der Verlust von Hinterindien und der malayischen Halbinsel als Herkunftsländer des Kautschuks stellte die amerikanischen Chemiker und Ingenieure im zweiten Weltkrieg vor die Aufgabe, innerhalb von zwei Jahren eine Industrie für synthetischen Kautschuk zu schaffen, die den Gesamtertrag von Plantagen im Umfang von 3,7 Millionen ha und mit mehr als zwei Millionen Beschäftigten zu ersetzen hatte. Glücklicherweise hatten weitsichtige Industriefirmen vor dem Krieg Versuchsanlagen gebaut, und so wurde die Aufgabe gemeistert. 1945 betrug die Gesamtproduktion an synthetischem Kautschuk in den USA 700000 Tonnen pro Jahr, zehn Jahre später erreichte sie 1130000 Tonnen. Die Industrie des synthetischen Kautschuks ist jetzt fest begründet; der Naturkautschuk hat zwar den größten Teil seines früheren Marktes wiedergewonnen, wird aber den Markt nie wieder beherrschen und kann auf längere Sicht an Bedeutung verlieren.

Herstellung

Tatsächlich ist kein synthetisches Produkt identisch mit natürlichem Kautschuk, der eine regelmäßige Kopf-Schwanz-Anordnung von Isopren-Einheiten mit vollständiger cis-Konfiguration an den Doppelbindungen aufweist. Die meisten Sorten von sogenanntem synthetischem Kautschuk sind nicht Polymere des Isoprens, haben keine regelmäßige Anordnung monomerer Einheiten, und die Doppelbindungen zeigen sowohl cis- als auch trans-Konfiguration. Herstellungsverfahren für Isoprenpolymere, deren Eigenschaften denen des natürlichen Kautschuks sehr nahekommen, wurden 1955 bekannt (S. 761). Für alle Substanzen mit kautschukartigen Eigenschaften wurde die Bezeichnung *Elastomere* vorgeschlagen, doch wird die Bezeichnung *synthetischer Kautschuk* noch immer am häufigsten benutzt. Die Synthese von reinem cis-Kautschuk, der dem Naturprodukt vollkommen gleicht, ist erst in allerneuester Zeit gelungen; daneben behalten die verschiedenen synthetischen Produkte mit abweichenden, aber für bestimmte Zwecke sogar dem Naturkautschuk überlegenen Eigenschaften durchaus ihre Bedeutung.

Butadien-Synthesen. Die in überwiegender Menge erzeugten synthetischen Kautschuksorten basieren auf Butadien, zu dessen Herstellung zahlreiche Verfahren entwickelt wurden.

1. Aus Alkohol. Dieses Verfahren wurde in Rußland von OSTROMISLENSKY entwickelt und diente in verbesserter Form zur Herstellung eines großen Teils des während des zweiten Weltkrieges in den USA hergestellten synthetischen Kautschuks. Alkohol wurde zu Acetaldehyd (S. 202) dehydriert und dieser mit einem weiteren Mol Alkohol über einem Siliciumdioxydkatalysator, der 2% Tantal- oder Zirkonoxyd enthielt, zur Reaktion gebracht.

$$C_2H_5OH + CH_3CHO \xrightarrow{\text{SiO}_2-\text{TaO}_2\ (375°)} CH_2{=}CH{-}CH{=}CH_2 + 2\,H_2O$$

Es wurde ein Alkohol-Aldehyd-Verhältnis von 2,5 zu 1 gewählt und das nicht-umgesetzte Material in den Prozeß zurückgegeben. Die Ausbeute an Butadien betrug 64%. Bei der Umsetzung bilden sich mindestens 25 Nebenprodukte. Die C_4-Fraktion enthält 98% Butadien.

2. Aus Erdöl. Beim thermischen Cracken von Naphtha oder Leichtöl bei 700—760° werden etwa 0,5 bis 0,8% des Materials in Butadien übergeführt. Bessere Ausbeuten werden durch Dehydrierung von Butan oder Buten erhalten.

$$CH_3CH_2CH_2CH_3 \xrightarrow[600°,\ 1\ \text{Atm.}]{Al_2O_3-Cr_2O_3} CH_3CH=CHCH_3 \xrightarrow[650°,\ 0.1\ \text{Atm.}]{Ca_3Ni(PO_4)_6-Cr_2O_3} CH_2=CHCH=CH_2$$

Der verminderte Partialdruck wird durch Beimischung von Dampf erreicht. Die Umwandlung von Butenen in Butadien gibt 85% Ausbeute und erreicht pro Durchgang 30%. Das Hauptproblem ist die Reinigung des Produktes. Hierzu macht man Gebrauch von der selektiven Löslichkeit in Furfurol oder in ammoniaka-lischer Kupferacetat-Lösung und von der azeotropen Destillation mit Ammoniak.

Während des zweiten Weltkrieges, als Alkohol aus Getreide hergestellt werden mußte und die Gallone Alkohol 0.60 Dollar kostete, war es viel billiger, Butadien aus Petroleum herzustellen. Jedoch war zu der Zeit, als die ersten Anlagen gebaut wurden, das Alkohol-Verfahren technisch weiter entwickelt als das Petroleum-Verfahren. Überdies wurden die Butanfraktionen für die Synthese von Benzin mit hoher Octanzahl (S. 80) gebraucht. Seit Kriegsende wird Butadien vorwiegend aus Butan und Butenen hergestellt. Verbesserte Verfahren und verminderte Kosten für die Herstellung von Äthylalkohol aus Äthylen vorausgesetzt, kann Alkohol möglicherweise mit Butan und Butenen als Ausgangsmaterial kon-kurrieren.

3. Aus Acetylen. Deutschland, wo weder Petroleum noch Kohlenhydrate ver-fügbar waren, entwickelte seine Synthesen auf der Grundlage des Acetylens (S. 138). Das üblichste Verfahren umfaßt eine Reihe bekannter Reaktionen (S. 136, 214).

$$HC\equiv CH \xrightarrow[HgSO_4]{H_2O,\ H_2SO_4,} CH_3CHO \xrightarrow{\text{Verd. NaOH}} \underset{\text{Aldol}}{CH_3CHOHCH_2CHO} \xrightarrow{H_2,\ Ni}$$

$$\underset{\text{Butandiol-(1.3)}}{CH_3CHOHCH_2CH_2OH} \xrightarrow[\text{Wärme}]{NaH_2PO_4,} CH_2=CHCH=CH_2$$

Gegen Ende des Krieges kam das Reppe-Verfahren zum Einsatz. Ein Gemisch aus Acetylen, Dampf und 30% Formaldehyd wurde bei 110° und einem Druck von 20 kg über Siliciumdioxyd, das mit Kupfer(I)-acetylid überzogen war, geleitet. Das Acetylen lagerte den Formaldehyd unter Bildung von 1.4-Dihydroxy-butin-(2) an. Es wurde ein ausreichender Überschuß an Acetylen verwendet, damit der gesamte Formaldehyd in das Diol übergeführt wurde. Die wäßrige Lösung des Diols wurde zu Butandiol-(1.4) hydriert, und dieses wurde stufenweise zu Tetra-hydrofuran und Butadien dehydratisiert.

$$HC{\equiv}CH + 2\ HCHO \xrightarrow[110°,\ 20\ kg]{Cu_2C_2\ auf\ SiO_2,} HOCH_2C{\equiv}CCH_2OH \xrightarrow{H_2,\ Ni}$$

1,4-Dihydroxy-butin-(2)

$$HO(CH_2)_4OH \xrightarrow[270°]{H_3PO_4} \overset{\displaystyle CH_2{-\!\!-\!\!-}CH_2}{\underset{\displaystyle \underset{O}{CH_2\quad CH_2}}{}} \xrightarrow{H_2SO_4} CH_2{=}CH{-}CH{=}CH_2$$

Butandiol-(1.4)

Tetrahydrofuran

Die Handhabung des exothermen Acetylens unter Druck birgt ein großes Gefahrenmoment. Im Gegensatz zu früheren Ansichten ist Acetylen nicht empfindlich gegen Verunreinigungen, doch muß jede Berührung mit Kupfer oder Kupferlegierungen vermieden werden. Die Rohrleitungen müssen möglichst kurz sein, und jeder tote Raum muß auf ein Minimum reduziert werden. Keine Rohrleitung darf mehr als 35 mm lichte Weite haben; alle größeren Leitungen sind mit kleineren Rohren zu unterteilen. Unter diesen Bedingungen können zwar lokale Explosionen stattfinden, aber es kommen keine Detonationen vor. Die Drucke, die ohne Explosionsgefahr erreicht werden können, wachsen mit der Menge an vorliegendem Verdünnungsmittel wie Dampf oder Stickstoff.

Buna S oder GRS, GRS-10 und Kaltkautschuk (Cold Rubber). Die gewöhnlichen Butadien-Kautschuksorten sind Copolymere mit anderen Verbindungen. Der in größter Menge hergestellte synthetische Kautschuk ist ein Copolymeres aus drei Gewichtsteilen Butadien und einem Teil Styrol (S. 605). Die Polymerisation wird in wäßriger Emulsion durchgeführt. Butadien und Styrol werden mit Seife emulgiert, dann wird ein Peroxydkatalysator (Wasserstoffperoxyd, Ammonium- oder Kaliumpersulfat oder Natriumperborat) zusammen mit einem Regler wie Dodecylmercaptan zugesetzt. Es bildet sich ein Latex des Polymeren, der durch Zugabe von Salz und Essigsäure ausgefällt wird.

Wenn als Emulgator Seife verwendet wird, fehlt dem Produkt die *Eigen-* und *Fremdklebrigkeit* im vulkanisierten und unvulkanisierten Zustand. Diese Eigenschaft ist für die Herstellung von Gummiartikeln sehr wichtig. Eine große Verbesserung in dieser Hinsicht ergibt sich durch Verwendung des Natriumsalzes disproportionierter Abietinsäure (S. 908) als Emulgator an Stelle von Seife. Das entstehende Produkt ist **GRS-10.** Neuerdings wurde festgestellt, daß durch Peroxyd katalysierte Polymerisationen in Gegenwart von Oxydations-Reduktions-Systemen viel schneller verlaufen (Redox-Aktivierung). Bei Verwendung von Cumolhydroperoxyd oder p-Menthanhydroperoxyd (S. 923) als Katalysator, Fructose als Reduktionsmittel und Eisen (III)-pyrophosphat als Aktivator ist es möglich, die Herstellung von GRS mit ausreichender Geschwindigkeit bei 5° durchzuführen anstatt wie vorher bei 50°. Das Produkt, der sogenannte *Kaltkautschuk (Cold Rubber)* hat verbesserte Zugfestigkeit und Elongation und läßt sich leichter verarbeiten. 1955 wurden in den USA etwa 850 000 Tonnen GRS-Kautschuk aller Sorten hergestellt.

Butadien addiert sowohl durch 1.4- wie durch 1.2-Addition. Daher kommen im Buna S oder GRS folgende Einheiten vor: $-CH_2CH{=}CHCH_2-$, $CH_2{=}CHCHCH_2-$

und $-CH_2CH-$. Etwa 20 % der Butadieneinheiten entstehen durch 1.2-Addition,
     |
    C_6H_5

und die verschiedenen Einheiten scheinen nach Zufall verteilt zu sein. Etwa ein Fünftel der nach der 1.4-Addition verbleibenden Doppelbindungen haben cis-Konfiguration, etwa vier Fünftel trans-Konfiguration. Auch eine Verzweigung und Vernetzung der Moleküle findet in gewissem Maße statt. Das durchschnittliche Molekulargewicht beträgt etwa 100000, für das einzelne Molekül liegt es zwischen 10000 und 1650000.

Die Emulsionspolymerisation erfolgt nach einem Radikalmechanismus. Bei Redox-Aktivierung ist die erste Stufe die Übertragung eines Elektrons von der reduzierten Form des Metallions auf das Peroxyd, wobei ein freies Radikal entsteht, das ein Molekül des Monomeren angreift und die Polymerisation auslöst.

$$Fe^{++} + RO:OH \longrightarrow Fe^{+++} + :OH^- + RO \cdot$$

$$RO \cdot + CH_2{=}CH \longrightarrow RO:CH_2CH \cdot \text{ (oder } RO \cdot + CH_2{=}CHCH{=}CH_2 \longrightarrow$$
$$\qquad | \qquad\qquad\qquad\qquad | \qquad\qquad\qquad\qquad\qquad RO:CH_2CH{=}CHCH_2 \cdot)$$
$$\quad Z \qquad\qquad\qquad\qquad Z$$

Die weitere Reaktion mit Monomerem erfolgt extrem rasch, etwa 1000 mal in 0,01 Sekunden, denn die Aktivierungsenergie ist sehr gering (etwa 5 kcal pro Mol).

$$ROCH_2CH \cdot + x\, CH_2{=}CH \longrightarrow RO(CH_2CH)_x CH_2CH \cdot$$
$$\quad | \qquad\qquad\qquad | \qquad\qquad\qquad\qquad | \qquad\quad |$$
$$\quad Z \qquad\qquad\qquad Z \qquad\qquad\qquad\qquad Z \qquad\quad Z$$

Der Regler in Form des Mercaptans reguliert die Kettenlänge durch Übertragung eines Wasserstoffatoms und Abbruch der Kette. Gleichzeitig bildet er ein neues Radikal, das eine weitere Kettenreaktion auslösen kann.

$$RO(CH_2CH)_x CH_2CH \cdot + RSH \longrightarrow RO(CH_2CH)_x CH_2CH_2 + RS \cdot$$
$$\quad | \qquad\quad | \qquad\qquad\qquad\qquad\qquad\qquad | \qquad\quad |$$
$$\quad Z \qquad\quad Z \qquad\qquad\qquad\qquad\qquad\qquad Z \qquad\quad Z$$

$$RS \cdot + CH_2{=}CH \longrightarrow RS:CH_2CH \cdot$$
$$\qquad\qquad | \qquad\qquad\qquad\qquad |$$
$$\qquad\qquad Z \qquad\qquad\qquad\qquad Z$$

Die Funktion des Reduktionsmittels besteht in der Reduktion des Metallions, wodurch dieses wieder zur Auslösung einer Polymerisation verfügbar wird.

$$Fe^{+++} + Zucker \longrightarrow Fe^{++} + oxydierter\ Zucker$$

Eine wirksame Verwertung des Peroxyds erfordert, daß die Konzentration an Eisen(II)-ionen extrem niedrig gehalten wird, und dies ist der Grund für die Verwendung von Pyrophosphat als Abscheidungsmittel. Die niedrige Konzentration an Eisen(II)-ion verhindert auch die Ausfällung der als Emulgatoren verwendeten Seifen.

Aus Kaltkautschuk hergestellte Laufflächen von Autoreifen sind haltbarer als solche aus Naturkautschuk. Buna S (GRS)-Sorten sind jedoch nicht so leicht zu verarbeiten. Dieser Schwierigkeit wird man jetzt Herr durch Zugabe von 35 Teilen eines Petroleum-Spezialöls zu je 100 Teilen GRS. Man gibt das Öl vor der Koagulierung als Emulsion zu der polymerisierten Kautschukemulsion. Der Zusatz erhöht nicht nur die Verarbeitbarkeit, sondern macht (bei $^1/_6$ des Preises von GRS) das Produkt auch beträchtlich billiger. Synthetische Kautschuksorten entwickeln bei der mechanischen Verbiegung mehr Wärme als Naturkautschuk. Daher wird für die Mäntel stark beanspruchter Lastwagenreifen Naturkautschuk bevorzugt, für die Laufflächen Buna bzw. GRS.

Buna N (Perbunan) oder GRN. Dieses Produkt ist ein Copolymeres von Butadien und Acrylnitril $CH_2{=}CHCN$ (S. 831). Es ist auf der Walze schwer zu verarbeiten, auch ist es wenig lichtbeständig, dagegen ist die Beständigkeit gegen Öl gut.

Butylkautschuk oder GRI. Die Polymerisation von Isobutylen (S. 66) gibt ein viscoses kautschukartiges Produkt, das vollkommen gesättigt ist und daher nicht vulkanisiert werden kann. Wenn es mit geringen Mengen eines Diens, z. B. Isopren, copolymerisiert wird, bleibt pro Molekül angewandten Diens eine Doppelbindung bestehen. Bei Verwendung des Diens in einer Menge von etwa 3% enthält das Polymerisat genügend Doppelbindungen, um nach Vulkanisation ein gummiartiges Produkt zu geben, das praktisch gesättigt und daher sehr widerstandsfähig gegen Chemikalien und Oxydation ist. Das Isopren wird durch Cracken von Gasölen und Naphthas gewonnen. Die Polymerisation wird bei $-100°$ in Methylchlorid unter Verwendung von Aluminiumchlorid als Katalysator und flüssigem Äthylen als Kühlmittel durchgeführt. Butylkautschuk ist sehr schwer durchlässig für Gase und hat daher bisher hauptsächlich zur Herstellung von Automobilschläuchen gedient. Durch neuere Entwicklungen in der Fabrikation sind auch seine anderen physikalischen Eigenschaften verbessert worden, so daß er ein allgemein verwendbarer Kautschuk zu werden verspricht. 1955 betrug die Produktion in den USA 62000 Tonnen.

Neopren oder GRM. Bei seinen Untersuchungen über die Chemie des Acetylens entdeckte NIEUWLAND die Bildung eines Dimeren, **Vinylacetylen,** durch Einwirkung von Kupfersalzen. CAROTHERS[1] fand, daß das Dimere Chlorwasserstoff anlagert unter Bildung von 2-Chlor-butadien-(1.3) oder **Chloropren.** Der primären 1.4-Addition folgt sehr schnell eine Allylumlagerung (S. 769) in Gegenwart von Säuren.

$$2\ HC\equiv CH \xrightarrow[\text{NH}_4\text{Cl}]{\text{Cu}_2\text{Cl}_2} H_2C=CH-C\equiv CH$$
Vinylacetylen

$$H_2C=CH-C\equiv CH \xrightarrow{\text{HCl}} [ClCH_2-CH=C=CH_2] \longrightarrow H_2C=CH-\underset{\underset{Cl}{|}}{C}=CH_2$$
Chloropren

Die Polymerisation von Chloropren verläuft sehr rasch, sie ist auch in Abwesenheit eines Katalysators innerhalb von 10 Tagen beendet. Das Polymerisat wird **Neopren** genannt. Ohne Vulkanisation ist es weichem vulkanisiertem Kautschuk ähnlich; es ist nicht plastisch und läßt sich auf der Walze nicht verarbeiten. Wird nur partiell polymerisiert, so erhält man ein elastisches Produkt, das durch Zugabe von Phenyl-β-naphthylamin als Antioxydans stabilisiert werden kann. Dieses Material kann zwecks Zugabe von anderen Substanzen auf Walzen verarbeitet werden. Seine Eigenschaften werden durch Zusatz von Metalloxyden verbessert, doch wird die Festigkeit durch Ruß nicht wesentlich erhöht. Die Wirkung der Metalloxyde scheint auf der Bildung ätherartiger Vernetzungen zu beruhen, die durch Reaktion mit geringen Mengen von aktivem Halogen zustande kommen, die ihrerseits bei in geringem Umfang stattfindender 1.2-Addition während der Polymerisation entstehen. Das plastische Gemisch wird zu dem gewünschten

---

[1] WALLACE HUME CAROTHERS (1896—1937), Direktor eines Laboratoriums für organische Grundlagenforschung in den Forschungsstätten der Dupont-Gesellschaft. Seine Arbeiten über Neopren sind oben erwähnt; außerdem untersuchte er die Reaktionen polyfunktioneller Moleküle, was ihn zur Entdeckung des Nylons (S. 843) und zur Herstellung vielgliedriger Ringverbindungen (S. 894) führte.

Artikel vergossen und die Polymerisation durch Erhitzen vollendet. Neoprenlatex kann durch Polymerisation von Chloroprenemulsionen erhalten werden.

Neopren ist ein guter Mehrzweck-Kautschuk; durch die hohen Herstellungskosten ist seine Verwendung jedoch auf besondere Fälle beschränkt, in welchen einzigartige Eigenschaften wie Beständigkeit gegen Öl, Chemikalien, Luft, Licht, Wärme und Flammen gefordert werden. Der Preis betrug 1955 $ 0.42 pro Pfund, verglichen mit $ 0.30 für Naturkautschuk, $ 0.25 für GRS und $ 0.22 für Butylkautschuk.

Thioplaste[1]. Einige Produkte, die durch Reaktion einer Polychlorverbindung mit Natriumpolysulfid erhalten werden, haben kautschukartige Eigenschaften. **Typ A** *(Thiokol A)* wird aus Äthylenchlorid hergestellt.

$$(x + 1)\ ClCH_2CH_2Cl + x\ Na_2S_4 + 2\ NaSH \longrightarrow HS(CH_2CH_2SSSS)_xCH_2CH_2SH$$
Polysulfid Typ A

Typ ST *(Thiokol ST, Perduren H)* entsteht durch Umsetzung von Formaldehyd-bis-[β-chloräthyl]-acetal mit Natriumdisulfid (S. 786).

$$(x + 1)\ ClCH_2CH_2OCH_2OCH_2CH_2Cl + x\ Na_2S_2 + 2\ NaSH \longrightarrow$$
$$HS(CH_2CH_2OCH_2OCH_2CH_2SS)_xCH_2CH_2OCH_2OCH_2CH_2SH$$
Polysulfid Typ ST

Durch Zugabe von bis zu 2% 1.2.3-Trichlor-propan kann Vernetzung bewirkt werden. **Typ FA** *(Thiokol FA)* ist ein Copolymeres aus Äthylenchlorid und Formaldehyd-bis-[β-chloräthyl]-acetal.

Die Thioplaste sind von allen synthetischen Kautschukarten die beständigsten gegen Öle, doch sind ihre physikalischen Eigenschaften unbefriedigend. Thioplaste wurden während des Krieges zum Auskleiden unterirdischer Betontanks zur Speicherung flüssiger Brennstoffe verwendet; in Friedenszeiten dienen sie hauptsächlich als Dichtungsmaterial.

Polyisoprenkautschuk. Frühere Versuche zur Darstellung eines befriedigenden synthetischen Kautschuks aus Isopren blieben ohne Erfolg. 1955 wurden Verfahren zur Darstellung von Polymeren bekannt, deren Eigenschaften denen des Naturkautschuks sehr nahekommen, und die sich zur Herstellung von Lastwagenreifen eigneten. Hochgereinigtes Isopren wird bei 35° unter strengem Ausschluß von Sauerstoff und Wasser mit fein dispergiertem Lithium behandelt. Das Produkt soll ausschließlich cis-Konfiguration aufweisen und sich vom Naturkautschuk nur dadurch unterscheiden, daß in geringem Umfang 3.4-Addition stattgefunden hat.

Latex-Binderfarben. Die Latex-Binderfarben sind wäßrige Emulsionen eines Pigments und eines Harzes, das durch Copolymerisation von einem Teil Butadien mit drei Teilen Styrol gewonnen wird. Sie trocknen sehr schnell, sind nichtentzündlich und haben nicht den üblichen Farbengeruch.

Andere Elastomere. Es sind zahlreiche weitere Produkte mit kautschukartigen Eigenschaften bekannt. Eines der ältesten ist **Faktis,** der für Radiergummis verwendet wird und durch Vulkanisation pflanzlicher trocknender Öle hergestellt

---

[1] Diese Produkte werden häufig als Thiokole oder Thiokolkautschuk bezeichnet. THIOKOL ist jedoch ein Handelsname, der auf zahlreiche von der Thiokol Chemical Corporation hergestellte Produkte angewandt wird, und zwar auch auf Produkte, die keinen Schwefel enthalten.

wird. — Wenn Polyäthylen (S. 65) mit Chlor und Schwefeldioxyd behandelt wird, werden etwa 25 Gewichtsprozent Chlor und eine kleine Zahl von Chlorsulfonylgruppen eingeführt.

$$RH + Cl_2 \longrightarrow RCl + HCl$$

$$RH + SO_2 + Cl_2 \longrightarrow RSO_2Cl + HCl$$

Das Produkt ist als **Hypalon** bekannt. Die Chloratome halten die Ketten auseinander und hindern sie, sich auszurichten wie im Polyäthylen. Vulkanisation zu einem elastischen Material kann bewirkt werden durch Erhitzen mit Wasser, wobei sich Sulfonsäuregruppen bilden, und dann mit Magnesiumoxyd, wobei sich ein Salz bildet, das eine Vernetzung der Ketten bewirkt. Das Produkt ist gesättigt und ungewöhnlich widerstandsfähig gegen Ozon und starke Oxydationsmittel. Die Ozonresistenz anderer Kautschuksorten wird erhöht, wenn sie mit Hypalon vermischt werden. — **Polyurethane** werden auf S. 844 und **Silikonkautschuk** auf S. 964 besprochen.

Zahlreiche andere gummiartige Produkte entstehen durch Behandeln von nichtgummiartigen Substanzen mit Weichmachern, zum Beispiel von Polyvinylchlorid (S. 767) mit Trikresylphosphat (S. 544) oder Alkylphthalaten (S. 582) *(Koroseal, Geon, Tygon)*.

Wiederholungsfragen

1. Wie unterscheiden sich die Reaktionen konjugierter Diene von denen nichtkonjugierter Diene? Welche physikalische Eigenschaft ist wichtig für Nachweis und Bestimmung von konjugierten Dienen?

2. Welches ist die Hauptquelle für natürlichen Kautschuk? Wie wird er erhalten und zum Verkauf verarbeitet?

3. Man führe den Konstitutionsbeweis für den Kautschuk-Kohlenwasserstoff. Welcher Unterschied besteht gegenüber dem Kohlenwasserstoff von Guttapercha und Balata?

4. Man erkläre den chemischen Vorgang der Vulkanisation. Was bedeuten die Begriffe Vulkanisationsbeschleuniger; Antioxydans; Verstärkerfüllstoff?

5. Wie kann Butadien technisch hergestellt werden?

6. Welche sind die Hauptunterschiede in der Konstitution von Buna S bzw. GRS, Neopren, Butylkautschuk, Buna N und Thiokol A?

7. Man diskutiere den Mechanismus der Emulsionspolymerisation im Hinblick auf die Herstellung von Bunakautschuk bzw. GRS.

Kapitel 33

Chlorierte und fluorierte aliphatische Kohlenwasserstoffe

Chlorierte Kohlenwasserstoffe

In den Vereinigten Staaten wurden 1955 rund 3,5 Millionen Tonnen Chlor hergestellt; 60% davon dienten zur Darstellung organischer Verbindungen. Die Gesamtproduktion nichtcyclischer halogenierter Kohlenwasserstoffe allein betrug über 1,7 Millionen Tonnen. Die Darstellung geschieht durch Substitutions- und Additionsreaktionen.

Die **Chlorierung von Methan** wurde in früherer Zeit intensiv untersucht mit dem Ziel der Herstellung von Methylchlorid, das als Ausgangsmaterial für Methylalkohol dienen sollte; nach Einführung der Synthese von Methylalkohol aus Kohlenmonoxyd und Wasserstoff (S. 94) wurden diese Untersuchungen eingestellt. In neuerer Zeit wird die Chlorierung zur Synthese von Methylchlorid, Methylenchlorid, Chloroform und Tetrachlorkohlenstoff herangezogen. Die Reaktion ist stark exotherm, und das Hauptproblem ist, die Gase auf die Reaktionstemperatur (250—400°) zu bringen, ohne daß sich Kohlenstoff abscheidet. Bei einem Verfahren wird das Gemisch aus Chlor und Methan durch eine Schmelze von der gewünschten Temperatur geblasen, bei einem anderen werden die Gase getrennt vorerhitzt, und das Chlor wird durch Düsen in den schnellen Methanstrom geleitet. Die Geschwindigkeit der Gase übersteigt die Fortpflanzungsgeschwindigkeit der Flamme, so daß keine Explosion erfolgt. Nach einem dritten Verfahren reagieren die Gase zwischen Zimmertemperatur und 100°, wobei die Reaktion durch Licht von Quecksilberdampflampen katalysiert wird.

Methylchlorid wird hauptsächlich aus Methanol und Chlorwasserstoff hergestellt (S. 123). **Methylenchlorid** CH_2Cl_2, Kp: 40°, ist ein nichtentzündliches Fettlösungsmittel, das häufig an Stelle von Äther für Extraktionen verwendet wird. Es dient auch als Lösungsmittel für Triacetylcellulose bei der Herstellung von Filmen und Fasern (S. 425). **Chloroform** $CHCl_3$, Kp: 61°, ist ebenfalls ein gutes Lösungsmittel, besonders zur Extraktion von Penicillin. Es wurde früher durch Umsetzung von Äthanol oder Aceton mit Calciumhypochlorit gewonnen, doch ist Acetaldehyd ein wirtschaftlicheres Ausgangsmaterial (S. 224). Auch aus Tetrachlorkohlenstoff durch Reduktion mit Eisen und Wasser hat man Chloroform hergestellt. Sowohl Methylenchlorid als auch Chloroform lassen sich durch Chlorierung von Methylchlorid aus Methanol wie auch durch Chlorierung von Methan gewinnen. **Tetrachlorkohlenstoff,** Kp: 77°, wird in Feuerlöschern verwendet, hat aber den Nachteil, teilweise zu Phosgen oxydiert zu werden, das in geschlossenen Räumen gefährliche Konzentrationen erreichen kann. An seine Stelle ist als Feuerlöschmittel flüssiges Kohlendioxyd getreten. Die wichtigste Anwendung liegt auf dem Gebiet der Fettentfernungsmittel und der nichtentzündlichen Lösungsmittel für die chemische Reinigung, doch bedeutet seine Giftigkeit eine Gefahr. Große Mengen Tetrachlorkohlenstoff werden auch zur Darstellung der Chlorfluormethane (S. 774) gebraucht. Außer aus Methan wird Tetrachlorkohlenstoff durch Umsetzung von Schwefelkohlenstoff (S. 339) mit Chlor gewonnen.

$$CS_2 + 3\,Cl_2 \longrightarrow CCl_4 + S_2Cl_2$$
$$2\,S_2Cl_2 + CS_2 \longrightarrow CCl_4 + 6\,S$$

Der Schwefel wird wieder in Schwefelkohlenstoff übergeführt. Gewisse Mengen Tetrachlorkohlenstoff werden auch durch chlorierende Spaltung von Verbindungen mit mehreren Kohlenstoffatomen erhalten.

$$CH_3CHClCH_2Cl + 6\,Cl_2 \xrightarrow{\;250°-425°\;} Cl_2C{=}CCl_2 + CCl_4 + 6\,HCl$$
Propylenchlorid   Tetrachloräthylen

Äthylchlorid wird aus Äthylalkohol oder Äthylen und Chlorwasserstoff oder durch Chlorierung von Äthan (S. 123) dargestellt. **Äthylenchlorid,** 1.2-Dichlor-äthan, Kp: 84°, kann durch Überleiten von Äthylen und Chlor über wasserfreies Calciumchlorid, Kupfer oder Eisen bei 80—100° gewonnen werden. Die Addition von Chlor kann in flüssiger Phase bei 40° bei Verwendung von Äthylenchlorid oder einem anderen chlorierten Kohlenwasserstoff als Lösungsmittel durchgeführt werden. Neben der Addition tritt in gewissem Maße induzierte Substitution ein, d. h. Substitution, die in Gegenwart, aber nicht in Abwesenheit von Olefin stattfindet. Die Substitution wird beträchtlich zurückgedrängt, wenn kleine Mengen Eisen(III)-chlorid zugegen sind. Äthylenchlorid entsteht auch als Nebenprodukt bei Einwirkung von wäßrigem Chlor auf Äthylen (S. 785). Es dient als Lösungsmittel, als Bestandteil von Reinigungsmitteln und zur Darstellung von Vinylchlorid (S. 766), Thiokol A (S. 761) und Äthylendiamin (S. 798).

Zahlreiche mehrfach halogenierte Verbindungen werden aus Acetylen dargestellt. Addition von zwei Mol Chlorwasserstoff liefert **Äthylidenchlorid** CH_3CHCl_2, Kp: 58°, das zu **Methylchloroform** (1.1.1-Trichlor-äthan), Kp: 74°, chloriert werden kann.

$$HC\equiv CH + 2\,HCl \xrightarrow{AlCl_3} CH_3CHCl_2$$

$$CH_3CHCl_2 + Cl_2 \longrightarrow CH_3CCl_3 + HCl$$

Methylchloroform kann auch durch Addition von Chlorwasserstoff an Vinylidenchlorid (S. 767) dargestellt werden.

$$CH_2=CCl_2 + HCl \longrightarrow CH_3CCl_3$$

Die Addition von Chlor an Acetylen unter Bildung von **1.1.2.2-Tetrachlor-äthan** verläuft explosionsartig; als Chlorierungsmittel wird Antimonpentachlorid verwendet. Acetylen und Chlor werden abwechselnd in die Flüssigkeit eingeleitet. Als Nebenprodukte entstehen Penta- und Hexachloräthan.

$$HC\equiv CH + 2\,SbCl_5 \longrightarrow HCCl_2CHCl_2 + 2\,SbCl_3$$
$$\text{1,1,2,2-Tetrachlor-äthan}$$
$$\text{(Acetylentetrachlorid)}$$
$$2\,SbCl_3 + 2\,Cl_2 \longrightarrow 2\,SbCl_5$$

Tetrachloräthan kann auch durch Vermischen der Lösungen von Acetylen und Chlor in Tetrachloräthan bei 70—95° in Gegenwart von Eisen(III)-chlorid als Katalysator dargestellt werden. Zur Verhütung von Explosionen wird das Tetrachloräthan abwärts geleitet, mit Acetylen vermischt, während das Chlor von einem tieferen Punkt aus entgegengeleitet wird, so daß es mit einer verdünnten Lösung von Acetylen in Tetrachloräthan reagiert. Tetrachloräthan, Kp: 146°, ist ein ausgezeichnetes Lösungsmittel, ist aber sehr giftig und wirkt in Gegenwart von Feuchtigkeit korrodierend auf Metalle. Es wird größtenteils zur Herstellung von **Trichloräthylen** durch Einwirkung einer wäßrigen Aufschlämmung von Ätzkalk oder durch Pyrolyse verwendet.

$$CHCl_2CHCl_2 \xrightarrow{475°} CHCl=CCl_2 + HCl$$
$$\text{Trichloräthylen}$$

Trichloräthylen siedet bei 87° und ist eines der wichtigsten chlorhaltigen Lösungsmittel. Es ist beständig, wirkt nicht korrodierend und ist etwa ebenso giftig wie Tetrachlorkohlenstoff. Es dient hauptsächlich zum Entfetten von Metallteilen. Das kalte Metallstück wird durch die heißen Dämpfe geführt, die sich auf dem Metall kondensieren und Öl und Schmutz wegwaschen.

Durch Umsetzung von Tetrachloräthan mit Eisen oder durch Reduktion von Trichloräthylen mit Eisen und Wasser entsteht ein Gemisch der **cis-** und **trans-1.2-Dichlor-äthylene** (cis Kp: 48°; trans Kp: 60°).

$$CHCl_2CHCl_2 \xrightarrow{\text{Fe}} CHCl{=}CHCl$$
$$CHCl{=}CCl_2 \xrightarrow{\text{Fe, } H_2O} \quad \text{1.2-Dichlor-äthylene}$$

Addition von Chlor an Trichloräthylen gibt **Pentachloräthan**, Kp: 162°, das durch Einwirkung von Ätzkalk in **Tetrachloräthylen** (Perchloräthylen)[1], Kp: 118°, umgewandelt werden kann. Weitere Addition von Chlor führt zum **Hexachloräthan.**

$$CHCl{=}CCl_2 \xrightarrow{Cl_2} \underset{\text{Pentachloräthan}}{CHCl_2CCl_3} \xrightarrow{Ca(OH)_2} \underset{\text{Tetrachloräthylen}}{CCl_2{=}CCl_2} \xrightarrow{Cl_2} \underset{\text{Hexachloräthan}}{CCl_3CCl_3}$$

Wirtschaftlicher ist die Pyrolyse von Pentachloräthan, da der freigesetzte wasserfreie Chlorwasserstoff zur Herstellung von Äthylchlorid oder Vinylchlorid verwendet werden kann.

$$CHCl_2CCl_3 \xrightarrow[250°]{Akt.C, \, BaCl_2} CCl_2{=}CCl_2 + HCl$$

Sowohl Hexachloräthan als auch Tetrachloräthylen werden durch thermische Zersetzung von Tetrachlorkohlenstoff erhalten.

$$2\,CCl_4 \xrightarrow{600°} Cl_2 + CCl_3CCl_3 \xrightarrow{800°-900°} Cl_2 + CCl_2{=}CCl_2$$

Tetrachloräthylen gehört auch zu den Produkten der chlorierenden Spaltung von Propylenchlorid (S. 763). Es ist ein wichtiges Lösungsmittel für die chemische Reinigung. Da es keine Acetatfarbstoffe extrahiert, wird es dem Trichloräthylen vorgezogen. Hexachloräthan dient zum Einnebeln von Schiffen. Sein Gemisch mit Zinkstaub reagiert bei Zündung sehr heftig unter Bildung von Zinkchlorid-dämpfen, die eine Kondensation von Luftfeuchtigkeit bewirken, wodurch sich ein schwerer Nebel bildet.

Die relative Bedeutung einiger dieser Halogenverbindungen ist aus folgenden abgerundeten Produktionsziffern der USA für 1955 ersichtlich (Millionen kg): Äthylchlorid 244; Äthylenchlorid 231; Trichloräthylen 142; Tetrachlorkohlenstoff 129; Perchloräthylen 80; Methylenchlorid 33; Chloroform 18; Methylchlorid 16.

Mehrfach halogenierte Methane, die wenigstens ein Bromatom enthalten, lagern sich in Gegenwart von Peroxydkatalysatoren leicht an Olefine an.

$$RCH{=}CH_2 + BrCCl_3 \xrightarrow{Ac_2O_2} RCHBrCH_2CCl_3$$
$$BrCHBr_2 \longrightarrow RCHBrCH_2CHBr_2$$

Ist das Halogen wenig reaktionsfähig, wie bei Tetrachlorkohlenstoff oder Chloroform, dann reagiert mehr als ein Mol Olefin, und es entsteht ein Gemisch von

---

[1] Das Präfix *per* (lat. *per* durch) bezeichnet nicht nur einen hohen Oxydationszustand, sondern auch maximale Substitution oder Addition.

polymeren Verbindungen, an deren Kettenenden angelagert sich die Bestandteile der Halogenverbindung finden.

$$x\ CH_2{=}CH_2 + CCl_4 \longrightarrow Cl(CH_2CH_2)_xCCl_3$$

Im allgemeinen ist x sehr viel kleiner als bei gewöhnlichen Polymeren, so daß die Kettenenden chemisch signifikant sind. Zur Unterscheidung dieser Produkte von Polymeren mit hohem Molekulargewicht werden sie **Telomere** (griech. *telos* Ziel; *meros* Teil) genannt, und der Vorgang wird als **Telomerisation** bezeichnet. Durch Variierung des Verhältnisses von Olefin zu Polyhalogenverbindung kann x zwischen weniger als zehn und fünfzig oder mehr gehalten werden. Telomere können wertvoll sein als Zwischenprodukte für die Synthese anderer Verbindungen. Zum Beispiel gibt die Hydrolyse von α-Chlor-ω-trichlormethyl-alkanen ω-Chlorcarbonsäuren.

$$Cl(CH_2CH_2)_xCCl_3 \xrightarrow{H_2O,\ H_2SO_4} Cl(CH_2CH_2)_xCOOH$$

Die Addition von Polyhalogenverbindungen an Olefine ist eine Radikalkettenreaktion.

$$(CH_3CO)_2O_2 \longrightarrow 2\ CH_3CO_2\cdot \longrightarrow 2\ CH_3\cdot + 2\ CO_2$$

$$CH_3\cdot + XCX_3 \longrightarrow CH_3X + \cdot CX_3$$

$$RCH{=}CH_2 + \cdot CX_3 \longrightarrow R\overset{\cdot}{CH}{-}CH_2CX_3$$

$$R\overset{\cdot}{CH}CH_2CX_3 + XCX_3 \longrightarrow RCHXCH_2CX_3 + \cdot CX_3$$

Die Telomerisation unterscheidet sich im Wesen nicht von einer beliebigen anderen durch freie Radikale katalysierten Polymerisation. Sie tritt nur deswegen ein, weil eine Verbindung von ausreichender Reaktionsfähigkeit in genügender Konzentration zugegen ist, daß sie als Kettenüberträger wirken kann, andererseits aber Konzentration und Reaktionsfähigkeit nicht groß genug sind, um hauptsächlich 1.2-Addition eintreten zu lassen.

$$X_3C\cdot + CH_2{=}CH_2 \longrightarrow X_3CCH_2CH_2\cdot$$

$$X_3CCH_2CH_2\cdot + x\ CH_2{=}CH_2 \longrightarrow X_3C(CH_2CH_2)_xCH_2CH_2\cdot$$

$$X_3C(CH_2CH_2)_xCH_2CH_2\cdot + XCX_3 \longrightarrow X_3C(CH_2CH_2)_xCH_2CH_2X + \cdot CX_3$$

Vinylchlorid (Chloräthylen) kann durch Abspaltung von Halogenwasserstoff aus Äthylenchlorid hergestellt werden. Im Laboratorium wird für diesen Reaktionstypus gewöhnlich Natriumhydroxyd in Methanol verwendet, doch kann die Reaktion auch thermisch bei relativ niederen Temperaturen in Gegenwart von 0,5 bis 1 % Chlor durchgeführt werden.

$$CH_2ClCH_2Cl \xrightarrow[(Cl_2)]{310°} \underset{\text{Vinylchlorid}}{CH_2{=}CHCl} + HCl$$

Vinylchlorid kann auch durch katalytische Addition von Chlorwasserstoff an Acetylen und durch Chlorierung von Äthylen gewonnen werden.

$$HC{\equiv}CH + HCl \xrightarrow[+\ Hg_2Cl_2]{Aktivkohle} CH_2{=}CHCl$$

$$CH_2{=}CH_2 + Cl_2 \xrightarrow{500°} CH_2{=}CHCl + HCl$$

Vinylchlorid polymerisiert sich in Gegenwart von Peroxyden leicht zu einem harten, spröden Harz, bei dem die Einheiten regelmäßig nach Kopf-Schwanz-Weise verknüpft sind.

$$3\,x\;CH_2{=}CHCl \longrightarrow [{-}CH_2CHCl\,CH_2CHCl\,CH_2CHCl{-}]_x$$

Werden Weichmacher wie Trikresylphosphat (S. 544) oder 2-Äthylhexylphthalat (S. 582) zugegeben, so entstehen zähe, dauerhafte, leder- oder gummiartige Materialien (S. 762). Zahlreiche andere technische Kunststoffe wie Vinnol (Vinylite) (S. 778) und Dynel (S. 832) sind Copolymere mit Vinylchlorid.

Das Halogenatom im Vinylchlorid ist etwa so reaktionsträge wie das des Chlorbenzols (S. 459). Diese verminderte Reaktionsfähigkeit ist charakteristisch für ein Halogen an einem doppelt gebundenen Kohlenstoffatom und wird der Wechselwirkung der einsamen Elektronen in einem p-orbital des Halogenatoms mit den Elektronen im π-orbital der Doppelbindung zugeschrieben, die zu verstärkter Bindungskraft und verminderter Bindungslänge und Reaktionsfähigkeit führt.

$$\left\{ CH_2{=}CH\ddot{\overset{..}{C}}l: \quad \longleftrightarrow \quad \bar{C}H_2CH{=}\overset{+}{\underset{..}{C}}l: \right\}$$

Die Abnahme des C—Cl-Bindungsabstandes ist bestimmbar; der interatomare Abstand beträgt bei Äthylchlorid 1,77 Å, bei Vinylchlorid 1,69 Å.

Vinylidenchlorid (1.1-Dichlor-äthylen) erhält man durch Einwirkung von Ätzkalk auf 1.1.2-Trichloräthan, das direkt aus Äthylen oder über das Vinylchlorid dargestellt werden kann.

$$CH_2{=}CH_2 \xrightarrow{2\,Cl_2} \quad CH_2{=}CHCl \xrightarrow{Cl_2} \quad CH_2ClCHCl_2 \xrightarrow[90°]{Ca(OH)_2} CH_2{=}CCl_2$$

Vinyliden-
chlorid

Vinylidenchlorid kann auch durch Umsetzung von Acetylen mit Chlor bei 135° in Gegenwart von Eisen(III)-chlorid dargestellt werden; bei dieser Reaktion kann es sich um Substitution durch Chlor und Addition von Halogenwasserstoff handeln.

$$HC{\equiv}CH + Cl_2 \xrightarrow[135°]{FeCl_3} CH_2{=}CCl_2$$

Vinylidenchlorid polymerisiert sich zu einem Material, das sich durch chemische Widerstandsfähigkeit, hohe Zugfestigkeit und Abriebfestigkeit auszeichnet. Die technischen Produkte, die in den USA unter der Bezeichnung *Saran* bekannt sind, sind gewöhnlich Copolymere mit kleinen Mengen Vinylchlorid oder Acrylnitril, die ihre Verarbeitung erleichtern. Emulsionen von Vinylidenchloridpolymeren haben die ungewöhnliche Eigenschaft, zähe, zusammenhängende Folien zu bilden, wenn sie auf einer glatten Oberfläche ausgebreitet und trocknen gelassen werden.

Sowohl Vinylchlorid als auch Vinylidenchlorid und ihre Polymeren sind schon über hundert Jahre bekannt. Ihre schnelle Entwicklung seit 1927 ist eine Folge der Verbilligung der Rohmaterialien und der erworbenen Kenntnisse über die Natur der Polymerisationsreaktionen, die die Herstellung von brauchbaren Materialien ermöglichte.

Allylchlorid $CH_2=CHCH_2Cl$ wird durch Chlorierung von Propylen bei hoher Temperatur gewonnen.

$$CH_2=CHCH_3 + Cl_2 \xrightarrow{500°-600°} CH_2=CHCH_2Cl + HCl$$

Obwohl Olefine, die bei der Addition unsymmetrischer Addenden sekundäre Alkylderivate geben, in flüssiger Phase leicht Halogen anlagern, tun sie dies in der Dampfphase nicht, und bei genügend hoher Temperatur tritt schnelle Substitution ein, ohne Addition. So gibt Propylen zu 85—90% Allylchlorid. Allylchlorid wird hauptsächlich als Ausgangsmaterial zur Herstellung von Allylalkohol (S. 779), Glycerin (S. 790) und Epichlorhydrin (S. 792) verwendet. Addition von Bromwasserstoff in Abwesenheit von Antioxydantien gibt 1-Chlor-3-brom-propan (Trimethylenchlorobromid), das zur Herstellung von Cyclopropan (S. 880) gebraucht wird.

$$CH_2=CHCH_2Cl + HBr \xrightarrow{\text{Peroxyde}} BrCH_2CH_2CH_2Cl$$

Wird durch Chlorierung bei hoher Temperatur ein zweites Chloratom in Allylchlorid eingeführt, so tritt Substitution unter Bildung von 10% 3.3-Dichlor-propen und 90% 1.3-Dichlor-propen ein.

$$CH_2=CHCH_2Cl \xrightarrow[(500°-600°)]{Cl_2} \underset{10\%}{CH_2=CHCHCl_2} \text{ und } \underset{90\%}{ClCH=CHCH_2Cl}$$

Die gemischten **Dichlorpropene** sind wertvoll als Bodenräucherungsmittel zur Vernichtung von Nematoden.

Bei solchen Olefinen, die bei der Addition tertiäre Alkylderivate liefern können, wird das Verhältnis von Substitution zu Addition nicht von der Temperatur beeinflußt, und die Substitution verläuft besonders schnell in flüssiger Phase oder bei höheren Temperaturen in der Dampfphase im Kontakt mit porösen Materialien. Werden Nebenreaktionen in geeigneter Weise unterdrückt, dann ist es möglich, aus Isobutylen bis zu 87% **Methylallylchlorid** zu erhalten. Daneben bildet sich etwas Isocrotylchlorid.

$$(CH_3)_2C=CH_2 + Cl_2 \xrightarrow[\substack{\text{Kontaktzeit} \\ \text{1 Sek.}}]{300°,} \underset{\text{Methallylchlorid}}{CH_2=\underset{|}{C}CH_2Cl} \text{ und } \underset{\text{Isocrotylchlorid}}{(CH_3)_2C=CHCl} + HCl$$

Diese Reaktion wurde 1884 von SCHESCHUKOW entdeckt, ist aber erst seit 1939 technisch verwertet worden. Methylallylchlorid kann als Ausgangsmaterial zur Herstellung von Methacrylsäuremethylester (S. 833) verwendet werden.

Die Chlorierung von Propylen und von Isobutylen erfolgt nach verschiedenen Mechanismen. Isobutylen reagiert nach einem ionischen Mechanismus, der unter Abspaltung eines Protons unter Bildung des Substitutionsproduktes verläuft.

$$Cl_2 + CH_2=\underset{\underset{CH_3}{|}}{C}CH_3 \longrightarrow [Cl^-] + \left[ClCH_2\overset{+}{\underset{\underset{CH_3}{|}}{C}}-CH_3 \right] \longrightarrow ClCH_2\underset{\underset{CH_3}{|}}{C}=CH_2 + [H^+]$$

Die Wanderung der Doppelbindung bei diesem Reaktionstypus geht aus dem Verhalten von Isocrotylchlorid hervor.

$$Cl_2 + ClCH\!=\!\underset{\underset{CH_3}{|}}{C}\!-\!CH_3 \longrightarrow [Cl^-] + \left[Cl_2CH\overset{+}{\underset{\underset{CH_3}{|}}{C}}CH_3\right] \longrightarrow Cl_2CH\underset{\underset{CH_3}{|}}{C}\!=\!CH_2 + [H^+]$$

Propylen addiert Chlor nach einem ionischen Mechanismus.

$$Cl_2 + CH_2\!=\!CHCH_3 \longrightarrow [Cl^-] + [ClCH_2\overset{+}{C}HCH_3] \overset{[Cl^-]}{\longrightarrow} ClCH_2\underset{\underset{Cl}{|}}{C}HCH_3$$

Bei höherer Temperatur tritt Substitution nach einem Radikalkettenmechnismus ein.

$$Cl_2 \longrightarrow 2\,[Cl\cdot]$$

$$[Cl\cdot] + HCH_2CH\!=\!CH_2 \longrightarrow ClH + \left\{\cdot CH_2CH\!=\!CH_2 \longleftrightarrow CH_2\!=\!CHCH_2\cdot\right\} \overset{Cl_2}{\to} CH_2\!=\!CHCH_2Cl + [Cl\cdot]$$

Das System C=C—C ist als **Allylsystem** bekannt. Es verleiht Halogenatomen, die mit dem einfach gebundenen Kohlenstoffatom verknüpft sind, große Reaktionsfähigkeit (vgl. S. 461). Auch neigt das Allylsystem sehr zu Umlagerungen. So entsteht durch Erhitzen von reinem 1-Brom-buten-(2) oder 3-Brom-buten-(1) ein Gleichgewichtsgemisch.

$$CH_3CH\!=\!CHCH_2Br \overset{Wärme}{\underset{\longleftarrow}{\longrightarrow}} CH_3\underset{\underset{Br}{|}}{C}HCH\!=\!CH_2$$

Ferner wird, wenn einer der entsprechenden Alkohole mit Bromwasserstoff reagiert, das Gleichgewichtsgemisch der Bromide erhalten. Ähnlich entsteht durch Umsetzung eines der Bromide mit Magnesium ein Gleichgewichtsgemisch der beiden Grignard-Reagentien. Dieses Verhalten ist als **Allylumlagerung** bekannt.

Sowohl die hohe Reaktionsfähigkeit als auch die Umlagerung der Allylhalogenide scheinen sich aus der Resonanz des Carboniumions zu ergeben.

$$\left\{CH_2\!=\!CHCH_2^+ \longleftrightarrow \overset{+}{C}H_2CH\!=\!CH_2\right\}$$

Durch die Resonanz wird das Carboniumion stabilisiert, und dadurch wird die Abspaltung des Halogens vom Molekül in Form des Halogenions erleichtert. Wenn sich das Carboniumion mit einem negativen Ion vereinigt, kann die Bindung an beiden Enden des Allylsystems eintreten. Bei symmetrisch gebauten Ionen entsteht nur ein Reaktionsprodukt, aber wenn das intermediäre Ion unsymmetrisch ist, bilden sich zwei Isomere, deren Mengenverhältnis von ihrer relativen thermodynamischen Stabilität abhängt.

Fluorierte Kohlenwasserstoffe

Die Chemie der organischen Fluorverbindungen ist in den letzten Jahren sehr viel bearbeitet worden, und so wird leicht übersehen, daß die grundlegenden Tatsachen schon längst bekannt sind. Die Pionierarbeiten von Moissan[1] wurden etwa

---

[1] Ferdinand Frederic Henri Moissan (1852—1907), Professor der Chemie an der Universität Paris. Er isolierte 1886 als erster das Fluor und stellte 1892 Calciumcarbid durch Erhitzen von Ätzkalk und Kohlenstoff im elektrischen Ofen dar. Er untersuchte noch viele weitere Reaktionen bei hohen Temperaturen und wurde 1906 mit dem Nobelpreis für Chemie ausgezeichnet.

1900 abgeschlossen, die von SWARTS[1] etwa 1925. Seither sind wichtige technische Anwendungsmöglichkeiten entdeckt worden, was viele Chemiker, besonders in industriellen Forschungsstätten, veranlaßt hat, dieses Arbeitsgebiet aufzunehmen. Auslösend für die nun einsetzende stürmische Entwicklung wirkte die technische Herstellung von flüssigem Fluorwasserstoff und Fluor, die Entwicklung von Methoden für ihre gefahrlose Handhabung und die leichte Zugänglichkeit technisch hergestellter chlorierter organischer Verbindungen.

Chemische und physikalische Eigenschaften

Fluorverbindungen zeichnen sich durch Extreme und Gegensätze aus. Einige von ihnen gehören zu den reaktionsfähigsten organischen Verbindungen, andere zu den reaktionsträgsten. Einige sind äußerst giftig, andere so ungiftig wie Stickstoff oder Wasser. Die Einführung von Fluor kann den Siedepunkt erhöhen oder erniedrigen, und die progressive Einführung von Fluor vermindert nicht nur die Löslichkeit in Wasser, sondern auch in organischen Lösungsmitteln. Die vollständig fluorierten Kohlenwasserstoffe sind löslich in Äther und in Chlorfluorkohlenstoffen, aber unlöslich in den meisten anderen Lösungsmitteln.

Verbindungen, die ein einziges mit einem Kohlenstoffatom verbundenes Fluoratom enthalten, unterscheiden sich in ihren Eigenschaften auffallend von denen, die zwei oder mehr Fluoratome mit dem gleichen Kohlenstoffatom verbunden enthalten. Alkylfluoride werden leicht zum Alkohol hydrolysiert, sind mit Ausnahme des Methylfluorids sehr unbeständig und spalten bei gewöhnlicher Temperatur spontan Fluorwasserstoff ab; im Gegensatz dazu sind die *gem*-Difluoride[2] extrem reaktionsträge gegenüber allen chemischen Reagentien. Fluorkohlenstoffe werden an Beständigkeit nur von den Edelgasen übertroffen. Sie werden erst bei Rotgluthitze zersetzt; die Reaktionsprodukte sind Kohlenstoff und Tetrafluorkohlenstoff. Fluorkohlenstoffe reagieren mit Natrium oder Kalium bei 300—400° und mit Natrium in flüssigem Ammoniak. Oberhalb 400° reagieren sie mit Siliciumdioxyd unter Bildung von Siliciumtetrafluorid. Für analytische Zwecke müssen die Reaktionen mit Natrium und Siliciumdioxyd herangezogen werden.

Zwei Fluoratome vermindern auch die Reaktionsfähigkeit anderer mit dem gleichen Kohlenstoffatom verbundener Halogenatome. So ist die Reaktionsfähigkeit der Chloratome im CCl_2F_2 geringer als im CH_2Cl_2 oder CCl_4. Sogar der übliche Verlauf einer Reaktion kann geändert werden. Zum Beispiel wird Methyljodid leicht zu Methylalkohol hydrolysiert, während Trifluormethyljodid Fluoroform und Hypojodit gibt.

$$CF_3J + KOH \longrightarrow CF_3H + KOJ$$

Versuche, das Jod mit Hilfe der üblichen Reagentien durch die Amino-, Cyanooder Nitrogruppe zu ersetzen, sind fehlgeschlagen. Grignard-Verbindungen können

---

[1] FREDERIC-JEAN EDMOND SWARTS (1866—1940), Professor an der Universität Gent. Er entwickelte Methoden zur Synthese zahlreicher organischer Fluorverbindungen, besonders die Umsetzung von Chlorderivaten mit Antimonfluorid und Quecksilber(I)-fluorid, und bearbeitete intensiv die Thermochemie und die Refraktometrie der Fluorverbindungen. Er stellte auch zahlreiche organische Chlorverbindungen zu Vergleichszwecken dar.

[2] Das Präfix *gem*- (lat. *geminus* Zwilling) bedeutet zwei gleiche Atome oder Gruppen, die mit ein und demselben Kohlenstoffatom verbunden sind.

nur unter bestimmten Bedingungen dargestellt werden, vorzugsweise in Gegenwart der Carbonylverbindungen, mit denen sie reagieren sollen. Während die Monofluoride giftig sind, sind die gem-Difluoride gewöhnlich ungiftig. Selbst CCl_2F_2 hat nicht die Giftigkeit und die anaesthesierende Wirkung von CH_2Cl_2 oder CCl_4. Ausnahmen von dieser Regel sind einige extrem toxische Polyfluorcyclopropane.

Ebenso ungewöhnlich verhalten sich die organischen Fluorverbindungen in bezug auf ihre physikalischen Eigenschaften. Der progressive Austausch von Wasserstoff gegen Chlor verursacht ein kontinuierliches Ansteigen des Siedepunktes, dagegen bewirkt progressiver Austausch gegen Fluor zunächst ein Ansteigen, dann ein Fallen. So liegen die Siedepunkte von Methan, Methylfluorid, Methylenfluorid, Fluoroform und Tetrafluorkohlenstoff bei $-161°$ bzw. $-78°$, $-52°$, $-83°$ und $-128°$. Ähnlich liegen die Siedepunkte von Chlormethan, Chlorfluormethan, Chlordifluormethan und Chlortrifluormethan bei $-24°$ bzw. $-9°$, $-41°$ und $-81°$. Werden die Kernwasserstoffatome aromatischer Verbindungen gegen Fluor ausgetauscht, so ändert sich der Siedepunkt nur wenig. So sieden Benzol, Fluorbenzol, o-, m- und p-Difluorbenzol, Trifluorbenzol und Hexafluorbenzol alle im Bereich von 80—91°.

Auffallend ist der große Unterschied zwischen Mono- und Polyfluorverbindungen in bezug auf die interatomaren Abstände. Während bei den C—Cl-Bindungsabständen der chlorierten Methane kein erkennbarer Unterschied besteht, beträgt der Abstand zwischen C und F bei Methylfluorid 1,42 Å, bei den gem-Difluorverbindungen dagegen 1,36 Å. Überdies sind die Bindungsabstände anderer Atome, die mit dem gleichen Kohlenstoffatom verbunden sind, merklich verkürzt. So beträgt der C—Cl-Abstand bei Tetrachlorkohlenstoff 1,76 Å, bei Dichlordifluormethan nur 1,70 Å, und der C—C-Abstand bei Äthan 1,54 Å, bei 1.1.1-Trifluoräthan nur 1,48 Å.

Die große Reaktionsfähigkeit der Monofluorderivate im Vergleich zu den Monochlorderivaten kann der sehr viel stärker elektronenanziehenden Kraft des Fluoratoms zugeschrieben werden, die zur Folge hat, daß die C—F-Bindung viel polarer ist als die C—Cl-Bindung. Gleichzeitig wird dem Kohlenstoffatom ein stärker elektronenanziehender Charakter verliehen, und die Bindung zu einem zweiten Atom wird stärker. Die Folge sind verminderte Bindungsabstände und verminderte Reaktionsfähigkeit.

Darstellung

1. Fluorierung. Wenn Fluor mit einem Kohlenwasserstoff reagiert und ein Fluorderivat und Fluorwasserstoff bildet, wird eine Energiemenge von 103 kcal pro Mol freigesetzt, wenn Fluor an eine Doppelbindung addiert wird, 107 kcal pro Mol. Die entsprechenden Werte für Substitution nnd Addition von Chlor sind 23 und 33 kcal pro Mol. Da die für die Spaltung einer Kohlenstoff-Kohlenstoff-Bindung erforderliche Energie 85 kcal pro Mol beträgt, überrascht es nicht, daß die unkontrollierte Reaktion von Fluor mit organischen Molekülen heftig verläuft, und daß man als einziges in größerer Menge identifizierbares Reaktionsprodukt Tetrafluorkohlenstoff erhält.

Zur Mäßigung dieser Reaktion sind verschiedene Methoden ausgedacht worden. Eine besteht darin, die Reaktionsteilnehmer mit Stickstoff zu verdünnen und über eine große, gut wärmeleitende Oberfläche wie Metallgaze oder -drehspäne zu leiten. Zu den besten Reaktorfüllungen gehören versilberte Kupferdrehspäne.

Nach diesem Verfahren gibt Heptan in 62%iger Ausbeute **Perfluorheptan** C_7F_{16}, Benzol in 58%iger Ausbeute **Perfluorcyclohexan** C_6F_{12}.

Eine zweite Methode besteht in der Verwendung eines Fluorierungsmittels, das weniger reaktionsfähig ist als Fluor selbst. Hierzu eignen sich bestimmte Metallfluoride wie CoF_3, AgF, CeF_4 und MnF_3. Am häufigsten wird Kobalt(III)-fluorid benutzt. Die Reaktionswärme ist nur halb so groß wie bei Verwendung von Fluor, die andere Hälfte wird bei der Bildung des Kobalt(III)-fluorids entwickelt. Die Reaktion wird als Kreisprozeß durchgeführt. Das Kobalt(III)-fluorid wird durch Überleiten von Fluor über Kobalt(II)-fluorid bei 250° dargestellt, dann wird der Überschuß von Fluor mit Stickstoff weggespült und der dampfförmige Kohlenwasserstoff über das Kobalt(III)-fluorid geleitet. Hierauf werden die Operationen wiederholt.

Keines der beiden Verfahren ist zur Darstellung hochmolekularer Fluorkohlenstoffe geeignet, die als Schmieröle Interesse gefunden haben. Diese Produkte werden dargestellt, indem man zwischen 150° und 200° siedende Fluorkohlenstoffe als Verdünnungsmittel bei der Reaktion zwischen Schmieröl und Kobalttrifluorid anwendet. Ungünstig ist der schlechte Viscositätsindex dieser Produkte (S. 86).

Direkte Fluorierung bewirkt nicht nur Substitution, sondern auch Umlagerung, Abbau und Polymerisation. Zum Beispiel gibt die Fluorierung von Heptan mit Kobalttrifluorid Perfluorheptan mit 69% Ausbeute, daneben sind jedoch die vollständig fluorierten Derivate von Äthylcyclopentan (8%), Dimethylcyclopentan (3%), Hexan (1%) sowie polymere Fluorkohlenstoffe (1%) isoliert worden. Ähnlich gibt die Fluorierung von Methan etwas Hexafluoräthan und Octafluorpropan. Derartige Produkte sind zu erwarten, wenn die Reaktion nach einem Radikalmechanismus verläuft.

2. Anlagerung an ungesättigte Verbindungen. Fluorwasserstoff wird an Kohlenstoff-Kohlenstoff-Doppelbindungen addiert, und zwar gemäß der Regel von MARKOWNIKOW. Die Lage des Gleichgewichts ist bei gewöhnlicher Temperatur für die einfachen Olefine (S. 62) ungünstig, aber wenn schon ein Halogenatom an einem der doppelt gebundenen Kohlenstoffatome zugegen ist, entsteht ein stabiles Produkt.

$$CH_3CCl{=}CH_2 + HF \longrightarrow CH_3CClFCH_3$$

Auch Acetylene geben beständige Reaktionsprodukte.

$$CH{\equiv}CH \xrightarrow{HF} CH_2{=}CHF \xrightarrow{HF} CH_3CHF_2$$
$$CH_3C{\equiv}CH \xrightarrow{HF} CH_3CF{=}CH_2 \xrightarrow{HF} CH_3CF_2CH_3$$

Bleitetrafluorid, dargestellt aus Bleidioxyd und Fluorwasserstoff, lagert Fluor an die Doppelbindung an.

$$CCl_2{=}CCl_2 + PbF_4\ (PbO_2 + HF) \longrightarrow CCl_2FCCl_2F + PbF_2$$

Trifluorjodmethan wird bei Bestrahlung mit ultraviolettem Licht an Acetylen angelagert.

$$CF_3J + HC{\equiv}CH \xrightarrow[280\ m\mu]{Licht} CF_3CH{=}CHJ$$

Tetrafluoräthylen unterliegt unter diesen Bedingungen der Telomerisation (S. 766); dabei bilden sich Perfluorhomologe des Trifluorjodmethans.

$$x\, CF_2{=}CF_2 + CF_3J \xrightarrow[280\,m\mu]{Licht} CF_3(CF_2CF_2)_xJ$$

3. Austausch von Halogen. Austauschreaktionen finden zwischen vielen organischen Halogeniden und anorganischen Fluoriden statt. Dieses Verhalten ist als *Swarts-Reaktion* bekannt und stellt die ergiebigste Methode zur Darstellung organischer Fluorverbindungen dar. Gewöhnlich wird Chlor gegen Fluor ausgetauscht. Es werden Fluoride von Silber, Quecksilber, Antimon, Arsen und Kobalt sowie Fluorwasserstoff benutzt. Einfache Alkylhalogenide werden am besten mit Quecksilber(I)-fluorid in Fluoride übergeführt.

$$2\, CH_3Br + Hg_2F_2 \longrightarrow 2\, CH_3F + Hg_2Br_2$$

Alkylfluoride erhält man auch beim Erhitzen von Alkylbromiden oder -chloriden oder p-Toluolsulfonsäurealkylestern mit fein gepulvertem Kaliumfluorid auf 100—250°, gewöhnlich in Äthylenglykol oder Diäthylenglykol. Fluorwasserstoff führt zum Ersatz von Chlor gegen Fluor, wenn das gesamte Chlor an ein einziges Kohlenstoffatom gebunden ist.

$$CH_3CCl_3 + 3\, HF \longrightarrow CH_3CF_3 + 3\, HCl$$

$$CH_3CCl_2CH_3 + 2\, HF \longrightarrow CH_3CF_2CH_3 + 2\, HCl$$

Antimontrifluorid, das etwas fünfwertiges Antimonhalogenid enthält, wird auf Polychlorverbindungen angewandt.

$$3\, CCl_4 + SbF_3 \longrightarrow 3\, CCl_3F + SbCl_3$$

$$3\, CCl_3F + SbF_3 \longrightarrow 3\, CCl_2F_2 + SbCl_3$$

$$CHCl_3 \xrightarrow{SbF_3} CHCl_2F \xrightarrow{SbF_3} CHClF_2$$

$$CH_2Cl_2 \xrightarrow{SbF_3} CH_2ClF \xrightarrow{SbF_3} CH_2F_2$$

Die kleine Menge von zugesetztem Pentafluorid fungiert dabei zweifellos als aktives Reagens, und durch Austausch mit dem Antimontrifluorid wird es regeneriert.

$$CH_2Cl_2 + SbF_5 \longrightarrow CH_2ClF + SbF_4Cl$$

$$SbF_4Cl + SbF_3 \longrightarrow SbF_5 + SbF_2Cl$$

Das Antimontrifluorid wird, gewöhnlich kontinuierlich, durch Umsetzung mit Fluorwasserstoff regeneriert.

$$SbF_2Cl + HF \longrightarrow SbF_3 + HCl$$

Die Austauschreaktionen brechen ab, wenn am einzelnen Kohlenstoffatom zwei Fluoratome eingeführt sind; denn deren Anwesenheit setzt die Reaktionsfähigkeit der restlichen Chloratome herab. Wird das Halogen durch eine Doppelbindung aktiviert (Allylhalogenide), so können drei Atome ausgetauscht werden.

$$CCl_2{=}CClCCl_3 + SbF_3 \longrightarrow CCl_2{=}CClCF_3 + SbCl_3$$

Die reaktionsträgen Halogenatome in Verbindungen des Vinyltypus werden nicht ausgetauscht, auch kann Antimonfluorid nicht mit einem primären Halogenid wie Methylchlorid reagieren.

Jodpentafluorid wandelt Tetrajodkohlenstoff in **Trifluorjodmethan** um.

$$5\,CJ_4 + 3\,JF_5 \longrightarrow 5\,CF_3J + 9\,J_2$$

Diese Verbindung kann jedoch leichter aus Trifluoressigsäure (S. 822) nach der Reaktion von HUNSDIECKER (S. 163) gewonnen werden.

$$F_3CCOOAg + J_2 \longrightarrow F_3CJ + AgJ + CO_2$$

4. Elektrochemisches Verfahren. Lösungen organischer Sauerstoff- oder Stickstoffverbindungen in flüssigem Fluorwasserstoff leiten den elektrischen Strom. Wenn ein Strom mit einer Spannung von 5 bis 6 Volt durch die Lösung geleitet wird, wird die organische Verbindung ohne Entwicklung von Fluor je nach den Bedingungen in einen Perfluorkohlenwasserstoff oder ein Perfluorderivat umgewandelt. Essigsäure z. B. kann hauptsächlich Tetrafluorkohlenstoff oder Trifluoracetylfluorid geben. Manchmal werden umgelagerte Reaktionsprodukte erhalten. Welches Produkt oder welche Produkte tatsächlich entstehen, muß experimentell bestimmt werden. Die perfluorierten Produkte sind unlöslich in flüssigem Fluorwasserstoff und werden entweder als Gase aus dem Oberteil der Zelle oder als Flüssigkeiten vom Boden der Zelle entnommen.

Technisch wichtige Produkte

Das Interesse, das die Fluorverbindungen in den letzten Jahren gefunden haben, gründet sich auf einige technische Anwendungsmöglichkeiten. Die wichtigste Verbindung ist **Dichlordifluormethan** *(Frigen 12, Freon-12)*, das als Kühlmittel für Kühlschränke und Klimaanlagen und als Lösungs- und Treibmittel für aerosolartige Sprühmittel dient. Es wirkt in keiner Weise korrodierend und ist vollkommen ungiftig und nichtentzündlich. Die Herstellung ist billig, weil Antimontrifluorid aus SbF_2Cl durch Behandeln mit wasserfreiem Fluorwasserstoff leicht regeneriert werden kann, zweitens weil Fluorwasserstoff relativ hoch siedet, ferner weil sich der Siedepunkt bei jedem Austausch von Chlor gegen Fluor um 40—50° erniedrigt, und schließlich weil die Reaktion nicht über die gewünschte Stufe hinausgeht. Der Reaktionsverlauf ist wie folgt.

$$CCl_4 \xrightarrow{\;SbF_3\;} CCl_3F \xrightarrow{\;SbF_3\;} CCl_2F_2 + 2\,SbF_2Cl$$

$$2\,SbF_2Cl + 2\,HF \longrightarrow 2\,SbF_3 + 2\,HCl$$

Die Siedepunkte der Reaktionsteilnehmer und der Reaktionsprodukte sind in abnehmender Reihenfolge: Tetrachlorkohlenstoff 76°; **Trichlorfluormethan** *(Freon-11)* 25°; Fluorwasserstoff 20°; Dichlordifluormethan —29°; Chlorwasserstoff —85°. Es kann daher Fluorwasserstoff und Tetrachlorkohlenstoff kontinuierlich in das Reaktionsgefäß eingeführt werden, und Chlorwasserstoff und Dichlordifluormethan können über Kolonne und Kühler entnommen werden; der Chlorwasserstoff wird in Wasser aufgefangen. **Chlordifluormethan** *(Freon-22)*, Kp: 41°, kann nach einem ähnlichen Verfahren aus Chloroform hergestellt werden. Es dient als Zwischenprodukt für die Herstellung von Tetrafluoräthylen. Freon-11 und Freon-22, als Verdünnungsmittel für Freon-12 in Aerosol-Sprühmitteln benutzt, vermindern den Druck im Behälter. **Bromtrifluormethan** und **Dibromdifluormethan** sind sehr wirksame Feuerlöschmittel und werden wegen ihrer geringen

Giftigkeit in geschlossenen Räumen, z. B. in Flugzeugen, Unterseebooten und Automobilen verwendet.

1.1-Difluor-äthan *(Genetron-100)*, Kp: —25°, wird durch Addition von Fluorwasserstoff an Acetylen hergestellt. Durch anschließende Chlorierung entsteht **1-Chlor-1.1-difluor-äthan** *(Genetron-101)*, Kp: —10°.

1.1.2-Trichlor-1.2.2-trifluor-äthan *(Freon-113)*, Kp: 48°, und **1.2-Dichlor-1.1.2.2-tetrafluor-äthan** *(Freon-114)*, Kp: 3,8°, werden aus Hexachloräthan und Antimonfluorid gewonnen. Die Reaktion verläuft immer so, daß ein symmetrisches Produkt entsteht, und bricht ab, wenn vier Chloratome ausgetauscht sind.

$$CCl_3CCl_3 \xrightarrow{SbF_3} CCl_3CCl_2F \longrightarrow CCl_2FCCl_2F \longrightarrow CCl_2FCClF_2 \longrightarrow CClF_2CClF_2$$

Freon-114 ist das gebräuchlichste Kühlmittel in Haushaltskühlschränken.

Durch Pyrolyse von Chlordifluormethan entsteht **Tetrafluoräthylen.** Es ist eine überraschend reaktionsfähige Verbindung; sie addiert leicht Halogen, ein-

$$2\,CHClF_2 \xrightarrow[\text{1 Sek.}]{700° \text{ für}} F_2C{=}CF_2 + 2\,HCl$$

schließlich Jod, und Halogenwasserstoffe. Bei 200° in Abwesenheit eines Katalysators geht sie in das cyclische Dimere, Perfluorcyclobutan über.

$$2\,CF_2{=}CF_2 \longrightarrow \begin{array}{c} F_2C{-}CF_2 \\ | \quad\;\; | \\ F_2C{-}CF_2 \end{array}$$

Polymerisation bei 50 Atmosphären in Gegenwart von Peroxydkatalysatoren gibt ein Produkt vom Molekulargewicht 500000 bis 2000000, bekannt als **Teflon** oder **Fluon.**

$$x\,CF_2{=}CF_2 \longrightarrow (-CF_2CF_2-)_x$$

Charakteristisch für dieses Polymere ist seine extreme chemische Widerstandsfähigkeit gegen alle Reagentien mit Ausnahme geschmolzener Alkalimetalle. Wäßrige Alkalien, konzentrierte Säuren, Oxydationsmittel und organische Lösungsmittel haben keinerlei Wirkung. Es kann im Temperaturbereich von —70° bis 250° verwendet werden. Es erweicht oberhalb 250°, geht bei 325° in einen gummiartigen Zustand über und depolymerisiert sich bei 600—800°, ohne zu verkohlen. Obwohl es also thermoplastisch ist, ist es viel schwerer zu verarbeiten als die meisten anderen Kunststoffe. Eine für das Laboratorium nützliche Eigenschaft ist, daß kleine Stückchen bei Siedevorgängen das Stoßen verhüten.

Chlortrifluoräthylen kann aus 1.1.2-Trichlor-1.2.2-trifluor-äthan hergestellt werden durch Einwirkung von Zinkstaub in Methanol; die Ausgangsverbindung erhält man durch Umsetzung von Hexachloräthan mit Antimonfluorid (s. o.).

$$CCl_2FCClF_2 \xrightarrow[\text{CH}_3\text{OH}]{\text{Zn,}} CClF{=}CF_2$$

Aus Chlortrifluoräthylen entsteht durch Polymerisation ein Produkt, das **Kel-F** oder **Fluorothen** oder **Hostaflon** genannt wird und wie Teflon chemisch widerstandsfähig ist, aber bei 230° weich wird. Hostaflon kann daher bei nicht so hohen Temperaturen verwendet werden wie Teflon, aber es ist leichter gieß- und preßbar. Polymere von niedrigerem Molekulargewicht dienen als Öle und Schmiermittel.

Perfluorbutadien kann auf verschiedene Weise hergestellt werden, z. B. aus Chlortrifluoräthylen.

$$CF_2=CFCl \xrightarrow{JCl} ClF_2CCFClJ \xrightarrow{Zn,\ Ac_2O}$$

$$ClF_2CCFClCFClCF_2Cl \xrightarrow{Zn,\ Alk.} F_2C=CFCF=CF_2$$

Es polymerisiert sich leicht, doch bilden die erhaltenen Produkte Schmieren und Harze. Copolymere mit Vinyläthern sind Elastomere, die vollkommen beständig gegen Ozon sind und die in Lösungsmitteln sogar bei erhöhter Temperatur nicht quellen oder erweichen.

Als während des zweiten Weltkriegs die Trennung von Uranisotopen durch Diffusion der gasförmigen Uranhexafluoride entwickelt wurde, entstand Bedarf an nichtflüchtigen Flüssigkeiten, die als Sperrflüssigkeiten und Schmiermittel für Pumpen dienen konnten, und an einer flüchtigen Flüssigkeit, die von dem sehr reaktionsfähigen Uranhexafluorid nicht angegriffen würde. Als flüchtige Flüssigkeit wurde **Perfluor-1.3-dimethyl-cyclohexan,** Kp: 100°, verwendet. Es wurde durch Chlorierung von m-Xylol zu m-Bis-trichlormethyl-benzol, folgende Umwandlung in die Hexafluorverbindung und Weiterfluorierung zum Perfluorderivat hergestellt.

Die nichtflüchtigen Fluorkohlenstoffe wurden durch direkte Fluorierung von nichtflüchtigen Kohlenwasserstoffen (S. 771) gewonnen.

Einfluß der Trifluormethylgruppe auf andere Funktionen

Die starke elektronenwegziehende Wirkung der Trifluormethylgruppe ändert das Verhalten der anderen funktionellen Gruppen sehr erheblich, besonders durch Erhöhung ihrer Acidität und Verminderung ihrer Basizität. So bildet 2.2.2-Trifluoräthanol mit Natronlauge ein Salz, und die Acidität von 1.1.1.3.3.3-Hexafluorpropanol-(2) $(K_s: 2 \times 10^{-7})$ entspricht etwa der der Kohlensäure. Perfluordimethyläther löst Bortrifluorid nicht und reagiert bei 100° nicht mit 40%iger Jodwasserstoffsäure. Tris-trifluormethyl-amin bildet nicht einmal mit starken Säuren Salze. Trifluormethylphenylketon ist löslich in 10%iger Natronlauge. Durch sofortiges Ansäuern wird das Keton regeneriert. Beim Aufbewahren findet jedoch die übliche Haloform-Zersetzung statt.

$$C_6H_5COCF_3 \xrightarrow{NaOH} C_6H_5\overset{\displaystyle O^{-+}Na}{\underset{\displaystyle OH}{C}}CF_3 \longrightarrow C_6H_5COO^{-+}Na + CHF_3$$

Wiederholungsfragen

1. Man erläutere die Reaktionen von Propylen und Isobutylen mit Chlor.
2. Was versteht man unter Allylumlagerung?

3. Man diskutiere den Einfluß von mehr als einem Fluoratom an einem einzigen Kohlenstoffatom auf die physikalischen und chemischen Eigenschaften einer Verbindung.

4. Man vergleiche die Wirkungen der Methylgruppe und der Trifluormethylgruppe auf die chemischen Eigenschaften der funktionellen Gruppe, mit der sie verbunden sind.

Aufgaben

5. Man verfertige eine Schemazeichnung, enthaltend die Reaktionsstufen für die Darstellung folgender Verbindungen aus Acetylen, einschließlich der erforderlichen Reagentien, Katalysatoren und Bedingungen: Acetylentetrachlorid, Vinylchlorid, Vinylidenchlorid, Äthylidenchlorid, Vinylfluorid, 1.1-Difluor-äthan, 1-Chlor-1.1-difluor-äthan, Trichloräthylen, Methylchloroform, Pentachloräthan, Hexachloräthan, 1.2-Dichlor-äthylen und Perchloräthylen.

6. Welche halogenierten Kohlenwasserstoffe mit einem oder zwei Kohlenstoffatomen können aus Methan dargestellt werden?

7. Man beschreibe die Synthese von Vinylchlorid nach vier verschiedenen praktischen Methoden.

8. Man gebe Reaktionen an für die Überführung von Propylen in 1.2-Dichlorpropan, Perchloräthylen, Tetrachlorkohlenstoff, Hexachloräthan, Allylchlorid, 1-Brom-3-chlor-propan, 1.2-Dibrom-3-chlor-propan, 2.3-Dibrom-propylen und Allen.

9. Man gebe für folgende Synthesen Reaktionen an: (*a*) Chlortrifluoräthylen aus Methan; (*b*) Tetrafluoräthylen aus Acetaldehyd; (*c*) p-Fluortrifluormethylbenzol aus Toluol; (*d*) 1.2-Dichlor-2-fluor-propan aus Allylchlorid; (*e*) Trifluorjodmethan aus Essigsäure; (*f*) Tribromfluormethan aus Aceton.

10. Verbindung *A* hat die Summenformel $C_7H_{13}Cl$. Sie wird durch eine Lösung von Brom in Tetrachlorkohlenstoff leicht entfärbt. Die Ozonspaltung liefert zwei Produkte, von denen jedes mit fuchsinschwefliger Säure eine Färbung gibt, aber nur eines einen positiven Jodoformtest. Nach Kochen von *A* mit Wasser gibt die wäßrige Schicht einen Niederschlag mit Silbernitrat. Nach Erhitzen von *A* können zwei Produkte durch sorgfältige fraktionierte Destillation getrennt werden. Das eine ist identisch mit *A*, das andere, *B*, ist isomer mit *A*. *B* entfärbt ebenfalls Brom, wird aber etwas langsamer hydrolysiert als *A*. Die Ozonspaltung von *B* gibt ebenfalls zwei Produkte; das eine davon gibt eine Färbung mit fuchsinschwefliger Säure, aber einen negativen Jodoformtest, während das andere mit fuchsinschwefliger Säure nicht reagiert, aber einen positiven Jodoformtest gibt. Man stelle die Konstitutionsformel von *A* und Gleichungen für die beteiligten Reaktionen auf.

Kapitel 34

Ungesättigte Alkohole, mehrwertige Alhohole und ihre Derivate. Aminoalkohole und Polyamine

Ungesättigte Alkohole

Das erste Glied der Reihe, **Vinylalkohol,** ist in monomerem Zustand unbekannt, da die Carbonylform beständiger ist.

$$[CH_2=CHOH] \longrightarrow CH_3CHO$$

Vinylalkohol   Acetaldehyd

Vinylacetat kann durch katalysierte Addition von Essigsäure an Acetylen in flüssiger oder Dampfphase, durch Umsetzung von Äthylenchlorid mit Natriumacetat oder durch Umsetzung von Acetaldehyd mit Acetanhydrid gewonnen werden.

$$HC\!\equiv\!CH + HOCOCH_3 \xrightarrow[\text{oder Zn (OAc)}_2 \text{ bei } 210°-250°]{\text{HgSO}_4 \text{ bei } 75°-80°} H_2C\!=\!CHOCOCH_3$$
Vinylacetat

$$ClCH_2CH_2Cl + 2\,NaOCOCH_3 \longrightarrow H_2C\!=\!CHOCOCH_3 + 2\,NaCl + CH_3COOH$$

$$CH_3CHO \rightleftharpoons [CH_2\!=\!CHOH] \xrightarrow{\text{Ac}_2O} CH_2\!=\!CHOCOCH_3 + CH_3COOH$$

Es siedet bei 72° und kann unter Verwendung von Peroxydkatalysatoren leicht zu einem zähen, thermoplastischen Harz polymerisiert werden, das sich in aromatischen Kohlenwasserstoffen löst.

$$2x\,CH_2\!=\!CHOCOCH_3 \longrightarrow \left[\begin{array}{c} -CH_2CH\!-\!CH_2\!-\!CH- \\ OCOCH_3 \quad OCOCH_3 \end{array}\right]_x$$
Polyvinylacetat

Polyvinylacetat-Emulsionen werden als Klebemittel und in Latexfarben verwendet. Copolymerisation von Vinylacetat und Vinylchlorid in wechselndem Verhältnis und zu verschiedenen Polymerisationsgraden führt zu Produkten, die als *Vinnol* oder *Vinylite*-Harze bekannt sind und die untereinander sehr verschiedene Eigenschaften aufweisen. Sie sind sehr widerstandsfähig gegen chemische Agentien und Wettereinflüsse und können zur Herstellung von Platten, flexiblen Folien und Filmen, Textilfasern *(Vinyon)*, gegossenen und kaltgepreßten Artikeln und dauerhaften, gegen Abnutzung und Verderb widerstandsfähigen Überzügen verwendet werden. Unter anderem werden Fußbodenbeläge, Polstermaterialien und Schuhsohlen daraus hergestellt.

Durch Verseifung von Polyvinylacetat entsteht **Polyvinylalkohol.** Dessen

$$\left[\begin{array}{c} -CH_2CH\!-\!CH_2\!-\!CH- \\ OCOCH_3 \quad OCOCH_3 \end{array}\right]_x \xrightarrow{\text{NaOH}} \left[\begin{array}{c} -CH_2CHCH_2CH- \\ OH \quad OH \end{array}\right]_x$$
Polyvinylalkohol

physikalische Eigenschaften ähneln denen der Stärke; er findet Verwendung für Überzüge, die in Wasser, aber nicht in organischen Lösungsmitteln löslich sein sollen.

Polyvinylalkohol ist ein im wesentlichen lineares Polymeres mit Kopf-Schwanz-Anordnung; etwa 0,4% des Sauerstoffs liegen in Form von Carbonylsauerstoff vor. Übrigens tritt bei der Polymerisation in geringem Umfang Schwanz-Schwanz-Addition ein, und zwar bei den Hydroxylgruppen, die 1.2-Stellung anstatt 1.3-Stellung einnehmen.

Da die meisten Hydroxylgruppen des Polyvinylalkohols in 1.3-Stellung stehen, reagieren sie leicht mit Aldehyden unter Bildung cyclischer Acetale mit sechs-

$$\left[\begin{array}{c} -CH_2CHCH_2CH- \\ OH \quad OH \end{array}\right]_x + x\,RCHO \xrightarrow[\text{Säure}]{\text{Verd.}} \left[\begin{array}{c} CH_2 \\ -CH_2CH \qquad CH- \\ O \qquad O \\ CH \\ R \end{array}\right]_x + x\,H_2O$$

gliedrigen Ringen (S. 783). Das Reaktionsprodukt mit n-Butyraldehyd ist als **Polyvinylbutyral** bekannt, es dient als Mittellage für Mehrschichten-Sicherheitsglas.

1-Methylvinyl-acetat *(Isopropenylacetat)* $CH_2=COCOCH_3$ wird hergestellt durch Einleiten von Keten in Aceton, das eine Spur Schwefelsäure enthält (S. 804).

$$CH_3COCH_3 \underset{}{\overset{[H^+]}{\rightleftharpoons}} \left[CH_2=\underset{CH_3}{\overset{|}{C}}-OH \right] \xrightarrow{CH_2=C=O} CH_2=\underset{CH_3}{\overset{|}{C}}-OCOCH_3$$

Alkohole werden in Gegenwart von Kaliumhydroxyd bei erhöhter Temperatur an Acetylen angelagert unter Bildung von *Vinylalkyläthern*, die polymerisiert werden können.

$$HC\equiv CH + HOR \xrightarrow[150°-180°]{KOH} H_2C=CHOR \longrightarrow \left[-CH_2\underset{OR}{\overset{|}{C}H}- \right]_x$$

Polyvinylmethyläther kann als zähe, dicke Flüssigkeit oder als weicher Festkörper erhalten werden. Er ist löslich in organischen Solventien und in kaltem Wasser, fällt aber beim Erhitzen auf 35° aus der wäßrigen Lösung aus. Er wird als Koaguliermittel in wäßrigen Medien verwendet.

Hydrolyse der Vinyläther gibt den Alkohol und Acetaldehyd.

$$H_2C=CHOR + H_2O \xrightarrow{[H^+]} ROH + [H_2C=CHOH] \longrightarrow CH_3CHO$$

Wie Vinylalkohol existiert **Äthinylalkohol** nur in Form seiner Derivate; die beständige Form ist Keten (S. 803).

$$[HC\equiv COH] \longrightarrow H_2C=C=O$$
$$\text{Äthinylalkohol} \qquad \text{Keten}$$

Die Äther werden am besten aus Chloracetalen dargestellt.

$$ClCH_2CH(OR)_2 \xrightarrow[\text{in } NH_3]{NaNH_2} NaC\equiv COR \xrightarrow{H_2O} HC\equiv COR$$

Sie sind wertvolle Zwischenprodukte für die Synthese von α,β-ungesättigten Aldehyden (S. 805).

$$HC\equiv COC_2H_5 \xrightarrow{CH_3MgBr} BrMgC\equiv COC_2H_5 \xrightarrow{RCHO} RCHOHC\equiv COC_2H_5 \xrightarrow{H_2,Pd}$$

$$RCHOHCH=CHOC_2H_5 \xrightarrow{H_2O, [H^+]} RCH=CHCHO$$

Allylalkohol kann aus Glycerin durch reduktive Dehydratisierung, und zwar durch Erhitzen mit Ameisensäure oder Oxalsäure dargestellt werden.

$$HOCH_2CHOHCH_2OCHO \xrightarrow{\text{Wärme}} HOCH_2CH=CH_2 + CO_2 + H_2O$$
$$\text{α-Glycerylformiat} \qquad\qquad \text{Allylalkohol}$$

Er wird jetzt in großem Maße technisch durch Hydrolyse von Allylchlorid (S. 768) bei p_H 8 bis 11 hergestellt.

$$CH_2=CHCH_2Cl \xrightarrow[\text{NaOH}]{Na_2CO_3,} CH_2=CHCH_2OH$$
$$\text{Allylchlorid} \qquad\qquad \text{Allylalkohol}$$

Er kann auch neben Propionaldehyd durch Überleiten von Propylenoxyd (S. 788) über heißes Chromoxyd erhalten werden.

$$CH_3CH{-}CH_2 \underset{350°}{\overset{Cr_2O_3}{\longrightarrow}} CH_2{=}CHCH_2OH \text{ und } CH_3CH_2CHO$$
$$\overset{\diagdown\diagup}{O} \qquad\qquad 2 \qquad : \qquad 1$$

Während einfache Allylverbindungen nicht leicht polymerisieren, tun dies einige ihrer Ester, wie Allylphthalat, und die Polymeren haben Verwendung gefunden, besonders als Laminarharze. Andere kompliziertere Ester geben harte, durchsichtige Harze. Seit 1948 hat Allylalkohol als Zwischenprodukt bei der Herstellung von synthetischem Glycerin (S. 791) Bedeutung erhalten. **Crotylalkohol** wird durch Meerwein-Ponndorf-Reduktion (S. 207) von Crotonaldehyd dargestellt, und **Methallylalkohol** *(2-Methyl-allylalkohol)* durch Hydrolyse von Methallylchlorid (S. 768).

$$CH_3CH{=}CHCHO + (CH_3)_2CHOH \overset{Al(OC_3H_7)_3}{\longrightarrow} CH_3CH{=}CHCH_2OH + CH_3COCH_3$$
$$\text{Crotonaldehyd} \qquad\qquad\qquad\qquad\qquad\qquad \text{Crotylalkohol}$$

$$CH_2{=}C(CH_3)CH_2Cl \overset{NaOH}{\longrightarrow} CH_2{=}C(CH_3)CH_2OH$$
$$\text{Methallylchlorid} \qquad\qquad \text{Methallylalkohol}$$

Allylumlagerung (S. 769) von Crotylalkohol gibt das Gleichgewichtsgemisch mit **1-Methyl-allylalkohol.**

$$CH_3CH{=}CHCH_2OH \overset{[H^+]}{\rightleftarrows} CH_3CHOHCH{=}CH_2$$
$$30\% \qquad\qquad\qquad\qquad 70\%$$

Allylumlagerung von Allylalkohol und von 2-Methyl-allylalkohol läßt sich nur feststellen, wenn durch Isotope markierte Verbindungen verwendet werden, da die Umlagerung keine Änderung der Struktur zur Folge hat.

Ungesättigte Alkohole können als Reaktionsprodukte der Prins-Reaktion (S. 607) auftreten. Geht man von aliphatischen Olefinen aus, dann ist die Stellung der Doppelbindung im Reaktionsprodukt der ursprünglichen Stellung im Olefin benachbart.

$$\underset{\underset{CH_3}{|}}{CH_3C}{=}\underset{\underset{CH_3}{|}}{CCH_3} + HCHO \overset{H_2SO_4}{\longrightarrow} CH_2{=}\underset{\underset{CH_3}{|}}{C}{-}\overset{\overset{CH_3}{|}}{\underset{\underset{CH_3}{|}}{C}}CH_2OH$$

Von dieser Reaktion wird Gebrauch gemacht bei der Synthese von **Lavandulol,** einem Terpenalkohol, der in kleinen Mengen im Lavendelöl *(Lavandula vera)* vorkommt.

$$\underset{\underset{OCOCH_3}{|}}{(CH_3)_2CCH_2CH_2CH}{=}C(CH_3)_2 \overset{HCHO, HOAc}{\underset{[H^+]}{\longrightarrow}} \underset{\underset{OCOCH_3}{|}}{(CH_3)_2CCH_2CH_2CH}\overset{\overset{CH_3}{|}}{C}{=}\underset{\underset{CH_2OCOCH_3}{}}{CH_2}$$

$$\overset{Pyrolyse}{\underset{Hydrolyse}{\longrightarrow}} CH_2{=}\underset{\underset{CH_3}{|}}{C}CH_2CH_2CH\overset{\overset{CH_3}{|}}{C}{=}\underset{\underset{CH_2OH}{}}{CH_2}$$
$$\text{Lavandulol}$$

Die cis-Form von **1-Hydroxy-hexen-(3)**, $CH_3CH_2CH=CHCH_2CH_2OH$, *(Blätter-alkohol)* ist verantwortlich für den charakteristischen Geruch von grünem Gras und Blättern.

Eine allgemeine Methode für die Synthese von **Acetylen-Alkoholen** ist die Umsetzung von Acetylen-Grignard-Verbindungen (S. 137) oder von Natrium- oder Kaliumacetyliden mit Aldehyden oder Ketonen.

$$RC\equiv CMgX \xrightarrow{R'CHO} RC\equiv CCHR' \xrightarrow{HX} RC\equiv CCHR' + MgX_2$$
$$\underset{OMgX}{|} \qquad \underset{OH}{|}$$

Propargylalkohol wird technisch neben 1.4-Dihydroxy-butin-(2) durch Kondensation von Acetylen mit Formaldehyd (S. 214) erhalten.

$$HC\equiv CH \xrightarrow[Cu_2C_2]{HCHO,} HC\equiv CCH_2OH \text{ und } HOCH_2C\equiv CCH_2OH$$
$$\qquad\qquad \text{Propargylalkohol} \qquad \text{1.4-Dihydroxy-butin-(2)}$$

Er kann auch durch Einwirkung von Natriumamid auf Epichlorhydrin (S. 792) in flüssigem Ammoniak dargestellt werden.

$$ClCH_2CH{-}CH_2 \xrightarrow{NaNH_2} CH\equiv CCH_2ONa \xrightarrow{H_2O} CH\equiv CCH_2OH$$
$$\underset{O}{\diagdown\diagup}$$

Unter den gleichen Bedingungen geben Tetrahydrofurfurylchlorid (S. 652) und 2-Chlormethyl-tetrahydropyran (S. 666) **5-Hydroxy-pentin-(1)** bzw. **6-Hydroxy-hexin-(1)**.

$$\text{[Tetrahydrofuran-Ring]}CH_2Cl \xrightarrow{NaNH_2} HOCH_2(CH_2)_2C\equiv CH$$

$$\text{[Tetrahydropyran-Ring]}CH_2Cl \xrightarrow{NaNH_2} HOCH_2(CH_2)_3C\equiv CH$$

Mehrwertige Alkohole

Aldehyd-Hydrate

Verbindungen mit zwei Hydroxylgruppen am gleichen Kohlenstoffatom sind gewöhnlich unbeständig und spalten unter Bildung des Carbonylderivats Wasser ab. Methandiol, das Hydrat des Formaldehyds, scheint nur in wäßriger Lösung existenzfähig zu sein (S. 211). Doch ist die Beständigkeit des Hydrats bei Anwesenheit elektronenanziehender Gruppen größer. So bildet Dichloracetaldehyd ein hygroskopisches Monohydrat, das bei **55°** schmilzt. **Chloral** (Trichloracetaldehyd) ist eine in Wasser unlösliche Flüssigkeit, die durch Umsetzung von Äthylalkohol oder Acetaldehyd mit Chlor dargestellt wird.

$$C_2H_5OH + 4\,Cl_2 \longrightarrow Cl_3CCHO + 5\,HCl$$
$$\text{Chloral}$$

Beim Schütteln von Chloral mit Wasser wird Wärme frei, und das kristallisierte Hydrat scheidet sich ab. Zur Wiedergewinnung des wasserfreien Chlorals wird das Hydrat mit konzentrierter Schwefelsäure vermischt. Chloral gibt mit fuchsinschwefliger Säure eine Färbung, **Chloralhydrat** dagegen nicht. Das Wasser hat also mit dem Aldehyd reagiert.

$$Cl_3CCHO + H_2O \longrightarrow Cl_3CCH(OH)_2$$
Chloralhydrat

Chloral ist ein schnell wirkendes Schlafmittel (inAmerika als "knock-out drops" bekannt). Sein Hauptverwendungszweck ist die Herstellung von DDT (S. 596).

Derivate von 1.1-Alkandiolen, z. B. die Halbacetale (S. 212), sind ebenfalls unbeständig, doch sind die Acetale (S. 212) und Acylale (S. 213) stabile Verbindungen.

1.2-Glykole

Darstellung. Mehrere allgemeine Methoden zur Darstellung von 1.2-Glykolen werden praktisch angewendet.

1. Oxydation von ungesättigten Verbindungen. Geeignete Oxydationsmittel für die Hydroxylierung der Doppelbindung sind verdünnte wäßrige Permanganatlösung (S. 60) oder Wasserstoffperoxyd in Gegenwart von Osmiumtetroxyd oder Wolframoxyd.

$$RCH=CHR + H_2O_2 \xrightarrow{OsO_4} RCHOHCHOHR$$

Diese Reagentien liefern die sogenannten cis-Glykole; d. h. wenn die R-Gruppen identisch und verschieden von Wasserstoff sind, liefert das cis-Olefin die meso-Form, während das trans-Olefin die racemische Form bildet (S. 355).

2. Hydrolyse von 1.2-Epoxyden. Die Hydrolyse von 1.2-Epoxyden (Äthylenoxyden, S. 787) zu 1.2-Glykolen wird durch Säuren wie durch Basen katalysiert.

$$RCH\!-\!CHR + H_2O \xrightarrow{[H^+] \text{ oder } [OH^-]} RCHOHCHOHR$$

Die Reaktionsprodukte sind in diesem Fall trans-Glykole; d. h. cis-Epoxyde geben racemische Glykole, während trans-Epoxyde meso-Glykole liefern.

Die Bildung der trans-Glykole geht unter Waldenscher Umkehrung an einem der Kohlenstoffatome vonstatten. Die Umkehrung wird durch den Angriff eines Wassermoleküls oder eines Hydroxylions von der Rückseite her verursacht.

3. Hydrolyse von 1.2-Dihalogeniden oder Halogenhydrinen. Dihalogenide werden am besten über die Diacetate in die Glykole umgewandelt.

Die durch Umsetzung von Olefinen mit Halogen in Gegenwart von Wasser erhaltenen Halogenhydrine werden sehr leicht zu Glykolen hydrolysiert.

$$RCH{=}CHR + X_2 + H_2O \longrightarrow \underset{\underset{OH\ \ X}{|\ \ \ \ |}}{RCH{-}CHR} + HX$$

$$\underset{\underset{OH\ \ X}{|\ \ \ \ |}}{RCH{-}CHR} + H_2O + Na_2CO_3 \longrightarrow \underset{\underset{HO\ \ OH}{|\ \ \ \ |}}{RCHCHR} + NaX + NaHCO_3$$

Die Bildung von Halogenhydrinen durch Umsetzung von Olefinen mit Halogen in wäßriger Lösung wird häufig als Anlagerung von unterhalogeniger Säure formuliert. Es konnte jedoch gezeigt werden, daß sich bei der Bildung der Halogenhydrine primär ein Angriff von freiem Halogen auf die Doppelbindung vollzieht. Das intermediär entstehende Carboniumion (S. 57) reagiert mit Wasser, worauf Abspaltung eines Protons zum Halogenhydrin führt.

$$RCH{=}CH_2 \underset{[X^-]}{\overset{X_2}{\rightleftarrows}} \underset{+}{[RCHCH_2X]} \overset{H_2O}{\longrightarrow} \left[\underset{\underset{+OH_2}{|}}{RCHCH_2X} \right] \underset{[H^+]}{\rightleftarrows} \underset{\underset{OH}{|}}{RCHCH_2X}$$

Wenn die Halogenierung in Methanol durchgeführt wird, bildet sich das Methoxyhalogenid.

1.2-Glykole entstehen auch durch Pinakonreduktion von Ketonen (S. 226) und durch Reduktion von Acyloinen (S. 181).

Reaktionen. 1.2-Glykole zeigen mehrere charakteristische Reaktionen, die die einfachen Alkohole nicht geben.

1. *Bildung von cyclischen Verbindungen.* Auf Grund der 1.2-Stellung der Hydroxylgruppen sind Reaktionen, die zur Bildung von 5gliedrigen Ringen führen, recht häufig. So gibt die Umsetzung mit Aldehyden oder Ketonen **cyclische Acetale.**

$$\underset{RCHOH}{\overset{RCHOH}{\underset{|}{|}}} + O{=}CHC_6H_5 \overset{HCl}{\longrightarrow} \underset{RCH{-}O}{\overset{RCH{-}O}{\underset{|}{|}}}{\Large>}CHC_6H_5$$

Benzyliden-
derivat

$$\underset{RCHOH}{\overset{RCHOH}{\underset{|}{|}}} + O{=}C(CH_3)_2 \overset{HCl}{\longrightarrow} \underset{RCH{-}O}{\overset{RCH{-}O}{\underset{|}{|}}}{\Large>}C(CH_3)_2$$

Isopropyliden
derivat

Phosgen gibt **cyclische Carbonate.**

$$\underset{RCHOH}{\overset{RCHOH}{\underset{|}{|}}} + COCl_2 \longrightarrow \underset{RCH{-}O}{\overset{RCH{-}O}{\underset{|}{|}}}{\Large>}CO + 2\,HCl$$

Cyclisches Carbonat

1.2-Glykole erhöhen die Leitfähigkeit von Borsäurelösungen, da nach Bildung des Borats das einsame Elektronenpaar der vierten Hydroxylgruppe das leere orbital des Boratoms auffüllt und die Ionisierung eines Protons ermöglicht.

$$RCHOH\!-\!RCHOH + B(OH)_3 + HOCHR\!-\!HOCHR \longrightarrow 3\,H_2O + \left[\begin{array}{c}RCH\!-\!O\quad O\!-\!CHR\\ \diagdown B \diagup \\ RCH\!-\!O\quad :O\!-\!CHR\\ |\\ H\end{array}\right] \longrightarrow$$

$$\left[\begin{array}{c}RCH\!-\!O\quad O\!-\!CHR\\ \diagdown B \diagup \\ RCH\!-\!O\quad O\!-\!CHR\end{array}\right]^{-} H^{+}$$

Cyclische Verbindungen, bei denen der Ringschluß durch Koordination mit einem einsamen Elektronenpaar zustande kommt (vorgestellt als Zangenbewegung), werden als **Chelatverbindungen** (griech. *chele* Klaue) bezeichnet.

2. *Pinakolinumlagerung.* Bei der säurekatalysierten Umlagerung von 1.2-Glykolen (S. 227) wandert Wasserstoff vorzugsweise an eine Kohlenwasserstoffgruppe.

$$RCHOHCH_2OH \xrightarrow{[H^+]} RCH_2CHO + H_2O$$
$$RCHOHCHOHR \longrightarrow RCH_2COR$$
$$R_2COHCOHR_2 \longrightarrow R_3CCOR$$

Die leichte Darstellung von Isobutyraldehyd durch Hydrolse von Methallylchlorid und von Methylisopropylketon durch Hydrolyse von 2.3-Dichlor-2-methyl-butan ist das Ergebnis einer Pinakolinumlagerung.

$$CH_2\!=\!C(CH_3)CH_2Cl \xrightarrow[\text{Wärme}]{H_2O-H_2SO_4} [(CH_3)_2COHCH_2Cl] \longrightarrow$$
$$[(CH_3)_2COHCH_2OH] \longrightarrow (CH_3)_2CHCHO$$
$$(CH_3)_2CClCHClCH_3 \xrightarrow[\text{Wärme}]{H_2O-H_2SO_4} [(CH_3)_2COHCHOHCH_3] \longrightarrow (CH_3)_2CHCOCH_3$$

3. *Oxydative Spaltung.* Die Bindung zwischen den beiden hydroxylierten Kohlenstoffatomen kann leicht durch Oxydation gespalten werden. Werden Reagentien wie Permanganat oder saures Dichromat verwendet, so entstehen zwei Mol Säure (S. 150). Durch Wahl geeigneter Reagentien kann die Reaktion auf der Aldehyd-Stufe abgebrochen werden. Besonders geeignet sind Bleitetraacetat in wasserfreien Lösungsmitteln *(Criegee-Reaktion)* und Perjodsäure in wäßriger Lösung *(Malaprade-Reaktion)*.

$$RCHOHCHOHR + Pb(OCOCH_3)_4 \longrightarrow 2\,RCHO + Pb(OCOCH_3)_2 + 2\,HOCOCH_3$$
$$RCHOHCHOHR + HJO_4 \longrightarrow 2\,RCHO + HJO_3 + H_2O$$

Da sowohl Bleitetraacetat als auch Perjodsäure leicht durch jodometrische Methoden bestimmt werden können, eignen sich die Reaktionen zur quantitativen Bestimmung von 1.2-Glykolen.

Wichtige 1.2-Glykole. Nachdem WURTZ dem Glycerin die Konstitution des Propantriols-(1.2.3) zuerkannt hatte, überlegte er, daß ein analoges Äthandiol-(1.2) möglich sein müsse. 1859 berichtete er über die Synthese durch Verseifung des Acetats, das er durch Einwirkung von Silberacetat auf Äthylenjodid dargestellt hatte. Da das Reaktionsprodukt ähnliche Eigenschaften aufwies wie Glycerin, wurde es *Glykol* genannt.

Seit 1925 hat **Äthylenglykol** $HOCH_2CH_2OH$ technische Bedeutung erlangt; es war unter den ersten organisch-chemischen Produkten, die technisch aus Petroleum hergestellt wurden. Dies ergab sich aus einem Forschungsprogramm des Mellon Institute, das in der Hauptsache die Entwicklung eines billigeren Verfahrens zur Herstellung von Acetylen zum Ziel hatte. Durch thermische Crackung von Erdgas oder Erdöl wurde Acetylen erhalten; daneben entstanden aber große Mengen Äthylen. Versuche zur Verwendung des Äthylens führten zur Herstellung von Äthylenglykol. Als Glykol 1922 erstmals in größeren Mengen zur Verfügung stand, gab es keine wesentliche Verwendung dafür. 1955 betrug die Produktion in den USA 400 Millionen kg, womit das Glykol mengenmäßig in der Erzeugung synthetischer organischer Produkte an die fünfte Stelle rückte.

Gegenwärtig stehen der Technik drei Herstellungsverfahren zur Verfügung. Nach dem ersten Verfahren wird Äthylen in eine Lösung von Chlor in Wasser bei 0° eingeleitet. Anschließende Destillation liefert ein konstantsiedendes Gemisch von **Äthylenchlorhydrin** und Wasser. Nebenprodukte sind Äthylenchlorid und β-Chloräthyläther. Das Äthylenchlorhydrin wird durch Erhitzen mit Natriumhydroxyd oder Ätzkalk in **Äthylenoxyd**, Kp: 14°, übergeführt. Dieses gibt bei der Hydrolyse mit Wasser bei 200° oder mit verdünnter Schwefelsäure bei 60° Glykol (Kp: 197°), das durch Destillation vom Wasser befreit wird.

$$CH_2{=}CH_2 \xrightarrow{\text{Cl}_2,\ \text{H}_2\text{O}} HOCH_2CH_2Cl \xrightarrow[\text{Ca(OH)}_2]{\text{NaOH oder}} \underset{\displaystyle O}{CH_2{-}CH_2} \xrightarrow[200°]{\text{H}_2\text{O}} HOCH_2CH_2OH$$

Nach dem zweiten Verfahren wird das Äthylenoxyd durch direkte Oxydation von Äthylen mit Luft in Gegenwart eines Silberkatalysators hergestellt. Zur Unterdrückung der Oxydation zu Kohlendioxyd werden dem Äthylen etwa 2 % Äthylenchlorid zugemischt.

$$CH_2{=}CH_2 + O_2\ (\text{Luft}) \xrightarrow[250°]{\text{Ag-Kat.}} \underset{\displaystyle O}{CH_2{-}CH_2}$$

Bei dem dritten Verfahren werden Formaldehyd, Kohlenmonoxyd und Wasser katalytisch bei 200° und 700 Atmosphären zu Glykolsäure vereinigt; diese wird in den Methylester übergeführt und zu Glykol reduziert.

$$HCHO + CO + H_2O \xrightarrow{[\text{H}^+]} \underset{\text{Glykolsäure}}{HOCH_2COOH} \longrightarrow HOCH_2COOCH_3 \longrightarrow HOCH_2CH_2'OH$$

Äthylenglykol dient hauptsächlich als nichtflüchtiges Gefrierschutzmittel für Automobilkühler und als Kühlmittel für Flugzeugmotoren. Wie Glycerin ist es hygroskopisch, und so kann es Glycerin für viele technische Zwecke ersetzen. Äthylenglykol ist jedoch verhältnismäßig giftig, sollte daher nicht in Nahrungsmitteln oder Kosmetika verwendet werden. Im Körper wird es großenteils zu Oxalsäure oxydiert und als Calciumoxalat (S. 836) in den Nierentubuli abgelagert, wodurch Anurie verursacht wird. Äthylenchlorhydrin dient, abgesehen von der Verwendung zur Herstellung von Äthylenoxyd, als Ausgangsmaterial für **Form-**

aldehyd-bis-[β-chlor-äthyl]-acetal (vgl. S. 212), dessen Überführung in Thiokol ST auf S. 761 besprochen wurde.

$$2\ ClCH_2CH_2OH + HCHO \longrightarrow ClCH_2CH_2OCH_2OCH_2CH_2Cl + H_2O$$
$$\text{Formaldehyd-bis-[β-chlor-äthyl]-acetal}$$

Große Mengen Äthylenglykol werden zur Synthese von Terephthalsäure-Glykol-Polyestern (S. 585), von Polyesterharzen (S. 852), Polyurethanen (S. 844) und zahlreichen anderen Derivaten gebraucht. Das **Dinitrat** ist ein Explosivstoff und wird zur Herabsetzung des Gefrierpunktes von Nitroglycerin (S. 791) verwendet. Wird Glykol mit 4%iger wäßriger Schwefelsäure destilliert, so entsteht **Dioxan-(1.4).**

$$2\ HOCH_2CH_2OH \xrightarrow[\text{Wärme}]{\text{Verd. } H_2SO_4,} \begin{array}{c} O \\ H_2C \diagup \diagdown CH_2 \\ H_2C \diagdown \diagup CH_2 \\ O \end{array} + 2\ H_2O$$
$$\text{1.4-Dioxan}$$

Dioxan ist ein wertvolles Lösungsmittel und Farbenabbeizmittel, muß aber bei guter Ventilation verwendet werden, da es ziemlich giftig ist.

Wenn Äthylenoxyd mit einem Alkohol oder einem Phenol reagiert, bildet sich ein Monoalkyl- bzw. Monoaryläther des Äthylenglykols.

$$(CH_2)_2O + ROH \longrightarrow HOCH_2CH_2OR$$
$$(CH_2)_2O + ArOH \longrightarrow HOCH_2CH_2OAr$$

Der **Monoäthyläther** wurde *Cellosolve* genannt, da er ein Lösungsmittel für Nitrocellulose ist. Er wird zur Herstellung von Lacken verwendet. Auch andere Glykoläther und ihre Acetate eignen sich für diesen Zweck.

Äthylenglykol reagiert sukzessive mit mehreren Molekülen Äthylenoxyd unter Bildung von **Diäthylenglykol, Triäthylenglykol,** höheren Kondensationsprodukten und schließlich hochmolekularen **Polyäthylenglykolen.**

$$HOCH_2CH_2OH \xrightarrow{(CH_2)_2O} HOCH_2CH_2OCH_2CH_2OH \xrightarrow{(CH_2)_2O}$$
$$\text{Diäthylenglykol}$$
$$HOCH_2CH_2OCH_2CH_2OCH_2CH_2OH \xrightarrow{(CH_2)_2O} HO(CH_2CH_2O)_xCH_2CH_2OH$$
$$\text{Triäthylenglykol} \qquad\qquad \text{Polyäthylenglykole}$$

Die Polyäthylenglykole bilden zähe, viscose Flüssigkeiten oder wachsartige Substanzen *(Carbowachse)* und sind alle löslich in Wasser.

Durch Umsetzung der Monoalkyläther des Äthylenglykols mit Äthylenoxyd entstehen **Monoalkyläther des Diäthylenglykols,** die als *Carbitole* bezeichnet als Bestandteile von Lacken verwendet werden. Wenn alkylierte Phenole mit einem Überschuß von Äthylenoxyd reagieren, bilden sich die Alkylaryläther von Polyäthylenglykol.

$$RC_6H_4OH + (x+1)(CH_2)_2O \longrightarrow RC_6H_4O(CH_2CH_2O)_xCH_2CH_2OH$$

Produkte dieser Art sind, wenn die Alkylgruppen 8 bis 10 Kohlenstoffatome enthalten und $x = 8\text{—}12$, gute **nichtionische Waschmittel.** Die Umsetzung von

Äthylenoxyd mit Fettsäuren wie jene aus Tall-Öl (S. 421) liefert Ester des Poly-äthylenglykols, ebenfalls nichtionische Detergentien, die zu Spezialwaschmitteln für automatische Waschmaschinen gebraucht werden.

$$RCOOH + (x + 1)(CH_2)_2O \longrightarrow RCOO(CH_2CH_2O)_xCH_2CH_2OH$$

1.2-Oxyde werden **Epoxyde** oder **Epoxyderivate** genannt. So kann Äthylenoxyd *Epoxyäthan* genannt werden. Die Darstellung aus 1.2-Halogenhydrinen und Alkalien (S. 785) ist eine allgemeine Reaktion. Epoxyde können auch aus un-gesättigten Verbindungen und Persäuren dargestellt werden. Früher wurden Benzopersäure (S. 581) und Phthalmonopersäure verwendet, doch ist für die Darstellung in großem Maßstab Peressigsäure (S. 159, 924) an deren Stelle getreten.

$$RCH{=}CHR + CH_3COO{-}OH \longrightarrow RCH{-}CHR + CH_3COOH$$
$$\underset{O}{\diagdown\diagup}$$

Der dreigliedrige Ring ist reaktionsfähiger als höhergliedrige Ringe, und so reagieren Äthylenoxyde mit allen Verbindungen, die aktiven Wasserstoff ent-halten, unter Bildung von offenkettigen Reaktionsprodukten. Die Umsetzung mit Alkoholen gibt β-Hydroxyäther (S. 786), mit Mercaptanen β-Hydroxysulfide, mit Aminen β-Hydroxyamine und mit Carbonsäuren β-Hydroxyester. Grignard-Verbindungen reagieren unter Bildung von Alkoholen. Bei monosubstituierten Äthylenoxyden öffnet sich der Ring gewöhnlich unter Bildung einer sekundären Hydroxylgruppe.

$$RCH{-}CH_2 + \quad HSR' \longrightarrow RCHOHCH_2SR'$$

$$+ \quad HNHR' \longrightarrow RCHOHCH_2NHR'$$

$$+ \quad HOCOR' \longrightarrow RCHOHCH_2OCOR'$$

$$+ \quad R'MgX \longrightarrow RCHOHCH_2R'$$

Die Reaktion von Grignard-Verbindungen mit Äthylenoxyd ist eine wichtige Methode der organischen Synthese, denn sie gestattet die schrittweise Ver-längerung einer Kohlenstoffkette um jeweils zwei Atome.

$$RMgX + (CH_2)_2O \longrightarrow RCH_2CH_2OMgX \overset{HX}{\longrightarrow} RCH_2CH_2OH + MgX_2$$

Mit welcher relativen Geschwindigkeit die beiden Sauerstoffbindungen in un-symmetrisch substituierten Epoxyden gelöst werden, hängt u. a. ab von der Natur des Reagens oder des Katalysators, von der Natur der Substituenten und von der relativen sterischen Hinderung an den beiden Kohlenstoffatomen. In den angeführten Beispielen wird wahrscheinlich durch das angreifende Reagens ein einsames Elektronenpaar an den Punkt geringer Elektronendichte gebracht, das wäre die Methylengruppe, voraus-gesetzt daß R ein Elektronendonator ist, z. B. eine Alkylgruppe. Auch findet das sich nähernde Reagens an der Methylengruppe die kleinere sterische Hinderung. Daher entstehen als Reaktionsprodukte sekundäre Alkohole. In gleicher Weise verläuft auch die durch Basen katalysierte Addition von Alkoholen.

$$RCH{-}CH_2 \overset{[:OR']}{\longrightarrow} \left[R{-}CHCH_2OR' \right] \overset{R'OH}{\underset{[R'O:]}{\rightleftarrows}} RCHCH_2OR'$$

Bei der säurekatalysierten Addition richtet sich dagegen der erste Angriff gegen den Sauerstoff, und die Leichtigkeit, mit der das Sauerstoffatom mitsamt dem bindenden Elektronenpaar abgespalten werden kann, scheint der bestimmende Faktor zu sein, da als Hauptprodukt der primäre Alkohol entsteht.

$$RCH\!-\!CH_2 \xrightarrow{[H^+]} \left[RCH\!-\!CH_2 \atop _+OH \right] \xrightleftharpoons{R'OH} \left[{HO^+R' \atop RCHCH_2} \atop OH \right] \underset{[H^+]}{\rightleftharpoons} {OR' \atop RCHCH_2} \atop OH$$

Ist R eine stark elektronenanziehende Gruppe, so sollte der Additionsmechanismus umgekehrt sein. Es werden Gemische oder vorzugsweise das eine oder das andere Isomere erhalten, je nach der relativen Bedeutung der verschiedenen Faktoren.

Epoxyde können in Gegenwart von Katalysatoren mit Elektronendefizit eine Art Pinakolinumlagerung erleiden. Monosubstituierte Äthylenoxyde geben Aldehyde, 1.2-disubstituierte Oxyde geben gewöhnlich Ketone.

$$RCH\!-\!CH_2 \xrightarrow{MgBr_2} RCH_2CHO$$

Bei Verwendung von Bortrifluorid als Katalysator gibt cis-2.3-Epoxy-butan nur Butanon-(2), während trans-2.3-Epoxy-butan ein Gemisch aus Butanon-(2) und Isobutyraldehyd gibt.

$$\overset{CH_3\ \ H}{\underset{H\ \ O\ \ CH_3}{C\!-\!C}} \xrightarrow{BF_3} CH_3CH_2COCH_3 \ und \ (CH_3)_2CHCHO$$

Propylenglykol wird durch eine analoge Reihe von Reaktionen wie Äthylenglykol dargestellt.

$$CH_3CH\!\!=\!\!CH_2 \xrightarrow[H_2O]{Cl_2,} \left\{ {CH_3CHOHCH_2Cl \atop 90\%} \atop {CH_3CHClCH_2OH \atop 10\%} \right\} \xrightarrow{Ca(OH)_2} CH_3CH\!-\!CH_2 \xrightarrow{H_2O} CH_3CHOHCH_2OH$$

Propylenoxyd; Propandiol-(1.2) (Propylenglykol)

Propylenglykol hat ähnliche Eigenschaften wie Äthylenglykol. Im Gegensatz zu Äthylenglykol ist es jedoch ungiftig und kann daher Glycerin auch in Nahrungsmitteln und Kosmetika ersetzen. Es ist giftig für niedere Lebewesen und wird in Form von Aerosolen zur Desinfektion der Luft in Kliniken und Schulen verwendet. Im Gemisch mit Äthylenglykol dient es als Gefrierschutzmittel für Kühler. Die Produktion betrug 1955 in den USA etwa 32 Millionen kg.

Butandiol-(2.3) (β-Butylenglykol) ist das Hauptprodukt bei der Vergärung von Stärke durch *Aerobacillus polymyxa*. Daneben bilden sich Äthylalkohol, Aceton, Essigsäure, Diacetyl, Aldehyde und höhere Alkohole.

1.3-Glykole

Trimethylenglykol bildet sich beim Kochen von Trimethylenbromid mit Wasser. Das 1.3-Dibromid wird fast ausschließlich erhalten, wenn Bromwasserstoff an Allylbromid in Abwesenheit von Antioxydantien addiert wird.

$$CH_2\!\!=\!\!CHCH_2Br + HBr \longrightarrow Br(CH_2)_3Br$$

Trimethylenglykol bildet sich auch bei der reduktiven Vergärung von Glycerin durch Bakterien und tritt häufig als Nebenprodukt bei der Seifenfabrikation auf.

Viele 1.3-Glykole können durch Reduktion von β-Hydroxyketonen oder -estern dargestellt werden. Die letztgenannten sind Produkte von Aldolkondensationen (S. 214) oder Claisen-Kondensationen (S. 860). So wird **Butandiol-(1.3)** durch Reduktion von Aldol (S. 215) dargestellt. **2.2-Dimethyl-propandiol-(1.3)** (technischer Name *Neopentylglykol*) entsteht durch Aldolkondensation von Isobutyraldehyd und Formaldehyd und anschließende Cannizzaro-Reaktion mit Formaldehyd (S. 564).

$$(CH_3)_2CHCHO \xrightarrow{HCHO} (CH_3)_2\underset{\underset{CH_2OH}{|}}{C}CHO \xrightarrow[Ca(OH)_2]{HCHO} (CH_3)_2C(CH_2OH)_2 + \tfrac{1}{2}Ca(OCHO)_2$$

2-Methyl-pentandiol-(2.4) (technischer Name *Hexylenglykol*) bildet sich bei der Reduktion von Diacetonalkohol (S. 215).

$$\underset{\text{Diacetonalkohol}}{(CH_3)_2COHCH_2COCH_3} \xrightarrow{H_2-Ni} \underset{\text{2-Methyl-pentandiol-(2.4)}}{(CH_3)_2COHCH_2CHOHCH_3}$$

Aldolkondensation von n-Butyraldehyd und anschließende Reduktion gibt **2-Äthyl-hexandiol-(1.3)**, ein wirksames, Insekten abwehrendes Mittel.

$$n\text{-}C_3H_7CHO + \underset{\underset{C_2H_5}{|}}{CH_2}CHO \xrightarrow{\text{Verd. NaOH}} C_3H_7CHOH\underset{\underset{C_2H_5}{|}}{CH}CHO \xrightarrow{H_2-Ni} C_3H_7CHOH\underset{\underset{\underset{\text{2-Äthyl-hexandiol-(1.3)}}{C_2H_5}}{|}}{CH}CH_2OH$$

Die Prins-Reaktion (S. 607, 780) liefert häufig 1.3-Glykole, vermutlich durch Anlagerung von Wasser an den ungesättigten Alkohol.

α-ω-Glykole

Glykole können allgemein durch Hydrolyse der entsprechenden Dihalogenverbindungen gewonnen werden. Häufig geht die Reaktion des Dihalogenids mit Natriumacetat in essigsaurer Lösung unter Bildung des Diacetats besser, und der Ester kann zum Glykol hydrolysiert werden.

$$Br(CH_2)_xBr + 2\,NaOCOCH_3 \longrightarrow CH_3COO(CH_2)_xOCOCH_3 \xrightarrow{NaOH} HO(CH_2)_xOH$$

Wenn die entsprechenden Dicarbonsäuren zugänglich sind, kann das Glykol durch Reduktion des Diesters dargestellt werden.

$$CH_3OOC(CH_2)_xCOOCH_3 \xrightarrow[Na-ROH]{H_2-Ni\text{ oder}} HOCH_2(CH_2)_xCH_2OH$$

Tetramethylenglykol kann aus Acetylen (S. 757) oder aus Tetrahydrofuran (S. 653) dargestellt werden. Tetramethylen-halogenhydrine sind wertvolle Zwischenprodukte für Laboratoriumssynthesen, und Tetramethylenchlorid dient in der Technik zur Synthese von Hexamethylendiamin (S. 799). Da diese Halogenderivate direkt aus Tetrahydrofuran durch Umsetzung mit Halogenwasserstoffsäuren erhalten werden können, findet Tetramethylenglykol selbst wenig

Verwendung. **2.5-Dimethyl-hexandiol-(2.5)** entsteht durch Reduktion des Additionsproduktes aus zwei Mol Aceton und einem Mol Acetylen.

$$2\,(CH_3)_2CO + HC\!\equiv\!CH \longrightarrow \underset{\underset{OH\ \ \ OH}{|\ \ \ \ |}}{(CH_3)_2CC\!\equiv\!CC(CH_3)_2} \xrightarrow{H_2,\ Ni} \underset{\underset{OH\ \ \ OH}{|\ \ \ \ |}}{(CH_3)_2CCH_2CH_2C(CH_3)_2}$$

Pentandiol-(1.5) wird leicht durch Hydrolyse von Tetrahydropyran (S. 666) erhalten. **Octadecandiol-(1.18),** das aus spanischem Ginster *(Spartium junceum)* isoliert wurde, ist das erste langkettige α,ω-Glykol, das in der Natur gefunden wurde.

Acetylenglykole

Acetylenglykole hat man als Zwischenprodukte für die Synthese von Poly-acetylen- und Polyäthylenverbindungen verwendet. **1.4-Dihydroxy-butin(2)** (Butindiol-(1.4)) wird in der Technik aus Acetylen und Formaldehyd (S. 758) dargestellt. Die Hydroxylgruppen können durch Chlor ersetzt werden, und zwar durch Behandeln mit Thionylchlorid und Pyridin. Das Dichlorbutin spaltet Halogen-wasserstoff ab, wenn es mit Natriumamid in flüssigem Ammoniak behandelt wird, und geht in das Natriumsalz des Butadiins über, das mit Formaldehyd unter Bildung von **1.6-Dihydroxy-hexadiin-(2.4)** reagieren kann.

$$HOCH_2C\!\equiv\!CCH_2OH \xrightarrow[\text{Pyr.}]{SOCl_2,} ClCH_2C\!\equiv\!CCH_2Cl \xrightarrow[\text{NH}_3]{NaNH_2,}$$

$$NaC\!\equiv\!CC\!\equiv\!CNa \xrightarrow{HCHO} HOCH_2C\!\equiv\!CC\!\equiv\!CCH_2OH$$

Durch Wiederholung dieser Reaktionsfolge erhält man **1.8-Dihydroxy-octatriin-(2.4.6)** $HOCH_2C\!\equiv\!CC\!\equiv\!CC\!\equiv\!CCH_2OH$.

Wird das Natriumsalz des Butadiins mit einem Mol eines Aldehyds umgesetzt und anschließend mit Luft in Gegenwart von Kupfer(I)-salzen oxydiert (oxydative Kupplung), so entsteht ein Dihydroxytetrain.

$$RCHO + NaC\!\equiv\!CC\!\equiv\!CNa \longrightarrow RCHOHC\!\equiv\!CC\!\equiv\!CH \xrightarrow[\text{CuCl}-\text{NH}_4\text{Cl}]{O_2\ (\text{Luft})}$$

$$RCHOHC\!\equiv\!CC\!\equiv\!CC\!\equiv\!CC\!\equiv\!CCHOHR$$

Die oxydative Kupplung ist eine wertvolle allgemeine Reaktion der mono-substituierten Acetylene.

Drei- bis sechswertige Alkohole

Der wichtigste dreiwertige Alkohol ist das **Glycerin,** das zuerst 1779 von SCHEELE als Verseifungsprodukt von Fetten (S. 191) isoliert und wegen seines süßen Geschmackes *Ölsüß* genannt wurde. Der Name *Glycerin* (griech. *glykeros* süß) stammt von CHEVREUL (S. 186). 1854 zeigte BERTHELOT (S. 97), daß Glycerin ein dreiwertiger Alkohol ist, und 1855 stellte WURTZ die Konstitutions-formel auf. Vor 1943 wurde Glycerin fast ausschließlich als Nebenprodukt bei der Seifenherstellung gewonnen, und der Preis war starken Schwankungen unter-worfen.

Geringe Mengen Glycerin bilden sich bei der alkoholischen Gärung, und die Ausbeute kann durch Zugabe von Natriumsulfit oder durch schwach alkalische Reaktion der Gärflüssigkeit gesteigert werden. Die Isolierung ist jedoch schwierig, und das Verfahren kann normalerweise nicht mit der Herstellung aus Fetten konkurrieren.

Zur synthetischen Herstellung von Glycerin wurden zahlreiche Verfahren entwickelt. Das wichtigste geht von Propylen aus, das zu Allylchlorid chloriert und weiter zu Allylalkohol (S. 779) hydrolysiert wird. Der Allylalkohol wird mit Chlorwasser in Glycerin-α-chlorhydrin übergeführt, ein Produkt, das leicht zu Glycerin hydrolysiert werden kann.

$$CH_2=CHCH_2OH \xrightarrow{Cl_2,H_2O} ClCH_2CHOHCH_2OH \xrightarrow[NaOH]{Na_2CO_3,} HOCH_2CHOHCH_2OH$$

Es kann auch Epichlorhydrin (S. 792) zu Glycerin hydrolysiert werden.

$$CH_2\!-\!CHCH_2Cl + NaOH + H_2O \xrightarrow{150°} CH_2\!-\!CH\!-\!CH_2 + NaCl$$

Nach einem neueren Verfahren wird Acrolein (S. 807) mit Wasserstoffperoxyd hydroxyliert und das Reaktionsprodukt zu Glycerin reduziert.

$$CH_2=CHCHO \xrightarrow{H_2O_2} HOCH_2CHOHCHO \xrightarrow{H_2,\ Ni} HOCH_2CHOHCH_2OH$$

Die Produktion von Glycerin betrug 1955 in den USA 103 Millionen kg, wovon mehr als ein Drittel synthetisch hergestellt wurde. Etwa 30% wurden zur Herstellung von Alkydharzen (S. 583) und Esterharzen (S. 909) verwendet, 12% zum Anfeuchten von Tabak, 12% zur Herstellung von Nitroglycerin für Sprengstoffe und 11% als Weichmacher für Cellophan (S. 428). Die restlichen 35% wurden in Kosmetika, pharmazeutischen Präparaten, Druckerschwärze, Nahrungsmitteln, zur Textilveredelung und zur Herstellung von Emulgiermitteln (S. 200) und anderen Produkten verwendet.

Glycerinnitrat, gewöhnlich *Nitroglycerin* genannt, ist ein wichtiger Sprengstoff, der durch Umsetzung von Glycerin mit Salpetersäure in Gegenwart von Schwefelsäure hergestellt wird.

$$\begin{matrix} CH_2OH \\ | \\ CHOH + 3\,HNO_3 \\ | \\ CH_2OH \end{matrix} \xrightarrow{(H_2SO_4)} \begin{matrix} CH_2ONO_2 \\ | \\ CHONO_2 + 3\,H_2O \\ | \\ CH_2ONO_2 \end{matrix}$$

Glycerin-
nitrat
(Nitroglycerin)

Es ist ein Öl, das bei 13° erstarrt. Früher war es der wichtigste explosive Bestandteil des **Dynamits,** und zwar im Gemisch mit bis zu 40% eines brennbaren Materials wie gepulverter Zellstoff und Natriumnitrat etwa im Verhältnis 1:3. Gegenwärtig enthält Dynamit bis zu 55% Ammoniumnitrat, vermischt mit je 15% Natriumnitrat, Holzzellstoff und *Sprengöl*. Sprengöl ist ein Gemisch von Glykolnitrat und Glycerinnitrat, das nur zur Erhöhung der Empfindlichkeit des Ammoniumnitrats zugesetzt wird. **Gelatinedynamit** ist ein Gemisch von Holzzellstoff, Natriumnitrat und Nitroglycerin, gelatiniert mit 2 bis 6% Nitrocellulose; es ist ein plastisches Material, das in festem Zustand in Bohrlöcher eingebracht werden kann. Wichtig für Arbeiten an feuchten Stellen ist die hohe Beständigkeit gegen Wasser. Dynamit findet vielfache Anwendung, z. B. im Bergbau, beim Straßenbau und in der Landwirtschaft. In den USA werden jährlich mehr als 270 Millionen kg verbraucht. Auch *Ballistit* und *Cordit*, rauchlose Pulver für militärische Zwecke, sind gelatinierte Gemische von etwa 60% Nitrocellulose und 40% Nitroglycerin. Ähnliche Zubereitungen dienen als feste Raketentreibstoffe.

Durch Umsetzung von Glycerin mit Chlorwasserstoff entstehen **Glycerin-α-monochlorhydrin** [3-Chlor-propandiol-(1.2)] und **Glycerin-α · γ-dichlorhydrin** [1.3-Dichlor-propanol-(2)] und sehr geringe Mengen des 2-Chlorderivats.

$$
\begin{array}{ccccc}
CH_2OH & & CH_2Cl & & CH_2Cl \\
| & & | & & | \\
CHOH & \xrightarrow{HCl} & CHOH & \xrightarrow{HCl} & CHOH \\
| & & | & & | \\
CH_2OH & & CH_2OH & & CH_2Cl \\
& & \text{Glycerin-} & & \text{Glycerin-} \\
& & \alpha\text{-mono-} & & \alpha,\gamma\text{-di-} \\
& & \text{chlorhydrin} & & \text{chlorhydrin}
\end{array}
$$

Diese Chlorhydrine können auch durch Behandeln von Allylalkohol bzw. Allylchlorid mit Chlorwasser erhalten werden.

$$CH_2{=}CHCH_2OH \xrightarrow{Cl_2,\ H_2O} ClCH_2CHOHCH_2OH$$

$$CH_2{=}CHCH_2Cl \xrightarrow{Cl_2,\ H_2O} ClCH_2CHOHCH_2Cl$$

Beide Chlorhydrine geben beim Erhitzen mit Alkalien Epoxyderivate, die die Trivialnamen **Glycid** bzw. **Epichlorhydrin** haben.

$$ClCH_2CHOHCH_2OH + NaOH \xrightarrow{\text{Wärme}} \underset{\text{Glycid}}{CH_2{-}CHCH_2OH} + NaCl + H_2O$$

$$ClCH_2CHOHCH_2Cl + NaOH \xrightarrow{\text{Wärme}} \underset{\text{Epichlorhydrin}}{CH_2{-}CHCH_2Cl} + NaCl + H_2O$$

Epichlorhydrin ist eines der beiden wichtigsten Ausgangsmaterialien zur Herstellung von **Epoxyharzen**, das zweite ist Bisphenol-A (S. 543). Es wird angenommen, daß die basenkatalysierte Kondensation der beiden Reaktionsteilnehmer über die Öffnung und Neubildung des Oxydrings verläuft, und nicht durch Verdrängung des Halogens durch das Phenolation zustande kommt.

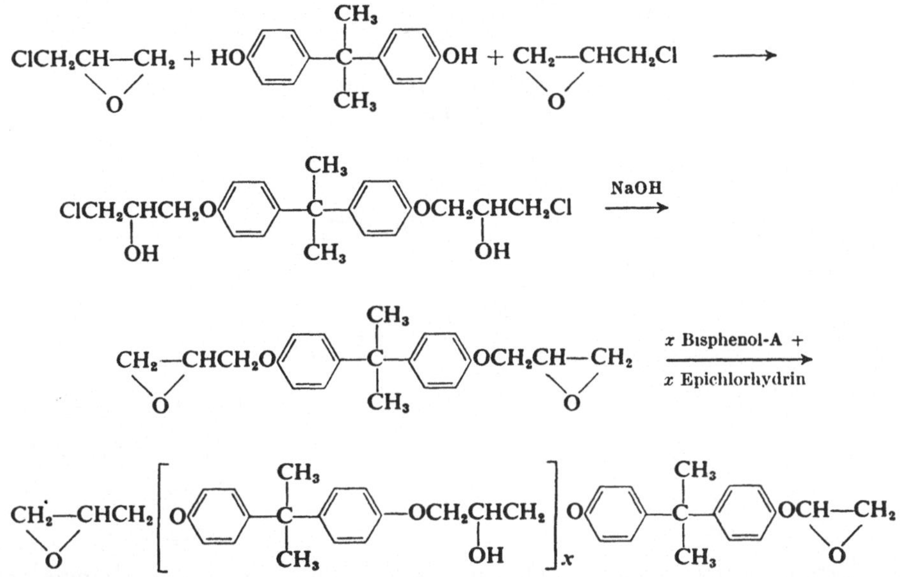

$$ClCH_2CH—CH_2 \text{(O)} + HO\text{—C}_6H_4\text{—C(CH}_3)_2\text{—C}_6H_4\text{—}OH + CH_2—CHCH_2Cl \text{(O)} \longrightarrow$$

$$ClCH_2CHCH_2O\text{—C}_6H_4\text{—C(CH}_3)_2\text{—C}_6H_4\text{—}OCH_2CHCH_2Cl \quad (OH) \xrightarrow{\text{NaOH}}$$

$$CH_2—CHCH_2O\text{—C}_6H_4\text{—C(CH}_3)_2\text{—C}_6H_4\text{—}OCH_2CH—CH_2 \xrightarrow[x \text{ Epichlorhydrin}]{x \text{ Bisphenol-A} +}$$

$$CH_2—CHCH_2\left[O\text{—C}_6H_4\text{—C(CH}_3)_2\text{—C}_6H_4\text{—}OCH_2CHCH_2 \right]_x O\text{—C}_6H_4\text{—C(CH}_3)_2\text{—C}_6H_4\text{—}OCH—CH_2$$

Verwendet man einen Überschuß von Epichlorhydrin, dann treten endständige Epoxygruppen auf; das Molekulargewicht wird durch die Menge des Überschusses bestimmt. Technische Harze variieren zwischen dünnen Flüssigkeiten mit niedrigem durchschnittlichem Molekulargewicht, die als Gießharze Verwendung finden, über viscose Klebemittel bis zu festen Substanzen, die als Überzüge verwendet werden; bei den letztgenannten ist der durchschnittliche Wert von x etwa 25. Die linearen Polymeren können abgewandelt werden, indem man Bisphenol-A ganz oder teilweise gegen andere Polyhydroxyverbindungen austauscht, oder indem man andere Epoxyde verwendet, z. B. solche, die durch Epoxydierung von ungesättigten Fettsäuren erhalten werden.

Die linearen Polymeren werden in das Endprodukt durch Zusatz eines Härtungsmittels übergeführt; als solches kann eine beliebige Verbindung dienen, die reaktionsfähigen Wasserstoff oder eine basische Gruppe enthält.

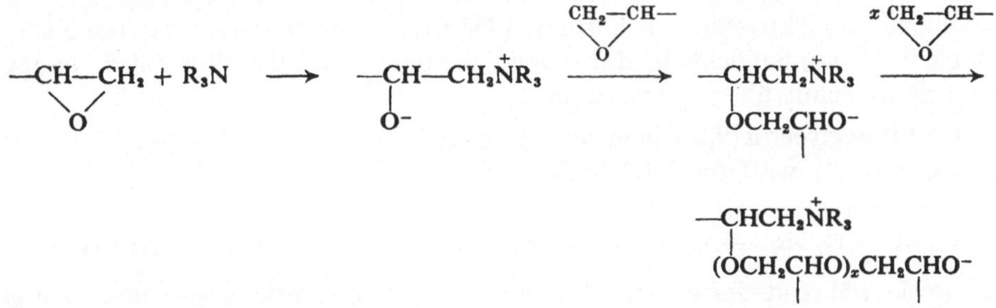

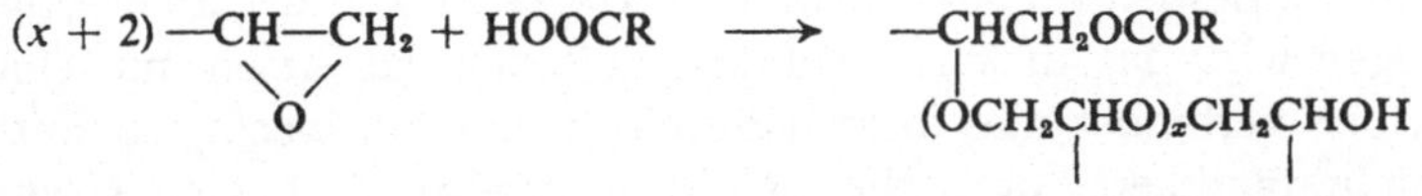

$$—CH—CH_2 \text{(O)} + R_3N \longrightarrow —CH—CH_2\overset{+}{N}R_3 \; (O^-) \xrightarrow{CH_2—CH— \text{(O)}} —CHCH_2\overset{+}{N}R_3 \; (OCH_2CHO^-) \xrightarrow{x\,CH_2—CH— \text{(O)}}$$

$$—CHCH_2\overset{+}{N}R_3 \quad (OCH_2CHO)_x CH_2CHO^-$$

$$(x + 2)\,—CH—CH_2 \text{(O)} + HOOCR \longrightarrow —CHCH_2OCOR \quad (OCH_2CHO)_x CH_2CHOH$$

Katalysatoren, die mehr als ein aktives Wasserstoffatom enthalten, wie primäre oder sekundäre Amine, Polyamine und mehrbasische Säuren, können andersartige

Verzweigungen in den Molekülen bewirken. Anhydride zweibasischer Säuren enthalten keinen reaktionsfähigen Wasserstoff und greifen zuerst die Hydroxylgruppe an. Die entstandene Carboxylgruppe kann dann mit den Epoxygruppen reagieren, so daß die zentralen Teile des linearen Polymeren mit den Enden der Kette vernetzt werden.

Als Härtungsmittel werden gewöhnlich Pyridin, Piperidin, Äthylendiamin und die höheren Polyäthylen-polyamine (S. 798) sowie Bernsteinsäureanhydrid, Maleinsäure-, Phthalsäure- und Pyromellitsäureanhydrid verwendet. Einige Agentien, wie die Polyamine, reagieren sehr schnell bei Raumtemperatur, andere erfordern erhöhte Temperaturen. Die neutralen Salze von Fettsäuren mit aliphatischen Aminen können zu den linearen Polymeren gegeben werden; dabei entsteht ein Gemisch, das bei Raumtemperatur unbegrenzt beständig ist, beim Erwärmen jedoch schnell erhärtet. Vernetzung kann auch durch andere Polymere bewirkt werden, die reaktionsfähigen Wasserstoff enthalten, z. B. Thiokole (S. 761), Polyamidharze (S. 798), Phenol- (S. 540), Harnstoff- (S. 328) und Melaminharze (S. 336). Es entstehen dabei Blockpolymere und Pfropfpolymere, die die charakteristischen Eigenschaften der einzelnen Polymeren vereinigen können.

Die Epoxyharze haben hervorragende Klebeeigenschaften und werden zum Kleben von Metall, Glas und Keramikmaterial verwendet. Sie dienen auch als Gießharze für elektrische Zubehörteile. 1955 wurden sie wegen ihrer guten Klebefähigkeit, Unempfindlichkeit, Härte und ihrer ungewöhnlichen Flexibilität hauptsächlich als Schutzüberzüge verwendet.

1.2-Dithioglycerin [2.3-Dimercapto-propanol-(1)], bekannt als **"BAL"** ("British Anti-Lewisite"), wird aus Allylalkohol hergestellt.

$$CH_2=CHCH_2OH \xrightarrow{Br_2} BrCH_2CHBrCH_2OH \xrightarrow{NaSH} HSCH_2CH(SH)CH_2OH$$

Es wurde während des zweiten Weltkriegs als Gegenmittel gegen arsenhaltige Kampfgase wie Lewisit (S. 951) entwickelt. Die Giftigkeit der dreiwertigen Arsenverbindungen wird darauf zurückgeführt, daß sich das Arsen mit Thiolgruppen von Enzymen verbindet und diese dadurch unwirksam macht. Alkanthiole-(1.2) bilden ein beständigeres cyclisches Reaktionsprodukt mit dem Arsen und verhindern eine Vereinigung des Arsens mit dem Enzym. Das Glucosid von BAL hat allgemeine Anwendung als Gegenmittel bei Vergiftungen mit Schwermetallen gefunden. **Hexantriol-(1.2.6)** wird durch Hydrolyse von 2-Hydroxymethyl-tetra-hydropyran (S. 666) dargestellt.

Pentaerythrit ist der wichtigste vierwertige Alkohol. Er wird durch Umsetzung einer wäßrigen Lösung von Acetaldehyd mit einem Überschuß von Formalin oder Paraformaldehyd in Gegenwart von Ätzkalk dargestellt. Die Reaktion besteht in einer Aldolkondensation und anschließender gekreuzter Cannizzaro-Reaktion (S. 564).

$$3\ HCHO + CH_3CHO \xrightarrow{Ca(OH)_2} (HOCH_2)_3CCHO \xrightarrow{HCHO-Ca(OH)_2}$$

$$(HOCH_2)_4C + \tfrac{1}{2}\ Ca(OCHO)_2$$

$$\text{Pentaerythrit} \qquad \text{Calciumformiat}$$

Der hohe Schmelzpunkt (F: 262°) der Verbindung beruht auf der äußerst symmetrischen Struktur. 1955 wurden in den USA über 27 Millionen kg hergestellt; davon wurde der größte Teil zur Darstellung von Alkydharzen und anderen Polyesterharzen sowie zur Qualitätsverbesserung trocknender Öle verwendet. Durch Veresterung mit ungesättigten Fettsäuren entsteht ein Ester, der ein höheres Molekulargewicht besitzt als die Glyceride der natürlichen Fette. Daher ist ein geringerer Polymerisationsgrad erforderlich, um Filme der gewünschten Zähigkeit und Härte zu erzeugen. Sojabohnenöl ist z. B. kein besonders gutes trocknendes Öl (S. 195). Hydrolysiert man es, und verestert man die Fettsäuren mit Pentaerythrit, so „trocknet" das Produkt schneller. Auch das Nitrat des Pentaerythrits, **Pentrit** oder **PETN,** wird technisch hergestellt. Im Gemisch mit 30% TNT dient es als hochexplosive Ladung für Bomben, Torpedos und Minen und für Sprengzwecke. In Friedenszeiten findet es Anwendung in Sprengkapseln und pulverförmigem Dynamit.

Die geradkettigen vier-, fünf- und sechswertigen Alkohole (S. 435) sind durch Reduktion von Zuckern (S. 384) leicht zugänglich.

Aminoalkohole und Polyamine

Wie die Aldehydhydrate sind die **1-Hydroxy-1-amino-Verbindungen** (Aldehyd-Ammoniak) und die **1.1-Diamino-Verbindungen** gewöhnlich unbeständig, denn sie spalten Wasser oder Ammoniak ab und polymerisieren sich (S. 219).

1-Hydroxy-2-amino-Verbindungen können nach den allgemeinen Methoden dargestellt werden, doch werden die am leichtesten zugänglichen Verbindungen durch Umsetzung von Äthylenoxyden mit Ammoniak oder primären oder sekundären Aminen oder durch Reduktion von Nitroalkoholen gewonnen. Durch Umsetzung von Äthylenoxyd mit Ammoniak entsteht 2-Amino-äthanol (2-Hydroxy-äthylamin), das gewöhnlich **Äthanolamin** oder **Colamin** genannt wird. Ein zweites Molekül Äthylenoxyd gibt Bis-(2-hydroxy-äthyl)-amin oder **Diäthanolamin,** und ein drittes führt zu Tris-(2-hydroxyäthyl)-amin oder **Triäthanolamin.**

$$CH_2{-}CH_2 \xrightarrow{NH_3} HOCH_2CH_2NH_2 \xrightarrow{(CH_2)_2O} (HOCH_2CH_2)_2NH \xrightarrow{(CH_2)_2O} (HOCH_2CH_2)_3N$$

$$\underset{O}{\diagdown\diagup} \qquad \text{Äthanolamin} \qquad\qquad \text{Diäthanolamin} \qquad\qquad \text{Triäthanolamin}$$

Salze der Äthanolamine mit Fettsäuren sind sowohl in Wasser als auch in Kohlenwasserstoffen löslich und sind gute Emulgiermittel. Beispielsweise können Leuchtöl oder Paraffinöl mit einem geringen Gehalt an Triäthanolaminoleat mit Wasser vermischt werden, wobei sich stabile Emulsionen bilden, die sich in der Landwirtschaft als Sprühmittel oder bei mit hoher Geschwindigkeit verlaufenden Metallschneideoperationen als Schmier- und Kühlmittel bewähren. Äthanolamin und Diäthanolamin dienen zum Auffangen von sauren Gasen wie Kohlendioxyd und Schwefelwasserstoff. Die Gase werden von dem kalten Amin absorbiert und durch Erhitzen der Lösung freigesetzt.

Äthanolamin (Colamin) und seine Trimethylammoniumsalze, die Choline (S. 254), sind Bestandteile einer wichtigen Klasse von biologischen Substanzen, die als *Phosphatide* bezeichnet werden. **Lecithine** sind gemischte Ester des Glycerins und Cholins mit Fettsäuren und Phosphorsäure. Die **Kephaline** enthalten an Stelle von Cholin Colamin oder Serin (S. 309). **Sphingomyelin** enthält das ungesättigte Dihydroxyamin *Sphingosin* anstatt Glycerin.

$$\begin{array}{ll}
CH_2OCOR & CH_3(CH_2)_{12}CH{=}CHCHOH \\
CHOCOR' & CHNHCOR \\
\qquad\quad O^- & \qquad\quad O^- \\
\qquad\quad | ^+ & \qquad\quad | ^+ \\
CH_2O{-}P{-}OCH_2CH_2N(CH_3)_3 & CH_2O{-}P{-}OCH_2CH_2N(CH_3)_3 \\
\qquad\quad | \qquad\qquad\quad {}^+ & \qquad\quad | \qquad\qquad\quad {}^+ \\
\qquad\quad O^- & \qquad\quad O^- \\
\quad\text{Lecithine} & \quad\textbf{Sphingomyelin}
\end{array}$$

Die Phosphatide sind Bestandteile aller tierischen und pflanzlichen Zellen und kommen besonders reichlich im Gehirn, Rückenmark, Eiern und Sojabohnen vor. Sie fungieren wahrscheinlich als Emulgiermittel für Fette, jedenfalls sind sie wichtig für den Fettstoffwechsel. *Sojabohnenlecithin* wird in großen Mengen zur Stabilisierung emulgierter Nahrungsfette wie Margarine und Mayonnaise verwendet. Die Bedeutung der Cholin- und Acetylcholinsalze wurde bereits besprochen (S. 254).

Konzentrierte Salpetersäure in Gegenwart von Acetanhydrid und einer kleinen Menge Chlorwasserstoff wandelt Diäthanolamin in **N-Nitro-diäthanolamin-nitrat** *(DINA)* um, einen wirkungsvollen Sprengstoff. Basische Aminogruppen können nicht nitriert werden, wohl aber Chloramine. Der Chlorwasserstoff wird in Acetylhypochlorit umgewandelt, das dann bei der Einführung der Nitrogruppe katalytisch wirkt.

$$\begin{array}{lcl}
(HOCH_2CH_2)_2NH + 2\,HNO_3 & \longrightarrow & (O_2NOCH_2CH_2)_2NH + 2\,H_2O \\
2\,HCl + 2\,HNO_3 + 3\,(CH_3CO)_2O & \longrightarrow & 2\,ClOCOCH_3 + N_2O_3 + 4\,CH_3COOH \\
(O_2NOCH_2CH_2)_2NH + ClOCOCH_3 & \longrightarrow & (O_2NOCH_2CH_2)_2NCl + CH_3COOH \\
(O_2NOCH_2CH_2)_2NCl + HONO_2 & \longrightarrow & (O_2NOCH_2CH_2)_2NNO_2 + HOCl \\
HOCl + (CH_3CO)_2O & \longrightarrow & CH_3COOCl + CH_3COOH
\end{array}$$

DINA ist so wirksam wie Hexogen (S. 232) oder PETN und kann sich dank des niedrigen Schmelzpunkts von 52° besser mit TNT mischen und Nitrocellulose plastifizieren.

Durch Umsetzung von Methyldiäthanolamin-hydrochlorid mit Thionylchlorid oder Phosphortrichlorid entsteht **Methyl-bis-(2-chlor-äthyl)-amin-hydrochlorid.**

$$(HOCH_2CH_2)_2NHCH_3{}^+{}^-Cl + 2\,SOCl_2 \longrightarrow (ClCH_2CH_2)_2NHCH_3{}^+{}^-Cl + 2\,HCl + 2\,SO_2$$

Die freie Base ist ein Stickstoffanalogon des Senfgases (Lost) (S. 302) und gehört zu den sogenannten **Stickstofflost-Verbindungen.** Während des zweiten Weltkrieges wurden zahlreiche Stickstofflost-Verbindungen dargestellt und auf ihre Giftwirkung geprüft. Sie haben eine lokale blasenziehende Wirkung ähnlich wie Lost; sie durchdringen außerdem die Haut und üben eine allgemeine Giftwirkung auf lebende Zellen aus, ähnlich wie Röntgenstrahlen. Längere Einwirkung sehr geringer Konzentrationen kann Trübung der Hornhaut bewirken.

Umsetzung von Äthanolamin mit Schwefelsäure gibt **2-Aminoäthyl-hydrogensulfat,** ein inneres Salz.

$$H_2NCH_2CH_2OH + H_2SO_4 \xrightarrow{\text{Wärme}} H_3\overset{+}{N}CH_2CH_2O\overset{-}{SO_3} \xrightarrow{\text{NaOH}} \begin{array}{c} CH_2\!-\!CH_2 \\ \diagdown\diagup \\ N \\ H \end{array}$$

2-Aminoäthyl-
hydrogensulfat
(inneres Salz)   Äthylenimin

Bei der Destillation mit verdünnter Natronlauge geht es in **Äthylenimin,** Kp: 55°, über. Diese Reaktion ist eine intramolekulare Alkylierung, analog der Äthylierung eines Amins durch Diäthylsulfat. Äthylenimin ist giftig, aber es ist ein vielseitiges Reagens, denn es reagiert wie Äthylenoxyd mit Substanzen, die aktiven Wasserstoff enthalten. Wäßriges Schwefeldioxyd gibt **Taurin** (2-Amino-äthansulfonsäure).

$$(CH_2)_2NH + H_2SO_3 \longrightarrow H_3\overset{+}{N}CH_2CH_2\overset{-}{SO_3}$$

Taurin

Äthylenimin polymerisiert sich in Gegenwart von Säuren leicht zu **Polyäthylenimin.**

$$CH_2CH_2 + HN\!\!\begin{array}{c}CH_2\\ \diagup\\ \diagdown\\ CH_2\end{array} \xrightarrow{\text{(HCl)}} H_2NCH_2CH_2N\!\!\begin{array}{c}CH_2\\ \diagup\\ \diagdown\\ CH_2\end{array} \xrightarrow[\text{Kondensation}]{\text{weitere}} H_2NCH_2CH_2(NHCH_2CH_2)_xN\!\!\begin{array}{c}CH_2\\ \diagup\\ \diagdown\\ CH_2\end{array}$$

Diäthylenimin   Polyäthylenimin

Äthylenimin und Polyäthylenimin reagieren mit den Hydroxylgruppen der Cellulose und daher vermögen sie Papier Naßfestigkeit und Abriebfestigkeit zu verleihen und die Tendenz von Rayon- und Baumwollfasern, in Wasser zu quellen, zu vermindern.

Bei der Reaktion von Propylenoxyd mit Ammoniak ist der Angriffspunkt die 1-Stellung, und es entsteht **1-Amino-propanol-(2).**

$$CH_3CH\!-\!CH_2 + NH_3 \longrightarrow CH_3CHOHCH_2NH_2$$
$$\diagdown O \diagup$$

2-Amino-1-hydroxy-Verbindungen werden durch Reduktion der entsprechenden Nitroalkohole erhalten, die durch Addition von aliphatischen Nitroverbindungen an Aldehyde (S. 275) gewonnen werden.

$$\underset{NO_2}{(CH_3)_2CCH_2OH} \xrightarrow{H_2-Ni} \underset{NH_2}{(CH_3)_2CCH_2OH}$$

Diaminoverbindungen können nach den üblichen Methoden zur Darstellung von Aminen erhalten werden. So bilden sie sich bei der Reaktion von Ammoniak mit primären oder sekundären Dihalogeniden, durch Reduktion von Dinitrilen oder durch Hofmannschen Abbau von Diamiden. **Äthylendiamin** wird durch Umsetzung von Äthylenchlorid mit Ammoniak erhalten.

$$ClCH_2CH_2Cl + 4\ NH_3 \longrightarrow H_2NCH_2CH_2NH_2 + 2\ NH_4Cl$$

Weitere Reaktion mit Äthylenchlorid und Ammoniak gibt die Nebenprodukte **Diäthylentriamin** $H_2NCH_2CH_2NHCH_2CH_2NH_2$, **Triäthylentetramin** $H_2N(CH_2CH_2NH)_2$-$CH_2CH_2NH_2$ und **Tetraäthylenpentamin** $H_2N(CH_2CH_2NH)_3CH_2CH_2NH_2$. Alle diese Verbindungen werden großtechnisch hergestellt und zur Synthese von Pharmazeutika, Textilhilfsmitteln, Emulgiermitteln und Fungiciden verwendet. Kristalle von **Äthylendiammoniumtartrat** sind piezo-elektrisch und können in dünnen Plättchen an Stelle von Quarzplättchen zur Frequenzstabilisierung bei hochfrequenten elektrischen Strömen in Telefon, Radio, Radar und Fernsehen verwendet werden. Äthylendiamin dient auch zur Herstellung von basischen Ionenaustauscherharzen; es wird zu diesem Zweck mit Formaldehyd und m-Phenylendiamin (S. 502) oder Harnstoff (S. 328) copolymerisiert. Die Reaktion von Äthylendiamin mit Schwefelkohlenstoff und Natriumhydroxyd liefert **Natriumäthylen-bis-dithiocarbaminat** $Na^+{}^-SCSNHCH_2CH_2NHCSS^{-+}Na$. Es ist ein gutwirkendes Fungicid, das unter dem Handelsnamen *Dithane* verkauft wird. Äthylendiamin und Diäthylentriamin werden auch zur Vernetzung von polymerisierten ungesättigten Fettsäuren bei der Fabrikation von **Polyamidharzen** gebraucht.

Nach Art der Streckerschen Synthese (S. 317) gibt Äthylendiamin mit Formaldehyd und Natriumcyanid in alkalischer Lösung das Natriumsalz der **Äthylendiamintetraessigsäure** *(Komplexon II, Trilon B, Versen, Sequestren)*.

$$H_2NCH_2CH_2NH_2 + 4\ HCHO + 4\ NaCN + 4\ H_2O \xrightarrow[80°]{NaOH}$$

$$(NaOOCCH_2)_2NCH_2CH_2N(CH_2COONa)_2 + 4\ NH_3$$

Dieselbe Verbindung erhält man auch aus Äthylendiamin und Natriumchloracetat. Es wirkt als stark chelat- bzw. komplexbildendes Agens gegenüber den Ionen der Erdalkalien und Schwermetalle; die räumliche Verteilung der einsamen Elektronenpaare der vier Carboxylationen und der zwei Stickstoffatome ist derart, daß mit den Metallionen leicht stabile fünfgliedrige Chelatringe gebildet werden können. Da sechs einsame Elektronenpaare verfügbar sind, sollte man erwarten, daß ein Metall mit der Koordinationszahl sechs mit Komplexon II einen vollständigen Komplex bildet. Gewöhnlich bilden sich jedoch nur vier Ringe, vermutlich aus sterischen Gründen, und das sechste Elektronenpaar wird von einem Wassermolekül geliefert.

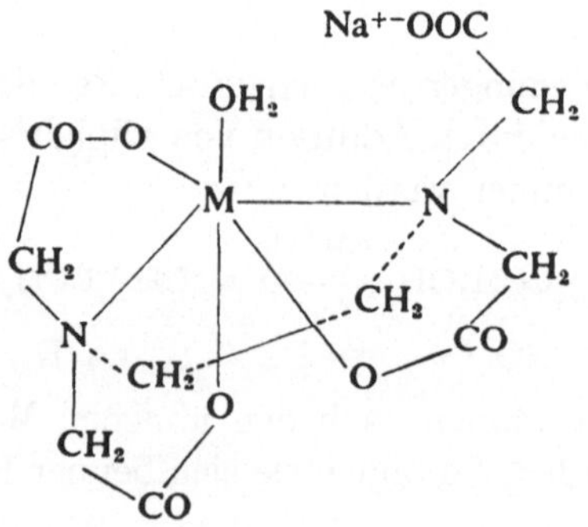

Äthylendiamintetraessigsäure und deren Salze haben wichtige Anwendungen in der analytischen Chemie gefunden. Ihr Hauptwert beruht jedoch auf der Fähigkeit, Spuren von Erdalkali- und Schwermetallionen in nichtionischer Form zu binden und dadurch ihre Ausfällung in wäßrigen Lösungen durch andere Komponenten zu verhindern oder unerwünschte katalytische Effekte auszuschalten. Obwohl erst nach dem zweiten Weltkrieg in den USA eingeführt, wurden 1955 mehr als 2,2 Millionen kg produziert.

Der Umstand, daß 1.2-Diamine durch Koordination der beiden einsamen Elektronenpaare mit Metallionen Fünfringe bilden, verleiht diesen Komplexen eine viel größere Beständigkeit, als man sie bei Komplexen aus anderen Aminen antrifft. So gibt Kobalt(III)-chlorid mit drei Molekülen Äthylendiamin einen sehr beständigen Komplex.

$$CoCl_3 + 3\ H_2NCH_2CH_2NH_2 \longrightarrow \left[\begin{matrix} CH_2\!-\!\!-N \\ | \qquad\quad Co \\ CH_2\!-\!\!-N \end{matrix} \right]_3^{+++} 3\ Cl^-$$

Trisäthylendiamin-
kobalt (III) chlorid

Verbindungen dieser Art waren von Bedeutung für die Entwicklung der stereochemischen Theorie, insbesondere bei der Aufklärung der räumlichen Anordnung der Bindungen in kovalenten Metallverbindungen (S. 370).

Trimethylendiamine können durch Addition von Ammoniak oder Aminen an Acrylnitril (S. 831) und anschließende Reduktion dargestellt werden.

$$RNH_2 + CH_2\!=\!CHC\!\equiv\!N \longrightarrow RNHCH_2CH_2C\!\equiv\!N \xrightarrow{H_2,\ Ni} RNHCH_2CH_2CH_2NH_2$$

Salze von Diaminen mit Fettsäuren, bei denen R eine n-Alkylgruppe mit 16 oder 18 C-Atomen ist, werden den beim Schneiden und Ziehen von Metallteilen gebrauchten Petroleumschmierölen zugesetzt. **Tetramethylendiamin** oder *Putrescin* und **Pentamethylendiamin** oder *Cadaverin* gehören zu den Produkten der bakteriellen Zersetzung von Proteinen. Sie entstehen durch Decarboxylierung von Ornithin bzw. Lysin.

$$H_2N(CH_2)_3CHNH_2COOH \xrightarrow{Bakterien} H_2N(CH_2)_4NH_2 + CO_2$$

Ornithin   Putrescin

$$H_2N(CH_2)_4CHNH_2COOH \xrightarrow{Bakterien} H_2N(CH_2)_5NH_2 + CO_2$$

Lysin   Cadaverin

Spermin $H_2N(CH_2)_3NH(CH_2)_4NH(CH_2)_3NH_2$ ist weit verbreitet in den Organen von Säugetieren und ist auch aus Hefe isoliert worden.

Hexamethylendiamin ist ein Zwischenprodukt für die Synthese von *Nylon* (S. 843) und wird in der Technik durch katalytische Reduktion von Tetramethylencyanid (Adiponitril, S. 843) in Gegenwart von Ammoniak zur Verhütung der Bildung von Iminoderivaten hergestellt.

$$NC(CH_2)_4CN + 4\ H_2 \xrightarrow{Ni\ (NH_3)} H_2N(CH_2)_6NH_2$$

Adiponitril   Hexamethylendiamin

1.2-, 1.4- und **1.5-Diamin-hydrochloride** geben bei der thermischen Zersetzung Ammoniumchlorid ab und gehen in Salze der fünf- und sechsgliedrigen cyclischen Basen über. So geben die Hydrochloride von Äthylendiamin, Putrescin und Cadaverin die Hydrochloride von Piperazin (S. 676) bzw. Pyrrolidin (S. 646) bzw. Piperidin (S. 655).

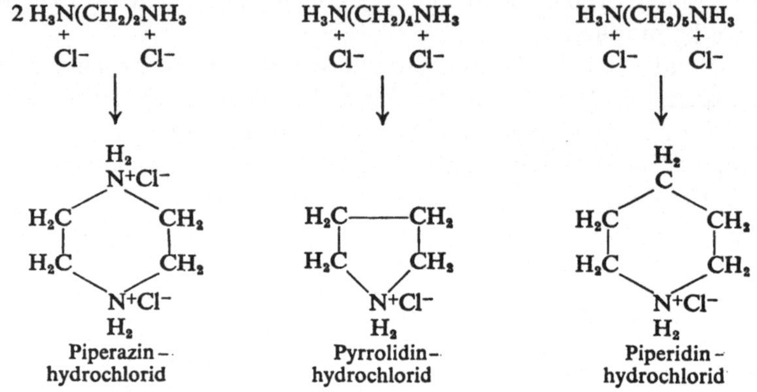

Piperazine können auch aus N-substituierten Bis-2-chloräthylaminen und Ammoniak oder primären Aminen dargestellt werden.

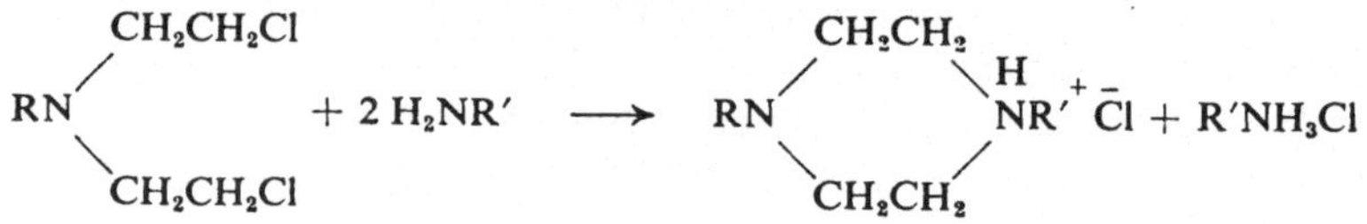

Wiederholungsfragen

1. Was sind Chelatverbindungen? Wie erklärt die Bildung einer Chelatverbindung die Tatsache, daß Borsäure in Gegenwart von 1.2-Glykolen eine stärkere Säure wird?

2. Welches ist das beste Ausgangsmaterial für Trimethylenglykol; Tetramethylenglykol? Man gebe zwei allgemeine Methoden für die Synthese von $\alpha.\omega$-Glykolen an.

3. Welche Formel haben folgende Verbindungen und woraus werden sie gewonnen: Glycerin; Pentaerythrit; Mannit; Sorbit?

4. Man erläutere die Darstellung und die Eigenschaften von Vinylalkohol und Vinylacetat; Polyvinylalkohol und Polyvinylacetat.

5. Man gebe Reaktionen an für die Überführung von Glycerin in Allylalkohol; Allylchlorid in Glycerin. Wie wird Allylchlorid technisch hergestellt?

6. α-Methylallylalkohol (Methallylalkohol) wird durch Destillation mit verdünnter Schwefelsäure in Isobutyraldehyd umgewandelt. Man erkläre die Reaktion.

Aufgaben

7. Man gebe Reaktionen an für folgende Synthesen: (*a*) Äthoxyacetylen aus Äthylalkohol als einzigem organischen Ausgangsmaterial; (*b*) Crotylalkohol aus Acetaldehyd; (*c*) 1-Hydroxy-hexen-(3) aus Allylchlorid; (*d*) 1-Hydroxy-hexen-(3) aus Acetylen; (*e*) 2-Hydroxy-hexen-(3) aus Acetylen; (*f*) 1-Hydroxy-hexen-(2) aus Acetylen; (*g*) Propargylalkohol aus Allylchlorid; (*h*) 5-Hydroxy-pentin-(1) aus Furfurol; (*i*) 6-Hydroxy-hexin-(1) aus Acrolein.

8. Man verfertige ein Übersichtsschema der Reaktionen, Reagentien und Bedingungen für die Darstellung folgender Verbindungen, ausgehend von Äthylen: Äthylenglykol, Morpholin, Äthylenchlorhydrin, Äthylencyanhydrin, Äthanolamin, Dioxan, Glykolnitrat, Diäthylenglykol, Diäthanolamin, Äthylenimin, Cellosolve, 2-Diäthylamino-äthanol, Triäthanolamin, Formaldehyd-bis-[β-chloräthyl]-acetal, Äthylenoxyd und β-Chloräthyläther.

9. Man gebe Reaktionen an für folgende Umwandlungen: (*a*) Propylen in Propylen-glykol-diacetat; (*b*) Styrol in Phenylacetaldehyd; (*c*) n-Butylalkohol in n-Hexylalkohol; (*d*) n-Butylalkohol in 2.2-Bis-hydroxymethyl-butanol-(1); (*e*) Tetrahydrofurfurylalkohol in Pentandiol-(1.5); (*f*) Acetaldehyd in Butandiol-(1.3); (*g*) Allylalkohol in Glycid; (*h*) Äthylenoxyd in Senfgas.

10. Man verfertige ein Schema, enthaltend die Reaktionen, Reagentien und Bedingungen zur Umwandlung von Acetylen in folgende Verbindungen: Propargylalkohol, Tetrahydrofuran, 1.4-Dihydroxy-butin-(2), Äthylalkohol, Butadiin-(1.3), Tetramethylenglykol, Acetaldehyd, *N*-Vinyl-carbazol, 3-Hydroxy-3-methyl-butin-(1) und Vinylmethyläther.

11. Man gebe Reaktionen an für die Darstellung von: (*a*) Pyrrolidin aus Tetramethylenglykol; (*b*) Spermin aus Trimethylen- und Tetramethylenglykol; (*c*) Hexamethylendiamin aus Tetramethylenchlorid; (*d*) Trimethylendiamin aus Äthylencyanhydrin; (*e*) 2-Amino-2-methyl-propandiol-(1.3) aus 1-Nitro-äthan; (*f*) 1-Amino-propanol-(2) aus Propylen; (*g*) 1.4-Dimethyl-piperazin aus Äthylenchlorid.

12. Wie kann man mit chemischen Reaktionen leicht zwischen den Gliedern folgender Verbindungspaare unterscheiden: (*a*) Glycerin und Äthylenglykol; (*b*) Propylenglykol und 1-Amino-propanol-(2); (*c*) Butandiol-(1.4) und Butandiol-(2.3); (*d*) Pentaerythritnitrat und 2.4.6-Trinitro-toluol; (*e*) Cellosolve und Äthylenglykol; (*f*) β-Chloräthyläther und Formaldehyd-bis-[β-chloräthyl]-acetal.

13. Bei der Darstellung eines Ansatzes 2-Methyl-pentandiol-(2.4) wurde vor der Reinigung durch Destillation das Raney-Nickel nicht vollständig entfernt. Bei der Destillation mit Kolonne ging nur Aceton über. Man erkläre dieses Verhalten.

14. Wie kann man mit Hilfe chemischer Reaktionen folgende Sprengstoffe identifizieren: Nitrocellulose; Nitroglycerin; Glykoldinitrat; PETN; DINA; Hexogen; TNT; Tetryl.

15. Xylose gibt beim Kochen mit 12%iger Salzsäure Verbindung *A*, die in Gegenwart von Raney-Nickel zu *B* hydriert werden kann. Behandlung von *B* mit Phosphortribromid bei niedriger Temperatur gibt *C*. Wenn *C* mit Natriumamid erhitzt wird, wird *D* erhalten, das mit Methylmagnesiumbromid im Überschuß zwei Mol Methan entwickelt. Das Reaktionsprodukt gibt nach dem Ausgießen auf festes Kohlendioxyd und Ansäuern Verbindung *E*. Wird *E* unter vermindertem Druck erhitzt, so wird Wasser abgespalten und ein polymeres Produkt gebildet. Man gebe die Gleichungen der beteiligten Reaktionen.

16. Drei Kohlenwasserstoffe haben die empirische Formel CH. Zwei sind flüssig, einer fest. Eine der Flüssigkeiten entfärbt Brom, die andere nicht. Eine Lösung der festen Substanz in Benzol entfärbt Brom nicht. Wird die reaktionsfähige Flüssigkeit mit einer Lösung von Perbenzoesäure in Chloroform stehen gelassen, so wird ein neues Produkt erhalten. Wird dieses Produkt mit wäßrigem Natriumbisulfit erwärmt und dann mit Salzsäure angesäuert, so wird eine weitere Verbindung isoliert, die mit fuchsinschwefliger Säure eine Färbung gibt. Wenn diese Verbindung, oder der reaktionsfähige flüssige Kohlenwasserstoff, oder der feste Kohlenwasserstoff kräftig oxydiert wird, so wird in allen Fällen die gleiche Säure erhalten. Wird diese Säure mit Natronkalk erhitzt, so bildet sich ein Kohlenwasserstoff, der mit dem reaktionsträgen flüssigen Kohlenwasserstoff identisch ist. Welches sind die drei Kohlenwasserstoffe, und welche Reaktionen haben sich abgespielt?

17. Eine Verbindung hat die Summenformel $C_7H_{12}O_5$. Sie ist gegenüber feuchtem Lackmus neutral, wird von Alkalien hydrolysiert und hat ein Verseifungsäquivalent von 88. Wird die alkalische Lösung nach der Verseifung destilliert, so kann im Destillat keine organische Verbindung nachgewiesen werden. Nach Ansäuern mit Schwefelsäure geht bei Destillation eine flüchtige Säure über, die einen Duclaux-Wert von 7 hat. Neutralisation der nach der Destillation im Kolben zurückbleibenden schwefelsauren Lösung und Verdampfung liefert eine klebrige Salzmasse. Wird dieser Rückstand mit Natriumbisulfat vermischt und stark erhitzt, so bildet sich eine flüchtige Substanz mit scharfem Geruch. Fängt man die flüchtige Substanz in einer kleinen Menge Wasser auf und fügt fuchsinschweflige Säure zu, entsteht eine rote Färbung. Welche Strukturformel kommt für die ursprüngliche Verbindung in Frage? Man gebe die Gleichungen der Reaktionen, die sich abgespielt haben.

Kapitel 35

Hydroxy-, ungesättigte, halogenierte und Aminocarbonylverbindungen. Dicarbonylverbindungen

Hydroxycarbonylverbindungen

Glykolaldehyd $HOCH_2CHO$ kann durch Oxydation von Äthylenglykol mit kalter Salpetersäure dargestellt werden. Er existiert in verdünnter wäßriger Lösung in monomerer Form, doch erhält man beim Versuch der Isolierung nur eine kristallisierte dimere Verbindung. In wäßriger Lösung dissoziiert das Dimere allmählich in das Monomere, und somit handelt es sich wahrscheinlich um das cyclische Bis-halbacetal.

$$HOCH_2CH_2OH \xrightarrow{HNO_3} HOCH_2CHO \rightleftharpoons$$

Glycerinaldehyd und **Dihydroxyaceton** sind Abbauprodukte von Zuckern (S. 388), also von Polyhydroxyaldehyden oder Polyhydroxyketonen. **D-Glycerinaldehyd** erhält man leicht durch Spaltung von 1.2.5.6-Diisopropyliden-D-mannit mit Bleitetraacetat und anschließende Abspaltung der Isopropylidengruppe.

Glycerinaldehyd und Dihydroxyaceton existieren wie Glykolaldehyd nur in wäßriger Lösung in monomerer Form.

Die α-Hydroxyketone werden häufig α-*Ketole* genannt. Diejenigen mit sekundärer Hydroxylgruppe werden in der aliphatischen Reihe als *Acyloine*, in der aromatischen Reihe als *Benzoine* bezeichnet. Die Methoden der Darstellung und die Reaktionen wurden auf S. 181 und 566 besprochen. Die folgende Reihe von Reaktionen, die von einem Cyanhydrin und Dihydropyran (S. 666) ausgeht, zeigt eine allgemeine Methode zur Synthese von α-Ketolen mit tertiärer Hydroxylgruppe.

Wenn die Natriumsalze der Acyloine mit Alkylhalogeniden reagieren, findet Alkylierung am Kohlenstoff statt, und nicht die Bildung eines Endioläthers.

$$(CH_3)_2CHCONa \quad\underset{}{\overset{C_2H_5J}{\longrightarrow}}\quad (CH_3)_2CH\underset{ONa}{\overset{C_2H_5}{C}}\!\!-\!\!\underset{O}{C}CH(CH_3)_2 \quad\overset{H_2O}{\longrightarrow}\quad (CH_3)_2CH\underset{OH}{\overset{C_2H_5}{C}}\!\!-\!\!\underset{O}{C}CH(CH_3)_2$$

β-Hydroxy-carbonylverbindungen entstehen durch Aldolkondensation aus Aldehyden und Ketonen (S. 214). **δ-Hydroxyvaleraldehyd,** der leicht durch Hydrolyse von Dihydropyran (S. 666) erhalten wird, ist Ausgangsmaterial für eine technische Synthese von DL-Lysin.

$$HO(CH_2)_4CHO \quad\underset{HCN}{\overset{NH_3,\ CO_2}{\longrightarrow}}\quad HO(CH_2)_4CH\!\!-\!\!CO \quad\overset{HCl}{\longrightarrow}\quad Cl(CH_2)_4CH\!\!-\!\!CO$$

$$\underset{}{\overset{K_2CO_3}{\longrightarrow}}\quad \left[-(CH_2)_4CH\!\!-\!\!CO\right]_x \quad\overset{H_2O}{\longrightarrow}\quad H_2N(CH_2)_4CH(NH_2)COOH$$

Ungesättigte Carbonylverbindungen

Ketene

Verbindungen, die ein Kohlenstoffatom enthalten, das mit einer Doppelbindung an ein Sauerstoffatom und mit einer weiteren Doppelbindung an ein Kohlenstoffatom gebunden ist, werden *Ketene* genannt. Allgemeine Methoden zu ihrer Darstellung sind 1. Abspaltung von Halogenwasserstoffsäure aus einem aliphatischen Acylhalogenid, 2. Abspaltung von Halogen aus α-halogenierten Säurehalogeniden (S. 169) und 3. thermische Zersetzung von Dialkyl- oder Diarylacetylphthalimiden (S. 583).

$$R_2CHCOCl + (CH_3)_3N \quad\longrightarrow\quad R_2C\!\!=\!\!C\!\!=\!\!O + (CH_3)_3NHCl$$

$$R_2\underset{X}{C}COX + Zn \quad\longrightarrow\quad R_2C\!\!=\!\!C\!\!=\!\!O + ZnX_2$$

Alle diese Reaktionen geben befriedigende Ausbeuten an disubstituierten Ketenen. Die erstgenannte Reaktion ist die beste, wenn eine der R-Gruppen Wasserstoff ist. **Keten** selbst wird durch Pyrolyse von Aceton, Essigsäure oder Acetanhydrid erhalten (S. 171).

$$CH_3COCH_3 \quad\underset{\substack{Eisenfreies\\ Kupferrohr}}{\overset{700°}{\longrightarrow}}\quad CH_2\!\!=\!\!C\!\!=\!\!O + CH_4$$

$$CH_3COOH \quad\longrightarrow\quad CH_2\!\!=\!\!C\!\!=\!\!O + H_2O$$

$$(CH_3CO)_2O \quad\longrightarrow\quad 2\,CH_2\!\!=\!\!C\!\!=\!\!O + H_2O$$

Eine bequeme Methode für das Laboratorium ist die Depolymerisierung von technischem Diketen (S. 870), wenn es vorrätig ist.

$$(CH_2=C=O)_2 \quad \xrightarrow[\text{Pt-Draht}]{\text{Heißer}} \quad 2\,CH_2=C=O$$

Diphenylketen kann nach einem speziellen Verfahren aus Benzil dargestellt werden.

$$C_6H_5COCOC_6H_5 \xrightarrow{H_2NNH_2} \begin{matrix} C_6H_5 \\ \diagdown \\ C_6H_5CO \end{matrix}C=NNH_2 \xrightarrow{HgO} \begin{matrix} C_6H_5 \\ \diagdown \\ C_6H_5CO \end{matrix}CN_2 \xrightarrow{Wärme} (C_6H_5)_2C=C=O + N_2$$

Benzil	Benzil- monohydrazon	**Azibenzil** (Phenylbenzoyl- diazomethan)	Diphenyl- keten

Ketene unterliegen nicht den üblichen Carbonylreaktionen. Wie bei allen Verbindungen mit kumulierten Doppelbindungen, z. B. den Isocyanaten $RN=C=O$ (S. 332), ist das Molekül sehr reaktionsfähig und addiert in Gegenwart saurer oder basischer Katalysatoren jede Verbindung mit einem reaktionsfähigen Wasserstoffatom.

$$R_2C=C=O + \begin{cases} HOH & \longrightarrow & R_2CHCOOH \\ R'OH & \longrightarrow & R_2CHCOOR' \\ H_2S & \longrightarrow & R_2CHCOSH \\ R'COOH & \longrightarrow & R_2CHCOOCOR' \\ HX & \longrightarrow & R_2CHCOX \\ HCN & \longrightarrow & R_2CHCOCN \\ HNH_2 & \longrightarrow & R_2CHCONH_2 \\ X_2 & \longrightarrow & R_2\underset{X}{\overset{|}{C}}COX \end{cases}$$

Mit Aldehyden und Ketonen reagiert Keten unter Bildung von β-Lactonen.

$$H_2C=C=O + R_2C=O \xrightarrow[\text{oder BF}_3]{\text{ZnCl}_2} \begin{matrix} H_2C-C=O \\ |\quad\quad| \\ R_2C-O \end{matrix}$$

Vor der Entdeckung dieser Reaktion im Jahr 1944 waren die β-Lactone schwer darzustellende Laboratoriumskuriositäten. Carbonylverbindungen mit enolisierbarem Wasserstoff reagieren in Gegenwart geringer Mengen von Säuren mit Keten unter Bildung des Enolacetats.

$$(CH_3)_2CO + CH_2=C=O \xrightarrow{H_2SO_4} \begin{matrix} CH_2=COCOCH_3 \\ | \\ CH_3 \end{matrix}$$

Isopropenylacetat

Isopropenylacetat ist ein ausgezeichnetes Reagens zur Darstellung anderer Enolacetate. Es bildet sich ein Gleichgewicht aus, das durch Abdestillieren des Acetons verschoben werden kann.

$$R_2CHCOR + \underset{CH_3}{\overset{|}{CH_2=COCOCH_3}} \rightleftarrows R_2C=\underset{OCOCH_3}{\overset{|}{CR}} + (CH_3)_2CO$$

Keten addiert Acetale und Orthoester unter Bildung von β-Alkoxyestern; die Reaktion wird in Dimethyläther-Lösung in Gegenwart von Bortrifluorid als Katalysator vorgenommen.

$$H_2C{=}C{=}O \,+\, RCH(OC_2H_5)_2 \xrightarrow{\;BF_3\;} \underset{\displaystyle OC_2H_5}{RCHCH_2\overset{\displaystyle O}{\overset{\|}{C}}OC_2H_5}$$

$$H_2C{=}C{=}O \,+\, HC(OC_2H_5)_3 \xrightarrow{\;BF_3\;} (C_2H_5O)_2CHCH_2\overset{\displaystyle O}{\overset{\|}{C}}OC_2H_5$$

Ketene polymerisieren sich zu Dimeren; die Reaktionsgeschwindigkeit hängt von der Struktur des Ketens ab. So polymerisiert sich Dibenzylketen sehr schnell, während Diphenylketen bei Raumtemperatur beständig ist. Die Dimeren von disubstituierten Ketenen scheinen Derivate von Cyclobutandion-(1.3) zu sein, dagegen sind die Dimeren von unsubstituierten und monosubstituierten Ketenen β-ungesättigte β-Lactone.

$$2\,R_2C{=}C{=}O \longrightarrow \begin{array}{c} R_2C{-}CO \\ |\qquad| \\ CO{-}CR_2 \end{array}$$

$$2\,RCH{=}C{=}O \longrightarrow \begin{array}{c} RCH{=}C{-}CHR \\ |\qquad| \\ O{-}CO \end{array}$$

Das Dimere des **Methylketens** existiert in einer flüssigen und einer festen Form. Die flüssige Form besitzt die β-Lacton-Struktur, die feste die Butandion-Struktur.

$\alpha.\beta$-ungesättigte Carbonylverbindungen

Von besonderem Interesse sind Verbindungen, die eine Doppelbindung in Konjugation zu einer Carbonylgruppe aufweisen. Sie bilden sich aus β-Hydroxyaldehyden und -ketonen durch Abspaltung von Wasser. Die Aldole, die durch Addition aliphatischer Aldehyde an aromatische Aldehyde entstehen, können gewöhnlich nicht isoliert werden, denn es findet spontane Dehydratisierung statt (S. 566). Die Hydroxylgruppe von primären oder sekundären Allylalkoholen kann selektiv oxydiert werden; man erhält in guter Ausbeute $\alpha.\beta$-ungesättigte Aldehyde oder Ketone, wenn man eine Lösung der Verbindung in einem geeigneten Lösungsmittel mit einer Suspension von Mangandioxyd schüttelt.

$$RCH{=}CHCH_2OH \xrightarrow{\;MnO_2\;} RCH{=}CHCHO$$

$\alpha.\beta$-ungesättigte Aldehyde können auch aus Äthinyläthern (S. 779) dargestellt werden.

Die Doppelbindung in $\alpha.\beta$-ungesättigten Carbonylverbindungen verhält sich in vieler Hinsicht anders als isolierte Doppelbindungen. Sie kann mit Hilfe des Ultraviolett-Absorptionsspektrums der Verbindung (Abb. 94, S. 700) nachgewiesen werden. Neben der schwächeren Carbonylbande, $\log \varepsilon$: etwa 2, λ_{max}: etwa 280 mμ (S. 701), tritt eine starke ($\log \varepsilon$: etwa 4) Absorption mit dem Maximum zwischen 220 mμ und 250 mμ auf.

Häufig besteht ein Gleichgewicht zwischen $\alpha.\beta$- und $\beta.\gamma$-Isomeren. So enthält Mesityloxyd etwa 91% der konjugierten Verbindung und 9% des nichtkonjugierten Isomeren. Die Bezeichnung *Mesityloxyd* bezieht sich gewöhnlich auf das handelsübliche Gemisch, wird aber auch zur Bezeichnung des reinen konjugierten Isomeren verwendet, während das nichtkonjugierte Isomere *Isomesityloxyd* genannt wird. Systematische Namen sind jedoch für die reinen Isomeren vorzuziehen.

$$CH_3C=CHCOCH_3 \rightleftarrows CH_2=CCH_2COCH_3$$
$$\quad\ |\qquad\qquad\qquad\qquad\ |$$
$$\quad CH_3 \qquad\qquad\qquad\qquad CH_3$$

2-Methyl-4-keto-penten-(2)   2-Methyl-4-keto-penten-(1)

91%   9%

Während die konjugierte Kohlenstoff-Kohlenstoff-Doppelbindung nicht so leicht katalytisch reduziert werden kann wie eine isolierte Doppelbindung, wird sie durch Natrium und Alkohol oder andere Reduktionsmittel reduziert, durch die eine isolierte Kohlenstoff-Kohlenstoff-Doppelbindung nicht angegriffen wird. Da auch die Carbonylgruppe reduziert werden kann, ist das Endprodukt ein gesättigter Alkohol. Die Reduktion erfolgt vermutlich durch 1.4-Addition am konjugierten System und anschließende 1.2-Addition an der Carbonylgruppe.

$$RCH=CHCR \xrightarrow{Na,\ C_2H_5OH} \left[RCH_2-CH=CR\atop \qquad\qquad\ |\atop \qquad\qquad OH\right] \longrightarrow$$
$$\quad\ \|$$
$$\quad\ O$$

$$RCH_2CH_2CR \xrightarrow{Na,\ C_2H_5OH} RCH_2CH_2CHOHR$$
$$\qquad\quad\ \|$$
$$\qquad\quad\ O$$

Die Reaktion kann auf der Stufe des gesättigten Ketons abgebrochen werden, wenn als Reduktionsmittel Natriumamalgam verwendet wird.

Die Doppelbindung des konjugierten Systems reagiert nicht mit Persäuren unter Bildung von Oxyden, addiert aber in Gegenwart von Osmiumtetroxyd Wasserstoffperoxyd unter Bildung der Dihydroxyverbindung.

$$R_2C=CHCOR \xrightarrow{H_2O_2,\ OsO_4} R_2COHCHOHCOR$$

Die Carbonylgruppe ist mit Bezug auf 1.2-Addition nicht so reaktionsfähig wie die von einfachen Ketonen. So bilden $\alpha.\beta$-ungesättigte Ketone mit Hydroxylamin unter den üblichen Bedingungen häufig keine Oxime. Wenn Reaktion eintritt, geht der Oximbildung eine 1.4-Addition voraus. Die Addition erfolgt also sowohl an der Doppelbindung wie an der Carbonylgruppe.

$$RCH=CHCOR + HNHOH \longrightarrow \left[RCHCH=CR\atop |\qquad\quad\ |\atop NHOH\quad OH\right] \longrightarrow$$

$$RCHCH_2CR \xrightarrow{H_2NOH} RCHCH_2CR$$
$$|\qquad\ \|\qquad\qquad\qquad\ |\qquad\ \|$$
$$NHOH\ O\qquad\qquad\qquad NHOH\ NOH$$

In ähnlicher Weise wird Bisulfit sowohl an die Doppelbindung wie an die Carbonylgruppe addiert.

$$\qquad\qquad\qquad\qquad\qquad\qquad\qquad OH$$
$$\qquad\qquad\qquad\qquad\qquad\qquad\qquad |$$
$$RCH=CHCCH_3 + NaHSO_3 \longrightarrow RCHCH_2CCH_3$$
$$\qquad\quad\ \|\qquad\qquad\qquad\qquad\qquad\ |\qquad\ |$$
$$\qquad\quad\ O\qquad\qquad\qquad\qquad\qquad SO_3Na\ SO_3Na$$

Da nur das an die Carbonylgruppe angelagerte Bisulfit durch Säuren oder Alkalien abgespalten werden kann (S. 210), sind die Bisulfitadditionsprodukte nicht verwendbar zur Reinigung von $\alpha\cdot\beta$-ungesättigten Aldehyden und Ketonen.

Ammoniak, der mit der Carbonylgruppe keine beständigen Additionsprodukte bildet, gibt β-Amino-ketone. Das Additionsprodukt aus Ammoniak und Mesityloxyd wird **Diacetonamin** genannt.

$$(CH_3)_2C=CHCOCH_3 \xrightarrow{NH_3} (CH_3)_2CCH_2COCH_3$$

$$\underset{\text{Diacetonamin}}{\overset{|}{N}H_2}$$

Phoron (S. 217) addiert zwei Mol Ammoniak unter Bildung von **Triacetondiamin,** das sich beim Erhitzen zu **Triacetonamin** cyclisiert.

Cyanwasserstoff wird im allgemeinen nur bei Ausschluß von Wasser an Carbonylgruppen angelagert. Die Addition von Cyanwasserstoff an $\alpha.\beta$-ungesättigte Ketone findet in wäßriger Lösung statt.

$$(CH_3)_2C=CHCOCH_3 \xrightarrow[\text{Wärme}]{HCN} (CH_3)_2CCH_2COCH_3$$

$$\overset{|}{C}N$$

Halogenwasserstoffsäuren geben β-halogenierte Ketone.

$$RCH=CHCOR + HX \longrightarrow RCHXCH_2COR$$

$\alpha.\beta$-ungesättigte Carbonylverbindungen gehen auch die Michael-Kondensation (S. 848) ein.

Acrolein $CH_2=CHCHO$, der einfachste $\alpha.\beta$-ungesättigte Aldehyd, ist zugleich der reaktionsfähigste und daher Ausgangspunkt der Herstellung zahlreicher technisch wichtiger Verbindungen. Seit seiner Entdeckung im Jahr 1843 bis 1936 war die Dehydratisierung von Glycerin die beste Methode zu seiner Darstellung.

$$HOCH_2CHOHCH_2OH \xrightarrow[\text{Wärme}]{KHSO_4,} [HOCH_2CH=CHOH] \longrightarrow$$

$$[HOCH_2CH_2CHO] \longrightarrow \underset{\text{Acrolein}}{CH_2=CHCHO}$$

Die maximale Ausbeute ist etwa 50%, und das Verfahren eignet sich nicht für die Produktion in großem Maßstab. Zwischen 1936 und 1949 sind drei technisch durchführbare Verfahren entwickelt worden:

1. Kondensation von Formaldehyd mit Acetaldehyd;

$$HCHO + CH_3CHO \xrightarrow[300°]{SiO_2-Na_2SiO_3} [HOCH_2CH_2CHO] \longrightarrow CH_2{=}CHCHO + H_2O$$

2. Pyrolyse von Diallyläther, einem Nebenprodukt bei der Herstellung von Allylalkohol (S. 779);

$$(CH_2{=}CHCH_2)_2O \xrightarrow{500°} CH_2{=}CHCHO + CH_3CH{=}CH_2$$

3. Katalytische Luftoxydation von Propylen.

$$CH_2{=}CHCH_3 + O_2 \xrightarrow[370°]{Cu_2O} CH_2{=}CHCHO + H_2O$$

Acrolein ist eine giftige, stark zu Tränen reizende, leichtflüchtige Flüssigkeit, Kp: 53°. Es entsteht beim Überhitzen von Fetten und ist verantwortlich für den unangenehmen Charakter der auftretenden Dämpfe. Es kann noch in einer Verdünnung von $1:10^6$ physiologisch wahrgenommen werden; Konzentrationen, die schädlich wären, sind unerträglich. Acrolein geht leicht alle üblichen Additionsreaktionen der $\alpha.\beta$-ungesättigten Aldehyde ein. Zum Beispiel gibt Anlagerung von Methylmercaptan und anschließende Streckersche Synthese (S. 317) **DL-Methionin.**

$$CH_2{=}CHCHO \xrightarrow{CH_3SH} CH_3SCH_2CH_2CHO \xrightarrow{HCN, NH_3}$$

$$CH_3SCH_2CH_2CH(NH_2)CN \xrightarrow{H_2O, [H^+]} CH_3SCH_2CH_2CH(NH_2)COOH$$

Acrolein polymerisiert sich leicht zu einem hochmolekularen Harz; das Monomere wird mit Hydrochinon stabilisiert (S. 546). Wird das reine Monomere unter Ausschluß von Luft und Wasser erhitzt, so dimerisiert es sich langsam nach Art einer Diels-Alder-Addition unter Bildung von 2-Aldehydo-2.3-dihydro-γ-pyran (S. 666). Bei der Diels-Alder-Reaktion kann Acrolein als Dien mit anderen dienophilen Komponenten (S. 851), z. B. mit Vinyläthern,

2-Methoxy-2,3-dihydro-γ-pyran

oder als dienophile Komponente mit anderen Dienen reagieren.

1,2,3,6-Tetrahydrobenzaldehyd

Methylvinylketon, ein Zwischenprodukt der Synthese von Vitamin A (S. 907), kann nicht in guter Ausbeute aus Formaldehyd und Aceton erhalten werden, sondern wird durch Wasserabspaltung aus Vinylacetylen (S. 760) gewonnen.

$$HC_2{=}CHC{\equiv}CH \xrightarrow[\text{HgSO}_4]{\text{H}_2\text{O, [H}^+]} \left[H_2C{=}CHC{=}CH_2 \atop \quad\quad\overset{|}{O}H\right] \longrightarrow H_2C{=}CHCOCH_3$$

Halogenierte Carbonylverbindungen

α-Halogenierte Aldehyde und **Ketone** können durch direkte Halogenierung (S. 224) dargestellt werden. Chlormethylketone entstehen durch Umsetzung von Säurechloriden mit Diazomethan, vorausgesetzt, daß das Diazomethan zu dem Säurechlorid gegeben wird, so daß dieses immer im Überschuß vorhanden ist (S. 279).

α-Halogenierte Ketone wie **Chloraceton** und **Bromaceton** reizen stark zu Tränen. Interessant ist, daß 1.3-Dichlor-aceton sehr stark zu Tränen reizt, 1.1-Dichlor-aceton dagegen überhaupt nicht, ein weiteres Beispiel für den gem-Dihalogenid-Effekt, der bei den Fluorverbindungen (S. 770) erwähnt wurde.

Bei α-halogenierten Ketonen wird das Halogen im allgemeinen mit großer Geschwindigkeit verdrängt; der Einfluß der Kohlenstoff-Sauerstoff-Doppelbindung ist viel stärker als der der Kohlenstoff-Kohlenstoff-Doppelbindung im Allylchlorid (S. 769) oder Benzylchlorid (S. 461). Basen geben häufig Säuren oder Ester, ein Verhalten, das als *Faworski-Umlagerung* bekannt ist.

$$RCH_2\underset{\underset{Cl}{|}}{COCHR'} \xrightarrow{\text{NaOR''}} RCH_2\underset{\underset{R'}{|}}{CHCOOR''} \text{ und } R'CH_2\underset{\underset{R}{|}}{CHCOOR''} + NaCl$$

2.4-Dinitro-phenylhydrazin ist ein spezifisches Reagens zur Abspaltung von Halogenwasserstoffsäure unter Bildung des Hydrazons des α.β-ungesättigten Ketons.

$$RCH_2\underset{\underset{Cl}{|}}{CHCOR} + H_2NNHC_6H_3(NO_2)_2 \longrightarrow RCH{=}\underset{\underset{NNHC_6H_3(NO_2)_2}{||}}{CHCR} + HCl + H_2O$$

β-Halogenierte Ketone können durch Addition von Halogenwasserstoffsäure an α.β-ungesättigte Ketone (S. 807) gewonnen werden. Sie werden auch durch Umsetzung von β-Chlor-acylchloriden mit Alkylzinkhalogeniden (S. 942) dargestellt.

$$XCH_2CH_2COX + RZnX \longrightarrow XCH_2CH_2COR + ZnX_2$$

Abspaltung von Halogenwasserstoffsäure führt leicht zu dem α.β-ungesättigten Keton.

$$RCHXCH_2COR + (C_2H_5)_2NH \longrightarrow RCH{=}CHCOR + (C_2H_5)_2NH_2X$$

Die Anlagerung eines Acylchlorids an eine Doppelbindung in Gegenwart von Zinntetrachlorid und anschließende Abspaltung von Halogenwasserstoff ist eine Parallele der Friedel-Craftsschen Reaktion von aromatischen Kohlenwasserstoffen.

$$RCH{=}CHR + ClCOR' \xrightarrow{\;SnCl_4\;} \underset{\underset{Cl\;\;COR'}{|\;\;\;|}}{RCHCHR} \longrightarrow \underset{\underset{COR'}{|}}{RCH{=}CR} + HCl$$

Acetylen und Vinylchlorid geben **β-Chlor-α.β-ungesättigte Ketone.**

$$HC{\equiv}CH + ClCOR \xrightarrow{\;AlCl_3\;} ClCH{=}CHCOR$$

$$ClCH{=}CH_2 + ClCOR \xrightarrow{\;AlCl_3\;} [Cl_2CHCH_2COR] \longrightarrow ClCH{=}CHCOR + HCl$$

Aminoketone

α-Aminoketone können aus α-halogenierten Ketonen nach der Gabrielschen Phthalimid-Synthese (S. 583) dargestellt werden.

Sie können ferner durch Reduktion der Isonitrosoderivate von Ketonen erhalten werden.

$$RCH_2COR + HONO \longrightarrow \begin{bmatrix} \underset{\underset{NO}{|}}{RCHCOR} \end{bmatrix} \longrightarrow \underset{\underset{NOH}{\|}}{RCCOR} \xrightarrow[\text{oder Na—Hg}]{\text{Zn—HOAc}} \underset{\underset{NH_2}{|}}{RCHCOR}$$

α-Aminoketone sind nur in Form ihrer Salze mit Mineralsäuren oder als Acetale beständig. Die freien Aminoketone spalten sehr schnell Wasser ab unter gleichzeitiger Oxydation zu Pyrazinen (S. 676).

Die **β-Aminoketone** sind genügend beständig, um in freiem Zustand isoliert werden zu können. Sie können durch Anlagerung von Ammoniak oder primären oder sekundären Aminen an α.β-ungesättigte Ketone (S. 807) erhalten werden.

Substituierte β-Aminoketone können auf dem Wege der Mannich-Reaktion (S. 537) dargestellt werden. So entstehen Dialkyl- und Alkylarylaminoketone durch Kondensation von sekundären Aminen mit Formaldehyd und Ketonen.

$$RCOCH_2R' + HCHO + HNR_2 \longrightarrow \underset{\underset{CH_2NR_2}{|}}{RCOCHR'} + H_2O$$

Das Amin wird gewöhnlich in Form des Hydrochlorids angewendet, auch kann die Reaktion in Eisessig ausgeführt werden. An Stelle von Formaldehyd können aromatische Aldehyde verwendet werden, man erhält dann arylsubstituierte Reaktionsprodukte. Wird an Stelle eines sekundären Amins ein primäres Amin verwendet, und enthält das Keton an beiden α-Kohlenstoffatomen ein Wasserstoffatom, so entsteht eine cyclische Verbindung.

Die Hydrochloride der γ- und δ-Aminoketone können aus γ- bzw. δ-halogenierten Ketonen dargestellt werden; die freien Basen cyclisieren sich jedoch spontan zu Pyrrolinen und Tetrahydropyridinen.

$$\text{α-Methylpyrrolin}$$

$$\text{α-Methyltetrahydropyridin}$$

Dicarbonylverbindungen

Darstellung

α- oder 1.2-Dicarbonylverbindungen. Die allgemeinste Methode zur Darstellung von Verbindungen mit zwei benachbarten Carbonylgruppen ist die Oxydation von Aldehyden oder Ketonen mit Selendioxyd *(Riley-Reaktion)*.

$$CH_3CHO + SeO_2 \longrightarrow \underset{\text{Glyoxal}}{OCHCHO} + H_2O + Se$$

$$CH_3COCH_3 + SeO_2 \longrightarrow \underset{\substack{\text{Brenztrauben-}\\\text{aldehyd}}}{CH_3COCHO} + H_2O + Se$$

$$RCOCH_2R + SeO_2 \longrightarrow RCOCOR + H_2O + Se$$

Eine andere allgemeine Methode ist die Hydrolyse der Monoxime, die man bei der Nitrosierung von Ketonen erhält.

$$RCOCH_2R + HONO \longrightarrow \left[\underset{NO}{RCOCHR}\right] \longrightarrow \underset{NOH}{RCOCR} \xrightarrow{H_2O-HCl} RCOCOR + HONH_3{}^{+}Cl^{-}$$

Brenztraubenaldehyd kann in kleinen Mengen durch Ozonspaltung von Benzylidenaceton dargestellt werden.

$$C_6H_5CH=CHCOCH_3 \xrightarrow{\text{Ozonspaltung}} C_6H_5CHO + \underset{\text{Brenztraubenaldehyd}}{OCHCOCH_3}$$

Acyloine und Benzoine werden durch Fehlingsche Lösung oder durch Kupfersulfat in Pyridin (S. 572) zu 1.2-Diketonen oxydiert.

$$RCOCHOHR + 2\,Cu(OH)_2 \text{ (Fehlingsche Lösung)} \longrightarrow RCOCOR + Cu_2O + 3\,H_2O$$

Eine wäßrige Lösung von Glyoxal kann man erhalten, indem man Äthylenglykol mit verdünnter Salpetersäure oxydiert, die etwas salpetrige Säure enthält. In der

Technik wird Glyoxal durch Oxydation von Äthylenglykol in der Dampfphase in Gegenwart eines Silber- oder Kupferkatalysators gewonnen.

$$HOCH_2CH_2OH + O_2 \xrightarrow[300°]{Ag,\ Cu} OCHCHO + 2\ H_2O$$

β- oder 1.3-Dicarbonylverbindungen. Das einfachste Glied dieser Gruppe, **Malonaldehyd,** ist wahrscheinlich durch eine komplizierte Reaktionsfolge in wäßriger Lösung erhalten, aber nicht in reinem Zustand isoliert worden. **1.3-Keto-aldehyde** können durch Formylierung von Ketonen mit Diphenylformamid (vgl. S. 562) dargestellt werden.

$$RCOCH_3 + HCON(C_6H_5)_2 \xrightarrow{NaOC_2H_5} RCOCH_2CHO + (C_6H_5)_2NH$$

1.3-Diketone werden gewöhnlich durch Claisen-Kondensation von Estern mit Ketonen dargestellt (vgl. S. 860).

$$RCOCH_3 + C_2H_5OCOR' \xrightarrow[NaNH_2]{NaOC_2H_5\ oder} RCOCH_2COR' + C_2H_5OH$$

Acetylierung kann auch durch Acetanhydrid und Bortrifluorid bewirkt werden.

$$RCOCH_3 + (CH_3CO)_2O \xrightarrow{BF_3} RCOCH_2COCH_3 + CH_3COOH$$

Ist sowohl eine Methylgruppe als auch eine Methylengruppe der Acylierung zugänglich, wie bei Methyläthylketon, so erfolgt die Esterkondensation mit alkalischen Katalysatoren gewöhnlich an der Methylgruppe, während die durch Bortrifluorid katalysierte Acylierung an der Methylengruppe stattfindet.

γ- oder 1.4- und δ- oder 1.5-Diketone. Höhere Diketone. Triketone. 1.4- und 1.5-Diketone werden am besten aus β-Keto-estern (S. 866, 865) dargestellt. **Glutaraldehyd** wird leicht durch Hydrolyse von 2-Methoxy-2.3-dihydro-γ-pyran (S. 808) erhalten.

In ähnlicher Weise gibt das Dimere des Acroleins (S. 666) **α-Hydroxy-adipin-aldehyd.**

Dialdehyde dienen zur Erhöhung der Naßfestigkeit von Papier und der Knitterfestigkeit von Baumwolle. Sie vernetzen die Cellulosemoleküle durch Bildung cyclischer Acetale mit 1.2-Hydroxylgruppen (S. 783). Dicarbonylverbindungen, bei denen die Carbonylgruppen durch mehr als drei Kohlenstoffatome getrennt sind, erhält man durch Ozonspaltung von Diolefinen, durch Stephen-Reduktion (S. 562) von Dinitrilen oder durch Umsetzung von Diacylhalogeniden mit reaktionsfähigen metallorganischen Verbindungen, z. B. Grignard-Verbindungen, Alkylzink- oder Alkylcadmiumverbindungen.

Einige Triketone sind leicht zugänglich. Zum Beispiel liefert die Umsetzung von 1.3-Diketonen mit p-Nitrosodimethylanilin und anschließende Hydrolyse **1.2.3-Triketone.**

$$RCOCH_2COR + ONC_6H_4N(CH_3)_2 \longrightarrow RCOCCOR \xrightarrow{H_2O-HCl}$$

$$\|$$
$$NC_6H_4N(CH_3)_2$$

$$RCOCOCOR + [H_3\overset{+}{N}C_6H_4\overset{+}{N}H(CH_3)_2]\,2\,Cl^-$$

Triacylmethane entstehen bei der Kondensation von Acylhalogeniden mit den Natriumsalzen (S. 817) von 1.3-Diketonen.

$$RCOCH_2COR \xrightarrow{NaOC_2H_5} RCOCHCOR \xrightarrow{R'COCl} RCOCHCOR + NaCl$$

Eigenschaften und Reaktionen

Die Polycarbonylverbindungen zeigen außer den gewöhnlichen Carbonylreaktionen eine Reihe von speziellen Reaktionen, die durch die gegenseitige Lage der funktionellen Gruppen bedingt sind.

α- oder 1.2-Dicarbonylverbindungen. Die Verbindungen dieser Gruppe sind meist grünlichgelb. Gemeinsam ist ihnen eine breite Absorptionsbande, die sich vom langwelligen Ultraviolett bis zum Sichtbaren (S. 701) erstreckt.

Die Lage des Maximums ist abhängig von der Konstellation (S. 33) des Moleküls. Wenn die beiden Kohlenstoff-Sauerstoff-Bindungen parallel liegen, erreicht die Resonanz-Stabilisierung ein Maximum, weil sich die *p*-orbitals überlagern, und die Absorption liegt bei kürzeren Wellenlängen, als wenn die Kohlenstoff-Sauerstoff-Bindungen rechtwinklig zueinander stehen.

Die charakteristischste Eigenschaft der 1.2-Dicarbonylverbindungen ist ihre Reaktion mit o-Phenylendiamin unter Bildung von Chinoxalinen.

Von alkalischem Wasserstoffperoxyd werden sie unter Bildung von zwei Mol Carbonsäure oxydiert.

$$RCOCOR + H_2O_2 \xrightarrow{[OH^-]} 2\,RCOOH$$

Aromatische 1.2-Diketone und bestimmte andere Verbindungen mit benachbarten Carbonylgruppen und ohne α-ständige Wasserstoffatome unterliegen der Benzilsäure-Umlagerung (S. 572). Benzil kondensiert sich auch mit Ketonen, die zwei α-ständige Methylengruppen enthalten, unter Bildung von Cyclopentadienonen.

Die Reaktion von 1.2-Diketonen mit Hydroxylamin im Überschuß gibt Dioxime, die mit Nickelsalzen wasserunlösliche, farbige Chelatverbindungen (S. 784) bilden. Diese dienen zum Nachweis und zur quantitativen Bestimmung von Nickel.

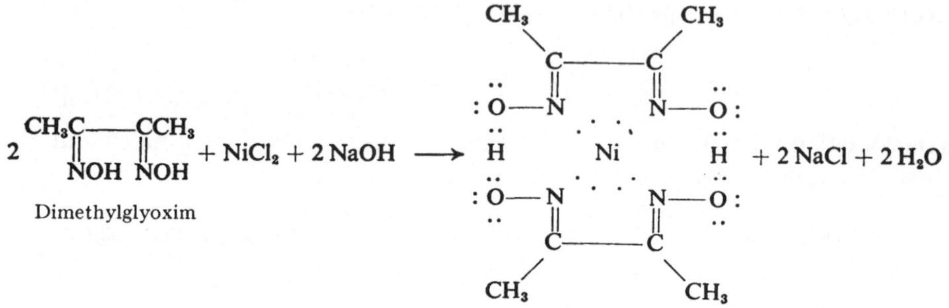

$$2\ \underset{\text{NOH NOH}}{CH_3C{-}{-}CCH_3} + NiCl_2 + 2\,NaOH \longrightarrow \text{[Komplex]} + 2\,NaCl + 2\,H_2O$$

Dimethylglyoxim

In diesen Nickelkomplexen liegen alle Atome des Moleküls in einer Ebene; die vier Bindungen zum Nickel sind nach den Ecken eines Quadrats gerichtet. Wie bei einer quadratischen ebenen Struktur zu erwarten, wurde von Nickel-benzylmethylglyoxim die cis- und die trans-Form isoliert.

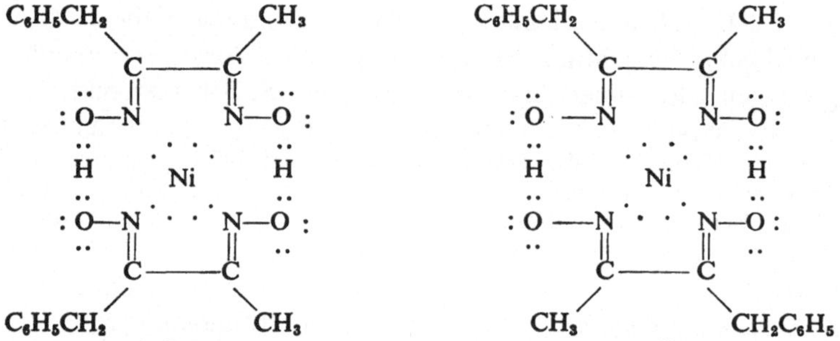

cis-Form   trans-Form

Wenn die Valenzen des Nickelatoms tetraedrisch angeordnet wären, müßte das Molekül asymmetrisch sein und zwei optische Isomere liefern, aber nicht zwei inaktive Formen. Die quadratische, ebene Anordnung der Nickelbindungen kommt durch Bastardisierung eines $3d$-, des $4s$- und zweier $4p$-orbitals zustande. Auch tetrakovalentes Palladium und Platin haben quadratische ebene Konfiguration auf Grund von dsp^2-Bastardisierung (S. 375).

Die gelben Phenylosazone der 1.2-Dicarbonylverbindungen werden von Eisen(III)-chlorid zu roten **Dihydrotetrazinen** (Osotetrazinen) oxydiert.

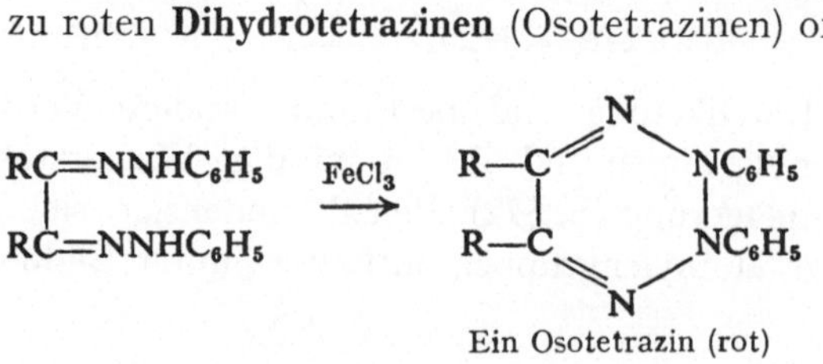

$$\underset{RC=NNHC_6H_5}{RC=NNHC_6H_5} \xrightarrow{\ FeCl_3\ } \text{[Osotetrazin]}$$

Ein Osotetrazin (rot)

Glyoxal wird technisch in großem Maßstab hergestellt. Die wasserfreie monomere Verbindung polymerisiert sich schon bei niedriger Temperatur sehr schnell, doch sind ihre wäßrigen Lösungen und die Bisulfitadditionsverbindung ziemlich beständig. Die wäßrige Lösung von Glyoxal ist farblos, was darauf hindeutet, daß das Glyoxal als Hydrat $OCHCH(OH)_2$ oder $(HO)_2CHCH(OH)_2$ vorliegt. Es dient als Reduktionsmittel beim Sprühverfahren zur Versilberung von Spiegeln, hauptsächlich wird es aber zur Verhütung des Einlaufens bei Rayongeweben verwendet. Diese Eigenschaft beruht wahrscheinlich auf der Fähigkeit, die Celluloseketten durch Bildung von cyclischen Acetalen zu vernetzen.

$$\begin{array}{c} RCHOH \\ | \\ RCHOH \end{array} + OCHCHO + \begin{array}{c} HOCHR \\ | \\ HOCHR \end{array} \longrightarrow \begin{array}{c} RCH\!-\!O \qquad O\!-\!CHR \\ | \qquad\diagdown\!\diagup\qquad | \\ | \qquad CHCH \qquad | \\ | \qquad\diagup\!\diagdown\qquad | \\ RCH\!-\!O \qquad O\!-\!CHR \end{array} + 2\,H_2O$$

Glyoxal erhöht auch die Naßfestigkeit und Saugfähigkeit von Papier und kann zum Unlöslichmachen von Stärke und Proteinen verwendet werden. Umsetzung von Glyoxal mit Alkalien führt zu einer inneren Cannizzaro-Reaktion unter Bildung des **Natriumsalzes der Glykolsäure.**

$$\begin{array}{c} CHO \\ | \\ CHO \end{array} + NaOH \longrightarrow \begin{array}{c} CH_2OH \\ | \\ COONa \end{array}$$

Redukton $HOCH_2COCHO$ wird aus alkalischen Glucoselösungen (S. 388) als Bleisalz isoliert. Es scheint hauptsächlich in der Endiol-Form vorzuliegen und ist in alkalischer Lösung ein starkes Reduktionsmittel. **Diacetyl** $CH_3COCOCH_3$ kommt in kleinen Mengen in der Butter vor und ist neben dem Acyloin **Acetylmethylcarbinol** $CH_3COCHOHCH_3$ verantwortlich für den charakteristischen Geschmack der Butter. Beide Verbindungen werden als Geschmacksstoffe für Margarine verwendet.

β- **oder 1.3-Dicarbonylverbindungen.** Eine Methylengruppe, die mit zwei Carbonylgruppen verknüpft ist, wird als *aktiv* bezeichnet. Es ist lediglich ein gradueller Unterschied zwischen den Reaktionen einer aktiven Methylengruppe und einer solchen, die nur mit *einer* Carbonylgruppe verbunden ist: Zwei aktivierende Gruppen wirken stärker als eine einzige. Wasserstoff an einem Kohlenstoffatom in α-Stellung zu einer Carbonylgruppe — in Aldehyden und Ketonen — ist saurer als solcher in einem Kohlenwasserstoff; ebenso ist der Wasserstoff einer aktiven Methylengruppe saurer als die α-ständigen Wasserstoffatome in Aldehyden und Ketonen. Während also die meisten einfachen Ketone Methylmagnesiumbromid an der Carbonylgruppe anlagern, entwickeln die 1.3-Diketone ein Mol Methan. Einfache Ketone sind stärkere Säuren als Ammoniak, aber schwächere als Alkohol, da sie mit Natriumamid, nicht aber mit Natriumäthylat Salze bilden. 1.3-Diketone sind dagegen stärkere Säuren als Alkohol, da sie durch Natriumäthylat in Natriumsalze übergeführt werden.

Die **Enolform der 1.3-Diketone** ist beständiger als die von einfachen Ketonen. Daher können von der Enolform und der Ketoform der 1.3-Diketone größere Mengen im Gleichgewicht miteinander existieren. Tatsächlich liegt Acetylaceton in wäßriger Lösung zu 20%, in Hexanlösung zu 92% in der Enolform vor.

$$CH_3COCH_2COCH_3 \rightleftharpoons CH_3COCH\!=\!COHCH_3$$

Dieses Verhalten ist verständlich, da sich in der Enolform die Kohlenstoff-Kohlenstoff-Doppelbindung in Konjugation zur zweiten Carbonylgruppe befindet. Auf Grund der Anwesenheit der Enolform geben die 1.3-Diketone eine rote Färbung mit Eisen(III)-chlorid-Lösungen, eine Reaktion, die der der Phenole analog ist.

Bildet die Enolform einer 1.3-Dicarbonylverbindung ein Salz mit einem Metallion, das in seiner Valenzschale mehr als ein Elektronenpaar unterbringen kann, so vermag die zweite Carbonylgruppe auf Grund ihrer räumlichen Lage mit dem Metallatom in Koordination zu treten, wobei sich ein beständiger fünfgliedriger Chelatring (S. 784) bildet. Eine charakteristische Reaktion dieser Art ist die Bildung blauer Kupferverbindungen mit zwei Chelatringen.

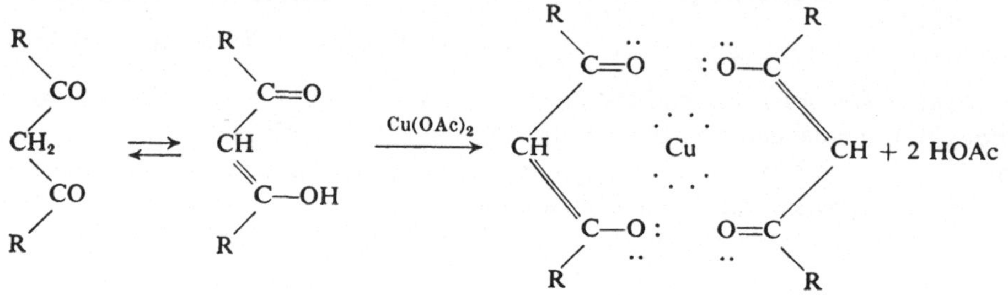

Diese Metallkomplexe haben nicht die Eigenschaften von Salzen, sondern verhalten sich wie kovalente Verbindungen. So sind sie löslich in organischen Lösungsmitteln, haben scharfe Schmelzpunkte und können ohne Zersetzung destilliert werden. Der Berylliumkomplex des Acetylacetons $Be(C_5H_7O_2)_2$ schmilzt bei 108° und siedet bei 270°, der Aluminiumkomplex $Al(C_5H_7O_2)_3$ schmilzt bei 193° und siedet bei 214°. Die Kupfer(II)-komplexe sind eben, und die Metallbindungen sind nach den Ecken eines Quadrats gerichtet, während bei den Berylliumkomplexen die Bindungen nach den Ecken eines Tetraeders gerichtet sind. Ist das Metall hexakovalent wie in dem Aluminiumkomplex, so sind die Bindungen nach den Ecken eines Oktaeders gerichtet (S. 369).

Bei Reaktionen mit einem Mol eines Carbonylreagens bilden sich häufig fünf- oder sechsgliedrige heterocyclische Verbindungen, da sich das ursprüngliche Kondensationsprodukt unter Wasserabspaltung cyclisiert. So gibt Phenylhydrazin N-Phenyl-pyrazole (S. 668).

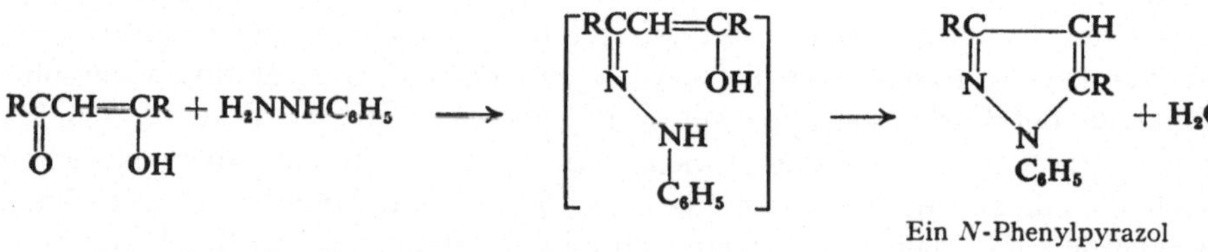

Ein N-Phenylpyrazol

Hydroxylamin gibt Isoxazole (S. 669).

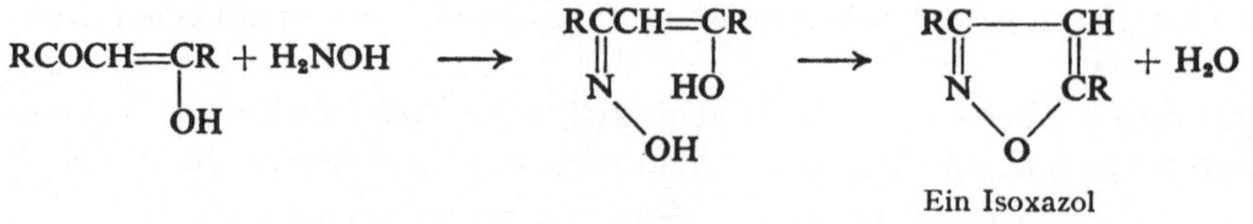

Ein Isoxazol

Aromatische Amine liefern Chinoline (S. 662).

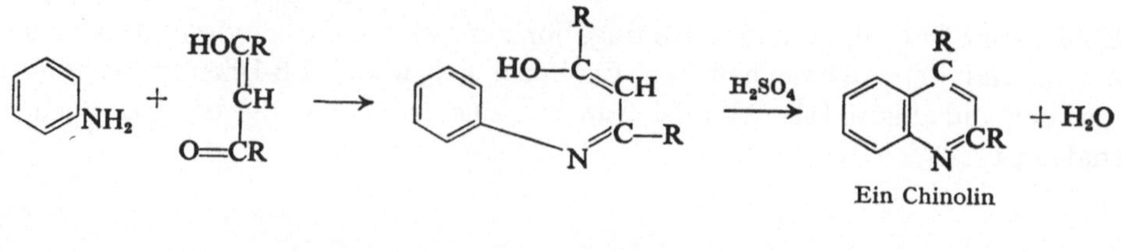

Ein Chinolin

β-Diketone lagern sich an Aldehyde an und bilden Ketole, die häufig Wasser abspalten und in $\alpha.\beta$-ungesättigte Diketone übergehen. Als Katalysatoren dienen bei diesen Kondensationen vorzugsweise sekundäre Amine, wie Diäthylamin oder Piperidin, zusammen mit den geringen Mengen einer Carbonsäure, die gewöhnlich als Verunreinigung in dem Aldehyd enthalten sind.

$$\text{R'CHO} + \text{H}_2\text{C(COR)}_2 \xrightarrow[\substack{\text{C}_5\text{H}_{10}\text{NH} \\ + \text{RCOOH}}]{\text{(C}_2\text{H}_5)_2\text{NH oder}} \left[\begin{array}{c} \text{R'CHCH(COR)}_2 \\ | \\ \text{OH} \end{array}\right] \longrightarrow \text{R'CH}{=}\text{C(COR)}_2 + \text{H}_2\text{O}$$

Diese Reaktionen sind lediglich Beispiele für die Leichtigkeit, mit der ein Proton aus aktiven Methylengruppen abgespalten werden kann. Doch ist die Kondensation von aktiven Methylenverbindungen mit Aldehyden und Ketonen in Gegenwart von sekundären Aminen so charakteristisch, daß die Reaktion nach ihrem hauptsächlichen Erforscher Knoevenagelsche Reaktion[1] genannt wird.

Eine charakteristische Reaktion der Verbindungen mit einer aktiven Methylengruppe ist die *C-Alkylierung*. Diese Reaktion wird gewöhnlich so zuwege gebracht, daß mit Natriumalkoholat in absolutem Alkohol das Natriumsalz des Diketons gebildet und danach ein Alkylhalogenid zugefügt wird.

$$\text{RCOCH}_2\text{COR} \xrightarrow{\text{NaOC}_2\text{H}_5} [\text{RCO}\bar{\text{C}}\text{HCOR}]\text{Na}^+ \xrightarrow{\text{R'X}} \begin{array}{c} \text{RCOCHCOR} + \text{NaX} \\ | \\ \text{R'} \end{array}$$

Auch der zweite Wasserstoff kann durch Alkyl ersetzt werden.

$$\begin{array}{c} \text{RCOCHCOR} \\ | \\ \text{R'} \end{array} \xrightarrow{\text{NaOC}_2\text{H}_5} [\text{RCO}\bar{\text{C}}\text{R'COR}]\text{Na}^+ \xrightarrow{\text{R''X}} \begin{array}{c} \text{RCOCR'COR} + \text{NaX} \\ | \\ \text{R''} \end{array}$$

Acetonylaceton reagiert mit Alkylhalogeniden nur in warmer alkoholischer Lösung in Gegenwart von Kaliumcarbonat. Die Reaktionen sind von Bedeutung für die Synthese der komplizierteren 1.3-Diketone.

Das Metallsalz eines 1.3-Diketons ist eine ionische Verbindung, und das Anion ist ein Resonanzhybrid zweier Grenzstrukturen.

$$\left\{\begin{array}{ccc} \text{RCOCH}{=}\text{CR} & & \text{RCO}\bar{\text{C}}\text{H}{-}\text{CR} \\ | & \longleftrightarrow & \parallel \\ :\overset{..}{\text{O}}:^- & & \text{O} \end{array}\right\}$$

Ob *C*-Alkylierung oder *O*-Alkylierung eintritt, hängt davon ab, ob der Angriff am Kohlenstoff- oder am Sauerstoffende des Resonanzhybrids wirksamer ist. Der Angriff von Alkylhalogeniden ist am Kohlenstoffende am wirksamsten. Reagiert jedoch Chlorameisensäureäthylester mit dem Natriumsalz des Acetylacetons, so ist das Hauptprodukt das Äthylcarbonat der Enolform, und daneben entsteht in geringer Menge das Carbäthoxyderivat des Diketons.

---

[1] Heinrich Emil Albert Knoevenagel (1865—1921), Professor in Heidelberg. Er ist hauptsächlich bekannt durch seine Arbeiten über die Kondensationsreaktionen der Aldehyde und Ketone.

$$
\left[
\begin{array}{c}
CH_3COCH{=}CCH_3 \\
\ddot{\underset{..}{O}}{:}^{-} \\
\updownarrow \\
CH_3CO\bar{C}H{-}CCH_3 \\
\underset{..}{\ddot{O}}{:}
\end{array}
\right] Na^+
\xrightarrow{ClCOOC_2H_5}
\begin{array}{c}
CH_3COCH{=}CCH_3 \\
OCOOC_2H_5 \\
\text{Hauptprodukt} \\
\text{und} \\
CH_3COCH{-}COCH_3 \\
COOC_2H_5 \\
\text{Nebenprodukt}
\end{array}
$$

Haben die Metallderivate weitgehend den Charakter von kovalenten Verbindungen, wie z. B. die Silbersalze, so tritt hauptsächlich *O*-Alkylierung ein, selbst mit Alkylhalogeniden.

$$
CH_3COCH{=}CCH_3 + JC_2H_5 \longrightarrow CH_3COCH{=}CCH_3 + AgJ
$$
$$
\qquad O{-}Ag \qquad\qquad\qquad\qquad OC_2H_5
$$

Die Kondensationsreaktionen der β-Diketone sind größtenteils abhängig von dem in dem Diketon vorliegenden aktiven Wasserstoff und finden bei disubstituierten Diketonen vom Typ $RCOCR_2COR$ nicht statt. Dagegen erfolgt bei allen β-Diketonen leicht die Spaltung einer Kohlenstoff-Kohlenstoff-Bindung durch konzentrierte wäßrige Alkalien, wobei je ein Molekül eines Carbonsäuresalzes und eines einfachen Ketons entsteht. Sind die beiden Acylgruppen verschieden, so erscheint die kleinere oder weniger verzweigte R'-Gruppe in der Carbonsäure.

$$
R'COCR_2COR'' + NaOH \longrightarrow R'COONa + R_2CHCOR''
$$

Der Mechanismus dieser Reaktion ist analog dem der alkalischen Verseifung eines Esters (S. 179). Das Hydroxylion greift ein Carbonylkohlenstoffatom an und verdrängt ein Acetonylanion.

$$
R'COCH_2COR'' \underset{[:OH^-]}{\rightleftharpoons} R'\overset{O}{\underset{OH}{C}} + \left\{ :\bar{C}H_2\overset{O}{C}R'' \longleftrightarrow CH_2{=}\overset{\overset{..}{O}{:}^-}{C}R'' \right\}
$$

$$
\left[R'\overset{O}{C}{-}O{:}^- \right] + H_2O \qquad \xrightarrow{[:OH^-]} \qquad \Big\downarrow H_2O
$$

$$
CH_3COR'' + [:OH^-]
$$

Die leichte Verdrängung des Acetonylanions kann der elektronenanziehenden Wirkung der zweiten Carbonylgruppe und der Stabilisierung des Ions durch Resonanz zugeschrieben werden. Die Reaktion ist die Umkehrung der Bildung eines 1.3-Diketons aus einem Ester und einem Keton.

$$
RCOCH_2COR \underset{[:\bar{O}C_2H_5]}{\rightleftharpoons} RCOOC_2H_5 + \left\{ :\bar{C}H_2{-}\overset{O}{C}R \longleftrightarrow CH_2{=}\overset{\overset{..}{O}{:}^-}{C}R \right\}
$$

$$
\Big\updownarrow C_2H_5OH
$$

$$
CH_3COR + [:\bar{O}C_2H_5]
$$

Während die letztgenannte Reaktion reversibel ist, ist es die mit Wasser und Alkalien nicht, da die Bildung des Natriumsalzes irreversibel ist.

γ- oder 1.4-Dicarbonylverbindungen. Charakteristisch für die γ-Dicarbonylverbindungen ist ihre leichte Umwandlung in Furane (S. 654), Thiophene (S. 640) und Pyrrole (S. 643). Es kann angenommen werden, daß diese Reaktionen über die Enolformen verlaufen, wenn auch anders als bei den β-Dicarbonylverbindungen die Enolform nicht in nachweisbarer Menge vorhanden ist.

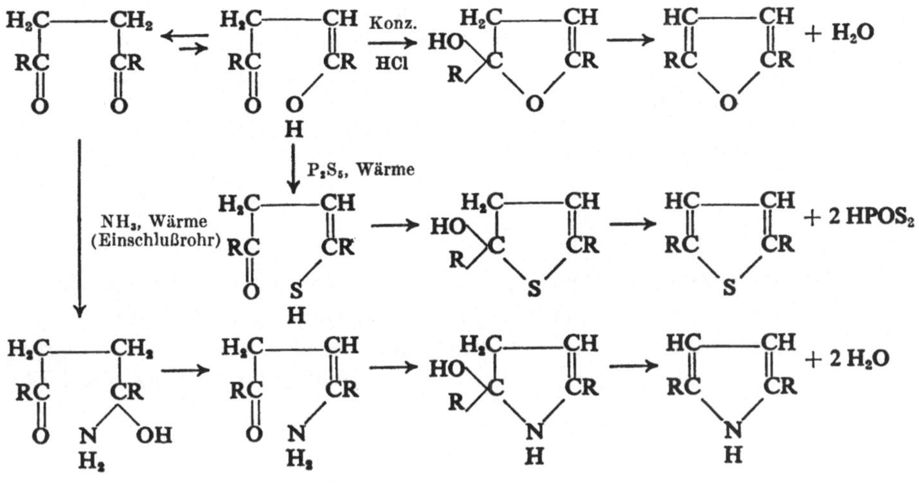

Die Bildung von Pyrrolen dient als Nachweis für 1.4-Diketone, da das Pyrrol leicht durch die Fichtenspanprobe (S. 643) nachgewiesen werden kann.

δ- oder 1.5-Dicarbonylverbindungen. 1.5-Diketone mit einer freien Methylengruppe, die einer der Carbonylgruppen benachbart ist, aber nicht *zwischen* den beiden Carbonylgruppen steht, sind nicht existenzfähig, da überaus leicht intramolekulare Aldolkondensation und Wasserabspaltung eintritt und ein Sechsring gebildet wird.

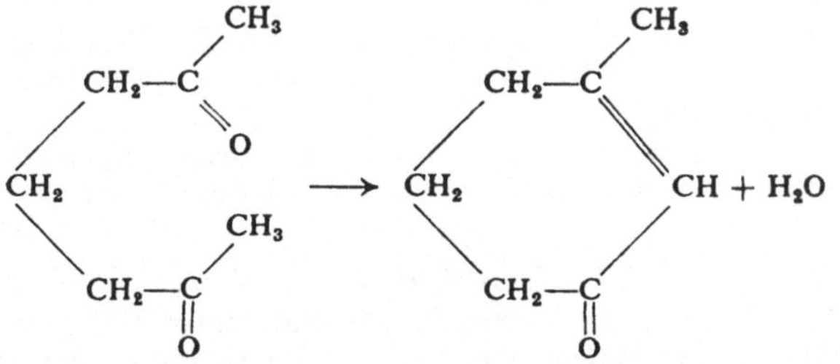

Wird eine Reaktion, die zu einem 1.5-Diketon führen sollte, in Gegenwart von Ammoniak ausgeführt, so bilden sich Dihydropyridine.

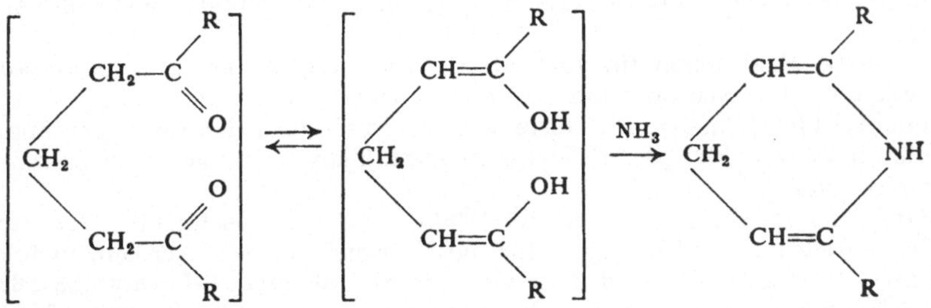

Hydroxylamin gibt ein Pyridinderivat.

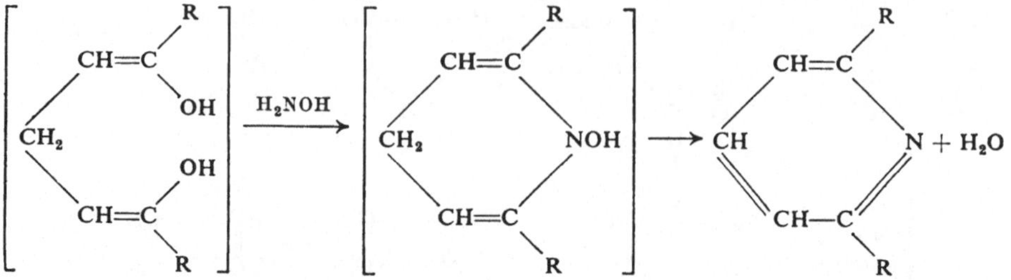

ε- oder 1.6-Dicarbonylverbindungen. Diese Verbindungen sind beständiger als die δ-Verbindungen und können isoliert werden. Diejenigen, die eine Methylengruppe enthalten, die einer Carbonylgruppe auf der der zweiten Carbonylgruppe zugekehrten Seite benachbart ist, gehen Ringschluß unter Bildung eines Fünfrings ein.

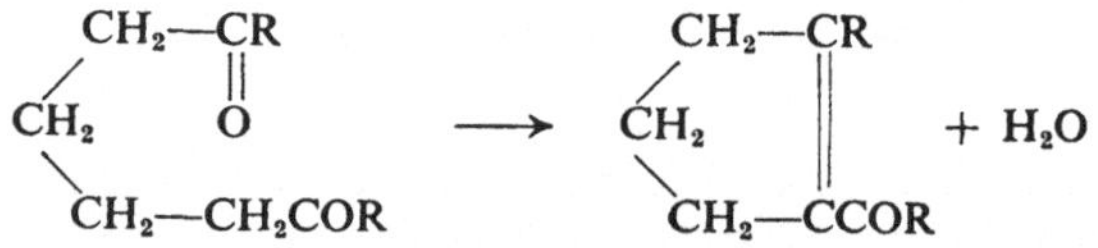

Wiederholungsfragen

1. Man vergleiche die Eigenschaften $\alpha.\beta$-ungesättigter Ketone mit den Eigenschaften einfacher Ketone und einfacher ungesättigter Verbindungen.

2. Welche Reaktionen können zur Unterscheidung zwischen α-, β- und γ-Diketonen herangezogen werden?

3. Man erläutere die räumliche Anordnung der Bindungen in den Metallkomplexen der 1.2-Dioxime und der 1.3-Diketone.

4. Weshalb führt die innere Cyclisierung bei einer 1.5-Dicarbonylverbindung zu einem Sechsring, bei einer 1.6-Dicarbonylverbindung jedoch unter ähnlichen Bedingungen zu einem Fünfring?

5. Weshalb gibt o-Phenylendiamin mit 1.2-Dicarbonylverbindungen leicht Chinoxaline, während m- und p-Phenylendiamin dies nicht tun?

Aufgaben

6. Man führe die Namen der Verbindungen auf, die sich durch Anlagerung einfacher anorganischer Verbindungen oder organischer Verbindungen mit ein oder zwei Kohlenstoffatomen an Keten bilden können.

7. Man gebe für folgende Synthesen Reaktionen an: (a) ein Gemisch aus D-Threose und D-Erythrose ausgehend von D-Mannit; (b) 2-Methyl-2-hydroxy-pentanon-(3) ausgehend von Aceton; (c) β-Brom-capronsäure ausgehend von n-Butyraldehyd; (d) 2.2.6.6-Tetramethyl-piperidon-(4) ausgehend von Aceton; (e) α-Phenyl-γ-keto-valeriansäure ausgehend von Benzaldehyd; (f) Dimethylketen ausgehend von Isobutyraldehyd.

8. Man gebe Reaktionen für folgende Umwandlungen an: (a) Propionsäure in Äthylvinylketon; (b) Acetophenon in α-Aminoacetophenon; (c) Diäthylketon in 1.3.5-Trimethyl-piperidon-(4); (d) Tetramethylenchlorhydrin in 5-Chlor-pentanon-(2); (e) Acetylen in Crotonaldehyd; (f) Toluol in Zimtaldehyd; (g) Benzol in β-Dimethylaminopropiophenon.

9. Man verfertige ein Schema, das die Reaktionsstufen, einschließlich der erforderlichen Reagentien und Bedingungen, für die Umwandlung von Acrolein in folgende Verbindungen aufzeigt: S-Methyl-β-mercapto-propionaldehyd, 2-Formyl-2.3-dihydropyran, 2.3-Dihydroxy-propional, Tetrahydropyranylcarbinol-(2), Glycerin, 2-Methoxy-2.3-dihydropyran, Methionin, 3-Cyan-propional, Glutaraldehyd, 4-Amino-butanol-(1), α-Hydroxyadipinaldehyd.

10. Man gebe eine Folge von Reaktionen an, durch die Sebacinsäure in nachstehende Verbindungen umgewandelt werden kann: (a) Octandial-(1.8); (b) Decandiol-(1.10); (c) Dodecandial-(1.12); (d) Dodecandion-(2.11).

11. Man gebe Reaktionen für folgende Synthesen an, bei denen eine Dicarbonylverbindung Verwendung finden soll: (a) 3.4-Diphenyl-cyclopentadienon aus Benzaldehyd; (b) 2.3-Dimethyl-chinoxalin aus Essigsäureäthylester und Benzol; (c) Dimethylglyoxim aus Methyläthylketon; (d) 2.4-Dimethyl-chinolin aus Aceton; (e) Äthyldibenzoylmethan aus Acetophenon; (f) 2.5-Dimethyl-thiophen aus 2.5-Dimethylfuran; (g) 5-Phenyl-isoxazol aus Acetophenon.

12. Wie kann man leicht zwischen den Gliedern folgender Gruppen von Verbindungen unterscheiden: (a) Acetoin, Diacetyl und Acetylaceton; (b) Acetylaceton, Acetonylaceton und Acetophenon; (c) Dibenzoylmethan, Benzophenon und Diphenylmethan?

13. Man gebe Reaktionen an für folgende Synthesen:(a) 2'-Methyl-2'-hydroxybutyrophenon aus Methyläthylketon; (b) 4-Hydroxy-4-methyl-hexen-(1)-on-(5) aus Essigsäureäthylester; (c) (2-Methyl-vinyl)-phenylketon aus Benzol; (d) 2.5-Diäthyl-3.6-dimethyl-pyrazin aus Diäthylketon; 2.6-Dimethyl-pyridin aus Essigsäureäthylester.

14. Verbindung A hat die Summenformel $C_{17}H_{32}O_4$. Sie wird durch Kochen mit Alkalien nicht angegriffen, absorbiert im Ultraviolett nicht und entwickelt mit Methylmagnesiumbromid kein Methan. Durch Kochen mit verdünnter Schwefelsäure entstehen zwei Produkte B und C. B hat die Summenformel $C_5H_8O_2$. Es reagiert mit Hydroxylamin, doch ist das Reaktionsprodukt D beständig gegen Hydrolyse und kann nicht oxydiert werden. D ist basisch, reagiert jedoch nicht mit Benzolsulfochlorid in Gegenwart von Natriumhydroxyd. Es wird von Natrium und Alkohol zu Verbindung E reduziert, die mit Benzoylchlorid unter Bildung eines Benzoylderivats reagiert. B nimmt bei katalytischer Reduktion zwei Mol Wasserstoff auf, und das Reaktionsprodukt gibt bei der Reaktion mit Phosphortribromid Verbindung $C_5H_{10}Br_2$. Wenn man diese Verbindung mit wäßrigem Ammoniak erhitzt, zur Trockne eindampft und den Rückstand stark erhitzt, destilliert ein Reaktionsprodukt, das identisch ist mit E.

Verbindung C hat die Summenformel $C_6H_{12}O$. Sie bildet ein Oxim und reagiert mit Natriumhypochlorit unter Bildung von Chloroform. Beim Ansäuern entsteht eine Säure, die identisch ist mit derjenigen, die durch Carbonisierung der Grignard-Verbindung aus tert.-Butylchlorid erhalten wird. Man gebe A eine Strukturformel und stelle für die beteiligten Reaktionen Gleichungen auf.

Kapitel 36

Halogen-, Hydroxy- und Aminosäuren; ungesättigte Säuren

Es ist zweckmäßig, die Halogensäuren, Hydroxy- und Aminosäuren sowie die ungesättigten Säuren zusammen zu behandeln, da sie vielfach ineinander umwandelbar sind und ihre Reaktionen oft zu gleichartigen Reaktionsprodukten führen.

Halogensäuren

Darstellung

α-Chlor- und **α-Bromsäuren** werden durch die Hell-Volhardt-Zelinsky-Reaktion dargestellt, die in einer direkten Halogenierung in Gegenwart von geringen Mengen Phosphortrihalogenid besteht (S. 169).

$$RCH_2COOH \xrightarrow[\text{(PX}_3)]{X_2} RCHXCOOH + HX$$

Die Geschwindigkeit der Halogenierung von Säuren ist, anders als bei der Halogenierung von Aldehyden und Ketonen, abhängig von der Konzentration des Halogens, sie ist nicht der allgemeinen Säurekatalyse unterworfen, und sie wird durch Gegenwart einer kleinen Menge Acylhalogenid stark gesteigert. Es wird daher angenommen, daß die Halogenierung über das Säurehalogenid verläuft. Wegen des Gleichgewichts zwischen Säure und Acylhalogenid genügt eine kleine Menge des Halogenids, um die Reaktion mit praktisch genügender Geschwindigkeit verlaufen zu lassen.

$$RCH_2COX + X_2 \longrightarrow RCHXCOX + HX$$
$$RCHXCOX + RCH_2COOH \rightleftarrows RCHXCOOH + RCH_2COX$$

Monojodsäuren entstehen durch Umsetzung der Chlorsäure mit Natriumjodid (S. 118). **Fluoressigsäure** wird durch Hydrolyse ihres Methylesters dargestellt. Diesen erhält man durch Umsetzung des Jodesters mit Quecksilber(I)-fluorid (S. 773). Technisch wird Fluoressigsäure durch direkte Vereinigung von Kohlenmonoxyd, Formaldehyd und Fluorwasserstoff erzeugt.

$$CO + HCHO + HF \xrightarrow[\text{750 Atm.}]{160°,} FCH_2COOH$$

Trifluoressigsäure entsteht in 50%iger Ausbeute bei kräftiger Oxydation von Benzotrifluorid.

$$C_6H_5CF_3 \xrightarrow[\text{2 Wochen kochen}]{Na_2Cr_2O_7 - H_2SO_4,} HOOCCF_3 + 5\,CO_2 + 2\,H_2O$$

Diese Methode zeigt die bemerkenswerte Beständigkeit der Trifluormethylgruppe. Technisch wird Trifluoressigsäure aus Essigsäure nach einem elektrochemischen Verfahren (S. 774) hergestellt.

Wird Trifluoressigsäure von Phosphorpentoxyd abdestilliert, so entsteht das **Anhydrid,** ein sehr wertvolles Reagens zur Durchführung von Acylierungen und Sulfonierungen mit Carbonsäuren und Sulfonsäuren.

$$ROH + R'COOH + (CF_3CO)_2O \longrightarrow ROCOR' + 2\,CF_3COOH$$

Die Reaktion verläuft offensichtlich über das gemischte Anhydrid, doch tritt keine Trifluoracetylierung ein.

β-Chlor- oder **β-Bromsäuren** werden durch Addition von Halogenwasserstoff an α.β-ungesättigte Säuren oder durch Umsetzung von β-Hydroxysäuren mit Halogenwasserstoffsäuren dargestellt.

Halogenwasserstoff wird ungeachtet der Regel von MARKOWNIKOW immer an das β-Kohlenstoffatom einer α.β-ungesättigten Säure angelagert, da es sich um eine 1.4-Addition handelt.

γ-Halogensäuren entstehen durch Umsetzung von γ-Hydroxysäuren oder γ-Lactonen mit Halogenwasserstoffsäuren. **ω-Halogensäuren** erhält man aus $\alpha.\omega$-Dihalogeniden durch Umsetzung mit einem Mol Natriumcyanid und Hydrolyse des Nitrils.

$$Br(CH_2)_xBr + NaCN \longrightarrow Br(CH_2)_xCN \xrightarrow{HBr-H_2O} Br(CH_2)_xCOOH + NH_4Br$$

Eigenschaften und Reaktionen

Zunehmende Substitution durch Halogen am α-ständigen Kohlenstoffatom erhöht die Acidität von Carbonsäuren. Die Dissoziationskonstanten für Essigsäure, Chloressigsäure, Dichloressigsäure und Trichloressigsäure betragen in gleicher Reihenfolge $1{,}7 \times 10^{-5}$, $1{,}4 \times 10^{-3}$, 5×10^{-2} und $1{,}3 \times 10^{-1}$. So ist Trichloressigsäure fast so stark wie Schwefelsäure. Trifluoressigsäure ist erheblich stärker als Trichloressigsäure. Nur in α-Stellung hat Halogen eine merkliche Wirkung auf die Acidität der Carboxylgruppe.

Die Natriumsalze der höheren Perfluorfettsäuren erniedrigen die Oberflächenspannung wäßriger Lösungen in sehr viel stärkerem Maße als andere Netzmittel. Als Emulgiermittel wirken sie jedoch nur für andere fluorierte Flüssigkeiten oder feste Substanzen, da die Fluorkohlenstoffkette in nichtfluorierten Verbindungen unlöslich ist.

Chloressigsäure ist in sehr geringen Konzentrationen giftig für Mikroorganismen und ist ein ausgezeichnetes Sterilisierungsmittel. Als Konservierungsmittel für Nahrungsmittel darf sie nicht verwendet werden. Fluoressigsäure ist für Säugetiere sehr viel giftiger als Chloressigsäure; das Natriumsalz *(„1080")* wird als Gift gegen Nagetiere und andere Tierplagen verwendet. Im Gegensatz dazu sollen die Natriumsalze der Di- und Trifluoressigsäure harmlos sein (vgl. S. 770). Es ist interessant, daß Fluoressigsäure das toxische Prinzip der giftigen südafrikanischen Pflanze *Dichapetalum cymosum* ist. Offensichtlich ist das Fluoracetation nicht als solches giftig, sondern wird im Organismus in Fluorcitronensäure umgewandelt, wodurch der am Kohlenhydrat-Stoffwechsel beteiligte Citronensäurecyclus blockiert wird.

Trichloressigsäure wird thermisch zu Chloroform und Kohlendioxyd zersetzt (vgl. Haloform-Reaktion, S. 224).

$$Cl_3CCOOH \xrightarrow{Wärme} Cl_3CH + CO_2$$

Diese Reaktion verläuft langsam schon in siedender wäßriger Lösung, schnell in alkalischer Lösung. Trifluoressigsäure ist dagegen erheblich beständiger.

Die thermische Decarboxylierung der Trichloressigsäure ist wie die der Nitroessigsäure, der 2.4.6-Trinitro-benzoesäure (S. 490) und der Zimtsäure eine monomolekulare Zersetzung des Anions; die undissoziierte Säure ist beständig. Die elektronenanziehenden Gruppen am α-Kohlenstoffatom und die negative Ladung an der Carboxylgruppe erleichtern die ionische Spaltung der Kohlenstoff-Kohlenstoff-Bindung.

$$Cl_3C\text{—}\overset{\overset{\displaystyle O}{\|}}{C}\text{—}O^{-} \longrightarrow CO_2 + [Cl_3C\!:^{-}] \xrightarrow[\text{[OH}^-]]{H_2O} Cl_3CH$$

Obwohl der induktive Effekt der Trifluormethylgruppe stark elektronenanziehend wirkt, hat er die scheinbar anomale Eigenschaft, die Bindung zu anderen Atomen zu verkürzen (d. h. zu verstärken) (S. 771).

Das Halogen in halogenierten gesättigten Säuren verhält sich wie in Alkylhalogeniden und kann mit Hilfe der üblichen Reagentien gegen andere funktionelle Gruppen ausgetauscht werden. Die α-, β-, γ- und δ-halogenierten Säuren zeigen charakteristische Unterschiede in ihren Reaktionen mit wäßrigen oder alkoholischen Alkalien. Die α-halogenierten Säuren hydrolysieren mit der größten Geschwindigkeit unter Bildung von α-Hydroxysäuren, wobei Kochen mit Wasser oder verdünnten Alkalien genügt. β-halogenierte Säuren geben unter den gleichen Bedingungen Halogenwasserstoffsäure ab, und es entsteht die $\alpha.\beta$-ungesättigte Säure, häufig im Gemisch mit der $\beta.\gamma$-ungesättigten Säure. Kochen mit wäßriger Carbonat-Lösung kann gleichzeitig Decarboxylierung und Abspaltung von Halogenwasserstoffsäure bewirken.

$$CH_3CHBrCHCOONa + Na_2CO_3 + H_2O \xrightarrow{\text{Wärme}} CH_3CH=CHCH_3 + 2\,NaHCO_3 + NaBr$$
$$\underset{\displaystyle CH_3}{|}$$

γ- und δ-halogenierte Säuren geben beim Kochen mit Wasser oder wäßriger Carbonat-Lösung fünf- oder sechsgliedrige cyclische Ester, die als *Lactone* bezeichnet werden.

$$CH_3CHCH_2CH_2COOH + Na_2CO_3 \longrightarrow \text{[}\gamma\text{-Valerolacton]} + NaX + NaHCO_3$$

γ-Valerolacton

$$CH_2CH_2CH_2CH_2COOH + Na_2CO_3 \longrightarrow \text{[}\delta\text{-Valerolacton]} + NaX + NaHCO_3$$

δ-Valerolacton

α-Halogenierte Säureester lagern sich in Gegenwart einer Base aldolartig an Ketone an, wobei gleichzeitig Ringschluß zu einem Epoxyd stattfindet, das als **Glycidsäureester** bekannt ist *(Darzens-Reaktion)*.

Die Verseifung des Glycidesters und anschließendes Ansäuern führt zur Abspaltung von Kohlendioxyd und Umlagerung zu einem Aldehyd (R′ = H) oder Keton.

Chloressigsäure ist die technisch wichtigste Halogensäure. Große Mengen dienen zur Herstellung des Herbicids 2.4-D (S. 543), von Carboxymethylcellulose

(S. 426) und von Indigo (S. 723). Sie dient als Zwischenprodukt für die Synthese von Malonester (S. 836) und daher für viele wichtige organische Verbindungen. Die Darstellung erfolgt durch Chlorierung von Essigsäure oder durch Hydrolyse von Trichloräthylen mit verdünnten Säuren.

$$ClCH{=}CCl_2 \xrightarrow{\;H_2O,\ H_2SO_4\;} \left[\underset{\overset{|}{Cl}}{\overset{\overset{Cl}{|}}{ClCH_2COH}} \right] \longrightarrow HCl + ClCH_2\overset{\overset{O}{\|}}{C}Cl \xrightarrow{\;H_2O\;} ClCH_2COOH + HCl$$

Hydroxysäuren

Darstellung

α-Hydroxysäuren können durch Hydrolyse von α-Halogensäuren oder durch Hydrolyse der Cyanhydrine von Aldehyden oder Ketonen dargestellt werden.

$$RCHO \xrightarrow{\;HCN\;} RCH{\overset{OH}{\underset{CN}{<}}} \xrightarrow{\;H_2O-HCl\;} RCHOHCOOH + NH_4Cl$$

β-Hydroxysäuren können durch katalytische Reduktion von β-Ketoestern und anschließende Hydrolyse gewonnen werden. Die β-Hydroxyester werden auch durch die **Reformatzky-Reaktion** erhalten. Diese Reaktion erfolgt durch Zugabe von Zink zu einem Gemisch eines α-Halogenesters (gewöhnlich des α-Bromesters) mit einem Aldehyd oder Keton in Äther-Lösung oder in einem aromatischen Kohlenwasserstoff.

$$RCHO + BrCH_2COOC_2H_5 + Zn \longrightarrow \underset{\overset{|}{OZnBr}}{RCHCH_2COOC_2H_5} \xrightarrow{\;HCl\;} RCHOHCH_2COOC_2H_5$$

Auch die Chlorester reagieren, wenn man anstatt Zink ein Kupfer-Zinkpaar verwendet. Da die β-Hydroxysäuren leicht Wasser abspalten, kann das Reaktionsprodukt wechselnde Mengen α.β- oder β.γ-ungesättigte Ester enthalten.

Die Reformatzky-Reaktion ist eng verwandt mit der Grignard-Reaktion. Das Primärprodukt ist zweifellos die Organozinkverbindung $XZnCH_2COOC_2H_5$, die dann an die Carbonylgruppe angelagert wird. Die magnesiumorganischen Verbindungen sind reaktionsfähiger und führen zur Selbstkondensation mit der Estergruppe und mit dem reaktionsfähigen Halogen. Aus dem gleichen Grund müssen die Organozinkverbindungen in Gegenwart des Aldehyds oder Ketons dargestellt werden, mit welchem sie schneller reagieren als mit der Estergruppe oder dem Halogen.

Verbindungen, in denen die Hydroxylgruppe von der Carboxylgruppe weiter entfernt ist als β-Stellung, werden durch Hydrolyse der Halogensäure oder durch Reduktion der Ketosäure erhalten.

Reaktionen

α-Hydroxysäuren unterliegen einer bimolekularen Veresterung unter Bildung eines Sechsrings. Derartige cyclischen Ester werden als *Lactide* bezeichnet.

$$\begin{matrix} \textbf{RCHOHCOOH} \\ + \\ \textbf{HOOCCHOHR} \end{matrix} \longrightarrow \underset{\textbf{Ein Lactid}}{O{\overset{\overset{\textbf{RCH—CO}}{\diagup\ \ \diagdown}}{\underset{\diagdown\ \ \diagup}{\underset{\textbf{CO—CHR}}{}}}}O} + 2\,H_2O$$

Diese Reaktion verläuft so leicht, daß es nicht möglich ist, α-Hydroxysäuren in monomolekularem Zustand zu halten, außer in Form ihrer Natriumsalze.

Wenn α-Hydroxysäuren mit verdünnter Schwefelsäure gekocht werden, wird unter Bildung eines Aldehyds Kohlenmonoxyd und Wasser abgespalten.

$$RCHOHCOOH \xrightarrow[\text{Wärme}]{H_2SO_4 - H_2O} RCHO + CO + H_2O$$

Diese Reaktion hat Bedeutung für die Synthese höherer Aldehyde aus Säuren über die α-Bromsäure. Da bei dieser Reaktion ein Kohlenstoffatom abgespalten wird, ist damit auch eine Methode zum stufenweisen Abbau einer Kohlenstoffkette gegeben.

β-Hydroxysäuren verlieren Wasser unter Bildung von $\alpha.\beta$-ungesättigten Säuren, die häufig mit $\beta.\gamma$-ungesättigten Säuren vermischt sind. β-Hydroxysäuren bilden nicht leicht β-Lactone, da der Ringschluß zu einem Vierring räumlich nicht begünstigt ist. Das einfachste β-Lacton, **β-Propiolacton,** wurde erstmals 1915 aus dem Silbersalz der β-Jod-propionsäure dargestellt. Nach 1944 ist es jedoch durch Umsetzung von Keten mit Formaldehyd in Gegenwart von Zinksalzen oder Bortrifluorid-Komplexen (S. 804) zugänglich geworden.

$$\begin{array}{c} CH_2{=}C{=}O \\ + \\ H_2C{=}O \end{array} \xrightarrow{ZnCl_2} \begin{array}{c} CH_2{-}C{=}O \\ | \quad\quad | \\ CH_2{-}O \end{array}$$

β-Propiolacton

Keten reagiert in ähnlicher Weise mit anderen einfachen Aldehyden und Ketonen. Der viergliedrige β-Lacton-Ring wird durch eine Vielzahl von Reagentien geöffnet, wobei sich β-substituierte Propionsäuren bilden. Die Polymerisation von β-Propiolacton zu einem linearen polymeren Ester findet in Gegenwart stark saurer oder basischer Katalysatoren mit explosiver Heftigkeit statt. Reagentien, die aktiven Wasserstoff enthalten, werden gewöhnlich in Form wäßriger Lösungen der Natriumsalze verwendet, so daß das Natriumsalz des Reaktionsproduktes entsteht.

$$\begin{array}{c} CH_2{-}C{=}O \\ | \quad\quad | \\ CH_2{-}O \end{array} + \begin{cases} NaX & \longrightarrow & XCH_2CH_2COONa \\ NaCN & \longrightarrow & CNCH_2CH_2COONa \\ NaSH & \longrightarrow & HSCH_2CH_2COONa \\ Na_2S & \longrightarrow & S(CH_2CH_2COONa)_2 \\ RSNa & \longrightarrow & RSCH_2CH_2COONa \\ NaSCN & \longrightarrow & NCSCH_2CH_2COONa \\ RCOONa & \longrightarrow & RCOOCH_2CH_2COONa \\ C_6H_5ONa & \longrightarrow & C_6H_5OCH_2CH_2COONa \\ RCOCl & \longrightarrow & RCOOCH_2CH_2COCl \\ R_2SO_4 & \longrightarrow & ROSO_2OCH_2CH_2COOR \end{cases}$$

Amine geben β-Hydroxy- oder $\alpha.\beta$-ungesättigte Amide oder β-Aminosäuren, Alkohole geben β-Hydroxy-, β-Alkoxy- oder $\alpha.\beta$-ungesättigte Säuren oder Ester, je nach den Bedingungen der Reaktion. Die Vielfalt dieser Reaktionen läßt das β-Propiolacton als aussichtsreiches Zwischenprodukt für die organische Synthese erscheinen.

γ- und δ-Hydroxysäuren sind nur in Form ihrer Salze beständig. Die freien Säuren cyclisieren sich spontan zu Lactonen.

$$RCHOHCH_2CH_2COOH \longrightarrow \underset{O}{RCH \overset{CH_2-CH_2}{\diagdown \diagup} C=O} + H_2O$$

$$RCHOHCH_2CH_2CH_2COOH \longrightarrow RCH \diagdown \overset{CH_2}{\underset{O}{CH_2 \quad CH_2}} C=O + H_2O$$

Ein technisches Verfahren zur Darstellung von **γ-Butyrolacton** besteht in der katalytischen Dehydrierung von Tetramethylenglykol (S. 789).

$$\underset{HOCH_2 \quad CH_2OH}{CH_2-CH_2} \xrightarrow[200°]{Cu-SiO_2} \underset{O}{\overset{CH_2-CH_2}{CH_2 \quad CO}} + 2\,H_2$$

Glykolsäure $HOCH_2COOH$ kann durch Hydrolyse von Chloressigsäure oder durch Oxydation von Äthylenglykol mit verdünnter Salpetersäure dargestellt werden. Das technische Produkt, das von Gerbern und Färbern verwendet wird, wird durch Umsetzung von Formaldehyd mit Kohlenmonoxyd (S. 785) hergestellt. **Thioglykolsäure** wird aus Natrium-chloracetat und Natriumhydrogensulfid gewonnen.

$$HSNa + ClCH_2COONa \longrightarrow HSCH_2COONa$$

Das Ammoniumsalz ist das aktive Agens in den Präparaten für die kalte Dauerwelle (S. 313).

Milchsäure $CH_3CHOHCOOH$, die Säure, die sich beim Sauerwerden der Milch durch Einwirkung von *Lactobacillus* auf die Lactose bildet, wurde 1780 von SCHEELE aus saurer Milch isoliert. Sie wird durch Vergärung der Lactose von Molken, Melassen oder Stärkehydrolysaten in Gegenwart eines Überschusses von Calciumcarbonat gewonnen. Ferner kann sie durch Hydrolyse von Acetaldehydcyanhydrin dargestellt werden. In den USA wurden 1948 etwa 2,25 Millionen kg hergestellt, wovon mehr als die Hälfte einen für Nahrungszwecke erforderlichen Reinheitsgrad aufwies. Die Ester der Milchsäure sind wertvolle hochsiedende Lösungsmittel für Lackzubereitungen und können zur Herstellung von Acrylestern (S. 832) verwendet werden.

Milchsäure enthält ein asymmetrisches Kohlenstoffatom, und die bei der Muskelkontraktion entstehende Milchsäure ist rechtsdrehend. Sie ist als **Fleischmilchsäure** bekannt. Gärungsmilchsäure kann rechts- oder linksdrehend oder inaktiv sein, je nach den beteiligten Mikroorganismen. Das Lactid der Milchsäure hat eine höhere Drehung als die Säure, und zwar im entgegengesetzten Sinn. Daher nimmt die Drehung der aktiven Milchsäure beim Aufbewahren zuerst bis auf Null ab und nimmt dann nach Maßgabe der Entstehung von Lactid in entgegengesetzter Richtung zu, bis das Gleichgewichtsgemisch von Lactid, Wasser und Milchsäure erreicht ist.

Aminosäuren

Darstellung

Die Synthese der natürlichen α-Aminosäuren wird auf S. 317 und 847 besprochen. Säuren mit einer Aminogruppe in anderer Stellung können aus den entsprechenden Halogensäuren oder durch Reduktion des Oxims der Ketosäure dargestellt werden. β-Aminosäuren können durch Anlagerung von Ammoniak an $\alpha.\beta$-ungesättigte Säuren erhalten werden.

$$RCH{=}CHCOOH + NH_3 \longrightarrow \underset{\underset{NH_2}{|}}{RCHCH_2COOH}$$

Reaktionen

Aminosäuren liegen im allgemeinen als dipolare Ionen vor, und die Wahrscheinlichkeit des Eintretens von Reaktionen, wie sie bei den Hydroxysäuren beobachtet werden, ist bei ihnen geringer. Trotzdem finden unter drastischeren Bedingungen vergleichbare Reaktionen statt. So geben α-Aminosäuren beim Erhitzen in Glycerin-Lösung auf 170° Wasser ab und bilden cyclische Amide, die als *2.5-Diketopiperazine* bekannt sind.

2.5-Diketo-piperazin

Wenn die Salze der β-Aminosäuren bis zur Zersetzung erhitzt werden, entstehen $\alpha.\beta$-ungesättigte Säuren.

$$\underset{\underset{NH_3{}^{+-}PO_4H_2}{|}}{RCHCH_2COOH} \xrightarrow{\text{Wärme}} RCH{=}CHCOOH + (NH_4)H_2PO_4$$

γ- und δ-Aminosäuren geben beim Erhitzen cyclische Amide, die sogenannten *Lactame*.

γ-Butyrolactam
(Pyrrolidon)

δ-Valerolactom
(Piperidon)

Pyrrolidon wird technisch aus γ-Butyrolacton (S. 827) und Ammoniak hergestellt. In Gegenwart eines alkalischen Katalysators gibt es ein lineares Polymeres (,,*Nylon 4*" vgl. S. 843).

$$x \quad \underset{\underset{\text{H}}{\text{N}}}{\bigsqcup}\text{C=O} \quad \longrightarrow \quad [\text{—NH(CH}_2)_3\text{CO—}]_x$$

Nylon 4

Durch Kondensation von Pyrrolidon mit Acetylen entsteht **N-Vinylpyrrolidon,** das sich zu **Polyvinylpyrrolidon** polymerisiert. Dieses gibt mit Wasser kolloidale Lösungen und wird als Blutplasma-Ersatz unter dem Namen *Periston* verwendet. Es ist gegenwärtig der am häufigsten verwendete filmbildende Bestandteil von Haarsprühmitteln.

Pyrrolidon   Vinylpyrrolidon   Polyvinylpyrrolidon

Sarkosin ist *N*-Methylglycin CH_3NHCH_2COOH. Es kommt in Muskeln und daher im Fleischextrakt vor. Aus Chloressigsäure und Methylamin kann es synthetisiert werden. Das Natriumsalz des **N-Lauroylsarkosins** $CH_3(CH_2)_{10}CON(CH_3)-$ CH_2COONa hemmt die Wirkung von bestimmten Enzymen und wird daher in Zahnpasten zur Verhütung bakterieller Gärung von Kohlenhydraten und Säurebildung im Mund verwendet.

Die inneren quartären Ammoniumsalze der Aminosäuren führen die Gruppenbezeichnung *Betaine.* Der einfachste Vertreter, das **Betain** $(CH_3)_3\overset{+}{N}CH_2COO^-$, kommt im Saft der Runkelrüben *(Beta vulgaris)* vor, und der bei der Herstellung von Rübenzucker anfallende Rückstand ist eine ergiebige Quelle. Ein quartäres Ammoniumderivat der Aminoessigsäure, das sich als wertvoll erwiesen hat, ist das **Girard-Reagens T.** Es ist das Hydrazid des Carboxymethyl-trimethylammoniumchlorids. Es wird durch Umsetzung von Chloressigsäureäthylester mit Trimethylamin und anschließende Reaktion mit Hydrazin gewonnen.

$$(CH_3)_3N + ClCH_2COOC_2H_5 \longrightarrow [(CH_3)_3\overset{+}{N}CH_2COOC_2H_5]\overset{-}{C}l \xrightarrow{H_2NNH_2}$$

$$[(CH_3)_3\overset{+}{N}CH_2CONHNH_2]\overset{-}{C}l + C_2H_5OH$$

Girard-Reagens T

Wasserunlösliche Ketone geben mit diesem Reagens Hydrazone, die auf Grund der quartären Ammoniumgruppe wasserlöslich sind, so daß eine Trennung von anderen, nichtketonischen, in Wasser unlöslichen Verbindungen möglich ist. Das Keton wird durch Hydrolyse leicht zurückgebildet. Das Reagens hat unschätzbare Dienste bei der Trennung von ketonischen und nichtketonischen Steroidhormonen geleistet (S. 919).

β-Alanin ist von besonderem Interesse als Bestandteil des **Pantetheins,** das seinerseits einen Teil des Coenzym A-Moleküls bildet (S. 680). **Pantothensäure,** die erstmals aus Leberextrakten isoliert wurde und als Bestandteil des Vitamin B-Komplexes anzusehen ist, kann von Pantethein abgeleitet werden.

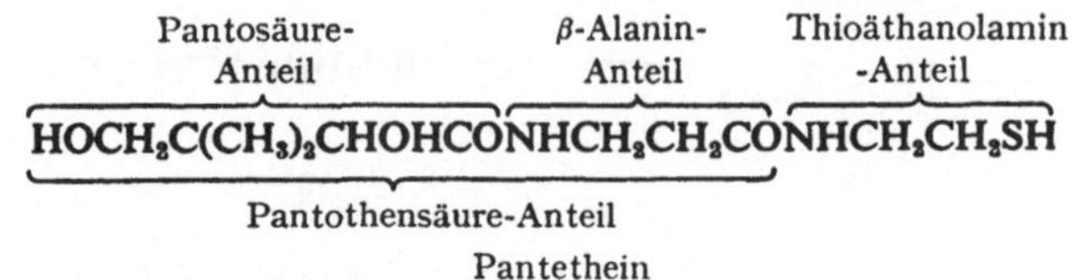

Ungesättigte Säuren

Darstellung

Gewöhnlich sind nur $\alpha.\beta$-ungesättigte Säuren leicht zugänglich. Es stehen zahlreiche Methoden zur Darstellung dieser Verbindungen zur Verfügung. Sie können durch Oxydation von $\alpha.\beta$-ungesättigten Aldehyden dargestellt werden, die ihrerseits durch die Aldolkondensation eines Aldehyds mit Acetaldehyd (S. 805) zugänglich sind. Sie entstehen auch bei der Abspaltung von Halogenwasserstoff aus β-Halogensäuren (S. 824), bei der Dehydratisierung von β-Hydroxysäuren (S. 826) und bei der Desaminisierung von β-Aminosäuren (S. 828). Eine sehr praktische Methode ist die Umsetzung eines Aldehyds mit Malonsäure (S. 839).

$$RCHO + H_2C(COOH)_2 \xrightarrow{\text{Pyridin}} H_2O + RCH{=}C(COOH)_2 \xrightarrow{\text{Wärme}}$$
$$RCH{=}CHCOOH + CO_2$$

Die β-arylsubstituierten $\alpha.\beta$-ungesättigten Säuren können durch Perkinsche Synthese (S. 566) erhalten werden.

Wenn das entsprechende ungesättigte Halogenid zur Verfügung steht, können ungesättigte Säuren, deren Doppelbindung eine entferntere Stellung einnimmt, über das Cyanid (S. 149) oder durch Verwendung von Malonester (S. 845) synthetisiert werden. In anderen Fällen muß auf kompliziertere Synthesen zurückgegriffen werden.

Reaktionen

$\alpha.\beta$- und $\beta.\gamma$-ungesättigte Säuren bilden beim Erhitzen mit Alkalien ein Gleichgewichtsgemisch dieser beiden Isomeren. Die Lage des Gleichgewichts hängt von der Struktur der Säure ab. So wird Vinylessigsäure vollständig zu Crotonsäure isomerisiert, γ-Methylvinylessigsäure gibt 75% der konjugierten Säure, $\beta.\gamma$-Dimethylvinylessigsäure gibt 25% der konjugierten Säure und $\gamma.\gamma$-Dimethylvinylessigsäure gibt 5% der konjugierten Säure.

$$CH_2{=}CHCH_2COOH \rightleftharpoons CH_3CH{=}CHCOOH$$
$$0\% \qquad\qquad 100\%$$

$$CH_3CH{=}CHCH_2COOH \rightleftharpoons CH_3CH_2CH{=}CHCOOH$$
$$25\% \qquad\qquad 75\%$$

$$CH_3CH{=}C(CH_3)CH_2COOH \rightleftharpoons CH_3CH_2C(CH_3){=}CHCOOH$$
$$75\% \qquad\qquad 25\%$$

$$(CH_3)_2C{=}CHCH_2COOH \rightleftharpoons (CH_3)_2CHCH{=}CHCOOH$$
$$95\% \qquad\qquad 5\%$$

Sowohl $\alpha.\beta$- wie $\beta.\gamma$-ungesättigte Säuren zersetzen sich in der Hitze leichter als die gesättigten Carbonsäuren unter Bildung von Olefin und Kohlendioxyd.

$$RCH_2CH=CHCOOH \;\rightleftarrows\; RCH=CHCH_2COOH \;\longrightarrow\; RCH_2CH=CH_2 + CO_2$$

Der Mechanismus der Zersetzung ungesättigter aliphatischer Säuren ist anders als derjenige der Zimtsäuren (S. 823). $\alpha.\beta$-ungesättigte Säuren werden beim Erhitzen leichter als gesättigte Säuren und $\beta.\gamma$-ungesättigte Säuren leichter als $\alpha.\beta$-ungesättigte Säuren decarboxyliert. Die Decarboxylierung $\alpha.\beta$-ungesättigter Säuren scheint durch cyclische Elektronenwanderung nach einem monomolekularen Mechanismus über die undissoziierte $\beta.\gamma$-ungesättigte Säure zustande zu kommen.

$$RCH_2CH=CHCOOH \;\rightleftarrows\; \ldots \;\longrightarrow\; RCH_2CH=CH_2 + CO_2$$

Die gleichen Reagentien, die an $\alpha.\beta$-ungesättigte Carbonylverbindungen addiert werden (S. 806), werden auch an die Doppelbindung $\alpha.\beta$-ungesättigter Säuren angelagert; Komplikationen durch Beteiligung der Carboxylgruppe treten bei der Reaktion gewöhnlich nicht auf. So geben Halogenwasserstoffsäure, Cyanwasserstoff, Schwefelwasserstoff und Ammoniak β-Halogen-, β-Cyan-, β-Mercapto- und β-Aminosäuren. Mercaptane und Amine liefern die entsprechenden Sulfide und substituierten Aminoderivate, und Alkohole und Phenole geben β-Alkoxy- bzw. β-Phenoxysäuren. Natriumbisulfit gibt das Natrium-β-sulfonat. Ester und Nitrile der $\alpha.\beta$-ungesättigten Säuren reagieren mit diesen Reagentien noch leichter als $\alpha.\beta$-ungesättigte Säuren, besonders wenn die Reaktion durch Basen katalysiert wird.

Der Einfluß der basischen Katalyse auf die Addition von Verbindungen mit aktivem Wasserstoff kann sehr auffallend sein. Zum Beispiel kann ein Gemisch eines $\alpha.\beta$-ungesättigten Esters mit Mercaptan bei Raumtemperatur kein Zeichen einer Reaktion zeigen, doch löst Zugabe einer geringen Menge Pyridin eine heftige Reaktion aus. Zweifellos erfolgt die Reaktion durch Angriff eines negativen Ions auf die β-Stellung.

$$RSH \xrightarrow{C_5H_5N} [C_5H_5\overset{+}{N}H] + [R\overset{-}{S}{:}] \xrightarrow{CH_2=CH\overset{O}{\overset{\|}{C}}OR} \left[R S-CH_2-\overset{-}{C}H\overset{O}{\overset{\|}{C}}OR\right] \xrightarrow{[C_5H_5\overset{+}{N}H]} RSCH_2CH_2\overset{O}{\overset{\|}{C}}OR$$

Die freien Säuren bilden in Gegenwart einer Base das Salz der Säure, und die entstehende negative Ladung am Carboxylation vermindert die Polarisation der Doppelbindung durch die Carboxylgruppe und schwächt die Tendenz des β-Kohlenstoffatoms zur Vereinigung mit Elektronendonatoren.

Einzelne ungesättigte Säuren

Acrylnitril, Acrylsäuremethylester und Methacrylsäuremethylester sind vom technischen Standpunkt die wichtigsten $\alpha.\beta$-ungesättigten Verbindungen. **Acrylnitril** kann entweder aus Äthylen oder aus Acetylen hergestellt werden.

$$CH_2=CH_2 \xrightarrow[Ag\text{-}Kat.]{O_2} CH_2-CH_2 \xrightarrow{HCN} HOCH_2CH_2CN \xrightarrow[\text{Wärme}]{NaHSO_4} CH_2=CHCN + H_2O$$

$$HC\equiv CH + HCN \xrightarrow[90°]{CuCl,\ NH_4Cl,\ HCl} H_2C=CHCN$$

Acrylnitril wurde lange Zeit als Comonomeres für die Herstellung von synthetischem Kautschuk (S. 759) und Kunststoffen (S. 767) verwendet. Allein polymerisiert gibt es ein festes Harz, das nicht schmelzbar ist und sich in den üblichen organischen Lösungsmitteln nicht löst.

$$x\ CH_2{=}CHCN \xrightarrow{\text{Peroxyde}} \left[-CH_2CH-\right]_x \atop \underset{CN}{|}$$

Polyacrylnitril

Die Entdeckung von Lösungsmitteln, in denen sich Polyacrylnitril löst und aus denen es zu Fäden versponnen werden konnte, führte zur Herstellung der **Acrylfasern.** Die gewöhnlich zum Verspinnen benutzten Lösungsmittel sind *N.N*-Dimethylformamid und *N.N*-Dimethylacetamid, aber auch aus konzentrierten Lösungen von Salzen wie Zinkchlorid oder Calciumrhodanid kann naß versponnen werden. Acrylfasern wie *Orlon* und *Acrilan* sind gewöhnlich Copolymere mit etwa 10% Vinylpyridin (S. 661). Die Einführung basischer Gruppen ermöglicht eine bessere Adsorption von Farbstoffen. Auch Fasern, die durch gemeinsames Verspinnen von Polyacrylnitril und Acetylcellulose hergestellt werden, lassen sich leicht färben. *Dynel* ist ein Copolymeres des Acrylnitrils mit etwa 50% Vinylchlorid; es kann aus einer Lösung in Aceton versponnen werden.

Hydrolyse von Polyacrylnitril gibt **Polyacrylsäure,** die insofern den Polyuroniden (S. 430) gleicht, als sie eine langkettige Verbindung mit zahlreichen Carboxylgruppen entlang der Kette ist. Die Entdeckung, daß durch oxydative Zersetzung von Cellulose entstandene Polyuronide für die günstigen Wirkungen des Humus im Boden verantwortlich zu sein scheinen, führte zur Verwendung von Polyacrylsäure und ähnlichen Verbindungen als Bodenverbesserungsmittel.

Acrylnitril geht basenkatalysierte Additionsreaktionen mit allen Verbindungen ein, die reaktionsfähigen Wasserstoff enthalten, so mit Alkoholen, Mercaptanen, Cyanwasserstoff, Säuren, Aminen und sogar mit Ketonen. So hat die Kohlenstoff-Kohlenstoff-Doppelbindung im Acrylnitril etwa die gleiche Reaktionsfähigkeit wie die Kohlenstoff-Sauerstoff-Doppelbindung im Formaldehyd.

$$CH_2{=}CHCN + HZ \xrightarrow{\text{Base}} ZCH_2CH_2CN$$

Besonders geeignet als Katalysator für diese Reaktionen ist eine quartäre Ammoniumbase wie Trimethylbenzylammoniumhydroxyd *(Triton-B)*. Da eine Cyanäthylgruppe im Reaktionsprodukt auftritt, wird das Verfahren *Cyanäthylierung* genannt.

Die Ester der Acrylsäure und der α-Methylacrylsäure polymerisieren sich in Gegenwart von Peroxydkatalysatoren zu *Acrylharzen.* **Acrylsäuremethylester** kann durch Dehydratisierung von Milchsäuremethylester (S. 827), durch Methanolyse von Acrylnitril oder durch Carbonylierung von Acetylen in Gegenwart von Methanol gewonnen werden.

$$CH_3CHOHCOOCH_3 \longrightarrow CH_2{=}CHCOOCH_3 + H_2O$$

$$CH_2{=}CHCN + CH_3OH \xrightarrow{H_2SO_4} CH_2{=}CHCOOCH_3$$

$$HC{\equiv}CH + CO + CH_3OH \xrightarrow[\text{HCl}]{\text{Ni(CO)}_4,} H_2C{=}CHCOOCH_3$$

α-Methylacrylsäuremethylester (Methacrylsäuremethylester) wird aus Aceton hergestellt; auch andere Verfahren sind anwendbar.

$$(CH_3)_2CO \xrightarrow{\text{HCN}} (CH_3)_2COHCN \xrightarrow[\text{Wärme}]{\text{KHSO}_4} CH_2{=}\underset{\underset{CH_3}{|}}{C}CN \xrightarrow[\text{H}_2\text{SO}_4]{\text{CH}_3\text{OH,}} CH_2{=}\underset{\underset{CH_3}{|}}{C}COOCH_3$$

Methacrylsäuremethylester

Polymerisation von Methacrylsäuremethylester unter Verwendung von Peroxydkatalysatoren gibt einen dauerhaften, thermoplastischen festen Stoff, durchsichtig und von hohem Brechungsindex. Er wird unter den Namen *Plexiglas*, *Perspex*, *Lucite* oder *Crystallite* verkauft und an Stelle von Glas sowie für durchsichtige Gußstücke verwendet. Auch zahlreiche andere Ester werden technisch zur Herstellung von Polymeren und Copolymeren für verschiedene Zwecke erzeugt. Die monomeren Ester lassen sich durch Zugabe von 0,005 bis 0,25% Hydrochinon stabilisieren.

Crotonsäure wird durch Oxydation von Crotonaldehyd (S. 216) hergestellt. Ihre Ester polymerisieren sich nicht so leicht wie die der Acrylsäure oder der α-Methacrylsäure. **Angelicasäure** (von *Angelica archangelica*) und **Tiglinsäure** (von *Croton tiglium*) sind die cis- bzw. trans-Form von α-Methylcrotonsäure.

Angelicasäure   Tiglinsäure

$\varDelta^{10}$-Undecensäure, allgemein als **Undecylensäure** bekannt, gehört zu den Produkten der zersetzenden Destillation von Ricinusöl; das zweite Hauptprodukt ist Önanthaldehyd.

$$CH_3(CH_2)_5CHOHCH_2CH{=}CH(CH_2)_7COOH \xrightarrow{\text{Wärme}}$$

Ricinolsäure

$$CH_3(CH_2)_5CHO + CH_2{=}CH(CH_2)_8COOH$$

Önanthaldehyd   Undecylensäure

Sorbinsäure $CH_3CH{=}CHCH{=}CHCOOH$ wurde erstmals von A. W. Hofmann erhalten, und zwar durch Abtrennung von Äpfelsäure aus dem Fruchtsaft der Eberesche *Sorbus aucuparia* und Destillation des Rückstands mit verdünnter Schwefelsäure. Sorbinsäure ist jetzt im Handel; sie wird aus Acetaldehyd über Crotonaldehyd und Sorbinaldehyd synthetisiert. Bei der Reduktion von Sorbinsäure mit Natriumamalgam erfolgt 1.6-Addition unter Bildung von $\varDelta^3$-Hexensäure (Hydrosorbinsäure).

$$CH_3CH{=}CHCH{=}CHCOOH \xrightarrow{\text{Na—Hg}} \left[CH_3CH_2CH{=}CH{-}CH{=}C\underset{OH}{\overset{OH}{<}} \right] \longrightarrow$$

$CH_3CH_2CH{=}CHCH_2COOH$

Zahlreiche langkettige ungesättigte Säuren wie Ölsäure, Isoölsäure, Petroselinsäure, Linolsäure, Linolensäure, Eläostearinsäure und Erucasäure können durch Verseifung natürlicher Fette (S. 187) erhalten werden. Die Acetylensäure **Stearolsäure** wird synthetisch aus Ölsäure gewonnen.

$$CH_3(CH_2)_7CH=CH(CH_2)_7COOH \xrightarrow{Br_2} CH_3(CH_2)_7CHBrCHBr(CH_2)_7COOH \xrightarrow{KOH, alk.}$$
$$CH_3(CH_2)_7C\equiv C(CH_2)_7COOH$$

Neuerdings wurden mehrfach-ungesättigte Säuren, die Dreifachbindungen oder sowohl Doppel- als auch Dreifachbindungen enthalten, aus den ätherischen Ölen von *Compositae* sowie aus Mikroorganismen und Fetten isoliert. Nachstehend sind einige Beispiele mit Angabe der Vorkommen aufgeführt.

$CH_3CH=CHC\equiv CC\equiv CCH_2CH_2COOH$
Dihydromatricariasäure

$CH_3CH=CHC\equiv CC\equiv CCH=CHCOOH$
Matricariasäure

Matricaria inodorata

$CH_3CH=CHC\equiv CC\equiv CC\equiv CCOOH$
Dehydromatricariasäure

Artemisia vulgaris

$CH_3CH_2CH_2C\equiv CC\equiv CCH=CHCOOH$
Lachnophyllumsäure

Lachnophyllum gossypinum

$HC\equiv CC\equiv CCH=C=CHCH=CHCH=CHCH_2COOH$
Mycomycin

Norcardia acidophilus

$CH_2=CH(CH_2)_4C\equiv CC\equiv C(CH_2)_7COOH$
Erythrogensäure (Isansäure)

Ongokea klaineana

Mycomycin hat antibiotische Eigenschaften. Seine Konstitution weist eine ganz überraschende Kombination von Gruppierungen auf. Das System enthält die 1.3-Dien-, die Allen- und die 1.3-Diin-Gruppierung. Überdies ist das natürliche Produkt optisch aktiv auf Grund von Molekularasymmetrie, die von der Allen-struktur herrührt (S. 746).

Wiederholungsfragen

1. Was ist die Hell-Volhardt-Zelinsky-Reaktion? Weshalb ist Phosphortri-halogenid erforderlich?

2. Welche Reaktionen führen zu β-Halogensäuren?

3. Man vergleiche das Verhalten der α-, β-, γ- und δ-Halogensäuren beim Erhitzen in Gegenwart von einem Mol Kaliumhydroxyd in Wasser.

4. Man diskutiere die Einwirkung von Alkalien auf $\alpha.\beta$-ungesättigte Säuren.

5. Man gebe zwei allgemeine Methoden zur Synthese von α-Hydroxysäuren an.

6. Man gebe zwei allgemeine Methoden zur Synthese von β-Hydroxysäuren an. Welcher Name ist mit der einen Methode verknüpft?

7. Man vergleiche die Dehydratisierung von α-, β-, γ und δ-Hydroxysäuren. Wie wirkt Schwefelsäure auf α-Hydroxysäuren ein?

8. Wie unterscheiden sich die Reaktionen der α-, β-, γ- und δ-Aminosäuren?

Aufgaben

9. Was kann über die Struktur jeder der folgenden Verbindungen ausgesagt werden: (*a*) Wird eine wäßrige Lösung des Natriumsalzes einer Hydroxysäure angesäuert, so wird eine neutrale Verbindung erhalten; (*b*) ein Aminosäurehydrochlorid gibt beim Erhitzen eine ungesättigte Säure; (*c*) eine Bromsäure gibt bei Behandlung mit wäßrigen Alkalien das Salz einer Hydroxysäure, und mit alkoholischen Alkalien das Salz einer Äthoxysäure; (*d*) eine ungesättigte Säure reagiert mit Schwefelwasser-stoff unter Bildung einer Mercaptosäure.

10. Man gebe Reaktionen für folgende Synthesen an: (*a*) Tridecanol aus Myristin-säure; (*b*) Phenylalanin aus Benzaldehyd; (*c*) 3.4-Methylendioxy-zimtsäure aus Piperonal; (*d*) 5-Chlor-pentansäure aus Tetrahydrofuran; (*e*) β-Hydroxypropionsäure

aus Äthylen; (*f*) β-Mercaptobuttersäure aus Acetaldehyd; (*g*) β-Brom-β-methyl-valeriansäure aus Methyläthylketon; (*h*) Sorbinsäure aus Aldol; (*i*) Leucin aus Iso-valeraldehyd; (*j*) β-Alanin aus Keten; (*k*) γ-Bromvaleriansäure aus Lävulinsäure; (*l*) N-Lauroyl-sarkosin aus Laurinsäure und Essigsäure; (*m*) 13-Amino-tridecansäure aus Erucasäure.

11. Man überlege sich eine gangbare Synthese von Pantosäure aus leicht zugäng-lichen Ausgangsmaterialien.

12. Man verfertige ein Schema der Reaktionen, einschließlich Reagentien und Reaktionsbedingungen, die zur Synthese folgender Verbindungen führen; Ausgangs-punkt Acrylnitril: Acrylsäuremethylester, Äthylencyanid, Tetramethylendiamin, β.β-Diacetyl-propionitril, γ-Nitro-butyronitril, δ-Oxo-hexansäure, β-Mercapto-äthyl-cyanid, α-Chlor-β-phenyl-propionitril, β-Cyan-propionaldehyd, Pyrrolidin, β-Amino-propionitril, α-Amino-β-phenyl-propionitril, β-Mercapto-propionsäure, β-Alanin, β-Phenoxyäthylcyanid, γ-Butyrolactam, Phenylalanin, Trimethylendiamin.

13. Wieviele Stereoisomere sind theoretisch möglich bei: (*a*) Dihydromatricaria-säure; (*b*) Matricariasäure; (*c*) Lachnophyllumsäure; (*d*) Mycomycin; (*e*) Erythrogen-säure? Welche der genannten Verbindungen sollte optisch aktiv sein?

Kapitel 37

Polycarbonsäuren

Unter den Vertretern dieser Gruppe begegnet der Chemiker am häufigsten den Dicarbonsäuren, und einige von diesen sind recht wichtig. So besitzt der Diäthyl-ester der Malonsäure erhebliche Bedeutung für synthetische Zwecke; auch Adipin-säure und die ungesättigte Maleinsäure sind technisch wichtige Zwischenprodukte. Einige Hydroxy-polycarbonsäuren wie Äpfelsäure, Weinsäure und Citronensäure kommen in Fruchtsäften vor.

Nomenklatur

Die nichtsubstituierten Polycarbonsäuren haben Trivialnamen, die allgemein gebräuchlich sind und für die substituierten Säuren als Familiennamen dienen. Die Namen der normalen zweibasischen Säuren mit 2 bis 10 Kohlenstoffatomen sind Oxalsäure, Malonsäure, Bernsteinsäure, Glutarsäure, Adipinsäure, Pimelinsäure, Korksäure, Azelainsäure und Sebacinsäure.

Dicarbonsäuren

Darstellung. Es stehen mehrere allgemeine Darstellungsmethoden zur Ver-fügung.

1. Oxydation von α.ω-Glykolen.

$$HOCH_2(CH_2)_xCH_2OH \xrightarrow[\text{oder } H_2Cr_2O_7]{HNO_3,\ KMnO_4} HOOC(CH_2)_xCOOH$$

2. Hydrolyse von Dinitrilen.

$$NC(CH_2)_xCN \xrightarrow{H_2O-HCl} HOOC(CH_2)_xCOOH + 2\,NH_4Cl$$

3. Elektrolyse der sauren Ester niederer Dicarbonsäuren (**Kolbesche Synthese** S. 162).

$$2\,CH_3OOC(CH_2)_xCOONa \xrightarrow{\text{Elektrolyse}} CH_3OOC(CH_2)_x(CH_2)_xCOOCH_3 +$$
$$2\,CO_2(+\ NaOH\ und\ H_2\ an\ Kathode)$$

Für die Darstellung einzelner Dicarbonsäuren gibt es vielfach spezielle Methoden. **Oxalsäure** ist schon lange bekannt. Das Vorkommen als Kaliumsalz in Kleearten (verschiedene Species von *Rumex* und *Oxalis*; griech. *oxys* scharf oder sauer) wurde zu Beginn des siebzehnten Jahrhunderts beobachtet. Es findet sich auch in zahlreichen anderen Pflanzen wie Spinat, Rhabarber, süßen Kartoffeln, Kohl, Trauben und Tomaten. Nach dem Genuß dieser Früchte und Gemüse können mikroskopische sternförmige Kristalle von unlöslichem Calciumoxalat im Urin auftreten.

Oxalsäure bildet sich, wenn man Kohlenhydrate, Aminosäuren oder überhaupt beliebige Verbindungen, die in $\alpha.\beta$-Stellung oxygeniert oder aminiert sind, mit Salpetersäure oxydiert. Diese Reaktion liefert gute Ausbeuten, wenn man Saccharose in Gegenwart von Vanadinpentoxyd oxydiert. Technisch wird Oxalsäure durch Erhitzen von Natriumformiat hergestellt; das entstehende Natriumsalz wird mit Schwefelsäure zerlegt.

$$2\ HCOONa \xrightarrow{400°} H_2 + NaOOCCOONa \xrightarrow{H_2SO_4} HOOCCOOH$$

Malonsäure wurde 1858 erstmals als Oxydationsprodukt der Äpfelsäure (S. 854) erhalten. Die Darstellung erfolgt gewöhnlich aus Natriumchloracetat durch folgende Reaktionen. Das intermediär entstehende Cyanacetat kann zur Säure hydrolysiert oder mit Alkohol zum Ester umgesetzt werden.

$$NaOOCCH_2Cl \xrightarrow{NaCN} NaOOCCH_2CN$$

Natriumcyanacetat

$$\xrightarrow{H_2O-H_2SO_4} HOOCCH_2COOH \quad (Malonsäure)$$

$$\xrightarrow{C_2H_5OH-H_2SO_4} C_2H_5OOCCH_2COOC_2H_5 \quad (Malonsäure\text{-}diäthylester)$$

Die Darstellung von substituierten Malonsäuren wird bei den Reaktionen der Ester (S. 845) beschrieben. **Malonitril** kann durch Dehydratisierung von Cyanacetamid gewonnen werden.

$$NCCH_2CONH_2 + PCl_5 \longrightarrow NCCH_2CN + POCl_3 + 2\ HCl$$

In der Literatur findet sich die Angabe, Malonitril trimerisiere sich in Gegenwart von Spuren Alkali explosionsartig; es sind jedoch Metallsalze dargestellt worden.

Bernsteinsäure war bereits im sechzehnten Jahrhundert bekannt als Destillationsprodukt des Bernsteins, eines fossilen Harzes (lat. *succinum* Bernstein). Sie kann durch Hydrolyse von Äthylendicyanid erhalten werden, wird aber jetzt technisch durch katalytische Reduktion von Maleinsäure oder durch elektrolytische Reduktion von Fumarsäure (S. 850) hergestellt.

$$HOOCCH=CHCOOH + 2\ [H] \xrightarrow[\substack{elektrolytische \\ Reduktion}]{Kat.\ oder} HOOCCH_2CH_2COOH$$

Malein- oder Fumarsäure $\qquad$ Bernsteinsäure

Derivate der Bernsteinsäure erhält man bei der Hydrolyse von β-Cyanestern, die durch Addition von Cyanwasserstoff an $\alpha.\beta$-ungesättigte Ester entstehen (S. 831), oder nach zahlreichen anderen Methoden.

$$RCH{=}CHCOOC_2H_5 \xrightarrow{\text{HCN}} \underset{\overset{|}{CN}}{RCHCH_2COOC_2H_5} \xrightarrow{\text{H}_2\text{O}-\text{HCl}} \underset{\overset{|}{COOH}}{RCHCH_2COOH}$$

Bernsteinsäuredinitril $NCCH_2CH_2CN$ kann aus Äthylenbromid und Natriumcyanid dargestellt werden, wird aber technisch durch Anlagerung von Cyanwasserstoff an Acrylnitril (S. 832) gewonnen. Substituierte Bernsteinsäurenitrile entstehen durch Zersetzung von Azo-bisnitrilen (S. 278).

Glutarsäure wurde erstmals aus der leicht zugänglichen Glutaminsäure (S. 318) dargestellt, und zwar wurde diese in α-Hydroxyglutarsäure übergeführt und mit Jodwasserstoff reduziert. Sie ist kein technisches Produkt; im Laboratorium erhält man sie durch Hydrolyse von Trimethylencyanid, aus Malonester (S. 848), durch Oxydation von Glutaraldehyd (S. 812) oder durch Oxydation von Cyclopentanon (S. 842) mit Salpetersäure.

$$\underset{\text{Cyclopentanon}}{\begin{array}{c}CH_2{-}CH_2\\ | \qquad\quad\diagdown\\ \qquad\qquad C{=}O\\ | \qquad\quad\diagup\\ CH_2{-}CH_2\end{array}} \xrightarrow{\text{HNO}_3} \underset{\text{Glutarsäure}}{HOOC\,(CH_2)_3COOH}$$

Adipinsäure (lat. *adeps* Fett) gehört zu den Verbindungen, die sich bei der Oxydation vieler ungesättigten Fette oder Fettsäuren bilden. Sie ist Hauptprodukt der Oxydation von Cyclohexanol (S. 880) oder Cyclohexanon mit Salpetersäure.

$$\underset{\text{Cyclohexanol}}{\begin{array}{c}CH_2{-}CH_2\ \ H\\ \diagup \qquad\qquad \diagup\\ CH_2 \qquad C\\ \diagdown \qquad\qquad \diagdown\\ CH_2{-}CH_2\ \ OH\end{array}} \xrightarrow{\text{HNO}_3} \underset{\text{Cyclohexanon}}{\begin{array}{c}CH_2{-}CH_2\\ \diagup \qquad\qquad \diagdown\\ CH_2 \qquad C{=}O\\ \diagdown \qquad\qquad \diagup\\ CH_2{-}CH_2\end{array}} \longrightarrow \underset{\text{Adipinsäure}}{HOOC(CH_2)_4COOH}$$

Die technische Herstellung geschieht durch Oxydation von Cyclohexanol (S. 887), durch katalytische Luftoxydation von Cyclohexan (S. 876) in flüssiger Phase oder durch Carbonylierung von Tetrahydrofuran (S. 653).

$$\underset{\text{Cyclohexan}}{\begin{array}{c}CH_2{-}CH_2\\ \diagup \qquad\qquad \diagdown\\ CH_2 \qquad\qquad CH_2\\ \diagdown \qquad\qquad \diagup\\ CH_2{-}CH_2\end{array}} \xrightarrow[95°,\ 10\ \text{Atm.}]{O_2,\ \text{Co-Salze}} HOOC(CH_2)_4COOH + H_2O$$

$$\underset{\text{O}}{\square} + 2\,CO + H_2O \xrightarrow[270°,\ 200\ \text{Atm.}]{\text{Ni (CO)}_4-\text{NH}_3} HOOC(CH_2)_4COOH$$

Adipinsäure kann auch durch Hydrolyse von Adiponitril (S. 843) erhalten werden.

Pimelinsäure (griech. *pimele* Fett) ist ebenfalls ein Oxydationsprodukt ungesättigter Fette. Sie wird nicht technisch hergestellt, kann aber durch Hydrolyse von Pentamethylencyanid oder nach verschiedenen anderen Methoden synthetisiert werden.

$$\underset{\text{Pentamethylencyanid}}{CN(CH_2)_5CN} \xrightarrow{\text{H}_2\text{O}-\text{HCl}} \underset{\text{Pimelinsäure}}{HOOC(CH_2)_5COOH}$$

Korksäure $HOOC(CH_2)_6COOH$ wird in geringen Mengen bei der Oxydation von Kork mit Salpetersäure erhalten. Sie wird gewöhnlich durch Oxydation von Ricinusöl mit Salpetersäure dargestellt, doch ist auch hier die Ausbeute gering. Die Bildung der Korksäure ist auf eine Oxydation von Trihydroxystearinsäure zurückgeführt worden, doch ist auch denkbar, daß der erste Angriffspunkt eine Methylengruppe in α-Stellung zur Doppelbindung ist (S. 930).

Azelainsäure ist das Hauptprodukt der Oxydation von ungesättigten Fettsäuren mit Salpetersäure (franz. *azote* Stickstoff und griech. *elaion* Olivenöl) oder mit Kaliumpermanganat.

$$CH_3(CH_2)_7CH=CH(CH_2)_7COOH \xrightarrow{\text{Ox.}} CH_3(CH_2)_7COOH + HOOC(CH_2)_7COOH$$

$$\text{Ölsäure} \qquad\qquad \text{Nonansäure} \qquad \text{Azelainsäure}$$

Bessere Ausbeuten liefert die Oxydation des Ozonids der Ölsäure mit Chromsäure.

Sebacinsäure (lat. *sebum* Talg) ist eine wachsartige Substanz. Das Natriumsalz entsteht neben anderen Produkten bei der destruktiven Destillation der Natriumseife des Ricinusöls mit Alkalien im Überschuß. Als zweites Hauptprodukt entsteht Octanol-(2) **(Caprylalkohol).**

$$CH_3(CH_2)_5CHOHCH_2CH=CH(CH_2)_7COONa + NaOH + H_2O \xrightarrow{\text{Wärme}}$$

$$\text{Natriumricinoleat}$$

$$CH_3(CH_2)_5CHOHCH_3 + NaOOC(CH_2)_8COONa + H_2$$

$$\text{Octanol-(2)} \qquad\qquad \text{Natriumsebacat}$$

Technische „Isosebacinsäure" aus Butadien und Natrium ist ein Gemisch von etwa 75% 2-Äthyl-korksäure, 15% 2.2-Diäthyl-adipinsäure und 10% Sebacinsäure. Wahrscheinlich verläuft die Reaktion unter Dimerisierung, Carbonierung des Dinatriumderivats und katalytischer Reduktion. Die Sebacinsäuren werden in Alkydharz-Zubereitungen verwendet, und ihre Ester dienen als Weichmacher, hydraulische Flüssigkeiten und synthetische Schmiermittel.

Brassylsäure kann leicht durch Oxydation von Erucasäure (S. 187) oder ihrem geometrischen Isomeren (S. 371) Brassidinsäure erhalten werden.

$$CH_3(CH_2)_7CH=CH(CH_2)_{11}COOH \xrightarrow{\text{HNO}_3} CH_3(CH_2)_7COOH + HOOC(CH_2)_{11}COOH$$

$$\text{Eruca- oder Brassidinsäure} \qquad\qquad \text{Nonansäure} \qquad\qquad \text{Brassylsäure}$$

Die zweibasischen C_9-, C_{20}- und C_{21}-Säuren sind als Verseifungsprodukte von Sumachfett (Japanwachs) (aus *Rhus succedaneum*) beschrieben worden.

Es sind langkettige **$\alpha.\omega$-Dicarbonsäuren** im Molekulargewichtsbereich von 600 bis 3000 dargestellt worden. Abspaltung von Chlorwasserstoff aus dem Diacylchlorid einer Dicarbonsäure gibt ein polymeres Keten, das zu einer Poly-β-ketosäure hydrolysiert werden kann. Abspaltung von Kohlendioxyd und Clemmensen-Reduktion gibt die langkettige zweibasische Säure.

$$ClCOCH_2(CH_2)_xCH_2COCl \xrightarrow{\text{(CH}_3)_3\text{N}} O=C=CH(CH_2)_xCH=C=O \longrightarrow$$

$$O=C=CH(CH_2)_x \left[\begin{array}{c} CO-O \\ | \quad\; | \\ CH-C=CH(CH_2)_x \end{array} \right]_y CH=C=O \xrightarrow[\text{Wärme}]{H_2O}$$

$$HOOCCH_2(CH_2)_x[CH_2COCH_2(CH_2)_x]_yCH_2COOH \xrightarrow[\text{HCl}]{\text{Zn–Hg}} HOOC(CH_2)_zCOOH$$

Reaktionen. Die Dicarbonsäuren zeigen wie alle polyfunktionellen Verbindungen bestimmte charakteristische Eigenschaften, die von der Stellung der funktionellen Gruppen zueinander abhängen. Als elektronenanziehende Gruppe erleichtert eine Carboxylgruppe in Nachbarschaft zu einer zweiten die Ionisierung des ersten Wasserstoffions. Dieser Effekt wird schnell schwächer, wenn die Carboxylgruppen weiter auseinander stehen. So ist Oxalsäure etwas stärker als Phosphorsäure, die ersten Dissoziationskonstanten sind $3{,}8 \times 10^{-2}$ und $1{,}1 \times 10^{-2}$. Bei Malonsäure ist K_S: $1{,}6 \times 10^{-3}$, doch wenn zwei oder mehr Methylengruppen dazwischen treten, so üben die beiden Carboxylgruppen kaum Einfluß aufeinander aus. So ist Bernsteinsäure, K_S: $6{,}4 \times 10^{-5}$, nur wenig stärker als Essigsäure (K_S: $1{,}8 \times 10^{-5}$).

Die Dicarbonsäuren verhalten sich untereinander verschieden *beim Erhitzen mit oder ohne wasserabspaltende Mittel.* Wird **Oxalsäure** langsam auf 150° erhitzt, so sublimiert sie unverändert; bei schnellem Erhitzen auf höhere Temperatur zersetzt sie sich in Kohlendioxyd und Ameisensäure, und diese zersetzt sich weiter in Kohlenmonoxyd und Wasser.

$$\text{HOOCCOOH} \xrightarrow{\text{Wärme}} CO_2 + \text{HCOOH} \longrightarrow CO + H_2O$$

Leichter verlaufen diese Reaktionen beim Erwärmen mit konzentrierter Schwefelsäure.

Malonsäure und substituierte Malonsäuren geben beim Erhitzen über den Schmelzpunkt Kohlendioxyd ab unter Bildung der Monocarbonsäure.

$$\text{HOOCCH}_2\text{COOH} \xrightarrow{\text{Wärme}} CO_2 + CH_3COOH$$

$$\text{RCH(COOH)}_2 \xrightarrow{\text{Wärme}} CO_2 + \text{RCH}_2\text{COOH}$$

$$\text{R}_2\text{C(COOH)}_2 \xrightarrow{\text{Wärme}} CO_2 + \text{R}_2\text{CHCOOH}$$

Die Leichtigkeit der Decarboxylierung der Malonsäuren läßt sich so erklären, daß in dem Molekül, zwischen dessen beiden Carboxylgruppen eine interne Wasserstoffbrückenbindung besteht, eine Protonenwanderung stattfindet und gleichzeitig Kohlendioxyd abgespalten wird.

Diese Ansicht wird durch die Beobachtung gestützt, daß sich das Dianion nicht zersetzt, daß sich das Monoanion nicht so schnell zersetzt wie die undissoziierte Säure, und daß die Zersetzung durch Ersatz von Methylenwasserstoff durch elektronenanziehende Gruppen erleichtert wird. Entsprechend diesem Mechanismus sollte eine Steigerung der Elektronendichte die Kohlenstoff-Kohlenstoff-Bindung verstärken, eine Verminderung der Elektronendichte sie aber schwächen.

Nichtsubstituierte Malonsäuren kondensieren sich über ihre aktiven Methylengruppen mit Aldehyden unter Bildung von $\alpha.\beta$-ungesättigten Malonsäuren, die beim Erhitzen Kohlendioxyd abgeben und in $\alpha.\beta$-ungesättigte Säuren übergehen.

$$RCHO + H_2C(COOH)_2 \xrightarrow{\text{Pyridin}} H_2O + RCH{=}C(COOH)_2 \xrightarrow{\text{Wärme}}$$
$$RCH{=}CHCOOH + CO_2$$

Stärkere Basen als Pyridin können ein $\alpha.\beta:\beta.\gamma$-Gemisch geben (S. 830). Eine Modifikation dieser Reaktion ermöglicht die Synthese von $\alpha.\beta$-ungesättigten Aldehyden. Ein Aldehyd wird mit dem Carbazol-halbamid der Malonsäure kondensiert. Decarboxylierung und Reduktion des Reaktionsproduktes mit Lithiumaluminiumhydrid gibt einen Aldehydammoniak, der unter Bildung des ungesättigten Aldehyds Carbazol abspaltet.

$$RCHO + H_2C\begin{smallmatrix} COOH \\ \\ CONC_{12}H_8 \end{smallmatrix} \longrightarrow RCH{=}C\begin{smallmatrix} COOH \\ \\ CONC_{12}H_8 \end{smallmatrix} \longrightarrow$$

$$RCH{=}CHCONC_{12}H_8 \xrightarrow{\text{LiAlH}_4} [RCH{=}CHCHOHNC_{12}H_8] \longrightarrow$$
$$RCH{=}CHCHO + HNC_{12}H_8$$

Das cyclische Anhydrid der Malonsäure ist unbekannt, aber die Destillation eines Gemisches aus Malonsäure und Phosphorpentoxyd liefert ein Gas (Kp: 7°), das eine Bisketen-Struktur aufweist. Es ist als **Kohlensuboxyd** bekannt und hat die Summenformel C_3O_2.

$$HOOCCH_2COOH + 2\,P_2O_5 \longrightarrow O{=}C{=}C{=}C{=}O + 4\,HPO_3$$

Bernsteinsäure und **Glutarsäure** sowie ihre Substitutionsprodukte geben beim Erhitzen Wasser ab und bilden beständige fünf- bzw. sechsgliedrige cyclische Anhydride.

$$\begin{matrix} CH_2COOH \\ | \\ | \\ CH_2COOH \end{matrix} \xrightarrow{\text{Wärme}} \begin{matrix} CH_2{-}CO \\ | \qquad \diagdown \\ \qquad \quad O \\ | \qquad \diagup \\ CH_2{-}CO \end{matrix} +H_2O$$

Bernsteinsäure-
anhydrid

$$\begin{matrix} CH_2COOH \\ \diagup \\ CH_2 \\ \diagdown \\ CH_2COOH \end{matrix} \xrightarrow{\text{Wärme}} \begin{matrix} CH_2{-}CO \\ \diagup \qquad \diagdown \\ CH_2 \qquad \quad O \\ \diagdown \qquad \diagup \\ CH_2{-}CO \end{matrix} + H_2O$$

Glutarsäure-
anhydrid

In Gegenwart wasserabspaltender Mittel finden diese Reaktionen bei sehr viel niedrigerer Temperatur statt. So liefert einfaches Kochen von Bernsteinsäure mit Acetylchlorid unter Rückfluß und Abkühlenlassen gute Ausbeuten von Bernsteinsäureanhydrid.

Bernsteinsäureester reagieren mit Aldehyden oder Ketonen in Gegenwart von Alkoholaten unter Bildung ungesättigter zweibasischer Säuren *(Stobbe-Kondensation)*. Kalium-tert.-butylat ist das bevorzugte Kondensationsmittel.

$$R_2CO + \begin{matrix} CH_2COOC_2H_5 \\ | \\ CH_2COOC_2H_5 \end{matrix} + KOC_4H_9\text{-}t \longrightarrow \begin{matrix} R_2C{=}CCOOC_2H_5 \\ | \\ CH_2COOK \end{matrix} + C_4H_9OH + C_2H_5OH$$

Der übliche Verlauf der Reaktion von Estern mit Aldehyden oder Ketonen, die ein α-ständiges Wasserstoffatom haben, ist die Claisensche Esterkondensation (S. 860). Es ist postuliert worden, daß die Stobbe-Kondensation über ein intermediäres γ-Lacton (*Paraconester*) verläuft, wobei die letzte Stufe der Reaktionsfolge irreversibel ist.

$$\begin{array}{c}
CH_2COOC_2H_5\\
|\\
CH_2COOC_2H_5
\end{array}
\xrightarrow[\text{HOR}]{[^-OR]}
\begin{array}{c}
{}^-:CHCOOC_2H_5\\
|\\
CH_2COOC_2H_5
\end{array}
\xrightarrow{R_2CO}
\begin{array}{c}
CHCOOC_2H_5\\
R_2C\diagup\quad\diagdown CH_2\\
O:^-\!\!\searrow COOC_2H_5
\end{array}
\xrightarrow{[^-OC_2H_5]}$$

$$\begin{array}{c}
CHCOOC_2H_5\\
R_2C\diagup\quad\diagdown CH_2\\
|\qquad\quad|\\
O\text{———}CO
\end{array}
\xrightarrow[\text{HOC}_2H_5]{[^-OC_2H_5]}
\begin{array}{c}
{}^-:CCOOC_2H_5\\
R_2C\diagup\quad\diagdown CH_2\\
|\qquad\quad|\\
O\text{———}CO
\end{array}
\longrightarrow
\begin{array}{c}
COOC_2H_5\\
|\\
R_2C\!\!=\!\!CCH_2COO^-
\end{array}$$

Bernsteinsäureanhydrid verhält sich in seinen Reaktionen ähnlich dem Phthalsäureanhydrid (S. 582). Phosphorpentachlorid gibt **Succinylchlorid.** Dieses scheint wie Phthalylchlorid (S. 584) als Gleichgewichtsgemisch der cyclischen und der offenkettigen Form vorzuliegen. So gibt die Umsetzung mit Benzol in Gegenwart von Aluminiumchlorid ein Gemisch des Lactons und des Diketons.

$$\begin{array}{c}
CH_2\text{—}CO\\
|\qquad\quad\diagdown O\\
CH_2\text{—}CO
\end{array}
\xrightarrow{PCl_5}
\begin{array}{c}
CH_2\text{—}CCl_2\\
|\qquad\quad\diagdown O\\
CH_2\text{—}CO
\end{array}
\rightleftharpoons
\begin{array}{c}
CH_2COCl\\
|\\
CH_2COCl
\end{array}$$

$$\downarrow C_6H_6\text{—}AlCl_3$$

$$\begin{array}{c}
CH_2\text{—}C(C_6H_5)_2\\
|\qquad\qquad\diagdown O\\
CH_2\text{—}CO
\end{array}
\quad\text{und}\quad
\begin{array}{c}
CH_2COC_6H_5\\
|\\
CH_2COC_6H_5
\end{array}$$

Beim Erhitzen von Bernsteinsäureanhydrid mit Ammoniak entsteht **Succinimid.**

$$\begin{array}{c}
CH_2\text{—}CO\\
|\qquad\quad\diagdown O\\
CH_2\text{—}CO
\end{array} + NH_3
\xrightarrow{\text{Hitze}}
\begin{array}{c}
CH_2\text{—}CO\\
|\qquad\quad\diagdown NH\\
CH_2\text{—}CO
\end{array}$$
Succinimid

Wenn Succinimid unter den üblichen Bedingungen des Hofmannschen Abbaus mit Brom und Alkali behandelt wird, ist das Reaktionsprodukt β-Alanin.

$$\begin{array}{c}
CH_2\text{—}CO\\
|\qquad\quad\diagdown NH\\
CH_2\text{—}CO
\end{array}
\xrightarrow{H_2O}
\begin{array}{c}
CH_2COOH\\
|\\
CH_2CONH_2
\end{array}
\xrightarrow{Br_2,\ NaOH}
\begin{array}{c}
CH_2COOH\\
|\\
CH_2NH_2
\end{array}$$
β-Alanin

Wird jedoch Brom zu einer eiskalten alkalischen Lösung von Succinimid gegeben, so fällt **N-Brom-succinimid** in fast quantitativer Ausbeute aus.

$$\begin{array}{c}
CH_2\text{—}CO\\
|\qquad\quad\diagdown NH\\
CH_2\text{—}CO
\end{array} + Br_2 + NaOH
\xrightarrow{0^\circ}
\begin{array}{c}
CH_2\text{—}CO\\
|\qquad\quad\diagdown NBr\\
CH_2\text{—}CO
\end{array} + NaBr + H_2O$$
N-Bromsuccinimid

Dieses wertvolle Reagens vermag in siedendem Tetrachlorkohlenstoff ungesättigte oder aromatische Verbindungen in α-Stellung zur Doppelbindung oder zum Ring zu bromieren, wobei Allyl- bzw. Benzylbromide entstehen. Eine α-Methylengruppe wird schneller bromiert als eine α-Methylgruppe.

$$RCH_2CH=CHCH_3 + \begin{array}{c} CH_2-CO \\ | \\ CH_2-CO \end{array}\!\!\!\!\!>\!NBr \longrightarrow RCHBrCH=CHCH_3 + \begin{array}{c} CH_2-CO \\ | \\ CH_2-CO \end{array}\!\!\!\!\!>\!NH$$

$$ArCH_2R + \begin{array}{c} CH_2-CO \\ | \\ CH_2-CO \end{array}\!\!\!\!\!>\!NBr \longrightarrow ArCHBrR + \begin{array}{c} CH_2-CO \\ | \\ CH_2-CO \end{array}\!\!\!\!\!>\!NH$$

Konjugierte Diene reagieren mit diesem Reagens nicht, und Verbindungen, die Hydroxyl- oder Carboxylgruppen enthalten, zersetzen es unter Bildung von unterbromiger Säure. Die Ester von $\alpha.\beta$-ungesättigten Säuren verhalten sich dagegen normal.

$$RCH_2CH=CHCOOCH_3 + \begin{array}{c} CH_2-CO \\ | \\ CH_2-CO \end{array}\!\!\!\!\!>\!NBr \longrightarrow$$

$$RCHBrCH=CHCOOCH_3 + \begin{array}{c} CH_2-CO \\ | \\ CH_2-CO \end{array}\!\!\!\!\!>\!NH$$

An Stelle von N-Bromsuccinimid kann 1.3-Dibrom-5.5-dimethyl-hydantoin (S. 669) verwendet werden. Es ist beständiger und löslich in organischen Lösungsmitteln und hat einen höheren Gehalt an aktivem Brom. N-Brom-phthalimid gibt schlechtere Ausbeuten als N-Brom-succinimid, und andere N-Bromverbindungen sind gänzlich ungeeignet. N-Chlor-succinimid eignet sich nicht als Chlorierungsmittel. Befriedigende Reaktion zeigen p-Chlor- oder p-Nitro-N-chlor-acetanilid, doch sind diese Verbindungen in Anbetracht ihres hohen Molekulargewichts relativ unzulänglich.

Die Katalyse der Bromierung durch Licht und Peroxyde deutet auf einen Radikalmechanismus.

$$ZNBr \rightleftarrows ZN\cdot + Br\cdot$$
$$RH + \cdot NZ \rightleftarrows R\cdot + HNZ$$
$$R\cdot + BrNZ \rightleftarrows RBr + \cdot NZ$$

Adipinsäuren und Säuren, deren Carboxylgruppen noch weiter voneinander entfernt stehen, geben keine cyclischen Anhydride. Beim Erhitzen mit wasserentziehenden Mitteln entstehen lineare polymere Anhydride.

$$(x+1)\ HOOC(CH_2)_4COOH + x\ (CH_3CO)_2O \xrightarrow{\text{Wärme}}$$

$$HOOC(CH_2)_4[COOCO(CH_2)_4]_xCOOH + 2x\ CH_3COOH$$
Polyadipinsäureanhydrid

Beim Erhitzen von Adipinsäuren bilden sich, besonders in Gegenwart geringer Mengen Bariumhydroxyd, fünfgliedrige cyclische Ketone.

$$\begin{array}{c} CH_2CH_2COOH \\ | \\ | \\ CH_2CH_2COOH \end{array} \xrightarrow{\text{Ba(OH)}_2,\ \text{Wärme}} \begin{array}{c} CH_2-CH_2 \\ | \quad\quad \diagdown \\ \quad\quad\quad CO + H_2O + CO_2 \\ | \quad\quad \diagup \\ CH_2-CH_2 \end{array}$$
Cyclopentanon

Pimelinsäuren geben bei ähnlicher Behandlung sechsgliedrige cyclische Ketone.

$$\begin{array}{c}\text{CH}_2\text{CH}_2\text{COOH}\\ \diagup\\ \text{CH}_2\\ \diagdown\\ \text{CH}_2\text{CH}_2\text{COOH}\end{array}\quad\xrightarrow{\text{Ba(OH)}_2,\ \text{Wärme}}\quad\begin{array}{c}\text{CH}_2\!-\!\text{CH}_2\\ \diagup\qquad\diagdown\\ \text{CH}_2\qquad\text{CO}\\ \diagdown\qquad\diagup\\ \text{CH}_2\!-\!\text{CH}_2\end{array}+\ \text{H}_2\text{O}\ +\ \text{CO}_2$$

Die Tatsache, daß Bernsteinsäuren und Glutarsäuren cyclische Anhydride bilden, während Adipinsäuren und Pimelinsäuren cyclische Ketone geben, ist als **Blancsche Regel** bekannt. Sie ist von beträchtlicher Bedeutung, wenn es zu entscheiden gilt, ob mit Sauerstoff verbundene oder ungesättigte Ringe in Verbindungen unbekannter Struktur fünf- oder sechsgliedrig sind. Ein Fünfring wird bei der Oxydation eine Glutarsäure liefern, die sich zu einem Anhydrid cyclisiert, während ein Sechsring bei Oxydation eine Adipinsäure gibt, die sich zu einem Keton cyclisiert. Die Regel gilt jedoch nicht ausnahmslos, da wenigstens ein Beispiel dafür bekannt ist, daß ein nichtendständiger sechsgliedriger Ring in einer polycyclischen Verbindung bei der Oxydation eine Adipinsäure liefert, die ein siebengliedriges cyclisches Anhydrid bildet.

Adipinsäure ist die technisch wichtigste Dicarbonsäure. Sie ist ein Zwischenprodukt für die Synthese von *Nylon 66*, einem Polyamid, das sich durch Erhitzen des Hexamethylendiaminsalzes (S. 799) der Adipinsäure bildet. Sechs-sechs bedeutet, daß beide Baueinheiten des Grundmoleküls sechs Kohlenstoffatome enthalten.

$$(x + 1)\,{}^{-}\text{OOC(CH}_2)_4\text{COO}^{-}\overset{+}{\text{H}}_3\text{N(CH}_2)_6\text{NH}_3{}^{+}\quad\xrightarrow[200°-300°]{\text{Wärme}}$$

AH-Salz

$${}^{-}\text{OOC(CH}_2)_4\text{CO[NH(CH}_2)_6\text{NHCO(CH}_2)_4\text{CO]}_x\text{NH(CH}_2)_6\text{NH}_3{}^{+} + 2(x + 1)\,\text{H}_2\text{O}$$

Nylon 66

Das Molekulargewicht von Nylon 66 beträgt etwa 10000, sein Schmelzpunkt liegt bei etwa 260°. Nylon ist unlöslich in Wasser und den meisten organischen Lösungsmitteln mit Ausnahme von Ameisensäure und Phenolen. Es kann aus einer Schmelze in Einzelfasern ausgepreßt werden, die für Borsten Verwendung finden, oder es wird aus einer Lösung in Ameisensäure oder Phenol versponnen. Die Fasern werden auf das Vierfache ihrer ursprünglichen Länge kalt gestreckt, damit sich die Moleküle entlang der Faserachse orientieren. Die entstehenden Fasern sind elastisch und glänzend und besitzen in trocknem und nassem Zustand größere Festigkeit als Seide. Nachteile sind der tiefe Schmelzpunkt und die Schwierigkeit, die Faser zu färben. Ähnliche Polyamide können aus jeder zweibasischen Säure und jedem Diamin oder aus einer ω-Aminosäure gewonnen werden. Alle diese Produkte werden als *Nylon* oder *Perlon* (S. 888) bezeichnet.

Hexamethylendiamin wird durch Reduktion von **Adipinsäuredinitril** (S. 799) hergestellt. Dieses wurde bis 1948 gewonnen, indem man bei 350° die Dämpfe von Adipinsäure mit einem Überschuß von Ammoniak über einen Katalysator wie Borphosphat leitete.

$$\text{NH}_4\text{OOC(CH}_2)_4\text{COONH}_4 \longrightarrow 2\,\text{H}_2\text{O} + \text{H}_2\text{NCO(CH}_2)_4\text{CONH}_2 \longrightarrow$$

AmmoniumadipatAdipinsäureamid

$$2\,\text{H}_2\text{O} + \text{NC(CH}_2)_4\text{CN}$$

Adiponitril

Mit zunehmender Verknappung von Benzol in den USA wurde dort ein Verfahren entwickelt, Adipinsäuredinitril aus Furfurol über Tetrahydrofuran und Tetramethylenchlorid (Abb. **86**, S. **653**) darzustellen.

$$Cl(CH_2)_4Cl + 2\ NaCN \longrightarrow NC(CH_2)_4CN + 2\ NaCl$$

Adipinsäuredinitril kann auch aus Acetylen über Tetrahydrofuran (S. **758**) oder aus Butadien-(1.3) (S. **747**) erhalten werden.

$$CH_2=CHCH=CH_2 \overset{Cl_2}{\longrightarrow} ClCH_2CH=CHCH_2Cl \overset{NaCN}{\longrightarrow}$$

$$NCCH_2CH=CHCH_2CN \overset{H_2-Ni}{\longrightarrow} NC(CH_2)_4CN$$

Diese Reaktionen zeigen, wie in der Technik ein organisches Produkt oft aus den verschiedenartigsten Ausgangsmaterialien erzeugt wird.

Ein weiterer bedeutender technischer Verwendungszweck für Adipinsäure ist die Herstellung von kautschukartigen Polyurethanen **(I-Gummi)**. Zunächst wird ein Adipinsäure-glykolpolyester hergestellt durch Veresterung von Adipinsäure mit Äthylenglykol, wobei das Wasser durch Destillation entfernt wird. Es wird ein Überschuß von Äthylenglykol verwendet, damit alkoholische Hydroxylgruppen an den Enden der Kette stehen.

$$HOOC(CH_2)_4COOH + (x + 1)\ HOCH_2CH_2OH \longrightarrow$$

$$H[OCH_2CH_2OCO(CH_2)_4CO]_xOCH_2CH_2OH + 2x\ H_2O$$

Die Mengenverhältnisse und die Reaktionszeit werden so gewählt, daß sich ein durchschnittliches Molekulargewicht von etwa 1800 ($x = 10$) ergibt. Wenn die Kettenenden mit einem Diisocyanat reagieren, entsteht ein langkettiges Diisocyanat.

$$H[OCH_2CH_2OCO(CH_2)_4CO]_xOCH_2CH_2OH + 2\ O=C=NArN=C=O \longrightarrow$$

$$O=C=NArNHCO[OCH_2CH_2OCO(CH_2)_4CO]_xOCH_2CH_2OCONHArN=C=O$$

Darauf kann durch Zugabe eines Glykols eine Verknüpfung der Kettenenden und damit Vulkanisation bewirkt werden.

$$-N=C=O + HOCH_2CH_2OH + O=C=N- \longrightarrow -NHCOOCH_2CH_2OCONH-$$

Wird Wasser und ein Aminkatalysator zugegeben, so verliert die entstandene Carbamidsäure Kohlendioxyd, und es entsteht ein Schaumgummi. Die entstandene Aminogruppe verbindet die Ketten.

$$-N=C=O + H_2O \longrightarrow -NHCOOH \longrightarrow CO_2 + -NH_2$$

$$-NH_2 + O=C=N- \longrightarrow -NHCONH-$$

Die Abwandlungsmöglichkeiten sind bei diesen Reaktionen unbegrenzt. Toluoldiisocyanat-(2.4) (S. **506**) und Naphthalindiisocyanat-(1.5) scheinen die bevorzugten kettenverlängernden Reagentien zu sein. Doch kann jedes Polyamin ein Polyisocyanat liefern. Auch gibt prinzipiell jede zweibasische Säure mit jedem zweiwertigen Alkohol, Aminoalkohol oder Diamin Reaktionen analog Adipinsäure und Äthylenglykol. Bei Verwendung von mehrbasischen Säuren und mehrwertigen Alkoholen und Polyaminen können nach Grad und Art verschiedene Vernetzungsformen auftreten. Die gängigen Produkte des Handels sind charakterisiert durch extreme Widerstandsfähigkeit gegen Reibung, Abnutzung, Öl, Lösungsmittel und atmosphärische Oxydation.

Reaktionen der Malonester

Die Reaktionen der Malonsäureester sind wichtig genug für eine gesonderte Behandlung. Gewöhnlich wird der Diäthylester benutzt, und die Bezeichnung *Malonester* bedeutet im allgemeinen Malonsäurediäthylester. Die mit den beiden Carbäthoxygruppen verbundene Methylengruppe ist ungewöhnlich reaktionsfähig. Mit äußerster Leichtigkeit erfolgt Bromierung, obwohl Malonester weder eine Färbung mit Eisen(III)-chlorid noch eine andere Reaktion gibt, die auf das Vorhandensein einer nachweisbaren Menge von Enolform schließen ließe.

Die wichtigste Reaktion der Malonester ist die *C-Alkylierung*. Die Umsetzung von Malonsäurediäthylester mit Natriumalkoholat in absolutem Alkohol gibt ein Natriumsalz, das mit einem Alkylhalogenid unter Bildung eines alkylsubstituierten Malonesters reagiert. Nach Wunsch kann auch eine zweite Alkylgruppe eingeführt werden. Da die Ester verseift und decarboxyliert werden können, bietet die Reaktion einen Weg zur Darstellung von substituierten Essigsäuren.

$$CH_2(COOC_2H_5)_2 \xrightarrow{NaOC_2H_5} \underset{\text{Natriummalonester}}{Na^+\overline{C}H(COOC_2H_5)_2} \xrightarrow{RX}$$

$$\underset{\text{Alkylmalonsäureäthylester}}{NaX + RCH(COOC_2H_5)_2} \xrightarrow[HCl]{NaOH, \text{ dann}} \underset{\text{Alkylmalonsäure}}{RCH(COOH)_2} \xrightarrow{\text{Wärme}} \underset{\text{Alkylessigsäure}}{RCH_2COOH + CO}$$

$$RCH(COOC_2H_5)_2 \xrightarrow{NaOC_2H_5} Na^+\overline{R}C(COOC_2H_5)_2 \xrightarrow{R'X}$$

$$\underset{\text{Dialkylmalonsäureäthylester}}{\overset{R}{\underset{R'}{\diagdown C(COOC_2H_5)_2 \diagup}}} \xrightarrow[HCl]{NaOH, \text{ dann}} \underset{\text{Dialkylmalonsäure}}{\overset{R}{\underset{R'}{\diagdown C(COOH)_2 \diagup}}} \xrightarrow{\text{Wärme}} \underset{\text{Dialkylessigsäure}}{\overset{R}{\underset{R'}{\diagdown CHCOOH \diagup}}} + CO_2$$

Die Reaktion von Estern mit Äthylcarbonat (S. 847) ist reversibel, und die Lage des Gleichgewichts ist bei disubstituierten Malonestern ungünstig (vgl. S. 861). Daher erhält man bei der C-Alkylierung monosubstituierter Malonester als Reaktionsprodukte häufig die substituierten Monocarbonsäureester und Äthylcarbonat anstatt des Malonesters oder neben diesem.

$$RCH(COOC_2H_5)_2 + R'X \xrightarrow{NaOC_2H_5} RR'C(COOC_2H_5)_2 \underset{\longleftarrow}{\overset{HOC_2H_5}{\longrightarrow}}$$
$$RR'CHCOOC_2H_5 + (C_2H_5O)_2CO$$

Die Reaktion des Natriumsalzes mit Jod hat eine Kupplung von zwei Malonester-Einheiten zur Folge und bietet somit eine Methode zur Synthese von $\alpha.\beta$-disubstituierten Bernsteinsäuren.

$$2 J_2 + 2 Na^+\overline{R}C(COOC_2H_5)_2 \longrightarrow 2 NaJ + \begin{array}{c} R{-}C(COOC_2H_5)_2 \\ | \\ R{-}C(COOC_2H_5)_2 \end{array} \xrightarrow[HCl]{NaOH, \text{ dann}}$$
$$\begin{array}{c} RC(COOH)_2 \\ | \\ RC(COOH)_2 \end{array} \xrightarrow{\text{Wärme}} \begin{array}{c} RCHCOOH \\ | \\ RCHCOOH \end{array} + 2 CO_2$$

Alkylendihalogenide reagieren mit zwei Mol Natrium-Malonester unter Bildung von Tetracarbonsäureestern. Besteht die Möglichkeit zur Bildung eines drei- bis sechsgliedrigen Ringes, dann kann sich auch ein cyclisches Derivat bilden.

$$ClCH_2CH_2Cl + 2\,Na^+\bar{C}H(COOC_2H_5)_2 \longrightarrow (C_2H_5OOC)_2CHCH_2CH_2CH(COOC_2H_5)_2$$

Butantetracarbonsäure-(1.1.4.4)-
tetraäthylester

$$ClCH_2CH_2Cl + Na^+\bar{C}H(COOC_2H_5)_2 \longrightarrow ClCH_2CH_2CH(COOC_2H_5)_2 \xrightarrow{NaOR}$$

$$\underset{Na^+}{ClCH_2CH_2\bar{C}(COOC_2H_5)_2} \longrightarrow \begin{array}{c} CH_2 \\ | \quad\diagdown \\ \quad\quad C(COOC_2H_5)_2 + NaCl \\ | \quad\diagup \\ CH_2 \end{array}$$

Cyclopropan-
dicarbonsäure-(1.1)-
diäthylester

In ähnlicher Weise geben Trimethylen-, Tetramethylen- und Pentamethylen-bromide Cyclobutan-, Cyclopentan- und Cyclohexan-dicarbonsäureester. Wenn die Halogenatome weiter voneinander entfernt sind, werden nur Tetracarbon-säureester erhalten.

Das Halogenid kann andere funktionelle Gruppen enthalten, vorausgesetzt, daß diese nicht von Natriumalkoholat beeinflußt werden. Zum Beispiel gibt Chloressigsäureäthylester einen Tricarbonsäureester, und Acylchloride geben β-Ketodicarbonsäureester.

$$C_2H_5OOCCH_2Cl + Na^+\bar{C}H(COOC_2H_5)_2 \longrightarrow C_2H_5OOCCH_2CH(COOC_2H_5)_2$$

Äthan-tricarbonsäure-(1.1.2)-triäthylester

$$RCOCl + Na^+\bar{C}H(COOC_2H_5)_2 \longrightarrow RCOCH(COOC_2H_5)_2$$

Ketone können nicht durch Hydrolyse und Decarboxylierung von Acylmalon-säureestern dargestellt werden, weil eine C—C-Spaltung eintritt und die Natrium-salze der ursprünglichen Säuren erhalten werden.

$$RCOCR'(COOC_2H_5)_2 + 3\,NaOH \longrightarrow RCOONa + R'CH(COONa)_2 + 2\,C_2H_5OH$$

Doch zersetzt sich der tert.-Butylester beim Erwärmen mit Essigsäure unter Bildung von Keton, Buten-(2) und Kohlendioxyd.

$$RCOCR'(COOC_4H_9\text{-}t)_2 \xrightarrow[warm]{CH_3COOH} 2\,C_4H_8 + RCOCH_2R' + 2\,CO_2$$

Malonsäure-tert.-butylester kann durch Umsetzung von Malonsäure mit Iso-butylen in Gegenwart von Schwefelsäure dargestellt werden (vgl. S. 173).

$$H_2C(COOH)_2 + 2\,(CH_3)_2C{=}CH_2 \xrightarrow{H_2SO_4} H_2C(COOC_4H_9\text{-}t)_2$$

Eine andere Methode zur Darstellung von Ketonen geht von den 2-Tetrahydro-pyranylestern aus, die durch Anlagerung von Malonsäuren an Tetrahydropyran dargestellt werden. Die acylierten Ester zersetzen sich ebenfalls leicht beim Er-wärmen mit Essigsäure.

$$2\,\text{(Pyran)} + (HOOC)_2CHR \longrightarrow \left[\text{(Pyran)}{-}OCO\right]_2 CHR \xrightarrow[R'COCl]{NaOC_2H_5,}$$

$$\left[\text{(Pyran)}{-}OCO\right]_2 CRCOR' \xrightarrow[warm]{CH_3COOH} 2\,HO(CH_2)_4CHO + RCH_2COR' + 2\,CO_2$$

Es ist auch möglich, die substituierte Malonsäure durch hydrierende Spaltung des Benzylesters zu erhalten.

$$RCOCR'(COOCH_2C_6H_5)_2 + 2\,H_2 \xrightarrow{Ni} 2\,C_6H_5CH_2OH + RCOCR'(COOH)_2 \xrightarrow{Wärme}$$
$$RCOCH_2R' + 2\,CO_2$$

Arylmalonester können nicht aus Arylhalogeniden dargestellt werden, da das Halogen zu reaktionsträge ist. Häufig können sie durch Claisensche Esterkondensation (S. 860) erhalten werden. Zum Beispiel entsteht Phenylmalonsäurediäthylester durch Umsetzung von Phenylessigsäureäthylester mit Äthylcarbonat.

$$C_6H_5CH_2COOC_2H_5 + C_2H_5OCOOC_2H_5 \xrightarrow{NaOC_2H_5} C_6H_5\underset{\underset{COOC_2H_5}{|}}{C}HCOOC_2H_5 + C_2H_5OH$$

Arylmalonsäureester können auch durch Arndt-Eistert-Reaktion (S. 279) aus Aroylhalogeniden und Diazoessigsäureäthylester (S. 280) gewonnen werden.

$$ArCOCl + N_2CHCOOC_2H_5 \longrightarrow ArCOC(N_2)COOC_2H_5 \xrightarrow[Ag]{C_2H_5OH}$$
$$C_2H_5OCOCHArCOOC_2H_5 + N_2$$

Aryl- und Alkylmalonester können durch thermische Zersetzung α'-substituierter Oxobernsteinsäureester (S. 872) erhalten werden.

Eine Methode zur Synthese von α-Aminosäuren aus substituierten Malonsäureestern besteht in der Bromierung, Decarboxylierung und Umsetzung mit Ammoniak (S. 317). Neuerdings wurden leicht durchführbare Synthesen unter Verwendung von Acetylamino-malonsäureester entwickelt. Dieses Zwischenprodukt wird über folgende Reaktionsstufen dargestellt.

$$\underset{\text{Malonsäure-}\atop\text{diäthylester}}{\overset{COOC_2H_5}{\underset{COOC_2H_5}{|\atop CH_2|}}} \xrightarrow{HNO_2} \underset{\text{Nitrosomalon-}\atop\text{säurediäthylester}}{\overset{COOC_2H_5}{\underset{COOC_2H_5}{|\atop CHNO|}}} \rightleftarrows \overset{COOC_2H_5}{\underset{COOC_2H_5}{|\atop C=NOH|}} \underset{}{\overset{H_2(Ni)}{\longleftarrow}} \underset{\text{Amino-}\atop\text{malonsäure-}\atop\text{diäthylester}}{\overset{COOC_2H_5}{\underset{COOC_2H_5}{|\atop CHNH_2|}}} \xrightarrow{Ac_2O} \underset{\text{Acetylamino-}\atop\text{malonsäure-}\atop\text{diäthylester}}{\overset{COOC_2H_5}{\underset{COOC_2H_5}{|\atop CHNHCOCH_3|}}}$$

Acetylamino-malonester unterliegt der C-Alkylierung. Verseifung und Abspaltung von Kohlendioxyd gibt die Aminosäuren.

$$RCH_2X + \underset{COOC_2H_5}{\overset{COOC_2H_5}{|\atop CHNHCOCH_3|}} \xrightarrow{NaOC_2H_5} RCH_2\underset{COOC_2H_5}{\overset{COOC_2H_5}{|\atop CNHCOCH_3|}} \xrightarrow[\text{dann ansäuern}]{NaOH}$$

$$RCH_2\underset{COOH}{\overset{COOH}{|\atop CNH_2|}} \xrightarrow{Wärme} RCH_2CH(NH_2)COOH + CO_2$$

Mannich-Basen vom Typus $ArCH_2N(CH_3)_2$ alkylieren Malonester ebenfalls; die Reaktion wurde zur Synthese von Tryptophan herangezogen.

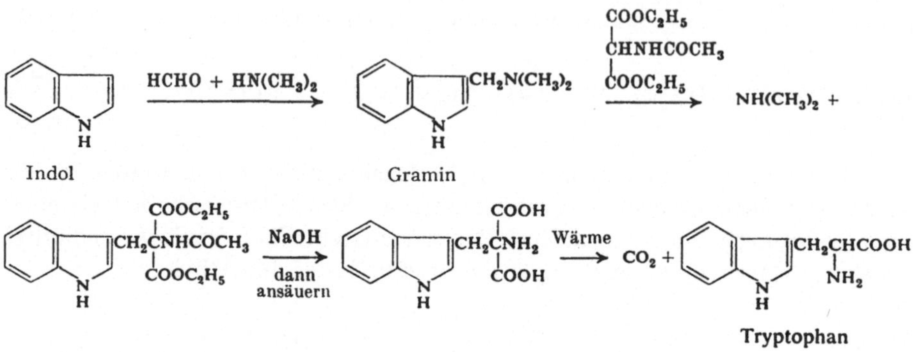

Indol → Gramin

Tryptophan

Malonester wird in Gegenwart eines basischen Katalysators wie Natrium-alkoholat an $\alpha.\beta$-ungesättigte Ester addiert. Das Reaktionsprodukt kann verseift und decarboxyliert werden, und man erhält eine β-substituierte Glutarsäure.

$$RCH{=}CHCOOC_2H_5 + H_2C(COOC_2H_5)_2 \xrightarrow{NaOC_2H_5} \underset{\underset{CH(COOC_2H_5)_2}{|}}{RCHCH_2COOC_2H_5} \xrightarrow[\text{dann HCl}]{NaOH,}$$

$$\underset{\underset{CH(COOH)_2}{|}}{RCHCH_2COOH} \xrightarrow{\text{Wärme}} \underset{\underset{CH_2COOH}{|}}{RCHCH_2COOH} + CO_2$$

Andere aktive Methylenverbindungen, z. B. Cyanessigsäureäthylester $NCCH_2COOC_2H_5$, Phenylessigsäureäthylester $C_6H_5CH_2COOC_2H_5$, Benzylcyanid $C_6H_5CH_2CN$ und Acetessigsäureäthylester $CH_3COCH_2COOC_2H_5$ werden ebenfalls an $\alpha.\beta$-ungesättigte Ketone und Ester addiert. Diese Reaktion ist als *Michael-Addition*[1] bekannt.

Wie bei der Alkylierung von Malonestern (S. 845) kann die Reversibilität der Claisenschen Esterkondensation zu abnormalen Reaktionsprodukten führen. Zum Beispiel wird Methylmalonester normalerweise in Gegenwart von weniger als einem Mol Natriumalkoholat an Crotonsäureäthylester angelagert, doch bewirkt ein Über-schuß von Natriumalkoholat Eliminierung von Äthylcarbonat, das sich dann mit der α-Methylengruppe unter Bildung des beständigeren Isomeren kondensiert.

$$CH_3CH{=}CHCOOC_2H_5 + CH_3CH(COOC_2H_5)_2 \xrightarrow{NaOC_2H_5} \underset{\underset{CH_3C(COOC_2H_5)_2}{|}}{CH_3CHCH_2COOC_2H_5} \xrightarrow[NaOC_2H_5]{HOC_2H_5,}$$

$$\underset{\underset{CH_3CHCOOC_2H_5}{|}}{CH_3CHCH_2COOC_2H_5} + (C_2H_5O)_2CO \xrightarrow{NaOC_2H_5} \underset{\underset{CH_3CHCOOC_2H_5}{|}}{CH_3CHCH(COOC_2H_5)_2} + C_2H_5OH$$

Mit der Addition an $\alpha.\beta$-ungesättigte Ketone können gleichzeitig Ester-kondensationen einhergehen (S. 860). Zum Beispiel gibt die Umsetzung von

---

[1] ARTHUR MICHAEL (1854—1942), zuletzt Professor der Chemie an der Harvard Universität. Seine Arbeiten (zum größten Teil in der deutschen chemischen Literatur veröffentlicht) betrafen hauptsächlich die Theorie der Addition an die Doppelbindung und das Verhalten aktiver Methylenverbindungen.

Malonsäurediäthylester mit Mesityloxyd 2.4-Diketo-6.6-dimethyl-cyclohexan-carbonsäureäthylester.

$$(C_2H_5OOC)_2CH_2 + (CH_3)_2C{=}CHCOCH_3 \xrightarrow{NaOC_2H_5} \left[\begin{array}{c} C_2H_5OOCCH \cdots COOC_2H_5 \\ (CH_3)_2C \cdots CH_3 \\ CO \\ CH_2 \end{array}\right] \longrightarrow$$

$$C_2H_5OOCCH \cdots CO \cdots CH_2 \cdots (CH_3)_2C \cdots CO \cdots CH_2 + C_2H_5OH$$

Hydrolyse des cyclischen Diketoesters und Decarboxylierung (S. 859) liefert 5.5-Dimethylcyclohexandion-(1.3), das die Trivialnamen **Dimedon** oder **Methon** führt.

$$C_2H_5OOCCH \cdots CO \cdots CH_2 \cdots (CH_3)_2C \cdots CO \cdots CH_2 \xrightarrow[\text{dann HCl}]{NaOH} HOOCCH \cdots CO \cdots CH_2 \cdots (CH_3)_2C \cdots CO \cdots CH_2 \xrightarrow{\text{Wärme}} CH_2 \cdots CO \cdots CH_2 \cdots (CH_3)_2C \cdots CO \cdots CH_2$$

Dimedon
(Methon)

Dimedon besitzt eine gewisse Bedeutung, weil es mit Aldehyden feste Derivate bildet.

$$2\ \underset{(CH_3)_2C}{CH_2 \cdots CO \cdots CH_2 \cdots CO \cdots CH_2} + RCHO \longrightarrow CH_2 \cdots CO \cdots CH{-}CHR{-}CH \cdots CO \cdots CH_2 + H_2O$$

Dies ist besonders wichtig bei den Aldehyden von niederem Molekulargewicht dank der starken Molekülvergrößerung. So hat das Derivat des Formaldehyds das neunfache Molekulargewicht des Formaldehyds.

Wie die 1.3-Diketone und andere aktive Methylenverbindungen geht Malonester die Knoevenagelsche Reaktion (S. 817) mit Aldehyden ein. Als Katalysatoren dienen gewöhnlich Diäthylamin oder Piperidin.

$$RCH{=}O + H_2C(COOC_2H_5)_2 \xrightarrow[\text{oder } C_5H_{10}NH]{(C_2H_5)_2NH} [RCHOHCH(COOC_2H_5)_2] \longrightarrow RCH{=}C(COOC_2H_5)_2 + H_2O$$

Wenn R aliphatisch ist und ein Überschuß von Malonsäurediäthylester verwendet wird, schließt sich an die Primärreaktion gewöhnlich eine Michael-Addition unter Bildung des Tetracarbonsäureesters an.

$$RCH{=}C(COOC_2H_5)_2 + H_2C(COOC_2H_5)_2 \xrightarrow{R_2NH} RCH[CH(COOC_2H_5)_2]_2$$

Ungesättigte Dicarbonsäuren

Einige ungesättigte Dicarbonsäuren sind von besonderem Interesse. **Maleinsäure** und **Fumarsäure** (cis- und trans-Äthylendicarbonsäure) sind die klassischen Beispiele der geometrischen Isomerie (S. 371). Maleinsäure bildet beim Erhitzen leicht ein Anhydrid, was zeigt, daß die Carboxylgruppen auf der gleichen Seite der Doppelbindung liegen. Fumarsäure bildet dagegen nicht leicht ein Anhydrid. Wird Fumarsäure auf höhere Temperatur (250—300°) erhitzt, dann isomerisiert sie sich, und es bildet sich Maleinsäureanhydrid.

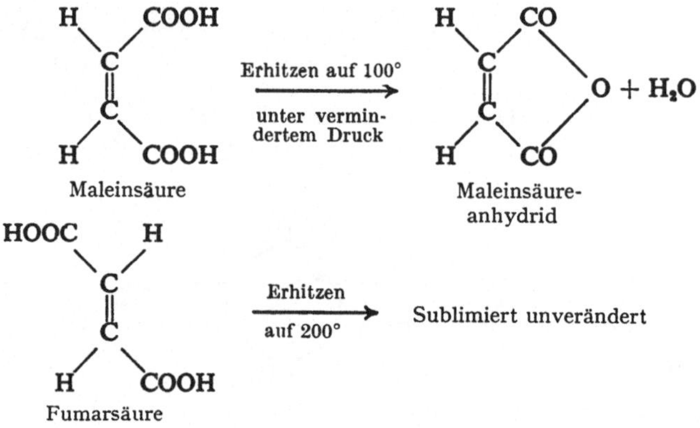

Maleinsäure wird in Form ihres Anhydrids durch katalytische Luftoxydation von Benzol erhalten.

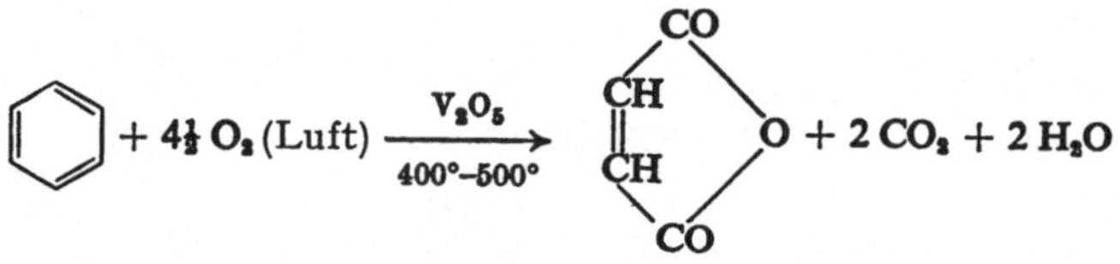

Wenn Benzol knapp ist, kann man stattdessen ungesättigte Verbindungen wie Crotonaldehyd verwenden.

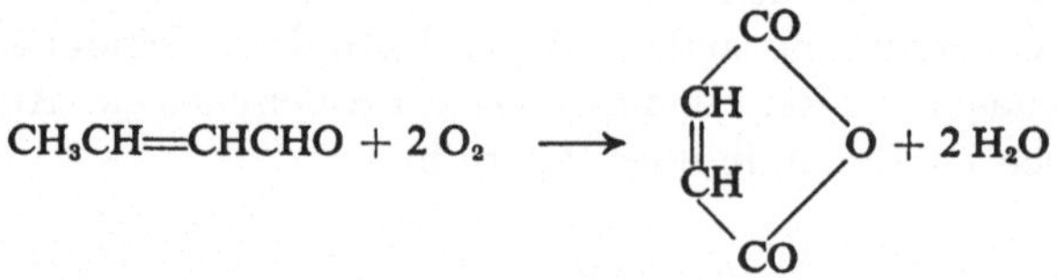

Maleinsäureanhydrid bildet sich zu 5 bis 8% bei der Herstellung von Phthalsäureanhydrid (S. 582) und wird als Nebenprodukt isoliert. **Fumarsäure** kann durch Isomerisierung von Maleinsäure oder durch einen Gärungsprozeß aus Stärke oder anderen Kohlenhydraten unter Verwendung von Kulturen vom Stamme *Rhizopus* hergestellt werden.

Die charakteristischste Reaktion von Maleinsäureanhydrid ist die 1.4-Addition an konjugierte Diene (S. 747).

Cyclohexen-dicarbon-
säure-(4.5)-anhydrid

Cyclopentadien

3.6-Methylen-cyclohexen-
dicarbonsäure-(4.5)-
anhydrid

Furan kondensiert normal, und Anthracen kondensiert in 9.10-Stellung. Thiophen, Benzol und andere kondensierte aromatische Kerne als Anthracen reagieren nicht, aber vinylsubstituierte Benzole geben exocyclische[1] Kondensationsprodukte.

Andere Verbindungen, die eine Doppel- oder Dreifachbindung in Konjugation zu einer Carbonylgruppe oder einer Nitrilgruppe enthalten, z. B. Acrolein, Crotonaldehyd, Acrylsäure, Crotonitril, Acetylendicarbonsäureester, Chinone und Vinyläther, werden ebenfalls an ein System konjugierter Kohlenstoff-Kohlenstoff-Mehrfachbindungen addiert. Die Verbindungen der ersten Gruppe werden als *dienophile Komponenten* bezeichnet, die der zweiten Gruppe sind die *Diene*, und das Reaktionsprodukt einer dienophilen Komponente mit einem Dien wird *Addukt* genannt. Diese Reaktionen sind allgemein als **Diels-Aldersche-Diensynthesen**[2] bekannt.

Der Mechanismus der Diels-Alder-Reaktion ist interessant, da offenbar eine gewisse Beziehung zu der Bildung von Molekülverbindungen zwischen Polynitroverbindungen und aromatischen Kohlenwasserstoffen (S. 486) besteht. Der Reaktion geht die Bildung einer unbeständigen, gelben Molekülverbindung zwischen den Reaktionsteilnehmern voraus. Dies ist so gedeutet worden, daß das Dien, das ein kleines Ionisationspotential besitzt, ein Elektron auf die dienophile Komponente überträgt, die eine hohe Elektronenaffinität hat. Die beiden Radikal-Ionen bilden den Primärkomplex, der dann in das kovalente cyclische Addukt übergeht.

---

[1] Die Präfixe *exo* und *endo* geben an, ob eine Gruppe außerhalb oder innerhalb eines Ringes steht (griech. *exo* außerhalb; *endo* innen).

[2] OTTO DIELS (1876—1954), Professor der Chemie an der Universität Kiel. Er entdeckte das Kohlensuboxyd (S. 840) und verwendete als erster Selen zur Dehydrierung von Naturstoffen; am besten bekannt ist er durch die Reaktion, die seinen Namen trägt. Er wurde 1950 mit dem Nobelpreis für Chemie ausgezeichnet.

54*

Die technische Herstellung von Maleinsäureanhydrid wurde in den USA 1933 aufgenommen und betrug 1954 18 Millionen kg. Der wichtigste Verwendungszweck ist die Zubereitung von **Polyesterharzen.** Auch Alkydharze (S. 583), Polyäthylenterephthalate (S. 585) und vernetzte Polyurethane (S. 844) weisen im Polymermolekül die Esterbindung als wichtigsten Bindungstyp auf, doch versteht man in der Technik unter *Polyesterharzen* meist die Lösung eines ungesättigten linearen Polymeren in einem flüssigen Monomeren, das sich mit dem linearen Polymeren copolymerisieren kann. Die meisten Polyesterharze bestehen aus einer Lösung eines Alkydharzes, hergestellt z. B. aus Propylenglykol, Maleinsäureanhydrid und Adipinsäure, in 30% seines Gewichtes von Styrol. Zur Verhütung einer vorzeitigen Polymerisation wird ein Inhibitor, z. B. ein quartäres Ammoniumsalz zugesetzt. Unmittelbar vor Gebrauch wird ein Peroxydkatalysator wie Benzoylperoxyd oder tert.-Butylhydroperoxyd zusammen mit einem Kobalt- oder Mangansalz als Promotor zugegeben. Die Flüssigkeit kann vergossen oder zusammen mit einem Füllstoff wie Glasfaser verwendet werden. Die Copolymerisation des Alkydharzes mit dem Monomeren findet bei Raumtemperatur oder bei höheren Temperaturen statt, je nach Rezeptur. Es gibt zahlreiche Variationsmöglichkeiten für die Zusammensetzung des Alkyds, und als Lösungsmittel können auch andere flüssige Monomere wie Diallylphthalat, oder Gemische von Styrol mit Vinylacetat, Methacrylsäuremethylester oder Vinyltoluol verwendet werden.

Das Copolymere von Vinylacetat und Maleinsäureanhydrid gibt nach Hydrolyse eine lineare Polyhydroxypolycarbonsäure, die als Bodenverbesserungsmittel verwendet wird (vgl. S. 832).

Maleinsäurehydrazid ist tautomer mit 3.6-Dihydroxypyridazin und kann durch Umsetzung mit Phosphoroxychlorid und anschließende Reduktion in Pyridazin umgewandelt werden.

Maleinsäurehydrazid hat einige Anwendung zur Verzögerung des Pflanzenwachstums gefunden.

Itaconsäureanhydrid wird durch rasche thermische Zersetzung von Citronensäure (S. 855) gewonnen. Es lagert sich bei erneuter Destillation in **Citraconsäureanhydrid** um.

$$CH_2\text{---}COH\text{---}CH_2 \quad \xrightarrow{\text{Wärme}} \quad CO_2 + 2\,H_2O + \quad CH_2\!\!=\!\!C\text{---}CH_2 \quad \xrightarrow{\text{Wärme}} \quad CH_3C\!\!=\!\!CH$$

Citronensäure   Itaconsäure-anhydrid   Citracon-säure-anhydrid

Hydrolyse der Anhydride gibt die Säuren. Sowohl Itaconsäure wie Citraconsäure lagern sich beim Erhitzen mit Stickoxyden um und geben das Gleichgewichtsgemisch mit **Mesaconsäure,** dem geometrischen Isomeren der Citraconsäure.

$$CH_2\!\!=\!\!CCOOH \quad \underset{\longleftarrow}{\overset{NO,\,NO_2}{\rightleftharpoons}} \quad [\text{Citraconsäure}] \quad \underset{\longleftarrow}{\overset{NO,\,NO_2}{\rightleftharpoons}} \quad [\text{Mesaconsäure}]$$

Itaconsäure   Citraconsäure   Mesaconsäure
17%   16%   67%

Glutaconsäure wird durch Dehydratisierung von β-Hydroxyglutarsäure hergestellt. Diese kann durch Reduktion von Acetondicarbonsäure (S. 856) erhalten werden.

$$HOOCCH_2COCH_2COOH \quad \xrightarrow{H_2-Pt} \quad HOOCCH_2CHOHCH_2COOH \quad \xrightarrow{H_2SO_4}$$

Acetondicarbonsäure β-Hydroxyglutarsäure

$$HOOCCH_2CH=CHCOOH$$

Glutaconsäure

Glutaconsäure bildet ein Anhydrid, das anscheinend eine Enolstruktur aufweist, denn es gibt mit Eisen(III)-chlorid eine Färbung.

$$CH_2COOH \quad \xrightarrow{CH_3COCl} \quad CH=COH \;\; + \; CH_3COOH + HCl$$

Glutaconsäure-anhydrid

Bei vorsichtiger Hydrolyse von Glutaconsäureanhydrid entsteht cis-Glutaconsäure, die sich auf Grund der leicht erfolgenden Allylverschiebung der Doppelbindung (S. 769) in wäßriger Lösung sehr schnell zu der stabilen trans-Form isomerisiert.

Glutaconsäureäthylester bildet wie Malonester ein Natriumsalz, das mit Alkylhalogeniden der C-Alkylierung unterliegt.

$$CH_2COOC_2H_5 \quad \xrightarrow{NaOC_2H_5} \quad Na^+ \; {}^-CHCOOC_2H_5 \quad \xrightarrow{RX} \quad RCHCOOC_2H_5$$
$$CH=CHCOOC_2H_5 \qquad\qquad CH=CHCOOC_2H_5 \qquad\qquad CH=CHCOOC_2H_5$$

Dies zeigt erneut, daß der Einfluß einer aktivierenden Gruppe über eine konjugierte Doppelbindung übertragen werden kann. Dank der leichten $\alpha.\beta$-$\beta.\gamma$-Verschiebung der Doppelbindung können alle drei α-Wasserstoffatome alkyliert werden.

Hydroxydicarbonsäuren

Tartronsäure ist Hydroxymalonsäure HOOCCHOHCOOH. Sie wird durch Hydrolyse von Brommalonsäure oder durch Reduktion von Mesoxalsäure HOOCCOCOOH (S. 872) dargestellt.

Äpfelsäure ist Hydroxybernsteinsäure $HOOCCH_2CHOHCOOH$. Sie kommt in vielen Fruchtsäften vor und wurde 1785 von SCHEELE aus unreifen Äpfeln isoliert. Das saure Calcium-L-malat scheidet sich während der Konzentrierung von Ahornsaft ab und wird als "sugar sand" (Zuckersand) bezeichnet. Äpfelsäure hat die Eigenschaft, Pflanzenspermatozoen anzuziehen, d. h. diese wandern auf den Punkt höchster Konzentration zu. Überraschenderweise haben D- und L-Äpfelsäure die gleiche Wirkung. Racemische Äpfelsäure wird durch Anlagerung von Wasser an Maleinsäure oder Fumarsäure hergestellt.

Thioäpfelsäure wird durch Anlagerung von Schwefelwasserstoff an Maleinsäure gewonnen.

$$HOOCCH\!=\!CHCOOH + H_2S \longrightarrow HOOCCH_2CH(SH)COOH$$

Das Natriumsalz der Thioäpfelsäure soll als Gegenmittel bei Schwermetallvergiftungen wirksamer und ungiftiger sein als BAL (vgl. S. 794). Anlagerung von $O.O$-Diäthyl-dithiophosphat an Maleinsäurediäthylester gibt das als **Malathion** bekannte gemischte Dithiophosphat. Es ist wichtig als Insecticid, denn es wirkt hochgiftig gegen die verschiedensten Insekten, sehr schwach dagegen gegen Säugetiere.

$$4\,C_2H_5OH + P_2S_5 \longrightarrow 2\,(C_2H_5O)_2PSSH + H_2S$$

$$(C_2H_5O)_2PSSH \;+\; \begin{array}{l} CHCOOC_2H_5 \\ \| \\ CHCOOC_2H_5 \end{array} \longrightarrow \begin{array}{l} (C_2H_5O)_2PSSCHCOOC_2H_5 \\ | \\ CH_2COOC_2H_5 \end{array}$$

Malathion

Weinsäure ist Dihydroxybernsteinsäure HOOCCHOHCHOHCOOH; sie gehört zu den verbreitetsten Pflanzensäuren. Das saure Kaliumsalz kommt im Traubensaft vor und ist der Hauptbestandteil des vom Wein abgeschiedenen Bodensatzes (S. 350). Es heißt im unreinen Zustand roher *Weinstein*, das reine Produkt wird auch *Cremor tartari* genannt. Als saure Komponente wird es manchen Backpulvern zugemischt. Neutralisation von Weinstein mit Natriumhydroxyd gibt Natriumkaliumtartrat, das als *Seignettesalz* bekannt ist und als Abführmittel benutzt wird. Weinstein war schon im Altertum bekannt, Weinsäure selbst wurde erstmals 1769 von SCHEELE isoliert.

Mesoweinsäure oder racemische Traubensäure können synthetisch durch Behandeln von Maleinsäure oder Fumarsäure mit Wasserstoffperoxyd in Gegenwart von Wolframoxyd (S. 782) dargestellt werden. Jede Form kann durch Kochen mit Alkalien (S. 362) in das Gleichgewichtsgemisch beider Formen übergeführt werden.

Fehlingsche Lösung (S. 221) wird aus Kupfersulfat, Natriumhydroxyd und Seignettesalz bereitet. Das Tartration bildet einen Chelatkomplex (S. 784), und dadurch wird die Konzentration von Kupfer(II)-Ion unter die Grenzkonzentration herabgesetzt, bei der Kupfer(II)-hydroxyd ausfallen kann. Das Komplexsalz bildet sich über mehrere Stufen, analog der Bildung des Kupfer(II)-komplexes von Biuret (S. 331).

$$\left[\begin{array}{cc} {}^-OOCCH-\ddot{O}: & :\ddot{O}-CHCOO^- \\ | & | \\ & Cu \\ | & | \\ {}^-OOCCH-\ddot{O}: & :O-CHCOO^- \end{array} \right] 6\,\overset{+}{Na}$$

Natriumkupfertartrat

Phloionsäure, die aus Kork isoliert wurde, ist 9.10-Dihydroxy-octadecandisäure $HOOC(CH_2)_7CHOHCHOH(CH_2)_7COOH$.

Tricarbonsäuren

Tricarballylsäure *Propantricarbonsäure-(1.2.3)* wird hergestellt durch Verseifung und Decarboxylierung des Tetracarbonsäureesters, der durch Michael-Addition von Malonsäurediäthylester an Fumarsäurediäthylester oder Maleinsäurediäthylester (S. 848) entsteht.

$$\begin{array}{l} CHCOOC_2H_5 \\ \| \\ CHCOOC_2H_5 \end{array} + CH_2(COOC_2H_5)_2 \xrightarrow{NaOC_2H_5} \begin{array}{l} CH_2COOC_2H_5 \\ | \\ CHCOOC_2H_5 \\ | \\ CH(COOC_2H_5)_2 \end{array} \xrightarrow[HCl]{NaOH,\ dann}$$

$$\begin{array}{l} CH_2COOH \\ | \\ CHCOOH \\ | \\ CH(COOH)_2 \end{array} \xrightarrow{Wärme} \begin{array}{l} CH_2COOH \\ | \\ CHCOOH \\ | \\ CH_2COOH \end{array} + CO_2$$

Tricarballylsäure

Citronensäure $HOOCCH_2COHCH_2COOH$ ist 2-Hydroxy-propantricarbonsäure-
|
COOH
(1.2.3). Sie ist der hauptsächlichste saure Bestandteil der Zitrusfrüchte; im Zitronensaft kommt sie in einer Menge von 6—7% vor. Aber auch in Johannisbeeren, Stachelbeeren und zahlreichen anderen Früchten kommt sie vor, wie auch in den Wurzeln und Blättern vieler Pflanzen. Sie wurde in kristallisierter Form 1784 von SCHEELE aus unreifen Zitronen isoliert. Technisch wird sie aus aussortierten Zitronen gewonnen oder durch Vergärung von Melassen oder Stärke mit *Aspergillus niger* bei p_H 3,5 dargestellt.

Benedictsche Lösung (S. 221) wird aus Kupfersulfat, Natriumcarbonat und Natriumcitrat bereitet. Die Struktur des Komplexes ist ähnlich der des Tartratkomplexes, nur ist an der Komplexbildung eine Carboxylgruppe an Stelle einer Hydroxylgruppe beteiligt.

$$\left[\begin{array}{c} ^-OOCCH_2 \quad \ddot{O} \qquad\qquad \ddot{O}OC \quad CH_2COO^- \\ \diagdown \ddot{} \diagup \qquad\qquad \diagdown \ddot{} \diagup \\ C \qquad\quad Cu \qquad\quad C \\ \diagup \qquad \ddots \qquad \diagdown \\ ^-OOCCH_2 \quad COO \qquad\qquad \ddot{O} \quad CH_2COO^- \\ \ddot{} \qquad\qquad \ddot{} \end{array}\right] 6\,\overset{+}{Na}$$

Natriumkupfercitrat

Als α-Hydroxysäure gibt Citronensäure beim Behandeln mit rauchender Schwefelsäure bei 0° (S. 826) Kohlenmonoxyd und Wasser ab und geht in **Acetondicarbonsäure** über. Der Diäthylester, ein β-Ketoester mit zwei aktiven Methylengruppen (S. 815), hat Bedeutung als Zwischenprodukt für organische Synthesen.

$$HOOCCH_2COHCH_2COOH \xrightarrow[0°]{H_2SO_4 - SO_3} HOOCCH_2COCH_2COOH \xrightarrow{C_2H_5OH - HCl}$$
$$\underset{COOH}{\big|} \qquad\qquad\qquad + CO + H_2O$$

$$C_2H_5OOCCH_2COCH_2COOC_2H_5$$
Acetondicarbonsäurediäthylester

Wenn Citronensäure mit 65%iger Schwefelsäure am Rückfluß gekocht wird, findet Dehydratisierung zu **Aconitsäure** [Propentricarbonsäure-(1.2.3)] statt.

$$HOOCCH_2COHCH_2COOH \xrightarrow{H_2SO_2} HOOCCH_2C=CHCOOH$$
$$\underset{COOH}{\big|} \qquad\qquad\qquad\qquad \underset{COOH}{\big|}$$
Citronensäure   Aconitsäure

Aconitsäure kommt in vielen Pflanzen vor und ist ein Begleitstoff des Zuckers im Saft des Zuckerrohrs, des chinesischen Zuckerrohrs (Sorghum) und der Zuckerrübe. Ferner findet sie sich — wonach der Name gebildet ist — in Pflanzen der Familie *Aconitum*. Die katalytische Reduktion gibt Tricarballylsäure. Es ist interessant, daß Bernsteinsäure, Fumarsäure, Äpfelsäure, Citronensäure und Aconitsäure alle durch den Citronensäurecyclus am Stoffwechsel der Kohlenhydrate, Fette, Proteine, Porphyrine und wahrscheinlich noch vieler anderer Naturstoffe beteiligt sind.

Wiederholungsfragen

1. Man gebe Reaktionen für drei allgemeine Methoden zur Darstellung von $\alpha.\omega$-Dicarbonsäuren.

2. Wie heißen die normalen $\alpha.\omega$-Dicarbonsäuren mit zwei bis zehn Kohlenstoffatomen, und welches ist jeweils die beste Darstellungsmethode?

3. Wie kann mit Hilfe chemischer Reaktionen die Zahl der Kohlenstoffatome zwischen den Carboxylgruppen einer Dicarbonsäure bestimmt werden? Was ist die Blancsche Regel?

4. Man gebe Gleichungen für die Reaktion von Natrium-malonester (aus Malonsäurediäthylester mit Natriumalkoholat) mit Alkylhalogeniden; mit Jod; mit Harnstoff.

5. Man diskutiere die Anwendung von *N*-halogenierten Imiden als Bromierungsmittel.

6. Welche Ähnlichkeit besteht zwischen den Reaktionen der Malonester und der 1.3-Diketone?

7. Über welche Stufen verläuft die Kondensation eines aliphatischen Aldehyds mit zwei Mol Malonester unter Bildung eines Tetracarbonsäureesters?

8. Man stelle die verschiedenen Typen technisch wichtiger Polymere zusammen, die eine Esterbindung enthalten, nenne die zur Herstellung eines jeden verwendeten Ausgangsmaterialien und schildere die Art der beteiligten Reaktionen.

Aufgaben

9. Man gebe Reaktionen für die Synthese folgender Verbindungen aus Malonsäure oder Malonsäurediäthylester: (*a*) Cyclobutancarbonsäure; (*b*) $\alpha.\alpha'$-Diisopropyl-bernsteinsäure; (*c*) β-Phenylglutarsäure; (*d*) 2.5-Dimethyl-capronsäure; (*e*) Leucin; (*f*) 4-Methyl-penten-(2)-säure; (*g*) Tyrosin.

10. Man gebe Reaktionen für drei verschiedene Methoden der Synthese von n-Amyl-n-butyl-keton, ausgehend von Malonsäure.

11. Man schreibe Gleichungen für die Reaktionen an, die wahrscheinlich bei der Entstehung der verschiedenen Komponenten der technischen „Isosebacinsäure" statt-finden.

12. Man gebe die Reaktionsschritte, die für nachstehende Umwandlungen erforder-lich sind: (*a*) Chloressigsäure in Malonitril; (*b*) Acrolein in Glutarsäure; (*c*) Phenol in Glutarsäure; (*d*) Chloressigsäure in Glutarsäure; (*e*) Benzaldehyd in Phenylbernstein-säure; (*f*) Malonsäure in Nonen-(2)-al; (*g*) Bernsteinsäure in Isobutylenbernsteinsäure; (*h*) Acetylen in Adipinsäure; (*i*) Diazoessigsäureäthylester in m-Chlorphenyl-malon-säurediäthylester; (*j*) Benzol in Äpfelsäure; (*k*) Citronensäure in β-Bromglutarsäure.

13. Man gebe die Formeln für die Reaktionsprodukte folgender Diels-Alder-Additionen: (*a*) Furan und Maleinsäureanhydrid; (*b*) Butadien-(1.3) und Acrylsäure; (*c*) Acrolein und Methylvinyläther; (*d*) Cyclopentadien und Crotonaldehyd; (*e*) Anthracen und Maleinsäureanhydrid; (*f*) Butadien-(1.3) und Chinon; (*g*) Dimerisierung von Acrolein.

Kapitel 38

Ketosäuren

Ketosäuren sind wichtige Zwischenprodukte bei biologischen Oxydationen und Reduktionen. Sie finden vielfach Anwendung zu organischen Synthesen. Eine wichtige Rolle spielten sie bei der Aufklärung der Erscheinung der Tautomerie.

α-Ketosäuren

Die einfachste Verbindung, die sowohl eine Carbonylgruppe als auch eine Carboxylgruppe enthält, ist die **Glyoxylsäure** OCHCOOH. Man erhält sie durch Reaktionen, die ihre Bildung erwarten lassen, z. B. die Ozonspaltung von Malein-säure oder Fumarsäure oder Hydrolyse von Dichloressigsäure. Sie kann auch durch elektrolytische Reduktion von Oxalsäure dargestellt werden. Wie Chloral bildet sie ein beständiges Hydrat der Struktur $(HO)_2CHCOOH$. Ester der Glyoxylsäure können durch Einwirkung von Bleitetraacetat auf Weinsäureester gewonnen werden (vgl. S. 784).

$$ROOCCHOHCHOHCOOR + Pb(OCOCH_3)_4 \longrightarrow$$

$$2\ OCHCOOR + Pb(OCOCH_3)_2 + 2\ CH_3COOH$$

Brenztraubensäure *(α-Oxopropionsäure)* ist die einfachste eigentliche α-Keto-säure; sie wird durch Pyrolyse von Weinsäure erhalten und hat daher ihren Namen.

$$\begin{matrix} \text{HOCHCOOH} \\ | \\ \text{HOCHCOOH} \end{matrix} \xrightarrow{\text{Wärme}} H_2O + \left[\begin{matrix} \text{CHCOOH} \\ \| \\ \text{HOCCOOH} \end{matrix} \rightleftharpoons \begin{matrix} \text{CH}_2\text{COOH} \\ | \\ \text{COCOOH} \end{matrix} \right] \rightarrow \begin{matrix} \text{CH}_3 \\ | \\ \text{COCOOH} \end{matrix} + CO_2$$

Weinsäure

Brenztraubensäure

Bei der Gärung und dem Stoffwechsel von Kohlenhydraten kommt ihr zentrale Bedeutung zu.

Eine allgemeine Methode zur Darstellung von α-Ketosäuren ist die Hydrolyse von Acylcyaniden, die aus Acylchloriden dargestellt werden.

$$RCOCl + CuCN \longrightarrow RCOCN \xrightarrow{\text{Hydrolyse}} RCOCOOH$$

α-Ketosäureester, die weitere funktionelle Gruppen enthalten, erhält man bei der Claisenschen Esterkondensation (S. 860) von Oxalsäurediäthylester mit anderen Estern oder Ketonen, die ein α-ständiges Wasserstoffatom enthalten.

$$RCH_2COOC_2H_5 + C_2H_5OOCCOOC_2H_5 \xrightarrow{\text{NaOC}_2\text{H}_5} \begin{matrix} RCHCOOC_2H_5 \\ | \\ COCOOC_2H_5 \end{matrix} + C_2H_5OH$$

Die Reaktionsprodukte aus den Estern sind zugleich β-Ketosäureester; sie können zu α-Ketosäuren hydrolysiert und decarboxyliert werden (s. u.).

$$\begin{matrix} RCHCOOC_2H_5 \\ | \\ COCOOC_2H_5 \end{matrix} \xrightarrow{\text{Hydrolyse}} \begin{matrix} RCHCOOH \\ | \\ COCOOH \end{matrix} \xrightarrow{\text{Wärme}} \begin{matrix} RCH_2 \\ | \\ COCOOH \end{matrix} + CO_2$$

Eine andere allgemeine Methode besteht in der Nitrosierung von substituierten Malon- oder Acetessigestern (S. 847, 865) und Hydrolyse (gegebenenfalls Decarboxylierung) der Reaktionsprodukte.

$$RCH(COOC_2H_5)_2 \xrightarrow{\text{HONO}} \begin{matrix} RC(COOC_2H_5)_2 \\ | \\ NO \end{matrix} \xrightarrow[\substack{\text{und De-}\\\text{carboxy-}\\\text{lierung}}]{\text{Hydrolyse}} \left[\begin{matrix} RCHCOOH \\ | \\ NO \end{matrix} \right] \longrightarrow$$

$$\begin{matrix} RCCOOH \\ \| \\ NOH \end{matrix} \xrightarrow{\text{Hydrolyse}} \begin{matrix} RCCOOH \\ \| \\ O \end{matrix}$$

$$CH_3COCHRCOOC_2H_5 \xrightarrow{\text{HONO}} \begin{matrix} CH_3COCRCOOC_2H_5 \\ | \\ NO \end{matrix} \xrightarrow{\text{NaOH}}$$

$$CH_3COONa + \left[\begin{matrix} HCRCOONa \\ | \\ NO \end{matrix} \right] \longrightarrow \begin{matrix} RCCOONa \\ \| \\ NOH \end{matrix} \xrightarrow{\text{Hydrolyse}} \begin{matrix} RCCOOH \\ \| \\ O \end{matrix}$$

α-Ketosäureester entstehen auch durch Bromierung der Acetale von α-Ketoaldehyden mit *N*-Bromsuccinimid (S. 842). Die Acetale sind durch Einwirkung von Grignard-Verbindungen auf das Piperidid der Diäthoxyessigsäure zugänglich.

$$\begin{matrix} \text{O} \\ \| \\ C_6H_{10}NCCH(OC_2H_5)_2 \end{matrix} \xrightarrow{\text{RMgX}} \begin{matrix} \text{OMgX} \\ | \\ C_5H_{10}NCRCH(OC_2H_5)_2 \end{matrix} \xrightarrow{\text{H}_2\text{O}}$$

$$RCOCH(OC_2H_5)_2 \xrightarrow{\text{BrN(COCH}_2)_2} RCOCBr(OC_2H_5)_2 \longrightarrow RCOCOOC_2H_5 + C_2H_5Br$$

α-Ketosäuren werden leicht zu Kohlendioxyd und der um ein Kohlenstoffatom ärmeren Monocarbonsäure oxydiert. So reduziert Brenztraubensäure Tollens-

Reagens und wird zu Kohlendioxyd und Essigsäure oxydiert. α-Ketosäuren sind beständig gegen verdünnte Säuren und Alkalien. Beim Erhitzen auf relativ hohe Temperaturen (über 170°) oder auf eine tiefere Temperatur in Gegenwart von konzentrierter Schwefelsäure geben sie Kohlenmonoxyd ab und gehen in Carbonsäuren über.

$$CH_3COCOOH \xrightarrow{170°} CH_3COOH + CO$$

In gleicher Weise geben α-Ketosäureester beim Erhitzen Kohlenmonoxyd ab, und man erhält den Ester der um ein Kohlenstoffatom ärmeren Carbonsäure.

$$RCOCOOC_2H_5 \xrightarrow{Wärme} RCOOC_2H_5 + CO$$

Wenn die C-2-Carbonylgruppe von Brenztraubensäureäthylester mit radioaktivem ^{14}C markiert und der Ester bei 130° zersetzt wird, ist das entstehende Kohlenmonoxyd nicht radioaktiv. Es wird also die Carbonylgruppe der Carbäthoxygruppe abgespalten.

β-Ketosäuren

β-Ketosäuren können durch Verseifung ihrer Ester mit kalter verdünnter Natronlauge erhalten werden. Die freien Säuren zersetzen sich beim Erhitzen zu Kohlendioxyd und einem Keton.

$$RCOCH_2COOH \xrightarrow{Wärme} RCOCH_3 + CO_2$$

Diese leichte Abspaltung von Kohlendioxyd erinnert an das Verhalten der Malonsäure (S. 839). Die Reaktion ist monomolekular; das reagierende Molekül weist eine innere Wasserstoffbrücke auf.

Bei der Verbrennung von Fettsäuren im tierischen Organismus werden jeweils zwei Kohlenstoffatome auf einmal abgespalten; hierbei treten als Zwischenstufen die β-Hydroxy- und β-Ketosäuren auf. Auf der zweitletzten Stufe wird Acetessigsäure in Essigsäure übergeführt. Diese Stufe erfordert die gleichzeitige Verbrennung von Kohlenhydraten, die ihrerseits das Hormon Insulin erfordert. Bei diabetischem Insulinmangel werden Kohlenhydrate als Glucose ausgeschieden, und Acetessigsäure reichert sich im Blutstrom an. Decarboxylierung der Acetessigsäure führt zu dem Auftreten von Aceton.

$$CH_3COCH_2COOH \longrightarrow CH_3COCH_3 + CO_2$$

Sowohl Acetessigsäure als auch Aceton werden im Blut und im Urin von unbehandelten Diabetikern gefunden. Die toxischen Wirkungen der Acetessigsäure und des Acetons führen zum diabetischen Koma und dann zum Tod.

Darstellung von β-Ketosäureestern. Die Ester der β-Ketosäuren sind beständig, und da sie leicht darzustellen sind und eine aktive Methylengruppe enthalten, bilden sie eine wichtige Klasse organischer Verbindungen. 1863 versuchte GEUTHER in der Meinung, Essigsäure enthalte zwei durch Metall ersetzbare Wasserstoffatome, durch Umsetzung mit metallischem Natrium ein Natriumsalz des Essigsäureäthylesters zu erhalten. Er beobachtete die Entwicklung von Wasserstoff und die Bildung von Natriumalkoholat und einer kristallisierten Verbindung $C_6H_9O_3Na$. Die letztgenannte Verbindung gab nach Ansäuern eine Flüssigkeit, die zwar neutral gegen Lackmus war, mit Basen aber unter Salzbildung reagierte. Später wurde gezeigt, daß die Reaktion nur erfolgt, wenn eine kleine Menge Alkohol zugegen ist, und daß Natriumalkoholat der eigentliche Katalysator ist, der die Kondensation unter Freisetzung von Äthylalkohol bewirkt. Das Kondensationsprodukt reagiert mit Natriumalkoholat unter Bildung des Natriumsalzes von GEUTHER (Natracetessigester). Für den vollständigen Ablauf der Reaktion ist also Natriumalkoholat oder metallisches Natrium in molarem Verhältnis erforderlich.

$$C_2H_5OH + Na \longrightarrow C_2H_5ONa + \tfrac{1}{2}H_2$$

$$CH_3\overset{\displaystyle O}{\overset{\|}{C}}OC_2H_5 + CH_3\overset{\displaystyle O}{\overset{\|}{C}}OC_2H_5 \xrightarrow{\;NaOC_2H_5\;} C_2H_5OH + CH_3COCH_2COOC_2H_5 \xrightarrow{\;NaOC_2H_5\;}$$

$$C_2H_5OH + [CH_3CO\overset{-}{C}HCOOC_2H_5]Na^+ \xrightarrow[\;HOAc\;]{} CH_3COCH_2COOC_2H_5 + NaOAc$$

Acetessigsäureäthylester

Später wurde von CLAISEN[1] und anderen Forschern gezeigt, daß Ester mit Hilfe von Natriumalkoholat mit einer Vielzahl von Verbindungen kondensiert werden können, die Wasserstoff in α-Stellung zu einer Carbonylgruppe enthalten. Die Reaktion wird gewöhnlich *Claisensche Esterkondensation* genannt; sie darf nicht mit der Claisen-Reaktion (S. 566) verwechselt werden.

Die besten Ausbeuten werden erhalten, wenn man gleiche Estermoleküle kondensiert, die zwei α-ständige Wasserstoffatome enthalten, oder bei gemischten Kondensationen, bei welchen der eine Ester keine α-ständigen Wasserstoffatome aufweist.

$$RCH_2COOC_2H_5 + RCH_2COOC_2H_5 \xrightarrow{\;NaOC_2H_5\;} \underset{\displaystyle R}{RCH_2COCHCOOC_2H_5} + C_2H_5OH$$

$$H\overset{\displaystyle O}{\overset{\|}{C}}OC_2H_5 + CH_3COOC_2H_5 \xrightarrow{\;NaOC_2H_5\;} H\overset{\displaystyle O}{\overset{\|}{C}}CH_2COOC_2H_5 + C_2H_5OH$$

Ameisensäureäthylester   Formylessigsäureäthylester

$$C_2H_5OCOCOOC_2H_5 + CH_3COOC_2H_5 \xrightarrow{\;NaOC_2H_5\;} C_2H_5OCOCOCH_2COOC_2H_5 + C_2H_5OH$$

Oxalsäurediäthylester   Oxalessigsäurediäthylester

$$C_6H_5COOC_2H_5 + CH_3COOC_2H_5 \xrightarrow{\;NaOC_2H_5\;} C_6H_5COCH_2COOC_2H_5 + C_2H_5OH$$

Benzoesäureäthylester   Benzoylessigsäureäthylester

Wenn der zu acylierende Ester nur ein α-ständiges Wasserstoffatom enthält, ist das Alkoholat-Ion nicht basisch genug, um die Reaktion zu katalysieren. In diesem Fall bewirkt eine stärkere Base, z. B. das Triphenylmethid-Ion die Kondensation.

$$C_6H_5COOC_2H_5 + (CH_3)_2CHCOOC_2H_5 \xrightarrow{\;Na^+{}^-C(C_6H_5)_3\;}$$

$$C_6H_5COC(CH_3)_2COOC_2H_5 + C_2H_5OH$$

Dimethylbenzoylessigsäureäthylester

---

[1] LUDWIG CLAISEN (1851—1930), Professor an der Universität Kiel, ist besonders bekannt durch seine Arbeiten über die Kondensation von aromatischen Aldehyden mit Ketonen, über Esterkondensationen, über die Umlagerung von Allylphenyläthern und über tautomere Verbindungen.

Die Claisensche Esterkondensation von Essigsäureäthylester kann durch folgende Gleichgewichte wiedergegeben werden.

$$CH_3COOC_2H_5 \underset{C_2H_5OH}{\overset{[^-OC_2H_5]}{\rightleftarrows}} [^-CH_2COOC_2H_5] \underset{[^-OC_2H_5]}{\overset{CH_3COOC_2H_5}{\rightleftarrows}}$$

$$CH_3COCH_2COOC_2H_5 \underset{C_2H_5OH}{\overset{[^-OC_2H_5]}{\rightleftarrows}} [CH_3CO\overset{-}{C}HCOOC_2H_5]$$

Die Lage des Gleichgewichts für die erste Stufe wird von der Acidität des Esters und der Basizität des Katalysators bestimmt. Jeder Katalysator von ausreichender Basizität für die erste Stufe wird mit dem Reaktionsprodukt der zweiten Stufe ein Salz bilden, denn die β-Ketosäureester sind viel stärker sauer als die Ausgangsester. Daher läuft die Reaktion vollständig ab. Die Acidität der α-ständigen Wasserstoffatome des Esters wird durch die Anwesenheit elektronenabgebender Alkylgruppen am α-Kohlenstoffatom vermindert, und wenn zwei Alkylgruppen vorhanden sind, wie bei Isobuttersäureäthylester, ist das einzelne α-ständige Wasserstoffatom nicht sauer genug, als daß die erste Stufe der Reaktion durch das Alkoholat-Ion in Gang kommen könnte. Die erste Stufe der Reaktion muß dann durch eine stärkere Base katalysiert werden, z. B. das Triphenylmethid-Ion, und daher wird zur Durchführung derartiger Kondensationen Triphenylmethylnatrium verwendet.

β-Ketosäureester entstehen auch bei der Claisen-Kondensation von Ketonen mit Äthylcarbonat. Das bevorzugte Kondensationsmittel ist Natriumhydrid.

$$RCOCH_3 + (C_2H_5)_2CO \overset{NaH}{\longrightarrow} RCOCH_2COOC_2H_5 + C_2H_5OH$$

Da der aktivierende Effekt der Estergruppe in $\alpha.\beta$-ungesättigten Estern über das konjugierte System übertragen wird, findet die Kondensation mit Verbindungen dieser Art am Kohlenstoffatom in α-Stellung zur Kohlenstoff-Kohlenstoff-Doppelbindung statt.

$$HCOOC_2H_5 + CH_3CH=CHCOOC_2H_5 \overset{NaOC_2H_5}{\longrightarrow} HCOCH_2CH=CHCOOC_2H_5 + C_2H_5OH$$

Ameisensäure-   Crotonsäureäthylester   Formylcrotonsäureäthylester
äthylester

$$C_2H_5OCOCOOC_2H_5 + CH_3CH=CHCH=CHCOOC_2H_5 \overset{NaOC_2H_5}{\longrightarrow}$$

Oxalsäurediäthylester   Sorbinsäureäthylester

$$C_2H_5OCOCOCH_2CH=CHCH=CHCOOC_2H_5 + C_2H_5OH$$

Oxalsorbinsäurediäthylester

Wenn in einem zweibasischen Ester das zu einer Estergruppe α-ständige Wasserstoffatom in δ- oder ε-Stellung zu der anderen steht, kann intramolekulare Kondensation unter Bildung fünf- oder sechsgliedriger Ringe eintreten. Eine Reaktion dieser Art wird *Dieckmann-Kondensation* genannt.

$$
\begin{array}{ccc}
\overset{\displaystyle O}{\underset{\displaystyle COC_2H_5}{\|}} & & \overset{\displaystyle O}{\underset{\displaystyle C}{\|}} \\
CH_2 \quad CH_2COOC_2H_5 & \overset{NaOC_2H_5}{\longrightarrow} & CH_2 \quad CHCOOC_2H_5 \quad + C_2H_5OH \\
CH_2\text{—}CH_2 & & CH_2\text{—}CH_2
\end{array}
$$

Adipinsäure-   2-Oxo-cyclopentan-
diäthylester   carbonsäureäthylester

Fünf- und sechsgliedrige Ringe können auch durch intermolekulare Kondensationen entstehen.

$$\text{Bernsteinsäure-diäthylester} + \text{Bernsteinsäure-diäthylester} \xrightarrow{\text{NaOC}_2\text{H}_5} \text{Succinylobernsteinsäure-diäthylester} + 2\,\text{C}_2\text{H}_5\text{OH}$$

$$\text{Glutarsäure-diäthylester} + \text{Oxalsäure-diäthylester} \xrightarrow{\text{NaOC}_2\text{H}_5} \text{4.5-Dioxo-cyclopentan-dicarbonsäure-(1.3)-diäthylester} + 2\,\text{C}_2\text{H}_5\text{OH}$$

Die Claisen-Kondensation wird auch zur Darstellung von 1.3-Diketonen aus Estern und Ketonen (S. 812) und zur Darstellung von Malonestern (S. 847) herangezogen.

Bei der Wichtigkeit der β-Ketosäureester und der begrenzten Anwendbarkeit der Claisenschen Esterkondensation lag es nahe, weitere Methoden zu ihrer Darstellung zu entwickeln. So führt z. B. die Umsetzung von Acylchloriden mit dem Äthoxymagnesiumsalz des Malonsäure-äthyl-tert.-butylesters zum Acylderivat, das sich beim Erhitzen mit einem sauren Katalysator zum β-Ketosäureäthylester zersetzt.

$$\text{RCOCl} + [\text{C}_2\text{H}_5\text{OMg}^+]\left[\overset{\text{COOC}_4\text{H}_9\text{-}t}{\underset{\text{COOC}_2\text{H}_5}{\bar{\text{C}}\text{H}}}\right] \longrightarrow \text{RCO}\overset{\text{COOC}_4\text{H}_9\text{-}t}{\underset{\text{COOC}_2\text{H}_5}{\text{CH}}} \xrightarrow[\text{Säure}]{\text{heiße}}$$

$$\text{RCOCH}_2\text{COOC}_2\text{H}_5 + \text{CH}_2\text{=C(CH}_3)_2 + \text{CO}_2$$

Diese Reaktion eignet sich zur Darstellung kleiner Mengen, hat aber den Nachteil, daß die Darstellung von Malonsäure-äthyl-tert.-butylester etwas verwickelt ist. Man erhält diesen Ester durch Carbonierung des Natriumderivats von Essigsäure-tert.-butylester, doch erfordert die Darstellung des Natriumsalzes die Verwendung von Triphenylmethylnatrium. Eine bessere Methode geht von Malonsäure-diäthylester aus und verläuft über mehrere Reaktionsstufen.

$$\text{CH}_2(\text{COOC}_2\text{H}_5)_2 \xrightarrow[\text{HCl}]{\text{NaOH, dann}} \text{C}_2\text{H}_5\text{OOCCH}_2\text{COOH} \xrightarrow[\text{chlorid}]{\text{Phthalyl-}}$$

$$\text{C}_2\text{H}_5\text{OOCCH}_2\text{COCl} \xrightarrow{t\text{-C}_4\text{H}_9\text{OH}} \text{C}_2\text{H}_5\text{OOCCH}_2\text{CCOOC}_4\text{H}_9\text{-}t$$

Die Gesamtausbeute beträgt etwa 45%. Häufig können β-Ketosäureester in guter Ausbeute durch Umsetzung von Cyanessigsäureäthylester mit Grignard-Verbindungen dargestellt werden.

$$RMgX + N\equiv CCH_2COOC_2H_5 \longrightarrow \underset{\underset{NMgX}{\|}}{RCCH_2COOC_2H_5} \xrightarrow[HX]{H_2O}$$

$$RCOCH_2COOC_2H_5 + NH_4X + MgX_2$$

Ferner können sie durch Umsetzung von Aldehyden mit Diazoessigsäureäthylester (S. 280) gewonnen werden.

$$RCHO + N_2CHCOOC_2H_5 \longrightarrow RCOCH_2COOC_2H_5 + N_2$$

Acetessigsäureäthylester wird technisch aus Diketen (S. 870) hergestellt. Andere β-Ketosäureester können aus Acetessigsäureäthylester erhalten werden (S. 865, 866, 867).

Reaktionen der β-Ketosäureester. Das Natriumsalz des Acetessigesters reagiert mit Äthyljodid unter Bildung eines Äthylderivates, das erstmals von GEUTHER 1863 isoliert wurde. GEUTHER zeigte 1868 weiter, daß die Umsetzung mit Natriumalkoholat in Alkohol Buttersäureäthylester liefert, aber ein volles Verständnis der beteiligten Reaktionen vermittelten erst 1877 die Untersuchungen von WISLICENUS[1], die, von ihm selbst, von CLAISEN und anderen Forschern weitergeführt, die große Bedeutung dieser Reaktionen für die Synthese organischer Verbindungen zeigten und bald weiterführten zur Entdeckung der verwandten Reaktionen des Malonesters (S. 845) und der 1.3-Diketone (S. 817).

Wie bei den 1.3-Diketonen steht mit der Ketoform der β-Ketosäureester eine beträchtliche Menge der Enolform im Gleichgewicht.

$$CH_3COCH_2COOC_2H_5 \rightleftharpoons \underset{\underset{OH}{|}}{CH_3C}=CHCOOC_2H_5$$

Daher entfärben die β-Ketosäureester leicht Brom und geben eine rote Färbung mit Eisen(III)-chlorid. Sie bilden auch kovalente metallische Chelatverbindungen (S. 784). So kann der Kupferkomplex des Acetessigsäureäthylesters aus Benzol umkristallisiert werden, er schmilzt bei 192°.

Kupferkomplex des
Acetessigesters

---

[1] JOHANNES ADOLPH WISLICENUS (1835—1902). Der Vater, ein lutherischer Geistlicher, sah sich wegen seiner liberalen Ansichten genötigt, Deutschland zu verlassen und brachte 1853 seine Familie nach Amerika. Der junge WISLICENUS erhielt eine Stellung an der Havard Universität, kehrte aber 1855 mit seiner Familie wieder nach Deutschland zurück. Er vollendete seine Studien in Halle und wurde später Professor der Chemie in Würzburg und Leipzig. Zu seinen zahlreichen chemischen Interessengebieten gehörten die Kondensation von Aldehyden mit Ammoniak, die Synthese von α-Hydroxysäuren aus Cyanhydrinen, die Chemie der Milchsäuren, die Esterkondensationen, die Alkylierung von Acetessigestern und die Stereochemie.

Die Reaktion mit Diazomethan führt zum O-Methyläther (S. 279).

$$CH_3C\!=\!CHCOOC_2H_5 + CH_2N_2 \longrightarrow CH_3C\!=\!CHCOOC_2H_5 + N_2$$
$$\quad\;|\qquad\qquad\qquad\qquad\qquad\qquad\quad\;|$$
$$\quad OH\qquad\qquad\qquad\qquad\qquad\qquad OCH_3$$

Die üblichen Carbonylreagentien reagieren mit Acetessigester. Er bildet eine Bisulfit-Additionsverbindung und ein Cyanhydrin. Ammoniak sowie primäre und sekundäre Amine geben β-Aminocrotonsäuren.

$$CH_3COCH_2COOC_2H_5 \xrightarrow{\;NH_3\;} \left[CH_3\!-\!\underset{\underset{NH_2}{|}}{\overset{}{C}}\!-\!\underset{\underset{OH}{|}}{\overset{}{CH_2}}COOC_2H_5\right] \longrightarrow CH_3\underset{\underset{NH_2}{|}}{C}\!=\!CHCOOC_2H_5 + H_2O$$

Die Reaktionsprodukte mit Hydroxylamin und Phenylhydrazin geben leicht Äthylalkohol ab und liefern Dihydroisoxazolone und Dihydropyrazolone.

$$CH_3COCH_2COOC_2H_5 \xrightarrow{\;H_2NOH\;} CH_3\underset{\underset{NOH}{\|}}{C}CH_2COOC_2H_5 \longrightarrow CH_3C\overset{\displaystyle CH_2}{\underset{\displaystyle O}{\diagup\;\;\;\diagdown}}CO + C_2H_5OH$$

3-Methyl-4.5-dihydro-
isoxazolon-(5)

$$CH_3COCH_2COOC_2H_5 \xrightarrow{\;H_2NNHC_6H_5\;} CH_3\underset{\underset{NNHC_6H_5}{\|}}{C}CH_2COOC_2H_5 \longrightarrow$$

1-Phenyl-3-methyl-4.5-
dihydropyrazolon-(5)

Bei der zuletzt aufgeführten Reaktion kann das intermediär entstehenden Phenylhydrazon isoliert und durch Erwärmen in das Pyrazolon übergeführt werden. Nitrierung des Pyrazolons gibt die als **Pikrolonsäure** bekannte Verbindung. Sie bildet mit Aminen Salze, die *Pikrolonate*, in die zu identifizierende Amine gelegentlich überführt werden.

Pikrolonsäure　　　　　　　　　　　　　　　Aminpikrolonat

β-Ketosäureester kondensieren sich mit Amidinen und Harnstoffen unter Bildung von Pyrimidinen (S. 674).

Wie andere aktive Methylenverbindungen unterliegen auch β-Ketosäureester der Knoevenagel-Reaktion (S. 817), an die sich eine Michael-Addition (S. 848) anschließen kann.

$$R'CHO + H_2C\underset{COOC_2H_5}{\overset{COCH_3}{\diagdown\diagup}} \;\xrightarrow{R_2NH}\; \left[\,R'CHOHCH\underset{COOC_2H_5}{\overset{COCH_3}{\diagup\diagdown}}\,\right] \longrightarrow$$

$$H_2O + R'CH{=}C\underset{COOC_2H_5}{\overset{COCH_3}{\diagup\diagdown}} \;\xrightarrow{CH_3COCH_2COOC_2H_5}\; \underset{C_2H_5OOC}{\overset{CH_3CO}{\diagdown\diagup}}CHCHR'CH\underset{COOC_2H_5}{\overset{COCH_3}{\diagup\diagdown}}$$

Die Hydrolyse dieser Produkte führt zu β-Ketosäuren, die beim Erhitzen zu $\alpha.\beta$-ungesättigten Ketonen bzw. 1.5-Diketonen decarboxyliert werden.

$$R'CH{=}C\underset{COOC_2H_5}{\overset{COCH_3}{\diagup\diagdown}} \;\xrightarrow[HCl]{Verd.\ NaOH,\ dann}\; R'CH{=}C\underset{COOH}{\overset{COCH_3}{\diagup\diagdown}} \;\xrightarrow{W\ddot{a}rme}\; R'CH{=}CHCOCH_3 + CO_2$$

$$\underset{C_2H_5OOC}{\overset{CH_3CO}{\diagdown\diagup}}CHCHR'CH\underset{COOC_2H_5}{\overset{COCH_3}{\diagup\diagdown}} \;\xrightarrow[HCl]{Verd.\ NaOH,\ dann}\; \underset{HOOC}{\overset{CH_3CO}{\diagdown\diagup}}CHCHR'CH\underset{COOH}{\overset{COCH_3}{\diagup\diagdown}} \;\xrightarrow{W\ddot{a}rme}$$

$$CH_3COCH_2CHR'CH_2COCH_3 + CO_2$$

Mannigfache Erweiterungen von Reaktionen dieser Art führten zur Synthese von zahlreichen anderen Verbindungstypen. Zum Beispiel wird bei der *Knorrschen*[1] *Pyrrolsynthese* ein Isonitrosoderivat in Gegenwart des Ketosäureesters reduziert.

$$\underset{C_2H_5OOCCH_2}{\overset{CH_3CO}{\big|}} \;\xrightarrow{HNO_2}\; \underset{C_2H_5OOCC{=}NOH}{\overset{CH_3CO}{\big|}} \;\xrightarrow{Zn{-}HOAc}\;$$

$$\underset{C_2H_5OOCCHNH_2}{\overset{CH_3CO}{\big|}} \;\xrightarrow[O{=}C{-}CH_3]{CH_2COOC_2H_5}\; C_2H_5OOCC\overset{CH_3C\underline{\quad\quad}CCOOC_2H_5}{\diagup\diagdown}C{-}CH_3 + 2\,H_2O$$

(Pyrrolring mit N–H)

Bei der *Pyridinsynthese nach* Hantzsch reagieren ein Mol eines Aldehyds und zwei Mol β-Ketosäureester mit Ammoniak unter Bildung eines Dihydropyridins, das mit salpetriger Säure zum Pyridin oxydiert werden kann.

$$CH_3CHO + \underset{COOC_2H_5}{\overset{\overset{\displaystyle COOC_2H_5}{|}}{\underset{|}{CH_2COCH_3}}}\ \ \underset{}{\overset{CH_2COCH_3}{}} \longrightarrow H_2O + CH_3CH\underset{CHCOCH_3}{\overset{CHCOCH_3}{\diagup\diagdown}}\underset{COOC_2H_5}{} \;\xrightarrow{NH_3}\; CH_3CH\cdots$$

$$\longrightarrow CH_3CH\ \ N\ \ CH_3 \;\xrightarrow{2\,HNO_2}\; CH_3C\ \ N + 2\,NO + 2\,H_2O$$

[1] Ludwig Knorr (1859—1921), Professor an der Universität Jena, hat sich durch Synthesen von heterocyclischen Verbindungen und durch die Trennung der Tautomeren des Acetessigsäureäthylesters (S. 868) einen Namen gemacht.

Wie bei 1.3-Diketonen und Malonester (S. 817, 845) führt die *C-Alkylierung* oder *C-Acylierung* zu substituierten β-Ketosäureestern.

$$RCOCH_2COOC_2H_5 \xrightarrow{NaOC_2H_5} [RCO\bar{C}HCOOC_2H_5]Na^+ \xrightarrow{R'X}$$

$$RCOCHR'COOC_2H_5 \xrightarrow{NaOC_2H_5} [RCO\bar{C}R'COOC_2H_5]Na^+ \xrightarrow{R''X} RCOC\underset{\underset{R''}{|}}{R'}COOC_2H_5$$

Ebenso wie das Anion des Natriumsalzes von 1.3-Diketonen (S. 817) ist auch das von β-Ketosäureestern ein Resonanzhybrid.

$$\left\{ R\underset{\underset{O}{\|}}{C}\!-\!\bar{C}HCOOC_2H_5 \longleftrightarrow R\underset{\underset{O^-}{|}}{C}\!=\!CHCOOC_2H_5 \right\}$$

So tritt mit Chlorameisensäureäthylester *O*-Acylierung ein anstatt *C*-Acylierung, mit Acetylchlorid sowohl *O*- als auch *C*-Acylierung.

Durch Hydrolyse und Decarboxylierung der *C*-alkylierten Ester entstehen substituierte Ketone in guter Ausbeute. Diese Reaktion wird häufig als *Ketonspaltung* bezeichnet.

$$RCOCHR'COOC_2H_5 \xrightarrow[\text{dann HCl}]{\text{Verd. NaOH,}} RCOCHR'COOH \xrightarrow{\text{Wärme}} RCOCH_2R' + CO_2$$

$$RCOC\underset{\underset{R''}{|}}{R'}COOC_2H_5 \xrightarrow[\text{dann HCl}]{\text{Verd. NaOH,}} RCOC\underset{\underset{R''}{|}}{R'}COOH \xrightarrow{\text{Wärme}} RCOC\underset{\underset{R''}{|}}{H}R' + CO_2$$

Hydrolyse und Decarboxylierung können gleichzeitig bewirkt werden, indem man die Ketosäureester mit verdünnter Säure kocht, doch sind Ausbeute und Reinheit des Produktes gewöhnlich schlecht. Die alkalische Hydrolyse wird bei Raumtemperatur mit verdünnten Alkalien ausgeführt; auf diese Weise wird eine Kohlenstoff-Kohlenstoff-Spaltung (S. 867) vermieden.

Gegenüber Halogen und Polymethylenhalogeniden verhalten sich die Natriumderivate der β-Ketosäureester wie diejenigen der Malonester. Jod bewirkt die Kondensation von zwei Mol β-Ketosäureester. Hydrolyse und Decarboxylierung des Reaktionsproduktes führt zu einem 1.4-Diketon.

$$2\,[RCO\bar{C}HCOOC_2H_5]Na^+ + J_2 \longrightarrow 2\,NaJ + \underset{\underset{RCOCHCOOC_2H_5}{|}}{RCOCHCOOC_2H_5} \xrightarrow{\text{Hyd.}}$$

$$\underset{\underset{RCOCHCOOH}{|}}{RCOCHCOOH} \xrightarrow{\text{Wärme}} 2\,CO_2 + \underset{\underset{RCOCH_2}{|}}{RCOCH_2}$$

Polymethylenhalogenide geben $\alpha.\omega$-Diketone.

$$2\,[RCO\bar{C}HCOOC_2H_5]Na^+ + X_2(CH_2)_n \longrightarrow$$

$$2\,NaX + \underset{\underset{RCOCHCOOC_2H_5}{|}}{\overset{RCOCHCOOC_2H_5}{\underset{\underset{}{|}}{(CH_2)_n}}} \xrightarrow[\text{und Wärme}]{\text{Hydrolyse}} RCOCH_2(CH_2)_nCH_2COR$$

β-Ketosäureester reagieren insofern analog den 1.3-Diketonen, als sie bei Einwirkung konzentrierter Alkalien einer Kohlenstoff-Kohlenstoff-Spaltung unterliegen. Während jedoch die 1.3-Diketone ein Mol Keton und ein Mol eines Natriumcarboxylates liefern (S. 818), geben β-Ketosäureester zwei Mol Natriumcarboxylat. Diese Reaktion wird häufig als *Säurespaltung* der β-Ketosäureester bezeichnet, weil Säuren gebildet werden; ausgeführt wird die Reaktion jedoch mit starken Alkalien.

$$\underset{\underset{R''}{|}}{RCOCR'COOC_2H_5} + 2\,NaOH \longrightarrow RCOONa + R'R''CHCOONa + C_2H_5OH$$

Der Mechanismus dieser Reaktion ist im wesentlichen eine Umkehrung der Claisenschen Esterkondensation. Die Reaktion ist jedoch nicht reversibel, da die Bildung des Natriumsalzes der Carbonsäure eine irreversible Stufe ist.

$$RCOCR_2COOR' \xrightarrow{2\,[OH^-]} \left[\begin{array}{cc} :\overset{..}{O}: & :\overset{..}{O}: \\ RC-CR_2C-OR \\ OH & OH \end{array} \right] \longrightarrow$$

$$RCOOH + [:\bar{C}R_2COOH] + [:\bar{O}R] \longrightarrow [RCOO^-] + [R_2CHCOO^-] + HOR$$

Natriumalkoholat in Alkohol katalysiert die Umkehrung der Claisenschen Esterkondensation. Da die Lage des Gleichgewichts bei Verwendung dieses Katalysators im Falle der Dialkylessigäure für die Kondensation ungünstig ist (S. 860), werden die Dialkylacetessigester in Dialkylessigester gespalten.

$$\underset{\underset{R''}{|}}{RCOCR'COOC_2H_5} \xrightarrow[\mathrm{NaOC_2H_5}]{C_2H_5OH} RCOOC_2H_5 + \underset{\underset{R''}{|}}{R'CHCOOC_2H_5}$$

Diese Reaktionen geben zwar befriedigende Ausbeuten, doch werden substituierte Essigsäuren gewöhnlich aus Malonsäurediäthylester dargestellt. Aber die Spaltung der Kohlenstoff-Kohlenstoff-Bindung wird gelegentlich zur Darstellung höherer β-Ketosäureester aus acylierten Acetessigestern herangezogen.

$$CH_3COCH_2COOC_2H_5 \xrightarrow[\text{dann RCOCl}]{NaOC_2H_5,} \underset{\underset{COR}{|}}{CH_3COCHCOOC_2H_5} \xrightarrow{NH_3}$$

$$RCOCH_2COOC_2H_5 + CH_3CONH_2 \;(\text{und}\; RCONH_2 + CH_3COCH_2COOC_2H_5)$$

Da jede der Acylgruppen eliminiert werden kann, wird ein Gemisch des neuen Esters mit Acetessigester erhalten.

Tautomerie. Acetessigsäureäthylester ist das klassische Beispiel einer Tautomerie, die gewöhnlich definiert wird als die Fähigkeit einer Substanz, mehr als eine Struktur anzunehmen oder so zu reagieren, als ob sie dies täte. Diese Definition ist befriedigend, solange man nicht annimmt, daß die betreffende Substanz eine einzige Verbindung ist, wie es C. LAAR tat, der 1885 den Begriff der Tautomerie (griech. *tauto* der gleiche) prägte. In Wirklichkeit handelt es sich bei der Tautomerie um ein dynamisches Gleichgewicht zwischen zwei Isomeren, die sich spontan ineinander umwandeln können. 1887 berichtete WISLICENUS über die Isolierung von zwei isomeren Formylphenylessigsäureäthylestern $C_6H_5CHCOOC_2H_5$, einer

$$\overset{|}{CHO}$$

Flüssigkeit, die mit Eisen (III)-chlorid eine Färbung gab, und einer festen Substanz, die dies nicht tat. Die feste Substanz ging beim Stehenlassen allmählich in die flüssige über. 1893 beschrieb CLAISEN zwei Formen des Acetyldibenzoylmethans. Die eine schmolz bei 85—90°, war löslich in verdünnter Carbonatlösung, gab in alkoholischer Lösung eine rote Färbung mit Eisen (III)-chlorid und reagierte mit Kupferacetat sofort unter Bildung eines unlöslichen blauen Kupfersalzes. Diese bei 85—90° schmelzende Form lieferte beim Umkristallisieren aus Alkohol eine Verbindung, die bei 109—112° schmolz und in verdünnten Alkalien zunächst völlig unlöslich war, sich aber allmählich auflöste. Alkoholische Lösungen gaben unmittelbar nach Zugabe von Eisen (III)-chlorid keine Färbung und nach Zugabe von Kupferacetat keinen blauen Niederschlag, doch traten beide Reaktionen beim Stehenlassen langsam ein. In einer 1896 veröffentlichten Arbeit postulierte CLAISEN für die tiefer-schmelzende Form eine Enolstruktur, für die höher-schmelzende eine reine Ketostruktur.

$$CH_3C\!=\!C(COC_6H_5)_2 \;\rightleftarrows\; CH_3COCH(COC_6H_5)_2$$

$$\overset{|}{OH}$$

Ketoform des Acetyldibenzoylmethans

Enolform des Acetyldibenzoylmethans

Im gleichen Jahr isolierte HANTZSCH zwei Formen von Phenylnitromethan. Die feste Form hatte die Eigenschaften einer Säure und lagerte sich spontan in die nichtsaure flüssige Form um.

$$C_6H_5CH_2N\!\!\underset{O}{\overset{O}{\diagup}} \;\rightleftarrows\; C_6H_5CH\!=\!N\!\!\underset{OH}{\overset{O}{\diagup}}$$

Erst 1911 gelang es KNORR, zwei Formen des Acetessigesters zu isolieren. Beim Abkühlen der Lösung in Alkohol, Äther oder Petroläther auf —78° schied sich die ketonische Form ab. Sie gab mit Eisen (III)-chlorid nicht sofort eine Färbung und entfärbte Brom nicht. Wurde trockner Chlorwasserstoff bei —78° in eine Lösung des Natriumsalzes von Acetessigester eingeleitet, so fiel eine „glasige" feste Substanz aus, die augenblicklich mit Eisen (III)-chlorid und mit Brom reagierte. Aus beiden Isomeren wurde das Gleichgewichtsgemisch erhalten, wenn man sie sich auf Raumtemperatur erwärmen ließ.

$$CH_3COCH_2COOC_2H_5 \;\rightleftarrows\; CH_3COH\!=\!CHCOOC_2H_5$$

Diese Umwandlung wird durch Spuren von Säuren oder Basen katalysiert. Unter Verwendung speziell behandelter Quarzapparaturen gelang es K. H. MEYER 1920, die beiden Formen durch Destillation zu trennen. Da Alkohole höher sieden als Ketone, ist es überraschend, daß die Enolform des Acetessigesters niedriger siedet als die Ketoform. Eine plausible Erklärung ist, daß die Enolform eine innere

Wasserstoffbrückenbindung aufweist, die eine intermolekulare Wasserstoffbrückenbindung ausschließt.

$$\begin{array}{c} CH \\ CH_3C \diagup \quad \diagdown C-OC_2H_5 \\ \| \qquad \qquad \| \\ O-H \quad : O : \end{array}$$

KNORR bestimmte den Brechungsindex der Ketoform zu $n_D^{10} = 1{,}4225$, den der
Enolform zu $n_D^{10} = 1{,}4480$. Aus dem Brechungsindex des Gleichgewichtsgemisches
$n_D^{10} = 1{,}4232$ wurde ein Enolgehalt von 3% bestimmt. K. H. MEYER fand, daß
sich die Ketoform nicht so schnell isomerisiert, als daß bei raschem Arbeiten eine
Bestimmung des Enolgehalts durch Titration mit Brom unmöglich wäre. Es gelang
ihm, in 15 Sekunden eine Lösung des Esters bei 0° mit einem Überschuß von Bromlösung zu mischen und das überschüssige Brom durch Zugabe einer Lösung von
β-Naphthol zu entfernen.

$$CH_3C{=}CHCOOC_2H_5 + Br_2 \longrightarrow \left[CH_3\overset{Br}{\underset{OH}{C}}CHBrCOOC_2H_5 \right] \longrightarrow CH_3COCHBrCOOC_2H_5 + HBr$$

Da α-Bromketone durch Jodwasserstoff reduziert werden, kann man sie bestimmen,
indem man ansäuert, Natriumjodid zufügt und das freigesetzte Jod mit eingestellter Thiosulfatlösung titriert.

$$CH_3COCHBrCOOC_2H_5 + 2\,HJ \longrightarrow CH_3COCH_2COOC_2H_5 + J_2 + HBr$$

Mit dieser Methode wurde der Anteil der Enolform im reinen Ester zu 8% bestimmt.

Die Menge Enolform, die in Lösungen vorhanden ist, hängt von dem Lösungs-
mittel und der Konzentration ab. Bei einer Konzentration von vermutlich
wenigen Prozent Acetessigester fand K. H. MEYER folgende Prozentgehalte an
Enolform: in Wasser 0,4, Essigsäure 6, Äthylalkohol 10, Benzol 16, Äther 27 und
Hexan 46%. In Hexan betrug der Enolgehalt 9% bei einer Esterkonzentration von
90%, 59% bei einer Esterkonzentration von 0,02%. Die geringe wechselseitige
Abhängigkeit zwischen dem Ausmaß der Enolisierung und den Eigenschaften des
Lösungsmittels wie Basizität oder Dielektrizitätskonstante läßt darauf schließen,
daß wahrscheinlich mehrere Faktoren gleichzeitig zur Auswirkung kommen. Die
Bromtitrationsmethode von K. H. MEYER ist auch auf die Bestimmung der Enol-
menge in anderen Gleichgewichtsgemischen, z. B. bei 1.3-Diketonen (S. 815) angewendet worden.

Der Unterschied zwischen einfachen Aldehyden und Ketonen, β-Diketonen
und β-Ketosäureestern und Phenolen ist lediglich ein gradueller. Bei Aldehyden
und Ketonen liegt das Gleichgewicht weit auf der Seite des Ketons. Bestimmungen
mit Hilfe einer Modifikation der Methode von K. H. MEYER zeigen, daß in
flüssigem Aceton nur $2{,}5 \times 10^{-4}$% in der Enolform vorliegen. Bei β-Diketonen und
β-Ketosäureestern liegen im Gleichgewicht meßbare Mengen der Ketoform wie der
Enolform vor. Bei Phenolen ist das Gleichgewicht weit auf der Seite des Enols.
Es ist heute auch klar, daß die Anionen der Metallsalze Resonanzhybride zweier

Grenzstrukturen darstellen, und daß es von der relativen Geschwindigkeit des Angriffs an den zwei Punkten abhängt, ob das Reaktionsprodukt ein Derivat der Enolform oder der Ketoform ist.

Diketen. Die Konstitution des Diketens, lange Gegenstand der Diskussion, wird wahrscheinlich am besten als 3-Buteno-β-lacton, das Lacton einer Enolform der Acetessigsäure wiedergegeben. Keten polymerisiert sich spontan zu Diketen, und dieses wird jetzt technisch hergestellt.

$$CH_2{=}C{=}O \;+\; CH_2{=}C{=}O \;\longrightarrow\; \begin{array}{c} CH_2-C{=}O \\ | \qquad | \\ CH_2{=}C-\!\!-\!\!O \end{array}$$

Keten   Diketen

Die Reaktion ist analog der Bildung von β-Propiolacton durch Addition von Formaldehyd an Keten (S. 826).

Diketen ist eine stark zu Tränen reizende Flüssigkeit, die bei 127° siedet und bei $-6{,}5°$ schmilzt. Bei Raumtemperatur unterliegt es einer weiteren exothermen Polymerisation, die durch Aufbewahren in festem Zustand verzögert wird. Da die Polymerisation explosionsartig verlaufen kann, läßt sich die Substanz schwer versenden, und so ist sie für den Laboratoriumsbedarf nicht leicht zugänglich.

Diketen depolymerisiert sich bei 650° und ist eine bequeme Quelle für methan- und kohlenmonoxydfreies Keten. Die katalytische Reduktion gibt β-Butyrolacton, das zu β-Hydroxybuttersäure hydrolysiert wird.

$$\begin{array}{c} CH_2{=}C-CH_2 \\ | \quad\; | \\ O-CO \end{array} \xrightarrow{H_2-Ni} \begin{array}{c} CH_3C-CH_2 \\ | \quad\; | \\ O-CO \end{array} \xrightarrow{H_2O} CH_3CHOHCH_2COOH$$

Halogen gibt das γ-Halogenacetacetylhalogenid, das durch Hydrolyse in das halogenierte Aceton übergeht.

$$\begin{array}{c} CH_2{=}C-CH_2 \\ | \quad\; | \\ O-CO \end{array} \xrightarrow{Cl_2} ClCH_2COCH_2COCl \xrightarrow{H_2O} ClCH_2COCH_2COOH \longrightarrow ClCH_2COCH_3 + CO_2$$

Die Ozonspaltung liefert Formaldehyd und Malonsäure, welche Reaktion einen überzeugenden Strukturbeweis darstellt.

$$\begin{array}{c} CH_2{=}C-CH_2 \\ | \quad\; | \\ O-CO \end{array} \xrightarrow{Ozonspaltung} CH_2O + \left[\begin{array}{c} CO-CH_2 \\ | \qquad | \\ O-\!\!-CO \end{array}\right] \xrightarrow{H_2O} CH_2(COOH)_2$$

Wasser, Alkohole und Amine geben Acetessigsäure, Acetessigester und Acetessigsäureamide.

$$\begin{array}{c} CH_2{=}C-CH_2 \\ | \quad\; | \\ O-CO \end{array} \left\{ \begin{array}{l} \xrightarrow{H_2O-H_2SO_4} [CH_2{=}CCH_2COOH] \longrightarrow CH_3COCH_2COOH \\ \qquad\qquad\qquad\qquad\quad | \\ \qquad\qquad\qquad\qquad\; OH \\[4pt] \xrightarrow{HOR-H_2SO_4} CH_3COCH_2COOR \\[4pt] \xrightarrow{RNH_2} CH_3COCH_2CONHR \end{array} \right.$$

Bei zahlreichen anderen Kondensationsreaktionen gibt Diketen die gleichen Produkte, die von Acetessigsäureäthylester zu erwarten wären. Zum Beispiel gibt Harnstoff 4-Methyl-uracil (vgl. S. 674).

$$CH_2{=}C{-}CH_2 + H_2NCONH_2 \longrightarrow \quad\text{(cyclisches Produkt)}\quad + H_2O$$

Die Dimeren langkettiger Alkylketene, z. B. das aus Stearoylchlorid (S. 803) erhältliche, werden als wasserabstoßende Appreturen für Celluloseprodukte verwendet. Vermutlich reagieren die primären Hydroxylgruppen der Cellulosemoleküle (S. 420), und es wird so ein Schutzüberzug auf deren Oberfläche erzeugt:

$$C_{16}H_{33}CH{=}C{-}CHC_{16}H_{33} + HOCH_2R \longrightarrow C_{16}H_{33}CH_2COCHC_{16}H_{33}$$

Andere Ketosäuren

Allgemeine Methoden zur Synthese von **γ-Ketosäuren** sind die Hydrolyse von Acylbernsteinsäureestern, die entweder aus β-Ketosäureestern oder Maleinsäureestern dargestellt werden, oder die Umsetzung cyclischer Anhydride mit einem Mol einer Grignard-Verbindung.

(1) $\quad RCOCH_2COOC_2H_5 \xrightarrow{NaOC_2H_5} RCOCHCOOC_2H_5^{-} Na^{+} \xrightarrow{ClCH_2COOC_2H_5}$

$$RCOCHCOOC_2H_5 \xrightarrow[HCl]{NaOH,\,dann} RCOCHCOOH \xrightarrow{Wärme} RCOCH_2CH_2COOH + CO_2$$

(2) $\quad RCHO + HCCOOC_2H_5 \xrightarrow{(C_6H_5CO)_2O_2} RCOCHCOOC_2H_5 \xrightarrow[HCl]{NaOH,\,dann}$

$$RCOCHCOOH \xrightarrow{Wärme} RCOCH_2CH_2COOH + CO_2$$

(3) $\quad R_2C{-}CO\diagdown O + R'MgX \longrightarrow R_2CCOR' \xrightarrow{HX} R_2CCOR'$

Die einzige leicht zugängliche γ-Ketosäure ist die **Lävulinsäure,** die sich bei der Hydrolyse von Hexosen mit starken Säuren bildet (S. 398).

$$C_6H_{12}O_6 \xrightarrow{Konz.\,HCl} HCOOH + CH_3COCH_2CH_2COOH + H_2O$$

Lävulinsäure

ε-Ketosäuren erhält man durch Oxydation von 2-Alkyl-cyclohexanolen, die durch katalytische Hydrierung von 2-Alkyl-phenolen dargestellt werden.

$$\text{(2-Alkylphenol)} \xrightarrow{H_2{-}Ni} \text{(2-Alkylcyclohexanol)} \xrightarrow{CrO_3} RCO(CH_2)_4COOH$$

Höhere Ketosäureester können durch Umsetzung von Alkylzinkhalogeniden mit den Acylhalogeniden der Halbester einer zweibasischen Säure dargestellt werden.

$$RZnCl + ClCO(CH_2)_nCOOC_2H_5 \longrightarrow RCO(CH_2)_nCOOC_2H_5 + ZnCl_2$$

Licansäure, $CH_3(CH_2)_3CH=CHCH=CHCH=CH(CH_2)_2CO(CH_2)_4COOH$, stellt 70 bis 80% der Fettsäuren aus *Oiticicaöl*, dem Samenfett von *Licania rigida* (S. 190).

Wenn γ- oder δ-Ketosäuren erhitzt werden, geben sie leicht Wasser ab unter Bildung von γ- oder δ-ungesättigten Lactonen.

Mesoxalsäure ist Oxomalonsäure. Der Äthylester entsteht, wenn man Malonsäurediäthylester mit Stickoxyden oxydiert.

$$H_2C(COOC_2H_5)_2 + 2\,N_2O_3 \longrightarrow O=C(COOC_2H_5)_2 + 4\,NO + H_2O$$

Die Säure und ihre Ester bilden relativ beständige Hydrate, die wie das Hydrat des Chlorals (S. 781) vermutlich zwei Hydroxylgruppen an einem einzigen Kohlenstoffatom enthalten.

$$(C_2H_5OOC)_2C=O + H_2O \longrightarrow (C_2H_5OOC)_2C(OH)_2$$

α-Oxobernsteinsäureester werden durch Kondensation eines Esters mit Oxalsäurediäthylester erhalten. Wie andere α-Ketosäureester geben sie bei der Destillation Kohlenmonoxyd ab, und es entstehen Alkyl- bzw. Arylmalonester.

Acetondicarbonsäure ist β-Ketoglutarsäure (S. 856). Der Methyl- oder Äthylester wird häufig zu organischen Synthesen gebraucht.

Wiederholungsfragen

1. Welche allgemeinen Methoden gibt es zur Darstellung von α-Ketosäuren? Was geschieht bei der thermischen Zersetzung von α-Ketosäuren und ihren Estern?

2. Wie werden β-Ketosäuren dargestellt und was ist ihre charakteristische Reaktion? Welche andere Verbindungsklasse reagiert in ähnlicher Weise?

3. Was ist die Claisensche Esterkondensation? Was ist die Dieckmann-Kondensation?

4. Acetessigsäureäthylester bildet ein Oxim, ein Phenylhydrazon, einen *O*-Methyläther, ein Natriumsalz, entfärbt leicht Brom und gibt eine Färbung mit Eisen(III)-chlorid. Man erkläre dieses Verhalten. Man definiere die Bezeichnung *Tautomerie*.

5. Man gebe zwei Methoden zur Trennung der Keto- und Enolform des Acetessigsäureäthylesters an. Weshalb hat die Enolform den niedrigeren Siedepunkt? Wie

kann der Prozentgehalt der Enolform in einem Gleichgewichtsgemisch bestimmt werden?

6. Man diskutiere das Verhalten von β-Ketosäureestern gegenüber kalten verdünnten Alkalien, heißen verdünnten Säuren und heißen konzentrierten Alkalien.

7. Weshalb gibt Acetessigsäuremethylester den Jodoformtest nicht?

Aufgaben

8. Man gebe für folgende Synthesen Reaktionen an: (a) 2-Oxo-3-methyl-buttersäure aus Malonsäurediäthylester; (b) α-Oxo-γ-phenylbuttersäure aus Zimtsäure; (c) α-Oxo-pimelinsäure aus Adipinsäurediäthylester; (d) Diäthoxyessigsäurepiperidid aus Pyridin und Essigsäure; (e) α-Oxo-isovaleriansäureäthylester aus Diäthoxyessigsäurepiperidid.

9. Man gebe Reaktionen an für drei verschiedene Methoden zur Synthese von Phenylmalonsäurediäthylester.

10. Man gebe, ausgehend von Acetessigester, Reaktionen zur Darstellung folgender Verbindungen: (a) Methylisohexylketon; (b) $\alpha.\beta$-Dimethylbuttersäure; (c) α-Methyladipinsäure; (d) Äthylester der 2.5-Dimethyl-pyrrol-dicarbonsäure-(3.4); (e) 3.4-Dimethyl-4.5-dihydro-isoxazolon-(5); (f) 2-Hydroxy-4-methyl-chinolin; (g) 4-Isopropyl-heptandion-(2.6); (h) 1-Methyl-3-oxo-cyclohexen; (i) 1-Methyl-2-acetyl-cyclohexen; (j) β-Oxo-myristinsäureäthylester; (k) δ-Oxo-capronsäure.

11. Man gebe Reaktionen für folgende Darstellungen: (a) 2-Amino-4-hydroxy-pyrimidin ausgehend von Essigsäureäthylester; (b) 1-Oxo-1.3-diphenyl-propan aus Benzoesäureäthylester; (c) Äthylester der 2.4-Diphenyl-pyrroldicarbonsäure-(3.5) durch Knorrsche Synthese; (d) α-Methyladipinsäure durch Anwendung einer Dieckmann-Kondensation; (e) 2.6-Dimethyl-pyridin durch Synthese nach HANTZSCH; (f) γ-Oxoheptansäure aus Maleinsäurediäthylester; (g) 5.5-Dimethyl-4-oxo-hexansäure aus Bernsteinsäure; (h) 2-Acetyl-cyclopentanon aus o-Kresol.

12. Wie kann man mit Hilfe chemischer Reaktionen jede der folgenden Verbindungen von den anderen Gliedern der Gruppe unterscheiden: Lävulinsäure, Methylmalonsäure, Oxobernsteinsäure, 2-Oxobuttersäure, Isobuttersäure und α-Äthylacetessigsäure.

13. Verbindung A hat die Summenformel $C_9H_{14}O_5$. Sie ist gegen feuchtes Lackmus neutral und ist unlöslich in Wasser, geht aber beim Kochen mit verdünnter Kalilauge in Lösung. Das Verseifungsäquivalent ist 67. Die Verbindung reagiert nicht mit fuchsinschwefliger Säure, wohl aber mit Hydroxylamin unter Bildung der Verbindung B $C_7H_9NO_4$. Wird A verseift und destilliert, so gibt das Destillat einen gelben Niederschlag mit Natriumhypojodit. Ansäuern des Destillationsrückstandes mit Schwefelsäure und Destillation führt zu einem Destillat, in dem nur Essigsäure gefunden werden kann. Nachdem keine Essigsäure mehr übergeht, enthält die schwefelsaure Lösung keine organischen Bestandteile mehr. Welche Strukturformel ist für A möglich? Man stelle die Gleichungen für die beteiligten Reaktionen auf.

Kapitel 39

Alicyclische Verbindungen, Terpene und Steroide

Alicyclische Verbindungen

Alicyclische Verbindungen sind cyclische Verbindungen mit aliphatischen Eigenschaften. Streng genommen sollte sich die Bezeichnung sowohl auf carbocyclische wie auf heterocyclische Verbindungen beziehen, doch beschränkt sich ihr Gebrauch üblicherweise auf die carbocyclischen Verbindungen. Die gesättigten alicyclischen Kohlenwasserstoffe werden häufig *Cycloparaffine* oder *Cycloalkane*, von den Petroleumtechnikern meist *Naphthene* genannt, da Cyclopentan (Penta-methylen) und Cyclohexan (Hexamethylen) und ihre Homologen aus der Naphtha-fraktion des Petroleums isoliert wurden. Diejenigen Verbindungen, die durch Hydrierung aromatischer Ringe erhalten werden, werden gewöhnlich als *hydro-aromatische* Verbindungen bezeichnet.

Allgemeine Theorie der cyclischen Verbindungen

Vor 1879 waren nur fünf- und sechsgliedrige Ringverbindungen bekannt. Ihre Existenz war ohne Schwierigkeit zu erklären, denn die inneren Winkel betragen im regulären Fünfeck 108 Grad, im regulären Sechseck 120 Grad. Die Synthese einer viergliedrigen Ringverbindung durch MARKOWNIKOW im Jahre 1879 und von dreigliedrigen Ringverbindungen durch FREUND 1882 und PERKIN jr.[1] 1883 sowie die chemischen Eigenschaften dieser Verbindungen führten BAEYER 1885 zur Auf-stellung seiner **Spannungstheorie.** BAEYER postulierte, daß die Leichtigkeit, mit der sich ein Ring bildet, direkt abhängt von dem Ausmaß, in welchem der Bindungs-winkel von dem normalen Tetraederwinkel von 109° 28′ abweichen muß. Der Grad der Abweichung wurde als *Spannung* des Ringes bezeichnet. Je größer die Spannung, desto leichter sollte sich der Ring öffnen lassen, d. h. desto reaktions-fähiger sollte die Verbindung sein. Bei der Bildung der sehr reaktionsfähigen Doppelbindung, die nach der älteren Theorie aus zwei identischen Einfach-bindungen besteht, muß z. B. jede Bindung um die Hälfte des Tetraederwinkels, also $54°44′$ verbogen sein, bei einem Cyclopropanring um $^1/_2(109°28′ - 60°)$ $= 24°44′$, bei Cyclobutan um $^1/_2(109°28′ - 90°) = 9°44′$, bei Cyclopentan um $^1/_2(109°28′ - 108°) = 0°44′$ und bei Cyclohexan um $^1/_2(109°28′ - 120°) = -5°44′$. Da Ringe mit mehr als sieben Atomen unbekannt waren, nahm BAEYER an, alle Atome müßten in einer Ebene liegen, was für größere Ringe eine wachsende negative Spannung bedeuten würde. Die Berechtigung dieser Annahme wurde sofort von WERNER bezweifelt, auch lagen noch andere Unstimmigkeiten zutage. Zum Beispiel sind die Olefine zwar sehr reaktionsfähig, werden aber leicht in aus-gezeichneter Ausbeute erhalten. Ferner bilden sich die Cyclopentane zwar bei bestimmten Reaktionen in besserer Ausbeute als die Cyclohexane, aber alles sprach dafür, daß die beiden Ringsysteme, einmal gebildet, von gleicher Stabilität sind.

Daß alicyclische Ringe mit mehr als fünf C-Atomen eben sind, wurde von Zeit zu Zeit bezweifelt, aber erst in der Zeit von 1921—1926 häufte sich Beweis-material, das dazu zwang, diesen Teil der Baeyerschen Theorie aufzugeben. Am überzeugendsten war die Synthese von Ringen mit sieben bis mehr als dreißig Kohlenstoffatomen, die offensichtlich alle ebenso beständig waren wie Cyclopentan oder Cyclohexan. Heute nimmt man an, daß die Leichtigkeit der Bildung von cyclischen Verbindungen, d. h. die Neigung zu intramolekularer Reaktion, davon abhängt, wie nahe sich die Atome kommen, die bei der Reaktion miteinander ver-bunden werden. Diese Tendenz ist groß bei der Bildung einer Doppelbindung, wo die beiden Atome direkt benachbart sind. Allerdings wird die Doppelbindung

---

[1] WILLIAM HENRY PERKIN jr. (1860—1929), Schüler von WISLICENUS und BAEYER und Professor der Chemie an der Universität Oxford. Seine Verdienste liegen auf dem Gebiet der Naturstoffe, besonders der Terpene und Alkaloide, wo er wichtige Synthesen und Abbaureaktionen durchgeführt hat.

nicht mehr als zweigliedriger Ring aufgefaßt, sondern nach der geltenden Theorie nimmt ein Elektronenpaar ein π-orbital ein, wodurch keine Spannung im ursprünglichen Sinne bewirkt wird, und die große Reaktionsfähigkeit wird durch das höhere Energieniveau des π-orbitals erklärt (S. 52).

Wären die Atome gezwungen, in der Anordnung einer gestreckten Kette zu verharren, dann würde die Wahrscheinlichkeit einer intramolekularen Reaktion immer geringer je mehr Kohlenstoffatome die reagierenden Gruppen trennen. Aber die freie Drehbarkeit um die Einfachbindungen erlaubt die Annahme einer Spiralstruktur etwa der in Abb. 103 gezeigten Art. Wenn in dieser Figur der Abstand zwischen C-1 und C-2 1,54 Å beträgt, dann ist der Abstand zwischen C-1 und C-3 = 2,51 Å, zwischen C-1 und C-4 = 2,52 Å und zwischen C-1 und C-5 = 1,67 Å. Die Doppelbindung und der fünfgliedrige Ring können daher leicht gebildet werden, dagegen ist die Bildung drei- und viergliedriger Ringe schwieriger. Auf Grund der Flexibilität des Moleküls können sich C-1 und C-6 einander auf jeden beliebigen Abstand nähern. Ist daher die Bindung einmal zustande gekommen, so ist der Ring vollkommen spannungsfrei. Ähnlich ist die Situation bei längeren Ketten, doch können bei mehr als fünf Kohlenstoffatomen den reagierenden Gruppen in wachsendem Maße andere Kettenglieder in den Weg treten, und es bedarf immer mehr des Manövrierens, um die reagierenden Gruppen in solche räumliche Lage zu bringen, daß eine Reaktion stattfinden kann. Infolgedessen überwiegen dann intermolekulare Reaktionen unter Bildung von polymeren Produkten, und die Ausbeute an cyclischen Verbindungen ist schlecht. Bestätigt wird diese Theorie dadurch, daß man makrocyclische Verbindungen in ausgezeichneter Ausbeute erhält, wenn man die Reaktion bei extremer Verdünnung ausführt, wobei dann die Wahrscheinlichkeit einer intramolekularen Reaktion wieder größer ist als die einer intermolekularen Reaktion.

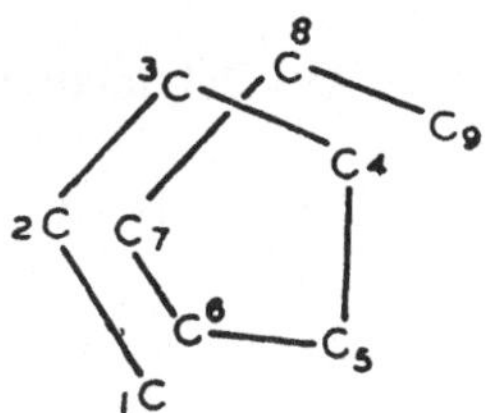

Abb. 103. Spiralige Anordnung einer Kohlenstoffkette

Die Frage der relativen Stabilität von Cyclopentan und Cyclohexan hat in den letzten Jahren erneut an Interesse gewonnen. Die exakte Bestimmung der Verbrennungswärmen von Cyclopentan, Cyclohexan und Cycloheptan zeigt, daß Cyclohexan um etwa 1 kcal pro Mol stabiler ist als Cyclopentan oder Cycloheptan. Mit anderen Worten, das Cyclohexanmolekül ist weniger gespannt als Cyclopentan oder Cycloheptan, obwohl alle drei Verbindungen tetraedrische Valenzwinkel haben sollten. Eine Erklärung ergibt sich, wenn man berücksichtigt, daß die Konstellation des Äthanmoleküls, bei welcher die Methylgruppen um 60 Grad gegeneinander verdreht sind und die Wasserstoffatome auf Lücke stehen, um 3 kcal pro Mol stabiler ist als die Konstellation, in der die Wasserstoffatome einander gegenüberstehen (S. 33). In der Sesselform des Cyclohexans (Abb. 106, S. 889) stehen die Wasserstoffatome vollständig auf Lücke, und daher ist Cyclohexan das beständigste Cycloparaffin. Bei den größeren Ringen können einige Wasserstoffatome auf Lücke stehen, aber nicht alle. In Cyclopentan stehen keine Wasserstoffatome auf Lücke, wenn die Kohlenstoffatome alle in einer Ebene liegen, und man nimmt an, daß die Kohlenstoffatome tatsächlich in eine nichtebene Konstellation gezwungen werden, damit ein Auf-Lücke-Stehen der Wasserstoffatome in gewissem Grade erreicht wird.

Darstellung von alicyclischen Verbindungen; allgemeine Methoden

1. Aus Dihalogeniden.

$$X(CH_2)_{n+1}X + Zn \longrightarrow (CH_2)_n(CH_2) + ZnX_2$$

2. Aus Dicarbonsäuren (S. 842).

$$HOOC(CH_2)_nCOOH \xrightarrow[\text{Th-Salze}]{\text{Wärme, Ca- oder}} (CH_2)_nCO + CO_2 + H_2O$$

3. Aus Polymethylenhalogeniden und Malonsäurediäthylester (S. 846).

$$X(CH_2)_nX + CH_2(COOC_2H_5)_2 \xrightarrow{NaOC_2H_5} X(CH_2)_nCH(COOC_2H_5)_2 \xrightarrow{NaOC_2H_5}$$

$$(CH_2)_nC(COOC_2H_5)_2 \xrightarrow[\substack{HCl \\ \text{und Erhitzen}}]{\text{NaOH, dann}} (CH_2)_nCHCOOH$$

4. Aus Polymethylen-bismalonestern (S. 846).

$$X(CH_2)_nX + 2\ CH_2(COOC_2H_5)_2 \xrightarrow{NaOC_2H_5} (CH_2)_n \begin{matrix} CH(COOC_2H_5)_2 \\ \\ CH(COOC_2H_5)_2 \end{matrix} \xrightarrow[\text{dann } J_2]{NaOC_2H_5}$$

$$(CH_2)_n \begin{matrix} C(COOC_2H_5)_2 \\ | \\ C(COOC_2H_5)_2 \end{matrix} \xrightarrow[\text{HCl und Erhitzen}]{\text{NaOH, dann}} (CH_2)_n \begin{matrix} CHCOOH \\ | \\ CHCOOH \end{matrix}$$

5. Durch Reduktion von aromatischen Verbindungen.

$$C_6H_6 + 3\ H_2 \xrightarrow[200°]{Ni,} C_6H_{12}$$
Cyclohexan
(Hexahydrobenzol, Hexamethylen)

Die Reaktion ist reversibel, und heute werden Benzol, Toluol und die Xylole aus den im Erdöl vorkommenden Cyclohexanen hergestellt (S. 452). Die Reduktion von aromatischen Verbindungen durch Metalle in flüssigem Ammoniak gibt 1.4-Dihydroderivate. Die besten Ergebnisse werden bei Verwendung von Lithium und anschließender Zersetzung des Lithiumadduktes mit Alkohol erhalten.

Lithium und Äthylamin liefern Cyclohexene.

6. Durch Ringerweiterung cyclischer Ketone. Die· Reaktion von Ketonen mit Diazomethan gibt ein Homologes des Ketons (S. 279).

$$RCOR + CH_2N_2 \longrightarrow RCOCH_2R + N_2$$

In ähnlicher Weise gibt ein cyclisches Keton ein Keton, das eine Methylengruppe mehr im Ring enthält.

Cyclohexanon   Cycloheptanon

Die besten Ausbeuten erhält man, wenn man das Diazomethan in Gegenwart des Ketons entwickelt, indem man Kaliumcarbonat zu einer alkoholischen Lösung von Nitrosomethylurethan (S. 334) und dem cyclischen Keton zufügt. Unter diesen Bedingungen ist die wirksame Konzentration des Diazomethans hoch.

7. Nach anderen Methoden. Jede chemische Reaktion, die zur Bildung einer Kohlenstoff-Kohlenstoff-Bindung führt, muß auch zu Ringverbindungen führen können, z. B. die Friedel-Crafts-Reaktion (S. 630) und die Dieckmann-Reaktion (S. 861). Dasselbe gilt für zahlreiche intermolekulare Reaktionen wie die Diels-Alder-Reaktion (S. 851) und die bimolekularen Esterkondensationen (S. 849, 862).

Allgemeine Reaktionen alicyclischer Verbindungen

Im allgemeinen sind die Reaktionen der alicyclischen Verbindungen identisch mit denen der aliphatischen Verbindungen, nur sind die drei- und viergliedrigen Ringe weniger beständig. So reagieren Cyclopropan und die meisten seiner Derivate mit den gleichen Reagentien wie die Olefine unter Bildung von offen-kettigen Verbindungen.

$$(CH_2)_3 + H_2SO_4 \longrightarrow CH_3CH_2CH_2OSO_3H$$
$$(CH_2)_3 + HBr \longrightarrow CH_3CH_2CH_2Br$$
$$(CH_2)_3 + Br_2 \longrightarrow BrCH_2CH_2CH_2Br$$
$$(CH_2)_3 + H_2 \xrightarrow[80°]{Pt} CH_3CH_2CH_3$$

Die Reaktionsgeschwindigkeiten der Cyclopropane können erheblich verschieden sein von denen der Olefine. Zum Beispiel reagiert Cyclopropan mit Schwefelsäure viel rascher als Propylen, mit Brom dagegen langsamer. Die katalytische Reduktion von Cyclopropan erfordert etwas höhere Temperatur als die Reduktion des Propylens. Im Gegensatz zu Propylen reagiert Cyclopropan nicht mit alkalischer

Permanganat-Lösung. Ferner gibt Cyclopropan bei Reaktionen mit unsymmetrischen Reagentien wie Schwefelsäure oder Bromwasserstoff n-Propylderivate, nicht Isopropylderivate.

Cyclobutan reagiert nicht mit Schwefelsäure, Bromwasserstoffsäure oder Brom. Es kann jedoch bei 120° katalytisch reduziert werden, während Cyclopentan und die höheren Cycloalkane bei Temperaturen bis zu 200° nicht reduziert werden.

Es sind viele Beispiele für Reaktionen von alicyclischen Verbindungen bekannt, die unter gleichzeitiger Ringerweiterung oder -verengung verlaufen. So entsteht bei der Reaktion von salpetriger Säure mit Cyclobutylamin oder (Cyclopropylmethyl)-amin ein Gemisch von Cyclobutanol und Cyclopropylcarbinol *(Desmejanow-Reaktion)*.

$$\underset{\substack{\text{Cyclo-}\\\text{butylamin}}}{\begin{array}{c} CH_2-CHNH_2 \\ |\qquad\quad| \\ CH_2-CH_2 \end{array}} \xrightarrow{HNO_2} \underset{\substack{\text{Cyclo-}\\\text{butanol}}}{\begin{array}{c} CH_2-CHOH \\ |\qquad\quad| \\ CH_2-CH_2 \end{array}} \text{ und } \underset{\substack{\text{Cyclopropyl-}\\\text{carbinol}}}{\begin{array}{c} CH_2 \\ |\quad\diagdown \\ \quad\ CHCH_2OH \\ |\quad\diagup \\ CH_2 \end{array}} \xleftarrow{HNO_2} \underset{\substack{\text{(Cyclopropyl-}\\\text{methyl)amin}}}{\begin{array}{c} CH_2 \\ |\quad\diagdown \\ \quad\ CHCH_2NH_2 \\ |\quad\diagup \\ CH_2 \end{array}}$$

Beim Behandeln von (Cyclopropylmethyl)-amin, das in der Seitenkette mit ^{14}C markiert ist, mit salpetriger Säure wird das ^{14}C auf die vier Kohlenstoffatome des Cyclopropylcarbinols wie auch des Cyclobutanols verteilt. Man nimmt an, daß sich intermediär ein pyramidales Carboniumion bildet, dessen positive Ladung über die vier Kohlenstoffatome verteilt ist.

$$\left\{ \begin{array}{c} CH \\ H_2C\quad\overset{+}{C}H_2 \\ CH_2 \end{array} \leftrightarrow \begin{array}{c} CH \\ H_2C-CH_2 \\ \overset{+}{C}H_2 \end{array} \leftrightarrow \begin{array}{c} CH \\ \overset{+}{C}H_2\ CH_2 \\ CH_2 \end{array} \leftrightarrow \begin{array}{c} \overset{+}{C}H \\ H_2C\quad CH_2 \\ CH_2 \end{array} \right\}$$

Dehydratisierung von Cyclobutylcarbinol gibt ein Gemisch von Methylencyclobutan und Cyclopenten.

$$\underset{\substack{\text{Cyclobutyl-}\\\text{carbinol}}}{\begin{array}{c} CH_2-CHCH_2OH \\ |\qquad\quad| \\ CH_2-CH_2 \end{array}} \xrightarrow{H_2SO_4} \underset{\substack{\text{Methylen-}\\\text{cyclobutan}}}{\begin{array}{c} CH_2-C{=}CH_2 \\ |\qquad\quad| \\ CH_2-CH_2 \end{array}} \text{ und } \underset{\text{Cyclopenten}}{\begin{array}{c} CH_2-CH \\ |\qquad\ \| \\ CH_2\ \ CH \\ \diagdown\diagup \\ CH_2 \end{array}}$$

Auch Pinakolinumlagerungen können unter Ringerweiterung oder Ringverengung verlaufen.

$$\underset{\substack{\text{1.2-Dimethyl-}\\\text{cyclo-}\\\text{hexandiol-(1.2)}}}{\begin{array}{c} CH_2\quad OH \\ CH_2\quad C-CH_3 \\ CH_2\quad C-OH \\ CH_2\quad CH_3 \end{array}} \xrightarrow{H_2SO_4} \underset{\substack{\text{1-Methyl-cyclo-}\\\text{pentylmethyl-}\\\text{keton}}}{\begin{array}{c} CH_2-CH_2 \\ CH_2\quad C-CH_3 \\ CH_2\quad COCH_3 \end{array}} + H_2O$$

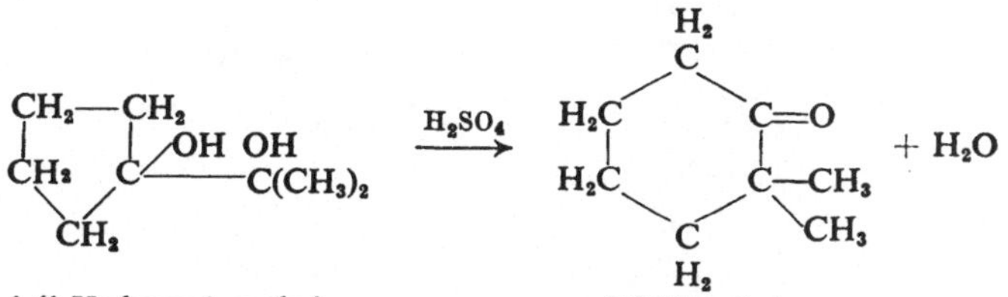

$$\text{1-(1-Hydroxy-1-methyl-äthyl)-cyclopentanol} \xrightarrow{\text{H}_2\text{SO}_4} \text{2,2-Dimethyl-cyclohexanon} + \text{H}_2\text{O}$$

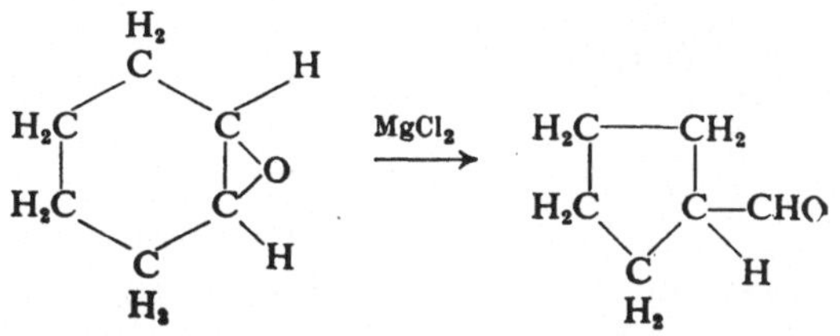

$$\text{Cyclohexen-oxyd} \xrightarrow{\text{MgCl}_2} \text{Cyclopentyl-formaldehyd}$$

Selbst Kohlenwasserstoffe sind in Gegenwart von Katalysatoren wie Aluminiumchlorid Umlagerungen unterworfen. So gibt 1.2-Dimethyl-cyclopentan ein Gemisch, das 97% Methylcyclohexan enthält, und Cyclohexan gibt ein Gemisch, das etwa 20% Methylcyclopentan enthält.

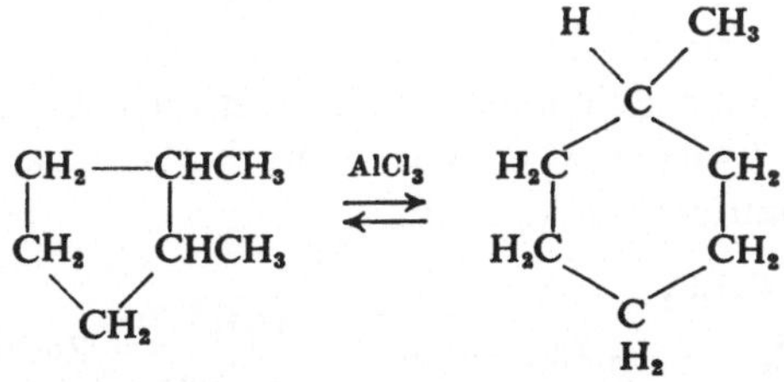

$$\text{1.2-Dimethyl-cyclopentan} \;\underset{\text{AlCl}_3}{\rightleftharpoons}\; \text{Methyl-cyclohexan}$$

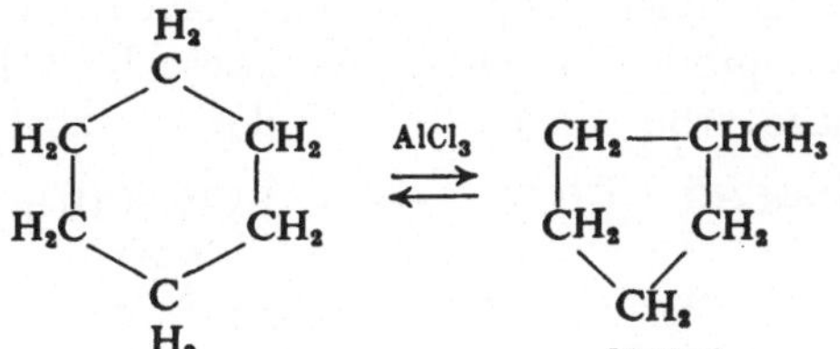

$$\text{Cyclohexan} \;\underset{\text{AlCl}_3}{\rightleftharpoons}\; \text{Methyl-cyclopentan}$$

Die hydroaromatischen Verbindungen haben gänzlich andere Eigenschaften als aromatische Verbindungen. Zum Beispiel unterliegt Cyclohexan unter den bei Benzol üblichen Bedingungen nicht der direkten Nitrierung, Sulfonierung oder der Friedel-Crafts-Reaktion. Cyclohexanol ist unlöslich in Alkalien und reagiert wie ein sekundärer Alkohol.

$$\text{Cyclohexanol} \xrightarrow{\text{HBr}} \text{Cyclohexylbromid} + H_2O$$

$$\text{Cyclohexanol} \xrightarrow{H_2SO_4} \text{Cyclohexen} + H_2O$$

$$\text{Cyclohexanol} \xrightarrow{H_2Cr_2O_7} \text{Cyclohexanon}$$

Cyclohexylbromid reagiert mit Silberhydroxyd unter Bildung von Cyclohexanol, mit alkoholischer Kalilauge unter Bildung von Cyclohexen, und mit Natriumcyanid unter Bildung von Cyclohexylcyanid. Cyclohexen entfärbt Permanganat, wobei zuerst das Diol und dann Adipinsäure entsteht, und entfärbt Brom unter Bildung von Cyclohexenbromid (1,2-Dibrom-cyclohexan). Cyclohexylamin ist ebenso basisch wie aliphatische Amine (K_B: $4,4 \times 10^{-4}$), und bei der Umsetzung mit salpetriger Säure wird kein Diazoniumsalz erhalten. Die ungesättigten und die oxydierten Ringe werden leicht durch Oxydation geöffnet. So geben Cyclohexen und Cyclohexanon gute Ausbeuten an Adipinsäure (S. 837).

Cyclopropane

Cyclopropan wird durch Behandeln von Trimethylenchlorobromid (S. 768) mit Zinkstaub dargestellt. Es ist ein Gas, Kp: $-34°$, das häufig an Stelle von Äther als Allgemeinanaestheticum verwendet wird.

$$\underset{\text{(Trimethylenchlorobromid)}}{CH_2\begin{smallmatrix}CH_2Cl\\\\CH_2Br\end{smallmatrix}} + Zn \longrightarrow \underset{\text{Cyclopropan}}{\begin{smallmatrix}CH_2\\CH_2-CH_2\end{smallmatrix}} + ZnClBr$$

Bei Anlagerung einer Methylengruppe an eine Kohlenstoff-Kohlenstoff-Doppelbindung sollte ein Cyclopropanring entstehen. Diese Reaktion kann häufig mit Hilfe aliphatischer Diazoverbindungen (S. 278) durchgeführt werden.

$$RCH{=}CHR + CH_2N_2 \longrightarrow RCH\overset{}{\underset{CH_2}{-}}CH_2 + N_2$$

Auch aromatische Verbindungen geben Cyclopropanderivate, die sich beim Erhitzen umlagern; dabei entsteht ein Gemisch eines substituierten Benzols und eines Cycloheptatriens.

$$\bigcirc + N_2CHCOOC_2H_5 \longrightarrow N_2 + \bigcirc\!\!\!>\!COOC_2H_5 \xrightarrow{\text{Wärme}}$$

$$\bigcirc\!CH_2COOC_2H_5 \quad \text{und} \quad \bigcirc\!COOC_2H_5$$

Bei der Reaktion von Cyclohexen mit Chloroform und Kaliumhydroxyd wird eine Dichlormethylengruppe an die Doppelbindung angelagert (vgl. S. 249).

$$\bigcirc + CHCl_3 + KOH \longrightarrow \bigcirc\!\!\!\triangleright CCl_2 + KCl + H_2O$$

Die Reaktion der Doppelbindung mit aliphatischen Diazoverbindungen scheint über die intermediäre Bildung eines dipolaren Ions zu verlaufen, das unter Bildung des Cyclopropans oder eines ungesättigten Isomeren Stickstoff abspalten oder sich zu einem Pyrazolin cyclisieren kann. Die Pyrazoline zersetzen sich im allgemeinen beim Erhitzen unter Verlust von Stickstoff zu dem Cyclopropan.

Die Reaktion mit Chloroform und Kaliumhydroxyd kann den Weg über die Dichlormethylengruppe nehmen (vgl. S. 183, 561).

Cyclopropen erhält man bei der Pyrolyse von Trimethylcyclopropylammoniumhydroxyd, das aus Cyclopropylamin dargestellt wird.

Cyclopropylamin   Cyclopropen

Trotz der im Cyclopropan- und Cyclopropenring bestehenden Spannung finden sich Verbindungen mit diesen Ringstrukturen in Naturprodukten, z. B. in **Lactobacillsäure,** die zu 30% bzw. 19% in den Fettsäuren aus *Lactobacillus arabinosus* und *Lactobacillus casei* vorkommt, und in **Sterculsäure** aus dem Kernöl von *Sterculia foetida.* In der Literatur finden sich Angaben über das Vorkommen von 1-Amino-cyclopropancarbonsäure in Birnen und Äpfeln. Der Cyclopropanring kommt auch in den aktiven Prinzipien von Pyrethrum (S. 885) vor.

$$CH_3(CH_2)_5CH\!\!-\!\!CH(CH_2)_9COOH \qquad\qquad CH_3(CH_2)_7C\!\!=\!\!C(CH_2)_7COOH$$
$$\diagdown\!\!\diagup CH_2 \qquad\qquad\qquad\qquad\qquad \diagdown\!\!\diagup CH_2$$
Lactobacillsäure   Sterculsäure

Cyclobutane

Cyclobutan und dessen Derivate sind von erheblichem theoretischem Interesse. Cyclobutan ist mit schlechter Ausbeute nach verschiedenen Standardmethoden synthetisiert worden, konnte aber nicht durch Dimerisation von Äthylen erhalten werden. Dagegen erfolgt bei Tetrafluoräthylen leicht Addition unter Ringschluß (S. 775). Wenn 1.1-Dichlor-2.2-difluor-äthylen auf 200° erhitzt wird, bildet sich **1.1.2.2-Tetrachlor-3.3.4.4-tetrafluor-cyclobutan.**

$$CF_2 \quad CF_2 \qquad\qquad F_2C\!\!-\!\!CF_2$$
$$\| \;\;+\; \| \qquad\longrightarrow\qquad |\quad\;\;|$$
$$CCl_2 \quad CCl_2 \qquad\qquad Cl_2C\!\!-\!\!CCl_2$$

Weder Cyclobuten noch Cyclobutadien ist bekannt, doch sind Derivate beider Verbindungen dargestellt worden. Phenylacetylen addiert sich an Chlortrifluoräthylen unter Bildung von **1-Phenyl-3.3.4-trifluor-4-chlor-cyclobuten,** das zu **1-Phenyl-3.4-dioxo-cyclobuten** *(Phenylcyclobutadienchinon)* hydrolysiert werden kann.

$$C_6H_5C{\equiv}CH + CFCl{=}CF_2 \xrightarrow{120°} C_6H_5 \underset{\quad}{\overset{F_2}{\square}}_{FCl} \xrightarrow[H_2SO_4]{H_2O} C_6H_5 \underset{\quad}{\overset{=O}{\square}}_{=O}$$

Umsetzung von Pentaerythrit-tetrabromhydrin mit Zink führt zur Bildung von **Methylencyclobutan** und nicht zur Bildung von Spiropentan.

$$\begin{matrix} BrCH_2 & & CH_2Br \\ & \diagdown\;C\;\diagup & \\ BrCH_2 & & CH_2Br \end{matrix} \quad\xrightarrow{2\ Zn}\quad \begin{matrix} H_2C{-}C{=}CH_2 \\ | \qquad | \\ H_2C{-}CH_2 \end{matrix}$$

Die Dimeren von disubstituierten Ketenen sind **1.3-Cyclobutandione** (S. 805).

Die **Truxin-** und **Truxillsäuren** sind Derivate des Cyclobutans, die sich durch Dimerisierung von Zimtsäure im Sonnenlicht bilden.

$$2\,C_6H_5CH{=}CHCOOH \longrightarrow \begin{matrix} C_6H_5CH{-}CHCOOH \\ | \qquad\quad | \\ C_6H_5CH{-}CHCOOH \end{matrix} \quad und \quad \begin{matrix} C_6H_5CH{-}CHCOOH \\ | \qquad\quad | \\ HOOCCH{-}CHC_6H_5 \end{matrix}$$

Truxinsäuren   Truxillsäuren

Truxinsäure und Truxillsäure können in mehreren stereoisomeren Formen existieren. Die fünf bekannten Truxillsäuren sind in den perspektivischen Formeln der Abb. 104 dargestellt. Die α-Form ist von besonderem Interesse, weil sie keine

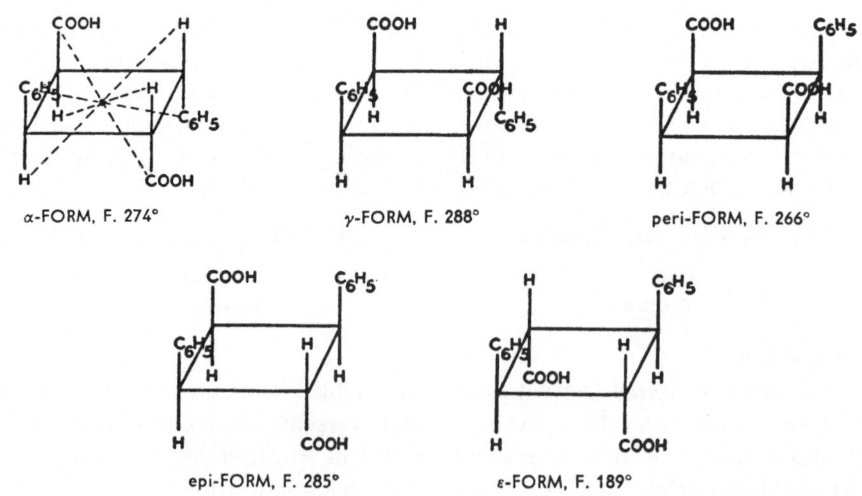

Abb. 104. Strukturen der Truxillsäuren

Symmetrieebene aufweist und trotzdem Spiegelbilder dieses Moleküls zur Deckung gebracht werden können. Der Grund hierfür ist das Vorhandensein eines Symmetriezentrums (S. 353), das durch die punktierten Linien angedeutet wird.

Cyclopentane

Cyclopentadien, Kp: 41°, ist ein Bestandteil des Steinkohlengases und ein Nebenprodukt bei der Herstellung von Isopren durch Cracken von Petroleumfraktionen (S. 760). Es polymerisiert sich spontan durch eine Diels-Alder-Addition (S. 851) unter Bildung von Dicyclopentadien, F: 33°, das sich beim Siedepunkt (170°) zum Monomeren depolymerisiert.

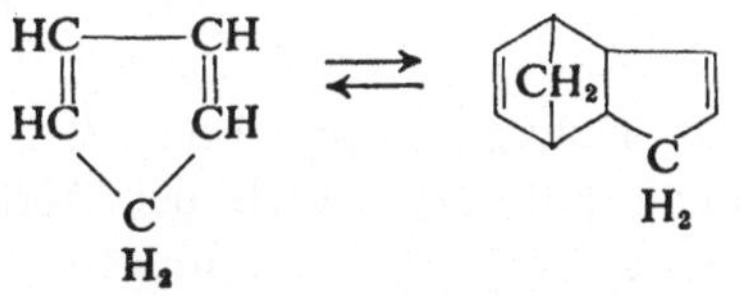

HC——CH $\rightleftarrows$ CH₂ ... C H₂

Cyclopentadien   Dicyclopentadien

Chlorierung von Cyclopentadien in der Dampfphase gibt **Hexachlorcyclopentadien.** Das Produkt der Diels-Alder-Addition von Hexachlorcyclopentadien und Cyclopentadien lagert in Tetrachlorkohlenstoff-Lösung Chlor an und gibt das wichtige Insecticid **Chlordan.**

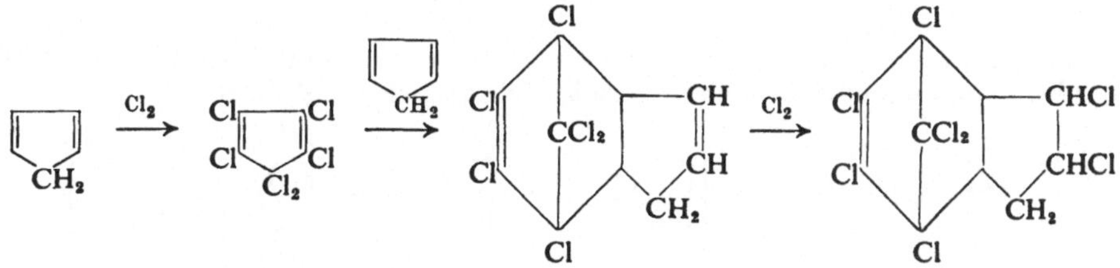

Hexachlorcyclopentadien   Chlordan

Diels-Alder-Addition von Acetylen an Cyclopentadien gibt **1.4-Endomethylencyclohexadien,** das sich an Hexachlorcyclopentadien unter Bildung des Insecticids **Aldrin** anlagert. Wenn Aldrin mit Peressigsäure in das Epoxyd übergeführt wird, bildet sich **Dieldrin,** ebenfalls ein Insecticid.

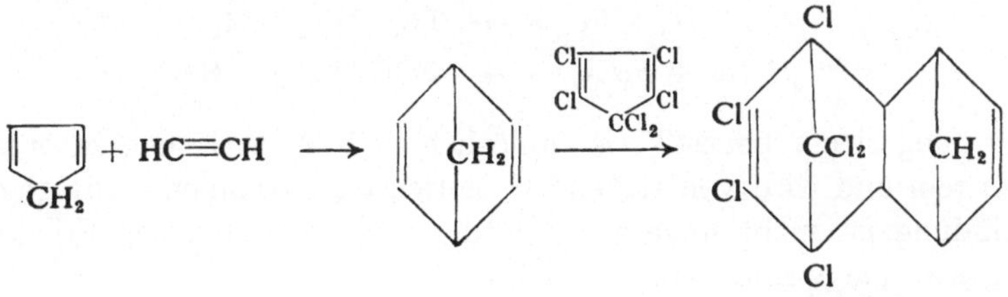

Aldrin

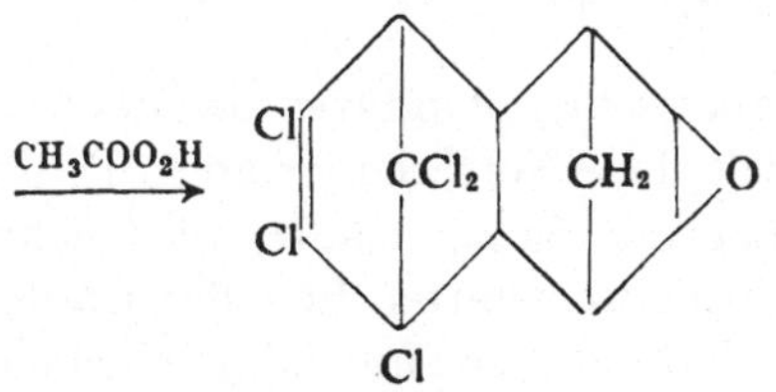

Dieldrin

Der Wasserstoff der Methylengruppe des Cyclopentadiens ist von genügender Acidität, um mit Kalium in Benzol-Lösung zu reagieren und aus Methylmagnesiumbromid Methan freizusetzen.

Beide Salze reagieren mit Kohlendioxyd unter Bildung von **Cyclopentadiencarbonsäure.** Cyclopentadien unterliegt auch der Aldolkondensation und Dehydratisierung unter Bildung farbiger Verbindungen, der sogenannten **Fulvene.** Die mit Formaldehyd bzw. Aceton entstehenden Reaktionsprodukte sind gelbe bzw. orangefarbene Öle, die leicht verharzen und oxydiert werden; die mit Benzaldehyd oder Benzophenon entstehenden sind rote kristallisierte Substanzen.

Die Acidität des Methylenwasserstoffs kann auf die Stabilisierung des Cyclopentadienylanions durch Resonanz zurückgeführt werden (vgl. S. 160).

Eine der interessantesten Eigenschaften des Cyclopentadiens ist die Bereitschaft, mit Metallen und mit Metallsalzen zu reagieren. Wenn Cyclopentadiendampf bei 300° über aktiviertes Eisen geleitet wird, sublimiert eine beständige orangefarbene Verbindung der Summenformel $FeC_{10}H_{10}$. Die gleiche Verbindung bildet sich bei der Umsetzung des Natrium- oder Magnesiumhalogensalzes des Cyclopentadiens mit Eisen(II)-chlorid.

$$2\,C_5H_6 + Fe \longrightarrow Fe(C_5H_5)_2 + H_2$$
$$2\,C_5H_5Na + FeCl_2 \longrightarrow Fe(C_5H_5)_2 + 2\,NaCl$$

Die Verbindung siedet bei 249°, ist unlöslich in Wasser, löslich in organischen Lösungsmitteln und wird von siedenden Säuren oder Alkalien nicht angegriffen. Die Verbindung ist nicht ungesättigt und verhält sich bei der Friedel-Crafts-Acylierung wie eine aromatische Verbindung.

$$FeC_{10}H_{10} + (CH_3CO)_2O \xrightarrow{HF} FeC_{10}H_9COCH_3 + CH_3COOH$$

Im Hinblick auf den aromatischen Charakter, den der Cyclopentadienylring in der Verbindung besitzt, wurde diese **Ferrocen** genannt. Reagentien mit oxydierenden Eigenschaften, wie Halogene, Salpetersäure oder Schwefelsäure, wirken oxydierend, nicht als Substituierungsmittel. Seit der Entdeckung des Ferrocens im Jahre 1951 sind analoge Verbindungen mit zahlreichen Metallen aller Gruppen des Periodensystems mit Ausnahme von I und VII dargestellt worden.

Ferrocen und seine Analoga werden als *Sandwich-Verbindungen* bezeichnet. Das Metallatom steht zwischen den beiden Cyclopentadienylringen, die im festen Zustand auf Lücke stehen, so daß sich eine antiprismatische Struktur ergibt (Abb. 105). Für gegenseitige freie Drehbarkeit der Ringe besteht kein Anhaltspunkt. Die Struktur läßt sich am besten durch die molecular-orbital-Theorie erklären. Die drei Elektronenpaare in jedem Ring besetzen molecular orbitals, die die bastardisierten atomic orbitals der Metallatome in solchem Grad überlagern können, daß ein beständiges Molekül entsteht.

Die Bezeichnung **Naphthensäuren** gilt für das Gemisch von Carbonsäuren, das man aus Petroleumfraktionen durch Extraktion mit Alkalien und anschließendes Ansäuern der Salze (Seifen) erhält. Nach den reinen Verbindungen zu schließen, die daraus isoliert wurden, handelt es sich um komplizierte Gemische von normalen und verzweigten aliphatischen Säuren, Alkylderivate

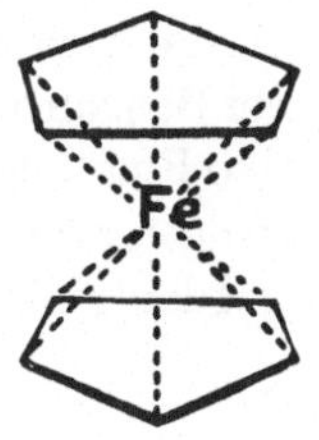
Abb. 105. Ferrocen

von Cyclopentan- und Cyclohexancarbonsäuren und Cyclopentyl- und Cyclohexylderivate von aliphatischen Säuren. Die rohen Naphthensäuren stehen in großen Mengen zur Verfügung und werden hauptsächlich in Form ihrer Metallsalze verwendet, die in Ölen und in organischen Lösungsmitteln löslich sind. Die Kupfersalze werden in Holzschutzmitteln verwendet, die Blei-, Mangan-, Zink- und Eisensalze als Sikkative (Oxydationskatalysatoren) für Farben und Firnisse (S. 195). **Chaulmoograsäure** und **Hydnocarpussäure,** die charakteristischen Fettsäuren des Chaulmoograöls,das lange zur Behandlung der Lepra verwendet wurde, enthalten einen endständigen Cyclopentenring.

$$\text{(Cyclopenten)}\text{(CH}_2)_{10}\text{COOH}$$
Hydnocarpussäure

$$\text{(Cyclopenten)}\text{(CH}_2)_{12}\text{COOH}$$
Chaulmoograsäure

Das aktive Prinzip des dalmatinischen Insektenpulvers **Pyrethrum,** des technisch wichtigen Insecticids aus den Blütenköpfen von *Chrysanthemum cinerariaefolium* und einigen anderen Varietäten besteht aus vier Estern von Cyclopropancarbonsäuren mit Cyclopentylalkoholen, die *Pyrethrin I, Pyrethrin II, Cinerin I* und *Cinerin II* genannt werden. Die relative Toxizität gegenüber Hausfliegen ist $100:23:71:18$.

Pyrethrin I

Pyrethrin II

Cinerin I

Cinerin II

Die Säure, die sich durch Hydrolyse von Pyrethrin I und Cinerin I bildet, wird *Chrysanthemummonocarbonsäure (Pyrethronsäure)* genannt, und diejenige aus Pyrethrin II und Cinerin II wird *Chrysanthemumdicarbonsäure* genannt. Der

Alkohol aus Pyrethrin I und II heißt *Pyrethrolon,* der Alkohol aus Cinerin I und Cinerin II wird als *Cinerolon* bezeichnet. Ein technisches synthetisches Analogon von Pyrethrin I, das **Allethrin,** hat eine Allylseitenkette an Stelle der Pentadienylseitenkette.

Inden und **Fluoren** kommen im Steinkohlenteer vor. Bei beiden handelt es sich um kondensierte Ringsysteme, die einen Cyclopentadienring und einen bzw. zwei Benzolringe enthalten. Bei der Oxydation des farblosen Fluorens entsteht das gelbe Fluorenon. 2.4.7-Trinitro-fluorenon bildet Additionsverbindungen mit mehrkernigen aromatischen Kohlenwasserstoffen und deren Derivaten, die zum Zweck der Identifizierung dieser Verbindungen geeignet sind (S. 486).

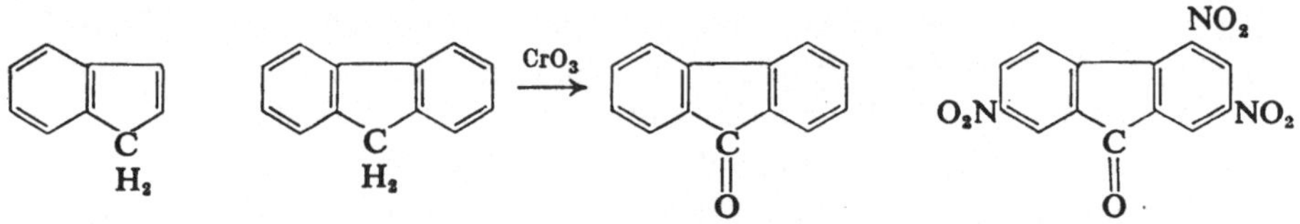

Inden　　　　Fluoren　　　　Fluorenon　　　　2.4.7-Trinitro-fluorenon

2.3-Dihydro-inden wird **Indan** oder **Hydrinden** genannt. Triketohydrinden bildet ein beständiges Hydrat, das **Ninhydrin.** Die Ninhydrin-Reaktion und ihre Anwendung zur Bestimmung von α-Aminosäuren ist S. 320 behandelt. Die bei dieser Reaktion zunächst entstehende Schiffsche Base zersetzt sich hydrolytisch zu 2-Amino-1.3-diketo-hydrinden, einem Aldehyd und Kohlendioxyd. Die Reaktion des Aminodiketons mit Hydrinden gibt ein tiefblaues Reaktionsprodukt.

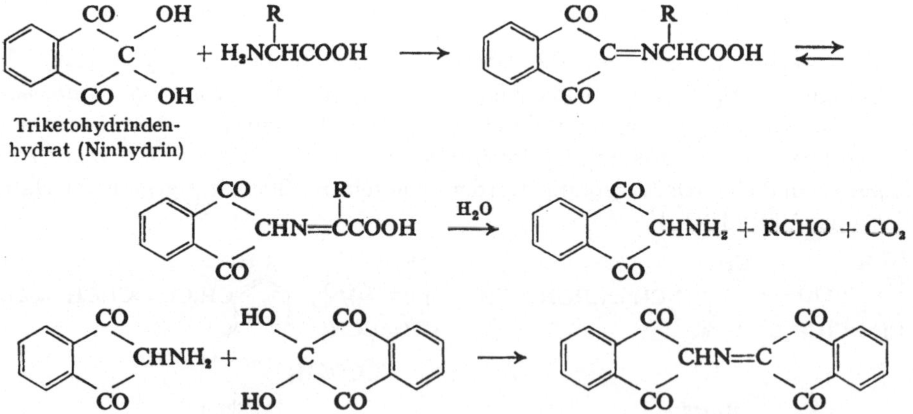

Triketohydrinden-
hydrat (Ninhydrin)

(blau)

Ammoniumsalze, verdünnte Lösungen von Ammoniak und einige Amine geben unter bestimmten Bedingungen ebenfalls eine blaue Färbung, offensichtlich auf Grund einer intermolekularen Oxydation und Reduktion des Ninhydrins in Gegenwart von Ammoniak.

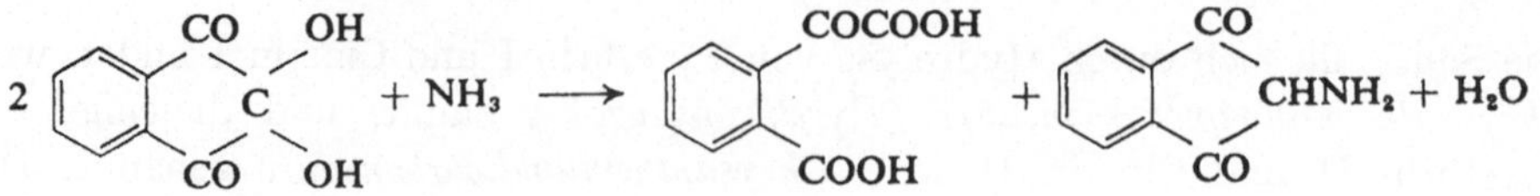

Die Ninhydrinreaktion ist ein Spezialfall des allgemeineren *Streckerschen Abbaus*, bei welchem jede Verbindung, die eine Aldehyd- oder Ketogruppe in Konjugation zu einer anderen Carbonylgruppe oder einer Nitrogruppe enthält, mit einer α-Aminosäure reagiert und unter Verlust von Kohlendioxyd einen Aldehyd liefert. Die leichte Abspaltung von Kohlendioxyd beruht auf der Fähigkeit der zweiten Carbonylgruppe bzw. der Nitrogruppe, das Elektronenpaar, das die Carboxylgruppe bindet, an sich heranzuziehen.

Durch Messung des bei diesen Reaktionen entwickelten Kohlendioxyds können α-Aminosäuren quantitativ bestimmt werden.

Cyclohexane

Cyclohexan, Methylcyclohexan, Cyclohexanol *(Hexalin)*, **Cyclohexylamin, Tetrahydro-** und **Dekahydronaphthalin** *(Tetralin* und *Dekalin)* werden als technische Produkte durch katalytische Hydrierung der entsprechenden aromatischen Verbindungen gewonnen. **Dihydroresorcin** *(Cyclohexandion-1.3)* entsteht bei der Reduktion von Resorcin mit Natriumamalgam oder mit Wasserstoff und Nickel in alkalischer Lösung.

Als β-Diketon spielt es eine Rolle als Zwischenprodukt für organische Synthesen (S. 815ff.).

Nitrierung von Cyclohexan in der Dampfphase gibt **Nitrocyclohexan,** das durch direkte Reduktion oder besser durch eine Nef-Reaktion (S. 275) in Gegenwart von Hydroxylamin in **Cyclohexanonoxim** übergeführt werden kann.

Durch Beckmannsche Umlagerung (S. 574) von Cyclohexanonoxim entsteht das **Lactam** der **ε-Aminocapronsäure**; die freie Aminosäure erhält man daraus durch Hydrolyse.

Wenn ε-Caprolactam mit einem sauren oder basischen Katalysator auf 250° erhitzt wird, wird es in das lineare Polyamid $[-NH(CH_2)_5CO-]_n$ umgewandelt, das zu Fasern versponnen werden kann, die als **Perlon L** (Nylon 6) bekannt sind.

Cyclohexenone werden durch Dehydrierung leicht in Phenole, durch Dehydratisierung in aromatische Kohlenwasserstoffe umgewandelt.

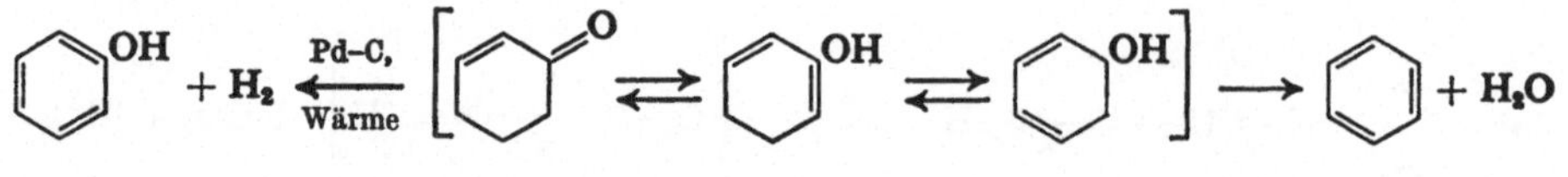

Entsprechend substituierte Cyclohexenone können als Ausgangsmaterial für aromatische Verbindungen dienen, die mit anderen Methoden nur schwer zu erhalten sind. **Cyclohexadienone,** die quartäre Kohlenstoffatome enthalten, lagern sich beim Erhitzen mit Acetanhydrid in Gegenwart von Schwefelsäure in Phenolacetate um *(Dienon-Phenol-Umlagerung)*.

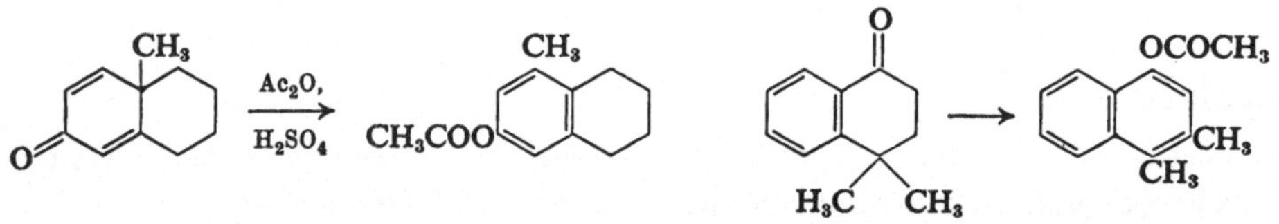

Zahlreiche **Polyhydroxycyclohexane** kommen in der Natur vor; sie sind bereits bei den verwandten Zuckeralkoholen besprochen worden (S. 436). Von Bedeutung sind zwei Polyhydroxycyclohexancarbonsäuren, die bei der Bildung von verschiedenen in der Natur vorkommenden aromatischen Verbindungen aus Kohlenhydraten als Zwischenprodukte aufzutreten scheinen. **Chinasäure** wurde erstmals 1790 aus Chinarinde erhalten, wurde aber seitdem in zahlreichen Pflanzen gefunden. **Shikimisäure** wurde 1885 aus japanischem Sternanis, *shikimi-no-ki* (*Illicium religiosum*) isoliert. Beide Säuren lassen sich leicht in Benzolderivate umwandeln.

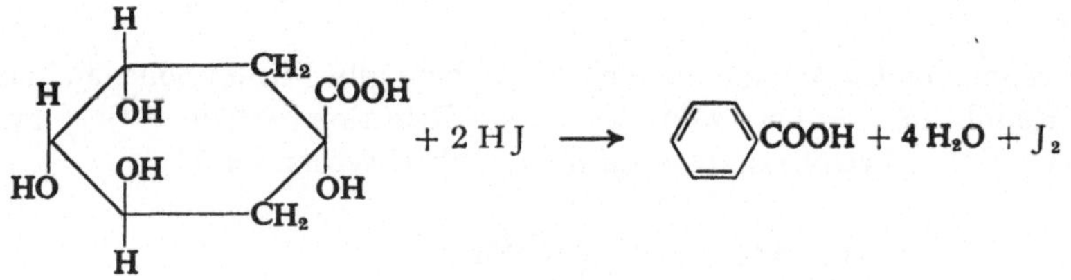

Chinasäure

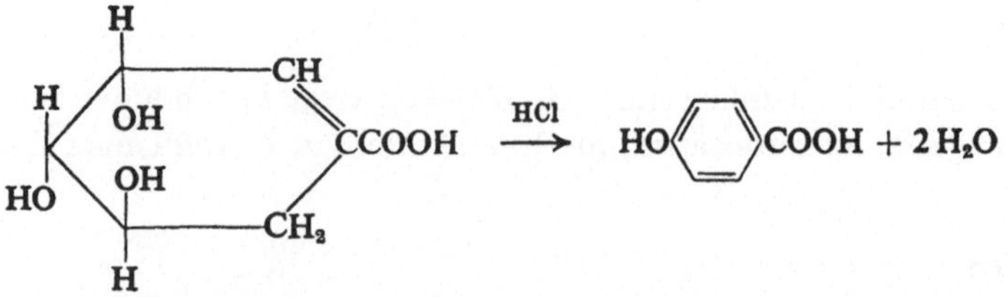

Shikimisäure

An mutierten Stämmen von *Neurospora* wurde gezeigt, daß Shikimisäure für diesen Organismus eine Vorstufe von Anthranilsäure, Indol, Tryptophan, Phenylalanin, Tyrosin und p-Aminobenzoesäure ist. Auch scheint sie eine Vorstufe der aromatischen Ringe im Lignin zu bilden (S. 556).

Das Natriumsalz der Cyclohexylaminosulfonsäure ist etwa 30mal süßer als Rohrzucker und wird als Nichtkohlenhydrat unter dem Namen *Sucaryl* oder *Cyclamat* als Süßstoff verwendet. **Dicyclohexylammonium-nitrit** (USA: VPI, vapor phase inhibitor) dient zum Imprägnieren von Säcken und Umhüllungsmaterialien für Maschinenteile als Rostschutzmittel. **Captan,** ein hochwirksames Fungicid, enthält einen Cyclohexenring.

Natrium-cyclohexylamino-
sulfonat
(Cyclamat)

Dicyclohexylammonium-
nitrit

Captan

Dekalin existiert in zwei isomeren Formen, die sich durch die räumliche Anordnung der Wasserstoffatome in Stellung 9 und 10 unterscheiden. Diese beiden Formen

cis-Dekalin

trans-Dekalin

wurden 1918 von MOHR theoretisch für möglich erklärt, aber erst 1927 isoliert. Lägen die Kohlenstoffatome des Rings in einer Ebene, dann könnten die beiden Isomeren nicht existieren, weil die Spannung zu groß wäre. Infolgedessen beweist die Isolierung der beiden Formen, daß carbocyclische Ringe nicht eben zu sein brauchen (S. 874).

Schon 1890 hatte SACHSE für den Fall, daß die Kohlenstoffatome des Cyclohexans nicht in einer Ebene liegen, die Existenz von zwei Isomeren des Cyclohexans für möglich gehalten. Bei der einen Form, der sogenannten *Wannenform*, liegen zwei Kohlenstoffatome auf einer Seite der Ebene, die durch die vier anderen gebildet wird. Bei der *Sesselform* liegen je drei Kohlenstoffatome alternierend in zwei parallelen Ebenen (Abb. 106). Die Prüfung am Modell ergibt, daß die beiden Formen ohne Auftreten von

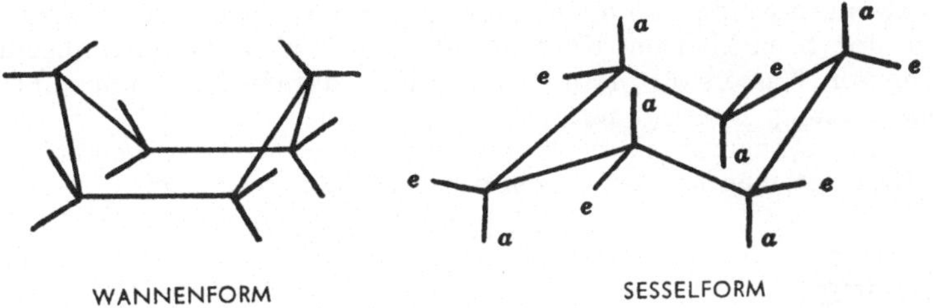

Abb. 106. Stereochemische Konstellationen

Spannung ineinander überführbar sind, und bis jetzt ist denn auch kein Beispiel einer derartigen Isomerie bekannt; d. h. die Wannen- und Sesselformen sind lediglich verschiedene *Konstellationen* (S. 33) des gleichen Moleküls.

Thermodynamische Berechnungen zeigen, daß die Sesselform des Cyclohexans um fast 6 kcal pro Mol stabiler ist als die Wannenform, und aus Messungen der Elektronenbeugung ergibt sich, daß die Sesselform die normale Konstellation des Cyclohexans und seiner Derivate darstellt. Wenn man in dieser Konstellation die Ebene, die parallel zu den Ebenen der Kohlenstoffatome durch das Zentrum des Moleküls geht, als Ringebene bezeichnet, dann liegen sechs von den zwölf CH-Bindungen senkrecht zur Ringebene, mit je drei Wasserstoffatomen oberhalb und unterhalb der Ebene. Diese Wasserstoffatome werden als *polar* oder *axial* (a) bezeichnet. Die anderen sechs Wasserstoffatome liegen ungefähr in der Ringebene und werden *äquatorial* (e) genannt. Genau genommen bilden die äquatorialen CH-Bindungen Winkel von 19,5° (109,5° minus 90°) mit der Ringebene (Abb. 106).

Wird nun eines der Wasserstoffatome durch eine größere Gruppe ersetzt, dann kann der Substituent entweder eine axiale oder eine äquatoriale Stellung einnehmen. In axialer Stellung steht er in engerer Nachbarschaft zu Wasserstoffatomen als in äquatorialer Stellung. Elektronenbeugungsaufnahmen zeigen, daß die Substituenten, wo eine Wahl der Stellung möglich ist, unfehlbar in äquatoriale Stellung gehen. Stehen zwei Substituenten an verschiedenen Kohlenstoffatomen, so können beständige cis-trans-Isomere existieren. Bei den cis-Isomeren der 1.2- oder 1.4-disubstituierten Cyclohexane und den trans-Isomeren der 1.3-disubstituierten Cyclohexane muß einer der Substituenten eine axiale Stellung einehmen. Wenn mehr Substituenten vorhanden sind, müssen in bestimmten Isomeren mehr Substituenten axiale Stellung einnehmen. Jedoch ist all-cis-Inosit bis jetzt die einzige bekannte Verbindung, die drei Substituenten, die größer sind als Wasserstoff, in axialer Stellung auf der gleichen Seite der Ringebene aufweist. Dagegen hat keiner der natürlich vorkommenden Inosite (S. 436) zwei Hydroxylgruppen in axialer 1.3-Stellung. Diese Betrachtungen gelten auch für die Zucker, in deren Ringstruktur ein Sauerstoffatom eine Methylengruppe des Cyclohexans ersetzt. Keine der natürlich vorkommenden Aldohexosen oder Aldopentosen hat in der α- oder β-Form der Pyranose-Ringstruktur zwei Hydroxylgruppen in axialer 1.3-Stellung, mit Ausnahme der α-Pyranose-Form der Ribose, und dieser Zucker ist der einzige, der überwiegend in der Furanoseform existiert.

Da Gruppen in äquatorialer Stellung weniger sterisch gehindert sind als solche in axialer Stellung, ist von vornherein zu erwarten, daß Reaktionen, die über intermediäre Additionsprodukte verlaufen, schneller ablaufen, wenn die Gruppe sich in äquatorialer Stellung befindet. Tatsächlich werden Hydroxyl- und Carboxylgruppen leichter verestert und Estergruppen leichter hydrolysiert, wenn sie in äquatorialer Stellung stehen, als wenn sie in axialer Stellung stehen. Sekundäre Alkohole werden leichter zu Ketonen oxydiert, wenn die Hydroxylgruppe in axialer Stellung steht, vermutlich weil der geschwindigkeitsbestimmende Schritt im Aufbrechen der CH-Bindung besteht, die dann äquatorial ist. Andererseits kann die einfache Verdrängungsreaktion an Gruppen in äquatorialer Stellung nicht stattfinden, weil die Annäherung von der Rückseite durch die Gruppen in den axialen Stellungen blockiert wird. Bevor die Reaktion stattfinden kann, muß die Gruppe in die energetisch weniger günstige axiale Stellung gezwungen werden. In dieser Stellung steht sie jedoch in trans-Stellung zum Wasserstoff des benachbarten Kohlenstoffatoms, und diese Lage begünstigt die Eliminierung von Wasserstoff zusammen mit der funktionellen Gruppe unter Bildung einer Doppelbindung. Überlegungen dieser Art haben sich als sehr dienlich zur Konstitutions- und Konfigurationsaufklärung erwiesen, und zwar besonders bei kondensierten Ringsystemen wie denjenigen der Terpene und Sterine.

Größere Ringe

Cycloheptanon (S. 877) ist das übliche Ausgangsmaterial bei der Synthese der einfacheren Verbindungen, die einen Ring aus sieben Kohlenstoffatomen enthalten. Hier liegt das Hauptinteresse bei den ungesättigten Derivaten wie **Tropon, Tropolon** und **Cycloheptatrienylbromid** *(Tropyliumbromid)*.

Tropon   Tropolon   Tropyliumbromid

Weder Tropon noch Tropolon zeigt die gewöhnlichen Reaktionen der Carbonylgruppe, und beide bilden kristallisierte Hydrochloride. Tropolon ist eine stärkere
Säure als Enole oder Phenole und kommt der Acidität von Kohlensäure nahe.
Tropyliumbromid hat alle Eigenschaften eines Salzes; es hat einen hohen Schmelzpunkt, ist löslich in Wasser und unlöslich in nichthydroxylhaltigen Lösungsmitteln.

Diese Eigenschaften stimmen zu der Ansicht, daß die klassischen Strukturformeln
dieser Verbindungen den wirklichen Verhältnissen nicht gerecht werden. Bei jeder
dieser Verbindungen besteht nach Entfernung eines Elektronenpaares von einem
Ring-Kohlenstoffatom die Möglichkeit der Resonanz von gleicher Art wie im Benzol
und im Cyclopentadienylanion (S. 442, 884). Daher sind Tropon und Tropolon
beständiger als die dipolaren Ionen, und Tropyliumbromid ist beständiger als das
Carboniumsalz. Die Lokalisierung der positiven Ladung über alle sieben Atome des
Rings kann durch das allgemeine Symbol eines siebengliedrigen Rings mit der positiven
Ladung im Zentrum dargestellt werden.

Zahlreiche Naturstoffe enthalten siebengliedrige Kohlenstoffringe, und mehrere
von diesen enthalten das Tropolonsystem. **Stipitatsäure,** die erste Verbindung, für
die eine Tropolonstruktur vorgeschlagen wurde, wurde aus dem Schimmelpilz
Penicillium stipitatum isoliert. **α-, β-** und **γ-Thujaplicin** sind die drei Isopropyl-
tropolone. Sie kommen im Kernholz einer Varietät des Lebensbaums *(Thuja
plicata)* vor, und ihrer großen fungiciden Aktivität verdankt der Lebensbaum
seine Widerstandsfähigkeit gegen Verfall. **Purpurogallin** ist eine rote, kristallisierte

Verbindung, die sich bei der Oxydation von Pyrogallol bildet. Sie findet sich in der Natur als Diglucosid in Eichengallen.

Stipitatsäure   **α-Thujaplicin**   **Purpurogallin**

Cyclooctatetraen hat beträchtliches Interesse erregt. Es wurde erstmals von WILLSTÄTTER[1] durch eine rationelle Synthese aus dem Alkaloid Pseudopelletierin dargestellt. Neuerdings wird es in beliebigen Mengen durch Polymerisation von Acetylen gewonnen.

$$4\ HC{\equiv}CH \xrightarrow[\substack{\text{Tetrahydrofuran}\\ \text{65° und 18 Atm.}}]{\text{Ni(CN)}_2\ \text{in}}$$

Cyclooctatetraen

Ursprünglich hatte die Darstellung von Cyclooctatetraen den Sinn, festzustellen, ob die chemischen Eigenschaften denen des Benzols (Cyclohexatrien) entsprechen. Das ist nicht der Fall, denn die Verbindung addiert leicht vier Mol Halogen oder vier Mol Halogenwasserstoff und wird von kaltem Permanganat oxydiert. Sie ist viel unbeständiger als Benzol, lagert sich z. B. leicht und vollständig zu Styrol um.

Der nichtaromatische Charakter des Cyclooctatetraens ist nicht mehr überraschend, da für eine Resonanz von der für Benzol charakteristischen Art Bedingung ist, daß die Kohlenstoffatome in einer Ebene liegen. Die Energiemenge, die aufgewendet werden müßte, um Koplanarität herbeizuführen, würde die Resonanzenergie erheblich vermindern. Quantenmechanische Berechnungen zeigen, daß cyclische konjugierte Systeme nur dann aromatischen Charakter besitzen können, wenn die Zahl der π-Elektronen gleich $4n + 2$ ist, wobei n eine ganze Zahl ist. Bisher ist keine monocyclische Verbindung bekannt, bei der n größer als 1 ist; den Wert 1 hat es im Benzol, im Cyclopentadienyl-Anion und im Tropyliumion sowie ihren Derivaten.

Die Konstellation und die räumlichen Beziehungen in einer alicyclischen Verbindung mit acht oder mehr Ringgliedern sind häufig derart, daß Reaktionen, die normalerweise an benachbarten Atomen angreifen, an Stellen stattfinden, die durch ein, zwei oder drei Ringatome getrennt sind. Diese Reaktionen werden als quer über den Ring erfolgend aufgefaßt und als *transannulare Reaktionen* bezeichnet. Die Reaktion von 1.2-Epoxy-cyclopentan, -cyclohexan und -cycloheptan mit Ameisensäure (Solvolyse) führt ausschließlich zum Formiat des trans-1.2-Diols unter Konfigurationsumkehrung an einem Kohlenstoffatom und Beibehaltung der Konfiguration an dem anderen.

---

[1] RICHARD WILLSTÄTTER (1872—1942), Nachfolger von BAEYER an der Universität München. Überragender Forscher auf zahlreichen Gebieten der Naturstoffe, z. B. der Alkaloide, Anthocyane, Carotine und des Chlorophylls. 1915 wurde er mit dem Nobelpreis für Chemie ausgezeichnet.

1.2-Epoxy-cyclooctan gibt jedoch neben dem Formiat des 1.2-Diols das Formiat von Cyclooctandiol-(1.4). Durch die nichtebene Konstellation des Ringes wird die Annäherung eines Ameisensäuremoleküls an jedes der Epoxydkohlenstoffatome mehr oder weniger blockiert; andererseits ist eine so weitgehende Annäherung eines Wasserstoffatoms an das Kohlenstoffatom 4 möglich, daß eine konkurrierende Reaktion stattfinden kann. Diese besteht in dem gleichzeitigen oder abgestimmten Angriff eines Ameisensäuremoleküls auf das Kohlenstoffatom 4 und der Übertragung eines Wasserstoffatoms mit seinem Elektronenpaar (Hydridionenverschiebung) auf das Kohlenstoffatom 2, und es entsteht der Ester des cis-1.4-Diols.

Die Reaktion von cis-Cyclodecen mit Perameisensäure gibt ausschließlich cis-Cyclodecandiol-(1.6), und trans-Cyclodecen gibt ausschließlich das trans-1.6-Diol; 1.2-Diole entstehen nicht. Transannulare Reaktionen sind nicht selten, und sie ereignen sich im wesentlichen aus dem gleichen Grund, aus dem intramolekulare Reaktionen wie die Dieckmann-Kondensation (S. 861) manchmal den Vorrang vor intermolekularen Kondensationen haben.

Ein zehngliedriger, stickstoffhaltiger Ring, der die meta-Stellungen eines Benzolrings überbrückt, wurde 1918 von v. BRAUN (S. 251) dargestellt, und 1926 wurde gezeigt, daß **Muscon** aus dem Sekret des Moschusbocks und **Zibeton** aus dem Sekret der Zibetkatze fünfzehn- bzw. siebzehngliedrige Ringverbindungen sind.

Muscon

Zibeton

Im folgenden Jahr erwiesen sich die Pflanzenmoschusarten **Pentadecanolid** aus Engelwurz und **Ambrettolid** aus Ambrettekörnern als sechzehn- bzw. siebzehngliedrige Lactone.

Pentadecanolid

Ambrettolid

Seit 1956 wurden mehrere Antibiotica aus verschiedenen *Streptomyces*-Arten isoliert, die große Lactonringe mit hohem Sauerstoffgehalt enthalten. **Methymycin, Erythromycin** und **Carbomycin** enthalten z. B. 12-, 14- und 17-gliedrige Ringe. Naturstoffe dieser Art können *Makrolide* genannt werden.

Im Laufe einiger Jahre wurden Verbindungen verschiedener Art synthetisiert, die sieben bis vierunddreißig Atome in einem Ring enthalten. Interessanterweise haben alle cyclischen Ketone, Lactone, Carbonate, Imine und Formaldehydacetale mit vierzehn bis siebzehn Atomen im Ring einen moschusartigen Geruch. **Cyclopentadecanon,** bekannt als **Exalton,** wird technisch hergestellt und dient in der Parfümerie als Ersatz für natürlichen Moschus. Im Laboratorium dient es als Lösungsmittel bei Molekulargewichtsbestimmungen, da es eine hohe kryoskopische Konstante hat und tiefer schmilzt als Campher (Tab. 3, S. 24). Cyclopentadecanon wurde erstmals durch Zersetzung des Thoriumsalzes von Tetradecandicarbonsäure-(1.14) dargestellt. Die Ausbeute ist geringer als 1%.

$$[\overline{O}OC(CH_2)_{14}CO\overline{O}]_2Th^{++++} \xrightarrow{\text{Wärme}} 2\ (CH_2)_{14}CO + 2\ CO_2 + ThO_2$$

Cyclopentadecanon
(Exalton)

Bessere Ausbeuten an makrocyclischen Ketonen werden durch Ausführung einer intramolekularen Thorpe[1]-Kondensation bei hoher Verdünnung erhalten. Durch Hydrolyse entsteht eine β-Ketosäure, die beim Erhitzen Kohlendioxyd abgibt.

$$(CH_2)_{13}\begin{matrix}C\equiv N\\ \\ CH_2CN\end{matrix} \xrightarrow{Li^+ \ ^-NR_2} (CH_2)_{13}\begin{matrix}C=NH\\ | \\ CHCN\end{matrix} \xrightarrow{\text{Hydrolyse}} (CH_2)_{13}\begin{matrix}C=O\\ | \\ CHCOOH\end{matrix} \xrightarrow{\text{Wärme}} (CH_2)_{14}CO + CO_2$$

Später wurde eine intramolekulare Dimerisation von zwei Ketengruppen zur Synthese von Ketonen und anderen Derivaten mit großen Ringen herangezogen (S. 805).

$$(CH_2)_{12}\begin{matrix}CH_2COCl\\ \\ CH_2COCl\end{matrix} \xrightarrow{(C_2H_5)_2NH} (CH_2)_{12}\begin{matrix}CH=C=O\\ \\ CH=C=O\end{matrix} \longrightarrow (CH_2)_{12}\begin{matrix}CH=C\!-\!O\\ | \ \ | \\ CH\!-\!C=O\end{matrix} \xrightarrow{H_2O}$$

$$(CH_2)_{12}\begin{matrix}CH_2\!-\!C=O\\ | \\ CHCOOH\end{matrix} \longrightarrow (CH_2)_{14}CO + CO_2$$

CAROTHERS (S. 760) griff auf reversible Reaktionen zur Synthese von makrocyclischen Verbindungen zurück und nutzte die Tatsache aus, daß die monomeren cyclischen Verbindungen niedriger sieden als die linearen Polymeren. So geben

---

[1] JOCELYN FIELD THORPE (1872—1940), Professor für organische Chemie am Imperial College of Science and Technology in London, hat sich besonders bekannt gemacht durch die Erforschung der Tautomerie der Glutaconsäuren (S. 853) und des Einflusses der Substitution auf die Ringbildung.

ω-Hydroxysäuren beim Erhitzen polymere Ester. Durch Destillation im Hochvakuum entsteht das cyclische Lacton.

$$(x + 1)\ HO(CH_2)_{14}COOH \longrightarrow HO(CH_2)_{14}[COO(CH_2)_{14}]_xCOOH + x\ H_2O$$

$$\downarrow \text{Destillation}$$

$$(x + 1)(CH_2)_{14}\!\!\begin{array}{c} \overset{\frown}{}CO \\ | \\ \underset{\smile}{}O \end{array} + H_2O$$

Pentadecanolid

Die beste allgemeine Methode zur Synthese von makrocyclischen Verbindungen ist die Acyloinbildung (S. 181) von $\alpha.\omega$-Dicarbonsäureestern. Diese Ester sind leicht zugänglich und ergeben Ausbeuten an cyclischen Acyloinen zwischen 50 und 90%.

$$(CH_2)_n(COOC_2H_5)_2 + 4\ Na \longrightarrow 2\ C_2H_5ONa + (CH_2)_n\!\!\begin{array}{c}\overset{\frown}{}C\overset{-}{O}\overset{+}{N}a \\ || \\ \underset{\smile}{}C\overset{-}{O}\overset{+}{N}a\end{array} \overset{H_2O}{\longrightarrow}$$

$$\left[(CH_2)_n\!\!\begin{array}{c}\overset{\frown}{}COH \\ || \\ \underset{\smile}{}COH\end{array}\right] \longrightarrow (CH_2)_n\!\!\begin{array}{c}\overset{\frown}{}CO \\ | \\ \underset{\smile}{}CHOH\end{array}$$

Die Acyloine können mit den üblichen Reaktionen in Diole, Diketone, Alkohole, Ketone, Kohlenwasserstoffe und in heterocyclische Amide und Amine umgewandelt werden.

Brückenbildung bei Benzolringen

Da die Kohlenstoff-Wasserstoff-Bindungen des Benzols in der Ringebene liegen, können sich kleine äußere Ringe nur über den ortho-Stellungen bilden. Daher bildet z. B. nur o-Phthalsäure ein cyclisches Anhydrid. Mit alicyclischen Ringen von genügender Größe können jedoch auch die meta- und para-Stellungen in einen Ring einbezogen werden.

Derartige Strukturen wurden *ansa-Verbindungen* (lat. *ansa* Henkel) genannt.

Heteroatome, Carbonylgruppen und andere Gruppen können eine oder mehrere Methylengruppen ersetzen, und die erforderliche Größe des Ringes (das „Ringbildungsminimum") hängt jeweils von seiner Struktur ab. Wenn der Ring nur aus Methylengruppen besteht, scheint bei meta-Überbrückung n mindestens gleich 6 sein zu müssen, wenn die charakteristischen aromatischen Eigenschaften des Benzolrings erhalten bleiben sollen. Zum Beispiel kann p-Nitrophenol mit einem sechs Methylengruppen enthaltenden meta-Ring in Form des Phenols (*a*) existieren, aber bei fünf Methylengruppen ist die Spannung so groß, daß der Benzolring in die nichtaromatische Ketoform (*b*) gezwungen wird.

(*a*)   (*b*)   (*c*)

Bei den durch die Formel (c) wiedergegebenen Verbindungen sollte eine Trennung in optisch aktive Formen möglich sein, wenn n klein genug ist, um eine Drehung des Benzolrings um die durch die para-Stellungen verlaufende Achse zu verhindern. Eine Trennung wurde erreicht bei $n = 8$, aber nicht bei $n = 10$. Steht ein Bromatom in para-Stellung zur Carboxylgruppe, dann ist die Drehung auch bei $n = 10$ blockiert.

Strukturen, die zwei Benzolringe enthalten, sind in gleicher Weise interessant. Bei den Verbindungen der para-Reihe, den sogenannten *Paracyclophanen*, zeigen Röntgenbeugungsmessungen, daß bei $n = 2$ die Spannung ausreicht, um die Benzolringe zur Wannenform zu verzerren. Da sie nicht mehr eben sind, zeigen sie nicht die charakte-

$$\begin{array}{c}\text{---(CH}_2)_n\text{---} \\ \hline \bigcirc \qquad \bigcirc \\ \text{---(CH}_2)_n\text{---}\end{array} \qquad \qquad \begin{array}{c}\text{CH}_2\text{---CH}_2 \\ \\ \text{CH}_2\text{---CH}_2\end{array}$$

ristische Ultraviolettabsorption der Benzolringe. Ist $n = 4$, dann hat die Verbindung das normale Ultraviolett-Absorptionsspektrum. Jedoch wird durch Friedel-Crafts-Acylierung nur eine einzige Acetylgruppe eingeführt, was auf eine transannular desaktivierende Wirkung der Acetylgruppe auf den zweiten Benzolring hinweist. Bei $n = 6$ reagieren die Benzolringe unabhängig voneinander, und jeder Ring wird unter Bildung eines Diacetylderivates acyliert.

Terpene

Die duftenden Bestandteile der Pflanzen sind mit Wasserdampf flüchtig und werden gewöhnlich durch Wasserdampfdestillation von den Pflanzenteilen abgetrennt. Sie sind als **flüchtige** oder **ätherische Öle** bekannt. Sie bestehen aus Kohlenwasserstoffen, Alkoholen, Äthern, Aldehyden und Ketonen. Einige dieser Substanzen, z. B. Anethol, Eugenol, Safrol und Zimtaldehyd gehören zur aromatischen Reihe (S. 544, 545, 567). In den Ausscheidungen von Coniferen und in den Ölen der Citrusfrüchte und des Eukalyptusbaumes kommen alicyclische Kohlenwasserstoffe der Zusammensetzung $C_{10}H_{16}$ besonders reichlich vor, und auf diese Verbindungen wird die Klassenbezeichnung *Terpene* (griech. *terebinthos* Terpentinbaum) im engeren Sinne angewandt. Im weiteren Sinne sind auch nahe verwandte offenkettige Kohlenwasserstoffe mit zehn Kohlenstoffatomen eingeschlossen. Ein sauerstoffhaltiges Terpen ist *Campher*. Es wurde bald erkannt, daß auch viele Verbindungen mit 15, 20, 30 und 40 Kohlenstoffatomen in enger Beziehung zu den einfachen Terpenen stehen. All diesen Verbindungen ist *ein* allgemeines Charakteristikum gemeinsam: ihre Kohlenstoffgerüste sind ganzzahlig in verzweigte C_5-Einheiten (häufig als Isopren- oder Isopentan-Einheiten bezeichnet) teilbar. Die Bezeichnung *Terpene* im weitesten Sinne umfaßt nun alle derartigen Verbindungen, ob Kohlenwasserstoffe oder nicht. Unter Terpen im engeren Sinne versteht man noch eine Verbindung, die zwei verzweigte C_5-Einheiten enthält. Für die umfassende Klasse der Terpene gilt folgende Einteilung: Hemiterpene, C_5; Terpene, C_{10}; Sesquiterpene, C_{15}; Diterpene, C_{20}; Triterpene, C_{30}; Tetraterpene, C_{40}, und Polyterpene, C_{5x}.

Hemiterpene

Eigentlich sollte diese Gruppe Isopentan, die 2-Methyl-butene, Isopropylacetylen, Isopren, Methylcyclobutan, Methylencyclobutan und die Methylcyclobutene umfassen. Praktisch wird aber nur Isopren als Hemiterpen angesehen.

Isopren entsteht bei der Pyrolyse von Kautschuk, Terpentin und anderen Terpenen sowie bei der Dehydrierung von Isopentan. Es kann aus Aceton über folgende Zwischenstufen in einer Gesamtausbeute von 65% synthetisiert werden.

$$(CH_3)_2CO + HC{\equiv}CH \xrightarrow{\text{KOH}} (CH_3)_2C(OH)C{\equiv}CH \xrightarrow{\text{Pd}-H_2}$$

$$(CH_3)_2C(OH)CH{=}CH_2 \xrightarrow[\text{Wärme}]{\text{Al}_2O_3} CH_2{=}\underset{\underset{\text{CH}_3}{|}}{C}{-}CH{=}CH_2$$

Isopren

Technisch wird es durch thermisches Cracken von Petroleumfraktionen (S. 760) gewonnen.

Terpene

Acyclische Terpene. α-Citral (Geranial) und **β-Citral (Neral)** sind die wichtigsten Verbindungen dieser Gruppe. Sie stellen 80% des indischen Lemongrasöls, des ätherischen Öls der Grasart *Cymbopogon flexuosus*. Beide haben die Zusammensetzung $C_{10}H_{16}O$ und enthalten zwei Doppelbindungen und eine Aldehydgruppe. Die Ozonspaltung liefert Aceton, Lävulinsäure und Oxalsäure. Hiernach ergibt sich die Struktur entsprechend Formel I, II oder III.

$$(CH_3)_2C{=}CHCH_2{\vdots}CH_2\underset{\underset{\text{CH}_3}{|}}{C}{=}CHCHO \qquad\qquad (CH_3)_2C{=}\underset{\underset{\text{CH}_3}{|}}{C}CH_2CH_2CH{=}CHCHO$$

I   II

$$(CH_3)_2C{=}CHCH{=}\underset{\underset{\text{CH}_3}{|}}{C}CH_2CH_2CHO$$

III

Da die Oxydation mit Chromsäure zu einem Methylketon führt, das zwei Kohlenstoffatome weniger enthält, fällt die Entscheidung für Struktur I. Die punktierte Linie zeigt, wo die beiden Iso-C_5-Einheiten verknüpft sind. Die Struktur I wurde durch Synthese aus Isopren gesichert.

$$CH_2{=}\underset{\underset{\text{CH}_3}{|}}{C}CH{=}CH_2 \xrightarrow{\text{2 HBr}} CH_3\underset{\underset{\text{CH}_3}{|}}{C}BrCH_2CH_2Br \xrightarrow[\text{essigester}]{\text{Natracet-}} (CH_3)_2C{=}CHCH_2\underset{\underset{\text{COOC}_2\text{H}_5}{|}}{C}HCOCH_3$$

$$\xrightarrow[\text{Decarboxylierung}]{\text{Hydrolyse,}} (CH_3)_2C{=}CHCH_2CH_2COCH_3 \xrightarrow{\text{JCH}_2\text{COOC}_2\text{H}_5,\ \text{Zn}}$$

$$(CH_3)_2C{=}CHCH_2CH_2\underset{\underset{\text{CH}_3}{|}}{C}OHCH_2COOC_2H_5 \xrightarrow{\text{Ac}_2O} (CH_3)_2C{=}CHCH_2CH_2\underset{\underset{\text{CH}_3}{|}}{C}{=}CHCOOC_2H_5 \longrightarrow$$

$$\text{Ca-Salz} \xrightarrow[\text{Wärme}]{\text{Ca(OCHO)}_2,} (CH_3)_2C{=}CHCH_2CH_2\underset{\underset{\text{CH}_3}{|}}{C}{=}CHCHO$$

Geranial

Citral ist wichtig als Ausgangsmaterial für die Synthese von Vitamin A. Eine technische Synthese von Citral geht von Aceton, Acetylen und Diketen aus.

Da Geranial und Neral bei der Oxydation die gleichen Produkte geben und bei der Reduktion den gleichen gesättigten Alkohol, müssen sie geometrische Isomere sein. Im Geranial stehen die Methylgruppe und die Aldehydgruppe in cis-Stellung zueinander, im Neral in trans-Stellung. Spätere Arbeiten zeigten, daß sich bei der Ozonspaltung eine geringe Menge Formaldehyd bildet. Das Infrarotspektrum (S. 694) deutet jedoch nicht auf die Anwesenheit einer endständigen Methylengruppe, und man neigt gegenwärtig zu der Ansicht, daß sich diese durch Isomerisierung bildet.

$$\underset{\underset{\displaystyle CH_3}{|}}{\overset{\overset{\displaystyle CH_3}{|}}{C}}=CHCH_2CH_2\underset{\underset{\displaystyle CH_3}{|}}{C}=CHCHO \quad\rightleftharpoons\quad \underset{\underset{\displaystyle CH_3}{|}}{\overset{\overset{\displaystyle CH_2}{\|}}{C}}CH_2CH_2CH_2\underset{\underset{\displaystyle CH_3}{|}}{C}=CHCHO$$

Ein Gleichgewicht dieser Art existiert auch beim Mesityloxyd (S. 806) und beim Diisobutylen (S. 66) und ist charakteristisch für Verbindungen mit dieser endständigen Gruppierung.

Die acyclischen Terpene cyclisieren sich oft leicht unter Bildung von Derivaten des 1-Methyl-4-isopropyl-cyclohexans (p-Menthan) oder des 1.1.3-Trimethylcyclohexans. Citral gibt in Gegenwart starker Säuren durch Ringschluß und Dehydratisierung hauptsächlich p-Cymol.

$$\text{(Ringstruktur mit } CH_3, H_2C, CHO \text{)} \quad\xrightarrow{\text{HCl}}\quad \text{p-Cymol} \quad + H_2O$$

Auch **α-** und **β-Cyclocitral** bilden sich in kleinen Mengen.

$$\text{(Ringstruktur)} \quad\xrightarrow{\text{HCl}}\quad \alpha\text{-Cyclocitral} \quad\text{und}\quad \beta\text{-Cyclocitral}$$

Die säure-katalysierte Cyclisierung ist eine wichtige Reaktion vieler Terpene. Die Bildung eines sechsgliedrigen Ringes kann eingeleitet werden durch Angriff eines Protons entweder an der Sauerstoffunktion an dem einen Ende der Kette unter Bildung von Derivaten des 1-Methyl-4-isopropyl-cyclohexans, oder an der Doppelbindung am anderen Ende der Kette unter Bildung von Derivaten des 1.3.3-Trimethyl-cyclohexans.

Beide Zwischenprodukte können durch Abgabe eines Protons, der eine Hydridionverschiebung oder eine Umlagerung vorhergehen kann, stabilisiert werden. Welcher Angriffspunkt bevorzugt wird, hängt zweifellos von der relativen Basizität der ungesättigten Atome ab.

Kondensation von Citral mit Aceton gibt **Pseudoionon,** das von Säuren unter Bildung eines Gemisches von **α-** und **β-Ionon** cyclisiert wird.

Citral   Pseudoionon

β-Ionon   und   α-Ionon

Die Ionone haben einen veilchenartigen Geruch und werden in billigen Parfüms verwendet. β-Ionon ist ein Zwischenprodukt bei der Synthese von Vitamin A (S. 907).

Geraniol, der dem Geranial entsprechende Alkohol, kommt in zahlreichen Pflanzen vor und ist der Hauptbestandteil des Palmarosaöls aus Gingergras *(Cymbopogon martini).* **Nerol,** der dem Neral entsprechende Alkohol, ist ein Bestandteil des Orangenblütenöls *(Neroliöl).*

Citronellal ist der Hauptbestandteil des Citronellöls, eines Lemongrasöls *(Cymbopogon nardus).* Es unterscheidet sich vom Citral nur durch das Fehlen einer der Doppelbindungen, nämlich der mit der Aldehydgruppe konjugierten. Es wird für eine Synthese des Menthols gebraucht (S. 901). **Citronellol,** der entsprechende Alkohol, kommt im Rosenöl vor, das hauptsächlich in Bulgarien aus Hybriden von *Rosa damascena* und *Rosa centifolia* gewonnen wird; die wilden Rosen sind geruchlos. Das Öl bildet die in Wasser unlösliche Schicht, die bei der Wasserdampfdestillation der Blumen anfällt. Die wäßrige Schicht ist das Rosenwasser. Es werden etwa 4000 kg Blüten benötigt, um ein kg Rosenöl zu erzeugen.

Linalool ist ein mit Geraniol und Nerol isomerer tertiärer Alkohol. Es ist ein Bestandteil des Linaloeöls aus einem mexikanischen Holz und des Blütenöls von Ylang-Ylang *(Canangium odoratum)*, eines auf den Philippinen beheimateten Baumes.

$$(CH_3)_2C{=}CHCH_2CH_2\underset{\underset{\textstyle CH_3}{|}}{C}OH{-}CH{=}CH_2$$

Linalool

Monocyclische Terpene. Die meisten monocyclischen Terpene sind Derivate von 1-Methyl-4-isopropyl-cyclohexan. Um das Schreiben der Strukturformeln von cyclischen Terpenen zu vereinfachen, ist man übereingekommen, die Kohlenstoff- und Wasserstoffatome nicht anzugeben, sondern nur die Bindungen zwischen den Kohlenstoffatomen. In diesen Formeln ist also ein Kohlenstoffatom an jedem Schnittpunkt von zwei oder mehr Linien und am Ende jeder Linie zu denken. Andere Elemente sowie Doppelbindungen werden angegeben, und jedes Kohlen-

1-Methyl-4-isopropyl-cyclohexan

Limonen

stoffatom ist mit sovielen Wasserstoffatomen verbunden, als notwendig sind, um die restlichen Valenzen abzusättigen.

Limonen $C_{10}H_{16}$ ist der hauptsächlichste Terpenbestandteil des Zitronenöls, des Orangenöls, des Kümmel-, Dill- und Bergamottöls und vieler anderer Öle. Unter den Terpenen kommt höchstens α-Pinen in einer noch größeren Zahl von Pflanzenarten vor. Limonen enthält ein asymmetrisches Kohlenstoffatom, und sowohl die D-Form als auch die L-Form findet sich in der Natur. Das racemische Gemisch ist als **Dipenten** bekannt. Die Strukturaufklärung des Limonens bereitete ungewöhnliche Schwierigkeiten; die heute geltende Struktur wurde 1904 durch Synthese bestätigt. Von den vierzehn möglichen Isomeren, die sich voneinander durch die Lage der Doppelbindungen im Kohlenstoffgerüst des Limonens unterscheiden, wurden außer Limonen selbst fünf weitere in Naturprodukten gefunden, nämlich **Terpinolen,** **α-** und **γ-Terpinen** und **α-** und **β-Phellandren.**

Terpinolen   α-Terpinen   γ-Terpinen

α-Phellandren   β-Phellandren   Carvon   Pulegon

Von den oxydierten Derivaten sind zu nennen **L-Carvon,** der Hauptbestandteil des Öls der grünen Minze, **D-Pulegon,** ein Bestandteil des Öls der Poleiminze, und **L-Menthol,** ein Bestandteil der Minzöle, besonders des japanischen Pfefferminzöls. Menthol wird aus Citronellal über Isopulegol synthetisiert oder auch aus Thymol (S. 544).

Citronellal   Isopulegol   Menthole   Thymol

Menthol enthält drei asymmetrische Kohlenstoffatome. Dementsprechend sind acht aktive Isomere bekannt. Dies sind D- und L-Menthol, D- und L-Isomenthol, D- und L-Neomenthol und D- und L-Isoneomenthol. Daher ist die technische Herstellung einer einheitlichen Verbindung, selbst von DL-Menthol, schwierig. Doch ist das Isomerengemisch für die meisten Zwecke verwendbar.

Wenn Pulegon mit Säuren oder Basen erhitzt wird, geht es in 3-Methyl-cyclohexanon und Aceton über. Diese Reaktion ist die Umkehrung einer Aldolkondensation und die Ursache dafür, daß Pulegon einen positiven Jodoformtest gibt.

Die **Terpine** sind Dihydroxyderivate des 1-Methyl-4-isopropyl-cyclohexans. **Cineol,** ein Oxyd, kommt in vielen ätherischen Ölen vor. **Ascaridol,** ein Peroxyd, ist der aktive Bestandteil des Chenopodiumöls, das früher als Anthelminticum (griech. *askaris* ein Eingeweidewurm) verwendet wurde.

α-Terpin   Cineol   Ascaridol

Bicyclische Terpene. Es sind Derivate der folgenden gesättigten bicyclischen Kohlenwasserstoffe bekannt.

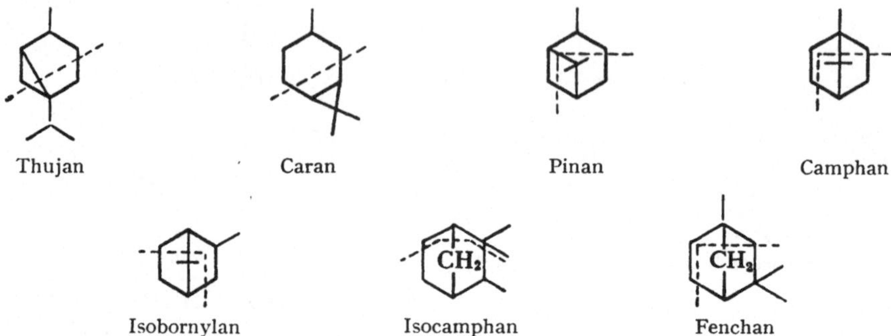

α-Pinen ist der Hauptbestandteil des Terpentinöls aus Kiefern, das als Farbenverdünnungsmittel von Bedeutung ist (S. 195). Man nimmt an, daß Terpentin erstmals in Persien dargestellt wurde, denn *termentin* oder *turmentin* ist ein persisches Wort. Im dreizehnten Jahrhundert wird es in der europäischen Literatur erwähnt. Die erste Analyse machte LAVOISIER, aber die richtige Zusammensetzung C_5H_8 wurde 1818 von LABILLARDIÈRE bestimmt. BIOT hatte 1815 beobachtet, daß α-Pinen selbst im Dampfzustand optisch aktiv ist; DUMAS bestimmte 1833 das Molekulargewicht und fand, daß es $C_{10}H_{16}$ entspricht.

Das Strukturproblem des α-Pinens war eng verknüpft mit dem des Limonens. Die wichtigsten Fortschritte in der Chemie dieser Terpene sind WALLACH[1] zu verdanken, der 1887 die Isoprenregel aufstellte, derzufolge die Strukturen der Terpene in Isopren- oder Isopentan-Einheiten aufteilbar sind. Jedoch erst WAGNER schlug 1894 die korrekte Formel für α-Pinen und gleichzeitig

---

[1] OTTO WALLACH (1847—1931), Nachfolger von VICTOR MEYER als Professor der Chemie in Göttingen. 1879 begann er auf dem Gebiet der Terpene zu arbeiten, als er an der Universität Bonn Pharmazie lehren mußte. WALLACH war, anders als E. FISCHER und BAEYER, primär Analytiker, und seinen Bemühungen ist in erster Linie die Lösung der Verwirrung zuzuschreiben, die auf dem Gebiet der Terpene so lange geherrscht hat. WALLACH wurde 1910 mit dem Nobelpreis für Chemie ausgezeichnet.

für Limonen vor und zeigte, wie sie die bekannten Reaktionen, von denen einige angeführt wurden, erklären kann.

Ein direkter Beweis für das Vorliegen des Cyclobutanrings stammt von BAEYER, der 1896 über die Isolierung von 2.2-Dimethyl-cyclobutan-dicarbonsäure-(1.3) als Endprodukt einer Folge von Oxydationen berichtete.

Die Dehydratisierung von α-Terpineol unter Bildung von Limonen widerspricht der Saytzeff-Regel (S. 109). Eine exocyclische Doppelbindung an einem Cyclohexanring bewirkt im allgemeinen eine weniger beständige Konstellation (S. 889) als zwei Einfachbindungen.

Campher ist ein bicyclisches Keton, dessen rechtsdrehende Form im Holz des Campherbaumes *Cinnamomum camphora* vorkommt. Der Baum ist an der chinesischen Küste von Cochinchina bis Schanghai und auf den Küsteninseln von Hainan bis Südjapan beheimatet.

Campher   Camphersäure   Camphersulfonsäure-(10)

Obwohl Campher zwei asymmetrische Kohlenstoffatome enthält, ist nur ein Paar enantiomorpher Verbindungen bekannt. Die Prüfung der Modelle zeigt, daß das zweite Isomerenpaar nicht existieren kann, weil eine extreme Verzerrung der Bindungswinkel erforderlich wäre. Bei der Oxydation von Campher mit Salpetersäure entsteht **Camphersäure,** und die Sulfonierung mit Schwefelsäure in Acetanhydrid führt zu **Camphersulfonsäure-(10).** Beide Säuren sind optisch aktiv, wenn sie aus natürlichem Campher dargestellt werden, und eignen sich zur Spaltung racemischer Amine (S. 360) in optische Antipoden.

Campher ist seit den ältesten Zeiten bekannt und für medizinische Zwecke geschätzt; die moderne Wissenschaft erkennt ihm keinen therapeutischen Wert mehr zu. In der griechischen und römischen Literatur wird er nicht erwähnt; wahrscheinlich wurde er von den Arabern unter dem Namen *kafur* nach Westeuropa gebracht. Technische Bedeutung erlangte er hauptsächlich als Weichmacher zur Herstellung von Celluloid und photographischem Rohfilm (S. 424). Campher wurde früher hauptsächlich in China gewonnen, doch mit der Erwerbung von Formosa durch Japan wurde die Campherproduktion japanisches Monopol. Überhöhte Preise führten dazu, daß in Deutschland und den USA die synthetische Herstellung aus Pinen forciert wurde. Da Celluloid zum größten Teil durch andere Kunststoffe verdrängt ist und die Nitratfilmunterlage (S. 425) keine Rolle mehr spielt, hat sich die technische Bedeutung des Camphers sehr verringert.

Bei der Reduktion von Campher mit Natrium und Alkohol entsteht ein Gemisch der epimeren Alkohole **Borneol** und **Isoborneol.** Borneol trägt die Hydroxylgruppe auf der Seite des Sechsrings, die der Brücke gegenüberliegt, Isoborneol hat die Hydroxylgruppe auf der gleichen Seite wie die Brücke. Sowohl die (+)-Form als auch die (—)-Form des Borneols kommt in der Natur vor; die (+)-Form ist als *Borneocampher* bekannt, die (—)-Form als *Ngaicampher.* Bei der

Dehydratisierung von Borneol wie auch von Isoborneol entsteht nicht Bornylen, sondern Camphen.

$$\text{Borneol} \xrightarrow{\text{H}_2\text{SO}_4} \text{Camphen} + \text{H}_2\text{O}$$

Umlagerungen dieser Art kommen bei den bicyclischen Terpenen häufig vor und werden *Wagner-Meerwein-Umlagerungen* genannt. Die Wasserabspaltung von dem protonierten Alkohol geht mit der Wanderung eines Ringkohlenstoffatoms und Abspaltung eines Protons von der Methylgruppe einher. Isoborneol wird leichter dehydratisiert als Borneol, da hier eine trans-Eliminierung möglich ist.

$$\text{Isoborneol} \rightleftarrows \text{H}_2\text{O} + \text{Camphen} + [\text{H}^+]$$

Diese Umlagerungen verlaufen ohne Racemisierung und somit ohne intermediäre Bildung von freien Carboniumionen oder Cyclopropanringen. Zweifellos ist ein Mechanismus dieses Typus auch bei einfacheren Umlagerungen anzunehmen, z. B. bei der Dehydratisierung von Methyl-tert.-butylcarbinol (S. 110), die 31% 2.3-Dimethyl-buten-(1), 61% 2.3-Dimethyl-buten-(2) und 3% von nicht umgelagertem 3.3-Dimethyl-buten-(1) ergibt.

Hier wird die relative Menge der Reaktionsprodukte durch deren thermodynamische Stabilität bestimmt; diejenige Verbindung ist die stabilste, deren Doppelbindung den höchsten Grad von Substitution aufweist (S. 109). Bei der Dehydratisierung von Borneol tritt ein weiterer Faktor hinzu. Die zweite Art der Dehydratisierung, die bei einem acyclischen Alkohol möglich ist, kommt bei Borneol nicht in Frage, da sie zu einer Doppelbindung am Brückenkopf führen würde. Die übermäßige Deformation der Bindungswinkel in derartigen Strukturen macht ihre Bildung unmöglich *(Bredtsche Regel)*.

Sesquiterpene

Acyclische Sesquiterpene. Farnesol $C_{15}H_{26}O$ ist das bekannteste Beispiel eines acyclischen Sesquiterpens. Es kommt in zahlreichen ätherischen Ölen vor, so im Moschuskörneröl, im Citronellöl, im Palmarosaöl und im Orangenblütenöl .

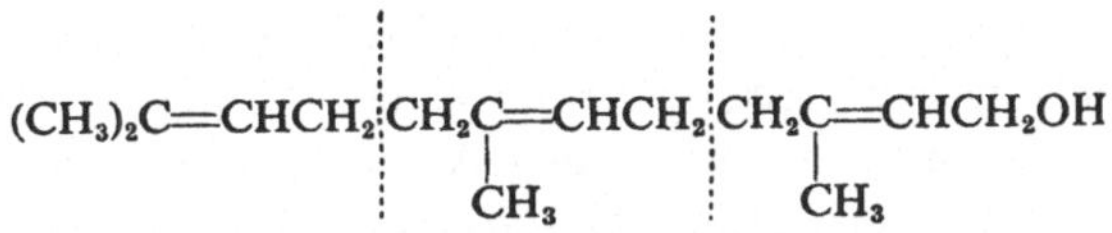

$$(CH_3)_2C{=}CHCH_2 \ CH_2C{=}CHCH_2 \ CH_2C{=}CHCH_2OH$$

$$CH_3 \qquad\qquad CH_3$$

Farnesol

Nerolidol ist der tertiäre Alkohol, der zum Farnesol in gleicher Beziehung steht wie Linalool zu Geraniol. Sowohl Farnesol als auch Nerolidol wurden synthetisiert.

Monocyclische Sesquiterpene. Bisabolen ist ein Kohlenwasserstoff, der in zahlreichen Pflanzen vorkommt. Er entsteht bei der Dehydratisierung von Farnesol.

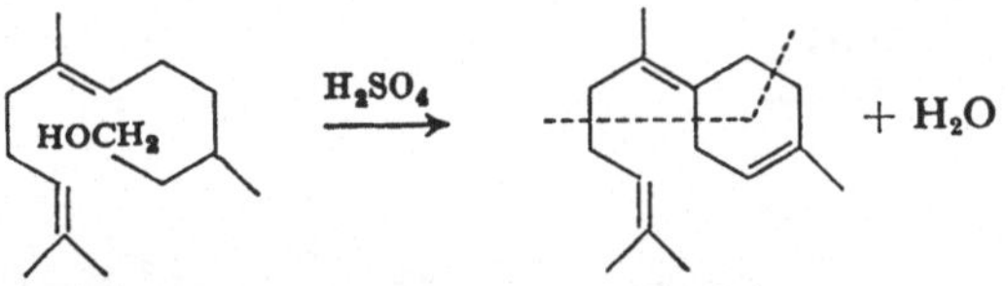

HOCH$_2$ $\xrightarrow{\text{H}_2\text{SO}_4}$ + H$_2$O

Farnesol   Bisabolen

Bicyclische Sesquiterpene. Die bekannten bicyclischen Terpene lassen sich in mehrere Gruppen einteilen. Ein Beispiel für den einen Typus ist **Cadinen**, das im Cadeöl (aus *Juniperus oxycedrus*) und im Kubebenöl (aus *Piper cubeba*) vorkommt. Die Ringstruktur wurde durch Dehydrierung mit Schwefel (S. 635) aufgeklärt, bei der 1.6-Dimethyl-4-isopropyl-naphthalin *(Cadalin)* entsteht. Aus anderen Untersuchungen ergab sich die wahrscheinliche Stellung der Doppelbindungen.

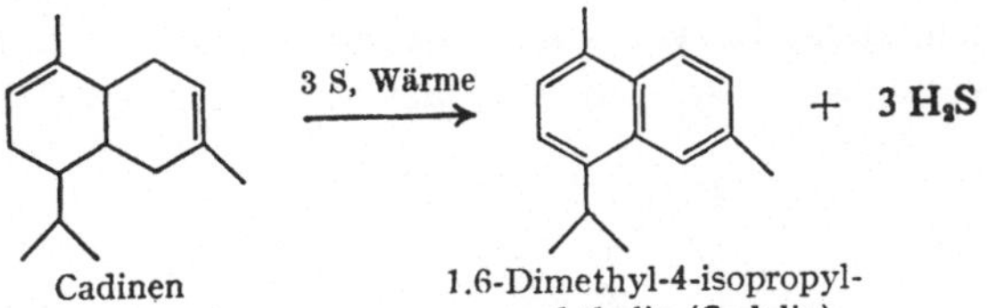

$\xrightarrow{\text{3 S, Wärme}}$ + 3 H$_2$S

Cadinen   1.6-Dimethyl-4-isopropyl-
naphthalin (Cadalin)

Ein Beispiel für einen zweiten Typus ist **β-Selinen** aus Sellerieöl und **Eudesmol** aus Eukalyptusölen. Beide geben bei der Dehydrierung 1-Methyl-7-isopropyl-naphthalin *(Eudalin)*.

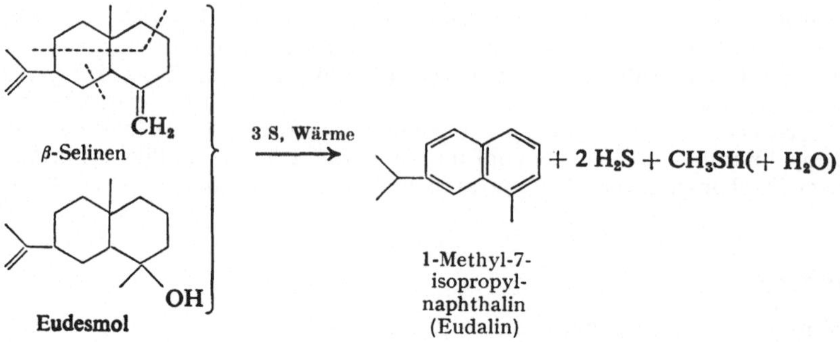

Einen dritten Typus von bicyclischen Sesquiterpenen bilden die **Azulene.** Für sie ist charakteristisch, daß sie bei der Dehydrierung blauviolette Öle geben. Die blaue Farbe des Kamillenöls wurde schon im fünfzehnten Jahrhundert bemerkt; inzwischen hat sich gezeigt, daß ein Fünftel der untersuchten ätherischen Öle Azulene enthält oder zu ihrer Entstehung Anlaß gibt. **Guaiol** aus dem Guajakbaum und **β-Vetivon** aus Vetiveröl enthalten einen Fünfring, der mit einem Siebenring kondensiert ist. Bei der Dehydrierung entsteht aus ihnen **Guaiazulen** bzw. **Vetivazulen**; beide Verbindungen sind synthetisiert worden.

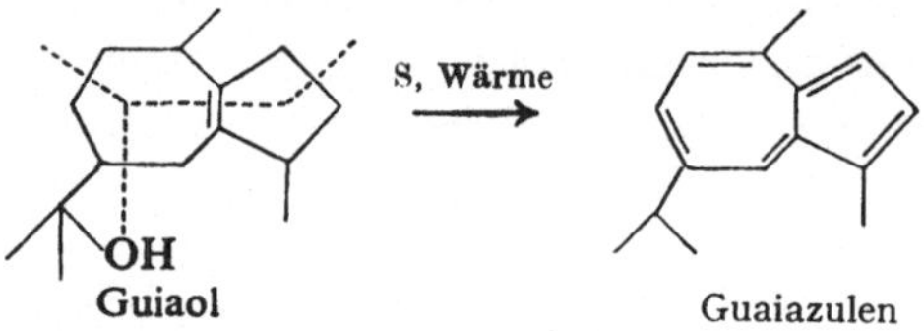

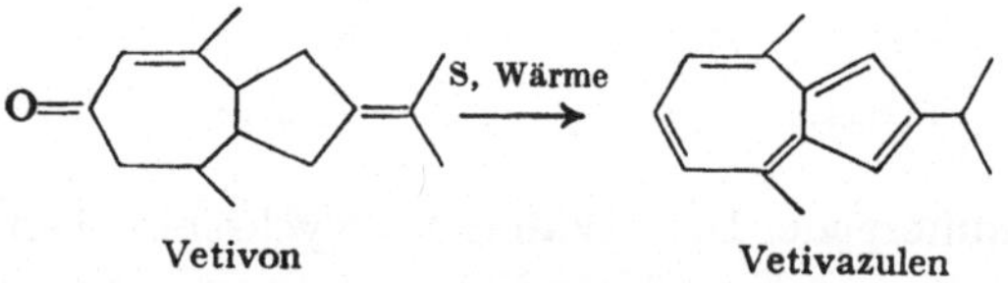

Guaiazulen kommt in der Natur im Geranienöl, Vetivazulen im Vetiveröl vor.

Caryophyllen *(β-Caryophyllen)* und **Humulen** *(α-Caryophyllen)* kommen im Gewürznelkenöl *(Eugenia caryophyllata)* vor und wurden erstmals 1834 untersucht. Humulen ist auch ein Hauptbestandteil des Hopfenblütenöls. Die Konstitution beider Verbindungen ist erst 1953 vollständig aufgeklärt worden. Sie ist recht ungewöhnlich, denn Caryophyllen enthält einen Cyclobutanring, der mit einem Neunring kondensiert ist, und Humulen enthält einen Elfring.

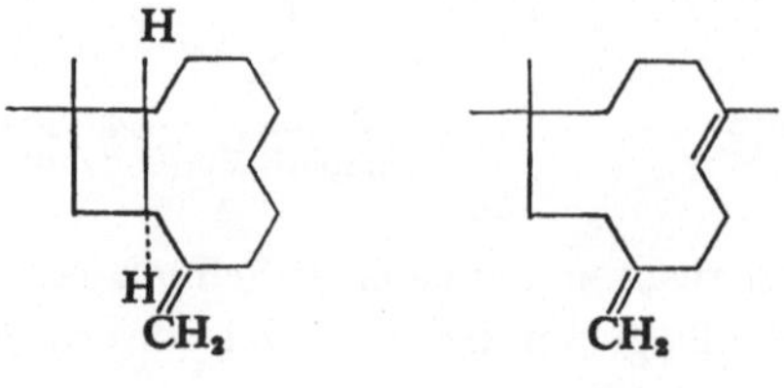

Tricyclische Sesquiterpene. Konstitutionell verschiedene Typen von tricyclischen Sesquiterpenen repräsentieren **Copaen** aus Kopaivabalsam, **α-Cedren** aus dem Öl der Rotzeder und **Longifolen** aus Kiefernölen.

Copaen   Cedren   Longifolen

Diterpene

Acyclische Diterpene. Phytol $C_{20}H_{39}OH$ bildet etwa ein Drittel des Chlorophyllmoleküls (S. 648), aus dem es durch Verseifung erhalten wird. Die Produkte, die aus dem Chlorophyll von über 200 Pflanzenarten gewonnen wurden, waren durchweg identisch. Die Synthese geht von Pseudoionon (S. 899) aus.

$$(CH_3)_2CHCH_2CH_2(CH_2CHCH_2CH_2)_2CHC{=}CHCH_2OH$$
$$\overset{|}{C}H_3 \qquad \overset{|}{C}H_3$$
Phytol

Obwohl Phytol zwei asymmetrische Kohlenstoffatome hat, zeigt das Naturprodukt keine merkliche Drehung. Dehydratisiert man jedoch Phytol, dann entsteht ein optisch aktives Dien; dies zeigt, daß das Naturprodukt kein racemisches Gemisch ist, sondern daß die Drehung der Enantiomorphen sehr gering oder gleich Null ist.

Monocyclische Diterpene. Vitamin A_1 ist das fettlösliche Vitamin, das für das Wachstum von Ratten notwendig ist, bei der Resistenz des tierischen Organismus gegen Infektionen eine Rolle spielt und zur Bildung des Sehpurpurs der Netzhaut erforderlich ist. Die Struktur von Vitamin A wurde durch Abbaureaktionen bestimmt, und seit 1946 sind mehrere Synthesen ausgehend von β-Ionon (S. 899) veröffentlicht worden. Auch eine von Cyclohexanon ausgehende Synthese wurde entwickelt.

$$CH{=}CHC{=}CHCH{=}CHC{=}CHCH_2OH$$
$$\overset{|}{C}H_3 \qquad \overset{|}{C}H_3$$
Vitamin A_1

Der reine Alkohol schmilzt bei 64° und hat eine biologische Wirksamkeit von $3,3 \times 10^6$ Internationalen Einheiten (I.E.) pro Gramm. Vor der technischen Herstellung des Acetats durch Synthese, die 1950 begann, bildeten die Fischlebertrane die Hauptquelle für Vitamin A. Ihr Gehalt an wirksamer Substanz schwankt sehr; z. B. enthält Dorschlebertran 3000 bis 5000 I.E. pro Gramm, Heilbuttlebertran 10000 bis 15000, und der Lebertran vom "soupfin-shark", einer Art Glatthai, 15000 bis 500000 (durchschnittlich 350000) I.E. pro Gramm.

Vitamin A_2 aus dem Lebertran von Süßwasserfischen hat im Ring eine zusätzliche Doppelbindung in Konjugation mit den anderen Doppelbindungen. **Sehpurpur** *(Rhodopsin)* ist ein Proteid, dessen prosthetische Gruppe **Retinen₁** ist, der dem Vitamin A_1 entsprechende Aldehyd. **Retinen$_2$** ist der dem Vitamin A_2 entsprechende Aldehyd.

Bicyclische Diterpene. Agathendisäure (Agathsäure) $C_{20}H_{30}O_4$ ist eine Dicarbonsäure, die in den natürlichen Harzen Manilakopal (aus *Agathis alba*) und Kaurikopal, einem fossilen Harz aus Neuseeland vorkommt. Die Dehydrierung mit Selen liefert 1.2.5-Trimethyl-naphthalin *(Agathalin)*.

Agathendisäure   1.2.5-Trimethyl-
naphthalin (Agathalin)

Tricyclische Diterpene. Das praktisch wichtigste Diterpen ist **Abietinsäure** $C_{20}H_{30}O_2$, der Hauptbestandteil des Kolophoniums, eines aus verschiedenen Kiefernarten gewinnbaren Harzes (lat. *abies* Tanne). Abietinsäure ist ein ursprünglicher Bestandteil der Baumsäfte, wird aber auch durch Isomerisierung anderer Säuren bei der Destillation von Terpentin gebildet.

Abietinsäure war eine der ersten Harzsäuren, die untersucht wurden. Das Kohlenstoffgerüst ist in großen Zügen seit 1910 bekannt, als es gelang, Reten, das VESTERBERG 1903 bei der Dehydrierung mit Schwefel erhielt, mit 1-Methyl-7-isopropylphenanthren (S. 635) zu identifizieren. Die Stellung der restlichen Kohlenstoffatome und die Lage der beiden Doppelbindungen war erheblich schwieriger zu bestimmen. Die geltende Struktur wurde erst 1941 bewiesen.

Abietinsäure   Reten

L-Pimarsäure   Maleinsäureanhydrid-addukt

Maleinsäureanhydrid reagiert mit Abietinsäure bei 100°, doch ist das Addukt identisch mit demjenigen, das bei Raumtemperatur aus einer anderen Harzsäure, der L-Pimarsäure, entsteht. Die beiden Doppelbindungen der Abietinsäure sind konjugiert, liegen aber in zwei verschiedenen Ringen, und wegen der auftretenden Spannung kann sich ausgehend von dieser Struktur kein Maleinsäureanhydridaddukt bilden. Bei der höheren Temperatur lagert sich Abietinsäure um, die Konjugation wird in einen einzigen Ring verlegt, und nun kann sich ein Addukt bilden.

Wenn Kolophonium mit Palladium auf Aktivkohle oder Tonerde auf 150 bis 250° erhitzt wird, tritt Disproportionierung ein; ein Teil der Moleküle wird unter Umlagerung der Doppelbindungen zu einem aromatischen Ring dehydriert, ein anderer Teil wird unter Bildung von Dihydro- und Tetrahydroabietinsäure hydriert.

Abietin-säure →(Pd, 150°–250°) Dehydroabietin-säure und Dihydroabietin-säure und Tetrahydroabietin-säure

Kolophonium ist ein wichtiger Handelsartikel. In den USA werden rund 450 Millionen kg pro Jahr gewonnen. Es ist die in reichlichster Menge vorkommende und billigste organische Säure. Das rohe Natriumsalz wird zum Leimen von Papier und zur Steigerung des Schaumvermögens von Kernseife verwendet. Das Natriumsalz des disproportionierten Kolophoniums dient als Emulgator bei der Herstellung von synthetischem Kautschuk (S. 758). Kolophonium wird auch als Bestandteil von Firnissen verwendet. Der Glycerinester, das sog. Esterharz, ist für diesen Zweck besonders geeignet. Das Maleinsäureanhydrid-Addukt, das aus Kolophonium erhalten wird, findet Verwendung zur Herstellung von synthetischen Harzen vom Alkyd-Typus (S. 583). Verwendungszwecke von geringerer Bedeutung sind zu zahlreich, als daß sie aufgezählt werden könnten.

Ein interessanter Naturstoff, der mit Abietinsäure verwandt ist, ist der Glucosidester **Steviosid,** der aus den Blättern des südamerikanischen Strauches *Stevia rebaudiana* isoliert wurde. Er soll die 300fache Süßkraft der Glucose besitzen.

Steviosid

Triterpene

Acyclische Triterpene. Kohlenwasserstoffe spielen im allgemeinen keine große Rolle im Stoffwechsel der Tiere. Eine Ausnahme bildet **Squalen** $C_{30}H_{50}$, das in einer Menge bis zu 90% im Lebertran einer bestimmten Haifischart aus der Familie der *Squalidae* enthalten ist. Es hat sechs Doppelbindungen, ist also acyclisch. Beim Erhitzen mit Ameisensäure bildet sich ein tetracyclisches Isomeres, das bei der Dehydrierung mit Schwefel in Agathalin übergeht. Diese Reaktionen können durch die Annahme erklärt werden, daß Squalen aus zwei Farnesylketten besteht, die Ende an Ende miteinander verbunden sind.

Diese Struktur wurde durch eine Synthese bestätigt, bei der nach Art einer Wurtzschen Reaktion Magnesium auf zwei Mol Farnesylchlorid (S. 905) einwirkte. Man weiß jetzt, daß Squalen ein Zwischenprodukt der biologischen Synthese von Cholesterin (S. 915) ist und wahrscheinlich in allen Tieren vorkommt.

Monocyclische bis tetracyclische Triterpene. Bis jetzt sind keine mono- oder bicyclischen Triterpene bekannt. **Ambrein** $C_{30}H_{52}O$, ein Alkohol aus Ambra, wird als tricyclisch angesehen. Es sind aber zahlreiche tetracyclische Triterpene bekannt, deren wichtigstes das **Lanosterin** $C_{30}H_{50}O$ ist, das mit anderen Triterpenen und dem Steroid Cholesterin (S. 915) im Wollfett *(Lanolin)* vorkommt und eine Zwischenstufe der biologischen Umwandlung von Squalen in Cholesterin (S. 916) darstellt. Die Dehydrierung von Lanosterin mit Selen gibt 1.2.8-Trimethyl-phenanthren, was als typisch für tetracyclische Triterpene angesehen wird.

Pentacyclische Triterpene. Pentacyclische Triterpene finden sich in vielen Pflanzen und können in jedem Teil der Pflanze entweder frei oder an Zucker gebunden vorkommen. Ihre Glykoside bilden eine Gruppe der **Saponine,** und die bei der Hydrolyse freigesetzten Aglykone werden häufig **Triterpen-Sapogenine** genannt. Charakteristisch für die Saponine ist ihre Giftigkeit gegen Fische und ihre Fähigkeit, die Oberflächenspannung des Wassers zu erniedrigen. Sie sind die aktiven Prinzipien der zahlreichen Seifenwurzeln, Seifennüsse und Seifenrinden.

Von den zahlreichen pentacyclischen Triterpenen, die isoliert und charakterisiert wurden, seien folgende erwähnt: **α-** und **β-Amyrin** $C_{30}H_{50}O$ aus Manila-Elemiharz; **Betulin** $C_{30}H_{50}O_2$, das weiße Pigment der Birkenrinde *(Betula alba)*; **Gypsogenin** $C_{30}H_{46}O_4$, das als Saponin in der weißen Seifenwurzel *(Gypsophila)* vorkommt; **Hederagenin** $C_{30}H_{48}O_4$ aus Efeublättern *(Hedera helix)* und Seifennüssen *(Sapindus*-Arten); **Oleanolsäure** $C_{30}H_{48}O_3$, die als Saponin in der Guajakrinde, der Zuckerrübe und in den Blüten der Ringelblume und frei in Ölbaum-

blättern, Gewürznelkenknospen, Misteln und Traubenschalen vorkommt; **Ursol-
säure** $C_{30}H_{48}O_3$, ein Bestandteil der wachsartigen Überzüge von Blättern und
Früchten wie Apfel, Kirsche, Bärentraube und Preiselbeere.

Das Kohlenstoffgerüst der Oleanolsäure ist charakteristisch für die vielen mit
dem β-Amyrin verwandten pentacyclischen Triterpene.

Oleanolsäure   Friedelin

Die Struktur des **Friedelins,** das aus Korkwachs isoliert wurde, ist für ein Triterpen
ungewöhnlich; sie gibt vielleicht einen Fingerzeig bei der Aufklärung des Mechanismus der biologischen Umwandlung von Lanosterin in Cholesterin (S. 916).

Tetraterpene

Die meisten Vertreter der großen Verbindungsgruppe der *Carotinoide* können
als Tetraterpene klassifiziert werden. Es sind gelbe bis rote, fettlösliche Pflanzen-
pigmente. Gewöhnlich kommen mehrere Farbstoffe zusammen vor, aber in sehr
geringen Mengen, und da sie sich überdies strukturell sehr ähnlich sind, ist ihre
Isolierung und Reinigung nach den üblichen Kristallisationsverfahren schwierig.
Rasche Fortschritte in der Chemie der Carotinoide erbrachte erst die Einführung
der Methode der chromatographischen Adsorption (S. 18) an Aluminiumoxyd,
Magnesiumoxyd oder Calciumcarbonat, und an der Trennung der Carotinoide
ist diese Arbeitsmethode in erster Linie entwickelt worden.

Acyclische Tetraterpene. Lycopin $C_{40}H_{56}$ ist der rote Farbstoff der reifen
Tomate *(Lycopersicum esculentum)* und der Wassermelone *(Cucumis citrullus)*.
Bei der katalytischen Hydrierung werden 13 Mol Wasserstoff absorbiert unter
Bildung des gesättigten Kohlenwasserstoffs *Perhydrolycopin* $C_{40}H_{82}$. Perhydrolycopin wurde durch Wurtzsche Synthese aus zwei Mol Dihydrophytylbromid
(vgl. S. 907) erhalten, wodurch das Kohlenstoffgerüst festgelegt wird. Die Ozonspaltung von Lycopin liefert fast zwei Mol Aceton neben Lävulinaldehyd, was
über die Lage der Doppelbindungen entscheidet.

$$\left[(CH_3)_2C{=}CHCH_2CH_2\underset{\underset{\displaystyle CH_3}{|}}{C}{=}CHCH{=}CHC{=}CHCH{=}CH\underset{\underset{\displaystyle CH_3}{|}}{C}{=}CHCH{=}CH\underset{\underset{\displaystyle CH_3}{|}}{C}{=}CHCH{=}\right]_2$$

Lycopin

Monocyclische und bicyclische Tetraterpene. *1. Kohlenwasserstoffe.* Die Tetraterpene, die das größte Interesse fanden, sind die **Carotine,** weil sie im tierischen
Organismus in Vitamin A_1 übergeführt werden. Der Name *Carotin* wurde dem
gelben Farbstoff der Karotte *(Daucus carota)* gegeben, der erstmals 1831 isoliert
wurde. Carotin erhielt 1847 die Formel eines Kohlenwasserstoffs C_5H_8; zwischen

1885 und 1887 wurde es aus grünen Blättern isoliert und erhielt die Formel $C_{26}H_{38}$. Die richtige Formel $C_{40}H_{56}$ wurde 1907 bestimmt.

Die Anwendung der chromatographischen Adsorptionsmethoden hat gezeigt, daß gewöhnliches Carotin ein Gemisch von Isomeren ist. Bis jetzt ist es gelungen, sechs Carotine zu identifizieren; sie werden als **α-, β-, γ-, δ-, ε-** und **ζ-Carotin** bezeichnet. Nur von den drei ersten ist die Struktur bekannt; die drei letzten wurden hauptsächlich durch ihre Absorptionsspektren charakterisiert.

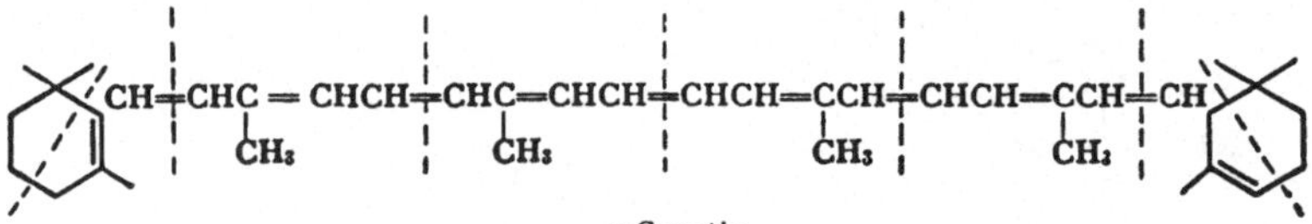

α-Carotin

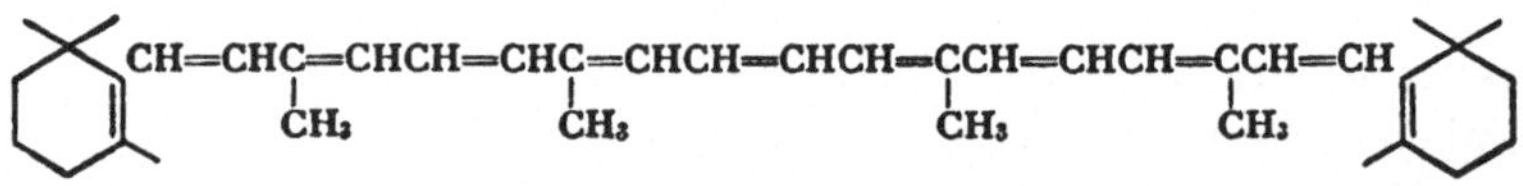

β-Carotin

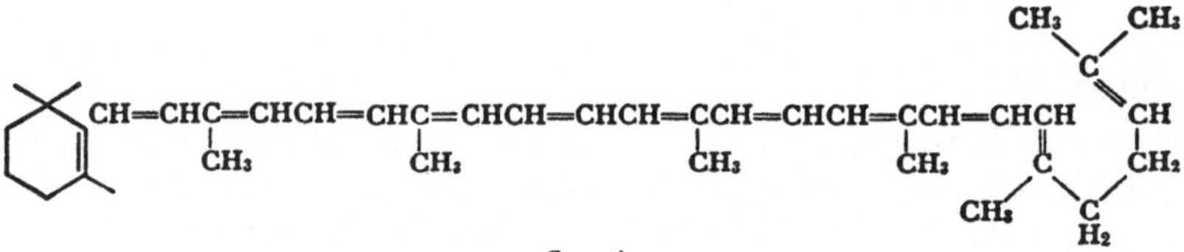

γ-Carotin

Könnte β-Carotin im Zentrum des Moleküls mit zwei Molekülen Wasser derart zur Reaktion gebracht werden, daß eine Spaltung stattfindet und die beiden mittleren Kohlenstoffatome in primäre Alkoholgruppen übergehen, dann würden zwei Moleküle Vitamin A_1 entstehen. Dem Darm und der Leber des tierischen Organismus kommt diese Fähigkeit zu, und β-Carotin hat daher Vitamin-A-Aktivität. α-Carotin hat nur einen β-Iononring, der zweite Ring ist vom Typus des α-Ionons (S. 899). Im γ-Carotin entspricht die eine Molekülhälfte dem β-Carotin, die andere ist gleich der Hälfte des Lycopinmoleküls. Der tierische Organismus hat weder die Fähigkeit, α-Ionon zur β-Ionon-Struktur zu isomerisieren, noch vermag er das Ende der Lycopinkette zu einem β-Iononring zu cyclisieren. Daher ist α- oder γ-Carotin weniger aktiv als β-Carotin, und Lycopin ist völlig inaktiv.

Die Gesamtmenge und das Mengenverhältnis von α-, β- und γ-Carotin in Pflanzen variiert je nach dem Ursprung. Blätter enthalten annähernd 0,01% gemischte Carotine bezogen auf das Trockengewicht. β-Carotin ist der Hauptbestandteil dieses Gemisches. Der Gehalt an α-Carotin schwankt zwischen 0 und 35% der Gesamtcarotine, und der Gehalt an γ-Carotin ist gewöhnlich viel geringer.

Lycopin, β-Carotin, α-Carotin und γ-Carotin sind alle synthetisiert worden; Ausgangsmaterialien sind 1. Pseudoionon, 2. β-Ionon, 3. ein Gemisch von α- und β-Ionon, 4. ein Gemisch von Pseudoionon und β-Ionon. Dank der technischen Synthese von β-Carotin steht ein gelber Farbstoff für Nahrungsmittel zur Verfügung, der die carcinogenen Azofarbstoffe ersetzen kann.

2. Sauerstoffhaltige Verbindungen. Blätter enthalten neben den Carotinen noch weitere gelbe Farbstoffe, die sogenannten **Xanthophylle** oder **Phylloxanthine**

(Blattgelb), die Sauerstoff enthalten. Diese Pigmente sind neben den Carotinen für die Herbstfärbung der Blätter verantwortlich, da sie die Zerstörung des grünen Chlorophylls überdauern. Gelbe bis rote Tetraterpene, die Sauerstoff enthalten, wurden auch aus anderen Quellen isoliert. Der Sauerstoff kann in Form einer oder mehrerer Hydroxylgruppen, einer oder mehrerer Carbonylgruppen oder sowohl als Hydroxyl- wie als Carbonylgruppen vorliegen. Die Hydroxylgruppen können frei oder verestert sein. Auch kann Sauerstoff in Form von 1.2- oder 1.4-Oxydringen vorhanden sein.

Lutein (Blattxanthophyll) $C_{40}H_{56}O_2$ kommt in grünen und gelben Blättern und in gelben Blüten vor. Zusammen mit Zeaxanthin bildet es den Farbstoff des Eidotters. Es hat sich als Dihydroxyderivat des α-Carotins erwiesen. Da alle Tetraterpene die gleiche Zentralstruktur aufweisen, sei dieser Teil des Moleküls von

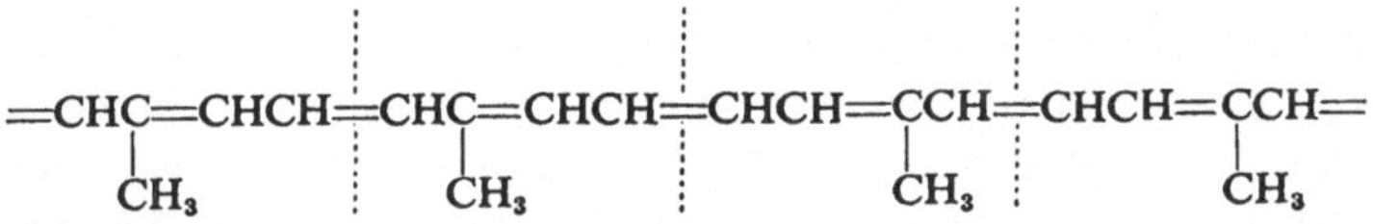

$$=CHC=CHCH=CHC=CHCH=CHCH=CCH=CHCH=CCH=$$
$$\underset{CH_3}{|}\qquad\underset{CH_3}{|}\qquad\underset{CH_3}{|}\qquad\underset{CH_3}{|}$$

jetzt ab durch vier Bindestriche wiedergegeben, einen für jede Isopentan-Einheit.

Lutein

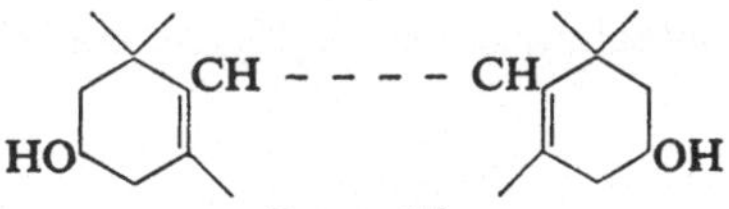

Zeaxanthin

Zeaxanthin $C_{40}H_{56}O_2$ ist ein Dihydroxyderivat des β-Carotins. Es ist der Hauptfarbstoff des gelben Mais *(Zea mays)* und kommt in wechselnden Mengen im Eidotter vor. **Physalien,** der Farbstoff der Schoten von *Physalis*, ist das Dipalmitat des Zeaxanthins und ist dessen beste Quelle.

Kryptoxanthin $C_{40}H_{56}O$ ist ein Monohydroxyderivat des β-Carotins. Es findet sich frei und verestert im gelben Mais, in Physalisschoten und im Paprika und ist

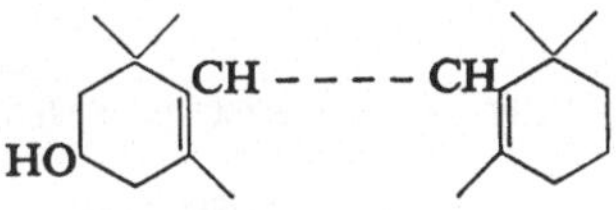

Kryptoxanthin

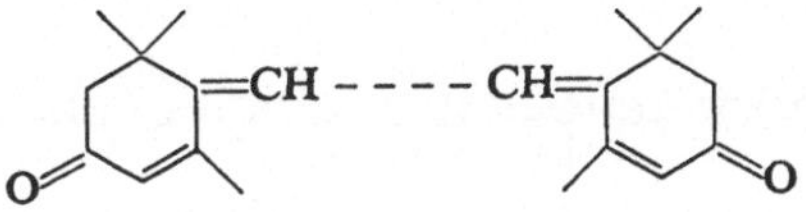

Rhodoxanthin

das Hauptpigment der Mandarine. Weder Lutein noch Zeaxanthin haben Vitamin-A-Aktivität, dagegen besitzt Kryptoxanthin die halbe Vitamin-A-Aktivität.

Rhodoxanthin $C_{40}H_{50}O_2$ ist als Beispiel eines ketonischen Carotinoids von Interesse. Da alle seine Doppelbindungen einschließlich der der Carbonylgruppen konjugiert sind, liegt seine Absorptionsbande weiter nach Rot als solche anderer Carotinoide. Es wurde erstmals aus den roten Beeren der Eibe *(Taxus baccata)* isoliert.

Beispiele von Farbstoffen, die Oxydringe enthalten, sind **Violaxanthin** und **Auroxanthin** aus Stiefmütterchen *(Viola tricolor)*. Die 1.2-Oxyde werden durch Spuren Säure sehr leicht zu 1.4-Oxyden isomerisiert.

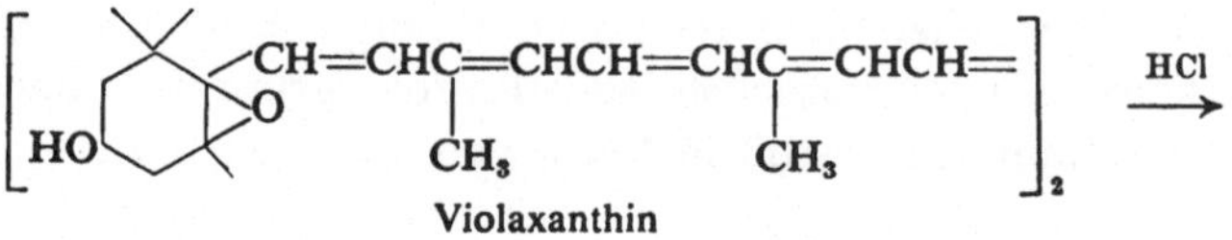

$$\left[HO\text{—}\overset{\displaystyle}{\underset{O}{\bigcirc}}\text{—CH=CHC=CHCH=CHC=CHCH=} \atop \qquad\qquad CH_3 \qquad\qquad CH_3 \right]_2 \xrightarrow{\ HCl\ }$$

Violaxanthin

$$\left[HO\text{—}\bigcirc\text{—C=CH—CH=CHC=CHCH=} \right]_2$$

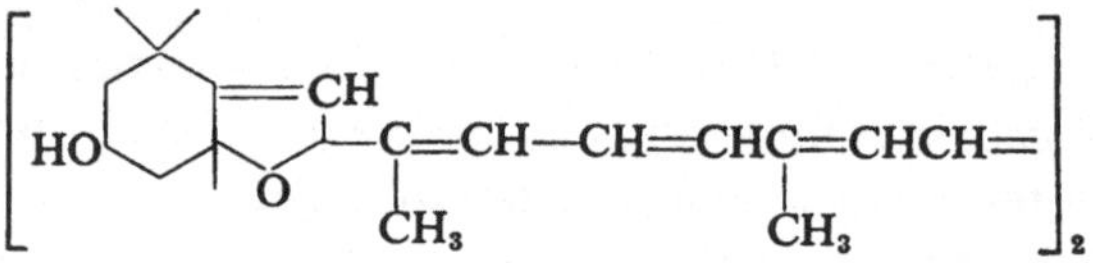

Auroxanthin

Verbindungen, die mit den Tetraterpenen verwandt sind. Terpene sind definitionsgemäß Verbindungen, deren Kohlenstoffgerüst in Isopentaneinheiten von je fünf Kohlenstoffatomen aufteilbar ist. Es sind jedoch Naturstoffe bekannt, deren Kohlenstoffskelette ohne Frage in enger Beziehung zu den Terpenen stehen, ohne ein ganzzahliges Vielfaches an Isopentan-Einheiten zu enthalten. Von solchen seien erwähnt **Torularhodin** aus roter Hefe *(Torula rubra)*, $C_{37}H_{50}O_2$; **Azafrin** aus Azafran *(Escobedia)*, $C_{27}H_{38}O_4$ und **Bixin**, ein Monomethylester der zweibasischen Säure $C_{24}H_{28}O_4$, aus Orlean *(Bixa orellana)*.

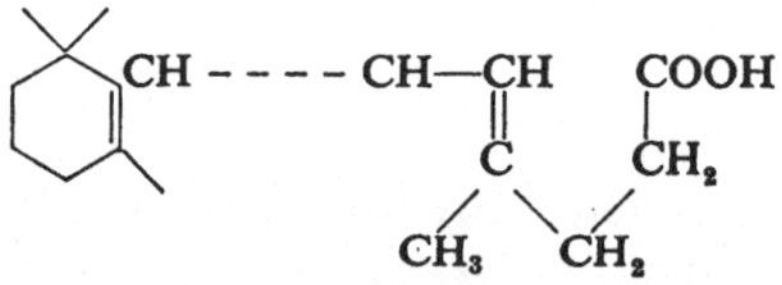

Torularhodin

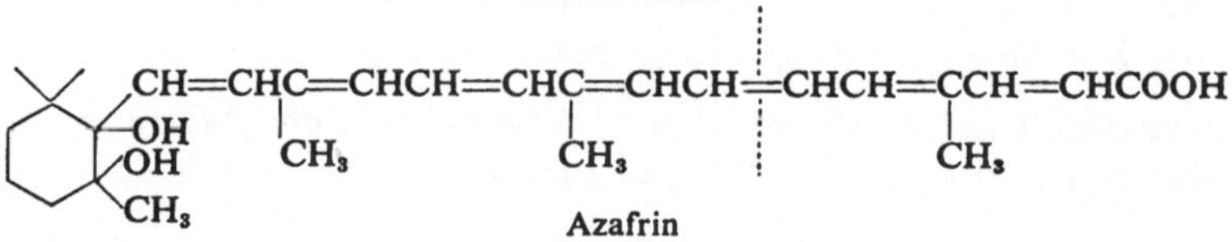

Azafrin

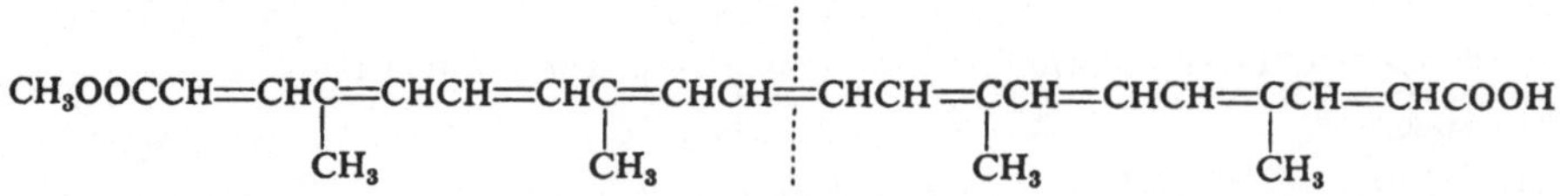

Bixin

Die für diese Verbindungen vorgeschlagenen Strukturen lassen vermuten, daß sie aus Tetraterpenen durch Abbau entstehen.

Crocetin $C_{20}H_{24}O_4$ ist der gelbe Farbstoff des Safrans, der getrockneten Narben und Stiele von *Crocus sativus*, und **β-Citraurin** $C_{30}H_{40}O_2$ ist der Farbstoff der Orange. Aus der Zahl der Kohlenstoffatome in diesen Verbindungen könnte man schließen, daß sie zu den Diterpenen bzw. Triterpenen gehören. Die Struktur enthält jedoch einen Umkehrungspunkt in der Anordnung der Isopentan-Einheiten, und daher ist es wahrscheinlicher, daß es sich um Abbauprodukte der Tetraterpene handelt.

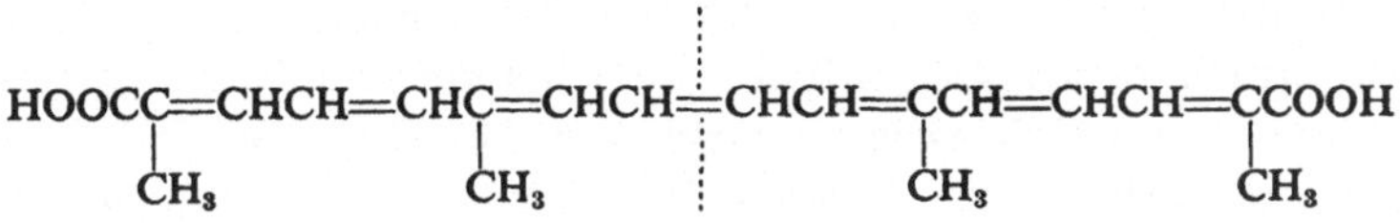

HOOCC=CHCH=CHC=CHCH=CHCH=CCH=CHCH=CCOOH
CH₃
CH₃
CH₃
CH₃

Crocetin

HO
CH=CH—C=CHCH=CHC=CHCH=CHCH=CCH=CHCH=CCHO
CH₃
CH₃
CH₃
CH₃

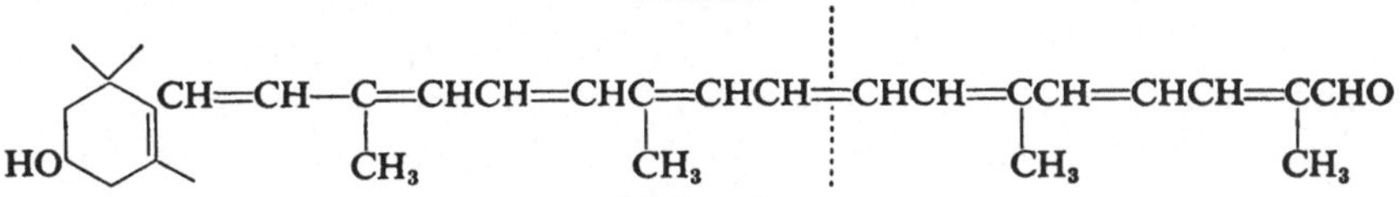

β-Citraurin

Polyterpene

Kautschuk, Guttapercha und Balata sind Polyterpene. Struktur und Eigenschaften sind auf S. 748 und 753 behandelt.

Steroide

Steroide können als Verbindungen definiert werden, die das Ringsystem des Cholesterins enthalten. Bei der Dehydrierung mit Selen liefern sie Methylcyclopentenophenanthren (Dielsscher Kohlenwasserstoff).

HO
Se, 350°
CH₃

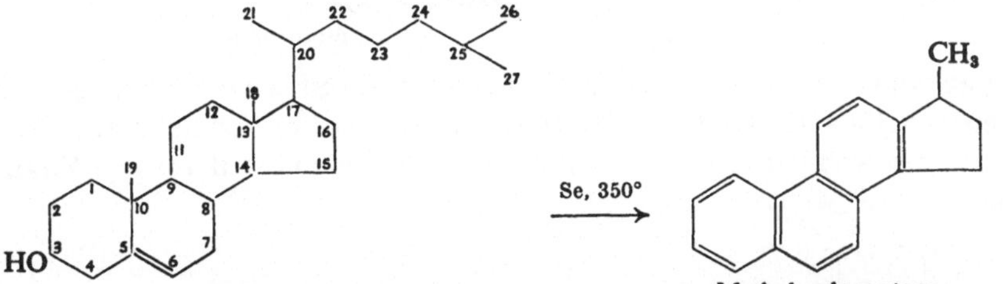

Cholesterin

Methylcyclopentenophenanthren
(Dielsscher Kohlenwasserstoff)

Zu dieser Gruppe gehören die Sterine, die Gallensäuren, die herzwirksamen Aglykone, die Sexualhormone, die Nebennieren-Steroide, die Krötengifte und die Steroid-Sapogenine. Es können hier nur wenige Hauptvertreter der verschiedenen Untergruppen aufgeführt werden, denn die Zahl der Steroide ist sehr groß, und ihre Chemie ist kompliziert.

Zoosterine

Cholesterin $C_{27}H_{46}O$ kommt im Blut von Tieren und somit in allen Teilen des Körpers vor. Konzentriert ist es im Rückenmark, im Gehirn, in Ausscheidungen der Haut und in Gallensteinen. Es wurde 1775 von CONRADI erstmals aus Gallensteinen isoliert und 1816 von CHEVREUL (S. 186) Cholesterin genannt (griech. *chole* Galle; *stereos* fest); CHEVREUL zeigte auch, daß Cholesterin nicht wie die Fette verseift werden kann. BERTHELOT (S. 97) erkannte 1859, daß es sich um einen Alkohol handelt, doch wurde die richtige Summenformel $C_{27}H_{46}O$ erst 1888 von REINITZER vorgeschlagen. Die heute geltende Strukturformel wurde nach

achtzigjähriger Forschung 1932 aufgestellt. Bei acht asymmetrischen Kohlenstoffatomen sind 256 aktive Isomere möglich. Nicht nur steht die Konfiguration jedes einzelnen asymmetrischen Kohlenstoffatoms fest, sondern es ist 1951 gelungen, die letzten Stufen der Totalsynthese von Cholesterin mit der genauen Konfiguration des Naturproduktes zu verwirklichen. Mit Hilfe von Verbindungen, die durch Isotope markiert wurden, konnte auch der Nachweis erbracht werden, daß Cholesterin im tierischen Organismus aus Acetat-Ion aufgebaut wird, und daß Squalen und Lanosterin (S. 910) Zwischenprodukte dieser Synthese sind.

Koprosterin, ein Stereoisomeres des Dihydrocholesterins, kommt in den Faeces vor. **7-Dehydro-cholesterin** ist aus Fischlebertranen isoliert worden.

Phytosterine

Pflanzen enthalten zahlreiche mit Cholesterin nahe verwandte Verbindungen, die *Phytosterine*. Zum Beispiel kann **Stigmasterin** $C_{29}H_{48}O$ aus dem unverseifbaren Anteil des Sojabohnenöls erhalten werden, und **β-Sitosterin** $C_{29}H_{50}O$ ist eines von wenigstens sechs Sterinen, die im Weizenkeimöl vorkommen.

Stigmasterin β-Sitosterin

Ergosterin $C_{28}H_{44}O$, wurde erstmals aus Mutterkorn isoliert, wird aber leichter aus Hefe erhalten. Durch Bestrahlung mit ultraviolettem Licht wird es in Praecalciferol umgewandelt, das durch schwaches Erhitzen in **Calciferol** oder **Vitamin D$_2$** übergeht.

Ergosterin   Praecalciferol   Calciferol (Vitamin D$_2$)

Die Natur der Seitenkette scheint nicht ausschlaggebend zu sein, und so besitzen mehrere Verbindungen Vitamin D-Aktivität. Zum Beispiel entsteht bei Bestrahlung von 7-Dehydro-cholesterin Vitamin D$_3$, das viel aktiver ist als Vitamin D$_2$. Die D-Vitamine regeln Menge und Verhältnis von Calcium und Phosphor im Blut. In Abwesenheit von Vitamin D sinkt der Gehalt an diesen Elementen unter den Normalwert, die Knochen werden weich und krümmen sich, die Gelenke schwellen an. Dieser Zustand ist als Rachitis bekannt.

Gallensäuren

Die eigentlichen Gallensäuren werden durch alkalische Hydrolyse der gepaarten Gallensäuren erhalten, die in der Gallenflüssigkeit verschiedener Tiere vorkommen. Die gepaarten Gallensäuren sind Verbindungen aus Gallensäuren und Glycin H_2NCH_2COOH oder Taurin $H_2NCH_2CH_2SO_3H$, die durch eine Amidbindung

zwischen der Carboxylgruppe der Gallensäuren und der Aminogruppe der Aminosäuren zustande kommen. So gibt **Glykocholsäure** bei der Hydrolyse Cholsäure
und Glycin, während **Taurocholsäure** Cholsäure und Taurin liefert. Die gepaarten
Gallensäuren fungieren als Emulgiermittel für Fette und unterstützen daher die
Hydrolyse und Resorption der Fette im Darmtrakt. Die vier Gallensäuren, die in
der menschlichen Galle und in der Rindergalle vorkommen, sind **Cholsäure,
Desoxycholsäure, Chenodesoxycholsäure** und **Lithocholsäure.** Die beiden ersten
überwiegen der Menge nach.

Cholsäure   Desoxycholsäure

Steroid-Sapogenine

Zahlreiche Saponine geben bei der Hydrolyse nicht Triterpene, sondern
Steroid-Sapogenine (S. 910). Diese sind charakterisiert durch eine bicyclische
Acetalseitenkette. **Diosgenin** ist aus bestimmten Arten der Yamswurzel *(Dioscorea)*
erhalten worden, **Tigogenin** aus *Digitalis*arten und aus *Chlorogalum pomeridianum.*
Beide Verbindungen haben als Ausgangsmaterial für die Synthese von Sexual-
hormonen (S. 918) Verwendung gefunden.

Diosgenin   Tigogenin

Digitonin, ein Saponin aus dem Fingerhut *(Digitalis purpurea)*, ist wertvoll als
Reagens, da es unlösliche Molekülverbindungen mit Steroiden bildet, die eine
Hydroxylgruppe an C-3 haben und so konfiguriert sind, daß die Hydroxylgruppe
und die Methylgruppe an C-10 cis-Stellung einnehmen (β-Konfiguration). Gelegentlich geben auch Verbindungen anderer Struktur unlösliche Molekülverbindungen.

Herzwirksame Glykoside und Krötengifte

Die Herzglykoside haben eine hochspezifische und starke Wirkung auf den
Herzmuskel. Bei einer 20 g schweren Maus bewirken 0,07 mg Strophantin Herz-
stillstand. Strophantin ist das aktive Prinzip afrikanischer Pfeilgifte aus *Stro-
phantus*-Samen. Die Glykoside von *Digitalis purpurea* und *Digitalis lanata* regen
in kleinen Dosen die Herzkontraktion an und gehören zu den wichtigsten Mitteln
zur Behandlung von Herzkrankheiten. Die Glykoside der Meerzwiebel *(Urginea
maritima)* und die Krötengifte haben ähnliche Wirkung. Die Aglykone dieser
Substanzen sind charakterisiert durch einen ungesättigten Lactonring an C-17.

Dieser Ring ist in **Digitoxigenin** und **Strophantidin** fünfgliedrig und enthält eine Doppelbindung. Bei **Scillaren-A** aus der Meerzwiebel und **Bufotalin** aus den Hautdrüsen von Kröten ist der Lactonring sechsgliedrig und enthält zwei Doppelbindungen.

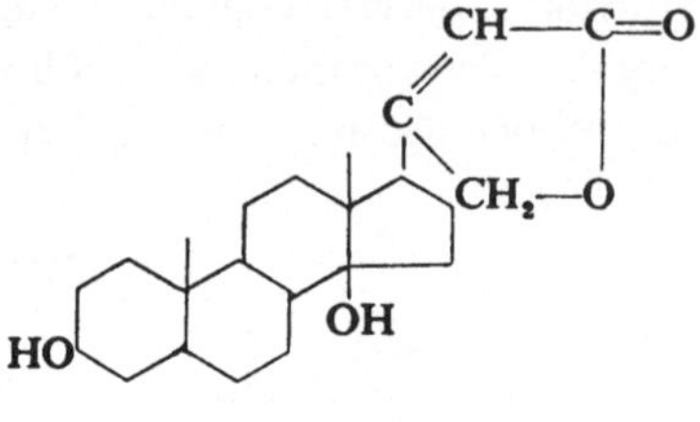

Digitoxigenin

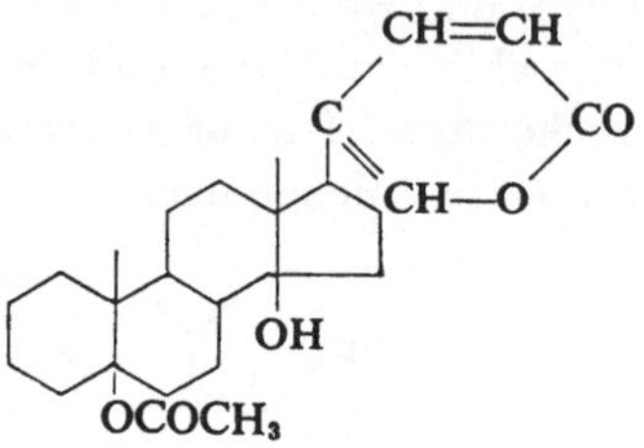

Bufotalin

Sexualhormone

Die Sexualhormone sind verantwortlich für die Geschlechtsmerkmale und die Geschlechtsfunktionen des tierischen und menschlichen Organismus. Sie bilden sich in den Hoden bzw. Ovarien unter der stimulierenden Wirkung der *gonadotropen* Hormone, die vom Hypophysenvorderlappen sezerniert werden. **Testosteron** wird vom Hoden sezerniert und steuert die Entwicklung des Genitaltrakts, der accessorischen männlichen Organe und der sekundären Geschlechtsmerkmale wie Kamm und Halshautlappen beim Hahn. **Östradiol** wird in den Ovarien produziert, wahrscheinlich in den reifenden Follikeln. Es regelt die Entwicklung der weiblichen Geschlechtsmerkmale und löst die erste Phase des Menstruations-

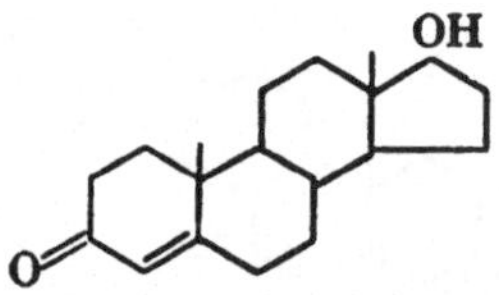

Testosteron

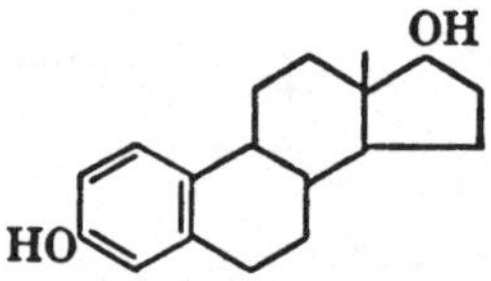

Oestradiol

cyclus aus, nämlich die Proliferation der Zellen im Uterus. Die östrogene Wirkung ist nicht sehr spezifisch, und zur Erleichterung von Beschwerden, die durch Hormonmangel bewirkt werden, und ebenso zur Bekämpfung von Prostatakrebs wird eine synthetische Verbindung, das **Stilböstrol** *(Diäthylstilböstrol)* häufiger verwendet als das natürliche Östradiol. Große Mengen Stilböstrol werden zur Wachstumsanregung bei Rindern verwendet. **Hexöstrol** ist die entsprechende Verbindung mit hydrierter Äthylen-Doppelbindung. Tri-p-anisylchloräthylen *(TACE)* ist ein neuerdings eingeführtes Östrogen.

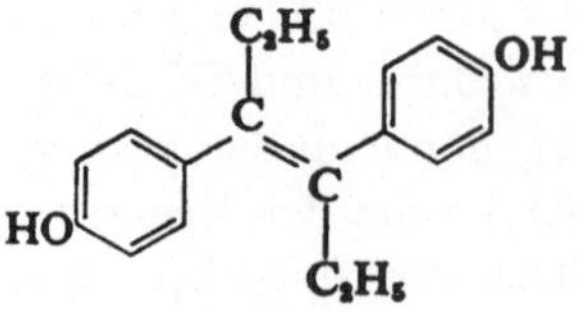

Stilböstrol

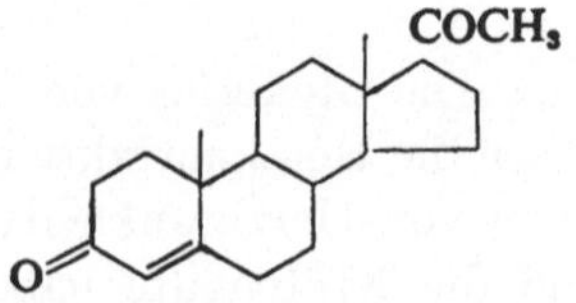

Progesteron

Progesteron *(Schwangerschaftshormon)* wird vom Corpus luteum (Gelbkörper) sezerniert, das sich nach dem Eisprung bildet. Durch dieses Hormon wird die Uterusschleimhaut für die Aufnahme des befruchteten Eis vorbereitet. Es wird klinisch zur Verhütung des Abortus verwendet.

Nebennieren-Steroide

Die Nebennieren sind zwei kleine Drüsen, eine über jeder Niere, die zwei wichtige Funktionen ausüben, nämlich die Ausscheidung von Adrenalin und Noradrenalin (S. 559) und von Cortin. Beide Sekretionen sind lebenswichtig, doch ist es die Ausscheidung von Cortin in höherem Grad, da dieses nur von den Nebennieren abgegeben wird, während Adrenalin und Noradrenalin auch von anderen Organen gebildet werden können. Mangel an Cortin führt zu einer Bronzefärbung der Haut, zu Muskelschwäche und zur Erhöhung des Harnstoffgehaltes im Blut (Addisonsche Krankheit). Eine Überproduktion bei Kindern ruft eine vorzeitige geschlechtliche Entwicklung hervor.

Die Cortin-Aktivität wird durch die Steroide der Nebennierenrinde verursacht. Aus dieser Fraktion sind dreißig verschiedene Verbindungen der Androstan- und Pregnanreihe isoliert und nach ihrer Struktur identifiziert worden. Sieben von diesen haben Cortin-Aktivität. Die Strukturen einiger Verbindungen seien angegeben.

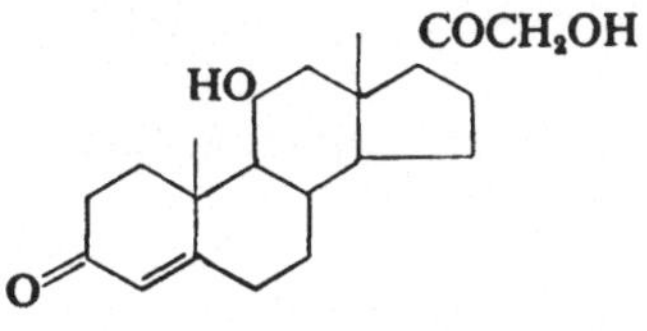

Corticosteron

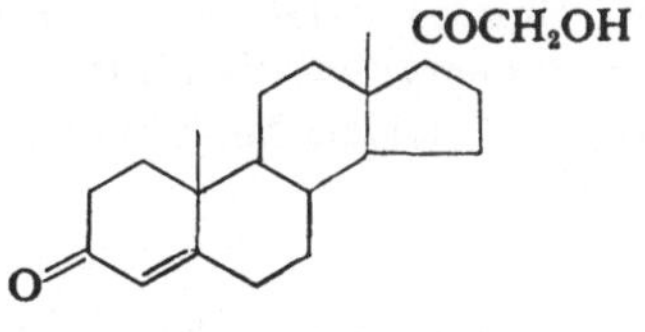

Desoxycorticosteron

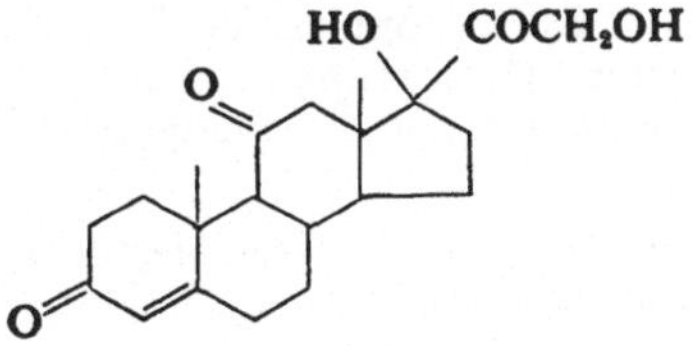

Cortison

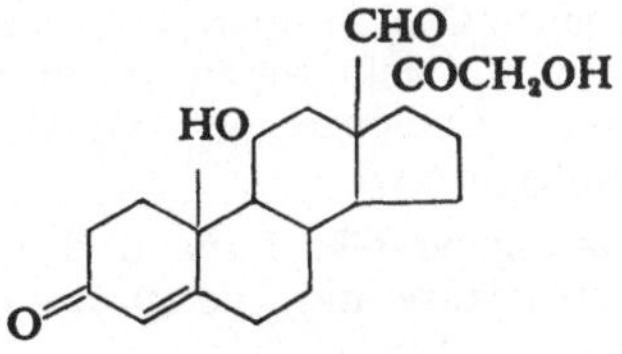

Aldosteron

Es ist interessant, daß Desoxycorticosteron aus Stigmasterin synthetisiert wurde, ehe es aus der Nebennierenrinde isoliert worden war. Seit 1948 hat sich einer Komponente, dem **Cortison,** besonderes Interesse zugewendet, und zwar auf Grund seiner günstigen Wirkung bei der Behandlung verschiedener Krankheiten, besonders rheumaartiger Arthritis. Die Struktur des Cortisons wurde vielfach abgewandelt mit dem Ziel, seine erwünschten Eigenschaften zu verstärken oder die schädlichen Nebenwirkungen abzuschwächen. Einige der gut wirksamen Verbindungen enthalten eine Doppelbindung in 1.2-Stellung, Halogen in 9-Stellung oder eine Methylgruppe in 2-Stellung. Überraschenderweise entsteht durch Reduktion der Doppelbindung von Desoxycorticosteron und anschließende Umwandlung in das saure Succinat ein Produkt, das sich als Anaestheticum eignet.

Wiederholungsfragen

1. Was sind alicyclische Verbindungen? Welche anderen Namen führen die Stammkohlenwasserstoffe?

2. Man erläutere die Synthese von alicyclischen Kohlenwasserstoffen, Ketonen und zweibasischen Säuren durch Ringschluß.

3. Man vergleiche die Leichtigkeit der Bildung und die Stabilität von carbocyclischen Ringen. Was besagte die Baeyersche Spannungstheorie und wie wurde sie modifiziert?

4. Welche alicyclischen Verbindungen sind am leichtesten zugänglich und wie werden sie dargestellt? Man vergleiche ihre chemischen Eigenschaften mit denen der entsprechenden aromatischen Verbindungen.

5. Welche Gemeinsamkeit besteht zwischen Benzol, dem Cyclopentadienylanion und dem Tropyliumkation?

6. Was sind Terpene und Campher?

7. Man schreibe die Strukturformeln von Limonen, Pulegon, Menthol, Pinen und Campher und nenne den Ursprung dieser Verbindungen.

8. Man gebe die Struktur repräsentativer cyclischer Terpene mit sieben-, neun- und elfgliedrigen Ringen.

9. Zu welcher Klasse von Terpenen gehören folgende Verbindungsgruppen: A-Vitamine; saure Sapogenine; Xanthophylle; Kolophoniumharze; Carotine.

10. Was ist mit folgenden Bezeichnungen gemeint: Cyclophan; transannulare Reaktion; äquatoriale Bindung; Symmetriezentrum; Streckerscher Abbau; Wagner-Meerwein-Umlagerung?

11. Welches sind die wichtigeren Klassen der Steroide, und welche Strukturelemente sind charakteristisch für jede?

12. Welche biologische Beziehung besteht zwischen Squalen, Lanosterin und Cholesterin?

Aufgaben

13. Man verfertige eine Schemaübersicht der Darstellung von nachstehenden Verbindungen, ausgehend von Äthylenbromid, einschließlich der Reagentien und Reaktionsbedingungen: Cyclopropan-dicarbonsäure-(1.1), Cyclopropylcarbinol, Cyclopropyldimethylamin, Cyclopropancarbonsäureäthylester, Cyclopropancarbonsäure, Cyclopropylamin, Cyclopropen, Cyclopropancarbonsäureamid, Cyclopropyltrimethylammoniumhydroxyd.

14. Man gebe Gleichungen der Reaktionen, die von Acetessigester zu Cyclopropancarbonsäure und Cyclopropylmethylketon führen.

15. Man verfertige ein Schema, ausgehend von Adipinsäure, für die Darstellung folgender Verbindungen, und trage Reagentien und Reaktionsbedingungen ein: Cyclopentanon, Cyclopentylcarbinol, Cyclopentylbromid, Cyclopentylamin, Cyclopentanol, β-Oxo-β-cyclopentyl-propionsäureäthylester, Cyclopentanonoxim, Cyclopentancarbonsäure, 2-Cyclopentyl-äthanol, Cyclopentylmethylketon, δ-Valerolactam, Cyclopentancarbonsäureäthylester.

16. Man verfertige ein Schema, das die Synthese der folgenden Verbindungen aus Adipinsäureäthylester wiedergibt, und trage Reagentien und Reaktionsbedingungen ein: 2-Oxo-cyclopentan-carbonsäureäthylester, 1-Äthyl-2-phenyl-cyclopenten, 2-Äthyl-cyclopentanon, 2-Äthyl-1-phenyl-cyclopentanol, 2-Äthyl-5-hydroxymethyl-cyclopentanon, 1-Äthyl-2-phenyl-cyclopentan, 2-Benzyliden-5-äthyl-cyclopentanon, 1-Äthyl-2-oxo-cyclopentan-carbonsäureäthylester.

17. 1-Äthinyl-cyclohexylcarbaminat ist ein schnell wirkendes Schlafmittel. Man überlege sich eine Synthese, die von Cyclohexanon ausgeht.

18. Man überlege sich eine Synthese für das Fungicid Captan, ausgehend von Butadien-(1.3) (vgl. S. 851, 583, 302).

19. Man schreibe perspektivische Formeln, die die stabilste Konstellation von (*a*) α-D-Glucose, (*b*) β-D-Mannose, (*c*) α-L-Arabinose, (*d*) α-D-Fructopyranose und (*e*) α-D-Ribopyranose angeben.

20. m-Hydroxy-benzoesäure werde mit Natrium und Alkohol zu Hexahydro-m-hydroxybenzoesäure reduziert. Man sage die Konfiguration des als Hauptprodukt entstehenden Isomeren voraus.

21. Wenn entweder das cis- oder das trans-Isomere von Cyclohexandiol-(1.3) mit Bromwasserstoff behandelt wird, wird nur ein einziges 1.3-Dibrom-cyclohexan erhalten. Ähnlich entsteht nur ein einziges 1.4-Dibrom-cyclohexan aus cis- oder trans-Cyclohexandiol-(1.4). Man sage die Konfiguration des 1.3- bzw. 1.4-Dibrom-cyclohexans voraus.

22. Man gebe Gleichungen für die Synthese von 2-Hydroxy-cyclotetracosanon aus Erucasäure und seine Umwandlung in das Diol, das Diketon, das Keton, das Halogenid, den Kohlenwasserstoff, den Alkohol und das Amin.

Kapitel 40

Organische Peroxyde.
Autoxydation und Antioxydantien

Die Anwendung von organischen Peroxyden als Katalysatoren und ihre Bildung durch Autoxydation ist seit einiger Zeit immer wichtiger geworden. Das vorliegende Kapitel befaßt sich mit der Synthese der verschiedenen Klassen von Peroxyden nach den üblichen Methoden, mit der Bildung von Peroxyden durch Autoxydation, und schließlich mit dem Mechanismus der Autoxydation und ihrer Verhütung durch Antioxydantien.

Organische Peroxyde

Organische Peroxyde können als Derivate des Wasserstoffperoxyds HO—OH aufgefaßt werden, in denen die Wasserstoffatome durch organische Gruppen ersetzt sind. Die wichtigsten Arten dieser Verbindungsklasse seien nachstehend aufgeführt.

R—O—OH   Alkylhydroperoxyd

R—O—O—R   Dialkylperoxyd

$$\overset{\overset{\textstyle O}{\|}}{R C}\!-\!O\!-\!OH$$ Acylhydroperoxyd (Persäure)

$$\overset{\overset{\textstyle O}{\|}}{R C}\!-\!O\!-\!O\!-\!\overset{\overset{\textstyle O}{\|}}{C R}$$ Diacylperoxyd

$$\overset{\overset{\textstyle O}{\|}}{R C}\!-\!O\!-\!O\!-\!R$$ Acylalkylperoxyd (Persäureester)

Andere Peroxyde sind konstitutionell den Aldehydhydraten, Halbacetalen und cyclischen Acetalen analog.

$$RCH\!-\!O\!-\!OH \qquad \text{α-Hydroxyalkylhydroperoxyd}$$
$$\qquad\ \ |$$
$$\quad\ OH$$

$$RCH\!-\!O\!-\!O\!-\!CHR \qquad \text{Bis-α-hydroxylalkyl-peroxyd}$$
$$\quad\ |\qquad\qquad\ |$$
$$\ \ OH\qquad\quad\ OH$$

$$RCH\!-\!O\!-\!O\!-\!R \qquad \text{α-Hydroxyalkyl-alkyl-peroxyd}$$
$$\quad\ |$$
$$\ \ OH$$

Ozonid   Alkylidenperoxyd

Die Konstitution vieler Peroxyde, die durch Autoxydation entstehen, ist unsicher oder völlig unbekannt. Die Reinigung und Konstitutionsaufklärung von organischen Peroxyden ist besonders schwierig, weil sie sich leicht zersetzen, oft mit explosionsartiger Heftigkeit.

Alkylhydroperoxyde und Dialkylperoxyde

Alkylhydroperoxyde werden durch Monoalkylierung von Wasserstoffperoxyd gewonnen. Weitere Alkylierung ergibt die **Dialkylperoxyde.** Als Alkylierungsmittel dienen primäre und sekundäre Alkylsulfate und Methansulfonsäurealkylester in Gegenwart von Alkalien in wäßriger oder wäßrig-methanolischer Lösung. Methansulfonsäurealkylester sind leichter darzustellen als Alkylsulfate und geben bessere Ausbeuten.

$$H_2O_2 + CH_3SO_2OR + NaOH \longrightarrow ROOH + CH_3SO_3Na + H_2O$$
$$RO\!-\!OH + CH_3SO_2OR + NaOH \longrightarrow RO\!-\!OR + CH_3SO_3Na + H_2O$$

Tertiäre wie primäre oder sekundäre Alkylhydroperoxyde können durch Umsetzung von Alkylschwefelsäuren, die aus dem Alkohol oder Olefin mit konzentrierter Schwefelsäure erhalten werden, mit 30- bis 90%igem Wasserstoffperoxyd bei 0° dargestellt werden.

$$H_2O_2 + ROSO_3H \longrightarrow RO\!-\!OH + H_2SO_4$$
$$RO\!-\!OH + ROSO_3H \longrightarrow RO\!-\!OR + H_2SO_4$$

Sie entstehen auch bei der Oxydation von Grignard-Verbindungen mit Sauerstoff bei —70°.

$$RMgX + O_2 \longrightarrow RO\!-\!OMgX \xrightarrow{H_2O} RO\!-\!OH$$

Tertiäre Alkylhydroperoxyde bilden sich bei der Reaktion von Kohlenwasserstoffen, die ein tertiäres Wasserstoffatom enthalten, mit molekularem Sauerstoff in gasförmiger oder flüssiger Phase. So entsteht tert.-Butylhydroperoxyd bei der Reaktion von Isobutan mit Luft bei 155° in Gegenwart von Bromwasserstoff als Katalysator. Durch Überziehen der Wände des Reaktionsgefäßes mit Borsäure wird Explosion verhindert.

$$(CH_3)_3CH + O_2 \xrightarrow[155°]{HBr} (CH_3)_3C\!-\!O\!-\!OH$$

Die Oxydation von flüssigen Alkylcyclopentanen oder Alkylcyclohexanen mit Luft bei 135° wird durch ultraviolettes Licht oder durch zugefügte Peroxyde katalysiert.

$$CH_3 \quad H + O_2 \xrightarrow{\text{Licht oder Peroxyde}} CH_3 \quad O—OH$$

Methylcyclo-
hexan   1-Methylcyclohexyl-
                                                  hydroperoxyd

Die Hydroperoxyde von Cumol, p-Menthan und Diisopropylbenzol werden durch Oxydation des Kohlenwasserstoffs in basischer Emulsion mit Luft gewonnen.

$(CH_3)_2COOH$ CH_3 $(CH_3)_2COOH$

                                  $(CH_3)_2COOH$ $(CH_3)_2COOH$
Cumol-   p-Menthan-   Diisopropylbenzol-
hydroperoxyd   hydroperoxyd   dihydroperoxyd

Diese Oxydationen folgen einem Radikalkettenmechanismus. Somit fungiert der Bromwasserstoff bei der Darstellung von tert.-Butylhydroperoxyd als Lieferant von Bromatomen.

$$HBr + O_2 \longrightarrow [HO—O \cdot] + [Br \cdot]$$

Die Bromatome lösen dann die folgende Kettenreaktion aus.

$$(CH_3)_3CH + [Br \cdot] \longrightarrow [(CH_3)_3C \cdot] + HBr$$

$$[(CH_3)_3C \cdot] + O_2 \longrightarrow [(CH_3)_3C—O—O \cdot]$$

$$[(CH_3)_3C—O—O \cdot] + HBr \longrightarrow (CH_3)_3C—O—OH + [Br \cdot]$$

Die Hydroperoxyde und Peroxyde, die dargestellt worden sind, sind unterhalb 60° und in Abwesenheit von Säuren oder Basen beständig; die niederen Glieder sind Flüssigkeiten, die unter vermindertem Druck destilliert werden können. Bei stärkerem Erhitzen oder auf Schlag explodieren Methyl- und Äthylhydroperoxyd heftig. Die Hydroperoxyde und Peroxyde von höherem Molekulargewicht zersetzen sich gelinde zwischen 80 und 100°. Man erhält komplizierte Gemische von Reaktionsprodukten, deren Zusammensetzung von der Konstitution der Verbindung und von den Zersetzungsbedingungen abhängt. Sie wechselt je nachdem, wie hoch die Temperatur ist, ob die Zersetzung in der Gasphase, in flüssiger Phase oder in Lösung stattfindet, ob sie von Säuren, Basen oder Metallionen katalysiert wird, oder ob sie ohne Katalyse vor sich geht.

Die Acidität der Alkylhydroperoxyde ist stärker als die von Alkoholen; starke Alkalien bilden in wäßriger Lösung Salze. Sowohl Alkylhydroperoxyde als auch Peroxyde sind schwerer reduzierbar als Wasserstoffperoxyd. Methyl- und Äthylhydroperoxyd setzen aus Jodwasserstoff Jod frei, doch ist die Reaktion nicht quantitativ. Tert.-Butylhydroperoxyd reagiert quantitativ. Die Dialkylperoxyde machen sehr wenig Jod frei. Di-tert.-butylperoxyd reagiert nicht einmal mit konzentriertem Jodwasserstoff. Diäthylperoxyd reagiert nicht mit metallischem Natrium, aber Di-tert.-butylperoxyd gibt Natrium-tert.-butylat.

$$(CH_3)_3C—O—O—C(CH_3)_3 + 2\,Na \longrightarrow 2\,NaOC(CH_3)_3$$

Alle Alkylperoxyde werden von Zink und Essigsäure zu den Alkoholen reduziert.

$$R-O-O-R + Zn + 2\,CH_3COOH \longrightarrow 2\,ROH + Zn(OCOCH_3)_2$$

Tert.-Butylhydroperoxyd überführt wie Wasserstoffperoxyd (S. 782) Olefine in Gegenwart von Osmiumtetroxyd, Vanadiumpentoxyd oder Chromtrioxyd in Glykole.

$$RCH{=}CHR + (CH_3)_3COOH + H_2O \xrightarrow{\ OsO_4\ } RCHOHCHOHR + (CH_3)_3COH$$

Acylhydroperoxyde (Persäuren), Diacylperoxyde und Acylalkylperoxyde (Persäureester)

Lösungen von **Acylhydroperoxyden** können erhalten werden, wenn man aliphatische Säuren mit 30- bis 90%iger Wasserstoffperoxyd-Lösung in Gegenwart von Schwefelsäure reagieren läßt.

$$CH_3COOH + H_2O_2 \underset{}{\overset{H_2SO_4}{\rightleftharpoons}} \overset{\displaystyle O}{\overset{\|}{CH_3C}}{-}O{-}OH + H_2O$$
Peressigsäure

Diese Reaktion ist reversibel, und die Persäuren werden in wäßriger Lösung langsam hydrolysiert unter Bildung von Carbonsäure und Wasserstoffperoxyd. Peressigsäure wird technisch auch durch Autoxydation von Acetaldehyd (S. 165) gewonnen. Die Natriumsalze entstehen, wenn Säureanhydride mit einem Überschuß von Wasserstoffperoxyd in wäßrig alkalischer Lösung reagieren.

$$(CH_3CO)_2O + Na_2O_2 \longrightarrow \overset{\displaystyle O}{\overset{\|}{CH_3C}}{-}O{-}ONa + CH_3COONa$$

Durch Ansäuern und Extrahieren mit einem organischen Lösungsmittel erhält man eine Lösung der Persäure. Persäuren können auch aus Acylperoxyden dargestellt werden (S. 925).

Die wichtigste Reaktion der Persäuren ist die Bildung von Epoxyden aus ungesättigten Verbindungen *(Reaktion von Prileschajew)* (S. 159, 787).

$$RCH{=}CHR + RCOO_2H \longrightarrow \underset{\displaystyle O}{RCH{-}CHR} + RCOOH$$

In Gegenwart einer starken Säure bildet sich das monoacylierte Glykol.

$$\underset{\displaystyle O}{RCH{-}CHR} + RCOOH \xrightarrow{\ [H^+]\ } \underset{\displaystyle OCOR}{RCHCHOHR}$$

Eine weitere wichtige Reaktion ist die Umwandlung von Ketonen in Ester. Im allgemeinen bleibt die kleinere Gruppe des Ketons mit der Carbonylgruppe verbunden.

$$RCOR' + R''COO_2H \longrightarrow RCOOR' + R''COOH$$

α,β-ungesättigte Ketone geben Vinylester (Enolester).

$$C_6H_5CH = CHCOCH_3 + RCOO_2H \longrightarrow C_6H_5CH = CHOCOCH_3 + RCOOH$$

Cyclische Ketone liefern Lactone, und 1.2-Diketone geben in nichthydroxylischen Lösungsmitteln Anhydride.

$$RCOCOR + R'COO_2H \longrightarrow (RCO)_2O + R'COOH$$

Persäuren oxydieren ferner Sulfide zu Sulfoxyden und Sulfonen, tertiäre Amine zu Aminoxyden, aromatische Jodide zu Jodoso- und Jodoverbindungen und aromatische Amine zu Nitroverbindungen (S. 509). **Trifluorperessigsäure** gibt bei diesen Reaktionen besonders gute Ausbeuten. Die thermische Zersetzung der Persäuren verläuft ähnlich der des tert.-Butylhydroperoxyds, insofern eines der Reaktionsprodukte Sauerstoff ist.

$$2\ RC\overset{O}{\overset{\|}{-}}O-OH \xrightarrow{\text{Wärme}} 2\ RCOOH + O_2$$

Diacylperoxyde werden durch Behandeln eines Säureanhydrids oder Säurechlorids im Überschuß mit alkalischen Lösungen von Wasserstoffperoxyd erhalten.

$$2\ (CH_3CO)_2O + Na_2O_2 \longrightarrow CH_3\overset{O}{\overset{\|}{C}}-O-O-\overset{O}{\overset{\|}{C}}CH_3 + 2\ NaOCOCH_3$$
Acetylperoxyd

$$2\ C_6H_5COCl + Na_2O_2 \longrightarrow C_6H_5\overset{O}{\overset{\|}{C}}-O-O-\overset{O}{\overset{\|}{C}}C_6H_5 + 2\ NaCl$$
Benzoylperoxyd

Es ist über heftige Explosionen von Acetylperoxyd berichtet worden, und bei der Darstellung und Handhabung muß äußerste Vorsicht geübt werden. Benzoylperoxyd ist viel beständiger.

Die Acylhydroperoxyde und Diacylperoxyde setzen quantitativ Jod frei, können also jodometrisch bestimmt werden. Die Diacylperoxyde reagieren mit Natriumalkoholaten unter Bildung des Natriumsalzes der Persäure und des Alkylesters.

$$C_6H_5\overset{O}{\overset{\|}{C}}-O-O-\overset{O}{\overset{\|}{C}}C_6H_5 \xrightarrow{\text{NaOCH}_3} C_6H_5\overset{O}{\overset{\|}{C}}-O-ONa + CH_3OCOC_6H_5$$

Nach dieser Reaktion wird im Laboratorium meist Benzopersäure dargestellt; sie wird durch Ansäuern aus dem Natriumsalz freigesetzt und mit Chloroform extrahiert. Die Diacylperoxyde dienen hauptsächlich als Katalysatoren für Polymerisationsreaktionen und als Bleichmittel für Mehl, Öle, Fette und Wachse.

Die **(prim.-Alkyl)-ester der Persäuren** werden durch Umsetzung der Bariumsalze von (prim.-Alkyl)-hydroperoxyden mit Acylchloriden dargestellt. Sie können nicht durch Veresterung von Persäuren mit Alkoholen gewonnen werden.

$$2\ RCOCl + Ba(O-OR')_2 \longrightarrow 2\ RC\overset{O}{\overset{\|}{-}}O-OR' + BaCl_2$$

Die (tert.-Alkyl)-ester der Persäuren entstehen durch gleichzeitige Zugabe von verdünnten Alkalien und Acylchlorid zu dem (tert.-Alkyl)-hydroperoxyd.

$$(CH_3)_3C-O-OH + C_6H_5COCl \xrightarrow{NaOH} (CH_3)_3C-O-O-\overset{\overset{O}{\|}}{C}C_6H_5 + NaCl$$

Benzopersäure-tert.-butylester

Verseifung des Persäureesters liefert die Säure und das Hydroperoxyd, nicht die Persäure und den Alkohol.

$$R\overset{\overset{O}{\|}}{C}-O-OR' + NaOH \longrightarrow RCOONa + HO-OR'$$

$$+ NaOCH_3 \longrightarrow RCOOCH_3 + Na\overset{+-}{O}-OR$$

Sowohl die Darstellungsmethode als auch der Verlauf der Hydrolyse spricht also dafür, daß die Persäureester eher als Acylderivate von Hydroperoxyden denn als Alkylderivate von Persäuren aufzufassen sind, was mit der Tatsache übereinstimmt, daß die Persäuren nicht im gleichen Sinne Säuren sind wie die Carbonsäuren, sondern Acylderivate des Wasserstoffperoxyds.

Acylderivate von (tert.-Alkyl)-hydroperoxyden lagern sich beim Erhitzen mit Pyridin um, und es entsteht der Ester eines Halbacetals.

$$R_3C-O-O-\overset{\overset{O}{\|}}{C}R \xrightarrow[\text{Wärme}]{\text{Pyridin,}} R_2\underset{\underset{OR}{|}}{C}-O\overset{\overset{O}{\|}}{C}R$$

α-Hydroxyalkylhydroperoxyde und Bis-α-hydroxydalkyl-peroxyde

Ebenso wie bestimmte Aldehyde durch Addition von Wasser oder Alkohol an die Carbonylgruppe Hydrate oder Halbacetale bilden, bilden sie auch **α-Hydroxyalkylhydroperoxyde** und **Bis-α-hydroxyalkyl-peroxyde** durch Addition von Wasserstoffperoxyd bzw. Alkylhydroperoxyden. Die Peroxydadditionsverbindungen sind bedeutend beständiger als die meisten Hydrate und Halbacetale der Aldehyde. Mischt man z. B. 1 Mol eines Aldehyds in Äther-Lösung mit 1 Mol Wasserstoffperoxyd, dann entsteht das Hydroxyalkylhydroperoxyd.

$$RCHO + H_2O_2 \longrightarrow R\underset{\underset{OH}{|}}{CH}-O-OH$$

Diese Verbindungen sind nicht explosiv, zersetzen sich jedoch beim Erhitzen in wäßriger Lösung unter Bildung des Bis-hydroxyalkylperoxyds.

$$2\,R\underset{\underset{OH}{|}}{CH}-O-OH \xrightarrow[H_2O]{\text{Erhitzen in}} R\underset{\underset{OH}{|}}{CH}-O-O-\underset{\underset{OH}{|}}{CH}R + H_2O_2$$

Die gleiche Verbindung entsteht, wenn das Hydroperoxyd mit einem zweiten Mol Aldehyd reagiert.

$$R\underset{\underset{OH}{|}}{CH}-O-OH + OCHR \longrightarrow R\underset{\underset{OH}{|}}{CH}-O-O-\underset{\underset{OH}{|}}{CH}R$$

Wenn das Hydroxyalkylhydroperoxyd allein oder mit Essigsäure erhitzt wird, oder wenn eine Äther-Lösung mit Phosphorpentoxyd behandelt wird, bildet sich die Säure.

$$\underset{\overset{|}{\text{OH}}}{\text{RCH}}\text{—O—OH} \xrightarrow{\text{Wärme}} \text{RCOOH} + \text{H}_2\text{O}$$

Reduktionsmittel wie Jodwasserstoff reagieren nicht quantitativ, vermutlich auf Grund dieser Zersetzung zur Säure.

Von den Bis-hydroxyalkylperoxyden ist Bis-hydroxymethylperoxyd am bekanntesten. Es entsteht neben anderen Reaktionsprodukten, wenn Ätherdampf und Luft einer heißen Metalloberfläche ausgesetzt werden, und wurde als individuelle Verbindung 1881 identifiziert. Es wird aus Wasserstoffperoxyd und einem Überschuß von Formaldehyd leicht erhalten.

$$2\,\text{HCHO} + \text{H}_2\text{O}_2 \longrightarrow \underset{\text{Bis-hydroxymethylperoxyd}}{\text{HOCH}_2\text{—O—O—CH}_2\text{OH}}$$

Es ist hochexplosiv und oxydiert Jodwasserstoff. Von verdünnten Alkalien wird es unter Bildung von zwei Mol Ameisensäure und einem Mol Wasserstoff zersetzt.

$$\text{HOCH}_2\text{—O—O—CH}_2\text{OH} + 2\,\text{NaOH} \longrightarrow 2\,\text{HCOONa} + \text{H}_2 + 2\,\text{H}_2\text{O}$$

Diese und die vorhergehende Reaktion zwischen Formaldehyd und Wasserstoffperoxyd liegen einer Methode zur quantitativen Bestimmung von Formaldehyd zugrunde. Man gibt alkalisches Wasserstoffperoxyd zu der Probe und mißt das Volumen des entstandenen Wasserstoffs.

Die homologen Bis-hydroxyalkylperoxyde sind leicht aus den höheren Aldehyden oder Ketonen und Wasserstoffperoxyd darzustellen, und einige von ihnen wurden als Zersetzungsprodukte von Ozoniden isoliert. Sie sind nicht so explosiv wie Bis-hydroxymethylperoxyd, und bei der Zersetzung in wäßriger Lösung entsteht selbst in Gegenwart von Alkalien kein Wasserstoff, sondern ein Molekül Aldehyd, ein Molekül Carbonsäure und ein Molekül Wasser, oder es entstehen zwei Moleküle Aldehyd und ein Molekül Wasserstoffperoxyd.

$$\underset{\overset{|}{\text{OH}}\quad\overset{|}{\text{OH}}}{\text{RCH—O—O—CHR}} \begin{cases} \longrightarrow \text{RCHO} + \text{HOOCR} + \text{H}_2\text{O} \\ \longrightarrow 2\,\text{RCHO} + \text{H}_2\text{O}_2 \end{cases}$$

Wenn molekulare Mengen eines Alkylhydroperoxyds und eines Aldehyds in Äther-Lösung aufbewahrt werden, bildet sich das **Hydroxyalkyl-alkyl-peroxyd.**

$$\text{RCHO} + \text{HOOR}' \longrightarrow \underset{\overset{|}{\text{OH}}}{\text{RCH}}\text{—O—OR}'$$

Die Additionsprodukte aus Wasserstoffperoxyd und Ketonen werden als Polymerisationskatalysatoren verwendet. Das aus Methyläthylketon entstehende Produkt wird unter dem Namen „Methyläthylketonperoxyd" verkauft.

Ozonide

Die einfachste Formel für Ozon würde die sein, in der die Sauerstoffatome einen dreigliedrigen Ring bilden, wobei jedes Sauerstoffatom zweiwertig wäre.

Träfe diese Formel zu, dann sollte das Ultrarot-Absorptionsspektrum dem des Cyclopropans ähnlich sein; stattdessen zeigt das Spektrum Ähnlichkeit mit dem des Nitrosylchlorids, in welchem die Atome die Ecken eines offenen Dreiecks einnehmen. Der Bindungswinkel wird zu 125° berechnet. Elektronenbeugungsmessungen ergeben einen Winkel von 127 ± 3°. Daher muß sich das Molekül in einem mesomeren Zwischenzustand zwischen zwei Grenzstrukturen befinden, in denen zwei Sauerstoffatome durch Doppelbindung gebunden sind, das dritte durch eine koordinative Kovalenz.

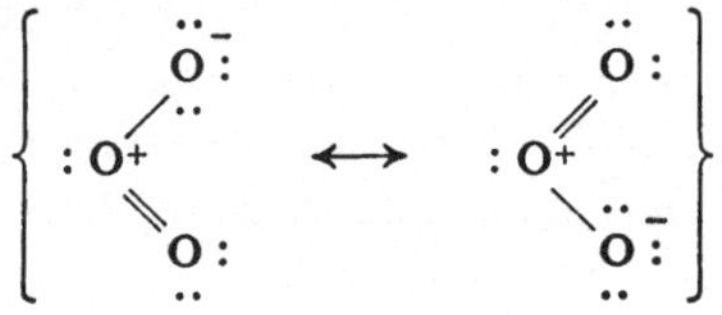

Wenn Ozon an eine Doppelbindung angelagert wird, enthält das Primärprodukt wahrscheinlich einen viergliedrigen Ring, der sich unter Spaltung der Kohlenstoff-Kohlenstoff-Bindung zu einem fünfgliedrigen Ring umlagert. Das Primärprodukt wird *Molozonid* genannt, das umgelagerte Produkt *Ozonid*.

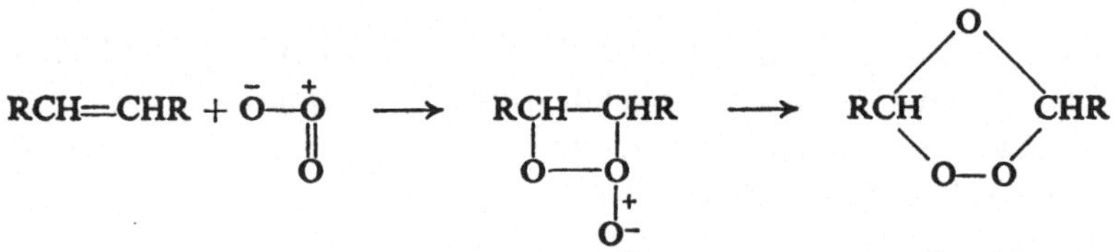

Der wahrscheinlich beste Beweis für diese Struktur des Ozonids ist die Synthese von Butylenozonid durch Einwirkung von Phosphorpentoxyd auf Bis-hydroxyäthylperoxyd.

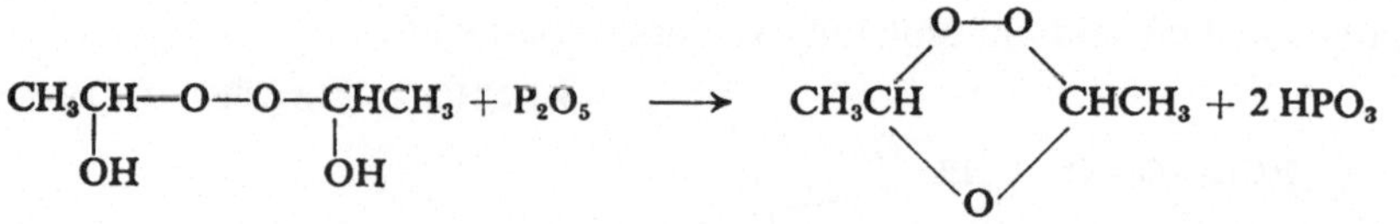

Bei der Hydrolyse des Ozonids entsteht vermutlich das Bis-hydroxyalkylperoxyd als Primärprodukt.

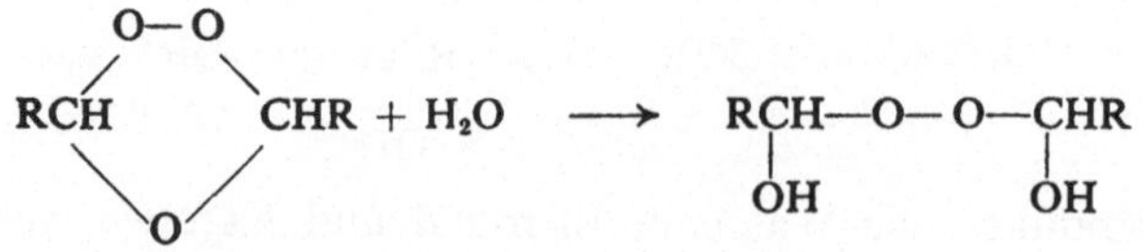

Das Hydroxyperoxyd zersetzt sich entweder zu 1 Mol Säure und 1 Mol einer Carbonylverbindung, oder zu 2 Mol Carbonylverbindung und 1 Mol Wasserstoffperoxyd (S. 927, 59). Aber auch andere Verbindungen als solche mit Ozonidstruktur können durch Ozonisierung entstehen. $\Delta^{9.10}$-Octalin z. B. gibt ein Dialkylidenperoxyd, und α-Phenyl-β-äthylindenon gibt ein Ketoanhydrid.

$$2 \quad \text{(Dekalin)} + 2\,O_3 \longrightarrow O = \text{(Bis-Ozonid mit } O\!-\!O \text{ / } O\!-\!O\text{)} = O$$

$$\text{(Benzofuran mit } C_2H_5, C_6H_5\text{)} + O_3 \longrightarrow \text{(Benzol mit } COC_2H_5, COOCOC_6H_5\text{)}$$

Die Ozonide von niedrigem Molekulargewicht sind sehr unbeständig. Es ist mitgeteilt worden, daß eine Probe von Äthylenozonid beim Umgießen von einem Reagensglas ins andere explodiert ist.

Neben den monomeren Ozoniden bilden sich auch polymere Ozonide, denen wahrscheinlich die Struktur $(-O-OCHR-OCHR-)_x$ zukommt. Durch Hydrolyse entstehen die gleichen Produkte wie bei den monomeren Ozoniden. Behandlung mit Ozon im Überschuß führt zu Reaktionsprodukten mit höherem Sauerstoffgehalt, die *Oxozonide* genannt werden.

Autoxydation

Autoxydation kann definiert werden als die spontane Reaktion einer Verbindung mit molekularem Sauerstoff bei Raumtemperatur. Die durch die Bezeichnungen *spontan* und *Raumtemperatur* gesetzten einschränkenden Bedingungen sind künstlich, denn die meisten Autoxydationen werden durch Licht oder Spuren von Katalysatoren beschleunigt oder durch Antioxydantien (Oxydationsinhibitoren) gehemmt, und viele Oxydationen mit Sauerstoff verlaufen bei erhöhter Temperatur nicht anders als bei Raumtemperatur.

Die Reaktion von organischen Verbindungen mit dem molekularen Sauerstoff der Luft ist eine viel allgemeinere Reaktion als gewöhnlich angenommen wird. Die Primärprodukte sind Peroxyde, die in Flüssigkeiten leicht durch Schütteln mit einem Kügelchen reinen Quecksilbers entdeckt werden können. In Gegenwart von Peroxyden läuft die Oberfläche des Quecksilbers an. Ist Peroxyd in größeren Mengen vorhanden, so wird das Gemisch schwarz, da sich Quecksilber(I)-oxyd bildet. Wird dieser Test auf verschiedene Lösungsmittel angewendet, die eine Zeitlang der Luft ausgesetzt waren, dann zeigt sich bei vielen von ihnen, daß sie Peroxyde enthalten. Zum Beispiel gaben von einer Gruppe technischer Lösungsmittel, die vom Laboratoriumsbrett genommen wurden, Cyclohexan, Methylcyclohexan, Benzol, Toluol, Chloroform, Diäthyläther, Diisopropyläther und Dioxan eine positive Peroxydprobe. Bezeichnenderweise verlief die Probe bei Tetrachlorkohlenstoff und den Alkoholen negativ (vgl. S. 936).

Kohlenwasserstoffe

Die Autoxydation unterscheidet sich im allgemeinen wahrscheinlich nicht von der Reaktion zur Darstellung von tert.-Alkylhydroperoxyden bei höherer Temperatur (S. 922) und kann durch folgende Gleichung wiedergegeben werden.

$$RH + O_2 \longrightarrow R-O-OH$$

Die Geschwindigkeit der Reaktion wechselt je nach der Natur von R. Tertiärer Wasserstoff wird leichter oxydiert als sekundärer Wasserstoff, und sekundärer leichter als primärer (S. 922). Die gemäßigte Oxydation von gesättigten Kohlenwasserstoffen, z. B. Methan, Propane, Butane und höhere Kohlenwasserstoffe (S. 230), verläuft zweifellos über das Peroxyd.

Bei Anwesenheit einer Doppelbindung ist die Reaktionsfähigkeit des Wasserstoffs an benachbarten Kohlenstoffatomen viel größer. So reagiert Cyclohexen bei Bestrahlung mit ultraviolettem Licht mit Sauerstoff unter Bildung von Cyclohexenyl-(3)-hydroperoxyd.

Bei dieser Reaktion wird die Doppelbindung nicht angegriffen. In ähnlicher Weise reagiert Tetralin in α-Stellung zum aromatischen Ring.

Ohne Katalysator findet die Oxydation bei 75° ziemlich rasch statt, aber in Gegenwart von Katalysatoren kann sie schon bei Raumtemperatur wahrgenommen werden. Meistens erfolgt bei diesen Oxydationen Weiterreaktion unter Bildung beständigerer Oxydationsprodukte. So kann durch Einleiten von Luft in siedendes Tetralin leicht α-Tetralon dargestellt werden, denn das zunächst entstehende Hydroperoxyd zersetzt sich.

α-Tetralon

Es ist zweifelhaft, ob die Autoxydation von Tetralin in Abwesenheit eines Katalysators stattfindet. Anfänglich wird Sauerstoff von gereinigtem Tetralin sehr langsam absorbiert, schließlich aber rasch, d. h. die Reaktion ist autokatalytisch. Werden Substanzen wie Benzoylperoxyd oder Bleitetraacetat zugegeben, die freie Radikale bilden, so wird Sauerstoff sofort rasch absorbiert.

$$(C_6H_5CO)_2O_2 \longrightarrow 2[C_6H_5COO\cdot] \longrightarrow 2[C_6H_5\cdot] + CO_2$$

$$RH + [C_6H_5\cdot] \longrightarrow [R\cdot] + C_6H_6$$

$$[R\cdot] + O_2 \longrightarrow [R{-}O{-}O\cdot] \left. \vphantom{\begin{array}{c}a\\b\end{array}} \right\} \text{Kettenreaktion}$$

$$[R{-}O{-}O\cdot] + RH \longrightarrow [R\cdot] + ROOH$$

Dies macht wahrscheinlich, daß auch die anfängliche langsame Reaktion ohne zugefügten Katalysator durch die Anwesenheit freier Radikale in geringer Konzentration verursacht wird; die Zersetzung des entstandenen Hydroperoxyds liefert dann weitere freie Radikale, die die Reaktion beschleunigen.

Daß Olefine und Tetralin leichter oxydiert werden als gesättigte Kohlenwasserstoffe, ist vermutlich darauf zurückzuführen, daß das intermediäre freie Radikal durch Resonanz stabilisiert wird.

$$RCH{=}CHCH_2R \longrightarrow \left[RCH{=}CH\overset{\cdot}{C}HR \longleftrightarrow R\overset{\cdot}{C}HCH{=}CHR \right]$$

Diese Annahme wird durch die Isolierung von zwei Produkten der Autoxydation von 1.2-Dimethyl-cyclohexen direkt bewiesen.

Die Autoxydation konjugierter Polyene erfolgt durch 1.4-Addition unter Bildung von polymeren Peroxyden.

$$x\,RCH\!=\!CHCH\!=\!CHR + x\,O_2 \longrightarrow (-CH-CH\!=\!CHCH-O-O-)_x$$
$$\quad\quad\quad\quad\quad\quad\quad\quad\quad\quad\quad\quad\quad\quad\;\; R \quad\quad\quad\quad\quad\; R$$

In dieser Weise findet die Reaktion selbst dann statt, wenn Methylengruppen in α-Stellung zu dem konjugierten System stehen, z. B. bei Sorbinsäuremethylester $CH_3CH\!=\!CHCH\!=\!CHCOOCH_3$, Eläostearinsäuremethylester $CH_3(CH_2)_3CH\!=\!=\!CHCH\!=\!CHCH\!=\!CH(CH_2)_7COOCH_3$ und Cyclohexadien-(1.3).

Die trocknenden Öle, die Linolsäure und Linolensäure enthalten, werden ebenfalls bemerkenswert leicht durch Luft oxydiert. Die Gruppierung $-CH\!=\!CHCH_2CH\!=\!CH-$, die eine Methylengruppe in α-Stellung zu zwei Doppelbindungen enthält, ist besonders empfindlich gegen Autoxydation, und das Primärprodukt ist ein Hydroperoxyd.

$$RCH\!=\!CHCH_2CH\!=\!CHR + O_2 \longrightarrow RCH\!=\!CHCHCH\!=\!CHR$$
$$\quad\quad\quad\quad\quad\quad\quad\quad\quad\quad\quad\quad\quad\quad\quad\quad\quad\quad\quad O-OH$$

Hier wird das intermediäre freie Radikal noch weit stärker durch Resonanz stabilisiert als im Falle von Olefinen mit einer Einfachbindung, denn die Resonanz umfaßt fünf Kohlenstoffatome.

$$[RCH\!=\!CHCHCH\!=\!CHR \longleftrightarrow RCH\!=\!CHCH\!=\!CHCHR \longleftrightarrow RCHCH\!=\!CHCH\!=\!CHR]$$

Wenn die R-Gruppen verschieden sind wie bei der Linolsäure, können sich drei verschiedene Hydroperoxyde bilden. Von den vorstehenden drei Strukturen enthalten zudem die zweite und dritte zwei konjugierte Doppelbindungen, so daß die aus ihnen entstehenden Hydroperoxyde polymere Peroxyde bilden können. Die intermediären freien Radikale können auch eine Kohlenstoff-Kohlenstoff-Kondensation eingehen. Auf diese Polymerisationsreaktionen ist die Verfestigung, d. h. das „Trocknen" der Öle zurückzuführen.

Ascaridol, das in der Natur im Chenopodiumöl (S. 901) vorkommt, ist ein transannulares monomeres Peroxyd. Es ist durch Oxydation von α-Terpinen mit Luft in Gegenwart von Licht und Chlorophyll synthetisiert worden. Durch Erhitzen wird es in das Dioxyd umgewandelt.

α-Terpinen   Ascaridol

5.6.11.12-Tetraphenyl-naphthacen, auf Grund seiner rubinroten Farbe **Rubren** genannt, bildet ein farbloses transannulares Peroxyd, wenn es Sauerstoff bei Einwirkung von Licht ausgesetzt wird. Die Reaktion ist reversibel, beim Erhitzen wird Sauerstoff abgegeben.

Rubren   Rubrenperoxyd

Daß sich beim Erhitzen so leicht molekularer Sauerstoff abspaltet, ist dadurch zu erklären, daß Rubren ein höherkonjugiertes System von Doppelbindungen enthält als das Peroxyd, während andere in Frage kommende Oxydationsprodukte nur unter Schwächung der Konjugation gebildet werden könnten.

Noch ein anderer Reaktionstypus wird beobachtet, wenn Kohlenwasserstoffe, die in Lösung in freie Radikale dissoziieren (S. 597), der Luft ausgesetzt werden. In diesem Fall bildet sich ein lineares Peroxyd, das beim Erhitzen in Alkoxyradikale dissoziiert.

$$(C_6H_5)_3CC(C_6H_5)_3 \rightleftharpoons 2\,[(C_6H_5)_3C\cdot] \xrightarrow{O_2} (C_6H_5)_3C{-}O{-}O{-}C(C_6H_5)_3 \xrightarrow{W\ddot{a}rme} 2\,[C_6H_5)_3CO\cdot]$$

Hexaphenyl-   Triphenyl-   Triphenylmethylperoxyd
äthan   methyl

Äther

Wie leicht Äther autoxydiert werden, zeigen die vielen Berichte über heftige Explosionen, die sich ereignen, wenn Rückstände der Ätherdestillation über den Siedepunkt des Äthers erhitzt oder mit einem scharfen Glasstab gerieben werden. In einem Fall detonierte ein teilweise mit Isopropyläther gefülltes Gefäß bei bloßer Erschütterung. Explosionen haben sich auch bei der Destillation von Dioxan, Äthylacetal und Tetrahydrofuran ereignet. Es kommt hinzu, daß Peroxyde in Lösungsmitteln in unerwünschter Weise mit den gelösten Substanzen reagieren können. Daher sollten Verbindungen dieser Art vor Gebrauch auf Peroxyde geprüft werden, am besten mit einer Lösung von Titanylsulfat in 50%iger Schwefelsäure. Das Auftreten einer gelben oder orangeroten Färbung zeigt das Vorhandensein von Peroxyden an. Durch Schütteln mit den verschiedensten Reduktionsmitteln wie verkupfertem Zink oder Eisen(II)-sulfat in 50%iger Schwefelsäure, oder durch Adsorption an einer Säule mit aktiviertem Aluminiumoxyd können die Peroxyde entfernt werden. Die gereinigten Lösungsmittel sollten in vollgefüllten dunklen Flaschen unter Ausschluß von Luft und Licht, am besten über Natriumdraht gelagert werden. Zusatz von 0,1 mg-% Hydrochinon oder Diphenylamin oder von 5 γ-% Natrium-diäthyl-dithiocarbaminat (S. 341) als Antioxydans wird ebenfalls empfohlen.

Hinsichtlich der Natur der Peroxyde aus Diäthyläther sind die verschiedensten Ansichten geäußert worden. Primärprodukt ist wahrscheinlich das Hydroperoxyd.

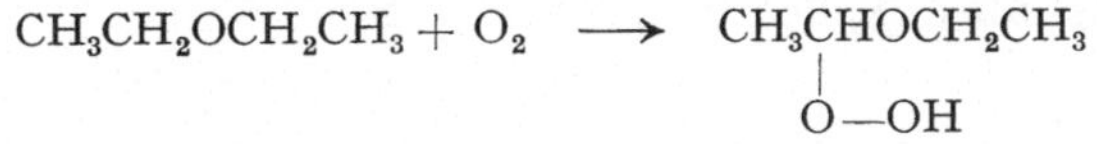

$$CH_3CH_2OCH_2CH_3 + O_2 \longrightarrow CH_3CHOCH_2CH_3$$
$$\mid$$
$$O{-}OH$$

Alle Untersucher haben die Anwesenheit von Wasserstoffperoxyd als Autoxydationsprodukt festgestellt; als weiteres Oxydationsprodukt wurde Äthylvinyläther postuliert. Die Bildung dieser Verbindungen aus dem Hydroperoxyd ist leicht vorstellbar.

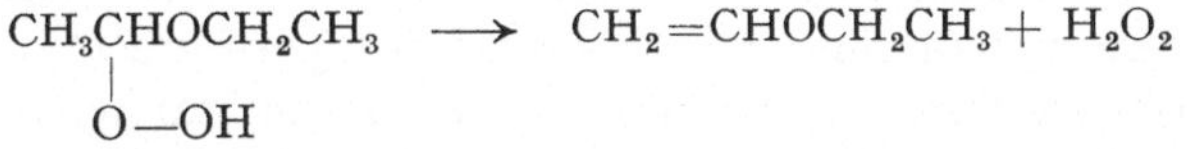

$$CH_3CHOCH_2CH_3 \longrightarrow CH_2{=}CHOCH_2CH_3 + H_2O_2$$
$$\mid$$
$$O{-}OH$$

Auch Bis-α-hydroxyäthyl-peroxyd wurde als Oxydationsprodukt des Äthers angegeben. Vermutlich entsteht es über mehrere Reaktionsstufen.

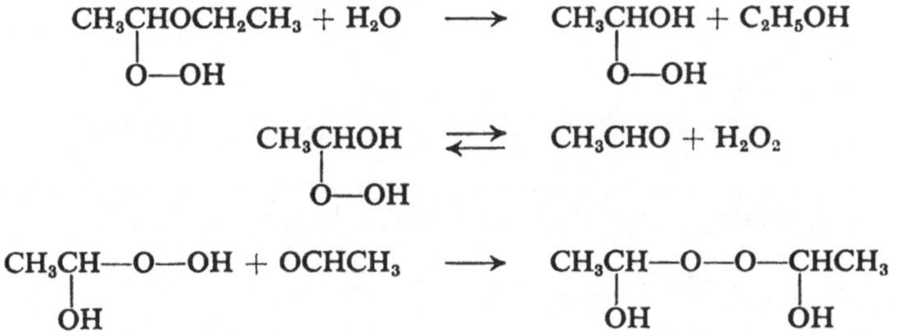

$$CH_3CHOCH_2CH_3 + H_2O \longrightarrow CH_3CHOH + C_2H_5OH$$
$$\mid \qquad\qquad\qquad\qquad\qquad \mid$$
$$O{-}OH \qquad\qquad\qquad\qquad O{-}OH$$

$$CH_3CHOH \rightleftharpoons CH_3CHO + H_2O_2$$
$$\mid$$
$$O{-}OH$$

$$CH_3CH{-}O{-}OH + OCHCH_3 \longrightarrow CH_3CH{-}O{-}O{-}CHCH_3$$
$$\mid \qquad\qquad\qquad\qquad\qquad\qquad \mid \qquad\qquad \mid$$
$$OH \qquad\qquad\qquad\qquad\qquad\qquad OH \qquad\quad OH$$

Aber weder Wasserstoffperoxyd, noch die Hydroperoxyde, noch die Hydroxyalkylperoxyde sind annähernd so explosiv wie die Peroxydrückstände von oxydiertem Äther. Ähnlich explosiv sind nur die dimolekularen Alkylidenperoxyde, und es ist deshalb behauptet worden, derartige Verbindungen müßten sich aus den Hydroperoxyden bilden können.

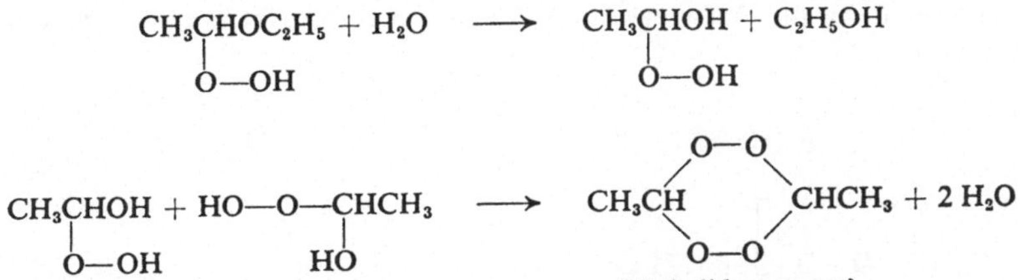

$$CH_3CHOC_2H_5 + H_2O \longrightarrow CH_3CHOH + C_2H_5OH$$
$$\mid \qquad\qquad\qquad\qquad\qquad \mid$$
$$O{-}OH \qquad\qquad\qquad\qquad O{-}OH$$

$$CH_3CHOH + HO{-}O{-}CHCH_3 \longrightarrow$$

Diäthylidenperoxyd

Aus den Autoxydationsprodukten des Isopropyläthers konnten die dimeren und trimeren Acetonperoxyde neben zahlreichen anderen Substanzen isoliert werden.

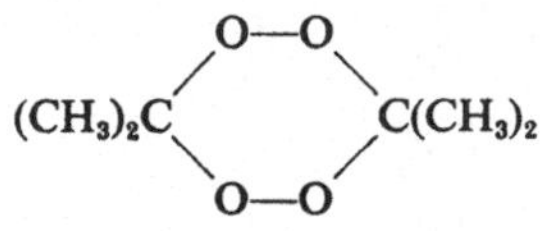

Diisopropyliden-
peroxyd

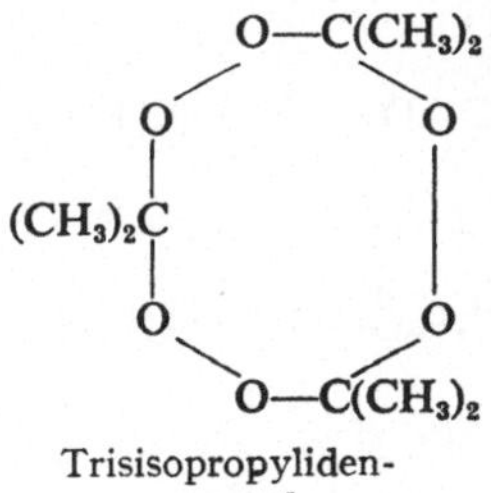

Trisisopropyliden-
peroxyd

Das letztgenannte Produkt war schon früher durch Einwirkung von Wasserstoff-peroxyd auf Aceton dargestellt worden. Das dimere Produkt ist zwar in geringer Menge zugegen, ist aber explosiver und schlagempfindlicher als die trimere Form.

Aldehyde

Daß sich Aldehyde an der Luft leicht oxydieren, ist seit langem bekannt. LIEBIG und WÖHLER zeigten 1832, daß die Umwandlung von Benzaldehyd an der Luft in Benzoesäure durch Licht beschleunigt wird, und seitdem ist die Autoxydation von Benzaldehyd und anderen Aldehyden vielfach untersucht worden. Aus dem Oxydationsgemisch kann Benzopersäure isoliert werden, die offenbar das erste beständige Produkt der Reaktion darstellt. Benzopersäure reagiert weiter mit Benzaldehyd unter Bildung von Benzoesäure.

$$C_6H_5\overset{O}{\overset{\|}{C}}H + O_2 \longrightarrow C_6H_5\overset{O}{\overset{\|}{C}}\!-\!O\!-\!OH$$

$$C_6H_5\overset{O}{\overset{\|}{C}}\!-\!O\!-\!OH + C_6H_5CHO \longrightarrow 2\,C_6H_5COOH$$

Es wird angenommen, daß sich Benzopersäure bei einer Kettenreaktion bildet, die durch Licht oder zufällig vorhandene freie Radikale ausgelöst wird.

$$C_6H_5CHO + [\cdot R] \longrightarrow [C_6H_5\overset{\cdot}{C}O] + RH$$

Die Aktivierung durch Licht ist ein komplizierterer Vorgang, doch kann die Gesamt-reaktion wie folgt wiedergegeben werden.

$$C_6H_5CHO + O_2 \overset{\text{Licht}}{\longrightarrow} [C_6H_5\overset{\cdot}{C}O] + [HO\!-\!O\cdot]$$

Da das Sauerstoffmolekül zwei ungepaarte Elektronen aufweist und daher Radikal-natur hat (S. 602), dürfte die vorstehende Reaktion auch ohne Einwirkung von Licht langsam ablaufen. An die Startreaktion schließen sich die Kettenreaktionen an:

$$[C_6H_5\overset{\cdot}{C}O] + O_2 \longrightarrow \left[C_6H_5\overset{O}{\overset{\|}{C}}\!-\!O\!-\!O\cdot\right]$$

$$\left[C_6H_5\overset{O}{\overset{\|}{C}}\!-\!O\!-\!O\cdot\right] + C_6H_5CHO \longrightarrow C_6H_5\overset{O}{\overset{\|}{C}}\!-\!O\!-\!OH + [C_6H_5\overset{\cdot}{C}O]$$

Die Umwandlung von Benzopersäure in Benzoesäure kann ebenfalls in Form einer Kettenreaktion verlaufen.

$$C_6H_5\overset{O}{\overset{\|}{C}}\!-\!O\!-\!OH + [C_6H_5\overset{\cdot}{C}O] \longrightarrow \left[C_6H_5\overset{O}{\overset{\|}{C}}\!-\!O\cdot\right] + C_6H_5\overset{O}{\overset{\|}{C}}\!-\!OH$$

$$\left[C_6H_5\overset{O}{\overset{\|}{C}}\!-\!O\cdot\right] + C_6H_5CHO \longrightarrow C_6H_5\overset{O}{\overset{\|}{C}}\!-\!OH + [C_6H_5\overset{\cdot}{C}O]$$

Die Autoxydation von Benzaldehyd wird nicht nur durch Licht, sondern auch durch Spuren von Metallsalzen verschiedener Valenz katalysiert, z. B. durch Salze von Eisen, Nickel, Mangan, Chrom und Kupfer. Überdies ist die Reaktion auto-katalytisch, d. h. sie wird durch ein Reaktionsprodukt katalysiert. Die Autokatalyse läßt sich durch Zersetzung der Benzopersäure erklären, die die doppelte Zahl von freien Radikalen liefert, als zu ihrer Bildung erforderlich sind.

$$C_6H_5\overset{O}{\overset{\|}{C}}{-}O{-}OH \longrightarrow \left[C_6H_5\overset{O}{\overset{\|}{C}}{-}O \cdot\right] + [\cdot OH]$$

Die Metallionen katalysieren diese Zersetzung wahrscheinlich durch Übertragung einzelner Elektronen.

$$Fe^{++} + C_6H_5\overset{O}{\overset{\|}{C}}{-}O{-}OH \longrightarrow Fe^{+++} + \left[C_6H_5\overset{O}{\overset{\|}{C}}{-}O \cdot\right] + :OH^-$$

$$Fe^{+++} + C_6H_5\overset{O}{\overset{\|}{C}}{-}O{-}OH \longrightarrow Fe^{++} + \left[C_6H_5\overset{O}{\overset{\|}{C}}{-}O{-}O \cdot\right] + H^+$$

Fentonsches Reagens (Wasserstoffperoxyd und Eisen(II)-sulfat (S. 401)), oxydiert nach einem ähnlichen Mechanismus.

$$Fe^{+++} + HO{-}OH \longrightarrow Fe^{++} + H^+ + [HO{-}O \cdot]$$

$$RH + [\cdot OH] \longrightarrow [R \cdot] + H_2O$$

$$RH + [\cdot O{-}OH] \longrightarrow [R \cdot] + H_2O_2$$

$$[R \cdot] + HO{-}OH \longrightarrow ROH + [\cdot OH]$$

Antioxydantien

Es gibt zahlreiche Substanzen, die eine Autoxydation verhindern können, wenn sie in sehr geringer Menge vorhanden sind; sie sind als **Antioxydantien** oder **Oxydationsinhibitoren** bekannt. Diese Substanzen haben allgemein die Eigenschaft, leicht oxydiert zu werden. So setzen Sulfite, Jodide, Benzylalkohol, Hydrochinon oder Diphenylamin in Konzentrationen von nur 0,001% die Geschwindigkeit von Autoxydationen auf ein zu vernachlässigendes Maß herab.

Peroxyde sind wichtig, weil sie Polymerisationen und andere von freien Radi-kalen katalysierte Reaktionen zu katalysieren vermögen; die Bedeutung der Antioxydantien liegt in ihrer Fähigkeit zur Verhinderung unerwünschter Oxyda-tionen oder anderer Reaktionen, die von freien Radikalen katalysiert werden. Zum Beispiel dienen die Tokopherole (S. 667) zur Verhütung des Ranzigwerdens von Nahrungsmitteln, Diphenylamin wird zur Stabilisierung von Nitrocellulose ver-wendet, Phenyl-α-naphthylamin zur Verlängerung der Lebensdauer von Gummi-artikeln, α-Naphthol oder Di-sek.-butyl-p-phenylendiamin zur Verhinderung einer Harzbildung in Crackbenzinen, und Hydrochinon zur Verhütung der spon-tanen Polymerisation von leicht polymerisierbaren Monomeren. Die Autoxy-dation von Flüssigkeiten kann auch durch Zusatz von Chelatbildnern verhindert werden, die die als Katalysatoren wirkenden Metallionen entfernen. So werden durch Zusatz von 0,001% Disalicyliden-1.2-diamino-propan zum Benzin Kupfer-ionen und Säuren desaktiviert, und die Harzbildung wird verhindert.

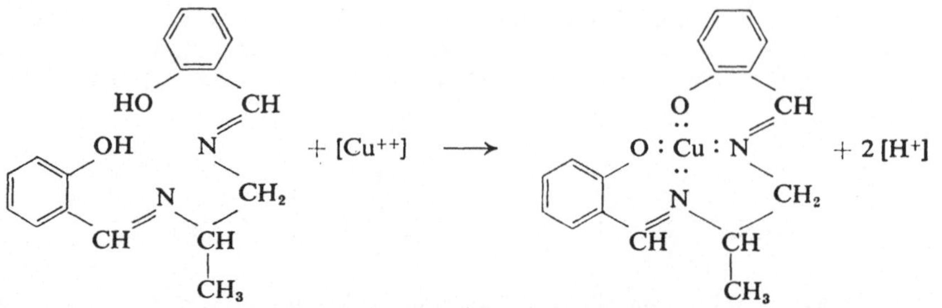

$$+ [Cu^{++}] \longrightarrow \quad\quad + 2\,[H^+]$$

Die positive Katalyse der Autoxydation erklärt sich durch eine Erhöhung der Konzentration der für das Fortschreiten einer Kettenreaktion notwendigen freien Radikale; entsprechend kann die Wirkung der Antioxydantien einer Verminderung der Konzentration freier Radikale zugeschrieben werden. Zum Beispiel führt die Übertragung eines Wasserstoffatoms auf ein freies Radikal zu einem beständigen Molekül.

$$[C_6H_5\overset{\cdot}{C}O] + RH \longrightarrow C_6H_5CHO + [R\cdot]$$

Da dieser Vorgang ebenfalls ein freies Radikal erzeugt, wirken nur solche Substanzen als Inhibitoren, die kurzlebige freie Radikale liefern, d. h. freie Radikale, die sehr schnell in beständige Moleküle übergeführt werden, so daß die Kette abgebrochen wird. Primäre und sekundäre Alkohole verhindern die Autoxydation, weil das primär entstehende freie Radikal ein zweites Wasserstoffatom übertragen kann und dabei in einen Aldehyd oder ein Keton übergeht.

$$[C_6H_5\overset{\cdot}{C}O] + RCH_2OH \longrightarrow C_6H_5CHO + [R\overset{\cdot}{C}HOH]$$
$$[R\overset{\cdot}{C}HOH] + [C_6H_5\overset{\cdot}{C}O] \longrightarrow C_6H_5CHO + RCHO$$

Der Vorgang kann auch so verlaufen, daß zuerst ein Wasserstoffatom von der Hydroxylgruppe abgespalten wird.

$$[C_6H_5\overset{\cdot}{C}O] + RCH_2OH \longrightarrow C_6H_5CHO + [RCH_2O\cdot]$$
$$[RCH_2O\cdot] + [C_6H_5\overset{\cdot}{C}O] \longrightarrow C_6H_5CHO + RCHO$$

Perbenzoylradikale können in gleicher Weise durch Umwandlung in die beständigere Benzopersäure zerstört werden. Tertiäre Alkohole sind unwirksam, weil das tertiäre Kohlenstoffatom kein Wasserstoffatom trägt und somit weder die erste Stufe des ersten Vorgangs noch die zweite Stufe des zweiten Vorgangs stattfinden kann. Substanzen wie Hydrochinon und Diphenylamin sind wirksamer als Alkohole, denn sie werden viel leichter zu Chinon bzw. einem Indophenol oxydiert als Alkohole zu Aldehyden oder Ketonen. Leichte Oxydierbarkeit allein genügt jedoch nicht zur Verhinderung der Autoxydation. So wird etwa der Aldehyd, der als Reaktionsprodukt der Inhibition durch einen primären Alkohol entsteht, unter geeigneten Bedingungen leichter oxydiert als der Alkohol. Aldehyde sind jedoch keine Antioxydantien, weil das aus ihnen entstehende Radikal nicht stabilisiert werden kann, ohne daß sich ein neues Radikal bildet. Wäre dies anders, dann könnten die Aldehyde keiner raschen Autoxydation unterliegen, da sie ja als ihre eigenen Antioxydantien wirken würden. Umgekehrt unterliegen Alkohole keiner raschen Autoxydation, da sie tatsächlich als ihre eigenen Antioxydantien wirken. Es ist jedoch berichtet worden, daß die photochemische Luftoxydation von Isopropylalkohol bis zu 0,4 Mol Peroxyd pro Liter geben kann, und ein industrielles Verfahren zur Herstellung von Aceton und Wasserstoffperoxyd aus Isopropylalkohol basiert auf der Luftoxydation bei 500° (S. 235). Jodide und Sulfite wirken als Antioxydantien, da sie leicht zu Jod bzw. Dithionat-Ion oxydiert werden.

$$[C_6H_5\overset{\cdot}{C}O] + HJ \longrightarrow C_6H_5CHO + [J\cdot]$$
$$2\,[J\cdot] \longrightarrow J_2$$
$$[C_6H_5\overset{\cdot}{C}O] + [HSO_3^-] \longrightarrow C_6H_5CHO + [\cdot SO_3^-]$$
$$2\,[\cdot SO_3^-] \longrightarrow [S_2O_6^=]$$

Wiederholungsfragen

1. Was sind organische Peroxyde? Man führe die Namen und Strukturen der wichtigeren Arten von organischen Peroxyden auf. Wozu werden die Peroxyde verwendet?

2. Man gebe einen Überblick über die verschiedenen Methoden zur Darstellung von Epoxyden. Welche Bedeutung haben die Epoxyde?

3. Man erläutere die Autoxydation von (a) Benzaldehyd; (b) Olefinen.

4. Was sind Antioxydantien, wie wirken sie und welcher Gebrauch wird von ihnen gemacht?

5. Was ist die geltende Ansicht über die Struktur von (a) Ozon; (b) Ozoniden?

6. Wie kann man die Anwesenheit von Peroxyden in Äther feststellen? Warum sollten sie vor Gebrauch des Äthers entfernt werden?

Aufgaben

7. Man gebe Gleichungen für die Darstellung von folgenden Verbindungen: (a) Di-n-butylperoxyd; (b) Cumolhydroperoxyd; (c) Formylhydroperoxyd; (d) Essigsäure-(2.2-dimethyl-vinyl)-ester aus Mesityloxyd; (e) 2-(3-Hydroxypropyl)-benzoesäure aus α-Tetralon; (f) Bis-(1-hydroxy-butyl)-peroxyd aus Butanal.

8. Man gebe Reaktionen für die Darstellung von α-Tetralon aus (a) Benzol; (b) Naphthalin.

9. Aus dem gegebenen Wasserstoffvolumen (Normalbedingungen), das sich bei Behandlung von 1 g einer wäßrigen Formaldehyd-Lösung mit alkalischem Wasserstoffperoxyd entwickelt, berechne man den Prozentgehalt an Formaldehyd in der Lösung: (A) 80 cm³; (B) 55 cm³; (C) 110 cm³; (D) 35 cm³.

10. Eine gewogene Probe einer ungesättigten Verbindung wurde in einem abgemessenen Volumen einer Lösung von Benzopersäure in Chloroform gelöst und die Lösung zwölf Stunden im Dunkeln stehen gelassen. Die Benzopersäure-Lösung war vor Gebrauch eingestellt worden, und nach Beendigung der Reaktion wurde die Menge an nichtumgesetzter Benzopersäure durch jodometrische Titration bestimmt. Y ist das Gewicht der Probe in Gramm, X das Volumen der 0.2 N Thiosulfat-Lösung in cm³, das der verbrauchten Benzopersäure äquivalent ist, und Z das ungefähre Molekulargewicht der Verbindung. Man berechne das Äquivalentgewicht der Verbindung und die Zahl der vorliegenden Doppelbindungen.

	A	B	C	D
X	30.2	45,6	25,8	18,4
Y	0,2476	0,2827	0,1058	0,2502
Z	90	175	80	140

Kapitel 41

Metallorganische Verbindungen

Metallorganische Verbindungen sind Verbindungen, in denen Kohlenstoff an ein Metall gebunden ist. Die Bindungen mit den einzelnen Metallen können hinsichtlich ihrer Polarität sehr verschieden sein und vom nahezu kovalenten Typus bis zum Ionenpaar-Typus variieren. Typisch metallorganische Verbindungen sind die Grignard-Reagentien (S. 125) und die Metallacetylide (S. 137). Metallderivate, in denen das Anion ein Resonanzhybrid ist, wie bei Natriummalonester (S. 845) oder Natrium-acetessigester (S. 866), werden gewöhnlich nicht zu den metallorganischen Verbindungen gerechnet. In diesem Kapitel werden die metallorganischen Verbindungen in Gruppen entsprechend der Stellung des Metalls im Periodensystem besprochen.

Erste Hauptgruppe (Li, Na, K, Rb, Cs)

Einige wenige **lithiumorganische** Verbindungen können in guter Ausbeute direkt aus Alkyl- oder Arylhalogeniden in Lösungen von Äther, Benzol oder Cyclohexan dargestellt werden.

$$n\text{-}C_4H_9Cl + 2\,Li \longrightarrow n\text{-}C_4H_9Li + LiCl$$
n-Butyllithium

$$C_6H_5Br + 2\,Li \longrightarrow C_6H_5Li + LiBr$$
Phenyllithium

$$p\text{-}(CH_3)_2NC_6H_4Br + 2\,Li \longrightarrow p\text{-}(CH_3)_2NC_6H_4Li + LiBr$$
p-Dimethylaminophenyllithium

Sowohl Alkyl- als auch Arylhalogenide reagieren leicht mit metallischem Natrium unter Bildung von natriumorganischen Verbindungen, wenn das Natrium in einem flüssigen Kohlenwasserstoff hoch dispergiert ist (10—$30\,\mu$).

$$C_6H_5Cl + 2\,Na \longrightarrow C_6H_5Na + NaCl$$

$$C_6H_5CH_2Cl + 2\,Na \longrightarrow C_6H_5CH_2Na + NaCl$$

Triphenylmethylnatrium bildet sich direkt aus Triphenylmethylchlorid in Äther.

$$(C_6H_5)_3CCl + 2\,Na(Hg) \xrightarrow{\text{Äther}} (C_6H_5)_3CNa + NaCl$$

Da 1- bis 3%iges Amalgam verwendet werden muß, ist es nicht gut möglich, größere Mengen darzustellen. Die Lösung kann dazu dienen, Sauerstoff aus inerten Gasen zu entfernen, oder kann als stark basischer Katalysator verwendet werden. Selbst gewisse Vinylhalogenide, die gewöhnlich reaktionsträge sind, geben das Alkenyllithium, sofern das Halogenid rein genug ist.

Häufig kann bei der Darstellung von Lithiumverbindungen aus einem Metall-Halogen-Austausch Vorteil gezogen werden.

$$RLi + R'Br \rightleftharpoons RBr + R'Li$$

Die Lage des Gleichgewichts hängt davon ab, wie stark elektronenanziehend die Gruppe R ist. So führt die Reaktion von n-Butyllithium mit α-Bromnaphthalin mit 95% Ausbeute zu α-Naphthyllithium, während Phenyllithium und p-Jodtoluol das Gleichgewicht bei 50% Umwandlung erreichen.

Es gibt eine allgemeine Methode zur Darstellung von Alkylderivaten sämtlicher Alkalimetalle. Sie besteht im Erhitzen des Metalls mit einem Quecksilberalkyl (S. 943) im Einschlußrohr.

$$(C_2H_5)_2Hg + 2\,Na \longrightarrow 2\,C_2H_5Na + Hg$$
Äthylquecksilber   Äthylnatrium

o-Phenylenlithium wird bei der Umsetzung von Biphenylenquecksilber mit Lithium erhalten.

Verbindungen mit Wasserstoff von genügender Acidität reagieren direkt mit den Alkalimetallen.

$$RC\equiv CH + Na \text{ (geschmolzen)} \longrightarrow RC\equiv CNa + \tfrac{1}{2} H_2$$

$$(C_6H_5)_2CH_2 + K \xrightarrow{230°} (C_6H_5)_2CHK + \tfrac{1}{2} H_2$$

Cyclopentadien, Inden und Fluoren sind genügend sauer, um mit Natriumamid zu reagieren.

$$\text{CH}_2 + \text{NaNH}_2 \longrightarrow \text{CHNa} + \text{NH}_3$$

Wenn eine andere Verbindung saurer ist als diejenige, von der sich eine metallorganische Verbindung ableitet, findet ein gewöhnlicher Säure-Base-Austausch ähnlich der Reaktion mit Natriumamid statt. Zum Beispiel reagiert Benzol mit Äthylnatrium unter Bildung von Äthan und Phenylnatrium.

$$C_6H_6 + C_2H_5Na \longrightarrow C_6H_5Na + C_2H_6$$

Aus Reaktionen dieser Art läßt sich eine Ordnung von Kohlenwasserstoffen nach steigender Acidität ableiten.

$$C_2H_6 < C_6H_6 < C_6H_5CH_3 < (C_6H_5)_2CH_2 < (C_6H_5)_3CH$$

Diese Austauschreaktionen besitzen praktische Bedeutung, da sie zur Synthese von metallorganischen Verbindungen herangezogen werden können, die nach anderen Methoden schwierig zu synthetisieren sind. Zum Beispiel wird α-Picolyllithium leicht aus α-Picolin und Phenyllithium gewonnen.

$$\text{CH}_3 + C_6H_5Li \longrightarrow \text{CH}_2Li + C_6H_6$$

Die Reaktionsfähigkeit der metallorganischen Verbindungen ist bei diesen Austauschreaktionen ebenfalls verschieden, denn je ionischer die Kohlenstoff-Metall-Bindung ist, desto stärker wirkt die Substanz als Base. So reagiert RMgX nicht mit Dibenzofuran, RLi gibt ein Lithiumderivat, und RNa gibt ein Dinatriumderivat.

$$+ \text{RLi} \longrightarrow + \text{RH}$$

$$+ 2\,\text{RNa} \longrightarrow + 2\,\text{RH}$$

Für derartige Reaktionen wurde die Bezeichnung *Metallierung* geprägt, doch handelt es sich lediglich um eine typische Säure-Base-Austauschreaktion.

Natriumorganische Verbindungen bilden sich auch durch Addition des Metalls an konjugierte Kohlenstoff-Kohlenstoff-Doppelbindungen des Naphthalins (S. 617), Anthracens (S. 629) und der phenylsubstituierten Äthylene (S. 609). Ferner entsteht bei der Polymerisation von konjugierten Dienen durch metallisches Natrium zweifellos eine metallorganische Verbindung als Zwischenprodukt (S. 755).

Lithiumalkyle und Lithiumaryle sind genügend kovalent, um in Äther, Benzol und Hexan löslich zu sein. Wie stark homöopolar manche Verbindungen sein können, zeigt die Isolierung von geometrischen Isomeren.

$$\underset{\underset{C_6H_5}{}}{\overset{ClC_6H_4}{}}C=C\underset{\underset{C_6H_5}{}}{\overset{Li}{}} \qquad\qquad \underset{\underset{C_6H_5}{}}{\overset{ClC_6H_4}{}}C=C\underset{\underset{Li}{}}{\overset{C_6H_5}{}}$$

Die anderen Alkalimetalle bilden farblose nichtflüchtige Derivate, die in den meisten organischen Lösungsmitteln unlöslich sind. Mit wachsender Kernladung wird die Bindung zum Kohlenstoff immer ionischer. In Äthylzink-Lösung ist die molare Leitfähigkeit von Äthyllithium, -natrium, -kalium und -rubidium 0,13, 4,01, 6,49 und 9,39. Diese Reihenfolge gilt nicht nur für die Basizität dieser metallorganischen Verbindungen, sondern auch für ihre Reaktionsfähigkeit bei den üblichen Reaktionen vom Grignard-Typus, wobei die Lithiumverbindungen die reaktionsträgsten sind.

Von den alkaliorganischen Verbindungen sind die Lithiumverbindungen die praktisch wichtigsten. Für synthetische Zwecke ergänzen sie die Grignard-Verbindungen. So addieren sie sich an sterisch gehinderte Carbonylgruppen, die mit Grignard-Verbindungen nicht reagieren. Ferner lagern sie sich leichter an Nitrile an, und man erhält bei der Hydrolyse bessere Ausbeuten von Ketonen. Lithiumsalze von Carbonsäuren reagieren mit Lithiumalkyl unter Bildung der Lithiumsalze von Ketonhydraten, die zu Ketonen hydrolysiert werden.

$$\overset{O}{\overset{\|}{R C}}\!-\!OLi + LiR' \longrightarrow \underset{\underset{R'}{|}}{\overset{\overset{OLi}{|}}{R C}}\!-\!OLi \overset{H_2O}{\longrightarrow} RCOR' + 2\,LiOH$$

Diese Reaktion kann zur Synthese von gemischten Ketonen herangezogen werden. Auf Grund der gleichen Reaktion reagiert übrigens Kohlendioxyd mit lithiumorganischen Verbindungen unter Bildung von Ketonen, nicht von Carbonsäuren. Natriumorganische Verbindungen reagieren mit Metallhalogeniden unter Bildung von anderen metallorganischen Verbindungen.

$$C_6H_5Na + LiCl \longrightarrow C_6H_5Li + NaCl$$
$$+ MgCl_2 \longrightarrow C_6H_5MgCl + NaCl$$

Erste Nebengruppe (Cu, Ag, Au)

Organokupfer-, -silber- und **-goldverbindungen** werden durch Umsetzung der Halogenide mit Grignard-Verbindungen gewonnen.

$$MX + RMgX \longrightarrow RM + MgX_2$$

Sie reagieren normal mit organischen Verbindungen, die reaktionsfähigere Gruppen haben. Zum Beispiel geben Acylchloride Ketone, Phenylisocyanate liefern Anilide (S. 506). Sie sind relativ unbeständig und zersetzen sich unter Bildung des Metalls und Vereinigung der Kohlenwasserstoffreste.

$$2\,RM \longrightarrow RR + 2\,M$$

Die kuppelnde Wirkung von Kupfer(II)-chlorid auf Grignard-Verbindungen (S. 128) wird wahrscheinlich durch die Organokupferverbindung verursacht.

$$2\,RMgX + CuCl_2 \longrightarrow 2\,MgX_2 + [R_2Cu] \longrightarrow RR + Cu$$

Zweite Hauptgruppe (Be, Mg, Ca, Sr, Ba, Ra)

Organoberylliumverbindungen können aus Berylliumchlorid und Grignard-Verbindungen dargestellt werden.

$$BeCl_2 \xrightarrow{\ RMgX\ } RBeCl \xrightarrow{\ RMgX\ } R_2Be$$

Sie gleichen den Organomagnesiumverbindungen, sind aber weniger reaktionsfähig.

Dialkylverbindungen der anderen Erdalkalimetalle werden aus dem Metall und einem Quecksilberalkyl dargestellt. Die Umsetzung des Metallalkyls mit dem Metallhalogenid führt zum Alkylmetallhalogenid.

$$R_2Hg + M \longrightarrow R_2M + Hg$$
$$R_2M + MX_2 \longrightarrow 2\,RMX$$

Wie bei den Verbindungen der ersten Hauptgruppe wächst die Reaktionsfähigkeit, je stärker ionischen Charakter die Bindung annimmt, in der Reihenfolge $Be <$ $< Mg < Ca < Sr < Ba$. Die Alkylcalciumverbindungen haben ähnliche Eigenschaften wie die Alkylnatriumverbindungen.

Darstellung und Reaktionen der **Alkyl-** und **Arylmagnesiumhalogenide (Grignard-Verbindungen)** sind in Kapitel 6 und später behandelt. Die Reaktionsgeschwindigkeit der Grignard-Verbindungen RMgX ist je nach der Natur von R außerordentlich verschieden. Zum Beispiel ist die Zeit in Stunden, die für das vollständige Verschwinden von RMgBr in Gegenwart eines Überschusses von Benzonitril unter einheitlichen Bedingungen erforderlich ist, wie folgt: R=Mesityl 0,01; p-Tolyl 0,10; Phenyl 0,31; Äthyl 0,85; Benzyl 1,60; n-Buytl 4,57; sek.-Butyl 11,65; tert.-Butyl 25,5; Phenyläthinyl ($C_6H_5C{\equiv}C{-}$) 77,0. Läßt man ein Mol einer Grignard-Verbindung mit einem Gemisch von je ein Mol zweier Verbindungen reagieren und bestimmt die Mengen der entstandenen Reaktionsprodukte, so kann man feststellen, welche Verbindung reaktionsfähiger ist. Aus einer Folge derartiger konkurrierender Reaktionen mit Phenylmagnesiumbromid wurde nachstehende Reihenfolge der Reaktionsfähigkeit erhalten.

$$C_6H_5CHO > C_6H_5COCH_3 > C_6H_5NCO > C_6H_5COF > C_6H_5COC_6H_5 > C_6H_5COCl >$$
$$C_6H_5COBr > C_6H_5COOC_2H_5 > C_6H_5CN$$

Obgleich solche Resultate nützlich sind, wenn man die relative Reaktionsgeschwindigkeit einer Grignard-Verbindung bestimmen will, kann man sich doch nicht völlig auf sie verlassen, denn verschiedene Reaktionsreihen haben keine vollständig übereinstimmenden Ergebnisse erbracht.

Magnesiumalkyle können durch Erhitzen von Quecksilberalkyl mit Magnesium im Einschlußrohr dargestellt werden.

$$R_2Hg + Mg \longrightarrow R_2Mg + Hg$$

Es sind feste, in Äther lösliche Substanzen.

In Äther-Lösung stehen die Alkylmagnesiumhalogenide im Gleichgewicht mit Magnesiumalkyl und Magnesiumhalogenid.

$$2\,RMgX \;\rightleftharpoons\; R_2Mg + MgX_2$$

Die Äther-Komplexe der Gleichgewichtskomponenten sind zwar löslich in Äther, nicht aber der Dioxan-Komplex des Magnesiumhalogenids. Daher wird durch Zugabe von Dioxan das Magnesiumhalogenid ausgefällt und das Gleichgewicht verschoben, so daß eine Lösung von Magnesiumalkyl entsteht. Wechselnde Mengen von Alkylmagnesiumhalogenid können auf einmal niedergeschlagen werden, doch ist die Lösung völlig halogenfrei. Die Reaktionen der Lösungen von Magnesiumalkylen entsprechen bis auf geringfügige Unterschiede denen der Alkylmagnesiumhalogenide.

Zweite Nebengruppe (Zn, Cd, Hg)

Die einfacheren primären und sekundären **Zinkalkyle** und **Alkylzinkhalogenide** können direkt aus dem Alkylhalogenid und verkupfertem Zink dargestellt werden.

$$C_2H_5J + Zn(Cu) \longrightarrow C_2H_5ZnJ$$

$$2\,C_2H_5ZnJ \xrightarrow{\text{Wärme}} (C_2H_5)_2Zn + ZnJ_2$$

Diese Reaktion wurde 1849 von FRANKLAND[1] entdeckt, als er versuchte, freie Äthylradikale darzustellen. Höhere Alkylhalogenide geben hauptsächlich Disproportionierungsprodukte, und tertiäre Alkylhalogenide geben Olefine und Wasserstoff. Zinkalkyle können auch aus der Grignard-Verbindung und Zinkhalogenid dargestellt werden, oder aus dem Quecksilberalkyl und Zink.

$$ZnX_2 \xrightarrow{RMgX} RZnX \xrightarrow{RMgX} R_2Zn$$

$$R_2Hg + Zn \longrightarrow R_2Zn + Hg$$

Die Zinkalkyle reagieren mit den gleichen Verbindungsgruppen wie die Grignard-Reagentien, und obgleich sich Zinkmethyl und Zinkäthyl an der Luft von selbst entzünden, wurden beide Verbindungen vor der Entdeckung der Organomagnesiumverbindungen für Synthesen verwendet. Die Alkylzinkhalogenide werden nicht so leicht an Carbonylverbindungen angelagert wie die Grignard-Verbindungen und können zur Darstellung von Ketonen aus Acylchloriden verwendet werden, ohne daß sich störende Mengen von tertiärem Alkohol bilden.

$$RCOCl + R'ZnCl \longrightarrow RCOR' + ZnCl_2$$

Mit einer Grignard-Verbindung ist diese Reaktion nur zu erzielen, wenn man bei sehr niedriger Temperatur (—60 bis—80°) arbeitet.

Cadmiumverbindungen werden aus Grignard-Verbindungen und Cadmiumchlorid dargestellt. Sie sind noch reaktionsträger als die Zinkverbindungen und eignen sich für die Darstellung von Ketonen aus Acylhalogeniden (S. 204) unter Umständen noch besser.

---

[1] EDWARD FRANKLAND (1825—1899), Nachfolger von HOFMANN an der Royal School of Mines (vormals Royal College of Chemistry) in London. Er war der Schöpfer der Valenztheorie in ihrer Anwendung auf die heute als kovalent bezeichneten Verbindungen und trug neben KOLBE und KEKULÉ wesentlich zu ihrer Entwicklung bei.

Von den metallorganischen Verbindungen sind die des **Quecksilbers** nächst denen des Magnesiums am wichtigsten. Sie eignen sich nicht so sehr für die organische Synthese, haben aber erhebliche Verwendung als Antiseptica und Medikamente gefunden. Die meisten von ihnen sind sehr giftig, und besonders die flüchtigen Alkylquecksilberverbindungen sollten mit Vorsicht gehandhabt werden.

Aryl- oder Alkylquecksilberverbindungen können aus den Halogeniden und Natriumamalgam oder aus den Grignard-Verbindungen und Quecksilberhalogenid dargestellt werden.

$$2\,RX + Na_2Hg \longrightarrow R_2Hg + 2\,NaX$$

$$HgX_2 \xrightarrow{\;RMgX\;} RHgX \xrightarrow{\;RMgX\;} R_2Hg$$

Äthylquecksilberchlorid, ein wichtiges Fungicid, das zur Verhütung von Harzflecken an Bauholz und zum Beizen von Saatgut verwendet wird, wird aus Quecksilber(II)-chlorid und Bleitetraäthyl dargestellt.

$$4\,HgCl_2 + Pb(C_2H_5)_4 \longrightarrow 4\,C_2H_5HgCl + PbCl_4$$

Aromatische Quecksilberverbindungen können nicht nur durch Verdrängung von Halogen, sondern auch von anderen Gruppen gewonnen werden. Durch die Nesmejanow-Reaktion (S. 524) wird die Diazoniumgruppe verdrängt. Sulfinsäure- und Borsäuregruppen können durch Erhitzen mit Quecksilber(II)-chlorid ausgetauscht werden.

$$C_6H_5SOOH + HgCl_2 \longrightarrow C_6H_5HgCl + SO_2 + HCl$$

$$C_6H_5B(OH)_2 + HgCl_2 \longrightarrow C_6H_5HgCl + HBO_2 + HCl$$

Die Darstellung von Quecksilberverbindungen durch Substitution von Wasserstoff oder durch Anlagerung an eine Doppelbindung wird als *direkte Mercurierung* bezeichnet. Zum Beispiel addieren Olefine Quecksilber(II)-acetat.

$$RCH{=}CHR + Hg(OAc)_2 \longrightarrow \underset{\substack{|\quad\;\; |\\ OAc\;\; HgOAc}}{RCH{-}CHR}$$

Da häufig aus flüssigen, ungesättigten Verbindungen kristallisierte Verbindungen erhalten werden, wird die Reaktion zur Isolierung und Reinigung von ungesättigten Verbindungen, z. B. ungesättigten Fettsäuren, herangezogen. Die ungesättigte Verbindung wird durch Erhitzen mit Salzsäure zurückgewonnen.

$$\underset{\substack{|\quad\;\; |\\ OAc\;\; HgOAc}}{RCH{-}CHR} + 2\,HCl \longrightarrow RCH{=}CHR + HgCl_2 + 2\,HOAc$$

Acetylene reagieren mit Quecksilber(II)-cyanid unter Bildung von Cyanquecksilberderivaten.

$$RC{\equiv}CH + Hg(CN)_2 \longrightarrow RC{\equiv}CHgCN + HCN$$

Leicht substituierbare aromatische Verbindungen reagieren mit Quecksilber(II)-acetat in Alkohollösung.

$$C_6H_5OH + Hg(OAc)_2 \longrightarrow o\text{- und } p\text{-}HOC_6H_4HgOAc + HOAc$$

Die Reaktion verläuft im Vergleich zu den üblichen Substitutionsreaktionen unter sehr milden Bedingungen. Daher können Verbindungen wie Furan, die gegen Säuren empfindlich sind, und wegen eintretender Ringspaltung und Polymerisation bei der Bromierung, Nitrierung oder Sulfonierung keine guten Ausbeuten an Substitutionsprodukten liefern, leicht mercuriert werden.

$$\text{Furan} \xrightarrow{\text{Hg(OAc)}_2} \text{HgOAc-Furan} \xrightarrow{\text{Hg(OAc)}_2} \text{AcOHg-Furan-HgOAc}$$

Die niederen Alkylquecksilberverbindungen sind leichtflüchtige Flüssigkeiten, die in organischen Lösungsmitteln löslich sind; dies zeigt, daß es sich um kovalente Verbindungen handelt. Von den metallorganischen Verbindungen der ersten beiden Gruppen des Periodensystems sind sie die am wenigsten reaktionsfähigen.

Bei der Anlagerung an Carbonylgruppen ist die Reihenfolge der Reaktionsfähigkeit metallorganischer Verbindungen für die erste Hauptgruppe $Li < Na < K < Rb < Cs$, für die erste Nebengruppe $Cu > Ag > Au$. Ebenso ist sie bei der zweiten Hauptgruppe $Be < Mg < Ca < Sr < Ba$, bei der zweiten Nebengruppe $Zn > Cd > Hg$. Die Umkehrung in der Reihenfolge der Reaktionsfähigkeit bei den Nebengruppen im Vergleich zu den Hauptgruppen hängt mit der Verschiedenheit der Elektronenkonfiguration der Atome zusammen. In der Hauptgruppe entspricht die Elektronenkonfiguration der Atomrümpfe denen der Edelgase. Daher besteht keine Wechselwirkung zwischen den Valenzelektronen und dem Atomrumpf, und je größer die Kernladung ist, desto ionischer ist die Kohlenstoff-Metall-Bindung. In den Nebengruppen entspricht dagegen die Elektronenkonfiguration der Atomrümpfe nicht der der Edelgase, und es besteht daher eine Wechselwirkung zwischen den Valenzelektronen und den Atomrümpfen. Je schwerer das Atom ist, desto komplizierter ist diese Wechselwirkung, und desto kovalenter ist die Bindung. Bei denjenigen Reaktionen also, bei denen der ionische Bindungscharakter bestimmend ist für den Grad der Reaktionsfähigkeit, nimmt diese mit wachsendem Atomgewicht in den Hauptgruppen zu, in den Nebengruppen ab.

Alkylquecksilberverbindungen werden von Wasser nicht hydrolysiert, aber von Halogenwasserstoffsäuren oder Halogenen gespalten.

$$R_2Hg \xrightarrow{HX} RH + RHgX \xrightarrow{HX} RH + HgX_2$$

$$R_2Hg \xrightarrow{X_2} RX + RHgX \xrightarrow{X_2} RX + HgX_2$$

$$R_2Hg \xrightarrow{(SCN)_2} RSCN + RHgSCN \xrightarrow{(SCN)_2} RSCN + Hg(SCN)_2$$

Die beiden letztgenannten Reaktionen können zur Darstellung von Halogen- oder Rhodanidverbindungen herangezogen werden. So reagieren o- und p-Acetoxymercuriphenol, dargestellt durch direkte Mercurierung von Phenol, mit Natriumchlorid unter Bildung von Chlormercuriverbindungen, die leicht durch Kristallisation getrennt werden können. Umsetzung der beiden gereinigten Verbindungen mit einem Mol Halogen oder Rhodan gibt das entsprechende halogenierte Phenol oder das Hydroxyphenylrhodanid. In ähnlicher Weise können Brom- und Jodfuran aus Chlormercurifuran dargestellt werden.

Einige aromatische Quecksilberverbindungen werden als Antiseptica verwendet. Zu den häufiger verwendeten gehört **Mercurochrom** (S. 721), obwohl es nur geringe durchdringende Wirkung hat und nur schwach antiseptisch wirkt. Wegen der erzeugten tiefroten Flecken wird ihm vom Verbraucher eine Wirkung zugeschrieben, die es nicht besitzt. Die Wirksamkeit gegenüber den meisten Organismen ist etwa $1/100$ der Wirkung von Quecksilber(II)-chlorid gleicher Konzentration. **Metaphen** *(Nitromersol)* und **Merthiolat** sind dagegen etwa zehnmal wirksamer als Quecksilber(II)-chlorid. Keine der Quecksilberverbindungen ist jedoch besonders wirksam gegen Sporen. Dieser Mangel überrascht nicht, da das hohe Molekulargewicht und die Unlöslichkeit in Fetten ein Eindringen in das Zellgewebe erschwert.

Mercurochrom   Metaphen   Merthiolat

Metaphen und Merthiolat sind farblos. Es mußte deshalb den Lösungen ein Farbstoff zugesetzt werden, damit das Publikum sie akzeptierte.

Die Alkylquecksilberverbindungen sind wichtig für die Synthese von anderen metallorganischen Verbindungen, denn Quecksilber kann gegen jedes Metall ausgetauscht werden, das in der Spannungsreihe vor ihm steht.

$$R_2Hg + 2\,M' \longrightarrow 2\,RM + Hg$$
$$R_2Hg + M'' \longrightarrow R_2M + Hg$$
$$3\,R_2Hg + 2\,M''' \longrightarrow 2\,R_3M + 3\,Hg$$

Alkylquecksilberverbindungen reagieren auch mit den Halogeniden von Nichtmetallen.

$$3\,R_2Hg + 2\,BX_3 \longrightarrow 2\,BR_3 + 3\,HgX_2$$
$$2\,R_2Hg + SiX_4 \longrightarrow SiR_4 + 2\,HgX_2$$

Dritte Haupt- und Nebengruppe
(B, Al, Ga, In, Tl; Sc, Y, La, Ac)

Bor- und **Aluminiumverbindungen** können aus dem Metallhalogenid und einer Grignard-Verbindung oder aus dem Metall und einem Quecksilberalkyl gewonnen werden.

$$BF_3 \xrightarrow{\text{RMgX}} RBF_2 \xrightarrow{\text{RMgX}} R_2BF \xrightarrow{\text{RMgX}} R_3B$$
$$3\,R_2Hg + 2\,Al \longrightarrow 2\,R_3Al + 3\,Hg$$

Obwohl sich die Boralkyle an der Luft von selbst entzünden, addieren sie sich nur langsam an die Carbonylgruppe. Die Aryl-Bor-Bindung ist sehr beständig. So werden die intermediären Arylhalogenverbindungen zu Arylborsäuren und Diarylborsäuren hydrolysiert.

$$C_6H_5BF_2 + 2\,H_2O \longrightarrow C_6H_5B(OH)_2 + 2\,HF$$
Phenylborsäure

$$(C_6H_5)_2BF + H_2O \longrightarrow (C_6H_5)_2BOH + HF$$
Diphenylborsäure

Phenylborsäure kann ohne Spaltung der Kohlenstoff-Bor-Bindung nitriert werden. Den trisubstituierten Borverbindungen fehlt ein Elektronenpaar in der Valenzschale des Bors, und so bilden sie leicht Additionsverbindungen mit Elektronen-donatoren, z. B. Aminen und Äthern.

$$R_3B + :NR_3 \;\rightleftharpoons\; R_3B\overset{-+}{-}NR_3$$

Aus der Lage des Gleichgewichts der Reaktion von Trimethylbor mit Trimethylamin, Triäthylamin und Chinuclidin in der Gasphase läßt sich auf die Beständigkeit der Additionskomplexe schließen; für sie gilt folgende Ordnung.

$$
\begin{array}{ccc}
\underset{\substack{|\\CH_3}}{\overset{\substack{CH_3\;CH_2CH_3}}{CH_3-\overset{-}{B}-\overset{+}{N}-CH_2CH_3}} & < & \underset{\substack{|\\CH_3\;CH_3}}{\overset{\substack{CH_3\;CH_3}}{CH_3-\overset{-}{B}-\overset{+}{N}-CH_3}} & < & CH_3-\overset{-}{B}-\overset{+}{N}
\end{array}
$$

Da die Fähigkeit, Elektronen abzugeben, bei den drei tertiären Aminen fast gleich sein dürfte, muß die relative Stabilität von dem Grad der gegenseitigen sterischen Behinderung abhängen, die zwischen den Methylgruppen am Boratom und den am Stickstoff befindlichen Gruppen statt hat. Die Basizität der Amine kann also ebensowohl von sterischen Faktoren wie von Polaritätsfaktoren beeinflußt werden.

Triphenylbor addiert Phenyllithium in Äther-Lösung unter Bildung von **Tetraphenylborlithium** *(Lithiumtetraphenylbor)*.

$$(C_6H_5)_3B + C_6H_5Li \;\longrightarrow\; (C_6H_5)_4B^{-+}Li$$

Es ist unlöslich in Kohlenwasserstoffen, aber löslich in Wasser, und wird von kochendem Wasser nicht zersetzt. Das Natriumsalz ist ebenfalls löslich in Wasser, dagegen sind die Kalium-, Rubidium-, Caesium- und Ammoniumsalze sowie zahlreiche Aminsalze völlig unlöslich. Das **Natriumsalz,** das als Reagens zur quantitativen Bestimmung dieser Ionen verwendet wird, wird durch Umsetzung von Bortrifluorid und einem Überschuß von Grignard-Reagens und anschließende Zersetzung mit Natriumcarbonat dargestellt.

$$BF_3 + 4\,C_6H_5MgBr \;\longrightarrow\; (C_6H_5)_4B^{-+}MgBr + 3\,MgBrF$$
$$(C_6H_5)_4{}^{-+}MgBr + Na_2CO_3 \;\longrightarrow\; (C_6H_5)_4B^{-+}Na + MgCO_3 + NaBr$$

Auch die Aluminiumalkyle entzünden sich an der Luft von selbst und werden von Wasser hydrolysiert. **Trimethylaluminium** kann leicht bei der direkten Reaktion von Aluminium mit Methyljodid erhalten werden.

$$2\,Al + 3\,CH_3J \;\longrightarrow\; Al(CH_3)_3 + AlJ_3$$

Es siedet bei 130°, ist aber in Lösung und in der Dampfphase dimer. Die einfache Valenztheorie reicht zur Erklärung dieser Assoziation nicht aus, und es sind hierfür spezielle Verfeinerungen vorgeschlagen worden. Die dimere Verbindung reagiert mit Elektronendonatoren unter Bildung von normalen Produkten.

$$Al_2(CH_3)_6 + 2\,N(CH_3)_3 \;\longrightarrow\; 2\,(CH_3)_3Al\overset{-+}{-}N(CH_3)_3$$
$$+ 2\,(C_2H_5)_2O \;\longrightarrow\; 2\,(CH_3)_3Al\overset{-+}{-}O(C_2H_5)_2$$

Seit 1952 gibt es ein neues Verfahren zur Darstellung von anderen Aluminiumalkylen in großem Maßstab, und diese sind technisch interessant geworden. Isobutylen reagiert mit Wasserstoff und reinem feinverteiltem Aluminium in

Abwesenheit von Sauerstoff bei 150° und 200 Atm. Druck unter Bildung von **Triisobutylaluminium.**

$$6\ (CH_3)_2C\!=\!CH_2 + 3\ H_2 + 2\ Al \longrightarrow 2\ Al[CH_2CH(CH_3)_2]_3$$

Triisobutylaluminium geht bei 100° eine Austauschreaktion mit Olefinen ein, die eine endständige Doppelbindung besitzen, und es entstehen andere Aluminiumtrialkyle.

$$Al(C_4H_9)_3 + \qquad 3\ C_2H_4 \longrightarrow Al(C_2H_5)_3 + 3\ C_4H_8$$
$$+ 3\ RCH\!=\!CH_2 \longrightarrow Al(CH_2CH_2R)_3 + 3\ C_4H_8$$

Triäthylaluminium kann nicht direkt aus Äthylen, Wasserstoff und Aluminium dargestellt werden, da sich bei der hierzu notwendigen Temperatur Triäthylaluminium an Äthylen addiert, wobei ein Gemisch höherer Aluminiumalkyle entsteht.

$$Al(C_2H_5)_3 + 3\ x\ C_2H_4 \longrightarrow Al[CH_2(CH_2)_{2x}CH_3]_3$$

Es ist jedoch ein Kreisprozeß durchführbar, in welchem man Triäthylaluminium bei 120° in **Diäthylaluminiumhydrid** überführt und dieses bei 70° mit Äthylen reagieren läßt.

$$4\ Al(C_2H_5)_3 + 2\ Al + 3\ H_2 \xrightarrow{120°} 6\ AlH(C_2H_5)_2$$
$$3\ AlH(C_2H_5)_2 + 3\ C_2H_4 \xrightarrow{70°} 3\ Al(C_2H_5)_3$$

Die Aluminiumtrialkyle sind nicht von so allgemeiner Verwendbarkeit wie die Lithiumalkyle oder die Grignard-Verbindungen, da nur eine Alkylgruppe an eine Carbonylgruppe angelagert werden kann.

$$R_2C\!=\!O + AlR'_3 \longrightarrow R_2\overset{\mid}{\underset{R'}{C}}\!-\!OAlR'_2$$

Es können jedoch alle drei Alkylgruppen zu Alkoxylgruppen oxydiert werden, und durch Hydrolyse der Alkoholate erhält man die Alkohole.

$$AlR_3 \xrightarrow{O_2} Al(OR)_3 \xrightarrow{H_2O} Al(OH)_3 + 3\ HOR$$

Brom gibt die primären Alkylbromide.

$$AlR_3 \xrightarrow{Br_2} 3\ RBr + AlBr_3$$

Damit ist eine Methode gegeben, mit der jedes Olefin mit endständiger Doppelbindung in einen primären Alkohol oder ein primäres Halogenid umgewandelt werden kann, während die Addition von Wasser oder Halogenwasserstoffsäuren ja sekundäre oder tertiäre Alkohole bzw. Halogenide liefert.

Wenn Triisobutylaluminium auf 180° erhitzt wird, entsteht **Diisobutylaluminiumhydrid,** eine destillierbare Flüssigkeit.

$$Al(C_4H_9)_3 \xrightarrow{180°} AlH(C_4H_9)_2 + C_4H_8$$

Diisobutylaluminiumhydrid kann an Stelle von Lithiumaluminiumhydrid für die meisten Reduktionen verwendet werden.

Der Komplex aus einem Mol Natriumfluorid und zwei Mol Triäthylaluminium ist eine Flüssigkeit von hoher elektrischer Leitfähigkeit. Wenn sie unter Verwendung einer Bleianode elektrolysiert wird, scheidet sich reines Aluminium an der Kathode ab. Die Äthylradikale, die sich an der Anode bilden, reagieren mit dem Blei unter Bildung von **Bleitetraäthyl,** das auf den Boden der Zelle sinkt und dort entnommen werden kann.

$$4\ Al(C_2H_5)_3 + 12\ e \longrightarrow 4\ Al + 12\ [C_2H_5\overset{\_}{:}\,]$$

$$12\ [C_2H_5\overset{\_}{:}\,] + 3\ Pb \longrightarrow 12\ e + 3\ Pb(C_2H_5)_4$$

Die Addition von Äthylen an Triäthylaluminium bei 120° führt zu höheren Aluminiumtrialkylen, die bei der Hydrolyse Polyäthylene liefern. Auf Grund der Austauschreaktion erhält man jedoch nur mittlere Molekulargewichte von etwa 25000.

$$Al(C_2H_5)_3 + 3\ x\ C_2H_4 \longrightarrow Al[CH_2(CH_2)_{2x}CH_3]_3$$

$$Al[CH_2(CH_2)_{2x}CH_3]_3 + 3\ CH_2{=}CH_2 \longrightarrow Al(C_2H_5)_3 + CH_2{=}CH(CH_2)_{2x-1}CH_3$$

Wenn man jedoch gewisse nichtreduzierbare Metallhalogenide wie Titantetrachlorid zusetzt, lassen sich Molekulargewichte bis zu 3000000 erreichen. Dieses Verfahren führte zur Synthese von technischen Polyäthylenen und Polypropylenen aus den Olefinen bei Atmosphärendruck (S. 65).

Organogalliumverbindungen gleichen den Aluminiumverbindungen, doch ist **Trimethylgallium** monomer. Die **Indium-** und **Thalliumverbindungen** bilden keine Komplexe mit Aminen oder Äthern, aber es sind Ätherate von **Triäthylscandium** und **Triäthylyttrium** beschrieben worden.

Vierte Haupt- und Nebengruppe
(Ge, Sn, Pb; Ti, Zr, Hf, Th)

Alkylgermaniumverbindungen sind mit Hilfe der Grignard-Reaktion dargestellt worden.

$$GeCl_4 + 4\ RMgX \longrightarrow R_4Ge + 4\ MgX_2$$

Sie werden nicht an eine Carbonylgruppe angelagert, reagieren aber mit Acylchloriden unter Bildung von Ketonen.

$$4\ RCOCl + R_4Ge \longrightarrow 4\ RCOR + GeCl_4$$

Hexaphenyldigerman $(C_6H_5)_3Ge{-}Ge(C_6H_5)_3$ dissoziiert im Gegensatz zu Hexaphenyläthan (S. 597) nicht in freie Radikale.

Sowohl die zweiwertigen als auch die vierwertigen **Zinnverbindungen** sind bekannt und werden nach der üblichen Methode dargestellt.

$$SnCl_2 + 2\ RMgX \longrightarrow R_2Sn + 2\ MgX_2$$

$$SnCl_4 \xrightarrow{RMgX} RSnCl_3 \xrightarrow{RMgX} R_2SnCl_2 \xrightarrow{RMgX} R_3SnCl \xrightarrow{RMgX} R_4Sn$$

Dibutylzinndilaurat, das aus Dibutylzinndichlorid und Natriumlaurat dargestellt wird, wird als Stabilisator für Polyvinylchloridpolymere verwendet. Die Dialkylzinndichloride können zu den Zinndialkylen reduziert werden.

$$R_2SnX_2 + 2\ Na(Hg) \longrightarrow R_2Sn + 2\ NaX$$

Die Reaktion mit Natrium in flüssigem Ammoniak gibt ein Dinatriumderivat, das nach Ansäuern mit Ammoniumchlorid in Dialkyldihydrozinn übergeht.

$$R_2SnCl_2 + 4\ Na(\text{in } NH_3) \longrightarrow R_2SnNa_2 + 2\ NaCl$$

$$R_2SnNa_2 + 2\ NH_4Cl \longrightarrow R_2SnH_2 + 2\ NH_3 + 2\ NaCl$$

Trialkylzinnchloride reagieren mit Natrium in flüssigem Ammoniak unter Bildung von Hexaalkyldistannanen.

$$2\ R_3SnCl + 2\ Na(in\ NH_3) \longrightarrow R_3Sn\!-\!SnR_3 + 2\ NaCl$$

Wenn Bleichlorid mit einer Grignard-Verbindung reagiert, kann das Reaktionsprodukt entweder das **Di-** oder **Tetraalkyl-** bzw. **-arylblei** oder das Hexaalkyl- oder Hexaaryldiplumban sein, je nach der Natur der Kohlenwasserstoffgruppe.

$$PbCl_2 + 2\ RMgX \longrightarrow PbR_2 + 2\ MgX_2$$
$$3\ PbCl_2 + 6\ RMgX \longrightarrow R_3Pb\!-\!PbR_3 + Pb + 6\ MgX_2$$
$$2\ PbCl_2 + 4\ RMgX \longrightarrow PbR_4 + Pb + 4\ MgX_2$$

Chlor reagiert mit disubstituierten oder hexasubstituierten Bleiverbindungen unter Bildung des vierwertigen Chlorderivats, das mit Grignard-Verbindungen unter Bildung des tetrasubstituierten Bleis reagieren kann.

$$R_2Pb + Cl_2 \longrightarrow R_2PbCl_2$$
$$(R_3Pb)_2 + Cl_2 \longrightarrow 2\ R_3PbCl$$
$$R_2PbCl_2 + 2\ RMgX \longrightarrow R_4Pb + 2\ MgX_2$$
$$R_3PbCl + RMgX \longrightarrow R_4Pb + MgX_2$$

Bleitetraäthyl, die wichtigste Bleiverbindung (S. 83), wird aus Äthylchlorid und einer Natrium-Blei-Legierung gewonnen.

$$4\ C_2H_5Cl + Na_4Pb \longrightarrow (C_2H_5)_4Pb + 4\ NaCl$$

Ferner gibt es ein elektrolytisches Verfahren (S. 948). Bleitetraäthyl kann auch durch Umsetzung von Bleisalzen, besonders solchen von organischen Säuren wie Bleiformiat, mit reaktionsfähigen metallorganischen Verbindungen wie Triäthylaluminium, Diäthylzink oder Äthylnatrium gewonnen werden.

$$6\ Pb(OCHO)_2 + 4\ (C_2H_5)_3Al \longrightarrow 3\ Pb(C_2H_5)_4 + 3\ Pb + 4\ Al(OCHO)_3$$

Die Bleitetraalkyle verhalten sich ziemlich ähnlich den Alkylquecksilberverbindungen. So sind sie beständig gegen Hydrolyse, können aber durch Halogenwasserstoffsäure oder Halogen gespalten werden.

Metallorganische Verbindungen von **Titan, Zirkon, Hafnium** und **Thorium** sind praktisch unbekannt.

Fünfte Haupt- und Nebengruppe (As, Sb, Bi; V, Nb, Ta, Pa)

Arsen steht auf der Grenze zwischen Metallen und Nichtmetallen. Die organischen Derivate des Arsens unterscheiden sich jedoch erheblich von denen des Stickstoffs und des Phosphors, so daß es sich empfiehlt, sie als metallorganische Verbindungen zu betrachten.

Die Alkyldichlorarsine, Dialkylchlorarsine und Trialkylarsine können durch Umsetzung von Arsentrichlorid mit einem Quecksilberalkyl dargestellt werden.

$$AsCl_3 \xrightarrow{R_2Hg} RAsCl_2 \xrightarrow{R_2Hg} R_2AsCl \xrightarrow{R_2Hg} R_3As$$

Grignard-Verbindungen geben die trisubstituierten Arsine.

$$AsCl_3 + 3\ RMgCl \longrightarrow R_3As + 3\ MgCl_2$$

Durch Reduktion der Chlorarsine mit amalgamiertem Zink und Salzsäure entstehen die Alkylarsine.

$$RAsCl_2 + 2\,Zn(Hg) + 2\,HCl \longrightarrow RAsH_2 + 2\,ZnCl_2$$

$$R_2AsCl + Zn(Hg) + HCl \longrightarrow R_2AsH + ZnCl_2$$

Die Arsine sind unlöslich in Wasser und bilden mit Säuren keine Salze. Sie reagieren mit Alkyljodiden unter Bildung von quartären Salzen.

$$R_3As + RJ \longrightarrow R_4As^+J^-$$

Die flüchtigeren Arsine rauchen an der Luft auf Grund rascher Oxydation und entzünden sich manchmal von selbst. Die primären Oxydationsprodukte sind je nach dem Typus des oxydierten Arsins verschieden.

$$CH_3AsH_2 + O_2 \longrightarrow CH_3As{=}O + H_2O$$

Methylarsin ... Methylarsenoxyd (Arsenosomethan)

$$2\,(CH_3)_2AsH + O_2 \longrightarrow (CH_3)_2As{-}O{-}As(CH_3)_2 + H_2O$$

Dimethylarsin ... Dimethylarsenoxyd (Kakodyloxyd)

$$2\,(CH_3)_3As + O_2 \longrightarrow 2\,(CH_3)_3As\overset{+\;-}{-}O$$

Trimethylarsin ... Trimethylarsinoxyd

Methylarsenoxyd und Dimethylarsenoxyd sind von anderem Typus als Trimethylarsinoxyd, und zwar sind bei den ersten die Sauerstoffatome durch nichtpolare Bindungen gebunden, während das Sauerstoffatom der Trimethylverbindung semipolar gebunden ist (vgl. S. 251). Der Unterschied wird dadurch angedeutet, daß man den einen Typus *Arsenoxyde* nennt, den anderen *Arsinoxyde*. Die AsO-Gruppe, die formal der Nitroso-Gruppe analog ist, wird *Arsenoso-Gruppe* genannt, und Methylarsenoxyd kann auch als Arsenosomethan bezeichnet werden.

Wegen ihres ekelerregenden Geruches nannte BERZELIUS die flüchtigen Arsenverbindungen *Kakodyle* (griech. *kakodes* stinkend). Die erste dieser Substanzen war die *Cadetsche Flüssigkeit*, die hauptsächlich aus Dimethylarsenoxyd besteht und 1760 von CADET durch Erhitzen eines Gemisches von Arsentrioxyd und Kaliumacetat erhalten wurde.

$$As_2O_3 + 4\,KOCOCH_3 \longrightarrow (CH_3)_2AsOAs(CH_3)_2 + 2\,K_2CO_3 + 2\,CO_2$$

BUNSEN[1] zeigte in den Jahren 1837—1843, daß diese Flüssigkeit als Oxyd des Radikals C_2H_6As angesehen werden kann, und daß das gleiche Radikal, das *Kakodyl* genannt wurde, in den Reaktionsprodukten zahlreicher chemischer Reaktionen vorkam. So reagiert Kakodyloxyd mit Salzsäure unter Bildung von Kakodylchlorid, das in Kakodylcyanid, Kakodylsulfid und Kakodyldisulfid umgewandelt werden kann. Diese Ergebnisse stellten frühere Arbeiten von GAY-LUSSAC über Dicyan (1815) und von LIEBIG und WOEHLER über Benzoyl (1832)

---

[1] ROBERT WILHELM BUNSEN (1811—1899), Professor der Chemie an der Universität Heidelberg. Er erfand den Brenner, das Gasventil und die Klammer, die seinen Namen tragen. Abgesehen von seinen frühen Arbeiten über Kakodylverbindungen befaßte er sich hauptsächlich mit anorganischer und physikalischer Chemie. Einen entscheidenden Fortschritt bedeuteten seine Arbeiten über Spektralanalyse, die er gemeinsam mit dem Physiker KIRCHHOFF unternahm. Zu seinen Schülern gehörten BAEYER, BEILSTEIN, CARIUS, CURTIUS, ERLENMEYER, GRAEBE, LADENBURG, V. MEYER und THORPE.

auf eine festere Grundlage und trugen zur Erkenntnis der Tatsache bei, daß eine Gruppe von Atomen intakt durch eine Reihe von chemischen Umwandlungen gehen kann.

Bei der Oxydation von primären und sekundären Arsinen mit Luft entsteht Wasser, und die Oxydation kann unter Bildung der Arsonsäuren und Arsinsäuren weitergehen.

$$2\,CH_3AsO + 2\,H_2O + O_2 \longrightarrow 2\,CH_3AsO(OH)_2$$
$$\text{Methylarsonsäure}$$

$$(CH_3)_2AsOAs(CH_3)_2 + H_2O + O_2 \longrightarrow 2\,(CH_3)_2As(O)OH$$
$$\text{Dimethylarsinsäure}$$

Die Natriumalkylarsonate können auch durch Alkylierung von Natriumarsenit erhalten werden.

$$Na_3AsO_3 + (CH_3)_2SO_4 \text{ (oder } CH_3Cl) \longrightarrow CH_3AsO(ONa)_2 + NaCH_3SO_4 \text{ (oder NaCl)}$$

Reduktion mit schwefliger Säure gibt das Arsenoxyd.

$$CH_3AsO(ONa)_2 + H_2SO_3 \longrightarrow CH_3AsO + Na_2SO_4 + H_2O$$

Durch Natriumhydroxyd wird das Arsenoxyd in das Dinatriumalkylarsonit umgewandelt, das zum Natriumdialkylarsinat alkyliert werden kann.

$$CH_3AsO + 2\,NaOH \longrightarrow H_2O + CH_3As(ONa)_2 \xrightarrow{(CH_3)_2SO_4} (CH_3)_2As(O)ONa$$

Bei der Reduktion des Natriumdialkylarsinats entsteht Kakodyloxyd. Das Oxyd reagiert mit Natriumhydroxyd unter Bildung des Natriumdialkylarsinits, das zum Arsinoxyd alkyliert werden kann.

$$2\,(CH_3)_2As(O)ONa \xrightarrow{2\,H_2SO_3} 2\,NaHSO_4 + H_2O + (CH_3)_2AsOAs(CH_3)_2 \xrightarrow{2\,NaOH}$$

$$H_2O + 2\,(CH_3)_2AsONa \xrightarrow{(CH_3)_2SO_4} (CH_3)_3AsO$$

Diese Reduktionsprodukte können weiterreduziert werden zu den Arsinen, oder sie können mit Salzsäure in die Chlorarsine übergeführt werden.

$$CH_3AsO(OH)_2 + 3\,Zn(Hg) + 6\,HCl \longrightarrow CH_3AsH_2 + 3\,H_2O + 3\,ZnCl_2$$
$$CH_3AsO + 2\,HCl \longrightarrow CH_3AsCl_2 + H_2O$$

Alle Arsenverbindungen sind sehr giftig. **Methyl-** und **Äthyldichlorarsin** wurden im ersten Weltkrieg als Kampfgase ausprobiert, doch sind sie nicht so wirksam wie Senfgas. **(2-Chlor-vinyl)-dichlorarsin** *(primäres Lewisit)* ist ein blasenziehendes Kampfgas, das erheblich giftiger ist als Senfgas; es wurde erst am Ende des ersten Weltkrieges in großem Maßstab hergestellt. Da im zweiten Weltkrieg praktisch kein Kampfgas verwendet wurde, ist die Wirksamkeit von Lewisit im Kampf nicht erprobt. Es wird durch Umsetzung von Arsentrichlorid mit Acetylen in Gegenwart von Aluminiumchlorid hergestellt.

$$HC\equiv CH + AsCl_3 \xrightarrow{AlCl_3} ClCH=CHAsCl_2, \; (ClCH=CH)_2AsCl \text{ und } (ClCH=CH)_3As$$
$$\text{primäres Lewisit} \quad \text{sekundäres Lewisit} \quad \text{tertiäres Lewisit}$$

Sekundäres und tertiäres Lewisit werden als Nebenprodukte gebildet; sie sind weniger wirksam und können durch Umsetzung mit weiteren Mengen Arsentrichlorid in primäres Lewisit übergeführt werden. Die Entwicklung von BAL als

Gegenmittel bei Arsenvergiftungen (S. 794) läßt einen Einsatz von Lewisit nicht mehr als aussichtsreich erscheinen.

Von den *Arylarsenverbindungen* sind die **Arsonsäuren** am wichtigsten. Sie können nach der Reaktion von Bart (S. 523) dargestellt werden.

$$ArN_2Cl + Na_2HAsO_3 \longrightarrow ArAsO_3HNa + NaCl + N_2$$

Aromatische Phenole und Amine lassen sich bei Verwendung von sirupöser Arsensäure direkt arsonieren.

$$HO\text{—}\langle\bigcirc\rangle + H_3AsO_4 \longrightarrow HO\text{—}\langle\bigcirc\rangle\text{—}As(O)(OH)_2 + H_2O$$

p-Hydroxyphenyl-
arsonsäure

$$H_2N\text{—}\langle\bigcirc\rangle + H_3AsO_4 \longrightarrow H_2N\text{—}\langle\bigcirc\rangle\text{—}As(O)(OH)_2 + H_2O$$

Arsanilsäure

Arsenobenzol, das Arsenanalogon des Azobenzols, erhält man aus Phenylarsin und Phenylarsenoxyd oder durch Reduktion von Phenylarsonsäure mit Natriumdithionit.

$$C_6H_5AsH_2 + OAsC_6H_5 \longrightarrow C_6H_5As{=}AsC_6H_5 + H_2O$$

$$2\,C_6H_5AsO_3H_2 + 4\,Na_2S_2O_4 + 8\,NaOH \longrightarrow C_6H_5As{=}AsC_6H_5 + 6\,H_2O + 8\,Na_2SO_3$$

Arsenobenzol ist weniger beständig als Azobenzol. Beim Erhitzen zersetzt es sich in Triphenylarsin und Arsen, und bei der Reaktion mit Chlor, Sauerstoff oder Schwefel wird die Arsen-Arsen-Bindung gespalten.

$$3\,C_6H_5As{=}AsC_6H_5 \xrightarrow{\text{Wärme}} 2\,(C_6H_5)_3As + 4\,As$$

$$C_6H_5As{=}AsC_6H_5 + 2\,Cl_2 \longrightarrow 2\,C_6H_5AsCl_2$$

$$+ O_2 \longrightarrow 2\,C_6H_5AsO$$

Das Natriumsalz der **Arsanilsäure** *(p-Aminophenylarsonsäure)* wurde 1905 von Thomas in die Medizin eingeführt, der es bei der Behandlung von Schlafkrankheit und anderen von Trypansomen verursachten Krankheiten wirksamer fand als anorganische Arsenverbindungen. Die Verbindung wurde zunächst für ungiftig gehalten und daher **Atoxyl** genannt; heute weiß man, daß sie wegen ihrer Wirkung auf den Sehnerv besonders gefährlich ist. Ein Derivat des Atoxyls, **Tryparsamid** p-H$_2$NCOCH$_2$NHC$_6$H$_4$AsO$_3$HNa, ist sehr wirksam gegen Trypanosomen und weniger giftig. Es wird zur Bekämpfung der späten Syphilis verwendet, die das Zentralnervensystem in Mitleidenschaft zieht. Gegen Frühsyphilis ist es ohne Wirkung.

Die moderne Chemotherapie begann mit den Arbeiten von Ehrlich[1]. Ausgehend von der Tatsache, daß gewisse Farbstoffe manche Zellen anfärben, andere Zellen dagegen nicht, entwickelte er Azofarbstoffe, die bei der Bekämpfung von Trypanosomen in Mäusen wirksam waren. Nach der Publikation der Arbeit von

---

[1] Paul Ehrlich (1854—1915), Physiologe und Professor für experimentelle Therapie an der Universität Frankfurt. Er versuchte als erster, chemische Verbindungen zu synthetisieren, die für einen pathogenen Organismus toxischer sind als für den Wirt, ein Forschungsgebiet, dem er den Namen *Chemotherapie* gab. Er wurde 1908 mit dem Nobelpreis für Medizin ausgezeichnet.

THOMAS über Atoxyl und der weiteren Entdeckung im gleichen Jahr, daß ein Protozoon, *Treponema pallidum*, der Erreger der Syphilis ist, stellte EHRLICH Arsenanaloga von Azoverbindungen dar und erprobte sie. Eines von diesen war **Salvarsan** oder **Arsphenamin,** das durch lange Jahre fast ausschließlich zur Behandlung der Syphilis verwendet wurde.

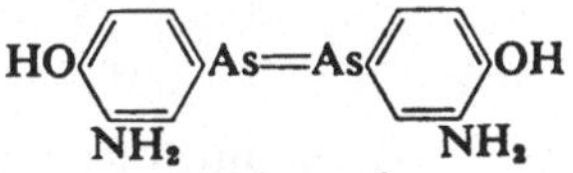

$$HO\!\!-\!\!\langle\ \rangle\!\!-\!\!As\!=\!As\!\!-\!\!\langle\ \rangle\!\!-\!\!OH \qquad\qquad HO\!\!-\!\!\langle\ \rangle\!\!-\!\!AsO$$

Arsphenamin
(Salvarsan)

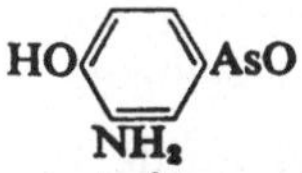

m-Amino-p-
hydroxylphenylarsenoxyd
(Mapharsen)

Um 1940 wurde Salvarsan für kurze Zeit durch sein Oxydationsprodukt **m-Amino-p-hydroxyphenylarsenoxyd** *(Mapharsen)* ersetzt. EHRLICH hatte die Anwendung des Arsenoxyds erwogen, aber wegen dessen hoher Toxizität verworfen. Er übersah jedoch den hohen therapeutischen Index, d. h. das Verhältnis der maximal zulässigen Dosis zu der minimalen wirksamen Dosis. Seit der Einführung des Penicillins im Jahr 1941 ist die Anwendung von arsenhaltigen Mitteln zur Behandlung der Syphilis stark zurückgetreten.

Die beste allgemeine Methode zur Darstellung von **Antimon-** und **Wismutverbindungen** geht von den Trichloriden und der Grignard-Verbindung aus. Die Bartsche Reaktion kann zur Darstellung von Stibonsäuren herangezogen werden, nicht aber zur Darstellung von Wismutverbindungen. Dreiwertige Antimonverbindungen bilden leicht fünfwertige Derivate.

$$R_3Sb + X_2 \longrightarrow R_3SbX_2$$

$$R_3Sb + RX \longrightarrow R_4SbX$$

Dreiwertige Wismutverbindungen addieren keine Alkylhalogenide. Wismuttrialkyle werden durch Halogen gespalten, während die Wismuttriaryle Dihalogenide geben.

$$R_3Bi + X_2 \longrightarrow R_2BiX + RX$$

$$Ar_3Bi + X_2 \longrightarrow Ar_3BiX_2$$

Zahlreiche organische Wismutverbindungen sind als antisyphilitische Mittel erprobt worden, doch hat sich keine von ihnen als besser erwiesen als die anorganischen Wismutverbindungen, besonders solche, in denen Wismut als negatives Ion vorliegt, wie im Wismutat-Ion.

Gruppe VI, VII und VIII

Es sind einige wenige Organochrom- und Organomanganverbindungen bekannt. Tetraphenylchromjodid ist insofern interessant, als die Reduktion mit Lithiumaluminiumhydrid zwei Mol Diphenyl gibt. Äthyleisenchlorid, Phenyleisenchlorid und Trimethylplatinjodid sind bekannt. Alle diese Verbindungen sind aus den Metallchloriden und Grignard-Verbindungen dargestellt worden. Die Dicyclopentadienylderivate von Metallen wurden auf S. 884 besprochen.

Metallcarbonyle

Kohlenmonoxyd bildet Koordinationsverbindungen mit Metallen, besonders mit denen der sechsten und achten Nebengruppe des Periodensystems. Die einfachen Carbonyle haben die Summenformel $Ni(CO)_4$, $Fe(CO)_5$, $Ru(CO)_5$, $Os(CO)_5$, $Cr(CO)_6$, $Mo(CO)_6$ und $W(CO)_6$. Alle diese Verbindungen sind entweder leicht flüchtige Flüssigkeiten oder feste Substanzen und sind löslich in organischen Lösungsmitteln einschließlich der Kohlenwasserstoffe. Alle sind sehr giftig.

Nickelcarbonyl wurde 1890 von Mond entdeckt, der im folgenden Jahr auch **Eisencarbonyl** darstellte. Diese Metallcarbonyle können durch Überleiten von Kohlenmonoxyd über das Metall bei Atmosphärendruck und meist bei etwas erhöhter Temperatur dargestellt werden. Da die Reaktion mit einer Volumenabnahme verbunden ist, wird sie durch Anwendung von Druck erleichtert. Tatsächlich sind Nickel- und Eisencarbonyl die einzigen Metallcarbonyle, die sich bei Atmosphärendruck bilden können.

Die Metallcarbonyle zersetzen sich bei hoher Temperatur in das Metall und Kohlenmonoxyd. Dieses Verhalten wurde bei der Entwicklung des Mond-Verfahrens zur Abtrennung von Nickel aus seinen Erzen ausgenutzt. Seit der Entwicklung der Pulvermetallurgie, eines Verfahrens, nach dem Präzisionsmetallteile aus gepulverten Metallen in Formen hergestellt werden, wird reines Eisenpulver zu diesem Zweck durch thermische Zersetzung von Eisencarbonyl hergestellt. Ferner wurden Verfahren ("gas plating") entwickelt, nach denen durch thermische Zersetzung der Metallcarbonyle fast jede Oberfläche, ob aus Metall oder Nichtmetall, mit Nickel, Eisen, Chrom, Wolfram und Molybdän plattiert werden kann. Eine Zeitlang wurde Eisencarbonyl als Antiklopfmittel für Motorentreibstoff verwendet, doch ist es für diesen Zweck nicht beständig genug. Nickelcarbonyl und die Kobaltcarbonyle sind wichtige Katalysatoren bei verschiedenen technischen Verfahren zur Synthese organischer Verbindungen (S. 234, 262).

Die Struktur der Metallcarbonyle war in neuerer Zeit Gegenstand vieler Aufmerksamkeit. Die heute geltende Elektronenstruktur des Kohlenmonoxyds weist zwischen Kohlenstoff und Sauerstoff eine Dreifachbindung auf, wobei eine der Bindungen semipolar ist, $: \overset{-}{C} \equiv \overset{+}{O} :$. Bei den einfachen Metallcarbonylen ist die Zahl der Mole Kohlenmonoxyd, die mit dem Metall verbunden sind, gleich der halben Zahl der Elektronen, die notwendig sind, um dem Metall die Elektronenstruktur des nächsthöheren Edelgases zu geben. So benötigt Nickel mit der Ordnungszahl 28 acht Elektronen, um die Elektronenstruktur des Kryptons mit der Ordnungszahl 36 zu erreichen. Nickelcarbonyl enthält 4 Mol Kohlenmonoxyd. Eisen mit der Ordnungszahl 26 braucht 10 Elektronen, es ist im Eisencarbonyl mit 5 Mol Kohlenmonoxyd verbunden. Chrom mit der Ordnungszahl 24 verbindet sich mit 6 Mol Kohlenmonoxyd. Hiernach scheint in den Metallcarbonylen das Kohlenmonoxyd durch das einsame Elektronenpaar am Kohlenstoffatom kovalent an das Metall gebunden zu sein, dessen unvollständige Valenzschalen dabei aufgefüllt werden. Kobalt mit der ungeraden Ordnungszahl 27 bildet kein Carbonyl mit einem einzigen Metallatom, jedoch ist ein Dikobaltoctacarbonyl mit zwei Kobaltatomen $Co_2(CO)_8$ bekannt. Reagiert Kobalt mit Kohlenmonoxyd in Gegenwart von Wasser, so entsteht der flüchtige Kobalttetracarbonylwasserstoff $HCo(CO)_4$, der starke Säurenatur hat. Auch Carbonyle, die mehr als ein Atom eines Elementes mit gerader Ordnungszahl enthalten, sind bekannt, z. B. $Fe_2(CO)_9$. Hier nimmt man an, daß die beiden Eisenatome durch ein Molekül Kohlenmonoxyd verbunden sind, wobei die einsamen Elektronenpaare sowohl am Kohlenstoff wie am Sauerstoff mit Eisenatomen koordiniert sind.

Die chemischen Eigenschaften der Metallcarbonyle von verschiedenem Typus sind sehr unterschiedlich. Interessant sind einige Reaktionen des Eisenpentacarbonyls. Halogen reagiert unter Abspaltung von einem Mol Kohlenmonoxyd.

$$Fe(CO)_5 + X_2 \longrightarrow Fe(CO)_4X_2 + CO$$

Mit verdünnten Alkalien gibt Eisenpentacarbonyl ein gelbes flüssiges Dihydrid.

$$Fe(CO)_5 + 2\,NaOH \longrightarrow Fe(CO)_4H_2 + Na_2CO_3$$

Dieses ist eine schwache Säure. Die Verbindung kann in wäßriger Lösung ohne Zersetzung gekocht werden, doch wird sie äußerst leicht oxydiert. In alkalischer Lösung reduziert sie Methylenblau quantitativ.

Die Reaktion von Eisenpentacarbonyl mit Stickstoffmonoxyd gibt Eisendicarbonyldinitrosyl.

$$Fe(CO)_5 + 2\,NO \longrightarrow Fe(CO)_2(NO)_2 + 3\,CO$$

Die Zahl der Gruppen, mit denen sich das Eisenatom verbindet, hängt also auch hier von der Zahl der Elektronen ab, die notwendig sind, um die Elektronenstruktur des nächsthöheren Edelgases zu ergeben. Im Pentacarbonyl stammen die zehn Elektronen von den fünf einsamen Elektronenpaaren an den Kohlenstoffatomen der Carbonylgruppen. Im Tetracarbonyldihydrid werden acht Elektronen von den vier Carbonylgruppen und je eins von den zwei Wasserstoffatomen gestellt. Im Dicarbonyldinitrosyl stammen vier Elektronen von den beiden Carbonylgruppen und je drei von den Stickstoffatomen der beiden Nitrosylgruppen.

Wiederholungsfragen

1. Was sind metallorganische Verbindungen?
2. Wie werden die Zinkalkyle dargestellt und welche Eigenschaften haben sie?
3. Wie werden Grignard-Verbindungen dargestellt und welchen Vorteil haben sie gegenüber den Zinkalkylen? Welche Funktion hat das Lösungsmittel? Welche Nebenreaktionen können bei der Darstellung der Verbindung eintreten?
4. Man gebe zwei Beispiele für die indirekte Darstellung von Grignard-Verbindungen.
5. Man gebe Gleichungen für die Reaktion von Grignard-Verbindungen mit Sauerstoff, Kohlendioxyd, Schwefelkohlenstoff, Schwefeldioxyd, Wasser, Alkoholen, primären und sekundären Aminen; mit den Halogeniden von Zink, Quecksilber, Aluminium, Zinn, Wismut und Antimon; mit den Halogeniden von Phosphor, Bor und Silicium; mit Formaldehyd und anderen Aldehyden, mit Ketonen, Estern, Acylchloriden, Äthylenoxyd, Benzonitril und Phenylisocyanat.
6. Wie unterscheiden sich die Reaktionen der Lithiumalkyle von denen der Alkylmagnesiumhalogenide?
7. Wie werden Alkylquecksilberhalogenide und Dialkylquecksilberverbindungen dargestellt?
8. Was ist direkte Mercurierung? Man gebe ein spezifisches Beispiel.

9. Wie können Alkylquecksilberverbindungen zur Darstellung anderer Metallalkyle angewendet werden?

10. Man vergleiche die physikalischen Eigenschaften und die chemische Reaktionsfähigkeit der Alkalimetallalkyle mit denen der Alkylquecksilberverbindungen.

11. Welche Strukturformeln haben primäres Lewisit, Kakodyl, Arsanilsäure, Salvarsan, Mapharsen und Tryparsamid, und welche Bedeutung haben diese Verbindungen? Welche organische Verbindung wirkt spezifisch bei Arsen- und anderen Schwermetallvergiftungen?

12. Man führe die Metalle auf, die metallorganische Verbindungen von allgemeiner Verwendbarkeit liefern.

13. Welche metallorganische Verbindung wird in größter Menge dargestellt? Und die technische Herstellung führte zur Produktion von welchem anderen Element in großem Maßstab?

14. Welche Bedeutung haben die Metallcarbonyle?

Aufgaben

15. Man gebe Reaktionen für die folgenden Darstellungen: (a) 9.10-Dihydroanthracen aus Anthracen; (b) 2.9-Dimethyl-dibenzofuran aus Dibenzofuran; (c) α,α, α′,α′-Tetraphenyladipinsäure aus Benzophenon; (d) α-Pyridylessigsäure aus α-Picolin; (e) Dicyclopentadienyl aus Cyclopentadien.

16. Man gebe Reaktionen für die folgenden Umwandlungen: (a) Furan in 2-Jodfuran; (b) Benzolsulfochlorid in Phenylquecksilberchlorid; (c) Anthranilsäure in Merthiolat; (d) Phenol in o-Hydroxyphenylrhodanid; (e) p-Bromtoluol in p,p′-Dimethyldiphenyl; (f) Isobutylen in Isobutylalkohol über eine metallorganische Verbindung; (g) p-Bromchlorbenzol in p-Chlorphenylborsäure.

17. Man gebe Reaktionen für die Darstellung der folgenden Verbindungen aus leicht zugänglichen Materialien: (a) Äthyldichlorarsin; (b) Triphenylwismutdichlorid; (c) Tryparsamid; (d) p-Tolylstibonsäure; (e) Tetraäthylstiboniumbromid.

Kapitel 42

Phosphor- und Siliciumverbindungen

Phosphorverbindungen

Entsprechend der Stellung des Phosphors in der fünften Gruppe des Periodensystems zwischen Stickstoff und Arsen nehmen auch die Eigenschaften der organischen Phosphorverbindungen eine Mittelstellung zwischen denen des Stickstoffs und des Arsens ein.

Phosphin wird wegen seines niedrigen Siedepunktes und seiner Unlöslichkeit in Wasser gewöhnlich nicht zur Darstellung von Alkylphosphinen herangezogen. Stattdessen erhitzt man ein Gemisch aus Phosphoniumjodid, Alkylhalogenid und Zinkoxyd im Einschlußrohr.

$$2\,PH_4J + 2\,RJ + ZnO \xrightarrow{150°} 2\,RPH_3J + ZnJ_2 + H_2O$$

$$2\,RPH_3J + 2\,RJ + ZnO \longrightarrow 2\,R_2PH_2J + ZnJ_2 + H_2O$$

$$2\,R_2PH_2J + 2\,RJ + ZnO \longrightarrow 2\,R_3PHJ + ZnJ_2 + H_2O$$

$$2\,R_3PHJ + 2\,RJ + ZnO \longrightarrow 2\,R_4P^{+-}J + ZnJ_2 + H_2O$$

Phosphin ist viel schwächer basisch als Ammoniak, und die Salze sind in wäßriger Lösung erst beständig, wenn mindestens zwei Alkylgruppen zugegen sind. Fügt man daher Wasser zu dem Reaktionsgemisch, dann werden das nichtumgesetzte Phosphin und **primäre Alkylphosphine** freigesetzt. Durch Zugabe von Alkalien werden dann die **sekundären** und **tertiären Phosphine** frei, und das **quartäre Salz** bleibt in Lösung.

Phosphine können auch durch Umsetzung von Natriumphosphiden mit Alkylhalogeniden dargestellt werden.

$$NaPH_2 + RX \longrightarrow RPH_2 + NaX$$

Tertiäre Phosphine werden am besten aus Phosphortrichlorid und einer Grignard-Verbindung dargestellt.

$$PCl_3 + 3\,RMgX \longrightarrow PR_3 + 3\,MgX_2$$

Bei den Phosphinen besteht keine Tendenz zur Wasserstoffbrückenbindung. Daher siedet Phosphin (Mol.-Gew. 34) bei —85°, also niedriger als Ammoniak (—78°, Mol.-Gew. 17) und bei etwa gleicher Temperatur wie Äthan (—88°, Mol.-Gew. 28). Überdies besteht keine Umkehrung des Siedepunktsverlaufs beim Übergang vom sekundären Phosphin zum tertiären Phosphin. Dementsprechend ist die Löslichkeit des Phosphins in Wasser nur gering, und die Alkylderivate sind praktisch unlöslich.

Wie Phosphin selbst sind die Alkylderivate sehr giftig. Sie werden an der Luft leicht oxydiert, die niederen Glieder entzünden sich von selbst. Bei der Oxydation mit Luft oder Salpetersäure entstehen Produkte analog den Endprodukten der Oxydation von Arsinen (S. 951); die intermediären Oxyde aus den primären und sekundären Phosphinen werden nicht erhalten.

$$RPH_2 + 3\,[O] \longrightarrow RP(O)(OH)_2$$
Alkylphosphonsäure

$$R_2PH + 2\,[O] \longrightarrow R_2P(O)OH$$
Dialkylphosphinsäure

$$R_3P + [O] \longrightarrow R_3P(O)$$
Trialkylphosphinoxyd

Für die Struktur der Sauerstoffverbindungen des Phosphors in seinem höchsten Valenzzustand ergibt sich das gleiche Problem wie für die Verbindungen des Schwefels und anderer Elemente der dritten Periode (S. 286). Trotz mancher Hinweise für das Auftreten einer doppelten Bindung zwischen Phosphor und einem der Sauerstoffatome entsprechen die chemischen Eigenschaften der Bindung mehr der semipolaren Bindung in Aminoxyden als der Doppelbindung in der Carbonylgruppe. Daher scheint es richtiger, die Bindung durch ein semipolares Symbol anzugeben oder durch das neutrale (O).

Die Trialkylphosphinoxyde können auch durch Umsetzung von Phosphoroxychlorid mit Grignard-Verbindungen erhalten werden.

$$POCl_3 + 3\,RMgCl \longrightarrow R_3PO + 3\,MgCl_2$$

Es sind sehr beständige Verbindungen. Der Sauerstoff wird auch durch Erhitzen mit metallischem Natrium nicht abgespalten.

Umsetzung von Phosphortrichlorid mit Dialkyl- oder Diarylquecksilberverbindungen gibt das Alkyl- oder Aryldichlorphosphin.

$$PCl_3 + R_2Hg \longrightarrow RPCl_2 + RHgCl$$

Aryldichlorphosphine können aus aromatischen Verbindungen und Phosphortrichlorid durch Friedel-Crafts-Reaktion erhalten werden.

$$C_6H_6 + PCl_3 \xrightarrow{AlCl_3} C_6H_5PCl_2 + HCl$$

Hydrolyse der Alkyl- oder Aryldichlorphosphine gibt die entsprechende **Phosphinigsäure,** die einbasisch ist und zur **Phosphonsäure** oxydiert werden kann.

$$RPCl_2 \xrightarrow{H_2O} [RP(OH)_2] \xrightarrow{Ox.} RP(O)(OH)_2$$

Die Tendenz, im höchsten kovalenten Zustand aufzutreten, ist für Phosphor charakteristisch. Während beim Stickstoff Hydroxylamin beständig ist, ist das stabile Phosphoranalogon das Phosphinoxyd.

$$H_2NOH \qquad\qquad\qquad\qquad H_3P(O)$$
Hydroxylamin   Phosphinoxyd

Dementsprechend ist auch Phosphorsäure, phosphorige Säure und unterphosphorige Säure dreibasisch bzw. zweibasisch bzw. einbasisch.

$$(HO)_3P(O) \qquad\qquad (HO)_2PH(O) \qquad\qquad HOPH_2(O)$$
Phosphorsäure   phosphorige Säure   unterphosphorige Säure

Zur Darstellung von Alkylphosphonsäuren muß man sich anderer Methoden bedienen als der Oxydation der Monoalkylphosphine oder -phosphinsäuren, da diese nur schwer zugänglich sind. Alkylphosphite reagieren mit Alkylhalogeniden bei 150° unter Bildung von Alkylphosphonsäureestern. Man kann auch Natriumalkylphosphite, die durch partielle Hydrolyse der Alkylphosphite entstehen, mit Alkylhalogeniden in organischen Lösungsmitteln umsetzen.

$$(RO)_3P + R'X \xrightarrow{150°} R'P(O)(OR)_2 + RX$$
$$(RO)_3P \xrightarrow{NaOH} (RO)_2PO^{-+}Na \xrightarrow{R'X} R'P(O)(OR)_2$$

Primäre Halogenide geben die besten Ausbeuten. Die Phosphonsäureester können zu den freien Säuren hydrolysiert werden. Nach einer anderen, ziemlich ungewöhnlichen Reaktion bildet sich das Phosphonsäuredichlorid, wenn Sauerstoff durch ein Gemisch eines aliphatischen Kohlenwasserstoffs mit Phosphortrichlorid geleitet wird. Gleichzeitig bildet sich Phosphoroxychlorid. Das Phosphonsäuredichlorid kann abgetrennt und durch Behandeln mit Wasser, Alkoholen oder Aminen in Phosphonsäure, ihre Ester oder Amide übergeführt werden.

$$RH + PCl_3 + [O]\,(Luft) \longrightarrow \mathbf{RPOCl_2 + HCl}$$
$$\mathbf{RPO(OH)_2} \xleftarrow{H_2O} \quad \downarrow{R'OH} \quad \xrightarrow{NH_2R'}$$
$$\mathbf{RPO(OH)_2} \qquad \mathbf{RPO(OR')_2} \qquad \mathbf{RPO(NHR')_2}$$

Diese Reaktion hat den Nachteil anderer aliphatischer Substitutionsreaktionen, nicht selektiv zu sein, denn es werden Gemische isomerer Produkte erhalten. Phosphonsäuredichloride können auch durch Oxydation der Dichlorphosphine mit Chlor in Gegenwart von Phosphorpentoxyd erhalten werden.

$$3\,RPCl_2 + P_2O_5 + 3\,Cl_2 \longrightarrow 3\,RPOCl_2 + 2\,POCl_3$$

Die Alkyl- und Aryldichlorphosphine addieren Chlor, und die Hydrolyse der Additionsprodukte gibt Phosphonsäuren.

$$RPCl_2 \xrightarrow{Cl_2} RPCl_4 \xrightarrow{3\,H_2O} RPO(OH)_2 + 4\,HCl$$

Die quartären Salze reagieren mit feuchtem Silberoxyd unter Bildung der quartären Phosphoniumhydroxyde, die wie die Ammonium- und Sulfoniumhydroxyde starke Basen sind. Anders als bei diesen Verbindungen erhält man jedoch bei der thermischen Zersetzung nicht Olefin, Wasser und das Trialkylphosphin (S. 253, 296), sondern stattdessen den gesättigten Kohlenwasserstoff und das Phosphinoxyd.

$$R_4POH \xrightarrow{\text{Wärme}} RH + R_3PO$$

Die Reaktion von quartären Phosphoniumsalzen mit geschmolzenen Alkalimetallen oder Metallalkylen liefert *Ylide* analog denen, die aus quartären Ammoniumsalzen (S. 255) erhalten werden.

$$(CH_3)_4PBr + C_6H_5Li \longrightarrow (CH_3)_3\overset{+}{P}{-}\overset{..}{\overset{-}{C}}H_2 + LiBr + C_6H_6$$

Interessant ist das Triphenylphosphoniummethylid, das mit Benzophenon unter Bildung von 1.1-Diphenyl-äthylen und Triphenylphosphinoxyd reagiert; bei dieser Reaktion wird ein Carbonyl-Sauerstoffatom durch eine Methylengruppe ersetzt.

$$(C_6H_5)_3\overset{+}{P}{-}\overset{-}{C}H_2 + (C_6H_5)_2C{=}O \longrightarrow \left[\begin{array}{c}(C_6H_5)_3\overset{+}{P}{-}CH_2 \\ | \\ \overset{-}{O}{-}C(C_6H_5)_2\end{array}\right] \longrightarrow$$

$$(C_6H_5)_3\overset{+}{P}{-}\overset{-}{O} + (C_6H_5)_2C{=}CH_2$$

Andere Ketone und einige Aldehyde geben analoge Produkte. Das entsprechende Zwischenprodukt aus Trimethylphosphoniummethylid ist beständig und gibt mit Halogenwasserstoffsäure das monohydroxylierte quartäre Salz.

$$(CH_3)_3\overset{+}{P}CH_2\underset{\underset{O^-}{|}}{C}(C_6H_5)_2 \xrightarrow{HJ} \left[(CH_3)_3\overset{+}{P}CH_2\underset{\underset{OH}{|}}{C}(C_6H_5)_2\right] J^-$$

Bei der Reaktion von Phenylphosphonsäure mit Phenylphosphonylchlorid entsteht **Phosphobenzol,** das Phosphoranalogon des Nitrobenzols.

$$C_6H_5PO(OH)_2 + C_6H_5POCl_2 \longrightarrow 2\,C_6H_5PO_2 + 2\,HCl$$
Phosphobenzol

Phenylphosphin und Phenyldichlorphosphin bilden eine Additionsverbindung, die von Wasser unter Bildung von **Phosphorobenzol** zersetzt wird, eine blaßgelbe feste Substanz, das Analogon des Azobenzols.

$$C_6H_5PH_2 + C_6H_5PCl_2 \longrightarrow C_6H_5P{=}PC_6H_5 + 2\,HCl$$

Phosphorobenzol wird an der Luft zu einem Oxyd oxydiert, das vermutlich ein Analogon des Azoxybenzols ist und **Phosphoroxybenzol** genannt werden kann.

$$C_6H_5P{=}PC_6H_5 + [O]\ (\text{Luft}) \longrightarrow C_6H_5P{=}\underset{\underset{O}{\overset{+}{|}}}{P}C_6H_5$$

Die praktische Anwendung von Organophosphorverbindungen ist unbedeutend; die wichtigsten Verbindungen des Phosphors sind die Ester der Phosphorsäure (S. 115, 544). **Tetrahydroxymethyl-phosphoniumchlorid** $(HOCH_2)_4P^{+-}Cl$ hat als Flammschutzmittel für Baumwolltuch Verwendung gefunden. Die sogenannten *Nervengase,* die während des zweiten Weltkrieges in Deutschland entwickelt wurden, inhibieren die Wirkung der Cholinesterase (S. 254). Der **Isopropylester** der

Methylfluorphosphonsäure $CH_3PF(O)OC_3H_7$, *Sarin* genannt, ist mehr als zehnmal so giftig wie Cyanwasserstoff. **Triphenylphosphin** bildet Komplexe mit Nickelcarbonyl, die sehr wirksame Katalysatoren für die Cyclopolymerisation von Acetylenen zu aromatischen Verbindungen sind.

$$3\ HC \equiv CH \xrightarrow{\ (C_6H_5)_3PNi(CO)_3\ } C_6H_6$$

Siliciumverbindungen

Die Rolle des Siliciums in der organischen Chemie kann von zwei Gesichtspunkten betrachtet werden. Erstens steht Silicium im Periodensystem direkt unter dem Kohlenstoff, es sollte dem Kohlenstoff also in seinen chemischen Eigenschaften ähnlich sein und zu einer Gruppe von Siliciumanaloga der Kohlenstoffverbindungen führen. Da die Valenzelektronen des Siliciums jedoch weiter vom Kern entfernt sind und weniger fest gehalten werden als die des Kohlenstoffs, ist Silicium ein stärkerer Elektronendonator, d. h. metallischer in seinen Eigenschaften. Daher gibt Silicium nicht all die zahlreichen Arten von Verbindungen, die sich vom Kohlenstoff ableiten, und soweit Siliciumanaloga von Kohlenstoffverbindungen bekannt sind, zeigen sie deutlich verschiedene Eigenschaften. Der zweite Gesichtspunkt betrifft Darstellung und Eigenschaften von Verbindungen, in denen Silicium mit Kohlenstoff verbunden ist. Die folgenden Darlegungen berücksichtigen beide Gesichtspunkte, manchmal unabhängig voneinander, manchmal gleichzeitig.

Wenn rohes Magnesiumsilicid, das durch Erhitzen von Siliciumdioxyd mit Magnesium dargestellt wird, mit Mineralsäuren reagiert, wird ein Gemisch von **Siliciumhydriden** erhalten, das aus 40% Silan SiH_4, 30% Disilan Si_2H_6, 15% Trisilan Si_3H_8 und 10% Tetrasilan Si_4H_{10} besteht. Die restlichen 5% sind ein Gemisch höherer Silane; das höchste identifizierte ist Si_6H_{14}. **Silan** siedet bei $-112°$ und zersetzt sich bei $400°$ zu Silicium und Wasserstoff. Die höheren Silane zersetzen sich bei fortschreitend tieferer Temperatur unter Bildung von Gemischen von niederen Silanen und Silicium. Die Silane sind gegenüber verdünnten Säuren beständig, werden aber durch Kochen mit Basen hydrolysiert.

$$SiH_4 + H_2O + 2\,NaOH \longrightarrow Na_2SiO_3 + 4\,H_2$$

Siliciumtetrachlorid $SiCl_4$ wurde 1823 von Berzelius entdeckt. Es wird durch Einwirkung von Chlor auf Silicium dargestellt; gleichzeitig bilden sich geringere Mengen Si_2Cl_6 und Si_3Cl_8.

$$Si + 2\,Cl_2 \longrightarrow SiCl_4\ (\text{und } Si_2Cl_6 \text{ und } Si_3Cl_8)$$

Es siedet bei $58°$, also $19°$ tiefer als Tetrachlorkohlenstoff. Es wird von Wasser leicht hydrolysiert, kann aber von Natrium, mit dem es unterhalb $200°$ nicht reagiert, abdestilliert werden.

$$SiCl_4 + 3\,H_2O \longrightarrow H_2SiO_3 + 4\,HCl$$

Bei der Umsetzung mit Alkoholen entstehen die Orthokieselsäureester (S. 115).

$$SiCl_4 + 4\,ROH \longrightarrow (RO)_4Si + 4\,HCl$$

Reduktion mit Lithiumaluminiumhydrid gibt in fast quantitativer Ausbeute Silan.

$$SiCl_4 + LiAlH_4 \longrightarrow SiH_4 + LiAlCl_4$$

Trichlorsilan *(Siliciumchloroform)*, das zuerst von WOEHLER 1857 dargestellt wurde, entsteht neben Siliciumtetrachlorid bei Einwirkung von trocknem Chlorwasserstoff auf Silicium.

$$Si + 3\ HCl \longrightarrow SiHCl_3 + H_2 \ (und\ SiCl_4)$$

Es siedet bei 32°, d. h. 29° niedriger als Chloroform. Es raucht an feuchter Luft, da es leicht hydrolysiert wird.

$$SiHCl_3 + 3\ H_2O \longrightarrow H_2SiO_3 + 3\ HCl + H_2$$

Als erste Verbindung mit einer Kohlenstoff-Silicium-Bindung wurde **Tetraäthylsilan**, Kp: 153°, von FRIEDEL und CRAFTS 1863 durch Umsetzung von Zinkdiäthyl mit Siliciumtetrachlorid dargestellt.

$$SiCl_4 + 2\ Zn(C_2H_5)_2 \xrightarrow{160°} Si(C_2H_5)_4 + 2\ ZnCl_2$$

Tetramethylsilan siedet bei 27°. Es ist zwar ziemlich beständig gegenüber den meisten Reagentien, reagiert aber mit Methylalkohol bei 250° unter Bildung des Monomethoxyderivats.

$$Si(CH_3)_4 + CH_3OH \longrightarrow (CH_3)_3SiOCH_3 + CH_4$$

Die erste Arylsiliciumverbindung wurde 1873 von LADENBURG dargestellt durch Umsetzung von Siliciumtetrachlorid mit Phenylquecksilber bei 300°.

$$SiCl_4 + Hg(C_6H_5)_2 \longrightarrow C_6H_5SiCl_3 + C_6H_5HgCl$$

KIPPING[1] begann seine Untersuchungen über Siliciumverbindungen 1889 mit dem Ziel, eine tetrasubstituierte Siliciumverbindung zu synthetisieren und festzustellen, ob sie in optisch aktive Isomeren gespalten werden könnte. Seinen durch fünfundvierzig Jahre fortgesetzten Arbeiten sind die Grundlagen unserer Kenntnisse auf diesem Gebiet größtenteils zu danken. KIPPING fand 1904, daß die Grignard-Verbindungen mit halogenierten Siliciumverbindungen reagieren, und diese Reaktion hat sich für die Synthese siliciumorganischer Verbindungen als besonders fruchtbar erwiesen. Siliciumtetrachlorid reagiert mit Grignard-Verbindungen unter Bildung eines Gemisches von Verbindungen, in denen ein bis vier Chloratome durch Kohlenwasserstoffgruppen ersetzt sind.

$$SiCl_4 \xrightarrow{RMgX} RSiCl_3 \xrightarrow{RMgX} R_2SiCl_2 \xrightarrow{RMgX} R_3SiCl \xrightarrow{RMgX} R_4Si$$

Bei Einhalten bestimmter Bedingungen ist es möglich, das jeweils gewünschte Produkt in guter Ausbeute zu erhalten.

Trialkylchlorsilane R$_3$SiCl sind Siliciumanaloga der tertiären Alkylchloride; es ist jedoch nicht möglich, unter Eliminierung von Chlorwasserstoff eine ungesättigte

---

[1] FREDERICK STANLEY KIPPING (1863—1949), Professor der Chemie an der Universität Nottingham. Er arbeitete unter W. H. PERKIN jr. (S. 874) in BAEYERs Münchener Laboratorium und bildete im Laboratorium von H. E. ARMSTRONG (S. 708) ARTHUR LAPWORTH (S. 210) aus. PERKIN und LAPWORTH heirateten später Schwestern von KIPPINGs Frau, und so blieben die drei fast ihr ganzes Leben eng verbunden. "Organic Chemistry" von PERKIN und KIPPING war lange Zeit das Standardlehrbuch in England.

Verbindung mit einer Kohlenstoff-Silicium-Doppelbindung zu erhalten. Hydrolyse in Gegenwart von Ammoniak führt zum Silanol.

$$R_3SiCl + H_2O + NH_3 \longrightarrow R_3SiOH + NH_4Cl$$

Diese Silanole spalten leicht Wasser ab und bilden die Oxyde.

$$2\ R_3SiOH \longrightarrow R_3SiOSiR_3 + H_2O$$

Oft erfolgt diese Reaktion spontan, doch ist bei den beständigeren Verbindungen wie Triphenylsilanol die Anwesenheit von Alkalien erforderlich. Umsetzung der Chlorsilane mit wasserfreiem Ammoniak oder Aminen gibt die Silylamine, die aber leicht zu den Silanolen hydrolysiert werden.

$$R_3SiCl \xrightarrow{NH_3} R_3SiNH_2 \xrightarrow{H_2O} R_3SiOH$$

Die Silanole lassen sich nicht mit Säuren verestern, sondern Acylchloride geben die Chlorderivate wie bei den tertiären Alkoholen.

$$R_3SiOH + CH_3COCl \longrightarrow R_3SiCl + CH_3COOH$$

Es ist unmöglich, durch Abspaltung von Wasser ungesättigte Verbindungen zu erhalten.

Hydrolyse der Dialkyldichlorsilane R_2SiCl_2 gibt Diole, die in Wasser unlöslich sind, sich jedoch in verdünnten Alkalien lösen.

$$R_2SiCl_2 + 2\ H_2O \longrightarrow 2\ HCl + R_2Si(OH)_2 \xrightarrow{NaOH} R_2Si(ONa)_2 + 2\ H_2O$$

Die Diole verlieren leicht Wasser, wobei sich **Silicone** bilden, so genannt, weil man vor Kenntnis ihrer Struktur glaubte, sie entsprächen den Ketonen. Es ist jedoch kein Siliciumanalogon eines Ketons bekannt. Offensichtlich kann Silicium mit einem Sauerstoffatom ebensowenig eine Doppelbindung bilden wie mit einem Kohlenstoffatom. Aus den Dehydratisierungsprodukten des Diphenylsilandiols konnte KIPPING eine Anzahl individueller Produkte isolieren, unter denen sich teils lineare, teils cyclische Polymere fanden.

$$HO[Si(C_6H_5)_2-O]_2Si(C_6H_5)_2OH$$

$$HO[Si(C_6H_5)_2-O]_3Si(C_6H_5)_2OH$$

1928 berichtete KIPPING über die Bildung komplizierterer Polymeren von hohem Molekulargewicht. Tatsächlich war das erste derartige Produkt 1872 von LADEN-BURG erhalten worden, der Diäthyldiäthoxysilan $(C_2H_5)_2Si(OC_2H_5)_2$ hydrolysierte und ein viscoses Öl erhielt, das bei $-15°$ nicht erstarrte und sich erst bei sehr hoher Temperatur zersetzte. Polymere dieser Art werden *Siloxane* genannt, doch häufiger wird die Bezeichnung Silicon gebraucht.

Die Hydrolyseprodukte der Alkyltrichlorsilane $RSiCl_3$ wurden zuerst für Analoga der Carbonsäuren gehalten und durch die Formel $RSiOOH$ wiedergegeben, doch fand KIPPING, daß es sich um komplizierte Verbindungen von hohem Molekulargewicht handelt. Auch diese Verbindungen werden jetzt zu den Siliconen gerechnet.

Die Unfähigkeit des Siliciums, eine gewöhnliche Doppelbindung zu bilden, d. h. eine solche, bei der die π-Bindung sich durch Überlagerung der p-orbitals benachbarter Atome bildet, wird auf die größere Raumerfüllung des Siliciumatoms im Vergleich zu den Elementen der zweiten Periode zurückgeführt. Diese Unfähigkeit zur Ausbildung einer Doppelbindung ist auch der Grund dafür, daß Elektronendonator-Gruppen in para-Stellung die Hydrolysegeschwindigkeit bei Triarylchlorsilanen herabsetzen, während sie die Hydrolysegeschwindigkeit bei Triarylmethylchloriden erhöhen. Im zweiten Fall können sie das planare Carboniumion stabilisieren, wodurch die Abspaltung des Chlors als Chlorion erleichtert wird. Dagegen kann die Siliciumverbindung nicht planar werden, und die Erhöhung der Elektronendichte am Siliciumatom verringert die Wirksamkeit eines Angriffs durch ein negatives Ion.

Gewöhnlich ist die Trimethylsilylgruppe ein stärkerer Elektronendonator als die tert.-Butylgruppe, da die äußere Elektronenschale beim Silicium weiter vom Kern entfernt ist als beim Kohlenstoff. So ist Trimethylsilylessigsäure eine schwächere Säure als tert.-Butylessigsäure, und Trimethylsilylmethylamin ist eine stärkere Base als Methylamin. Ähnlich vermindert die Trimethylsilylgruppe in meta-Stellung die Acidität der Phenole und erhöht die Basizität der aromatischen Amine. In para-Stellung hat sie dagegen entgegengesetzte Wirkung. Hier spielt offensichtlich ein Resonanzeffekt herein, der ermöglicht, daß das Siliciumatom unter Verwendung von d-orbitals (vgl. S. 286) Elektronen aufnehmen kann.

$$\left\{ \mathrm{HO}\!-\!\!\left\langle\!\!\bigcirc\!\!\right\rangle\!\!-\!\mathrm{Si(CH_3)_3} \quad\longleftrightarrow\quad \overset{+}{\mathrm{HO}}\!=\!\!\left\langle\!\!\bigcirc\!\!\right\rangle\!\!=\!\overset{-}{\mathrm{Si}}\mathrm{(CH_3)_3} \right\}$$

So ergibt sich die offensichtlich anomale Situation, daß Silicium keine p-p-π-Bindung bilden kann, wohl aber eine d-p-π-Bindung.

KIPPING führte 1937 in einer zusammenfassenden Arbeit aus, die Zahl der Verbindungstypen des Siliciums sei klein im Vergleich zu Kohlenstoff, und im Hinblick auf die beschränkte Zahl der Reaktionen, die sie eingehen, erscheine die Aussicht auf baldige wichtige Fortschritte auf diesem Gebiet der organischen Chemie nicht sehr hoffnungsvoll. Genau zur gleichen Zeit versuchten jedoch Industriechemiker, KIPPINGs polymere Verbindungen auf Grund ihrer Unlöslichkeit, Reaktionsträgheit und Hitzebeständigkeit nutzbar zu machen. Eine russische Veröffentlichung im Jahr 1939 zeigte, daß Polymere aus Diphenylsilandiol und aus Benzylsilantriol sich als Dielektrika und Isoliermaterialien bei erhöhten Temperaturen eignen. Amerikanische Veröffentlichungen folgten 1941. In den USA lief 1944 die technische Produktion von Siliconen in Form von Ölen, Schmiermitteln, Harzen und Elastomeren an. Gewöhnlich werden die Silicone durch Hydrolyse der Alkyl- oder Aryldichlor- oder -trichlorsilane hergestellt. Die Hydrolyse der reinen Dichlorsilane kann nur lineare Polymere liefern, und zwar in Form von Ölen oder Schmiermitteln.

$$x\,\mathrm{R_2SiCl_2} + (x+1)\mathrm{H_2O} \longrightarrow \mathrm{HO}\!\left[\begin{array}{c}\mathrm{R}\\ |\\ -\mathrm{Si}\!-\!\mathrm{O}\\ |\\ \mathrm{R}\end{array}\right]_{x-1}\!\!\begin{array}{c}\mathrm{R}\\ |\\ \mathrm{Si\ OH}\\ |\\ \mathrm{R}\end{array} + 2x\,\mathrm{HCl}$$

Die Trichlorsilane erlauben eine Vernetzung der Ketten nach der Hydrolyse und führen zu dreidimensionalen festen Harzen.

$$RSiCl_3 \xrightarrow{H_2O}$$

Durch Verwendung von Gemischen der Dichlorsilane und Trichlorsilane und durch Variieren der R-Gruppen kann man Produkte mit den verschiedensten Eigenschaften erhalten.

Alle Silicone sind in ausgeprägtem Maße wasserabstoßend und hitzebeständig. Als Filme und Überzüge dienen sie zum Wasserdichtmachen von Materialien und Maschinen; die Harze werden zum Ausfüllen von toten Räumen und als Bindemittel für die Glasfaserisolierung von Spulen verwendet mit dem Effekt, daß die Motoren bei höheren Temperaturen arbeiten können als bei Verwendung der üblichen organischen Harze. Die Öle haben die einzigartige Eigenschaft, bei niedrigen Temperaturen flüssig zu bleiben. Siliconkautschuk wird im Gegensatz zu anderen Kautschukarten nicht von Ozon angegriffen, wird unter Druck bei hohen Temperaturen nicht ausgehärtet und behält seine Flexibilität bei niedrigen Temperaturen. Er wird gehärtet oder vulkanisiert durch Vernetzung unter Verwendung eines Peroxydkatalysators bei 125°.

Die Organochlorsilane wurden zuerst durch die Grignard-Reaktion hergestellt, doch fand man bald billigere Methoden. Die Alkylderivate können durch Überleiten der Alkylchloride über erhitztes Silicium und metallisches Kupfer gewonnen werden. Die überwiegende Reaktion führt zu Dialkyldichlorsilanen, wenn auch daneben andere Produkte entstehen, wie Alkyltrichlorsilane, Trialkylchlorsilane, Siliciumtetrachlorid und Kohlenwasserstoffe.

$$2\,RCl + Si(Cu) \xrightarrow{300°} R_2SiCl_2$$
$$4\,RCl + 2\,Si(Cu) \longrightarrow RSiCl_3 + R_3SiCl$$

Bei der Reaktion mit Methylchlorid scheint Methylkupfer als Zwischenprodukt aufzutreten. Die beste Ausbeute an Phenylchlorsilanen wird durch Umsetzung von Chlorbenzol mit einer Silber-Silicium-Legierung bei 400° erhalten. Äthyltrichlorsilan und die höheren Alkyltrichlorsilane werden durch Addition von Trichlorsilan an Olefine gewonnen.

$$CH_2{=}CH_2 + HSiCl_3 \xrightarrow[\text{Wärme}]{\text{Peroxyde}} CH_3CH_2SiCl_3$$

Zwischen 1947 und 1954 sind mehr als tausend Organosiliciumverbindungen mit funktionellen Gruppen im Kohlenwasserstoff-Anteil des Moleküls dargestellt worden. Zum Beispiel gibt die Addition von Trichlorsilan an Acetylen in Gegenwart von Platin **Vinyltrichlorsilan.**

$$HC{\equiv}CH + HSiCl_3 \xrightarrow[\text{Wärme}]{Pt,} H_2C{=}CHSiCl_3$$

Die Reaktion von Siliciumtetrachlorid mit Diazomethan führt zu **Chlormethyltrichlorsilan.**

$$CH_2N_2 + SiCl_4 \longrightarrow ClCH_2SiCl_3 + N_2$$

Halogenderivate können auch durch direkte Halogenierung erhalten werden.

$$(CH_3)_3SiCl + Cl_2 \longrightarrow CHCl_2(CH_3)_2SiCl + HCl$$

$$C_6H_5SiCl_3 + 4\,Cl_2 \xrightarrow[\text{in CCl}_4]{\text{AlCl}_3} C_6HCl_4SiCl_3 + 4\,HCl$$

Halogen in Alkylgruppen unterliegt den üblichen Verdrängungsreaktionen. Es führt auch zu Grignard-Verbindungen, aus welchen andere Derivate gewonnen werden können.

$$(CH_3)_3SiCH_2Cl \xrightarrow{\text{Mg}} (CH_3)_3SiCH_2MgCl \xrightarrow{\text{CO}_2} (CH_3)_3SiCH_2COOH$$

Hexaaryldisilane, in dem Dimethyläther des Äthylenglykols gelöst, werden von Alkalimetallen gespalten; dabei entstehen Triarylsilylmetalle, die einige Eigenschaften der metallorganischen Verbindungen zeigen.

$$(C_6H_5)_3SiSi(C_6H_5)_3 + 2\,K \longrightarrow 2\,(C_6H_5)_3SiK$$

Einige von diesen neueren Verbindungen haben schon technische Verwendung gefunden. Die innige Vermischung polychlorierter Arylderivate mit Ölen verbessert deren Schmiereigenschaften erheblich, ohne den Viscositätsindex zu verändern. Vinylgruppen in den linearen Polymeren ermöglichen eine leichtere Härtung mit Peroxydkatalysatoren, z. B. Di-tert.-butylperoxyd, zu ausgezeichneten Siliconkautschuken.

Wiederholungsfragen

1. Man vergleiche die chemischen Eigenschaften der Phosphine mit denen der Amine und Arsine.

2. Nach welchen verschiedenen Reaktionen können Alkylphosphonsäuren dargestellt werden?

3. Man vergleiche die üblichen Methoden zur Darstellung von Azobenzol, Phosphorobenzol und Arsenobenzol.

4. Welche ist die beste Methode zur Darstellung von Silan? Wieviele Hydride des Siliciums sind bekannt, und wie ist der Vergleich mit Kohlenstoff?

5. Man vergleiche die chemischen Eigenschaften von Tetrachlorkohlenstoff mit denen von Siliciumtetrachlorid; die der 1.1-Alkandiole mit denen der 1.1-Silandiole.

6. Was sind Silicone? Inwiefern ist dieser Name schlecht gewählt? Welche Vorteile haben die Silicone bei bestimmten technischen Anwendungen gegenüber anderen Hochmolekularen?

Aufgaben

7. Man gebe Reaktionen für folgende Darstellungen: (*a*) Phenylphosphonsäure aus Benzol; (*b*) n-Butylphosphonsäureäthylester aus Äthylphosphit (*c*) Cyclohexylphosphonsäureäthylester aus Cyclohexan; (*d*) Triphenylphosphoniummethylid aus Benzol; (*e*) Tetrahydroxymethylphosphoniumchlorid aus Formaldehyd.

8. Man verfertige ein Schema, enthaltend die Darstellung folgender Verbindungen aus Silicium, einschließlich der Reagentien und Reaktionsbedingungen: Dimethyldichlorsilan, Chlormethyltrimethylsilan, Siliciumchloroform, Trimethylchlorsilan, Chlormethyltrichlorsilan, Äthyltrichlorsilan, Trimethylsilylessigsäure, Trimethylhydroxysilan, Tetramethylsilan, Trimethylsilyloxyd, Vinyltrichlorsilan, Methyltrichlorsilan und Dimethyldihydroxysilan.

PERIODENSYSTEM DER ELEMENTE

Periode	I a	I b	II a	II b	III a	III b	IV a	IV b	V a	V b	VI a	VI b	VII a	VII b	VIII			0
1	(1) 1 H																	(2) 2 He
2	(2,1) 3 Li		(2,2) 4 Be		(2,3) 5 B		(2,4) 6 C		(2,5) 7 N		(2,6) 8 O		(2,7) 9 F					(2,8) 10 Ne
3	(2,8,1) 11 Na		(2,8,2) 12 Mg		(2,8,3) 13 Al		(2,8,4) 14 Si		(2,8,5) 15 P		(2,8,6) 16 S		(2,8,7) 17 Cl					(2,8,8) 18 Ar
4	(2,8,8,1) 19 K		(2,8,8,2) 20 Ca		(2,8,9,2) 21 Sc		(2,8,10,2) 22 Ti		(2,8,11,2) 23 V		(2,8,13,1) 24 Cr		(2,8,13,2) 25 Mn		(2,8,14,2) 26 Fe	(2,8,15,2) 27 Co	(2,8,16,2) 28 Ni	
4		(2,8,18,1) 29 Cu		(2,8,18,2) 30 Zn		(2,8,18,3) 31 Ga		(2,8,18,4) 32 Ge		(2,8,18,5) 33 As		(2,8,18,6) 34 Se		(2,8,18,7) 35 Br				(2,8,18,8) 36 Kr
5	(2,8,18,8,1) 37 Rb		(2,8,18,8,2) 38 Sr		(2,8,18,9,2) 39 Y		(2,8,18,10,2) 40 Zr		(2,8,18,12,1) 41 Nb		(2,8,18,13,1) 42 Mo		(2,8,18,14,1) 43 Tc		(2,8,18,15,1) 44 Ru	(2,8,18,16,1) 45 Rh	(2,8,18,18) 46 Pd	
5		(2,8,18,18,1) 47 Ag		(2,8,18,18,2) 48 Cd		(2,8,18,18,3) 49 In		(2,8,18,18,4) 50 Sn		(2,8,18,18,5) 51 Sb		(2,8,18,18,6) 52 Te		(2,8,18,18,7) 53 J				(2,8,18,18,8) 54 Xe
6	(2,8,18,18,8,1) 55 Cs		(2,8,18,18,8,2) 56 Ba		(2,8,18,18,9,2) 57 58-71 La *Seltene Erden*		(2,8,18,32,10,2) 72 Hf		(2,8,18,32,11,2) 73 Ta		(2,8,18,32,12,2) 74 W		(2,8,18,32,13,2) 75 Re		(2,8,18,32,14,2) 76 Os	(2,8,18,32,15,2) 77 Ir	(2,8,18,32,17,1) 78 Pt	
6		(2,8,18,32,18,1) 79 Au		(2,8,18,32,18,2) 80 Hg		(2,8,18,32,18,3) 81 Tl		(2,8,18,32,18,4) 82 Pb		(2,8,18,32,18,5) 83 Bi		(2,8,18,32,18,6) 84 Po		(2,8,18,32,18,7) 85 At				(2,8,18,32,18,8) 86 Rn
7	(2,8,18,32,18,8,1) 87 Fr		(2,8,18,32,18,8,2) 88 Ra		(2,8,18,32,18,9,2) 89 90- Ac *Actini-umreihe*													

INTERNATIONALE ATOMGEWICHTE 1955

	Symbol	Ordn.-Zahl	Atom-gewicht[1]		Symbol	Ordn.-Zahl	Atom-gewicht[1]
Actinium	Ac	89	227	Natrium	Na	11	22,991
Aluminium	Al	13	26,98	Neodym	Nd	60	144,27
Americium	Am	95	(243)	Neon	Ne	10	20,183
Antimon	Sb	51	121,76	Neptunium	Np	93	(237)
Argon	Ar	18	39,944	Nickel	Ni	28	58,71
Arsen	As	33	74,91	Niob	Nb	41	92,91
Astat	At	85	(210)	Nobelium	No	102	(256)
Barium	Ba	56	137,36	Osmium	Os	76	190,2
Berkelium	Bk	97	(249)	Palladium	Pd	46	106,4
Beryllium	Be	4	9,013	Phosphor	P	15	30,975
Blei	Pb	82	207,21	Platin	Pt	78	195,09
Bor	B	5	10,82	Plutonium	Pu	94	(242)
Brom	Br	35	79,916	Polonium	Po	84	210
Cadmium	Cd	48	112,41	Praseodym	Pr	59	140,92
Cäsium	Cs	55	132,91	Promethium	Pm	61	(145)
Calcium	Ca	20	40,08	Protactinium	Pa	91	231
Californium	Cf	98	(249)	Quecksilber	Hg	80	200,61
Cer	Ce	58	140,13	Radium	Ra	88	226,05
Chlor	Cl	17	35,457	Radon	Rn	86	222
Chrom	Cr	24	52,01	Rhenium	Re	75	186,22
Curium	Cm	96	(245)	Rhodium	Rh	45	102,91
Dysprosium	Dy	66	162,51	Rubidium	Rb	37	85,48
Einsteinium	Es	99	(254)	Ruthenium	Ru	44	101,1
Eisen	Fe	26	55,85	Samarium	Sm	62	150,35
Erbium	Er	68	167,27	Sauerstoff	O	8	16
Europium	Eu	63	152,0	Scandium	Sc	21	44,96
Fermium	Fm	100	(255)	Schwefel	S	16	32,066[2]
Fluor	F	9	19,00	Selen	Se	34	78,96
Francium	Fr	87	(223)	Silber	Ag	47	107,880
Gadolinium	Gd	64	157,26	Silicium	Si	14	28,09
Gallium	Ga	31	69,72	Stickstoff	N	7	14,008
Germanium	Ge	32	72,60	Strontium	Sr	38	87,63
Gold	Au	79	197,0	Tantal	Ta	73	180,95
Hafnium	Hf	72	178,50	Technetium	Tc	43	(99)
Helium	He	2	4,003	Tellur	Te	52	127,61
Holmium	Ho	67	164,94	Terbium	Tb	65	158,93
Indium	In	49	114,82	Thallium	Tl	81	204,39
Iridium	Ir	77	192,2	Thorium	Th	90	232,05
Jod	J	53	126,91	Thulium	Tm	69	168,94
Kalium	K	19	39,100	Titan	Ti	22	47,90
Kobalt	Co	27	58,94	Uran	U	92	238,07
Kohlenstoff	C	6	12,011	Vanadium	V	23	50,95
Krypton	Kr	36	83,80	Wasserstoff	H	1	1,0080
Kupfer	Cu	29	63,54	Wismut	Bi	83	209,00
Lanthan	La	57	138,92	Wolfram	W	74	183,86
Lithium	Li	3	6,940	Xenon	Xe	54	131,30
Lutetium	Lu	71	174,99	Ytterbium	Yb	70	173,04
Magnesium	Mg	12	24,32	Yttrium	Y	39	88,92
Mangan	Mn	25	54,94	Zink	Zn	30	65,38
Mendelevium	Md	101	(256)	Zinn	Sn	50	118,70
Molybdän	Mo	42	95,95	Zirkonium	Zr	40	91,22

[1] Ein in Klammern angegebener Wert bezeichnet die Massenzahl des Isotops mit der längsten bekannten Halbwertszeit.

[2] Infolge natürlicher Abweichungen in der relativen Häufigkeit der Schwefelisotope schwankt das Atomgewicht dieses Elementes um $\pm$ 0,003.